böhlau

Zeit in den Kulturen des Altertums

Antike Chronologie im Spiegel der Quellen

herausgegeben von
Roland Färber und Rita Gautschy

Böhlau Verlag Wien Köln Weimar

Gedruckt mit freundlicher Unterstützung des DFG-Netzwerks
CHRONOS. Soziale Zeit in den Kulturen des Altertums

CHRONOS
Soziale Zeit in den Kulturen des Altertums
DFG Wissenschaftliches Netzwerk

DFG Deutsche Forschungsgemeinschaft

Bibliografische Information der Deutschen Nationalbibliothek:
Die Deutsche Nationalbibliothek verzeichnet diese Publikation in der
Deutschen Nationalbibliografie; detaillierte bibliografische Daten sind
im Internet über https://dnb.de abrufbar.

Umschlagabbildung: Mondtreppe im Tempel von Dendera, Decke des Pronaos,
erstes westliches Travée (Foto: Stefan Baumann)

Satz: SchwabScantechnik, Göttingen
Druck und Bindung: ⊕ Hubert & Co. BuchPartner, Göttingen
Printed in the EU

Vandenhoeck & Ruprecht Verlage | www.vandenhoeck-ruprecht-verlage.com

ISBN 978-3-412-51815-8

Inhalt

III – Griechische Welt

IV – Rom und sein Imperium

Einleitung: Zeit und Gesellschaft im Altertum

Roland Färber und Rita Gautschy

Aulus Gellius, ein römischer Schriftsteller aus dem 2. Jahrhundert n. Chr., überliefert Verse des fast vier Jahrhunderte früher in Rom wirkenden Komödiendichters Plautus aus einem sonst nicht erhaltenen Stück. Darin beschwert sich eine hungrige Gestalt über die Erfindung der Sonnenuhr:

> Mögen die Götter den verfluchen, der die Stundeneinteilung erfunden und ein Solarium aufgestellt hat! Früher war mein Magen die Uhr, die ging genauer als jede andere und rief mich zum Essen, wo es etwas gab. Jetzt aber speist man nicht, auch wenn man es könnte, bevor die Sonnenuhr es erlaubt. Die Stadt ist voller Uhren, und die armen Leute müssen hungern.[1]

Was hier im Rom zur Zeit des Hannibal-Krieges, also gegen Ende des 3. Jahrhunderts v. Chr., zur Sprache gebracht wird, führt trefflich in das thematische Spektrum des vorliegenden Bandes ein: Es geht um die soziale Konstruktion von Zeit – Zeit, die einer gemeinschaftlichen Ordnung unterzogen wird, zu deren Bestimmung Hilfsmittel in Gebrauch sind und die nur noch bedingt den biologischen Rhythmen des Menschen und seiner natürlichen Umwelt folgt; es geht um den Umgang der Menschen mit und ihr Denken über die Zeit, um den jeweiligen Platz des Individuums in der gesellschaftlich ausgehandelten, von Machtfaktoren bestimmten und mit Sinn beladenen Zeitordnung – und letztlich auch um die Kritik an dieser Ordnung. Die Erfinder und ihre Instrumente, die nicht nur Beobachtungen zum Lauf der Zeit ermöglichen, sondern als Richtmaße über die Rhythmen der Gemeinschaft bestimmen, sind ebenso Gegenstand dieses Bandes wie das Ringen um die Geltungsmacht solcher Richtmaße, um die Verfügbarkeit über die eigene Zeit und die Zeit von anderen.

Mit dieser Fragestellung ist dem vorliegenden Band ein sozialwissenschaftlicher Ansatz zugrunde gelegt, der unter dem Begriff der »sozialen Zeit« geläufig ist. Er wurde Anfang des 20. Jahrhunderts als Reaktion auf Entwicklungen des 19. Jahrhunderts geprägt. Damals hatte sich ein umfassendes Bewusstsein über die Unterschiede zwischen uniformen, wissenschaftlichen Zeiteinheiten und der lokalen Zeit des Alltagslebens herausgebildet.

1 Aulus Gellius, *Noctes Atticae* 3, 3, 5. Übersetzung nach Demandt 2015, 104.

Während man die Zeit zunehmend quantitativ und objektiv erfasste (z. B. mit der Einführung der »Greenwich Mean Time«) und religiöse Institutionen ihre Macht über die Zeit des Einzelnen mehr und mehr einbüßten, entwickelten Philosophen und die ersten Soziologen ein Interesse an der qualitativen Betrachtung der Zeit. Beeinflusst von der Zeitphilosophie Henri Bergsons (1888) war es Émile Durkheim, der 1912 als erster betonte, dass die Zeitvorstellungen einer Gesellschaft nicht nur ihre Ideenwelt reflektieren, sondern gleichermaßen die Handlungen der Menschen diktieren.[2] Weiter ausgeführt und theoretisch unterfüttert haben das Konzept Pitrim Alexandrowitsch Sorokin und Robert K. Merton in ihrem Aufsatz »Social Time«:[3] Zeit ist demnach ein soziales Konstrukt, sie ist weniger astronomisch-quantitativ, sondern in erster Linie sozial-qualitativ zu verstehen. Ihr Lauf ist weder homogen noch kontinuierlich; vielmehr wird er durch kritische Perioden (Feste, Jahreswechsel etc.) unterbrochen, und einzelne Zeiträume werden – bei astronomisch betrachtet gleicher Quantität – je nach menschlicher Aktivität und Wahrnehmung ganz unterschiedlich qualifiziert. Zeitrechnungssysteme und Kalender gehen aus Konventionen hervor und dienen als Instrumente oder Referenzrahmen zur inneren Koordinierung komplexer Gesellschaften. Auch bei Norbert Elias findet sich Zeit als soziale Institution mit koordinativer und integrativer Funktion beschrieben: Der Ausdifferenzierungsprozess von Gesellschaften mache eine zeitliche Zwangsregulierung notwendig, woraus wiederum eine Selbstregulierung der Individuen und Gruppen hervorgehe.[4]

Seit den 1970er Jahren wird über soziale Zeit in der Soziologie und den verwandten Wissenschaften wieder intensiver diskutiert, und das Konzept hielt verstärkt Einzug in die soziologische Theoriebildung.[5] Ein einflussreicher Entwurf stammt von Eviatar Zerubavel, der soziotemporale Muster in den Blick nimmt, d. h. zeitliche Ordnungen wie Kalender oder Stundenpläne, die Regularität im gesellschaftlichen Leben herstellen, Grundlage für Gruppenbildung und Gruppenidentität sind, aber auch als Instrumente sozialer Kontrolle wirken können.[6] Zerubavel unterscheidet vier Dimensionen zeitlicher Regularität: feste Sequenzen, feste Zeitdauern, feste Zeitpunkte und einheitliche Rekurrenzen; daran anknüpfend untersucht er im Sinne eines qualitativen Verständnisses von Zeit die Dualismen sakraler und profaner Zeit sowie privater und öffentlicher Zeit. Da er stark mit (neu-

2 Die Wendung »soziale Zeit« findet sich bei ihm erstmals 1912 in einer Fußnote: »Au contraire, ce qu'exprime la catégorie de temps, c'est un temps commun au groupe, c'est le temps social, si l'on peut ainsi parler. Elle est elle-même une véritable institution sociale.« (Durkheim 1991, 54 Anm. 2).

3 Sorokin – Merton 1937.

4 Elias 1988 (er entwickelte seine Ideen in den 1930er Jahren).

5 Zu soziologischen und kulturanthropologischen Zeittheorien siehe überblicksartig Schmied 1985; Adam 1990; Gell 1992; Munn 1992; Schäfers 1997; Gloy 2008.

6 Zerubavel 1981; Zerubavel 1982; Zerubavel 1985.

zeitlichen) historischen Beispielen operiert, sind Zerubavels Entwürfe in den Altertumswissenschaften gut adaptierbar.

Heute wohl am weitesten entwickelt ist das Konzept der sozialen Zeit im Rahmen der Systemtheorie,[7] nach welcher das menschliche Dasein in Systemen gedacht wird, die sich in sämtlichen Bereichen des sozialen Lebens und in allen möglichen Skalierungen finden – etwa Familie, Gemeinde und Staat oder Politik, Wirtschaft und Religion.[8] Jedes System hat seine eigene soziale Zeit und seine eigene Geschichte. Zur Koordination zwischen einem System und seiner Umwelt, d. h. anderen Systemen, bzw. zwischen verschiedenen gesellschaftlichen Teilsystemen bedarf es übergreifender zeitlicher Bezugsrahmen – letztendlich also einer Weltzeit als Systemzeit der Weltgesellschaft.[9] Die Systemtheorie ist allerdings wegen der Voraussetzung ausdifferenzierter sozialer Systeme allenfalls in spezifischen und quellenreichen Kontexten auf das Altertum anwendbar. Allen neueren Theorien gemein ist jedenfalls die Auffassung von Zeit als einer sozial konstruierten Größe.[10]

Was die altertumswissenschaftliche Forschung anbelangt, so findet das Konzept der sozialen Zeit implizit oder explizit seit den 1980er Jahren Anwendung: Neben einem Aufsatz von Werner Bergmann[11] ist in vielerlei Hinsicht Jörg Rüpkes Buch »Kalender und Öffentlichkeit«[12] der Ausgangspunkt; beide Studien befassen sich mit dem römischen Kalender. Im Bereich der Ägyptologie hat Jan Assmanns »Steinzeit und Sternzeit« von 2011 großen Einfluss. Und auch der makrohistorischen Studie »Calendars in Antiquity« von Sasha Stern sind soziologische und kulturanthropologische Ansätze unterlegt.[13]

Allgemein lässt sich in den letzten Jahren wieder ein erwachtes Interesse am Themenfeld »Zeit« in der Altertumsforschung beobachten. Genannt seien stellvertretend der Mesopotamien und Ägypten überspannende Sammelband »Calendars and Years. Astronomy and Time in the Ancient Near East« von 2007,[14] die 2016 in New York gezeigte Ausstellung »Time and Cosmos in Greco-Roman Antiquity«,[15] der im selben Jahr publizierte französische Sammelband »Le Temps«, ebenfalls mit Schwerpunkt auf der griechisch-

7 V. a. Bergmann 1981; Nassehi 2008.
8 Luhmann 1984.
9 Luhmann 1975.
10 Vgl. Hasenfratz 2003.
11 Bergmann 1984. Dem Aufsatz fehlt an einigen Stellen freilich die altertumswissenschaftliche Expertise.
12 Rüpke 1995, hier 17–36, wo er das Potenzial des Konzepts der sozialen Zeit und insbesondere der Systemtheorie in Bezug auf den römischen Kalender diskutiert. Dieses Buch ist inzwischen in einer gekürzten englischen Auflage erschienen: Rüpke 2011. Siehe außerdem Rüpke 2006 mit einem breiteren thematischen Rahmen.
13 Stern 2012; für eine Essenz der wichtigsten Thesen des Buches siehe Stern 2017.
14 Steele 2007.
15 Dazu ist ein exzellenter Katalogband erschienen: Jones 2016.

römischen Antike,[16] sowie der kürzlich von Jonathan Ben-Dov und Lutz Doering herausgegebene Sammelband mit dem programmatischen Titel »The Construction of Time in Antiquity«[17]. Auch größere Projekte auf diesem Gebiet wurden entweder vor kurzem abgeschlossen, wie das Londoner ERC-Projekt »Calendars in Antiquity and the Middle Ages« (2013–2018), oder aber soeben ins Leben gerufen, wie das Berliner Einstein-Center »Chronoi« (2019–2025). Es überrascht daher nicht, dass im jüngsten Band der Cambridger Reihe »Key Themes in Ancient History« das Thema Zeit ein eigenes Kapitel erhalten hat.[18]

Das Forschungsgebiet der genannten Publikationen und Projekte, in das sich auch unser Band einfügt, firmiert gemeinhin unter »antike Chronologie« oder »Chronologie des Altertums«. Der Chronologie-Begriff hat im wissenschaftlichen Gebrauch freilich zwei Gesichter: einerseits die angewandte Chronologie oder die Chronologie als Hilfswissenschaft,[19] und andererseits die Erforschung von Zeitvorstellungen und Zeitpraktiken im Altertum selbst.[20] Der Doppeldeutigkeit des Chronologie-Begriffs wird in diesem Band Rechnung getragen. Er ist das Ergebnis der dreijährigen Arbeit des von der Deutschen Forschungsgemeinschaft geförderten Wissenschaftlichen Netzwerks »CHRONOS. Soziale Zeit in den Kulturen des Altertums« (2017–2020). Ziel war es, die oben skizzierte Thematik unter dem Aspekt der sozialen Zeit ausgehend von einschlägigen Quellen – seien sie schriftlicher, ikonographischer oder materieller Natur – aufzurollen.[21] Diese Quellen werden in ihren gattungsspezifischen und technischen Aspekten erklärt und zeigen aus soziologisch-kulturwissenschaftlicher Perspektive das Potential von Zeitkonzepten und Zeitpraktiken als Schlüssel zum Verständnis antiker Gesellschaften auf. Außerdem übernehmen sie die Funktion eines Repertoriums, d. h. sie ermöglichen den raschen Zugang zu verwandten oder ähnlich auswertbaren Quellen und erfassen die wichtigste Forschungsliteratur. Die Untergliederung nach den großen Kulturräumen des Altertums, »Ägypten«, »Alter Orient und Judentum«, »Griechische Welt« sowie »Rom und sein Imperium« soll den etablierten akademischen Disziplinen entgegenkommen und eine schnelle Orientierung ermöglichen. So kann und soll der Band auch in der Lehre eingesetzt werden, indem er überschaubare, quellenbasierte Einstiegslektüre in vielfältige Problemfelder bereitstellt. Diesem Anliegen tragen nicht zuletzt die einheitliche, feingliedrige Struktur der

16 Guisard – Laizé 2016.
17 Ben-Dov – Doering 2017.
18 Dench 2018, 134–154.
19 Repräsentativ etwa Eder – Renger 2004 oder Bäbler 2012.
20 Jüngst vertreten etwa von Demandt 2015.
21 Gewisse Ähnlichkeiten weist Bd. 2 der »Ancient Epyptian Science« von Clagett 1995 auf, wo ebenfalls die Quellen im Mittelpunkt stehen, allerdings nur solche aus Ägypten und diese unter einem anderen Blickwinkel.

Beiträge, ihre vereinheitlichte Sprache sowie ihr eingeschränkter Umfang Rechnung.[22] Darüber hinaus lassen sich im Glossar eine Reihe technischer Begriffe aus dem Bereich der antiken Chronologie rasch nachschlagen. Die Beiträge sind untereinander mit Querverweisen verschränkt; Redundanzen werden durch die Einführungskapitel zu den vier Großkapiteln vermieden, worin jeweils die grundlegenden chronologischen Prinzipien erläutert werden. Der vorliegende Band wurde teils nach systematischen Kriterien konzipiert, so dass etliche geläufige Quellen und zentrale Themen aufgenommen wurden, teils war es aber jedem Beiträger freigestellt, eigene »Liebhaberstücke« einzubringen. Einige übergreifende Themen und Problemstellungen wollen wir im Folgenden gemäß phänomenologischen Gesichtspunkten kurz ansprechen.

Orientierung in der Zeit und Wissen über sie

Wie in der eingangs zitierten Stelle über den Hungerleider schon ersichtlich wurde, gewähren Orientierung in der Zeit einerseits der menschliche Körper, seine zyklischen Bedürfnisse und seine fortwährende, gleichsam lineare Alterung, andererseits die Kreisläufe von Tag und Nacht, der Jahreszeiten und der Gestirne. Die Quellen im vorliegenden Band beleuchten beide Aspekte. In der Lebensalter-Elegie des Solon aus dem 6. Jahrhundert v. Chr. (Q 29) wird poetisch verarbeitet, wie der menschliche Körper die verschiedenen Stadien des Alters anzeigt, gleichsam als Uhr des vergehenden Lebens. Blickte man über das Leben des einzelnen Individuums hinaus, so stellten die Vorfahren eine zeitliche Kette bereit, an der man sich entlanghangeln konnte: sei es über die schlichte Angabe des Vatersnamens wie in den Eponymenlisten der Halios-Priester von Rhodos (Q 31) oder in regelrechten Genealogien wie beim hellenistischen Dichter Kallimachos (Q 32) oder auch im Tatenbericht des Hethiterkönigs Šuppiluliuma I. (Q 13).

Den biologischen und körperimmanenten Zeitgebern gegenüber steht die Beobachtung der Gestirne, allen voran Sonne und Mond, aber auch der Sternbilder, wie sie im Werk *Phainomena* des hellenistischen Dichters Arat im Mittelpunkt stehen (Q 33). Das Wissen um die eigene Lebenszeit und das Wissen um die Gestirne können aber auch eine »Symbiose« eingehen: So lässt die astronomische Decke des Senenmut-Grabes vermuten, dass der Verstorbene auch im Jenseits das Wissen um die rechten astronomischen Zyklen verfügbar haben wollte (Q 4); Ähnliches gilt wohl für die Dekansternuhr des Idy (Q 2). Geht es hier um das persönliche Wissen, so zeigen die öffentlich auf Steinplatten eingemeißelten Steckkalender aus dem hellenistischen Milet, dass astronomisch-meteorologisches Wissen auch der Gemeinschaft zur Verfügung bzw. zur Schau gestellt werden sollte (Q 37).

---

22 Einige französische, englische und italienische Beiträge der Netzwerkmitglieder wurden von den Herausgebern ins Deutsche übertragen.

Der eigentlichen Vermessung von Zeit dienten schon im Alten Ägypten Sonnenuhren, oft in sehr einfacher Ausführung und in Kontexten der täglichen Arbeitswelt wie jene aus dem Tal der Könige (Q 7), oder Wasseruhren (Q 6), mit deren Hilfe auch des Nachts die Zeiten z. B. für die korrekte Ausführung von Ritualen bestimmt werden konnten. Eine neuartige Wasseruhr erfunden zu haben, rühmte sich um 1500 v. Chr. der Ägypter Amenemhet in seiner Grabinschrift (Q 3). Sonnenuhren wiederum treten in verschiedenen Kontexten auf, um den Lauf der Zeit – vielleicht im Sinne eines *Memento mori* – zu symbolisieren, z. B. vereint mit mythologischen Darstellungen der Geburt und des Todes des Menschen auf einem Kindersarkophag in Rom (Q 54). Oder die Sonnenuhr war Teil einer Grabanlage wie bei den Epigrammen aus Sillyon (Q 53) und sollte den Passanten an das Leben der Verstorbenen und gleichermaßen an den Stifter der Anlage erinnern. Ein elaboriertes Beispiel für die Erfassung der Zeitläufe und auch anderer astronomischer und meteorologischer Phänomene wurde im 2. Jahrhundert v. Chr. in Athen errichtet: der sogenannte Turm der Winde mit seinen insgesamt neun Sonnenuhren (Q 36). Noch komplexer stellt sich der berühmte Mechanismus von Antikythera dar (Q 38) – ein Instrument zur Erfassung zahlreicher, im östlichen Mittelmeerraum geläufigen Zeitzyklen, wobei hier auch von einer Verschmelzung mit mesopotamischem Wissen auszugehen ist.

Auf einer anderen Ebene begegnet uns das Wissen um die Zeitordnung selbst, ihre historische Bedingtheit und ihr oft sehr hohes Alter, wie wir heute aus dem eigenen Gebrauch des römischen Kalenders ersehen können: Der römische Dichter Ovid etwa war sich der Tatsache bewusst, dass in den Monatsnamen des Kalenders religiöse und soziale Vorstellungen und Praktiken der ältesten Zeit konserviert waren, und konstruierte, indem er diese herzuleiten suchte, eine Frühgeschichte der römischen Zeitordnung (Q 42). Ähnlich hat eine Generation vorher der Gelehrte Varro im Sinne einer Selbstvergewisserung den Monatsnamen rein römische Wurzeln zugeschrieben und jegliche Fremdeinflüsse bestritten (Q 44). Diese Konservierung eigener Identität in Gestalt eines zeitlichen Sinngefüges dürfte auch der Grund dafür gewesen sein, dass trotz der Angleichungstendenzen der verschiedenen Kalender im Osten des Römischen Reiches, wie etwa dem der Provinz Asia (Q 40), an den Julianischen Kalender Jahrhunderte lang immer noch eine erstaunliche Vielfalt fortbestand, die uns die *Hemerologia,* in frühmittelalterlichen Handschriften erhaltene Kalendertabellen, illustrieren (Q 58).

Benennung, Darstellung und Qualifizierung von Zeit

Dieses Wissen über die Zeit brauchte eine Form der Benennung oder der Darstellung. Vielleicht am naheliegendsten ist die Form der Sprache, doch zeigt etwa der Gebrauch der Begriffe *Chronos* (»Zeit«) und *Kairos* (»rechter Augenblick«) beim frühgriechischen Dichter Pindar, dass solche Begriffe erst allmählich gebildet wurden (Q 30). In vielen Fällen waren sie räumlich und mit Bewegung konnotiert, so etwa auch in den Darstellungen vom Fortschreiten der Zeit mittels einer fahrenden Barke im ägyptischen Unterweltsbuch Amduat (Q 5) oder durch eine Treppe für die Lunation des Mondes (Q 11). Auch die Stellung von Zeiträumen oder Zeitpunkten unter den Schutz göttlicher Figuren, den sogenannten Chronokratoren, war eine Möglichkeit, Zeit benennbar zu machen: Das zeigt sich in Ägypten etwa für die 30 Tage des Mondmonats (Q 9) oder in Rom für die zwölf Monate des Jahres (Q 50) oder die sieben Tage der Planetenwoche (Q 55).

Neben Begriffen, Bildern und Personifikationen tritt als vierte Form das Operieren mit Zahlen auf: Seien es die schematisierten Altersstufen des Menschen in Siebenjahresschritten bei Solon (Q 29), wo zehnmal sieben Jahre als ideale Lebenserwartung (des Mannes) gepriesen werden, oder die ebenso schematisierten Idealzyklen des jüdischen Sabbat- oder Jobeljahres (Q 23) und die 70 Jahrwochen im biblischen Buch Daniel (Q 26). Auch in einem Mosaik in der Synagoge in En-Gedi aus dem 5. Jahrhundert n. Chr. begegnet uns in Gestalt der Ziffer 365 für die Tage des Sonnenjahres eine besondere Zahlensymbolik und damit verbunden die Vorstellung einer von Gott gestifteten Weltordnung (Q 27). Die idealisierte Zeitordnung als ein Spiegel der göttlichen Weltordnung tritt explizit auch im babylonischen »Weltschöpfungsepos« *Enūma eliš* (Q 17) hervor.

Mit der Benennung der Zeit einher ging ihre Qualifikation. Häufig begegnet die Einstufung bestimmter Tage als günstig oder ungünstig, glückbringend oder verhängnisvoll. Konkrete Anweisungen für bestimmte Zeitpunkte und Zeiträume finden sich etwa in einem hethitischen Rezept für einen Reinigungstrank (Q 15). Im landwirtschaftlichen Bereich begegnen praktische, ethische und theologische Verknüpfungen zwischen Zeitpunkt und Handlung in den *Werken und Tagen* des frühgriechischen Dichters Hesiod (Q 28) oder, etwas reduzierter, in der Aufstellung monatstypischer Arbeiten in einem römischen Bauernkalender (Q 50). Ersichtlich wird zudem der Wunsch der Menschen, im Voraus zu wissen, ob eine Sache gut oder schlecht ausgehen wird, und entsprechende Handlungsanweisungen zu bekommen. Diesem Bedürfnis folgend wurden Kalender, sogenannte Hemerologien, ausgearbeitet, nach denen man sich richten konnte (Q 16) und deren praktische Verwendung nachweisbar ist. Den Blick in die Zukunft erlaubten Horoskope wie jenes des Anu-bēlšunu (Q 25). Bestimmte Zeitpunkte wie Mond- und Sonnenfinsternisse waren negativ besetzt und bedurften ausgefeilter Rituale, um ihre Wirkung zu neutralisieren. Ein Beispiel dafür sind die Mondfinsternisrituale aus dem hellenistischen Uruk (Q 24). Die richtigen Tage für bestimmte Handlungen zu kennen, entwickelte sich in Mesopotamien zu einer regelrechten Wissenschaft, wie es das Handbuch der Beschwörungskunst (Q 18) oder das himmelskundliche Kompendium MUL.APIN (Q 19) vor Augen führen. In Ägypten waren Astronomenpriester für das Ausrufen der korrekten Stunde verantwortlich, in der die Zeit für ein bestimmtes Ritual gekommen war (Q 8). Hierbei spielten Wasseruhren als Zeitanzeiger eine entscheidende Rolle (Q 6).

In den Astronomischen Tagebüchern, die vom 7. bis ins 1. Jahrhundert v. Chr. auf Keilschrifttafeln aus Babylon erhalten sind, stehen die Sternbeobachtungen und Wetterphänomene im Hinblick auf die Omenkunde sicherlich im Vordergrund (Q 22), doch repräsentieren sie zugleich auch eine kontinuierliche Chronographie, die die verstreichende Zeit nach Jahren geordnet aufzeichnet und verschiedene Informationen aus der Alltagswelt erfasst.

Strukturierung und Ordnung der Zeit

In zahlreichen der im Band besprochenen Quellen tritt das menschliche Bedürfnis zutage, die Zeit zu strukturieren, nicht zuletzt, um den eigenen Ort darin zu bestimmen. Hierbei begegnen zum einen zyklische Prinzipien, insbesondere im Hinblick auf die Lunationen und den Lauf der Sonne (bzw. den Lauf der Erde um die Sonne, wie wir heute wissen). Der Jahresbeginn als Moment des Übergangs oder der Wechsel der Jahreszeiten als Kreisläufe der Erneuerung spielen dabei eine besondere Rolle und werden, wie etwa am Hathor-Tempel von Dendera in Ägypten, aufwendig in Reliefs und Inschriften inszeniert und zugleich in lebendigen Feiern und Prozessionen begangen (Q 10 und Q 12). Der Gedanke der jährlichen Erneuerung lässt sich auch bei der Zählung oder Auflistung von Herrscherjahren nachvollziehen, wenngleich hier ein lineares Prinzip der Zeitstrukturierung im Vordergrund gestanden haben mag, wie es wiederum die hethitischen Königsannalen (Q 13), die ägyptischen Pharaonenlisten (Q 1) oder die vandalischen (Herrscher-)Jahre von Karthago ab 439 n. Chr. zeigen (Q 60). Die Form der Annalen folgte den Prinzipien der Zyklizität und der Linearität zugleich; sie zählt neben der Genealogie zu den Grundformen der Strukturierung von historischer Zeit, wurde wie im griechischen Rhodos in Stein gemeißelt (Q 31) oder im römischen Antium auf eine Wand gemalt (Q 43). Die öffentliche, dauerhafte Präsentation solcher Listen diente der Identitätsfindung und Selbstdarstellung Einzelner ebenso wie ganzer Gesellschaften. Sie vermitteln eine Art minimaler Geschichtsschreibung, auf der wiederum die literarische Geschichtsschreibung basiert, wie sie uns etwa im *liber annalis* des Brutus begegnet (Q 45). Auch im Ägypten zur Zeit der 5. Dynastie wurden Annalen bereits in Stein gehauen, wovon der sogenannte Palermostein kündet (Q 1). Interessant ist, dass dieser Struktur ein ökonomisches Moment, nämlich die Viehzählung, zugrunde liegt. Ökonomische Faktoren, sei es der Erwerb des täglichen Lebensunterhalts, sei es die Beschaffung von Nahrungsmitteln über in regelmäßigen Abständen stattfindende Markttage (Q 43), oder sei es die Steuererhebung des Staates (Q 59), bestimmten ganz wesentlich die Rhythmen des sozialen Lebens und die hierauf aufbauende Strukturierung und Ordnung der Zeit.

Wie man die Geschichte der Menschheit in erzählerische Form bringt, zeigen der Entwurf der Kulturentwicklung bei Varro (Q 41) nach Prinzipien der Landbewirtschaftung oder die griechische Universalgeschichte des Diodor aus dem 1. Jahrhundert v. Chr. (Q 39).

In letzterer werden multiple Datierungen gebraucht, um den unterschiedlichen griechischen Leserschaften ebenso zeitliche Orientierung zu ermöglichen wie dem römischen Publikum. Zugleich wird durch zeitliche Querbezüge und eine flexible Handhabe des annalistischen Prinzips der Komplexität damaliger »Globalgeschichte« Rechnung getragen. Es sind dies erste Schritte hin zu einer gemeinsamen Sprache über Zeit, hervorgerufen durch die erhöhte Konnektivität des römischen Herrschaftsbereichs.

Die von den Göttern gegebene Zeitordnung tritt zuweilen als Weltordnung auf, die wiederum die Ordnung der Gesellschaft determiniert, so etwa in den *Werken und Tagen* des Hesiod (Q 28) oder auch in besagtem Mosaik der Synagoge von En-Gedi (Q 27). Der Herrscher als Teil dieser irdischen Ordnungen – der der Zeit wie auch der der Gesellschaft – nimmt eine tragende Rolle bei deren Stabilisierung und Erneuerung ein, wie sich z. B. an der Darstellung der Neujahrsprozession im Tempel von Dendera ablesen lässt (Q 10). Auch in späterer Zeit treten Herrscher als die Ordner und Herren der Zeit in Erscheinung: das hellenistische Königspaar im Kanopos-Dekret von 238 v. Chr. (Q 34), Julius Caesar als Reformer des römischen Kalenders (Q 46) wie auch Augustus als derjenige, der Caesars Kalender wieder ins Lot gebracht hat (Q 49). Letzterem zu Ehren wurde im Kalender der Provinz Asia ab 8 v. Chr. Neujahr mit dem Geburtstag des Princeps begangen und der erste Monat in *Kaisar* umbenannt (Q 40).

Bei alledem darf nicht vergessen werden, dass in der Antike oft verschiedene Systeme der Strukturierung von Zeit und der Datierung innerhalb einer einzelnen Gesellschaft parallel existierten: So treten in Dekreten der athenischen Volksversammlung drei Datierungssysteme nebeneinander auf, die teils mehr politischen, teils mehr religiösen Charakter haben (Q 35). Auch die römischen Fasti Antiates maiores bündeln mindestens drei Kalender der Gesellschaft in einer Darstellung: die an wirtschaftlichen Gesichtspunkten orientierte Marktwoche, die politisch und rechtlich relevanten Tagescharaktere und die Feste im religiösen Bereich (Q 43). Dies erinnert daran, dass ein Kalender nicht für jede Gruppe zu jedem Zeitpunkt des Jahres relevant oder verbindlich war, sondern dass nach unterschiedlichen Belangen die Rhythmen variierten. Das Verhältnis von privater und öffentlicher Zeitordnung lässt sich etwa an einem römischen Steckkalender aufzeigen, der für den privaten Gebrauch bestimmt war (Q 55). Die Masse der Gesellschaft partizipierte am ehesten bei großen Festen an der gemeinsamen Zeitordnung, etwa dem babylonischen Neujahrsfest (Q 21) oder wenn im weiten Hethiterreich anlässlich von Festen der König ins Land kam (Q 14). Die Erwartungen an den König, zum Datum des Festes vor Ort zu sein, werfen freilich wiederum die Frage auf, inwieweit die Herrscherfigur, die in vielen Bereichen über die Zeit von anderen gebot, über seine eigene Zeit frei verfügen konnte.

Verfügungsmacht über Zeit

Der Brief des Mār-Issar gewährt Einblicke in die maßgeblichen Instanzen der Zeitordnung im Assyrischen Reich (Q 20): Zwar war der König allein befugt, die Einschaltung eines Monats zum Ausgleich des Mondjahres mit dem Sonnenjahr zu veranlassen (oder zu unterlassen), doch spielten die Priester als Kenner des rechten Zeitpunkts keine minder wichtige Rolle. Die spätere Abkehr von einer bedarfsmäßigen Schaltung hin zu einem automatisierten Schaltzyklus deutet das Problem an, dass Änderungen im Kalender schnell in alle entlegenen Teile des Reiches übermittelt werden mussten, um Datierungen korrekt vornehmen und zeitlich gebundene Riten einhalten zu können. Die Schwierigkeit einer zügigen Kommunikation von zeitrechnungsbezogenen Änderungen begegnet wieder im spätrömischen Reich, als die Datierung nach den eponymen Jahresbeamten, den Konsuln, im 6. Jahrhundert n. Chr. gegenüber den 15-jährigen Steuerzyklen der Indiktion immer mehr an Bedeutung verlor (Q 59). Demgegenüber zeigt die Abkehr der im 5. Jahrhundert n. Chr. auf nordafrikanisches Gebiet eingedrungenen Vandalen von der herkömmlichen Konsuldatierung vor allem das Bestreben dieses Germanenreiches an, mittels Zählung nach Herrschaftsjahren die eigene Autonomie und Unabhängigkeit vom römischen Imperium zum Ausdruck zu bringen (Q 60). Man stellte seine Uhren also nicht mehr nach Rom, wie es in früheren Jahrhunderten noch der Fall gewesen war: Das Geschenk einer Sonnenuhr an eine bis ins Jahr 16 v. Chr. kaum romanisierte Kleinstadt im heutigen Portugal etwa kann man dahingehend interpretieren, dass die Zeit dort fortan dem Taktschlag der römischen Provinzialverwaltung folgte (Q 47). Einer Synchronisierung mit Rom wollte sich 9/8 v. Chr. auch die Provinz Asia nicht entziehen, deren Jahreslauf per Dekret an den römischen angeglichen wurde (Q 40). Damals drehte sich in der Hauptstadt des Imperiums selbst so einiges um die »richtige« Zeit: Man hatte unter der Herrschaft des Augustus bemerkt, dass die Schaltregel der Julianischen Kalenderreform (Q 46) nicht im Sinne ihres Urhebers umgesetzt worden war. Daraus ergab sich für Augustus die Gelegenheit, sich selbst als Ordner der Zeit hervorzutun, indem er den Kalender im Jahr 8 v. Chr. korrigierte (Q 49). Kurz zuvor ließ er einen ägyptischen Obelisken auf dem Marsfeld errichten, der seinen Schatten auf eine Meridianlinie warf (Q 48). Auf diesem Meridian konnte der Stand der Mittagssonne an allen Tagen des Jahres abgelesen werden, und die Stimmigkeit des Kalenders war somit für jedermann nachvollziehbar.

Wird Zeit hier von der höchsten Macht definiert, so lässt sich in anderen Fällen eine Konkurrenz um die Neubesetzung fassen. Der Sonntag etwa entwickelte sich einerseits aus dem *dies Solis* nach heidnischer und andererseits aus dem *dies dominicus* nach christlicher Prägung heraus (Q 56). Für seine Etablierung als christlicher Feiertag war die Verfügung Kaiser Konstantins entscheidend, dem alle sieben Tage wiederkehrenden Sonntag per Gesetz den Status eines offiziellen Feiertags einzuräumen. Eine ähnliche Diskussion um die Besetzung von Zeit betrifft den 25. Dezember, damals noch einer der möglichen Tage der Wintersonnenwende und eines der größeren Feste für den Sonnengott Sol, aus dem letztlich das Datum für Weihnachten (Q 57) wurde. Es geht eben nicht nur um reale Verfügungsmacht, sondern auch um symbolische Deutungsmacht. In diesem Zusammenhang sei auf die oben bereits geschilderte Vorzeichenkunde rückverwiesen, die im Mittelpunkt etlicher hier diskutierter Quellen aus dem Alten Orient steht.

Wer wie viel von seiner Zeit arbeiten muss oder zur freien Verfügung hat, war bereits für die Arbeiter im Tal der Könige in Ägypten von Belang: Die Kontrolle per Sonnenuhr legt nahe, dass sie ihre Pflichten erfüllen mussten, aber auch Rechte hatten (Q 7). Jahrtausende später reflektierte der römische Dichter Martial über die Mühen der Arbeit und die niemals ausreichende Muße für die Poesie (Q 51). Etwa zur gleichen Zeit dürfte den Eilboten in den römischen Militärposten entlang der ägyptischen Wüstenstraßen nur wenig Muße vergönnt gewesen sein: Die dort praktizierte Zeiterfassung, wie sie auf zahlreichen Tonscherben dokumentiert ist, registriert minutiös die Ankunfts- und Abreisestunden der Boten und sollte wohl auf diese Weise zur Effizienzsteigerung des Postwesens beitragen (Q 52). Hier begegnet Zeit abermals als Ressource und ökonomischer Faktor.

Die gewählte Themenstellung erforderte vielfältige methodische und quellensprachliche Kompetenzen, besondere Kenntnisse verschiedener Epochen sowie regional und gattungsmäßig differenzierter Quellenbestände. Sie ließ sich nur durch die Zusammenarbeit von spezialisierten Wissenschaftlerinnen und Wissenschaftlern aus dem In- und Ausland umsetzen. So bot die Konstellation des DFG-Netzwerks, an dem Vertreter fast aller altertumswissenschaftlichen Disziplinen mitwirken, die seltene Chance, den vorliegenden Band zu verwirklichen. Besonders gewinnbringend waren die drei Klausurtreffen in Fürsteneck (27.–29. Oktober 2017), Karlsruhe (2.–4. November 2018) und Düsseldorf (21.–22. Juni 2019), bei denen die Erstfassungen der Quellenstudien vorgelegt und intensiv besprochen wurden. Den Beiträgerinnen und Beiträgern sei für die kontinuierliche Begeisterung und Mitarbeit herzlich gedankt! Aber auch die öffentlichen Tagungen an der Goethe-Universität Frankfurt am Main (2.–4. März 2017) und an der Universität von Amsterdam (24.–26. Mai 2018) haben die Diskussion im Netzwerk vorangetrieben. Unser Dank gilt den externen Referentinnen und Referenten, die unsere Kenntnisse vielfach erweitert und uns zu neuen Ideen inspiriert haben. Der Deutschen Forschungsgemeinschaft danken wir im Namen aller Mitglieder des Netzwerks dafür, dass wir über drei Jahre hinweg immer wieder gemeinschaftlich an diesem Werk weiterarbeiten, uns dabei gegenseitig bereichern und unterstützen konnten und dass der vorliegende Band durch die finanziellen Mittel in dieser Form realisierbar war. Abschließend sei dem Böhlau-Verlag und namentlich Frau Dorothee Rheker-Wunsch und Frau Julia Roßberg herzlich gedankt, die sich überaus kompetent um die Drucklegung gekümmert haben.

Bibliographie

Adam 1990
B. Adam, Time and Social Theory (Cambridge 1990).
Assmann 2011
J. Assmann, Steinzeit und Sternzeit. Altägyptische Zeitkonzepte (München 2011).
Bäbler 2012
B. Bäbler, Archäologie und Chronologie. Eine Einführung [2](Darmstadt 2012).
Ben-Dov – Doering 2017
J. Ben-Dov – L. Doering (Hrsg.), The Construction of Time in Antiquity. Ritual, Art, and Identity (Cambridge 2017).
Bergmann 1981
W. Bergmann, Die Zeitstrukturen sozialer Systeme: Eine systemtheoretische Analyse, Soziologische Schriften 33 (Berlin 1981).
Bergmann 1984
W. Bergmann, Der römische Kalender: Zur sozialen Konstruktion der Zeitrechnung. Ein Beitrag zur Soziologie der Zeit, Saeculum. Jahrbuch für Universalgeschichte 35, 1984, 1–16.
Bergson 1888
H. Bergson, Essai sur les données immédiates de la conscience (Paris 1888).
Clagett 1995
M. Clagett, Ancient Egyptian Science II: Calendars, Clocks and Astronomy (Philadelphia 1995).
Demandt 2015
A. Demandt, Zeit. Eine Kulturgeschichte (Berlin 2015).
Dench 2018
E. Dench, Empire and Political Cultures in the Roman World, Key Themes in Ancient History (Cambridge 2018).
Durkheim 1991
É. Durkheim, Les formes élémentaires de la vie religieuse. Le système totémique en Australie, présentation par M. Maffesoli (Paris 1991 [1912]).
Eder – Renger 2004
W. Eder – J. Renger (Hrsg.), Herrscherchronologien der antiken Welt. Namen, Daten, Dynastien, Der Neue Pauly. Suppl. 1 (Stuttgart 2004).
Elias 1988
N. Elias, Über die Zeit [2](Frankfurt am Main 1988; Nachdr. 2004).
Gell 1992
A. Gell, The Anthropology of Time: Cultural Constructions of Temporal Maps and Images (Oxford 1992).
Gloy 2008
K. Gloy, Philosophiegeschichte der Zeit (München 2008).
Guisard – Laizé 2016
P. Guisard – C. Laizé (Hrsg.), Le temps (Paris 2016).
Hasenfratz 2003
M. Hasenfratz, Wege zur Zeit: eine konstruktivistische Interpretation objektiver, subjektiver und intersubjektiver Zeit, Interaktionistischer Konstruktivismus 2 (Münster 2003).
Jones 2016
A. Jones (Hrsg.), Time and Cosmos in Greco-Roman Antiquity (Princeton 2016).

Luhmann 1975
N. Luhmann, Weltzeit und Systemgeschichte: Über Beziehungen zwischen Zeithorizonten und sozialen Strukturen gesellschaftlicher Systeme, in: N. Luhmann, Soziologische Aufklärung 2: Aufsätze zur Theorie der Gesellschaft (Opladen 1975) 103–133.
Luhmann 1984
N. Luhmann, Soziale Systeme. Grundriss einer allgemeinen Theorie (Frankfurt am Main 1984).
Munn 1992
N. D. Munn, The Cultural Anthropology of Time: A Critical Essay, Annual Review of Anthropology 21, 1992, 93–123.
Nassehi 2008
A. Nassehi, Die Zeit der Gesellschaft: auf dem Weg zu einer soziologischen Theorie der Zeit [2](Wiesbaden 2008).
Rüpke 1995
J. Rüpke, Kalender und Öffentlichkeit. Die Geschichte der Repräsentation und religiösen Qualifikation von Zeit in Rom, Religionsgeschichtliche Versuche und Vorarbeiten 40 (Berlin 1995).
Rüpke 2006
J. Rüpke, Zeit und Fest: eine Kulturgeschichte des Kalenders (München 2006).
Rüpke 2011
J. Rüpke, The Roman Calendar from Numa to Constantine: Time, History, and the Fasti (Chichester 2011).
Schäfers 1997
B. Schäfers, Zeit in soziologischer Perspektive, in: T. Ehlert (Hrsg.), Zeitkonzeptionen – Zeiterfahrung – Zeitmessung. Stationen ihres Wandels vom Mittelalter bis zur Moderne (Paderborn 1997) 141–154.
Schmied 1985
G. Schmied, Soziale Zeit. Umfang, »Geschwindigkeit« und Evolution, Sozialwissenschaftliche Schriften 11 (Berlin 1985).
Sorokin – Merton 1937
P. A. Sorokin – R. K. Merton, Social Time: A Methodological and Functional Analysis, American Journal of Sociology 42, 1937, 615–629.
Steele 2007
J. M. Steele (Hrsg.), Calendars and Years. Astronomy and Time in the Ancient Near East (Oxford 2007).
Stern 2012
S. Stern, Calendars in Antiquity. Empires, States, and Societies (Oxford 2012).
Stern 2017
S. Stern, Calendars, Politics, and Power Relations in the Roman Empire, in: Ben-Dov – Doering 2017, 31–49.
Zerubavel 1981
E. Zerubavel, Hidden Rhythms. Schedules and Calendars in Social Life (Berkeley 1981).
Zerubavel 1982
E. Zerubavel, The Standardization of Time: A Sociohistorical Perspective, American Journal of Sociology 88, 1982, 1–23.
Zerubavel 1985
E. Zerubavel, The History and Meaning of the Week (Chicago 1985).

I – Ägypten

Chronologische Grundlagen: Ägypten

Rita Gautschy

Der bürgerliche ägyptische Kalender

In Ägypten war bereits im frühen 3. Jahrtausend v. Chr. ein Kalender mit 365 Tagen in Gebrauch, der schon eine sehr gute Näherung der Länge des tropischen Sonnenjahres darstellte. Die derartig frühe Entstehung eines am Stern Sirius und der Sonne orientierten Kalenders lässt sich am besten mit der starken Abhängigkeit des täglichen Lebens der Ägypter vom Nil erklären. Der sogenannte bürgerliche ägyptische Kalender basierte nämlich auf Beobachtungen, die mit den regelmäßig wiederkehrenden Überschwemmungen des Nils zusammenhingen. Ein ägyptisches Jahr begann ursprünglich mit dem Einsetzen der jährlichen Nilschwelle und der damit einhergehenden Überflutung der Felder mit fruchtbarem Schlamm. Diese Art der Zeitrechnung war jedoch vage, weil der Zeitpunkt des Einsetzens der Nilschwelle um mehrere Wochen variieren kann. Deswegen fanden die Ägypter einen anderen, genaueren Indikator für ihren Jahresbeginn: den hellsten Fixstern am Himmel, Sirius. In der Gegend um Memphis war in der ersten Hälfte des 3. Jahrtausends v. Chr. der Stern Sirius zwischen Mai und Juli für etwa 70 Tage am Nachthimmel unsichtbar. Ungefähr zur Zeit der Nilschwelle aber konnte Sirius erstmals wieder kurz vor Sonnenaufgang in der Morgendämmerung beobachtet werden – man spricht in diesem Zusammenhang vom heliakischen Frühaufgang des Sirius. Diese erste Sichtbarkeit des hellen Sirius nach einer Phase der Unsichtbarkeit war dann das Zeichen für den Beginn eines neuen Jahres.

Das ägyptische Jahr war weiter unterteilt in drei Jahreszeiten, die aus je vier Monaten zu 30 Tagen bestanden. Ein Monat wiederum war nochmals in je drei sogenannte Dekaden – das sind Spannen von zehn Tagen – unterteilt, die sich am besten mit unserer heutigen Woche vergleichen lassen. Die Namen der Jahreszeiten lauteten *Achet* (Überschwemmungszeit), *Peret* (Aussaatzeit) und *Schemu* (Erntezeit). Bis in die Zeit des Neuen Reiches hatten die Monate keine eigenen Namen, sondern sie wurden einfach als Monat I, II, III und IV der jeweiligen Jahreszeit bezeichnet. Beginnend im Neuen Reich und dann standardmäßig in der griechisch-römischen Periode trug jeder Monat seinen eigenen Namen:

Monat	Altägyptischer Monatsname	Neuägyptischer Monatsname	Koptisch-griechischer Monatsname
1	I Achet	*Ḏḥwtỉ* / Djehuti	Thot
2	II Achet	*p(ȝ)-n-Ỉp.t* / Panipat	Phaophi
3	III Achet	*Ḥw.t-Ḥr(w)* / Huthor	Hathyr
4	IV Achet	*kȝ-ḥr-kȝ* / Kaherka	Choiak
5	I Peret	*tȝ-ʿ(ȝ)b.t* / Taabet	Tybi
6	II Peret	*p(ȝ)-n-p(ȝ)-mḫrw* / Panpamecheru	Mecheir
7	III Peret	*p(ȝ)-n-Ỉmn-ḥtp* / Panimenhetep	Phamenoth
8	IV Peret	*p(ȝ)-n-Rnn-wtt* / Panrenenutet	Pharmouthi
9	I Schemu	*p(ȝ)-n-Ḫnsw* / Panchonsu	Pachon
10	II Schemu	*p(ȝ)-n-ỉn.t* / Paninet	Payni
11	III Schemu	*ỉp(ỉ)-ỉp(ỉ)* / Epipi	Epeiph
12	IV Schemu	*msw.t-Rʿ* / Mesutra	Mesore

Ein Jahr bestehend aus 12 Monaten zu 30 Tagen hätte insgesamt nur 360 Tage gehabt. Daher wurden noch fünf weitere Tage hinzugefügt, die sogenannten Epagomenen, die als Geburtstage der Götter Osiris, Horus, Seth, Isis und Nephthys galten. Da die Epagomenen das ansonsten regelmäßige Schema sprengten, galten sie tendenziell als unheilvolle und gefährliche Tage. In diesem Kalender fehlte der Vierteltag jedes Jahres, den wir heute durch einen Schalttag alle vier Jahre ausgleichen. Bei der Einführung des ägyptischen Kalenders im frühen 3. Jahrtausend v. Chr. stimmten die drei Jahreszeiten mit dem Lauf des Nils und den daraus resultierenden landwirtschaftlichen Begebenheiten überein. Durch das Fehlen der Schalttage jedoch war der ägyptische Kalender schon 120 Jahre nach seiner Einführung um einen Monat im Vergleich zum Sonnenjahr verschoben. Nach 480 Jahren betrug die Differenz gar eine ganze Jahreszeit. Nach ca. 1460 Jahren, einer sogenannten Sothis-Periode, fand der heliakische Frühaufgang des Sterns Sirius wieder am ägyptischen Idealdatum des Jahresbeginns I *Achet* 1 statt: Nach aktuellen Berechnungen traf dies beginnend mit 4232 v. Chr., 2774 v. Chr., 1318 v. Chr. und 138 n. Chr. für je vier Jahre zu. Diese Konstellation stellte für die alten Ägypter den Idealfall dar. Dieses Rotieren des ägyptischen Kalenders – auch Wandeljahr genannt – scheint die Ägypter nicht gestört zu haben. Es sind keinerlei Reformversuche des Kalenders vor König Ptolemaios III. im Jahr 238 v. Chr. (siehe Q 34) belegt, der sich nicht durchsetzte.

Der ägyptische Kalender in römischer Zeit

Nach der Schlacht bei Actium im Jahr 31 v. Chr. war Ägypten ein Teil des Römischen Reiches. In der Folge wurde in Ägypten ein Kalender eingeführt, bei dem in jedem vierten Jahr ein sechster Epagomenentag als Schalttag hinzugefügt wurde. Dieser ägyptische Kalender aus der römischen Periode wird nach der damaligen Hauptstadt Alexandria auch als Alexandrinischer Kalender bezeichnet, obwohl er in ganz Ägypten verwendet wurde. Durch die Einfügung eines Schalttages in jedem vierten Jahr wurde eine feste Verknüpfung zwischen dem Alexandrinischen und dem Julianischen Kalender erreicht – der alexandrinische 1. Thot entsprach in jedem Jahr dem julianischen 29. August. Der ältere ägyptische Kalender mit nur 365 Tagen existierte jedoch vor allem im religiösen Bereich fort. Eine Rückrechnung auf der Basis belegter Doppeldaten ergibt, dass erstmals im Jahr 22 v. Chr. ein Schalttag eingefügt wurde. Diese Berechnung wurde bereits von Theon von Alexandria (ca. 330–400 n. Chr.) in seinem Kommentar zu den *Handlichen Tabellen* des Claudios Ptolemaios durchgeführt. Bemerkenswert ist, dass im Alexandrinischen Kalender von Anfang an korrekterweise alle vier Jahre ein Schalttag eingefügt wurde, während im Julianischen Kalender noch mehr als 10 Jahre danach fälschlicherweise jedes dritte Jahr geschaltet wurde (siehe Q 49).[1]

Die folgende Tabelle erlaubt es, für die Zeit nach 5 n. Chr. – nachdem der Julianische Kalender korrigiert war – ägyptische kaiserzeitliche Daten in julianische Daten umzurechnen. Der ägyptische Schalttag wurde am Ende des ägyptischen Jahres eingefügt (ca. Ende August), das dem Julianischen Schaltjahr vorausging. Der julianische Schalttag fällt in Jahre, die sich ohne Rest durch vier dividieren lassen (z. B. 8, 12, 16 n. Chr.), ägyptische Schaltjahre in die Jahre davor (z. B. 7, 11, 15 n. Chr.). Die Zahlen innerhalb der Klammern sind für die Umrechnung zu verwenden, falls ein Datum zwischen dem 29. August in einem Jahr vor einem julianischen Schaltjahr und dem 29. Februar des julianischen Schaltjahres liegt.

1–30 Thot	29. (30.) Aug.–27. (28.) Sep.	1–30 Phamenoth	25. (26.) Feb.–26 Mär.
1–30 Phaophi	28. (29.) Sep.–27. (28.) Okt.	1–30 Pharmouthi	27. Mär.–25. Apr.
1–30 Hathyr	28. (29.) Okt.–26. (27.) Nov.	1–30 Pachon	26. Apr.–25. Mai
1–30 Choiak	27. (28.) Nov.–26. (27.) Dez.	1–30 Payni	26. Mai–24. Jun.
1–30 Tybi	27. (28.) Dez.–25. (26.) Jan.	1–30 Epeiph	25. Jun.–24. Jul.
1–30 Mecheir	26. (27.) Jan.–24. (25.) Feb.	1–30 Mesore	25. Jul.–23. Aug.
		1–5 (6) Epagomenai	24. Aug.–28. (29.) Aug.

1 Bennett 2003.

Der ägyptische Mondkalender

Es ist anzunehmen, dass in Ägypten vor der Einführung des am Sirius und der Sonne orientierten Kalenders ein Mondkalender verwendet wurde. Eindeutige Hinweise auf die Nutzung der Mondphasen zusätzlich zum bürgerlichen Kalender finden sich in den ägyptischen Tempeln, wo zahlreiche Feste an einem bestimmten Mondmonatstag gefeiert wurden und daher in jedem Jahr angekündigt werden mussten. Die Daten der Mondmonatsfeste sind allerdings im bürgerlichen Kalender angegeben. Wechselnde Tagesdaten bei gleichnamigen Festen in Tempeltagebüchern belegen, dass diese Feste in Verbindung mit den Mondphasen standen. In den Papyri der Totentempel in Illahun aus der ersten Hälfte des 2. Jahrtausends v. Chr. etwa finden sich für das Wagy-Fest zwei unterschiedliche Daten: einmal das im bürgerlichen Kalender fixierte Wagy-Fest, das immer am Datum II *Achet* 18 gefeiert wurde; daneben gab es aber noch das bewegliche Wagy-Fest, das jeweils auf den 18. Mondmonatstag und daher im bürgerlichen Kalender auf unterschiedliche Tagesdaten im Monat II *Schemu* fiel.

Ein ägyptischer Mondmonat begann an jenem Tag, an dem die Mondsichel am Morgen vor Sonnenaufgang nicht mehr beobachtet werden konnte – in etwa ¾ der Fälle stimmt dieser Tag mit dem Neumondtag überein. Ein Mondmonat kann entweder 29 oder 30 Tage lang sein, und in der Natur tritt keine regelmäßige Abfolge von 29- und 30-tägigen Monaten auf: Im Extremfall können bis zu fünf 30-tägige und bis zu vier 29-tägige Monate direkt aufeinander folgen. Ein Mondjahr mit 12 Monaten ergibt 354 oder 355 Tage und ist um 11 oder 10 Tage kürzer als ein Sonnenjahr. Über eine Bindung des ägyptischen Mondkalenders an den Sonnenlauf und somit über die Existenz von Mondschaltmonaten ist vor der griechisch-römischen Zeit nichts bekannt. Aus der griechisch-römischen Periode Ägyptens stammt der Papyrus Carlsberg 9, der im Jahr 144 n. Chr. oder etwas später geschrieben wurde. Er enthält ein einfaches Schema, welches die Daten der Anfänge der Hälfte der Mondmonate eines Jahres über einen 25-Jahr-Zyklus hinweg im bürgerlichen Kalender angibt, wobei Abweichungen um einen Tag von der Realität in Kauf genommen werden mussten. Der früheste Zyklus, der im Text erwähnt wird, begann im Jahr 6 von Kaiser Tiberius, was 19/20 n. Chr. entspricht, und der späteste erwähnte Zyklus begann im Jahr 7 von Antoninus Pius (144/145 n. Chr.). Im Schema speziell markiert sind die sogenannten Großen Jahre mit 13 Mondmonaten: Sie treten in den Jahren 1, 3, 6, 9, 12, 14, 17, 20 und 23 jedes Zyklus auf. Der Vergleich der im Papyrus Carlsberg 9 angegebenen Daten für die Mondmonatsanfänge mit modernen Berechnungen zeigt, dass viele der Daten in den Jahren 19–165 n. Chr. den Zeitpunkt der ersten Sichtbarkeit der Mondsichel nach Neumond reflektieren. Da die ägyptischen Mondmonate aber mit der Unsichtbarkeit vor Neumond begannen, lässt sich daraus schließen, dass dieses Schema bereits deutlich früher entstanden ist – Mitte des 4. Jahrhunderts v. Chr. würden die genannten Daten gut mit der ersten Unsichtbarkeit der Mondsichel vor Neumond übereinstimmen. Dass es auch andere derartige Schemata gegeben hat, beweist der nur mehr fragmentarisch vorhandene 25-jährige Zyklus im griechischsprachigen Papyrus Rylands IV 589 aus der Zeit von Ptolemaios VI. (180–145 v. Chr.). Er ist hinreichend gut erhalten, um zu belegen, dass dieser Zyklus nicht mit demjenigen im Papyrus Carlsberg 9 übereinstimmt.

Tagesbeginn und Unterteilung des Tages

In Übereinstimmung mit dem Beginn eines Mondmonats begann der ägyptische Tag am Morgen – ob mit dem nur sehr schwer exakt zu definierenden Dämmerungsbeginn oder mit Sonnenaufgang wird nach wie vor diskutiert. Sowohl der lichte Tag als auch die Nacht waren in je 12 Stunden unterteilt. Das bedeutet, dass im Sommer eine Tagesstunde länger war als im Winter. Diese Art von Stunden wird als Temporalstunde oder Ungleiche Stunde bezeichnet. Für die geographische Breite von Luxor variiert die Länge einer Tagesstunde zwischen 51 Minuten zur Wintersonnenwende und 69 Minuten zur Sommersonnenwende. Nur an den Tagundnachtgleichen dauert eine Temporalstunde 60 Minuten wie unsere heute gebräuchlichen sogenannten Äquinoktialstunden.

Bibliographie

Bennett 2003

C. Bennett, The Early Augustean Calendars in Rome and Egypt, Zeitschrift für Papyrologie und Epigraphik 142, 2003, 221–240.

Weiterführende Literatur

J. A. Belmonte Avilés, Some Open Questions on the Egyptian Calendar: an Astronomer's View, Trabajos de Egiptología 2, 2003, 7–56.

L. Depuydt, Civil Calendar and Lunar Calendar in Ancient Egypt, Orientalia Lovaniensia Analecta 77 (Löwen 2002).

L. Depuydt, From Twice Helix to Double Helix. A Comprehensive Model for Egyptian Calendar History, Journal of Egyptian History 2, 2009, 115–147.

R. A. Parker, The Calendars of Ancient Egypt, Studies in Ancient Oriental Civilization 26 (Chicago 1950).

J. F. Quack, Der ägyptische bürgerliche Kalender – Forschungsstand, Probleme und Perspektiven, Zeitschrift der Deutschen Morgenländischen Gesellschaft 168, 2018, 15–40.

Q1 Der Annalenstein der 5. Dynastie (»Palermostein«)

Victoria Altmann-Wendling

Abb. 1: Vorderseite des Fragments des Annalensteins im Archäologischen Museum von Palermo (© Archivio Fotografico del Museo Archeologico Regionale Antonino Salinas di Palermo).

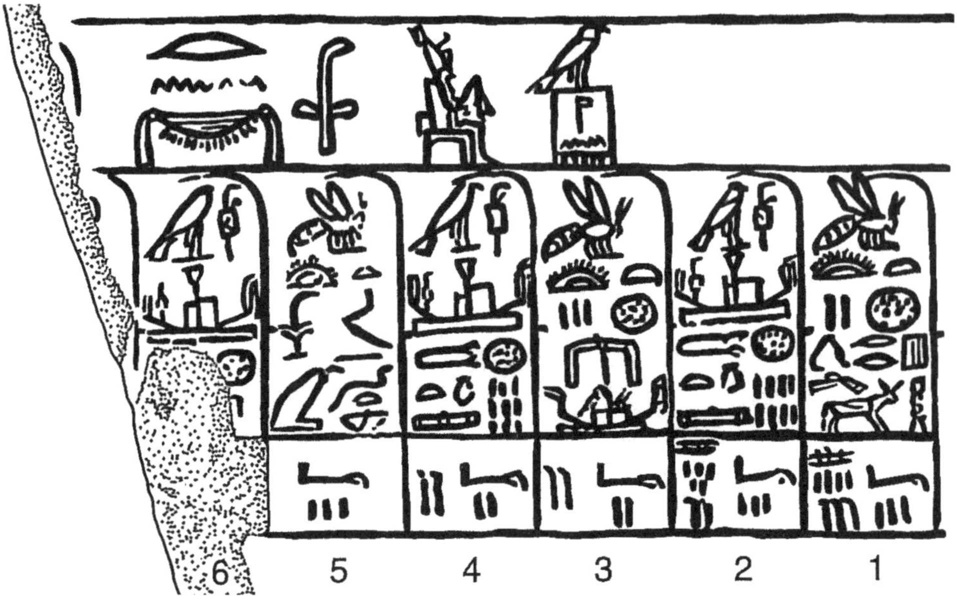

Abb. 2: Ausschnitt aus dem vierten Register (Kemp 2006, 62 Abb. 19).

Transliteration und Übersetzung

Waagerechte Zeile	*Ḥr Ni-nṯr nswt*[?] *rn-nbw* [...]	Horus Ninetjer, der König[?], Goldname: [...]
Vs. IV, 10	*ḫʿj(.t) bỉtỉ* *sp 2 pḥrr Ḥp* *mḥ 3 šsp 4 ḏbʿ 3*	Erscheinen als König von Unterägypten. Zweites Mal des Laufs des Apisstieres. 3 Ellen, 4 Handbreit, 3 Finger.
Vs. IV, 11	*šms-Ḥr sp 8 ṯnw.t* *mḥ 3 šsp 5 ḏbʿ 2*	Horusgeleit. Achtes Mal der Zählung. 3 Ellen, 5 Handbreit, 2 Finger.
Vs. IV, 12	*ḫʿj(.t) bỉtỉ* *sp 3 ḥb Skr*[?] *mḥ 2 ḏbʿ 2*	Erscheinen des Königs von Unterägypten. Drittes Mal des Festes des Sokar[?]. 2 Ellen, 2 Finger.
Vs. IV, 13	*šms-Ḥr sp 9 ṯnw.t* *mḥ 2 ḏbʿ 2*	Horusgeleit. Neuntes Mal der Zählung. 2 Ellen, 2 Finger.
Vs. IV, 14	*ḫʿj(.t) bỉtỉ* *mꜣ*[ʿ?] *n Nḫb.t*[?] *ḥb-ḏ.t* *mḥ 3*	Erscheinen des Königs von Unterägypten. Opfern[?] an Nechbet[?], *ḏ.t*-Fest. 3 Ellen.

Übersetzung nach Wilkinson 2000, 121 und 126–128.

Zur Quelle

Der aus dem Kunsthandel stammende und seit 1877 im Archäologischen Museum Palermo befindliche Stein (Inv.-Nr. N.I. 5614; 43,5 cm × 25 cm × unregelmäßige ca. 6 cm) ist das besterhaltene von sieben Bruchstücken eines Annalensteins aus der 5. Dynastie (um 2400 v. Chr.). Fünf dieser sieben bekannten Fragmente befinden sich heute in Kairo und ein weiteres im Petrie-Museum in London.[1] Die ursprüngliche Größe des Annalensteins ist unklar, da die Rekonstruktion von der Anzahl der Regierungsjahre der Könige abhängt, zu denen unterschiedliche Angaben existieren; ein Vorschlag geht von ca. 140 × 200 cm aus. Aufgrund einiger Anachronismen wurde diskutiert, ob der Stein tatsächlich zeitgenössisch aus der darauf zuletzt genannten 5. Dynastie des Alten Reiches (ca. 2686–2160 v. Chr.)[2] stammt oder ob es sich um eine spätere Anfertigung bzw. eine Kopie eines älteren Steins handelt.[3] Der Fund eines ähnlichen Steins aus der 6. Dynastie belegt jedoch, dass derartige Objekte tatsächlich bereits im Alten Reich hergestellt wurden.[4]

Der Annalenstein ist auf Vorder- und Rückseite mit Hieroglyphentext beschriftet, der – in rechteckige Felder unterschiedlicher Größe[5] unterteilt – von rechts nach links zu lesen ist. Jedes Feld entspricht einem Regierungsjahr, wie die senkrechten Trennungslinien in Form der Hieroglyphe 𓆳 für *rnp.t* »Jahr« anzeigen. Die Namen der Könige sind auf der Vorderseite in waagerechten Zwischenzeilen notiert, auf der Rückseite waagerecht in das erste Jahresfeld eingeschrieben.[6] In jedes Feld wurden bestimmte Ereignisse eingetragen, die im jeweiligen Regierungsjahr stattfanden. Eine numerische Zählung liegt

---

1 Auch die anderen Fragmente wurden in Ägypten aufgekauft, lediglich eines der Kairener Fragmente wurde wohl *in situ* in Memphis gefunden (Daressy 1916), weshalb vermutet wurde, dass der Stein ursprünglich im Ptah-Tempel von Memphis, der damaligen Hauptstadt, aufgestellt war (Helck 1970, 85). – Auch wurde aufgrund von Unterschieden der Schriftführung sowie der Dicke der Fragmente angezweifelt, ob alle vom selben Objekt stammten. Für eine Zugehörigkeit spricht, dass sich keine Bereiche überlappen, insgesamt nur sehr wenige Fragmente bekannt sind, die Dicke auch innerhalb eines einzelnen Fragments variiert, und dass unterschiedliche Graveure denkbar sind. Das Gestein wurde lediglich bei einem der Kairener Fragmente mit Olivinbasalt bestimmt. Aufgrund des abweichenden Aufbaus der Fragmente C2 und C4 wurde deren Zugehörigkeit zu den übrigen Fragmenten von einigen Forschern übereinstimmend zurückgewiesen (vgl. Wilkinson 2000, 27 f.).

2 Die Daten stammen jeweils aus Shaw 2003.

3 Vermutet wurden die 25. Dynastie (747–656 v. Chr.) oder die Ptolemäerzeit (332–30 v. Chr.). Auffällig ist, dass die frühdynastischen Herrscher mit Kartuschennamen geschrieben sind, die in jener Zeit noch nicht existierten. Andererseits sind einige Namen – anders als in den ramessidischen Königslisten – korrekt in ihrer archaischen Form wiedergegeben.

4 Das Stück der 6. Dynastie wurde in einem Sarg einer Königin wiederverwendet, wodurch der *terminus ante quem* sicher bestimmt werden kann (siehe Baud – Dobrev 1995, 23–92).

5 Die Felder der 4. und 5. Dynastien sind deutlich größer und breiter als die der früheren Zeit – vermutlich deswegen, weil mehr Informationen verfügbar waren.

6 Angegeben ist neben der Titulatur auch der Name der königlichen Mutter, was deren große Bedeutung für die dynastische Nachfolge demonstriert (vgl. Wilkinson 2000, 105).

hingegen nicht vor. Zusätzlich ist in einem weiteren Feld darunter die maximale Höhe der Nilüberschwemmung angegeben. Die Einträge bezüglich eines Herrschers enden jeweils mit der Zahl der Monate und Tage, die innerhalb eines Jahres bis zu seinem Tod verstrichen waren (z. B. Vs. II, 2: 6 Monate und 7 Tage). Im darauffolgenden Feld, das nochmals durch eine senkrechte Linie abgetrennt ist, finden sich die Monate und Tage desselben bürgerlichen Jahres, die bereits dem neuen Herrscher zugerechnet wurden.[7] Die Ausnahme für diesen Aufbau bildet das erste Register des Steins, in dem lediglich die Königsnamen (ohne Regierungsdauer) verzeichnet sind. Diese ansonsten nicht belegten Königsnamen könnten die Namen von Regenten aus der prädynastischen Zeit darstellen[8] oder aber rein fiktiv sein.[9] Eventuell sind sie mit den später im Turiner Königspapyrus genannten mythischen Herrschern zu verbinden, die dort ohne Namen und Regierungszeiten zwischen der Herrschaft der Götter und den irdischen Königen stehen. Die Vorderseite enthält die Könige der 1. bis zum Beginn der 4. Dynastie, die Rückseite die restliche 4. sowie die 5. Dynastie. Welcher Herrscher an erster Stelle der dynastischen Zeit steht, ist unklar, da die Identifikation des in späteren Quellen initial als Reichsgründer genannten Meni (Menes) nicht sicher ist; vermutet wurden Hor Aha oder Narmer.[10] Die Auswahl des zuerst genannten Herrschers beruht nicht unbedingt auf seiner Eigenschaft als tatsächlichem Reichseiniger, da dieser Prozess sich nach Ausweis der materiellen Kultur schrittweise vollzog, sondern eventuell auf der Tatsache, dass unter seiner Herrschaft mit der Annalenschreibung begonnen wurde.[11]

7 Wilkinson 2000, 89. Bisweilen kann aufgrund der fehlenden Anzahl von Tagen ein Interregnum angesetzt werden, sofern es sich nicht lediglich um einen Schreibfehler handelt (Wilkinson 2000, 92).

8 Wie verlässlich derartige Angaben sind, sei indes dahingestellt. Es könnte sich um die Herrscher der 0. Dynastie handeln, die kleinere Stadtstaaten regierten und über die bislang keine Schriftzeugnisse existieren (Kemp 2006, 92).

9 Wilkinson misst den unter den Namen – wohl als Determinativ – abgebildeten Königshieroglyphen mit entweder weißer (Oberägypten) oder roter Krone (Unterägypten) keine Aussagekraft hinsichtlich des tatsächlichen Herrschaftsgebiets bei, wie es in späterer ägyptischer Ideologie der Fall wäre (Wilkinson 2000, 85 f.).

10 Die Identifikation mit einem durch zeitgenössische Quellen belegten Herrscher wird erschwert, weil diese stets mit ihrem sogenannten Horusnamen genannt werden, während die späteren Listen den Thronnamen angeben. Die später übliche fünfteilige Titulatur samt Eigen- und Thronname tritt erstmals in der 4. Dynastie auf. Für die prädynastische Zeit sind nur Horus- und Nebti-Namen bekannt, ab der 3. Dynastie auch der Goldhorusname. Meni/Menes als erster Pharao taucht erstmals in der 18. Dynastie auf (vgl. Allen 1992; Helck 1953; Dreyer 2007; Heagy 2014).

11 Als Begründer der Jahreszählung galt lange Hor Aha, doch zeigen neuere Ausgrabungen, dass auch bereits unter Narmer Annalentäfelchen existierten (siehe Dreyer u. a. 1998, 139; siehe hierzu auch Heagy 2014, 67 f.).

Die genannten Ereignisse umfassen:

- Die Zeremonie des Erscheinens des Königs *(ḫꜥj(.t) nswt/bỉtỉ/nswt-bỉtỉ):* direkt nach der Thronbesteigung, danach alle zwei Jahre.
- Zählung (ab 2. Dynastie): ungenanntes Gezähltes oder (ab der 5. Dynastie) Rinder (z. B. Rs. II, 2), manchmal Gold und Felder (z. B. Vs. V, 3); zunächst alle zwei Jahre.
- Das sogenannte Horusgeleit *(šms-Ḥr)* (ab 2. Dynastie): wohl Fahrt des Pharaos durchs Land, eventuell zur Besteuerung, Rechtsprechung und Zählung des Viehbestands; alle zwei Jahre.
- Apis-Lauf: symbolische Verjüngung des Pharaos; alle sechs Jahre.
- Geburt (= Erschaffung) einer Götterstatue oder eines Kultsymbols (»Fetisch«) (z. B. Vs. II, 8–10).
- Sedfest: erstes Mal im Krönungsjahr, erneut nach 30 Jahren (eventuell in frühen Dynastien öfter), danach alle drei Jahre wiederholt.
- Sokarfest (ab 2. Dynastie): symbolisiert Tod des Vorgängers und Gründung der Grabstätte des zukünftigen Herrschers; alle sechs Jahre wiederholt (z. B. Vs. II, 7).
- Umschreiten der Mauern *(pẖr ḥꜣ ỉnb.w):* wohl die Mauern der Hauptstadt Memphis (äg. *ỉnb.w-ḥḏ);* stets in Verbindung mit dem Reichseinigungsfest *(smꜣ-tꜣ.wi)* zu Beginn der neuen Herrschaft genannt (z. B. Vs. II, 3).
- auch einmalige Ereignisse: unter König Den kriegerische Auseinandersetzung mit einem Volk von Wüstennomaden (Iuntiu) (Vs. III, 2) und Nilpferdjagd (Vs. III, 8); unter Ninetjer Zerstörung oder Gründung zweier Städte (Vs. IV, 8); unter Snofru erfolgreicher Kampf gegen Nubien (Vs. VI, 2); Gründungszeremonien für Domänen (z. B. Vs. VI, 3), Tempel (z. B. Vs. V, 11) und Bewässerungsanlagen; Stiftungen (ab 5. Dynastie, z. B. Rs. II, 2); Schiffbau (z. B. Vs. VI, 2); *ḏ.t*-Fest (z. B. Vs. IV, 14)[12].

Ausgewählte Publikationen, Übersetzungen und Kommentare

Die grundlegende Publikation erfolgte durch Heinrich Schäfer (1902). Eine englische, chronologisch nach Herrschern geordnete Gesamtübersetzung ist auch in Marshall Clagetts Quellensammlung zur altägyptischen Wissenschaft enthalten (1989). Die jüngste Übersetzung und ausführliche Kommentierung unter Berücksichtigung aller bekannten Bruchstücke legte Toby A. H. Wilkinson vor (2000). Jürgen von Beckerath befasst sich im Rahmen seiner übergreifenden Arbeit über die Chronologie des Alten Ägyptens mit der historischen Relevanz des Annalensteins (1997, 10. 13–19). In einen größeren kultur-

12 Es wurde vermutet, dass dieses Fest etwas mit der Zeitrechnung zu tun habe, da es erstmals unter Djer (9. Jahr) erwähnt wird, unter dem wohl auch die Einführung des Neujahrs mit Sothis lag (Wilkinson 2000, 102).

historischen Kontext, insbesondere hinsichtlich des Selbstverständnisses des ägyptischen Staates, wird der Stein von Jan Assmann (1996, 52–55) und Barry Kemp (2006, 61–69) gesetzt. Einen aktuelleren Blick auf die Annalenquellen Ägyptens wirft John Baines (2008), der sich zudem mit der generellen Aufzeichnung von Annalen befasst, die als Vorlagen für Quellen wie den Annalenstein gedient haben könnten.

Verwandte Quellen

Die Annalen des Alten Ägypten wurden übergreifend durch Donald B. Redford behandelt.[13] Ähnliche Angaben zu Regierungsjahren samt wichtiger Ereignisse sind auf kleinen Täfelchen aus Elfenbein, Holz oder Knochen belegt, die als Etiketten von Gefäßen, die zumeist als Grabbeigaben erhalten sind, Inhalts- und Herkunftsangaben sowie das Jahr der Produktion angeben.[14] Daneben gibt es einige weitere Quellen, die Königslisten mit Namen und manchmal Regierungsjahren enthalten, von denen die wichtigsten hier genannt seien:[15]

- Königsliste von Karnak aus dem Festsaal Thutmosis' III. (heute im Louvre, Inv.-Nr. E.13481bis): Dort sind 61 Königsstatuen abgebildet, vor denen geopfert wird. Dabei handelt es sich nicht um eine kohärente Reihenfolge, sondern wohl um die Statuen, die Thutmosis III. (ca. 1479–1425 v. Chr.) beim Umbau des Tempels vorfand und an anderen Orten deponierte.
- Königsliste Sethos' I. in Abydos: Diese Liste enthält 76 Herrscher von Menes bis Sethos I. (ca. 1294–1279 v. Chr.). Es fehlen die meisten Könige der 1. Zwischenzeit (ca. 2160–2055 v. Chr.) und alle der 2. Zwischenzeit (ca. 1750–1550 v. Chr.) sowie fünf Pharaonen der 18. Dynastie, die der *damnatio memoriae* anheimfielen (Hatschepsut, Echnaton, Semenchkare, Tutanchamun, Eje). Die Herrscher des Alten Reichs werden besonders betont. Sethos I. verehrt gemeinsam mit seinem Sohn Ramses II. die Götter und bringt ihnen Lobpreis und Opfer dar.[16]

---

13 Redford 1986, 18–64; der ägyptische Begriff für »Annalen« ist *gnw.t* (Redford 1986, 65–96); siehe auch von Beckerath 1997, 13–31.

14 Diese gehören zu den frühesten Zeugnissen der Schriftkultur Ägyptens, vgl. Shaw 2003, 3–5. 74–76.

15 Bis auf Manetho stammen alle aus dem Neuen Reich (ca. 1550–1069 v. Chr.). Eine Annalenquelle des Mittleren Reiches (ca. 2055–1650 v. Chr.) sind die »Annalen Amenemhets III.« auf einem in Memphis gefundenen Block aus Rosengranit, der die Ereignisse jedoch nicht explizit mit Jahren aufführt (Altenmüller 2015).

16 Ebenfalls aus Abydos stammen zwei Siegelabrollungen aus der 1. Dynastie aus dem Grab des Qa'a und des Dewen, die die Herrscher der 1. Dynastie bis zu Narmer nennen (Dreyer 1987; Dreyer u. a. 1996, 72 f.). Dass diese eine Art früheste Königsliste darstellen und somit eine lange Tradition des Vorgänger- und Ahnenkultes an diesem Ort belegen, an dem die frühdynastischen Herrscher Ägyptens (0.–2. Dynastie, ca. 3200–2686 v. Chr.) bestattet und bereits seit dem Mittleren Reich mystifiziert und kultisch verehrt wurden, ist denkbar (so Budka 2018, bes. 69 f. 77). Allerdings wurde auch vermutet, dass die Siegel lediglich aus der Verwaltung der jeweiligen Grabanlagen und des darin ausgeführten Kultes stammen (so zuletzt Dreyer 2007).

- Königsliste Ramses' II. (ca. 1279–1213 v. Chr.) in Abydos (heute im British Museum, Inv.-Nr. EA 117): Diese Königsliste ist nur fragmentarisch erhalten, ähnelte aber ursprünglich wohl derjenigen von Sethos I.
- Königsliste im Minfest-Relief des Ramesseums (Zeit Ramses' II.) in Theben: Priester tragen vor den Gott Min 14 Königsstatuen, deren Namen in Kartuschen geschrieben sind. Es handelt sich dabei um die Könige der 18. und 19. Dynastie (außer den Verfemten, siehe Königsliste Sethos' I. in Abydos), beginnend mit Ramses II. und endend mit Ahmose (18. Dynastie), Mentuhotep II. (11. Dynastie) und Menes (1. Dynastie), die alle drei als Reichsbegründer galten.
- Königsliste von Saqqara aus dem Grab des Tjunroy (Zeit Ramses' II.), die sich heute im Kairener Museum befindet. Die Liste umfasst 58 Herrscher. Es fehlen die Könige der 1. und 2. Zwischenzeit. Bemerkenswert ist, dass diese Liste nicht mit Menes, sondern mit Anedjib, dem 6. Herrscher der 1. Dynastie, beginnt. Tjunroy bittet um seinen Anteil am täglichen Opfer, das den Königen im Ptah-Tempel von Memphis dargebracht wird.
- Königsliste im Grab des Amenmose in Dra Abu el-Naga in Theben (TT 19; 19. Dynastie): der Grabbesitzer verehrt königliche Statuen von Ahmes-Nefertari und Ahmose bis Sethos I. (d. h. 18. und 19. Dynastie) sowie Mentuhotep II. (11. Dynastie) als Gründer des Mittleren Reiches. Es fehlen Echnaton und Tutanchamun.
- Königsliste im Grab des Imiseba in Scheich Abd el-Gurnah (TT 65; spätramessidisch): In diesem Grab ist eine Auflistung von zwölf Königsstatuen vertreten, die jedoch eine rigide Auswahl aus der 17., 18. und 20. Dynastie darstellt.[17]
- Königspapyrus Turin (wohl Zeit Ramses' II.): Dieser Papyrus umfasst elf Kolumnen mit ursprünglich 300 Königen. Es werden auch die ausländischen Herrscher der Hyksos (2. Zwischenzeit) genannt, deren Namen allerdings nicht in Kartuschen geschrieben sind, wodurch eine Unterbrechung der durchgehenden ägyptischen Regierung attestiert wird. Ferner werden die Regierungsjahre – manchmal zusätzlich auch die Tage des letzten Regierungsjahres – angegeben. Zudem sind bisweilen summierte Regierungsjahre bestimmter Zeitabschnitte genannt. Zu Beginn ist mehr als eine Kolumne den mythischen Vorfahren und Göttern gewidmet. Sie erscheinen ebenfalls in Kartuschen und mit der Jahresangabe ihrer »Regierungszeit«.
- Die *Aegyptiaca* (Geschichte Ägyptens von den ältesten Zeiten an bis zur makedonischen Eroberung) des griechisch schreibenden ägyptischen Priesters Manetho aus Sebennytos. Es handelt sich um drei Bücher aus frühptolemäischer Zeit, deren Inhalt nur in Auszügen durch spätere Autoren wie Josephus, Africanus und Euseb belegt ist. Die Abhandlung beginnt mit den Göttern – angefangen mit Ptah –, dann folgen die Nachfahren der Götter und die Totengeister, die wohl den ägyptischen *ꜣḫ.w* entsprechen, die

17 Siehe zuletzt Bács 2017.

auch der Turiner Königspapyrus nennt. Danach teilen die drei Bücher die Herrscher Ägyptens in die 1.–32. Dynastie (samt Zwischenzeiten) ein. Die 1. Dynastie beginnt mit Menes, die 32. makedonisch-griechische Dynastie mit Alexander dem Großen.[18]

Siehe auch

Q 13 – Die Mannestaten des Šuppiluliuma I.
Q 31 – Eponymenlisten in Rhodos: die Haliospriester
Q 32 – Genealogien am Beispiel des Kallimachos
Q 39 – Chronologie und das Erzählen von Geschichte I: Diodor, *Bibliotheke*
Q 43 – Fasti Antiates maiores
Q 45 – Chronologie und das Erzählen von Geschichte II: Cicero, *Brutus*

Technische Aspekte

Die Nilfluthöhen bezeichnen aufgrund der vermuteten Herkunft des Steins aus Memphis wohl die dort erreichten Maxima. Sie schwanken zwischen 0,53 m und 4,25 m. Insgesamt ist ein deutliches Abfallen bis zur 2. Dynastie zu vermerken, was sich auch mit den archäologisch nachgewiesenen Bebauungshöhen korrelieren lässt, die in diesem Zeitraum absinken.[19]

Die ab den Königen der 2. Dynastie angegebene Jahreseinteilung anhand der (Vieh-) Zählung ist nicht nur auf dem Palermostein, sondern auch auf den Elfenbeinetiketten oder in Graffiti belegt. Der zweijährige Rhythmus wird durch die alternierende Nennung oder die Angabe eines Jahrs *nach* dem x. Mal der Zählung *((m-)ḫt ṯnw.t)* angezeigt.[20] Jedoch sind bereits ab der 3. Dynastie Abweichungen von einem regelmäßigen zweijährigen Zyklus dokumentiert.[21] Mit Ende des Alten Reiches, spätestens jedoch im Mittleren Reich wird der Ausdruck *rnp.t-sp* (Jahr des Mals [der Zählung]) schließlich synonym zu »Regierungsjahr« verwendet.[22]

Auf dem Palermostein beginnt jedes neue Regierungsjahr mit dem Datum der Thronbesteigung, das zweite Regierungsjahr dann beim darauffolgenden Neujahr. Dies entspricht der antedatierenden Methode, während beispielsweise in Mesopotamien die postdatierende Methode vorherrschte, bei der das erste Regierungsjahr erst ab dem nächsten

18 Vgl. als antike Quelle außerdem Herodot 2, 4.
19 Wilkinson 2000, 95 f.; von Beckerath 1995, 15.
20 Siehe hierzu ausführlich Spalinger 1994.
21 Siehe z. B. Vs. VI, 3–4 (15. Jahr des Snofru): 7. Mal der Zählung gefolgt vom 8. Mal (Wilkinson 2000, 45).
22 Spalinger 1994.

Neujahr zu zählen beginnt. Ab dem Neuen Reich wurde jedoch wie heutzutage vom Tag der Thronbesteigung an mit Daten des bürgerlichen Kalenders gerechnet.

Soziokulturelle Auswertung

Der Palermostein und die zugehörigen Bruchstücke stellen die ältesten Zeugnisse historischer Annalenschreibung dar. Die exakte Auflistung entspricht dem ägyptischen System der Archivierung und Bewahrung administrativer Akten, das z. B. aus der Zeit der 5. Dynastie auch in Form von Verwaltungspapyri aus Abusir belegt ist.[23]

Die Besonderheit ist die Zählung nach Ereignissen, durch die zudem eine emische, d. h. kulturimmanente Sichtweise darüber aufscheint, was für bedeutend gehalten wurde. Wie zeitgleiche Öletiketten zeigen, die umfangreichere Angaben machen, fand – auch aufgrund des begrenzten Platzes – hierbei eine Auswahl statt. Dabei spielen religiöse Ereignisse eine größere Rolle als historische. Dies mag mit der kultisch-göttlichen Rolle des Pharao zusammenhängen, der mit Horus bzw. ab der 4. Dynastie auch mit dem Sohn des Sonnengottes identifiziert wurde, und dessen – wenngleich zumeist nur symbolisch in Ritualszenen abgebildete, in Wirklichkeit aber von Priestern ausgeführte – kultisch-rituelle Handlungen für den Erhalt des gesamten Kosmos verantwortlich waren.

Die Nilstandsmaxima hingegen verweisen auf einen ökonomischen Zusammenhang, da von der für die Flussoase so bedeutenden Höhe der Nilflut nicht nur das zu erwartende Ergebnis der Ernte, sondern auch die Besteuerung abhing (siehe auch Q 10). Ihre Beobachtung über einen langen Zeitraum hinweg erlaubte, Prognosen für das nächste Jahr oder eine tendenzielle Entwicklung auszumachen und sich mittels angepasster Vorratswirtschaft (und durch entsprechende Steuern) darauf vorzubereiten. Dass die Nilhöchststände, die die gesamte ägyptische Geschichte über mit »Nilometern« (im heutigen Assuan und Kairo) gemessen wurden,[24] akribisch in den Akten vermerkt wurden und von diesen Vorlagen auch auf den Annalenstein gelangen konnten, verwundert daher nicht.

Gleichfalls basiert die ab den Königen der 2. Dynastie belegte Angabe des »Mals« der Zählung (von Vieh) auf wirtschaftlichen Grundlagen. Die neben der Landwirtschaft für die Versorgung mit Nahrungsmitteln bedeutende Nutztierhaltung, die sehr zahlreich in den Gräbern des Alten Reiches abgebildet wird, stellte als vermutlich relativ regelmäßig alle zwei Jahre stattfindendes Ereignis eine Möglichkeit der Zeiteinteilung dar. Der bereits im Alten Reich stattfindende Wandel der Bezeichnung *rnp.t-sp* als gleichbedeutend mit dem Regierungsjahr eines Königs zeigt, dass die Zählung nun – eventuell aufgrund der Vergrößerung des Staates – entweder tatsächlich jedes Jahr durchgeführt werden

23 Posener-Kriéger 1976.

24 Vgl. Seidlmayer 2001.

musste, oder aber, dass dieser Zusammenhang schon nicht mehr bestand und es sich bei der Bezeichnung nur noch um ein Relikt früherer Zeiten handelt, das gleichwohl bis zum Ende der pharaonischen Geschichte weitergeführt wurde.

Schließlich ist noch nach der ursprünglichen Funktion des Objekts zu fragen, das als in Stein gemeißeltes Zeugnis die Zeiten überdauern sollte, während bloßen Verwaltungszwecken dienende Akten auf Papyrus festgehalten wurden.[25] Da nur Fragmente vorliegen und somit der Anfang nicht erhalten ist, gibt der Stein selbst hierüber keine Auskunft. Die aus dem Neuen Reich erhaltenen Königslisten (siehe den Abschnitt Verwandte Quellen) zeigen jedoch, dass diese stets in einem kultisch-rituellen Kontext – im Tempel oder im Grab – auftreten und der Verehrung der Vorfahren dienten. Zugleich sollte damit auf eine langreichende Geschichte bis hin zu göttlichen oder mythischen Anfängen verwiesen und die eigene Herkunft legitimiert werden. Die in all diesen Listen vorliegende lineare, scheinbar ununterbrochene Abfolge suggeriert eine geordnete Auffassung von Geschichte, die durch keinerlei Krisen, Ko-Regentschaften oder gar nebeneinander existierende Reiche ins Schwanken gebracht wurde, selbst wenn all dies durch andere Quellen in Ägypten belegt ist. Auf diese Weise konnten die Königslisten als Vorbild für die Gegenwart dienen.[26] Dafür wurden jedoch Zwischenzeiten oder im Nachhinein als abweichend empfundene und damit unerwünschte Herrscher – z. B. der weibliche Pharao Hatschepsut oder der »Ketzerkönig« Echnaton und seine direkten Nachfolger wie Tutanchamun – in den Listen ausgelassen. Andererseits wurden bestimmte, als glorreich wahrgenommene Zeiten wie etwa die Anfänge und das Alte Reich besonders hervorgehoben. Die Königslisten zeugen also von einem durch Ideologien beeinflussten und somit tendenziösen Geschichtsverständnis. Da sie als Zeugnisse des Kultes jedoch gar nicht der Historiographie dienen sollten, besteht auch kein Anlass, an diese Quelle die Erwartung einer exakten, objektiven oder gar vollständigen Faktenauflistung zu stellen. Tatsächlich ist noch nicht einmal sicher, ob die genannten Ereignisse tatsächlich geschehen sind oder ob diese nicht vielmehr ebenfalls nur eine idealisierte Vorstellung von den Handlungen des Pharao vermitteln sollten.[27] Aus diesem Grund handele es sich laut Wilkinson vor allem um solche Ereignisse, die einen

---

25 So ist der Turiner Königspapyrus als Zeugnis zu sehen, das auf Vollständigkeit bedacht war, weshalb auch als illegitim angesehene Könige aufgeführt werden. Gleichfalls ist Manethos Werk historiographischen Zielen zuzuordnen (vgl. zum Zweck des Annalensteins Wilkinson 2000, 59–61).

26 Kemp 2006, 65 f.; vgl. außerdem hierzu Assmann 1996, 35. 47–55.

27 So Wilkinson 2000, 62–70. Wilkinson gibt zu bedenken, dass die Ereignisse, sollten sie für eine Bezeichnung des jeweiligen Jahres dienen, im Voraus festgelegt worden sein müssen, ohne dass sie auch tatsächlich stattgefunden haben müssten (Wilkinson 2000, 63). Dies gilt allerdings nicht, wenn Quellen wie der Annalenstein oder die Etiketten erst nach Ablauf des jeweiligen Jahres beschriftet wurden, was im ersteren Fall sicher, im zweiten denkbar ist, da dann die Handlungen in Akten, die die Ereignisse eines Regierungsjahres notierten, nachgeschlagen worden sein könnten. Letztere Variante hält auch Baines 2008, 22 für möglich.

symbolischen Wert für das Königtum hatten, wie damit verbundene rituelle Handlungen, das Schaffen von Statuen und Stiftungen. Auch die wenigen genannten kriegerischen Aktionen könnten lediglich als Topos der Verteidigung des Reiches nach Außen genannt worden sein; selbst die Nilpferdjagd sei als symbolische Handlung der Feindvernichtung deutbar. Gleichwohl stellt der Annalenstein ein bedeutendes Zeugnis über das Selbstverständnis des ägyptischen Staates und die frühesten Formen ägyptischer Religion dar (mit Ritualen, Festen, Göttern, Statuen, Institutionen und heiligen Bauwerken).

Bibliographie

Altenmüller 2015
H. Altenmüller, Zwei Annalenfragmente aus dem frühen Mittleren Reich, Beihefte Studien zur Altägyptischen Kultur (Hamburg 2015).
Assmann 1996
J. Assmann, Ägypten. Eine Sinngeschichte (München 1996).
Allen 1992
J. P. Allen, Menes the Memphite, Göttinger Miszellen 126, 1992, 19–22.
Bács 2017
T. A. Bács, The Pride of the Ramessides: A Note on a Late Ramesside King-List, in: T. A. Bács – H. Beinlich (Hrsg.), Constructing Authority. Prestige, Reputation and the Perception of Power in Egyptian Kingship, 8th Symposium on Egyptian Royal Ideology, Königtum, Staat und Gesellschaft früher Hochkulturen 4.5 (Wiesbaden 2017) 5–18.
Baines 2008
J. Baines, On the Evolution, Purpose, and Forms of Egyptian Annals, in: E.-M. Engel – V. Müller – U. Hartung (Hrsg.), Zeichen aus dem Sand. Streiflichter aus Ägyptens Geschichte zu Ehren von Günter Dreyer, MENES. Studien zur Kultur und Sprache der ägyptischen Frühzeit und des Alten Reiches 5 (Wiesbaden 2008) 19–40.
Baud – Dobrev 1995
M. Baud – V. Dobrev, De nouvelles annales de l'Ancien Empire égyptien. Une »Pierre de Palerme« pour la VIe dynastie, Bulletin de l'Institut français d'archéologie orientale 95, 1995, 23–92.
von Beckerath 1997
J. von Beckerath, Chronologie des pharaonischen Ägypten. Die Zeitbestimmung der ägyptischen Geschichte von der Vorzeit bis 332 v. Chr., Münchner Ägyptologische Studien 46 (Mainz 1997).
Budka 2018
J. Budka, Abydos. Totenstadt der Pharaonen, in: R. Achenbach – N. Moustakis (Hrsg.), Heilige Orte der Antike. Gesammelte Studien im Anschluss an eine Ringvorlesung des Exzellenzclusters »Religion und Politik in den Kulturen der Vormoderne und der Moderne« an der Universität Münster im Wintersemester 2013/2014, Kasion 1 (Münster 2018) 67–93.
Clagett 1989
M. Clagett, Ancient Egyptian Science: A Source Book. I. Knowledge and Order, Memoirs of the American Philosophical Society 184 (Philadelphia 1989).
Daressy 1916
G. Daressy, La pierre de Palerme et la chronologie de l'Ancien Empire, Bulletin de l'Institut français d'archéologie orientale 12, 1916, 161–214.

Dreyer 1987
G. Dreyer, Ein Siegel der frühzeitlichen Nekropole von Abydos, Mitteilungen des Deutschen Archäologischen Instituts, Abteilung Kairo 43, 1987, 33–43.
Dreyer 2007
G. Dreyer, Wer war Menes? in: Z. A. Hawass – J. E. Richards (Hrsg.), The Archaeology and Art of Ancient Egypt. Essays in Honor of David B. O'Connor 1 (Kairo 2007) 221–230.
Dreyer u. a. 1996
G. Dreyer – E.-M. Engel – U. Hartung – T. Hikade – E. C. Köhler – F. Pumpenmeier, Umm el-Qaab, Nachuntersuchungen im frühzeitlichen Königsfriedhof. 7./8. Vorbericht, Mitteilungen des Deutschen Archäologischen Instituts, Abteilung Kairo 52, 1996, 11–81.
Dreyer u. a. 1998
G. Dreyer – U. Hartung – T. Hikade – E. C. Köhler – V. Müller – F. Pumpenmaier, Umm el-Qaab. Nachuntersuchungen im frühzeitlichen Königsfriedhof. 9./10. Vorbericht, Mitteilungen des Deutschen Archäologischen Instituts, Abteilung Kairo 54, 1998, 77–167.
Heagy 2014
T. C. Heagy, Who Was Menes? Archéo-Nil. Revue de la société pour l'étude des cultures prépharaoniques de la vallée du Nil 24, 2014, 59–92.
Helck 1953
W. Helck, Gab es einen König Menes? Zeitschrift der Deutschen Morgenländischen Gesellschaft 103, 1953, 354–359.
Helck 1970
W. Helck, Zwei Einzelprobleme der thinitischen Chronologie, Mitteilungen des Deutschen Archäologischen Instituts, Abteilung Kairo 26, 1970, 83–85.
Kemp 2006
B. J. Kemp, Ancient Egypt. Anatomy of a Civilization ²(London 2006).
Posener-Kriéger 1976
P. Posener-Kriéger, Les archives du temple funéraire de Néferirkarê-Kakaï (Les papyrus d'Abousir). Traduction et commentaire, Bibliothèque d'étude 65 (Kairo 1976).
Redford 1986
D. B. Redford, Pharaonic King-lists, Annals and Day-books. A Contribution to the Study of the Egyptian Sense of History (Mississauga 1986).
Schäfer 1902
H. Schäfer, Ein Bruchstück altägyptischer Annalen, Philosophische und Historische Abhandlungen der Preußischen Akademie der Wissenschaften 1 (Berlin 1902).
Seidlmayer 2001
S. Seidlmayer, Historische und moderne Nilstände. Untersuchungen zu den Pegelablesungen des Nils von der Frühzeit bis zur Gegenwart (Berlin 2001).
Shaw 2003
I. Shaw, The Oxford History of Ancient Egypt ³(Oxford 2003).
Spalinger 1994
A. Spalinger, Dated Texts of the Old Kingdom, Studien zur altägyptischen Kultur 21, 1994, 275–319.
Wilkinson 2000
T. A. H. Wilkinson, Royal Annals of Ancient Egypt. The Palermo Stone and Its Associated Fragments (London 2000).

Q2 Die Dekansternuhr des Idy

Rita Gautschy

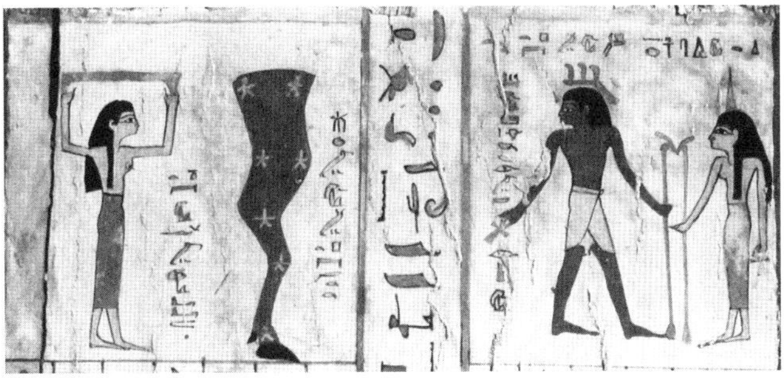

Abb. 1: Gesamtansicht und Vergrößerung des vertikalen Streifens der Sternuhr des Idy (© Museum der Universität Tübingen, Fotograf: H. Jensen).

Zur Quelle

Die Dekansternuhr des Flottenkommandanten Idy (siehe Abb. 1 und Taf. 1) stammt aus Asyût in Mittelägypten und wird heute im Museum der Universität Tübingen aufbewahrt.[1] Hierbei handelt es sich um eine tabellenförmige Sternliste, die sich auf dem Innendeckel eines Sarges befindet und aus der Zeit um 1900 v. Chr. stammt. Die Maße (L × B × H) des Deckels betragen 2 m × 48 cm × 6,7 cm. Die Sternuhr nennt in der ersten Zeile jeweils das Datum, in den folgenden zwölf Zeilen die 1. bis zur 12. Nachtstunde. Die 6. Nachtstunde ist von der 7. Nachtstunde durch eine horizontale Textzeile abgesetzt. Die Sternuhr ist von rechts nach links zu lesen. 18 von vermutlich ursprünglich 19 Spalten sind erhalten. Die elfte Spalte ist von der zwölften Spalte durch einen vertikalen Bildstreifen abgetrennt (Abb. 1 rechts). Darin sind vier wichtige Himmelsgottheiten dargestellt: Von links nach rechts sind dies die Himmelsgöttin Nut, das Sternbild Mes-chetiu, das unserem Sternbild Großer Wagen entspricht, das Sternbild Sah, das annähernd mit dem heutigen Sternbild Orion vergleichbar ist, sowie die Göttin Sopdet, die Personifikation des Sterns Sirius. Folgender Text ist den Gottheiten beigefügt:

Nw.t fꜣj ꜥ.wi=ṯ	(Oh) Nut! Erhebe deine Arme!
Msẖ.tiw m p.t mḥt.t	Vorderbein des Stieres am nördlichen Himmel.
Sꜣḥ m p.t rsi.t	Sah am südlichen Himmel.
Sꜣḥ pẖr ḥr=k r mꜣꜣ=k Wsir	(Oh) Sah! Wende dein Gesicht, sodass du Osiris sehen kannst!
Spd.t di=s ꜥnḫ	Sopdet, möge sie Leben geben!

Im horizontalen Textstreifen ist von Opfergaben für den Verstorbenen die Rede, welche der Sonnengott Re, die Gottheiten im Bildstreifen und einige Dekangottheiten, die sich nicht alle identifizieren lassen, darbringen. Der Text im horizontalen Streifen des Sarges des Idy lautet:[2]

1 Inv.-Nr. 6. Siehe Brunner-Traut – Brunner 1981, 209–227.

2 Zur Frage, wer hier der Geber und wer der Empfänger der Opfergaben ist, siehe Franke 2003, 41 f., dessen Vorschlag hier gefolgt wird. Die Formulierung *ḥtp di.n* in der Opferformel ist selten, viel gängiger ist die Variante *ḥtp (r)di.*

ḥtp di͗.n Rꜥ nb p.t m s.wt=f nb(.wt) pr.t-ḫrw tꜣ ḥnq.t i͗ḥ.w ꜣpdw n I͗dy pn ḥtp di͗.n Msḫ.ti͗w m p.t mḥt.t ḥtp di͗.n Nw.t pr.t-ḫrw tꜣ ḥnq.t i͗ḥ.w ꜣpdw n I͗dy pn ḥtp di͗.n Sꜣḥ m p.t rsi͗.t ḥtp di͗.n Smd rsi͗ ḥnꜥ Smd mḥti͗ ḥtp di͗.n nṯr ḏꜣw p.t
Ein Opfer, welches Re, der Herr des Himmels, gegeben hat, an allen seinen Stätten. Anrufungsgaben an Brot und Bier, Rindern und Geflügel für diesen Idy. Ein Opfer, welches das Vorderbein des Stieres am nördlichen Himmel gegeben hat. Ein Opfer, welches Nut gegeben hat. Anrufungsgaben an Brot und Bier, Rindern und Geflügel für diesen Idy. Ein Opfer, welches Sah am südlichen Himmel gegeben hat. Ein Opfer, welches der Südliche Semed und der Nördliche Semed gegeben haben. Ein Opfer, das der Gott gegeben hat, der den Himmel überquert (= Orion).

Ausgewählte Editionen und Studien

Die zwei grundlegenden Publikationen zu den Sternuhren stammen von Otto Neugebauer und Richard A. Parker (1960) sowie von Christian Leitz (1995), bei dem diese Instrumente ausführlich diskutiert werden. Die Online-Datenbank von Sarah Symons u. a. (2013) enthält Informationen zu allen bislang bekannten Objekten, Sarah Symons (2014) gibt einen guten Überblick über den Kontext und die Elemente der Sternlisten.[3] Die aktuell in Druckvorbereitung befindliche überarbeitete Habilitationsschrift von Joachim F. Quack (i. Dr.) beschäftigt sich eingehend mit den ägyptischen Dekanen.

Verwandte Quellen

Aus der Zeit zwischen 2050 und 1800 v. Chr. sind aktuell 27 derartige Sternuhren aus Mittel- und Oberägypten bekannt, wobei von manchen nur mehr einzelne Spalten erhalten sind.[4] Eine spätere Weiterentwicklung der Sternuhren findet sich in drei Ramessidischen Königsgräbern.[5]

Ab ca. 1200 v. Chr. tauchen in Mesopotamien die sogenannten *Astrolabien* auf, welche die Sternbilder schematisch nach ihrem heliakischen Frühaufgang im Laufe des Jahres

---

3 Symons u. a. 2013: https://aea.physics.mcmaster.ca/index.php/en/database/diagonal-star-tables (letzter Zugriff: 30.09.2019).

4 Siehe Neugebauer – Parker 1960 und Quack i. Dr. (Kapitel 1.2.1 Die Diagonalsternuhren) zu den Fundorten und der Datierung dieser Uhren.

5 Sternuhren befinden sich im Grab von Ramses VI. (KV 9; ca. 1140 v. Chr.) in Korridor B und in Halle F, im Grab von Ramses VII. (KV 1; ca. 1130 v. Chr.) in Halle J und im Grab von Ramses IX. (KV 6; ca. 1110 v. Chr.) in Korridor C. Die Grundlage dieser Sternuhren war nicht mehr der Auf- oder Untergang einzelner Sterne oder Sterngruppen (siehe Abschnitt Technische Aspekte) übers Jahr hinweg, sondern deren Höchststände (obere Kulmination). Siehe Neugebauer – Parker 1964; Leitz 1995, 117–264.

anordnen (vgl. auch Q 17 und Q 18).[6] Insgesamt sind jeweils 36 Sterne genannt – drei für jeden Monat. Der Himmel ist in Mesopotamien in drei Wege unterteilt: den Weg des Enlil im Norden, den Weg des Anu in einem Streifen von ± 17° rund um den Äquator und den Weg des Ea im Süden. Die Werte von ± 17° rund um den Äquator ergeben sich dadurch, dass die Sonne je drei aufeinanderfolgende Monate in einem dieser Wege verbringen soll. Die mesopotamischen *Astrolabien* sind nichts anderes als eine stark vereinfachte, auf die 12. Nachtstunde reduzierte Version einer ägyptischen Sternuhr.

Siehe auch

Q 4 – Die astronomische Decke des Senenmut-Grabes
Q 6 – Eine Wasseruhr aus der Zeit des Pharaos Amenophis III.
Q 7 – Eine Sonnenuhr aus dem Tal der Könige
Q 33 – Arats *Phainomena*
Q 43 – Fasti Antiates maiores

Technische Aspekte

Die Grundlage der Sternuhren waren die Auf- oder Untergänge einzelner Sterne oder Sterngruppen in Zwölf-Stunden-Intervallen während der Nacht und in Zehn-Tages-Intervallen (Dekaden) über das Jahr hinweg. Die Sterne bzw. Sterngruppen, die für zehn Tage lang eine bestimmte Nachtstunde markierten, wurden seit der Ptolemäerzeit (ab 332 v. Chr.) Ägyptens Dekane genannt. Zuvor wurden sie als »die Arbeitenden« *(bꜣk.ti͗w* bzw. *bꜣk.w)* oder als »Götter der Dekaden« *(nꜣ nṯr.w n pꜣ sw 10)* bezeichnet. Eine vollständige Sternuhr besteht aus 37 Spalten – für die 36 Dekaden des Jahres plus einer weiteren Spalte für die fünf Epagomenentage – und aus 12 Zeilen, eine für jede Nachtstunde. Jeder Monat enthält drei Dekaden, die in der Datumszeile üblicherweise als erste *(tpi͗)*, mittlere *(ḥri͗-i͗b)* bzw. letzte *(ḥri͗-pḥ.wi͗)* Dekade des betreffenden Monats bezeichnet werden. In den einzelnen Feldern stehen Sternnamen, die pro Dekade eine Stunde nach vorne – d. h. nach oben – rücken, was graphisch eine Diagonale ergibt. Daher werden diese Instrumente auch als diagonale Sternuhren bezeichnet. Eine Dekansternuhr ist von rechts unten nach links oben zu lesen.

Verfolgt man den Weg eines bestimmten Dekans in diesen Tabellen, so sieht man, dass ein Dekan seine »Arbeit« beginnt, wenn er während der 12. Nachtstunde aufgeht. Zehn Tage später geht er bereits während der 11. Nachtstunde auf. Wieder zehn Tage später erfolgt der Aufgang des Dekans bereits während der 10. Nachtstunde. Dieses

6 Horowitz 2014.

Schema setzt sich fort, bis der Dekan während der 1. Nachtstunde aufgeht und zehn Tage später seine Arbeit beendet hat, weil er dann eine gewisse Zeit lang am Nachthimmel unsichtbar ist.[7] Jede Stunde wird also mit einem bestimmten Stern oder einer Sterngruppe verbunden.

Die Sternuhr des Idy zeigt ein vereinfachtes Schema (Abb. 2): sie besitzt nur 18 bzw. ursprünglich wahrscheinlich 19 statt 37 Spalten. Das bedeutet, dass hier entweder nur ein Halbjahr dargestellt ist oder aber der Auf- bzw. Untergang eines Dekans nicht nur zehn, sondern 20 Tage lang eine bestimmte Nachtstunde anzeigt. Vertraut man den Angaben in der Datumsreihe, so müsste es sich um ein Halbjahr handeln: In den ersten zwölf Spalten von rechts nach links ist von den drei Dekaden des ersten, zweiten, dritten und vierten Monats der *Achet*-Jahreszeit die Rede, danach folgen je drei Dekaden des ersten und zweiten Monats der *Peret*-Jahreszeit.

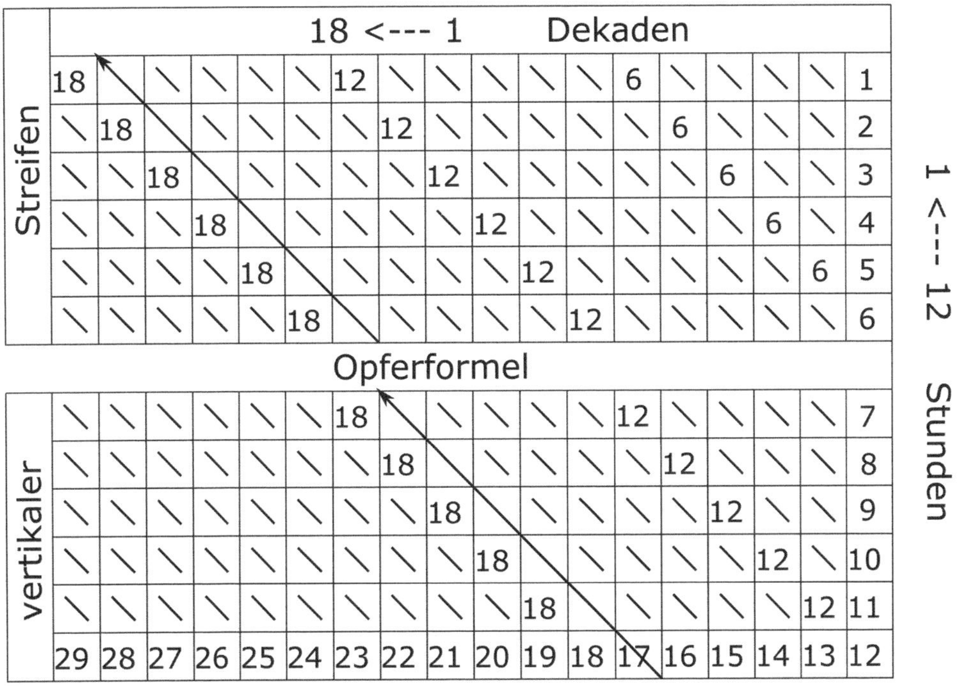

Abb. 2: Das Schema der Sternuhr des Idy (eigene Zeichnung).

7 Folgt man der Interpretation von Leitz 1995, 67, dann würde nicht der Aufgang, sondern der Untergang der Dekansterne eine bestimmte Nachtstunde anzeigen.

In den ersten neun Spalten von rechts ist das Schema fehlerfrei.[8] Ab der zehnten Spalte von rechts sind die Dekane Nr. 16 und 17 vertauscht. Zudem ist die Spalte 12 identisch zur Spalte 11. Obwohl sich die Namen der Dekane zumindest teilweise übersetzen lassen, so kann doch nur einer davon sicher mit einem bestimmten Stern identifiziert werden: Es ist dies Dekan Nr. 31, bei dem es sich um den Stern Sirius handelt. Die folgende Tabelle fasst die im Sarg des Idy vorkommenden Dekane zusammen und gibt deren Bedeutung an, sofern sie bekannt ist.[9]

Nr.	Dekanname	Vokalisation und Übersetzung
1	*Ṯmꜣ.t-ḥr.t*	Tschemot-heret: der obere »Ranzen«
2	*Ṯmꜣ.t-ẖr.t*	Tschemot-cheret: der untere »Ranzen«
3	*Wš(ꜣ.ti͗)-bkꜣ.t(i͗)*	Weschati-bekati: die zwei gemästeten schwangeren Vögel
4	*I͗pḏs*	Ipdes: der Ferne
5	*Sbš=sn*	Sebeschsen: »sie sind klar«
6	*Ḫnt.t-ḥr.t*	Chentet-heret: oberer Schiffsvorderteil
7	*Ḫnt.t-ẖr.t*	Chentet-cheret: unterer Schiffsvorderteil
8	*Ṯms-n-ḫnt.t*	Tschemes-en-chentet: der Rote des Schiffsvorderteils
9	*Qd.ti͗*	Qedeti: die beiden Lotusblätter?
10	*Ḫn.wi͗*	Chenui: die beiden Fische
11	*Ḥri͗-i͗b-wi͗ꜣ*	Heri-ib-waia: der, der mitten im Schiff ist
12	*Šsm.w*	Schesmu: die Weinpresse
13	*Knm*	Konime: der »Eingewickelte«
14	*Smd-sr.t*	Semed-seret: die Randlinie des Schafes
16	*Sꜣ.wi͗-sr.t*	Sawi-seret: die beiden Söhne des Schafes
17	*H̱ri͗-ḫpd-sr.t*	Cheri-chepet-seret: der unter dem Schwanz des Schafes
18	*Tpi͗-ꜥ-ꜣḫ.wi͗*	Tepi-a-achui: Vorgänger der beiden Schopfibisse
20	*I͗mi͗-ḫt ꜣḫ.wi͗*	Imi-chet-achui: Nachfolger der beiden Schopfibisse
19	*ꜣḫ.wi͗*	Achui: die beiden Schopfibisse

8 Die Nummerierung der Dekane folgt derjenigen in Neugebauer – Parker 1960, 2 f.

9 Die Vokalisation folgt den Angaben in Hannig 2006, die Übersetzung den Vorschlägen in Quack i. Dr. (Kapitel 1.4. Die Dekannamen, ihre Vokalisation und ihre Bedeutung).

Nr.	Dekanname	Vokalisation und Übersetzung
22	*Qd*	Qed: ein Tier?
23	*Ḫꜣ.w*	Chau: die Tausend (ein Sternhaufen?)
25	*Ḫri-ꜥr.t*	Cheri-oret: der unter der Zepterspitze ist (des Orion)
26	*Rmn-ḥri*	Remenheri: der Oberarm (des Orion)
28	*ꜥbw.t*	Abut: unteres Ende des Zepters (des Orion)
29	*Ḫri-wꜥr.t*	Cheri-Waret: untere Hüfte (des Orion)
30	*Tpi-ꜥ-Spd.t*	Tepi-a-sopdet: Vorgänger der Spitze (des Sirius)
31	*Spd.t*	Sopdet: die Spitze (Sirius)
32	*Knm.t*	Kenmet: ein Säugetier

Der genannte Dekan gibt am Beginn einer Dekade das Ende der entsprechenden Stunde an, falls es sich bei den Angaben im Sarg um Sternaufgänge handelt.[10] Dies würde bedeuten, dass ein Stern im Prinzip ab seinem heliakischen Frühaufgang als Dekanstern dienen kann, weil er ab dann jeden Tag ein bisschen länger am Himmel sichtbar ist.[11] Bei den angegebenen Stunden handelt es sich um eine Form von Gleichstunden: Da ein Stern jeden Tag um 3 Minuten und 56 Sekunden früher aufgeht als am Vortag, verschiebt sich seine Aufgangszeit während einer Dekade um knapp 40 Minuten.[12] Demnach muss auch eine Sternuhrstunde 40 Minuten dauern. Die helleren Sterne werden erst kurz vor dem Einsetzen der nautischen Dämmerung sichtbar, wenn die Sonne bereits ca. 6° unter dem Horizont steht. Die Zeit zwischen Sonnenuntergang und Sonnenaufgang beträgt in Asyût zwischen zehn (zur Sommersonnenwende) und vierzehn (zur Wintersonnenwende) Äquinoktialstunden, mit den zwölf Sternen können acht davon abgedeckt werden. Es verbleiben daher zwischen einer und zwei Äquinoktialstunden nach Sonnenuntergang bzw. vor Sonnenaufgang, für die es in den Sternuhren keine Dekane als Anzeiger gibt.[13] Die erste dieser maximal zwei betreffenden Äquinoktialstunden dauert abends von Sonnenuntergang bis zum Erscheinen der helleren Sterne (Einsetzen der nautischen Dämmerung; ca. 50–60 Minuten

10 Leitz 1995, 71–73.

11 Handelte es sich stattdessen um Sternuntergänge, würden die Sterne zu Beginn einer Dekade den Beginn einer Stunde markieren. Ein Stern könnte dann bis zu seinem heliakischen Spätuntergang als Dekanstern dienen.

12 Ein Siderischer Tag, der die Rotation der Erde und ihren Umlauf um die Sonne widerspiegelt, dauert 23 Stunden 56 Minuten und 4 Sekunden. Daher geht ein bestimmter Stern jeden Tag um 3 Minuten und 56 Sekunden früher auf als am Vortag.

13 Dies gilt, wenn man annimmt, dass das Ende der sechsten Stunde Mitternacht markieren soll (Leitz 1995, 76).

nach Sonnenuntergang), für die zweite könnte der Zeitpunkt, bis alle mit freiem Auge sichtbaren Sterne eindeutig erkennbar sind (Einsetzen der astronomischen Dämmerung; ca. 80–90 Minuten nach Sonnenuntergang), ein Indikator gewesen sein.[14]

Man muss sich im Klaren darüber sein, dass diese Dekansternlisten eine sehr schematische Repräsentation des Himmels darstellen. Zum Zeitpunkt der Erstellung der Dekanliste sollten vor Dämmerungsbeginn am Morgen in einer bestimmten Dekade dennoch alle in dieser Dekade genannten Sterne am Himmel sichtbar gewesen sein.[15] Helle Sterne sind am Himmel jedoch sehr ungleich verteilt – es ist unmöglich, für jede Jahreszeit geeignete Anzeiger zu finden, die in regelmäßigen Abständen zueinander auf- oder untergehen. Dies bedeutet, dass in der Realität die durch die Auf- oder Untergänge der genannten Dekansterne definierten Stunden gar nicht exakt gleich lang sein konnten. Die Tatsache, dass die betreffenden Sterne für mindestens 120 Tage lang auf- bzw. untergehend beobachtbar sein müssen, stellt eine weitere Einschränkung dar, die einige helle Sterne ausschließt. Bei Versuchen der Identifikation dieser Dekansterne sollten daher Abweichungen von mindestens einer halben Äquinoktialstunde zugelassen werden.[16]

Wenn die Angaben in den Sternlisten die tatsächlichen Gegebenheiten am Himmel zum Zeitpunkt des Todes des Sargbesitzers hätten angeben sollen, hätte das zugrundeliegende Schema nach wenigen Jahrzehnten angepasst werden müssen, weil das ägyptische bürgerliche Jahr keine Schalttage kennt (siehe Chronologische Grundlagen: Ägypten).[17] Da die Listen in vielen Särgen aus unterschiedlichen Zeiten jedoch mit den gleichen Dekansternen beginnen und abgesehen von Schreiberfehlern und Varianten recht gut vergleichbar sind, ist offensichtlich, dass derartige Anpassungen unterlassen wurden. Im Sarg des Idy taucht der Stern Sirius in der 17. Dekade als Anzeiger der 12. Nachtstunde auf. Gemäß der Datumszeile entspräche dies dem Zeitraum zwischen dem 10. und dem 20. Tag des zweiten Monats der *Peret*-Jahreszeit. Unter Berücksichtigung der in der Sternuhr nicht angezeigten letzten ein bis zwei Stunden vor Sonnenaufgang lässt sich grob abschätzen, dass zum Zeitpunkt der Erstellung des dieser Sternuhr zugrundeliegenden Schemas der heliakische Frühaufgang des Sirius auf einen beliebigen Tag zwischen Tag 1 und Tag 10 des zweiten Monats der *Peret*-Jahreszeit gefallen sein sollte, wenn es sich bei den Angaben in der Sternuhr um Sternaufgänge handelt. Falls der Bezugsort für den heliakischen Frühaufgang Theben war, ergäbe sich eine Datierung des Schemas zwischen 2158 und

---

14 Rund um die Äquinoktien sind die Dämmerungszeiten am kürzesten, rund um die Sonnenwenden hingegen am längsten.

15 Falls Sternuntergänge die einzelnen Nachtstunden markierten, sollte dies nach Dämmerungsende am Abend der Fall gewesen sein.

16 Für Identifikationsversuche der Dekansterne siehe Leitz 1995, 85–96; Lull – Belmonte 2006, 383 f.; Lull – Belmonte 2009, 162 f.

17 Nach 40 Jahren wären in einem Sarg mit einem vollständigen Schema alle Angaben um eine Dekade verrutscht gewesen.

2118 v. Chr., für Memphis hingegen zwischen 2175 und 2135 v. Chr.[18] Der Sarg des Idy wird in die Mitte der 12. Dynastie (ca. 1900 v. Chr.) datiert,[19] d. h. das verwendete Schema wäre bereits mehr als 200 Jahre alt und im Vergleich zu den tatsächlichen Gegebenheiten am Himmel um eineinhalb bis zwei Monate verschoben gewesen. Geht man hingegen davon aus, dass es sich bei den Angaben in den Sternuhren um Sternuntergänge handelt, dann müsste Sirius rund um den Anfang der 30. Dekade (1. Tag des dritten Monats der *Schemu*-Jahreszeit) heliakisch untergegangen sein. Dies würde in die Jahre um 2750 v. Chr. führen und somit in die Zeit, in der der bürgerliche ägyptische Kalender eingeführt wurde. Dass das Schema so früh entstanden war, ist nicht unmöglich, aber eher unwahrscheinlich: Christian Leitz' Annahme, dass es sich in diesem Fall um eine Angabe im sogenannten idealen immerwährenden bürgerlichen Kalender handelt, in dem die erste Sichtbarkeit des Sirius am Nachthimmel kurz vor Sonnenaufgang immer mit Neujahr am 1. Tag des ersten Monats der 1. Jahreszeit (I *Achet* 1) zusammenfiel, erscheint plausibler.[20]

Soziokulturelle Auswertung

Die Mehrheit der erhaltenen Särge mit Dekansternlisten auf den Innenseiten der Deckel stammen aus Asyût, wenige aus Theben. Somit scheint es sich hierbei um ein eher lokales Phänomen gehandelt zu haben, derartige Dekansternlisten auf seine Reise ins Jenseits mitzunehmen. Warum aber wählte ein vornehmer Ägypter eine veraltete schematische Repräsentation des Sternenhimmels eines Halbjahres als Dekoration für den Deckel seines Innensarges? Es war Ziel jedes begüterten Ägypters, nach seinem Tod im Jenseits ein gutes Leben zu führen. Bis dahin galt es jedoch, einige Prüfungen zu bestehen. Das Kennen der Zeit könnte dabei auch eine Rolle gespielt haben. Der Verstorbene lag vermutlich mit dem Gesicht nach oben im Sarg, d. h. er hätte die Sternliste »im Blick« gehabt. Es wurde vorgeschlagen, dass diese Sternlisten dazu dienen sollten, dem Verstorbenen die korrekte Zeitbestimmung in der Nacht zu ermöglichen, damit er vielleicht selbst ein Stern und somit Teil des ewigen Jahreslaufes werden konnte.[21] In analoger Weise lassen sich Darstellungen der Sonne und des Mondes in Särgen deuten: Mit deren Hilfe versucht der Tote, am ewigen Kreislauf der Gestirne teilzuhaben und eine tägliche (Darstellungen der Sonne) bzw. monatliche (Darstellungen des Mondes) Verjüngung zu erleben.[22]

18 Gautschy 2014: http://www.gautschy.ch/~rita/archast/sirius/sirius.html (letzter Zugriff: 30.09.2019).
19 Brunner-Traut – Brunner 1981, 209.
20 Leitz 1995, 67 f.
21 Siehe z. B. Willems 1996, 335–337.
22 Altmann-Wendling 2018, 74–84.

Joachim F. Quack möchte den Sinn der Diagonalsternuhren in den Särgen hingegen im Bereich der Handlungen im Umkreis von Balsamierung und Bestattung sehen.[23] In der Nacht vor der Bestattung wurden in der Balsamierungshalle die sogenannten Stundenwachen durchgeführt. Diese Stundenwachen waren nächtliche Rituale, die in 12 Stunden organisiert waren. Damit das jeweilige Ritual zum richtigen Zeitpunkt durchgeführt werden konnte, benötigte man eine Uhr. Dafür kamen nur eine Diagonalsternuhr oder eine Wasseruhr in Frage.

Beide Interpretationen liefern keine Erklärung dafür, warum man das Schema nicht an die aktuellen Gegebenheiten angepasst hatte – was beim Sarg des Idy, der nur das erste Halbjahr umfasst, relativ einfach zu bewerkstelligen gewesen wäre, da nur die Datumszeile hätte angepasst werden müssen. Vermutlich war dem Sarginhaber nur das Konzept der Zeitmessung wichtig, nicht die reale Messung: So werden z.B. auch in der Spätzeit und der griechisch-römischen Periode Darstellungen der Tages- und Nachtstunden in Gräbern und auf Sargdeckeln äußerst beliebt.[24] Um das Problem der nur kurzen Gültigkeit der Angaben in den Sternlisten zu umgehen, hat Leitz vorgeschlagen, dass in diesen Listen nicht die Auf-, sondern die Untergänge der Dekansterne verzeichnet waren und es sich dabei um Angaben im idealen immerwährenden bürgerlichen Kalender handelt.[25] Diese Konstellation war für die Ägypter der Idealfall, sie markiert die Gegebenheiten zur Einführung des Kalenders, die nur etwa alle 1460 Jahre den Tatsachen entspricht (siehe Chronologische Grundlagen: Ägypten). Wenn Sirius in der 18. Dekade erstmals untergehend beobachtet werden kann, dann fällt sein heliakischer Frühaufgang tatsächlich in die erste Dekade des Jahres. Dass Sirius im Sarg des Idy bereits in der 17. Dekade auftaucht, sieht Leitz als eindeutigen Fehler.[26] Folgt man seiner Interpretation, so wäre der Zweck dieser Sternlisten in den Särgen gewesen, dem Verstorbenen im Jenseits die korrekte Zeit im Idealkalender anzuzeigen, der ewig gültig ist. Dies erscheint plausibel, wenn man bedenkt, dass auch auf astronomischen Decken und in Särgen gerne ideale Zustände dargestellt werden, so z.B. die Sonne und der Mond zur Vollmondphase, wenn sich beide am Himmel genau gegenüberstehen.[27] Egal welche der vorgeschlagenen Interpretationen man bevorzugt, schwer zu erklären bleibt die Tatsache, dass nur ein halbes Jahr dargestellt ist: Vielleicht geschah dies aus Platzmangel.

23 Siehe Quack i.Dr. (Kapitel 1.2.1 Die Diagonalsternuhren).

24 Pries 2011, 28f.; Quack i.Dr. (Kapitel 1.2.3.4 Hypostyle Hallen in Tempeln, Decken und Kapitel 1.2.3.10 Decken osirianischer Komplexe).

25 Leitz 1995, 67f.

26 Leitz 1995, 69. Da die 12. Spalte zudem fälschlicherweise identisch zur 11. Spalte ist, wäre Sirius eigentlich sogar bereits in die 16. Spalte gerutscht.

27 Altmann-Wendling 2018, 74–84.

Bibliographie

Altmann-Wendling 2018
V. Altmann-Wendling, MondSymbolik – MondWissen. Lunare Konzepte in den ägyptischen Tempeln griechisch-römischer Zeit, Studien zur spätägyptischen Religion 22 (Wiesbaden 2018).
Brunner-Traut – Brunner 1981
E. Brunner-Traut – H. Brunner, Die Ägyptische Sammlung der Universität Tübingen (Mainz 1981).
Franke 2003
D. Franke, The Middle Kingdom Offering Formulas: A Challenge, The Journal of Egyptian Archaeology 89, 2003, 39–57.
Gautschy 2014
R. Gautschy, Der Stern Sirius im Alten Ägypten und in Babylon, http://www.gautschy.ch/~rita/archast/sirius/sirius.html (letzter Zugriff: 30.09.2019).
Hannig 2006
R. Hannig, Die Sprache der Pharaonen. Großes Handwörterbuch Ägyptisch-Deutsch (2800–950 v. Chr.) (Mainz 2006).
Horowitz 2014
W. Horowitz, The Three Stars Each. The Astrolabes and Related Texts, Archiv für Orientforschung Beih. 33 (Wien 2014).
Leitz 1995
C. Leitz, Altägyptische Sternuhren (Löwen 1995).
Lull – Belmonte 2006
J. Lull – J. A. Belmonte, A Firmament above Thebes: Uncovering the Constellations of Ancient Egyptians, Journal for the History of Astronomy 37, 2006, 373–392.
Lull – Belmonte 2009
J. Lull – J. A. Belmonte, The Constellations of Ancient Egypt, in: J. A. Belmonte – M. Shaltout (Hrsg.), In Search of Cosmic Order. Selected Essays on Egyptian Archaeoastronomy (Kairo 2009) 157–194.
Neugebauer – Parker 1960
O. Neugebauer – R. A. Parker, Egyptian Astronomical Texts I. The Early Decans (London 1960).
Neugebauer – Parker 1964
O. Neugebauer – R. A. Parker, Egyptian Astronomical Texts II. The Ramesside Star Clocks (London 1964).
Pries 2011
A. H. Pries, Die Stundenwachen im Osiriskult. Eine Studie zur Tradition und späten Rezeption von Ritualen im Alten Ägypten (Wiesbaden 2011).
Quack i. Dr.
J. F. Quack, Beiträge zu den ägyptischen Dekanen und ihrer Rezeption in der griechisch-römischen Welt, Orientalia Lovaniensia Analecta (Löwen, im Druck).
Symons 2014
S. L. Symons, Contexts and Elements of Decanal Star Lists in Ancient Egypt, in: D. Bawanypeck – A. Imhausen (Hrsg.), Traditions of Written Knowledge in Ancient Egypt and Mesopotamia (Münster 2014) 91–122.
Symons u. a. 2013
S. L. Symons – R. Cockcroft – J. Bettencourt – C. Koykka, Ancient Egyptian Astronomy Database, http://aea.physics.mcmaster.ca/index.php/en/database (letzter Zugriff: 30.09.2019).
Willems 1996
H. Willems, The Coffin of Heqata (Cairo JdE 36418). A Case Study of Egyptian Funerary Culture of the Early Middle Kingdom (Löwen 1996).

Q 3

Die Grabinschrift des »Uhrmachers« Amenemhet

Marco Stockhusen

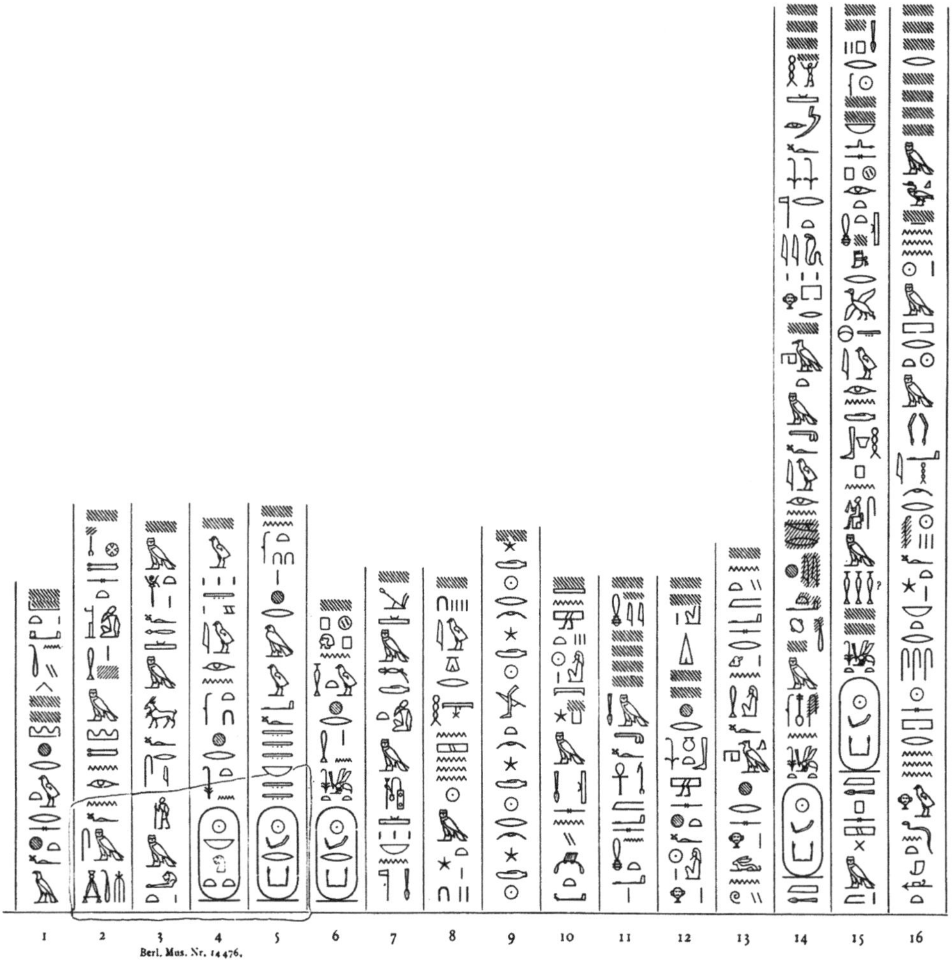

Abb. 1: Die Grabinschrift des »Uhrmachers« Amenemhet (Borchardt 1920, Taf. 18).

Transliteration und Übersetzung (Kol. 6–16)

(6) [... s]p-tpỉ n ḥsw.t ḫr ḥm n nsw bỉtỉ (Ḏsr-kꜣ-Rꜥ)| (7) [...] m šdj.t m sḫꜣ.w nb(.w) n mdw-nṯr (8) [... grḥ n ꜣḫ.t m wnw.t] 14 ỉw grḥ n šmw m wnw.t 12 (9) [... ꜣ]bd r ꜣbd ỉꜣṯ.t ꜣbd r ꜣbd (10) [...].n(=ỉ) šm.wt Rꜥ?[1] m smꜣ?=snỉ ꜣwj.t (11) [...] mỉ [...]y[...].tỉ m-bꜣḥ=f[2] ꜥnḫ wꜣs m ꜥ=s mỉ n.t-ꜥ (12) [... R]ꜥ? dỉ [...] ḫr Nḫb.t šm=s ḫft Rꜥ ḥr (13) [...] ntỉ m ꜥ=s r fnḏ n ḥm=f hꜣj.ḫr?=s ḥr wn.wỉ? (14) [...] ⌜ḥꜥj⌝ mꜣꜣ=f nn nṯry.wt ḥr prj[.t] hꜣj.t m-bꜣḥ=f ỉw ỉrj.n(=ỉ) [mr] ḫ[y.t] ⌜ḥsb.tỉ⌝ m rnp.t nfr ⌜s(ỉ)⌝ n nsw bỉtỉ (Ḏsr-kꜣ-Rꜥ)| mꜣꜥ-ḫrw (15) [...] ⌜sỉp.tỉ⌝? r tr[...] nb n-sp ỉrj.t mỉt[.t] ḏr pꜣw.t tꜣ ỉw ỉrj.n(=ỉ) dbḥ[3] pn šps m ḥsw.t [n.t] nsw bỉtỉ (Ḏsr-kꜣ-Rꜥ)| mꜣꜥ-ḫrw psš m gs (16) [...] r [...] m ꜥq [š]mw m pr.t m sḫn ỉꜥḥ r ⌜tr⌝.w=f wnw.t nb.t r sw=s prj mw ḥr wḏn.t wꜥ.t

6 [... ers]tes Mal des Lobes unter der Majestät des Königs von Ober- und Unterägypten Djeserkare (= Amenophis I.) 7 [...] beim Lesen in allen Schriften der Gottesworte. 8 [... die Nacht der Achet-Jahreszeit] 14 [Stunden lang ist], wenn die Nacht der Schemu-Jahreszeit 12 Stunden (lang) ist.[4] 9 [... von M]onat zu Monat (und) eine Verringerung von Monat zu Monat. 10 [...] der Lauf des Re? in ihrer Vereinigung?. Das Überreichen 11 [...] wie [...] vor ihm, *Anch* (und) *Was* sind in ihrer Hand, wie es Brauch ist. 12 [... R]e? [...] zu Nechbet. Sie tritt vor Re auf 13 [...] das in ihrer Hand ist, an die Nase Seiner Majestät. Dann steigt sie herab?[5] 14 [...] jubelt, wenn er diese Göttinnen beim Hinauf- und Herabgehen vor ihm sieht. Ich machte ein *Merchet*,[6] berechnet auf das Jahr. Es gefiel dem König von Ober- und Unterägypten Djeserkare, gerechtfertigt 15 [...] geprüft? für jede Jahreszeit?. Niemals wurde Gleiches getan seit der Urzeit des Landes. Ich machte dieses edle Messgerät in der Gunst des Königs von Ober- und Unterägypten Djeserkare, gerechtfertigt, geteilt in Halb 16 [...] bei Eintreten der Schemu-Jahreszeit, der Peret-Jahreszeit, beim Umfassen? des Mondes zu seinen Zeiten. Jede Stunde ist zu ihrer Zeit. Das Wasser fließt durch einen Auslauf ab.

Eigene Transliteration und Übersetzung.

1 Die Abschriften weichen voneinander ab. Schiaparelli kopierte 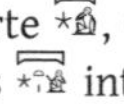, Golenischeff hingegen . Helck machte daraus , während von Lieven die Zeichenreste als  interpretiert. Zu den Problemen in dieser Kolumne siehe ausführlich von Lieven 2016, 222 f.

2 Nach Sethe, der vorschlug, an dieser Stelle  zu lesen. Siehe von Lieven 2016, 213 Abb. 4a.

3 Das Wort *dbḥ*, geschrieben mit dem Determinativ , kann in diesem Kontext nur eine Wasseruhr meinen.

4 Joachim F. Quack möchte statt *ꜣḫ.t* eher ein *Pr.t* ergänzen, weil »die Nacht der *Peret*-Jahreszeit« und »die Nacht der *Schemu*-Jahreszeit« hier stellvertretend für die kalte und warme Jahreshälfte stehen sollen (Quack 2018, 16). Siehe auch von Lieven 2016, 226. Diese Angabe stimmt aber nicht mit der Realität im ausgehenden 16. Jh. v. Chr. überein (siehe Q 6).

5 Die Zeichengruppe  bereitet erhebliche Probleme. Keine der vorgeschlagenen Übersetzungen vermag restlos zu überzeugen. Siehe von Lieven 2016, 218 f. 224; Stockhusen 2018, 104 f.

6 Dieser Begriff bezeichnet üblicherweise ein Gerät, welches der Sonnen- und Sternbeobachtung diente. Das in der Grabinschrift verwendete Determinativ (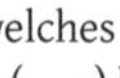) hilft bei der Bestimmung des Objekts nicht weiter.

Zur Quelle

1885 wurde in Theben-West (Scheich Abd el-Gurnah) die stark zerstörte Grabanlage des Würdenträgers Amenemhet freigelegt, die heute als verschollen gilt und nur unzureichend publiziert ist.[7] Ernesto Schiaparelli und Wladimir Golenischeff fertigten etwa zeitgleich, aber unabhängig voneinander eine Abschrift des Textes an, der durch den (vermeintlich) ältesten Beleg für den Gebrauch der Wasseruhr in Ägypten schnell Berühmtheit erlangte. Nach Ausweis seiner nur bruchstückhaft erhaltenen »Autobiographie« lebte Amenemhet unter den Pharaonen Ahmose, Amenophis I. und Thutmosis I. am Beginn der 18. Dynastie (spätes 16. bis frühes 15. Jahrhundert v. Chr.) und gehörte als »Iri-pat, Hatia und Siegler des Königs«[8] zu den einflussreichsten Personen im Umfeld des Herrschers. Die Grabinschrift besteht nach den beiden Abschriften aus mindestens 16 Kolumnen und lässt sich in drei große Abschnitte gliedern.[9] Die ersten beiden (Kol. 1–6) können weitgehend vernachlässigt werden, weil sie die militärische Laufbahn des Grabherrn in den Blick nehmen und die Könige aufzählen, unter denen dieser gedient hat.[10] Im dritten Abschnitt (Kol. 6–16) kommt Amenemhet auf seine Forschungen zu sprechen, die ihm schon früh die Bezeichnungen »erster namentlich nachweisbarer Physiker der Alten Welt«[11] und »Uhrmacher«[12] eingebracht haben. Nach wie vor umstritten ist, ob die »Autobiographie« tatsächlich mit Kolumne 16 endete. Die Formulierung »erstes Mal des Lobes« (Kol. 6) lässt die Vermutung zu, dass im verlorengegangenen Teil der Inschrift von einer weiteren Auszeichnung die Rede gewesen ist.[13] Eine annähernd vollständige Rekonstruktion des Textes dürfte auch in Zukunft nicht gelingen. Schon kurz nach ihrer Entdeckung scheint die Grabanlage nicht mehr ausreichend gesichert worden zu sein. So war es dem Berliner Museum in der Folge möglich, ein kleines Bruchstück der »Autobiographie« über einen Zwischenhändler in Luxor zu erwerben.[14] Deshalb steht zu befürchten, dass die fragmentarische Inschrift heute gänzlich verschwunden ist.

7 Zur Forschungsgeschichte siehe von Lieven 2016, 207–219. Amenemhets Grab befindet sich mutmaßlich nördlich von T(heban) T(omb) 61 und trägt die Nummer TT C. 2. Siehe Popko 2006, 179; von Lieven 2016, 207. 210.

8 Zur Titulatur des Amenemhet siehe jetzt von Lieven 2016, 217.

9 Nach Popko 2006, 184 f. Anders Brunner 1956, 325, der nur von zwei Sinneinheiten ausgeht.

10 Siehe hierzu Brunner 1956; Popko 2006, 184. 322 (mit Querverweisen); von Lieven 2016, 219–221.

11 Borchardt 1920, 63.

12 Helck 1983, 110.

13 Zu den verschiedenen Standpunkten siehe Borchardt 1920, 63; Popko 2006, 69. 184; von Lieven 2016, 221. 226. 229.

14 Inv.-Nr. 14470; siehe von Lieven 2016, 207–209 (mit Foto).

Ausgewählte Editionen, Übersetzungen und Studien

Die breite akademische Öffentlichkeit erfuhr schon 1889 von der Grabinschrift des Amenemhet, als Schiaparelli seine vorläufigen Ergebnisse auf dem 8. Internationalen Orientalistenkongress in Stockholm vorstellte.[15] Die lange Zeit maßgebliche Edition des Textes findet sich als Nachtrag in Ludwig Borchardts Buch über die altägyptische Zeitmessung.[16] Zuvor hatte Kurt Sethe ihn auf die Inschrift aufmerksam gemacht, deren Inhalt von Schiaparelli in wesentlichen Teilen nicht richtig verstanden worden war. Aus dem privaten Briefverkehr zwischen Sethe und Borchardt geht nicht nur hervor, dass Sethe für seinen Kollegen eine provisorische Übersetzung der »Autobiographie« erstellte, sondern auch, dass er in Besitz einer Kopie der Golenischeff-Abschrift war, die bis 2016 unpubliziert geblieben ist.[17] Ob Borchardt diese Kopie selbst in Augenschein nehmen konnte, entzieht sich unserer Kenntnis.[18] Die jüngeren Beiträge zur Amenemhet-Inschrift lassen sich grob in zwei Gruppen einteilen: jene, die sich mit den historischen Abschnitten des Textes befassen[19] und jene, die sich mit der Erfindung des Grabherrn auseinandersetzen.[20] Erwähnenswert ist noch die Textausgabe von Wolfgang Helck, die Borchardts Tafel zugrunde legt und mit einigen freien Ergänzungen aufwarten kann.[21] In den letzten Jahren erschienen weitere Übersetzungen des Textes, die teils erheblich voneinander abweichen.[22]

Verwandte Quellen

Die älteste erhaltene Wasseruhr wurde in Karnak gefunden und stammt aus der Zeit Amenophis III. (siehe Q 6). Ob und inwieweit ein Vergleich zwischen Amenemhets Beschreibung und der Karnak-Wasseruhr sinnvoll ist, hängt maßgeblich von der Übersetzung des problematischen Passus in der Grabinschrift ab (Kol. 10–16). Unstrittig ist nur, dass Amenemhet eine Auslaufuhr gebaut hat, die der Karnak-Wasseruhr geähnelt haben könnte. Im römerzeitlichen Papyrus P. Oxy. III 470 wird die Konstruktion einer Wasser-

15 Schiaparelli 1892.
16 Borchardt 1920, 60–63 (mit Tafel 18).
17 Siehe von Lieven 2016, 211–213. 216 (für ein Foto der Golenischeff-Abschrift). Für eine kurze Übersetzungsprobe siehe auch Sethe 1920, 115 Anm. 3.
18 Siehe von Lieven 2016, 212. 217.
19 Brunner 1956; Spalinger 1996.
20 Von Mackensen 1978; Devauchelle 1986; Clagett 1995, 98 f. 457–462 mit Abb. III.25; Lull 2006, 134–137.
21 Helck 1983, 110–112 Nr. 125.
22 Popko 2006, 179–185; Dessoudeix 2010, 207–220; von Lieven 2016, 219–227.

uhr beschrieben.[23] Der Bauplan ist aber unvollständig, so dass fehlende Angaben durch plausible Annahmen ersetzt werden müssen.[24]

Siehe auch

Q 6 – Eine Wasseruhr aus der Zeit des Pharaos Amenophis III.
Q 8 – Die Statue eines ägyptischen Priesters und Astronomen (JE 38545)

Technische Aspekte

Die Forschungen, die Amenemhet betrieb, führten zur Erfindung einer neuartigen Wasseruhr, die im dritten Abschnitt seiner »Autobiographie« ausführlich beschrieben wird. Eine andere grundsätzliche Frage ist allerdings, ob in dieser Textpassage wirklich nur von einer einzigen Erfindung gesprochen wird. Wie die folgende Übersicht zeigt, gehen die Meinungen hierüber in der Fachwelt weit auseinander.

Publikation	Erfindung(en)
Borchardt 1920, 60–63	eine Auslaufwasseruhr
von Mackensen 1978, 13, 15 und 18	eine Auslaufwasseruhr
Cotterell u. a. 1986, 37 und 39	eine Auslaufwasseruhr
Clagett 1995, 98 und 457–462	eine Auslaufwasseruhr
Spalinger 1996, 70–73	eine Auslaufwasseruhr und ein *Merchet*-Gerät
Popko 2006, 179–185	eine Wasseruhr
Wuensch - Sommer 2013, 19 f.	eine Auslaufwasseruhr
Quack (laut von Lieven 2016, 228)	eine mechanische Uhr, ein *Merchet*-Gerät und eine Wasseruhr
von Lieven 2016, 228 f.	eine »Superuhr« bestehend aus einer mechanischen Uhr, einer Schattenuhr *(Merchet)* und einer Wasseruhr, die zu einem einzigen Instrument verschmolzen sind

23 Grenfell - Hunt 1903, 141–146. Siehe auch TM 63090.
24 Siehe zuletzt Couchoud 1988; Henne 1990; Krauss 2016, 125–130.

Die meisten Forscher gehen davon aus, dass in Kol. 10–14 die äußere Dekoration einer Auslaufwasseruhr beschrieben wird. Die Angaben der Amenemhet-Inschrift stimmen jedoch nicht mit den Darstellungen auf den erhaltenen Wasseruhren aus Ägypten überein. Kurt Sethe war der erste, der in diesen Zeilen »die Beschreibung einer Kunstuhr mit beweglichen Figuren« bzw. »die Beschreibung eines Uhrwerks« vermutete.[25] Diese Idee der mechanischen Uhr wird durch die Arbeiten von Quack und von Lieven wieder aufgegriffen und weiter ausgeführt.[26] Einigkeit besteht nur darüber, dass Amenemhet Wasser zur Zeitmessung einsetzte und seine Wasseruhr über einen Auslauf verfügte (Kol. 16).

Soziokulturelle Auswertung

Vor allem Anthony Spalinger hat sich eingehend mit der Frage beschäftigt, warum sich die Methoden der ägyptischen Zeitmessung am Beginn der 18. Dynastie im Laufe weniger Generationen grundlegend änderten.[27] Als Ursache führt er die Entwicklung neuer Messverfahren an. Welche Rolle Amenemhet dabei gespielt hat, wird unterschiedlich bewertet. Spalinger verweist auf den teilzerstörten Beginn der »Autobiographie«. In Kol. 1–2 wird anscheinend von einem Kriegszug berichtet, der die ägyptischen Streitkräfte und wahrscheinlich auch den Grabherrn bis nach Mittani führte.[28] Amenemhet hätte vor Ort beobachten können, wie eine Wasseruhr funktioniert. In Mesopotamien waren diese Instrumente nämlich spätestens seit der altbabylonischen Periode in Gebrauch (siehe Q 6). Spalinger ist deshalb der Ansicht, dass Amenemhets Verdienst nicht die Erfindung der Wasseruhr, sondern ihre Vermittlung nach Ägypten gewesen sei. Er könnte entweder eine Wasseruhr mesopotamischer Bauart mit nach Ägypten gebracht haben oder die Grundidee, Zeit durch Wasserfluss zu bestimmen, adaptiert haben.[29] Andererseits geht aus Kol. 7 hervor, dass sich Amenemhet auch dem Studium alter Schriften widmete. Deshalb nehmen einige Forscher an, dass er die ägyptische Wasseruhr nicht erfunden hat, sondern lediglich ein neues Modell konstruierte.[30] Diese Hypothese wird durch neu-

---

25 Borchardt 1920, 62 Anm. 3; von Lieven 2016, 213 Abb. 4b. Siehe auch Sethe 1920, 115 Anm. 3. Borchardt lehnte seinen Vorschlag ab, weil er die altägyptische Mechanik für nicht fortgeschritten genug erachtete, um Kunstuhren herstellen zu können. Diesen Einwand versucht von Lieven mit dem Hinweis zu entkräften, dass in Ägypten bewegliche Figuren mit einer Art Schnurmechanismus gefunden worden sind. Siehe von Lieven 2016, 224–226 (mit weiterführender Literatur).

26 Der Verfasser hat an anderer Stelle zu zeigen versucht, dass man der Theorie von einer »Superuhr« mit einiger Skepsis begegnen sollte. Siehe Stockhusen 2018, 99–111 (Kapitel 3.4.).

27 Spalinger 1996; Spalinger 2012a, 372–377; Spalinger 2012b, 304 f. Zur Zeitmessung in Ägypten siehe Symons 1999, 16–151.

28 Anders von Lieven 2016, 220, die davon ausgeht, dass Amenemhet am Anfang der Inschrift über seinen Vater spricht.

29 Spalinger 1996, 72–76.

30 Cotterell u. a. 1986, 37; Wuensch – Sommer 2013, 20; von Lieven 2016, 228.

ere Untersuchungen gestützt, die ergeben haben, dass die Angaben auf der Innenseite der Karnak-Wasseruhr viel älter als bisher angenommen sind und aus dem 18. oder dem 17. Jahrhundert v. Chr. stammen (siehe Q 6).

Nachdem Amenemhet betont, dass er im Zuge seiner Forschungen auch alte Schriften zurate gezogen hat, rücken in Kol. 8–9 wohl seine Entdeckungen in den Mittelpunkt.[31] Zunächst wird das Verhältnis zwischen einer Nacht in der *Achet*-Jahreszeit und einer Nacht in der *Schemu*-Jahreszeit mit 14:12 Stunden angegeben.[32] Manche Autoren leiten daraus ab, dass Amenemhet mit dem Konzept der Gleichstunde vertraut gewesen ist.[33] Eine solche Schlussfolgerung ist aber nicht zwingend. Das Konzept gleich langer Stunden lässt sich in ägyptischen Texten zwar seit der 19. Dynastie (13. Jahrhundert v. Chr.) nachweisen,[34] aber die ägyptischen Wasseruhren konnten keine Gleichstunden anzeigen.[35] Wie schon Popko hervorhebt, sollte die Aufmerksamkeit eines Betrachters der Inschrift offenbar gezielt auf Kol. 9 gelenkt werden, die sich durch die Zeichenverteilung optisch vom Rest deutlich abhebt.[36] Dieses Ergebnis seiner Untersuchungen scheint für Amenemhet sehr wichtig gewesen zu sein. Er hatte erkannt, dass die Nachtlänge im Jahresverlauf periodischen Schwankungen unterworfen ist.

Bibliographie

Borchardt 1920
L. Borchardt, Die altägyptische Zeitmessung (Berlin 1920).
Brunner 1956
H. Brunner, Mitanni in einem ägyptischen Text vor oder um 1500, Mitteilungen des Instituts für Orientforschung 4, 1956, 323–327.
Clagett 1995
M. Clagett, Ancient Egyptian Science II. Calendars, Clocks, and Astronomy, Memoirs of the American Philosophical Society held at Philadelphia for Promoting Useful Knowledge 214 (Philadelphia 1995).
Cotterell u. a. 1986
B. Cotterell – F. P. Dickson – J. Kamminga, Ancient Egyptian Water-clocks: A Reappraisal, Journal of Archaeological Science 13, 1986, 31–50.
Couchoud 1988
S. Couchoud, Calcul d'une horloge à eau, Bulletin de la Société d'Égyptologie Genève 12, 1988, 25–34.
Dessoudeix 2010
M. Dessoudeix, Lettres Égyptiennes. La naissance du Nouvel Empire de Kamosis à Thoutmosis II (Arles 2010).

31 Eine gewisse Unsicherheit bleibt, weil die Kolumnenanfänge ergänzt werden müssen.
32 Dieselben Angaben finden sich auch auf der Innenseite der Karnak-Wasseruhr (siehe Q 6).
33 Von Mackensen 1978, 18; Clagett 1995, 98 f. 461; Popko 2006, 185.
34 Siehe Stockhusen 2018, 230–234 (Kapitel 6.3.).
35 Zur Ungenauigkeit ägyptischer Auslaufwasseruhren siehe Borchardt 1920, 14–19; von Mackensen 1978, 16–18; Cotterell u. a. 1986, 44–49; Wuensch – Sommer 2013, 20–22; Krauss 2016.
36 Popko 2006, 185.

Devauchelle 1986
D. Devauchelle, LÄ VI (1986) 1156–1157 s. v. Wasseruhr.
Grenfell - Hunt 1903
B. P. Grenfell – A. S. Hunt, The Oxyrhynchus Papyri 3 (London 1903).
Helck 1983
W. Helck, Historisch-biographische Texte der 2. Zwischenzeit und neue Texte der 18. Dynastie, Kleine Ägyptische Texte 6.1 ²(Wiesbaden 1983).
Henne 1990
W. Henne, Überlegungen zur altägyptischen Wasseruhr, Göttinger Miszellen 115, 1990, 45–56.
Krauss 2016
R. Krauss, Aussagen über die Ungenauigkeit der ägyptischen Auslauf-Wasseruhren, Göttinger Miszellen 250, 2016, 119–132.
von Lieven 2016
A. von Lieven, The Movement of Time. News from the »Clockmaker« Amenemhet, in: R. Landgráfová – J. Mynářová (Hrsg.), Rich and Great. Studies in Honour of Anthony J. Spalinger on the Occasion of his 70th Feast of Thoth (Prag 2016) 207–231.
Lull 2006
J. Lull, La astronomía en el antiguo Egipto (Valencia 2006).
von Mackensen 1978
L. von Mackensen, Neue Ergebnisse zur ägyptischen Zeitmessung. Die Inbetriebnahme und Berechnung der ältesten erhaltenen Wasseruhr, Alte Uhren. Zeitmeßgeräte, Wissenschaftliche Instrumente und Automaten 1, 1978, 13–18.
Popko 2006
L. Popko, Untersuchungen zur Geschichtsschreibung der Ahmosiden- und Thutmosidenzeit. »... damit man von seinen Taten noch in Millionen von Jahren sprechen wird«, Wahrnehmungen und Spuren Altägyptens 2 (Würzburg 2006).
Quack 2018
J. F. Quack, Der ägyptische bürgerliche Kalender – Forschungsstand, Probleme und Perspektiven, Zeitschrift der Deutschen Morgenländischen Gesellschaft 168, 2018, 15–40.
Schiaparelli 1892
E. Schiaparelli, Di un'iscrizione inedita del regno di Amenofi I., in: Actes du 8me congrès international des Orientalistes tenu en 1889 à Stockholm et à Christiania (Leiden 1892) 201–208.
Sethe 1920
K. Sethe, Die Zeitrechnung der alten Aegypter im Verhältnis zu der der anderen Völker III, Nachrichten der Königlichen Gesellschaft der Wissenschaften zu Göttingen, Philologisch-historische Klasse 1920.2, 1920, 97–141.
Spalinger 1996
A. J. Spalinger, Some Times, Revue d'Égyptologie 47, 1996, 67–77.
Spalinger 2012a
A. J. Spalinger, Nut and the Egyptologists, Studien zur Altägyptischen Kultur 41, 2012, 353–377.
Spalinger 2012b
A. J. Spalinger, Rez. zu J. Assmann, Steinzeit und Sternzeit. Altägyptische Zeitkonzepte (Paderborn 2011), Wiener Zeitschrift für die Kunde des Morgenlandes 102, 2012, 303–310.
Stockhusen 2018
M. Stockhusen, Studien zum Transfer astralwissenschaftlicher Konzepte zwischen Ägypten und Mesopotamien in spätpharaonischer Zeit. Eine kulturhistorische Analyse mit einem Ausblick in die griechisch-römische Epoche (Diss. Universität Leipzig 2018).

Symons 1999
S. Symons, Ancient Egyptian Astronomy: Timekeeping and Cosmography in the New Kingdom (Diss. University of Leicester 1999).
TM
Trismegistos, http://www.trismegistos.org/ (letzter Zugriff: 30.09.2019).
Wuensch – Sommer 2013
D. Wuensch – K. P. Sommer (Hrsg.), Ludwig Borchardt, Die altägyptische Zeitmessung. Reprint der Ausgabe von 1920 (Göttingen 2013).

Q 4 Die astronomische Decke des Senenmut-Grabes

Rita Gautschy

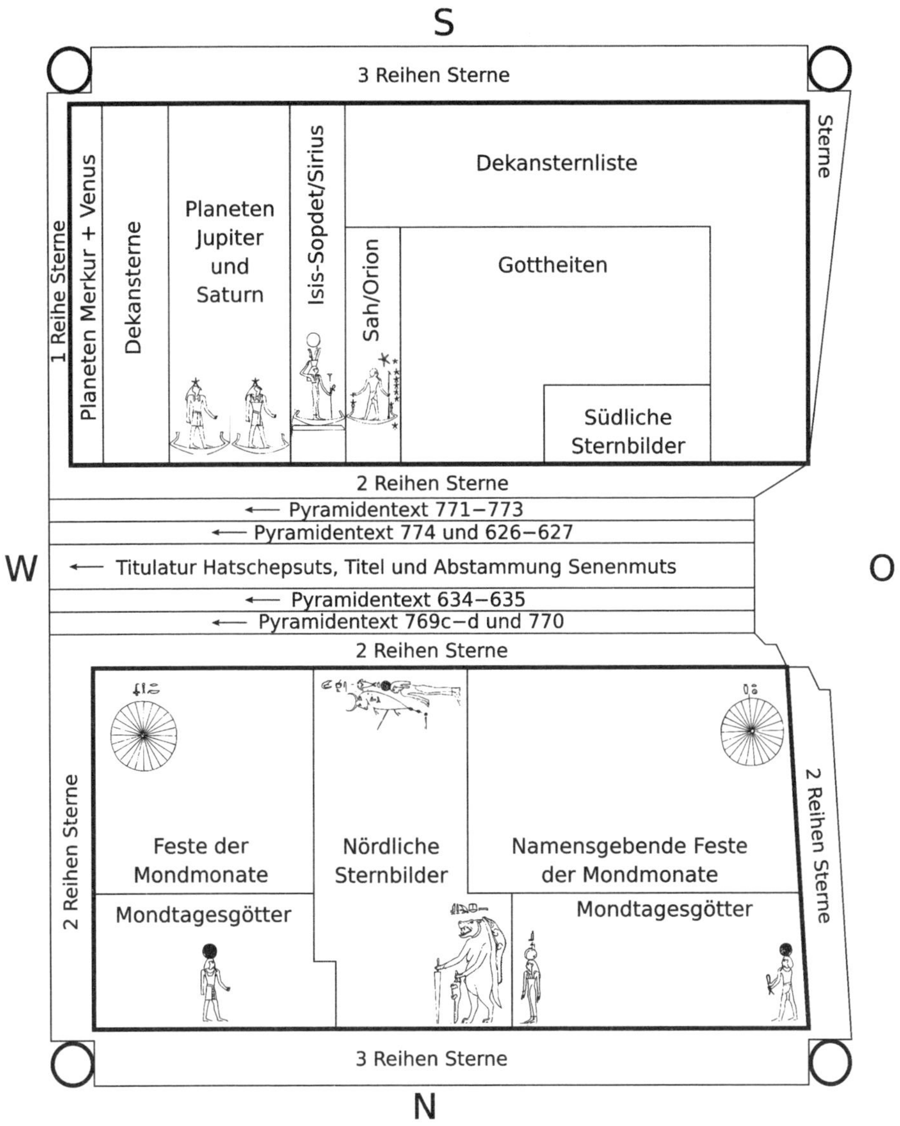

Abb. 1: Schematische Darstellung der astronomischen Decke im Grab TT 353 des Senenmut (eigene Zeichnung).

Zur Quelle

Die Decke der Kammer A des unvollendet gebliebenen Grabes (TT 353) von Senenmut in Deir el-Bahri in Oberägypten schmückt die älteste bislang bekannte astronomische Darstellung in einem Grab (siehe auch Taf. 2). Der Grabbesitzer, Senenmut, war ein hoher Beamter am Hofe der Königin Hatschepsut (1. Hälfte des 15. Jahrhunderts v. Chr.). Die Decke misst etwa 3 × 3,6 m. Sie besteht aus zwei großen Feldern mit astronomischen Darstellungen, die von Sternen gerahmt und durch ein Textband in der Mitte voneinander getrennt sind. Die vier Ecken bestehen aus Kreisen. Die Sterne sind schwarz laviert.[1] An mehreren Stellen sind Umarbeitungen der ursprünglichen Bildkomposition zu erkennen. Entlang der Ost-West-Richtung läuft in der Mitte der Darstellung das fünfzeilige Textband, das von rechts (= Osten) nach links (= Westen) gelesen werden muss. In der mittleren etwas breiteren Zeile wird die Pharaonin Hatschepsut genannt. Die anderen vier Zeilen enthalten ausgewählte Sprüche der Pyramidentexte (PT).[2]

Im Vergleich zu den späteren Beispielen weist die astronomische Darstellung in diesem Grab einige Besonderheiten auf: Erstens ist der Hintergrund weiß und nicht dunkelblau, und der Sternenhimmel ist aufgemalt, nicht eingeritzt. Zweitens sind die beiden großen Felder direkt übereinander angeordnet und nicht Rücken an Rücken, wie dies bei den anderen, aus zwei Registern bestehenden astronomischen Darstellungen der Fall ist. Die vielen, im unteren nördlichen Bereich teils sehr dichten roten Linien sind Teile des Rasters, das helfen sollte, jede Figur am richtigen Ort zu platzieren.

Ausgewählte Publikationen und Studien

Eine detaillierte Beschreibung des gesamten Grabes findet sich bei Peter F. Dorman (1991). Speziell mit der astronomischen Decke und deren Zusammenhang mit anderen bekannten Darstellungen beschäftigen sich Alexander Pogo (1930), Richard A. Parker (1950), Otto Neugebauer und Richard A. Parker (1969) sowie Juan A. Belmonte und Mosalam Shaltout (2007). Einige Sternidentifikationen und eine exaktere Datierung der astronomischen Decke versucht Christian Leitz (1989).

1 Dorman 1991, 138 weist darauf hin, dass Neugebauer – Parker 1969 durch die Zeichnung von Charles Wilkinson fehlgeleitet wurden, der in seiner Zeichnung blaue Farbe für Bereiche verwendet hat, die im Grab selbst mit schwarzer Farbe angebracht sind.

2 PT 771–773 in Z. A2, PT 774 und PT 626–627 in Z. A3, PT 634–635 in Z. A4, PT 769c–d und 770 in Z. A5.

Verwandte Quellen

Vergleichbare Deckenbilder finden sich während des ägyptischen Neuen Reiches ausschließlich in Totentempeln und Gräbern von Pharaonen, so z. B. in der Zweiten Hypostylhalle des Totentempels von Ramses II. (ca. 1279–1213 v. Chr.) in Theben-West (Ramesseum) und in den Gräbern der Pharaonen Sethos I. (ca. 1290–1279 v. Chr.), Tausret (ca. 1190–1188 v. Chr.), Ramses VI. (ca. 1145–1137 v. Chr.), Ramses VII. (ca. 1137–1130 v. Chr.) und Ramses IX. (ca. 1128–1109 v. Chr.). In späterer Zeit gibt es astronomische Decken dann in den Gräbern vornehmer Beamter und auf Sarkophagen. Beispiele hierfür sind z. B. das Grab des Pedamenope und das Grab des Karachamun in Theben bzw. der Sarg von Anchhapy, der sich heute im Ägyptischen Museum in Kairo befindet (Inv.-Nr. CG 29301). Eine vollständige Liste aller bislang bekannten astronomischen Darstellungen bietet die Datenbank von Symons u. a. (2013).[3]

Siehe auch

Q 2 – Die Dekansternuhr des Idy
Q 6 – Eine Wasseruhr aus der Zeit des Pharaos Amenophis III.
Q 9 – Die 30 Tage des Mondmonats und ihre Schutzgötter
Q 11 – Die Mondtreppen als symbolische Abbilder der Mondzunahme

Technische Aspekte

Der zentrale Bereich des nördlichen Feldes wird von den ägyptischen nördlichen Sternbildern eingenommen. Sie werden im unteren Bereich von Mondmonatstagesgöttern (siehe Q 9) gerahmt und im oberen Bereich von Repräsentationen der zwölf Mondmonate, die kreisförmig gezeichnet und mit Namen versehen wurden.[4] Am östlichen Ende der Sternbilder steht ein Nilpferdweibchen aufrecht mit Blick nach Westen, seine beiden Vorderfüße stützen sich auf einen dreieckförmigen und einen krokodilförmigen Pfosten. Auf dem Rücken trägt es ein Krokodil. Sein beigeschriebener »Name« lautet *ꜣs.t ḏꜣm.t {ḥb p.t}*, der schwierig zu interpretieren ist.[5] Links daneben führen zwei lange Leinen vom Boden

3 Symons u. a. 2013: https://aea.physics.mcmaster.ca/index.php/en/database/ars (letzter Zugriff: 30.09.2019).

4 Dies ist eine einzigartige Darstellung: Weitere bildliche Repräsentationen der Mondmonate in dieser Form sind bislang unbekannt.

5 Siehe Neugebauer – Parker 1969, 189–191. Vermutlich bezieht sich nur der Teil »Djamet« auf das Nilpferdweibchen, der Wortteil »Isis« gehört wohl zur hinter ihm stehenden Göttin und der Wortteil »Fest des Himmels« zu einem der Mondmonatsfeste darüber. Da Isis ihre eigene Beischrift hat, wäre ihr Name irrtümlich doppelt geschrieben worden.

weit nach oben, um beim unteren Ende eines stilisierten Stieres zu enden, der Teil einer Gruppe von drei Sternbildern ist. Diese Gruppe wurde wohl aus Platzgründen so weit nach oben verschoben, da sie sonst üblicherweise direkt links anschließt und die Leinen von den Pfosten des Nilpferdes aus zum Stier führen. Der Stier namens Mes-chetiu *(Msḫ.tἰw)* lässt sich am besten als Schenkel mit Stierkopf beschreiben, der Richtung Norden blickt. Hinter ihm steht die Göttin Serket *(Srq.t)*, die eine rote Scheibe auf ihrem Kopf trägt und ihre Arme auszustrecken scheint, um die Leinen zu ergreifen. Vor dem Stier befindet sich der falkenköpfige Gott Anu *(ʿnw)* mit Blick Richtung Süden, der einen Speer auf den Stier gerichtet hat. Links neben den Leinen steht ein namentlich nicht genannter Mann mit Blick nach Westen und erhobenen Armen vor einem wohlgenährten Krokodil *(Ḥtp-tdqq)*, das in einem Winkel von ca. 45° nach oben gedreht ist. Die Handhaltung des Mannes wirkt so, als ob er mit einem Speer auf das Krokodil einstechen würde, jedoch fehlt der Speer. In anderen Himmelsdarstellungen heißt dieses Krokodil Hetepredui *(Ḥtp-rd.wi)*, sodass davon auszugehen ist, dass sich hier Schreibfehler eingeschlichen haben. Oberhalb dieser Gruppe liegt ein Löwe, der nach Osten blickt und dessen Schwanz eher einem Krokodilschwanz ähnelt. Sein Name Ru-netscheri-neti-imitu-seni *(Rw-nṯrἰ-ntἰ-ἰmἰtw=snἰ)* bedeutet »der göttliche Löwe, der zwischen ihnen ist«, was sich vermutlich auf seine Position zwischen zwei Krokodilen bezieht. Über dem Löwen befindet sich nämlich ein weiteres Krokodil mit gebogenem Schwanz, das nach Westen blickt. Sein Name ist Sak *(Sʿq)*. Es ist deutlich erkennbar, dass der Löwe und das Krokodil Hetepredui ein zweites Mal gezeichnet wurden: Hetepredui war ursprünglich am Boden liegend und mit korrektem Namen versehen dargestellt, und der Löwe über ihm deutlich größer als in der endgültigen Fassung. Offenbar hatte man den stehenden Mann vor Hetepredui vergessen.

Von all diesen Sternbildern lässt sich eines sicher identifizieren: Der Stier beinhaltet die Hauptsterne unseres heutigen Sternbildes Großer Wagen. Für die anderen Sternbilder gibt es leicht variierende Identifikationsvorschläge.[6] Einigkeit herrscht jedoch darüber, dass es sich hierbei zumindest größtenteils um Zirkumpolarsternbilder handelt, die sich dadurch auszeichnen, dass sie nie auf- oder untergehen und somit in jeder Nacht des Jahres sichtbar sind.

Hinter dem Nilpferdweibchen reihen sich neun Gottheiten auf: zunächst Isis, die still stehend und mit einer Scheibe auf dem Kopf dargestellt ist. Die auf Isis folgenden Gottheiten schreiten alle auf die Sternbilder zu. Es sind dies: Imseti mit Menschenkopf und Scheibe; Hapi mit Paviankopf und roter Scheibe; Duamutef mit Falkenkopf und roter Scheibe; Kebehsenuef mit Falkenkopf; Maanitef mit Menschenkopf, roter Scheibe und fehlenden Unterarmen; Irendjetef mit Menschenkopf, roter Scheibe und fehlenden Armen; Irrenefdjesef mit Menschenkopf, roter Scheibe mit Federn und vor dem Körper

6 Siehe Locher 1985; Locher 1990; Lull – Belmonte 2009, 162 f.

gefesselten Armen; Haku mit Menschenkopf, roter Scheibe und Seil. Auf der westlichen Seite der Sternbilder marschieren insgesamt acht Gottheiten auf die Sternbilder zu: Die erste, deutlich kleiner dargestellte Figur wird als Determinativ des folgenden Gottes Iremaua interpretiert.[7] Daran schließen an, alle mit roten Scheiben auf den Köpfen: Iremaua mit Menschenkopf; Tekenu mit Menschenkopf und fehlenden Armen; Schedcheru mit Menschenkopf; Nehes mit Menschenkopf; Aaner mit Schakalkopf; Imisehnetjer mit dem Kopf des Seth-Tiers; Herhekenu mit Falkenkopf. Elf dieser insgesamt sechzehn flankierenden Gottheiten können mit Mondmonatstagesgöttern (MMT) identifiziert werden, wie sie in entsprechenden Listen aus der griechisch-römischen Epoche erhalten sind (siehe Q 9).[8] Bei den anderen – abgesehen von Isis – handelt es sich vermutlich um Mondmonatstagesgötter, die später durch andere ersetzt wurden.[9]

Im oberen Bereich der östlichen Seite der Darstellungen finden sich acht und auf der westlichen Seite vier Kreise, die in je 24 Segmente unterteilt sind. Die Beischriften und die 24er-Unterteilung legen nahe, dass diese Kreise nicht die Mondmonate an sich darstellen sollen, sondern die namensgebenden Festtage dieser Mondmonate, wobei jeder dieser Tage in 24 Stunden unterteilt ist.[10] Die Reihenfolge startet in der oberen rechten (= östlichen) Ecke, läuft bis zur oberen linken (= westlichen) Ecke und dann in der zweiten Reihe wieder retour bis zum östlichen Ende. Die Namen der Monatsfeste lauten: Techi, Menechet, Hut-her, Ka-<her>-ka, Schef-bedet, Rekeh, Rekeh-<aa>, Renutet, Chenesu, Chenti-cheti-pereti, Ipet-hemet und Wep-renpet. Auf einen allfälligen Mondschaltmonat existiert kein Hinweis. Die Mondmonate sind den Jahreszeiten entsprechend in drei Gruppen unterteilt, was vermutlich die Ursache der asymmetrischen Konstruktion ist.

Auf dem südlichen Teil der astronomischen Decke sind von Osten nach Westen eine Dekansternliste (siehe Q 2), ausgewählte Sternbilder des südlichen Himmelsbereiches sowie die fünf damals bekannten Planeten dargestellt. Die in diesem Grab vorkommende Dekansternliste ist der Archetyp für mehr als 20 andere astronomische Darstellungen und seit Neugebauer – Parker (1969) als »Senmut-Familie« bekannt. Die Bildfläche ist in 39 senkrechte Segmente unterteilt, die wiederum aus bis zu vier Feldern bestehen können. Tabelle 1 listet die von rechts nach links genannten Dekane und Gottheiten auf.

7 Neugebauer – Parker 1969, 12.

8 Die mit der Reihe der Mondmonatstagesgötter in Edfu übereinstimmenden Gottheiten sind: Imseti (4. MMT), Hapi (5. MMT), Duamutef (6. MMT), Kebehsenuef (7. MMT), Maanitef (8. MMT), Irendjetef (9. MMT), Irrenefdjesef (10. MMT), Iremaua (15. MMT), Tekenu (13. MMT), Schedcheru (16. MMT), Nehes (30. MMT).

9 Parker 1950, 42 f.; Altmann-Wendling 2018, 286–291.

10 Parker 1950, 42.

Dekan	Schutzgottheit/Planet oder Sternbild
Tpi͗-ʿ-knm.t	*Ḥpi͗ İmsti͗* (Hapi, Imseti)
H̱ri͗-ḫpd Knm.t/Knm.t	*ꜣs.t* (Isis)
Ḥꜣ.t-ḏꜣ.t/Pḥ.wi͗ ḏꜣ.t	*Dwꜣ-mw.t=f ms-Ḥr* (Duamutef und Kinder des Horus)
Ṯmꜣ.t-ḥr.t/Ṯmꜣ.t-ẖr.t	*Dwꜣ-mw.t=f* (Duamutef)
{sꜣ}[Wšꜣ].ti͗-bkꜣ.ti͗	*Dwꜣ-mw.t=f Ḥpi͗* (Duamutef und Hapi)
Tpi͗-ʿ-ḫnt.t /Ḫnt.t-ḥr.t	*Ḥr* (Horus)
Ḫnt.t-ẖr.t	(Seth)/Sternbild Boot
Ṯms-n-ḫnt.t	(Horus)/Sternbild Boot
Sꜣp.ti͗-ḫn.wi͗	*ꜣs.t Nb.t-ḥw.t* (Isis und Nephthys)/Sternbild Boot
Ḥri͗-i͗b-wiꜣ	(Seth)/Sternbild Boot
Šsm.w	(Seth)/Sternbild Boot
Knm.w	*ms[.w]-Ḥr* (Kinder des Horus)/Sternbild Boot
Tpi͗-ʿ-smd	(Horus)
Smd	*Ḥpi͗* (Hapi)/Sternbild Schaf
Si͗.t	*ꜣs.t ꜣnw.t ẖ.t* (Isis und Dritter Sternhaufen)/Sternbild Schaf
Sꜣ.wi͗-si͗.t	*Dwꜣ-mw.t=f* (Duamutef)/Sternbild Schaf
H̱ri͗-ḫpd-sr.t	*Qbḥ-sn.w=f* (Kebehsenuef)
Tpi͗-ʿ-ꜣḫ[.wi͗]	*Dwꜣ-mw.t=f* (Duamutef)
ꜣḫ.wi͗	*Dwꜣ-mw.t=f Qbḥ-sn.w=f* (Duamutef und Kebehsenuef)
Bꜣ.wi͗	*Ḥpi͗ İmsti͗* (Hapi und Imseti)
Ḫnt.w-ḥr[.w] / [Ḫnt.w]-ẖr.w	*ms[.w]-Ḥr 4-nw.t ẖ.t* (Kinder des Horus und Vierter Sternhaufen)/ *mw-nw.t ẖ.t* (Wasser-Sternhaufen)
Qd / Sꜣ.wi͗-qd	*Ḥpi͗ Qbḥ-[sn.w=f]* (Hapi und Kebehsenuef)/*mw-nw.t ẖ.t* (Wasser-Sternhaufen)
Ḫꜣ.w {ms}	*[ms.w]-Ḥr 5-nw.t ẖ.t* ([Kinder des] Horus und Fünfter Sternhaufen)/*mw-nw.t ẖ.t* (Wasser-Sternhaufen)
H̱ri͗-rmn-sꜣḥ	*ms.w-Ḥr* (Kinder des Horus)/*Sꜣḥ* (Orion)
{H̱ri͗-rmn} sꜣḥ	*Wsi͗r* (Osiris)/*Sꜣḥ* (Orion)
Sternhaufen	*Sꜣḥ* (Orion)

Dekan	Schutzgottheit/Planet oder Sternbild
ʿr.t	*ir.t Ḥr* (Auge des Horus)/*Sꜣḥ* (Orion)
Ḥri-rmn-sꜣḥ	*ms[.w]-Ḥr* (Kinder des Horus)/*Sꜣḥ* (Orion)
ꜣs.t-Spd.t	(Isis-Sopdet)/Sirius
Ḥr Wsr.t-kꜣ.w / *Ḥr tꜣš tꜣ.wi rn=f rsi p.t sbꜣ*	Hatschepsut Sein Name ist »Horus, der die zwei Länder verbindet, der südliche Stern des Himmels« (=Jupiter)
Ḥr Wsr.t-kꜣ.w / *Ḥr kꜣ p.t ḏꜣ p.t rn=f iꜣb.ti sbꜣ*	Hatschepsut Sein Name ist »Horus, der Stier des Himmels, der östliche Stern, der den Himmel überquert« (= Saturn)
Sṯ.w[i]	*Ḥpi [Dwꜣ-mw.t]=f* (Hapi und Duamutef)/Zwei Schildkröten
Nsr.w	*Imsti {ẖ.t pw}* (Imseti)
Šsp.t	*ir.ti Ḥr* (Augen des Horus)
ʿbšs	*Ḥr {hpds}* (Horus)
Nṯr-wꜣš	*Dwꜣ-mw.t=f* (Duamutef)
Sbg (Merkur)	Seth
Ḏꜣ	*Wsir* (Osiris)/Benu
Bʿḥ (Venus)	*Wsir* (Osiris)/Benu

Tabelle 1: Liste der Dekane, Schutzgottheiten und Planeten/Sternbilder im südlichen Teil des Senenmut-Grabes.

Vier Gottheiten sind als Menschen personifiziert und in Booten über den Himmel fahrend dargestellt. Diese Reihe wird angeführt von Sah, der einen *Was*-Zepter und ein *Anch*-Zeichen hält und gegen die Fahrtrichtung im Boot stehend gezeigt ist, aber in Fahrtrichtung blickt. Die Konstellation Sah stimmt annähernd mit unserem heutigen Sternbild Orion überein. Hinter Sah folgt Isis mit Zepter, *Anch*-Zeichen, Federkrone und Sonnenscheibe. Sie ist hier eine Personifikation des Sterns Sirius, wie die Beischrift Sopdet verrät. Dahinter fahren zwei falkenköpfige Götter über den Himmel, es handelt sich dabei um die beiden Planeten Jupiter und Saturn. Die beiden Planeten Merkur und Venus folgen ganz am westlichen Ende der Decke in nicht personifizierter Form. Auffällig ist, dass der Planet Mars fehlt. Dies hat Leitz zu der Annahme gebracht, dass es sich nicht um eine schematische, sondern um eine für einen ganz bestimmten Zeitpunkt gültige Darstellung handelt.[11] Außer den beiden Konstellationen Sah/Orion und Isis-Sopdet/Sirius tauchen am

11 Leitz 1989, 44–47. Dann müsste die Vorlage der astronomischen Decke aus dem Jahr 1463 v. Chr. stammen.

südlichen Sternenhimmel noch die Sternbilder Boot, Schaf, Zwei Schildkröten sowie mehrere Sternhaufen auf – einer davon ist dargestellt, die anderen sind nur im Text erwähnt. Kurt Locher schlägt vor, das Schaf mit Sternen der heutigen Sternbilder Wassermann und Steinbock zu identifizieren.[12] Das Boot sollte dann im Bereich des Schützen liegen, die Zwei Schildkröten in etwa beim Kleinen Hund.[13] Als Identifikationen der Sternhaufen wurde vorgeschlagen: für den Dritten Sternhaufen das Sternbild Delphin, für den Vierten Sternhaufen die Andromeda-Galaxie, für den Fünften Sternhaufen die Plejaden und für den Wasser-Sternhaufen die Hyaden.[14] Die Dekansternliste beginnt mit dem »Vorläufer von Kenmet«, der am Himmel nicht weit entfernt vom Stern Sirius lokalisiert werden muss.

Soziokulturelle Auswertung

Senenmut war ein sehr hoher Beamter nicht-königlicher Abstammung am Hofe der Hatschepsut und dort vermutlich für mehrere Bauvorhaben der Pharaonin verantwortlich. Neben seinen beiden Gräbern – das unvollendete TT 353 und TT 71 – sind von Senenmut noch viele Inschriften und Denkmäler erhalten. Die dort angegebenen Titel erlauben es, seine Karriere nachzuzeichnen. Die Inschrift einer Stele berichtet über seine Teilnahme an einem Feldzug, der ihm »Gold als Belohnung« einbrachte. Später wechselte er in den Verwaltungsbereich und brachte es im Laufe der Zeit bis zum Domänenvorsteher des Amun. Andere Titel, die er im Laufe seiner Karriere akkumulierte, waren unter anderem Vermögensverwalter der Hatschepsut, Vermögensverwalter der Königstochter Neferura, Vorsteher des Schatzhauses, Speichervorsteher, Aufseher der Bauten des Amun, Aufseher aller Bauten des Königs, Vorsteher der Wirtschaftsbetriebe, Leiter der königlichen Wohnanlage und Erzieher der Königstochter. Senenmut war demnach eindeutig eine Vertrauensperson von Hatschepsut. Er war für den Bau ihres Totentempels in Deir el-Bahri mitverantwortlich, der zwischen dem 7. und 22. Regierungsjahr der Pharaonin erfolgte. Darin finden sich zahlreiche Darstellungen Senenmuts hinter Türflügeln.

Das hier beschriebene Grab Senenmuts – TT 353 – besteht aus drei langen absteigenden Gängen und drei Kammern, die in den Felsen gehauen wurden, und zwar unter dem Totentempel der Hatschepsut. Raum A, der als einziger Raum im Grab dekoriert wurde und der die astronomische Decke enthält, befindet sich noch knapp außerhalb des heiligen Bezirks des Tempels der Hatschepsut, die beiden anderen Räume B und C jedoch liegen direkt unter der ersten Terrasse. Wäre alles nach Plan verlaufen, wäre Senenmut demnach in unmittelbarer räumlicher Nähe zum Totentempel Hatschepsuts bestattet worden.

12 Locher 1981, 74. Auch Lull – Belmonte 2009, 162 lokalisieren das Schaf im Bereich unseres Sternbildes Steinbock.

13 Lull – Belmonte 2009, 162 f.

14 Lull – Belmonte 2009, 177.

Es kam jedoch anders: Die Arbeiten am Grab scheinen unvermittelt eingestellt worden zu sein, und Senenmut wurde mit Sicherheit nicht hier bestattet, da das Grab völlig leer vorgefunden wurde.[15] Raum B wurde unfertig hinterlassen, Raum C mit gewölbter Decke hingegen war für den Beginn der Dekoration vorbereitet. Dies ist insofern interessant, als sich viele spätere astronomische Darstellungen auf gewölbten Decken befinden und das Grab wohl ursprünglich nur bis Raum A geplant und erst später erweitert worden war. Das anscheinend plötzliche Verschwinden Senenmuts noch während der Regierungszeit Hatschepsuts – rund um das Regierungsjahr 17 – und die Zerstörung von Gesichtern in seinen Gräbern hat zu zahlreichen Spekulationen über dessen Ursachen geführt. Vorgeschlagen wurden die Machtübernahme von Thutmosis III. oder ein Racheakt von Hatschepsut selbst, weil Senenmut bei der Pharaonin in Ungnade gefallen sei.[16] Als Grund für Letzteres wurden unter anderem anmaßendes Verhalten Senenmuts oder der Tod der Königstochter Neferura genannt. Falls Senenmut aber bereits mit Hatschepsuts Vater oder Großvater auf Feldzug war, wäre er im 16. Regierungsjahr Hatschepsuts, das sein bislang letzter Beleg ist, schon mindestens 50 Jahre alt gewesen. Es wäre also auch nicht unwahrscheinlich, dass sein natürlicher Tod die Arbeiten zum Erliegen gebracht hat.

Die astronomische Decke im Grab des Senenmut wurde von einer Vorlage kopiert, auf die Schreibfehler und mitunter falsch platzierte Figuren und Textteile hinweisen. Über das Alter der Vorlage lässt sich keine genaue Angabe machen. Nach heutiger Beleglage war Senenmut der erste Mensch im Alten Ägypten, der an der Decke seines Grabes eine Darstellung anbringen ließ, die alle wichtigen zeitlichen Zyklen enthält. Im nördlichen Bereich sind das die drei Jahreszeiten, das Mondjahr, der Mondmonat, die Tag- und Nachtstunden sowie die Zirkumpolarsterne, die zwar jede Nacht zu sehen sind, aber zur gleichen Beobachtungszeit je nach Jahreszeit in unterschiedlicher Lage am Himmel. Im südlichen Bereich symbolisiert die Dekansternliste das Sonnenjahr, während Isis-Sopdet am Ende der Liste vor den Planeten auf die Bedeutung des heliakischen Frühaufgangs des Sirius hinweist. War Senenmut vielleicht sogar der Schöpfer dieser umfassenden astronomischen Bildkomposition, wollte er sein Wissen für die Nachwelt bewahren oder mit seinem Wissen prahlen?

Hatschepsut ist an drei Stellen auf der Decke präsent: Im Zusammenhang mit den Planeten Jupiter und Saturn sowie in der zentralen der fünf Textzeilen, welche die nördliche von der südlichen Darstellung trennt. Darin kommt auch die enge Verbindung zwischen Hatschepsut und Senenmut zum Ausdruck. Die Übersetzung der entsprechenden Zeile lautet:

15 Es ist unklar, wo er bestattet wurde. In TT 71 fand man einen Sarg, aber seine Mumie ist verschollen.
16 Siehe Meyer 1982, 264–273.

> Es lebe Horus »Mächtig an Ka-Kräften«, die Beiden Herrinnen »Jung an Jahren«, Goldhorus »Göttlich an Erscheinungen«, König von Ober- und Unterägypten Maat-ka-Ra (= Hatschepsut), geliebt von Amun, sie lebe, Siegelbewahrer des Königs, Domänenvorsteher des Amun, Senenmut, gezeugt von Ramose, geboren von Hatnefret.

Senenmut war nicht-königlicher Abstammung, sondern ein Privatmann, der die Gunst der Pharaonin erlangte und sich nach oben arbeitete. Bis ans Ende des Neuen Reiches (ca. 1070 v. Chr.) finden sich derartige astronomische Darstellungen dann ausschließlich in den Gräbern und Totentempeln von Pharaonen und einer Pharaonin. Ihr Ziel war, Teil des kosmischen Kreislaufes zu werden. Unter diesem Gesichtspunkt ist die Anbringung derartiger Darstellungen in den Gräbern und Totentempeln verständlich. War Senenmut tatsächlich für seine Zeit zu anmaßend, indem er – zwar als sehr hoher Beamter, aber nicht-königlicher Abstammung – die astronomische Decke in seinem Grab anbringen ließ und somit – noch dazu in unmittelbarer Nähe Hatschepsuts – Teil des ewigen Kreislaufs werden wollte? Erst während der darauffolgenden Dritten Zwischenzeit, als das Königtum in eine veritable Krise gerutscht war, tauchen astronomische Darstellungen erneut in den Gräbern höherer Beamter auf, aber nie wieder in einer derart vollständigen Art und Weise.

Bibliographie

Altmann-Wendling 2018
V. Altmann-Wendling, MondSymbolik – MondWissen. Lunare Konzepte in den ägyptischen Tempeln griechisch-römischer Zeit, Studien zur spätägyptischen Religion 22 (Wiesbaden 2018).

Belmonte – Shaltout 2007
J. A. Belmonte – M. Shaltout, The Astronomical Ceiling of Senenmut, a Dream of Mystery and Imagination, in: M. Zedda – J. A. Belmonte (Hrsg.), SEAC2005 Proceedings on Light and Shadows in Cultural Astronomy (Isili 2007) 145–154.

Dorman 1991
P. F. Dorman, The Tombs of Senenmut. The Architecture and Decoration of Tombs 71 and 353 (New York 1991).

Leitz 1989
C. Leitz, Studien zur ägyptischen Astronomie, Ägyptologische Abhandlungen 49 (Wiesbaden 1989).

Locher 1981
K. Locher, A Conjecture Concerning the Early Egyptian Constellation of the Sheep, Archaeoastronomy 3, 1981, 73–74.

Locher 1985
K. Locher, Probable Identification of the Ancient Egyptian Circumpolar Constellations, Journal for the History of Astronomy, Archaeoastronomy Supplement 16, 1985, 152–153.

Locher 1990
K. Locher, The Ancient Egyptian Constellation Group »The Lion between the two Crocodiles« and the Bird, Archaeoastronomy 15, 1990, 49–51.

Lull - Belmonte 2009
J. Lull - J. A. Belmonte, The Constellations of Ancient Egypt, in: J. A. Belmonte - M. Shaltout (Hrsg.), In Search of Cosmic Order: Selected Essays on Egyptian Archaeoastronomy (Kairo 2009) 157–194.

Meyer 1982
C. Meyer, Senenmut. Eine prosopographische Untersuchung (Hamburg 1982).

Neugebauer - Parker 1969
O. Neugebauer - R. A. Parker, Egyptian Astronomical Texts III. Decans, Planets, Constellations and Zodiacs (London 1969).

Parker 1950
R. A. Parker, The Calendars of Ancient Egypt, Studies in Ancient Oriental Civilization 26 (Chicago 1950).

Pogo 1930
A. Pogo, The Astronomical Ceiling-Decoration in the Tomb of Senmut (XVIIIth Dynasty), Isis 14.2, 1930, 301–325.

Symons u. a. 2013
S. L. Symons - R. Cockcroft - J. Bettencourt - C. Koykka, Ancient Egyptian Astronomy Database, http://aea.physics.mcmaster.ca/index.php/en/database (letzter Zugriff: 30.09.2019).

Q5 Die nächtliche Fahrt der Sonne im Unterweltsbuch Amduat

Alexa Rickert

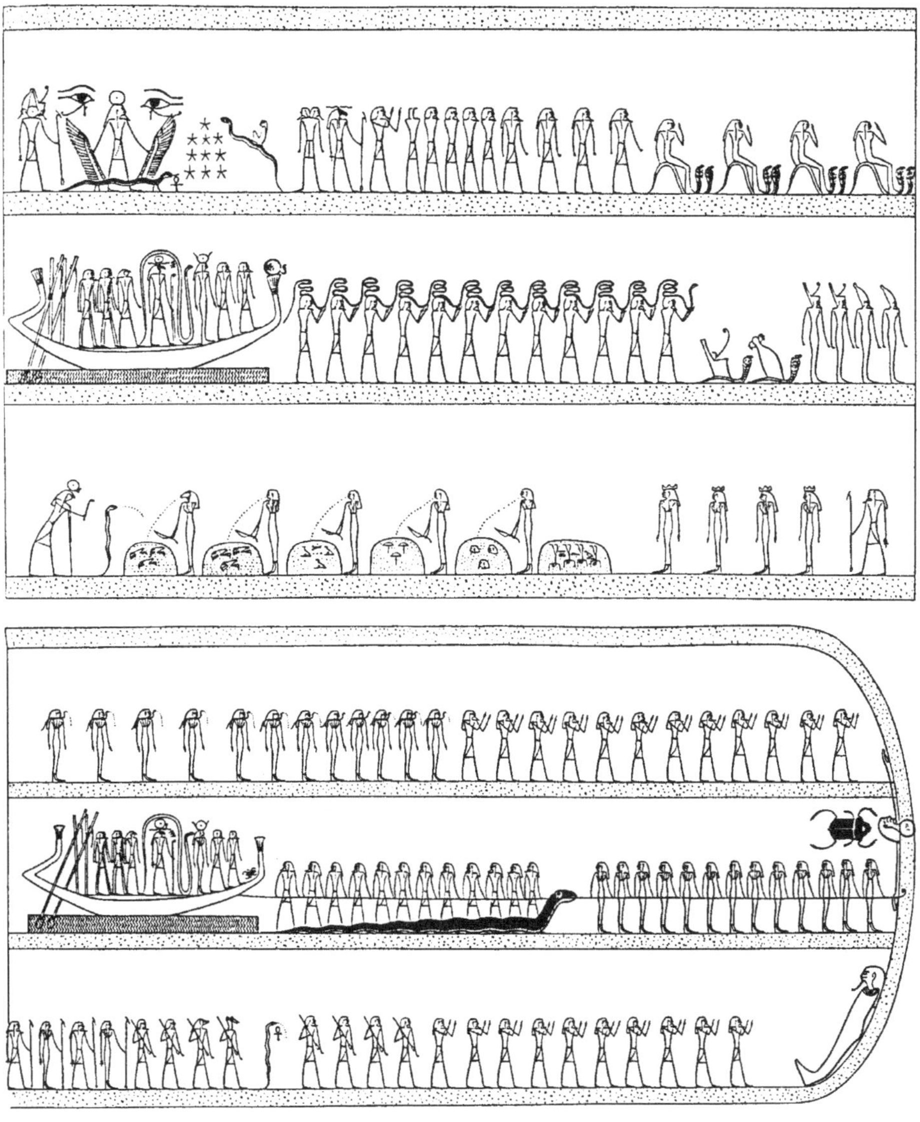

Abb. 1: Oben die Darstellungen zur 11. Stunde, unten die zur 12. Stunde des Amduat (nach Hornung 1991, 173 und 184).

Zur Quelle

Nach altägyptischer Vorstellung durchfuhr der Sonnengott in seiner Barke in den zwölf Stunden der Nacht die Unterwelt. Auf dieser Fahrt war er zahllosen Gefahren und Angriffen von Feinden (z. B. durch die Schlange Apophis) ausgesetzt, die es zu überwinden und abzuwehren galt. Die oben stehenden Darstellungen stammen aus dem sogenannten Amduat und repräsentieren die beiden letzten Stunden, die im Zeichen der Vorbereitung des Sonnenaufgangs stehen. Das unter dem Namen Amduat (*imi-dwꜣ.t*, »(Buch) dessen, was in der Unterwelt ist«) bekannte Text- und Bildcorpus trägt im Ägyptischen den Namen »Schrift der verborgenen Kammer« *(sš n ꜥ.t imn.t)*, während die zuerst genannte Bezeichnung auch auf die gesamte Quellengattung der Jenseitsführer bezogen werden kann.[1] Das Amduat ist das älteste dieser Unterweltsbücher und erstmals im Grab Thutmosis' I. (1493–1482 v. Chr.) belegt, welches sich im Tal der Könige am westlichen Nilufer bei Luxor befindet.[2] Zeitweise stellten die Texte und Darstellungen zu den zwölf Nachtstunden die einzige Dekoration der Wände der Sargkammer dar, woraus auf ihre große Bedeutung für den verstorbenen Herrscher geschlossen werden kann.[3]

Jeder Nachtstunde ist ein einleitender Text gewidmet, der in Kolumnen geschrieben ist. Das mit Beischriften versehene Bildfeld der jeweiligen Stunde ist dann nochmals in drei Streifen (Register) unterteilt, wobei der mittlere den widderköpfigen Sonnengott und sein Gefolge in der Barke darstellt. Das obere und das untere Register zeigen und beschreiben verschiedene Bewohner der Unterwelt, die zu beiden Seiten des Jenseitsgewässers die oft gefährliche Fahrt des Sonnengottes verfolgen. Die oben gezeigten Darstellungen zur 11. Nachtstunde können als Vorbereitung der Neugeburt der Sonne gedeutet werden, die das Hauptthema der 12. Stunde ist. Dementsprechend spielt im oberen und im unteren Register der 11. Stunde vor allem die Abwehr von Feinden eine Rolle, die den entscheidenden Moment des Sonnenaufgangs bedrohen, wohingegen in der 12. Nachtstunde der Jubel der den Vorgang begleitenden Unterweltsbewohner überwiegt.[4] Dem inhaltlichen Schwerpunkt der beiden Szenen entsprechend sollten diese idealerweise auf der Ostwand des Grabes dargestellt werden.[5]

1 Siehe dazu Schott 1958, 334; Quack 2002, 31. Hornung 1991, 203 merkt an, dass alternativ »der in der Unterwelt ist« gelesen werden kann, was auf den nächtlichen Sonnengott zu beziehen wäre.

2 Siehe dazu zuletzt Abdel Ghany 2019, 1–17. Laut Quack 2002, 29 geht der Ursprung der Unterweltsbücher vermutlich weit vor diese Epoche zurück.

3 Hornung 1991, 203. Siehe Richter 2008 für Zusammenhänge zwischen der Anbringung des Amduat und der Architektur des Grabes.

4 Hornung 2002, 79–81. Große Gruppen von jubelnden bzw. den Sonnengott anbetenden Bewohnern der Unterwelt sind in der Darstellung zur 12. Nachtstunde (Abb. 1, untere Hälfte) im oberen und unteren Register an ihren erhobenen Armen zu erkennen.

5 Richter 2008, 79.

Ausgewählte Editionen, Übersetzungen und Kommentare

Die immer noch maßgebliche Edition des Amduat ist die von Erik Hornung (1963 und 1967), in welcher sich auch eine Auflistung älterer Bearbeitungen findet (Hornung 1963 Bd. I, XIII–XVI). Er gibt *in extenso* die vollständigste Version aus dem Grab Amenophis' II. (1425–1400 v. Chr.) wieder, Textvarianten werden nur in Form von Anmerkungen berücksichtigt. Diese Lösung war nicht ganz zufriedenstellend, da sie die fortlaufende Lektüre einzelner Versionen erschwerte, so dass eine synoptische Textedition nachgereicht wurde (Hornung 1987; Hornung 1992; Hornung 1994). Eine transliterierte Übersetzung des gesamten Amduat findet sich beispielsweise bei Silvia Wiebach-Koepke (2003 Bd. 2, 1–209). Die jüngste Gesamtübersetzung sämtlicher Unterweltsbücher haben John Coleman Darnell und Colleen Manassa Darnell 2018 vorgelegt.

Verwandte Quellen

Im Anschluss an das Amduat entstanden noch weitere Text- und Bildcorpora, die der Gattung der Unterweltsbücher zuzuordnen sind, beispielsweise das sogenannte Höhlenbuch, das Pfortenbuch und das Buch von der Erde. In Bezug auf die Darstellung zeitlicher Abläufe ist besonders das Pfortenbuch von Bedeutung, das ebenfalls in zwölf Stundenabschnitte unterteilt ist (Hornung 1979, Hornung 1984 sowie Zeidler 1999).

Siehe auch

Q 2 – Die Dekansternuhr des Idy
Q 4 – Die astronomische Decke des Senenmut-Grabes
Q 9 – Die 30 Tage des Mondmonats und ihre Schutzgötter
Q 11 – Die Mondtreppen als symbolische Abbilder der Mondzunahme
Q 29 – Solons Lebensalter-Elegie
Q 43 – Fasti Antiates maiores

Technische Aspekte

In der altägyptischen Kultur spielte das Ideal der Unvergänglichkeit eine zentrale Rolle, womit einerseits die Fortdauer (z. B. in Form eines steinernen Monumentes), andererseits aber auch die ewige, zyklische Wiederholung von Prozessen (z. B. als Bewegung der Gestirne am Himmel) gemeint sein konnte. Dementsprechend hatte die ägyptische Vorstellung von Zeit bzw. Ewigkeit zwei Aspekte: einerseits die durative Unvergänglichkeit *ḏ.t*, andererseits die iterative Unvergänglichkeit *nḥḥ*, die nach Jan Assmann reversibel,

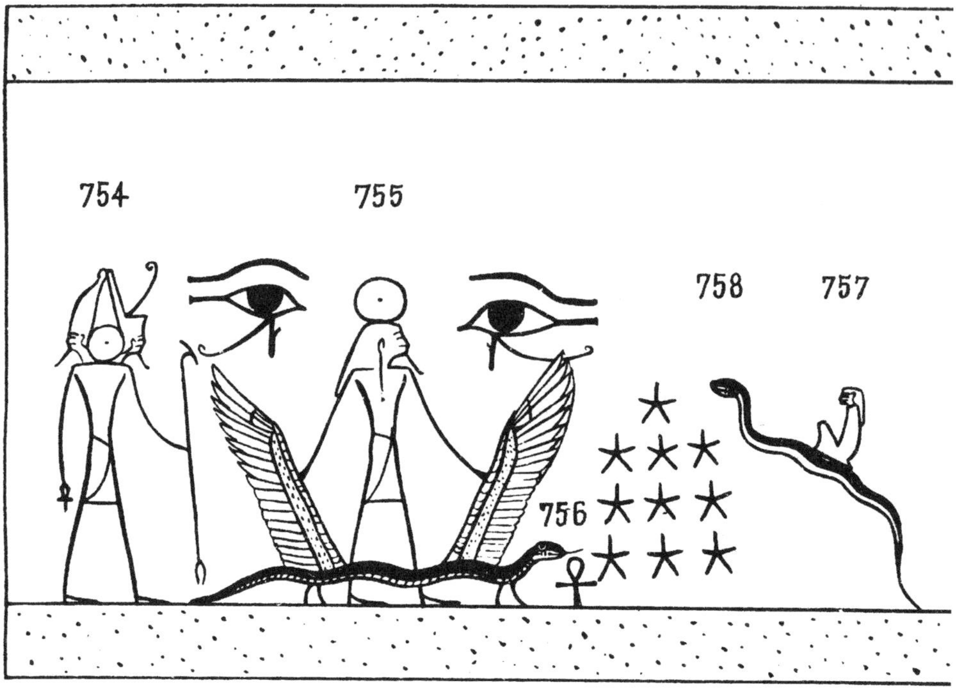

Abb. 2: Detail aus dem obersten Register der 11. Stunde des Amduat (nach Hornung 1963, Klapptafel).

d. h. in ihrem Ablauf umkehrbar war.[6] In den zwei letzten Nachtstunden des Amduat finden sich Darstellungen, die mit den beiden Aspekten der Ewigkeit in Verbindung stehen:

Am Beginn des ersten Registers der 11. Stunde steht der Sonnengott als »der mit ausgestattetem Gesicht, Herr der *ḏ.t*-Ewigkeit« (Nr. 754: *ꜥpr ḥr nb ḏ.t*), dessen zwei Köpfe vielleicht mit dem Doppelcharakter der ägyptischen Zeitvorstellung zusammenhängen.[7] Die Scheibe zwischen den beiden Kronen, die für Ober- und Unterägypten stehen, verweist auf den engen Zusammenhang zwischen der Sonne und der Zeit.[8] Daneben steht eine andere Form des Sonnengottes, Atum, der die Flügel einer Schlange festhält. Hierauf folgt eine weitere Schlange mit dem Namen »der die Stunden fortnimmt« (Nr. 758: *šdj-wnw.wt*), die nach links oben strebt und auf deren Rücken eine sitzende Gottheit

6 Assmann 2011, 15–85. Die Deutung von *ḏ.t* im Sinne eines reinen Zeitbegriffs ist nicht unumstritten, manchmal wird auch die Einbeziehung räumlicher Aspekte in Betracht gezogen (dazu Assmann 2011, 72–74). Eine kritische Besprechung von Assmans Monographie findet sich bei Spalinger 2012. Vgl. zum Thema *ḏ.t* und *nḥḥ* auch die Monographie von Frédéric Servajean (2007).

7 Hornung 1963 Bd. I, 181 (hier und im Folgenden nach der Version aus dem Grab Amenophis' II.).

8 So Hornung 1991, 174.

zu erkennen ist.[9] Zwischen den beiden Schlangen sind zehn Sterne zu sehen.[10] Ein Teil der einführenden Inschrift zu dieser Nachtstunde kommentiert die Szene:

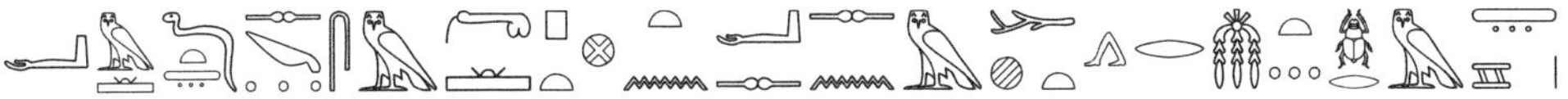

ꜥm ḏ.t sšm.w=s m-bꜣḥ pt<r imi>[11] *niw.t tn di=s sn m-ḫ.t r msw.t Ḫpri m tꜣ*

Die *ḏ.t*-Ewigkeit verschlingt ihre Bilder vor dem Schau<enden, der in> dieser Stätte <ist>, und gibt sie danach (wieder) zur Geburt des Chepri (d. i. der jugendliche Sonnengott) in/ aus der Erde.[12]

Offenbar stellen die Sterne zwischen den Schlangen die bislang verstrichenen Nachtstunden dar, die von der rechten Schlange bzw. der darauf sitzenden Personifikation der *ḏ.t*-Ewigkeit verschluckt und erst bei Sonnenaufgang wieder freigegeben werden.[13] Einerseits verbindet der Text diese Darstellung explizit mit dem durativen Aspekt der Unvergänglichkeit *(ḏ.t)*, andererseits nimmt er durch den Hinweis auf das erneute Freiwerden der Stunden bei jedem Sonnenaufgang implizit Bezug auf das iterative Ewigkeitskonzept *(nḥḥ)*. Somit sind die beiden Aspekte von Zeit und Ewigkeit nicht als voneinander getrennt, sondern als ineinandergreifend und voneinander abhängig zu betrachten.

Das mittlere Register der 12. Nachtstunde wird von einer Darstellung eingenommen, die vor allem mit dem zirkulären Konzept der *nḥḥ*-Zeit in Verbindung gebracht werden kann (Abb. 3):

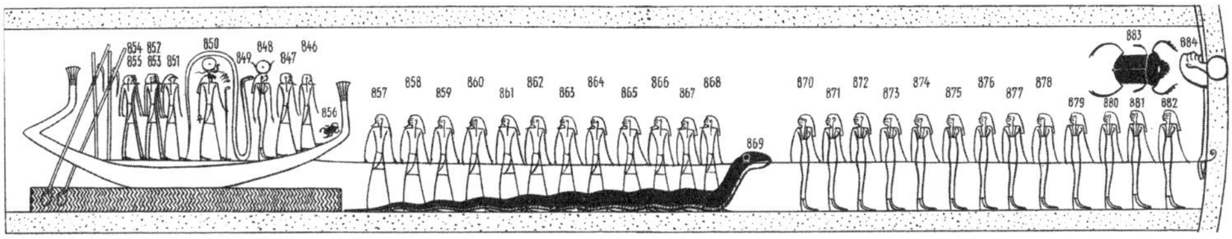

Abb. 3: Mittleres Register der 12. Stunde des Amduat (nach Hornung 1963, Klapptafel).

9 Hornung 1963 Bd. I, 181.

10 Laut Hornung 1991, 174 f. sind es in den meisten Versionen allerdings elf Sterne.

11 Vgl. die Varianten bei Hornung 1994, 747.

12 Hornung 1963 Bd. I, 180. Siehe zur Ergänzung Hornung 1963 Bd. I, 180 Anm. k und Hornung 1963 Bd. II, 175 Anm. 10.

13 So Hornung 1963 Bd. II, 174–176; vgl. Hornung 1991, 175; Quack 2002, 31; Assmann 2011, 48 f.; Hegenbarth-Reichardt 2006, 208–211, der darauf hinweist (211), dass diese Texte in Bezug darauf, ob die Schlange oder die darauf sitzende Gestalt die Stunden verschlingt, nicht eindeutig sind. Zusammen können sie als eine Art »Wesenseinheit« verstanden werden.

Die Barke mit dem Sonnengott wird hier von zwölf Göttern und dreizehn Göttinnen gezogen, wobei erstere auf dem Leib einer riesigen Schlange namens »Ka dessen, der die Götter leben lässt« (Nr. 869: *kꜣ n dỉ ꜥnḫ nṯr.w*) stehen, durch deren Kopf das Zugseil führt.[14] Der Text über der Barke erklärt:

> *sqdd nṯr pn m sẖr pn m nỉw.t tn m ỉmꜣḫ n ssmw pn štꜣ n <kꜣ n dỉ> ꜥnḫ nṯr.w nṯr.w=f (ḥr) sṯꜣ sw ꜥq=f m sd=f prr=f m rꜣ=f msj m ḫprw=f n Ḫprỉ nṯr.w ỉmỉ.w wỉꜣ=f mỉ(y)*
>
> Dieser Gott fährt auf diese Weise dahin an dieser Stätte im Rückgrat dieses geheimen Bildes der (Schlange) <Ka dessen, der> die Götter leben <lässt>, während seine Götter ihn ziehen. Er tritt ein in ihren Schwanz und kommt heraus aus ihrem Maul, indem er geboren ist in seiner Erscheinungsform des Chepri, und die Götter, die in seiner Barke sind, ebenso.[15]

Demnach betritt der Sonnengott zusammen mit seinem Gefolge den Schwanz der Schlange, um daraufhin verjüngt – als Skarabäus (Chepri), der am rechten Rand des Bildfeldes dargestellt ist – aus ihrem Maul hervorzukommen. Die männlichen Götter, die sich unmittelbar vor der Sonnenbarke befinden und den Kopf der Schlange noch nicht passiert haben, werden durch ihre Bezeichnungen (z. B. Nr. 858: *ỉꜣw* »Greis« und Nr. 866: *skmy* »Ergrauter«) überwiegend als alt und lebenserfahren beschrieben und somit eher zu dem fortgeschrittenen Stadium des Sonnengottes als betagter Mann in Beziehung gesetzt. Die Göttinnen vor dem Maul der Schlange haben den Vorgang der Verjüngung bereits durchlaufen, weswegen sie Namen wie »Herrin der *ḏ.t*-Ewigkeit« (Nr. 875: *nb.t ḏ.t*) oder »*nḥḥ*-Ewige« (Nr. 876: *nḥ(ḥ)y.t*) tragen.[16] Der von der Darstellung insgesamt illustrierte Verjüngungsprozess des Sonnengottes vom Greis zum jungen Mann ist eine »Zeitreise«, die jeden Tag aufs Neue vollzogen wird. Die normalen Abläufe der Zeit werden

14 Hornung 1963 Bd. I, 200; vgl. zu dieser Darstellung auch Quack 2002, 32 f. Der Ka war nach altägyptischer Vorstellung einer der Bestandteile der menschlichen bzw. göttlichen Persönlichkeit und eng mit der Versorgung durch Lebensenergie verbunden.

15 Hornung 1963 Bd. I, 197; siehe zur ergänzten Version des hier verkürzt genannten Schlangennamens oben und Hornung 1963 Bd. II, 189, zur veränderten Zeichenfolge des Textbeginns Hornung 1994, 816 (AII).

16 Hornung 1963 Bd. I, 201.

durch diesen Prozess umgekehrt, was durch das Eintreten in den Schwanz der Schlange und durch das Austreten durch ihren Mund veranschaulicht wird.[17]

Die beiden Schlangen[18] in der 11. und 12. Stunde des Amduat, die als Verkörperung der Konzepte der linearen *(ḏ.t)* und zirkulären Ewigkeit *(nḥḥ)* verstanden werden können, deuten darauf hin, dass der Sonnenlauf im Alten Ägypten unter zwei verschiedenen Blickwinkeln betrachtet wurde: Einerseits als lineare Abfolge von Stunden und Ereignissen im Leben des Sonnengottes, der als Jüngling aufgeht und als alter Mann untergeht, andererseits aber auch als sich stets wiederholender Kreislauf, der nur durch die Umkehr der Zeit während der nächtlichen Fahrt der Sonnenbarke durch die Unterwelt ermöglicht wird.[19] So sind die beiden Aspekte der Ewigkeit im Sonnenlauf auf das Engste miteinander verbunden und voneinander abhängig.

Soziokulturelle Auswertung

Die Jenseitsbücher können als überaus ausführliche Antwort auf zwei existenzielle Fragen verstanden werden, die nicht nur die Menschen im Alten Ägypten bewegten: Was geschieht mit der Sonne, wenn sie untergegangen ist? Was erwartet uns nach dem Tod? Der funeräre Kontext, in den die Darstellungen und Texte des Amduat stets eingebettet sind, deutet darauf hin, dass die beiden Fragen aus ägyptischer Sicht miteinander zusammenhingen. In der Platzierung an den Wänden des Grabes drückt sich die Hoffnung aus, der Verstorbene möge an der nächtlichen Sonnenfahrt durch die Unterwelt teilhaben, wie der Sonnengott allen Gefahren trotzen und einen ewigen Kreislauf der Verjüngung vollziehen.

Im Amduat geht es, wie zugehörige Inschriften betonen, vor allem um die Fixierung und Vermittlung von Wissen.[20] Die zentrale Rolle, die zeitlichen Abläufen hier zukommt, deutet darauf hin, dass deren Kenntnis nicht nur im Diesseits, sondern auch im Jen-

---

17 Hornung 1991, 187 f., Assmann 2011, 48. Siehe zum Begriff der »Zeitreise« im Zusammenhang mit dem Amduat Hegenbarth-Reichardt 2006, 3.

18 Es ist kein Zufall, dass beide Aspekte der Ewigkeit hier mit einer Schlange verbunden sind, denn dieses Tier steht im Alten Ägypten häufig in diesem Kontext, was unter anderem mit dem Vorgang der Häutung zu tun hat, der als Verjüngungsprozess interpretiert wurde. Siehe dazu und zum verwandten Konzept der sich in den Schwanz beißenden Schlange (Uroboros) ausführlicher Assmann 2011, 49–62.

19 So Assmann 2011, 45. Einige Forscher vermuten zudem, dass die spiralförmige Anordnung der Nachtstunden des Amduat in der Sargkammer Thutmosis' III. als Hinweis auf die Verbindung von *nḥḥ*- und *ḏ.t*-Ewigkeit verstanden werden kann. Siehe dazu zuletzt Richter 2008, 79 f.

20 Die sogenannten Nützlichkeitsvermerke sagen explizit, dass das Amduat auch für die irdische Existenz des Königs von Nutzen sei (Hornung 1991, 31; Richter 2008, 80; Hegenbarth-Reichardt 2006, 230–233). Siehe z. B. den bei Hegenbarth-Reichardt 2006, 231 zitierten Text aus der 2. Nachtstunde der Kurzfassung des Amduat: »Wer diese Worte kennt, die die unterweltlichen Götter sprechen zu diesem Gott, und die Worte, [die zu ihnen spricht dieser Gott,] ist einer, der sich den Unterweltlichen nähert. Es ist nützlich für ihn auf Erden, als wahr erprobt, [Millionen Mal].« Vgl. Hornung 1967, 4. 28. Der Hinweis auf die Nützlichkeit des Textes auf Erden mag sich darauf beziehen, dass den grundlegenden Inhalten des

seits für das Fortbestehen des Menschen von überragender Bedeutung war.[21] Durch das Amduat war der Grabinhaber schon vor dem Zeitpunkt seines Todes mit den Rhythmen der Unterwelt vertraut. Es mag eine beruhigende Vorstellung gewesen sein, dass aus der Welt der Lebenden bekannte Konzepte wie die Einteilung in Stunden hier offensichtlich weiterhin Gültigkeit besaßen. So war der Verstorbene dank der im Amduat enthaltenen Informationen zur zeitlichen Struktur der Unterwelt den Geschehnissen nicht mehr völlig ausgeliefert: das Zeit-Wissen gab ihm, zumindest teilweise, die Macht über die eigene Existenz zurück.[22]

Zudem kann das Amduat als Versuch verstanden werden, das abstrakte Phänomen der verstreichenden Zeit sichtbar zu machen. Interessanterweise werden zeitliche Einheiten im Zuge dieser Veranschaulichung häufig mit Begriffen und Bildern in Beziehung gesetzt, die räumlichen Charakter haben. Jeder Stunde, die der Sonnengott in der Unterwelt verbringt, ist ein in sich geschlossener Zeit-Raum zugeordnet, der ein Tor besitzt und mit der Barke durchfahren werden kann.[23] Vor allem in den Texten zu den ersten Nachtstunden werden diesen Raumeinheiten sogar Längenmaße zugeschrieben, so dass die vom Sonnengott zurückgelegte Strecke nachvollziehbar und begreifbar wird.[24]

Der Nutzerkreis, für den das Amduat bestimmt war, war anfangs sehr klein, denn mit einer Ausnahme findet es sich zunächst nur auf den Wänden von Königsgräbern. Erst ab etwa 1000 v. Chr. ist die Verwendung durch nichtkönigliche Verstorbene belegt, wobei dann auch Totenpapyri und Särge als Textträger vorkommen. Auf den Wänden von Gräbern und Särgen wird dies bis in die frühe Ptolemäerzeit überliefert.[25] So fand Text- und Bildmaterial, das ursprünglich für den königlichen Kontext reserviert war, auch in den Bestattungen der Angehörigen der Elite Verwendung und war einem erweiterten Rezipientenkreis zugänglich.[26] Die Präsenz des Amduat im Kontext solcher Begräbnisse

---

Amduat nicht nur im funerären Kontext, sondern beispielsweise auch im Wissensschatz der Sonnenpriester eine große Bedeutung zukam (Assmann 1984, 83 f.).

21 Die beiden hier besprochenen Szenen aus der 11. und 12. Nachtstunde stellen innerhalb des Amduat bei Weitem nicht die einzigen Bezüge zu zeitlichen Einheiten dar (dazu ausführlich Hegenbarth-Reichardt 2006).

22 Das Thema »Zeit-Wissen ist Macht« spielt auch in anderen Beiträgen in diesem Band eine Rolle, z. B. in Q 3, Q 4, Q 8 und Q 19.

23 Vgl. Hegebarth-Reichardt 2006, 3–6 und Q 20. Namen für die Tore, die zu jedem dieser Räume gehören, werden bereits im Amduat genannt, aber erst im Pfortenbuch sind diese in großer Ausführlichkeit dargestellt (Hornung 1991, 31–32).

24 Hegenbarth-Reichardt 2006, 7. 163–173; Darnell – Manassa Darnell 2018, 42 f. (mit weiterführender Literatur). Vgl. zur Veranschaulichung zeitlicher Prozesse durch die Darstellung einer Bewegung im Raum auch die Mondtreppen (Q 11), für Bezüge zwischen Zeit und Landschaft die Personifikationen der Jahreszeiten (Q 12).

25 Hornung 1991, 203 f.

26 Die Entwicklung eines erweiterten Rezipientenkreises für religiöse Texte ist in der ägyptischen Kultur keineswegs ein Einzelfall, vgl. z. B. die zunächst auf die Gräber der Königsfamilie beschränkten

kann als Ausdruck des Wunsches verstanden werden, auch als Privatperson an der königlichen Bestattungskultur teilzuhaben und von dem darin enthaltenen Zeit-Wissen zu profitieren. Inwiefern allerdings die einfache, größtenteils nicht schriftkundige Bevölkerung Kenntnis von dem im Amduat vermittelten Jenseitsbild hatte, kann aufgrund der einseitigen Quellenlage nicht beurteilt werden.

Bibliographie

Abdel Ghany 2019
K. Abdel Ghany, Amduat-Exemplare von Thutmosis I.: Weitere Fundstücke im Grab KV 38, Zeitschrift für Ägyptische Sprache und Altertumskunde 146, 2019, 1–17.
Assmann 1984
J. Assmann, Ägypten – Theologie und Frömmigkeit einer frühen Hochkultur (Stuttgart 1984).
Assmann 2011
J. Assmann, Steinzeit und Sternzeit. Altägyptische Zeitkonzepte (Paderborn 2011).
Burkard – Thissen 2012
G. Burkard – H. J. Thissen, Einführung in die altägyptische Literaturgeschichte I. Altes und Mittleres Reich, Einführungen und Quellentexte zur Ägyptologie 1 ^{4}(Berlin 2012).
Darnell – Manassa Darnell 2018
J. C. Darnell – C. Manassa Darnell, The Ancient Egyptian Netherworld Books, Writings from the Ancient World 39 (Atlanta 2018).
Hegenbarth-Reichardt 2006
I. Hegenbarth-Reichardt, Der Raum der Zeit. Eine Untersuchung zu den altägyptischen Vorstellungen und Konzeptionen von Zeit und Raum anhand des Unterweltsbuches Amduat, Ägypten und Altes Testament 64 (Wiesbaden 2006).
Hornung 1963
E. Hornung, Das Amduat. Die Schrift des verborgenen Raumes. Herausgegeben nach Texten aus den Gräbern des Neuen Reiches. Teil I–II, Ägyptologische Abhandlungen 7 (Wiesbaden 1963).
Hornung 1967
E. Hornung, Das Amduat. Die Schrift des verborgenen Raumes. Herausgegeben nach Texten aus den Gräbern des Neuen Reiches. Teil III: Die Kurzfassung, Nachträge, Ägyptologische Abhandlungen 13 (Wiesbaden 1967).
Hornung 1979
E. Hornung, Das Buch von den Pforten des Jenseits nach den Versionen des Neuen Reiches. Teil I: Text, Aegyptiaca Helvetica 7 (Genf 1979).
Hornung 1984
E. Hornung, Das Buch von den Pforten des Jenseits nach den Versionen des Neuen Reiches. Teil II: Übersetzung und Kommentar, Aegyptiaca Helvetica 8 (Genf 1984).
Hornung 1987
E. Hornung (Hrsg.), Texte zum Amduat I: Kurzfassung und Langfassung, 1. bis 3. Stunde, Aegyptiaca Helvetica 13 (Genf 1987).

Pyramidentexte, die später dann auch für private Bestattungen Verwendung fanden (dazu z. B. Burkard – Thissen 2012, 53 f.).

Hornung 1991
E. Hornung, Die Nachtfahrt der Sonne. Eine altägyptische Beschreibung des Jenseits (Zürich 1991).
Hornung 1992
E. Hornung (Hrsg.), Texte zum Amduat II: Langfassung, 4. bis 8. Stunde, Aegyptiaca Helvetica 14 (Genf 1992).
Hornung 1994
E. Hornung (Hrsg.), Texte zum Amduat III: Langfassung, 9. bis 12. Stunde, Aegyptiaca Helvetica 15 (Genf 1994).
Hornung 2002
E. Hornung, Das Tal der Könige [2](München 2002).
Quack 2002
J. F. Quack, Zwischen Sonne und Mond – Zeitrechnung im Alten Ägypten, in: H. Falk (Hrsg.), Vom Herrscher zur Dynastie. Zum Wesen kontinuierlicher Zeitrechnung in Antike und Gegenwart (Bremen 2002) 27–67.
Richter 2008
B. Richter, The Amduat and Its Relationship to the Architecture of Early 18th Dynasty Royal Burial Chambers, Journal of the American Research Center in Egypt 44, 2008, 73–104.
Schott 1958
S. Schott, Die Schrift der verborgenen Kammer in Königsgräbern der 18. Dynastie (Gliederung, Titel und Vermerke), Nachrichten der Akademie der Wissenschaften in Göttingen I. Philologisch-historische Klasse 1958.4, 315–372.
Servajean 2007
F. Servajean, Djet et Neheh. Une histoire du temps égyptien, Orientalia Monspelensia 18 (Montpellier 2007).
Spalinger 2012
A. J. Spalinger, Rez. zu J. Assmann, Steinzeit und Sternzeit. Altägyptische Zeitkonzepte (Paderborn 2011), Wiener Zeitschrift für die Kunde des Morgenlandes 102, 2012, 303–310.
Wiebach-Koepke 2003
S. Wiebach-Koepke, Phänomenologie der Bewegungsabläufe im Jenseitskonzept der Unterweltsbücher Amduat und Pfortenbuch und der liturgischen »Sonnenlitanei«. Teil 1: Untersuchungen. Teil 2: Annotierte Transkription und Übersetzung, Schautafeln, Ägypten und Altes Testament 55 (Wiesbaden 2003).
Zeidler 1999
J. Zeidler, Pfortenbuchstudien. Teil I: Textkritik und Textgeschichte des Pfortenbuches. Teil II: Kritische Edition des Pfortenbuches nach den Versionen des Neuen Reiches, Göttinger Orientforschungen IV 36 (Wiesbaden 1999).

Q 6 Eine Wasseruhr aus der Zeit des Pharaos Amenophis III.

Rita Gautschy

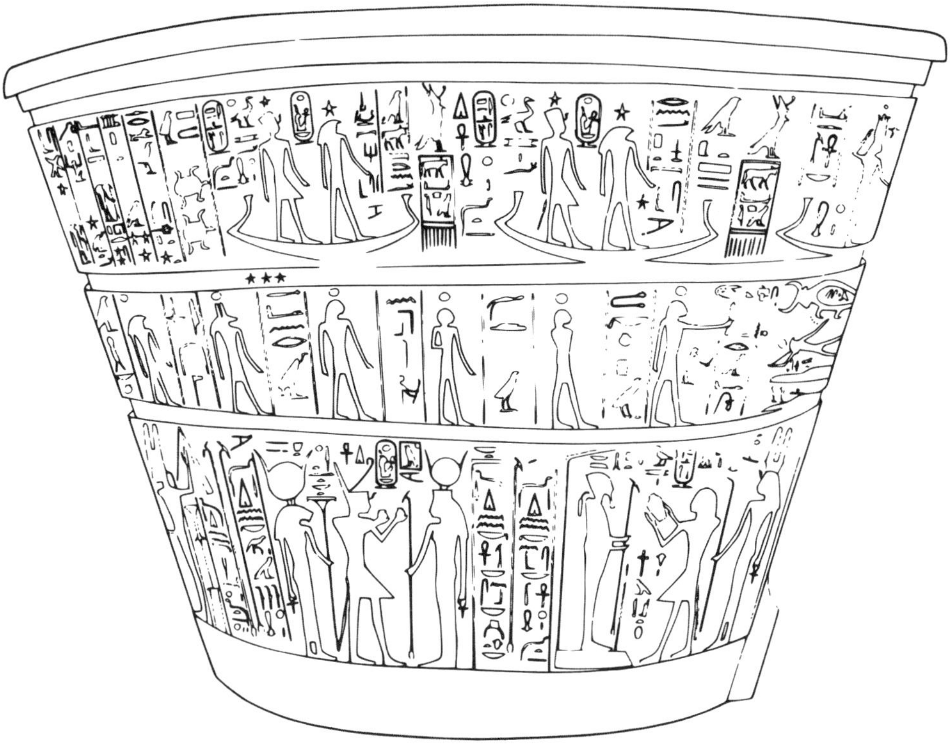

Abb. 1: Die Wasseruhr von Karnak (eigene Zeichnung nach Desroches Noblecourt 1976, 142).

Zur Quelle

Die Wasseruhr aus Kalzit-Alabaster aus der Zeit des ägyptischen Pharaos Amenophis III. (14. Jahrhundert v. Chr.) ist die älteste erhaltene ägyptische Wasseruhr. Sie ist ca. 200 Jahre jünger als die früheste ägyptische Beschreibung eines derartigen Zeitmessgerätes (siehe Q 3). Die Wasseruhr wurde 1904 in viele Stücke zerbrochen im Bereich des Amun-Tempels in Karnak in der sogenannten Cachette gefunden, in der man unbrauchbar gewordenes oder veraltetes Inventar aus dem Tempel deponiert hatte.[1] Heute befindet sich das Instrument im Museum von Kairo (Inv.-Nr. JE 37525), wo es auch zusammengesetzt wurde. Das Instrument hat die Form eines Kreiskegelstumpfes von 34,6 cm Höhe mit einem oberen Durchmesser von 48,5 cm und einem unteren Durchmesser von 26 cm.[2] Auf der Außenseite befindet sich eine Himmelsdarstellung in drei Registern, die durch blaue Bänder mit eingeritzten Sternen voneinander abgegrenzt sind. Im obersten Register sind die Dekansterne (siehe Q 2), die Planeten Merkur und Venus, Jupiter und Saturn in Booten sowie Isis-Sothis, Orion und der Pharao zu finden (vgl. Q 4). Neben Isis befindet sich die Kartusche von Pharao Amenophis III. Im mittleren Register sind vorne über dem Auslauf die nördlichen Sternbilder abgebildet, links und rechts davon die Mondmonatstagesgötter (siehe Q 4 und Q 9). Im untersten Register ist der König mit den zwölf Mondmonatsgöttern platziert. Heute verloren ist der Bereich der Auslauföffnung – hier wäre eine Darstellung des Gottes Thot zu erwarten, der vielleicht den dreizehnten Mondmonat repräsentiert, der ca. alle drei Jahre eingefügt werden muss, um das Mond- mit dem Sonnenjahr im Einklang zu halten.

Ausgewählte Editionen und Studien

Erstmals im Detail untersucht wurde die Wasseruhr von Ludwig Borchardt in seinem Buch über die altägyptische Zeitmessung (1920). Otto Neugebauer und Richard A. Parker (1969) besprechen die Außenseite des Zeitmessgerätes ausführlich. Rolf Krauss (2015 und 2016) hat die früheren Ganggenauigkeitsanalysen dieser Uhr kritisch beleuchtet. Zuletzt wurden alle bislang bekannten ägyptischen Wasseruhren von Anette Schomberg (2020) neu vermessen und untersucht. In zwei Online-Datenbanken finden sich Informationen zur Wasseruhr aus Karnak: in Symons u. a. (2013) und in Schomberg (2018).[3]

Verwandte Objekte

Aus Mesopotamien hat kein Exemplar die Zeit überdauert, allerdings waren Wasseruhren dort nachweislich bereits Ende des 3. Jahrtausends v. Chr. bekannt, da dieses Instrument in altbabylonischen Texten als DIB.DIB – benannt nach dem Geräusch, das es erzeugt – bezeichnet wird.[4] Weitere fragmentarisch erhaltene Exemplare aus Ägypten datieren

1 Siehe Coulon – Jambon 2017: http://www.ifao.egnet.net/bases/cachette/ (letzter Zugriff: 30.09.2019) für detailliertere Informationen zu allen Funden aus der Cachette in Karnak.

2 Neugebauer – Parker 1969, 12.

3 Symons u. a. 2013: https://aea.physics.mcmaster.ca/index.php/en/database/ars/ar1-type-menu/water-clock-amenhotep-iii (letzter Zugriff: 30.09.2019); Schomberg 2018: http://repositorytest.ancient-astronomy.org/collection/BWCP/search (letzter Zugriff: 30.09.2019).

4 Brown u. a. 1999/2000, 133–135.

deutlich später, sie stammen fast alle aus der hellenistischen Epoche Ägyptens. Es sind dies u. a. Wasseruhren in den Museen von St. Petersburg, London, Paris, Berlin, Florenz und Turin.[5] In Griechenland gab es zwei unterschiedliche Typen des Instruments, deren Bezeichnungen aber bereits in der antiken Literatur manchmal synonym gebraucht werden. Der erste Typ wird als Klepsydra – Wasserdieb – bezeichnet. Er wurde in Griechenland und in Rom vom Ende des 5. Jahrhunderts v. Chr. an bei Gericht zur Einteilung der Redezeit eingesetzt.[6] Mithilfe dieses Geräts konnte die Tageszeit nicht abgelesen werden, sondern nur – ähnlich wie bei einer Sanduhr – festgestellt werden, dass eine fixe vorgegebene Zeitspanne abgelaufen war. Der zweite griechische Typ heißt Hydrologion. Dabei handelt es sich um hydraulische Wasseruhren, z. B. das Hydrologion des Ktesibios aus dem 3. Jahrhundert v. Chr.[7]

Siehe auch

Q 2 – Die Dekansternuhr des Idy
Q 3 – Die Grabinschrift des »Uhrmachers« Amenemhet
Q 4 – Die astronomische Decke des Senenmut-Grabes
Q 9 – Die 30 Tage des Mondmonats und ihre Schutzgötter

Technische Aspekte

Bei der Wasseruhr aus Karnak handelt es sich um eine Auslaufuhr aus Kalzit-Alabaster, bei der ein sinkender Wasserpegel das »Verrinnen« der Zeit anzeigt. Oben auf dem Rand stehen die zwölf Monatsnamen (I *Achet* bis IV *Schemu*). Der erste Monat steht etwa 15° links eines vertikalen Trennstriches, die anderen Monate folgen in 30°-Abständen entgegen dem Uhrzeigersinn. Die fünf Epagomenentage sind nicht speziell vermerkt, sie gehören zum zwölften Monat.

Im Inneren des Gefäßes steht unter jeder Monatsinschrift eine Skala mit elf etwa 4 mm eingetieften Punkten. Die kürzeste Skala gehört zum 9. Monat (I *Schemu*), die längste zum 3. Monat (III *Achet*).[8] Zum ungefähren Fertigungszeitpunkt der Wasseruhr (ca. 1375 v. Chr.) unter Pharao Amenophis III. ist die kürzeste Nacht in den vierten Monat der *Schemu*-Jahreszeit und die längste Nacht in den zweiten Monat der *Peret*-Jahreszeit gefallen. Der

5 Borchardt 1920, 7–10. Für eine vollständige Liste aller heute bekannten ägyptischen Wasseruhren siehe den Katalog in Schomberg 2020.

6 Erstmals wird die Wasseruhr in diesem Zusammenhang im Jahr 425/4 v. Chr. bei Aristophanes, *Acharnenses* 693 erwähnt.

7 Für griechische Wasseruhren siehe Hannah 2009, 98–115.

8 Schomberg 2020, Kat.-Nr. 1.

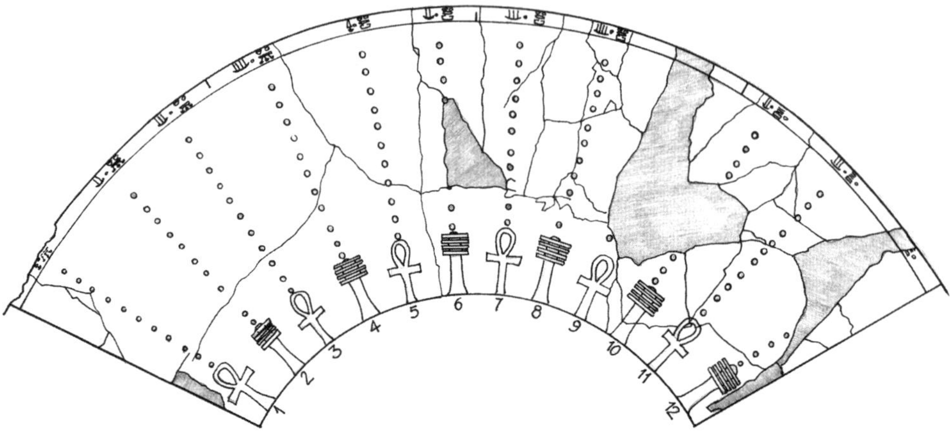

Abb. 2: Abwicklung des Inneren der Sonnenuhr (Umzeichnung von Alfred Gautschy nach Borchardt 1920, Taf. 3).

Unterschied zwischen den Angaben auf der Innenseite der Wasseruhr und der Realität beträgt demnach gut drei Monate bzw. anders ausgedrückt: Die Angaben der Wasseruhr, was die Lage der kürzesten und längsten Nacht des Jahres anbelangt, stammen aus dem 17. oder sogar noch dem 18. Jahrhundert v. Chr. – dies ist deutlich früher als der Text über die Uhren in Amenemhets Grab (siehe Q 3), der für sich beansprucht, dass er erstmals die unterschiedlichen Längen des Tages und der Nacht über das Jahr hinweg bei einem derartigen Zeitmessgerät berücksichtigt habe. Nimmt man an, dass nicht Nachtstunden, sondern Tagesstunden gemessen wurden, dann wäre die Abweichung noch viel größer: etwa neun Monate bzw. ca. 1000 Jahre (24. Jahrhundert v. Chr.).

Unter jeder Skala sind abwechselnd die Hieroglyphen für »Leben« und für »Dauer« herausgearbeitet. Ein allfälliger Skalenpunkt für die 12. Stunde würde bei allen Skalen im Bereich dieser Hieroglyphen zu liegen kommen. Die einzelnen Skalen sind nicht sehr genau gefertigt, aber wahrscheinlich war beabsichtigt, dass die Abstände in jeder einzelnen Skala untereinander gleich sein sollten. Die Theorie dahinter war vermutlich, dass sich der Wasserspiegel in einem runden Gefäß mit einer Wandneigung von 1:3 (71.5°) in gleichen Zeiten um gleiche Höhen senkt.[9]

Die Funktionsweise einer Auslaufwasseruhr ist einfach: sie muss am Beginn des Tages oder der Nacht gefüllt werden. Danach leert sie sich langsam durch die Auslauföffnung. Zum Ablesen der Stunden schließlich muss man beachten, die Skala mit der korrekten Monatsbezeichnung zu verwenden. Weniger eindeutig ist jedoch, bis wohin das Instrument

9 Dies hat schon Borchardt 1920, 16 vermutet.

zu Beginn der Nacht oder des Tages gefüllt werden muss: Stets randvoll? Bis zur obersten Markierung des entsprechenden Monats? Bis zu einem heute verlorenen oberen Füllstrich, wie Borchardt annahm?[10] Je nachdem von welchem Ansatz man ausgeht, hätte die oberste Markierung entweder den Beginn oder das Ende der 1. Stunde angezeigt und die gesamte Uhr demnach insgesamt zwischen zehn und zwölf Stunden anzugeben vermocht.[11]

Der Bereich der Ausflussöffnung ist bei der Wasseruhr aus Karnak nicht vollständig erhalten, sodass offen bleiben muss, wie groß diese ursprünglich war. Die noch erhaltenen Ansätze innen zwischen den Skalen des 1. und des 12. Monats sind stark erweitert, was annehmen lässt, dass man dort ein Röhrchen von innen einsetzen konnte, um den Wasserauslauf zu regulieren.[12] Da das Ausflussröhrchen fehlt, können keine exakten Aussagen über die Ganggenauigkeit getätigt werden, da diese von der angenommenen Größe und Art der Ausflussöffnung abhängig sind. Ein weiterer entscheidender Faktor für die Ganggenauigkeit einer derartigen Uhr ist zudem die Wasser- bzw. Lufttemperatur – wärmeres Wasser fließt schneller ab. Die Meinungen zur Genauigkeit dieser Uhren klaffen demnach auch weit auseinander. Borchardt, der sich als erster eingehender mit diesen Instrumenten befasst hat, begnügte sich mit einer groben Abschätzung, basierend darauf, dass die Entleerungsdauer eines geraden Kegelstumpfes mit bekanntem Volumen ein Vielfaches der Entleerungsdauer bei gleichbleibender Druckhöhe ist. Da er wegen der unbekannten Ausflussöffnungsform nur Verhältniszahlen und keine absoluten Werte angeben wollte, musste er nur für jede Stunde das Wasservolumen durch die Wurzel der Anfangsdruckhöhe dividieren. Auf diese Weise kam er zu dem Ergebnis, dass die Stunden am Anfang der Messung um ein Viertel bzw. ein Fünftel zu lang waren, in der Mitte in etwa korrekt, und am Ende um ein Fünftel bzw. ein Viertel zu kurz.[13] Das würde bedeuten, dass diese Instrumente Mitternacht nur recht ungenau anzuzeigen vermochten; die Abweichung hätte etwa eine Dreiviertelstunde betragen.[14] Diese Zahlen wurden im Jahr 1978 von Ludolf von Mackensen korrigiert.[15] Er hat Messungen an einer originalgetreuen Nachbildung im Astronomisch-Physikalischen Kabinett des Hessischen Landesmuseums in

---

10 Borchardt 1920, 7.

11 Siehe Krauss 2015, 133–140 für eine ausführliche Diskussion.

12 Schomberg 2020, Kat.-Nr. 1. Es gibt zwar Exemplare, für welche die Auslauföffnung erhalten ist (z. B. Kairo Inv.-Nr. JE 67096, Museo Barracco Inv.-Nr. 27 oder St. Petersburg Inv.-Nr. 2507a), aber die eingesetzten Auslaufröhrchen haben die Zeit nicht überdauert oder wurden bislang im Fundmaterial nicht als solche erkannt.

13 Borchardt 1920, 15. Siehe Krauss 2016, 130 f. und die darin zitierte Literatur für eine Diskussion, wie zutreffend die von Borchardt angenommene Gleichung ist.

14 Diesen Wert gibt Borchardt 1920, 15 für eine Wasseruhr mit den Spezifikationen aus einem Oxyrhynchus-Papyrus (Grenfell – Hunt 1903, 141–146 Nr. 470) an, die sich von der Karnak-Uhr unterscheidet, wie Krauss 2016, 129 f. korrekt angemerkt hat.

15 Von Mackensen 1978.

Kassel durchgeführt.[16] Nach einjähriger Betriebs- und Messerfahrung des Nachbaus bei unterschiedlichen Umgebungstemperaturen stellte sich heraus, dass – je nach Größe und Gestaltung der Ausflussöffnung (mit oder ohne langem dünnen Röhrchen) die maximalen Abweichungen nur zwischen 10 und 20 Minuten betrugen. Daniela Wünsch führt in ihrem kommentierten Reprint von Borchardts Buch die Arbeit von Brian Cotterell, F. P. Dickson und Johan Kamminga aus dem Jahre 1986 zur Ganggenauigkeit an und schließt hieraus, dass die Wasseruhr von Karnak in 12 Stunden maximal um zehn Minuten falsch ging, »im Durchschnitt pro Stunde also weniger als eine Minute«.[17] Allerdings gelten sowohl von Mackensens Angaben als auch diejenigen von Cotterell und seinen Mitarbeitern nur dann, falls die Auslauföffnung der ägyptischen Wasseruhr tatsächlich genau so ausgesehen hat, wie sie dies in ihren Experimenten rekonstruiert haben. Zuletzt hat sich Krauss in zwei Artikeln ausführlich mit der Wasseruhr von Karnak beschäftigt und versucht, die Berechnungen und Experimente von Borchardt und dessen Nachfolgern Schritt für Schritt nachzuvollziehen und einige falsche Angaben zu korrigieren.[18]

Soziokulturelle Auswertung

Der Vorteil einer Wasseruhr ist, dass sie im Prinzip sowohl tagsüber als auch nachts zur Zeitmessung verwendet werden kann, und darüber hinaus noch unabhängig davon, ob der Himmel bewölkt ist oder nicht. Das Instrument aus Karnak stammt aus dem großen Amun-Tempel. Verschiedene religiöse Texte vom 3. Jahrtausend v. Chr. bis in die griechisch-römische Zeit hinein legen nahe, dass die Priester zu ganz bestimmten Zeitpunkten gewisse Sprüche rezitieren bzw. Opfer darbringen mussten.[19] Demnach war für die Priester wichtig, die Tages- und Nachtstunden bestimmen zu können, damit sie die Tempelriten in den korrekten Stunden ausführen konnten. Umso mehr erstaunt es, ein Instrument aus einem der Haupttempel Ägyptens vorliegen zu haben, das eindeutig nach ca. 300 Jahre alten Plänen gefertigt worden war. Wäre die Datierung der Wasseruhr nicht durch die explizite Darstellung von Amenophis III. auf der Außenseite des Instruments gesichert, der dem Gott Re-Harachte opfert, würde man das Stück ins 18. oder 17. Jahrhundert v. Chr. datieren. Warum hatte man ein Instrument gebaut, bei dem man sich von

16 Diese originalgetreue Nachbildung kann im Astronomisch-Physikalischen Kabinett des Hessischen Landesmuseums in Kassel besichtigt werden (Stand: 30.09.2019).

17 Wuensch – Sommer 2013, 21 f.; Cotterell u. a. 1986.

18 Krauss 2015; Krauss 2016. Darin findet sich auch eine ausführliche Diskussion der verschiedenen vorangegangenen Untersuchungen zur potentiellen Ganggenauigkeit dieser Uhren.

19 So z. B. im Papyrus Berlin P. 3055 aus der Regierungszeit von Pharao Takelot (ca. 880 v. Chr.), der das Tägliche Kultbildritual für Amun beschreibt (Braun 2013, 88–187).

Anfang an nicht auf die Monatsbeschriftungen bei den Skalen verlassen konnte? Es wäre einfach gewesen, die Beschriftungen anzupassen.

Eine Möglichkeit wäre, dass dieses Instrument gar nie in Gebrauch, sondern nur als Votivobjekt im Tempel aufgestellt war, ehe es rituell entsorgt wurde. Wurde das Instrument aber tatsächlich verwendet, so scheint man es vorgezogen zu haben, immer umrechnen zu müssen, anstatt die Skalen anzupassen. Steht dahinter die oft bemühte Konservativität der ägyptischen Priester, die jeglichen Fortschritt bzw. Anpassungen blockierten? Eine andere Erklärung wäre, dass die korrekten Beschriftungen nur aufgemalt waren und sich heute keine Spuren mehr davon erhalten haben. Die ägyptischen Priester waren sich sicher dessen bewusst, dass die Skalenbeschriftungen jeweils nur eine recht begrenzte Zeit lang stimmten. Zusätzliche aufgemalte Angaben hätten jederzeit auf relativ einfache Weise aktualisiert werden können. Ob die zum Fertigungszeitpunkt bereits längst falsche Monatsbeschriftung der Skalen beabsichtigt war oder auf einen Fehler des Steinmetzes zurückgeht, der sich streng an die Vorlage gehalten hat, bleibt im Dunkeln.

Bibliographie

Borchardt 1920
L. Borchardt, Die altägyptische Zeitmessung (Berlin 1920).

Braun 2013
N. S. Braun, Pharao und Priester – Sakrale Affirmation von Herrschaft durch Kultvollzug. Das Tägliche Kultbildritual im Neuen Reich und der Dritten Zwischenzeit (Wiesbaden 2013).

Brown u. a. 1999/2000
D. Brown – J. Fermor – C. Walker, The Water Clock in Mesopotamia, Archiv für Orientforschung 46/47, 1999/2000, 130–148.

Cotterell u. a. 1986
B. Cotterell – F. P. Dickson – J. Kamminga, Ancient Egyptian Waterclocks. A Reappraisal, Journal of Archaeological Science 13, 1986, 31–50.

Coulon – Jambon 2017
L. Coulon – E. Jambon, Base de données »Cachette de Karnak«, http://www.ifao.egnet.net/bases/cachette/ (letzter Zugriff: 30.09.2019).

Desroches Noblecourt 1976
C. Desroches Noblecourt, Ramsès le Grand (Paris 1976).

Grenfell – Hunt 1903
B. P. Grenfell – A. S. Hunt, The Oxyrrhynchus Papyri 3 (London 1903).

Hannah 2009
R. Hannah, Time in Antiquity, Sciences of Antiquity (London 2009).

Krauss 2015
R. Krauss, Zur Interpretation der Wasseruhren aus Karnak und im Museo Barracco, in: K. Finneiser – J. Helmbold-Doyé (Hrsg.), Der andere Blick. Forscherlust und Wissensdrang. Museumsgabe zum 80. Geburtstag von Karl-Heinz Priese (Berlin 2015) 132–165.

Krauss 2016
R. Krauss, Aussagen über die Ungenauigkeit der ägyptischen Auslauf-Wasseruhren, Göttinger Miszellen 250, 2016, 119–132.
von Mackensen 1978
L. von Mackensen, Neue Ergebnisse zur ägyptischen Zeitmessung. Die Inbetriebnahme und Berechnung der ältesten erhaltenen Wasseruhr, Alte Uhren. Zeitmeßgeräte, Wissenschaftliche Instrumente und Automaten 1, 1978, 13–18.
Neugebauer – Parker 1969
O. Neugebauer – R. A. Parker, Egyptian Astronomical Texts III. Decans, Planets, Constellations and Zodiacs (London 1969).
Schomberg 2018
A. Schomberg, Berlin Waterclock Project. Edition Topoi, http://repositorytest.ancient-astronomy.org/collection/BWCP/ (letzter Zugriff: 30.09.2019).
Schomberg 2020
A. Schomberg, Die Vermessung der Zeit. Eine diachrone Untersuchung zu den ägyptischen Wasseruhren, Göttinger Miszellen – Occasional Studies 3 (Göttingen 2020).
Symons u. a. 2013
S. L. Symons – R. Cockcroft – J. Bettencourt – C. Koykka, Ancient Egyptian Astronomy Database, http://aea.physics.mcmaster.ca/index.php/en/database (letzter Zugriff: 30.09.2019).
Wuensch – Sommer 2013
D. Wuensch – K. P. Sommer (Hrsg.), Ludwig Borchardt, Die altägyptische Zeitmessung. Reprint der Ausgabe von 1920 (Göttingen 2013).

Q 7 Eine Sonnenuhr aus dem Tal der Könige

Rita Gautschy

Abb. 1: Vorder- und Rückseite der Sonnenuhr aus dem Tal der Könige (© University of Basel Kings' Valley Project [UBKVP], Fotograf: Matjaž Kačičnik).

Zur Quelle

Bei den Ausgrabungen der Universität Basel im Tal der Könige wurde hinter der Mauer einer Arbeiterhütte im Frühjahr 2013 eine Kalksteinscherbe (Ostrakon) mit der Strichzeichnung einer Sonnenuhr entdeckt.[1] Aufgrund der Beifunde (Textostraka, Darstellung eines Auges und des Gottes Ptah) kann die Sonnenuhr eindeutig in die Ramessidenzeit (ca. 1300–1070 v. Chr.) datiert werden. Da die Lage der Hüttensiedlung zudem eine Verbindung mit dem Bau der nahegelegenen Gräber der Pharaonen Sethos II., Siptah sowie Tausret/Sethnacht nahelegt, ist eine Entstehung der Arbeiterhütten und der dort aufbewahrten Ostraka in den Jahren der späten 19. Dynastie (ca. 1202–1190 v. Chr.) sehr wahrscheinlich.[2]

Die Sonnenuhr ist aus lokalem Kalkstein gefertigt. Die Vorderseite ist relativ flach, die Rückseite hingegen sehr unregelmäßig. Die Maße betragen 15,5 cm in der Höhe, 17,5 cm

1 Fund-Nr. 436, Funddatum 19.02.2013. Regelmäßige Berichte finden sich unter: https://aegyptologie.philhist.unibas.ch/de/forschung/forschungsprojekte/kings-valley-project/ (letzter Zugriff: 30.09.2019).

2 Bickel – Gautschy 2014, 3 f.

in der Breite und in der Dicke maximal 3,6 cm. Der rechte obere Rand der Darstellung ist abgebrochen. Auf der Vorderseite sind mit schwarzer Farbe die Stundenlinien der Sonnenuhr aufgemalt. Sie bestehen aus einer horizontalen Linie (ursprünglich 17 cm lang), in deren Mitte eine etwa 1 cm tiefe Bohrung mit einem Durchmesser von ca. 6 mm sitzt. Hier war der Schattenwerfer eingesetzt, der heute verloren ist. Diese horizontale Linie markiert die Stundenlinien für 6 Uhr (links) und 18 Uhr (rechts). In nahezu rechtem Winkel (91° bzw. 89°) zur horizontalen Linie verläuft die Mittagslinie (12 Uhr). Dazwischen sind je fünf weitere Stundenlinien markiert, die von der Bohrung bis zu einer einfassenden halbkreisähnlichen Linie verlaufen. In jedem der auf diese Weise eingefassten Felder ist ein schwarzer Punkt erkennbar, der die halben Stunden gekennzeichnet haben könnte. Außerhalb der linken Hälfte der Umfassungslinie sind die Reste einer früheren Linienführung zu erkennen, die ausgelöscht wurde. Auch bei der ersten Schräglinie rechts (17 Uhr) ist der Ansatz eines nicht fertig geführten Striches zu sehen.

Auf der Sonnenuhr befinden sich keinerlei Spuren von Bohrungen für eine Aufhängung. Die Größe und das Material der Uhr deuten an, dass es sich um eine mobile Sonnenuhr gehandelt haben könnte. Da das Gesteinsstück unten spitz zuläuft, wurde die Uhr vielleicht sogar auch nur auf dem Boden in den Sand gesteckt. Eine andere Möglichkeit wäre, dass der obere Bereich, der ursprünglich die Bohrungen für die Aufhängung enthielt, abgebrochen ist. Der Fundort des Objekts wie auch der Tätigkeitsbereich der Arbeiter bei den Königsgräbern im Talkessel liegen in der Nähe einer nach Süden orientierten Felswand – dort könnte die Sonnenuhr angebracht bzw. aufgestellt worden sein.

Ausgewählte Editionen und Studien

Die Sonnenuhr aus dem Tal der Könige wurde von Susanne Bickel und Rita Gautschy (2014) erstmals vorgelegt und ausführlich besprochen.

Verwandte Quellen

Die meisten bekannten ägyptischen Sonnenuhren des gleichen Typs sind klein, handlich und von bescheidener Machart. Es handelt sich dabei nicht um prestigeträchtige Zeitmessinstrumente wie etwa die waagrecht auszulegende sogenannte Lineal-Sonnenuhr, die mit dem Namen Thutmosis' III. versehen ist (Berlin 19744),[3] und die Wasseruhr aus Karnak aus der Zeit Amenophis III. (Kairo JE 37525; siehe Q 6).[4] Auf der Lineal-Sonnenuhr aus der Zeit von Thutmosis III. (Abb. 2) finden sich fünf Stundenmarkierungen. In der

3 Mills 2011, 16–19 und Borchardt 1910, 9–17.
4 Borchardt 1920, 6 f. Taf. 1–3.

Mitte der Oberseite dieser Lineal-Sonnenuhr sind der Länge nach in Abständen, die vom Aufsatzzapfen weg anwachsen, fünf kleine Kreise eingeritzt. Die erste Stunde ist diejenige, die am weitesten vom Aufsatzzapfen entfernt liegt. Ein sechster Kreis fehlt, der Schattenwurf zu Mittag muss somit klein gewesen sein. Dies ist der Fall, wenn das Lineal in Ost-West-Richtung ausgerichtet war. Am Vormittag konnte man beobachten, wie sich der Schatten auf dem Lineal verkürzte. Drehte man das Lineal mittags um 180°, so konnten auch die Nachmittagsstunden abgelesen werden.

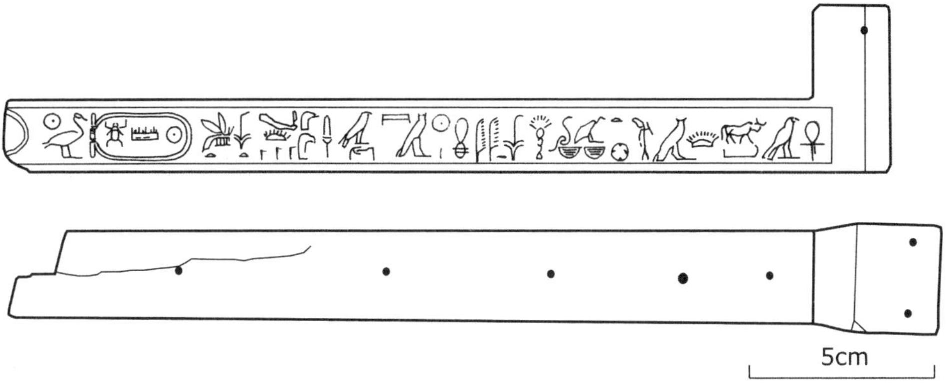

Abb. 2: Lineal-Sonnenuhr mit der Kartusche von Thutmosis III. (Ägyptisches Museum in Berlin, Inv-Nr. 19744; eigene Zeichnung).

Vergleichbare Stücke zur Sonnenuhr aus dem Tal der König befinden sich heute im Louvre (Paris E.11738), in den Staatlichen Museen zu Berlin (Berlin 20322), in den Musées Royaux d'Art et d'Histoire (Brüssel E.7330), im Museum van Oudheden (Leiden F1987/2.2), sowie im Garstang Museum of Archaeology (Liverpool SACE E.8501 aus dem Tempel in Meroë; 1. Jahrhundert v. Chr. bis 2. Jahrhundert n. Chr.).[5] Vermutlich datieren alle diese Objekte aus späterer Zeit; da jedoch in den meisten Fällen der Fundkontext unbekannt ist, muss dies letztendlich offenbleiben.[6]

Neben den mobilen Sonnenuhren existieren auch zwei größere, ortsfest angebrachte Exemplare in den Steinbrüchen von Debod und Kertassi.[7] Diese beiden Sonnenuhren dien-

5 Für detailliertere Angaben zu allen diesen Objekten siehe Bickel – Gautschy 2014, 8–11.

6 Borchardts Meinung (Borchardt 1920, 48), dass diese Art von Sonnenuhr eine griechische Erfindung sei und daher vor der griechisch-römischen Periode in Ägypten nicht vorkommen könne, hat die Datierungspraxis der entsprechenden Objekte einschneidend geprägt.

7 Für die Sonnenuhr im Steinbruch bei Debod aus ptolemäischer Zeit siehe Roeder 1911, 3. Taf. 78a; für die ins 3. Jh. n. Chr. zu datierende Sonnenuhr im Sandsteinbruch von Kertassi in Nordnubien siehe Roeder 1911, 174 f. Taf. 42a.

ten zweifellos dazu, den Arbeitern im Steinbruch die ungefähre Tageszeit anzuzeigen. Sie vermögen die Zeit nicht genauer anzugeben als die Sonnenuhr aus dem Tal der Könige aus dem 13.–12. Jahrhundert v. Chr.

Siehe auch

Q 2 – Die Dekansternuhr des Idy
Q 6 – Eine Wasseruhr aus der Zeit des Pharaos Amenophis III.
Q 36 – Der Turm der Winde in Athen
Q 48 – Der Meridian des Augustus
Q 54 – Sonnenuhr und Lebenszyklen auf einem Sarkophag in Rom

Technische Aspekte

Eine Messung der Zeit mithilfe einer Sonnenuhr kann entweder über die Länge des geworfenen Schattens oder über die Richtung des Schattens erfolgen. Aus der halbkreisförmigen Gestaltung der Schattenfläche bei der Sonnenuhr aus dem Tal der Könige ist offensichtlich, dass es sich bei diesem Instrument um eine Vertikalsonnenuhr handelt, d. h. die Messfläche musste zur Ablesung der Zeit senkrecht gestellt und nach Süden ausgerichtet werden. Bei diesem Sonnenuhrtyp erfolgt die Messung der Zeit ausschließlich über die Richtung des Schattens.

In Ägypten wurde die Zeit zwischen Sonnenaufgang und Sonnenuntergang in jeweils zwölf gleich lange Stunden unterteilt.[8] Dadurch sind die Tagesstunden im Winter kürzer und im Sommer länger als unsere heute gebräuchlichen Äquinoktialstunden zu je 60 Minuten. Dementsprechend werden die ägyptischen Stunden auch Ungleiche Stunden bzw. Temporalstunden genannt. Nur an den Tagundnachtgleichen stimmt die Länge einer Temporalstunde mit der Länge einer Äquinoktialstunde überein. Für eine geographische Breite φ von Luxor von ca. 25,5° bedeutet dies, dass die Länge einer Temporalstunde zwischen 51 Minuten zum Zeitpunkt der Wintersonnenwende und 69 Minuten zum Zeitpunkt der Sommersonnenwende schwankt. Je weiter nach Norden man geht, desto größer wird der Unterschied in der Länge der Temporalstunden.[9]

Eine derartig einfache Sonnenuhr wie diejenige aus dem Tal der Könige kann streng genommen die Zeit höchstens rund um die Äquinoktien exakt angeben, da nur dann die Sonne tatsächlich ziemlich genau im Osten auf- und genau im Westen untergeht. Darü-

8 Gleiches gilt für die Nacht zwischen Sonnenuntergang und Sonnenaufgang.

9 Für eine geographische Breite φ von 48° schwankt die Länge einer Temporalstunde bereits zwischen 41 und 79 Minuten. Nördlich des Polarkreises (φ von ca. 66.57°) macht diese Art der Stundeneinteilung zumindest an einzelnen Tagen des Jahres keinen Sinn, da die Sonne nicht mehr untergeht.

ber hinaus müssten zwei weitere Bedingungen erfüllt sein: Die Schattenauffangfläche der Uhr muss genau nach Süden ausgerichtet und die obere Linie waagrecht sein. Letztere Bedingung ist durch die Verwendung eines Lotes auf einfache Weise zu erreichen. Ersteres wäre am besten durch ein Aufhängen des Instruments an einer genau nach Süden orientierten Wand zu erzielen. Da aber keinerlei Spuren einer Aufhängevorrichtung am Instrument erhalten sind, erscheint es plausibler, dass die Uhr einfach in den Sand gesteckt wurde. Der heute verlorene Schattenzeiger, der ursprünglich wohl entweder aus Holz, Bronze oder Blei gefertigt war, war vermutlich waagrecht montiert.[10] Diese Art der Sonnenuhr mit waagrechtem Stab wird heute als Kanoniale Sonnenuhr bezeichnet, da sie vorwiegend im Mittelalter in Klöstern zur Anzeige der täglichen Gebetszeiten diente.

Die Stundeneinteilung auf der Uhr aus dem Tal der Könige ist für die Nachmittagsstunden deutlich weniger gelungen als für die Vormittagsstunden. Im Vergleich zu einer korrekt berechneten Kanonialen Uhr für die geographische Breite des Fundortes geht die hier besprochene Sonnenuhr am Vormittag zwischen 4 und 32 Minuten nach, am Nachmittag zwischen 22 und 68 Minuten vor. Die größten Abweichungen treten zum Zeitpunkt der Wintersonnenwende auf. Der Mittag konnte an jedem Tag des Jahres korrekt angezeigt werden. Eine analoge Analyse für alle erwähnten Vergleichsstücke ergibt, dass auch die anderen und teilweise deutlich später datierenden Uhren dieses Typs die Zeit nicht wesentlich genauer anzugeben vermögen.[11] Eine gemeinsame Eigenschaft dieser Uhren ist, dass die Größe der Stundensegmente auf den Schattenauffangflächen unsystematisch variiert. Bei einem korrekt gefertigten Instrument sollten die Stundenlinienwinkel hingegen von der 6-Uhr-Linie bis zur Mittagslinie hin systematisch größer werden und sich auf der Nachmittagsseite dann wieder systematisch verkleinern. Dies ist bei keinem der bislang bekannten tragbaren ägyptischen Instrumente dieses Typs der Fall. Das legt nahe, dass diesen Uhren die einfache Theorie einer 15°-Unterteilung für die Festlegung der Stunden zugrunde liegt. Diese Theorie ist jedoch ausschließlich auf dem Äquator richtig. Je weiter nördlich oder südlich ein Ort liegt, desto größer werden die Abweichungen der Segmente der Morgen-, Mittags- und Abendstunden im Vergleich zu den festgesetzten 15°-Abschnitten. Abweichungen von einer regelmäßigen Unterteilung auf diesen Uhren lassen sich demnach als unbeabsichtigt bzw. als nachlässige Ausführung interpretieren.

---

10 Die zweite Möglichkeit wäre eine erdachsenparallele Montierung des Schattenwerfers (Polstab), d. h. mit einem Neigungswinkel entsprechend der geographischen Breite des Aufstellungsortes abweichend von der Waagrechten, die aber nach heutigem Kenntnisstand erstmals bei den Griechen vorkommt und überhaupt erst im Mittelalter weitere Verbreitung findet.

11 Siehe Bickel – Gautschy 2014, 8–12 für die Details der Analyse.

Soziokulturelle Auswertung

Zeitmessung war in Ägypten und vor allem im Tal der Könige in doppelter Weise relevant. So ist das Passieren der zwölf Nachtstunden im Gefolge des Sonnengottes das zentrale Thema der Wanddekoration aller Königsgräber (siehe Q 5). In einem derartigen Zusammenhang lässt sich im Osireion Sethos' I. in Abydos auch eine detaillierte Beschreibung einer Sonnenuhr mit waagrechter Auffangfläche des Schattens und ihren Unterteilungen finden.[12] Die Ausführung und der Auffindungsort bei den Hütten belegen jedoch, dass die Sonnenuhr aus dem Tal der Könige primär eine praktische Verwendung hatte: Sie diente dazu, die Arbeitszeiten der an den Königsgräbern beschäftigten Arbeiter einzuteilen, ganz ähnlich wie dies einige Jahrhunderte später mithilfe der beiden festen Vertikalsonnenuhren in Debod und Kertassi für die Arbeiter in den Steinbrüchen gemacht wurde.

Aus der Entstehungszeit der Sonnenuhr sind uns zahlreiche schriftliche Aufzeichnungen in Zusammenhang mit Materiallieferungen für den Bau der Gräber überliefert. Jaroslav Černý konnte anhand der Analyse von Listen über die Ausgabe von Fackeln an die Arbeiter überzeugend darlegen, dass es erstens zwei Mannschaften gegeben hat, die im Grab arbeiteten, und dass es zweitens eine Vormittags- und eine Nachmittagsschicht gab.[13] Der Arbeitstag war somit in zwei Teile untergliedert, mit einer Pause um die Mittagszeit zum Ausruhen und vermutlich auch zum Essen.[14] Dies belegen einige ausführlichere Ostraka, z. B. Ostrakon Kairo Cat. 25542, das aus dem 5. Regierungsjahr von Pharao Sethos II. stammt. Der informativere Teil des Eintrages lautet folgendermaßen: »Erster Monat der Winterjahreszeit, Tag 5. Verbrauch an Fackeln an diesem Tag: 6 rechts, 6 links, macht 12; rechts 6, links 5, macht 11.«[15] Die ersten beiden Zahlen vermerken den Verbrauch an Fackeln am Vormittag für die linke und die rechte Seite der Mannschaft, die dritte Zahl dann den Gesamtverbrauch am Vormittag. Die folgenden drei Zahlen stehen für den Verbrauch am Nachmittag. Černý bemerkte im Weiteren, dass die Anzahl der ausgegebenen Fackeln am Vormittag und am Nachmittag meistens Vielfache der Zahl vier sind, was eventuell ein Hinweis darauf sein könnte, dass an einem normalen Arbeitstag vier Stunden am Vormittag und vier Stunden am Nachmittag gearbeitet wurde.[16] Die Vertikalsonnenuhr aus dem Tal der Könige vermag die Länge der einzelnen Stunden nur ungenau anzugeben – wie sieht es aber mit der Länge von zwei vierstündigen Schichten aus? Bei einer hypothetischen vierstündigen Vormittagsschicht – z. B. von 7 bis 11 Uhr –, einer Pause von 11 bis 13 Uhr und einer vierstündigen Nachmittagsschicht von 13 bis 17 Uhr wäre die

12 Neugebauer – Parker 1960, 116–121; Hoffmann 2016, 342–356.
13 Černý 1973, 46–53.
14 Černý 1973, 48.
15 Ostrakon Kairo 25542, Z. 12 (Černý 1930, 37).
16 Černý 1973, 52 f.

Schicht am Nachmittag insgesamt nur um 12 Minuten kürzer als am Vormittag. Dies ist eine relativ geringe Abweichung; dieses Instrument war also in der Lage, eine derartige Tageseinteilung in einer für alle sichtbaren Form zu liefern. Allerdings kann die Sonnenuhr für einige Zeit um die Sommersonnenwende herum nur die Mittagsstunden anzeigen;[17] in dieser Jahreszeit wäre ihr Hauptzweck dann die Anzeige der Mittagspause gewesen. Dass dennoch auch die Markierung kürzerer Zeiteinheiten eine Bedeutung hatte, legen die schwarzen Punkte auf dem Instrument nahe, die sich am besten als Halbstundeneinteilungen verstehen lassen. Vielleicht waren diese im Zusammenhang mit körperlich äußerst anstrengenden Tätigkeiten wichtig, wie z. B. dem Aushauen von Gestein über Kopfhöhe: Dabei würde ein Wechsel der Positionen nach relativ kurzen Zeitabschnitten aus Gründen der Produktivität sinnvoll erscheinen.

Die Tatsache, dass es eine Sonnenuhr gab, die für alle sichtbar die Zeit anzeigte – wenn auch nur ungefähr – legt in jedem Fall nahe, dass die Arbeiter im Tal der Könige gewisse Rechte besaßen. Denn ein politisches System, das Arbeiter oder gar Sklaven von Sonnenauf- bis Sonnenuntergang mit minimalen Pausen schuften lässt, benötigt keine Sonnenuhr. Oder wie Černý es ausdrückt: »It would be interesting if it could be established that in this respect the Egyptians were precursors of our XXth century regulation of conditions of work.«[18]

Bibliographie

Bickel – Gautschy 2014

S. Bickel – R. Gautschy, Eine ramessidische Sonnenuhr im Tal der Könige, Zeitschrift für Ägyptische Sprache und Altertumskunde 141.1, 2014, 3–14.

Borchardt 1910

L. Borchardt, Altägyptische Sonnenuhren, Zeitschrift für Ägyptische Sprache und Altertumskunde 48, 1910, 9–17.

Borchardt 1920

L. Borchardt, Die altägyptische Zeitmessung (Berlin 1920).

Černý 1930–1935

J. Černý, Ostraca hiératiques (Kairo 1930–1935).

Černý 1973

J. Černý, The Valley of the Kings: fragments d'un manuscrit inachevé (Kairo 1973).

17 Diese Sonnenuhr kann nur zwischen dem Herbstäquinoktium und dem Frühlingsäquinoktium alle zwölf Stunden anzeigen, wenn die Sonne im Osten bzw. Südosten aufgeht und im Westen bzw. Südwesten untergeht. In der anderen Jahreshälfte geht die Sonne im Nordosten auf und im Nordwesten unter – dann fällt für eine gewisse Zeit lang (am längsten rund um die Sommersonnenwende) kein Schatten auf die nach Süden ausgerichtete Schattenauffangfläche.

18 Černý 1973, 53.

Hoffmann 2016
F. Hoffmann, Beispiele für Übersetzung und Kommentierung ägyptischer astronomischer Texte: Sonnenuhr, Sonnenaufgang und Dekansterne, in: A. Imhausen – T. Pommerening (Hrsg.), Translating Writings of Early Scholars in the Ancient Near East, Egypt, Greece and Rome. Methodological Aspects with Examples. Beiträge zur Altertumskunde 344 (Berlin 2016) 335–378.

Mills 2011
A. Mills, Ancient Egyptian Sundials, Bulletin of the British Sundial Society 23, 2011, 16–19.

Neugebauer – Parker 1960
O. Neugebauer – R. A. Parker, Egyptian Astronomical Texts I. The Early Decans (London 1960).

Roeder 1911
G. Roeder, Les temples immergés de la Nubie I: Debod bis Bab Kalabsche (Kairo 1911).

Q 8 Die Statue eines ägyptischen Priesters und Astronomen (JE 38545)

Victoria Altmann-Wendling und Marco Stockhusen

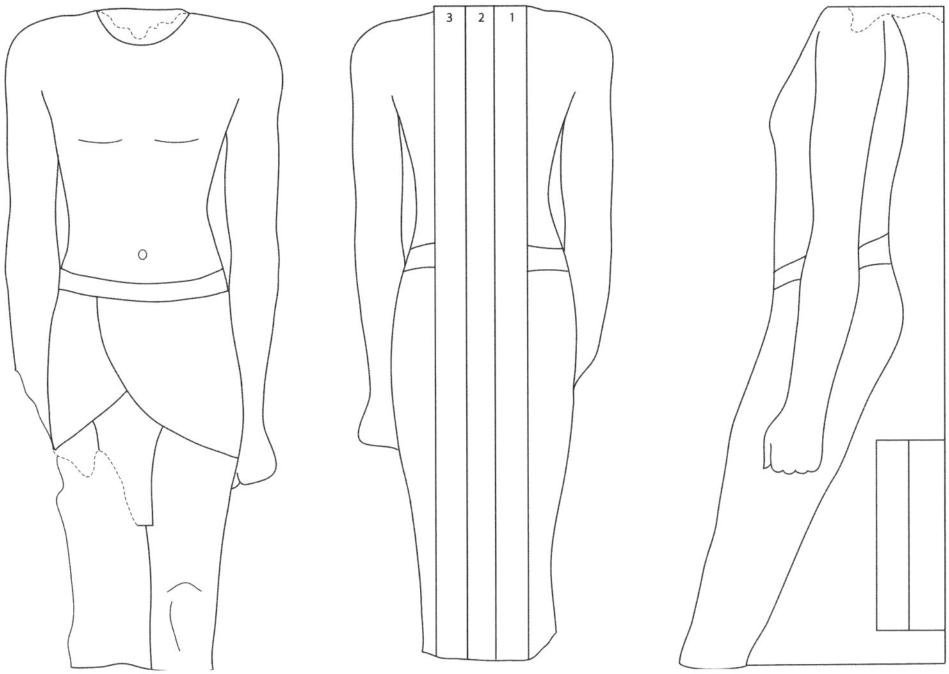

Abb. 1: Die Statue des ägyptischen Priesters und Astronomen Horentabat (JE 38545; Zeichnung: Victoria Altmann-Wendling).

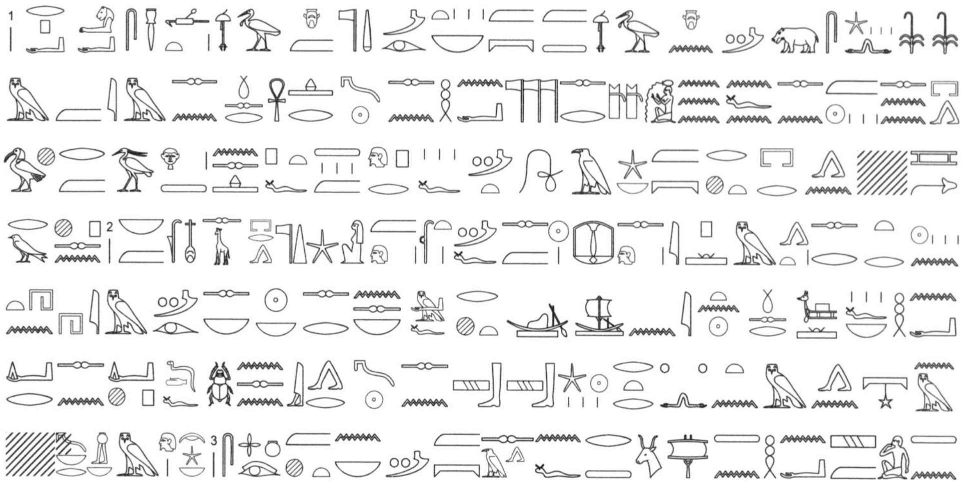

Transliteration und Übersetzung

A (1) *ỉrỉ-pꜥ.t ḥꜣ.tỉ-ꜥ smḥr wꜥ.tỉ wbꜣ-ỉb*[1] *m mdw(.w)-nṯr mꜣꜣ mꜣꜣ.wt nb(.wt) m p.t m tꜣ*

Der Fürst und »Gouverneur«, einziger Freund,[2] der gelehrt ist[3] mit den Gottesworten (= Hieroglyphen), der alles sieht, was am Himmel und auf der Erde gesehen werden kann,[4]

B *wbꜣ-ỉb n mꜣꜣ ḫꜣbꜣs.w n nnm m-ỉm=sn*

der gelehrt ist beim Beobachten der Sterne, unter denen es kein Herumirren[5] gibt (= Fixsterne),

C *šsr ꜥnḫ ḥtp r nw=sn ḥnꜥ nṯr.w sr(.w) ḥn.tỉ wꜥb.n=f n=sn m hrw.w=sn n(.w) prj(.t) ꜣḫ r-gs bnw ḥr=sn sḥtp=f s(n) m tp-rꜣ.w=f*

der das Aufgehen und Untergehen (der Gestirne) zu ihrem Zeitpunkt und die Götter, die die Zukunft voraussagen (= die Dekane?),[6] ankündigt – er hat sich für sie gereinigt an ihren Tagen des Herauskommens (= heliakischer Frühaufgang?),[7] wenn (der Dekan) »Der Wirk-

1 Derchain 1989, 76 liest *wbꜣ-ḥr*, doch gibt Jansen-Winkeln 1998, 9 Anm. 64 an, dass insgesamt Daressys Abschrift zu folgen sei. Der Sinn bleibt derselbe.

2 Ein hoher Titel.

3 Wörtlich: »Der das Herz öffnet«, wobei die Ägypter im Herzen den Sitz des Verstandes vermuteten.

4 Ein Zitat aus der Anleitung für den Sachmetpriester im sogenannten »Buch vom Tempel«, siehe Quack 2018, 106 Anm. 226.

5 Wb II, 276, 15. Derchain 1989, 76 als »rien d'inexact«. Quack 2018, 106 »without going awry with them«, d. h. er bezieht das Irregehen auf Horentabats Handlung, nicht auf die Sterne.

6 Die Dekane galten auch als Gottheiten, die mit dem Schicksal der Menschen verknüpft waren.

7 Vgl. Neugebauer – Parker 1969, 214.

same« an der Seite des Phönix (= Venus?)[8] über ihnen ist?,[9] so dass er (= Horentabat) sie[10] mit seinen Aussprüchen (= Vorhersagen) zufriedenstellt,

D *m3ꜣ twꜣ sbꜣ nb m p.t rḫ*[11] *prj(.t) n* [...] *[ḥʿpy?]*[12] *wr ḫp(r)(.tỉ)=sn (2) nb m rnp.t nfr(.t)*
der das Erheben[13] jedes Sterns am Himmel beobachtet und der das Herauskommen von [...] kennt, [...] die große [Überschwemmung?] und alle (Dinge), die entstehen werden in einem guten Jahr,

F *sr prj(.t) Spd.t m tp(ỉ)-rnp.t mꜣꜣ=f s(ỉ) m hrw ḥb=s tpỉ ỉp m nmt.t=s r tr.w n dhn ỉm mꜣꜣ ỉrj(.t)=s nb(.t) rʿ nb sr.n=s nb m-ʿ=f*
der das Herauskommen (= den heliakischen Frühaufgang) der Sothis am Beginn des Jahres[14] voraussagt, indem er sie am Tag ihres ersten Festes sieht,[15] und der ihren Gang feststellt[16] zu[17] den Zeiten, an denen ... ?[18] passiert, der alles beobachtet, was sie Tag für Tag tut, so dass alles, was sie vorausgesagt hat,[19] in seiner Hand ist,

8 *bnw* wurde auch als Bezeichnung für den Mond oder den Sonnengott verwendet. Zur möglichen Deutung dieser Passage siehe zuletzt Quack 2018, 106 f.

9 Neugebauer – Parker 1969, 214 schlagen de Meulenaeres Vermutung vor, *s* anstelle von *tꜣ* zu lesen, wie die ursprüngliche Publikation Daressys angibt. Ansonsten »auf der Erde«, was aber nicht ganz zu den Gestirnen passt und das *n* nicht erklärt. Mit »sie« wären wohl die Dekansterne gemeint, wobei der genaue Sinn unklar bleibt. Die vorliegende Übersetzung folgt Quack 2018, 106.

10 Hier mit Quack i. Dr. (Kap. 1.2.3.1 Astronomische Texte) abermals statt *tꜣ* ein *s*. Ansonsten wäre mit *tꜣ.w* »Länder« hier eventuell Ägypten gemeint, dessen Einwohner sich auf die Vorhersagen der Astronomen verließen.

11 Schreibung mit *t* in griechisch-römischer Zeit möglich, siehe Wb II, 442, 7.

12 Es ist noch das Determinativ des Kanals und des spuckenden Mundes zu erkennen. Derchain 1989, 77 lässt die Passage aus, doch kann im Zusammenhang mit dem Aufgang der Sothis und dem guten Jahr durchaus auch an die einsetzende Nilüberschwemmung gedacht werden (so auch Quack i. Dr.).

13 Neugebauer – Parker 1969, 214 f. als »Kulmination«. Sie geben an, dass der Stern dahinter eventuell lediglich als Determinativ diene, also »(Stern-)Kulmination« zu lesen sei.

14 Zu diesem Begriff siehe Rickert 2019, 24–31.

15 Siehe Rickert 2019, 52 f.

16 Wörtlich: »prüfen; zählen«.

17 Oder: »gemäß«.

18 Derchain 1989, 77: »les époques de son entrée en activité«; Neugebauer – Parker 1969, 215: »at the times of designating therein«, was sie als »referring to the different phases of the yearly course of a decanal star« erklären. Derchain 1989, 77 f. sieht dies als Verweis auf die Aufgaben *(kꜣ.t)* der Dekane. Sothis markiere hier einerseits den Beginn des Jahres, andererseits werde sie für Vorhersagen genutzt. Fraglich ist, ob *dhn* ein spezielles astronomisches Ereignis bezeichnet. *dhn* bedeutet auch »verbeugen; (den Boden mit der Stirn) berühren«.

19 Quack i. Dr.: »alles, was sie bei ihm verkündet hat«.

G *rḫ ḫdj(.t) ḫnt n i͗tn šsr bi͗ꜣ.w=f nb(.w) ḥnꜥ di͗(.t)-rꜣ=sn di͗(.w) ḫp(r) ḏd=f ḫpr.n=sn i͗j r nw=sn*
der das Nordwärts- und Südwärtsfahren der Sonnenscheibe kennt und der all ihre Wunder (= Omina)[20] verkündet, zusammen mit deren Aussagen?,[21] die erlauben?,[22] dass er sagt, dass sie sich ereignet haben, indem sie zu ihrem Zeitpunkt gekommen sind,

H *šbšb wnw.wt r tr.wi͗ n tnm n grḥ n m*[23] *[… n]w? nb r i͗nj(.t) m tp ꜣbd nb*
der die Stunden unterteilt zu den beiden Zeiten (= Tag und Nacht), ohne irrezugehen in der Nacht … […] jede/n … zum (Fest) »Holen«[24] am Beginn jeden Monats,

I *(3) swn m i͗ḫ.t nb mꜣꜣ m p.t sꜣw.n=f r=s*
der über jede Sache Bescheid weiß, die am Himmel sichtbar ist, (weil) er auf sie gewartet hat,

K *šsꜣ <m> ṯꜣw(.w)=sn ḥnꜥ šm(.w)=sn*
der erfahren ist <mit> ihren Winden und ihren Omina.[25]

Eigene Transliteration und Übersetzung.

20 Siehe hierzu Neugebauer – Parker 1969, 215; Altmann-Wendling 2018, 794 Anm. 110 mit weiterer Literatur.

21 Wörtlich: »dem Geben ihres Mundes/ihrer Rede«. *rdi͗ rꜣ* auch »sprechen« (Wb II, 389, 13–14).

22 Wb II, 264, 5–15, wörtlich: »geschehen lassen«. Dieleman 2003, 151 f. übersetzt: »Announcing all its omina and appointing for them (their) moment of occurrence, so that he declares when they have occurred, having come at their moment«.

23 Die ursprüngliche Publikation Daressys gibt den Horusfalken anstelle der Eule an, die Eule ist jedoch laut Jansen-Winkeln 1998, 9 Anm. 64 korrekt.

24 Vgl. Altmann-Wendling 2018, 115 f. (mit weiterer Literatur). Ansonsten mit Derchain 1989, 78 f.: »… für alles, was man bringt am Beginn jeden Monats«. Diese Passage befindet sich auf dem später hinzugefügten Stück.

25 Dieser Satz wurde von den bisherigen Bearbeitern sehr unterschiedlich übersetzt und hat vor allem durch die Korrektur der Hieroglyphen durch Jansen-Winkeln 1998, 10 einen Bedeutungswandel erfahren. Jansen-Winkeln übersetzt: »kundig (in) ihrem Anfachen (= Aufleuchten) und ihrem Verlöschen *(šsꜣ <m> nfj=sn ḥnꜥ ꜥšm=sn)*«, was er auf die periodisch sichtbar und unsichtbar werdenden Sterne bezieht. Dabei wird das Zeichen als *nf* gelesen, was möglich ist. Vgl. dagegen jedoch Quack i. Dr., der sich für die auch hier präferierte Korrelation von Omina und Winden ausspricht (siehe hierzu sowie zum Begriff *šm* als Omen Stockhusen 2018, 128 mit weiterer Literatur). Eine bereits früher vorgeschlagene Variante wäre, das Segel als *ḫnm* zu lesen, was im griechisch-römischen Schriftsystem möglich ist, und als *ḫnm=sn* »ihre Konjunktionen« zu verstehen. Siehe schon Neugebauer – Parker 1969, 215.

Zur Quelle

Die 65 cm hohe Statue aus schwarzem Granit, die eine mit einem Schurz bekleidete Standschreitfigur eines Mannes darstellt, stammt aus Tell Fara'un im Nil-Delta (äg. *Im.t*, die alte Hauptstadt des 19. unterägyptischen Gaus). Der Kopf und die untere Partie der Beine sind abgebrochen. Stilistisch wurde die Statue zunächst in die 30. Dynastie (380–343 v. Chr.) eingeordnet (Daressy 1916), Jean Yoyotte schlug hingegen die Mitte des 2. Jahrhunderts v. Chr. vor (1989, 73–88). Die Inschrift auf dem Rückenpfeiler besteht aus drei Zeilen Text, deren unteres Ende jeweils fehlt. Zwei weitere Zeilen an der linken Seite der Statue nennen den Namen des Besitzers: Hor(en)tabat *(Ḥr-(n-)t(ꜣ)-bꜣ.t)*.[26] Die Inschrift besteht aus drei Teilen, die, eingeleitet von den Titeln des Horentabat, dessen Aufgaben beschreiben: 1. die Ausübung von astralwissenschaftlichen Tätigkeiten (hier übersetzt), 2. die unklare Erwähnung eines Prozesses, 3. seine Handlungen als Schlangenbeschwörer. Obwohl Horentabat sich offensichtlich als Experte für die Himmelskunde sah, trug er nicht den Titel eines »Stundenpriesters« (siehe den Abschnitt Soziokulturelle Auswertung).

Ausgewählte Editionen, Übersetzungen und Kommentare

Die erste knappe Beschreibung mitsamt dem Hieroglyphentext legte Ahmed Bey Kamal vor (1906). Eine erneute Untersuchung mit verbesserten Hieroglyphen, einer Übersetzung sowie einem kurzen Kommentar erfolgte sodann durch Georges Daressy (1916). Erst rund 50 Jahre später erschien eine neue Übersetzung des astronomischen Abschnitts im großen Werk über ägyptische Astronomie durch Otto Neugebauer und Richard A. Parker, die dabei auf eine kollationierte Abschrift Herman de Meulenaeres zurückgreifen konnten (1969, 214–216). Die letzte umfassende Bearbeitung der Inschrift mit neuerlicher Hieroglyphenabschrift sowie Übersetzung und Kommentar nahm Philippe Derchain vor (1989), der die Statue zudem um ein weiteres Fragment aus Tanis ergänzen konnte (Petrie 1888, Taf. X Frg. 13b). Karl Jansen-Winkeln lieferte später wichtige Korrekturen, die insbesondere Derchains fehlerhafte Textwiedergabe betreffen (1998, 9 f.). In den vergangenen Jahren ist Horentabats Inschrift in verschiedene Fachsprachen und ins Russische übersetzt worden (Lehoux 2007, 120–123; Gorre 2009, 368–372; Panov 2017, 197–199; Quack i. Dr.[27]), wobei Maxim Panov der einzige ist, der eine vollständige Umschrift und Übersetzung bietet. Ferner wird v. a. der astronomische Teil der Inschrift in einigen übergreifenden Studien

26 Früher zumeist Harchebi(s) *(Ḥr-(m-ꜣ)ḫ-bi.t)* gelesen, siehe jedoch Thirion 1994, 188; Satzinger 1996, 261. Die vokalisierte Form war wohl Hare(n)tbo (das *n* ist wie hier zumeist nicht ausgeschrieben).

27 Quack i. Dr. (Kapitel 1.2.3.17 Ägyptische astrologische Texte).

zu Astronomen im Alten Ägypten aufgegriffen und kommentiert (Dieleman 2003, 142–146. 151 f.; Lull 2006, 54–59).

Verwandte Quellen

In der ptolemäischen Zeit (4.–1. Jahrhundert v. Chr.) war es unter den hochrangigen Priestern Thebens üblich, Statuen von sich selbst im Tempel von Karnak aufzustellen, um so am Kult des Hauptgottes Amun teilzuhaben.[28] Zugleich waren sie prestigeträchtige Objekte, die der Machtdemonstration dienten. Auf diesen Monumenten präsentierten sich die Priester mit ihren Titeln, Aufgaben und Fähigkeiten, wobei sie – wie in den bereits seit dem Alten Reich (ca. 2686–2160 v. Chr.) in Grabinschriften enthaltenen Autobiographien[29] – stets geringe Bescheidenheit an den Tag legten und zudem standardisierten Formularen und Darstellungsweisen folgten.

Siehe auch

Q 2 – Die Dekansternuhr des Idy
Q 3 – Die Grabinschrift des »Uhrmachers« Amenemhet
Q 4 – Die astronomische Decke des Senenmut-Grabes
Q 6 – Eine Wasseruhr aus der Zeit des Pharaos Amenophis III.
Q 7 – Eine Sonnenuhr aus dem Tal der Könige
Q 9 – Die 30 Tage des Mondmonats und ihre Schutzgötter
Q 10 – Eine Beschreibung der Neujahrsprozession im Hathortempel von Dendera
Q 24 – Ein Mondfinsternisritual aus dem hellenistischen Uruk

Technische Aspekte

Die biographische Inschrift des Priesters Horentabat gewährt einen der seltenen Einblicke in die Tätigkeiten eines ägyptischen »Astronomen« in vorrömischer Zeit. Dabei zeigt sich nicht nur, dass die astronomische Beobachtung und Zeiteinteilung in Ägypten stets von Priestern ausgeführt wurde, sondern auch, dass es in Ägypten keine strikte Trennung zwischen den Bereichen Astronomie und Astrologie gab.[30] So reichen Horentabats Kompetenzen weit über die eines modernen Astronomen hinaus. Er war in der Astronomie und der Astraldivination gleichermaßen bewandert und bezeichnet sich selbst als jeman-

28 Siehe hierzu Birk 2014 und umfassend Birk 2015.
29 Vgl. Q 3.
30 Diese Feststellung lässt sich ohne Weiteres auf die Nachbarkulturen Griechenland und Rom übertragen. Siehe Stockhusen 2018, 35–41.

den, der die Sterne und das Naturgeschehen am Himmel und auf der Erde aufmerksam beobachtete (Abschnitte A und B).

Im Folgenden soll Horentabats astronomisches Wissen näher beleuchtet werden. Mit den unter seine Kenntnis fallenden »Sternen, bei denen es kein Herumirren gibt« (Abschnitt B) könnten die Fixsterne gemeint sein, die im Gegensatz zum Mond und den Planeten ihre Position am Himmel (scheinbar) nicht verändern. Wenn Horentabat davon spricht, dass er die Auf- und Untergangszeiten der Gestirne zu bestimmen und die Dekane? anzukündigen (Abschnitt C), den heliakischen Frühaufgang der Sothis (Sirius) am Jahresbeginn vorauszusagen (Abschnitt F) und alle Himmelsphänomene vorauszuberechnen vermocht habe (Abschnitt I), dann bedeutet dies zweierlei: Erstens, dass er sich besonders für Horizontphänomene interessierte, und zweitens, dass er diese mit großer Genauigkeit im Voraus zu berechnen vermochte.[31] Der heliakische Frühaufgang des Sirius diente im Alten Ägypten der Festlegung des Neujahrstermins und war damit für die Einteilung des Jahres von größter Wichtigkeit (siehe Q 10 und Chronologische Grundlagen: Ägypten). Des Weiteren gehörte es zu Horentabats Pflichten, auch die Aufgänge der anderen Sterne am Himmel im Auge zu behalten (Abschnitt D). Außerdem lässt sich der Quelle entnehmen dass Horentabat »das Nordwärts- und Südwärtsfahren der Sonnenscheibe kennt« (Abschnitt G), worunter die unterschiedlichen Auf- und Untergangspunkte der Sonne am Horizont zwischen den Solstitien gemeint sind.[32] Somit beobachtete er nicht nur die Nachtgestirne, sondern auch die Bahn der Sonne.

Im Anschluss daran kommt der Sternkundige auf das Thema Zeiteinteilung zu sprechen. Eine seiner Aufgaben bestand darin, die Stunden zu den zwei Zeiten (= Tag und Nacht) zu unterteilen, »ohne irrezugehen in der Nacht« (Abschnitt H). Als technische Hilfsmittel standen ihm Sonnenuhren (Q 7), Wasseruhren (Q 6) und Sternuhren (Q 2) zur Verfügung, so dass er in der Tat sowohl bei Tageslicht als auch in Abwesenheit der Sonne die Zeit genau angeben konnte. Nur fragmentarisch und daher in unklarem Zusammenhang ist wohl auch ein mutmaßlicher Schalttag *ỉnj(.t)* »Holen« an jedem Neulichtfest erwähnt (Abschnitt H). In jedem Fall dürfte es dabei um die Monatseinteilung gehen (siehe Q 9). Horentabats Fähigkeiten reichten wie erwähnt auch in den Bereich der Astraldivination. Dabei ist zu beachten, dass die Beobachtung der Himmelsphänomene ohnehin, sofern sie nicht der Zeitbestimmung diente, für heutzutage eher als astrologisch zu bezeichnende Tätigkeiten genutzt wurde. An einer Stelle hebt er beispielsweise hervor, dass er die Wunder (= Omina) der Sonnenscheibe zu lesen wusste (Abschnitt G). Sonnenomina sind in

---

31 Diese Aussage muss ernst genommen werden. In Illahun wurde ein Tempeltagebuchfragment aus dem 7. Regierungsjahr Sesostris' III. (19. Jh. v. Chr.) gefunden, welches eine Vorhersage eines heliakischen Frühaufgangs des Sirius enthält. Siehe Luft 1992, 54–58; Gautschy 2011, 124 f. 131.

32 Derchain 1989, 78 Anm. 10; Altmann 2010, 101–103.

Ägypten auch anderweitig belegt.[33] Ebenso wurde der Stern Sirius bereits seit dem Neuen Reich für Zukunftsvoraussagen benutzt, was die Aussage, dass »alles, was sie (sc. Sothis) vorausgesagt hat«, in seiner Hand sei (Abschnitt F), erklärt.[34] Auch der letzte Satz muss auf die Astraldivination zu beziehen sein (Abschnitt K), da die vorherrschende Windrichtung bei der Ausdeutung von Himmelsvorzeichen einen äußerst wichtigen Faktor darstellte.[35]

Soziokulturelle Auswertung

Im Kontext der sozialen Zeit soll insbesondere die Rolle der ägyptischen Astronomen für die Zeiteinteilung im Fokus stehen. Auf diese deutet bereits der Priestertitel hin, der für die Himmelsbeobachter am häufigsten belegt ist: *wnw.tỉ* (»derjenige, der zur Stunde gehört«) bzw. später *ỉmỉ-wnw.t* (»der in der Stunde ist«).[36]

Welche Hilfsmittel diesen »Stundenpriestern« für die Erfüllung ihrer Aufgabe zur Verfügung standen, ist in Reliefs und Rundplastiken zu sehen, die sie mit ihren Instrumenten zeigen: einer langen Palmrippe mit gespaltener Spitze sowie einem Objekt, das wahrscheinlich als *Merchet*-Gerät bezeichnet wurde.[37] Die Palmrippe wird als Visierstab gedeutet, der unter anderem für die Beobachtung der Dekansterne zur Festlegung der Nachtstunden verwendet worden sein könnte (siehe Q 2).[38] Bei dem anderen Objekt handelt es sich um ein Instrument zur Zeitmessung, genauer um eine Streiflichtsonnenuhr mit schräger Auffangfläche, die die Uhrzeit nach der Höhe der Sonne maß (»Schattenuhr«) (vgl. Q 7).[39] Ein Lot, das auch in der Hieroglyphe des Geräts  sichtbar wird, diente seiner waagerechten Orientierung. Somit hatte der Priester Werkzeuge zur Hand, mit denen er bei Tag und bei Nacht die Zeit bestimmen konnte.[40] Diese beiden typischen Attribute werden auch im 6. Buch der *Stromateis* des Clemens von Alexandria aus dem 2. Jahrhundert n. Chr. beschrieben:[41] »Nach dem Sänger kommt der Stundenbeobachter *(hôroskópos)*, der als Kennzeichen der Sternkunde *(astrología)* einen Stundenzeiger *(hôrológion)* und einen

33 Siehe beispielsweise Parker 1959.

34 Hughes 1951; Quack 2017, 191 f. 200 f.

35 Stockhusen 2018, 128 (mit weiterführenden Literaturangaben).

36 Vgl. zu diesen Priestern (mit weiterer Literatur): Altmann-Wendling 2018, 782–788; Stockhusen 2018, 120–133. Wenngleich Horentabat auf seiner Statue diesen Titel nicht führt, besaß er doch alle Kenntnisse, die in anderen ägyptischen Quellen für diese Priester belegt sind.

37 Z. B. die Statue des Horemhab (Kairo, Inv.nr. TR 25/10/17/5), siehe hierzu insgesamt Birk 2014, 79–101.

38 Birk 2014, 82; Lull 2004, 76 f.

39 Borchardt 1899; Borchardt 1935, 32–36. 43–45; Salmas 2013; Salmas 2014. – Auf der anonymen Dattari-Statue wird mit *mrḫ.t* und *wnšb* »die Stunden zu kennen« *(rḫ wnw.wt)* als Aufgabe einer Person genannt, die ansonsten keine astronomischen Titel trägt (Guermeur 2005, 304–306).

40 Zur Messung der Nachtstunden wurde ab dem frühen Neuen Reich auch die Wasseruhr verwendet (siehe Q 3 und Q 6).

41 Clemens von Alexandria, *Stromateis* 6, 4, 35, 4.

Palmzweig *(phoínix)* in der Hand trägt«. Anschließend wird die Kenntnis über sämtliche Gestirne aufgeführt.

Auch archäologische Funde dieser Instrumente sind durch ihre Inschriften als Besitz der Stundenpriester ausgewiesen.[42] Wie Horentabat betonen sie darin ihre Kenntnis der Bewegungen von Sonne, Mond und Sternen. So heißt es auf der Schattenuhr des *ỉmỉ-wnw.t* Hor: »Ich kenne den Gang der beiden Scheiben (= Sonne und Mond) und jedes Sterns an seinen Platz«.[43] Die Inschrift auf der Palmrippe, die demselben Priester gehörte, zeigt indes, dass er auch für die ordnungsgemäße Durchführung von Festhandlungen verantwortlich zeichnete: »Achten auf die Einleitung des Festes, jedermann auf seine Stunde setzen«.[44] Die ptolemäerzeitliche Statue des Priesters und Sternenbeobachters Senti stellt diesen ebenfalls mit der Streiflichtsonnenuhr in der Hand dar.[45] In der Inschrift wird die Zeiteinteilung sowie die Beobachtung der Gestirne genannt: »... die Jahre, Monate, Tage und Stunden ansagen, und den Lauf aller Sterne gemäß dem Anblick ihres Weges«.[46] Auf einer Statue des Horemhab bezeichnet ihn die Inschrift als »Obersten Stundenpriester des Amun, der den Jubelnden Pfeiler (= Mond) anbetet, wenn er herauskommt ...«.[47] Mit dem »Herauskommen« könnte speziell das Erscheinen der Neulichtsichel zu Beginn des Monats gemeint sein, das einen wichtigen Zeitpunkt für Rituale und Kultbetrieb darstellte (vgl. Q 9). Die in Horentabats Inschrift erwähnten astraldivinatorischen Praktiken, für die neben den Färbungen von Sternen, Sonne und Mond besonders Finsternisse zu Rate gezogen wurden (siehe auch Q 22 und Q 24), sind ebenfalls häufiger für Stundenpriester belegt. So enthalten demotische Graffiti aus dem 3. Jahrhundert n. Chr. in Dakke und Philae für die Mitglieder einer Priesterfamilie folgende Titelreihe: »Gottesdiener der Sothis, ›General‹[48] des Mondes, Priester der fünf lebenden Sterne (= Planeten), der die Zeit

42 Borchardt 1899, 10–17; Birk 2014, 82 mit dem Verweis auf die hölzerne Schattenuhr eines obersten Stundenpriesters (Fitzwilliam Museum, Inv.-Nr. E.GA.4596.194; Ptolemäerzeit): http://data.fitzmuseum.cam.ac.uk/id/object/59048 (letzter Zugriff: 30.09.2019).

43 Berlin, Ägyptisches Museum, Inv.-Nr. 14085. Borchardt 1899, 11: *rḫ=ỉ nmt.t n(.t) ỉtn.wy sbꜣ.w nb r dmỉ.t=f.*

44 Berlin, Ägyptisches Museum, Inv.-Nr. 14084. Borchardt 1899, 11: *rs ḥr sšm ḥb dỉ.t ḥr nb ḥr wnw.t=sn.* – Zu weiteren Priesterinschriften, die die Zeitmessung als Aufgabe angeben, siehe Daressy 1919, 275–278; Winkler 2016, 272 f. Anm. 93.

45 Daressy 1919, 276–278; Clagett 1995, 489 f.; zur Darstellungsweise Birk 2014, 85.

46 Kairo, Ägyptisches Museum, Inv.-Nr. TR 25/11/18/3. *ḏd? rnp.wt ꜣbd.w hrw.w wnw.wt sbj.t sbꜣ nb r mꜣꜣ n wꜣ.t=sn.* Winkler 2016, 273 Anm. 93 liest hinter *wnw.wt* noch *ꜣ.t* »minute«, was sich jedoch aus der Schreibung  nicht unmittelbar ergibt. Zudem würde die Unterscheidung in Minuten die altägyptische Zeiteinteilung etwas überstrapazieren.

47 Birk 2014, 80–84 (JE 43652). Fotos der Statue online unter http://www.ifao.egnet.net/bases/cachette/?ids=436&os=1 (letzter Zugriff: 30.09.2019): *ḥrỉ (ỉmỉ)-wnw.t n Ỉmn dwꜣ Ỉwn-ḥ῾῾ ḫft prj=f.*

48 Zur neuen Lesung siehe Török 2009, 459 Anm. 169. 461 (nach persönlicher Mitteilung J. F. Quack, der bei dem Titel an den Leiter einer Kultgenossenschaft denkt). Moje 2014, 125 f. übersetzt dagegen »Mondprozession«.

kennt, in der Sonne und Mond eine Verdunkelung (= Finsternis) machen«.[49] Die Quellen zeigen also, dass die »Stundenpriester« die Himmelsbeobachtung nicht etwa aus naturwissenschaftlichem Interesse betrieben, sondern sie vielmehr für die Zeiteinteilung oder für die Omendeutung nutzten.[50]

Ein weiterer Aufgabenbereich der sternenkundigen Priester, der bereits bei dem Text der oben erwähnten Palmrippe anklang, war das Ausrufen der Zeit zur Festlegung von Ritualhandlungen. So lautet eine Inschrift aus Edfu: »Rufen zur Küche hin durch den Stundenpriester. Rufen der Arbeiter der Küche wegen aller Gebäcke der Gottesopfer, jeden von ihnen zu seiner Aufgabe.«[51] Das Ausrufen *(nỉs)* der Stunden wird in Esna ebenfalls von einem Stundenpriester übernommen.[52] Auch die römischen Autoren Martial (ca. 40–104 n. Chr.) und Apuleius (ca. 113–170 n. Chr.) berichten im Rahmen des Isiskultes von der Stundenankündigung durch die Priester.[53] Eine exakte Zeitangabe war für bestimmte Rituale, insbesondere die Stundenwachen, die in der Nacht vor der Balsamierung und im Tempel für den Totengott Osiris durchgeführt wurden, von großer Bedeutung (vgl. Q 2, Q 4 und Q 6). Serge Sauneron vergleicht die Rolle des Tempels, in dem die Zeit für den Opferbetrieb des Heiligtums offenbar laut ausgerufen wurde, mit derjenigen eines mittelalterlichen Klosters.[54] In diesem diente die Zeiteinteilung vor allem der Einhaltung der Gebetszeiten, wurde jedoch durch das weithin vernehmbare Läuten der Glocken auch für die Umgebung zum Zeitanzeiger.[55] Zwar sind für ägyptische Tempel keine derartig weit tönenden, mit mechanischem Gerät erzeugten Lautsignale belegt,[56] doch verdeutlicht das Beispiel, wie die ursprünglich für sakrale Zwecke angestellte Zeiteinteilung schließlich von der Gesamtbevölkerung genutzt werden kann. Obschon in der agrarisch geprägten Gesellschaft Ägyptens davon auszugehen ist, dass der Tag vor allem durch den Sonnenstand gegliedert wurde, könnten die Errungenschaften der Zeiteinteilung, die in den Bedürfnissen des Kultbetriebs ihren Anfang nahmen, im Laufe der Zeit auch für profane Zwecke genutzt worden sein.[57]

---

49 Griffith 1937, 26–31 (= Dak. 30, 4): *ḥm-nṯr n Spd.t ỉmy-rꜣ mšꜥ n Ỉꜥḥ wꜥb n pꜣ 5 sbꜣ ꜥnḫ.w ntỉ rḫ pꜣ wš n ỉrj ꜥb n rꜥ ỉꜥḥ.*

50 Vgl. Altmann-Wendling 2018, 781–797 zur Mondbeobachtung und deren Zwecken.

51 Chassinat 1931 (= E VI, 346, 4–5): *ꜥš r pꜣ šnꜥ ỉ[n] p(ꜣ) ỉmỉ-wnw.t nỉs ỉrỉ.w-šnꜥ ḥr qfn.w nb(.w) n.w ḥtp.w-nṯr wꜥ nb ỉm=sn ḥr ḥn.t=f*; vgl. Birk 2014, 81–84; Sauneron 1959, 37.

52 Sauneron 1959, 36–41.

53 Martial, *Epigramme* 10, 48; Apuleius, *Metamorphosen* 11, 20, 4 f.

54 Sauneron 1959, 36 Anm. 3.

55 Vergleichbar ist dies noch heute mit Kirchenglocken zu besonderen Festen oder zum »Einläuten« des Sonntags; vgl. ferner den Gebetsruf des Muezzins, der fünf Mal am Tag stattfindet und diesen somit ebenfalls strukturiert.

56 Man vergleiche jedoch abermals den Gebetsruf des Muezzins, der ursprünglich ebenfalls ohne weitere Verstärkung auskam.

57 Eine exaktere Zeiteinteilung ist prinzipiell erst im Rahmen von Arbeitsteilung und ausgedehntem Handel – und damit der Verabredung genauer Termine – vonnöten. Vgl. die Verwendung der Sonnenuhr zur

Bibliographie

Altmann 2010
V. Altmann, Die Kultfrevel des Seth. Die Gefährdung der göttlichen Ordnung in zwei Vernichtungsritualen der ägyptischen Spätzeit (Urk. VI), Studien zur spätägyptischen Religion 1 (Wiesbaden 2010).

Altmann-Wendling 2018
V. Altmann-Wendling, MondSymbolik – MondWissen. Lunare Konzepte in den ägyptischen Tempeln griechisch-römischer Zeit, Studien zur spätägyptischen Religion 22 (Wiesbaden 2018).

Birk 2014
R. Birk, Titel-Bilder: Zur amtsspezifischen Ikonographie thebanischer Priester der Ptolemäerzeit, in: G. Neunert – A. Verbovsek – K. Gabler (Hrsg.), Bild: Ästhetik – Medium – Kommunikation. Beiträge des dritten Münchner Arbeitskreises Junge Ägyptologie (MAJA 3), 7. bis 9.12.2012, Göttinger Orientforschungen IV 58 (Wiesbaden 2014) 79–101.

Birk 2015
R. Birk, Türöffner des Himmels. Prosopographische Studien zur thebanischen Hohepriesterschaft der Ptolemäerzeit (Diss. Ludwig-Maximilans-Universität München 2015).

Borchardt 1899
L. Borchardt, Ein altägyptisches astronomisches Instrument, Zeitschrift für ägyptische Sprache und Altertumskunde 37, 1899, 10–17.

Borchardt 1935
L. Borchardt, Die Mittel zur zeitlichen Festlegung von Punkten der ägyptischen Geschichte und ihre Anwendung (Kairo 1935).

Chassinat 1931
É. Chassinat, Le temple d'Edfou VI, Mémoires publiés par les membres de la Mission Archéologique Française au Caire 23 (Kairo 1931).

Clagett 1995
M. Clagett, Ancient Egyptian Science II. Calendars, Clocks, and Astronomy, Memoirs of the American Philosophical Society Held at Philadelphia for Promoting Useful Knowledge 214 (Philadelphia 1995).

Daressy 1916
G. Daressy, La statue d'un astronome, Annales du service des antiquités de l'Égypte 16, 1916, 1–5.

Daressy 1919
G. Daressy, Antiquités trouvées à Fostat, Annales du service des antiquités de l'Égypte 18, 1919, 275–278.

Derchain 1989
P. Derchain, Harkhébis, le Psylle-Astrologue, Chronique d'Égypte 64, 1989, 74–89.

Dieleman 2003
J. Dieleman, Stars and the Egyptian Priesthood in the Graeco-Roman Period, in: S. Noegel – J. Walker – B. Wheeler (Hrsg.), Prayer, Magic, and the Stars in the Ancient and Late Antique World (University Park 2003) 137–153.

Gautschy 2011
R. Gautschy, Der Stern Sirius im Alten Ägypten, Zeitschrift für Ägyptische Sprache und Altertumskunde 138, 2011, 116–131.

Einteilung der Arbeitsschichten im Tal der Könige (siehe Q 7, dort auch der Verweis auf Sonnenuhren in verschiedenen Steinbrüchen).

Gorre 2009
G. Gorre, Les relations du clergé égyptien et des Lagides d'après les sources privées, Studia Hellenistica 45 (Löwen 2009).
Griffith 1937
F. L. Griffith, Catalogue of the Demotic Graffiti of the Dodecaschoenus (Oxford 1937).
Guermeur 2005
I. Guermeur, Les cultes d'Amon hors de Thèbes. Recherches de géographie religieuse, Bibliothèque de l'École des Hautes Études, Sciences Religieuses 123 (Turnhout 2005).
Hughes 1951
G. R. Hughes, A Demotic Astrological Text, Journal of Near Eastern Studies 10, 1951, 256–264.
Jansen-Winkeln 1998
K. Jansen-Winkeln, Beiträge zu den Privatinschriften der Spätzeit, Zeitschrift für Ägyptische Sprache und Altertumskunde 125, 1998, 1–13.
Kamal 1906
A. B. Kamal, Rapport sur quelques localités de la Basse-Égypte, Annales du service des antiquités de l'Égypte 7, 1906, 239–240.
Lehoux 2007
D. Lehoux, Astronomy, Weather, and Calendars in the Ancient World. *Parapegmata* and Related Texts in Classical and Near-Eastern Societies (Cambridge 2007).
Luft 1992
U. Luft, Die chronologische Fixierung des ägyptischen Mittleren Reiches nach dem Tempelarchiv von Illahun (Wien 1992).
Lull 2004
J. Lull, En torno a la figura del sacerdote-astrónomo egipcio, Boletín de la Asociación Española de Egiptología 14, 2004, 63–78.
Lull 2006
J. Lull, La astronomía en el antiguo Egiptio (Valencia 2006).
Moje 2014
J. Moje, Priesterliches Kultwissen in den philensischen Graffiti des 4. und 5. Jahrhunderts n. Chr., in: K. Geus – M. Geller (Hrsg.), Esoteric Knowledge in Antiquity, TOPOI – Dahlem Seminar for the History of Ancient Sciences 2 (Berlin 2014) 121–147.
Neugebauer – Parker 1969
O. Neugebauer – R. A. Parker, Egyptian Astronomical Texts III. Decans, Planets, Constellations and Zodiacs (London 1969).
Panov 2017
М. В. Панов, Историко-биографические и мифологические надписи позднего времени, Египетские тексты VI (Novosibirsk 2017).
Parker 1959
R. A. Parker, A Vienna Demotic Papyrus on Eclipse- and Lunar-Omina, Brown Egyptological Studies 2 (Providence 1959).
Petrie 1888
W. M. F. Petrie, Tanis II. Nebesheh (Am) and Defenneh (Tahpanhes). Fourth Memoir of the Egypt Exploration Fund (London 1888).
Quack 2017
J. F. Quack, »Assur will suffer«. Predicting Disaster in Ancient Egypt, in: G. J. Schenk (Hrsg.), Historical Disaster Experiences. Towards a Comparative and Transcultural History of Disasters Across Asia and Europe (Cham 2017) 189–206.

Quack 2018
J. F. Quack, Egypt as an Astronomical-Astrological Centre Between Mesopotamia, Greece, and India, in: D. R. Brown (Hrsg.), The Interactions of Ancient Astral Science (Bremen 2018) 69–123.
Quack i. Dr.
J. F. Quack, Beiträge zu den ägyptischen Dekanen und ihrer Rezeption in der griechisch-römischen Welt, Orientalia Lovaniensia Analecta (Löwen, im Druck).
Rickert 2019
A. Rickert, Das Horn des Steinbocks. Die Treppen und der Dachkiosk in Dendara als Quellen zum Neujahrsfest, Studien zur spätägyptischen Religion 23 (Wiesbaden 2019).
Salmas 2013
A.-C. Salmas, La mesure du temps de la journée (I). Modules et fonctionnement des premières horloges à ombre, Bulletin de l'Institut français d'archéologie orientale 113, 2013, 353–379.
Salmas 2014
A.-C. Salmas, La mesure du temps de la journée (II). Modules et fonctionnement des horloges à ombre récentes et des cadrans solaires, Bulletin de l'Institut français d'archéologie orientale 114, 2014, 419–446.
Satzinger 1996
H. Satzinger, Der Amonpriester »Horus-vom-Busch«: eine saïtische Hockerstatue neu in Wien, in: M. Schade-Busch (Hrsg.), Wege öffnen. Festschrift für Rolf Gundlach zum 65. Geburtstag, Ägypten und Altes Testament 35 (Wiesbaden 1996), 258–263.
Sauneron 1959
S. Sauneron, Le prêtre astronome du temple d'Esna, Kêmi 15, 1959, 36–41.
Stockhusen 2018
M. Stockhusen, Studien zum Transfer astralwissenschaftlicher Konzepte zwischen Ägypten und Mesopotamien in spätpharaonischer Zeit. Eine kulturhistorische Analyse mit einem Ausblick in die griechisch-römische Epoche (Diss. Universität Leipzig 2018).
Thirion 1994
M. Thirion, Notes d'onomastique. Contribution à une révision du Ranke PN (neuvième série), Revue d'Égyptologie 45, 1994, 175–188.
Török 2009
L. Török, Between Two Worlds. The Frontier Region between Ancient Nubia and Egypt 3700 BC – AD 500, Probleme der Ägyptologie 29 (Leiden 2009).
Winkler 2016
A. Winkler, Some Astrologers and Their Handbooks in Demotic Egyptian, in: J. M. Steele (Hrsg.), The Circulation of Astronomical Knowledge in the Ancient World (Leiden 2016) 245–286.
Yoyotte 1989
J. Yoyotte, Le nom égyptien du »ministre de l'économie« – de Saïs à Méroé, Comptes-rendus des Séances de l'Académie des Inscriptions et Belles-Lettres 133.1, 1989, 73–88.

Q 9 Die 30 Tage des Mondmonats und ihre Schutzgötter

Victoria Altmann-Wendling

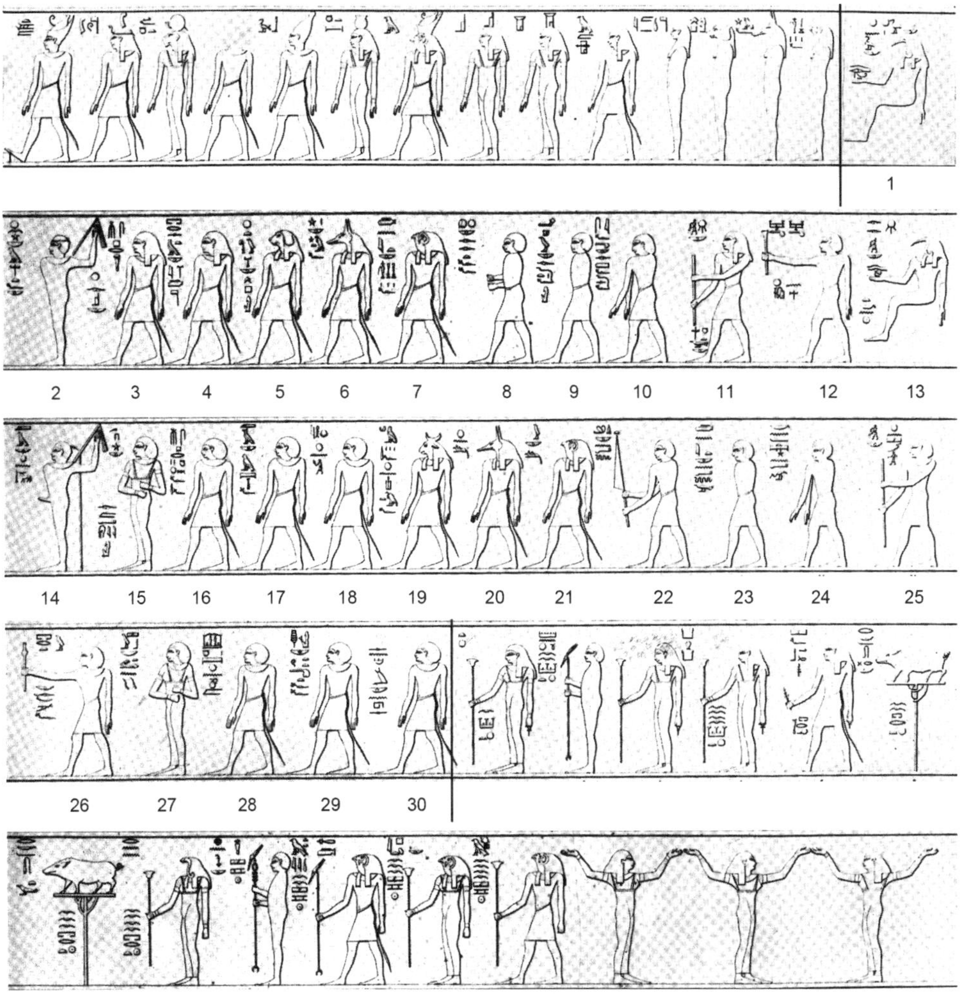

Abb. 1: Tempel von Edfu, Fries an der Nordwand des Pronaos (Parker 1950, Taf. V).

Transliteration und Übersetzung

1	*psḏntỉw hrw Ḏḥwtỉ*	Neumondtag (1. Mondmonatstag = MMT): Tag des Thot.
2	*ꜣbdw hrw Ḥr nḏ-ỉt=f*	Neulichtfest (2. MMT): Tag des Harendotes.
3	*mspr tpỉ hrw Wsỉr*	»Erste Ankunft/Zuflucht?« (3. MMT): Tag des Osiris.
4	*pr(.t)-stm <hrw> Ỉmstỉ*	»Herauskommen des Setem« (4. MMT): <Tag> des Imseti.
5	*ỉḫ.t <-ḥr-> ḫꜣwỉ <hrw> Ḥpỉ*	»Opfer <auf> dem Altar« (5. MMT): <Tag> des Hapi.
6	*sỉs.nt <hrw> Dwꜣ-mw.t=f*	6. MMT: <Tag> des Duamutef.
7	*dnỉ.t <hrw> Qbḥ-snw=f*	Halbmondfest (7. MMT): <Tag> des Kebehsenuef
8	*ḫmnw <hrw> Mꜣꜣ-ỉt=f*	8. MMT: <Tag> dessen, »Der seinen Vater sieht«.
9	*kꜣpw <hrw> Ỉrj-ḏ.t=f*	»Räuchern?« (9. MMT): <Tag> dessen, »Der seinen Leib erschaffen hat«.
10	*sỉf <hrw> Ỉrj-rn=f-ḏs=f*	»Ausgießen?« (10. MMT): <Tag> dessen, »Der seinen eigenen Namen erschafft«.
11	*stj(.t) <hrw> Nḏ-wr*	»Leuchten« (11. MMT): <Tag> des großen Retters.
12	*smꜣ.tỉ stw.t hrw n Nḏ-snꜥ*	»Wege der Strahlen?« (12. MMT): Tag dessen, »Der fein zerreibt?«.
13	*mꜣꜣ-stw.t <hrw> Tknw-n-Rꜥ*	»Sehen der Strahlen« (13. MMT): <Tag> dessen, »Der sich Re nähert«.
14	*sỉꜣw hrw n Ḥm-bꜣ*	»Erkenntnis« (14. MMT): Tag der Majestät des Widders.
15	*15.nt <hrw> Ỉrj-m-ꜥwꜣy*	Vollmondfest (15. MMT): <Tag> dessen, »Der gewaltsam handelt«.
16	*mspr sn.nw hrw Šd=f-ḫrw=f*	»Zweite Ankunft/Zuflucht« (16. MMT): Tag des »Er erhebt seine Stimme«.
17	*sỉꜣw <hrw> Ḥr-ḥrỉ-wꜣḏ=f*	»Erkenntnis« (17. MMT): <Tag> des Horus-auf-seiner-Papyrus(säule).
18	*ỉꜥḥ hrw n nnw*	»Mond« (18. MMT): Tag des Kindes.
19	*sḏm-mdw=f hrw n Ỉwn-mw.t=f*	»Hören-seiner-Worte« (19. MMT): Tag des Iunmutef.
20	*[stpw] hrw n Wpj-wꜣ.wt*	[»Auserlesenes«] (20. MMT): Tag des Upuaut.
21	*[ꜥprw] <hrw> Ỉnpw*	[»Ausstattung«] (21. MMT): <Tag> des Anubis.
22	*pḥ-spd <hrw> Nꜥw*	»Erreichen des Gerüstetseins« (22. MMT): <Tag> des »Glatten«.
23	*dnỉ.t <hrw> Nꜥw wr*	Halbmondfest (23. MMT): <Tag> des »großen Glatten«.

24	*knḥw <hrw> Nʿw nḏs*	»Finsternis« (24. MMT): <Tag> des »kleinen Glatten«.
25	*stj(.t) hrw n Šmꜣ*	»Leuchten/Ausgießen[?]« (25. MMT): Tag des »Umherirrenden/Vagabunden«.
26	*pr.w <hrw> Mꜣꜣ-mrj-<ỉt>=f*	»Herauskommen« (26. MMT): <Tag> dessen, »Der sieht, was sein <Vater> liebt«.
27	*wšb <hrw> Dwn-ʿn.wỉ*	»Antworten/*wnšb*-Symbol[?]« (27. MMT): <Tag> des Dunanui.
28	*ḥb-sd-Nw.t hrw n H̱nm*	»Jubiläum der Nut« (28. MMT): Tag des Chnum.
29	*ʿḥʿ-ỉrỉ <hrw> Wt(ṯ)-ỉt=f*	»Aufstellen/Lebenszeit des Genossen[?]« (29. MMT): <Tag> dessen, »Der seinen Vater erzeugt«.
30	*snḥm <hrw> Nḥs*	»Heuschrecke[?]« (30. MMT): Tag des Nehes.

Eigene Transliteration und Übersetzung.[1]

Zur Quelle

Der Horus-Tempel von Edfu, ca. 85 km südlich von Luxor gelegen, wurde unter König Ptolemaios III. (reg. 246–222 v. Chr.) gegründet, aber erst zur Zeit Ptolemaios' VIII. eingeweiht (reg. 164 und 145–116 v. Chr.). Die vorliegende Szene im obersten Fries der Pronaosnordwand wurde ebenso wie die Dekorierung der gesamten Säulenhalle im 48.–54. Regierungsjahr Ptolemaios' VIII. vorgenommen. Die Darstellung ist eingebettet in die Wiedergabe weiterer zeitlicher Einheiten und Himmelsphänomene, weshalb man von einem astronomischen Fries sprechen kann. Sie erstreckt sich über die gesamte Breite der Nordwand. Eine solch ausführliche Zusammenstellung astronomisch-chronologischer Themen ist ansonsten von Tempel- oder Grabdecken bekannt (vgl. Q 4 und Q 11).

Vor den Göttern der 30 Mondmonatstage (MMT) sind die zur sogenannten Mondtreppe gehörenden 14 Götter, die den Mond füllen, aufgereiht (siehe Q 11). Sie stehen anders als bei den übrigen Exemplaren nicht auf den 14 Stufen, sondern sind erst im Begriff, diese zu besteigen.[2] Der Erdtrabant wird als Udjat-Auge auf einer Sichel und einer Papyrussäule abgebildet. Auf der linken Seite des Mondes steht der Gott Thot in Anbetung.[3] Dahinter ist die Abendsonne als widderköpfiger Gott in einer geflügelten Scheibe im Inneren einer Barke abgebildet, womit wahrscheinlich gemeinsam mit dem Mond die Konstellation am Vollmondabend wiedergegeben wird. Links der Sonne sind die fünf bekannten Planeten (Jupiter, Merkur, Saturn, Venus, Mars), und die nördlichen Sternbilder mit dem Nilpferd

1 Zu den Bezeichnungen der Mondmonatstage siehe Altmann-Wendling 2018, 818–832.

2 Der Ansatz der Treppe, auf die der erste Gott seinen Fuß stellt, ist in Abb. 1 links oben zu sehen.

3 Die im Folgenden beschriebenen Darstellungen sind hier aus Platzgründen nicht abgebildet. Sie schließen links an die Abbildung an.

Ipet und dem Stierschenkel (= Großer Wagen) angeordnet, denen sich die südlichen Sternbilder Sothis (= Sirius) als Kuh und Sah (= Orion) anschließen. Die Verbindung von Sirius und Orion könnte auf das Neujahrsdatum Bezug nehmen, da beide nahe diesem Datum ihren heliakischen Frühaufgang haben (vgl. Q 10). Dahinter befinden sich die Dekane Nr. 2–36[4] der sogenannten Sethos I B-Familie, die das Jahr in Dekaden, d. h. Abschnitte von je zehn Tagen gliedern.[5] Rechts der 30 Götter der Mondmonatstage folgen – ebenfalls als Götter personifiziert – die zwölf Monate mit ihren Namen und den numerischen Daten sowie die vier den Himmel stützenden Göttinnen.[6]

Während also mit Mond, Sonne, den Planeten sowie Sternbildern und Sternen konkrete Himmelskörper abgebildet werden, sind rechts der Mondtreppe zeitliche Einheiten zu fassen. Dabei ist der Mondzyklus gleich zweimal vertreten: zum einen in Form der 14 Götter, die die Zeitspanne der zunehmenden Monatshälfte symbolisieren, die auch andernorts am häufigsten auftritt (siehe Q 11), zum anderen als gesamte Periode der Lunation von 30 Tagen. Auch die Monate des Jahres können aufgrund der monatlichen Veränderung der Mondgestalt mit dem Erdtrabanten verbunden werden, repräsentieren im Übrigen aber das (bürgerliche) Sonnenjahr. Auf der linken Seite sind mit der Neujahrskonstellation Orion und Sothis sowie den Dekanen ebenfalls Phänomene fassbar, die zur Bestimmung von Zeitpunkten dienten.

Oberhalb des Frieses wird mit Darstellungen der Tagesstunden (7–12) in Form von Sonnenbarken ebenfalls ein astronomisch-chronologisches Thema aufgegriffen, dessen Beginn mit den Stunden 1–6 auf der Südwand liegt. In derselben Höhe an Ost- und Westwand sind ferner zwei Szenen angebracht, die in ihren Beischriften sehr ausführliche Lunationsbeschreibungen bieten, so dass sich die Behandlung kosmischer Zyklen auf allen vier Wänden wiederfindet.[7] Des Weiteren sind auf den Architraven der Decke 365 Chronokratengöttinnen abgebildet, und die 24 Säulen der Pronaosfront können als Verweis auf die Gesamtzahl der Tages- und Nachtstunden gelten.

Ausgewählte Publikationen, Übersetzungen und Kommentare

Das Relief ist bereits in der monumentalen »Description de l'Égypte«, die während der napoleonischen Expedition nach Ägypten angefertigt wurde, lithographisch wiedergegeben worden (Anonymus 1818, A 1. Taf. 58). Zudem ist es in Heinrich Brugschs Werk über astronomische und kalendarische Quellen Ägyptens enthalten (1857, Taf. VII–X, 1).

4 Wahrscheinlich ist der erste in der Zerstörung am Beginn der Reihe anzunehmen.

5 Zu den Dekanen siehe bislang Neugebauer – Parker 1969, 105–174. Eine umfassende Untersuchung zu den Dekanen erfolgt durch Joachim F. Quack (Quack i. Dr.).

6 In der Publikation sind lediglich drei abgebildet, vgl. jedoch die Richtigstellung bei Kurth 2016, 81.

7 Siehe Altmann-Wendling 2018, 201–277.

Bis auf den vorderen Teil des Frieses, einschließlich der »Mondtreppe« und den dahinter stehenden 14 Göttern, fehlen die Darstellungen und Beischriften hingegen in den maßgeblichen Publikationen von Émile Chassinat und Marquis de Rochemonteix (1928) sowie von de Rochemonteix (1929).[8] Die Zeichnung aus Brugschs Publikation wurde nochmals in Richard A. Parkers grundlegender Behandlung der »Calendars of Ancient Egypt« (1950, 11–13. Taf. IV–V) sowie im dritten Band des Kompendiums »Egyptian Astronomical Texts« von Otto Neugebauer und Richard A. Parker abgedruckt und mit einem knappen inhaltlichen Kommentar versehen (1969, 67. Taf. 30A). Vergleiche mit ähnlichen Darstellungen finden sich in einigen Fachartikeln (Kaper 1995; Labrique 1998). Zuletzt hat sich die Verfasserin des vorliegenden Beitrags eingehend mit den Parallelüberlieferungen der Mondmonatstagesgötter sowie der Szene in Edfu auseinandergesetzt (Altmann-Wendling 2018, 289–291).

Verwandte Quellen

Prozessionen der Schutzgötter der Mondmonatstage sind auch in einigen anderen Tempeln enthalten und finden sich allesamt mit ausführlichem Kommentar in der Bearbeitung der Verfasserin (Altmann-Wendling 2018):[9]

1. In der Gegenkapelle des Chonstempels;
2. An der Decke des Pronaos von Esna, Travée A;
3. In der Oase Dachla im Mammisi des Tempels von Kellis (Ismant el-Charab).[10]

Ferner existieren namentliche Auflistungen der 30 Mondmonatstage sowie ihrer Schutzgötter:

1. Auf der Pronaosdecke in Dendera, 1. westl. Travée;[11]
2. im karbonisierten Papyrus Tanis;[12]
3. in einem Papyrus aus Tebtynis mit einem »Handbuch priesterlichen Wissens«.[13]

8 Der genannte erste Teil findet sich in Chassinat – de Rochemonteix 1928 (= E III, 225, 5–11, Nr. 1–19); de Rochemonteix 1929 (= E IX, Taf. LXXIV).

9 Altmann-Wendling 2018, 518–527 (Chonstempel), 606–615 (Esna) und 638–640 (Dachla). Siehe außerdem übergreifend zu diesen Prozessionen Altmann-Wendling 2018, 734. 747 f.

10 Die 30 Götter gehen anstatt auf den Mond auf den Lokalgott Tutu zu, ihre Beischriften besagen jedoch, dass sie in das Mondauge eintreten und es füllen.

11 Diese Liste befindet sich unter der Darstellung der Mondtreppe (siehe Q 11).

12 In einer Tabelle werden die Namen der Mondmonatstage, der Schutzgötter sowie eine schematische Wiedergabe der Mondphase aufgeführt.

13 Aufbau wie bei voranstehender Quelle. Siehe zu den beiden Papyruslisten Altmann-Wendling 2018, 705 f.

Siehe auch

Q 4 – Die astronomische Decke des Senenmut-Grabes
Q 8 – Die Statue eines ägyptischen Priesters und Astronomen (JE 38545)
Q 11 – Die Mondtreppen als symbolische Abbilder der Mondzunahme
Q 12 – Personifikationen der Jahreszeiten im Tempel von Dendera

Technische Aspekte

Das ägyptische Jahr von 365 Tagen bestand aus zwölf Monaten mit je 30 Tagen sowie 5 Epagomenentagen (Zusatztagen) am Ende des Jahres (vgl. Chronologische Grundlagen: Ägypten). Die Länge des Monats stellt die gerundete Dauer des synodischen Monats dar, der 29 oder 30 Tage besitzt. Anders als die Bahn der Sonne und der genaue Zeitpunkt, an dem ein Jahr vollendet war, konnte der zyklische Wechsel der Mondphasen leicht mit freiem Auge nachvollzogen werden und stellte somit neben Tag- und Nachtrhythmus den deutlichsten Anzeiger verstreichender Zeit dar. Der Mondmonat begann idealtypisch mit Neumond.[14] Während das sogenannte bürgerliche Jahr ein Sonnenjahr ist, zeigt die Monatslänge von 30 Tagen die ursprüngliche Bedeutung des Mondes für die Zeitrechnung an, selbst wenn ein regelrechter Mondkalender nicht belegt ist.[15] Dennoch spielte die Lunation neben dem bürgerlichen Kalender eine Rolle: Erstens im Beginn des Tempeldienstes mit dem 2. MMT (Neulicht),[16] zweitens in Doppeldatierungen mit der Kombination von Mondmonatstagen und einem Datum des bürgerlichen Kalenders in historischen Inschriften,[17] drittens bei der Orientierung von Festen und Ritualen an bestimmten Mondphasen.

Jeder der 30 Tage besaß in der ägyptischen Kultur einen eigenen Namen[18] sowie einen ihm zugeordneten »Schutzgott«. Die Gottheiten stammen aus dem Umfeld des Osiriskultes, sind aber auch häufig mit dem nördlichen Sternenhimmel verbunden (vgl. Q 4).[19] In der Gleichsetzung des Erdtrabanten mit dem Gott Osiris könnte das *tertium comparationis* für ihr Auftreten bei den Mondmonatstagen liegen. Ihre Verbindung mit den Stundenwachen macht ebenfalls einen chronologischen Zusammenhang deutlich.[20] Durch die Determinierung der Tagesnamen mit einer Festschalen-Hieroglyphe sind diese sämtlich als Feste gekenn-

14 Parker 1950, 10; siehe zuletzt Gautschy 2011.
15 Zu einem Mondkalender würde eine eigene Jahreszählung oder Zählung der Lunationen gehören; darüber hinaus gibt es keine eigenen Namen für die Mondmonate (vgl. insgesamt Leitz 2000, 78).
16 Bennett 2008.
17 Von Beckerath 1997.
18 Zu speziellen Bezeichnungen der Tage und bestimmter Phasen in sogenannten traditionellen Gesellschaften Nilsson 1920, 156–172.
19 Siehe zu den Göttern Quack 2002, 29; Leitz 2011, 28–37.
20 Pries 2011, 100 f.

zeichnet. Vollständige Listen sowie die zugeordneten Götter finden sich erst ab der Ptolemäerzeit in religiösem Kontext, während in den älteren Aufzählungen nur einzelne Tage vertreten sind, die v. a. aus der ersten Monatshälfte stammen.[21] Einige der Listen enthalten auch zusammenfassende Bezeichnungen der Tage: »alle Festzeiten des Himmels und der Erde«, »Feste des Himmels, die geschehen«, »Tage der Feste des Iah, des Glänzenden?« und »Namen der 30 (Tage) des Iah«.[22] Darin kommt der Bezug zum Mond als zeitgebende Instanz sowie zu seinem »Herrschaftsgebiet«, dem Himmel, zum Ausdruck. Die Namen bestehen bisweilen nur aus der entsprechenden Zahl (6. und 8. MMT), manchmal findet sich ein Zusammenhang mit der jeweiligen Mondphase (wie *mspr tpi* »zweites Erscheinen« für den 3. Tag, an dem anstelle des 2. Mondmonatstages in ca. 30 % der Fälle die Mondsichel erstmals sichtbar wird).[23] Nahe dem Vollmond besteht ein Bezug zur Leuchtkraft (11.–13. MMT), am Ende finden sich eventuell Hinweise auf die Verkleinerung der beleuchteten Mondoberfläche (24. MMT). Dass auch in der abnehmenden Hälfte von Helligkeit oder Ausstattung die Rede ist (21., 22., 25. MMT), könnte einen Euphemismus darstellen, ein für ägyptische religiöse Texte typisches Phänomen. Daneben sind Bezüge zu Opferhandlungen sichtbar, die auf reale Kultpraktiken verweisen mögen (4., 9., 10., 21. MMT).

Soziokulturelle Auswertung

In der Zuordnung zu verschiedenen Göttern, als deren Tag oder Fest die Mondmonatstage bezeichnet werden, spiegelt sich eine Sakralisierung der Zeit wider. Eine Personifikation von natürlichen wie auch zeitlichen Phänomenen durch göttliche Entitäten ist in der ägyptischen Religion häufig.[24] Sie machte diese leichter vorstellbar und ließ sie zugleich als von den Menschen abgerückte Einheiten erscheinen. Ein direkter Einfluss des Mondes auf zeitliche Elemente wird in manchen Epitheta deutlich: »Sein linkes Auge ist die Mondscheibe, denn er ist ja der Mond, um die Zeitpunkte, Monate und Jahre zu unterscheiden«;[25] »Herrscher der Sterne, um die Zeitpunkte, Monate und Jahre zu unterscheiden, wenn er kommt, ewig lebend beim Auf- und Untergehen«;[26] »Der jeden Tag verbringt beim Entstehenlassen der Tage und Stunden, der die Monate und Jahre erschafft«.[27]

---

21 Vgl. die Zusammenstellung bei Brugsch 1883, 310 f. 476–478.

22 Sethe 1914 (= Urk. IV, 27, 4–5); Kitchen 1983 (= KRI V, 130); de Wit 1958 (= Opet I, 92–93); vgl. Altmann-Wendling 2018, 811 f.

23 Vgl. hierzu bereits Parker 1950, 13.

24 Vgl. Q 12.

25 Hibis-Tempel von Charga, De Garis Davies 1953 (= Hibis III, Taf. 32, 2. Reg., Z. 27).

26 De Garis Davies 1953 (= Hibis III, Taf. 31, 2. Reg., Z. 36).

27 Tempel von Esna: Ménassa – Sauneron 1975 (= Esna IV, 434). Siehe insgesamt zum Mond als Herrn der Zeit Altmann-Wendling 2018, 923–929.

Bemerkenswerterweise sind hier auch Tage und Jahre enthalten, die der Mond höchstens indirekt gliedert.

Die feste Verbindung des Mondes mit der Zahl 30 scheint auch in Epitheta wie »der sich alle 30 Tage verjüngt«[28] oder »der zum Kind wird alle 30 Tage« auf.[29] Über Osiris als Mond wird ausgesagt: »Deine Glieder jubeln alle 30 Tage in deiner geheimen Gestalt des Jubelnden Pfeilers (= Mond)«.[30] Diese Aussagen beziehen sich unzweifelhaft auf die monatliche Wiederholung der Mondphasen. Die Erwähnung der Verjüngung lässt eher an das Neulicht, das auch als Geburt des Mondes bezeichnet wird, als an den Vollmond denken, auch wenn dieses Datum nicht auszuschließen ist. Die Einhaltung eines regelmäßigen Zyklus kommt ferner in zahlreichen Erwähnungen des Mondes zum Ausdruck, der zur richtigen Zeit oder zum rechten Zeitpunkt erscheint oder sich verjüngt. Insgesamt vermitteln diese Aussagen ein periodisches Weltbild, das sich von der täglich ablaufenden Geburt und Alterung der Sonne bis hin zum zyklischen Verständnis der Weltschöpfung durch die gesamte ägyptische Kultur zieht (vgl. Q 5).[31] Wie der Sonnenaufgang die tägliche Wiederholung des »ersten Mals« der Schöpfung darstellte, so kann auch die Lunation diese Rolle in monatlicher Perspektive einnehmen. Daher ist es wohl auch kein Zufall, dass die Regierungsjubiläen des Königs, die der Erneuerung und Bestätigung seiner Macht dienen sollten, zum ersten Mal nach 30 Jahren gefeiert wurden.[32]

In der kanonischen Zahl von 30 wird ferner die Vorstellung einer idealen, konstant gleichförmigen Zeit sichtbar, die in der Realität nicht vorliegt.[33] Gerade die Mondbahn ist durch zahlreiche Abweichungen gekennzeichnet, die die Länge des Monats unterschiedlich lang ausfallen lassen und die Berechnung des Neulichtes bis heute erschweren.[34] Dennoch waren die Ägypter bestrebt, zumindest in den Tempeln einen idealen, regelkonformen Zustand wiederzugeben, da er ihrem Weltbild und dem Prinzip der *Ma'at* entsprach, einem zentralen ethischen Konzept der ägyptischen Kultur, das annäherungsweise mit Wahrheit, Gerechtigkeit oder gerechter Weltordnung übersetzt werden kann.[35] Die Pünktlichkeit und Regelmäßigkeit astronomischer Phänomene vermittelten den Menschen im Gegensatz zum irdischen Geschehen, das von großer Unsicherheit und Wandelbarkeit geprägt

28 Im Pronaos des Tempels von Edfu, Chassinat – de Rochemonteix 1928 (= E III, 209, 18).

29 Tempel von Athribis, Leitz – Mendel 2017 (= Athribis III, 288, E 1, 5, 4). Siehe zur Thematik der zyklischen Wiederholung Altmann-Wendling 2018, 958–960.

30 Cauville 1997 (= D X, 68, 7–9).

31 Assmann 1990, 174–184; Altmann-Wendling 2018, 965–969.

32 Martin 1984.

33 Siehe den Abschnitt Technische Aspekte. Das Konzept einer idealen Zeit wird auch in Mesopotamien sichtbar, siehe Q 17, Q 18 und Q 19.

34 Vgl. Gautschy 2011 und http://www.gautschy.ch/~rita/archast/mond/mond.html (letzter Zugriff: 30.09.2019).

35 Assmann 1990.

war, ein Gefühl von Berechenbarkeit, Vorhersehbarkeit und Sicherheit. Neben dem Versprechen von Konstanz, zyklischer Wiederholung des Kosmos und der Erhaltung der *Ma'at* zeichnete diese Eigenschaft die Himmelskörper als göttlich aus. Durch ihre Darstellung im Tempel sollte die kosmische Ordnung, zu der auch die Zeiteinheiten gehörten, in Stein dauerhaft gemacht und zugleich beständig erneuert werden.

Bibliographie

Altmann-Wendling 2018
V. Altmann-Wendling, MondSymbolik – MondWissen. Lunare Konzepte in den ägyptischen Tempeln griechisch-römischer Zeit, Studien zur spätägyptischen Religion 22 (Wiesbaden 2018).

Anonymus 1818
Description de l'Égypte ou recueil des observations et des recherches qui ont été faites en Égypte pendant l'expédition de l'armée française, publié par les ordres de Sa Majesté l'Empereur Napoléon le Grand (Paris 1818; Nachdr. Köln 1994).

Assmann 1990
J. Assmann, Ma'at. Gerechtigkeit und Unsterblichkeit im Alten Ägypten (München 1990).

von Beckerath 1997
J. von Beckerath, Chronologie des pharaonischen Ägypten. Die Zeitbestimmung der ägyptischen Geschichte von der Vorzeit bis 332 v. Chr., Münchner Ägyptologische Studien 46 (Mainz 1997).

Bennett 2008
C. Bennett, Egyptian Lunar Dates and Temple Service Months, Bibliotheca Orientalis 65, 2008, 525–554.

Brugsch 1857
H. Brugsch, Monuments servant à la connaissance des notations astronomiques des anciens Egyptiens et donnant des renseignements pour leur calendrier (Berlin 1857).

Brugsch 1883
H. Brugsch, Thesaurus inscriptionum Aegyptiacarum (Leipzig 1883; Nachdr. Graz 1968).

Cauville 1997
S. Cauville, Le temple de Dendara X. Les Chapelles osiriennes (Kairo 1997).

Chassinat – de Rochemonteix 1928
É. Chassinat – M. de Rochemonteix, Le temple d'Edfou III. Le Pronaos, Mémoires publiés par les membres de la Mission archéologique française au Caire 20 (Kairo 1928).

de Garis Davies 1953
N. de Garis Davies, The Temple of Hibis in el Khargeh Oasis III. The Decoration (New York 1953).

de Rochemonteix 1929
M. de Rochemonteix, Le temple d'Edfou IX, Mémoires publiés par les membres de la Mission archéologique française au Caire 26 (Kairo 1929).

de Wit 1958
C. de Wit, Les inscriptions du temple d'Opet, à Karnak I, Bibliotheca aegyptiaca 11 (Brüssel 1958).

Gautschy 2011
R. Gautschy, Monddaten aus dem Archiv von Illahun: Chronologie des Mittleren Reiches, Zeitschrift für ägyptische Sprache und Altertumskunde 138, 2011, 1–19.

Kaper 1995
O. E. Kaper, The Astronomical Ceiling of Deir el-Haggar, Journal of Egyptian Archaeology 81, 1995, 175–195.

Kitchen 1983
K. A. Kitchen, Ramesside Inscriptions V. Historical and Biographical (Oxford 1983).
Kurth 2016
D. Kurth, Wo Götter, Menschen und Tote lebten. Eine Studie zum Weltbild der alten Ägypter, Quellen und Interpretationen – Altägypten 3 (Hützel 2016).
Labrique 1998
F. Labrique, L'escorte de la lune sur la porte d'Evergète à Karnak, Revue d'Égyptologie 49, 1998, 107–149.
Leitz 2000
C. Leitz, Rez. zu Leo Depuydt, Civil Calendar and Lunar Calendar in Ancient Egypt, Bibliotheca Orientalis 57, 2000, 75–81.
Leitz 2011
C. Leitz, Der Sarg des Panehemisis in Wien, Studien zur spätägyptischen Religion 3 (Wiesbaden 2011).
Leitz – Mendel 2017
C. Leitz – D. Mendel, Athribis III. Die östlichen Zugangsräume und Seitenkapellen sowie die Treppe zum Dach und die rückwärtigen Räume des Tempels Ptolemaios' XII (Kairo 2017).
Martin 1984
K. Martin, LÄ V (1984) 782–790 s. v. Sedfest.
Neugebauer – Parker 1969
O. Neugebauer – R. A. Parker, Egyptian Astronomical Texts III. Decans, Planets, Constellations and Zodiacs (London 1969).
Nilsson 1920
M. P. Nilsson, Primitive Time-Reckoning. A Study in the Origins and First Development of the Art of Counting Time among the Primitive and Early Culture Peoples (Lund 1920).
Parker 1950
R. A. Parker, The Calendars of Ancient Egypt, Studies in Ancient Oriental Civilization 26 (Chicago 1950).
Pries 2011
A. H. Pries, Die Stundenwachen im Osiriskult. Eine Studie zur Tradition und späten Rezeption von Ritualen im Alten Ägypten, Studien zur spätägyptischen Religion 2 (Wiesbaden 2011).
Quack 2002
J. F. Quack, Zwischen Sonne und Mond – Zeitrechnung im Alten Ägypten, in: H. Falk (Hrsg.), Vom Herrscher zur Dynastie. Zum Wesen kontinuierlicher Zeitrechnung in Antike und Gegenwart, Vergleichende Studien zu Antike und Orient 1 (Bremen 2002) 27–67.
Quack, i. Dr.
J. F. Quack, Beiträge zu den ägyptischen Dekanen und ihrer Rezeption in der griechisch-römischen Welt, Orientalia Lovaniensia Analecta (Löwen, im Druck).
Ménassa – Sauneron 1975
L. Ménassa – S. Sauneron, Le temple d'Esna IV 2. Dessin des architraves (Kairo 1975).
Sethe 1914
K. Sethe, Urkunden der 18. Dynastie IV. Historisch-biographische Urkunden aus den Zeiten der Hyksosvertreiber und ihrer ersten Nachfolger (Leipzig 1905).

Q 10 Eine Beschreibung der Neujahrsprozession im Hathortempel von Dendera

Alexa Rickert

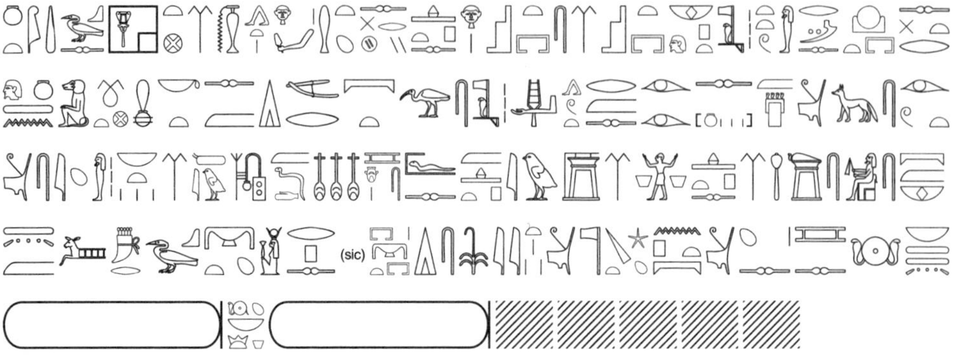

Abschrift nach Chassinat – Daumas 1972 = D VII, 190, 3–191, 7[1]

Transliteration und Übersetzung

p.t m ḥb ndb{w} m rš.wt ḏr ẖnm nbw.t stw.t ỉt=s ij=s m ḥtp r pr=s m ḥꜥꜥ(.wt) m ḥb=s nfr wp rnp.t mỉt.t ỉsk m ḥb.w tp tr.w r-sꜣ ẖnm mꜣ.wt n(.t) Ỉꜣḫw nswt ḏs=f ḥr kꜣp n=s ꜥntw ḥr snṯr pr=s m sṯỉ-nṯr ḥr ḏsr ḥw.t-nṯr=s m ꜥšꜣw wr ḥr ms n=s ꜥꜣb.t ꜥꜣ.t tꜣ ḥnq.t wr.tw ḫr-m-m=sn

ỉwꜣ.w wnḏw.w n ḏrw=sn gḥs.w mꜣ-ḥḏ.w nỉꜣw.w m pẖr=s n rḫ ṯnw n rꜣ.w=sn ꜣb.w(t) pw n(.t) ỉḫry.w sbỉ.w wr ꜣšr=sn ḥr ḫꜣ.wt ỉrp šdḥ ṯtf.tw m pr=ṯ rnp.wt ḥrr.wt dqr.w m dỉ.n ꜣḫ.t ḥm.w-nṯr ỉt.w-nṯr ḥr twꜣ nb(.w)=sn ḥꜣtỉ.w-ꜥ ḥr ỉrw=sn ḥm.w-nṯr ḥr ꜥb ḏw m ḥbb(.t) wꜥb(.t) ḥnꜥ ẖms bqnqn.w (ḥr) wpj(.t) mṯn n nbw.t sḥr(.w) ḏꜣ ḏꜣ(.t) m rꜣ-wꜣ.t=s ḫnd(.w) ẖr-ḥꜣ.t=s r ḫm n ẖntỉ=s bsꜣ(.w) s(ỉ) m wp rnp.t Ỉwn.t m ḥb Tꜣ-rr m ḥꜥꜥ(.wt) s.t-wr.t m ꜥq ỉmỉ.w=sn nb.w m ršrš ḫntš (ḥr) pẖr m-ḫnt=sn nỉwtỉ.w Ỉwn.t m hy sꜣ-tꜣ ỉmỉ.w Msn m ꜣw.t-ỉb tp-nfr (ḥr) pẖr m-ḫnt Ỉꜣ.t-dỉ.t tp-mtr wn m P msntỉ.w m ỉ(ꜣ)w rḫỉ.t m wꜣḥ-tp ḥnmm.t m ꜥq ỉwntỉ.w Ỉwn.t ỉwḥ.tw m sšn spd.wt (ḥr) sdm? ḥr.w mi-qd wḏḥ.w m ḥb ḥwn.w m ḥꜥꜥ(.wt) tpỉ.w-tꜣ m nwḥ rꜥ nb ḏr mꜣꜣ=sn wsr.t ḥtp.tw m ḥḏ=s m ḥb=s nfr n mꜣꜣ ỉt=s smꜣ p.t r tꜣ snsn wnm.t m-ꜥb ỉꜣb.t m tp(ỉ) rnp.t tpỉ ꜣḫ.t sw 1 ỉr.t Rꜥ ꜥnḫ(.t) mꜣ.w(t) wpš(.t) nn.t ꜣḫtỉ.t psḏ(.t) m ꜣḫ.t dỉ nṯr.w ꜣḫtỉ.w ꜥ.wỉ=sn r šsp=s psḏ.t m ỉtr.tỉ=sn nṯr.w m ḥb nṯr.wt m ḥꜥꜥ(.wt) ỉr.t Rꜥ ij.tw m ḥr.t wḏꜣ m ḥtp ỉn nṯr.t tn r nmt.t=sn n.t mꜣꜥ ḫrw ꜥq=s ḥw.t-sšš.t m qb nmt.t ḥr ḏsr ḥm.t=s wr sp 2 ḥtp=s ḥr s.t=s m s.t-ḥb-tpỉ nṯr.w nṯr.wt twt r mꜣꜣ=s ꜣḫ.t=s wr.t tp n Tꜣ-n-Tm mỉ k.t=s m dỉ-mr.t gm=s nṯr.w nṯr.wt ꜥḥꜥ.tw r gs=s ỉr.tỉ=s[n] m-sꜣ n ij(.t)=s ỉrj=tw n=s ỉr.w nb.{t}w m sn(.t) r sš m ḏd(.w) nfr.w mrj(.w) ỉb=s ꜥq=s m ḥtp r pr-wr m ḥꜥꜥ(.wt) ḥtp=s m ḥḏ=s šps p.t m ḥb tꜣ m ḫntš ḏr ꜥq nbw.t r p(ꜣỉ)=s Pr-nbw.t dỉ=s nswy.t n(.t) Spd.t m p.t n sꜣ=s mrj=s nswt bỉtỉ nb tꜣ.wỉ ( )| sꜣ Rꜥ nb ḫꜥ(.w) ( )| [...]

Der Himmel ist im Fest, der Erdboden ist in Freude, weil sich die Goldene mit den Strahlen ihres Vaters vereint. Sie kommt in Frieden zu ihrem Haus in Jubel an ihrem schönen Fest »Eröffner des Jahres« (Neujahrsfest), ebenso an den Festen zu den Zeiten nach der Vereinigung mit den Strahlen des Glänzenden. Der König selbst räuchert für sie mit Myrrhe beim Beweihräuchern

1 Überprüft und präzisiert anhand der Fotos K 6442–6520 des Projektes »Der Tempel als Kanon der religiösen Literatur Ägyptens« der Heidelberger Akademie der Wissenschaften.

ihres Hauses mit dem Gottesduft, beim Weihen ihres Tempels mit einer großen Menge, beim Bringen eines großen Speiseopfers für sie, Brot und Bier sind zahlreich unter ihnen. Langhornrinder und Kurzhornrinder ohne Ende, Gazellen, Oryxantilopen und Steinböcke sind in ihrem Umkreis. Man kennt nicht die Zahl ihrer Gänse, sie sind Abbilder der Feinde und Rebellen, groß ist ihr Grillklein auf den Altären. Wein und *šdḥ* (ein weinähnliches Getränk) sind ausgegossen in deinem Haus, (sowie) frische Pflanzen, Blumen und Früchte als das, was der Acker gegeben hat. Die Gottesdiener und die Gottesväter heben ihre Herren hoch, die Gouverneure (bestimmte Priester) sind bei ihrem Dienst, die Gottesdiener waschen das Böse ab mit reinem Wasser und Räucherwerk. Die Standarten öffnen den Weg für die Goldene, die den männlichen und den weiblichen Widersacher auf ihrem Weg niederwerfen, die vor ihr gehen zum Heiligtum ihres Abbildes, die sie schützen am »Eröffner des Jahres«. Iunet ist im Fest, Ta-rer ist in Jubel, der große Sitz ist im Fest,[2] die sich darin befinden sind in großer Freude. Freude geht umher in ihnen, die Stadtbewohner von Iunet sind in Jauchzen und Jubel, die in Edfu sind in Freude, das Gute durchzieht Iat-dit (d. i. der Isistempel von Dendera), die gute Ordnung ist in Buto, die von Edfu sind in Jubel, die *rḫi̯.t*-Menschen neigen ihre Häupter, das Sonnenvolk ist im Fest, die Musikantinnen von Iunet sind benetzt mit Lotos(öl?), alle Frauen schminken? die Gesichter, die Kleinkinder sind im Fest, die Jünglinge sind in Jubel, die auf Erden sind jeden Tag betrunken, weil sie die Mächtige sehen, indem sie zufrieden ist in ihrem Schrein an ihrem schönen Fest des Sehens ihres Vaters.
Der Himmel vereint sich mit der Erde, das rechte Auge vereint sich mit dem linken Auge am Jahresbeginn, am ersten Tag des ersten Monats der Achet-Jahreszeit, das Auge des Re, mit lebendigen Strahlen, das den Himmel erhellt, die Horizontische, die am Horizont leuchtet. Die horizontischen Götter strecken ihre Arme aus, um sie zu empfangen, die Neunheit ist an ihren Seiten. Die Götter sind im Fest, die Göttinnen sind in Jubel, das Auge des Re ist auf das Dach gekommen. Gehen in Frieden durch diese Göttin gemäß ihres[3] Ganges der Rechtfertigung. Sie betritt das Haus des Sistrums mit ruhigem Schritt, indem sie ihre Majestät sehr unzugänglich sein lässt, sie ruht an ihrem Platz im »Platz des ersten Festes« (d. i. der Kiosk), die Götter und Göttinnen sind versammelt, um sie zu sehen. Ihr großer Horizont des Daches des Landes des Atum ist wie ihr anderer am Himmel. Sie findet die Götter und Göttinnen, indem sie an ihrer Seite stehen. Ihre Augen folgen ihrem Kommen. Man vollzieht für sie alle Rituale in der Art der Schrift mit schönen Aussprüchen, die ihr Herz liebt. Sie tritt in Frieden in ihr *pr-wr* (d. i. eine Kapelle der Hathor im Erdgeschoss) ein in Jubel, sie ruht in ihrem prächtigen Schrein. Der Himmel ist im Fest, das Land ist in Freude, weil die Goldene in ihr Haus der Goldenen eintritt. Sie gibt das Königtum der Sothis (d. i. Sirius) am Himmel ihrem Sohn, den sie liebt, dem König von Ober- und Unterägypten ( )|, dem Sohn des Re, dem Herrn der Erscheinungen ( )| [...].

Eigene Transliteration und Übersetzung.

---

2 Bei Iunet, Ta-rer und dem großen Sitz handelt es sich jeweils um Bezeichnungen für den Tempel bzw. die Stadt von Dendera.

3 Hier Plural *(=sn)*, vermutlich ist eigentlich die Göttin *(=s)* gemeint.

Zur Quelle

Bei dem oben wiedergegebenen Text handelt es sich um den Großteil eines Inschriftenbandes, das sich über die gesamte Westwand des östlichen Treppenhauses im Tempel der Göttin Hathor in Dendera (in Oberägypten, nördlich des heutigen Luxor) erstreckt. Dieser Bandeautext kann als Kommentar zu der darunter abgebildeten Neujahrsprozession verstanden werden. In dem hier nicht zitierten Anfang der Inschrift werden die enge Bindung des Königs an die Göttin Hathor und der Bau der Treppe durch ihn geschildert. Der Kernbereich (Naos) des Tempels, dem die Inschrift entstammt, wurde unter Ptolemaios XII. im Jahr 54 v. Chr. gegründet und nach einer Bauzeit von 34 Jahren vollendet. Die leeren Kartuschen erlauben zwar keine exakte Datierung der Quelle, werden jedoch von einigen Forschern als Hinweis auf eine Anbringung in der unsicheren Zeit der Regierung Kleopatras VII. vor ihrer Koregentschaft mit Caesarion (d. h. zwischen 51 und spätestens 42 v. Chr.) gedeutet.[4]

Die zitierte Festbeschreibung gehört zu einem architektonischen Ensemble, das funktional auf das Engste mit den Geschehnissen am ersten Tag des Kalenderjahres verbunden ist. Hierbei handelt es sich um die beiden Treppen im Osten und im Westen des Naos sowie einen kleinen Pavillon mit Säulen (Kiosk) in der südwestlichen Ecke der Dachterrasse.[5] Wie die Wände der Treppenhäuser ist auch der Kiosk vollständig mit Darstellungen und Texten zur Neujahrs-Thematik dekoriert. Der Grund für diesen inhaltlichen Schwerpunkt liegt in der zentralen Bedeutung, welche der Festprozession vom Erdgeschoss auf das Dach an diesem Tag zukam, bei der Statuen der Hathor und der sie begleitenden Göttergruppe (»Neunheit«) mitgeführt wurden. Im Dachkiosk fand das Hauptritual zum Jahreswechsel statt, bei dem zunächst das Abbild der Hauptgöttin und später auch die Kultbilder ihrer Begleiter dem Licht der Morgensonne ausgesetzt wurden. Theologisch wird diese Kulthandlung als Zusammenkunft Hathors mit ihrem Vater, dem Sonnengott Re, ausgedeutet. Dementsprechend wird der Neujahrstag im Text nicht nur mit den häufigen Bezeichnungen »Eröffner des Jahres« *(wp rnp.t)* und »Jahresbeginn« *(tp(i) rnp.t)* versehen, sondern auch »ihr schönes Fest des Sehens ihres Vaters« *(ḥb=s nfr n mꜣꜣ it=s)* genannt. Dies zeigt, dass es bei dem Hauptritual am Neujahrstag primär um den Kontakt der Sonnenstrahlen mit dem Gesicht der Hauptgöttin, insbesondere mit deren Augenpartie, ging.

4 Siehe zur Datierung zuletzt Zignani 2010, 35–41 (mit weiterer Literatur).

5 Chassinat – Daumas 1972 = D VII, 167–205 mit Taf. 666–691 und Chassinat – Daumas 2005 = D VIII, 1–126 mit Taf. 692–801. Siehe zum Aufbau des Defilees Rickert 2019, 388–390 und Ventker 2014, 698–702, zur Architektur der Treppen und des Kiosks Zignani 2010, 127–139; Rickert 2017, 55 f. Nr. 17 und Rickert 2019, 386 f. 421 f.

Ausgewählte Editionen, Übersetzungen und Kommentare

Die jüngste Edition des gesamten Inschriftenbandes findet sich bei Émile Chassinat und François Daumas (1972) = D VII, 189, 16–191, 7, an früheren Publikationen sind Auguste Mariette (1873, Taf. 12–20) und Johannes Dümichen (1866, Taf. 94 f.) zu nennen. Eine französische Übersetzung ohne Transliteration geben Zeinab El-Kordy und Omaïma El-Shal (2006, 41), ein ausführlicher Kommentar zu dieser Quelle existierte bislang – abgesehen von der Besprechung einer einzelnen Zeile durch Philippe Derchain (2007, 19–22) – nicht. Grundlegende Informationen zum Ritual am Neujahrsfest in den ägyptischen Tempeln der griechisch-römischen Zeit sind bei Maurice Alliot (1949, 375–428), François Daumas (1982, 466–472), Christian Leitz (2009, 82–86) und Sylvie Cauville (2002, 35–49) zusammengestellt. Eine Monographie der Verfasserin zum Thema ist kürzlich erschienen (Rickert 2019, bes. 146–148 zu diesem Text).

Verwandte Quellen

Kein ägyptischer Kultbau ist so reich an Quellen zum Neujahrsfest wie der Hathortempel von Dendera, was nicht zuletzt damit zusammenhängt, dass hier die beiden Treppenhäuser und der Dachkiosk und damit die Hauptschauplätze des Kultgeschehens an diesem Tag vollständig erhalten sind. Alle vier Wände der Treppenhäuser zeigen eine strukturell weitestgehend identische Festprozession, zu der neben weiteren Texten jeweils ein beschreibendes Inschriftenband gehört. Die drei anderen Bandeautexte sind in Bezug auf ihren Aufbau und ihren Inhalt eng mit der zitierten Inschrift verwandt, im Detail sind sie jedoch unterschiedlich gestaltet.[6] Vergleichbare Inschriftenbänder, die ebenfalls zu Darstellungen einer Neujahrsprozession gehören, finden sich auch im Treppenhaus des römerzeitlichen Geburtshauses von Dendera sowie im Horustempel von Edfu.[7]

Siehe auch

Q 12 – Personifikationen der Jahreszeiten im Tempel von Dendera
Q 21 – Das *akītu*-Fest in Babylon im Monat Nisannu
Q 34 – Die Kalenderreform im Priesterdekret von Kanopos (238 v. Chr.)

6 Chassinat – Daumas 1972 = D VII, 175, 11–177, 4 (Ostwand der Osttreppe) und Chassinat – Daumas 2005 = D VIII, 85, 9–87, 3. 100, 4–101, 15 (Westtreppe).

7 Daumas 1959 = D Mammisis, 231, 4–232, 6 (Geburtshaus); de Rochemonteix – Chassinat 1987 = E I, 536, 4–537, 14. 553, 11–556, 3 (Edfu).

Technische Aspekte

Das Jahr des ägyptischen bürgerlichen Kalenders bestand aus 360 regulären Tagen, die auf die drei Jahreszeiten *Achet*, *Peret* und *Schemu* mit jeweils vier Monaten verteilt waren. Hinzu kamen fünf zusätzliche Tage, die sogenannten Epagomenen, durch welche bereits der Jahreswechsel eingeleitet wurde (siehe Chronologische Grundlagen: Ägypten). Der eigentliche Neujahrstag aber war der erste Tag des ersten Monats der *Achet*-Jahreszeit, der in dieser Form auch im Quellentext genannt wird. Die wichtigste Kulthandlung an diesem Festtag war die »Vereinigung mit der Sonnenscheibe«, bei der die Statue der Hauptgottheit des Tempels den Strahlen der aufgehenden Sonne ausgesetzt wurde. Die Theologie von Dendera deutete dieses Ereignis als Begegnung einer Tochter (Hathor) mit ihrem Vater (Re). Diese Zusammenkunft kann auf astronomischer Ebene mit dem heliakischen Frühaufgang des Sirius (ägyptisch *Spd.t*, gräzisiert »Sothis«) in Verbindung gebracht werden, der sich im Idealfall am Neujahrsmorgen ereignete.[8] Der nach etwa 70-tägiger Abwesenheit am Himmel erstmals wieder erscheinende Sirius wird kurze Zeit später vom Licht der aufgehenden Sonne überstrahlt. Das scheinbare Verschmelzen der beiden Gestirne spiegelt sich wahrscheinlich in dem morgendlichen Ritual am Neujahrstag wider, wobei Hathor die Rolle des Sirius einnimmt. Hierfür spricht auch die Bezeichnung des Vorgangs als Vereinigung des rechten Auges mit dem linken Auge im Text, denn die Zuweisung zu den beiden Seiten entspricht am idealen Neujahrstag dem Aufgangsort der Gestirne im Verhältnis zum geographischen Ostpunkt: Sirius ist bei seinem Frühaufgang leicht in südöstliche Richtung verschoben (vom Tempel aus betrachtet nach rechts), wohingegen der Aufgang der Sonne nordöstlich (links) davon stattfindet.[9]

Soziokulturelle Auswertung

Das in der Quelle beschriebene Festdefilee am Neujahrstag umfasst nicht nur die von Priestern transportierten Statuen der Hathor und ihrer Neunheit, sondern auch den König und eine Reihe von Standarten- und Gabenträgern. Vor allem die Embleme auf den Standarten werden in ihrer Rolle als Beschützer und Abwehrer von Übel auf dem Weg der Göttin geschildert, was mit der Vorstellung vom Jahreswechsel als gefahrvolle

8 Das Kanopos-Dekret (Q 34) zeugt allerdings davon, dass der erste Tag des bürgerlichen Kalenderjahres in Wirklichkeit selten mit dem heliakischen Frühaufgang des Sirius zusammenfiel. Die Texte aus Dendera spiegeln somit eine Idealvorstellung vom Jahresbeginn wider und deuten vielleicht sogar auf einen idealisierten Kalender hin, der in bestimmten Kontexten verwendet wurde (vgl. Leitz 2009, 69).

9 Leitz 1993, 138 f.

Zeit zusammenhängt, in der die Welt- und Gesellschaftsordnung bedroht ist.[10] Der realweltliche Ursprung dieser Konnotation liegt wahrscheinlich darin begründet, dass mit dem Beginn des Kalenderjahres im Alten Ägypten im Idealfall auch die Ankunft der Nilflut einherging. Dieses prinzipiell für das Land positive Ereignis konnte aufgrund der Unkontrollierbarkeit der Wassermassen auch zu einer Bedrohung werden. Das steigende und anschließend stehende Wasser barg durch die erhöhte Anzahl von Mücken, Mäusen und Ratten in Siedlungsnähe ein starkes Infektionsrisiko, worin wohl der Grund für die häufiger belegte Angst vor der »Seuche des Jahres« *(iꜣd.t rnp.t)* zu sehen ist.[11] Auch Hathor als Angehörige der Götterwelt war offenbar vor bestimmten Gefahren dieser Übergangszeit nicht in Sicherheit und bedurfte am Neujahrstag besonderen Schutzes.

Der negative Aspekt des Jahresbeginns klingt in der oben zitierten Festbeschreibung allerdings nur am Rande an. Im Vordergrund steht vielmehr der Beginn des neuen Zyklus als hoffnungsvolles und freudiges Ereignis, was sich unter anderem an der ausführlichen Schilderung des Jubels zeigt, den das Fest in verschiedensten Gruppen der Gesellschaft hervorruft. Durch die Nennung bestimmter Toponyme wird deutlich, dass diese Freude sich nicht nur auf den Tempelbezirk von Dendera und die zugehörige Stadt beschränkt, sondern unter anderem die Bewohner des nahegelegenen Edfu und sogar die des im weit entfernten Unterägypten befindlichen Buto umfasst. Auch in Bezug auf das Geschlecht und das Alter kennt der Festjubel keine Grenzen, was durch die explizite Erwähnung von Frauen, Kleinkindern und Jünglingen deutlich wird. Der Anlass dieser umfassenden Freude dürfte in den zu erwartenden Auswirkungen eines erfolgreich vollzogenen Jahreswechsels zu suchen sein. In den Augen der Ägypter war Sothis (Sirius) durch ihr rechtzeitiges Wiedererscheinen verantwortlich für den Beginn der Nilüberschwemmung. Auch in den Neujahrstexten der Treppenhäuser und des Kiosks wird dieser Kausalzusammenhang häufiger hergestellt, beispielsweise in einer Beschreibung der Hathor als »Sothis, die Große, die Herrin des Jahresbeginns, die die Flut ausgießt, um den Acker zu überschwemmen, Herrin der beiden Länder«.[12] Demzufolge garantierte eine gelungene Durchführung des Rituals, bei dem sich Hathor mit dem Sonnengott vereinigte – was als Imitation der astronomischen Ereignisse am Neujahrstag verstanden werden kann –, das Kommen der Nilflut. Eine gemäßigt auftretende Überschwemmung des Fruchtlandes wiederum ermöglichte den Kreislauf von Aussaat, Pflanzenwachstum und Ernte und gewährleistete letztendlich die dauerhafte Versorgung des ganzen Landes. Dem zunächst rein götter- und tempelweltlich erscheinenden Neujahrsritual in Dendera wurde somit eine Relevanz für jeden einzelnen Bewohner des Landes zugeschrieben, die sich in der umfangreichen Schilderung

10 Diese Auffassung des Jahreswechsels ist in den Kulturen des Altertums insgesamt weit verbreitet, siehe dazu z. B. Huber 2005, 144–155.

11 Summarisch Leitz 2009, 93–95.

12 *Spd.t wr.t nb.t tp(i) rnp.t stj(.t) srf r bꜥḥj(.t) ꜣḫ.t nb.t tꜣ.wi* (Chassinat – Daumas 2005 = D VIII, 32, 1).

des Festjubels manifestiert. In diesem Zusammenhang kann man die im Text ausführlich aufgezählten Opfergaben für die Göttin als Präfiguration des Wohlstandes betrachten, den man sich von der Nilflut des neuen Jahres erhoffte. Im Sinne des Prinzips *do ut des* (»Ich gebe, damit du gibst«) stand hinter den Opferhandlungen für Hathor auch die Hoffnung auf eine entsprechende Gegenleistung, in diesem Fall eine Fruchtbarkeit bringende Nilflut mit ausschließlich positiven Folgen.

Die Relevanz der Neujahrsereignisse für die ägyptische Gesellschaft hat jedoch nicht nur einen ökonomischen, sondern auch einen machtpolitischen Aspekt, wobei das Geschehen der götterweltlichen Ebene auf die irdischen Verhältnisse zu übertragen ist. Die zitierte Quelle betont mehrfach, dass der Sonnengott als Vater der Hathor angesehen wird, so dass das zentrale Neujahrsritual auch als Begegnung zweier Generationen zu verstehen ist. Andere Inschriften aus den Treppenhäusern und dem Kiosk präzisieren, dass es sich hierbei um die Übergabe der Herrschermacht vom Vater an die Tochter und somit um die Erneuerung des himmlischen Königtums handelt.[13] Der auf diese Weise zum Ausdruck gebrachte Gedanke der zyklischen Neubelebung von Macht steht wahrscheinlich auch hinter der grundsätzlich starken Betonung der Rolle des Königs im Neujahrskontext. Er nimmt in der oben stehenden Beschreibung wie in der darunter befindlichen Darstellung die prominente Position am Beginn des Festzuges ein und wird weiter hinten im Defilee unmittelbar vor dem tragbaren Schrein, in dem die Statue der Hathor verborgen war, erneut gezeigt.[14] In seiner traditionellen Funktion als oberster Ritualherr steht er hier in direktem Kontakt mit dem Götterbild und führt selbst – in der Praxis wahrscheinlich durch einen Priester vertreten – Opferhandlungen durch. Die Bedeutung des weltlichen Herrschers am Neujahrstag wird auch am Ende des oben stehenden Textes deutlich, wo erneut auf ihn Bezug genommen wird. Hathor sichert ihm hier das »Königtum der Sothis« zu, wodurch eine Brücke zwischen irdischer und himmlischer Macht geschlagen wird. So wie Re im Vereinigungsritual seine Befugnisse an seine Tochter Hathor übergibt, weist die Göttin dem Pharao zu Beginn des neuen Jahreskreislaufs ihre Machtfülle zu. Damit impliziert die zentrale Kulthandlung am Neujahrstag nicht nur eine götterweltliche, sondern gleichzeitig eine menschenweltliche Machterneuerung, durch welche der Herrscher Ägyptens in die Lage versetzt wird, die Geschicke seines Landes auch im neuen Kalenderzyklus kraftvoll zu steuern. Dass es sich hierbei um keinen für die Tempeltexte von Dendera spezifischen Aspekt des Neujahrsfestes handelt, zeigt der theologisch wahrscheinlich im

13 Z. B. Chassinat – Daumas 2005 = D VIII, 116, 7 f.: »Ihr gibt Re seinen Horizont, seine Herrschaft, sein Königtum im Himmel und auf Erden, Hathor, der Großen, der Herrin von Iunet, dem Auge des Re, der Herrin des Himmels, der Gebieterin aller Götter« *(rdỉ n=s Rꜥ ꜣḫ.t=f ḥqꜣ.t=f nswy.t=f m p.t tꜣ Ḥw.t-Ḥr wr.t nb.t Ỉwn.t ỉr.t Rꜥ nb.t p.t ḥnw.t nṯr.w nb.w).*

14 Chassinat – Daumas 1972 = D VII, Taf. 681. 688.

Umfeld von Heliopolis beheimatete Papyrus Brooklyn 47.218.50, der von einem umfangreichen Ritual zur Erneuerung der königlichen Macht an diesem Tag zeugt.[15]

Bibliographie

Alliot 1949
M. Alliot, Le culte d'Horus à Edfou au temps des Ptolémées, Bibliothèque d'étude 20 (Kairo 1949).

Cauville 2002
S. Cauville, Dendara. Les fêtes d'Hathor, Orientalia Lovaniensia Analecta 105 (Löwen 2002).

Chassinat – Daumas 1972
É. Chassinat – F. Daumas, Le temple de Dendara VII. Publications de l'Institut français d'archéologie orientale du Caire (Kairo 1972).

Chassinat – Daumas 2005
É. Chassinat – F. Daumas, Le temple de Dendara VIII. Publications de l'Institut français d'archéologie orientale du Caire ²(Kairo 2005).

Daumas 1959
F. Daumas, Les mammisis de Dendara. Publications de l'Institut français d'archéologie orientale du Caire (Kairo 1959).

Daumas 1982
F. Daumas, LÄ IV (1982) 466–472 s. v. Neujahr.

Derchain 2007
P. Derchain, De l'holocauste au barbecue. Les avatars d'un sacrifice, Göttinger Miszellen 213, 2007, 19–22.

de Rochemonteix – Chassinat 1987
M. de Rochemonteix – É. Chassinat, Le temple d'Edfou I 4. Deuxième édition revue et corrigé par S. Cauville et D. Devauchelle, Mémoires publiés par les membres de la mission archéologique française au Caire X 1, 4 ²(Kairo 1987).

Dümichen 1866
J. Dümichen, Altaegyptische Kalenderinschriften. In den Jahren 1863–1865 an Ort und Stelle gesammelt (Leipzig 1866).

El-Kordy – El-Shal 2006
Z. El-Kordy – O. El-Shal, Les escaliers de Dendara (Traduction), Bulletin of the Egyptian Museum 3, 2006, 39–64.

Goyon 1972
J.-C. Goyon, Confirmation du pouvoir royal au nouvel an. Brooklyn Museum papyrus 47.218.50, Bibliothèque d'étude 52 (Kairo 1972).

Goyon 1974
J.-C. Goyon, Confirmation du pouvoir royal au nouvel an. Brooklyn Museum papyrus 47.218.50. Planches, Wilbour Monographs 7 (Kairo 1974).

Huber 2005
I. Huber, Rituale der Seuchen- und Schadensabwehr im Vorderen Orient und Griechenland. Formen kollektiver Krisenbewältigung in der Antike, Oriens et Occidens 10 (Wiesbaden 2005).

15 Goyon 1972 und Goyon 1974 (Neuedition unter Relativierung der ausschließlichen kalendarischen Zuordnung zum Neujahrstag von Joachim F. Quack in Vorbereitung).

Leitz 1993
C. Leitz, Die Nacht des Kindes in seinem Nest in Dendara, Zeitschrift für ägyptische Sprache und Altertumskunde 120, 1993, 136–165. 181.
Leitz 2009
C. Leitz, Quellentexte zur ägyptischen Religion I. Die Tempelinschriften der griechisch-römischen Zeit, Einführungen und Quellentexte zur Ägyptologie 2 [3](Berlin 2009).
Mariette 1873
A. Mariette, Dendérah. Description générale du grand temple de cette ville IV. Planches (Paris 1873).
Rickert 2017
A. Rickert, Stufe um Stufe. Ein Vergleich der Treppen auf das Dach in den Naoi der Tempel der Spätzeit und griechisch-römischen Zeit, in: S. Baumann – H. Kockelmann (Hrsg.), Der ägyptische Tempel als ritueller Raum. Theologie und Kult in ihrer architektonischen und ideellen Dimension. Akten der internationalen Tagung, Haus der Heidelberger Akademie der Wissenschaften, 9.–12. Juni 2015, Studien zur spätägyptischen Religion 17 (Wiesbaden 2017) 39–82.
Rickert 2019
A. Rickert, Das Horn des Steinbocks. Die Treppen und der Dachkiosk in Dendara als Quellen zum Neujahrsfest, Studien zur spätägyptischen Religion 23 (Wiesbaden 2019).
Ventker 2014
B. Ventker, Priesterprozessionen im Soubassement, in: A. Rickert – B. Ventker (Hrsg.), Altägyptische Enzyklopädien. Die Soubassements in den Tempeln der griechisch-römischen Zeit. Soubassementstudien I 2 = Studien zur spätägyptischen Religion 7 (Wiesbaden 2014) 685–715.
Zignani 2010
P. Zignani, Le temple d'Hathor à Dendara. Relevés et étude architecturale, Bibliothèque d'étude 146 (Kairo 2010).

Q 11 Die Mondtreppen als symbolische Abbilder der Mondzunahme

Victoria Altmann-Wendling

Abb. 1: Tempel von Dendera, Decke des Pronaos, 1. westl. Travée (Foto: Stefan Baumann).

Transliteration und Übersetzung

Auszüge des Textes rechts und links der Papyrussäule mit der Mondscheibe sowie über der Mondtreppe (Cauville 2012, Taf. XVIII):[1]

ḥꜥj r=ṯn wnny.w n.w tꜣ I͗ꜥḥ sšp.tw m wbnw=f wṯs nfr.w=f ḫr tpi͗.w-tꜣ wḏꜣ.t wḏꜣ.tw ꜥpr.t(i͗) m nfr.w=f r dmḏ=s ꜥḏ.tw rnp.tw tp ꜣbd [...] ḥr.t m ḥꜥꜥ(.wt) ẖr sštꜣ n i͗ꜣb.t bꜣ.w nṯr.w ḫꜥj.tw m-ḫnt=s Wsi͗r wbn m I͗ꜥḥ i͗m=s Ḏḥwti͗ m i͗ḥy ḥr i͗rj(.t) sꜣ=s i͗j.n nṯr.w i͗pn m ḥtp m wꜥ (m) šmj(.t) r=s [...] wꜥ nb i͗m=s(n) ḥr mḥ hrw=f Ḏḥwti͗ wr prj m mꜣꜥ-ḫrw si͗p.n=f wḏꜣ.t i͗.sšp.tw n {n} nb=s ꜥpr.n=f si͗ m dbḥ.w=s [...] I͗tm pw ḥnꜥ Wsi͗r bꜣ šps n Wsi͗r rnp.tw tpi͗ ꜣbd r mḥ wḏꜣ.t

Freut euch, ihr Menschen, (denn) Iah leuchtet bei seinem Aufgang, und seine Vollkommenheit wird erhoben vor denen, die auf der Erde sind. Das Udjat-Auge ist heil und mit seiner (sc. des Iah) Vollkommenheit versehen bis zu seiner Gesamtheit, wohlbehalten und verjüngt am Neulichtfest (= 2. Mondmonatstag). [...] Der obere Himmel ist in Freude mit der geheimen Gestalt des Linken (Auges). Die Bas der Götter sind vor ihm (sc. dem Auge) erschienen, Osiris ist in ihm

1 Der Hieroglyphentext findet sich in der ursprünglich online veröffentlichten Edition Cauville 2008 [= D XV, 32, 3–5; D XV 30, 2–4; D XV 30, 12–13; D XV 31, 2–3].

leuchtend als Iah (= der Mondgott) und Thot mit dem Netz macht seinen (sc. des Auges) Schutz. Diese Götter sind zugleich in Frieden gekommen und gehen auf es (sc. das Auge) zu. [...] Jeder einzelne von ihnen füllt seinen Tag. Thot, der Große, ist als Gerechtfertigter herausgekommen, nachdem er das Udjat-Auge gezählt hat, indem es für seinen Herrn leuchtet, nachdem er es ausgestattet hat mit seinem Bedarf. [...] Es ist Atum zusammen mit Osiris. Der prächtige Ba des Osiris ist verjüngt am Ersten des Monats bis zur Füllung des Udjatauges.

Eigene Transliteration und Übersetzung.

Zur Quelle

Die Darstellung (siehe Abb. 1 und Taf. 3) befindet sich an der astronomischen Decke der vorgelagerten großen Säulenhalle (Pronaos) des Hathor-Tempels von Dendera (rund 55 km nördlich von Luxor). Das Heiligtum wurde unter König Ptolemaios XII. gegründet, der Pronaos zur Zeit des Kaisers Tiberius (14–37 n. Chr.) begonnen. Die Dekoration der Decke erfolgte erst unter den Kaisern Caligula (37–41 n. Chr.) und Claudius (41–54 n. Chr.). Die Szene zeigt die 14 Götter der sogenannten thebanischen Neunheit, die auf einer Treppe auf eine symbolische Darstellung des Mondes zugehen. Auf der anderen Seite befindet sich der ibisköpfige Gott Thot. Die Mondtreppe ist innerhalb einer Szenenfolge auf der 1. Travée der westlichen Deckenhälfte angebracht, die vollständig dem Mond gewidmet ist, während die anderen Bildstreifen u. a. den Sonnenlauf, die Tierkreiszeichen und die Dekansterne abbilden. Dies ist darin begründet, dass die Decken gemäß dem Konzept des Tempels als Abbild der Welt dem Himmel und seinen Phänomenen entsprechen.[2] Darin gliedert sich auch die Lunation (= der Mondphasenzyklus) als Teil der (astralen) Welt und Abbild der zyklischen Erneuerung ein. Des Weiteren ist das Thema des Neujahrs, das als Geburt der Welt verstanden werden kann, im Pronaos von elementarer Bedeutung. Die gesamte Decke kann zudem als – wenngleich verkürzte und im religiösen Kontext eingebettete – Wiedergabe astronomischen und kalendarischen Wissens angesehen werden, in der selbstverständlich auch der Mond einen wichtigen Teil einnimmt. Die Mondszenen sind wie zu erwarten der westlichen, den Nachthimmel betreffenden Hälfte der Decke zugeordnet.[3] Mit der Szene der »Mondtreppe« im Zentrum behandelt der Bildstreifen insgesamt die Entwicklung des Mondphasenzyklus von Neumond bis Vollmond, wobei die Abfolge von West nach Ost seiner für ihn eigentümlichen, im Verhältnis zu den Fixsternen gegenläufigen Bahn am Himmel entspricht.

2 Vgl. von Lieven 2000, 12–14. 176–181.

3 Aufrund der Lage Denderas an einer Nilschleife besteht zusätzlich zu den realen, geographischen Himmelsrichtungen ein zweites, ideelles Netz der Kardinalpunkte, bei dem der reale Westen dem ideellen Norden, der reale Osten dem ideellen Süden entspricht.

Die Beischriften jedes Gottes bestehen aus seinem Namen sowie den Reden, die dem Schema »Ich fülle *[Augenbezeichnung = Mond]* mit *[abstraktes Element, oft auf Helligkeit bezogen]* an Tag *[X]*« folgen. Über den Göttern befindet sich ein Hymnus an den Vollmond (siehe Textausschnitt).[4] Unter der Treppe sind die Namen der Mondmonatstage und ihre Schutzgötter aufgeführt (siehe hierzu Q 9).

Ausgewählte Editionen, Übersetzungen und Kommentare

Nach der Erstvorlage durch Heinrich Brugsch (1883, 34–43) bearbeitete François-René Herbin fast hundert Jahre später den über der Treppe befindlichen Mondhymnus und seine Parallelen (1982). Sidney H. Aufrère stellte im Kontext verwandter Szenen der Füllung des Mondes auch eine Synopse der Götterreden der Mondtreppen zusammen (1991, 225–274). Die letzte Gesamtübersetzung sowie Schwarzweißfotos legte Sylvie Cauville vor (2012, 42–47. Taf. VI. XVII–XIX); ein knapper Kommentar von ihr folgte kurz darauf (2013, 430–432). Eine ausführliche Behandlung der Konzeption der Mondtreppen wurde von der Verfasserin dieses Beitrags vorgenommen (Altmann-Wendling 2017, 420–425; Altmann-Wendling 2018, 85–133).

Verwandte Quellen

Sämtliche verwandte Darstellungen werden bei Altmann-Wendling (2018, 731–748) aufgeführt und untersucht. Die sogenannten Mondtreppen gibt es noch zwei Mal im Tempel von Dendera: An der Rückwand des Pronaos sowie in der dritten osirianischen Dachkapelle an der Westseite. Zudem liegt eine etwas anders gestaltete Form in Edfu an der Nordwand des Pronaos vor (siehe Q 9). Ähnlich und weitaus zahlreicher sind Szenen der Mondzunahme, bei denen die Götter nicht auf einer Treppe, sondern in einer Ebene vor dem Mond aufgereiht stehen. Sie befinden sich auf der Nordseite der Pylone von Edfu und Philae sowie gleich mehrere weitere Male in Dendera: In der ersten Osiriskapelle West, an der Decke der dritten Osiriskapelle Ost sowie im Sanktuar des augusteischen Isis-Tempels. Zudem sind sie auf der astronomischen Decke im Allerheiligsten des Tempels von Deir el-Haggar zu finden.

4 Dieser Aufbau findet sich auch in der zweiten großen Mondtreppe auf der hinteren Außenwand des Pronaos von Dendera. Das dritte Exemplar in Dendera ist hingegen anepigraph, die Szene in Edfu enthält nur die Beischriften der Götter.

Siehe auch

Q 4 – Die astronomische Decke des Senenmut-Grabes
Q 9 – Die 30 Tage des Mondmonats und ihre Schutzgötter
Q 12 – Personifikationen der Jahreszeiten im Tempel von Dendera

Technische Aspekte

Der 15. Mondmonatstag (MMT) stellt durch den Beginn des Monats mit Neumond den Tag dar, an dem der Vollmond idealerweise eintritt (zum ägyptischen Monat siehe das Kapitel Chronologische Grundlagen: Ägypten und Q 9). Realiter kann sich dies um ein bis zwei Tage verschieben, da die Unsichtbarkeitsperiode unterschiedlich lang ausfallen kann. Während der ersten Hälfte der Lunation wird die von der Sonne beschienene beleuchtete Mondoberfläche für einen Beobachter auf der Erde nicht nur immer größer, sondern der Erdsatellit ist auch mit zunehmender Dauer am Nachthimmel zu sehen, bis er am Vollmondtag die gesamte Nacht am Himmel steht. Zugleich gewinnt seine sichtbare Bahn immer mehr an Höhe.

Soziokulturelle Auswertung

Die Darstellungsform der Mondtreppe stellt eine elaborierte und symbolgeladene Umsetzung eines zeitlichen Phänomens – der ersten Hälfte des Mondmonats – dar. Sie wurde höchstwahrscheinlich von Priestern konzipiert und weitestgehend auch nur von diesen rezipiert, da die Tempel der breiten Bevölkerung grundsätzlich nicht zugänglich waren. Hinzu kommt die Anbringung an der 27,5 m hohen Decke, die das Lesen der begleitenden Inschriften unmöglich machte. Die in der Beischrift zur Freude aufgerufenen Menschen werden den Text also nie gelesen haben, so dass sich seine Funktion allein aufgrund der Präsenz im Tempelgebäude entfaltete und sein Inhalt im Stein beschworen und zugleich perpetuiert wurde.

Bereits die Ikonographie des Mondes mit dem sogenannten Udjat-Auge im Inneren der Mondscheibe und der darunterliegenden Sichel zeigt die Verknüpfung mit einem zentralen mythischen Komplex des Alten Ägypten: Es stellt das von Seth verletzte Auge des Horus dar, das von Thot wieder geheilt wird, der daher in der vorliegenden Szene und den verwandten Darstellungen stets in hervorgehobener Position vor dem Mond erscheint. Der Horus-und-Seth-Mythos beinhaltet die Streitigkeiten um die Herrschaftsnachfolge des von Seth zuvor getöteten Osiris, die sich zwischen Seth als Bruder und Horus als Sohn des Osiris abspielen. Thots Handlung wird im Text explizit genannt: Er übt den Schutz mit einem Netz[5] aus, zählt seine Bestandteile und stattet es mit diesen aus. Verletzung und Heilung dieses mythischen Auges bildeten somit ein Erklärungsmuster für die verschwindende und erneut sichtbar werdende Mondoberfläche im Zyklus des Monats. So beschreibt die Beischrift den bereits erfolgreich abgeschlossenen Vorgang: »Das Udjat-Auge ist heil und mit seiner Vollkommenheit versehen bis zu seiner Gesamtheit«. Damit verbunden sind Vorstellungen über die korrekte Thronfolge (Horus als rechtmäßiger Nachfolger des Osiris), die aus dem göttlichen Bereich auch auf die irdischen Verhältnisse transferiert wurden und dabei sowohl Königtum als auch Rechtsprechung berührten. Im übertragenen Sinne geht es zugleich um die Überwindung des Chaos und die Einhaltung der *Ma'at*, der gerechten Weltordung.[6] Dies erklärt auch die Bezeichnung des Thot als »Gerechtfertigter« und die in einer Variante des Mondhymnus genannte Rechtfertigung des Mondgottes gegenüber seinen Feinden.[7] Somit stellt das Erreichen des Vollmondes am 15. Tag zugleich einen Triumph über feindliche Mächte dar, wodurch der zunehmenden Hälfte des Monats eine ausgesprochen positive Bewertung zukam.

Nicht nur durch den Mythos von Horus und Seth und die Aufnahme der Lunation in den Kanon der Tempeldekoration, sondern auch durch die Anwesenheit der 14 Götter vor dem Mond findet zudem eine Sakralisierung des zeitlichen Phänomens der ersten Monatshälfte statt. Die Götter beschreiben jeweils, wie sie den Erdtrabanten mit verschiedenen Bestandteilen füllen und so zum Erreichen des Vollmondes beitragen. Die Passage der Beischrift »Jeder einzelne von ihnen füllt seinen Tag« fasst dies zusammen. Bei den Füllmaterialien handelt es sich um Abstrakta wie »Vollkommenheit«, »Bedarf« oder »Leben«, jedoch auch um seine »Bestandteile«, seinen »Leib« und seinen »Glanz«.[8] Hierdurch vermischen sich verschiedene metaphorische Ebenen, indem der Himmelskörper als lebendiges (und göttliches) Wesen, als zu füllender Container oder – astronomisch korrekt – als von Licht beschienenes Objekt erscheint.

Während diese Elemente auch für die übrigen belegten Szenen der Mondzunahme gelten,[9] wohnen der vorliegenden Darstellung der Mondtreppe noch weitere Aspekte inne, indem eine zeitliche Einheit mit dem architektonischen Element der Treppe verknüpft

---

5 Dieses Element stammt eigentlich aus dem Mythos der »Fernen Göttin«, in dem ebenfalls eine astrale Gottheit als Auge bezeichnet und mit dem Netz eingefangen wird (vgl. zu den Verbindungen der unterschiedlichen Augen-Sagen und des Horus-und-Seth-Mythos Stadler 2012, 40. 60–68).

6 Assmann 1990.

7 Cauville 2012, Taf. CVI; Cauville 2008 (= D XV, 370, 13). Feindvernichtungsrituale bei Neumond sind noch öfter belegt.

8 In einer Sonderform der Mondzunahme-Szenen wird der Mond von den Göttern mit Mineralien und Pflanzen gefüllt.

9 Siehe den Abschnitt Verwandte Quellen.

wird. Sie stellt eine zweidimensionale[10] Wiedergabe von eigentlich vier Dimensionen dar: dem dreidimensionalen (euklidischen) Raum, in dem die Götter hinaufsteigen, und der voranschreitenden Zeit, die in der Physik die vierte Dimension darstellt. Zeit ist im Gegensatz zum uns stets umgebenden Raum schwer vor- und darstellbar, da sie allenfalls indirekt durch ihre physikalischen Auswirkungen wie Alterung, Verfall oder Wachstum optisch wahrnehmbar ist. Auch in einem kartesischen Koordinatensystem werden auf den drei Achsen lediglich Höhe, Breite und Länge angegeben. Hingegen wird für die Darstellung einer Geschwindigkeit oder Strecke in Relation mit einer temporalen Komponente eine zweiachsige Form oder eine Zeitleiste gewählt. Diese Methode, die verstreichende Zeit in einer Art Zeitstrahl wiederzugeben, ist auch der Mondtreppe zueigen. Der Zeitraum von 14 Tagen wird durch die einzelnen Stufen und die jeweils darauf stehenden Götter wiedergegeben. Dabei ist bereits der vollendete Zustand dargestellt, bei dem der erste Gott die oberste Stufe erreicht hat.[11] Die am Ende gezeigte Vollmondscheibe entspricht dem 15. Tag. In der »y-Achse« kommen weitere symbolische Ebenen zum Tragen:

1. Dem Aufstieg wohnt die Vorstellung einer Klimax inne, die mit der Vergrößerung des sichtbaren Teils der Mondoberfläche sowie seiner Leuchtkraft übereinstimmt. Mit dem zeitlichen Fortschritt geht folglich eine quantitative und qualitative Steigerung verschiedener Aspekte des Mondes einher.
2. Da die Götter in anderen Szenen der Mondzunahme angeben, in den Mond einzutreten (*ʿq*), dient die Treppe zudem als praktisches Hilfsmittel, um den hoch im Himmel befindlichen Erdsatelliten zu erreichen.
3. Auch die Bewegung des Mondes selbst kann mit dem Treppenaufstieg korreliert werden, da seine sichtbare Bahn während der ersten Monatshälfte immer länger wird, bis er bei Vollmond die gesamte Nacht hindurch zu sehen ist und dabei den höchsten Punkt seines sogenannten Tagbogens erreicht. Dies wird auch in der Beischrift der zweiten großen Mondtreppe von Dendera deutlich, die angibt, dass es sich um den Tag handele »an dem es (sc. das Mondauge) in den oberen Himmel erhoben wird (*ʿḫj.tw=s r ḥr.t)*«.[12] Auch hier wird das Besteigen irdisch-materieller Treppenstufen mit einem Emporsteigen auf himmlisch-symbolischer Ebene verknüpft.

10 Im Falle der zweiten großen Mondtreppe von Dendera ist die Darstellung neben einer realen, auf das höchste Tempeldach führenden Treppe angebracht, wodurch eine dreidimensionale Konstruktion entsteht. Dies fügt der Darstellung einen performativen Charakter hinzu, da durch den Aufstieg der Priester mythischer und physischer Raum verbunden wurden.

11 Eine Darstellung der Götter, die noch vor der Treppe aufgereiht stehen, zeigt eine Szene in Edfu (siehe Q 9). Der das Defilee anführende Gott hat bereits einen Fuß auf die erste Stufe gestellt, wodurch der dynamische Prozess sichtbar wird.

12 Cauville 2012, Taf. CVI; Cauville 2008 (= D XV, 367, 9–10).

Insgesamt liegt in der Mondtreppe, aber auch in den übrigen ägyptischen Darstellungen und Texten eine deutliche Bevorzugung einer gewissen Zeitspanne vor, da diese mit bestimmten Qualitäten verbunden war, die religiös-mythologisch gedeutet werden konnten. So stellt die zunehmende Phase bis auf wenige Ausnahmen den in Tempeln vorherrschend szenisch dargestellten Zeitabschnitt dar.[13] In den Epitheta des Mondgottes werden gleichfalls stets die Tage dieser Phase genannt, etwa in den häufigen Reihungen, die ihn als Herr bestimmter Mondmonatstage porträtieren. So wird er etwa auf dem Euergetes-Tor in Karnak als »Herr des Neulichtfestes, Herrscher des Vollmondfestes, der seinen Körper verjüngt am Neumondfest« bezeichnet oder in Athribis als »Herr des Neulichtfestes (= 2. MMT), Herrscher des Vollmondfestes (= 15. MMT), Herr des 6. Tages, Fürst des Halbmondfestes (= 7./23. MMT)«.[14] Und selbst wenn der folgende Passus auf dem Euergetes-Tor auch die Alterung (= Abnahme) enthält, sind es erneut die drei wichtigsten Daten der Mondzunahme – Neumond, Neulicht und Vollmond –, die Erwähnung finden: »Empfangen wird er am Neumondfest, geboren wird er am Neulichtfest, und er altert nach dem 15. MMT«.[15] In einer Art Zeitraffer entsteht durch die Reduzierung auf ausgewählte, als *pars pro toto* der Mondzunahme dienende Tage vor dem inneren Auge das Bild des zunächst unsichtbaren, sodann als schmale Sichel aufscheinenden und am Ende wieder vollen Mondes; in der zweiten genannten Textstelle ist zudem der Halbmond als weiterer wichtiger Zwischenschritt enthalten.

Realweltlich ist die positive Bewertung der ersten Monatshälfte sicherlich durch die während dieser Zeitspanne immer weiter zunehmende Helligkeit zu erklären, die in einer Gesellschaft ohne weitreichende künstliche Lichtquellen, jedoch mit zumeist klarem Himmel von weitaus größerer Bedeutung als heutzutage gewesen sein dürfte. Da Dunkelheit und Nacht im Alten Ägypten mit bedrohlichen Dämonen und Tod verbunden wurden, jedoch auch praktisch durch mangelnde Orientierungsfähigkeit und einer erhöhten Gefahr von Überfällen gekennzeichnet waren, musste die Vertreibung der Finsternis, die in den religiösen Texten als eine der Hauptfunktionen des Mond(gott)es aufscheint, ein überaus wünschenswertes Ziel darstellen. Seine bei Vollmond gleich groß wie die Sonne erscheinende Gestalt ließ ihn zu diesem Zeitpunkt ferner als deren Stellvertreter fungieren, wie zahlreiche Texte besagen. Dies wurde noch dadurch bestärkt, dass er am Vollmondabend ungefähr zur selben Zeit aufgeht, wie die Sonne ihren Untergang nimmt, während am Morgen die genau umgekehrte Situation vorliegt, dass der Mond in dem Moment untergeht, wenn die Sonne wieder am Horizont erscheint. Dies kommt am Schluss der zitierten Beischrift zum Ausdruck, die Atum (= Sonne) gemeinsam mit

13 Siehe den Abschnitt Verwandte Quellen.

14 Clère 1961 (= Clère, Évergète, Taf. 13); Leitz – Mendel 2017 (= Athribis III, 192, C 3, 110, 2); vgl. Altmann-Wendling 2018, 923–929.

15 Clère 1961 (= Clère, Évergète, Taf. 60); vgl. Altmann-Wendling 2018, 421–424.

Osiris (= Mond) nennt. Diese Konstellation der beiden größten Himmelskörper symbolisiert somit eine perfekte kosmische Balance und lässt die Erde in einer Tag wie Nacht andauernden, größtmöglichen Erhellung erstrahlen. Ein weiterer Aspekt, der die erste Monatshälfte vor der zweiten hervorstechen lässt, ist die Tatsache, dass der Mond in dieser Zeit stets nach Sonnenuntergang sichtbar ist, mithin in der Nachthälfte, die am ehesten von den Menschen wahrgenommen wird. In der zweiten Hälfte der Lunation hingegen geht er Abend für Abend später auf, so dass er bei Halbmond erst um Mitternacht sichtbar wird.

Bibliographie

Assmann 1990
J. Assmann, Ma'at. Gerechtigkeit und Unsterblichkeit im Alten Ägypten (München 1990).

Altmann-Wendling 2017
V. Altmann-Wendling, Raum-Zeit. Mond- und Tempeltreppen als Orte des Rituals, in: S. Baumann – H. Kockelmann (Hrsg.), Der ägyptische Tempel als ritueller Raum. Theologie in ihrer architektonischen und ideellen Dimension. Akten der internationalen Tagung, Haus der Heidelberger Akademie der Wissenschaften 9.–12. Juni 2015, Studien zur spätägyptischen Religion 17 (Wiesbaden 2017) 419–445.

Altmann-Wendling 2018
V. Altmann-Wendling, MondSymbolik – MondWissen. Lunare Konzepte in den ägyptischen Tempeln griechisch-römischer Zeit, Studien zur spätägyptischen Religion 22 (Wiesbaden 2018).

Aufrère 1991
S. H. Aufrère, L'univers minéral dans la pensée égyptienne, Bibliothèque d'étude 105 (Kairo 1991).

Brugsch 1883
H. Brugsch, Thesaurus inscriptionum Aegyptiacarum (Leipzig 1883; Nachdr. Graz 1968).

Cauville 2008
S. Cauville, Le temple de Dendara XV. Le plafond, les portes latérales et les parois extérieures du pronaos (ursprünglich zugänglich unter www.dendara.net).

Cauville 2012
S. Cauville, Dendara XV. Traduction. Le pronaos du temple d'Hathor: Plafond et parois extérieures, Orientalia Lovaniensia Analecta 213 (Löwen 2012).

Cauville 2013
S. Cauville, Dendara. Le pronaos du temple d'Hathor. Analyse de la décoration, Orientalia Lovaniensia Analecta 221 (Löwen 2013).

Clère 1961
P. Clère, La porte d'Évergète à Karnak, Mémoires publiés par les membres de l'Institut français d'archéologie orientale 84 (Kairo 1961).

Herbin 1982
F.-R. Herbin, Un hymne à la lune croissante, Bulletin de l'Institut français d'archéologie orientale 82, 1982, 237–282.

Leitz – Mendel 2017
C. Leitz – D. Mendel, Athribis III. Die östlichen Zugangsräume und Seitenkapellen sowie die Treppe zum Dach und die rückwärtigen Räume des Tempels Ptolemaios' XII (Kairo 2017).

von Lieven 2000
A. von Lieven, Der Himmel über Esna. Eine Fallstudie zur Religiösen Astronomie in Ägypten am Beispiel der kosmologischen Decken- und Architravinschriften im Tempel von Esna, Ägyptologische Abhandlungen 64 (Wiesbaden 2000).
Stadler 2012
M. A. Stadler, Einführung in die ägyptische Religion ptolemäisch-römischer Zeit nach den demotischen religiösen Texten, Einführungen und Quellentexte zur Ägyptologie 7 (Berlin 2012).

Q 12 Personifikationen der Jahreszeiten im Tempel von Dendera

Alexa Rickert

Abb. 1: Die drei Jahreszeiten auf der östlichen Außenwand des Naos von Dendera (Privatfoto).

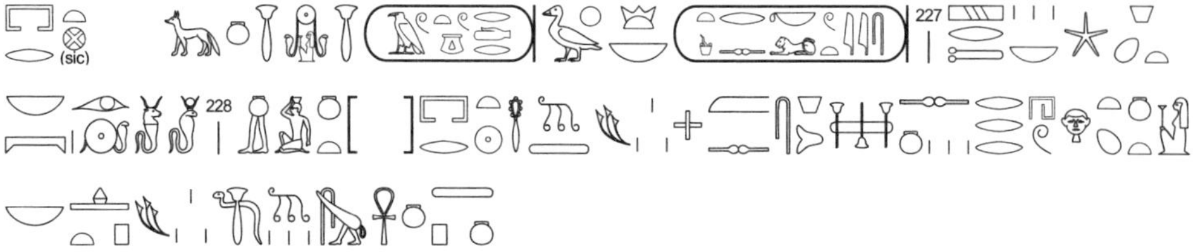

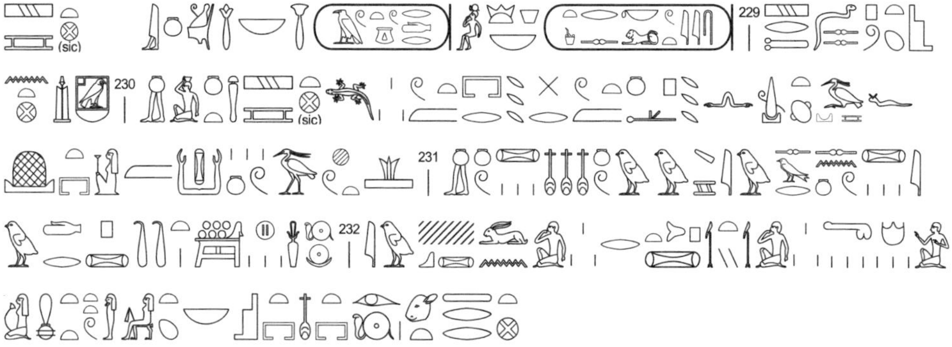

Textabschrift nach Cauville 2000 = D XII, 83, 2–14, leicht präzisiert nach Abb. 1.

Transliteration und Übersetzung

ꜣḫ.t ij.n nswt bỉtỉ nb tꜣ.wỉ (ꜣwtwgrdr)| sꜣ Rꜥ nb ḫꜥ.w (Tbrs Krwtys)| ẖr=ṯ Ḥw.t-Ḥr nb.t Ỉwn.t ỉtn.t m wp rnp.t ỉnj=f n=ṯ tpỉ ꜣḫ.t ẖr ḫ.t=f nb(.t) wꜣḏwꜣḏ.w ḥrỉ.w sꜣ n Gb twt šꜣꜥ.t ḥnw.t nb(.t) šꜣ.w[1] *ꜣḫ(ꜣ)ḫ=sn m wbn=s*

Achet (die Überschwemmungszeit): Der König von Ober- und Unterägypten, der Herr der beiden Länder (Autokrator)|, der Sohn des Re, Herr der Erscheinungen (Tiberius Claudius)| ist zu dir gekommen, Hathor, Herrin von Iunet (d. i. Dendera), weibliche Scheibe am »Eröffner des Jahres« (Neujahrsfest). Er bringt dir den Ersten (Monat) des Achet mit all seinen Dingen, den grü-

1 So gelesen mit LGG IV, 139c–140a. Lautlich spielt das Epitheton *nb(.t) šꜣ.w* (»Herrin der Feldpflanzen«) mit dem vorangehenden *šꜣꜥ.t* (»Uranfängliche«), die Verwendung von hingegen verweist auf die Schreibung des Namens der Jahreszeit über dem Kopf der Personifikation.

nen Pflanzen, die auf dem Rücken des Geb (d. i. der Erdgott) sind. Du bist die Uranfängliche, die Gebieterin, die Herrin der Feldpflanzen, bei deren Aufgang sie gedeihen.

Pr.t ỉj.n nswt bỉtỉ nb t3.wỉ (3wtwgrdr)| s3 Rꜥ nb ẖꜥ(.w) (Tbrs Krwtys)| ḫr=ṯ Ḥw.t-Ḥr nbt Ỉwn.t ỉr.t Rꜥ nb(.t) p.t ḥnw.t nṯr.w nb(.w) ỉnj=f n=ṯ <tpỉ>[2] *Pr.t ẖr šnỉ.w-t3 ỉm=s sꜥr sn ỉrỉ h3w-ḥr=ṯ ntṯ nb(.t) ḥtp.w w3ḏ(.t) šnỉ.w*[3] *sšm(.t) ꜥnḫ n t3 pn*

Peret (die Zeit des Herauskommens der Saat): Der König von Ober- und Unterägypten, der Herr der beiden Länder (Autokrator)|, der Sohn des Re, Herr der Erscheinungen (Tiberius Claudius)| ist zu dir gekommen, Hathor, Herrin von Iunet, Auge des Re, Herrin des Himmels, Gebieterin aller Götter. Er bringt dir <den Ersten (Monat)> des Peret mit den »Haaren der Erde« (Pflanzen) in ihm. Sie sind alle erhoben vor dir. Du bist die Herrin der Opfergaben, mit grünen Pflanzen, die diesem Land Leben zuführt.

Šmw ỉj.n nswt bỉtỉ nb t3.wỉ (3wtwgrdr)| s3 Rꜥ nb ẖꜥ(.w) (Tbrs Krwtys)| ḫr=ṯ Ḥw.t-Ḥr nb.t Ỉwn.t 3s.t pw ḏs=s ỉnj=f n=ṯ tpỉ Šmw ꜥš3.tw m pr.wt wr.tw m np(r) n ḏ3.t bꜥḥ=f šnw.t=ṯ m k3.w n.w 3ḫ{w}.t[4] *ỉn.w nfr.w n.w w.w r swr sn.w r drp ṯ.wt mỉ rꜥ nb r [...] wnn(y).w r drp w3s.tỉw ṯ3ỉ.w ḥm.wt mỉtt twt šps.t nb(.t) S.t-nfr.t ỉr.t Rꜥ ḫnt T3-rr*

Schemu (die Erntezeit): Der König von Ober- und Unterägypten, der Herr der beiden Länder (Autokrator)|, der Sohn des Re, Herr der Erscheinungen (Tiberius Claudius)| ist zu dir gekommen, Hathor, Herrin von Iunet. Sie ist Isis selbst. Er bringt dir den Ersten (Monat) des Schemu, mit vielen Saatkörnern, reich an Getreide ohne Misswuchs. Er überschwemmt deinen Speicher mit der Nahrung des Feldes, mit schönen Gaben der Gebiete, um die Opferbrote groß zu machen, um die Speisentische zu versorgen wie jeden Tag, um die, die existieren, zu [...], um die Thebaner zu speisen, die Männer wie die Frauen. Du bist die Prächtige, die Herrin des Sitzes der Schönen, das Auge des Re an der Spitze von Ta-rer (d. i. Dendera).

Eigene Transliteration und Übersetzung.

2 An entsprechender Stelle bei *Achet* und *Schemu* steht *tpỉ* – »Erster (Monat)«. Zwar ist hier für das betreffende Zeichen genügend Platz gelassen, es wurde jedoch offensichtlich nie graviert (kommentarlos ergänzt bei Dümichen 1885, Taf. 106).

3 Vgl. dazu LGG II, 265a.

4 Cauville 2000, 83 gibt das Determinativ dieses Wortes als Buchrolle wieder, dem oben abgebildeten Foto zufolge ist der Aufsatz auf dem rechteckigen Element jedoch stark in die Höhe gezogen und blütenförmig, so dass es aussieht, als ob eine Pflanze daraus sprießt. Dies dürfte auf eine Schreibung für *3ḫ.t* – »Feld« (Wilson 1997, 17) hindeuten, wobei ein Wort- und Schriftspiel mit *3ḫ.w* – »Nützliches« und der hier als Determinativ üblichen Buchrolle (Wilson 1997, 14) nicht auszuschließen ist.

Zur Quelle

Der untere Wandbereich des Naos des Tempels von Dendera, auf dem sich die Personifikationen der drei Jahreszeiten *Achet, Peret* und *Schemu* befinden (siehe Abb. 1 und Taf. 4), wurde unter römischer Herrschaft dekoriert. Dementsprechend wird in den Beischriften zu den drei Figuren Kaiser Claudius (41–54 n. Chr.) genannt, wobei es heißt, er bringe der Hauptgöttin des Tempels (Hathor) die jeweilige Jahreszeit dar. Der ikonographische Bezugspunkt dieser Aussage ist die Darstellung eines Herrschers im traditionellen ägyptischen Ornat, welche sich am südlichen Ende der Ostwand am Beginn einer langen Prozession befindet.[5] Gemäß seiner Rolle als oberster Priester Ägyptens bringt der Pharao Hathor und den sie begleitenden Göttern ein Opfer dar, als dessen Bestandteil die ihm nachfolgenden Gabenträger zu deuten sind. Bei diesen handelt es sich – von den die Reihe abschließenden Jahreszeiten abgesehen – um Personifikationen der geographischen Einheiten Oberägyptens.

Das in den Texten zu den Jahreszeiten verwendete Formular der Inschriften sowie die Darstellungsweise als Opferträger sind charakteristisch für den Sockelbereich des Tempels, das sogenannte Soubassement. Die hier aufgereihten Personifikationen repräsentieren unterschiedlichste Bestandteile der ägyptischen Lebenswelt, darunter die Geographie des In- und Auslandes, pflanzliche und tierische Erzeugnisse sowie die zeitlichen Einheiten, nach denen sich das Leben richtete.[6]

Personifikationen der Jahreszeiten sind seit dem Alten Reich und somit vom Beginn der dynastischen ägyptischen Geschichte an bis in die griechisch-römische Epoche belegt.[7] Sie fügen sich in eine lange Tradition ein, derzufolge zeitliche Einheiten mit göttlichen Wesen verbunden und als solche abgebildet wurden. Dementsprechend gab es eine Jahresgöttin, die in ihren verschiedenen Erscheinungsformen angerufen wurde,[8] aber es finden sich auch Schutzgötter für die einzelnen Monate, Dekaden und Tage des Jahres sowie Repräsentanten der Tages- und Nachtstunden.[9] Aus diesem Phänomen scheint das Bedürfnis zu sprechen, dem abstrakten Konzept der verstreichenden Zeit eine konkrete Gestalt zu verleihen und die Verantwortung dafür in den Händen einer göttlichen Macht zu wissen.

5 Cauville 2000 = D XII, 59, 11–13 mit Taf. 33. Den Inschriften zufolge handelt es sich hierbei allerdings um Augustus (30 v. – 14 n. Chr.), in dessen Regierungszeit die Dekoration der Ostwand offenbar nicht gänzlich fertiggestellt werden konnte (Cauville 2000, X–XI).

6 Siehe dazu grundlegend Rickert – Ventker 2014.

7 Altenmüller 2005, 34–36; Quack 2013, 75–85; Kaper 2014, 522–524.

8 Siehe zur Jahresgöttin und ihren verschiedenen Formen Germond 1986; Quack 2013, 85–87; Cauville 2013, 466–473. Nach Auskunft von Christian Leitz wäre zusätzlich zu den bei Cauville genannten Prozessionen von Jahresgöttinnen ein Beleg aus Athribis zu nennen (Raum J 2, Leitz – Mendel i. Vb.).

9 Siehe dazu zusammenfassend Quack 2002, 29–37 und Quack 2013, 89–98, zu den Dekanen bald auch seine in Druckvorbereitung befindliche Habilitationsschrift (Quack i. Dr.).

Ausgewählte Editionen, Übersetzungen und Kommentare

Eine Kopie des Hieroglyphentextes sowie fotografische Abbildungen der Gabenträger und ihrer Beischriften finden sich im zwölften Band der Edition des Tempels von Dendera durch Sylvie Cauville (2000, 83 mit Taf. 57). Bereits davor waren Textabschriften und Skizzen von Teilen der Figuren von Johannes Dümichen (1885, Taf. 106) veröffentlicht worden. Eine Übersetzung der Inschriften zu diesem Set von Jahreszeiten existierte bislang noch nicht, die Quelle wird aber in Übersichtsdarstellungen zu diesem Thema erwähnt (Altenmüller 2005, 35; Quack 2013, 84 f.; Kaper 2014, 520 f.).

Verwandte Quellen

Die Personifikationen der drei Jahreszeiten auf der Ostwand des Naos besitzen eine symmetrische Entsprechung auf der Westwand (Cauville 2000 = D XII, 204, 10–205, 4), die ebenfalls den Abschluss einer geographisch geprägten Prozession von Gabenträgern bildet. Vergleichbare Belege im Soubassement der Tempel aus der griechisch-römischen Zeit Ägyptens finden sich im Barkensanktuar Alexanders des Großen im Luxortempel[10], in Kom Ombo[11], in Edfu[12] und in Athribis[13]. Im Tempel von Athribis gibt es zudem ein Set von Personifikationen, das auf einem Türpfosten im dritten Sanktuarraum angebracht ist. Bemerkenswert hierbei ist, dass die Jahreszeit *Peret* sitzend und krokodilköpfig dargestellt ist, während zumindest *Achet* wie in allen anderen Belegen rein menschengestaltig gezeigt wird, wohingegen die Darstellung zu *Schemu* zerstört ist.[14] Da die zugehörigen Inschriften weitestgehend zerstört sind, kann nur gemutmaßt werden, dass der Krokodilkopf hier mit dem Aspekt der Fruchtbarkeit zusammenhängt, der diesem Tier häufig zugeschrieben wird.[15]

Siehe auch

Q 2 – Die Dekansternuhr des Idy
Q 9 – Die 30 Tage des Mondmonats und ihre Schutzgötter
Q 10 – Eine Beschreibung der Neujahrsprozession im Hathortempel von Dendera

10 Abd el-Raziq 1984, 48. 54 f. Taf. 10; nur *ꜣḫ.t* und *Pr.t*, vgl. Kaper 2014, 319 f.
11 De Morgan u. a. 1895, 90 = KO 109–110.
12 Chassinat 2009 = E IV, 41, 15–42, 5 mit Taf. 110; nur *Pr.t* und *Šmw*.
13 Leitz - Mendel i. Vb. = Athribis VI, M 3, 95–97.
14 Leitz u. a. 2010, 544. 546 (= Athribis II, D 3, 8).
15 So auch Kaper 2014, 521.

Technische Aspekte

Das ägyptische Kalenderjahr war ursprünglich auf das Engste mit dem agrarischen Kreislauf von Wachstum und Ernte verbunden, der durch die Nilüberschwemmung angestoßen wurde. Dementsprechend sind seine drei Hauptbestandteile die Überschwemmungszeit *(Achet)*, die Zeit des Herauskommens der Saat *(Peret)* und die Erntezeit *(Schemu)*, die jeweils aus vier Monaten zu je 30 Tagen bestehen. In der Quelle aus Dendera ist immer explizit der erste Monat jeder Jahreszeit genannt, wodurch der Fokus auf den Zeitpunkt des Wechselns von einer landwirtschaftlichen Phase zur nächsten gelegt wird.

Aufgrund der im Kanopos-Dekret (Q 34) angesprochenen Wandeljahr-Problematik, die aus der zeitlichen Differenz zwischen dem bürgerlichen Kalender und dem Sonnenjahr resultierte, drifteten das Ereignis (z. B. die Ernte) und der nach ihm benannte Zeitraum immer weiter auseinander. Die oben stehenden Soubassementinschriften jedoch zeugen kaum von den Widersprüchen, die sich daraus ergaben, sondern scheinen ein ideales Jahr zu beschreiben, in dem der Neujahrstag *(wp rnp.t)* stets mit dem heliakischen Frühaufgang des Sirius verknüpft war (vgl. Q 10). Als Hinweis darauf kann die Bezeichnung der Hathor als »Herrin von Iunet, weibliche Scheibe am Neujahrsfest« in der Beischrift zur ersten Jahreszeit *Achet* verstanden werden, die wohl auf die Identität der Hauptgöttin von Dendera mit dem Stern Sirius hindeutet.[16] Der Orientierung an einem idealen Jahreszyklus gemäß dreht sich der Text zum Repräsentanten der Zeit des Wachsens *(Peret)* vorwiegend um Pflanzen *(šnỉ.w-tȝ, šnỉ.w)*, und die Beischriften zum Repräsentanten der Erntezeit *Schemu* nehmen in hohem Maße auf den Ertrag Bezug, wenn von »Getreide ohne Misswuchs« oder von den gefüllten Speichern die Rede ist. Nicht ganz so passend erscheint hingegen der Teil der Beischrift zur Überschwemmungszeit *Achet*, der von »grünen Pflanzen« auf dem Rücken des Erdgottes und von »Feldpflanzen« spricht, die zur Zeit der Nilflut zumindest auf den überschwemmten Flächen nicht vorhanden waren. Möglicherweise geht es hier generell um das Wachstumspotenzial der Vegetation, das noch im fruchtbaren Nilschlamm verborgen ist und erst in der darauffolgenden Jahreszeit seine Wirkung entfaltet.

Soziokulturelle Auswertung

Die Einteilung des Jahres in die Bestandteile *Achet* (Überschwemmung), *Peret* (Wachsen) und *Schemu* (Ernte) zeugt davon, in welch hohem Maße der Lebensrhythmus im Alten Ägypten vom landwirtschaftlichen Zyklus abhängig war. Dementsprechend finden die drei Bestandteile des Jahres auch Eingang in die Dekoration der Tempel, die als Abbild des gesamten Kosmos konzipiert waren. Dem religiösen Kontext gemäß treten die Jahres-

16 So von Lieven 2001, 277–282, dagegen allerdings Leitz 2009, 310 Anm. 129.

zeiten in dem oben stehenden Beleg aus Dendera als göttliche Personifikationen auf, wobei *Achet* und *Schemu* männlich bzw. androgyn dargestellt sind, *Peret* hingegen weiblich.[17] So setzen sie das Schema der vorangehenden Prozession fort, in welcher Feldgöttinnen und sogenannte *fecundity figures* mit standardisiertem Gabentablett alternieren. Letztere werden durch einen Götterbart, eine hängende Brust und einen Gürtel als einziges Kleidungsstück charakterisiert.[18] Diese Art der Darstellung, die sich schon bei den frühen Personifikationen der Jahreszeiten[19] findet, steht in engem Zusammenhang mit der Nilflut und der durch sie bedingten Fruchtbarkeit des Bodens, von der das Wohlergehen des ganzen Landes abhängt. Auf diese gesamtgesellschaftliche Bedeutung des Jahreszeitenzyklus wird in der Beischrift zur Jahreszeit *Schemu* explizit Bezug genommen, wenn es heißt, sein Getreide diene dazu, die Bewohner der nahe gelegenen Stadt Theben, und zwar explizit Männer und Frauen, zu speisen. Dies hat besondere Relevanz, wenn man bedenkt, dass sich die besagten Personifikationen auf der Außenseite des Gebäudes und damit in einem Bereich des Tempelbezirks befanden, der Laien sehr wahrscheinlich zugänglich war.[20]

Auf die Bedeutung des Jahreszeitenzyklus für das gesamte Land deutet auch die Einbindung der Personifikationen in eine Prozession hin, welche die geographischen Einheiten des Landes repräsentiert. Diese Verbindung ist kein Einzelfall, sondern findet sich bereits in einer Soubassement-Dekoration aus der Zeit Thutmosis III. (1479–1425 v. Chr.) in Karnak sowie im Alexandersanktuar von Luxor und in Edfu.[21] In Dendera schlägt sich die Verknüpfung der Geographie des Landes mit zeitlichen Einheiten auch in den Schreibungen der Namen der Jahreszeiten nieder: Während *Achet* wie gewöhnlich mit der Sonnenscheibe determiniert ist, findet sich bei *Peret* und *Schemu* das Stadtzeichen, durch das normalerweise Toponyme gekennzeichnet werden:

Achet	Peret	Schemu
	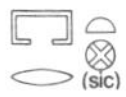	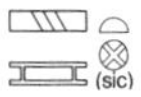

17 Siehe Kaper 2014, 521. Die Darstellungsweise korrespondiert hier nicht mit dem grammatikalischen Geschlecht der Bezeichnungen (Quack 2013, 84 f.).

18 Siehe dazu umfassend Baines 1985.

19 Kaper 2014, 522. Die Darstellungsweise ist jedoch für die Jahreszeiten nicht verbindlich.

20 Vgl. dazu die an ähnlicher Position angebrachten Fremdvölkerlisten, deren Beschädigungen Kockelmann 2015, 132 f. auf Laien zurückführt. Allerdings ist davon auszugehen, dass die wenigsten von ihnen die Texte lesen konnten.

21 Kaper 2014, 524.

Auch sind die Bezeichnungen der Jahreszeiten auf einer Standarte über dem Kopf der Personifikationen positioniert, wie es für Städte oder Gaue üblich ist. Ikonographisch sind *Achet, Peret* und *Schemu* also an die Teile des Landes, die ihnen vorausgehen, angeglichen und werden Ägypten gewissermaßen einverleibt.[22] Der die Prozession in ihrer Gänze anführende König gebietet somit nicht nur über die Gesamtheit der territorialen Ausdehnung des Landes, sondern kontrolliert – als Herr der Zeit – auch die vierte Dimension.[23]

Bibliographie

Abd el-Raziq 1984
M. Abd el-Raziq, Die Darstellungen und Texte des Sanktuars Alexanders des Großen im Tempel von Luxor, Archäologische Veröffentlichungen 16 (Mainz 1984).
Altenmüller 2005
H. Altenmüller, Eine Stiftungsurkunde für die Opferversorgung des Grabherrn? Zum Bild des Grabherrn an der Staffelei, Studien zur altägyptischen Kultur 33, 2005, 29–40.
Altmann-Wendling 2017
V. Altmann-Wendling, Raum-Zeit – Mond- und Tempeltreppen als Orte des Rituals, in: S. Baumann – H. Kockelmann (Hrsg.), Der ägyptische Tempel als ritueller Raum. Theologie und Kult in ihrer architektonischen und ideellen Dimension. Akten der internationalen Tagung, Haus der Heidelberger Akademie der Wissenschaften, 9.–12. Juni 2015, Studien zur spätägyptischen Religion 17 (Wiesbaden 2017) 419–445.
Baines 1985
J. Baines, Fecundity Figures. Egyptian Personification and the Iconology of a Genre (Chicago 1985).
Cauville 2000
S. Cauville, Le temple de Dendara XII (Kairo 2000).
Cauville 2013
S. Cauville, Dendara. Le pronaos du Temple d'Hathor: Analyse de la décoration, Orientalia Lovaniensia Analecta 221 (Löwen 2013).
Chassinat 2009
É. Chassinat, Le temple d'Edfou. IV, Mémoires publiés par les membres de la Mission Archéologique Française au Caire 21 ^{2}(Kairo 2009).
de Morgan u. a. 1895
J. de Morgan – U. Bouriant – G. Legrain – G. Jéquier – A. Barsanti, Catalogue des monuments et inscriptions de l'Égypte antique I 2, 1 (Wien 1895).
Dümichen 1885
J. Dümichen, Geographische Inschriften altägyptischer Denkmäler IV (Leipzig 1885).
Germond 1986
P. Germond, Les invocations à la bonne année au temple d'Edfou, Aegyptiaca Helvetica 11 (Genf 1986).

22 Der geschilderte Zusammenhang mit den Bestandteilen des Landes könnte einer Vermutung von Sofie Remijsen zufolge dadurch bedingt sein, dass der Wechsel der Jahreszeiten sich in hohem Maße auf die Veränderung der Landschaft auswirkt und somit im geographischen Raum erfahrbar wird.

23 Vgl. dazu Q 11 und Altmann-Wendling 2017, 419.

Kaper 2014
O. Kaper, The Three Seasons in the Soubassement, in: Rickert –Ventker 2014, 517–525.
Kockelmann 2015
H. Kockelmann, Die Fremdvölkerlisten in den Soubassements der ptolemäisch-römischen Heiligtümer. Feindnamen und Feindvernichtungsrituale im Tempel zwischen Tradition und Wandel, in: H. Kockelmann – A. Rickert, Von Meroe bis Indien. Fremdvölkerlisten und nubische Gabenträger in den griechisch-römischen Tempeln. Soubassementstudien V = Studien zur spätägyptischen Religion 12 (Wiesbaden 2015) 1–141.
Leitz 2009
C. Leitz, Die Götter, die ihre Majestät begleiten, in: D. Kessler – R. Schulz – M. Ullmann – A. Verbovsek – S. Wimmer (Hrsg.), Texte – Theben – Tonfragmente. Festschrift für Günter Burkard, Ägypten und Altes Testament 76 (Wiesbaden 2009) 289–311.
Leitz u. a. 2010
C. Leitz – D. Mendel – Y. El-Masry, Athribis II. Der Tempel Ptolemaios XII. (Kairo 2010).
Leitz – Mendel i. Vb.
C. Leitz – D. Mendel, Athribis VI. Die westlichen Zugangsräume, die Säulen und die Architrave des Umgangs und der südliche Teil des Soubassements der westlichen Außenmauer des Tempels Ptolemaios XII (Kairo, in Vorbereitung).
von Lieven 2001
A. von Lieven, Scheiben am Himmel – Zur Bedeutung von *itn* und *itn.t*, Studien zur altägyptischen Kultur 29, 2001, 277–282.
Quack 2002
J. F. Quack, Zwischen Sonne und Mond – Zeitrechnung im Alten Ägypten, in: H. Falk (Hrsg.), Vom Herrscher zur Dynastie. Zum Wesen kontinuierlicher Zeitrechnung in Antike und Gegenwart (Bremen 2002) 27–67.
Quack 2013
J. F. Quack, Zeit, Krise und Bewältigung: Ägyptische Zeiteinheiten, ihre Schutzgötter und deren bildliche Umsetzung, in: T. Greub (Hrsg.), Das Bild der Jahreszeiten im Wandel der Kulturen und Zeiten, Morphomata 7 (München 2013) 73–98.
Quack i. Dr.
J. F. Quack, Beiträge zu den ägyptischen Dekanen und ihrer Rezeption in der griechisch-römischen Welt, Orientalia Lovaniensia Analecta (Löwen, im Druck).
Rickert – Ventker 2014
A. Rickert – B. Ventker (Hrsg.), Altägyptische Enzyklopädien. Die Soubassements in den Tempeln der griechisch-römischen Zeit. Soubassementstudien I = Studien zur spätägyptischen Religion 7 (Wiesbaden 2014).
Wilson 1997
P. Wilson, A Ptolemaic Lexikon. A Lexicographical Study of the Texts in the Temple of Edfu, Orientalia Lovaniensia Analecta 78 (Löwen 1997).

II – Alter Orient und Judentum

Chronologische Grundlagen: Alter Orient und Judentum

Rita Gautschy

Im 3. Jahrtausend v. Chr. hatte jeder mesopotamische Stadtstaat seinen eigenen Kalender, demnach variierten auch die Monatsnamen und der Jahresbeginn von Stadt zu Stadt. Allen gemeinsam war jedoch, dass es sich dabei um Lunisolarkalender handelte, also um einen Mondkalender, der an den Sonnenlauf gebunden war.[1] Da ein Mondjahr mit 12 Monaten zu je 29 oder 30 Tagen deutlich kürzer ist als das Sonnenjahr, erforderte dies das Einfügen eines Schaltmonats in mehr oder weniger regelmäßigen Abständen. Der Jahresbeginn scheint zunächst in den Monaten rund um die Herbsttagundnachtgleiche gelegen zu haben. Ein Monat begann mit der ersten Sichtbarkeit der Mondsichel am Abendhimmel nach Neumond. Demnach dauerte ein Tag auch von einem Sonnenuntergang zum nächsten. Am Abend des 30. Tages eines Monats wurde nach der schmalen Mondsichel Ausschau gehalten: War sie sichtbar, so wurde der gerade eben beginnende Tag in den ersten Tag des neuen Monats umbenannt. War die Mondsichel hingegen unsichtbar, so wurde der Tag als 30. des laufenden Monats gezählt, und am darauffolgenden Abend begann ein neuer Monat unabhängig davon, ob die Mondsichel beobachtet werden konnte oder nicht.

Im 2. Jahrtausend v. Chr. wechselte die Hegemonie in Mesopotamien dann hauptsächlich zwischen Babylonien und Assyrien, und von dieser Zeit an sind vor allem der babylonische und der assyrische Kalender relevant. Während der Altbabylonischen Zeit (ca. 2000–1600 v. Chr.) lag der Jahresbeginn im Frühling in der Nähe der Frühlingstagundnachtgleiche. Die Namen der Monate lauteten folgendermaßen:

Monat	Monat	Babylonischer Kalender	Assyrischer Kalender
I	BAR	Nisannu	Ṣippu
II	GU_4	Aj(j)aru	Qarrātu
III	SIG_4	Simanu	Kalmartu
IV	ŠU	Du'ūzu	Sîn

1 Nur in Mittelassyrischer Zeit (ca. 1400–1000 v. Chr.) war ein reiner Mondkalender in Gebrauch, wie neuere Untersuchungen nahelegen (siehe z. B. Jeffers 2017).

Monat	Monat	Babylonischer Kalender	Assyrischer Kalender
V	IZI	Abu	Kuzallu
VI	KIN	Ulūlu	Allānātu
VII	DU_6	Tašrītu	Bēlat-ekalli
VIII	APIN	Araḫsamna	Ša-sarrāte
IX	GAN	Kislīmu	Ša-kēnāte
X	AB	Ṭebētu	Muḫur-ilāni
XI	ZIZ	Šabāṭu	Abu-šarrāni
XII	ŠE	Addaru	Ḫibur
XII_2	DIR	Addaru II	
VI_2	KIN.2.KAM	Ulūlu II	

Der babylonische Kalender

Obwohl der babylonische Kalender bereits zu Beginn des 2. Jahrtausends v. Chr. in Gebrauch war, wurde über sehr lange Zeit hinweg der Schaltmonat nur unregelmäßig eingefügt. Aus der Altbabylonischen Periode haben sich Dokumente erhalten, die einerseits einen Schaltmonat alle drei Jahre belegen, aber andererseits kennt man auch eine Phase, in der in drei aufeinanderfolgenden Jahren geschaltet wurde. Das himmelskundliche Kompendium MUL.APIN (siehe Q 19), das vermutlich zu Beginn des 1. Jahrtausends v. Chr. zusammengestellt wurde, enthält verschiedene Schaltregeln, was nahelegt, dass die Frage der Schaltung bis dahin nicht verbindlich geregelt war. Um zu entscheiden, ob ein Schaltmonat nötig sei, bediente man sich offenbar der heliakischen Frühaufgänge des Sirius und der Plejaden – wurden diese vor einem bestimmten Stichtag im Kalender beobachtet, rieten die Gelehrten dem König, einen Schaltmonat per Erlass zu verordnen. Letztendlich lag es in der Verfügungsgewalt des Königs, ob geschaltet wurde oder nicht. Zunächst konnte zu jeder Jahreszeit ein Schaltmonat eingefügt werden. In der Spätbabylonischen Periode (7.–6. Jahrhundert v. Chr.) treten Schaltmonate dann aber nur mehr entweder nach dem 6. (Ulūlu) oder dem 12. Monat (Addaru) auf. Ab 527 v. Chr. wurde ein 8-jähriger Zyklus (Oktaëteris) benutzt, der wenig später schließlich durch einen 19-jährigen Zyklus (Enneadekaëteris bzw. Meton-Zyklus) ersetzt wurde. Der 19-jährige Schaltzyklus wurde bis zum Ende der astronomischen Keilschrifttexte im 1. Jahrhundert n. Chr. beibehalten. Im 8-jährigen Zyklus gibt es insgesamt drei Schaltjahre, nämlich ein Ulūlu-Jahr und zwei Addaru-Jahre (– U – A – – A –); im 19-jährigen Zyklus sind es insgesamt sieben Schaltjahre, ein Ulūlu-Jahr und sechs Addaru-Jahre (– – A – – A – A – – A – – A – – U – A).

Der assyrische Kalender

Während der Altassyrischen Zeit besaßen die Assyrer einen Lunisolarkalender. Jedoch irgendwann zwischen dem Ende der Altassyrischen Zeit (ca. 1750 v. Chr. nach Mittlerer Chronologie) und dem Beginn der Mittelassyrischen Zeit (ca. 1400 v. Chr.) kam es zu einer bedeutenden Änderung: Es gab keine Schaltmonate mehr, was bewirkte, dass der assyrische Jahresanfang im Vergleich zum Sonnenjahr beweglich war. Wie Joshua Jeffers letzthin überzeugend darlegte, wurde dieser reine Mondkalender vermutlich bis ins Jahr 8 des Königs Aššur-bēl-kala (ca. 1066 v. Chr.) verwendet.[2] In diesem Jahr fiel der Jahresbeginn des assyrischen Kalenders mit dem Jahresbeginn des babylonischen Kalenders zusammen. Ab diesem Zeitpunkt war in Assyrien dann wieder ein Lunisolarkalender mit babylonischen Monatsnamen in Gebrauch.

Der schematische Kalender

Da der beobachtungsbasierte mesopotamische Lunisolarkalender mit seinen 29 oder 30 Tage langen Monaten und den 12 oder 13 Monate langen Jahren für Berechnungen äußerst unhandlich war, wurde bereits gegen Ende des 3. Jahrtausends v. Chr. oftmals ein vereinfachter sogenannter schematischer Kalender verwendet. Im schematischen Kalender besitzt jeder Monat 30 Tage und das Jahr 12 Monate, d. h. ein Jahr besteht aus insgesamt 360 Tagen. Dieser Kalender hat niemals den beobachtungsbasierten Lunisolarkalender im Alltag ersetzt. Er wurde ausschließlich verwendet, um Berechnungen zu erleichtern und einen fixen Referenzrahmen zu bilden, so z. B. in Wirtschaftstexten, um den Tag zu fixieren, an dem eine Schuld beglichen werden musste, oder in astronomischen Texten wie MUL.APIN (vgl. Q 19), um die Daten der Sonnenwenden und Tagundnachtgleichen jeweils am 15. Tag der Monate III, VI, IX und XII festzulegen.

Der hethitische Kalender

Über den astronomischen Kalender der Hethiter ist nur wenig bekannt. Das Jahr begann im Frühling.[3] Die Tage dauerten von Sonnenuntergang bis zum nächsten Sonnenuntergang. Ein neuer Monat begann mit der ersten Sichtbarkeit der Mondsichel nach Neumond. Texte über zwölf jährlich zu feiernde Monatsfeste belegen, dass das Jahr in Mondmonate aufgeteilt war.[4] Die Überlieferung eines dreizehnten Monatsfestes für den Wettergott von

2 Jeffers 2017, 187.
3 Cammarosano 2018, 107.
4 Ebd.

Halab (Aleppo) deutet auf die Möglichkeit eines Schaltmonats hin.[5] Wie die Differenz zwischen Mond- und Sonnenjahr genau ausgeglichen wurde, ist nicht bekannt.

Der jüdische Kalender

Der jüdische Kalender ist ebenso wie die mesopotamischen Kalender ein Lunisolarkalender. Bis zur mischnaischen Zeit (10–220 n. Chr.) basierte der Kalender auf Beobachtungen. Dementsprechend begann ein neuer Mondmonat mit der ersten Sichtbarkeit der Mondsichel nach Neumond. Ein neuer Tag startete am Ende der bürgerlichen Dämmerung, d. h. zu dem Zeitpunkt, an dem die hellsten Sterne und Planeten sichtbar werden. Ein Mondschaltmonat wurde immer dann hinzugefügt, wenn Beobachtungen im Zusammenhang mit landwirtschaftlichen Ereignissen dies nahelegten. Beginnend mit der amoräischen Periode (220–500 n. Chr.) wurde dieses System nach und nach durch ein Kalenderschema ersetzt.

Die Monate des jüdischen Kalenders basieren auf den babylonischen Monatsnamen und lauten: Tischri, Marcheschvan, Kislev, Tevet, Schevat, Adar, Veadar (Schaltmonat), Nisan, Ijjar, Sivan, Tammuz, Av und Elul. Das Jahr begann im Herbst, geschaltet wurde nach dem sechsten Monat, d. h. rund um die Frühlingstagundnachtgleiche.

Daneben ist in den Qumran-Schriftrollen ein alternatives System belegt – ein schematischer Kalender mit 364 Tagen.[6] Dieser Kalender trägt dem Aufkommen der Siebentagewoche in persischer und hellenistischer Zeit Rechnung und ermöglichte die Einteilung des Jahres in exakt 52 Wochen, wodurch gewährleistet war, dass die Feste in jedem Jahr auf exakt dieselben Wochentage fielen.

Bibliographie

Ben-Dov 2011
J. Ben-Dov, The 364-Day Year in the Dead Sea Scrolls and Jewish Pseudepigrapha, in: J. M. Steele (Hrsg.), Calendars and Years II. Astronomy and Time in the Ancient and Medieval World (Oxford 2011) 69–105.

Cammarosano 2018
M. Cammarosano, Hittite Local Cults, Writings from the Ancient World 40 (Atlanta 2018).

Haas 2011
V. Haas, Hethiter, in: V. Haas – H. Koch (Hrsg.), Religionen des Alten Orients. Teil 1: Hethiter und Iran (Göttingen 2011) 147–290.

Jeffers 2017
J. Jeffers, The Nonintercalated Lunar Calendar of the Middle Assyrian Period, Journal of Cuneiform Studies 69, 2017, 151–191.

5 Haas 2011, 265.
6 Siehe Ben-Dov 2011.

Weiterführende Literatur

L. Brack-Bernsen, The 360-Day Year in Mesopotamia, in: J. M. Steele (Hrsg.), Calendars and Years. Astronomy and Time in the Ancient Near East (Oxford 2007) 83–100.
J. P. Britton, Calendars, Intercalations and Year-Lengths in Mesopotamian Astronomy, in: J. M. Steele (Hrsg.), Calendars and Years. Astronomy and Time in the Ancient Near East (Oxford 2007) 115–132.
M. E. Cohen, Festivals and Calendars of the Ancient Near East (Bethesda 2015).
E. M. Reingold – N. Dershowitz, Calendrical Computations. The Millennium Edition (Cambridge 2001).
S. Stern, Calendar and Community. A History of the Jewish Calendar 2nd Century BCE–10th Century CE (Oxford 2001).
S. Stern, Calendars in Antiquity. Empires, States, and Societies (Oxford 2012).
J. A. Wagenaar, Origin and Transformation of the Ancient Israelite Festival Calendar, Beihefte zur Zeitschrift für altorientalische und biblische Rechtsgeschichte 6 (Wiesbaden 2005).

Q 13 Die Mannestaten des Šuppiluliuma I.

Daliah Bawanypeck

Text 1 (Frg. 1: KUB 23.2)

Abb. 1: Das Tontafelfragment Bo 7797 = KUB 23.2 (© Akademie der Wissenschaften Mainz N04761 = hethiter.net/: PhotArch N04761).

Transliteration und Übersetzung

^{1} [*UMMA* ^{d}UTU=*ŠI* ^{m}*Muršili* LUGAL.GAL]

^{2} [LUGAL KUR ^{uru}*Ḫatti* U]R.[SAG]

^{3} [DUMU ^{m}*Šuppiluliuma* LUGAL KUR ^{uru}*Ḫ*]*a-at-ti* U[R.SAG]

^{4} [DUMU.DUMU-*ŠU ŠA* ^{m}*Tudḫaliya* LUG]AL KUR ^{uru}*Ḫa-at-*[*ti* UR.SAG]

---

^{5} [*maḫḫan* ^{m}*Tudḫaliaš*] *A-BI ABI-I*[*A*

^{1} [Folgendermaßen (spricht) die Majestät[1], Muršili, Großkönig,] ^{2} [König von Ḫatti, H]e[ld,] ^{3} [Sohn des Šuppiluliuma, König von Ḫ]atti, H[eld,] ^{4} [Enkel des Tudḫaliya, K]önig von Ḫat[ti, Held:] ^{5} [Als Tudḫaliya,] me[in] Großvater [...

---

1 ^{d}UTU=*ŠI* (akkad. *ŠAMŠI*): wörtlich »meine Sonne« (Titel der hethitischen Großkönige).

Text 2a (Frg. 13: KUB 19.11 Kol. iv 12–16)

Abb. 2: Ausschnitt aus der Tontafel Bo 2467 = KUB 19.11 iv 12–16 (© Akademie der Wissenschaften Mainz N00472b = hethiter.net/: PhotArch BoFN00472b).

Transliteration und Übersetzung

12 KUR-*e-ma ḫu-u-ma-an ku-it IŠ-TU* ^{lu_2}KUR$_2$ [*dan-n*(*a-at-ta-aḫ-ḫa-an*[2])]

13 *e-eš-ta nu-kan*$_2$ *am-me-el A-BU-IA ku-*[*it dan-n*(*a-at-ti*)]

14 URU-*ri* EGIR-*an* AN.ZA.GAR$_3$ *u*$_2$*-e-te-et n*[*u kan*$_2$ *a*(*n-tuḫ-ša-tar*)]

15 [(*k*)]*u-in-na a-pe*$_2$*-el A-NA* URU-*ŠU* EGIR-*pa* [(*pe*$_2$*-e-ḫu-te-et*)]

16 [*n*]*u-za an-tu-uḫ-ša-an-na-aš* URU.DIDLI.ḪI.A E[(GIR-*pa e-ep-pir*)]

12–14 [Nach]dem mein Vater – weil das gesamte Land durch den Feind [ge]leert war – Befestigungstürme hinter den entvölkerten Städten gebaut hatte, 14–15 schaffte er die Bevölkerung zurück, jeden in seine Stadt. 16 Und sie ergriffen die Städte der Bevölkerung wieder.

---

2 Alle Ergänzungen nach KUB 19.10 i 1–6.

Text 2b (Frg. 13: KUB 19.10 Kol. i 7–19)

Abb. 3: Ausschnitt aus der Tontafel VAT 7443 = KUB 19.10 i 7–19 (© Vorderasiatisches Museum Berlin BoFN00475a = hethiter.net/: PhotArch BoFN00475a).

Transliteration und Übersetzung

7 *[a]m-me-el-ma A-BI A-BI-IA ḫa-ad-du-li-iš-ta nam-ma*

8 *na-aš IŠ-TU* KUR ^{uru}UGU-*TI kat-ta* u_2*-et nu* KUR ^{uru}*Ma-a-ša-aš*

9 *ku-it* ERIM.MEŠ KUR ^{uru}*Kam-ma-la-aš-ša* KUR $^{\text{uru.id}_2}$SIG$_2$

10 *U*$_3$ KUR ^{uru}*Ka-aš-ši-ia* GUL-*an-ne*$_2$*-eš-ke-et nu A-BI A-BI-I*[*A*]

11 *a-pe*$_2$*-e-da-aš wa-al-aḫ-ḫu-u-wa-an-zi i-ia-at-ta-at*

12 *A-BU-IA-ia A-NA A-BI A-BI-IA la-aḫ-ḫi* GAM-*an-pat*$_2$ *i-ia-a*[*t-ta-at*]

13 *nu A-NA A-BI A-BI-IA* DINGIR.MEŠ *pe*$_2$*-ra-an ḫu-u-i-e-er*

14 *nu pa-it* >*A-NA*< KUR ^{uru}*Ma-a-aš-ša* ^{uru}*Kam-ma-la-ia ḫar-ni-ik-*[*ta*]

15 *nu ku-it-ma-an A-BI A-BI-IA I-NA* KUR ^{uru}*Kam-ma-al-la* [*e-eš-ta*]

16 ⌜*A*⌝*-BU-IA*<*-ia*>*-aš-ši kat-ta-an e-eš-ta* EGIR-*az-ma-za* $^{\text{lu}_2}$KUR$_2$

17 ⌜^{uru}⌝*Ga-aš-ga-aš* ^{giš}TUKUL *da-a-an nam-ma ša-ra-a da-a-aš*

18 [*n*]*u-kan*$_2$ *A-BU-IA ku-e-da-aš A-NA* URU.DIDLI.ḪI.A *dan-na-at-t*[(*a-aš* EGIR-*an*)[3]]

19 [A]N.ZA.GAR$_3$ *u*$_2$*-e-te-et na-aš* $^{\text{lu}_2}$KUR$_2$ *da-a-an nam-ma ḫar-ni-*[(*ik*)*-ta*]

3 Ergänzungen in Z. 18 f. nach KUB 19.11 iv 27–28, dort folgt dann ein Paragraphenstrich.

[7] Mein Großvater aber wurde wieder gesund [8] und kam vom Oberen Land herunter. [8–10] Und weil die Truppen der Länder Māšša und Kammala das Ḫulana-Flussland und das Land Kaššiya immer wieder schlugen, [10–11] ging me[in] Großvater, jene zu schlagen. [12] Und mein Vater zog neben meinem Großvater ins Feld. [13] Die Götter liefen meinem Großvater voran. [14] Er ging – vernichte[te] die Länder Māšša und Kammala. [15] Während mein Großvater im Land Kammala [war], [16] war mein Vater auch bei ihm. [16–17] Aber danach nahm der kaškäische Feind ein zweites Mal die Waffen wieder auf, [18–19] und ein zweites Mal vernichtete der Feind wieder die entvölkerten Städte, hinter denen mein Vater Befestigungstürme gebaut hatte.

Text 2c (Frg. 13: KUB 19.11 Kol. iv 29–44)

Abb. 4: Ausschnitt aus der Tontafel Bo 2059+6487+6610 = KUB 19.11 iv 29–44 (© Vorderasiatisches Museum Berlin BoFN00350 = hethiter.net/: PhotArch BoFN00350).

Transliteration und Übersetzung

29 *ma-aḫ-ḫa-an-ma A-BI A-BI-IA IŠ-TU* KUR ^{uru}*Ma-a-a*[(*š-ša* EGI)R[4]*-pa u*$_2$*-et*]

30 *nu* KUR *Kat-ḫa-ri-ia-aš* ^{uru}*Ga-az-za-pa-aš-ša ku-*[(*i-e-eš*)] x[ ]

31 *ḫar-ni-in-ki-iš-ki-ir a-aš-šu-wa-az-ma-at I*[(*Š-TU* K)]U$_3$.BABBAR GUŠ[KIN]

32 *U*$_2$*-NU-UT* ZABAR-*ia ḫu-u-ma-an-da-az-zi-i*[*a* ERIM.MEŠ] ^{uru}*Ga-aš-g*[*a-aš*$^?$]

33 *pid*$_2$*-da-a-er nu A-BI A-BI-IA* ⸢*a*⸣*-pe*$_2$*-e-da-aš* [*A-NA* UR]U.DIDLI.ḪI.A

34 *wa-al-ḫu-wa-an-zi pa-it* [*nu*] *A-NA A-BI* [*A-BI-I*]*A* DINGIR.MEŠ *pe*$_2$*-ra-a*[*n*]

35 *ḫu-u-i-e-er nu* ^{uru}*Kat-ḫa-ri-*[*ia-an*] ^{uru}*Ga-a*[*z-za*]*-pa-an-na ḫar-ni-i*[*k-ta*]

36 *na-aš ar-ḫa wa-ar-nu-ut A-NA* ^{uru}[*Kat-ḫa*]-⸢*ri*⸣*-i*[*a-i*]*a ku-iš*

37 ERIM.MEŠ ^{uru}*Ga-aš-ga-aš ḫu-u-ma-an-za wa-a*[*r-ri pa*]*-an-za e-eš-ta*

38 *nu A-NA A-BI A-BI-IA* DINGIR.MEŠ *pe*$_2$*-ra-an* [*ḫu-u-i-e-e*]*r nu* ERIM.MEŠ ^{uru}*Ga-aš-g*[*a-an*]

39 *ḫu-ul-li-it nu* ERIM.MEŠ ^{uru}*Ga-aš-ga-aš* x[*pa*]*-an-ga-ri-it* BA.UŠ$_2$

---

40 *ma-aḫ-ḫa-an-ma A-BI A-BI-IA a-pe*$_2$*-e-ez* EGIR-[*pa u*$_2$]*-et*

41 *na-aš I-NA* KUR ^{uru}*Ḫa-ia-ša pa-it A-BU-*⸢*IA*⸣-[*ia-aš-ši ka*]*t-ta-an-pat*$_2$ ⸢*e*⸣-[*eš-ta*]

42 *nu ma-aḫ-ḫa-an A-BI A-BI-IA I-NA* KUR ^{uru}*Ḫa-*[*ia-ša a*]-⸢*ar*$^?$⸣-[*aš*$^?$]

43 *nu-*⸢*uš*⸣*-ši* ^{m}⸢*Kar*$^?$⸣[5]*-an-ni-iš* LUGAL KUR ^{uru}*Ḫa-*⸢*ia*⸣*-ša* [

44 [*ŠA-PAL*$^?$]⸢^{uru}*Kum-ma-ḫa*⸣ ⸢*za-aḫ-ḫi*⸣-[*ia*

29 Aber als mein Großvater aus dem Land Māšša zurüc[kkam], 30 die Länder Katḫariya und Gazzapa, die [...] 31 vernichteten sie immer wieder. 31–33 Die kaškäi[schen Truppen] trugen sie weg mit (ihren) Gütern, Silber-, Gold- und Bronzegerätschaften und allem. 33–34 Und mein Großvater ging, jene [Stä]dte zu schlagen. 34–35 Die Götter liefen meinem Großvater voran und er vernichtete die Städte Katḫariya und Ga[zza]pa 36 und verbrannte (sie). 36–37 Das ganze kaškäische Heer, das auch nach [Katḫa]riya zu Hilfe gegangen war – 38 die Götter [liefe]n meinem Großvater voran – 39 schlug er nieder. Und die kaškäischen Truppen [ ] starben in großer Zahl.

40 Nachdem mein Großvater von dort zurückgekommen war, 41 ging er in das Land Ḫayaša, mein Vater war auch (wieder) bei ihm. 42 Und als mein Großvater in Ḫayaša ankam$^?$, 43 [ ] Karanni[6], der König von Ḫayaša, 44 [unterhal]b$^?$ der Stadt Kummaḫa zur Schlach[t ...

---

4 Ergänzungen in Z. 29–31 nach KUB 19.10 i 20–22.

5 Das beschädigte Zeichen könnte auch *la-a-* sein (vgl. Güterbock 1956, 66 Anm. 37).

6 Oder Lānni (vgl. Anm. 5).

Text 2d (Frg. 13: KUB 19.10 Kolophon)

Abb. 5: Ausschnitt aus der Tontafel VAT 7443 = KUB 19.10 Kolophon (© Vorderasiatisches Museum Berlin BoFN01103 = hethiter.net/: PhotArch BoFN01103).

Transliteration und Übersetzung

1' x ⌜3$^?$⌝.KAM *U*$_2$*-UL QA-TI*

2' ⌜ŠA⌝ ^{m}*Šu-u-up-pi*$_2$*-lu-li-u-ma*

3' GAL.⌜LUGAL$^!$⌝ UR.SAG LU$_2$*-na-an-na-aš*

Dritte (Tafel; der Text) der Mannestaten des Šuppiluliuma, des Großkönigs, des Helden ist nicht beendet.

Transliterationen adaptiert von Güterbock 1956, eigene Übersetzungen.

Zur Quelle

Die Quelle bietet den mutmaßlichen Anfang[7] und Auszüge aus der dritten Tafel der »Mannestaten des Šuppiluliuma«[8] (CTH 40), einer historischen Schilderung, die zu den hethitischen Annalentexten zählt (siehe den Abschnitt Technische Aspekte).

Das hethitische Schrifttum ist vorwiegend auf Keilschrifttafeln überliefert. Der größte Teil (etwa 27.000 Tafeln bzw. -fragmente) kommt aus den Archiven und Bibliotheken der Hauptstadt Ḫattuša (modern Boğazköy/Boğazkale), die im hethitischen Kernland liegt, etwa 150 km östlich von Ankara. Die Tontafelsammlungen wurden im Kontext der königlichen Verwaltung aufbewahrt. Private Texte sind nicht bekannt.

7 Vgl. Güterbock 1956, 43. 59.

8 So der hethitische Titel des Werkes, vgl. auch den Kolophon von Frg. 13.

Der nur fragmentarisch erhaltene Text, der durch mehrere Manuskripte überliefert ist,[9] geht nicht auf Šuppiluliuma I., den Begründer des hethitischen Großreiches,[10] selbst zurück, sondern wird aus der Perspektive seines Sohnes und späteren Nachfolgers Muršili II.,[11] geschildert (vgl. Frg. 1). Aus dem Kolophon der Tafel KBo 5.6 geht hervor, dass das Werk auf einer Bronzetafel niedergeschrieben werden sollte.[12]

Unter Šuppiluliuma I. (ca. 1355–1321 v. Chr. nach Kurzer Hethitischer Chronologie) entwickelten sich die Hethiter zu einer Großmacht im Vorderen Orient.[13] Ihr Herrschaftsbereich erstreckte sich in seiner größten Ausdehnung auf Zentral-, Süd- und Ostanatolien sowie weite Teile Syriens. Im frühen 12. Jahrhundert v. Chr. brach das Hethiterreich zusammen.

Šuppiluliuma I. zog schon als Prinz zur Unterstützung seines erkrankten Vaters, Tudḫaliya II., mit diesem und auch statt seiner ins Feld. In dieser Zeit baute er den zentralanatolischen Festungsgürtel im Grenzbereich zu den in Nordanatolien ansässigen kaškäischen Stämmen aus und zog nach Nordosten gegen Ḫayaša (vgl. Frg. 13). Nach dem Tod seines Vaters Tudḫaliya II. kam er durch einen Putsch gegen seinen Bruder Tudḫaliya den Jüngeren (Tudḫaliya TUR/Tudḫaliya III.), an die Macht. Der Zeitpunkt seiner Thronbesteigung ist unklar; ab den Fragmenten 14/15 wird Tudḫaliya II. in den »Mannestaten« nicht mehr erwähnt. Neben den Kämpfen gegen die Kaškäer im Norden und Nordosten schildert die Quelle auch Feldzüge gegen das westkleinasiatische Arzawa sowie Kampagnen nach Syrien und Obermesopotamien, um den Mittani-Staat zu unterwerfen. Die Beziehung zu Ägypten, insbesondere die sogenannte *daḫamunzu*-Affäre, in der die ägyptische Königswitwe Šuppiluliuma I. um einen Sohn zur Ehe bittet, ist in Fragment 28 enthalten.[14]

Ausgewählte Editionen, Übersetzungen und Kommentare

Die grundlegende Edition hat Hans Gustav Güterbock (1956) vorgelegt. Da seine Rekonstruktion des Werkes bis heute maßgeblich ist, wurde hier seine Nummerierung der Fragmente übernommen. Eine englische Übersetzung der gut erhaltenen Passagen des gesamten Textes bietet Harry A. Hoffner (1997). Das in Ägyptologie und Hethitologie vielfach

9 Zur Rekonstruktion siehe Güterbock 1956, 42–50; die seitdem als zugehörig identifizierten Fragmente werden aufgeführt bei: S. Košak, hethiter.net/: hetkonk (v. 1.99) (Abfrage zu CTH 40), letzter Zugriff: 30.09.2019.

10 Vgl. Klengel 1999, 135.

11 Der direkte Nachfolger Šuppiluliumas I. war sein Sohn Arnuwanda II., der nach kurzer Regierungszeit an einer epidemischen Krankheit verstarb.

12 Siehe Güterbock 1956, 97. Die Praxis der Niederschrift auf Metalltafeln ist insbesondere für hethitische Staatsverträge belegt. Einzig erhalten ist die Bronzetafel Bo 86/299, auf der ein Vertrag des Tudḫaliya IV. mit Kurunt(iy)a von Tarḫuntašša niedergeschrieben ist (Otten 1988).

13 Klengel 1999, 135–168; Bryce 2005, 154–189.

14 Dazu van den Hout 1994; siehe auch Klinger 2005 mit weiterer Literatur sowie Theis 2011.

diskutierte Fragment 28 wurde in den Quellenbearbeitungen von Joost Hazenbos (2006) in Englisch und von Jörg Klinger (2005) in Deutsch veröffentlicht.

Verwandte Quellen

In den hethitischen Archiven fanden sich die Annalen einer ganzen Reihe hethitischer Könige: z.B. Ḫattušili I. (CTH 4), Tudḫaliya I. (CTH 142), Arnuwanda I. (CTH 143), Muršili II. (CTH 61.I Zehnjahresannalen; CTH 61.II Ausführliche Annalen) und Annalen des Ḫattušili III. (CTH 82).

Zu den weiteren historiographischen Texten der Hethiter gehören die historischen Einleitungen in den Staatsverträgen und im »Telipinu-Erlass« (CTH 19), das »Testament des Ḫattušili I.« (CTH 5) und die »Apologie des Ḫattušili III.« (CTH 81). Auch einige literarische Texte, königliche Gebete und Briefe können zu den historiographischen Quellen gerechnet werden.[15]

Die älteste verwandte Quelle aus Mesopotamien ist die Sumerische Königsliste (SKL), ein fiktives Dokument über das Königtum, dessen älteste Manuskripte in das späte 3./frühe 2. Jahrtausend v.Chr. datieren.[16] Dort werden Herrscher vom Ende des 4. bis zum beginnenden 2. Jahrtausend v.Chr. mit Herrschaftsort und (teils unrealistisch langer) Regentschaft in linearer Reihenfolge aufgeführt, obwohl einige gleichzeitig in rivalisierenden sumerischen Stadtstaaten regierten.[17]

Siehe auch

Q 1 – Der Annalenstein der 5. Dynastie (»Palermostein«)
Q 32 – Genealogien am Beispiel des Kallimachos
Q 39 – Chronologie und das Erzählen von Geschichte I: Diodor, *Bibliotheke*
Q 43 – Fasti Antiates maiores
Q 45 – Chronologie und das Erzählen von Geschichte II: Cicero, *Brutus*

Technische Aspekte

Annalen sind historisch-chronologische Aufzeichnungen über jährliche Ereignisse. Aus der Regierungszeit des Muršili II., der mehr als zwanzig Jahre herrschte, sind drei annalistische Werke bekannt, die jeweils durch mehrere Manuskripte überliefert sind: die

15 Güterbock 1983; Hoffner 1980; Klinger 2001; Klinger 2008; Haas 2006, 77–95; Cancik 2002.

16 Gösta Gabriel arbeitet an einer Neuedition der Texte, die er unter dem Titel »Chronik einer einzigen Monarchie« zusammenfasst (http://www.uni-goettingen.de/de/447254.html, letzter Zugriff: 30.09.2019).

17 Zur legitimierenden Funktion der Sumerischen Königsliste siehe Wilcke 1988.

Zehnjahresannalen mit den Kampagnen seiner ersten Regierungsjahre, seine ausführlichen Annalen, die auch seine weitere Regierungszeit umfassen, sowie die Schilderung der Mannestaten seines Vaters Šuppiluliuma I., die erst nach dessen Tod verfasst wurde.

Die Texte sind schematisch aufgebaut: Abgesehen von den »Mannestaten« sind alle Annalen in der ersten Person (also aus der Sicht des Herrschers) verfasst. Der Prolog beginnt jeweils mit der Königstitulatur und der Vorgeschichte, in der die politische Situation zur Zeit der Amtsübernahme dargestellt ist. Dann folgt die Aufzählung der jährlichen Handlungen des Herrschers, die in der Regel mit der Formulierung »Im folgenden Jahr aber ...« beginnen und manchmal mit den Worten »Dies (alles) tat ich in einem Jahr« enden. Eine Ausnahme bilden auch hier die »Mannestaten des Šuppiluliuma«, die zwar eine chronologische Abfolge der Ereignisse bieten, aber nur selten auf den Beginn neuer Jahre verweisen. Eine klare jährliche Abfolge lässt sich aber Frg. 28 Z. 40–50 entnehmen:

> Danach aber kam er zurück nach Ḫattuša, um zu überwintern. Als er aber das Jahresfest (im Frühjahr) beendet hatte, ging er in das Land Ištaḫara. ... Und nachdem er [das Land Ištaḫara] geordnet hatte, kam er zurück nach Ḫattuša, um zu überwintern.

Die militärischen Unternehmungen werden regelmäßig mit einer Beschreibung feindlicher Handlungen eingeleitet, die zur Reaktion des hethitischen Königs führten und seine Handlungen als legitim darstellten. Hier wird immer wieder auf die Unterstützung der Götter (»die Götter liefen mir voran«) verwiesen. Die Aktionen werden oft nur kurz und formelhaft beschrieben, militärische Niederlagen sind selten erwähnt (der Feind kam »von hinten«, griff »im Rücken« an[18]). An die Beschreibung des Feldzugs schließen sich administrative Maßnahmen wie der Bau von Befestigungen an. In die annalistische Schilderung fließen häufig Zitate aus Briefen, Botschaften oder Reden von Feinden oder Befehlshabern ein, auch strategische Überlegungen des Großkönigs werden geschildert.

Die in den hethitischen Archiven aufbewahrten historiographischen Texte wurden auch bei der Edition neuer Werke konsultiert. Intertextuelle Bezüge lassen sich z. B. zwischen Muršilis Annalen, einigen historischen Einleitungen der Staatsverträge und seinen Pestgebeten herstellen. Spätjunghethitische Kopien belegen, dass die Annalen Muršilis (inklusive Šuppiluliumas Mannestaten) über lange Zeit tradiert wurden.

18 Nach Klinger 2001, 290 können derartige Formulierungen als Topos gedeutet werden, der den hethitischen Herrscher von der Verantwortung für die Niederlage entlasten soll.

Soziokulturelle Auswertung

Die hethitische Annalistik lässt sich bis in die althethitische Zeit zurückverfolgen und ist bis zum Ende des Hethiterreichs nachzuweisen.[19] Zusammen mit zahlreichen weiteren historiographischen Textquellen gewähren die Annalen Einblicke, die unsere Sichtweise auf die hethitische Geschichte prägen. Bezüglich der Korrektheit bzw. Verlässlichkeit der in den Quellen geschilderten Ereignisse ist zu beachten, dass die Texte aus der Sicht der hethitischen Großkönige geschrieben wurden, die den höchsten Göttern (vielleicht auch den politischen Eliten ihres Reiches) Rechenschaft über ihre Herrschaft ablegen mussten.[20] So enden Muršilis Zehnjahresannalen mit einem Epilog, der erkennen lässt, dass es sich um einen Rechenschaftsbericht über die ersten Regierungsjahre an die Sonnengöttin von Arinna, die hethitische Hauptgöttin, handelt. Auch die Angabe, dass die »Mannestaten des Šuppiluliuma« auf einer bronzenen Tafel aufgezeichnet werden sollten, deutet auf einen göttlichen Adressaten, da Metalltafeln im Tempel aufbewahrt wurden.[21] Zur Legitimation der Handlungen war es wichtig, sich als idealer und erfolgreicher Herrscher darzustellen, dessen militärische Kampagnen zum Wohle des Landes erforderlich waren. Daher wurden in den Annalen die militärischen Taten nicht nur aneinandergereiht, sondern auch politische Vorgeschichten erzählt und Handlungsbegründungen gegeben.

Klingers Untersuchung einiger historischer Ereignisse, die in verschiedenen Werken des Muršili II. geschildert sind, zeigt, dass die chronologische Schilderung der Episoden generell übereinstimmte, die Details aber mit unterschiedlichen literarischen Mitteln, wie z. B. eingearbeiteten Zitaten, Zwiegesprächen oder auch Monologen des Herrschers angereichert wurden, deren Historizität nicht überprüfbar ist. Außerdem wurden vielfach literarische Topoi eingesetzt, die das Geschehen nicht realitätsgetreu darstellten, sondern dazu dienten, bestimmte Aussagen allgemeinverständlich zu schildern.[22]

Politische Vorgeschichten sind auch in den historischen Einleitungen der Staatsverträge enthalten, wo die bisherigen politischen Beziehungen und die direkte Vorgeschichte des Vertragsabschlusses aus hethitischer Sicht zusammengefasst werden. Auch hier ist die Darstellung der rechtmäßigen Handlungen des hethitischen Großkönigs intendiert.[23]

---

19 Klinger 2008, 33.

20 Vgl. Klinger 2008, 34; Haas 2006, 77.

21 Vgl. Haas 2006, 79.

22 Vgl. Klinger 2008, 37–47.

23 Haas 2006, 85–87.

Bibliographie

Bryce 2005
T. Bryce, The Kingdom of the Hittites (Oxford 2005).
Cancik 2002
H. Cancik, Die hethitsche Historiographie, in: Die Hethiter und ihr Reich. Volk der 1000 Götter, Ausstellungskatalog der Kunst- und Ausstellungshalle der Bundesrepublik Deutschland (Darmstadt 2002) 74–77.
CTH
E. Laroche, Catalogue des textes hittites (Paris 1966, Nachdr. 1971).
Güterbock 1956
H. G. Güterbock, The Deeds of Suppiluliuma as Told by his Son, Mursili II, Journal of Cuneiform Studies 10, 1956, 41–68. 75–98. 107–130.
Güterbock 1983
H. G. Güterbock, Hittite Historiography, in: H. Tadmor – M. Weinfeld (Hrsg.), History, Historiography and Interpretation: Studies in Biblical and Cuneiform Literatures (Jerusalem 1983) 21–35.
Haas 2006
V. Haas, Die hethitische Literatur (Berlin 2006).
Hazenbos 2006
J. Hazenbos, Hittite Historical Texts I. CTH 40: Manly Deeds of Shuppiluliuma (excerpts), in: M. W. Chavalas (Hrsg.), The Ancient Near East: Historical Sources in Translation (Malden 2006) 235–239.
Hoffner 1980
H. A. Hoffner Jr., Histories and Historians of the Ancient Near East: The Hittites, Orientalia Nova Series 49, 1980, 283–332.
Hoffner 1997
H. A. Hoffner Jr., Hittite Canonical Compositions. Historiography: Deeds of Shuppiluliuma, in: W. W. Hallo (Hrsg.), The Context of Scripture I (Leiden 1999) 185–192.
Klengel 1999
H. Klengel, Geschichte des Hethitischen Reiches, Handbuch der Orientalistik I 34 (Leiden 1999).
Klinger 2001
J. Klinger, Historiographie als Paradigma: Die Quellen zur hethitischen Geschichte und ihre Deutung, in: G. Wilhelm (Hrsg.), Akten des IV. Internationalen Kongresses für Hethitologie: Würzburg 4.–8. Oktober 1999, Studien zu den Boğazköy-Texten 45 (Wiesbaden 2001) 272–291.
Klinger 2005
J. Klinger, Der Tatenbericht Šuppiluliumas I. (Auszug), in: B. Janowski – G. Wilhelm (Hrsg.), Texte aus der Umwelt des Alten Testaments Neue Folge 2: Staatsverträge, Herrscherinschriften und andere Dokumente zur politischen Geschichte (Gütersloh 2005) 147–150.
Klinger 2008
J. Klinger, Geschichte oder Geschichten – zum literarischen Charakter der hethitischen Historiographie, in: K.-P. Adam (Hrsg.), Historiographie in der Antike (Berlin 2008) 27–48.
Otten 1988
H. Otten, Die Bronzetafel aus Boğazköy: Ein Staatsvertrag Tutḫalijas IV., Studien zu den Boğazköy-Texten Beih. 1 (Wiesbaden 1988).
Theis 2011
C. Theis, Der Brief der Königin Daḫamunzu an den hethitischen König Šuppiluliuma I. im Lichte von Reisegeschwindigkeiten und Zeitabläufen, in: T. R. Kämmerer (Hrsg.), Identities and Socie-

ties in the Ancient East-Mediterranean Regions, Alter Orient und Altes Testament 390.1 (Münster 2011) 301–331.

van den Hout 1994

Th. P. J. van den Hout, Der Falke und das Küken: der neue Pharao und der hethitische Prinz, Zeitschrift für Assyriologie 84, 1994, 60–88.

Wilcke 1988

C. Wilcke, Die Sumerische Königsliste und erzählte Vergangenheit, in: J. von Ungern-Sternberg – H. Reinau (Hrsg.), Vergangenheit in mündlicher Überlieferung, Colloquium Rauricum 1 (Stuttgart 1988) 113–140.

Q 14 Ein hethitisches Reisefest, das im Herbst gefeiert wird

Daliah Bawanypeck

Text 1 (Übersichtstafel 1 Version A: KUB 9.16 Kol. i 1–16)

Abb. 1: Ausschnitt aus der Tontafel Bo 2380 = KUB 9.16 i 1–16 (© Akademie der Wissenschaften Mainz N05311 = hethiter.net/: PhotArch N05311).

Transliteration

1 [*m*]*a-a-an* LUGAL-*uš la-aḫ-ḫa-az u*$_{2}$*-ez-z*[*i nu A-N*(*A* DINGIR.MEŠ[1])]
2 [E]ZEN$_{4}$ *nu-un-tar-ri-ia-aš-ḫa-aš i-i*[(*a-zi*)]

---

3 ^{uru}*Ka-ta-pi*$_{2}$ *I-NA* UD.1.KAM *šal-li a-še-eš-*⸢*šar*⸣ [(U)D.1.KAM]

---

4 *lu-uk-kat-ti-ma* ^{d}*Zi-it-ḫa-ri-ia-aš I-NA* E$_{2}$ [(*ḫu*)*-uḫ-ḫa-aš*]
5 *pa-iz-zi nu-uš-ši* DUMU.LUGAL EGIR-*an pa-iz-*[*zi*]
6 *nu* EZEN$_{4}$-*ŠU I-NA* E$_{2}$.GAL-*LI*$_{2}$*-ma šu-up-*⸢*pa*⸣
7 *wa-ar-pu-wa-ar* UD.2.KAM

---

8 *lu-uk-kat-ti-ma-za* LUGAL-*uš* ^{d}U NIR.GA[(L$_{2}$) *i-i*(*a-zi*)]
9 EGIR-*an-da-aš-kan*$_{2}$ *ne-ia-at-ta-a*[(*t* ^{d}*Zi-it-ḫa-ri*)*-ia-aš*]
10 ^{uru}*Ḫa-ak-ku*$^{!}$*-ra pa-iz-zi pa-ra-a-m*[(*a-aš*)]
11 ^{uru}*Ta-ta-šu-na pa-iz-zi* UD.⸢3.⸣[KAM]

---

12 *lu-uk-kat-ti-ma* LUGAL-*uš* ^{uru}*Ta-ḫur-pa a*[*n*$^{?}$*-da-*(*an*) *pa-iz-zi*]
13 *nu* GIM-*an* ^{uru}*Ḫi-šu-ur-la a-ri nu* [*ḫar-*(*pu-uš*)]
14 ID$_{3}$*-i-ša-an pi*$_{2}$*-ra-an ḫar-pa-an-z*[*i* (*nu* LUGAL-*uš*)]
15 ^{uru}*Ta-ḫur-pi*$_{2}$ *an-da-an pa-iz-zi* [(*nu* ^{E_2}*ḫa-le-en-tu-wa-aš*)]
16 *šal-li a-še-eš-šar* UD.4.KAM

Übersetzung

1 [W]enn der König vom Feldzug komm[t und für di]e Götter 2 das Fest [E]ZEN$_{4}$ *nuntarriyašḫaš* feiert: 3 In der Ortschaft Katapa (findet) am ersten Tag die große Versammlung (statt). [1.] T[ag (beendet).] 4 Am nächsten Tag aber geht die (Statue der) Gottheit Zitḫariya ins Haus des Groß[vaters], 5 und der Prinz geht hinter ihm. 6 Und sein Fest (wird gefeiert). Im Palast aber (findet) die reine 7 Waschung (statt). 2. Tag (beendet).

---

1 Ergänzungen nach Version B: KBo 39.63+IBoT 4.81+KBo 3.25+KBo 10.48 i 1–15. Textzusammenstellung und Bearbeitung der Übersichtstafel 1 bei Nakamura 2002, 6. 15–23.

[8] Am nächsten Tag aber [fe]iert der König den mächtigen Wettergott. [9] *Es wurde hinzugefügt:*[2] (Die Statue) der Gottheit Zitḫariya [10–11] geht zur Ortschaft Ḫakkura und geht weiter nach Tatašuna. 3. Tag (beendet).
[12] Am nächsten Tag aber [geht] der König in die Ortschaft Taḫurpa h[inei]n. [13–14] Wenn er nach Ḫišurla gelangt, häuf[t] man vor dem Fluss [Hau]fen auf. Und der König [15] geht nach Taḫurpa hinein, und im *ḫalentuwa*-Haus [16] (findet) die große Versammlung (statt). 4. Tag (beendet).

Transliteration nach Nakamura 2002, eigene Übersetzung.

Text 2 (Ausschnitt aus der ersten Tagestafel zum vierten Tag: Version C: KBo 11.73+KBo 44.128[3])

Transliteration

C iii 7' MUNUS.MEŠ *zi-in-tu-ḫi-i-e-eš*

8' ^{uru}*Ta-ḫur-pa-ma-kan*$_2$

9' KASKAL-*an* ZAG-*na-az*

10' ⸢*ta-pu-ša*⸣ *a-ra-an-da-ri*

11' [(*ta* SIR$_3$[4])]-⸢*RU*⸣ ^{uru}*ḫa-at-ti-li*

12' [(LUGAL-*uš*) ^{ur}]^{u}*Ta-ḫur-pi*$_2$

13' [*a*(*n-da-an*)]

14' [(^{giš}*ḫu*)-*u-lu-ga*]-*an-ni-it*

15' [*pa-iz-zi*]

16' [*m*(*a-a-an-kan*$_2$ U)]RU-*ri*

17' [KA$_2$.GAL] ⸢*a*⸣-*ri*

18' [^{lu_2}AL(AM.Z)]U$_9$-*kan*$_2$ KA$_3$.GAL-*aš*

19' [*pi*$_2$-*ra-an a-ḫ*]*a-a ḫal-za-a-i*

20' [^{lu_2}*ki-*]⸢*i*⸣-*ta-aš-ša ḫal-za-a-i*

---

2 Diese Textpassage wurde im Rahmen einer späteren Überarbeitung in das Festritual eingefügt. Die Stationen Ḫakkura und Tatašuna sind ursprünglich wohl nicht am dritten Tag von der Gottheit Zitḫariya besucht worden.

3 Zur Textzusammenstellung und Bearbeitung dieser Passage aus der ersten Tagestafel des vierten Tages siehe Nakamura 2002, 6 f. 151–153. Dort ist in Version C der Zusammenschluss mit KBo 44.128 iii noch nicht berücksichtigt.

4 Ergänzungen bis Zeile 18' nach Version E: KBo 30.98 v 4'–9'.

21′ [*t*]*a-aš-ta* ^{giš}*ḫu-u-lu-ga-ni-it*

22′ [*š*]*a-ra-a* ^{E_2}*ḫi-lam-ni*

23′ [*pa-i*]*z-zi* LUGAL-*uš- kan*$_2$

24′ ⸢^{E_2}⸣*ḫa-le-en-tu-u-wa-aš*

25′ [*an-d*]*a-an pa-iz-zi*

26′ ⸢DUMU⸣ E$_2$.GAL ⸢LUGAL-*i*⸣

27′ *ME*-⸢*E*⸣ *QA*-⸢*TI pe*$_2$*-e-da*⸣*-i*

28′ GAL DUMU.MEŠ ⸢E$_2$⸣.[GAL GADA-*an*]

29′ *pa-a-i* Š[(U.MEŠ-*ŠU a-an-ši*[5])]

30′ LUGAL-*uš* $^{gi[š}$(ZAG.GAR.⸢RA-*ni*⸣)

31′ ⸢EGIR⸣-*pa U*[(*Š-KE-EN*)]

32′ *ta* LUGAL MUN[(US.LUGAL ^{giš}DAG-*ti*)]

33′ *e-ša-an-*[(*ta*)]

34′ *ta šal-li ḫa*[(*l*-⸢*zi*⸣*-ia*)]

35′ DUMU E$_2$.GAL-*ma-ka*[*n*$_2$]

36′ *an-da pa-iz-z*[*i*]

37′ *ta* ^{giš}ŠUKUR GUŠ[KIN]

38′ ^{giš}*kal-mu-*⸢*uš*⸣ GADA-*an-*[(*na*)]

39′ *ḫar-zi* GADA-*an* LUGAL-*i p*[*a-a-i*]

40′ ^{giš}*kal-mu-uš-ma-aš-ša-an*

41′ ^{giš}DAG-*ti da-a-*⸢*i*⸣

- - - - - - - - - - - - - - - - - - - -

Übersetzung

C iii 7′ Die *zintuḫi*-Frauen 8′ von Taḫurpa aber 9′–10′ stehen auf der rechten Seite des Weges, 11′ und sie singen hattisch.

12′–15′ Der Köni[g] fährt mit der [Ku]tsch[e] in die Ortschaft Taḫurpa hinein: 16′ [W]enn er bei der Stadt 17′ [das Tor] erreicht, 18′–19′ ruft der »[Sp]aßmacher« [vor] dem Tor »[*aḫ*]*ā*«.

20′ Auch der [*k*]*īta*-Mann ruft.

21′–23′ Dann fährt er (d. h. der König) mit der Kutsche zum Torbau hinauf. 23′–25′ Der König geht ins *ḫalentuwa*-Haus hinein.

26′–27′ Ein Palastbediensteter bringt dem König Hand(wasch)wasser. 28′–29′ Der Oberste der Pal[ast-]bediensteten gibt (ihm) [ein Tuch] (, und) er wischt seine Hände ab.

5 Ab hier Ergänzungen nach Version A: KUB 58.22 ii 13’–20’.

30'–31' Der König verneigt sich wieder am Altar. 32'–33' Der König und die Königin setzen sich auf den Thron, 34' und die große (Versammlung) wird (aus)gerufen.
35'–36' Ein Palastbediensteter aber geht hinein 37'–39' und hält einen Speer aus Gold, einen Krummstab und ein Tuch. 39' Das Tuch gi[bt er] dem König, 40'–41' den Krummstab aber stellt er zum Thron. (Ende der Kolumne)

Transliteration adaptiert von Nakamura 2002, eigene Übersetzung.

Zur Quelle

Die beiden Quellentexte bieten Auszüge aus dem $EZEN_4$ *nuntarriyašḫaš* (CTH 626), einem Reisefest, das den kultischen Kalender des hethitischen Königs prägte. Die Fragmente der ersten Übersichtstafel und der ersten Tagestafel des vierten Tages wurden – sofern die Fundorte bekannt sind – in der hethitischen Hauptstadt Ḫattuša gefunden und datieren in die junghethitische Zeit (ca. 1350–1180 v. Chr.).

Neben historischen und administrativen Dokumenten bilden die religiösen Texte die größte Gruppe der Texte aus den Archiven und Bibliotheken Ḫattušas. Sie umfasst beispielsweise Hymnen, Gebete und Beschwörungsrituale, aber auch Vorschriften, wie die religiösen Kulte zu oft jahreszeitlich festgelegten Anlässen durchzuführen waren. Derartige Anweisungen sind in zahlreichen Festritualtexten auf etwa zehntausend Tontafelfragmenten aus allen Perioden der hethitischen Geschichte (etwa 1600–1180 v. Chr.) erhalten.

Zu den Ritualen, die einen festen Platz im hethitischen Kalender hatten, gehörten zwei große Reisefeste: Das $EZEN_4$ AN.TAḪ.ŠUM^{sar} (CTH 604–621, 625), das nach einer Pflanze (vielleicht dem Krokus) benannt war und im Frühjahr gefeiert wurde, und das im Herbst stattfindende $EZEN_4$ *nuntarriyašḫaš*, dessen Name als »Fest der Eile«[6] übersetzt wird. Sie beinhalten Partien lokaler Frühlings- und Herbstrituale, die ursprünglich selbstständig waren.[7] Solche kleineren Feste wurden ab der mittelhethitischen Zeit (etwa 1500–1350 v. Chr.) in den Staatskult integriert, um einen einheitlichen Kultkalender zu schaffen.

Die beiden Reisefeste erstreckten sich über mehrere Wochen und wurden in Ḫattuša und wichtigen religiösen Zentren in Zentralanatolien gefeiert. Prozessionen mit Götterfiguren bildeten einen wesentlichen Bestandteil der Feste, bei denen der König und Mitglieder seiner Familie zu sakralen Stätten und lokalen Tempeln reisten, um dort den Göttern zu huldigen. Zum Gefolge gehörten die königliche Leibwache und diverse Palastbedienstete sowie Sänger, Musikanten, Akrobaten und »Spaßmacher«. Die Reisen rahmten die zentralen Riten in Ḫattuša ein.[8] Im Mittelpunkt der Feste standen Opferzeremonielle,

6 CHD L–N, 473 f.; Haas 1994, 827.
7 Die lokalen Kulte hat Cammarosano 2018 ausführlich analysiert, dort findet sich auch eine Auflistung der lokalen Frühlings- und Herbstfeste (Cammarosano 2018, 110 Tabelle 6).
8 Vgl. Schwemer 2004, 400.

Trinkriten zu Ehren der Götter, große Versammlungen und das gemeinsame Mahl von Göttern und Festgemeinde. Gesang und Tanz, szenische Darstellungen und sportliche Wettkämpfe hatten nicht nur kultische Bedeutung, sondern sorgten auch für Unterhaltung.[9]

Das EZEN_4 *nuntarriyašḫaš* (CTH 626) erstreckte sich über 35–40 Tage, die auf diversen sogenannten Übersichts- und Tagestafeln überliefert sind. Während erstere einen Überblick über die Gesamtdauer des Festes und die »Themen« der einzelnen Festtage gewähren, beschreiben die Tagestafeln das Ritualgeschehen ausführlicher. Trotzdem lassen sich nicht alle Tage mit ihren spezifischen Riten rekonstruieren, denn die stereotype Schilderungsweise lässt oftmals offen, ob es sich um einen Tag des EZEN_4 *nuntarriyašḫaš* oder um denjenigen eines anderen Festes handelt.[10] Hinzu kommt, dass nicht alle Keilschrifttafeln erhalten und die vorhandenen zum Teil stark beschädigt sind.

Der erste Quellentext bietet den Anfang einer Übersichtstafel, die den Beginn des Festes enthält und einen Überblick über 16 Festtage gewährt. Zu den Stationen der königlichen Reiseroute gehören die zentralanatolischen Ortschaften Katapa, Ḫakkura, Tatašuna und Taḫurpa. Am vierten Tag gelangt der König nach Taḫurpa, wo im *ḫalentuwa*-Haus die große Versammlung der Festgemeinde stattfindet. Der zweite Text, ein Ausschnitt aus der ersten Tagestafel zum vierten Tag, bezieht sich u. a. auf den Festabschnitt in Taḫurpa. Während der König sich der Ortschaft in seiner Kutsche nähert, wird er von verschiedenen Kultfunktionären, Sängerinnen und »Spaßmachern« begrüßt, die ihn am Wegesrand erwarten. Dann folgt eine Schilderung der Handlungen, die nach der Ankunft des Königs im *ḫalentuwa*-Haus ausgeführt werden.

Ausgewählte Editionen, Übersetzungen und Kommentare

Die bislang einzige Monographie zum EZEN_4 *nuntarriyašḫaš* hat Mitsuo Nakamura 2002 auf der Basis aller bis dahin bekannten Textzeugen vorgelegt. Der Festverlauf wurde primär durch die Übersichtstafeln rekonstruiert. Die Edition enthält die Bearbeitung (Umschrift, Übersetzung und Kommentar) aller Übersichtstafeln sowie ausgewählter Tagestafeln und behandelt die Forschungsgeschichte zu diesem Fest ausführlich. Eine aktuelle Zusammenstellung der Textzeugen des Festrituals mit weiteren Anmerkungen bietet Silvin Košaks Konkordanz der hethitischen Keilschrifttafeln.[11] 2016 begann das Projekt »Corpus der hethitischen Festrituale« (HFR), das an der Akademie der Wissenschaften und der Literatur Mainz und den Universitäten Marburg und Würzburg beheimatet ist und voraussichtlich 2036 abgeschlossen sein wird. Geplant ist u. a. die Erstellung kritischer Editio-

9 Generell zu den hethitischen Festritualen siehe Haas 1994, 674–695.
10 Schwemer 2004, 396.
11 http://www.hethport.uni-wuerzburg.de/hetkonk/hetkonk_abfrageF.php (letzter Zugriff: 30.09.2019)

nen zu den hethitischen Reisefesten, die als open access-Publikationen im Rahmen der digitalen Infrastruktur des Hethitologie-Portals Mainz (HPM) publiziert werden sollen.[12]

Verwandte Quellen

Das $EZEN_4$ *nuntarriyašḫaš* steht dem großen staatlichen Frühlingsfest $EZEN_4$ AN.TAḪ.ŠUM^{sar} nahe sowie diversen lokalen Herbst- und Frühlingsfesten.

Siehe auch

Q 10 – Eine Beschreibung der Neujahrsprozession im Hathortempel von Dendera
Q 21 – Das *akītu*-Fest in Babylon im Monat Nisannu
Q 43 – Fasti Antiates maiores
Q 57 – Das Kalenderbuch von 354 n. Chr. und das Weihnachtsdatum

Technische Aspekte

Die Hethiter gingen davon aus, dass ihr Wohlbefinden und das Gedeihen des Landes in erster Linie von der Gunst der Götter gegenüber König und Königshaus abhängen würden. Der oberste Gott des Landes, der Wettergott von Ḫatti, setzte den König zur Herrschaft über das Land ein, das den Göttern gehörte. Sie gewährten dem König Schutz und legitimierten ihn gegenüber der Bevölkerung. Als Verwalter des Landes war der König persönlich für dessen Wohlergehen verantwortlich; als Oberpriester oblagen ihm die Versorgung der Götter und die ordnungsgemäße Ausübung ihrer Kulte.[13] Der kultische Kalender der hethitischen Königsfamilie richtete sich nach den großen Staatsfesten. Er wurde von den landwirtschaftlichen Abläufen in Zentralanatolien bestimmt und unterschied drei Jahreszeiten, die sich jeweils über etwa vier Monate erstreckten: Frühling (Mitte März bis Juni, Zeit der Aussaat), Sommer/Herbst (Juli bis Oktober, Zeit der Ernte) und Winter (November bis Mitte März). Daher waren Frühling und Herbst die Zeiten, zu denen die wichtigsten religiösen Feste gefeiert wurden. Der agrarische Bezug spiegelt sich auch in verschiedenen Riten wider: Während des $EZEN_4$ *nuntarriyašḫaš*, das ein Erntedankfest ist, lässt die Königin ein Festmahl aus frisch geernteten Lebensmitteln, jungem Honig und jungem Wein für die Sonnengöttin von Arinna und weitere Gottheiten zubereiten. Andere Riten setzen die Frühlings- und Herbstfeste zueinander in Beziehung. So enthalten Frag-

12 Siehe http://www.adwmainz.de/projekte/corpus-der-hethitischen-festrituale/beschreibung.html (letzter Zugriff: 30.09.2019).
13 Vgl. auch Görke 2008, 50.

mente lokaler Herbstfeste einen Ritus, bei dem frisch geerntetes Getreide in ein großes Vorratsgefäß gefüllt wird. Dieses wird im Rahmen der Frühlingsfeste, z. B. am 12./13. Tag des EZEN$_4$ AN.TAḪ.ŠUM^{sar}, feierlich geöffnet, um davon den Göttern zu opfern.[14]

Abweichend vom hethitischen astronomischen Jahr, das im Frühling anfing, begann das kultische Jahr im Herbst. Dies könnte auf die Verknüpfung der Jahreszeiten durch den Ritus mit dem Vorratsgefäß[15] zurückzuführen sein, da das Füllen des Gefäßes seiner Öffnung vorausgeht.

Ob die Feste jeweils an einem bestimmten Termin begannen, ist nicht bekannt. Der Beginn des Herbstfestes hing vielleicht von der Rückkehr des Königs vom jährlichen Feldzug ab, worauf der Name »Fest der Eile« hindeuten könnte. Zu dieser Zeit konnten auch die Angehörigen der männlichen Bevölkerung, die den König auf seinen jährlichen Kampagnen begleiten mussten, an den Feierlichkeiten teilnehmen.[16] Der Spielraum war jedoch gering, denn der ordnungsgemäße Zeitpunkt für die Feste wurde durch das hethitische Weltbild vorgegeben. Nach dieser Vorstellung war die Begehung der Feste zur richtigen Zeit grundlegend, um die göttliche Ordnung aufrecht zu erhalten und das Gedeihen des Landes zu garantieren.[17] König Muršili II. berichtet in seinen Annalen (Z. 106 f.), dass er Kampagnen verschoben oder an seine Generäle übertragen habe, um wichtige Feste pünktlich durchführen zu können.[18]

Soziokulturelle Auswertung

Ab der Mitte des 14. Jahrhunderts v. Chr. waren die Hethiter im Vorderen Orient eine Großmacht, deren Herrschaftsbereich sich auf Zentral-, Süd- und Ostanatolien sowie weite Teile Syriens erstreckte. Sie herrschten über ein multi-kulturelles Gebiet, dessen Einwohner verschiedene Sprachen wie z. B. hethitisch, hattisch, luwisch und hurritisch sprachen und unterschiedliche Götter verehrten. Die Texte in den hethitischen Archiven enthalten Hinweise auf über 165 überwiegend lokale Feste aus den unterschiedlichsten Regionen des Hethiterreiches, von denen etwa 80 namentlich bekannt sind.[19] Wegen der

14 Vgl. Haas 1994, 795 f.

15 Zu diesem Ritus und seiner die beiden Feste verbindenden Funktion siehe Cammarosano 2018, 115–117. 119–121; siehe auch Schwemer 2004 zu korrelativen Beziehungen zwischen Frühjahrs- und Herbstfest(en).

16 Collins 2007, 125.

17 González García – Belmonte 2011, 471.

18 Siehe auch Collins 2007, 94: »Others, like Suppiluliuma I, sometimes neglected their religious duties in favor of their martial activities. Such delinquency invariably caught up with the king, or his successor ... It fell to Mursili II, for example, to make amends for past neglect of a religious cult, as he notes in his prayer to the Storm-God regarding the plague that ravaged the land during his reign.«

19 Collins 2007, 163; Bryce 2002, 188.

Fülle der in den lokalen Kulten gehuldigten Gottheiten wurde das Pantheon als »die 1000 Götter des Ḫatti-Landes« bezeichnet.

Um die Einhaltung der Kultpflichten und die ordnungsgemäße Ausübung der Kulte durch das Königshaus für das gesamte Reich sicherzustellen, mussten die unterschiedlichen religiösen Traditionen der multikulturellen Einwohnerschaft in den Staatskult einbezogen werden. Daher beauftragten die hethitischen Herrscher schreibkundige Experten damit, einen einheitlichen Kultkalender zu erstellen, der diverse lokale Feste und Traditionen in die zentralen Staatsfeste inkorporierte. Während die Angaben zur Durchführung der Feste in der Regel in Hethitisch niedergelegt sind, wurden die zu rezitierenden Beschwörungen und Festgesänge manchmal auch in anderen Sprachen wie hattisch, luwisch oder hurritisch aufgezeichnet.

Da einige Herrscher die Kultvorschriften im Rahmen ihrer Regierungstätigkeiten überarbeiten ließen, existieren von manchen Festen unterschiedliche Versionen. Die Quellen zeigen, wie die hethitische Kultpraxis und deren Verwaltung das politische, ökonomische und soziale Leben im Hethiterreich beeinflussten. Darüber hinaus bieten sie Informationen, welche Orte für die Kultreisen religionsgeschichtlich wichtig waren und wie sich die Bedeutung lokaler Kulte durch politische Entwicklungen wandelte.

Die großen jährlichen Feste hatten sowohl kultisch-sakralen als auch gesellschaftlich-profanen Charakter.[20] Damit die Götter für lebensspendenden Regen, üppige Ernten und guten Viehbestand sorgten und den König mit Kraft und Nachkommen ausstatteten, mussten ihre göttlichen Kräfte durch Riten, Opfer, Gebete und gemeinsame Kultmahlzeiten aktiviert werden.[21] Für das Gedeihen des Landes waren auch die politische Stabilität und die gesellschaftliche Anerkennung des Königshauses bedeutsam. Diese Aspekte wurden durch die Feiern ebenfalls gestärkt.

Die Reisefeste fanden unter Anwesenheit vieler Menschen an verschiedenen Orten statt. Dadurch bezog der König neben seinem Hofstaat und ausgewählten Bewohnern der Hauptstadt (z. B. Vertreter von Berufsständen und Vertreter der Provinzstädte) auch Personen anderer Teile seines Reiches in die Kultgemeinschaft ein. Zu ihnen gehörten die Priester und Würdenträger der zentralanatolischen Städte. Unterwegs veranschaulichten die Götterprozessionen nicht nur den Festteilnehmern das besondere Verhältnis des Königs zu den Göttern. Auch für die Bewohner der Hauptstadt und der religiösen Zentren ergab sich zweimal jährlich die Möglichkeit, einen Blick auf ihren König und ihre Götter(statuen) zu erhaschen.[22]

---

20 Haas 1994, 675.

21 Vgl. Haas 1994, 675.

22 Für Beispiele aus den beiden Reisefesten siehe Görke 2008. Zur sozialen Dimension von lokalen Festen siehe Cammarosano 2018, 103–105. Vgl. auch Pongratz-Leisten 1997, 56: »Während der alltägliche Kult ortsgebunden ist (Statuen im Tempel), zeichnet sich die Festzeit dadurch aus, dass es Bewegung in Form

Die bereisten Orte lagen im Kernbereich des Staatsgebietes und waren in der Regel innerhalb einer Tagesreise zu erreichen. In der späten Großreichszeit wurden auch weiter entfernte Gebiete integriert, indem ihre Gesandten an den Festhandlungen in Ḫattuša teilnehmen durften. Hierbei könnte es sich um die ideelle Einbeziehung des gesamten Landes in die Ausübung der Kulte gehandelt haben.[23]

Die eigentlichen religiösen Kulthandlungen wurden von Ritualexperten (diversen Priestern) durchgeführt, während die Festhandlungen der königlichen Familie (König, Königin, Prinzen) oft repräsentativer Natur waren. Dazu gehörten die Ankunft mit der zeremoniellen Kutsche, Prozessionen, Trinkriten, Versammlungen und das Mahl mit der Festgemeinde. Der König nutzte die Feste, um sich und die göttliche Gunst, die ihm entgegengebracht wurde, zu präsentieren. Die gemeinsamen Aktionen, zu denen auch Rezitationen, die Aufführung von lokal geprägten Gesängen und Tänzen sowie Wettläufe, Pferderennen oder ähnliche Spiele gehörten, wirkten für die Teilnehmer gemeinschafts- und identitätsstiftend.[24] Durch ihre Teilnahme garantierten die Ortschaften dem König gleichzeitig ihre Loyalität. Die hethitischen Könige herrschten über ein ausgedehntes Gebiet mit einer multiethnischen und multilingualen Bevölkerung, die ein gemeinsames Weltbild teilte: Den Glauben, dass das Gedeihen des Landes von der Gunst der Götter gegenüber dem König abhängen würde. Die Schaffung eines einheitlichen staatlichen Kultkalenders diente den hethitischen Herrschern nicht nur als Instrument, ihre kultischen Verpflichtungen an unterschiedlichen Schauplätzen zu erfüllen, sondern auch der sozialen Kontrolle einer durch Diversität geprägten Einwohnerschaft.

Bibliographie

Bryce 2002
T. Bryce, Life and Society in the Hittite World (Oxford 2002).

Cammarosano 2018
M. Cammarosano, Hittite Local Cults, Writings from the Ancient World 40 (Atlanta 2018).

Collins 2007
B. J. Collins, The Hittites and their World, Archaeology and Biblical Studies 7 (Atlanta 2007).

CTH
E. Laroche, Catalogue des textes hittites (Paris 1966, Nachdr. 1971).

Görke 2008
S. Görke, Prozessionen in hethitischen Festritualen als Ausdruck königlicher Herrschaft, in: D. Prechel (Hrsg.), Fest und Eid. Instrumente der Herrschaftssicherung im Alten Orient, Kulturelle und Sprachliche Kontakte 3 (Würzburg 2008) 49–72.

der Götterprozessionen gibt. Dadurch werden Bereiche in Beziehung gesetzt [...], die im profanen Alltag beziehungslos nebeneinander existieren.«

23 Schwemer 2004, 404 Anm. 37.

24 Görke 2008, 50.

González García – Belmonte 2011
A. C. González García – J. A. Belmonte, Thinking Hattusha: Astronomy and Landscape in the Hittite Lands, Journal for the History of Astronomy 42, 2011, 461–494.
Haas 1994
V. Haas, Geschichte der hethitischen Religion, Handbuch der Orientalistik I 15 (Leiden 1994).
Košak 2002–2019
S. Košak, Konkordanz der hethitischen Keilschrifttafeln (hethiter.net/: hetkonk [v. 1.99]). http://www.hethport.uni-wuerzburg.de/hetkonk/hetkonk_abfrageF.php (letzter Zugriff: 30.09.2019).
Nakamura 2002
M. Nakamura, Das hethitische *nuntarriyašḫa*-Fest, Publications de l'Institut historique-archéologique néerlandais de Stamboul 94 (Leiden 2002).
Pongratz-Leisten 1997
B. Pongratz-Leisten, Festzeit und Raumverständnis in Mesopotamien am Beispiel der *akītu*-Prozession, Ars Semiotica 20, 1997, 53–67.
Schwemer 2004
D. Schwemer, Von Taḫurpa nach Ḫattuša: Überlegungen zu den ersten Tagen des AN.DAḪ.ŠUM-Festes, in: M. Hutter – S. Hutter-Braunsar (Hrsg.), Offizielle Religion, lokale Kulte und individuelle Religiosität, Alter Orient und Altes Testament 318 (Münster 2004) 395–412.

Q 15 Eine hethitische Rezeptur mit Zeitangaben

Daliah Bawanypeck

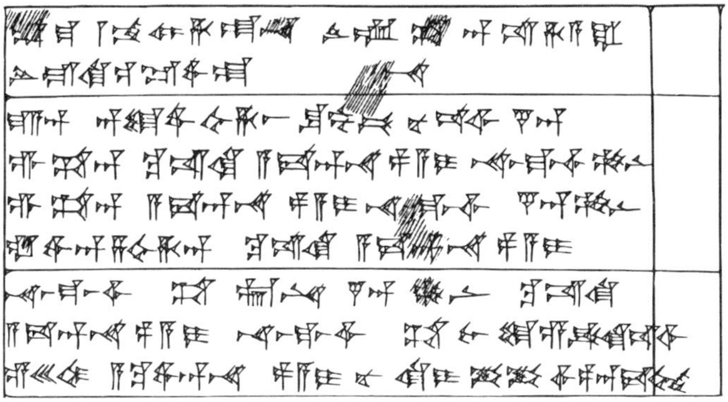

Abb. 1: Ausschnitt aus der Autographie der Tontafel Bo 2005 = KBo 5.2 i 1–9 (Autographie: Friedrich Hrozný).

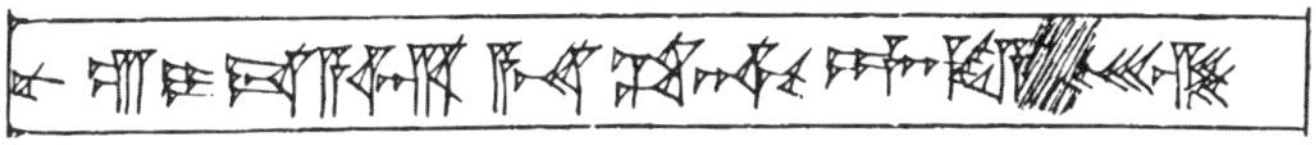

Abb. 2: Ausschnitt aus der Autographie der Tontafel Bo 2005 = KBo 5.2 ii 28 (Autographie: Friedrich Hrozný).

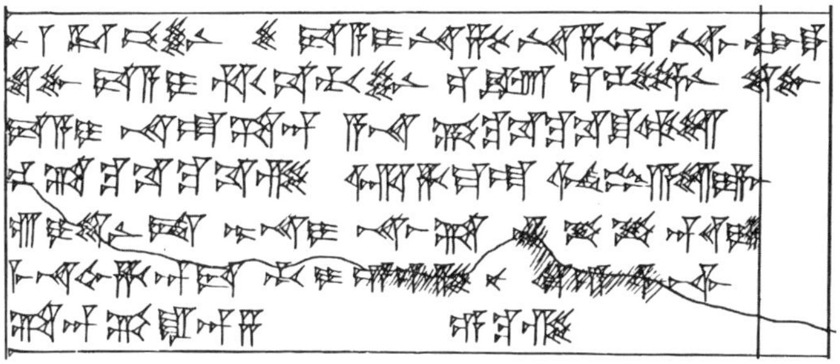

Abb. 3: Ausschnitt aus der Autographie der Tontafel Bo 2005 = KBo 5.2 iv 20–26 (Autographie: Friedrich Hrozný).

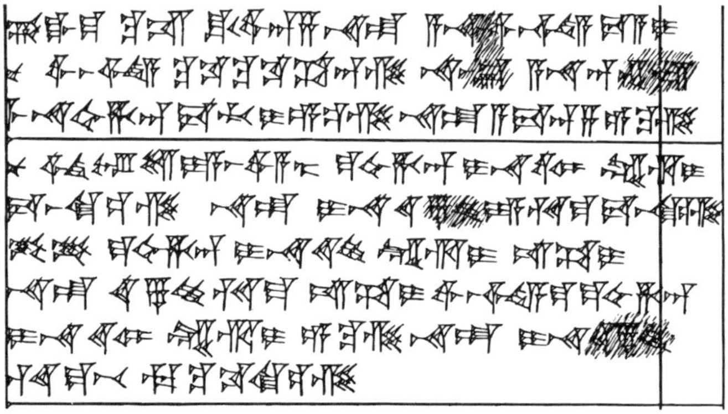

Abb. 4: Ausschnitt aus der Autographie der Tontafel Bo 2005 = KBo 5.2 iv 40–48 (Autographie: Friedrich Hrozný).

Transliteration

i 1 ⸢*UM*⸣-*MA* ^{m}*Am-mi-ḫa-at-*⸢*na*⸣ ^{lu_2}SANGA ⸢*ŠA*⸣ ^{d}*Iš-ḫa-a-ra*

2 LU$_2$ ^{uru}*Ki-iz-zu-wa-at-na*

---

3 *ma-a-an an-tu-wa-aḫ-ḫa-aš šu-up-pi*$_2$-<*iš*> *nu-uš-ši* NINDA-*an*

4 *mar-ša-an ku-iš-ki a-da-an-na pa-a-i na-aš-ma-aš-ši* ^{uzu}I$_3$

5 *mar-ša-an a-da-an-na pa-a-i na-*⸢*aš*⸣*-ma-aš-ši* NINDA-*an* ^{uzu}I$_3$

6 *al-wa-an-za-aḫ-ḫa-an ku-iš-ki a-da-*⸢*an*⸣*-na pa-a-i*

7 *na-aš-ma-aš-ši ŠA* E$_2$.NA$_4$ NINDA-*an* ⸢^{uzu}⸣I$_3$ *ku-iš-ki*

8 *a-da-an-na pa-a-i na-aš-ma-aš-ši ŠA* MUNUS *tu-e-ek-ki-iš-ši*

9 *e-eš-ḫar a-ku-wa-an-na pa-a-i nu ki-i* SISKUR$_2$ *ši-pa-an-da-aḫ-ḫi*

---

ii 28 *nu u*$_2$*-i-da-a-ar A-NA ŠA-PAL* MUL$^{ḫi.a}$ ⸢*še*⸣*-eš-zi*

---

iv 20 *nu* 1 *kap-pi*$_2$*-in* ŠE *da-a-i* ^{na_4}ZA.GIN$_3$ ^{na_4}GUG ^{na_4}AŠ.NU$_{11}$.GAL

21 *te-pu da-a-i ḫu-u-uš-ti-in* ^{giš}ERIN ^{giš}ŠINIG *te-pu*

22 *da-a-i na-at-ša-an A-NA* ^{dug}*ku-uš-ku-uš-šu-ul-li*

23 *kat-ta ku-uš-ku-uš-zi ar-ḫa-ma-at ši-ḫi-il-li-ia-aš*

24 *u*$_2$*-i-te-ni-it tar-na-i na-aš-ta* ⸢EN⸣.SISKUR$_2$ ^{d}UTU-⸢*i*⸣

25 *me-na-aḫ-ḫa-an-da ti-i-e-*⸢*ez-zi*⸣ *nu* ⸢*ke-e wa*⸣*-aš-ši*

26 *ta-an-ga-ra-an-za e-ku-zi*

---

iv 40 ^{dug}GAL-*ma ku-iš šu-u-wa-an-za na-at A-*⸢*NA wa*⸣*-aš-ši*$^{hi.a}$ *da-a-i*

41 *nu wa-aš-ši*$^{hi.a}$ *ku-uš-ku-uš-ša-an-zi na-*⸢*aš-kan*$_2$⸣ *A-NA* ^{d}⸢EN.ZU⸣

42 *me-na-aḫ-ḫa-an-da ti-i-e-ez-zi na-at a-da-an-za e-ku-zi*

---

43 *nu ši-ḫe-el-li-ia-aš wa-a-tar ma-aḫ-ḫa-an I-NA* UD-*MI MAḪ-RI-I*

44 *da-aš-ki-iz-zi na-at I-NA* UD.⸢7.KAM⸣-*ia QA-TAM-MA da-aš-ki-iz-zi*

45 SISKUR$_2$ *ma-aḫ-ḫa-an I-NA* UD.KAM *MAḪ-RI-I iš-ša-i*

46 *na-at* UD.7.KAM *QA-TAM-MA iš-ša-i wa-aš-ši*$^{hi.a}$*-ma ma-aḫ-ḫa-an*

47 *I-NA* UD-*MI MAḪ-RI-I e-ku-zi na-at I-NA* UD.⸢7.KAM⸣

48 *QA-TAM-MA-pat*$_2$ *ak-ku-uš-ki-iz-zi*

Transliteration nach Strauß 2010.

Übersetzung

Kol. i 1 Folgendermaßen (spricht) Ammiḫatna, der SANGA-Priester der Išḫara, 2 der Kizzuwatnäer: 3–6 »Wenn ein Mensch rein ist und ihm jemand unreines Brot zu essen gibt oder ihm unreines Fett zu essen gibt oder (wenn) ihm jemand verhextes Brot (oder) Fett zu essen gibt,
7–9 oder (wenn) ihm jemand Brot (oder) Fett des Steinhauses zu essen gibt oder ihm Blut aus dem Körper einer Frau (d. h. Menstruationsblut) zu trinken gibt, (dann) vollziehe ich dieses Ritual.«

Kol. ii 28 (Dann) ruht das Wasser unter den Sternen.[1]

Kol. iv 20–22 1 *kappi*-Gefäß (mit) Gerste nimmt er (d. h. der Priester), etwas Lapislazuli, Karneol (und) Alabaster nimmt er, etwas Schwefel, Zeder(nholz) und Tamariske(nholz) nimmt er. 22–24 Er zerstößt dies in einem Mörser, im Wasser der Reinheit aber löst er es auf. 24–26 Dann tritt der Ritualherr (d. h. der Patient) dem Sonnengott gegenüber hin und trinkt diese *waššī*-Lösung (auf) nüchtern(en Magen).

Kol. iv 40 Den Becher aber, der gefüllt ist, nimmt er für die *waššī*-Lösung. 41–42 Die *waššī*(-Ingredienzien) zerstößt man. (Dann) tritt er dem Mondgott gegenüber hin und trinkt sie (d. h. die *waššī*-Lösung) (in) gesättigt(em Zustand).

1 In Kol. i 46–ii 28 wird die Herstellung des »Wassers der Reinheit« geschildert, das mit verschiedenen kathartisch wirkenden Substanzen versetzt wird und während der Nacht unter den Sternen ruht. Es wird im Verlauf des Rituals auch zur Anfertigung des *waššī*-Heiltrankes genutzt. Das hethitische Nomen *waššī-* bezeichnet Medizin (z. B. Salben, Heiltränke) oder medizinische Ingredienzien.

43–44 Wie er das Wasser der Reinheit am 1. Tag nimmt, ebenso nimmt er es auch an 7 Tagen. 45–46 Wie er das Ritual am 1. Tag vollzieht, ebenso vollzieht er es an 7 Tagen. 46–48 Wie er die *waššī*-Lösung am 1. Tag trinkt, ebenso trinkt er sie an 7 Tagen.

Übersetzung nach Strauß 2010.

Zur Quelle

In den Auszügen aus dem Ritual des Ammiḫatna (CTH 471), das in hethitischer Sprache verfasst ist, wird die Herstellung eines Heiltrankes beschrieben, der vom Patienten an sieben aufeinanderfolgenden Tagen zu trinken ist.

Dieses kathartische Ritual richtet sich gegen Unreinheit, die durch die Verabreichung verunreinigter, tabuisierter oder verhexter Speisen verursacht wurde. Es ist auf vier Tontafeln überliefert, die in Ḫattuša[2] gefunden wurden und aus der mittel- und junghethitischen Zeit (ca. 1500–1180 v. Chr.) stammen. Gemäß den Anfangszeilen handelt es sich um das Ritual des Ammiḫatna aus Kizzuwatna, eines Priesters der Göttin Išḫara. Ein weiteres Reinigungsritual (CTH 472) führt ihn gemeinsam mit den Priestern Tulbi und Mati auf, die ebenfalls aus Kizzuwatna stammen. Diese Zuschreibungen bedeuten jedoch nicht unbedingt, dass die genannten Personen als die Autoren der Rituale anzusehen sind.[3]

Ab der Mitte des 14. Jahrhunderts v. Chr. waren die Hethiter im Vorderen Orient eine Großmacht. Sie herrschten über ein vielsprachiges Gebiet, dessen Einwohner unterschiedliche Götter verehrten. Hethitische Quellen, besonders die hethitisch-kizzuwatnäischen Staatsverträge, beleuchten die Beziehungen der Hethiter zum Königreich Kizzuwatna im Gebiet der kilikischen Ebene. An der Grenze zwischen Anatolien, Nordsyrien und Obermesopotamien gelegen, nahm es eine Pufferstellung zwischen dem Hethiterreich und dem rivalisierenden hurritischen Mittani-Staat ein, bis es zu Beginn der Großreichszeit endgültig unter hethitische Herrschaft fiel. Das Ritual des Ammiḫatna bietet ein Beispiel dafür, dass die dauerhaften Kontakte zur Übernahme religiöser Traditionen Kizzuwatnas in den hethitischen Kult führten.[4]

Ausgewählte Editionen, Übersetzungen und Kommentare

Die grundlegende Edition des Ammiḫatna-Rituals (CTH 471) mit sämtlichen Textzeugen, Übersetzung und Kommentar hat Rita Strauß (2006) als Teil ihrer Edition der Reinigungsrituale aus Kizzuwatna vorgelegt. Darüber hinaus hat sie im Hethitologie-Portal-Mainz

2 Zu den Tontafelsammlungen aus der hethitischen Hauptstadt Ḫattuša siehe ausführlich Q 14.

3 Die Problematik der »Verfasserschaft« hethitischer Rituale wird ausführlich von Christiansen 2006, 5–30 erörtert.

4 Dazu ausführlicher Strauß 2006, 3–11.

(HPM) eine ebenfalls deutsche Online-Version dieses Rituals publiziert (Editio ultima 1.11.2016), in der auch Fotos aller Textzeugen verlinkt wurden.[5] Beide Arbeiten enthalten Angaben zur Editionsgeschichte und ausgewählte Literatur. Die älteste Textbearbeitung wurde von Maurus Witzel (1924) veröffentlicht. Leyla Murat publizierte 2003 einen Artikel über das Ritual des Ammiḫatna, der auf den Ergebnissen ihrer Dissertation von 2002 basiert. Er enthält eine Übersetzung der hier gewählten Auszüge aus KBo 5.2 in türkischer Sprache (ausgenommen Rs. iv 40–43).

Verwandte Quellen

Die therapeutische Sammlung KUB 44.61[6] enthält in Vs. 1–16 zwei hethitische Rezepturen zur Herstellung von Medikamenten, die an sieben Tagen einzunehmen sind. Die zweite Prozedur schreibt vor, dass der Patient das Heilmittel in nüchternem Zustand trinken soll.

Die Zubereitung des »Wassers der Reinheit« ähnelt derjenigen von Weihwasser in der mesopotamischen Ritualliteratur, wo die Praxis der nächtlichen »Besternung« ebenfalls genutzt wird (siehe dazu den Abschnitt Soziokulturelle Auswertung).[7]

In der 2. Hälfte des 1. Jahrtausends v. Chr. wurde in Mesopotamien eine Gruppe von Texten entwickelt, die sich mit medizinisch-astrologischen Zusammenhängen befassen. So werden in einer Tontafel (BM 34371) beispielsweise Sternbilder mit bestimmten Krankheiten korreliert.[8]

Zeitangaben – allerdings zur Bestimmung von Krankheitssymptomen – sind auch in der dritten Unterserie des assyrisch-babylonischen Diagnosehandbuchs SA.GIG[9] enthalten. Einige Zeilen der 19./20. Tafel, deren Aussagen sich auf das persönliche Schicksal des Kranken beziehen, stellen einen Bezug zu den Tagen des Monats gemäß dem babylonischen Kalender her (siehe Q 16). Insofern ähneln sie hemerologischen Einträgen aus der kalendarischen Omenserie *Iqqur īpuš*.[10]

Siehe auch

Q 16 – Qualitative Bestimmung der Zeit: Hemerologien und Tagewählkalender

Q 28 – Die Tage des Monats in Hesiods *Werken und Tagen* und Vergils *Georgica*

---

5 R. Strauß (Hrsg.), hethiter.net/: CTH 471 (INTR 2016.1.11; letzter Zugriff: 30.09.2019)

6 Bearbeitet von Burde 1974, 18–24.

7 Strauß 2006, 37 f.

8 Heeßel 2010, 168 f.

9 Heeßel 2000.

10 Vgl. Heeßel 2000, 30 f. 68.

Technische Aspekte

Während Festrituale zyklisch stattfanden und den Verlauf des Jahres strukturierten (siehe z. B. Q 14 und Q 21), wurden Heilungsrituale in Krisenzeiten von Spezialisten durchgeführt, die den richtigen Zeitpunkt für die Durchführung der Riten sowie die Zubereitung und Verabreichung von Heilmitteln kannten. Diesbezügliche Zeitangaben sind gelegentlich in mesopotamischen und hethitischen Ritualen und Rezepturen erhalten. Da die altorientalische Medizin mit religiösen Vorstellungen verknüpft ist, hing der richtige Zeitpunkt häufig von religiösen oder magischen Zuschreibungen ab. Die Tageszeiten wurden daher in die rituelle Beseitigung von Notsituationen einbezogen. Üblicherweise fanden die Vorbereitungen in nächtlicher Stille unter den Sternen statt, und das Ritual begann am frühen Morgen, wenn der Sonnengott erschien, der als göttlicher Richter galt.[11] Das akkadische Ritual *Maqlû* (»Verbrennung«),[12] das sich gegen Schadenszauber richtete, sollte hingegen nachts durchgeführt werden, weswegen in der Eröffnungsbeschwörung die vergöttlichte Nacht und die drei Nachtwachen (als Personifikation der Zeitabschnitte der gesamten Nacht) angerufen wurden. Da Hexerei oft nachts unter den Sternen praktiziert wurde, sollten die Sterne, die als astrale Erscheinungen der Götter angesehen wurden, auch bei der Beseitigung des Schadenszaubers helfen. Das Ritual *Maqlû* wurde von Waschungsriten beschlossen, die zum Zeitpunkt des Sonnenaufgangs stattfanden, weil die Sonne als Gerechtigkeit bringender Gott angesehen wurde. Als passender Zeitpunkt für Rituale gegen Schadenszauber wurde auch die gleichzeitige Sichtbarkeit von Sonne und Mond am östlichen und westlichen Horizont angesehen (siehe auch Q 9), da in diesem Fall Sonnen- und Mondgott gemeinsam über das Schicksal des Patienten entscheiden konnten.[13]

Die Zahl »Sieben« hat in hethitischen Ritualen – ebenso wie in Mesopotamien – einen symbolischen Wert. In hethitischem Kontext tritt sie oft in Kombination mit Gewässern und Flüssigkeiten auf.[14] Im eingangs zitierten Text trinkt der Patient den Heiltrank, der mit siebenfach aus einem Fluss geschöpftem »Wasser der Reinheit« hergestellt wurde, jeden Tag jeweils einmal in nüchternem und gesättigtem Zustand. Die siebenmalige morgendliche und abendliche Einnahme der Medizin korrespondiert mit der siebentägigen Dauer des Rituals. In einem anderen Ritual kizzuwatnäischer Herkunft wird beschrieben, dass das »Wasser der Reinheit« aus den sieben Quellen der Stadt Lawazantiya geschöpft wird, vgl. KBo 9.115(+) Vs. 1–4.[15]

---

11 Streck 2012, 404.

12 Abusch – Schwemer 2005.

13 Für Beispiele siehe Scurlock 2006, 305–307 Nr. 91; Schwemer 2010.

14 Oettinger 2008, 592 f.

15 Zur Verwendung von Wasser in hethitischen Riten siehe Bawanypeck 2016.

Soziokulturelle Auswertung

Die Hethiter gingen davon aus, dass ihr Wohlbefinden und das Gedeihen des Landes in erster Linie vom göttlichen Wohlwollen abhängig waren. Verstöße gegen die Ordnung der Götter bewirkten deren Groll und verursachten Gefährdungen für Natur, Gesellschaft und Königtum, die sich auch in Seuchen und anderen Krankheiten manifestieren konnten. Altorientalische Reinigungs- und Heilungsrituale zielen darauf ab, Notzustände durch die Wiedererlangung göttlicher Gunst zu beseitigen und den Status der Normalität wiederherzustellen. Dabei bedienten sich die hethitischen Herrscher des Wissens und der kulturellen und religiösen Traditionen von Ritualspezialisten aus allen Teilen ihres Reiches, hier z. B. dem südostanatolischen Kizzuwatna, dessen Kulte auch von hurritischen Einflüssen zeugen.

Das Ritual des Ammiḫatna wurde für einen Menschen durchgeführt, dem jemand verunreinigte, tabuisierte oder verhexte Speisen verabreicht hatte. Er wird »Ritualherr« (EN.SISKUR$_2$) genannt, aus dem Abschnitt, in dem die für das Ritual benötigten Materien aufgelistet werden, geht jedoch hervor, dass es sich auch um eine Frau handeln konnte. In diesem Fall werden die Ritualmaterialien durch für Frauen vorgesehene Gegenstände ergänzt, wie KBo 5.2 i 35 belegt: »Wenn der ›Ritualherr‹ aber eine Frau ist, (nimmt man) für sie einen *ḫaššalli*-Schemel und die Prachtgewänder einer Frau.« Es ist davon auszugehen, dass die in Ḫattuša gesammelten Ritualtexte der königlichen Familie, ihrem Hofstaat sowie ausgewählten Bewohnern der Hauptstadt zugute kamen. Daher dürften die Klienten diesen Kreisen angehört haben. Die ausdrückliche Erwähnung, dass der Patient zuvor (kultisch) rein (heth. *šuppi-*) war, könnte auch auf einen Tempelangehörigen hindeuten.[16]

Im Verlauf des siebentägigen Rituals wurde dem Patienten ein Heiltrank (*waššī-*) verabreicht, den er täglich morgens und abends einzunehmen hatte.[17] Bei der Herstellung von Arzneien spielten auch Eigenschaften eine Rolle, die den Ingredienzien symbolisch zugeschrieben wurden. So konnte z. B. durch die Verwendung von Zedern- und Tamariskenholz die kathartische Wirkung der Medikamente gesteigert werden. Auch astrale Kräfte wurden genutzt, um die Effekte von Arzneien zu intensivieren. Ein wichtiger Bestandteil des vorliegenden Trankes war das »Wasser der Reinheit«. Seine Heilkräfte wurden dadurch vermehrt, dass man es während der Nacht unter den Sternen ruhen ließ, um deren Energie aufzunehmen.

Das Ritual des Ammiḫatna vereint die Traditionen verschiedener Regionen des Alten Orients. Das »Wasser der Reinheit« verbindet dieses Ritual mit dem hurritischen *itkalzi-*

16 Strauß 2006, 22.

17 In Strauß 2006, 34–44. 140–144, sowie Strauß 2001 wird die Zubereitung und Verabreichung dieser Substanz ausführlich besprochen und auch auf ähnliche Rezepturen eingegangen.

Ritual, das verschiedene »Beschwörungen des Wassers« enthält. Die Praxis der nächtlichen Besternung zur Steigerung der kathartischen Kräfte von Weihwasser (akkadisch *agubbû*), das zur rituellen Reinigung benutzt wird, ist auch in der mesopotamischen Ritualliteratur gut belegt, z. B. in Heilungs- und Löseritualen aus dem 1. Jahrtausend v. Chr. Verschiedene Rezepturen aus den Archiven Ḫattušas, darunter mehrere in akkadischer Sprache, bezeugen, dass diese Praktiken bereits im 2. Jahrtausend v. Chr. bekannt waren und Anwendung fanden.[18]

Bei der vorliegenden Quelle handelt es sich um ein situationsbedingtes Ritual, das bei Auftreten einer speziellen Notsituation von einem Spezialisten vollzogen wurde, der die kizzuwatnäischen Riten beherrschte und hurritische Sprüche rezitieren konnte. Während eines Zeitraumes von sieben Tagen wendete er verschiedene kathartische Techniken an, mit denen die äußere Reinigung des Patienten bewirkt werden sollte (Riten zur Übertragung der Verunreinigungen sowie Waschungen). Die innere Reinigung erfolgte durch die tägliche Einnahme des *waššī*-Heiltranks.

Bibliographie

Abusch – Schwemer 2005
T. Abusch – D. Schwemer, Das Abwehrzauberritual Maqlû (»Verbrennung«), in: B. Janowski – G. Wilhelm (Hrsg.), Texte aus der Umwelt des Alten Testaments Neue Folge 4: Omina, Orakel, Rituale und Beschwörungen (Gütersloh 2005) 128–186.

Bawanypeck 2016
D. Bawanypeck, RlA XV (2016) 7–10 s. v. Wasser (Weihwasser). A. II. Philologisch. Bei den Hethitern.

Burde 1974
C. Burde, Hethitische medizinische Texte, Studien zu den Boğazköy-Texten 19 (Wiesbaden 1974).

Christiansen 2006
B. Christiansen, Die Ritualtradition der Ambazzi. Eine philologische Bearbeitung und entstehungsgeschichtliche Analyse der Ritualtexte CTH 391, CTH 429 und CTH 463, Studien zu den Boğazköy-Texten 48 (Wiesbaden 2006).

CTH
E. Laroche, Catalogue des textes hittites (Paris 1966, Nachdr. 1971).

Heeßel 2000
N. P. Heeßel, Babylonisch-assyrische Diagnostik, Alter Orient und Altes Testament 43 (Münster 2000).

Heeßel 2010
N. P. Heeßel, Medizinisch-astrologische Texte, in: B. Janowski – D. Schwemer (Hrsg.), Texte aus der Umwelt des Alten Testaments Neue Folge 5: Texte zur Heilkunde (Gütersloh 2010) 169–171.

18 Beispiele für die Besternung von Weihwasser und die möglichen Wirkweisen der Sterne bieten Maul 1994, 45 f.; Reiner 1995, 48–56; Strauß 2006, 37–40 und Heeßel 2016, 21.

Heeßel 2016
N. P. Heeßel, Medizinische Texte aus dem Alten Mesopotamien, in: A. Imhausen – T. Pommerening (Hrsg.), Translating Writings of Early Scholars in the Ancient Near East. Egypt, Greece and Rome. Methodological Aspects with Examples (Berlin 2016) 17–73.

Maul 1994
S. M. Maul, Zukunftsbewältigung. Eine Untersuchung altorientalischen Denkens anhand der babylonisch-assyrischen Löserituale (Namburbi), Baghdader Forschungen 18 (Mainz 1994).

Murat 2002
L. Murat, Kizzuvatna'lı Rahip Ammihatna'ya ait bir Ritüel Metin (CTH 471) (Diss. Ankara Üniversitesi 2002).

Murat 2003
L. Murat, Ammihatna Ritüelinde Hastaliklar ve Tedavi Yöntemleri, Archivum Anatolicum 6.2, 2003, 89–109.

Oettinger 2008
N. Oettinger, Zur Zahlensymbolik bei den Hethitern, in: A. Archi – R. Francia (Hrsg.), VI. Congresso Internazionale di Ittitologia, Roma, 5.–9.9.2005, Studi Micenei ed Ageo-Anatolici 50.2 (Rom 2008) 587–595.

Reiner 1995
E. Reiner, Astral Magic in Babylonia, Transactions of the American Philosophical Society 85 (Philadelphia 1995).

Schwemer 2010
D. Schwemer, Fighting Witchcraft before the Moon and Sun: a Therapeutic Ritual from Neo-Babylonian Sippar, Orientalia Nova Series 79, 2010, 480–504.

Scurlock 2006
J. Scurlock, Magico-Medical Means of Treating Ghost-Induced Illnesses in Ancient Mesopotamia, Ancient Magic and Divination 3 (Leiden 2006).

Strauß 2001
R. Strauß, Eine Rezeptur und Beschwörung für die Zubereitung von ›Weihwasser‹ in dem Ritual 471, in: T. Richter – D. Prechel – J. Klinger (Hrsg.), Kulturgeschichten. Altorientalische Studien für Volkert Haas zum 65. Geburtstag (Saarbrücken 2001) 405–416.

Strauß 2006
R. Strauß, Reinigungsrituale aus Kizzuwatna. Ein Beitrag zur Erforschung hethitischer Ritualtradition und Kulturgeschichte (Berlin 2006) 216–252.

Strauß 2010
R. Strauß, Ritual des Ammiḫatna gegen Unreinheit (CTH 471, Exemplar A), in: R. Strauß (Hrsg.), hethiter.net/: CTH 471 (Exemplar A, 3.11.2010; letzter Zugriff: 30.09.2019). Für das gesamte Ritual CTH 471 siehe: R. Strauß (Hrsg.), hethiter.net/: CTH 471 (2016.1.11; letzter Zugriff: 30.09.2019).

Streck 2012
M. Streck, RlA XIII (2012) 402–405 s. v. Tag, Tageszeiten. A. In Mesopotamien.

Witzel 1924
P. M. Witzel, Hethitische Keilschrift-Urkunden in Transcription und Uebersetzung mit Kommentar, Keilinschriftliche Studien 4 (Fulda 1924) 98–119.

Q 16 Qualitative Bestimmung der Zeit: Hemerologien und Tagewählkalender

Rita Gautschy

Transliteration	**Übersetzung**
ina ^{iti}NE UD.1.KAM$_2$ G[AŠAN$^?$ ŠE]	Im Monat Abu, 1. Tag: Die H[errin ist wohl gesinnt.]
UD.2 NU ŠE	Tag 2: Ungünstig.
UD.3 ŠE	Tag 3: Günstig.
UD.4 NU ŠE	Tag 4: Ungünstig.
UD.5 *di*$^?$-*il*-*ḫu*$^?$	Tag 5: Verwirrung$^?$.
UD.6 UD ŠE	Tag 6: Ein günstiger Tag.
UD.7 GU$_4$.UD MUŠ	Tag 7: Angriff der Schlange.
UD.8 NU$^?$ ŠE	Tag 8: Ungünstig$^?$.
UD.9 SILA DIB NU DIB	Tag 9: Die Straße, die er entlangging, soll er nicht (wieder zurück) gehen.
UD.10 ŠUK-*su ana* DINGIR GAR-*un*	Tag 10: Er soll der Gottheit sein Opferbrot darbringen.
UD.11 NU ŠE	Tag 11: Ungünstig.
UD.12 IDIM ŠE	Tag 12: Der Vornehme ist wohlgesinnt.
UD.13 NU ŠE	Tag 13: Ungünstig.
UD.14 ŠE	Tag 14: Günstig.
UD.15 IDIM NU ŠE	Tag 15: Der Vornehme ist nicht wohlgesinnt.
UD.16 DINGIR ŠE	Tag 16: Der Gott ist wohlgesinnt.
UD.17 NU ŠE	Tag 17: Ungünstig.
UD.18 NU *i*-*tam*-*ma* DINGIR DAB	Tag 18: Er soll nicht schwören, oder eine Gottheit wird ihn ergreifen.
UD.19 NU ŠE	Tag 19: Ungünstig.
UD.20 ID$_2$ NU *i*-*bir*	Tag 20: Einen Fluss soll er nicht überqueren.
UD.21 NU ŠE	Tag 21: Ungünstig.

UD.22 ŠE	Tag 22: Günstig.
UD.23 NU ŠE	Tag 23: Ungünstig.
UD.24 *ḫi-bil₂-tu₄*	Tag 24: Katastrophe.
UD.25 *gaba-ra-aḫ-ḫu*	Tag 25: Schlagen der Brust.
UD.26 ŠE	Tag 26: Günstig.
UD.27 ZI.GA	Tag 27: Verlust.
UD.28 NU ŠE	Tag 28: Ungünstig.
UD.29 NU ŠE	Tag 29: Ungünstig.
UD.30 *bu-su-ra-tu₄*	Tag 30: Neuigkeiten.

Transliteration und Übersetzung (adaptiert) von Livingstone 2013, 33–38.

Zur Quelle

Die Quelle besteht aus den Angaben zum babylonischen Monat Abu in einer Hemerologie aus Mittelbabylonischer Zeit (um 1300 v. Chr.) aus Dūr-Kurigalzu (Tontafel IM 50969). Sie gehört zu einer Sammlung von Texten, die als *Babylonischer Almanach* bezeichnet werden. Hemerologien beschäftigen sich mit den täglichen und monatlichen Zyklen des Lebens der Leute aller sozialen Schichten im alten Mesopotamien. Zentral ist dabei die Frage, ob ein gewisser Tag für eine Unternehmung günstig oder ungünstig sei. Der *Babylonische Almanach* besitzt für jeden Tag eines Monats genau einen Eintrag. Für manche Tage lautet der Eintrag einfach »günstig«, »ungünstig« oder »zu Mittag günstig«. Viele Tage weisen allerdings einen spezifischeren Eintrag auf: entweder ein einzelnes Wort wie »Weinen«, eine Ermahnung wie »Lass ihn eine Frau nehmen!« oder ein Verbot wie »Er darf keinen Fisch essen!«. Manchmal folgt auf die Ermahnung oder das Verbot noch eine Vorhersage wie »Er wird lange leben« oder eine Drohung wie »oder er wird krank werden«. Die Themen, die im *Babylonischen Almanach* vorkommen, sind:[1]

1. Landwirtschaft: Übernahme eines Feldes, Geburten bei Tieren
2. Familien- und Haushaltsangelegenheiten: Streit unter Brüdern, entlaufene Sklaven, fehlendes Silber
3. Essen: Datteln essen, keinen Fisch essen, hungrig sein
4. Gesundheit: Wohlfühlen, Verlust der Libido
5. Gefahren bei Reisen: Überqueren eines Flusses, Angriff eines Löwen
6. Arbeitsleben: erfolgreich handeln, gute Reputation besitzen

1 Livingstone 2013, 7 f.

7. Politik: Eingang zum Palast erhalten, eine Stadt erobern
8. Feinde: Uneinigkeit, erfolgreiches Bedienen einer Waffe
9. Recht: Ungerechtigkeit, Verhandlungen
10. Leid: Weinen, Depression, Schlagen der Brust
11. Götter und Schutzgottheiten: Wut eines Gottes wird besänftigt
12. Glück: Auffinden eines verlorenen Gegenstandes, Wunsch wird wahr
13. Himmelskörper: Sonnen- und Mondfinsternisse
14. Varia: Ausbruch eines Feuers, gutes Omen

Die Textzeugen des *Babylonischen Almanachs* stammen aus der Zeit zwischen 1500 und 600 v. Chr. Die unterschiedlichen Versionen weichen mitunter deutlich voneinander ab. So ist etwa Tag 14 des Monats Abu ausschließlich im Text aus Dūr-Kurigalzu ein günstiger Tag, in allen anderen hingegen ein ungünstiger. Tendenziell finden sich zudem in den späteren Exemplaren ausführlichere Angaben.

Es ist auffällig, dass von landwirtschaftlichen Arbeiten im Almanach in der korrekten Jahreszeit die Rede ist, dass Hochzeiten primär im Frühlingsmonat Ajjaru während der Ernteperiode ein Thema sind, wenn Geld vorhanden war, und dass das Weinen um den sterbenden Gott im Monat Du'ūzu nach der Sommersonnenwende erfolgt. Eine annähernd korrekte Platzierung wichtiger Aktivitäten im Jahreslauf war sicher die Grundlage dafür, dass der Inhalt des Almanachs auch den gewöhnlichen Leuten plausibel erschien.

Ausgewählte Editionen, Übersetzungen und Kommentare

Alasdair Livingstones Buch aus dem Jahre 2013 ist die erste Edition, in der kurze Beschreibungen, eine Liste aller Textzeugen, Transliterationen, Übersetzungen und Kommentierung aller Hemerologien zu finden sind. Zuvor galten vor allem zwei Publikationen von René Labat als Referenz: Das Buch »Hémérologies et menologies d'Assur« aus dem Jahre 1939 und sein Artikel »Un Almanach Babylonien« aus dem Jahre 1941, deren Themen die *Opferbrot-Hemerologien* und der *Babylonische Almanach* waren. Erwähnenswert ist im Weiteren ein Aufsatz von René Labat aus dem Jahr 1957.

Verwandte Quellen

Livingstone hat in seiner Monographie das gesamte Textcorpus in insgesamt acht Typen unterteilt:[2]

2 Livingstone 2013.

1. den sogenannten *Babylonischen Almanach,*
2. den *Kalender der guten Tage,*
3. die *Opferbrot-Hemerologien* (früher auch als *Assur-Hemerologien* bekannt),
4. die *Niederwerfungs-Hemerologien,*
5. die *Hemerologie des Nazimaruttaš,*
6. die *Hemerologie für die ersten sieben Tage des Monats Tašrītu,*
7. die *Finsternis-Hemerologie,*
8. *Frucht, Herr des Monats (Inbu bēl arḫi).*

Die ältesten Textzeugen stammen aus der Zeit um 1500 v. Chr. Man fand derartige Texte in den wichtigsten Städten Babyloniens und Assyriens: Babylon, Sippar, Uruk, Ur, Kiš, Nippur, Aššur, Kalḫu (Nimrud) und Ninive. Auch in der assyrischen Provinzstadt Ḫuzirina (Sultantepe) und in weiter entfernteren Gegenden wie Elam, syrischen Städten wie Ugarit und Emar sowie in der hethitischen Hauptstadt Ḫattuša wurden Exemplare gefunden. Die meisten Texte sind in babylonischer Sprache geschrieben, aber auch Übersetzungen oder Bilinguen kommen vor. Bereits im 14. und 13. Jahrhundert v. Chr. waren diese Texte dann im ganzen Nahen Osten bekannt. Manchmal werden die Texte ergänzt durch Auszüge aus *Iqqur īpuš,* einer kalendarischen Omensammlung, in der ganze Monate als günstig oder ungünstig für diverse Aktivitäten wie Bauvorhaben oder rituelle Handlungen gekennzeichnet sind.

Das Zielpublikum der unterschiedlichen Hemerologien variiert: Während sich der *Babylonische Almanach* eher an die gewöhnlichen Leute richtet und praktisch alle Bereiche des täglichen Lebens abdeckt, sprechen die *Opferbrot-Hemerologien* wohl besser gestellte Individuen an, die sich derartige Opfergaben auch wirklich leisten konnten. In den *Opferbrot-Hemerologien* finden sich speziellere Angaben, z. B. an welchen Tagen Omenpriester und Ärzte nicht arbeiten dürfen, um Unglück zu vermeiden. Die *Niederwerfungs-Hemerologie* beschäftigt sich mit den Umständen, Daten und Tageszeiten, an denen sich eine Person vor einer bestimmten Gottheit niederwerfen soll. Der Benutzer dieser Hemerologie wohnte wohl tendenziell auf dem Land und hielt Tiere. Es geht um Dinge wie Trankopfer vor der Rückkehr von Tierherden und um Anspielungen auf Volksglauben und Magie. Die vorgesehenen Kulthandlungen kosteten nichts oder nur wenig. Die *Finsternis-Hemerologie* (siehe auch Q 24), die *Hemerologie des Nazimaruttaš* und *Frucht, Herr des Monats* hingegen sind königliche Hemerologien: Die Zielperson ist der König, Absicht und Thematik der jeweiligen Texte variieren jedoch. Die *Hemerologie des Nazimaruttaš* hat ihren Namen durch die explizite Erwähnung des kassitischen Königs Nazimaruttaš (13. Jahrhundert v. Chr.) im Text erhalten. Hierbei handelt es sich um eine Hemerologie, deren Hauptthema ein Reinigungsritus am siebten Tag des siebten Monats in einem Badehaus ist. Der kurze und nur schlecht erhaltene Text der *Hemerologie für die ersten sieben Tage des Monats Tašrītu* beschäftigt sich mit der Gefährlichkeit der ersten sieben Tage des siebten Monats des Jahres. Der eigenartige Name der Hemerologie *Frucht, Herr des Monats* (*Inbu bēl arḫi;* siehe auch Q 18) rührt daher, dass der zunehmende Mond mit einer Frucht gleichgesetzt wird, die auf einem Baum wächst. Der *Kalender der guten Tage* schließlich ist eine einfache Liste aller günstigen Tage, die anhand der Angaben im *Babylonischen Almanach* kompiliert und auf kleinen Tontafeln aufgeschrieben wurde, die man leicht mit sich herumtragen konnte.

Derartige Kalender haben sich auch im Alten Ägypten auf Papyri erhalten. Dort werden sie als Tagewählkalender, Loskalender oder *Kalender der guten und schlechten Tage* bezeichnet.[3] Sie sind in der 2. Hälfte des 2. Jahrtausends v. Chr. sicher belegt, also mehr oder weniger gleichzeitig mit den zuvor genannten mesopotamischen Exemplaren. Im ägyptischen Tagewählkalender ist jeder Tag in drei Abschnitte unterteilt: Das erste Drittel entspricht vermutlich der ersten bis zur vierten Tagesstunde, das zweite Drittel der fünften bis zur achten Tagesstunde und das letzte Drittel der neunten bis zur zwölften Tagesstunde und fallweise auch noch der Nacht.[4] In den meisten Fällen ist der gesamte Tag entweder als gut oder als schlecht bewertet. 29 Mal jedoch ist die Tagesbewertung gespalten, d. h. dass je nach Tagesdrittel der Tag als gut oder als schlecht gilt. Dabei kommen alle möglichen Permutationen vor. Der Kalender enthält sowohl Prognosen als auch Gebote und Verbote zum richtigen Verhalten an einem bestimmten Tag. So heißt es etwa für Tag 16 des zweiten Monats der *Schemu*-Jahreszeit, einem vollständig gut bewerteten Tag:[5]

> Gut! Gut! Gut!
> Jeder, der an diesem Tag geboren wird, der stirbt groß als ein Fürst unter allen Leuten.

Dieser Tag kann astronomisch mit dem Tag der Geburt eines Dekansterns, d. h. seines heliakischen Frühaufgangs, identifiziert werden.[6] Die gezogene Parallele ist nun: Wer am gleichen Tag wie ein Dekanstern geboren wird, wird es auch wie dieser zu etwas Großem bringen.

Ein Tag mit geteilter Prognose ist Tag 25 des dritten Monats der *Schemu*-Jahreszeit:[7]

> Gut! Gefährlich! Gut!
> Du sollst nicht fortgehen zur Mittagszeit, wenn der große Feind im Sachmettempel ist.

---

3 Was die ägyptischen Tagewählkalender anbelangt, so ist das Buch von Christian Leitz (1994) die allererste umfassende Edition. Daneben ist noch ein Beispiel einer Menologie erhalten, in der es ausschließlich um das Auftauchen potentiell gefährlicher Krankheiten geht, die von Pascal Vernus (1981) publiziert wurde.

4 Leitz 1994, 480.

5 Leitz 1994, 361.

6 Leitz 1994, 361.

7 Leitz 1994, 393.

Hier sollte man um die Mittagszeit nicht ausgehen, da diese als gefährlich eingeschätzt wird. Um wen es sich beim großen Feind im Sachmettempel handelt, ist unklar.

In allen diesen Kalendern findet sich der Grundgedanke, dass bestimmte astronomische und meteorologische Ereignisse Auswirkungen auf den Menschen haben können und dass sich Gefahren vermeiden lassen, wenn man sich an die Gebote und Verbote im Kalender hält. Diese qualitative Bestimmung der Zeit teilen sie mit der späteren hellenistischen Astrologie.

Siehe auch

Q 15 – Eine hethitische Rezeptur mit Zeitangaben
Q 18 – Das *Handbuch der Beschwörungskunst*
Q 24 – Ein Mondfinsternisritual aus dem hellenistischen Uruk
Q 25 – Das Horoskop des Anu-bēlšunu
Q 50 – Ein römischer Bauernkalender *(Menologium rusticum Colotianum)*
Q 55 – Das Parapegma von den Trajansthermen in Rom

Technische Aspekte

Allen mesopotamischen Hemerologien liegt der schematische Kalender mit 12 Monaten zu je 30 Tagen zugrunde – also insgesamt ein Jahr mit 360 Tagen (siehe Chronologische Grundlagen: Alter Orient und Judentum). Tatsächlich in Gebrauch war hingegen ein Lunisolarkalender, in dem ein Monat entweder 29 oder 30 Tage lang sein konnte und bei dem ab und an ein Schaltmonat eingefügt werden musste. Je nach exakter Monatslänge kann der Vollmond in den mesopotamischen Kalendern auf den 12., den 13. oder den 14. Mondmonatstag fallen. Unsichtbar ist der Mond üblicherweise am 28., am 29. und am 30. Mondmonatstag. Tendenziell sind die Vollmondtage in den Hemerologien als günstig gekennzeichnet, während die »finsteren« Tage gegen Monatsende hin als ungünstig gelten. In der *Finsternis-Hemerologie* ist korrekterweise von potentiellen Mondfinsternissen an Tag 12, 13 oder 14 jedes babylonischen Monats die Rede. Was hingegen die Platzierung von Mondfinsternissen und Sonnenfinsternissen in verschiedenen Textzeugen des *Babylonischen Almanachs* anbelangt, so wird kurioserweise dreimal (in den Monaten Simanu, Tašrītu und Kislīmu) Tag 20 als Datum für eine Mond- bzw. Sonnenfinsternis genannt, was astronomisch völlig unmöglich ist. Es gibt nur eine weitere Erwähnung von Finsternissen im *Babylonischen Almanach:* im Monat Du'ūzu an Tag 15 – auch das ist astronomisch unmöglich.[8]

8 Mondfinsternisse können jeweils am 12., 13. oder 14. babylonischen Monatstag stattfinden, Sonnenfinsternisse am 29., 30. oder 1. Tag.

Dem ägyptischen Tagewählkalender lag das ägyptische Sonnenjahr mit seinen 365 Tagen zugrunde. Die fünf überzähligen Tage, die sogenannten Epagomenen, welche die ansonsten regelmäßige Ordnung durchbrachen, wurden für Unternehmungen als ungünstig eingestuft.

Soziokulturelle Auswertung

Dass die entsprechenden Angaben in den Hemerologien auch tatsächlich befolgt wurden, lässt sich für Mesopotamien zumindest für die höheren Gesellschaftsschichten anhand der königlichen Inschriften, Briefe und Rechtsdokumente belegen. So tauchen in königlichen Briefen Referenzen zu bestimmten Einträgen im *Babylonischen Almanach* oder in der *Opferbrot-Hemerologie* auf.[9] Auch achteten assyrische und babylonische Herrscher offensichtlich darauf, wichtige Unternehmungen wie militärische Kampagnen an günstigen Tagen zu beginnen. Ein frühes derartiges Beispiel findet sich in einer Inschrift des Königs Šamši-Adad I. (18. Jahrhundert v. Chr.), besonders häufig tauchen Referenzen zu bestimmten Kalendertagen mit hemerologischer Relevanz dann aber in der Sargonidenzeit (722–609 v. Chr.) auf.[10] Aber nicht nur im militärischen Bereich, sondern auch bei wichtigen Bauvorhaben und anstehenden Opferungen wurden die Hemerologien und der kultische Kalender berücksichtigt. So haben die Könige Sargon II., Asarhaddon, Assurbanipal, Nebukadnezzar II. und Nabonid günstige Tage für die Grundsteinlegung ihrer Bauvorhaben abgewartet.

Caroline Waerzeggers hat überprüft, ob die in Privatarchiven aus Borsippa vom späten 7. bis zum frühen 5. Jahrhundert v. Chr. Tag genau belegten Aktivitäten an Tagen vorgenommen wurden, die im *Babylonischen Almanach* als günstig angegeben wurden.[11] Für Anweisungen, die Nahrung, Reiserouten oder die persönliche Religiosität betreffen, konnte sie keine Korrelation mit den Angaben im *Babylonischen Almanach* finden. Im Zusammenhang mit den wichtigen Bereichen Gesetz, Wirtschaft und Hochzeiten ist das aber sehr wohl der Fall. Die besten Übereinstimmungen zwischen dem Almanach und den belegten Aktivitäten ergaben sich für Hochzeiten: Im untersuchten Textcorpus sind 36 Hochzeits- und Mitgiftverträge belegt, wovon 31 an Tagen geschrieben wurden, die im Almanach als »günstig«, »vollständig günstig« oder mit den Worten »Glück« bzw. »gute

9 Siehe z. B. Parpola 1970, 184 f. Nr. 243, wo der Gelehrte dem König zunächst Tag 10, 15, 16, 18, 20, 22, 24 und 26 als günstige Tage im Monat Ajjaru aufzählt und im Anschluss daran die entsprechenden Einträge aus dem *Babylonischen Almanach* kopiert. Ein weiteres Beispiel ist Parpola 1993, 2 f. Nr. 1, wo der Gelehrte Issar-šumu-ereš den König darauf hinweist, dass er an Tag 15 des Monats Nisannu erst in der Nacht einen Eid schwören soll, weil es in den Hemerologien heiße, dass der König am 15. Tag keinen Eid schwören soll, weil ihn sonst ein Gott ergreifen werde.

10 Livingstone 2013, 270 f.

11 Waerzeggers 2010, 656–659.

Neuigkeiten« beschrieben werden. Vier weitere entstanden an Tagen mit geringfügigen Einschränkungen und nur ein einziger Vertrag an einem als »ungünstig« deklarierten Tag.[12] Interessanterweise betrafen letztere Fälle mit schwierigeren Verhandlungen. Bei wichtigen Angelegenheiten achtete man in Borsippa offenbar darauf, diese an günstigen Tagen zu erledigen.

Ein Textcorpus datierter Rechtstexte und Opferschauprotokolle aus dem späten 8. Jahrhundert v. Chr. und der Sargonidenzeit aus den drei wichtigsten großen assyrischen Städten Ninive, Aššur und Kalḫu (Nimrud) erlaubt es ebenfalls, empirisch zu untersuchen, ob sich zwischen den Daten dieser Aktivitäten und den Angaben in den Hemerologien Zusammenhänge finden lassen. Livingstone hat das vorhandene Material nach Gattung und Herkunftsort getrennt analysiert und dabei angenommen, dass nur der jeweilige Tag, nicht aber der Monat für die Durchführung einer bestimmten Aktivität signifikant war.[13] Unter dieser Annahme lässt sich aus seinen Daten für die Opferschauprotokolle Folgendes ableiten:[14] Bei einer Gesamtzahl von 74 Stück gibt es kein einziges Protokoll für die Vielfachen von Sieben – d. h. Tage 7, 14 und 21. Es handelt sich dabei genau um jene Tage, an denen in den Hemerologien den Omenpriestern und Ärzten ihre Tätigkeit untersagt wird. Aber auch von Tag 5, 12, 19, 29 und 30 sind keine Opferschauprotokolle überliefert. Tag 29 und 30 lassen sich damit erklären, dass der Mond am Nachthimmel nicht sichtbar war, was in den Hemerologien tendenziell als ungünstig erachtet wurde und als Zeit, in der böse Geister Unheil anrichten können. Tag 19 ist in allen Hemerologien sehr häufig als ungünstiger Tag gekennzeichnet, Tag 5 gilt zumindest in der *Hemerologie des Nazimaruttaš* eindeutig als schlechter Tag. Für Tag 12 hingegen ist aus den Texten nicht ersichtlich, warum dieser Tag für Opferschauen gemieden wurde: Hier halten sich gute und schlechte Tagesbewertungen die Waage. Umgekehrt lassen sich erhöhte Opferschauaktivitäten an Tag 4, 10, 11 und 22 ausmachen. Tag 10, 11 und 22 sind in allen Hemerologien tendenziell als günstige Tage gekennzeichnet. Tag 4 gilt hingegen eher als ungünstiger Tag – seine Beliebtheit für Opferschauen lässt sich also nicht aus den Angaben in den Hemerologien erklären.

12 Waerzeggers 2010, 658.

13 D. h. der 20. Nisannu wurde ebenso als Tag 20 gewertet wie der 20. Ajjaru, der 20. Simanu usw.

14 Livingstone 2013, 275–278. Die von ihm kompilierten Grafiken wurden als Grundlage für den Vergleich mit den Angaben in den Hemerologien verwendet.

Bibliographie

Labat 1939
R. Labat, Hémérologies et menologies d'Assur (Paris 1939).

Labat 1941
R. Labat, Un Almanach Babylonien, Revue d'Assyriologie et d'archéologie orientale 38, 1941, 13–40.

Labat 1957
R. Labat, Nouveau Textes hémérologiques d'Assur, Mitteilungen des Instituts für Orientforschung 5, 1957, 299–345.

Leitz 1994
C. Leitz, Tagewählerei. Das Buch »*ḥ3t nḥḥ pḥ.wy ḏt*« und verwandte Texte, Ägyptologische Abhandlungen 55 (Wiesbaden 1994).

Livingstone 2013
A. Livingstone, Hemerologies of Assyrian and Babylonian Scholars, Cornell University Studies in Assyriology and Sumerology 25 (Bethesda 2013).

Parpola 1970
S. Parpola, Letters from Assyrian Scholars to the kings Esarhaddon and Assurbanipal, Alter Orient und Altes Testament V 1 (Kevelaer 1970).

Parpola 1993
S. Parpola, Letters from Assyrian and Babylonian Scholars, State Archives of Assyria 10 (Helsinki 1993).

Vernus 1981
P. Vernus, Omina calendériques et comptabilité d'offrandes sur une tablette hiératique de la XVIIIe dynastie, Revue d'Égyptologie 33, 1981, 89–124.

Waerzeggers 2010
C. Waerzeggers, Happy Days: The Babylonian Almanac in Daily Life, in: T. Boiy – J. Bretschneider – A. Goddeeris – H. Hameeuw – G. Jans – J. Zavernier (Hrsg.), The Ancient Near East, A Life! Festschrift Karel Van Lerberghe, Orientalia Lovaniensia Analecta 220 (Löwen 2010) 653–664.

Q 17 Die fünfte Tafel des *Enūma elîš*

Tim Brandes

Transliteration (*Enūma elîš* V, 1–46)[1]

[1] *u$_2$-ba-aš$_2$-šim man-za-za an* DINGIR.DINGIR GAL.GAL [2] MUL.MEŠ *tam-šil-šu-nu lu-ma-ši uš-zi-iz* [3] *u$_2$-ad-di* MU.AN.NA *mi-iṣ-ra-ta u$_2$-aṣ-ṣir* [4] 12 ITI.MEŠ MUL.MEŠ *šu-lu-[ša$_2$-a] uš-zi-iz* [5] *iš-tu* UD-*mi* *ša* MU.AN.NA *uṣ-ṣ[i-r]u u$_2$-ṣu-ra-ti* [6] *u$_2$-šar-šid man-za-az* ^{d}*Ne$_2$-be$_2$-ri ana ud-du-u rik-si-šu$_2$-un* [7] *a-na la e-peš an-ni la e-gu-u$_2$ ma-na-ma* [8] *man-za-az* ^{d}*En-lil$_2$ u* ^{d}*E$_2$-a u$_2$-kin it-ti-šu$_2$* [9] *ip-te-ma* ABUL.MEŠ *ina ṣe-li ki-lal-la-an* [10] *ši-ga-ru u$_2$-dan-ni-na šu-me-la u im-na* [11] *ina ka-bat-ti-ša$_2$-ma iš-ta-kan e-la-a-ti* [12] ^{d}*Nanna-ru uš-te-pa-a mu-ša$_2$ iq-ti-pa* [13] *u$_2$-ad-di-šum-ma šu-uk-nat mu-ši a-na ud-du-u$_2$* UD-*mi* [14] *ar-ḫi-šam la na-par-ka-a ina a-ge-e u$_2$-ṣir* [15] *i-na* SAG ITI-*ma na-pa-ḫi e-[l]i ma-a-ti* [16] *qar-ni na-ba-a-ta a-na ud-du-u$_2$ za-ka-ri* UD-*mu* [17] *i-na* UD.7.KAM$_2$ *a-ga-a [maš]-la* [18] *[š]a$_2$-pat-tu lu-u$_2$ šu-tam-ḫu-rat mi-ši[l ar-ḫi]-šam* [19] *i-[n]u-ma* ^{d}UTU *i-na i-šid* AN-*e ina-[aṭ-ṭa-l]u-ka* [20] *ina [s]i-[i]m-ti šu-tak-ṣi-ba-am-ma bi-ni ar-ka-niš* [21] *[bu-ub-bu-l]um a-na ḫar-ra-an* ^{d}UTU *šu-taq-rib-ma* [22] *ša$_2$* [x (x) UD.3]0.KAM$_2$ *lu šu-tam-ḫu-rat* ^{d}UTU *lu ša$_2$-na-at* [23] *u$_2$-*[...] x GISKIM *ba-ʾ-i u$_2$-ru-uḫ-ša$_2$* [24] *za* x [... *š]u-taq-ri-ba-ma di-na di-n[a]* [25] *lib-*[...] x ^{d}UTU *tum$_4$-ma-tu$_2$ d[a-a-ka] ḫa-ba-la* [26] *aš$_2$-*x [...*-n]i*? *ia-a-ti* [27] *e-*[...] x [x (x)] [28] *qar-*[... [29] ^{d}U[TU? ... [30] *ina* x [... [31] *lu* [... [32] *ad-*x [... [33] *a-a ib-ba-ši ma an* [... [34] *šu* x UR *u$_2$-šaḫ-*[... [35] *i-na taq-ti-i[t* ... [36] *bu-um-⌈bu⌉-l[um] lib-b[a-ši* ... [37] *iš-tu te-re-e-ti* x [... [38] *u$_2$-ṣu-ra-a-ti pa-ni u* x [... [39] *ib-ni-ma* UD-*mu* [... [40] MU.AN.NA *lu-u$_2$ šu-ta-am-ḫ[u-rat* ... [41] *i-na zag-muk-ku* [... [42] *šat-tum i-na nam-ša-*x [... [43] *lu-u$_2$ ka-a-a-nam-m[a* ... [44] *ši-ga-ru a-ṣi-t[um* ... [45] *ul-tu* UD-*me u$_2$-*x [... [46] *ma-aṣ-rat mu-ši u i[m-mi* ...

Transliteration nach Lambert 2013, 98–100.

Übersetzung

[1] Er (sc. Marduk) formte die Position für die großen Götter; [2] die Sterne, ihr Abbild (und) die Konstellationen ließ er stehen. [3] Er brachte hervor das Jahr, zeichnete den Plan. [4] Zwölf Monate mit drei Sternen ließ er stehen. [5] Nachdem er die Tage des Jahres, die Pläne gezeichnet hatte, [6] gründete er fest die Position von *Nēberu*[2], um (ihnen) ihre *Bänder* zuzuweisen. [7] Damit keiner Sünde begehe, nicht nachlässig sei, [8] machte er die Position des Enlil und des Ea mit ihm fest. [9] Er öffnete die Tore auf beiden Seiten [10] und machte die

1 Logogramme aufgelöst nach der Autographie von Lambert – Parker 1966, 27 f.

2 Vgl. den Abschnitt Technische Aspekte.

Türriegel stark links und rechts. [11] In ihren (sc. der Urgöttin Tiāmat) Innereien platzierte er die Höhen. [12] Nannaru (= der Mond bzw. Mondgott) ließ er sichtbar werden, die Nacht vertraute er ihm an. [13] Er brachte ihn hervor als Juwel der Nacht, um zuzuweisen die Tage. [14] Monatlich, ohne Unterlass, markierte er die Scheibe. [15] »Während des Aufgehens über dem Land zu Beginn des Monats [16] scheinst du mit Hörnern, um die Benennung der Tage anzuzeigen. [17] Am siebten (Tag) wird die Scheibe halbiert sein. [18] Am 15. (Tag) mögest du in Opposition stehen[3], zur Hälfte des Monats. [19] Sobald Šamaš (= der Sonnengott) dich am Fundament des Himmels sieht, [20] zum angemessenen (Zeitpunkt), reduziere dich und forme dich zurück. [21] Am Tag des Verschwindens nähere dich dem Pfad des Šamaš an. [22] Des [...] 30. Tages mögest du in Konjunktion stehen[4]; mit Šamaš mögest du gleich sein. [23] [...] das Zeichen, gehe den Pfad entlang. [24] [...] nähert euch an und fällt den Richterspruch [25] [...] Šamaš, [...] das T[öten] und die Gewalt. [26] [...] mich [27] [...] [28] [...] [29] Šamaš [...] [30] In [...] [31] [...] [32] [...] [33] Nicht soll entstehen [...] [34] [...] [35] Am Ende [...] [36] Der Tag des Verschwindens möge entstehen [...] [37] Nachdem die Anweisungen [...] [38] Die Pläne vorne und [...] [39] Er erschuf den Tag [...] [40] Dem Jahr möge gegenüberstehen [...] [41] Am Jahresanfang [...] [42] Das Jahr in [...] [43] Es möge regelmäßig [...] [44] Der vorspringende Türpfosten [...] [45] Seit den Tagen [...] [46] Die Wachen der Nacht und des Tages [...]«

Eigene Übersetzung.

Zur Quelle

Das *Enūma eliš* (wörtlich »Als oben«)[5], in der Forschung auch oft als babylonisches »Weltschöpfungsepos« bezeichnet,[6] ist ein aus sieben Tafeln bestehender mythischer Text, der den Aufstieg des Gottes Marduk, des Stadtgottes von Babylon, zum König der Götter darstellt.

Die bisher bekannten Textzeugen lassen sich aufgrund dialektaler und paläographischer Merkmale allesamt auf das 1. Jahrtausend v. Chr. datieren. Die Textzeugen stammen sowohl aus Babylonien als auch aus Assyrien.[7] Die hohe Anzahl der gefundenen Textzeugen[8], die

3 Wörtlich »mögest du gegenüberstehen«.

4 Wörtlich erneut »mögest du gegenüberstehen«.

5 Im Alten Orient wurden Texte nicht mit Überschriften bzw. Titeln versehen. Stattdessen war es gängige Praxis, die Texte nach ihrer ersten Zeile (Incipit) zu benennen und zu identifizieren. Davon zeugen sowohl Kolophone, die Schreiber unter dem eigentlichen Text angebracht haben, als auch keilschriftliche Kataloge mit literarischen Texten.

6 So z. B. erst kürzlich noch betitelt von Kämmerer – Metzler 2012. Die Bezeichnung ist aber insofern unzureichend, als die Schöpfung im *Enūma eliš* nur einen Teil der Handlungen Marduks ausmacht. Das Hauptthema des Textes ist die Erhöhung Marduks zum König der Götter. Vgl. Gabriel 2014, 108–111.

7 Vgl. Lambert 2013, 3 f. und Kämmerer – Metzler 2012, 16.

8 Siehe dazu Lambert 2013, 3 f.

geographische Verbreitung und die Tatsache, dass antike Kommentare zum *Enūma elîš* existieren, die bestimmte Aspekte des Textes näher erläutern,[9] verdeutlichen allesamt die große Bedeutung, die diesem Text beigemessen wurde.[10] Aufgrund dessen wurde in der Forschung vielfach diskutiert, wann der Text ursprünglich abgefasst wurde,[11] wobei eine grobe Datierung auf die mittelbabylonische Zeit (die 2. Hälfte des 2. Jahrtausends. v. Chr.) am plausibelsten erscheint.[12]

Der Text beschreibt zunächst, wie sich die beiden als Gewässer vorgestellten Urgottheiten Apsû und Tiāmat vermischten und daraus die ersten Götter entstanden. Die Götter jedoch störten die Ruhe Apsûs, und es kam zu einem Konflikt, in dessen Verlauf der Weisheitsgott Ea Apsû besiegte und tötete. Aus dem Leichnam Apsûs erbaute Ea seine Heimstatt, in der er sich mit seiner Gemahlin Damkina niederließ und schließlich Marduk zeugte. Marduk, schon von Beginn an besonders erhaben, bekommt vom Himmelsgott Anu die vier Winde geschenkt. Durch das Spiel mit den Winden stört Marduk jedoch Tiāmat, die sich schließlich von ihrem Gefolge dazu überreden lässt, Rache für den ermordeten Apsû zu fordern.

Ea erkennt die Pläne Tiāmats, doch findet sich unter den Göttern niemand, der ihr im Kampf gewachsen wäre. Letztlich erklärt sich Marduk bereit, den Kampf gegen Tiāmat aufzunehmen, unter der Bedingung, dass er künftig die Schicksale bestimmen darf. Die Götter versammeln sich und stimmen der Forderung schließlich zu. Marduk zieht daraufhin gegen Tiāmat und tötet sie im Kampf. Aus dem Leichnam Tiāmats formt Marduk Himmel und Erde mit all ihren Komponenten.

Die Götter, erfreut über die Taten Marduks, erheben diesen endgültig zu ihrem König, woraufhin Marduk sogleich beginnt, den Bau Babylons zu planen, die Stadt, die allen Göttern als Versammlungsort dienen soll. Des Weiteren konzipiert Marduk die Erschaffung des Menschen, die er gemeinsam mit Ea durchführt. Anschließend verteilt Marduk die Götter auf ihre Domänen und nimmt selbst seinen Platz in Esagil ein, seinem Tempel im zwischenzeitlich gebauten Babylon. In einer weiteren Götterversammlung wird die Herr-

---

9 Zu den altorientalischen Textkommentaren im Allgemeinen siehe Frahm 2011, hier 112–116. 345–368 zu den Kommentaren zum *Enūma elîš*.

10 Dafür spricht auch die sogenannte Assur-Rezension des Textes, in der neben weiteren Namen v. a. der babylonische Gott Marduk durch den assyrischen Gott Aššur ausgetauscht wurde. Vgl. Kämmerer – Metzler 2012, 26–36.

11 Einen Überblick über die verschiedenen diesbezüglichen Forschungsmeinungen und die Literatur geben Kämmerer – Metzler 2012, 16–21.

12 Lambert grenzt die Datierung sogar noch weiter ein und nennt als frühesten Entstehungszeitraum die Regierungszeit Nebukadnezzars I. (ca. 1125–1104 v. Chr.). Er begründet dies mit dem zu jener Zeit feststellbaren Aufstieg des babylonischen Stadtgottes Marduk an die Spitze des südmesopotamischen Pantheons. Anhand der erhaltenen Quellen kann als *terminus ante quem* für die Entstehung des Textes ca. 900 v. Chr. festgemacht werden (Lambert 2013, 442 f.; siehe auch Lambert 1964).

schaft Marduks ein drittes Mal bestätigt, wobei der Text damit endet, dass die Götter Marduk 50 Namen verleihen.[13]

Ausgewählte Editionen, Übersetzungen und Kommentare

1966 veröffentlichten Wilfred G. Lambert und Simon B. Parker eine Edition, die für die nächsten Jahrzehnte zur Standardausgabe des *Enūma elîš* wurde. In den letzten Jahren erschienen in kurzen Abständen neue Editionen von Thomas R. Kämmerer und Kai A. Metzler (2012) sowie von Lambert (2013). Hinzu kommen eine umfangreiche Analyse und Interpretation des Gesamtwerkes von Gösta Gabriel (2014).

Eine deutsche Übersetzung des Textes liegt von Lambert (1994) vor. Eine aktuelle englische Übersetzung findet sich bei Benjamin R. Foster (2005, 436–486). Eine französische Übersetzung bieten Jean Bottéro und Samuel N. Kramer (1989, 602–679).

Spezifische Betrachtungen der fünften Tafel des *Enūma elîš* finden sich bei Benno Landsberger und James V. Kinnier Wilson (1961). Herman L. J. Vanstiphout (1981) legt darüber hinaus einen speziellen Fokus auf die auch hier wiedergegebenen Zeilen 15–22.

Verwandte Quellen

Der hier bearbeitete Abschnitt weist Bezüge zu anderen Texten und Textgruppen auf, die sich ebenfalls mit astronomischen oder astrologischen Zeiteinheiten auseinandersetzen. Die Ordnung der Sterne in zwölf Gruppen zu je drei Sternen etwa wird in den sogenannten Astrolabien detailliert ausgearbeitet.[14] Die Etablierung der Himmelskörper und der Zeiteinheiten wird darüber hinaus in zahlreichen kleineren Texten und Bruchstücken aufgegriffen. Zu den bekanntesten Texten zählen dabei die mythischen Einleitungen zur Omen-Serie *Enūma Anu Enlil*, einer umfassenden Kompilation astraler und meteorologischer Omina.[15]

---

13 Dahinter steht die für den Alten Orient gut bezeugte Vorstellung, dass Namen weit mehr sind als ein reines Identifikationsmerkmal. Radner 2005, 15 beschreibt den Akt der Benennung folgendermaßen: »Die Formulierung, jemanden oder etwas ›mit Namen nennen‹ (sum. (mu) $še_{21}$ = akk. *(šumam) nabûm)*, bezeichnet gleichzeitig auch die Erschaffung des Namensträgers oder, etwas schärfer formuliert, seine Konkretisierung – die genauere Bestimmung seiner Wesenhaftigkeit, seine ›Persönlichkeitsbildung‹.« Indem sie Marduk ihre Namen geben, übertragen die Götter also ihre Wesenhaftigkeit auf Marduk. Vgl. Gabriel 2014, 268–306.

14 U. a. Horowitz 2007.

15 Eine Übersicht über die mit dem *Enūma elîš* vergleichbaren mythischen Texte bietet Lambert 2013, 172–180.

Siehe auch

Q 18 – Das *Handbuch der Beschwörungskunst*
Q 19 – Das himmelskundliche Kompendium MUL.APIN
Q 21 – Das *akītu*-Fest in Babylon im Monat Nisannu

Technische Aspekte

Im vorliegenden Textausschnitt des *Enūma elîš* haben die Verfasser[16] die Grundlagen des astronomischen Wissens ihrer Zeit im Rahmen der mythischen Erzählung verarbeitet. Grundsätzlich finden sich hier also nicht nur Vorstellungen zu den Ursprüngen des Kosmos, sondern auch gleichzeitig zu dessen Aufbau und Funktion.

In den ersten Zeilen des Textabschnitts (Z. 1–9) erschafft Marduk zunächst die Sterne als Abbilder der Götter. Unmittelbar darauf richtet er mit dem Jahr auch gleich die erste Zeiteinheit ein. Anschließend fängt er an, das Geschaffene weiter zu ordnen – verdeutlicht durch die Zeichnung eines Plans *(uṣṣurtu)*. Das Motiv des Plans kann als Etablierung einer göttlichen Weltordnung betrachtet werden, die sich in der weiteren Einrichtung des Kosmos offenbart.[17] So wird das Jahr weiter unterteilt in zwölf Monate. Die Monate werden dabei mit den zuvor erschaffenen Sternen verbunden, indem jedem Monat des Jahres drei charakteristische Sterne bzw. Sternbilder zugeordnet werden. Anschließend teilt Marduk den Himmel in drei »Bänder« *(riksu)* ein und installiert seinen eigenen Stern *Nēberu*, der zusammen mit den Sternen Enlils und Eas das System aus 36 Sternen kontrollieren soll. Das *Enūma elîš* weist an dieser Stelle eindeutige intertextuelle Bezüge zu einer anderen Gruppe astronomisch-chronologischer Texte auf: den sogenannten *Astrolabien* oder *Zwölfmaldrei*-Texten (vgl. auch Q 2).[18] Diese Texte zeigen auf, dass in jedem der zwölf Monate des Jahres drei charakteristische Sterne aufgehen sollen, jeweils in einer Region des Himmels, der zu diesem Zweck wiederum in drei Zonen (die genannten »Bänder«) unterteilt war. Diese Zonen sind Göttern zugeordnet, wobei der nördliche Bereich des Himmels den Pfad des Enlil darstellt. Der Pfad des Anu bildet den zentralen Bereich des Himmels, und der Pfad des Ea steckt das südliche Band des Himmels ab.[19]

Das himmelskundliche Kompendium MUL.APIN (siehe Q 19) wiederum macht ergänzend deutlich, dass die Aufgänge der Sterne dabei an feste Tage des Kalenderjahres gekoppelt

16 Vgl. Kämmerer – Metzler 2012, 20, nach denen der Text vermutlich in einem längeren Prozess gewachsen ist.
17 Rochberg 2016, 22 f.
18 Die Eigenbezeichnung dieser Texte lautet MUL.MEŠ 3.TA.AM_3 – »Je drei Sterne«. Vgl. Walker – Hunger 1977, 27. 34.
19 Horowitz 2007, 101 f.

waren. So entstand ein System, das es theoretisch ermöglichte, den Verlauf des Jahres anhand der Sterne genau zu bestimmen.[20]

Der Text fährt damit fort, dass Marduk, nachdem er Tore am Himmel angebracht hat, durch die die Himmelskörper auf- und untergehen können (Z. 10 f.), nun den Mond in Erscheinung treten lässt (Z. 12–22). Diesem gibt er in Form einer direkten Rede Anweisungen, wie er sich im Verlauf eines Zyklus verhalten soll – eine literarische Darstellung der Mondphasen. Der Mond tritt dabei ebenfalls als zeitanzeigender Himmelskörper auf. Interessanterweise ist der Mond nicht nur für die Wahrnehmung des Monats zuständig; das *Enūma elîš* legt dezidiert dar, dass der Mond auch den Tag anzeigen soll. Dieser Umstand verwundert aus moderner Sicht, erklärt sich aber dadurch, dass der Tag im Alten Orient am Abend begann.[21]

Der Textabschnitt endet damit, dass Marduk sich schließlich auch der Sonne zuwendet. Die entsprechenden Zeilen sind aufgrund starker Beschädigungen der Textzeugen leider nur sehr bruchstückhaft überliefert. Aus den erhaltenen Textfragmenten wird jedoch deutlich, dass die Sonne ebenfalls ihre Aufgaben erhält. Auch die Anweisungen an die Sonne scheinen chronologische Bezüge aufzuweisen: So werden der Tag (Z. 39), das Jahr und der Jahresanfang (Z. 40–42) sowie schließlich auch die Tag- und Nachtwachen genannt (Z. 46).[22]

Soziokulturelle Auswertung

Nach Marduks Sieg über Tiāmat beginnt dieser am Ende der vierten Tafel aus ihrem Leichnam den Kosmos zu formen, wobei er zunächst den Leichnam zerteilt und aus einer Hälfte den Himmel erschafft. Der hier diskutierte Textabschnitt setzt am Beginn der fünften Tafel ein, in der geschildert wird, wie Marduk den von ihm geschaffenen Himmel gestaltet, indem er die Himmelskörper einrichtet und ihnen ihre Bahnen und Aufgaben zuweist.

Wie bereits dargelegt, haben die Verfasser das astronomische Wissen ihrer Zeit in den Text einfließen lassen. Die Intention der Verfasser war vermutlich zunächst theologischer Natur:[23] Der Schöpfungsakt in Form der Einrichtung der Himmelskörper, die in anderen Texten, wie *Enūma Anu Enlil*,[24] ursprünglich der Göttertrias Anu, Enlil und Ea zugeschrieben wurde, wird im *Enūma elîš* auf Marduk übertragen. Das *Enūma elîš* beschreibt diesen Vorgang deutlich ausführlicher als frühere Quellen und überliefert dadurch nicht nur eine

20 Horowitz 2007, 101 f.

21 Vgl. Brown 2000, 107.

22 Vgl. Lambert 2013, 192.

23 Vgl. Horowitz 2014, 7 f., der auf die enge Verknüpfung des *Enūma elîš* mit dem sogenannten Astrolab B verweist und dabei überzeugend herausstellt, dass Astrolab B nicht nur ein astronomischer, sondern vielmehr auch ein theologischer Text ist, der die Stellung Marduks unterstreicht. Horowitz weist damit auf die engen Verbindungen zwischen theologischem und astronomischem Wissen im Alten Orient hin.

24 Eine mehr als 70 Tafeln umfassende Sammlung astrologischer und meteorologischer Omina.

Aitiologie zur Entstehung der Himmelskörper, sondern gleichzeitig das grundlegende babylonische Wissen über die Funktionsweise des Himmels. Der Beginn der fünften Tafel des *Enūma elîš* stellt somit gleichsam eine Quintessenz der babylonischen Astronomie dar. Er vermittelt dabei zugleich die fundamentalen Zeitvorstellungen, da die Wahrnehmung der Zeit und das babylonische Kalendersystem untrennbar mit dem Lauf der Himmelskörper verbunden waren. Jeder Himmelskörper erfüllte in diesem Zusammenhang spezifische Funktionen: Der Mond diente als primärer Zeitanzeiger; ihm oblag es, die Tage, Monate und letztendlich auch das Jahr wahrnehmbar zu machen. Die Sterne fungierten gleichsam als Gerüst für das Jahr und halfen dabei, dessen Verlauf festzulegen und zu kontrollieren.[25] Die Sonne scheint schließlich für die weitere Aufteilung der primären Zeiteinheiten in kleinere Abschnitte zuständig gewesen zu sein.

Die hier dargestellte enge Verflechtung von Sternen mit dem Jahresverlauf und die Anweisungen des Mondes, die sich auf genau 30 Tage beziehen, weisen darauf hin, dass im *Enūma elîš* ein spezielles Konzept von Zeit dargestellt wird – die ideale Zeit.[26] Gemeint ist damit ein chronologisches System – der schematische Kalender (vgl. Chronologische Grundlagen: Alter Orient und Judentum) –, dessen Zeiteinheiten fest definierte, ideale Längen aufweisen. Demnach bestand das Jahr aus genau 360 Tagen und setzte sich aus zwölf Monaten zu je exakt 30 Tagen zusammen. Die Tage waren ihrerseits idealen Längen unterworfen, die sich an der Länge der sogenannten Tag- und Nachtwachen festmachen ließen. So sollte das Längenverhältnis von Tag zu Nacht an den Äquinoktien bspw. genau 1:1 betragen, d. h. drei Tagwachen und drei Nachtwachen, mit jeweils der gleichen Länge. Im Laufe des Jahres sollte sich das Verhältnis an den Solstitien so verschieben, dass jeweils eine Wache mehr zugunsten des Tages oder der Nacht vorhanden war. Die Solstitien und Äquinoktien wurden wiederum mit festen kalendarischen Daten verbunden.

Verschiedenste Quellen – darunter theologische Texte, Hemerologien (siehe Q 16), astronomische Texte und sogar Briefe der Gelehrten an den assyrischen König – verdeutlichen ergänzend, dass der Verlauf der Zeit diesem als ideal gedachten Muster folgen sollte. Dieses idealisierte System wurde verknüpft mit ebenfalls ideal gedachten Bewegungen der Himmelskörper. Demnach sollten bestimmte Sterne an genau festgelegten Tagen des Jahres auf- und untergehen. Die Tatsache, dass dies auch im *Enūma elîš* verarbeitet wurde, verdeutlicht die fundamentale Bedeutung dieses Konzeptes für die babylonisch-assyrischen Zeitvorstellungen.

Alle genannten Quellen entstammen dem Kreis der Gelehrten *(ummânū)* der babylonischen und assyrischen Gesellschaft, d. h. also Priestern, Opferschauern *(bārû)*, Beschwörern

25 Dies wird im vorliegenden Text zwar nicht ausdrücklich erwähnt, aber in anderen astronomisch-astrologischen Texten, v. a. MUL.APIN (siehe Q 19) und den *Astrolabien*, wird es deutlich. Man kann davon ausgehen, dass sich ein antiker Rezipient des *Enūma elîš* dieses Umstandes bewusst war.

26 Vgl. u. a. Steele 2011, 473 f.

(āšipu) und »Astrologen« *(ṭupšar Enūma Anu Enlil)*. Die hier dargestellten Zeitvorstellungen gehen demnach auf eine vergleichsweise kleine Gruppe der Gesellschaft zurück und reflektieren daher nicht notwendigerweise gesamtgesellschaftlich gültige Vorstellungen von Zeit.

In Bezug auf die Zeitvorstellungen waren es demnach die Gelehrten, die den Diskurs prägten und die das entsprechende Wissen nutzten, um ihre Aufgaben zu erfüllen. Ihr Wissen um die Bewegungen der Himmelskörper und die Chronologie kam letztendlich dem König und somit dem gesamten Land zugute.[27] Den Gelehrten oblag es, die Himmelskörper zu beobachten und daraus u. a. Schlüsse für die Regulierung des Kalenders zu ziehen. Ihre Beobachtungen und Schlussfolgerungen teilten sie dem König mit, der als Einziger die Befugnis besaß, den Kalender zu regulieren und somit den reibungslosen Ablauf des Götterkults zu gewährleisten – eine der wichtigsten Pflichten eines jeden Königs.[28]

Bibliographie

Bottéro – Kramer 1989
J. Bottéro – S. N. Kramer, Lorsque les dieux faisant l'homme: mythologie mésopotamienne (Paris 1989).

Brown 2000
D. Brown, The Cuneiform Conception of Celestial Space and Time, Cambridge Archaeological Journal 10, 2000, 103–122.

Foster 2005
B. R. Foster, Before the Muses. An Anthology of Akkadian Literature ³(Bethesda 2005).

Frahm 2011
E. Frahm, Babylonian and Assyrian Text Commentaries. Origins of Interpretation, Guides to the Mesopotamian Textual Record 5 (Münster 2011).

Gabriel 2014
G. Gabriel, Enūma eliš – Wege zu einer globalen Weltordnung: Pragmatik, Struktur und Semantik des babylonischen »Lieds auf Marduk«, Orientalische Religionen in der Antike 12 (Tübingen 2014).

Horowitz 2007
W. Horowitz, The Astrolabes: Astronomy, Theology and Chronology, in: J. M. Steele (Hrsg.), Calendars and Years. Astronomy and Time in the Ancient Near East (Oxford 2007) 101–113.

Horowitz 2014
W. Horowitz, The Three Stars Each: The Astrolabes and Related Texts, Archiv für Orientforschung Beih. 33 (Wien 2014).

Kämmerer – Metzler 2012
T. R. Kämmerer – K. A. Metzler, Das babylonische Weltschöpfungsepos Enūma elîš, Alter Orient und Altes Testament 375 (Münster 2012).

27 Siehe dazu auch Q 18.
28 Vgl. Steele 2011, 475–478.

Lambert 1964
W. G. Lambert, The Reign of Nebuchadnezzar I: A Turning Point in the History of Ancient Near Easter Religion, in: W. S. McGullough (Hrsg.), The Seed of Wisdom. Essays in Honour of T. J. Meek (Toronto 1964) 3–13.
Lambert 1994
W. G. Lambert, Enuma Elisch, in: K. Hecker – W. G. Lambert – G. G. W. Müller – W. von Soden – A. Ünal (Hrsg.), Texte aus der Umwelt des Alten Testaments III 4: Mythen und Epen 2 (Gütersloh 1994) 565–602.
Lambert 2013
W. G. Lambert, Babylonian Creation Myths, Mesopotamian Civilisations 16 (Winona Lake 2013).
Lambert – Parker 1966
W. G. Lambert – S. B. Parker, Enûma Eliš. The Babylonian Epic of Creation (Oxford 1966).
Landsberger – Kinnier Wilson 1961
B. Landsberger – J. V. Kinnier Wilson, The fifth Tablet of Enuma Eliš, Journal of Near Eastern Studies 20.3, 1961, 154–179.
Radner 2005
K. Radner, Die Macht des Namens. Altorientalische Strategien zur Selbsterhaltung, SANTAG. Arbeiten und Untersuchungen zur Keilschriftkunde 8 (Wiesbaden 2005).
Rochberg 2016
F. Rochberg, Before Nature. Cuneiform Knowledge and the History of Science (Chicago 2016).
Steele 2011
J. M. Steele, Making Sense of Time: Observational and Theoretical Calendars, in: K. Radner (Hrsg.), The Oxford Handbook of Cuneiform Culture (Oxford 2011) 470–485.
Vanstiphout 1981
H. L. J. Vanstiphout, Enūma eliš: Tablet V Lines 15–22, Journal of Cuneiform Studies 33, 1981, 196–198.
Walker – Hunger 1977
C. B. F. Walker – H. Hunger, Zwölfmaldrei, Mitteilungen der Deutschen Orient-Gesellschaft 109, 1977, 27–34.

Q 18 Das *Handbuch der Beschwörungskunst*

Tim Brandes

Transliteration (Z. 57–71)

[57] 12 ITI.MEŠ *ša*$_2$ MU.1.KAM 6 UŠ UD-*me-ša*$_2$ *mi-na-at* ZAG.MUK [58] *ina* ŠU-*ka* DIB-*ma bi-ib-li* UD.DA.ZAL.LA$_2$-*e ša ta-mar-ti* MUL.MEŠ [59] *a-dan-na-ti-šu*$_2$-*nu mit-ḫur-ti* SAG.MU *ša*$_2$ ^{mul}AŠ.GAN$_2$ [60] *ta-mar-ti* ^{d}XXX *u* ^{d}UTU *ša*$_2$ ^{iti}ŠE *u* ^{iti}KIN [61] *ni-ip-ḫa u* IGI.DU$_8$.A.MEŠ *ša*$_2$ ^{d}XXX *ar-ḫi-šam* IGI-*ru* KIN.KIN-*ma* [62] *šit-qul-ta ša*$_2$ MUL.MUL *u* ^{d}XXX ŠEŠ-*ma li-pu-ul-ka-ma* [63] *ša*$_2$ MU ITI.MEŠ-*ša*$_2$ ITI.MEŠ UD.MEŠ-*šu*$_2$ *kin-ma mim-mu-u*$_2$ *te-pu-šu šu-ul-lim* [64] *e-nu-ma ina* IGI.DU$_8$.A ^{d}XXX UD-*mu er-pu* GAL$_2$-*ka li-ti-ik-šu*$_2$ ^{d}[^{ug}*maš-qu-u*] [65] *e-nu-ma ina bi-ib-lu* UD-*mu er-pu* GAL$_3$-*ka li-ti-ik-šu*$_2$ ^{dug}*maš-qu-u* [66] *ana la-tak bi-ib-li u na-an-mur-ti* GURUN EN ITI [67] *u*$_3$ *ša-at-tum ḫe-pi* [68] 12 ITI.MEŠ *ina* ŠU-*ka tu-kal a-na la-tak* UD-*me ki-nu-tim* [69] *šit-qul-ti* MUL.MUL *u* ^{d}XXX *ina* ŠU^{II}-*ka tu-kal* [70] *aš*$_2$-*ri šip-ki* KIN.KIN-*ma* UD.MEŠ DIRI.MEŠ *lu-u*$_2$ *ti-de-ma* [71] MU.AN.NA *ki-in-ma di-ri-ša šu-ul-lim it-i-id la te-eg-gi*

Transliteration nach Oppenheim 1974, 200.

Übersetzung

[57] Zwölf sind die Monate des Jahres, sechsmal 60 sind seine Tage. Die Berechnung des Neujahres [58] halte in deiner Hand; die Neumondtage, die Daten der Beobachtung der Sterne, [59] ihre festgesetzte Zeit, das Zusammentreffen des Jahresbeginns mit dem Sternbild *Ikû*, [60] die Beobachtung von Sîn und Šamaš in den Monaten *Addaru* (XII) und *Ulūlu* (VI) [61] sowie das Aufleuchten und die Beobachtung des Sîn, (wie) monatlich beobachtet, inspiziere immer wieder; [62] die Konjunktion der Plejaden und des Sîn überwache: es möge dir Antworten geben. [63] Des Jahres Monate und der Monate Tage mache fest und alles, was du tust, vollende. [64] Wenn während der Beobachtung der Tag bewölkt ist, (erfolgt) die Erprobung durch ein *mašqû*-Gefäß. [65] Wenn am Neumondtag der Tag bewölkt ist, (erfolgt) die Erprobung durch ein *mašqû*-Gefäß. [66] Um den Neumondtag und den Aufgang (des Mondes) zu bestimmen[1]: *Inbu bēl arḫi* [67] und das Jahr *abgebrochen*[2] [68] Zwölf Monate hältst du in der Hand, um die festen Tage zu bestimmen. [69] Die Konjunktion der Plejaden und des Sîn behältst du in deinen Händen. [70] Den *ašri šipki* suchst du immer wieder auf und die über-

1 Wörtl. »zu erproben«.

2 Hierbei handelt es sich um einen antiken Schreibervermerk, der zeigt, dass der Schreiber der Tafel den Text von einer anderen Tafel kopiert hat, die an dieser Stelle beschädigt *(ḫepi)* war.

zähligen Tage kennst du. [71] Das Jahr mache fest und seine Schaltung vollende. Sei aufmerksam und nicht nachlässig!

Eigene Übersetzung.

Zur Quelle

Das *Handbuch der Beschwörungskunst* ist ein im Rahmen der altorientalischen Literatur einzigartiger Text, der zum einen ein Curriculum divinatorischer Texte zusammenfasst, die ein Gelehrter kennen sollte, und zum anderen Anweisungen zur divinatorischen Praxis enthält.

In den ersten 40 Zeilen des *Handbuchs* werden diverse Texte – jeweils nach ihrem Incipit benannt – aufgezählt, bei denen es sich um Sammlungen terrestrischer und astraler Omina handelt. Die Zeilen 40–56 enthalten darauffolgend Anweisungen, wie die genannten Texte genutzt werden sollten. So betont der Text, dass die Zeichen des Himmels und der Erde fest miteinander in Verbindung stehen und miteinander abgeglichen werden müssen. Des Weiteren erfolgt die im vorliegenden Kontext noch wichtige Instruktion, das Datum eines erschienenen Omens zu beachten (Z. 44: GISKIM.BI *a-dan-ša*$_2$ *ḫi-iṭ-ma* – »Des Zeichens Termin prüfe«).

Der Text fährt mit dem hier zitierten Abschnitt fort, der Anweisungen zur Zeitmessung und zur Kalenderregulation enthält. Am Ende des Textes (Z. 72–84) befindet sich eine hemerologische Tabelle, die günstige und ungünstige Zeitpunkte für militärische Unternehmungen aufzeigt (vgl. Q 16).

Der Text ist durch mehrere Textzeugen überliefert,[3] die in das 1. Jahrtausend v. Chr. datiert werden können.[4] Als Zeitpunkt der Entstehung kann möglicherweise das ausgehende 2. Jahrtausend v. Chr. gelten.[5]

Ausgewählte Editionen, Übersetzungen und Kommentare

Die erste Edition der bis dato bekannten Textzeugen findet sich bei Charles Virolleaud (1911). Erst 1974 hat Leo Oppenheim eine weitere Edition des Textes vorgelegt, in der seitdem bekannt gewordene Textzeugen Berücksichtigung fanden.

---

3 Für eine Übersicht siehe Oppenheim 1974, 197 f.

4 Gemäß Oppenheim 1974, 197 weisen alle Tafeln bis auf zwei einen neuassyrischen Schriftduktus auf. Die zwei verbliebenen sind im babylonischen Duktus verfasst.

5 Koch-Westenholz 1995, 137 Anm. 1 hält aufgrund von Ähnlichkeiten des Handbuchs mit dem Text LAS 100+300, einem Report, der auf die Zweite Dynastie von Isin (ca. 1150–1020 v. Chr.) datiert werden kann, eine ursprüngliche Entstehung des Handbuchs im ausgehenden 2. Jahrtausend v. Chr. für möglich.

Darüber hinaus haben sich David Brown (2000, 120–122), Wayne Horowitz (1998, 151 f.) und Ulla Koch (1995, 137–139) in Kürze mit dem Text beschäftigt und (englische) Teilübersetzungen angefertigt. In jüngerer Zeit kamen weitere kurze Betrachtungen und Teilübersetzungen von Eva Cancik-Kirschbaum (2005, 85 f.), Stefan Maul (2013, 281–284), Ulla Koch (2015, 28 f. 46 f.) und Mathieu Ossendrijver (2015, 49 f.) hinzu. Clemency Williams (2002) setzt sich darüber hinaus intensiv mit dem hier diskutierten Textausschnitt auseinander.

Verwandte Quellen

Das *Handbuch der Beschwörungskunst* weist in der Form keine Parallelen zu anderen Quellen auf. Inhaltlich nimmt der Text jedoch Bezug auf die astronomischen Grundlagen der Zeitwahrnehmung, die notwendigen Maßnahmen zur Aufrechterhaltung des Kalenders sowie den Zusammenhang zwischen Zeit und Divination. Demnach bestehen vielfache Parallelen zu Quellen, die im vorliegenden Band dargestellt werden. Zusätzlich sei an dieser Stelle noch auf die im Alten Orient zahlreich vertretenen divinatorischen Texte verwiesen, da das *Handbuch* einen expliziten Zusammenhang zwischen dem Kalenderwesen und der Divination herstellt.[6]

Siehe auch

Q 16 – Qualitative Bestimmung der Zeit: Hemerologien und Tagewählkalender
Q 17 – Die fünfte Tafel des *Enūma eliš*
Q 19 – Das himmelskundliche Kompendium MUL.APIN
Q 20 – Der Brief des Mār-Issar
Q 21 – Das *akītu*-Fest in Babylon im Monat Nisannu

Technische Aspekte

Der Text nennt in aller Kürze die astronomischen Phänomene, die für die Überwachung des Kalenders von großer Bedeutung waren (Z. 57–63) sowie die Methoden der Zeitmessung und notwendige Maßnahmen zur Schaltung des Kalenders (Z. 64–71).

Gleich zu Beginn des Textes wird konstatiert, dass ein Jahr aus insgesamt 360 Tagen besteht. Der Text verdeutlicht damit, dass die Gelehrten, die das *Handbuch* verfassten und nutzten, von einem idealisierten Zeitverlauf ausgingen, der in Q 17 als grundlegend für die babylonisch-assyrischen Zeitvorstellungen dargelegt wurde.[7] Diese auf die baby-

6 Für eine rezente und zugleich umfangreiche Übersicht siehe Koch 2015.
7 Zur Vorstellung einer idealen Zeit siehe Q 17 und Chronologische Grundlagen: Alter Orient und Judentum.

lonisch-assyrischen Gelehrten zurückgehende Zeitvorstellung bildete somit die Grundlage der weiteren Ausführungen. Die Vorstellung einer idealen Zeit war untrennbar verbunden mit den ebenfalls idealisiert gedachten Bewegungen der Himmelskörper. Dies zeigt sich bereits auf lexikalischer Ebene. So heißt es in Z. 58 f., dass die »festgesetzte Zeit« der Sterne beobachtet werden soll. Das für diesen Ausdruck verwendete Lexem *adannu* bezeichnet »a period of time of predetermined length or characterized by a sequence of specific events«.[8] Etymologisch entstammt das Wort der Wurzel *wʿd* – »festsetzen«.[9] Daran zeigt sich, dass für den Aufgang der Sterne spezifische, festgesetzte Termine angedacht waren. Dies wird auch im weiteren Verlauf des Textes deutlich. So wird in Z. 59 dargelegt, dass der Beginn des Jahres mit dem Sternbild *Ikû* zusammenfallen soll. Dies geht auf die Tradition der sogenannten *Astrolabien* zurück – eine Gruppe von Texten, in der die Aufgänge bestimmter Sterne und Sternbilder mit festgelegten kalendarischen Daten in Verbindung gebracht werden (siehe auch Q 17). Demnach sollten in jedem Monat des Jahres drei charakteristische Sterne aufgehen. Der erste Stern des ersten Monats ist gemäß Astrolab B – dem ältesten Vertreter dieser Textgattung[10] – das genannte Sternbild *Ikû*.[11]

In Z. 61 wird die monatliche Beobachtung des Mondes thematisiert. Dies hängt damit zusammen, dass der babylonisch-assyrische Kalender trotz der besprochenen Idealisierung auf der Abfolge von synodischen Mondmonaten basierte.[12] Ein neuer Monat begann mit der ersten Sichtbarkeit der schmalen Mondsichel nach Neumond.[13] Die Beobachtung des Mondes und Berichte zur erstmaligen Sichtung der neuen Mondsichel sind ein häufig auftretendes Thema in den Briefen und Berichten der assyrischen und babylonischen Gelehrten an den neuassyrischen Königshof in Ninive.

Die in Z. 62 genannte Konjunktion der Plejaden mit Sîn, dem Mondgott, hängt mit der sogenannten »Plejaden-Schaltregel« zusammen, einer der beiden Schaltregeln, die in Q 19 verarbeitet sind.[14] Dabei wird der Aufgang bestimmter Sternbilder – u. a. der Plejaden – an festgelegten Tagen eines jeden Monats als Indikator für die Notwendigkeit einer Schaltung herangezogen. Gehen die Sternbilder an den vorgesehenen Kalendertagen auf, folgt der Kalender weiterhin seinem idealen Verlauf. Weichen die Aufgänge hingegen von den idealen Daten ab, ist der Kalender aus dem Takt geraten und benötigt, sobald die Diskrepanz entsprechend groß ist, die Einfügung eines Schaltmonats.

8 CAD A1, *adannu*, 97.
9 Bezold 1926, 4; AHw I, *adannu*, 10.
10 Vgl. Horowitz 1998, 157.
11 Für den Text siehe die Edition von Horowitz 2014, 40 f.
12 Beaulieu 1993, 66.
13 Steele 2007, 143.
14 MUL.APIN Gap A 8 – II 10. Ediert von Hunger – Steele 2019, 85–59.

Der erste Abschnitt des Textausschnitts zeigt also, dass die Zeitwahrnehmung im Alten Orient primär über die Beobachtung der Himmelskörper erfolgte. Mit Z. 64 beginnt der zweite Abschnitt, der ergänzende Methoden der Zeitmessung nennt.

Wenn im Falle einer Bewölkung die Himmelskörper nicht mehr beobachtet werden konnten, sieht der Text die Nutzung eines *mašqû*-Gefäßes[15] vor. Der Schluss liegt nahe, dass mit *mašqû* eine Art Wasseruhr gemeint ist (vgl. Q 3 und Q 6). Die Nutzung von Wasseruhren ist seit der altbabylonischen Zeit durch lexikalische, mathematische und sogar literarische Texte belegt.[16] Der Aufbau und die genaue Funktion dieser Messinstrumente ist hingegen nicht bekannt. David Brown, John Fermor und Christopher Walker schreiben diesbezüglich:

> We possess no recognised examples, however fragmentary, from ancient Mesopotamia of outflowing water clocks. Any reconstruction of them relies on textual evidence and what is known to be both physically possible and impossible.[17]

In Z. 66 wird der Text *Inbu bēl arḫi* (»Frucht, Herr des Monats«)[18] als Referenz im Zusammenhang mit der Beobachtung von Neumond und Neulicht aufgeführt. Der Neulichttag war im babylonisch-assyrischen Kalenderwesen von herausragender Bedeutung, da – wie bereits erwähnt – mit der ersten Sichtbarwerdung der schmalen Mondsichel ein neuer Monat begann. Warum *Inbu bēl arḫi* in diesem Zusammenhang allerdings als Referenzwerk genannt wird, bleibt unklar.[19] Es handelt sich nämlich um einen hemerologischen Text, dessen Inhalt vornehmlich auf die kultischen Aktivitäten des Königs ausgerichtet ist (siehe Q 16).[20]

Auch die Bedeutung der Phrase *ašri šipki*, die in Z. 70 genannt wird, bleibt unklar. Das Wort *ašru* bedeutet »Ort«, während *šipku* die Grundbedeutung »Aufschüttung« hat, zugleich aber in Kombination mit dem Wort für Himmel *(šipik šamê)* auch »Horizont« bedeuten kann. Williams schlägt vor, die Phrase in Anbetracht des astronomischen Kontextes ebenfalls mit »Horizont« zu übersetzen, weist aber darauf hin, dass diese Interpretation hypothetisch bleibt.[21]

---

15 Die Verwendung des Determinativs DUG verweist darauf, dass es sich bei *mašqû* um eine Art Gefäß handeln muss.

16 Brown u. a. 1999/2000, 132 f.

17 Brown u. a. 1999/2000, 130.

18 »Frucht« stellt ein Epitheton des Mondgottes dar. Siehe u. a. Sjöberg 1960, 167.

19 Vgl. Williams 2002, 480 f.

20 Livingstone 1993, 99.

21 Williams 2002, 481.

Soziokulturelle Auswertung

Der vorliegende Text fasst die verschiedenen astronomisch-chronologischen Themen, die aus unterschiedlichsten Quellen überliefert sind,[22] zusammen und setzt sie in einen gemeinsamen thematischen Zusammenhang: die Aufrechterhaltung und Nutzung des Kalenders. Der Text verdeutlicht, dass dies eine der fundamentalsten Aufgaben der babylonisch-assyrischen Gelehrten darstellte.

Der Text veranschaulicht ebenfalls, warum die Nutzung des Kalenders und v.a. dessen Fixierung im Rahmen der ideal vorgesehenen Schemata von so großer Bedeutung für die Gelehrten war. Der Kalender stellte die Grundlage dafür dar, dass die Gelehrten ihrer eigentlichen Tätigkeit nachgehen konnten – der Divination. Die divinatorischen Texte zeigen ergänzend, dass Zeit ein wichtiger Faktor in der altorientalischen Omenkunde war. So hing es vom Zeitpunkt des Auftretens eines Omens ab, wie selbiges interpretiert werden musste. Das bedeutet, dass das gleiche Omen an zwei unterschiedlichen Monaten, Tagen oder sogar Tageszeiten unterschiedliche Auswirkungen anzeigen konnte. Die Finsternis-Omina (siehe Q 16), die alleine bereits acht Tafeln der Serie *Enūma Anu Enlil* einnehmen,[23] verdeutlichen dies. So heißt es beispielsweise an einer Stelle:

> Wenn im Monat Ulūlu, am 14. Tag, eine Finsternis auftritt und im Norden beginnt und im Süden [Variante: Osten] aufklart, (diese) in der Abendwache beginnt und in der mittleren Wache aufklart: den Norden behältst du im Gedächtnis;[24] du beobachtest seine Finsternis. Für den König von Akkad wird die Vorhersage gesetzt. Gegen den König wird rebelliert. Wenn die Finsternis am König vorübergeht: Der Regen im Himmel (und) die Flut in den Quellen wird abgeschnitten. Es wird eine Hungersnot im Land geben. Die Menschen werden ihre Kinder für Silber verkaufen.
> Wenn am 15. Tag eine Finsternis auftritt, wird der Sohn des Königs seinen Vater töten und den Thron ergreifen [Variante: Ein Feind wird sich erheben und das Land verschlingen].

---

22 Die Quellen zum Kalenderwesen und zu den Zeitvorstellungen im antiken Mesopotamien sind mitunter sehr verstreut. So enthält, um nur einige Beispiele zu nennen, der Text MUL.APIN diverse für das Kalenderwesen relevante astronomische Schemata sowie Regeln zur Schaltung des Kalenders; entsprechende Schemata sind wiederum teilweise auch in separaten Tafeln sowie auf der 14. Tafel der Serie *Enūma Anu Enlil* zu finden. Die Briefe und Berichte an den assyrischen König aus dem Palastarchiv von Ninive geben Aufschluss über die Beobachtung des Mondes und die damit verbundene Festsetzung eines neuen Monats, und die *Astrolabien* verbinden die Aufgänge bestimmter Sterne mit dem Kalender.

23 Hunger – Pingree 1999, 12 f.

24 Wörtlich: »in der Hand«.

> Wenn am 16. Tag eine Finsternis auftritt, wird der König eines fremden Landes [Variante: der König eines ruinierten Landes] sich erheben und den Thron ergreifen. Der Regen im Himmel (und) die Flut in den Quellen wird abgeschnitten.[25]

Das Beispiel verdeutlicht, dass entweder dem König oder dem Land katastrophale Folgen bevorstanden, sollte das vom Omen angezeigte Unheil nicht beseitigt werden. Die Omina kündigten dabei je nach Monat, Tag und Tageszeit ihres Auftretens unterschiedliche Folgen an. Das Wissen um den korrekten Verlauf des Kalenders war für den omen-kundigen Gelehrten demnach essenziell, um seiner Aufgabe nachgehen zu können. Darüber hinaus war es, wie das Beispiel der Finsternis-Omina zeigt, auch von größter Bedeutung für das Wohl des Königs und damit auch des ganzen Landes. Vor diesem Hintergrund erklärt sich die abschließende Aufforderung des *Handbuchs der Beschwörungskunst* an den Rezipienten, bei der Ausübung seiner Tätigkeiten sorgsam und keinesfalls nachlässig zu sein.

Bibliographie

Beaulieu 1993
P. A. Beaulieu, The Impact of Month-Lenghts on the Neo-Babylonian Cultic Calendar, Zeitschrift für Assyriologie und Vorderasiatische Archäologie 83, 1993, 66–87.
Bezold 1926
A. Bezold, Babylonisch-assyrisches Glossar (Heidelberg 1926).
Brown 2000
D. Brown, Mesopotamian Planetary Astronomy-Astrology, Cuneiform Monographs 18 (Groningen 2000).
Brown u. a. 1999/2000
D. Brown, – J. Fermor – C. Walker, The Water Clock in Mesopotamia, Archiv für Orientforschung 46/47, 1999/2000, 130–148.
Cancik-Kirschbaum 2005
E. Cancik-Kirschbaum, Rund-Zahlen und Ideal-Rhythmen. Beispiele aus dem Alten Orient, in: B. Naumann (Hrsg.), Rhythmus. Spuren eines Wechselspiels in Künsten und Wissenschaften (Würzburg 2005) 71–91.
Horowitz 1998
W. Horowitz, Mesopotamian Cosmic Geography, Mesopotamian Civilisations 8 (Winona Lake 1998).
Horowitz 2014
W. Horowitz, The Three Stars Each: The Astrolabes and Related Texts, Archiv für Orientforschung Beih. 33 (Wien 2014).
Hunger – Pingree 1999
H. Hunger – D. Pingree, Astral Sciences in Mesopotamia, Handbuch der Orientalistik I 44 (Leiden 1999).

25 Taf. 21 § VI, 1–3. Ediert bei Rochberg-Halton 1988, 241.

Hunger – Steele 2019
H. Hunger – J. M. Steele, The Babylonian Astronomical Compendium MUL.APIN, Scientific Writings from the Ancient and Medieval World 2 (London 2019).
Koch-Westenholz 1995
U. S. Koch-Westenholz, Mesopotamian Astrology: An Introduction to Babylonian and Assyrian Celestial Divination (Kopenhagen 1995).
Koch 2015
U. S. Koch, Mesopotamian Divination Texts: Conversing with the Gods. Sources from the First Millennium BCE, Guides to the Mesopotamian Textual Record 7 (Münster 2015).
Livingstone 1993
A. Livingstone, The Case of the Hemerologies: Official Cult, Learned Formulation and Popular Practice, in: E. Matsushima (Hrsg.), Official Cult and Popular Religion in the Ancient Near East. Papers on the First Colloquium on the Ancient Near East – The City and Its Life held at the Middle Eastern Culture Center in Japan (Mitaka, Tokyo) March 20–22, 1992 (Heidelberg 1993) 97–113.
Maul 2013
S. M. Maul, Die Wahrsagekunst im Alten Orient: Zeichen des Himmels und der Erde (München 2013).
Oppenheim 1974
A. L. Oppenheim, A Babylonian Diviner's Manual, Journal of Near Eastern Studies 33, 1974, 197–220.
Ossendrijver 2015
M. Ossendrijver, Compendia and Procedures in the Mesopotamian Astral Sciences, in: J. C. Johnson (Hrsg.), In the Wake of the Compendia. Infrastructural Contexts and the Licensing of Empiricism in Ancient and Medieval Mesopotamia, Science, Technology, and Medicine in Ancient Cultures 3 (Berlin 2015) 47–57.
Rochberg-Halton 1988
F. Rochberg-Halton, Aspects of Babylonian Celestial Divination: The Lunar Eclipse Tablets of Enūma Anu Enlil, Archiv für Orientforschung Beih. 22 (Horn 1988).
Sjöberg 1960
Å. W. Sjöberg, Der Mondgott Nanna-Suen in der sumerischen Überlieferung (Stockholm 1960).
Steele 2007
J. M. Steele, The Lengths of the Month in Mesopotamian Calendars of the First Millennium BC, in: J. M. Steele (Hrsg.), Calendars and Years. Astronomy and Time in the Ancient Near East (Oxford 2007) 133–148.
Virolleaud 1911
C. Virolleaud, Tables des Matières de deux traités de divination: l'un terrestre l'autre astrologique, accompagnée d'instructions du mage à son élève, Babylonica 4, 1911, 109–113.
Williams 2002
C. Williams, Signs from the Sky, Signs from the Earth: The Diviner's Manual Revisited, in: J. M. Steele (Hrsg.), Under One Sky: Astronomy and Mathematics in the Ancient Near East, Alter Orient und Altes Testament 297 (Münster 2002) 473–486.

Q 19 Das himmelskundliche Kompendium MUL.APIN

Tim Brandes

Transliteration (MUL.APIN II, i 9–24)

9 DIŠ *ina* ^{iti}ŠU UD.15.KAM ^{mul}KAK.SI.SA$_2$ IGI.LA$_2$-*ma*

10 4 MA.NA EN.NUN UD-*mi* 2 MA.NA EN.NUN GI$_6$

11 ^{d}UTU *ša*$_2$ *ina* A$_2$ ^{im}SI.SA$_2$ KI SAG.DU ^{mul}UR.GU.LA KUR-*ḫa*

12 GUR-*ma ana* A$_2$ ^{im}U$_{18}$.LU UD-*mu* 40 NINDA.TA.AM$_3$ *ul-ta-nap-pal*

13 UD.MEŠ LUGUD$_2$.DA.MEŠ GI$_6$.MEŠ GID$_2$.DA.MEŠ

---

14 DIŠ *ina* ^{iti}DU$_6$ UD.15.KAM ^{d}UTU *ina lib*$_3$*-bi* ^{mul}*zi-ba-ni-tu*$_4$ *ina* ^{d}UTU.E$_3$ KUR-*ḫa*

15 *u* ^{d}Sin *ina* IGI MUL.MUL EGIR $^{\text{mul lu}_2}$ḪUN.GA$_2$ GUB-*az-ma* 3 MA.NA EN.NUN UD-*mi* 3 MA.NA EN.NUN GI$_6$

---

16 DIŠ *ina* ^{iti}AB UD.15.KAM ^{mul}KAK.SI.SA$_2$ *ina li-la-a-ti* IGI.LA$_2$-*ma* 2 MA.NA EN.NUN UD-*mi* 4 MA.NA EN.NUN GI$_6$

17 ^{d}UTU *ša*$_2$ *ina* A$_2$ ^{im}U$_{18}$.LU KI SAG.DU ^{mul}UR.GU.LA KUR-*ḫa* GUR-*ma ana* A$_2$ ^{im}SI.SA$_2$

18 UD 40 NINDA.TA.AM$_3$ *un-da-na-ḫar* UD.MEŠ GID$_2$.DA.MEŠ GI$_6$.MEŠ LUGUD$_2$.DA.MEŠ

---

19 DIŠ *ina* ^{iti}BAR$_2$ UD.15.KAM ^{d}Sin *ina li-la-a-ti ina* ŠA$_3$

20 ^{mul}*zi-ba-ni-tu*$_4$ *ina* ^{d}UTU.E$_3$ *u* ^{d}UTU *ina* ^{d}UTU.ŠU$_2$.A

21 *ina* IGI MUL.MUL EGIR ^{mul}ḪUN.GA$_2$ GUB-*ma* 3 MA.NA EN.NUN UD-*mi* 3 MA.NA EN.NUN Gi$_6$

---

22 DIŠ *ina* ^{iti}BAR$_2$ UD.15.KAM *ina* ^{iti}ŠU UD.15.KAM *ina* ^{iti}DU$_6$ UD.15.KAM *ina* ^{iti}AB UD.15.KAM

23 KUR.MEŠ *ša*$_2$ ^{d}UTU NA.MEŠ *ša*$_2$ ^{d}Sin IGI.DUḪ.A.MEŠ *ša*$_2$ ^{mul}KAK.SI.SA$_2$

24 ŠEŠ-*ar*$_2$ UD.MEŠ DIRI.MEŠ IGI.LA$_2$

Transliteration nach Hunger – Steele 2019, 72–76.

Übersetzung

[9] DIŠ[1] Im Monat Du'ūzu, am 15. Tag, wird der *Pfeil*[2] sichtbar:
[10] vier Minen sind Wache des Tages, zwei Minen sind Wache der Nacht;
[11] Šamaš (= der Sonnengott), der im Norden mit dem Kopf des *Löwen* aufgeht,
[12] kehrt um und bewegt sich mit je 40 NINDA pro Tag nach Süden;
[13] die Tage werden kürzer, die Nächte werden länger.

---

[14] DIŠ Im Monat Tašrītu, am 15. Tag, geht Šamaš im Inneren der *Waage* im Osten auf
[15] und Sîn (= der Mondgott) steht vor den Sternen, hinter dem *Mietarbeiter* und drei Minen sind Wache des Tages, drei Minen sind Wache der Nacht.

---

[16] DIŠ Im Monat Ṭebētu, am 15. Tag, wird der *Pfeil* in der Nacht sichtbar und zwei Minen sind Wache des Tages, vier Minen sind Wache der Nacht.
[17] Šamaš, der im Süden mit dem Kopf des *Löwen* aufgeht, kehrt um und nach Norden
[18] wendet er sich wieder mit je 40 NINDA pro Tag; die Tage werden länger, die Nächte werden kürzer.

---

[19] DIŠ Im Monat Nisannu, am 15. Tag, steht Sîn in der Nacht im Inneren
[20] der *Waage* im Osten und Šamaš im Westen
[21] vor den Sternen, hinter dem *Mietarbeiter* und drei Minen sind Wache des Tages, drei Minen sind Wache der Nacht.

---

[22] DIŠ Im Monat Nisannu, am 15. Tag, im Monat Du'ūzu, am 15. Tag, im Monat Tašrītu, am 15. Tag (und) im Monat Ṭebētu, am 15. Tag,
[23] die Aufgänge des Šamaš, die Positionen des Sîn (und) die Erscheinungen des *Pfeils*
[24] überwachst du und die überzähligen Tage wirst du sehen.

Eigene Übersetzung.

Zur Quelle

Der Text MUL.APIN stellt ein keilschriftliches Kompendium dar, in dem verschiedene astronomische Schemata verarbeitet wurden. Die Bezeichnung des Textes geht auf die erste Zeile zurück, in der der Stern ^{mul}APIN – der *Pflug* genannt wird. MUL.APIN setzt sich

1 Das Zeichen DIŠ, ein einzelner senkrechter Keil, wird genutzt, um einzelne Einträge innerhalb einer thematischen Sektion von MUL.APIN anzuzeigen. Siehe Hunger – Steele 2019, 3.

2 Die Namen der Sternbilder, in der Transliteration durch das Determinativ ^{mul} angezeigt, werden im Folgenden kursiv wiedergegeben.

aus zwei Tafeln zusammen,[3] die sich wiederum in thematische Abschnitte und Unterabschnitte gliedern lassen.[4] Die einzelnen Abschnitte enthalten hierbei schematisierte astronomische Daten.[5] Darunter befinden sich auf der ersten bis zum Beginn der zweiten Tafel mehrere Listen mit heliakischen Frühauf- und Spätuntergängen, Zeitintervallen zwischen Aufgängen, sowie Kulminationen von Sternen und Sternbildern.[6] Auf der zweiten Tafel wiederum werden die übrigen Himmelskörper in den Blick genommen. So wird die Bewegung des Mondes vor dem Hintergrund des Sternenhimmels thematisiert, die Positionen der Sonne und die daraus resultierende Varianz in der Länge des Tages sowie die damit zusammenhängenden Jahreszeiten und die Sichtbarkeit der Planeten. Eine Besonderheit stellt die Wiedergabe von Schaltregeln dar, die sich ebenfalls auf der zweiten Tafel finden. Zuletzt werden jeweils noch Schemata für die Länge des Tages und der Nacht dargestellt. Der Text endet schließlich mit der Wiedergabe einiger astraler Omina.[7]

Die einzelnen Abschnitte sind inhaltlich weitgehend eigenständig und daher möglicherweise auch unabhängig voneinander entstanden, bevor sie in der kanonischen Version von MUL.APIN zusammengeführt wurden. So lassen sich einzelne Elemente, wie das Schema für die Länge des Tages und der Nacht beispielsweise bereits Jahrhunderte früher in eigenständigen Texten nachweisen.[8]

MUL.APIN entstand möglicherweise ebenfalls bereits in der 2. Hälfte des 2. Jahrtausends v. Chr. in Babylonien.[9] Hingegen datieren die Textzeugen, die vornehmlich in Assyrien gefunden wurden, frühestens in die neubabylonische bzw. neuassyrische Zeit (ca. 9.–7. Jahrhundert v. Chr.).[10] Zwei Textzeugen können dabei genauer datiert werden: So geht die Tontafel VAT 9412 + 11279[11] auf das Eponymenjahr[12] des Königs Sanherib zurück

3 Einzig der Textzeuge BM 42277 (Textzeuge D nach Hunger – Pingree 1989), enthält einen Kolophon, der anmerkt, dass die Tafel »nicht abgeschlossen« (NU AL.TIL) sei. Zudem setzt der Kolophon mit ^{mul}SAG.ME.GAR ^{d}ŠUL.PA.E$_{3}$ eine Anfangszeile der vermeintlich nächsten Tafel von MUL.APIN an. Diese Zeile wird im Katalog K 12000d hingegen separat aufgeführt, direkt im Anschluss an MUL.APIN, was darauf hinweist, dass sie nicht zu MUL.APIN gehört. Hunger – Pingree 1989, 8 f. vermuten, dass es sich bei der vermeintlichen dritten Tafel um eine nicht zwingend auftretende Appendix zu MUL.APIN handeln könnte.

4 Hunger – Steele 2019, 3.

5 Hunger – Steele 2019, 3.

6 Hunger – Pingree 1999, 58. Eine umfangreiche Zusammenfassung und Beschreibung der einzelnen Listen findet sich bei Hunger – Pingree 1999, 58–73. Eine teilweise geänderte Zeilenzählung der einzelnen Abschnitte bieten Hunger – Steele 2019, 3 f.

7 Für eine tabellarische Darstellung des Inhalts siehe Hunger – Steele 2019, 3 f.

8 Vgl. Watson – Horowitz 2011, 3–6.

9 Vgl. Hunger – Steele 2019, 16–19.

10 Hunger – Pingree 1989, 9.

11 Textzeuge HH nach Hunger – Pingree 1989, 4.

12 Im assyrischen Reich wurde jedes Jahr ein hoher Beamter zum Eponymen *(līmu)* ernannt, wobei jeder neue König in seinem Akzessionsjahr selbst das Eponymat übernahm. Vgl. Millard 1994, 1.

und wurde somit im Jahr 687 v. Chr. verfasst;[13] die Tafel BM 32311[14] wiederum nennt den Namen des Königs Seleukos, wobei das genaue Datum nicht mehr lesbar ist.[15] Zumindest aber lässt sich anhand dieses Textzeugen zeigen, dass MUL.APIN mindestens noch bis in die seleukidische Zeit (312–63 v. Chr.) weiter tradiert wurde. Die erhaltenen Textzeugen lassen zudem eine voraussichtlich vollständige Rekonstruktion des Textes zu, was im Rahmen der keilschriftlichen Literatur eine Seltenheit darstellt.

Ausgewählte Editionen, Übersetzungen und Kommentare

Die Tafel I von MUL.APIN war der erste bekannte Textzeuge und wurde 1912 von Leonard W. King veröffentlicht. Ernst F. Weidner (1924) hat weitere Textzeugen identifiziert – darunter Fragmente der zweiten Tafel von MUL.APIN – und diese erstmals zusammenfassend bearbeitet sowie Transliterationen und Übersetzungen des Textes vorgelegt. Eine umfassende Edition des gesamten Textes erschien jedoch erst mit der Monographie von Hermann Hunger und David Pingree (1989). Eine aktuelle Neuedition inklusive neuer Textzeugen wurde ebenfalls von Hunger und John M. Steele (2019) veröffentlicht.[16]

Verwandte Quellen

MUL.APIN weist enge Parallelen zu anderen Texten mit himmelskundlichem Inhalt auf. So beginnt der Text beispielsweise mit einer Liste von Sternen, die jeweils in den Pfaden des Anu, des Enlil und des Ea aufgehen sollen. Dabei handelt es sich um eine Aufteilung des Himmels in drei horizontale Pfade, die ansonsten vornehmlich in den Astrolabien dargelegt wird.[17]

Weitere Tag-Nacht-Schemata finden sich darüber hinaus in dem etwa zeitgleich datierten Text K2164+2195+3510 – einem Textzeugen des mathematisch-philologischen Werkes i.NAM.giš.ḫur.an.ki.a.[18] Zwei weitere Schemata finden sich auf der 14. Tafel der Omen-Sammlung *Enūma Anu Enlil*.[19] Bei dem ältesten bisher bekannten Tag-Nacht-Schema handelt es sich um den Text BM 17175+17284, der in die altbabylonische Zeit (ca. 1. Hälfte des 2. Jahrtausends v. Chr.) datiert.[20]

---

13 Hunger – Steele 2019, 16.
14 Textzeuge K nach Hunger – Pingree 1989, 3.
15 Hunger – Pingree 1989, 9.
16 Siehe Hunger – Steele 2019, 2 zur früheren Forschungsgeschichte des Textes.
17 Siehe den Abschnitt Verwandte Quellen bei Q 17 für Literaturangaben zu den *Astrolabien*.
18 Livingstone 2007, 24–27.
19 Bearbeitet von Al Rawi – George 1991/1992.
20 Hunger – Pingree 1989, 163 f.

Siehe auch

Q 17 – Die fünfte Tafel des *Enūma eliš*
Q 20 – Der Brief des Mār-Issar

Technische Aspekte

Der hier wiedergegebene Ausschnitt aus MUL.APIN beschreibt, wie in einem Abstand von jeweils drei Monaten die Längen des Tages und der Nacht variieren. Hierbei handelt es sich um eine schematische Darstellung der an den Solstitien und Äquinoktien beobachtbaren Himmelsphänomene. Zugleich thematisiert der Text teilweise auch die Form der Zeitmessung und die weitere Unterteilung des Tages.

So gab es verschiedene Formen der Zeiteinteilung, die jeweils mit der Art der Zeitmessung zusammenhingen. Anhand der textlichen Überlieferung lassen sich für Mesopotamien zwei Arten der Zeitmessung feststellen: Zum einen die Messung der Zeit mithilfe eines Gnomons, zum anderen die Messung unter Verwendung einer Wasser- oder Sanduhr.[21] Die Nutzung eines Gnomons wird im hier bearbeiteten Text nicht thematisiert, geht jedoch mit einer Einteilung des Tages in zwölf sogenannte Doppelstunden *(bēru)* einher. Die hier aufgeführte Form der Zeitmessung beinhaltete demnach die Verwendung einer Wasseruhr, wie aus der Verwendung der Maßeinheit MA.NA (akkadisch *manû*) – »Mine« ersichtlich wird. Bei MA.NA handelt es sich ursprünglich um eine Gewichtseinheit, sodass man davon ausgehen kann, dass diese Form der Zeitmessung auf dem Gewicht einer entsprechenden Menge an Wasser (oder Sand) beruht.[22] Eine Mine entspricht in diesem System etwa vier Stunden.[23] Eng damit verbunden ist die Einteilung des Tages und der Nacht in insgesamt sechs Wachen *(maṣṣartu)*.

Der Textausschnitt beschreibt, wie lange jeweils die drei Tag- und die drei Nachtwachen an den hervorgehobenen Jahrespunkten sein sollten. Das hierbei hervortretende Verhältnis von 2:1 an den Solstitien kann aber, wie bereits früh postuliert wurde, keiner realen Messung entstammen.[24] David Brown, John Fermor und Christopher Walker haben letztendlich darauf hingewiesen, dass es sich hierbei um ein idealisiertes Schema handelt (siehe dazu den Abschnitt Soziokulturelle Auswertung).[25] Ein wesentliches Merkmal dieser Schemata ist die Verbindung von Kalenderdaten und astralen Phänomenen, wie dem Aufgang bestimmter Sterne oder auch den Bewegungen von Sonne und Mond. Auch im vor-

21 Vgl. Falk 2000, 109.
22 Hunger – Steele 2019, 200.
23 Vgl. Hunger 2001, 311.
24 Neugebauer 1947, 39. Vgl. auch Brown u. a. 1999/2000, 135.
25 Brown u. a. 1999/2000, 135.

liegenden Textausschnitt werden die idealisierten Daten der Solstitien und Äquinoktien mit entsprechenden astralen Ereignissen synchronisiert. So soll etwa jeweils an den Solstitien das Sternbild *Pfeil* aufgehen. Zusammen mit dem Aufgang der Sterne soll auch die Position des Mondes und die Bewegung der Sonne beobachtet werden. Die dabei verwendete Maßeinheit NINDA findet in astronomischen Kontexten Verwendung und kann je nach Kontext eine Zeiteinheit von etwa vier Sekunden meinen, oder bei Bewegungen von Himmelskörpern ein Grad auf einem Kreisbogen.[26]

Soziokulturelle Auswertung

Allen astronomischen Schemata in MUL.APIN und vergleichbaren Texten ist gemein, dass die Veränderungen des Sternenhimmels mit dem kalendarischen Jahresverlauf in Einklang gebracht wurden. Die dargelegten astronomischen Ereignisse sollten demnach an festen kalendarisch verankerten Daten in Erscheinung treten. Bei der Betrachtung der angegebenen Kalenderdaten sticht sogleich deren auffällige Idealisierung hervor.[27] So beschreibt auch die hier wiedergegebene Textstelle, dass die Solstitien und Äquinoktien jeweils genau am 15. Tag des entsprechenden Monats auftreten sollten.

Nach Brown kamen die in MUL.APIN und anderen Texten niedergeschriebenen Schemata im Rahmen der Divination zur Anwendung, indem sie es erlaubten, das Auftreten ominöser Ereignisse leichter in einen zeitlichen Kontext einzuordnen und somit zu deuten.[28]

Diese Interpretation wird durch das *Handbuch der Beschwörungskunst* untermauert, in dem dezidiert dazu aufgerufen wird, den Zeitpunkt eines Omens zu prüfen und dabei von einem schematischen 360-Tage-Jahr auszugehen (vgl. Q 18). Auch die Omen-Sammlungen selbst zeigen, dass die Auswirkungen eines ominösen Zeichens maßgeblich vom Zeitpunkt des Auftretens beeinflusst wurden. So deutete beispielsweise das Heulen eines Totengeistes am Morgen auf etwas Positives hin (Erbarmen einer Gottheit), während es schon kurz darauf am Mittag und Nachmittag sowie in der Nacht Schwierigkeiten und sogar den Tod ankündigte.[29]

Die Bedeutung der idealisierten Zeit tritt in den astralen Omina noch deutlich stärker zutage. Im Gegensatz zu den terrestrischen Omina, die tendenziell nur von wenigen Personen wahrgenommen werden konnten, waren astrale Ereignisse gleichsam globa-

26 Van den Hout 1987–1990, 463. Nach Hunger – Steele 2019, 201 meint die Aussage, die Sonne bewege sich mit 40 NINDA pro Tag, möglicherweise gar nicht die Änderung des Sonnenstandes, sondern beschreibt stattdessen die sich ändernde Länge des Tages mit 40 NINDA pro Tag.

27 Vgl. Brown 2000a, 125.

28 Brown 2000b, 103; Brown 2009, 462.

29 Vgl. *Šumma ālu* Tafel XIX, 57'–63' bei Freedman 1998, 280 f.

ler Natur, da sie weithin für jeden Beobachter sichtbar waren. Um dennoch ermitteln zu können, an welchen Herrscher sich das von den Göttern gesandte Omen richtete, wurde ein komplexes System aus Assoziationen etabliert. Das bedeutet, dass unterschiedliche Phänomene, die beim Auftreten des Omens wahrgenommen werden konnten, ebenfalls notiert wurden.[30] Um welche Begleitphänomene es sich hierbei handelt, wird aus dem Brief K 149 des Gelehrten Issar-šumu-ereš ersichtlich. Dort heißt es:

> Vs. 1 An den »Bauer«[31], meinen Herren: 2 dein Diener Issar-šumu-ereš. 3 Heil sei dem »Bauern«, meinem Herren! 4 Nabû und Marduk 5 mögen den »Bauer«, meinen Herren segnen! 6 Bezüglich der W[ach]e, 7 von der der [»Bauer«] mein [Herr] 8 [mir] gesch[rieben hat]: [...] Rs. 1' »Wenn sie (sc. eine Mondfinsternis) eintr[itt], 2' was ist ihre Bedeutung?« 3' – Der 14. Tag (bedeutet) Elam, 4' der Monat Simanu (bedeutet) Amurru, 5' ihre Entscheidung betriff Ur. 6' Und wenn sie eintritt, 7' die Region und das Haus, die es betrifft, 8' und der Wind, der weht, 9' werden zusammen kopiert.[32]

Der Brief beschreibt demnach eine erwartete Mondfinsternis. Issar-šumu-ereš erläutert, welche Phänomene bei der Interpretation in Betracht gezogen werden müssen. Dazu zählt u. a. der Wind, der zeitgleich weht, aber auch der Zeitpunkt des Auftretens selbst. Anhand des kalendarischen Datums konnte somit bestimmt werden, auf welchen Herrscher sich das Omen beziehen würde. Eine tabellarische Wiedergabe der zeitlichen Assoziationen mit bestimmten Regionen findet sich beispielsweise in dem als *Great Star List* bekannten Text.[33] Dabei wird jedem Monat des Jahres (Z. 270'–277') sowie den Nachtwachen (Z. 290'–292') jeweils eine von vier Regionen zugeteilt. Die Tage des Monats wurden zwar nicht in die Liste mitaufgenommen, doch verdeutlicht der zitierte Brief, dass auch sie in diesem System von Assoziationen mit inbegriffen waren.

Die Interpretation Browns, ideale Schemata als Hilfsmittel der Divination zu betrachten, ist somit ohne Zweifel korrekt, doch nicht der einzig mögliche Anwendungszweck. Durch die Synchronisation der Gestirne mit festen kalendarischen Daten konnten die Schemata möglicherweise ebenso genutzt werden, um den tatsächlichen Lauf des Jahres mit dem

30 Für eine ausführliche Darstellung dieses Paradigmas siehe Brown 2000a, 105–207.

31 Manche Omina, v. a. Finsternis-Omina, galten als besonders schwerwiegend und verhießen dem König und seinem Land Tod, Rebellion, Krieg oder Hunger. Um derartigen Konsequenzen zu entgehen, konnte das Königtum temporär auf einen sogenannten Ersatzkönig übertragen werden. Die negativen Konsequenzen sollten somit den Ersatzkönig treffen und den eigentlichen Herrscher verschonen. Dieser verzichtete in der Zeit auf seine herrschaftliche Titulatur und ließ sich, wie der Brief beispielhaft belegt, als »Bauer« anreden. Vgl. Ambos 2006, 51 f.

32 Parpola 1993, 20 Nr. 26.

33 Ediert bei Koch-Westenholz 1995, 187–205.

ideal gedachten Verlauf abzugleichen.[34] Bezogen auf den oben zitieren Textabschnitt aus MUL.APIN hieße dies, dass dieses Schema vorgibt, in welchen Monaten und an welchen Tagen in einem ideal verlaufenden Kalender die Solstitien und Äquinoktien stattfinden sollten. Die Funktion der idealen Schemata als Abgleich zwischen dem idealen und tatsächlichen Jahresverlauf wird in den letzten Zeilen der zitierten Textstelle sogar unmittelbar konstatiert. Auch das *Handbuch der Beschwörungskunst* stellt explizit klar, dass Gelehrte, die mit der Interpretation von Omina betraut waren, ebenso den Kalender überwachen und im Falle von Abweichungen entsprechende Gegenmaßnahmen treffen sollten. Dass die Praxis, den Lauf des Kalenders anhand der Sterne abzugleichen, auch tatsächlich angewendet wurde, beweist der Brief K 760 des Gelehrten Balasî, in dem dieser den König eindringlich dazu animiert, einen Schaltmonat einzufügen, da die Sterne des Himmels zurückgefallen seien.[35]

Bibliographie

Ambos 2006
C. Ambos, Rituale für einen Frühaufsteher: Die Ersatzkönigsrituale für den assyrischen Herrscher Asarhaddon, in: S. Weinfurter – G. Schwedler – C. Ambos – S. Hotz (Hrsg.), Die Welt der Rituale. Von der Antike bis heute ²(Darmstadt 2006) 51–58.

Al Rawi – George 1991/1992
F. N. H. Al Rawi – A. R. George, Enūma Anu Enlil XIV and Other Early Astronomical Tables, Archiv für Orientforschung 38/39, 1991/1992, 52–73.

Brown 2000a
D. Brown, Mesopotamian Planetary Astronomy-Astrology, Cuneiform Monographs 18 (Groningen 2000).

Brown 2000b
D. Brown, The Cuneiform Conception of Celestial Space and Time, Cambridge Archaeological Journal 10, 2000, 103–122.

Brown 2009
D. Brown, Mesopotamian Astral Science, in: G. Leick (Hrsg.), The Babylonian World (New York 2009) 460–472.

Brown u. a. 1999/2000
D. Brown – J. Fermor – C. Walker, The Water Clock in Mesopotamia, Archiv für Orientforschung 46/47, 1999/2000, 130–148.

Falk 2000
H. Falk, Measuring Time in Mesopotamia and Ancient India, Zeitschrift der Deutschen Morgenländischen Gesellschaft 150, 2000, 107–132.

---

34 Dagegen spricht sich jedoch Brown 2000a, 195 mit Verweis auf seine Interpretation der *ideal schemes* als Hilfsmittel der Divination aus. Hunger – Steele 2019, 12 f. wiederum argumentieren, dass die idealen Schemata durchaus mehreren Zwecken gedient haben können.

35 Hunger 1992, 57 Nr. 98.

Freedman 1998
S. M. Freedman, If a City is Set on a Height: The Akkadian Omen Series *Šumma ālu ina mēlê šakin* I. Tablets 1–21, Occasional Publications of the Samuel Noah Kramer Fund 17 (Philadelphia 1998).
Hunger 1992
H. Hunger, Astrological Reports to Assyrian Kings, State Archives of Assyria 8 (Helsinki 1992).
Hunger 2001
H. Hunger, Zeitmessung, in: J. Høyrup – P. Damerow (Hrsg.), Changing Views on Ancient Near Eastern Mathematics, Berliner Beiträge zum Vorderen Orient 19 (Berlin 2001) 311–316.
Hunger – Pingree 1989
H. Hunger – D. Pingree, MUL.APIN. An Astronomical Compendium in Cuneiform, Archiv für Orientforschung Beih. 24 (Horn 1989).
Hunger – Pingree 1999
H. Hunger – D. Pingree, Astral Sciences in Mesopotamia, Handbuch der Orientalistik I 44 (Leiden 1999).
Hunger – Steele 2019
H. Hunger – J. M. Steele, The Babylonian Astronomical Compendium MUL.APIN, Scientific Writings from the Ancient and Medieval World 2 (London 2019).
King 1912
L. W. King, Cuneiform Texts in the British Museum Part XXXIII (London 1912) Pl. 1–8.
Koch-Westenholz 1995
U. S. Koch-Westenholz, Mesopotamian Astrology. An Introduction to Babylonian and Assyrian Celestial Divination (Kopenhagen 1995).
Livingstone 2007
A. Livingstone, Mystical and Mythological Explanatory Works of Assyrian and Babylonian Scholars (Winona Lake 2007).
Millard 1994
A. R. Millard, The Eponyms of the Assyrian Empire 910–612 BC, State Archives of Assyria Studies 2 (Helsinki 1994).
Neugebauer 1947
O. Neugebauer, Studies in Ancient Astronomy VIII: The Water Clock in Babylonian Astronomy, Isis 37, 1947, 37–43.
Parpola 1993
S. Parpola, Letters from Assyrian and Babylonian Scholars, State Archives of Assyria 10 (Helsinki 1993).
van den Hout 1987–1990
Th. P. J. van den Hout, RlA VII (1987–1990) 457–527 s. v. Maße und Gewichte.
Watson – Horowitz 2011
R. Watson – W. Horowitz, Writing Science before the Greeks. A Naturalistic Analysis of the Babylonian Astronomical Treatise MUL.APIN, Culture and History of the Ancient Near East 48 (Leiden 2011).
Weidner 1924
E. F. Weidner, Ein babylonisches Kompendium der Himmelskunde, American Journal of Semitic Languages and Literatures 40, 1924, 186–208.

Q 20 Der Brief des Mār-Issar zur Schaltung

Tim Brandes

Transliteration (82–5-22, 98 = ABL 338)

Vs.

1 *a-na* LUGAL EN-*ia*$_2$

2 ARAD-*ka* ^{m}DUMU-^{d}XV

3 *lu-u šul*$_3$*-mu a-na* MAN EN-*ia*$_2$

4 ^{d}PA *u* ^{d}AMAR.UTU *a-na* MAN EN-*ia*$_2$

5 *lik-ru-bu* UD-*me ar*$_2$*-ku-ti*

6 *ṭu-ub* UZU *u ḫu-ud lib*$_3$*-bi*

7 DINGIR.MEŠ GAL.MEŠ *a-na* MAN EN-*ia*$_2$

8 *liš-ru-ku ša* MAN *be-li*$_2$

9 *iš-pur-an-ni ma-a* ^{iti}KIN

10 *da-a-ri* ITI *an-ni-i*

11 *par-ṣi la te-ep-pa-ša*$_2$

12 GI$_6$ *ša* UD.6.KAM$_2$ ^{m}*Am-*⸢*mu*⸣*-sa-lam*

u. Rd.

13 *a-na* KA$_2$.DINGIR^{ki}

14 *e-tar-ba*

Rs.

1 [*pa*]*-na-tu-uš-šu*$_2$

2 UD.3.KAM$_2$ ^{d}PA *it-tal-*[*ka*]

3 UD.4.KAM$_2$ UD.5.KAM$_2$ UD.6.KAM$_2$

4 KA$_2$ *pa-an* EN *u* ^{d}PA

5 *pa-ti-ia* UDU.SISKUR.MEŠ

6 *ep-ša*$_2$ *ki-i un-qu*

7 *ša* MAN EN-*ia*$_2$ *a-mur-u-ni*

8 *ṭe*$_3$*-e-mu a-sa-kan*

9 *re-eḫ-ti par-ṣi ša* ^{iti}KIN

10 ITI *ša e-ra-ban-ni*

11 *ki-i ša* MAN *be-li*$_2$

12 *iš-pur-an-ni ep-pu-šu*$_2$

Transliteration nach Parpola 1993, 295.

Übersetzung

Vs. 1 An den König, meinen Herren; 2 dein Diener Mār-Issar: 3 Heil sei dem König, meinem Herren! 4 Nabû und Marduk mögen den König, meinen Herren 5 segnen! Lange Tage, 6 Wohlergehen und Glückseligkeit 7 mögen die großen Götter dem König, meinem Herren 8 schenken! Bezüglich dessen, was der König, mein Herr 9 mir schrieb: »Der Monat

Ulūlu 10 ist geschaltet. In diesem Monat 11 führe die Kultriten nicht durch!« 12–14 In der Nacht des sechsten Tages trat Ammu-Salam in Babylon ein. Rs. 1 [Vo]r ihm, 2 am dritten Tag, ging Nabû. 3 Am vierten, fünften und sechsten Tag, 4 wurde vor Bēl und Nabû das Tor 5 offengehalten, und Opfer 6 wurden dargebracht. Nachdem ich das gesiegelte Dokument 7 des Königs, meines Herren, gesehen hatte, 8 erließ ich die Anweisung, 9 den Rest der Kultriten des Ulūlu 10 im kommenden Monat, 11 wie der König, mein Herr 12 mir schrieb, durchzuführen.

Eigene Übersetzung.

Zur Quelle

Die Stadt Ninive war vom Ende des 8. bis zum Ende des 7. Jahrhunderts v. Chr. die Residenz der assyrischen Könige. Von dort herrschten sie über ein Reich, das sich in dieser Zeit über weite Teile des Vorderen Orients erstreckte. Eine große Anzahl an Briefen und Berichten, die am Königshof von Ninive gefunden wurden, legt Zeugnis davon ab, dass die Könige bei der Ausübung ihrer Regentschaft von zahlreichen Amtsträgern und Gelehrten unterstützt wurden.[1] Die Briefe der Gelehrten, zu denen auch der hier bearbeitete Text gehört, entstammen den Regierungszeiten der beiden letzten großen Könige des assyrischen Reiches, Asarhaddon (681–669 v. Chr.) und Assurbanipal (669–627 v. Chr.), und decken einen Zeitraum von etwa 30 Jahren ab.[2]

Der hier bearbeitete Brief stellt die Antwort des Gelehrten Mār-Issar auf die Ankündigung eines Schaltmonats dar und gibt somit einen Einblick in die Praxis und auch die Probleme der Schaltung im neuassyrischen Reich. So wird anhand des Briefes deutlich, dass die schriftlich versandten Anweisungen des Königs, zu schalten und die Kultriten anzupassen, die Stadt Babylon nicht mehr rechtzeitig erreicht haben. Infolgedessen mussten die Riten, die bereits begonnen hatten, wieder unterbrochen werden.

Mār-Issar stand im Dienst des assyrischen Königs Asarhaddon. Zahlreiche Briefe von ihm an den König sind belegt.[3] Diese Briefe decken ein für Gelehrte ungewöhnlich breites Themenspektrum ab, das nicht nur astrale und kalendarische Belange umfasst, sondern auch administrative und politische Angelegenheiten betrifft.[4]

1 Vgl. Radner 2011, 358 f.
2 Parpola 1993, XXIX.
3 Bei Parpola 1993 die Briefe Nr. 347–370.
4 Radner 2011, 374.

Ausgewählte Editionen, Übersetzungen und Kommentare

Der Brief wurde in der 1970 erschienenen, umfassenden Edition der Briefe von Simo Parpola bearbeitet. 1983 erschien komplementär zur Textedition ein Band mit Kommentaren und Appendizes (Parpola 1983). Die Briefe wurden schließlich nochmals von Parpola im Rahmen der Reihe »State Archives of Assyria« publiziert (Parpola 1993). Eine Online-Publikation des Textes, basierend auf letztgenannter Edition, findet sich im Rahmen des Projekts »State Archives of Assyria Online«, das mittlerweile in aktualisierter Form Teil der »Munich Open-access Cuneiform Corpus Initiative« (MOCCI) ist.[5]

Englische Teilübersetzungen des Briefes (jeweils ohne die Grußformel) finden sich u. a. bei John M. Steele (2011) und Stefania Ermidoro (2017).

Verwandte Quellen

Unter den Briefen der Gelehrten finden sich viele Texte, welche die Themen Zeit und Kalender betreffen. Einige greifen auch das Thema Schaltung auf. So beispielsweise der in diesem thematischen Zusammenhang häufig zitierte Brief K 930 des Marduk-šakin-šumi (siehe Q 21), in dem dieser den König um Anweisungen bittet, wie nach der Einfügung eines Schaltmonats mit den eigentlich anstehenden kultischen Festen verfahren werden soll.[6] Eine ähnliche Angelegenheit behandelt der Text 83-1-18, 54 (= ABL 971).[7] Die Texte 83-1-18, 30 (= ABL 401) und Bu 91-5-9, 71 (= ABL 1258) wiederum stellen Nachrichten des Königs an seine Untergebenen dar, in denen er über die Einführung eines Schaltmonats informiert.[8] Eine entsprechende Nachricht ist auch aus der Regierungszeit des Nabonid (556–538 v. Chr.) erhalten (YOS 3, 115).[9] Eine weitere bedeutende Quelle stellt das himmelskundliche Kompendium MUL.APIN dar (Q 19), das auf Tafel II, i 9–24 und Gap A 8 – ii 17 theoretische Regeln darlegt, anhand derer die Gelehrten die Notwendigkeit einer Schaltung bestimmen konnten.[10] Des Weiteren stehen auch die sogenannten *Astrolabien* (siehe Q 17) im Zusammenhang mit Schaltung. Diese Texte ordnen jedem Monat jeweils drei Sterne zu, die in dem betreffenden Monat aufgehen sollten. So konnte anhand der Sterne theoretisch beobachtet werden, ob der Kalender noch seinem idealen Verlauf folgte.[11]

---

5 Zu MOCCI allgemein siehe: https://www.ag.geschichte.uni-muenchen.de/personen/mitarbeiter/radner/forschung/mocci-deu/index.html. Zur Online-Publikation des hier bearbeiteten Briefes siehe: http://oracc.museum.upenn.edu/saao/corpus (SAA 10, Ch. 19, Nr. 357; letzter Zugriff: 30.09.2019).

6 Parpola 1993, 200 Nr. 253.

7 Cole – Machinist 1998, 54 f. Nr. 60.

8 Cole – Machinist 1998, 6 f. Nr. 4 und 5.

9 Parpola 1983, 504.

10 Hunger – Steele 2019.

11 U. a. Horowitz 2007.

Siehe auch

Q 9 – Die 30 Tage des Mondmonats und ihre Schutzgötter
Q 18 – Das *Handbuch der Beschwörungskunst*
Q 19 – Das himmelskundliche Kompendium MUL.APIN
Q 22 – Ein astronomisches Tagebuch aus dem 37. Regierungsjahr Nebukadnezzars II.
Q 35 – Die Kalender von Athen im Präskript eines Volksbeschlusses
Q 46 – Die Kalenderreform Caesars nach Sueton

Technische Aspekte

In der 1. Hälfte des 2. Jahrtausends v. Chr. wurde in weiten Teilen Babyloniens ein standardisiertes Kalendersystem eingeführt, das die lokalen Kalender der einzelnen urbanen Zentren weitgehend ersetzte.[12] Dieses Kalendersystem breitete sich über weitere Teile des Vorderen Orients aus und ist unter Tiglat-Pilesar I. (1114–1076 v. Chr.) schließlich auch in Assyrien nachweisbar.[13] Dieser gemeinsame Kalender basierte grundsätzlich auf dem Zyklus des Mondes: Ein neuer Monat begann mit der ersten Sichtbarkeit der Mondsichel; zwölf dieser synodischen Monate wiederum bildeten ein Jahr (siehe auch Chronologische Grundlagen: Alter Orient und Judentum). Ein auf synodischen Monaten basierendes Jahr kommt allerdings nur auf 354 Tage und weicht somit vom solaren Jahresverlauf ab. Diese Diskrepanz offenbart sich den Menschen im Laufe der Zeit dadurch, dass vorgesehene astrale oder jahreszeitliche Phänomene nicht mehr am erwarteten kalendarischen Datum eintraten. Zahlreiche Texte der babylonischen und assyrischen Gelehrten verdeutlichen, dass den Gelehrten diese Tatsache nicht nur bewusst war, sondern dass sie auch große Mühe darauf verwendet haben, den Kalender wieder mit seinem ideal angedachten Verlauf in Einklang zu bringen.[14]

Zu diesem Zweck wurde der Kalender zu gegebener Zeit geschaltet. In der Praxis wurde hierbei immer gleich ein ganzer Schaltmonat eingefügt, wobei in der Regel entweder der 6. oder der 12. Monat eines Jahres gedoppelt wurde.[15] Die Auswahl dieser beiden Monate wird vor dem Hintergrund deutlich, dass beide das Ende einer Jahreshälfte darstellen. Die Einteilung des Jahres in zwei Hälften ist v. a. auch in kultischer Hinsicht von großer Bedeutung, da sich wichtige Feste in beiden Jahreshälften spiegeln (vgl. Q 21).[16]

12 Vgl. Cohen 1993, 297.
13 Vgl. Cohen 1993, 300 f.
14 Vgl. Cohen 1993, 5.
15 Britton 2007, 115.
16 Cohen 1993, 6 f.

Nach etwa drei Jahren war die Diskrepanz zwischen astronomischen Phänomenen und dem Kalender so groß, dass ein Schaltmonat eingefügt werden konnte.[17] Die Zeitspanne von drei Jahren wird auch in dem himmelskundlichen Kompendium MUL.APIN hervorgehoben:[18]

> Die Aufgänge der Sterne des Ea, des Anu und des Enlil. Nach [...] und ihren Aufgängen su[chst] du und das Jahr benennst du. Wenn der Stern [...] von [...] und des Jahres berechnest du und im dritten Jahr (Variante: in drei Jahren) machst du eine Ankündigung und verkündest das Jahr als Schaltjahr. Zum [...] Tag des Verschwindens (des Mondes) zwölf Monate, in drei Jahren (Variante: im dritten Jahr) verkündest du einen Schaltmonat; in zwölf Monaten zehn zusätzliche Tage sind das Maß für ein Jahr.[19]

MUL.APIN enthält gleich zwei umfassende Schaltregeln, die methodisch auf der Beobachtung der Himmelskörper und dem Abgleich mit dem idealen Jahresverlauf basieren (siehe Q 19). Sobald die Abweichung zwischen dem erwarteten Datum und dem tatsächlichen Erscheinen der Phänomene 30 Tagen entspricht, konnte ein Schaltmonat proklamiert werden.[20]

Die Situation änderte sich jedoch im weiteren Verlauf des 1. Jahrtausends v. Chr., als die Gelehrten aufgrund ihrer Aufzeichnungen zunehmend auch längere astronomische Intervalle wahrnahmen (vgl. Q 22). Möglicherweise schon in der Regierungszeit des Nabonassar (747–734 v. Chr.) begannen die babylonischen Gelehrten zu erkennen, dass 235 Mondmonate 19 solaren Jahren entsprechen.[21] Diese später als Meton-Zyklus bekannte Periode wurde im 5. Jahrhundert v. Chr. unter persischer Herrschaft zur Grundlage einer neuen Methode der Kalenderschaltung, in der im Rahmen dieser 19 Jahre eine feste Anzahl an Schaltmonaten eingefügt wurde.[22] Ein Grund für den Wechsel zu einem regelmäßigen Schaltzyklus mag auch darin gelegen haben, dass es – wie der Brief des Mār-Issar verdeutlicht – eine Weile dauerte, die Schaltung im gesamten Reich bekanntzumachen; davon wiederum war unmittelbar der Tempelkult betroffen.[23]

17 Brack-Bernsen 2007, 83; Britton 2007, 119.
18 Vgl. Britton 2007, 119.
19 MUL.APIN II, ii 7–12. Vgl. Hunger – Steele 2019, 88 f.
20 Hunger – Pingree 1989, 151 f.
21 Cohen 1993, 6.
22 Steele 2011, 476 f.
23 Steele 2011, 477 f. Vgl. auch Steele 2012, 378.

Soziokulturelle Auswertung

Im Alten Orient haben sich im Laufe der Zeit mehrere Gelehrten-Traditionen herausgebildet, die weitgehend bereits im 2. Jahrtausend v. Chr. belegt sind. Zu den fünf traditionellen Disziplinen der Gelehrten gehörten der *āšipu* – »Heiler«, der *bārû* – »Seher«, der *kalû* – »Priester«, der *asû* – »Wundarzt« und der *ṭupšar Enūma Anu Enlil* – wörtlich »Schreiber (der Serie) Enūma Anu Enlil« – einer Sammlung astraler und meteorologischer Omina.[24] Unter den Gelehrten stachen nochmals jene hervor, die nicht nur ihre jeweilige Disziplin gemeistert, sondern darüber hinaus noch in anderen Gebieten bewandert waren. Diese Gelehrten trugen den Titel *ummânu* – »Experte«, »Meister« und fungierten am neuassyrischen Königshof als Gelehrte und Berater des Königs (vgl. auch Q 3 und Q 8).[25] Die Beziehung des assyrischen Königs zu seinen Gelehrten ist dabei durch ein vergleichsweise loses Patronage-System gekennzeichnet. Die Gelehrten waren somit vom Wohlwollen des Königs abhängig, was mitunter zu einer starken Konkurrenz unter den Gelehrten führte, die sich aus ihren Briefen auch herauslesen lässt.[26]

Die Aufgabe der Gelehrten war es, entsprechend ihrer jeweiligen Disziplin Omina zu erkennen und zu interpretieren sowie gegebenenfalls rituelle Gegenmaßnahmen einzuleiten oder – sollte der König oder eines seiner Familienmitglieder bereits erkrankt sein – für Genesung zu sorgen. Zudem achteten diese darauf, dass der König seinen kultischen Pflichten nachkam und keine religiösen Tabus brach (vgl. Q 16).[27]

Viele dieser Tätigkeiten unterlagen einer zeitlichen Komponente. So spielte etwa bei der Interpretation eines Omens der Zeitpunkt des Auftretens eine entscheidende Rolle (vgl. Q 19 und Q 18). Vor diesem Hintergrund erklärt es sich, dass zahlreiche keilschriftliche Quellen astronomischen Inhalts – darunter die *Astrolabien*, MUL.APIN, das *Handbuch der Beschwörungskunst* und die weiter oben genannten Briefe – deutlich machen, dass auch die Überwachung und Aufrechterhaltung des Kalenders in den Aufgabenbereich der babylonischen und assyrischen Gelehrten fiel.

Der hier bearbeitete Brief zeigt zugleich aber auf, dass die Gelehrten in diesem Prozess lediglich eine beratende Funktion einnahmen; die eigentliche Entscheidungsgewalt über den Kalender lag beim König. Nur dieser konnte darüber entscheiden, ob eine von den Gelehrten als notwendig erachtete Schaltung auch wirklich durchgeführt wurde.[28] Dies

---

24 Vgl. Maul 2013, 277 f. Die modernen Übersetzungen dieser Berufsgruppen geben oftmals nur unzureichend deren Funktion und Aufgabengebiet wieder. Darüber hinaus sind die einzelnen Disziplinen hinsichtlich ihrer Curricula auch nicht immer klar voneinander abgegrenzt; vgl. Rochberg 2016, 67.

25 Parpola 1993, XIX. XXIV. Siehe auch Lenzi 2008, 71 mit weiteren Quellenangaben.

26 Radner 2011, 363–366.

27 Vgl. Parpola 1993, XXII.

28 Ermidoro 2017, 136.

bezeugen die erhaltenen Anweisungen bezüglich der Einrichtung eines Schaltmonats, die der König an Funktionäre seines Reiches schicken ließ.

> Befehl des Kö[nigs] an Zērûti und an das Tempelpersonal von Dēr: Ich bin wohlauf, euer Herz möge zufrieden sein. Über den Schaltmonat Addaru möget ihr (hiermit) informiert sein. Die Feste und Riten der Götter vollzieht in einem günstigen Monat.[29]

Erst babylonische Briefe aus achämenidischer Zeit (539–330 v.Chr.) deuten darauf hin, dass die Schaltung komplett in die Verantwortung der Gelehrten übergegangen war.[30]

Bibliographie

ABL
R. F. Harper, Assyrian and Babylonian Letters belonging to the Kouyunjik Collections of the British Museum (Chicago 1892–1914).

Brack-Bernsen 2007
L. Brack-Bernsen, The 360-Day Year in Mesopotamia, in: Steele 2007, 83–99.

Britton 2007
J. P. Britton, Calendars, Intercalations and Year-Lenghts in Mesopotamian Astronomy, in: Steele 2007, 115–131.

Cohen 1993
M. E. Cohen, The Cultic Calendars of the Ancient Near East (Bethesda 1993).

Cole – Machinist 1998
S. W. Cole – P. Machinist, Letters from Priests to the Kings Esarhaddon and Assurbanipal, State Archives of Assyria 13 (Helsinki 1998).

Ermidoro 2017
S. Ermidoro, Ruling over Time. The Calendar in the Neo-Assyrian Royal Propaganda, State Archives of Assyria Bulletin 23, 2017, 131–156.

Horowitz 2007
W. Horowitz, The Astrolabes: Astronomy, Theology and Chronology, in: Steele 2007, 101–113.

Hunger – Pingree 1989
H. Hunger – D. Pingree, MUL.APIN. An Astronomical Compendium in Cuneiform, Archiv für Orientforschung Beih. 24 (Horn 1989).

Hunger – Steele 2019
H. Hunger – J. M. Steele, The Babylonian Astronomical Compendium MUL.APIN, Scientific Writings from the Ancient and Medieval World 2 (London 2019).

Lenzi 2008
A. Lenzi, Secrecy and the Gods: Secret Knowledge in Ancient Mesopotamia and Biblical Israel, State Archives of Assyria Studies 19 (Helsinki 2008).

Maul 2013
S. M. Maul, Die Wahrsagekunst im Alten Orient. Zeichen des Himmels und der Erde (München 2013).

29 83-1-18,30 (= ABL 401). Ediert von Cole – Machinist 1998, 6 Nr. 4.

30 Parpola 1983, 504 f.

Parpola 1970
S. Parpola, Letters from Assyrian Scholars to the Kings Esarhaddon and Assurbanipal 1: Texts, Alter Orient und Altes Testament V 1 (Kevelaer 1970).
Parpola 1983
S. Parpola, Letters from Assyrian Scholars to the Kings Esarhaddon and Assurbanipal 2: Commentary and Appendices, Alter Orient und Altes Testament V 2 (Kevelaer 1983).
Parpola 1993
S. Parpola, Letters from Assyrian and Babylonian Scholars, State Archives of Assyria 10 (Helsinki 1993).
Radner 2011
K. Radner, Royal Decision-Making. Kings, Magnates and Scholars, in: K. Radner (Hrsg.), The Oxford Handbook of Cuneiform Culture (Oxford 2011) 358–379.
Rochberg 2016
F. Rochberg, Before Nature. Cuneiform Knowledge and the History of Science (Chicago 2016).
Steele 2007
J. M. Steele (Hrsg.), Calendars and Years. Astronomy and Time in the Ancient Near East (Oxford 2007).
Steele 2011
J. M. Steele, Making Sense of Time: Observational and Theoretical Calendars, in: K. Radner (Hrsg.), The Oxford Handbook of Cuneiform Culture (Oxford 2011) 470–485.
Steele 2012
J. M. Steele, Living with a Lunar Calendar in Mesopotamia and China, in: J. Ben-Dov – W. Horowitz – J. M. Steele (Hrsg.), Living the Lunar Calendar (Oxford 2012) 373–387.

Q 21 Das *akītu*-Fest in Babylon im Monat Nisannu

Daliah Bawanypeck

Text 1 (Ritualanweisung DT 15, DT 109+DT 114[1], Paralleltext MNB 1848)

273 *ana* KISAL.MAḪ E$_3$-*ma* IGI-*šu*$_2$ *ana* IM-2 GAR-*an-ma*

274 ^{mul_2}AŠ.IKU E$_2$.SAG.IL$_2$ *tam-šil* AN *u* KI

275 3-*šu*$_2$ *ana* E$_2$.SAG.IL$_2$ *i-kar-rab*

276 ^{giš}⌜IG⌝.MES BAD-*te* ^{lu_2}KU$_4$.E.MEŠ *gab-bi*

277 K[U$_4$.M]EŠ-*ma* ME- *šu*$_2$-*nu* GIM *ša*$_2$ DIŠ-*a* DU$_3$.MEŠ

278 ^{lu_2}[GAL]A.MEŠ *u* ^{lu_2}NAR.MEŠ KI.MIN

---

279 [*e-nu-m*]*a an-na-a i-te-ep-šu*$_2$

280 [EGIR *tar*]-*den-nu ša*$_2$ *ki-iṣ* UD-*mu e-nu-ma e-liš*

281 [TA *re-š*]*i-šu*$_2$ EN TIL-*šu*$_2$ ^{lu_2}ŠEŠ.GAL E$_2$.UMUŠ.A

282 [*ana* ^{d}EN *i*]-*na-aš*$_2$-*ši ma-la ša*$_2$ UD *e-liš*

283 *ana* ^{d}EN [*i*]-*na-aš*$_2$-*šu-u* IGI *ša*$_2$ AGA *ša*$_2$ ^{d}LX

284 *u* KI.TUS *ša*$_2$ ^{d}EN.LIL$_2$ *ku-ut-tu-mu-u*

413 A.MEŠ ŠU^{II} LUGAL DIB-ʾ-*nim-ma*

414 [*ana* E$_2$.SAG].IL$_2$ KU$_4$.MEŠ-*šu*$_2$ DUMU.MES *um-man-nu ana* KA$_2$ E$_3$.MEŠ

415 [*ana* IGI ^{d}]EN *ina* KUR-*šu*$_2$ ^{lu_2}ŠEŠ.GAL E$_3$-*ma* ^{giš}NIG$_2$.GIDRU ^{giš}GUR$_2$

416 [^{giš}]TUKUL.DINGIR

417 [*ša*$_3$ ŠU^{II} LUGAL$^?$] IL$_2$-*ši* AGA LUGAL-*u*$_2$-*ti-šu*$_2$ *i-na-aš*$_2$-*ši*

418 [*ana* IGI ^{d}E]N *u*$_2$-*še-rib-su*$_2$-*nu-tu*$_2$ *ina* IGI ^{d}EN

419 [*ina* UGU] KI.TUŠ GAR-*an-šu*$_2$-*nu-tu*$_2$ E$_3$-*ma* TE LUGAL SIG$_3$-*aṣ*

420 [LUGAL$^?$] EGIR-*šu*$_2$ GAR-*an ana* IGI ^{d}EN *u*$_2$-*še-rib-šu*$_2$

421 [EGIR-*šu*$_2$$^?$] GEŠTUG^{II}-*šu*$_2$ *i-sad-dad ina* KI *u*$_2$-*ša*$_2$-*kam-su*

422 [*adi*/KI$^?$] LUGAL 1-*šu*$_2$ *an-na-a* DUG$_4$.GA

423 [*ul aḫ*]-*ṭu* EN KUR.KUR *ul e-gi ana* DINGIR-*ti-ku*

424 [*ul u*$_2$-*ḫa-a*]*l-liq* E^{ki} *ul aq-ṭa-bi* BIR-*šu*$_2$

1 DT 109+DT 114 = Festritual Thureau-Dangin 1921.

[425] [*ul u*$_2$*-ri*]*b-bi* E$_2$.SAG.GIL$_2$ *ul u*$_2$*-ma-aš-*(*ši*) ME-*šu*$_2$

[426] [*ul am-da*]*ḫ-ḫa-aṣ* TE ^{lu_2}*ṣab-bi ki-din-nu*

[427] [... *ul*] *aš*$_2$*-kun qa-lal-šu*$_2$*-nu*

[428] [*u*$_2$*-pa-a*]*q ana* E^{ki} *ul a-bu-ut šal-ḫu-šu*

...

[447] *e-nu-ma* E-*u* LUGAL *ka-bat* KIR$_4$ DIŠ-*u*$_2$*-šu*$_2$ *i-*[...]

[448] ^{giš}NIG$_2$.GIDRU ^{giš}GUR$_2$ ^{giš}TUKUL.DINGIR AGA E$_3$*-ma ana* LUGAL [SUM-*in*]

[449] TE LUGAL *i-maḫ-ḫa-aṣ e-nu-ma* TE-*su* [*im-ḫa-ṣu*]

[450] *šum*$_4$*-ma di-ma-tu-šu*$_2$ *il-lik* ^{d}EN *sa-l*[*im*]

[451] *šum*$_4$*-ma di-ma-tu-šu*$_2$ NU GIN.MEŠ ^{d}EN *e-zi-i*[*z*]

[452] ^{lu_2}KUR$_2$ ZI-*am-ma i-šak-kan* ŠUB-*su*

Transliteration nach Linssen 2004.

Übersetzung

[273] Er (der Oberpriester) geht zum Haupthof hinaus und richtet seinen Blick nach Norden; dann [275] spricht er die Segensformel [274] »(Sternbild) *Ikû*,[2] Esagil,[3] Abbild von Himmel und Erde« [275] dreimal über Esagil. [276] Er öffnet die Tore; alle Tempelbetreter[4] [277] treten ein und führen ihre Riten wie gewöhnlich durch; [278] ebenso die Kultsänger und Musiker.

[279] [Wen]n er dies getan hat, [280] [nach der] abendlichen [Zwi]schenmahlzeit, [281] erhebt[5] der Oberpriester des E-umuša[6] [280] *Enūma elîš* [281] [von] seinem [Anf]ang bis zu seinem Ende [282] [für (den Gott) Bēl[7]]. Solange er *Enūma elîš* [283] für Bēl erhebt, bleiben die Vorderseite der Tiara des (Gottes) Anu [284] und der Thron des (Gottes) Enlil bedeckt (Ende des vierten Tages).

[413] Dem König bringen sie Hand(wasch)wasser, [414] lassen ihn [nach Esag]il eintreten. Die Handwerker gehen zum Tor hinaus. [415] Wenn (der König) [bei] Bēl angekommen ist, tritt der Oberpriester heraus und [417] nimmt [415] Zepter, ringförmiges Seil[8] [416] und Keule [417] [aus den Händen des Königs[?]]. (Auch) die Königskrone nimmt er (ihm) ab, [418] bringt diese Dinge [zu Bē]l hinein, [419] legt sie [418] vor Bēl [419] [auf] einen Stuhl. Er geht (wieder) hinaus und gibt dem König einen Backenstreich. [420] Er stellt [den König?] hinter sich auf, lässt ihn vor Bēl eintreten. [421] [Danach[?]] zieht er ihn an den Ohren, lässt ihn auf dem Fußboden niederkauern. [422] [Zusammen m]it dem König spricht

---

2 Das Sternbild *Ikû* (»Feld«) entspricht dem heutigen Sternbild Pegasus (siehe auch Q 33).

3 Name des Marduk-Tempels in Babylon.

4 Eine Priesterklasse.

5 Dies bedeutet: Er rezitiert das babylonische Werk *Enūma elîš* (siehe Q 17).

6 Mit E-umuša ist die Cella des Marduk-Tempels gemeint, siehe Zgoll 2006, 19 mit Anm. 42.

7 Wörtlich »Herr«, Bezeichnung für Marduk, den babylonischen Hauptgott.

8 Hierbei handelt es sich um ein Maßband, das die Gerechtigkeit des Königs symbolisiert.

er das Folgende: 423 »Ich habe [nicht ge]fehlt, Herr der Länder, war nicht nachlässig gegenüber deiner Göttlichkeit. 424 Ich habe Babylon [nicht zugr]unde gerichtet, nicht seine Vernichtung befohlen. 425 Ich habe Esagil [nicht ins Wan]ken gebracht, nicht seine Riten in Vergessenheit geraten lassen. 426 Ich habe [nicht] die unter (göttlichem) Schutz stehenden Bürger [geo]hrfeigt, 427 [nicht] bewirkt, dass sie verachtet werden. 428 [Ich habe achtge]geben auf Babylon. Nicht seine Umfassungsmauern zerstört.« [...][9] 447 Nachdem er (der Oberpriester) es gesprochen hat, [nimmt] der König (wieder) seine übliche würdevolle Haltung [ein]. 448 (Der Oberpriester) nimmt Zepter, ringförmiges Seil, Keule und Krone heraus und [gibt sie] dem König. 449 Er gibt dem König einen Backenstreich. Nachdem er ihn geohr[feigt hat] – 450 wenn ihm dann die Tränen kommen, ist Bēl wohlgesonnen. 451 Wenn ihm keine Tränen kommen, ist Bēl zornig:[10] 452 Ein Feind wird sich erheben und seinen Fall bewirken.

Übersetzung adaptiert von Farber 1987.

Text 2 (Brief ABL 956 Rs., Z. 2–7)[11]

2 [LUGAL *be-l*]*i*$_2$ *u*$_2$*-da*
3 [UD.7.K]AM$_2$ *ša* ^{iti}DU$_6$
4 ^{d}EN$^{!}$ *il-lab-biš*
5 [U]D.8.KAM KA *pa-a-ti*
6 [*k*]*i-i ša*$_2$ ^{iti}BAR[AG ^{d}EN]
7 [*a-n*]*a* KASKAL^{II} *u*$_2$$^{!}$*-nam-*[*mu*]*-šu*$^{!}$

Übersetzung

2 [Der König,] mein [Herr,] weiß, 3 dass am [7. Tag] des Monats Tašrītu 4 Bēl bekleidet wird. 5 Am 8. Tag sind die Tore (des Tempels) geöffnet. 6–7 Wie im Monat Nisannu setzen sie Bēl für die Prozession in Bewegung.

Transliteration und Übersetzung nach Parpola 1993.

9 Hier fehlen ein paar Zeilen, dann wendet sich der Oberpriester mit Mahnungen des Gottes Marduk an den König und segnet ihn.
10 Dieser Zorn manifestiert sich in dem folgenden unheilvollen Vorzeichen.
11 Ergänzungen nach Parpola 1993, 200 Nr. 253.

Zur Quelle

Aufgrund der Quellenlage lässt sich der Ablauf des *akītu*-(Neujahrs-)Festes in Babylon nicht vollständig rekonstruieren. Gemäß der Textüberlieferung aus dem 1. Jahrtausend v. Chr. handelt es sich um das größte Fest des Jahres. Es wird im ersten Monat des Jahres, Nisannu, und zu Herbstanfang im siebten Monat, Tašrītu, begangen.

Für den vorliegenden Beitrag wurden Auszüge aus dem Festritual Thureau-Dangin 1921, 127–154 sowie ein kurzer Abschnitt aus einem neuassyrischen Brief (Parpola 1993, Nr. 253) ausgewählt, der sich auf das *akītu*-Fest bezieht.

Die Fragmente des Festrituals Thureau-Dangin 1921 gehören zu den Tafeln 22 und 23 einer großen Ritualserie und stellen die umfangreichste Quelle für das *akītu*-Fest in Babylon dar. Sie sind wahrscheinlich in die Seleukidenzeit (3.–2. Jahrhundert v. Chr.) zu datieren, dürften aber auf ein Ritual aus der neubabylonischen Zeit (626–539 v. Chr.) zurückgehen[12] und bieten Anweisungen für den ersten Teil des *akītu*-Festes, das in Babylon im Monat Nisannu gefeiert wurde und sich über elf Tage erstreckte. Dieses Fest stellt das eigentliche Neujahrsfest dar, das zu Jahresbeginn (d. h. im März) stattfand.[13]

Der Text schildert rituelle Handlungen des Oberpriesters, die im Esagil, dem Tempel des babylonischen Hauptgottes Marduk, während des 2.–6. Nisannu stattfinden. Die Götterprozession (der Höhepunkt des Festes) und die Aktionen des achten bis elften Tages sind in ihm nicht enthalten. Nach den Auszügen aus einem Brief eines neuassyrischen Hofgelehrten an seinen König (ABL 956) wird die Mardukstatue am 7. Nisannu feierlich eingekleidet, am folgenden Tag findet die Götterprozession statt.

Einige weitere Texte, die hier nicht vorgestellt werden können, schildern die verschiedenen Stationen der Prozession und den Einzug der Götter in das *akītu*-Haus, das etwas außerhalb der Stadt liegt.[14] Nach der Rekonstruktion von Annette Zgoll (2006) stellt sich der Ablauf des Festes in Stichpunkten folgendermaßen dar:

1. Tag:	Vorbereitungen für das Fest.
2. Tag:	Rituelle Reinigung des Oberpriesters und übliche Ritualhandlungen.
3. Tag:	Handwerker stellen zwei Figuren her, die feindliche Gestalten darstellen.[15] Sie tragen rote Gewänder und halten in der linken Hand einen Skorpion bzw. eine Schlange.

12 Linssen 2004, 11. 215.

13 Zgoll 2006, 17 f.

14 Zgoll 2006, 72–75 bietet eine tabellarische Zusammenstellung aller Quellen, die sie zur Rekonstruktion des Festverlaufes herangezogen hat.

15 Zur Frage, welche feindlichen Mächte die Figuren symbolisieren sollen, siehe Zgoll 2006, 29.

4. Tag: Königtum Marduks (er hat Macht über alle anderen Götter und verleiht dem König das Zepter); Rezitation des gesamten *Enūma eliš* (siehe Q 17).

5. Tag: Tempelreinigung; Ankunft Nabûs[16] mit dem Schiff aus Borsippa; dem König werden die Insignien weggenommen, und er wirft sich vor Marduk nieder; Rechenschaftsbericht, Segen und Rückgabe der Insignien.

6. Tag: Nabû tötet die beiden Figuren, die am dritten Tag hergestellt wurden.

7. Tag: Einkleidung Marduks und der anderen Götter.

8. Tag: Götterversammlung; Königslauf/Ritual mit dem *ḫarû*-Gefäß[17]; Götterprozession zum *akītu*-Haus, Einzug der Götter.

9.–10. Tag: Feiern im *akītu*-Haus; Omina?

11. Tag: Rückkehr nach Babylon; erneute Götterversammlung; Rückkehr der Götter in ihre Städte.

Ausgewählte Editionen, Übersetzungen und Kommentare

Die wichtigste Quelle für den ersten Teil des Festes sind die auf den Tontafeln DT 15 und DT 109+DT 114 mit den Paralleltexten MNB 1848 und BM 32485 geschilderten Ritualanweisungen. Die grundlegende Edition stammt von François Thureau-Dangin (1921). Eine Neubearbeitung des Textes (Umschrift und Übersetzung) unter Berücksichtigung von BM 32485 hat Marc Linssen (2004) publiziert,[18] der auch einen Überblick über den aus verschiedenen Quellen zu rekonstruierenden Ablauf des Festes bietet.[19] Eine deutsche Übersetzung hat Walter Farber (1987) veröffentlicht.

Der Brief ABL 956 wurde 1993 in Umschrift und Übersetzung von Simo Parpola in den »State Archives of Assyria 10« als Nr. 253 publiziert.

Einen Teil der Texte, die sich auf den Abschnitt des Festes mit der Prozession beziehen, hat Beate Pongratz-Leisten (1994) in ihrer Monographie über die *akītu*-Prozessionen vorgelegt. Julye Bidmead (2004) beschäftigt sich mit den politisch-propagandistischen Zwecken des *akītu*-Festes. Ihr Buch enthält auch detaillierte Ausführungen zur Forschungs- und Überlieferungsgeschichte.[20] Zgoll (2006) geht ausführlich darauf ein, wie sich der

---

16 Der Schreibergott Nabû ist der Sohn Marduks und seiner Gemahlin Zarpanītu. Sein Hauptkultort ist die Stadt Borsippa, die in der Nähe von Babylon liegt.

17 Zur Deutung des Königslaufes und der Öffnung des *ḫarû*-Gefäßes als Repräsentation des Sieges über die Göttin Tiāmat ausführlich Zgoll 2006, 58–60. Da es sich bei dem *ḫarû*-Gefäß um ein Vorratsgefäß handelt, ergibt sich hier eine Verbindung zu Q 14.

18 Linssen 2004, 215–237 mit Taf. 1.

19 Linssen 2004, 79–86.

20 Bidmead 2004, 17–38.

Verlauf des Festes anhand unterschiedlicher Quellen (Ritualbeschreibungen, Inschriften, Urkunden und Briefen) nach jetzigem Kenntnisstand darstellt und wie die Handlungen zu deuten sind. Dort findet sich auch ein Anhang, in dem alle besprochenen Quellen mit Nachweisen aufgeführt sind.[21]

Verwandte Quellen

Das *akītu*-Fest fand in Babylon auch im Monat Tašrītu, dem siebten Monat, statt. Darüber hinaus wurde es auch in anderen babylonischen und assyrischen Städten gefeiert.[22]

Siehe auch

Q 10 – Eine Beschreibung der Neujahrsprozession im Hathortempel von Dendera
Q 14 – Ein hethitisches Reisefest, das im Herbst gefeiert wird
Q 17 – Die fünfte Tafel des *Enūma eliš*

Technische Aspekte

Bereits im 3. Jahrtausend v. Chr. sind in der südmesopotamischen Stadt Ur landwirtschaftliche Prozessionsfeste bekannt, die den sumerischen Namen a_2-ki-ti tragen und etwa zur Zeit der Äquinoktien stattfinden: das Ernte-Akiti im ersten Monat und das Aussaat-Akiti im siebten Monat des Jahres. Neujahrsfeste (sumerisch za_3-mu) konnten je nach Kultort zu verschiedenen Zeitpunkten stattfinden und bildeten den kultischen Höhepunkt des Tempeljahres. Ab dem ausgehenden 3. Jahrtausend v. Chr. wurden auch in anderen Orten und während anderer Monate Akiti-Feste gefeiert. Im 1. Jahrtausend v. Chr. sind Feste mit der akkadisierten Bezeichnung *akīti-/akītu-* aus mehreren babylonischen und assyrischen Orten überliefert. Wie schon in Ur wird auch das *akītu*-Fest in Babylon im ersten (Nisannu) und siebten Monat (Tašrītu) begangen.[23]

Ursprünglich feierte man mit diesem Fest den Erfolg der Gerstenernte, im 1. Jahrtausend v. Chr. diente es besonders der Verehrung und Verherrlichung von Marduk, der während des Festes als Götterkönig ausgerufen und als dessen Kultort Babylon festgelegt wurde. Zu diesem Zweck rezitierte ein Priester das literarische Werk *Enūma eliš* (siehe Q 17) am Abend des vierten Tages vor Marduk.

21 Zgoll 2006, 72–75.
22 Cohen 1993; siehe die Auflistung bei Pongratz-Leisten 1999, 295 f.; Maul 2000 gibt einen Überblick über die Feierlichkeiten in Assur.
23 Sallaberger 1999; Pongratz-Leisten 1999.

Soziokulturelle Auswertung

Wie auch bei den hethitischen Reisefesten (siehe Q 14) ist der Öffentlichkeitscharakter des *akītu*-Festes von wesentlicher Bedeutung. Kultische Neujahrsfeste dienten der Erneuerung der göttlichen Macht und der Beziehung zwischen Gottheit und Land, das durch seinen Herrscher vertreten wurde.[24] Sie strukturierten den Jahresverlauf und erlaubten der Bevölkerung, in Kontakt mit ihren (sonst in den Tempeln verborgenen) Göttern zu kommen, die in Form von Statuen an den Prozessionen teilnahmen.

Die ersten Festtage des *akītu*-Festes fanden zwar im Inneren des Tempels statt, jedoch dürfte die Bevölkerung bereits die Anreise der Götterstatuen zur Teilnahme an der großen Prozession beobachtet haben. Bei der Prozession wurde die Statue des Gottes Marduk in Begleitung seiner Gemahlin Zarpanītu und seines Sohnes Nabû aus seinem Tempel Esagil in das außerhalb der Stadt gelegene *akītu*-(Neujahrs)Haus getragen. Dadurch wurde der Bevölkerung verdeutlicht, dass ihr Gott Marduk über die anderen Götter herrscht und – da es sich ursprünglich um ein agrarisches Fest handelte – für das Gedeihen des Landes zuständig war. Die Wege wurden unter Anteilnahme der Bevölkerung zu Fuß, mit Wagen und Booten zurückgelegt. Besonderen Ereignissen, die im Verlauf der Prozession beobachtet wurden, rechnete man ominöse Bedeutung für die Zukunft des Landes zu.[25] Am elften Tag kehrte Marduk in seinen Tempel zurück, und die anderen Götter begaben sich wieder zu ihren Kultorten.

Die wichtigsten am Fest beteiligten Menschen waren der Hohepriester Marduks und der König. Zur weiteren Festgemeinde gehörten sonstige Priester und Kultakteure, Sänger, Musiker, Handwerker sowie Leute, die für die Anlieferung und Zubereitung der Festspeisen verantwortlich waren. Möglicherweise gab es auch Festmahlzeiten für die Bevölkerung, um diese in die Festgemeinde einzubeziehen. Die Prozession machte an verschiedenen Stationen halt, wo besondere Riten durchgeführt wurden. Ein Teil der Stationen befand sich im Tempel, andere lagen auf dem Weg zum *akītu*-Haus.[26] Zu den gemeinschafts- und identitätsstiftenden Erlebnissen gehörte auch, dass Würdenträger aus dem gesamten Land teilnahmen. Auch die Lage des *akītu*-Hauses außerhalb der Stadt dürfte für den Zusammenhalt der privilegierten Stadtbevölkerung Babylons und der ländlichen Einwohnerschaft von Bedeutung gewesen sein. Die Prozession diente nicht nur der Verherrlichung Marduks, sondern legitimierte auch den König, der von Marduk jährlich als sein Stellvertreter erwählt wurde.[27] Zgoll macht im Hinblick auf die lange Tradition und Zelebration des Festes darauf aufmerksam, dass sich immer neue Herrscher und Dynastien durch das

24 Sallaberger 1999, 291 f.

25 Zgoll 2006, 70; zu den Prozessionsomina siehe Pongratz-Leisten 1994, 257–265 Nr. 18.

26 Siehe dazu auch Pongratz-Leisten 1997.

27 Zu den verschiedenen Deutungsebenen des Festes siehe ausführlich Zgoll 2006, 45–70.

akītu-Fest legitimieren konnten, indem sie in seinem Rahmen ihre Traditionsverbundenheit und Sorge um das Land demonstrierten.[28]

Bibliographie

ABL
R. F. Harper, Assyrian and Babylonian Letters belonging to the Kouyunjik Collections of the British Museum (Chicago 1892–1914).

Bidmead 2004
J. Bidmead, The *Akitu* Festival. Religious Continuity and Royal Legitimation in Mesopotamia, Gorgias Dissertations 2 (Piscataway 2004).

Cohen 1993
M. E. Cohen, The Cultic Calendars of the Ancient Near East (Bethesda 1993).

Farber 1987
W. Farber, Rituale und Beschwörungen in akkadischer Sprache: Das Neujahrsfest in Babylon, in: W. Farber – H. M. Kümmel – W. H. P. Römer (Hrsg.), Texte aus der Umwelt des Alten Testaments II 2: Religiöse Texte (Gütersloh 1987) 212–223.

Harper 1902
R. F. Harper, Assyrian and Babylonian Letters belonging to the Kouyunjik Collections of the British Museum 7 (London 1902).

Linssen 2004
M. J. H. Linssen, The Cults of Uruk and Babylon, Cuneiform Monographs 25 (Leiden 2004).

Maul 2000
S. M. Maul, Die Frühjahrsfeierlichkeiten in Assur, in: A. R. George – I. L. Finkel (Hrsg.), Wisdom, Gods and Literature. Studies in Honour of W. G. Lambert (Winona Lake 2000) 389–420.

MNB
R. Dhorme, Tablette rituelle Néo-babylonienne, Revue Assyriologique 8, 1911, 41–64.

Parpola 1993
S. Parpola, Letters from Assyrian and Babylonian Scholars, State Archives of Assyria 10 (Helsinki 1993).

Pongratz-Leisten 1994
B. Pongratz-Leisten, *Ina Šulmi Īrub*. Die kulttopographische und ideologische Programmatik der *akītu*-Prozession in Babylonien und Assyrien im 1. Jahrtausend v. Chr., Baghdader Forschungen 16 (Mainz 1994).

Pongratz-Leisten 1997
B. Pongratz-Leisten, Festzeit und Raumverständnis in Mesopotamien am Beispiel der *akītu*-Prozession, Ars Semiotica 20, 1997, 53–67.

Pongratz-Leisten 1999
B. Pongratz-Leisten, RlA IX (1999) 294–298 s. v. Neujahr(sfest). B. Nach akkadischen Quellen.

Sallaberger 1999
W. Sallaberger, RlA IX (1999) 291–294 s. v. Neujahr(sfest). A. Nach sumerischen Quellen.

Thureau-Dangin 1921
F. Thureau-Dangin, Rituels accadiens (Paris 1921).

Zgoll 2006
A. Zgoll, Königslauf und Götterrat: Struktur und Deutung des babylonischen Neujahrsfestes, in: E. Blum – R. Lux (Hrsg.), Festtraditionen in Israel und im Alten Orient (Gütersloh 2006) 11–80.

28 Zgoll 2006, 61.

Q 22 Ein astronomisches Tagebuch aus dem 37. Regierungsjahr Nebukadnezzars II.

Marco Stockhusen

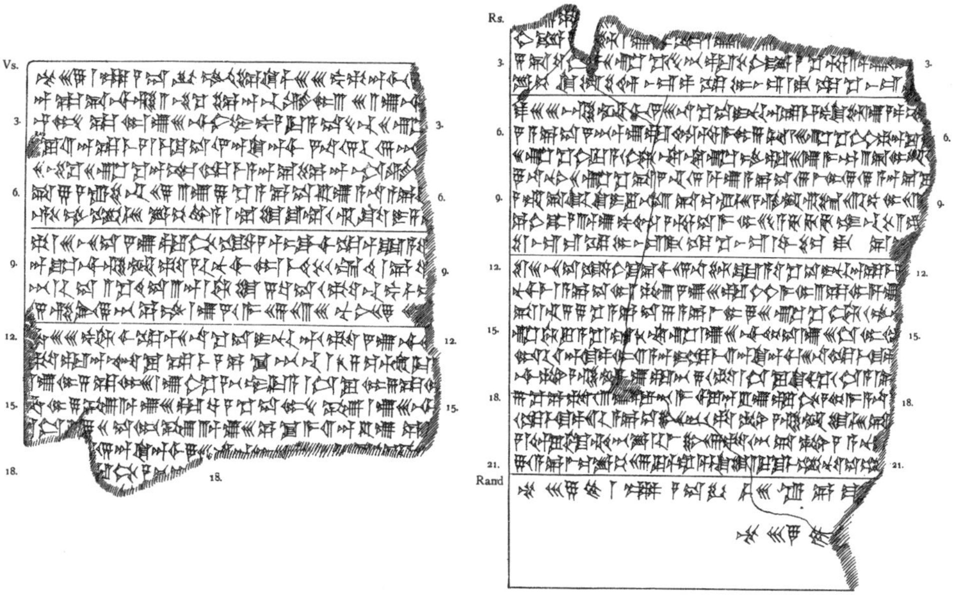

Abb. 1: Die Tontafel VAT 4956 (Weidner 1952/1953, Taf. XVII).

Transliteration (Vs., Z. 1–7)

1 MU 37 ^{md}AG.NIG$_2$.DU.ŠEŠ LUGAL TIN.TIR^{ki} BAR 30 *Sin ar*$_2$ GU$_4$.AN IGI x [...]

2 ^{d}SAG.UŠ *ina* IGI SIM 2 *ina še-ri*$_3$ TIR.AN *ina* ŠU$_2$ GIB GI$_6$ 3 *Sin* 2 KUŠ$_3$ *ina* IGI [...]

3 ŠUR GI$_6$ 9 SAG GI$_6$ 1 KUŠ$_3$ *Sin ina* IGI ^{mul_x}GIR$_3$ *ar*$_2$ *ša*$_2$ UR.A GUB 9 *ina* ŠU$_2$ *Šamaš*$_2$ TU[R$_3$ ...]

4 *lu* 12 ^{d}SAG.ME.GAR *ana* ME E$_{11}$ 14 DINGIR KI DINGIR IGI 4 NA 15 ŠU$_2$ 16 *Dil-bad* [...]

5 20 *ina še-ri*$_3$ *Šamaš*$_2$ TUR$_3$ NIGIN$_2$ AN.BAR$_7$ UGU.ME ŠEG$_3$ PISAN TIR.AN *ina* NIM GIB x [...]

6 TA 8 *ša*$_2$ DIRI.ŠE EN 28 3 KUŠ$_3$ 8 SI ILLU DU 2/3 KUŠ$_3$ *a-na* ILLU ⌜ŠU$_2$⌝ [...]

7 *ina a-mat* LUGAL GAZ.MEŠ ITI BI KA$_5$.A *ana* URU KU$_4$ *su-alu u ri-šu-tu*$_2$ *i-ṣa* x [...]

Übersetzung (Vs., Z. 1–7)

1 Jahr 37 des Nebukadnezzar, König von Babylon, Nisannu, der 30., der Mond wurde hinter dem Stier des Himmels sichtbar, [...]

2 Saturn war vor der *Schwalbe*[1]. Der 2., am Morgen, ein Regenbogen erstreckte sich im Westen. Die Nacht des 3., der Mond war 2 Ellen vor [...]

3 es regnete. Die Nacht des 9., Beginn der Nacht, der Mond stand 1 Elle vor dem Hinteren Fuß des *Löwen*. Der 9., die Sonne im Westen [war umgeben von] einem Hal[o ...]

4 oder 12., Jupiter ging akronychisch auf. Der 14., der (eine) Gott war mit dem (anderen) Gott sichtbar, NA (Sonnenaufgang bis Monduntergang) war 4. Der 15., bewölkt. Der 16., Venus [...]

5 Der 20., am Morgen, die Sonne war von einem Halo umgeben. Mittag, UGU.ME (ein meteorologisches Phänomen), Regen, PISAN (ein Regenphänomen). Ein Regenbogen erstreckte sich im Osten. [...]

6 Vom 8. des Schalt-Addaru bis zum 28., der Flusspegel stieg 3 Ellen (und) 8 Finger, 2/3 Ellen [fehlten] zu einem Hochwasser. [...]

7 wurden getötet auf Befehl des Königs. (In) diesem Monat drang ein Fuchs in die Stadt ein. Husten und eine kleine *rišûtu*-Krankheit (eine Hautkrankheit) [...].

Transliteration und Übersetzung adaptiert von Ossendrijver 2016.

Zur Quelle

Die heute im Vorderasiatischen Museum Berlin aufbewahrte Tafel VAT 4956 (CDLI no. P421595) wurde Ende des 19. Jahrhunderts erworben und stammt vermutlich aus Babylon. Der keilschriftliche Bericht datiert ins 37. Regierungsjahr Nebukadnezzars II. (568/567 v. Chr.) und stellt damit das zweitälteste erhaltene Exemplar der sogenannten *Astronomischen Tagebücher* dar.[2] Schätzungen gehen davon aus, dass kaum mehr als ein Viertel der beidseitig beschriebenen Tafel erhalten ist. Die Vorderseite widmet sich dem I.–III. Monat, die Rückseite dem X.–XII. Monat. Aus dem Vermerk *ḫe-pi*$_2$ »ist abgebrochen« (Rs., Z. 15' und 18') geht hervor, dass die Vorlage an diesen Stellen beschädigt gewesen sein muss. Somit handelt es sich bei VAT 4956 nicht um das Original, sondern um eine spätere Abschrift. Ferner ist auf die Fangzeile am Ende der Tafel hinzuweisen, die das 38. Regierungsjahr Nebukadnezzars II. anführt. Daraus lässt sich schlussfolgern, dass VAT 4956 ein Bibliotheksexemplar war.

1 Die Namen von Sternbildern werden im Folgenden kursiv wiedergegeben.

2 Dieses weicht in mehrfacher Hinsicht von den jüngeren Tagebüchern ab. Siehe Ossendrijver 2016, 142 f. Besonders hervorzuheben ist, dass VAT 4956 wahrscheinlich einen Zeitraum von zwölf Monaten umfasste und dass sich die astronomischen Angaben noch auf die Tierkreissternbilder und nicht auf die Tierkreiszeichen beziehen. Dennoch liegt mit dieser Tafel ein typischer Vertreter der Textgattung vor.

Ausgewählte Editionen, Übersetzungen und Studien

Die astronomischen Tagebücher haben bereits früh die Aufmerksamkeit der Forschung erregt. Die ersten Fragmente wurden 1891 publiziert, wobei die beiden Bearbeiter, der Mathematiker und Astronom Joseph Epping und der Assyriologe Johann Strassmaier, noch von »Tafeln mit Beobachtungsangaben für Mond und Planeten« sprachen. Die Bezeichnung »Tagebuch« geht auf Abraham Sachs zurück, der die sogenannten nicht-mathematischen astronomischen Keilschrifttexte in vier Hauptgruppen einteilte.[3] Die weitaus umfangreichste Gruppe bilden die *Astronomischen Tagebücher* mit über 1200 Textbruchstücken. Die zwischen 1988 und 1996 veröffentlichte und bis heute maßgebliche Edition von Hermann Hunger und Abraham Sachs umfasst momentan drei Bände (1988, 1989 und 1996). Der geplante vierte Band mit undatierten Fragmenten ist noch nicht erschienen. Den besten Überblick über den Stand der Forschung geben derzeit Hermann Hunger und David Pingree.[4] Schließlich sei noch auf die Edition »Topoi Research Platform« hingewiesen, die einen Link zu den Babylonian Diaries enthält.[5] Die Forschergruppe um Gerd Graßhoff und Gordon Fischer hat die von Hunger und Sachs herausgegebenen Bände digitalisiert, die bearbeiteten Tagebücher um astronomische Daten erweitert und neu ausgewertet.

Das oben behandelte Fragment VAT 4956 gehört zu den am längsten bekannten und am gründlichsten studierten Tagebüchern. Die Editio princeps besorgten Paul V. Neugebauer und Ernst F. Weidner 1915 unter dem Titel »Ein astronomischer Beobachtungstext aus dem 37. Jahre Nebukadnezzars II. (–567/66)«. Eine kommentierte englische Übersetzung bieten Hunger und Sachs (1988, 46–53). Der gesamte Text liegt nun auch in einer Neubearbeitung von Mathieu Ossendrijver (2016, 141–156) vor.

Verwandte Quellen

Die *Astronomischen Tagebücher* nahmen aufgrund ihrer vielfältigen Nutzungsmöglichkeiten eine Schlüsselposition innerhalb der mesopotamischen Sternkunde ein. Einerseits ließen

3 Sachs 1948, 275–286; Sachs 1955, Nr. 160–1367. Bei der Besprechung der technischen Aspekte wird sich noch zeigen, dass der heute weit verbreitete Begriff »astronomische Tagebücher« irreführend ist.

4 Hunger – Pingree 1999, 139–159. Der Sammelband Haubold u. a. 2019 erschien zu spät, um noch in das Manuskript dieses Beitrags eingearbeitet werden zu können.

5 The Edition Topoi research platform, http://repository.edition-topoi.org (letzter Zugriff: 30.09.2019).

sich mit ihrer Hilfe *Zieljahrtexte*[6], *Almanache* und *Normal-Stern-Almanache*[7], die *Lunar Six*[8] und Texte über Finsternisse und Planetenbeobachtungen anfertigen, die heute alle unter dem Oberbegriff »nicht-mathematische Astronomie« subsumiert werden.[9] Andererseits eigneten sich die *Astronomischen Tagebücher* auch für die Omenkunde und für das Erstellen von keilschriftlichen Horoskopen (siehe Q 25).[10]

Siehe auch

Q 19 – Das himmelskundliche Kompendium MUL.APIN
Q 20 – Der Brief des Mār-Issar zur Schaltung
Q 24 – Ein Mondfinsternisritual aus dem hellenistischen Uruk

Technische Aspekte

Die *Astronomischen Tagebücher* sind Sammlungen von Beobachtungen, die meist einen Zeitraum von einem halben Jahr abdecken und in Abschnitte von je einem Monat eingeteilt sind. Die Selbstbezeichnung der Tagebücher lautet *naṣāru ša ginê* – »regelmäßiges Wachen«. Das bislang älteste erhaltene Exemplar datiert ins Jahr 652/1 v. Chr., das gegenwärtig jüngste ins Jahr 61/60 v. Chr.[11] Die Tagebücher stammen fast alle aus Babylon, einige

---

6 *Zieljahrtexte* beruhen auf der Tatsache, dass sich das Phänomen eines Planeten (z. B. der scheinbare Stillstand) nach einer bestimmten Anzahl von Jahren an demselben oder fast demselben Datum im Kalenderjahr wiederholt. Der Zweck der Zieljahrtexte bestand darin, astronomische Voraussagen für das Zieljahr zu gewinnen. Dazu wurden diejenigen Beobachtungen zusammengestellt, die um eine ganze Planeten- oder Mondperiode zurücklagen. Die in den Zieljahrtexten benutzten Perioden sind: Jupiter 71 oder 83 Jahre, Venus 8 Jahre, Merkur 46 Jahre, Saturn 59 Jahre, Mars 79 oder 47 Jahre, Mond 18 Jahre (223 Monate).

7 *Almanache* (*meš-ḫi ša*$_2$ KUR-*ad*$_2$.MEŠ *ša*$_2$ ^{d}UDU.IDIM.MEŠ *ša*$_2$ MU x – »Maße der Erreichungen der Planeten für Jahr x«) und *Normal-Stern-Almanache* (*meš-ḫi ša*$_2$ MU x – »Maße für Jahr x«) behandeln ein einzelnes Jahr und setzen sich aus verschiedenen astronomischen Angaben zusammen, die nicht beobachtet, sondern vorausberechnet wurden. Sie beruhen auf den *Zieljahrtexten.*

8 Mit den *Lunar Six* sind sechs charakteristische Zeitintervalle zwischen Auf- und Untergang von Sonne und Mond in der Nähe von Neumond und Vollmond gemeint. Sie wurden in der Einheit UŠ gemessen (1 UŠ = 4 Minuten) und konnten seit dem Ende des 7. Jh. v. Chr. vorausberechnet werden. Zu den *Lunar Six* siehe Hunger – Sachs 1988, 20–22.

9 Einen guten Überblick zu den nicht-mathematischen astronomischen Keilschrifttexten liefert Hunger 2011–2013a, 156–158. Siehe auch Hunger – Pingree 1999, 159–182.

10 Dabei ist aber zu berücksichtigen, dass sich die keilschriftlichen Horoskope (siehe auch Q 25) grundlegend von den jüngeren demotischen und griechischen Horoskopen unterscheiden. Deswegen sollte korrekterweise von keilschriftlichen Proto- oder Pseudohoroskopen gesprochen werden. Siehe hierzu Stockhusen 2018, 587–622 (Kapitel 11.1.).

11 Anzumerken ist allerdings, dass die frühen Tagebücher meist verlorengegangen sind. Aus dem 7. und 6. Jh. v. Chr. besitzen wir nur je ein und aus dem 5. Jh. v. Chr. insgesamt vier Exemplare.

wenige kommen aus Uruk.[12] Als Grundlage dienten Notizen, die später in eine Reinschrift übertragen wurden. Die Aufzeichnungen sind in einem sachlichen Stil gehalten, auf eine divinatorische Ausdeutung der Himmelserscheinungen wird gänzlich verzichtet. Wenn der Himmel wegen schlechten Wetters oder Wolken nicht beobachtet werden konnte, wurden berechnete Werte mit dem Vermerk »nicht beobachtet« (NU PAP) eingesetzt.[13] In Beobachtungen nicht-astronomischer Natur tauchen manchmal Formulierungen auf, die an die Protasis (Vordersatz) eines Omens denken lassen. Vollständige Omina sind in den *Astronomischen Tagebüchern* jedoch nicht zu finden.

Der Monatsbericht in einem Tagebuch kann aus bis zu acht Abschnitten bestehen.[14]

1. Mond:

Am Anfang werden Angaben zur Monatslänge des vorhergehenden Monats, zu den *Lunar Six* und zum Lauf des Mondes gemacht. Es folgen Mond- und Sonnenfinsternisse, die zum Teil ausführlich beschrieben werden.

2. Planeten:

Zunächst werden die Kalenderdaten (und manchmal die Positionen) für das Sichtbarwerden, die Stillstände und das Verschwinden der Planeten angeführt. Ferner wird in den ersten beiden Abschnitten das Datum festgehalten, an dem der Mond und die Planeten an den sogenannten »Normalsternen«[15] vorbeigehen. Hierbei werden auch relativ genaue Angaben über die Abstände gemacht. Danach wird vermerkt, in welchen Tierkreiszeichen[16] die Planeten standen.

3. Solstitien und Äquinoktien, Sirius-Phänomene:

Verzeichnet werden die berechneten Daten der Sonnenwenden, der Tagundnachtgleichen und der Siriusphasen (heliakischer Frühauf- und Spätuntergang, akronychischer Aufgang). Die Daten der Siriusphasen werden gelegentlich mit den Beobachtungen verglichen.

4. Meteore, Kometen etc.:

Besonders aufmerksam werden die Flugbahnen von Meteoren und Kometen verfolgt.

12 In einem Tagebuch wird erwähnt, dass eine Himmelsbeobachtung in Borsippa gemacht werden musste, weil es in Babylon nicht möglich war: Hunger – Sachs 1988, 131. 138; Hunger – Pingree 1999, 142.

13 Berechnete Finsternisse werden hingegen als AN.KU$_{10}$ *Sîn*/*Šamaš* bezeichnet.

14 Hunger – Sachs 1988, 20–36; Hunger 2011–2013b.

15 Normalsterne (wohl MUL$_2$ ŠID.MEŠ – »Zählsterne«) sind Sterne in Ekliptiknähe, die in Listen zusammengefasst und als Referenzsterne herangezogen wurden.

16 Der Tierkreis entstand nach heutigem Wissensstand zwischen der Mitte des 5. Jh. v. Chr. und den Jahren um 400 v. Chr. (Steele 2017, 17 mit Anm. 14).

5. Wetter:
In diesem Passus werden reichhaltige Informationen über das Wetter gesammelt (Wolken, Nebel, Niederschläge, Blitz, Donner, Wind usw.).[17]

6. Marktpreise von sechs Normwaren:
Im Anschluss werden die für einen Schekel Silber erhältlichen Mengen an Gerste, Datteln, Senf?, Kresse, Sesam und Wolle aufgeführt. Die Preise können innerhalb eines Monats schwanken.[18]

7. Pegelstand des Euphrats:
Beobachtet werden der Wasserstand des Euphrats in Babylon und seine Änderungen.[19]

8. Historische Ereignisse:
Abschließend werden bemerkenswerte Ereignisse notiert, die entweder von lokalem Interesse waren (z. B. Seuchen, Missgeburten, Opfer am Marduk-Tempel, Brände und wilde Tiere in Babylon) oder das Schicksal des Königs und des ganzen Landes betrafen.[20]

An dem hier vorgelegten Text VAT 4956 lässt sich gut demonstrieren, dass die Monatsberichte in einem *Astronomischen Tagebuch* auch deutlich kürzer ausfallen können. Ein wesentlicher Grund hierfür liegt auf der Hand: Einige der astronomischen Phänomene ereignen sich selten. Als Beispiel sei wiederum auf den Monat Nisannu (Vs., Z. 1–7) verwiesen. In der »astronomischen Sektion« (1.–4. Abschnitt)[21] fehlen die Finsternisbeschreibungen und die letzten beiden Abschnitte. In der »nicht-astronomischen Sektion« (5.–8. Abschnitt) werden die Marktpreise ausgelassen, die nur in den Monaten Ṭebētu (X) und Šabāṭu (XI) erscheinen.[22] Eine mögliche Erklärung ist, dass sie auf der rechten Tafelhälfte gestanden haben, die jetzt weggebrochen ist.[23]

17 Siehe zuletzt Graßhoff 2011.
18 Siehe zuletzt Temin 2002; van der Spek – Mandemakers 2003; Vargyas 2007.
19 Siehe zuletzt Slotsky 1997, 88–98; Brown 2002.
20 Siehe zuletzt Pirngruber 2013.
21 Der Wetterabschnitt wird von manchen Forschern zur »astronomischen Sektion« gerechnet. Siehe Hunger 2012, 98 f.
22 Rs., Z. 4' und Z. 10' f.
23 Ossendrijver 2016, 143.

Soziokulturelle Auswertung

Die Fachwelt ist sich weitgehend einig, dass die *Astronomischen Tagebücher* das Ergebnis eines vom babylonischen König Nabonassar (747–734 v. Chr.) ins Leben gerufenen Beobachtungsprogramms sind.[24] Uneinigkeit besteht dagegen in der Frage, welchem Zweck die Tagebücher ursprünglich dienen sollten. Im Wesentlichen stehen sich zwei Lager gegenüber.[25] Die einen vermuten, dass die Tagebücher eng mit der Omenkunde verbunden waren und eigentlich in der Himmelsdivination zum Einsatz kamen. Die anderen betonen dagegen die astronomische Bedeutung oder weisen darauf hin, dass die Schreiber der Tagebücher nur solche Phänomene berücksichtigten, die sie für periodisch hielten. Ein allgemeiner Konsens zeichnet sich bislang nicht ab.

Die *Astronomischen Tagebücher* dürfen zweifellos zu den wichtigsten Langzeitprojekten der Antike gezählt werden. Das Ergebnis war eine umfassende Datensammlung über methodisch durchgeführte Beobachtungen mit einer Laufzeit von mehr als 700 Jahren. Diese Leistung ist umso bemerkenswerter, als sie von einer verhältnismäßig kleinen Gruppe von Personen erbracht worden ist. Dass wir *Astronomische Tagebücher* fast nur aus Babylon besitzen, ist sicherlich nicht dem Fundzufall geschuldet. Allem Anschein nach waren insbesondere die Sternkundigen dieser Stadt mit der Herstellung der Tagebücher betraut gewesen. Einige Urkunden aus dem hellenistischen Babylon belegen, dass die regelmäßige Beobachtung des Himmels zur obersten Pflicht der am Tempel beschäftigten Sternkundigen gehörte. In Uruk, dem zweiten großen Zentrum babylonischer Astralwissenschaften, war das Beobachtungsprogramm zu dieser Zeit möglicherweise bereits eingestellt worden.[26]

Bibliographie

Brown 2002
D. Brown, The Level of the Euphrates, in: C. Wunsch (Hrsg.), Mining the Archives: Festschrift for Christopher Walker on the Occasion of His 60th Birthday 4 October 2002, Babylonische Archive 1 (Dresden 2002) 37–56.

Graßhoff 2011
G. Graßhoff, Babylonian Meteorological Observations and the Empirical Basis of Ancient Science, in: G. J. Selz – K. Wagensonner (Hrsg.), The Empirical Dimension of Ancient Near Eastern Studies, Wiener Offene Orientalistik 6 (Wien 2011) 33–48.

---

24 Slotsky 1997, 5; Hunger – Pingree 1999, 144; Ossendrijver 2015, 52. Nach Claudios Ptolemaios (*Almagest* 3, 7) reichen die alten, annähernd vollständig erhalten gebliebenen Beobachtungen bis zum Regierungsantritt dieses Herrschers zurück.

25 Für eine Zusammenfassung der verschiedenen Standpunkte siehe Hunger – Pingree 1999, 139 f.; Hunger 2012, 98 f. Siehe darüber hinaus auch Pirngruber 2013, 198 f.; Ossendrijver 2015, 53.

26 So Steele 2016; anders Ossendrijver i. Dr.

Haubold u. a. 2019
J. Haubold – J. Steele – K. Stevens (Hrsg.), Keeping Watch in Babylon. The Astronomical Diaries in Context, Culture and History of the Ancient Near East 100 (Leiden 2019).
Hunger 2011–2013a
H. Hunger, RlA XIII (2011–2013) 150–161 s. v. Stern, Sternkunde.
Hunger 2011–2013b
H. Hunger, RlA XIII (2011–2013) 406 s. v. Tagebücher, astronomische.
Hunger 2012
H. Hunger, Die Wissenschaft der babylonischen Astronomen, in: H. Neumann (Hrsg.), Wissenskultur im Alten Orient. Weltanschauung, Wissenschaften, Techniken, Technologien, Colloquien der Deutschen Orient-Gesellschaft 4 (Wiesbaden 2012) 95–103.
Hunger – Pingree 1999
H. Hunger – D. Pingree, Astral Sciences in Mesopotamia, Handbuch der Orientalistik I 44 (Leiden 1999).
Hunger – Sachs 1988
H. Hunger – A. J. Sachs, Astronomical Diaries and Related Texts from Babylonia I: Diaries from 652 B.C. to 262 B.C. (Wien 1988).
Hunger – Sachs 1989
H. Hunger – A. J. Sachs, Astronomical Diaries and Related Texts from Babylonia II: Diaries from 261 B.C. to 165 B.C. (Wien 1989).
Hunger – Sachs 1996
H. Hunger – A. J. Sachs, Astronomical Diaries and Related Texts from Babylonia III: Diaries from 164 B.C. to 61 B.C. (Wien 1996).
Neugebauer – Weidner 1915
P. V. Neugebauer – E. F. Weidner, Ein astronomischer Beobachtungstext aus dem 37. Jahre Nebukadnezars II. (–567/66), Berichte über die Verhandlungen der Königlichen Sächsischen Gesellschaft der Wissenschaften zu Leipzig: Philologisch-historische Klasse 67.2, 1915, 29–89.
Ossendrijver 2015
M. Ossendrijver, Compendia and Procedures in the Mesopotamian Astral Sciences, in: J. Cale Johnson (Hrsg.), In the Wake of the Compendia. Infrastructural Contexts and the Licensing of Empiricism in Ancient and Medieval Mesopotamia, Science, Technology, and Medicine in Ancient Cultures 3 (Berlin 2015) 47–57.
Ossendrijver 2016
M. Ossendrijver, Translating Babylonian Astronomical Diaries and Procedure Texts, in: A. Imhausen – T. Pommerening (Hrsg.), Translating Writings of Early Scholars in the Ancient Near East, Egypt, Greece and Rome. Methodological Aspects with Examples, Beiträge zur Altertumskunde 344 (Berlin 2016) 125–172.
Ossendrijver i. Dr.
M. Ossendrijver, Astral Science in Uruk during the First Millennium BCE: Libraries, Communities, and Transfer of Knowledge, in: M. van Ess (Hrsg), Uruk. Altorientalische Metropole und Kulturzentrum, 8. Internationales Colloquium der DOG, im Druck.
Pirngruber 2013
R. Pirngruber, The Historical Sections of the Astronomical Diaries in Context: Developments in a Late Babylonian Scientific Text Corpus, Iraq 75, 2013, 197–210.
Sachs 1948
A. J. Sachs, A Classification of the Babylonian Astronomical Tablets of the Seleucid Period, Journal of Cuneiform Studies 2, 1948, 271–290.

Sachs 1955
A. J. Sachs, Late Babylonian Astronomical and Related Texts Copied by T. G. Pinches and J. N. Strassmaier, Brown University Studies 18 (Providence 1955).
Slotsky 1997
A. L. Slotsky, The Bourse of Babylon: Market Quotations in the Astronomical Diaries of Babylonia (Bethesda 1997).
Steele 2016
J. M. Steele, The Circulation of Astronomical Knowledge between Babylon and Uruk, in: J. M. Steele (Hrsg.), The Circulation of Astronomical Knowledge in the Ancient World, Time, Astronomy, and Calendars 6 (Leiden 2016) 83–118.
Steele 2017
J. M. Steele, Rising Time Schemes in Babylonian Astronomy (Berlin 2017).
Stockhusen 2018
M. Stockhusen, Studien zum Transfer astralwissenschaftlicher Konzepte zwischen Ägypten und Mesopotamien in spätpharaonischer Zeit. Eine kulturhistorische Analyse mit einem Ausblick in die griechisch-römische Epoche (Diss. Universität Leipzig 2018).
Temin 2002
P. Temin, Price Behavior in Ancient Babylon, Explorations in Economic History 39, 2002, 46–60.
van der Spek – Mandemakers 2003
R. J. van der Spek – C. A. Mandemakers, Sense and Nonsense in the Statistical Approach of Babylonian Prices, Bibliotheca Orientalis 60, 2003, 521–538.
Vargyas 2007
P. Vargyas, Astronomische Tagebücher und Preislisten, Wiener Zeitschrift für die Kunde des Morgenlandes 97, 2007, 531–540.
Weidner 1952/1953
E. F. Weidner, Die Bibliothek Tiglatpilesers I., Archiv für Orientforschung 16, 1952–1953, 197–215, Taf. IX–XVIII.

Q 23 Sabbat- und Jobeljahr

Christoph Berner

Text: Levitikus 25, 1–11

1 וַיְדַבֵּר יְהוָה אֶל־מֹשֶׁה בְּהַר סִינַי לֵאמֹר׃ 2 דַּבֵּר אֶל־בְּנֵי יִשְׂרָאֵל וְאָמַרְתָּ אֲלֵהֶם כִּי תָבֹאוּ אֶל־הָאָרֶץ אֲשֶׁר אֲנִי נֹתֵן לָכֶם
וְשָׁבְתָה הָאָרֶץ שַׁבָּת לַיהוָה׃ 3 שֵׁשׁ שָׁנִים תִּזְרַע שָׂדֶךָ וְשֵׁשׁ שָׁנִים תִּזְמֹר כַּרְמֶךָ וְאָסַפְתָּ אֶת־תְּבוּאָתָהּ׃ 4 וּבַשָּׁנָה הַשְּׁבִיעִת
שַׁבַּת שַׁבָּתוֹן יִהְיֶה לָאָרֶץ שַׁבָּת לַיהוָה שָׂדְךָ לֹא תִזְרָע וְכַרְמְךָ לֹא תִזְמֹר׃ 5 אֵת סְפִיחַ קְצִירְךָ לֹא תִקְצוֹר וְאֶת־עִנְּבֵי
נְזִירֶךָ לֹא תִבְצֹר שְׁנַת שַׁבָּתוֹן יִהְיֶה לָאָרֶץ׃ 6 וְהָיְתָה שַׁבַּת הָאָרֶץ לָכֶם לְאָכְלָה לְךָ וּלְעַבְדְּךָ וְלַאֲמָתֶךָ וְלִשְׂכִירְךָ וּלְתוֹשָׁבְךָ
הַגָּרִים עִמָּךְ׃ 7 וְלִבְהֶמְתְּךָ וְלַחַיָּה אֲשֶׁר בְּאַרְצֶךָ תִּהְיֶה כָל־תְּבוּאָתָהּ לֶאֱכֹל׃ ס
8 וְסָפַרְתָּ לְךָ שֶׁבַע שַׁבְּתֹת שָׁנִים שֶׁבַע שָׁנִים שֶׁבַע פְּעָמִים וְהָיוּ לְךָ יְמֵי שֶׁבַע שַׁבְּתֹת הַשָּׁנִים תֵּשַׁע וְאַרְבָּעִים שָׁנָה׃
9 וְהַעֲבַרְתָּ שׁוֹפַר תְּרוּעָה בַּחֹדֶשׁ הַשְּׁבִעִי בֶּעָשׂוֹר לַחֹדֶשׁ בְּיוֹם הַכִּפֻּרִים תַּעֲבִירוּ שׁוֹפָר בְּכָל־אַרְצְכֶם׃ 10 וְקִדַּשְׁתֶּם אֵת
שְׁנַת הַחֲמִשִּׁים שָׁנָה וּקְרָאתֶם דְּרוֹר בָּאָרֶץ לְכָל־יֹשְׁבֶיהָ יוֹבֵל הִוא תִּהְיֶה לָכֶם וְשַׁבְתֶּם אִישׁ אֶל־אֲחֻזָּתוֹ וְאִישׁ אֶל־
מִשְׁפַּחְתּוֹ תָּשֻׁבוּ׃ 11 יוֹבֵל הִוא שְׁנַת הַחֲמִשִּׁים שָׁנָה תִּהְיֶה לָכֶם לֹא תִזְרָעוּ וְלֹא תִקְצְרוּ אֶת־סְפִיחֶיהָ וְלֹא תִבְצְרוּ אֶת־נְזִרֶיהָ׃

Text nach Elliger – Rudolph 1997.

Übersetzung

1 Und Jahwe redete auf dem Berg Sinai zu Mose: 2 Rede zu den Söhnen Israel und sage zu ihnen: Wenn ihr in das Land kommt, das ich euch geben werde, dann soll das Land für Jahwe einen Sabbat feiern. 3 Sechs Jahre sollst du dein Feld besäen und sechs Jahre deinen Weinberg beschneiden und den Ertrag des Landes einsammeln. 4 Aber im siebten Jahr soll ein ganz feierlicher Sabbat für das Land sein; ein Sabbat für Jahwe. Dein Feld sollst du nicht besäen und deinen Weinberg nicht beschneiden, 5 den Nachwuchs deiner Ernte sollst du nicht einernten, und die Trauben deines unbeschnittenen Weinstocks sollst du nicht abschneiden. Ein Jahr der Sabbatfeier soll es für das Land sein. 6 Und der Sabbatertrag des Landes soll euch zur Speise dienen, dir und deinem Knecht und deiner Magd und deinem Tagelöhner und deinem Beisassen, die sich bei dir aufhalten. 7 Auch deinem Vieh und den wilden Tieren, die in deinem Land sind, soll all sein Ertrag zur Speise dienen.

8 Und du sollst dir sieben Sabbatjahre zählen, siebenmal sieben Jahre, so dass die Tage von sieben Sabbatjahren dir 49 Jahre ausmachen. 9 Und du sollst ein Lärmhorn erschallen lassen; im siebten Monat, am Zehnten des Monats, an dem Versöhnungstag sollt ihr ein Horn erschallen lassen durch euer ganzes Land. 10 [Und ihr sollt das Jahr des fünfzigsten Jahres heiligen.] Und ihr sollt im Land Freilassung für all seine Bewohner ausrufen. Ein Jobel soll dies für euch sein, und

ihr werdet jeder wieder zu seinem Eigentum kommen und jeder zu seiner Sippe zurückkehren. [11 Ein Jobel soll dieses, das Jahr des fünfzigsten Jahres, für euch sein. Ihr dürft nicht säen und seinen Nachwuchs nicht ernten und seine unbeschnittenen Weinstöcke nicht abernten.][1]

Eigene Übersetzung.

Zur Quelle

Die gewählte Passage bildet den Auftakt zu den Bestimmungen zum Sabbat- und Jobeljahr in Levitikus 25. Das Kapitel ist Teil des sogenannten Heiligkeitsgesetzes (Lev 17–26), das wahrscheinlich im 5. Jahrhundert v. Chr. in priesterlichen Kreisen in Palästina entstanden ist.[2]

Ausgewählte Editionen, Kommentare und Studien

Die maßgebliche Edition des hebräischen Textes bietet die »Biblia Hebraica Stuttgartensia«. Neuere Kommentare zum Levitikusbuch wurden von Thomas Hieke (2014) und Alfred Marx (2011) vorgelegt. Maßgebliche Studien zum Heiligkeitsgesetz im Allgemeinen und den Bestimmungen in Levitikus 25 im Besonderen stammen von Christophe Nihan (2007), Jean-François Lefebvre (2003), Klaus Grünwaldt (1999), Andreas Ruwe (1999) und Jeffrey A. Fager (1993). Siehe zuletzt auch Christoph Berner (2018).

Verwandte Quellen

Die Bestimmungen zum Sabbat- und Jobeljahr in Levitikus 25 erweisen sich als Weiterentwicklung der älteren Gesetzgebung zum Brach- und Erlassjahr in den Büchern Exodus (Ex 23, 10–11) und Deuteronomium (Dtn 15). Sie bilden ihrerseits die Grundlage für eine Reihe frühjüdischer Chronologien, in denen der Geschichtslauf als fortlaufende Sequenz von Sabbat- und Jobeljahrzyklen dargestellt wird (z. B. Daniel 9 und das Jubiläenbuch; vgl. Q 26).

Siehe auch

Q 26 – Das Jahrwochenorakel im Buch Daniel
Q 27 – Tierkreiszeichen und Monate in der Synagoge von En-Gedi

1 Nachträgliche Ergänzungen innerhalb von Levitikus 25 wurden in eckige Klammern gesetzt. Vgl. hierzu den Abschnitt Soziokulturelle Auswertung.

2 Vgl. Nihan 2007.

Literarische und technische Aspekte

Wie das Gesetz im Pentateuch insgesamt präsentieren sich auch die Bestimmungen zum Sabbat- und Jobeljahr in Levitikus 25 als direkte Offenbarung des Gottes Jahwe, die durch die Mittlergestalt des Mose an das Volk Israel weitergeleitet wurde. Mit der historischen Gestalt des Mose, die mutmaßlich im letzten Drittel des 2. Jahrtausends v. Chr. lebte und über die außer dem ägyptischen Namen nichts Verlässliches überliefert ist, hat diese literarische Fiktion nichts zu tun. Sie entwickelte sich erst zur Zeit des Babylonischen Exils (ab 587 v. Chr.) und in den folgenden Jahrhunderten unter persischer Oberherrschaft, als die Texte des Pentateuchs nach und nach entstanden und in einem hochkomplexen Redaktionsprozess ihre heutige Gestalt erhielten.[3] Genau genommen geben die Texte des Pentateuchs damit kaum Aufschluss über das vorexilische Israel, sondern vor allem Einblick in die Vorstellungswelt bestimmter Kreise des werdenden Judentums in exilischer und nachexilischer Zeit, die ihre Identität von den pentateuchischen Texten her bestimmt sahen und sich ihrer durch die Ergänzung und Aktualisierung dieser Texte stets aufs Neue vergewisserten.[4] Die Rechtstexte des Pentateuchs dürfen daher nicht als Sammlung kodifizierten Rechts missverstanden werden, das in den Provinzen Samaria und Jehud offiziell in Geltung stand, sondern geben zunächst lediglich einen Einblick in die Rechtsvorstellungen (und möglicherweise -praktiken), die in den Verfasserkreisen der Texte herrschten.

Das Substantiv *jôbēl*, dem die Gesetzgebung in Levitikus 25 ihren Namen verdankt, leitet sich etymologisch am ehesten von der hebräischen Verbalwurzel *jābal* (»zurückbringen«) ab. Es ist also im Sinne von »feierliche Rückkehr« zu interpretieren.[5] In diese Richtung deutet auch die griechische Übersetzung der Septuaginta, die den Begriff in Levitikus 25 mit ἄφεσις (»Zurücksendung«) bzw. ἀφέσεως σημασία (»Proklamation der Zurücksendung«) wiedergibt. Dagegen ist der Begriff in der Ende des 4. Jahrhunderts n. Chr. entstandenen lateinischen Bibelübersetzung der Vulgata bereits erstarrt; hier erfolgt keine Übersetzung mehr, sondern *jôbēl* wird durchweg als latinisiertes Fremdwort *(iobeleus)* wiedergegeben. Erst im Laufe des Mittelalters bürgert sich auf dieser Grundlage der lateinische Terminus *iubilaeus* ein. Es handelt sich um eine volksetymologische Ableitung vom Verb *iubilare* (bzw. *iubilum* – »Signal-/Jubelruf«), die erstmals ausdrücklich den Aspekt der ausgelassenen Freude mit dem alttestamentlichen Jobeljahr verbindet. In der römisch-katholischen Kirche wird seit dem Spätmittelalter ein entsprechend konnotiertes »Jubeljahr« *(annus iubilaeus)* begangen, das die alttestamentliche Jobeljahrgesetzgebung spiritualisiert und

3 Vgl. grundlegend Houtman 1994; Levin 2006; Dozeman u. a. 2011.

4 Vgl. Kratz 2013.

5 Vgl. North 1980, 556.

alle 50 (später alle 25) Jahre die Möglichkeit einer vollständigen Sündenvergebung einräumt. Das zeitgenössische »Jubiläum« ist ein säkularisierter Ableger dieser Praxis, der seine Wurzeln in der frühen Neuzeit hat.[6]

Soziokulturelle Auswertung

Zur richtigen Einordnung der Vorschriften zum Sabbat- und Jobeljahr in Levitikus 25 ist es wichtig, diese im Horizont der älteren Bestimmungen zum Brach- und Erlassjahr zu betrachten, die sich im sogenannten Bundesbuch (Ex 21–23) und im deuteronomischen Gesetz (Dtn 12–26) finden.[7] Die älteste der pentateuchischen Rechtssammlungen, das Bundesbuch, wird in Exodus 21, 2 durch die Vorschrift eröffnet, einen hebräischen Sklaven nach sechs Jahren Dienst wieder freizulassen: »Wenn du einen hebräischen Sklaven kaufst, soll er sechs Jahre dienen, im siebten aber soll er umsonst frei ausziehen«. In entsprechender Weise schließt das Bundesbuch in Exodus 23, 10–11 mit Bestimmungen zur Ackerbrache:

> Sechs Jahre sollst du dein Land besäen und seinen Ertrag einsammeln. Aber im siebten sollst du es brachliegen lassen und nicht bestellen, damit die Armen deines Volkes davon essen. Und was sie übriglassen, mögen die Tiere des Feldes fressen.

Beide Gebote (Sklavenfreilassung und Ackerbrache) haben den identischen Zeittakt von je 6 + 1 Jahren, und in beiden Fällen ist ein Interesse an sozialem Ausgleich erkennbar, das freilich im Rahmen des jüngeren, deuteronomischen Gesetzes noch um einiges deutlicher zutage tritt: Hier wird in Deuteronomium 15 für jedes siebte Jahr ein Schuldenerlass (hebr. *šemiṭṭāh*) in ganz Israel gefordert, der eine Vergrößerung der Kluft zwischen Arm und Reich verhindern soll:

> 1 Alle sieben Jahre sollst du einen Schuldenerlass gewähren. 2 Und so soll man es mit dem Schuldenerlass halten: Jeder Gläubiger soll das Darlehen erlassen, das er seinem Nächsten gegeben hat. Er soll seinen Nächsten und Bruder nicht drängen, denn man hat einen Schuldenerlass ausgerufen zu Ehren Jahwes. [...] 4 Doch Arme wird es bei dir nicht geben, denn Jahwe wird dich segnen in dem Land, das dir Jahwe, dein Gott, zum Erbbesitz gibt.

Im Vergleich mit den älteren Bestimmungen des Bundesbuches fallen in Deuteronomium 15 vor allem zwei Aspekte ins Auge: Einerseits die gesteigerte Reichweite der Maß-

6 Vgl. hierzu Smolinski 1988, 282–285.
7 Zur Chronologie der Rechtssammlungen vgl. Kratz 2000, 99–155; Schmid 2008, 102–108. 172–173.

nahmen, die nicht länger nur die Freilassung von Sklaven, sondern einen generellen Schuldenerlass zum Inhalt haben. Andererseits die Ersetzung der individuellen durch eine absolute Zeittaktung. Anders gesagt: Man operiert nicht länger mit einzelnen, gegeneinander verschobenen Sieben-Jahres-Zählungen für jeden konkreten Einzelfall, sondern es wird ein absoluter Erlassjahrzyklus eingeführt, dem die Einzelfälle unterworfen sind. Diese festen Zyklen von 6 + 1 Jahren erinnern nicht von ungefähr an die alttestamentliche Siebentagewoche mit dem Sabbat als Höhepunkt. Erlassjahr- und Wochenzyklen bilden strukturell analoge Phänomene, die, nach allem, was wir wissen, auch entstehungsgeschichtlich miteinander verbunden sind. Beide Denkmuster haben sich erst in nachexilischer Zeit herausgebildet und zu identitätsstiftenden Merkmalen des werdenden Judentums entwickelt.[8]

Die Anfänge dieses Prozesses lassen sich in Deuteronomium 15 greifen. Dagegen liegt im Heiligkeitsgesetz (Lev 17–26), dem jüngsten der drei großen alttestamentlichen Rechtscorpora, bereits ein deutlich weiter fortgeschrittenes Entwicklungsstadium vor. Hier wird in Levitikus 25 auch erstmals die Sabbatlogik der Sieben-Jahres-Zyklen terminologisch explizit gemacht: Das siebte Jahr ist »ein Jahr der Sabbatfeier« *(šenat šabbātôn)*, und zwar »für das Land« (Lev 25, 5). Mit diesem Sabbatjahr verbunden ist freilich nur eine allgemeine Ackerbrache, nicht jedoch wie in Deuteronomium 15 ein genereller Schuldenerlass oder eine allgemeine Sklavenfreilassung. Für entsprechende Maßnahmen des sozialen Ausgleichs hat das Heiligkeitsgesetz nämlich in Levitikus 25, 8 ff. mit dem Jobeljahr eine neue Institution eingeführt.

Für die Institution des Jobeljahres *(šenat hajjôbēl)* leitend ist der Begriff der Freilassung (hebr. *derôr*), eine Terminologie, die im Übrigen bereits in altorientalischen Rechtstexten aus dem 2. vorchristlichen Jahrtausend begegnet und damit auf eine lange Vorgeschichte zurückblicken kann.[9] »Freilassung« wird dabei in Levitikus 25 in einem umfassenden Sinn verwendet und meint sowohl das Ende von Schuldknechtschaft als auch die Rückerstattung von verlorenem Grundbesitz. Hinzu kommt noch der Aspekt der Ackerbrache. Damit werden in Levitikus 25 die zentralen Aspekte aus den älteren Erlass- und Brachjahrbestimmungen des Pentateuchs (Ex 23; Dtn 15) aufgegriffen und zu einer neuen Synthese geführt.

---

8 Vgl. Berner 2016.

9 »Als altoriental. Analogien läßt sich auf die aus Alt- u. Neubabylonien, Nuzi u. Neuassyrien belegten Freilassungs- *(andurārum)* u. Schuldenerlasse *(mīšarum)* verweisen, die freilich nicht wie das J[obeljahr] periodisch od. kalendarisch festgelegt, sondern ad-hoc-Bestimmungen der Könige waren. Codex Hammurabi § 117 regelt für Babylonien die Freilassung nach drei Jahren« (Seidl 2009, 855 f.). Zu erwähnen ist ferner die hurritisch-hethitische Bilingue »Lied der Freilassung« (hurritisch *kirenzi*). *Kirenzi* (= hethitisch *parā tarnumaš*) entspricht in den Urkunden aus Nuzi dem akkadischen Rechtsterminus *andurāru* (neuassyrisch *durāru*), der etymologisch mit hebräisch *derôr* zu verbinden sein dürfte; vgl. Neu 1996, 8 f. Zu diesen und weiteren altorientalischen Hintergründen der alttestamentlichen Erlassjahrbestimmungen vgl. ausführlich Lemche 1976, 38–59; Otto 1997, 26–63.

Obwohl die elementaren Grundzüge der Jobeljahrgesetzgebung in Levitikus 25, 8–11 deutlich sind, sorgt insbesondere die Frage des genauen Termins für Verständnisprobleme. Schon in der Spätantike haben die rabbinischen Gelehrten darüber gestritten, ob das Jobeljahr in jedem 49. oder in jedem 50. Jahr zu begehen sei (Talmud Bavli, Traktat Nedarim 61a; Talmud Bavli, Traktat Rosh ha-Shanah 9a), und auch gegenwärtig dauert dieselbe Debatte an.[10] Dies ist ein deutlicher Hinweis auf ein Problem im Text, der in dieser Frage in der Tat widersprüchliche Aussagen trifft. Während nämlich laut Levitikus 25, 8–9 sieben mal sieben Jahre abzuzählen sind und das Lärmhorn an einem bestimmten Tag im 49. Jahr zu blasen ist, spielt dieser Tag im Folgenden überhaupt keine Rolle mehr. Vielmehr springt Levitikus 25, 10 völlig abrupt zum 50. Jahr und ordnet an, die allgemeine Freilassung an einem nicht näher festgelegten Termin auszurufen. Damit ergibt sich der merkwürdige Befund, dass das exakt datierte Lärmblasen im 49. Jahr ohne weitere Funktion bleibt, während beim eigentlichen Schlüsselmotiv, der Ausrufung einer allgemeinen Freilassung, eine genaue Datierung fehlt. Gleichzeitig fällt auf, dass in Levitikus 25, 10–11 und Levitikus 25, 13 gleich mehrfach betont wird, dass das durch diese Freilassung charakterisierte Jobeljahr mit dem 50. Jahr identisch ist.

Die inhaltlichen Spannungen des Textes und seine auffällige Redundanz deuten darauf hin, dass die vorliegende Gestalt von Levitikus 25, 8–11 literarisch gewachsen ist. Dabei zeigt sich, dass all jene Passagen, die dem Leser einschärfen, dass das Jobeljahr auf das 50. Jahr fällt, erst im Zuge einer späteren Bearbeitung in den Text eingeführt wurden.[11] Man hat also innerhalb von Levitikus 25 zwischen zwei unterschiedlichen Konzeptionen des Jobeljahres zu unterscheiden. Der älteren Konzeption zufolge wird der allgemeine Erlass im siebten Monat jedes 49. Jahres im Land ausgerufen. Das Ereignis fällt also selbst in ein Sabbatjahr, und zwar in jedes siebte. Ein späterer Bearbeiter hat indes an dieser Überschneidung von Jobel- und Sabbatjahr Anstoß genommen und sie dadurch behoben, dass er das Jobeljahr vom 49. auf das 50. Jahr verschob. In der Folge muss nun in Levitikus 25, 11 ausdrücklich betont werden, dass auch im Jobeljahr eine Ackerbrache einzuhalten ist. In der ursprünglichen Konzeption des Textes war dies automatisch gegeben, da das Jobel- mit einem Sabbatjahr zusammenfiel, welches nach Levitikus 25, 1–7 durch eine Ackerbrache charakterisiert ist.

Die in Levitikus 25 greifbaren Spuren literarischen Wachstums machen deutlich, dass sich spätere Tradenten des Textes zu einer Neujustierung des zeitlichen Verhältnisses zwischen Sabbat- und Jobeljahr genötigt sahen, um beide Ereignisse klar voneinander abzugrenzen. Dabei scheint es freilich um eine rein theoretische Debatte zu gehen, denn während die für jedes Sabbatjahr vorgeschriebene Ackerbrache prinzipiell praktikabel

10 Vgl. zuletzt Bergsma 2005, 121–124.

11 Die betreffenden Partien wurden in der obigen Übersetzung in eckige Klammern gesetzt.

war und es zumindest für die hellenistische Zeit auch Quellen gibt, die die Observanz von Sabbatjahrzyklen bezeugen,[12] sind die Bestimmungen zum Jobeljahr in der Praxis kaum anwendbar. So ginge eine Sklavenfreilassung alle 49 bzw. 50 Jahre klar an den Nöten der und des Einzelnen vorbei, denn viele würden überhaupt nie in den Genuss dieser Maßnahme kommen. Auch eine Ackerbrache im 50. Jahr wäre praktisch gesehen wenig sinnvoll, ökonomisch betrachtet hingegen geradezu desaströs: Da bereits das unmittelbar vorangehende 49. Jahr eine Ackerbrache vorsieht – es ist ein Sabbatjahr –, wäre ein mehrjähriger Ernteausfall die Folge gewesen, was jede antike Gesellschaft in ihrer Existenz bedroht hätte.

Bereits die beiden genannten Punkte machen hinreichend deutlich, dass das Jobeljahr kaum praktikabel war. Es verwundert daher nicht, dass es offenbar auch nie praktiziert wurde. Zumindest gibt es keinerlei Quellen, die darauf hindeuten würden. Selbst innerhalb des Pentateuchs wird das Jobeljahr lediglich in der Gesetzgebung des Heiligkeitsgesetzes (Lev 25 und 27) sowie an einer davon abhängigen Stelle (Num 36, 4) erwähnt.[13] Die Quellenlage verdeutlicht, dass es sich beim Jobeljahr um eine späte Innovation aus persischer oder frühhellenistischer Zeit handelt, die keine praktische Rechtsnorm, sondern ein theologisches Ideal artikuliert. Es sieht vor, dass in regelmäßigen Zyklen von 49 bzw. 50 Jahren die Besitzverhältnisse geordnet werden und ein gerechter Urzustand wiederhergestellt wird. Dabei geht es anders als in den älteren Erlassjahrvorschriften des Deuteronomiums (Dtn 15) nicht länger um das Schicksal des Einzelnen, sondern um die grundsätzliche Relativierung menschlicher Besitzansprüche im Lichte der Überzeugung, dass Jahwe allein der Eigentümer des Landes und dieses darum auf Dauer unveräußerlich ist (Lev 25, 23).

Letztlich entfalten die Bestimmungen zum Jobeljahr also eine theologische Utopie, deren Realisierung zwar Anspruch, aber nie Wirklichkeit war. Dieser utopische Charakter der Gesetzgebung dürfte mit dazu beigetragen haben, dass das Jobeljahr in einigen frühjüdischen Texten wie dem Jubiläenbuch eine signifikante Transformation erfuhr. Aus einer theologisch überhöhten Rechtsnorm wird nun eine zeitliche Maßeinheit, die man zur Periodisierung der Heilsgeschichte verwendet. Während Levitikus 25 eine individuelle Sklavenfreilassung in jedem 50. Jahr anordnet, beschreibt das Jubiläenbuch, wie ganz Israel im 50. Jobeljahrzyklus nach der Erschaffung der Welt das Joch der ägyptischen Fron abwirft und sich auf den Weg in das verheißene Land macht.

---

12 Vgl. 1 Makkabäer 6, 49. 53.

13 Vgl. Ezechiel 46, 17. In Jesaja 61, 1 und Jeremia 34, 8. 15. 17 ist zwar wie in Levitikus 25, 10 vom Ausrufen einer Freilassung *(derôr)* die Rede, doch geht es dabei nach altorientalischem Vorbild nicht um einen regelmäßigen, sondern um einen spontanen Akt.

Bibliographie

Bergsma 2005
J. S. Bergsma, Once again, the Jubilee, every 49 or 50 Years?, Vetus Testamentum 55, 2005, 121–124.
Berner 2016
C. Berner, Der Sabbat in der Mannaerzählung Ex 16 und in den priesterlichen Partien des Pentateuch, Zeitschrift für die Alttestamentliche Wissenschaft 128.4, 2016, 562–578.
Berner 2018
C. Berner, Vom Erlassjahr zur heilsgeschichtlichen Zäsur. Das Jobeljahr im Alten Testament und in der frühjüdischen Literatur, in: F. M. Eybl – S. Müller – A. Pelz (Hrsg.), Jubiläum. Literatur- und kulturwissenschaftliche Annäherungen, Schriften der Wiener Germanistik 6 (Göttingen 2017) 27–39.
Dozeman u. a. 2011
T. B. Dozeman – K. Schmid – B. J. Schwartz (Hrsg.), The Pentateuch. International Perspectives on Current Research, Forschungen zum Alten Testament 78 (Tübingen 2011).
Elliger – Rudolph 1997
K. Elliger – W. Rudolph, Biblia Hebraica Stuttgartensia (Stuttgart 1997).
Fager 1993
J. A. Fager, Land Tenure and the Biblical Jubilee. Uncovering Hebrew Ethics through the Sociology of Knowledge, Journal for the Study of the Old Testament Supplement Series 155 (Sheffield 1993).
Grünwaldt 1999
K. Grünwaldt, Das Heiligkeitsgesetz Leviticus 17–26. Ursprüngliche Gestalt, Tradition und Theologie, Beihefte zur Zeitschrift für die Alttestamentliche Wissenschaft 272 (Berlin 1999).
Hieke 2014
T. Hieke, Levitikus 16–27, Herders Theologischer Kommentar zum Alten Testament (Freiburg 2014).
Houtman 1994
C. Houtman, Der Pentateuch. Die Geschichte seiner Erforschung nebst einer Auswertung (Kampen 1994).
Kratz 2000
R. G. Kratz, Die Komposition der erzählenden Bücher des Alten Testaments. Grundwissen der Bibelkritik (Göttingen 2000).
Kratz 2013
R. G. Kratz, Historisches und biblisches Israel. Drei Überblicke zum Alten Testament (Tübingen 2013).
Lefebvre 2003
J.-F. Lefebvre, Le jubilé biblique. Lv 25 – exégèse et théologie, Orbis Biblicus et Orientalis 194 (Fribourg 2003).
Lemche 1976
N. P. Lemche, The Manumission of Slaves – the Fallow Year – the Sabbatical Year – the Yobel Year, Vetus Testamentum 26.1, 1976, 38–59.
Levin 2006
C. Levin, Das Alte Testament [3](München 2006).
Marx 2011
A. Marx, Lévitique 17–27, Commentaire de l'Ancien Testament 3b (Genf 2011).
Neu 1996
E. Neu, Das hurritische Epos der Freilassung I. Untersuchungen zu einem hurritisch-hethitischen Textensemble aus Ḫattuša, Studien zu den Boğazköy-Texten 32 (Wiesbaden 1996).

Nihan 2007
C. Nihan, From Priestly Torah to Pentateuch. A Study in the Composition of the Book of Leviticus, Forschungen zum Alten Testament II 25 (Tübingen 2007).
North 1980
R. North, יוֹבֵל jôḇel, in: Theologisches Wörterbuch zum Alten Testament 3 (Stuttgart 1980) 554–559.
Otto 1997
E. Otto, Programme der sozialen Gerechtigkeit. Die neuassyrische (an-)durāru-Institution sozialen Ausgleichs und das deuteronomische Erlaßjahr in Dtn 15*, Zeitschrift für altorientalische und biblische Rechtsgeschichte 3.1, 1997, 26–63.
Ruwe 1999
A. Ruwe, »Heiligkeitsgesetz« und »Priesterschrift«. Literaturgeschichtliche und rechtssystematische Untersuchungen zu Leviticus 17,2–26,2, Forschungen zum Alten Testament 26 (Tübingen 1999).
Schmid 2008
K. Schmid, Literaturgeschichte des Alten Testaments. Eine Einführung (Darmstadt 2008).
Seidl 2009
T. Seidl, Lexikon für Theologie und Kirche 5 (Freiburg 2009) 854–856 s. v. Jobeljahr.
Smolinski 1988
H. Smolinski, Jubeljahr II. Kirchengeschichtlich, in: Theologische Realenzyklopädie 17 (Berlin 1988) 282–285.

Q 24 Ein Mondfinsternisritual aus dem hellenistischen Uruk

Marco Stockhusen

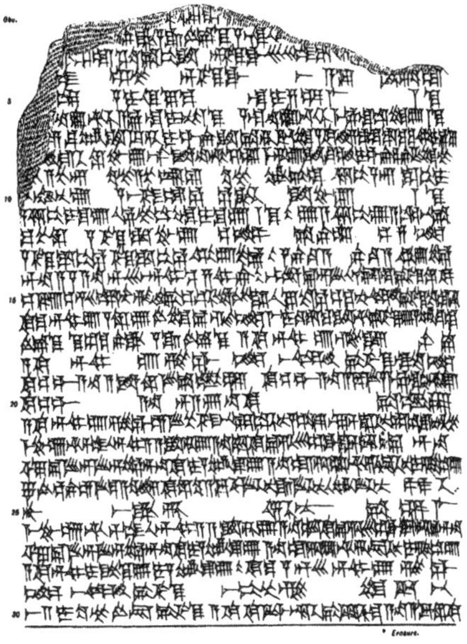

Abb. 1: Die Tontafel *BRM* 4, 06 = MLC 01872 (Clay 1923, Taf. 4 f.)

Transliteration (Rs., Z. 42'–50')

42' UD-*mu* AN.MI ^{d}XXX *ḫal-ḫal-lat* ZABAR MEZE ZABAR LI.LI.IZ$_3$ ZABAR TA E$_2$ *am-mu-uš-mu* IL$_2$-*nim-ma*

43' *it-ti* BARA$_2$.KI.BALAG GAR-*an ki-ma ša*$_2$ AN.MI ^{d}XXX TAB-*u*$_2$ ^{lu_2}GALA.MEŠ TUG$_2$.GADA MU$_4$.MU$_4$

44' *ina lu-bar-šu*$_2$*-nu nu-uk-*<*ku*>*-su-tu* SAG.DU-*su*-{*šu*$_2$}-*nu kat*$_2$*-mu ṣi-ri-iḫ-tu*$_2$ *ni-is-sa-ti u bi-ki-ti*

45' *a-na* ^{d}XXX *ina* AN.MI *na-šu-u*$_2$ 3 ZI$_3$.DUB.DUB.BU *a-na mi-iḫ-rat* LI$^{!}$.LI$^{!}$.IZ$_3$ *ina* ZI$_3$.SUR.RA-*a* ŠUB-*di*

46' 1-*en ku-uk-ku-bu di-im-ti ša*$_2$ ŠINIG *qu-ud-du-uš u*$_3$ *me-e ina* ZAG ZI$_3$.DUB.DUB.BU 3-*šu*$_2$*-nu*

47' *ina* ZI$_3$.SUR.RA-*a a-na kun-nu* ŠU^{II} *a-na* ^{lu_2}GALA.MEŠ *a-na mi-iḫ-rat* ^{d}XXX *ina* AN.MI GUB-*an*

48' *ki-i šal-šu*$_2$ NIGIN$_2$-*rat ši-kin* AN.MI AM AMAŠ.NA GAR-*an* ME.ER.ME.ER ZI GU$_7^{!}$.E *a-na lib*$_3$*-bi i-ru-bu*

49' A ABZU.MU MU.UN.ḪUL.AM$_3$ ER$_2$.ŠEM$_4$.MA: *ki-i* 2-⌜*ta* ŠU^{II} NIGIN$_2$⌝-*rat ši-kin* AN.MI AM AMAŠ.NA

50' Uʾ$_3$.U$_2$ A.A ŠA$_3$.ZU$^{!}$ GAR-*an u*$_3$ A ABZU.MU MU.UN.[ḪUL.AM$_3$ ME.]ER.ME.ER ZI GU$_7^{!}$.E *ana* ŠA$_3$ KU$_4$-*bu*

Übersetzung (Rs., Z. 42’–50’)

42' Am Tage einer Mondfinsternis tragen sie die bronzene *ḫalḫallatu*-Trommel, die bronzene *manzû*-Pauke (und) die bronzene Kesselpauke aus dem Lagerhaus[?] und

43' stellen (sie) neben[?] den »Kultsockel, Ort (der) Harfe«. Sobald die Mondfinsternis beginnt, kleiden sich die *kalû*-Priester in Leinen,

44' ihre Häupter sind mit ihren zerschnittenen *lubāru*-Gewändern bedeckt. Klagegeschrei, Wehklagen und Weinen

45' erheben sie zum verfinsterten Mond. 3 Mehlhäufchen wirfst du vor der Kesselpauke in einen magischen Mehlkreis.

46' Ein *kukkubbu*-Gefäß (gefüllt) mit Tränen der heiligen Tamariske und Wasser stellst du rechts der genannten 3 Mehlhäufchen

47' im magischen Mehlkreis für die Verfahren der *kalû*-Priester vor dem verfinsterten Mond auf.

48' Wenn das Ausmaß der Finsternis ein Drittel der (Mond-)Fläche beträgt, wird (die Klage) »Der Stier in seiner Hürde« angestimmt. (Die *kalû*-Priester) fallen mit »Ein Sturm, der das Leben frisst« ein.

49' »Wehe! Er ist derjenige, der mein Grundwasser zerstört hat« ist (das zugehörige) *eršemmû*-Klagelied. Wenn das Ausmaß der Finsternis (hingegen) zwei Drittel der (Mond-)Fläche beträgt, werden »Der Stier in seiner Hürde«

50' (und) »Ach und Weh! Dein Herz« angestimmt, und (die *kalû*-Priester) fallen mit »Wehe! Er ist derjenige, der mein Grundwasser zerstört hat« (und) »Ein Sturm, der das Leben frisst« ein.

Transliteration und Übersetzung adaptiert von Farber 1987 und Linssen 2004.

Zur Quelle

Das hier ausgewählte Mondfinsternisritual ist auf drei Textzeugen erhalten, die höchstwahrscheinlich in die hellenistische Zeit zu datieren sind. Die Herkunft der Tafeln ist nicht gesichert. Die Tontafel *BRM* 4, 06 = MLC 01872 (CDLI no. P363407), der Haupttextvertreter des Rituals, und das Teilduplikat BM 134701 kommen vermutlich aus Uruk. Das andere Teilduplikat *CLBT*, Tf. 1 = AB 249 könnte in Uruk geschrieben, aber in Babylon gefunden worden sein.[1] Auf Basis dieser Tafeln lassen sich ungefähr 85 Zeilen des Textes rekonstruieren, der Anfang ist allerdings verloren. Wie die folgende Übersicht zeigt, handelt es sich offenbar nicht um ein durchgehendes Ritual, sondern um vier unterschiedliche Versionen desselben Rituals.[2] Diese waren auf die beteiligten Akteure abgestimmt und liefen wohl teilweise parallel zueinander ab. Der eingangs übersetzte Passus stellt einen Auszug aus Version 3 des Mondfinsternisrituals dar.

---

1 Oelsner 1986, 207 f.; Brown – Linssen 1997, 149 f.; Linssen 2004, 8. 116. 317.

2 Brown – Linssen 1997, 156–165 (Version 4); Linssen 2004, 109–117; Stockhusen 2012, 454 f.

Version 1

beteiligte Akteure: *kalûs* (»Kultsänger«); ein *ērib bīti* (»Tempelbetreter«); ein Priester, der in der 2. Person angesprochen wird; die Einwohner Uruks; *āšipus* (»Beschwörungspriester«); Soldaten; ein Baumeist*er (itinnu)*

Ort(e): Tempeltore, Hauptstraße

Dauer: Ritualvorbereitungen vor der Mondfinsternis; Ritual während der Finsternis; Ritual nach der Finsternis (am nächsten Tag)

Ritualhandlungen: Der Text beginnt mit Anweisungen für die *kalû*-Priester, die während der Mondfinsternis Klagelieder anstimmen müssen. Die Beschreibung der Ritualhandlungen folgt in den Z. 14'–37'. Demnach musste noch vor der Finsternis ein Ziegelaltar[3] an den Tempeltoren und auf der Hauptstraße aufgestellt werden. Sobald die Mondfinsternis einsetzte, wurde auf den Altären ein Feuer entzündet, das während der Finsternis nicht ausgehen durfte. Aufgabe des *kalû*-Priesters war es, die Ritualhandlungen des Kultsängers zu vollführen, bis die Finsternis vorüber war. Während der Finsternis wurden verschiedene Totenopfer dargebracht. Solange die Finsternis anhielt, mussten die Einwohner die Kopfbedeckung ablegen, sich ihre Gewänder über den Kopf ziehen, eine bestimmte Klage anstimmen und in Klagegeschrei ausbrechen. Sieben Soldaten mussten es ihnen gleichtun, indem sie dieselbe Klage anzustimmen und ebenfalls in Klagegeschrei auszubrechen hatten. Nach der Mondfinsternis löschte man das Feuer mit Bier und versenkte die Ziegelaltäre samt Asche im Fluss. Am nächsten Tag wurden vor Sonnenaufgang die zuvor versiegelten Tempeltore geöffnet, alle Tempel rituell gereinigt, die Statue des Mondgottes Sîn wieder angekleidet und die Weihwasserbecken erneut aufgestellt. Anschließend mussten Beschwörungen rezitiert werden. Einige Utensilien, die mutmaßlich während der Finsternis im Tempel benutzt wurden, hatten entfernt und in den Fluss geworfen zu werden.

Version 2

beteiligte Akteure: *šangû*-Priester

Ort(e): Tempeltore

Dauer: Ritualvorbereitungen vor der Mondfinsternis; Ritual während der Finsternis

Ritualhandlungen: Die *šangû*-Priester der Tempel von Tiranna (die Namen der Hauptheiligtümer von Uruk) mussten am Tage einer Mondfinsternis in den Tempeltoren Ziegelaltäre aufstellen und sie entzünden. Dann stimmten sie die aus Version 1 bekannte Klage an und brachen in Klagegeschrei aus, bis die Finsternis vorüber war.

3 Anders Brown und Linssen, die »*garakku*-brazier« übersetzen. Siehe Brown – Linssen 1997, 151–154. 161; Linssen 2004, 112 f. 310 f. 314.

Version 3

beteiligte Akteure:	*kalûs* (»Kultsänger«); ein Priester, der in der 2. Person angesprochen wird
Ort(e):	»Kultsockel, Ort (der) Harfe« (im Tempel)
Dauer:	Ritualvorbereitungen vor der Mondfinsternis; Ritual während der Finsternis
Ritualhandlungen:	Am Tage einer Mondfinsternis wurden mehrere Musikinstrumente (u. a. die Kesselpauke) neben den »Kultsockel, Ort (der) Harfe« gestellt. Sobald die Finsternis begann, kleideten sich die *kalûs* in Leinen, bedeckten ihre Häupter mit zerschnittenen Gewändern und erhoben Klagegeschrei, Wehklagen und Weinen zum verfinsterten Mond. Dann wurden Mehlhäufchen in einen Mehlkreis geschüttet und Gefäße aufgestellt, die mit den Tränen der heiligen Tamariske und Wasser gefüllt waren. Danach stimmten die *kalûs* während der einzelnen Finsternisphasen unterschiedliche Klagelieder an. Unmittelbar nach der Mondfinsternis mussten alle Kultgegenstände, die im Laufe des Rituals zum Einsatz gekommen waren, in den Fluss geworfen werden.

Version 4

beteiligte Akteure:	der König; ein Priester, der in der 2. Person angesprochen wird
Ort(e):	Palast; die Tempel von Uruk
Dauer:	Ritualvorbereitungen vor der Mondfinsternis; Ritual während der Finsternis
Ritualhandlungen:	Bei Einsetzen der Mondfinsternis sollte sich der König im Palast befinden und ein Festgewand? tragen. Ein Priester führte eine Zeremonie mit einem Palmenblatt und einem mehrfarbigen Strick durch. Außerdem werden Myrte, bestimmte Holz- und Mehlsorten, ein Tempel und Opfergaben erwähnt. Die weiteren Details bleiben unklar. Im Anschluss nennt der (teilzerstörte) Text Zeremonien, die mit den Tempeln in Uruk verbunden waren. Die Tempel wurden mit einem magischen Mehlkreis umgeben, und ihre Tore und die Speicher wurden versiegelt. Die letzten Zeilen, die anscheinend während der Finsternis rezitiert werden mussten, spielen auf einen anderweitig belegten Mondfinsternis-Mythos an.

Ausgewählte Editionen, Übersetzungen und Studien

Die Tafel MLC 01872, die heute in der Yale Babylonian Collection aufbewahrt wird, hat Albert Clay (1923, 12–17. Taf. 4 f.) publiziert. Das jetzt im Ashmolean Museum befindliche Teilduplikat AB 249 hingegen wurde von Reginald Campbell Thompson (1927, 29–34.

Taf. 1) ediert. Die erste Gesamtbearbeitung des Rituals hat Erich Ebeling (1931, 91–96) vorgelegt. 1987 erschien eine Übersetzung von Walter Farber, die mit knappen erläuternden Anmerkungen versehen ist. Der schon vorher bekannt gewordene Textvertreter aus dem British Museum wurde 1997 durch David Brown und Marc Linssen veröffentlicht. Die letzte Bearbeitung, die nun alle Textzeugen berücksichtigt, stammt von Linssen (2004, 109–117. 306–320).

Verwandte Quellen

Finsternisrituale sind in Mesopotamien auch anderweitig belegt.[4] Besonders erwähnenswert sind die Texte *SAA* 10, 347 = DT 098 (CDLI no. P334217), *CT* 4, 5–6 = BM 078179 (CDLI no. P355753) und A. Boissier, *RA* 23 (1926) 13–17 + *YOS* 7, 71 = YBC 06928 (CDLI no. P307942), die nahelegen, dass einzelne Elemente des hellenistischen Mondfinsternisrituals deutlich älter sind. Bei *SAA* 10, 347 handelt es sich um einen Brief des Gelehrten Mār-Issar (vgl. Q 20) an den assyrischen König Asarhaddon (681–669 v. Chr.).[5] Seinem Bericht zufolge wurde in den Städten Akkad, Borsippa und Nippur eine Mondfinsternis beobachtet und eine bronzene Kesselpauke aufgestellt.[6] Ähnlich wie im hellenistischen Mondfinsternisritual dürfte dieses Instrument rituellen Zwecken gedient haben. Obwohl diese Mondfinsternis laut Mār-Issar den König nicht persönlich betraf, empfahl er Asarhaddon, das entsprechende Löseritual *(Namburbi)* durchführen zu lassen, um den negativen Auswirkungen entgegenzuwirken.[7]

Die Tafel *CT* 4, 5–6 dürfte, dem Duktus nach zu urteilen, aus etwa der gleichen Zeit wie der Brief des Mār-Issar stammen.[8] Formal und inhaltlich ist sie zur Textgruppe der sogenannten Hemerologien zu rechnen (siehe Q 16). In diesem in der Fachliteratur als *Finsternis-Hemerologie* bekannten Text werden Anweisungen gegeben, wie der König sich bei einer Mondfinsternis am 12., 13. oder 14. Tag der Monate I–XII (ohne Schaltmonat) verhalten sollte, um das von der Finsternis vorhergesagte Übel abzuwenden. Bei den beschriebenen Ritualhandlungen zeigen sich deutliche Überschneidungen mit dem hellenistischen Finsternisritual.[9]

4 Siehe einführend Stockhusen 2012, 448–456; Maul 2013, 272–275; Rochberg 2018, 288 f. 298–304.

5 Parpola 1983, 267 f. Nr. 278; Parpola 2014, 282 Nr. 347.

6 Der Ausdruck *lilissi šakānu* könnte auch mit »eine Kesselpauke spielen« übersetzt werden. Siehe dazu Beaulieu - Britton 1994, 77.

7 Für ein *Namburbi* gegen das Unheil einer Mondfinsternis siehe Maul 1994, 458–460. Wenn eine Finsternis dagegen den Tod des Königs anzeigte, mussten die Gelehrten zu drastischeren Maßnahmen greifen. In diesem Fall wurde ein Ersatzkönig *(šar pūḫi)* eingesetzt, der als menschliches Substitut das für den König bestimmte Unheil auf sich zu nehmen hatte. Das bis zu 100 Tage andauernde Ritual endete mit der Tötung des königlichen Stellvertreters und der Wiedereinsetzung des Königs. Siehe Parpola 1983, XXII–XXXII; Bottéro 1992, 138–155.

8 Nach den Angaben in der CDLI-Datenbank gehört dieser Text in die achämenidische Periode.

9 Koch-Westenholz 2001, 75–77; Livingstone 2013, 195–198.

In Uruk wurden zwei Verwaltungsurkunden mit Zeugenaussagen (YBC 06928) gefunden, die in das 8. Regierungsjahr Kyros' II. (531 v. Chr.) datieren.[10] Sie nehmen Bezug auf einen Vorfall, der sich einen Monat zuvor in Larsa und Uruk ereignet hatte. Die *kalû*-Priester in Larsa hatten prophylaktisch die ersten Schritte eines Finsternisrituals eingeleitet, weil sie fälschlicherweise mit der Möglichkeit rechneten, dass eine Mondfinsternis stattfinden könnte. Sie begaben sich nach Sonnenuntergang zu den Tempeltoren, spielten vor den Augen der Bewohner die Kesselpauke und verkündeten: »Finsternis!«.[11] Die *kalû*-Priester in Uruk taten es ihnen gleich, ohne allerdings ihr Vorgehen mit den lokalen Entscheidungsträgern abzusprechen. Nach dem Ausbleiben der erwarteten Mondfinsternis leiteten die Offiziellen in Uruk eine Untersuchung ein, um der Sache näher auf den Grund zu gehen.

Siehe auch

Q 16 – Qualitative Bestimmung der Zeit: Hemerologien und Tagewählkalender
Q 20 – Der Brief des Mār-Issar zur Schaltung
Q 21 – Das *akītu*-Fest in Babylon im Monat Nisannu
Q 22 – Ein astronomisches Tagebuch aus dem 37. Regierungsjahr Nebukadnezzars II.

Technische Aspekte

Ein wesentliches Merkmal des hellenistischen Finsternisrituals ist die Synchronisierung des rituellen Geschehens mit der astronomischen Wirklichkeit. Wie dem Text zu entnehmen ist, wurden Ritual- und Finsternisverlauf gezielt aufeinander abgestimmt. Dies geht besonders deutlich aus Version 3 hervor (siehe Übersetzung), in der wichtige »Phasen« der Mondfinsternis zur Einleitung bestimmter Ritualabschnitte dienten. Ferner wurde offenbar angenommen, dass sich die Verfinsterungsfläche und die von der Finsternis ausgehende Bedrohung direkt proportional zueinander verhalten.[12] Je weiter die Verfinsterung voranschritt, desto mehr apotropäische Gesänge wurden eingesetzt. Für die ordnungsgemäße Durchführung des Rituals ausschlaggebend war aber noch ein anderer Faktor, nämlich die Vorausberechnung der Mondfinsternis. Alle vier Versionen des Rituals erforderten eine längere Vorbereitung und mussten in Gang gesetzt werden, bevor sich der Mond verdunkelte. Das bedeutet zugleich, dass die vorliegende Fassung des Mondfinsternisrituals nicht vor der spätbabylonischen Zeit entstanden sein kann. Zwar ent-

---

10 Beaulieu – Britton 1994.

11 Ein rund 20 Jahre jüngerer Text aus Uruk (*GCCI* 1, 339 = CDLI Nr. P294162) lässt zudem vermuten, dass die Speisevorräte eines Tempels aufgefüllt werden mussten, wenn eine Finsternis kurz bevorstand. Siehe Beaulieu – Britton 1994, 84 f.

12 Siehe schon Farber 1987, 236.

halten schon die neuassyrischen Gelehrtenbriefe Vorhersagen von astronomischen Phänomenen, aber erst die Entdeckung der sogenannten Saros-Periode ermöglichte es den Sternkundigen, Sonnen- und Mondfinsternisse mit einiger Sicherheit vorauszusagen.[13] Ob die Saros-Periode bereits im 7. Jahrhundert v. Chr. verwendet wurde, ist umstritten. Konkret nachweisen lässt sie sich in der 1. Hälfte des 6. Jahrhunderts v. Chr.[14] In der Folge wurden die Berechnungsverfahren stetig weiterentwickelt und verbessert. Die mathematisch-astronomischen Texte der spätbabylonischen und hellenistischen Zeit geben zu erkennen, dass eine Mondfinsternis – etwa im Gegensatz zu einer Sonnenfinsternis – präzise vorausberechnet werden konnte. Dadurch gewannen die Priestergelehrten im Vorfeld der Mondfinsternis Zeit, die sie für die verschiedenen Ritualvorbereitungen nutzen konnten.[15]

Soziokulturelle Auswertung

Wie eine Untersuchung von Ulla Koch-Westenholz zeigt, riefen Mond- oder Sonnenfinsternisse bei den Menschen im Zweistromland unterschiedliche Reaktionen hervor.[16] Das normale Volk betrachtete eine Finsternis als göttliche Unheilsankündigung, weshalb es sich durch apotropäische Handlungen wie das Verursachen von Lärm vor ihren schädlichen Auswirkungen zu schützen versuchte. Die Priestergelehrten hingegen fassten Mond- und Sonnenfinsternisse als von den Göttern gesandte Zeichen auf, die sich nach bestehenden Regeln interpretieren ließen und nicht immer negative Konsequenzen nach sich ziehen mussten. Wenn von einer Finsternis große Gefahr ausging, konnten die Gelehrten Rituale zur Schadensabwehr und Besänftigung durchführen, um die Bedrohung doch noch abzuwenden. Das hellenistische Mondfinsternisritual aus Uruk vereint beide Ansichten und zählt zu den wenigen Ritualen, welche die aktive Teilnahme der gesamten Bevölkerung voraussetzen. Das alltägliche Leben wurde für mehrere Tage unterbrochen, damit der Herrscher, die Priestergelehrten und die Einwohner gemeinsam gegen das drohende Unheil vorgehen konnten. In Uruk lassen sich während der Finsternis drei unterschiedliche Handlungsebenen voneinander abgrenzen: auf der Hauptstraße und an den Tempeltoren, in den Tempeln und im königlichen Palast. Auffällig ist ferner, dass in den vier Versionen des Rituals verschiedene Strategien verfolgt werden. Während man der Mondfinsternis auf den Straßen und im Tempel mit Gesängen, Klagen und Musik begegnete, sollte der

13 Die keilschriftliche Bezeichnung für die Saros-Periode lautet 18 MU.MEŠ – »18 Jahre«.

14 Zur Einführung der Saros-Periode in die mesopotamischen Astralwissenschaften siehe zuletzt Stockhusen 2018, 155 f. 261 (mit weiterführenden Literaturangaben).

15 Nach John Steele könnte die ursprüngliche Motivation für die Vorhersage von Finsternissen in Mesopotamien diese gewonnene Zeit gewesen sein. Siehe Steele 2000, 421. 431.

16 Koch-Westenholz 2001.

König ruhig im Palast verharren, bis die Finsternis vorüber war. Schließlich scheint der Umstand, dass das Mondfinsternisritual in hellenistischer Zeit nach wie vor in Gebrauch war und sogar erweitert wurde, nahezulegen, dass auch berechnete Phänomene des Mondes als Omina galten und eine erfolgreich vorhergesagte Mondfinsternis nicht als ein entwertetes Vorzeichen angesehen wurde.[17]

Bibliographie

Beaulieu - Britton 1994
P.-A. Beaulieu - J. P. Britton, Rituals for an Eclipse Possibility in the 8th Year of Cyrus, Journal of Cuneiform Studies 46, 1994, 73–86.

Bottéro 1992
J. Bottéro, Mesopotamia: Writing, Reasoning, and the Gods (Chicago 1992).

Brown - Linssen 1997
D. Brown - M. Linssen, BM 134701=1965-10-14,1 and the Hellenistic Period Eclipse Ritual from Uruk, Revue d'assyriologie et d'archéologie orientale 91, 1997, 147–166.

Campbell Thompson 1927
R. Campbell Thompson, A Catalogue of the Late Babylonian Tablets in the Bodleian Library, Oxford (London 1927).

CDLI
Cuneiform Digital Library Initiative, https://cdli.ucla.edu (letzter Zugriff: 30.09.2019).

Clay 1923
A. T. Clay, Epics, Hymns, Omens, and Other Texts. Babylonian Records in the Library of J. Pierpont Morgan 4 (New Haven 1923).

Ebeling 1931
E. Ebeling, Tod und Leben nach den Vorstellungen der Babylonier I. Texte (Berlin 1931).

Farber 1987
W. Farber, 5. Ritual für den Kultsänger aus Anlaß einer Mondfinsternis, in: W. Farber - H. M. Kümmel - W. H. P. Römer (Hrsg.), Texte aus der Umwelt des Alten Testaments II 2: Religiöse Texte (Gütersloh 1987) 236–239.

Hunger 2012
H. Hunger, Die Wissenschaft der babylonischen Astronomen, in: H. Neumann (Hrsg.), Wissenskultur im Alten Orient. Weltanschauung, Wissenschaften, Techniken, Technologien, Colloquien der Deutschen Orient-Gesellschaft 4 (Wiesbaden 2012) 95–103.

Koch-Westenholz 2001
U. Koch-Westenholz, Babylonian Views of Eclipses, in: R. Gyselen (Hrsg.), Démons et merveilles d'Orient, Res Orientales 13 (Bures-sur-Yvette 2001) 71–84.

Linssen 2004
M. J. H. Linssen, The Cults of Uruk and Babylon. The Temple Ritual Texts as Evidence for Hellenistic Cult Practice, Cuneiform Monographs 25 (Leiden 2004).

Livingstone 2013
A. Livingstone, Hemerologies of Assyrian and Babylonian Scholars, Cornell University Studies in Assyriology and Sumerology 25 (Bethesda 2013).

17 Siehe in diesem Sinne schon Hunger 2012, 102.

Maul 1994
S. M. Maul, Zukunftsbewältigung. Eine Untersuchung altorientalischen Denkens anhand der babylonisch-assyrischen Löserituale (Namburbi), Baghdader Forschungen 18 (Mainz 1994).
Maul 2013
S. M. Maul, Die Wahrsagekunst im Alten Orient. Zeichen des Himmels und der Erde (München 2013).
Oelsner 1986
J. Oelsner, Materialien zur babylonischen Gesellschaft und Kultur in hellenistischer Zeit, Assyriologia 7 (Budapest 1986).
Parpola 1983
S. Parpola, Letters from Assyrian Scholars to the Kings Esarhaddon and Assurbanipal II. Commentary and Appendices, Alter Orient und Altes Testament V 2 (Kevelaer 1983).
Parpola 2014
S. Parpola, Letters from Assyrian and Babylonian Scholars, State Archives of Assyria 10 (Winona Lake 2014).
Rochberg 2018
F. Rochberg, *Ina lumun attalî Sîn:* On Evil and Lunar Eclipses, in: G. van Buylaere – M. Luukko – D. Schwemer – A. Mertens-Wagschal (Hrsg.), Sources of Evil. Studies in Mesopotamian Exorcistic Lore, Ancient Magic and Divination 15 (Leiden 2018) 287–315.
Steele 2000
J. M. Steele, Eclipse Prediction in Mesopotamia, Archive for History of Exact Sciences 54, 2000, 421–454.
Stockhusen 2012
M. Stockhusen, Die Deutung kosmischer Erscheinungen am Beispiel von Sonnen- und Mondeklipsen. Ein Vergleich zwischen den Kulturräumen Mesopotamien und Ägypten im 1. Jt. v. Chr., in: A. Berlejung (Hrsg.), Disaster and Relief Management. Katastrophen und ihre Bewältigung, Forschungen zum Alten Testament 81 (Tübingen 2012) 445–470.
Stockhusen 2018
M. Stockhusen, Studien zum Transfer astralwissenschaftlicher Konzepte zwischen Ägypten und Mesopotamien in spätpharaonischer Zeit. Eine kulturhistorische Analyse mit einem Ausblick in die griechisch-römische Epoche (Diss. Universität Leipzig 2018).

Q 25 Das Horoskop des Anu-bēlšunu

Rita Gautschy

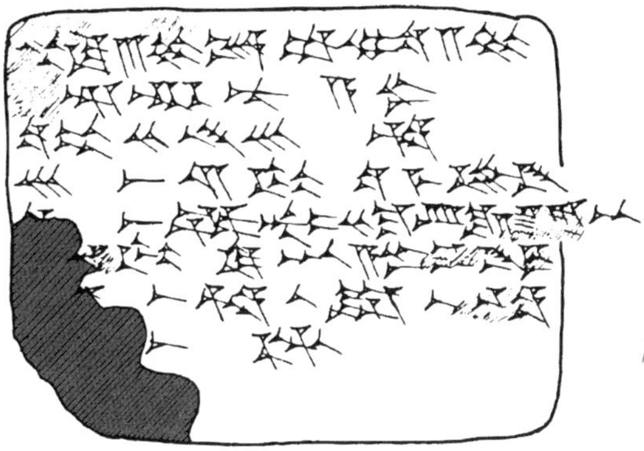

Abb. 1: Tontafel NCBT 1231 in der Yale Babylonian Collection (eigene Zeichnung nach Beaulieu – Rochberg 1996, 90).

Transliteration

1 ⌜MU⌝ 1,3.KAM ^{iti}AB GE$_{6}$ UD 2.KAM

2 $^{[m]d}$LX.EN-*šu*$_{2}$-*nu a-lid*

3 UD.BI ^{d}XX *ina* 9;30 MAŠ$_{2}$

4 ^{d}XXX *ina* 12 GU UD.ME-*šu*$_{2}$ GID$_{2}$.MEŠ

5 BA[BBAR] *ina* SAG GIR$_{2}$.TAB *mam-ma* NUN *qat*$_{2}$-*šu*^{II} ⌜DIB⌝-*bat*

6 [LU$_{2}$.TUR$^{?}$] [x] GU KI *Dele-bat a-lid* [DUMU].MEŠ TUK

7 [GU$_{4}$.U]D *ina* MAŠ$_{2}$ {*ina*} GENNA *ina* MAŠ$_{2}$

8 [AN] *ina* ALLA

Übersetzung

1 Jahr 63, Ṭebētu, Abend$^{?}$ des zweiten Tages

2 Anu-bēlšunu wurde geboren.

3 An diesem Tag stand die Sonne 9;30° im Steinbock,

4 der Mond war 12° im Wassermann. Seine Tage werden lang sein.

5 Ju[piter] stand am Anfang des Skorpions: irgendjemand wird dem Prinzen helfen.[1]

---

1 Wörtlich heißt *ṣabātu* mit dem Objekt *qātu* (ŠU) – »die Hände ergreifen«, was im übertragenen Sinn »helfen« bedeutet.

6 [Das Kind?] wurde [im?] Wassermann geboren im? Gebiet der Venus. Er wird Söhne haben.
7 [Mer]kur stand im Steinbock, Saturn im Steinbock,
8 [Mars] im Krebs.

Transliteration und Übersetzung (adaptiert) von Beaulieu – Rochberg 1996, 90.

Zur Quelle

Die Tontafel NCBT 1231 in der Yale Babylonian Collection aus der Seleukidenzeit (4.–1. Jahrhundert v. Chr.) enthält das Horoskop eines Mannes namens Anu-bēlšunu. Die Tafel ist relativ gut erhalten und misst 32 × 46 × 13 mm. Da das Objekt über den Antiquitätenmarkt gekauft wurde, existieren leider keine genaueren Informationen über den Fundkontext. Der Name des Mannes, Anu-bēlšunu, ist jedoch charakteristisch für Uruk, und auch zusätzliche textinterne Kriterien sprechen für eine Zuordnung zu dieser Stadt.[2]

Ausgewählte Editionen, Übersetzungen und Kommentare

Der Text wurde von Paul-Alain Beaulieu und Francesca Rochberg im Jahr 1996 ediert und dann in Rochbergs Buch »Babylonian Horoscopes« (1998) zusammen mit den anderen bekannten babylonischen Horoskopen besprochen. Inzwischen wurde ein Duplikat dieses Textes gefunden.[3]

Verwandte Quellen

Es sind bislang 28 babylonische Horoskope bekannt; das früheste stammt aus dem Jahr 410 v. Chr., das späteste aus dem Jahr 69 v. Chr. Diese Texte notieren ein spezielles Set astronomischer Daten, das für den Zeitpunkt der Geburt eines Individuums relevant ist. Seit Mittelassyrischer Zeit (ca. 1380–912 v. Chr.) sind aus der Omen-Serie *Iqqur īpuš* (siehe Q 16) Omina bekannt,[4] die auf dem Zeitpunkt der Geburt basieren; dennoch wurden Ereignisse immer nur für den König und das ganze Land vorausgesagt, nicht für einzelne Individuen. Die Horoskope zeigen eine große Ähnlichkeit zu Geburtsomina, die etwas später als das

2 Beaulieu – Rochberg 1996, 90.
3 Heilen 2015, 209.
4 Für die Omen-Serie *Iqqur īpuš* siehe Labat 1965.

erste Horoskop in Babylonien belegt sind.[5] Die ältesten erhaltenen ägyptischen und griechischen Horoskope stammen dann aus dem 1. Jahrhundert v. Chr.[6]

Siehe auch

Q 16 – Qualitative Bestimmung der Zeit: Hemerologien und Tagewählkalender
Q 19 – Das himmelskundliche Kompendium MUL.APIN
Q 22 – Ein astronomisches Tagebuch aus dem 37. Regierungsjahr Nebukadnezzars II.

Technische Aspekte

Das Datum im babylonischen Kalender in der ersten Zeile der Tontafel lautet: 2. Tag des 10. Monats des Jahres 63 der Seleukidenära. Die Seleukidenära beginnt mit der Einnahme der Stadt Babylon im Jahr 312 v. Chr. durch Seleukos I., einem Diadochen Alexanders des Großen. Das auf der Tontafel angegebene Datum entspricht dem 29. Dezember 249 v. Chr. Wahrscheinlich wurde das Horoskop nicht am Tag der Geburt erstellt, sondern später. Dafür spricht, dass drei Tontafeln mit Horoskopen mehr als ein Horoskop enthalten. Auf das Datum folgen die Angaben der Positionen von Sonne, Mond und der Planeten Jupiter, Venus, Merkur, Saturn und Mars. Die Reihenfolge der fünf Planeten ist in allen Horoskopen gleich. Charakteristisch für Horoskope aus Uruk ist, dass die Sonne vor dem Mond genannt wird, in Babylon hingegen kommt der Mond vor der Sonne. Das Horoskop des Anu-bēlšunu ist in zweierlei Hinsicht ungewöhnlich: So finden sich ausschließlich zodiakale Längenangaben und keine weiteren Informationen wie z. B. eine Finsternis, die sich kurz vorher oder nachher ereignete. Dafür enthält dieses Horoskop im Gegensatz zu anderen einige wenige Vorhersagen, die auf der Stellung der Planeten beruhen. Alle gegebenen Prognosen sind günstig: Aus den Positionen von Sonne und Mond wird abgeleitet, dass Anu-bēlšunu ein langes Leben beschieden sein wird. Die Stellung von Jupiter zeigt dem Astrologen an, dass dem Kind geholfen werden wird. Die Position der Venus schließlich deutet an, dass Anu-bēlšunu Söhne haben wird. Prognosen aufgrund der Stellungen von Merkur, Saturn und Mars fehlen. In der späteren hellenistischen Astrologie gelten Jupiter und Venus als »Wohltäter«, Merkur kann sowohl positiven als auch negativen Einfluss haben, Saturn und Mars hingegen sind potentielle »Übeltäter«. Die auf den ersten Blick zunächst nicht nachvollziehbare Reihenfolge der Planeten in den Horoskopen entspricht

5 Für Geburtsomina siehe Sachs 1952, 65–75.

6 Für eine Übersicht der bislang bekannten Horoskope siehe den Katalog antiker Horoskope bei Heilen 2015, 204–333.

somit einer Sequenz von Planeten mit tendenziell positiver Konnotation hin zu solchen mit eher negativer Konnotation.

Die Positionen der Planeten werden in Bezug auf den Tierkreis angegeben. Der Nullpunkt dieses babylonischen Tierkreises ist nicht mit dem Nullpunkt unseres heutigen tropischen Tierkreises identisch, dessen Zählung beim Frühlingspunkt beginnt. Die Babylonier hatten ihre Längenzählung dadurch festgelegt, dass einem gewissen Fixstern nahe der Ekliptik eine bestimmte sogenannte ekliptikale Länge zugeteilt wurde. Jedes Tierkreiszeichen besteht aus einem 30°-Segment der Ekliptik. Diese Unterteilung der Ekliptik ist das Resultat der Standardisierung von 12 Sternbildern entlang der Ekliptik, durch welche sich die Sonne in einem schematischen Jahr (siehe Chronologische Grundlagen: Alter Orient und Judentum) bewegt, das aus zwölf 30-tägigen Monaten besteht. Ekliptikale Sternbilder, definiert als »Sterne im Wege des Mondes«, finden sich bereits im himmelskundlichen Kompendium MUL.APIN (siehe Q 19).[7] Die Namen der Tierkreiszeichen leiten sich vom ursprünglichen Verhältnis zu den ekliptikalen Sternbildern ab. Sobald die Tierkreiszeichen durch Grade ekliptikaler Länge definiert waren, wurde hieraus ein astronomisches Referenzsystem, das zur Berechnung von Positionen benutzt wurde. Diese Entwicklung erfolgte nach heutigem Wissensstand im 5. Jahrhundert v. Chr. Um nun moderne berechnete Werte (Spalte 2 in Tabelle 1) direkt mit den Angaben im Horoskop (Spalte 4 in Tabelle 1) vergleichen zu können, müssen die modernen Werte noch korrigiert werden (Spalte 3 in Tabelle 1). Die Höhe der Korrektur ist zeitlich veränderlich, da sie von der Präzession abhängig ist; für das Jahr 249 v. Chr. beträgt sie ca. 6.5°.[8]

	Moderne Berechnung	Moderne Berechnung korrigiert	Horoskop	Differenz
Sonne	Steinbock 6°	Steinbock 12.5°	Steinbock 9.5°	-3°
Mond	Wassermann 9°	Wassermann 15.5°	Wassermann 12°	-3.5°
Jupiter	Skorpion 5°	Skorpion 11.5°	Skorpion Anfang	ca. -10°
Venus	Wassermann 7°	Wassermann 13.5°	Wassermann	–
Merkur	Steinbock 19°	Steinbock 25.5°	Steinbock	–
Saturn	Steinbock 4°	Steinbock 10.5°	Steinbock	–
Mars	Zwillinge 27°	Krebs 3.5°	Krebs	–

Tabelle 1: Die im Horoskop angegebenen Positionen (Spalte 4) im Vergleich zu modernen Berechnungen (Spalten 2 und 3).

7 MUL.APIN I, iv 31–39 (Hunger – Steele 2019, 142 f.).

8 Rochberg 1998, 19 f.

Die im Horoskop angegebenen Positionen der Planeten im Tierkreis stimmen annehmbar mit den modernen berechneten Positionen überein, die für 19 Uhr Lokalzeit in Uruk erstellt wurden.[9] Bei Sonne, Mond und Mars betragen die Abweichungen 3–4°. Für Venus, Merkur und Saturn existiert im Horoskop keine genaue Gradangabe, sodass nur festgestellt werden kann, dass die angegebenen Tierkreiszeichen korrekt sind. Für den Planeten Jupiter hingegen scheint die Abweichung auffällig groß zu sein, nämlich bis zu 10°. Hierbei stellt sich allerdings die Frage, wie dehnbar der Begriff »Anfang des Skorpion« von den Babyloniern gesehen wurde – sind damit die ersten 10° des Tierkreiszeichens gemeint, so wäre die Abweichung nur ebenso groß wie bei den anderen Himmelskörpern. Diese Positionen wurden entweder berechnet oder aber den *Astronomischen Tagebüchern* (siehe Q 22) entnommen, welche die entsprechenden Angaben für Sonne, Mond und Planeten für jeden Monat sowie die Zeitpunkte enthalten, wenn ein Himmelskörper die Grenze zum nächsten Tierkreiszeichen passiert.

Soziokulturelle Auswertung

Die geringe Anzahl erhaltener Horoskope legt nahe, dass nur ausgewählte Persönlichkeiten der oberen Schichten Geburtshoroskope erstellen ließen. Üblicherweise ist der Name des Kindes nicht angegeben. Auch in dieser Hinsicht ist das Horoskop des Anu-bēlšunu also bemerkenswert. Anu-bēlšunu war kein seltener Name in Uruk in der Zeit um 250 v. Chr. Leider ist seine Filiation nicht angegeben, ansonsten wäre eine definitive Identifikation wohl möglich. Erhaltene Kolophone am Ende der Tontafeln, die Informationen über den Inhalt, den Verfasser, den Ort, den Auftraggeber und das Datum enthalten können, belegen, dass es theoretisch drei bekannte Anu-bēlšunus in Uruk gab, die im Jahr 249 v. Chr. geboren sein könnten: einer aus der Sîn-lēqi-unninni-Familie, einer aus der Ekur-zākir-Familie sowie einer aus der Aḫûtu-Familie.[10] Dennoch ist einer von diesen aufgrund seiner persönlichen Umstände als Kandidat wahrscheinlicher als die anderen: Anu-bēlšunu, Sohn des Nidintu-Anu, Nachfahre von Sîn-lēqi-unninni.[11] Besagter Anu-bēlšunu erscheint in einigen Rechtsdokumenten zwischen 229 und 168 v. Chr. als Schreiber, Zeuge oder Käufer. Darüber hinaus findet sich sein Name auch in Kolophonen, wo er den Titel »Schreiber von *Enūma Anu Enlil*« trägt, und in einer Reihe astronomischer Texte aus dem Zeitraum zwischen 194 und 188 v. Chr. Zudem tragen weitere astronomische Texte die Signatur oder den Besitzvermerk von Anu-ab-utēr, Sohn des Anu-bēlšunu. Stimmt die vorgeschlagene Identifikation von Anu-bēlšunu, dann wäre er zwischen einem Alter

9 Berechnet mit eigenen Computerprogrammen, die auf den DE406-Ephemeriden des Jet Propulsion Laboratory beruhen.

10 Hunger 1968, 17 f.; Ossendrijver 2011, 641.

11 Für eine Analyse der Netzwerke der Astronomen aus Uruk siehe Ossendrijver 2011.

von 20 Jahren (229 v. Chr.) und 83 Jahren (168 v. Chr.) aktiv gewesen. Die Vorhersagen im Horoskop hätte Anu-bēlšunu somit vortrefflich erfüllt: als 83-Jähriger wären seine Tage in der Tat lang gewesen, und zumindest ein Sohn namens Anu-ab-utēr wäre für ihn belegt.

Bibliographie

Beaulieu - Rochberg 1996
P.-A. Beaulieu - F. Rochberg, The Horoscope of Anu-Bēlšunu, Journal of Cuneiform Studies 48, 1996, 89–94.

Heilen 2015
S. Heilen, Hadriani genitura - Die astrologischen Fragmente des Antigonos von Nikaia. Edition, Übersetzung und Kommentar, Texte und Kommentare 43 (Berlin 2015).

Hunger 1968
H. Hunger, Babylonische und assyrische Kolophone, Alter Orient und Altes Testament 2 (Neukirchen-Vluyn 1968).

Hunger - Steele 2019
H. Hunger - J. M. Steele, The Babylonian Astronomical Compendium MUL.APIN, Scientific Writings from the Ancient and Medieval World (New York 2019).

Labat 1965
R. Labat, Un calendrier babylonien des travaux, des signes et des mois. Séries iqqur īpuš, Bibliothéque de l'École des Hautes Études 321 (Paris 1965).

Ossendrijver 2011
M. Ossendrijver, Exzellente Netzwerke: Die Astronomen von Uruk, in: G. J. Selz - K. Wagensonner (Hrsg.), The Empirical Dimension of Ancient Near Eastern Studies, Wiener Offene Orientalistik 6 (Berlin 2011) 631–644.

Rochberg 1998
F. Rochberg, Babylonian Horoscopes, Transactions of the American Philosophical Society Held at Philadelphia for Promoting Useful Knowledge 88.1 (Philadelphia 1998).

Sachs 1952
A. Sachs, Babylonian Horoscopes, Journal of Cuneiform Studies 6.2, 1952, 49–75.

Q 26 Das Jahrwochenorakel im Buch Daniel

Christoph Berner

Text: Daniel 9, 21–27

21 וְע֨וֹד אֲנִ֤י מְדַבֵּר֙ בַּתְּפִלָּ֔ה וְהָאִ֣ישׁ גַּבְרִיאֵ֗ל אֲשֶׁ֩ר רָאִ֨יתִי בֶחָז֤וֹן בַּתְּחִלָּה֙ מֻעָ֣ף בִּיעָ֔ף נֹגֵ֣עַ אֵלַ֔י כְּעֵ֖ת מִנְחַת־עָֽרֶב׃ 22 וַיָּ֖בֶן
וַיְדַבֵּ֣ר עִמִּ֑י וַיֹּאמַ֕ר דָּֽנִיֵּ֕אל עַתָּ֥ה יָצָ֖אתִי לְהַשְׂכִּילְךָ֥ בִינָֽה׃ 23 בִּתְחִלַּ֨ת תַּחֲנוּנֶ֜יךָ יָצָ֣א דָבָ֗ר וַאֲנִי֙ בָּ֣אתִי לְהַגִּ֔יד כִּ֥י חֲמוּד֖וֹת
אָ֑תָּה וּבִין֙ בַּדָּבָ֔ר וְהָבֵ֖ן בַּמַּרְאֶֽה׃
24 שָׁבֻעִ֨ים שִׁבְעִ֜ים נֶחְתַּ֥ךְ עַֽל־עַמְּךָ֣ ׀ וְעַל־עִ֣יר קָדְשֶׁ֗ךָ לְכַלֵּ֨א הַפֶּ֜שַׁע וּלְהָתֵ֤ם חַטָּאות֙ וּלְכַפֵּ֣ר עָוֺ֔ן וּלְהָבִ֖יא צֶ֣דֶק
עֹלָמִ֑ים וְלַחְתֹּם֙ חָז֣וֹן וְנָבִ֔יא וְלִמְשֹׁ֖חַ קֹ֥דֶשׁ קָֽדָשִֽׁים׃ 25 וְתֵדַ֨ע וְתַשְׂכֵּ֜ל מִן־מֹצָ֣א דָבָ֗ר לְהָשִׁיב֙ וְלִבְנ֣וֹת יְרוּשָׁלִַ֔ם עַד־מָשִׁ֣יחַ
נָגִ֔יד שָׁבֻעִ֖ים שִׁבְעָ֑ה וְשָׁבֻעִ֞ים שִׁשִּׁ֣ים וּשְׁנַ֗יִם תָּשׁוּב֙ וְנִבְנְתָה֙ רְח֣וֹב וְחָר֔וּץ וּבְצ֖וֹק הָעִתִּֽים׃ 26 וְאַחֲרֵ֤י הַשָּׁבֻעִים֙ שִׁשִּׁ֣ים וּשְׁנַ֔יִם
יִכָּרֵ֥ת מָשִׁ֖יחַ וְאֵ֣ין ל֑וֹ וְהָעִ֨יר וְהַקֹּ֜דֶשׁ יַ֠שְׁחִית עַ֣ם נָגִ֤יד הַבָּא֙ וְקִצּ֣וֹ בַשֶּׁ֔טֶף וְעַד֙ קֵ֣ץ מִלְחָמָ֔ה נֶחֱרֶ֖צֶת שֹׁמֵמֽוֹת׃ 27 וְהִגְבִּ֥יר בְּרִ֛ית
לָֽרַבִּ֖ים שָׁב֣וּעַ אֶחָ֑ד וַחֲצִ֣י הַשָּׁב֣וּעַ יַשְׁבִּ֣ית ׀ זֶ֣בַח וּמִנְחָ֗ה וְעַ֨ל כְּנַ֤ף שִׁקּוּצִים֙ מְשֹׁמֵ֔ם וְעַד־כָּלָה֙ וְנֶ֣חֱרָצָ֔ה תִּתַּ֖ךְ עַל־שֹׁמֵֽם׃ פ

Text nach Elliger – Rudolph 1997.

Übersetzung

21 Und als ich noch redete im Gebet, da, zur Zeit des Abendopfers, rührte mich der Mann Gabriel an, den ich am Anfang im Gesicht gesehen hatte, als ich ganz ermattet war. 22 Und er wusste Bescheid, redete mit mir und sagte: Daniel, nun bin ich ausgegangen, um dich Verständnis zu lehren. 23 Am Anfang deines Flehens ist ein Wort ergangen, und ich bin gekommen, um es dir mitzuteilen, denn du bist ein Vielgeliebter. So achte nun auf das Wort und verstehe die Erscheinung:
24 Siebzig Siebente sind über dein Volk und über deine heilige Stadt bestimmt, um das Verbrechen zum Abschluss zu bringen und den Sünden ein Ende zu machen und die Schuld zu sühnen und um ewige Gerechtigkeit herbeizuführen und Gesicht und Propheten zu versiegeln und ein Allerheiligstes zu salben.
25 So erkenne und verstehe: Von dem Zeitpunkt an, als das Wort erging, Jerusalem wiederherzustellen und zu bauen, bis zu einem gesalbten Fürsten sind es sieben Siebente. Und 62 Siebente lang werden Platz und Stadtgraben wiederhergestellt und gebaut sein, und zwar in der Bedrängnis der Zeiten. 26 Und nach den 62 Siebenten wird ein Gesalbter ausgerottet werden und wird keine Hilfe finden. Und das Volk eines kommenden Fürsten wird die Stadt und das Heiligtum zerstören, und sein Ende ist in einer Überflutung; und bis zum Ende ist Krieg, fest beschlossene Verwüstungen. 27 Und er wird einen Bund für die Vielen stark machen, ein Siebent lang; und zur Hälfte des Siebents wird er Schlachtopfer und Speisopfer aufhören lassen. Und auf dem Flügel

von Gräueln kommt ein Verwüster, bis festbeschlossene Vernichtung über den Verwüster ausgegossen wird.

Eigene Übersetzung.

Zur Quelle

Daniel 9 zählt zu den Visionsschilderungen im zweiten Teil des Danielbuches (Kap. 7–12). Die Visionen bilden eine nachträgliche Erweiterung zu den älteren Daniellegenden in Kap. 1–6, stammen allerdings nicht aus der Hand eines einzelnen Verfassers, sondern haben sich in mehreren Stufen entwickelt. Dabei scheint es sich bei Daniel 9 um das jüngste der Visionskapitel zu handeln.[1] Die Bezugnahmen auf Ereignisse der Jahre 171–164 v. Chr., kurz vor und während des Makkabäeraufstandes, legen nahe, dass das Kapitel um die Mitte der 160er Jahre v. Chr. abgefasst wurde. Seinen Ursprung dürfte es in einer Gruppe von frommen Juden haben, die die unter König Antiochus IV. Epiphanes (175–164 v. Chr.) fortschreitende Hellenisierung des jüdischen Lebens und Kultes in Palästina strikt ablehnte, sich aber anders als die Makkabäer nicht am bewaffneten Widerstand beteiligte, sondern ihre Hoffnung auf das Eingreifen Gottes setzte.

Ausgewählte Editionen, Kommentare und Studien

Die maßgebliche Edition des hebräischen Textes bietet die »Biblia Hebraica Stuttgartensia«. Neuere Kommentare zum Danielbuch wurden von Carol Newsom (2014) und John Collins (1993) vorgelegt. Die exegetischen und chronologischen Fragen, die sich mit dem Jahrwochenorakel in Daniel 9 verbinden, diskutieren Christoph Berner (2006) und Michael Segal (2011).

Verwandte Quellen

Das für Daniel 9 charakteristische Konzept einer auf 70 Jahrwochen (490 Jahre) verlängerten Exilszeit findet sich in einer Anzahl weiterer frühjüdischer Kompositionen wie der Hirtenvision des Äthiopischen Henochbuches (1 Hen 89, 59–90, 38), dem aus Qumran bekannten Melchizedek-Midrasch (11Q13) und dem (christlich überformten) Testament Levis (TestLev 16). Thematisch verwandt sind frühjüdische Texte wie die Zehn-Wochen-Apokalypse (1 Hen 93, 1–10 und 1 Hen 91, 11–17) und das Jubiläenbuch, in denen

1 Vgl. Kratz 2000.

der Geschichtsverlauf ab der Erschaffung der Welt mit Hilfe heptadischer Zeitintervalle strukturiert wird.[2]

Siehe auch

Q 23 – Sabbat- und Jobeljahr
Q 27 – Tierkreiszeichen und Monate in der Synagoge von En-Gedi
Q 29 – Solons Lebensalter-Elegie

Literarische Aspekte

Das Jahrwochenorakel in Daniel 9, 21–27 bietet die Lösung für ein exegetisches Problem, welches zu Beginn des Kapitels in Daniel 9, 1–3 exponiert wird. Es geht um den Sinn einer berühmten Prophezeiung des Propheten Jeremia, der zufolge das Babylonische Exil der Judäer nach 70 Jahren enden sollte (Jer 25, 11–12 und Jer 29, 10). Nach einer traditionellen biblischen Sichtweise hatte sich Jeremias Prophezeiung in dem Moment erfüllt, als die Perser das Neubabylonische Reich in der 2. Hälfte des 6. Jahrhunderts v. Chr. in die Knie zwangen und Kyros der Große (angeblich) die Rückkehr der Exilierten und den Wiederaufbau des Jerusalemer Tempels anordnete (2 Chr 36, 20–23 und Esra 1, 1–3). Der Verfasser von Daniel 9 hingegen, Zeitzeuge der Religionsverfolgungen unter Antiochus IV. Epiphanes, konnte sich dieser Sichtweise nicht länger anschließen. Für ihn war das Auftreten der Perser allenfalls ein kurzes Intermezzo in einer bis in die Tage der Babylonier zurückreichenden Epoche des göttlichen Zorns, die sich unter hellenistischer Oberherrschaft unverändert fortgesetzt, ja noch verschlimmert hatte. Das von Jeremia prophezeite Ende des Exils im Sinne eines Endes von Fremdherrschaft und Unterdrückung schien in Wahrheit immer noch auszustehen.

Die offensichtliche Spannung zwischen dem Wortsinn der Prophezeiung Jeremias und der eigenen Erfahrungswirklichkeit des Verfassers von Daniel 9 führte indes nicht dazu, dass die Wahrheit des Prophetenwortes in Zweifel gezogen wurde. Vielmehr war man der festen Überzeugung, dass die Prophezeiung des Propheten Jeremia einen verborgenen, tieferen Sinn haben musste, der sich unmittelbar auf die eigene Gegenwart bezog und in ihr bewahrheitete. Mit diesem hermeneutischen Ansatz bildet Daniel 9 einen direkten Vorläufer der *Pesharim* aus Qumran, in denen einzelne Prophetenbücher Wort für Wort auf die Situation der Qumrangemeinschaft hin ausgelegt werden.[3] Wie später in den *Pesharim* herrscht dabei auch im Danielbuch die Überzeugung, dass es einer besonderen himmli-

2 Zu allen genannten Texten vgl. ausführlich Berner 2006.
3 Zur Qumrangemeinschaft und ihren Schriften vgl. Maier 1996.

schen Inspiration bedarf, um den verborgenen Sinn der Prophetenworte offenzulegen. In Daniel 9 kommt diese Rolle dem Erzengel Gabriel zu, der dem ins Gebet versunkenen Daniel erscheint und ihm die Bedeutung der 70 jeremianischen Jahre offenlegt (Dan 9, 21–27).[4]

Nach Daniel 9, 24 besagt die Prophezeiung Jeremias in Wahrheit, dass die Zeit des göttlichen Zorns, die zur Sühnung der Schuld Israels beschlossen wurde, nicht 70 Jahre, sondern vielmehr 70 (Jahr-)Siebente oder 490 Jahre beträgt. Die Deutung wurde aus dem hebräischen Text der Prophezeiung selbst gewonnen, insofern sich der Konsonantenbestand des Zahlwortes Siebzig (שִׁבְעִים) bei anderer Vokalisierung auch als der Plural »(Jahr-)Siebente« (שָׁבֻעִים) lesen ließ. Die besagten 70 (Jahr-)Siebente oder Jahrwochen umspannen nach Daniel 9, 25–27 den Zeitraum zwischen der Prophezeiung Jeremias (»von dem Zeitpunkt an, als das Wort erging, Jerusalem wiederherzustellen und zu bauen«) im frühen 6. Jahrhundert v. Chr. bis in die Gegenwart des Verfassers zur Zeit des Makkabäeraufstandes (168–164 v. Chr.). Sie werden in drei Teilsegmente unterschiedlicher Länge untergliedert, die indes weniger über die Chronologie der exilisch-nachexilischen Zeit als über das theologische Geschichtsverständnis des Verfassers verraten.

Das erste Segment umfasst sieben Jahrwochen oder 49 Jahre und reicht bis zum Auftreten eines »gesalbten Fürsten«, bei dem vermutlich an den Hohenpriester Josua zu denken ist, der nach biblischer Darstellung mit dem perserzeitlichen Wiederaufbau des Jerusalemer Tempels verbunden ist (Hag 1–2 und Sach 3).[5] Bezeichnenderweise wird dieses Ereignis in Daniel 9 gerade übergangen. Stattdessen ist lediglich vom Wiederaufbau von »Platz und Stadtgraben« die Rede, der sich nach Daniel 9, 25 über den Zeitraum von 62 Jahrwochen oder 434 Jahren und damit bis weit in die hellenistische Epoche hinein erstreckt. Diese lange Phase des Wiederaufbaus signalisiert vor allen Dingen eine Zurückweisung der Auffassung, dass die von Jeremia prophezeite Restitution bereits in der frühen Perserzeit erfüllt war. Nach dem Verständnis von Daniel 9 war die gesamte persische und hellenistische Epoche eine bedrückende Periode »in der Bedrängnis der Zeiten«, die sich in der Gegenwart des Verfassers noch einmal bedrohlich zuspitzen sollte. Dies geschieht in der letzten der 70 Jahrwochen, die die Situation unter Antiochus IV. Epiphanes zum Gegenstand hat und die in Daniel 9, 26–27 in auffallendem Detailreichtum geschildert wird. Demnach nimmt die letzte Woche ihren Auftakt mit der Ausrottung eines Gesalbten, worin gemeinhin eine Anspielung auf die Ermordung des am Jerusalemer Tempel amtierenden Hohenpriesters Onias III. im Jahr 171 v. Chr. gesehen wird.[6] Mit dem »Volk eines kommenden Führers« sind die Truppen Antiochus' IV. gemeint, dessen vermeintlichen Gräueltaten während der letzten Jahrwoche sich Daniel 9, 27 noch einmal

4 Daniel 9, 21–27 schlossen ursprünglich direkt an die Exposition in Daniel 9, 1–3 an. Der Wortlaut des in Daniel 9, 3 erwähnten Bußgebetes (Dan 9, 4–20) wurde erst von späterer Hand ergänzt.

5 Vgl. Collins 1993, 355; Berner 2006, 61.

6 Vgl. Collins 1993, 346; Berner 2006, 64.

im Detail zuwendet: So wird er eine Allianz mit jüdischen Sympathisanten der Hellenisierung eingehen (»einen Bund für die Vielen stark machen«) und zur Hälfte der Jahrwoche den ordnungsgemäßen Opferbetrieb im Jerusalemer Tempel zum Erliegen bringen, ein Reflex auf die durch Antiochus IV. initiierte Kultreform von 168 v. Chr., die freilich von Teilen der jüdischen Eliten im Jerusalemer Priestertum unterstützt wurde. Der ominöse (und textlich problematische) Hinweis auf den Verwüster auf Gräuelsschwingen bezieht sich wohl auf die Errichtung einer Statue oder eines Altaraufsatzes für den Gott Baal Shamem (vgl. Dan 11, 31 und Dan 12, 11), mit der in den Augen des Verfassers von Daniel 9 der Gipfel der Schandtaten erreicht war. Das Orakel schließt mit der Erwartung, dass den »Verwüster« (Antiochus IV.) die bei Gott beschlossene Vernichtung ereilen wird.

Soziokulturelle Auswertung

Die in Daniel 9 vorgelegte Neudeutung der 70 jeremianischen Jahre als 70 Jahrwochen bietet gleich in mehrerlei Hinsicht interessante Einblicke in das Selbstverständnis der frommen jüdischen Kreise, in denen das Kapitel entstand. In der Fiktion des Textes befindet sich Daniel unter den Exilierten, die nach der Zerstörung Jerusalems und des Tempels nach Babylon in die Verbannung geführt wurden. Fernab vom zerstörten Heiligtum verlagert sich der Gottesdienst vom traditionellen Opferkult auf die persönliche Frömmigkeit. Der Zeitpunkt des Abendopfers wird nun zum Zeitpunkt des individuellen Gebets, in dem Daniel als prototypischer Frommer stellvertretend Buße für die Sünden des Volkes tut (Dan 9, 3 und Dan 9, 21). Er verkörpert damit eine religiöse Grundhaltung, wie sie auch für die Verfasserkreise des Danielbuches kennzeichnend ist. Auch diese Gruppe wähnte sich nach den Kultreformen unter Antiochus IV. in einer Situation, in der der Tempelkult zwar nicht zum Erliegen gekommen, aber wirkungslos geworden war. Ein Ausweg bot die Spiritualisierung des Kultes und seine Transformation in die Sphäre des persönlichen Gebets, das zu den traditionell vorgegebenen Zeiten an die Stelle der Opfer treten konnte. Auch die wenige Jahrzehnte nach Daniel 9 entstandenen Schriften der Qumrangruppierung geben ein beredtes Zeugnis desselben Transformationsprozesses.

Was die Danielkreise mit der wenig späteren Qumrangruppierung verbindet, ist freilich nicht allein die Distanz zum offiziellen Tempelkult, sondern auch die Auffassung, man befinde sich im Besitz eines speziellen Offenbarungswissens über den tieferen Sinn der Prophetenbücher, insbesondere mit Blick auf ihre geheime Botschaft über den verborgenen göttlichen Geschichtsplan. Das Jahrwochenorakel in Daniel 9 wird ganz gezielt als esoterisches Geheimwissen stilisiert: Es verdankt sich einer himmlischen Eingebung durch den Erzengel Gabriel und bleibt selbst in dieser offenbarten Gestalt noch voller kryptischer Andeutungen, so dass es sich nur dem Eingeweihten erschließt. Es ist in besonderer Weise dieses Geheimwissen, das die Gruppenidentität der Danielkreise bestimmt und konsolidiert. Es verschafft ihnen trotz ihrer machtpolitischen Bedeutungslosigkeit während des Makkabäeraufstandes einen geglaubten Erkenntnisvorsprung, mit dem sich die Krise im Wissen um das Ende der Zorneszeit und Gottes baldiges Eingreifen abwarten ließ.

Ob die Beschreibung der letzten Jahrwoche in Daniel 9, 26–27 bereits den Tod Antiochus' IV. und die Wiedereinweihung des Jerusalemer Tempels durch die Makkabäer (164 v. Chr.) voraussetzt oder kurz vor diesen Ereignissen entstand, bleibt ungewiss. Festzuhalten ist in jedem Fall, dass sich die Binnenchronologie dieser letzten sieben Jahre relativ exakt mit Schlüsselereignissen des Zeitraums zwischen 171 und 164 v. Chr. zur Deckung bringen lässt. Es ist sogar möglich, dass es sich bei den betreffenden sieben Jahren um einen abgeschlossenen Sabbatjahrzyklus handelte (siehe Q 23).[7]

Sieht man indes von der letzten Jahrwoche ab, ist die Chronologie der 70 Jahrwochen alles andere als präzise. Wie auch immer man den exakten Startpunkt der Jahrwochensequenz zu Beginn des 6. Jahrhunderts v. Chr. bestimmt, sind die 490 Jahre um einige Jahrzehnte zu lang, um den anvisierten Zielpunkt im Jahr 164 v. Chr. zu erreichen. Versuche, die historische Verlässlichkeit des Jahrwochenorakels zu beweisen, indem man mit bestimmten Zusatzannahmen operiert, wurden reichlich unternommen, werden aber letztlich dem Charakter des Textes nicht gerecht.[8] Der Gesamtzeitrahmen von 490 Jahren wurde nicht aus dem Studium von Quellen zur Chronologie der persischen und hellenistischen Epoche errechnet, über die der Verfasser wahrscheinlich gar nicht verfügte, sondern ergab sich schlicht aus der Auslegung der 70 jeremianischen Jahre als 70 Jahrwochen. Ihre Gliederung in drei Teilsegmente von sieben, 62 und einer Jahrwoche beruht ebenfalls nicht primär auf bestimmten externen Vorgaben, sondern dient vor allem einem darstellerischen Interesse: Nicht nach sieben Jahrwochen, zu Beginn der perserzeitlichen Restitution, sondern erst nach 70 Jahrwochen, also in den Tagen des Verfassers, endet die von Gott beschlossene und von Jeremia prophezeite Zeit des Zorns, nachdem sie in der Krise unter Antiochus IV. ihre letzte, dramatische Zuspitzung erfahren hat. Es ist die feste Überzeugung, kurz vor der prophezeiten Heilswende zu leben, aus der heraus der Verfasser von Daniel 9 das Jahrwochenorakel entfaltet und in den Dienst der Deutung der eigenen Gegenwart stellt.

7 Vgl. 1 Makkabäer 6, 49. 53. Hierzu auch Berner 2006, 95.

8 Vgl. die Diskussion bei Wacholder 1975; Dimant 1993; Maier 1996, 101–160; Segal 2011.

Bibliographie

Berner 2006

C. Berner, Jahre, Jahrwochen und Jubiläen. Heptadische Geschichtskonzeptionen im Antiken Judentum, Beihefte zur Zeitschrift für die alttestamentliche Wissenschaft 363 (Berlin 2006).

Collins 1993

J. J. Collins, Daniel. A Commentary on the Book of Daniel, Hermeneia (Minneapolis 1993).

Dimant 1993

D. Dimant, The Seventy Weeks Chronology (Dan 9,24–27) in the Light of New Qumranic Texts, in: A. S. van der Woude (Hrsg.), The Book of Daniel in the Light of New Findings, Bibliotheca Ephemeridum Theologicarum Lovaniensium 106 (Leuven 1993) 57–76.

Elliger – Rudolph 1997

K. Elliger – W. Rudolph, Biblia Hebraica Stuttgartensia (Stuttgart 1997).

Kratz 2000

R. G. Kratz, Die Visionen des Daniel, in: R. G. Kratz – T. Krüger – K. Schmid (Hrsg.), Schriftauslegung in der Schrift, Festschrift für Odil Hannes Steck zu seinem 65. Geburtstag, Beihefte zur Zeitschrift für die alttestamentliche Wissenschaft 300 (Berlin 2000) 219–236.

Maier 1996

J. Maier, Die Qumran-Essener: Die Texte vom Toten Meer 3. Einführung, Zeitrechnung, Register und Bibliographie (München 1996).

Newsom 2014

C. A. Newsom, Daniel. A Commentary, The Old Testament Library (Louisville 2014).

Segal 2011

M. Segal, The Chronological Conception of the Persian Period in Daniel 9, Journal of Ancient Judaism 2, 2011, 283–303.

Wacholder 1975

B. Z. Wacholder, Chronomessianism. The Timing of Messianic Movements and the Calendar of Sabbatical Cycles, Hebrew Union College Annual 46, 1975, 201–218.

Q 27 Tierkreiszeichen und Monate in der Synagoge von En-Gedi

Rita Gautschy

Abb. 1: Die ersten Zeilen der Inschrift in der Synagoge von En-Gedi (Foto: Rita Gautschy).

Text

1 אדם שת אנוש קינן מהללאל ירד
2 חנוך מתושלח למך נוח שם חם ויפית

---

3 טלה שור תאומים סרטן ארי בתולה
4 מאוזניים עקרב קישת גדי ודלי דגים
5 ניסן אייר סיון תמוז אב אילול
6 תשרי מרחשון כסליו טבית שבט
7 ואדר אברהם יצחק ויעקב שלום
8 חנניה מישאיל ועזריה שלום על ישראל

Text nach Levine 1981, 140.

Übersetzung

1 Adam, Set, Enosch, Kenan, Mahalalel, Jered,
2 Henoch, Metuschelach, Lamech, Noah, Sem, Ham und Jafet.

---

3 Taleh (Widder), Schor (Stier), Teomim (Zwillinge), Sarton (Krebs), Ari (Löwe), Betulah (Jungfrau),
4 Moznajim (Waage), Aqrab (Skorpion), Qaschat[1] (Schütze), Gedi (Steinbock) und Deli (Wassermann), Dagim (Fische).
5 Nisan, Ijjar, Sivan, Tammuz, Av, Elul,
6 Tischri, Marcheschvan, Kislev, Tevet, Schevat
7 und Adar. Abraham, Isaak und Jakob. Friede.
8 Hananiah, Mischael und Azariah. Friede sei mit Israel.

Übersetzung nach Magness 2015, 124.

Zur Quelle

Ausgrabungen in den Jahren 1970–1972 in En-Gedi am Toten Meer förderten eine Reihe aufeinanderfolgender Synagogengebäude zutage. Die Inschrift befindet sich auf dem Mosaikboden des Westganges (Narthex) des spätesten Baues (Stratum II), der von den Ausgräbern in das mittlere bzw. späte 5. Jahrhundert n. Chr. datiert wird. Das Original wird heute im Rockefeller Museum in Jerusalem aufbewahrt, vor Ort (siehe Abb. 1) ist eine Kopie angebracht. Der hier ausgewählte Teil der Inschrift (Z. 1–8) ist in hebräischer Sprache verfasst, während die restlichen Zeilen 9–18 in aramäisch abgefasst sind. Die ersten beiden Zeilen im ersten Abschnitt der Inschrift nennen insgesamt 13 Namen bzw. Generationen von Adam bis Jafet. Die darauffolgende Sektion enthält die Namen der Tierkreiszeichen (Z. 3–4), der Monate (Z. 5–7), von drei Patriarchen (Z. 7) sowie von dreien der Mitstreiter Daniels (Z. 8). Nach einem Trennstrich folgen im dritten Abschnitt die Namen von drei Wohltätern der Synagoge und eine Liste mit Hauptvergehen – die Saat von Kontroversen zu streuen, Verleumdung, Diebstahl, sowie die Geheimnisse der Stadt zu verraten. Hieran schließt sich eine scharfe Warnung an all jene an, die diese Ermahnung missachten (Z. 13–16). Davon durch einen Trennstrich abgegrenzt werden im vierten Abschnitt (Z. 17–18) Einwohner genannt, die im kommunalen Leben eine wichtige Rolle gespielt haben. Zwei der Namen stimmen mit denen am Anfang der dritten Sektion genannten Wohltätern überein, Yose

1 Ungewöhnliche Schreibweise: *qyšt*.

wird in Z. 17 dann aber als Rabbi Yose bezeichnet. Der fünfte Abschnitt schließlich enthält einen Segen für alle Leute der Stadt, welche die Synagoge renoviert hatten.

Die Synagoge wie auch die angrenzende Siedlung wurden durch ein Großfeuer zerstört. Da ein Hortfund von Bronzemünzen in einem Haus nahe der Synagoge Münzen bis in die frühen Jahre von Kaiser Justinian I. (527–565 n. Chr.) enthält und zudem bekannt ist, dass Juden unter Justinian einer Welle von Verfolgungen ausgesetzt waren, wollte einer der Ausgräber, Dan Barag, die Zerstörung zunächst zeitlich im Zuge dieser Verfolgungen ansiedeln.[2] Inzwischen besteht aber Konsens darüber, dass die Zerstörung besser ins späte 6. bzw. frühe 7. Jahrhundert n. Chr. datiert werden sollte.[3]

Ausgewählte Editionen und Studien

Die ersten Publikationen zur Ausgrabung und zu den Funden in der Synagoge von En-Gedi erfolgten in den Jahren 1970 und 1972 in hebräischer Sprache durch die Ausgräber Dan Barag, Yoseph Porat und Ehud Netzer. Lee I. Levine legte in seinem Buch »Ancient Synagogues Revealed« im Jahr 1981 eine englische Übersetzung der Mosaikinschrift vor.[4] Während der letzten Jahre haben sich vor allem Jodi Magness (2015) und Steven H. Werlin (2015) eingehender mit der Inschrift befasst.[5]

Verwandte Quellen

In einigen frühen Synagogen der antiken römischen Provinz Syria Palaestina ist auf einem Bodenmosaik der Sonnengott Helios in seinem Pferdegespann umgeben von den Tierkreiszeichen bildlich dargestellt: In der Reihenfolge ihrer Entdeckung ist dies der Fall in den Synagogen von Naaran, Beth Alpha, Husifa, Joffa, Hammat Tiberias, Horvat Susiya, Sepphoris, Huqoq und vermutlich auch in Chirbet Wadi Hamam.[6] In Sepphoris wurde Helios als Sonne abgebildet, in allen anderen genannten Synagogen jedoch in personifizierter Form. In den vier Ecken außerhalb des runden Tierkreises sind zudem üblicherweise die Jahreszeiten in Menschengestalt zu finden (siehe Abb. 2). In En-Gedi hingegen wurde auf bildliche Darstellungen verzichtet – stattdessen sind die Namen der Tierkreiszeichen in der Inschrift genannt und mit ganz bestimmten hebräischen Monatsnamen verbunden.

2 Barag 1993, 408.
3 Werlin 2015, 132.
4 Levine 1981, 140–145.
5 Magness 2015; Werlin 2015, 115–127.
6 Werlin 2015, 6 Anm. 15.

Abb. 2: Das Bodenmosaik in der Synagoge von Sepphoris (eigene Zeichnung nach Weiss 2005, 106 Abb. 47).

Eine inschriftliche Zuordnung der Tierkreiszeichen zu den hebräischen Monaten findet sich ansonsten nur in der Synagoge von Sepphoris.[7]

Siehe auch

Q 23 – Sabbat- und Jobeljahr
Q 26 – Das Jahrwochenorakel im Buch Daniel
Q 32 – Genealogien am Beispiel des Kallimachos

Technische Aspekte

Die insgesamt 13 Namen bzw. Generationen von Adam bis Jafet ganz am Beginn der Inschrift sind identisch mit denjenigen, die man in der Bibel im Buch 1 Chronik 1, 1–4 findet. Derartige Genealogien sind auch bei anderen Kulturen eine beliebte und frühe Methode, Zeit etwas greifbarer zu machen (siehe Q 32). Henoch, der am Beginn der zweiten Zeile der Inschrift genannt ist, ist nach biblischer Überlieferung nicht gestorben, sondern von Gott in den Himmel entrückt worden (Genesis 5, 24; Hebräer 11, 5). In den außerkanonischen Henochbüchern ist nachzulesen, was Henoch bei seinen Himmels-

7 Magness 2015, 124.

reisen gesehen haben könnte. Dies ist interessant im Zusammenhang mit der im Buch Genesis (5, 18–24) gegebenen Information, dass Henoch im Alter von 65 Jahren den Metuschelach gezeugt und danach noch weitere 300 Jahre gelebt habe. Das von ihm erreichte Lebensalter von insgesamt 365 Jahren entspricht der Anzahl der ganzzahligen Tage eines Sonnenjahres, was wohl symbolisch zu sehen ist. Henoch ist zudem eine zentrale Figur sowohl in der jüdischen als auch in der christlichen apokalyptischen Literatur. Als siebenter Vorvater und wegen seines Lebensalters von 365 Jahren wurde er mit der Zeitrechnung und der Überlieferung des Sonnenkalenders assoziiert. Dies erstaunt nicht, da ein Himmelsreisender in Zusammenhang mit der Zahl 365 an die Sonne selbst und ihren jährlichen Lauf erinnert und somit auch an die Sonnengötter Re und Helios, die laut ägyptischer bzw. griechischer Mythologie unermüdlich in einer Barke bzw. einem Gespann den Himmel durchfahren und alles sehen, was geschieht.[8] Auch die in Z. 3–4 der Inschrift erwähnten Tierkreiszeichen weisen auf ein gewisses Interesse am Sonnenlauf und vermutlich auf einen Sonnenkalender hin. Da gleich darauf in der Inschrift auch noch die hebräischen Monate folgen, kommt man kaum umhin, die Tierkreiszeichen hier nicht nur astrologisch, sondern in einem Kontext kalendarischer Zeit zu interpretieren. Der Reigen der Tierkreiszeichen und Monate wird in En-Gedi mit dem Paar Widder – Nisan eröffnet, was einem Jahresbeginn rund um die Frühlingstagundnachtgleiche im März entspricht. Dies steht im Kontrast zum Lunisolarkalender und dem eigentlichen Jahresbeginn im Herbst (siehe Chronologische Grundlagen: Alter Orient und Judentum).

Eine Liste der zwölf Monate des Jahres ist in alten Synagogen äußerst selten. Auffällig bei der Aufzählung der Tierkreiszeichen ist auch, dass das Bindewort »und«, das man eigentlich vor dem letzten Tierkreiszeichen Fische erwarten würde, bereits vor dem vorletzten Tierkreiszeichen – dem Wassermann – steht. Levine schlägt Aharon Mirsky folgend vor, dass dies beabsichtigt war und hier zwei konkurrierende Traditionen reflektiert werden, welche den Wassermann und die Fische in unterschiedlicher Anordnung aufzählen.[9] Sowohl die Verbindung der Tierkreiszeichen mit den Monaten wie auch die unterschiedliche Anordnung der Tierkreiszeichen auf dem Mosaikboden sind von zeitgenössischen *piyyutim* – jüdischen liturgischen Gedichten, die während des Religionsdienstes gesungen oder rezitiert wurden – wohl bekannt. Es könnte daher gut sein, dass die Inschrift in En-Gedi auf ein *piyyut* zurückgeht. Yoseph Yahalom hat vorgeschlagen, dass die Tierkreisinschriften und -darstellungen auf den Böden der Synagogen dazu gedacht waren, diese *piyyutim* zu begleiten und ihnen visuellen Ausdruck zu verleihen.[10]

8 Für die Idee der Verbindung von Henoch mit dem Sonnenlauf siehe Magness 2005, 32 mit weiteren Referenzen.
9 Levine 1981, 142.
10 Yoseph Yahalom zitiert bei Levine 1981, 142.

Die letzten beiden Zeilen (7–8) des hebräischen Teils der Inschrift nennen zwei Zusammenstellungen biblischer Helden. Warum gerade die drei Patriarchen Abraham, Isaak und Jakob und die drei Mitstreiter Daniels namens Hananiah, Mischael und Azariah prominent verewigt wurden, lässt die rabbinische Tradition erahnen, die im *Midrash Tehillim* I, 15 bewahrt ist:

> Das ist, was die Leute sagen: Auf wem ruht die Welt? Auf drei Säulen. Manche sagen (das seien) Abraham, Isaak und Jakob; andere sagen Hananiah, Mischael und Azariah, und wieder andere sagen die drei Söhne von Korah.

Alles zusammen genommen ergibt sich für die acht ersten Zeilen der Inschrift in der Synagoge von En-Gedi folgendes Bild:[11] Die Auflistung der 13 Generationen in den ersten beiden Zeilen beabsichtigt, die Grundordnung des Universums festzusetzen. Darauf folgen die Namen der himmlischen Zeitgeber – die Tierkreiszeichen und die Monate des Jahres. Der Abschnitt schließt mit Namen, die mit den Säulen assoziiert werden, auf denen die Welt ruht. Sieht man die 13 Vorväter als universelle Säulen der Welt, so würden die Namen am Inschriftenende dieselbe Vorstellung vermitteln, einfach aus jüdischer Perspektive. Auf die gleiche Weise könnte man auch die Paarung der universal akzeptierten Tierkreiszeichen mit den hebräischen Monaten erklären. Man hätte nicht nur eine chronologische Vorwärtsbewegung in der Inschrift, sondern zudem eine vom Universellen hin zum spezifisch Jüdischen.

Soziokulturelle Auswertung

Die Synagoge von En-Gedi ist das bislang einzige bekannte Beispiel einer Synagoge mit Tierkreis, in dem die Tierkreiszeichen in einer Inschrift auf dem Mosaikboden genannt, aber nicht bildlich dargestellt sind. Dies könnte auf eine konservativere kulturell-religiöse Einstellung der Gemeinschaft von En-Gedi hinweisen, d. h. auf eine Gemeinschaft, für die das Bilderverbot in den Büchern Exodus (20, 4) und Deuteronomium (5, 8) einen hohen Stellenwert hatte. Ein weiterer Hinweis in dieselbe Richtung ist, dass in der Inschrift nur Hebräisch und Aramäisch verwendet wurden, aber kein Griechisch, wie sich dies bei anderen Synagogen weiter im Norden und entlang der Küste aus der gleichen Zeit beobachten lässt.

Kann man die Gemeinschaft von En-Gedi noch näher umreißen? Die Inschrift eröffnet das Kalenderjahr mit dem Monat Nisan, der in die Zeit rund um die Frühlingstagundnachtgleiche fällt. Im Gegensatz dazu sollte ein neues Jahr laut rabbinischem Gesetz im

---

11 Levine 1981, 142 f.

Monat Tischri beginnen – Kalenderjahre, Sabbatjahre und Jubiläen (siehe Q 23) wurden ausgehend vom ersten Tag des Monats Tischri gezählt. Die Beschäftigung mit kalendarischer Zeit generell und dem Sonnenkalender im Speziellen könnte vielleicht apokalyptische Erwartungen reflektieren, die unter Juden und Christen in Palästina um ca. 500 n. Chr. einen Höhepunkt erreichten.[12] Auf diese Möglichkeit deutet laut Jodi Magness die Erwähnung von Hananiah, Mischael und Azariah in Z. 8 der Inschrift hin.[13] Im Danielbuch werden diese drei als Mitstreiter genannt, als Gott dem Daniel die Bedeutung des Traums von Nebukadnezzar II. enthüllt (Daniel 2, 17–19). Daher wurden ihre Namen auch mit göttlichen Enthüllungen in Verbindung gebracht.

Henoch, der Sonnenkalender, der Tierkreis, die Prophezeiung Daniels (siehe Q 26) und apokalyptische Berechnungen werden in der talmudischen Überlieferung negativ angesehen oder sogar verurteilt. Man kann somit konstatieren, dass der Inhalt der Inschrift in En-Gedi mit rabbinischen Interessen kaum vereinbar scheint und – zumindest an diesem Ort und in dieser Synagoge – das rabbinische Judentum nicht die dominante Kraft war.[14] Stattdessen liefert die Inschrift Hinweise dafür, dass man von einer gewissen Diversität des Judentums in den Jahrhunderten nach der Zerstörung des Zweiten Tempels im Jahr 70 n. Chr. ausgehen sollte.[15]

Es gibt weitere Hinweise darauf, dass Rabbis über manche jüdische Gemeinschaft im Gebiet des Toten Meeres keine oder nur geringe Kontrolle hatten. So belegen Grabsteine vom jüdischen Friedhof in Zoar im heutigen Jordanien, dass für die Berechnung des Pesach-Festes die von den Rabbis bereits im 4. Jahrhundert n. Chr. geforderte Regelung ignoriert wurde, dass dieses auf einen Termin nach der Frühlingstagundnachtgleiche fallen muss.[16] Darüber hinaus verwenden dieselben Grabsteine den Zeitpunkt der Zerstörung des Zweiten Tempels als Nullpunkt für die Zeitrechnung.[17] Die Weihinschrift auf dem Türrahmen der Synagoge in Nabratein wendet ebenfalls dieses Datierungssystem an.[18] Ein derartiger Bezugspunkt auf die Zerstörung des Tempels wurde von den Rabbis jedoch verboten.[19] Sacha Stern schlussfolgert, dass das rabbinische Judentum in der späteren römischen Periode im jüdischen Palästina nicht die dominante Kraft schlechthin

12 Irshai 2000, 153.
13 Magness 2015, 124.
14 Siehe auch Q 55 für ähnliche Beobachtungen im Bereich des frühen Christentums und der Flexibilität der Kirchenväter, den »Tag des Herrn« (Sonntag) als »Tag der Sonne« zu bezeichnen, wenn sie sich an ein nichtchristliches Publikum wenden.
15 Magness 2015, 129.
16 Stern 2001, 70 f. 95 f.
17 Stern 2001, 88.
18 Avigad 1960.
19 Flesher 2010, 56–58.

war, wie sonst gemeinhin angenommen.[20] Dafür spreche laut Stern jedenfalls das Material aus Zoar: Der Ort liege in unmittelbarer Nachbarschaft der Hauptzentren rabbinischer Aktivitäten in Judäa und Galiläa, und es gebe keinen Grund dafür, diese Gemeinschaft in Zoar als außergewöhnlich oder sogar als Sekte anzusehen. Stattdessen sei es offensichtlich möglich gewesen, die Autorität der rabbinischen Nachbargemeinden zu ignorieren und die Daten wichtiger Feste selbst festzusetzen.

Bibliographie

Avigad 1960
N. Avigad, A Dated Lintel-Inscription form the Ancient Synagogue of Nabratein, in: Bulletin of the Louis M. Rabinowitz Fund for the Exploration of Ancient Synagogues 3, 1960, 49–56.

Barag 1993
D. Barag, En-Gedi, in: E. Stern (Hrsg.), New Encyclopedia of Archaeological Excavations in the Holy Land 2 (Jerusalem 1993) 405–409.

Barag – Porat 1970
D. Barag – Y. Porat, The Synagogue at En-Gedi, in: Qadmoniot 11.3, 97–100.

Barag u. a. 1972
D. Barag – Y. Porat – E. Netzer, The Second Season of Excavations in the Synagogue at En-Gedi, in: Qadmoniot 18.2, 52–54.

Flesher 2010
P. V. M. Flesher, When? »After the Destruction of the Temple«, in: E. M. Meyers – P. V. M. Flesher (Hrsg.), Aramaic in Postbiblical Judaism and Early Christianity (Winona Lake 2010) 55–66.

Irshai 2000
O. Irshai, Dating the Eschaton: Jewish and Christian Apocalyptic Calculations in Late Antiquity, in: A. I. Baumgarten (Hrsg.), Apocalyptic Time (Leiden 2000) 113–153.

Levine 1981
L. I. Levine, The Inscription in the 'En-Gedi Synagogue, in: L. I. Levine (Hrsg.), Ancient Synagogues Revealed (Jerusalem 1981) 140–145.

Magness 2005
J. Magness, Heaven on Earth: Helios and the Zodiac Cycle in Ancient Palestinian Synagogues, Dumbarton Oaks Papers 59, 2005, 1–52.

Magness 2015
J. Magness, The En-Gedi Synagogue Inscription Reconsidered, in: Z. Weiss (Hrsg.), Ehud Netzer Volume, Eretz-Israel 31 (Jerusalem 2015) 123–131.

Stern 2001
S. Stern, Calendar and Community. A History of the Jewish Calendar, 2nd Century BCE–10th Century CE (New York 2001).

Weiss 2005
Z. Weiss, The Sepphoris Synagogue: Deciphering an Ancient Message through Its Archaeological and Socio-Historical Contexts (Jerusalem 2005).

Werlin 2015
S. H. Werlin, Ancient Synagogues of Southern Palestine, 300–800 CE. Living on the Edge, Library of Judaism 47 (Leiden 2015).

20 Stern 2001, 97 f.

III – Griechische Welt

Chronologische Grundlagen: Griechische Welt

Filippo Battistoni

Die Unterteilung des Tages

Der griechische Tag begann am Abend und reichte bis zum nachfolgenden Abend (Gellius, *Noctes Atticae* 3, 2). Er war in zwölf saisonale Nachtstunden und zwölf Tagesstunden unterteilt (die gleich langen Äquinoktialstunden waren zwar bekannt, aber im Wesentlichen auf die Sternenkunde beschränkt). Die Zählung der Nachtstunden begann mit der Dämmerung und die der Tagesstunden mit dem Sonnenaufgang in der Weise, dass die siebte Stunde ungefähr mit Mitternacht bzw. mit Mittag zusammenfiel. Während des Tages war die Sonne der zentrale Anhaltspunkt für die Zählung der Stunden, sei es mithilfe geeigneter Instrumente (Meridiane etc., vgl. Q 48) oder sei es auf empirische Weise, indem man z. B. die Schattenlänge eines Menschen abschätzte (Aristophanes, *Ecclesiazusae* 652). Des Nachts konnte man neben der Beobachtung des Sternenlaufs auch Wasseruhren (vgl. Q 6) oder andere Instrumente der Zeitmessung verwenden.

Griechische Kalender

Die in den griechischen Städten verwendeten Kalender basierten auf den Mondphasen, die Monate begannen mit Neumond. Im Jahreslauf alternierten Monate mit 29 und Monate mit 30 Tagen (zusammen 354 Tage), wobei in manchen Jahren ein dreizehnter Monat als Schaltmonat eingeschoben wurde, um durch dieses 384-tägige Jahr die Diskrepanz mit dem Sonnenjahr wettzumachen. Innerhalb der Monate wurden die Tage beginnend mit Neumond *(noumenia)* durchgezählt und in drei Dekaden unterteilt. Die dritte Dekade wurde meist rückwärts gerechnet (z. B. 27. = 4. Tag des schwindenden Mondes). Der Jahresbeginn wurde nach lokalen Kriterien festgelegt, oft in Anknüpfung an wichtige astronomische Daten wie Sonnenwenden oder Tagundnachtgleichen.

Soweit die Theorie, wie man sie beispielsweise dem Antikythera-Mechanismus (Q 38) oder der Abhandlung des Geminos (Kap. 8) entnehmen kann. In der Praxis erweist sich das Gemälde als weit impressionistischer, und man darf die Entwicklungen nicht unterschätzen, die die kalendarischen Praktiken zwischen der klassischen, hellenistischen und kaiserzeitlichen Periode jeweils neu bestimmten.

Das eigentliche Hauptcharakteristikum der griechischen Kalender war ihre Vielfältigkeit. Als Folge davon sind unsere Kenntnisse aufgrund der nur spärlich verfügbaren Daten sehr lückenhaft. Dies trifft sowohl auf die Monatsnamen als auch auf die Struktur des Jahres zu, was seinen Beginn, seine Dauer, den Interkalationsrhythmus und die Position des Schaltmonats anbelangt. Diskutiert wird beispielsweise, inwieweit der Monatsbeginn auf Mondbeobachtungen basierte oder von anderen Faktoren bestimmt war (vgl. Q 35 zu Athen). Einige Zeugnisse scheinen die Abhängigkeit von den Mondphasen zu bestätigen, wie z. B. der Bündnisvertrag zwischen Athen, Ambrakia und Akarnania von ca. 166 v. Chr. (IG II^2 951 add.), in dem der Tag der Eidesleistung in Athen und Ambrakia der 26. war, in Akarnania dagegen der 27. – eine kleine Abweichung, die sich durch Unterschiede in der Mondbeobachtung erklären lässt. Andere Quellen hingegen zeugen von einer starken Diversität: So konnte ein und derselbe Tag »in Korinth der zehnte, in Athen der fünfte und woanders der achte« sein (Aristoxenos, *Harmonika* 2, 37).[1] In seiner Besprechung der verschiedenen für die Schlacht von Plataiai (479 v. Chr.) angegebenen Daten schlussfolgert Plutarch (*Aristides* 19, 7): »Die Ungleichheit dieser Daten ist nicht verwunderlich, weil selbst jetzt, da die Astronomie eine viel genauere Wissenschaft ist, verschiedene Völker unterschiedliche Monatsanfänge und Monatsenden führen.«

Für die Einfügung des Schaltmonats existierten verschiedene theoretische Modelle, angefangen bei der Oktaëteris (drei Schaltmonate im Zeitraum von acht Jahren) bis hin zum Meton-Zyklus (sieben Schaltmonate im Verlauf von 19 Jahren), schließlich perfektioniert nach den Beobachtungen des Kallippos (alle 76 Jahre, d. h. nach vier Meton-Zyklen, wird ein Tag weggenommen, um den Vorsprung eines Meton-Zyklus von ca. sechs Stunden wieder abzubauen). Obgleich man annimmt, dass die Interkalation einem konstanten Rhythmus folgte, konnten lokale Bedürfnisse die Schaltung eines Monats gegen jede astronomische Erwägung diktieren, wie etwa die vier Monate, die im 3. Jahrhundert v. Chr. in Samos in einem einzigen Jahr eingefügt wurden (IG XII 6, 182).[2] Um den ägyptischen Sonnenkalender an den makedonischen Mondkalender anzupassen, hat Ptolemaios II. Philadelphos einen Schaltmonat in jedem zweiten Jahr eingeführt, doch scheint dieser Versuch bald gescheitert zu sein.[3]

Die Namen der Monate waren generell an Feste für bestimmte Götter gebunden, mit einer gewissen regionalen Variabilität hinsichtlich des Zeitraums der Feier. Trotz der zahllosen lokalen Unterschiede von Polis zu Polis lassen sich auf onomastischer Grundlage Großräume definieren, z. B. der ionische und der dorische, die intern eine gewisse Einheitlichkeit aufwiesen. Auf der anderen Seite scheint bei der Erforschung der griechischen Kalender die Ausnahme die Regel zu bilden, wenn man etwa an den Monat Itonios denkt, der in Thessalien und im sizilischen Tauromenion gleich war, oder den Monat

1 Vgl. Pritchett 1963, 326–328.
2 Dazu Gauthier 2001.
3 Bennett 2011, 76–78.

Adonios, der auf Sizilien nur in Entella belegt ist, wahrscheinlich aber im Monat Adonion in Iasos in Karien ein Pendant besaß.

Jahreszählung

Das Jahr konnte auf unterschiedliche Weise angegeben werden. Die am stärksten verbreitete und erwartungsgemäß auch die mit dem ausgeprägtesten lokalen Charakter war die Bezeichnung nach Eponymen: Jede Stadt hatte eine Magistratur oder – noch häufiger – ein Priesteramt, dessen Inhaber (oder Inhaberin) dem Jahr seinen Namen gab. In Athen war der Archon eponym, in Sparta der Ephor, in Milet der Stephanephor, in Syrakus der Amphipolos usw. Zur Identifikation des Jahres und zum Ablesen chronologischer Abfolgen waren Listen erforderlich, die oft in Stein gehauen und öffentlich ausgestellt wurden (vgl. für Rhodos Q 31).

Die Zählung nach Olympiaden, ein panhellenisches Datierungssystem mit Beginn im Jahr 776 v. Chr., wurde seltener und in spezifischen Kontexten angewandt. Gebrauch davon machte z. B. Polybios, der den Griechen die römische Welt schilderte. Innerhalb eines olympischen Zyklus (fünfjährig nach antikem Verständnis, vierjährig nach modernem) wurde ein bestimmtes Jahr angegeben: 338 v. Chr. = Ol. 110, *(anno)* 3.

Ärenrechnungen schließlich waren grundsätzlich mit starken Machthabern verbunden, die eine – zumindest formale – Vereinheitlichung der Zeit anstreben (vgl. Q 60). Wie bei der heute in zahlreichen Ländern üblichen christlichen Zeitrechnung bestimmte man ein Jahr, in dem ein Ereignis von herausragender Bedeutung stattgefunden hatte, und rechnete von dort an vorwärts und rückwärts. Das Jahr 312 v. Chr. beispielsweise, in dem der Diadoche Seleukos nach Babylon zurückkehrte, markiert den Beginn der Seleukidischen Ära, die langfristig und mit breiter Wirkung fortbestanden hat und noch heute bei syrischen Christen in Gebrauch ist.

Bibliographie

Bennett 2011
C. Bennett, Alexandria and the Moon. An Investigation into the Lunar Macedonian Calendar of Ptolemaic Egypt, Studia Hellenistica 52 (Löwen 2011).
Gauthier 2001
Ph. Gauthier, Les assemblées électorales et le calendrier de Samos à l'époque hellénistique, Chiron 31, 2001, 221–228.
Pritchett 1963
W. K. Pritchett, Ancient Athenian Calendars on Stone (Berkeley 1963).

Weiterführende Literatur

E. J. Bickerman, Chronology of the Ancient World [3](London 1980).
R. Hannah, Greek and Roman Calendars: Constructions of Time in the Classical World (London 2005).
P. J. Kosmin, Time and Its Adversaries in the Seleucid Empire (Cambridge/MA 2018).
W. Leschhorn, Antike Ären. Zeitrechnung, Politik und Geschichte im Schwarzmeerraum und in Kleinasien nördlich des Tauros, Historia Einzelschriften 81 (Stuttgart 1993).
W. K. Pritchett, Athenian Calendars and Ekklesias (Amsterdam 2001).
A. E. Samuel, Greek and Roman Chronology: Calendars and Years in Classical Antiquity, Handbuch der Altertumswissenschaft I 7 (München 1972).
S. Stern, Calendars in Antiquity. Empires, States, and Societies (Oxford 2012).
C. Trümpy, Untersuchungen zu den altgriechischen Monatsnamen und Monatsfolgen (Heidelberg 1997).

Q 28 Die Tage des Monats in Hesiods *Werken und Tagen* und Vergils *Georgica*

Anke Walter

Text A: Hesiod, *Werke und Tage* 765–828

Ἤματα δ' ἐκ Διόθεν πεφυλαγμένος εὖ κατὰ μοῖραν
πεφραδέμεν δμώεσσι τριηκάδα μηνὸς ἀρίστην
ἔργα τ' ἐποπτεύειν ἠδ' ἁρμαλιὴν δατέασθαι.
Αἵδε γὰρ ἡμέραι εἰσὶ Διὸς παρὰ μητιόεντος, 769
εὖτ' ἂν ἀληθείην λαοὶ κρίνοντες ἄγωσιν· 768
πρῶτον ἔνη τετράς τε καὶ ἑβδόμη ἱερὸν ἦμαρ·
τῇ γὰρ Ἀπόλλωνα χρυσάορα γείνατο Λητώ·
ὀγδοάτη δ' ἐνάτη τε δύω γε μὲν ἤματα μηνὸς
ἔξοχ' ἀεξομένοιο βροτήσια ἔργα πένεσθαι·
ἑνδεκάτη δὲ δυωδεκάτη τ' ἄμφω γε μὲν ἐσθλαὶ
ἠμὲν ὄις πείκειν ἠδ' εὔφρονα καρπὸν ἀμᾶσθαι·
ἡ δὲ δυωδεκάτη τῆς ἑνδεκάτης μέγ' ἀμείνων·
τῇ γάρ τοι νεῖ νήματ' ἀερσιπότητος ἀράχνης
ἤματος ἐκ πλείου, ὅτε τ' ἴδρις σωρὸν ἀμᾶται·
τῇ δ' ἱστὸν στήσαιτο γυνὴ προβάλοιτό τε ἔργον.
Μηνὸς δ' ἱσταμένου τρεισκαιδεκάτην ἀλέασθαι
σπέρματος ἄρξασθαι· φυτὰ δ' ἐνθρέψασθαι ἀρίστη.
ἕκτη δ' ἡ μέσση μάλ' ἀσύμφορός ἐστι φυτοῖσιν,
ἀνδρογόνος δ' ἀγαθή· κούρῃ δ' οὐ σύμφορός ἐστιν
οὔτε γενέσθαι πρῶτ' οὔτ' ἂρ γάμου ἀντιβολῆσαι.
οὐδὲ μὲν ἡ πρώτη ἕκτη κούρῃ γε γενέσθαι
ἄρμενος, ἀλλ' ἐρίφους τάμνειν καὶ πώεα μήλων,
σηκόν τ' ἀμφιβαλεῖν ποιμνήιον ἤπιον ἦμαρ·
ἐσθλὴ δ' ἀνδρογόνος· φιλέοι δ' ὅ γε κέρτομα βάζειν
ψεύδεά θ' αἱμυλίους τε λόγους κρυφίους τ' ὀαρισμούς.
Μηνὸς δ' ὀγδοάτῃ κάπρον καὶ βοῦν ἐρίμυκον
ταμνέμεν, οὐρῆας δὲ δυωδεκάτῃ ταλαεργούς.
Εἰκάδι δ' ἐν μεγάλῃ, πλέῳ ἤματι, ἴστορα φῶτα
γείνασθαι· μάλα γάρ τε νόον πεπυκασμένος ἔσται.

Ἐσθλὴ δ᾽ ἀνδρογόνος δεκάτη, κούρῃ δέ τε τετρὰς
μέσση· τῇ δέ τε μῆλα καὶ εἰλίποδας ἕλικας βοῦς
καὶ κύνα καρχαρόδοντα καὶ οὐρῆας ταλαεργοὺς
πρηΰνειν ἐπὶ χεῖρα τιθείς· πεφύλαξο δὲ θυμῷ
[τετράδ᾽ ἀλεύασθαι φθίνοντός θ᾽ ἱσταμένου τε]
ἄλγεα· θυμοβορεῖν μάλα τοι τετελεσμένον ἦμαρ.
Ἐν δὲ τετάρτῃ μηνὸς ἄγεσθ᾽ εἰς οἶκον ἄκοιτιν
οἰωνοὺς κρίνας οἳ ἐπ᾽ ἔργματι τούτῳ ἄριστοι.
Πέμπτας δ᾽ ἐξαλέασθαι, ἐπεὶ χαλεπαί τε καὶ αἰναί·
ἐν πέμπτῃ γάρ φασιν Ἐρινύας ἀμφιπολεύειν
Ὅρκον γεινόμενον, τὸν Ἔρις τέκε πῆμ᾽ ἐπιόρκοις.
Μέσσῃ δ᾽ ἑβδομάτῃ Δημήτερος ἱερὸν ἀκτὴν
εὖ μάλ᾽ ὀπιπεύοντα εὐτροχάλῳ ἐν ἀλωῇ
βάλλειν, ὑλοτόμον τε ταμεῖν θαλαμήια δοῦρα
νήιά τε ξύλα πολλά, τά τ᾽ ἄρμενα νηυσὶ πέλονται.
τετράδι δ᾽ ἄρχεσθαι νῆας πήγνυσθαι ἀραιάς.
Εἰνὰς δ᾽ ἡ μέσση ἐπὶ δείελα λώιον ἦμαρ·
πρωτίστη δ᾽ εἰνὰς παναπήμων ἀνθρώποισιν·
ἐσθλὴ μὲν γάρ θ᾽ ἥ γε φυτευέμεν ἠδὲ γενέσθαι
ἀνέρι τ᾽ ἠδὲ γυναικί, καὶ οὔποτε πάγκακον ἦμαρ.
Παῦροι δ᾽ αὖτε ἴσασι τρισεινάδα μηνὸς ἀρίστην
[ἄρξασθαί τε πίθου καὶ ἐπὶ ζυγὸν αὐχένι θεῖναι
βουσὶ καὶ ἡμιόνοισι καὶ ἵπποις ὠκυπόδεσσι],
νῆα πολυκλήιδα θοὴν εἰς οἴνοπα πόντον
εἰρύμεναι· παῦροι δέ τ᾽ ἀληθέα κικλήσκουσιν.
Τετράδι δ᾽ οἶγε πίθον· περὶ πάντων ἱερὸν ἦμαρ
μέσση· παῦροι δ᾽ αὖτε μετ᾽ εἰκάδα μηνὸς ἀρίστην
ἠοῦς γεινομένης· ἐπὶ δείελα δ᾽ ἐστὶ χερείων.
Αἵδε μὲν ἡμέραι εἰσὶν ἐπιχθονίοις μέγ᾽ ὄνειαρ·
αἱ δ᾽ ἄλλαι μετάδουποι, ἀκήριοι, οὔ τι φέρουσαι.
ἄλλος δ᾽ ἀλλοίην αἰνεῖ, παῦροι δὲ ἴσασιν.
ἄλλοτε μητρυιὴ πέλει ἡμέρη, ἄλλοτε μήτηρ.
τάων εὐδαίμων τε καὶ ὄλβιος ὃς τάδε πάντα
εἰδὼς ἐργάζηται ἀναίτιος ἀθανάτοισιν,
ὄρνιθας κρίνων καὶ ὑπερβασίας ἀλεείνων.

Übersetzung A

Achte sorgsam und ganz nach Gebühr auf die Tage, die Zeus schickt, und lehre das Gesinde: Der Dreißigste des Monats ist der beste Tag, um die Arbeit zu prüfen und Kost zu verteilen.
Denn folgende Tage bringen Segen von dem Rat erteilenden Zeus, wenn die Menschen ihre wahre Bedeutung erkennen und sich danach richten: Erstlich sind der Erste, der Vierte und Siebte heilige Tage (am Siebten gebar ja Leto Apollon, den Herrn des goldenen Schwertes), ebenso der Achte und Neunte; diese beiden Tage im wachsenden Monat eignen sich aber auch sehr zu allen menschlichen Werken. Auch der Elfte und Zwölfte sind beide günstige Tage, sowohl zur Schafschur wie auch zum Mähen erquickender Feldfrucht. Der Zwölfte aber ist noch weit besser als der Elfte, denn da spinnt die luftdurchschwebende Spinne hoch am Tag ihre Fäden, während die kluge Ameise ihren Vorrat anhäuft. Da nun stelle die Frau ihren Webstuhl auf und nehme die Arbeit vor.
Meide im steigenden Mond den Dreizehnten und beginne nicht mit der Saat; Pflänzlinge freilich nährt er am besten. Der Sechste dagegen in Monatsmitte ist allen Gewächsen höchst schädlich, taugt aber gut zur Geburt von Knaben; für Mädchen allerdings ist er nicht zuträglich, weder zur Geburt noch um Hochzeit zu halten. Auch ist der erste Sechste ein schlechter Geburtstag für Mädchen, doch ist es ein günstiger Tag, um Ziegenböcke zu verschneiden, das Vlies der Schafe zu scheren und den Zaun um die Herde zu ziehen. Auch begünstigt er die Geburt von Knaben, doch liebt er wohl kränkende Reden, Lügen, Schmeichelworte und heimliche Werbung.
Am achten Monatstag verschneide den Eber und den brüllenden Stier, die arbeitsduldenden Maultiere aber am Zwölften.
Am großen Zwanzigsten, zur Tagesmitte, soll ein kundiger Mann geboren werden, wird er doch höchst klugen Sinn besitzen. Gut zur Geburt von Knaben ist auch der Zehnte; für ein Mädchen aber ist es der vierte Tag der Monatsmitte; da soll man Schafe, fußschleppende, krummhornige Rinder, einen scharfzahnigen Hund und ausdauernde Maultiere mit aufgelegter Hand zähmen. Gib aber acht und meide am Ende und Anfang des Monats den Vierten, der dir das Herz mit Kummer verhärmt; denn dieser Tag ist ganz voll von Bestimmung.
Am vierten Monatstag führe die Gattin ins Haus und beachte dabei die Vögel, die dafür das Beste bedeuten.
Meide die fünften Tage, denn die sind schlimm und verderblich. Am Fünften nämlich, so sagt man, umsorgen die Erinnyen den neugeborenen Eid, den Eris Meineidigen zum Unheil gebar.
Demeters heilige Frucht worfle mit vielem Bedacht am siebten Tag in Monatsmitte auf der kreisrunden Tenne, und der Zimmermann haue die Balken zum Gemach, dazu viele Bootshölzer, die zum Schiffbau taugen. Am vierten Tag aber beginne den Bau schlanker Schiffe.
Der neunte Tag der Monatsmitte ist gegen Abend hin glücklich, der Neunte am Monatsbeginn ist ganz ohne Leid für die Menschen. Prächtig ist dieser Tag ja zu Zeugung oder Geburt von Mann oder Frau, und niemals bringt er nur Unheil.

Nur wenige wissen hinwieder, dass der dreimal neunte Monatstag der beste ist, um ein Fass aufzumachen, Rindern, Mauleseln und schnellfüßigen Pferden das Joch auf den Nacken zu legen und das ruderreiche schnelle Schiff ins weinfarbene Meer zu ziehen. Nur wenige freilich bezeichnen ihn richtig.
Am Vierten in der Mitte des Monats öffne das Fass (der Tag ist vor allen gesegnet); wenige wieder wissen, dass der vierte Tag nach dem Zwanzigsten im Monat der beste ist, früh am Morgen; zum Abend ist er weniger gut.
Diese Tage gereichen den Erdbewohnern zu großem Heil; die übrigen treten schadlos dazwischen, bringen aber auch nichts. Jeder lobt einen anderen Tag, doch wenige nur sind bewandert. Bald wird uns einer der Tage zur Stiefmutter, bald zur wahren Mutter. Glücklich und gesegnet ist, wer all dies weiß, im Tun beherzigt, schuldlos gegen die Götter bleibt, auf den Vogelflug achtet und Übertretungen meidet.

Übersetzung nach Schönberger 1995.

Text B: Vergil, *Georgica* 1, 276–286

Ipsa dies alios alio dedit ordine luna
felicis operum. quintam fuge: pallidus Orcus
Eumenidesque satae; tum partu Terra nefando
Coeumque Iapetumque creat saeuumque Typhoea
et coniuratos caelum rescindere fratres.
ter sunt conati imponere Pelio Ossam
scilicet atque Ossae frondosum inuoluere Olympum;
ter pater exstructos disiecit fulmine montis.
septima post decimam felix et ponere uitem
et prensos domitare boues et licia telae
addere. nona fugae melior, contraria furtis.

Übersetzung B

Selbst Luna macht verschiedene Tage in wechselnder Reihe günstig zur Arbeit. Meide den Fünften: Der bleiche Orcus [= Unterwelt] und die Eumeniden [= Erinnyen] sind an ihm erzeugt; da gebar die Erde in grausigen Wehen den Coeus, den Iapetus, den Unhold Typhoeus und die zum Sturz des Himmels verschworenen Brüder. Dreimal versuchten sie gar, den Ossa auf den Pelion zu türmen und den waldigen Olymp auf den Ossa zu wälzen; dreimal schmetterte der Vater die getürmten Berge mit seinem Blitz auseinander. Am siebten Tag nach dem zehnten bringt es Glück, den Weinstock zu setzen, gefangene Stiere zu zähmen und den Einschlag zum Zettel zu fügen [d. h. zu weben]. Der Neunte ist günstig zur Flucht, ungünstig zum Diebstahl.

Übersetzung nach Schönberger 1994.

Zu den Quellen

Die *Werke und Tage* (Text A) stammen von dem archaischen Dichter Hesiod (Ende 8./Anfang 7. Jahrhundert v. Chr.). Hesiod ist auch der Autor der *Theogonie*, eines Werkes über die Genealogien der Götter bis hin zu den Halbgöttern. Fortgesetzt wird die *Theogonie* durch die *Ehoien*, den sogenannten »Frauenkatalog« über die Genealogien der Heroen (wobei Hesiods Autorschaft dieses Werkes nicht unumstritten ist). In den *Werken und Tagen*, die im Versmaß des Hexameters verfasst sind und als das erste Lehrgedicht (siehe unten) der Antike angesehen werden können, wendet sich der Dichter an seinen Bruder Perses: Perses habe sich mit Hesiod das Erbe geteilt, doch er habe sich mehr angeeignet, als ihm zustehe.[1] Hesiod nimmt dies zum Anlass, ihn in seinem Werk nicht nur – in mythologischen Exkursen – über den Ursprung von Arbeit und Mühsal im Leben der Menschen zu belehren, sondern vor allem darüber, wie die Arbeit auf dem Feld so zu gestalten ist, dass der Mensch ein Auskommen hat und nicht eifersüchtig auf die Güter seines Nachbarn blicken muss.

Die *Georgica* (Text B) des Dichters Vergil (70–19 v. Chr.) sind, ähnlich wie Hesiods *Werke und Tage*, ein Lehrgedicht über den Landbau. Sie sind nach Vergils *Eklogen* – einer Sammlung von Hirtengedichten – und seinem monumentalen römischen Gründungsepos, der *Aeneis*, entstanden. Die *Georgica* gliedern sich in vier Bücher, von denen je eines dem Ackerbau, der Baumpflege, der Vieh- und der Bienenzucht gewidmet ist. Das Werk ist in den Jahren bis etwa 29 v. Chr. entstanden, also in der Zeit, in der Octavian, der spätere Augustus, dabei war, in Rom die Alleinherrschaft zu übernehmen und Rom damit von einer Republik zur Monarchie werden zu lassen. Die Bedeutung der landwirtschaftlichen Unterweisung in diesem Werk ist komplex. Die Leser, die mehrheitlich der gebildeten römischen Oberschicht angehörten, werden nach der Lektüre der *Georgica* kaum die Stadt verlassen haben, um selbst in der angegebenen Weise ihre Landgüter zu bestellen. Auch sind Vergils Anweisungen nicht alle praktikabel. Die *Georgica* werden so zu einem Werk, das in einer Zeit des großen Umbruchs in Rom vor allem Aussagen über das menschliche Zusammenleben macht, die jedoch untrennbar mit der landwirtschaftlichen Bildersprache verbunden bleiben.[2]

Wie bei vielen Werken, die der Gattung der antiken Lehrdichtung angehören, ist es auch insbesondere bei Vergils *Georgica* umstritten, inwiefern sie ein ernsthaft didakti-

1 Vgl. Hesiod, *Werke und Tage* 27–41.
2 Zur poetologischen Bedeutung der Landwirtschaft und der Seefahrt für die *Georgica* siehe Haß 2018.

sches Ziel verfolgen, inwiefern sie vorrangig ihre dichterische Bravour unter Beweis stellen möchten oder inwiefern sie allgemeinere Einsichten über das Wesen der Welt und die Rolle des Menschen darin vermitteln.

Ausgewählte Editionen, Übersetzungen und Kommentare

Die maßgebliche Hesiod-Ausgabe mit Text und Kommentar ist nach wie vor die von Martin West (1978). Englische Übersetzungen verfassten West (1999) und Glenn Most (2006), eine deutsche Übersetzung Otto Schönberger (1995). David Tandy und Walter Neale (1996) bieten eine Übersetzung und einen Kommentar speziell für die Sozialwissenschaften. Neuere Monographien stammen von Maria Marsilio (2000), Jenny Clay (2003) und Lilah Canevaro (2015).

Für die *Georgica* ist die Standard-Textausgabe diejenige von Roger Mynors (1969). Deutsche Übersetzungen stammen von Manfred Erren (1985) und Otto Schönberger (1994), kommentiert wird der Text von Richard Thomas (1988), Mynors (1990) und Erren (2003). Neuere Monographien stammen von Monica Gale (2000), Christopher Nappa (2005) und Leah Kronenberg (2009). Katharina Volk (2002) bietet einen guten Einblick in die Forschungsdiskussion zu den *Georgica.*

Verwandte Quellen

Hesiod, *Theogonie.*

Siehe auch

Q 15 – Eine hethitische Rezeptur mit Zeitangaben
Q 16 – Qualitative Bestimmung der Zeit: Hemerologien und Tagewählkalender
Q 25 – Das Horoskop des Anu-bēlšunu
Q 33 – Arats *Phainomena*
Q 50 – Ein römischer Bauernkalender *(Menologium rusticum Colotianum)*

Literarische und technische Aspekte

Ein Bereich des antiken Lebens, in dem das Kalkulieren von Zeit und das Beachten der Zeit von großer Bedeutung ist, ist die Landwirtschaft. Der Gedanke, dass das von der Landwirtschaft abhängige Leben in eine zeitliche Ordnung eingebunden sein sollte und dass diese zeitliche Ordnung mit der moralischen und sozialen Ordnung des »rechten« Lebens verbunden ist, durchzieht schon ein Werk der frühen griechischen Literatur: Hesiods

Werke und Tage. Ein wichtiger Teil von Hesiods Ausführungen gilt der richtigen Zeit für bestimmte Tätigkeiten, die es nicht nur im Bereich der Landwirtschaft, sondern etwa auch bei der Schifffahrt zu beachten gelte.[3] Die »Zeichen«, nach denen sich der Landwirt Hesiod zufolge bei seiner Arbeit zu richten hat, sind das Auf- und Untergehen bestimmter Gestirne und Sternbilder,[4] aber auch bestimmte Vorgänge in der Natur. Nur innerhalb dieser zeitlichen Ordnung ist gewinnbringende Landwirtschaft möglich, und nur deren Einhaltung ermöglicht dem Menschen das Leben gemäß der »rechten« sozialen Ordnung.

Während der Schwerpunkt der Schrift auf den – zu bestimmten Zeiten auszuführenden – »Werken« liegt, geht Hesiod ganz am Ende ausführlicher auf die »Tage« ein (765–828). Dieser Abschnitt seines Werkes gibt uns ein sehr gutes Bild von der Einteilung und dem Funktionieren des griechischen Monats. Anders als unser heutiger Monat wurde der antike griechische Monat in drei Abschnitte zu je zehn Tagen gegliedert. Innerhalb dieser Dekaden wurden die einzelnen Tage von 1 bis 10 nummeriert und einem der Abschnitte zugeordnet (siehe Chronologische Grundlagen: Griechische Welt). So entspricht etwa »der vierte Tag des mittleren Abschnittes« (τέτρας μέσση, 794 f.) dem 14. Tag des Monats.[5] In diesem System hatte jeder einzelne Tag eine bestimmte Bedeutung. So galten etwa der erste, der vierte und der siebte Tag eines Monats als heilig (770), wobei z. B. der Vierte besonders mit den Göttern Hermes, Aphrodite und Herakles in Verbindung gebracht wurde.[6]

Diese Bedeutung ergab sich häufig durch Ereignisse in der Welt der Götter. So galt etwa jeder Vierte eines Monats als Geburtstag des Hermes, der Siebte hingegen als der Tag, an dem Apoll geboren wurde. Hier zeigt sich im Übrigen ein grundlegender Unterschied in der Gestaltung von Zeit bei den Griechen und Römern: Während die Griechen beispielsweise der Geburt eines Gottes jeweils an dem entsprechenden Tag des Monats gedachten, stand für die Römer die jährliche Wiederkehr eines bestimmten Tages im Vordergrund, wie es Denis Feeney anschaulich zum Ausdruck bringt: »If you were a Greek and were born on the twelfth day of the month, then each month on the twelfth day you might have an extra bowl of wine and pour a libation; but if you were a Roman you celebrated an annual birthday, just as we do.«[7]

Hesiod gibt in seinem »Monatskalender« jedoch keine Gründe für die Bedeutung der einzelnen Tage an, sondern verknüpft sie mit Hinweisen darauf, was an einem jeden Tag

---

3 Hesiod, *Werke und Tage* 618–693. Die Echtheit dieser Verse ist jedoch nicht unumstritten; siehe besonders Solmsen 1963, der ihre Authentizität bestreitet; dafür argumentieren hingegen Lardinois 1998 und Jones 1984, der in der Arbeit zur richtigen Zeit (»in season«) sogar das Hauptthema dieses Werkes sieht, das noch wichtiger sei als der Streit mit Perses. – Die beiden Bereiche von Landwirtschaft und Schifffahrt sind auch in Arats *Phainomena* (Q 33) zentral.

4 Siehe z. B. den Aufgang Orions, Verse 597 f. der *Werke und Tage.*

5 Vergados 2013 zum *Homerischen Hymnus an Hermes* Vers 19.

6 Ebd.

7 Feeney 2007, 148.

im Bereich des landwirtschaftlichen, aber auch allgemein des menschlichen Lebens zu tun oder zu unterlassen sei.[8] Dieses Wissen ist es auch, das dem gesamten Werk am Ende einen Stempel aufdrückt und die Autorität seines Dichters garantiert (822–828).

Das Fortleben des hesiodeischen Textes zeigt, wie sehr Aussagen über die Zeit in ihre eigene Zeit eingebunden sind und von späteren Autoren mit neuen Aussagen sowohl über die vergangene als auch die neue Zeit verbunden werden können. Hesiods Äußerungen über die Tage des – griechischen – Monats werden in einem anderen antiken Lehrgedicht, allerdings im römischen Bereich, wieder aufgegriffen: den *Georgica* Vergils (Text B). Wie bei Hesiod spielt bei den einzelnen Anweisungen das Einhalten bestimmter Zeiten eine wichtige Rolle. Besonders deutlich wird das beim eigentlichen Gegenstand Hesiods, dem Ackerbau. Hier flicht Vergil eine kurze Passage ein, in der er Anweisungen über die Zeiten für bestimmte Tätigkeiten gibt, jedoch – überraschend für den römischen Leser – nicht nach dem römischen System, die Tage des Monats einzuteilen, sondern nach dem griechischen System seines literarischen Vorbilds Hesiod. In Rom wurden die Tage des Monats nach drei Fixtagen bestimmt: den Kalenden (der 1. Monatstag), den Nonen (der 5., in manchen Monaten[9] der 7. Tag) und den Iden (der 13., in manchen Monaten der 15. Tag). Bestimmt wurde ein jeder Monatstag nach dem nächsten Fixtag, der auf ihn folgt. So hieß der 2. Januar beispielsweise »4. Tag vor den Nonen des Januar« (der Fixtag selbst wird in dieser Rechnung mitgezählt) (siehe Chronologische Grundlagen: Rom). Den Leser, der an dieses System gewöhnt war, musste es daher überraschen, Vergils sehr deutlich dem griechischen System der Zeitmessung verpflichtete Ausführungen zu lesen (Text B).

Soziokulturelle Auswertung

Der hier betrachtete hesiodeische Textabschnitt (Text A) ist ein gutes Beispiel für die Monatsordnung des griechischen Jahres und für die Verbindung von Zeitordnung, den in diese einzubettenden menschlichen Tätigkeiten und einer gerechten gesellschaftlichen Ordnung nach dem Willen der Götter. Praktische und moralisch-ethische Hinweise gehen dabei Hand in Hand; die Zeit hat also zugleich eine praktische und eine ethische Dimension. Nicht weniger eng verflochten ist diese jedoch auch mit theologischen Aspekten. Besonders aufschlussreich ist in diesem Zusammenhang Hesiods Anweisung, die fünften Tage des Monats zu meiden, da an diesem Tag die Erinnyen (Rachegöttinen) über die Geburt des Eides wachten – des Eides, den der Streit geboren habe, um diejenigen der Sterblichen zu plagen, die ihren Eid brechen (802–804). Mit diesem genealogischen Hinweis greift Hesiod auf sein anderes Werk, die *Theogonie,* zurück. Zu den Mächten, die am

8 Siehe Q 16.
9 Diese Monate sind März, Mai, Juli und Oktober.

Ursprung göttlicher Genealogien stehen, gehören die Erde, der Himmel, die Nacht und das Meer (*Theogonie* 104–107), und von der Nacht stammen eine Reihe von Übeln wie Schmerz, Krieg, Mord oder Lüge und eben auch der Streit ab (*Theogonie* 226–232).

In den *Werken und Tagen* greift Hesiod diese Genealogie wieder auf, indem er ihr einen bestimmten Tag zuschreibt (den fünften des Monats), womit dieses Ereignis einen Platz in seinem landwirtschaftlichen »Kalender« erhält. Auch dass die rächenden Erinnyen über diese Geburt gewacht hätten, fügt Hesiod erst in diesem Kontext hinzu, wodurch die verderblichen Konsequenzen, die das Brechen von Eiden nach sich zieht, betont werden (802–804). Auf diese Weise erhält die Geburt des Eides einen umfassenderen Platz in den *Werken und Tagen*, in denen das Einhalten sozialer Normen und die Konsequenzen des Verstoßes gegen diese eine so große Rolle spielen. Der fünfte Tag jedes Monats wird in Hesiods Darstellung auch zu einem Tag, der an die Genealogien der Götter und an Hesiods eigene *Theogonie* erinnert und der die Verankerung der praktischen und ethischen Gebote des landwirtschaftlichen »Kalenders« in der Welt der Götter versinnbildlicht.

Der vergilische Text (Text B) macht komplexe Aussagen über seine eigene und eine vergangene Zeit. Die Form der Zeitangaben unterstreicht einerseits, dass sich Vergil mit seinen *Georgica* literarisch in die Nachfolge von Hesiods *Werken und Tagen* stellt, auch wenn seine Ausführungen zu den Tagen um vieles kürzer sind als die des Hesiod und nur die zitierten Verse umfassen. Während Vergil hier anscheinend detaillierte Hinweise zur Bestellung des Ackers gibt,[10] markiert er zugleich, dass sein Werk keinen unmittelbaren praktischen Nutzen hat: Der vermeintlich angesprochene römische Bauer ist mit diesen Tagesangaben nicht vertraut. Die Hinweise auf den Kampf der Titanen gegen die Götter, die sich gegen Jupiters Herrschaft auflehnten (indem sie die thessalischen Berge Pelion und Ossa aufeinandertürmten, um den Olymp zu erreichen), aber schließlich von den Göttern besiegt wurden, stellt einen Wink in Richtung von Hesiods anderem großen Werk, der *Theogonie*, dar, in dem diese Geschehnisse geschildert werden.[11] So inkorporiert Vergil in seinem kurzen »Monatskalender« gleich beide großen Werke Hesiods und damit dessen gesamtes Gedankengebäude zur Ordnung der Welt der Menschen und der der Götter.

Die griechische Form der vergilischen Tagesangaben zeigt zugleich, dass das vermeintlich »praktische« Lehrgedicht an ein gebildetes, mit der griechischen Literatur wohlvertrautes Publikum gerichtet ist, das seine Zeit nicht damit verbrachte, selbst seine Felder zu bestellen. Diese Anleihe an Hesiod wie auch die wörtlichen Parallelen zu den *Werken und Tagen* machen jedoch deutlich, dass die zentrale Frage des hesiodeischen Werkes – das gerechte Erwirtschaften von Gütern und, untrennbar damit verbunden, die gerechte

10 Zum didaktischen Aspekt der *Georgica* vgl. Batstone 1997.

11 Hesiod, *Theogonie* 617–880.

gesellschaftliche und soziale Ordnung – in neuer Form auch für die römische Gesellschaft von Bedeutung ist. Die Art, die Tage des Monats zu bezeichnen, wird zum Symbol dafür, wie die römische Gesellschaft an ihrem zentralen Wendepunkt auf der Grundlage einer weitaus älteren literarischen Erfahrung und im Dialog mit dieser, jedoch im Rahmen ihrer eigenen, neuen Zeiterfahrung über die Fragen einer gerechten Ordnung von Werken, Tagen und menschlichem Leben nachdenkt.

Bibliographie

Batstone 1997
W. W. Batstone, Virgilian Didaxis: Value and Meaning in the Georgics, in: C. Martindale (Hrsg.), The Cambridge Companion to Virgil (Cambridge 1997) 125–144.
Canevaro 2015
L. G. Canevaro, Hesiod's *Works and Days:* How to Teach Self-sufficiency (Oxford 2015).
Clay 2003
J. S. Clay, Hesiod's Cosmos (Cambridge 2003).
Erren 1985
M. Erren, P. Vergilius Maro: Georgica 1. Einleitung, Praefatio, Text und Übersetzung, Wissenschaftliche Kommentare zu griechischen und lateinischen Schriftstellern (Heidelberg 1985).
Erren 2003
M. Erren, P. Vergilius Maro: Georgica 2. Kommentar, Wissenschaftliche Kommentare zu griechischen und lateinischen Schriftstellern (Heidelberg 2003).
Feeney 2007
D. C. Feeney, Caesar's Calendar. Ancient Time and the Beginnings of History (Berkeley 2007).
Gale 2000
M. R. Gale, Virgil on the Nature of Things: The Georgics, Lucretius and the Didactic Tradition (Cambridge 2000).
Haß 2018
C. D. Haß, »Den Rand der Küste lesen«. Die Metapher der Seefahrt und die Metonymie der Erde in Vergil, Georgica 2,35–46, in: M. Baumann – S. Fröhlich (Hrsg.), Auf segelbeflügelten Schiffen das Meer befahren: Das Erlebnis der Schiffsreise im späten Hellenismus und in der Römischen Kaiserzeit, in Zusammenarbeit mit J. Börstinghaus (Wiesbaden 2018) 273–297.
Jones 1984
N. Jones, Perses, Work »in Season,« and the Purpose of Hesiod's »Works and Days«, The Classical Journal 97, 1984, 307–323.
Kronenberg 2009
L. J. Kronenberg, Allegories of Farming from Greece and Rome: Philosophical Satire in Xenophon, Varro and Virgil (Cambridge 2009).
Lardinois 1998
A. Lardinois, How the Days Fit the Works in Hesiod's »Works and Days«, American Journal of Philology 119, 1998, 319–336.
Marsilio 2000
M. Marsilio, Farming and Poetry in Hesiod's Works and Days (Lanham 2000).
Most 2006
Hesiod, Edited and Translated by G. W. Most, Loeb Classical Library (Cambridge/MA 2006).

Mynors 1969
P. Vergili Maronis Opera, Edited by R. A. B. Mynors (Oxford 1969).
Mynors 1990
Virgil, Georgics, Edited with a Commentary by R. A. B. Mynors (Oxford 1990).
Nappa 2005
C. Nappa, Reading After Actium: Vergil's Georgics, Octavian, and Rome (Ann Arbor 2005).
Schönberger 1994
Vergil, Georgica. Vom Landbau, lat.-dt. hrsg. und übers. von O. Schönberger (Stuttgart 1994).
Schönberger 1995
Hesiod, Werke und Tage, gr.-dt. hrsg. und übers. von O. Schönberger (Leipzig 1995).
Solmsen 1963
F. Solmsen, The »Days« of the Works and Days, Transactions of the American Philological Association 94, 1963, 293–320.
Tandy – Neale 1996
Hesiod's Works and Days: A Translation and Commentary for the Social Sciences. Edited and Translated by D. W. Tandy and W. C. Neale (Berkeley 1996).
Thomas 1988
R. F. Thomas, Virgil: Georgics, Cambridge Greek and Latin Classics (Cambridge 1988).
Vergados 2013
A. Vergados, The »Homeric Hymn to Hermes «. Introduction, Text and Commentary (Berlin 2013).
Volk 2002
K. Volk (Hrsg.), Oxford Readings in Classical Studies: Vergil's Georgics (Oxford 2002).
West 1978
Hesiod. Works & Days, Edited with Prolegomena and Commentary by M. L. West (Oxford 1978).
West 1999
Hesiod. Theogony, Works and Days, Translated by M. L. West (Oxford 1999).

Q 29 Solons Lebensalter-Elegie

Anke Walter

Text (Frg. 27 West)

παῖς μὲν ἄνηβος ἐὼν ἔτι νήπιος ἕρκος ὀδόντων
 φύσας ἐκβάλλει πρῶτον ἐν ἕπτ' ἔτεσιν.
τοὺς δ' ἑτέρους ὅτε δὴ τελέσηι θεὸς ἕπτ' ἐνιαυτούς,
 ἥβης †δὲ φάνει† σήματα γεινομένης.
τῆι τριτάτηι δὲ γένειον ἀεξομένων ἔτι γυίων
 λαχνοῦται, χροιῆς ἄνθος ἀμειβομένης.
τῆι δὲ τετάρτηι πᾶς τις ἐν ἑβδομάδι μέγ' ἄριστος
 ἰσχύν, ἧι τ' ἄνδρες πείρατ' ἔχουσ' ἀρετῆς.
πέμπτηι δ' ὥριον ἄνδρα γάμου μεμνημένον εἶναι
 καὶ παίδων ζητεῖν εἰσοπίσω γενεήν.
τῆι δ' ἕκτηι περὶ πάντα καταρτύεται νόος ἀνδρός,
 οὐδ' ἔρδειν ἔθ' ὁμῶς ἔργ' ἀπάλαμνα θέλει.
ἑπτὰ δὲ νοῦν καὶ γλῶσσαν ἐν ἑβδομάσιν μέγ' ἄριστος
 ὀκτώ τ'· ἀμφοτέρων τέσσαρα καὶ δέκ' ἔτη.
τῆι δ' ἐνάτηι ἔτι μὲν δύναται, μαλακώτερα δ' αὐτοῦ
 πρὸς μεγάλην ἀρετὴν γλῶσσά τε καὶ σοφίη.
τὴν δεκάτην δ' εἴ τις τελέσας κατὰ μέτρον ἵκοιτο,
 οὐκ ἂν ἄωρος ἐὼν μοῖραν ἔχοι θανάτου.

Übersetzung

Wenn im siebenten Jahr der Knabe den ersten Zahnkreis
abstößt, ist er noch ganz unreif, der Sprache kaum Herr.
Wenn aber weitere sieben Jahre der Gott ihm vollendet,
kommen schon Zeichen hervor, dass ihm die Jugend nun reift.
Barthaar keimt ihm dann im dritten Jahrsiebent, und dunkler
färbt sich die blühende Haut, kraftvoll strafft sich sein Leib.
Aber des Mannes Stärke entwickelt sich jetzt in der vierten
Siebenerreihe zuhöchst. Taten vollbringt nun der Mann.

Doch im fünften Jahrsiebent trachte der Mann nach Vermählung,
dass in die Zukunft hinaus wachse ein blühend Geschlecht.
Drauf im sechsten reift des Mannes Gesinnung und stählt sich,
künftig mag er nicht mehr wirken an nichtigem Werk.
Vierzehn Jahre hindurch, im siebten und achten Jahrsiebent,
blühen in Fülle und Kraft Rede ihm und der Geist.
Auch im neunten noch manches, doch sinkt von der Höhe
kraftvoll männlichen Muts Weisheit und Wort ihm herab.
Wem aber Gott das zehnte Jahrsiebent zur Neige vollendet,
ihn ereilt dann der Tod wohl zu schicklicher Zeit.

Übersetzung nach Preime 2014.

Zur Quelle

Um Solon haben sich schon früh Legenden gebildet, als Athener Gesetzgeber und einem der Sieben Weisen. Sichere Fakten über sein Leben gibt es hingegen nur wenige. Er lebte zwischen der 2. Hälfte des 7. Jahrhunderts v. Chr. und der 1. Hälfte des 6. Jahrhunderts v. Chr., genauere Angaben zu seinem Geburts- und Todesjahr haben wir jedoch nicht. Vermutlich im Jahr 594/593 v. Chr. bekleidete er das Amt des Archons, doch einige Forscher gehen von einer späteren Datierung aus.[1] Ob auch Solons gesetzgeberische Tätigkeit ganz oder teilweise in die Zeit seines Archontats fällt, ist in der Forschung umstritten. Im Jahr 592/591 v. Chr. soll er Athen verlassen haben, nachdem er erreicht hatte, dass seine Gesetze für einen festgelegten Zeitraum unverändert Gültigkeit besitzen sollten. Doch auch diese Angabe ist umstritten.[2]

Unter Solons Namen sind eine Reihe von Gedichten überliefert.[3] Die meisten von ihnen sind im elegischen Versmaß verfasst, so auch die Lebensalter-Elegie. Während eine Elegie mit dem Titel *Salamis* (1–3 West) wahrscheinlich für einen öffentlichen Anlass geschrieben war, scheinen sich Solons Gedichte an einen eingeschränkten Zuhörerkreis zu wenden: an eine begrenzte Gruppe Athener Bürger, die mit seiner Politik der Mäßigung und des Ausgleichs zwischen den verschiedenen sozialen Gruppen Athens übereinstimmten.[4]

---

1 Vgl. Shaw 2003.
2 Vgl. Noussia-Fantuzzi 2010, 3–8.
3 Vgl. aber Lardinois 2006 für eine pessimistischere Einschätzung der Überlieferung, derzufolge die überlieferten Gedichte Teil einer mündlichen Traditionskette sind und keine sichere individuelle Zuschreibung mehr möglich ist.
4 Vgl. Aloni 2009, 172 f.

Solons Gedichte stellen zugleich unsere älteste Quelle für dessen Verfassungsreformen dar.[5] Diese umfassten das Strafrecht, aber sie brachten auch grundlegende Änderungen in der athenischen Regierungsform. Die wichtigste Reform, die Solon zugeschrieben wird, ist die Einteilung der Bürger in vier Klassen auf der Basis ihres Einkommens. Solon soll auch den Rat der Vierhundert eingerichtet haben, der die Aufgabe hatte, vorab über die Anträge zu beraten, die in der Volksversammlung diskutiert werden sollten.

Ausgewählte Editionen, Übersetzungen und Kommentare

Die maßgebliche Textausgabe ist Martin West (1992), die Lebensalter-Elegie darin unter Nr. 27 (geläufig auch als Frg. 19 nach der Fragmentsammlung Diels – Kranz 1966). Ins Deutsche übersetzt wurde der Text u. a. von Eberhard Preime (2014), ins Englische von Douglas Gerber (1999), kommentiert von Maria Noussia-Fantuzzi (2010). Neuere grundlegende Werke zu Solon wurden von John Lewis (2006), Josine Blok und André Lardinois (2006), Ron Owens (2010) und Charlotte Schubert (2012) verfasst.

Verwandte Quellen

Hesiod, *Werke und Tage*, Lebensaltermythos (106–201, siehe unten); Martial, *Epigramme* 10, 24, 9: der Dichter hofft auf drei »Lebensbögen« von je 25 Jahren; siehe auch Manilius, *Astronomica* 2, 841–855.

Siehe auch

Q 5 – Die nächtliche Fahrt der Sonne im Unterweltsbuch Amduat
Q 26 – Das Jahrwochenorakel im Buch Daniel
Q 28 – Die Tage des Monats in Hesiods *Werken und Tagen* und Vergils *Georgica*
Q 30 – Frühgriechische Zeitbegriffe: *Chronos* und *Kairos* bei Pindar

Literarisch-technische Aspekte

Die Lebensalter, wie Solon sie in seinem Gedicht darstellt, sind, bis auf eine Ausnahme, streng gegliedert: Jeder Einheit von sieben Lebensjahren (»Hebdomaden«), von der ersten bis zur zehnten, ist jeweils ein elegisches Distichon gewidmet. Nur die siebte und die achte Hebdomade sind in einem Distichon zusammengefasst. Gemeinsam markieren sie die Jahre, in denen ein Mann »bei weitem der beste ist in Gedanken und Sprache« (13).

5 Zu Solons politischen Elegien siehe Irwin 2005.

Sie umfassen den längsten Zeitraum – 14 Jahre, wie es in Vers 14 explizit heißt – und bilden sowohl numerisch als auch im Hinblick auf die Fähigkeiten des Menschen den Höhepunkt der Elegie. Das Gedicht und das menschliche Leben, wie es hier dargestellt wird, sind deutlich durch ein bestimmtes Maß geordnet, und nicht zufällig ist im vorletzten Vers explizit von einem »Maß« (μέτρον, 17) die Rede.[6] Das Wort für das hier verwendete Maß, den Zeitraum von sieben Jahren (ἑβδομάς), kommt in der griechischen Literatur in diesem Gedicht zum ersten Mal vor, was die Neuheit von Solons Konzeption unterstreicht, die in der antiken Literatur auch nach ihm weitgehend singulär bleibt.[7] Überhaupt finden sich in der Literatur vor Solon nur wenige Angaben zum chronologischen Alter von Menschen.[8] Auffällig ist auch, dass Solon die üblichen Begriffe zur Kategorisierung der Lebensalter, wie νέος, παῖς oder κοῦρος (junger Mann, Kind, Jüngling) vermeidet und durch die Einteilung in Hebdomaden ersetzt.[9] Ein streng nach numerischen Kategorien bestimmtes Maß tritt damit an die Stelle der in dieser Hinsicht weniger präzisen traditionellen Begriffe, wobei die Zahlen sieben und zehn in der griechischen Kultur auch eine starke Konventionalität besaßen – etwa die Praxis, ein Kind am siebten oder zehnten Tag nach seiner Geburt zu benennen.[10] Zugleich ist die Elegie aber auch von einer immer wieder ins epische Register wechselnden Sprache bestimmt, und ein Gott (θεός, 3) wird für den Eintritt in die zweite Hebdomade des Lebens in Anspruch genommen,[11] was die Größe und Bedeutung des Gegenstandes unterstreicht.

Ein Vorbild für Solons Elegie über die zehn Lebensalter ist der Mythos der fünf Zeitalter in Hesiods *Werken und Tagen* (106–201), in dem ähnlich wie bei Solon eine Abfolge der verschiedenen Altersstufen geschildert wird. Auf das erste, das Goldene Zeitalter der »mit Sprache begabten Menschen« (109), folgt das Silberne: das Zeitalter, in dem einer überlangen Kindheit nur eine sehr kurze Zeit der Reife gegenübersteht und in dem das menschliche Recht und die Verehrung der Götter vernachlässigt werden (127–142). Nach dem Bronzenen Zeitalter, in dem sich die Menschen, die kein Brot aßen und ein Herz aus Stahl besaßen, selbst umbrachten (143–155), folgt noch einmal ein Aufschwung mit dem Zeitalter der Heroen oder Halbgötter, die vor Theben und Troja kämpften und die nun die Inseln der Seligen bevölkern (156–173). Hesiods eigenes Zeitalter, das Fünfte oder Eiserne,

6 Vgl. Steinhagen 1972, 276 f.

7 Vgl. Falkner 1995, 158. Erst in einem im 6. Jh. n. Chr. anthologisierten Gedicht kommt sie wieder zum Ausdruck, siehe Noussia-Fantuzzi 2010, 374.

8 Vgl. Falkner 1995, 157 mit 295 Anm. 18.

9 Falkner 1995, 157–158; Noussia-Fantuzzi 2010, 376. – Solon unterscheidet sich auch hierin von anderen lyrischen Dichtern, die die Lebensalter beschreiben, dass er dem reifen Alter Platz in seiner Elegie einräumt. Dichter wie Mimnermus (1, 7, 8 G.-P.^{2} = 5, 1, 2 West^2) oder Theognis (527–528. 1129–1132) gehen von einer kurzen Jugend direkt zum hohen Alter über; vgl. Noussia-Fantuzzi 2010, 387.

10 Noussia-Fantuzzi 2010, 376.

11 Vgl. Noussia-Fantuzzi 2010, bes. *ad* 2 und 17 f.

ist von Leid und Mühe gekennzeichnet, doch erhält es sowohl gute als auch schlechte Gaben von den Göttern (174–179). Aber auch die Angehörigen dieses Geschlechts werden von Zeus vernichtet werden, wenn bereits bei ihrer Geburt das Haar an ihren Schläfen grau ist (181) und Ehre und Gerechtigkeit keinerlei Beachtung mehr finden werden (174–201).

Die Abfolge der hesiodeischen Lebensalter ist sehr komplex und nicht ohne innere Widersprüche. Hiermit, wie auch mit den erwähnten Momenten, in denen die Lebensalter des Menschen dysfunktional werden (überlange Kindheit, graues Haar bereits bei der Geburt), kontrastiert Solons Lebensalter-Elegie sehr deutlich, in der inhaltlich und formal das Moment der Ordnung dominiert.

Soziokulturelle Auswertung

Anders als Hesiod, der die Menschen der einzelnen Lebensalter etwa im Krieg oder im Umgang miteinander darstellt, hat Solon keine konkrete Tätigkeit des Menschen im Auge, sondern er spricht generell von Stärke und Tugend (ἰσχύς; ἀρετή, 8) in der vierten Hebdomade, von Heirat und dem Zeugen von Nachwuchs in der fünften (9–10),[12] von einem zu allem trainierten, reifen Geist (νόος, 11) des Menschen, der keine dummen Handlungen mehr begeht (12 – vgl. im Gegensatz dazu die Dummheit, die die Menschen von Hesiods Silbernem Zeitalter bis ins hohe Alter an den Tag legen: *Werke und Tage* 130–134), in der sechsten. In der siebten und achten Hebdomade, dem Höhepunkt der Elegie, sind Verstand und Sprache (νοῦς καὶ γλῶσσα, 13) am stärksten ausgeprägt,[13] was die Bedeutung von Fähigkeiten, die in der sozialen Interaktion und im Bereich der Politik ihren Platz haben, unterstreicht, auch wenn das Einsatzfeld dieser Tugenden nicht konkretisiert wird.[14] In der siebten Hebdomade geben Sprache und Weisheit (γλῶσσά τε καὶ σοφίη, 16) bereits »einen schwächeren Beweis großer Tugend« (16–17). Physische und geistige Tugenden, aber auch soziale Interaktion (Heirat und Zeugen von Nachwuchs) bestimmen die einzelnen Hebdomaden.

Konkrete Hinweise auf einen bestimmten Ort oder eine bestimmte Zeit finden sich nicht, sondern die hier skizzierte Chronologie bezieht sich allein auf den Lebensverlauf des Individuums. Diese Tatsache ist mit dem politischen Kontext der Elegie in Verbindung gebracht worden; das chronologische Alter sei von Bedeutung, wenn ein politischer und rechtlicher Rahmen für die Bestimmung des Bürgerstatus größere Bedeutung erhalte als

12 Vgl. hierzu Musti 1990.

13 Vgl. Anhalt 1993, 51 f. – Analog zur vollen Ausbildung der körperlichen Fähigkeiten in der vierten Hebdomade, was die Wiederholung der Worte μέγ' ἄριστος am Ende der Verse 7 und 13 unterstreicht; vgl. Noussia-Fantuzzi 2010, *ad* 13.

14 Vgl. Falkner 1995, 165.

familiäre oder verwandtschaftliche Beziehungen.[15] Die Lebensalter, wie von Solon skizziert, sind auch aus der Perspektive von Solon dem Politiker von Bedeutung, wenn es darum geht, den Moment zu bestimmen, in dem der Bürger die Reife erlangt hat, politische Entscheidungen mitzutreffen oder seine persönliche Verantwortung in familiären und rechtlichen Kontexten zu übernehmen. Dies zeigt sich insbesondere in den Versen 13 und 16, in denen eine Verbindung zwischen gedanklicher Reife und rhetorischer Kompetenz hergestellt wird.[16]

Das letzte Wort der Elegie, »Tod« (θάνατος, 18) unterstreicht einmal mehr, wie sehr Form und Inhalt zusammenfallen; der Tod des Menschen ist auch das Ende des Gedichts. Dieser Tod, wenn er in der zehnten Hebdomade eintritt, wäre nicht vorzeitig (οὐκ ἂν ἄωρος, 18; vgl. auch ὥριον, in Bezug auf die Ehe, in Vers 9), d. h. nicht außerhalb der ihm zukommenden Zeit. Der Konditionalsatz, »wenn einer dem Maß gemäß die zehnte Hebdomade erreicht« (17), eröffnet zum ersten Mal die Möglichkeit, dass die Dauer des menschlichen Lebens weniger regelhaft sein könnte, als es das strenge Schema der Elegie nahelegt. Doch der letzte Vers illustriert auch, wie sehr das Leben des Menschen in der Regel seinem eigenen, naturhaften und regelmäßigen zeitlichen Ablauf folgt, ähnlich dem Kreislauf der Jahreszeiten.[17] Zugleich wird das menschliche Leben seinerseits zu einer Art »Uhr«, einem Zeitmesser. An körperlichen Merkmalen und Fähigkeiten des Menschen lässt sich die in Hebdomaden gegliederte Zeit ablesen. Die geordnete Zeit des Lebens, die hier im Maß des Gedichtes zum Ausdruck kommt, spiegelt auch in das soziale und politische Leben hinein.

Bibliographie

Aloni 2009
: A. Aloni, Elegy: Forms, Functions and Communication, in: F. Budelmann (Hrsg.), The Cambridge Companion to Greek Lyric (Cambridge 2009) 168–188.

Anhalt 1993
: E. K. Anhalt, Solon the Singer: Politics and Poetics (Lanham/MD 1993).

Blok – Lardinois 2006
: J. H. Blok – A. P. M. H. Lardinois (Hrsg.), Solon of Athens: New Historical and Philological Approaches (Leiden 2006).

Falkner 1995
: The Poetics of Old Age in Greek Epic, Lyric, and Tragedy (Norman/OK 1995).

Fortes 1984
: M. Fortes, Age, Generation and Social Structure, in: D. Kertzer – J. Keith (Hrsg.), Age and Anthropological Theory (Ithaca/NY 1984) 99–122.

---

15 Vgl. Fortes 1984, 114.

16 Vgl. Noussia-Fantuzzi 2010, 372–376.

17 Vgl. das in Q 32 zitierte homerische Blättergleichnis (*Ilias* 6, 144–149); vgl. Noussia-Fantuzzi 2010, *ad* 18.

Diels – Kranz 1966
H. Diels – W. Kranz, Die Fragmente der Vorsokratiker. Griechisch und deutsch [12](Zürich 1966).
Gerber 1999
D. E. Gerber, Greek Elegiac Poetry: From the Seventh to the Fifth Centuries BC, Loeb Classical Library (Cambridge 1999).
Irwin 2005
E. Irwin, Solon and Early Greek Poetry: The Politics of Exhortation (Cambridge 2005).
Lewis 2006
J. Lewis, Solon the Thinker: Political Thought in Archaic Athens (London 2006).
Lardinois 2006
A. P. M. H. Lardinois, Have We Solon's Verses?, in: Blok – Lardinois 2006, 15–35.
Musti 1990
D. Musti, La teoria delle età e i passaggi di status in Solone. Per un inquadramento socioantropologico della teoria dei settenni nel pensiero antico, Mélanges d'Archéologie et d'Histoire de l'École française de Rome 102 (1990) 11–35.
Noussia-Fantuzzi 2010
M. Noussia-Fantuzzi, Solon the Athenian: The Poetic Fragments (Leiden 2010).
Owens 2010
R. Owens, Solon of Athens: Poet, Philosopher, Soldier, Statesman (Brighton 2010).
Preime 2014
Solon, Dichtungen: sämtliche Fragmente, gr.-dt. im Versmaß des Urtextes übertragen von E. Preime, Sammlung Tusculum [3](Berlin 2014).
Schubert 2012
C. Schubert, Solon, UTB Profile 3725 (Tübingen 2012).
Shaw 2003
P.-J. Shaw, Discrepancies in Olympiad Dating and Chronological Problems of Archaic Peloponnesian History, Historia Einzelschriften 166 (Stuttgart 2003).
Steinhagen 1972
H. Steinhagen, Solons Lebensalter-Elegie (Fr. 19 D). Eine Interpretation, in: G. Pfohl (Hrsg.), Die Griechische Elegie (Darmstadt 1972) 263–281.
West 1992
M. L. West, Iambi et elegi Graeci ante Alexandrum cantati 2: Callinus, Mimnermus, Semonides, Solon, Tyrtaeus, Minora adespota [2](Oxford 1992).

Q 30 Frühgriechische Zeitbegriffe: *Chronos* und *Kairos* bei Pindar

Christian Badura

Text: Pindar, *Pythie* 4, 279–293

[...] ἐπέγνω μὲν Κυράνα
καὶ τὸ κλεεννότατον μέγαρον Βάττου δικαιᾶν
Δαμοφίλου πραπίδων. κεῖνος γὰρ ἐν παισὶν νέος,
ἐν δὲ βουλαῖς πρέσβυς ἐγκύρσαις ἑκατονταετεῖ βιοτᾷ,
ὀρφανίζει μὲν κακὰν γλῶσσαν φαεννᾶς ὀπός,
ἔμαθε δ' ὑβρίζοντα μισεῖν,
οὐκ ἐρίζων ἀντία τοῖς ἀγαθοῖς,
οὐδὲ μακύνων τέλος οὐδέν. ὁ γὰρ καιρὸς πρὸς ἀνθρώπων βραχὺ μέτρον ἔχει.
εὖ νιν ἔγνωκεν: θεράπων δέ οἱ, οὐ δράστας ὀπαδεῖ. φαντὶ δ' ἔμμεν
τοῦτ' ἀνιαρότατον, καλὰ γιγνώσκοντ' ἀνάγκᾳ
ἐκτὸς ἔχειν πόδα. καὶ μὰν κεῖνος Ἄτλας οὐρανῷ
προσπαλαίει νῦν γε πατρῴας ἀπὸ γᾶς ἀπό τε κτεάνων:
λῦσε δὲ Ζεὺς ἄφθιτος Τιτᾶνας. ἐν δὲ χρόνῳ
μεταβολαὶ λήξαντος οὔρου
ἱστίων. [...]

Übersetzung

Es kennt Kyrene / und der erlauchte Palast des Battos des Damophilos / rechte Gesinnung. Der ist unter Jungen jung, / aber im Rat ein Greis, der hundert Jahre erreichte, / er trennt die böse Zunge von ihrer hellen Stimme / und hat es gelernt, den Frevler zu hassen, streitet nicht wider die Edlen / und schiebt auch keinen Abschluss hinaus. Der rechte Augenblick [*kairós*] hat für Menschen ein kurzes Maß. / Er erkennt ihn gut; er folgt ihm als Diener und ist nicht sein Sklave. Das sei, sagt man, / am schmerzlichsten, das Schöne zu kennen und doch durch Zwang / den Fuß draußen zu haben. Und wahrlich, dieser Atlas ringt jetzt gegen den Himmel an, / fern von der heimischen Erde und fern von seinem Besitz. / Es löste doch Zeus, der Unvergängliche, die Titanen. Mit der Zeit [*en de chrónō*], wenn der Wind sich legt, / Segelwechsel!

Übersetzung nach Theunissen 2008.

Zur Quelle

Der frühgriechische Dichter Pindar, geboren im böotischen Theben nordwestlich von Attika, lebte von ca. 518 bis 446 v. Chr. und war noch Teil der spätarchaischen Adelskultur der hellenischen Stadtstaaten. Er steht als bedeutendster Vertreter der alten Chorlyrik am Ende der archaischen Phase der griechischen Literatur. Seine Epinikien (»Siegeslieder«) für die Gewinner der panhellenischen Wettkämpfe von Olympia, Delphi, dem Isthmos von Korinth und Nemea, die von den adligen Teilnehmern in Auftrag gegeben und zur Aufführung mit Musik bestimmt waren, sind uns in voller Länge erhalten. Fragmente auf Papyri und Testimonien bei anderen antiken Autoren haben Reste von Paianen (Apollon-Lieder), Dithyramben (Dionysos-Lieder) und anderen Gedichten bewahrt.

Die Siegeslieder behandeln neben der Preisung des Sieges in der Regel mythische Erzählungen, die zur Person des Siegers, seinen Vorfahren und seinem Herkunftsort in Verbindung gesetzt werden. Ein weiteres Merkmal der pindarischen Dichtung sind die Gnomen, lehrhafte Sinnsprüche von moralisch-theologischer Art. In diesen Maximen sind meist die Reflexionen Pindars über die Zeit im Verhältnis zum menschlichen Leben zu finden. Die Sprache der Epinikien ist eine chorlyrische Kunstsprache, die die homerische Literatursprache mit den griechischen Dialekten des Aiolischen und Dorischen verbindet. Die Verstypen sind die der aiolischen Lyrik, jedoch in freien Variationen ohne die Beschränkungen der Silbenzahl.

Die vierte *Pythie* ist mit 299 Versen Pindars längste Ode und das längste alleinstehende Chorlied, das aus der griechischen Antike erhalten ist. Sie ist 462 v. Chr. aus Anlass des Sieges im Wagenrennen durch König Arkesilaos aus Kyrene (im heutigen Libyen) entstanden, also spät in Pindars Karriere. In vielerlei Hinsicht ist sie einzigartig, in der Ausdehnung des mythischen Narrativs wie auch im Umgang mit den verschiedenen Zeitebenen.[1] Das Gedicht erzählt die Argonautensage um Iason und Medea in epischer Breite, um die göttliche Herkunft des kyrenäischen Herrscherhauses zu bekräftigen:[2] Auf der Rückfahrt von Kolchis, wohin die Helden auf dem Schiff Argo für den Raub des Goldenen Vlieses gefahren waren, habe ein Argonaut auf der Insel Lemnos Nachkommen gezeugt, von denen Battos, der Begründer Kyrenes, abstamme – all dies erfährt der Leser durch eine Weissagung Medeas an die Argonauten in den Versen 9–58. Auf diese Prophezeiung verweisen ihrerseits die einleitenden Verse 1–9, die chronologisch weit später ansetzen: Eine Apollo-Priesterin in Delphi habe einst verkündet, dass jener Battos der Gründer Kyrenes sei, der die Zukunftsvision Medeas bewahrheiten werde (zur Gründung Kyrenes

1 Segal 1986, 4.

2 Zur Behandlung des Mythos in der Ode und seiner Beziehung zu König Arkesilaos und Damophilos, dem möglichen Auftraggeber Pindars, siehe Lattimore 1948/1949 und Robbins 1975.

siehe auch Q 32). Pindars Ode lässt so die Zeit ihrer performativen Gegenwart (vgl. Vers 1: σάμερον – »heute«), ebenfalls in Delphi bei den pythischen Spielen angesiedelt, mit der mythischen Zeit der Argonautensage und der Geschichte Kyrenes verschmelzen.[3] Iasons Tugend im Umgang mit seinen frevelhaften Verwandten, die unrechtmäßig den Thron seines Vaters usurpierten, soll dabei als Exempel für Arkesilaos dienen: Die moralische Ordnung in ihrem Verhältnis zur kosmischen Ordnung und damit auch der Zeit ist ein weiteres Thema des Liedes.

Der Epilog der vierten *Pythie* gibt vermutlich Aufschluss über den Auftraggeber des Liedes, einen gewissen Damophilos (281), der nach der Teilnahme an einer Rebellion der Aristokraten (oder frühen demokratischen Kräfte) gegen Arkesilaos von diesem exiliert wurde – diese Informationen stammen allerdings allein aus antiken Scholien (Erläuterungen in den Handschriften, die Pindars Text überliefern).[4] Damophilos wird dem Adressaten Arkesilaos gegenüber gepriesen; darunter fällt auch sein Umgang mit dem Kairos, dem rechten Zeitpunkt, den er ergriffen habe. Der letzte Vers der zitierten Passage ruft die versöhnliche, wandelbringende Macht der Zeit auf, »wenn der Wind sich legt.«

Auswahl von Editionen, Übersetzungen und Kommentaren

Die maßgebliche Ausgabe der Epinikien Pindars stammt von Herwig Maehler und Bruno Snell (1987). Deutsche Übersetzungen finden sich bei Uvo Hölscher und Thomas Poiss (2002) sowie bei Dieter Bremer (2003). Einen Kommentar zu den *Olympien* und *Pythien* bietet Basil L. Gildersleeve (1885); zudem wurde der vierten *Pythie* von Charles Segal (1986) eine ganze Monographie gewidmet. Grundlegend für das Verständnis der frühgriechischen Zeitkonzepte sind die Beiträge Hermann Fränkels (1931 und 1946, gesammelt und ins Deutsche übersetzt in Fränkel 1968) und Michael Theunissens (2002; 2008).

Verwandte Quellen

Chrónos als »Zeit *für* etwas« findet sich bei Alkaios (Frg. 119, 9 Lobel – Page 1955) – also in der Bedeutung, die Pindar dem Kairos reserviert. Das Nomen καιρός selbst ist zuerst bei Hesiod, *Werke und Tage* 694 belegt, wo der Begriff das für einen Erntewagen zulässige

3 Segal 1986, 181 f.: »Just as centrifugal and centripetal movements in space have their center in Delphi, so the circularity and linearity of time have their stable center in *chronos*, the perspective of the gods that stands above the fragmented, limited time of mortal life and encompasses in a meaningful plan its temporal shifts and changes. Here are fit together all the separate pieces of time that men experience in their brief lives. The command of this unifying *chronos* enables the poet to present the events of the ode outside of their chronological sequence without losing the underlying pattern or meaning.«

4 Drachmann 1910.

Höchstgewicht, also ein rechtes Maß bezeichnet (siehe Q 28). In der homerischen *Odyssee* (18, 136 f.) steht eine Sentenz über die *conditio humana* im Wandel der Tage, die Archilochos (frühester griechischer Lyriker, 1. Hälfte des 7. Jahrhunderts v. Chr.) verschärft zu der Aussage, dass den Menschen jeweils dem Tag entsprechend zumute sei, den Zeus heraufführe (Frg. 131 West). *Ephêmeros* als nachhomerisches »Kennwort für die menschliche Natur« erscheint vor Pindar bei Semonides (Jamben-Dichter des 7./6. Jahrhunderts v. Chr.), Frg. 1, 3 West (1971).[5] Zentrale verwandte Passagen in Pindars Gedichten, die die Begriffe des *Chronos* und *Kairos* beinhalten, werden im Folgenden in die Diskussion einbezogen, auf einige weitere wird verwiesen.

Siehe auch

Q 28 – Die Tage des Monats in Hesiods *Werken und Tagen* und Vergils *Georgica*
Q 29 – Solons Lebensalter-Elegie
Q 51 – Die Stunden des Tages bei Martial

Soziokulturelle Auswertung

Zu Beginn der griechischen Literaturgeschichte ist »Zeit« noch kein einheitlicher Gegenstand; vielmehr verhält es sich laut Theunissen, der die Semantik der frühgriechischen »substantivischen Ausdrücke für temporale Verhältnisse« in einer großen Pindar-Studie untersucht und in einem begriffsgeschichtlichen Aufsatz zusammengefasst hat, in den Epen Homers und den frühen lyrischen Gedichten so, dass sie »eigentümlich verfaßte Zeiten zur Sprache« bringen:[6]

> Die mit dem Wort χρόνος bezeichnete Zeit, mit der noch am ehesten *die* Zeit sich ankündigt, ist eingebunden in ein Ensemble von Zeitausdrücken, aus dem der Tag (ἦμαρ, später ἡμέρα), das Leben (αἰών) und der günstige Augenblick (καιρός) ebenso sehr herausragen. Eine nicht geringe Rolle spielt zudem das mannigfach variierte Adverb *plötzlich.*

Theunissen schließt an Fränkels Thesen von 1931 an: In den frühgriechischen Epen gebe es keinen universalen Zeitbegriff im modernen Sinne; der Sach- oder Handlungszusammenhang stehe im Vordergrund, nicht der zeitliche.[7] Der Tag (ἡμέρα), der den zeitlichen Horizont der menschlichen Erfahrungswelt in den Epen meist begrenze, sei wie »ein

5 Fränkel 1968, 23.
6 Theunissen 2002, 7.
7 Fränkel 1968, 1 f.

durchsichtiges Gefäß für den Inhalt, von dem er seine Farbe erhält.«[8] Er enthält nicht die Vorstellung einer Zeitdauer, sondern wird »gesehen als der Rahmen für ein besonderes Ereignis oder als Symbol für eine charakteristische Situation«, wie etwa den »Tag der Heimkehr« des Odysseus.[9] Aber er sei auch der Ausgangspunkt des Zeitdenkens: »Vom Begriff des Tages her wird der griechische Zeitbegriff seine entscheidende Ausweitung und Umwertung erfahren«.[10] In den ersten lyrischen Texten etwa des Archilochos oder des Theognis dann sei das Individuum dem Tag als Despoten ausgesetzt: Das »Ephemere« in dieser Bedeutung beschreibt also die Fremdbestimmtheit des Lebens, nicht wie im modernen Wortsinn dessen Kurzlebigkeit.[11] Die Konzentration auf den Augenblick erscheint in der Lyrik oftmals als Unabhängigkeitsgeste und Antwort auf die Übermacht der Zeit und die Unverfügbarkeit der Zukunft.[12] Bei Pindar deutet die berühmte Charakterisierung des Menschen als »Tagwesen« eben darauf hin, dass nämlich der Mensch durch die wechselnden Ereignisse geformt werde, in diesem Sinne lebe als ein Wesen, das den »Tag auf [ἐπί] sich« habe (*Pythie* 8, 95–97):

> Eintagswesen! Was ist einer, was ist einer nicht? Eines Schattens Traum / ist der Mensch. Aber wenn gottgeschenkter Glanz kommt, / ruht helles Licht und freundliches Dasein auf den Menschen.

An dieser Stelle wird auch deutlich, dass bei Pindar eine göttliche Zeit plötzlich ins Menschliche einbrechen und dieses verwandeln kann.[13]

Chronos als Herrscher über das menschliche Leben, ja als »Vater aller Dinge« (ὁ πάντων πατήρ) wird besonders plastisch in Pindars zweiter *Olympie* greifbar (15–22):

> Von rechtens oder auch wider das Recht / vollbrachten Taten vermag nicht einmal *Chronos*, / der Vater von allen, ungetan zu machen den Ausgang. / Aber Vergessen mag sich

8 Ebd. 5.

9 Ebd. 24. Zu »Zeit« und Erzählung in den homerischen Epen, siehe auch Rengakos 1995 und Grethlein 2004.

10 Fränkel 1968, 4 f.

11 Ebd. 23 f. Siehe auch Theunissen 2008, 14: Das »Ephemere« in diesem Verständnis betreffe die »zeitliche Verfassung der Realität im Ganzen. Die Ausdehnung des Geltungsbereichs von *hêmar* auf diese läuft über den griechischen Schicksalsbegriff« – die Griechen führten »das Dem-Tag-Ausgesetztsein der menschlichen Existenz auf ein Ausgeliefertsein ans Schicksal« zurück.

12 Vgl. Theunissen 2002, 10: »Ist für das Epos eine lang sich hinziehende Zeit formkonstitutiv, so für die Lyrik eine als persönliche oder geschichtliche Gegenwart erfahrene.« Der Athener Solon beginnt am Eingang des 6. Jh. v. Chr., im Walten der Zeit mehr zu sehen als nur Willkür: Er erkennt Gesetzmäßigkeiten und regelmäßige Abläufe im menschlichen Leben wie auch in den Jahreszeiten und dem Wetter; siehe auch Q 29.

13 Theunissen 2002, 12.

einstellen mit günstigem Geschick. / Denn unter edlen Freuden stirbt Leid, / im Wiederaufgrollen gebändigt, wenn Gottes Fügung emporschickt / hohen Segen.

Der Begriff hat die Bedeutung des homerischen Tages als *die* den Menschen bestimmende Größe in sich aufgenommen. Er wird als absoluter Zeitbegriff dominant, der aber nicht »leere Zeit« bezeichnet, sondern einer im modernen Sinne »umfassenden Weltzeit« nahekommt, die mit Bedeutung gefüllt ist.[14] Bei Pindar erfährt der Mensch die Zeit immer aus der Zukunft, als »Wind gleichsam, der uns die Begebnisse zuweht.«[15] Sie kommt heran und bringt die Verwirklichung der Dinge aus Möglichkeiten oder Hoffnungen: »*Chronos*, der allein die echte Wahrheit erhärtet« (*Olympie* 10, 55).[16] In diesem Sinne ist auch die Fügung ἐν δὲ χρόνῳ (»mit der Zeit«) aus Vers 291 unserer Quelle zu verstehen.[17]

Chronos und *Kairos* bei Pindar sind, folgt man Theunissen, nur als Paar aufeinander bezogener Zeiten zu verstehen: »Beide liegen jenseits der Reichweite einer am Tag ausgerichteten Überlegung, die erste als Zeit, *in* der alles ist, was überhaupt ist, die zweite als Verfassung dessen, was in der Zeit, als Gelegenheit oder Chance, *an* der Zeit ist.«[18] Der »chronischen Zeit« als der Herrschenden schlechthin steht laut Theunissen der Begriff des *Kairos*, des »geeigneten Moments« gegenüber.[19] Er sei »das eindeutigste Beispiel für eine Zeit, die ihre Herrschaftsansprüche ermäßigt und damit von sich aus zur Mitwirkung an ihr einlädt.«[20] Ein solcher rechter Augenblick, die »Zeit für oder zu etwas«,[21] zieht sich auf einen Punkt zusammen, der als menschliche Leistung das Treffen dieses Punktes übrig-

---

14 Theunissen 2008, 14.

15 Fränkel 1968, 13.

16 Vgl. *Nemee* 4, 41: »Welche Fähigkeit mir der Herrscher, das Schicksal, / geschenkt hat: der wandelnde *Chronos*, ich weiß es wohl, / wird das Festgesetzte vollenden«, und *Pythie* 12, 28–32: »Wenn ein Segen ist bei den Menschen, ohne Bemühung / wird er nicht sichtbar. Vollstrecken wird ihn entweder heute / der Daimon – das Schicksalhafte umgeht man nicht –, / aber auch eine solche Zeit wird kommen, die einen mit Unverhofftheit schlägt, / und in Umkehr des Meinens, das eine gibt und das andere durchaus nicht.«

17 In *Pythie* 4 wird *chrónos* im Dativ in dieser Bedeutung viermal am Ende eines Verses verwendet (55. 78. 258. 291) – immer ist es die weiterlaufende, spätere Zeit, die etwa im Vers 78 die Erfüllung der Prophezeiung Medeas brachte. Siehe dazu Fränkel 1968, 20.

18 Theunissen 2002, 13 (Hervorhebung im Original).

19 Fränkel 1968, 509 Anm. 14 vertritt die These, dass der Begriff *kairós* bei Pindar nie zeitlich zu verstehen ist, sondern immer räumlich im Sinne eines »Treffers«; vgl. Burton 1962, 46 f. und Bundy 1986, 18 Anm. 44. Theunissens Untersuchungen (2008, 800–829) unternehmen aber den Versuch, die »Verzeitlichung« dieses Begriffs bei Pindar zu belegen. Nach Kerkhoff 1973, 258 hat sich die zeitliche Bedeutung aus der räumlichen herausgebildet. Für die wahrscheinlichste Ableitung hält er die von καῖρος (»Einschlag am Webstuhl«) und nicht die von κύρω (»treffen«), die lautlich schwierig sei. Siehe auch Theunissen 2002, 9 über die »Öffnung« am Webstuhl, »durch die zwischen gehobenen und gesenkten Kettfäden der Schußfaden einzufädeln ist.« Siehe zum Begriff außerdem Wilson 1980 und Trédé 1992.

20 Theunissen 2008, 7 mit 847 f. und 911.

21 Theunissen 2002, 10.

lässt: als eine tüchtige Handlung oder ein schlagfertiges Wort. Durch die göttliche Gunst der Stunde, die ein Mensch zu nutzen weiß, wächst er über sich hinaus. In den Versen 286 f. der vierten *Pythie,* der *Kairos*-Gnome, werden sowohl Damophilos als auch Arkesilaos auf diesen Sachverhalt hingewiesen, bzw. wird ihnen die Fähigkeit zugesprochen, einen Dienst an der Zeit zu tun, ohne mehr ihr Sklave zu sein, sich also mit dem rechten Augenblick zu verbünden.

Kairos ist bei Pindar auch ein poetologischer Begriff, der ein Ideal des eigenen dichterischen Schaffens ausdrückt. So etwa in der »Abbruchformel« von *Pythie* 4, 247 f., wo sich der Dichter selbst aufruft, Maß zu halten und auf den Punkt zu sprechen: Ein zentraler Moment des Mythos – Iasons Bezwingung des Drachens, der das Goldene Vlies bewacht – wird aus Gründen der Ökonomie übergangen: »Zu lang ist es mir, auf meinem Weg die Fahrt fortzusetzen. Denn die Zeit drängt (ὥρα γὰρ συνάπτει), und ich weiß auch einen kurzen Weg. Vielen anderen kann ich den Weg der Kunst weisen.«[22] Dieses »kairotische« Dichtungsideal von Präzision und Wahrheitsanspruch kommt auch in *Nemee* 1, 18 zur Sprache: πολλῶν ἐπέβαν καιρὸν οὐ ψεύδει βαλών (»bei vielem kam ich auf den Punkt, ohne Lüge treffend«).

Bibliographie

Bremer 2003
Pindar, Siegeslieder, gr.-dt. hrsg. und übers. von D. Bremer ²(Düsseldorf 2003).

Bundy 1986
E. L. Bundy, Studia Pindarica (Berkeley 1986).

Burton 1962
R. W. B. Burton, Pindar's Pythian Odes (Oxford 1962).

Drachmann 1910
A. B. Drachmann, Scholia Vetera in Pindari Carmina II (Leipzig 1910).

Fränkel 1931
H. Fränkel, Die Zeitauffassung in der archaischen griechischen Literatur, Beilagenheft zur Zeitschrift für Ästhetik und allgemeine Kunstwissenschaft 25, 1931, 97–118.

Fränkel 1946
H. Fränkel, Man's »Ephemeros« Nature according to Pindar and Others, Transactions of the American Philological Association 77, 1946, 131–145.

Fränkel 1968
H. Fränkel, Wege und Formen frühgriechischen Denkens. Literarische und philosophiegeschichtliche Studien, hrsg. von F. Tietze ³(München 1968).

Gildersleeve 1885
Pindar: Olympian and Pythian Odes. With an Introductory Essay, Notes and Indexes by B. L. Gildersleeve (New York 1885; Nachdr. Amsterdam 1965).

---

22 Ein antikes Scholion paraphrasiert den Ausdruck »die Zeit drängt« mit der Notiz: καιρὸς γὰρ μ' ἐπείγει, »denn der Kairos drängt mich«. Siehe Gildersleeve 1885 *ad loc.*

Grethlein 2004
J. Grethlein, Das Geschichtsbild der Ilias. Eine Untersuchung aus phänomenologischer und narratologischer Perspektive, Hypomnemata 163 (Göttingen 2006).
Kerkhoff 1973
M. Kerkhoff, Zum antiken Begriff des Kairos, Zeitschrift für Philosophische Forschung 27.2, 1973, 256–274.
Lattimore 1948/1949
R. Lattimore, Pindar's Fourth Pythian Ode, Classical Weekly 42, 1948/1949, 19–25.
Lobel - Page 1955
Poetarum Lesbiorum Fragmenta, hrsg. von E. Lobel und D. Page (Oxford 1955).
Maehler - Snell 1987
Pindari carmina cum fragmentis, 1. Epinicia, hrsg. von H. Maehler und B. Snell [8](Leipzig 1987).
Hölscher - Poiss 2002
Pindar, Siegeslieder, hrsg. und übers. von U. Hölscher und T. Poiss (München 2002).
Rengakos 1995
A. Rengakos, Zeit und Gleichzeitigkeit in den homerischen Epen, Antike und Abendland 41, 1995, 1–33.
Robbins 1975
E. Robbins, Jason and Cheiron. The Myth of Pindar's Fourth Pythian, Phoenix 29, 1975, 205–213.
Segal 1986
C. Segal, Pindar's Mythmaking. The Fourth Pythian Ode (Princeton 1986).
Theunissen 2002
M. Theunissen, Griechische Zeitbegriffe vor Platon, Archiv für Begriffsgeschichte 44, 2002, 7–23.
Theunissen 2008
M. Theunissen, Pindar. Menschenlos und Wende der Zeit [3](München 2008).
Trédé 1992
M. Trédé, Kairos, l'à-propos et l'occasion. Le mot et la notion, d'Homère à la fin du IVe siècle avant J. C. (Paris 1992).
West 1971
Iambi et elegi Graeci ante Alexandrum cantati. Bd. 1. Archilochus. Hipponax. Theognidea, hrsg. von M. L. West (Oxford 1971).
Wilson 1980
J. R. Wilson, Kairos as »Due Measure«, Glotta 58, 1980, 177–204.

Taf. 1: Die Dekansternuhr des Idy (© Museum der Universität Tübingen; Foto: H. Jensen).

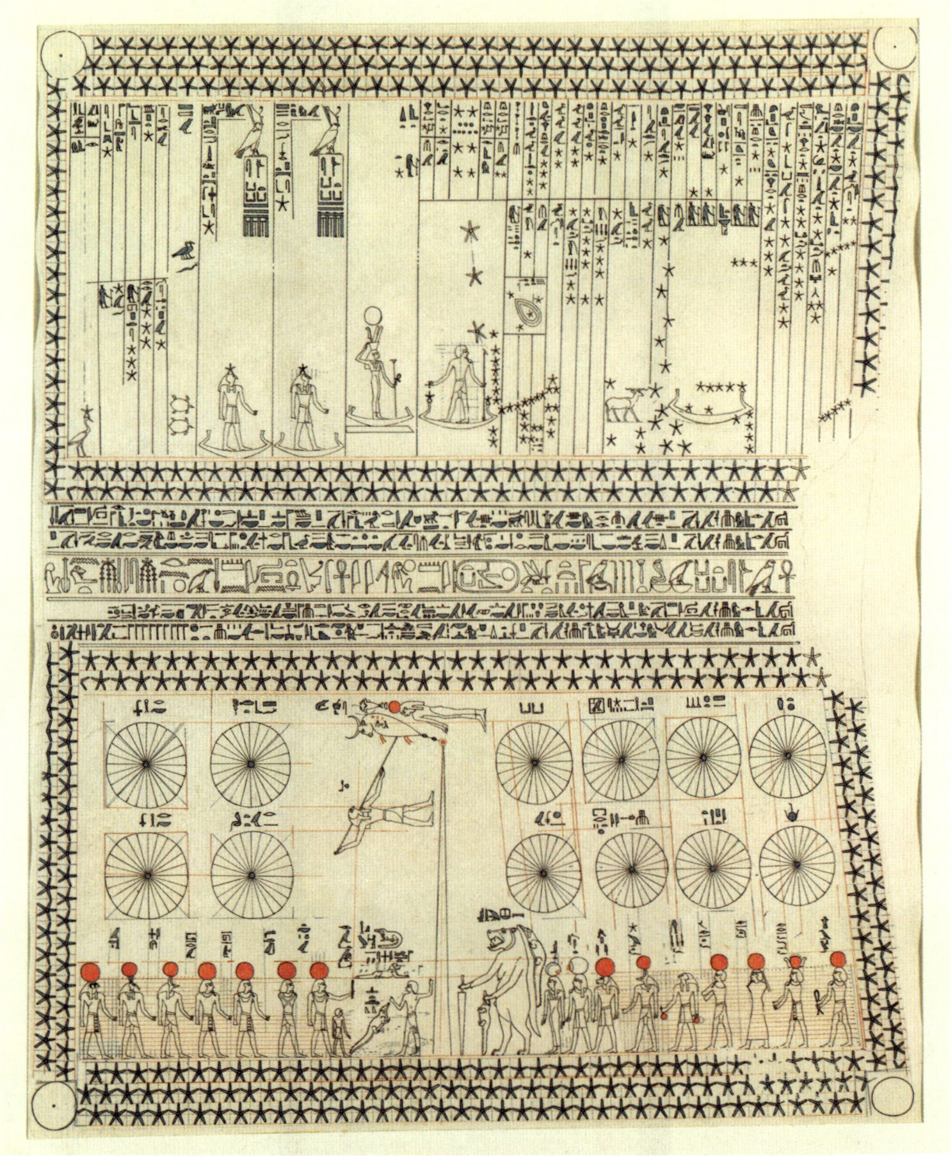

Taf. 2: Die astronomische Decke im Grab TT353 des Senenmut in Deir el-Bahri (© Metropolitan Museum of Art, Inv.-Nr. 48.105.52; Zeichnung: Charles K. Wilkinson).

Taf. 3: Darstellung einer Mondtreppe im Tempel von Dendera, Decke des Pronaos, 1. westl. Travée (Foto: Stefan Baumann).

Taf. 4: **Die drei Jahreszeiten auf der östlichen Außenwand des Naos von Dendera (Privatfoto).**

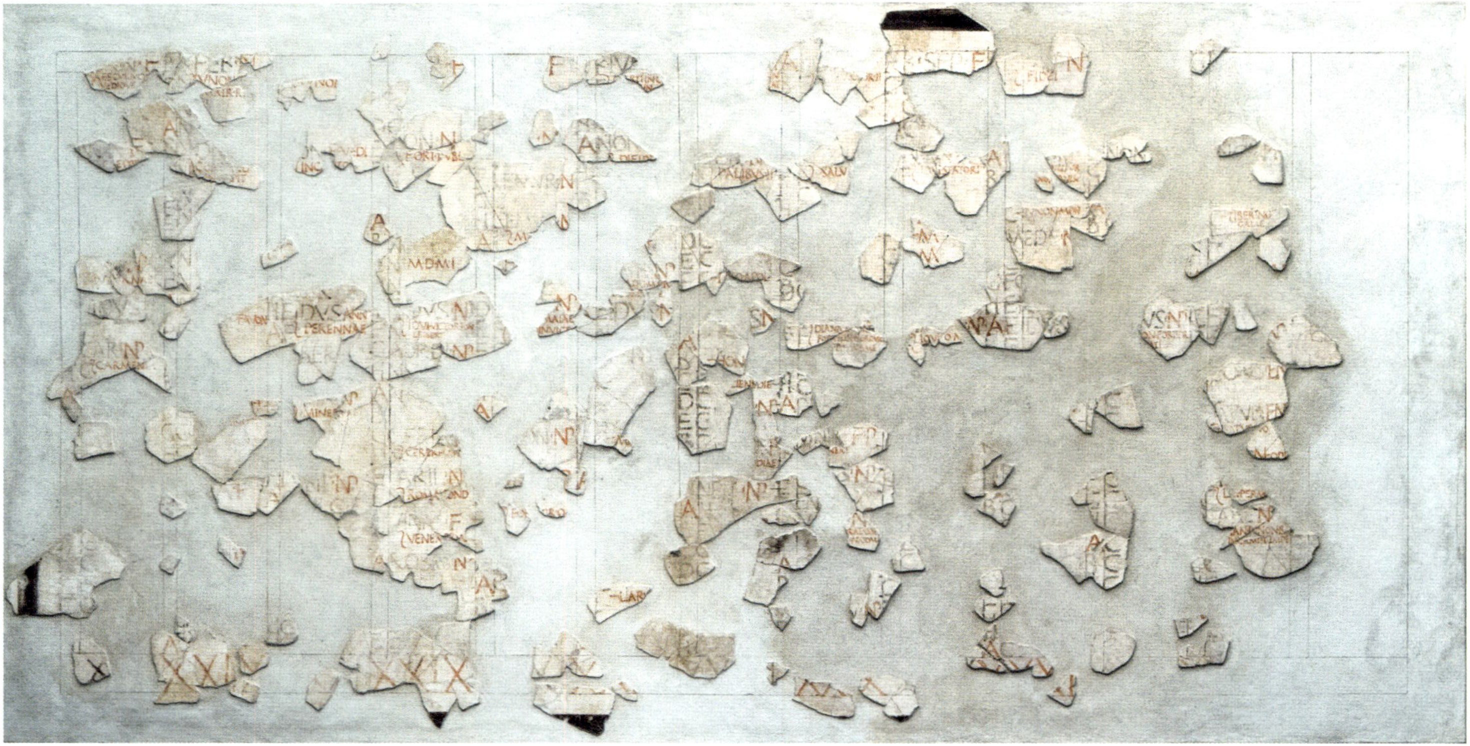

Taf. 5: Fasti Antiates maiores, Darstellung des vorjulianischen Kalenders von Rom (© Museo Nazionale Romano in Palazzo Massimo, Inv.-Nr. 80630. Mit Genehmigung des MiBAC).

Taf. 6: Das *Menologium rusticum Colotianum* (Archäologisches Nationalmuseum Neapel, Inv.-Nr. 2632; Foto: Guido Petruccioli).

Taf. 7: Terrakottakopie des ursprünglichen Parapegma-Graffitos bei den Trajansthermen (© Martin von Wagner-Museum Würzburg, Inv.-Nr. G14; Foto: Peter Neckermann).

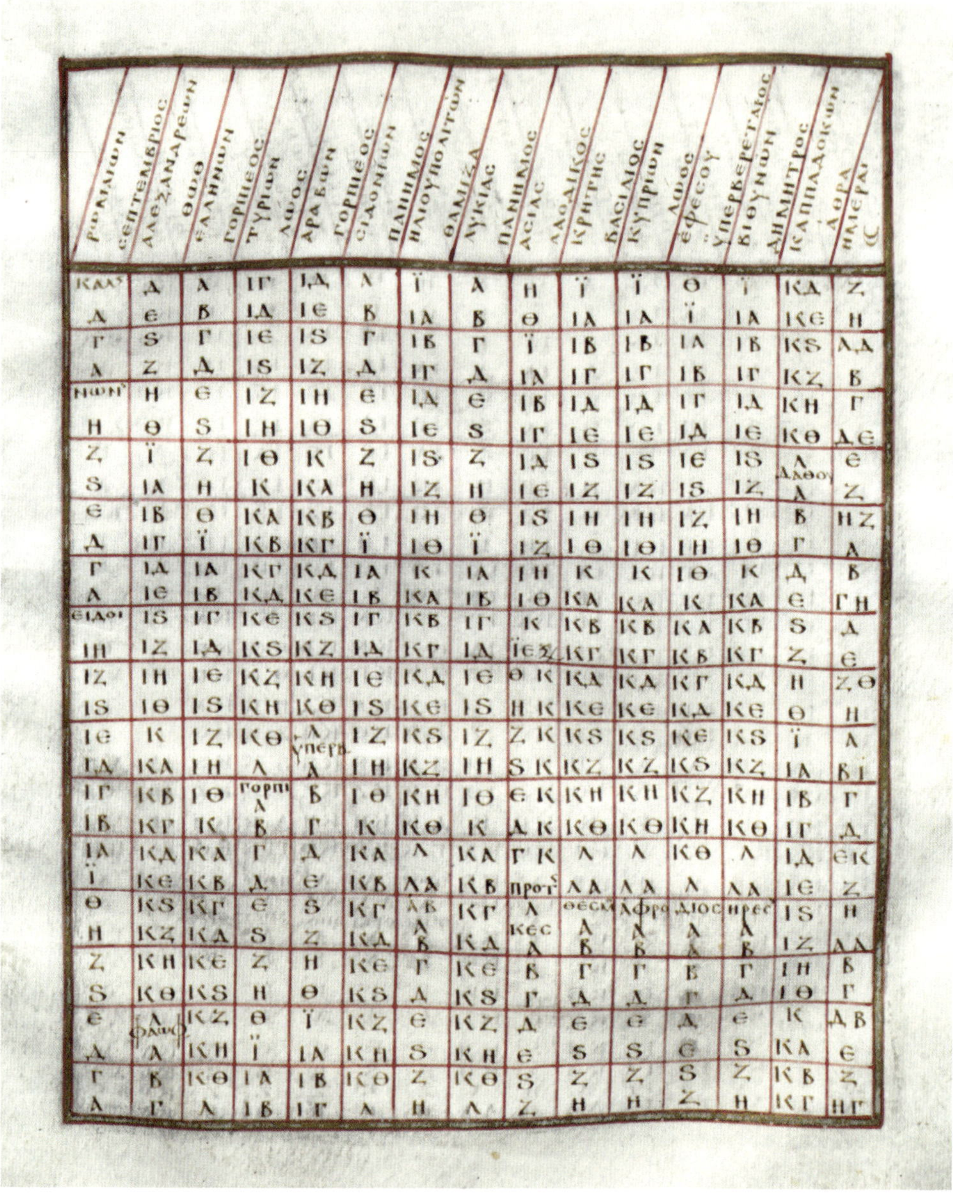

ΡΩΜΑΙΩΝ ΣΕΠΤΕΜΒΡΙΟΣ	ΑΛΕΞΑΝΔΡΕΩΝ ΘΩΘ	ΕΛΛΗΝΩΝ ΓΟΡΠΙΕΟΣ	ΤΥΡΙΩΝ ΛΩΟΣ	ΑΡΑΒΩΝ ΓΟΡΠΙΕΟΣ	ΣΙΔΟΝΙΩΝ ΠΑΝΗΜΟΣ	ΗΛΙΟΥΠΟΛΙΤΩΝ ΘΑΛΙΖΑ	ΛΥΚΙΑΣ ΠΑΝΗΜΟΣ	ΑΣΙΑΣ ΛΑΟΔΙΚΟΣ	ΚΡΗΤΗΣ ΒΑΣΙΛΙΟΣ	ΚΥΠΡΙΩΝ ΛΩΟΣ	ΕΦΕΣΟΥ ΥΠΕΡΒΕΡΕΤΑΙΟΣ	ΒΙΘΥΝΩΝ ΔΗΜΗΤΡΙΟΣ	ΚΑΠΠΑΔΟΚΩΝ ΑΘΡΑ	ΗΜΕΡΑΙ
ΚΑΛ	Δ	Α	ΙΓ	ΙΔ	Α	Ϊ	Α	Η	Ϊ	Ϊ	Θ	Ϊ	ΚΔ	Ζ
Δ	Ε	Β	ΙΔ	ΙΕ	Β	ΙΑ	Β	Θ	ΙΑ	ΙΑ	Ϊ	ΙΑ	ΚΕ	Η
Γ	Ϛ	Γ	ΙΕ	ΙϚ	Γ	ΙΒ	Γ	Ϊ	ΙΒ	ΙΒ	ΙΑ	ΙΒ	ΚϚ	ΑΔ
Α	Ζ	Δ	ΙϚ	ΙΖ	Δ	ΙΓ	Δ	ΙΑ	ΙΓ	ΙΓ	ΙΒ	ΙΓ	ΚΖ	Β
ΝΩΝ	Η	Ε	ΙΖ	ΙΗ	Ε	ΙΔ	Ε	ΙΒ	ΙΔ	ΙΔ	ΙΓ	ΙΔ	ΚΗ	Γ
Η	Θ	Ϛ	ΙΗ	ΙΘ	Ϛ	ΙΕ	Ϛ	ΙΓ	ΙΕ	ΙΕ	ΙΔ	ΙΕ	ΚΘ	ΔΕ
Ζ	Ϊ	Ζ	ΙΘ	Κ	Ζ	ΙϚ	Ζ	ΙΔ	ΙϚ	ΙϚ	ΙΕ	ΙϚ	Λ ΑΔΘΟΥ	Ε
Ϛ	ΙΑ	Η	Κ	ΚΑ	Η	ΙΖ	Η	ΙΕ	ΙΖ	ΙΖ	ΙϚ	ΙΖ	Α	Ζ
Ε	ΙΒ	Θ	ΚΑ	ΚΒ	Θ	ΙΗ	Θ	ΙϚ	ΙΗ	ΙΗ	ΙΖ	ΙΗ	Β	ΗΖ
Δ	ΙΓ	Ϊ	ΚΒ	ΚΓ	Ϊ	ΙΘ	Ϊ	ΙΖ	ΙΘ	ΙΘ	ΙΗ	ΙΘ	Γ	Α
Γ	ΙΔ	ΙΑ	ΚΓ	ΚΔ	ΙΑ	Κ	ΙΑ	ΙΗ	Κ	Κ	ΙΘ	Κ	Δ	Β
Α	ΙΕ	ΙΒ	ΚΔ	ΚΕ	ΙΒ	ΚΑ	ΙΒ	ΙΘ	ΚΑ	ΚΑ	Κ	ΚΑ	Ε	ΓΗ
ΕΙΔΟΙ	ΙϚ	ΙΓ	ΚΕ	ΚϚ	ΙΓ	ΚΒ	ΙΓ	Κ	ΚΒ	ΚΒ	ΚΑ	ΚΒ	Ϛ	Δ
ΙΗ	ΙΖ	ΙΔ	ΚϚ	ΚΖ	ΙΔ	ΚΓ	ΙΔ	ΪΕΖ	ΚΓ	ΚΓ	ΚΒ	ΚΓ	Ζ	Ε
ΙΖ	ΙΗ	ΙΕ	ΚΖ	ΚΗ	ΙΕ	ΚΔ	ΙΕ	Θ Κ	ΚΔ	ΚΔ	ΚΓ	ΚΔ	Η	ΖΘ
ΙϚ	ΙΘ	ΙϚ	ΚΗ	ΚΘ	ΙϚ	ΚΕ	ΙϚ	Η Κ	ΚΕ	ΚΕ	ΚΔ	ΚΕ	Θ	Η
ΙΕ	Κ	ΙΖ	ΚΘ	Λ ΥΠΕΡΒ.	ΙΖ	ΚϚ	ΙΖ	Ζ Κ	ΚϚ	ΚϚ	ΚΕ	ΚϚ	Ϊ	Α
ΙΔ	ΚΑ	ΙΗ	Λ	Α	ΙΗ	ΚΖ	ΙΗ	Ϛ Κ	ΚΖ	ΚΖ	ΚϚ	ΚΖ	ΙΑ	ΒΙ
ΙΓ	ΚΒ	ΙΘ	ΓΟΡΠΙ Α	Β	ΙΘ	ΚΗ	ΙΘ	Ε Κ	ΚΗ	ΚΗ	ΚΖ	ΚΗ	ΙΒ	Γ
ΙΒ	ΚΓ	Κ	Β	Γ	Κ	ΚΘ	Κ	Δ Κ	ΚΘ	ΚΘ	ΚΗ	ΚΘ	ΙΓ	Δ
ΙΑ	ΚΔ	ΚΑ	Γ	Δ	ΚΑ	Λ	ΚΑ	Γ Κ	Λ	Λ	ΚΘ	Λ	ΙΔ	ΕΚ
Ϊ	ΚΕ	ΚΒ	Δ	Ε	ΚΒ	ΛΑ	ΚΒ	ΠΡΟΤ	ΛΑ	ΛΑ	Λ	ΛΑ	ΙΕ	Ζ
Θ	ΚϚ	ΚΓ	Ε	Ϛ	ΚΓ	ΛΒ Α	ΚΓ	Λ ΚΕC	ΘΕCΚ Α	ΑΦΡΟ Α	ΔΙΟC Α	ΠΡΕC Α	ΙϚ	Η
Η	ΚΖ	ΚΔ	Ϛ	Ζ	ΚΔ	Β	ΚΔ	Α	Β	Β	Α	Β	ΙΖ	ΑΑ
Ζ	ΚΗ	ΚΕ	Ζ	Η	ΚΕ	Γ	ΚΕ	Β	Γ	Γ	Β	Γ	ΙΗ	Β
Ϛ	ΚΘ	ΚϚ	Η	Θ	ΚϚ	Δ	ΚϚ	Γ	Δ	Δ	Γ	Δ	ΙΘ	Γ
Ε	Λ	ΚΖ	Θ	Ϊ	ΚΖ	Ε	ΚΖ	Δ	Ε	Ε	Δ	Ε	Κ	ΔΒ
Δ	ΦΑΩΦ Α	ΚΗ	Ϊ	ΙΑ	ΚΗ	Ϛ	ΚΗ	Ε	Ϛ	Ϛ	Ε	Ϛ	ΚΑ	Ε
Γ	Β	ΚΘ	ΙΑ	ΙΒ	ΚΘ	Ζ	ΚΘ	Ϛ	Ζ	Ζ	Ϛ	Ζ	ΚΒ	Ζ
Α	Γ	Λ	ΙΒ	ΙΓ	Λ	Η	Λ	Ζ	Η	Η	Ζ	Η	ΚΓ	ΗΓ

Taf. 8: Die Tabelle zum Monat September in der Florentiner Handschrift Plut. XXVIII 26 (© Florenz, Biblioteca Medicea Laurenziana, Ms. Plut. 28.26, c. 49r. Mit Genehmigung des MiBAC).

Q 31 Eponymenlisten in Rhodos: die Haliospriester

Filippo Battistoni

Abb. 1: Vorderseite der Stele mit den Namen der Haliospriester zwischen 407 und 298 v. Chr., die Jahre 367 bis etwa 332 v. Chr. sind verloren (aus Badoud 2015, 308 Fig. 72a).

Text

Ἁλίο ἱαρῆς τοίδε·
407 v. Chr. Εὐφραγόρας Πυργάλο
Δαμοσθένης Γοργία
Ἁγησίτιμος Ἐπικράτεος
Πλείσταρχος Ἀγεμάχο
Σιμίων Γοργία
Ἀρχίπολις Φροΐδα
Ἁγήσανδρος Καλλιάνακτος
Διογένης Διόννο
Ἄθανις Στασία
Διαγόρας Δαμαγήτο
Ἀκεστίας Ἑρμοκρέωντος
Πολεμακλῆς Σκύμνο
Ἀγοράναξ Πάγκριος
Ἀπολλόδωρος Εὐτελίδα
Στρατοκλῆς Πυθοδότο
Κ̣αλλίβολος Ἀγακλέος
[Εὐ]κλῆς Ἀστυανακτίδα
[Θε]όπομπος Κόρκιος
[.]α̣ύσιππος Θεολύτο
[Κ]λεσίμαχος Ἁγήσιος
Δ̣αμοκράτης Παναιτίο
Πολυκλῆς Δαμοτέλεος
Εὐθύμαχος Πρατάρχο
Παμφιλίδας Ἀθάνιος
Τ̣ι̣μακράτης Πολύωνος
[...]στο̣κράτης Ἀριστοτέλεος
[Παν]αίτιος Ὀνασάνδρο

Ἀριστόγνωτος Πυργαλίωνος ca. 332 v. Chr.
Ἱπποκράτης ⁝ Εὐφράστο
Πολύχαρμος Νικία
Πυθειάδας ⁝ Τίμωνος
Ἀστυκρατίδας Ἀνθ̣ήβα
Ἀριστίων Μελάγγα
Φαίαξ ⁝ Λεσχαίο
Νικαγόρας Δαμοκράτεος
Ἀρχέας Ὁρμωτάδα
Μνᾶμις Ἀριστάρχου
Δόρκων Στασαγόρα
Τύθις Δαμωφέλεος
Δαμάγητος Διαγόρα
Καλλιάναξ Λυσιμάχο̣υ
Εὐαγόρας Οἰκίνα
Δαμοκράτης Ἐξακέστου
[Δ]ι̣ο<γ>ένης Νίκωνος
Πυλάδας Κρίνιος
Αὐτομήδης Πυθέου
Τιμόστρατος Τιμαγόρα
Πάγων Πολεμακλεῦς
Σιμάριστος Εὐφραγόρα
Δαήμων Δάμων<ο>ς
Διώξιππος Ἱεροφῶντος
Πολυκράτης Κρυασσέος
Ἰδομενεὺς Ἁγία
Π<ο>λυάρατος Κλευσθένευς
Πολυκλῆς Τεισαγόρα̣

	[Πο]λυκράτης Κητίδα	Σθενέλας Ἁγία	
	[Νί]κ̣ων Ἀλεξιμάχο	Ἁγησίδαμος Ἁγήμ̣[ονος]	
	[Φρ]ορίδας Ἀρχιπόλιος	Πυθειάδας Εὐ̣[– – – –]	
	[Ἀρ]ιστόμβροτος Γόργο	Ἀλεξίμαχ̣[ος – – – –]	
	[Γ]όργιππος Πύθωνος	Καλλισ̣[– – – – – – –]	
	Ἀνταγόρας Ἀγεμάχο	Τε[– – – – – – – – – –]	
	Ἀρχίτιμος Λητοδώρο	Ε[– – – – – – – – – –]	298 v. Chr.
	Μνασίτιμος Ὀμφάλο		
	Ἀρχοκράτης Μελάγγ̣[α]		
	Ἀρχέας Μεν[– – – –]		
	Κλείτων Κιμμ̣[ερίου]		
	Ζώπυρος [– – – – –]		
368 v. Chr.	Ἐξάκε̣[στος – – – –]		
	[– – – – – – – – – –]		

Text nach Badoud 2015, Textanhang Nr. 1.

Übersetzung

Jene sind Priester von Halios gewesen:
Euphragoras, Sohn des Pyrgalos
Damosthenes, Sohn des Gorgias
Agesitimos, Sohn des Epikrates
usw.

Zur Quelle

Im Jahr 408 v. Chr. verzichteten die drei auf der Insel Rhodos gelegenen Poleis Lindos, Kamiros und Ialysos auf ihre Autonomie und gründeten den Staat Rhodos. Dieser Synoikismos brachte zwingend ein neues Eponym hervor, das die bestehenden der einzelnen Poleis ersetzte.[1] Man wählte dafür das Priestertum des Halios (Helios), des Sonnengottes, dessen Tempel sich in Rhodos und damit der neuen Hauptstadt befand. Der erste

1 Siehe zu den Eponmyen Sherk 1990–1993 und Fröhlich 2016.

Priester des Halios des neuen Staates trat 407 v. Chr. im Monat Dalios seinen Dienst an.[2] Wahrscheinlich war die hier besprochene Liste im Tempel des Gottes aufgestellt. Paläographische Beobachtungen lassen mit hoher Wahrscheinlichkeit vermuten, dass der Stifter der 28. erwähnte Priester war, ein gewisser Polykrates, Sohn des Ketidas (Z. 29), dessen Name aufgrund der Größe seiner Buchstaben hervorsticht und am Ende einer Liste von Namen erscheint, die alle von der gleichen Hand verfasst wurden. Nach diesem (oder dem folgenden, 29.) Namen wechselt die Handschrift jedes Jahr. Als Datum, das man so für die Erstellung des Monuments gewinnen kann, ergibt sich 382/381 v. Chr., mit den späteren jährlichen Ergänzungen. Die Liste selbst endete um das Ende des 4. Jahrhunderts v. Chr.[3] Da das eponyme Priestertum jedoch weitergeführt wurde, ist es wahrscheinlich, dass die Stele zu diesem Zeitpunkt durch ein neues Monument ersetzt wurde. Hierbei scheint es sich eher um eine private Stiftung des amtierenden Priesters zu handeln als um eine öffentliche. Eine vergleichbare Situation findet man bei den Gymnasiarchen von Delos vor (SIG³ 657).

Editionen, Übersetzungen und Kommentare

Die Erstausgabe des Textes stammt von Luigi Morricone (1949–1951). Vincent Gabrielsen (2000, 187 und 202 Anm. 60) schlägt eine neue Datierung vor, indem er den Synoikismus bzw. das erste Jahr der Liste auf 368 v. Chr. datiert. In der Neuedition des Textes durch Nathan Badoud (2015) wird Morricones Datierung zu Recht wieder aufgegriffen, wenn auch mit kleineren Korrekturen.

Verwandte Quellen

Spätestens seit der hellenistischen Zeit sind Listen von Eponymen weit verbreitet, für die Zeit davor gilt als klassisches Beispiel die Liste der Archonten in Athen (siehe Meritt 1939, 59–65). Unter den wichtigsten, und annähernd zeitgleich zu der von Rhodos, ist etwa die Liste der Stephanephoroi von Milet zu nennen (Milet I 3, 122–127). Eine ähnliche soziale Bedeutung nahmen die Listen der Archonten und Theoroi von Thasos ein, die auch einem ähnlichen historischen Kontext zuzuordnen sind, siehe die jüngsten Erkenntnisse von Patrice Hamon (2017, mit früherer Literatur). Für die Beispiele aus Rhodos siehe unten Anm. 6.

---

2 Badoud 2015, 157–161. In Rhodos gab es ein religiöses und ein ziviles Jahr: Ersteres fing mit Dalios an, Letzteres mit Karneios, vgl. Badoud 2015, 17–23.

3 Ebd., 159–161.

Siehe auch

Q 1 – Der Annalenstein der 5. Dynastie (»Palermostein«)
Q 43 – Fasti Antiates maiores
Q 45 – Chronologie und Erzählen von Geschichte II: Cicero, *Brutus*

Technische Aspekte

Es handelt sich um eine Stele, die 131 × 78 cm misst. Ihr fehlt der untere Teil. Beide Seiten wurden für die Gravur vorbereitet, aber nur die vordere wurde tatsachlich benutzt. Da der Stein wiederverwendet wurde, wurde das Giebeldreieck nachträglich grob behauen. Die Fläche wurde durch eine doppelte Linie in zwei Spalten getrennt (jede Spalte misst 38 cm), und die Liste setzt sich auf der rechten Spalte fort, nachdem die linke voll war. Die hintere Seite wurde nicht beschrieben. Der Text wurde im 28. Jahr der Liste eingemeißelt, wie man aus paläographischen Merkmalen ersehen kann: Die ersten 28 Namen wurden von derselben Hand graviert, während die Aktualisierung ab dem 29. Namen jährlich stattfand. Die Liste fängt mit dem ersten Priester an, der das Amt nach dem Synoikismos innehatte (407 v. Chr.); diese Annahme wird durch paläographische und prosopographische Befunde bestätigt.

Die Rekonstruktion einer exakten Chronologie für Rhodos hat über die Grenzen der Insel hinausreichende Bedeutung: Da der Name des aktuellen Eponymen auf den Stempeln der Amphoren zu finden ist und diese Amphoren im Mittelmeerraum weit verbreitet sind, kann eine genaue Datierung selbiger eine chronologische Ordnung für Kontexte liefern, die anderweitig nicht mit Rhodos in Zusammenhang stehen.[4]

Soziokulturelle Auswertung

Die Priesterliste von Halios ist in zweifacher Hinsicht von Bedeutung: einerseits als Eponymenliste an sich, andererseits in ihrem historischen und geographischen Kontext. Die Eponymenlisten waren das wichtigste Instrument, mithilfe dessen die Poleis die Zeit strukturierten, indem sie nämlich die sozialen Funktionen der Zeit bestimmten, sowohl in ziviler und religiöser als auch in historiographischer Hinsicht. Einerseits diente das Eponym dazu, das genaue Jahr zu bestimmen, auch wenn dieses in Rhodos nicht exakt mit dem zivilen Jahr übereinstimmte, das, in ein Winter- und ein Sommersemester eingeteilt, immer zwei Monate nach dem Eponymenjahr begann. Jedes Gesetz oder Dekret sowie jedes andere offizielle und private Dokument wurde – sofern eine Datierung nötig

---

4 Zur Bedeutung der Amphorenstempel als Quelle für die Alte Geschichte siehe z. B. Badoud 2017.

war – mit dem Eponym versehen, darüber hinaus teils auch mit Monat und Tag. Andererseits waren die Eponymenlisten unverzichtbar für die Erstellung eines historischen Werkes, d. h. für eine Erzählung, in der eine zeitliche Relation – und damit in diesem Falle ein kausaler Zusammenhang – von höchster Bedeutung war.[5] Jede Stadt verfügte über eine Eponymenliste, die möglicherweise auch auf Stein publiziert wurde und so zu einem höchst bedeutsamen Monument für die Selbstdarstellung der Stadt und besonders – aber nicht ausschließlich – ihrer regierenden Schicht wurde.

Der spezifische Kontext von Rhodos vermittelt einen noch besseren Einblick in die Rolle der Liste. Die Einmeißelung auf Stein ist in vielen Poleis anzutreffen und entspricht den eben erläuterten Bedürfnissen. Dieser Prozess ist jedoch bei Weitem nicht selbstverständlich und entspringt jeweils spezifischen Wünschen. Im vorliegenden Fall sind diese sowohl individueller als auch kollektiver Natur. Das individuelle Bedürfnis ist der Wunsch des Polykrates, Sohn des Ketidas, sein Priestertum zu verewigen, was er allerdings auch auf andere Art hätte verwirklichen können. Dass die Wahl auf eine Priesterliste von Rhodos und damit auf ein kollektives Bedürfnis fiel, ist vielsagend, da die Insel eine Vielzahl solcher Listen hervorgebracht hat – wenn auch keine andere Eponymenliste darunter ist[6] –, die größtenteils bis in das Jahr des Synoikismos zurückgehen. Offensichtlich wurden die Listen als eine Möglichkeit wahrgenommen, die eigene Geschichte darzustellen und die Zugehörigkeit zu den einzelnen Gemeinschaften, deren Autonomie man geopfert hatte, zu unterstreichen.

Bibliographie

Badoud 2015

N. Badoud, Les temps de Rhodes. Une chronologie des inscriptions de la cité fondée sur l'étude de ses institutions, Vestigia 63 (München 2015).

Badoud 2017

N. Badoud, Deciphering Greek Amphora Stamps, CHS Research Bulletin 5.2, 2017 (http://nrs.harvard.edu/urn-3:hlnc.essay:BadoudN.Deciphering_Greek_Amphora_Stamps.2017, letzter Zugriff: 30.09.2019).

Chaniotis 1988

A. Chaniotis, Historie und Historiker in den griechischen Inschriften: epigraphische Beiträge zur griechischen Historiographie, Heidelberger althistorische Beiträge und epigraphische Studien 4 (Heidelberg 1988).

5 Allgemein zu Listen und Historiographie siehe Chaniotis 1988, 186–219.

6 Für einige wenige Beispiele: Aus Rhodos: Propheten (Badoud 2015, Textanhang Nr. 2), Priester des Asklepios (ebd., Nr. 5). Aus Ialysos: Priester des Apollo Erethimios (ebd., Nr. 6). Aus Kamiros: Demiurgen (ebd., Nr. 8), Priester der Athena Polias (ebd., Nr. 9). Aus Lindos: Priester der Athena Lindia (ebd., Nr. 12) und von Poseidon Hippios (ebd., Nr. 13).

Fröhlich 2016
P. Fröhlich, Magistratures éponymes et système collégial dans les cités grecques aux époques classique et hellénistique, Chiron 46, 2016, 361–401.
Gabrielsen 2000
V. Gabrielsen, The Synoikized Polis of Rhodos, in: P. Flensted-Jensen – T. H. Nielsen – L. Rubinstein (Hrsg.), Polis and Politics. Studies in Ancient Greek History Presented to Mogens Herman Hansen on his Sixtieth Birthday, August 20, 2000 (Kopenhagen 2000) 177–205.
Hamon 2017
P. Hamon, Études d'épigraphie thasienne, V. Théores et archontes thasiens de l'époque hellénistique et impériale: du simple au double, Bulletin de correspondance hellénique 141, 2017, 245–286.
Meritt 1939
B. D. Meritt, Greek Inscriptions (14–27), Hesperia 8, 1939, 48–82.
Morricone 1949–1951
L. Morricone, I sacerdoti di Halios. Frammento di catalogo rinvenuto a Rodi, Annali della Scuola archeologica di Atene 27–29 (N. S. 11–13), 1949–1951, 351–380.
Sherk 1990–1993
R. K. Sherk, The Eponymous Officials of Greek Cities, I–V, Zeitschrift für Papyrologie und Epigraphik 83, 1990, 249–288; 84, 1990, 231–295; 88, 1991, 225–260; 93, 1992, 223–272; 96, 1993, 267–295.

Q 32 Genealogien am Beispiel des Kallimachos

Anke Walter

Text: Kallimachos, *Hymnen* 2, 65–96

Φοῖβος καὶ βαθύγειον ἐμὴν πόλιν ἔφρασε Βάττῳ
καὶ Λιβύην ἐσιόντι κόραξ ἡγήσατο λαῷ,
δεξιὸς οἰκιστῆρι, καὶ ὤμοσε τείχεα δώσειν
ἡμετέροις βασιλεῦσιν· ἀεὶ δ' εὔορκος Ἀπόλλων.
ὤπολλον, πολλοί σε Βοηδρόμιον καλέουσι,
πολλοὶ δὲ Κλάριον, πάντη δέ τοι οὔνομα πουλύ·
αὐτὰρ ἐγὼ Καρνεῖον· ἐμοὶ πατρώιον οὕτω.
Σπάρτη τοι, Καρνεῖε, τόδε πρώτιστον ἕδεθλον,
δεύτερον αὖ Θήρη, τρίτατόν γε μὲν ἄστυ Κυρήνης.
ἐκ μέν σε Σπάρτης ἕκτον γένος Οἰδιπόδαο
ἤγαγε Θηραίην ἐς ἀπόκτισιν· ἐκ δέ σε Θήρης
οὖλος Ἀριστοτέλης Ἀσβυστίδι πάρθετο γαίῃ,
δεῖμε δέ τοι μάλα καλὸν ἀνάκτορον, ἐν δὲ πόληι
θῆκε τελεσφορίην ἐπετήσιον, ᾗ ἔνι πολλοί
ὑστάτιον πίπτουσιν ἐπ' ἰσχίον, ὦ ἄνα, ταῦροι.
ἰὴ ἰὴ Καρνεῖε πολύλλιτε, σεῖο δὲ βωμοί
ἄνθεα μὲν φορέουσιν ἐν εἴαρι τόσσα περ Ὧραι
ποικίλ' ἀγινεῦσι ζεφύρου πνείοντος ἐέρσην,
χείματι δὲ κρόκον ἡδύν· ἀεὶ δέ τοι ἀέναον πῦρ,
οὐδέ ποτε χθιζὸν περιβόσκεται ἄνθρακα τέφρη.
ἦ ῥ' ἐχάρη μέγα Φοῖβος, ὅτε ζωστῆρες Ἐνυοῦς
ἀνέρες ὠρχήσαντο μετὰ ξανθῇσι Λιβύσσῃς,
τέθμιαι εὖτέ σφιν Καρνειάδες ἤλυθον ὧραι.
οἱ δ' οὔπω πηγῇσι Κύρης ἐδύναντο πελάσσαι
Δωριέες, πυκινὴν δὲ νάπῃσ' Ἄζιλιν ἔναιον.
τοὺς μὲν ἄναξ ἴδεν αὐτός, ἑῇ δ' ἐπεδείξατο νύμφῃ
στὰς ἐπὶ Μυρτούσσης κερατώδεος, ἧχι λέοντα
Ὑψηὶς κατέπεφνε βοῶν σίνιν Εὐρυπύλοιο.
οὐ κείνου χορὸν εἶδε θεώτερον ἄλλον Ἀπόλλων,

οὐδὲ πόλει τόσ' ἔνειμεν ὀφέλσιμα, τόσσα Κυρήνῃ,
μνωόμενος προτέρης ἁρπακτύος. οὐδὲ μὲν αὐτοί
Βαττιάδαι Φοίβοιο πλέον θεὸν ἄλλον ἔτισαν.

Übersetzung

Phoibos auch wies meine Heimatstadt, die tieferdige, dem Battos, und er führte in Rabengestalt die Schar, als sie Libyen betreten hatte, glückverheißend dem Gründer. Und er schwor, Stadtmauern zu geben unseren Königen; seinen Eid hält Apollon aber immer. O Apollon, viele nennen dich Boedromios, viele auch Klarios. In jeder Hinsicht ist »Viel« dein Name! Ich will Dich Karneios nennen, so ist es mir von den Vätern vertraut. Sparta, Karneios, das war dein erster Kultsitz, der zweite danach Thera, der dritte aber die Stadt Kyrene. Aus Sparta führte dich die sechste Generation nach Oidipous zur Gründung Theras. Aus Thera wiederum setzte dich Aristoteles, vollkommen gesund, aufs Land der Asbysten. Er erbaute dir einen sehr schönen Herrensitz, in der Stadt aber begründete er eine jährliche Kultfeier, bei der viele Stiere hinten auf die Hüfte einknicken, o Herr. [...] Gewaltig freute sich damals Phoibos, als die Männer, die sich schon für Enyo [d. h. den Krieg] gegürtet hatten, tanzten mit den blonden Libyerfrauen, als wenn für sie schon die festgesetzte Zeit des Karneenfestes gekommen wäre. Die Dorer konnten sich aber noch nicht den Quellen Kyras nähern, sondern bewohnten das an Schluchten reiche Azilis. Denen sah der Herrscher Apollon selbst zu und zeigte seiner Nymphe, auf dem spitzen Gipfel Myrtoussa stehend, wo die Hypsostochter [d. h. Kyrene] den Löwen getötet hatte, den Räuber der Rinder des Eurypylos. Niemals erblickte Apollon einen anderen Chor, der göttlicher als dieser gewesen wäre, und keiner Stadt gewährte er so reiche Gaben wie Kyrene, in Erinnerung an seine frühere Raubwerbung. Auch ehrten die Battosabkömmlinge selbst keinen anderen Gott mehr als Phoibos.

Übersetzung nach Asper 2004.

Zur Quelle

Der Autor des Hymnus zu Ehren des Apoll, dem diese Textpassage entnommen ist, ist Kallimachos (vor 300 v. Chr.–nach 245 v. Chr.), der aus Kyrene stammte und später in Alexandria im Umfeld der dortigen Bibliothek wissenschaftlich und literarisch tätig war. Zu seinen bekanntesten erhaltenen Werken zählen die *Aitia*, eine Sammlung von Erzählungen über die Ursprünge verschiedener Bräuche und Riten in der griechischen Welt. Daneben sind von Kallimachos auch Epigramme, Jamben, das Kleinepos *Hecale* (fragmentarisch) sowie ein Corpus von insgesamt sechs Hymnen erhalten, die eine Antwort u. a. auf die Sammlung der sogenannten *Homerischen Hymnen* darstellen (entstanden vermutlich vom 7. Jahrhundert v. Chr. bis in die Zeit des Hellenismus). Ob Kallimachos' Hymnen dazu bestimmt waren, als rein literarische Texte gelesen und rezipiert zu werden, oder ob sie tatsächlich eine Rolle im Vollzug von Riten zu Ehren eines bestimmten Gottes spielten, ist in der Forschung umstritten.[1] Kennzeichnend für einige dieser Hymnen (besonders 2, 5 und 6) ist, dass sie einen sehr lebendigen Moment der Gegenwart skizzieren und erlebbar werden lassen, etwa, wenn die Ankunft des Gottes Apoll in seinem Tempel unmittelbar bevorsteht und der Gott seine Epiphanie schon durch bestimmte Zeichen ankündigt, wie das Zittern seines Lorbeers.[2] Dieser sehr lebendige Moment der Gegenwart wird im Laufe der Erzählung auf verschiedene Weisen mit der Vergangenheit – der des Gottes wie der der Menschen – verknüpft.

Ausgewählte Editionen, Übersetzungen, Kommentare und weiterführende Literatur

Kommentierte Textausgaben bieten Rudolf Pfeiffer (1953) und Annette Harder (2012), reine Kommentare Frederick Williams (1978) und Susan Stephens (2015). Ins Englische wurde der Text von Alexander Mair und Gilbert Mair (1921) sowie von Frank Nisetich (2001) übersetzt, ins Deutsche (mit Kommentar) von Markus Asper (2004). Peter Bing (1988) und Alan Cameron (1995) sind immer noch Standardwerke zu Kallimachos, neuere Werke zu Kallimachos, hellenistischer Dichtung und Kallimachos' Nachleben verfassten u. a. Richard Hunter und Marco Fantuzzi (2004), Benjamin Acosta-Hughes, Luigi Lehnus und Susan Stephens (2011) sowie Acosta-Hughes und Stephens (2012). Zu Kallimachos' Apollonhymnus siehe auch Claude Calame (1993).

Verwandte Quellen

Genealogien kommen in sehr vielen Werken der antiken Literatur vor. Um nur drei wichtige Beispiele zu nennen: Hesiods *Theogonie*; Homers *Ilias*; Pindars *Oden.*

Siehe auch

Q 13 – Die Mannestaten des Šuppiluliuma I.
Q 27 – Tierkreiszeichen und Monate in der Synagoge von En-Gedi
Q 28 – Die Tage des Monats in Hesiods *Werken und Tagen* und Vergils *Georgica*
Q 29 – Solons Lebensalter-Elegie

1 Vgl. z. B. zu den sogenannten »mimetischen Hymnen« Cameron 1995, 63–67; Petrovic 2007, 124–139; Petrovic 2011.
2 Vgl. Kallimachos, *Hymnen* 2, 1–8.

Literarisch-technische Aspekte

Ein Beispiel für Genealogien soll hier näher betrachtet werden. Es entstammt einem religiösen Text (zu den verschiedenen Bereichen, in denen Genealogien vorkommen können, siehe unten): Kallimachos' Hymnus auf den Gott Apoll. Nachdem der Dichter verschiedene Episoden aus der Vergangenheit des Gottes geschildert hat, die seine Macht haben deutlich werden lassen und die beispielsweise bestimmte Kultattribute Apolls begründen, geht er auf dessen Zuständigkeit für die Gründung von Städten ein. Seit seiner frühen Kindheit hat sich der Gott in dieser Funktion hervorgetan und führt seitdem jeden neuen Städtegründer *(ktistes)* mit einer kleinen Schar von Gefolgsleuten aus der Heimatstadt heraus auf neues Terrain, um ein neues Gemeinwesen zu gründen. Dieses ist im historischen Griechenland wie auch in diesem Hymnus der Kontext für eine Genealogie – nicht eines Menschen, sondern der Stadt und ihrer Gründer. Die Stadt, um die es bei Kallimachos geht, ist Kyrene, eine Stadt im heutigen Libyen. Ihre Gründung wird in mehreren antiken Texten dargestellt, u. a. im Geschichtswerk des Herodot (5. Jahrhundert v. Chr.).[3] Kallimachos betont in seiner Version die Rolle von Zahlen in der Genealogie der Stadt (siehe den Text).

Wie sehr die Genealogie hier dazu dient, die Länge der vergangenen Zeit zu ermessen, zeigt die Angabe »die sechste Generation nach Oidipous« (74). Kallimachos fasst hier zusammen, was Herodot in seinem Geschichtswerk (4, 147) genauer ausführt: Theras war ein Nachkomme des Polyneikes (des Sohnes des Oidipous), durch Thersander, Teisamenos und Autesion. Hierbei zeigt sich sehr deutlich die Tendenz der Genealogie, die Zeit als eine lineare Abfolge von Generationen darzustellen. Darüber hinaus fällt die Verknüpfung von zwei genealogischen Linien auf: Die Abfolge der menschlichen Gründer wird mit der Abfolge verschiedener Siedlungen – der erste Kultsitz Apolls war Sparta, der zweite Thera, der dritte Kyrene (72 f.) – verbunden. Was für diesen Text des Kallimachos darüber hinaus kennzeichnend ist, ist die Art, wie die hier skizzierte menschliche Zeit mit der göttlichen Zeit verflochten wird. Apoll – der »zeitlose«, ewige Gott – hat den ersten menschlichen Gründungshelden einer bestimmten Generation herausgeführt und so die Kette der Gründungstaten eröffnet. Gerade in der Zeit des Hellenismus waren solche göttlichen Interventionen in der menschlichen Zeit – wie auch göttliche Erscheinungen, sogenannte Epiphanien, oder die göttliche Rettung aus Notlagen und Unterstützung im Krieg – von großer Bedeutung und wurden oft z. B. inschriftlich festgehalten.[4] Wie man hier gut erkennen kann, hilft die Genealogie dabei, diese Ereignisse zeitlich in der Vergangenheit der Menschen und der Vergangenheit der Stadt zu verankern.

---

3 Vgl. z. B. Herodot 4, 147–156; Pindar, *Pythien* 4 und 5.

4 Vgl. z. B. Petrovic 2007, 142–170; Petrovic 2012, 286; Potter 2003, 412.

Doch Kallimachos geht sogar noch weiter. Er erschafft ein komplexes Zeitgerüst, indem er ein bestimmtes menschliches Fest mit der Erinnerung des Gottes selbst verknüpft. Noch ehe die Stadt Kyrene endgültig gegründet worden ist, so heißt es, hätten die Einwohner der Vorgängersiedlung ein Fest zu Ehren ihres Gründers gefeiert und zugleich Apoll, den ersten Urheber ihrer Stadtgründung, mit Tänzen und Gesängen geehrt (85–89). Während dieses Festes sei Apoll selbst zugegen gewesen und habe gemeinsam mit »seiner« Nymphe Kyrene, die der Stadt ihren Namen gegeben hat, an die frühesten Ereignisse der Stadtgründung zurückgedacht: wie die Nymphe dieses Gebiet von einem dort wütenden Löwen befreit habe und wie Apoll selbst sich später in die Nymphe verliebt habe und die Stadt schließlich nach ihr benannt worden sei. Die Erinnerung des Gottes dient dem Dichter dazu, die mythische Vergangenheit der Stadt in seine Erzählung »einzublenden«.

Hier begegnen sich zugleich auch verschiedene Formen, von Stadtgründungen zu erzählen: Die eine ist eine »mythische«, die – menschliche – Städte als das Ergebnis von und die sichtbare Erinnerung an die Taten göttlicher Wesen, der Nymphe und des Gottes, versteht. Die andere ist die durch die Genealogie markierte, durch göttliche Intervention begründete, aber in der Zeit der Menschen und der Abfolge ihrer Generationen verankerte Erzählweise, die die Stadtgründung als die Tat bestimmter menschlicher Gründungshelden und das Ergebnis einer Abfolge von Siedlungen versteht. Beides wird in dem Augenblick zusammengeführt, in dem der Gott in einem bestimmten Moment der menschlichen, genealogisch bestimmten Zeit an seine früheren Erlebnisse zurückdenkt. Die Begriffe des »Historischen« und »Mythischen« sind hier nicht so sehr dadurch unterschieden, dass sie unterschiedlichen Epochen angehören, dass also die »mythischen« Ereignisse notwendigerweise vor den »historischen« Ereignissen stattfinden würden. Stattdessen sind die »mythische« und die »historische« Gründung der Stadt auf eine unbestimmte, nicht kausale oder linear logische Weise miteinander verwoben. Beides, die Ereignisse um die namensgebende Nymphe und die Genealogie der Stadtgründer, muss zusammenkommen, um die Gründung von Kyrene und seine besondere Nähe zu diesem Gott fassbar werden zu lassen.

Schließlich ist bei diesem komplexen Spiel der Zeitformen noch zu berücksichtigen, dass auch der gegenwärtige Moment, in dem der Hymnus rezipiert wird, eng mit der Erzählung aus der Vergangenheit verflochten wird. Zu Beginn des Hymnus wird, wie bereits erwähnt, ein Moment unmittelbar vor der Erscheinung des Gottes skizziert, zu dem die Menschen ebenfalls ein Fest zu Ehren des Gottes zu feiern scheinen: Ein Chor bestehend aus Knaben wird erwähnt, wie auch die Musik auf Apolls eigenem Instrument, der Leier. Durch wörtliche Parallelen wird im Text unterstrichen, dass dieses gegenwärtige Fest dem in der Vergangenheit in der Vorgängersiedlung gefeierten Fest ähnelt, als der Gott selbst an die mythischen Ereignisse um die Stadtgründung zurückdachte. In der Gegenwart ist der Gott, wie sich andeutet, den Einwohnern »seiner« Stadt besonders nah. Der gegenwärtige Moment wird damit um so enger sowohl mit der Präsenz des – »zeitlosen« – Gottes also auch mit der – historischen – Vergangenheit der Stadt verknüpft. Das »Rückgrat« dieser Zeitkonstruktion bildet die Genealogie, die einen Abschnitt der menschlichen Vergangenheit »vermisst« und an die sich die anderen, komplexeren und die lineare Zeit teilweise sogar aufhebenden Konstruktionen von Zeit knüpfen.

Soziokulturelle Auswertung

Genealogien sind eine der frühesten Methoden, Zeit zu bestimmen und zu ermessen, wie weit etwa bestimmte Ereignisse und die Lebenszeit bestimmter Personen zurückliegen. Genealogisches Denken lässt sich in vielen Kulturen feststellen. Im Bereich der griechischen Kultur verbindet es darüber hinaus Menschen und Götter: Wie die Menschen haben auch die Götter ihre eigene »Genealogie«, d. h. sie gehören verschiedenen Generationen an, wie sie der archaische Dichter Hesiod in seiner *Theogonie* darstellt (vgl. dazu Q 28 und Q 29). Gleichzeitig trennt die Genealogie die Menschen von den Göttern: Obwohl sie in einer bestimmten Generation geboren sind, sind die Götter unsterblich und überwinden auf verschiedene Weise die lineare Abfolge der Zeit. Für die Menschen hingegen sind Geburt, Tod und die notwendige Abfolge der Generationen eine unüberwindliche Notwendigkeit, die ihre Existenz bestimmt. Wie es im berühmten »Blättergleichnis« der *Ilias* heißt, sind die Menschen wie die Generationen der Blätter, die entstehen und vergehen.[5] Die Genealogie wird damit zu einem Mittel, die charakteristisch menschliche, »historische« Zeit zu ermessen, die aber immer auch neue Verflechtungen mit der Zeit der Götter zulässt.

Im homerischen Epos sind Genealogien oder zumindest die Angabe des Namens des Vaters zentraler Bestandteil der eigenen Identität,[6] wie sie sich auch die gesamten Antike hindurch etwa auf Inschriften finden lässt (vgl. Q 31). Genealogien sind damit unerlässlich zur Formung auch einer sozialen Identität. Im Epos können genealogische Angaben jederzeit zu beliebig langen Genealogien ausgeweitet werden, die häufig auf Götter als erste Urväter eines Geschlechts führen. Hierbei handelt es sich keineswegs um »exakte« Formen der Zeitmessung. In der Forschung ist es bis heute umstritten, wie lang genau eine Generation bei bestimmten Autoren gedacht ist. Auch müssen Genealogien keineswegs immer der historischen Wahrheit entsprechen. Vielmehr steckt in ihnen ein »symbolisches Kapital«, das durch das Ansehen der Vorväter das eigene Ansehen bestimmt.

---

5 Homer, *Ilias* 6, 146–149: »Wie der Blätter Geschlecht, so ist auch das der Männer. Die Blätter – da schüttet diese der Wind zu Boden, und andere treibt der knospende Wald hervor, und es kommt die Zeit des Frühlings. So auch der Männer Geschlecht: dies sproßt hervor, das andere schwindet« (Übers. von W. Schadewaldt); siehe dazu Grethlein 2006.

6 Zu Genealogien im Epos vgl. Walter i. Dr.

Nicht nur für die Identität des Individuums, sondern auch für die Identität von Städten im diplomatischen Verkehr untereinander sind Genealogien von großer Bedeutung. Wenn eine Stadt glaubhaft versichern kann, dass sie einst von demselben Helden der Frühzeit gegründet worden ist wie eine andere, lassen sich daraus etwa Bitten um militärischen Beistand oder andere Hilfeleistungen ableiten. Im Privaten wie im Öffentlichen dienen Genealogien damit dazu, den Kontakt mit der Vergangenheit greifbar werden zu lassen und zugleich die Gegenwart auf eine bestimmte Weise zu gestalten.

Die Genealogie – eine der frühesten und besonders »universalen« Formen, die Zeit zu vermessen und zu ermessen – zeigt am Beispiel des Kallimachos-Hymnus auch ihr Potential, zu einem Teil von komplexen literarischen Konstruktionen von Zeit zu werden, die zugleich menschlich-historische und göttlich durchwirkte Zeit ist. Im Bereich der Götter wie dem der Menschen, in historischen wie literarischen Zusammenhängen, in der Archaik bis zum Hellenismus und weit darüber hinaus durchmisst die Genealogie die Zeit auf lineare Weise, aber sie zeigt zugleich, wie sehr sie darüber hinaus in verschiedene Konzeptionen von Zeit eingebunden ist.

Bibliographie

Acosta-Hughes u. a. 2011
B. Acosta-Hughes – L. Lehnus – S. A. Stephens (Hrsg.), Brill's Companion to Callimachus (Leiden 2011).

Acosta-Hughes – Stephens 2012
B. Acosta-Hughes – S. A. Stephens, Callimachus in Context: From Plato to the Augustan Poets (Cambridge 2012).

Asper 2004
M. Asper, Kallimachus, Werke. Griechisch und deutsch (Darmstadt 2004).

Bing 1988
P. Bing, The Well-Read Muse: Present and Past in Callimachus and the Hellenistic Poets (Göttingen 1988).

Calame 1993
C. Calame, Legendary Narration and Poetic Procedure in Callimachus' *Hymn to Apollo,* in: M. A. Harder – R. F. Regtuit – G. C. Wakker (Hrsg.), Callimachus, Hellenistica Groningana 1 (Groningen 1993) 37–55.

Cameron 1995
A. Cameron, Callimachus and His Critics (Princeton 1995).

Grethlein 2006
J. Grethlein, Individuelle Identität und conditio humana. Die Bedeutung und Funktion von ΓΕΝΕΗ im Blättergleichnis in Il. 6, 146–149, Philologus 150, 2006, 3–13.

Harder 2012
M. A. Harder, Callimachus, Aetia. Introduction, Text, Translation, and Commentary 2: Commentary (Oxford 2012).

Hunter – Fantuzzi 2004
R. L. Hunter – M. Fantuzzi, Tradition and Innovation in Hellenistic Poetry (Cambridge 2004).
Mair – Mair 1921
A. W. Mair – G. R. Mair, Callimachus: Hymns and Epigrams; Lycophron and Aratus, Loeb Classical Library 129 (Cambridge 1921).
Nisetich 2001
F. Nisetich, The Poems of Callimachus (Oxford 2001).
Petrovic 2007
I. Petrovic, Von den Toren des Hades zu den Hallen des Olymp. Artemiskult bei Theokrit und Kallimachos (Leiden 2007).
Petrovic 2011
I. Petrovic, Callimachus and Contemporary Religion: The Hymn to Apollo, in: Acosta-Hughes u. a. 2011, 264–285.
Petrovic 2012
I. Petrovic, Callimachus' Hymn to Apollo and Greek Metrical Sacred Regulations, in: M. A. Harder – R. F. Regtuit – G. C. Wakker (Hrsg.), Gods and Religion in Hellenistic Poetry (Löwen 2012) 281–306.
Pfeiffer 1953
R. Pfeiffer, Callimachus 2: Hymni et Epigrammata (Oxford 1953).
Potter 2003
D. Potter, Hellenistic Religion, in: A. Erskine (Hrsg.), A Companion to the Hellenistic World (Malden 2003) 407–430.
Stephens 2015
S. A. Stephens, Callimachus: The Hymns (Oxford 2015).
Walter i. Dr.
A. Walter, Aetiology and Genealogy in Ancient Epic, in: C. Reitz – S. Finkmann (Hrsg.), Epische Bauformen – Strukturen epischen Erzählens: Structural Elements of Epic Narrative (Berlin, im Druck).
Williams 1978
F. Williams, Callimachus: Hymn to Apollo. A Commentary (Oxford 1978).

Q 33 Arats *Phainomena*

Anke Walter

Text A: Verse 740–751

Ἄκρα γε μὲν νυκτῶν κεῖναι δυοκαίδεκα μοῖραι
ἄρκιαι ἐξειπεῖν. Τὰ δέ που μέγαν εἰς ἐνιαυτόν,
ὥρη μέν τ᾽ ἀρόσαι νειούς, ὥρη δὲ φυτεῦσαι,
ἐκ Διὸς ἤδη πάντα πεφασμένα πάντοθι κεῖται.
Καὶ μέν τις καὶ νηῒ πολυκλύστου χειμῶνος
ἐφράσατ᾽ ἢ δεινοῦ μεμνημένος Ἀρκτούροιο
ἠέ τεων ἄλλων, οἵ τ᾽ ὠκεανοῦ ἀρύονται
ἀστέρες ἀμφιλύκης, οἵ τε πρώτης ἔτι νυκτός.
Ἤτοι γὰρ τοὺς πάντας ἀμείβεται εἰς ἐνιαυτὸν
ἠέλιος, μέγαν ὄγμον ἐλαύνων, ἄλλοτε δ᾽ ἄλλῳ
ἐμπλήσσει, τοτὲ μέν τ᾽ ἀνιών, τοτὲ δ᾽ αὐτίκα δύνων,
ἄλλος δ᾽ ἀλλοίην ἀστὴρ ἐπιδέρκεται ἠῶ.

Übersetzung A

Die Spitzen der Nächte anzuzeigen sind jene zwölf Teile genug. Was aber das große Jahr betrifft: die Zeit, die Brachfelder zu pflügen, und die Zeit zu pflanzen, von Zeus her ist schon überall alles ein für allemal angezeigt. Und mancher erkennt auch auf dem Schiff den vielumbrandeten Wintersturm, des mächtigen Arktur gedenkend oder auch sonstiger Sterne, die der Himmel aus dem Ozean schöpft im Morgengrauen, und auch die in der frühen Nacht. Denn fürwahr, durch sie alle hindurch geht die Sonne ins Jahr, eine große Furche ziehend, stößt auf andere und wieder andere, bald heraufkommend, bald auch wieder sinkend, und jeder Stern sieht einen anderen Tag.

Text B: Verse 24–44

Καί μιν πειραίνουσι δύω πόλοι ἀμφοτέρωθεν
ἀλλ᾽ ὁ μὲν οὐκ ἐπίοπτος, ὁ δ᾽ ἀντίος ἐκ βορέαο
ὑψόθεν ὠκεανοῖο. Δύω δέ μιν ἀμφὶς ἔχουσαι
Ἄρκτοι ἅμα τροχόωσι· τὸ δὴ καλέονται Ἅμαξαι.

Αἱ δ' ἤτοι κεφαλὰς μὲν ἐπ' ἰξύας αἰὲν ἔχουσιν
ἀλλήλων, αἰεὶ δὲ κατωμάδιαι φορέονται,
ἔμπαλιν εἰς ὤμους τετραμμέναι. Εἰ ἐτεὸν δή,
Κρήτηθεν κεῖναί γε Διὸς μεγάλου ἰότητι
οὐρανὸν εἰσανέβησαν, ὅ μιν τότε κουρίζοντα
Δίκτῃ ἐν εὐώδει, ὄρεος σχεδὸν Ἰδαίοιο,
ἄντρῳ ἔνι κατέθεντο καὶ ἔτρεφον εἰς ἐνιαυτόν,
Δικταῖοι Κούρητες ὅτε Κρόνον ἐψεύδοντο.
Καὶ τὴν μὲν Κυνόσουραν ἐπίκλησιν καλέουσι,
τὴν δ' ἑτέρην Ἑλίκην. Ἑλίκῃ γε μὲν ἄνδρες Ἀχαιοὶ
εἰν ἁλὶ τεκμαίρονται ἵνα χρὴ νῆας ἀγινεῖν·
τῇ δ' ἄρα Φοίνικες πίσυνοι περόωσι θάλασσαν.
Ἀλλ' ἡ μὲν καθαρὴ καὶ ἐπιφράσσασθαι ἑτοίμη,
πολλὴ φαινομένη Ἑλίκη πρώτης ἀπὸ νυκτός·
ἡ δ' ἑτέρη ὀλίγη μέν, ἀτὰρ ναύτῃσιν ἀρείων·
μειοτέρῃ γὰρ πᾶσα περιστρέφεται στροφάλιγγι·
τῇ καὶ Σιδόνιοι ἰθύντατα ναυτίλλονται.

Übersetzung B

Und es begrenzen sie [sc. die Erde] zwei Pole von beiden Seiten, aber der eine ist nicht zu sehen, der andere, gegenüberliegende auf der Nordseite, ist oberhalb des Ozeans. Zwei Bärinnen aber, ihn einfassend, rollen gemeinsam; darum werden sie denn auch Wagen genannt. Die haben ihren Kopf wahrhaftig immer eine über der Hüfte der andern, immer fahren sie rücklings, sich gegenseitig die Schulter zukehrend. Wenn es denn wahr ist, sind diese von Kreta aus nach dem Willen des großen Zeus in den Himmel hinaufgestiegen, weil sie ihn damals, als er noch ein Kind war, auf der würzig duftenden Dikte nahe dem Idaberge in einer Höhle betteten und ihn nährten bis übers Jahr, als die diktäischen Kureten Kronos täuschten. Und die eine nennt man Kynosura (Hundeschwanz) mit Beinamen, die andere Helike (Kringel). An Helike ersehen die Achaier auf See, wohin sie ihre Schiffe lenken müssen, im Vertrauen auf die andere segeln die Phoiniker übers Meer. Aber die eine ist klar und leicht auszumachen, da sie groß erscheint von Anfang der Nacht an, die Helike; die andere ist zwar gering, aber für die Seeleute besser; denn sie dreht sich mit ihrer ganzen Gestalt in engerem Wirbel herum. Mit ihr steuern die Sidonier auch am geradesten.

Text C: Verse 205–224

Ἀλλ' ἄρα οἱ καὶ κρατὶ πέλωρ ἐπελήλαται Ἵππος
γαστέρι νειαίρῃ, ξυνὸς δ' ἐπιλάμπεται ἀστὴρ
τοῦ μὲν ἐπ' ὀμφαλίῳ, τῆς δ' ἐσχατόωντι καρήνῳ.
Οἱ δ' ἄρ' ἔτι τρεῖς ἄλλοι ἐπὶ πλευράς τε καὶ ὤμους
Ἵππου δεικανόωσι διασταδὸν ἶσα πέλεθρα,
καλοὶ καὶ μεγάλοι. κεφαλὴ δέ οἱ οὐδὲν ὁμοίη,
οὐδ' αὐχὴν δολιχός περ ἐών· ἀτὰρ ἔσχατος ἀστὴρ
αἰθομένης γένυος καί κε προτέροις ἐρίσειε
τέτρασιν, οἵ μιν ἔχουσι περίσκεπτοι μάλ' ἐόντες.
Οὐδ' ὅγε τετράπος ἐστίν· ἀπ' ὀμφαλίοιο γὰρ ἄκρου
μεσσόθεν ἡμιτελὴς περιτέλλεται ἱερὸς Ἵππος.
Κεῖνον δὴ καί φασι καθ' ὑψηλοῦ Ἑλικῶνος
καλὸν ὕδωρ ἀγαγεῖν εὐαλδέος Ἵππου κρήνης.
Οὐ γάρ πω Ἑλικὼν ἄκρος κατελείβετο πηγαῖς,
ἀλλ' Ἵππος μιν ἔτυψε, τὸ δ' ἀθρόον αὐτόθεν ὕδωρ
ἐξέχυτο πληγῇ προτέρου ποδός· οἱ δὲ νομῆες
πρῶτοι κεῖνο ποτὸν διεφήμισαν Ἵππου κρήνην.
Ἀλλὰ τὸ μὲν πέτρης ἀπολείβεται, οὐδέ τοι αὐτὸ
Θεσπιέων ἀνδρῶν ἑκὰς ὄψεαι· αὐτὰρ ὅγ' Ἵππος
ἐν Διὸς εἱλεῖται καί τοι πάρα θηήσασθαι.

Übersetzung C

Und über ihr [sc. Andromedas] Haupt ist das riesige Ross geschmiedet mit dem unteren Bauch; ein gemeinsamer Stern leuchtet ihm auf dem Nabel, ihr am Rande des Haupts. Die drei anderen dann für die Flanken und Schultern des Rosses weisen in ihrem Abstand gleiche Strecken auf, schön und groß; sein Kopf ist nicht ebenso, auch nicht der Hals, obschon er lang ist; doch der letzte Stern der brennenden Kinnspitze könnte sich wohl mit den vorigen vier messen, die es umfassen und sehr ansehnlich sind. Aber dieses Pferd ist nicht vierbeinig. Von der Nabelspitze ab kreist nämlich das heilige Ross in der Mitte halbfertig. Dieses, so sagt man auch, soll vom hohen Helikon das schöne Wasser des fruchtbringenden Rossquells zum Herabfließen gebracht haben. Der Gipfel des Helikon war nämlich noch nicht von Quellen beträufelt; aber das Ross stampfte ihn, und das Wasser ergoß sich daraus im Schwall vom Schlag eines Vorderhufs, und die Hirten machten als erste jenen Trunk unter dem Namen Rossquell bekannt. Aber der fließt vom Felsen herab, und außer bei den Thespiern wirst du ihn nicht sehen: aber das Ross kreist im Hause des Zeus und ist da, man kann es anschauen.

Text D: Verse 367–382

Οἱ δ' ὀλίγῳ μέτρῳ ὀλίγῃ δ' ἐγκείμενοι αἴγλῃ
μεσσόθι πηδαλίου καὶ Κήτεος εἰλίσσονται,
γλαυκοῦ πεπτηῶτες ὑπὸ πλευρῇσι Λαγωοῦ,
νώνυμοι· οὐ γὰρ τοί γε τετυγμένου εἰδώλοιο
βεβλέαται μελέεσσιν ἐοικότες, οἷά τε πολλὰ
ἑξείης στιχόωντα παρέρχεται αὐτὰ κέλευθα
ἀνομένων ἐτέων, τά τις ἀνδρῶν οὐκέτ' ἐόντων
ἐφράσατ' ἠδ' ἐνόησεν ἅπαντ' ὀνομαστὶ καλέσσαι
ἤλιθα μορφώσας· οὐ γάρ κ' ἐδυνήσατο πάντων
οἰόθι κεκριμένων ὄνομ' εἰπεῖν οὐδὲ δαῆναι·
πολλοὶ γὰρ πάντη, πολέων δ' ἐπὶ ἶσα πέλονται
μέτρα τε καὶ χροιή, πάντες γε μὲν ἀμφιέλικτοι·
Τῷ καὶ ὁμηγερέας οἱ ἐείσατο ποιήσασθαι
ἀστέρας, ὄφρ' ἐπιτὰξ ἄλλῳ παρακείμενος ἄλλος
εἴδεα σημαίνοιεν· ἄφαρ δ' ὀνομαστὰ γένοντο
ἄστρα, καὶ οὐκέτι νῦν ὑπὸ θαύματι τέλλεται ἀστήρ

Übersetzung D

Andere [sc. Sterne], gering an Ausmaß und in geringen Glanz gebettet, in der Mitte zwischen dem Steuerruder und dem Seeungeheuer, drehen sich ausgebreitet unter den Flanken des nachtblauen Hasen, unbenannt: Sie liegen nämlich nicht, Gliedern eines wohlgeratenen Bildes ähnlich, hingestreut, wie solche zahlreich eines ums andere daherschreitend vorüberziehen auf gleichbleibenden Bahnen im Kreislauf der Jahre – die einer der Menschen, die nicht mehr sind, bei sich bedachte; und er gedachte, sie alle mit Namen zu nennen, nachdem er sie geformt hatte, wie sie gerade kamen. Er hätte ja nicht für jeden einzelnen gesondert einen Namen sagen oder wissen können; denn es sind viele überall, und bei vielen sind Ausmaß und Färbung gleichartig, und alle sind im Kreislauf. Darum schien ihm auch richtig, die Sterne in Gruppen zusammenzufassen, dass sie, ordentlich einer neben den andern gesetzt, Bilder bezeichneten. Sogleich wurden die Gestirne benennbar, und heute geht kein Stern mehr zu unserer Verwunderung auf, sondern die einen erscheinen in klare Bilder eingefügt, die andern, die unterhalb des gehetzten Hasen, ziehen ganz nebelig und nicht nennenswert dahin.

Übersetzungen nach Erren 2009.

Zur Quelle

Bei den *Phainomena* des Aratos von Soloi handelt es sich um ein hellenistisches Lehrgedicht über »Zeichen«, d. h. über die Sternbilder am Himmel, aber auch über Zeichen, die die Zeit und das Wetter anzeigen, auf der Erde. Arat stammte aus Soloi in Kilikien und lebte von ca. 310 v. Chr. bis 240 v. Chr. Entstanden sind die *Phainomena* wahrscheinlich zwischen 280 und 260 v. Chr.[1] Arat verbrachte einige Zeit in Athen, wo er mit stoischen Philosophen wie Zeno und Persaeus in Verbindung stand. In den frühen 270er Jahren v. Chr. nahm er eine Einladung von Antigonos II. Gonatas an dessen Hof in Makedonien an. Die *Phainomena* sind Arats berühmtestes Werk. Zu seinen heute verlorenen Werken gehören u. a. eine Sammlung kurzer Gedichte namens *Kata Lepton,* Lehrgedichte über Opferriten, medizinische Therapie und die Sphärenharmonie, ein *Hymnus auf Pan* sowie eine philologische Arbeit über Homer und eine kritische Edition der *Odyssee.*

Die *Phainomena* bestehen aus drei großen Teilen: Auf das Proömium (1–18) folgt eine Beschreibung der Sternbilder (19–461). Arat beginnt mit den nördlichen Konstellationen, d. h. denjenigen nördlich des Zodiakus, einschließlich des Zodiakus selbst (19–318), ehe er auf die südlichen Konstellationen (319–453) und auf die erratischen Bewegungen der fünf Planeten eingeht (454–461). Im zweiten Teil des Werkes beschreibt Arat, wie man anhand der Sternbilder sowie der Sonne und des Mondes Rückschlüsse über den Verlauf der Zeit ziehen kann (462–757). Auf eine Beschreibung der Kreise (d. h. Wendekreise, Äquator und Tierkreis; 462–558) folgt eine Passage über den gleichzeitigen Auf- und Untergang bestimmter Gestirne (559–732), gefolgt von einem Abschnitt über die Tage des Monats (733–739) und die Jahreszeiten (740–757). Daran schließt sich der dritte Teil über lokale Wetterzeichen an, der beschreibt, wie sich an Naturphänomenen und dem Verhalten von Vögeln und Tieren die Zeitläufe ablesen lassen. Auf ein zweites Proömium (758–777) folgen zunächst die himmlischen Zeichen (778–908) und schließlich verschiedene Zeichen für das kommende Wetter, bis hin zu lokalen Zeichen für schlechtes Wetter, zu beobachten am Verhalten von Tieren (1104–1141). Mit einigen abschließenden Versen zu den vermittelten Inhalten und dem Wert der Beobachtung von Zeichen enden die *Phainomena* (1142–1154).

Das Werk gehört der Lehrdichtung an, d. h. es ist im Versmaß des Hexameters verfasst und vermittelt Wissen in dichterisch-epischer Form. Zu den Vorbildern des Werks gehört eine Prosaschrift des Eudoxos von Knidos (ca. 400 v. Chr.–ca. 350 v. Chr.) über die himmlischen Phänomene, Material, das in dem Theophrast zugeschriebenen Werk *De signis* (»Über die Wetterzeichen«) bewahrt ist, aber auch die Werke des archaischen Dichters Hesiod: die *Theogonie* und die *Werke und Tage* (siehe Q 28).

---

1 Vgl. Hunter 2008, 153 mit Anm. 1.

Ausgewählte Editionen, Übersetzungen, Kommentare und Einführungen

Die heute maßgebliche Textausgabe mit Kommentar stammt von Douglas Kidd (1997). Englische Übersetzungen bieten A. W. Mair (1921) und Stanley Lombardo (1983), eine deutsche Manfred Erren (2009). Gut zur Einführung geeignet sind die Abschnitte bei Gregory Hutchinson (1988, 214–236), Peter Toohey (1996, bes. 51–63), Marco Fantuzzi und Richard Hunter (2004, 224–245) sowie der Artikel von Katharina Volk (2010).

Verwandte Quellen

Arats *Phainomena* wurden in der Antike schnell populär. Ihr erster Teil wurde spätestens seit dem 2. Jahrhundert v. Chr. zum astronomischen Schultext,[2] und sie haben außerordentlich einflussreich auf die spätere Dichtung, insbesondere die lateinische, gewirkt. Von Cicero (106–43 v. Chr.), Germanicus (15 v.–19 n. Chr.), Varro Atacinus (82–37 v. Chr.) sowie von Avienus (Prokonsul von Afrika im Jahr 366 n. Chr.) haben wir Fragmente von lateinischen Übersetzungen der *Phainomena*. Auch Ovid soll ein Werk dieses Namens verfasst haben. Arats Einfluss ist besonders in Manilius' (frühes 1. Jahrhundert n. Chr.) Lehrgedicht *Astronomica*, aber auch in den den Gestirnen gewidmeten Abschnitten von Ovids *Fasti* zu spüren.[3]

Siehe auch

Q 22 – Ein astronomisches Tagebuch aus dem 37. Regierungsjahr Nebukadnezzars II.
Q 28 – Die Tage des Monats in Hesiods *Werken und Tagen* und Vergils *Georgica*
Q 38 – Der Antikythera-Mechanismus
Q 42 – Die Frühgeschichte des römischen Kalenders bei Ovid

Literarisch-technische Aspekte

Obwohl besonders der Ackerbau und die Seefahrt als die Bereiche hervorgehoben werden, für die ein genaues Wissen über die zu beachtenden Zeiten essentiell ist (vgl. 1–19. 42. 758–766), geht Arat bei seiner Beschreibung der einzelnen Sternbilder nur selten auf deren praktischen Nutzen bei der Zeitbestimmung ein.[4] Nur in den Versen 740–51 erklärt er, dass es möglich und notwendig sei, die Jahreszeiten anhand der Gestirne zu bestimmen

2 Vgl. Lewis 1992, 113–118.
3 Vgl. Gee 2013.
4 Vgl. Aratos, *Phainomena* 149–155. 158 f. 264–267. 285–310. 329–337; vgl. Volk 2010, 202.

(Text A).[5] Das Vermitteln von Wissen über die Zeitmessung anhand der Astronomie wird programmatisch als thematischer Aufhänger des Werks in Anspruch genommen, wobei die Bedeutung der *Phainomena* weit über die bloße Inhaltsvermittlung hinaus geht.[6] Das Wissen, das Arat über die Gestirne vermittelt, ist fest eingebunden in die poetisch-ästhetischen sowie moralisch-philosophischen Grundlagen des Werkes. Ebenso sind Aussagen über Zeit eng verknüpft mit verschiedenen Dimensionen sprachlicher, literarischer, theologischer und mythologischer Chronologie. Die Verbindung dieser verschiedenen Dimensionen von Zeit sollen im Folgenden anhand einiger Beispiele (Texte B–D) illustriert werden.

Dem dichterischen Brauch entsprechend, zu Beginn eines Werkes die Götter um Beistand zu bitten, beginnen die *Phainomena* mit einer Anrufung des Zeus (»Mit Zeus lasst uns beginnen«, Vers 1). Zeus wird als der Vater der Sterblichen angesprochen, der ihnen Zeichen gibt und die menschliche Zeit reguliert: »Er aber, den Menschen freundlich, gibt günstige Zeichen, weckt das Volk zur Arbeit und erinnert ans Lebensnötige; er sagt, wann die Scholle am besten ist für die Ochsen und für die Hacken, sagt, wann die günstigen Zeiten, die Pflanzen zu umhäufeln und alle Saaten zu säen« (5–9). Zeus selbst habe die himmlischen Zeichen gegeben und bestimmt, welche den Menschen die Jahreszeiten anzeigen sollten, »auf dass alles kräftig wachse« (14). Zeus, das »frühe Geschlecht« und die Musen werden folglich zum Abschluss des Proömiums nochmals angerufen. Der Dichter bittet diese darum, das gesamte Gedicht durch Zeichen zu leiten (15–18). So wird der folgende Text, wie die dargestellten Sternbilder selbst, zu einem von den Göttern gegebenen Zeichen für verborgene Wahrheiten und Vorgänge.[7]

Die zentralen Themen des Werkes sind hiermit angesprochen, und zugleich werden die *Phainomena* selbst in eine kosmische Einheit eingebettet: Zeus ist der Ursprung sowohl der Menschen als auch der himmlischen Zeichen, die er ihnen gab, um das Wachstum auf der Erde zu sichern.[8] Diese Zeichen bestimmen insbesondere den zeitlichen Ablauf der praktischen Tätigkeiten der Menschen, doch spiegeln sie sich auch in der Führung durch Zeichen wider, durch die Zeus und die Musen Arats gesamtes Gedicht lenken, das die skizzierte kosmische Ordnung abbildet und an Arats Publikum vermittelt. Das letzte Wort der *Phainomena*, τεκμήραιο, an den Leser gerichtet (»wirst du nach dem Äther wohl niemals blindlings urteilen«, 1154), greift die an die Musen und Zeus gerichtete Bitte um

5 Zum Proömium siehe Erren 1967, 9–31; Fakas 2001, 5–66.

6 Zur antiken Lehrdichtung, vgl. Q 28 und, speziell für Arat, Volk 2010, 198 mit Literaturangaben.

7 Vgl. Gutzwiller 2007, 100. 102; vgl. auch Gee 2000, 70–91; Hunter 2008, 160–166; Volk 2012. – Die Zeichenhaftigkeit des Textes selbst kommt auch darin zum Ausdruck, dass das Werk Akrosticha (die Anfangsbuchstaben von aufeinanderfolgenden Versen ergeben ein Wort oder einen Satz) enthält, wie etwa das vieldiskutierte λεπτή in 783–787; vgl. Volk 2010, 205 f. und Volk 2012, 226 f. mit weiterer Literatur.

8 Auf der Grundlage des Proömiums, aber auch anderer zentraler Stellen, sind die *Phainomena* häufig als ein stark von stoischem Gedankengut inspiriertes Werk gedeutet worden: vgl. Erren 1967; Gee 2000, 70–91; *contra* Fakas 2001; Lewis 1992, 105–108.

Führung am Ende des Proömiums wieder auf (τεκμήρατε, 18). So wie sich in der Abfolge von Zeichen, die am Himmel zu beobachten sind, zu den irdischen Zeichen in der Gesamtstruktur des Werks eine Wendung vom Himmel zum Bereich der Menschen vollzieht, so vermitteln die *Phainomena* zwischen den Göttern, die zu Beginn angerufen werden, und den Menschen, die am Ende sicheres Wissen über die Zeichen erlangt haben. Zugleich legt sich durch diese Parallele ein Ring um das Werk, der die kosmische Ordnung abbildet. Die »Zeichen« der Zeit und die Fähigkeit, sie zu entziffern, die Arat vermittelt, sind damit fest in einen größeren kosmischen, theologischen, aber auch poetisch-ästhetischen Rahmen eingeordnet.

Innerhalb dieses Rahmens lassen sich verschiedene Ebenen der zeitlichen Ordnung erkennen, die eng miteinander verwoben werden. Das erste Gestirn, das Arat behandelt, sind der Große (Kynosura) und der Kleine Bär (Helike) (24–44, Text B). In der Beschreibung ihres Aussehens wird betont, dass sie »ewig« in einer bestimmten Gestalt erscheinen (αἰὲν – αἰεί, 28–29). Dennoch haben sie einen ganz bestimmten Ursprung, von dem Arat im Folgenden berichtet: Die Bären hätten den neugeborenen Zeus in einer Höhle bewacht und ein Jahr lang aufgezogen, während die Kureten mit ihrem Waffenlärm Zeus' Vater Kronos täuschten, so dass sein Sohn unbehelligt aufwachsen und, so weiß der kundige Leser, schließlich seinen Vater stürzen und selbst die Herrschaft übernehmen konnte. Interessant ist, dass die beiden Bären Zeus ein ganzes Jahr lang bzw. bis zum Ende seines ersten Jahres aufgezogen haben sollen (εἰς ἐνιαυτόν, 34). Auch die Gestirne und das Wetter sind, wie Arat betont, in den Ablauf eines Jahres eingebunden und markieren diesen, und Hinweise auf das Jahr spielen eine wichtige Rolle in den *Phainomena.*[9] Von Anfang an, und noch ehe die Gestirne in ihrer Gesamtheit existierten, ist die Zeit daher von der Einheit des Jahres bestimmt. Die Zeitdauer eines Jahres, die den Umlauf der Gestirne um die Erde bemisst, erscheint damit als eine kosmische Größe, die Götter, Menschen und die Gestirne verbindet.

Unter den Namen Kynosura und Helike dienen diese Gestirne nun den griechischen und karthagischen Seeleuten zur Orientierung. Um diese Zeichen »lesen« zu können, müssen, wie immer bei der Interpretation von Sternbildern, sowohl Zeit als auch Raum einbezogen werden: Helike erscheint groß zu Beginn der Nacht, während Kynosura auf einen kleineren Raum begrenzt ist und dadurch als sicheres Zeichen dient (40–44).

---

9 Vgl. Kidd 1997, *ad* 11.

Soziokulturelle Auswertung

So wie die *Phainomena* selbst, so beginnt auch der Sternenhimmel in Arats Darstellung mit Zeus: Das erste Sternbild, das er schildert, legt für immer Zeugnis ab von der Kindheit des Zeus und der bekannten Geschichte, wie der Gott aufwachsen konnte, um schließlich die Macht über Götter und Menschen zu übernehmen, die so »ewig« ist wie das Sternbild des Großen und Kleinen Bären, wie die Gestirne überhaupt. Einer der zentralen griechischen Texte, in dem die Geschichte erzählt wird, deren Kenntnis Arat hier voraussetzt, ist Hesiods *Theogonie* (vgl. Q 28), das große Lehrgedicht, in dem Hesiod vom Ursprung der Göttergeschlechter erzählt. Das erste Sternbild ist damit auch eng mit der frühen griechischen Literatur verbunden und erlaubt es Arat, sich in die Nachfolge Hesiods zu stellen: Während die Einrichtung von Zeus' Herrschaft das Zentrum der *Theogonie* darstellt, nehmen die *Phainomena* ihren Ausgang von diesem Ereignis und schreiben sie insofern fort, als sie das aus den beiden Bären entstehende Gestirn aufgreifen und, von ihm ausgehend, die kosmische und göttliche Ordnung der Welt beschreiben. Arats Werk wird damit Teil eines umso größeren gedanklichen Bogens: vom Beginn der Herrschaft des Zeus bis zur Gegenwart; von der Geburt des Zeus auf Erden zum Himmel und zurück zu den Menschen auf der Erde; von Hesiods archaischer zu Arats hellenistischer Dichtung.

Kynosura und Helike werden im Laufe der *Phainomena* wiederholt erwähnt; sie dienen den Seeleuten wie auch Arat selbst und seinen Lesern zur Orientierung. So erscheint hinter Helike der Arktophylax (»Bärenhüter«), auch Bootes genannt (91–95), und unterhalb seiner Füße erscheint die Jungfrau (96–136).[10] Auch hier wird die räumliche Beschreibung eines Gestirns aufs Engste mit dem Verlauf der Zeit verflochten. Wieder nimmt Arat seinen Ausgangspunkt bei Hesiod: von der Göttin Dike, der Hüterin der Gerechtigkeit in den *Werken und Tagen* (256–262). Arat verbindet nun diese Erzählung mit der – ebenfalls hesiodeischen – Darstellung der Weltzeitalter, wobei aus Hesiods fünf (*Werke und Tage* 106–201) bei Arat drei Weltzeitalter werden: das Goldene, Silberne und Bronzene. Am Ende des Silbernen Zeitalters verlässt Dike aus Protest die Erde, jedoch nicht ohne die künftigen Menschen zuvor zu Krieg, Blutvergießen und Leiden zu verdammen (125 f.). Die Menschen des Bronzenen Zeitalters waren die ersten, die Schwerter herstellten und das Fleisch ihres Pflugochsen aßen, woraufhin Dike endgültig die Erde verließ und zu dem Gestirn wurde, der Jungfrau, als das sie heute noch (ἔτι, 135) am Himmel erscheint.

Diese Passage bildet das Gegenstück zu den Sternbildern von Kynosura und Helike, die mit dem Aufwachsen des jungen Zeus und seiner Machtübernahme verbunden sind. Den Gegensatz zur Etablierung der göttlichen Ordnung bildet der unaufhaltsame moralische Abstieg in der menschlichen Sphäre. Eine neue Form der Chronologie wird etabliert: eine

10 Zu Arats Dike siehe Schiesaro 1996; Fakas 2001, 149–175; Van Noorden 2009.

Chronologie des Verfalls von einem früheren Goldenen Zeitalter hin zur Gegenwart. Eng damit verbunden ist das Aition von Krieg und Leid, die diese Gegenwart kennzeichnen. Diese bilden einen Kontrast zur im Proömium skizzierten gütigen Hilfe, die die Menschen von Zeus durch die von ihm gesandten Zeichen erhalten, damit sie die Fruchtbarkeit auf Erden sicherstellen. Die Menschen, so zeigt sich hier, haben einen Hang zur Zerstörung und vertreiben damit die Götter, die ihnen einst nahe waren. Mit der Stabilität der göttlichen Ordnung, die nach Zeus' Übernahme der Macht erreicht ist, korrespondiert die Dynamik des zeitlichen Verlaufs, die den unaufhaltsamen Abstieg vom Goldenen zum Bronzenen Zeitalter kennzeichnet. Das Sternbild der Jungfrau, das seit ihrer Flucht von der Erde am Himmel steht, vermittelt, wie alle Sternbilder, dem Menschen Orientierung, aber es fungiert auch als Mahnmal mit einer ethischen Komponente, einem Aufruf zu gerechtem Handeln: als Erinnerung an den Verlust eines Goldenen Zeitalters, eine nicht mehr rückgängig zu machende Trennung zwischen Menschen und Göttern, die moralische Verkommenheit des Menschen und Krieg und Leid, die die Menschen für immer von den Göttern trennen.

So wie die Welt der Götter und die der Menschen, so erhält auch die poetische Welt des Dichters zeitliche Tiefe durch die Bedeutung der Sternbilder, die am Himmel zu sehen sind. Unterhalb von Andromeda ist Pegasus[11] zu sehen (205–224, Text C), das Pferd, das einst mit einem Tritt seines Hufes auf dem Berg Helikon in Böotien die Quelle Hippokrene hervorsprudeln ließ, die fortan zum Symbol für poetische Inspiration werden sollte, unter der Führung der auf dem Helikon lebenden Musen. Arat beschwört eine Zeit herauf, als es diese Quelle auf dem Helikon noch nicht gab (οὐ γάρ πω, 218), die in Erinnerung an ihre Entstehung von Hirten den Namen Hippokrene, »Pferdequelle« erhielt (220 f.). Mit der Erwähnung der Hirten auf dem Helikon – zu denen seiner eigenen Darstellung zufolge auch Hesiod gehört haben soll, als ihn die Musen ansprachen und ihn zum Dichter »weihten« (*Theogonie* 22–25) – spielt Arat möglicherweise einmal mehr auf sein poetisches Vorbild und seinen großen Vorgänger als Lehrdichter an. Der Ursprung von dichterischer Inspiration und insbesondere von Arats eigener Inspiration, die er durch Hesiods Werk erhält, sind eng miteinander verflochten.

Zugleich bringt diese Passage auch verschiedene Formen der Erinnerung an vergangene mythische Ereignisse miteinander in Dialog. Eine wichtige Rolle spielt dabei die Sprache: Dadurch, dass die Hirten die Quelle »Pferdequelle« nannten, schufen sie eine immerwährende sprachliche Erinnerung an den Huftritt des Pferdes, durch den diese Quelle entstand. Es existiert eine enge Verbindung zwischen dem sprachlichen Akt der Hirten und der Sprache von Arat selbst, der – ebenfalls im Medium der Sprache – die Ereignisse der Vergangenheit beschreibt, sie seinem Publikum vergegenwärtigt und damit ihr

11 Zum Sternbild Pegasus vgl. auch Q 21.

Andenken sichert. Hierin wird er unterstützt vom Medium des Bildes. In den letzten drei Versen wird besonders der Sehsinn des Publikums aufgerufen, das diese Quelle immer in der Gegend von Thespien (im Süden Böotiens) sehen kann (ὄψεαι, 223), aber das ebenso am Himmel dieses Sternbild des Zeus betrachten kann (θηήσασθαι, 224). Der Himmel spiegelt damit auf einer globalen und einer für alle Betrachter zugänglichen Weise das wider, was auf der Erde auf eine einzige Gegend begrenzt ist, in diesem Fall die Quelle auf dem Helikon in der Gegend von Thespien. Zugleich werden die sichtbaren Phänomene der Welt in eine enge Verbindung mit dem Text der *Phainomena* gebracht: Auch wenn die Quelle und das Sternbild an dieser Stelle zunächst einmal nur beschrieben, d. h. als sprachliche Zeugnisse vor dem inneren Auge des Publikums heraufbeschworen werden, stellen sie doch außertextliche Zeugen dar, die gesehen werden können und die durch den Text eine Bedeutung und eine Geschichte erhalten und zugleich als Bestätigung der dichterischen Darstellung angesehen werden können.

Die Zeichen, denen Arats Werk gewidmet ist, sind, wie hier deutlich wird, eng mit der Sprache des Dichters verbunden und erhalten durch diese ihre zeitliche Tiefe, die in diesem Fall in die mythische Vergangenheit zurückreicht. Zugleich erhält in dieser Passage die Sprache ihre eigene zeitliche Tiefe, durch den Rückgriff auf die Entstehung des Namens Hippokrene, aber auch durch die Anspielung auf Hesiod. Die Orientierung in der Zeit, die die Gestirne vermitteln, ist nicht nur eine Orientierung im Verlauf des Jahres, sondern auch in der mythischen, sprachlichen und literarischen Vergangenheit.

Schließlich erhält in den *Phainomena* auch das von Arat vermittelte astronomische Wissen seine Geschichte (367–385, Text D). Ausgangspunkt für diese Betrachtung ist eine unbenannte Gruppe von Sternen, was Arat zum Anlass nimmt, zu berichten, wie »einer der Menschen« der Vergangenheit (373–374) die Sterne in Gruppen eingeteilt und mit Namen versehen habe. Der Aufgabe, jeden Stern einzeln zu benennen, sei er nicht gewachsen gewesen, und so habe er sie so in Gruppen eingeteilt, dass sie Figuren formten (εἴδεα σημαίνοιεν, 381). Dieser selbst namenlose Mensch übernimmt die Rolle eines Vermittlers zwischen Zeus und den Menschen, indem er die zeichenhafte Bedeutung der Gestirne, die diese nach Zeus' Plan haben sollten, für die Menschen als Ordnung erschafft und verständlich macht (vgl. σημαίνοιεν, 12).[12] Hiermit habe er den Gestirnen aber auch den wundersamen Charakter genommen (θαύματι, 382).

Zugleich besteht in dieser Passage eine Spannung zwischen der vollständigen Erklärung der Welt, die das Wundersame rational zugänglich und benennbar macht, und dem Grade, zu dem sich die Welt einer solchen Erklärung entzieht. Am Ende der Passage kommt Arat wieder auf den Anfang zurück: die Sterne, die namenlos geblieben sind, und die in Nebel gehüllt ihren Kurs verfolgen (385). Auch der Entdecker der Sternbilder selbst bleibt

12 Vgl. auch Volk 2010, 204 zu den verschiedenen Urhebern von Zeichen in den *Phainomena*.

namenlos, und an anderen Stellen weist Arat explizit auf den wundersamen Charakter des Sternenhimmels hin (θαῦμα).[13] Obwohl Arats Werk ganz der Erklärung der »Zeichen« gewidmet ist, bleibt doch ein unerklärlicher Rest in der großen kosmischen Ordnung. Genauso wissen die Menschen noch nicht alles von Zeus, sondern vieles ist noch verborgen, was der Gott jedoch, wenn er es wünscht, durch Zeichen bekannt macht (vgl. 768–772) – die Zeichen, die Arat in ihren vielfältigen zeitlichen Dimensionen – sprachlich, literarisch, mythologisch und theologisch – seinem Publikum vermittelt.

Bibliographie

Erren 1967
M. Erren, Die *Phainomena* des Aratos von Soloi (Wiesbaden 1967).

Erren 2009
M. Erren, Aratos *Phainomena:* Sternbilder und Wetterzeichen, Sammlung Tusculum (Düsseldorf 2009).

Fakas 2001
C. Fakas, Der hellenistische Hesiod: Arats *Phainomena* und die Tradition der antiken Lehrepik (Wiesbaden 2001).

Fantuzzi – Hunter 2004
M. Fantuzzi – R. L. Hunter, Tradition and Innovation in Hellenistic Poetry (Cambridge 2004).

Gee 2000
E. Gee, Ovid, Aratus and Augustus: Astronomy in Ovid's Fasti (Cambridge 2000).

Gee 2013
E. Gee, Aratus and the Astronomical Tradition (Oxford 2013).

Gutzwiller 2007
K. J. Gutzwiller, A Guide to Hellenistic Literature (Malden 2007).

Hunter 2008
R. L. Hunter, Written in the Stars: Poetry and Philosophy in the Phaenomena of Aratus, Arachnion 2, 1995, 1–34 (Nachdr. in: R. L. Hunter, On Coming After: Studies in Post-Classical Greek Literature and Its Reception 1 [Berlin 2008] 153–188).

Hutchinson 1988
G. Hutchinson, Hellenistic Poetry (Oxford 1988).

Kidd 1997
D. Kidd, Aratus: Phaenomena, Cambridge Classical Texts and Commentaries (Cambridge 1997).

Lewis 1992
A.-M. Lewis, The Popularity of the Phaenomena of Aratus: A Reevaluation, in: C. Deroux (Hrsg.), Studies in Latin Literature and Roman History VI, Collection Latomus 217 (Brüssel 1992) 94–118.

Lombardo 1983
Sky Signs: Aratus' Phaenomena, Translated by S. Lombardo (Berkeley 1983).

Mair 1921
Callimachus: Hymns and Epigrams. Aratus: Phaenomena. Lycophron: Alexandra, Translated by A. W. Mair (Cambridge 1921; Nachdr. Cambridge 1955).

---

13 Vgl. *Phainomena,* Verse 46 und 473 (θαῦμα empfunden beim Betrachten der Milchstraße); vgl. auch Vers 15 (Zeus als μέγα θαῦμα).

Schiesaro 1996
A. Schiesaro, Aratus' Myth of Dike, Materiali e Discussioni 37, 1996, 9–26.
Toohey 1996
P. Toohey, Epic Lessons: An Introduction to Ancient Didactic Poetry (London 1996).
Van Noorden 2009
H. Van Noorden, Aratus' Maiden and the Source of Belief, in: M. A. Harder – R. F. Regtuit – G. C. Wakker (Hrsg.), Nature and Science in Hellenistic Poetry (Löwen 2009) 255–275.
Volk 2010
K. Volk, Aratus, in: J. J. Clauss – M. Cuypers (Hrsg.), A Companion to Hellenistic Literature (Chichester 2010) 197–210.
Volk 2012
K. Volk, Letters in the Sky: Reading the Signs in Aratus' Phaenomena, American Journal of Philology 133, 2012, 209–240.

Q 34 Die Kalenderreform im Priesterdekret von Kanopos (238 v. Chr.)

Roland Färber

Text: Auszüge aus der griechischen Fassung nach OGIS I 56 A

βασιλεύοντος Πτολεμαίου τοῦ Πτολεμαίου καὶ Ἀρσινόης, θεῶν Ἀδελφῶν ἔτους ἐνάτου, ἐφ' ἱερέως Ἀπολλωνίδου τοῦ | Μοσχίωνος Ἀλεξάνδρου καὶ θεῶν Ἀδελφῶν καὶ θεῶν Εὐεργετῶν, κανηφόρου Ἀρσινόης Φιλαδέλφου Μενεκρατείας | τῆς Φιλάμμονος μηνὸς Ἀπελλαίου ἑβδόμηι, Αἰγυπτίων δὲ Τυβὶ ἑπτακαιδεκάτηι·

ψήφισμα· οἱ ἀρχιερεῖς | καὶ προφῆται καὶ οἱ εἰς τὸ ἄδυτον εἰσπορευόμενοι πρὸς τὸν στολισμὸν τῶν θεῶν καὶ πτεροφόραι καὶ ἱερογραμματεῖς καὶ | οἱ ἄλλοι ἱερεῖς οἱ συναντήσαντες ἐκ τῶν κατὰ τὴν χώραν ἱερῶν εἰς τὴν πέμ̣[π̣]τ̣η̣ν̣ τοῦ Δίου, ἐν ἧι ἄγεται τὰ γενέθλια τοῦ | βασιλέως, καὶ εἰς τὴν πέμπτην καὶ εἰκάδα τοῦ αὐτοῦ μηνός, ἐν ἧι παρέλαβεν τ̣ὴ̣ν̣ β[α]σιλείαν παρὰ τοῦ πατρός, συνεδρεύσαντες | ταύτηι τῆι ἡμέραι ἐν τῶι ἐν Κανώπωι ἱερῶι τῶν Εὐεργετῶν θεῶν εἶπαν· [...]

[...] καὶ ἐπειδὴ καθ' ἕκαστον μῆνα ἄγονται ἐν τοῖς ἱεροῖς ἑορταὶ τῶν Εὐεργετῶν θεῶν κατὰ τὸ πρότερον γραφὲν ψήφισμα | ἥ τε πέμπτη καὶ ἡ ἐνάτ<η> καὶ ἡ πέμπτη ἐπ' εἰκάδι, τοῖς τε ἄλλοις μεγίστοις θεοῖς κατ' ἐνιαυτὸν συντελοῦνται ἑορταὶ καὶ πανηγύρεις δημοτε|λεῖς, ἄγεσθαι κατ' ἐνιαυτὸν πανήγυριν δημοτελῆ ἔν τε τοῖς ἱεροῖς καὶ καθ' ὅλην τὴν χώραν βασιλεῖ Πτολεμαίωι καὶ βασιλίσσηι Βερενίκηι | θεοῖς Εὐεργέταις τῆι ἡμέραι ἐν ἧι ἐπιτέλλει τὸ ἄστρον τὸ τῆς Ἴσιος, ἣ νομίζεται διὰ τῶν ἱερῶν γραμμάτων νέον ἔτος εἶναι, ἄγεται δὲ νῦν ἐν τῶι | ἐνάτωι ἔτει νουμηνίαι τοῦ Παϋνὶ μηνός, ἐν ὧι καὶ τὰ μικρὰ Βουβάστια καὶ τὰ μεγάλα Βουβάστια ἄγεται καὶ ἡ συναγωγὴ τῶν καρπῶν καὶ ἡ τοῦ | ποταμοῦ ἀνάβασις γίνεται. ἐὰν δὲ καὶ συμβαίνηι τὴν ἐπιτολὴν τοῦ <ἄ>στρου μεταβαίνειν εἰς ἑτέραν ἡμέραν διὰ τεσσάρων ἐτῶν, μὴ μετατί|θεσθαι τὴν πανήγυριν ἀλλὰ ἄγεσθαι ὁμοίως τῆι νουμηνίαι τοῦ Παϋνί, ἐν ἧι καὶ ἐξ ἀρχῆς ἤχθη ἐν τῶι ἐνάτωι ἔτει, καὶ συντελεῖν αὐτὴν ἐπὶ ἡμέρας | πέντε μετὰ στεφανηφορίας καὶ θυσιῶν καὶ σπονδῶν καὶ τῶν ἄλλων τῶν προσηκόντων. ὅπως δὲ καὶ αἱ ὧραι τὸ καθῆκον ποιῶσιν διὰ παντὸς κατὰ τὴν νῦν | οὖσαν κατάστασιν τοῦ κόσμου, καὶ μὴ συμβαίνηι τινάς τῶν δημοτελῶν ἑορτῶν τῶν ἀγομένων ἐν τῶι χειμῶνι ἄγεσθαί ποτε ἐν τῶι θέρει, τοῦ ἄστρου | μεταβαίνοντος μίαν ἡμέραν διὰ τεσσάρων ἐτῶν, ἑτέρας δὲ τῶν νῦν ἀγομένων ἐν τῶι θέρει ἄγεσθαι ἐν τῶι χειμῶνι, ἐν τοῖς μετὰ ταῦτα καιροῖς καθάπερ πρό|τερόν τε συμβέβηκεν γενέσθαι καὶ νῦν ἂν ἐγίνετο τῆς συντάξεως τοῦ ἐνιαυτοῦ μενούσης ἐκ τῶν τριακοσίων καὶ ἑξήκοντα ἡμερῶν καὶ τῶν ὕστερον προσ|νομισθεισῶν ἐπάγεσθαι πέντε ἡμερῶν, ἀπὸ τοῦ νῦν μίαν ἡμέραν ἑορτὴν τῶν Εὐεργετῶν θεῶν ἐπάγεσθαι διὰ τεσσάρων ἐτῶν ἐπὶ ταῖς πέντε ταῖς | ἐπαγομέναις πρὸ τοῦ νέου ἔτους, ὅπως ἅπαντες εἰδῶσιν διότι τὸ ἐλλεῖπον πρότερον περὶ τὴν σύνταξιν τῶν ὡρῶν καὶ τοῦ ἐνιαυτοῦ καὶ τῶν νομιζο|μένων περὶ τὴν ὅλην διακόσμησιν τοῦ πόλου διωρθῶσθαι καὶ ἀναπεπληρῶσθαι συμβέβηκεν διὰ τῶν Εὐεργετῶν θεῶν. [...]

Übersetzung

(1) Unter der Regierung des Ptolemaios, des Sohnes des Ptolemaios und der Arsinoe, der Geschwistergötter, im neunten Jahr, als Apollonides, Sohn des (2) Moschion, Priester des Alexander und der Geschwistergötter und der Wohltätergötter war, als Menekrateia, Tochter des Philammon, Kanephore (3) der Arsinoe Philadelphos war, am 7. Apellaios, am 17. Tybi der Ägypter. Beschluss: Die Erzpriester (4) und Propheten und die in das Sanktuar zur Bekleidung der Götter hineingehenden (Priester) und die Flügelträger und die Tempelschreiber und (5) die anderen Priester, die aus den Heiligtümern im Lande zusammengekommen sind am 5. Dios, an dem der Geburtstag des (6) Königs gefeiert wird, und am 25. desselben Monats, an dem er von seinem Vater die Königsherrschaft übernommen hat, haben an diesem Tag, nachdem sie zusammen Rat gehalten hatten, (7) im Heiligtum der Wohltätergötter in Kanopos den Antrag gestellt: [...] (33) [...] Und da in jedem Monat Feste der Wohltätergötter gefeiert werden in den Tempeln gemäß dem früher gefassten Beschluss (34) am 5. und 9. und am 25. Tag und da für die übrigen höchsten Götter jedes Jahr Feste gefeiert werden und öffentliche Prozessionen, (35) soll jedes Jahr eine öffentliche Prozession in den Heiligtümern und im ganzen Land für König Ptolemaios und Königin Berenike, (36) die Wohltätergötter, an dem Tag durchgeführt werden, an dem der Stern der Isis erscheint, der in den heiligen Schriften als Neujahr betrachtet wird; er wird jetzt aber (37) im neunten Jahr, am Neumond des Monats Payni gefeiert, in dem auch die kleinen Bubastia und die großen Bubastia begangen werden und die Sammlung der Ernte und (38) die Flussschwelle geschehen; wenn es sich nun ereignet, dass das Erscheinen des Sternes im Verlauf von vier Jahren auf einen anderen Tag hinübergeht, dann soll (39) die Prozession nicht verschoben werden, sondern sie soll am Neumond des Payni vollzogen werden, an dem sie ursprünglich im neunten Jahr durchgeführt wurde, und sie soll (40) fünf Tage lang unter Bekränzungen und Rauchopfern und Trankopfern und den anderen erforderlichen Dingen vollzogen werden; damit aber auch die Jahreszeiten jederzeit das Gehörige gemäß der jetzigen (41) Beschaffenheit des Kosmos machen und es nicht geschieht, dass einige der öffentlichen Feste, die im Winter gefeiert werden, jemals im Sommer gefeiert werden, (42) weil sich der Stern während vier Jahren um einen Tag verschiebt; dass aber andere, jetzt im Sommer gefeierte (Feste) im Winter gefeiert werden in den Zeiten danach, entsprechend dem, (43) was sich früher ereignet hat und jetzt wieder geschehen würde, wenn die Zusammenstellung des Jahres aus 360 Tagen und den nach späterer Praxis hinzugefügten fünf Tagen bestehen bliebe (44), so soll von jetzt an ein Tag als Fest der Wohltätergötter hinzugeschaltet werden nach vier Jahren hinzu zu den fünf, (45) die vor dem neuen Jahr eingefügt sind, damit alle wissen, dass die Ordnung und Auffüllung des früheren Rückstandes in Bezug auf die Zusammenstellung der Jahreszeiten und des Jahres und der

Gesetzmäßigkeiten (46) in Bezug auf die gesamte geregelte Bewegung der Himmelsachse durch die Wohltätergötter vorgenommen worden ist.

Übersetzung adaptiert nach Pfeiffer 2004, 61 und 63.

Zur Quelle

Das Dekret von Kanopos stammt vom 7. März des Jahres 238 v. Chr. und ist ein Ehrenbeschluss der ägyptischen Priesterschaft für König Ptolemaios III. Euergetes und seine Frau Berenike II. Mit Euergetes' 9. Regierungsjahr fällt es in eine Zeit, als der König infolge des Dritten Syrischen Krieges das ptolemäische Herrschaftsgebiet in der Ägäis, an den Küsten Kleinasiens und auch nach Süden am Roten Meer merklich ausgeweitet hatte. Das makedonische Königtum in Ägypten befand sich damals auf dem Höhepunkt seiner Macht.

Das Dekret ist das Resultat einer Zusammenkunft der ägyptischen Priester beim Tempel für den Herrscherkult in Kanopos anlässlich des Geburtstags und Herrschaftsjubiläums Ptolemaios' III. Euergetes. Solche Priestersynoden fanden seit dem mittleren 3. Jahrhundert v. Chr. offenbar jährlich statt. Sie konnten neben dem Königsgeburtstag auch andere Gedenktage oder Feste zum Anlass haben und waren ein entscheidendes Medium der Kommunikation zwischen dem makedonischen König und der ägyptischen Priesterschaft. Auf der Tagesordnung standen finanzielle und rechtliche Belange der Priesterschaft ebenso wie kultische Regelungen.[1]

Das Kanopos-Dekret war, wie die bekannte Inschrift von Rosetta (OGIS I 90), in zwei Sprachen – Griechisch und Ägyptisch – ausgefertigt, wobei das Ägyptische doppelt in Gestalt von Hieroglyphen und in der Alltagsschrift Demotisch Ausdruck findet. Die Literatur spricht meist von Trilinguen, doch sollte man eher von Bilinguen, ausgeführt als Triskripte, sprechen. Der Text ist auf mehreren Stelen und Stelenfragmenten ganz oder teilweise überliefert. Vollständig, sowohl mit den Hieroglyphen, dem demotischen und dem griechischen Text, sind die Stelen aus Tanis und Kom el-Hisn. Daneben gibt es teils fragmentierte oder stark abgeriebene Stelen aus Kairo, Karnak, Elkab und Bubastis.[2] Von der Gattung her entspricht es dem Muster griechischer Ehrendekrete, worauf bestimmte Schlüsselbegriffe, wie etwa *pséphisma* (Z. 3), verweisen. Die hier wiedergegebene griechische Fassung entstammt der Stele von Tanis.

Nach dem Präskript (Z. 1–7) folgen zwei Beschlüsse: Der erste ist ein Ehrenbeschluss für das Königspaar (Z. 7–46), zu dem auch der hier abgedruckte Teil zur Reform des Kalenders gehört, der zweite ein sogenannter Trostbeschluss für die während der Versammlung

---

1 Vgl. Huß 1991; Pfeiffer 2004, 9–12.

2 Übersichten über die erhaltenen Exemplare und die Editionen bei Clarysse 2000, 42; Pfeiffer 2004, 25 f. und Pfeiffer 2015, 75.

verstorbene Prinzessin Berenike (Z. 46–73). Den Abschluss bilden die Veröffentlichungsbestimmungen (Z. 73–76).[3] Der Muttertext dürfte eine von den ägyptischen Priestern erstellte griechische Urkunde gewesen sein, da das Griechische im Gegensatz zum Demotischen auf allen Stelen sehr einheitlich ist.[4]

Ausgewählte Editionen, Übersetzungen und Kommentare

Die Standardausgabe des griechischen Textes ist immer noch OGIS I 56 mit einer Kompositfassung nach den Stelen aus Tanis und Kom el-Hisn, wobei die Zeilenzählung dem Tanis-Exemplar folgt (76 Z.). Daran orientieren sich die meisten Übersetzungen in den geläufigen Inschriftensammlungen.[5] Das zuletzt gefundene Exemplar aus Bubastis wurde von Christian Tietze, Eva R. Lange und Klaus Hallof (2005 = SEG 55, 1816) ediert. Eine Synopse der griechischen, hieroglyphischen und demotischen Texte (in Transliterarion) mit Übersetzungen und eingehendem Kommentar bietet die Monographie von Stefan Pfeiffer (2004).

Verwandte Quellen

Von der Form her verwandt sind andere Dekrete ägyptischer Priestersynoden wie etwa jenes von Alexandria (243 v. Chr.) oder das als »Rosettana« berühmt gewordene von Memphis (196 v. Chr.).[6] Die Beschlüsse zum Kalender sind hier jedoch singulär.

Siehe auch

Q 9 – Die 30 Tage des Mondmonats und ihre Schutzgötter
Q 10 – Eine Beschreibung der Neujahrsprozession im Hathortempel von Dendera
Q 40 – Edikt und Dekret zur Einführung eines neuen Kalenders in Asia (9/8 v. Chr.)
Q 46 – Die Kalenderreform Caesars nach Sueton

3 Zum Aufbau vgl. die Schemata bei Pfeiffer 2004, 52 und Clarysse 2000, 64.

4 Pfeiffer 2004, 52–55.

5 Deutsch: Brodersen u. a. 2011, Nr. 412; Pfeiffer 2015, Nr. 14 (mit prägnantem Kommentar und aktueller Bibliographie). Englisch: Austin 1981, Nr. 222; Bagnall - Derow 1981, Nr. 136. Französisch: Bernand 1992, Nr. 8–10; Bertrand 2004, Nr. 105.

6 Pfeiffer 2015, Nr. 13 und 22 (OGIS I 90). Eine Zusammenstellung aller bekannten Synodaldekrete bei Huß 1991; tabellarisch auch bei Clarysse 2000, 42 f.

Technische Aspekte

Zur Datierung des Dekrets wird zunächst das 9. Regierungsjahr des Königs angegeben. Es folgt der eponyme Alexanderpriester, den es seit Ptolemaios I. gab, und die ebenfalls eponyme Kanephore, deren Amt zu Ehren der verstorbenen Ehefrau Ptolemaios' II., Arsinoe II., eingerichtet wurde. Die Angabe des Tages erfolgt auf zweifache Weise. Im Griechischen steht μηνὸς Ἀπελλαίου ἑβδόμηι, Αἰγυπτίων δὲ Τυβὶ ἑπτακαιδεκάτηι (Z. 3). Zunächst wird der 7. Tag des Monats Apellaios (2. Monat) genannt, dann die Gleichung aufgemacht, dass dies bei den Ägyptern der 17. Tybi (5. Monat) sei. Die zeitlichen Bezugsrahmen sind der makedonische Kalender einerseits und der ägyptische andererseits. Der Standpunkt des Betrachters ist hier freilich ein griechischer, von wo aus der ägyptische Monatstag eigens mit der Erklärung Αἰγυπτίων δὲ versehen wird. Diese Erklärung findet sich nur im griechischen und im hieroglyphischen Text, nicht jedoch im demotischen. Im demotischen Text von Tanis ist der ägyptische Kalendertag gar gänzlich fortgelassen.[7]

Doppeldatierungen sowohl nach makedonischem Kalender als auch nach ägyptischem Kalender sind ein durchgängiges Phänomen in den Papyri der Ptolemäerzeit.[8] Das altägyptische Jahr mit seinen zwölf Monaten zu je 30 Tagen und weiteren fünf angehängten Tagen war gegenüber dem Sonnenjahr etwa um einen Vierteltag zu kurz, so dass der Jahresbeginn früher und früher zum Liegen kam und im Laufe von 1460 Jahren alle Jahreszeiten durchwandelte (siehe Chronologische Grundlagen: Ägypten). Dieses »Wandeljahr« hatte dennoch einen entscheidenden Vorzug, den schon der Grieche Herodot (2, 4) im 5. Jahrhundert v. Chr. herausstreicht: seine feste Größe. So reicht im Prinzip ein einziger sicherer Synchronismus mit dem Julianischen Kalender, um alle zurückliegenden Daten julianisch berechnen zu können. Mit dieser festen Größe stand das System allerdings als »Anomalie« unter den antiken Kalendern, die fast alle vom Lauf des Mondes bestimmt wurden und einen Ausgleich mit dem Sonnenjahr herzustellen suchten. Ein solcher lunisolarer Kalender war der makedonische.[9] Seine Monate zählten 29 oder 30 Tage. 12 Monate ergaben ein Jahr von 354, manchmal auch 355 Tagen. Das Jahr war damit etwa 11 Tage zu kurz gegenüber dem Lauf der Sonne. Damit Jahresbeginn und Feste nicht in großen Schritten durch die Jahreszeiten wanderten, schaltete man in bestimmten Abständen einen zusätzlichen Monat ein: Im makedonischen Kalender wiederholte man einfach einen der zwölf Monate und setzte die Bezeichnung *embólimos* hinzu (vgl. Chronologische Grundlagen: Griechische Welt).

Ägyptischer und makedonischer Jahresbeginn fielen nur selten auf ein und denselben Tag, und entsprechend harmonierte auch die Zählung der Monatstage nicht. Hinzu kommt

7 Pfeiffer 2004, 67–70.

8 Zuletzt dazu Bennett 2011; ferner Depuydt 1997, 161–186. Umrechnungstabellen bei Pestman 1981.

9 Grundlegend dazu Samuel 1962 und Bennett 2011.

noch ein weiterer Unterschied: Während der ägyptische Tag am Morgen begann, sprang der makedonische Zähler schon am Abend um, sodass es für jedes makedonische Datum zwei ägyptische Äquivalente gibt.[10]

Im ersten Teil des ersten Beschlusses geht es um die Bestellung und die Organisation der Priester, für die eine fünfte Körperschaft (Phyle) eingeführt wird. Der zweite, hier abgedruckte Teil, betrifft den Lauf des Kalenders. Die eingangs (Z. 33 f.) erwähnten Feste der Wohltätergötter dürften sich nach dem ägyptischen Kalender gerichtet haben, da die Tempel als Schauplätze genannt werden. Zusätzlich zu diesen Festen soll, so der Text, eine öffentliche Prozession, eine *panégyris demotelés*, neu eingeführt werden. Interessant ist die zeitliche Festsetzung: Der 1. Tag des ägyptischen Monats Payni fiel im 9. Regierungsjahr Ptolemaios' III. offenbar mit der (vorberechneten) Sichtung des heliakischen Frühaufgangs des Sterns Sirius zusammen (hier »Stern der Isis« genannt). Damit sich dieser Termin gegenüber Sirius und Jahreszeiten nicht mehr verschiebe, sondern die Panegyris fixiert bleibe, soll alle vier Jahre ein zusätzlicher Epagomenentag direkt nach diesen eingefügt und ebenfalls als Fest für das Königspaar begangen werden.[11] Zum Schaltzeitpunkt heißt es im Text (Z. 44): »von jetzt an ... nach vier Jahren« (ἀπὸ τοῦ νῦν ... διὰ τεσσάρων ἐτῶν) – demnach hätte die erste Schaltung im 13. Regierungsjahr Ptolemaios' III. (234 v. Chr.) und dann wieder in seinem 17. Regierungsjahr (230 v. Chr.) erfolgen sollen usw.[12] Begründet wird diese Maßnahme einerseits damit, dass Feste – und speziell das neu eingeführte – nicht länger in gegensätzliche Jahreszeiten fallen sollen, zum anderen mit der Ordnung *(syntaxis)* der Jahreszeiten und der kosmischen Abläufe. Da den Priestern das Problem des Wandeljahres sicher bekannt war, könnte man vermuten, dass sie die Gelegenheit, als der 1. Payni (10. Monat) einmal mit dem heliakischen Frühaufgang des Sirius zusammenfiel, für eine Korrektur nutzen wollten. Zugleich fiel dem Herrscherpaar mit dem neuen Jahresbeginn eine exponierte Stellung als »Herren der Zeit« zu.[13] Die Priester nahmen damit allerdings in Kauf, die Fehlstellung der drei ägyptischen Jahreszeiten zu verstetigen, denn die »Zeit der Überschwemmung« *(Achet)* begann nominell mit dem 1. Thot (1. Monat). Für eine

10 Samuel 1962, 50.

11 In diesem Zusammenhang sei auf die griechische Praxis hingewiesen, manche alljährlich stattfindenden Feste und Agone wie etwa die Panathenäen jedes vierte Jahr länger und in besonders großem Rahmen abzuhalten, vgl. Q 57.

12 Wenn in der Forschung zuweilen behauptet wird, der erste Schalttag wäre direkt für das laufende Jahr 238 v. Chr. vorgesehen gewesen, wird missachtet, dass in diesem Jahr der heliakische Frühaufgang des Sirius gemäß der Vorberechnung mit dem 1. Payni zusammenfiel, es also keine Divergenz gab. Von einer Zwischenschaltung zur Herstellung dieser Koinzidenz ist im Dekret keine Rede. Vielmehr hätte sich die Abweichung eines Tages erst binnen vier Jahren, also im 13. Regierungsjahr des Ptolemaios III. Euergetes (234 v. Chr.) akkumuliert. Die hier vertretene These einer ersten Schaltung im Jahr 234 v. Chr. harmoniert außerdem mit dem griechischen, demotischen und hieroglyphischen Wortlaut.

13 Hauben 2011, 369.

Korrektur im Sinne einer Wiederankoppelung an die Jahreszeiten hätte es des weit rigoroseren Schritts einer Streichung von drei Monaten bedurft.[14]

Soziokulturelle Auswertung

Weil es lange *communis opinio* war, dass die von den ägyptischen Priestern 238 v. Chr. beschlossene Kalenderreform nicht in die Praxis umgesetzt wurde oder jedenfalls nicht von Dauer war,[15] ist eine breite Debatte über die möglichen Gründe ebendafür entbrannt.[16] In engem Zusammenhang damit stand die Frage nach der Urheberschaft der Reform: So herrschte auf der einen Seite die Ansicht, dass diese von der königlichen Verwaltung initiiert und den einheimischen Priestern aufoktroyiert worden sei, dass hier griechischer Rationalismus gegen ägyptischen Traditionalismus ins Feld gezogen sei.[17] Entsprechend wurde die Nichtanwendung der Reform als stillschweigende Opposition gedeutet.[18]

Dies allerdings spräche nicht gerade für die Durchsetzungskraft eines Königs, der noch weitere 16 Jahre an der Macht bleiben sollte, die Schaltung also viermal hätte anordnen und durchsetzen können. Zudem ist bezeichnend, dass der makedonische Kalender von der Reform völlig unbehelligt geblieben wäre. Die an ihn geknüpften Feste, die für die sozialen Rhythmen am Hof und in Alexandria von Bedeutung waren, pendelten weiterhin je nach Monatsschaltung in den Jahreszeiten hin und her. Der »griechische Rationalismus«, wenn er denn eine Rolle spielte, hätte doch zuerst hier den Hebel ansetzen müssen.[19] Eine Rationalisierung im Sinne ökonomisch-fiskalischer Belange war demnach nicht am Werk; und ob der König bei der Ausgestaltung überhaupt eine tragende Rolle spielte, etwa auf Anregung des alexandrinischen Gelehrten Eratosthenes von Kyrene hin,[20] erscheint fragwürdig.

In jüngerer Zeit haben sich die Stimmen gemehrt, die eine Opposition zwischen Priestern und Verwaltung dementieren. So hat Willy Clarysse gute Argumente dafür vorgebracht, dass die Priesterschaft selbst in der Lage war, nach knapp hundert Jahren makedonischer Herrschaft den Beschluss in griechischer Sprache nach dem Vorbild von

---

14 Vgl. Pfeiffer 2004, 255.

15 Samuel 1962, 76: »There is no evidence that this decree ever had any effect on the Egyptian calendar.«

16 Ausführliche Besprechung der einzelnen Argumente bei Pfeiffer 2004, 249–257.

17 U. a. Hölbl 1994, 102: »[...] der griechische Rationalismus, der [die Kalenderreform] einer Priesterschaft aufoktroyieren wollte, die über Jahrtausende alte Traditionen wahrte, ist gescheitert.«

18 Huß 1994, 139: »Eine Opposition ohne Worte, eine Opposition der stillschweigenden Verweigerung!«

19 Vgl. Pfeiffer 2015, 86.

20 Geus 2002, 209 f. (dort fälschlich die Rede von einem »Dekret des Ptolemaios«); Legras 2004, 194–198. Berrey 2017, 119–122 dagegen bezweifelt eine tragende Rolle des Eratosthenes hierbei, weil sich dieser, soweit wir wissen, mit der Oktaëteris, d. h. dem Ausgleich zwischen Mond- und Sonnenlauf, und nicht mit dem Ausgleich von Wandeljahr und Siderischem Jahr befasst hat.

Ehrendekreten zu kompilieren, wie sie die Poleis der hellenistischen Welt zuhauf für die Könige aufsetzten. Die Priesterschaft sei überdies nicht als Antagonist der königlichen Verwaltung anzusehen, da sie personell und familiär vielfach mit dieser verflochten war.[21] Außerdem kann nicht mit letzter Sicherheit bewiesen werden, dass die Reform gar keine Wirkung entfaltet hätte. So wäre es allein schon überlieferungstechnisch ein glücklicher Zufall, Datierungen auf den sechsten Epagomenentag in den Papyri Ägyptens zu finden. Nachweisen lässt sich aber zumindest, dass die Reform von Kanopos keinen dauerhaften Effekt auf alle Lebensbereiche hatte, denn in P. Tebt. III 2, 841 Z. 6–10 werden für das theoretische Schaltjahr 114 v. Chr. nur fünf Epagomenentage genannt und selbst nach der alexandrinischen Reform unter Augustus (22 v. Chr.), die eine Anpassung an den Julianischen Kalender erwirken sollte, lebte in einigen Bereichen immer noch der alte bürgerliche Kalender Ägyptens ohne Schalttag fort. Pfeiffer vermutet daher, dass die Reform am Ende nur die tempelinternen Festkalender betroffen hat, denn die Kompetenz der Priester erstreckte sich nicht auf die königliche Verwaltung. Eine solche tempelinterne Neuordnung mit einem zusätzlichen Festtag für die Wohltätergötter alle vier Jahre könnte zumindest in der Regierungszeit Ptolemaios' III. angewandt worden sein, und vielleicht auch darüber hinaus.[22]

Eine andere These vertritt Anne-Sophie von Bomhard: Sie stellt das an den Fixstern Sirius gebundene Sothisjahr mit 365¼ Tagen in ein zyklisches Tandem mit dem bürgerlichen Wandeljahr von 365 Tagen. Die Diskrepanz gleite einfach mit und sei binnen 1460 Jahren wieder ausgeglichen. Von Bomhard spricht von einem »zyklischen System mit periodischer Selbstregulierung«, das auf unendliche Dauer ausgelegt sei.[23] Die Nicht-Ausführung des kanopischen Beschlusses seitens der Priester erklärt sie damit, dass der Schalttag die Verbindung zwischen gleitendem und fixem Jahr sabotiert hätte.[24] So attraktiv dieses Konstrukt insgesamt auch sein mag,[25] so problematisch sind seine Prämissen einer tiefgreifenden Opposition zwischen makedonischem König und ägyptischer Priesterschaft sowie die einer konsequenten Nicht-Anwendung der kanopischen Reform.

Die Adressaten des Dekrets ergeben sich aus der Publikationsanordnung an dessen Ende (Z. 75: ἐν τῷ ἐπιφανεστάτῳ τόπῳ – »am bestsichtbaren Platz«) und aus den verwendeten Sprachen: Aufstellungsorte waren die Vorhöfe der ägyptischen Tempel, und zwar offen-

21 Clarysse 2000 (dort ist mehrmals fälschlich 237 v. Chr. als Jahr des Kanopos-Dekrets angegeben).

22 Pfeiffer 2004, 253. 257. So wären nach Bennett 2011, 179–186 einige ägyptisch-makedonische Doppeldatierungen erklärlich. Gegen Pantalacci 1995, 196 mit Anm. 34 (gefolgt von Quack 2002, 37) gibt es indessen keine gesicherten Darstellungen oder Listen mit sechs Epagomenentagen: siehe Mendel 2005, 65–76.

23 Von Bomhard 1999, 38.

24 Ebd., 29 f.

25 Vgl. Hauben 2011, 382 f.

bar aller Tempel im Land.[26] Primärer Adressat war demnach die ägyptische Bevölkerung, die sich dort zu religiösen Anlässen versammelte und das Demotische entweder selbst lesen konnte oder durch Schriftkundige vermittelt bekam, an zweiter Stelle die griechische Einwohnerschaft, der man mit Verwendung der neuen Amtssprache Rechnung trug. Ob sich die Adressaten der beschriebenen kalendarischen Unstimmigkeiten aber bewusst waren und ob sie die Ausmaße der Reform überhaupt wahrnahmen, ist fraglich.[27] Was primär wahrgenommen werden sollte, war der die kosmischen Abläufe ordnende Einsatz der »Wohltätergötter«, den das neue Fest markierte.

Zusammengenommen ist bei der Kalenderreform von Kanopos also nicht von einer Rationalisierung und Vereinfachung des Kalenders im Dienste der königlichen Administration auszugehen. Auch die Bewertung als eine »politisch behutsame Halb-Maßnahme« trifft nicht den Kern der Sache, weil sie den Antagonismus zwischen König und Priesterschaft wiederum sehr in den Vordergrund kehrt.[28] Treibende Kraft hinter dem Synodal-Dekret war nicht etwa die Durchsetzung politischer Macht, sondern *expressis verbis* eine den Monarchen angetragene Ehrung.[29] So erweist sich das Dekret von Kanopos letztlich als eine Verschmelzung von Ideen und Praktiken beider Kulturen,[30] indem das vierjährliche Fest für das Königspaar als ein griechisches Element der Strukturierung und Qualifikation von Zeit an das Sothisjahr, den Grundstein des ägyptischen Jahres, gekoppelt wird.

Bibliographie

Austin 1981
M. M. Austin, The Hellenistic World from Alexander to the Roman Conquest: a Selection of Ancient Sources in Translation (Cambridge 1981).

Bagnall – Derow 1981
R. S. Bagnall – P. Derow, Greek Historical Documents: the Hellenistic Period (Chicago 1981).

Bennett 2011
C. Bennett, Alexandria and the Moon. An Investigation into the Lunar Macedonian Calendar of Ptolemaic Egypt, Studia Hellenistica 52 (Löwen 2011).

Berrey 2017
M. Berrey, Hellenistic Science at Court, Science, Technology, and Medicine in Ancient Cultures 5 (Berlin 2017).

Bernand 1992
A. Bernand, La Prose sur pierre dans l'Égypte hellénistique et romaine (Paris 1992).

---

26 Pfeiffer 2004, 196.

27 Vgl. Stern 2012, 139.

28 Ebd., 141.

29 Vgl. Berrey 2017, 122.

30 Vgl. auch Ian Moyers Modell eines »Middle Ground« beider Kulturen, unter anderem auf Grundlage des Kanopos-Dekrets und anderer Priesterdekrete der Prolemäerzeit: Moyer 2011, bes. 117–125.

Bertrand 2004
J.-M. Bertrand, Inscriptions historiques grecques [2](Paris 2004).
von Bomhard 1999
A.-S. von Bomhard, Der ägyptische Kalender. Ein Werk für die Ewigkeit (London 1999).
Brodersen u. a. 2011
K. Brodersen – W. Günther – H. H. Schmitt (Hrsg.), Historische griechische Inschriften in Übersetzung (HGIÜ) (Darmstadt 2011).
Clarysse 2000
W. Clarysse, Ptolémées et temples, in: D. Valbelle – J. Leclant (Hrsg.), Le décret de Memphis. Colloque de la Fondation Singer Polignac à l'occasion de la célébration du bicentenaire de découverte de la Pierre de Rosette (Paris 2000) 41–65.
Depuydt 1997
L. Depuydt, Civil Calendar and Lunar Calendar in Ancient Egypt, Orientalia Lovaniensia Analecta 77 (Löwen 1997).
Geus 2002
K. Geus, Eratosthenes von Kyrene. Studien zur hellenistischen Kultur- und Wissenschaftsgeschichte, Münchener Beiträge zur Papyrusforschung und antiken Rechtsgeschichte 92 (München 2002).
Hölbl 1994
G. Hölbl, Geschichte des Ptolemäerreiches. Politik, Ideologie und religiöse Kultur von Alexander dem Großen bis zur römischen Eroberung (Darmstadt 1994).
Hauben 2011
H. Hauben, Ptolémée III et Bérénice II, divinités cosmiques, in: P. J. Panagiotis – A. S. Chankowski – C. C. Lorber (Hrsg.), More than Men, Less than Gods. Studies in Royal Cult and Imperial Worship, Proceedings of the International Colloquium Organized by the Belgian School at Athens (November 1–2, 2007), Studia Hellenistica 51 (Löwen 2011) 357–388.
Huß 1991
W. Huß, Die in ptolemaiischer Zeit verfaßten Synodal-Dekrete der ägyptischen Priester, Zeitschrift für Papyrologie und Epigraphik 88, 1991, 189–208.
Huß 1994
W. Huß, Der makedonische König und die ägyptischen Priester. Studien zur Geschichte des ptolemaiischen Ägypten, Historia Einzelschriften 85 (Stuttgart 1994).
Legras 2004
B. Legras, La réforme du calendrier sous Ptolémée III: l'avènement d'un »âge d'or«?, in: C. Auliard – L. Bodiou (Hrsg.), Au Jardin des Hespérides. Histoire, société et épigraphie des mondes anciens. Mélanges offerts à Alain Tranoy (Rennes 2004) 191–206.
Mendel 2005
D. Mendel, Die Monatsgöttinnen in Tempeln und im privaten Kult, Rites Égyptiens 11 (Brüssel 2005).
Moyer 2011
I. S. Moyer, Finding a Middle Ground: Culture and Politics in the Ptolemaic Thebaid, in: P. F. Dorman – B. M. Bryan (Hrsg.), Perspectives on Ptolemaic Thebes. Papers from the Theban Workshop 2006, Studies in Ancient Oriental Civilizations 65 (Chicago 2011) 115–145.
Pantalacci 1995
L. Pantalacci, Compagnies de gardiens au temple d'el-Qal'a, in: D. Kurth (Hrsg.), 3. Ägyptologische Tempeltagung: Systeme und Programme der ägyptischen Tempeldekoration, Ägypten und Altes Testament 33, 1 (Wiesbaden 1995) 187–198.
Pestman 1981
P. W. Pestman, A Guide to the Zenon-Archive (P. L. Bat. 21) (Leiden 1981).

Pfeiffer 2004
S. Pfeiffer, Das Dekret von Kanopos (238 v. Chr.). Kommentar und historische Auswertung eines dreisprachigen Synodaldekretes der ägyptischen Priester zu Ehren Ptolemaios' III. und seiner Familie, Archiv für Papyrusforschung Beih. 18 (München 2004).
Pfeiffer 2015
S. Pfeiffer, Griechische und lateinische Inschriften zum Ptolemäerreich und zur römischen Provinz Aegyptus, Einführungen und Quellentexste zur Ägyptologie 9 (Berlin 2015).
Quack 2002
J. F. Quack, Zwischen Sonne und Mond. Zeitrechnung im Alten Ägypten, in: H. Falk (Hrsg.), Vom Herrscher zur Dynastie: zum Wesen kontinuierlicher Zeitrechnung in Antike und Gegenwart, Vergleichende Studien zu Antike und Orient 1 (Bremen 2002) 27–67.
Samuel 1962
A. E. Samuel, Ptolemaic Chronology, Münchener Beiträge zur Papyrusforschung und antiken Rechtsgeschichte 43 (München 1962).
Stern 2012
S. Stern, Calendars in Antiquity. Empires, States, and Societies (Oxford 2012).
Tietze u. a. 2005
C. Tietze – E. R. Lange – K. Hallof, Ein neues Exemplar des Kanopus-Dekrets aus Bubastis, Archiv für Papyrusforschung 51, 2005, 1–29.

Q 35 Die Kalender von Athen im Präskript eines Volksbeschlusses

Filippo Battistoni

Text: Agora XV 219, Z. 1–4 (164/3 v. Chr.)

ἐπὶ Εὐεργέτου ἄρχοντος ἐπὶ τῆς Ἱπποθωντίδος ἐνάτης πρυτ[α]-
νείας ἧι Διονυσόδωρος Φιλίππου Κεφαλῆθεν ἐγραμμάτευẹ[ν]·
Ἐλαφηβολιῶνος ἐνάτει ἐπὶ δέκα, κατὰ θεὸν δὲ δεκάτει ὑστέ[ραι],
δευτέραι καὶ εἰκοστεῖ τῆς πρυτανείας· ἐκκλησία ἐμ Πειρ[αιεῖ]·

Übersetzung

Im Archontat von Euergetes, in der neunten Prytanie, der der Hipponthis, während der Dionysodoros Sohn des Philippos von Kephale Sekretär war; der 19. des (Monats) Elaphebolion, der Göttin nach der 22., nach der Prytanie der 22., kam die Versammlung in Piräus zusammen [...]

Eigene Übersetzung.

Zur Quelle

Der hier wiedergegebene Text ist das Präskript eines Volksbeschlusses aus der Mitte des 2. Jahrhunderts v. Chr. (164/3 v. Chr.). Solche Dekrete wurden in den meisten Fällen von der Volksversammlung *(ekklesía)* nach einem Vorschlag des Rates *(boulé)* ratifiziert. Sie stellten die üblichste Art von institutionellen Maßnahmen dar und sind für die heutigen Historiker eine wichtige Quelle, sowohl für Athen als auch für viele andere Poleis (das gilt insbesondere für die hellenistische Zeit).[1]

Die genannten Angaben liefern die rechtlich notwendigen Informationen, um den Text identifizieren zu können, d. h. es werden angeführt: der Name der Phyle, die die Prytanie innehatte, der des Sekretärs, das Datum (in diesem Falle dreifach) und der Ort, an dem die Versammlung zusammenkam. Das Dekret schreibt in dem hier nicht abgedruckten Teil vor, wie die rituellen Opferhandlungen für die entsprechenden Götter auszuführen seien (Apollo Prostaterios, Artemis Boulaia, Phosphoros und alle anderen, die von der Tradition vorgesehen waren). Die Interpretation des Präskripts ist klar und eindeutig, doch

1 Allgemein zu Dekreten siehe Rhodes – Lewis 1997.

beinhaltet es einige Elemente, die für eine lebhafte Diskussion unter den Forschern des vergangenen Jahrhunderts zentral waren, eine Diskussion, die die Anwendung der Kalender in Athen betraf:[2] Das Datum wird gemäß drei verschiedenen Systemen angegeben – einmal nach den Festen (dem Archonten entsprechend, κατ' ἄρχοντα; Archonten trugen die Verantwortung für die zivile Zeiteinteilung; einer von ihnen, als Eponym bezeichnet, verlieh dem jeweiligen Jahr auch seinen Namen),[3] einmal nach dem Mond (κατὰ θεόν, zu verstehen als κατὰ Σελήνην) und schließlich nach dem sogenannten prytanischen Kalender (siehe den Abschnitt Technische Aspekte).

Ausgewählte Editionen, Übersetzungen und Studien

Der Volksbeschluss wurde von Benjamin D. Meritt und John Stewart Traill 1974 im 15. Band der Reihe »The Athenian Agora« unter Nr. 219 publiziert. Der Text als solcher ist nichts Außergewöhnliches. Sein eigentlicher Wert ergibt sich erst aus der Zusammenschau mit zahlreichen Paralleltexten, die eine Datierungsangabe enthalten.

Verwandte Quellen

Der Kalender von Athen wird wie die Kalender der meisten griechischen Poleis durch eine Reihe verschiedener Quellen rekonstruiert. Neben Dekreten und etlichen anderen Urkunden (Gesetzen, Verträgen, Pachturkunden usw.) gibt es literarische Werke, die kalenderrelevante Themen direkt oder indirekt besprechen. Zu den bekanntesten Quellen zählen zwei Abschnitte aus Komödien des Aristophanes (ca. 450–380 v. Chr.), nämlich *Pax* (Verse 414 f.) und *Nubes* (Verse 615–626), in denen es klare Hinweise auf Unregelmäßigkeiten im Kalender gibt. In den *Nubes* etwa tritt der Mond auf und beschwert sich, wie wenig auf ihn geachtet wird.

---

2 Die Debatte um den athenischen Kalender ist äußerst umfangreich und in manchen, teils zentralen, Punkten noch nicht abgeschlossen. Da es sich hierbei um die Stadt mit den meisten verfügbaren Quellen handelt, wird an diesem Beispiel ersichtlich, wie wenig wir im Detail über die griechischen Kalender und ihre historische Entwicklung wissen. Hier soll, soweit möglich, ein grundlegender Einblick geboten werden, indem auf einige Fixpunkte eingegangen und zugleich beleuchtet wird, welche der Aspekte bis heute problematisch bleiben. Die Hinweise auf die für die verschiedenen Thesen wichtigen Passagen (sowohl literarische Texte als auch Urkunden) können der bestehenden Forschungsliteratur problemlos entnommen werden. Einen guten ersten Einstieg liefert ein Vergleich der Diskussionen von Hannah 2005 und Stern 2012.

3 Klarerweise gab es eine Liste von eponymen Archonten. Ein Fragment einer ziemlich alten Version (ca. 425 v. Chr.) ist erhalten, siehe Merrit 1939, 59–65. Abgesehen von ihrem Wert als chronologische Quelle sind solche Zeugnisse zentral für die Frage der Glaubwürdigkeit der antiken Autoren, indem sie die Existenz einer schriftlichen Überlieferung – zumindest von knappen Einträgen – beweisen. Über die Archonten siehe Bleicken 2008.

Siehe auch

Q 31 – Eponymenlisten in Rhodos: die Haliospriester
Q 39 – Chronologie und das Erzählen von Geschichte I: Diodor, *Bibliotheke*
Q 40 – Edikt und Dekret zur Einführung eines neuen Kalenders in Asia (9/8 v. Chr.)
Q 43 – Fasti Antiates maiores
Q 44 – Die römischen Monatsnamen nach Varro
Q 46 – Die Kalenderreform Caesars nach Sueton

Technische und soziokulturelle Aspekte

Der »zivile« oder auch »religiöse« Kalender ist der am weitesten verbreitete Typus, der *mutatis mutandis* in der gesamten griechischen Welt anzutreffen ist. Dabei handelt es sich um einen Mondkalender mit zwölf Monaten und einer Gesamtlänge von 354 Tagen, wobei die Namen der Monate zumeist von den jeweils darin gefeierten Festen abgeleitet werden (siehe Chronologische Grundlagen: Griechische Welt). In Athen hießen sie folgendermaßen:

1. Hekatombaion (Juni/Juli)
2. Metageitnion (Juli/August)
3. Boëdromion (August/September)
4. Pyanepsion (September/Oktober)
5. Maimakterion (Oktober/November)
6. Poseideon (November/Dezember)
7. Gamelion (Dezember/Januar)
8. Anthesterion (Januar/Februar)
9. Elaphebolion (Februar/März)
10. Mounichion (März/April)
11. Thargelion (April/Mai)
12. Skirophorion (Mai/Juni)

Wenn man an jahreszeitlich gebundene Feste denkt, wird deutlich, dass das Sonnenjahr eine große Rolle in Bezug auf den Kalender spielte, ganz nach dem Prinzip, das Geminos, Autor einer Einführung in die Astronomie aus dem 1. Jahrhundert v. Chr., formuliert hat (8, 6–9). In der Tat war ein Großteil der landwirtschaftlichen Feiertage an eine bestimmte Periode geknüpft. Der Schaltmonat nahm eine veränderliche Position im Verlauf des Jahres ein und wurde von den Archonten festgelegt.[4] Nach einer relativ neuen Theorie, die großen Zuspruch findet, bestimmten die Athener das Jahr nach dem Prinzip, welches Platon

4 Für eine Liste der Schaltmonate vor 100 v. Chr. siehe Pritchett 2001, 8 Tab. 3.

in seiner *Politeia* erläutert: Diesem zufolge begann das neue Jahr mit dem ersten Neumond nach der Sommersonnenwende.[5] Nach diesem Prinzip hätte sich gleichsam automatisch der Meton-Zyklus, d. h. ein neunzehnjähriger Zyklus mit sieben Schaltmonaten, ergeben müssen.[6] Ein Beispiel einer weitaus weniger strengen Anwendung und unter großzügigerer Auslegung des Schaltmonats lässt sich in einem jüngst entdeckten Dokument aus dem Archiv von Argos beobachten, wo die Monate Hermaios und Gamos zusammengezählt werden. Dies mag auf die von Thukydides beschriebene Praxis zurückzuführen sein, die in Argos angeblich üblich war, nach welcher die Feiertage genutzt wurden, um die Angriffe der Spartaner zu verhindern.[7]

Das prytanische Jahr, nach dem der Rhythmus für Finanzen und Institutionen geregelt wurde, bestand aus zehn Perioden, einer pro Prytanie, d. h. die Periode, während der eine Phyle die Leitung des Rates *(boulé)* innehatte. Ein Abschnitt bei Aristoteles (*Der Staat der Athener* 43, 2) verdeutlicht dies:

> Im Rat werden 500 Mitglieder ausgelost, 50 aus jeder Phyle. Jede der Phylen leitet der Auslosung entsprechend im Turnus die Prytanie, die ersten vier jeweils 36 Tage lang und die letzten sechs jeweils 35 Tage. Die Dauer des Jahres wird vom Mond bestimmt.

Aus dieser Regel kann man ableiten, dass im Falle eines 384-tägigen Schaltjahres die ersten vier Monate 39 Tage und die letzten sechs 38 Tage gehabt hätten. William Kendrick Pritchett und Otto Neugebauer gingen davon aus, dass die Regel bindend war und auch in der Realität befolgt wurde.[8] Im 5. Jahrhundert v. Chr. betrug die Dauer des prytanischen Jahres jedoch 365 Tage.[9] Die Anpassung an ein Jahr, das zwölf – bzw. dreizehn, falls ein Schaltmonat hinzukam – Mondmonate umfasste, wurde wahrscheinlich gegen Ende dieses Jahrhunderts vorgenommen,[10] wodurch das religiöse und das prytanische Jahr einander angeglichen wurden. Ab dem 3. Jahrhundert v. Chr., d. h. auch in der Zeit des hier zitierten Dekrets, wurde die Anzahl der Phylen von 10 auf 12 angehoben.[11]

---

5 Plato, *Der Staat* 6, 767c.

6 Diese Erklärung lieferte Morgan 1996 und findet unter den Forschern immer breiteren Zuspruch (siehe jedoch beispielsweise Stern 2012, 31. 36 Anm. 44. 39). Pritchett 1999, 80 lehnt die Theorie nicht ab, fordert jedoch – was noch ein Desiderat ist – die Belege ein.

7 Thukydides 5, 54, 3; Kritsas 2006, 432 f.

8 Pritchett – Neugebauer 1947, 34 f.

9 Keil 1894. Nach Pritchett – Neugebauer 1947, 94–108 umfasste das prytanische Jahr im 5. Jh. v. Chr. 366 Tage.

10 Nach Rhodes 1982, 224–226 im Jahr 407 v. Chr., was u. a. auch von Pritchett 2001, 181 akzeptiert wird.

11 Bis 307 v. Chr. war die Anzahl der Phylen 10, dann wurden die Antigonis und die Demetrias und später die Ptolemais hinzugefügt (d. h. während einiger Zeit gab es insgesamt 13). Ab dem Jahr 201 v. Chr. wurden die zwei antigonidischen Phylen abgeschafft und die Attalis (nach den pergamenischen Königen) hinzugefügt, sodass es zur Zeit des hier besprochenen Dekrets schließlich 12 gab.

Prytanien und Mondmonate waren somit gleich an Zahl; wir wissen aber nicht, ob die Periode jeder Prytanie mit den Mondmonaten übereinstimmte. Die gleiche Anzahl von Mondmonaten und Prytanien kann aber erklären, warum in einigen Fällen, wie im besprochenen Dekret, die Nummerierung der Tage nach den zwei verschiedenen Kalendern die gleiche sein konnte.

Der Kalender nach dem Mond (κατὰ θεόν, d. h. κατὰ Σελήνην) wurde von den Forschern heftig diskutiert und ist ein wichtiger Bestandteil der Theorie von Pritchett und Neugebauer einer relativen Freiheit in der Verwaltung des Kalenders seitens der Archonten. Seine Existenz, die in Fällen wie unserem Dekret klar ist, könnte die Annahme bestätigen, dass der zivile Kalender nicht streng nach dem Mond geregelt wurde. Andernfalls müsste man davon ausgehen, dass die beiden Kalender eine Doppelung sind. Auch wenn die allgemeine Bedeutung des Kalenders nach dem Mond für den athenischen Kalender fragwürdig bleibt, ist sicher, dass es zumindest während bestimmter Perioden in Athen drei Kalender gab.

Bibliographie

Bleicken 2008
J. Bleicken, Die Athenische Demokratie [4](Paderborn 2008).

Hannah 2005
R. Hannah, Greek and Roman Calendars. Constructions of Time in the Classical World (London 2005).

Keil 1894
B. Keil, Athens Amtsjahre und Kalenderjahre im V. Jahrhundert, Hermes 29, 1894, 32–81.

Kritsas 2006
C. Kritsas, Nouvelles inscriptions d'Argos: les archives des comptes du Trésor sacré (IVe s. av. J.-C.), Comptes rendues de l'Académie des inscriptions et belles lettres 2006, 397–434.

Merrit 1939
B. D. Meritt, Greek Inscriptions (14–27), Hesperia 8, 1939, 48–82.

Meritt - Traill 1974
B. D. Meritt - J. S. Traill, Inscriptions. The Athenian Councillors, The Athenian Agora 15 (Princeton 1974).

Morgan 1996
J. Morgan, The Calendar and the Chronology of Athens, American Journal of Archaeology 100, 1996, 395.

Pritchett 1999
W. K. Pritchett, Postscript: The Athenian Calendars, Zeitschrift für Papyrologie und Epigraphik, 128, 1999, 79–93.

Pritchett 2001
W. K. Pritchett, Athenian Calendars and Ekklesias (Amsterdam 2001).

Pritchett - Neugebauer 1947
W. K. Pritchett - O. Neugebauer, The Calendars of Athens (Cambridge/MA 1947).

Rhodes 1982
P. J. Rhodes, The Athenian Boule (Oxford 1982).

Rhodes – Lewis 1997
P. J. Rhodes – D. M. Lewis, The Decrees of the Greek States (Oxford 1997).
Stern 2012
S. Stern, Calendars in Antiquity. Empires, States, and Societies (Oxford 2012).

Q 36 Der Turm der Winde in Athen

Jérôme Bonnin

Abb. 1: Der Turm der Winde in seiner heutigen Umgebung auf der Römischen Agora in Athen (eigenes Foto, bearbeitet).

Zum Monument

Der Turm der Winde in Athen, der sich im Zentrum der Stadt in unmittelbarer Nähe der Römischen Agora befindet (Abb. 1), ist ein wichtiges Gebäude für das Verständnis der Stellung der Zeitmessung in der antiken Stadt. Es handelt sich dabei um ein aus mehreren Gründen außergewöhnliches Bauwerk, um eines der seltenen Denkmäler der Antike, das fast unversehrt erhalten blieb, weil es für die meiste Zeit seines Bestehens genutzt wurde.[1] Trotz zweieinhalb Jahrhunderten Forschung sind die Probleme zahlreich: So ist wenig über den Ursprung seines Plans, seine Bedeutung und seinen Platz in der Stadtplanung sowie über die Rolle seines Konstrukteurs Andronikos bei der Ausgestaltung bekannt. Insbesondere hinsichtlich seines Errichtungsdatums herrscht Uneinigkeit, ob es in die Zeit nach Sulla († 78 v. Chr.) oder doch ins 2. Jahrhundert v. Chr. datiert werden sollte.[2]

Demgegenüber ist dieses Monument seit der Antike relativ gut dokumentiert. Es wird in drei lateinischen Texten erwähnt: Zunächst von Varro (116–27 v. Chr.), der es in einem Vergleich mit seinem *Aviarium* als *Horologium* bezeichnet, ein Begriff, der sich sowohl für eine Sonnenuhr als auch für eine hydraulische Uhr eignet.[3] Wenig später nimmt auch Vitruv (1. Jahrhundert v. Chr.) Bezug auf den Turm in Athen, und zwar deutlich ausführlicher als zuvor Varro.[4] Man sollte nicht unbedingt erstaunt darüber sein, dass Vitruv die Sonnenuhren nicht erwähnt, die sich an jeder Seite des Gebäudes befinden, obwohl er sich später sehr für diese Instrumente interessiert hat. Es könnte gut sein, dass er das Gebäude nie selbst gesehen hat – möglicherweise wusste er gar nicht, dass es vertikale Sonnenuhren trägt. Außerdem hat Vitruv den Turm an dieser Stelle wegen der Winde zitiert; seine Absicht war nicht, über die Uhr zu berichten – was auch immer der Begriff »Uhr« hier genau bedeutet –, sondern über den Platz, den die acht Winde im Werk des Andronikos einnehmen. Und genau dieses Merkmal ist es auch, nicht die Sonnenuhren,

1 Vgl. Webb 2017.

2 Aktuell besteht der Konsens, das Monument in die Zeit um 140 v. Chr. zu datieren (Kienast 2014; Webb 2017).

3 Varro, *De re rustica* 3, 5, 17: »In der Mitte derselben Hemisphäre gibt es um die Achse eine Scheibe von acht Winden, wie in Athen bei der Uhr, die der Kyrrheste gebaut hat.«

4 Vitruv, *De architectura* 1, 6, 4: »Vor allem Andronikos aus Kyrrhos, der auch in Athen als Beispiel einen achteckigen, marmornen Turm errichtet und an den einzelnen Seiten des Achtecks ausgemeißelte Darstellungen der einzelnen Winde angebracht hat in der Richtung, aus der jeder einzelne weht. Auf diesem Turm stellte er eine kegelförmige Spitzsäule mit einem bronzenen Triton auf, der mit der rechten Hand einen Stab vorstreckt und so konstruiert ist, dass er durch den Wind umgedreht wurde, sich immer gegen den Wind stellte und den Stab über die Darstellung [des Windes] hielt als Anzeiger, woher der Wind weht.« (Übers. nach Fensterbusch 1991).

das Cetius Faventinus im 3. Jahrhundert n. Chr. interessierte, wie ein Abschnitt seines Werks *De architectura privata* belegt.[5]

Die direktesten Informationen stammen jedoch aus zwei epigraphischen Quellen. Hier ist an erster Stelle eine sehr lange Inschrift zu nennen, welche die Restaurierung von Heiligtümern und öffentlichem Eigentum in Athen beschreibt.[6] Zeile 54 dieses bürgerlichen Dekrets gibt an, dass man οἰκίαν τήν λεγομένην Κυρρήστου (»das sogenannte Haus des Kyrrhesten«) wiederhergestellt habe. Leider wirft der Text mehr Probleme auf als er löst: Er ist fragmentarisch und enthält kein Datum. Die gegenwärtige Mehrheitsmeinung nimmt ein Redaktionsdatum in augusteischer Zeit an, wahrscheinlich zwischen 10 und 1 v. Chr., was sich gut mit dem Thema der Restaurierung römischer Heiligtümer durch Kaiser Augustus in dessen *Res gestae* (»Tatenbericht«) zusammenbringen ließe. Das zweite Problem, das dieses Dekret aufwirft, betrifft das Gebäude, das mit dem Begriff οἰκία Κυρρήστου bezeichnet wird. Gemäß Joachim von Freeden und Hermann Kienast bestehe kein Zweifel daran, dass damit der Turm der Winde gemeint ist.[7] Nur Henry Robinson hat die Hypothese formuliert, dass es sich hierbei um ein Observatorium handeln könnte, das von der Stadt gebaut wurde, während Andronikos am Turm der Winde arbeitete.[8] Nun gibt es aber keinerlei Hinweis auf ein Observatorium, das speziell für Andronikos gebaut worden wäre, noch besteht die Notwendigkeit eines Observatoriums, um gnomonische Berechnungen durchzuführen. Letztere könnten sehr gut an einem beliebigen Ort gemacht worden sein und nicht an einem speziell dafür ausgestatteten Platz. Die Hypothese, in der οἰκία Κυρρήστου den Turm der Winde zu erkennen, passt gut zum Restaurierungsprogramm im Inneren des Gebäudes, das in der römischen Kaiserzeit durchgeführt und kürzlich von Kienast nachgewiesen wurde.[9]

Das zweite epigraphische Zeugnis stellt die einzige Nachricht aus erster Hand dar, die zum Architekten bekannt ist. Hierbei handelt es sich um ein Epigramm, das auf der Nordseite einer Sonnenuhr mit mehreren Zifferblättern geschrieben ist, die dem Heiligtum des Poseidon in Tenos geschenkt wurde.[10] Der Text wurde von Paul Graindor im Jahr 1906

---

5 Cetius Faventinus, *De architectura privata* 2, 2: »Doch hat neben anderen Andronicus aus Cyrrhus, da er behauptet hatte, dass der Erdkreis von acht Winden beherrscht werde, als Vorbild in Athen einen achteckigen Turm aus Marmor aufgestellt, auf dem er Reliefs der Winde jeweils gegenüber ihrer je eigenen Luftbewegung anordnete. Über diesem Turm stellte er eine Marmor-Bekrönung auf, platzierte einen Triton aus Bronze und richtete ihn so ein, dass, wenn irgendein Wind ihn anbläst, er sich mit diesem Antrieb um seine Achse dreht, über dem Haupt dieses (Windes) stehen bleibt und – einen Stab in der rechten Hand haltend – zeigt, dass dieser gerade weht.« (Übers. nach Brodersen 2015).

6 IG II^2 1035; SEG 26, 121. Für eine Studie zu diesem Text siehe Culley 1975.

7 Von Freeden 1983; Kienast 1997, 61. Siehe auch Schaldach 2006, 61 f.

8 Robinson 1984, 424.

9 Kienast 1997, 271–275.

10 Siehe den Eintrag Nr. A_577 auf https://syrte.obspm.fr/astro/archeo/ (letzter Zugriff: 30.09.2019). Neben diesem Epigramm trägt auch das Zifferblatt die Signatur von Andronikos: [Ἀνδρόνικος] Κυρρήστ[ης ἀρχιτέκτων?]. Siehe IG XII 5, 891 für das Epigramm und die Unterschrift.

studiert und kommentiert.[11] Daraus geht hervor, dass Andronikos aus Kyrrhos stammte, einer Stadt in der Nähe von Pella in Makedonien. Er gilt als Nachfolger des Aratos, eines berühmten Astronomen, der zwischen 315 und 305 v. Chr. in Solis geboren wurde und um 240 v. Chr. in Pella starb. Die Sonnenuhr von Tenos war ein wahrer Kraftakt – ein Werk, das dem Ruf seines Konstrukteurs alle Ehre erweisen sollte. In Athen bestand das Werk des Andronikos sowohl aus dem Bau des »Turms der Winde« als auch in der Anbringung der insgesamt neun Sonnenuhren auf den acht Seiten des Bauwerks. Neun Instrumente arbeiteten unabhängig voneinander, um die Zeit übers Jahr und den ganzen Tag hinweg so genau wie möglich anzuzeigen – etwas, was sonst nirgendwo zu finden ist. Das hydraulische Instrument im Inneren – was auch immer es im Detail gewesen sein mag – kann ebenso gut das Werk des Andronikos gewesen sein wie dasjenige einer anderen Person, die von Andronikos beauftragt worden war, es zu realisieren und ins Gebäude zu integrieren.

Ausgewählte Dokumentationen und Studien

Die erste Untersuchung von Format inklusive präziser Tafeln wurde im Jahr 1762 von James Stuart und Nicholas Revett publiziert.[12] Von Beginn an haben die beiden das Monument als gewaltige Sonnenuhr und Windmesser identifiziert, welches die Überreste einer hydraulischen Uhr beinhaltet. Zahlreiche Untersuchungen folgten darauf, so z. B. die architektonische Studie, die von Henry S. Robinson Mitte des 20. Jahrhunderts durchgeführt wurde (Robinson 1943), sowie die 1983 erschienene Monographie von Joachim von Freeden mit einer detaillierten Analyse der architektonischen Komposition. Die darauffolgenden Arbeiten sind dann spezifischer, so etwa die Beiträge von Kienast (1993; 1997) zur Architektur oder jene von Paolo Albéri Auber (2006) und Karlheinz Schaldach (2006, 68–80) zu den Sonnenuhren.

In jüngster Zeit war der Turm der Winde Gegenstand umfangreicher Untersuchungen, allen voran die Studie von Kienast aus dem Jahr 2014 mit der vollständigen Analyse der Sonnenuhren durch Schaldach. Kienast macht insbesondere neue Datierungsvorschläge und legt eine neue Hypothese zum hydraulischen System im Inneren des Gebäudes vor. Der ursprüngliche Vorschlag einer monumentalen hydraulischen oder anaphorischen Uhr wird von ihm zugunsten eines Mechanismus aufgegeben, der einem Planetarium ähnelt. Das kürzlich erschienene Buch von Pamela A. Webb (2017) schließlich bietet einen guten Überblick zur Geschichte des Gebäudes von seiner Entstehung bis zur Gegenwart.

11 Graindor 1906, 352–361.

12 Stuart – Revett 1762, 13–25. Taf. I–XIX.

Siehe auch

Q 6 – Eine Wasseruhr aus der Zeit des Pharaos Amenophis III.
Q 7 – Eine Sonnenuhr aus dem Tal der Könige
Q 38 – Der Antikythera-Mechanismus
Q 48 – Der Meridian des Augustus in Rom

Verwandte Monumente

Der Turm der Winde ist bis heute das einzige aus der Antike bekannte Bauwerk dieser Art. Allerdings finden sich in der Literatur ähnliche Strukturen erwähnt, so z. B. in Trier, wo im Jahr 1913 in der Nähe der römischen Basilika ein Monument entdeckt wurde, das anhand des Grundrisses als mögliche monumentale hydraulische Uhr identifiziert wurde.[13] Da von den Elementen, die den Betrieb einer hydraulischen Uhr hätten ermöglichen können, nichts erhalten ist, sollte man aber vorsichtig bleiben und in diesem Identifikationsvorschlag nicht mehr als eine von mehreren möglichen Hypothesen sehen.

In Antiochia wurde laut der byzantinischen Chronik des Johannes Malalas während der Herrschaft Kaiser Vespasians in der Nähe des Theaters ein »Tempel der Winde« errichtet.[14] Wurde dieser nach demselben Vorbild gebaut wie der Turm der Winde in Athen, mit einer Uhr im Inneren? Vielleicht ist es ein Zufall, aber eine Uhr – oder vielmehr ein Ort, der unter dem Begriff »Uhr« (Ὡροσκόπιον) ausgewiesen ist – wird in Antiochia auch in einer Inschrift erwähnt, die zwischen 73 und 74 n. Chr. datiert.[15] Es ist aber auch möglich, dass dieses Gebäude mit jener Uhr identisch ist, die auf oder in der Nähe des Forums des Valens stand und ebenfalls von Malalas erwähnt wird.[16]

Nach George Jeffery sollen die Ruinen eines achteckigen Gebäudes auf dem Forum von Salamis auf Zypern die Reste einer hydraulischen Uhr darstellen, die nach dem Athener Vorbild kopiert wurde.[17] Seine Maße sind in etwa identisch, aber außer dem Unterbau mit der zentralen Kammer oder Zisterne im Keller sowie einem Abgang zur Kanalisation ist nichts mehr erhalten. Leider erregte das typisch römische Forum aus Granit nicht die Aufmerksamkeit der Ausgräber, die im Jahre 1890 auf der Suche nach hellenistischen Spu-

---

13 Die zu diesem Gebäude veröffentlichen Informationen sind alt: für eine Beschreibung siehe Krüger 1929, 84–87, für eine Zusammenfassung derselben Goessler 1930, 154 f.

14 Malalas 10, 262, 3 f.: »Er führte aber auch in Großantiocheia nahe beim Theater einen Tempel auf, den er nach den Winden benannte.« (Übers. nach Thurn – Meier 2009).

15 AE 1986, 694.

16 Malalas 13, 338, 22: »Die Basilika, die vordem *Kaisarion* hieß (sie war nahe am Uhrturm und dem öffentlichen Bade Kommodion, dem heutigen Prätorium des konsularischen Statthalters Syriens) riss er ab bis hin zum sogenannten *Plethrion*.« (Übers. nach Thurn – Meier 2009).

17 Jeffery 1932, 302.

ren waren. Das Gebäude ist daher nicht richtig ausgegraben worden, und der Rest des Forums könnte eventuell noch Spuren dieses Bauwerks bergen.

Technische Aspekte

Die Reliefs, welche die acht Winde darstellen und auf der Außenseite direkt über den Sonnenuhren angebracht sind, fallen dem Betrachter zuerst ins Auge. Acht Figuren unterschiedlichen Alters folgen aufeinander – jede davon besitzt ein bestimmtes Attribut. Alle sind geflügelt und scheinen nach rechts zu schweben. Der Körper jeder Figur ist an der Wand angebracht; die Flügel und der Kopf nehmen den Architravbereich ein, der aus drei Balken besteht und auf beiden Seiten der Figuren erkennbar ist. Am Gesimsfries findet sich der Name des dargestellten Windes eingraviert. Nach den bereits erwähnten Texten von Varro, Vitruv und Cetius Faventinus befand sich an der Spitze des Daches eine bewegliche Figur. Die Bedeutung dieser Skulptur und das Thema der Winde scheinen auf die dominierende Funktion des Gebäudes als riesiger Windmesser hinzuweisen.

Darüber hinaus trägt das Gebäude das außergewöhnlichste Ensemble an Sonnenuhren der Antike (Abb. 2). Acht vertikale Sonnenuhren sind an den flachen Wänden angebracht, eine neunte am halbrunden Annex, der als Tank eines internen Hydraulikmechanismus interpretiert wird. Auch wenn diese Sonnenuhren unseren modernen Zifferblättern ähneln, so ist dieser Typ in der Antike doch äußerst selten. Es handelt sich dabei um vertikale Sonnenuhren, die in die Wand eingemeißelt wurden, und nicht wie bei den meisten anderen antiken Beispielen um sphärische Sonnenuhren, bei denen das Zifferblatt in einer Kugelschale gearbeitet ist. Zudem sind sie alle entsprechend der Ausrichtung des Wandabschnitts, auf dem sie sich befinden, berechnet und gemeißelt, und zwar von Süden nach Norden (nach Norden ausgerichtet), über westwärts oder ostwärts deklinierende Sonnenuhren. Hierbei handelt es sich um einen Kraftakt, der die intellektuellen Fähigkeiten von Andronikos aufzeigen sollte – ein Beweis seiner umfassenden Beherrschung der Gnomonik und somit seines Verständnisses der zugrunde liegenden astronomischen Phänomene.

Schließlich scheint der Innenraum ein komplexes Hydrauliksystem beherbergt zu haben, das meist als hydraulische Uhr oder neuerdings von Kienast auch als eine Art Planetarium (vgl. auch Q 38) interpretiert wird.[18] Vom beweglichen Gerät ist heute absolut nichts mehr erhalten, aber die Spuren auf dem Boden (Ablauf, Öffnungen und Befestigungslöcher) sowie der Tank auf der Rückseite des Gebäudes weisen auf das Vorhandensein eines wichtigen hydraulischen Mechanismus im Inneren des Gebäudes hin. Das betreffende Gerät war vermutlich selten und fragil, weil noch die Überreste einer Steinmauer auf

18 Kienast 2014, 121–128.

Abb. 2: Detailaufnahme einer Sonnenuhr am Turm der Winde (eigenes Foto).

dem Boden erkennbar sind. Diese Umzäunung erinnert an eine Inschrift in Talloires (Gallia Narbonensis), in der eine monumentale Uhr und eine Vorrichtung zu ihrem Schutz erwähnt ist.[19] Hierbei muss es sich um eine hydraulische Uhr gehandelt haben, ansonsten wäre die Formulierung *horologium cum suo aedificio* nicht verständlich, da eine Sonnenuhr, die in einem Gebäude steht, die Uhrzeit nicht hätte anzeigen können. Das Gerät wurde von Gittern geschützt. Der Begriff *clatriss (sic)* ist mit dem griechischen Wort τὰ κλῇθρα in Verbindung zu setzen, was »Geflecht«, »Gitter« oder »Stäbe« bedeutet, insbesondere im Zusammenhang mit Tierkäfigen. Das Gebäude, in dem sich die Uhr befand, war also, um sie zu schützen, mit einem Gitter oder einer Lattentür verschlossen. Beim Turm der Winde ist es jedoch nicht ausgeschlossen, dass diese Schutzvorrichtung erst aus einer spä-

19 CIL XII 2522: *Horologium cum suo aedificio et signis omnibus et clatriss | C(aius) Blaesius C(aii) fil(ius) Voltinia (tribu) Gratus ex (sestertiis) n(ummum) X (milibus) | et eo amplius ad id horologium adminis|trandum ser(v)um (sestertiis) n(ummum) IIII (milium) d(e) s(ua) p(ecunia) d(edit)* – »Caius Blaesius Gratus, Sohn des Caius, von der Tribus Voltinia, hat für 10.000 Sesterzen eine Uhr mit zugehörigem Gebäude und allen Statuen und Gittern geschenkt. Und damit nicht genug, hat er für 4000 Sesterzen einen Sklaven beauftragt, sich darum zu kümmern – all das auf eigene Kosten.« Siehe auch den Eintrag E_41 auf https://syrte.obspm.fr/astro/archeo/ (letzter Zugriff: 30.09.2019).

teren Phase stammt, etwa aus der Zeit der christlichen Besiedlung und der Verwendung des Ortes als Grabkirche eines christlichen Märtyrers.[20]

Soziokulturelle Auswertung

Der Turm der Winde und seine außergewöhnlichen Messinstrumente lassen die wichtige Stellung erahnen, den die Zeitmessung am Ende des 2. Jahrhunderts oder zu Beginn des 1. Jahrhunderts v. Chr. in Athen einnahm. Zwar ist das Gebäude symbolisch, prahlerisch und in der Antike so wenig alltäglich, dass es gleich von mehreren lateinischen Autoren erwähnt wurde, aber es besitzt auch eine »astronomische« Funktion: Naturphänomene wie die Winde sind mit astronomischen Instrumenten kombiniert – mit den Sonnenuhren und der internen Hydraulikvorrichtung, die möglicherweise eine »anaphorische« Darstellung enthalten haben könnte.

Der Standort wurde gemäß den Erfordernissen seiner Funktion ausgewählt: der Höhe des zur damaligen Zeit freien Geländes sowie der Nähe zum Wasser.[21] Man muss sich jedoch die Frage stellen, ob der Zugang zu diesem Bau der Elite vorbehalten war oder ob es sich um eine »Kuriosität« handelte, zu der der Zugang zwar für alle möglich, aber dennoch eng gefasst war. Sicher ist, dass der Zugang beschränkt und das Gebäude zu bestimmten Zeiten geschlossen war. In Verbindung mit der Frage der Zugänglichkeit stellt sich auch die Frage nach dem Nutzen eines solchen monumentalen Ensembles, und vor allem auch, wer der Urheber des Ganzen war. Leider ist der Spender unbekannt, doch ist es wahrscheinlicher, dass es sich dabei um einen privaten Stifter handelte als um einen öffentlichen Auftrag.

Darüber hinaus drängt sich die Frage nach der Nutzungsdauer dieses Ensembles auf. Von dem Zeitpunkt an, an dem der Platz westlich des Turms der Winde überbaut wurde, muss die Funktionsfähigkeit der West-, der Nordwest- und der Südwestsonnenuhr zumindest eingeschränkt, wenn nicht gar vollständig aufgehoben gewesen sein. Denn der Schatten des östlichen Propyläums, das es erlaubte, den monumentalen Platz zu verlassen und den eng begrenzten Raum mit den Turmuhren zu betreten, muss sehr weit gereicht haben. Zumindest ist sicher, dass diese Toranlage die Sichtbarkeit der Turmuhr beeinträchtigte. In ähnlicher Weise war ab dem Zeitpunkt, als das rechteckige Gebäude an der Ostseite der römischen Agora, das Pseudo-Agoranomion, gebaut worden war, der Meridian (vgl. Q 48) – die neunte Sonnenuhr auf dem Annex – nicht mehr funktionstüchtig, und falls die Höhe des Gebäudes korrekt rekonstruiert wurde, wäre auch die vertikale Südsonnenuhr betroffen gewesen, die die wichtigste des gesamten Ensembles war. Aber

20 Webb 2017, 91–93.

21 Die Gebäude, die heute rund um den Turm der Winde zu sehen sind, waren zur Zeit seiner Erbauung noch nicht vorhanden.

selbst wenn die Höhe des Pseudo-Agoranomions die Funktion dieser Sonnenuhr nicht beeinträchtigt hätte, wäre es trotzdem fast unmöglich gewesen, die Uhrzeit abzulesen, da sie sich in einem Winkel befand, der vom Gebäude aus nicht mehr einsehbar war. Diese Beobachtung gilt in gleicher Weise für die südöstlichen und östlichen Sonnenuhren, die sich eingeklemmt hinter dem römischen Gebäude befanden.

Neben der Funktionsweise gewisser Sonnenuhren war es vor allem auch die von Andronikos gewünschte Inszenierung, die durch die römischen Ergänzungen beeinträchtigt wurde: Es war nicht mehr möglich, das Gebäude zu umrunden, um die Tageszeit auf allen Sonnenuhren ablesen zu können. Was das hydraulische System im Inneren anbelangt, so muss die Aufrechterhaltung seines Betriebs in Frage gestellt werden, da das Pseudo-Agoranomion, das unmittelbar gegen den als Reservoir dienenden kreisförmigen Annex gebaut wurde, möglicherweise die Wasserversorgung dieses Abschnitts unterbrochen hat. Aber hatte das Gerät zu diesem Zeitpunkt überhaupt noch funktioniert? Wahrscheinlich nicht. Zudem ist das Innere des Gebäudes vermutlich von den Truppen Sullas nach der Einnahme der Stadt im Jahr 86 v. Chr. geplündert worden. Diese Plünderung, die anderweitig bekannt ist, würde das Schweigen von Varro und Vitruv über das Innenleben des Turmes erklären.

Obwohl das Ensemble schnell seine »wissenschaftliche« Funktion verloren hat, ist der Bau selbst dennoch intakt geblieben, weil er für andere Zwecke genutzt wurde. So ist die Bereitschaft erkennbar, die rein gnomonische Funktion derjenigen Sonnenuhren weiterhin zu nutzen, die noch einsehbar waren. Dies ist tatsächlich eine gewisse Konstante, die sich im römischen Gebrauch von Zeitmessinstrumenten erkennen lässt: Vor allem anderen steht der Nutzen, Wissenschaft und Experiment hingegen sind sekundär!

Bibliographie

Albéri Auber 2006
: P. Albéri Auber, Gli orologi solari della torre dei venti a Atene e a Tinos, Archeografo Triestino 66, 2006, 1–33.

Brodersen 2015
: Marcus Cetius Faventinus, Das römische Eigenheim. *De architectura privata,* lat.-dt. hrsg. und übers. von K. und C. Brodersen (Wiesbaden 2015).

Culley 1975
: G. R. Culley, The Restoration of Sanctuaries in Attica: IG II^2 1035, Hesperia 44, 1975, 207–223.

Fensterbusch 1991
: Vitruv, Zehn Bücher über Architektur, eingel., übers. und erl. von C. Fensterbusch ^{5}(Darmstadt 1991).

von Freeden 1983
: J. von Freeden, ΟΙΚΙΑ ΚΥΡΡΗΣΤΟΥ. Studien zum sogenannten Turm der Winde in Athen (Rom 1983).

Goessler 1930
: P. Goessler, Notiziario di scavi, scoperte, studi relativi all'impero romano, Bullettino del Museo dell'Impero Romano 1, 1930, 154–155.

Graindor 1906
P. Graindor, Les fouilles de Ténos, l'horloge d'Andronikos, Musée belge 10, 1906, 351–361.
Jeffery 1932
G. E. Jeffery, The Granite Forum and Clepsydra, Salamina Altera, Cyprus, Antiquaries Journal 12, 1932, 302.
Kienast 1993
H. J. Kienast, Untersuchungen am Turm der Winde, Archäologischer Anzeiger 1993, 271–275.
Kienast 1997
H. J. Kienast, The Tower of the Winds in Athens: Hellenistic or Roman?, in: M. C. Hoff – S.-I. Rotreoff (Hrsg.), The Romanization of Athens (Oxford 1997) 53–61.
Kienast 2014
H. J. Kienast, Der Turm der Winde in Athen, mit Beiträgen von P. Karanastasi zu den Reliefdarstellungen der Winde und K. Schaldach zu den Sonnenuhren (Wiesbaden 2014).
Krüger 1929
E. Krüger, Ein Uhrturm im römischen Trier, Trierer Zeitschrift 4, 1929, 84–87.
Robinson 1943
H. S. Robinson, The Tower of the Winds and the Roman Market-Place, American Journal of Archaeology 47, 1943, 291–305.
Robinson 1984
H. S. Robinson, Rez. zu J. von Freeden, ΟΙΚΙΑ ΚΥΡΡΗΣΤΟΥ. Studien zum sogenannten Turm der Winde in Athen, American Journal of Archaeology 88, 1984, 423–425.
Schaldach 2006
K. Schaldach, Die antiken Sonnenuhren Griechenlands. Festland und Peloponnes (Frankfurt am Main 2006).
Stuart – Revett 1762
J. Stuart – N. Revett, The Antiquities of Athens 1 (London 1762).
Thurn – Meier 2009
Johannes Malalas, Weltchronik, übers. von J. Thurn und M. Meier (Stuttgart 2009).
Webb 2017
P.-A. Webb, The Tower of the Winds in Athens: Greeks, Romans, Christians, and Muslims: Two Millennia of Continual Use, Memoirs of the American Philosophical Society 270 (Philadelphia 2017).

Q 37 Die griechischen Parapegmata aus Milet

Ilaria Bultrighini

Text: Milet I

Nr. 456B

	...]ΟΙΣΑ[...	
	• •	
	Λ	
	• ἐν Ὑδροχόω[ι ὁ] ἥλιος	[•ἐν Κριῶι ὁ ἥλιος?]
[• ἐν Τοξότ]ηι ὁ ἥλιο[ς.]	• [.....] ἑῷιος ἄρχεται δύνων	• [...
[• ... ...]ἑῷιος δύνει καὶ Προ-	καὶ Λύρα δύνει.	ΤΕ[...
	• •	
[κύων ἑ]ῷιος δύνει.	• Ὄρνις ἀκρόνυχος ἄρχεται δύν[ων.]	• ΜΕ[...
	• • • • • • • • •	
• ...... ἑ]ῷιος δύνει.	• Ἀνδρομέδα ἄρχεται ἑώια ἐ[πι]-	ΛΩ[...
[• Τοξότ]ης ἄρχεται ἑῷιος ἐ-	τέλλειν	• Κ[...
	• •	
[πιτέ]λλων καὶ Περσεὺς ὅ-	• Ὑδροχόος μεσοῖ ἀνατέλλων.	Δ[...
		•
[λος ἑ]ῷιος δύνει	• Ἵππος ἑῷιος ἄ[ρ]χ[ετ]αι ἐπι-	• ΚΕ[...ἐ-]
•Σκο]ρπίου τὸ κέντρον ἐπι-	τέλλει	πιτ[έλλει
[τέ]λλει ἑῷιον	•	• •
• •	• Κένταυρος ὅλος ἑῷιος δύνει.	• ΟΕΝ[...ἀκρό]-
• . . .]ΕΥΜΑ ἑῷιον ἐπιτέλλει.	• Ὕδρος ὅλος ἑῷιος δύνει.	νυχ[ος...
		• •
[• Ἰχ]θὺς ὁ νότιος ἄρχεται ἀκρό-	• Κῆτος ἀρχετα[ι] ἀκρόνυχον	• Πλ[ειάδες
		•
[ν]υχος δύνειν.	δύνει.	• ΚΑ[...
[• Ἀε]τὸς ἑῷιος ἐπιτέλλει. Χ	• Ὀιστὸς δύνει, Ζ[ε]φύρων ὥ-	• ΑΡ[...
•?Δίδυμ]οι[? λήγ]ουσιν δυόμε-	ρα συνεχῶν	• [...
	• • • •	•
[νοι]	• Ὄρνις ὅλος ἀκρόνυχος δύνει	•
	[•]	

Übersetzung

Nr. 456B

	...]ΟΙΣΑ[...	
	• •	
	Dreißig (Tage)	
	• Die Sonne ist im Wassermann	[•Sonne? im Widder]
•] Die Sonne ist [im Schütz]en.	•....] geht am Morgen unter	• [...
• ....] geht am Morgen unter und	und die Leier geht unter.	TE[...
	• •	
Pro[kyon] geht am Morgen unter.	• Schwan geht akronychisch unter.	• ME[...
	• • • • • • • • •	
•.....] geht am [M]or[ge]n unter.	• Andromeda beginnt aufzugehen	ΛΩ[...
[• Schütz]e ge[h]t am	am Morgen.	• K[...
	• •	
Morgen auf und der g[anze]	• Wassermann inmitten des	Δ[...
Perseus geht unter [am]	Aufgangs.	•
M]orgen.	• Pegasus beginnt aufzugehen am	• KE[...
•] Die Mitte des [Sko]rpion geht	Morgen.	geht unter
auf am Morgen.	•	• •
• •	• Der gesamte Kentaur geht unter	• OEN[...akro]-
	am Morgen.	
•....]EYMA geht auf am Morgen	• Die gesamte Wasserschlange geht	nych[isch...
	am Morgen unter.	• •
•] Der Südliche [F]isch beginnt,	• Walfisch beginnt, akronychisch	• Plejaden
		•
akro[n]ychisch unterzugehen.	unterzugehen.	• KA[...
[• Ad]ler geht auf am Morgen X	• Pfeil geht unter. Jahreszeit des	• AP[...
• ?Zwilling]e [?hören au]f, unter-	kontinuierlichen Westwindes.	• [...
	• • • •	•
zugehen.	• Der gesamte Schwan geht	•
	akronychisch unter.	
	[•]	

Text: Milet II

Nr. 456C

. . . Ε Π Ι] Κ Ρ Α Τ Η Σ Π Υ Λ Ω [Ν Ο Σ . . .

...]ἡλιακὴν	...]όμενον τὸν δ' ἐπιόντα παρα[π]αγῆ-	Μ[...
...]Σ[......]ΣΤΙΝΑ	ναι, ναι τὰς δ'ἡμέρας [ὅτα]ν ὁ μεὶς ΔΙΕ[....με]-	Ν[...
...ζ]ωιδίου [..] ΔΕ κυκλισ-	τατεθῆνα[ι ε]ἰς [............]ΡΑΦ [.]Ν τῶν	•[...
[μος... .... ἑκ]άστηι ἀψῖ-	ἡ[μ]ερῶ[ν	...
[δι?..]ος φερόμενος ΤΑΣ[..]Ν[...]	[....]Ν[............]Ν[....	...
...]Υ[.............]ΩΝ[....	ΜΗΝ[.....	•[...
		...
		•[...

Nr. 456D

	•
...]Α	ΚΑ[...
...]	[...
...]•	• Ὠρίω[ν...
•....ἀκρώνυ]χος δύνει	κατὰ [...
κατὰ....] καὶ Αἰγυπτίους. •	• Ὑάδε[ς...
•......] νότος πνεῖ κατ' Εὔδοξον	κατὰ [... ... καὶ
[καὶ Αἰγ]υπτίους, κατὰ δὲ Ἰνδῶν Καλ-	Λύρα Ε[...
[λανέα] Σκο[ρπ]ίος δύνει μετὰ βρον-	κατὰ [...
[τῆ]ς καὶ ἀ[ν]έ[μ]ου	• Ὑάδε[ς...
• •	σφόδ[ρα...
• ......]ΕΣ ἀκρώνυχοι ἐπι[τέ]λλουσιν	• χειμ[αίνει
.. κατ' Εὔ]δοξον κα[ὶ] Α[ἰγυπτί]ους.	• Ὑάδε[ς...
..........ἑσπέ]ριαι ἐπ[ιτέλ]λουσιν	• χειμ[αίνει
[..]	• [...

Abb. 1: Das Inschriftenfragment Milet 456A mit einem griechischen Parapegma (Inv.-Nr. SK 1606 I, © Antikensammlung, Staatliche Museen zu Berlin – Preußischer Kulturbesitz; Foto: Johannes Laurentius).

Nr. 456A

...o]υσιν κατ' ΕΥ-
...κατὰ Ἰ]νδῶν Καλλανέα
...ἑσπ]έριαι δύνουσιν
...ἐπισ]ημαίνει, χαλάζηι
κατὰ ...]• • •
•...]ΑΣ κρύπτεται ἑσπέρας, χάλαζαι
...]οντα[ι] καὶ Ζέφυρος ἐπιπνεῖ
...]ΜΟ [..] κατὰ δὲ Ἰνδῶν
[Καλλανέα...]

...] ἑσ[πέρ]ας [...
[κα]τ' Εὐκτήμονα. •
• Αἴξ ἀκρώνυχος δύνει κα[τὰ]
καὶ Φίλιππον καὶ Αἰγυπτί[ους.]
• Αἴξ ἑσπερία δύνει κατὰ Ἰνδ[ῶν]
Καλλανέα. •
• Ἀετὸς ἐπιτέλλει ἑσπέρα[ς]
κατ' Εὐκτήμονα.
• Ἀρκτοῦρος δύεται ἕωθεν καὶ ἐ[πι]-
σημαίνει κατ' Εὐκτήμονα. τῆιδ' Ἀ[ε]-
τὸς ἐπιτέλλει ἑσπέρας καὶ κ[ατὰ]
Φίλιππον.

Nr. 456N

...]AI ἐπιση-
[μαίνει....]I κατ' Εὐκτήμονα. τῆι δ'AY •
...κατὰ Φ]ί̣λιππον. Ἀρκτοῦρος δύε-
ται ...]N καὶ ἐπισημαίνει
...] ἐπιτέλλουσιν ἕωθε[ν...
...]NEI αὐταῖς κατὰ Φίλιππ[ον...
...κ]ατ' Εὔδοξον Πλειά[δες
[ἐπιτέ]λλουσιν
...]IAI ἐπιτέλ[λουσιν...
[κατ' Ἰνδῶ]ν Καλλα[νέα...

Texte nach Lehoux 2007 (mit Modifikationen).

Übersetzung

Nr. 456C

. . . Epi]krates, [Sohn des] Pylo[n

...]solare	...]am folgenden (Tag?), um zu verfolgen	M[
...]Σ[......]ΣTINA	die Tage, [wann imme]r der Monat[...]	N[
...des T]ierkreises[..] und die Kreis-	zu bewegen [.........................]	•[...
[bewegung.... ....für j]ede *apsis*	der Tage [....	...
....] bringt die [...	[....]N[............]N[....	...
...]Y[.............]ΩN[....	MHN[.....	•[...
		...
		•[...

Nr. 456D

	•
...]A	KA[...
...]	[...
...]•	• Orion
• ...] geht [akrony]chisch unter	gemäß [...
gemäß...] und den Ägyptern. •	• Die Hyade[n...
• ...] der Südwind bläst gemäß	gemäß [... ... und
Eudoxus [und den Äg]yptern; und	Leier E[...
gemäß dem Inder Kal[laneus,]	gemäß [...
Skorpion geht unter mit Donner und Wind.	• Die Hyade[n...
• •	seh[r...

• ....]es g[e]ht akronychisch auf
...gemäß Eu]doxus un[d] den
Ä[gypte]rn.
...........g[eh]t auf am [Ab]end.
[..]

• Es ist stür[misch...
• Die Hyade[n...
Es ist stür[misch...
• [...

Nr. 456A

.................................]s gemäß Eu-
...............gemäß dem I]nder Kallaneus
.................................] geht unter am [Ab]end
.... da ist ein Wetter]wechsel, mit Hagel
[gemäß..........] • • •
•....]ας verschwindet am Abend. Es hagelt
...............]οντα[ι] und Zephyros bläst.
.....................]MO[..], und gemäß dem
[Inder Kallaneus...

...]Ab[en]d[...
[gemä]ß Euktemon. •
• Fuhrmann geht akronychisch unter ge[mäß]
beiden, Philippos und den Ägypte[rn.]
• Fuhrmann geht am Abend unter gemäß
dem Ind[er] Kallaneus. •
• Adler geht auf am Aben[d]
gemäß Euktemon.
• Arkturus geht unter am Morgen, und da ist
ein Wetter[wechsel] gemäß
Euktemon. An diesem Tag geht der [Ad]-
ler auch am Abend auf, ge[mäß]
Philippos.

Nr. 456N

...]AI da ist ein Wetter-
[wechsel...]I gemäß Euktemon, und der AY
...gemäß Ph]ilippos. Und Arkturus geht
unter...]N und da ist ein Wechsel im Wetter.
...] gehen auf am Morg[en...
...]NEI für die gleichen, gemäß Philipp[us...
...ge]mäß Eudoxus. Die Plejaden
[ge]hen auf
...]IAI gehen [auf...
[gemäß] Kalla[neus], dem Inde[r]

Übersetzungen basierend auf Lehoux 2007 (mit Ergänzungen).

Zur Quelle

In den Jahren 1902–1903 wurden bei Ausgrabungen im antiken Theater von Milet vier grobkörnige Marmorfragmente mit griechischen Inschriften entdeckt.[1] Etwa um dieselbe Zeit wurden im Gebiet der antiken Stadt zwei weitere Fragmente gefunden. Der aktuelle Verbleib dieser letzteren beiden Fragmente (Nr. 456N und 84) ist unbekannt.[2] Während von Nr. 456N keine Abbildungen zu existieren scheinen, kennt man Nr. 84 dank eines epigraphischen Abklatsches (Papierabdruck der beschrifteten Marmoroberfläche), der in den Archiven der Inscriptiones Graecae in Berlin aufbewahrt wird.[3] Nach der neuesten Interpretation der Parapegmata aus Milet von Daryn Lehoux gehören die vier Fragmente in Berlin zusammen mit Nr. 456N zu zwei verschiedenen Inschriften, die er als Texte Milet I (Nr. 456B) und Milet II (Nr. 456A, C, D, N) bezeichnet. In seinen Untersuchungen von 2005 und 2007 betrachtete Lehoux das sechste Fragment (Nr. 84) als nicht-parapegmatisch und zu keinem der zuvor genannten Fragmente gehörig. Nach der Entdeckung des erwähnten Abklatsches im Jahr 2013 hat Alexander Jones Nr. 84 neu untersucht. Seine Studie bestätigt, dass dieses Fragment Teil einer dritten, unabhängigen Inschrift ist.[4]

Das einzige erhalten gebliebene Fragment von Text Milet I ist etwa 44 cm breit und 26 cm hoch. Aufgrund seines Inhalts wurden für die ursprüngliche Inschrift unterschiedliche Maße rekonstruiert: etwa 130 cm breit und 50 cm hoch[5] oder aber ca. 150 cm breit und 100 cm hoch.[6] Albert Rehm schlug vor, den Text Milet I wegen seiner paläographischen Ähnlichkeit mit Nr. 84 ins Jahr 110/9 v. Chr. zu datieren.[7] Ein Vergleich der Buchstabenformen auf den zwei beschriebenen Fragmenten – mithilfe von Bildern des Steinfragments mit Nr. 456B und dem neu entdeckten Abklatsch von Nr. 84 – lässt es in der Tat plausibel

1 Diels – Rehm 1904. Die vier Fragmente befinden sich nun im Pergamonmuseum in Berlin (Ausgrabungsnr. 456A–D; Inv.-Nr. SK 1606).

2 In seiner Neubewertung der Parapegmata aus Milet schreibt Lehoux (2005, 125), dass er trotz seiner Suche diese beiden Fragmente nicht lokalisieren konnte. Gemäß der Inventarkarte wurde Nr. 84 im Jahr 1899 in eine Feldmauer verbaut nahe einer Kirche gefunden, die anscheinend einige Kilometer von der alten Stadt entfernt war (Jones 2016). In Rehm 1904, 752 f. berichtet Friedrich Hiller von Gaertringen, dass er 1904 die fünf Marmorfragmente mit den Nummern 84 und 456A–D im Pergamonmuseum in Berlin untersucht habe.

3 Daher kann man sich für Fragment 456N ausschließlich auf die Transkription von Rehm stützen (Diels – Rehm 1904). Ein Bild des Abklatsches von Nr. 84 findet sich in Jones 2016, 114 Abb. 1.

4 Lehoux 2005; Lehoux 2007, 479; Jones 2016; Jones 2017, 72 f. 78. 83. Jones interpretiert das Fragment 84 als eine öffentliche kalendarische Inschrift.

5 Lehoux 2005, 127.

6 Jones 2017, 99.

7 Rehm 1949, 1299 f. Vgl. jedoch Lehoux 2007, 180, der diese Datierung als unsicher betrachtet, da damals die paläographischen Merkmale der beiden Inschriften nicht verglichen werden konnten, weil der Abklatsch von Nr. 84 erst im Jahr 2013 wiederaufgetaucht war.

erscheinen, dass beide ungefähr gleichzeitig entstanden sind. Jones datiert Nr. 84 ins Jahr 109 v. Chr. oder kurz danach.

Was die vier Fragmente des Textes Milet II anbelangt, so ist Nr. 456A etwa 54 cm breit und 22 cm hoch (siehe Abb. 1); Fragment 456C ist 54 cm breit und 20 cm hoch, und sein Text stellt vermutlich die Einführung in das Parapegma als Ganzes dar (vgl. die Überschrift in viel größeren Buchstaben); Fragment 456D ist 35 cm breit und 20 cm hoch; Größe und Form des Fragments 456N hingegen sind unbekannt.[8] Bezüglich der Datierung des Textes Milet II kann gesagt werden, dass die Überschrift auf Fragment 456C Epikrates, den Sohn des Pylon, erwähnt, der irgendwann vor dem Jahr 89/88 v. Chr. – vermutlich um ca. 130 v. Chr. – in Milet als *stephanephoros* amtiert hat.[9]

Ausgewählte Editionen, Übersetzungen und Studien

Die Parapegmata aus Milet wurden erstmals im Jahr 1904 von Hermann Diels und Albert Rehm publiziert. Lehoux legte im Jahr 2005 eine neue Edition der Inschriften vor, zusammen mit einer englischen Übersetzung. In seinem im Jahr 2007 erschienenen Buch stellt Lehoux die Inschriften aus Milet in den breiteren Kontext der damals bekannten griechischen und römischen Parapegmata (zu den Parapegmata aus Milet siehe S. 13–15. 18. 23 f. 61 f. 79–84. 154–157. 180 f. 223–226. 478–480). Grundlegend sind die Studien von Rehm (1904; 1941; 1949, 1298–1301), die neuesten einschlägigen Forschungen stammen von Lehoux (i. Dr., 33 f.) und Jones (2016; 2017, 72 f. 78. 83. 97–103. 109 f.). Einen hilfreichen Überblick gibt Liba Chaia Taub (2003, 20–26).

Verwandte Quellen

Das Puteoli-Parapegma (Inscr. It. XIII 2, 57 = Degrassi 1963, 310 f.; Lehoux 2006)[10] ist eine fragmentarische lateinische Inschrift aus Puteoli, dem modernen Pozzuoli in Süditalien. Es ist das einzige andere erhaltene astro-meteorologische Parapegma in epigraphischer Form neben den Parapegmata aus Milet.

Für eine Liste aller astronomischen und astro-meteorologischen Parapegmata, die in literarischer Form erhalten sind, siehe Lehoux 2007, 148 f.

---

8 Jedoch ist zu beachten, dass sich gemäß Jones (2016, 113 Anm. 6) ein Bild dieses Fragments im Archiv der Inscriptiones Graecae in Berlin befindet.

9 Rehm 1949, 1300; Lehoux 2005, 134 (der fälschlicherweise schreibt, dass Epikrates im Jahr 89/88 v. Chr. *stephanephoros* war); Jones 2016, 113 f. Anm. 7 (der ca. 130 v. Chr. als Datierung vorschlägt). Der *stephanephoros* war der eponyme Magistrat in Milet, d. h. dass das Kalenderjahr in Milet durch den Namen derjenigen Person identifiziert wurde, die dieses einjährige Amt im betreffenden Jahr innehatte.

10 Siehe auch Taub 2003, 173 f.; Lehoux 2007, 158–160; Lehoux i. Dr., 28–32.

Siehe auch

Q 16 – Qualitative Bestimmung der Zeit: Hemerologien und Tagewählkalender
Q 33 – Arats *Phainomena*
Q 38 – Der Antikythera-Mechanismus
Q 48 – Der Meridian des Augustus in Rom
Q 55 – Das Parapegma von den Trajansthermen in Rom

Technische Aspekte

Parapegmata (»Steckkalender«) sind Instrumente, die in griechischen und römischen Kontexten in unterschiedlichen Formen und Materialien belegt sind, einschließlich in literarischer Form. Sie wurden benutzt, um die Tage zu zählen – entweder innerhalb eines kalendarischen Zyklus oder innerhalb eines Zyklus astronomischer Phänomene. Epigraphische Parapegmata sind üblicherweise mit einer kontinuierlichen Sequenz von Tagen geschrieben, von denen manche oder alle mit einer Nummer, einem Datum, einem astronomischen oder einem meteorologischen Phänomen gekennzeichnet sind, sowie mit einem kleinen Loch für jeden Tag. Durch das Bewegen eines Stiftes oder mehrerer Stifte von einem Loch zum nächsten Tag für Tag – daher der Name, von παραπήγνυμι, »etwas festmachen neben etwas anderem« – konnte der Nutzer des Instruments die involvierten Zyklen verfolgen.[11] In den oben angegebenen griechischen Texten und Übersetzungen der Texte Milet I und Milet II zeigt jeder schwarze Punkt ein in den Stein gebohrtes Loch an, das jeweils einen Tag repräsentiert, der der Reihe nach gezählt werden soll.

Griechische Parapegmata sind überwiegend in literarischer Form überliefert und am häufigsten entweder astronomischer oder astro-meteorologischer Natur.[12] Sie liefern entweder Informationen über astronomische Ereignisse allein, oder aber korrelieren astronomische Phänomene mit Wetterbedingungen. Die zwei späthellenistischen Parapegmata aus Milet zählen zu den wenigen erhaltenen griechischen Parapegmata in Inschriftenform.

Der Text Milet I wird im Allgemeinen als Fragment eines astronomischen Parapegmas[13] angesehen, das die Auf- und Untergangszeiten von Sternen im Laufe des Jahres

---

11 Lehoux 2007, 147–491 bietet einen Katalog der griechischen und römischen Parapegmata, der allerdings einige wenige epigraphische Exemplare nicht enthält, die nach 2007 entdeckt worden waren. Für römische Parapegmata siehe Q 55.

12 Zu griechischen Parapegmata allgemein: Rehm 1941; Rehm 1949; Neugebauer 1975, 587–589; Hannah 2002; Hannah 2009, 49–59; Taub 2003, 20–33; Taub 2016; Evans – Berggren 2006, 59–63. 275–290; Lehoux 2007; Lehoux i. Dr.; Stern 2012, 57–59. 308.

13 Der einzige meteorologische Eintrag im Text Milet I ist folgender: »Das Sternbild Pfeil *(Sagitta)* geht unter. Die Jahreszeit des kontinuierlichen Westwindes.« (456B, Z. 16 f.). Siehe jedoch Taub 2003, 23 und

aufzeichnen sollte: Hierin sind Sternphasen aufgeführt und Löcher für einen Stift, der Tag für Tag durch das ganze Jahr hinweg manuell immer ein Loch weiterbewegt werden muss. Die Sternphasen sind entsprechend der Position der Sonne im Tierkreis in Gruppen eigeteilt: Das Sonnenjahr ist gemäß der wahrgenommenen Bewegung der Sonne durch die Tierkreiszeichen in zwölf Sektionen eingeteilt. Die drei Spalten im erhaltenen Fragment gehören zu den Abschnitten für Schütze *(Sagittarius)*, Wassermann *(Aquarius)* und Widder *(Aries)*. Die vollständige Inschrift kann derart rekonstruiert werden, dass sie sechs Spalten hatte, von der jede diejenigen Phänomene angibt, die beim Durchgang der Sonne durch zwei aufeinanderfolgende Tierkreiszeichen auftreten, beginnend mit der Sommersonnenwende, wenn die Sonne in das Tierkreiszeichen Krebs *(Cancer)* eintritt.[14]

Der Text Milet II verfügt über eine Reihe von Bohrungen für einen einzelnen beweglichen Stift, um gleichzeitig Sternphasen und Wettervorhersagen zu verfolgen.[15] Der Text schreibt die Gestirns- und Wetterbeobachtungen verschiedenen Quellen zu, darunter den bekannten griechischen Astronomen Euktemon, Eudoxos, Philippos,[16] den eher vagen »Ägyptern« und dem rätselhaften »indischen Kallaneus«.[17] Die Inschrift bestand aus einer einführenden Sektion am linken Ende – ein Teil davon ist auf Fragment 456C erhalten –, vermutlich gefolgt von zwölf Spalten, die Abschnitten des Sonnenjahres entsprachen, die durch den Durchgang der Sonne durch die Tierkreiszeichen definiert wurden. Der gesamte Text war etwa 5 m breit und vielleicht knapp 25 cm hoch. Die zwei Spalten auf Fragment 456A gehören zu den Sektionen Widder *(Aries)* und Stier *(Taurus)*; die Spalte auf Fragment 456N zu den Zwillingen *(Gemini)*; und die zwei Spalten auf Fragment 456D zur Waage *(Libra)* und dem Skorpion *(Scorpio)*.[18]

Neben den beiden milesischen Beispielen gibt es unter den insgesamt sehr spärlichen epigraphischen griechischen Parapegmata zwei weitere Exemplare auf einer Tontafel aus der antiken Stadt Abdera in Thrakien bzw. einer Kalksteintafel von der Insel Yeronisos vor Paphos (Zypern). Beide waren dazu gedacht, die Tage des Monats zu zählen, und können

---

195 Anm. 29, die darauf hinweist, dass a) nur ein Fragment von Text Milet I erhalten ist und daher nicht ausgeschlossen werden kann, dass der fehlende Text weitere Wetterphänomene in Verbindung mit astronomischen Ereignissen enthalten habe, und b) Winde tatsächlich als meteorologische Phänomene angesehen werden sollten.

14 Jones 2017, 99.

15 Lehoux 2007, 154 Anm. 9 argumentiert in überzeugender Weise gegen Rehms Idee (Diels – Rehm 1904; Rehm 1949, 1301), dass eine Vielzahl von Stiften verwendet wurde, um die astronomischen und meteorologischen Ereignisse, die im Parapegma verfolgt werden, mit dem/den zivilen oder religiösen Milesischen Kalender(n) zu korrelieren.

16 Euktemon lebte im 5. Jh. v. Chr. in Athen; Eudoxos von Knidos ist ein Astronom des 4. Jh. v. Chr.; Philippos ist vermutlich Philippos von Opus, ein Student Platons (5./4. Jh. v. Chr.).

17 Jones 2017, 100 schlägt vor, dass dieser mit Kalanos, einem gymnosophistischen Philosophen aus Taxila in Indien identifiziert werden könnte, der Alexander den Großen traf.

18 Jones 2017, 99.

der hellenistischen Periode zugeschrieben werden, wahrscheinlich der späthellenistischen Zeit.[19] Die anderen erhaltenen griechischen Parapegmata in Inschriftenform sind der Antikythera-Mechanismus aus der Zeit um etwa 100 v. Chr., der ein astronomisches Parapegma enthält (siehe Q 38), und ein kleines Marmorfragment vom Kerameikos in Athen, das wahrscheinlich in der späthellenistischen Zeit hergestellt wurde und dessen Funktion letztendlich ungewiss bleiben muss.[20] Neben diesen sechs inschriftlichen Parapegmata, die in etwa der späthellenistischen Zeit zuzuordnen sind, ist noch ein spätantikes Exemplar aus Sikyon im Norden der Peloponnes zu erwähnen, das ein einzigartiges Beispiel für einen parapegmatischen christlichen Heiligenkalender darstellt.[21] Somit sind, abgesehen vom Antikythera-Mechanismus, dessen astronomisches Parapegma nur eines der vielen Elemente dieses komplexen astronomischen Gerätes ist, die beiden Exemplare aus Milet die einzigen erhaltenen astronomischen und astro-meteorologischen griechischen Steckkalender in epigraphischer Form.[22]

Soziokulturelle Auswertung

Die Fertigung und Aufstellung eines großen Steinparapegmas muss ein arbeitsintensiver und teurer Vorgang gewesen sein. In Kombination mit ihrem Fundort im Bereich des antiken Theaters weist dies darauf hin, dass die Parapegmata aus Milet im öffentlichen Raum aufgestellt waren und somit einem bürgerlichen Zweck dienten.[23] Obwohl sie vermutlich von Wissenschaftlern verfasst worden waren, wurden die beiden Parapegmata daher nicht aus rein wissenschaftlichem Interesse entwickelt, sondern waren für den allgemeinen Gebrauch in Milet bestimmt.[24] Im Gegensatz dazu kann argumentiert werden,

19 Das Parapegma aus Abdera wird bei Kallintzi 2013, 25 Abb. 24 kurz angesprochen, jenes aus Yeronisos bei Connelly 2005, 174 f. Abb. 42. Joan B. Connelly und die Verfasserin bereiten derzeit die erste umfassende Studie zu diesen beiden wenig bekannten, aber aussagekräftigen epigraphischen Dokumenten vor.

20 IG II² 2782; Rehm 1949, 1301; Lehoux 2007, 22–24. 190 f. Die in Vorbereitung befindliche Arbeit von Connelly und der Verfasserin (siehe Anm. 19) enthält eine eingehende Diskussion des Kerameikos-Parapegmas auf Grundlage einer autoptischen Untersuchung des beschrifteten Marmorfragments im Kerameikos-Museum.

21 Diese Inschrift wurde ins 5. Jh. n. Chr. datiert. Die sieben noch vorhandenen Fragmente gehörten ursprünglich zu einer Marmortafel, die mit einer griechischen Version der römischen *fasti* beschriftet war, die zusätzlich für jeden der 365 Tage des Julianischen Jahres die Namen der Tagesheiligen enthielt. Siehe Hallof 2016 (mit Verweis auf frühere Editionen).

22 Holz könnte ebenfalls dafür verwendet worden sein, um nicht-literarische griechische Parapegmata zu produzieren, welche die Zeit freilich nicht überdauert haben (Hannah 2002, 114).

23 Sie hätten auch dann noch einen bürgerlichen Wert, wenn die Produktion der beiden milesischen Parapegmata von einem privaten Spender und nicht von der Stadt selbst in Auftrag gegeben worden wäre.

24 Pritchett – van der Waerden 1961, 40; Neugebauer 1975, 2. 587; Taub 2003, 20–21. 24; Taub 2011, 135; Evans – Berggren 2006, 60; Hannah 2009, 53; Stern 2012, 57 f.

dass die anderen erhaltenen griechischen Parapegmata in epigraphischer Form tragbare Geräte waren, die sich im Besitz von Privatpersonen befanden und von diesen benutzt wurden: Die geringe Größe und das insgesamt eher informelle Erscheinungsbild der Parapegmata aus Yeronisos und Abdera lassen auf eine private Nutzung durch Personen schließen, die den Überblick über die Tage des Monats behalten wollten.[25] In ähnlicher Weise wurde der Antikythera-Mechanismus höchstwahrscheinlich für die Verwendung durch eine Einzelperson entwickelt, obwohl man im Fall dieses luxuriösen und technologisch fortschrittlichen Instruments davon ausgehen muss, dass der beabsichtigte Eigentümer keine gewöhnliche Person, sondern ein wohlhabendes Mitglied der lokalen Elite in der Region Epirus war (siehe Q 38).

Kann man versuchen, die bürgerlichen Zwecke der beiden Parapegmata aus Milet genauer zu bestimmen? Zunächst einmal sollte die öffentliche Präsentation hochentwickelter wissenschaftlicher Erkenntnisse auf monumentalen Steininschriften, die im Zentrum der antiken Stadt aufgestellt wurden, sicher die breite Öffentlichkeit ansprechen, für die die meisten der bereitgestellten Informationen vermutlich ebenso beeindruckend wie unverständlich gewesen sind. Wer hätte konkret davon profitiert, über die im Laufe des Jahres auftretenden Sternphasen, Sonnenwenden und Tagundnachtgleichen sowie die damit verbundenen Wetterphänomene zu lernen? Man könnte argumentieren, dass die Nutzer der Steckkalender in Milet in erster Linie Landwirte und Seeleute waren, die sich auf den saisonalen landwirtschaftlichen Zyklus und auf Wettervorhersagen als Lebensgrundlage stützten.[26] Darüber hinaus ist es plausibel, anzunehmen, dass astronomische und astro-meteorologische Parapegmata, die wie die beiden Exemplare aus Milet in antiken griechischen Städten öffentlich aufgestellt wurden, auch solchen Personen dienlich gewesen sein könnten, die den saisonalen Kalender als Grundlage anderer Aktivitäten einhalten mussten: die Priester, welche die religiösen Feste der Stadt organisierten.[27] Die antike griechische Welt war durch die Verwendung von Mondkalendern gekennzeichnet, deren Unvorhersehbarkeit und Unregelmäßigkeit dazu führten, dass religiöse Feste möglicherweise zu falschen Jahreszeiten stattfanden (siehe Chronologische Grundlagen: Griechische Welt). So werden die Parapegmata in Milet wahrscheinlich den religiösen Autoritäten der Stadt dabei von Nutzen gewesen sein, die Feste der Götter mit den landwirtschaftlichen Jahreszeiten im Einklang zu halten, mit denen die Kulte verbunden waren. Diese hypothetische Verwendung der Parapegmata aus Milet könnte auch – zumindest teilweise – das Fehlen oder die geringe Präsenz von Wetterinformationen im Text Milet I erklären,

25 Vgl. die römischen Fasti Guidizzolenses, deren kleines Format Rüpke (2011, 110) zufolge auf eine »private Anfertigung« hindeute.

26 Pritchett – van der Waerden 1961, 40. Siehe jedoch Hannah 2002, 129: »[...] die Aufstellung eines Parapegmas in der Stadt ist für Landwirte und Seeleute von geringem unmittelbaren Nutzen.«

27 Siehe Hannah 2002, 129–132.

was dessen Nützlichkeit möglicherweise einschränkte; denn die Vorhersage von Wetteränderungen dürfte höheren praktischen Wert gehabt haben, als nur astronomische Ereignisse zu verfolgen.

Bibliographie

Connelly 2005
J. B. Connelly, Excavations on Geronisos Island: Second Report, The Central-South Complex, Report of the Department of Antiquities, Cyprus, 2005, 149–182.

Degrassi 1963
A. Degrassi, Inscriptiones Italiae XIII 2 (Rom 1963).

Diels – Rehm 1904
H. Diels – A. Rehm, Parapegmenfragmente aus Milet, Sitzungsberichte der Königlich Preussischen Akademie der Wissenschaften, Philosophisch-Historische Klasse 23, 1904, 92–111.

Evans – Berggren 2006
J. Evans – J. L. Berggren, Geminos's Introduction to the Phenomena: A Translation and Study of a Hellenistic Survey of Astronomy (Princeton 2006).

Hallof 2016
K. Hallof, Ein christlicher Steckkalender aus Sikyon (IG IV^2 3, 1825), Early Christianity 7, 2016, 237–246.

Hannah 2002
R. Hannah, Euctemon's Parapēgma, in: C. J. Tuplin – T. E. Rihll (Hrsg.), Science and Mathematics in Ancient Greek Culture (Oxford 2002) 112–132.

Hannah 2009
R. Hannah, Time in Antiquity, Sciences of Antiquity (London 2009).

Jones 2016
A. Jones, The Miletos Inscription on Calendar Cycles: IMilet Inv. 84 + Inv. 1604, Zeitschrift für Papyrologie und Epigraphik 198, 2016, 113–127.

Jones 2017
A. Jones, A Portable Cosmos. Revealing the Antikythera Mechanism, Scientific Wonder of the Ancient World (New York 2017).

Kallintzi 2013
C. Kallintzi, Archaiologiko Museio Avdērōn (Athen 2013).

Lehoux 2005
D. Lehoux, The Parapegma Fragments from Miletus, Zeitschrift für Papyrologie und Epigraphik 152, 2005, 125–140.

Lehoux 2006
D. Lehoux, Rethinking Parapegmata: The Puteoli Fragment, Zeitschrift für Papyrologie und Epigraphik 157, 2006, 95–104.

Lehoux 2007
D. Lehoux, Astronomy, Weather, and Calendars in the Ancient World: *Parapegmata* and Related Texts in Classical and Near Eastern Societies (Cambridge 2007).

Lehoux i. Dr.
D. Lehoux, Image, Text, and Pattern: Reconstructing Parapegmata, in: A. Jones (Hrsg.), Reconstructing Ancient Texts (Toronto, im Druck).

Neugebauer 1975
O. Neugebauer, A History of Ancient Mathematical Astronomy, Studies in the History of Mathematics and Physical Sciences 1 (Berlin 1975).
Pritchett – van der Waerden 1961
W. K. Pritchett – B. L. van der Waerden, Thucydidean Time-Reckoning and Euctemon's Seasonal Calendar, Bulletin de correspondance hellénique 85, 1961, 17–52.
Rehm 1904
A. Rehm, Weiteres zu den milesischen Parapegmen, Sitzungsberichte der Königlich Preussischen Akademie der Wissenschaften, Philosophisch-Historische Klasse 23, 1904, 752–759.
Rehm 1941
A. Rehm, Parapegmastudien. Mit einem Anhang Euktemon und das Buch De signis. Abhandlungen Bayerische Akademie der Wissenschaften, Philosophisch-Historische Klasse N. F. 19 (München 1941).
Rehm 1949
A. Rehm, RE XVIII 4 (1949) 1295–1366 s. v. Parapegma.
Rüpke 2011
J. Rüpke, Von Jupiter zu Christus. Religionsgeschichte in römischer Zeit (Darmstadt 2011).
Stern 2012
S. Stern, Calendars in Antiquity. Empires, States, and Societies (Oxford 2012).
Taub 2003
L. Taub, Ancient Meteorology, Sciences of Antiquity (London 2003).
Taub 2011
L. Taub, Greco-Roman Meteorology and Navigation, in: W. V. Harris – K. Iara (Hrsg.), Maritime Technology in the Ancient Economy: Ship-design and Navigation (Portsmouth 2011) 133–145.
Taub 2016
L. Taub, Meteorology, in: G. L. Irby (Hrsg.), A Companion to Science, Technology, and Medicine in Ancient Greece and Rome, Blackwell Companions to the Ancient World (Chichester 2016) 232–246.

Q 38 Der Antikythera-Mechanismus

Rita Gautschy und Filippo Battistoni

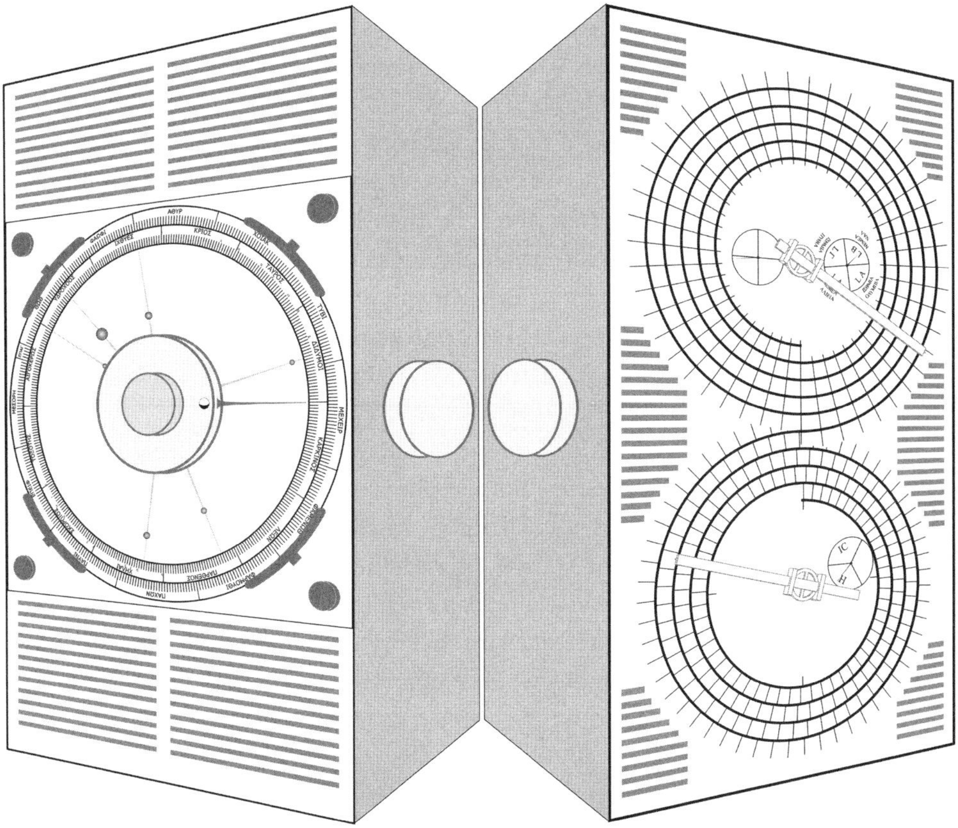

Abb. 1: Rekonstruierte Gesamtansicht der Vorderseite (links) und der Rückseite (rechts) des Antikythera-Mechanismus (© Alexander Jones).

Zur Quelle

Der Mechanismus von Antikythera[1] ist ein antikes astronomisches Instrument, das ein bewegliches Modell für die von der Erde aus beobachtbaren Bewegungen von Sonne, Mond und vermutlich auch der Planeten war. Die Rekonstruktion des Mechanismus dauert nach wie vor an.

Das Instrument wurde im Jahr 1900 von Schwammtauchern zusammen mit anderen Funden in einem Schiffswrack vor der griechischen Insel Antikythera (nordwestlich von Kreta) entdeckt. Der Untergang des Schiffes kann anhand der im Wrack gefundenen und datierbaren Münzen aus Pergamon und Ephesos zwischen 70 und 60 v. Chr. datiert werden. Bei seiner Bergung präsentierte sich der Mechanismus als ein unförmiger Klumpen zusammenkorrodierter Metallteile. Viele der ursprünglich vorhandenen äußeren Teile sind heute verloren. Als in den 1970er Jahren die intensive Untersuchung des Objekts mit Röntgenstrahlen begann, war der Mechanismus bereits in viele Stücke zerbrochen. Die 82 noch vorhandenen Fragmente befinden sich heute im Archäologischen Nationalmuseum in Athen. Die größeren Teile tragen die Bezeichnungen A bis G, die kleineren sind durchnummeriert. Die Rekonstruktion des Objekts stützt sich auf die materiellen Reste und die Hinweise in nur fragmentarisch darauf erhaltenen Inschriften.

Ursprünglich war das Instrument in einer schützenden Kiste aus Holz eingepackt gewesen. Dies belegen die Reste einer Holzeinrahmung, die bei der Bergung noch vorhanden waren. Der Mechanismus wies vier große Inschriftenflächen auf: zwei separate Tafeln, die vielleicht auf den dem Apparat zugewandten vorderen und hinteren Innenseiten der Holzkiste fixiert waren, sowie auf den Freiflächen ober- und unterhalb der vorderen Anzeige (Abb. 1). Zudem waren auch die Freiflächen neben den hinteren Anzeigen mit Text versehen, alle Skalen beschriftet, und jeder Bauteil sowie jedes Loch wies einen Identifikationsbuchstaben auf, der wahrscheinlich als Hilfe bei der Montage diente. Vom ursprünglichen Text ist heute ca. ein Viertel erhalten, wobei zu berücksichtigen ist, dass für Zahlen die griechischen Buchstaben im alphabetischen Zahlensystem benutzt wurden. Die Flächen oberhalb und unterhalb der großen vorderen Anzeige enthielten eine Liste mit den heliakischen Frühauf- und Spätuntergängen wichtiger Sterne und Sternbilder, ein sogenanntes Parapegma (vgl. Q 37).

Der Erhaltungszustand der einzelnen Texte ist äußerst schlecht. Einige Beschriftungen auf den zwei Tafeln haben sich anhand ihrer Abdrücke in Spiegelschrift auf den Bauteilen erhalten. Die Inschriften auf der rückseitigen Tafel kann man als Gebrauchsanweisung für

1 Im Rahmen dieses gemeinsamen Beitrags hat sich Filippo Battistoni mit den Inschriften und den Anzeigen auf der oberen Rückseite (epirotischer Kalender, Spieleanzeige) beschäftigt, Rita Gautschy mit den astronomischen und technischen Aspekten des Mechanismus.

den Mechanismus bezeichnen, diejenigen auf der vorderseitigen Tafel hingegen gaben Informationen allgemeiner Art zur Bewegung der Planeten.[2] Die Texte sind in Koine-Griechisch verfasst; die einzige Ausnahme stellen die zwölf Monatsnamen des Mondkalenders in der oberen Anzeige auf der Rückseite des Mechanismus dar, die einem Dialekt entstammen, der in Städten in Epirus gesprochen wurde.[3]

Die Flächen, die mehr Platz für Texte bieten, sind die beiden Tafeln: Wenn man davon ausgeht, dass diese vollständig beschrieben waren, ergäben sich ca. 60 Zeilen Text für jede Tafel mit einer durchschnittlichen Länge von ca. 70 Buchstaben. Umstritten ist, ob die beiden Tafeln als Deckel für den Mechanismus dienten, oder ob sie nur zusammen mit ihm transportiert wurden, um neben ihn gestellt zu werden, und daher eher zufällig in der späteren Fundposition waren. Der Inhalt des Textes besteht aus einer Erklärung der Funktionsweise des Mechanismus (hintere Tafel) und der astronomischen Theorie, die dieser widerspiegelte (vordere Tafel). Die hintere, sehr unvollständige Tafel enthält Hinweise auf den Lauf der Himmelskörper auf der Vorderseite ([Merkur], Venus, Sonne, Mars, Jupiter, [Saturn] und [Mond]) und Informationen über die Spiralen auf der Rückseite, einschließlich der kleineren kreisförmigen Anzeigen in ihnen, wie aus der Erwähnung signifikanter Zahlen deutlich wird: 235 – die Monate eines Meton-Zyklus; 76 Jahre – die Kallippische Periode; 223 Monate – die Länge der Saros-Periode. Im Gegensatz dazu berichtet der Text der vorderen Tafel von unterschiedlich langen Perioden, die in Sonnenjahren ausgedrückt werden. Hierbei handelt es sich um Vielfache synodischer Perioden der einzelnen Planeten. Dann folgt ein Hinweis auf die Dauer eines einzelnen Zyklus, ausgedrückt in Tagen. Der am besten erhaltene Fall ist der Text zum Planeten Venus (Frg. G, 4–6):

Ὁ δὲ Φώ̣[σφορος - -]
- - ζ̣ω̣ι̣δ̣[ί]ου, ἐν δὲ ἴσοις ν υ̅ξ̅β̣̅L ν ἀποκατασ̣τάσ[εις - -]
- -ΥΣ υ̅ξ̅β̅, ἑ̣κάστην δ᾽ἀποκατ̣άστασιν ἐν ἡ̣μέρ̣αις φ[π̅δ̅ - -]

Der Phosphoros aber
... Tierchens (Sternzeichen[?]), in gleichen 462 Jahren, Zyklen
... 462, jeden Zyklus in 5[84] Tagen ...

2 Siehe Bitsakis – Jones 2016a, Bitsakis – Jones 2016b, Anastasiou u. a. 2016a und Anastasiou u. a. 2016b für die Details zu den Inschriften auf dem Mechanismus.

3 Iversen 2017, 141–159.

Die Planeten werden in der folgenden Reihenfolge beschrieben: Merkur, Venus, Mars, Jupiter und Saturn. Man nimmt an, dass Informationen über die Sonne und den Mond im Anschluss daran folgten.

Es ist schwierig, das Datum der Fertigung des Mechanismus genau zu benennen. Mit Sicherheit wurde er vor dem Jahr 60 v. Chr. gebaut, weil dies der späteste Zeitpunkt für den Untergang des Schiffes ist. Analysen der auf der Rückseite des Mechanismus im Mondkalender eingetragenen Finsternisse und Grundstellungen der Zeiger weisen auf die Jahre um 205 v. Chr. hin.[4] Das bedeutet jedoch nicht, dass der Mechanismus selbst zu dieser Zeit gebaut wurde, sondern dass die Vorlage für die betreffenden Anzeigen auf dem Mechanismus aus der Zeit um 205 v. Chr. stammt. Paläographische Gesichtspunkte lassen eine Datierung des Mechanismus sowohl ins 2. Jahrhundert als auch ins 1. Jahrhundert v. Chr. zu. Vermutlich wurde er jedoch später als 150 v. Chr. gebaut, weil die 76-jährige Kallippische Periode (beginnend im Jahr 205 v. Chr.) mit einem attischen Kalenderschaltzyklus synchronisiert zu sein scheint, der frühestens um 150 v. Chr. anzusetzen ist.[5]

Die Inschrift auf der Vorderseite enthält ein Parapegma, das nach der aktuellsten Rekonstruktion 30 Phänomene, verteilt auf ca. 46 Zeilen und vier Kolumnen, umfasste.[6] Der fragmentarische Zustand erlaubt es nicht, den gesamten Text zuverlässig zu rekonstruieren, aber der generelle Aufbau lässt sich gut nachvollziehen. Die am besten erhaltene Kolumne ii lautet folgendermaßen:

[Ι	v	Κριὸς ἄρχεται ἐπιτέλλειν.]
[	v	ἰσημερία ἐαρινή. Α]
[Κ	v	–12–].Ι ἑσ̣[π]ερ̣[ί]α̣[- -]
Λ	v	Ὑάδ̣[ες δύον]ται ἑσ̣περίαι̣. v ΚΑ
Μ	v	Ταῦρο̣ς̣ ἀ̣ρχ̣ε̣ται ἀνατέλλειν. Α
[Ν	v]	Λύ̣ρα ἐ[πιτ]έ̣λ̣λ̣ε̣[ι] ἑσπερία. v ΙΑ
Ξ	v	Πλειὰς ἐπι[τ]έλλει ἑῷι̣[ο]ς. v ΙΖ̣
Ο	v	Ὑὰς ἐπιτέλλει v ἑώια. v Κ̣Ε
Π	v	Δίδυμοι ἄρχονται ἐπιτέλλει̣ν̣. [Α]
Ρ	v	Ἀετὸς ἐπιτέλλει ἑσπέριο[ς. - -]
Σ	v	Ἀρκτοῦρος δύνει v ἑῷι̣ος. v Ι̣

4 Freeth 2014, 11; Carman – Evans 2014, 693–765; Anastasiou u. a. 2016a, 189–191.

5 Jones 2017, 158.

6 Bitsakis – Jones 2016a.

	[I	Der Widder beginnt aufzugehen.]
	[	Frühlingstagundnachtgleiche. 1]
	[K	–12–].10 am Abend [- -]
4	Λ	Die Hyaden gehen am Abend unter. 21
	M	Der Stier beginnt aufzugehen. 1
	[N]	Die Leier geht am Abend auf. 11
	Ξ	Die Plejaden gehen am Morgen auf. 17
8	O	Hyas geht am Morgen auf. 25
	Π	Die Zwillinge beginnen aufzugehen. [1]
	P	Aquila geht am Abend auf [- -]
	Σ	Arkturos geht am Morgen unter. 10

Das Parapegma ähnelt demjenigen, das meist Geminos (1. Jahrhundert v. Chr.) zugeschrieben wird.[7] Allerdings handelt es sich beim Parapegma auf dem Mechanismus nur um eine sehr selektive Auswahl heliakischer Frühauf- und Spätuntergänge einzelner Sterne oder ganzer Sternbilder des Geminos-Parapegmas sowie um Angaben der Sonnenwenden und Tagundnachtgleichen. Wetterangaben hingegen fehlen völlig. Das Parapegma befindet sich auf zwei Platten, eine oberhalb und die andere unterhalb der zentralen Anzeige auf der Vorderseite (Abb. 2 links). Jede dieser Platten umfasst zwei Kolumnen mit etwa zehn Zeilen. Jede Kolumne bezieht sich auf Ereignisse, die sich über je drei Tierkreiszeichen erstrecken: Kol. i (links oben) vom Steinbock bis zu den Fischen (Winter), Kol. ii (rechts oben) vom Widder bis zu den Zwillingen (Frühling), Kol. iv (rechts unten) vom Krebs bis zur Jungfrau (Sommer) sowie Kol. iii (links unten) von der Waage bis zum Schützen (Herbst). Alle im Parapegma genannten und zusätzlich mit einem griechischen Großbuchstaben bezeichneten Ereignisse werden auf dem Ring der zentralen Anzeige durch denselben Buchstaben des griechischen Alphabets markiert. Hierbei entspricht die alphabetische Reihenfolge der Sequenz der Spalten: Kol. i: A–Θ; Kol. ii: I–Σ; Kol. iii: A–Λ; Kol. iv: M–Ω. Hinter der Beschreibung steht eine Ziffer, die sich auf die Skala am Ring bezieht. Diese ist eigentlich überflüssig, hilft aber dabei, Mehrdeutigkeit zu vermeiden, weil einige Buchstaben wiederholt und für verschiedene Ereignisse verwendet wurden. Die angegebenen astronomischen Beobachtungen passen für einen Ort auf einer geographischen Breite von 35°, was sich mit Rhodos als wahrscheinlichem Herkunftsort des Mechanismus gut vereinbaren lässt.

7 Geminos, *Eisagoge eis ta phainomena*. Zu Geminos siehe unten den Abschnitt Soziokulturelle Auswertung.

Auswahl an Rekonstruktionen und Studien

Die erste umfassende Rekonstruktion dieses Mechanismus wurde 1974 vom Wissenschaftshistoriker Derek de Solla Price im Artikel »Gears from the Greeks« vorgelegt. Danach war es vor allem Michael T. Wright, der in einer Serie von Zeitschriftenartikeln seine Resultate präsentierte und auch ein Modell des Mechanismus baute.[8] Seit 2002 existiert das »Antikythera Mechanism Research Project«, dessen aktuellste Ergebnisse zur Rekonstruktion der Anzeigen und zur Lesung der Inschriften 2016 in einem Sonderheft der Zeitschrift »Almagest« (Vol. 7.1 [http://www.hpdst.gr/publications/almagest/issues/7-1]) publiziert wurden. Alexander Jones liefert in seinem 2017 erschienenen Buch »A Portable Cosmos« darüber hinaus u. a. noch Informationen zur Verbindung des Mechanismus mit griechischer und babylonischer Astronomie und Astrologie sowie Gedanken über den Zweck des Instruments. Paul A. Iversen (2017) schließlich beschäftigte sich speziell mit der Herkunft des Kalenders auf dem Mechanismus und mit dessen Bestimmungsort.

Verwandte Objekte

Der Mechanismus ist ein bislang einzigartiger Fund und insofern überraschend, als ein technisch so anspruchsvolles Gerät wie dieses und die in ihm enthaltene Technik und Herstellungsweise aus der Antike vorher nicht bekannt waren. Dass es andere derartige Modelle gegeben haben muss, lässt sich jedoch aus zwei Tatsachen ableiten: Erstens legt die hohe Komplexität des vorliegenden Instruments nahe, dass es zuvor einfachere Prototypen gegeben hat. Zweitens erwähnt Cicero in mehreren seiner Werke mechanische Modelle des Kosmos, darunter ein Instrument, das auf Geheiß seines Lehrers Poseidonios von Rhodos um 80 v. Chr. hergestellt wurde und die Bewegungen der Sonne, des Mondes und der Planeten anzeigen konnte.[9] Zuletzt wurde auch für das Innere des Turms der Winde (siehe Q 36) ein mithilfe von Wasser betriebenes mechanisches Modell des Kosmos postuliert.[10]

Dass derartige Instrumente auf Interesse stießen, belegt zudem der Fund eines Bodenmosaiks in einem reichen Privathaus in Solunt aus dem späten 2. oder frühen 1. Jahrhundert v. Chr., das eine sogenannte Armillarsphäre zeigt, ein astronomisches Gerät zur Darstellung der Bewegung der Himmelskörper, das in Solunt aus fünf großen und zwei kleinen Ringen mit der Erde im Zentrum besteht.[11] In den Ecken des quadratischen

8 Wright 2013.

9 Cicero, *De natura deorum* 2, 34 f. In zwei weiteren seiner Werke, *Tusculanae disputationes* 1, 63 und *De re publica* 1, 14, berichtet er von einer mechanischen Sphäre des Archimedes (spätes 3. Jh. v. Chr.), welche die aktuellen Stellungen von Sonne, Erde und Mond korrekt anzugeben vermochte.

10 Kienast 2014, 125–128.

11 Von Boeselager 1983, 56–60.

Mosaiks befanden sich die Köpfe von vier blasenden Winden, von denen heute nur mehr einer erhalten ist.

Siehe auch

Q 25 – Das Horoskop des Anu-bēlšunu
Q 31 – Eponymenlisten in Rhodos: die Haliospriester
Q 33 – Arats *Phainomena*
Q 36 – Der Turm der Winde in Athen
Q 37 – Die griechischen Parapegmata aus Milet

Technische Aspekte

Alle Anzeigen des Mechanismus basieren auf drei grundlegenden astronomischen Perioden: siderisches Jahr, siderischer Mondmonat und synodischer Mondmonat.

Im Weiteren finden sich auf dem Mechanismus zwei weitere indirekte Perioden, die aus bestimmten ganzzahligen Vielfachen der Grundperioden zusammengesetzt sind: Meton-Zyklus und Saros-Periode.

Sechs Anzeigen auf dem Mechanismus lassen sich heute relativ sicher rekonstruieren.[12] Mittels einer seitlich angebrachten Kurbel wurden über ein Winkel-Getriebe alle Zahnräder und damit alle Anzeigen des Mechanismus gleichzeitig in Bewegung gesetzt (Abb. 1). Es sind 31 Zahnräder erhalten; 27 davon befinden sich allein im größten der Fragmente. Für die heute rekonstruierten Anzeigen bräuchte man acht nicht gefundene Zahnräder und fünf weitere Zeiger, falls die Planetenbewegungen ebenfalls dargestellt waren; ein Zahnrad konnte bislang in der Rekonstruktion nicht erfolgreich platziert werden.[13]

12 Siehe vor allem Bitsakis – Jones 2016a und Anastasiou u. a. 2016a für die im Folgenden beschriebene Rekonstruktion der Anzeigen des Mechanismus.

13 Die Mitglieder des Antikythera Mechanism Research Project können ausschließen, dass dieses Zahnrad zu einem der fehlenden Planetenzahnräder gehört hat (Freeth – Jones 2012, Abschnitt 3.6.1).

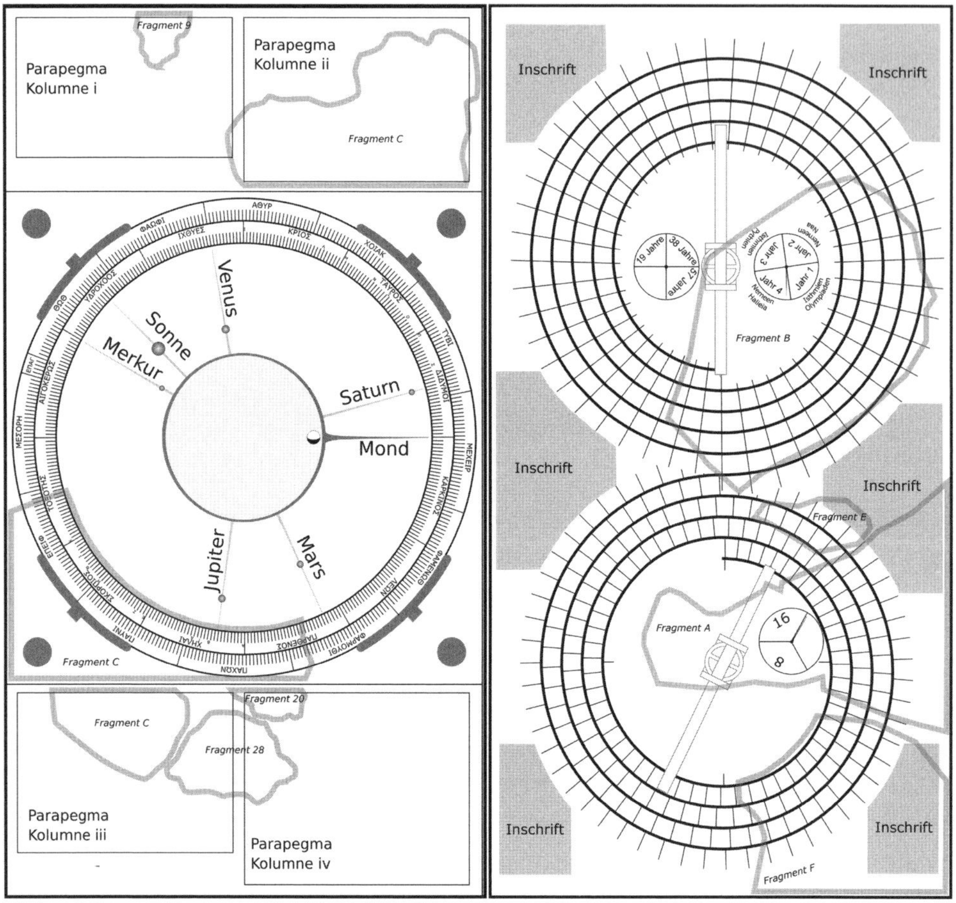

Abb. 2: Rekonstruierte Vorderseite (links) und Rückseite (rechts) des Antikythera-Mechanismus (© Alexander Jones).

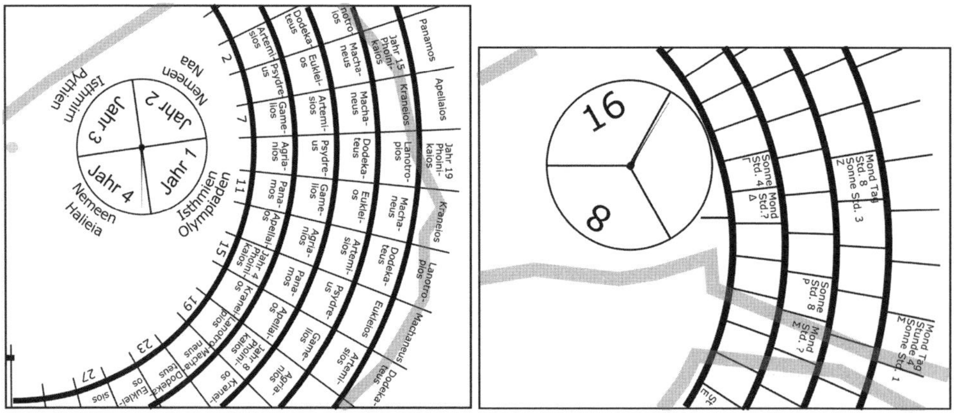

Abb. 3: Details der Anzeige des Meton-Zyklus (links) und der Finsternis-Anzeige (rechts) auf der Rückseite des Antikythera-Mechanismus (© Alexander Jones).

Die Vorderseite enthielt neben dem bereits erwähnten Parapegma einen Sonnenkalender und eine Darstellung der Bewegung von Sonne und Mond und vielleicht auch der Planeten Merkur, Venus, Mars, Jupiter und Saturn (Abb. 2 links). Der Sonnenkalender besteht aus zwei ringförmigen Skalen: einer inneren Tierkreisskala und einer äußeren Datumsskala. Die Tierkreisskala war in zwölf Abschnitte für die zwölf Tierkreiszeichen unterteilt. Die äußere Datumsskala beinhaltete 365 Abschnitte für jeden der 365 Tage des Jahres gemäß dem ägyptischen Kalender (siehe Chronologische Grundlagen: Ägypten). Die Datumsskala mit dem ägyptischen Kalender konnte auf einfache Weise abgenommen und wieder aufgesteckt werden, sodass man der Verschiebung des ägyptischen Kalenders alle vier Jahre um einen Tag im Verhältnis zum tropischen Sonnenjahr auf einfache Weise Rechnung tragen konnte. Betätigte man die Kurbel auf der Seite des Mechanismus, so drehten sich vor diesen Ringskalen die Zeiger der Himmelskörper. Der Sonnenzeiger gab auf der äußeren Ringskala das Datum im ägyptischen Kalender und auf der inneren Ringskala die aktuelle Stellung der Sonne im Tierkreis an. Der Mondzeiger markierte auf der inneren Ringskala die Position des Mondes im Tierkreis. Eine volle Drehung dieses Zeigers entspricht der Periode des siderischen Monats.

Im Weiteren ist die Existenz einer Mondphasen-Kugel gesichert, deren eine Hälfte schwarz und deren andere Hälfte weiß war. Sie war auf dem Mondzeiger aufgesteckt und über ein Winkelgetriebe angetrieben worden. Diese Kugel drehte sich zwischen zwei Zusammentreffen des Mondes mit der Sonne einmal vollständig. Beim Zusammentreffen ist jeweils Neumond, und dazwischen zeigt die Kugel die entsprechenden Mondphasen an. Bisher hypothetisch und aufgrund von Erwähnungen in den Texten rekonstruiert sind die Planetenzeiger: sie hätten die entsprechenden Stellungen der Planeten im Tierkreis angegeben.

Das Einstellen eines Datums auf dem vorne befindlichen Jahreskalender wurde synchron auf die Anzeigen auf der Rückseite des Mechanismus übertragen. Auf der Rückseite finden sich zwei große spiralige Skalen, die beide mit dem synodischen Mondmonat als Einheit unterteilt sind (Abb. 2 rechts). Die obere der beiden großen Anzeigen illustriert den Meton-Zyklus. Der zugrundeliegende Mondkalender war mit den 13 Monatsnamen eines in manchen epirotischen Städten gebrauchten Lunisolarkalenders skaliert (Abb. 3 links). Beim 19-maligen Drehen des vorderen Sonnenzeigers (19 Sonnenjahre) wurden hinten mit dem Mondzeiger 235 synodische Mondmonate durchfahren. Die 235 Monate waren auf einer Spiralskala aus fünf ganzen Umgängen vermerkt. Anhand der zum Meton-Zyklus gehörenden Zahnräder lässt sich ableiten, dass jeder Monat nominal 30 Tage besaß, dass aber jeder 64. bzw. manchmal auch der 65. Tag ausgelassen wurde.[14] Diese übersprungenen Tage werden sowohl in der Inschrift auf der Rückseite des Mechanismus als

14 Jones 2017, 86 f.

auch von Geminos als *exairesimoi* (wörtlich »herausgenommene«) bezeichnet.[15] Um den Mondkalender gebrauchen zu können, musste allerdings bekannt sein, für welche historischen 19 Jahre er ursprünglich angefertigt wurde, bzw. welches der Jahre 1 bis 19 das gegenwärtige war.

Dank der vielfachen Nennung aller Monate kann der Kalender auf dem Mechanismus sicher rekonstruiert werden, obwohl dieser nur sehr fragmentarisch erhalten ist. Die belegten 12 Monatsnamen lauten Phoinikaios, Kraneios, Lanotropios, Machaneus, Dodekateus, Eukleios, Artemisios, Psydreus, Gamelios, Agrianos, Panamos und Apellaios. Von den sieben in 19 Jahren vorkommenden Schaltmonaten ist nur derjenige im elften Jahr erhalten, wo der vierte Monat Machaneus wiederholt wird (Abb. 3 links). Unter der Annahme, dass die Schaltmonate im 19-jährigen Zyklus so regelmäßig wie möglich verteilt waren und jeweils nach dem vierten Monat Machaneus eingefügt wurden, ergibt sich folgendes Schema für die Abfolge von Schaltjahren (I) und Normaljahren (O):

I – O – O – I – O – O – I – O – O – I – O – I – O – O – I – O – O – I – O

Rund um die zwei Spiralen finden sich Informationen zu den verzeichneten Finsternissen. Das verwendete System ist vermutlich identisch zu dem auf der Vorderseite angewandten mit Buchstaben, welche die einzelnen Einträge mit den jeweiligen Feldern in der Spirale verbinden. Die Einträge beziehen sich ausschließlich auf Sonnenfinsternisse bzw. auf Mond- und Sonnenfinsternisse. Angegeben sind die Winde (Richtung und Stärke) sowie die Farbe der Finsternis. Der Text auf Frg. F, 19–35 lautet folgendermaßen:

> Von Zephyros, und sie drehen in Richtung Notos und enden in Richtung Apeliotes. Mittlere Stärke. Die Farbe ist schwarz. (Verweisbuchstabe). Von Notos, und sie drehen sich und enden in Richtung Apeliotes. Schwach. Die Farbe ist schwarz.

Auffällig sind vor allem die Ausführungen zu den Winden, einem Phänomen, das in Wirklichkeit mit der Finsternis nichts zu tun hat.[16] Wenn man bedenkt, dass die Sichtbarkeit einer Finsternis auf einen bestimmten geographischen Bereich beschränkt ist – was dem Konstrukteur des Mechanismus sicher bewusst war – scheinen diese Informationen weniger aus wissenschaftlichen Überlegungen beigefügt worden zu sein, als vielmehr, um den Geschmack der Zeit zu befriedigen.

Die Nennung der Zahl 76 in den Inschriften führte zur Annahme, dass damit die 76 Sonnenjahre lange sogenannte Kallippische Periode gemeint ist und dafür eine Anzeige auf dem Mechanismus existiert haben muss. Diese ist in der aktuellsten Rekonstruktion

15 Geminos, *Eisagoge eis ta phainomena* 8, 56.

16 Dies könnte ein mesopotamisches Element sein, da die Windrichtungen bei Finsternisomina eine wichtige Rolle spielen (vgl. Q 22).

des Antikythera Mechanism Research Projekts in der kleinen Anzeige links oben platziert. Die Kallippische Periode entspricht vier Meton-Zyklen minus einem Tag – demnach drehte sich der entsprechende Zeiger auch 1/4-mal, während der Meton-Zeiger die gesamten 235 Mondmonate durchlief.

Der Olympiaden-Kalender war für die griechische Zeitrechnung wichtig, weil die Daten historischer Ereignisse von griechischen Historikern seit dem 3. Jahrhundert v. Chr. oft als im Jahr 1, 2, 3 oder 4 einer bestimmten Olympiade angegeben wurden. Eingeführt wurde die Olympiadenrechnung vermutlich im 4./3. Jahrhundert v. Chr. vom griechischen Geschichtsschreiber Timaios von Tauromenion.[17] Allerdings war eine Jahresrechnung nach Olympiaden nicht das Ziel dieser Anzeige, weil sie nur einen sich ständig wiederholenden Vierjahreszyklus anzugeben vermag, nicht aber eine lineare Sequenz. Neben den Olympiaden (Jahr 1) finden sich weitere vier- bzw. zweijährlich stattfindende Feste – die panhellenischen *Pythia* (Jahr 3), *Isthmia* (Jahr 1 und 3) und *Nemea* (Jahr 2 und 4), sowie die eher lokalen Feste *Naa* (Jahr 2; in Dodona) und *Halieia* (Jahr 4; in Rhodos) – in der kleinen rechten Anzeige hinten oben (Abb. 3 links).[18] Der entsprechende Zeiger drehte sich einmal, während der Sonnenzeiger auf der Vorderseite viermal umlief.

In der Antike gab es für die wichtigsten panhellenischen Spiele einen Standardzyklus. Dieser Zyklus begann jeweils mit den Olympischen Spielen, falls die *Isthmia* ins 2. und 4. Jahr fielen. Im Mechanismus sind die *Isthmia* aber in den Jahren 1 und 3 aufgeführt. Die einfachste Erklärung dafür ist, dass das verwendete Jahr in der Spiele-Anzeige nicht das Olympische Jahr ist, das ungefähr mit Sommeranfang begonnen hat, sondern dasjenige des in der großen Spirale angezeigten epirotischen Kalenders, das mit Sommerende begann. Dadurch fielen die *Isthmia,* die jeweils im Frühling stattfanden, ins selbe Jahr wie die ein paar Monate später im Sommer gefeierten Olympischen Spiele. Bemerkenswert ist aber zudem, dass das für die Spiele-Anzeige verwendete Jahr ein Sonnenjahr mit 365 Tagen war, obwohl in der Realität ein Lunisolarkalender in Gebrauch war. Aus diesem Grund mussten die Radsektoren in Bezug auf die vertikale Startposition leicht gedreht werden, damit der Zeiger zum Zeitpunkt der Spiele immer im richtigen Sektor war. Die Spiele-Anzeige zeichnet sich insgesamt nicht durch große Präzision aus, ist aber auch eher eine triviale und symbolische Funktion des Mechanismus.

In der hinteren unteren großen Anzeige ist die Saros-Periode (18 Sonnenjahre, 11 Tage und ca. 8 Stunden) dargestellt, die aus 223 synodischen Mondmonaten besteht. Die Anzeige war spiralig mit vier Umläufen und 223 synodische Mondmonate lang. Auf dieser Monatsliste waren diejenigen synodischen Monate markiert, in denen eine Sonnenfinsternis oder/und eine Mondfinsternis stattfand. Die betreffenden Monate waren mit Kürzeln,

---

17 Christesen 2007; Baron 2013, 23–28.

18 Anastasiou u. a. 2016a, 174 f.; Iversen 2017, 141–148.

sogenannten Glyphen versehen (Abb. 3 rechts). Insgesamt sind 18 Monatsbeschriftungen von 51 (38 für Mondfinsternisse und 27 für Sonnenfinsternisse) erhalten geblieben. Die Beschriftungen setzten sich aus folgenden Angaben zusammen:

1. Σ (σελήνη, *selene*, gr. für »Mond«) für Mondfinsternisse,
2. Η (ἥλιος, *helios*, gr. für »Sonne«) für Sonnenfinsternisse,
3. ημ (ἡμέρας, *hemeras*, gr. für »Tag«, im Genitiv) für am Tage stattfindend,
4. νυ (νυκτός, *nyktos*, gr. für »Nacht«, im Genitiv) für in der Nacht stattfindend und
5. ω‿ρ (ὥρᾳ, *hora*, gr. für »Stunde«, im Dativ) für die jeweilige Stunde des Tages bzw. der Nacht.

Die kleine Anzeige hinten unten innerhalb der großen Anzeige diente der Erweiterung des Finsterniskalenders auf den dreifachen Wert der Saros-Periode (Abb. 3 rechts). Die Saros-Periode ist mit 18,03 Jahren etwa 6588 1/3 Tage lang. Da sich der überschüssige 1/3-Tag nach drei Saros-Perioden ziemlich genau zu einem ganzen Tag aufaddiert, findet eine Finsternis nach drei Saros-Perioden in etwa wieder zur gleichen Tageszeit und in einem ähnlichen geographischen Bereich statt. Diese längere Periode wird Triple-Saros bzw. Exeligmos-Periode genannt. Sie ist 54 Jahre und 34 Tage lang. Die Anzeige war in drei Sektoren aufgeteilt, die anzeigten, ob die auf der Hauptskala angegebene Tageszeit galt oder ob 8 bzw. 16 Stunden zu den angegebenen Zeiten zu addieren waren. Von dieser Anzeige wurden die beiden Zahlen 8 und 16 gefunden. Der Finsterniskalender konnte nach 54 Jahren wiederverwendet werden. Da kein direkter Bezug zwischen der Saros-Periode und dem 19-jährigen Meton-Zyklus besteht, musste jedoch bekannt sein, für welche historischen 54 Jahre der Finsterniskalender ursprünglich angefertigt wurde, bzw. welche der dreimal 223 synodischen Mond-Perioden die gegenwärtige war, um ihn für die Vorhersage von Finsternissen tatsächlich gebrauchen zu können.

Soziokulturelle Auswertung

Der Mechanismus wirft viele spannende Fragen auf: Von wem und wo wurde das Instrument gebaut? Für wen war es bestimmt? Welchen Zweck hatte es? Welche Einflüsse zeigen sich? Und zu guter Letzt: Zusammen mit welchen anderen Gütern wurde das Instrument auf dem Schiff transportiert, und lässt dies Rückschlüsse auf ein bestimmtes gesellschaftliches Milieu zu?

Was den Ursprungsort anbelangt, so war man bereits früh davon ausgegangen, dass das Instrument in Rhodos gebaut worden war. Dies ist auch heute wieder die vorherrschende Meinung, denn dafür spricht eine Reihe guter Argumente:

1. Die zahlreichen rhodischen Amphoren belegen, dass das gesunkene Schiff einen Zwischenhalt in Rhodos gemacht hatte.

2. Das auf dem Antikythera-Mechanismus befindliche Parapegma ähnelt dem sogenannten Parapegma des Geminos, der wahrscheinlich bis ca. 70 v. Chr. auf Rhodos lebte.
3. Ein paar Jahrzehnte vorher arbeitete der Astronom Hipparchos in Rhodos, dessen Wissen im Mechanismus von Antikythera enthalten ist.
4. Zur Zeit der Schiffsreise lebte auch der angesehene Philosoph und Universalgelehrte Poseidonios in Rhodos, bei dem Cicero ein vergleichbares Instrument gesehen haben will.
5. Die Erwähnung der *Halieia,* eines lokalen Festes in Rhodos, auf der Anzeige mit den Festen.

Wer dieses Instrument angefertigt hat, ist schwieriger zu erschließen, da seine Entstehungszeit nicht genauer als zwischen 205 und 60 v. Chr. angegeben werden kann. Es liegt jedoch nahe, den Bau des Mechanismus im Umfeld der rhodischen Astronomenschule zu verankern.

Was den Bestimmungsort für das Instrument betrifft, so weisen zwei Indizien deutlich auf Epirus:[19] Erstens sind die Monatsnamen des korinthischen Mondkalenders auf dem Mechanismus identisch mit denjenigen, die an manchen Orten in Epirus verwendet wurden. Zweitens enthält die Anzeige mit den Festen die *Naa* – ein Fest, das eher von lokaler Bedeutung war und in Dodona gefeiert wurde.

Der exakte Verwendungszweck des Instruments ist weniger eindeutig zu benennen, als man vielleicht annehmen würde. Zum Zeitpunkt des Untergangs des Schiffes waren die Angaben auf dem Mechanismus zu den Mond- und Sonnenfinsternissen nicht mehr sehr genau, da die Vorlage inzwischen fast 150 Jahre (nahezu drei Triple-Saroi) alt war. Es wäre also nicht klug gewesen, sich für die Vorhersage von Finsternissen auf die angegebenen Stunden zu verlassen. Auch findet sich auf den erhaltenen Teilen des Instruments keinerlei Hinweis darauf, wie man am Gerät das aktuelle Jahr auf einfache Weise hätte ablesen können – allerdings ist nicht auszuschließen, dass in einem der nicht erhaltenen Textteile der Nullpunkt für die jeweiligen Skalen angegeben war und es somit möglich gewesen wäre, das entsprechende Jahr zu berechnen. Da damals jede Region Griechenlands ihren eigenen Lunisolarkalender mit vermutlich variierenden Schaltungspraxen besaß, ist dies keine völlig triviale Sache. Weil das Gerät mit einer Bedienungsanleitung versehen war und aufgrund der teilweise ungenügenden Präzision der Getriebe nicht alle Anzeigen taggenaue Angaben liefern konnten, wird es nicht für einen Astronomen bestimmt gewesen sein.[20] Für einen Astrologen hingegen wäre das Instrument insofern nützlich gewesen,

---

19 Iversen 2017, 141–159.

20 Siehe Jones 2017, 200–232 für eine Erklärung der Funktionsweise der Getriebe und der zu erwartenden Ungenauigkeiten.

als es ihm schnell und für seine Klienten anschaulich die Positionen von Sonne, Mond und Planeten im Tierkreis an einem beliebigen Tag angezeigt hätte. Auch die Angaben über die Farben der Finsternisse auf der Rückseite könnten eine astrologische Bedeutung besitzen. Der Großteil der Anzeigen auf der Rückseite wären für einen Astrologen hingegen irrelevant gewesen, und es hätte ein Problem dargestellt, wenn er das aktuelle Jahr nicht auf einfache Weise am Gerät ablesen konnte. Jones schlägt daher vor, dass das Instrument für Studenten der Philosophie und andere Mitglieder der Elite konzipiert war, um ihnen die Grundlagen der Astronomie zu veranschaulichen.[21]

In der Vergangenheit wurde oft darauf hingewiesen, wie viele Verbindungen sich zwischen dem im Mechanismus steckenden astronomischen Wissen und der babylonischen Astronomie finden lassen. Dazu ist jedoch anzumerken, dass sich am Ende des 3. und im 2. Jahrhundert v. Chr. nur noch schwer zwischen »griechischem« und »babylonischem« Wissen trennen lässt: Seit der Einrichtung des Museions in Alexandria unter Ptolemaios I. Soter kurz vor 280 v. Chr. trafen sich dort die berühmtesten Gelehrten aus allen Himmelsrichtungen.[22] In der Folge lässt sich in vielen Fachgebieten die Verschmelzung von babylonischem mit griechischem und ägyptischem Wissen nachweisen, so auch in der Astronomie und der Astrologie.[23] Zwei Generationen nach der Einrichtung dieser Institution – zur erstmöglichen Entstehungszeit des Geräts – wird das im Instrument steckende astronomische Wissen wohl schon als Allgemeingut aller Kulturen angesehen worden sein. Auffällig ist jedoch, dass nahezu alle Anzeigen des Mechanismus ein Gegenstück in Geminos' Werk *Eisagoge eis ta phainomena* besitzen: Das Gerät reflektiert also Geminos' Konzept des Kosmos.

Neben dem Mechanismus sollte das Schiff vor allem Transportamphoren, Skulpturen aus Marmor und Bronze, silberne Münzen und Gefäße, Gläser und Luxusmöbel nach Italien transportieren. Infolge der schnellen Ausbreitung des Römischen Reiches war die Nachfrage nach griechischen Luxusgütern in Rom seit dem 2. Jahrhundert v. Chr. nochmals deutlich gestiegen. Cicero prangerte einerseits an, dass die Vorliebe für derartige Kunstwerke kaum mit den römischen Werten in Einklang zu bringen sei, andererseits bestellte er selbst in Athen griechische Kulturgüter, wie seine Briefe an Atticus belegen.[24] Tatsächlich ließe sich ein guter Teil der Ladung des vor Antikythera gesunkenen Schiffes problemlos als Bestellung aus Rom erklären. Wer in Rom in der Zeit um 70 v. Chr. zur privilegierten gebildeten Schicht gehören wollte, musste sich mit den kulturellen Einflüssen aus Griechenland arrangieren. Der Antikythera-Mechanismus war jedoch höchstwahrscheinlich für eine sehr wohlhabende Person in der Region Epirus bestimmt: Dies

21 Jones 2017, 233–241.
22 Engster 2013, 29–34; Nesselrath 2013, 72–75.
23 Engster 2013, 45–49.
24 Cicero, *Epistulae ad Atticum* 1, 8. 9.

belegt, dass es auch nach dem Dritten Makedonisch-Römischen Krieg (171–168 v. Chr.) und der römischen Plünderung der Region dort noch (oder wieder) eine begüterte Elite gab.[25]

Bibliographie

Anastasiou u. a. 2016a
M. Anastasiou – Y. Bitsakis – A. R. Jones – J. M. Steele – M. Zafeiropoulou, The Back Dial and Back Plate Inscriptions, Almagest 7.1, 2016, 139–215.

Anastasiou u. a. 2016b
M. Anastasiou – Y. Bitsakis – A. R. Jones – X. Moussas – A. Tselikas – M. Zafeiropoulou, The Front Cover Inscriptions, Almagest 7.1, 2016, 250–297.

Baron 2013
C. A. Baron, Timaeus of Tauromenium and Hellenistic Historiography (Cambridge 2013).

Bitsakis – Jones 2016a
Y. Bitsakis – A. R. Jones, The Front Dial and Parapegma Inscriptions, Almagest 7.1, 2016, 69–137.

Bitsakis – Jones 2016b
Y. Bitsakis – A. R. Jones, The Back Cover Inscription, Almagest 7.1, 2016, 217–248.

von Boeselager 1983
D. von Boeselager, Antike Mosaiken in Sizilien: Hellenismus und römische Kaiserzeit, 3. Jahrhundert v. Chr. – 3. Jahrhundert n. Chr. (Rom 1983).

Carman – Evans 2014
C. C. Carman – J. Evans, On the Epoch of the Antikythera Mechanism and Its Eclipse Predictor, Archive for History of Exact Sciences 68, 2014, 693–774.

Christesen 2007
P. Christesen, Olympic Victor Lists and Ancient Greek History (Cambridge 2007).

de Solla Price 1974
D. de Solla Price, Gears from the Greeks. The Antikythera Mechanism: A Calendar Computer from ca. 80 B.C., Transactions of the American Philosophical Society 64.7, 1974, 1–70.

Engster 2013
D. Engster, Wissenschaftliche Forschung und technologischer Fortschritt in Alexandria, in: Georges u. a. 2013, 29–63.

Freeth 2014
T. Freeth, Eclipse Prediction on the Ancient Greek Astronomical Calculating Machine Known as the Antikythera Mechanism, PLoS ONE 9.7, 2014: e103275. https://doi.org/10.1371/journal.pone.0103275/, letzter Zugriff: 30.09.2019.

Freeth – Jones 2012
T. Freeth – A. Jones, The Cosmos in the Antikythera Mechanism, ISAW Papers 4, 2012. http://dlib.nyu.edu/awdl/isaw/isaw-papers/4/, letzter Zugriff: 30.09.2019.

Georges u. a. 2013
T. Georges – F. Albrecht – R. Feldmeier (Hrsg.), Alexandria (Tübingen 2013).

Iversen 2017
P. A. Iversen, The Calendar on the Antikythera Mechanism and the Corinthian Family of Calendars, Hesperia 86, 2017, 129–203.

25 Jones 2017, 86.

Jones 2017
A. R. Jones, A Portable Cosmos: Revealing the Antikythera Mechanism, Scientific Wonder of the Ancient World (New York 2017).
Kienast 2014
H. J. Kienast, Der Turm der Winde in Athen, mit Beiträgen von P. Karanastasi zu den Reliefdarstellungen der Winde und K. Schaldach zu den Sonnenuhren (Wiesbaden 2014).
Nesselrath 2013
H.-G. Nesselrath, Das Museion und die Große Bibliothek von Alexandria, in: Georges u. a. 2013, 65–88.
Wright 2013
M. T. Wright, The Antikythera Mechanism: Compound Gears Trains for Planetary Indications, Almagest 4.2, 2013, 4–31.

Q 39 Chronologie und das Erzählen von Geschichte I: Diodor, *Bibliotheke*

Mario Baumann

Text: Diodor, *Bibliotheke* 11, 1, 2

Ἐπ' ἄρχοντος γὰρ Ἀθήνησι Καλλιάδου Ῥωμαῖοι κατέστησαν ὑπάτους Σπόριον Κάσσιον καὶ Πρόκλον Οὐεργίνιον Τρίκοστον, ἤχθη δὲ καὶ παρ' Ἠλείοις Ὀλυμπιὰς πέμπτη πρὸς ταῖς ἑβδομήκοντα, καθ' ἣν ἐνίκα στάδιον Ἀστύλος Συρακόσιος. ἐπὶ δὲ τούτων Ξέρξης ὁ βασιλεὺς ἐστράτευσεν ἐπὶ τὴν Ἑλλάδα διὰ ταύτην τὴν αἰτίαν. [...]

Übersetzung

Während Kalliades das Archontat in Athen bekleidete, bestellten die Römer den Spurius Cassius und den Proclus Verginius Tricostus zu Konsuln, und bei den Eleern wurde die 75. Olympiade gefeiert, bei welcher der Syrakusaner Astylos den Stadionlauf gewann. In diesem Jahr zog König Xerxes gegen Griechenland zu Felde. Der Grund war folgender: [...]

Übersetzung adaptiert nach Veh u. a. 1992–2009.

Zur Quelle

Da es nur sehr wenige Testimonien zu Diodor außerhalb der *Bibliotheke* gibt und auch diese ihre Informationen offensichtlich aus Diodors Werk selbst beziehen, bleibt man für Fragen zu Autorbiographie und Werkentstehung auf die *Bibliotheke* selbst und zumal das Proömium am Beginn von Buch 1 verwiesen.[1] Diodor stammte aus Agyrion in Sizilien. Plausibel ist die Annahme, dass er kurz vor 90 v. Chr. geboren wurde, etwa zwischen 60 und 30 v. Chr. an der *Bibliotheke* arbeitete und wohl nicht lange nach deren vollständiger Publikation verstarb. Sein Werk ist eine Universalgeschichte im radikalsten Sinne des Wortes: Die *Bibliotheke* behandelt in 40 Büchern die gesamte Geschichte vom Beginn der Menschheit bis zu Diodors eigener Zeit[2] und nimmt dabei die ganze Oikumene in den Blick; sie verfolgt mit anderen Worten eine maximal breit angelegte zeitliche und geo-

---

1 Die methodischen Probleme, die damit einhergehen, werden durch die oft erheblich divergierenden Einschätzungen von Sacks 1990, 161–168 und Rathmann 2016, 12–117 (der jüngsten ausführlichen Behandlung der Biographie Diodors) illustriert.

2 Das Ende bildete vermutlich das Jahr 60/59 v. Chr.; figuraler »Fixpunkt« ist hierbei C. Julius Caesar.

graphische Zielsetzung. Vollständig erhalten sind die Bücher 1–5 und 11–20, die übrigen sind nur fragmentarisch überliefert. Die hier diskutierte Textpartie markiert den Beginn des Jahres 480/479 v. Chr.; sie ist innerhalb der erhaltenen Partien der *Bibliotheke* die früheste Stelle, an der die Kombination der drei chronologischen Systeme Olympiaden – athenische Archonten – römische Konsuln auftritt.

Ausgewählte Editionen, Übersetzungen und Kommentare

Die jüngste und damit maßgebliche Edition des 11. Buches der *Bibliotheke* ist die von Jean Haillet (2002); diese in der »Collection Budé« erschienene Ausgabe bietet auch eine französische Übersetzung und kommentierende Anmerkungen zur oben zitierten Stelle (vgl. ebd., 119 Anm. 3–5). Für einen weiteren Kommentar hierzu (nebst englischer Übersetzung) siehe Peter Green (2006, 49). – Auch für die anderen Bücher der *Bibliotheke* sind die Bände der »Collection Budé«, soweit sie schon vorliegen, die aktuellen Standardeditionen. Eine englische Gesamtübersetzung der *Bibliotheke* liegt mit Oldfather u. a. 1933–1967 vor, eine deutsche mit Veh u. a. 1992–2009.

Verwandte Quellen

Die Kombination der drei Datierungssysteme Olympiaden – athenische Archonten – römische Konsuln begegnet gesichert in keinem erhaltenen Text, der älter ist als die *Bibliotheke*. Das erlaubt, bei aller Vorsicht angesichts der lückenhaften Überlieferung zumal der hellenistischen Geschichtsschreibung, den Schluss, dass Diodor mit dieser Dreifachdatierung eine Innovation in das Feld der Historiographie einführt.[3] Kurze Zeit später verwendet auch Dionysios von Halikarnass ein solches Dreifachsystem in seinen *Antiquitates Romanae* (nämlich ab dem Beginn von Buch 5 dieses Werkes). Das spricht dafür, dass gerade in dieser Zeit, also Mitte/Ende des 1. Jahrhunderts v. Chr., ein spezifisches Interesse an der Einführung eines solchen Systems bestand: Sein großer Vorteil liegt darin, dass es die zeitliche Einordnung der geschilderten Ereignisse sowohl für griechische als auch für römische Leser verständlich macht.

3 Vgl. Cohen-Skalli 2012, 431.

Siehe auch

Q 1 – Der Annalenstein der 5. Dynastie (»Palermostein«)
Q 13 – Die Mannestaten des Šuppiluliuma I.
Q 31 – Eponymenlisten in Rhodos: die Haliospriester
Q 35 – Die Kalender von Athen im Präskript eines Volksbeschlusses
Q 43 – Fasti Antiates maiores
Q 45 – Chronologie und das Erzählen von Geschichte II: Cicero, *Brutus*
Q 59 – Multiple Datierungen in einer spätantiken Papyrus-Urkunde

Technische Aspekte

Die Funktion der Chronologie, wie die zitierte Stelle sie für die *Bibliotheke* exemplifiziert, besteht in einer für eine möglichst breite Leserschaft transparenten und gleichzeitig präzisen Bestimmung des behandelten Jahres. Die dafür in der *Bibliotheke* kombinierten Datierungssysteme lassen sich zwar nicht ganz exakt miteinander synchronisieren, da die athenischen Archonten ihr Amt im Juni antraten, die römischen Konsuln ihres hingegen im März;[4] diese Abweichung ist allerdings für die übergeordneten Ziele der historiographischen Darstellung der *Bibliotheke* (siehe dazu unten den Abschnitt Literarische und soziokulturelle Aspekte) irrelevant. Für Diodor 11, 1, 2 ist zu konstatieren, dass die dort genannten Konsuln in anderen Texten anderen Jahren zugeordnet werden: Nach der Varronischen Chronologie etwa gehören sie ins Jahr 486 v. Chr.[5] Diese Abweichung dürfte mit der/den chronographischen Quelle(n) Diodors bzw. der Art ihrer Benutzung durch den Autor zusammenhängen.[6] Die Frage allerdings, welche Quellen konkret der Chronologie der *Bibliotheke* zugrunde liegen, ist bis heute unbeantwortet und lässt sich wohl auch nicht sicher klären.[7]

Literarische und soziokulturelle Aspekte

Die Bedeutung der Quelle liegt vor allem darin, dass sie einen Einblick in die spezifischen Lösungen gibt, die die *Bibliotheke* für das grundsätzliche erzähltechnische Problem einer derartigen Universalgeschichte formuliert. Denn die enorme, ja, wie oben bereits aus-

4 Vgl. Green 2006, 11.
5 Vgl. Haillet 2002, 119 Anm. 4 und Green 2006, 49 Anm. 2.
6 Vgl. Green 2006, 11.
7 Vgl. den Überblick zum diesbezüglichen Stand der Forschung bei Landucci 2008, 104–108, wo sich auch weitere Literaturangaben finden; besonders hervorzuheben sind dabei Perl 1957, v. a. 123–161, sowie Càssola 1982, 742–745.

gedrückt, maximale inhaltliche Breite eines solchen historiographischen Werkes wirft unweigerlich die Frage auf, wie es gelingen kann, die potentiell unermessliche Stofffülle narrativ so zu organisieren, dass der Leser sie erstens erfassen kann, dass zweitens die Lektüre für ihn angenehm ist und dass sie ihm drittens einen Nutzen erbringen kann. Betrachtet man den diskutierten Passus im größeren Kontext des 11. Buches und überhaupt der erzählerischen Makrostruktur des Gesamtwerkes, so lassen sich vier wesentliche Aspekte identifizieren, die zusammengenommen die Antwort der *Bibliotheke* auf die genannte Herausforderung ausmachen: die Kombination verschiedener Gliederungsprinzipien, die Auswahl und Schwerpunktsetzung, die Ermöglichung einer selektiven Lektüre und die flexible Handhabung des annalistischen Prinzips.

1. *Kombination verschiedener Gliederungsprinzipien:* Die narrative Makrostruktur, die mit der Datierung, wie sie Diodor 11, 1, 2 exemplifiziert, konstituiert wird, lässt sich mit den Adjektiven »annalistisch« und »synchronistisch« charakterisieren: Das Erzählmaterial wird nach Jahren gegliedert (annalistisches Prinzip), womit zugleich einhergeht, dass Ereignisse, die in ein und demselben Jahr an verschiedenen Orten stattgefunden haben, jeweils in derselben narrativen Einheit präsentiert werden (synchronistisches Prinzip). Das »Umschalten« zwischen den verschiedenen Orten innerhalb der Schilderung der Ereignisse eines Jahres wird dabei jeweils deutlich markiert, so z. B. in Diodor 11, 20, 1, wo der Erzähler mit folgenden Worten von den Schauplätzen im griechischen Mutterland zu den gleichzeitigen Geschehnissen in Sizilien umschwenkt:[8]

> Nachdem wir uns hinreichend über die Geschehnisse in Europa geäußert haben, wollen wir nunmehr zur Darstellung der Taten eines anderen Volkes übergehen: die Karthager waren nämlich mit den Persern übereingekommen, zur gleichen Zeit die Griechen auf Sizilien zu unterwerfen, und hatten zu diesem Zweck große Vorbereitungen in kriegsnotwendigen Angelegenheiten getroffen.

Gerade darin liegt die Stärke dieses Verfahrens, nämlich dem Leser zeitlich koinzidierende Vorgänge in engem erzählerischem Zusammenhang vorzuführen.

Ganz anders, nämlich im Grundsatz gerade umgekehrt, ist allerdings die Makrostruktur der ersten fünf erhaltenen Bücher der *Bibliotheke* beschaffen: Dort weisen die Bücher jeweils bestimmte sachliche, vorwiegend geographisch bestimmte Themenschwerpunkte auf; so ist Buch 1 Ägypten gewidmet, Buch 2 Asien, Buch 3 Äthiopien, dem Roten Meer und Libyen, Buch 4 den griechischen Mythen; Buch 5 wiederum wird vom Erzähler selbst als »Inselbuch« betitelt (Diodor 5, 2, 1). Für eine solche Art der Gliederung beruft sich der Erzähler auf Ephoros als Vorbild und bezeichnet sie

8 Übersetzung nach Veh u. a. 1992–2009.

als Darstellung κατὰ γένος, also nach einem (jeweils einer ganzen narrativen Einheit gemeinsamen) Sachgegenstand (Diodor 5, 1, 4). In diese sach- und vor allem raumbezogene Makrostruktur sind wiederum chronologisch strukturierte Untereinheiten unterschiedlicher Länge eingeflochten, so z. B. wenn jeweils in einer größeren Passage zeitlich fortschreitend von den ägyptischen (Diodor 1, 44–68) und assyrischen Königen erzählt wird (Diodor 2, 1–28). Der Gewinn dieser Darstellungsform ist, dass dem Leser zum Auftakt der *Bibliotheke* geo- und ethnographische Ausführungen im Zusammenhang mit der Erzählung der frühen (mythischen) Ereignisgeschichte der jeweiligen Regionen geboten werden, eine Exposition des Raumes der Oikumene, die ebenso informativ wie interessant und unterhaltsam ist – man denke nur an die vielen exotischen Merkwürdigkeiten (παράδοξα), die in diesen Büchern der *Bibliotheke* zumal über die fernen Gegenden der Oikumene berichtet werden.

Der Übergang von dieser Strukturierung κατὰ γένος zur annalistisch-synchronistischen Ordnung des Materials scheint, soweit die Fragmente der Bücher 6–10 hierzu Schlussfolgerungen erlauben, schrittweise erfolgt zu sein: Die Datierung nach Olympiaden setzte vermutlich zu Beginn von Buch 8, diejenige nach athenischen Archonten wohl im weiteren Verlauf desselben Buches und diejenige nach römischen Konsuln in der Mitte des Buches 10 ein.[9] Die *Bibliotheke* kombiniert also gegensätzliche makrostrukturelle Prinzipien, und dies so, dass diese in Partien eingesetzt werden, wo sie ihre jeweiligen Stärken – kurz gesagt: die besondere Hervorhebung zeitlicher Zusammenhänge im einen, die Betonung räumlich-sachlicher Zusammenhänge im anderen Fall – voll ausspielen können.

2. *Auswahl und Schwerpunktsetzung:* Ein genauerer Blick auf die Erzählung in Buch 11 zeigt, dass mit der annalistischen Strukturierung keineswegs immer eine volle Auserzählung aller bekannten Ereignisse eines Jahres einhergeht. Vielmehr werden für manche Jahre die Ereignisse bestimmter Regionen so in den Fokus gerückt, dass andere Regionen nur kurz oder gar nicht in den Blick genommen werden. Dies ist z. B. in den Kapiteln 66–69 der Fall, die die Jahre 467/466–465/464 v. Chr. behandeln:[10] Der Erzähler widmet Kap. 66–68 (467/466–466/465 v. Chr.) ganz den Ereignissen auf Sizilien; nur am Ende dieser Partie wird in einem äußerst knappen Satz Rom erwähnt (Diodor 11, 68, 8). In Kap. 69 (465/464 v. Chr.) wiederum geht es nur um persische Innenpolitik, so dass das griechische Mutterland in der Schilderung der Jahre 467/466–465/464 v. Chr. völlig außerhalb des Fokus bleibt. Eine solche Leerstelle ist keineswegs als ein Mangel der Darstellung zu interpretieren, ganz im Gegenteil – damit löst die *Bibliotheke* ein zent-

9 So die plausible Rekonstruktion von Cohen-Skalli 2012, 434–441.
10 Vgl. die treffende Analyse in Haillet 2002, xxx.

rales Versprechen ein, eine »Serviceleistung« nämlich,[11] die der Autor im Proömium für sich reklamiert: Diodor hat nach eigenem Bekunden das vielfältige vorhandene historiographische Material beschafft, kritisch gesichtet und zu einer gut strukturierten Synthese, nämlich eben der *Bibliotheke*, kompiliert, weswegen sich der Leser des Werkes genau dieser aufreibenden Arbeit nicht mehr selbst unterziehen muss (vgl. Diodor 1, 3, 5–8). Kompilation und Synthese bedeuten naturgemäß, dass ein großer Teil des vorgängigen Materials nicht in das neue Endprodukt Eingang gefunden hat – dem Leser wird nur das geboten, was der Autor der *Bibliotheke* für relevant erachtet hat, und eben deshalb kann das Proömium versprechen, dass die *Bibliotheke* dem Leser so wenig wie möglich zur Last fällt (Diodor 1, 3, 5). In der fokussierten und selektiven Erzählung, wie sie in Diodor 11, 66–69 so deutlich hervortritt, spiegelt sich eben dieser Anspruch wider.

3. *Ermöglichung einer selektiven Lektüre:* Selektivität ist auch in anderer Hinsicht ein wichtiges Stichwort: Im Proömium wird der Leser nämlich ausdrücklich dazu angeregt, aus der *Bibliotheke* »wie aus einer großen Quelle zu schöpfen, was ihm für seine Zwecke von Nutzen scheint« (Diodor 1, 3, 7) – eine klare Aufforderung zur selektiven Lektüre. Eine solche Rezeption setzt seitens des Textes voraus, dass dem Leser konkrete »Anhaltspunkte« für eine bewusste Auswahl aus dem Ganzen der *Bibliotheke* gegeben werden. Und in der Tat setzt die *Bibliotheke* verschiedene Mittel ein, die es dem Leser erlauben, aus dem Werk zu »schöpfen«: Explizite Buchein- und -ausleitungen informieren ihn über den Inhalt der Bücher oder fassen ihn zusammen, und vielfache Vor- oder Rückverweise laden ihn dazu ein, einem roten Faden querlesend über den Text hin zu folgen.[12] Aber auch die annalistische Anlage der meisten Bücher der *Bibliotheke* lässt sich als eine »Ermöglichungsstruktur« für eine selektive Lektüre interpretieren, erlaubt sie doch dem Leser eine rasche Orientierung, indem sie ihm transparent und präzise die narrativen Untereinheiten kommuniziert, die er je nach Interesse lesen oder auch überspringen kann; ferner ist sie auch einem Leser von großem Nutzen, der ein bestimmtes Ereignis in der *Bibliotheke* »nachlesen« möchte – kann er es doch, sofern er über die chronologische Situierung dieses Geschehnisses informiert ist, leicht im Raster der Jahresfolge in der *Bibliotheke* ausmachen.
4. *Flexible Handhabung des annalistischen Prinzips:* Ein weiteres Merkmal der konkreten narrativen Ausgestaltung von Buch 11 weist in eine ähnliche Richtung: Öfter wird nämlich unter dem Rubrum eines bestimmten Jahres ein größerer Ereigniszusammenhang eingeblendet, der sich eigentlich über mehrere Jahre erstreckt und demnach bei strikter Anwendung des annalistischen Prinzips auf mehrere Jahre hätte verteilt wer-

11 So die treffende Formulierung von Wiater 2006, 261.

12 Siehe zu den Querverweisen in der *Bibliotheke* die grundlegende Untersuchung von Rubincam 1989.

den müssen; deutliche Beispiele hierfür sind die Erzählung vom Fall des Pausanias in Diodor 11, 44–46, die vollständig unter das Jahr 477/476 v. Chr. eingeordnet wird, aber erheblich darüber hinausweist,[13] und diejenige vom Exil und den letzten Jahren des Themistokles in Diodor 11, 54–59, die ebenfalls ihr Rahmenjahr (471/470 v. Chr.) weit übersteigt.[14] Stellen wie diese zeigen, dass die *Bibliotheke* die annalistische Erzählweise keineswegs schematisch einsetzt, sondern sie vielmehr flexibel handhabt. Sie kann damit die potentiellen Nachteile des jahresweisen Erzählens – das Auseinanderreißen längerfristiger Ereignisfolgen – vermeiden und sich zumindest an einzelnen Stellen die Vorteile einer kontinuierlichen Narration eines bestimmten Sachzusammenhangs sichern. Davon profitiert nicht zuletzt ein Leser, der die *Bibliotheke* selektiv liest, findet er doch Erzählungen wie die vom Ende des Themistokles kompakt an einer Stelle.

Abschließend bietet es sich an, noch einmal kurz auf die bereits oben angeführte Überlegung zum breiten Zielpublikum der *Bibliotheke* zurückzukommen: Wenn also die Erzählweise dieser Universalgeschichte sich zum einen dadurch auszeichnet, dass sie dem Leser die Lektüre in vielerlei Hinsicht leicht macht, zumal durch eine klare Makrostruktur und eine Fokussierung auf Wesentliches, das zugleich auch den Leser zu interessieren und zu fesseln verspricht, zum anderen dadurch, dass sie eine selektive Lektüre ermöglicht, ohne auf einen »Mehrwert« für eine eingehendere Rezeption zu verzichten, dann spricht dies in der Tat dafür, dass die *Bibliotheke* ein weit gefächertes Zielpublikum ansprechen will, das keineswegs nur, möglicherweise nicht einmal vorwiegend, einer Oberschicht angehört. Diese Annahme passt zum einen gut in das Bild, das die jüngere Forschung vom breiten Publikum der Historiographie zumal des 1. Jahrhunderts v. Chr. zeichnet.[15] Zum anderen passt sie aber auch zu dem, was man, bei allen Schwierigkeiten angesichts des weitgehenden Fehlens von externen Informationen (vgl. dazu oben Zur Quelle), über den sozialen Status des Autors Diodor sagen kann: Er stammte wohl aus einer provinzialen Schicht, deren ökonomische Verhältnisse eine Tätigkeit als Schriftsteller ermöglichten, die aber nicht zur politischen oder wirtschaftlichen Elite gehörte.[16] Die Perspektive einer derartigen »Mittelschicht«[17] spiegelt sich auch inhaltlich vielfach in der Geschichtsdarstellung der *Bibliotheke* wider, was die Annahme plausibilisiert, dass die Zielgruppe der *Bibliotheke* ganz wesentlich in einem solchen sozialen Milieu bestand.[18] Geboten bekommt ein derartiger Leser von der *Bibliotheke* jedenfalls vieles, und dies liegt, wie die obige Ana-

13 Vgl. Green 2006, 102 Anm. 170 für die Details.
14 Vgl. Green 2006, 114 Anm. 203.
15 Vgl. Pausch 2011, 38–45 (mit weiteren Literaturangaben).
16 Vgl. Rathmann 2016, 65–68.
17 So pointiert Rathmann 2016, 65.
18 Siehe Rathmann 2016, 142–147. 295–305; anders Wiater 2006, 254.

lyse gezeigt hat, vor allem in der spezifischen Erzählweise und der durch sie vermittelten Orientierung in der Zeit begründet.

Bibliographie

Càssola 1982
F. Càssola, Diodoro e la storia romana, ANRW II 30, 1 (1982) 724–773.
Cohen-Skalli 2012
A. Cohen-Skalli, Temps des institutions et temps de l'histoire dans la *Bibliothèque Historique* de Diodore de Sicile, Revue des Études Grecques 125, 2012, 425–442.
Green 2006
P. Green, Diodorus Siculus, Books 11–12.37.1: Greek History 480–431 B.C. – the Alternative Version (Austin 2006).
Haillet 2002
J. Haillet, Diodore de Sicile. Bibliothèque Historique. Livre XI [2](Paris 2002).
Landucci 2008
F. Landucci, Cronologia e proemi, in: D. Ambaglio – F. Landucci – L. Bravi, Diodoro Siculo, Biblioteca storica. Commento storico. Introduzione generale (Mailand 2008) 103–115.
Oldfather u. a. 1933–1967
C. H. Oldfather – C. L. Sherman – R. M. Geer – F. R. Walton, Diodorus Siculus. Library of History, 12 Bde. (Cambridge/MA 1933–1967).
Pausch 2011
D. Pausch, Livius und der Leser. Narrative Strukturen in *ab urbe condita*, Zetemata 140 (München 2011).
Perl 1957
G. Perl, Kritische Untersuchungen zu Diodors römischer Jahrzählung (Berlin 1957).
Rathmann 2016
M. Rathmann, Diodor und seine *Bibliotheke*, Klio Beih. 27 (Berlin 2016).
Rubincam 1989
C. I. R. Rubincam, Cross-references in the *Bibliotheke historike* of Diodoros, Phoenix 43, 1989, 39–61.
Sacks 1990
K. S. Sacks, Diodorus Siculus and the First Century (Princeton 1990).
Veh u. a. 1992–2009
O. Veh – M. Böhme – T. Frigo – M. Rathmann – G. Wirth, Diodoros. Griechische Weltgeschichte, 10 Bde. (Stuttgart 1992–2009).
Wiater 2006
N. Wiater, Geschichtsschreibung und Kompilation. Diodors historiographische Arbeitsmethode und seine Vorstellungen von zeitgemäßer Geschichtsschreibung, Rheinisches Museum für Philologie 149, 2006, 248–271.

Q 40 Edikt und Dekret zur Einführung eines neuen Kalenders in Asia (9/8 v. Chr.)

Roland Färber

Text: Lesefassung nach I. Priene 14

[Παῦλλος Φάβιος Μάξιμος] ἀνθύπατος λέγει· [– – –] | [.]ṿ παρὰ τῶν πρό[τε]ρον παρειλ[ήφαμεν – – –] ịαṿ | καὶ τὸ τῶν θεῶν [ε]ὐμενὲς κα[ὶ – – – ἀπ]ορεῖσ[θαι – – –] | [πότ]ẹρον ἡδείων ἢ ὠφελιμωτέρ[α] ἐστὶν ἡ τοῦ θειοτάτου Καίσαρος γενέ|θλιος ἡμέρα, ἣν τῆι τῶν πάντων ἀρχῆι ἴσην δικαίως ἂν εἶναι ὑπ[ολ]άβοιμεν, | καὶ εἰ μὴ τῆι φύσι, τῶι γε χρησίμωι, εἴ γε οὐδὲ[ν] οὐχὶ διαπεῖπτον καὶ εἰς ἀτυ|χὲς μεταβεβηκὸς σχῆμα ἀνώρθωσεν, ἑτέραν τε ἔδωκεν παντὶ τῶι | κόσμωι ὄψιν, ἥδιστα ἂν δεξαμένωι φθοράν, εἰ μὴ τὸ κοινὸν πάντων εὐ|τύχημα ἐπεγεννήθηι Καῖσαρ. δι᾽ ὃ ἄν τις δικαίως ὑπολάβοι τοῦτο ἀτῶι | ἀρχὴν τοῦ βίου καὶ τῆς ζωῆς γεγονέναι, ὅ ἐστιν πέρας καὶ ὅρος τοῦ με|ταμέλεσθαι, ὅτι γεγέννηται· καὶ ἐπεὶ οὐδεμιᾶς ἂν ἀπὸ ἡμέρας εἴς | τε τὸ κοινὸν καὶ εἰς τὸ ἴδιον ἕκαστος ὄφελος εὐτυχεστέρας λάβοι | ἀφορμὰς ἢ τῆς πᾶσιν γενομένης εὐτυχοῦς, σχεδόν τε συμβαίνει | τὸν αὐτὸν ταῖς ἐν Ἀσίαι πόλεσιν καιρὸν εἶναι τῆς εἰς τὴν ἀρχὴν εἰσόδου, | δηλονότι κατά τινα θήαν βούλησιν οὕτως [τ]ῆς τάξεως προτετυπωμέ|νης, ἵνα ἀφορμὴ γένοιτο τῆς εἰς τὸν Σεβαστὸν τειμῆς, καὶ ἐπεὶ δύσκο|λον μέν ἐστιν τοῖς τοσούτοις αὐτοῦ εὐεργετήμασιν κατ᾽ ἴσον εὐχαρισ|τεῖν, εἰ μὴ παρ᾽ ἕκαστα ἐπινοήσαιμεν τρόπον τινὰ τῆς ἀμείψεως, | ἥδειον δ᾽ ἂν ἄνθρωποι τὴν κοινὴν πᾶσιν ἡμέραν γενέθλιον ἀγάγοι[εν] | ἐὰν προσγένηται αὐτοῖς καὶ ἰδία τις διὰ τὴν ἀρχὴν ἡδονή, δοκεῖ μοι | πασῶν τῶν πολειτηῶν εἶναι μίαν καὶ τὴν αὐτὴν νέαν νουμηνίαν | τὴν τοῦ θηοτάτου Καίσαρος γενέθλιον, ἐκείνηι τε πάντας εἰς τὴν | ἀρχὴν ἐνβαίνειν, ἥτις ἐστὶν πρὸ ἐννέα καλανδῶν Ὀκτωβρίων, ὅπως | καὶ περισσότερον τειμηθῇ προσλαβομένη ἔξωθέν τινα θρησκήαν καὶ | μᾶλλον πᾶσιν γένηται γνώριμος· ἣν οἴομαι καὶ πλείστην εὐχρηστίαν | τῆι ἐπαρχήạ παρέξεσθαι· ψήφισμα δὲ ὑπὸ τοῦ κοινοῦ τῆς Ἀσίας δεή|σει γραφῆναι πάσας ἐνπεριειληφὸς τὰς ἀρετὰς αὐτοῦ, ἵνα τὸ ἐπινοη|θὲν ὑφ᾽ ἡμῶν εἰς τὴν τειμὴν τοῦ Σεβαστοῦ μείνῃ αἰώνιον· προστάξω | δὲ χαραχθὲν ἐν στήλῃ τὸ ψήφισμα ἐν τῷ ναῷ ἀνατεθῆναι, προστά|[ξ]ας τὸ διάταγμα ἑκατέρως γραφέν.

ἔδοξεν τοῖς ἐπὶ τῆς Ἀσίας | Ἕλλησιν· γνώμῃ τοῦ ἀρχιερέως Ἀπολλωνίου τοῦ Μηνοφίλου Ἀζανίτου· | ἐπεὶ πᾶσαν ἡ διατάξασα τὸν βίον ἡμῶν πρόνοια σπουδὴν εἰσενενκα|μένη καὶ φιλοτιμίαν τὸ τεληότατον τῶι βίωι διεκόσμησεν ἀγαθὸν | ἐνενκαμένη τὸν Σεβαστόν, ὃν εἰς εὐεργεσίαν ἀνθρώπων ἐπλή|ρωσεν ἀρετῆς, ὥσπερ ἡμεῖν καὶ τοῖς μεθ᾽ ἡμᾶς ἀνθ᾽ ἑατῆς [θ]εόν, δοῦσα | τὸν παύσαντα μὲν πόλεμον, κοσμήσαντα δὲ [ε]ἰρήνην, ἐν ᾗ καὶ γεννηθεὶς | ὁ Καῖσαρ τὰς ἐλπίδας τῶν προλαβόντων ἐν ταῖς εὐεργεσίαις ὑπερ|έθηκεν οὐ μόνον τοὺς πρὸ αὐτοῦ γεγονότας πᾶσι τοῖς ἀγαθοῖς ὑπερβαλ|λόμενος, ἀλλ᾽ οὐδ᾽ ἐν τοῖς ἐσομένοις ἐλπίδ[α] τῆς συνκρίσεως ἀ[π]ολείπων, | ἦρξεν δὲ τῶι κόσμωι τῶν δι᾽ αὐτὸν εὐανγελίων ἡ γεν[έ]θλιος ἡμέρα | τοῦ θεοῦ, τῆς

δὲ Ἀσίας ἐψηφισμένης ἐν Σμύρνῃ ἐπὶ ἀνθυπάτου | Λευκίου Οὐολκακίου Τύλλου, γραμματεύοντος Παπίου Διοσιεριτοῦ | τῶι μεγίστας γ' εἰς τὸν θεὸν καθευρόντι τειμὰς εἶναι στέφανον, | Παῦλλος Φάβιος Μάξιμος ὁ ἀνθύπατος τῆς ἐπαρχήας εὐεργέτης | ἀπὸ τῆς ἐκείνου δεξιᾶς καὶ [γ]νώμης ἀπεσταλμένος ξὺν τοῖς ἄλλοις | οἷς εὐεργέτησεν τὴν ἐπαρχήαν, ὧν εὐεργεσιῶν τὰ μεγέθη λόγος | εἰπεῖν οὐδεὶς ἂν ἐφίκοιτο, καὶ τὸ μέχρι νῦν ἀγνοηθὲν ὑπὸ τῶν Ἑλλή|νων εἰς τὴν τοῦ Σεβαστοῦ τειμὴν εὕρετο, τὸ ἀπὸ τῆς ἐκείνου γενέ|σεως ἄρχειν τῷ βίῳ τὸν χρόνον· δι' ὃ τύχῃ ἀγαθῇ καὶ ἐπὶ σωτηρίᾳ δεδό|χθαι τοῖς ἐπὶ τῆς Ἀσίας Ἕλλησι·
ἄρχειν τὴν νέαν νουμηνίαν πάσα[ις] | ταῖς πόλεσιν τῇ πρὸ ἐννέα καλανδῶν Ὀκτωβρίων, ἥτις ἐστὶν γενέ|θλιος ἡμέρα τοῦ Σεβαστοῦ. ὅπως δὲ ἀεὶ ἥδε ἡμέρα στοιχῇ καθ' ἑκάσ|την πόλιν, συνχρηματίζειν τῇ Ῥωμαϊκῇ καὶ τὴν Ἑλληνικὴν ἡμέραν, | ἄγεσθαι δὲ τὸν πρῶτον μῆνα Καίσαρα, καθὰ καὶ προεψήφισται, ἀρχόμε|νον ἀπὸ πρὸ ἐννέα μὲν καλανδῶν Ὀκτωβρίων, γενεθλίου δὲ ἡμέρας | Καίσαρος· τὸν δὲ ἐψηφισμένον στέφανον τῷ τὰς μεγίστας εὑρόντι | τειμὰς ὑπὲρ Καίσαρος δεδόσθαι Μαξίμωι τῶι ἀνθυπάτωι, ὃν καὶ ἀεὶ | ἀναγορεύεσθαι ἐν τῷ γυμνικῷ ἀγῶνι τῶι ἐν Περγάμωι τῶν Ῥωμαίων | Σεβαστῶν ὅτι »στεφανοῖ ἡ Ἀσία Παῦλον Φάβιον Μάξιμον εὐσεβέσ|τατα παρευρόντα τὰς εἰς Καίσαρα τειμάς«· ὡσαύτως δὲ ἀναγορεύεσ|θαι καὶ ἐν τοῖς ἀγομένοις κατὰ πόλιν ἀγῶσιν τῶν Καισαρήων· | ἀναγραφῆναι δὲ τὸ δελτογράφημα τοῦ ἀνθυπάτου καὶ τὸ ψήφισμα τῆς | Ἀσίας ἐν στήλῃ λευκολίθωι, ἣν καὶ τεθῆναι ἐν τῶι τῆς Ῥώμης καὶ τοῦ | Σεβαστοῦ τεμένει· προνοῆσαι δὲ καὶ τοὺς καθ' ἔτος ἐκδίκους ὅπως | ἐν ταῖς ἀφηγουμέναις τῶν διοικήσεων πόλεσιν ἐν στήλαις λευ|κολίθοις ἐνχαραχθῇ τό τε δελτογράφημα τοῦ Μαξίμου καὶ τὸ τῆς Ἀσίας | ψήφισμα, αὗταί τε αἱ στῆλαι τεθῶσιν ἐν τοῖς Καισαρήοις. ἀχθήσονται | οἱ μῆνες κατὰ τάδε. Καῖσαρ ἡμερῶν λα', Ἀπελλαῖος ἡμερῶν λ', | Αὐδναῖος ἡμερῶν λα', Περίτιος ἡμερῶν λα', Δύστρος κη', Ξανδικὸς λα', | Ἀρτεμισιὼν ἡμερῶν λ', Δαίσιος λα', Πάνημος λ', Λῷος λα', Γορπιαῖος λα', | Ὑπερβερεταῖος λ'· ὁμοῦ ἡμέραι τξε'· ἐφ' ἔτος δὲ διὰ τὴν ἰντερκαλάριον | ὁ Ξανδικὸς ἀχθήσεται ἡμερῶν λβ'· ἵνα δὲ ἀπὸ τοῦ νῦν στοιχήσωσιν οἱ | μῆνες καὶ αἱ ἡμέραι, ὁ μὲν νῦν ἐνεστὼς Περίτιος μὴν ἀχθήσεται μέχρι τῆ[ς] | ιδ', τῇ δὲ πρὸ ἐννέα καλανδῶν Φεβρουαρίων ἄξομεν νουμηνίαν μηνὸς | Δύστρου, καὶ καθ' ἕκαστον μῆνα ἀρχὴ ἔσται τῆς νουμηνίας ἡ πρὸ ἐννέα | Καλανδῶν· ἡ δὲ ἐνβόλιμος ἡμέρα ἔσται πάντοτε τῶν ἰντερκαλαρίων Κα|λανδῶν τοῦ Ξανδικοῦ μηνός, δύο ἐτῶν μέσων γεινομένων. | ἔδοξεν τοῖς ἐπὶ τῆς Ἀσίας Ἕλλησιν· γνώμη τοῦ ἀρχιερέως Ἀπολλωνίου τοῦ | Μηνοφίλου Ἀζεανείτου· ἐπεὶ τὴν νέαν νουμηνίαν ἀεὶ δεῖ ἑστάναι τὴν αὐτὴ[ν] | ἅπασιν τῆς εἰς τὰς ἀρχὰς εἰσόδου κατά τε τὸ Παύλου Φαβίου Μαξίμου τοῦ ἀν|θυπάτου διάταγμα καὶ τὸ τῆς Ἀσίας ψήφισμα, ἐνποδίζεται δὲ ἡ τοῦ χρόνου | τάξις παρὰ τὰς ἐν τοῖς ἀρχαιρεσίοις ἐπικλήσεις, γείνεσθαι τὰ κατὰ τὰ | ἀρχαιρέσια μηνὶ δεκάτῳ, ὡς καὶ ἐν τῷ Κορνηλίωι νόμωι γέγραπται, ἐντὸς | δεκάτης ἱσταμένου

Übersetzung

(1) [Paullus Fabius Maximus], Prokonsul, erklärt: [- - -] (2) [- - -] von den Vorfahren haben wir übernommen [- - -] (3) und die Gunst der Götter und [- - -] im Zweifel sein [- - -] (4) ob der Geburtstag des gottähnlichsten Caesar (sc. Augustus) uns mehr zur Freude oder zum Nutzen

gereicht, (der Tag,) von dem wir mit Recht annehmen können, dass er gleich ist dem Anfang aller Dinge, wenn auch nicht nach dem Lauf der Natur, so doch nach dem Nutzen, wenn es doch keine in Verfall oder in unglücklichen Zustand geratene Form gibt, die er nicht wiederaufgerichtet hat, und der der ganzen Welt ein anderes Antlitz gegeben hat, (der Welt,) die am liebsten ihren Untergang erwartet hätte, wenn nicht Caesar, der gemeinsame Glücksfall für alle, geboren wäre. (9) Darum könnte jemand mit Recht annehmen, dass dieses (Ereignis) für ihn zum Beginn seines Lebens und seines Daseins geworden ist, (dieses Ereignis,) das Ende und Schluss des Bedauerns ist, dass er geboren ist; (11) und da ein jeder keinen anderen Tag als glücklicheren Ausgangspunkt für das allgemeine und für das persönliche Wohl wählen könnte als den, der für alle glückbringend ist, und da es sich ungefähr trifft, dass der Eintritt in das Amt in den Städten in Asia zum selben Zeitpunkt stattfindet, wobei offensichtlich diese Ordnung entsprechend einem göttlichen Willen schon vorher so eingerichtet worden ist, dass sie zum Ausgangspunkt für eine Ehrung des Augustus werde, (16) und da es schwierig ist, seinen überragenden Wohltaten angemessen Dank abzustatten, wenn wir nicht auch in jedem einzelnen Fall einen Weg finden, sie zu vergelten, (19) da auch die Menschen den allen gemeinsamen Geburtstag freudiger begehen würden, wenn mit diesem Neuanfang auch für sie ein besonderer Grund zur Freude verbunden wäre, (20) scheint es mir geboten, dass für alle Städte ein und derselbe Tag Neujahrstag sein soll, (nämlich) der Geburtstag des gottähnlichsten Caesar, und dass alle ihr Amt in diesem Tag antreten, der der neunte Tag vor den Kalenden des Oktober (= 23. September) ist, damit er (der Tag) in noch höherem Maße geehrt werde, indem er zusätzlich von anderer Seite eine Art religiöse Würde erlangt und so allen besser bekannt wird; so wird dieser Tag nach meiner Ansicht der Provinz auch den größten Nutzen bereiten. (26) Ein Beschluss des Koinons von Asia wird verfasst werden müssen, in dem alle seine (des Augustus) ausgezeichneten Eigenschaften enthalten sind, damit das, was wir uns zum Ruhm des Augustus ausgedacht haben, für alle Zeiten bestehen bleibe. (28) Ich werde anordnen, dass der Beschluss auf einer Stele eingemeißelt und im Tempel (des Kaiserkultes) aufgestellt werde; voranstellen will ich das Edikt, in beiden Sprachen ausgefertigt. (30) Von den Hellenen in Asia beschlossen. Antrag des *archiereus* (= Oberpriester im Kaiserkult) Apollonios, des Sohnes des Menophilos aus Aizanoi. (32) Da die Vorsehung, die unser Leben geordnet hat, jegliche Mühe und Hingabe aufgewandt, das für unser Leben vollkommenste Gut geschaffen und den Augustus, den sie zum Wohle der Menschen mit jeder guten Fähigkeit erfüllt hat, für uns und die nach uns an ihrer Stelle gleichsam als Gott gebracht hat, indem sie uns den geschenkt hat, der dem Krieg ein Ende gesetzt und den Frieden in schöner Ordnung gestaltet hat, (36) da auch, mit dieser (guten Fähigkeit) geboren, Caesar die Hoffnungen derer, die (von ihm Wohltaten) erwarteten, mit seinen Wohltaten übertroffen hat, indem er nicht nur die Wohltäter vor ihm mit der Fülle seiner Leistungen überholt, sondern auch den künftigen keine Hoffnung gelassen hat, sich mit ihm vergleichen zu dürfen, (40) da der Geburtstag des Gottes für die Welt den Anfang der guten Botschaften gemacht hat, die von ihm ausgehen, (41) da Asia in Smyrna unter dem Prokonsul Lucius Vocacius Tullus, als Papias aus Dioshieron *grammateus* (= oberster

Bundessekretär) war, beschlossen hat, dass dem der Kranz zustehen soll, der die größten Ehren für den Gott (sc. Augustus) herausgefunden hat, (44) da Paullus Fabius Maximus, der Prokonsul der Provinz, Wohltäter, abgesandt von der Rechten jenes und seinem Ratschluss, neben dem anderen, womit er der Provinz Wohltaten erwiesen hat – Wohltaten, deren Größe keine Worte jemals erreichen könnten –, auch dieses zur Ehre des Augustus herausgefunden hat, was von den Hellenen bisher nicht erkannt worden ist, nämlich dass die Zeitrechnung für unser Leben mit seinem Geburtstag beginnen solle, darum, zum guten Gelingen und zum Heil, (50) möge von den Hellenen in Asia beschlossen sein:

Beginnen soll das neue Jahr für alle Städte am neunten Tag vor den Kalenden des Oktober (= 23. September), der der (52) Geburtstag des Augustus ist. Damit dieser Tag in jeder Stadt jeweils derselbe sei, soll die griechische Tagesrechnung der römischen angeglichen werden, und der erste Monat soll der *Kaisar* sein, wie schon früher beschlossen wurde, und er soll beginnen am neunten Tag vor den Kalenden des Oktober (= 23. September), dem Geburtstag Caesars; (56) der Kranz, der für denjenigen beschlossen wurde, der die größten Ehren für Caesar herausgefunden hat, soll Maximus, dem Prokonsul, verliehen werden, und er soll immer ausgerufen werden bei dem gymnischen Agon der Romaia Sebasta in Pergamon: »Asia bekränzt Paullus Fabius Maximus, weil er auf höchst ehrerbietige Weise die Ehren für Caesar herausgefunden hat.« In derselben Weise soll er ausgerufen werden bei den Agonen der *Kaisareia* (des Caesarkults), die in den einzelnen Städten veranstaltet werden.

(62) Das auf einer Tafel aufgezeichnete Schreiben des Prokonsuls und der Beschluss Asias sollen auf einer Stele aus weißem Stein aufgezeichnet und diese im *temenos* (= heiliger Bezirk) der Roma und des Augustus aufgestellt werden; (64) die *ekdikoi* (= Rechtsvertreter) für das laufende Jahr sollen dafür Sorge tragen, dass in den Hauptorten der *dioikeseis* (= Gerichtsbezirke) das auf einer Tafel aufgezeichnete Schreiben des Maximus und der Beschluss Asias auf Stelen aus weißem Stein eingemeißelt und diese Stelen in den *Kaisareia* (= Tempel des Caesarkults) aufgestellt werden.

(67) Die Monate sollen folgendermaßen berechnet werden: Kaisar, 31 Tage – Apellaios, 30 Tage – Audnaios, 31 Tage – Peritios, 31 Tage – Dystros, 28 (Tage) – Xandikos, 31 (Tage) – Artemision, 30 Tage – Daisios, 31 (Tage) – Panemos, 30 (Tage) – Loos, 31 (Tage) – Gorpiaios, 31 (Tage) – Hyperberetaios, 30 (Tage) – zusammen 365 Tage. (71) In dem laufenden Jahr soll aber wegen des Schalttags der Monat Xandikos mit 32 Tagen berechnet werden. (72) Damit aber von jetzt an die Monate und Tage übereinstimmen, soll der gegenwärtige Monat Peritios nur bis zum 14. gerechnet werden, und am neunten Tag vor den Kalenden des Februar (= 24. Januar) werden wir den Neumondstag (= Erster) des Monats Dystros rechnen, und für jeden Monat soll der Beginn des neuen Monats der neunte Tag vor den Kalenden sein. Der Schalttag soll immer sein an den Schalt-Kalenden des Monats Xandikos, wobei jeweils zwei Jahre dazwischen liegen. (78) Von den Hellenen in Asia beschlossen. Antrag des *archiereus* Apollonios, des Sohnes des Menophilos aus Aizanoi.

(79) Da der Neujahrstag immer auf denselben Tag fallen soll wie der, an dem ein jeder sein Amt antritt nach dem *diatagma* (= Edikt) des Paullus Fabius Maximus, des Prokonsuls, und dem

Beschluss Asias, (81) und da diese zeitliche Anordnung für die Bekanntgabe der Wahlresultate bei den Wahlen zu den Ämtern ein Hindernis darstellt, (82) soll das, was mit den Wahlen zu den Ämtern zusammenhängt, im zehnten Monat stattfinden, wie es auch in der *lex Cornelia* vorgeschrieben ist, bis zum zehnten (Tag der Dekade) des beginnenden (Monats).

Übersetzung adaptiert nach Blümel - Merkelbach 2014.

Zur Quelle

Asia – von König Attalos III. von Pergamon 133 v. Chr. per Testament an Rom vermacht – war eine der wohlhabendsten und bedeutendsten Provinzen des Reiches. Für die Administration wurde als Statthalter seit 129 v. Chr. ein in der Regel jährlich wechselnder Prokonsul entsandt. Die Provinz hatte unter den Bürgerkriegen der ausgehenden römischen Republik sehr gelitten. Umso mehr begrüßte die Bevölkerung die wiederkehrende Stabilität der augusteischen Friedensordnung, was im Beschluss des Koinons (Provinzversammlung) deutlichen Ausdruck findet. Das verbreitete Gefühl, dass nun endlich ein »Erlöser« oder »Heiland« (σωτήρ) gekommen sei, der der ganzen Welt Frieden (εἰρήνη) bringe, erinnert an die Geburtsgeschichte Jesu im Lukasevangelium (bes. Lk 2, 10–14). Aufsehen erregte vor allem das in Zeile 40 vorkommende Wort εὐανγέλιον (»gute Botschaft«).[1]

Fragmentierte Exemplare der vom Prokonsul im Winter 9/8 v. Chr. angeordneten lateinischen und griechischen Fassungen des Dossiers sind an insgesamt sechs Orten in Asia gefunden worden: Apameia Kibotos, Eumeneia und Dorylaion in Phrygien, Priene in Karien, Maioneia in Lydien und Metropolis in Ionien.[2] Während aus Apameia Kibotos, dem Hauptort eines römischen Gerichtsbezirks *(conventus)* eine Urfassung mit Teilen sowohl des lateinischen wie auch des griechischen Texts vorliegt, enthalten die Fragmente aus Doryleion nur lateinischen, die Steine der anderen Städte nur griechischen Text. Hierbei handelt es sich jeweils um Abschriften der Urfassung, bei dem Neufund aus Metropolis gar um eine Abschrift auf Privatinitiative hin.[3]

Das Dossier, von dem hier nur die Bestandteile 4–7 wiedergegeben sind, bestand ursprünglich aus sieben Dokumenten, davon zwei in lateinischer und fünf in griechischer Sprache: 1. Edikt des Prokonsuls (lat.); 2. Anhang zum Edikt, (lat.); 3. Vorspann zu den folgenden Dokumenten (gr.); 4. Edikt des Prokonsuls (gr.); 5. Anhang zum Edikt (gr.); 6. Erster Beschluss des Koinons von Asia (gr.); 7. Zweiter Beschluss des Koinons von Asia (gr.).

1 Daher ist der Inschriftenstein aus Priene heute im Museum Bibelhaus in Frankfurt am Main ausgestellt.
2 Zusammenstellungen bei Laffi 1967, 8–15 mit Tab. auf 14 f. und bei Blümel - Merkelbach 2014, 41.
3 Dreyer 2007, 347.

Ausgewählte Editionen, Übersetzungen und Studien

Eine synoptische Edition aller bis dahin bekannten Inschriftenfragmente hat Umberto Laffi im Jahr 1967 vorgelegt, einschließlich einer italienischen Übersetzung und eines umfassenden Kommentars. Das zuletzt gefundene Exemplar aus Metropolis ist ediert, übersetzt und kurz kommentiert bei Boris Dreyer und Helmut Engelmann (2006, 175–182 [= SEG 56, 1233 = AE 2006, 1452]). Dieses ist einbezogen in die synoptische Edition von Wolfgang Blümel und Reinhold Merkelbach (2014, Nr. 14), woraus auch die hier zitierte Übersetzung des griechischen Gesamttexts entnommen ist (I. Priene 14). Englische Übersetzungen bieten Robert K. Sherk (1969, Nr. 65; 1984, Nr. 101), eine französische Maurice Sartre (1995, 196 f.). Jüngere Besprechungen des Dossiers aus unterschiedlichen Blickwinkeln finden sich bei Robert Hannah (2005, 131–135), Thomas Witulski (2007, 25–32), Sacha Stern (2012, 274–284) und Anna Heller (2014, 222–231).

Verwandte Quellen

Gattungstechnisch vergleichbar sind andere römische Statthalteredikte und Dekrete des Koinons von Asia.[4] Die Reform des Kalenders ist nur in diesem Inschriftendossier überliefert.

Siehe auch

Q 34 – Die Kalenderreform im Priesterdekret von Kanopos (238 v. Chr.)
Q 46 – Die Kalenderreform Caesars nach Sueton
Q 49 – Die Kalenderkorrektur des Augustus nach Macrobius
Q 58 – Die *Hemerologia*: Kalendertabellen aus frühmittelalterlichen Handschriften

Technische Aspekte

Im Mittelpunkt sowohl des Statthalteredikts (διάταγμα) als auch des Dekrets (ψήφισμα) des Koinons steht die Festlegung des Neujahrstages auf den 23. September, den Geburtstag des Augustus. Der erste Monat wird in *Kaisar* umbenannt und die Länge der zwölf Monate festgelegt. Jeder Monat beginnt am 9. Tag vor den Kalenden *(ante diem IX Kalendas)* des entsprechenden julianischen Monats (traditionell inklusiv gerechnet):

4 Allgemein zu griechischen Dekreten siehe Rhodes – Lewis 1997. Vgl. auch Q 35.

Καῖσαρ (Kaisar)	23. September *(a. d. IX Kal. Oct.)*	31 Tage
Ἀπελλαῖος (Apellaios)	24. Oktober *(a. d. IX Kal. Nov.)*	30 Tage
Αὐδναῖος (Audnaios)	23. November *(a. d. IX Kal. Dec.)*	31 Tage
Περίτιος (Peritios)	24. Dezember *(a. d. IX Kal. Ian.)*	31 Tage
Δύστρος (Dystros)	24. Januar *(a. d. IX Kal. Feb.)*	28 Tage
Ξανδικός (Xandikos)	21. Februar *(a. d. IX Kal. Mart.)*	31/32 Tage
Ἀρτεμισιών (Artemision)	24. März *(a. d. IX Kal. Apr.)*	30 Tage
Δαίσιος (Daisios)	23. April *(a. d. IX Kal. Mai.)*	31 Tage
Πάνημος (Panemos)	24. Mai *(a. d. IX Kal. Iun.)*	30 Tage
Λῷος (Loos)	23. Juni *(a. d. IX Kal. Iul.)*	31 Tage
Γορπιαῖος (Gorpiaios)	24. Juli *(a. d. IX Kal. Aug.)*	31 Tage
Ὑπερβερεταῖος (Hyperberetaios)	24. August *(a. d. IX Kal. Sept.)*	30 Tage

Um den Geburtstag des Kaisers für alle Zeit auf demselben Tag zu halten und mit dem »Sonnenlauf« in Einklang zu bleiben, wurde auch die Schaltregel des Julianischen Kalenders eingeführt: Alle drei Jahre sollte nach dem 1. Tag des Monats Xandikos ein Tag hinzugefügt werden (Z. 77). Bemerkenswert ist die Tatsache, dass die von den Oberpriestern in Rom falsch verstandene (oder bewusst so angewandte) Schaltregel, nämlich alle drei statt alle vier Jahre zu schalten, hier übernommen wurde (siehe Q 49). Nach Zeile 71 sollte bereits im laufenden Jahr der Monat Xandikos 32 Tage zählen. Da nach 8 v. Chr. die Schaltungen infolge der augusteischen Korrektur ausgesetzt wurden und aufgrund der Tatsache, dass Paullus Fabius Maximus im Jahr 11 v. Chr. Konsul war und erst danach als Prokonsul in die Provinz Asia entsandt werden konnte, lassen sich Edikt und Dekret auf 9/8 v. Chr. datieren.[5] Der neue Kalender trat am 24. Januar 8 v. Chr. in Kraft. Bis dahin gab es in Asia eine Vielzahl der für den griechischen Kulturraum typischen lunisolaren Kalender mit Monaten zu abwechselnd 29 und 30 Tagen und der periodischen Schaltung eines Zusatzmonats zum Ausgleich mit dem Sonnenjahr. Nicht nur die Monatsnamen hießen unterschiedlich, sondern auch der Jahresbeginn divergierte oft erheblich von Ort zu Ort (siehe Chronologische Grundlagen: Griechische Welt).[6] Aber bereits vor der Reform muss es ein überregionales zeit-

5 In diesem Sinne Stern 2012, 275 f. mit Tab. 5.4 auf 266 f., der die vorausgehende Debatte über das Jahr der Einführung – im Umlauf waren auch die Jahre 10/9 und 5 v. Chr. – kritisch zusammenfasst, allerdings nicht konsequent zwischen den Daten von Edikt und Dekret einerseits und der Implementierung des Kalenders andererseits zu differenzieren scheint.

6 Vgl. Samuel 1972, 57–138; Trümpy 1997.

liches Bezugssystem gegeben haben, denn zur Ankoppelung an das julianische System wird in allgemeingültiger Weise der Monat Peritios nur bis zum 14. Tag gezählt (Z. 72).[7] Dafür kommt der makedonische Kalender in Frage, bei dem der Monat Peritios die vierte Stelle einnahm und Neujahr um die Herbsttagundnachtgleiche (22.–24. September) begangen wurde, was sich ideal mit dem Geburtstag des Augustus verknüpfen ließ.[8]

Sacha Stern hat erneut darauf aufmerksam gemacht, dass die Anzahl der Tage der letzten vier Monate in der lateinischen Fassung des Statthalteredikts (aus Apameia Kibotos) fehlerhaft angegeben ist: dort wird *nonus XXX, decumus XXXI, undecumus XXX, duodecumus XXXI* angegeben,[9] während im griechischen Text des Dekrets (Z. 70–71) 30–31–31–30 gezählt wird. Stern unterstellt dem Prokonsul daher »lack of attention to technical, calendrical details« und dem Koinon »autonomy with regard to the proconsul's authority«.[10] Dies scheint jedoch zu weit gegriffen: Wir haben nur jeweils eine Kopie des fehlerhaften lateinischen (Apameia) und des stimmigen griechischen (Priene) Texts. Eine Verwechslung der Ziffernangaben (zumal in Kombination mit der Zählung der Monate) oder eine schlichte Verschreibung des Steinmetzes kann keineswegs ausgeschlossen werden.[11]

Soziokulturelle Auswertung

In den Zeilen 41–48 des Dekrets wird auf die Ursache der Kalenderreform eingegangen: Offenbar um das Jahr 29 v. Chr. wurde vom Koinon von Asia in Smyrna in guter Tradition hellenistischer Herrscherkulte ein Preis (Kranz) für die originellste Idee ausgelobt, Octavian, den Sieger von Actium und späteren Augustus zu ehren.[12] Das Koinon sprach den Kranz und die damit verbundenen Ausrufungen nun dem Prokonsul Paullus Fabius Maximus zu, weil er den Geburtstag des Kaisers als Neujahr in Asia feiern ließ (Z. 56–61).

Seine kühne Idee kam nicht von ungefähr, denn in diesen Jahren tat sich, dem Beispiel Julius Caesars folgend, auch Augustus als »Herr der Zeit« hervor, indem er sich des Schaltfehlers der Oberpriester annahm; und just im Jahr 8 v. Chr. wurde auch der römische Monat *Sextilis* in *Augustus* umbenannt.[13] Letztlich präsentierte sich damit auch Paullus Fabius Maximus als »Herr über den Kalender« in seinem provinzialen Machtbereich – alles selbstverständlich im Namen und zu Ehren seines Kaisers.

7 Thonemann 2015, 123 f.
8 Vgl. Hannah 2005, 132.
9 Laffi 1967, 19.
10 Stern 2012, 277.
11 Ebd., 276: »There is no need to assume a scribal (or other) error«. Vgl. jedoch Laffi 1967, 48.
12 Vgl. Blümel – Merkelbach 2014, 54.
13 Cassius Dio 55, 6, 6; Sueton, *Augustus* 31, 2. Dazu Stern 2012, 278: »Calendar reform was clearly in the air«. Ähnlich Heller 2014, 224 f.

So ist sowohl die Anordnung des Statthalters als auch die bereitwillige Umsetzung durch die Städte der Provinz – darin ist sich die Forschung einig – in erster Linie als Demonstration magistratischer und provinzialer Loyalität gegenüber Augustus zu bewerten.[14] Parallelen zum Kanopos-Dekret von 238 v. Chr. stechen ins Auge (siehe Q 34):[15] Auch dort ist die Kalenderreform ein Ehrenbeschluss für den Herrscher. Die Vereinheitlichung der lokalen Kalendersysteme und die Synchronisierung mit dem Julianischen Jahr standen weder beim Statthalter noch bei den Städten an erster Stelle. Die Maßnahme ging eben nicht von der Zentrale, d. h. dem Kaiser, aus, sondern war die Initiative eines hohen Funktionärs, der vor allem eines damit bezwecken wollte: den Kaiser auf außergewöhnliche Weise zu ehren.[16] Bei der Umsetzung zeigte man sich der Unterschiede der Systeme sehr wohl bewusst und sprach wörtlich von einem Akt der Angleichung: συνχρηματίζειν τῇ Ῥωμαϊκῇ καὶ τὴν Ἑλληνικὴν ἡμέραν – »soll die griechische Tagesrechnung der römischen angeglichen werden« (Z. 55). Allerdings behielt man vieles bei und nahm Rücksicht auf die etablierten Gegebenheiten. Ob eine Vereinheitlichung für Belange der römischen Administration überhaupt relevant gewesen wäre, ist fraglich: Die Umrechnung römischer in lokale griechische Daten war auch zuvor in den hundert Jahren Provinzgeschichte gelungen, wurde durch den neuen Rahmenkalender aber sicherlich stabilisiert und erleichtert. Bemerkbar für die politischen Rhythmen der Poleis machte sich die Neuordnung des Kalenders von Asia durch den synchronen Amtsantritt der gewählten Magistrate am Geburtstag des Augustus (Z. 79–84).

Wie Peter Thonemann anhand von Datumsangaben auf nordost-lydischen Grabinschriften sowie saisonalen Votivpraktiken plausibel gemacht hat, hielten sich dort viele Menschen in den ersten drei Jahrhunderten n. Chr. weiterhin an einen lunisolaren Kalender mit regulären Monatsschaltungen.[17] Auch Vorgaben wie die Monatsnamen wurden nicht provinzweit übernommen, selbst nicht am Statthaltersitz Ephesos.[18] Aufschluss über die weitere Entwicklung und Verbreitung geben die sogenannten *Hemerologia* (siehe Q 58).[19]

---

14 Stern 2012, 277: »[...] the main and perhaps sole purpose of this calendar reform was for the province to demonstrate its loyalty to the emperor Augustus«; Thonemann 2015, 140: »statement of political loyalty«. Ähnlich bereits Price 1984, 106: »[...] the motivation for the change was not so much efficiency as to provide a way of honoring Augustus«.

15 Vgl. Savalli-Lestrade 2010, 82.

16 Anders Heller 2014, 229 f., die die Initiative des Paullus Fabius Maximus als einen isolierten und sich von der sonst liberalen römischen Praxis abhebenden, weitgehend gescheiterten Versuch ansieht, unter der Ägide Roms die Ordnung der Zeit zu vereinheitlichen.

17 Thonemann 2015, bes. 139.

18 Vgl. Samuel 1972, 182. Für weitere Beispiele siehe Heller 2014, 228–230.

19 Dazu demnächst eingehend Bultrighini i. Dr.

Bibliographie

Blümel – Merkelbach 2014
W. Blümel – R. Merkelbach, Die Inschriften von Priene, Inschriften von Kleinasien 69 (Bonn 2014).

Bultrighini i. Dr.
I. Bultrighini, Calendars of the Greek East under Rome: A New Look at the Hemerologia Tables, in: S. Stern (Hrsg.), Calendars in Antiquity and the Middle Ages: Standardization and Fixation (Leiden, im Druck).

Dreyer – Engelmann 2006
B. Dreyer – H. Engelmann, Augustus und Germanicus im ionischen Metropolis, Zeitschrift für Papyrologie und Epigraphik 158, 2006, 173–182.

Dreyer 2007
B. Dreyer, Quellen. Bestand, Methoden und Neufunde, in: G. Weber (Hrsg.), Kulturgeschichte des Hellenismus. Von Alexander dem Großen bis Kleopatra (Stuttgart 2007) 333–354. 483–487.

Hannah 2005
R. Hannah, Greek and Roman Calendars. Constructions of Time in the Classical World (London 2005).

Heller 2014
A. Heller, Domination subie, domination choisie: les cités d'Asie Mineure face au pouvoir romain, de la République à l'Empire, Pallas. Revue d'Études Antiques 96, 2014, 217–232.

Laffi 1967
U. Laffi, Le iscrizioni relative all'introduzione nel 9 a.C. del nuovo calendario della provincia d'Asia, Studi Classici e Orientali 16, 1967, 5–98.

Price 1984
S. R. F. Price, Rituals and Power. The Roman Imperial Cult in Asia Minor (Cambridge 1984).

Rhodes – Lewis 1997
P. J. Rhodes – D. M. Lewis, The Decrees of the Greek States (Oxford 1997).

Samuel 1972
A. E. Samuel, Greek and Roman Chronology. Calendars and Years in Classical Antiquity, Handbuch der Altertumswissenschaft I 7 (München 1972).

Sartre 1995
M. Sartre, L'Asie Mineure et l'Anatolie d'Alexandre à Dioclétien (IVe s. av. J.-C./IIIe s. ap. J.-C.) (Paris 1995).

Savalli-Lestrade 2010
I. Savalli-Lestrade, Les rois hellénistiques, maîtres du temps, in: I. Savalli-Lestrade – I. Cogitore (Hrsg.), Des rois au Prince. Pratiques du pouvoir royal dans l'Orient hellénistique et romain (Grenoble 2010) 55–83.

Sherk 1969
R. K. Sherk, Roman Documents from the Greek East: *senatus consulta* and *epistulae* to the Age of Augustus (Baltimore 1969).

Sherk 1984
R. K. Sherk, Rome and the Greek East to the Death of Augustus, Translated Documents of Greece & Rome 4 (Cambridge 1984).

Stern 2012
S. Stern, Calendars in Antiquity. Empires, States, and Societies (Oxford 2012).

Thonemann 2015
P. Thonemann, The Calendar of the Roman Province of Asia, Zeitschrift für Papyrologie und Epigraphik 196, 2015, 123–141.

Trümpy 1997
C. Trümpy, Untersuchungen zu den altgriechischen Monatsnamen und Monatsfolgen, Bibliothek der klassischen Altertumswissenschaften N. F. II 98 (Heidelberg 1997).
Witulski 2007
T. Witulski, Kaiserkult in Kleinasien. Die Entwicklung der kultisch-religiösen Kaiserverehrung in der römischen Provinz Asia von Augustus bis Antoninus Pius (Göttingen 2007).

IV – Rom und sein Imperium

Chronologische Grundlagen: Rom

Roland Färber

Die Unterteilung des Tages

In Roms Frühzeit herrschte, soweit nachvollziehbar, nur eine grobe Unterteilung des Tages und der Nacht in je vier Abschnitte vor: Der erste Abschnitt nach Sonnenaufgang hieß *mane* (»Morgen«), gefolgt von *ad meridiem* (»Vormittag«), *de meridie* (»Nachmittag«) und *suprema,* die Zeit rund um den Untergang der Sonne (Censorinus, *De die natali* 24, 3). In Entsprechung dazu wurde die Nacht von Sonnenuntergang an in vier *vigiliae* (»Nachtwachen«) eingeteilt (Vegetius, *De re militari* 3, 8, 17); Mitternacht fiel etwa auf den Anfang der 3. Nachtwache – mit ihr begann der römische Tag.

Der Überlieferung nach haben die Römer die feinere Unterteilung des Tages in zwölf Stunden zusammen mit der Sonnenuhr und dem Wort *hora* (gr. ὥρα) von den Griechen übernommen, die ihrerseits beide Errungenschaften von den Babyloniern erlernt haben sollen (Herodot 2, 109). Erste öffentliche Sonnenuhren wurden laut Plinius dem Älteren (*Naturalis historia* 7, 213 f.) in der 1. Hälfte des 3. Jahrhunderts v. Chr. in Rom aufgestellt. Die nunmehr zwei mal zwölf Ungleichen oder Temporalstunden, deren Länge jahreszeitlichen Schwankungen unterlag (siehe Q 51) wurden durchgezählt. Im alltäglichen Leben waren sie die Norm, doch sind vereinzelt auch die Gleich- oder Äquinoktialstunden belegt (siehe Q 50).

Der römische Kalender

In der Königszeit soll das römische Jahr nach einem zehnmonatigen Kalender geordnet gewesen sein, den Romulus, der mythische Stadtgründer, eingerichtet haben soll. Von der heutigen Forschung wird dieses Modell, das spätere römische Autoren offenbar zur Erklärung des Monatsnamens *December,* in dem das Zahlwort »zehn« steckt, entworfen haben, abgelehnt (siehe Q 42). Bis ins mittlere 2. Jahrhundert n. Chr. lag der römische Jahresanfang im März, ehe dieser mit dem am 1. Januar beginnenden Amtsjahr der Konsuln gleichgesetzt wurde. Auch die Position des Schaltmonats *(mensis intercalarius)* am Ende des Februars bezeugt diesen ursprünglichen Jahresbeginn. Den republikanischen Kalender, üblicherweise als Jahr des Numa Pompilius, des zweiten Königs von Rom, bezeichnet, fassen wir im Detail erst mit den Fasti Antiates maiores von ca. 60 v. Chr. Seine zwölf Monate, die bereits feste Tageszahlen aufwiesen und nicht mehr an die Beobachtung der Mondphasen gebunden waren, zählten insgesamt 355 Tage. Die ursprüngliche Koppelung der römischen Monate an die Lunationen war noch in den sogenannten Kopftagen *Kalendae* (1. Tag, bei Neumond), *Nonae* (5. oder 7. Tag, im zunehmenden Mond) und *Idus* (13. oder 15. Tag, um Vollmond) konserviert, die für die Zählung der Monatstage entscheidend waren. Nonen und Iden verschoben sich jeweils um zwei Tage, wenn die Monate 31 Tage zählten.[1] Man rechnete immer nach römischer Manier inklusiv vom nächstgelegenen Kopftag zurück, zum Beispiel war der 3. Februar der »3. Tag vor den Nonen des Februar« *(ante diem III Nonas Februarias)*, der 12. April der »Vortag der Iden des April« *(pridie Idus Apriles)* und der 26. Oktober »der 7. Tag vor den Kalenden des November« *(ante diem VII Kalendas Novembres)*.

Zum Ausgleich des 355-Tage-Jahres mit dem Sonnenjahr (ca. 365,24219 Tage) wurde nach dem Terminalienfest am 23. Februar ein Schaltmonat von 22 oder 23 Tagen eingefügt, an den noch die fünf verbleibenden Tage des Februars angehängt wurden. Ursprünglich hatte es wohl eine automatische Schaltregel von 22 Tagen in jedem 2. Jahr und 23 Tagen in jedem 4. Jahr gegeben, ab 191 v. Chr. oblag die Steuerung der Interkalation jedoch dem Priesterkollegium der Pontifices, was gelegentlich zu größeren Abweichungen von den astronomischen Jahreszeiten führte. Die damals häufige Unsicherheit darüber, ob eine Schaltung erfolgen würde oder nicht, führt z. B. eine Inschrift von 94 v. Chr. aus Capua vor Augen, die als Datierung für den 14. Februar den 10. Tag vor dem Terminalienfest *(ante diem X Terminalia)* angibt, statt der Kalenden des Schaltmonats oder der Kalenden des März.[2] Diese Unstimmigkeiten und Unwägbarkeiten dienten wiederum Julius Caesar als Rechtfertigung seiner Kalenderreform des Jahres 46 v. Chr. (siehe Q 46). Caesar schuf den Kalender, wie er im Wesentlichen heute noch in der westlichen Welt in Gebrauch ist. Seine Maßnahmen bezogen sich vor allem darauf, die Monate so aufzufüllen, dass ihre Zahl an Tagen auf insgesamt 365 anwuchs und damit dem Sonnenjahr annähernd gleichkam. Außerdem wurde der Schaltmonat in einen vierjährlichen Schalttag umgewandelt. Die nachfolgende Tabelle stellt den republikanischen und den Julianischen Kalender schematisiert gegenüber:

1 Geläufige Eselsbrücken sind MOMIul oder MIlMO.
2 CIL I² 682 (ILLRP 719).

republikanischer Monat, Tage	Tage, julianischer Monat
Ianuarius 29	31 *Ianuarius*
Februarius 28	28 *Februarius*
(ca. zweijährlich) Schaltmonat + 22/23	+ 1 Schalttag (vierjährlich)
Martius 31	31 *Martius*
Aprilis 29	30 *Aprilis*
Maius 31	31 *Maius*
Iunius 29	30 *Iunius*
Quintilis 31	31 *Quintilis* (ab 44 v. Chr. *Iulius*)
Sextilis 29	31 *Sextilis* (ab 8 v. Chr. *Augustus*)
September 29	30 *September*
October 31	31 *October*
November 29	30 *November*
December 29	31 *December*
Normaljahr des Numa 355	365 Julianisches Normaljahr

Bemerkenswert ist, dass römische Kalender bereits graphisch in Tabellenform mit Spalten für jeden Monat dargestellt wurden. Solche Fasti veranschaulichen, welche zeitlichen Zyklen und Marker für die Römer im Mittelpunkt des sozialen Lebens standen (siehe Q 43): zum einen der achttägige Marktzyklus (*nundinae*), zum anderen die Tagescharaktere wie *F* für *dies fastus* (möglicher Tag für Rechtsprechung), *C* für *dies comitialis* (möglicher Tag für Volksversammlungen) oder *NF* für *dies nefastus* (Tag ohne Rechtsprechung und Versammlungen). Außerdem wurden wichtige Fest- und Gedenktage eingetragen. Die Fasti verbinden somit die wirtschaftliche, politische, religiöse und historische Zeit der römischen Gesellschaft.

Die Jahreszählung

Wie im griechischen Raum war auch in Rom die wichtigste Form der Jahresbestimmung die nach eponymen Amtsträgern, hier nach den beiden Konsuln, die seit 153 v. Chr. immer am 1. Januar ihr Amt antraten. Ihre Namen wurden in Listen eingetragen, und diese »Konsularfasten« bildeten die Grundlage für die chronologische Bestimmung von Ereignissen (siehe Q 43). Mit dem ersten Princeps Augustus trat daneben in offiziellen Verlautbarungen und in der Münzprägung die Datierung nach Regierungsjahren, wenn auch nur versteckt: Fortlaufend gezählt wurden nicht namentlich die Regierungsjahre der Kaiser, sondern die Inhaberschaft der *tribunicia potestas*, die Augustus ab 23 v. Chr. durch die Comitien jedes Jahr neu verliehen bekam; die nachfolgenden Kaiser hielten es ebenso, wobei ab Kaiser Nerva (96–98 n. Chr.) die Erneuerung nicht mehr am Jahrestag der Herrschaftsübernahme, sondern am 10. Dezember stattfand. Daher hat der moderne Historiker bei Jahresdatierungen nach der Tribunizischen Gewalt eines Kaisers immer die Abweichungen gegenüber dem Konsuljahr zu berücksichtigen.

In literarischen Werken war außerdem die Stadtgründungsära *ab urbe condita* in Gebrauch, die nach der Berechnung des Universalgelehrten Varro (1. Jahrhundert v. Chr.) im Jahr 753 v. Chr. einsetzte (»Varronische Ära«), oder aber mit dem Jahr 752 v. Chr. (»Capitolinische Ära«). Im alltäglichen Geschäftsleben der Römer spielten diese Ären jedoch keine Rolle. Anders verhält es sich mit verschiedenen städtischen oder provinzialen Ären, die für die jeweilige Einwohnerschaft sehr wohl praktische und identitäre Relevanz besaßen (vgl. Q 60). Überregionale Bedeutung sollte im Osten des Reiches schließlich die Diokletianische Ära bekommen, die mit dem Regierungsantritt Kaiser Diokletians im Jahr 284 n. Chr. einsetzte und als »Ära der Märtyrer« im Christentum fortlebte. Die heute vorherrschende christliche Ära *anno Domini*, die der Mönch Dionysius Exiguus im Jahr 525 n. Chr. entwickelte, setzte sich dagegen erst im Mittelalter durch.

Für die breite Bevölkerung im spätrömischen Reich (mit Nachwirkung bis ins Mittelalter) war ab 312 n. Chr. die Rechnung nach 15-jährigen Zyklen der Steuerschätzung, den Indiktionen, maßgeblich. Hierbei wurden die einzelnen Jahre innerhalb eines Zyklus gezählt, nicht jedoch der Zyklus selbst. Was den heutigen Historiker vor Herausforderungen stellt, war für den einfachen Reichsbewohner der Antike weniger problematisch, durchlebte er doch meist nur zwei bis drei solcher Zyklen (siehe Q 59).

Weiterführende Literatur

E. J. Bickerman, Chronology of the Ancient World [3](London 1980).

A. Degrassi, I fasti consolari dell'Impero Romano. Dal 30 avanti Christo al 613 dopo Christo (Rom 1952).

F. Graf, Der Lauf des rollenden Jahres. Zeit und Kalender in Rom (Stuttgart 1997).

R. Hannah, Greek and Roman Calendars: Constructions of Time in the Classical World (London 2005).

D. Kienast – W. Eck – M. Heil, Römische Kaisertabelle. Grundzüge einer römischen Kaiserchronologie [6](Darmstadt 2017).

A. K. Michels, The Calendar of the Roman Republic (Princeton 1967).

J. Rüpke, Kalender und Öffentlichkeit. Die Geschichte der Repräsentation und religiösen Qualifikation von Zeit in Rom, Religionsgeschichtliche Versuche und Vorarbeiten 40 (Berlin 1995).

A. E. Samuel, Greek and Roman Chronology: Calendar and Years in Classical Antiquity, Handbuch der Altertumswissenschaft I 7 (München 1972).

U. W. Scholz, Der römische Kalender. Entstehung und Entwicklung, Abhandlungen der Akademie der Wissenschaften und der Literatur Mainz. Geistes- und Sozialwissenschaftliche Klasse 2011/3 (Stuttgart 2011).

S. Stern, Calendars in Antiquity. Empires, States, and Societies (Oxford 2012).

Q 41 Ein ambivalentes Modell von Kulturentwicklung: Varro, *De re rustica*

Mario Baumann

Text: Varro, *De re rustica* 2, 1, 3–5

[Varro spricht in der fiktiven Dialogsituation in der ersten Person:] (3) »*Igitur*«, *inquam*, »*et homines et pecudes cum semper fuisse sit necesse natura – sive enim aliquod fuit principium generandi animalium, ut putavit Thales Milesius et Zeno Citieus, sive contra principium horum extitit nullum, ut credidit Pythagoras Samius et Aristoteles Stagerites – necesse est humanae vitae a summa memoria gradatim descendisse ad hanc aetatem, ut scribit Dicaearchus, et summum gradum fuisse naturalem, cum viverent homines ex his rebus, quae inviolata ultro ferret terra;* (4) *ex hac vita in secundam descendisse pastoriciam, e feris atque agrestibus ut arboribus ac virgultis decarpendo glandem, arbutum, mora, poma colligerent ad usum, sic ex animalibus cum propter eandem utilitatem quae possent silvestria deprenderent ac concluderent et mansuescerent. In quis primum non sine causa putant oves adsumptas et propter utilitatem et propter placiditatem. Maxime enim hae natura quietae et aptissimae ad vitam hominum. Ad cibum enim lacte et caseum adhibitum, ad corpus vestitum et pelles adtulerunt.* (5) *Tertio denique gradu a vita pastorali ad agri culturam descenderunt, in qua ex duobus gradibus superioribus retinuerunt multa, et quo descenderant, ibi processerunt longe, dum ad nos perveniret. Etiam nunc in locis multis genera pecudum ferarum sunt aliquot, ab ovibus ut in Phrygia, ubi greges videntur conplures, in Samothrace caprarum, quas latine rotas appellant. Sunt enim in Italia circum Fiscellum et Tetricam montes multae. De subus nemini ignotum, nisi qui apros non putat sues vocari. Boves perferi etiam nunc sunt multi in Dardanica et Maedica et Thracia, asini feri in Phrygia et Lycaonia, equi feri in Hispania citeriore regionibus aliquot.* [...]«

Übersetzung

(3) »Nun denn,« sagte ich, »da es naturbedingt schon immer sowohl Menschen als auch Tiere gegeben haben muss – sei es nämlich, die Lebewesen entstanden aus irgendeinem Schöpfungsurstoff, wie Thales von Milet und Zenon von Kition meinten, sei es, sie gingen im Gegenteil aus keinem Urstoff hervor, wie Pythagoras von Samos und Aristoteles von Stageira glaubten –, muss die menschliche Lebensweise von dem höchsten Punkt, zu dem die Erinnerung hinaufreicht, schrittweise zu unserer Zeit herabgestiegen sein, wie Dikaiarch schreibt, und muss die höchste Stufe die natürliche gewesen sein, als die Menschen von den Dingen lebten, welche die Erde, unversehrt, wie sie noch war, von sich aus trug. (4) Von dieser Lebensweise müssen sie zu der nächstfolgenden, dem Hirtendasein, herabgestiegen sein, als sie so, wie sie von wildwachsenden

und struppigen Bäumen und Sträuchern Eicheln, Wilderdbeeren, Maulbeeren oder Obstfrüchte pflückten und zum Verzehr sammelten, von den Tieren wegen desselben Nutzens die, die in der Waldwildnis hausten, soweit sie es konnten, fingen, einsperrten und zähmten. Unter ihnen wiederum wurden, glaubt man nicht ohne Grund, zuerst die Schafe hinzugenommen, sowohl wegen ihrer Nützlichkeit als auch wegen ihrer Sanftheit. Äußerst friedlich sind sie nämlich von Natur aus und passen aufs Beste zur Lebensweise der Menschen. Für das Essen lieferten sie nämlich – zusätzlich aufgetischt – Milch und Käse, für den Körper Kleidung und Felle. (5) Auf der dritten Stufe schließlich gingen sie vom Hirtenleben zum Ackerbau über, in dem sie aus den beiden höheren Zeitstufen vieles beibehielten, und auf der Stufe, zu der sie herabgestiegen waren, schritten sie weit voran, bis der Ackerbau zu uns gelangte. Auch jetzt noch gibt es an vielen Orten etliche Arten von wilden Tieren – was die Schafe anbelangt, z. B. in Phrygien, wo man von ihnen Rudel in größerer Zahl sieht, oder in Samothrake solche von Ziegen, die man auf lateinisch *rotae*, ›Räder‹, nennt; davon gibt es nämlich in Italien rings um die Berge Fiscellus und Tetrica viele. Was die Schweine angeht, ist es niemandem unbekannt, es sei denn, es glaubt jemand nicht, dass man Keiler als Schweine bezeichnet. Durch und durch wilde Stiere gibt es auch jetzt noch viele in Dardanien, Medien und Thrakien, wilde Esel in Phrygien und Lykaonien, wilde Pferde im östlicheren Spanien in einigen Gegenden. [...]«

Übersetzung nach Flach 1995–2002, mit kleineren formalen Anpassungen.

Zur Quelle

Der Text stammt aus dem Beginn des 2. Buches der Schrift *De re rustica* (»Über die Landwirtschaft«), die Marcus Terentius Varro (116–27 v. Chr.) im Jahr 37 v. Chr. verfasste.[1] Varro behandelt den Gegenstand Landwirtschaft in Dialogform, indem er nämlich in jedem der drei Bücher von *De re rustica* je ein fiktives Gespräch wiedergibt, das er zu einer bestimmten Zeit und an einem bestimmten Ort mit Kennern der Materie geführt habe. Das Gespräch in Buch 1 ist dem Ackerbau *(agri cultura)*, das in Buch 2 der Viehwirtschaft *(res pecuaria)* und das in Buch 3 der Hoftierhaltung *(villatica pastio)* gewidmet. Im zweiten Buch entwirft Varro als *setting* eine Gesprächssituation in Griechenland: Der Dialog spielt in Epirus am 21. April 67 v. Chr., an den *Parilia*, einem der Gottheit Pales geweihten Hirtenfest; die Gesprächspartner Varros sind Römer der Oberschicht, die allesamt als Grund- und Viehbesitzer wirtschaftliche Erfolge erzielt haben.[2] Zu Beginn des Gespräches übernimmt Varro die Rolle, Ursprung und Ansehen *(origo et dignitas)* des Hirtenberufs darzulegen; eben an dieser Stelle setzt der oben zitierte Text ein. Im weiteren Fortgang des Dialogs in Buch 2

1 Zur Abfassungszeit siehe Flach 1995–2002, I 7–15.

2 Zum *setting* und zu den Dialogteilnehmern in *De re rustica*, Buch 2 vgl. Nelsestuen 2015, 119–130. Ein besonders bemerkenswertes Detail ist, dass der 21. April auch als Gründungstag Roms galt (siehe ebd., 120).

wird dann die Praxis *(ars)* der Viehwirtschaft entfaltet, wobei sich, wie es für *De re rustica* als Ganzes charakteristisch ist, technische Ausführlichkeit und Genauigkeit mit Freude am Kuriosen und einem humorvollen Gesprächston verbinden.[3]

Edition, Übersetzung, Kommentar und Einführung

Die jüngste Edition von *De re rustica* hat Dieter Flach (1995–2002) vorgelegt, der zugleich eine deutsche Gesamtübersetzung und einen Kommentar bietet. Eine Einführung zu Varros Leben und Werk findet sich bei Burkhart Cardauns (2001).

Verwandte Quellen

Was *De re rustica* selbst angeht, sind zwei weitere Stellen zu nennen, die mit dem zitierten Passus in enger Verbindung stehen: In 1, 2, 16 rekurriert Varro ebenfalls auf Dikaiarchs Kulturentwicklungsmodell; in 3, 1, 1–6 wiederum stellt er den zeitlichen Abstand zwischen der älteren ländlichen und der jüngeren städtischen Lebensweise heraus (ohne dass dies explizit zum Modell in *De re rustica* 2, 1, 3–5 ins Verhältnis gesetzt würde, dazu im Folgenden mehr). Vgl. aus den im vorliegenden Band angesprochenen Texten insbesondere Hesiods *Werke und Tage*, wo die älteste aus der griechisch-römischen Antike erhaltene Konzeption von menschlichen Kulturentwicklungsstadien entfaltet wird (Verse 106–201) (Q 29).

Siehe auch

Q 42 – Die Frühgeschichte des römischen Kalenders bei Ovid
Q 44 – Die römischen Monatsnamen nach Varro
Q 45 – Chronologie und das Erzählen von Geschichte II: Cicero, *Brutus*

Literarisch-technische Aspekte

Entscheidend für Varros Argument ist das von Dikaiarch von Messene (Schüler des Aristoteles, 4. Jahrhundert v. Chr.) entlehnte Modell dreier Phasen menschlicher Kulturentwicklung, nämlich einer Folge von a) einem voragrarischen Naturzustand *(gradus naturalis)*, b) einem Hirtenleben *(vita pastoricia)* und c) dem Ackerbau *(agri cultura)*. Zwar ist Dikaiarchs einschlägige Schrift Βίος Ἑλλάδος (»Leben Griechenlands«) nicht selbst über-

3 Zum Humor in *De re rustica* siehe Agache 1998; Diederich 2013.

liefert,[4] aber ein Exzerpt in Porphyrios, *De abstinentia* 4, 2 (= Dikaiarch, Frg. 49 Wehrli) lässt einen aufschlussreichen Vergleich mit Varros Interpretation zu:[5] Während bei Dikaiarch nämlich mit dem zivilisatorisch-technischen Aufstieg, den die Entwicklung der Vieh- und Landwirtschaft markiert, zugleich ein moralischer Verfall einhergeht, ist in Varros Darstellung keine derartige Dekadenz ersichtlich – nicht nur fehlt bei ihm jede explizite moralische Auf- oder Abwertung, sondern er betont auch gerade, dass der dritte und letzte Entwicklungsschritt vieles aus den vorangehenden Stadien bewahrt hat (*ex duobus gradibus superioribus retinuerunt multa,* 2, 1, 5), so dass bei ihm die »Jetzt«-Stufe geradezu als Synthese aus dem Besten der ganzen Kulturentwicklung erscheint.

Dieses Kulturentwicklungsmodell wiederum ist nicht das einzige, das in *De re rustica* formuliert wird: Zu Beginn des 3. Buches nämlich entwirft Varro noch ein anderes Entwicklungsparadigma (ländliche Lebensweise – städtische Lebensweise, 3, 1, 1–6), dessen exaktes Verhältnis zum Drei-Stufen-Modell nach Dikaiarch vom Text allerdings in der Schwebe gelassen wird. Eine solche Mehrdeutigkeit ist durchaus typisch für *De re rustica,* denn Ambivalenzen begegnen dem Leser auf verschiedenen Ebenen des Dialoges und stellen eine Herausforderung für die Interpretation des Werkes dar. Neben inhaltlichen Positionen oder Konzepten wie eben den nebeneinanderstehenden Kulturentwicklungsmodellen betrifft dies vor allem die Dialogfiguren, deren vielschichtige Zeichnung nicht immer widerspruchsfrei in ein kohärentes Bild zu integrieren ist.[6] Um mit diesen Mehrdeutigkeiten umzugehen, werden von verschiedenen Interpreten divergente Ansätze verfolgt: Teils wird versucht, die Ambivalenzen durch die Überführung in eine übergreifende und konsistente Modellierung gleichsam aufzuheben, wobei dann die in *De re rustica* so deutlich hervortretenden »Reibungen« so verstanden werden, dass der Text damit seinen eigenen Fiktionscharakter offenlegt.[7] Dem steht ein Ansatz wie der von Leah J. Kronenberg gegenüber, die in den Mehrdeutigkeiten von *De re rustica* unaufhebbare Diskrepanzen sieht, die als Elemente einer satirischen Stoßrichtung des Textes zu verstehen seien: Nicht nur werde der Anspruch, ein auf *ars* (»technischem Sachverstand«) und *ratio* (»Vernunft«) basierendes Lehrwerk vorzulegen, durch den Text selbst laufend unterminiert,[8] sondern vor allem werde in den Gesprächen als Kern, der unter der Oberfläche der agrarischen Ideologie der römischen Nobilität ruht, die schiere Profitgier und das Beharren auf dem Recht

4 Siehe zum Βίος Ἑλλάδος Ax 2000, 339–356. Varro nahm nach verbreiteter Auffassung schon in seinen Werken *De vita populi Romani* und *De gente populi Romani* (beide wohl 43 v. Chr. entstanden) auf Dikaiarchs Schrift Bezug; die genaue Natur dieses Verhältnisses ist allerdings unklar, vgl. Ax 2000, 356–368.

5 Vgl. Ax 2000, 345–348; Diederich 2007, 343–350.

6 Derartige Probleme bestehen insbesondere im Hinblick auf Scrofa, vgl. dazu Kronenberg 2009, 77–79.

7 Vgl. Diederich 2007, 348–350 (Synthese der Kulturentwicklungsmodelle aus dem 2. und 3. Buch vorgeschlagen) und 206–209 (zur erkennbar gemachten Fiktionalität von *De re rustica*).

8 Siehe insbes. Kronenberg 2009, 91–93 zu Buch 2 von *De re rustica.*

des Stärkeren bloßgestellt.[9] Schließlich werden auch Interpretationen vorgeschlagen, die zwischen diesen Ansätzen vermitteln: So deutet etwa Grant A. Nelsestuen die Ambivalenz von *De re rustica* als »constructive tension«, die den Leser auffordert, nach weiteren Deutungsebenen zu suchen[10] – ein Impuls, der, folgt man dieser Interpretation, gerade auch für die Lektüre von *De re rustica* 2, 1, 3–5 im Spannungsfeld zwischen *agri cultura* und *pastio* und zwischen verschiedenen Modellen von Kulturentwicklung gilt.

Soziokulturelle Auswertung

Die Varro-Forschung zumal der jüngeren Zeit hat verschiedene Deutungsansätze formuliert, um die soziokulturelle »Schlagkraft« von *De re rustica* 2, 1, 3–5 auszuloten. Dabei setzen die Interpreten vor allem an zwei Punkten an:

1. *Soziopolitische Deutungspotentiale I: Aufwertung der Viehzucht und Oberschichtsideal*
   Silke Diederich kontextualisiert *De re rustica* 2, 1, 3–5 in der zeitgenössischen Sozialkritik, die an der Viehzucht geübt wurde und die Varro im Vorwort des zweiten Buches von *De re rustica* explizit aufgreift, indem er dort den Landnutzungskonflikt zwischen Ackerbau und Viehzucht benennt und insbesondere die Umwandlung von Ackerland in Weiden problematisiert (2 pr. 4). Den sozioökonomischen Hintergrund dieser Kritik bildet das Interesse der römischen Nobilität, sich die Profitchancen der einträchtigen Viehwirtschaft durch Zurückdrängung des weniger profitablen Ackerbaus und durch Aneignung der entsprechenden Flächen zu sichern, was vor allem zu Lasten der kleinen und mittleren Bauernbetriebe ging; die Wirren der Bürgerkriegszeit und zumal die diversen Landkonfiskationen verschafften dabei der Oberschicht vielfältige Möglichkeiten, dieses Interesse durchzusetzen.[11] Vor diesem Hintergrund nun erzielt Varro mit der positiven Überformung des Dikaiarch'schen Drei-Stufen-Modells, so Diederich, eine »kulturgeschichtliche Apologie der Viehzucht«,[12] die so als integraler und legitimer Bestandteil einer zeitgemäßen Landwirtschaft erscheint. Diese Aufwertung der Viehzucht wiederum betrachtet Diederich als Teil einer größeren Strategie Varros, in *De re rustica* die Einheit der römischen Oberschicht um ein agrarisches Ideal herum zu konzipieren und in den Dialogen der drei Bücher vorzuführen.[13]
2. *Soziopolitische Deutungspotentiale II: Hüter der Herden und Hüter des Imperiums*
   Nelsestuen lenkt den Blick auf ein anderes wichtiges Merkmal des 2. Buches von *De re rustica:* Die zahlreichen Erwähnungen von Gegenden und Orten verweisen hier nämlich

9 Vgl. Kronenberg 2009, 111–116 zu Buch 2 von *De re rustica.*
10 Vgl. Nelsestuen 2015, 123.
11 Vgl. Diederich 2007, 337–340.
12 Diederich 2007, 348.
13 Vgl. Diederich 2007, 364–368.

mehrheitlich auf Räume außerhalb Italiens, während es sich im 1. und 3. Buch gerade umgekehrt verhält.[14] In der hier kommentierten Textpartie tritt dies deutlich in der Aufzählung derjenigen Gegenden hervor, in denen laut Varro auch in seiner Zeit noch wilde Exemplare der andernorts bzw. andernfalls bereits gezähmten Tierarten existierten – mit Ausnahme der in *De re rustica* 2, 1, 5 genannten italischen Berge Fiscellus und Tetrica (sie liegen in den Abruzzen) beziehen sich alle anderen Referenzen auf außeritalische Räume aus den verschiedensten Teilen des Mittelmeergebiets und angrenzenden Regionen. Außerdem ist der ganze Dialog des 2. Buches ja von vornherein in Griechenland verortet, was dadurch stark ausgespielt wird, dass unter den Gesprächsteilnehmern immer wieder Scherze über »Römer« (nämlich konkret Varro und Scrofa, die nur im Kontext von Pompeius' Piratenkrieg nach Epirus gekommen sind) und »Griechen« (nämlich die übrigen Diskutanten, die alle größeren Grundbesitz in Epirus haben) gemacht werden.[15] Angesichts dieser Befunde formuliert Nelsestuen die These, dass der Dialog im 2. Buch von *De re rustica* die Herausforderungen des gewachsenen und sich noch weiter ausdehnenden *Imperium Romanum* widerspiegelt und mittels des Rückgriffs auf das sowohl konkret als auch metaphorisch zu verstehende Bild des Weidens *(pastio)* die Rolle der römischen Oberschicht in diesem *Imperium* definiert: »Varro presents us with a[n] [...] allegory of animal husbandry, in which the Roman elite preside as economic, military, and political *pastores* over the pastures of the Mediterranean.«[16]

Beide Deutungen lassen sich durchaus miteinander verbinden, verweisen in ihren unterschiedlichen Lesarten allerdings auch wiederum auf die oben bereits beschriebene Mehrdeutigkeit von *De re rustica* zurück. Mit dieser bleibt jeder Rezipient des Textes konfrontiert, was – wie Christian D. Haß herausgestellt hat – schon im komplexen Verhältnis von Gegenstand (Landwirtschaft) und Medium des Dialogs (*Sprechen über* Landwirtschaft) begründet liegt: Beide Ebenen werden in *De re rustica* so überblendet, dass keine analytische Trennung von Form und Inhalt möglich ist – einerseits scheint die ganze textuelle Disposition des Dialogs organisch aus dem Gegenstand Landwirtschaft hervorzuwachsen,[17] andererseits gibt der Text seinem Gegenstand überhaupt erst eine durchaus eigenmächtige Fassung, wie an den vielfachen Diskussionen der Dialogpartner über die Setzung von Definitionen

14 Vgl. Nelsestuen 2015, 160–168. 265–275 (Appendices 4 und 5).
15 Siehe hierzu Nelsestuen 2015, 124–130.
16 Nelsestuen 2015, 118.
17 Etwa wenn Varro im Vorwort des Werkes im Zusammenhang mit der Gliederung des Textes pointiert von den drei *radices*, den »Wurzeln« seines Wissens spricht (*De re rustica* 1, 1, 11, vgl. Haß 2018, 334).

und Gliederungen deutlich wird.[18] In eben diesem ambivalenten Feld bewegt sich damit von vornherein auch jede Lektüre von *De re rustica.*

Bibliographie

Agache 1998
S. Agache, Construction dramatique et humour dans le Traite d'agriculture de Varron, in: M. Trédé – P. Hoffmann – C. Auvray-Assayas (Hrsg.), Le rire des anciens. Actes du colloque international, Université de Rouen, École normale supérieure, 11–13 janvier 1995, Études de Littérature Ancienne 8 (Paris 1998) 201–230.

Ax 2000
W. Ax, Dikaiarchs Bios Hellados und Varros De vita populi Romani, Rheinisches Museum für Philologie 143, 2000, 337–369.

Cardauns 2001
B. Cardauns, Marcus Terentius Varro. Einführung in sein Werk (Heidelberg 2001).

Diederich 2007
S. Diederich, Römische Agrarhandbücher zwischen Fachwissenschaft, Literatur und Ideologie, Untersuchungen zur antiken Literatur und Geschichte 88 (Berlin 2007).

Diederich 2013
S. Diederich, Humor, Witz und Ironie in Varros Dialog *De re rustica*, in: S. Föllinger – G. M. Müller (Hrsg.), Der Dialog in der Antike. Formen und Funktionen einer literarischen Gattung zwischen Philosophie, Wissensvermittlung und dramatischer Inszenierung, Beiträge zur Altertumskunde 315 (Berlin 2013) 275–294.

Flach 1995–2002
Marcus Terentius Varro. Gespräche über die Landwirtschaft, hrsg., übers. und erl. von D. Flach, Texte zur Forschung 65–67 (Darmstadt 1995–2002).

Haß 2018
C. D. Haß, ›Geerdetes Denken‹ (Teil 1). (Agri)Kultur als Formverfahren und Episteme bei Varro, De re rustica, in: R. M. Erdbeer – F. Kläger – K. Stierstorfer (Hrsg.), Literarische Form. Theorien – Dynamiken – Kulturen. Beiträge zur literarischen Modellforschung (Heidelberg 2018) 305–346.

Kronenberg 2009
L. J. Kronenberg, Allegories of Farming from Greece and Rome. Philosophical Satire in Xenophon, Varro and Virgil (Cambridge 2009).

Nelsestuen 2015
G. A. Nelsestuen, Varro the Agronomist. Political Philosophy, Satire, and Agriculture in the Late Republic (Columbus 2015).

18 Siehe hierzu Haß 2018, 334–340.

Q 42 Die Frühgeschichte des römischen Kalenders bei Ovid

Christian Badura

Text: Ovid, *Fasti* 1, 27–44

tempora digereret cum conditor urbis in anno
constituit menses quinque bis esse suo.
scilicet arma magis quam sidera, Romule, noras,
curaque finitimos vincere maior erat.
est tamen et ratio, Caesar, quae moverit illum,
erroremque suum quo tueatur habet.
quod satis est, utero matris dum prodeat infans,
hoc anno statuit temporis esse satis;
per totidem menses a funere coniugis uxor
sustinet in vidua tristia signa domo.
haec igitur vidit trabeati cura Quirini,
cum rudibus populis annua iura daret.
Martis erat primus mensis, Venerisque secundus;
haec generis princeps, ipsius ille pater:
tertius a senibus, iuvenum de nomine quartus,
quae sequitur, numero turba notata fuit.
at Numa nec Ianum nec avitas praeterit umbras,
mensibus antiquis praeposuitque duos.

Übersetzung

Als der Gründer der Stadt die Zeiten ordnete, da setzte er fest, dass es in seinem Jahr zweimal fünf Monate geben sollte. Du, Romulus, hast natürlich mehr von Waffen als von Sternen verstanden, und der Sieg über deine Nachbarn galt dir mehr. Dennoch gibt es auch eine Logik, Caesar, die ihn dazu bewog, und es gibt etwas, wodurch er seinen Irrtum verteidigen kann. Wieviel Zeit genügt, bis ein Kind aus dem Mutterleib hervorkommt, soviel Zeit, entschied er, sei auch für ein Jahr genug. Ebenso viele Monate lang unterhält nach dem Begräbnis des Gatten die Ehefrau im verwaisten Zuhause die Trauerzeichen. Die Sorge des Quirinus, der den Königsmantel trug, hatte dies nämlich gesehen, als er ungebildeten Völkern die Kalenderordnung gab. Der Monat des Mars war der erste, und der zweite der der Venus: Venus ist die Ahnfrau des Geschlechts, Mars sein Vater. Nach den Alten hießen der dritte Monat und der vierte nach der Jugend; die Schar, die darauf folgt, war durch eine Zahl bezeichnet. Aber Numa überging weder Janus noch die Schatten der Ahnen und setzte zwei neue vor die alten Monate.

Eigene Übersetzung.

Zur Quelle

Die *Fasti* oder *Libri fastorum* des augusteischen Dichters Ovid (43 v.–17 n. Chr.) sind ein poetischer Text im elegischen Distichon und stellen einen literarischen Kommentar zum römischen Festkalender dar.[1] Der Titel bezieht sich auf die *dies fasti* und *nefasti* des römischen Kalenders, an denen Rechtsprechung erlaubt bzw., zumeist an religiösen Feiertagen, verboten war. Das Gedicht folgt dem Jahresverlauf chronologisch von Tag zu Tag und erklärt dessen Phänomene im aitiologischen Modus, bietet also in vielen Fällen eine narrative Herleitung von Ritualen oder unverständlich gewordenen Namen der Gegenwart aus der mythischen bzw. historisch weit entfernten Vergangenheit dar. Gründungslegenden gehören zu dieser Erzählform und beinhalten, wie auch im Falle Roms und seines mythischen Gründers Romulus, oft die Grundlegung einer Reihe politischer und kultureller Leistungen, darunter die Ordnung der Zeit und des Kalenders.

Vermutlich aus Gründen der Verbannung des Autors im Jahr 8 n. Chr. blieb dieses Werk unvollendet und umfasst nur sechs Bücher, die je einen Monat des Jahres behandeln.[2] Literarhistorisch ist dieser im weitesten Sinne didaktische Text ein Nachfolger der kallimacheischen *Aitia* (vgl. Q 32), bezieht sich jedoch auch wiederholt auf die römischen Antiquare und Fachschriftsteller wie Varro und Verrius Flaccus oder Historiker wie Livius. Die Geschichte des römischen Kalenders und in diesem Zusammenhang auch das sogenannte »Zehnmonatsjahr« werden bei diesen römischen Autoren wie auch bei Ovid prominent verhandelt: »Wie ist der Kalender zu dem geworden, der er ist?«, wird immer wieder gefragt. Die Diskussion konzentriert sich dabei meist auf die Probleme der Festlegung von Jahreslänge und Jahresanfang, außerdem auf die Erklärung der Monatsnamen und der Interkalation.

Die zitierte Stelle findet sich am Beginn des Textes nach dem Proömium im 1. Buch. Sie bildet eine Art Vignette zum gesamten Gedicht und fasst eines seiner zentralen Themen zusammen: die mythische Erstkonstitution des römischen Kalenders und die Namensgebung seiner Monate. Dieser Abschnitt nach dem Proöm deutet einige für das gesamte

---

1 Zum Kommentar- und Exegesecharakter von Ovids Text siehe Rüpke 1994.

2 Als Entstehungszeit gelten die Jahre 2–8 n. Chr.; geringfügige Änderungen nach der Exilierung sind anzunehmen, siehe Fantham 1985.

Werk gültige Grundmuster an und nimmt längere aitiologische und narrative Passagen besonders des 3. (99–166) und 4. (19–132) Buchs der *Fasti* vorweg.

Ausgewählte Editionen, Übersetzungen und Kommentare

Die maßgebliche Ausgabe der *Fasti* ist die Teubner-Edition von Ernest H. Alton, Donald E. Wormell und Edward Courtney (2005). Weitere Gesamtausgaben samt Übersetzung und Kommentar bieten in deutscher Sprache Franz Bömer (1957–1958) und auf Französisch, mit nützlichem Kommentar zu den religionshistorischen Aspekten, Robert Schilling (1992/1993). Ein ausführlicher Kommentar zum ersten Buch und zur hier besprochenen Stelle findet sich bei Steven J. Green (2004).

Verwandte Quellen

In den *Fasti* ist die erste erhaltene Quelle greifbar, die von einem romuleischen »Zehnmonatsjahr« spricht, das nach der Gründung Roms im Gebrauch gewesen und in einem nächsten Schritt durch den zweiten römischen König Numa Pompilius um zwei Monate verlängert worden sei. Dies wird später ebenso bei Plutarch (*Numa* 18; *Moralia* 268a–d), Gellius (*Noctes Atticae* 3, 16, 16), Censorinus (*De die natali* 20) und Macrobius (*Saturnalia* 1, 12, 3) diskutiert. Varro (*De lingua Latina* 6, 33 f.; siehe Q 44) erwähnt nur, dass Januar und Februar den anderen Monaten vorangestellt worden seien, während Livius (*Ab urbe condita* 1, 18 f.) Numas Einteilung des Jahres in zwölf Monate beschreibt, ohne explizit von der Reform eines älteren Systems zu sprechen. Aus Censorinus (*De die natali* 20, 2. 4; 22, 9) erfahren wir allerdings, dass die Tradition auf das frühe 2. Jahrhundert v. Chr. zurückgeht, nämlich auf die beiden Fachschriftsteller M. Iunius Gracchanus und Fulvius Nobilior.[3]

Siehe auch

Q 43 – Fasti Antiates maiores
Q 44 – Die römischen Monatsnamen nach Varro
Q 46 – Die Kalenderreform Caesars nach Sueton
Q 49 – Die Kalenderkorrektur des Augustus nach Macrobius

3 Siehe zu alledem Green 2004, 45 f.

Literarische und technische Aspekte

Die Passage führt eine Gegenüberstellung von militärisch orientierter und religiös-gelehrter Kultur in Roms Frühzeit vor, die sich auch auf das zeitliche Ordnungsmuster des Kalenders ausgewirkt habe. Der Kontrast zwischen den ersten beiden Königen Roms, dem kriegerischen Romulus und dem friedlichen Numa Pompilius, habe sich auch in den zwei Phasen von romuleischem Zehn- und numanischem Zwölfmonatsjahr gezeigt.[4] Ovid macht sich diesen Kontrast für seine poetische Darstellung der Kalenderkonstitution zunutze. Denn diese Oppositionen sind bei Ovid auch gattungspoetologisch aufgeladen, umkreisen also die grundlegende Unterscheidung von Militärischem (traditionell im Epos behandelt) einerseits und Kultur bzw. Religion (die als Themen der aitiologischen Elegie verstanden werden) andererseits. In diesem Spannungsfeld der römischen Geschichte und Identität stehen viele Episoden der *Fasti.*

Der Gegensatz von *arma* und *sidera* (29), d. h. der metonymische Ausdruck einer Antithese von Militär und astronomischer Gelehrsamkeit, wird in unserer Passage als Ausdruck für verschiedene Stufen in der Entwicklung der Kultur und auch des Kalenders verstanden. Der kriegerisch dargestellte Romulus wird, in einem Atemzug mit der Nennung seiner Rolle in der Gründung der Stadtgemeinschaft selbst, auch als der Begründer eines (noch rudimentären) Kalenders bezeichnet, der sich mit Kultur und Religion allerdings noch nicht beschäftigte – zu Zeiten des ersten mythischen Königs war das römische Gemeinwesen entsprechend noch *rudis* (37), d. h. roh und kulturlos. Die Anzahl der zehn Monate im Jahr des Romulus wird dabei auf eine lebensweltliche *ratio,* nämlich auf die Orientierung an zwei Zeitspannen zurückgeführt, die das menschliche Leben gleichsam umschließen und zehn Monate vor der Geburt und nach dem Tod umfassen. Etwas ausführlicher erzählt eine Passage im 3. Buch (*Fasti* 3, 97–150) die Geschichte, wo man auch eine längere Plausibilisierung der Zahl 10 in den Versen 119–134 findet. Erst Numa Pompilius, der legendäre sabinische Religionsstifter und zweite König Roms, führte danach die friedliche Staatsform und eine Vielzahl von religiösen Riten in Rom ein und reformierte laut der Überlieferung auch den Kalender: Er fügte dem Jahr die zwei Monate Januar und Februar hinzu, sodass auch der Jahresanfang vom März auf den Januar wechselte.[5] In den

4 Zu den Kalendern von Romulus und Numa in den *Fasti* vgl. auch Hinds 1992, 117–132. In der Darstellung des 1. Buches *Ab urbe condita* (1, 18 f.), wo anders als bei Ovid nicht eigens auf Romulus' Jahr eingegangen wird, beschreibt Livius die Korrektur des Jahreslaufs sogar als die erste Amtshandlung des zweiten Herrschers: Dies ist die sogenannte »Numanische Reform«. Numa war demnach der Erfinder der Interkalation, aber auch der Initiator der *iura dierum,* des Rechtscharakters der Tage *(dies fasti/nefasti).* Die Behauptungen über diese Leistungen des Numa sind historisch freilich kaum haltbar. Siehe zur Frühgeschichte des Kalenders auch Michels 1949, Michels 1967, Radke 1990 und Rüpke 1995.

5 Neben der Gegenüberstellung von zwei Jahreslängen werden an unserer Stelle auch die Etymologien einiger Monatsnamen gegeben. So wird zunächst behauptet, dass die kalendarische Ordnung der Römer

Fasti wird dieser Gegensatz zwischen den beiden ersten Herrschern und Phasen des Kalenders noch bei der Beschreibung von Julius Caesar und von Augustus, weiteren Ordnern der Zeit, eine Rolle spielen: Sie werden als kultivierte und gelehrte Männer gezeichnet, die nicht nur für Expansionspolitik, sondern auch für Sternenkunde und die Verbesserung bzw. Erweiterung des römischen Kalenders Zeit hatten und haben (siehe *Fasti* 3, 155–166 zu Julius Caesars Reform und 1, 9–12 sowie 2, 15–18 zu den neuen Festtagen, die Augustus im Kalender einrichtete). In Ovids Text schwingen ebenso die Vergöttlichung bzw. die Sicherung des politischen Andenkens mit, die auch Zweck und Wirkung der Kalenderreform war. Wie in den meisten antiquarischen Fachtexten steht in *Fasti* 3, 151–156 bei der Erwähnung von Caesars Reform die teleologische, also auf ein nachträglich konstruiertes Ziel gerichtete Darstellung der Geschichte des Kalenders von einem Fehler und dessen Korrektur im Vordergrund (*errabant ... tempora, donec,* 355) – die chronologische Linie verweist immer zur Reform von 46 v. Chr., die den Fehler behoben habe (vgl. dazu Q 46).

Das Konstrukt eines ursprünglichen Zehnmonatsjahres in der Entwicklung des römischen Kalenders, das die römischen Gelehrten vermutlich seit dem frühen 2. Jahrhundert v. Chr. diskutierten, wird von Ovid also in größere literarische und kulturelle Zusammenhänge eingebettet. Diese Darstellung von Numas Reform setzt bei Ovid wie etwa auch bei Livius ein zuvor praktiziertes Zehnmonatsjahr von nur 304 Tagen voraus – eine Rekonstruktion, die bei den antiken Autoren wieder und wieder tradiert wurde, wobei durchaus Uneinigkeit herrschte (Censorinus, *De die natali* 20, 2):

> [...] einerseits schrieben Licinius Macer und später Fenestella, dass es in Rom gleich seit dem Anfang ein zyklisches Jahr von zwölf Monaten gegeben habe; aber man muss eher Iunius Gracchanus und Fulvius Nobilior und Varro, aber auch Sueton und anderen glauben, die meinten, dass es ein Jahr von zehn Monaten gegeben hat, wie es damals die Albaner hatten, von denen die Römer abstammen.

Censorinus selbst folgt in seiner Schrift von 238 n. Chr., die recht repräsentativ für die Tradition ist, der Zehnmonatsthese und legt sich bezüglich des Begründers der Reform nicht fest (ebd. 20, 4): »später wurden, sei es von Numa, wie Iunius sagt, sei es von Tarquinius (sc. Superbus, der siebte und letzte König Roms), wie Fulvius sagt, zwölf Monate

---

von Anbeginn auch eine genealogische gewesen sei, also eine, die von einer Herrscherlinie ausgehend Kontinuität und Gemeinschaft stiftete: Romulus stellte seinen mythischen Vater Mars an den Anfang des Jahres. Der in seinem primitiven Jahresmodell noch zweite Monat April sei auf Venus-Aphrodite zurückzuführen, also auf die mythische Mutter des Trojaners Aeneas. Dies wird in *Fasti* 4, 19–130 ausführlicher dargelegt. Die Herrscherideologie des Augustus als bedeutendstem Vertreter des julischen Geschlechts, in Vergils *Aeneis* in epischer Breite vorgetragen, forme also dieses Konzept der Monatsabfolge von März und April (zu diesen und den übrigen Namen, die Ovid an dieser Stelle erklärt, siehe Q 44; zum genealogischen Zeitverständnis, siehe Q 32).

und 355 Tage eingerichtet.« Diese These wurde in der modernen Forschung lange akzeptiert, wird aber heute gemeinhin als Konstruktion der antiken Autoren abgelehnt, die eine Rekonstruktion der früheren Stufen des Kalenders aufgrund dessen versuchten, was sie in ihrer eigenen Zeit in den Wandbildern der Kalender vorfanden. Die Zahl 304, das ist der klarste Hinweis auf die spätere Konstruktion, ist die Summe der ersten zehn Monate (Januar–Oktober) mit ihren Monatslängen aus julisch-augusteischer Zeit.[6] Bei alldem wird in der modernen Forschung angenommen, dass es in der Königszeit eine Reform gegeben habe, die etruskische Einflüsse zeige; aber die Details einer solchen Reform sind unklar, und die Datierung weist eher auf einen späteren Zeitpunkt als auf Numas angebliche Lebzeiten, nämlich ins 7. oder 6. Jahrhundert v. Chr.[7]

Es ist also deutlich, dass es nie ein Kalenderjahr von nur zehn Monaten gegeben hat und ein einzelnes Anzeichen zu dieser Sicht verleitete, nämlich die Monatsnamen *Quintilis* (»der Fünfte«) bis *December* (»der Zehnte« – der *mensis Quintilis* wurde freilich zu *Iulius* umbenannt, der *Sextilis* zu *Augustus* – siehe Q 44) für die Monate sieben bis zwölf. Doch diese auffällige Diskrepanz beweist zusammen mit einigen anderen Indizien im römischen Fest- und Ritualzyklus allein den ursprünglichen Jahresanfang im März: So stellt auch Ovid diesen Punkt prominent ans Ende der Reihe der Zeichen für diesen ursprünglichen Jahresanfang (*Fasti* 3, 149 f.): *denique quintus ab hoc fuerat Quintilis, et inde / incipit a numero nomina quisquis habet* – »schließlich war der fünfte von diesem an (sc. vom März) der *Quintilis,* und ab da beginnen alle Monate, die ihre Namen von der Zahl haben«. Man kann davon ausgehen, dass auch dem vorjulianischen, sogenannten »numanischen« Kalender ein Kalender mit zwölf echten Mondmonaten voranging.[8]

Ovid geht auf die Ordnung der Monate noch einmal am Anfang des 2. Buchs der *Fasti* ein und spricht die Reform der Zehnmänner-Kommission von 451 v. Chr. im Zuge dessen kurz an (2, 47–54).[9] Die Rolle dieser Decemvirn in der Geschichte des Kalenders ist indes umstritten; es gibt auch eine Tradition, die ihnen und nicht Numa die Erfindung der Interkalation (in diesem Fall eines Monats von 22 oder 23 Tagen in jedem zweiten Jahr) im 5. vorchristlichen Jahrhundert zuschrieb.[10] Ciceros (*ad Atticum* 6, 1, 8) These, dass die

6 Siehe Michels 1949, 328–330, Radke 1990, 35–43 und Rüpke 1995, 201.

7 Vgl. Radke 1990, 3 mit der Vermutung, dass »der Kalender, der die Namen der Feste in der erhaltenen und beschriebenen Form aufweist, im 6. Jh. v. Chr., vermutlich jedoch früher, eingerichtet wurde.« Daraus ergebe sich ein *terminus ante quem* für diese frühe Reform, denn »man vermisst die kapitolinische und die aventinische Trias, den Kult der aventinischen Diana, die Berücksichtigung des Castor und Pollux und eine Erwähnung des Apollo«.

8 Brind'Amour 1983, 225.

9 Siehe zu dieser Stelle Huschke 1869, 52–58; Bömer 1957–58, I 42; Porte 1985, 76 f. 319 f.; am ausführlichsten Stok 1989; Hinds 1992, 123 Anm. 8.

10 Siehe dazu Michels 1967, 126–130 und Rüpke 1995, 204; maßgeblich unter den lateinischen Quellen ist Macrobius, *Saturnalia* 1, 13, 21: »Tuditanus berichtet im dritten Buch über die Ämter, dass die Zehnmänner, die den zehn Gesetzestafeln zwei hinzufügten, das Volk über die Schaltung befragt hätten.«

Decemvirn einen Kalender veröffentlichten, und zwar zusammen mit dem Zwölftafelgesetz, ist umstritten. Diese hätte schon vor Gnaeus Flavius' Publikation des *Ius Flavianum* im Jahr 304 v. Chr. stattgefunden, einem Bericht der *legis actiones* zusammen mit einem rechtlich verbindlichen Kalender, der *dies fasti/nefasti* anzeigte. Laut Cicero sei dieser ältere Kalender aber verschwunden oder versteckt worden, sodass die Veröffentlichung durch Appius Claudius Caecus' *scriba* Flavius nötig geworden sei, um den für die tätige Öffentlichkeit wichtigen Rechtscharakter der Tage bekannt zu machen. Es ist allerdings denkbar, dass die Zehnmänner von 450 v. Chr. nur eine Liste von *feriae* (Feiertagen) veröffentlichten, die Daten und die Prinzipien des Kalenders aber weiterhin nur den *pontifices* vorbehalten waren.[11]

Bibliographie

Alton u. a. 2005
E. H. Alton – D. E. W. Wormell – E. Courtney, P. Ovidii Nasonis Fastorum libri sex [5](München 2005).

Bömer 1957–1958
F. Bömer, Publius Ovidius Naso, Die Fasten, 2 Bde. (Heidelberg 1957–1958).

Brind'Amour 1983
P. Brind'Amour, Le calendrier romain. Recherches chronologiques (Ottawa 1983).

Fantham 1985
E. R. Fantham, Ovid, Germanicus and the Composition of the Fasti, Papers of the Liverpool Latin Seminar 5, 1985, 243–281.

Green 2004
S. J. Green, Fasti I. A Commentary (Leiden 2004).

Hinds 1992
S. Hinds, *Arma* in Ovid's *Fasti.* Part 1: Genre and Mannerism; Part 2: Genre, Romulean Rome and Augustan Ideology, Arethusa 25, 1992, 81–112. 113–153.

Huschke 1869
P. E. Huschke, Das alte Römische Jahr und seine Tage (Breslau 1869).

Michels 1949
A. K. Michels, The »Calendar of Numa« and the Pre-Julian Calendar, Transactions of the American Philological Association 80, 1949, 320–346.

Michels 1967
A. K. Michels, The Calendar of the Roman Republic (Princeton 1967).

Porte 1985
D. Porte, L'Étiologie religieuse dans les Fastes d'Ovide (Paris 1985).

Radke 1990
G. Radke, Fasti Romani. Betrachtungen zur Frühgeschichte des römischen Kalenders (Münster 1990).

Rüpke 1994
J. Rüpke, Ovids Kalenderkommentar. Zur Gattung der Libri fastorum, Antike & Abendland 40, 1994, 125–136.

11 Michels 1967, 130.

Rüpke 1995
J. Rüpke, Kalender und Öffentlichkeit. Die Geschichte der Repräsentation und religiösen Qualifikation von Zeit in Rom, Religionsgeschichtliche Versuche und Vorarbeiten 40 (Berlin 1995).
Schilling 1992/1993
R. Schilling, Ovide: Les Fastes, 2 Bde., Collection des Universités de France 302/309 (Paris 1992/1993).
Stok 1989
F. Stok, Ovidio e l'anno de dieci mesi, in: G. Congedo (Hrsg.), L'Astronomia a Roma nell'età augustea (Lecce 1989) 57–89.

Q 43 Fasti Antiates maiores

Filippo Battistoni

Text der Konsularfasten (Auszug: Kol. 1)

[A(ulus) Manli(us) Torquatus, Q(uintus) Cassi(us) Longinus], 164 v. Chr.
[L(ucius) Aemili(us) Paullus, Q(uintus) Marci(us) Philippus] cens(ores)
[lustrum fecerunt].
[M(anius) Iu]venti(us) Tal[na, Ti(berius) Semp]ro[ni(us)] Grac(chus),
[P(ublius) C]orneli(us) Sci[pio, C(aius) Mar]ci(us) Figulus,
[P(ublius) C]orneli(us) Lentul(us), [Cn(aeus) Domi]ti(us) Ahen(obarbus),
[M(arcus) V]aleri(us) M[e]ssa[lla], [C(aius) Fanni(us) C(ai)] f(ilius)
[------]
[Cn(aeus) Corneli(us) Dolabella, M(arcus) Fulvi(us) Nobilior],
[P(ublius) Cor]neli(us) Sc[ipio, M(arcus) Popilli(us) Laenas cens(ores)]
lustrum [fecerunt].
M(arcus) Aemili(us) Le[pidus], C(aius) Popill[i(us) Laenas II],
Sex(tus) Iuli(us) C[aesar], L(ucius) Aureli(us) Or[estes],
[L(ucius) Corneli(us) Lent]ul(us), C(aius) Marci(us) Fig[u]l(us) II,
P(ublius) C[orneli(us) Sc]ip(io) II, M(arcus) Claudi(us) Mar(cellus) II
Θ L(ucius) Postumi(us) A[l]binu[s], Q(uintus) [Opi]mi(us) Q(uinti) f(ilius),
suffectus M(anius) [Acili(us) G]labrio,
M(arcus) Valeri(us) Messal(la), [C(aius) Cas]si(us) Lon(ginus) cens(ores)
lustrum [fecerunt].
Q(uintus) Fulvi(us) N[obilior, T(itus) Anni(us) Luscus],
[M(arcus) Cl]audi(us) M[arcellus III, Θ L(ucius) Valeri(us) Flaccus,
[L(ucius) Li]cini(us) Luc[ullus, A(ulus) Postumi(us) Albinus],
[T(itus) Q]uincti(us) Fl[ami]n(inus), M(anius) Aci[li(us) Balbus],
[L(ucius) Ma]rc[i(us)] Cen[s]orin(us), M(arcus) Ma[nili(us) P(ubli) f(ilius) P(ubli) n(epos)],
Sp(urius) Post[u]m[i(us) Albinus], L(ucius) Cal[purni(us) Piso],
P(ublius) Cornel[i(us)] S[cipio], C(aius) [Livi(us) Drusus],
L(ucius) Marci(us) Censorin(us), [L(ucius)] Corneli(us) Lent(ulus) cens(ores)
lust[ru]m fecerunt.

[Cn(aeus) Corneli(us) Le]nt(ulus), L(ucius) Mummi(us) L(uci) f(ilius) L(uci) n(epos),
[Q(uintus) Fabi(us) Ma]x(imus), L(ucius) Hostili(us) Man(cinus),
[Ser(vius) Sulpici(us) Galba, L(ucius) A]ureli(us) Cotta,
[Ap(pius) Clau]di(us) P[ulcher, Q(uintus) Caecili(us) M]et(ellus),
[L(ucius) Cae]cili(us) Mete[l(lus), Q(uintus) Fabi(us) Max(imus)] Se(rvilianus)
[P(ublius) Cornel]i(us) Scip(io), [L(ucius) Mummi(us) L(uci) f(ilius)] cens(ores)
[lustrum fecerunt]
[------]
[------]
[M(arcus) Popilli(us) Laenas], Cn(aeus) [Calpurni(us) Piso)],
[P(ublius)] Corne[li(us) Scip(io)], D(ecimus) Iuni(us) [Brutus],
M(arcus) A[e]mili(us) Lepid(us), [C(aius) H]ostili(us) Man(cinus) 137 v. Chr.

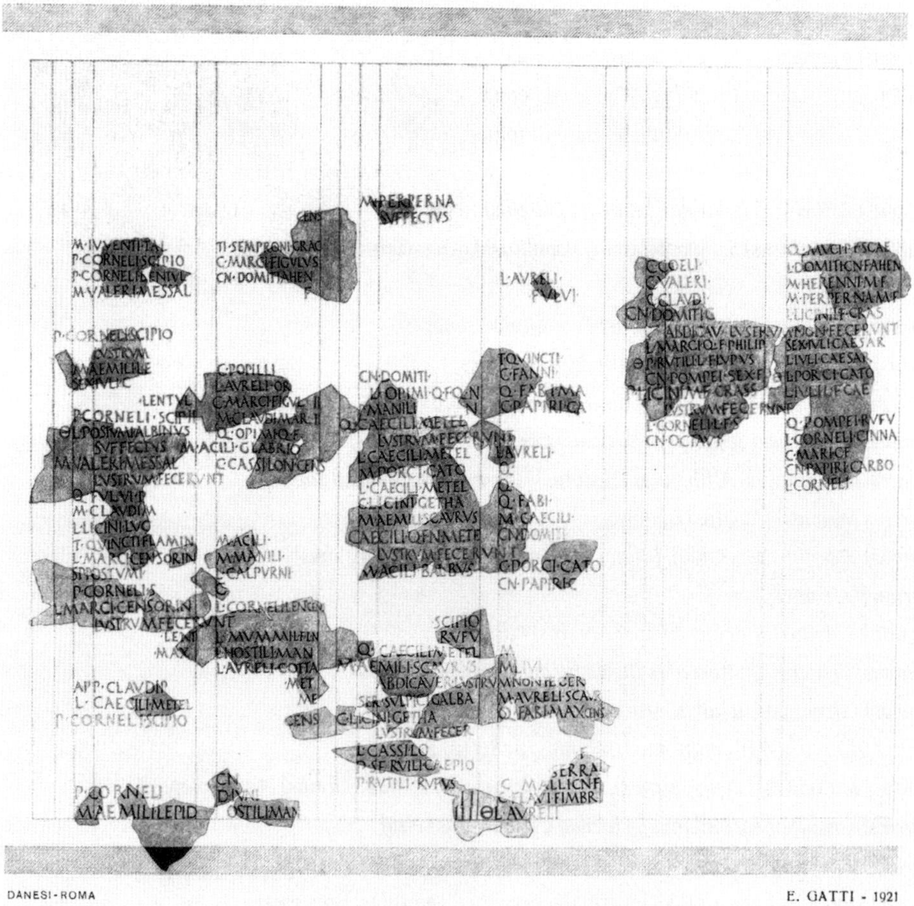

Abb. 1: Rekonstruktionszeichnung der Konsullisten (aus Mancini 1921, Taf. 2).

Übersetzung (Jahre 1–3)

Aulus Manlius Torquatus und Quintus Cassius Longinus (waren Konsuln),
(in dem Jahr) führten die Zensoren Lucius Aemilius Paullus und Quintus Marcius Philippus das *lustrum* (= Reinigungsweihgabe, die alle fünf Jahre stattfand) durch.
Manius Iuventius Talna und Tiberius Sempronius Gracchus (waren Konsuln).
Publius Cornelius Scipio, Caius Marcius Figulus (waren Konsuln).
[...]

Eigene Übersetzung.

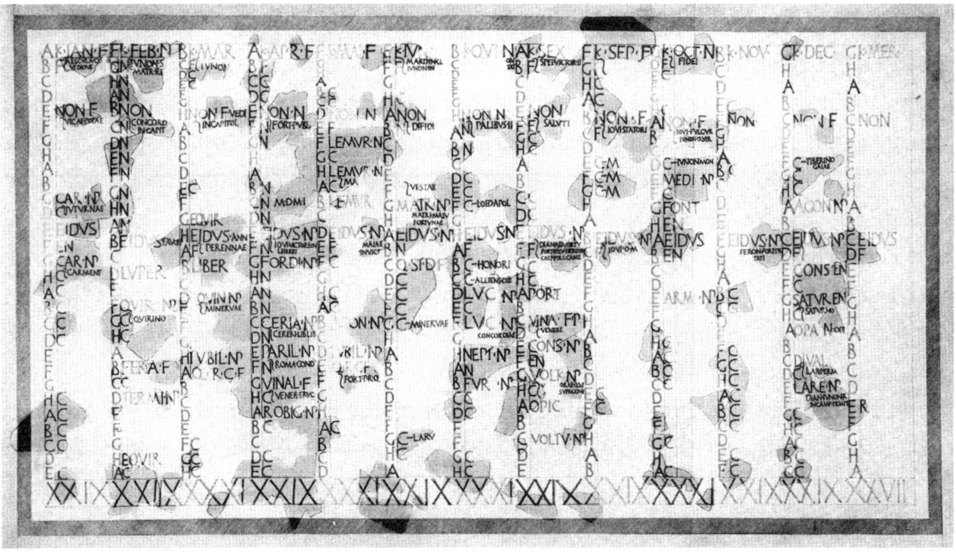

Abb. 2: Kalenderdarstellung der Fasti Antiates maiores (aus Degrassi 1963, Taf. III).

Zur Quelle

Es gibt grundsätzlich zwei Arten von Fasten (beide sind in Antium belegt und werden hier besprochen): Erstens die Fasten, die eine diachrone Liste von Konsuln, den Inhabern der höchsten Magistratur in Rom, enthalten (Abb. 1); und zweitens die Fasti, die einen Kalender darstellen und in denen alle Tage eines Jahres, nach ihren Charakteristika bezeichnet, aufgelistet sind (Abb. 2 und Taf. 5). Zeit wird durch beide Arten von Fasti nach zwei verschiedenen Prinzipien dargestellt: Auf der einen Seite als lineare Zeit, in der die Jahre aufeinander folgen, auf der anderen Seite als zirkuläre Zeit, die sich ständig mit jährlichem Rhythmus wiederholt.

Die Fasten aus Antium (das heutige Anzio im südlichen Latium) – sowohl die, die die Liste der Konsuln, als auch die, die den Kalender enthalten – werden aufgrund ihrer Ähnlichkeiten als zusammengehörig betrachtet. Sie stammen aus einem privaten Kontext (einer Villa o. ä.) und aus derselben Zeit. Die Datierung erfolgt durch die Kombination von Elementen aus den beiden Werken: Die letzten gelisteten Konsuln amtierten wahrscheinlich im Jahr 67 v. Chr. *(terminus post quem)*, während die fehlende Erwähnung der Stiftung der *aedicula* für Venus Victrix, Honos und Felicitas (12. August 55 v. Chr.) als *terminus ante quem* gilt.

Die Fasten waren auf eine Wand gemalt (rekonstruierte Rahmenmaße der Kalender-Fasten: 116 × 230 cm, rekonstruierte Rahmenmaße der Konsulliste: 116 × 115 cm), wobei zwei Farben benutzt wurden: Schwarz für die allgemeine Struktur und rot für den *Nundinae*-Buchstaben A, um den Anfang eines neuen Zyklus hervorzuheben, für die Einträge von Festen sowie für einige andere außerordentliche Notationen (wie z. B. das *theta nigrum* in den *fasti consulares*, siehe unten).

Die Namen der Konsuln waren auf Spalten verteilt; jedes Jahr begann mit den Namen der beiden Konsuln auf einer einzigen Zeile. Falls es *consules subiecti* (Ersatzkonsuln) gab, waren deren Namen in der folgenden Zeile in Rot notiert. Alle fünf Jahre, von wenigen Ausnahmen abgesehen, folgten die Namen der Zensoren, die das *lustrum* durchgeführt hatten (in Rot auf zwei Zeilen). Diese systematische Ordnung des Textes erlaubt es den modernen Forschern, eine genaue Rekonstruktion vorzunehmen, sodass man sowohl das Anfangsjahr der Liste (173 v. Chr.) als auch ihr Ende (67 v. Chr.) bestimmen kann – vorausgesetzt, dass die Liste mit der dritten Spalte endete und dass diese dritte Spalte bis ganz unten beschrieben war. Zur Bedeutung des Anfangsjahres siehe den Abschnitt Technische Aspekte. Weitere Auskünfte betreffen den Tod von aktiven Konsuln. Sie sind durch ein rotes Θ, ein *theta nigrum* (von gr. θάνατος = Tod) markiert.

Die lange Liste mit Konsulnamen erlaubte auf der einen Seite die Schaffung eines chronologischen Rasters (siehe den Abschnitt Soziokulturelle Auswertung), auf der anderen Seite bot sie den führenden Schichten einen Spiegel, in dem sie ihre glorreiche Vergangenheit bewundern konnten. Diese Art der Selbstdarstellung reichte über die führenden Schichten hinaus und repräsentierte den gesamten römischen Staat – genau wie im Fall der griechischen Poleis und ihrer Eponymenlisten (vgl. Q 31).

Konsularfasten und Kalenderfasten in Kombination ergeben eine holistische Anschauung der Zeit, einmal als linear verlaufend, einmal als sich ständig wiederholend. So stehen die Wahrnehmung der eigenen Geschichte und der Ausdruck des gesellschaftlichen Alltags nebeneinander und verschränken sich.

Ausgewählte Editionen, Kommentare und Studien

Als Hauptedition für die Fasti von Antium gilt immer noch jene von Attilio Degrassi aus dem Jahr 1963 (Inscr. It. XIII 2, 1: Kalender; XIII 2, 3: Konsuln; vom gleichen Autor stammt auch die bequeme Edition in ILLRP 9 und 8). Die Online-Editionen in der »Epigraphic Database Roma« (EDR: http://www.edr-edr.it) #137815 und #138260 sind ebenfalls nützlich und genau.

Neben den Kommentaren von Degrassi sind die von Agnes Kirsopp Michels (1967, bes. 3–92: Rekonstruktion des vorjulianischen Kalenders, der stark auf den Fasti Antiates gegründet ist) und besonders die Erläuterungen von Jörg Rüpke (1995, 39–44. 346–352) zu nennen.

Verwandte Quellen

Fasti consulares sind für ganz Italien und auch einmal in den Provinzen (Tauromenion auf Sizilien) bezeugt. Das bekannteste Beispiel sind die Fasti Capitolini von den Wänden eines Gebäudes am Forum Romanum (Inscr. It. XIII 1, 1). Für die Fasti Capitolini wurde die Glaubwürdigkeit der älteren Abschnitte in Frage gestellt. Es ist jedoch wahrscheinlich, dass solche knappen und wichtigen Informationen wie die Namen der Konsuln tradiert wurden und deshalb die Liste, die wir vor uns haben, glaubwürdig ist. Kalenderfasten waren oft zusammen mit Konsularfasten dargestellt. Zu den Beispielen, die Rüpke (1995) gesammelt hat, kommen nun noch die aus Alba Fucens (Letta 2013; 2017) und die aus Privernum (Zevi – Cassola 2016) hinzu.

Siehe auch

Q 31 – Eponymenlisten in Rhodos: die Haliospriester
Q 42 – Die Frühgeschichte des römischen Kalenders bei Ovid
Q 45 – Chronologie und Erzählen von Geschichte II: Cicero, *Brutus*
Q 46 – Die Kalenderreform Caesars nach Sueton
Q 50 – Ein römischer Bauernkalender *(Menologium rusticum Colotianum)*

Technische Aspekte

Die Fasti Antiates maiores zeichnen sich gegenüber ähnlichen Zeugnissen dadurch aus, dass sie die einzige überlieferte Darstellung des republikanischen, also vorjulianischen Kalenders sind. Da sie in äußerst fragmentarischer Form erhalten sind, bleibt der Rekonstruktionsversuch von Degrassi aus dem Jahr 1963 teilweise hypothetisch.

Der römische Kalender vor der Reform Caesars im Jahr 46 v. Chr. (leichte weitere Modifizierung im Jahr 44: *Quintilis* wurde in *Iulius* umbenannt) bestand aus zwölf Monaten fester Länge, deren Dauer zwischen 28 *(Februarius)*, 29 *(Ianuarius, Aprilis, Iunius, Sextilis, September, November, December)* und 31 *(Martius, Maius, Quintilis, October)* Tagen variierte. Die Dauer des Jahres betrug 355 Tage. Die sich daraus ergebende Differenz zum Sonnenjahr von ca. 10 ¼ Tagen erforderte die Einführung einer Art von Schaltmonat. Die Prozedur der Interkalation wurde aber so unregelmäßig und willkürlich durchgeführt, dass sich eine starke Diskrepanz zwischen dem zivilen und dem von der Sonne bestimmten astronomischen Jahr ergab, was Anlass für die Reform Caesars war (siehe Q 46).

Das Interkalationsverfahren in republikanischer Zeit bleibt in bestimmten Aspekten unklar.[1] Laut den Fasti Antiates maiores war der hinzugefügte Schaltmonat 27 Tage lang (13. Spalte ganz rechts, mit *k(alendae) interk(alares)* überschrieben). Er fing am ersten Tag nach den *Terminalia* (23. Februar – *a. d. VII Kal. Mar.*) an, sodass die Feste *Regifugium* und *Equirria*, die in den letzten Tagen des Februar stattgefunden hätten, auf die entsprechenden Tage im Schaltmonat vertagt wurden (*Regifugium*: *a. d. VI Kal. Mar.* ⇒ *a. d. VI Kal. Mar. mense Intercalario*; *Equirria*: *a. d. III Kal. Mar.* ⇒ *a. d. III Kal. Mar. mense Intercalario*). Der Text ist auf 13 Spalten verteilt, eine für je einen Monat. Jede Zeile enthält einen Tag. Von links nach rechts werden für jeden Eintrag, d. h. Tag, aufeinanderfolgende Informationen angezeigt. Der Nundinalbuchstabe weist auf eine Sequenz von A bis H hin, die sich auf die Markttage bezieht. Sie wiederholt sich alle acht Tage und stellt somit einen Weg dar, den Zeitabstand zwischen zwei beliebigen Tagen rasch bestimmen zu können. Die rote Farbe für den Buchstaben A, den Anfang einer neuen Nundinalfolge, erlaubte eine noch schnellere Rechnung. Dass die *Nundinae* eine wichtige Rolle als Gliederung der sozialen Zeit spielten, zeigt sich in einer Standardperiode von institutionellem Wert, etwa dem *trinundinum*, jener Zeitspanne zwischen der *promulgatio* (Mitteilung) und der *rogatio* (Bitte an das Volk um Bewilligung) eines Gesetzes. Um den Rhythmus im Falle einer Interkalation nicht zu stark zu verändern, fing der Schaltmonat mit einem G an (der 24. Februar wäre in einem normalen Jahr ein E gewesen), sodass er mit einem A enden konnte, genau wie jeder Februar in einem nicht geschalteten Jahr.

---

1 Vgl. Michels 1967, 145–172.

Rechts des *Nundinae*-Buchstabens befindet sich ein Hinweis auf den Charakter des Tages: *c(omitialis)*, *n(efastus)*, *f(astus)*, *en(dotercisus)*, *NP*. *Comitialis* bedeutet, dass an diesem Tag die *comitia* abgehalten werden konnten, während an den *nefasti* solche Aktivitäten sowie die Möglichkeit einer *legis actio* (Verfahren vor Gericht, das an den *dies fasti* erlaubt war) ausgeschlossen waren. Als *endotercisi* bezeichnete Tage waren *nefasti* am Vormittag und Nachmittag, *fasti* in der Zeit dazwischen.[2] Die Abkürzung *NP* bleibt noch unklar, die überzeugendsten Lösungen sind die von Rüpke: *nefas piaculum* (d. h. an dem Tag war ein Opferritual, *piaculum*, vorgesehen), bzw. von Degrassi und Michels: *nefas publicae (feriae)* (d. h. es ging um einen Feiertag).[3] Unbestritten jedoch bleibt, dass dieser Tag *nefastus* war.

Drei Tage pro Monat haben eine bestimmte, sich monatlich wiederholende Nennung: *Kalendae*, *Nonae*, *Idus* (1., 5., 13. Tag). Die letzteren zwei werden in vier Monaten um zwei Tage verschoben (7., 15. Tag), und zwar im März, Mai, Juli, Oktober. Dieses Überbleibsel im Julianischen Kalender geht auf den Kalender der republikanischen Zeit zurück, in dem diese vier Monate länger (31 Tage) als die übrigen waren (29 oder 28).

Feste werden zwischen dem *Nundinae*-Buchstaben und dem Charakter des Tages erwähnt, während die Tage, an denen ein Tempel gestiftet wurde, durch die Nennung der Gottheit in roten Buchstaben markiert werden. Unten, am Ende jeder Spalte, ist die Gesamtzahl der Tage des Monats aufgeführt.

Soziokulturelle Auswertung

Extrem wichtig ist es, zwischen der Bedeutung der allgemeinen Fasten und der der Fasti Antiates maiores, einer speziellen Variante zu unterscheiden. Letztere wurden nur unter bestimmten Bedingungen erstellt.

Es kam nicht selten vor, dass Kalender und *fasti consulares* zusammen präsentiert wurden. Das Gleiche geschah in der Kaiserzeit, vgl. die Fasti Venusini (Inscr. It. XIII 1, 8; XIII 2, 6), Privernates (Zevi – Cassola 2016), Tauromenitani (Inscr. It. XIII 2, 608 + AE 1996, 788) und Albenses (Letta 2013). Die gemeinsame Erstellung eines Kalenders mit Konsularfasten lässt zwei Aspekte der Wahrnehmung der Zeit spürbar werden. Der Kalender moduliert den Rhythmus des öffentlichen Lebens, indem er die Markttage (wichtig für die Leute, die sich für Geschäfte in die Stadt begeben mussten) und die offiziellen Termine (*comitia*, Gerichtstage, d. h. die Möglichkeit, ein rechtliches Verfahren zu beginnen) angab. Auf die sakralen Aspekte der Zeit, zentrale Aspekte für das Leben der Gemeinschaft, wird ebenfalls hingewiesen: Religiöse Feste spielten eine wichtige Rolle für die Geschichte und das allgemeine Gedächtnis der Gesellschaft, indem sie an den *dies natalis* (Tag der Gründung)

---

2 Details über den Charakter der Tage findet man in Michels 1967, 31–83.

3 Degrassi 1963, *ad* Nr. 2, 1; Michels 1967, 68–83; Rüpke 1995, 258–261.

erinnern, d. h. an einen historischen Kontext. Wie präzise dieser Kontext war, ist unsicher; so zeigen sich die Probleme der modernen Forschung, wenn man beispielsweise an die verschiedenen möglichen Kontexte für die *dies natales* denkt, die Rüpke für die Nachrichten in den Fasti Antiates maiores nennt.[4] Andere Informationen tragen deutlich dazu bei, die kollektive Wahrnehmung der eigenen Geschichte zu gestalten, wie z. B. die *dies atri* (wörtlich »dunkle Tage«). Der 18. Quintilis (Juli) ist einer von diesen, eine Erinnerung an die Eroberung Roms durch die Gallier 390 v. Chr.[5]

Die Konsularfasten dienen als Pendant zum Kalender. Sie bieten ein essentielles Raster, um Ereignisse zu datieren: In Rom war die Datierung nach Konsuln die offizielle; sie existierte jedoch neben der Ära *ab urbe condita* (»seit der Gründung der Stadt«), die in Geschichtswerken, aber auch in den Fasti Capitolini, benutzt wurde. Die Fasten überliefern eine Art minimaler Geschichtsschreibung, in der auch Hinweise auf Ereignisse auftauchen, deren Bedeutung als exzeptionell wahrgenommen wurde.[6] Solche Hinweise fehlen in den Fasti Antiates maiores, sind aber in kaiserzeitlichen Beispielen gut belegt. Eine weitere Ebene, auf der sich das historische Gedächtnis zeigt, besteht in dem Jahr, das als Anfangsjahr der Liste bestimmt wurde. In den meisten Fällen handelt es sich hierbei nicht um das Jahr der Gründung der Republik (509 v. Chr.), sondern um eines von lokaler Bedeutung: die Fasti Albenses, Venusini und Privernates fangen mit dem Bundesgenossenkrieg *(bellum Marsicum)* an, also dem Jahr, in dem die meisten Völker in Italien das *ius Latii* bekamen, was den ersten Schritt auf dem Weg zum vollen Bürgerrecht darstellte. Für die Fasti Antiates war diese Entscheidung möglicherweise noch interessanter: Laut der Hypothese von Rüpke begannen sie im Jahr 173 v. Chr., weil sie auf die Fasti von M. Fulvius Nobilior folgten, die am Tempel von Hercules und den Musen aufgestellt waren.[7]

Die meisten heute noch erhaltenen Fasti sind auf Marmor eingemeißelt, waren an öffentlichen oder einem Verein gehörenden Orten aufgestellt und dienten der Einteilung der Zeit. Die Fasti Antiates maiores erweisen sich in zwei Aspekten als etwas Besonderes: Sie waren nur gemalt (also nicht eingemeißelt und damit nicht so haltbar, was erklären könnte, warum die Beispiele von Denkmälern solcher Art rar sind) und stammen aus einem privaten Kontext.

4 Rüpke 1995, 346–352.
5 Zu solchen Tagen siehe Grafton – Swerdlow 1988.
6 Vgl. Rüpke 1997; allgemein Feeney 2007, 167–211.
7 Rüpke 1995, 347–352.

Bibliographie

Degrassi 1963
A. Degrassi, Inscriptiones Italiae XIII 2 (Rom 1963).
Feeney 2007
D. C. Feeney, Caesar's Calendar. Ancient Time and the Beginnings of History (Berkeley 2007).
Grafton – Swerdlow 1988
T. Grafton – N. M. Swerdlow, Calendar Dates and Ominous Days in Ancient Historiography, Journal of the Warburg and Courtauld Institutes 51, 1988, 14–42.
Letta 2013
Cesare Letta, Prime osservazioni sui ›Fasti Albenses‹, Rendiconti. Atti della Pontificia Accademia Romana di Archeologia 85, 2012–2013, 315–355.
Letta 2017
C. Letta, Fasti Albenses. Progressi e palinodie, in: S. Segenni – M. Bellomo (Hrsg.), Epigrafia e politica. Il contributo della documentazione epigrafica allo studio delle dinamiche politiche nel mondo romano (Mailand 1967) 27–64.
Mancini 1921
G. Mancini, Anzio, Notizie degli scavi di antichità (F. 5) 18, 1921, 73–141.
Michels 1967
A. K. Michels, The Calendar of the Roman Republic (Princeton 1967).
Rüpke 1995
J. Rüpke, Kalender und Öffentlichkeit. Die Geschichte der Repräsentation und religiösen Qualifikation von Zeit in Rom, Religionsgeschichtliche Versuche und Vorarbeiten 40 (Berlin 1995).
Rüpke 1997
J. Rüpke, Geschichtsschreibung in Listenform: Beamtenlisten unter römischen Kalendern, Philologus 141, 1997, 65–85.
Zevi – Cassola 2016
F. Zevi – F. Cassola, I fasti di Privernum, Zeitschrift für Papyrologie und Epigraphik 197, 2016, 287–309.

Q 44 Die römischen Monatsnamen nach Varro

Christian Badura

Text: Varro, *De lingua Latina* 6, 33

quod ad singulorum dierum vocabula pertinet dixi. mensium nomina fere sunt aperta, si a Martio, ut antiqui constituerunt, numeres: nam primus a Marte. secundus, ut Fulvius scribit et Iunius, a Venere, quod ea sit Aphrodite; cuius nomen ego antiquis litteris quod nusquam inveni, magis puto dictum, quod ver omnia aperit, Aprilem. tertius a maioribus Maius, quartus a iunioribus dictus Iunius. dehinc quintus Quintilis et sic deinceps usque ad Decembrem a numero. ad hos qui additi, prior a principe deo Ianuarius appellatus; posterior, ut idem dicunt scriptores, ab diis inferis Februarius appellatus, quod tum his parentetur; ego magis arbitror Februarium a die februato, quod tum februatur populus, id est Lupercis nudis lustratur antiquum oppidum Palatinum gregibus humanis cinctum.

Übersetzung

Ich habe gesagt, was zu den Wörtern der einzelnen Tage gehört. Die Namen der Monate sind recht leicht zu deuten, wenn man sie vom März zählt, wie die Alten es einrichteten: Denn der erste ist von »Mars« abgeleitet. Der zweite, wie Fulvius (Nobilior) und Iunius (Gracchanus) schreiben, von Venus, weil sie »Aphrodite« sei; weil ich deren Namen in den alten Schriften nirgends gefunden habe, glaube ich eher, dass die Benennung »April« daher kommt, dass der Frühling alles »öffnet«. Der dritte Monat wird nach den »Vorfahren« *(maiores)* »Mai« genannt, der vierte nach den »Jüngeren« *(iuniores)* »Juni«. Danach kommt als fünfter der »Quintilis« und daraufhin geht es in dieser Weise, nach der Zahl benannt, weiter bis zum »Dezember«. Von den Monaten, die zu diesen hinzugefügt wurden, wurde ersterer nach dem Gott der Anfänge (= Janus) »Januar« genannt, der spätere, wie die gleichen Autoren sagen, nach den Göttern der Unterwelt »Februar«; denn zu diesem Zeitpunkt wird ihnen ein Totenopfer dargebracht *(parentetur)*. Ich meine eher, dass der »Februar« vom »Tag der Reinigung« abgeleitet ist, weil zu diesem Zeitpunkt das Volk das Reinigungs- oder Sühnefest feiert *(februatur)*, das heißt, dass die alte Stadt auf dem Palatin, die von menschlichen Herden gesäumt wird, von den nackten Luperci gereinigt wird.

Eigene Übersetzung.

Zur Quelle

Marcus Terentius Varro (116–27 v. Chr.) gilt als der größte Gelehrte des antiken Rom und verfasste unzählige, vor allem fachschriftstellerische Texte, aber auch Gedichtsammlungen. Als am Ende der Republik die mündliche Überlieferung abzureißen drohte, wurden antiquarische Autoren und besonders Varro mit seinen 41 Büchern *Antiquitates rerum humanarum et divinarum* zu den Bewahrern der Tradition erkoren. Auch das Thema der lateinischen Sprache wurde in dieser Hinsicht von Varro aufgearbeitet. Von den 25 Büchern *De lingua Latina* (47–45 v. Chr.), einem etymologisch-grammatischen Traktat von stoischer Couleur, sind allerdings nur die Bücher 5–10 erhalten. Die Bücher 5–7 erschließen den lateinischen Wortschatz etymologisch und nach Sachgruppen geordnet. Während Buch 5 Vokabeln des Raumes abdeckt, behandelt Buch 6, in dem sich die besprochene Quelle findet, die römischen Wörter für verschiedene Zeitformen.[1] Das Buch selbst ist wiederum durch die Kategorie Behältnis/Inhalt in zwei Hälften geteilt: Zeit (6, 3–34) ist das Behältnis für Handlungen innerhalb der Zeit (6, 35–96).[2] Die erste Sektion verhandelt nach der Unterscheidung *physis/thesis* zunächst natürliche Zeit (die von Sonne, Mond und Himmelssphäre regiert wird), danach konventionelle Zeit.[3] In letzterem Abschnitt steht schließlich die Beschreibung und etymologische Ableitung der Wörter, die zum römischen Kalender gehören. Auch diese ist wieder unterteilt in religiöse Feste einerseits und bürgerliche Zeiteinheiten andererseits – also in zunächst göttliche und darauf folgend menschliche Zeit, wobei letzterer Teil einen Abriss über die Mechanismen und juristischen Spezifika des Kalenders enthält. Die ausgewählte Stelle über die Namen der römischen Monate ist hier einzuordnen.

Ausgewählte Editionen, Übersetzungen und Kommentare

Die beste Ausgabe des wichtigen 6. Buches samt Übersetzung und Kommentar bietet Pierre Flobert (1985). Der gesamte Text ist in der Teubner-Ausgabe von Georg Götz und Friedrich Schöll (1910) greifbar.

1 Vgl. Flobert 1985, vii–xii und Anm. 2 (S. 50) sowie Cardauns 2001, 30. Zu Varros chronologischen Begriffen und Konzepten insgesamt, siehe Grafton 1985.

2 Vgl. Varro, *De lingua Latina* 6, 35: »Was die lateinischen Wörter für die Zeiten angeht, so sei an diesem Punkt genug gesagt. Nun werde ich beschreiben, was die Dinge angeht, die in einer jeweiligen Zeitspanne merklich geschehen. Zum Beispiel die folgenden: du hast gelesen, Lauf, spielend.«

3 Vgl. Varro, *De lingua Latina* 6, 3: »Ich werde zunächst über die Zeiten sprechen, dann was in ihnen geschieht, doch so wie zuvor über die Natur dieser Dinge: Diese war nämlich dem Menschen eine Führerin, um [den Dingen] Wörter aufzuerlegen.«

Verwandte Quellen

Eine nützliche Sammlung aller antiken Stellen zu den Monatsetymologien findet man in Robert Maltbys Lexikon antiker Etymologien (1991) bei den jeweiligen Namen. Unter den Darstellungen der Monatsbezeichnungen und ihrer Anordnung im römischen Jahr ist besonders hinzuweisen auf Verrius Flaccus' *Fasti Praenestini* (Degrassi 1963, 107–143), wo Ausschnitte aus der Kalenderexegese der augusteischen Zeit in einem Steinkalender dokumentiert sind. An die antiquarischen Diskussionen schließt auch Ovid in mehreren Passagen der *Fasti* (siehe Q 43) an, siehe 1, 39–44 (dazu Q 42); 2, 47–54; 3, 73–76; 4, 61 f. In Censorinus' Traktat über die Zeit ist gar eine von unserer Stelle abweichende Ableitung einzelner Monate aus Varros *Antiquitates* erhalten (*De die natali* 20, 2; 22, 10–12 [= Varro, *Antiquitates rerum humanarum* Frg. 17, 1 Mirsch]).

Siehe auch

Q 9 – Die 30 Tage des Mondmonats und ihre Schutzgötter
Q 41 – Ein ambivalentes Modell von Kulturentwicklung: Varro, *De re rustica*
Q 42 – Die Frühgeschichte des römischen Kalenders nach Ovid
Q 43 – Fasti Antiates maiores
Q 46 – Die Kalenderreform Caesars nach Sueton

Literarische und technische Aspekte

Aus Varros Beschreibung der römischen Monatsnamen vom März an wird deutlich, dass den Römern die Diskrepanz zwischen der Namensgebung der Monate *Quintilis* (unser Juli) bis *December*, also »Fünfter« bis »Zehnter«, und ihrer jeweiligen Position im Jahr an siebter und zwölfter Stelle bewusst war. Dieser Befund gab schon in der Antike Anlass zur Theorie eines ursprünglichen »Zehnmonatsjahres« (vgl. Q 42; siehe ferner Chronologische Grundlagen: Rom), auf die Varro mit *ad hos qui additi* auch kurz anspielt, die aber nachweislich falsch ist.[4] Vielmehr zeigen die Zahlen wie auch einige rituelle Indizien an, dass das römische Jahr in früherer Zeit im März begann, jedoch stets zwölf Mondzyklen umfasste. Die zwölf Monate sind nach römischer Legende durch den zweiten König Numa Pompilius etabliert worden, weswegen der Kalender bis zu Caesars Reform auch *fasti Numani* genannt wurde (vgl. Q 46). Von diesen zwölf trugen nach heutiger Forschungslage drei Monate theophore Namen, die aus einer Götterbezeichnung abgeleitet sind; Januar, Februar und April tra-

4 Vgl. Rüpke 1995, 192–201.

gen individuelle, eher das Ordnungsmuster des Jahres markierende Namen; die anderen sechs Monate von *Quintilis* bis *December* haben Zahlennamen.[5]

Die einzelnen Etymologien sind in chronologischer Reihenfolge: *Martius* (sc. *mensis*, »Monat« – alle römischen Monatsnamen sind Adjektivformen) wird vom Gott Mars abgeleitet. *Aprilis* kann nach Meinung der meisten heutigen Linguisten kein theophorer, in diesem Fall von Venus-Aphrodite abgeleiteter Name sein, sondern ist, wie auch das von Varro genannte Verb *aperire*, wahrscheinlich mit der lateinischen Präposition *a/ab* (»weg von«) in Verbindung zu bringen: *ap(e)rilis* hieße dann etwa »der folgende, nächste« Monat, was zur ursprünglichen zweiten Stellung des April im römischen Kalender passt.[6] Varros Vorschlag eines »Öffnermonats« spielt auf die Kraft des Frühlings an, Flora und Fauna wieder in Bewegung zu setzen. Der Monat Mai ist nach Stand der heutigen Linguistik vom altrömischen Gott Maius abzuleiten,[7] der *Iunius* von der Göttin Juno – Varros Konstrukt eines Monatspaares, das die Generationenfolge abbildet, ist demnach nicht haltbar. *Ianuarius* leitet sich von der »Tür« *(ianua)* bzw. dem *ianus* (»Durchgangsbogen«) her, dem auch der Gott Janus – der römische Gott der Anfänge, der aber vermutlich erst im 1. Jahrhundert v. Chr. mit dem Monat und schließlich dem Jahresanfang als solchem assoziiert wurde – seinen Namen verdankt; der *Februarius* ist, wie Varro richtig schreibt, nach dem *februum* oder Reinigungsritual benannt, und am ehemaligen Jahresende, als der März noch der erste Monat war, wurden diesen Ritualen zum Abschluss einer zeitlichen Phase besondere Bedeutung gegeben. Die Namensänderungen der Monate *Quintilis* und *Sextilis* zu *Iulius* (sc. Caesar) und *Augustus* zu Ehren der römischen Herrscher fanden freilich erst in bzw. nach der Entstehungszeit von *De lingua Latina* statt, nämlich in den Jahren 44 und 8 v. Chr.

Soziokulturelle Auswertung

Die Schriften Varros sind im Kontext der römischen antiquarischen Forschungen zu sehen, deren wichtigster Exponent er selbst war. Das Projekt dieser Erforschung der römischen »Altertümer« war es, aus den erhaltenen Quellen, unerklärlich gewordenen Namen und Bräuchen eine römische Identität für die instabil gewordene spätrepublikanische Gesellschaft zu konstruieren.[8] Auch die Zeitordnung war in den Jahren der Abfassung von *De*

5 Vgl. Brind'Amour 1983, 225; Rüpke 1995, 201.

6 Siehe de Vaan 2008, s. v. aprilis. Benveniste 1931 etwa vermutete, dass Aphrodite (über die angenommene etruskische Nebenform *apru) tatsächlich die Namensgeberin des Monats sei. Vgl. Walde – Hofmann 1938, s. v. Aprilis für andere, aber vermutlich abzulehnende Ableitungen wie »Ebermonat«.

7 Vgl. Walde-Hofmann 1938, s. v. Maia.

8 Dass dabei gerade Varro und Cicero mit sehr divergenten Geschichtsbildern auf die Vergangenheit zugriffen, zeigt jetzt Binder 2018.

lingua Latina im Umbruch – Caesars Kalenderreform erfolgte genau zu dieser Zeit – und wird im 6. Buch in großer Ausführlichkeit anhand ihrer Wörter und Eigennamen erklärt. Dabei ist es kein Zufall, wenn Varro das Römische in der Entscheidung zwischen mehrfachen Erklärungen für ein Phänomen oder für einen Namen die römische Variante wählt. In unserer Passage nimmt er zwei markierte eigene Wertungen vor *(magis puto, ego magis arbitror)*, was in seinem Traktat insgesamt selten geschieht; denn der antiquarische Gestus ist es meist, alle verfügbaren Zeugnisse zu einem Phänomen zu sammeln, was dessen Relevanz für die römische Identität steigern soll. Umso mehr lassen diese eigenen Urteile vermuten, dass an den Monatsnamen ein Grundgerüst der römischen Kultur skizziert wird: Mars ist der Stammvater der Römer und steht für die militärische Ausrichtung und Expansion des Weltreiches; die Ableitung des *Aprilis* vom griechischen Götternamen Aphrodite wird abgelehnt und stattdessen ein lateinisches Verb *(aperire)* als Wortstamm gewählt. Die beiden Kalenderkommentare des Fulvius Nobilior (Konsul 189 v. Chr.)[9] und des Iunius Gracchanus (geboren um die Mitte des 2. Jahrhunderts v. Chr.),[10] die eine Etymologie von Venus-Aphrodite favorisierten, legten zur Erklärung dieser zwei Monatsnamen vermutlich eine der beiden folgenden Interpretationen zugrunde: Entweder wurde die genealogische Konstruktion des vormals ersten Monatspaares gewählt, insofern Mars und Venus als Stammeltern der Römer eine paarige Stellung auch in der Zeitordnung zukomme, oder es steht die letztlich auf Homer zurückgehende, auch etwa bei Lukrez greifbare (*De rerum natura* 1, 31–40) empedokleische Allegorese und Gegenüberstellung der beiden Götter als Prinzipien von Krieg/Streit (νεῖκος) und Liebe (ἔρως) im Hintergrund.[11] Mai und Juni als Monatspaar geben nach *De lingua Latina* eine traditionsbewusste Ausrichtung der Kultur wieder, in der die *mores maiorum* (»Sitten der Vorfahren«) von den jüngeren Generationen bewahrt werden. Die Namen des Januars und Februars werden von Varro als religiös und rituell ausgerichtet verstanden: Janus ist ein genuin römischer Gott und gibt dem Jahresanfang ebenfalls eine identitätsstiftende Prägung; der Februar ist über die angehängte Beschreibung des Lupercalienfestes, das seinerseits ein altes römisches Ritual bewahrt, als Reinigungsmonat charakterisiert.

---

9 Fulvius, der Mäzen des Dichters Ennius, war der Erbauer des Tempels *Herculis Musarum*, in dem ein Kalenderexemplar, oder besser das erste greifbare Paar von *fasti consulares* und *fasti anni* aufgestellt wurde, letztere mit einem Kommentar; siehe dazu Rüpke 2006 und Q 43.

10 Iunius verfasste ein Werk *De potestatibus* in sieben Büchern, von römischen Autoren auch *commentarii/-ius* genannt. Iunius wird bei Varro, Censorinus und Macrobius immer zusammen mit Fulvius genannt, weshalb man von Iunius' Abhängigkeit von diesem in Kalenderfragen ausgeht: vgl. Wissowa 1918.

11 Siehe nur Lukrez, *De rerum natura* 1, 31–34 (an Venus gerichtet): »Denn du allein kannst die Menschen mit ruhigem Frieden erfreuen, da ja der waffenstarke Mars die wilden Waffen des Krieges lenkt, der oft sich zurücklehnt in deinen Schoß, besiegt von der ewigen Wunde der Liebe«. Vgl. Hübner 1999, 545 für die Deutung des Paares als eine der vielen Formen von Strukturbildung verschiedener Gottheiten, zu der der griechische Polytheismus und in seiner Nachfolge das römische Götterpanoptikum öfter Anlass geben.

Bibliographie

Benveniste 1931
É. Benveniste, Trois etymologies latines, Bulletin de la Société de linguistique de Paris 32, 1931, 68–85.
Binder 2018
V. Binder, Inspired Leaders versus Emerging Nations. Varro's and Cicero's Views on Early Rome, in: K. Sandberg – C. Smith (Hrsg.), *Omnium Annalium Monumenta.* Historical Writing and Historical Evidence in Republican Rome (Leiden 2018) 157–181.
Brind'Amour 1983
P. Brind'Amour, Le calendrier romain. Recherches chronologiques (Ottawa 1983).
Cardauns 2001
B. Cardauns, Marcus Terentius Varro. Einführung in sein Werk (Heidelberg 2001).
Degrassi 1963
A. Degrassi, Inscriptiones Italiae XIII 2. Fasti anni Numani et Iuliani, accedunt ferialia, menologia rustica, parapegmata (Rom 1963).
de Vaan 2008
M. de Vaan, Etymological Dictionary of Latin and the other Italic Languages (Leiden 2008).
Flobert 1985
Varron: La langue latine, Livre VI, texte établi, traduit et commenté par P. Flobert, Collection des Universités de France 273 (Paris 1985).
Götz – Schöll 1910
M. Terenti Varronis De lingua Latina quae supersunt, hrsg. von G. Götz und F. Schöll (Leipzig 1910).
Grafton 1985
A. T. Grafton, Technical Chronology and Astrological History in Varro, Censorinus and Others, Classical Quarterly 35, 1985, 454–465.
Hübner 1999
W. Hübner, Zur paarweisen Anordnung der Monate in Ovids *Fasti*, in: W. Schubert (Hrsg.), Ovid. Werk und Wirkung (Frankfurt am Main 1999) 539–557.
Maltby 1991
R. Maltby, A Lexicon of Ancient Latin Etymologies (Leeds 1991).
Rüpke 1995
J. Rüpke, Kalender und Öffentlichkeit. Die Geschichte der Repräsentation und religiösen Qualifikation von Zeit in Rom, Religionsgeschichtliche Versuche und Vorarbeiten 40 (Berlin 1995).
Rüpke 2006
J. Rüpke, Ennius's »Fasti« in Fulvius's Temple. Greek Rationality and Roman Tradition, Arethusa 39, 2006, 489–512.
Walde – Hofmann 1938
A. Walde – J. B. Hofmann, Lateinisches etymologisches Wörterbuch (Heidelberg 1938).
Wissowa 1918
G. Wissowa, RE X 1 (1918) 1031–1033 s. v. Iunius (68).

Q 45 Chronologie und das Erzählen von Geschichte II: Cicero, *Brutus*

Mario Baumann

Text: Cicero, *Brutus* 10–21

(10) *Nam cum inambularem in xysto et essem otiosus domi, M. ad me Brutus, ut consueverat, cum T. Pomponio venerat, homines cum inter se coniuncti tum mihi ita cari itaque iucundi, ut eorum aspectu omnis quae me angebat de re publica cura consederit.*
quos postquam salutavi: quid vos, inquam, Brute et Attice? numquid tandem novi?
Nihil sane, inquit Brutus, quod quidem aut tu audire velis aut ego pro certo dicere audeam.
(11) *Tum Atticus: eo, inquit, ad te animo venimus, ut de re publica esset silentium et aliquid audiremus potius ex te, quam te adficeremus ulla molestia.*
Vos vero, inquam, Attice, et praesentem me cura levatis et absenti magna solacia dedistis. nam vestris primum litteris recreatus me ad pristina studia revocavi.
Tum ille: legi, inquit, perlubenter epistulam, quam ad te Brutus misit ex Asia, qua mihi visus est et monere te prudenter et consolari amicissume.
[...]
(13) *Tum Brutus: volui id quidem efficere certe et capio magnum fructum, si quidem quod volui tanta in re consecutus sum. sed scire cupio, quae te Attici litterae delectaverint.*
Istae vero, inquam, Brute, non modo delectationem mihi, sed etiam, ut spero, salutem adtulerunt.
Salutem? inquit ille. quodnam tandem genus istuc tam praeclarum litterarum fuit?
An mihi potuit, inquam, esse aut gratior ulla salutatio aut ad hoc tempus aptior quam illius libri, quo me hic adfatus quasi iacentem excitavit?
(14) *Tum ille: nempe eum dicis, inquit, quo iste omnem rerum memoriam breviter et, ut mihi quidem visum est, perdiligenter complexus est?*
Istum ipsum, inquam, Brute, dico librum mihi saluti fuisse.
Tum Atticus: optatissimum mihi quidem est quod dicis; sed quid tandem habuit liber iste, quod tibi aut novum aut tanto usui posset esse?
(15) *Ille vero et nova, inquam, mihi quidem multa et eam utilitatem quam requirebam, ut explicatis ordinibus temporum uno in conspectu omnia viderem. quae cum studiose tractare coepissem, ipsa mihi tractatio litterarum salutaris fuit admonuitque, Pomponi, ut a te ipso sumerem aliquid ad me reficiendum teque remunerandum si non pari, at grato tamen munere: quamquam illud Hesiodium laudatur a doctis, quod eadem mensura reddere iubet qua acceperis aut etiam cumulatiore, si possis.*
(16) *Ego autem voluntatem tibi profecto emetiar, sed rem ipsam nondum posse videor; idque ut ignoscas, a*

te peto. Nec enim ex novis, ut agricolae solent, fructibus est unde tibi reddam quod accepi – sic omnis fetus repressus exustusque flos siti veteris ubertatis exaruit –, nec ex conditis, qui iacent in tenebris et ad quos omnis nobis aditus, qui paene solis patuit, obstructus est. seremus igitur aliquid tamquam in inculto et derelicto solo; quod ita diligenter colemus, ut impendiis etiam augere possimus largitatem tui muneris: modo idem noster animus efficere possit quod ager, qui quom multos annos quievit, uberiores efferre fruges solet.
(17) *Tum ille: ego vero et exspectabo ea quae polliceris, nec exigam nisi tuo commodo et erunt mihi pergrata, si solveris.*
[...]
(20) *nunc vero, inquit, si es animo vacuo, expone nobis quod quaerimus.*
Quidnam est id? inquam.
Quod mihi nuper in Tusculano inchoavisti de oratoribus: quando esse coepissent, qui etiam et quales fuissent. quem ego sermonem cum ad Brutum tuum vel nostrum potius detulissem, magnopere hic audire se velle dixit. itaque hunc elegimus diem, cum te sciremus esse vacuum. quare, si tibi est commodum, ede illa quae coeperas et Bruto et mihi.
(21) *Ego vero, inquam, si potuero, faciam vobis satis.*

Übersetzung

(10) Ich war ohne Beschäftigung zu Hause und ging in meinem Wandelgang im Garten auf und ab. Da war, wie so oft, Markus Brutus mit Titus Pomponius zu mir gekommen, zwei Männer, eng miteinander verbunden und mir so lieb und wert, dass bei ihrem Anblick alle Sorge verging, die mich des Staates wegen bedrückte.
»Nun, Brutus? Atticus? Gibt es etwa endlich etwas Neues?«, fragte ich, nachdem ich sie begrüßt hatte.
»Nein, nichts!«, antwortete Brutus. »Jedenfalls nichts, was du hören möchtest oder was ich wagen könnte, als sicher zu berichten.«
(11) Jetzt ergänzte Atticus: »Wir sind zu dir gekommen mit dem festen Vorsatz: kein Wort von Politik! Wir möchten lieber etwas von dir hören, anstatt dich mit irgendetwas zu beunruhigen.«
»Aber Atticus!«, rief ich. »Ihr helft mir doch durch eure Gegenwart, meine Sorgen zu überwinden, und selbst aus der Ferne habt ihr mich so sehr getröstet. Eure Schreiben waren es, die mich zuerst wieder aufgerichtet haben, sodass ich meine früheren Studien erneut aufnehmen konnte.«
»Den Brief«, antwortete er darauf, »den Brutus dir aus Asien geschickt hat, habe ich mit größter Zustimmung gelesen. Ich meine, er hat dich darin mit klugem Zuspruch ermahnt und mit freundschaftlichem Trost aufgerichtet.«
[...]
(13) »Das gerade wollte ich ja erreichen!«, rief Brutus. »Ich bin sehr zufrieden, dass ich meine Absicht in einer so wichtigen Sache erreicht habe. Aber ich wüsste gern, was für ein Schreiben des Atticus dir solchen Genuss bereitet hat.«

»Es hat mir nicht nur Genuss beschert, Brutus«, erwiderte ich, »sondern, wie ich hoffe, sogar Heilung!«

»Heilung?«, fragte er. »Das muss eine außerordentliche Schrift gewesen sein. Was war es nur?«

»Konnte mir denn«, gab ich zur Antwort, »irgendein Gruß angenehmer oder unter den damaligen Verhältnissen gelegener sein als jener in dem Buch, worin er mich angeredet und dadurch gleichsam vom Boden emporgerissen hat?«

(14) Er darauf: »Du meinst doch wohl das Buch, in dem er die ganze Geschichte kurz und, wie ich jedenfalls glaube, überaus sorgfältig dargestellt hat?«

»Das war das Buch, Brutus«, bestätigte ich, »das mir zum Heil geworden ist.«

»Nichts ist mir lieber als das«, warf jetzt Atticus ein. »Aber was gab es denn in diesem Buch, das dir so neu oder so nützlich sein konnte?«

(15) »Für mich bot es in der Tat viel Neues«, entgegnete ich. »Dazu gewährte es mir auch gerade die Unterstützung, die ich suchte: einen chronologisch geordneten, knappen Überblick. Voll Interesse begann ich es zu studieren, und schon allein diese geistige Beschäftigung war mir heilsam. Sie brachte mich auch auf den Gedanken, von dir selbst etwas aufzunehmen, Pomponius, teils, um mich wiederherzustellen, teils, um dir ein wenn auch nicht gleichwertiges, so doch gewiss willkommenes Gegengeschenk zu machen. Freilich loben die Gebildeten den Spruch Hesiods, man solle mit gleichem Maße, wie man empfangen habe, wiedergeben und sogar mit gehäufterem, so man es vermag.

(16) Nun will ich es ja an gutem Willen, dir gebührend zuzumessen, nicht fehlen lassen. Aber ich glaube, tatsächlich bin ich dazu noch nicht imstande und muss dich bitten, mir zu verzeihen. Denn ich kann dir einerseits nicht mit frischen Früchten, wie das die Bauern tun, zurückzahlen, was ich empfangen habe, denn alle Frucht ist erstickt, die Blüten vertrocknet und verdorrt, verdurstend im Mangel der früheren Fülle; andererseits auch nicht mit Gespeichertem: die Früchte ruhen im Dunkel, und jeder Zugang ist mir, der ich wohl als einziger überhaupt Einlass hatte, verwehrt. So gilt es also nur etwas auf gleichsam unbebautem, verödeten Boden auszusäen und es so sorgsam zu pflegen, dass wir deine reiche Gabe hernach noch durch Zinsen vermehren können. Vorausgesetzt freilich, dass mein Geist dasselbe zu leisten vermag wie ein Acker: bringt dieser doch, wenn er eine Reihe von Jahren brachlag, umso reichlicheren Ertrag.«

(17) »Ich jedenfalls«, sagte Atticus, »will gern auf das Versprochene warten und es nicht einfordern, falls es deinen Interessen zuwiderläuft. Aber wenn du zahlst, wird es mir sehr willkommen sein.«

[...]

(20) »Für jetzt aber«, fuhr Atticus fort, »wenn du dich frei fühlst, dann lege uns doch das Problem dar, um das wir dich bitten möchten.«

»Und was wäre das?«, fragte ich wiederum.

»Was du mir neulich in deiner Villa in Tusculum darzulegen begonnen hast: von den Rednern, dem Beginn ihrer Wirksamkeit, von ihrer Persönlichkeit und ihren Talenten. Als ich deinem,

nein besser unserem Freunde Brutus hier von dieser Unterhaltung erzählte, sagte er, er brenne darauf, auch davon zu hören. Also haben wir den heutigen Tag ausgewählt, weil wir wussten, dass du frei bist. Darum, bitte, wenn es dir recht ist, trage uns vor, Brutus und auch mir, was du begonnen hattest zu erzählen.«
(21) »Nun ja«, gab ich zur Antwort, »wenn ich es vermag, will ich euch gern Genüge tun!«

Übersetzung nach Kytzler 2000 (mit kleinen Modifikationen).

Zur Quelle

Cicero (106–43 v. Chr.) vollendete seinen Dialog *Brutus* wahrscheinlich im Frühjahr 46 v. Chr., vor dem Selbstmord des jüngeren Cato im April des besagten Jahres in Afrika.[1] Die Zeitumstände, nämlich der Bürgerkrieg zwischen Caesar und Pompeius und die daraus resultierende höchst angespannte, ja aus Ciceros Sicht negative und düstere Lage – Caesar ist auf dem besten Wege zum Sieg und zur Alleinherrschaft –, spielen als Hintergrund in das *setting* des *Brutus* hinein: Die lebensweltliche Abfassungszeit und die »literarische« Zeit des fiktiven Dialogs fallen zusammen, wie sich gerade am Beginn der Schrift zeigt.[2] Eben dem Anfang des *Brutus* ist auch die hier diskutierte Textstelle entnommen. Sie entfaltet die Gesprächssituation, indem sie die beiden Dialogpartner Ciceros, M. Iunius Brutus und T. Pomponius Atticus, einführt, den Anlass bzw. Anstoß des Dialoges schildert und das Thema vorstellt: die Geschichte der römischen Rhetorik nämlich, die Cicero im Dialog von ihren Anfängen her darstellt und bis zu den Rednern seiner Zeit – und insbesondere sich selbst – fortführt.[3]

Edition, Übersetzungen, Kommentare und Einführungen

Die jüngste kritische Standardtextausgabe des *Brutus* stammt von Enrica Malcovati (1970). Deutsche Übersetzungen haben Bernhard Kytzler (2000) und Heinz Gunermann (2012) vorgelegt. Für Kommentare zum *Brutus* siehe Alan E. Douglas (1966) und Rosa Rita Marchese (2011); Emanuele Narducci hat Einführungen zu Ciceros Leben und Werk (2012) sowie zum *Brutus* (2002) verfasst.

1 Siehe zur Datierung des *Brutus* Douglas 1966, ix–x sowie Marchese 2011, 10 (mit weiteren Literaturangaben auf 45 Anm. 4).

2 Zum Auftakt des Werkes und seinem Zeitbezug siehe Allegri 2015. Zur Rolle politischer Reflexion im Ganzen des *Brutus* siehe Jacotot 2014.

3 Zur Selbstdarstellung Ciceros im *Brutus* siehe die ausführliche Analyse in Dugan 2005, 172–250.

Verwandte Quellen

Im Zentrum der hier diskutierten *Brutus*-Stelle steht die eindringliche Schilderung der Wirkung, die die historiographische Schrift des Atticus (sein *Liber annalis*, dazu im Folgenden mehr) auf Cicero hat. Dieser Fokus verbindet diese *Brutus*-Kapitel mit anderen Cicero-Passagen, in denen geradezu eine Rezeptionsästhetik historiographischer Texte entworfen wird, vgl. insbesondere *De finibus* 5, 51 f., *Ad familiares* 5, 12, 4 f. und *Ad Quintum* 2, 15, 4, wo v. a. das Vergnügen beim Lesen von Historiographie im Vordergrund steht.

Siehe auch

Q 1 – Der Annalenstein der 5. Dynastie (»Palermostein«)
Q 13 – Die Mannestaten des Šuppiluliuma I.
Q 31 – Eponymenlisten in Rhodos: die Haliospriester
Q 39 – Chronologie und das Erzählen von Geschichte I: Diodor, *Bibliotheke*
Q 41 – Ein ambivalentes Modell von Kulturentwicklung: Varro, *De re rustica*

Literarisch-technische Aspekte

Cicero ist seinen eigenen Worten im *Brutus* zufolge durch zwei Schriften seiner Dialogpartner wieder aufgerichtet worden (*recreatus*, 10): Durch einen Brief des Brutus (11)[4] sowie durch das historiographische Werk des Atticus, von dem in den Paragraphen 13–15 die Rede ist. Bei letzterem handelt es sich um Atticus' verlorenen *Liber annalis*, der sich – in den Worten der Dialogpartner – durch seine umfassende inhaltliche Anlage, seine Kürze und seine chronologische Ordnung auszeichnete (»das Buch, in dem er die ganze Geschichte kurz und ... überaus sorgfältig dargestellt hat«, 14; »... einen chronologisch geordneten, knappen Überblick«, 15). Noch besser greifbar wird der Charakter des *Liber annalis*, wenn man die Informationen hinzunimmt, die Cornelius Nepos in seiner Atticus-Biographie über diese Schrift fallen lässt:[5]

> Er (sc. Atticus) orientierte sich strikt an der Moral der Vorfahren und war ein Liebhaber der alten Geschichte; darin kannte er sich hervorragend aus, und das Ergebnis dieses Wissens war eine Gesamtdarstellung in seiner Chronologie der Beamtenabfolge. Jedes Gesetz, jeder Friedensschluss, jeder Krieg, jede Glanztat des römischen Volkes ist in

4 Diesen Brief sandte Brutus wohl 47 v. Chr. aus Kleinasien an Cicero. Er wird in der Forschung oft mit Brutus' nicht erhaltenem philosophischen Traktat *De virtute* (»Über die Tugend«) identifiziert, vgl. Douglas 1966, x–xii; Marchese 2011, 238 f.

5 Cornelius Nepos, *Atticus* 18, 1 f. (Übersetzung nach Krafft – Olef-Krafft 2006).

diesem Werk zeitlich korrekt festgehalten, außerdem bietet es noch Bemerkungen zur Genealogie, einer äußerst komplizierten Materie, die uns Einblick in den Stammbaum berühmter Männer gewähren.

Der *Liber annalis* scheint also ein historisches Handbuch gewesen zu sein, das, nach Jahren und Amtsträgern geordnet, einen knappen Überblick über die wesentlichen Ereignisse seit Beginn der römischen Geschichte bis in Atticus' Zeit hinein gab und dabei zumal die mit den Ereignissen verbundenen historischen Akteure herausstellte.[6]

Die chronologische Struktur des *Liber annalis* ist nun bemerkenswerterweise gar nicht das, was im Gespräch des *Brutus* im Vordergrund steht: Sie wird nur angedeutet und tritt weit hinter die Schilderung der Wirkung zurück, die die Lektüre des *Liber annalis* auf Cicero hatte - denn ebendies ist der Fokus von Ciceros Redebeiträgen innerhalb des zitierten *Brutus*-Abschnittes, was diese Stelle zu einem wichtigen Zeugnis für die konkrete persönliche wie auch soziale Bedeutung macht, die einem scheinbar so technischen Text wie Atticus' Chronik im Leseakt zukommen konnte.

Soziokulturelle Auswertung

Die Wirkung des *Liber annalis* auf Cicero ist durch folgende Merkmale gekennzeichnet:

- Die Lektüre hat Cicero ebenso Vergnügen (*delectatio,* 13) bereitet wie Nutzen (*utilitas,* 15).
- Das Buch des Atticus hat ihm Neues geboten und sein Interesse geweckt (*multa nova; quae cum studiose tractare coepissem* [...], 15).
- Die Wirkung des Buches war stark und existentiell: Es hat Cicero getröstet (*solacia,* 11), ja ihm sogar Heilung/Rettung (*salus,* 13) verschafft.
- Seine Lektüre hat insbesondere dazu geführt, dass Cicero selbst wieder intellektuell tätig geworden ist (*me ad pristina studia revocavi,* 11).
- Dies bedeutet vor allem, dass Cicero durch Atticus' Buch erneut zu eigener Schriftstellerei angeregt wurde (15 f.).
- Damit tritt er auch wieder voll in das reziproke soziale Verhältnis der Freundschaft (*amicitia)* ein, indem er die Gabe des Atticus (die selbst durch Ciceros *De re publica* angeregt war, 19) durch eine Gegengabe beantworten wird (15 f.).

6 Zum *Liber annalis* siehe grundlegend Münzer 1905. Vgl. ferner Douglas 1966, xii. lii–liii; Marshall 1986, 61–68; Buckley 2002, 19 f. Das Werk umfasste, soweit sich dies rekonstruieren lässt, offenbar nicht nur im engen Sinne römische Ereignisse, sondern verzeichnete in synchronistischer Gegenüberstellung zumindest auch wichtige Ereignisse der athenischen Geschichte; vgl. hierzu und zumal zur Frage, welche Darstellungsform Atticus für diese Parallelführung gewählt haben könnte, Feeney 2007, 25–28.

Es wird also deutlich, dass im *Brutus* einer annalistischen historiographischen Darstellung eine enorm breite Wirksamkeit zugeschrieben wird: Zu starken affektiven und intellektuellen Effekten tritt eine ebenso bedeutsame soziale Wirkung. Zu dem letztgenannten Aspekt, den Effekten auf einer sozialen Ebene, sind abschließend zwei vertiefende bzw. weiterführende Überlegungen anzubringen: Erstens ist darauf hinzuweisen, wie ausführlich und differenziert in den Paragraphen 15–21 der *Brutus*-Stelle Ciceros literarische Rückkehr in das volle Freundschaftsverhältnis zu Brutus und Atticus verhandelt wird: Hier wird ein regelrechter Diskurs sozialer Wechselseitigkeit vorgeführt, der von der Ebene des Vokabulars (vgl. Schlüsselworte wie *remunerare,* »ein Gegengeschenk machen« oder *accipere – reddere,* »empfangen – wiedergeben«, 15) über die breit ausgeführte Ackerbau-Metaphorik (16) bis hin zur dialogischen Gesprächsführung mit gegenseitig geltend gemachten oder auch wiederum sistierten oder abgetretenen (Rechts-)Ansprüchen reicht (vgl. 17–19).[7]

Zweitens ist auch der performative und selbstreferentielle Aspekt bedeutsam, der die *Brutus*-Stelle charakterisiert: Schon in 15 f., wo Cicero gegenüber Atticus die Bedingungen seiner Gegengabe schildert, kann man vermuten, dass mit dem zukünftigen *munus* (Gegengeschenk) der Dialog *Brutus* selbst gemeint ist.[8] Spätestens in 17–19, wo es um die Ansprüche des Brutus gegenüber Cicero geht, ist dann ganz deutlich, dass Cicero eben den Dialog *Brutus* als Gegenleistung vorlegen wird,[9] und in 20 f. wird daraufhin konkret das Gespräch über die Geschichte der römischen Beredsamkeit vereinbart und initiiert. Der Inspiration durch Atticus' *Liber annalis* entspringt mit dem Dialog *Brutus* also ein Werk, das selbst ein Stück Historiographie darstellt – eines, so kann sich jeder Leser des *Brutus* fragen, das auf ihn eine ähnlich starke Wirkung ausüben wird, wie Cicero sie in der hier diskutierten Stelle an sich selbst beschreibt?

Bibliographie

Allegri 2015
G. Allegri, L' immagine di Cicerone nell'*incipit* del *Brutus,* Paideia 70, 2015, 163–180.

Buckley 2002
M. Buckley, Atticus, Man of Letters, Revisited, in: K. C. Sidwell (Hrsg.), Pleiades Setting. Essays for Pat Cronin on His 65th Birthday (Cork 2002) 14–32.

Douglas 1966
A. E. Douglas, M. Tulli Ciceronis Brutus (Oxford 1966).

Dugan 2005
J. Dugan, Making a New Man. Ciceronian Self-Fashioning in the Rhetorical Works (Oxford 2005).

---

7 Vgl. die treffende Analyse der sozialen Reziprozität und ihrer dialogischen Aushandlung im *Brutus* bei Marchese 2011, 22–31.

8 Vgl. Douglas 1966, 10 f., der auch andere Deutungsoptionen zu Paragraph 15 f. benennt.

9 Vgl. erneut Douglas 1966, 10 f.

Feeney 2007
D. Feeney, Caesar's Calendar. Ancient Time and the Beginnings of History, Sather Classical Lectures 65 (Berkeley 2007).
Gunermann 2012
H. Gunermann, M. Tullius Cicero. Brutus. Lateinisch-deutsch (Stuttgart 2012).
Jacotot 2014
M. Jacotot, *De re publica esset silentium.* Pensée politique et histoire de l'éloquence dans le *Brutus*, in: S. Aubert-Baillot – C. Guérin (Hrsg.), Le *Brutus* de Cicéron. Rhétorique, politique et histoire culturelle, Mnemosyne Supplements 371 (Leiden 2014) 193–214.
Krafft – Olef-Krafft 2006
P. Krafft – F. Olef-Krafft, Cornelius Nepos. De viris illustribus. Biographien berühmter Männer. Lateinisch-deutsch ²(Stuttgart 2006).
Kytzler 2000
B. Kytzler, Marcus Tullius Cicero. Brutus. Lateinisch-deutsch ⁵(Düsseldorf 2000).
Malcovati 1970
H. Malcovati, M. Tulli Ciceronis scripta quae manserunt omnia. Fasc. 4 Brutus ²(Leipzig 1970).
Marchese 2011
R. R. Marchese, Cicerone: Bruto. Introduzione, traduzione e commento (Rom 2011).
Marshall 1986
E. A. Marshall, A Biography of Titus Pomponius Atticus (Diss. Harvard University, Cambridge/MA 1986).
Münzer 1905
F. Münzer, Atticus als Geschichtsschreiber, Hermes 40, 1905, 50–100.
Narducci 2002
E. Narducci, *Brutus:* The History of Roman Eloquence, in: J. M. May (Hrsg.), Brill's Companion to Cicero. Oratory and Rhetoric (Leiden 2002) 401–425.
Narducci 2012
E. Narducci, Cicero. Eine Einführung (Stuttgart 2012).

Q 46 Die Kalenderreform Caesars nach Sueton

Roland Färber

Text: Sueton, *Divus Iulius* 40, 1–2

(1) *Conversus hinc ad ordinandum rei publicae statum fastos correxit iam pridem vitio pontificum per intercalandi licentiam adeo turbatos, ut neque messium feriae aestate neque vindemiarum autumno conpeterent; annumque ad cursum solis accommodavit, ut trecentorum sexaginta quinque dierum esset et intercalario mense sublato unus dies quarto quoque anno intercalaretur.* (2) *quo autem magis in posterum ex Kalendis Ianuariis novis temporum ratio congrueret, inter Novembrem ac Decembrem mensem interiecit duos alios; fuitque is annus, quo haec constituebantur, quindecim mensium cum intercalario, qui ex consuetudine in eum annum inciderat.*

Übersetzung

(1) Darauf wandte sich Caesar der Ordnung des Gemeinwesens zu, korrigierte alsdann den Kalender, der schon lange durch die Schuld der Oberpriester, die willkürlich Tage eingeschaltet hatten, derart in Unordnung geraten war, dass weder das Erntefest mit dem Sommer noch das Winzerfest mit dem Herbst zusammenfiel. Auch ordnete er das Jahr nach dem Sonnenlauf, so dass es 365 Tage umfasste, der Schaltmonat wegfiel und alle vier Jahre ein Tag eingeschoben wurde. (2) Damit aber zukünftig die Zeitrechnung vom neuen ersten Januar an stimme, schob er zwischen den Monaten November und Dezember zwei weitere ein. So umfasste das Jahr, in dem diese Neuordnung festgelegt wurde, 15 Monate mit dem Schaltmonat, der nach der bisherigen Regelung genau auf dieses Jahr gefallen war.

Übersetzung nach Schmitz 2007.

Zur Quelle

Caius Suetonius Tranquillus wurde um 70 n. Chr. möglicherweise in Hippo Regius (im heutigen Algerien) geboren.[1] Seine Familie gehörte dem Ritterstand an, er selbst stieg nach einer juristischen Ausbildung unter Kaiser Hadrian zum Kanzleichef *(ab epistulis)* auf, wodurch er unmittelbaren Zugang zu den kaiserlichen Archiven und der laufen-

1 AE 1953, 73.

den Korrespondenz hatte. Die Caesarbiographie steht am Anfang seines berühmtesten Werkes, den zwölf Kaiserviten von Caesar bis Domitian. Sie sind in mehr als 200 Handschriften überliefert, wobei die älteste aus dem frühen 9. Jahrhundert n. Chr. stammt. Bemerkenswert ist, dass Sueton die Reihe der römischen Kaiser mit Julius Caesar und nicht mit Augustus beginnen lässt. Seine Bewertung Caesars ist insgesamt positiv, wobei umstrittene Handlungen und verhängnisvolle Charakterzüge nicht verschwiegen werden.[2] Früher geringgeschätzt, wurden Suetons Qualitäten als Schriftsteller und Historiker trotz manch inhaltlicher Unstimmigkeit und des teils anekdotischen Stils in jüngerer Zeit rehabilitiert. Gerade anhand seiner Darstellung der Julianischen Kalenderreform – die wohl auf seinem verlorenen Werk *De anno Romanorum* basierte – lässt sich hohe technische Detailkenntnis nachweisen.[3]

Die zitierte Passage steht innerhalb der Biographie exponiert nach den auf die Bürgerkriege folgenden Triumphen und Spielen (Kap. 37–39). Sie markiert den Anfang von Caesars innenpolitischen Maßnahmen; erst danach folgt die Beschreibung der Neuordnung des Senats, der Bürgerschaft und ihrer politischen Organe (Kap. 41–43). Das Kalenderjahr fungiert damit gleichsam als Spiegel des Staatswesens.

Ausgewählte Editionen, Übersetzungen und Studien

Suetons Biographie des vergöttlichten Julius ist im Rahmen von dessen Kaiserviten mehrfach ediert, kommentiert und in verschiedene Fachsprachen übersetzt worden. Die maßgebliche textkritische Edition stammt von Maximilian Ihm (1907). Neuere zweisprachige Ausgaben bieten Hans Martinet (2006) und Dietmar Schmitz (2007).

Als »langlebigste« und »unumstrittenste Leistung« Caesars[4] wird die Kalenderreform in Einführungen und Handbüchern zur römischen bzw. antiken Chronologie stets mit hoher Aufmerksamkeit bedacht. Auch in Aufsatzform wurde dieses Thema mehrfach behandelt.[5] Zu den wichtigsten neueren Forschungen zählen diejenigen von Jürgen Malitz (1987), Jörg Rüpke (1995, 369–371) und Anja Wolkenhauer (2011, 208–237).

Verwandte Quellen

Neben Sueton thematisieren zahlreiche andere antike Autoren die Kalenderreform, allen voran Ovid (*Fasti* 3, 155–166; 43 v.–17 n. Chr.), Plinius der Ältere (*Naturalis historia* 18, 211 f.; 23–79 n. Chr.), Plutarch (*Caesar* 59; ca. 45–125 n. Chr.), Censorinus (*De die natali* 20, 8–12;

2 Lambrecht 1984, bes. 78–81.
3 Gascou 1984, 77–81. 171. 338.
4 Malitz 1987, 103 bzw. 131.
5 U. a. Polverini 2000; Bayer 2002.

238 n. Chr.), Cassius Dio (43, 26; Anfang 3. Jahrhundert n. Chr.), Solinus (1, 43–45; Wende 3./4. Jahrhundert n. Chr.), Ammianus Marcellinus (26, 1, 12–14; ca. 330–400 n. Chr.) und Macrobius (*Saturnalia* 1, 14, 1–15; um 400 n. Chr.; siehe Q 49). Ovid und Plinius liegen dem Ereignis zeitlich am nächsten, während von den zeitgenössischen Reflexen, die es gegeben hat, nur eine spöttische Bemerkung Ciceros tradiert ist (Plutarch, *Caesar* 59, 6).

Siehe auch

Q 34 – Die Kalenderreform im Priesterdekret von Kanopos (238 v. Chr.)
Q 40 – Edikt und Dekret zur Einführung eines neuen Kalenders in Asia (9/8 v. Chr.)
Q 42 – Die Frühgeschichte des römischen Kalenders bei Ovid
Q 43 – Fasti Antiates maiores
Q 48 – Der Meridian des Augustus in Rom
Q 49 – Die Kalenderkorrektur des Augustus nach Macrobius

Technische Aspekte

In Rom nahm man die Synchronisation des mondbasierten »Kalenders des Numa« (siehe Chronologische Grundlagen: Rom) mit dem Lauf der Sonne spätestens seit den Decemvirn (ca. 450 v. Chr.) folgendermaßen vor: Im zweiten Jahr einer Vier-Jahres-Periode wurden 22 Tage, im vierten Jahr 23 Tage eingeschaltet. Die Schaltung selbst wurde im Februar vollzogen. Den Schaltmonat *(mensis intercalarius)* setzte man nach dem 23. Februar, dem Terminalienfest, an. Mit dem darauffolgenden Tag begann der Schaltmonat von 22 bzw. 23 Tagen, zu dem noch die fünf verbliebenen Tage des Februars hinzugerechnet und hinten angehängt wurden.[6] Hieraus ergab sich ein Vierjahreszyklus von $355 \times 4 + 22 + 23$, zusammen also 1465 Tagen. Eigentlich aber hätte ein Wert von $365 \times 4 + 1 = 1461$ Tagen erreicht werden müssen. Die überzähligen vier Tage hatten zwangsläufig zu einem immer größeren Missverhältnis zwischen kalendarischem Datum und beobachtetem Sonnenlauf geführt (die Sonne war »zu schnell«), so dass 191 v. Chr. schließlich per Gesetz dem Priesterkollegium der Pontifices die Vollmacht zur Schaltung und zur Behebung des Fehlers überantwortet wurde.[7] Damit lag die Verlängerung bzw. Nicht-Verlängerung des 355-Tage-Jahres in ihrer Hand. Dass sich der Lauf des Kalenders gegenüber dem astronomischen Jahr dann erneut verschob, lag weniger an deren Unvermögen als vielmehr an politisch-ökonomischem Kalkül (dazu unten). Im Jahr 46 v. Chr., als Caesar die Neuordnung des Kalenders vornahm,

6 Censorinus, *De die natali* 20, 5.
7 Macrobius, *Saturnalia* 1, 13, 21; dazu Rüpke 1995, 289–330 bes. 319.

betrug die Diskrepanz 90 Tage.[8] Davon sollten 23 Tage durch den regulären Schaltmonat im Februar ausgeglichen werden, die übrigen 67 Tage fügte Caesar in Form zweier zusätzlicher Monate zu je 31 Tagen und mit fünf Tagen Vorlauf wohl am 29. November und am 29. Dezember 46 v. Chr. hinzu.[9] So kommt Sueton zu der Aussage, dieses Jahr habe 15 Monate (bzw. 445 Tage) gezählt.

Im Grunde ist Caesars Neuordnung eine zweifache Reform,[10] oder genauer: eine Verbindung aus der einmaligen Korrektur des alten 355-Tage-Jahres und dessen auf Dauer angelegter Reform. Letztere umfasste die Aufstockung der alten Monate um insgesamt zehn Tage, sodass sich ein reguläres Jahr aus 365 Tagen ergab, sowie die Ersetzung des Schaltmonats *(mensis intercalarius)* durch einen vierjährlich *(quarto quoque anno)* im Februar hinzugefügten Schalttag. Dieser wurde nach Caesars Wunsch *bissextus (dies)* – »zweimal sechster (Tag)« genannt, weil er den Platz des alten Schaltmonats einnahm und somit auf den 6. Tag vor den Kalenden des März folgte (siehe Chronologische Grundlagen: Rom).[11]

Mit seiner Schaltregel war das Julianische Jahr (365,25 Tage) gegenüber dem Tropischen Sonnenjahr (ca. 365,24219 Tage) etwas zu lang, was sich aber erst im Laufe von Jahrhunderten bemerkbar machte und schließlich 1582 durch Papst Gregor XIII. korrigiert wurde, indem er zehn Tage aus dem Kalender streichen ließ: Auf Donnerstag, den 4. Oktober, folgte Freitag, der 15. Oktober. Die Schaltregel erfuhr dahingehend eine Modifikation, dass seitdem nur noch an solchen Jahrhundertjahren ein Tag eingeschoben wird, die durch 400 ohne Rest teilbar sind (1600, 2000, 2400 usw.).[12]

Soziokulturelle Auswertung

Soziokulturell lassen sich drei Hauptaspekte in den Blick nehmen. Erstens der Hintergrund der Reform: Woher nahm Caesar die Idee? Was waren die Vorbilder, was seine Motive? Zweitens die Umsetzung selbst: In welcher Funktion und kraft welcher Befugnisse gestaltete Caesar den Kalender neu? Wer unterstützte ihn dabei, und welchen Grundsätzen folgte er? Drittens schließlich die Aufnahme der neuen Zeitordnung: Woher rührte deren schnelle und relativ breite Akzeptanz?

---

8 Für eine Rekonstruktion des Kalenderlaufes in den letzten beiden Jahrzehnten vor der Reform siehe Brind'Amour 1983, 27–123.

9 Für das Vorgehen Caesars im Detail siehe die hypothetische Rekonstruktion bei Rüpke 1995, 384–387. Cassius Dio 43, 26, 1 insistiert darauf, dass Caesar nur 67 Tage einschaltete, unterschlägt offenbar jedoch den regulären Schaltmonat.

10 So Rüpke 2017, 51; unterschieden werden beide Akte bereits in den Quellen, etwa bei Censorinus, *De die natali* 20, 8 f.

11 Macrobius, *Saturnalia* 1, 14, 6. Erstmals belegt ist die Bezeichnung *bissextus* auf einem Graffito vom Magdalensberg (Österreich): AE 2006, 971; dazu Graßl 2006.

12 Von den Brincken 2000, 29–32.

Sueton begründet die Notwendigkeit der Reform mit der Divergenz zwischen dem bürgerlichen Kalender und den astronomisch bedingten Jahreszeiten. Lebenspraktische Bedeutung hatte dies im Hinblick auf die Feste, die mit landwirtschaftlichen Zyklen verbunden waren und bestimmte Opfer an die Götter erforderten – Sueton nennt die im astronomischen Sommer stattfindende Feldernte *(messis)* und die im Herbst vollzogene Weinlese *(vindemia).* Grund für die Abweichung seien Verschulden *(vitium)* und Willkür *(licentia)* der Pontifices im Hinblick auf die Schaltung gewesen. Der nur wenig früher schreibende Grieche Plutarch fügte in seiner Caesarbiographie an, dass die Pontifices völlig unvermittelt und für niemanden vorhersehbar interkaliert hätten.[13] Weniger polemisch klingt es noch bei Cicero um 52 v. Chr. und damit einige Jahre vor der Reform: bei ihm ist es schlichte Nachlässigkeit *(neglegentia).*[14] Dass Cicero die Sache thematisierte, zeugt immerhin davon, dass es zu dieser Zeit eine Diskussion über den bestehenden Kalender gab und Caesars Initiative nicht gänzlich unvermutet kam.[15] Von allen späteren Autoren geht Censorinus (*De die natali* 20, 7) am ausführlichsten auf die Motivlage des Priesterkollegiums ein:

> Aber die meisten von diesen (sc. Priestern) haben aus Abneigung oder Gefälligkeit, damit einer schneller aus dem Amt ausscheide oder es länger ausübe oder ein Staatspächter aus der Dauer des Jahres zu Vorteil oder Nachteil gelange, durch größeres oder kleineres willkürliches Schalten die Sache, die ihnen zur Verbesserung überantwortet worden war, noch weiter verdorben [...]

Die Manipulationsmöglichkeiten des Kalenders, auch jenseits der Interkalation selbst, die als politisches und ökonomisches Kampfmittel in den Parteienkonflikten der 50er Jahre v. Chr. eine große Rolle spielten,[16] darf man als Hauptursache für die gewachsene Diskrepanz zu den astronomischen Jahreszeiten ansehen.[17] Das Problem lag also nicht bei den Ponti-

---

13 Plutarch, *Caesar* 59, 3: »[...] die Priester, die allein den rechten Zeitpunkt kannten, schoben ganz plötzlich und ohne, dass irgendjemand es ahnte, den Schaltmonat ein, den sie *Mercedonius* nannten.« Zu der nur bei Plutarch tradierten Bezeichnung *Mercedonius* für den römischen Schaltmonat siehe Färber 2012, 61 f.

14 Cicero, *De legibus* 2, 29: »Die Beachtung von Feiertagen und Festtagen bedeutet Ruhe von Prozessen und Streitsachen bei den Freigeborenen, von Arbeit und Mühe bei den Sklaven; diese Tage muss die Ordnung des Jahres mit der Erledigung landwirtschaftlicher Tätigkeiten in Einklang bringen. Damit bis zu diesem Zeitpunkt die Opfergaben und das Jungvieh, die im Gesetz festgelegt sind, aufbewahrt werden, ist das Verfahren der Schaltung gewissenhaft zu handhaben; dieses wurde von Numa sachkundig eingeführt, durch die Nachlässigkeit späterer Pontifices aber verdorben.«

15 Malitz 1987, 110; Rüpke 2017, 55–57.

16 Vgl. Malitz 1987, 107–109; Rüpke 1995, 292–294. 319–322. 374 f.; Flaig 1996, 283 f.; Polverini 2000, 246; Bayer 2002, 46 f.; zuletzt Färber 2012.

17 Wolkenhauer 2011, 210–214 hingegen betont, dass Caesar selbst seit 63 v. Chr. *pontifex maximus* war und in dieser Funktion die Interkalationen überwachte, also die Diskrepanzen vielleicht bewusst in Kauf nahm, um einen Anlass für seine Reform zu bekommen.

fices allein – sie saßen bei dem chronischen Ringen um die Ressource Zeit lediglich am Hebel.[18] Mit Caesars neuem System wurde die Monatsschaltung als eines der wichtigsten Manipulationsmittel beseitigt, was nach Rüpke dessen »zentrales Anliegen«[19] gewesen sei. Ein gewisser Zynismus liegt darin, dass sich Caesar »durch die zusätzlichen 90 [...] Tage eine erhebliche Verlängerung seiner im Prinzip ja noch befristeten Dictatur« verschaffte.[20] Die zusätzlichen Tage dürften ihm für die weiteren politischen Reformen und die Vorbereitung des Spanien-Feldzugs nicht ungelegen gekommen sein.[21]

Über den ideengeschichtlichen Hintergrund schweigt sich Sueton aus. In anderen Quellen finden sich jedoch Hinweise. So habe Caesar die Idee für den neuen Kalender von seinem Aufenthalt in Ägypten 47 v. Chr. mitgebracht, obwohl es dort einen anderen, den »bürgerlichen« ägyptischen Kalender mit zwölf Monaten zu je 30 Tagen und fünf zusätzlichen Epagomenentagen gab (vgl. Chronologische Grundlagen: Ägypten).[22] Er könnte von der 238 v. Chr. unter König Ptolemaios III. Euergetes angestoßenen Kalenderreform erfahren haben, die eine Angleichung des ägyptischen Kalenders an das Sonnenjahr durch die vierjährliche Einschaltung eines Tages vorsah (siehe Q 34). Plutarch (*Caesar* 59, 5) berichtet, dass Caesar die besten Philosophen und Mathematiker hinzugezogen hatte, unter denen ein gewisser Sosigenes federführend war (Plinius, *Naturalis historia* 18, 211 f.). Caesar selbst zeigte sich auf wissenschaftlichen Gebieten äußerst versiert: In seiner verlorenen Schrift *De astris* hat er sich persönlich mit astronomischen Fragen befasst und womöglich auch seine Reform gerechtfertigt.[23]

Während Caesar die Korrektur des Jahres 46 v. Chr. in seiner Funktion als leitender Oberpriester *(pontifex maximus)* vornahm, veranlasste er die Neuordnung des Kalenders und der Schaltung als Dictator per Edikt.[24] Bei der Ausformulierung unterstützte ihn der Amtsschreiber *(scriba)* Marcus Flavius (Macrobius, *Saturnalia* 1, 14, 2).[25] Der Senat wurde zwar informiert, doch gab es weder einen Senatsbeschluss noch eine *lex.* Die enge Bindung des neuen Kalenders an Caesars Person sei nach Malitz »ein durchaus monarchi-

---

18 Bei Stern 2012, 220 f. werden die Pontifices zu sehr als geschlossene Gruppe im Widerstreit mit Caesar hingestellt, obwohl diese oft zugleich politische Ämter innehatten und Parteigänger Caesars waren: vgl. Flaig 1996, 282 f.

19 Rüpke 1995, 375; ähnlich schon Malitz 1987, 128. Ob Caesar daneben noch einen Nutzen für die Verwaltung des Reiches intendierte, wie es Stern 2012, 224. 262 nahelegt, ist auf Basis der vorhandenen Quellen nicht zu verifizieren.

20 Malitz 1987, 125.

21 Rüpke 1995, 388.

22 So Cassius Dio 43, 26, 2; Macrobius, *Saturnalia* 1, 14, 3; 1, 16, 39; Appian, *Bella civilia* 2, 154.

23 Malitz 1987, 111 f. 117. 121–123.

24 Rüpke 1995, 387.

25 Dessen Existenz wird angezweifelt bei Brind'Amour 1983, 181–187, gefolgt von Wolkenhauer 2011, 216 Anm. 636.

scher Zug«[26] gewesen: Dem sagenhaften Vorbild des römischen Königs Numa folgend, dem man die Reform des angeblich unsinnigen Kalenders des Romulus zuschrieb,[27] hätte er sich damit zum Herrn über die Zeit stilisiert.[28]

Dennoch gerierte sich Caesar bei der praktischen Umsetzung alles andere als selbstherrlich. Der vierjährliche Schalttag nahm exakt den Platz des alten Schaltmonats ein. Auch die Aufstockung der Monate erfolgte mit Bedacht: Die alten Monatsnamen blieben erhalten, es kamen keine neuen Festtage hinzu und die zehn zusätzlichen Tage wurden jeweils in die Zeiträume zwischen dem letzten Feiertag und dem letzten Tag eines Monats eingefügt.[29] So kam es nur zu geringen Irritationen, etwa im Bereich privater Feste wie Geburtstagen oder bei den *Saturnalia* im Dezember; diese wurden – nach üblicher römischer Zählweise – von den Kalenden des nachfolgenden Monats her bestimmt, zu denen sie wegen der von Caesar eingefügten Tage nun größeren Abstand hatten.[30]

Diese kaum merklichen Eingriffe in das bestehende zeitliche Sinngefüge Roms sicherten dem Reformakt eine breite Akzeptanz. »Einmal durchgesetzt, wurde der Kalender ohne erkennbare Begeisterung, aber auch ohne wirklichen Widerstand verwandt.«[31] Unmittelbare Kritik erntete weniger die Reform an sich, dessen Wert man »zähneknirschend« anerkannte, als vielmehr ihr »Befehlscharakter« per Edikt.[32] Nach Caesars Tod im März 44 v. Chr. erfuhr seine Leistung insofern offene Anerkennung, als sein Geburtsmonat *Quintilis* in *Iulius* umbenannt wurde (Macrobius, *Saturnalia* 1, 12, 34). Endgültig sanktionierte den neuen Kalender der Adoptivsohn Caesars und spätere Princeps Augustus, indem er 8 v. Chr. den Schaltfehler der Pontifices korrigierte, die – irrtümlich oder bewusst – alle drei statt alle vier Jahre einen Tag eingeschoben hatten (siehe Q 49). Während das neue Jahr und der von Caesar beigelegte Witterungskalender[33] wohl bald in die bäuerliche Praxis Italiens Einzug hielten,[34] ließ die Rezeption in der landwirtschaftlichen Fachliteratur länger auf sich warten.[35] Die Verbreitung des Julianischen Kalenders ging im lateinischen

26 Malitz 1987, 116. Siehe auch Wolkenhauer 2011, 209.

27 Plutarch, *Numa* 18; vgl. Q 42.

28 Man beachte, wie Lucan, *Pharsalia* 10, 185–187 (Mitte 1. Jh. n. Chr.) Caesar den eigenen Kalender höchst selbstbewusst anpreisen lässt. Die symbolische Valenz des Kalenders betont auch Stern 2012, 222, allerdings im Hinblick auf die politische Ordnung Roms.

29 Dies stellt bereits Censorinus, *De die natali* 20, 9 heraus: »Und diese Tage fügte er den hintersten Teilen der Monate hinzu, damit nämlich die Kultfeste der einzelnen Monate nicht von ihrem Platz gerückt werden.« Detailliert auch bei Macrobius, *Saturnalia* 1, 14, 6–12; vgl. Malitz 1987, 119; Rüpke 1995, 375–380.

30 Rüpke 1995, 388; Feeney 2007, 153–156.

31 Rüpke 1995, 387.

32 Malitz 1987, 126. Dies erschließt sich einerseits aus dem ausbleibenden Lob in zeitgenössischen Schriften, andererseits aus der bei Plutarch, *Caesar* 59, 6 tradierten Spöttelei Ciceros über einen astronomischen Fehler in Caesars Witterungskalender. Zu Ciceros Kritik siehe umfassend Wolkenhauer 2011, 221–234.

33 Plinius, *Naturalis historia* 18. Vgl. Rüpke 2017, 58.

34 Dafür sprechen die sogenannten römischen Bauernkalender oder *Menologia rustica*: Q 50.

35 Malitz 1987, 123 f.

Westen des Imperium Romanum generell recht schnell vonstatten, während er im griechischen Osten zunächst nur die Funktion eines Rahmenkalenders erlangte, der die Übersetzung von Daten erleichterte (siehe Q 40 und Q 58).[36]

Bibliographie

Bayer 2002
K. Bayer, Antike Zeitmessung. Die Kalenderreform des Caius Iulius Caesar, in: M. Herzog (Hrsg.), Der Streit um die Zeit. Zeitmessung – Kalenderreform – Gegenzeit – Endzeit, Irseer Dialoge 5 (Stuttgart 2002) 35–64.

von den Brincken 2000
A.-D. von den Brincken, Historische Chronologie des Abendlandes. Kalenderreformen und Jahrtausendrechnungen, eine Einführung (Stuttgart 2000).

Brind'Amour 1983
P. Brind'Amour, Le calendrier romain. Recherches chronologiques, Collection d'études anciennes de l'Université d'Ottawa 2 (Ottawa 1983).

Färber 2012
R. Färber, Zeit ist Geld. Kalendermanipulation und die ökonomische Bedeutung des Schaltmonats, in: A. Hartmann – G. Weber (Hrsg.), Zwischen Antike und Moderne. Festschrift für Jürgen Malitz zum 65. Geburtstag (Speyer 2012) 31–55.

Feeney 2007
D. Feeney, Caesar's Calendar. Ancient Time and the Beginnings of History, Sather Classical Lectures 65 (Berkeley 2007).

Flaig 1996
E. Flaig, Kampf um die soziale Zeit – in der römischen Antike. Rez. zu Rüpke 1995, Historische Anthropologie 4, 1996, 280–285.

Gascou 1984
J. Gascou, Suétone historien, Bibliothèque des Écoles Françaises d'Athènes et de Rome 255 (Rom 1984).

Graßl 2006
H. Graßl, Marktgeschehen und Schalttag: Ein verkanntes Graffito am Magdalensberg, in: R. Rollinger – B. Truschnegg (Hrsg.), Altertum und Mittelmeerraum: Die antike Welt diesseits und jenseits der Levante. Festschrift für Peter W. Haider zum 60. Geburtstag, Oriens et Occidens. Studien zu antiken Kulturkontakten und ihrem Nachleben 12 (Stuttgart 2006) 651–654.

Ihm 1907
C. Suetonius Tranquillus, De vita Caesarum libri VIII, hrsg. von M. Ihm (Stuttgart 1907).

Lambrecht 1984
U. Lambrecht, Herrscherbild und Prinzipatsidee in Suetons Kaiserbiographien. Untersuchungen zur Caesar- und Augustus-Vita (Bonn 1984).

Malitz 1987
J. Malitz, Die Kalenderreform Caesars. Ein Beitrag zur Geschichte seiner Spätzeit, Ancient Society 18, 1987, 103–131.

---

36 Vgl. Rüpke 1995, 389–391; Stern 2012, 225–227; Feeney 2007, 210 (mit jeweils unterschiedlichen Gewichtungen und Interpretationen).

Martinet 2006
Sueton, Die Kaiserviten. Berühmte Männer, lat.-dt. hrsg. und übers. von H. Martinet [3](Düsseldorf 2006).
Polverini 2000
L. Polverini, Il calendario giuliano, in: G. Urso (Hrsg.), L'ultimo Cesare: scritti riforme progetti congiure, Atti del convegno internazionale, Cividale del Friuli, 16–18 settembre 1999, Monografie del Centro ricerche e documentazione sull'antichità classica 20 (Rom 2000) 245–258.
Rüpke 1995
J. Rüpke, Kalender und Öffentlichkeit. Die Geschichte der Repräsentation und religiösen Qualifikation von Zeit in Rom, Religionsgeschichtliche Versuche und Vorarbeiten 40 (Berlin 1995).
Rüpke 2017
J. Rüpke, Doubling Religion in the Augustan Age: Shaping Time for an Empire, in: J. Ben-Dov – L. Döring (Hrsg.), The Construction of Time in Antiquity. Ritual, Art, and Identity (Cambridge 2017) 50–68.
Schmitz 2007
C. Suetonius Tranquillus, Caesar, lat.-dt. hrsg. und übers. von D. Schmitz [2](Stuttgart 2007).
Stern 2012
S. Stern, Calendars in Antiquity. Empires, States, and Societies (Oxford 2012).
Wolkenhauer 2011
A. Wolkenhauer, Sonne und Mond, Kalender und Uhr. Studien zur Darstellung und poetischen Reflexion der Zeitordnung in der römischen Literatur, Untersuchungen zur antiken Literatur und Geschichte 103 (Berlin 2011).

Q 47 Die Stifterinschrift einer Uhr aus Idanha-a-Velha (Portugal)

Jérôme Bonnin

Text: AE 1961, 349

Q(uintus) Iallius Sex(ti) f(ilius) Papi(ria tribu) Augu(sta?) | orarium donavit | Igaiditanis l(ibens) a(nimo) f(ecit) per mag(isterium?) | Toutoni Arci f(ilii) |5 Malgeini Manli f(ilii) | Celti Arantoni f(ilii) | Ammini Ati f(ilii) | Domitio Aenobarbo | P(ublio) Cornelio Scipione co(n)[s(ulibus)]

Übersetzung

Quintus Iallius, Sohn des Sextus, von der Tribus Papiria, aus Emerita Augusta, hat den Igaeditanern eine Uhr geschenkt. Bereitwillig und von Herzen gerne hat er das vollendet vermittelst der Magistrate Toutonius, Sohn des Arcius, Malgeinius, Sohn des Manlius, Celtius, Sohn des Arantonius, Amminius, Sohn des Atius, im Konsulatsjahr des (Lucius) Domitius Ahenobarbus und des Publius Cornelius Scipio.

Übersetzung von Roland Färber.

Zur Quelle

Die Inschrift wurde in Idanha-a-Velha in Portugal gefunden und wird heute im dortigen Museum aufbewahrt. Dank der Nennung der Konsulate von L. Domitius Ahenobarbus und P. Cornelius Scipio kann sie in die ersten Monate des Jahres 16 v. Chr. datiert werden. Sie berichtet vom Geschenk einer Uhr durch Quintus Iallius mithilfe von Magistraten der Stadt. Wie bei nahezu allen derartigen Inschriften ist nicht angegeben, um welche Art von Uhr es sich handelte, ob um eine Sonnenuhr oder eine hydraulische Uhr. Eine nähere Bestimmung erlaubt jedoch der Kontext der Inschrift (siehe dazu den Abschnitt Technische Aspekte). Es handelt sich dabei um das älteste epigraphische Zeugnis der *civitas Igaeditanorum,* abgefasst lange bevor diese *civitas* in den Rang eines Munizipiums aufstieg.[1] Dies ist auch ihr besonderer Wert, da nur wenige epigraphische Quellen jenseits von Italien Geschenke von Uhren belegen.

1 Étienne 1992, 355.

Ausgewählte Editionen und Studien

Die Inschrift wurde in mehreren Corpora und Periodica veröffentlicht, u. a. ILER 2082, AE 1961, 349, AE 1967, 144 und AE 1992, 951. Die Literatur ist vergleichsweise umfangreich, was in Bezug auf die *horologia* selten ist. Dabei stehen das Datum der Inschrift und insbesondere die Namen und Funktionen der Spender meist stärker im Vordergrund als das Geschenk der Uhr selbst: siehe z. B. Félix Alves Pereira (1934), Fernando De Almeida (1956), Vasco Mantas (1988), Robert Étienne (1992) und schließlich Juan Abascal (2002). Die beiden letztgenannten Publikationen sind für die Auswertung der Inschrift am ergiebigsten.

Verwandte Quellen

Stiftungen von Uhren waren in der römischen Kaiserzeit ein weit verbreitetes Phänomen. Lässt man diejenigen Instrumente beiseite, die als Votivgaben in Heiligtümer kamen oder militärischen Zwecken dienten, so stammten diese Schenkungen in erster Linie von Personen, die am kommunalen Leben beteiligt waren. Manchmal handelte es sich dabei um hochrangige Männer. In zwei Fällen trat sogar ein Kaiser als Spender auf.[2]

In den meisten Fällen (insgesamt 17) war der Spender ein Magistrat:[3] entweder ein Ädil, oder ein Magistrat vom Typ *duumvir, quinquennalis, quattuorvir* und ein ehemaliger Ädil. Die Ädilen waren dazu prädestiniert, solche Objekte zu stiften, weil Uhren ebenso als ein Teil der architektonischen Ausstattung der Stadt angesehen wurden wie andere Monumente. Uhren waren aber deutlich günstiger. Deswegen stellten sie auch selten die einzige Gabe dar, falls es sich beim Spender um einen Magistrat höheren Ranges handelte. Duumvirn und Quattuorvirn *iure dicundo* sind ebenso häufig als Donatoren von Uhren belegt. Dies ist sowohl auf ihre richterliche Funktion als auch auf ihre Bedeutung für das Funktionieren der Munizipien oder der Kolonien zurückzuführen. Schließlich zählen noch ein Provinzprokurator und ein nicht näher spezifizierter Präfekt zu den wichtigsten öffentlichen Stiftern.[4]

Diese kurze Übersicht zeigt, dass Uhren zu den häufigsten Geschenken zählten, die Magistrate für ihre Städte in Italien, aber auch in den Provinzen machen konnten. Sofern die Gabe der Uhr von weiteren Stiftungen bzw. Zuwendungen wie Portiken, Pflasterun-

---

2 So in Pozzuoli zu Beginn des 1. Jh. n. Chr. (AE 2002, 346) und in Sorrent im Jahre 80 n. Chr. (AE 1902, 40).

3 Soweit die Funktion des Spenders erwähnt wird. Stiftungen, bei denen dieses Element bekannt ist und bei denen der Spender kein Magistrat war, sind selten. Bekannt sind die Fälle eines Handwerkers in Tarragona (CIL II 4316) und eines Bauern in der Nähe von Ephesos vom Ende der Kaiserzeit (I. Eph. VII 1, 3223 A). Der Häufigkeit nach folgen Flamines, lebenslängliche Flamines, Pontifices, Militärs, Militärtribunen, Kohortenpräfekten etc.

4 Für alle verfügbaren Daten zu Personen, die hauptsächlich während der Kaiserzeit Uhren gespendet haben, siehe Bonnin 2015, 247–250.

gen, Tribünen, Tempeln oder Reparaturen öffentlicher Gebäude begleitet war, sollte die Uhr vermutlich einen Ort schmücken, der bereits weitgehend von der dominierenden römischen Kultur geprägt war. Es sollte damit aber auch demonstriert werden, dass die Zeitmessung offizieller Teil des urbanen Zentrums war. Tatsächlich ist das Geschenk mehr als zweideutig, wenn die Uhr das einzige Element ist, das in der Stifterinschrift erwähnt wird, und noch mehr, wenn es sich um eines der ersten Geschenke handelt, die einer »einheimischen« Gemeinschaft gegeben werden. Letzteres ist bei der Inschrift von Idanha-a-Velha der Fall.

Siehe auch

Q 7 – Eine Sonnenuhr aus dem Tal der Könige
Q 36 – Der Turm der Winde in Athen
Q 48 – Der Meridian des Augustus in Rom
Q 51 – Die Stunden des Tages nach Martial
Q 53 – Eine Sonnenuhr in zwei Grabepigrammen aus Sillyon

Technische Aspekte

Wie bei nahezu allen derartigen Inschriften werden keine näheren Angaben zur Beschaffenheit der Uhr gemacht. Der verwendete Begriff *orarium,* in der Literatur als *horarium* (von lat. *hora,* »die Stunde«) vorzufinden, bezieht sich – mit einer Ausnahme[5] – immer auf Sonnenuhren. Im aktuellen epigraphischen Corpus ist *(h)orarium* nur ein einziges Mal belegt – der Begriff war also entweder archaisch oder im Vergleich zum üblichen Terminus *horologium* wenig gebräuchlich.

Der Spender Quintus Iallius stammte vermutlich aus Augusta Emerita (Mérida), einer römischen Kolonie, die im Jahr 25 v. Chr. gegründet worden war.[6] Als er einer der Notablen in der Kolonie geworden war, schenkte er den Igaeditanern ein *orarium.* Es wurde dort von den vier Magistraten, die für die Ausgaben der Stadt zuständig waren, gemäß einer gastfreundschaftlichen Prozedur in Empfang genommen. Der Unterschied zwischen dem römischen Bürger Iallius und dem Kollegium der vier Magistrate ist auffallend. Die Filiation Letzterer ist angegeben, was der Beweis für eine allmähliche Akkulturation ist. Jedoch handelt es sich um einzigartige Namen keltischen Klanges.[7] Man hat hier ein Beispiel für eine Gesellschaft, die von der römischen Zivilisation noch nicht wirklich berührt

5 Censorinus, *De die natali* 23, 7.
6 Étienne 1992, 357.
7 Ebd., 358.

wurde. Nun aber erhält die Stadt ein symbolisches Denkmal, das als *orarium* bezeichnet wird, aber als *horarium* zu lesen ist.

Soziokulturelle Auswertung

Entscheidend an dieser Inschrift ist es nicht, zu wissen, um welchen Typ von Uhr es sich handelte oder woher diese kam, sondern den Grund für die Feierlichkeit dieses Geschenks zu verstehen.[8] Das von Quintus Iallius gestiftete *orarium* wurde offiziell der Exekutive der Stadt übergeben. Daher kann es sich nicht um eine einfache Geste von Euergetismus gehandelt haben. Das Aufstellen einer Uhr in einer indigenen Gemeinschaft, die sicher von Rom anerkannt wurde, bedeutet, dass die *civitas Igaeditanorum* in die sozialen Gewohnheiten integriert war, die das Gemeinschaftsleben ebenso regulierten wie individuelle Praktiken.[9] Fortan unterlag die Zeit nicht mehr nur dem ständigen Lauf der Sonne, und die »bäuerlichen« Gewohnheiten mussten sich mit der Unterteilung des Tages in zwölf Teile arrangieren. Von einem Bürger aus Augusta Emerita kommend, beweist das Geschenk den Willen dieser Gemeinschaft, sich »auf die Stunde« der Hauptstadt einzustellen, und gleichermaßen den Willen der Zentrale, ein Netz von Hauptorten einzurichten, um vollwertige Ansprechpersonen als unentbehrliche Rädchen für die Übermittlung von Anweisungen des kaiserlichen Provinzgouverneurs zu haben.

Ein Aspekt von großer Bedeutung spielt bei diesem Geschenk schließlich eine zusätzliche Rolle: Die Gründung der Provinzen Baetica und Lusitania datiert ebenfalls in das Jahr 16 v. Chr. Die offizielle Aushändigung einer Uhr an die *civitas Igaeditanorum* zur selben Zeit kann kein Zufall sein. Die Ziehung einer neuen Provinzgrenze löste eine Reihe von Verwaltungsakten aus, die neue Gewohnheiten einführten und den Fortschritt der »Romanisierung« begleiteten.

Infolgedessen kann die Uhr nicht nur als Messinstrument, sondern auch als Instrument der Herrschaft und der Akkulturation betrachtet werden, das ohne offensichtlichen Zwang die Gewohnheiten der Provinzstadt zu verändern vermochte. Hierbei ist jedoch zu berücksichtigen, dass dieses Textgenre selten ist und dass Uhren oft in Städten gestiftet wurden, in denen bereits andere römische Elemente – andere »Richtungsinstrumente« wie z. B. Basiliken, Foren oder Tempel für den kaiserlichen Kult – vorhanden waren. Die Rolle der Uhr als Vektor einer Lebensweise war für die meisten Provinzen im Wesentlichen auf das 1. Jahrhundert v. Chr. und das 1. Jahrhundert n. Chr. beschränkt. Danach

8 Ob diese Sonnenuhr für Mérida oder für den Ort berechnet wird, an dem sich die *civitas Igaeditanorum* befindet, ändert praktisch nichts (Étienne 1992, 362). Es gibt nur einen Breitengradunterschied von 2° 23' 13,54''. Hinsichtlich der Zeitangabe entspricht dies einem Unterschied von nur 9 bis 10 Minuten.

9 Étienne 1992, 359.

wurde sie wieder zu einem einfachen Zeitmessgerät, wobei die Zeit der Hauptstadt von da an akzeptiert und assimiliert war.

Bibliographie

Abascal 2002
J. M. Abascal, Fasti consulares, fasti locales y horologia en la epigrafía de Hispania, Archivo Español de Arqueologia 75, 2002, 269–286.

Alves Pereira 1934
F. Alves Pereira, Hièrologia de um povo da Lusitania, Anuario del Cuerpo Facultativo de Archiveros, Bibliotecarios y Arqueólogos 2, 1934, 279–288.

Bonnin 2015
J. Bonnin, La mesure du temps dans l'Antiquité (Paris 2015).

De Almeida 1956
F. De Almeida, Egitânia. História e Arqueologia (Lissabon 1956).

Étienne 1992
R. Étienne, L'horloge de la Civitas Igaeditanorum et la création de la province de Lusitanie, Revue des Études Anciennes 94, 1992, 355–362.

Mantas 1988
V. G. Mantas, Orarium donavit Igaiditanis: Epigrafia e funçoes urbanas numa capital regional lusitania, in: G. Pereira Menaut (Hrsg.), Actas 1er Congreso Peninsular de Historia Antigua, Santiago de Compostela 1–5 Julio 1986, Bd. 2 (Santiago de Compostela 1988) 415–439.

Q 48 Der Meridian des Augustus in Rom

Jérôme Bonnin

Text: Plinius der Ältere, *Naturalis historia* 36, 72–73

(72) *Ei qui est in campo divus Augustus addidit mirabilem usum ad deprendendas solis umbras dierumque ac noctium ita magnitudines, strato lapide ad longitudinem obelisci, cui par fieret umbra brumae confectae die sexta hora paulatimque per regulas, quae sunt ex aere inclusae, singulis diebus decresceret ac rursus augesceret, digna cognitu res, ingenio Facundi Novi mathematici. Is apici auratam pilam addidit, cuius vertice umbra colligeretur in se ipsam, alias enormiter iaculante apice, ratione, ut ferunt, a capite hominis intellecta.* (73) *Haec observatio XXX iam fere annis non congruit, sive solis ipsius dissono cursu et caeli aliqua ratione mutato sive universa tellure a centro suo aliquid emota (ut deprehendi et aliis in locis accipio) sive urbis tremoribus ibi tantum gnomone intorto sive inundationibus Tiberis sedimento molis facto, quamquam ad altitudinem inpositi oneris in terram quoque dicuntur acta fundamenta.*

Übersetzung

(72) Dem auf dem Marsfeld stehenden Obelisken gab der vergöttlichte Augustus eine bemerkenswerte Bestimmung, nämlich die Schatten der Sonne und auf diese Weise die Länge der Tage und Nächte anzuzeigen; er ließ ‹entsprechend› der Länge des Obelisken ein Steinpflaster in den Boden legen, dem der Schatten am Tag der Wintersonnenwende in der sechsten Stunde gleichkommen sollte und der allmählich nach den aus Erz eingelegten Streifen an den einzelnen Tagen abnahm und wieder länger wurde, eine Anlage, die wert ist, sie kennenzulernen, ersonnen vom Scharfsinn des Mathematikers Novius Facundus. Dieser ließ an der Spitze eine vergoldete Kugel anbringen, in deren Scheitel sich der Schatten in sich selbst sammeln sollte, da ihn die Spitze sonst unregelmäßig geworfen hätte; auf diese Einrichtung soll er durch den Schatten vom Kopf eines Menschen gekommen sein. (73) Die ‹ursprüngliche› Beobachtung trifft bereits seit fast 30 Jahren nicht mehr zu, sei es, dass der Lauf der Sonne selbst abweicht und am Himmel sich irgendein Verhältnis geändert hat, sei es, dass die gesamte Erde etwas aus dem Mittelpunkt gerückt wurde (was, wie ich feststelle, auch an anderen Orten bemerkt wurde), sei es, dass durch Erdbeben im Bereich der Stadt der Zeiger verschoben wurde oder dass sich durch Überschwemmungen des Tiber das Auflager des Kolosses gesetzt hat, obgleich, wie man sagt, die Fundamente der darauf liegenden Last entsprechend auch in die Tiefe gelegt sind.

Übersetzung nach König 1992.

Zur Quelle

Der Meridian des Augustus ist eines der Wahrzeichen des kaiserlichen Rom sowie der antiken Gnomonik. Zusammen mit dem Turm der Winde in Athen (siehe Q 36) wurde seit der 2. Hälfte des 20. Jahrhunderts kein anderes Denkmal im Zusammenhang mit der Zeitmessung so oft untersucht und zitiert. Vor allem aber hat kein anderes gnomonisches Denkmal so viele Überlegungen, Standpunkte und leidenschaftliche Erklärungen zu all seinen Details hervorgebracht, die mitunter von der archäologischen und literarischen Realität weit entfernt waren. Es ist unmöglich, hier alle Annahmen und Theorien zu diesem einzigartigen Denkmal umfassend zu schildern. Unabdingbar jedoch ist, die korrekte Bezeichnung für dieses Instrument klarzustellen. Seit seiner »Wiederentdeckung« durch Edmund Buchner in den Jahren 1975–1980 waren bis vor kurzem die Termini »Horologium Augusti« oder »Solarium Augusti« gebräuchlich. Die jüngsten Publikationen, die von den alten Annahmen weniger beeinflusst sind, verwenden heute jedoch eher die Bezeichnung »Meridian des Augustus« – die einzige, die aus literarischer und archäologischer Sicht haltbar ist.[1]

Es gibt viele Quellen zu diesem Denkmal, epigraphische und archäologische, alte und neue. Die wichtigste und nach heutigem Stand zuverlässigste Quelle ist jedoch die zitierte Passage im 36. Buch der *Naturgeschichte* von Plinius dem Älteren (30–79 n. Chr.). Dieses Werk besteht aus insgesamt 37 Büchern. Es wurde im Jahr 77 n. Chr. publiziert und ist dem Kaisersohn Titus gewidmet. Es handelt sich dabei um ein Hauptwerk der römischen Literatur, um eine Enzyklopädie des damaligen Wissens über die Natur, die aus verschiedenen Quellen zusammengetragen wurde, mit dem Ziel, diejenigen Informationen bereitzustellen, die für einen kultivierten Römer unverzichtbar waren. In Buch 36 erwähnt der Autor alle ägyptischen Obelisken in Rom. Nachdem er einige vorgestellt hat, konzentriert er sich genauer auf den am Marsfeld aufgestellten Obelisken, der als erster in die *Urbs* gebracht worden war und dessen Funktion seiner Meinung nach besonders bemerkenswert war *(mirabilem usum)*. Die von Plinius gegebenen Informationen sind recht einfach zu verstehen. Sie ermöglichen es, das Monument, das auf dem Marsfeld stand, zu rekonstruieren. Dabei ist Plinius der einzige, der den von Augustus errichteten Obelisk-Gnomon erwähnt. Dies kann auf Lücken in der Überlieferung antiker Literatur, auf die rasche Zerstörung des Monuments oder auf ein schnelles Desinteresse daran zurückzuführen sein.

Für die Analyse stehen zwei weitere Quellen zur Verfügung. Erstens die Basis des Obelisken – der einzige Baubestandteil, der an das Vorhandensein des Monuments nach seinem

---

1 Das Infragestellen von Edmund Buchners Theorie ist nicht neu: Andere Forscher (Schütz 1990; Heslin 2007; Heslin 2011; Albèri Auber 2014; Albèri Auber 2016; Frischer 2017) haben diese Interpretationen bereits kritisiert und die lange unangefochtene Bezeichnung »Horologium Augusti« und dessen komplexe Symbolik widerlegt.

Fall oder seiner Zerstörung im 8. Jahrhundert n. Chr. erinnert. Diese Basis wurde Ende des 15. Jahrhunderts n. Chr. unter Papst Julius II. (1503–1513 n. Chr.) wiederentdeckt. Aber erst im Jahr 1748 wurde auf Wunsch von Papst Benedikt XIV. beschlossen, unter der Leitung von Angelo M. Bandini den in fünf Teile zerbrochenen Obelisken auszugraben, zu transportieren und zu schützen. Zwei Jahre später veröffentlichte Bandini seine Entdeckungen und Hypothesen zur Wiederherstellung.[2] Seit dem Jahr 1792 steht der Obelisk nun auf der Piazza Montecitorio vor dem italienischen Parlament. Sein Sockel trägt folgende Inschrift:[3]

> Imperator Caesar Augustus, Sohn des vergöttlichten (Julius), *pontifex maximus, imperator* zum 12. Mal, Konsul zum 11. Mal, Inhaber der tribunizischen Gewalt zum 14. Mal, hat (dieses Monument) dem Sol zum Geschenk gemacht, nachdem Ägypten unter die Herrschaft des römischen Volkes gebracht worden war.

Die kaiserliche Titulatur erlaubt es, die Errichtung des Obelisken zwischen Juli 10 v. Chr. und Juni 9 v. Chr. zu datieren. Die Inschrift liefert insgesamt nur wenige Informationen, diese sind allerdings wichtige Elemente für die Untersuchung des Meridians: Erwähnt werden der Sonnengott *(Sol)*, Ägypten und die Funktion des Augustus als *pontifex maximus*.[4]

Die zweite, jüngere Quelle geht auf zufällige Entdeckungen im 15. und 18. Jahrhundert zurück. Eine Textpassage in der »Storia degli scavi di Roma I« von Rodolfo A. Lanciani, die ihrerseits wiederum auf Notizen aus dem Jahre 1484 eines Studenten von Pomponius Leto beruht, macht folgende Angaben (in Übersetzung):[5]

> Wo sich die Kirche von San Lorenzo in Lucina mit ihren Gärten befindet, dort war einmal das sogenannte Marsfeld, auf dem Volksversammlungen abgehalten wurden. Und wo das neue Haus gebaut worden ist für die Kapläne [Mesner] einer gewissen Kapelle in San Lorenzo, befand sich die Basis des weitgerühmten Horologiums.

---

2 Bandini 1750.

3 CIL VI 702 (ILS 91): *Imp(erator) Caesar divi fil(ius) | Augustus | pontifex maximus | imp(erator) (duodecimum) co(n)s(ul) (undecimum) trib(unicia) pot(estate) (quarta decima) | Aegypto in potestatem | populi Romani redacta | Soli donum dedit.*

4 *Pontifex maximus* ist der Titel, der dem leitenden Priester des Kollegiums der Pontifices verliehen wurde. Dies ist das höchste Amt hinsichtlich Ansehen und Verpflichtungen in der römischen Staatsreligion.

5 Lanciani 1902, 83: *UBI EST ecclesia sancti Laurentii in Lucina cum hortis, ibi fuit campus appellatus Martius: in quo habebantur comitia. Et ubi est domus nova facta, quae est capellanorum [aedituorum] cuiusdam capellae s. Laurentii, fuit basis orologii nominatissimi. // IN CAMPO MARTIO, ubi est ephm [ephebeum / epitaphium?] capellanorum, ibi fuit [vidimus] effosum orologium: quod habebat VII gradus circum, et lineas distinctas metallo inaurato. Et solum campi erat ex lapide amplo quadrato, et habebat lineas easdem: et in angulis quatuor venti ex opere musivo cum inscriptione ut BOREAS SPIRAT.* Für genaue Referenzen und zur Textüberlieferung siehe Heslin 2007, 10 f., an dessen Übersetzung sich auch die hier gegebene orientiert; *ephebeum*, nach antikem Verständnis ein Übungsplatz für die Jünglinge in der Palästra, übersetzt er als *Dormitorium*.

> Auf dem Marsfeld, wo sich das Ephebeum (oder: Grab?) der Kapläne befindet, dort wurde [ich habe es selbst gesehen] das Horologium ausgegraben: Es hatte sieben Stufen ringsum und mit vergoldetem Metall hervorgehobene Linien. Und der Boden des Platzes bestand aus ansehnlichen, wohlgefügten Steinplatten, und darauf dieselben Linien: und in den Ecken Mosaike der vier Winde mit Inschriften wie: »Boreas weht«.

Man erfährt, dass vor dem Jahr 1484 bei Arbeiten für ein neues Gebäude – *domus nova facta* – für die Kapläne der Kirche San Lorenzo in Lucina erstmals die Basis des Obelisken entdeckt worden war. Ebenso kamen dabei ein Teil der Meridianlinie sowie eine Windrose zum Vorschein. Dieser Text wird später von Buchner falsch interpretiert, der annimmt, dass die Inschriften beim Bau des Calandrino-Grabes im Jahre 1463 *in* der Sakristei der Kirche San Lorenzo in Lucina vorgefunden worden seien.

Die zweite wichtige archäologische Untersuchung geht auf Friedrich Rakob zurück, der zwischen 1979 und 1981 an vierzehn Punkten Sondierungen durchführte, um die Hypothesen Buchners zu belegen. Allerdings lieferte nur die Untersuchung unter dem Haus Nr. 48 der Via di Campo Marzio positive Resultate. Dabei kam eine Pflasterung aus Travertin zum Vorschein, die aus mehreren Typen von Steinen bestand, mit einem 2,3 m breiten Streifen aus ununterbrochenen Blöcken in der Mitte (Abb. 1).

Dieses Band mit perfekter Nord-Süd-Ausrichtung besitzt noch zahlreiche inschriftliche Angaben sowie Bronzelinien. So kamen die Tierkreiszeichen [ΚΡΙ]ΟΣ / ΠΑΡΘ[ΕΝΟΣ] (Widder / Jungfrau) und ΤΑΥΡ[ΟΣ] / [ΛΕ]ΩΝ (Stier / Löwe) mit den beiden zusätzlichen Kalenderinschriften ΕΤΗΣΙΑΙ ΠΑΥΟΝΤΑΙ (»wenn die Etesischen Winde zu wehen aufhören«), und ΘΕΡΟΥΣ ΑΡΧΗ (»wenn der Sommer beginnt«) zum Vorschein. Sechzehn bronzene Markierungslinien sind für die Zeichen Stier / Löwe erhalten und elf für die Zeichen Widder / Jungfrau. Anhand der Überreste lässt sich erkennen, dass die Unterteilung den zwölf Tierkreiszeichen folgte.

Schließlich zeigt die archäologische Untersuchung auch, dass der erhaltene Teil der Meridianlinie sich nicht in augusteischen Schichten befindet, sondern fast 1,50 m oberhalb und zwar in Schichten, die in etwa in die Zeit des Kaisers Domitian datieren. Dies weist darauf hin, dass das Instrument des Augustus – wie auch im Text des Plinius angegeben – relativ schnell etwas höher neu angelegt wurde, wobei das Material soweit möglich wiederverwendet wurde. So zeigen etwa die griechischen Buchstaben eine für die augusteische Zeit typische Schreibweise. Letztendlich wurde zur Zeit Kaiser Hadrians die Meridianlinie durch ein Becken ersetzt. Der Obelisk war 2–3 m in den Boden eingesunken – auf erste Anzeichen dafür deutet bereits die Beschreibung des Plinius hin. Danach gerät der Meridian in Vergessenheit, bis Bandini ihm eine vollständige Studie widmet, Buchner das Monument erneut zum Leben erweckt und dadurch das Interesse der Gelehrtenschaft erregt wird.

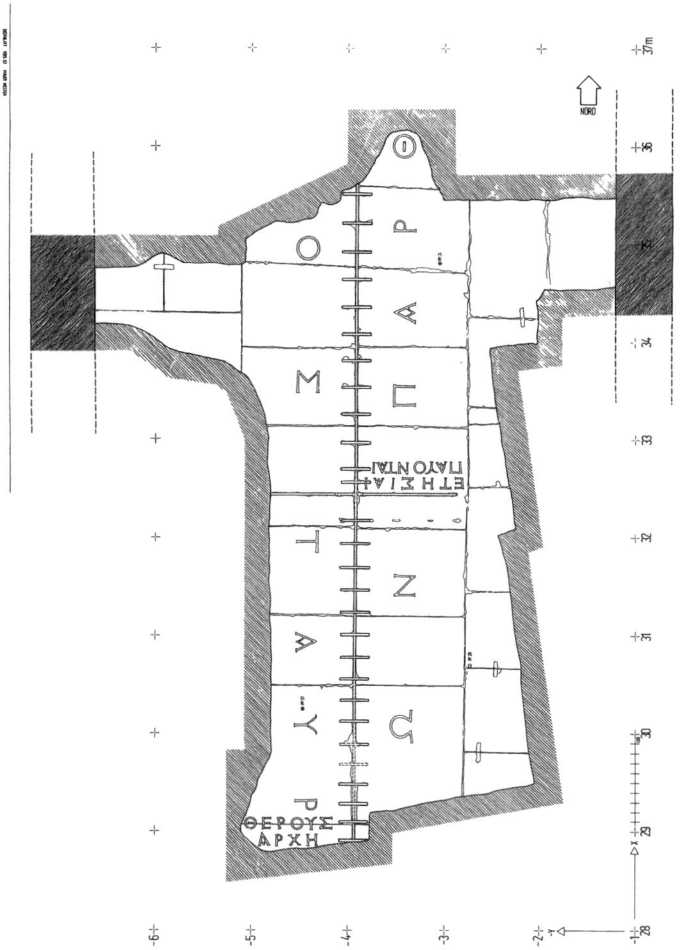

Abb. 1: Der bei den Ausgrabungen von Buchner freigelegte Teil der Meridianlinie unter dem Haus Via di Campo Marzio 48 (Buchner 1996, 35).

Ausgewählte Studien

Aufgrund der theoretischen und archäologischen Forschungen von Buchner (1976) gibt es eine umfangreiche Bibliographie zu diesem Thema. Bernard Frischer erinnert sich in der bislang letzten Veröffentlichung zu Recht an wissenschaftliche Schlachten zwischen Anhängern und Gegnern der Hypothesen Buchners.[6] Anhand der Beiträge von Peter Heslin (2007; 2011), Paolo Albèri Auber (2014), Lothar Haselberger (2014) und zuletzt Frischer (2017) kann man sich einen genauen Überblick über die historiographischen und

6 Frischer 2017, 6.

wissenschaftlichen Fragestellungen verschaffen. Letzterer bietet zudem eine Gesamtbibliographie zum Thema.[7]

Siehe auch

Q 7 – Eine Sonnenuhr aus dem Tal der Könige
Q 36 – Der Turm der Winde in Athen
Q 38 – Der Antikythera-Mechanismus
Q 49 – Die Kalenderkorrektur des Augustus nach Macrobius

Verwandte Monumente

Gegenwärtig ist kein weiteres Monument bekannt, das mit dem vergleichbar wäre, was auf dem Marsfeld in Rom entdeckt wurde, oder mit dem, was Plinius beschrieben hat. Meridiane waren in der Antike jedoch bekannt.[8] Bereits im 6. Jahrhundert v. Chr. gab es einen eigenen Namen dafür: Heliotrope oder ἡλιοτρόπιον.[9] Ihr Zweck war es, die Sonnenwenden mithilfe der minimalen und maximalen Mittagsschatten anzuzeigen. Hierbei handelte es sich um sehr große Instrumente, die weithin sichtbar waren, wie auch das Monument des Augustus. Diese »monumentalen Gnomone« – um eine Formulierung von Árpád Szabó und Erkka Maula zu verwenden – wurden für Kalenderzwecke gebraucht, ebenso wie der Obelisk des Augustus auf dem Marsfeld, über den Plinius berichtet, er habe die »Länge der Tage und Nächte« anzeigen können. Es existierte eine Pflasterung aus Stein, die der Länge des Mittagsschattens des Obelisken zur Wintersonnenwende entsprach.[10]

Allerdings ist es nicht nötig, so weit in die Vergangenheit zu schauen, um Zeugnisse von Meridianen in der griechisch-römischen Gnomonik zu finden. Eine sphärische Sonnenuhr aus dem 2. Jahrhundert v. Chr. aus Istriopolis, die heute in Bukarest aufbewahrt wird, enthält einen Meridian mit exakten Unterteilungen, die durch die Buchstaben des griechischen Alphabets angezeigt werden.[11] Eine Sonnenuhr aus Grottaferrata zeigt einen

7 Frischer 2017, 87–90.

8 Entgegen der Behauptung von Buchner (1976, 9): »Daß das Solarium des Augustus ein Meridian gewesen sei, scheidet schon deswegen aus, weil man in der Antike keine Meridiane zur Korrektur anderer Uhren hatte. Man brauchte auch keine; denn die meisten Uhren waren ohnehin Sonnenuhren, und auch die Wasseruhren waren [...] meist mit Sonnenuhren verbunden.«

9 Siehe Bonnin 2015, 52 f. Man findet den Begriff »Heliotropion« bei Diogenes Laertius (1, 119), Polybius (5, 99, 8) und auch noch im 1. Jh. n. Chr. bei Plutarch (*Leben des Dion* 29). Dieses Instrument und sein Name aus der Antike dürfen nicht mit dem 1821 von Carl Friedrich Gauß erfundenen gleichnamigen Instrument verwechselt werden.

10 Szabó – Maula 1986, 27 f.

11 Siehe Jones 2014, 175–180 sowie den Eintrag A_581 unter https://syrte.obspm.fr/astro/archeo/ (letzter Zugriff: 30.09.2019).

Meridian auf ihrer Südseite.[12] Ein Säulenschaft aus Milet präsentiert einen anderen, speziell entwickelten Meridian.[13] Eine Sonnenuhr mit mehrflächigen Zifferblättern aus Chios aus der hellenistischen Zeit beinhaltet ebenfalls einen Meridian, mit Tierkreiszeichen und Unterteilungen durch kürzere senkrechte Linien, ganz ähnlich den Bronzelinien beim Meridian des Augustus.[14] Schließlich beschreibt eine Inschrift, die in der Nähe von Alexandria entdeckt wurde, diese Art von Instrument.[15] Daher erscheint es sehr wichtig, von einem Meridian zu sprechen, um das von Plinius beschriebene und von Rakob gefundene Monument treffend zu bezeichnen.

Technische Aspekte

Der Meridian des Augustus ist heute ebenso ein gnomonisches wie ein historiographisches Monument. So fällt es schwer, ihn zu beschreiben, ohne auf die damit verbundenen Hypothesen einzugehen – manche davon verifiziert, andere nicht. Zusammenfassend lässt sich sagen, dass Buchner im Jahr 1976 aus dem Text des Plinius und der ursprünglichen (vermuteten) Höhe des Gnomons eine Hypothese bezüglich Aussehen und Funktion des von Augustus errichteten Monuments aufstellte:[16] Zuallererst nahm er an, dass dieses Instrument eine gigantische Sonnenuhr war, die gleichzeitig als Uhr, Kalender und Windrose errichtet worden sei, wobei der Obelisk als Gnomon gedient habe. Ausgehend von dieser Annahme – da vor den Sondagen der Jahre 1979 und 1981 aufgestellt – versuchte er, den Grund dafür zu klären. Ihm zufolge seien die drei Denkmäler, die Augustus auf dem Marsfeld errichten ließ – das Mausoleum, die Ara Pacis und das »Horologium« – durch komplexe mathematische Beziehungen miteinander verbunden gewesen.

12 Siehe Gibbs 1976, 366 sowie den Eintrag A_151 unter https://syrte.obspm.fr/astro/archeo/ (letzter Zugriff: 30.09.2019).

13 Jones 2014, 175–180.

14 Siehe ebd. sowie den Eintrag A_586 unter https://syrte.obspm.fr/astro/archeo/ (letzter Zugriff: 30.09.2019).

15 Jones 2014, 180–182.

16 Diese Hypothese war jedoch nicht neu, da Kircher sie bereits 1650 unterbreitet hatte. Schon 1750 hatte sich Bandini dagegen ausgesprochen und Folgendes angemerkt: »Mit der Unterstützung der berühmtesten Mathematiker unserer Zeit konnte gezeigt werden, dass der Schatten des Obelisken einem Meridian dienen sollte.«

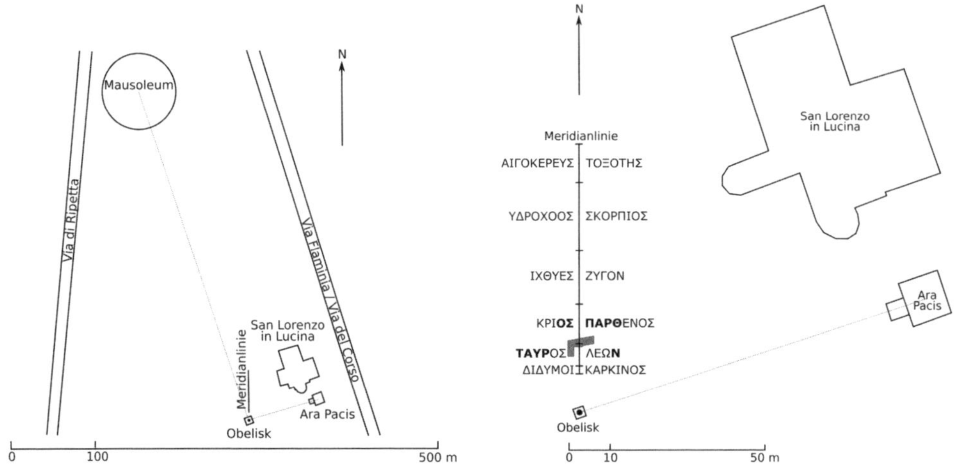

Abb. 2: Schematische Darstellung der Lage der Kirche San Lorenzo in Lucina sowie der augusteischen Bauten im Norden des Marsfeldes (links) und des Zusammenhanges zwischen Meridianlinie, Obelisk und Ara Pacis (rechts). Die grau unterlegte Fläche markiert den Ort, an dem bei Ausgrabungen die Überreste der Meridianlinie gefunden wurden (Zeichnungen: Rita Gautschy, nach Buchner 1982, 54 [links] bzw. 54 und 70 f. [rechts]).

Die Position der zwischen 13 und 9 v. Chr. zu Ehren der Friedensgöttin Pax errichteten Ara Pacis, ihre Beziehungen zum Obelisken und zum Mausoleum, ihre Ausrichtung und Größe waren, so Buchner, durch zwei Schlüsselelemente des »Horologiums« bedingt: der Markierung der Tagundnachtgleichen auf dem Meridian sowie einem Kreis, der um die Markierung der Wintersonnenwende gezogen worden war. In der vorgeschlagenen Rekonstruktion wäre die Linie der Tagundnachtgleichen direkt auf die Ara Pacis gerichtet. Während der Herbsttagundnachtgleiche am 23. September, die zugleich der Geburtstag des Augustus war, hätte der gigantische Schatten des Gnomons am späten Nachmittag direkt auf den Eingang der Ara Pacis gezeigt. Zur Wintersonnenwende, am Beginn des Tierkreiszeichens der Empfängnis des Augustus, dem Steinbock, wäre es ein Kreis – der um die Markierung der Wintersonnenwende auf dem Meridian herum und tangential an den südlichen Teil der Ara Pacis verläuft –, der als Bindeglied zwischen den beiden Denkmälern gedient hätte. Das »Horologium« und die Ara Pacis hätten somit den Empfängnistag und den Geburtstag des Augustus hervorgehoben, wobei die beiden Denkmäler gemäß Buchner unbestreitbar im selben Jahr, wenn nicht am selben Tag, geweiht worden wären. Die daraus resultierenden ideologischen Implikationen lagen auf der Hand: Das Ganze war als öffentlicher Beweis dafür zu verstehen, dass Augustus vom Schicksal dazu bestimmt war, den Frieden wiederherzustellen und ihn dem römischen Volk durch die Errichtung eines dauerhaften politischen Systems zu sichern.

Diese hypothetische Rekonstruktion wurde schnell kritisiert bzw. kontextualisiert.[17] Die erste Kritik an der Arbeit von 1976 betrifft die eigentliche Grundlage der Methodik und besonders den Fehler, das von Plinius beschriebene Instrument als vollständige Sonnenuhr zu verstehen, mit allen Funktionen, die Sonnenuhren der damaligen Zeit innewohnten. Die archäologischen Arbeiten waren von dieser ersten Theorie beeinflusst, auch wenn die Entdeckung der Meridianlinie selbst ihr Anerkennung gebracht zu haben schien. Dennoch beweist nichts, dass das von Plinius beschriebene Monument eine voll ausgeführte Sonnenuhr war, ganz im Gegenteil: Bereits im 18. Jahrhundert hatte Bandini die Hypothese einer Sonnenuhr ausgeschlossen, die im Jahr 1650 von Athanasius Kircher vorgeschlagen worden war, und basierend auf dem Text des Plinius einen Meridian rekonstruiert.[18] Und dies geht tatsächlich aus der Lektüre der Plinius-Passage hervor, wo keiner der Begriffe *Horologium Augusti, Solarium Augusti,* »Zeit« oder *Horologium* verwendet wird.

Plinius wusste, was eine Uhr ist, und ebendas beschreibt er nicht. Stattdessen erklärt er zunächst, dass die Funktion des Obelisken bemerkenswert und ungewöhnlich war. Das Bemerkenswerte waren aber nicht die Markierungen der Schatten und die Bestimmung der Länge der Tage und Nächte, sondern vielmehr die Tatsache, dass es sich um einen Obelisken handelte, der den Platz des üblicherweise dafür vorgesehenen Gnomons einnahm, sonst freilich auf einer viel geringeren Größenskala. Ein pharaonischer Obelisk diente normalerweise nicht diesem Zweck; zudem war es das erste Mal, dass man in Rom einen solchen in dieser Form verwendete.

Danach beschreibt Plinius die Funktionsweise des Meridians auf den ersten Blick etwas undeutlich, mit dem oft missverstandenen Satz: *deprehendas solis umbra dierumque ac noctium ita magnitudines* – »um die von der Sonne geworfenen Schatten und so die Länge der Tage und Nächte zu erfassen«. In der Tat handelt es sich aber um eine einfache astronomische Tatsache: Der jährliche Prozess der Verlängerung und Verkürzung der Tage verläuft parallel – aber in entgegengesetzter Richtung – zu derjenigen der Nächte. Werden die Tage länger, so werden die Nächte kürzer und umgekehrt. Diese Tatsache war in der Antike bekannt. Die einzige Neuerung, die Plinius beschreibt, ist, dass das Fortschreiten des Schattens in Abhängigkeit von der Jahreszeit durch Bronzestreifen gekennzeichnet war – eine Erfindung, die dem Mathematiker Facundus Novius zugeschrieben wird, von dem wir ansonsten nichts wissen. Plinius skizziert in Textform exakt das, was einen Meridian ausmacht. Zu beachten ist, dass bei den archäologischen Untersuchungen auch außer der Meridianlinie nichts gefunden wurde. Die Hypothese, dass es ein größeres Liniennetz gegeben haben könnte, stammt aus Schriften des 15. Jahrhunderts von einem ano-

17 Siehe insbesondere die Zusammenfassungen von Heslin (2007; 2011) und Haselberger (2011), den Sonderband des »Journal of Roman Archaeology« von 2014 (Haselberger 2014) oder schließlich den bislang letzten Beitrag von Frischer (2017).

18 Kircher 1650; Bandini 1750.

nymen Schüler des Pomponius Leto, die falsch interpretiert wurden:[19] Darin geht es um die Frage der Entdeckung der Basis des Obelisken und eines Teils der Mittagslinie während des Baus eines (Unterkunfts-)Hauses für junge Geistliche, die mit der Kirche San Lorenzo in Lucina verbunden waren, allerdings nicht *am* Ort der Kirche. Die Behauptung, die augusteische Pflasterung habe eine größere Ausdehnung als ein einfacher Meridian gehabt,[20] beruht daher nur auf Fehlinterpretationen des Plinius-Textes und von Dokumenten aus dem 15. Jahrhundert.

Nach heutigem Konsens deutet nichts darauf hin, dass es eine Sonnenuhr mit umfassendem Liniennetz gab, während alles für einen Meridian spricht. Ein Meridian bzw. eine Meridianlinie ist nichts anderes als die Mittagslinie einer Sonnenuhr. Zwischen der Ara Pacis und dem Obelisken scheint jedoch tatsächlich eine solare Ausrichtung bestanden zu haben. Diese Verbindung betrifft allerdings weniger die Linie der Tagundnachtgleichen als vielmehr die Symmetrieachse der Ara Pacis. Darüber hinaus müssen die im Jahr 1976 von Buchner angenommenen Positionen der Meridianlinie und des Obelisken leicht korrigiert werden, was seine Hypothese der Betonung des Empfängnistages und des Geburtstages des Augustus durch die Lage des Instruments und der Ara Pacis kaum aufrechterhalten lässt.

Soziokulturelle Auswertung

Was den Zweck des Monuments anbelangt, so scheint es wahrscheinlicher, dass Augustus einen Meridian benötigte, um an die Gültigkeit der Kalenderreform seines Adoptivvaters zu erinnern, die während der Zeit des Lepidus als *pontifex maximus* nicht korrekt umgesetzt worden war. So hatte Caesar im Jahr 46 v. Chr. den römischen Kalender reformiert, damit er wieder den natürlichen Zyklen entsprach (siehe Q 46). Die darauffolgenden Pontifices beachteten die von Caesar vorgesehene Schaltregel jedoch nicht: sie fügten alle drei Jahre anstatt alle vier Jahre ein Schaltjahr ein. Diese Situation, die zu neuerlichen Verschiebungen führte, blieb bis ins Jahr 8 v. Chr. – insgesamt 36 Jahre lang – unverändert. Nachdem Augustus nach dem Tod von Lepidus im Jahr 12 v. Chr. *pontifex maximus* geworden war und offiziell erklärte, dass der Kalender fehlerhaft sei, stellte er dessen ordnungsgemäße Funktion wieder her, indem er die nötigen Anpassungen vornahm (siehe Q 49). Kurz zuvor ließ er den Obelisken aufstellen und die Meridianlinie einrichten. Die Botschaft dahinter war klar: Als neuer *pontifex maximus* stellte er Caesars Werk wieder her

19 Lanciani 1902, 83.

20 Von dieser Pflasterung wurde nichts gefunden. Das Team von Buchner hat nur die Überreste einer Pflasterung aus der Zeit des Domitian entdeckt. Es ist jedoch wahrscheinlich, dass die Pflasterung aus der Zeit Domitians die Bestandteile des Meridians des Augustus wiederverwendet hat: siehe Schütz 1990 und Heslin 2007.

und integrierte den römischen Kalender erneut in den natürlichen Lauf der Dinge. Der Meridian ermöglichte es, allen zu zeigen, dass es sich nicht um ein ideologisches Manöver handelte: Während der Tagundnachtgleichen, der Sonnenwenden und auch an allen anderen Tagen des Jahres erreichte der Schatten des Obelisken zu Mittag exakt die Markierung für den entsprechenden Tag auf der Meridianlinie. Die Funktion des Monuments war daher im Wesentlichen kalendarisch und religiös. Darüber hinaus wird der Begriff des *pontifex maximus* in der Sockelinschrift in vollständiger Form deutlich hervorgehoben, was in der lateinischen Epigraphik eher selten vorkommt, wo der Titel meist abgekürzt wird und keine ganze Zeile einnimmt.

Auf jeden Fall sollte der Meridian des Augustus unabhängig von seiner Herkunft und seinen realen oder imaginären Verbindungen mit einem ideologischen Programm nahe moderner »Propaganda« als ein wichtiges Element in der städtischen Landschaft der Antike angesehen werden. Wenn es sich auch nicht um eine monumentale Sonnenuhr handelt, so ist der Meridian deswegen doch nicht weniger mit Zeitmessung verbunden, weil er hilft, sich im Jahr zu orientieren und die Mittagszeit das ganze Jahr über exakt festzustellen. Und, noch wichtiger, er trug eine ganz besondere (Kalender-)Symbolik.[21]

Bibliographie

Albèri Auber 2014
P. Albèri Auber, Reconstructing the Montecitorio Obelisk of Augustus: A Gnomonist's Point of View, in: Haselberger 2014, 62–76.

Albèri Auber 2016
P. Albèri Auber, L'altezza dell'Obelisco di Augusto, Rendiconti della Pontificia Accademia Romana di Archeologia 87, 2014–2015 (2016), 85–106.

Bandini 1750
A. M. Bandini, De obelisco Caesaris Augusti e Campi Martii ruderibus nuper eruto (Rom 1750).

Bonnin 2015
J. Bonnin, La mesure du temps dans l'Antiquité (Paris 2015).

Buchner 1976
E. Buchner, Solarium Augusti und Ara Pacis, Römische Mitteilungen 83, 1976, 319–365.

Buchner 1982
E. Buchner, Die Sonnenuhr des Augustus (Mainz 1982).

Buchner 1996
E. Buchner, Horologium Augusti, in: E. M. Steinby (Hrsg.), Lexicon Topographicum Urbis Romae III (Rom 1996) 35–37.

Frischer 2017
B. Frischer, Edmund Buchner's *Solarium Augusti:* New Observations and Simpirical Studies, Rendiconti della Pontificia Accademia Romana di Archeologia 89, 2016–2017, 1–92.

21 Siehe dazu Bonnin 2015, 306 f.

Gibbs 1976
S. Gibbs, Greek and Roman Sundials (New-Haven 1976).
Haselberger 2011
L. Haselberger, A Debate on the Horologium of Augustus: Controversy and Clarifications, Journal of Roman Archaeology 24, 2011, 47–73.
Haselberger 2014
L. Haselberger (Hrsg.), The Horologium of Augustus: Debate and Context, Journal of Roman Archaeology Suppl. 99 (Portsmouth/RI 2014).
Heslin 2007
P. J. Heslin, Augustus, Domitian and the So-called *Horologium Augusti*, Journal of Roman Studies 97, 2007, 1–20.
Heslin 2011
P. J. Heslin, The Augustus Code: A Response to L. Haselberger, Journal of Roman Archaeology 24, 2011, 74–77.
Jones 2014
A. Jones, Some Greek Sundial Meridians, in: N. Sidoli – G. Van Brummelen (Hrsg.), From Alexandria, through Baghdad. Survey and Studies in the Ancient Greek and Medieval Islamic Mathematical Sciences in Honor of J. L. Berggren (Heidelberg 2014) 175–188.
Kircher 1650
A. Kircher, Obeliscus Pamphilius (Rom 1650).
König 1992
C. Plinius Secundus d. Ä., Naturkunde Buch XXXVI, lat.-dt. hrsg. und übers. von R. König (Darmstadt 1992).
Lanciani 1902
R. A. Lanciani, Storia degli scavi di Roma I (Rom 1902).
Schütz 1990
M. Schütz, Zur Sonnenuhr des Augustus auf dem Marsfeld, Gymnasium 97, 1990, 432–457.
Szabó – Maula 1986
À. Szabó – E. Maula, Les débuts de l'astronomie, de la géographie et de la trigonométrie chez les Grecs (Paris 1986).

Q 49 Die Kalenderkorrektur des Augustus nach Macrobius

Sofie Remijsen

Text: Macrobius, *Saturnalia* 1, 14, 13–15

(13) *sic annum civilem Caesar habitis ad lunam dimensionibus constitutum edicto palam posito publicavit, et [error] hucusque stare potuisset, ni sacerdotes sibi errorem novum ex ipsa emendatione fecissent. nam cum oporteret diem qui ex quadrantibus confit quarto quoque anno confecto, antequam quintus inciperet intercalare, illi quarto non peracto sed incipiente intercalabant.* (14) *hic error sex et triginta annis permansit, quibus annis intercalati sunt dies duodecim cum debuerint intercalari novem. sed hunc quoque errorem sero deprehensum correxit Augustus, qui annos duodecim sine intercalari die transigi iussit, ut illi tres dies qui per annos triginta et sex vitio sacerdotalis festinationis excreverant sequentibus annis duodecim nullo die intercalato devorarentur.* (15) *post hoc unum diem secundum ordinationem Caesaris quinto quoque incipiente anno intercalari iussit, et omnem hunc ordinem aereae tabulae ad aeternam custodiam incisione mandavit.*

Übersetzung

(13) Als Caesar so das bürgerliche Jahr mit äußerster Sorgfalt eingerichtet hatte, gab er dies durch ein öffentlich angeschlagenes Edikt bekannt, und dies hätte bis zum heutigen Tag bestehen können, wenn nicht die Priester sich neue Irrung gerade durch die Verbesserung bereitet hätten. Während man nämlich den Tag, der aus den Viertel-Tagen entsteht, am Ende jedes vierten Jahres einfügen musste, bevor das fünfte Jahr begann, schalteten sie nicht am Ende des vierten Jahres, sondern an dessen Beginn. (14) Dieser Fehler hielt sich sechsunddreißig Jahre lang, und in dieser Zeit wurden zwölf Tage eingeschaltet, obschon es nur neun sein durften. Aber auch diesen Irrtum, den man später bemerkte, behob Augustus, der befahl, es sollten zwölf Jahre ohne Schalttag vergehen, damit jene drei Tage, die in sechsunddreißig Jahren durch den verfehlten Eifer der Priester aufgelaufen waren, in den zwölf folgenden Jahren ohne Schalttag weggebraucht würden. (15) Sodann befahl er, einen Tag entsprechend der Anordnung Caesars am Beginn jedes fünften Jahres einzuschalten, und ließ diese ganze Ordnung zu ewiger Dauer in eine Erzplatte eingravieren.

Übersetzung nach Schönberger – Schönberger 2008.

Zur Quelle

Die *Saturnalia* des Macrobius enthalten fiktionale Gelehrtengespräche über Geschichte und Literatur unter zwölf gebildeten Freunden, die sich während des Festes der *Saturnalia* im Haus des historischen Prätorianerpräfekten Vettius Praetextus für eine Reihe von Gastmählern versammelten. Der Handlungszeitpunkt dieses Gesprächs ist in den frühen 380er Jahren anzusiedeln, kurz vor dem Tod des Praetextus 384 n. Chr.,[1] aber geschrieben wurde dieses Werk erst mehrere Jahrzehnte später. Der Autor, Macrobius Ambrosius Theodosius, lässt sich wahrscheinlich mit jenem Theodosius identifizieren, der 430 n. Chr. als Vicarius von Africa amtierte.[2] Alan Cameron plädiert daher für ein Abfassungsdatum in den 430er Jahren, während Siegmar Döpp den Zeitraum zwischen 402 und 410 n. Chr. vorgeschlagen hat.[3]

Da Macrobius' *Saturnalia* während eines traditionellen paganen Festes spielen und alle Gesprächsteilnehmer Heiden sind, wurde diese Schrift oft als Teil einer Polemik zwischen Heiden und Christen angesehen, wobei die Hauptredner die Anführer der paganen Partei repräsentiert hätten.[4] Cameron hat jüngst gegen die Existenz einer solchen Gruppe, die das Heidentum an der Wende zum 5. Jahrhundert n. Chr. explizit propagiert haben soll, argumentiert und stattdessen vorgeschlagen, in den Hauptrednern die (Groß-)Väter des Kreises um Macrobius in den 430er Jahren n. Chr. anzusehen.[5] Der Rahmen des Gesprächs braucht daher nicht im Sinne einer Polemik gedeutet zu werden. Das Saturnalienfest war auch in der zunehmend christianisierten Gesellschaft der Spätantike weiterhin populär, wie z. B. der Kalender des Filocalus aus dem Jahr 354 n. Chr. belegt (siehe Q 57), worin eine Darstellung dieses Festes den Monat Dezember versinnbildlicht.[6] Die fortwährende Beliebtheit lässt sich damit erklären, dass die Festivitäten hauptsächlich aus privaten Feiern bestanden, die bis zu sieben Tage dauern konnten. Schon um 200 n. Chr. hatten sich Christen hieran beteiligt.[7]

Das Saturnalienfest bildet das zentrale Gesprächsthema im 1. Buch. Macrobius' Interesse daran ist primär antiquarisch:[8] Eine Diskussion über Datum und Wesen des Festes führt zu einem langen Vortrag des Praetextus über den römischen Kalender und seine

1 Schönberger – Schönberger 2008, 10 (»vermutlich 383 n. Chr.«); Cameron 2011, 243 (382 n. Chr.).
2 Codex Theodosianus 12, 4, 33. Vgl. Cameron 2011, 231–239.
3 Cameron 1966 (erneut 2011, bes. 238); Döpp 1978.
4 Z. B. Schönberger – Schönberger 2008, 7.
5 Cameron 2011, hier 231–272 für eine Besprechung der *Saturnalia.*
6 Salzman 1990, 74–76.
7 Tertullian, *De idolatria* 14, 4.
8 Cameron 2011, 259. Vgl. Schönberger – Schönberger 2008, 9 f. zum antiquarischen Charakter des Werkes allgemein.

Geschichte. An dieser Stelle reiht sich der Passus über die Kalenderreformen des Caesar (siehe Q 46) und des Augustus ein.

Ausgewählte Editionen, Übersetzungen und Kommentare

Die 2011 erschienene lateinisch-englische Ausgabe von Robert A. Kaster ersetzt nun als Standardausgabe jene von James Willis (1970). Das Werk wurde von Charles Guittard (1997) ins Französische und von Otto und Eva Schönberger (2008) ins Deutsche übersetzt. Kommentare zu der hier ausgewählten Stelle finden sich unter anderem bei Pierre Brind'Amour (1983, 13–15), Jörg Rüpke (1995, 382 f.) und Robert Hannah (2005, 118–120).

Verwandte Quellen

Dass die vierjährliche Schaltung des Julianischen Kalenders nicht korrekt ausgeführt worden war, bis Augustus den Kalender wiederherstellte, wird von diversen anderen Quellen bestätigt: Plinius dem Älteren (*Naturalis historia* 18, 211 – 1. Jahrhundert n. Chr.), Sueton (*Augustus* 31, 2 – frühes 2. Jahrhundert n. Chr.) und Solinus (1, 46 f. – 3. Jahrhundert n. Chr.). Solins Darstellung bildet die engste Parallele: die Passage ist kürzer, bietet jedoch die gleiche Information in gleicher Anordnung und in ähnlichem Wortlaut.[9]

Siehe auch

Q 40 – Edikt und Dekret zur Einführung eines neuen Kalenders in Asia (9/8 v. Chr.)
Q 46 – Die Kalenderreform Caesars nach Sueton
Q 48 – Der Meridian des Augustus in Rom

9 Solinus 1, 45–47: *Et tunc quoque vitium admissum est per sacerdotes. Nam cum praeceptum esset, anno quarto ut intercalarent unum diem, et oporteret confecto quarto anno id observari ante quam quintus auspicaretur, illi incipiente quarto intercalarunt, non desinente. Sic per annos sex et triginta cum novem dies tantummodo sufficere debuissent, duodecim sunt intercalati. Quod reprehensum Augustus reformavit, iussitque annos duodecim sine intercalatione decurrere, ut tres illi dies, qui ultra novem necessarios temere fuerant intercalati, hoc modo possent repensari. Ex qua disciplina omnium postea temporum fundata ratio est.* – »Doch selbst damals wurde von den Priestern ein Fehler zugelassen. Als sie nämlich beauftragt wurden, alle 4 Jahre einen Tag zu interkalieren, was am Ende jedes 4. Jahres hätte getan werden sollen, bevor das 5. Jahr mit den Auspizien begann, fügten sie es stattdessen am Anfang des 4. Jahres ein. So kam es, dass nach 36 Jahren, als eigentlich nur 9 Tage hätten genügen müssen, 12 interkaliert worden waren. Diesen Fehler tadelte Augustus und beseitigte ihn. Er ordnete an, dass 12 Jahre ohne Interkalation verlaufen sollten, so dass jene 3 Tage, die über die notwendigen 9 hinaus übereilt hinzugefügt worden waren, zurückverlegt würden. Durch diese Systematik wurde ein System für alle späteren Zeiten begründet.« (Übersetzung nach Brodersen 2014).

Technische Aspekte

Macrobius stellt fest, dass die mit der Julianischen Kalenderreform aufgestellte Schaltregel (siehe Q 46) in den Jahrzehnten nach 46 v. Chr. falsch umgesetzt wurde. Der Schalttag wurde jeweils im 4. Jahr eines jeden Zyklus im Februar hinzugefügt. Dieses 4. Jahr wurde dadurch zum 1. Jahr des neuen Zyklus, und dies führte zu einer regelmäßigen Interkalation nach drei statt nach vier Jahren. Dass das Julianische System bis zu seiner Wiederherstellung durch Augustus nicht richtig beachtet wurde, bestätigen frühere Quellen (siehe oben unter Verwandte Quellen).

Eine zentrale Frage in der Forschungsdiskussion zu dieser Reform ist, welche Jahre zwischen 46 v. Chr. und der Korrektur des Augustus Schaltjahre waren. Macrobius gibt eine Zeitspanne von 48 Jahren zwischen der Julianischen Reform und der korrekten Anwendung des Systems an: 36 Jahre mit zwölf Schaltungen (jedes 3. Jahr) und zwölf Jahre ohne Schalttage. Genau derselbe Ablauf findet sich bei Solinus.[10] Diese Zahlen implizieren, dass der Julianische Kalender ab dem Jahr 4 n. Chr. – d. h. vom 49. Jahr an – lief, wie er sollte. Da bekannt ist, dass im korrigierten Kalender alle durch vier teilbaren Jahre Schaltjahre sind, würde dies bedeuten, dass der korrigierte Zyklus im Jahr 4 n. Chr. mit einem Schaltjahr startete und demnach jeder vorherige Zyklus – egal ob dreijährig mit Schaltung oder vierjährig ohne eine solche – ebenso mit einem Schaltjahr begann. Eine Rückrechnung basierend auf diesen Angaben würde ergeben, dass in den ersten 36 Jahren die Schaltungen in den Jahren 45, 42, 39 v. Chr. usw. stattfanden und in den anschließenden 12 Jahren die Schaltungen der Jahre 9, 5 und 1 v. Chr. ausfielen.

Dies kann allerdings nicht der Realität unter Caesar und Augustus entsprochen haben. So ist es nicht nur unwahrscheinlich, dass 45 v. Chr. direkt ein Schaltjahr war,[11] eine zeitgenössische Inschrift (siehe Q 40) zeigt zudem, dass Dreijahreszyklen 9 v. Chr. immer noch die Norm waren, als sie nach Solinus und Macrobius bereits aufgehoben sein sollten.[12] Sueton (*Augustus* 31, 2) verbindet Augustus' Regulierung des Kalenders mit der Umbenennung des Monats *Sextilis* in *Augustus.* Während er selbst nur ein vages Datum angibt (nachdem Augustus *pontifex maximus* geworden war, d. i. nach 12 v. Chr.), datiert Censorinus (*De die natali* 22, 16) die Umbenennung des Monats präzise ins Konsulatsjahr des Gaius Marcius Censorinus und des Gaius Asinius Gallus, das dem Jahr 8 v. Chr. entspricht. Der zeitliche Ablauf von 36 Jahren mit zwölf Schaltungen und zwölf Jahren ohne die normalen drei Schalttage, wie ihn Macrobius präsentiert, ist daher keine exakte Dar-

---

10 Siehe Anm. 9.

11 Brind'Amour 1983, 45 f.

12 I. Priene 14 (Q 40).

stellung der historischen Situation, sondern eine schematische Rekonstruktion, die er von Solinus oder aus einer gemeinsamen Quelle übernommen haben dürfte.

Der zeitlich nähere Bericht des Plinius erwähnt nur die zwölf Jahre ohne Schaltung; er gibt weder eine Gesamtzahl an Jahren an, in denen der Julianische Kalender fehlerhaft gelaufen ist, noch eine Zahl der vorgenommenen oder ausgelassenen Schaltungen.[13] Daher sind diese zwölf Jahre das einzige Element in der späteren Rekonstruktion, das auf Grundlage einer Quelle aus der Zeit vor dem 3. Jahrhundert n. Chr. als gesichert gelten kann. Aber auch dieses Element ist problematisch: Wenn drei Schaltungen ausgelassen wurden, wie Solinus und Macrobius behaupten, hätte es insgesamt 15 Jahre ohne Schaltung gegeben und nicht zwölf; wenn dagegen nur zwei Schaltungen gestrichen worden wären, hätte es nur elf Jahre ohne Schalttag gegeben. Eine Verwechslung der Zahlen 11 und 12 wäre zwar nicht verwunderlich in einem römischen Kontext angesichts des Brauchs, inklusiv zu rechnen (siehe Chronologische Grundlagen: Rom); gleichwohl wird diese Erklärung als unwahrscheinlich betrachtet, weil das Auslassen von nur zwei Schaltungen nicht genügt hätte, um den Kalender auf die Situation von 45 v. Chr. zurückzubringen – wie Solinus und Macrobius offensichtlich realisiert haben. Chris Bennett hat neuerdings dafür plädiert, dass Augustus in Wirklichkeit nicht die Situation unter der Herrschaft seines Adoptivvaters wiederherstellen wollte, sondern vielmehr jene zwischen 31 v. Chr., seinem Sieg bei Actium, und 27 v. Chr., als er den Ehrentitel Augustus verliehen bekam.[14] Dies hätte nur die Auslassung von zwei Schalttagen erfordert.

Die tatsächlichen historischen Schaltjahre sind schwer zu identifizieren. Die traditionelle Rekonstruktion des historischen Kalenders der Jahrzehnte nach 45 v. Chr. schlägt eine erste Schaltung im Jahr 42 v. Chr. vor.[15] Es gibt aber ein Problem bei dieser Rekonstruktion: Cassius Dio (48, 33, 4) berichtet, dass der Julianische Kalender, wie er damals verstanden wurde, keine Schaltung für das Jahr 41 v. Chr. vorgesehen hatte, sondern dass ein Schalttag in diesem Jahr entgegen der Regel eingefügt wurde, um zu vermeiden, dass das folgende Jahr 40 v. Chr. mit einem Markttag begann – ein Aufeinandertreffen, das als schlechtes Vorzeichen galt (vgl. Cassius Dio 40, 47). Dies zeigt, dass selbst nach Caesars Reform das Kollegium der Pontifices eine aktive Rolle in der Ausrufung der Schaltung einnahm, was die Option einräumte, der neuen Regel nicht zu folgen.[16] Die Passage bei Cassius Dio, die

13 Plinius, *Naturalis historia* 18, 211: *postea conperto errore correcta est ita ut duodecim annis continuis non intercalaretur.*

14 Bennett 2004, 166 f.

15 Dieses Modell reicht zurück auf Joseph J. Scaliger im 16. Jahrhundert (vgl. Bennett 2003, 222). Scaliger ging von Schaltungen in den Jahren 45 und 42 v. Chr. aus. Das Standardwerk von Brind'Amour 1983, 15 argumentierte für Schaltungen in den Jahren 42, 39 v. Chr. usw. Auf S. 45 f. zeigt er auf der Basis des Nundinalzyklus zwischen 52 und 41 v. Chr., dass es vor 41 v. Chr. nur einen Julianischen Schalttag gegeben haben kann.

16 Stern 2012, 214.

explizit einen Schalttag für 41 v. Chr. bezeugt, wurde lange nicht als Beweis gegen die traditionelle Rekonstruktion herangezogen, nach welcher 41 v. Chr. ein Normaljahr gewesen sei, weil man annahm, dass der zusätzliche Tag im Folgejahr wieder gestrichen wurde.

Ein anderes Problem bleibt jedoch bestehen: Falls das Jahr 40 v. Chr. ohne die Schaltung im Jahr 41 v. Chr. mit einem Markttag begonnen hätte, hätte dasselbe Problem bereits 43 v. Chr. bestanden, sofern man der traditionellen Rekonstruktion folgt. Markttage *(nundinae)* unterlagen einem achttägigen Zyklus (vgl. Q 43).[17] Nach zwei Normaljahren und einem Schaltjahr, d. h. nach 1096 Tagen, beginnt das 4. Jahr immer genau am selben Tag des Zyklus wie das 1., weil 1096 durch 8 teilbar ist. Mit anderen Worten: Wenn nun 42 (oder 43) v. Chr. ein Schaltjahr war, hätte 43 v. Chr. am selben Nundinaltag begonnen wie 40 v. Chr. Da die Aussicht, dass das folgende Jahr mit einem Markttag beginnen würde, im Jahr 41 v. Chr. als schwerwiegendes Problem aufgefasst wurde, wäre es auch schon 44 v. Chr. ein gravierendes Problem gewesen. Es wäre demnach logisch, wenn Caesar die Sache Anfang 44 v. Chr. auf dieselbe Weise gelöst hätte wie das Pontifikalkollegium im Jahr 41 v. Chr., nämlich durch Hinzufügen des ersten Schalttages in diesem Jahr. Dann hätte 43 v. Chr. nicht mit einem Markttag begonnen, 43 und 42 v. Chr. wären reguläre Jahre gewesen, ebenso wie 41 v. Chr. – genau wie Cassius Dio es beschreibt. Das bedeutet, dass der intendierte Julianische Kalender Interkalationen in den Jahren 44, 40, 36 v. Chr. usw. gehabt hätte, der historische Julianische Kalender dagegen Interkalationen in den Jahren 44, 41, 38 v. Chr. usw. Bennett hat denselben Ablauf vorgeschlagen, indem er zeigte, dass dies die einzig mögliche Rekonstruktion des Schaltzyklus ist, die mit den Doppeldatierungen in P. Oxy. LXI 4175 harmoniert, einer Liste mit Planetenkonstellationen des Jahres 24 v. Chr., verbunden sowohl mit ägyptischen als auch mit römischen Daten.[18]

Soziokulturelle Auswertung

Die Gründe hinter der regelmäßig fehlerhaften Schaltung und Augustus' Initiative, diese zu korrigieren, wirft Licht auf die Rolle des Julianischen Kalenders in der römischen Gesellschaft. Erstens deutet die Tatsache, dass es 33 Jahre dauerte, bis man an dem Fehler Anstoß nahm, stark darauf hin, dass keine weit verbreitete Unzufriedenheit mit oder überhaupt ein Bewusstsein von dem Versagen vorherrschte, Caesars Willen zu beachten. Während zu häufige Schaltungen im republikanischen Kalender rasch zu groben Divergenzen mit den Jahreszeiten geführt hatten, machten die drei Tage, die der Kalender bis 8 v. Chr. vom

17 Das bedeutet: Wenn ein Jahr mit Tag X des Nundinalzyklus beginnt, fängt das folgende Jahr in einem Normaljahr (365 Tage) am Tag X + 5 bzw. in einem Schaltjahr (366 Tage) am Tag X + 6 an.

18 Bennett 2003. Übernommen von Stern 2012, 214.

Sonnenlauf abgewichen war, diesen für die Organisation von Landwirtschaft und Handel nicht gleich unbrauchbar.

Nach Macrobius war es ein *vitium sacerdotalis festinationis* – »ein Fehler priesterlicher Hast«. Mit anderen Worten: Die Priester dachten die Sache nicht durch und verstanden die Zahl Vier in Caesars Edikt inklusiv. Die Priester, um die es hier geht, waren die Mitglieder des Pontifikalkollegiums, das für den Kalender verantwortlich war und den *rex sacrorum,* der die Schaltung rituell ankündigte, sowie den *pontifex maximus* einschloss. Der Gedanke, dass die falsche Schaltung ein Fehler der Priester war, findet sich auch bei Solinus (1, 45: *tunc quoque vitium admissum est per sacerdotes*). Sueton nennt es Nachlässigkeit (*Augustus* 31, 2: *neglegentia*).

Während einige Forscher die Idee eines Fehlers aufgrund der Gepflogenheit der Inklusivrechnung wörtlich nehmen – freilich uneins darin, ob es ein argloser Fehler oder eine subtile Form politischer Blockade war[19] – hat Rüpke überzeugend dafür plädiert, dass die zu frühe Schaltung nicht durch ein Missverständnis bedingt gewesen sein kann, weil wissenschaftliche Abhandlungen wahrscheinlich das Reformwerk flankierten und – noch wichtiger – das Pontifikalkollegium von Anhängern Caesars dominiert war.[20] Auch Bennett pflichtet bei, dass Inkompetenz des Priesterkollegiums vor 39 v. Chr. unwahrscheinlich sei, weil M. Aemilius Lepidus, Caesars Konsulatskollege im Reformjahr 46 v. Chr., nach dessen Tod *pontifex maximus* wurde und persönlich die Schaltungen in Rom zwischen 42 und 39 v. Chr. überwachen konnte.[21]

Da schlichte Unwissenheit den Fehler nicht hinreichend erklärt, deutet ihn Rüpke stattdessen mit wortgetreuer Befolgung der Anweisungen wider besseres Wissen. Er vermutet, dass die zitierte Passage aus Macrobius den Wortlaut von Caesars Edikt spiegle, das eingangs zitiert wird: Es war unmöglich, den Schalttag »nach Vollendung des vierten Jahres, bevor das fünfte beginnt« *(quarto quoque anno confecto, antequam quintus inciperet)* einzufügen, weil der Monat Februar nicht mehr am Jahresende lag.[22] Der einzige Weg, den Wortlaut zu befolgen, war, *conficere* inchoativ zu verstehen: »nachdem das vierte Jahr heraufgeführt worden war«.[23] Diese Hypothese jedoch setzt voraus, dass sich Macrobius – und Solinus, der dieselben Verben gebraucht – eng an eine viel frühere Quelle hielten.

19 Z. B. Malitz 1987, 120 f., bes. Anm. 91; Bayer 2002, 60.

20 Rüpke 1995, 382.

21 Bennett 2003, 232 f.

22 Wenn dies wirklich die Worte Caesars waren, mag der Grund für die verwirrende Formulierung ein Anklang an die Tradition sein, das bürgerliche Jahr vom 1. März an zu rechnen, wie Radke 1960, 180 f. darlegt. Während der 1. Januar als Beginn des Amtsjahres in der späten Republik längst etabliert war, begann das bürgerliche Jahr bis zur Reform Caesars weiterhin am 1. März. Auch deswegen sieht Radke diese Formulierung als Ursprung der Verwirrung an und nicht den Brauch der Inklusivrechnung.

23 Rüpke 1995, 383.

Da die bei ihnen angegebenen Zahlen eine spätere Rekonstruktion sind (siehe oben im Abschnitt Technische Aspekte), kann das nicht als gesichert gelten.

Eine vorzuziehende Erklärung für die falsche Umsetzung der Reform ist, dass dies auf die tief verwurzelte Rücksichtnahme der Priester auf religiöse Befindlichkeiten zurückzuführen ist, was ja auch ein zentrales Charakteristikum der Julianischen Reform war: Die zehn dem Jahr hinzugefügten Tage wurden sorgsam auf die Monate verteilt, so dass deren interne Struktur, die in Religion und Politik wurzelte, sich nicht veränderte (siehe auch Q 46).[24] Die Jahre, in denen zwischen 46 und 8 v. Chr. nach der auf papyrologische Quellen gestützten Rekonstruktion Bennetts ein Schalttag eingefügt wurde, sind alles Jahre, in denen das Zusammenfallen von Neujahrstag und Markttag drohte. Wie oben gezeigt, wurde diese Koinzidenz als schlechtes Omen angesehen und deshalb tunlichst vermieden. Dieses Problem hätte sich 43 v. Chr. gestellt, wenn man mit der ersten Schaltung im Julianischen Kalender bis 43 oder 42 v. Chr. gewartet hätte. Weil das Problem schon im Vorjahr vorherzusehen war, ist es wahrscheinlich, dass die erste Schaltung absichtlich im Jahr 44 v. Chr. angekündigt wurde, als Caesar noch am Leben war, um das schlechte Vorzeichen zu umgehen. Dies könnte eine Ad hoc-Lösung gewesen sein: Beim Entwurf des neuen Kalenders war der außerhalb Italiens unbekannte Nundinalzyklus von den ausländischen Astronomen offenbar nicht einkalkuliert worden. Die Wiederkehr dieser Situation wiederum mag Caesar nicht hinreichend berücksichtigt haben. Nach der oben zitierten Passage aus Cassius Dio wurde 41 v. Chr. ein Schalttag eingefügt, weil besagtes Problem im Jahr 40 v. Chr. erneut drohte. Die Priester wussten, dass dies nicht Caesars Plan entsprach, folgten aber seinem Beispiel zur Vermeidung des Omens. Dasselbe gilt für 37 v. Chr., denn wenn das 1. Jahr nach einem Schaltjahr mit dem Tag nach dem Markttag beginnt (wie im Jahr 40 wegen der Schaltung 41 v. Chr.), so beginnt das 4. Jahr (und geplante Schaltjahr) immer mit dem Markttag. Indem man jedes 3. Jahr einen Schalttag einfügte, konnte diese unheilvolle Koinzidenz dauerhaft umgangen werden. Diese religiöse Feinfühligkeit kann somit erklären, warum die Zuwiderhandlung gegen Caesars vorgeschriebenen Ablaufplan durch das Pontifikalkollegium zur Regel wurde. Nach der augusteischen Reform wäre das Problem mit dem Markttag weiterhin aufgetreten, aber es wurde nunmehr behoben, indem man anstelle des Schaltzyklus den Nundinalzyklus veränderte.[25]

Selbst wenn die ursprüngliche Intention Caesars aufgrund der wiederholten Schaltung alle drei Jahre vergessen wurde, muss die augusteische Verwaltung das Problem lange vor 8 v. Chr. gekannt haben. Das astronomische Wissen über die Länge des Sonnenjahres war sicherlich in wissenschaftlichen Traktaten verfügbar. So erwähnt Plinius, dass Sosigenes, der die Kommission zur Ausarbeitung des Julianischen Kalenders leitete, in der

24 Rüpke 1995, 375–380; Bayer 2002, 53; Feeney 2007, 153 f.
25 Bennett 2003, 223 Anm. 11, auf der Grundlage von Cassius Dio 60, 24.

Folgezeit drei Abhandlungen mit Korrekturen verfasst hat.[26] Nach Cassius Dio (43, 26) kam Caesars Wissen über die Länge des Jahres aus Ägypten, das 30 v. Chr. zu einer römischen Provinz wurde. Als der zivile Kalender dieser neuen Provinz zwischen 25 und 22 v. Chr. an das Julianische Jahr angepasst wurde, schaltete er ab 22 v. Chr. alle vier Jahre einen Tag ein.[27] Informationen zur korrekten Umsetzung des Julianischen Kalenders waren demnach verfügbar – wenngleich die augusteische Verwaltung nicht danach gesucht haben mag. Daher stellt sich die Frage, was im Jahr 8 v. Chr. oder kurz davor geschah, um die Korrektur zu veranlassen.

John Scheid vertritt die Ansicht, dass es kein Mangel an Wissen war, der Augustus warten ließ, sondern der Umstand, dass dieser bis zum Tod des Lepidus im Jahr 13 v. Chr. nicht über das Amt des *pontifex maximus* verfügen konnte.[28] Caesar hatte dieses Amt innegehabt, als er den Kalender reformierte. Nach dessen Tod war Lepidus zum Nachfolger gewählt worden. Da Augustus die Rolle des großen Erneuerers der Traditionen spielte, konnte – oder wollte – er Lepidus sein auf Lebenszeit verliehenes Priesteramt nicht entziehen. Da Lepidus nicht in Rom weilte, nahm er ohnehin nur geringen Einfluss auf die römische Politik. Erst 12 v. Chr., nach Lepidus' Tod, konnte sich Augustus zum *pontifex maximus* wählen lassen und eine Kalenderreform in Gang bringen.

Außerdem dürfte Augustus in den Jahren nach seiner Wahl zum *pontifex maximus* mehr Interesse an der symbolischen Bedeutung der Zeit entwickelt haben. I. Priene 14 (siehe Q 40) zeigt, dass um 9 v. Chr. Leuten in hohen Reichsämtern das wachsende Interesse des Princeps am Kalender und seiner Selbstdarstellung als Herr über die Zeit bewusst war. Der Prokonsul von Asia initiierte eine Kalenderreform, die das Koinon von Asia anschließend beschloss, wonach der Geburtstag des Augustus zum 1. Tag des Jahres gemacht wurde: Die Zeit begann nun symbolisch mit seiner Geburt. Zu diesem Zeitpunkt arbeitete Augustus' Verwaltung auch eng mit Astronomen zusammen. Im Jahr 10/9 v. Chr. wurde in Rom der Meridian des Augustus mit einem großen ägyptischen Obelisken als Gnomon errichtet (siehe Q 48). Die Schattenlänge des Obelisken auf dem Meridian ließ an jedem Tag des Jahres und für jedermann sichtbar kontrollieren, ob der Kalender korrekt lief oder nicht. Die fortwährende symbolische Valenz des Monuments hing von einem Kalender ab, der sich eng am Sonnenjahr orientierte, was einen Anstoß zur Prüfung des Kalenders gegeben haben mag.[29]

---

26 Plinius, *Naturalis historia* 18, 211 f. Wenn er den Julianischen Kalender eine *ratio* (System) nennt, die nach der Entdeckung eines Fehlers korrigiert wurde, scheint Plinius hier zu implizieren, dass die Gestaltung von Caesars Kalender falsch war, nicht die Umsetzung – aber das stünde im Widerspruch zu allen anderen Quellen.

27 Bennett 2003.

28 Scheid 2005, 190.

29 Vgl. Hannah 2005, 120; Malitz 1987, 127 Anm. 125; Wolkenhauer 2011, 237–241.

Bibliographie

Bayer 2002
K. Bayer, Antike Zeitmessung. Die Kalenderreform des Caius Iulius Caesar, in: M. Herzog (Hrsg.), Der Streit um die Zeit. Zeitmessung – Kalenderreform – Gegenzeit – Endzeit, Irseer Dialoge 5 (Stuttgart 2002) 35–64.

Bennett 2003
C. Bennett, The Early Augustean Calendars in Rome and Egypt, Zeitschrift für Papyrologie und Epigraphik 142, 2003, 221–240.

Bennett 2004
C. Bennett, The Early Augustean Calendars in Rome and Egypt: Addenda et Corrigenda, Zeitschrift für Papyrologie und Epigraphik 147, 2004, 165–168.

Brind'Amour 1983
P. Brind'Amour, Le calendrier romain. Recherches chronologiques (Ottawa 1983).

Brodersen 2014
Gaius Iulius Solinus: Wunder der Welt, lat.-dt. hrsg. und übers. von K. Brodersen (Darmstadt 2014).

Cameron 1966
A. Cameron, The Date and Identity of Macrobius, Journal of Roman Studies 56, 1966, 25–38.

Cameron 2011
A. Cameron, The Last Pagans of Rome (Oxford 2011).

Döpp 1978
S. Döpp, Zur Datierung von Macrobius' Saturnalia, Hermes 106, 1978, 619–632.

Feeney 2007
D. Feeney, Caesar's Calendar. Ancient Time and the Beginnings of History, Sather Classical Lectures 65 (Berkeley 2007).

Guittard 1997
Macrobe, Les Saturnales, livres I-III, lat.-franz. hrsg. und übers. von C. Guittard (Paris 1997).

Hannah 2005
R. Hannah, Greek and Roman Calendars. Constructions of Time in the Classical World (Sydney 2005).

Kaster 2011
Macrobius, Saturnalia, lat.-engl. hrsg. und übers. von R. A. Kaster, Loeb Classical Library 510–512 (Cambridge/MA 2011).

Malitz 1987
J. Malitz, Die Kalenderreform Caesars. Ein Beitrag zur Geschichte seiner Spätzeit, Ancient Society 18, 1987, 103–131.

Radke 1960
G. Radke, Die falsche Schaltung nach Caesars Tode, Rheinisches Museum für Philologie 103, 1960, 178–185.

Rüpke 1995
J. Rüpke, Kalender und Öffentlichkeit. Die Geschichte der Repräsentation und religiösen Qualifikation von Zeit in Rom (Berlin 1995).

Salzman 1990
M. R. Salzman, On Roman Time: The Codex-Calendar of 354 and the Rhythms of Urban Life in Late Antiquity (Berkeley 1990).

Scheid 2005
J. Scheid, Augustus and Roman Religion: Continuity, Conservatism, and Innovation, in: K. Galinsky (Hrsg.), The Cambridge Companion to the Age of Augustus (Cambridge 2005) 175–196.

Schönberger – Schönberger 2008
Ambrosius Theodosius Macrobius: Tischgespräche am Saturnalienfest, Einleitung, Übersetzung und Anmerkungen von O. Schönberger und E. Schönberger (Würzburg 2008).
Stern 2012
S. Stern, Calendars in Antiquity. Empires, States, and Societies (Oxford 2012).
Willis 1970
Ambrosii Theodosii Macrobii Saturnalia, hrsg. von J. Willis, Bibliotheca scriptorum Graecorum et Romanorum Teubneriana 1527 [2](Leipzig 1970).
Wolkenhauer 2011
A. Wolkenhauer, Sonne und Mond, Kalender und Uhr. Studien zur Darstellung und poetischen Reflexion der Zeitordnung in der römischen Literatur, Untersuchungen zur antiken Literatur und Geschichte 103 (Berlin 2011).

Q 50 Ein römischer Bauernkalender (*Menologium rusticum Colotianum*)

Roland Färber

Abb. 1: Die Monate April, Mai und Juni im *Menologium rusticum Colotianum* (Archäologisches Nationalmuseum Neapel, Inv.-Nr. 2632; Foto: Guido Petruccioli).

Text (Inscr. It. XIII 2, 47 Kol. 5) und Übersetzung

Mensis	Monat
Maius.	Mai.
Dies XXXI,	31 Tage,
Non(ae) septim(anae).	Nonen am Siebten.
Dies hor(arum) XIIII s(emis),	14 ½ Tagstunden,
nox hor(arum) VIIII s(emis).	9 ½ Nachtstunden.
Sol Tauro.	Die Sonne im Stier.
Tutel(a) Apollin(is).	Schutzherrschaft des Apoll.
Seget(es) runcant(ur)	Saatfelder werden ausgejätet,
oves tundunt(ur),	Schafe geschoren,
lana lavatur,	Wolle gewaschen,
iuvenci domant(ur),	Jungstiere gezähmt,
vicea pabular(is)	die Futterwicke
secatur.	geschnitten.
Segetes	Die Getreidefelder
lustrantur.	werden kultisch gereinigt.
Sacrum Mercur(io)	Opfer für Merkur
et Florae.	und Flora.

Eigene Übersetzung.

Zur Quelle

Der zitierte Text ist Teil einer Inschrift auf einem Marmorblock (Höhe: 65,5 cm; Breite: 41 cm; Tiefe 39 cm), der gegen Ende des 15. Jahrhunderts im Bereich des Palatin-Hügels in Rom gefunden wurde (Abb. 1 und Taf. 6). Er wird heute im Archäologischen Nationalmuseum in Neapel aufbewahrt (Inv.-Nr. 2632) und ist unter der Bezeichnung »Menologium rusticum Colotianum« geläufig, nach dem Humanisten und Bischof von Nocera Angelo Colotti (1467–1549), in dessen Sammlung er sich zunächst befand. Der Stein ist mit zwölf Kolumnen für jeden Monat des Jahres beschriftet, drei an jeder der vier Seiten, d. h. das Monument stand frei und konnte ringsum betrachtet werden. Über den zwölf Kolumnen der Inschrift, die durch Rahmenlinien voneinander abgesetzt sind, ist immer das dem Monat zugeordnete Tierkreiszeichen in einem quadratischen, vertieften Feld als Relief dargestellt: Über der Monatsspalte für *Maius* ist es ein nach rechts gewandter Stier mit gebeugten Vorderbeinen und zum Betrachter gerichtetem Haupt. Die Oberseite des Blocks weist in der Mitte ein Zapfenloch für einen heute verlorenen Aufsatz auf.

Ausgewählte Editionen, Kommentare und Studien

Das *Menologium rusticum Colotianum* hat bei den Renaissance-Humanisten des 16. Jahrhunderts einige Aufmerksamkeit erregt und ist dadurch mehrfach abgezeichnet und beschrieben worden.[1] Editionen enthalten eine Reihe epigraphischer Corpora und Sammlungen: CIL I^2 p. 280–282 = CIL VI 2305 = ILS 8745 = Inscr. It. XIII 2, 47 = ILMN I 64.

Das Monument wird üblicherweise im Zusammenhang mit römischen Kalendern oder der Landwirtschaft erwähnt, jedoch selten so eingehend gewürdigt wie bei Joan M. Frayn (1979, 47–50). Die einzige grundlegende Besprechung ist immer noch jene von Georg Wissowa aus dem Jahr 1903. Relevant sind zudem die Miszelle von Annie Leigh Broughton (1936) und ein Abschnitt bei Eckhard Christmann (2003, 144–147). Eine knappe Einführung und Kontextualisierung findet sich ferner bei Karl-Wilhelm Weeber (2000, 26–28) – allerdings mit dem gravierenden Missverständnis, es handle sich um einen Bronzewürfel. Zuletzt hat Mara Pontisso (2010) den Text zusammen mit schönen Abbildungen und einem kleinen Kommentar zu jedem Monat vorgelegt.[2]

Englische Gesamtübersetzungen bieten William Stenhouse (2002, 192. 197. 200), Kenneth D. White (1977, 58 f.) sowie Charlotte R. Long (1987, 104–107), bei der der Fokus auf dem römischen Zwölfgötterkreis liegt, die in der Inschrift als Schutzgötter der einzelnen Monate auftreten.

Verwandte Quellen

Eine unmittelbare Parallele stellt das *Menologium rusticum Vallense* dar (CIL I^2 p. 280–282 = CIL VI 2306 = CIL VI 32504 = Inscr. It. XIII 2, 48). Der Stein selbst, der in Rom nahe dem Augustus-Mausoleum gefunden wurde, ist heute verschollen, aber durch Zeichnungen und Beschreibungen aus der Renaissance gut dokumentiert.[3] Seine Gestaltung ähnelt sehr dem *Colotianum,* er ist aber im Unterschied zu diesem nur an drei Seiten mit jeweils vier Monatsspalten versehen. Die Rückseite stand demnach nicht frei. Die Inschriften des *Vallense* und des *Colotianum* stimmen so stark überein, dass von einer gemeinsamen epigraphischen Vorlage auszugehen ist.[4] Oben trägt das *Vallense* eine Kombination von drei

1 U. a. Stenhouse 2002, 192–200 Nr. 101–102; Buonocore 2012.

2 Einsehbar unter https://docplayer.it/1506642-Anzio-e-i-suoi-fasti.html (letzter Zugriff: 30.09.2019).

3 Vgl. Arrigoni Bertini 2004. Eine Zeichnung aus dem späten 16. Jahrundert findet sich bei Lehoux 2016, 103 abgebildet (Fig. IV–5).

4 Wissowa 1903, 30; Christmann 2003, 144 Anm. 55. Abgesehen von Zeilenumbrüchen, Abkürzungen und Orthographie finden sich kleinere Abweichungen etwa bei den Stundenangaben im Juli, August und Oktober oder teils beim Wortlaut, so etwa im Juni: *Solis institium* im *Colotianum* gegenüber *Solstitium*

Vertikalsonnenuhren, was man beim *Colotianum* wegen des Zapfenlochs in ähnlicher Weise vielleicht auch annehmen darf.

In Rom wurde unter der Kirche Santa Maria Maggiore ein fast 20 m langer Bauernkalender aus dem frühen 3. Jahrhundert n. Chr. entdeckt, der zur Innendedekoration eines vornehmen Stadthauses gehörte.[5] Hierbei handelt es sich um eine nur fragmentarisch erhaltene Verbindung aus einem traditionellen Kalender mit vertikal angeordneten Tageskolumnen der einzelnen Monate, in denen Feste und bäuerliche Tätigkeiten genannt sind, und Bildfresken, die die Arbeiten auf dem Land in Vogelschau illustrieren.

In einfacherer Form und ohne beigegebenen Kalender begegnen die bäuerlichen Arbeiten des Jahres als sogenannte Monatsbilder auch in Mosaiken wie z. B. dem Bodenmosaik aus einer römischen Stadtvilla im französischen Saint-Romain-en-Gal (Rhône), das auf die Wende vom 2. zum 3. Jahrhundert n. Chr. datiert wird.[6]

Umfassende Informationen zu den über das Jahr hinweg zu leistenden Arbeiten auf einem römischen Landgut enthalten drei bekannte landwirtschaftliche Lehrbücher:

- Cato der Ältere, *De agri cultura* 40–53 (um 150 v. Chr.): Die Arbeiten sind hier allerdings nicht fortlaufend nach Monaten, sondern thematisch geordnet.
- Varro, *De re rustica* 1, 27–37 (37 v. Chr.): Er teilt die bäuerlichen Arbeiten des Jahres in acht Abschnitte zu je anderthalb Monaten ein, was wohl die ältere Tradition spiegelt, als der republikanische Kalender wegen des Schaltmonats wiederholt von den Jahreszeiten abwich, ehe 45 v. Chr. der stabile Julianische Kalender eingeführt war (siehe Q 46).[7] Ähnlich findet es sich auch beim älteren Plinius (*Naturalis historia* 18, 220–320).
- Columella, *De re rustica* 11, 2 (1. Hälfte des 1. Jahrhunderts n. Chr.): Columella geht nach Monatshälften vor, verzeichnet die Bewegungen der Gestirne und typische Wetterlagen, aber keine Feste und Riten. *De re rustica* 11, 2, 39–44 widmet sich dem Monat Mai.

---

im *Vallense*, oder im Dezember: *Vineas sterc(orant) | faba(m) serentes* im *Colotianum* gegenüber *vineae | stercorant(ur) | faba seritur* im *Vallense*. Offenbar versehentlich ausgelassen wurde im *Vallense* im August die Nennung *item | triticarr(iae)*.

5 Magi 1972. Für die Datierung um 200 n. Chr. und den Kontext eines Privathauses siehe jedoch Mielsch 1976.

6 Stern 1981, 445–449 mit Taf. XVI–XX; Weeber 2000, Taf. IV–V (in Farbe).

7 Vgl. Christmann 2003, 142.

Siehe auch

Q 9 – Die 30 Tage des Mondmonats und ihre Schutzgötter
Q 12 – Personifikationen der Jahreszeiten im Tempel von Dendera
Q 27 – Tierkreiszeichen und Monate in der Synagoge von En-Gedi
Q 28 – Die Tage des Monats in Hesiods *Werken und Tagen* und in Vergils *Georgica*
Q 43 – Fasti Antiates maiores
Q 55 – Das Parapegma von den Trajansthermen in Rom

Technische Aspekte

Das Jahr entspricht bereits dem Julianischen Kalender in seiner Form nach 8. v. Chr., als der Monat *Sextilis* in *Augustus* umbenannt worden war. Demnach muss dieses Monument später entstanden sein. Aufgrund der im März, April und November genannten ägyptischen Feste für Isis und Sarapis wird es in die 2. Hälfte des 1. Jahrhunderts n. Chr. eingeordnet.[8]

Die einzelnen Spalten für die zwölf Kalendermonate folgen einem einheitlichen Schema: Unter dem im Relief dargestellten Tierkreiszeichen stehen zuerst der Monatsname, darunter die Zahl der Tag- und der Nachtstunden sowie die Angabe, ob die für die römische Datumsangabe wichtigen Nonen auf den 5. oder auf den 7. Tag des Monats fallen. Dabei handelt es sich um ein Relikt aus dem vorjulianischen Kalender, in welchem vier Monate (*Martius, Maius, Quintilis* und *October*) 31 Tage zählten, während alle anderen 28 oder 29 Tage umfassten; in diesen vier Monaten fielen die Nonen auf den 7. Tag (siehe Chronologische Grundlagen: Rom). Nach der Nonenangabe folgt, in welchem Tierkreiszeichen die Sonne steht (im Mai hier der Stier) und welcher Gott die Schutzherrschaft *(tutela)* über den Monat innehat (im Mai Apollo). Im März wird zusätzlich die Frühlingstagundnachtgleiche (25.), im Juni die Sommersonnenwende (24.), im September die Herbsttagundnachtgleiche (24.) und im Dezember der Winteranfang bzw. die Wintersonnenwende (ohne genauen Tag)[9] genannt. Die anschließenden Informationen betreffen typische landwirtschaftliche Arbeiten des jeweiligen Monats. Aus diesem Abschnitt leitet sich die Bezeichnung des Quellentypus als *Menologium rusticum* (»bäuerlicher Monatskalender«) ab. Am Schluss stehen wichtige im Monat durchgeführte Opfer und Feste. Diese letzten beiden Abschnitte sind die einzigen, in denen die Informationsmenge deutlich schwankt. Im Jahresüberblick stellen sich die Angaben im *Menologium rusticum Colotianum* wie folgt dar:

---

8 Wissowa 1903, 51; Pontisso 2010, 85.

9 Hier lautet die Formulierung *hiemps initiu(m) | sive tropae | chimerin(ae)* – Letzteres abgeleitet von gr. τροπαὶ χειμεριναί, »Wintersonnenwende«. Nach Wissowa 1903, 34 wurde der astronomische Wendepunkt mit dem Beginn der Jahreszeit verwechselt. Eigentlich hätte hier *VIII Kal. Ian.*, »achter Tag vor den Kalenden des Januar«, d. i. der 25. Dezember, stehen müssen.

Monat	Tag- und Nachtstd.	Tierkreiszeichen und Schutzgottheit	Landwirtschaftliche Arbeiten	Opfer und Feste
Ianuarius	9 ¾ 14 ¼	Steinbock Juno	Anspitzen der Pfähle Schneiden von Weide und Schilfrohr	Opfer für die Hausgötter
Februarius	10 ¾ 13 ¼	Wassermann Neptun	Hacken der Saatfelder; Bearbeiten der Obererde der Weingärten Abbrennen des Schilfrohrs	*Parentalia, Lupercalia, Cara Cognatio, Terminalia*
Martius	12 12	Fische Minerva	Behacken und zugleich Stützen der Weinstöcke Aussaat des Sommergetreides	*Isidis navigium,* Opfer für Mamurius; *Liberalia, Quinquatria, Lavatio*
Aprilis	13 ½ 10 ½	Widder Venus	Entsühnung der Schafe	Opfer für Isis von Pharos; Sarapis-Fest
Maius	14 ½ 9 ½	Stier Apollo	Jäten der Saatfelder Schafschur, Waschen der Wolle Zähmung der Jungstiere Schneiden der Futterwicke Entsühnung der Kornfelder	Opfer für Merkur und Flora
Iunius	15 9	Zwillinge Merkur	Heumahd Eggen der Weingärten	Opfer für Hercules und Fors Fortuna
Iulius	14 ¼ 9 ¾	Krebs Jupiter	Ernte von Gerste und Bohnen	*Apollinaria, Neptunalia*
Augustus	13 11	Löwe Ceres	Herrichten von Pfählen Spelt- und Weizenernte Abbrennen der Stoppeln	Opfer für Spes, Salus und Diana; *Volcanalia*
September	12 12	Jungfrau Vulcan	Verpichen der Weinfässer Auflesen der Äpfel Grabenmachen um die Baumwurzeln	Festmahl der Minerva
October	10 ¾ 13 ¼	Waage Mars	Weinlese	Opfer für Liber (= Bacchus)
November	9 ½ 14 ½	Skorpion Diana	Aussaat von Weizen und Gerste Pflanzen der jungen Bäume	Festmahl des Jupiter; *Heuresis* (= Isis-Fest)
December	9 15	Schütze Vesta	Düngen der Weinstöcke; Säen der Bohnen; Hauen von Stammholz Olivenernte; Jagen	*Saturnalia*

Bemerkenswert ist die Verwendung der Gleichstunden, bei denen nicht die Stundenlänge, sondern die Zahl der Tag- und Nachtstunden entsprechend den Jahreszeiten schwankt. Sie wurden offenbar nach der geographischen Breite Roms berechnet, weisen aber Unstimmigkeiten im Hinblick auf die Progression auf.[10]

Die monatsweise Zuordnung der Tierkreiszeichen entspricht den zu dieser Zeit geläufigen, auch wenn der Eintritt der Sonne in die einzelnen Zeichen jeweils um die Monatsmitte erfolgt und demnach immer zwei Zuordnungen möglich wären.[11] Der römische Zwölfgötterkreis, die *Dii consentes,* besaß etruskische Wurzeln und wurde im ausgehenden 3. Jahrhundert v. Chr. mit den zwölf olympischen Göttern Griechenlands gleichgesetzt. Für deren Schutzherrschaft über die Monate gab es ägyptische wie auch griechische Vorläufer.[12] Kanonisch ausgeprägt begegnet die Zuweisung der Zwölfgötter an bestimmte Monate in Rom indes erst im 1. Jahrhundert n. Chr. In den Bauernkalendern sind die Tierkreiszeichen gegenüber den Göttern um eine Postition verschoben:[13] Eigentlich sollte Venus im April mit dem Zeichen des Stieres[14] und Apollo im Mai mit dem Zeichen der Zwillinge verbunden sein.[15]

Die zeitliche Einordnung der landwirtschaftlichen Tätigkeiten passt in der Regel gut zu den im Umland von Rom vorherrschenden Bedingungen,[16] doch sprechen einige Indizien auch für ein etwas kälteres Klima, wie etwa im Faliskerland oder am Fuße des Apennin.[17]

Soziokulturelle Auswertung

Eine Stelle bei Varro dürfte der Grund dafür sein, dass man über den genauen Gültigkeitsort und den tatsächlichen physischen Standort der *Menologia rustica* mehrfach diskutiert hat. So schreibt dieser über die von ihm formulierten Anweisungen zum Landbau: »Was ich gesagt habe, soll man aufgezeichnet und aufgestellt *(scripta et composita)* im Gutsgebäude *(villa)* finden, vor allem dazu, dass der Gutsverwalter *(vilicus)* es kennt.«[18]

Allerdings brauchten solche Leitsätze auf dem Hof nicht gleich in Stein gemeißelt worden zu sein, sondern können auch die allgemeinen Vereinbarungen zwischen Gutsbesitzer und Gutsverwalter meinen, die auf Tafeln fixiert waren.[19] In praktischer Hinsicht war wohl

10 Wissowa 1903, 32–34.
11 Ebd., 35–37.
12 Long 1987, 266 f.
13 Wissowa 1903, 39 f. zu den möglichen Gründen; ferner Long 1987, 267 f.
14 Z. B. bei Ovid, *Fasti* 4, 85–90; vgl. auch Q 44.
15 Vgl. Manilius, *Astronomica* 2, 433–448.
16 Wissowa 1903, 44 f.
17 Frayn 1979, 49. Dagegen sprach sich Broughton 1938, 356 für einen Raum nördlich des Po aus.
18 Varro, *De re rustica* 1, 36. Übersetzung nach Flach 1996.
19 Vgl. Frayn 1979, 49 f.

kein erfahrener Bauer auf derartige Ratschläge und Terminpläne angewiesen. Stattdessen sollte – gerade in Anbetracht der Monumentalität der steinernen *Menologia rustica* und der Aufwändigkeit desjenigen unter Santa Maria Maggiore – von Aufstellungskontexten in Rom selbst ausgegangen werden. Die *Menologia* formulieren keine Anweisungen, sie haben keinen belehrenden, sondern einen darstellenden, informativen bzw. illustrierenden Charakter; außerdem ist die Zahl der aufgelisteten Arbeiten gering und verglichen mit den landwirtschaftlichen Lehrbüchern selektiv. Was die genannten Tiere, Feldfrüchte und Tätigkeiten anbelangt, so passen diese besser zu kleinbäuerlichen Betrieben, wie sie im 1. Jahrhundert n. Chr. im Umland von Rom gar nicht mehr zu finden waren.[20] Demnach geht es eher um einen allgemeinen Eindruck ländlicher Zyklen, die man als Angehöriger der bessergestellten Schichten im Alltag der Großstadt nur mehr am Rande mitbekam. Mit ihrem altertümelnd-bäuerlichen Sprachduktus dürften sie die Sehnsucht des Städters nach *rus in urbe*, dem »Land in der Stadt«, repräsentiert haben und sollten wohl die vor den Toren weitaus wirkmächtigeren Zeitläufe des Jahres vergegenwärtigen.[21]

Bibliographie

Arrigoni Bertini 2004
M. G. Arrigoni Bertini, Il *menologicum rusticum Vallense.* Una testimonianza inedita di Fulvio Orsini, in: M. G. Angeli Bertinelli – A. Donati (Hrsg.), Epigrafia di confine, confine dell'epigrafia. Atti del colloquio AIEGL-Borghesi 2003 (Faenza 2004) 426–436.

Broughton 1936
A. Broughton, The Menologia Rustica, Classical Philology 31, 1936, 353–356.

Buonocore 2012
M. Buonocore, Un'inedita trascrizione della prima metà del Cinquecento del Menologium rusticum Colotianum, Epigraphica. Periodo internazionale di epigrafia 74, 2012, 344–346.

Christmann 2003
E. Christmann, Zum Verhältnis von Autor und Leser in der römischen Agrarliteratur. Bücher und Schriften für Herren und Sklaven, in: M. Horster – C. Reitz (Hrsg.), Antike Fachschriftsteller: Literarischer Diskurs und sozialer Kontext, Palingenesia 80 (Stuttgart 2003) 121–152.

Flach 1996
Marcus Terentius Varro, Gespräche über die Landwirtschaft, Buch 1, hrsg., übers. und erl. von D. Flach, Texte zur Forschung 65 (Darmstadt 1996).

Frayn 1979
J. M. Frayn, Subsistence Farming in Roman Italy (Fontwell 1979).

Lehoux 2016
D. Lehoux, Days, Months, Years, and Other Time Cycles, in: A. Jones (Hrsg.), Time and Cosmos in Greco-Roman Antiquity (Princeton 2016) 95–121.

Long 1987
C. R. Long, The Twelve Gods of Greece and Rome (Leiden 1987).

20 Christmann 2003, 146 f.

21 Vgl. ebd.

Magi 1972
F. Magi, Il calendario dipinto sotto Santa Maria Maggiore. Con appendice sui graffiti del Vano XVI a cura di P. Castrén, Atti della Pontificia accademia romana di archeologia III 11, 1 (Rom 1972).
Mielsch 1976
H. Mielsch, Rez. zu Magi 1972, Gnomon 48, 1976, 499–504.
Pontisso 2010
M. Pontisso, Menologium rusticum colotianum, in: T. Ceccarini (Hrsg.), Anzio e i suoi fasti. Il tempo tra mito e realtà (Anzio 2010) 84–91.
Stenhouse 2002
W. Stenhouse, The Paper Museum of Cassiano dal Pozzo A 7: Ancient Inscriptions (London 2002).
Stern 1981
H. Stern, Les calendriers romains illustrés, in: ANRW II 12, 2 (1981) 431–475.
Weeber 2000
K.-W. Weeber, Alltag im Alten Rom: das Landleben. Ein Lexikon (Düsseldorf 2000).
White 1977
K. D. White, Country Life in Classical Times (London 1977).
Wissowa 1903
G. Wissowa, Römische Bauernkalender, in: Apophoreton. 47. Versammlung deutscher Philologen und Schulmänner (Berlin 1903) 29–51.

Q 51 Die Stunden des Tages nach Martial

Christian Badura

Text: Martial, *Epigramm* 4, 8

Prima salutantes atque altera conterit hora,
exercet raucos tertia causidicos,
in quintam varios extendit Roma labores,
sexta quies lassis, septima finis erit,
sufficit in nonam nitidis octava palaestris,
imperat extructos frangere nona toros:
hora libellorum decima est, Eupheme, meorum,
temperat ambrosias cum tua cura dapes
et bonus aetherio laxatur nectare Caesar
ingentique tenet pocula parca manu.
tunc admitte iocos: gressu timet ire licenti
ad matutinum nostra Thalia Iovem.

Übersetzung

Die erste und zweite Stunde reibt die Bittsteller auf, die dritte plagt heisere Anwälte. Bis zum Ende der fünften dehnt Rom seine vielfältigen Mühen aus; die sechste wird den Erschöpften Ruhe bringen, die siebte diese beenden. Die achte bis zur neunten Stunde genügt für die ölglänzenden Ringkampfplätze. Die neunte befiehlt, sich in aufgeschichtete Sofapolster zu legen. Die Stunde meiner Büchlein ist die zehnte, Euphemus, wenn deine Fürsorge ambrosische Festmähler anrichtet und der gute Caesar sich mit himmlischem Nektar entspannt und maßvolle Becher mit mächtiger Hand hält. Dann gewähre meinen Scherzen Einlass: Meine Thalia fürchtet, sich schon einem morgendlichen Jupiter mit ausgelassenem Schritt zu nähern.

Eigene Übersetzung.

Zur Quelle

Marcus Valerius Martialis lebte etwa von 40 bis 104 n. Chr. und war ein angesehener Dichter seiner Zeit. Er schrieb neben einigen kürzeren Werken zwölf Bücher Epigramme, die zwischen 85 und 102 n. Chr. verfasst wurden. Antike Epigramme sind meist als Inschriften gedacht oder solchen literarisch nachgebildet; dabei sind einheitliche Thematik, geschlossene Form und Kürze typisch. Gedicht 4, 8 kann man sich als fiktive »Aufschrift« auf oder Beigabe zu einer Buchrolle vorstellen, die der Adressat und Leser der Gedichte vor sich hat. Wie die meisten Gedichte ist auch 4, 8 unter dem Kaiser Domitian (81–96 n. Chr.) entstanden und wie einige andere Epigramme auch diesem gewidmet bzw. auf ihn zentriert. Der Bezug zum römischen Leben der Zeit und der zwischen Satire, Demut und Stolz auf das eigene Werk wechselnde Ton sind typisch für Martials Dichtung. Versmaß ist das elegische Distichon, bei dem sich Hexameter und Pentameter abwechseln.

Ausgewählte Editionen, Übersetzungen und Kommentare

Die maßgebliche Ausgabe der Epigramme Martials ist David R. Shackleton Baileys Teubner-Edition (1990), die auch Grundlage seiner zweisprachigen Loeb-Ausgabe von 1993 ist. Rudolf Helm (1957) bietet eine metrische deutsche Übersetzung. Das 4. Gedichtbuch ist ausführlich kommentiert von Rosario Moreno Soldevila (2006).

Verwandte Quellen

Ähnlich wie Martials Gedicht, das einen Sechsstundentag skizziert, behauptet ein zweizeiliges griechisches Epigramm in der *Anthologia Palatina* (10, 43), dass ein kurzer Arbeitstag von sechs Stunden ausreichend sei. Anders als Martial fokussiert es jedoch weniger auf die Geschäftigkeit dieser Stunden, sondern fordert den Rezipienten auf, den Rest des Tages zu »leben«.

Bei Aulus Gellius (*Noctes Atticae* 3, 3, 5) sind Verse des republikanischen Komödiendichters Plautus aus einem sonst nicht erhaltenen Stück überliefert, die eine hungrige Figur (vermutlich den »Parasiten« der antiken Komödie) den Erfinder der Sonnenuhren verfluchen lassen, da diese nun überall in Rom den Takt des Tages vorgäben und nicht mehr der eigene Magen.

Siehe auch

Q 6– Eine Wasseruhr aus der Zeit des Pharaos Amenophis III.
Q 7 – Eine Sonnenuhr aus dem Tal der Könige
Q 29 – Solons Lebensalter-Elegie
Q 36 – Der Turm der Winde in Athen
Q 47 – Die Stifterinschrift einer Uhr aus Idanha-a-Velha (Portugal)
Q 52 – Journal eines römischen Militärpostens

Literarische und technische Aspekte

Das Gedicht setzt die Stunden des römischen Tages in Beziehung zur Dichtung des poetischen Ich. In den ersten sechs Versen zählt es zunächst die Stunden mit den üblichen Tätigkeiten auf und präsentiert einen geschäftigen Tag im Takt dieser Stunden. Die Zeit für Gedichtbücher und »Scherze« (*iocos*, 11), wie es ab Vers 7 heißt, sei der Nachmittag und frühe Abend, den Domitian beim Bankett mit Speis und Trank verbringt. Die Vorstellung ist wohl die einer Rezitation von Martials Gedichten an der Tafel des Kaisers durch den Adressaten Euphemus. Dieser könnte der historische *tricliniarches*, d. h. Bankettleiter Domitians gewesen sein; der sprechende Name Euphemus, zu Deutsch etwa »Wohlsprecher«, ist jedoch eher ein Indiz für seine Erfindung als idealer Mittelsmann zwischen Dichter und literarischem Patron. Der Kaiser wird durch den Gegensatz der Tageshälften als Garant für Muße, Kultur und Wohlstand gezeichnet; die zuvor ablaufenden Stunden des Tages sind dagegen allesamt durch die Mühen diverser Berufsgruppen und Tätigkeitsfelder charakterisiert.[1] In der Form einer Priamel, die eine Anhäufung von Alternativen in der darauf folgenden Absetzung von ebendiesen Alternativen gipfeln lässt, wird die letzte Position der 10. Stunde von den vorherigen Stunden abgehoben. Dadurch rückt die kultivierte Erholung bei der Lesung von Martials Gedichten in den Mittelpunkt des Tages. Das letzte Distichon schließt den Ring zum Anfangsvers, indem Thalia, die Muse der (niederen: komischen, epigrammatischen usw.) Dichtung, als Klientin vorgestellt wird, die dem literarischen Patron Domitian Martials Verse bringt oder diese selbst verkörpert. Das könne aber, so der pointierte Abschluss, nur am Nachmittag oder Abend geschehen und wäre als Teil der morgendlichen *salutatio*, also der Aufwartung der Bittsteller bei ihren juristischen Schutzherren, nicht denkbar.

Die Römer zählten ihre Stunden ab dem Sonnenaufgang, der je nach Jahreszeit um etwa drei Stunden abweichen kann: Auf dem Breitengrad Roms geht die Sonne zur Zeit der Sommersonnenwende um 4:27 Uhr auf, zur Zeit der Wintersonnenwende erst um 7:33 Uhr.[2] Bis zum Sonnenuntergang wurden zwölf Tagesstunden gezählt, die je nach Tageslänge in ihrer Dauer variierten: Im Sommer waren die Stunden des Tages wesentlich länger (max. 1 Std. 15 Min. in Rom) als im Winter (mind. 45 Min.). Für die zwölf Stunden der Nacht verhielt es sich umgekehrt. Man nennt diese Einteilung in zwölf Tagesstunden von variabler Länge gegenüber den heute üblichen einheitlichen 24 Stunden à 60 Minu-

1 Einige Interpreten gehen davon aus, dass nur der Tagesablauf des Kaisers Domitian gemeint ist: vgl. Friedrich 1913, 260. Die Berufsgruppen werden jedoch ausdrücklich mit den ihnen eigenen Tätigkeiten genannt, der 3. Vers ist eine allgemeine Aussage über den Alltag Roms und der Plural *lassis* im 4. Vers nicht auf Domitian zu beschränken. Siehe auch Moreno Soldevila 2006, 138, der die zweigeteilte Struktur des Gedichts hervorhebt.

2 Siehe Neumeister 1991, 283, der Marquardt 1886, I 257 f. folgt.

ten (den sogenannten Äquinoktialstunden) auch die Temporal- oder Ungleichen Stunden (siehe Chronologische Grundlagen: Rom).

Martial übertreibt im Epigramm 4, 8 also die Genauigkeit des Taktes der Stunden: Kaum ein Römer orientierte sich tatsächlich an den Übergängen von Stunde zu Stunde, noch war auch die Möglichkeit dazu im Alltag üblicherweise gegeben. Die Sonnenuhren Roms waren nicht in der Lage, die Zeit auf eine Viertelstunde genau anzugeben, und von praktischer Relevanz waren, wie wir aus Papyri wissen, ohnehin nur die Marker der 3., 6. und 9. Stunde.[3] Diese begannen zur Zeit der Sommersonnenwende jeweils etwa um 7:00/10:45/14:30 Uhr, zur Zeit der Wintersonnenwende etwa um 9:00/11:15/13:30 Uhr. Die Bezeichnungen *hora quarta* etc. verweisen dabei in der Regel auf den Endpunkt der betreffenden Stunde; allerdings kann damit auch der Zeit*raum* vom Beginn zum Ende der Stunde bezeichnet werden. In Martials Gedicht ist diese Unterscheidung nicht klar, da in den meisten Fällen beides gemeint sein kann.[4] Das Gedicht verwendet daher die schnelle Folge der Stunden mit ihrer Fülle von Tätigkeiten weniger zur Darstellung einer historischen Realität als vielmehr, um die Last einer Vielzahl an Beschäftigungen gegenüber der Freizeit als Zeit für die Kunst und insbesondere für Martials Dichtung darzustellen.

Soziokulturelle Auswertung

Das Epigramm stellt dar, wie die soziale Zeit das Leben der römischen Oberschicht bestimmt. Von 6 bis 8 Uhr morgens wird die *salutatio* der *clientes* bei ihren Patronen durchgeführt, was von Martial als Zeitverschwendung *(conterere)* bezeichnet wird.[5] Danach geht es aufs Forum, der Hauptstätte für die »Strapazen« (*labores*, 3) der gebildeten Schichten. Als weitere Tätigkeiten kann man sich die vielen Besuche und Besorgungen der *clientes* vorstellen, die bis 11 Uhr andauern. Bis 13 Uhr ist der Tagesablauf durch zwei Stunden für ein leichtes Mahl *(prandium)* und Mittagsruhe *(meridiatio)* pausiert, worauf eine Stunde Sport (Martial nennt den Ringkampf) folgt. Glaubt man Martial, war der Arbeitstag der Römer also üblicherweise ein Sechsstundentag, die *salutatio* am frühen Morgen mit eingerechnet. Mit dem Ende der 9. Stunde war es Zeit, die Hauptmahlzeit oder *cena* einzunehmen. Ein *convivium*, d. h. ein Gastmahl mit anschließendem Trinkgelage, zog sich manchmal bis in die späten Abendstunden hin. Von einer solchen Gelegenheit spricht Martial in Gedicht 4, 8.

Durch den schnellen, in jedem Vers wechselnden Fortschritt der Stunden, was formal in *cumulatio* und Asyndeton, also der Häufung mehrerer unverbundener Satzglieder erreicht wird, entsteht der Eindruck eines gleichsam durchgetakteten Tagesablaufs der

---

3 Jones 2016, 28 f.

4 Siehe Friedrich 1913, 257. Balsdon 1969, 17 weist darauf hin, dass Zeitangaben, die Uhrzeiten nach der *decima hora* bezeichnen, in den antiken Texten kaum zu finden sind.

5 Moreno Soldevila 2006, *ad loc.* weist auf diese Bedeutung des Verbs hin (vgl. OLD s. v. 4a).

Stadtrömer, die sich, wenn man dem Gedicht Glauben schenkt, nur mit dem ständigen Blick auf die (Sonnen-)Uhr durch den Tag bewegen konnten. Allerdings geben kaum Indizien Anlass zur Annahme eines ähnlich hohen Stellenwerts von genauer Pünktlichkeit in Roms historischer Realität, die praktisch auch schwer zu erreichen war. Daher kann man wohl implizite Zeitkritik in diesem Epigramm lesen, das einerseits die bei Martial häufig zu findende Moralsatire über das Klientenwesen aufnimmt und andererseits eine Beschwerde über zu wenig *otium* für die literarische Tätigkeit des »Klienten« Martial aufklingen lässt.[6]

Bibliographie

Balsdon 1969
J. P. Balsdon, Life and Leisure in Ancient Rome (New York 1969).
Friedrich 1913
G. Friedrich, Drei Epigramme des Martial, Rheinisches Museum 68, 1913, 257–278.
Helm 1957
Martial: Epigramme, eingeleitet und im antiken Versmaß übertragen von R. Helm (Zürich 1957).
Jones 2016
A. Jones, Introduction, in: A. Jones (Hrsg.), Time and Cosmos in Greco-Roman Antiquity (Princeton 2016) 19–43.
Marquardt 1886
J. Marquardt, Das Privatleben der Römer (Leipzig 1886; Nachdr. Darmstadt 1980).
Moreno Soldevila 2006
R. Moreno Soldevila, Martial, Book IV: A Commentary, Mnemosyne Supplement 278 (Leiden 2006).
Neumeister 1991
C. Neumeister, Das Antike Rom: Ein Literarischer Stadtführer (München 1991).
Shackleton Bailey 1990
M. Valerii Martialis Epigrammata, post W. Heraeum ed. D. R. Shackleton Bailey (Leipzig 1990).
Shackleton Bailey 1993
Martial, Epigrams, lat.-engl. hrsg. und übers. von D. R. Shackleton Bailey, Loeb Classical Library 94–96 (Cambridge/MA 1993).

6 Weitere Epigramme zur sozialen Ungleichheit v. a. im Klientenwesen sind allein im 4. Buch: 4, 5; 4, 26; 4, 40; 4, 67. Siehe Moreno Soldevila 2006, 4.

Q 52 Journal eines römischen Militärpostens

Sofie Remijsen

Text: O. Krok. I 29

Spuren
[-ca.?- τύρ]μ̣(ης) Πρίσκου τῆι (αὐτῇ) [- ca.?-]
— — — — — — — —

vac. Ἁθυρ ιζ
[ἀπὸ Πέρσου] Βούλτις(*) Σ̣α̣τουρν(ῖνος) τύρμ(ης) Λογ̣[γ -ca.?-]
[καὶ] ἐξῆλθε τῆι (αὐτῇ) ὥρα̣ Ῥουφῖν[ος]
[ε]ἰς Φοινικῶνα̣ vac.?
— — — — — — — —

vac. Ἁθυρ ιζ ὥραν ιβ ὀψέ
[ἀ]πὸ Φοινικῶνος Μοκάτραλις
καὶ ἐξῆλθε Γερμαν(ὸς)
τῆι (αὐτῇ) vac.?
— — — — — — — —

vac. Ἁθυρ ιζ ὥραν δ [νυκτ(ός)]
[ἀ]πὸ Φοινικῶνος Ῥουφῖνος
καὶ ἐξῆλθε Ἰούλις [-ca.?-]
— — — — — — — —

Spuren

Übersetzung

[Monat Hathyr, Tag, Stunde]
[aus Persou kam Bote 1]
[und Moukatralis] aus der *turma* des Priscus [reiste] zur selben [Stunde ab].
- -

17. Hathyr (Stunde fehlt),
[aus Persou] kam Vultius Saturninus aus der *turma* des Lon[ginus]
und zur selben Stunde reiste Rufinus ab nach Phoinikon.
- -

17. Hathyr, zur 12. Stunde spät am Abend,
Moukatralis kam aus Phoinikon,
und Germanus reiste ab
zur selben Stunde.

---

17. Hathyr, zur 4. Stunde [der Nacht],
aus Phoinikon kam Rufinus,
und Julius reiste ab [...]

Eigene Übersetzung.

Zur Quelle

Der zitierte Text wurde auf ein Ostrakon (Tonscherbe) geschrieben und ist eines von vielen Dokumenten auf Ostraka, die im Zuge der archäologischen Ausgrabungen von Krokodilo, einem kleinen römischen Militärposten in der östlichen ägyptischen Wüste, gefunden wurden. Es enthält ein Fragment eines Post-Journals, welches das Kommen und Gehen von Eilboten zwischen Krokodilo und den benachbarten Posten Phoinikon (29 km westlich) und Persou (24 km östlich) zu verschiedenen Tag- und Nachtstunden dokumentiert.[1] Jeder Eintrag wird von den anderen mit einer Trennlinie abgesetzt. In der unteren Hälfte des Ostrakons sind die Zeilenanfänge erhalten, die Zeilenenden nur im mittleren Abschnitt. Die Gesamtlänge der anderen Zeilen lässt sich nur schwer ermitteln, weil sich der Schreiber nicht streng an einen rechten Rand hielt und Abkürzungen benutzte. Die verlorenen Teile der Zeilen können größtenteils ergänzt werden, möglicherweise stand aber hinter einigen Kuriernamen noch ein zusätzliches Identifikationszeichen.

Die drei im Text erwähnten Lager befanden sich entlang der ca. 180 km langen Straße zwischen Koptos am Nil und der Hafenstadt Myos Hormos am Roten Meer. Sie war eine wichtige Route für den römischen Handel fremdländischer Güter: Schiffsladungen aus Südarabien, Indien und Afrika erreichten das Römische Reich übers Rote Meer; nach ihrer Löschung im Seehafen brachten Karawanen die exotischen Waren auf der Wüstenstraße zum Nil, auf dem diese weiter zum Mittelmeer transportiert wurden.[2] Um die Strecke vor plündernden Nomaden zu schützen, wurden im frühen 2. Jahrhundert n. Chr. Reiter der *ala Vocontiorum*, einer bei Koptos stationierten Auxiliareinheit, den einzelnen *praesidia* (Militärposten) an der Wüstenstraße zugeteilt. An jedem Posten waren Männer aus verschiedenen *turmae* (Schwadrone der *ala*, vgl. Z. 2) zu finden. Namen wie Moukatralis (Z. 10) deuten darauf hin, dass manche Männer dieser Einheiten aus Thrakien oder Dakien

1 Cuvigny 2005, 6.
2 Strabo 2, 5, 12.

stammten.[3] Die Reiter wurden zugleich als Brief- und Paketboten sowie als Geleitschutz für Nutztiere und bedeutende Persönlichkeiten entlang der Straße eingesetzt.

Das hier diskutierte Ostrakon gehört zu einer Serie von 17 Scherben mit Post-Journalen, die in Verbindung mit dem Militärpräfekten Artorius Priscillus (O. Krok. I 14–40) stehen. Er ist zwischen Juli und November 109 n. Chr. bezeugt,[4] d. h. das vorliegende Fragment kann auf den 13. November 109 n. Chr. datiert werden (vgl. Z. 4, 9 und 14: 17. Hathyr). Mit mindestens drei Ankünften war dies ein ziemlich ereignisreicher Tag im Lager, da an manchen anderen Tagen keine Päckchen geliefert wurden.[5] Die im Journal als abreisend vermerkten Boten waren in Krokodilo ansässig, die ankommenden hingegen an einem der benachbarten Posten. Jede Reise kostete einen Boten zwei oder drei Stunden zu Pferd. Weil Post nicht sonderlich häufig war, warteten die Soldaten normalerweise nicht auf ein weiteres Päckchen, sondern kehrten mit leeren Händen zu ihrer Basisstation zurück.

Der auf der Tonscherbe erhaltene Text repräsentiert nur einen kleinen Teil eines größeren Journals, das eine ganze Amphora bedeckte. Weil handelsübliche Amphoren regelmäßig als Nahrungsbehälter in den abgelegenen Lagern eingingen, waren diese leicht verfügbare Gegenstände, die viel billigeres Schreibmaterial abgaben als Papyrus, der eigens hätte geliefert werden müssen. Aber selbst dieses ausrangierte Material wurde sparsam verwendet: So ist das besprochene Ostrakon ein Palimpsest mit Spuren eines getilgten lateinischen Texts unter dem griechischen. Sicherlich braucht eine Amphora weit mehr Platz als eine Schriftrolle, weshalb diese Aufzeichnungen kaum über mehrere Jahre archiviert wurden. Vermutlich hat man sie schon nach wenigen Monaten weggeworfen. Die meisten Post-Eintragungen der Serie von 109 n. Chr. stammen von derselben geschulten Schreiberhand, was darauf hindeutet, dass es im Lager nur einen Schreiber gab. Er kopierte auch Rundschreiben des Präfekten an alle Posten, damit das Original weitergeschickt werden konnte.[6]

Ausgewählte Editionen, Übersetzungen und Studien

Das vorliegende Ostrakon wurde erstmals von Hélène Cuvigny (2005) publiziert, zusammen mit anderen Fragmenten von Post-Journalen aus Krokodilo. Eine Studie zur Verwendung von Stunden in diesen Texten einschließlich einer kleineren Korrektur zur Interpretation des hier zitierten Ostrakons stammt von der Verfasserin (Remijsen 2007).

---

3 Cuvigny 2005, 4.

4 Ebd., 9.

5 Z. B. O. Krok. I 27 verzeichnet für den Monat Thot (Anfang verloren) ein Päckchen am 19. und am 25. Tag, für den Monat Phaophi ein Päckchen am 3. und am 7. Tag (spätere Tageszahlen verloren).

6 Cuvigny 2005, 53.

Verwandte Quellen

Die nächstverwandten Quellen sind die übrigen Fragmente von Post-Journalen aus Krokodilo, publiziert als O. Krok. I 1–4; 24–40 bei Cuvigny 2005. An keinem anderen Posten entlang dieser Wüstenwege wurde eine so große Zahl derartiger Dokumente gefunden, doch zeigen vereinzelte Beispiele von anderen Stationen, dass dasselbe System auf der gesamten Strecke Anwendung fand. Der Papyrus P. Hib. I 110 (ca. 255 v. Chr.) stellt ein seltenes hellenistisches Beispiel für ein Post-Journal dar.

Siehe auch

Q 7 – Eine Sonnenuhr aus dem Tal der Könige
Q 36 – Der Turm der Winde in Athen
Q 51 – Die Stunden des Tages bei Martial

Technische Aspekte

Immer wenn ein Brief oder Päckchen in Krokodilo eintraf, registrierte der Schreiber das Ankunftsdatum und die Stunde. Wie auch in Papyri aus dem römischen Ägypten üblich, wurde der ägyptische Kalender in seiner römerzeitlichen Form verwendet (siehe Chronologische Grundlagen: Ägypten). Der Text ist besonders interessant für die praktische Verwendung der Stunde. In Gebrauch ist das System der Temporalstunden, das im 4. Jahrhundert v. Chr. entwickelt wurde und vom 3. Jahrhundert v. Chr. an gut bezeugt ist.[7] Die Zeiten von Tageslicht und Dunkelheit wurden beide in zwölf Stunden geteilt, wobei ihre Dauer je nach Jahreszeit schwankte. Am 13. November 109 n. Chr. waren die Stunden des Tages ungefähr 54 Minuten lang, die der Nacht etwa 66 Minuten.[8]

In unserem Text sind die Stunden nur in zwei Fällen erhalten (Z. 9 und 14). Man würde auch eine Stundenangabe für die Ankunft des Vultius in Z. 4 erwarten, aber hier ist die Stelle hinter dem Datum leer. Die Erstherausgeberin meinte, dass der Schreiber den Eintrag der Stunde vergessen hätte. Allerdings ist es auch möglich, dass er sie in den verlorenen rechten Teil des Textes schrieb. Dies würde implizieren, dass der Schreiber ungewöhnlich viel Platz zwischen Datum und Stunde ließ, aber wenn er den Namen des Boten in Z. 5 zuerst schrieb, wäre er hierzu gezwungen gewesen, weil die hochgestellten Buchstaben der Abkürzung für seine Einheit viel von dem Platz nach dem Datum in Z. 4 beanspruchen. Wie auch immer, auf der Grundlage der Bewegungen der anderen Boten

7 Bonnin 2015, 55 f.
8 Auf der Grundlage von Berechnungen Rita Gautschys.

lässt sich ableiten, dass Vultius irgendwann zwischen dem mittleren Vormittag und der 11. Stunde des Tages angekommen sein muss.

Die einzige erhaltene Information auf der Scherbe zum ausgesandten Boten in Z. 1 ist seine Zugehörigkeit zur *turma* des Priscus. Der einzige bekannte Reiter in Krokodilo, der zu dieser *turma* gehörte, ist Moukatralis.[9] Er muss westwärts nach Phoinikon entsandt worden sein, weil er laut Z. 10 von dort mit einem anderen Päckchen zurückkehrte. Dies ist einer von wenigen Fällen in den Post-Journalen, wo die Rückkehr eines Boten nach Hause verzeichnet ist, weil er ein neues Päckchen mitbrachte. Moukatralis kehrte zurück ὥραν ιβ ὀψέ – »zur 12. Stunde spät«. Dabei handelt es sich um eine untypische Weise, die Stunde anzugeben: normalerweise wird sie als zum Tag (ἡμέρας) oder zur Nacht (νυκτός) gehörig bestimmt. »Spät« (ὀψέ) wird auf diese Weise nur in zwei anderen Texten gebraucht (SB VI 9068, Z. 8 und O. Did. 22, Z. 9), beide Male in Kombination mit der 2. Stunde, offenkundig der der Nacht. Vielleicht hat die Erstherausgeberin deswegen fälschlicherweise angenommen, dass Moukatralis in der 12. Stunde der Nacht ankam. Weil Reiten in der Nacht schwieriger war, sind Nachtstunden, insbesondere im späteren Teil der Nacht, merklich seltener in Post-Journalen vermerkt.[10] Normalerweise bezieht sich ὀψέ auf den Nachmittag, d. h. es geht um die 12. Stunde des Tages.[11] Modern ausgedrückt, wäre Moukatralis etwa zwischen 16:28 und 17:22 Uhr (Sonnenuntergang) Ortszeit angekommen. Da Phoinikon zwei bis drei Stunden zu Pferd von Krokodilo entfernt lag, muss er vor Mittag (Ortszeit) hierhergeschickt worden sein, d. h. spätestens zur 5. Stunde oder früher, wenn wir eine Rast einrechnen. Rufinus, der letzte erwähnte Bote, kam während der 4. Stunde an, bei der es sich entsprechend der chronologischen Ordnung der Einträge um die Nachtstunde gehandelt haben muss, d. h. zwischen ca. 20:40 und 21:46 Uhr Ortszeit.

Wir können nicht voraussetzen, dass der Schreiber ein genaues oder teures Instrument zur Kontrolle der Zeit verwendet hat, z. B. eine speziell für die geographische Breite des Lagers angefertigte Marmor-Sonnenuhr. Die *praesidia* in der Wüste waren klein (ein paar Dutzend Soldaten und einige Zivilisten[12]) und die Infrastruktur einfach, sodass man eher eine schlichte Sonnenuhr annehmen möchte. Eine ebene horizontale Sonnenuhr wurde etwa in den Steinbrüchen des Mons Claudianus gefunden, in der Nähe eines ande-

9 Cuvigny 2005, 65. Er ist in den Ostraka O. Krok. I 26, 30 und 51 als in Krokodilo stationierter Soldat bezeugt.

10 O. Krok. I 27 verzeichnet ausnahmsweise drei Ankünfte im späteren Teil der Nacht (im Gegensatz zu sechs Ankünften am Tag). O. Krok. I 1, Z. 23 f. ist der eine Fall, in dem ein Bote aus Myos Hormos in Krokodilo zur 6. Nachtstunde ankam, d. h. er ritt am späten Nachmittag los, um Koptos am frühen Morgen zu erreichen. Der Bote folgte diesem unüblichen Zeitplan, weil er frischen Fisch für den Präfekten überbrachte.

11 Remijsen 2007, 137, übernommen von Cuvigny 2012, 83.

12 Cuvigny 2005, 2–4.

ren Militärlagers in der östlichen Wüste.[13] Auch können wir nicht davon ausgehen, dass jeder Wüstenposten über seine eigene Wasseruhr zur Messung der Zeit bei den wenigen nächtlichen Ankünften verfügte, obgleich wir über deren Verwendung in militärischen Kontexten wissen: Zwar wurde ein Bruchstück einer Wasseruhr in Vindolanda am Hadrianswall (Britannien) gefunden, aber dieses Lager war viel größer als die *praesidia* in der ägyptischen Wüste.[14]

Soziokulturelle Auswertung

Die Post-Journale auf den zerbrochenen Amphoren aus Krokodilo spiegeln nicht die Laune eines besonders pedantischen Schreibers, sondern dokumentieren die Existenz eines administrativen Verfahrens beim römischen Militär, das es ermöglichte, den Weg einer Lieferung nachzuvollziehen. Das Ostrakon O. Krok. I 47 etwa enthält an jedes Lager übermittelte Vorschriften, und eine davon besagt ausdrücklich, dass die Briefe des Präfekten unverzüglich abzuschicken sind, »nachdem die Stunde ihres Eingangs« ebenso wie die Namen der Boten verzeichnet wurden.[15] Theoretisch konnte man so den Weg eines Briefes die ganze Strecke bis zu seinem Absender zurückverfolgen. Briefe von Beamten geben oft die Abfassungszeit an, was sonach den ersten Schritt in der Postverwaltung bildete.[16]

Obwohl bisher kein anderer Militärposten so vollständige Post-Aufzeichnungen hervorgebracht hat wie Krokodilo, gibt es ähnliche Dokumente von anderen Stationen. In O. Claud. II 366 und 375, Ostraka aus dem 2. Jahrhundert n. Chr. vom Lager beim Mons Claudianus (an einer weiter nördlich durch den kaiserlichen Steinbruch laufenden Straße von Koptos zum Roten Meer), sind die Ankunfts- und Abreisestunden von Boten ebenso verzeichnet. O. Did. 22, ein Post-Journal aus Didymoi (an der Straße von Koptos nach Berenike, dem anderen Hafen am Roten Meer) beweist, dass dasselbe Verfahren noch im 3. Jahrhundert n. Chr. angewandt wurde. Der jüngste Zugang zum Corpus ist ein Bericht aus dem Lager von Dios (an derselben Straße wie Didymoi), der die Ursache einer Verspätung untersucht (P. Worp 51): Ein Bote soll zu spät von einer nächtlichen Lieferung zurück-

13 Ancient Sundials (Edition Topoi): Dialface ID 238 (https://doi.org/10.17171/1-1-5060; letzter Zugriff: 30.09.2019). Für ihren Standort im höchsten Steinbruch des Berges siehe Meredith 1954, 118 f. (jedoch erst in Meredith 1955, 128 f. als Sonnenuhr identifiziert).

14 Bonnin 2015, 96–98.

15 O. Krok. I 47, Z. 52–58. O. Krok. I 51, Z. 14–22 enthält eine Kopie eines ähnlichen Rundschreibens mit der Aufforderung, die Stunde zu registrieren. Obwohl dieses Dokument kein Post-Journal ist, erinnert der Brief den Schreiber an das Verfahren, so dass er pflichtbewusst eine Notiz im Stile eines Post-Journals beifügt, dass das Original in Koptos zur 5. Stunde geschrieben wurde, zur 6. Stunde (des folgenden Tages) aus Phoinikon ankam und für die nächste Etappe seiner Reise direkt an Moukatralis weitergereicht wurde.

16 O. Krok. I 47, Z. 36; O. Krok. I 51, Z. 22; O. Claud. II 373; 374; 376.

gekehrt sein, weil er, statt seinen Auftrag auszuführen, mit einer Frau geschlafen hatte. Die Tatsache, dass das Militär eine Datenspur für die Bewegungen von Boten anlegte und Verspätungen tatsächlich gemeldet wurden, indiziert ein starkes Interesse an der Rückverfolgbarkeit der Post. Wahrscheinlich verbesserte allein die Existenz einer Verwaltung schon die Kommunikationsgeschwindigkeit, weil das Bedürfnis, die Ankunfts- und Abreisestunden zu verzeichnen, ein Gefühl von Dringlichkeit einer jeden Lieferung hervorrief.

Von außerhalb Ägyptens haben wir keine ähnlichen Dokumente, weil die klimatischen Bedingungen für die Erhaltung organischen Schreibmaterials (einschließlich der Tinte für das Beschreiben von Tonscherben) ungeeignet sind. Es ist aber wahrscheinlich, dass andere Grenzregionen mit Kastellketten ähnliche Kommunikationssysteme nutzten. Präzise Zeiterfassung scheint eine normale militärische Praxis gewesen zu sein. So geben Berichte von Nomadenüberfällen aus Krokodilo auch die genaue Zeit verschiedener Militäroperationen an.[17] Sonnenuhren wurden in römischen Militärlagern außerhalb Ägyptens gefunden, z. B. in Kabyla (Bulgarien) und Bonn.[18]

Unklar ist demgegenüber, ob dieses administrative Verfahren auch für den *cursus publicus* angewandt wurde, das kaiserliche Postwesen für offiziellen Nachrichtenverkehr und den Transport von Amtsträgern im ganzen Reich; denn dabei handelte es sich um einen zivilen und keinen militärischen Dienst. Papyrusdokumente aus der Zivilverwaltung geben nur selten genaue Stunden an, und die wenigen Beispiele scheinen eher willkürliche Entscheidungen einzelner Schreiber zu repräsentieren.[19] Für die römische Verwaltung dürfte es schwierig gewesen sein, ein strenges Erfassungssystem einzuführen, weil die Organisation des *cursus publicus* primär auf der Liturgie basierte und deshalb weniger professionell war: Menschen wurden verpflichtet, Ressourcen und Zeit als gelegentlichen Staatsdienst bereitzustellen. Während wir vom ptolemäischen (nicht-liturgischen) Vorgänger des *cursus* wissen, dass Leute als *horographoi* oder »Zeitschreiber« beschäftigt wurden, ist keine ähnliche Funktionsbezeichnung aus der Kaiserzeit bekannt.[20] Insgesamt scheint der *cursus publicus* etwas langsamer als die Militärpost gewesen zu sein: Waren mindestens 100 km bei Tageslicht anscheinend normal für die Militärpost, lag die Durchschnittsgeschwindigkeit der kaiserlichen Konstitutionen im Codex Theodosianus (438 n. Chr., vgl. dazu Q 56) nur bei etwa 75 km pro Tag, wenngleich manche außergewöhnliche Reise von bis zu 300 km in 24 Stunden überliefert ist.[21] Trotz allem ist eine systematische Aufzeichnung der Stunde im *cursus publicus* nicht völlig auszuschließen.

17 O. Krok. I 47 und 87.

18 Ancient Sundials (Edition Topoi): Dialface ID 632 (Bonn, Inv.-Nr. E 2004/59, https://doi.org/10.17171/1-1-5165) und Dialface ID 370 (Kabyle, https://doi.org/10.17171/1-1-3653; letzter Zugriff: 30.09.2019).

19 Z. B. SB I 5663; XVIII 13932, P. Petaus 27; O. Narm. 72.

20 P. Oxy. IV 710 (111 v. Chr.).

21 Kolb 2000, 315. 320. 329.

Bibliographie

Bonnin 2015
J. Bonnin, La mesure du temps dans l'Antiquité (Paris 2015).
Cuvigny 2005
H. Cuvigny, Ostraca de Krokodilô. La correspondance militaire et sa circulation. O. Krok. 1–151, Fouilles de l'Ifao 51 (Kairo 2005).
Cuvigny 2012
H. Cuvigny (Hrsg.), Didymoi: une garnison romaine dans le désert oriental d'Égypte 2: Les textes, Fouilles de l'Ifao 67 (Kairo 2012).
Kolb 2000
A. Kolb, Transport und Nachrichtentransfer im Römischen Reich, Klio Beihefte N. F. 2 (Berlin 2000).
Meredith 1954
D. Meredith, Eastern Desert of Egypt. Notes on Inscriptions, Chronique d'Égypte 57, 1954, 103–123.
Meredith 1955
D. Meredith, Eastern Desert of Egypt. Notes on Inscriptions: Corrigenda, Chronique d'Égypte 59, 1955, 127–129.
Remijsen 2007
S. Remijsen, The Postal Service and the Hour as a Unit of Time in Antiquity, Historia 56, 2007, 127–140.

Q 53 Eine Sonnenuhr in zwei Grabepigrammen aus Sillyon

Jérôme Bonnin

Texte

Κιδραμυας | καὶ σῆμα καὶ | ὡρ[ολ]ογῖον |[4] ἔτευξε
ἀντὶ φιλαν|δρείης δαίμο|σι Ζωβαλιμας.
|[8] [ὥ]ρας δ’ ἀθρή|[σ]ας καὶ τὸν τά|φον, ὦ ξένε, λέ|[ξ]ον·
μνησ|[12]θείην αὖ ἡ | [Κι]δραμυου | γαμέτις.

σημαίνειν ἕστηκα πό|σον δρόμον ἤνυκεν | Ἠὼς
καὶ τάφος ὡς |[4] ἔστιν ἐνθάδε Ζωβαλι|μας.
εἰ δέ ποθεῖς τὸν | θέντα μαθεῖν, ξένε, ῥᾷ|στα μαθήσῃ.
θυμη|[8]ρεῖ γαμετῇ θῆκέ με | Κιδραμυας.

Übersetzungen

Kidramyas hat sowohl das Grabmal als auch die Uhr herstellen lassen als Entgelt der Gattenliebe für die Totengeister der Zobalima. Wenn du die Stunden und das Grab betrachtet hast, Fremder, (dann) sprich: »Ich, die Gattin des Kidramyas, möchte, dass man sich meiner wiederum erinnert.«

Ich stehe (hier), um anzuzeigen, welche Wegstrecke Eos vollendet hat und dass hier das Grab der Zobalima ist. Wenn du erfahren willst, wer (mich) aufgestellt hat, Fremder, so wirst du es leicht erfahren: Für seine geliebte Gattin hat mich Kidramyas aufgestellt.

Texte und Übersetzungen nach Wiemer 1998.

Zur Quelle

Bei dieser Quelle handelt es sich um zwei Epigramme auf einem kleinen Grabaltar aus Sillyon, der ursprünglich eine Sonnenuhr getragen hatte. Sie werden in die Jahre zwischen 50 und 200 n. Chr. datiert.[1] Auch wenn die Sonnenuhr selbst heute verloren ist, so sind doch der Text des ersten Epigramms und das Zapfenloch auf der Oberseite des Altars Beweis genug dafür, dass dieses Objekt tatsächlich existiert hat. Unweit der antiken Stadt Sillyon in der Provinz Pamphylien wiederverwendet gefunden, war der Altar ursprünglich in der antiken Nekropole der Stadt aufgestellt gewesen.

Editionen, Übersetzungen und Kommentare

Die beiden Epigramme auf dem Grabaltar wurden 1998 von Hans-Ulrich Wiemer in der Zeitschrift »Epigraphica Anatolica« ediert (= SEG 48, 1558 A/B). Abgesehen von der Aufnahme in die Epigrammsammlung von Reinhold Merkelbach und Josef Stauber (2002, Nr. 18/14/01) haben die Texte in der Forschung bislang wenig Beachtung gefunden, was sich vielleicht aus ihrer Verbindung mit einer (verlorenen) Sonnenuhr, einem technischen Objekt, erklärt.

Verwandte Quellen

Die beiden Epigramme aus Sillyon stehen nicht isoliert da. Man kennt andere sehr ähnliche Texte aus der Antike. Der älteste darunter stammt aus der 2. Hälfte des 3. Jahrhunderts v. Chr.[2] Hierbei handelt es sich um ein Epigramm aus Ägypten, genauer gesagt aus der Fayum-Region. Dieser Text ist Teil einer Sammlung von Gedichten, die Poseidipp von Pella zugeschrieben werden und die dank der Wiederverwendung des Papyrus als Mumienkartonage zufällig erhalten geblieben sind.[3] Hier soll nur das eine Epigramm besprochen werden, das aus dem Corpus der Grabinschriften stammt (Nr. 52):[4]

1 Siehe dazu Wiemer 1998, 151. Der erste Text befindet sich auf der Vorderseite des Altars, wohingegen der zweite Text auf einer Nebenseite angebracht ist.

2 Poseidipp von Pella wirkte zwischen 270 und 230 v. Chr., was gut mit der Datierung der Mehrheit der Epigramme der Sammlung übereinstimmt. Siehe Gutzwiller 2005, 2 f. 6 f.

3 P. Mil. Vogl. VIII 309 (2001 ediert). Dieses Ensemble wird in Gutzwiller 2005 umfassend analysiert. Dabei handelt es sich um eine wichtige Entdeckung für die Geschichte der hellenistischen Poesie, aber ebenso für die Erforschung von Mentalitäten, Ideen und geschätzten künstlerischen Werken.

4 Übersetzung von F. Angiò, in: Seidensticker u. a. 2015, 219.

»Timon, der diesen Schattenfänger geschaffen hat, um damit die Stunden zu,
messen, erlebt nun, wie du siehst, im Jenseits angelangt das Gefilde der Seligen;
ich, Aste, die Tochter, die er hinterließ, leiste daran meinen Pflichtdienst, o Wanderer,
solange man damit rechnen kann, dass einer Jungfrau das Zeitmessen möglich ist.«
»Doch du, junges Mädchen, erreiche ein hohes Alter: Bei diesem Grabmal hier
miss viele Jahre lang die schöne Sonne!«

Bei dem »Mädchen« neben dem Denkmal scheint es sich um eine Sonnenuhr zu handeln, die von einer weiblichen Figur getragen wird – eine Kombination, die durch mindestens ein Beispiel aus einer antiken Nekropole belegt wird.[5] Dieser Text ist von fundamentaler Bedeutung, sowohl was die Semantik der Uhren als auch was die Geschichte der Einführung von Uhren in Griechenland anbelangt. Es sei darauf hingewiesen, dass der verwendete Begriff für Sonnenuhr – σκιόθηρον – ein alter Begriff ist, der in der römischen Kaiserzeit nicht mehr verwendet wurde.

Chronologisch näher an den Epigrammen aus Sillyon ist eine Passage aus dem *Satyricon* von Petronius, in dem Trimalchio – immer übertreibend und parodierend – Aufschluss gibt über das Grab, das er sich bauen lassen möchte. Insbesondere bittet er darum, dass Folgendes angebracht werde:[6] »Eine Uhr im Zentrum, damit wer auch immer auf die Uhr schaut, wohl oder übel dazu gezwungen ist, meinen Namen zu lesen.«

Siehe auch

Q 7 – Eine Sonnenuhr aus dem Tal der Könige
Q 29 – Solons Lebensalter-Elegie
Q 47 – Die Stifterinschrift einer Uhr aus Idanha-a-Velha (Portugal)
Q 54 – Sonnenuhr und Lebenszyklen auf einem Sarkophag in Rom

Technische Aspekte

Wie bei den meisten Inschriften gibt der Text nicht an, um welchen Uhrentyp es sich handelt. Aber der Begriff ὡρολογῖον ist nicht schwer zu verstehen. Es kann nur eine Sonnenuhr sein – eine Uhr, die ohne Unterbrechung und ohne Unterstützung funktionieren kann, damit die Erinnerung an die Verstorbene so lange wie möglich anhält. Bei einer Wasseruhr wäre das nicht möglich, einerseits wegen der nötigen Wartung, andererseits wegen der

5 Hierbei handelt es sich um eine sphärische Sonnenuhr mit Öse, die in der antiken Nekropole von Aquileia gefunden wurde und heute im Städtischen Museum von Udine unter Inv.-Nr. 174 aufbewahrt wird. Siehe auch den Eintrag A_77 unter https://syrte.obspm.fr/astro/archeo/ (letzter Zugriff: 30.09.2019).

6 Petronius, *Satyricon* 71, 11: *Horologium in medio, ut quisquis horas inspiciet, velit nolit, nomen meum legat.*

vielen Funktionsstörungen eines solchen Systems auf lange Sicht, wie z. B. Rohrbrüchen oder Verunreinigungen des Wassers, die zu Ablagerungen führen.

Der Text besteht aus zwei Teilen: Das erste Epigramm erwähnt die heute verschwundene Sonnenuhr. Das zweite Epigramm nennt die Sonnenuhr nur indirekt, weil ja das Objekt selbst spricht. Die Sonnenuhr ist ein Teil des Grabes und nicht nur ein dekoratives oder rein technisches Element. Ihre Aufgabe ist es nicht unbedingt, die Zeit korrekt anzuzeigen. Zumindest ist das nicht ihr primärer Zweck: Sie ist da, um die Aufmerksamkeit der Passanten auf sich zu ziehen. Sobald dies geschehen ist, übernimmt der Text und richtet sich an den Leser.[7]

Der Hinweis auf den Weg der Göttin der Morgenröte Eos, die bei den Römern mit der Göttin Aurora identifiziert wurde, erinnert an den Lauf der Zeit, der durch eine Sonnenuhr visualisiert wird. Dies ist bei Grabepigrammen selten der Fall. Hier scheint der Wunsch des Stifters bestanden zu haben, seine wissenschaftlichen Kenntnisse zu zeigen: Kidramyas, der seine Person sehr in den Vordergrund rückt, möchte dem Leser darüber hinaus noch mitteilen, dass er über astronomisches Wissen verfügt.

Soziokulturelle Auswertung

Wie in den meisten Begräbnistexten der Kaiserzeit und sogar auch schon früher, wie der Text des Poseidipp von Pella nahelegt, regen derartige Epigramme die Passanten an, sich an den Verstorbenen zu erinnern. Im Falle von Sillyon wird der Vorbeigehende dazu aufgefordert, die Stunden abzulesen und mit der Erinnerung an Zobalima zu verbinden. Tatsächlich fragt man sich allerdings, ob es nicht eher der Ehemann Kidramyas ist, der versucht, sich in den Vordergrund zu stellen und nicht vergessen zu werden. Immerhin erscheint sein Name zweimal als Stifter und noch ein weiteres Mal, um Zobalima als seine Frau auszuweisen. Der Leser kam kaum umhin, die Geste des Ehemannes nicht zu bewundern, der in wissenschaftlichen Dingen so versiert ist. Derzeit ist nur ein weiteres Beispiel dieser Art bekannt, das am Kerameikos in Athen gefunden wurde, aber aus Ägypten stammen könnte.[8] Jene Sonnenuhr hat aber nicht explizit die Funktion eines *Memento mori.*

---

7 Vgl. Veyne 1985, 48.

8 Varinlioğlu 1984, 135 (SEG 34, 1069; IK 30, 11). Es handelt sich um eine Inschrift auf einer grauen Marmorsäule, die von der Weihung einer Hermesstatuette mit einer Sonnenuhr kündet. Auf der Säule stand ursprünglich die Statuette, welche die Sonnenuhr trug. Dieses Ensemble wurde in das Zapfenloch eingefügt, das heute noch am oberen Teil der Säule erhalten ist. Weder die Herkunft noch die Datierung des Objekts sind gesichert. Die Weihinschrift wurde im Kerameikos in Athen gefunden, eine Herkunft aus Ägypten ist nur hypothetisch und basiert allein auf dem Namen der Person, Theon.

Wie Timon oder Trimalchio stützt sich auch Kidramyas auf die Aufmerksamkeit der Passanten, die zunächst vor der Uhr stehen bleiben und dann erst auf den Namen blicken, der am Grab eingemeißelt ist. In allen Fällen geht es um die Erinnerung an den Verstorbenen, vielleicht um den Ort des Grabes in der Nekropole, nicht aber um den Zustand des Passanten. Auch wenn im vorliegenden Fall das Objekt selbst nicht gefunden wurde, so hat man doch in und im Kontext von Nekropolen ein paar Sonnenuhren ausgegraben, die allerdings mit keiner bestimmten Person in Verbindung gebracht werden können.[9] Leider wird in den Publikationen häufig nur die Information »gefunden in der Nekropole der Stadt« angegeben, die eine eingehendere Analyse des Objekts einschränkt. Während sich einige Sonnenuhren in einem sehr fragmentarischen Zustand befinden, sind andere nur geringfügig beschädigt. Es sind nur eine beschränkte Zahl an Sonnenuhrtypen vertreten: drei hohlkugelförmige mit Lochgnomon, zwei zweiflächige vertikale und zwei konische. Es scheint jedoch, als könnten viele der anderen hohlkugelförmigen Sonnenuhren mit Lochgnomon und viele der Sonnenuhren mit zwei vertikalen Auffangflächen aus Nekropolen stammen.

In jedem Fall hat die Uhr innerhalb der Nekropole mehrere Funktionen.[10] Einerseits kann sie die Uhrzeit angeben, andererseits aber auch den Ort markieren, an dem sich das Grab eines Verstorbenen befand, und für andere wiederum könnte sie als Symbol der verstreichenden Zeit angesehen worden sein, so wie das die erwähnten Texte nahelegen. Die besprochenen literarischen und epigraphischen Texte lassen keine Zweifel daran bestehen, dass die Uhr ebenso wie die Statuen, Stelen, Säulen usw. als Teil des Bestattungsmobiliars galt und dass sie nicht nur eine Nutzfunktion hatte. Die Epigramme aus Sillyon sind sogar erstaunlich klar und modern anmutend. Wenn die Sonnenuhr nicht direkt als *Memento mori* fungierte, was schwer zu beweisen ist, so war sie doch unweigerlich mit dem *cursus vitae* verbunden, der Zeit, die für jeden Menschen vergeht.

Dieses Bild ist durchaus verständlich, wenn man schon in der griechisch-römischen Antike die Existenz einer Beziehung zwischen dem Lauf der Zeit und dem Lauf des Lebens annimmt. Wenn es bereits zur Mitte des 3. Jahrhunderts v. Chr. möglich war – wie der Text von Poseidipp von Pella nahelegt –, eine Sonnenuhr an seinem Grab anzubringen, so muss dies daran liegen, dass das Instrument in Gebrauch und Gewohnheit der Gesellschaft schon seinen festen Platz hatte, weil es sich dabei um einen Privatgebrauch handelte. Genau wie Kidramyas für Zobalima ließ auch Timon die Sonnenuhr an seinem eigenen Grab aufstellen, damit sie den Ort markiere, aber auch, damit der Spaziergänger vom Monument angelockt werde und dieser, wenn er die Zeit abliest, einen Gedanken für den Toten erübrige. Der private Gebrauch der Sonnenuhr ist daher alt und nahm vielleicht

9 Es handelt sich um die folgenden sieben Einträge in der Sonnenuhr-Datenbank des Autors: A_68, A_77, A_117, A_136, A_222, A_476 und A_490. Siehe https://syrte.obspm.fr/astro/archeo/ (letzter Zugriff: 30.09.2019).

10 Bonnin 2013, 475–480.

sogar als Grabausstattung seinen Anfang. Timon oder Kidramyas, die mehr als vier Jahrhunderte voneinander trennten, wandten sich an die Passanten, angelockt von der Uhr, und erinnerten diese daran, was ihr Schicksal oder dasjenige ihrer Lieben sein werde und warum die beiden jeweils eine Uhr aufstellen ließen: Damit diese den Lebenden solange wie möglich diene, indem sie den Lauf der Stunden, der Jahreszeiten und des Lebens verfolgt. Und dies nicht nur in der Theorie, denn solche Epigramme sind kein rein literarisches Produkt, wie Funde von Sonnenuhren regelmäßig beweisen.

Bibliographie

Bonnin 2013
J. Bonnin, Les Hommes, la mort et le temps dans l'Antiquité gréco-romaine, Latomus 72, 2013, 468–491.

Gutzwiller 2005
The New Posidippus. A Hellenistic Poetry Book, hrsg. von K. Gutzwiller (Oxford 2005).

Merkelbach - Stauber 2002
R. Merkelbach - J. Stauber, Steinepigramme aus dem griechischen Osten 4: Die Südküste Kleinasiens, Syrien und Palaestina (München 2002).

Seidensticker u. a. 2015
Der neue Poseidipp. Text - Übersetzung - Kommentar, gr.-dt. hrsg. von B. Seidensticker, A. Stähli und A. Wessels, Texte zur Forschung 108 (Darmstadt 2015).

Varinlioğlu 1984
E. Varinlioğlu, Epigramm aus Keramos, Epigraphica Anatolica 3, 1984, 133–135.

Veyne 1985
P. Veyne, Les saluts aux dieux, le voyage de cette vie et la »réception« en iconographie, Revue archéologique 1, 1985, 47–61.

Wiemer 1998
H.-U. Wiemer, Zwei Epigramme und eine Sonnenuhr im kaiserzeitlichen Sillyon, Epigraphica Anatolica 30, 1998, 149–152.

Q 54 Sonnenuhr und Lebenszyklen auf einem Sarkophag in Rom

Jérôme Bonnin

Abb. 1: Gesamtansicht des Sarkophags in den Kapitolinischen Museen (Inv.-Nr. 329; eigenes Foto).

Zur Quelle

Abb. 1 zeigt den Sarkophag eines Kindes, auf dem der Mythos der Schöpfung des Menschen durch Prometheus dargestellt ist. Er ist aus weißem Marmor gefertigt und ist 117 cm lang, 43 cm breit und 66 cm hoch. Sein Fundort ist unbekannt. Er wird in den Kapitolinischen Museen in Rom, in der Sala delle Colombe, aufbewahrt (Inv.-Nr. 329). Zuvor befand er sich in den Sammlungen der Villa Doria Pamphili. Der Sarkophag wird üblicherweise in die Zeit zwischen dem Ende des 2. und dem Anfang des 4. Jahrhunderts n. Chr. datiert.[1] Allerdings erlaubt die perfekte Darstellung einer zweiflächigen vertikalen Sonnenuhr in nicht vereinfachter Form, ihn zeitlich zwischen dem Ende des 2. und der Mitte des 3. Jahrhunderts n. Chr. anzusetzen.

1 Koch – Sichtermann 1982, 183 Nr. 41, Abb. 215.

Das Stück gehört zu den sogenannten Prometheus-Sarkophagen. Im Prometheus-Zyklus erschafft Prometheus die Menschen aus Wasser und Lehm.[2] Diese Episode ist nahöstlichen Mythen entlehnt. Gleichwohl unterscheidet sich die Bedeutung dieses Aktes: Bei den Sumerern wird der Mensch auf Wunsch der Götter hin geschaffen, um ihnen zu dienen. In der griechischen Version des Mythos hingegen stellt sich der Mensch als Konkurrent bzw. fast als Rivale den Göttern entgegen. Letztere Version ist neben dem Tod des Menschen auf dem Sarkophag dargestellt.

Auf der linken Seite assistiert Tellus bei der Erschaffung des Menschen, während der Sonnenwagen den oberen Bereich durchwandert. In der Mitte formt Prometheus den Menschen, der stehend, aber noch unbelebt dargestellt wird. Er ist von zwei weiblichen Figuren umgeben, die als Parzen interpretiert werden. Bei den Parzen handelt es sich um Schicksalsgöttinnen, die von der Geburt an bis zum Tod über das menschliche Schicksal entscheiden: Klotho ist Faden spinnend gezeigt und Lachesis ist dabei, auf einem Globus, der auf einer Säule ruht, das für die Geburt des Menschen relevante Tierkreiszeichen zu enthüllen. Rechts von Prometheus assistiert Athena bei der Geburt (Abb. 2). Im Gegensatz zu anderen Darstellungen dieser Szene ist es hier Athena und nicht Psyche, die dem Menschen die Seele einhaucht: Psyche ist in Form eines Schmetterlings – also nur symbolisch, nicht in personifizierter Weise – gezeigt, den Athena zwischen zwei Fingern an den Flügeln hält. Hinter Athena befindet sich auf einer Säule eine zweiflächige vertikale Sonnenuhr, dargestellt im Hochrelief in Dreiviertelansicht.

Abb. 2: Detailansicht mit der Szene der Horoskoperstellung (eigenes Foto).

2 Pausanias, *Beschreibung Griechenlands* 10, 4, 4.

Auf der rechten Seite ist die Szene des Todes des Menschen zu sehen, dessen lebloser Körper ausgestreckt auf dem Boden liegt, während seine Seele enteilt. Sie wird von Hermes Psychopompos fortgezogen, dessen Aufgabe es ist, die Seelen der Toten ins Jenseits zu führen. Ein Amor, gestützt auf eine umgekehrte Fackel, unterstützt den Begräbnischarakter der Szene. Die gesamte Szene spielt sich unter den Augen einer sitzenden weiblichen Figur mit nacktem Oberkörper ab, die gerade eine auf ihrem Schoß liegende Papyrusrolle betrachtet. Es könnte sich dabei um Atropos handeln, die dritte der Parzen. Die obere rechte Ecke des Sarkophags wird vom Wagen des Mondes eingenommen, als Gegenstück zum Sonnenwagen auf der linken Seite. Beide zusammen symbolisieren den Wechsel von Tag und Nacht, Leben und Tod oder einfach die Wiederholung der repetitiven Zyklen des Universums. Jedes himmlische Phänomen wurde ohne Schwierigkeiten dargestellt.

Ausgewählte Publikationen und Studien

Die beste Vorlage dieses Sarkophags findet sich im Katalog »Römische Sarkophage« von Guntram Koch und Hellmut Sichtermann aus dem Jahr 1982. Die Sonnenuhr analysiert und beschrieben haben allerdings erstmals Gustavo Traversari (1991, 66) und der Verfasser (Bonnin 2015, 342 f.). In der Mehrheit der älteren Studien, die diesen Sarkophag ansprechen, wurde sie nicht erkannt.

Verwandte Quellen

Obwohl bebilderte Sarkophage besonders seit dem 2. Jahrhundert n. Chr. sehr zahlreich vorkommen, sind solche mit Szenen des Prometheus-Mythos in Verbindung mit einer Sonnenuhr selten. Drei weitere Beispiele können angeführt werden:

Erstens ein Sarkophagfragment aus dem 3. Jahrhundert n. Chr. unbekannter Herkunft, das im Museo Pio Clementino im Vatikan (Inv.-Nr. 638) aufbewahrt wird.[3] Die Hauptszene zeigt die Erschaffung des Menschen durch Prometheus. Rechts formt Prometheus den Menschen, der stehend, aber leblos dargestellt ist. Darüber lockt Hermes Psychopompos Psyche *(Anima)* heran, damit diese den Menschen belebe. Letztere macht eine abweisende Geste. Sie wird von Eros angestoßen, der links unten abgebildet ist. Alle Personen sind dank einer lateinischen Inschrift eindeutig identifiziert. Wie auch beim Sarkophag in den Kapitolinischen Museen ist die Erstellung des Horoskops durch die Parzen Teil der Szene. Atropos wendet sich nach der Ablesung der genauen Uhrzeit

3 Robert 1919, 440 f. Nr. 354, Taf. 116.

auf einer Sonnenuhr an Lachesis, um ihr diese mitzuteilen.[4] Letztere kann basierend darauf mit dem *radius* das betreffende Tierkreiszeichen auf dem Globus anzeigen, den sie in ihrer linken Hand hält. Im Gegensatz zur Szene auf dem Sarkophag in den Kapitolinischen Museen weist Atropos hier auf die Sonnenuhr und schreibt das Resultat der Beobachtungen nicht auf eine Papyrusrolle. Die dritte der Parzen, Klotho, hält eine Spinnwirtel in ihrer linken Hand.

Das zweite Vergleichsbeispiel befindet sich auf dem Mittelteil eines ovalen Lenos-Sarkophags aus Marmor.[5] Sein Fundort ist unbekannt. Er kam 1808 in die Sammlung des Pariser Louvre (Inv.-Nr. MA 355). Die Vorderseite zeigt links die Geburt und den Tod des Menschen und rechts Prometheus, der das Feuer des Vulcan stiehlt. In der Mitte der beiden Szenen steht die Gruppe der Parzen, zu der eine Sonnenuhr gehört, die auf einer kleinen Säule steht.[6]

Das dritte Beispiel schließlich befindet sich auf der linken Seite eines Sarkophags, der im Jahr 1817 in der Nekropole von Pozzuoli entdeckt worden war. Er wird im Archäologischen Nationalmuseum in Neapel (Inv.-Nr. 6705) aufbewahrt und datiert ins 3. Jahrhundert n. Chr.[7] Darauf ist eine Frau – vielleicht Atropos – zu sehen, die sich einer Sonnenuhr zuwendet.[8] Sie hält einen nicht identifizierbaren Gegenstand in der Hand und scheint auf der Sonnenuhr die Uhrzeit abzulesen. Dabei handelt es sich entweder um die Zeit der Geburt oder des Todes des Menschen. Das Ganze muss mit der Vorderseite in Bezug gesetzt werden, auf der der Prometheus-Mythos dargestellt ist, sowie mit der rechten Seite, auf der einer der Dioskuren das Schicksal des Menschen repräsentiert.

Siehe auch

Q 7 – Eine Sonnenuhr aus dem Tal der Könige
Q 29 – Solons Lebensalter-Elegie
Q 36 – Der Turm der Winde in Athen

---

4 Es ist sehr schwierig, den Typ der hier auf einer Säule platzierten Sonnenuhr zu bestimmen. Ihre Darstellung im Profil legt eine sphärische oder konische Sonnenuhr nahe. Der Künstler hat versucht, den gegenüberliegenden Teil des Instruments in sehr flachem Relief unsichtbar zu machen, um die Sonnenuhr perspektivisch zu zeigen. Doch könnte es sich hierbei genauso gut um eine von links gesehene zweiflächige vertikale Sonnenuhr handeln. Das quadratische und nicht dreieckige Erscheinungsbild der Basis sowie die Form des linken »Flügels« würden gut zu dieser zweiten Möglichkeit passen.

5 Siehe Traversari 1991, 66 und auch Robert 1919, 437 Nr. 351, Taf. 116.

6 Letzteres ist leider sehr stark erodiert, daher ist es unmöglich, den Typ zu bestimmen.

7 Koch – Sichtermann 1982, 184 Abb. 216.

8 Die Ikonographie dieser Sonnenuhr ist sehr ungewöhnlich. Offenbar handelt es sich um eine sphärische Sonnenuhr, die im Profil gezeigt wird. Weder eine Stundenlinie noch der Gnomon sind abgebildet. Das Instrument ist ebenso wie der Rest der Darstellung nur skizziert.

Q 47 – Die Stifterinschrift einer Uhr aus Idanha-a-Velha (Portugal)
Q 48 – Der Meridian des Augustus in Rom
Q 53 – Eine Sonnenuhr in zwei Grabepigrammen aus Sillyon

Technische Aspekte

Im Gegensatz zu vielen anderen Darstellungen von Sonnenuhren auf Sarkophagen ist beim Sarkophag in den Kapitolinischen Museen einfach festzustellen, welche Art von Sonnenuhr gemeint ist. Es handelt sich um eine zweiflächige vertikale Sonnenuhr in sehr feiner Ausführung. Man erkennt gut den Gnomon, die Flügel und sogar die stilisierten Füße, welche die Basis stützen. Die Darstellung dieser Sonnenuhr ist besonders genau, sowohl in Frontal- als auch in Profilansicht. Sie ähnelt in jeder Hinsicht der bislang unpublizierten Sonnenuhr desselben Typs, die im Thermenmuseum in Rom (Inv.-Nr. 112134) aufbewahrt wird.[9] Die hintere Seite gleicht stark einer Sonnenuhr desselben Typs in Delos, die südlich des *oikos* des Dionysos entdeckt wurde.[10] Seltsamerweise sind aber bei der Sonnenuhr auf dem Sarkophag auf der inneren Seite keine Stundenlinien vorhanden.

Die Darstellung dieser Art von Sonnenuhr stimmt gut mit der Datierung überein, die für diesen Sarkophag üblicherweise vorgeschlagen wird, weil dieser Sonnenuhrtyp ab dem 2. Jahrhundert n. Chr. in ikonographischen Darstellungen – und hier insbesondere auf den Sarkophagen – immer häufiger vorkommt.

Soziokulturelle Auswertung

Wie bei vielen Sarkophagen ist die Sonnenuhr auch hier kein unbedeutendes Element. Sie ist mit den Parzen verbunden, mit der Repräsentation der unantastbaren Elemente des Universums. In technischer Hinsicht ermöglicht sie lediglich das Ablesen der Zeit für die Erstellung des Horoskops. Andererseits aber ist sie auch als Warnung für den Betrachter vorgesehen: Ihre Präsenz ist eine Erinnerung an das Schicksal, jene unerbittliche Kraft, der sich jeder Mensch unterwerfen muss und die sich zwangsläufig ergibt, weil es der göttliche Wille ist. Dies gilt umso mehr, wenn die verstorbene Person wie im vorliegenden Fall ein Kind ist (was die Größe des Sarkophags und die Darstellung auf dem Deckel bestätigen).

Robert Turcans Analyse römischer ikonographischer Darstellungen lässt sich hier perfekt anwenden:[11] Ihm zufolge betreffen viele Themen auf Sarkophagen das Unglück eines vorzeitigen Todes – sei es für Kinder, aber auch für Frauen und Männer, die in der Blüte

9 Vgl. Eintrag Nr. A_140 unter https://syrte.obspm.fr/astro/archeo/ (letzter Zugriff: 30.09.2019).

10 Delos, Archäologisches Museum, Inv.-Nr. B594. Vgl. Eintrag Nr. A_547 unter https://syrte.obspm.fr/astro/archeo/ (letzter Zugriff: 30.09.2019).

11 Turcan 1999, 167 f. 170.

ihres Lebens gestorben sind. Auf den Sarkophagen mit tragischen Motiven sei häufig eine Parze zu sehen, die das Schicksal des Helden auf einer Tafel notiert. Beim Prometheus-Mythos würden auch die Parzen und die unzerbrechlichen Mächte des Universums gezeigt, bzw. die Götter der Elemente, die das Leben der Sterblichen unaufhaltsam bestimmen.

Sonnenuhren gehören zum Darstellungsrepertoire der »unzerbrechlichen Mächte des Universums«. Darin dann ein *Memento mori* – d. h. einen Moment des Bewusstseins der Sterblichkeit – zu sehen, wäre nur ein kleiner Schritt. Es gibt allerdings keine gesicherten Anhaltspunkte dafür, dass die Uhr in der Antike in Verbindung mit dem Standpunkt des Betrachters und Rezipienten tatsächlich diese Funktion hatte, sei es in der Ikonographie oder in den Nekropolen, wo die Sonnenuhr ebenso nützlich wie symbolisch gewesen zu sein scheint (siehe Q 53). Die Rezeption des Bildes hängt von der kulturellen Prägung einer Gesellschaft ab.[12]

Nimmt man an, dass der antike Betrachter, der eine Darstellung von Hermes Psychopompos oder Atropos sah, die die Todeszeit des Menschen oder des Verstorbenen andeuten, auch an sich und seinen eigenen Tod gedacht hat, so ist dies wahrscheinlich nicht der Fall, wenn er eine Sonnenuhr gegenüber einem Philosophen auf einer Gemme oder eine Sonnenuhr beim Besuch eines Grabes sah. In letzteren Fällen bedeutet die Präsenz der Sonnenuhr wohl weniger: »Erinnere dich daran, dass du sterben wirst!«, als vielmehr: »Erinnere dich daran, dass du lebst!« bzw. »Denke über dein Schicksal nach und lerne, als guter Philosoph damit zu leben.«

Bibliographie

Bonnin 2013
J. Bonnin, Les Hommes, la mort et le temps dans l'Antiquité gréco-romaine, Latomus 72, 2013, 468–491.

Bonnin 2015
J. Bonnin, La mesure du temps dans l'Antiquité (Paris 2015).

Koch – Sichtermann 1982
G. Koch – H. Sichtermann, Römische Sarkophage, Handbuch der Archäologie 7 (München 1982).

Robert 1919
C. Robert, Die antiken Sarkophagreliefs 3, 3: Einzelmythen: Niobiden bis Triptolemos. Ungedeutet (Berlin 1919).

Traversari 1991
G. Traversari, Il pelecinum, un particolare tipo di orologio solare raffigurato su alcuni rilievi di sarcofagi, in: M. Fano Santi (Hrsg.), Archeologia e astronomia, Colloquio internazionale, Venezia 3–6 maggio 1989 (Rom 1991) 66–73.

Turcan 1999
R. Turcan, Messages d'outre-tombe. L'iconographie des sarcophages romains (Paris 1999).

12 Bonnin 2013, 468–491 und Bonnin 2015, 337–349.

Q 55 Das Parapegma von den Trajansthermen in Rom

Ilaria Bultrighini

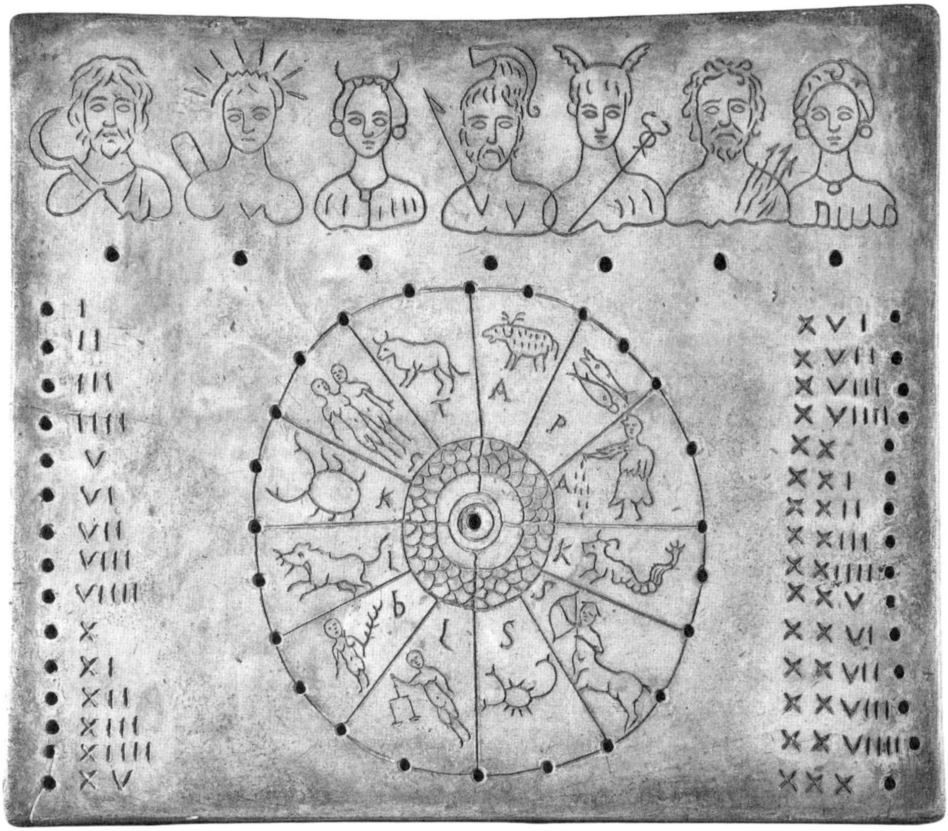

Abb. 1: Terrakottakopie des ursprünglichen Graffitos bei den Trajansthermen (© Martin von Wagner-Museum Würzburg, Inv.-Nr. G14; Foto: Peter Neckermann).

Text

Mitte unten:

A(ries), T(aurus), G(emini), K(ancer), L(eo), B(irgo), L(ibra), S(corpius), S(agittarius), K(apricornus), A(quarius), P(isces)

Linke und rechte Spalte:
I, II, III, IIII, V, VI, VII, VIII, VIIII, X, XI, XII, XIII, XIV, XV, XVI, XVII, XVIII, XVIIII, XX, XXI, XXII, XXIII, XXIIII, XXV, XXVI, XXVII, XXVIII, XXVIIII, XXX

Übersetzung

Mitte unten:
Widder, Stier, Zwillinge, Krebs, Löwe, Jungfrau, Waage, Skorpion, Schütze, Steinbock, Wassermann, Fische

Linke und rechte Spalte:
Zahlen von 1 bis 30.

Zur Quelle

Das sogenannte Trajansthermen-Parapegma wurde im Jahr 1812 entdeckt. Hierbei handelt es sich um ein Graffito im Wandputz eines römischen Hauses nahe den Trajansthermen auf dem Oppianischen Hügel, dem südlichen Ausläufer des Esquilin (siehe Abb. 1 und Taf. 7). Im späten 5. oder frühen 6. Jahrhundert n. Chr. war dieses römische Haus in eine Kapelle für die Heilige Felicitas umgewandelt worden.[1] Das Graffito wurde von seinen Entdeckern im frühen 19. Jahrhundert ins 4. Jahrhundert n. Chr. datiert. Allerdings basiert diese Datierung auf dünnen Fakten und sollte daher als rein provisorisch betrachtet werden.[2] Es bestehen jedenfalls kaum Zweifel darüber, dass das Parapegma in den Wandputz geritzt worden war, bevor das Haus in eine christliche Kapelle umgewandelt wurde, und dass es während letzterer Phase nie übermalt wurde.

Der Ausgrabungsbericht aus dem Jahre 1817 gibt an, dass das Graffito bei seiner Entdeckung bereits beschädigt war. Danach blieb es den Witterungsbedingungen ungeschützt ausgesetzt, sodass es schnell vollständig erodierte. Sein ursprüngliches Aussehen wurde dank der Illustrationen bewahrt, die zunächst von Stefano Piale im Jahr 1812 und danach von Antonio de Romanis im Jahr 1822 angefertigt worden waren. Später tauchten zwei Kopien des Graffitos auf: Eines in Form einer Terrakottakopie des Originals, die sich heute im Martin von Wagner-Museum der Universität Würzburg befindet (Abb. 1), und ein Gipsabguss, der im Museo della Civiltà Romana in Rom aufbewahrt wird. Was die Größe des Originals anbelangt, so herrscht keine Einigkeit zwischen den frühen Bearbeitern des

1 Zur christlichen Kapelle siehe Cerrito 1998 (mit älterer Literatur), die die Umwandlung der Räumlichkeiten in ein Oratorium auf ca. 530 n. Chr. datiert.

2 Siehe Lehoux 2007, 168; Stern 2012, 317 Anm. 54. Nach Salzman 2004, 191 sollte das Parapegma stattdessen ins frühe 2. Jh. n. Chr. datiert werden.

Parapegmas: Während Giuseppe A. Guattani versichert, dass das Graffito 34 cm hoch und 42 cm breit war, schreibt de Romanis, dass seine Zeichnung im Maßstab 1:3 angefertigt sei, was eine Größe des Originals von nur 25 cm × 30 cm implizieren würde.

Ausgewählte Editionen, Übersetzungen und Kommentare

Publikationen und eingehende Studien zum Trajansthermen-Parapegma bieten de Romanis (1822), Sven Eriksson (1956, 17–25), Attilio Degrassi (1963, 308 f. = Inscr. It. XIII 2, 56) und Daryn Lehoux (2007, 16 f. 168–170, Abb. 1.4, Abb. Kat. 5; i. Dr., 1–8).

Hilfreiche Diskussionen finden sich außerdem bei Guattani (1817, 160–162, Taf. XXII), Albert Rehm (1949, 1364), Henri Stern (1953, 177 mit Taf. XXXII.5), Jörg Rüpke (1995, 590 f.), Alessandra Cerrito (1998, 166. 175 f.), Michele Salzman (2004, 189–191) und Sacha Stern (2012, 308. 316 f. 324 f.).

Verwandte Quellen

- Latium-Parapegma (CIL VI 32505; Inscr. It. XIII 2, 49)
- Dura Europos-Parapegma (Lehoux 2007, 170 f., B.II, mit älterer Literatur)
- Neapel-Parapegma (CIL X 1605; Inscr. It. XIII 2, 55)
- Posillipo-Parapegma (CIL I^2 p. 218; Inscr. It. XIII 2, 52)
- Trier-Parapegma (Lehoux 2007, 176, B.IX, mit älterer Literatur)
- Parapegma-Matrize aus Trier (Lehoux 2007, 176, B.X, mit älterer Literatur)
- Soulosse-Parapegma (Moitrieux 2010, Nr. 959)
- Arlon-Parapegma (Lehoux 2007, 177, B.XII, mit älterer Literatur)
- Rottweil-Parapegma (Goessler 1928)
- Bad Rappenau-Parapegma (Lehoux 2007, 179, B.XIV, mit älterer Literatur)
- Pompeji-Kalender (CIL IV 8863; Inscr. It. XIII 2, 53)
- Veleia-Inschrift (CIL XI 1194; Inscr. It. XIII 2, 59)
- Ostia-Inschrift (CIL XIV 2037; Inscr. It. XIII 2, 58)
- Petronius, *Satyricon* 30, 3 f.

Siehe auch

Q 9 – Die 30 Tage des Mondmonats und ihre Schutzgötter
Q 16 – Qualitative Bestimmung der Zeit: Hemerologien und Tagewählkalender
Q 37 – Die griechischen Parapegmata aus Milet
Q 50 – Ein römischer Bauernkalender *(Menologium rusticum Colotianum)*
Q 56 – Konstantins Gesetze von 321 n. Chr. über den Sonntag

Technische Aspekte

Parapegmata (»Steckkalender«) sind Instrumente, die in griechischen und römischen Kontexten in unterschiedlichen Formen und Materialien belegt sind, einschließlich in literarischer Form. Sie wurden benutzt, um die Tage zu zählen – entweder innerhalb eines kalendarischen Zyklus oder innerhalb eines Zyklus astronomischer Phänomene.

Epigraphische Parapegmata weisen üblicherweise eine fortlaufende Abfolge von Tagen auf, von denen manche oder alle mit einer Nummer, einem Datum, einem astronomischen oder einem meteorologischen Phänomen versehen sind, sowie mit einem kleinen Loch für jeden Tag. Durch das Bewegen eines Stiftes oder mehrerer Stifte von einem Loch zum nächsten Tag für Tag – daher der Name, von παραπήγνυμι, »etwas festmachen neben etwas anderem« – konnte der Nutzer des Instruments die involvierten Zyklen verfolgen.[3]

Während griechische Parapegmata meistens entweder astronomischer oder astrometeorologischer Natur sind (siehe Q 37), sind die römischen Parapegmata eher kalendarischer Natur und üblicherweise darauf ausgelegt, die Tage verschiedener zeitlicher Zyklen zu verfolgen, darunter den lunaren, den wöchentlichen, den nundinalen bzw. Marktzyklus und die Tage des römischen Monats.[4] Ein weiteres schönes römisches Exemplar neben dem von den Trajansthermen ist eine fragmentarische Marmortafel, die irgendwo in der Region Latium gefunden wurde und heute im Archäologischen Nationalmuseum von Neapel aufbewahrt wird; dieses wurde ebenfalls dazu verwendet, mehrere temporale Zyklen nachzuverfolgen: die Siebentagewoche, den Nundinalzyklus, die Mondmonatstage und die Jahreszeiten.[5]

Auf dem Trajansthermen-Parapegma sind in der oberen Reihe die sieben Tage der römischen astrologischen Woche in Form von Büsten der planetaren Götter und Göttinnen mit ihren typischen Attributen dargestellt, die über jeden der sieben Tage herrschten. Von links nach rechts begann die Serie mit dem Bild des Saturn (Samstag), der offensichtlich bei der Entdeckung des Graffitos bereits verloren war (in der Würzburger Terrakotta-Kopie restauriert); auf ihn folgten der Sonnengott, der eine solare Krone trug (Sonntag), Luna mit der Mondsichel (Montag), Mars bewaffnet mit Helm und Speer (Dienstag), Merkur mit seinem geflügelten Hut (Mittwoch), eine Lücke (in der Würzburger Kopie ebenfalls ergänzt) für Jupiter (Donnerstag), schließlich Venus mit einem Diadem auf der Stirn

3 Lehoux 2007, 147–491 bietet einen Katalog der griechischen und römischen Parapegmata, der allerdings einige wenige epigraphische Exemplare nicht enthält, die nach 2007 entdeckt worden sind. Für griechische Parapegmata siehe Q 37.

4 Zum Unterschied zwischen griechischen und römischen Parapegmata siehe Lehoux 2007, bes. 14. 28. 35. 142 f. und Degrassi 1963, 299–313. Nur ein einziges römisches epigraphisches Parapegma ist astrometeorologischer Natur, nämlich das Puteoli-Parapegma (siehe Q 37).

5 Siehe das Latium-Parapegma im Abschnitt Verwandte Quellen. Siehe auch Lehoux 2007, 32–34. 171 f.; Lehoux 2016, 105–109, Abb. IV-6; Lehoux i. Dr., 9–15; AE 2010, 117. Die Inschrift wird ins 1. Jh. n. Chr. datiert.

(Freitag). Unter jeder Figur befindet sich ein Steckloch. Den mittleren Bereich des Steckkalenders nahm ein Tierkreisrad ein, d. i. ein Kreis, der in zwölf Sektionen unterteilt war, von der jede die Repräsentation und die Initiale des ersten Buchstaben der zwölf Tierkreiszeichen trug. Im Gegenuhrzeigersinn von rechts oben waren dies: Widder, Stier, Zwillinge, Krebs, Löwe, Jungfrau, Waage, Skorpion, Schütze, Steinbock, Wassermann und Fische. Jede Sektion besaß zwei Steckłöcher, die den Anfang und die Mitte des betreffenden Tierkreiszeichens markierten. Eine Zahlensequenz von 1 bis 30 – alle mit Stecklöchern – ist links und rechts des Tierkreisrades in zwei Spalten angeordnet. Diese Zahlen zeigen die Tage eines 30-tägigen Zyklus an. Durch das Vorwärtsbewegen von drei Stiften entlang der Löcher oben, im Zentrum und auf der Seite hätte der Nutzer die Tage der siebentägigen Planetenwoche, der Tierkreiszeichen (das Fortschreiten entweder der Sonne oder des Mondes durch den Tierkreis) und die Mondmonatstage nachverfolgen können.[6]

Soziokulturelle Auswertung

Das Trajansthermen-Parapegma ist beispielhaft für einen bestimmten Typ römischer Steckkalender, die dafür benutzt wurden, um zeitliche Zyklen zu verfolgen, die nicht im Julianischen Kalender (siehe Q 46) und in den traditionellen *fasti* (siehe Q 43) repräsentiert sind. Das römische Jahr war bekanntlich in zwölf Monate unterteilt, und genaue Tagesdaten darin wurden so angegeben, dass man von den Kalenden, Nonen und Iden innerhalb jeden Monats herunterzählte (siehe Chronologische Grundlagen: Rom). Indem sie den religiösen und rechtlichen Charakter der Tage eines jeden Monats bestimmten, waren die römischen *fasti* entscheidend für die Organisation des sozialen Lebens der Römer.[7] Im Gegensatz dazu waren römische Parapegmata wie dasjenige von den Trajansthermen nicht dazu gedacht, Kalenderdaten zu verfolgen, sondern die Tage von zeitlichen Zyklen zu zählen, die nicht dieselbe offizielle und kollektive Bedeutung wie diejenigen Tage besaßen, die in den *fasti* angegeben waren. Obwohl der Tierkreis im Trajansthermen-Parapegma auch die zwölf Monate des Jahres anzeigte, ist die astrologische Konnotation eines Instruments, das den Durchgang von Sonne und Mond durch die zwölf Tierkreiszeichen anzeigte, offensichtlich. Ebenso ist die siebentägige Planetenwoche astrologischen Ursprungs.[8] Jeder Wochentag ist nach einem der sieben Planeten bzw. den in Bezug auf den Fixsternhimmel beweglichen Himmelskörper, die in der Antike bekannt waren, benannt: der Sonne (Sonntag), dem

6 Siehe Lehoux i. Dr., 5–8, zum Vorhandensein eines 31. Steckloches rechts oberhalb des Loches für Tag 30 auf diesem Parapegma. Die überzeugende Schlussfolgerung von Lehoux ist, dass dieses 31. Loch entweder als Beschädigung infolge der Ausgrabung oder als Hinzufügung auf der Kopie von de Romanis zu interpretieren sei. Siehe auch Stern 1953, 177 Anm. 6.

7 Für römische *fasti* siehe besonders Rüpke 1995 und Rüpke 2011.

8 Zur Planetenwoche siehe Bultrighini 2018, 62–65 (mit älterer Literatur); Bultrighini – Stern i. Dr.

Mond (Montag)[9] sowie den fünf Planeten, deren Namen auf die Götter und Göttinnen Mars (Dienstag), Merkur (Mittwoch), Jupiter (Donnerstag), Venus (Freitag) und Saturn (Samstag) zurückgehen. Die allgemein akzeptierte Erklärung für die genannte Reihenfolge dieser sieben Gottheiten innerhalb der Planetenwoche basiert auf der sogenannten Doktrin der Chronokratoren, gemäß der die Woche in 168 Stunden unterteilt wurde: Die sieben planetaren Götter wurden in der Reihenfolge ihrer Entfernung von der Erde – nämlich Saturn, Jupiter, Mars, Sonne, Venus, Merkur und Mond – nacheinander den 24 Stunden des Tages und dann den 168 Stunden der Woche zugeordnet. Dabei wurde der Gott, der der 1. Stunde eines jeden Tages zugeteilt war, als der Chronokrator bzw. Herrscher dieses Tages angesehen.[10] Daher war jeder Planet sowohl bestimmten Stunden als auch einem ganzen Tag zugeordnet. Die sich ergebende Sequenz verläuft von Saturn (Samstag) bis Venus (Freitag), was impliziert, dass die Planetenwoche am Samstag begann und nicht, wie im Falle der jüdischen und auch der erst später entstehenden christlichen Woche, am Sonntag. Die frühesten Hinweise auf die Nutzung der Planetenwoche in Italien stammen aus der 2. Hälfte des 1. Jahrhunderts v. Chr.[11] Obwohl sich eine kalendarische Nutzung recht früh herausbildete, verbreitete sich die Planetenwoche offenbar zuerst als astrologisches Konzept.[12] Die frühesten literarischen und epigraphischen Hinweise auf die Verwendung der Planetenwoche legen nahe, dass es der Glaube an die Macht und die Kontrolle der Planeten über die Stunden des Tages war, der zur Übernahme der Siebentagewoche führte.

Ebenso wird in vielen römischen Texten von einer astrologischen Bedeutung der Mondmonatstage berichtet.[13] Datierungsformeln, die den Mondmonatstag in Form von *luna* (Ablativ) begleitet von einer Ziffer einschließen, erscheinen in Inschriften – meist Grabinschriften – ab dem 3. Jahrhundert n. Chr., und stammen aus verschiedenen Gebieten im Westen des Römischen Reiches.[14] Mondmonatstage werden auch mit Mondphasen wie Vollmond und Neumond in Verbindung gebracht, die einen günstigen bzw. ungünstigen Charakter für eine Vielzahl von Aktivitäten hatten (siehe dazu auch Q 16). Petronius beschreibt in seinem *Satyricon* (30, 3 f.) ein Parapegma, das Trimalchio gehört, in welchem gleichzeitig die Mondmonatstage und die Wochentage auf ihre Konnotation von Glück und Unglück hin untersucht werden:[15]

---

9 Die Griechen und Römer zählten Sonne und Mond zu den Planeten, weil sie ihre Position in Bezug auf den Fixsternhimmel ändern und weil man annahm, dass beide um die Erde kreisen.

10 Vettius Valens 1, 10; Cassius Dio 37, 18 f.

11 Siehe Bultrighini 2018, 62 Anm. 3; Bultrighini – Stern i. Dr.

12 Rüpke 2011, 162 f.; Bultrighini 2018, 64; Bultrighini – Stern i. Dr.

13 Siehe z. B. Vergil, *Georgica* 1, 277 f.; Plinius, *Naturalis historia* 18, 21. Siehe Eriksson 1956, 34 f.; Lehoux 2007, 6 f. Vgl. auch Q 9.

14 Eine umfassende Diskussion von *luna*-Daten in lateinischen Quellen findet sich in Stern 2012, 313–326. Siehe auch Bultrighini 2017, 413–416.

15 Vgl. Columella, *De re rustica* 2, 10, 10; 11, 2, 85; Plinius, *Naturalis historia* 18, 314.

> Unter derselben Inschrift baumelten ein Aufsatz mit zwei Lampen von der Decke, und zwei Täfelchen waren jeweils an den Türpfosten angebracht. Auf einem von ihnen stand, wenn ich mich recht erinnere, Folgendes geschrieben: »30. und 31. Dezember, unser Gaius ist zum Abendessen außer Haus«. Das andere zeigte Darstellungen der Mondphasen und der sieben Himmelskörper; und Glücks- und Unglückstage wurden mit unterschiedlichen Knöpfen markiert.

Das Parapegma von den Trajansthermen ist ein Beispiel für eine bestimmte Art römischer Steckkalender, die in privaten Kontexten als Instrumente zur Verfolgung von Zeitzyklen verwendet wurden, die überwiegend eine astrologische bzw. »abergläubische« Bedeutung hatten. Die Verwendung dieser Hilfsmittel ist im westlichen Teil des Römischen Reiches während der gesamten Kaiserzeit belegt, vom Parapegma des Trimalchio im 1. Jahrhundert n. Chr. bis hin zum Beispiel des Parapegmas von den Trajansthermen, das in einem spätantiken christlichen Oratorium in Rom ausgegraben wurde, das vielleicht aus dem 4. Jahrhundert n. Chr. stammt. Es ist bemerkenswert, dass dieses Parapegma im Bereich der Trajansthermen in einer christlichen Kapelle gefunden wurde: Es veranschaulicht die geringe Wirkung, welche die Predigten der Kirchenväter und die christlichen Prediger gegen astrologische Überzeugungen im 4. und 5. Jahrhundert n. Chr. erzielten.[16]

Bibliographie

Bultrighini 2017
: I. Bultrighini, New Light on Five Latin Inscriptions of the Later Imperial Period, with Special Reference to Their Dating Formulae, Epigraphica. Periodico internazionale di epigrafia 79, 2017, 411–424.

Bultrighini 2018
: I. Bultrighini, Thursday *(dies Iovis)* in the Later Roman Empire, Papers of the British School at Rome 86, 2018, 61–84.

Bultrighini – Stern i. Dr.
: I. Bultrighini – S. Stern, The Seven-Day Week in the Roman Empire: Origins and Diffusion, in: S. Stern (Hrsg.), The Making of Ancient and Medieval Calendars. Time, Astronomy, and Calendars: Texts and Studies (Leiden, im Druck).

Cerrito 1998
: A. Cerrito, Sull'oratorio di S. Felicita presso le terme di Traiano a Roma, in: F. Guidobaldi (Hrsg.), *Domum tuam dilexi.* Miscellanea in onore di Aldo Nestori, Studi di antichità cristiana 53 (Vatikanstadt 1998) 155–184.

Degrassi 1963
: A. Degrassi, Inscriptiones Italiae XIII 2 (Rom 1963).

Eriksson 1956
: S. Eriksson, Wochentagsgötter, Mond und Tierkreis. Laienastrologie in der römischen Kaiserzeit, Studia Graeca et Latina Gothoburgensia 3 (Stockholm 1956).

16 Siehe Eriksson 1956, 37.

Goessler 1928
P. Goessler, Ein gallo-römischer Steckkalender aus Rottweil, Germania 12, 1928, 1–9.
Guattani 1817
G. A. Guattani, Memorie enciclopediche sulle antichità e belle arti di Roma per l'anno 1816 (Rom 1817).
Lehoux 2007
D. Lehoux, Astronomy, Weather, and Calendars in the Ancient World: *Parapegmata* and Related Texts in Classical and Near Eastern Societies (Cambridge 2007).
Lehoux 2016
D. Lehoux, Days, Months, Years, and Other Time Cycles, in: A. Jones (Hrsg.), Time and Cosmos in Greco-Roman Antiquity (New York 2016) 95–121.
Lehoux i. Dr.
D. Lehoux, Image, Text, and Pattern: Reconstructing Parapegmata, in: A. Jones (Hrsg.), Reconstructing Ancient Texts (Toronto, im Druck).
Moitrieux 2010
G. Moitrieux, Recueil général des sculptures sur pierre de la Gaule: Toul et la cité des Leuques. Nouvel Espérandieu 3 (Paris 2010).
Rehm 1949
A. Rehm, RE XVIII 4 (1949) 1295–1366 s. v. Parapegma.
de Romanis 1822
A. de Romanis, Le antiche camere esquiline dette comunemente delle Terme di Tito (Rom 1822).
Rüpke 1995
J. Rüpke, Kalender und Öffentlichkeit: Die Geschichte der Repräsentation und religiösen Qualifikation von Zeit in Rom, Religionsgeschichtliche Versuche und Vorarbeiten 40 (Berlin 1995).
Rüpke 2011
J. Rüpke, The Roman Calendar from Numa to Constantine: Time, History, and the Fasti (Chichester 2011).
Salzman 2004
M. R. Salzman, Pagan and Christian Notions of the Week in the 4th Century C.E. Western Roman Empire, in: R. M. Rosen (Hrsg.), Time and Temporality in the Ancient World (Philadelphia 2004) 185–212.
Stern 1953
H. Stern, Le calendrier de 354. Étude sur son texte et ses illustrations, Institut français d'archéologie de Beyrouth. Bibliothéque archéologique et historique 55 (Paris 1953).
Stern 2012
S. Stern, Calendars in Antiquity. Empires, States, and Societies (Oxford 2012).

Q 56 Kaiser Konstantins Gesetze von 321 n. Chr. über den Sonntag

Ilaria Bultrighini

Texte

Codex Iustinianus 3, 12, 2

Imperator Constantinus A. Elpidio. Omnes iudices urbanaeque plebes et artium officia cunctarum venerabili die solis quiescant. Ruri tamen positi agrorum culturae libere licenterque inserviant, quoniam frequenter evenit, ut non alio aptius die frumenta sulcis aut vineae scrobibus commendentur, ne occasione momenti pereat commoditas caelesti provisione concessa. Const. A. Helpidio. P(ro)p(osita) V Non. Mart. Crispo II et Constantino II Conss.

Codex Theodosianus 2, 8, 1

Imperator Constantinus A. Elpidio. Sicut indignissimum videbatur, diem solis, veneratione sui celebrem, altercantibus iurgiis et noxiis partium contentionibus occupari, ita gratum ac iucundum est, eo die, quae sunt maxime votiva, compleri. Atque ideo emancipandi et manumittendi die festo cuncti licentiam habeant, et super his rebus acta non prohibeantur. P(ro)p(osita) V Non. Iul. Caralis Crispo II et Constantino II CC. Conss.

Übersetzungen

Codex Iustinianus 3, 12, 2

Kaiser Konstantin an Helpidius. Alle Richter und das Volk in den Städten und die Arbeit in allen Künsten und Handwerken sollen ruhen am ehrwürdigen Tag der Sonne (Sonntag). Die Landbevölkerung dagegen darf sich frei und rechtens der Feldarbeit zuwenden, auf dass der durch himmlische Vorsehung erwiesene Vorteil nicht in einem Augenblick verloren gehe, weil es oft vorkommt, dass an keinem geeigneteren Tag das Getreide den Furchen und die Weinstöcke den Gruben anvertraut werden. Kaiser Konstantin an Helpidius. Bekanntgegeben am 5. Tag vor den Nonen des März, im Jahr des 2. Konsulats des Crispus und des 2. Konsulats des Konstantin (3. März 321 n. Chr.).

Codex Theodosianus 2, 8, 1

Kaiser Konstantin an Helpidius. Gleichwie es uns höchst ungeziemend erschien, dass der Tag der Sonne (Sonntag), seiner Ehrwürdigkeit wegen gefeiert, von zänkischen Prozessen und verderblichem Parteienzwist vereinnahmt wird, so ist es doch willkommen und erfreulich, dass an diesem Tag jene Handlungen, die in besonderem Maße erwünscht sind, vollzogen werden. Daher sollen alle die Erlaubnis haben, an diesem Feiertag jemanden aus der väterlichen Gewalt oder aus der Sklaverei zu entlassen, und die Rechtsverfahren dafür seien nicht verboten. Bekannt gemacht am 5. Tag vor den Nonen des Juli in Cagliari im Jahr des 2. Konsulats des Crispus und des 2. Konsulats des Konstantin (3. Juli 321 n. Chr.).

Übersetzungen von Roland Färber.

Zur Quelle

Konstantins Gesetzgebung von 321 n. Chr. über den Sonntag ist durch zwei separate Bestimmungen bekannt, die in den Codex Theodosianus (5. Jahrhundert n. Chr.) bzw. in den Codex Iustinianus (6. Jahrhundert n. Chr.) aufgenommen worden sind.

Der Codex Theodosianus ist eine Sammlung der römischen Gesetze oder Dekrete, die von den Kaisern zwischen 313 und 437 n. Chr. erlassen wurden.[1] Ein von Theodosius II. am 26. März 429 verfügtes Dekret beauftragte eine Kommission von Gelehrten, alle Konstitutionen seit Konstantin zu sammeln, zu ordnen und einzugliedern. Die Zusammenstellung des Gesetzbuches dauerte etwa acht Jahre: Am 15. Februar 438 n. Chr. ließ Theodosius II. den neuen Codex, der seinen Namen trug, veröffentlichen. Er umfasste 16 Bücher: Während die Bücher 6–16 nahezu intakt sind, fehlen uns etwa zwei Drittel der Bücher 1–5. Innerhalb der Bücher sind die Gesetze nach Themen geordnet und chronologisch gereiht, wobei die aktuelleren als am relevantesten erachtet wurden.

Der Codex Iustinianus ist eine Sammlung von Gesetzen, die zwischen 529 und 534 n. Chr. veröffentlicht wurde. Ähnlich dem, was Theodosius II. etwa ein Jahrhundert zuvor geleistet hatte, beauftragte Kaiser Justinian am 13. Februar 528 n. Chr. ein Komitee von zehn Personen damit, ein neues römisches Rechtsbuch zu kompilieren. Die Kommissare hatten alle kaiserlichen Konstitutionen von Hadrian (117–138 n. Chr.) bis auf Justinian selbst zu sammeln und zu redigieren. Fast das gesamte Material in diesem Codex aus der Zeit zwischen 313 und 437 n. Chr. entstammt nach allgemeiner Auffassung dem Codex Theodosianus.[2]

Ausgewählte Editionen, Übersetzungen und weiterführende Literatur

Die noch immer maßgebliche Edition des Codex Theodosianus ist die von Theodor Mommsen und Paul M. Meyer aus dem Jahr 1905. Eine vollständige englische Übersetzung stammt

1 Der Codex wurde in der östlichen Reichshälfte am 15. Februar 438 n. Chr. präsentiert, im Westen am 25. Mai desselben Jahres.

2 Corcoran 2016, cii.

von Clyde Pharr (1952). Zum Codex Theodosianus allgemein siehe besonders Boudewijn Sirks (2007) sowie Jill Harries und Ian Wood (2010).

Der Codex Iustinianus liegt in einer Gesamtedition Paul Krügers von 1877 vor. Eine Übersetzung zu dem darin enthaltenen Gesetz über den Sonntag mit Kommentar findet sich bei Paul R. Coleman-Norton (1966, 82–84 Nr. 34). Bruce Frier (2016) hat eine neue kommentierte Gesamtübersetzung des Codex vorgelegt (darin Connolly 2016, 642 f. zum Gesetz über den Sonntag). Unter der reichen Literatur zum Codex Iustinianus ist das Buchkapitel von Simon Corcoran (2016) herauszuheben.

Verwandte Quellen

- Weitere kaiserliche Bestimmungen zum Sonntag: Codex Theodosianus 2, 8, 18 (386 n. Chr.); 2, 8, 20 (392 n. Chr.); 2, 8, 23 (399 n. Chr.); 2, 8, 25 (409 n. Chr.); 8, 8, 1 (368–373 n. Chr.); 8, 8, 3 (386 n. Chr.); 9, 3, 7 (409 n. Chr.); 11, 7, 10 (368–373 n. Chr.); 11, 7, 13 (386 n. Chr.); 15, 5, 2, 2 (386 oder 392–395 n. Chr.); 15, 5, 5 (425 n. Chr.); Codex Iustinianus 1, 4, 9 (409 n. Chr.); 3, 12, 6, 4 (389 n. Chr.); 3, 12, 9 (469 n. Chr.).
- Auf Konstantins Gesetzgebung zur Wahrung des Sonntags wird Bezug genommen bei Euseb, *De vita Constantini* 4, 18–20; 4, 23; *Laudes Constantini* 9, 10; 17, 14; Sozomenos, *Historia Ecclesiastica* 1, 8, 11.
- Bauinschrift des Kaisers Konstantin aus Varaždinske Toplice, Kroatien (antikes Aquae Iasae, Provinz Pannonia Superior): Erlaubnis von Konstantin, den lokalen Markt (*nundinae*) am *dies Solis* abzuhalten (CIL III 4121).
- Offizielles Dokument der ägyptischen Stadt Oxyrhynchus vom 3. Oktober 325 n. Chr., in welchem ein Richter bekanntgibt, dass das Gericht an Κυριακή (ἡμέρα), »Tag des Herrn«, d. h. Sonntag, nicht tagen wird (P. Oxy. LIV 3759).[3]

Siehe auch

Q 55 – Das Parapegma von den Trajansthermen in Rom
Q 57 – Das Kalenderbuch von 354 n. Chr. und das Weihnachtsdatum

Technische Aspekte

Am 3. März 321 n. Chr. erließ Kaiser Konstanin ein Gesetz, addressiert an Helpidius, den *vicarius urbis Romae,* demzufolge die Arbeit der Richter, der städtischen Bevölkerung und sämtlicher Handwerker am *dies Solis,* dem »Tag der Sonne«, d. h. am Sonntag, zu ruhen

3 Siehe auch P. Oxy. LIV 3758, 119 f. Vgl. Llewelyn – Nobbs 2002, 106–113.

hatte (Codex Iustinianus 3, 12, 2). Diese Anweisung galt für Klein- und Großstädte; die Bauern auf dem flachen Land hingegen blieben aufgrund der Notwendigkeit, die Felder zu bearbeiten, von dieser Auflage freigestellt. Konstantins Bestimmung, die im Codex Theodosianus (2, 8, 1) mit Datum vom 3. Juli 321 n. Chr. überliefert ist und ebenfalls an den Vikar von Rom Helpidius adressiert war, sanktionierte weitere Ausnahmen von der Regelung vier Monate zuvor: Sie erlaubte die Freilassung von Sklaven und die Entlassung von Kindern aus der väterlichen Gewalt (beides nun in Kirchen möglich)[4] an Sonntagen. Abschriften der beiden Bestimmungen wurden an die »Statthalter aller Provinzen« gesandt, zuerst im Westen und nach 324 n. Chr. auch im Osten des Reiches.[5]

Umstritten ist in der Forschung, ob die beiden Codices zwei eigenständige Konstitutionen zum *dies Solis* bewahren oder ob es sich um zwei Fragmente ein und desselben Gesetzes handelt.[6] Nach Ansicht einiger ist der Originaltext des Gesetzes, mit dem Konstantin den *dies Solis* (Sonntag) als regulären wöchentlichen Ruhetag im Römischen Reich einführte, nicht erhalten und die beiden zur Diskussion stehenden Texte sollten nur Ausnahmen zur Gesetzgebung über die allgemeine Arbeitsruhe am Sonntag definieren.[7] Auch wurde vorgeschlagen, dem Gesetz über den Sonntag von 321 n. Chr. sei ein anderes Edikt zum gleichen Sachverhalt vorangegangen, das Konstantin entweder zwischen 312 und 314 oder im Jahr 316 n. Chr. erlassen haben soll.[8] Wieder andere glauben, dass Codex Iustinianus 3, 12, 2 und Codex Theodosianus 2, 8, 1 schlichtweg zwei Versionen desselben Gesetzes sind.[9]

Beide Texte stehen in den Codices unter dem Titel *De feriis* – »Über die Feiertage«: Mit ihren Daten vom 3. März bzw. 3. Juli 321 n. Chr. sind sie die ältesten erhaltenen Kaiserkonstitutionen, die den Sonntag als gesetzlichen Feiertag anerkennen. Der Schwerpunkt dieser Regelungen, Sonntage von Gerichtsgeschehen und Arbeit frei zu halten und zugleich landwirtschaftliche Tätigkeit zwecks Nutzung vorteilhaften Wetters zu fördern, entspricht ganz der römischen Tradition: Im römischen Kalender markierten Feiertage (*feriae publicae*) die Unterbrechung gerichtlicher Aktivitäten und die Arbeitsruhe für alle Männer, einschließlich Sklaven, wohingegen das Ruhen der Landwirtschaft nur zu bestimmten saisonalen Zeiten, die keinen negativen Effekt auf die Erträge hatten, erlaubt war.[10] So

4 Im Jahr 316 und früher im Jahr 321 n. Chr. hatte Konstantin Gesetze erlassen, die die *manumissio in ecclesia* zuließen, d. h. die Freilassung von Sklaven in der Kirche in Gegenwart der Gemeinde (Codex Iustinianus 1, 13, 1 f.). Vgl. Girardet 2008, 352–355; Agnati 2013, 29 f.

5 Euseb, *De vita Constantini* 4, 23. Vgl. Di Berardino 2003, 216.

6 Die Debatte wird zusammengefasst von Agnati 2013, 29 mit Referenzen in Anm. 21.

7 So etwa Di Berardino 2003, 216; Girardet 2008, 346. 349–357.

8 Girardet 2008, 346. 350. 355–357. Vgl. Agnati 2013, 28 mit Anm. 19.

9 Rüpke 2006, 61.

10 Cicero, *De legibus* 2, 29: »Die Beachtung von Feiertagen und Festtagen bedeutet Ruhe von Prozessen und Streitsachen bei den Freigeborenen, von Arbeit und Mühe bei den Sklaven; diese Tage muss die Ordnung des Jahres mit der Erledigung landwirtschaftlicher Tätigkeiten in Einklang bringen.« Vgl. auch Servius, *Georgica* 1, 268.

gesehen weiteten die Bestimmungen Konstantins von 321 n. Chr. lediglich die für traditionelle römische Feiertage geltende Regel auf den Sonntag aus, wobei der *dies Solis* den Status eines bürgerlichen Ruhetages erhielt.[11]

Beide Gesetze verwenden für den Sonntag die planetare Bezeichnung *(dies Solis)*. In der siebentägigen Planetenwoche astrologischen Ursprungs firmierte jeder Tag unter einem der sieben Planeten der Antike, die wiederum nach den Göttern Saturn (Samstag), Sol (Sonntag), Luna (Montag), Mars (Dienstag), Merkur (Mittwoch), Jupiter (Donnerstag) und Venus (Freitag) benannt waren. Diese galten als Planetengötter und waren die Herrscher über je einen der sieben Tage (siehe Q 55).

Soziokulturelle Auswertung

Wegen der planetaren Bezeichnung für den Sonntag in beiden Codices vertraten manche Gelehrte die Annahme, Konstantins Gesetze hätten sich auf einen paganen Wochentag bezogen, der dem Kult des Sonnengottes geweiht war.[12] Codex Iustinianus 3, 12, 2 verbietet rechtliche und handwerkliche Tätigkeit »am ehrwürdigen Tag der Sonne« *(venerabili die Solis)*. In Codex Theodosianus 2, 8, 1 wird der Tag der Sonne zum *dies festus* (»Festtag«, »Feiertag«) erklärt und als »seiner Ehrwürdigkeit wegen gefeierter« *(veneratione sui celebrem)* Tag beschrieben. Solcher Art auf den Sonntag hinzuweisen, scheint zu implizieren, dass es sich um einen Tag handelte, an dem regelmäßig ein bedeutender religiöser Ritus vollzogen wurde. Es gibt jedoch weder einen Beleg dafür, dass der *dies Solis* in der römischen Kaiserzeit für irgendwelche Riten im Rahmen eines Sonnenkultes – etwa dem des Sol Invictus oder des Mithras – gedient hätte oder als wichtigster und heiliger Tag der Woche herausgehoben gewesen wäre, noch dass der Tag vor Konstantin als heidnischer Feiertag anerkannt gewesen wäre.[13] Im Hinblick darauf ist zu beachten, dass der Sonntag zwar der 1. Tag der jüdisch-christlichen Woche ist, der 1. Tag der Planetenwoche hingegen war der Samstag, dem der Sonntag an zweiter Stelle nachfolgte. Im 4. Jahrhundert n. Chr. jedoch beginnt der Sonntag systematisch in verschiedenen Arten von Quellen einschließlich einiger nicht explizit christlicher als 1. Tag der Siebentagewoche genannt zu werden.[14] Es ist denkbar, dass die Festlegung dieser Wochentagsfolge (Sonntag bis Samstag) auf den

11 Dölger 1940, 235 f.; Girardet 2008, 348.

12 Pharr 1952, 44; Moreno Resano 2009.

13 Rordorf 1968, 37; Di Berardino 2003, 217; Salzman 2004, 201; Girardet 2008, 341; Agnati 2013, 24. 42. 45; Bultrighini – Stern i. Dr. Für die Hypothese, dass während der spätrömischen Zeit Donnerstag (*dies Iovis* – »Tag des Jupiter«) zeitweise der Mittelpunkt der römischen Siebentagewoche geworden sein könnte, ehe sich der christliche Sonntag etablierte, siehe Bultrighini 2018.

14 Vgl. z. B. Ausonius, *Eclogae* 8: »Den ersten und letzten Tag hat der strahlenbekrönte Sol unter sich.«

Einfluss jüdischer und christlicher Traditionen zurückging.[15] Während kein regelmäßig am *dies Solis* für eine Sonnengottheit durchgeführter Ritus bekannt ist, hatten die Christen den Sonntag unter den sieben Tagen der Woche seit alters her als besonders »ehrwürdig« angesehen; offenbar hatten sie ihn bereits gegen Ende des 1. oder zu Beginn des 2. Jahrhunderts n. Chr. zu einem Tag für Gottesdienste und Versammlungen auserkoren.[16] Sonntag wurde von den Christen als »Tag des Herrn« gefeiert (*dies dominicus/dominica*; griechisch κυριακή), wohl nach der einmaligen Nennung dieser Bezeichnung im Neuen Testament (*Offenbarung des Johannes* 1, 10) und weil es sich um den Tag der Auferstehung Christi handelte.[17]

Trotz seiner herausgehobenen Stellung in der christlichen Siebentagewoche war der Sonntag im Römischen Reich vor Konstantin kein offizieller Ruhetag gewesen.[18] Mag man auch mit gutem Grund schlussfolgern, dass Konstantins Einführung des Sonntags als Ruhetag eine Neuerung unter christlichem Einfluss war,[19] so bleibt doch zu erklären, warum Konstantins Gesetze den Sonntag als *dies Solis* – »Tag der Sonne« – und nicht nach der damals schon geläufigen christlichen Alternative *dies dominica* – »Tag des Herrn« – benannten. Die Verwendung von *dies Solis* in Konstantins Gesetzen von 321 n. Chr. zusammen mit seiner vielfach diskutierten[20] religiösen Unterstützung für Sol Invictus hat einige Forscher zu einer langen Debatte darüber veranlasst, ob der Kaiser mit seinen Gesetzen den Sonntag zu einem Ruhetag machen wollte, um entweder den Sonnenkult oder aber das Christentum zu begünstigen.[21] Soweit es den Gebrauch von *dies Solis* betrifft, bezeugt die Begriffswahl vielmehr die Geläufigkeit der sieben planetaren Tagesnamen im Römischen Reich, insbesondere im Westen.[22] Es scheint, dass die Verwendung der christlichen Bezeichnung im Lateinischen[23] hauptsächlich auf kirchliche Kreise beschränkt blieb

15 Bultrighini – Stern i. Dr. Vgl. Llewelyn – Nobbs 2002, 117; Salzman 2004. Anders Di Berardino 2003, 217, der postuliert, dass diese Ordnung heidnischen Ursprungs sei. Es gibt jedoch keine Beweise dafür, dass die Kulte des Mithras oder des Sol Invictus auf irgendeine Weise dazu beigetragen hätten, den *dies Solis* als Wochenbeginn zu bevorzugen.

16 *Didache* 14, 1; Ignatius, *Brief an die Magnesier* 9; Justin, *Apologie* 1, 67. Vgl. Llewelyn – Nobbs 2002, 110. 112; Di Berardino 2003, 211; Salzman, 2004, 198 f.

17 Z. B. Tertullian, *De oratione* 23; Justin, *Apologie* 1, 67.

18 Rordorf 1968, 220 f.; Di Berardino 2003, 213; Salzman, 2004, 187; Agnati 2013, 25 Anm. 9; Bultrighini 2018, 78; Bultrighini – Stern i. Dr.

19 Salzman 2004, 187.

20 Für eine umfassende Bibliographie zur Forschungsdebatte über Konstantins Verehrung des Sonnengottes und seine spätere Überstützung für das Christentum siehe Drake 2012.

21 Siehe Agnati 2013, 31 Anm. 32 für eine Zusammenfassung verschiedener Sichtweisen zu dieser Frage.

22 Bultrighini 2018, 62–65; Bultrighini – Stern i. Dr. Vgl. Di Berardino 2003, 216; Agnati 2013, 31–37. 41.

23 Die im Osten belegte griechische Nomenklatur (ἡμέρα δευτέρα – »zweiter Tag« – für Montag, ἡμέρα τρίτη – »dritter Tag« – für Dienstag, und so weiter bis ἡμέρα παρασκευή, σάββατον und ἡμέρα Κυριακή für Freitag, Samstag und Sonntag) wurde ins Lateinische übertragen als *feria secunda, feria tertia, feria quarta, feria quinta, feria sexta* für Montag bis Freitag und *sabbatum* sowie *dominica* (oder *dominicus*) für Samstag und Sonntag. Nach Beda Venerabilis (*De temporum ratione* 8; *De ratione computi* 5) wurde die

und sich nicht unter der übrigen Bevölkerung verbreitete, die mehrheitlich die planetaren Bezeichnungen für die sieben Wochentage weiterverwendete.[24] Selbst in kaiserlichen Gesetzen wird der Sonntag bis zum Ende des 4. Jahrhunderts n. Chr. konsistent *dies Solis* genannt, womit sich die Kaiser weiterhin auf den christlichen *dies dominicus* bezogen.[25] Und sogar die Kirchenväter und frühe christliche Autoren nennen den Sonntag gelegentlich den »Tag der Sonne«, besonders wenn sie sich an nicht-christliches Publikum richten.[26] Die erhaltenen Quellen führen klar vor Augen, dass die Verwendung der Planetengötternamen nicht nur bei Heiden, sondern auch bei Christen, besonders im Westen, über die gesamte Kaiserzeit hinweg üblich war.[27] Somit kann, allgemein gesprochen, der Ausdruck *dies Solis* in Konstantins Gesetzen zum Sonntag als neutral bewertet werden.[28] Tatsächlich findet sich nichts explizit Christliches oder Heidnisches im Wortlaut der Bestimmungen von 321 n. Chr.: Abgesehen vom Gebrauch von *dies Solis* kann die Qualifizierung des Sonntags als »ehrwürdig« auf die pagane Verehrung des Sonnengottes oder Mithras gleichermaßen bezogen werden wie auf die christliche Hingabe gegenüber dem Tag des Herrn.[29] Konstantins religionspolitische Absichten allein anhand dieser beiden Bestimmungen zu beurteilen, erscheint daher schwierig.

Andere Quellen, die sich mit seiner Gesetzgebung zur Beachtung des Sonntags als einem Ruhetag befassen, sind Passagen bei Euseb und Sozomenos (siehe unter Verwandte Quellen). Beide Autoren sahen in Konstantins Gesetz von 321 n. Chr. einen klaren Bezug zum christlichen Sonntagsfest und eine Begünstigung der Christen. In seiner *Vita Constantini* (14, 19) zögert Euseb nicht, den Sonntag als Tag des Herrn zu bezeichnen (κυριακή), »dem es auch zukommt, nach Licht und Sonne benannt zu sein« (ἣν καὶ φωτὸς εἶναι καὶ ἡλίου ἐπώνυμον συμβαίνει).[30] Später haben christliche Theologen bewusst daran festgehalten, den Namen *dies Solis* für den christlichen Sonntag zu gebrauchen, um Christus als ein Sinn-

---

Verwendung der lateinischen Bezeichnungen von Papst Silvester in der ersten Hälfte des 4. Jh. (314–335 n. Chr.) verfügt. Siehe Bultrighini – Stern i. Dr.

24 Bultrighini – Stern i. Dr.

25 Di Berardino 2003, 216; Agnati 2013, 32–35; Bultrighini – Stern i. Dr.

26 Einige Stellen werden zitiert bei Agnati 2013, 36 f.

27 Bultrighini 2018; Bultrighini – Stern i. Dr. Im Gegensatz dazu fehlen die Bezeichnungen der Planetenwoche fast völlig in der schriftlichen Überlieferung aus der östlichen Hälfte des Römischen Reiches. Vgl. P. Oxy. LIV 3759, dem frühesten papyrologischen Beleg für den Sonntag als einem arbeitsfreien Tag im römischen Ägypten (siehe den Abschnitt Verwandte Quellen). Darin wird bereits im Jahr 325 n. Chr. der Sonntag nicht als ἡμέρα ἡλίου, dem griechischen Gegenstück zu *dies Solis*, sondern als Κυριακή – »Tag des Herrn« – angesprochen.

28 Dölger 1940, 230; Agnati 2013, 36.

29 Coleman – Norton 1966, 83; Girardet 2008, 346; Agnati 2013, 30 f. Anders Pietri 1984, 75, nach welchem die Beschreibung des Sonntags mit *veneratione sui celebrem* »suffit à écarter toute référence païenne«. Vgl. Di Berardino 2003, 216 f.

30 Vgl. Girardet 2008, 351 Anm. 57 und 358 Anm. 92 für weitere Stellen, in denen Euseb den Sonntag als den »Tag des Lichts« bezeichnet.

bild für die Sonne der Gerechtigkeit und der Auferstehung zu zeichnen, die Dunkelheit und Sünde hinwegnimmt (vgl. Johannes 1, 4 f.).[31] Offenbar sahen einige frühe Christen die Tatsache, dass Christus am »Tag der Sonne« von den Toten auferstand, nicht als Zufall, sondern als Vorsehung an. Mit anderen Worten, dürften jene das Zusammenfallen »ihres« Sonntags mit dem *dies Solis* instrumentalisiert haben.[32] Trotz Eusebs Versuch, Konstantins Sonntag als einen eindeutig christlichen Feiertag hinzustellen, ließ sein Bericht über die Verpflichtung nicht-christlicher Soldaten, jeden Sonntag mit gen Himmel erhobenen Händen an einem gemeinsamen Gebet teilzunehmen, das an einen namenlosen Gott für errungene Siege gerichtet war (*De vita Constantini* 4, 20), viele an den Kult des Sol Invictus denken.[33] Ohne auf die – wohl unlösbare – Frage nach Konstantins »wahrem« Glauben oder seiner unterstellten synkretistischen Einstellung (dazu Anm. 20) einzugehen, legt die Ambivalenz der Quellen zur Gesetzgebung über den Sonntag nahe, dass der Kaiser darauf abzielte, zugleich pagane Verehrer von Sol und Mithras wie auch den christlichen Klerus in Rom und Italien anzusprechen. Während es wohl kaum Konstantins Absicht war, den Römern einen Tag der Woche zur Verehrung des Sonnengottes einzuräumen,[34] mag ein neuer Feiertag für den »ehrwürdigen Tag der Sonne« pagane Anhänger von Sonnenkulten durchaus zufriedengestellt haben. Gleichzeitig arbeitete Konstantins Gesetzgebung dem Christentum zu, indem sie einem bestehenden christlichen Brauch Rechnung trug und ihm rechtlichen Status gab – in Fortsetzung der religiösen Toleranz, die einige Jahre zuvor im sogenannten Edikt von Mailand zum Ausdruck gekommen war.[35] Dennoch liegt es ebenso auf der Hand, dass die Unterstützung des Christentums Konstantins eigener politischer Agenda zuspielte: Im Jahr 321 n. Chr. war der Kaiser »darauf bedacht gewesen, die westliche Kirche hinter sich zu vereinen, ehe er loszog, um Licinius im Osten anzugreifen.«[36]

Konstantins Bestimmungen von 321 n. Chr. waren die ersten einer Reihe kaiserlicher Gesetze zum Sonntag (siehe die Liste im Abschnitt Verwandte Quellen), der sich vor dem 5. Jahrhundert n. Chr. gleichwohl nicht allgemein als öffentlicher Feiertag durchgesetzt hatte.[37] Diese Gesetze verboten öffentliche Vergnügungen wie etwa Zirkusspiele, die man für unvereinbar mit der Feier des Sonntags ansah. So floss die christliche Auffassung

31 Vgl. Girardet 2008, 349. Diese Vorstellung wird bereits angedeutet bei Tertullian (*Ad nationes* 1, 13, 1) und begegnet erneut z. B. bei Hieronymus (*In die dominica Paschae*, CC 78, p. 550): »Wenn er also von den Heiden Tag des Sol genannt wird, erkennen auch wir dies bereitwilligst an: An diesem Tag nämlich stieg das Licht der Welt empor, an diesem Tag wurde die Sonne der Gerechtigkeit geboren.«

32 Rordorf 1982, 94.

33 Salzman 2004, 200.

34 Entgegen Moreno Resano 2009.

35 Agnati 2013, 30 f. Zum Edikt von Mailand siehe Drake 2012, 121–123.

36 Salzman 2004, 201. Vgl. Agnati 2013, 30 f. 46.

37 Zu diesen späteren Gesetzen siehe Pietri 1984, 75 f.; Di Berardino 2003, 219 f.; Girardet 2008, 368 f.; Agnati 2013, 32–35.

vom Sonntag immer stärker und offenkundiger ein.[38] Während die kaiserliche Gesetzgebung zum Sonntag Richtern und Handwerkern Ruhe verordnete, gewährte sie landwirtschaftliche Arbeiten ebenso wie Handel: So bezeugt eine Inschrift aus der Provinz Oberpannonien (CIL III 4121, siehe den Abschnitt Verwandte Quellen), verschiedentlich in die 310er oder 320er Jahre n. Chr. datiert,[39] dass Konstantin die Abhaltung eines Wochenmarktes *(nundinae)* in der Stadt Aquae Iasae am *dies Solis* zuließ. Die Einrichtung eines siebentägigen Marktzyklus widerspricht nicht dem christlichen und mutmaßlich konstantinischen Verständnis vom Sonntag als einem Tag für Gottesdient und Ruhe;[40] denn die kaiserliche Gesetzgebung zielte nicht etwa darauf ab, einen »christlichen Sabbat« einzuführen, d. h. einen offiziellen Feiertag, gekennzeichnet von allgemeingültiger und rigoros überwachter Arbeitsruhe; Ziel war es eher, geeignete Bedingungen zu schaffen, damit die religiösen Handlungen und die Sonntagsversammlung der christlichen Gemeinden stattfinden konnten.[41]

Dass es über einen langen Zeitraum hinweg zu einer Reihe von Bestimmungen über den Status des Sonntags als einem Ruhetag kam, zeigt auf, dass die Gesetzgebung und der im sozialen Leben eingeforderte neue Rhythmus auf gewissen Widerstand stießen: Die Vorstellung, an einem von sieben Tagen bestimmte Handlungen unterlassen zu müssen, wurde im Reich nicht ohne weiteres akzeptiert.[42]

Dass die Gesetzgebung zum Sonntag als einem Feiertag schrittweise erfolgte, impliziert ferner, dass die Siebentagewoche im Römischen Reich des 4. Jahrhunderts n. Chr. noch nicht allgemein gebräuchlich war, um die Aktivitäten der Bevölkerung zu regulieren.[43] Obschon seit mindestens ein paar Jahrhunderten weithin bekannt, war der Siebentage-Zyklus zum Zeitpunkt von Konstantins Gesetzen immer noch weitgehend auf den privaten Bereich beschränkt.[44] Dessen Edikt von 321 n. Chr. macht den ersten größeren Schritt zur Etablierung der Siebentagewoche biblischen und astrologischen Ursprungs als einer kanonischen Zeiteinheit für die Organisation sozialer Aktivitäten über das Reichsterritorium hinweg.[45] Konstantins Gesetzgebung zum Sonntag leitete einen Prozess zur Standardisierung der Zeitordnung ein, die als Medium für politische Einheit und kulturellen Zusammenhalt konzipiert wurde.[46]

38 Salzman 2004, 201 f.

39 Siehe Dölger 1940, 232–235; Llewelyn – Nobbs 2002, 110–118; Salzman 2004, 199 f. 206; Girardet 2008, 355–357; Moreno Resano 2009, 289–296; Rüpke 2011, 167 f.

40 Gegen Salzman 2004, 206.

41 Pietri 1984, 75 f.; Di Berardino 2003, 215–219.

42 Llewelyn – Nobbs 2002, 118; Di Berardino 2003, 215. 219; Salzman 2004, 201 f.

43 Salzman 2004, 202–208; Bultrighini – Stern i. Dr.

44 Salzman 2004, 206; Bultrighini – Stern i. Dr.

45 Di Berardino 2003, 215. 218 f.; Salzman 2004, 206; Agnati 2013, 50; Bultrighini – Stern i. Dr.

46 Agnati 2013, 31; Bultrighini – Stern i. Dr.

Bibliographie

Agnati 2013
U. Agnati, Costantino e la scansione cristiana del tempo (Cod. Theod. II 8.1 e Cod. Iust. III 12.2), in: F. Raviola (Hrsg.), L'indagine e la rima. Scritti per Lorenzo Braccesi, Hesperìa 30 (Rom 2013) 23–61.

Bultrighini 2018
I. Bultrighini, Thursday *(dies Iovis)* in the Later Roman Empire, Papers of the British School at Rome 86, 2018, 61–84.

Bultrighini – Stern i. Dr.
I. Bultrighini – S. Stern, The Seven-Day Week in the Roman Empire: Origins and Diffusion, in: S. Stern (Hrsg.), The Making of Ancient and Medieval Calendars. Time, Astronomy, and Calendars: Texts and Studies (Leiden, im Druck).

Coleman-Norton 1966
P. R. Coleman-Norton, Roman State & Christian Church: A Collection of Legal Documents to A.D. 535 1 (London 1966).

Connolly 2016
S. Connolly, Third Book, in: Frier 2016, 602–791.

Corcoran 2016
S. Corcoran, The Codex of Justinian: The Life of a Text through 1,500 Years, in: Frier 2016, xcii–clxiv.

Di Berardino 2003
A. Di Berardino, Liturgical Celebrations and Imperial Legislation in the Fourth Century, in: B. Neil – G. D. Dunn – L. Cross (Hrsg.), Prayer and Spirituality in the Early Church 3: Liturgy and Life (Strathfield 2003) 211–232.

Dölger 1940
F. J. Dölger, Die Planetenwoche der griechisch-roemischen Antike und der christliche Sonntag, Antike und Christentum 6, 1940, 202–238.

Drake 2012
H. A. Drake, The Impact of Constantine on Christianity, in: N. Lenski (Hrsg.), The Cambridge Companion to the Age of Constantine (Cambridge 2012) 111–136.

Frier 2016
B. W. Frier (Hrsg.), The Codex of Justinian: A New Annotated Translation, with Parallel Latin and Greek Text Based on a Translation by J. F. H. Blume (Cambridge 2016).

Girardet 2008
K. M. Girardet, L'invention du dimanche: du jour du soleil au dimanche. Les dies solis dans la législation et la politique de Constantin le Grand, in: J. N. Guinot – F. Richard (Hrsg.), Empire chrétien et église aux IVe et Ve siècles. Intégration ou »concordat«? Le témoignage du Code Théodosien. Actes du Colloque international de Lyon 2005 (Paris 2008) 341–370.

Harries – Wood 2010
J. Harries – I. Wood (Hrsg.), The Theodosian Code: Studies in the Imperial Law of Late Antiquity [2](London 2010).

Krüger 1877
P. Krüger (Hrsg.), Codex Iustinianus (Berlin 1877).

Llewelyn – Nobbs 2002
S. R. Llewelyn – A. M. Nobbs, The Earliest Dated Reference to Sunday in the Papyri, in: S. R. Llewelyn (Hrsg.), New Documents Illustrating Early Christianity 9 (Cambridge 2002) 106–118.

Mommsen – Meyer 1905
T. Mommsen – P. Meyer (Hrsg.), Codex Theodosianus 1: Thedosiani libri XVI cum Consitutionibus Sirmondianis (Berlin 1905; Nachdr. 1962).
Moreno Resano 2009
E. Moreno Resano, El dies Solis en la legislación constantiniana, Antiquité Tardive 17, 2009, 289–305.
Pharr 1952
C. Pharr, The Theodosian Code and Novels and the Sirmondian Constitutions (Princeton 1952).
Pietri 1984
C. Pietri, Le temps de la semaine à Rome et dans l'Italie chrétienne (IVe–VIe siècle), in: J.-M. Leroux (Hrsg.), Le temps chrétien de la fin de l'Antiquité au Moyen Âge: IIIe–XIIIe siècles (Actes du colloque Paris, 9–12 mars 1981), Colloque international du CNRS 604 (Paris 1984) 63–97.
Rordorf 1968
W. Rordorf, Sunday: The History of the Day of Rest and Worship in the Earliest Centuries of the Christian Church (London 1968).
Rordorf 1982
W. Rordorf, Sunday: The Fullness of Christian Liturgical Time, Studia liturgica 14, 1982, 90–96.
Rüpke 2006
J. Rüpke, Zeit und Fest: eine Kulturgeschichte des Kalenders (München 2006).
Rüpke 2011
J. Rüpke, The Roman Calendar from Numa to Constantine: Time, History, and the Fasti (Chichester 2011).
Salzman 2004
M. R. Salzman, Pagan and Christian Notions of the Week in the 4th Century C.E. Western Roman Empire, in: R. M. Rosen (Hrsg.), Time and Temporality in the Ancient World (Philadelphia 2004) 185–212.
Sirks 2007
A. J. B. Sirks, The Theodosian Code: A Study (Friedrichsdorf 2007).

Q 57 Das Kalenderbuch von 354 n. Chr. und das Weihnachtsdatum

Sofie Remijsen

Textstellen

1) Aus dem »Kalender des Filocalus« (unter Dezember):
VIII (kal. Ian.) n(atalis) invicti c(ircenses) m(issus) XXX
Der 7. Tag vor den Kalenden des Januar: Geburtstag des Unbesiegbaren. 30 Wagenrennen.

2) Anfang der *depositio martyrum:*
VIII kal. Ian. natus Christus in Betleem Iudeae
Der 7. Tag vor den Kalenden des Januar: Christus wurde in Bethlehem in Judaea geboren.

Zur Quelle

Das Kalenderbuch von 354 n. Chr. ist ein Codex, der verschiedene Aspekte von Zeit in der spätrömischen Welt dokumentiert. Es enthält eine Reihe von Bildern mit Begleittexten und mehrere chronologische Listen. Heute am besten aus Kopien des 16. und 17. Jahrhunderts bekannt, wurde die verlorene Originalhandschrift im Jahr 354 n. Chr. für den wohlhabenden Valentinus angefertigt, der prominent auf der Titelseite genannt wird.[1] Der Codex wird jedoch stärker mit dem Kalligraphen Furius Dionysius Filocalus in Verbindung gebracht, der als Widmer in kleinerer Schrift in der Illustration auf selbiger Titelseite Erwähnung findet. Filocalus war nicht der Autor des Werkes, stellte aber gleichsam als Herausgeber mehrere vorher bestehende Texte und Listen zusammen. Die gemischte Sammlung enthält sowohl heidnische als auch christliche Bausteine (z. B. einen Kalender mit Nennung römischer Feste und zugleich eine Liste von Osterfestdaten) und bezeugt eine starke Verbindung zur Stadt Rom (z. B. durch eine Liste der Stadtpräfekten und eine Liste der Todesgedenktage der Bischöfe von Rom). Der genaue Aufbau ist umstritten, weil keine der erhaltenen Handschriften alle zugehörigen Texte enthält. Der jüngste Kom-

1 Weil dies ein verbreiteter Name ist und wir keine weiteren Informationen über diese Person haben, kann er nicht sicher identifiziert werden. Salzman 1990, 199–202 hat vorgeschlagen, dass es sich um Avianius Valentinus gehandelt haben könnte, den Bruder des berühmten Symmachus.

mentar akzeptiert nur 13 von den oft gelisteten 16 Komponenten als Originalbestandteile des Kalenderbuchs.[2]

Obgleich jede Komponente von Interesse für das Studium antiker Chronologie ist, ist das Werk besonders dafür berühmt, die früheste Erwähnung des 25. Dezembers als jährlicher Feier des Weihnachtsfestes zu enthalten. Diese Erwähnung findet sich in der *depositio martyrum,* einem kurzen Überblick von Daten, an welchen in Rom bekannter Märtyrer gedacht wurde, doch sind andere Teile des Codex für das Verständnis der Diskussion über die Ursprünge von Weihnachten ebenfalls relevant.

Die erste der oben zitierten Stellen stammt aus dem bekanntesten Teil des Kalenderbuchs, dem sogenannten Kalender des Filocalus. Dieser Teil enthält für jeden Kalendermonat eine ganzseitige Buchmalerei mit einer Personifikation des Monats sowie eine fünfspaltige Tabelle mit (von links nach rechts) folgenden Inhalten: Buchstaben (A–K), die sich auf die Mondphase beziehen (nur für jeden 3. Tag); Buchstaben (A–G), die die Berechnung des Wochentags ermöglichen; Buchstaben (A–H), die die Berechnung des Tages im Nundinalzyklus gestatten; das Datum, nummeriert in Bezug auf die Kalenden, Nonen oder Iden; schließlich mit dem Datum verbundene, traditionelle Feste und Spiele (für die Tage, die solche hatten). Einmal im Monat wurde zudem auch das neue Tierkreiszeichen hinzugefügt. Weil der Kalender nur die Daten für staatlich verordnete Feiertage angibt, sind christliche Feiertage nicht darunter. In der hier besprochenen Stelle wird der 25. Dezember als Geburtstag des *Invictus* angesprochen. Dieser Beiname bedeutet »der Unbesiegte« und wurde für mehrere Gottheiten verwendet. Hier muss er sich aber auf Sol Invictus beziehen, den Sonnengott, der besonders im 3. und frühen 4. Jahrhundert n. Chr. populär war. In einem griechischen, dem Astronomen Antiochus zugeschriebenen Parapegma (vgl. Q 37 und Q 55), wird der 25. Dezember ganz ähnlich als »Geburtstag des Helios« (Ἡλίου γενέθλιον) mit dem griechischen Namen des Sonnengottes ausgewiesen.[3] Der unbekannte Autor einer christlichen Abhandlung gibt zudem *Natalis Solis* als ein Synonym für *Natalis Invicti* an.[4]

Ein weiterer relevanter Teil des Codex sind die *fasti* (vgl. Q 43), eine Liste römischer Konsuln. Den Konsuln von 1 n. Chr. ist die kurze historische Bemerkung beigefügt, dass Christus am 25. Dezember »unter diesen Konsuln« geboren wurde. Es liegen aber starke Gründe dafür vor, diese Bemerkung als eine spätere Interpolation anzusehen: Da die Passion Christi nach derselben Liste auf 29 n. Chr. datiert wird, stimmt der Vermerk nicht mit der bekannten biblischen Nachricht überein, dass Christus 30 Jahre alt wurde (Lukas 3, 23). Während das Datum der Passion klar einer älteren Tradition folgt, sind diese *fasti* die ein-

2 Divjak – Wischmeyer 2014, 5 f. 53–56.
3 Lehoux 2007, A.10.
4 *De solstitiis et aequinoctiis* 434–439. Eine kritische Edition dieses Werkes ist angehängt bei Botte 1932, 93–105.

zige Quelle, die die Geburt Christi auf 1 n. Chr. setzen, ehe dieses Datum im 6. Jahrhundert n. Chr. von Dionysius Exiguus fest etabliert wurde.[5]

Zuverlässiger ist der Vermerk in der *depositio martyrum*, der zweiten oben zitierten Stelle. Hier werden die christlichen Heiligengedenktage gemäß dem Kalenderjahr aufgezählt, mit einer Ausnahme: Die Liste beginnt nicht mit Januar, sondern mit dem Geburtstag Christi am 25. Dezember. Es wird kein genaues Jahr angegeben, das die Passage unter Verdacht der Interpolation stellen könnte. Der Kontext – eine Liste jährlich gefeierter Tage – impliziert, dass die Geburt Jesu in den frühen 350er Jahren n. Chr., als die Liste zusammengestellt wurde, gleichfalls zu einem jährlichen Feiertag geworden war. Auf Grundlage eines wiederum anderen Teiles des Kalenderbuchs, der *depositio episcoporum*, einer Liste der Sterbedaten römischer Bischöfe, hat man das Aufkommen von Weihnachten als neuen Feiertag in das Jahr 336 n. Chr. zurückgesetzt. Diese Liste erwähnt Weihnachten zwar nicht ausdrücklich, richtet sich aber nach einer kalendarischen Abfolge mit Beginn Ende Dezember statt am 1. Januar, was wiederum die Existenz von Weihnachten als einem wichtigen liturgischen Marker voraussetzt. Das frühere Datum dieses Teils des Kalenderbuchs beruht auf der Reihenfolge, in der die Bischöfe aufgelistet sind: Bischöfe bis Silvester († 335 n. Chr.) sind in kalendarischer Abfolge ihrer Todestage angegeben, aber die nächsten beiden Bischöfe, Marcus († 336 n. Chr.) und Julius († 352 n. Chr.) wurden am Ende der Liste hinzugefügt. Das hat zu dem begründeten Schluss geführt, dass die erste Version dieser Liste zwischen 335 und 336 n. Chr. kompiliert wurde.[6] Johannes Divjak und Wolfgang Wischmeyer haben jedoch kürzlich darauf hingewiesen, dass diese spezielle Reihenfolge nur in einem Manuskript aus dem 16. Jahrhundert (Textzeuge V) bezeugt ist, auf der die lange maßgebliche Edition von Theodor Mommsen beruht. Zwei andere Handschriften aus dem 16. und 17. Jahrhundert (Textzeugen A und B) platzieren Marcus – der ohnehin spät im Jahr starb – innerhalb der Kalenderfolge und nur Julius als einen Nachtrag. Demnach kann anhand der Listenstruktur nur 352 n. Chr. als ein sicherer *terminus ante quem* für ihre Erstversion und – davon ausgehend – für die regelmäßige Feier von Weihnachten am 25. Dezember gelten.[7]

Ausgewählte Editionen, Übersetzungen und Kommentare

Die erste kritische Edition des Textes des Chronographen von 354 hat Mommsen publiziert. Zunächst legte er im Jahr 1850 eine ausführliche Einleitung und vorläufige Ausgabe vor. Seine endgültige Edition wurde in Bd. 9 der »Monumenta Germaniae Historica.

5 Förster 2000, 101 f.

6 Usener 1911, 376; Botte 1932, 33; Wallraff 2001, 180.

7 Divjak – Wischmeyer 2014, 517.

Auctores Antiquissimi« (1892, 13–148) publiziert, mit Ausnahme des Kalenders, der unter ähnlichen Dokumenten in CIL I^2, 1 (Mommsen u. a. 1893, 256–278) erschien (Texte beider Editionen online greifbar unter: http://www.tertullian.org/fathers/index.htm#Chronography_of_354; letzter Zugriff: 30.09.2019). Während sich Mommsen auf den Text fokussierte, tragen jüngere Studien sowohl den Texten als auch den Bildern Rechnung. 1953 hat Henri Stern einen grundlegenden Kommentar zur Manuskripttradition, zu historischen und insbesondere zu ikonographischen Aspekten publiziert. Ein ausführlicher neuer Kommentar mit Bildern und kritischen Editionen der verschiedenen Bestandteile wurde 2014 von Divjak und Wischmeyer vorgelegt.[8]

Verwandte Quellen

Als Sammlung ist das Kalenderbuch von 354 n. Chr. einzigartig, seine einzelnen Komponenten jedoch sind eng mit anderen Quellen verwandt. So ist der Kalender des Filocalus mit frühkaiserzeitlichen Kalendern wie den *Fasti Praenestini* und späteren christianisierten Versionen davon vergleichbar, vor allem den sogenannten *Fasti* des Polemius Silvius.

Für die Ikonographie der Monatspersonifikationen finden sich Parallelen insbesondere auf Mosaiken.[9] Die *depositio martyrum* stellt als kurzer Messkalender für das Märtyrergedenken einen frühen Entwicklungsschritt der liturgischen Kalender für Heiligenfeste im Frühmittelalter dar.

Siehe auch

Q 43 – Fasti Antiates maiores
Q 56 – Kaiser Konstantins Gesetze von 321 n. Chr. über den Sonntag
Q 58 – Die *Hemerologia*: Kalendertabellen aus frühmittelalterlichen Handschriften

Technische Aspekte

Die Koinzidenz der jährlichen Feiern des Geburtstags Christi mit denen des Sol Invictus am 25. Dezember, die das Kalenderbuch von 354 n. Chr. dokumentiert, spielt eine zentrale Rolle in der Diskussion über die Ursprünge von Weihnachten. Ehe darauf näher eingegangen wird, sollte beachtet werden, dass die Wahl dieses spezifischen Datums in beiden Fällen nicht willkürlich erfolgt war. Mit der Einführung des Julianischen Kalenders (siehe Q 46) war der 25. Dezember *(VII Kal. Ian.)* tatsächlich das ungefähre Datum der Wintersonnen-

8 Für deren Edition der oben zitierten Stellen siehe S. 216 (Dezember) und 500 f. *(depositio martyrum).*
9 Stern 1953, 203–298.

wende geworden, auch wenn es nicht *das* Datum für die Sonnenwende wurde, wie zuweilen behauptet wird.[10] Das Datum von Sonnenwenden war nur mit Mühe exakt auszumachen, weil dafür Beobachtungen über mindestens zehn Tage rund um die Sonnenwenden oder Berechnungen erforderlich sind. Überdies kann der genaue Tag jedes astronomischen Wendepunkts im Kalenderjahr wegen des Schalttages wechseln. Für alle astronomischen Wendepunkte finden wir daher geringfügig variierende Daten und Spannen von zwei bis drei Tagen in den römischen Quellen vor. Laut Autoren des 1. Jahrhunderts n. Chr. fiel die Frühlingstagundnachtgleiche auf den 24. oder 25. März, die Sommersonnenwende zwischen den 24. und 26. Juni, die Herbsttagundnachtgleiche zwischen den 24. und 26. September und die Wintersonnenwende auf den 24. oder 25. Dezember.[11]

Mehrere spätantike Quellen zeigen, dass diese Spannbreiten aus dem 1. Jahrhundert n. Chr. Geltung behielten. Sowohl die *Fasti* des Polemius Silvius aus dem 5. Jahrhundert als auch die stark auf älteren Quellen beruhende *Geoponica* aus dem 10. Jahrhundert n. Chr. deuten auf den 24. Juni und den 25. Dezember für die Sonnenwenden.[12] Zur Abfassungszeit dieser Werke indes waren diese Daten schon konventionell geworden und reflektierten nicht länger die astronomische Wirklichkeit. Weil das gemittelte Julianische Jahr etwa 0,0075 Tage länger als das tropische Sonnenjahr war, wichen die astronomischen Äquinoktien und Solstitien mehr und mehr von ihren festen Punkten im bürgerlichen Kalender ab. Im 4. Jahrhundert n. Chr. fanden die Solstitien drei Tage früher statt als in der Zeit des Augustus.[13] Dieses Phänomen war damals nicht völlig unbekannt; so platziert etwa der Kalender des Antiochus aus dem 4. Jahrhundert n. Chr. die astronomische Wintersonnenwende auf den 22. Dezember. Nichtsdestotrotz verortet derselbe Text den Geburtstag des Helios und den Wendepunkt, an dem »das Licht zunehmen wird« (αὔξει φῶς) am 25. Dezember, ganz auf Linie mit den konventionellen Sonnwend-Daten, wie sie der ungefähr zeitgleiche

10 So z. B. Wallraff 2001, 178.

11 Ovid, *Fasti* 6, 790; Columella, *De re rustica* 11, 2, 31. 49. 66. 94; Plinius, *Naturalis historia* 18, 221. 257.

12 Diese Texte gehören zum Genre der Parapegmata (siehe Q 37 und Q 55) und sind gesammelt (in Originalsprache und Übersetzung) bei Lehoux 2007 unter den Nummern A.ix (Polemius Silvius) und F.xx (*Geoponica* 1, 1). Siehe ferner Servius, *In Vergilii Aeneidem commentarii* 7, 720: *sol novus est VIII. Kal. Ian.* (ca. 400 n. Chr.).

13 Dieser Fehler wurde erst 1582 mit der Einführung des Gregorianischen Kalenders korrigiert, wonach Jahrhundertjahre, die nicht durch 400 teilbar waren, ohne Schalttag blieben. 1582 war der Julianische Kalender etwas über 12 Tage vom Sonnenjahr abgewichen, aber nur 10 Tage davon wurden korrigiert, weil Papst Gregor XIII. nicht daran interessiert war, den Julianischen Kalender in seinen Urzustand zurückzuversetzen, sondern Ostern auf den Punkt im Jahr zurückzubringen, an dem es ursprünglich gefeiert wurde. Daher bot sich das Konzil von Nicäa (325 n. Chr.) als Zeitpunkt an, von dem an die Abweichung des Kalenders gerechnet wurde. Als Konsequenz fällt die Wintersonnenwende heute entweder auf den 20., 21. oder den 22. Dezember und nicht länger auf den 24. oder 25.

Kalender des Filocalus in der oben zitierten Passage anwendet.[14] Sicherlich behielten Daten aus der Hand älterer Autoritäten ihren symbolischen Wert bei.

Ob wissenschaftlich korrekt oder nicht, ein konventionelles Datum für die Wintersonnenwende war die logische Wahl, um den Geburtstag eines göttlichen Lichtbringers und Retters zu feiern. Verschiedene Quellen machen diese Verbindung zwischen den religiösen Festen und dem mutmaßlich stattfindenden astronomischen Phänomen explizit: Der Kalender des Antiochus etwa identifiziert das Zunehmen des Lichts mit dem Geburtstag des Helios und der Kalender des Polemius Silvius assoziiert die Wintersonnenwende mit der Geburt Christi.[15]

Soziokulturelle Auswertung

Eine lebhafte Forschungsdiskussion entbrannte um die Frage, wie die Anhänger des Sol-Kultes ebenso wie die frühen Christen zum selben Geburtstag für die zentrale Figur ihrer Verehrung kamen: voneinander unabhängig, einander kopierend oder inspiriert von derselben Symbolik? Einige Theologen vertraten zwar die Ansicht, dass die Christen dieses Datum unabhängig wählten, indem sie sowohl die Verkündigung (d. h. Empfängnis) als auch den Tod Christi mit der Frühlingstagundnachtgleiche am 25. März verknüpften und von diesem Datum her anhand der Dauer einer Schwangerschaft den 25. Dezember errechneten; die Diskussion wurde aber vorwiegend von einer Hypothese Hermann Useners aus dem späten 19. Jahrhundert bestimmt, dass nämlich der Geburtstag Christi bewusst auf den Feiertag für Sol aufgepfropft worden sei.[16] Zuletzt wurde diese These kritisch hinterfragt.

Der erste Schritt jeder Neubewertung muss darin liegen, herauszuarbeiten, was an den zwei Feiertagen passierte und wann sie jeweils eingerichtet wurden. Wie für viele römische Feiertage betrifft die meiste Evidenz für Feste zu Ehren Sols die öffentlichen Spiele. Der Kalender des Filocalus erwähnt 24 Wagenrennen für Sol und Luna am 28. August, *ludi* (Theaterspiele, möglicherweise kombiniert mit Veranstaltungen in der Arena) für Sol vom 19. bis 20. Oktober, gefolgt von 36 Wagenrennen für Sol am 22. Oktober und 30 Wagen-

14 Lehoux 2007, A.x. Seine Datierung des Parapegmas basiert auf der Tatsache, dass es, statt die Tage der römischen Monate traditionell rückwärts von den Kalenden, Nonen und Iden zu bestimmen, die fortlaufende Zählung von 1 bis 31 verwendet – eine Praxis, die im 4. Jh. n. Chr. einsetzte (vgl. S. 162). Der Zusatz eines paganen Festes für die Nilflut macht ein frühes Datum in diesem Jahrhundert am wahrscheinlichsten.

15 Lehoux 2007, A.ix–x.

16 Usener 1911. Für den aktuellen Forschungsstand siehe Nothaft 2012. Als Beleg wird oft auf eine syrische Glosse zum Werk des Dionysius bar Salibi aus dem 12. Jh. n. Chr. verwiesen (*Cod. Vat. syr.* 155, *fol.* 43^{v}). Es besteht jedoch kein Grund zu der Annahme, dass dieser anonyme spätmittelalterliche Autor irgendein Wissen über die Vorgänge während des *Natalis Solis Invicti* im 4. Jh. n. Chr. besaß.

rennen für den *Natalis* am 25. Dezember. Diese Liste bekundet zunächst die traditionell starke Verbindung zwischen Sol und Wagenrennen in Rom: Ein Tempel für den Sonnengott, der im Mythos sein eigenes Viergespann lenkte, war seit der republikanischen Zeit in den Circus Maximus eingegliedert.[17] Die Liste zeigt außerdem, dass es andere Feiertage für Sol an Tagen ohne astronomische Bedeutung gab. Von den drei Daten ist das im August wahrscheinlich das älteste, da ein gemeinsames Fest für Sol und Luna schon im frühen Prinzipat bezeugt ist.[18] Die Sol-Feste im Oktober und Dezember sind dagegen beide aus frühkaiserzeitlichen Quellen nicht bekannt.

Die am häufigsten formulierte Hypothese ist, dass die neueren Spiele für Sol von Kaiser Aurelian eingeführt wurden, einer stark mit dem Kult des Sonnengottes verbundenen Gestalt; konkret seien sie spät im Jahr 274 n. Chr. eingeführt worden, als der Kaiser nach seinen Feldzügen gegen Palmyra und in Gallien nach Rom zurückgekehrt war. Sowohl Steven Hijmans als auch Michele Salzman erwägen, dass die *ludi Solis* im Oktober erstmals zur Feier von Aurelians triumphalem Einzug in die Stadt abgehalten wurden, der nachrichtlich mit Theaterspielen, Zirkusrennen und mehreren Darbietungen im Amphitheater gefeiert wurde.[19] Weil das genaue Datum des Triumphs jedoch nicht bekannt ist und Spiele zum Siegesgedenken im Kalender des Filocalus sonst explizit als solche benannt werden, muss es hier bei einer reinen Vermutung bleiben. Das Argument für Aurelian als Stifter des *Natalis* im Dezember ist stärker, wenn auch kompliziert.

In einer Chronik der Stadt Rom, die mit Kaiser Licinius endet und somit um 330 n. Chr. verfasst worden sein muss, heißt es, Aurelian habe einen Sol-Tempel auf dem Campus des Agrippa geweiht und einen *agon Solis* eingerichtet.[20] Die gleiche Information findet sich in der etwas späteren Chronik des Hieronymus.[21] Diese Stellen bieten kein Zeugnis für die Einführung der vorgenannten *ludi* und Rennen, behandeln aber ein zusätzliches Ereignis, einen *agon,* d. h. einen sportlichen oder künstlerischen Wettkampf nach griechischer Prägung. Rom hatte im späten 3. Jahrhundert n. Chr. mehrere Agone, und keiner davon wird im Kalender des Filocalus erwähnt, weil diese Art von Spielen vierjährlich und nicht jährlich stattfand.[22] Die Wettkämpfer von Agonen kamen hauptsächlich aus dem griechischsprachigen Teil der Mittelmeerwelt und benannten solche Wettkämpfe mit dem richti-

17 Tacitus, *Annalen* 15, 74.

18 Hijmans 2010, 382.

19 Scriptores Historiae Augustae, *Aurelianus* 34. Hijmans 2010, 391; Salzman 2017, 40.

20 Ediert in Mommsen 1892, 143–148 s. v. Aurelianus: *templum solis et castra in campo Agrippae dedicavit [...] agonem Solis instituit.* Mommsen sah in dieser Chronik einen integralen Bestandteil des Kalenderbuchs von 354 n. Chr., was Divjak – Wischmeyer 2014, 5 f. ablehnen.

21 Hieronymus, *Chronicon* A. 275. Der Tempel wird auch erwähnt bei den Scriptores Historiae Augustae (*Aurelianus* 25, 36), die aktuell ebenfalls in die Mitte des 4. Jh. n. Chr. datiert werden.

22 Vorher bestehende *agones* waren die *Kapitolia* und ein *agon* für Athena Promachos, vgl. Remijsen 2015, 132 f.

gen griechischen Namen, der in diesem Falle von Helios abgeleitet war: τὰ Ἥλεια, die *Heleia.* Kaiser Julian (361–363 n. Chr.) spielt in seinem Hymnus an Helios auf diesen Agon an, der eine zentrale Rolle in der Diskussion um das Datum der Feste im Filocalus-Kalender spielt. Dieser Hymnus wurde anlässlich eines Festes (ἑορτή) in Rom verfasst, das mit jährlichen Opfern für Helios begangen wurde.[23] Gegen Ende des Hymnus kommt Julian nach den theologischen Reflexionen, die den Großteil des Textes einnehmen, wieder auf den vorliegenden Anlass zurück. Während er zugibt, dass die vierjährlichen *agones* für die Sonne (Ἡλίῳ τετραετηρικοὺς ἀγῶνας[24]) eine relativ rezente (νεώτερα) Erfindung seien, behauptet er, der einst von Numa eingerichtete Kalender (vgl. Q 42) zeige, dass die Verehrung der Sonne in Wirklichkeit viel älter war, da dieser Kalender bereits das Jahr mit der Wintersonnenwende enden ließ. Die *Heleia* könnten daher, so der Kaiser, als Schlussstein des Kalenders gedeutet werden:[25]

> [...] am Ende des Monats von Kronos veranstalten wir zu Ehren des Helios den berühmten Agon, und wir weihen das Fest der Unbesiegten Sonne. Und danach ist es nicht rechtens, Aufführungen abzuhalten, die zum letzten Monat gehören, finster wie sie sind, wenn auch notwendig. Aber gemäß dem Zyklus folgen unmittelbar nach dem Ende der *Kronia* die *Heleia* (τὰ Ἥλεια) [...]

Kronia ist der griechische Name für die *Saturnalia* in der Dezembermitte, sie platzieren demnach die *Heleia* im späten Dezember.

Hijmans, teilweise gefolgt von Salzman, hat dafür plädiert, dass Julian hier nicht wirklich vom Wettkampf griechischer Prägung – dessen Existenz er zu bestreiten scheint –, sondern von den aus dem Filocalus-Kalender bekannten Festen spricht. Die vierjährlichen *agones* (Plural), die Julian als relativ neu beschreibt, wären nach dieser Sicht mit den *ludi* im Oktober zu identifizieren, und das zu Beginn des Hymnus genannte jährliche Fest oder *agon* (Singular) mit dem *Natalis.*[26] Vierjährliche *ludi* sind aber keine römische Praxis: Typischerweise wurden *ludi* ebenso wie Wagenrennen jedes Jahr mit gleichem Auf-

---

23 Julian, *Oratio* 4, 131D.

24 Obwohl der übliche griechische Begriff für vierjährlich πενταετηρικός (Inklusivrechnung) war, gibt es verschiedene zeitgenössische Parallelen für τετραετηρικός in dieser Bedeutung: Heliodorus, *Aethiopica* 2, 34, 3; Menander Rhetor 367.

25 Julian, *Oratio* 4, 155B und (in Übersetzung zitiert) 156C. Der Name des Festes erscheint unterschiedlich in den verschiedenen Manuskripten und Editionen des Hymnus. Die älteste Handschrift, *Parisinus* 2964 hat Ἥλια, die Texte späterer Hanschriften dagegen Ἥλεια. Hier wird letztere Lesart bevorzugt, weil nur für diese epigraphische Parallelen existieren: IGUR I 246 A, Z. 17: Ἡλείοις. Vgl. Anm. 29. Auch für die berühmten rhodischen *Halieia* gibt es Zeugnisse dafür, dass ab 200 n. Chr. das erste Iota bisweilen entfiel (Ἅλεια: SEG 36, 258 und 260).

26 Hijmans 2010, 391–393; Salzman 2017, 41.

zug veranstaltet. Julian war ein kundiger Schriftsteller, der die korrekten Bezeichnungen für Spiele kannte.[27] Ἀγών konnte austauschbar im Singular oder Plural verwendet werden, aber ausschließlich für Wettbewerbe griechischer Prägung. Θέαι wäre hingegen das zu erwartende Pendant für *ludi.*[28] Hijmans' Deutung berücksichtigt außerdem die ergänzenden epigraphischen und ikonographischen Quellen für die *Heleia* als einen traditionellen Agon nicht, die seit den 1990er Jahren bekannt sind.[29] Der einzige datierte Text darunter ist 40 Jahre älter als das Kalenderbuch.[30]

Unter der Annahme, dass Julian wirklich aus Anlass der griechisch geprägten *Heleia* zur Zeit der Wintersonnenwende spricht, wie er explizit sagt, eröffnet sich jedoch eine viel plausiblere Erklärung für den scheinbaren Widerspruch zwischen dem jährlichen Fest und den im Hymnus erwähnten vierjährlichen Wettbewerben. Verschiedene Feste einschließlich *agones* wurden jährlich im kleinen Rahmen veranstaltet, mit Opferzeremonien und einer begrenzten Zahl an Darbietungen, und einmal alle vier Jahre in größerem Maßstab, mit einem Wettkampf, zu dem auswärtige Athleten und Künstler eingeladen wurden. Die Kleinen und Großen *Panathenaia,* die im 4. Jahrhundert n. Chr. immer noch bestanden, bilden das klassische Beispiel für diese Praxis, die jedoch auch für die rhodischen *Halieia* (vgl. Q 38) bezeugt ist, die als prestigereichster älterer Wettkampf für Helios das naheliegende Modell für Aurelians neuen Agon abgegeben hätten.[31] Mit anderen Worten: Julians Hymnus an Helios beweist, dass der mehrtägige, von Aurelian eingerichtete *agon* namens *Heleia* um den 25. Dezember organisiert wurde und an ein jährliches Fest angehängt war. Dieses jährliche Fest wird im Filocalus-Kalender als *Natalis* angesprochen. Georg Wissowas These, dass alle Feste am 25. Dezember von Aurelian eingerichtet wurden, hat somit weiterhin Bestand.[32]

Für die Feier von Weihnachten am 25. Dezember ist das Kalenderbuch von 354 n. Chr. der früheste Beleg.[33] Dieses Fest kann noch nicht lange etabliert gewesen sein und war zunächst offenbar auf Italien und Nordafrika begrenzt. Im 3. Jahrhundert n. Chr. speku-

27 In *Misopogon* 340A verwendete er z. B. korrekt ἱπποδρομίαι für Spiele mit Wagenrennen und δρόμοι für einzelne Wagenrennen.

28 Siehe z. B. Remijsen 2015, 328–334.

29 IGUR I 246 A, Z. 17; CIL XV 7015 und CIL VI 10150. Eine Abbildung und Diskussion der letzten beiden beschrifteten Objekte ist bei Caldelli 1993 zu finden. Für kleinere Korrekturen zu den Lesungen siehe Remijsen 2015, 135. 145 f.

30 IGUR I 246 A. In dieser Inschrift wurde der Name des Maxentius nach der Schlacht an der Milvischen Brücke ausradiert und durch den von Kaiser Konstantin ersetzt.

31 IK 38, 555 (SIG^3 1067), Z. 14: [Ἁ]λίεια τὰ μεγάλα καὶ τὰ μικρά. Siehe Slater 2007, 32 für die Verwendung der Termini *megala* und *mikra* zur Unterscheidung vierjährlicher Versionen des normalen Festes und andere Beispiele. Zum Fortleben der *Panathenaia* ins 4. Jh. n. Chr. siehe Remijsen 2015, 61 f.

32 Wissowa 1912, 367.

33 Förster 2000, 95–103 lehnt dies ab, weil er diese Passage wie jene in den *fasti* als eine Interpolation ansieht (vgl. oben Anm. 5). Weil das Problem der Bemerkung in den *fasti* das Jahr betrifft und nicht den Tag, lässt sich die verdächtige Natur des Einen nicht auf das Andere übertragen.

lierten mehrere Autoren über das Geburtsdatum Jesu, schlugen aber noch Daten im Frühling vor.[34] Im Osten wurde die Geburt Jesu ebenfalls erstmals im 4. Jahrhundert n. Chr. gefeiert, allerdings am 6. Januar.[35] Ein armenischer Autor aus dem 7. Jahrhundert n. Chr. behauptet, dass das Geburtsfest am 25. Dezember unter Kaiser Constantius II. erlaubt wurde, der von 337 bis 361 n. Chr. regierte.[36] In den 350er Jahren verbrachte dieser Kaiser die meiste Zeit im Westen, was dem *terminus ante quem* von 354 für das Aufkommen des Festes in Rom recht nahekommt. Binnen zehn Jahren nach dem Kalenderbuch finden wir die erste Weihnachtspredigt von dem nordafrikanischen Bischof Optatus von Mileve.[37] Im späten 4. und 5. Jahrhundert n. Chr. verbreiteten sich die Geburtsfeiern am 25. Dezember wie auch am 6. Januar im Reich, und ihr Inhalt wurde neu bestimmt, sodass beide Feiertage koexistieren konnten. Die Messe bildete einen wichtigen Teil der Feierlichkeiten, weshalb Weihnachtspredigten ein gutes Genre sind, um ihre Verbreitung nachzuvollziehen.[38] In einem berühmten Beispiel von Johannes Chrysostomus aus den 380er Jahren n. Chr. wurde die Einführung von Weihnachten in Antiochia als eine sehr beliebte und zugleich rezente, aus dem Westen importierte Neuerung dargestellt.[39]

Da die Feierlichkeiten für Sol ab 274 n. Chr. mit der Wintersonnenwende verknüpft waren und ein christliches Äquivalent nicht vor den 350er Jahren auszumachen ist, muss der *Natalis Solis Invicti* der jährlichen Weihnachtsfeier um mehrere Jahrzehnte vorangegangen sein. Während dies Hijmans' Vorschlag entkräftet, dass der christliche Feiertag den paganen inspiriert habe, so beweist allein das höhere Alter des paganen Festes noch nicht, dass es direkt als Quelle der Inspiration für den christlichen Feiertag gedient hätte.[40] Dass Christen etwa die Sommersonnenwende als Geburtstag von Johannes dem Täufer auswählten, zeigt ein unabhängiges Interesse an der Symbolik der Sonnwendtage an.[41] Der Kalender des Filocalus legt zudem offen, dass Sols Geburtstag nicht das wichtigste Fest für die Sonne in Rom war: Der *Natalis* wurde zwar mit überdurchschnittlich vielen Wagenrennen bedacht (30 statt 24), aber die Feierlichkeiten im Oktober waren mit Abstand die größten, indem sie sich über mehrere Tage erstreckten und mit noch mehr Rennen aufwarteten. Darüber hinaus scheint der *Natalis Solis Invicti* nie zu einem reichs-

---

34 Z. B. Clemens von Alexandria, *Stromateis* 1, 21, 145, 6; *De pascha computus* 19.

35 Botte 1932, 67–83; Förster 2000, 195; Förster 2007, 307 spricht sich dafür aus, dass dieses Fest seinen Ursprung im Heiligen Land hatte und dies das Konsekrationsdatum der Geburtskirche in Bethlehem war.

36 Förster 2000, 109–113 (Ananias von Shirak).

37 Edition in Wilmart 1922. Vgl. Förster 2000, 105–107.

38 Z. B. Gregor von Nyssa, *Oratio in diem natale* (380er Jahre n. Chr.); Hieronymus, *Homilia de Nativitate* (400–410 n. Chr.). Für weitere Nachweise siehe Botte 1932, 9–31; Förster 2000, 115–118. 140 f.

39 Johannes Chrysostomus, *In diem natalem* (PG 49), bes. 351 f. Er beschreibt die Kirche bei diesem Anlass als brechend voll.

40 Hijmans 2010, 393. Walraff 2001, 176 f. 182. 194 argumentiert ähnlich, möchte in den Feiertagen aber lieber eine Parallelentwicklung sehen.

41 *De solstitiis et aequinoctiis* 409–425.

weiten Phänomen geworden zu sein – anders als Weihnachten. Wenn man Weihnachten als eine strategische Erfindung in einem religiösen Konflikt über die Kontrolle der Zeit zwischen Heiden und Christen erklären wollte, so wäre der 25. Dezember als Datum daher keine offenkundige Wahl gewesen.[42]

Aktuelle Forschungen fokussieren hauptsächlich auf den religiösen Kontext oder »Zeitgeist«, in welchem das Aufkommen beider Feste verstanden werden kann.[43] Obwohl es viele Vorläufer für die Verehrung der Sonne in früheren Zeiten gibt, ist ein zunehmendes Interesse an der Sonne besonders vom 3. Jahrhundert n. Chr. an zu beobachten, was zum Beispiel in Mysterienkulten, der neuplatonischen Philosophie sowie in magischen und astronomischen Texten zum Ausdruck kommt. Dieses Interesse war kein einheitliches Phänomen und sicherlich nicht Resultat eines einzelnen Kultes, aber es gibt einige gemeinsame Charakteristika in Texten und Kunstwerken mit Sonnenbezug, einschließlich einer Faszination für den Osten, einer Tendenz zu henotheistischen Ideen und einer Faszination für Sonnensymbolik (vgl. Q 27).[44] Sonnensymbolik war auch Bestandteil der christlichen Theologie seit dem späten 2. Jahrhundert n. Chr. und spielte eine erhebliche Rolle bei der Entwicklung einer christlichen Ikonographie.[45] Die Wahl des Datums sowohl für den *Natalis* als auch für Weihnachten kann daher mit dessen zeitgenössischer Faszination erklärt werden. Der Bezug zur Sonne ist sicherlich klarer im Falle des Sonnengottes. Da der *Natalis* eines Gottes oft auf dem Tag beruht, an dem sein Tempel eingeweiht wurde, mag es Aurelians Entscheidung gewesen sein, seinen neuen Sol-Tempel an dem Tag zu konsekrieren, an dem sich mutmaßlich das Tageslicht wieder verlängerte.[46] Aber auch christliche Autoren nehmen häufig auf die Sonnensymbolik des Weihnachtsdatums Bezug, indem sie Christus mit der »neuen Sonne« vergleichen, was eine gängige Metapher für die Sonnenwende war. Christus wird damit zur »wahren Sonne« und zur »Sonne der Rechtschaffenheit«.[47]

Dass der *Natalis* und Weihnachten unabhängige Ausführungen von Sonnensymbolik darstellen, schließt jedoch die Möglichkeit nicht aus, dass manche Menschen beide Feste als konkurrierende Ereignisse ansahen. Der anonyme christliche Autor der Abhandlung *De solstitiis et aequinoctiis* war sich im Klaren darüber, dass Weihnachten auf den von Heiden als *Natalis* definierten Tag fiel, und sah sich am Schluss seiner Schrift zu der Feststellung veranlasst, dass Christus, der den Tod überwunden hatte, der wahre *invictus*

42 Hijmans 2003, 386 f. 394–396.
43 Wallraff 2001, 194; Nothaft 2012, 909–911.
44 Wallraff 2001, 37–39.
45 Wallraff 2001, bes. 41. 171; Hijmans 2003, 394–396.
46 Salzman 2017, 41.
47 Belege bei Wallraff 2001, 182–190.

und die wahre Sonne sei.[48] Ähnlich könnte Kaiser Julians Abfassung eines theologischen Hymnus um 360 n. Chr. für keinen anderen Anlass als den *Natalis* als direkte Antwort auf die – in seinen Augen bedrohliche – zunehmende Popularität von Weihnachten bei der wachsenden christlichen Bevölkerung seines Reiches verstanden werden.

Bibliographie

Botte 1932
B. Botte, Les origines de la Noël et de l'Épiphanie. Étude historique (Löwen 1932).

Caldelli 1993
M. L. Caldelli, Ricordo di agoni su un vetro dorato iscritto, Archeologia Classica 45, 1993, 399–407.

Divjak – Wischmeyer 2014
J. Divjak – W. Wischmeyer (Hrsg.), Das Kalenderhandbuch von 354. Der Chronograph des Filocalus (Wien 2014).

Förster 2000
H. Förster, Die Feier der Geburt Christi in der Alten Kirche. Beiträge zur Erforschung der Anfänge des Epiphanie- und des Weihnachtsfestes (Tübingen 2000).

Förster 2007
H. Förster, Die Anfänge von Weihnachten und Epiphanias: Eine Anfrage an die Entstehungshypothesen (Tübingen 2007).

Hijmans 2003
S. Hijmans, Sol Invictus, the Winter Solstice and the Origins of Christmas, Mouseion. Journal of the Classical Association of Canada 3, 2003, 377–398.

Hijmans 2010
S. Hijmans, Temples and Priests of Sol in the City of Rome, Mouseion. Journal of the Classical Association of Canada 10, 2010, 381–427.

Lehoux 2007
D. Lehoux, Astronomy, Weather, and Calendars in the Ancient World. *Parapegmata* and Related Texts in Classical and Near Eastern Societies (Cambridge 2007).

Mommsen 1850
T. Mommsen, Über den Chronographen vom Jahre 354 mit einem Anhang über die Quellen der Chronik des Hieronymus, Abhandlungen der Philologisch-Historischen Classe der Königlich Sächsischen Gesellschaft der Wissenschaften 1, 1850, 549–693.

Mommsen 1892
T. Mommsen (Hrsg.), Chronographus anni CCCCLIIII, in: T. Mommsen (Hrsg.), Chronica Minora saec. IV. V. VI. VII. 1, Monumenta Germaniae Historica. Auctores antiquissimi 9 (Berlin 1892) 13–148.

Mommsen u. a. 1893
T. Mommsen – W. Henzen – C. Huelsen (Hrsg.), Corpus Inscriptionum Latinarum I^2. Pars I: Inscriptiones Latinae antiquissimae ad C. Caesaris mortem. Fasti consulares ad a. u. c. DCCLXVI. Elogia clarorum virorum. Fasti anni Iuliani (Berlin 1893).

Nothaft 2012
C. P. E. Nothaft, The Origins of the Christmas Date: Some Recent Trends in Historical Research, Church History 81, 2012, 903–911.

48 Vgl. oben Anm. 4.

Remijsen 2015
S. Remijsen, The End of Greek Athletics in Late Antiquity (Cambridge 2015).
Salzman 1990
M. R. Salzman, On Roman Time: The Codex-Calendar of 354 and the Rhythms of Urban Life in Late Antiquity (Berkeley 1990).
Salzman 2017
M. R. Salzman, Aurelian and the Cult of the Unconquered Sun: The Institutionalization, Solar Worship, and Imperial Cult, in: O. Tal – Z. Weiss (Hrsg.), Expressions of Cult in the Southern Levant in the Greco-Roman Period. Manifestations in Text and Material Culture (Turnhout 2017) 37–49.
Slater 2007
W. J. Slater, Deconstructing Festivals, in: P. Wilson (Hrsg.), The Greek Theatre and Festivals: Documentary Studies (Oxford 2007) 21–47.
Stern 1953
H. Stern, Le calendrier de 354. Étude sur son texte et ses illustrations (Paris 1953).
Usener 1911
H. Usener, Das Weihnachtsfest (Bonn 1889).
Wallraff 2001
M. Wallraff, Christus versus Sol. Sonnenverehrung und Christentum in der Spätantike (Münster 2001).
Wilmart 1922
A. Wilmart, Un sermon de S. Optat pour la fête de Noël, Revue des Sciences Religieuses 2, 1922, 271–302.
Wissowa 1912
G. Wissowa, Religion und Kultus der Römer (München 1912; Nachdr. 1971).

Q 58 Die *Hemerologia:* Kalendertabellen aus frühmittelalterlichen Handschriften

Ilaria Bultrighini

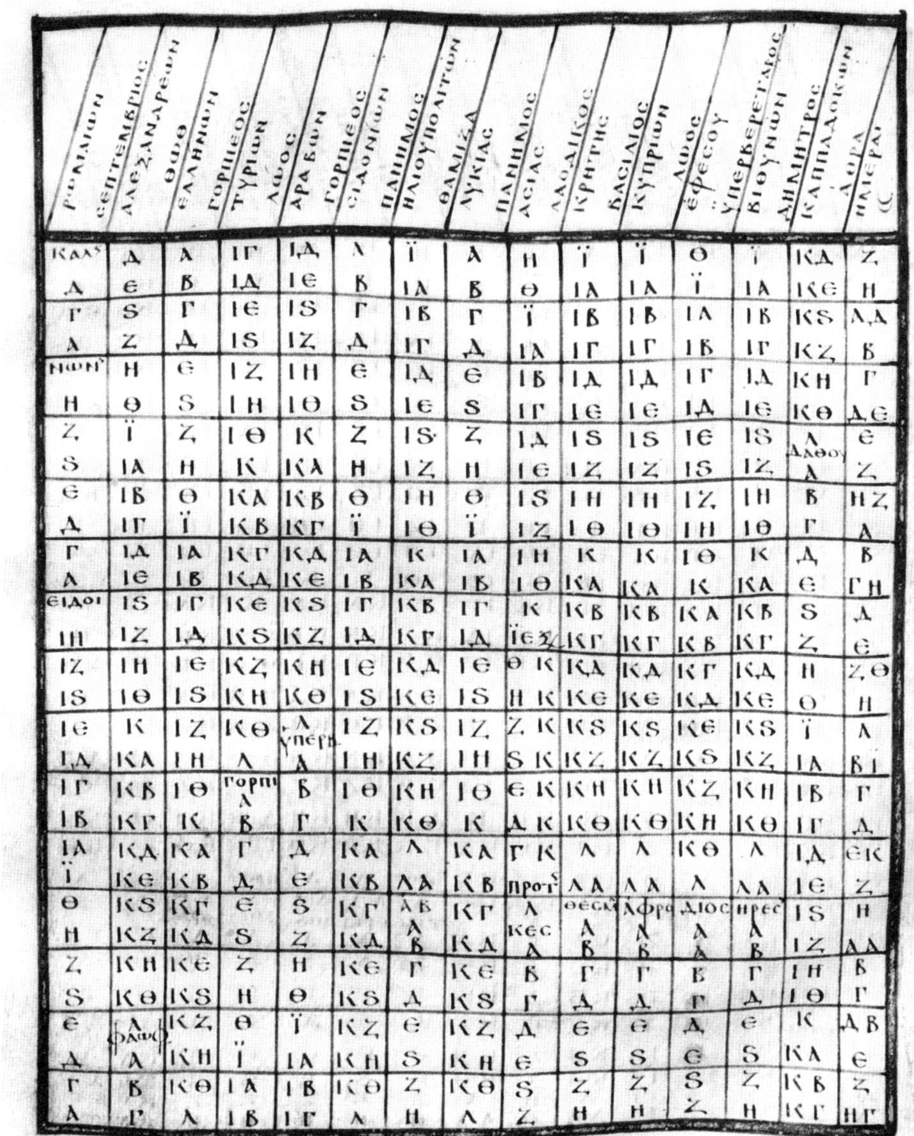

Abb. 1: Die Tabelle zum Monat September in der Florentiner Handschrift Plut. XXVIII 26 (© Firenze, Biblioteca Medicea Laurenziana, Ms. Plut. 28.26, c. 49r. Mit Genehmigung des MiBAC).

Text und Übersetzung (Kopfzeile)

Ῥωμαίων | Σεπτέμβριος	(Kalender) der Römer, (Monat) September.
Ἀλεξανδρέων | Θὼθ	(Kalender) der Alexandriner, (Monat) Thot.
Ἑλλήνων | Γορπιεῖος	(Kalender) der Griechen, (Monat) Gorpieos.
Τυρίων | Λῷος	(Kalender) der Tyrener, (Monat) Loos.
Ἀράβων | Γορπιεῖος	(Kalender) der Araber, (Monat) Gorpieos.
Σιδονίων | Πάνημος	(Kalender) der Sidonier, (Monat) Panemos.
Ἡλιουπολιτῶν | Θαμιζα	(Kalender) der Heliopolitaner, (Monat) Thamiza.
Λυκίας | Πάνημος	(Kalender) von Lykien, (Monat) Panemos.
Ἀσίας | Λαόδικος	(Kalender) von Asia, (Monat) Laodikos.
Κρήτης | Βασίλιος	(Kalender) von Kreta, (Monat) Basilios.
Κυπρίων | Λῷος	(Kalender) der Zyprioten, (Monat) Loos.
Ἐφέσου | Ὑπερβερεταῖος	(Kalender) von Ephesos, (Monat) Hyperberetaios.
Βιθυνῶν | Δήμητρος	(Kalender) der Bithynier, (Monat) Demetros.
Καππαδόκων | Ἄθρα	(Kalender) der Kappadokier, (Monat) Athra.
Ἡμέραι | ☾	Tage, (Mondsichel).

Zur Quelle

Der Begriff *Hemerologia* bezieht sich auf eine Reihe kalendarischer Umrechnungstabellen, die in wenigen griechischen Handschriften aus dem Mittelalter erhalten sind. In parallel verlaufenden Spalten listen diese die Tage des Monats im römischen (Julianischen) Kalender und jene der lokalen Kalender einiger Provinzen und Städte im Osten des Imperium Romanum auf (siehe Abb. 1 und Taf. 8). Jede Handschrift enthält Tabellen für alle zwölf Monate des Julianischen Kalenders, der als gemeinsame Referenzgröße dient: Seine Tage sind in der ersten Spalte aufgelistet, während die anderen Spalten die äquivalenten Tage in 13 bis 15 verschiedenen Kalendern aus dem Osten des Reiches angeben. Wir kennen unterschiedliche *Hemerologia*-Tabellen aus vier Handschriften: Leiden, Bibliotheek der Rijksuniversiteit, BPG 78, ff. 145v–150v, 152; Vatikanstadt, Biblioteca Apostolica Vaticana, Vat. gr. 1291, ff. 10–15v; Florenz, Biblioteca Medicea Laurenziana, Plut. 28.26, ff. 45r–50v; Florenz, Biblioteca Medicea Laurenziana, Plut. 28.12, ff. 187r–192v.[1] Die ältesten Manuskripte sind Leidensis BPG 78 und Vaticanus gr. 1291, beides Abschriften aus dem frühen 9. Jahrhundert. Laurentianus 28.26 wird dem späten 9. oder frühen 10. Jahrhundert

1 Während Leidensis BPG 78, Laurentianus 28.26 und Laurentianus 28.12 jeweils dreizehn verschiedene Kalender aus dem Osten des Imperiums enthalten, sind es in Vaticanus gr. 1291 fünfzehn.

zugeschrieben, während es sich bei Laurentianus 28.12 um eine Kopie der Leidener Handschrift aus dem 14. Jahrhundert handelt.[2]

Ausgewählte Editionen, Studien und Einführungen

Die einzige vollständige Ausgabe der *Hemerologia* wurde 1915 von Wilhelm Kubitschek vorgelegt. Kubitschek hat die Handschriften transkribiert und mit kritischem Apparat versehen ediert. Zudem hat er die Angaben der *Hemerologia* mit solchen aus epigraphischen, literarischen und dokumentarischen Quellen verglichen und auf dieser Grundlage die Kalender in den Provinzen und Städten im Osten des Römischen Reiches eingehend analysiert. In Kürze wird eine umfassende Neubewertung der Informationen in den vier *Hemerologia*-Handschriften erscheinen (Bultrighini i. Dr.), worin die seit Kubitscheks Publikation neu entdeckten Zeugnisse Berücksichtigung finden.

Einführungen in die Thematik bieten Alan E. Samuel (1972, 171–178), Yiannis E. Meimaris (1992, 35 f.) und Sacha Stern (2012, 260–263).

Verwandte Quellen

Die nächste Parallele für die *Hemerologia*-Tabellen ist eine Inschrift aus dem 1. Jahrhundert n. Chr., die auf drei aneinanderpassenden Fragmenten einer weißen Marmorplatte erhalten ist und vor ca. 20 Jahren im antiken Metropolis (Lydien) gefunden wurde (Engelmann 1999, 142 f. = AE 1999, 1538 = SEG 49, 1523). Diese Inschrift listet in Spalten geordnet Entsprechungen zwischen dem Julianischen Kalender und dem Kalender der Provinz Asia auf, der in Metropolis in Gebrauch war (siehe Q 40). Die beschriftete Marmorplatte war sehr wahrscheinlich angefertigt worden, um im öffentlichen Raum – vielleicht auf der Agora oder bei einem wichtigen städtischen Gebäude –[3] ausgestellt zu werden, und war als Umrechnungshilfe für Daten des Kalenders von Asia in den Julianischen und *vice versa* gedacht. Zu den verschiedenen Funktionen der Inschrift zählte sicherlich die Verbreitung von Wissen über den Julianischen Kalender im Osten des Imperiums, wobei ihr zugleich eine politische Aussage über die Beziehung zwischen der Provinz Asia und dem Römerreich innewohnt.[4]

Die Verwendung kalendarischer Tabellen vom Typ der *Hemerologia* kommt in der Fähigkeit einiger antiker Autoren implizit zum Vorschein, Daten nach verschiedenen Kalendern anzugeben:[5] So nennt Ptolemaios etwa ein Datum nach dem alexandrinischen und dem

2 Tihon 2011, 24 f. 30 f. 34. 48; Lempire 2016, 13 f.
3 Engelmann 1999, 143.
4 Stern 2012, 261; Bultrighini i. Dr.
5 Stern 2012, 260 Anm. 77; Bultrighini i. Dr.

bithynischen Kalender; das Leben des Porhyrios von Gaza enthält ein Datum gemäß dem römischen und dem Kalender von Gaza; Euseb datiert Ereignisse öfters nach mehreren Kalendern; Epiphanius gibt die Daten der Geburt und der Taufe Jesu gemäß den Kalendern von Ägypten, Syrien, Zypern, Paphos, dem der Araber und weiteren Kalendern an (*Panarion* 51, 24); Gleiches findet sich in den Schriften von Theophilos, Athanasios von Alexandria, Evagrius Scholasticus sowie in Kirchenkonzilsakten des 5. und 6. Jahrhunderts n. Chr.

Siehe auch

Q 38 – Der Antikythera-Mechanismus
Q 39 – Chronologie und das Erzählen von Geschichte I: Diodor, *Bibliotheke*
Q 40 – Edikt und Dekret zur Einführung eines neuen Kalenders in Asia (9/8 v. Chr.)
Q 46 – Die Kalenderreform Caesars nach Sueton
Q 49 – Die Kalenderkorrektur des Augustus nach Macrobius

Technische Aspekte

Abb. 1 zeigt die September-Tabelle aus dem Codex Laurentianus 28.26 (siehe auch Taf. 8). In der ersten Spalte links unter der Überschrift Ῥωμαίων | Σεπτέμβριος, die zu »(Kalender) der Römer, (Monat) September« aufgelöst werden kann, sind die Tage des Monats September im Julianischen Kalender aufgelistet: Die drei Fixtage des römischen Monats – Kalenden, Nonen, Iden – werden bezeichnet mit καλ^{ς} (für καλάνδαι), νων^{ς} (für νῶναι) und εἰδοί im ersten, dritten bzw. siebten Kästchen (jedes Kästchen enthält zwei Tage). Für die anderen Tage des Monats wird das griechische alphabetische Zahlensystem mit dem römischen System kombiniert: So folgt z. B. unter den Kalenden (καλ^{ς}) der griechische Buchstabe Delta (Δ), der nach römischer Inklusivrechnung den 4. Tag vor den Nonen des Septembers anzeigt; unter den Nonen (νων^{ς}) steht ein Eta (H), das den 8. Tag vor den Iden angibt, usw. (vgl. Chronologische Grundlagen: Rom).

Die anderen Spalten beziehen sich auf eine Reihe von Kalendern im Osten des Reiches und geben jeden Tag darin an, der einem römischen Monatstag entspricht. So folgt in der zweiten Spalte der Monat Thot im Kalender der Alexandriner. Die Kennzeichnung Ἀλεξανδρέων bezieht sich auf den ägyptischen Kalender, nachdem dieser zur Anpassung an den Julianischen Kalender im Jahr 22 v. Chr. modifiziert worden war (siehe Chronologische Grundlagen: Ägypten).[6] Der dritte Eintrag ist der Monat Gorpieos im Kalender der Hellenen. Wie Kubitschek bemerkt hat, lässt sich dieser mit dem sogenannten Kalender von Antio-

6 Vgl. Grumel 1958, 166–168; Hannah 2005, 85–91; Stern 2012, 263–269.

chia identifizieren.[7] An vierter Stelle steht der Monat Loos im Kalender der Levantestadt Tyros.[8] Die fünfte Spalte nennt den Monat Gorpieos im Kalender der *Araboi*. Mit Ἀράβων ist der sogenannte Kalender der Provinz Arabia gemeint, der offenbar zum Zeitpunkt der Schaffung dieser Provinz im Jahr 106 n. Chr. eingeführt wurde und in verschiedenen Regionen des römischen Judaea/Palaestina in Gebrauch war.[9] Auf diese folgen Angaben zu neun weiteren Kalendern.

Die letzte Spalte ganz rechts war zum einen dafür gedacht, die Tage der Siebentagewoche nachzuverfolgen (siehe Q 55). Diese sind mit einer Folge griechischer Buchstaben von A bis H markiert (d. h. die normale alphabetische Sequenz α, β, γ, δ, ε, ζ, η anstelle des üblichen Zahlensystems, demgemäß die Zahlen 6 und 7 durch die Buchstaben ς bzw. ζ ausgedrückt wurden). Zum anderen diente diese Spalte zur Erfassung der Mondmonatstage, zum Ausdruck gebracht durch die Abfolge der griechischen Buchstaben A bis K.[10] Die Überschrift zeigt das Wort ἡμέραι (»Tage«) zusammen mit dem Symbol für den Mond.[11]

Die Monatstage in den 13 Kalendern der Städte und Provinzen im Osten des Reiches (Spalten 2–14) werden fortlaufend in griechischen Zahlzeichen gezählt. Mehrere dieser Kalender weisen die gleichen makedonischen Monatsnamen auf: So waren beispielsweise Γορπιεῖος (auch Γορπιαῖος) wie auch Λῷος ursprünglich Monatsnamen des makedonischen Kalenders. Nach der Eroberung des Persischen Reiches durch Alexander den Großen verbreitete sich der makedonische Kalender weithin über Kleinasien, den Nahen Osten und Ägypten, sowohl in seiner Urform als auch in Verschmelzung mit lokalen Kalendern. In der Folge blieben die makedonischen Monatsnamen im Osten des Römischen Reiches bis in die Spätantike rege in Gebrauch.[12] Da mehrere dieser 13 Kalender Monate hatten, deren Anfang nicht mit den Kalenden (1. Tag) der julianischen Monate zusammenfiel, zeigt die Tabelle auch den Punkt an, wo die darauffolgenden Monate begannen: Z. B. fiel der 22. September (der 10. Tag vor den Kalenden des Oktober) im Julianischen Kalender mit dem 31. Tag des Monats Basilios im kretischen Kalender zusammen (gelistet unter der Überschrift Κρήτης | Βασίλιος), nach welchem der Monat Thesmophorion begann – markiert mit der Abkürzung Θεσμ mit einem hochgestellten Omikron in kleinerer Schrift.

Hierbei ist zu beachten, dass die vier existenten *Hemerologia*-Handschriften Informationen zu variierenden Kalendern bewahren: Um ein Beispiel zu nennen, schließen sowohl die Handschrift aus dem Vatikan (Vat. gr. 1291) und jene aus Leiden (Leid. BPG 78) die

7 Kubitschek 1915, 81. 101. Siehe ferner Grumel 1958, 174; Samuel 1972, 174; Stern 2012, Kap. 5.

8 Zu diesem Kalender siehe Grumel 1958, 173 f.; Samuel 1972, 176; Meimaris 1992, 41; Stern 2012, 285.

9 Grumel 1958, 173; Samuel 1972, 177; Meimaris 1992, 40 f.; Stern 2012, 291 f. 374.

10 Ganz ähnlich zeigen beim Kalenderbuch 354 n. Chr. (siehe Q 57) die Buchstaben A–K dreitägige Mondphasen an.

11 Diese spezielle Spalte kommt nur im Florentiner *Hemerologion* vor (Kubitschek 1915, 79–81).

12 Siehe Grumel 1958, 169; Samuel 1972, 139–151. 177–182; Hannah 2005, 82 f.; Stern 2012, 72. 234–259.

Kalender von Askalon (bezeichnet als Ἀσκαλωˁ) und Gaza (benannt mit Γαζέων) ein; in der älteren Florentiner Handschrift kommen diese jedoch nicht vor (Laur. 28.26).

Soziokulturelle Auswertung

Die Existenz kalendarischer Umrechnungstabellen wie der *Hemerologia* hängt unmittelbar zusammen mit der Einführung des Julianischen Kalenders (siehe Q 46) und seiner Verbreitung in den östlichen Provinzen des Römischen Reiches. Im Jahr 46 v. Chr. führte Julius Caesar diesen neuen Kalender ein, der aus einem festen 365-tägigen Jahr bestand, in das regelmäßig ein Tag in jedem vierten Jahr eingeschaltet wurde, dem sogenannten Schalt- oder bisextilen Jahr. Der Kalender der römischen Republik, dessen Schaltsystem nicht sichergestellt hatte, dass das bürgerliche Jahr mit den Jahreszeiten Schritt hielt, war damit zugunsten eines reinen Sonnenkalenders abgeschafft, der im Wesentlichen eine verbesserte Version des ägyptischen Kalenders darstellte.[13]

Bald nach seiner Einführung begann der Julianische Kalender sich im Imperium auszubreiten, wenngleich sich dies in den westlichen und östlichen Provinzen in sehr unterschiedlichem Grad vollzog: Während der neue Kalender im Westen offenbar massiv Einzug hielt und bald alle lokalen Kalender vollständig ersetzte,[14] verbreitete er sich zwar auch in Kleinasien, Ägypten und im Nahen Osten rasch, verdrängte aber nicht völlig die vorher gebräuchlichen Kalender.[15] Bevor der östliche Mittelmeerraum unter die Kontrolle Roms gekommen war, hatten die hellenistischen Königreiche und Städte unter einer Vielfalt von kalendarischen Systemen agiert, die überwiegend mondbasiert waren (vgl. Chronologische Grundlagen: Griechische Welt). Wie die *Hemerologia* zeigen, hatte die Julianische Kalenderreform großen Einfluss auf die Kalender der östlichen Städte, aber ihre Wirkung variierte von Ort zu Ort: Die Städte und Provinzen übernahmen nicht einfach das Julianische Jahr, sondern passten ihre lokalen Kalender an seine Länge an. Dieser Prozess führte zur Schaffung mannigfaltiger Kalender, die aber so gestaltet waren, dass sie dem Julianischen Jahr folgten. Die Monatsnamen der lokalen Kalender blieben grundsätzlich erhalten. Manche Kalender hatten Monate, die zwar gleich lang waren, aber nicht synchron mit den julianischen Monaten liefen; in manchen begann das Jahr mit dem Geburtstag des Augustus (23. September), während andere abweichende Neujahrstage hatten; manche Kalender hatten ein festes 365-Tage-Jahr mit vierjährlichen Schaltjahren, andere hatten 30-tägige

---

13 Stern 2012, 214.

14 Mit der beachtenswerten Ausnahme der sogenannten Coligny-Inschrift, der einzigen Quelle für unsere Kenntnis vom gallischen Kalender, gibt es so gut wie keine Zeugnisse für den Gebrauch nichtrömischer Kalender nach 46 v. Chr. in der westlichen Hälfte des Römischen Reiches. Zur Coligny-Inschrift und zum gallischen Kalender siehe Stern 2012, 303–313; Stern 2017, 44–48.

15 Stern 2012, 259 f.; Stern 2017, 32 f.

Monate mit Schalttagen, um den Einklang mit dem Julianischen Jahr herzustellen, während wieder andere komplexere Methoden zur Angleichung aufwiesen.

Die *Hemerologia* enthalten eine große Menge an Wissen über eine Reihe von Kalendern, zumal unterschiedliche Kalender in den verschiedenen Handschriften vorkommen: Mittels ihrer Tagesgleichungen können wir die Längen und den Aufbau der Monate in jedem Kalender exakt bestimmen. Aber diese Texte sind allein schon durch die Tatsache bemerkenswert, dass sie angefertigt wurden. Sie selbst sind ein beredtes Zeugnis für die Kalendervielfalt im Osten des Reiches und zugleich für die Angleichung dieser Kalender an einen fixierten und stabilen gemeinsamen Nenner, das 365-Tage-Jahr des Julianischen Kalenders.[16]

Der Befund, dass die Griechen im Osten des Reiches ihre eigenen Kalender nicht komplett durch den Julianischen ersetzt haben, wird von einigen Gelehrten primär als Folge davon angesehen, dass der römische Kalender »a distinctive marker of Romanness«[17] gewesen sei, d. h. als ein Merkmal spezifisch römischer Identität und Kultur, das für die Griechen im Osten nicht passend gewesen sei. Umgekehrt erscheint es plausibel, dass die Römer gar nicht erst versucht haben, ihren Kalender dem griechischen Osten aufzuzwingen, was in Einklang mit ihrer Laissez-faire-Politik im Bereich der Provinzialadministration steht. Dieses Vorgehen vonseiten der Römer hätte den zusätzlichen Vorteil gebracht, ihren Unterworfenen einen Anschein von Unabhängigkeit zu geben.[18] So haben es die Römer stets vermocht, die starken und althergebrachten kulturellen Traditionen der Griechen anzuerkennen – einschließlich ihrer Kalender. Auf der anderen Seite dürfte eine gewisse Form von kalendarischer Einheitlichkeit über die römischen Provinzen hinweg als hilfreich erachtet worden sein, um solch ein großes Reich zu verwalten.[19] Dies legt nahe, dass die römische Zentralmacht sich für einen Kompromiss entschied, indem sie den Griechen in Asia und im ganzen Osten erlaubte, viele Merkmale ihrer Kalender, die wichtige kulturelle Wesenszüge bewahrten, beizubehalten, während sie zugleich ihre Kalender um der Zweckmäßigkeit willen an die Struktur und Länge des Julianischen Jahres anpassten. Diese Strategie erlaubte es den Römern, zwei Fliegen mit einer Klappe zu schlagen: sie erleichterte sowohl die Umrechnung zwischen Kalendern als auch die Beziehungen zu den Untergebenen in den östlichen Provinzen.[20]

---

16 Stern 2012, 260–263; Bultrighini i. Dr.

17 Feeney 2007, 209–211. Vgl. Stern 2012, 226 Anm. 196.

18 Bultrighini i. Dr.

19 Stern 2012, 262; Bultrighini i. Dr.

20 Bultrighini i. Dr.

Bibliographie

Bultrighini i. Dr.
I. Bultrighini, Calendars of the Greek East under Rome: A New Look at the Hemerologia Tables, in: S. Stern (Hrsg.), Calendars in Antiquity and the Middle Ages: Standardization and Fixation (Leiden, im Druck).

Engelmann 1999
H. Engelmann, Inschriften aus Metropolis, Zeitschrift für Papyrologie und Epigraphik 125, 1999, 137–146.

Feeney 2007
D. Feeney, Caesar's Calendar: Ancient Time and the Beginnings of History, Sather Classical Lectures 65 (Berkeley 2007).

Grumel 1958
V. Grumel, La chronologie, Traité d'études byzantines 1 (Paris 1958).

Hannah 2005
R. Hannah, Greek and Roman Calendars. Constructions of Time in the Classical World (London 2005).

Kubitschek 1915
W. Kubitschek, Die Kalenderbücher von Florenz, Rom und Leiden, Denkschriften der Kaiserlichen Akademie der Wissenschaften in Wien. Philosophisch-historische Klasse 57, 3 (Wien 1915).

Lempire 2016
J. Lempire, Le commentaire astronomique aux Tables Faciles de Ptolémée attribué à Stéphanos d'Alexandrie, Publications de l'Institut Orientaliste de Louvain 68 (Louvain-La-Neuve 2016).

Meimaris 1992
Y. E. Meimaris, Chronological Systems in Roman-Byzantine Palestine and Arabia: The Evidence of Dated Greek Inscriptions (Athen 1992).

Samuel 1972
A. E. Samuel, Greek and Roman Chronology: Calendars and Years in Classical Antiquity, Handbuch der Altertumswissenschaft I 7 (München 1972).

Stern 2012
S. Stern, Calendars in Antiquity. Empires, States, and Societies (Oxford 2012).

Stern 2017
S. Stern, Calendars, Politics, and Power Relations in the Roman Empire, in: J. Ben-Dov – L. Doering (Hrsg.), The Construction of Time in Antiquity. Ritual, Art, and Identity (Cambridge 2017) 31–49.

Tihon 2011
A. Tihon, Πτολεμαίου Πρόχειροι Κανόνες. Les *Tables Faciles* de Ptolémée 1a: Tables A1-A2. Introduction, édition critique, Publications de l'Institut Orientaliste de Louvain 59a (Louvain-La-Neuve 2011).

Q 59 Multiple Datierungen in einer spätantiken Papyrus-Urkunde

Sofie Remijsen

Text: P. Oxy. LXIII 4394, Z. 6–76. 250–256

τοῖς μετὰ τὴν ὑπατίαν Φλαουΐου Εὐσεβίου τοῦ λαμπρο(τάτου) τὸ β, Επὶφ ἐννεακαιδεκάτῃ, ἰνδικ(τίωνι) τρίτῃ, ἐν τῇ λαμπρο(τάτῃ) καὶ φιλοχρ(ίστ)ῳ Ἀλεξ(ανδρείᾳ) τῇ πρὸς Αἰγ(ύπτῳ). Φλάουϊοι Ἰουλιανὸς ὁ λαμπρότατος τριβο[ῦ]νος νοτάριος τοῦ θείου παλατίου, υἱὸς τοῦ τῆς μακαρίας μνήμης Εὐσεβίου, ἀπὸ τῆσδε τῆς μεγαλοπόλεως Ἀλεξανδρείας, οἰκῶν ὄπιθεν τοῦ μαρτυρίου τοῦ ἁγίου Βαπτιστοῦ Ἰωάννου ἐν τοῖς ἰδίοις, καὶ Ὀλυμπιόδωρος ὁ ἐλλογιμώτατος σχολαστικός, συνήγορος τοῦ Αὐγουσταλιανοῦ φόρου, υἱὸς τοῦ τῆς ἀρίστης μνήμης Εὐτυχιανοῦ, οἰκῶν πλησίον τοῦ Μεγάλου Τετραπύλου ἐν τοῖς ἰδίοις, ἀλλήλων ἐγγυηταὶ καὶ ἀλλήλων μανδάτοραις, Φλ(αουΐῳ) Μαξιμίνῳ τῷ λαμπροτάτῳ καὶ ἐλλογιμωτάτῳ σχολαστικῷ, συνηγόρῳ τοῦ Αὐγουσταλιανοῦ φόρου, υἱῷ τοῦ τῆς ἀρίστης μνήμης Γαΐου, ὁμολογοῦσειν τὰ ὑποτεταγμένα. κατὰ τὴν ἐνάτην καὶ εἰκάδα τοῦ Μεσορὴ μηνὸς τῆς πρώτης ἰνδικτίονος ἐπὶ τῆς ὑπατίας τοῦ δεσπότου ἡμῶν καὶ αὐτοκράτορος Φλ(αουΐων) Ἀναστασίου τοῦ αἰωνίου Αὐγούστου τὸ πρῶτον καὶ Ῥούφου τοῦ λαμπροτάτου οἱ προγεγραμμένοι Ἰουλιανὸς ὁ λαμπρότατος καὶ Ὀλυμπιόδωρος ὁ ἐλλογιμώτατος ἀλληλέγγυον ἐξέθεντο γραμματεῖον εἰς Μαξιμῖνον τὸν ἐλλογιμώτατον σχολαστικὸν κεφαλαίου νομισμάτων χιλίων τετρακοσίων πεντήκοντα πέντε τόκον ἐπερωτηθέντες ἡμιεκατοστιαῖον. δραμόντων δὲ ἐξ οὗπερ τὸ γραμματεῖον συνετέθη ἄχρει τριακάδος τοῦ παρελθόντος μηνὸς Παῦνι τῆς παρούσης τρίτης ἐπινεμήσεως μηνῶν εἴκοσι δύο, συνήχθη λόγῳ τόκων τοῦ αὐτοῦ χρέους νομίσματα ἑκατὸν ἑξήκοντα, ὡς συντείνιν τά τε τοῦ κεφαλαίου καὶ τῶν τόκων εἰς νομισμάτια χίλια ἑξακόσια δεκαπέντε. τούτων οὕτως ἐχόντων ὁ προγεγραμμένος λαμπρότατος Ἰουλιανὸς ὑπὲρ ἑξακοσίων ἑβδομήκοντα πέντε νομισμάτων παρέσχετο Μαξιμίνῳ τῷ ἐλλογιμωτάτῳ κηπία δύο καὶ τὰ συγκυροῦντα αὐτοῖς πάντα σὺμ παντὶ αὐτῶν τῷ δικαίῳ κείμενα ἐν τῇ Ταφοσιριακῇ ταινίᾳ πρὸς τῇ καλουμένῃ Γλύκαις ἤτοι Ὑδρηγοῖς πλησίον τῆς Μαρίας λίμνης ἀκολούθως τῇ περὶ τούτου

γενομένῃ εἰς αὐτὸν ἀσφαλείᾳ κατὰ τὴν ἐνεστῶσαν καὶ προγεγραμμένην ἡμέραν, ἥτις ἐστὶν ἐννεακαιδεκάτη τοῦ ὄντος μηνὸς Ἐπὶφ τῆς παρούσης τρίτης ἰνδικτίονος.

[...]

Μαξιμῖνος λαμπρό(τατος) σχολ̣(αστικὸς) † Ἰουλιανῷ τῷ θαυμασ(ιωτάτῳ) τριβ(ούνῳ) υἱῷ Εὐσεβίου

[- ca.18 -] ̣[̣ ̣ ̣] ̣[̣ ̣] τοῦ αἰδεσ(ίμου) πραγματευτοῦ [̣ ̣ ̣ ̣ ̣ ̣] ̣ναπο̣θη̣κ̣ ̣ ̣ ̣ ̣ ̣ ̣[̣] ̣ ̣ φρ̣[̣ ̣] ̣[̣]νος τὰ χρεωστηθέντα μοι [διὰ τῆ]ς π̣ροαναφερομένης δανιακῆς συγγραφῆς ἐκτεθείσης [̣ ̣ ̣ ̣ ̣ ̣ ̣ ̣] ̣ου ἔκ τε ἀρχ̣αίου καὶ τόκων καὶ εἰς πλῆρες ταῦτα κομισάμεν[ος ἀ]ν̣αδέδωκα τῇ σῇ θαυμασιότητι τὸ γραμματεῖον. [Μ]ε̣[χ(ε)]ὶ̣ρ̣ κ, ἰνδ(ικτίωνος) ὀγδόης, ὑπατίᾳ Φλ(αουΐου) Ἰωάννου τοῦ λαμπρο(τάτου).

Übersetzung

Unter den Konsuln nach dem 2. Konsulat des Flavius Eusebius, *vir clarissimus,* 19. Epeiph, dritte Indiktion, im hochberühmten und christusliebenden Alexandria bei Ägypten.

Flavius Julianus, der hochberühmte Tribun, Notar des heiligen Palastes, Sohn des Eusebius glücklichen Gedenkens, aus dieser Hauptstadt Alexandria, wohnhaft hinter dem Martyrium von St. Johannes dem Täufer auf seinem eigenen Grundstück, und Flavius Olympiodorus, der hochberedte *scholasticus,* Anwalt beim Gericht des Augustalischen Präfekten, Sohn des Eutychianus allerbesten Gedenkens, wohnhaft nahe dem Großen Tetrapylon auf eigenem Grundstück, Garanten füreinander und *mandatores* füreinander, an Flavius Maximinus, den hochberühmten und hochberedten *scholasticus,* Anwalt beim Gericht des Augustalischen Präfekten, Sohn des Gaius allerbesten Gedenkens, verständigen sich auf das Folgende:

Am 29. des Monats Mesore der ersten Indiktion, unter dem Konsulat unseres Herrn und Kaisers Flavius Anastasius, des ewigen Augustus, zum ersten Mal, und des Rufus, *vir clarissimus,* haben der oben genannte hochberühmte Julianus und der hochberedte Olympiodorus an Maximinus, den hochberedten *scholasticus,* einen Vertrag über wechselseitige Garantie für eine Geldsumme von 1455 *solidi* übergeben, mit vereinbartem Zinssatz von einem halben Prozent (pro Monat). Nach Ablauf von 22 Monaten von dem Zeitpunkt, als der Vertrag geschlossen wurde, bis zum 30. des vergangenen Monats Payni der aktuellen dritten *epinemesis,* betrug die Gesamtsumme aus Zinsberechnung auf dasselbe Darlehen 160 *solidi,* sodass die Summe aus Kapital und Zins 1615 *solidi* erreichte. Unter diesen Umständen übergab der vorgenannte hochberühmte Julianus im

Hinblick auf 675 *solidi* dem hochberedten Maximinus zwei Obstgärten und deren Zubehör mit jeglichem Recht daran, gelegen im sogenannten Taphosiris-Streifen bei der sogenannten Glycae bzw. den Wasserleitungen nahe dem Mareotis-See, in Übereinstimmung mit einem für ihn aufgesetzten Sicherheitsvertrag in dieser Sache am heutigen und obengenannten Tag, welcher der 19. des aktuellen Monats Epeiph ist, in der gegenwärtig dritten Indiktion.
[...]
Ich, Maximinus, hochberühmter *scholasticus,* an Julianus, den bewundernswertesten Tribun, Sohn des Eusebius (besten Gedenkens?) [...] (durch) seinen Beauftragten, den ehrenwerten [...] nachdem die mir gemäß dem oben rekapitulierten Darlehensvertrag geschuldeten Beträge (von dir an mich?) ausgezahlt worden sind, bestehend aus Kapital und Zinsertrag, und ich diese komplett erhalten habe, habe ich den Vertrag an Eure Exzellenz überbracht. 20. Mecheir, achte Indiktion, unter dem Konsulat des Flavius Johannes, *vir clarissimus.*

Übersetzung von Roland Färber auf der Grundlage von Rea 1996.

Zur Quelle

Die Quelle bilden zwei Passagen aus einem langen spätantiken Vertrag auf der Innenseite einer Papyrusrolle, die zum Zeitpunkt ihrer Entdeckung im frühen 20. Jahrhundert immer noch aufgerollt war. Der Vertrag ist in dem für frühbyzantinische Urkunden typischen, barocken bürokratischen Stil abgefasst. Die hochtrabenden Titel beziehen sich auf wohlhabende Männer mit einer Stellung am Gericht des Präfekten in Alexandria. Julianus war ein kaiserlicher *notarius.*[1] Obwohl dieses Wort ursprünglich einen Stenographen bezeichnete, war Julianus kein einfacher Schreiber: Vom 4. Jahrhundert n. Chr. an waren *notarii* kaiserliche Verwaltungsbeamte, die in das Entwerfen und Abfassen von Urkunden involviert waren, über ihr eigenes Stenographen-Personal verfügten und in wichtige Nachrichten eingeweiht waren. Der *tribunus et notarius* (*notarius* mit dem Rang eines *tribunus*) war ein besonders hochrangiger kaiserlicher Beamter im frühen 5. Jahrhundert n. Chr., doch datiert die vorliegende Quelle vom Ende dieses Jahrhunderts, als das Amt bereits wieder an Bedeutung eingebüßt hatte.[2] Da er ein Einwohner von Alexandria war, arbeitete Julianus nicht am Kaisergericht, sondern abkommandiert an das Präfektengericht. Olympiodorus und Maximinus waren beide *scholastici,* ein Wort, das verschiedene Typen von Rechtsgelehrten bezeichnet. Beide gehörten als Anwälte dem selben Gerichtshof an.

Der Vertrag handelt von einem Darlehen: Julianus und Olympiodorus bestätigen, dass sie Maximinus den beachtlichen Betrag von 940 *solidi* (Goldmünzen, insgesamt ca. 13 römische Pfund schwer) schulden, und willigen ein, dieses Kapital zusammen mit

1 Zu Julianus siehe auch Pintaudi 1997.
2 Teitler 1985, 19–22. 34–37. 56–59.

monatlichen Zinsen von 0,5 % zurückzuzahlen. Diese Rate, die 6 % pro Jahr entspricht, ist ziemlich moderat verglichen mit zeitgenössischen Standards, denn die meisten Darlehen richteten sich nach dem Höchstsatz von 12 % pro Jahr.[3] Die Bedingungen und Sanktionen in Verbindung mit dem Darlehen sind im nicht zitierten Hauptteil des Vertrags detailliert ausgebreitet. Der erste und längste der zitierten Abschnitte erklärt die Geschichte des Geschäfts: Der aktuelle Vertrag erneuert ein vorangehendes Darlehen zwischen denselben Parteien, das teilweise mittels Verkauf zweier Obstgärten durch den Schuldner Julianus an den Kreditgeber Maximinus zurückgezahlt worden war. Die zweite zitierte Stelle ist ein späteres Subskript: Fünf Jahre und sieben Monate nach Abschluss des erneuerten Vertrags wurden das restliche Geld und der zwischenzeitlich angewachsene Zins (der fast 315 *solidi* betragen hat) zurückgezahlt. Dies wird in einem Nachtrag zum Vertrag bestätigt. Weil die Schuld beglichen war, wurde der ganze Vertragstext nun mit einer Reihe von kreuz und quer über die Schriftrolle verlaufenden Strichen getilgt.

22. August 492 n. Chr.	Julianus und Olympiodorus leihen sich 1455 *solidi* von Maximinus.
13. Juli 494 n. Chr.	Julianus und Olympiodorus schulden Maximinus 1615 *solidi* (Kapital + Zins). Julianus übergibt zwei Obstgärten im Wert von 675 *solidi* an Maximinus. Julianus und Olympiodorus schulden Maximinus weiterhin 940 *solidi* = neuer Vertrag.
15. Februar 500 n. Chr.	Julianus zahlt Maximinus Kapital + Zinsen zurück.

Der Vertrag wurde im Notarsbüro eines gewissen Johannes von dessen Mitarbeiter Zosimas in Alexandria aufgesetzt und von einem Schreiber zu Papyrus gebracht. Beide Parteien sowie die Zeugen, die den Vertrag unterzeichneten, waren in Alexandria ansässig. Dies macht ihn zu einer atypischen Urkunde: Papyri aus der Hauptstadt sind wegen des feuchten Bodens im Nildelta üblicherweise nicht erhalten. Da dieser Papyrus von Bernard Grenfell und Arthur Surridge Hunt im frühen 20. Jahrhundert aus Ägypten nach Oxford gebracht wurde, kann man davon ausgehen, dass sie ihn während ihrer Ausgrabungen in Oxyrhynchus gefunden hatten, wohin er mit einer der am Vertrag beteiligten Parteien gelangt sein muss.

3 Rea 1996, 130.

Ausgewählte Editionen, Übersetzungen und Studien

Die Urkunde wurde von John Rea (1996, 115–132) als P. Oxy. LXIII 4394 ediert. Der griechische Text ist unter http://www.papyri.info/ddbdp/p.oxy;63;4394 (letzter Zugriff: 30.09.2019) auch online greifbar. Für eine Einführung ins Kreditwesen im römischen Ägypten mit Bezugnahme auf den Quellentext siehe Peter van Minnen (2010). Die Datierungsformeln spätantiker Papyri wurden von Roger Bagnall und Klaas Worp (2004) eingehend untersucht.

Verwandte Quellen

Unter den griechischen Papyri aus Ägypten findet sich eine große Zahl an Verträgen mit präzisen Datierungsformeln. Der am nächsten verwandte Text ist P. Oxy. LXIII 4395, ein weiteres Darlehen von Julianus, zurückgezahlt im selben Monat und Jahr.

Siehe auch

Q 43 – Fasti Antiates maiores
Q 60 – Eine Grabinschrift aus Madauros und die vandalischen »Jahre von Karthago«

Technische Aspekte

In diesem Vertrag finden wir drei Datierungsformeln: Der Tag und der Monat werden jeweils mithilfe des ägyptischen Kalenders angegeben, das Jahr mit Verweis auf die Konsuln und die Indiktion. Zum ägyptischen Kalender in römischer Zeit siehe das Buchkapitel Chronologische Grundlagen: Ägypten. Die Kombination von Konsuldaten mit der Indiktion ist sehr verbreitet in spätantiken Papyri. Vor dem 4. Jahrhundert n. Chr. war die häufigste Datierungsweise im römischen Ägypten das Regierungsjahr des Kaisers. Mit der Tetrarchie wurde die gemeinsame Herrschaft mehrerer Kaiser mit unterschiedlichen Regierungsantrittsdaten üblich, so dass die herkömmliche Praxis allzu kompliziert und schrittweise von anderen Systemen verdrängt wurde: So kommen zwei lokale Ären auf, die Oxyrhynchitische Ära und die Diokletianische Ära,[4] sowie eine Tendenz, sich an die

4 Die Oxyrhynchitische Ära ist leicht zu identifizieren durch den konsistenten Gebrauch von zwei Jahreszahlen, die immer 31 Jahre auseinanderliegen und eine fortlaufende Zählung der Regierungsdaten der Kaiser Constantius II. und Julian darstellen. Die Diokletianische Ära, die eine fortlaufende Zählung der Regierungsjahre Kaiser Diokletians darstellt, wurde in ganz Ägypten verwendet. Später wurde sie als »Ära der Märtyrer« bezeichnet, um ihr eine positivere Konnotation zu verleihen, da sie mit dem 1. Jahr eines berüchtigten Christenverfolgers beginnt. Vgl. Bagnall – Worp 2004, 55–87.

etablierte römische Praxis der Konsuldatierung zu halten. Von der 2. Hälfte des 4. Jahrhunderts n. Chr. an wurden Konsuldaten oft mit dem Indiktionsjahr kombiniert.

Indiktionen sind 15-jährige Steuerzyklen. Die Zahl in Angaben wie »die 3. Indiktion« bezieht sich auf das Jahr innerhalb dieses Zyklus; die Zyklen selbst wurden nicht gezählt. In Konstantinopel begann die Indiktion am 1. September, wenn die lokale Steuerausschreibung *(delegatio)* bekanntgegeben wurde. In einigen ägyptischen Städten, darunter Oxyrhynchus, findet sich ein ähnliches Verfahren: Hier zählte man vom 1. Thot (29. oder 30. August) an, dem Beginn des ägyptischen bürgerlichen Jahres (siehe Chronologische Grundlagen: Ägypten). Trotz dieses annähernden Synchronismus zwischen reichsweitem Steuerjahr und ägyptisch-bürgerlichem Jahr lag der Konstantinopler Startpunkt für Steuerbelange in Ägypten ungünstig, weil die Bauern hier früher mit der Ernte begannen als in Griechenland. Das bedeutet, dass bei Anwendung eines im September beginnenden Steuerjahres der im Frühsommer geerntete ägyptische Weizen zu einer anderen Indiktion gehört hätte als die Trauben und Oliven, die man am Ende derselbenErnteperiode einfuhr.[5] In den meisten ägyptischen Urkunden beginnt die Indiktion daher früher: entweder mit der *praedelegatio* am 1. Mai (eine vorläufige Steuerausschreibung auf Grundlage der Vorjahresraten) oder mit der ägyptischen *delegatio* am 1. Juli, wobei jede Region ihren eigenen Weg ging.[6] Abb. 1 illustriert die verschiedenen Optionen. Leider verfügen wir über wenig Evidenz für den Anfang der Indiktion in Alexandria, dem Ursprungsort der vorliegenden Quelle: Es gibt nur einen Grabstein mit dem Datum 27. Pachon am »Anfang der 5. Indiktion«, was darauf hinweist, dass sich die Hauptstadt nach der Praxis Oberägyptens mit einem Beginn in Pachon/Mai richtete.[7]

Eine sorgsame Analyse der Daten im vorliegenden Text bestätigt, dass Alexandria tatsächlich eine Indiktion mit Startmonat Pachon anwandte. Das Datum in den Zeilen 33–39 ist chronologisch das erste: »Am 29. des Monats Mesore der ersten Indiktion, unter dem Konsulat unseres Herrn und Kaisers Flavius Anastasius, des ewigen Augustus, zum ersten Mal, und des Rufus, *vir clarissimus.*« Anastasius und Rufus waren die Konsuln des Jahres 492 n. Chr. Angenommen, die Indiktion begann im Pachon/Mai oder Epeiph/Juli, so lässt sich der 29. Mesore der ersten Indiktion tatsächlich auf den 22. August 492 n. Chr. umrechnen. Würde man die Indiktion hingegen vom Monat Thot an rechnen, würde dieses Datum auf den 22. August 493 n. Chr. fallen und nicht mit dem angegebenen Konsuljahr übereinstimmen. Selbiges trifft auf das Datum in Zeilen 7–10 zu: »Unter den Konsuln nach dem 2. Konsulat des Flavius Eusebius, *vir clarissimus,* 19. Epeiph, dritte Indiktion.« Rechnet man die Indiktion von Pachon oder Epeiph an, gelangt man zum 13. Juli 494 n. Chr.; zählte

5 Bagnall – Worp 2004, 18 f.
6 Ebd., 30–34.
7 SB III 6249, vgl. Bagnall – Worp 2004, 34.

man die Indiktion jedoch vom Monat Thot an, ergäbe sich der 13. Juli 495 n. Chr., was zwei Jahre nach dem 2. Konsulat des Eusebius 493 n. Chr. wäre und nicht eines. In diesem Fall sind die Konsulnamen allerdings nicht entscheidend, weil Eusebius forthin als Referenzpunkt für mehr als zwei Jahre diente. Die Konsuln des Jahres 494 n. Chr., Asterius und Praesidius, kommen in den Papyri nie vor, und ihr Nachfolger Viator, einziger Konsul im Jahr 495 n. Chr., erscheint nur in postkonsularischen Datierungen des Folgejahres.[8] Wie wir jedoch in Zeile 53 lesen, muss das diskutierte Datum 22 Monate nach dem vorherigen liegen. Dies wird in Zusammenhang mit dem Zins genannt, der bis zum letzten Tag des Vormonats berechnet wird (Z. 50–52): »bis zum 30. des vergangenen Monats Payni der aktuellen dritten *epinemesis*«. *Epinemesis* ist eine andere Bezeichnung für Indiktion. Da Payni und Epeiph klar in dieselbe Indiktion fallen, ist Pachon der einzig mögliche Startpunkt für die Alexandrinische Indiktion.

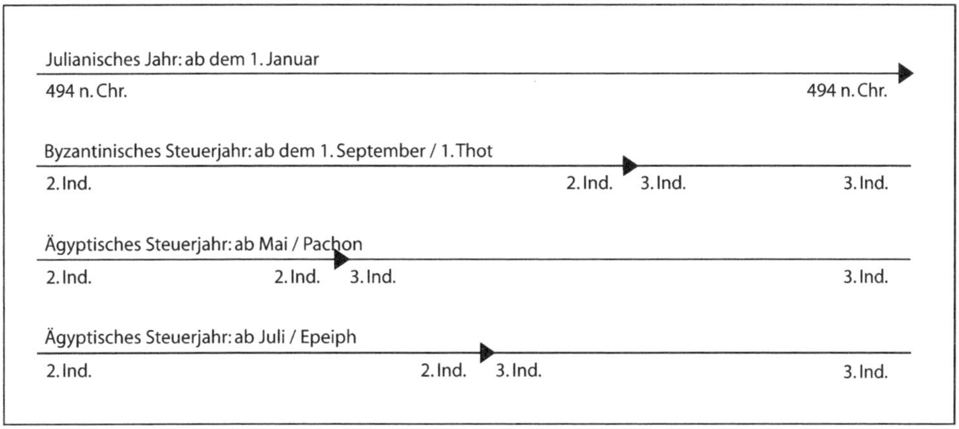

Abb. 1: Die verschiedenen Startpunkte der für Ägypten dokumentierten Indiktion im Überblick (eigene Grafik).

Das letzte Datum (Z. 256) ist das problematischste: »20. Mecheir, achte Indiktion, unter dem Konsulat des Flavius Johannes«. Tag und Indiktion lassen sich auf den 15. Februar 500 n. Chr. umrechnen – alle bezeugten Anfänge der Indiktion würden hier dasselbe Ergebnis liefern. Die Konsuln von 500 n. Chr. allerdings waren Patricius und Hypatius. Beide kennt man aus Papyri ab September dieses Jahres. Flavius Johannes war alleiniger Konsul im Jahr 499 n. Chr. Dieser spezifische Fehler indes – dass nämlich die Indiktion ein Jahr später als die Konsuln ansetzt – ist ziemlich verbreitet in Ägypten. Die Diskrepanz lässt sich leicht dadurch lösen, dass man hier von einem postkonsularischen Datum ausgeht.[9]

8 Bagnall u. a. 1987, 522–527; Bagnall – Worp 2004, 201.
9 Bagnall u. a. 1987, 535; Bagnall – Worp 2004, 202.

Soziokulturelle Auswertung

Die doppelten Datierungsformeln und der Fehler in der letzten Angabe legen die Komplexität der Datierung von Urkunden in einem großen Reich offen. Eponymendatierungen wie die Konsulatsjahre eignen sich für Stadtstaaten recht gut, haben aber einen Nachteil bei großen Territorialstaaten: Die eponymen Amtsträger werden kurz nach Beginn des neuen bürgerlichen Jahres proklamiert, woraufhin ihre Namen ins ganze Reich übermittelt werden müssen. Im Imperium Romanum wurden die neuen Konsuln im frühen Winter ausgerufen, so dass sie formell an den Kalenden (1. Tag) des Monats Januar eingesetzt werden konnten. Obwohl die Popularität des römischen Neujahrs in der Spätantike deutlich zunahm, war dies kein signifikantes Datum für alle.[10] Der ägyptische Kalender rechnete weiterhin mit dem 1. Thot (29. oder 30. August) als bürgerlichem Jahresbeginn, und so bedeutete die Konsuldatierung für die Einwohner dieser Provinz, die Bezeichnung des Jahres in seiner Mitte umzustellen.

Unter idealen Bedingungen konnte ein Schiff aus Konstantinopel die 1500 km Distanz nach Alexandria innerhalb einer Woche überwinden. Für die Bekanntgabe neuer Konsuln lagen jedoch selten solche Idealbedingungen vor, da die Fahrt auf offener See im Winter wegen der unsteten Wetterlage tunlichst vermieden wurde. Die Landroute hätte über einen Monat gedauert, selbst bei Nutzung der Staatspost *(cursus publicus)* und einer schnellen Kutsche.[11] Im 4. Jahrhundert n. Chr. unternahm die Reichsverwaltung offenkundige Anstrengungen, die Namen schleunig zu übermitteln: In manchen Jahren enthalten sogar Papyri vom Januar die richtigen Namen. Im 5. Jahrhundert n. Chr. hingegen hatte dies nicht länger Priorität. Die meisten Papyri, die die amtierenden Konsuln eines Julianischen Jahres dokumentieren, datieren in dessen 2. Hälfte. Für die vorausgehenden sechs oder mehr Monate beziehen sich die Schreiber stattdessen auf die Konsuln des Vorjahres, geben also postkonsularische Daten an. Dieses Problem verschärfte sich in der Regierungszeit Zenos (474–491 n. Chr.), als nicht kontinuierlich neue Konsuln benannt wurden. In Urkunden aus dem 5. Jahrhundert n. Chr. sind postkonsularische Daten daher häufiger als konsularische.[12]

Die zunehmende Nachlässigkeit bei der Übermittlung der korrekten konsularischen Datierungsformel kann mit den politischen Unruhen dieser Zeit in Verbindung gebracht werden, aber sie wurde auch weniger dringlich. Denn die Indiktion bot ein alternatives und zweckmäßigeres Datierungssystem. Ursprünglich war sie ein bloßes Instrument der Steuererhebung: Jedes Jahr deklarierte die Reichsverwaltung eine Steuererhebung auf die

10 Graf 2015, 72.

11 Näherungswerte bestimmt mithilfe von ORBIS, einem erdräumlichen Modell der römischen Welt, entwickelt von der Universität Stanford: http://orbis.stanford.edu (letzter Zugriff: 30.09.2019).

12 Bagnall – Worp 2004, 88–94 (Diskussion). 173–202 (Liste).

Jahresernte, und im späten 3. Jahrhundert n. Chr. begann man, diese durchzunummerieren, zunächst in Fünfjahresplänen. Weil Steuern oft mit Verspätung bezahlt wurden, half die Nummerierung der Verwaltung, nachzuvollziehen, für welche Steuererhebung die Zahlung erfolgte. Der erste 15-jährige Steuerzyklus setzte im Jahr 312/313 n. Chr. ein, aber es ist unsicher, ob die letztendliche Länge des Zyklus bereits in diesem Jahr festgelegt worden war. Ab den 350er Jahren n. Chr. beschränkte sich die Verwendung der Indiktionen nicht mehr nur auf Erträge, Steuern und Pachten, sondern weitete sich auf andere Situationen aus, z. B. um verschiedene Dokumente einschließlich kaiserlicher Konstitutionen zu datieren.[13]

Wenngleich Texte, die allein mit der Indiktion datiert sind, für uns moderne Forscher ein echtes Problem darstellen, weil wir oft nicht entscheiden können, welcher 15-Jahres-Zyklus gemeint ist, so war das für den antiken Nutzer dieses Systems nicht der Fall. Im Leben eines Individuums bildeten 15 Jahre eine signifikante Periode, und ein Indiktionszyklus war mental deshalb weit entfernt vom anderen. Der zyklische Charakter machte das System außerdem eingängig im Gebrauch: Für einfache Leute mit geringen Rechenfähigkeiten waren Zahlen bis 15 leicht zu handhaben (anders als die von manchen Ären erreichten hohen Zahlen, die eine Bildung erforderten) und dank der Zyklizität war dieses System viel regelmäßiger als sein Vorgänger, die Datierung nach Herrscherjahren. Die Einfachheit machte es auch schwerer, sich zu irren; daher rührt die heutige Präferenz, den Indiktionsangaben mehr zu trauen als den Konsulnamen, wenn die beiden Angaben sich in spätantiken Texten widersprechen. Den Zusatz der Konsuldaten komplett aufzugeben, kam jedoch nicht infrage: Für einen Vertrag blieb es wichtig, genau feststellen zu können, welcher Zyklus gemeint war. Der Hinweis auf eine autoritäre Instanz mag der Urkunde zudem eine besondere Würde verliehen haben, die ihre rechtliche Geltung unterstützte.

Wegen ihrer Zweckmäßigkeit wurde die Indiktion zum Standard-Referenzrahmen im Denken über die jüngere Vergangenheit, die Gegenwart und die Zukunft. Eine interessante Passage hierzu ist Evagrius Scholasticus, *Historia ecclesiastica* 4, 29 über die Justinianische Pest, eine 541 n. Chr. erstmals ausgebrochene und periodisch bis ins 8. Jahrhundert wiederkehrende Seuche. Als Überlebender mehrerer Wellen dieser Seuche blickte Evagrius auf sein Leben zurück und verstand den zyklischen Charakter der Ausbrüche im Sinne eines besser bekannten Zyklus: So sagt er, dass sich die Ausbrüche immer im 1. oder 2. Jahr der Indiktion ereigneten. In Wirklichkeit herrschte hier eine größere Spannbreite – bekannte Intervalle reichen von 11 bis 17 Jahren.[14] Seine Aussage zeigt aber, wie fundamental die Indiktionen für die Strukturierung seiner Erinnerungen waren.

---

13 Bagnall – Worp 2004, 26.

14 Stathakopoulos 2007, 105.

Bibliographie

Bagnall u. a. 1987
R. S. Bagnall – A. Cameron – S. Schwartz – K. Worp, Consuls of the Later Roman Empire (Atlanta 1987).
Bagnall – Worp 2004
R. S. Bagnall – K. A. Worp, Chronological Systems of Byzantine Egypt [2](Leiden 2004).
Graf 2015
F. Graf, Roman Festivals in the Greek East from the Early Empire to the Middle Byzantine Era (Cambridge 2015).
Pintaudi 1997
R. Pintaudi, Un' identificazione: A proposito di P.Oxy. LXIII 4394–4395 e P.Flor. III 384, Zeitschrift für Papyrologie und Epigraphik 117, 1997, 200–201.
Rea 1996
J. R. Rea, The Oxyrhynchus Papyri LXIII. Edited with Translations and Notes, Graeco-Roman Memoirs 83 (London 1996).
Teitler 1985
H. C. Teitler, Notarii and Exceptores. An Inquiry into Role and Significance of Shorthand Writers in the Imperial and Ecclesiastical Bureaucracy of the Roman Empire (from the Early Principate to c. 450 AD) (Amsterdam 1985).
Stathakopoulos 2007
D. Stathakopoulos, Crime and Punishment. The Plague in the Byzantine Empire, 541–749, in: L. K. Little (Hrsg.), Plague and the End of Antiquity: The Pandemic of 541–750 (Cambridge 2007) 99–118.
van Minnen 2010
P. van Minnen, Money and Credit in Roman Egypt, in: W. V. Harris (Hrsg.), The Monetary Systems of the Greeks and Romans (Oxford 2010) 226–241.

Q 60 Eine Grabinschrift aus Madauros und die vandalischen »Jahre von Karthago«

Roland Färber

Text: ILAlg I 2759

α☧ω
Donatianus pr(e)sb(yter)
in exilio pro fide ca-
tolica hic aput col(oniam) Mad(auros)
relegatus recessit die
Nonas Apriles an(no) VII Kartha-
g(i)n(is) vixit annis XCVI

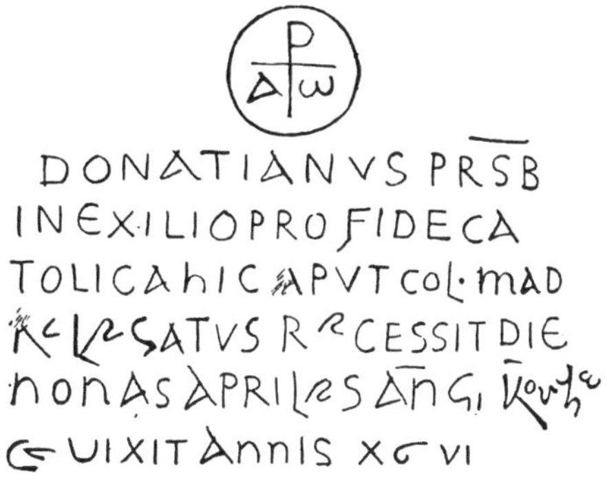

Abb. 1: Umzeichnung der Grabinschrift des Donatianus (aus Duval 1959, Taf. 12).

Übersetzung

Der Priester Donatianus starb im Exil, wegen katholischen Glaubens hierher in die Kolonie Madauros verbannt, an den Nonen des April, im 7. Jahr von Karthago; er hat 96 Jahre gelebt.

Eigene Übersetzung.

Zur Quelle

Die Inschrift auf einer gelbbraunen Kalksteinplatte (68 × 58 cm) stammt aus einer im frühen 20. Jahrhundert ausgegrabenen christlichen Kirche (sogenannte Süd-Basilika) in Madauros im heutigen Algerien. Der christliche Hintergrund ist auf den ersten Blick ersichtlich – durch das oben in einen Kreis gesetzte Christus-Monogramm (Chi und Rho, die ersten beiden griechischen Buchstaben des Namens Christus) zusammen mit Alpha und Omega (Christus als Anfang und Ende nach dem ersten und letzten Buchstaben des griechischen Alphabets: *Offenbarung des Johannes* 22, 13). Zu beachten ist die Vermischung von Kapitalschrift, Unzialschrift und Kursive (Abb. 1). Zusammen mit dieser Inschrift traten im Jahr 1914 weitere, ähnliche Inschriften zutage, die ebenfalls von im Exil in Madauros verstorbenen katholischen Priestern zeugen.[1] Die Verbannung des Geistlichen Donatianus aufgrund seines katholischen Bekenntnisses gibt einen klaren Hinweis auf den historischen Kontext: die Herrschaftzeit der Vandalen. Im Zuge der sogenannten Völkerwanderung hatten diese unter der Führung Geiserichs 429 n. Chr. die Straße von Gibraltar überquert und waren in die römischen Provinzen Nordafrikas eingedrungen. Dort gelang ihnen im Oktober 439 n. Chr. die Eroberung Karthagos, der bedeutendsten Stadt der Region sowie dem Sitz des römischen Statthalters. Da keine Rückeroberung gelang, wurde den Vandalen 442 n. Chr. vertraglich Autonomie bescheinigt und ein eigenes Königreich auf ehemals römischem Territorium geschaffen, das bis 533/4 n. Chr. Bestand hatte.

Die Vandalen waren bereits als Christen ins Reich eingedrungen, allerdings folgten sie dem Bekenntnis des frühchristlichen Theologen Arius (ca. 260–327 n. Chr.), vermittelt möglicherweise über die Goten, die ihrerseits von dem berühmten Bischof und »Arianer« Wulfila missioniert worden waren:[2] Nach deren Trinitätslehre ist Christus Gottvater untergeordnet und nur wesensähnlich (gr. *homoîos*). Demgegenüber betrachtete die Kirche nach dem Konzil von Nicäa (325 n. Chr.) Gottvater und Gottsohn als wesensgleich, und dieses »katholische« Bekenntnis setzte sich im Römischen Reich des 4. Jahrhunderts n. Chr. allmählich durch. Die Unterschiede im Bekenntnis wurden von den Vandalen genutzt, um sich von den einheimischen, mehrheitlich katholischen Römern abzugrenzen. Insbesondere im vandalischen Kerngebiet um Karthago wurden Kleriker vertrieben und Kirchenbesitz enteignet.[3] Zu ersten antikatholischen Maßnahmen kam es bereits vor der Eroberung der Hauptstadt unter Geiserich, zu systematischen Verfolgungen aber besonders unter dessen Nachfolger Hunerich in den Jahren 481–484 n. Chr. und während der langen Herrschaft Thrasamunds (496–523 n. Chr.).[4]

Das Todesjahr von Donatianus wird als *annus VII Karthaginis* – »7. Jahr von Karthago« angegeben.[5] In der Forschung wird dies als Beleg für eine neue Zeitrechnung bzw. einen neuen Kalender im Vandalenreich verstanden, wobei die Eroberung Karthagos am 19. Oktober 439 n. Chr. als Ausgangspunkt gewählt worden sei.

1 U. a. ILAlg I 2760; 2761.

2 Vössing 2014, 31 f.

3 Ebd., 93–96; Steinacher 2016, 109–114.

4 Vössing 2014, 123 f. 126; Steinacher 2016, 114–116. 246–258. 281–283.

5 Das auf dem Stein wie ein G aussehende Zahlzeichen (vgl. Abb. 1) könnte entweder eine kursive Verschmelzung von *V* und *I* sein oder aber ein griechisches Ϛ (Stigma oder Episemon), das besonders in christlichen Inschriften häufig vorkommende Zahlzeichen für 6: vgl. Lassère 2005, 57–59.

Ausgewählte Editionen und Studien

Die Inschrift wurde 1915 von Paul Monceaux zusammen mit anderen Grabinschriften aus der Südbasilika von Madauros erstmals vorgelegt und kurz besprochen. Anschließend wurde sie mit leicht modifizierten Lesarten in die »Année Epigraphique« von 1916 (Nr. 82) sowie in die Sammlungen »Inscriptions latines de l'Algérie« (Bd. I, Nr. 2759) und »Inscriptiones Latinae Christianae Veteres« (Nr. 1601a) aufgenommen.

Als Quelle wurde sie zum einen für die Rekonstruktion der Datierungssysteme im spätantiken Nordafrika herangezogen, allen voran von Noël Duval (1959, 252–256; 1993, 195–199). Ein zweiter relevanter Forschungszweig betrifft die Thematik der Verbannung, speziell von Geistlichen (vgl. Vallejo Girvès 2007).

Verwandte Quellen

Es gibt vier weitere Grabinschriften, in denen die Datierung nach dem »Jahr von Karthago« erfolgt – mit Varianten von abgekürzt *K* bis ausgeschrieben *KART(H)AGINIS:*

- AE 1956, 125 (Hippo Regius: 20. Jahr von Karthago)
- CIL VIII 5262 = ILAlg I 83 = ILCV 1387 (Hippo Regius: 24. Jahr von Karthago)
- ILAlg I 2761 = ILCV 1457 = AE 1916, 84 (Madauros: 6. Jahr von Karthago)[6]
- ILAlg II 3, 8304 = AE 1967, 596 (Cuicul: 24. Jahr von Karthago)

Hinzu kommen drei Ostraka (Tonscherben) aus Bir Trouch, in denen das 2. und das 9. »Jahr von Karthago« mit dem dritten Vandalenkönig Gunthamund verknüpft sind (AE 1967, 588; 590; 591), drei oder vier Inschriften mit einer einfachen Anno-Datierung ohne nähere Kennzeichnung[7] und schließlich Münzen, in denen der Buchstabe *K* als Kürzel für *Karthaginis* auftritt (siehe den Abschnitt Soziokulturelle Auswertung).

Siehe auch

Q 59 – Multiple Datierungen in einer spätantiken Papyrus-Urkunde

Technische Aspekte

In der 2016 erschienenen Monographie von Roland Steinacher über die Vandalen ist zu lesen, dass in deren Reich ein »staatlicher Kalender« eingeführt worden sei, »der mit 439,

6 Hier ist die Lesung nicht sicher, möglicherweise stand in Z. 1 statt *VI K* einfach *VII:* vgl. Duval 1993, 196.
7 Aufstellung bei Duval 1993, 196.

dem Jahr der Eroberung Karthagos, begann.«[8] Weiter schreibt er: »Die Vandalen zählten nach dem Jahr und wahrscheinlich sogar dem Tag der Eroberung Karthagos 439 – *anno Carthaginis* – dem 19. Oktober. Es mangelt nicht an Beispielen für die Verwendung dieser Stadtären in offiziösen Inschriften und auf Münzen.«[9] Unter den »offiziösen« Inschriften führt Steinacher auch die Grabinschrift des Donatianus als Quelle an.

Tatsächlich ist die Datierung nach dem *annus Karthaginis* eine Neuerung, die es vor der Herrschaft der Vandalen in Africa nicht gab. Die wichtigste bis dato gebräuchliche Datierungsweise war die im gesamten Römischen Reich übliche, nämlich nach den beiden amtierenden Konsuln, die als eponyme Magistrate schon seit der Zeit der Republik dem Jahr seinen »Namen« gaben (vgl. Q 43). Umstritten war indes lange Zeit, ob dieser *annus Karthaginis* auf die Eroberung Karthagos durch die Vandalen im Jahr 439 oder aber auf die Rückeroberung 533 n. Chr. durch Byzanz zu beziehen sei.[10] Diese Frage konnte erst durch den Fund der Ostraka von Bir Trouch in den 1960er Jahren geklärt werden. Dabei handelt es sich um Quittungen über den Erhalt von Getreide, in denen der *annus Karthaginis* mit dem Regierungsjahr des Vandalenkönigs Gunthamund verknüpft wird: *An(no) nono K(a)r(tha)g(inis) do(mini) r|egis Guntamun|di* [...] – »Im neunten Jahr von Karthago unseres Herrn, König Gunthamund [...]« (AE 1967, 590). Zugleich haben diese Ostraka gezeigt, dass es sich beim »Jahr von Karthago« nicht um eine Ära mit fortlaufender Zählung handelte, sondern um eine Rechnung nach den Regierungsjahren vandalischer Könige.

Fraglich ist allerdings, warum auf dem Epitaph des Donatianus und den anderen vier Grabinschriften mit Nennung des »Jahres von Karthago« kein Vandalenkönig erwähnt wird. Eine Erklärung Duvals besagt, dass es sich bei den Zeugnissen ohne Nennung eines Königs um solche aus der Zeit des Geiserich handelt.[11] So wäre unter der Herrschaft des ersten Königs der Bezug zum Jahr 439 n. Chr. und der Eroberung Karthagos hinreichend klar und eine weitere Spezifizierung mit seinem Namen unnötig gewesen. Die höchsten Zahlen in den Inschriften nennen das 24. »Jahr von Karthago«, was sich ohne weiteres in Geiserichs fast 38-jährige Herrschaftszeit einfügen ließe. Ansonsten hätte nur König Thrasamund ausreichend lange regiert, aber da für seinen Vorgänger Gunthamund in den Ostraka bereits die Kombination mit dem Königsnamen belegt ist, spreche mehr für Geiserich.

8 Steinacher 2016, 121.
9 Ebd., 122.
10 Die Rechnung nach der Rückeroberung durch Byzanz findet sich z. B. bei Mommsen 1891, 357 und noch bei Courtois 1955, 379.
11 Duval 1959, 256; Duval 1993, 197; Ben Abed – Duval 2000, 164.

Vandalenkönig	Herrschaftszeit
Geiserich	428–477
Hunerich	477–484
Gunthamund	484–496
Thrasamund	496–523
Hilderich	523–530
Gelimer	530–534

Von einer Ära, per Definition eine fortlaufende Zählung ohne Neubeginn bei Herrscherwechseln, kann somit nicht die Rede sein.[12] Es ist zwar denkbar, dass Geiserich die Stiftung einer solchen Ära im Sinn hatte: Als Vorbild hätte z. B. die Ära der Nachbarprovinz Mauretania, deren Anfangsdatum am 1. Januar 40 n. Chr. auf der Eroberung durch Kaiser Caligula fußte und für die es bis ins 7. Jahrhundert n. Chr. inschriftliche Zeugnisse gibt, dienen können. Wir haben aber keine Gewähr für eine derartige Intention des Königs. Ob darüber hinaus der 19. Oktober als Eroberungstag einen neuen Anfangspunkt in der Jahresrechnung markierte, ist – zumindest über Geiserichs Regierung hinaus – unwahrscheinlich:[13] Zum einen gibt es dafür keine sicheren Belege, zum anderen ist davon auszugehen, dass die Nachfolger Geiserichs ihre Regierungsjahre vom jeweiligen Datum der Königserhebung an zählten.[14] Ebensowenig wie von einer wirklichen Ära kann von einem neuen »staatlichen Kalender«, wie Steinacher es formuliert, die Rede sein. Die Monatsnamen, die Zahl und die Angabe ihrer Tage folgten weiterhin dem Julianischen Kalender (siehe Chronologische Grundlagen: Rom). Dies belegt auch die Grabinschrift des Donatianus: Er verstarb *die Nonas Apriles* – »am Tag der Nonen (d. h. am 5. Tag) des April«. Akzeptiert man die Einordnung der Daten *anno Karthaginis* ohne Herrschernamen unter der Regierungszeit Geiserichs, so ließe sich die Inschrift auf den 5. April des Jahres 446 n. Chr. datieren. Donatianus wäre demnach in hohem Alter nach Madauros verbannt worden, wo er 96-jährig verstarb.

Lässt sich, wie eben begründet, bei der Zählung nach dem »Jahr von Karthago« nicht im technischen Sinne von einer Ära sprechen, so kommt der Eroberung Karthagos am 19. Oktober 439 n. Chr. in der damaligen Chronographie und Geschichtsschreibung doch die Rolle eines Reichsgründungsdatums zu.[15] Unter anderem rechnet der sogenannte *Laterculus regum Vandalorum et Alanorum*, eine afrikanische Königsliste, die stets auch die

12 Vgl. Vössing 2014, 52, der diesen Begriff in Anführungszeichen setzt.
13 So Mommsen 1891, 365 f.
14 Fichtenau 1973, 458.
15 Clover 2003, 59: »Here the beginning of Geiseric's reign takes on an era-like quality«.

Herrscherjahre zählt, nach der Madrider Handschrift aus dem 13. Jahrhundert den Tod König Gunthamunds *LXXXIIII annus ab ingressu Cartaginis* – »84 Jahre seit dem Einzug in Karthago«.[16] Auch bei Bischof Victor von Vita, der um 484 n. Chr. über die Verfolgung der Katholiken unter den Vandalen schreibt, beginnt das Königreich der Vandalen in Africa mit dem Eroberungsdatum Karthagos.[17]

Soziokulturelle Auswertung

Die Einführung der neuen Datierungsweise im Vandalenreich rührte zum einen wohl von praktischen Problemen her: Die traditionelle Jahreszählung nach den immer zum 1. Januar wechselnden römischen Konsuln setzte voraus, dass deren Namen rasch in die entlegenen Regionen des Reiches übermittelt wurden. Doch genau das war in einer Zeit, als die römische Verwaltung im Westen über viele Gebiete keine Kontrolle mehr besaß und die Kommunikationswege durch Raubzüge und Angriffe unsicher geworden waren, nicht länger gewährleistet (vgl. Q 59).[18] Die kontinuierliche Zählung ab 439 n. Chr. bzw. später dann nach den Regierungsjahren der Könige war im Alltag leichter zu handhaben, weil außer dem Wissen um den aktuellen Herrscher keine besonderen Kenntnisse notwendig waren.[19] Hinzu kommt die symbolische Dimension: Während man sich mit der Konsuldatierung *in puncto* Zeitordnung unter den Schirm des Imperium Romanum gestellt hätte, brachte eine neue, unabhängige Zeitrechnung nach Regierungsjahren die Autonomie des eigenen Herrschaftsgebildes zum Ausdruck – zumal wenn sie mit der Eroberung der symbolträchtigen Metropole Africas, Karthago, einsetzte.[20] Mit Heinrich Fichtenau kann man daher von einer »politischen Datierung« sprechen.[21]

Während es sich bei den Ostraka aus Bir Trouch und den Grabinschriften aus Madauros, Hippo Regius und Cuicul um keine offiziellen Dokumente handelt, begegnet der *annus Karthaginis* auch in der königlichen Münzprägung: Die sogenannten imitativen Honoriusprägungen, Silbermünzen, die auf der Vorderseite das Portrait des ehemaligen Westkaisers Honorius (395–423 n. Chr.) mit seiner Titulatur tragen, zeigen auf der Rückseite die Personifikation Karthagos mit Kornähren und der Beischrift *ANN-O-IIII K.* (»im 4. Jahr von Karthago«) bzw. *ANN-O-V + K.* (»im 5. Jahr von Karthago«).[22] Diese Silberprägungen waren zwar von kurzer Dauer, bestätigen aber den offiziellen, »politischen« Charakter des *annus*

16 MGH auct. ant. 13, 458–460 § 13; Steinacher 2004, hier 168 mit 175; zuletzt Becker – Kötter 2016, 358 f.
17 Victor Vitensis 1, 51. Dazu Courtois 1955, 405–408.
18 Ben Abed – Duval 2000, 165 f.
19 Vgl. Steinacher 2016, 124.
20 Ebd.; Vössing 2014, 49. 52.
21 Fichtenau 1973, 455–459.
22 RIC X (1994) Nr. 3803 (Siliqua); Clover 2003, 61–63.

Karthaginis. Weil es keine solchen Prägungen mit Königsnamen gibt, bleibt ihre zeitliche Zuordnung freilich umstritten. Möglich wäre eine Einordnung unter Geiserich, mit dem oben schon vorgebrachten Argument, dass man den ersten König nicht eigens zu nennen brauchte. Eine andere These hat zuletzt Frank Clover vertreten, der die ausbleibende Nennung des Königsnamens als Zeichen der Verständigung mit der lokalen romanischen Aristokratie wie auch mit dem Oströmischen Reich ansieht und die Silbermünzen daher der Zeit Hunerichs zuweist.[23] Ihm zufolge sei die königliche Silberprägung ein vorsichtig tastender Ausdruck der eigenen Souveränität, wobei das Kürzel *K* gewollt doppeldeutig war und auch schlicht als Angabe der Münzstätte Karthago verstanden werden konnte. Sicher ist diese Zuweisung jedoch nicht.[24] Immerhin lässt sich nach Duval der Gedanke der Neutralität und Vieldeutigkeit auch auf die fünf christlichen Grabsteine übertragen: Wenn dort der *annus Karthaginis* ohne Königsnamen angegeben wurde, war dies vielleicht eine Methode der exilierten Katholiken, ihre Verfolger absichtlich ungenannt zu lassen.[25] So betrachtet, wären wiederum verschiedene Herrscher-Zuordnungen möglich.

Bibliographie

Becker – Kötter 2016

Prosper Tiro, Chronik. Laterculus regum Vandalorum et Alanorum, hrsg., übers. und komm. von M. Becker und J.-M. Kötter, Kleine und fragmentarische Historiker der Spätantike G 5–6 (Paderborn 2016).

Ben Abed – Duval 2000

A. Ben Abed – N. Duval, Carthage, la capitale du royaume et les villes de Tunisie à l'époque vandale, in: G. Ripoll – J. M. Gurt (Hrsg.), Sedes regiae (ann. 400–800) (Barcelona 2000) 163–218.

Clover 2003

F. M. Clover, Timekeeping and Dyarchy in Vandal Africa, Antiquité Tardive 11, 2003, 45–63.

Courtois 1955

C. Courtois, Les Vandales et l'Afrique (Paris 1955; Nachdr. Aalen 1964).

Duval 1959

N. Duval, Recherches sur la datation des inscriptions chrétiennes d'Afrique en dehors de la Mauretanie, in: Atti del terzo Congresso Internazionale di Epigrafia greca e latina, Roma 4–8 settembre 1957 (Rom 1959) 245–262.

Duval 1993

N. Duval, Les systèmes de datation dans l'Est de l'Afrique du Nord à la fin de l'Antiquité et à l'epoque byzantine, Ktema 18, 1993, 189–211.

Duval 2003

N. Duval, Les dates régnales de la dynastie vandale et les structures du royaume vandale, Antiquité Tardive 11, 2003, 85–96.

23 Clover 2003, 58 f. Vorsichtig zustimmend Steinacher 2016, 123.

24 Vgl. die Kritik bei Duval 2003, 94.

25 Duval 2003, 93. Ähnlich bereits Duval 1993, 199 und Ben Abed – Duval 2000, 164.

Fichtenau 1973
H. Fichtenau, »Politische« Datierungen des frühen Mittelalters, in: H. Wolfram (Hrsg.), Intitulatio II. Lateinische Herrscher- und Fürstentitel im neunten und zehnten Jahrhundert, Mitteilungen des Instituts für Österreichische Geschichtsforschung, Ergänzungsbd. 24 (Wien 1973) 453–548.
Lassère 2005
J.-M. Lassère, Manuel d'épigraphie romaine 1, Antiquité: Synthèses 8 (Paris 2005).
Mommsen 1891
T. Mommsen, Das römisch-germanische Herrscherjahr [1891], in: T. Mommsen, Gesammelte Schriften 6: Historische Schriften 3 [2](Zürich 1965) 343–358.
Monceaux 1915
P. Monceaux, Inscriptions chrétiennes, épitaphes d'évêque ou de prêtre, découvertes à Mdaourouch, l'ancienne Madaure en Constantine, Comptes rendus des séances de l'Académie des Inscriptions et Belles-Lettres 59.1, 1915, 30–37.
Steinacher 2004
R. Steinacher, The So-called Laterculus Regum Vandalorum et Alanorum: A Sixth-century African Addition to Prosper Tiro's Chronicle?, in: A. H. Merrills (Hrsg.), Vandals, Romans and Berbers. New Perspectives on Late Antique North Africa (Aldershot 2004) 163–180.
Steinacher 2016
R. Steinacher, Die Vandalen. Aufstieg und Fall eines Barbarenreichs (Stuttgart 2016).
Vallejo Girvès 2007
M. Vallejo Girvès, Exilios y exiliados a partir de la epigrafía: un caso peculiar de movilidad geográfica, in: M. Mayer i Olivé – G. Baratta – A. Guzmán Almagro (Hrsg.), XII Congressus Internationalis Epigraphiae Graecae et Latinae: Provinciae Imperii Romani inscriptionibus descriptae, Barcelona, 3–8 Septembris 2002 (Barcelona 2007) 1477–1482.
Vössing 2014
K. Vössing, Das Königreich der Vandalen. Geiserichs Herrschaft und das Imperium Romanum (Darmstadt 2014).

Glossar

Äquinoktialstunden: Stunden, die exakt 60 Minuten lang sind und keine Rücksicht auf die im Verlauf des Jahres variierende Länge des lichten Tages nehmen.

Äquinoktium: siehe Tagundnachtgleiche.

Akronychischer Aufgang: Erstmalige Sichtbarkeit eines Gestirns bei Sonnenuntergang nach einer Phase der Unsichtbarkeit.

Alphabetisches Zahlensystem: System, welches das griechische Alphabet in drei Gruppen von je neun Zeichen für die Darstellung der Einer, Zehner und Hunderter teilt. Um die benötigte Gesamtzahl zur Verfügung zu haben, wurden drei alte Buchstaben (Digamma ϝ, Koppa ϟ und Tsampi ϡ) eingebunden.

Anaphorische Uhr: Eine Uhr, die das Aufgehen und das Untergehen von Gestirnen anzeigt.

Astrolabien: Auf mesopotamischen Astrolabien sind die Sternbilder schematisch nach ihrem heliakischen Frühaufgang im Laufe des Jahres angeordnet. Insgesamt sind jeweils 36 Sterne genannt – drei für jeden Monat.

Astronomische Dämmerung: Während der astronomischen Dämmerung steht die Sonne zwischen 12° und 18° unter dem Horizont. Ab dem Ende dieser Dämmerungsphase sind alle Sterne sichtbar.

Astronomisches Jahr: Zeitraum, den die Erde für einen Umlauf um die Sonne benötigt.

Babylonischer Tierkreis: Unterteilung der Ekliptik in zwölf 30°-Abschnitte. Dieser Tierkreis orientiert sich an den Ekliptiksternbildern, der Nullpunkt liegt zwischen 500 v. Chr. und ca. 300 n. Chr. innerhalb der ersten 8° des Widders. Der Nullpunkt variiert im Laufe der Zeit, da er von der Präzession abhängig ist. Heute befindet sich der Nullpunkt am Übergang zwischen den Sternbildern Fische und Wassermann.

Bürgerliche Dämmerung: Während der bürgerlichen Dämmerung steht die Sonne zwischen 0° und 6° unter dem Horizont. Ab dem Ende dieser Dämmerungsphase können die hellsten Fixsterne und Planeten sichtbar werden.

Chronokratengötter: In Ägypten Prozessionen von 365 Göttern und/oder Göttinnen, die jeweils für einen Tag des Jahres stehen. In Griechenland und Rom die Schutzgötter der siebentägigen Planetenwoche.

Dekane: 36 Sterne, die im Laufe des Jahres mit ihren Aufgängen für jeweils zehn Tage eine bestimmte Nachtstunde markieren.

Dekangottheiten: siehe Dekansterne.

Dekansterne: Jede ägyptische Woche (Dekade = 10 Tage) wurde von einem Gott (= Dekanstern) regiert, der in der betreffenden Woche seinen heliakischen Frühaufgang hatte.

Deklinierende Sonnenuhr: Das Zifferblatt einer deklinierenden vertikalen Sonnenuhr zeigt nicht genau nach Süden, wie dies bei einer Südsonnenuhr der Fall ist. Der Winkel, den die Sonnenuhr mit der Ost-West-Linie bildet, wird als gnomonische Deklination bezeichnet.

Dies fasti/nefasti: Die Adjektive leiten sich vom Verb *fari* (»sprechen«) ab und bezeichnen, ob an den jeweiligen Tagen Rechtsprechung stattfinden durfte oder nicht. Auf den Steinkalendern wurde dies durch ein »F« oder »N« markiert.

Ekliptik: Scheinbare Bahn der Sonne vor dem Fixsternhimmel.

Epagomenen(tage): Fünf Zusatztage, die im ägyptischen Kalender zusätzlich zu den zwölf gleich langen, 30-tägigen Monaten eingefügt wurden, um mit 365 Tagen annähernd die Länge des Sonnenjahres zu erreichen.

Eponym (ἐπώνυμος): Oberster Jahresbeamter oder Priester(in) in den griechischen Poleis und in Rom, nach dem oder denen die einzelnen Jahre bezeichnet werden. Üblicherweise in Listenform erfasst.

Feriae publicae: Die römischen Feiertage, an denen die Götter geehrt wurden und alle Geschäfte, insbesondere die Rechtsprechung, untersagt blieb.

Frühlingspunkt: Schnittpunkt des Himmelsäquators mit der Ekliptik, an dem die Sonne zu Frühlingsbeginn auf der Nordhalbkugel steht.

Gleichstunden (oder: äquale Stunden) sind von den Jahreszeiten unabhängige Zeiteinheiten von jeweils gleicher Dauer. Die Länge einer äqualen Stunde kann vom jeweiligen Benutzer frei definiert werden und ist nicht an unsere 24-Stunden-Einteilung gebunden.

Gnomon: Stab oder Stift zur Anzeige der Uhrzeit auf einem Zifferblatt. Im Altgriechischen bezieht sich dieser Begriff direkt auf eine Sonnenuhr.

Gnomonik: Wissenschaft der Sonnenuhren, ihres Entwurfes und ihrer Anbringung bzw. Aufstellung.

Halo: Eine atmosphärische optische Erscheinung um Sonne und Mond, die durch Reflexion und Brechung von Licht an hochschwebenden Eiskristallen entsteht. Am häufigsten sind Haloringe, die einen Kreis um die Sonne bilden.

Heliakischer Frühaufgang: Erste Sichtbarkeit eines Sterns am Morgenhimmel vor Sonnenaufgang nach einer Phase der Unsichtbarkeit dieses Sterns am Nachthimmel.

Heliakischer Spätuntergang: Letzte Sichtbarkeit eines Sterns am Abendhimmel nach Sonnenuntergang vor einer Phase der Unsichtbarkeit dieses Sterns am Nachthimmel.

Heliotropion (ἡλιοτρόπιον): Ein astronomisches Instrument aus der Frühantike, dessen Zweck es war, die Sonnenwenden durch die minimalen und maximalen Mittagsschatten anzuzeigen. Der Begriff selbst bedeutet »Indikator für Sonnenumkehrungen«, d. h. Sonnenwenden.

Hohlkugelförmige Sonnenuhr mit Lochgnomon: Sonnenuhr mit hohlkugelförmiger Oberfläche, bei der die Zeit durch einen Lichtstrahl angezeigt wird, der durch ein Loch geht, das häufig aus Metall besteht und oben angebracht ist.

Horoskopion (ὡροσκοπεῖον): Griechische Bezeichnung für jeden Uhrentyp, ob solar oder hydraulisch.

Indiktionen: 15-jährige Steuerzyklen (seit 312 n. Chr.), die seit dem 4. Jahrhundert n. Chr. auch zu Datierungszwecken verwendet wurden.

Interkalation: siehe Schaltung.

Kallippische Periode: Diese Periode umfasst 76 Sonnenjahre bzw. 940 synodische Mondmonate; sie entspricht dem vierfachen Meton-Zyklus minus einem Tag: 4 × 6940 – 1 Tage = 27759 Tage.

Konische Sonnenuhr: Sonnenuhr, bei der die Auffangfläche die Form eines Kegelschnitts hat.

Konjunktion: Scheinbare Begegnung zweier beweglicher Himmelskörper. Sie tritt ein, wenn beide Himmelskörper die gleiche ekliptikale Länge haben.

Kulmination: Durchgang eines Gestirns durch seinen höchsten (Obere Kulmination) oder tiefsten (Untere Kulmination) Punkt seiner Bahn in Bezug auf den Beobachter.

Lunisolarkalender: Ein gebundener Mondkalender, der Schaltmonate enthält, um mit dem »Sonnenlauf« im Einklang zu bleiben.

Meridian: Instrument, das dazu dient, mithilfe des Sonnenschattens den wahren Mittag am Aufstellungsort sehr genau zu bestimmen. Hierbei handelt es sich um einen Sonnenuhrtyp, der auf die Mittagslinie reduziert ist.

Meton-Zyklus: Dieser Zyklus umfasst 19 Sonnenjahre bzw. 235 synodische Mondmonate (sieben Schaltmonate in 19 Jahren): er dient dazu, das Sonnenjahr mit dem Mondjahr zu synchronisieren.

Mittagslinie: Linie auf einer Sonnenuhr, die 12 Uhr (Mittag) markiert.

Mondmonat: Ein Monat, der genau eine Lunation, also die Zeitspanne des Mondumlaufs um die Erde umfasst. Im römischen Brauch wurden die Kalenden (der 1. Tag des Monats) mit dem Neumond koordiniert, der Vollmondtag fiel auf die Iden (der 13. oder 15. Tag).

Mondzyklus/Lunation: Vollständiger Durchlauf aller Mondphasen, z. B. von Neumond bis Neumond.

Nachtwachen: siehe Tag- und Nachtwachen.

Nautische Dämmerung: Während der nautischen Dämmerung steht die Sonne zwischen 6° und 12° unter dem Horizont. Kurz vor Beginn der nautischen Dämmerung werden die hellsten Sterne sichtbar.

Neulicht: Erste Sichtbarkeit der schmalen Mondsichel am Abendhimmel nach der Unsichtbarkeit bei Neumond.

Neumond: Unsichtbarkeitsphase des Mondes, bei der er zwischen Sonne und Erde steht und dem irdischen Beobachter daher seine unbeleuchtete Seite zuwendet.

Nundinae: Die Markttage im römischen Kalender, die alle acht Tage eintraten (nach römischem Verständnis jeder 9. Tag, daher *nundinae*). Der Nundinalzyklus (Nundinalwoche) bezeichnet die Tage vor den *nundinae* einschließlich dieser selbst.

Otium: »Muße«, »Freizeit« im Gegensatz zu *negotium*, der »Tätigkeit« im Sinne von Rechts- und Handelsgeschäften oder Staatsdienst.

Präzession: Richtungsänderung der Erdachse bedingt durch die Störungen, die Sonne und Mond auf die Erde ausüben. Eine Folge der Präzession ist das Fortschreiten des Frühlingspunktes entlang der Ekliptik. Diese Wanderung beträgt ca. 1° in 72 Jahren.

Radius: Eine der Bedeutungen dieses Wortes ist »geometrischer Stab«. Dieses Instrument wird bei Vorführungen verwendet.

Saros-Periode: Diese Periode besteht aus 223 synodischen Mondmonaten bzw. 18 Sonnenjahren, elf Tagen und acht Stunden. Mit ihrer Hilfe können Sonnen- und Mondfinsternisse vorhergesagt werden.

Schaltung: Um einen Kalender mit den tatsächlichen astronomischen Gegebenheiten längerfristig in Einklang zu halten, muss in ziemlich regelmäßigen Abständen ein zusätzlicher Tag oder Monat hinzugefügt werden. Eine derartige Einschaltung wird auch als Interkalation (von lat. *intercalare* – »zwischenrufen«) bezeichnet.

Siderisches Jahr: Zeitspanne, bis die Sonne wieder die gleiche Position in Bezug auf den Fixsternhimmel einnimmt.

Siderischer Mondmonat: Zeitspanne, bis der Mond wieder die gleiche Position in Bezug auf den Fixsternhimmel einnimmt.

Solstitien: Tage der Sonnenwenden. Siehe auch Sommersonnenwende und Wintersonnenwende.

Sommersonnenwende: Zeitpunkt, an dem die Sonne zu Mittag ihre größte Höhe über dem Horizont erreicht. Auf der Nordhalbkugel ist dies aktuell am 20., 21. oder 22. Juni der Fall.

Sonnenuhr: Eine Sonnenuhr bildet mit Hilfe eines Schattenwerfers den Stand der Sonne am Himmel ab und erlaubt es, die lokale Ortszeit abzulesen.

Stundenlinie: Die Stundenlinien einer Sonnenuhr markieren die vollen Stunden, z. B. 7 Uhr.

Stundenwachen: Die zwölf Stunden der ägyptischen Nacht vor der Bestattung des Osiris/des Verstorbenen, die durch jeweils spezifische Götter, Sprüche und Riten geschützt werden.

Synodischer Mondmonat: Zeitspanne, bis der Mond wieder die gleiche Stellung bezüglich Erde und Sonne einnimmt, z. B. von einem Neumond bis zum nächsten Neumond.

Tagbogen: Teil des scheinbaren Kreisbogens eines Gestirns, der sich über dem Horizont befindet.

Tagundnachtgleichen: Auch Äquinoktien genannt. Die beiden Tage im Jahr, an denen der lichte Tag und die Nacht gleich lange dauern. Die Tagundnachtgleichen fallen aktuell auf den 19., 20. oder 21. März und den 22., 23. oder 24. September.

Tag- und Nachtwachen: Eine Tagwache umfasste vier Tagesstunden, eine Nachtwache vier Nachtstunden. Da die Dauer des lichten Tages im Laufe des Jahres variiert, war auch die Dauer der Tag- und Nachtwachen übers Jahr hinweg variabel.

Temporalstunden: Auch Ungleiche oder Saisonale Stunden genannt. Für temporale Tagstunden wird die Zeit zwischen Sonnenaufgang und Sonnenuntergang (Tagstunden) sowie die Zeit zwischen Sonnenuntergang und Sonnenaufgang (Nachtstunden) jeweils in zwölf gleich lange Abschnitte unterteilt. Dadurch sind die temporalen Tagstunden im Winter kürzer als im Sommer.

Tierkreiszeichen: Der Tierkreis ist eine ca. 20° breite Zone um die Ekliptik, in der die scheinbaren Bahnen der Sonne, des Mondes und der Planeten verlaufen. Dabei bildet die Ekliptik die Mittellinie. Die Tierkreiszeichen kennzeichnen die zwölf 30°-Abschnitte des

Tierkreises: Widder, Stier, Zwillinge, Krebs, Löwe, Jungfrau, Waage, Skorpion, Schütze, Steinbock, Wassermann und Fische.

Triple-Saros: Dreifache Saros-Periode mit 54 Jahren und 33 Tagen. Auch Exeligmos-Periode genannt.

Tropisches Sonnenjahr: Zeit zwischen zwei Durchgängen der Sonne durch den Frühlingspunkt, ca. 365,242 Tage lang.

Tropischer Tierkreis: Unterteilung der Ekliptik in zwölf 30°-Abschnitte. Dieser Tierkreis ist heute nicht mehr mit den zugehörigen Ekliptiksternbildern korreliert. Der Nullpunkt dieses Tierkreises ist der Frühlingspunkt bei 0° im Tierkreiszeichen Widder.

Ungleiche Stunden: siehe Temporalstunden.

Vertikalsonnenuhr: Sonnenuhr mit senkrechtem Zifferblatt.

Wintersonnenwende: Zeitpunkt, an dem die Sonne zu Mittag ihre niedrigste Höhe über dem Horizont erreicht. Auf der Nordhalbkugel ist dies aktuell am 20., 21. oder 22. Dezember der Fall.

Zehnmonatsjahr (römisch): Antike Theorie, die auch in der modernen Forschung lange für plausibel gehalten wurde: Vor der Etablierung des historisch allein belegten Kalenders von zwölf Monaten sei ein Modell von nur zehn Monaten im Gebrauch gewesen. Die Diskrepanz der numerischen Monatsnamen von *Quintilis* (»der fünfte«, unser Juli) für den siebten Monat des Jahres bis *December* (»der zehnte«) für den zwölften gab wohl Anlass zu dieser Theorie, ist allerdings nur Beleg für einen ehemaligen Jahresbeginn im März.

Zirkumpolarsternbilder: Sternbilder, die von einem bestimmten Ort aus gesehen in jeder Nacht des Jahres sichtbar sind und nie auf- oder untergehend beobachtet werden können. Sie befinden sich in der Nähe des nördlichen Himmelspoles.

Zodiakus: siehe Tierkreiszeichen.

Zodiakale Längenangabe: Positionsangabe von Sonne, Mond oder den Planeten in Graden eines Tierkreiszeichens.

Zweiflächige vertikale Sonnenuhr: Sonnenuhr, die aus zwei vertikalen Zifferblättern besteht, die nach Osten und Westen ausgerichtet sind und daher einen rechten Winkel miteinander bilden.

Abkürzungsverzeichnis

Abgekürzt zitierte Literatur

ABL	Assyrian and Babylonian Letters
AE	L'Année épigraphique
AHw	Akkadisches Handwörterbuch
ANRW	Aufstieg und Niedergang der römischen Welt
BM	British Museum
CAD	The Assyrian Dictionary of the University of Chicago
CC	Corpus Christianorum
CDLI	Cuneiform Digital Library Initiative, https://cdli.ucla.edu (letzter Zugriff: 30.09.2019).
CHD	Chicago Hittite Dictionary
CIL	Corpus Inscriptionum Latinarum
CTH	Catalogue des textes hittites
DNP	Der Neue Pauly
DT	Daily Telegraph Collection (Tafelsammlung aus dem British Museum)
I. Eph.	Die Inschriften von Ephesos
IG	Inscriptiones Graecae
IGUR	Inscriptiones Graecae Urbis Romae
IK	Inschriften griechischer Städte aus Kleinasien
ILAlg	Inscriptions latines d'Algérie
ILCV	Inscriptiones Latinae Christianae Veteres
ILER	Inscripciones latinas de la España romana
ILLRP	Inscriptiones Latinae Liberae Rei Publicae
ILMN	Catalogo delle iscrizioni latine del Museo Nazionale di Napoli
ILS	Inscriptiones Latinae Selectae
Inscr. It.	Inscriptiones Italiae
I. Priene	Die Inschriften von Priene (Neuausgabe 2014)
KBo	Keilschrifttexte aus Boghazköi
KUB	Keilschriftliche Urkunden aus Boghazköi
LÄ	Lexikon der Ägyptologie

LGG	Lexikon der ägyptischen Götter und Götterbezeichnungen
MGH	Monumenta Germaniae Historica
MNB	Tablette rituelle Néo-babylonienne
O. Claud.	Mons Claudianus. Ostraca graeca et latina
O. Did.	Didymoi. Une garnison romaine dans le désert Oriental d'Égypte 2
O. Krok.	Ostraca de Krokodilô
OLD	Oxford Latin Dictionary
O. Narm.	Ostraka greci da Narmuthis
PG	Patrologia Graeca
PIHANS	Publications de l'Institut historique-archéologique néerlandais de Stamboul
P. Mil. Vogl.	Papiri della Reale Università di Milano
P. Oxy.	The Oxyrhynchus Papyri
P. Petaus	Das Archiv des Petaus
P. Tebt.	The Tebtunis Papyri
P. Worp	Sixty-Five Papyrological Texts Presented to Klaas A. Worp
RE	Paulys Realencyclopädie der classischen Altertumswissenschaft
RIC	The Roman Imperial Coinage
RlA	Reallexikon der Assyriologie und Vorderasiatischen Archäologie
SB	Sammelbuch griechischer Urkunden aus Ägypten
SEG	Supplementum Epigraphicum Graecum
SIG^3	Sylloge Inscriptionum Graecarum
Wb	Wörterbuch der ägyptischen Sprache
YOS	Yale Oriental Series, Babylonian Texts
ZPE	Zeitschrift für Papyrologie und Epigraphik

Sonstige Abkürzungen

ad loc.	*ad locum*, zur Stelle
äg.	ägyptisch
d. h.	das heißt
Frg.	Fragment
Fund-Nr.	Fundnummer
gr.	Griechisch
hebr.	hebräisch
i. Dr.	im Druck
Inv.-Nr.	Inventarnummer

Jh.	Jahrhundert
Kap.	Kapitel
Kat.-Nr.	Katalognummer
Kol.	Kolumne
lat.	lateinisch
n. Chr.	nach Christi Geburt
p.	pagina
Rd.	Rand
Rs.	Rückseite
S.	Seite
sc.	*scilicet*, ergänze
s. v.	*sub voce*, siehe unter
V.	Vers
v. Chr.	vor Christi Geburt
Vs.	Vorderseite
Z.	Zeile

Beiträgerverzeichnis

Victoria Altmann-Wendling hat Ägyptologie, Ur- und Frühgeschichte und Paläoanthropologie studiert. Sie arbeitet an der Julius-Maximilians-Universität Würzburg in einem Forschungsprojekt zum Tempel von Edfu. Die religiösen Texte der griechisch-römischen Epoche Ägyptens, insbesondere zu Kultpraxis, Funeralkultur und Astronomie, sind ihre Hauptforschungsinteressen.

Christian Badura hat Klassische Philologie studiert und ist Assistent am Lehrstuhl für Lateinische Philologie der Freien Universität Berlin. Er forscht zur augusteischen Dichtung und frühen kaiserzeitlichen Literatur.

Filippo Battistoni hat Alte Geschichte studiert und ist Wissenschaftlicher Referent an der Universität von Pisa. Seine Forschungsschwerpunkte liegen auf der Sozial- und Kulturgeschichte des Hellenismus und der Kaiserzeit, mit besonderer Rücksicht auf die dokumentarischen Quellen.

Mario Baumann hat griechische und lateinische Philologie studiert. Er ist Privatdozent für Klassische Philologie an der Justus-Liebig-Universität Gießen. Der Schwerpunkt seiner aktuellen Forschung ist die griechische Historiographie des Hellenismus und der Kaiserzeit, die er vor allem unter narratologischen und rezeptionsästhetischen Gesichtspunkten untersucht.

Daliah Bawanypeck hat Altorientalistik und Vorderasiatische Archäologie studiert und ist wissenschaftliche Mitarbeiterin an der Professur für Wissenschaftsgeschichte der Vormodernen Welt an der Goethe-Universität Frankfurt am Main. Ihre Forschungsschwerpunkte liegen in den Bereichen Wissenschaft, Religion und Mythologie in Mesopotamien und dem Hethiterreich.

Christoph Berner hat Evangelische Theologie, Judaistik und Altorientalistik studiert und ist Professor für Theologie- und Literaturgeschichte des Alten Testaments an der Christian-Albrechts-Universität zu Kiel. Seine Forschungsschwerpunkte liegen auf der Redaktionsgeschichte des Alten Testaments und seiner frühjüdischen Rezeption.

Jérôme Bonnin hat in Frankreich an der Universität Lille 3 römische Archäologie studiert. In seiner Doktorarbeit beschäftigte er sich mit der Zeitmessung in der Antike. Bis 2017 war er assoziierter Forscher bei SYRTE, einer Abteilung der Pariser Sternwarte. Heute restauriert er Sonnenuhren und forscht zur Geschichte der Zeitmessung.

Tim Brandes hat Altorientalistik und Ägyptologie studiert und ist als Wissenschaftlicher Mitarbeiter am Arbeitsbereich Altorientalische Philologie der Universität Mainz beschäftigt. Sein Forschungsschwerpunkt liegt im Bereich der Akkadistik und zuletzt insbesondere auf den babylonisch-assyrischen Zeit- und Naturvorstellungen.

Ilaria Bultrighini studierte Klassische Archäologie, Alte Geschichte und Klassische Philologie. Aktuell ist sie als Post-Doctoral Research Fellow am Institute of Classical Studies in London tätig. Ihre Forschungsschwerpunkte liegen in der Sozial-, Religions- und Kulturgeschichte sowie in der materiellen Kultur der griechischen und römischen Welt von der Archaik bis in die spätere römische Kaiserzeit.

Roland Färber hat Alte Geschichte und Archäologie studiert und ist Assistent am Lehrstuhl für Alte Geschichte der Heinrich-Heine-Universität Düsseldorf. Seine Forschungsschwerpunkte liegen auf den Epochen des Hellenismus, der römischen Kaiserzeit und der Spätantike, v. a. in den Bereichen Verwaltung, Recht und Kalenderwesen.

Rita Gautschy hat Astronomie und Altertumswissenschaften studiert und ist heute Privatdozentin für Altertumswissenschaften und Wissenschaftsgeschichte an der Universität Basel. Ihre Forschungsschwerpunkte liegen in den Bereichen Chronologie, antike Instrumente und Archäoastronomie.

Sofie Remijsen promovierte 2012 in Alter Geschichte an der Universität Leuven und lehrt heute an der Universität von Amsterdam. Ihr Forschungsschwerpunkt ist das soziale Leben in der griechisch-römischen Welt, insbesondere Sport, Feste und die Lebensrhythmen des Alltags vom Hellenismus bis zur Spätantike.

Alexa Rickert hat Ägyptologie und Komparatistik studiert und ist Assistentin am Institut für Ägyptologie und Koptologie der Westfälischen Wilhelms-Universität Münster. Im Zentrum ihrer Forschung stehen die Dekoration und Architektur des altägyptischen Tempels sowie die in diesem Rahmen stattfindenden religiösen Feste.

Marco Stockhusen hat Ägyptologie, Altorientalistik und Archäologie studiert und ist Lehrbeauftragter an der Universität Leipzig. Seine Forschungsschwerpunkte liegen in den

Bereichen ägyptische und mesopotamische Astralwissenschaften, antike Zeitmessung und interkultureller Wissenschaftstransfer (besonders im 1. Jahrtausend v. Chr.).

Anke Walter hat Latein, Griechisch und Alte Geschichte studiert und ist heute als Lecturer in Classics an der Universität Newcastle tätig. Ihre Forschungsschwerpunkte sind das antike, besonders das römische Epos, griechische und römische Ursprungserzählungen und die Gestaltung von Zeit in der antiken Literatur.

Register

Antike Autoren und Werke

Griechische und lateinische Inschriften

Papyri und Ostraka

Keilschrifttexte

Objekte

Monumente

Personen

Orte

Sachen

NOTARPRAXIS

Notariatskunde

21. Auflage 2025

Begründet von
Notar a.D. Dr. Hermann J. Faßbender (†),
Notariatsbürodirektor i.R. Walter Grauel,
Notar Dr. Peter Kemp (†),
Notar a.D. Dr. Werner Ohmen
und Notar a.D. Dr. Wolfgang Peter

Bearbeitet von
Notarin Hanna Bamberger, Notar Dr. Sebastian Barry, Notar Dr. Michael Bernauer, Notar Dr. Thorsten Führ, Notar Dr. Thomas Kilian, Notar a.D. Dr. Dirk-Ulrich Otto, Notar Dr. Vladimir Primaczenko, Notar a. D. Dr. Heiner Roemer, Dr. Philipp Selentin, Notar Dr. Ralf Wittkowski und Notar Dr. Maximilian Wosgien

DeutscherNotarVerlag

Zitiervorschlag:
Faßbender/*Bearbeiter*, Notariatskunde, § 1 Rn 1

Hinweis
Die Ausführungen in diesem Werk wurden mit Sorgfalt und nach bestem Wissen erstellt. Sie stellen jedoch lediglich Arbeitshilfen und Anregungen für die Lösung typischer Fallgestaltungen dar. Die Eigenverantwortung für die Formulierung von Verträgen, Verfügungen und Schriftsätzen trägt der Benutzer. Herausgeber, Autoren und Verlag übernehmen keinerlei Haftung für die Richtigkeit und Vollständigkeit der in diesem Buch enthaltenen Ausführungen. Es wird darauf hingewiesen, dass in der elektronischen Fassung dieses Titels die Fußnoten innerhalb der Muster nicht enthalten sind.

Benutzer-Hinweis für Muster
Für den Download der Mustertexte gehen Sie auf https://www.notarverlag.de/notariatskunde
Dort erhalten Sie Zugriff auf das zip-Archiv: nv_6326_musterdownload.zip

---

Anregungen und Kritik zu diesem Werk senden Sie bitte an
info@notarverlag.de
Autoren und Verlag freuen sich auf Ihre Rückmeldung.

Satz: Reemers publishing services GmbH, Krefeld
Druck: Hans Soldan Druck GmbH, Essen
ISBN 978-3-95646-326-6

Bibliografische Information der Deutschen Bibliothek
Die Deutsche Bibliothek verzeichnet diese Publikation in der Deutschen Nationalbibliografie; detaillierte bibliografische Daten sind im Internet über
http://dnb.ddb.de abrufbar.

Vorwort

„*Faßbender, Notariatskunde*" – es gibt wohl kaum Notariate, in denen die Mitarbeiter und Mitarbeiterinnen mit diesem Titel nicht sofort die **unverzichtbare** „blaue Bibel" verbinden.

Die nun 21. Auflage berücksichtigt sämtliche **Gesetzesänderungen** der vergangenen Jahre ebenso wie auch die jüngsten Reformen, welche sich auf die Arbeit im Notariat auswirken; exemplarisch seien angeführt:

- Reform des Personengesellschaftsrechts (MoPeG),
- Neuregelungen zur elektronischen Urkundensammlung,
- Geldwäschegesetz (GwG),
- Geldwäschegesetzmeldepflichtverordnung Immobilien (GwGMeldV-Immobilien),
- Verordnung über die Führung notarieller Akten und Verzeichnisse (NotAktVV),
- DiREG (Gesetz zur Ergänzung der Regelungen zur Umsetzung der Digitalisierungsrichtlinie) und DiRUG (Gesetz zur Umsetzung der Digitalisierungsrichtlinie).

Beibehalten wurde die **Aufteilung** des Werkes:

§ 1 Der Notar und seine Mitarbeiter

§ 2 Das Büro des Notars

§ 3 Die Amtsgeschäfte des Notars

§ 4 Die einzelnen Geschäfte und ihre Abwicklung

§ 5 Notarkostenrecht

Die „*Notariatskunde*" bietet umfassende Informationen über den Notar, seine Tätigkeitsbereiche und die rechtlichen Hintergründe. Die große Fülle an Mustern, Beispielen und grafischen Darstellungen erklärt den zum Teil schwierigen Stoff und erleichtert den Umgang mit der Materie.

Seit dieser 21. Auflage enthält die „*Notariatskunde*" auch einen **Muster-Download**: So können Sie die zahlreichen Muster, die in diesem Werk enthalten sind, als Word-Dateien herunterladen und individuell anpassen.

Das **Autorenteam** – ausschließlich Notarinnen und Notare – besteht auch in der vorliegenden Auflage aus erfahrenen und renommierten Praktikern.

Neu hinzugestoßen sind Notar Dr. *Michael Bernauer* aus Laufen, Dr. *Philipp Selentin*, Geschäftsführer der Notarkammer Thüringen, sowie Notar Dr. *Maximilian Wosgien* aus Mannheim.

Gesetzgebung und Rechtsprechung bis Juli 2025 sind berücksichtigt.

Im Juli 2025

Der Verlag

Inhaltsverzeichnis

Musterverzeichnis

Autorenverzeichnis

Hanna Bamberger
Notarin, Bonn-Bad Godesberg

Dr. Sebastian Barry
Notar, Bergisch Gladbach

Dr. Michael Bernauer
Notar, Laufen

Dr. Thorsten Führ, LL.M. (Cambridge)
Notar, Siegburg

Dr. Thomas Kilian
Notar, Aichach

Dr. Dirk-Ulrich Otto
Notar a.D., Leipzig

Dr. Vladimir Primaczenko
Notar, Plauen

Dr. Heiner Roemer
Notar a.D., Jülich

Dr. Philipp Selentin
Geschäftsführer der Notarkammer Thüringen, Erfurt

Dr. Ralf Wittkowski
Notar, Xanten

Dr. Maximilian Wosgien
Notar, Mannheim

Bearbeiterverzeichnis

§ 1 Der Notar und seine Mitarbeiter
Führ/Selentin

§ 2 Das Büro des Notars
Führ/Selentin

§ 3 Die Amtsgeschäfte des Notars
Führ/Selentin

§ 4 Die einzelnen Geschäfte und ihre Abwicklung

A. Aus dem Bereich des Grundstücksverkehrs

I. Allgemeines
Barry

II. Der Kaufvertrag über ein Grundstück
Barry

III. Der Tauschvertrag
Barry

IV. Der Überlassungsvertrag
Roemer

V. Erbschaftsteuer – Schenkungsteuer
Roemer/Barry

VI. Kosten
Otto

VII. Besonderheiten bei der Abwicklung eines Überlassungsvertrags
Roemer/Barry

VIII. Hof- und Landgutübergabe
Roemer

IX. Das Wohnungs- und Teileigentum
Barry

X. Genehmigungserfordernisse beim Grundstücksvertrag
Roemer/Barry

XI. Die Abwicklung eines Grundstücksvertrags
Barry

B. Aus dem Bereich der Grundstücksbelastungen und Grundstücksbeschränkungen
Bamberger

C. Aus dem Bereich des Familienrechts
Führ/Bernauer

D. Aus dem Bereich des Ehegüterrechts, des Versorgungsausgleichs und der Eingetragenen Lebenspartnerschaft
Roemer/Bernauer

Abkürzungsverzeichnis

1. EheRG	Erstes Gesetz zur Reform des Ehe- und Familienrechts
aA.	anderer Ansicht
aF.	alter Fassung
AGBGB Schl-H	Ausführungsgesetz des Landes Schleswig-Holstein zum Bürgerlichen Gesetzbuch
AO	Abgabenordnung
AV	Allgemeine Verfügung
AVNot	Angelegenheiten der Notare
BauGB	Baugesetzbuch
beN	besonderes elektronisches Notarpostfach
BeurkG	Beurkundungsgesetz
BFH	Bundesfinanzhof
BGB	Bürgerliches Gesetzbuch
BGBl I., II.	Bundesgesetzblatt Teil I und Teil II
BGH	Bundesgerichtshof
BGHZ	Entscheidungen des Bundesgerichtshof in Zivilsachen
BNotK	Bundesnotarkammer
BNotO	Bundesnotarordnung
BRAO	Bundesrechtsanwaltsordnung
BStBl	Bundessteuerblatt
BT-Drucks	Bundestagsdrucksache
BVerfG	Bundesverfassungsgericht
BWGBl	Gesetz- und Verordnungsblatt des Landes Baden-Württemberg
DiREG	Gesetz zur Ergänzung der Regelungen zur Umsetzung der Digitalisierungsrichtlinie
DiRUG	Gesetz zur Umsetzung der Digitalisierungsrichtlinie
DNotZ	Deutsche Notar-Zeitschrift
DONot	Dienstordnung für Notare
DSGVO	Datenschutzgrundverordnung
DStR	Deutsches Steuerrecht
DtZ	Deutsch-Deutsche Rechts-Zeitschrift
EG	Erwägungsgrund zur EU-Erbrechtsverordnung
EGBGB	Einführungsgesetz zum Bürgerlichen Gesetzbuch
ENZ	Europäisches Nachlasszeugnis
ErbbauRG	Gesetz über das Erbbaurecht
ErbStDV	Erbschaftsteuer-Durchführungsverordnung

ErbStG	Erbschaftsteuer- und Schenkungsteuergesetz
EStDV	Einkommensteuer-Durchführungsverordnung
EStG	Einkommensteuergesetz
EU-ErbVO	Europäische Verordnung zum Internationalen Erb- und Erbverfahrensrecht v. 4.7.2012 (Abl. EG v. 27.7.2012 Nr. L 201, S. 107)
EuGH	Gerichtshof der Europäischen Union
EU-GüVO	Europäische Güterrechtsverordnung
eUSL	elektronische Urkundensammlung
FamFG	Gesetz über das Verfahren in Familiensachen und in den Angelegenheiten der freiwilligen Gerichtsbarkeit
FGB	Familiengesetzbuch der ehemaligen DDR
FGG	Reichsgesetz über die Freiwillige Gerichtsbarkeit
FGG-RG	FGG-Reformgesetz
FIU	Zentralstelle für Finanztransaktionsuntersuchung
FPR	Familie, Partnerschaft & Recht
GAL	Gesetz über eine Altershilfe für Landwirte
GBMaßnG	Gesetz über Maßnahmen auf dem Gebiete des Grundbuchwesens
GBO	Grundbuchordnung
GBV	Grundbuchverfügung
GeschGehG	Gesetz zum Schutz von Geschäftsgeheimnissen
GesRV	Verordnung über die Einrichtung und Führung des Gesellschaftsregisters
GG	Grundgesetz
GleichbG	Gesetz über die Gleichberechtigung von Mann und Frau auf dem Gebiet des bürgerlichen Rechts
GNotKG	Gesetz über Kosten der freiwilligen Gerichtsbarkeit für Gerichte und Notare (Gerichts- und Notarkostengesetz)
GrdstVG	Grundstückverkehrsgesetz
GrEStG	Grunderwerbsteuergesetz
GVG	Gerichtsverfassungsgesetz
GV NW	Gesetz- und Verordnungsblatt des Landes Nordrhein-Westfalen
GVO	Grundstücksverkehrsordnung
GWG	Geldwäschegesetz
GwGMeldV-Immobilien	Geldwäschegesetzmeldepflichtverordnung-Immobilien
Hess FGG	Hessisches Gesetz über die Freiwillige Gerichtsbarkeit
h.M.	herrschende Meinung
HöfeO	Höfeordnung
HöfeVfO	Höfeverfahrensordnung
HRefG	Handelsrechtsreformgesetz

InsO	Insolvenzordnung
IntErbRVG	Internationales Erbrechtsverfahrensgesetz vom 29.6.2015, BGBl 2015, 1042
IPR	Internationales Privatrecht
JMBl NW	Justizministerialblatt für das Land Nordrhein-Westfalen
KG	Kammergericht
LAnpG	Landwirtschaftsanpassungsgesetz
LPartG	Lebenspartnerschaftsgesetz
MittBayNot	Mitteilungen des Bayerischen Notarvereins
MittRhNotK	Mitteilungen der Rheinischen Notarkammer
NdsAGBGB	Niedersächsisches Ausführungsgesetz zum Bürgerlichen Gesetzbuch
NdsFGG	Niedersächsisches Gesetz über die Freiwillige Gerichtsbarkeit
NJW	Neue Juristische Wochenschrift
NotAktVV	Verordnung über die Führung notarieller Akten und Verzeichnisse
notar	Monatsschrift für die gesamte notarielle Praxis und Mitteilungsblatt des Deutschen Notarvereins
NotBZ	Zeitschrift für die notarielle Beratungs- und Beurkundungspraxis
OLG	Oberlandesgericht
OVG	Oberverwaltungsgericht
PrAGBGB	Preußisches Ausführungsgesetz zum BGB
PrFGG	Preußisches Gesetz über die Freiwillige Gerichtsbarkeit
PStG	Personenstandsgesetz
Rdn	Randnummer, intern
RegVBG	Registerverfahrensbeschleunigungsgesetz
Rhl-Pf	Rheinland-Pfalz
Richtlinienempfehlungen	Richtlinienempfehlungen der BNotK, Allgemeine Richtlinien für die Berufsausübung der Notare
Rn	Randnummer, auf externe Werke bezogen
RNotZ	Rheinische Notar-Zeitschrift
Rpfleger	Der Deutsche Rechtspfleger
RPflG	Rechtspflegergesetz
RSG	Reichssiedlungsgesetz

SGB VIII	Sozialgesetzbuch Achtes Buch (VIII)
StAG	Staatsangehörigkeitsgesetz
str.	streitig
UmwG	Umwandlungsgesetz
UStG	Umsatzsteuergesetz
UVZ	Urkundenverzeichnis
VerkFlBerG	
VersAusglG	Versorgungsausgleichsgesetz
VIZ	Zeitschrift für Vermögens- und Investitionsrecht
VO	Verordnung
VwGO	Verwaltungsgerichtsordnung
VwVfG	Verwaltungsverfahrensgesetz
VVZ	Verwahrungsverzeichnis
WEG	Wohnungseigentumsgesetz
XNP	Basisanwendung der Bundesnotarkammer
ZErb	Zeitschrift für die Steuer- und Erbrechtspraxis
ZEV	Zeitschrift für Erbrecht und Vermögensnachfolge
ZFE	Zeitschrift für Familien- und Erbrecht
ZGB	Zivilgesetzbuch der ehemaligen DDR
ZNotP	Zeitschrift für die Notarpraxis
ZPO	Zivilprozessordnung
ZTR	Zentrales Testamentsregister

Literaturverzeichnis

Zeitschriften

Die Zitierung von Aufsätzen erfolgt durch die Angabe der Zeitschrift, des Erscheinungsjahres und der Seite.

Kommentare, Hand- und Lehrbücher

Armbrüster/Preuß/Renner, BeurkG/DONot, 9. Aufl. 2022 (zit. Armbüster/Preuß/*Bearbeiter*)

Beck'sches Formularbuch Erbrecht, 5. Aufl. 2023

Beck'sches Notar-Handbuch, 8. Aufl. 2024 (zit. Beck'sches Notar-Handbuch/*Bearbeiter*)

BeckOGK-GmbHG, Stand: 1.2.2025 (zit. BeckOGK-GmbHB/*Bearbeiter*)

BeckOK-BeurkG, 11. Edition, Stand: 1.3.2025 (zit. BeckOK-BeurkG/*Bearbeiter*)

BeckOK-BNotO, 11. Edition, Stand: 1.2.2025 (zit. BeckOK-BNotO/*Bearbeiter*)

BeckOK-FamG, 54. Edition 1.6.2025 (zit. BeckOK-FamG/*Bearbeiter*)

BeckOK-GBO, 57. Edition, Stand 1.6.2025 (zit. BeckOK-GBO/*Bearbeiter*)

Bohrmann/Diehn/Sommerfeldt, GNotKG, 4. Aufl. 2021

Diehn, Notarkostenberechnungen, 10. Aufl. 2025

Diehn/Sikora/Tiedtke, Das neue Kostenrecht, 2013

Dorsel, Kölner Formularbuch Erbrecht, 4. Aufl. 2024 (zit. Dorsel/*Bearbeiter*)

Dutta/Weber, Internationales Erbrecht, 2. Aufl. 2021 (zit. Dutta/Weber/*Bearbeiter*)

Elsing, Notargebühren von A–Z, 5. Aufl. 2025

Fackelmann, Notarkosten nach dem neuen GNotKG, 2013

Fackelmann/Heinemann, GNotKG, 2013 (zit. Fackelmann/Heinemann/*Bearbeiter)*

Faßbender, Das Kostenprivileg der Landwirtschaft, Rinteln 1990

Filzek, Kostenordnung, 5. Aufl. 2015

Frenz/Miermeister, Bundesnotarordnung: BNotO, 6. Aufl. 2024 (zit. Frenz/Miermeister/*Bearbeiter*)

Gierl/Köhler/Kroiß/Wilsch (Hrsg.), Internationales Erbrecht, 4. Aufl. 2024 (zit. Gierl/Köhler/Kroiß/Wilsch/*Bearbeiter*)

Grüneberg, Bürgerliches Gesetzbuch: BGB, 84. Aufl. 2025

Gustavus, Handelsregisteranmeldungen, 12. Aufl. 2024

Hannes, Formularbuch Vermögens- und Unternehmensnachfolge, 2. Aufl. 2017 (zit. Hannes/*Bearbeiter*)

Hausmann, Internationales Erbrecht, Loseblattsammlung, 130. Aufl. 2025

Hausmann/Odersky, Internationales Privatrecht in der Notar- und Gestaltungspraxis, 4. Aufl. 2021 (zit. Hausmann/Odersky/*Bearbeiter*)

von Hoyenberg, Vorweggenommene Erbfolge, 2010 (zit.: *v. Hoyenberg*)

juris PraxisKommentar BGB, 10. Auflage (zit. jurisPK-BGB/*Bearbeiter*)

Kersten/Bühling, Formularbuch und Praxis der Freiwilligen Gerichtsbarkeit, 27. Aufl. 2023 (zit. Kersten/Bühling/*Bearbeiter*)

Kilian/Sandkühler/vom Stein, Praxishandbuch Notarrecht, 3. Aufl. 2018 (zit. Kilian/Sandkühler/vom Stein/*Bearbeiter*)

Kössinger/Najdecki/Zintl, Handbuch der Testamentsgestaltung, 7. Aufl. 2024

Krauß, Immobilienkaufverträge in der Praxis, 10. Aufl. 2023

Krauß, Vermögensnachfolge in der Praxis, 7. Aufl. 2025

Ländernotarkasse, Leipziger Kostenspiegel, 3. Aufl. 2020 (zit. als Kostenspiegel)

Müller-Lukoschek, Die neue EU-Erbrechtsverordnung, 2. Aufl. 2015

Münchener Kommentar zum Bürgerlichen Gesetzbuch (zit. MüKo-BGB/*Bearbeiter*)

Notarkasse München, Streifzug durch das GNotKG, 13. Aufl. 2021 (zit. als Streifzug)

Renner/Otto/Heinze, Leipziger Gerichts- und Notarkostenkommentar, 4. Aufl. 2024 (zit. Leipziger-GNotKG/*Bearbeiter*)

Reithmann/Albrecht, Handbuch der notariellen Vertragsgestaltung, 8. Aufl. 2001

Roemer/Stephany/Vaupel, NotarFormulare Übergabe landwirtschaftlicher Betriebe, 1. Aufl. 2021

Rohs/Heinemann, Die Geschäftsführung der Notare, 11. Aufl. 2002

Schippel/Eschwey, BNotO – Kommentar, 11. Aufl. 2023 (zit. Schippel/Eschwey/*Bearbeiter*)

Schöner/Stöber, Grundbuchrecht, 16. Aufl. 2020 (zit. Schöner/Stöber/*Bearbeiter*)

Süß (Hrsg.), Erbrecht in Europa, 5. Aufl. 2024 (zit. Süß/*Bearbeiter*)

Süß/Ring (Hrsg.), Eherecht in Europa, 4. Aufl. 2020 (zit. Süß/Ring/*Bearbeiter*)

Toussaint, Kostenrecht, 55. Aufl. 2025

Wudy/Waldner, Gebührentabelle für Notare, 12. Aufl. 2023

Würzburger Notarhandbuch, 6. Aufl. 2021 (zit. Würzburger Notarhandbuch/*Bearbeiter*)

Ziba-Ali, Urkundsabwicklung von A–Z, 5. Aufl. 2022

Zimmermann, GNotKG, Das neue Kostenrecht für Gerichte und Notare, 2013

§ 1 Der Notar und seine Mitarbeiter

A. Stellung des Notars in der Rechtspflege

I. Notar als Teil der vorsorgenden Rechtspflege

Der Notar ist Teil der Justiz, deren Aufgabe es ist, **Rechtsstreitigkeiten** zu entscheiden, die **Einhaltung** des Rechts zu überwachen, **Verstöße** zu ahnden und bei der **Gestaltung der Rechtsverhältnisse** der Bürger untereinander mitzuwirken. Die rechtlichen Beziehungen zwischen den Bürgern werden in einem gewissen Umfang bereits vom Gesetz geregelt, darüber hinaus können im Rahmen der Vertragsfreiheit vielfältige Aspekte durch privatautonome Verträge geregelt werden. 1

In **besonderen Konstellationen** schreibt der Gesetzgeber indes die Mitwirkung eines Notars vor. Dies geschieht zumeist, indem ein bestimmtes Rechtsgeschäft nur dann (form-)wirksam wird, wenn es notariell beurkundet ist. Andere Rechtsgeschäfte hingegen benötigen lediglich die notarielle Beglaubigung.

Diese Formvorschriften bezwecken die Warnung der Vertragsparteien vor den weitreichenden Folgen dieser Rechtsgeschäfte und hierdurch den Schutz vor Übereilung. Zudem wird über die regelmäßig besonders bedeutsamen Verträge eine öffentliche Urkunde errichtet, welche späteren Beweisschwierigkeiten entgegenwirkt. Die notarielle Mitwirkung dient auch der Erläuterung und rechtlichen (außerprozessualen) Beratung der Parteien. Der Durchschnittsbürger verfügt nicht über hinreichende juristische Kenntnisse, um die oft komplexen notariellen Verträge angemessen verstehen zu können. Um dies zu kompensieren und den rechtlich unerfahrenen Beteiligten zu schützen, wird der Notar neben **Entwurfserstellung, Beurkundung und Veranlassung** des Vollzugs während der Beurkundungsverhandlung als Erklärer tätig. Er wird seine Urkunde nicht in hochjuristischer Sprache abfassen, erforderliche juristische Begriffe verständlich erläutern und auch die praktischen Abläufe erklären, soweit dies für den Beteiligten erforderlich ist. Der hierbei anzulegende Maßstab ist nicht stets der gleiche. So wird die junge Familie beim Kauf des ersten Eigenheims mehr Erläuterungsbedarf haben als der Leiter der Rechtsabteilung eines börsennotierten Unternehmens bei einer Unternehmenstransaktion. 2

Infolge dieser Tätigkeiten des Notars wäre es daher unzutreffend, die Justiz allein auf die gerichtlichen Tätigkeiten der Streitentscheidung und Strafverfolgung zu reduzieren. Die vorbeugende Rechtspflege leistet eine wichtige Rolle bei der Gestaltung der Rechtsverhältnisse der Bürger untereinander und entlastet somit die anderen Teile der Gerichtsbarkeit. Denn ein gut gestalteter notarieller Vertrag kann nicht nur mitunter generationsübergreifend befrieden, sondern entlastet durch die vorsorgliche Regelung möglichst vieler potenzieller Streitpunkte die Gerichte. 3

Daher ist es zutreffend, dass der Notar als Teil der Justiz angesehen wird. Den Bereich, in welchem er tätig wird, bezeichnet man auch als „freiwillige Gerichtsbarkeit“ oder „vorsorgende Rechtspflege“. Der Begriff der „vorsorgenden Rechtspflege“ dürfte besser geeignet sein, die Tätigkeit dieses Teils der Justiz zu umschreiben. Inhaltlich dürfte zwischen den beiden Begrifflichkeiten kein relevanter Unterschied bestehen. Auch die Tätigkeit des Notars im Rahmen der vorbeugenden Rechtspflege ist staatliche, hoheitliche Tätigkeit.

Teilweise wirkt sich auch die Unparteilichkeit des Notars mittelbar auf das Ergebnis aus, denn ein Vertrag, welcher bspw. erkennbar eine Partei bevorzugt und von der anderen Seite aufgrund einer rechtlichen oder tatsächlichen Übermachtstellung erzwungen werden soll, wird vom Notar abgelehnt werden (siehe Rdn 28). Ferner wird die Mitwirkung des Notars regelmäßig dazu führen, dass die Parteien vorsorglich Problempunkte regeln, an welche sie sonst nicht gedacht hätten.

Die vorbeugende Rechtspflege umfasst beispielsweise **Nachlass-, Vormundschafts-, Betreuungs-, Personenstands- und Registersachen sowie das Urkundswesen** im weiteren Sinne. In diese Bereiche sind auch die Gerichte eingebunden, und dies teilweise wesentlich intensiver als der Notar. 4

Während die streitige Gerichtsbarkeit in der Regel mit einem Streit aufgrund eines **in der Vergangenheit** liegenden Sachverhaltes befasst ist, werden durch die vorbeugende Rechtspflege **zukünftige** Beziehungen der Beteiligten einvernehmlich (oder zumindest: überwiegend unstreitig) geregelt. Dies bedeutet indes nicht, dass es nicht auch im Rahmen der vorbeugenden Rechtspflege zu Streitigkeiten kommen kann. Sind beispielsweise in Erbscheins- oder Betreuungssachen streitige Entscheidungen nötig, werden diese durch die Gerichte getroffen.

Anders als die Gerichte ist der Notar aufgrund seiner Stellung nicht befugt, Streitigkeiten zwischen den Beteiligten durch hoheitlichen Ausspruch (Urteil) zu entscheiden oder einem Beteiligten einseitig zu helfen (parteiische Tätigkeit; diese ist den Rechtsanwälten vorbehalten). Es handelt sich vielmehr um „Hilfeleistungen bei der Gestaltung der Rechtsbeziehungen". Schon im Lateinischen leitete sich das Wort für Vertrag „pactum" aus dem Wort für Frieden („pax") ab. Der Notar als Helfer bei der Vertragsgestaltung ist daher ein „friedfertiger" Jurist. Wenn eine unstreitige (also friedliche bzw. einverständliche) Lösung nicht herbeigeführt werden kann, müssen die Beteiligten an andere Stellen (z.B. Gericht, Rechtsanwalt) verwiesen werden.

5 Die von einem Notar hergestellte oder zumindest beurkundete Einigung zwischen den Beteiligten führt regelmäßig zu einem Vertrag. Ein Notar ist mit anderen Worten ein Vermittler und Berater bei der Vertragsgestaltung. Er bietet seine Mitwirkung an; den Beteiligten steht es indes frei, sie in Anspruch zu nehmen oder nicht.

Die Definition des Notars in § 1 der Bundesnotarordnung bestimmt daher:

> *„Als unabhängige Träger eines öffentlichen Amtes werden für die Beurkundung von Rechtsvorgängen und andere Aufgaben auf dem Gebiet der vorsorgenden Rechtspflege in den Ländern Notare bestellt."*

Der Notar ist somit beauftragt, im eigenen Namen und in eigener Verantwortung Angelegenheiten der vorsorgenden Rechtspflege wahrzunehmen. Hierbei ist er organisatorisch nicht an die Gerichte angebunden, sondern handelt als **unabhängiger** Träger eines öffentlichen Amtes. § 1 BNotO hebt seine Zuständigkeit für Beurkundungen in besonderer Weise hervor.

II. Beurkundungstätigkeit des Notars

6 Der Notar ist für eine **Vielzahl** verschiedener Formen von Beurkundungen und sonstigen Tätigkeiten zuständig. Praktisch am häufigsten sind die Beurkundung von Willenserklärungen und die Beglaubigungen von Unterschriften. Über dieselben wird nachfolgend ein kurzer Überblick gegeben. Darüber hinaus ist der Notar beispielsweise zuständig für

- die Beurkundung von Tatsachen,
- die Beratung bei Hauptversammlungen von Aktiengesellschaften,
- die Verwahrung von Geldern und Gegenständen sowie
- auf entsprechenden Antrag die Vermittlung bei der Auseinandersetzung des Nachlasses, wenn zwischen den Erben diesbezüglich Uneinigkeit besteht.

Zudem erledigt er die Erstellung von Urkunden- und Vertragsentwürfen sowie den Vollzug der jeweiligen Urkunden und berät die Beteiligten rechtlich. Diese außerprozessuale Beratungstätigkeit ist bereits in den Beurkundungsgebühren enthalten und wird daher im Grundsatz nicht gesondert in Rechnung gestellt. In vielen Fällen ist eine gesonderte (kostenpflichtige) Beratung – z.B. durch einen Rechtsanwalt – nicht erforderlich.

1. Notarielle Beurkundung

7 Die **Beurkundung** ist die strengste Anforderung an die Form eines Rechtsgeschäfts. Das Verfahren ist in einem besonderen Gesetz geregelt (**Beurkundungsgesetz**). Grundsätzlich findet eine Verhandlung vor dem Notar statt, in welcher dieser eine Niederschrift (die Urkunde) vorliest und den Anwesenden nach Bedarf näher erläutert. Sodann wird die Niederschrift von den Beteiligten genehmigt und von den Anwesenden und dem Notar eigenhändig unterzeichnet. Das Beurkundungsgesetz regelt neben diesen **Anforderungen** an die Beurkundung von Willenserklärungen auch weitere **Inhalte**; etwa wie eine notarielle Beglaubigung zu erfolgen hat, wann eine Beurkundung zu unterbleiben hat (z.B. wegen persönlicher Beteiligung) oder wie mit sprachunkundigen Personen zu verfahren ist.

Notwendig ist die Beurkundung bspw. für Grundstücksgeschäfte, Schenkungsversprechen, viele wesentliche Vorgänge bei Kapitalgesellschaften (z.B. GmbH, Aktiengesellschaft, Genossenschaft), Erbverträge und Eheverträge. Darüber hinaus besteht für vielfältige andere Verträge das Beurkundungserfordernis.

Das Ziel des Notars ist es, dass sich die Beteiligten auf einen bestimmen **Vertragsinhalt einigen** können. Ist dies nicht möglich, kann kein Vertag entstehen, welcher beurkundet werden könnte. Zudem will er möglichst viele der möglichen zukünftigen Streitpunkte von vornherein einvernehmlich regeln. Trifft ein notariell beurkundeter Kaufvertrag exakte Regelungen zur Verteilung möglicherweise nach Abschluss des Vertrages angeforderter Erschließungsbeiträge, wird hierüber eher kein Streit zwischen den Beteiligten entstehen. Um einen möglichst weitgehend befriedigenden Vertragsentwurf erstellen zu können, muss der Notar zuvor den Willen der Beteiligten ermitteln und bei der **Willensbildung** beratend helfen (insb. bei Eheverträgen und Verfügungen von Todes wegen). Das hieraus gewonnene Ergebnis muss so formuliert werden, dass es den beabsichtigten Inhalt klar und unmissverständlich wiedergibt. Unklare, zweideutige oder sonst auslegungsbedürftige Formulierungen sollte der Notar daher stets vermeiden. 8

Wichtig!

Im Gegensatz zu einem Rechtsanwalt, welcher auch im Rahmen von Vertragsverhandlungen parteiisch bleibt, ist es Pflicht des Notars, stets unparteiisch zu sein (siehe Rdn 779). Diese Pflicht erfasst auch alle Tätigkeiten im Vorfeld und im Nachgang der Beurkundung.

2. Sonstige Beurkundungen, insbesondere die Beglaubigung von Unterschriften

Über Beurkundungen von Willenserklärungen hinaus werden Notare bei sonstigen Beurkundungen tätig, 9
z.B. bei der Beurkundung tatsächlicher Vorgänge (Gesellschafterversammlungen, Versiegelungen von spezieller Software), der Vornahme von Verlosungen, der Aufnahme von Vermögensverzeichnissen, beim Anlegen von Siegeln sowie der Ausstellung von Bescheinigungen über amtlich wahrgenommene Tatsachen (z.B. sog. Lebensbescheinigungen, welche diejenige Stelle, welche eine Rente auszahlt, mitunter verlangt). Diese sog. Tatsachenbeurkundungen können diverse Inhalte haben, von der Hinterlegung von Noten, Texten oder technischen Erfindungen zum Nachweis der Urheberschaft zu einem speziellen Zeitpunkt bis hin zur Versiegelung eines Master-Kennworts, welches ein Besteller von Software unter bestimmten Voraussetzungen benutzen darf.

Der wichtigste Fall der sonstigen Beurkundungen (§§ 36 ff. BeurkG) ist die **Beglaubigung von Unterschriften**. Hierbei beschränkt sich die Tätigkeit des Notars grds. darauf, zu prüfen und sodann zu bestätigen, dass eine bestimmte Unterschrift von einer von ihm identifizierten Person geleistet wurde. Die Unterschrift kann dabei entweder vor dem Notar vollzogen (also: geschrieben) werden oder die Person erkennt eine bereits zuvor geleistete Unterschrift vor dem Notar an.

Hat der Notar selbst den zu beglaubigenden Text entworfen, gilt die Einschränkung auf die reine Identifizierung selbstverständlich nicht. Vielmehr muss dann auch der entworfene Text korrekt sein.

Sinn der Beglaubigung ist die **öffentliche Bestätigung der Identität** des Unterzeichners. Diese Form wird 10
vom Gesetz regelmäßig für diejenigen Fälle vorgeschrieben, in welchen eine vollumfängliche Beurkundung (von Willenserklärungen) nicht erforderlich ist, jedoch ein Fälschungsschutz erforderlich ist. So genügt es z.B. für viele **Grundbucheintragungen**, dass der im Grundbuch eingetragene Berechtigte der Begründung oder Löschung eines Rechts zustimmt, §§ 19, 39 GBO. § 29 Abs. 1 S. 1 GBO bestimmt zusätzlich, dass eine Eintragung nur vorgenommen werden soll, wenn die Eintragungsbewilligung oder die sonstigen zu der Eintragung erforderlichen Erklärungen durch öffentliche oder öffentlich beglaubigte Urkunden nachgewiesen werden. Andernfalls könnten durch eine schlichte Unterschriftsfälschung Auswirkungen auf den Grundbuchinhalt herbeigeführt werden. Aufgrund der Möglichkeit des gutgläubigen Erwerbs durch einen Dritten (§§ 892, 893 BGB) könnten durch diese Fälschung für den ursprünglich Berechtigten dauerhaft belastende Rechtsfolgen eintreten.

Um dies möglichst zu vermeiden ist für die **Eintragungsbewilligung** die öffentliche Form (= Beurkundung oder Beglaubigung) vorgeschrieben. Eine ähnliche Sachlage liegt bspw. bei der Erbausschlagung vor. Während das Erfordernis der notariellen Beglaubigung der Ausschlagung von den Beteiligten in vielen Fällen als lästige Erschwernis wahrgenommen wird, ist die Formvorschrift gleichwohl sinnvoll. Denn andernfalls wäre es bei einer sehr reichhaltigen Erbschaft möglich, durch Fälschung einer Unterschrift gegenüber dem Nachlassgericht den Anschein einer tatsächlich nicht existenten Auswirkung auf die Erbfolge vorzuspielen. Wenn das Nachlassgericht daraufhin einen entsprechend unzutreffenden Erbschein erteilt, sind Dritte im guten Glauben an dessen Richtigkeit geschützt und können aus der Erbmasse des Scheinerben wirksam Eigentum erwerben, §§ 2366 f. BGB.

11 Aber auch für nicht zwingend der Beurkundung bedürftige Rechtsgeschäfte stehen die notariellen Leistungen zur Verfügung, wenn bspw. ein besonderer Beweiswert geschaffen oder die besondere juristische Fachkompetenz des Notars in Anspruch genommen werden soll. Für diese Geschäfte besteht allerdings **kein Urkundsgewähranspruch** gegen den Notar (vgl. Rdn 29).

Über die vorgenannten Anwendungsfälle der Beurkundung hinaus weist § 1 BNotO den Notaren zudem *„andere Aufgaben auf dem Gebiet der vorsorgenden Rechtspflege"* zu. Hierbei handelt es sich beispielsweise um die Verwahrung (insb. von Wertgegenständen, Geld und besonderen Beweiszeichen), das Einholen behördlicher Genehmigungen, die Erstellung von Urkundenentwürfen und die in rechtlicher Hinsicht beratende Tätigkeit.

III. Abgrenzung des Notaramtes von den anderen Rechtspflegeorganen

12 Richter und Notar ist gemeinsam, dass ihnen Sachverhalte unterbreitet werden, die ihrer – meist kraft Gesetzes geforderten – Mitwirkung bedürfen. Ziel der richterlichen Behandlung ist es, eine Entscheidung zu finden. Die Entscheidung des Richters ist ein Urteil oder Beschluss, wenn in einem Streitverfahren über die Durchsetzung von Ansprüchen oder die Feststellung von Umständen zu befinden ist (streitige Gerichtsbarkeit). Auch im Bereich der freiwilligen Gerichtsbarkeit oder besser „vorsorgenden" Rechtspflege ist vom Richter bzw. Rechtspfleger eine autoritäre Entscheidung verlangt, z.B. Erteilung einer familiengerichtlichen Genehmigung, eines Erbscheins oder die Eintragung in das Grundbuch oder ein Register.

13 Der Notar dagegen entscheidet nicht; er bietet seinen Rat und seine Mitwirkung an; den Beteiligten steht es frei, dies anzunehmen oder nicht.

Sein Ziel ist es, dass die Beteiligten zu einer Einigung kommen. Bei der Beurkundung von Rechtsgeschäften muss er den Willen der Beteiligten ermitteln, bei der Willensbildung beratend helfen und das gefundene Ergebnis so formulieren, dass der Vertrag es zutreffend und möglichst zweifelsfrei wiedergibt.

14 Wieder anders ist die Aufgabe des Rechtsanwaltes. Er ist wie der Richter und der Notar ein Organ der Rechtspflege (§ 1 Bundesrechtsanwaltsordnung). Er dient dem Recht, aber nicht wie der Notar als Mittler **zwischen** den Interessen, sondern als **einseitiger Berater** und Vertreter **einer Seite**. Dabei ist der Rechtsanwalt zwar unabhängig wie der Richter und der Notar, aber im Gegensatz zu ihnen nicht unparteiisch. Seine Rechtsvertretung ist ferner keine amtliche, sondern eine privatrechtliche Tätigkeit.

In erster Linie wird der Rechtsanwalt auf dem Gebiet der streitigen Gerichtsbarkeit oder im Vorfeld derselben tätig. Er vertritt die Ansprüche seiner Auftraggeber im Prozessverfahren. Auch wenn er außerhalb von Prozessverfahren als Rechtsberater tätig wird, bleibt er dabei einseitiger Vertreter einer Partei, die ihn beauftragt hat. Eine Beratung beider Parteien ist ihm sogar unter Androhung von Strafe verboten, § 356 StGB.

B. Amt des Notars

I. Rechtsgrundlagen

15 Als Quellen des Notarrechts sind hervorzuheben:

1. Bundesnotarordnung

16 Die Bundesnotarordnung enthält die grundlegenden Bestimmungen des notariellen Berufsrechts. Neben den umfangreichen Ausführungen zum Amt des Notars sind in ihr insb. die Vorschriften zu den Notarkammern und der Bundesnotarkammer enthalten sowie die Aufsicht und das Disziplinarverfahren geregelt.

2. Rechtsverordnungen der Landesregierungen und allgemeine Verfügungen der Landesjustizminister

Viele Bereiche hat die BNotO nur grds. geregelt und die Ausführung im Einzelnen den Ländern vorbehalten. Die Länder haben die BNotO durch Rechtsverordnungen und allgemeine Verfügungen der Justizminister ergänzt. 17

3. Dienstordnung für Notare (DONot)

Die Dienstordnung für Notare (DONot) ist eine bundeseinheitliche Verwaltungsvorschrift, welche von den Justizministern aller Bundesländer gemeinsam erarbeitet und verabschiedet wurde. Auch Änderungen werden konsensual abgestimmt und sodann in das jeweilige Landesrecht umgesetzt. Sie befasst sich insb. mit den praktischen Abläufen im Notariat und trifft diesbezüglich wesentlich konkretere Regelungen. 18

Sie trifft dabei (mitunter nur noch punktuelle) Regelungen zu den folgenden Inhalten:

- Amtsführung im Allgemeinen (z.B. Amtssiegel, Amtsschild),
- ergänzende Regeln für Erbverträge, Verwahrungsgeschäfte, und Softwareprodukte zur Führung von Akten und Verzeichnissen,
- Herstellung der notariellen Urkunden und Dokumente,
- Prüfung der Amtsführung und
- Notariatsverwaltung und Notariatsvertretung.

Die DONot ist **weder Gesetz noch Rechtsverordnung**; es handelt sich nur um **Dienstanweisungen** der Landesjustizverwaltung. Verstöße gegen die Dienstordnung führen nicht zur Ungültigkeit eines notariellen Geschäftes. Doch ist jeder Notar verpflichtet, die Dienstordnung für Notare zu kennen und zu beachten. Er handelt in hohem Maße schuldhaft, wenn er entweder die Vorschriften der DONot überhaupt nicht zur Kenntnis nimmt oder sie nur unaufmerksam und gedankenlos überfliegt oder gar sich nach Kenntnisnahme über sie hinwegsetzt.[1] 19

4. Verordnung über die Führung notarieller Akten und Verzeichnisse (NotAktVV)

Die Verordnung über die Führung notarieller Akten und Verzeichnisse trifft Regelungen zur Führung und Aufbewahrung notarieller Akten und Verzeichnisse. Derzeit existieren lediglich zwei Verzeichnisse: das Urkundenverzeichnis und das Verwahrverzeichnis. Gemäß § 2 NotAktVV führt der Notar die folgenden Akten bzw. Verzeichnisse: 20

1. die Urkundensammlung,
2. die Erbvertragssammlung,
3. die elektronische Urkundensammlung,
4. die Sondersammlung,
5. die Nebenakten,
6. die Sammelakte für Wechsel- und Scheckproteste und
7. die Generalakte.

Die NotAktVV regelt Allgemeines zur Herstellung und Kennzeichnung von Urschriften, zu Ausfertigungen, Abschriften und elektronischen Urkunden, zur Form und Übergabe von elektronischen Aufzeichnungen und deren Sicherheit. Sie befasst sich sodann eingehend mit dem Urkundenverzeichnis, dem Verwahrungsverzeichnis, der Urkundensammlung und der Erbvertragssammlung sowie der elektronischen Urkundensammlung und der Sondersammlung. Sie trifft weiterhin Bestimmungen zu den Nebenakten, der Generalakte, den Aufbewahrungsfristen und dem zukünftig vermutlich eine relevante Rolle spielenden elektronischen Notaraktenspeicher. Bei letzterem handelt es sich um einen von der BNotK betriebenen zentralen elektronischen Aktenspeicher, welcher den Notaren die elektronische Führung ihrer nicht im Elektronischen Urkundenarchiv zu führenden Akten und Verzeichnisse sowie die Speicherung sonstiger Daten ermöglicht, § 78k BNotO. 21

1 BGH DNotZ 1972, 551 f.

5. Richtlinien für die Berufsausübung

22 Zudem gibt es die Richtlinien für die Berufsausübung. Gemäß § 67 Abs. 2 BNotO obliegt es den Notarkammern, in Richtlinien die Amtspflichten ihrer Mitglieder im Rahmen der gesetzlichen Vorschriften und der auf deren Grundlage erlassenen Verordnungen durch Satzung näher zu bestimmen. Diesbezüglich steht der Bundesnotarkammer gemäß § 78 Abs. 1 Nr. 5 BNotO das Recht zu, Empfehlungen für ebenjene Richtlinien auszusprechen. Diese Richtlinienempfehlungen wurden durch Beschluss der Generalversammlung der Bundesnotarkammer am 29.1.1999 erlassen (Deutsche Notar-Zeitschrift 1999, S. 258) und zuletzt durch Beschluss vom 8.4.2022 geändert (Deutsche Notar-Zeitschrift 2022, S. 322). Soweit in den nachfolgenden Kapiteln auf die Richtlinienempfehlungen verwiesen wird, sind hiermit grds. die Richtlinienempfehlungen der Bundesnotarkammer gemeint. Die Empfehlungen der Bundesnotarkammer dienen dem Schutz des Vertrauens, das dem Notar entgegengebracht wird, und der Wahrung des Ansehens des Berufsstandes. Die Empfehlungen sind ungeachtet der unterschiedlichen Organisationsformen Ausdruck des einheitlichen Notariates in Deutschland. Die Richtlinienempfehlungen der Bundesnotarkammer sind von den einzelnen Notarkammern überwiegend wortgleich oder doch zumindest dem wesentlichen Inhalt nach übernommen worden.

Die **Richtlinienempfehlungen** beinhalten Regeln zu den folgenden Aspekten:

- Wahrung der Unabhängigkeit und Unparteilichkeit des Notars (I.),
- das nach § 14 Abs. 3 BNotO zu beachtende Beurkundungsverfahren (II.),
- Wahrung fremder Vermögensinteressen (III.),
- Pflicht zur persönlichen Amtsausübung (IV.),
- die Sozietäten (V.),
- Vorkehrungen zur Erfüllung der Mitwirkungsverbote und Regeln für die Einforderung der Gebühren (VI.),
- das Auftreten des Notars in der Öffentlichkeit und Werbung (VII.),
- die Beschäftigung und Ausbildung der Mitarbeiter (VIII.),
- Grundsätze zu Beurkundungen außerhalb der Geschäftsstelle, des Amtsbereichs und des Amtsbezirks (IX.),
- die Fortbildung (X.), und
- Kollegialitätspflichten (XI.).
- Die einzelnen Notarkammern erlassen die Richtlinien als Satzung, § 67 Abs. 2 BNotO. Jeder Notar muss die Richtlinien derjenigen Notarkammer befolgen, in welcher er Mitglied ist. Ein Verstoß hiergegen kann zu nachteiligen dienstrechtlichen Konsequenzen führen.

6. Beurkundungsgesetz

23 Die soeben näher dargestellten Vorschriften befassen sich überwiegend mit dem notariellen Dienstrecht und der Notariatsverfassung im Allgemeinen. Demgegenüber regelt das Beurkundungsgesetz primär, **wie eine Beurkundung** zu erfolgen hat. Eine exakte Grenzziehung zwischen Beurkundungsrecht und Dienstrecht ist mitunter schwierig – da der Notar seine Pflichten indes ohnehin erfüllen muss (unabhängig von der Einordnung als Dienst- oder Beurkundungsrecht), ist die präzise Beantwortung dieser Frage im Berufsalltag meist nicht sonderlich relevant.

Die Frage, **wann** die notarielle Mitwirkung erforderlich ist – bei welchen Arten von Geschäften also die notarielle Beurkundung oder Beglaubigung erforderlich sind – regeln weder das Beurkundungs- noch das Standesrecht. Diese Vorschriften ergeben sich aus sonstigen Rechtsvorschriften. Häufige Fälle sind die Beurkundung von Grundstückskaufverträgen, § 311b Abs. 1 BGB, die Gründung von Kapitalgesellschaften (insb. GmbH/UG, Aktiengesellschaft) sowie der Verkauf und die Abtretung von GmbH-Geschäftsanteilen, § 15 Abs. 3, 4 GmbHG. Die Beglaubigung ist bspw. erforderlich für die Erbausschlagung (§ 1945 BGB), Eintragungsbewilligungen für den Grundbuchverkehr (§ 29 Abs. 1 S. 1 GBO) sowie für Anmeldungen zur Eintragung in das Handelsregister (§ 12 Abs. 1 S. 1 HGB).

II. Notariatsformen

Es existieren in Deutschland zwei verschiedene Formen des Notariates. Die Besonderheiten des Richternotariats in Baden-Württemberg bestehen nicht mehr. Flächenmäßig ist das Nur-Notariat auf circa zwei Dritteln des Bundesgebietes ausgebreitet. Im anderen Drittel werden Rechtsanwälte mit entsprechender Berufserfahrung und dem Nachweis der notwendigen notarspezifischen Kenntnisse zu Notaren bestellt. Sie üben die notarielle Tätigkeit neben ihrer Tätigkeit als Rechtsanwalt aus, sog. Anwaltsnotare. 24

Die Nurnotare sind hingegen **ausschließlich** als Notare tätig. Weitere Tätigkeiten sind ihnen nur sehr eingeschränkt erlaubt, § 8 BNotO; Nebenbeschäftigungen bedürfen grds. der Genehmigung der zuständigen Aufsichtsbehörde, § 8 Abs. 3 BNotO. 25

Es gibt wesentlich mehr Anwaltsnotare als Nurnotare. In Deutschlang gibt es 2025 ca. 6.300 Notare. Hiervon sind ca. 4.600 im Bereich des Anwaltsnotariats und ca. 1.700 im Nurnotariat tätig.

Zwischen den beiden Notariatsformen gibt es auf der Ebene des Berufs- und Beurkundungsrechtes indes keine Unterschiede. Die einschlägigen Vorschriften gelten für jeden Anwalts- und Nurnotar.

> *Hinweis*
>
> Besonderheiten bestehen für den Anwaltsnotar indes dahingehend, dass er speziellen Mitwirkungsverboten unterliegt. Hierdurch sollen Situationen vermieden werden, in welchen er in seiner Eigenschaft als Anwalt einseitig berät und sodann als Notar unparteiisch handeln soll. Da bereits der Anschein einer möglicherweise parteiischen Auswirkung einer einseitigen Anwaltstätigkeit vermieden werden soll, ist es dem Anwaltsnotar untersagt, als Notar tätig zu werden, wenn er in dieser Angelegenheit bereits als Rechtsanwalt tätig war, § 3 Abs. 1 Nr. 7 BeurkG. Umgekehrt ist ihm die anwaltliche Mitwirkung untersagt, wenn er notarielle Leistungen erbracht hat. Verstößt der Anwaltsnotar hiergegen, stellt dies eine Amtspflichtverletzung dar, welche bis zur Amtsenthebung führen kann, § 50 Abs. 1 Nr. 9a) BNotO.

Der Anwaltsnotar ist **Notar und zugleich Rechtsanwalt**. Er übt das Amt des Notars nur im Nebenberuf aus, § 3 Abs. 2 BNotO. Seine Berufsbezeichnung lautet „Rechtsanwalt und Notar". Wenn der Anwaltsnotar jedoch als Notar tätig wird, zeichnet er seine Unterschrift – wie der Nurnotar – lediglich mit dem Zusatz „Notar". Denn der Anwaltsnotar ist immer Anwalt **oder** Notar und nicht, wie das Gesetz etwas missverständlich formuliert, Anwalt **und** Notar. Verschiedene Bestimmungen der BNotO gelten ausschließlich für Anwaltsnotare, z.B. §§ 39 Abs. 3 S. 3, 52 Abs. 2 S. 2, 54 Abs. 2 Nr. 3. Für den Zugang zum Anwaltsnotariat bestehen insb. in den §§ 7a ff. BNotO spezielle Regeln bezüglich der notariellen Fachprüfung. 26

Das **Anwaltsnotariat**, welches aus der preußischen Rechtstradition kommt, besteht in folgenden, ehemals preußischen Gebieten:

- Berlin (und zwar ganz Berlin),
- Bremen,
- Hessen,
- Niedersachsen,
- Nordrhein-Westfalen mit Ausnahme der Gebiete des rheinischen Rechts und
- in Schleswig-Holstein.

IV. Notar als Träger eines öffentlichen Amtes

§ 1 der BNotO lautet: 27

> *„Als unabhängige Träger eines öffentlichen Amtes werden für die Beurkundung von Rechtsvorgängen und andere Aufgaben auf dem Gebiete der vorsorgenden Rechtspflege in den Ländern Notare bestellt."*

Die Norm enthält neben der erwähnten Aufgabenzuteilung zwei Grundkomponenten des Notarberufes: Der Notar ist Träger eines **öffentlichen** Amtes. Der Notar ist **unabhängig** in der Führung seines Amtes.

1. Tätigkeit des Notars als hoheitliche Tätigkeit

28 Mit dem Begriff „Amt“ werden üblicherweise die einer Person übertragenen **hoheitlichen Aufgaben** bezeichnet. Das Amt des Notars umfasst Tätigkeiten der **vorsorgenden Rechtspflege**. Gleichwohl ist der Notar nicht in die für Behörden typischen hierarchischen Strukturen sowie deren Arbeitsteilungsprozesse einbezogen. Er ist somit kein Beamter im klassischen Sinne und weder selbst eine Behörde noch Teil einer solchen.

Soweit die öffentliche Tätigkeit des Notars reicht, handelt er nicht auf Basis privatrechtlicher Verträge, sondern hoheitlich. Dies umfasst insb. **Beratung, Entwurfserstellung, Beurkundung und die Verwahrungstätigkeit**.

In diesem Bereich ist seine Tätigkeit – zumindest in Bezug auf die Abgrenzung zwischen privatrechtlichem und hoheitlichem Handeln – z.B. vergleichbar mit derjenigen der Baubehörde. Baugenehmigungen werden nicht aufgrund privatrechtlicher Verträge erteilt, sondern – ebenso wie z.B. polizeiliche Maßnahmen – nach Maßgabe der einschlägigen öffentlich-rechtlichen Vorschriften. Sind bestimmte Maßnahmen nach diesen Gesetzen unzulässig, dürfen sie nicht durchgeführt bzw. gewährt werden. Ebenso wie etwa die Baugenehmigung für eine extrem laute Industrieanlage mitten in einem reinen Wohngebiet nicht erteilt werden darf, muss der Notar seine Mitwirkung verweigern, wenn von ihm die Beurkundung einseitig benachteiligender oder sittenwidriger Verträge begehrt wird. Dass die Verfahrensbeteiligten ggf. etwas anderes wünschen, ist aufgrund der öffentlich-rechtlichen Vorgaben irrelevant.

29 Der Notar wird also – anders als der Anwalt – nicht aufgrund eines Auftrages bzw. Geschäftsbesorgungsvertrages tätig. Seine Tätigkeit ist folglich auch kein Gewerbe, § 2 S. 3 BNotO. Seine Vergütung muss nicht in einem Vertrag geregelt werden, sondern sie ergibt sich aus den im GNotKG festgelegten Gebühren. Spiegelbildlich dürfen – von sehr begrenzten Ausnahmen abgesehen – keine Vereinbarungen über Notargebühren erfolgen, § 125 GNotKG.

Ebenso wie die Baubehörde über einen Bauantrag eine Entscheidung treffen muss, ist auch der Notar aufgrund der **Urkundsgewährpflicht** grds. zur Tätigkeit verpflichtet.

§ 15 Abs. 1 BNotO bestimmt hierzu:

> *„Der Notar darf seine Urkundstätigkeit nicht ohne ausreichenden Grund verweigern. Zu einer Beurkundung in einer anderen als der deutschen Sprache ist er nicht verpflichtet.“*

Diese Regelung ist auch Konsequenz seiner **öffentlichen Stellung**. Ferner ist sie erforderlich, um die im sonstigen Recht bestehenden Pflichten zur notariellen Beurkundung realisierbar zu machen. Es wäre sinnwidrig, wenn der Gesetzgeber einerseits die **Wirksamkeit** eines Rechtsgeschäftes von der Einhaltung dieser Formvorschrift abhängig macht, die Parteien aber andererseits keinen Notar finden würden, welcher zur Beurkundung des Vertrages bereit ist. Der aus § 15 Abs. 1 S. 1 BNotO folgende Beurkundungsanspruch ist daher sowohl für die rechtsuchende Bevölkerung als auch für das Selbstverständnis des notariellen Berufsstandes von zentraler Bedeutung.

30 Ferner handelt es sich beim Beruf des Notars aufgrund des hoheitlichen Charakters nicht um einen klassischen „**freien Beruf**“. Die Freien Berufe haben nach Definition des Bundesverbandes der freien Berufe im Allgemeinen auf der Grundlage besonderer beruflicher Qualifikation oder schöpferischer Begabung die persönliche, eigenverantwortliche und fachlich unabhängige Erbringung von Dienstleistungen höherer Art im Interesse der Auftraggeber und der Allgemeinheit zum Inhalt. Der Notar fällt gleichwohl insoweit unter den Begriff, als er kein klassischer Beamter ist und somit in wirtschaftlicher Hinsicht den Freiberuflern gleichgestellt ist. Er trägt die beruflichen Risiken sowie die allgemeinen Kosten der Einrichtung und Unterhaltung seines Büros selbst. Dafür erhält er im Gegenzug die Überschüsse seiner Tätigkeit.

31 Der Umstand, dass der Notar ein öffentliches Amt ausübt, führt zu gewissen Vor- und Nachteilen. Vorteilhaft ist beispielsweise die **Rechtsmacht** des Notars, seine eigenen Kostenrechnungen für vollstreckbar zu erklären. Anders als eine Privatperson ist er daher grds. nicht darauf angewiesen, seine Forderungen erst bei Gericht einklagen zu müssen, um sie sodann vollstrecken zu können. Aus der öffentlichen Stellung folgt indes bspw. auch eine entsprechende Haftung (§ 19 BNotO).

2. Unabhängigkeit des Notars

Die Unabhängigkeit des Notars ist Bedingung für dessen Eignung als **unparteiischer Vermittler** zwischen den Beteiligten. Es ist Amtspflicht des Notars, seine Unabhängigkeit aktiv zu wahren. Unabhängigkeit bedeutet in diesem Kontext vor allem die fehlende Abhängigkeit von den Klienten. Darüber hinaus ist jedoch auch eine gewisse Unabhängigkeit gegenüber der Justiz und dem übrigen Staat erforderlich. 32

Daher unterliegt der Notar **nur gewissen Bindungen gegenüber dem Staat**. Seine **Bestellung** erfolgt auf Lebenszeit, sodass er sein Amt weiterführen darf, sofern er die gesetzlichen Anforderungen an die Führung desselben wahrt. Die Altershöchstgrenze (Ende des Monats, in welchem das 70. Lebensjahr vollendet wird, § 48a BNotO) dient anderen Zwecken. 33

Das Amt erlischt nur dann, wenn einer der in §§ 47 ff. BNotO vorgesehenen Gründe eintritt. Häufigster praktischer Fall ist die Entlassung aus dem Amt auf Verlangen des Notars, § 48 BNotO. Weiterhin endet das Amt bei Erreichen der Altershöchstgrenze oder bei einer (freiwilligen) Amtsniederlegung, welche beispielsweise aus gesundheitlichen Gründen oder zur Betreuung eines Kindes erfolgen kann, §§ 48b, c BNotO.

Demgegenüber ist die zwangsweise Entfernung aus dem Amt, welche praktisch eine seltene Ausnahme darstellt, an abschließend aufgezählte Gründe gebunden, § 47 Nr. 4–7 BNotO. Durch diesen begrenzten Katalog der Gründe für das Erlöschen des Amtes wird sichergestellt, dass der Notar keinen unzulässigen staatlichen Einflüssen unterliegt. Bei der **Dienstprüfung** ist lediglich relevant, ob der Notar sein Amt **ordnungsgemäß** (= rechtmäßig) führt. An ihn dürfen indes keine Vorgaben zur Zweckmäßigkeit adressiert werden. Er ist im Einzelfall grds. an keine Weisungen gebunden. Die notarielle Unabhängigkeit ähnelt der eines Richters. 34

Weiterer Aspekt der Unabhängigkeit ist beispielsweise die Gewährung von **Altersbezügen** durch standeseigene Versorgungswerke, welche nicht von den staatlichen Systemen abhängig sind. Die wirtschaftliche Unabhängigkeit wird durch eine weitere Reihe wichtiger Aspekte gesichert: Es werden nur so viele Notare bestellt, wie es den Erfordernissen der Rechtspflege entspricht (§ 4 BNotO). Dadurch soll erreicht werden, dass der Notar ein gesichertes Einkommen hat und wirtschaftlich unabhängig ist. Dem gleichen Zweck dient das Verbot der Gebührenvereinbarung (§ 125 GNotKG). Andernfalls stünde zu befürchten, dass einzelne Notare günstigere Gebühren anbieten und es zu einem „Preisdumping" kommt.

Der Unabhängigkeit von den Beteiligten dienen auch die **Mitwirkungsverbote** (§§ 3, 6, 7 BeurkG und § 16 BNotO). Sie verbieten dem Notar die Ausübung des Amtes, wenn er zu den Beteiligten in einer verwandtschaftlichen Beziehung steht oder selbst an der Angelegenheit in relevanter Weise beteiligt ist.

3. Bestellung des Notars

a) Persönliche Voraussetzungen

Zum Notar darf nur bestellt werden, wer die **Befähigung zum Richteramt** nach dem Deutschen Richtergesetz erlangt hat (§ 5 Abs. 1, Abs. 5 BNotO). 35

Nach den §§ 5–7 Deutsches Richtergesetz (DRiG) wird die Befähigung zum Richteramt durch das Bestehen der ersten und zweiten juristischen Staatsprüfung erlangt. Der ersten Staatsprüfung, dem Referendarexamen, muss ein Rechtsstudium von mindestens vier Jahren vorausgehen. Zwischen Referendarexamen und zweiter juristischer Staatsprüfung (dem sog. Assessorexamen) muss ein Vorbereitungsdienst (Referendarzeit) von mindestens zwei Jahren liegen.

Es sollen nur solche Bewerber zu Notaren bestellt werden, die nach ihrer Persönlichkeit und ihren Leistungen für das Amt des Notars geeignet sind und bei Ablauf der Bewerbungsfrist das 60. Lebensjahr noch nicht vollendet haben (§ 6 BNotO). Die persönliche Eignung liegt dann vor, wenn sein Auftreten und seine erkennbaren Eigenschaften keinen begründeten Zweifel daran aufkommen lassen, dass er die besonderen Aufgaben und Pflichten des Notaramtes gewissenhaft erfüllen wird.[2] Der anzulegende Maßstab darf nicht zu milde sein, da persönlich ungeeignete Personen einerseits das Amt tendenziell schlechter ausüben und hierdurch andererseits bei der rechtsuchenden Bevölkerung ein negativer Eindruck entsteht, welcher das Ansehen des gesamten Be- 36

2 BGH DNotZ 1997, 891, 892.

rufsstandes schädigt. Einschlägige Disziplinar- oder gar Strafverfahren werden regelmäßig zur Verneinung der persönlichen Eignung führen müssen.

Die juristische Eignung wird überwiegend an den Ergebnissen der juristischen Staatsexamina bemessen. Hierbei ist das Ergebnis der zweiten Prüfung relevanter als das der ersten. Ob und inwieweit das erste Staatsexamen überhaupt berücksichtigt wird, wird von den Landesjustizverwaltungen unterschiedlich gehandhabt.

Angehende Nurnotare leisten einen dreijährigen Anwärterdienst als Notarassessor (§ 5a BNotO), in dem festgestellt werden soll, ob der Notarassessor für das Amt des Notars geeignet ist und die entsprechenden Kenntnisse erwirbt. Anwaltsnotare müssen die notarielle Fachprüfung ablegen (§§ 7a ff. BNotO). Diese Voraussetzungen sind aufgrund des besonders hohen Spezialisierungsgrades der notariellen Tätigkeit grds. nicht abdingbar.

b) Bedürfnisprüfung

37 Da das Amt des Notars ein öffentliches Amt ist, darf der Staat die Zahl und den Sitz der Notarstellen nur nach den Erfordernissen einer geordneten Rechtspflege bestimmen. Dabei sind das Bedürfnis nach einer angemessenen Versorgung der Rechtsuchenden nach notariellen Leistungen und die Wahrung einer geordneten Altersstruktur des Notarberufs zu berücksichtigen (§ 4 BNotO). Die Bildung neuer Notarstellen ist eine Ermessensentscheidung der Justizverwaltung.[3] Die notarielle Rechtsbetreuung soll möglichst **ortsnah, schnell und unbürokratisch** sein. So wäre beispielsweise ein Fahrtweg von 100 km zum nächsten Notarbüro nicht hinnehmbar.

Zudem dürfen nicht mehr Notarstellen geschaffen werden, als der nachhaltige Geschäftsanfall erfordert. Da dem Notar erhebliche laufende Kosten entstehen, muss er in der Lage sein, dieselben aus dem anfallenden Urkundenaufkommen zu decken. Nur dann ist der Notar wirtschaftlich so abgesichert, dass er seinen Beruf unabhängig ausüben kann. Der einzelne Notar hat gleichwohl nur unter sehr eingeschränkten Umständen einen Anspruch auf Unterlassung der Bestellung eines weiteren Notars.

38 Bei der Entscheidung über die Ausschreibung einer gänzlich neuen **Notarstelle** (sog. Nullstelle) oder über die Wiederbesetzung einer bereits bestehenden Notarstelle (insb. nach Entlassung aus dem Amt oder Erreichen der Altershöchstgrenze des Amtsvorgängers) werden von den jeweils zuständigen **Landesjustizverwaltungen** unterschiedliche Maßstäbe herangezogen. Üblicherweise wird jedoch auf das bereinigte Urkundenaufkommen im Amtsbereich, die Bevölkerung im Amtsbereich (Gerichtseingesessene je Notarstelle) sowie das Gebührenaufkommen abgestellt. Beim bereinigten Urkundenaufkommen werden Unterschriftsbeglaubigungen ohne Entwurf nur mit dem Faktor 0,1 und solche mit Entwurfserstellung durch den Notar mit 0,5 berücksichtigt, um den realen Aufwand/Ertrag etwas realistischer darzustellen.

Neben der Betrachtung der Gegenwart und der Vergangenheit sind hierbei insb. auch die zukünftigen Entwicklungen – beispielsweise die betreffenden Bevölkerungsprognosen – zu beachten. Ob diese und/oder weitere Kriterien herangezogen und wie genau zwischen ihnen gewichtet wird, ist gerichtlich lediglich eingeschränkt überprüfbar.

39 Es ist gleichwohl sinnvoll, diese Zahlen nicht einheitlich für alle Sachverhalte anzuwenden. Ob ein Notarbüro im ländlichen, städtischen oder großstädtischen **Bereich** liegt, hat relevante Auswirkungen auf die **Bedürfniszahlen** einerseits und die **wirtschaftliche Unabhängigkeit** des Notars andererseits. In großstädtischen bzw. wirtschaftlich starken Regionen fallen regelmäßig mehr Beurkundungen pro Einwohner an als im ländlichen Bereich. Auch politische Aspekte haben gewisse Auswirkungen. Landeshauptstädte bzw. andere Städte mit einem relevanten Vorkommen an staatlichen Verwaltungseinrichtungen können ebenfalls ein **erhöhtes Urkundenaufkommen** hervorrufen.

Auch im Anwaltsnotariat werden Notare nur nach den Erfordernissen einer geordneten Rechtspflege bestellt.

c) Ernennung und Amtseid

40 Der Ernennung zum hauptberuflichen Notar geht ein **Anwärterdienst** voraus, welcher mindestens drei Jahre dauern soll. Diese Soll-Vorschrift ist nicht absolut zwingend, wird jedoch regelmäßig zur Bevorzugung desjenigen Bewerbers führen, welcher die Sollanwärterdauer erfüllt hat. Bei der Ausschreibung von Notarstellen werden weiterhin diejenigen Assessoren bevorzugt, welche sich im Anwärterdient desjenigen Landes befinden, in wel-

3 BVerfG DNotZ 1987, 121, 123.

chem die Stelle ausgeschrieben wird. Diese Bevorzugung dient der Aufrechterhaltung eines funktionierenden Anwärterdienstsystems. Wenn die landeseigenen Notarassessoren durch externe Bewerbungen längerfristig nicht zum Zuge kommen, steht zu befürchten, dass sie eine andere Berufswahl treffen. Der Anwärterdienst dient der Erlernung der besonderen Kenntnisse und Fähigkeiten für das Notaramt, ist jedoch gleichwohl nur als zeitlich begrenztes Durchgangsstadium konzipiert. Ebenfalls würde sich die gehäufte Wegbewerbung der landeseigenen Notarassessoren negativ auf das landeseigene Anwärtersystem auswirken.

Hinweis

Wechselt ein Notarassessor in ein anderes Anwärtersystem, so können die Dienstzeiten zwar grds. angerechnet werden, doch haben die Landesjustizverwaltungen hierzu unterschiedliche Berechnungsmodi. Ferner darf die Anrechnung externer Dienstzeiten nicht zur Umgehung der Bevorzugung der landeseigenen Assessoren führen.

Da infolgedessen die Assessoren einen bestimmten Anspruch auf Bestellung zu Notaren haben, ist bereits bei der Einstellung der Anwärter auf **hinreichende fachliche und persönliche Eignung** zu achten. Die Assessorenstellen müssen ausgeschrieben werden, damit alle Interessenten hiervon Kenntnis erlangen können. Nach erfolgter Ernennung wird die Notarkammer die Ausbildung des Anwärters organisieren. Diese erfolgt grds. bei Ausbildungsnotaren. In der späteren Zeit der Ausbildung (zumeist nicht vor der Hälfte der Regelanwärterdauer) kommen auch weitere Verwendungsmöglichkeiten wie Notariatsverwaltungen oder Sonderverwendungen bei den Notarkammern, der Bundesnotarkammer, der Justizverwaltung auf Bundes- oder Landesebene sowie bei den Notarkassen in Betracht. Die Notarkammern oder (wo vorhanden) eine Notarkasse zahlen ferner seine Bezüge. 41

Der angehende Anwaltsnotar muss gemäß § 5b BNotO nachweisen, dass er 42

- mindestens fünf Jahre in nicht unerheblichem Umfang für verschiedene Auftraggeber rechtsanwaltlich tätig war,
- die Tätigkeit nach Nummer 1 seit mindestens drei Jahren ohne Unterbrechung in dem vorgesehenen Amtsbereich ausübt,
- die notarielle Fachprüfung nach § 7a BNotO bestanden hat und
- ab dem auf das Bestehen der notariellen Fachprüfung folgenden Kalenderjahr im Umfang von jährlich mindestens 15 Zeitstunden an notarspezifischen Fortbildungsveranstaltungen der Notarkammern oder der Berufsorganisationen teilgenommen hat.

Die notarielle Fachprüfung ist in den §§ 7a ff. BNotO ausführlich geregelt. Sie dient dem Nachweis, dass und in welchem Grad ein Rechtsanwalt für die Ausübung des notariellen Amtes als Anwaltsnotar fachlich geeignet ist. Die Prüfung, welche mitunter auch als „drittes Staatsexamen" bezeichnet wird, umfasst eine schriftliche Prüfung in Form von vier fünfstündigen Aufsichtsarbeiten sowie eine mündliche Prüfung, welche ca. 45 Minuten je Teilnehmer dauern soll. Für die Teilnahme an der Prüfung fallen Gebühren an.

Die Notare werden von der Landesjustizverwaltung nach Anhörung der Notarkammer ernannt (§ 12 BNotO). 43
Die Aushändigung der Bestallungsurkunde ist der entscheidende Rechtsakt, welcher das Amt des Notars begründet. Sie erfolgt meistens durch den Justizminister (bzw. Justizsenator) oder den Staatssekretär. In der Bestallungsurkunde wird der Amtssitz bezeichnet und die Dauer der Bestellung angegeben (auf Lebenszeit bzw. bis Erreichen der Altersgrenze bei Nurnotaren; auf Dauer der Zulassung als Rechtsanwalt bei Anwaltsnotaren). Der Notar hat vor Antritt seiner Tätigkeit den Amtseid zu leisten (§ 13 BNotO). Dieser lautet wie folgt:

> *„Ich schwöre [bei Gott, dem Allmächtigen und Allwissenden], die verfassungsmäßige Ordnung zu wahren und die Pflichten eines Notars gewissenhaft und unparteiisch zu erfüllen, [so wahr mir Gott helfe]!"*

Der Amtseid ist vor dem **Präsidenten des Landgerichts**, in dessen Bezirk er seinen Amtssitz hat, zu leisten, 44
§ 13 Abs. 3 S. 1 BNotO. Die Amtseidleistung ist keine Voraussetzung der Bestellung zum Notar. Zuvor soll jedoch keine Amtshandlung vorgenommen werden, § 13 Abs. 3 S. 2 BNotO. Vor der Vereidigung vor-

genommene Amtshandlungen sind **gültig**. Die Amtspflichten treffen ihn auch zuvor in vollem Umfang. Weigert sich der ernannte Notar zur Leistung des Eides, ist er des Amts zu entheben, § 50 Abs. 1 Nr. 3 BNotO.[4]

Im Rahmen einer bevorstehenden Übernahme eines Notaramtes sollte sich rechtzeitig um einen Termin beim Landgerichtspräsidenten gekümmert werden. Denn zwischenzeitliche Amtshandlungen sind zwar nicht unwirksam, aber aufgrund des Verstoßes gegen § 13 Abs. 3 S. 1 BNotO gleichwohl dienstrechtswidrig.

45 Wenn für einen Amtssitz eine Person ausgewählt wird, welche bereits im Kammerbereich als Notar tätig ist, spricht man von einer **Amtssitzverlegung**. Eine erneute Vereidigung ist dann nicht erforderlich. Auch erfolgt die Amtssitzverlegung regelmäßig nicht durch Aushändigung einer Ernennungsurkunde, sondern durch entsprechende Verfügung der Landesjustizverwaltung.

Wenn ein Notar sein Amt vorübergehend niedergelegt hat (z.B. zur Betreuung minderjähriger Kinder, § 48b BNotO), muss er anschließend **wieder** zum Notar ernannt werden. Dies gilt auch dann, wenn er am gleichen Amtssitz ernannt wird. Nach früherer Rechtslage war hierbei eine erneute Eidesleistung erforderlich; dies ist nun nicht mehr der Fall. Denn nach § 13 Abs. 4 BNotO genügt in der Regel der Hinweis auf den früheren Eid, wenn der Notar schon einmal als Notar vereidigt worden ist. Die vorherige Vereidigung als Notarvertreter gemäß § 40 Abs. 2 S. 1 BNotO ist hierfür nicht ausreichend. Für eine wiederholte Tätigkeit als Notarvertreter oder Notariatsverwalter genügt ebenfalls regelmäßig der Hinweis auf den bereits geleisteten Eid.

d) Notarvertreter

46 Der Notar ist verpflichtet, sein Amt persönlich auszuüben; er kann keine andere Person, auch nicht einen Notarassessor, mit der Amtsausübung beauftragen. Auch die Führung des Amtes durch Kapitalgesellschaften ist in Deutschland – anders als in manchen anderen Ländern – ausgeschlossen. Deshalb muss in den Fällen der Verhinderung (z.B. Urlaub, Krankheit) durch die Justizverwaltung ein Notarvertreter bestellt werden (§§ 38 ff. BNotO). Der Notarvertreter wird durch schriftliche Verfügung der Aufsichtsbehörde bestellt (§ 40 Abs. 1 BNotO). Die reine **Bekanntgabe** dieser formgebundenen Verfügung kann indes auch auf anderem Wege erfolgen (z.B. per Fax oder E-Mail). Ob und wann der Landgerichtspräsident, der Oberlandesgerichtspräsident oder der Justizminister zuständig ist, wird in den einzelnen Bundesländern unterschiedlich geregelt (vgl. dazu die AVNot der Bundesländer).

Der Notar und der Vertreter müssen darauf achten, dass der Vertreter die **Vertretungszeit** einhält, also keine Beurkundung vor oder nach Ablauf der in der Verfügung angegebenen Zeit vornimmt. Amtsgeschäfte ohne gültige Vertreterbestellung sind unwirksam. Eine rückwirkende Vertreterbestellung ist nicht möglich. Der Stellvertreter muss die persönlichen Voraussetzungen besitzen, die bei einer Ernennung zum Notar gefordert werden. Für eine ständige Vertretung soll nur ein Notar, Notarassessor oder Notar außer Dienst bestellt werden, § 39 Abs. 3 S. 2 BNotO. Bei einem Anwaltsnotar ist auch die Bestellung eines Rechtsanwaltes als ständiger Vertreter möglich.

Der Vertreter ist wie der Notar **Inhaber eines öffentlichen Amtes**; ihn treffen die Rechte und Pflichten eines Notars. Die Gebühren stehen jedoch dem vertretenen Notar zu, § 41 Abs. 1 BNotO. Die Vertretervergütung vereinbaren Notar und Vertreter untereinander, sofern es sich nicht um einen Notarassessor handelt, der von der Notarkammer oder der Notarkasse besoldet wird, die ihre Kosten dafür auf die vertretenen Notare umlegen. Die Haftung trifft den Notar und den Notarvertreter als Gesamtschuldner, wobei nach Änderung der Rechtslage im Innenverhältnis grds. der Notar haftet, § 46 S. 2 BNotO.

Im Nurnotariat werden Notarassessoren während ihres Anwärterdienstes häufig als Notarvertreter eingesetzt und sind im Ausbildungsbüro regelmäßig als **ständige Vertreter** bestellt.

Der Vertreter kann für jede einzelne Verhinderung bestellt werden, aber auch als ständiger Vertreter von vornherein für die während eines Kalenderjahres eintretenden Verhinderungsfälle. Die Bestellung eines Vertreters, insb. eines ständigen Vertreters, darf nicht dazu führen, dass der Grundsatz der persönlichen Amtsausübung beeinträchtigt oder der Umfang seiner Amtstätigkeit vergrößert wird (IV. 4. Richtlinienempfehlungen). Die Einzelheiten der Vertreterbestellung regeln die §§ 39–46 BNotO sowie die Ausführungsrechtsakte der Länder.

4 Zu Vorstehendem insgesamt BeckOKBNotO/*Regler*, § 13 Rn 4.

Die **Bestellung** eines Notarvertreters darf nicht dazu dienen, das Urkundenaufkommen des „vertretenen“ Notars zu erhöhen. Der gesetzliche Grundgedanke ist, dass der Notarvertreter anstelle des Notars tätig wird – und nicht zusätzlich zu ihm, § 44 Abs. 1 S. 2 BNotO („*Während dieser Zeit soll sich der Notar der Ausübung seines Amtes enthalten.*“). Ferner darf der Grundsatz der persönlichen Amtsausübung nicht untergraben werden. Die einzelnen Notarkammern haben teilweise unterschiedliche Auffassungen zu der Frage, wann bspw. die Elternzeit eines Notars noch mit Vertretungen abgedeckt werden kann und wann eine Notariatsverwaltung erforderlich ist. 47

In den letzten Jahren haben sich für Notarvertreter neue Entwicklungen ergeben. Im Computerprogramm „XNP“ stehen dem Notar diverse **Funktionen** zur Verfügung, etwa die elektronische Urkundensammlung, das elektronische Urkundenarchiv, der elektronische Grundbuchverkehr, der elektronische Handelsregisterverkehr, das besondere elektronische Notarpostfach („beN“) und vieles mehr. Auf die in diesem Programm abrufbaren Daten kann grds. nur der Notar selbst zugreifen. 48

Damit auch der (ständige oder an einzelnen Tagen bestellte) Notarvertreter hierzu Zugriff erhalten kann, muss die zuständige Notarkammer die Notarvertreterbestellung in das **Notarverzeichnis** eintragen. Auf dieser Eintragung basierend wird überwiegend vollautomatisch die Möglichkeit der Bestellung eines sog. Fernsignaturzertifikates bereitgestellt. Der Notarvertreter muss das Fernsignaturzertifikat indes selbst mit seiner Notarkarte (sog. N-Karte) auf der online-Antragsstrecke der **Zertifizierungsstelle** beantragen. Es wird nicht vollautomatisch generiert.

Während es bei Vertretungen an einzelnen Tagen ggf. nicht absolut zwingend (aber gleichwohl stets empfehlenswert) sein mag, mittels der Bestellung eines Fernsignaturzertifikates bei der Zertifizierungsstelle Zugriff auf die XNP-Funktionen für die Amtstätigkeit zu erhalten, ist dies bei längeren Vertretungen dringlichst erforderlich. Andernfalls können beispielsweise Handelsregisteranmeldungen nicht an das Handelsregister geschickt werden.

> *Praxistipp*
>
> Bestellte Notarvertreter sollten daher darauf achten, das Fernsignaturzertifikat zu beantragen. Sofern dasselbe im Rahmen der Online-Antragsstrecke der Zertifizierungsstelle nicht verfügbar ist, sollte der Kontakt zur örtlich zuständigen Notarkammer gesucht werden.

Positive Folge dieses Aufwandes ist es, dass nunmehr die Handelsregister (und Grundbuchämter, soweit der elektronische Rechtsverkehr eröffnet ist) nicht mehr eine elektronisch beglaubigte Abschrift der Vertreterbestellung verlangen (können), weil sich die Vertretereigenschaft zweifelsfrei und nachprüfbar aus der elektronischen Signatur ergibt. Sollte dies überraschenderweise noch anders gesehen werden, könnte erwogen werden, die betreffende Person/Einrichtung an die lokale Notarkammer zu verweisen.

e) Bildung von Sozietäten

Notare dürfen sich gemäß § 9 Abs. 1 BNotO nur mit am selben Amtssitz bestellten Notaren zur **gemeinsamen Berufsausübung** verbinden oder mit ihnen gemeinsame Geschäftsräume haben. Ferner hat der Notar eine Verbindung zur gemeinsamen Berufsausübung oder zur gemeinsamen Nutzung der Geschäftsräume nach § 27 Abs. 1 BNotO unverzüglich der Aufsichtsbehörde und der Notarkammer anzuzeigen. Über die gesetzlich geregelten Varianten der Verbindung zur gemeinsamen Berufsausübung hinaus darf sich der Notar nicht mit anderen Notaren oder Angehörigen anderer Berufsgruppen zusammenschließen. Hintergrund dieser Gebote ist die **abstrakte Gefahr für die Unabhängigkeit** des Notars, wenn er sich mit anderen Berufsgruppen verbindet. Ferner sollen keine übermäßig großen Notarbüros entstehen, da dies zu Schwierigkeiten bei der Verantwortungszuweisung, der persönlichen Amtsausübung und dem Wettbewerb mit anderen Notaren führen könnte. Dies gilt uneingeschränkt auch für die anderen rechtsberatenden Berufe. Die bloße Nutzung gemeinsamer Geschäftsräume stellt gegenüber der Bildung echter Sozietäten die Ausnahme dar. 49

Für Anwaltsnotare gilt § 9 Abs. 2 BNotO. Sie dürfen sich – über die auch den Nurnotaren offenstehenden Sozietäten hinaus – nur miteinander und mit anderen Mitgliedern einer Rechtsanwaltskammer, Patentanwälten, Steuerberatern, Steuerbevollmächtigten, Wirtschaftsprüfern sowie vereidigten Buchprüfern zur gemeinsamen Berufsausübung verbinden oder mit ihnen gemeinsame Geschäftsräume haben. Weitergehende Möglichkeiten der Verbindung, die sich aus dem Berufsrecht der genannten nicht-notariellen Berufsgruppen ergeben, sind ausgeschlossen.

50 Generell ist die Verbindung zur gemeinsamen Berufsausübung oder die gemeinsame Nutzung der Geschäftsräume nur zulässig, soweit hierdurch die persönliche und eigenverantwortliche Amtsführung, Unabhängigkeit und Unparteilichkeit des Notars nicht beeinträchtigt wird, § 9 Abs. 3 BNotO.

Sozietäten bieten für die beteiligten Notare nicht nur Vorteile bei der Kostenstruktur, sondern bieten insb. die in ihrer Wichtigkeit kaum zu überschätzende Möglichkeit, sich spontan mit einem anderen Amtsträger auszutauschen.

Bei Sozietäten bestehen erweiterte Mitwirkungsverbote, vgl. § 3 Abs. 1 Nr. 4 BeurkG.

4. Beendigung des Amtes

a) Beendigungsgründe

51 Der Notar kann sein rechtswirksam verliehenes Amt nur in den gesetzlich vorgesehenen Fällen verlieren (§ 47 BNotO). Dadurch wird die in § 1 BNotO verliehene Unabhängigkeit gesichert. Die einzelnen **Erlöschungsgründe** sind gemäß § 47 BNotO:

1. Entlassung aus dem Amt (§ 48 BNotO),
2. Erreichen der Altersgrenze (§ 48a BNotO) oder Tod,
3. vorübergehende Amtsniederlegung (§§ 48b, 48c BNotO),
4. bestandskräftiger Wegfall der Mitgliedschaft in einer Rechtsanwaltskammer im Bereich des Anwaltsnotariats,
5. rechtskräftige strafgerichtliche Verurteilung, die einen Amtsverlust (§ 49 BNotO) zur Folge hat,
6. bestandskräftige Amtsenthebung (§ 50 BNotO),
7. rechtskräftiges disziplinargerichtliches Urteil, in dem auf Entfernung aus dem Amt (§ 97 Abs. 1 S. 1 Nr. 3, Abs. 3 BNotO) erkannt worden ist.

b) Versetzung

52 Als **Disziplinarmaßnahme** gegen einen Nurnotar kann auch auf seine Entfernung vom bisherigen Amtssitz erkannt werden (§ 97 Abs. 2 BNotO). In diesem Fall hat die **Justizverwaltung** dem Notar einen anderen, zumeist kleineren, Amtssitz zuzuweisen. Diese Disziplinarmaßnahme kann insb. dann sinnvoll sein, wenn die Amtspflichtverletzungen einen besonderen regionalen Bezug haben und zu erwarten ist, dass dieselben an einem anderen Amtssitz nicht mehr auftreten werden.

Auf Antrag wird der Amtssitz eines Nurnotars verlegt, sofern eine andere, bspw. wohnortnähere Notarstelle frei geworden ist.

c) Vorläufige Amtsenthebung

53 Die endgültige Enthebung von seinem Amt ist für den Notar ein schwerer Eingriff in seine persönliche Existenz. Stellt sich später heraus, dass die Enthebung ohne Grund erfolgte, so ist die **Wiedergutmachung** praktisch nicht möglich, da die Klienten zerstreut, das Ansehen des Notars zerstört oder die Stelle neu besetzt ist. Deshalb müssen die Voraussetzungen der Amtsenthebung von der Aufsichtsbehörde gründlich untersucht werden; gegen die ausgesprochene Enthebung ist ein weitreichender Rechtsschutz gegeben.

Bis zur Rechtskraft der Entscheidung über die Amtsenthebung kann die **Aufsichtsbehörde** eine vorläufige Amtsenthebung aussprechen (§ 54 BNotO). Kraft Gesetzes ist der Notar seines Amtes bspw. vorläufig enthoben, solange er in Untersuchungshaft sitzt. Die Einzelheiten sind in § 54 BNotO geregelt. Bei einem Anwaltsnotar ist die Entfernung aus dem Amt auch für eine bestimmte Zeit möglich.

d) Notariatsverwalter

54 Der **Notarvertreter** wird „dem Notar bestellt“ (§ 39 Abs. 1 BNotO). Er ist **Stellvertreter** des Notars, der seine Amtsbefugnisse behält und sie nach Wegfall der Verhinderung wieder ausübt.

Der **Notariatsverwalter** (früher: Notariatsverweser) vertritt den Notar nicht, sondern ersetzt ihn. Der Notariatsverwalter verwaltet die Notarstelle vorübergehend auf Kosten der Notarkammer bzw. Notarkasse, wenn der bisherige Stelleninhaber versetzt worden oder gestorben ist oder aus einem sonstigen Grunde sein Amt nicht mehr ausüben kann. Man könnte den Notariatsverwalter einen „Ersatznotar auf Zeit“ nennen. Der Notariatsverwalter übernimmt die sog. Amtsbestände des Notars (Urkunden, Akten, Bücher, hinterlegtes Geld und hinterlegte Wertsachen). Ihm steht das Verfügungsrecht über die hinterlegten Gegenstände und Anderkonten zu. Im Gegensatz zum Vertreter steht dem Verwalter auch ein Weisungsrecht gegenüber den Angestellten zu. Ferner stehen die Kostenforderungen aus den Amtsgeschäften dem Notariatsverwalter zu – doch wird dieser das Amt im Regelfall nicht auf eigene Rechnung führen, sondern auf Rechnung einer Notarkammer oder Notarkasse. Sein Mehraufwand wird regelmäßig angemessen vergütet.

Die Notariatsverwaltung gibt es in Form der **Fortführungsverwaltung** und der **Abwicklungsverwaltung**. Erstere ist im Nurnotariat der Regelfall. Hierbei wird eine Notarstelle vorübergehend durch den Verwalter geführt, bis der „richtige“ Notar die Stelle antritt. Derartige Situationen entstehen insb., wenn die Besetzungsentscheidungen für Notarstellen rechtlich angegriffen und die Ämter infolgedessen nicht rechtzeitig besetzt werden können. Weiterer häufiger Grund ist die vorübergehende Amtsniederlegung, beispielsweise zur Betreuung der eigenen Kinder. Möglich sind ferner eine vorläufige Amtsenthebung oder die Wahrnehmung eines besoldeten Amtes durch den eigentlichen Amtsinhaber. Sofern keine anderen Hindernisgründe vorliegen, kann auch der Verwalter die Stelle übernehmen. Er darf (und zumeist: soll) auch neue Geschäfte annehmen und erledigen. Bei der Abwicklungsverwaltung nach § 56 Abs. 2 BNotO werden die noch offenen Notariatsgeschäfte durch den Verwalter erledigt. Diese Abwicklungsverwalterschaft endet ein Jahr nach Erlöschen des Notaramtes. In begründeten Ausnahmefällen kann diese Frist über ein Jahr hinaus verlängert werden (§ 56 Abs. 2 BNotO). Diese Form der Verwaltung kommt vor allem im Bereich des Anwaltsnotariats vor, ist jedoch auch bei denjenigen Stellen des Nurnotariats möglich, bei welchen die Landesjustizverwaltung eine Wiederausschreibung ablehnt und noch offene Aufgaben bestehen.

Zum Notariatsverwalter darf nur bestellt werden, wer fachlich und persönlich geeignet ist. Im Bereich des Nur- 55
notariats wird die Notariatsverwaltung regelmäßig durch einen Notarassessor erfolgen. Dieser ist zur Übernahme des Amtes grds. verpflichtet, § 56 Abs. 6 S. 2 BNotO. Selten erfolgt auch eine Verwaltung durch den ausgeschiedenen Notar.

Wenn der Verwalter an Stelle eines Nurnotars bestellt ist, endet die Verwalterschaft mit der Ernennung eines neuen Notars. Der Zweck dieser Verwalterschaft liegt darin, die Stelle des Nurnotars bis zur Bestellung des neuen Notars zu erhalten und die laufenden Geschäfte fortzuführen.

C. Zeichen des Amtes

I. Amtssiegel

1. Form

Als Träger eines öffentlichen Amtes führt der Notar ein Amtssiegel (§ 2 S. 2 BNotO). Die Ausgestaltung des 56
Amtssiegels ist in § 2 DONot näher beschrieben.

Die Umschrift enthält den Namen des Notars mit den Worten: „Notar in (…) (Ort)“ oder „Notarin in (…) (Ort)“. Der Vorname des Notars braucht nicht aufgenommen zu werden; anzugeben ist der Ort, an dem sich der Amtssitz befindet. Bestehen der Name, die Amtsbezeichnung und die Ortsangabe zusammen aus mehr als 30 Schreibstellen einschließlich der Leerzeichen, können unwesentliche Bestandteile weggelassen werden, § 2 Abs. 1 S. 3 DONot.

Der **Notariatsverwalter** führt ein eigenes Amtssiegel. Es hat die gleiche Form wie das Siegel des Notars. Die Umschrift enthält jedoch keinen Namen, sondern lautet lediglich „Notariatsverwalter in (…)“ (§ 19 Abs. 2 S. 1 DONot). Hintergrund dieser Regelung ist der Effizienzgedanke, dass diese Siegel bei mehrfachen Verwaltungen einer oder mehrerer Notarstellen am gleichen Ort mehrfach verwendet werden können. Der **Notarvertreter** führt das Siegel des vertretenen Notars (§ 41 Abs. 1 S. 2 BNotO).

Es existieren jeweils landesrechtliche Vorschriften für die Herstellung von Siegeln. Diese sollten bei der Bestellung der Siegel beachtet werden.

57 Das Amtssiegel gibt es als Prägesiegel und als Farbdrucksiegel (§ 2 Abs. 1 DONot).

a) **Prägesiegel**
Das Prägesiegel teilt sich auf in **Oblatensiegel** und **Lacksiegel**. Bei dem Oblatensiegel werden in eine runde Metallscheibe eingeschnittene Bilder und Worte in das Urkundenpapier selbst oder in ein darauf mit einer Oblate befestigtes Papierstück eingeprägt. Bilder und Worte heben sich aus dem Papier heraus, in das sie mit der Siegelpresse eingedrückt werden. Wenn das Siegel in erhitzten und auf das Papier aufgeträufelten Siegellack eingepresst wird, genügt der geringere Druck eines **Handsiegels** (Lacksiegel). Das Handsiegel wird auch Petschaft genannt.

b) **Farbdrucksiegel**
Das Farbdrucksiegel (Stempel) druckt aus einer runden Metall- oder Gummischeibe **herausragende** Bilder und Worte, die eine vom Stempelkissen aufgenommene dunkle Farbe tragen, deshalb Farbdrucksiegel, früher Farbdruckstempel genannt, auf die Urkunde.

58

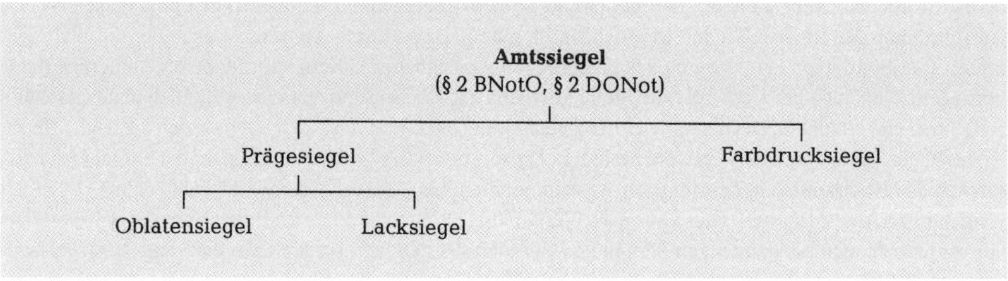

2. Verwendung

59 Der Platz für den Aufdruck des Siegels (oder Stempels) ist auf Urkunden unter, links oder rechts neben der Unterschrift des Notars, wo das Siegel die öffentliche Beurkundung bestätigt.

Wann Prägesiegel oder Farbdrucksiegel überhaupt oder wann das eine oder das andere ausschließlich oder wahlweise nebeneinander zu verwenden sind, ist aus vielen Einzelbestimmungen zu entnehmen. Grds. lässt sich Folgendes sagen:

a) Präge- oder Farbdrucksiegel kennzeichnen die öffentliche Urkunde nach **außen**. Besteht eine Urkunde aus mehreren Blättern, so sollen diese mit Schnur und Prägesiegel verbunden werden, § 44 S. 1 BeurkG. Entsprechendes gilt für die Anlagen.

b) Das Anheften mehrerer Bogen oder Blätter mit einem Siegel geschieht grds. **nur durch das Prägesiegel** (§ 44 S. 1 BeurkG). Das Siegel auf den Testamentsumschlägen dient dem Verschließen und wird in der Regel auf Siegellack mit einem Handsiegel eingeprägt (§ 34 Abs. 1 S. 1 BeurkG). Dabei ist die Verwendung des „Lacksiegels" nicht zwingend vorgeschrieben. Vorgeschrieben ist die Verwendung des Prägesiegels, sodass auch mit dem Oblatensiegel der Testamentsumschlag verschlossen werden kann.

c) Ansonsten ist es dem Notar grds. freigestellt, ob er das Prägesiegel oder das Farbdrucksiegel verwendet.

> *Dabei ist zu beachten:*
>
> Der Abdruck/die Prägung muss so abgebildet sein, dass das Siegel gelesen werden kann. Der Name des Notars mit dem Zusatz „Notar in (…)" muss deutlich zu erkennen sein.
>
> Bei einfachen Zeugnissen, insb. Unterschriftsbeglaubigungen und Beglaubigungen von Abschriften nach § 39 BeurkG (Vermerk), ist das Beifügen des Siegels – anders als bei der Niederschrift – eine zwingende Wirksamkeitsvoraussetzung für die Urkunde. Wenn das Siegel nicht den Namen des Notars und den Ort erkennen lässt, ist der Vermerk unwirksam. Aus diesem Grund ist die teilweise vertretene Auffassung, dass unter bestimmten Umständen vorübergehend das Siegel des Amtsvorgängers genutzt werden könne, bis zu einer höchstrichterlichen Klärung mit Vorsicht zu genießen. Versehentlich vergessene Siegel können grds. nachgeholt werden.

3. Verwahrung des Siegels

Der Notar hat dafür zu sorgen, dass sein Amtssiegel nicht missbraucht werden kann (§ 2 Abs. 3 DONot). Siegel dürfen nach Büroschluss nicht offen herumliegen, sondern müssen verschlossen werden. Bei verschuldetem Missbrauch der Siegel haftet der Notar wegen Amtspflichtverletzung. 60

Die gleiche Obhutspflicht obliegt dem Notar für die zu verwendende Signatureinheit, die aus Signaturkarte (N-Karte) und dem Zugangscode, der sog. PIN, besteht. Mit dem Einsatz dieser Signatureinheit wird die Unterschrift des Notars und die Verwendung des Siegels im elektronischen Verfahren ersetzt. Die Weitergabe der Chipkarte und Bekanntgabe der PIN an einen Dritten steht der Erteilung von Blankounterschriften des Notars nebst Beidrückung seines Siegels gleich und ist daher zwingend zu vermeiden. Die Weitergabe der Signatureinheit und Bekanntgabe der PIN ist mit der persönlichen Amtsausübung des Notars nicht vereinbar. Es besteht deshalb die Amtspflicht des Notars, die Signaturkarte sorgfältig zu verwahren und den Zugangscode (die PIN) geheim zu halten. Besteht der Verdacht, dass eine andere Person Kenntnis von der PIN erhalten hat, ist diese zu wechseln. Hierfür stehen in SAK lite die entsprechenden Möglichkeiten zur Verfügung.

Sollte die Notar-/Signaturkarte verloren gehen, muss dies unverzüglich der Zertifizierungsstelle der Bundesnotarkammer mitgeteilt werden. Entsprechende Zertifikate sind ebenfalls zu sperren.

Der Verlust der Karte ist unverzüglich dem Präsidenten des Landgerichts und der Notarkammer anzuzeigen. Mit der Anzeige ist ein Nachweis über die Sperrung des qualifizierten Zertifikats vorzulegen.

Nach Erlöschen des Amts sind die Siegel bei dem zuständigen Landgericht zur Vernichtung abzugeben (§ 51 Abs. 2 BNotO). Bei Beendigung einer Verwalterschaft vernichtet das Gericht die Siegel jedoch nicht, sondern bewahrt sie für spätere Verwalterschaften auf. Die Verwahrung des Verwaltersiegels ist deshalb sinnvoll, weil die Siegel in der Umschrift keinen Namen enthalten und folglich von jedem Verwalter am gleichen Ort benutzt werden können.

II. Amtsschild

Der Notar ist berechtigt, seine Geschäftsstelle durch ein Amtsschild zu kennzeichnen. Das Amtsschild enthält das Landeswappen und die Aufschrift „Notar" oder „Notarin" (§ 3 Abs. 1 DONot). Der Hinweis auf die Geschäftsstelle kann außerdem auch oder nur durch ein Schild mit dem Namen des Notars erfolgen (§ 3 Abs. 2 DONot, Namensschild). Zahl, Größe und Form der Schilder müssen jeden Eindruck von Werbung vermeiden. Zudem existieren mitunter landesrechtliche Vorgaben zum Erscheinungsbild und der maximalen Größe von Amtsschildern. Die Namensschilder ausgeschiedener oder versetzter Notare sind spätestens ein Jahr nach dem Amtsantritt des Nachfolgers zu entfernen. 61

D. Notariatsorganisation

Ähnlich wie Rechtsanwälte, Wirtschaftsprüfer und Ärzte sind auch die Notare **berufsständisch** organisiert. Die Vorschriften hierüber befinden sich im 2. Teil der BNotO unter der Überschrift „Notarkammern und Bundesnotarkammer" (§§ 65–91 BNotO). 62

I. Notarkammern

Alle **Notare eines Oberlandesgerichtsbezirks** bilden eine Notarkammer. Der Landesregierung ist es jedoch vorbehalten, zu bestimmen, dass mehrere Oberlandesgerichtsbezirke oder Teile von Oberlandesgerichtsbezirken den Bereich einer Notarkammer bilden. Hiervon wurde in Bayern, Hessen und Nordrhein-Westfalen Gebrauch gemacht: Die Landesnotarkammer Bayern umfasst ganz Bayern, nämlich die Oberlandesgerichtsbezirke München, Nürnberg und Bamberg; die Rheinische Notarkammer die Oberlandesgerichtsbezirke Köln und Düsseldorf. Im Bereich des Oberlandesgerichts Frankfurt gibt es die Notarkammern Frankfurt/Main und Kassel. Insgesamt gibt es 21 Notarkammern. 63

64 Hauptberuflich sind die Notare tätig in Baden-Württemberg, Bayern, Brandenburg, Hamburg, Mecklenburg-Vorpommern, Rheinland-Pfalz, im Saarland, Sachsen, Sachsen-Anhalt, Thüringen und in den rheinischen Teilen Nordrhein-Westfalens sowie in Baden-Württemberg.

Anwaltsnotare sind tätig in Berlin, Bremen, Hessen, Niedersachsen, Schleswig-Holstein sowie in Teilen Nordrhein-Westfalens (Oberlandesgerichtsbezirk Hamm, rechtsrheinischer Teil des Landgerichtsbezirks Duisburg und Amtsgerichtsbezirk Emmerich).

65 Jeder Notar ist **kraft Gesetzes Mitglied** der zuständigen Notarkammer. Die Mitgliedschaft ist Zwangsmitgliedschaft; sie beginnt automatisch mit der Bestellung und endet mit dem Erlöschen des Amtes. Befreiungen sind ausgeschlossen. Die Notarassessoren sind nicht Mitglieder der Kammer, aber zur Mitarbeit an den Aufgaben der Notarkammer berechtigt und verpflichtet; sie können an der Kammerversammlung ohne Stimmrecht teilnehmen (vgl. dazu die Satzungen der Notarkammern).

Die Notarkammer ist eine Körperschaft des öffentlichen Rechts und unterliegt der Staatsaufsicht durch die zuständige Landesjustizverwaltung (Justizminister oder Justizsenator). Die Aufsicht der Justizverwaltung ist eine reine Rechtsaufsicht und beschränkt sich darauf, dass Gesetz und Satzung eingehalten und die der Notarkammer übertragenen Aufgaben erfüllt werden. Zu Anweisungen in einzelnen Sachfragen ist der Justizminister nicht befugt.

Die Kammer regelt ihre internen Verhältnisse, Zuständigkeiten und die Geschäftsführung durch eine Satzung. Die Satzungen bedürfen auch bei Änderungen der Genehmigung durch die Landesjustizverwaltung und werden in den Mitteilungsblättern der Kammern oder in den Justizministerialblättern der betreffenden Länder veröffentlicht. Nunmehr wird von den Kammern mitunter auch die Internetseite als Verkündungsmedium genutzt. Da die Bundesnotarordnung die Rechtsverhältnisse der Kammern, ihrer Organe und Mitglieder nur in den Grundzügen geregelt hat, kommt der Satzung für den praktischen Geschäftsablauf der Kammerarbeit große Bedeutung zu.

66 **Organe** der Notarkammern sind der **Vorstand** und die **Versammlung** der Notare (§ 68 BNotO). Der Präsident der Notarkammer beruft die Notare mindestens einmal im Jahr zur **Kammerversammlung** ein. Demokratischen Grundsätzen entsprechend ist die Versammlung der Notare das oberste Organ der Notarkammer. Sie ist für alle Angelegenheiten der Notarkammer zuständig. In der Kammerversammlung geben die Notare ihrem Willen Ausdruck durch Beschlüsse und Wahlen; insb. wählen sie den Vorstand, befinden über seine Entlastung und bestimmen die Haushaltsführung.

Der Vorstand besteht aus dem Präsidenten, seinen Stellvertretern und weiteren Mitgliedern (§ 69 Abs. 2 BNotO). Der Präsident vertritt die Kammer gerichtlich und außergerichtlich (§ 70 BNotO). Zur Erledigung der laufenden Geschäftsarbeit bestellt der Vorstand einen – oder mehrere – Geschäftsführer. Der Geschäftsführer ist an die Weisungen des Vorstands gebunden. Im Bereich des hauptberuflichen Notariats wird diese Tätigkeit regelmäßig von Notarassessoren wahrgenommen. Anwaltsnotarkammern haben meist einen langjährigen hauptberuflichen Geschäftsführer.

67 Die Aufgaben der Notarkammer sind in § 67 BNotO niedergelegt:

Hauptaufgaben der Kammer sind die **Standesaufsicht** und die **Standesvertretung**. Im Rahmen der Standesaufsicht übt die Kammer hoheitliche Gewalt über die Notare und Notarassessoren aus und kann z.B. Ermahnungen aussprechen. Sie hat für eine rechtmäßige und gewissenhafte Berufsausübung der Notare und Notarassessoren zu sorgen, die Aufsichtsbehörden bei ihrer Tätigkeit zu unterstützen, die Pflege und Anwendung des Notariatsrechts zu fördern und für das Ansehen ihrer Mitglieder einzutreten (§ 67 Abs. 1 BNotO). Dem Verdacht einer Pflichtverletzung muss die Kammer nachgehen, wenn er ihr – etwa durch eine Beschwerde aus der Bevölkerung – bekannt wird. Aufgabe der Notarkammer ist es weiter, Versicherungsverträge zur Ergänzung der Haftpflichtversicherung der Notare (Gruppenanschlussversicherungen) abzuschließen und auch Versicherungsverträge zur Deckung solcher Schäden zu unterhalten, die als vorsätzliche Handlung durch die Allgemeinen Versicherungsbedingungen vom Haftpflichtschutz ausgenommen sind (Vertrauensschadenversicherungen, § 67 Abs. 3 Nr. 3 BNotO). Weiter obliegt es ihr, Vertrauensschadenfonds einzurichten (§ 67 Abs. 4 Nr. 3 BNotO). Aus dem Vertrauensschadenfonds werden freiwillige Hilfeleistungen bei Schäden erbracht, die von Notaren vorsätzlich herbeigeführt und nicht bereits durch die Vertrauensschadenversicherung nach § 67 Abs. 3 Nr. 3 BNotO gedeckt sind. In den Gebieten der Notarkassen werden die versicherungsbezogenen Aufgaben von den Kassen übernommen. Gesetzlich nicht zugewiesene Aufgaben dürfen die Notarkammern grds. nicht wahrnehmen.

Als Standesvertretung soll die Notarkammer die **Interessen** der Notare wahrnehmen. Damit ist keine rechtliche Vertretung, sondern eine berufs-, rechts- und wirtschaftspolitische Vertretung gemeint. Es handelt sich hierbei um: 68

- Erlass von Richtlinien über die Amtsführung,
- Stellungnahmen und Anregungen zu gesetzgeberischen Verfahren, die den Bereich des Notariats betreffen,
- Pflege des Notariatsrechts,
- Fortbildung der Notare und die Heranbildung von Hilfskräften der Notare,
- Fürsorge- und Versorgungseinrichtungen für die ausgeschiedenen Notare und deren Hinterbliebene.

Insbesondere wird die Notarkammer bei Entscheidungen der Justizverwaltung gehört. Dabei ist es ihre Aufgabe, die Angelegenheit aus der Sicht der Notare darzustellen und die Justizverwaltung zu informieren, etwa bei der Bestellung von Notaren, Entscheidungen über die Wiederausschreibung oder Einziehung von Notarstellen, Ernennung von Notarassessoren, Verlegung des Amtssitzes eines Notars, Gestattung von Nebentätigkeiten eines Notars, Bestellung von Notarvertretern und Notariatsverwaltern, Amtsenthebung eines Notars, Genehmigung zur Führung von Akten (meist: Archiven) außerhalb der Geschäftsräume, Bestellung eines (weiteren) ständigen Vertreters, Gewährung der Berechtigung zum Führung des Titels „Notar außer Dienst“.

Im Bereich der bayerischen Notarkammer und in den neuen Bundesländern – mit Ausnahme von Berlin – gibt es neben der Notarkammer eine Notarkasse, die eine Anstalt des öffentlichen Rechts ist. 69

Es sind dies für die neuen Bundesländer die Ländernotarkasse in Leipzig und für Bayern und den Regierungsbezirk Pfalz des Landes Rheinland-Pfalz die Notarkasse in München. Die Aufgaben der Notarkasse sind in §§ 113, 113a BNotO beschrieben; es handelt sich hierbei im Wesentlichen um folgende Bereiche:

- erforderliche Ergänzung des Berufseinkommens der Notare,
- Versorgung ausgeschiedener Notare,
- Besoldung von Notariatsbeamten,
- einheitliche Durchführung der Versicherung der Notare,
- Fortbildung der Notare,
- die Bereitstellung der erforderlichen Haushaltsmittel der im Gebiet der Kasse gebildeten Notarkammern,
- die wirtschaftliche Verwaltung der von einem Notariatsverwalter wahrgenommenen Notarstelle an Stelle der Notarkammern und
- die Erstattung notarkostenrechtlicher Gutachten, die eine Landesjustizverwaltung, ein Gericht oder eine Verwaltungsbehörde im Tätigkeitsbereich der Kasse anfordert.

Die Ländernotarkasse in Leipzig ähnelt in mancherlei Hinsicht der bayerischen Notarkasse.

II. Bundesnotarkammer

Die Notarkammern sind zur Bundesnotarkammer zusammengeschlossen, die ebenfalls eine Körperschaft des öffentlichen Rechts ist und unter Staatsaufsicht des Bundesministers der Justiz steht. Die Struktur der Bundesnotarkammer weicht von der Struktur der Notarkammern wesentlich ab: Während Mitglieder der einzelnen Notarkammern die in dem Bezirk tätigen Notare sind, sind Mitglieder der Bundesnotarkammer die einzelnen Notarkammern. Die Bundesnotarkammer ist somit eine Körperschaft des öffentlichen Rechts, deren Mitglieder wiederum Körperschaften des öffentlichen Rechts sind. 70

Die Bundesnotarkammer ist den einzelnen Notarkammern nicht übergeordnet und hat ihnen gegenüber auch kein Weisungsrecht. Sie soll vielmehr die Aufgaben erledigen, welche die **Gesamtheit** der in der Bundesrepublik tätigen Notare angehen (vgl. § 78 BNotO). Der Schwerpunkt der berufsständischen Organisation und Verwaltung im Einzelnen liegt bei den Notarkammern.

Die Bundesnotarkammer hat Gutachten zu erstatten, die eine an der Gesetzgebung beteiligte Behörde oder Körperschaft des Bundes oder ein Bundesgericht in Angelegenheiten der Notare anfordern. Durch Beschluss der Vertreterversammlung spricht sie Empfehlungen aus für die von den Notarkammern zu erlassenden

Richtlinien. Sie stellt ebenfalls Richtlinien auf für die Ausbildung der Hilfskräfte der Notare. Sie kann insb. Maßnahmen ergreifen, die der wissenschaftlichen Beratung der Notarkammern und ihrer Mitglieder, der Fortbildung von Notaren, der Aus- und Fortbildung des beruflichen Nachwuchses und der Hilfskräfte der Notare dienen. Die Bundesnotarkammer gibt die Deutsche Notarzeitschrift (DNotZ) heraus.

In den vergangenen Jahren hat sich der Fokus der Tätigkeit der Bundesnotarkammer deutlich in den technischen Bereich ausgedehnt. Sie hat nicht nur die elektronische Infrastruktur für das Zentrale Testamentsregister und das Zentrale Vorsorgeregister geschaffen, sondern hat die nunmehr im Computerprogramm XNP zusammengefassten Softwarekomponenten (elektronisches Notarpostfach, elektronischer Handelsregisterverkehr, elektronischer Grundbuchverkehr, Signaturtechnologie, Modul zur Online-Gründung im Gesellschaftsrecht u.v.m.) erstellt. Zudem führt die Bundesnotarkammer das Notarverzeichnis, stellt das elektronisch geführte Urkundenverzeichnis sowie das elektronische Urkundenarchiv bereit und wird auch für die vermutlich zeitnah bevorstehenden Neuerungen **(eNoVA, digitale Präsenzbeurkundung)** alle erforderlichen technischen Tätigkeiten veranlassen. Die vorstehend genannten Anwendungen werden nicht nur initial programmiert, sondern auch fortlaufend gewartet („gepatcht") und fortentwickelt.

71 Die Organe der Bundesnotarkammer sind denen der Notarkammern nachgebildet. Oberstes Organ ist die Vertreterversammlung, in der die einzelnen Notarkammern durch ihre Präsidenten oder durch ein anderes Mitglied vertreten sind. Als ausführendes Organ handelt ein Präsidium. Das Präsidium wird von der Vertreterversammlung auf vier Jahre gewählt. Das Präsidium besteht aus dem Präsidenten, zwei Stellvertretern und vier weiteren Mitgliedern. Fünf Mitglieder des Präsidiums müssen zur hauptberuflichen Amtsausübung bestellte Notare (Nurnotare) sein, vier Mitglieder müssen Anwaltsnotare sein. Ein Stellvertreter muss zur hauptberuflichen Amtsausübung bestellter Notar, ein Stellvertreter Anwaltsnotar sein, § 80 BNotO.

III. Geschäftsstelle, Amtssitz, Amtsbereich und Amtsbezirk des Notars

72 Unter der Geschäftsstelle des Notars wird derjenige Ort verstanden, an welchem er seine Amtsgeschäfte und die Betreuung seiner Klienten hauptsächlich wahrnimmt. Gelegentliche Termine außerhalb der Geschäftsstelle (sog. **Auswärtstermine**) haben keine Auswirkungen auf die Geschäftsstelleneigenschaft. Die Arbeiten zur Vor- und Nachbereitung einer Urkunde wird regelmäßig in der Geschäftsstelle erfolgen, dies ist jedoch nicht zwingend. Auch können Archivbestände außerhalb der Geschäftsstelle untergebracht werden; hierbei ist jedoch auf das regelmäßig einschlägige Genehmigungserfordernis aus § 35 Abs. 3 S. 1 Alt. 2 BNotO zu achten.

Der Notar muss seine Geschäftsstelle an dem ihm zugewiesenen Amtssitz (i.S.d. politischen Gemeinde) halten und zumindest während der üblichen Geschäftszeiten offenhalten, § 10 Abs. 2 S. 1, Abs. 3 BNotO.

Amtshandlungen sind außerhalb der Geschäftsstelle nur **im Einzelfall**, bei Vorliegen eines sachlichen Grundes und auf Wunsch aller Beteiligten vorzunehmen. Es könnte den Anschein fehlender Unparteilichkeit hervorrufen, wenn ein Notar bspw. Bauträgerverträge stets in den Büroräumen des veräußernden Bauträgers zu beurkunden pflegt. Demgegenüber wird der Besuch im Hospiz zur Testamentserrichtung regelmäßig nicht nur zulässig, sondern sogar geboten sein, wenn die betreffende Person die Geschäftsstelle aus gesundheitlichen Gründen nicht aufsuchen kann.

73 Die Ernennungsurkunde des Notars soll seinen Amtsbezirk und Amtssitz bezeichnen und die Dauer der Bestellung (§ 3 Abs. 1 und 2 BNotO) angeben (§ 12 BNotO). Der Notar ist also nicht frei in der Wahl des Ortes, an dem er sich niederlässt, und der Orte, an denen er im Einzelfall Amtshandlungen vornimmt. Die Bindung des Notars an einen bestimmten Ort ist ähnlich dem Sitz der Gerichte und Behörden und bedingt durch das dem Inhaber verliehene öffentliche Amt.

Der Notar als Teil der staatlichen Rechtspflegeorganisation muss sich der planmäßigen, regionalen Aufteilung anpassen; die regionale Verteilung richtet sich nach den Erfordernissen der Rechtspflege (Bedürfnisprüfung vgl. Rdn 37) und nicht nach den Wünschen des Notars.

74 1. **Amtssitz** ist der Ort, an dem der Notar seine Geschäftsstelle (= Kanzlei, Amtsstube, Büro) zu halten hat. Die Pflicht des Notars, an seinem Amtssitz auch seine Wohnung zu nehmen (= Residenzpflicht), ist aufgehoben. Er hat seine Wohnung so zu nehmen, dass er in der ordnungsgemäßen Wahrnehmung seiner Amtsgeschäfte nicht beeinträchtigt wird, § 10 Abs. 2 S. 2 BNotO.

Als Amtssitz wird in der Regel eine politische Gemeinde bestimmt. In Großstädten (über 100.000 Einwohner) kann dem Notar auch ein bestimmter Stadtteil oder Amtsgerichtsbezirk als Amtssitz zugewiesen werden. Es kann ihm in ländlichen Bereichen auferlegt werden, mehrere Geschäftsstellen zu unterhalten oder auswärtige Sprechtage abzuhalten, wenn die Bedürfnisse der rechtsuchenden Bevölkerung dies erfordern. Von sich aus darf er das ohne Genehmigung der Aufsichtsbehörde nicht.

2. Vom Amtssitz leiten sich der **Amtsbezirk** (§ 11 BNotO) und der **Amtsbereich** (§ 10a BNotO) ab.
   a) Der **Amtsbezirk** deckt sich immer mit dem Oberlandesgerichtsbezirk, in dem der Amtssitz liegt. Der Amtsbezirk begrenzt den Tätigkeitsbereich des Notars, da er Amtshandlungen grds. nur innerhalb seines Amtsbezirks vornehmen darf.
   Außerhalb dieses Bezirks darf er Amtshandlungen nur dann vornehmen, wenn entweder Gefahr im Verzuge ist (z.B. ein Beteiligter droht zu sterben, bevor ein zuständiger Notar kommt) oder wenn die Aufsichtsbehörde es vorher genehmigt hat (§ 11 Abs. 2 BNotO, absoluter Ausnahmefall).
   Ohne diese Voraussetzungen liegt in der Vornahme von Amtsgeschäften außerhalb des Amtsbezirks ein Dienstvergehen des Notars vor; die Beurkundung ist aber gültig (§ 2 BeurkG, § 11 Abs. 3 BNotO).
   Dagegen darf der Notar im Ausland (= außerhalb der Bundesrepublik Deutschland) niemals Amtsgeschäfte vornehmen. Denn die Befugnis des Notars, Urkunden aufzunehmen, ist ein Ergebnis der staatlichen Hoheitsgewalt. Die Hoheitsgewalt eines Staates endet an seinen Grenzen. Beurkundungen eines deutschen Notars im Ausland sind deshalb nichtig. Die Beurkundung nach deutschem Verfahrensrecht im Ausland obliegt nicht den Notaren, sondern den deutschen Konsulatsbehörden, denen der Empfangsstaat diese Tätigkeit gestattet hat.
   Im Rahmen von Online-Verfahren ist davon auszugehen, dass die Beteiligten online „zum Notar" kommen – und nicht umgekehrt. Daher ist eine Online-Beurkundung auch dann möglich (und ggf. gerade sinnvoll), wenn sich ein oder mehrere Beteiligte im Ausland befinden. Dies setzt den inländischen Aufenthalt des Notars voraus.
   Im Bereich der notariellen Online-Verfahren bestehen spezielle Zuständigkeitsregeln, § 10a Abs. 3 BNotO.
   b) Vom Amtsbezirk ist der **Amtsbereich** des Notars zu unterscheiden (§ 10a BNotO). Der Amtsbereich (teilweise auch „Amtssprengel" genannt) ist der Amtsgerichtsbezirk, in dem der Notar seinen Amtssitz hat. Der Amtsbereich ist bei Nurnotaren teilweise noch enger gefasst, wenn mehrere Nurnotare eines Amtsgerichtsbezirks ihren Amtssitz in verschiedenen politischen Gemeinden haben. Dann kann der Amtsbereich der einzelnen Notare auf den Ort ihres Amtssitzes und das dazu gehörende Hinterland beschränkt werden (§ 10a Abs. 1 S. 2 BNotO). Die Landesjustizverwaltung kann den Amtsbereich ändern. Auf diesen engeren **Amtsbereich** muss sich der Notar unbeschadet seiner Ernennung für den Bezirk eines Oberlandesgerichts bei der Urkundstätigkeit grds. beschränken (IX. 1. Richtlinienempfehlungen). Mit dem elektronisch geführten Urkundenverzeichnis kann durch die Pflichtangabe des Ortes der Beurkundung nun überprüft werden, ob dies vom Notar eingehalten wurde.
   Zwischen der Bestellung für einen Amtsbezirk (= Oberlandesgerichtsbezirk) und der Pflicht, den Amtsbereich (= Amtsgerichtsbezirk) einzuhalten, besteht nur ein scheinbarer Widerspruch. Der Amtsbezirk ist die **äußerste Grenze**, bis zu der der Notar gehen darf. Verlässt er seinen Amtsbezirk, so muss er vorher um die Genehmigung der Aufsichtsbehörde nachsuchen. Bei einer Tätigkeit innerhalb des Amtsbezirks hat der Notar selbst unter eigener Verantwortung zu prüfen, ob ein Grund vorliegt, die Grenzen seines **Amtsbereiches** zu verlassen. Er darf den Amtsbereich nur verlassen, wenn besondere Interessen der Rechtsuchenden es gebieten (§ 10a Abs. 2 BNotO). Überschreitet er die Grenzen seines **Amtsbereiches** ohne triftigen Grund und wird er in dem Gebiet eines anderen Kollegen tätig, so kann er dienstrechtlich belangt werden. Gründe, den **Amtsbereich** (nicht den Amtsbezirk) zu verlassen, können z.B. sein: Genehmigung durch den betroffenen Kollegen; Nichterreichbarkeit des ansässigen Notars in einer eiligen Sache; plötzliche Verhinderung des Klienten, in die Geschäftsstelle des Notars zu kommen, der die zu beurkundende Angelegenheit vorbereitet hat.
   Urkundstätigkeiten außerhalb seines Amtsbereiches hat der Notar der Aufsichtsbehörde oder nach deren Bestimmung der Notarkammer, der er angehört, unverzüglich unter Angabe von Gründen mitzuteilen, § 10a Abs. 3 BNotO. In bestimmten Konstellationen sehen die Richtlinien der Notarkammern meist vor, dass die Amtsträger des betroffenen Amtsbereiches zu informieren sind.

Die obigen Einschränkungen des örtlichen Tätigkeitsbereiches gelten nicht für die Erstellung von Urkundsentwürfen, Gutachten, Treuhandtätigkeiten, sonstige Beratung oder die Vertretung von Beteiligten (etwa im Rahmen von Beschwerdeverfahren).

E. Standesrecht

I. Rechtsgrundlagen

75 Notarielles Standesrecht ist die Summe der **Verhaltensregeln** und **Amtspflichten**, die der Notar bei der Ausübung seines Berufes beachten muss. Die Verhaltensregeln und Amtspflichten sind nicht in einem Gesetz zusammengefasst, sondern in vielen Vorschriften und Dienstanweisungen enthalten. Sie finden sich zunächst in den oben aufgeführten Quellen des Notarrechts (vgl. Rdn 15). Aber auch in Gesetzen und Verordnungen, die nicht das Notariat betreffen, werden dem Notar Pflichten auferlegt, etwa die Mitteilungspflichten in den Steuergesetzen oder die Anzeigepflichten im Baugesetzbuch.

Zu einem großen Teil ist das Standesrecht jedoch nicht als geschriebenes Recht festgelegt, sondern einem Gewohnheitsrecht zu entnehmen, welches der Notarstand im Laufe der Jahrzehnte entwickelt hat. Richtungsweisend für das Standesrecht sind die Richtlinienempfehlungen, die die Bundesnotarkammer am 29.1.1999 aufgestellt hat (siehe Rdn 22); nachfolgend kurz Richtlinienempfehlungen genannt.

§ 14 BNotO verpflichtet den Notar, sein Amt getreu seinem Eide (§ 13 BNotO) zu verwalten und sich der Achtung und des Vertrauens würdig zu erweisen, die seinem Beruf entgegengebracht werden. „*Um die Pflichten eines Notars gewissenhaft und unparteiisch zu erfüllen*“, so die Eidesformel, muss der Notar die gewohnheitsrechtlichen Standesregeln und die traditionellen Auffassungen von den Berufspflichten beachten. Durch die Generalklausel in § 14 BNotO hat die ungeschriebene Standessitte somit die Qualität von Rechtsnormen erhalten.

II. Amtsführung

76 Der **Gesamtinhalt** der Amtspflichten ist in § 14 BNotO programmatisch dargestellt.

Der Notar hat sein Amt **sachlich, unparteiisch und unabhängig** zu führen. Er hat seine Amtstätigkeit zu versagen, wenn sie mit seinen Amtspflichten nicht vereinbar wäre, insb. wenn seine Mitwirkung bei Handlungen verlangt wird, mit denen erkennbar unerlaubte oder unredliche Zwecke verfolgt werden.

Der Notar hat sich durch sein Verhalten innerhalb und außerhalb seines Amtes der Achtung und des Vertrauens, die dem Notaramt entgegengebracht werden, würdig zu zeigen. Er hat jedes Verhalten zu vermeiden, das den Anschein eines Verstoßes gegen die ihm gesetzlich auferlegten Pflichten erzeugt, insb. den Anschein der Abhängigkeit oder Parteilichkeit (§ 14 Abs. 3 BNotO).

Weder er selbst noch seine Mitarbeiter dürfen Darlehen oder Grundstücksgeschäfte vermitteln, mithin keine entsprechenden Maklertätigkeiten entfalten.

Die Leitsätze des § 14 BNotO (Grundpflichten) müssen in einzelne gegenständliche Verhaltensregeln aufgelöst werden, um richtig angewandt werden zu können.

Die wichtigste Konkretisierung der Verhaltensmaßregeln ist in den Richtlinienempfehlungen der Bundesnotarkammer vom 29.1.1999 enthalten, die von den Notarkammern in ihre Richtlinien übernommen worden sind (vgl. Rdn 22). Im Folgenden sollen anhand der Richtlinienempfehlungen der Bundesnotarkammer einige Regeln dargestellt werden, welche die Amtsführung im Allgemeinen betreffen und vom Notar eingehalten werden müssen, wenn er „*sich der Achtung und des Vertrauens, die seinem Beruf entgegengebracht werden, würdig zeigen will*“.

77 Der Notar ist immer unparteiischer Rechtsberater und Betreuer sämtlicher Beteiligten. Auch bei einem einseitigen Antrag auf Beratung und Erstellung von Entwürfen hat er doch seine Unparteilichkeit zu wahren (I. Richtlinienempfehlungen).

Der Notar hat das Beurkundungsverfahren so zu gestalten, dass die vom Gesetz mit dem Beurkundungserfordernis verfolgten Zwecke erreicht werden, insb. die Schutz- und Belehrungsfunktion der Beurkundung gewahrt und bereits der **Anschein** der Abhängigkeit oder Parteilichkeit vermieden wird. Dies gilt insb., wenn eine große Zahl gleichartiger Rechtsgeschäfte beurkundet wird, an denen jeweils dieselbe Person beteiligt ist oder durch die sie wirtschaftliche Vorteile erwirbt. Dazu gehört auch, dass er den Beteiligten ausreichend Gelegenheit einräumt, sich mit dem Gegenstand der Beurkundung auseinander zu setzen (II. Richtlinienempfehlungen).

Konkret **unzulässig** sind hiernach:

- systematische Beurkundung mit vollmachtlosen Vertretern;
- systematische Beurkundung mit bevollmächtigten Vertretern, soweit nicht durch vorausgehende Beurkundung mit dem Vollmachtgeber sichergestellt ist, dass dieser über den Inhalt des abzuschließenden Rechtsgeschäfts ausreichend belehrt werden konnte;
- systematische Beurkundung mit Mitarbeitern des Notars als Vertreter, ausgenommen Vollzugsgeschäfte; gleiches gilt für Personen, mit denen sich der Notar zur gemeinsamen Berufsausübung verbunden hat oder mit denen er gemeinsame Geschäftsräume unterhält – dies wurde früher beispielsweise bei Grundschuldbestellungen teilweise anders gehandhabt;
- systematische Aufspaltung von Verträgen in Angebot und Annahme; soweit die Aufspaltung aus sachlichen Gründen gerechtfertigt ist, soll das Angebot vom belehrungsbedürftigeren Vertragsteil ausgehen; sowie
- gleichzeitige Beurkundung von mehr als fünf Niederschriften bei verschiedenen Beteiligten.

Unzulässig ist zudem die missbräuchliche Auslagerung geschäftswesentlicher Vereinbarungen in Bezugsurkunden (§ 13a BeurkG).

Der Notar hat jedes gewerbliche Verhalten, insb. eine dem öffentlichen Amt widersprechende Werbung zu **unterlassen**, § 29 BNotO. Wenn auch die Grenzen der Werbung bei Rechtsanwälten, Steuerberatern und Wirtschaftsprüfern weiter gesteckt sind als bei Notaren, so darf sich die weitergehende Werbemöglichkeit doch nicht auf die notarielle Berufsausübung erstrecken, § 29 Abs. 2 BNotO. Werbung ist insb. insoweit verboten, als sie Zweifel an der Unabhängigkeit oder Unparteilichkeit des Notars zu wecken geeignet oder aus anderen Gründen mit seiner Stellung in der vorsorgenden Rechtspflege als Träger eines öffentlichen Amtes nicht vereinbar ist (VII. 1.2. der Richtlinienempfehlungen). 78

Ausdrücklich in VII 1.3. der Richtlinienempfehlungen **verboten** ist ein Verhalten des Notars, wenn:

- es auf die Erteilung eines bestimmten Auftrags oder Gewinnung eines bestimmten Auftraggebers gerichtet ist,
- es durch Form, Inhalt, Häufigkeit oder auf sonstige Weise den Eindruck der Gewerblichkeit vermittelt, insb. den Notar oder seine Dienste reklamehaft herausstellt,
- es eine wertende Selbstdarstellung des Notars oder seiner Dienste enthält,
- der Notar ohne besonderen Anlass allgemein an Rechtsuchende herantritt, oder
- es sich um irreführende Werbung handelt.

Soweit es üblich ist, dass öffentliche Stellen (z.B. Städte, Gemeinden, Kirchen, Verbände) Beurkundungsaufträge gleichmäßig verteilen, ist es standeswidrig, bei diesen Stellen Wünsche wegen der Beteiligung eines bestimmten Auftrages vorzubringen. Dem Ziel, Werbung zu verhindern, dient auch das Verbot, neben der Amtsbezeichnung andere Titel als des Doktors, des Professors und des Justizrates zu führen (VII. 2. 1. Richtlinienempfehlungen).

Der Notar soll seine Amtsgeschäfte in der Regel in seiner Geschäftsstelle vornehmen und nur bei Vorliegen sachlicher Gründe auswärts (außerhalb seiner Geschäftsstelle) beurkunden. Eine Amtstätigkeit außerhalb der Geschäftsstelle ist unzulässig, wenn dadurch der Anschein von amtswidriger Werbung, eines auswärtigen Sprechtages, der Abhängigkeit oder der Parteilichkeit entsteht oder der Schutzzweck des Beurkundungserfordernisses gefährdet wird. (IX. Ziff. 1.1 und 1.2. der Richtlinienempfehlungen). 79

Der Notar muss sich auf seinen Amtsbereich beschränken (§ 10a BNotO, IX. Ziff. 2 der Richtlinienempfehlungen). **Ausnahmen** hiervon sind nach den Richtlinienempfehlungen insb. dann möglich, wenn:

- Gefahr im Verzug ist;
- der Notar auf Anforderung einen Urkundsentwurf gefertigt hat und sich **danach** aus **unvorhersehbaren** Gründen ergibt, dass die Beurkundung unter Überschreitung der Grenzen des Amtsbereichs erfolgen muss;
- der Notar eine nach § 21 GNotKG zu behandelnde Urkundstätigkeit vornimmt; oder
- in Einzelfällen eine besondere Vertrauensbeziehung zwischen Notar und Beteiligten, deren Bedeutung durch die Art der vorzunehmenden Amtstätigkeit unterstrichen werden muss, dies rechtfertigt und es

den Beteiligten unzumutbar ist, den Notar in seiner Geschäftsstelle aufzusuchen; bei Urkundstätigkeiten mittels Videokommunikation muss es den Beteiligten unzumutbar sein, einen nach § 10a Abs. 3 BNotO zuständigen Notar in Anspruch zu nehmen.

80 Anvertraute **Vermögenswerte** sind mit besonderer Sorgfalt zu behandeln und **Treuhandaufträge** sorgfältig auszuführen. Der Notar darf dabei nicht dulden, dass sein Amt zur Vortäuschung von Sicherheiten benutzt wird (III. Richtlinienempfehlungen). Damit die Klienten im Falle einer Schädigung nicht leer ausgehen, muss eine Haftpflichtversicherung bestehen (§ 19a BNotO).

Der Notar ist verpflichtet, die gesetzlich vorgeschriebenen **Gebühren** zu erheben, zu denen auch alle **Zusatzgebühren** gehören. Der Notar hat die Beziehungen zu seinen Mitarbeitern so zu gestalten, dass seine Unabhängigkeit und Unparteilichkeit nicht gefährdet wird (VIII. Richtlinienempfehlungen). Notare haben bei Streitigkeiten untereinander eine gütliche Einigung zu versuchen. Bleibt der Versuch erfolglos, so sollen sie eine gütliche Einigung durch Vermittlung der Notarkammer versuchen, bevor die Aufsichtsbehörde oder ein Gericht angerufen wird (XI. Richtlinienempfehlungen).

Einige besonders wichtige Amtspflichten, insb. solche, deren Verletzung regelmäßig Schadensersatzverpflichtungen nach sich ziehen, sind im nächsten Kapitel (siehe Rdn 86) gesondert dargestellt.

III. Aufsicht, Prüfung der Amtsführung

81 Alle Amtsträger unterstehen einer **Dienstaufsicht**, da sie originär staatliche Aufgaben wahrnehmen und daher auch entsprechend kontrolliert werden müssen. Die Aufsicht über die Notare hat vorbeugenden und berichtigenden Charakter. Sie soll dafür sorgen, dass die Notare ihr Amt nach den Gesetzen ausüben und Pflichtwidrigkeiten in Prüfungen aufgedeckt werden. In Abständen von grds. vier Jahren und ggf. auch in der Zwischenzeit (§ 93 Abs. 1 S. 2 BNotO) wird die Amtsführung jedes Notars geprüft (vgl § 18 DONot).

Die Prüfung erstreckt sich auch

- auf die Einrichtung der Geschäftsstelle,
- auf die Führung und Verwahrung der Akten und Verzeichnisse,
- auf die ordnungsgemäße automatisierte Verarbeitung personenbezogener Daten,
- auf die vorschriftsmäßige Verwahrung von Wertgegenständen,
- auf die rechtzeitige Anzeige von Vertretungen sowie
- auf das Bestehen der Haftpflichtversicherung.

In jedem Fall ist eine größere Anzahl von Urkunden und Nebenakten durchzusehen und dabei auch die Kostenberechnung zu prüfen, § 93 Abs. 2 S. 3 BNotO.

82 Die Landesjustizverwaltung legt fest, durch wen die Prüfung zu erfolgen hat, § 93 Abs. 3 S. 1 BNotO. Faktisch ist dies durch den in allen Bundesländern inhaltsgleichen § 15 Abs. 2 S. 1 DONot der Präsident des Landgerichts oder ein vom ihm beauftragter Richter auf Lebenszeit. Die Prüfung darf folglich nicht von Richtern durchgeführt werden, welche sich noch in der Erprobungsphase befinden. Die üblichen **Prüfungsinhalte** sind in § 18 DONot aufgelistet. Die jüngere Vergangenheit zeigte ein besonderes Interesse der Notarprüfer für die Themen Datenschutz und Geldwäschebekämpfung. In den Bereichen der Notarkassen wird die Prüfung der Kostenrechnungen regelmäßig gesondert durch die jeweilige Notarkasse durchgeführt. Das Ergebnis dieser Prüfung wird sodann dem Präsidenten des Landgerichts mitgeteilt. Zur Prüfung der Verwahrungsgeschäfte und dergleichen dürfen auch Beamte der Justizverwaltung herangezogen werden.

Der Notar hat den Prüfern alle erforderlichen **Unterlagen** zu überreichen und Zugang in die Akten und Verzeichnisse zu gewähren. Dies umfasst auch die Notariatssoftware. Für den Zugriff auf die im XNP hinterlegten Daten bietet es sich an, dem Notarprüfer einen sog. Prüferzugang anzulegen. Dieser kann unkompliziert auf einer Mitarbeiterkarte begründet werden. Diese Form des Zugriffs gibt dem Prüfer die Möglichkeit der Einsicht in alle Daten, gewährt ihm jedoch keine schreibenden Rechte – er kann also die angezeigten Daten nicht ändern (vgl. § 17 Abs. 1 DONot). Ein Zugriff von einem externen Arbeitsplatz verbietet die DONot.

83 Über die Prüfung wird ein Bericht angefertigt, den der Notar bei seiner Generalakte aufzubewahren hat. Die Notarkammer wird über den Verlauf der Prüfungen informiert. Soweit der Bericht Beanstandungen enthält,

trifft der Landgerichtspräsident nach Anhörung des Notars die erforderlichen Anordnungen; z.B. Rückzahlung zu viel erhobener und Nachforderung zu wenig geforderter Kosten; Anlegen und Fortführen der fehlenden Bücher; Berichtigung bzw. Neuvornahme mangelhafter Beurkundungen.

Bei ordnungswidrigem Verhalten oder Pflichtverletzungen leichterer Art kann eine Missbilligung ausgesprochen werden. Bei schweren Verstößen wird die Aufsichtsbehörde ein Disziplinarverfahren einleiten (vgl. Rdn 85).

Neben den turnusmäßigen Geschäftsprüfungen können die Aufsichtsbehörden von den Notaren **Berichte** und **Stellungnahmen** zu einzelnen Vorfällen und Beschwerden verlangen oder Rückfragen halten. Der Zweck der Dienstaufsicht wird vielfach schon durch die bloße Möglichkeit der Prüfung erreicht. Denn das Bewusstsein, den Aufsichtsbehörden für die Amtstätigkeit Rechenschaft zu schulden, weckt das Verantwortungsgefühl der auf diese Weise überwachten Notare. Die Prüfung stellt zudem das Korrektiv der dem Notar gewährten Eigenverantwortung dar.

Die zur Aufsicht berufenen Behörden sind in § 92 BNotO genannt: Der Landgerichtspräsident für alle Notare, 84
die im Landgerichtsbezirk ihren Amtssitz haben, der Oberlandesgerichtspräsident für alle Notare des Oberlandesgerichtsbezirks und die Landesjustizverwaltung für alle Notare eines Landes. Welcher der drei genannten für welche Überwachungs- und Aufsichtsmaßnahme zuständig ist, regeln die Landesjustizverwaltungen durch allgemeine Verfügungen (AVNot).

Neben den Justizbehörden sind auch die Notarkammern zur Beaufsichtigung der Notare berufen (vgl. Rdn 85). Eine ihrer Aufgaben ist es, für die rechtmäßige und gewissenhafte Berufsausübung der Notare und Notarassessoren zu sorgen (§ 67 Abs. 1 BNotO).

IV. Disziplinarrecht

Gegen Notare und Notarassessoren, die **schuldhaft** die ihnen obliegenden Amtspflichten verletzen und die 85
Amtspflichtverletzung nicht nur leichter Art war, wird ein förmliches Disziplinarverfahren eingeleitet (§ 95 BNotO). Im Disziplinarverfahren können folgende Maßnahmen verhängt werden:

- Verweis,
- Geldbuße, und
- Entfernung aus dem Amt, bei einem Nurnotar auch Versetzung an einen anderen Amtssitz; bei einem Anwaltsnotar auch Entfernung aus dem Amt auf eine bestimmte Zeit.

Die Entfernung aus dem Amt ist nur dann möglich, wenn die Amtspflichtverletzung derart schwer wiegt, dass sein Verbleiben im Amt **nicht mehr tragbar** ist.

Zusätzlich ist noch eine Missbilligung möglich, welche lediglich **fehlerhaftes Verhalten** des Notars tadelt. Bei ihr handelt es sich nicht um eine technische Disziplinarmaßnahme.

F. Amtspflichten des Notars

I. Verantwortlichkeit

Verletzt der Notar seine Amtspflicht, so kann er dafür von der Dienstaufsicht zur Rechenschaft gezogen wer- 86
den. Allein mit disziplinarischen Maßnahmen ist den Beteiligten jedoch oft nicht geholfen. Sie wollen **Schadensersatz**, wenn ihnen aus der Pflichtverletzung ein Nachteil entstanden ist. Dem entspricht das Gesetz:

> *§ 19 Abs. 1 S. 1 BNotO:*
>
> *„Verletzt der Notar vorsätzlich oder fahrlässig die ihm einem anderen gegenüber obliegende Amtspflicht, so hat er diesem den daraus entstehenden Schaden zu ersetzen."*

Die Norm entspricht im Wesentlichen derjenigen über die Haftung eines Beamten (§ 839 BGB i.V.m. Art. 34 GG). Auch der Notar haftet bei Fahrlässigkeit nur, wenn der Verletzte nicht auf andere Weise Ersatz zu erlangen vermag (§ 19 Abs. 1 S. 2 BNotO, Grundsatz der subsidiären Haftung). Eine Ausnahme gilt für Verwahrungsgeschäfte und sonstige Betreuungstätigkeit (§§ 23, 24 BNotO). Wenn der Notar dabei einen Fehler macht, kann er die Beteiligten nicht darauf verweisen, zunächst auf andere Weise Ersatz zu suchen. Die Ersatzpflicht tritt nicht ein, wenn der Verletzte es vorsätzlich oder fahrlässig unterlassen hat, den Schaden durch Gebrauch eines Rechtsmittels abzuwenden (§ 839 Abs. 2 BGB i.V.m. § 19 Abs. 1 S. 3 BNotO).

Ansprüche kann aber immer nur der geltend machen, dessen Interessen gerade durch die verletzte Amtspflicht geschützt werden sollten. Nicht erforderlich ist, dass der geschützte „Dritte“ selbst beim Notar erschienen ist. Es genügt, wenn die Amtspflicht zumindest auch seinen Schutz bezweckt.

87 *Beispiel*

Bei der Testamentserrichtung sind nicht nur der Erblasser geschützt, sondern auch die **Testamentserben** und **Vermächtnisnehmer**, die regelmäßig in keine Beziehung zu dem Notar getreten sind.

Die Schadensersatzansprüche gegen den Notar (wenn dieser verstorben ist gegen seine Erben) verjähren in drei Jahren. Die Verjährung beginnt jedoch erst, sobald der Verletzte von dem Schaden und der Person des Ersatzpflichtigen Kenntnis erlangt. Die Verjährung tritt – ohne Rücksicht auf die Kenntnis – spätestens 30 Jahren nach der Pflichtverletzung ein (§ 19 Abs. 1 S. 3 BNotO i.V.m. §§ 195, 199 BGB). Häufig stellt sich der Schaden erst nach Jahren oder Jahrzehnten heraus – häufig sogar erst dann, wenn der Notar längst verstorben ist.

88 *Beispiel*

Ein Testament wird 25 Jahre nach der Beurkundung eröffnet. Dabei stellt sich heraus, dass eine Unterschrift irrtümlich vergessen wurde.

Das **Haftungsrisiko** kann den Notar und seine Erben 30 Jahre lang treffen. Schon aus diesem Grund ist eine angemessene **Haftpflichtversicherung** des Notars nicht nur Rechtspflicht, um den Klienten eine Regressmöglichkeit zu sichern, sondern notwendiger Selbstschutz für den Notar und seine Erben. Gemäß § 19a BNotO hat jeder Notar eine **Berufshaftpflichtversicherung** von mindestens 500.000 EUR abzuschließen, wobei die Leistungen des Versicherers für alle innerhalb eines Versicherungsjahres verursachten Schäden auf 1 Million EUR begrenzt werden dürfen. Daneben muss die Notarkammer eine **Gruppenanschlussversicherung** abschließen (§ 67 Abs. 3 Nr. 3 BNotO). Für eine Amtspflichtverletzung seines Vertreters haftet der Notar dem Geschädigten neben dem Vertreter als Gesamtschuldner (§ 46 BNotO).

II. Einzelne Amtspflichten

1. Pflicht zur Amtsbereitschaft

89 Der Notar muss das ihm verliehene Amt auch tatsächlich ausüben. Die Ernennung gibt ihm nicht die Wahl, den Beruf auszuüben oder nur den Titel zu führen. Die Figur des „Titular-Notars“ widerspricht dem Auftrag des Notaramtes. Denn das Notariat ist eine notwendige Einrichtung der vorsorgenden Rechtspflege, ausgerichtet allein an den Erfordernissen der Rechtspflege.

Die allgemeine Pflicht, das Amt auszuüben (**Pflicht zur Amtsbereitschaft**) erfordert, dass der Notar eine Geschäftsstelle unterhält und diese während der üblichen Geschäftsstunden geöffnet ist (§ 10 Abs. 3 BNotO).

Der Sicherung der Amtsbereitschaft dienen die Vorschriften über längere Abwesenheit (§ 38 BNotO: Entfernung vom Amtssitz für länger als eine Woche muss dem Landgerichtspräsidenten angezeigt werden) und über den Wohnsitz des Notars (§ 10 Abs. 2 S. 2 BNotO).

2. Pflicht zur Amtsausübung

90 Von der Pflicht zur allgemeinen Amtsbereitschaft ist die Pflicht der Amtsausübung im Einzelfall zu unterscheiden. Der Notar darf seine **Urkundstätigkeit** nicht ohne ausreichenden Grund verweigern, § 15 Abs. 1 S. 1 BNotO. Zu einer Beurkundung in einer anderen als der deutschen Sprache ist er nicht verpflichtet, § 15 Abs. 1 S. 2 BNotO. Dagegen steht es ihm frei, ob er eine beratende oder betreuende Tätigkeit (§§ 23, 24 BNotO) übernehmen will.

Der Notar muss seine Amtstätigkeit **versagen**, wenn sie mit seinen Amtspflichten nicht vereinbar wäre, insb., wenn seine Mitwirkung bei Handlungen verlangt wird, mit denen erkennbar unerlaubte oder unredliche Zwecke verfolgt werden (§ 14 Abs. 2 BNotO).

Das Gleiche gilt, wenn der Notar von der Nichtigkeit des beabsichtigten Geschäfts oder davon überzeugt ist, dass einem Beteiligten die erforderliche Geschäftsfähigkeit fehlt. Der Notar sollte seine Mitwirkung auch bei Geschäften vollmachtloser Vertreter ablehnen, wenn die Genehmigung der Erklärungen durch den Vertretenen nicht zu erwarten oder nicht nachholbar ist.

Selbstverständlich darf der Notar nicht beurkunden, wenn er aus persönlichen Gründen von der Amtsausübung ausgeschlossen ist (§ 3 BeurkG; siehe § 3 Rdn 157).

Der Notar ist berechtigt, aber nicht verpflichtet, seine Amtstätigkeit abzulehnen, wenn er sich in einer Sache für befangen hält (§ 16 Abs. 2 BNotO). Befangenheit ist der begründete Zweifel an der vollen Unparteilichkeit.

> *Beispiel*
>
> Beurkundung für einen guten Freund des Notars.

Das Ausbleiben eines angeforderten Kostenvorschusses berechtigt ebenfalls, nicht tätig zu werden. Der Notar kann seine Tätigkeit auch ablehnen, wenn er überbelastet ist oder dringendere Amtsgeschäfte anstehen. Eine Ablehnung aus diesen Gründen widerspricht jedenfalls dann nicht den Erfordernissen einer geordneten Rechtspflege, wenn ein anderer Notar am selben Ort oder in einem Nachbarort die Geschäfte wahrnehmen kann. 91

Lehnt der Notar eine Beurkundung ab, so muss er das dem Betroffenen unverzüglich mitteilen. Gegen die Weigerung hat der Betroffene das **Recht der Beschwerde** (§ 15 Abs. 2 BNotO). Über die Beschwerde entscheidet eine Zivilkammer des Landgerichts.

3. Pflicht zur Unparteilichkeit

§ 14 Abs. 1 S. 2 BNotO stellt ausdrücklich fest, dass der Notar nicht Vertreter einer Partei ist, sondern die Beteiligten unabhängig und unparteiisch zu betreuen hat. Im Amtseid schwört er, seine Pflichten *„unparteiisch zu erfüllen"* (§ 13 BNotO). 92

Die Pflicht zur Unparteilichkeit ist eine der wichtigsten Pflichten für die notarielle Amtsausübung. Sie gilt nicht nur bei Beurkundungen, sondern **bei allen Amtstätigkeiten**. Gemäß § 17 Abs. 1 S. 2 BeurkG muss der Notar Irrtümer und Zweifel vermeiden und dafür sorgen, dass unerfahrene und ungewandte Beteiligte nicht benachteiligt werden. Hier zeigt sich der soziale Schutzaspekt der notariellen Beteiligung: Er hat zwischen unerfahrenen Beteiligten und juristisch und/oder wirtschaftlich überlegenen Geschäftspartnern durch Belehrung, Erklärung und in entsprechenden Situationen auch durch angemessene Einflussnahme auf den Inhalt auszugleichen und zu vermitteln. Vorstehendes gilt auch dann, wenn der Notar lediglich von einer Seite mit der Entwurfserstellung und Beurkundung beauftragt wurde. Die Richtlinienempfehlungen betonen in I. 1. 2 die Unabhängigkeit des Notars auch bei der Erstellung von Gutachten, gesetzlich zulässiger Vertretung eines Beteiligten in Verfahren, insb. in Grundbuch- und Registersachen, in Erbscheinsverfahren, in Grunderwerbsteuer-, Erbschaft- und Schenkungsteuerangelegenheiten sowie in Genehmigungsverfahren vor Behörden und Gerichten.

> *Hinweis*
>
> Unparteilich heißt: Die wahren Begebenheiten dokumentieren, den Rechtsverkehr hierdurch vor Falschaussagen zu schützen, niemanden bevorzugen oder benachteiligen; keine abhängigkeitsbegründenden wirtschaftlichen Bindungen eingehen, keine Zuneigung oder Abneigung zeigen oder gar handlungsleitend sein lassen, keine Voreingenommenheit entwickeln. Rücksicht auf eigene Vorteile oder Nachteile dürfen das amtliche Handeln nicht beeinflussen.

Dieses Gebot verlangt von dem Notar Standfestigkeit, denn manche „Stammklienten" glauben, dass ihr „Hausnotar" ihre Interessen vorzugsweise wahrnehme. Unparteilichkeit fordert Unabhängigkeit. Denn wer abhängig ist, kann nicht unbefangen handeln. Dem entspricht § 1 BNotO: *„(...) als unabhängige Träger eines öffent-* 93 *lichen Amtes (...) werden Notare bestellt*". Die Sicherung der Unabhängigkeit ermöglicht es dem Notar erst, unparteiisch zu sein. Darüber hinaus soll der Notar auch jeden **Anschein der Parteilichkeit** vermeiden, § 14 Abs. 3 BNotO. Die Mitwirkungsverbote in § 3 BeurkG konkretisieren diese allgemeine Standespflicht zur unparteiischen Amtsausübung (vgl. § 3 Rdn 157).

4. Konfliktlage des Anwaltsnotars

94 Die Unparteilichkeit stellt besondere Anforderungen an den Anwaltsnotar: Denn die Pflicht des Rechtsanwaltes geht gerade dahin, einseitig einer Partei zum Erfolg zu verhelfen. Was also dem Rechtsanwalt ausdrücklich geboten ist, ist dem Notar strengstens verboten.

Den Konflikt zwischen der Tätigkeit als Rechtsanwalt und der Tätigkeit als Notar versucht das Gesetz zu verhindern, indem es dem Rechtsanwalt oder dem Notar in bestimmten Situationen gebietet, sich einer Tätigkeit zu enthalten. Die Ausschließungsvorschriften finden sich in der Bundesnotarordnung, dem Beurkundungsgesetz und der Bundesrechtsanwaltsordnung (BRAO).

Dabei geht es im Wesentlichen um zwei Fragen:

a) *Kann ein Anwaltsnotar in einer Sache als Notar tätig werden, die er als Anwalt bearbeitet oder beraten hat oder die mit seiner anwaltlichen Tätigkeit zusammenhängt?*
b) *Kann ein Anwaltsnotar in einer Sache als Anwalt tätig werden, die mit seiner früheren notariellen Tätigkeit zusammenhängt?*

a) Ausschluss des Notars wegen Kollision mit seiner Anwaltstätigkeit

95 Beurkundungsgesetz und Bundesnotarordnung lassen sich von dem Grundsatz leiten, dass die Unabhängigkeit und Unparteilichkeit des Notars vor jeder nur denkbaren Gefährdung zu schützen sind. Vor diesem Hintergrund ist das Mitwirkungsverbot des Notars wegen vorangegangener Anwaltstätigkeit (§ 3 Abs. 1 Nr. 7 BeurkG) zu sehen. Eine Mitwirkung als Notar ist verboten, wenn es sich um Angelegenheiten einer Person handelt, für die der Notar oder einer seiner Sozien oder in einem verbundenen Unternehmen (§ 15 AktG) verbundene Person außerhalb einer Amtstätigkeit in derselben Angelegenheit bereits tätig war oder ist, es sei denn, diese Tätigkeit wurde im Auftrag **aller** Personen ausgeübt, die an der Beurkundung beteiligt sein sollen. § 16 BNotO erweitert dieses Mitwirkungsverbot auf alle Amtsgeschäfte des Notars, seien es Beurkundungen oder sonstige Amtshandlungen. Der Anwaltsnotar kann beispielsweise selbst als Rechtsanwalt, Patentanwalt, Wirtschaftsprüfer, Steuerberater oder vereidigter Buchprüfer tätig gewesen sein. Das Mitwirkungsverbot besteht aber gerade auch dann, wenn der Anwaltsnotar die Tätigkeiten in dieser Angelegenheit nicht selbst erbracht hat, sondern eine Person gehandelt hat, welche mit dem Amtsträger in soeben genannter Weise verbunden ist.

Für den hauptberuflich tätigen Notar findet § 3 Abs. 1 Nr. 7 BeurkG nur insoweit Anwendung, als sie ausnahmsweise überhaupt einschlägig sein kann. Dies ist etwa bei einer anwaltlichen Tätigkeit vor der Ernennung zum Nurnotar denkbar.

96 Dieses Verbot gilt nicht nur, wenn der einzelne Notar **vorbefasst** ist, sondern in gleicher Weise, wenn einer seiner Sozien in der geschilderten Weise vorbefasst ist. § 3 Abs. 1 Nr. 7 BeurkG scheidet jedoch aus, wenn die Vorbefassung des Anwaltsnotars im Rahmen seiner Amtstätigkeit als Notar oder im Rahmen der Notartätigkeit seines Notarsozius erfolgt. Nur anwaltliche oder sonstige Vorbefassung, nicht aber notarielle Vorbefassung, sind ausgeschlossen. Insoweit entspricht die Rechtslage der im hauptberuflichen Notariat geltenden. Das Mitwirkungsverbot greift ferner dann nicht ein, wenn die Vorbefassung im Auftrag aller Personen erfolgte, die an der Beurkundung beteiligt sein sollen. Mit „Beteiligung" ist die Beteiligung im **materiellen** Sinne gemeint, die bereits dann gegeben ist, wenn Rechte oder Pflichten durch den Urkundsvorgang betroffen werden. Hierbei ist nicht nur auf den Inhalt der Urkunde oder die unmittelbar am Urkundsgeschäft Beteiligten abzustellen, sondern vor allem auf das von der Urkunde erfasste wirtschaftliche und rechtliche Verhältnis.[5] War ein von der notariellen Tätigkeit materiell Betroffener nicht auch Auftraggeber bei der vorherigen nicht-notariellen Vorbefassung, greift das Mitwirkungsverbot vollumfänglich ein.

5 *Vaasen/Starke*, DNotZ 1998, 670 f.

§ 3 Abs. 1 Nr. 7 BeurkG verfolgt einen rein formellen Ansatz: Die Vorbefassung führt generell zu einem Mitwirkungsverbot. Dies ist auch dann der Fall, wenn im konkreten Sachverhalt ein Interessenwiderstreit nicht besteht (Bsp.: Testamentsvollstreckung durch einen sich mit dem das Testament beurkundenden Notar in Sozietät befindlichen Anwalt).[6]

Somit ist es nicht gestattet, einen Vertrag, insb. einen Vergleich, zu protokollieren, wenn der Notar in der Angelegenheit von einem Beteiligten als Anwalt bevollmächtigt ist. Eine Umgehung und folglich unzulässig ist es auch, wenn der Anwaltsnotar, bevor er als Notar tätig wird, seine anwaltliche Vertretung niederlegt oder für beendet erklärt, nachdem sich die Beteiligten über den bisherigen Streit- und Verhandlungsstoff geeinigt haben und nur noch die Beurkundung der Einigung vorzunehmen ist, z.B.:

- Erbauseinandersetzungsverhandlung mit anwaltlicher Vertretung der Parteien, anschließend Auseinandersetzungsvertrag;
- Auseinandersetzungsvertrag einer gekündigten Gesellschaft, wenn der Notar bei Auseinandersetzungsverhandlungen und Liquidation als Anwalt einseitig beraten hat.

Hinweis

Ziel des Mitwirkungsverbots ist, den Begriff „dieselbe Angelegenheit" nicht einengend, sondern im Gesamtzusammenhang zu verstehen. Der Notar ist somit immer von der Beurkundung ausgeschlossen, wenn zwischen der anwaltlichen Tätigkeit und der beabsichtigten notariellen Tätigkeit ein enger Sachzusammenhang besteht. So darf der Anwalt, der Vollmacht zur Vertretung im Scheidungsprozess hat, keine Unterhaltungsvereinbarung beurkunden. Die Beteiligung ist immer als **Sachbeteiligung** zu verstehen. Hierbei ist nicht nur auf den Inhalt der Urkunde oder die unmittelbar am Urkundsgeschäft Beteiligten abzustellen, sondern vor allem auf das von der Urkunde erfasste wirtschaftliche und rechtliche Verhältnis. Auch **nach** rechtskräftiger Scheidung darf der Anwalt, wenn er den Auftrag zur Herbeiführung einer Unterhaltsregelung oder Auseinandersetzung hat, eine solche Vereinbarung nicht beurkunden.

Neben den **unmittelbar** Beteiligten kann als Beteiligter auch ein **Dritter** in Betracht kommen. Daher darf der Anwalt, der einen Gläubiger vertritt, also von ihm bevollmächtigt ist, kein Schuldanerkenntnis und keine Hypothekenbestellung des Schuldners beurkunden. Da das Gesetz allein auf die Sachbeteiligung abstellt, ist es nicht gestattet, die Vorschrift dadurch zu umgehen, dass der eine Anwaltsnotar das Angebot und der andere Anwaltsnotar die Annahme protokolliert. 97

Weiter gilt ein Mitwirkungsverbot in Angelegenheiten einer Person, die den Notar in derselben Angelegenheit bevollmächtigt hat (§ 3 Abs. 1 S. 1 Nr. 8 BeurkG) und die Hinweis- und Fragepflicht des § 3 Abs. 2 BeurkG. Handelt es sich um eine Angelegenheit mehrerer Personen und ist der Notar **früher** in dieser Angelegenheit als gesetzlicher Vertreter oder Bevollmächtigter tätig gewesen oder ist er für eine dieser Personen in **anderer** Sache als Bevollmächtigter tätig, so soll er vor der Beurkundung darauf hinweisen und fragen, ob er die Beurkundung gleichwohl vornehmen soll. In der Urkunde soll er vermerken, dass dies geschehen ist, § 3 Abs. 2 BeurkG. Der Anwendungsbereich des § 3 Abs. 2 BeurkG ist allerdings durch § 3 Abs. 1 Nr. 8 BeurkG (Angelegenheiten einer Person, die den Notar in derselben Angelegenheit bevollmächtigt hat) eingeschränkt. § 3 Abs. 1 Nr. 8 BeurkG geht als die speziellere Vorschrift vor. Immer, wenn der Notar von einer Person in derselben Angelegenheit bevollmächtigt ist, darf er generell nicht mitwirken; auch die Genehmigung durch die Beteiligten erlaubt es ihm nicht.

Sehr relevant ist ferner, dass die Mitwirkungsverbote auch auf die **Notarsozien**, seien es Anwälte, Steuerberater, Wirtschaftsprüfer, ausgedehnt sind. Auch in einer Angelegenheit, mit welcher der Sozius vorbefasst ist, kann der Notar nicht beurkunden. Für dauernde Beratungsverhältnisse, wie sie oft bei Sozietäten mit Steuerberatern und Wirtschaftsprüfern vorkommen, hat das zur Folge, dass aus dem auftragsbezogenen Mitwirkungsverbot häufig ein mandantenbezogenes Mitwirkungsverbot wird: Insbesondere die Beratungs- und Prüfungstätigkeit des Wirtschaftsprüfers oder des Steuerberaters, welche ihrer Natur nach umfassend und dauerhaft angelegt ist, verbietet in der überwiegenden Zahl der Fälle eine Mitwirkung des Notarsozius in Angelegenheiten des betreffenden Mandanten.[7] 98

6 OLG Frankfurt a.M., ZEV 2012, 487.

7 *Vaasen/Starke*, DNotZ 1998, 661, 671.

Nach § 14 Abs. 3 S. 2 BNotO hat der Notar jedes Verhalten zu vermeiden, das den Anschein eines Verstoßes gegen die ihm gesetzlich auferlegten Pflichten erzeugt, insb. den Anschein der Abhängigkeit oder Parteilichkeit. Der Notar als Inhaber eines öffentlichen Amtes unterliegt **strengeren Bindungen an das Berufsrecht** als die Angehörigen anderer rechts- und wirtschaftsberatender Berufe. Bei der Beurteilung der Amtsführung des Notars kommt es somit auch auf den Eindruck an, den sein Verhalten in der Öffentlichkeit erweckt. Der Notar wird also sein Beurkundungsverfahren so gestalten, dass auch der Anschein vermieden wird, er sei von einer an der Urkunde beteiligten Person abhängig oder mit ihr in besonderer Weise verbunden, sodass man ihn für parteilich halten könnte.

99 Gemäß § 28 BNotO hat der Notar durch geeignete **Vorkehrungen** die Wahrung der Unabhängigkeit und Unparteilichkeit seiner Amtsführung, insb. die Einhaltung der Mitwirkungsverbote und weiterer Amtspflichten nach den Bestimmungen dieses Gesetzes, des Beurkundungsgesetzes und des Gerichts- und Notarkostengesetzes sicherzustellen. Diese Vorschrift entfaltet insb. für Anwaltsnotare eine erhebliche Bedeutung. Sie wird an verschiedenen Stellen aufgegriffen bzw. konkretisiert: Zum einen finden sich Regelungen in den Richtlinienempfehlungen der Bundesnotarkammer. Sie sehen in Abschnitt VI. vor, dass sich der Notar vor Übernahme einer notariellen Amtstätigkeit zu vergewissern hat, dass Kollisionsfälle i.S.d. § 3 Abs. 1 BeurkG nicht bestehen. Der Notar hat als Vorkehrungen i.S.d. § 28 BNotO **Beteiligtenverzeichnisse** oder sonstige zweckentsprechende Dokumentationen zu führen, die eine Identifizierung der in Betracht kommenden Personen ermöglichen. Er hat ferner dafür Sorge zu tragen, dass eine zur Erfüllung der Verpflichtungen aus § 3 Abs. 1 BeurkG und § 14 Abs. 5 BNotO erforderliche Offenbarungspflicht zum Gegenstand einer entsprechenden schriftlichen Vereinbarung gemacht wird, die der gemeinsamen Berufsausübung oder der Nutzung gemeinsamer Geschäftsräume zugrunde liegt.

Nach den Richtlinienempfehlungen erfolgt die **Überwachung** der Vorgaben des § 28 BNotO somit primär über entsprechende Verzeichnisse. Da dieselben nur dann vollständig ihren Zweck erfüllen können, wenn alle Sozietätspartner – unabhängig von der konkret ausgeübten Profession – ihre Mandanten entsprechend offenbaren, muss dies im Sozietätsvertrag ausdrücklich geregelt werden.

Eine weitere Konkretisierung zur Einhaltung von Mitwirkungsverboten enthält § 6 DONot. Dessen erster Absatz stellt klar, dass Vorkehrungen zur Einhaltung der Mitwirkungsverbote nach § 3 Abs. 1 S. 1 Nrn. 7 und 8 Alt. 1, Abs. 2 BeurkG sowohl den Vorgaben des § 28 BNotO als auch den Richtlinien der Notarkammern genügen, wenn die dort näher bezeichneten Vorgaben erfüllt sind. In § 6 Abs. 2 DONot wird zudem geregelt, wann das alternativ mögliche System zur Konflikterkennung den Vorgaben genügt.

b) Verbot anwaltlicher Tätigkeit mit Rücksicht auf frühere notarielle Tätigkeit

100 § 45 Abs. 1 Ziff. 1c) BRAO verbietet es, als Rechtsanwalt tätig zu werden, wenn er in derselben Rechtssache bereits als Notar tätig geworden ist. Hieraus darf nun nicht geschlossen werden, dass in allen anderen Fällen die Vertretung eines Urkundsbeteiligten durch den Rechtsanwalt, der als Notar beurkundet hat, zulässig sei. Denn die BRAO regelt nur die anwaltlichen Pflichten.

Dem Notar ist es über § 45 bs. 1 Nr. 1c BRAO hinaus aus Gründen des notariellen Standesrechts versagt, irgendeinen Beteiligten in Rechtsangelegenheiten zu vertreten, in welchen er bereits in amtlicher notarieller Eigenschaft tätig war. Der Notar schuldet den Beteiligten, für die er früher in der Angelegenheit als Notar einmal tätig war, die **unbedingte Unparteilichkeit** ausdrücklich auch über den Abschluss des Amtsgeschäftes hinaus.

101 Unzulässig sind hiernach z.B. die Vertretung eines Miterben oder Vermächtnisnehmers als Rechtsanwalt gegen andere Miterben, wenn der Notar das Testament beurkundet hat, die Vertretung des Käufers oder Verkäufers in Streitigkeiten aus einem vom Notar beurkundeten Kaufvertrag oder die Zustellung und Vollstreckung für die Hypothekengläubiger aus einer vom Notar beurkundeten vollstreckbaren Urkunde.

Zum Amt des Notars gehört es, die Beteiligten auf dem Gebiet der vorsorgenden Rechtspflege vor Gerichten und Behörden zu vertreten (§ 24 Abs. 1 S. 2 BNotO). Handelt der Notar dabei im Rahmen einer Vollzugstätigkeit zu einem Amtsgeschäft, so ist er zur Weiterverfolgung der Angelegenheit auch in den Rechtsmittelinstanzen befugt. Der Anwaltsnotar handelt dabei stets als Notar, was sich hinsichtlich seiner Haftung, seiner Gebühren und der Beitreibung der Kosten auswirkt.

Beispiele 102

a) **Kaufvertrag**. Der Notar vertritt die Beteiligten im Genehmigungsverfahren nach dem GrdstVG, nach dem BauGB sowie im Beschwerdeverfahren gegenüber dem Grundbuchamt.
b) **Erbscheinsantrag**. Der Notar vertritt den Antragsteller in einem etwaigen Beschwerdeverfahren.
c) **Pachtvertrag**. Der Notar vertritt die Beteiligten in einem Beanstandungsverfahren nach dem Landpachtgesetz.
d) **Hofübergabevertrag**. Der Notar vertritt die Beteiligten im landwirtschaftsgerichtlichen Verfahren nach der HöfeO, aber auch in einem etwaigen, zur Absicherung des Ergebnisses angezeigten Feststellungsverfahren nach § 11 HöfeVfO.

Jedoch ist zu beachten, dass der Notar nicht einseitig in einen Streit der Beteiligten eingreifen darf. In einem Fall des BGH[8] hatte der Notar den Antrag auf Erteilung eines Testamentsvollstreckerzeugnisses beurkundet und diesen Antrag im Beschwerdeverfahren vertreten. Nach Auffassung des BGH durfte der Notar den Antrag nicht weiterverfolgen, als sich die Tochter des Antragstellers beim Nachlassgericht meldete und die Zurückweisung des Antrages ihrer Mutter erstrebte. Der BGH führte aus, dass der Notar *„die Vertretung niederlegen muß, weil sich auf gleicher Ebene ein anderer Beteiligter mit widerstreitenden Interessen meldet*".

5. Prüfungs- und Belehrungspflichten

Die Prüfungs- und Belehrungspflichten waren früher in der Dienstordnung für Notare niedergelegt. Die BNotO 103 aus dem Jahre 1961 hatte sie in das Gesetz übernommen (§§ 26–37 BNotO a.F.). Mit dem Inkrafttreten des BeurkG am 1.1.1970 erhielt das **Beurkundungsverfahren** im gesamten Bundesgebiet eine einheitliche Ordnung. In den §§ 17–21 BeurkG wurden die notariellen Belehrungspflichten neu aufgestellt und zugleich aus der BNotO herausgenommen. Damit gelten seit Inkrafttreten des BeurkG zum ersten Mal für das ganze Bundesgebiet einheitliche gesetzliche Regelungen zu Prüfungs- und Belehrungspflichten.

Der Gesetzgeber befasste sich nicht ohne Grund zum zweiten Male innerhalb von zehn Jahren (1961: Inkrafttreten der BNotO; 1970: Inkrafttreten des BeurkG) mit einer Neuordnung dieses Rechtsgebietes: Der Fragenkomplex um die Aufklärungs-, Belehrungs-, Prüfungs- und Beratungspflichten des Notars ist eine wichtige, schwierige und auch stets aktuelle Materie im Notarrecht. Die sich wandelnde Auffassung von der Stellung des Notars in der Rechtspflege findet hier einen deutlichen Ausdruck. Die nähere Beschreibung dieser Pflichten ist für fast jedes Amtshaftungsurteil unerlässlich. Die meisten Amtshaftungsprozesse haben ihren Grund darin, dass eine dieser Pflichten nicht genügend beachtet wurde.

Die Beratungspflicht gewinnt laufend an Bedeutung. Der Gesetzgeber sieht den Zweck der Beurkundung im- 104 mer mehr in der Beratung und Belehrung der Beteiligten und weniger in der Beweissicherung oder dem Schutz vor Übereilung. Dieser Wille des Gesetzgebers wurde auch in den Beratungen zur Novellierung des § 313 BGB a.F. (jetzt § 311b BGB) deutlich.[9]

Rechtsprechung und Literatur zu den Prüfungs- und Belehrungspflichten sind in ihrer Fülle fast unüberschaubar.[10] Die Vielschichtigkeit der Belehrung und Prüfung kann hier nicht annähernd ausgebreitet werden. Die folgende Darstellung beschränkt sich auf wenige Punkte.

8 NJW 1969, 929.

9 BT-Drucks 7/63, 6: *„Der erforderliche Schutz von Erwerbsinteressenten ist vielmehr dadurch zu schaffen, daß durch eine Änderung des § 313 Satz 1 BGB auch für einseitige Erwerbsverpflichtungen der Beurkundungszwang eingeführt wird. Diese Änderung hat zur Folge, daß die Interessenten vom Notar bei der Beurkundung über die rechtliche Tragweite des Geschäfts belehrt werden. Dabei hat der Notar darauf zu achten, daß unerfahrene und ungewandte Beteiligte nicht benachteiligt werden [...]. Die Beurkundung erfüllt daher dieselbe Schutz- und Warnfunktion wie derzeit bei der Eingehung von Verpflichtungsgeschäften zur Veräußerung von Grundstücken. Der Beurkundungszwang verhindert, daß Erwerbsinteressenten ohne ausreichende Überlegung privatschriftliche Erwerbsverpflichtungen eingehen, deren rechtliche Tragweite sie vielfach nicht beurteilen können. Zudem kann erwartet werden, daß die vorgeschlagene Erweiterung des Beurkundungszwanges dazu führen wird, daß die heute bei einseitigen – formlosen – Erwerbsverpflichtungen immer wieder anzutreffenden, den Bewerber benachteiligenden, bedenklichen oder gar unredlichen Vertragsklauseln in notariell beurkundete Verträge kaum noch Eingang finden dürften.*"

10 Vgl. dazu das Buch von *Reithmann/Albrecht*, Handbuch der notariellen Vertragsgestaltung, 8. Aufl. 2001, welches die Rechtsprechung und Literatur gesammelt darstellt.

Auszugehen ist vom Gesetz (§§ 17–21 BeurkG). Die allgemeinen Grundsätze sind in § 17 BeurkG niedergelegt.

105 Danach muss der Notar

- den Willen der Beteiligten erforschen,
- den Sachverhalt klären,
- die Erklärungen der Beteiligten klar formulieren, und
- über die rechtliche Tragweite des Geschäftes belehren.

106 Dabei soll er

- Irrtümer und Zweifel vermeiden,
- unerfahrene und ungewandte Beteiligte vor Nachteil schützen, und
- etwaige Zweifel und rechtliche Bedenken gegen das Geschäft mit den Beteiligten erörtern und eventuell in der Niederschrift vermerken.

107 Der Notar soll das Beurkundungsverfahren so gestalten, dass die Einhaltung dieser Pflichten gewährleistet ist, § 17 Abs. 2a) BeurkG. Alle **materiell** am Beurkundungsverfahren Beteiligten sollen den Vorteil der Belehrung erhalten.

Gestaltungsformen des Beurkundungsverfahrens, die geeignet sind, diese Belehrungspflichten des Notars zu unterlaufen, müssen an § 17 Abs. 2a) BeurkG gemessen werden:

- die planmäßige Beurkundung unter Beteiligung von vollmachtlosen Vertretern,
- die systematische Beurkundung aufgrund isolierter Vollmachten,
- die systematische Beurkundung mit Mitarbeitern des Notars als Vertreter,
- die systematische Aufspaltung von Verträgen in Angebot und Annahme,
- die Auslagerung wichtiger Vereinbarungen in Bezugsurkunden, die nicht vorgelesen werden müssen.

§ 17 Abs. 2a) BeurkG verschärft die notariellen Pflichten bei Vorliegen eines Verbrauchervertrages, also eines Vertrages zwischen einem Unternehmer (§ 14 BGB) und einem Verbraucher (§ 13 BGB). Die Klärung, ob diese Eigenschaften vorliegen, erfolgt selbstständig durch den Notar; bei verbleibenden Zweifeln sollten die zusätzlichen Pflichten erfüllt werden.

108 Bei **Verbraucherverträgen** soll der Notar darauf **hinwirken**, dass

1. die rechtsgeschäftlichen Erklärungen des Verbrauchers von diesem **persönlich** oder durch eine Vertrauensperson vor dem Notar abgegeben werden und
2. der Verbraucher **ausreichend** Gelegenheit erhält, sich vorab mit dem Gegenstand der Beurkundung auseinanderzusetzen; bei Verbraucherverträgen, die der Beurkundungspflicht nach § 311b Abs. 1 S. 1 und Abs. 3 BGB unterliegen, soll dem Verbraucher der beabsichtigte Text des Rechtsgeschäfts vom beurkundenden Notar oder dessen Sozius zur Verfügung gestellt werden. Dies soll im Regelfall zwei Wochen vor der Beurkundung erfolgen. Wird diese Frist unterschritten, sollen die Gründe hierfür in der Niederschrift angegeben werden.

109 Das bedeutet im Ergebnis: Liegt ein Verbrauchervertrag vor, so gelten die weitergehenden strengeren Amtspflichten aus § 17 Abs. 2a) S. 2 BeurkG. Liegt kein Verbrauchervertrag vor, so verbleibt es bei den allgemeinen Amtspflichten aus § 17 Abs. 2a) S. 1 BeurkG.

Gemäß der Regelung in § 17 Abs. 2a) S. 2 Nr. 1 BeurkG soll der Notar bei Verbraucherverträgen darauf hinwirken, dass die Rechtsgeschäfte in den Erklärungen des Verbrauchers von diesem persönlich oder durch eine Vertrauensperson abgegeben werden. Ziel dieser Vorschrift ist es, eine effektive Interessenwahrnehmung des Verbrauchers gegenüber dem Unternehmer zu ermöglichen sowie durch die Regelung des Verfahrens sicherzustellen, dass die Belehrungen des Notars tatsächlich diejenige Person erreichen, zu deren Schutze sie gedacht sind.

Die Einhaltung dieser Vorschriften durch den Notar ist von wesentlicher Bedeutung. Dies gilt nicht zuletzt auch vor dem Hintergrund, dass gemäß § 50 Abs. 1 Nr. 9b BNotO wiederholte grobe Verstöße hiergegen einen Amtsenthebungsgrund darstellen.

110 § 17 Abs. 2a) S. 2 Nr. 2 Hs. 1 BeurkG legt dem Notar bei Beurkundung von Verbraucherverträgen allgemein die Pflicht auf, darauf hinzuwirken, dass der Verbraucher ausreichend Gelegenheit erhält, sich vorab mit dem

Gegenstand der Beurkundung auseinander zu setzen. Der Verbraucher soll mithin nicht unvorbereitet in die Beurkundung gehen, sondern seine Entscheidung zu dem beabsichtigten Rechtsgeschäft so weit wie möglich vorher prüfen können. Zugleich soll er ausreichend Gelegenheit erhalten, andere Berater (z.B. Anwälte, Steuerberater) hinzuzuziehen, um die steuerlichen und sonstigen, nicht im Belehrungsumfang des Notars enthaltenen Konsequenzen des Rechtsgeschäfts überprüfen zu können.

§ 17 Abs. 2a) S. 2 Nr. 2 Hs. 2 BeurkG verschärft die Amtspflichten noch erheblich, allerdings beschränkt auf Verbraucherverträge, die der Beurkundungspflicht nach § 311b) Abs. 1 S. 1 und Abs. 3 BGB unterliegen. Hierbei handelt es sich im Wesentlichen um Grundstücksgeschäfte; auch erfasst sind die in der notariellen Praxis seltenen Verträge über die Verpflichtung, sein gegenwärtiges Vermögen oder einen Bruchteil seines gegenwärtigen Vermögens zu übertragen oder mit einem Nießbrauch zu belasten. Bei den vorgenannten Grundstücksverträgen soll dem Verbraucher der beabsichtigte Text des Rechtsgeschäftes „im Regelfall" **zwei** Wochen vor Beurkundung zur Verfügung gestellt werden. Gemeint ist damit ein hinreichend individualisierter Vertrag und nicht ein allgemeines Rohmuster. Die Schutzfunktion wird nur gewährleistet, wenn der Verbraucher alle rechtlich und wirtschaftlich relevanten Informationen erhält. Hierzu hat der BGH klargestellt, dass diese Regelfrist nicht zur Disposition der Urkundsbeteiligten steht und ein Abweichen von der Regelfrist nur dann in Betracht kommt, wenn es im Einzelfall nachvollziehbare Gründe, insb. unter Berücksichtigung der Schutzinteressen des Verbrauchers, rechtfertigen, die dem Verbraucher zugedachte Schutzfrist zu verkürzen.[11] Voraussetzung für die Nichteinhaltung der Frist ist deshalb ein sachlicher Grund, der in der Urkunde aufgeführt werden sollte. Der Notar ist bei Fehlen eines nachvollziehbaren sachlichen Grundes gehalten, die Beurkundung bei Unterschreiten der Frist auch dann abzulehnen, wenn diese von den Beteiligten ausdrücklich gewünscht wird. Nachvollziehbare Gründe können insb. darin zu finden sein, dass das Geschäft wegen eines steuerlichen Stichtages eilbedürftig ist oder persönliche Gründe des Verbrauchers wie ein kurz bevorstehender Krankenhausaufenthalt vorgebracht werden.[12]

Der Entwurf ist dabei durch den Notar selbst oder dessen Sozius zu übermitteln. Die Weitergabe durch einen zwischengeschalteten Makler ist nicht ausreichend, da dem Verbraucher der unparteiische Notar als Ansprechpartner zur Verfügung stehen soll.

Änderungen auf Veranlassung des Verbrauchers sowie während der Beurkundung verhandelte Anpassungen lösen keine erneute Zweiwochen-Frist aus. Werden hingegen wesentliche Vertragsinhalte geändert, muss dem Verbraucher der angepasste Entwurf übersendet und die Wartefrist erneut voll abgewartet werden. Bei einem Wechsel der Vertragsparteien oder Modifikationen des Erwerbsverhältnisses ist besondere Vorsicht geboten, da insb. für den neu beteiligten Verbraucher die allgemeinen Vorschriften inklusive der Regelfrist gelten. Derartige Situationen können gerade zwischen Ehegatten oder Kindern und Eltern auftreten.

Daneben enthält das BeurkG spezielle Belehrungs- und Prüfungspflichten, nämlich 111

- **Belehrung**: über gerichtliche und behördliche Genehmigungserfordernisse (§ 18 BeurkG); Fragen der Grunderwerbsteuer (§ 19 BeurkG); gesetzliche Vorkaufsrechte (§ 20 BeurkG);
- **Prüfung**: des Grundbuchinhalts (§ 21 BeurkG); der Geschäftsfähigkeit der Beteiligten (§ 11 BeurkG); der Verfügungs- und Vertretungsmacht (§ 12 BeurkG).

Es handelt sich hierbei um die Anwendung des allgemeinen Grundsatzes aus § 17 BeurkG auf einzelne konkrete Fälle.

§ 17 BeurkG betrifft nach seinem Wortlaut zwar nur die Beurkundung von Willenserklärungen, doch gelten die Grundsätze auch bei den anderen Amtstätigkeiten des Notars, etwa bei Entwürfen, Beratungsaufträgen und Hinterlegungsgeschäften.

a) Den Willen der Beteiligten erforschen

Der Wille der Beteiligten ist die Grundlage der zu errichtenden Urkunde. Bevor der Notar die Urkunde formuliert, muss er notwendigerweise diesen Willen festgestellt haben. Andernfalls kann die Belehrung nicht ordnungsgemäß erfolgen. Die Willensermittlung geschieht durch ein vorbereitendes Gespräch mit den Beteiligten oder in der Weise, dass die Beteiligten oder Dritte im Büro des Notars schriftlich oder fernmündlich die für die Urkunde erforderlichen Angaben machen. Der Notar darf sich dabei nicht einfach auf die Erklä- 112

11 BGH DNotZ 2013, 552, 555.

12 Armbrüster/Preuß/*Armbrüster*, § 17 BeurkG, Rn 247.

rungen der Beteiligten verlassen, sondern muss durch Fragen und Erörterung – spätestens bei der Beurkundung – ermitteln, ob die Erklärungen auch dem **wahren** Willen **aller** Beteiligten entsprechen.

Oft verstehen die Beteiligten unter den verwendeten Begriffen etwas anderes als der Jurist.

Beispiel

Das Wort „Erbe" wird von Laien auch dann benutzt, wenn sie nur einen bestimmten Gegenstand einer Person zuwenden wollen; gewollt ist also in Wirklichkeit ein Vermächtnis. Hier setzt das Gespräch an, um den wirklichen Willen des Testierenden aufzudecken.

113 Die Angaben sind nicht selten lückenhaft und unvollständig und lassen deshalb den Willen nicht oder nur undeutlich erkennen. Der Notar muss deshalb ermitteln, was gemeint ist.

Mitunter bringen die Beteiligten vollständige Urkundsentwürfe mit und bitten, diese zu beurkunden. Der Notar darf dennoch den Entwurf nicht einfach übernehmen. Er muss ihn mit den Beteiligten durchsprechen, um zu klären, ob er verstanden und so gewollt ist. Der Notar trägt die Verantwortung auch für den von ihm beurkundeten fremden Entwurf. Dabei darf sich die Gründlichkeit des Gespräches an dem Wissensstand der Beteiligten ausrichten. Ein Rechtsanwalt z.B. braucht nicht bis ins Einzelne befragt zu werden, wie der Notar es etwa bei einem Nichtjuristen tun muss.

b) Den Sachverhalt klären

114 Wenn der Notar in seiner Urkunde den Willen der Beteiligten richtig wiedergeben und sie angemessen beraten will, muss er den zugrunde liegenden Sachverhalt kennen. Die **Tatsachen** können aber nur die Beteiligten selber liefern. Der Notar hat keine Handhabe und auch kein Recht dazu, selbst zu ermitteln, wie der Richter oder der Staatsanwalt es können. Wenn § 17 BeurkG bestimmt, *„Der Notar soll (...) den Sachverhalt klären"*, so ist damit gemeint, dass der Notar von den Beteiligten alle rechtlich wichtigen tatsächlichen Umstände **erfragen** muss. Die tatsächlichen Angaben, die die Beteiligten machen, darf er ohne eigene Sachprüfung als richtig zugrunde legen.

Gibt der dargestellte Sachverhalt jedoch zu Zweifeln Anlass, muss der Notar auf Aufklärung dringen und den Beteiligten erklären, warum es auf die Aufklärung gerade dieser Tatsachen ankommt.

115 *Dazu einige Beispiele:*

Die Beteiligten teilen dem Notar den Kaufpreis für ein Grundstück mit. Es ist nicht Sache des Notars, nach der Angemessenheit des Preises zu forschen. Wenn er jedoch begründete Zweifel hat, ob der Kaufpreis richtig angegeben ist, so muss er erläutern, welche Folgen die Angabe eines falschen Kaufpreises bewirkt, und besonders sorgfältig über die Folgen eines Schwarzgeschäftes belehren, nämlich über die Nichtigkeit des Vertrages, über die Strafbarkeit wegen Steuerhinterziehung etc.

Bei der Beurkundung einer Verfügung von Todes wegen muss der Notar den Testator befragen, ob er nicht schon durch frühere gemeinschaftliche Testamente oder Erbverträge gebunden ist. Er muss den Testator also fragen, ob er schon einmal zusammen mit einer anderen Person testiert oder einen Erbvertrag errichtet hat.

Soweit es sich um Rechtstatsachen handelt, kann sich der Notar nicht ohne weiteres darauf verlassen, dass Rechtsbegriffe von rechtlich ungebildeten Personen richtig benutzt werden. Dies gilt zum Beispiel vom Güterstand der Ehegatten. Der Notar muss sich Gewissheit darüber verschaffen, ob die Beteiligten ihren Güterstand richtig benennen. Oft geben die Beteiligten an, Gütergemeinschaft zu haben, weil sie diesen Güterstand mit der gesetzlichen Zugewinngemeinschaft verwechseln. Durch einzelne Fragen, etwa: „Wurde eine notarielle Urkunde über den Güterstand errichtet?", muss er der Richtigkeit der Angaben auf den Grund gehen. Doch bestimmen auch hier wieder Wissen und Bildungsstand der Beteiligten über die Beharrlichkeit der Nachfragen.

Beurkundet der Notar lebzeitige Verfügungen verheirateter Personen, so muss er im Hinblick auf die Verfügungsbeschränkungen des § 1365 BGB beim gesetzlichen Güterstand der Frage besondere Aufmerksamkeit widmen, ob eine Verfügung über das gesamte Vermögen stattfinden soll. Denn eine verheiratete Person, die im gesetzlichen Güterstand der Zugewinngemeinschaft lebt, kann grds. nur mit Einwilligung des anderen Ehegatten über ihr Vermögen im Ganzen verfügen.

c) Erklärungen der Beteiligten klar formulieren

Erforschung des Willens und Klärung des Sachverhaltes sind die Vorarbeiten für die Urkunde. Danach erfolgt die Niederschrift, welche die *„Erklärungen klar und unzweideutig wiedergeben muss"* (§ 17 Abs. 1 BeurkG). 116

Klar und unzweideutig besagt, dass alle Erklärungen möglichst einfach und für jeden Beteiligten verständlich niedergeschrieben werden sollen, sodass sie keiner Auslegung bedürfen. Das ist in erster Linie ein sprachliches Problem. Der Notar soll sich möglichst nur solcher Ausdrücke und Wendungen bedienen, die die Beteiligten – ohne juristische Vorbildung – verstehen können und gleichzeitig Mehrdeutigkeiten vermeiden. Wenn Rechtsbegriffe nicht zu vermeiden sind, so ist der Gesetzessprache der Vorrang vor anderen Begriffs- und Wortbildungen zu geben.

Eine Formulierung, die zweifelhaft erscheinen lässt, was gemeint ist, geht meistens zu Lasten des Notars. Denn der Notar muss – wenn die Beteiligten sich nicht klar ausdrücken – auf zweifellose Klarheit dringen. Klar und unzweideutig heißt aber auch: vollständig. Die Urkunde soll die Willenserklärungen **lückenlos** wiedergeben und auch die **Nebenabreden** enthalten. Andernfalls steht die Formunwirksamkeit der Abreden oder des gesamten Rechtsgeschäfts im Raum. 117

d) Über die rechtliche Tragweite des Geschäfts belehren

Wo das bürgerliche Recht die Beurkundung als Form vorschreibt, will der Gesetzgeber damit erreichen, dass der Bürger vor dem Abschluss dieses Geschäfts eine juristische Belehrung über seine Tragweite erhält. Sinn des § 17 BeurkG ist es, dem Bürger diese – von dem materiellen Recht als selbstverständlich vorausgesetzte – Belehrung zu sichern. Die Aufnahme der Urkunde verpflichtet den Notar, die Beteiligten so weit zu belehren, wie es nötig ist, damit sie den rechtlichen Inhalt ihrer Erklärungen erkennen und sich der rechtlichen Tragweite der Erklärungen bewusst sind. 118

aa) Rechtliche Tragweite

Zur rechtlichen Tragweite einer Willenserklärung zählen die rechtlichen Voraussetzungen, welche erforderlich sind, um den von den Beteiligten gewollten Erfolg zu erreichen, sowie die Wirkungen (Folgen) des Geschäfts. Daneben ist es oft nötig, über seine Vollziehung und Abwicklung aufzuklären. 119

Die nachfolgenden **Beispiele** sollen das deutlich machen:

> *Beispiel*
>
> Bei einem Grundstückskaufvertrag muss der Notar darauf hinweisen, wann das Eigentum auf den Käufer übergeht, nämlich nicht schon mit dem Vertragsabschluss und der Auflassung, sondern erst mit der Umschreibung im Grundbuch. Die Umschreibung kann aber erst erfolgen, wenn alle erforderlichen Genehmigungen, eine Erklärung der Gemeinde hinsichtlich der Vorkaufsrechte nach dem Baugesetzbuch und – in einzelnen Ländern (vgl. § 4 Rdn 125 f.) – dem Denkmalschutzgesetz sowie die Unbedenklichkeitsbescheinigung des Finanzamts vorliegen. Den Käufer interessiert, dass das Grundstück bis dahin dem Zugriff Dritter ausgeliefert ist und der Verkäufer noch weiter darüber verfügen, etwa es belasten oder anderweitig verkaufen kann. Der Käufer muss das wissen, damit er nicht vorher, ohne seine Risiken bedacht zu haben, den Kaufpreis zahlt. Praktisch wird diese Unsicherheit in den meisten Fällen mittels der Betreuung durch den Notar und der Versendung einer Fälligkeitsmitteilung gelöst. Auch diese Vorgehensweise sollte hinreichend erläutert werden.
>
> *Beispiel*
>
> Bei Testamenten kann ein Hinweis darauf angebracht sein, dass ein Einzeltestament jederzeit abgeändert werden kann; bei gemeinschaftlichen Testamenten und Erbverträgen sollte die Bindung erörtert werden.

Zwar braucht der Notar bei einer Beurkundung nicht über alles und jedes zu sprechen, was in der Urkunde erwähnt ist. Ein Grundstückskaufvertrag ist keine Kurzvorlesung über das Sachenrecht und auch keine Lehrstunde für Allgemeinbildung. Der Notar darf davon ausgehen, dass Grundbegriffe des Rechtsverkehrs bekannt sind. Zum Beispiel weiß jedermann, dass ein Vertrag rechtlich bindet und sich nachdem die Unterschriften geleistet sind grds. niemand ohne Zustimmung der anderen Beteiligten von dem Vertrag lösen kann. Dagegen 120 muss der Notar auf das Wesentliche, das nicht ohne Weiteres geläufig ist, aufmerksam machen. Anlass zur Belehrung und Besprechung ist immer gegeben, wenn Zweifel oder Unwissenheit der Beteiligten bemerkbar werden. Bezüglich der Intensität der Belehrungen wird praktisch meist zwischen den verschiedenen Inhalten der Urkunde differenziert. Die Regelungen zur Tragung möglicherweise offener Erschließungskosten können juristisch komplex sein, haben jedoch bei ordnungsgemäßer Formulierung vor allem die Funktion einer klaren Zuordnung dieser Kosten. An dieser Stelle in epischer Breite über Erschließungskosten im Allgemeinen und Besonderen zu belehren wäre nicht nur unnötig, sondern würde die Aufmerksamkeit der Beteiligten von den tatsächlich wesentlich wichtigeren anderen Aspekten ablenken.

Die **wirtschaftlichen** Folgen (Gegensatz: rechtliche Folgen) der Erklärungen braucht der Notar nicht zu prüfen und nicht mit den Beteiligten zu erörtern. Der Notar ist kein Wirtschaftsprüfer und kein Steuerberater; er ist auch nicht der Vormund der Beteiligten. Die Beurteilung der wirtschaftlichen Seite ist Sache der Vertragsparteien selbst. Dazu gehören etwa die Fragen, ob der Kaufpreis angemessen ist, der Vertragsgegner zahlungsfähig oder sonst zuverlässig ist, ob das Pfandobjekt genügend Sicherheit bietet oder ob ein Rangrücktritt ohne Risiko möglich ist.

121 Der Notar ist zur Beurteilung dieser Fragen häufig auch gar nicht in der Lage. Ob ein Kaufpreis zu hoch oder zu niedrig ist, kann letztlich nur ein Sachverständiger (Gutachter) feststellen. Der Notar wird das Vertragsobjekt häufig allein aus dem Grundbuch „kennen" und hat daher keine Erkenntnisquelle über den Zustand einer möglichen Bebauung oder ähnlicher preisrelevanter Umstände. Ob der Vertragspartner seriös ist, mögen Detekteien feststellen. Eine Belehrungspflicht über wirtschaftliche Dinge entsteht nur beim Vorliegen ganz besonderer Umstände, wenn es nämlich für den Notar aus besonderen Gründen auf der Hand liegt, dass ein Beteiligter sich in eine Gefahr begibt, deren er sich nicht bewusst ist.

> *Beispiel*
>
> Eine ungewandte alte Frau wird von einem Makler „angeschleppt" und will zu einem viel zu niedrigen Preis verkaufen.

bb) Steuerfragen

122 Über **Steuerfragen** trifft den Notar grds. keine Belehrungspflicht. Der Eintritt der Steuerpflicht verursacht beim Steuerpflichtigen in aller Regel keinen „Schaden", sondern die Steuer ist eine vom Gesetzgeber auferlegte Last, welche nicht durch die notarielle Belehrungspflicht zum Gegenstand von Spekulationen gemacht werden soll.

Eine Ausnahme von diesem Grundsatz besteht dann, wenn für den Notar erkennbar ist, dass ein Beteiligter auf eine Klärung der Steuerfrage Wert legt. Bei der Versteuerung von Veräußerungsgewinnen hat der BGH die Ansicht vertreten, der Notar müsse auf die Gefahr der Spekulationssteuer hinweisen, *„wenn er davon Kenntnis hat, dass der Verkäufer das Grundstück vor weniger als zwei Jahren erworben hat"*.[13] Jetzt beträgt die Frist zehn Jahre, § 23 Abs. 1 S. 1 Nr. 1 EStG.

123 Wenn der Notar im Zuge der Vorbereitung der Urkunde oder anschließend bei der Beurkundung steuerliche Hinweise gibt, so sollte er sich darauf beschränken, die steuerliche Seite aufzuzeigen und den Beteiligten empfehlen, sich über die steuerlichen Probleme gesondert beraten zu lassen.[14]

Eine Ausnahme gilt bei Schenkungen und Zweckzuwendungen unter Lebenden. Hier hat der Notar „auf die mögliche Steuerpflicht hinzuweisen", nicht dagegen auf den tatsächlichen Anfall oder die Höhe der Steuer (§ 8 Abs. 1 S. 4, Abs. 4 Erbschaftsteuer-Durchführungsverordnung).

Ähnlich ist es bei der Grunderwerbsteuer. § 19 BeurkG bestimmt:

> *„Darf nach dem Grunderwerbsteuerrecht eine Eintragung im Grundbuch erst vorgenommen werden, wenn die Unbedenklichkeitsbescheinigung des Finanzamts vorliegt, so soll der Notar die Beteiligten darauf hinweisen und dies in der Niederschrift vermerken."*

Diese Hinweispflicht soll die Kenntnis der Beteiligten über steuerliche Hindernisse beim Vollzug des beurkundeten Rechtsgeschäfts sicherstellen. Dagegen ist es nicht Aufgabe des Notars, Auskünfte über die Grunderwerbsteuer im Allgemeinen, ihren tatsächlichen Anfall, ihre Höhe oder eine bevorstehende Änderung zu geben.

13 BGH MittRhNotK 1989, 85.

14 Siehe jüngst OLG Hamm NJOZ 2024, 1167, 1168.

cc) Warnungs- und Hinweispflicht

Die Rechtsprechung hat die Belehrungspflicht, welche nach dem Wortlaut des § 17 BeurkG nur im Zusammenhang mit einer **Beurkundung** besteht, über den Wortlaut des § 17 BeurkG hinaus **erweitert**. Der Bundesgerichtshof hält den Notar für verpflichtet, alle Beteiligten vor nicht bedachten rechtlichen Folgen zu bewahren und über den Nichteintritt erwarteter Folgen aufzuklären. 124

Er begründet die „Warnungs- und Hinweispflicht aus allgemeiner Betreuungsverpflichtung“ mit einem Hinweis auf die Stellung des Notars in der Rechtspflege:

Der Notar als Träger der vorsorgenden Rechtspflege darf es nicht untätig geschehen lassen, dass die Beteiligten in die Gefahr eines folgenschweren Irrtums geraten, der durch eine mit wenigen Worten zu gebende sachgemäße Belehrung zu vermeiden ist.[15]

Die Rechtsprechung lässt die „Warnungs- und Hinweispflicht aus allgemeiner Betreuungsverpflichtung“ jedoch nur dann eintreten, wenn **besondere Umstände** es nahelegen, dass einem Beteiligten ein Schaden droht, dessen er sich nicht oder zumindest nicht voll bewusst ist. Andererseits hat die Rechtsprechung den geschützten Personenkreis erweitert. „Beteiligte“ sind nicht nur die an der Beurkundung mitwirkenden Personen, sondern jeder, der mit dem Notar irgendwie, sei es auch nur telefonisch, in Verbindung getreten ist.[16] 125

Als Beispiel für die „allgemeine Betreuungsverpflichtung“ ist folgendes Urteil des BGH vom 25.2.1969[17] bekannt geworden:

> Der Eigentümer eines Bauernhofes hatte von einem Notar eine Eigentümergrundschuld zur Eintragung in das Grundbuch beurkunden lassen. Der Notar bescheinigte dem Kreditinstitut in einem besonderen Brief die Lasten, die der Eigentümergrundschuld in Abt. III des Grundbuches im Range vorgingen. Einen in Abt. II des Grundbuches eingetragenen Nacherbenvermerk erwähnte er nicht. Bei telefonischer Rückfrage der Bank wies der Notar erneut nicht auf den Nacherbenvermerk hin, obwohl die Bank erkennen ließ, dass sie einen Kredit aufgrund der abgetretenen Eigentümergrundschuld auszahlen wolle. Der Bundesgerichtshof hat den Notar zum Schadensersatz verurteilt, als der Kredit nicht zurückgezahlt wurde und der Zugriff auf das Grundstück wegen des Nacherbenvermerks verschlossen war. Der BGH hat ausgeführt, der Notar hätte die Bank bei dem telefonischen Anruf über den Nacherbenvermerk aufklären müssen. Er hätte es nicht geschehen lassen dürfen, dass ein Dritter Schaden nimmt, wenn er dies durch eine kurze Aufklärung hätte verhindern können. 126

dd) Beratung

Neben die Belehrungspflicht „aus der Beurkundung“ oder „allgemeiner Betreuung“ kann auch eine Belehrungspflicht aus **Beratung** treten. Doch muss die Beratung stets vom Notar übernommen sein; eine Pflicht zur Übernahme besteht nicht. Der Urkundsgewähranspruch gilt in diesem Teilbereich nicht. Hat der Notar die Beratung übernommen, dann begründet sie besondere Amtspflichten. Die Beratung muss zweckentsprechend und richtig sein. Ihr Umfang richtet sich nach dem Auftrag. Hier ist für den Notar Vorsicht geboten. Hat er beispielsweise eine Beratung über steuerliche Fragen einer Urkunde übernommen, so muss er vorher prüfen, ob er hinreichende **Sachkenntnis** im Steuerrecht dazu besitzt. Übernimmt er eine Beratung, ohne ausreichende Sachkenntnis zu haben oder nimmt er die Beratung aus anderen Gründen fehlerhaft vor, so kann er sich schadensersatzpflichtig machen. 127

e) Irrtümer und Zweifel vermeiden und unerfahrene und ungewandte Beteiligte vor Nachteilen schützen

Irrtümer und Zweifel zu vermeiden ist eine selbstverständliche Amtspflicht des Notars. Sie wäre in den Prüfungs- und Belehrungspflichten auch ohne ausdrückliche Nennung enthalten. 128

Unerfahrene und ungewandte Beteiligte sind der Fürsorge des Notars besonders anbefohlen. Er hat sie gegen geschäftsgewandte Vertragspartner in Schutz zu nehmen und so für die „Waffengleichheit“ der Vertragsbetei-

15 BGH DNotZ 1954, 330 f., BGH DNotI-Report 2003, 40.
16 BGH DNotZ 1969, 507 f.
17 BGH DNotZ 1969, 507 ff.

ligten zu sorgen. Seine Belehrungen hat der Notar auf den Bildungsstand der Beteiligten abzustimmen. Auf unerfahrene Beteiligte muss er – auch unter größerem Zeitaufwand – besonders eingehen und sie hinreichend ausführlich belehren.

f) Etwaige Zweifel und rechtliche Bedenken gegen das Geschäft mit den Beteiligten erörtern und eventuell in der Niederschrift vermerken

129 Der Notar muss die Rechtslage prüfen. Hält er ein Rechtsgeschäft für unwirksam, so muss er die Beurkundung ablehnen. Er darf sich nicht dazu hergeben, dass ein nichtiger Vertrag oder ein sonstiges nichtiges Rechtsgeschäft beurkundet wird. Seine Amtspflicht verbietet es ihm, seiner Überzeugung nach nichtige Urkunden aufzunehmen.

Wegen bloßer Zweifel an der Gültigkeit eines Rechtsgeschäfts soll eine Beurkundung allerdings nicht abgelehnt werden. Der Notar würde ansonsten einer Entscheidung des Prozessgerichts, welches die Beteiligten anrufen könnten, vorgreifen. Denn die Möglichkeit, dass das Geschäft von einem Gericht für gültig erachtet wird, ist bei bloßen **Zweifeln** an der Wirksamkeit nicht ausgeschlossen.

130 Wenn der Notar Zweifel an der Wirksamkeit des Rechtsgeschäfts hat, muss er wie folgt vorgehen: Der Notar hat seine Zweifel mit den Beteiligten zu **erörtern** und sie über die Rechtslage, speziell im Hinblick auf die Unwirksamkeit, zu **belehren**. Bestehen die Beteiligten dennoch auf der Beurkundung, so soll der Notar die erteilte Belehrung und die dazu abgegebenen Erklärungen der Beteiligten in der Niederschrift vermerken, § 17 Abs. 2 BeurkG.

Vermerke über Belehrungen sollte der Notar nicht nur dann aufnehmen, wenn dies gesetzlich bestimmt ist, wie zum Beispiel:

- § 17 Abs. 3 BeurkG (Anwendung ausländischen Rechts);
- § 18 BeurkG (Genehmigungserfordernisse);
- § 19 BeurkG (Unbedenklichkeitsbescheinigung);
- § 20 BeurkG (gesetzliche Vorkaufsrechte);
- § 21 BeurkG (Grundbucheinsicht).

Häufig empfiehlt es sich, die Tatsache der Belehrung in der Urkunde auch ohne gesetzlichen Zwang zu vermerken. Dadurch wird die Belehrung für die Beteiligten eindringlicher und zugleich verbessert der Notar seine Beweissituation in einem Haftungsprozess, wenn der Kläger behaupten sollte, vom Notar nicht ausreichend belehrt worden zu sein.

6. Durchführungspflicht

131 Der Notar muss zum Vollzug des Rechtsgeschäfts, bei dessen Errichtung er tätig geworden ist, weiterhelfen. Das Gesetz legt ihm die Durchführung ausdrücklich als Amtspflicht auf. § 53 BeurkG bestimmt:

> *„Sind Willenserklärungen beurkundet worden, die beim Grundbuchamt oder Registergericht einzureichen sind, so soll der Notar dies veranlassen, sobald die Urkunde eingereicht werden kann, es sei denn, dass alle Beteiligten gemeinsam etwas anderes verlangen; auf die mit einer Verzögerung verbundenen Gefahren soll der Notar hinweisen."*

Der Beurkundung wird die durch den Notar vollzogene Beglaubigung dann gleichgesetzt, wenn der Notar die Erklärung entworfen hat. Zu den Willenserklärungen, die der Notar zu vollziehen hat, gehören insb.:

- Auflassungen,
- Eintragungsbewilligungen zum Grundbuch,
- Löschungsbewilligungen,
- Grundbuchberichtigungsanträge und
- Handelsregisteranträge.

Dem Wortlaut nach handelt es sich um eine Soll-Vorschrift, doch wird dem Notar hierdurch **kein Ermessen** eingeräumt. Der Notar muss diese Geschäfte vollziehen, sobald es möglich ist. Voraussetzung der Durchführung ist die Vollzugsreife. Die Vollzugsreife fehlt, wenn der Durchführung der Urkunde ein Hindernis entgegensteht. Ein solches Hindernis liegt etwa vor, wenn die erforderliche **Unbedenklichkeitsbescheinigung** der Steuerbehörde fehlt oder eine sonstige gerichtliche bzw. behördliche Genehmigung notwendig ist und noch aussteht.

Dem Notar wird oft bei der Beurkundung der Auftrag erteilt, alles zu tun, was zum Vollzug der Urkunde oder auch im Zusammenhang mit der Urkunde als erforderlich und zweckdienlich erscheint. Dieser Auftrag verpflichtet den Notar, sämtliche Genehmigungen herbeizuführen. Neben der Durchführung des Vollzuges steht die Überwachung des Vollzuges, also die Überprüfung, ob die Anträge richtig und vollständig durch das Grundbuchamt oder das Handelsregister ausgeführt wurden. Diese Überwachung des Vollzuges obliegt dem Notar immer, wenn er zum Vollzug verpflichtet ist.

7. Verschwiegenheitspflicht

Der Notar hat über die ihm bei seiner Berufsausübung bekannt gewordenen Angelegenheiten **Verschwiegenheit gegen jedermann** zu bewahren (§ 18 BNotO). Diese Pflicht bezieht sich auf alles, was ihm bei Ausübung seines Amtes bekannt geworden ist. Dies gilt nicht für Tatsachen, die offenkundig sind oder ihrer Bedeutung nach keiner Geheimhaltung bedürfen. Die Schweigepflicht ist in der Natur des Notarberufs begründet. Der Notar braucht die Kenntnisse des gesamten Lebenssachverhalts, der Beweggründe und Hintergründe, um die Beteiligten sachgemäß beraten zu können. Deshalb werden dem Notar von den Klienten sehr oft höchst vertrauliche wirtschaftliche oder persönliche Dinge vorgetragen. Die Klienten können aber nur offen mit dem Notar reden, wenn sie sicher sind, dass die Vertraulichkeit gewahrt bleibt. Gleichwohl sind nicht nur die persönlichen Geheimnisse, sondern alle Umstände, welche der Notar in seiner amtlichen Eigenschaft wahrnimmt, der Verschwiegenheitspflicht unterworfen.[18] 132

Diese Verschwiegenheit hat der Notar auch den bei ihm **beschäftigten Personen zur Pflicht zu machen** (§ 26 BNotO). Die Pflicht zur Verschwiegenheit fällt weg, wenn die Beteiligten den Notar davon befreien (§ 18 Abs. 2 BNotO). Ist ein Beteiligter verstorben oder eine Äußerung von ihm nur mit unverhältnismäßigen Schwierigkeiten zu erlangen, so kann an seiner Stelle die Aufsichtsbehörde Befreiung erteilen. Der Notar und seine Mitarbeiter sollten daher trotz behaupteter Erbenstellung stets auf die Verschwiegenheit achten, auch wenn dies bei manchen Beteiligten wenig Verständnis hervorrufen mag. Es handelt sich um eine einzigartige Regelung, welche bei keiner anderen Berufsgeheimnisträgergruppe existiert.

Auch bei **Zweifeln** über die Pflicht zur Verschwiegenheit kann der Notar die Entscheidung der Aufsichtsbehörde einholen. Wenn die Aufsichtsbehörde die Pflicht zur Verschwiegenheit des Notars verneint, können daraus, dass der Notar sich geäußert hat, **keine Ansprüche** gegen ihn hergeleitet werden (§ 18 Abs. 3 S. 2 BNotO). Mit Rücksicht auf die Verschwiegenheitspflicht hat der Notar im Zivilprozess (§ 383 Abs. 1 Nr. 6 ZPO) und im Strafprozess (§ 53 Abs. 1 Nr. 3 StPO) das Recht und im Hinblick auf § 18 BNotO auch die Pflicht, sein Zeugnis über alles zu verweigern, was ihm in seiner Eigenschaft als Notar anvertraut oder bekannt geworden ist. Das Zeugnisverweigerungsrecht endet, wenn alle Beteiligten ihn von der Schweigepflicht befreit haben. 133

Die Verschwiegenheitspflicht wirkt sich auch bei **Durchsuchungen** und **Beschlagnahmen** aus. Es sollte stets darauf geachtet werden, den Strafermittlungs- bzw. Steuerbehörden vertrauliche Unterlagen nicht freiwillig zu übergeben, sondern auf eine ordnungsgemäße Beschlagnahme zu bestehen. Ferner sind viele der sich beim Notar befindlichen Unterlagen grds. beschlagnahmefrei, § 97 StPO. Um einen späteren unzutreffenden Eindruck zu vermeiden sollte der Umstand, dass die betreffenden Unterlagen allein aufgrund der Beschlagnahme herausgegeben wurden, im Protokoll vermerkt werden. Hierauf sollte hingewirkt werden. Schließlich kann es ggf. sinnvoll sein, die Ermittlungsbehörden darauf hinzuweisen, dass sich die Unterlagen bei einem Notar als Teil der Justiz befinden – und dass der Amtsträger die Dokumente nicht vernichten oder sonst dem Staatszugriff entziehen wird, bis die Rechtmäßigkeit der Durchsuchung bzw. Beschlagnahme abschließend geklärt wurde. Diesbezüglich könnten eine Beschwerde und ein Antrag auf Aussetzung der Vollziehung erwogen werden.

Sofern im Notarbüro Durchsuchungen und/oder Beschlagnahmen erfolgen sollten, empfiehlt sich der Kontakt zur Notarkammer.

18 Beck'sches Notarhandbuch, § 32 Rn 45.

134 Der Bruch der Schweigepflicht kann Folgen in drei Richtungen nach sich ziehen: Zunächst ist die pflichtwidrige Verletzung der Schweigepflicht stets ein Dienstvergehen. Der Notar kann dienststrafrechtlich belangt werden – bis hin zum Verlust des Notaramtes. Darüber hinaus ist die Schweigepflicht auch strafrechtlich geschützt. § 203 StGB bestraft mit Freiheitsstrafe bis zu einem Jahr oder mit Geldstrafe jeden, der unbefugt ein fremdes Geheimnis offenbart, das ihm als Rechtsanwalt, Patentanwalt, Notar, Verteidiger oder in ähnlichen Berufen anvertraut worden ist (§ 203 Abs. 1 Nr. 3 StGB). Dem Notar stehen seine Mitarbeiter und die Personen gleich, die beim Notar zur Vorbereitung auf ihren Beruf tätig sind. Entsteht durch den Bruch der Verschwiegenheit einem Beteiligten ein Schaden, so kann der Notar zivilrechtlich auch auf Schadensersatz aus dem Gesichtspunkt der Amtspflichtverletzung (§ 19 BNotO) in Anspruch genommen werden.

Die Pflicht zur Verschwiegenheit wird durchbrochen durch die Mitteilungs- und Aufklärungspflichten, die in zahlreichen Gesetzen aufgestellt sind (vgl. hierzu Rdn 137).

8. Verbot von Makler- und Garantiegeschäften, Verbot von Nebengeschäften

135 Dem Notar ist es verboten, Darlehen sowie Grundstücksgeschäfte zu vermitteln oder im Zusammenhang mit einer Amtshandlung eine Bürgschaft oder sonstige Gewährleistung für einen Beteiligten zu übernehmen oder Urkundsgeschäfte zu vermitteln (§ 14 Abs. 4 BNotO). Mit dieser Beschränkung hebt sich das deutsche Notariatsrecht von dem in einigen anderen Staaten (z.B. Belgien) geltenden Recht ab und verbietet dem Notar jegliche **Maklertätigkeit**. Das Verbot will die unabhängige und unparteiische Führung der Amtsgeschäfte sichern, die in Gefahr ist, wenn der Notar selbst als **Vermittler** an dem Zustandekommen des Geschäfts interessiert ist. Diese Verbote gelten uneingeschränkt auch für den Anwaltsnotar. Der Anwaltsnotar darf die verbotenen Geschäfte auch nicht in seiner Eigenschaft als Rechtsanwalt tätigen. Nicht unter das Gewährleistungsverbot fällt, dass der Notar sich etwa dem Grundbuchamt gegenüber für die Kostenschuld der Beteiligten „stark sagt“, um eine Eintragung zu erreichen, ohne dass zuvor ein Kostenvorschuss gezahlt wurde. Eine solche Starksagung sollte vor der Übersendung an die Empfängerstelle hinreichend gründlich mit dem Notar besprochen werden.

136 Der Notar darf auch nicht zugleich Inhaber eines besoldeten Amtes sein und keinen weiteren Beruf ausüben (§ 8 Abs. 1, Abs. 2 BNotO). Die anwaltliche Tätigkeit des Anwaltsnotars ist von diesem Verbot ausgenommen.

Dadurch soll erreicht werden, dass der Notar seine ganze Arbeitskraft seinem Notarberuf widmet. Die Übernahme von Ehrenämtern ist indes erlaubt.

Von der Übernahme eines besoldeten Amtes zu unterscheiden ist die Nebentätigkeit, welche regelmäßig nur eine begrenzte anderweitige Inanspruchnahme des Notars herbeiführt. Diese ist grds. zulässig, aber meist genehmigungspflichtig, § 8 Abs. 3 BNotO. Nicht genehmigungspflichtig ist die Übernahme des Amtes als Testamentsvollstrecker, Insolvenzverwalter, Schiedsrichter oder Vormund oder einer ähnlichen auf behördlicher Anordnung beruhenden Stellung sowie eine wissenschaftliche, künstlerische oder Vortragstätigkeit, § 8 Abs. 4 BNotO. Denn mit diesen Tätigkeiten gehen regelmäßig keine Gefahren für die Unabhängigkeit und die Unparteilichkeit der Amtsführung einher.

III. Mitteilungspflichten

137 Das Gebot der Amtsverschwiegenheit wird durchbrochen von den Mitteilungspflichten. Verschiedene Gesetze und Verordnungen verpflichten den Notar, den Behörden Anzeige oder Mitteilung zu machen. Eine Zusammenfassung aller Mitteilungspflichten des Notars findet sich bspw. bei *Küperkoch*;[19] dort auch eine ausführliche Aufzählung der einzelnen Rechtsgeschäfte, die anzuzeigen sind.

1. Anzeigepflicht gegenüber dem Finanzamt

138 Dem Notar ist es in den Steuergesetzen zur Pflicht gemacht, den Finanzämtern von bestimmten Urkundsgeschäften Mitteilung zu geben. Sinn der Mitteilungspflicht ist es, dass das Finanzamt von steuerbaren Vorgängen Kenntnis erhält und die Beteiligten zur Steuer heranziehen kann. Versäumt der Notar eine Mitteilung, so

19 *Küperkoch*, RNotZ 2002, 297 ff.

können die Finanzbehörden disziplinarische Schritte gegen ihn einleiten (etwa Anzeige beim Landgerichtspräsidenten); ein Schadensersatzanspruch des Staates gegen den Notar wegen der entgangenen Steuer besteht jedoch nicht.[20] Gleichwohl sollte die ordnungsgemäße Erfüllung der steuerlichen Anzeigepflichten ein wichtiges Anliegen in jedem Notarbüro sein. Im Bereich der Grunderwerbsteuer führt die fehlerhafte Erfüllung derselben zu erheblichen Problemen, wenn der Vertrag rückabgewickelt wird.

a) Grunderwerbsteuer

Anzuzeigen sind alle Rechtsvorgänge, die unter das Grunderwerbsteuergesetz fallen, und zwar auch dann, wenn **139** das Geschäft gerade von der Besteuerung ausgenommen ist (§ 18 GrEStG). Eine Anzeigepflicht besteht immer, wenn mit der **Möglichkeit** einer Steuer zu rechnen ist. Denn das Finanzamt will selbst entscheiden, ob etwas zu versteuern ist. Der Notar muss nicht nur eine Anzeige machen, wenn er den Vorgang beurkundet hat, sondern auch, wenn er über den Vorgang eine Urkunde entworfen und darunter eine Unterschrift beglaubigt hat. Die Beglaubigung einer Unterschrift ohne Entwurfserstellung führt keine Anzeigepflicht herbei. In Ermangelung einer gesetzlichen Pflicht **darf** in diesen Fällen aufgrund der Verschwiegenheitsverpflichtung keine Anzeige erfolgen.

Anzuzeigen sind unter anderem **140**

- Grundstückskaufverträge und andere Rechtsgeschäfte, welche den Anspruch auf Übertragung eines Grundstücks begründen, sowie Angebote zum Abschluss solcher Geschäfte,
- Übertragung von Gesellschaftsanteilen, wenn zum Vermögen der Gesellschaft ein Grundstück gehört,
- Grundbuchberichtigungsanträge, es sei denn, es handelt sich um eine Unterschriftsbeglaubigung ohne Entwurf,
- Übertragung von Anteilen an einem Nachlass (Erbteilsübertragungen), zu denen ein Grundstück gehört.

Die Aufzählung ist nicht vollständig, sondern umfasst nur die wichtigsten Vorgänge. Anzuzeigen sind nach dem Gesetzeswortlaut alle Rechtsvorgänge, welche ein in Deutschland **belegenes Grundstück** betreffen. Da auch gesellschaftsrechtliche Vorgänge wie Anteilsübertragungen oder Umwandlungen Anzeigepflichten auslösen können, empfiehlt es sich, bei den betroffenen Rechtsvorgängen einen Passus in die Urkunde aufzunehmen zu der Frage, ob die betreffenden Gesellschaften oder deren Tochtergesellschaften über Grundeigentum verfügen.

Eine Aufzählung der anzeigepflichtigen Rechtsgeschäfte gibt **§ 18 GrEStG**. Örtlich zuständig ist das Finanzamt, in dessen Bereich das Grundstück oder der wertvollste Teil des Grundstücks liegt, § 18 Abs. 5 i.V.m. § 17 Abs. 1 GrEStG.

Bezieht sich der Rechtsvorgang auf mehrere Grundstücke, so ist das Finanzamt zuständig, in dessen Bezirk das wertvollste Grundstück liegt.

Die Anzeige muss auf einem amtlich vorgeschriebenen Vordruck (**Veräußerungsanzeige**) erfolgen unter Beifügung einer einfachen Abschrift der Urkunde. Bei der Anzeige ist auch die steuerliche Identifikationsnummer für alle Beteiligten anzugeben. Der Notar sollte bei der Übersendung des Entwurfes die Beteiligten darauf hinweisen und bitten, spätestens bei der Beurkundung die steuerliche Identifikationsnummer (bei wirtschaftlich Tätigen die Wirtschafts-Identifikationsnummer) mitzuteilen.

Die Absendung der Veräußerungsanzeige ist auf der Urschrift der Urkunde zu vermerken. Der Vermerk **141** kommt auf die zurückbehaltene beglaubigte Abschrift, wenn der Notar die Urkunde nur entworfen und unter dem Entwurf eine Unterschrift beglaubigt hat (§ 18 Abs. 4 GrEStG). Die Aushändigung der Urkunde und die Erteilung von Ausfertigungen oder beglaubigten Abschriften ist erst **nach** der in allen Teilen vollständigen Absendung der Anzeige an das Finanzamt gestattet (§ 21 GrEStG).

Da der Vermerk auf der **Urschrift** anzubringen ist und die im elektronischen Urkundenarchiv einzustellende elektronische Fassung der Urschrift (vgl. § 2 Rdn 56) somit ebenfalls den Vermerk beinhalten muss, genügt ein rein elektronischer Vermerk nach derzeitiger Rechtslage leider noch nicht. Daher muss entweder der für die Erstellung der elektronischen Fassung der Urschrift bestimmte Scan erst **nach** Anbringung des Vermerks erfolgen, oder es ist ein gesondertes Vermerkblatt als „sonstiges" Dokument einzustellen.[21] Es bleibt zu hoffen, dass dieser Zustand zeitnah zugunsten der alleinigen Eintragung im Urkundenverzeichnis abgeschafft wird.

20 *Reithmann*, DNotZ 1970, 9.
21 Hierzu insgesamt BeckNotar-HdB/*Schmitz/Bleifeld*, § 29 Rn 14.

Der Erwerber eines Grundstücks oder Erbbaurechts darf in das **Grundbuch** erst dann eingetragen werden, wenn eine Bescheinigung der zuständigen Finanzbehörde vorgelegt wird, wonach der Eintragung steuerliche Bedenken nicht entgegenstehen (§ 22 Abs. 1 GrEStG). Das Finanzamt erteilt die Unbedenklichkeitsbescheinigung, wenn die Grunderwerbsteuer entrichtet, sichergestellt oder gestundet worden ist oder wenn Steuerfreiheit besteht (§ 22 Abs. 2 GrEStG).

Im Rahmen des Steuerentlastungsgesetzes 1999/2000/2002 wurde in § 22 Abs. 1 GrEStG ein neuer S. 2 aufgenommen, der vorsieht, dass die obersten Finanzbehörden der Länder im Einvernehmen mit den Landesjustizverwaltungen Ausnahmen von der Vorlagepflicht von Unbedenklichkeitsbescheinigungen zulassen können. Die Kenntnis dieser landesrechtlichen Ausnahmefälle kann daher überflüssige Anzeigen und damit auch Verzögerungen in der Vertragsabwicklung vermeiden.

Perspektivisch ist angedacht, auch den **Datenaustausch** zwischen den Notarbüros und der Finanzverwaltung zu digitalisieren, sodass der Notar seine Anzeigen und das Finanzamt die Unbedenklichkeitsbescheinigung jeweils elektronisch in Form von Strukturdatensätzen übermitteln können. Derzeit existiert jedoch noch keine Rechtsverordnung zur elektronischen Übermittlung nach § 22a GrEStG.

b) Erbschaftsteuer und Schenkungsteuer

142 Der Notar hat alle Beurkundungen anzuzeigen, die für die Festsetzung der Erbschaftsteuer (Schenkungsteuer) von Bedeutung sein können (§ 34 Abs. 1 ErbStG). Die einzelnen anzeigepflichtigen Rechtsvorgänge ergeben sich aus §§ 1, 3, 7, 8 und 34 ErbStG und §§ 7, 8 ErbStDV. Danach hat der Notar insb. anzuzeigen:

143
- Erbauseinandersetzungen,
- Schenkungen, Schenkungsversprechen,
- Zweckzuwendungen,
- Vereinbarung einer Gütergemeinschaft,
- Erbverzichtsverträge gegen Abfindung,
- Geschäfte zur Befriedigung von Pflichtteilsansprüchen und ähnliche Geschäfte, durch die ein Erbrecht abgefunden oder erworben wird,
- alle Rechtsgeschäfte, die zwar der Form nach entgeltlich sind, in der Sache aber eine (teilweise) Schenkung enthalten.

Vorstehende Aufzählung ist nicht vollständig, sondern umfasst nur die wichtigsten Vorgänge.

Zu der letzten Gruppe der anzuzeigenden Geschäfte gehören die Übergabeverträge zwischen Eheleuten, Eltern, Kindern oder Personen, die sonst nahe verwandt sind. Da es Sinn der Anzeigepflicht ist, dem Finanzamt die Prüfung der Steuerbarkeit zu ermöglichen, sind derartige Geschäfte schon dann anzuzeigen, wenn lediglich die **Möglichkeit** einer freigiebigen Zuwendung besteht.

Die Notare haben dem für die Verwaltung der Erbschaftsteuer zuständigen Finanzamt eine beglaubigte Abschrift der Urkunde über eine Schenkung (§ 7 ErbStG) oder eine Zweckzuwendung unter Lebenden (§ 8 ErbStG) unter Angabe des der Kostenberechnung zugrunde gelegten Wertes mit einem Vordruck zu übersenden. Die Vordrucke können bei den Erbschaftsteuerstellen der Finanzämter angefordert werden.

Enthält die Urkunde **keine Angabe** darüber, sind die Beteiligten über

1. das persönliche Verhältnis (Verwandtschaftsverhältnis) des Erwerbers zum Schenker und
2. den Wert der Zuwendung

zu befragen und die Angaben in der Anzeige mitzuteilen. Die Anzeige hat unverzüglich nach Beurkundung zu erfolgen. Diese Angaben sollten möglichst für die Urkunde abgefragt werden, um nicht auf nachträgliche Kommunikation mit den Beteiligten angewiesen zu sein.

Auf der Urschrift der Urkunde ist zu vermerken, wann und an welches Finanzamt die Abschrift übersandt worden ist. Die Notare haben bei der Beurkundung von Schenkungen und Zweckzuwendungen unter Lebenden die Beteiligten auf die mögliche Steuerpflicht hinzuweisen. Diese Verpflichtungen erstrecken sich auch auf Urkunden über Rechtsgeschäfte, die zum Teil oder der Form nach entgeltlich sind, bei denen aber Anhaltspunkte vorliegen, dass eine (teilweise) Schenkung oder Zweckzuwendung unter Lebenden vorliegt.

Die Übersendung einer beglaubigten Abschrift von Schenkungs- und Übergabeverträgen und die Mitteilung der vorgenannten Angaben darf unterbleiben, wenn Gegenstand der Schenkung nur Hausrat (einschließlich Wäsche und Kleidungsstücke) im Wert von nicht mehr als 12.000 EUR und anderes Vermögen im reinen Wert von nicht mehr als 20.000 EUR ist (§ 8 Abs. 3 und 4 ErbStDV).

Die örtliche Zuständigkeit der Finanzämter ist aus § 35 ErbStG zu entnehmen. Danach ist regelmäßig das Finanzamt zuständig, in dessen Bezirk der Erblasser oder Schenker zum Zeitpunkt der Ausführung der Zuwendung seinen Wohnsitz hatte.

c) Einkommensteuer-Durchführungsverordnung

Nach § 54 der Einkommensteuer-Durchführungsverordnung müssen die Notare dem Finanzamt, in dessen Geltungsbereich sich die Geschäftsleitung der Gesellschaft befindet, eine beglaubigte Abschrift aller aufgrund gesetzlicher Vorschrift aufgenommenen oder beglaubigten Urkunden, welche die Gründung, Kapitalerhöhung, Kapitalherabsetzung, Umwandlung oder Auflösung von Kapitalgesellschaften oder die Verfügung über Anteile an Kapitalgesellschaften zum Gegenstand haben, zusenden. Die Abschrift ist binnen zwei Wochen, von der Aufnahme oder Beglaubigung der Urkunde angerechnet, einzureichen. Die Abschrift soll mit der Steuernummer gekennzeichnet sein, mit der die Kapitalgesellschaft bei dem betreffenden Finanzamt geführt wird. Die Absendung der Urkunde ist auf der vom Notar zurückbehaltenen Urschrift bzw. auf einer zurückbehaltenen Abschrift zu vermerken. Hier stellt sich wiederum das Problem, dass der Vermerk entweder vor der Erstellung des Scans für die elektronische Urkundensammlung erfolgen muss oder ein gesondertes Vermerkblatt erstellt, gescannt und als „sonstiges Dokument" eingestellt werden muss. Bei Online-Gründungen muss ein gesonderter Vermerk erstellt werden, da die Urschrift nicht mit einem Vermerk geändert werden darf – und aus technischen Gründen auch nicht geändert werden kann. 144

Den Beteiligten dürfen beglaubigte Abschriften oder Ausfertigungen der Urkunden erst dann ausgehändigt werden, wenn die Abschrift der Urkunde an das Finanzamt abgesandt ist, § 54 Abs. 3 Einkommensteuer-Durchführungsverordnung.

2. Mitteilungspflichten gegenüber anderen Stellen

a) Mitteilungspflichten in Nachlasssachen

Wenn eine Person verstorben ist, die ein Testament, einen Erbvertrag oder eine sonstige Erklärung hinterlassen hat, durch die der Inhalt der (gesetzlichen) Erbfolge geändert wird, so muss die Stelle, welche die betreffende Urkunde verwahrt, von dem Erbfall unterrichtet werden. 145

Aufgrund des Gesetzes zur Modernisierung des Benachrichtigungswesens in Nachlasssachen durch Schaffung des Zentralen Testamentsregisters bei der Bundesnotarkammer ist der Notar seit dem 1.1.2012 verpflichtet, in nachlassrechtlichen Angelegenheiten die Verwahrangaben erbfolgerelevanter Urkunden an das Zentrale Testamentsregister zu übermitteln. Früher erfolgte diese Benachrichtigung gegenüber dem zuständigen Standesamt bzw. bei Beteiligten, deren Geburtsort im Ausland lag, gegenüber der Hauptkartei für Testamente. Der Notar ist nun auch für die Meldung der dem Nachlassgericht einzureichenden Testamente und Erbverträge zuständig, was die Nachlassgerichte entlastet.[22] Einzelheiten hierzu sind geregelt in der Verordnung zur Einrichtung und Führung des Zentralen Testamentsregisters.

Die **Meldepflicht** des Notars erstreckt sich auf die folgenden Urkunden: 146

- Erbverträge und notarielle Testamente,
- Aufhebungsverträge zu Erbverträgen,
- Rücktritts- und Anfechtungserklärungen zu (gemeinschaftlichen) Testamenten und Erbverträgen,
- Erbverzichtsverträge (nicht: Pflichtteilsverzichtsverträge, da diese nicht die Erbfolge ändern),
- Eheverträge, wenn sie erbrechtliche Auswirkungen haben, z.B. Gütertrennungsverträge, Gütergemeinschaftsverträge, erstmalige Vereinbarung oder Änderung des Vermögensstandes,
- Rechtswahlklauseln, soweit das Güter- oder/und Erbstatut betroffen ist,
- Zuwendungsverzichtsverträge,
- Änderungen erbfolgerelevanter Urkunden,

22 Siehe hierzu Armbrüster/Preuß/*Preuß*, § 34a BeurkG Rn 1 f.

- Rücknahme eines Erbvertrages aus der notariellen Verwahrung,
- Widerrufstestamente.

147 Der Notar ist verpflichtet, die Angaben **elektronisch** und **unverzüglich** zu melden. Unverzüglich dürfte eine Meldung sein, die innerhalb von üblichen Bearbeitungszeiten beim Register eingeht. Fehlt beispielsweise die Geburtsregisternummer eines Beteiligten, so muss der Notar zunächst ohne diese Angabe unverzüglich melden.[23] Eine Verpflichtung des Notars, die Geburtsregisternummer zu ermitteln, besteht jedenfalls nicht, vgl. § 2 Abs. 3 ZTRV.

In der **Mitteilung** anzugeben sind:

- Familienname,
- Geburtsname (auch wenn gleichlautend),
- Vornamen (wie in der Geburtsurkunde vermerkt),
- Geschlecht,
- Geburtsort,
- Tag der Geburt,
- Geburtsstandesamt mit Geburtsregisternummer (bei im Ausland geborenen Beteiligten der Staat der Geburt).

Bei Übergabe von notariellen Testamenten und Erbverträgen in die Verwahrung beim Nachlassgericht ist diesem die Verwahrnummer mitzuteilen, die vom Zentralen Testamentsregister vergeben wurde. Die Daten, welche in der Notariatssoftware vorliegen, können bei den meisten Programmen problemlos in Form eines Datensatzes exportiert werden, sodass eine erneute händische Eingabe nicht erforderlich ist.

148 Der Notar erhält sodann eine Registrierungsbestätigung, welche er dem Testierenden weiterleitet, § 3 Abs. 2 S. 1 ZTRV. Ein weiterer Ausdruck der Registrierungsbestätigung ist sodann gemäß § 31 Abs. 1 Nr. 1 lit. b) NotAktVV in der Urkundensammlung zu verwahren. Zudem wird die Datei als elektronisches Original in die elektronische Urkundensammlung gemäß § 34 NotAktVV eingestellt.

149 Nach dem Tod eines Beteiligten übermittelt das den Sterbefall protokollierende Standesamt die Sterbedaten an die Bundesnotarkammer, die in der Folge gemäß § 78e S. 2 BNotO prüft, ob im Zentralen Testamentsregister Verwahrangaben vorliegen. Ist dies der Fall, informiert sie elektronisch das zuständige Nachlassgericht und die verwahrende Stelle. Wird der Notar informiert, obwohl er die Urkunde nicht mehr verwahrt, muss er die Bundesnotarkammer hiervon in Kenntnis setzen, damit diese sich an das zuständige Nachlassgericht wenden kann.

b) Mitteilungspflichten im Bereich des Familienrechts

150 Beglaubigte Abschrift der Vaterschaftsanerkennung und aller Erklärungen, die für die Wirksamkeit der Vaterschaftsanerkennung bedeutsam sind, sind dem Standesbeamten, der die Geburt des Kindes beurkundet hat, zu übersenden (§ 1597 Abs. 2 BGB i.V.m. § 44 Abs. 3 PStG). Das Gleiche gilt für die Mutterschaftsanerkennung (§ 44 Abs. 3 PStG), welche teilweise nach ausländischem Recht erforderlich sein kann. Ist die Geburt des Kindes nicht im Inland beurkundet, so ist eine beglaubigte Abschrift dem Standesamt I in Berlin zu übersenden.

3. Registrierung einer Vorsorgevollmacht

151 Die Bundesnotarkammer führt ein automatisiertes Register über Vorsorgevollmachten (zentrales Vorsorgeregister), § 78a BNotO. Beurkundet der Notar eine Vorsorgevollmacht, so soll er auf die Möglichkeit der Registrierung bei dem zentralen Vorsorgeregister hinweisen, § 20a BeurkG. Wird diese gewünscht, so wird der Antrag auf Eintragung im Online-Verfahren übermittelt. Es empfiehlt sich, in die Urkunde aufzunehmen, dass auch die personenbezogenen Daten des/der Bevollmächtigten gemeldet werden sollen. Auch bei der Meldung zum Zentralen Vorsorgeregister ist regelmäßig ein Datenexport aus der Notariatssoftware möglich.

4. Mitteilungspflicht nach dem Baugesetzbuch

152 Jeder Vertrag, durch den sich jemand verpflichtet, das Eigentum an einem Grundstück gegen Entgelt oder im Wege des Tausches zu übertragen oder ein Erbbaurecht zu begründen, ist dem **Gutachterausschuss** von

23 Zu beidem: Armbrüster/Preuß/*Preuß*, § 34a BeurkG Rn 8 f.

der beurkundenden Stelle anzuzeigen (§ 195 BauGB). Durch die Anzeige soll dem Gutachterausschuss eine Übersicht über die Entwicklung der Kaufpreise ermöglicht werden, die ihn in den Stand versetzt, Wertgutachten über andere, vergleichbare Grundstücke abzugeben. Sofern das Gesetz zur Digitalisierung des Vollzugs von Immobilienverträgen, der gerichtlichen Genehmigungen von notariellen Rechtsgeschäften und der steuerlichen Anzeigen der Notare (**eNoVA**) in seiner ursprünglich angedachten oder einer vergleichbaren Form verabschiedet werden sollte, wird auch die Mitteilung an die Gutachterausschüsse vollelektronisch über **XNP** in Form der Übersendung eines Strukturdatensatzes erfolgen.

5. Sonstige Mitteilungspflichten

a) Nach § 8 Zinsinformationsverordnung trifft den Notar eine Meldepflicht an das Bundeszentralamt für Steuern, wenn ein verzinstes Anderkonto geführt wird, dessen Zinsen nach der Hinterlegungsvereinbarung einem wirtschaftlich Berechtigten zustehen, der seinen Wohnsitz in einem anderen europäischen Mitgliedstaat hat. Ein Auskunftsverweigerungsrecht nach § 102 Abs. 1 Nr. 3 lit. b) AO besteht nach § 102 Abs. 4 S. 1 AO nicht. 153
b) Nach dem Außenwirtschaftsgesetz (AWG) können dem Notar aus § 23 AWG oder einer Rechtsverordnung nach § 12 AWG Meldepflichten nur erwachsen, wenn er selbst bei Verwahrungsgeschäften oder sonstiger Betreuung der Beteiligten nach § 24 BNotO am Wirtschaftsverkehr mit dem Ausland teilnimmt.
c) Der Notar ist gemäß § 40 Abs. 2 GmbHG verpflichtet, Veränderungen im Bestand der Gesellschafter, an denen er mitgewirkt hat, unverzüglich dem Handelsregister mitzuteilen. Er erfüllt die Mitteilungspflicht, indem er eine Abschrift der geänderten Gesellschafterliste übermittelt mit der Bescheinigung, dass die geänderten Eintragungen den Veränderungen entsprechen, an denen er mitgewirkt hat, und die übrigen Eintragungen mit dem Inhalt der zuletzt im Handelsregister aufgenommenen Gesellschafterliste übereinstimmen.
d) Dem Handelsregister ist der Notar mitteilungspflichtig, wenn er von einer unrichtigen, unvollständigen oder unterlassenen Anmeldung zum Handelsregister erfährt (§ 379 FamFG).
e) Wird ein Guthaben auf einem notariellen Anderkonto gepfändet, so gehen die Auskunftspflichten nach § 840 ZPO der Pflicht zur Verschwiegenheit vor.[24]
f) Eine Zusammenfassung der meisten Mitteilungspflichten des Notars findet sich bei *Danne*.[25]

IV. Datenschutzgrundverordnung

Seit dem 28.5.2018 ist die Datenschutzgrundverordnung gültig und muss von Notaren als Träger eines öffentlichen Amtes besonders beachtet werden. Notarkanzleien sind öffentliche Stellen der Länder, Notare „Verantwortliche" i.S.v. Art. 4 Nr. 7 DSGVO.[26] Der Notar wird pflichtgemäß die persönlichen Daten von natürlichen Personen, die an einem notariellen Verfahren beteiligt sind, schützen. 154

In diesem Zusammenhang sind folgende Punkte vordringlich:

a) **Bestellung** eines **Datenschutzbeauftragten**: Notare sind verpflichtet, einen betrieblichen Datenschutzbeauftragten zu bestellen, Art. 37 Abs. 1 DSGVO. Für Sozietäten kommt die Bestellung eines gemeinsamen Datenschutzbeauftragten in Betracht, Art. 37 Abs. 3 DSGVO. Datenschutzbeauftragter kann entweder ein Mitarbeiter des Notars oder ein externer Dritter auf der Grundlage eines Dienstleistungsvertrages sein, Art. 37 Abs. 6 DSGVO. Der Datenschutzbeauftragte wird nach Art. 37 Abs. 5 DSGVO benannt. Richtigerweise ist auch eine juristische Person als Datenschutzbeauftragte geeignet; die Prüfungspraxis in manchen Landgerichtsbezirken sieht dies bisher indes noch anders.
b) **Meldung** des betrieblichen Datenschutzbeauftragten: Notare sind verpflichtet, die Kontaktdaten ihres betrieblichen Datenschutzbeauftragten der Aufsichtsbehörde zu melden, Art. 37 Abs. 7 DSGVO.

24 Tätigkeitsbericht der Bundesnotarkammer in DNotZ 1975, 260.
25 RNotZ 2002, 297 ff. bzw. Kersten/*Danne*, § 8.
26 Vgl. Rundschreiben 5/2018 der Bundesnotarkammer, S. 1.

c) **Datenschutzkonformität** der Homepage: Die Kontaktdaten des betrieblichen Datenschutzbeauftragten müssen – typischerweise auf der Homepage – veröffentlicht werden, Art. 37 Abs. 7 DSGVO.
d) **Verschwiegenheitsvereinbarung**: Gemäß § 26a Abs. 3 BNotO muss der Notar mit nicht arbeitsvertraglich beschäftigten Personen, die bei Ausführung der Dienstleistung möglicherweise Zugang zu der notariellen Verschwiegenheitspflicht unterfallenden Informationen erhalten, eine schriftliche Verschwiegenheitsvereinbarung schließen. Ein Verstoß gegen diese Amtspflicht ist gemäß § 203 Abs. 4 S. 2 Nr. 1 StGB für den Notar strafbewehrt, wenn die nicht arbeitsvertraglich beschäftigte Person eine der notariellen Verschwiegenheitspflicht unterfallende Information offenbart. Muster für eine Verschwiegenheitsvereinbarung i.S.d. § 26a Abs. 3 BNotO sind von der Bundesnotarkammer erarbeitet worden und wurden den Notaren seitens der Notarkammern zur Verfügung gestellt.
   Hinsichtlich der Amtspflicht gemäß § 26 Abs. 4 BNotO betreffend arbeitsvertraglich beschäftigte Personen vgl. das nachfolgende Kapitel.
e) **Informationspflichten** nach Art. 13 DSGVO: Notare sind verpflichtet, personenbezogene Daten von natürlichen Personen als Beteiligte im notariellen Verfahren („Betroffene") zu schützen. Betroffene sollen einen Überblick darüber erhalten, was mit ihren Daten geschieht, um von Beginn der Datenverarbeitung an über die Konsequenzen der Datenübermittlung an den Verantwortlichen informiert zu sein. Aus Art. 13 DSGVO folgt somit die Pflicht des Notars, dem Beteiligten bestimmte Informationen hinsichtlich der Verarbeitung von dessen personenbezogenen Daten zukommen zu lassen.

Zwei Fälle aus der Praxis erscheinen hier besonders erwähnenswert:[27]

Beispiel 1

Ein Makler bittet um Erstellung eines Kaufvertragsentwurfs unter Übermittlung personenbezogener Daten der Beteiligten.

Spätestens mit der Übermittlung des Entwurfs sollte der Notar die Datenschutzhinweise erteilen. Eine vorherige Information ist nicht erforderlich, da die Erstellung und Übermittlung des Entwurfs innerhalb einer Frist i.S.d. Art. 14 Abs. 3 Buchst. a DSGVO (ein Monat) erfolgen dürfte.

Beispiel 2

Ein Erblasser benennt Neffen und Nichten als Erben und teilt deren personenbezogene Daten zur Entwurfserstellung mit.

Hier gilt wegen der Pflicht zur Verschwiegenheit gemäß § 18 BNotO, dass den Erben weder mitgeteilt werden muss noch darf, dass deren personenbezogene Daten verarbeitet werden, vgl. Art. 14 Abs. 5 Buchst. d DSGVO.

G. Mitarbeiter des Notars

I. Aufgaben und Pflichten der Mitarbeiter

155 Der Notar kann seinen Beruf nicht ohne ein Büro ausüben. Er wird in der Regel mit bloßen Schreib- und Telefonkräften nicht auskommen. Er braucht zusätzlich ausgebildete Hilfskräfte (**Fachkräfte**), welche ihn bei der Vorbereitung und Abwicklung der Amtsgeschäfte entlasten. Eine der Grundlagen für die erfolgreiche Amtstätigkeit ist ein zuverlässiges Büro, das dem Notar büro- und urkundstechnische Arbeiten abnimmt, damit er für seine eigentlichen Aufgaben Zeit hat: Beratung der Beteiligten, Anfertigung von Entwürfen und Beurkundung.

Der Notar wird also versuchen, Bürokräfte einzustellen, die **selbstständig** einfache Amtsgeschäfte vorbereiten, bei der Vorbereitung schwieriger Amtsgeschäfte behilflich sind, beurkundete Geschäfte abwickeln, das Kostenwesen verwalten, überhaupt möglichst viele der Tätigkeiten ausführen, die nicht von ihm persönlich wahrgenommen werden müssen. Dazu hat sich der Beruf des Notarfachangestellten (früher:

27 Vgl. zum Ganzen Rundschreiben der BNotK Nr. 5/2018.

Notargehilfe) entwickelt, dessen Berufsbild mit Gesetzeskraft in der ReNoPat-Ausbildungsverordnung niedergelegt ist.[28] Er ist ein Lehrberuf; die Ausbildungszeit wird mit einer Prüfung abgeschlossen.

Unabhängig davon, ob der Mitarbeiter des Notars ausgebildeter Jurist, Fachkraft oder eine angelernte Kraft ist, 156
gelten für alle Hilfskräfte folgende Grundsätze: Der Notar muss von ihnen **wirtschaftlich unabhängig** sein. Eine unmittelbare oder mittelbare Gewinnbeteiligung der Mitarbeiter ist standeswidrig. Die Beziehungen des Notars zu den Mitarbeitern müssen so gestaltet sein, dass die führende und bestimmende Tätigkeit des Notars nicht beeinträchtigt oder gefährdet wird. In jedem Fall soll es den Beteiligten möglich bleiben, sich persönlich an den Notar zu wenden.

Dem Notar verbotene Tätigkeiten darf er auch nicht durch seine Mitarbeiter ausüben lassen, denn die im Notarbüro beschäftigten Personen sind in den **Vertrauensbereich** des Notars bei der Bevölkerung mit einbezogen. Der Notar hat deshalb dafür zu sorgen, dass seine Angestellten unterlassen, was ihm selbst nicht gestattet wäre. Nach § 14 Abs. 4 BNotO ist es dem Notar verboten, Darlehen sowie Grundstücksgeschäfte zu vermitteln oder im Zusammenhang mit einer Amtshandlung eine Bürgschaft oder sonstige Gewährleistung für einen Beteiligten zu übernehmen (siehe Rdn 76). Er hat dafür zu sorgen, dass auch die bei ihm beschäftigten Personen sich nicht mit derartigen Geschäften befassen.

Nach § 26 BNotO muss der Notar die bei ihm beschäftigten Personen bei der Einstellung auf die Bestimmungen 157
des § 14 Abs. 4 BNotO hinweisen und sie zur Wahrung des Amtsgeheimnisses verpflichten. Hierüber ist eine Niederschrift anzufertigen, die vom Notar und dem Verpflichteten zu unterzeichnen ist und bei den Generalakten des Notars aufbewahrt wird. Haben sich Notare zu einer Sozietät verbunden, muss jeder Amtsträger die entsprechenden Erklärungen für jeden Mitarbeiter in seiner eigenen Generalakte führen – ein Verweis auf die Generalakte des Sozius ist nicht ausreichend. Die Niederschrift kann etwa wie folgt lauten:

▼ 158

Muster 1.1: Verpflichtung zur Wahrung des Amtsgeheimnisses

Niederschrift über die Verpflichtung einer beim Notar beschäftigten Person

Der unterzeichnende Notar

mit Amtssitz in

hat am

Herrn/Frau

gemäß § 26 BNotO über dessen/deren Pflichten belehrt und gemäß § 1 des Verpflichtungsgesetzes förmlich verpflichtet. Darüber wurde die folgende Niederschrift aufgenommen:

Der/Die Beschäftigte wurde von mir, dem Notar, auf die gewissenhafte Erfüllung seiner/ihrer Obliegenheiten verpflichtet.

Der/Die Beschäftigte wurde besonders auf die Bestimmung des § 14 Abs. 4 BNotO hingewiesen. Ihm/Ihr wurde untersagt, Darlehen sowie Grundstücksgeschäfte zu vermitteln oder im Zusammenhang mit einer Amtshandlung des Notars eine Bürgschaft oder sonstige Gewährleistung für einen Beteiligten zu übernehmen.

Besonders wurde auch auf die Verpflichtung zur Wahrung des Amtsgeheimnisses nach § 18 BNotO hingewiesen und darauf, dass auch jede bei einem Notar beschäftigte Person über alles zur Verschwiegenheit verpflichtet ist, was ihr im Rahmen der Ausübung der Tätigkeit beim Notar bekannt geworden ist. Auf die strafrechtlichen Folgen der Verletzung der Pflichten wurde hingewiesen.

28 Verordnung über die Berufsausbildungen zum Rechtsanwaltsfachangestellten und zur Rechtsanwaltsfachangestellten, zum Notarfachangestellten und zur Notarfachangestellten, zum Rechtsanwalts- und Notarfachangestellten und zur Rechtsanwalts- und Notarfachangestellten sowie zum Patentanwaltsfachangestellten und zur Patentanwaltsfachangestellten vom 29.8.2014 (BGBl. I S. 1490), zuletzt geändert durch Gesetz vom 24.6.2022.

Dem/Der Beschäftigten wurde sodann der Inhalt der folgenden Strafvorschriften des Strafgesetzbuches bekanntgegeben:

- § 133 Abs. 1, 3 StGB – Verwahrungsbruch
- § 201 StGB – Verletzung der Vertraulichkeit des Wortes
- § 203 StGB – Verletzung von Privatgeheimnissen
- § 204 StGB – Verwertung fremder Geheimnisse
- §§ 331 Abs. 1, 332 StGB – Vorteilsannahme und Bestechlichkeit
- § 353b Abs. 1–3 StGB – Verletzung des Dienstgeheimnisses
- § 355 StGB – Verletzung des Steuergeheimnisses
- § 358 StGB – Nebenfolgen.

Dem/Der Beschäftigten ist bekannt, dass die Strafvorschriften für ihn/sie gelten. Ihm/Ihr ist ferner bekannt, dass die Strafvorschriften, sofern ihre Anwendung eine förmliche Verpflichtung voraussetzt, aufgrund der heutigen Verpflichtung für ihn/sie gelten.

Der/Die Beschäftigte erklärte, von dem Inhalt der vorgenannten Bestimmungen der Bundesnotarordnung und des Strafgesetzbuches Kenntnis erhalten zu haben.

Der Notar hat ihn/sie durch Handschlag zur Wahrung des Amtsgeheimnisses und zur gewissenhaften Erfüllung aller anderen Obliegenheiten verpflichtet.

Für den Fall eines einheitlichen Beschäftigungsverhältnisses zu mehreren Notaren:

Der Notar wies den/die Beschäftigte(n) darauf hin, dass es bei einem einheitlichen Beschäftigungsverhältnis zu mehreren Notaren gemäß § 26 S. 3 BNotO genügt, wenn einer von ihnen die Verpflichtung vornimmt.

Er/Sie unterzeichnete dieses Protokoll zum Zeichen der Genehmigung und bestätigte den Empfang einer Abschrift dieser Niederschrift.

(*Unterschrift des Notars*) (*Unterschrift des/der Verpflichteten*)

Anlage: *[Abdruck der vorgenannten Bestimmungen des Strafgesetzbuches]*

▲

159 Gemäß § 26 S. 4 BNotO tritt neben die bisher schon bestehende Amtspflicht zur förmlichen Verpflichtung der arbeitsvertraglich beschäftigten Personen eine weitere Amtspflicht, „*in geeigneter Weise auf die Einhaltung der Verschwiegenheitspflicht durch die von ihm beschäftigten Personen hinzuwirken*". Ein Verstoß gegen diese berufsrechtliche Pflicht zur Überwachung der Einhaltung der Verschwiegenheitspflicht der eigenen Mitarbeiter ist entgegen dem ursprünglichen Gesetzesentwurf nicht strafbewehrt.

II. Bürovorsteher, Fachangestellter, Auszubildender

160 Der **Bürovorsteher** ist für den Ablauf des Bürobetriebes verantwortlich. Dazu zählen typischerweise

- die Aufsicht über die Angestellten,
- die Verteilung und Überwachung der Arbeit der Angestellten,
- die Führung (oder Beaufsichtigung) der Bücher des Notars,
- das Kostenwesen, die Buchführung, die Kassenführung.

Zum Bürobetrieb gehört es ebenfalls, die Klienten zu empfangen, Informationen entgegenzunehmen und Auskünfte über den Stand der Angelegenheit des Besuchers zu geben. Der Bürovorsteher ist über den bürotechnischen Betrieb hinaus auch mit der Vorbereitung der Amtsgeschäfte und ihrer Durchführung betraut. Einfache Urkunden bespricht er oft selbstständig mit den Beteiligten und entwirft sie auch. Hier ist für den Notar Folgendes zu beachten:

Auch wenn sein Mitarbeiter die Urkunde vorbereitet hat, trägt der Notar die volle Verantwortung für ihren Inhalt. Er muss sich vergewissern, dass der Vertragsentwurf dem Willen der Beteiligten entspricht und sie richtig belehrt sind.

> *Wichtig!*
>
> Der Notar hat seine Amtspflichten **persönlich** zu erfüllen. Er darf nicht dulden, dass die Mitarbeiter die eigentliche Rechtsberatung selbstständig betreiben. Wenn ein Mitarbeiter Rechtsauskünfte erteilt, muss sich der Notar davon überzeugt haben, dass der Mitarbeiter dazu in der Lage ist. Anderenfalls muss der Notar Rechtsauskünfte durch seine Mitarbeiter unterbinden, wenn er sich nicht der Gefahr einer Amtshaftung (§ 19 BNotO) aussetzen will.

Entsprechendes gilt, soweit der Bürovorsteher oder Fachangestellte die Urkundsgeschäfte nach der Beurkundung **161**
abwickelt. Die Antragstellung beim Grundbuchamt, die Überwachung der Kaufpreiszahlung, die Einholung der Genehmigungen, die Abgabe von Testamenten beim Nachlassgericht und viele andere Dinge werden vom Büro unter Leitung des Bürovorstehers sehr oft selbstständig bearbeitet. Dennoch trägt der Notar hierfür die alleinige Verantwortung. Er muss sich vergewissern, dass die Geschäfte ordnungsgemäß durchgeführt werden.

Der Bürovorsteher ist meistens ein Fachangestellter mit langjähriger Berufserfahrung. In einigen Notarkammern besteht für fachkundige Mitarbeiter die Möglichkeit, an Fortbildungslehrgängen teilzunehmen. Diese können von den Teilnehmern mit einer Abschlussprüfung beendet werden.

Der Beruf des Notarfachangestellten setzt eine Ausbildungsdauer von regelmäßig drei Jahren voraus. Die Aus- **162**
bildung wird mit einer Prüfung abgeschlossen.

Grundlage der Ausbildung ist die ReNoPat-Ausbildungsverordnung.

Die Verordnung legt neben der Ausbildungsdauer (regelmäßig drei Jahre) das Berufsbild und einen Rahmenplan für die Ausbildung fest.

Folgende Kenntnisse und Fertigkeiten sind Gegenstand der **Berufsausbildung** der Notarfachkraft:

- Stellung des Notars,
- Büropraxis und -organisation,
- Aufgaben und Aufbau der Rechtspflege,
- fallbezogene Rechtsanwendung im bürgerlichen Recht, Handels- und Gesellschaftsrecht sowie im Arbeits- und Sozialrecht,
- Mitarbeit im Urkundswesen und Führen der Bücher/Akten/Verzeichnisse,
- Mitarbeit bei der Vorbereitung und Abwicklung von Notariatsgeschäften im Liegenschafts- und Grundbuchrecht,
- fallbezogene Rechtsanwendung im Verfahren der freiwilligen Gerichtsbarkeit,
- Mitarbeit in registerrechtlichen Angelegenheiten,
- Mitarbeit in familien- und erbrechtlichen Angelegenheiten,
- Erstellen von Kostenrechnungen.

Der Auszubildende sollte am Ende seiner Ausbildungszeit wenigstens einfache Urkunden aus der täglichen Praxis des Notariats entwerfen können.

Der ausbildende Notar hat dem Auszubildenden eine sorgfältige und möglichst umfassende Fachausbildung zu vermitteln (VIII. Richtlinienempfehlungen) und ihn zum Besuch der Berufsschule anzuhalten.

III. Dienstverhältnis

Die Standesehre verlangt, dass der Notar seine Hilfskräfte angemessen entlohnt und den Verpflichtungen aus **163**
dem Arbeitsrecht, insb. den Sozialversicherungsgesetzen und dem Berufsbildungsgesetz, nachkommt. Tarifverträge für Notariatsmitarbeiter bestehen nicht.

Etwas anderes gilt in Bayern: Dort gibt es – neben anderen Notariatsangestellten – Hilfskräfte, die nicht in einem Dienstverhältnis zum Notar stehen, sondern Angestellte der Notarkasse sind (über die Aufgaben der Notarkasse in Bayern vgl. § 113 BNotO). Die Notarkasse weist die Hilfskräfte den Notaren zur Dienstleistung zu. Das Arbeitsverhältnis und die Vergütung der Angestellten der Notarkasse sind dem Bundesangestelltentarif und den sonstigen für die Angestellten des Freistaates Bayern maßgebenden Bestimmungen unterworfen.

Mit dem Auszubildenden schließt der Notar einen Berufsausbildungsvertrag ab.

§ 2 Das Büro des Notars

A. Allgemeine Büropraxis

I. Räumlichkeiten und Ausstattung der Kanzlei

Das Notariat ist eine notwendige Einrichtung der **Rechtspflege**. Der Notar ist daher verpflichtet, sein Amt auch tatsächlich auszuüben. Deshalb muss jeder Notar eine Geschäftsstelle (Kanzlei, Amtsstube) haben, kennzeichnen und offenhalten (zur Amtsbereitschaft vgl. § 1 Rdn 72); (zur Kennzeichnung der Amtsstelle vgl. § 1 Rdn 61). Der Notar hat dafür zu sorgen, dass die Kanzlei mit Räumen und sachlichen Hilfsmitteln ausreichend ausgestattet ist, um den örtlichen Erfordernissen der Rechtspflege zu genügen. Räume und Ausstattung müssen dem amtlichen Charakter der Notartätigkeit und der Würde des Amtes angemessen sein: Auffälliger Luxus würde dem genauso widersprechen wie Unsauberkeit und Unordnung. 1

Der Notar wäre ohne ein entsprechendes Büro ohnehin nicht in der Lage, seinen Beruf angemessen auszuüben. Das Berufsbild ist darauf ausgerichtet, eine Vielzahl von Beurkundungen vorzunehmen, welche jeweils vor- und nachbereitet werden. Nicht selten bereiten diese „Hilfstätigkeiten" wesentlich mehr Arbeit als der eigentliche Beurkundungsvorgang. Da es dem Amtsträger bereits zeitlich schlichtweg unmöglich ist, all diese Arbeiten selbst vorzunehmen, ist er zwingend auf qualifizierte Mitarbeiter angewiesen. Zudem entspricht es dem Gebot der effizienten Arbeitsteilung, dass möglichst viele der Aufgaben, welche der Notar nicht zwingend persönlich wahrnehmen muss, unter Aufsicht und Weisung des Notars durch das Personal wahrgenommen werden.

II. Empfang der Besucher

Die Art und Weise, wie der Besucher im Notarbüro empfangen wird, vermittelt ihm einen Eindruck von der dort herrschenden Atmosphäre. Auch wenn der Eindruck nur oberflächlich sein kann, beeinflusst er maßgebend das Vertrauensverhältnis zu dem Notariat. Deshalb ist es oberstes Gebot für den Notar und alle seine Mitarbeiter, am Telefon und im persönlichen Gespräch freundlich, hilfsbereit und höflich zu sein. Auch gegenüber ungalanten Klienten haben der Notar und seine Mitarbeiter sich stets in einer der Würde des Amtes entsprechenden Weise zu verhalten. Streitigkeiten sollten möglichst gar nicht erst entstehen. Gleichwohl darf Vorstehendes nicht dahingehend missverstanden werden, dass stets eine dem Klienten entgegenkommende Haltung erforderlich sei. Wird vom Notar – bzw. vorab von dessen Mitarbeitern – beispielsweise der Entwurf einer unzulässigen Gestaltung verlangt oder erfolgen unberechtigte Vorwürfe, sollten diese Ansinnen höflich, aber bestimmt und unter Erläuterung der tragenden Gründe abgelehnt werden. Ein anbiederndes oder dem Klienten zu stark entgegenkommendes Gebaren ist mit dem Status des Notars gleichermaßen unvereinbar. 2

In der Regel ist ein Mitarbeiter für den **Empfang** und die **Anmeldung** der Klienten zuständig. Sein Arbeitsplatz sollte nahe dem Eingang zu den Kanzleiräumen liegen. Nachdem der Besucher den Anlass seines Erscheinens genannt hat, wird er unverzüglich dem zuständigen Mitarbeiter oder dem Notar vorgestellt. Sind Akten vorhanden, so sollten sie sogleich herausgesucht und dem Notar vorgelegt werden. Ist der Termin vorher vereinbart, so sollten die Akten bei Erscheinen des Besuchers schon bereit liegen. Unnötige Wartezeiten sind unhöflich; aufgeregtes Aktensuchen im Beisein des Klienten wirkt unprofessionell. Ein schlechter Empfang der Besucher weist auf eine mangelhafte Organisation des Notariats hin und beeinträchtigt das Vertrauen in die sonstige Arbeit der Kanzlei.

Zudem sollte – sofern es die Räumlichkeiten hergeben – möglichst darauf geachtet werden, dass für **Externe kein Zutritt** zu Bereichen besteht, in welchen amtsbezogene Inhalte wahrgenommen werden. Aktenschränke gehören nicht in den Besucherraum bzw. sind wenigstens ordnungsgemäß zu verschließen und Vorgangsakten sollten – auch beim Empfang – derart positioniert werden, dass Klienten keine Inhalte wahrnehmen können. Letzteres schließt ausdrücklich auch die Beschriftungen der Akten ein, da diese häufig die Klienten bezeichnen und einen schlagwortartigen Geschäftsgegenstand angeben.

III. Behandlung der Post

3 Die eingehende Post wird **sofort** dem Notar vorgelegt. Dem Notarbüro können Sendungen durch die Post oder über ein Gerichtsfach zugehen. In die Fächer bei den Gerichten legen die Gerichte und manchmal auch andere am gleichen Ort ansässige Notare für den Notar bestimmte Schriftsätze, Mitteilungen, Urkunden oder sonstige Sendungen ein. Die Gerichtsfächer müssen regelmäßig nachgesehen werden.

Häufig ist den Schriftstücken in den Gerichtsfächern ein **Empfangsbekenntnis** beigefügt. Der Notar unterzeichnet das Empfangsbekenntnis unter Angabe des Eingangsdatums und gibt es dem Gericht zurück. Durch das Empfangsbekenntnis wird der Zugang eines bestimmten Schreibens zu einem bestimmten Zeitpunkt quittiert. Den Zugang eines Schriftstückes durch Empfangsbekenntnis festgestellt zu haben ist für alle Fälle unerlässlich, in denen eine Frist abläuft. Es besteht keine Pflicht des Notars, die Post vorab auf mögliche Empfangsbekenntnisse zu durchsuchen. Im Rahmen der normalen Behandlung der Post müssen dieselben jedoch unverzüglich ausgefüllt und zurückgesendet werden. Die Bestätigung wird regelmäßig noch am Tag des entsprechenden Posteingangs zu erfolgen haben. Eine absichtliche Verzögerung des Ausfüllens oder der Rückübersendung der Empfangsbekenntnisse ist unzulässig.

4 Die eingegangene Post wird mit dem Datum des jeweiligen Tages versehen (klassisch: **Posteingangsstempel**) und oft vom Notar abgezeichnet. Sodann wird die Post dem betreffenden Aktenvorgang beigefügt und dem Notar oder zuständigen Notarmitarbeiter zur Bearbeitung wieder vorgelegt. Genehmigungen zu Urkunden werden der Urschrift der betreffenden Urkunde beigefügt.

Die ausgehende Post wird dahin geprüft, ob ihr die im Schreiben erwähnten **Anlagen** beigefügt sind und keine Unterschrift vergessen wurde. Diese Durchsicht umfasst insbesondere auch die Ausfertigungen, beglaubigten Abschriften und Kostenrechnungen. Nicht nur aus Rationalisierungsgründen, sondern auch um Verwechslungen zu vermeiden, benutzt man zweckmäßigerweise Fensterbriefumschläge.

5 Werden wichtige Schriftstücke oder Urkunden (z.B. Grundschuldbriefe) versandt (am besten per **Einschreiben**), so fügt man zweckmäßigerweise eine zusätzliche **Kopie** des Anschreibens bei mit der Bitte, den Eingang der betreffenden Anlagen auf der Kopie zu bestätigen. Das Gleiche gilt, wenn die Schriftstücke bei dem Empfänger durch Boten abgegeben werden. Der Bote lässt sich bei der Abgabe den Empfang quittieren. Vollstreckbare Ausfertigungen müssen zwar nicht zwingend auf besondere Weise übersendet werden; mit Rücksicht auf die Bedeutung dieser Schriftstücke wird es gleichwohl regelmäßig zu empfehlen sein.

6 Auch bei der Behandlung der Post bringt die fortschreitende Digitalisierung zahlreiche Neuerungen. Viele Nachrichten erreichen den Notar nunmehr über das besondere **elektronische** Notarpostfach („beN"). Hierbei handelt es sich um ein besonders gesichertes, an die Infrastruktur des elektronischen Gerichts- und Verwaltungspostfachs (EGVP) angeschlossenes Postfach. Der Zugriff ist über das von der Bundesnotarkammer bereitgestellte Programm **XNP** möglich.

Hinweis

Insbesondere das **Handelsregister**, das **Grundbuchamt** (bei Eröffnung des elektronischen Grundbuchverkehrs) sowie einige Gerichtsmitteilungen erreichen das Notarbüro praktisch ausschließlich auf diesem Weg. Im Notarbüro sollten im beN eingehende Nachrichten möglichst zeitnah an den Notar und ggf. zugleich den zuständigen Sachbearbeiter verteilt werden. Wie diese Verteilung genau organisiert wird, obliegt dem Organisationsermessen des Amtsträgers.

7 Zudem vollzieht sich ein allgemeiner Wandel hin zur digitalen Kommunikation. Die Anzahl der eingehenden Briefe nimmt kontinuierlich ab, während der E-Mail-Verkehr fortlaufend zunimmt. Auch auf diesem Wege eingehende Unterlagen, Anträge und sonstige Nachrichten sind unverzüglich vorzulegen und zu bearbeiten. Es dürfte nicht der berechtigten Erwartungshaltung der rechtsuchenden Bevölkerung entsprechen, wenn ein Notar ausschließlich per Post kommuniziert und über keine E-Mail-Adresse verfügt.

Bezüglich der **Optimierung** des eingehenden E-Mail-Verkehrs gibt es viele Möglichkeiten zur Optimierung des Büroablaufs. Doch die vielleicht relevanteste Grundfrage ist, ob die E-Mails über eine Sammeladresse empfangen bzw. gesendet werden oder ob die Mitarbeiter individualisierte E-Mail-Adressen erhalten. Die erste Variante bietet den Vorteil, dass der Amtsträger in der Lage ist, alle ein- und ausgehenden Nachrichten zentral einzusehen und somit befähigt ist, sich einen guten Überblick über den gesamten elektronischen Nachrichtenverkehr zu verschaffen. Nachteil dieser Variante ist, dass die Bearbeitung einer zentralen Adresse durch mehrere Personen regelmäßig zu Bearbeitungsproblemen führt (klassisches Problem: E-Mail wurde nach der Lektüre versehentlich nicht wieder als ungelesen markiert, ohne dass die entsprechenden Veranlassungen erfolgt sind.).

Regelmäßig vorzugswürdig dürfte es daher sein, den Mitarbeiten individualisierte E-Mail-Adressen bereitzustellen, jedoch den Überblick des Notars zu gewährleisten. Dies kann beispielsweise dadurch erfolgen, dass die Mail-Server dergestalt konfiguriert werden, dass von jeder ein- und ausgehenden Nachricht eine Kopie an die E-Mail-Adresse des Notars gesendet wird. Um dessen persönliches Postfach nicht zu überfluten, bietet sich eine gesonderte Adresse für die Nachrichtenkopien an (z.B. kopien@notar-muster.de). Die exakte Organisation obliegt indes – wie stets – dem Amtsträger.

IV. Erledigung von Botengängen

Jeden Tag sind die Fächer des Notars bei dem Amtsgericht seines Amtsbereiches zu leeren, soweit der Notar 8
über solche verfügt. Dabei werden zugleich die Anträge, welche der Notar bei Gericht stellt, und die Testamente, die er beurkundet hat, auf der zuständigen Geschäftsstelle abgegeben (Erbverträge nur, wenn nicht die amtliche Verwahrung durch den Notar vom Erblasser verlangt wird). Wichtig ist es, die Abgabe der Schriftsätze nebst Anlagen von der Geschäftsstelle des Gerichts quittieren zu lassen. Nur so kann der rechtzeitige und vollständige Eingang der Unterlagen bewiesen werden. Liegt der Amtssitz des Notars nicht am Ort des Amtsgerichts, so begnügt man sich zumeist mit einer einfachen Übersendung per Post. Verfügungen von Todes wegen sollten immer abgegeben, zumindest jedoch per Einschreiben an das Amtsgericht geschickt werden.

V. Terminkalender

In den Terminkalender gehören nicht nur die Termine für Beurkundungen und Besprechungen, sondern auch 9
Wiedervorlagetermine. Als Wiedervorlagetermin werden **Fristen** eingetragen, die nicht versäumt werden dürfen, und Aktenkontrollen zur Überprüfung, ob in einer Angelegenheit etwas zu veranlassen ist. Die Fristenkontrolle ist auch auf andere Art möglich, z.B. durch Aufstecken von Fristenreitern. Es empfiehlt sich, auch „technische“ Fristen wie bspw. vorzunehmende Datensicherungen zu notieren. Der Terminkalender ist eine Nebenakte und muss wie diese verwahrt werden.

VI. Kostenregister, Kassenbuch (Buchführung)

Die Führung des Kostenregisters (Kostenbuch) ist nur vorgeschrieben im Bereich der bayerischen Notarkasse 10
und der Ländernotarkasse in Leipzig (zu den Notarkassen vgl. § 1 Rdn 69). Der Notariatsverwalter (siehe § 1 Rdn 54) führt sein Amt auf Rechnung der Notarkammer (§ 59 Abs. 1 BNotO) bzw. der Notarkasse. Diese verlangen von den Verwaltern zur Vereinfachung der Abrechnung ebenfalls die Führung eines Kostenregisters. Ob und wie die übrigen Notare ein Kostenregister halten, bleibt ihrer Entscheidung überlassen.

Die Notare sind nach den Bestimmungen der Steuergesetze als Selbstständige **buchführungspflichtig**, damit das Finanzamt die Einkommensbesteuerung durchführen kann. Außerdem muss von den vereinnahmten Entgelten Umsatzsteuer abgeführt werden. Aus diesem Grunde führen die Notare außer dem Kostenbuch, heutzutage meist **elektronisch** ein Journal (Buchführung), in dem **sämtliche Einnahmen und Ausgaben** des Notariats mit der darauf anfallenden Mehrwertsteuer aufgezeichnet werden. Neben dem Journal wird zur Kontrolle der Barkasse ein Kassenbuch gehalten.

B. Akten und Verzeichnisse des Notars

Früher führte der Notar andere Verzeichnisse, als dies seit dem 1.1.2022 der Fall ist. Hierbei handelte es sich ins- 11
besondere um die Urkundenrolle, das Erbvertragsverzeichnis und das Namensverzeichnis zur Urkundenrolle, das Verwahrungsbuch, das Massenbuch, das Namensverzeichnis zum Massenbuch und die Anderkontenliste, die

Urkundensammlung und eine gesonderte Sammlung für Erbverträge. Dies hat sich seit dem 1.1.2022 **grundlegend** geändert. Er hat nunmehr zwei Verzeichnisse und verschiedene Formen von Akten zu führen.

I. Verzeichnisse des Notars

12 Der Notar führt gemäß § 1 NotAktVV das Urkundenverzeichnis (UVZ) und das Verwahrungsverzeichnis (VVZ). Das **Urkundenverzeichnis**, das **Verwahrungsverzeichnis** und die **elektronische Urkundensammlung** (eUSL) werden zusammen auch als Elektronisches Urkundenarchiv bezeichnet. Das Urkundenverzeichnis und das Verwahrungsverzeichnis wurden am 1.1.2022 eingeführt, die elektronische Urkundensammlung startete mit einer kleinen Verzögerung am 1.7.2022. Deshalb gelten für die Zeit zwischen dem 1.1.2022 und dem 1.7.2022 spezielle Übergangsvorschriften, welche beispielsweise die Aufbewahrung der Dokumente betreffen.

Grundvoraussetzung für die Nutzung aller Bestandteile des Elektronischen Urkundenarchivs ist es, dass Arbeitsplätze mit der von der Bundesnotarkammer bereitgestellten Software XNP zur Verfügung stehen und der Notar über eine initialisierte **Notar-Karte** (N-Karte) samt zugehörigem Kartenlesegerät verfügt. Diese stellt den elektronischen Schlüssel zu den sonst nicht nutzbaren Datensätzen dar. Dieser Schlüssel kann den Mitarbeiten mittels der Mitarbeiter-Karten (M-Karten) bereitgestellt werden.

1. Urkundenverzeichnis

13 Im Urkundenverzeichnis werden die wichtigsten Daten zu notariell errichteten Urkunden gespeichert. Dies dient der Übersichtlichkeit, Auffindbarkeit und Verfügbarkeit der Notarurkunden. Es wird rein elektronisch geführt. Der Notar ist gesetzlich verpflichtet, die entsprechenden Eintragungen zu veranlassen.

Die eintragungspflichtigen Rechtsgeschäfte sind in § 7 NotAktVV geregelt. Hiernach sind in das UVZ einzutragen:

- Niederschriften und elektronische Niederschriften,
- Vermerke im Sinne des § 39 BeurkG, wenn sie
  - die Beglaubigung einer Unterschrift oder eines Handzeichens,
  - die Beglaubigung der Zeichnung einer Namensunterschrift,
  - die Feststellung des Zeitpunkts, zu dem eine Privaturkunde vorgelegt worden ist, oder
  - sonstige einfache Zeugnisse im Sinne des § 39 BeurkG enthalten,
- elektronische Vermerke im Sinne des § 39a BeurkG, wenn sie
  - die Beglaubigung einer qualifizierten elektronischen Signatur,
  - die Feststellung des Zeitpunkts, zu dem eine Privaturkunde vorgelegt worden ist, oder
  - sonstige einfache Zeugnisse im Sinne des § 39 BeurkG enthalten,
- Vollstreckbarerklärungen nach § 796c Abs. 1 und § 1053 Abs. 4 der Zivilprozessordnung und
- Einigungen, Abschlussprotokolle, Vertragsbeurkundungen und Vertragsbestätigungen nach § 96 Abs. 3 S. 1 und Abs. 5 S. 2, § 98 Abs. 2 S. 1 und § 99 S. 1 des Sachenrechtsbereinigungsgesetzes.

Ausdrücklich **nicht** einzutragen sind gemäß § 7 Abs. 2 NotAktVV:

- Scheck- und Wechselproteste,
- Vermerke nach § 39a BeurkG, welche im Zusammenhang mit einer anderen Beurkundung erstellt werden und
  - die auf die betreffende Urschrift oder eine Ausfertigung der Urkunde oder ein damit zu verbindendes Blatt gesetzt werden, oder
  - deren elektronische Fassung zusammen mit einer elektronischen Urschrift verwahrt wird.
- Elektronische Vermerke nach § 39a BeurkG, die im Zusammenhang mit einer anderen Beurkundung erstellt werden und
  - deren Ausdruck mit einer Urschrift oder einer Ausfertigung der Urkunde verbunden wird, oder
  - die zusammen mit einer elektronischen Urschrift verwahrt werden.

Hierdurch soll vermieden werden, dass einfache Vermerke das UVZ unnötig auffüllen.

Es bestehen teilweise regionale Unterschiede. Ob bspw. für Satzungsbescheinigungen nach § 54 Abs. 1 S. 3 GmbHG oder Bescheinigungen für Gesellschafterlisten nach § 40 Abs. 2 S. 2 GmbHG eine eigene Eintragung erfolgen darf/muss, wird von den Amtsträgern und Aufsichtsbehörden unterschiedlich gehandhabt.

Für den Zeitpunkt und die Reihenfolge der Eintragungen gilt Folgendes: Für jedes Jahr beginnt die Nummerierung erneut bei der Ziffer 1, § 8 Abs. 1 NotAktVV. Eintragungen in das Urkundenverzeichnis sind gemäß § 18 NotAktVV zeitnah, **spätestens** jedoch 14 Tage nach der Beurkundung oder der sonstigen Amtshandlung vorzunehmen. Sofern technische Probleme dies verhindern, sind die Eintragungen unverzüglich nach Behebung der technischen Probleme vorzunehmen. Die **UVZ-Nummern** sind chronologisch geordnet nach dem Tage einzutragen, an welchem das Amtsgeschäft vorgenommen wurde. Mehrere Beurkundungen an einem Tag müssen nicht zeitlich geordnet werden. **14**

Praxishinweis

Ist eine Eintragung mehrfach erfolgt, so sind die wiederholten Eintragungen als gegenstandslos zu kennzeichnen, § 8 Abs. 2 NotAktVV. Hierfür steht im XNP die entsprechende Funktion bereit.

Sofern in der Hektik des Büroalltags eine UVZ-Nummer in der Papierform versehentlich doppelt vergeben wurde, so ist die falsche Nummer auf der Papierform so durchzustreichen, dass sie lesbar bleibt (§ 3 Abs. 2 NotAktVV). Im elektronischen UVZ ist sodann die nächste freie Nummer zu verwenden. Zwischennummern (z.B. 140a/2025) können nicht mehr vergeben werden. Die korrigierte UVZ-Nummer ist dann auf der ursprünglich falsch nummerierten papierförmigen Urkunde anzubringen.

Das Programm XNP sorgt dafür, dass die wichtigsten – und rechtlich gemäß §§ 9 ff. NotAktVV erforderlichen – Inhalte in das UVZ eingetragen werden. Denn wenn essenzielle Datenfelder nicht ausgefüllt sind, kann keine Eintragung erfolgen. Diese sind mit einem Sternchen gekennzeichnet. **15**

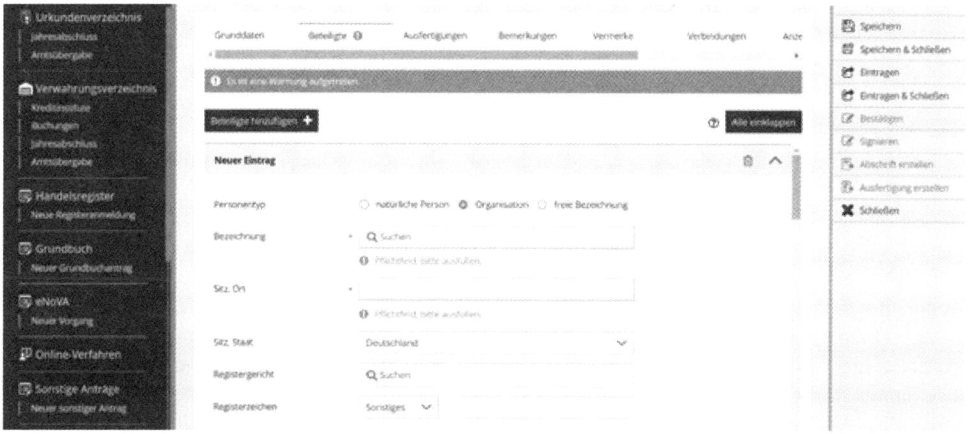

Die folgenden **Inhalte** sind aufzunehmen:

- das Datum und der Ort der Beurkundung oder der sonstigen Amtshandlung,
- die Angaben zur Amtsperson,
- die Angaben zu den Beteiligten,
- der Geschäftsgegenstand, und
- die Urkundsart.

Zudem sind – soweit einschlägig – die folgenden Inhalte aufzunehmen:

- Angaben zu den Ausfertigungen,
- die zusätzlichen Angaben bei Verfügungen von Todes wegen, sowie
- ggf. sonstige Angaben, soweit sie aufzunehmen sind.

Erfolgt die Beurkundung in der Geschäftsstelle, so genügt die entsprechende Angabe im UVZ. Bei Auswärtsterminen ist der Ort möglichst exakt anzugeben, und zwar grundsätzlich durch die Angabe einer Adresse. Erfolgt das Amtsgeschäft an mehreren Orten (z.B. Beglaubigung mehrerer Unterschriften), sind alle Orte anzugeben.

Bei der Amtsperson müssen der/die verwendeten Vornamen, der Nachnamen und die Amtsbezeichnung angegeben werden. Diese Felder sind nach erstmaliger Einrichtung grundsätzlich vorausgefüllt.

16 Die bezüglich der **Beteiligten** aufzunehmenden Informationen regelt § 12 NotAktVV. Eine zusammenfassende Bezeichnung der Beteiligten ist – anders als früher – nur noch ab 21 Beteiligten zulässig. Auch bei mehr als 20 Beteiligten sind gleichwohl alle aufzunehmen, wenn Erklärungen nach § 8 (Beurkundung von Willenserklärungen), 16b (Aufnahme einer elektronischen Niederschrift zur Beurkundung von Willenserklärungen) oder § 38 BeurkG (Beurkundung von Eiden und eidesstattlichen Versicherungen) abgegeben wurden. Hauptanwendungsfall für die Zusammenfassung sind Massenbeglaubigungen, bspw. bei Handelsregisteranmeldungen von Publikums-Kommanditgesellschaften.

Welche **Personen** in das UVZ aufzunehmen sind, regelt § 12 Abs. 1 NotAktVV. Der Regelfall ist, dass alle **Erschienenen**, deren Erklärungen beurkundet wurden, eingetragen werden müssen. Haben die Erschienenen in Vertretung einer anderen Person gehandelt, so ist auch die vertretene Person aufzunehmen, § 12 Abs. 4 S. 1 NotAktVV. Bei mehr als 20 Vertretenen ist die Verwendung einer zusammenfassenden Bezeichnung möglich.

Handelt eine Person zugleich im eigenen Namen als auch in **Vertretereigenschaft**, so sind im UVZ die beiden entsprechenden Felder anzukreuzen.

☐ Vertreter/in ☐ Vertretene/r ☐ im eigenen Namen

Die Pflichtangaben zu den aufzunehmenden Personen bestimmt § 12 Abs. 2 NotAktVV. Die XNP-Anwendung lässt die Eintragung nur zu, wenn die Mindestdaten erfasst sind. Weitere fakultative Inhalte sind in § 12 Abs. 3 NotAktVV geregelt und im UVZ (im XNP) als optionale Datenfelder umgesetzt.

Wenn in der Urkunde anstelle der **Wohnanschrift** eine **Geschäftsanschrift** angegeben wird, ist diese auch im UVZ aufzunehmen.

In der Praxis mitunter übersehen wird § 12 Abs. 5 NotAktVV: Hiernach ist in gesellschaftsrechtlichen Angelegenheiten die **Gesellschaft** selbst dann einzutragen, wenn sie nicht Beteiligte ist. Wird bspw. eine Abtretung von GmbH-Geschäftsanteilen beurkundet, sind an diesem Vertrag grundsätzlich nur der Verkäufer und der Käufer beteiligt. Die Gesellschaft wird weder selbst Vertragspartner noch wird sie vertreten. Daher wäre sie ohne die Regelung des § 12 Abs. 5 NotAktVV eigentlich nicht aufzuführen. Aber durch die gleichwohl erforderliche Eintragung ist es einfacher, zusammenhängende Geschäfte mit Bezug zu einer Gesellschaft zu finden und den wirtschaftlich Berechtigten im Kontext der Geldwäschebekämpfung zu ermitteln. Zudem werden hierdurch bei Handelsregisteranmeldungen Beurteilungsschwierigkeiten eliminiert, da sich nicht immer leicht feststellen lässt, ob eine Erklärung (auch) für die betreffende Gesellschaft abgegeben wird.[1]

17 Anzugeben ist ferner eine schlagwortartige Bezeichnung des **Geschäftsgegenstandes**. XNP hält hierfür einen Katalog von möglichen Inhalten bereit, welcher gemäß § 13 S. 2 NotAktVV zu verwenden ist.

1 Vgl. hierzu insgesamt BeckOK/BNotO/*Sauer*, 11. Edition 2/2025, § 12 NotAktVV, Rn 19.

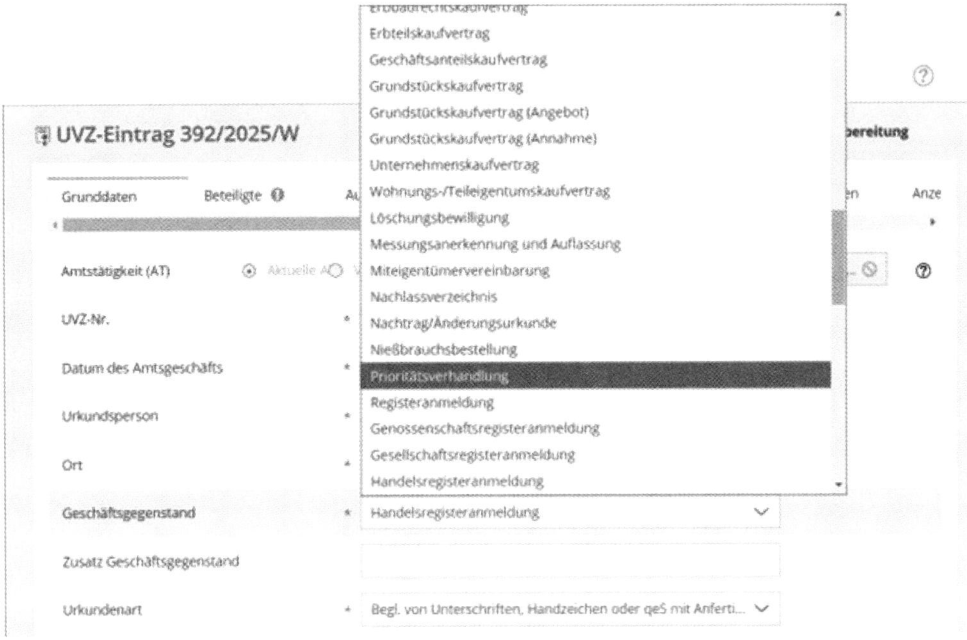

Wenn keine der vorgeschlagenen Bezeichnungen passt, ist die Rubrik „*Sonstiges*" auszuwählen. Der Geschäftsgegenstand kann sodann im Freitext eingegeben werden. In den meisten Fällen findet sich indes eine passende Vorauswahl. Wenn mehrere Geschäftsgegenstände gegeben sind, können zusätzliche Inhalte im Textfeld „*Zusatz Geschäftsgegenstand*" angegeben werden.

Bezüglich der anzugebenden **Urkundenart** wird unterschieden zwischen Beglaubigungen mit Entwurfsanfertigung, Beglaubigungen ohne Entwurfsfertigung, Verfügungen von Todes wegen, Vermittlungen von Auseinandersetzungen (selten) und sonstigen Beurkundungen und Beschlüssen (Regelfall der Beurkundung von Willenserklärungen), § 14 Abs. 1 NotAktVV. 18

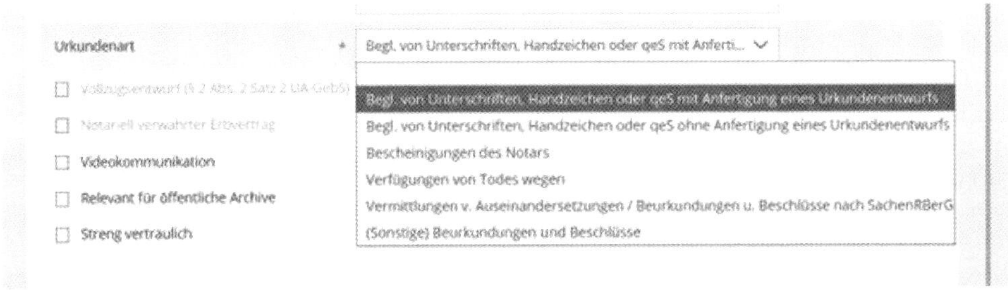

Ausfertigungen sind im UVZ aufzunehmen. Ein zusätzlicher Vermerk auf der Urschrift ist nicht (mehr) erforderlich. Alle gemäß § 15 NotAktVV erforderlichen Angaben werden im XNP abgefragt. 19

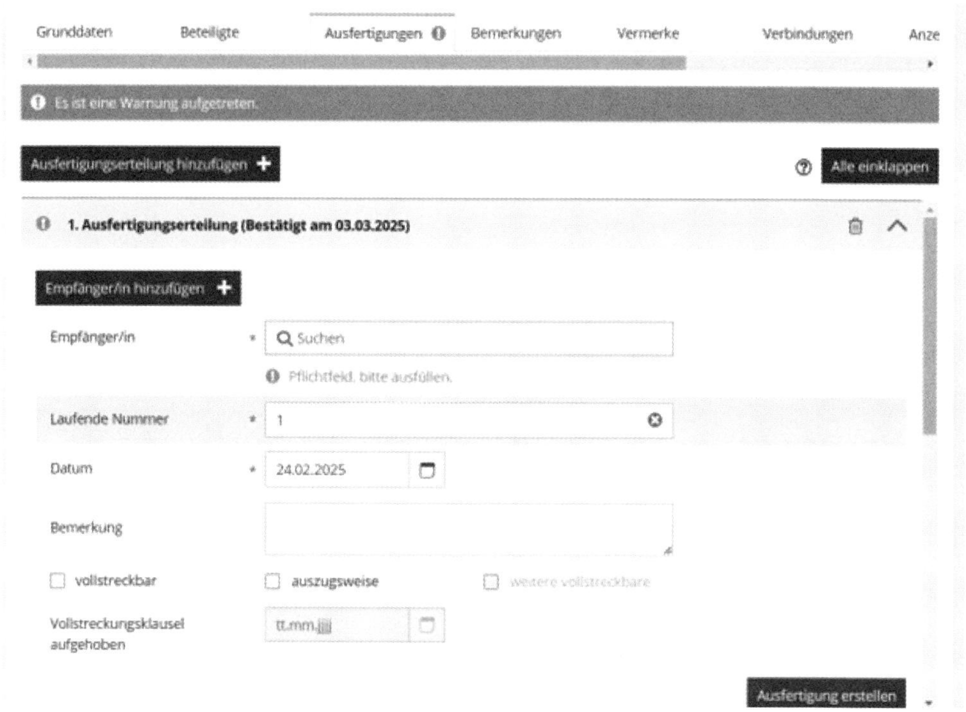

Der Notar kann Mitarbeitern das Recht einräumen, **Änderungen** und **Zusätze** sowie Angaben zu Ausfertigungen einzutragen, ohne dass es der Bestätigung des Notars bedarf, § 20 Abs. 2 Nr. 3 NotAktVV. Die technischen Anforderungen dieser Norm sind im Programm umgesetzt.

20 Bei Verfügungen von Todes wegen sind nach § 16 NotAktVV **weitere Inhalte** in das UVZ aufzunehmen. Handelt es sich um eine Verfügung von Todes wegen, deren Verbringung in die besondere amtliche Verwahrung der Notar veranlasst hat (was bei Testamenten stets der Fall ist), so ist im UVZ die Verbringung der **Verfügung von Todes wegen** in die besondere amtliche Verwahrung unter Angabe des Datums zu vermerken. Dies gilt auch für Erbverträge, welche nicht in notarieller Verwahrung verbleiben.

Wird hingegen ein **Erbvertrag** beurkundet, welcher in notarieller Verwahrung bleibt (also in die Erbvertragssammlung aufgenommen wird), so ist dieser Umstand im UVZ zu vermerken. In diesen Fällen sind zusätzlich – jeweils unter Angabe des Datums – anzugeben: dessen nachträgliche Verbringung in die besondere amtliche Verwahrung des Amtsgerichts; dessen Rückgabe aus der notariellen Verwahrung und dessen Ablieferung an das Amtsgericht nach Eintritt des Erbfalls. Aus dem UVZ soll sich stets erkennen lassen, an welcher Stelle sich ein Erbvertrag befindet und welche rechtserheblichen Umstände erfolgt sind.

Durch die Markierung als notariell verwahrter Erbvertrag kann im XNP eine Liste der **verwahrten Erbverträge** erstellt werden. Wird der Erbvertrag nachträglich aus der notariellen Verwahrung entnommen, so ist dies im UVZ – insbesondere unter Änderung dieser Angabe – zu vermerken.

21 In der Karteikarte „*Anzeigen/Registrierungen*" können Anzeigen an die Finanzbehörden oder Mitteilungen an das Zentrale Testamentsregister dokumentiert werden. Dies entbindet zumindest derzeit (noch) nicht von der Anbringung eines Vermerkes auf der Urschrift, § 18 Abs. 4 GrEStG.

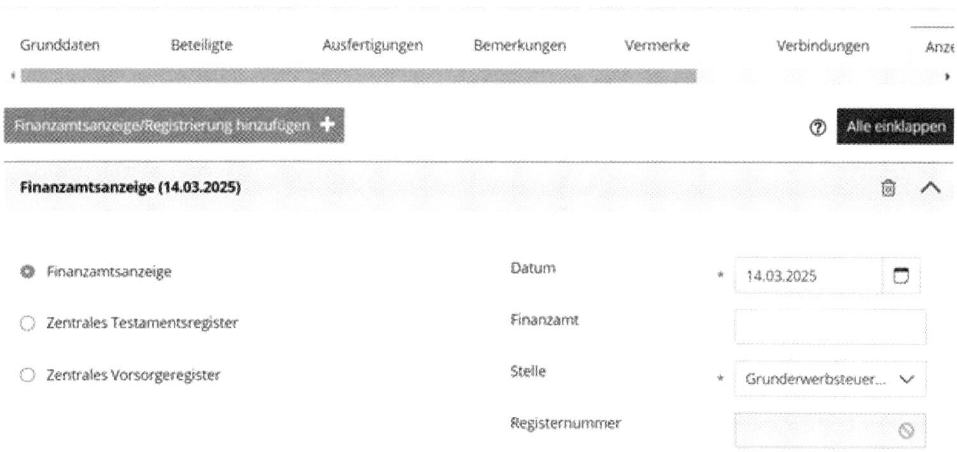

Bei Nachtragsbeurkundungen ist ein entsprechender Vermerk in der Karteikarte „Verbindungen" aufzunehmen. Sind beide Urkunden im UVZ erfasst, wird der Rückverweis automatisch gesetzt. Andernfalls muss der Verweis händisch eingetragen werden.

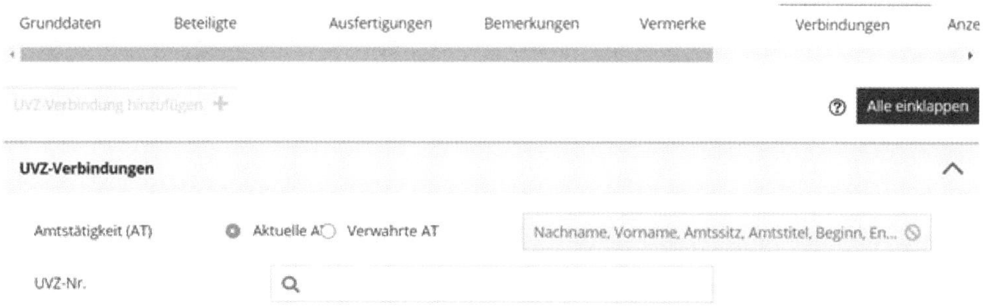

Die Einträge in das UVZ müssen nicht zwingend per Hand erfolgen, sondern können auch in einer **Notariatssoftware** vorbereitet und sodann exportiert werden. Wenn – wie dies regelmäßig der Fall ist – ohnehin in einer Notariatssoftware gearbeitet wird, ist es wesentlich effizienter, die Daten zu ex- und importieren. Derzeit erfolgt dies noch mit dem Export einer Datei aus der Notariatssoftware, welche sodann in einem gesonderten Schritt ins XNP importiert werden muss. Es ist indes angedacht, dass die Notariatssoftware die Dateien künftig unmittelbar ins **XNP** übertragen kann (sog. schreibende Schnittstelle). 22

UVZ-Einträge, welche auf diese Weise oder händisch angelegt werden, sind noch nicht im UVZ eingetragen. Sie werden im Status als „*In Vorbereitung*" angezeigt. Erst nach einem gesonderten Klicken auf die Schaltfläche „*Eintragen*" wird ein rechtsverbindlicher Eintrag erzeugt. Ab diesem Zeitpunkt werden Änderungen nach den Vorgaben des § 20 NotAktVV technisch dauerhaft dokumentiert.

Vor der Eintragung sind **Änderungen** frei und ohne Dokumentation möglich. Wenn Änderungen im angelegten UVZ-Eintrag gesichert werden sollen, ohne bereits die Eintragung vorzunehmen, steht hierfür die Option „*Speichern*" zur Verfügung. Die bereits angelegte UVZ-Nummer lässt sich hingegen nicht mehr abändern. Da jedoch alle anderen Angaben zu Beteiligten, Urkundsart etc. angepasst werden können, kann die Nummer faktisch für einen anderen Vorgang genutzt werden, falls dies erforderlich sein sollte. Die zweiwöchige Frist wird durch sich lediglich in Vorbereitung befindliche Einträge nicht gewahrt; hierfür ist die tatsächliche Eintragung erforderlich. 23

Wichtig!

Gemäß § 20 Abs. 1 NotAktVV sind spätere Änderungen und Zusätze grundsätzlich persönlich durch den Notar zu bestätigen. Diejenigen UVZ-Nummern, bei welchen noch einzutragende, zu bestätigende oder zu signierende Inhalte vorliegen, können auf der „Startseite" des UVZ nach dem entsprechenden Status gefiltert angezeigt werden.

Status
Zu Signieren
In Vorbereitung
In Vorbereitung
Zu Signieren
Zu Signieren
In Vorbereitung
Zu Signieren
Eingetragen

24 Nach Abschluss jedes **Kalenderjahres** sind gemäß § 19 NotAktVV die Eintragungen, die für dieses Kalenderjahr im Urkundenverzeichnis vorgenommen wurden, zeitnah in eine Datei zu **exportieren** und mit der qualifizierten elektronischen **Signatur** des Notars zu versehen. Diese **Sicherungsdatei** ist bis zum Ablauf der **Aufbewahrungsfrist** zu speichern. Bei nachträglichen Änderungen sind die Eintragungen erneut zu exportieren und zu signieren. Die Datei mit den früher exportierten Eintragungen bleibt gespeichert.

§ 19 Abs. 2 S. 2 NotAktVV bestimmt, dass die Speicherung im Elektronischen Urkundenarchiv zu erfolgen hat, wenn die Bundesnotarkammer eine besondere Funktion dafür vorsieht. Dies ist derzeit noch nicht der Fall, sodass der Speicherort (noch) frei gewählt werden kann. Auf entsprechende Sicherheit und Verfügbarkeit sollte geachtet werden.

2. Verwahrungsverzeichnis

25 Im Verwahrungsverzeichnis werden vom Notar verwahrte **Vermögenswerte** erfasst. Es ersetzt das frühere Massen- und Verwahrungsbuch, die Anderkontenliste sowie das Namensverzeichnis zum Massenbuch. Da die Datenbestände elektronisch erfasst werden und daher nach verschiedenen Parametern durchsucht werden können, ist die Führung verschiedener Verzeichnisse (Verwahrungsbuch, Massenbuch, Namensverzeichnis zum Massenbuch, Anderkontenliste) nicht mehr erforderlich. Es sind zudem keine gesonderten Spalten für Einnahmen und Ausgaben mehr erforderlich; stattdessen wird mit Vorzeichen gearbeitet.

Hinweis

Auch hier gilt: Ein **Datenexport** aus der Notariatssoftware erleichtert die Arbeit erheblich und vermeidet doppelte händische Eingaben derselben Daten. Beim Verwahrungsverzeichnis ist auch eine Datenübertragung vom VVZ in die Notariatssoftware möglich. Dies gestattet es, nach Eintragungen im VVZ die Daten der Notariatssoftware unkompliziert auf dem aktuellen Stand zu halten.

In das VVZ einzutragen sind gemäß § 21 NotAktVV **alle** Verwahrungsmassen, die nach § 23 BNotO und nach den §§ 57 und 62 BeurkG entgegengenommen werden. Die Eintragung hat zu erfolgen, sobald dem Notar Werte zugeflossen sind. Gemäß § 21 S. 2 NotAktVV müssen **nicht** eingetragen werden: 26

- Geldbeträge, die der Notar als Protestbeamter empfangen hat, wenn sie unverzüglich an die Berechtigten herausgegeben werden,
- Wechsel und Schecks, die zum Zweck der Erhebung des Protestes übergeben wurden, und
- Hypotheken-, Grundschuld- und Rentenschuldbriefe.

Eine Eintragung ins VVZ darf und muss erfolgen, **sobald** dem Amtsträger die entsprechenden **Werte zugeflossen** sind, § 21 NotAktVV. Der Regelfall ist der Geldeingang auf dem Anderkonto. In das VVZ importierte oder manuell angelegte Einträge werden erst ab der Eintragung rechtsverbindlich. Es ist also möglich, die entsprechenden Einträge vorzubereiten und zunächst im Status „*In Vorbereitung*" zu lassen. Sie können dann durch die Betätigung der Eintragungsfunktion rechtsverbindlich gestellt werden. Erfolgt später wider Erwarten kein Geldzufluss, kann die Eintragung problemlos vollständig gelöscht werden. 27

Um eine Verwahrungsmasse anlegen zu können, muss zunächst das Geldinstitut erfasst werden. 28

Es ist auch das Erfassen von abstrakt für Verwahrungstätigkeiten vorgesehenen Vorratskonten möglich.

Bei der Anlage einer neuen Verwahrungsmasse sind gemäß § 22 NotAktVV die folgenden **Angaben** zu erfassen:

- die Massenummer,
- wenn die Verwahrung im Zusammenhang mit einem Geschäft steht, das im Urkundenverzeichnis eingetragen ist, die Urkundenverzeichnisnummer; andernfalls ein sonstiges eindeutiges Zeichen,
- die Beteiligten des Verwahrungsverhältnisses,
- das Datum des Tages, an dem der Notar die Verwahrungsanweisung angenommen hat,
- die Einnahmen und die Ausgaben sowie
- der Abschluss des Verwahrungsgeschäfts.

Ein Verwahrungsgeschäft ist dann abgeschlossen, wenn das Geschäft vollständig abgewickelt ist und keine weiteren darauf bezogenen Amtshandlungen mehr zu erwarten sind. Sodann ist die Funktion „*Abschließen*" zu nutzen. 29

Ähnlich den Eintragungen im UVZ erfolgen die Eintragungen im VVZ jahrgangsweise unter fortlaufenden Nummern, § 23 NotAktVV. Es sind grds. die gleichen Angaben zu den Beteiligten zu erfassen wie im UVZ. Die **Massenummern** werden vom Programm automatisch vergeben. 30

Jede Einnahme und jede Ausgabe ist im Verwahrungsverzeichnis unverzüglich unter Angabe der Buchungsnummer und dem Datum ihrer Vornahme einzutragen, § 25 Abs. 2 NotAktVV. Einnahmen werden mit positivem Vorzeichen, Ausgaben mit negativem Vorzeichen eingetragen. Sofern das Datum der Wertstellung abweicht, ist auch dieses Datum anzugeben.

Wichtig!

Zu jeder Einnahme ist anzugeben, wer die auftraggebende Person ist; zu jeder Ausgabe ist anzugeben, wer die empfangende Person ist. Ist eine dritte Person unmittelbar beteiligt, ist auch diese anzugeben.

31 Die bezüglich Wertpapieren und Kostbarkeiten sowie Schecks und Sparbüchern weiter aufzunehmenden Inhalte ergeben sich aus §§ 26 und 27 NotAktVV.

§ 28 NotAktVV regelt die bezüglich eines **Notaranderkontos** zu tätigenden Angaben. Einzutragen sind:

- das Kreditinstitut unter Angabe des Sitzes und des Bank Identifier Codes (BIC),
- die International Bank Account Number (IBAN),
- die Währung, in der das Notaranderkonto geführt wird, sowie
- die Angabe, ob es sich um ein Giro- oder um ein Festgeldkonto handelt.

Umbuchungen zwischen Notaranderkonten sind jeweils wechselseitig als Einnahmen und als Ausgaben einzutragen. Anstelle der auftraggebenden Person und der empfangenden Person ist in diesen Fällen anzugeben, dass eine Umbuchung stattgefunden hat.

32 Die einzelnen Buchungen aller Anderkonten werden nicht – wie früher – chronologisch nacheinander gereiht, sondern jeweils der betreffenden Verwahrungsmasse zugeordnet.

Für die Daten zu den einzelnen Buchungen gilt das Folgende:

- Das Datum der **Eintragung** wird vom XNP automatisch gesetzt. Eine hiervon abweichende manuelle Eingabe ist nicht möglich. Hierdurch werden die Vorgaben des § 25 Abs. 2 S. 3 NotAktVV umgesetzt.
- Der Tage der **Wertstellung** ist gesondert zu erfassen, soweit er abweicht.
- Ist an einer Einnahme oder einer Ausgabe eine dritte Person unmittelbar beteiligt, so ist auch diese gemäß § 25 Abs. 3 S. 2 NotAktVV im VVZ aufzuführen.
- Hierbei ist auf diejenigen Informationen zurückzugreifen, welche sich aus den Kontoauszügen erschließen lassen. Zu investigativen Tätigkeiten besteht keine Rechtspflicht.
- Auf den Kontoauszügen ist gemäß § 41 Abs. 4 S. 1 NotAktVV jeweils die Massenummer zu vermerken. Belege für Einnahmen und Ausgaben sind jeweils mit der Massenummer und der Buchungsnummer zu versehen. Das Eingangsdatum muss – anders als früher – nicht mehr vermerkt werden.

33 **Änderungen** und **Korrekturen** müssen vom Notar bestätigt werden, § 30 Abs. 1 NotAktVV. In § 30 Abs. 2 NotAktVV sind einzelne Ausnahmen geregelt, welche technisch im VVZ umgesetzt sind.

§ 41 Abs. 2 NotAktVV regelt, welche Unterlagen bei Verwahrungsgeschäften zu den **Nebenakten** zu nehmen sind. Eine papierförmig/elektronisch gespaltene Aktenführung ist nicht zulässig, da dies die Nachvollziehbarkeit erschweren könnte.

Kontoauszüge und sonstige Mitteilungen von Kreditinstituten und an Kreditinstitute, die die Führung der Notaranderkonten betreffen, müssen nicht in den Nebenakten aufbewahrt werden, wenn sie elektronisch im Verwahrungsverzeichnis gespeichert sind. Dies ist insbesondere bei der elektronischen Anderkontenführung sinnvoll.[2] Im Übrigen – wenn diese Option also nicht wahrgenommen wird – sind Belege und Kontoauszüge sowie Annahmeerklärungen grundsätzlich im Original aufzubewahren, § 41 Abs. 5 S. 2 NotAktVV.

34 Sofern noch alte Massen bestehen, welche nicht nach den für das VVZ geltenden Vorschriften geführt werden, können diese in das VVZ überführt werden. Nähere Bestimmungen hierzu trifft § 76 Abs. 3 BeurkG (Fassung 2022 – vgl. BGBl 2021 Teil 1 Nr. 38 S. 2181).

II. Akten des Notars

35 § 2 NotAktVV bestimmt, dass der Notar die **folgenden Akten** zu führen hat:

- die Urkundensammlung,
- die Erbvertragssammlung,
- die elektronische Urkundensammlung,

2 Beachte hierzu BNotK DNotZ 2022, 802.

- die Sondersammlung,
- die Nebenakten,
- die Sammelakte für Wechsel- und Scheckproteste und
- die Generalakte.

1. Urkundensammlung

In der Urkundensammlung werden die **papierförmigen Dokumente** gesammelt, soweit sie nicht aufgrund besonderer Umstände in andere Sammlungen (Erbvertragssammlung, Sondersammlung) aufzunehmen sind. Die Verwahrung der originalen Urkunden ist eine wichtige Aufgabe der Rechtspflege, schon wegen des Anspruchs der Beteiligten und ihrer Rechtsnachfolger auf Ausfertigungen, Abschriften und Einsichtnahmen. 36

Für die Aufbewahrung stehen dem Notar verschiedene Verfahren zur Wahl: Die Urkunden können bspw. in Schnellheftern, Aktenordnern, Urkundskästen oder festen Umschlägen gesammelt oder zu Aktenbänden gebunden werden.

Durch die Änderungen in den letzten Jahren haben sich nur wenige Auswirkungen auf die Führung der Urkundensammlung ergeben.

Die folgenden Unterlagen sind gemäß § 31 Abs. 1 NotAktVV in der Urkundensammlung zu verwahren: 37

- bei Niederschriften über eine Verfügung von Todes wegen
  - eine beglaubigte Abschrift, wenn die Beteiligten dies wünschen, und
  - ein Ausdruck der Bestätigung oder der Bestätigungen über die Registrierung im Zentralen Testamentsregister,
- bei sonstigen Niederschriften, die in das Urkundenverzeichnis einzutragen sind, die Urschrift (Regelfall),
- bei elektronischen Niederschriften im Sinne des § 16b BeurkG (derzeit insbesondere: Online-Gründungen), ein beglaubigter Ausdruck des elektronischen Dokuments,
- bei Vermerken im Sinne des § 39 BeurkG, die in das Urkundenverzeichnis einzutragen sind,
  - die Urschrift, wenn diese in notarieller Verwahrung verbleibt,
  - eine Abschrift, wenn die Urschrift ausgehändigt wird und der Notar die Urkunde entworfen hat,
  - in den übrigen Fällen **nach Ermessen des Notars** eine Abschrift (dies ist anders als nach früherer Rechtslage; ein Vermerkblatt ist nicht mehr zwingend erforderlich),
- bei einfachen elektronischen Zeugnissen im Sinne des § 39a BeurkG, die in das Urkundenverzeichnis einzutragen sind,
  - ein beglaubigter Ausdruck des elektronischen Dokuments, wenn dieses in notarieller Verwahrung verbleibt,
  - ein Ausdruck des elektronischen Dokuments, wenn dieses ausgehändigt wird und der Notar die Urkunde entworfen hat,
  - in den übrigen Fällen **nach Ermessen des Notars** ein Ausdruck des elektronischen Dokuments,
- bei Vollstreckbarerklärungen eines Anwaltsvergleichs die Urschrift der Vollstreckbarkeitserklärung mit der Urschrift des Vergleichs,
- bei Vollstreckbarerklärungen eines Schiedsspruchs deren Urschrift mit einer beglaubigten Abschrift des Schiedsspruchs,
- bei Einigungen, Abschlussprotokollen, Vertragsbeurkundungen und Vertragsbestätigungen die Urschrift.

Die Urkundensammlung ist gemäß § 31 Abs. 2 NotAktVV nach der **Reihenfolge der Eintragungen im Urkundenverzeichnis** zu ordnen. Ob dies die Verwendung von Ablagenummerns ausschließt, ist noch nicht abschließend geklärt. Bei einem Ablagenummer-System wird für jede vollständig vollzogene Akte eine gesonderte Ablagenummer vergeben. Dies hat den Vorteil, dass der Aufwand entfällt, welcher mit der der Reihenfolge im UVZ entsprechenden Sortierung der Akten verbunden ist. Denn je nach Art der Urkunde erledigen sich Vorgänge sehr schnell (Unterschriftsbeglaubigung ohne Entwurf, bei der kein Vollzug nötig ist) oder eher langsam (komplexer Grundstückskaufvertrag mit diversen Vorkaufsrechten). 38

39 Gemäß § 12 Abs. 1 BeurkG benötigte Vollmachten werden der Urschrift beigefügt und somit in der Urkundensammlung verwahrt. Sofern bei Online-Beurkundungen der elektronischen Urschrift entsprechende Nachweise beigefügt werden, sind diese in beglaubigter Abschrift in die Urkundensammlung aufzunehmen.

Damit die Urkundensammlung nicht durch eine Vielzahl von Dokumenten unübersichtlich wird, schränkt § 31 Abs. 4 NotAktVV die Möglichkeiten zur Beifügung weiterer Schriftstücke ein. Andere Urschriften oder Unterlagen dürften nur beigefügt verwahrt werden, wenn

- diese mit dem verwahrten Dokument inhaltlich derart zusammenhängen, dass das verwahrte Dokument ohne die anderen Urschriften oder Unterlagen nicht in zweckdienlicher Weise verwendet werden kann, oder
- sie für die Rechtswirksamkeit oder die Durchführung des beurkundeten Rechtsvorgangs bedeutsam sind.

40 Wenn nach dem Beurkundungsgesetz die Ausfertigung oder die beglaubigte Abschrift an die Stelle der **Urschrift** tritt (vgl. § 3 Rdn 187), ist gemäß § 31 Abs. 5 S. 1 NotAktVV anstelle der Urschrift eine Ausfertigung oder eine beglaubigte Abschrift in der Urkundensammlung zu verwahren.

Erbverträge, deren besondere amtliche Verwahrung ausgeschlossen wurde, werden nach der Nummernfolge der Eintragungen im Urkundenverzeichnis in der Erbvertragssammlung (vgl. Rdn 42) verwahrt, § 32 NotAktVV.

Wird in der Urkundensammlung die **beglaubigte Abschrift einer Verfügung von Todes wegen** verwahrt, so ist diese auf Antrag aller Beteiligten auszuhändigen. In diesen Fällen ist auch die elektronisch beglaubigte Abschrift, die in der elektronischen Urkundensammlung verwahrt wird, zu löschen, § 38 NotAktVV.

Für den seltenen Fall, dass bei einer Verfügung von Todes wegen vor deren Registrierung im Zentralen Testamentsregister die Aushändigung der Urschrift zum Zwecke des Widerrufs durch Vernichtung verlangt wird, entspricht das weitere Vorgehen den obigen Ausführungen, § 33 Abs. 5 NotAktVV.

41 § 14 Abs. 2 DONot bestimmt, dass Unterlagen, die der Urkunde nur beigefügt und mit dieser verwahrt werden, aber nicht nach § 44 BeurkG verbunden werden müssen, auch angeklebt werden können. Mit Urkunden, die in Papierform nicht länger als 30 Jahre aufbewahrt werden müssen (für seit dem 1.7.2022 erstellte Urschriften der Regelfall), können diese Unterlagen auch durch Heftklammern verbunden werden.

2. Erbvertragssammlung

42 In der Erbvertragssammlung werden diejenigen Erbverträge verwahrt, bei welchen die besondere **amtliche Verwahrung ausgeschlossen** wurde. Bei Testamenten besteht die Option des Ausschlusses der besonderen amtlichen Verwahrung durch das Nachlassgericht nicht.

Wird ein Erbvertrag aus der notariellen Verwahrung zurückgegeben, so ist anstelle des Erbvertrags ein entsprechender Vermerk zur Erbvertragssammlung zu nehmen. Um diesen Vorgang mit weitreichenden Rechtswirkungen ordnungsgemäß zu dokumentieren, ergeben sich aus § 33 Abs. 2 NotAktVV erhebliche weitere Dokumentationspflichten.

3. Elektronische Urkundensammlung

43 In der elektronischen Urkundensammlung (eUSL) werden in elektronischer Form diejenigen Dokumente verwahrt, welche in der **Urkundensammlung** verwahrt werden (**Spiegelbildprinzip**). Die Pflicht zur Einstellung in die eUSL gilt auch dann, wenn keine Rechtspflicht dazu besteht, die Dokumente mit der Urschrift zu verwahren. Daher sollte stets überprüft werden, ob eine Beifügung weiterer Unterlagen zur Urschrift sinnvoll und erforderlich ist. Werden Dokumente in der **Nebenakte** verwahrt, greifen die Anforderungen nicht.

Die Rechtspflicht zur Aufnahme in die eUSL gilt zudem unabhängig davon, ob die betreffenden Unterlagen mit Schnur und Siegel verbunden oder nach § 14 Abs. 2 DONot angeklebt bzw. angeheftet sind.

Bei einer Amtsübergabe wird nicht nur die papierförmige Urkundensammlung, sondern neben dem UVZ und dem VVZ auch die eUSL übertragen.

Die Einstellung von Dokumenten in die eUSL soll gemäß § 35 Abs. 1 NotAktVV **unverzüglich**, also ohne schuldhaftes Zögern erfolgen. Dies gibt einen etwas flexibleren Zeitrahmen als bei den Eintragungen in das UVZ, bei denen die starre, nicht verlängerbare 14-Tages-Frist gilt. Auch später eingehende einzustellende Dokumente (z.B. die Genehmigung eines abwesenden Vertragsbeteiligten) sollen unverzüglich eingestellt werden. 44

In welcher Form die aufzubewahrenden Dokumente einzustellen sind, hängt von ihrer Entstehung ab. Dokumente, die in Papierform erstellt wurden, können verwahrt werden als 45

- elektronische Fassung nach Maßgabe von § 56 BeurkG,
- elektronisch beglaubigte Abschrift, wenn es sich bei den Ausgangsdokumenten in Papierform um Ausfertigungen, beglaubigte Abschriften oder einfache Abschriften handelt, oder
- elektronische Abschriften, wenn es sich bei ihnen um einfache Abschriften handelt.

§ 34 Abs. 3 S. 1 NotAktVV bestimmt zudem, dass Dokumente, die (originär) in elektronischer Form erstellt wurden, in dieser Form oder als elektronische Fassung des Ausdrucks, der in der Urkundensammlung verwahrt wird, verwahrt werden können. Ein originär elektronisches Dokument kann also direkt in die eUSL eingestellt werden. Alternativ kann auch das Dokument, welches nach § 31 NotAktVV in die (papierförmige) Urkundensammlung aufgenommen wurde, nach (erneuter) Digitalisierung verwendet werden. Die erste Variante ist wesentlich arbeitseffizienter.

§ 34 Abs. 3 S. 2 NotAktVV macht von diesem Grundsatz allerdings eine Ausnahme: Die jeweiligen elektronischen **Originaldokumente** müssen in die eUSL eingestellt werden, wenn es sich handelt um 46

- elektronische Niederschriften im Sinne des § 16b BeurkG (derzeit: Urkunden, die in den notariellen Online-Verfahren errichtet wurden) und
- einfache elektronische Zeugnisse im Sinne des § 39a BeurkG, wenn das zu ihrer Errichtung erstellte elektronische Dokument in notarieller Verwahrung verbleibt. Dies betrifft beispielsweise die Registrierungsbestätigungen des ZTR.

Denn in diesen Fällen wurde jeweils ein elektronisches Original erzeugt, welches unverändert und mit den ursprünglichen Signaturen in der eUSL zur Verfügung stehen soll.

Wenn bei der Errichtung einer elektronischen Niederschrift Vollmachten oder Ausweise über die Berechtigung eines gesetzlichen Vertreters vorgelegt werden, sollen diese der elektronischen Niederschrift gemäß § 16d BeurkG in elektronisch beglaubigter Abschrift beigefügt werden. Sie werden dann zusammen mit der elektronischen Urschrift in der eUSL verwahrt.

Zusätzlich zur Niederschrift kann auch eine Reinschrift verwahrt werden. Wenn in der papierförmigen Urkunde handschriftliche Änderungen vorgenommen werden, kann danach eine um diese Änderungen korrigierte „Reinschrift" erzeugt werden. Da es sich nicht um die originale Unterschrift handelt, werden die Unterschriften durch „gez." (gezeichnet) Vermerke ersetzt, der Ort des Siegels wird mit der Abkürzung „l.s." (locus sigilli, Ort des Siegels) angegeben. Sinn der Reinschrift ist es, den Beteiligten trotz (handschriftlicher) Korrekturen eine „saubere" Urkunde zu übersenden.

Gemäß § 34 Abs. 2 NotAktVV können elektronische Dokumente in der eUSL in drei Varianten verwahrt werden (elektronische Fassung der Urschrift gemäß § 56 BeurkG, elektronisch beglaubigte Abschrift oder elektronische einfache Abschrift). Zudem gibt es noch die Variante der originär elektronischen Dokumente gemäß § 34 Abs. 3 NotAktVV (z.B. die elektronische Niederschrift bei Online-Gründungen), welche als solche **mit den Signaturen** in die eUSL aufzunehmen sind. 47

Es gilt der Grundsatz der Formkongruenz, sodass die in die eUSL eingestellten Dokumente **mindestens** die Formstufe haben müssen wie die in der Papiersammlung verwahrten Unterlagen. Bei Urschriften in der papierförmigen Sammlung ist zwingend eine elektronische Fassung der Urschrift zu erstellen. Enthält die Urkundensammlung eine beglaubigte Abschrift, muss sich in der eUSL ebenfalls eine elektronisch beglaubigte Abschrift befinden.

Eine höherwertige elektronische Form ist hingegen stets möglich („Besser geht immer"). Bevor die papierförmige Urschrift an ein Gericht übersendet oder einem Klienten übergeben wird, kann eine elektronische Fassung der Urschrift erstellt werden. Dies hat den praktischen Vorteil, dass bei Beurkundungen über Willenserklärungen eine Ausfertigung auch dann noch erteilt werden kann, wenn sich das Papierdokument an einer anderen Stelle befindet, § 49 Abs. 1 Nr. 2 BeurkG.

Hinweis

Hiervon gibt es eine wichtige **Ausnahme**: Von Verfügungen von Todes wegen darf keine elektronische Fassung der Urschrift erstellt werden, § 34 Abs. 4 BeurkG. Hintergrund dieser Vorgabe ist, dass das Vorhandensein mehrerer als „Original" anzusehender Verfügungen von Todes wegen nicht nur den Widerruf und dessen Beweisbarkeit erheblich beeinträchtigen würde, sondern auch nicht mit dem derzeit bestehenden System der besonderen amtlichen Verwahrung der Urschrift beim Amtsgericht vereinbar wäre. Das Verbot erstreckt sich auch auf Erbverträge, welche in notarieller Verwahrung bleiben. Insoweit gilt der Grundsatz der Formkongruenz zwischen Papierwelt und eUSL nicht.

Daher werden von Verfügungen von Todes wegen stets nur beglaubigte Abschriften gefertigt. Befindet sich eine solche in der Papiersammlung, muss auch eine in die eUSL eingestellt werden.

48 Wenn die (papierförmige) Urkundensammlung eine Urschrift enthält, muss nach den Vorgaben des **§ 56 BeurkG** eine elektronische Fassung eben jener Urschrift erstellt werden.

Bei der Übertragung der in Papierform vorliegenden Schriftstücke in die elektronische Form soll durch geeignete Vorkehrungen nach dem Stand der Technik sichergestellt werden, dass die elektronischen Dokumente mit den in Papierform vorhandenen Schriftstücken **inhaltlich und bildlich** übereinstimmen, § 56 Abs. 1 S. 1 BeurkG. Die Datei ist mit einem dies bestätigenden Vermerk zu versehen und sodann mit einer vom Notar höchstpersönlich erstellten qualifizierten elektronischen Signatur zu versehen. Der Text des Vermerkes wird programmseitig vorgeschlagen, kann jedoch auch abgeändert werden.

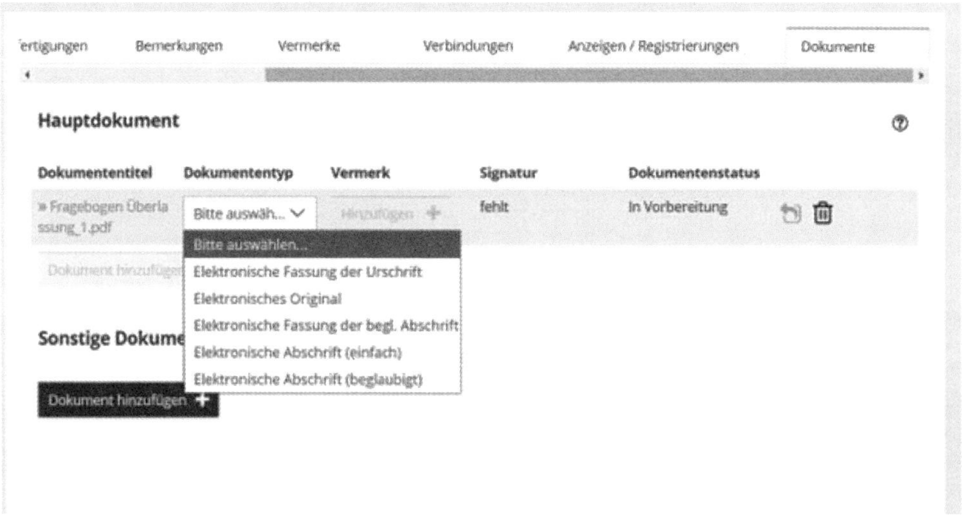

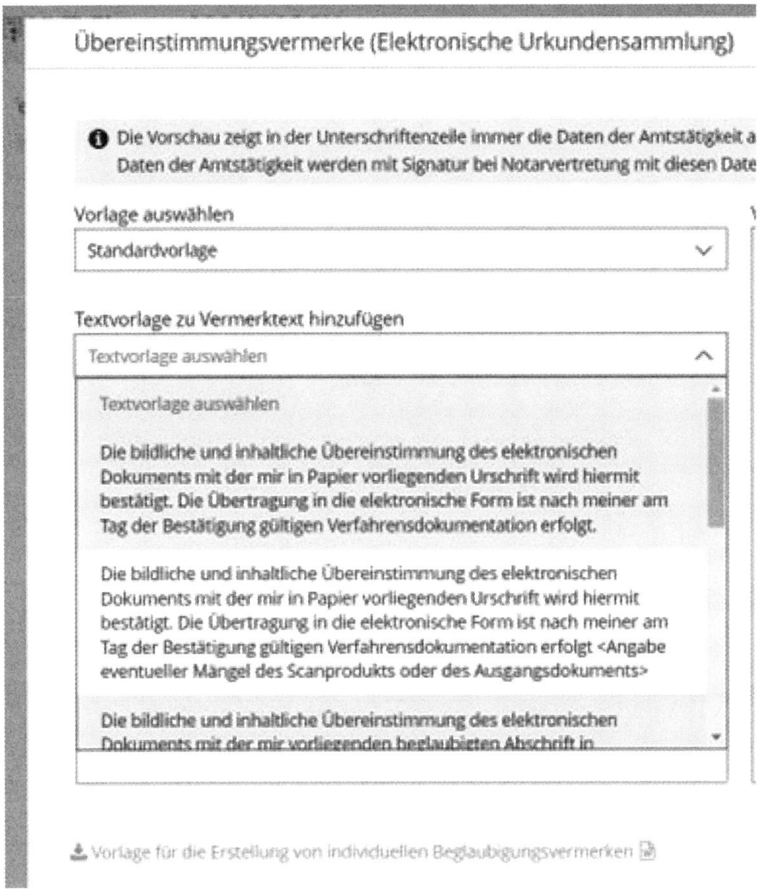

Hinweis

Dabei sollen zum Zwecke der Beweissicherung Durchstreichungen, Änderungen, Einschaltungen, Radierungen oder andere Mängel des Schriftstücks im Vermerk angegeben werden, soweit sie nicht aus dem elektronischen Dokument eindeutig ersichtlich sind. Bei einem entsprechend hochqualitativen Scan dürften sich derartige Mängel indes häufig bereits eindeutig aus dem elektronischen Dokument ergeben.

Wenn die vorstehenden Vorgaben eingehalten werden, kann auch eine elektronische Fassung einer beglaubigten Abschrift erstellt werden. Diese hat dann jedoch nicht die Qualität einer elektronischen Fassung der **Urschrift**.

Wird eine **elektronisch beglaubigte Abschrift** erstellt, so muss diese mit dem Ausgangsdokument zwar inhaltlich, nicht aber auch bildlich übereinstimmen. Sie entsteht durch klassische elektronische Beglaubigung durch den Notar, welche bspw. aus dem elektronischen Handelsregisterverkehr bekannt ist.

Wenn in der papierförmigen Urkundensammlung eine beglaubigte Abschrift verwahrt wird, kann in die eUSL entweder eine elektronische Fassung der beglaubigten Abschrift oder eine normale elektronisch beglaubigte Datei eingestellt werden. Zwischen beiden Varianten besteht derzeit kein Unterschied in der rechtlichen Qualität.

Bei **einfachen Abschriften** (z.B. schlichten Kopien) in der Urkundensammlung sind auch lediglich einfache 49
elektronische Abschriften in die eUSL aufzunehmen. Ein Übereinstimmungsvermerk oder eine Signatur sind – ebenso wie in der Papierwelt – nicht erforderlich.

Bei originär elektronischen Urkunden ist die originale Datei einzustellen. XNP wählt zusammen mit der PDF-Datei automatisch die .pkcs-7 Dateien (das sind die Signaturdateien) aus. Ein gesonderter Schritt ist diesbezüglich im Arbeitsablauf nicht erforderlich. In die papierförmige Urkundensammlung ist eine beglaubigte Abschrift des elektronischen Originals einzustellen.

Elektronische Dateien können grundsätzlich beliebig **oft** ohne Qualitätsänderung kopiert werden. In der Papierwelt ist dies anders, da Kopien der Urschrift nicht die „echten" bzw. originalen Unterschriften tragen. Bei der Authentifizierung über Signaturen ist dies anders. Damit es nicht unbegrenzt viele „Originale" geben kann, bestimmt § 45 Abs. 2 BeurkG, dass (nur) dasjenige elektronische Dokument, welches in der elektronischen Urkundensammlung verwahrt wird, als Urschrift gilt.

Ist eine elektronische Urschrift erstellt, können Ausfertigungen durch einen Ausdruck der elektronischen Urschrift erstellt werden, § 49 Abs. 1 BeurkG.

50 Zu beachten ist, dass die Rubrik „*Dokumente*" im XNP, welche den Arbeitsbereich zur eUSL darstellt, in die beiden Kategorien „*Hauptdokument*" und „*Sonstige Dokumente*" unterteilt ist. Eine rechtliche Relevanz weist diese Unterteilung nicht auf, sondern soll nur der Ordnung und Übersichtlichkeit zuträglich sein. Es wird sich stets anbieten, das Hauptdokument als solches einzustellen.

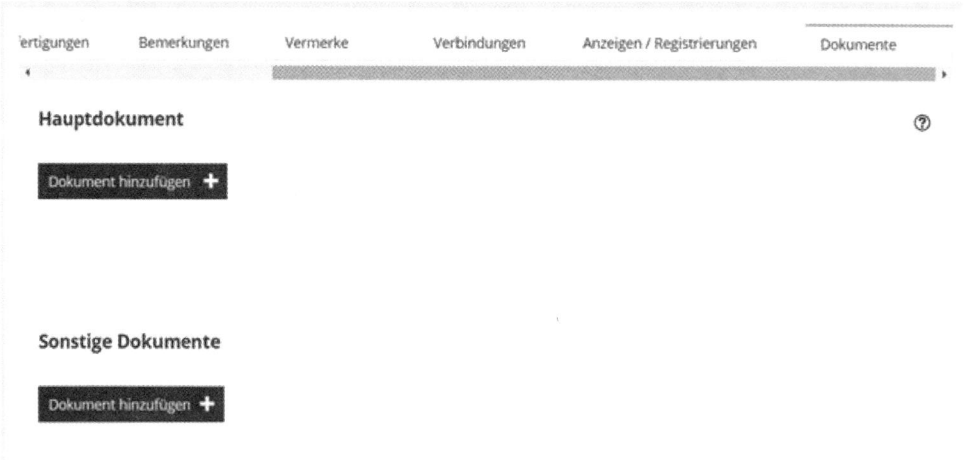

Das Programm XNP sorgt in Umsetzung der Vorgaben des § 78h Abs. 3 S. 1 BNotO dafür, dass die eingestellten Dokumente nur gemeinsam abgerufen werden können. Dies entspricht der Verbindung mit Siegel und Schnur auf elektronischer Ebene. Bei der Erstellung von Abschriften sowie Ausfertigungen können nur alle eingestellten Dokumente gemeinsam wiedergegeben werden. Eine Einzelauswahl ist nicht möglich.

51 Bei den „*Sonstigen Dokumenten*" können verschiedene Dokumententypen ausgewählt werden.

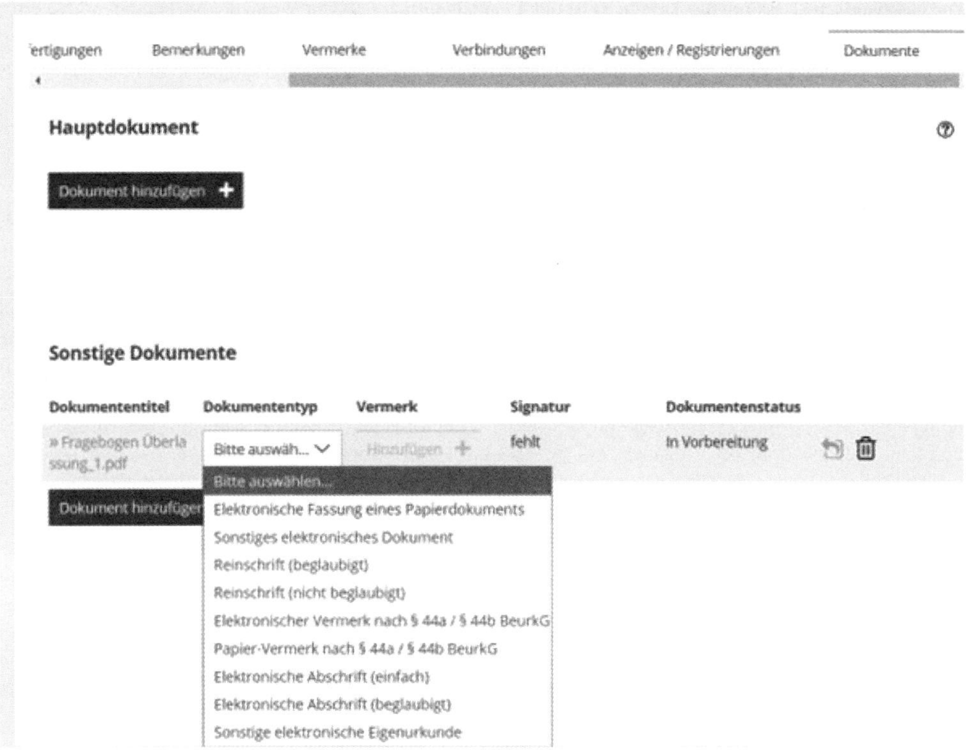

Wird eine **Reinschrift** erstellt, kann diese gemäß § 34 Abs. 5 NotAktVV in die eUSL eingestellt werden, um erleichtert Abschriften und/oder Ausfertigungen erteilen zu können. Hierbei liegt dann nur die inhaltliche, aber nicht auch die bildliche Übereinstimmung mit der Urschrift vor, da die (meist handschriftlichen) Änderungen der papierförmigen Urschrift in der Reinschrift korrigiert wurden.

Nachtragsvermerke nach §§ 44a/44b BeurkG können originär elektronisch oder in Papierform errichtet werden. Wird ein solcher papierförmig erstellt, ist er nach erfolgtem Scan als „*Papier-Vermerk nach §§ 44a/44b BeurkG*" einzustellen. Wird er originär elektronisch erstellt, ist die Auswahl „elektronischer Vermerk nach §§ 44a/44b BeurkG" einschlägig. Er muss auch in die Papiersammlung aufgenommen werden. Wenn es möglich ist, den Vermerk vor dem Scannen anzubringen, entfallen die vorstehenden Arbeitsschritte, da von vornherein eine Übereinstimmung zwischen der elektronischen und der Papierfassung besteht.

Unter die Kategorie „*Sonstige elektronische Dokumente*" fallen andere originär elektronisch erstellte Dokumente, bspw. die Registrierungsbestätigungen des Zentralen Testamentsregisters.

Die Bezeichnung „*Elektronische Fassung eines Papierdokuments*" ist einschlägig für sonstige Papierdokumente, welche in die elektronische Form übertragen werden.

Zudem kann bei besonders umfangreichen Dokumenten aufgrund des **Limits** der Dateigröße je Eintrag auf 500 MB eine Zweiteilung des Scans erforderlich werden. Dies entspricht je nach Scaneinstellungen ca. 800–1.000 Seiten. In diesen Fällen sind die Übereinstimmungsvermerke entsprechend anzupassen, sodass sich die Aufteilung ergibt. XNP hält entsprechende Formulierungsvorschläge bereit. 52

> *Hinweis*
>
> Die OCR-Texterkennung, welche bei der Übersendung von Dateien an das Handelsregister erforderlich ist, erhöht die Dateigröße mitunter in erheblichem Maße.

Bei Beglaubigungen erforderlich ist grds. nur die **inhaltliche** Übereinstimmung. Dies gilt grundsätzlich auch für elektronische Beglaubigungen, wenn eine Einstellung in die eUSL beabsichtigt ist. 53

Die **elektronische Fassung der Urschrift** ist indes nicht lediglich eine Unterform der beglaubigten Abschrift, sondern eine der papierförmigen Urschrift grundsätzlich gleichgestellte elektronische Fassung. Daher gelten gemäß § 56 BeurkG für die Erstellung der elektronischen Fassung der Urschrift besondere Anforderungen: Zunächst soll durch geeignete Vorkehrungen nach dem Stand der Technik sichergestellt werden, dass die elektronischen Dokumente mit den in Papierform vorhandenen Schriftstücken inhaltlich und darüber hinaus auch **bildlich** übereinstimmen. In einem Vermerk ist dies zu bestätigen. Durchstreichungen, Änderungen, Einschaltungen, Radierungen oder andere Mängel des Schriftstücks sind im Vermerk anzugeben, soweit sie nicht aus dem elektronischen Dokument eindeutig ersichtlich sind. Sodann ist das Dokument (samt Vermerk) vom Notar persönlich mit einer qualifizierten elektronischen Signatur zu versehen.

54 Zu dem von § 56 Abs. 1 S. 1 BeurkG zu wahrenden *„Stand der Technik"* existiert die *„Technische Richtline für ersetzendes Scannen des Bundesamts für Sicherheit in der Informationstechnik"* (TR-RESISCAN). Hierbei handelt es sich um eine sehr ausführliche und detaillierte Richtlinie. Um den Amtsträgern die Einhaltung der Vorgaben zu erleichtern hat die Bundesnotarkammer einen **Muster-Scanprozess** vom Bundesamt für Sicherheit in der Informationstechnik zertifizieren lassen und dann in Form der sog. Muster-Verfahrensdokumentation niedergelegt. Notare können hierauf zurückgreifen, den eigenen Scanprozess entsprechend ausgestalten und somit die Einhaltung der Vorgaben des § 56 Abs. 1 S. 1 BeurkG **wesentlich** leichter nachweisen. Die technische Komplexität der TR RESISCAN ist nicht unerheblich und würde das durchschnittliche Notarbüro ohne die Erleichterungen der Muster-Verfahrensdokumentation vor beträchtliche Herausforderungen stellen.

55 Dokumente können nur eingetragen, geändert oder aufgerufen werden, wenn die entsprechenden Berechtigungen hierzu bestehen. Denn die Dokumente sind verschlüsselt, und nur mit dem richtigen kryptographischen Schlüssel ist der Zugang möglich. Dies setzt voraus, dass der Notar seine **N-Karte** erhalten und den Initialisierungsprozess erfolgreich durchgeführt hat. Danach kann er die Mitarbeiterkarten (**M-Karten**) personalisieren, sodass der kryptographische Schlüssel sodann auch auf diesen hinterlegt ist. Auch für diese Vorgänge hat die BNotK Anleitungen erstellt.

Das Archivieren der Dokumente ist indes auch ohne diesen Schlüssel möglich, also bspw. nach Anmeldung der Mitarbeiter im XNP mit Benutzername und Kennwort (anstelle der Verwendung der M-Karten). Zudem liegt häufig noch eine **lokale Datei-Kopie** auf dem XNP-Datenordner (i.d.R. auf dem Server). Diese kann auch ohne den kryptographischen Schlüssel geöffnet werden.

56 Die Grundidee der Zusammenwirkung zwischen Urkundensammlung und eUSL ist das **Spiegelbildprinzip**. Dies bedeutet unter anderem, dass die papierförmige Urschrift und die elektronische Fassung der Urschrift grundsätzlich sowohl inhaltlich als auch bildlich identisch sein sollen. Wenn nun auf der papierförmigen Urschrift ein Vermerk angebracht wird, würde nachträglich die Übereinstimmung zwischen den beiden Fassungen der Urschrift entfallen. Dieses Problem stellt sich bei anderen Dokumenten entsprechend.

Wichtig!

Daher bestimmt § 35 Abs. 3 NotAktVV, dass **nach** der Einstellung eines Dokumentes in die elektronische Urkundensammlung auf der Urschrift oder Abschrift, die in der Urkundensammlung verwahrt wird, **keine Vermerke** mehr angebracht werden dürfen. Wenn gleichwohl ein Vermerk erforderlich ist (z.B. über die Erfüllung steuerlicher Anzeigepflichten), so ist dieser Vermerk

- auf einem gesonderten Blatt niederzulegen, welches mit der in der Urkundensammlung verwahrten Urschrift oder Abschrift zu verbinden ist, wenn die betreffende Urkunde in Papierform errichtet wurde, oder
- in einem gesonderten elektronischen Dokument niederzulegen, welches zusammen mit der in der elektronischen Urkundensammlung verwahrten Urkunde zu verwahren ist, wenn die betreffende Urkunde in elektronischer Form errichtet wurde.

Wird der Vermerk in Papierform errichtet, ist er sodann in die eUSL einzustellen. Wird er elektronisch erstellt, so muss er anschließend ausgedruckt und mit der papierförmigen Urschrift verbunden werden.

Aufgrund dieser Vorgaben wird es sich regelmäßig anbieten, mit dem Scan für die eUSL so lange zu warten, bis der Vermerk über die Erfüllung steuerlicher Anzeigepflichten an der Urschrift angebracht ist. Es bleibt zu hoffen, dass künftig die Eintragung der **Absendevermerke im UVZ** ausreichend sein wird.

Auch bei der eUSL bedarf eine Löschung der persönlichen Bestätigung des Notars. Dies gilt nicht für die Löschung von Dokumenten nach Ablauf der Aufbewahrungsfrist. Diese beträgt gemäß § 50 Abs. 1 Nr. 5, Abs. 2 Nr. 3 NotAktVV **100 Jahre** von dem Kalenderjahr an, das auf die Beurkundung oder die sonstige Amtshandlung folgt. Die ersten Dokumente dürfen also am 1.1.2123 gelöscht werden. 57

4. Sondersammlung

Manche Dokumente können **nicht sinnvoll digitalisiert** werden. Man stelle sich hierzu den Versuch vor, einen detaillierten Plan im DIN-A1 Format auf einem gebräuchlichen Scanner hochauflösend einzuscannen. Zwar wäre es theoretisch möglich, bspw. in Copy-Shops entsprechende Scans herstellen zu lassen und sodann in das UVZ einzutragen, doch ist dies nach der NotAktVV nicht erforderlich. In derartigen Fällen schreibt § 37 NotAktVV das zu wählende Verfahren vor. 58

Ausgangspunkt ist die Unmöglichkeit oder Unzumutbarkeit der Übertragung in die elektronische Form. Bis zum Format DIN-A3 liegt – bezogen auf die Größe – keine Unzumutbarkeit vor, bei größeren Formaten wird sie stets angenommen werden dürfen. In diesen Fällen kann die Einstellung in die elektronische Urkundensammlung unterbleiben.

Damit in der eUSL nicht der fehlerhafte Eindruck der Vollständigkeit des eingestellten elektronischen Dokuments entsteht, ist gemäß § 37 Abs. 2 NotAktVV in einem elektronischen Vermerk das Dokument zu bezeichnen und feststellen, dass die Übertragung in ein elektronisches Dokument unmöglich oder unzumutbar ist.

Der Vermerk soll mit einer **elektronisch beglaubigten Abschrift** des Dokuments verbunden werden, wenn deren Herstellung nicht unmöglich oder unzumutbar ist. Sinn dieser Regelung des § 37 Abs. 2 S. 2 NotAktVV ist es, die strengen Vorgaben des § 56 Abs. 1 BeurkG für die Herstellung der elektronischen Fassung der Urschrift (inhaltliche und bildliche Übereinstimmung) abzusenken. Hierdurch kann ein Plan beispielsweise verkleinert wiedergegeben werden. Vielleicht steht ein elektronisches Originaldokument zur Verfügung, welches zwar **bildlich** nicht dem der papierförmigen Urschrift beigefügten Dokument entspricht, inhaltlich aber gleichwohl vollständig mit diesem übereinstimmt. 59

In den Fällen, in welchen eine Einstellung in die eUSL **unterbleibt**, entsteht das Problem der unterschiedlichen Aufbewahrungsfristen. Denn während die elektronischen Dokumente in der eUSL gemäß § 50 Abs. 1 Nr. 5 NotAktVV 100 Jahre aufzubewahren sind, wird die papierförmige Urkundensammlung grds. nur noch **30 Jahre** aufbewahrt, § 50 Abs. 1 Nr. 3 NotAktVV. Hierunter würde auch das Dokument fallen, welches nicht in die elektronische Form übertragen werden kann, sodass es nur 30 Jahre aufbewahrt werden würde. Der (unvollständige) Rest der Urkunde würde hingegen 100 Jahre in der eUSL zur Verfügung stehen.

Um diese Divergenz zu vermeiden bestimmt § 37 Abs. 3 NotAktVV, dass für derartige Dokumente eine Sondersammlung anzulegen ist. Auf den in die Sondersammlung eingestellten Dokumenten ist zum Zwecke der Zuordnung zu vermerken, zu welcher UVZ-Nummer sie gehören. Die in der Sondersammlung verwahrten Dokumente sind gemäß § 50 Abs. 1 Nr. 6 NotAktVV 100 Jahre aufzubewahren. Durch die Kombination der eUSL und der Sondersammlung wird somit erreicht, dass die Unterlagen 100 Jahre lang vollständig zur Verfügung stehen – auch wenn eine Digitalisierung nicht möglich oder unzumutbar ist.

> *Hinweis* 60
>
> Um eine durch die getrennte Aufbewahrung in Urkundensammlung und Sondersammlung entstehende Unvollständigkeit der Urkundensammlung zu vermeiden, erlaubt es § 37 Abs. 3 S. 3 NotAktVV, eine vollständige oder auszugsweise Abschrift der Dokumente in die Urkundensammlung aufzunehmen. Um Verwechslungen oder Fehleinschätzungen bezüglich der Eigenschaft als Bestandteil der originalen Urschrift zu vermeiden, ist auf dieser Abschrift zu vermerken, dass es sich um die Abschrift eines Dokuments aus der Sondersammlung handelt.

5. Nebenakten

Der Notar führt zu den einzelnen Geschäften – Beurkundungen, Beratungen, Entwürfen, Verwahrungen – Handakten, die auch **Nebenakten** oder Blattsammlungen genannt werden. Zu den Handakten nimmt er alle 61

Schriftstücke, die mit dem Geschäft im Zusammenhang stehen, z.B.: Schriftwechsel mit den Beteiligten, mit Gerichten und Behörden, Grundbuchauszüge, Grundbuchnachrichten, Unterlagen der Geldwäscheprüfung. Weitere mögliche Inhalte sind in § 40 Abs. 2 NotAktVV aufgeführt. Die Anlegung der Akten ist in den entsprechenden Fällen Amtspflicht des Notars und nicht seinem Ermessen überlassen. Bei allen Verwahrungsgeschäften müssen Nebenakten bestehen; Sammelakten sind hier nicht zulässig. Für Verwahrgeschäfte gelten die Pflichtinhalte des § 41 Abs. 2 NotAktVV; eine hybride Führung ist in § 42 Abs. 2 NotAktVV untersagt.

Praxistipp

Bei den Beurkundungen müssen Nebenakten immer dann geführt werden, wenn dies zur Vorbereitung und Abwicklung des Geschäfts geboten ist, § 40 Abs. 1 S. 2 NotAktVV. Eine Nebenakte ist bspw. dann nicht erforderlich, wenn kein relevanter Schriftverkehr stattgefunden hat, z.B. bei einer reinen Unterschriftsbeglaubigung ohne Entwurf. Für derartige Vorgänge kann gleichwohl eine Sammelakte geführt werden, in welcher aller Schriftverkehr bspw. je Kalenderjahr aufbewahrt wird.

62 Grundsätzlich ist für **jeden Vorgang** eine gesonderte Nebenakte anzulegen. Die Nebenakten können jedoch – sofern kein Verwahrungsgeschäft betroffen ist – als Sammelakten geführt werden, wenn ein sachlicher Grund hierfür besteht und die geordnete Aktenführung sichergestellt ist, § 40 Abs. 1 S. 3 NotAktVV. Es müssen stets die jederzeitige Zugänglichkeit, die Richtigkeit und Transparenz sowie die Vertraulichkeit der Nebenakten gewährleistet sein. Denn sie dienen nicht nur der internen Büroorganisation, sondern darüber hinaus der zuverlässigen Dokumentation ggf. später beweiserheblicher Umstände.[3] Ferner dienen die Nebenakten nicht nur dem derzeitigen Amtsinhaber, sondern ggf. auch dessen Amtsnachfolger und/oder Gerichten im Rahmen von Beweisaufnahmen. Daher empfiehlt es sich, das System, nach welchem sie geführt und abgelegt werden, in der Generalakte zu dokumentieren. Dies gilt insbesondere für die hybride Aktenführung.

63 Die Nebenakten dürfen nur vom Notar selbst oder dessen Mitarbeiter geführt werden. Sie müssen **sieben Jahre** aufbewahrt werden und sind dann zu vernichten (§ 50 Abs. 1 Nr. 7 NotAktVV). Die Frist beginnt für die in der Nebenakte verwahrten Dokumente mit dem Kalenderjahr, das auf den Abschluss des Amtsgeschäfts folgt, zu dem die Nebenakte geführt wurde, § 50 Abs. 2 Nr. 4 NotaktVV. Werden die Nebenakten für mehrere Amtsgeschäfte gemeinsam geführt, darf ihr gesamter Inhalt bis zum Ablauf der Aufbewahrungsfrist des letzten Amtsgeschäfts aufbewahrt werden, § 52 Abs. 1 NotAktVV. Der Notar kann aber schriftlich eine längere Aufbewahrungsfrist bestimmen, z.B. bei Verfügungen von Todes wegen oder wegen Gefahr eines Regresses. Dies sollte nicht pauschal alle Nebenakten betreffen. Vor der Ablage ist sorgfältig zu prüfen, ob alle erforderlichen Arbeitsschritte erfolgreich durchgeführt, nicht mehr benötigte Mandantenunterlagen zurückgegeben und ob alle Rechnungen ordnungsgemäß gezahlt wurden.

64 Die Nebenakten dienen dazu, einen geordneten Geschäftsgang zu gewährleisten und müssen daher sorgfältig geführt und so geordnet werden, dass sie jederzeit, auch nach Abschluss des Geschäfts, ohne Mühe wiedergefunden werden. Für die Führung der Nebenakten in Papierform, rein elektronisch oder „hybrid" gilt nunmehr Abschnitt 6 der NotAktVV. Werden die Nebenakten elektronisch geführt, müssen die Nebenakten und die darin aufgenommenen Dokumente durch einen strukturierten Datensatz beschrieben sein, § 43 Abs. 1 S. 1 NotAktVV. Es ist also grundsätzlich zulässig, eine zunächst in Papierform geführte Nebenakte nach Abschluss des Geschäfts zu digitalisieren. Entsprechend der Ergebnisse einer entsprechenden Länderumfrage dürfte es hierbei möglich sein, die Papierakte vollständig („am Stück") einzuscannen, soweit dieselbe zuvor ordnungsgemäß chronologisch geordnet wurde. In der Literatur wird dies teilweise anders gesehen.

65 § 43 Abs. 1 S. 2 NotAktVV regelt ferner das Folgende: Hat die Bundesnotarkammer in ihrem Verkündungsblatt (DNotZ) nähere Angaben zu dem strukturierten Datensatz sowie zu den Dateiformaten bekannt gemacht, die bei der Führung der Nebenakten zu verwenden sind, so sind diese zu beachten. Dies hat die Bundesnotarkammer zunächst im Dezember 2020 getan.[4] 2023 wurde diese durch die Nebenakten-Datensatz-Bekanntmachung-2023 ersetzt, welche nun unter anderem ein Datensatzschema vorgibt, welches auf der genannten

3 Würzburger Notarhandbuch/*Kersten*, Teil 1 Kap. 4 Rn 11.

4 DNotZ 2020, S. 881, sog. Nebenakten-Datensatz-Bekanntmachung-2020.

Homepage abgerufen werden kann.[5] Das Rundschreiben der Bundesnotarkammer 08/2020 enthält zudem eine Liste derjenigen Dateiformate, welche als allgemein gebräuchlich gemäß § 4 Abs. 1 NotAktVV anzusehen sind.[6] Elektronische Nebenakten dürfen nur in der Geschäftsstelle des Notars oder in elektronischen Notaraktenspeichern gespeichert werden, § 35 Abs. 4 BNotO.

6. Sammelakte für Wechsel- und Scheckproteste

Beglaubigte Abschriften von Protesturkunden, die bei der Aufnahme von Wechsel- oder Scheckprotesten zurückbehalten wurden, und Vermerke, die über den Inhalt des Wechsels, der Wechselabschrift oder des Schecks aufgenommen wurden, sind in der Sammelakte für Wechsel- und Scheckproteste zu verwahren, § 45 Abs. 1 NotAktVV. Die beglaubigten Abschriften der Protesturkunden und die Vermerke sind möglichst auf dasselbe Blatt zu setzen und nach der Reihenfolge ihrer Erstellung zu ordnen. Die beglaubigten Abschriften der Protesturkunden sind mit fortlaufenden Nummern zu versehen. Anstelle der papierförmigen Aufbewahrung ist unter den in § 45 Abs. 3 NotAktVV geregelten Voraussetzungen auch eine elektronische Aufbewahrung möglich. 66

7. Generalakten

Für den Schriftwechsel mit den Aufsichtsbehörden, für Prüfungsberichte und andere, die Amtstätigkeit im Allgemeinen betreffende Vorgänge hat der Notar Generalakten zu führen, § 46 NotAktVV. Zu den Vorgängen, die die Amtstätigkeit im Allgemeinen betreffen, gehören u.a. Schriftstücke über die Vertreterbestellung und die Niederschriften über die Verpflichtung der bei dem Notar beschäftigten Personen. Weitere Inhalte sind in § 46 Abs. 1 NotAktVV aufgezählt. 67

Die Generalakte ist entweder nach Sachgebieten geordnet zu gliedern oder mit fortlaufenden Seitenzahlen und einem Inhaltsverzeichnis zu versehen, § 46 Abs. 2 NotAktVV. Die Aufbewahrungsfrist für die in der Generalakte verwahrten Dokumente beträgt sowohl für Altbestände als auch für neue Dokumente 30 Jahre, §§ 50 Abs. 1 Nr. 9, 51 Abs. 1 Nr. 6 NotAktVV. Die Frist beginnt jeweils mit dem Kalenderjahr, welches auf das Erlöschen des Amtes des Notars oder die Verlegung seines Amtssitzes in einen anderen Amtsgerichtsbezirk folgt.

> *Hinweis*
> Die Generalakten können vollständig in Papierform, hybrid oder rein elektronisch geführt werden, §§ 47, 43 NotAktVV.

8. Dokumentation zur Einhaltung von Mitwirkungsverboten

§ 28 BNotO verpflichtet den Notar, durch geeignete Vorkehrungen die Einhaltung der Mitwirkungsverbote sicherzustellen. Aufgrund der Ermächtigung in § 67 Abs. 2 Nr. 6 BNotO sind in Ziffer VI. der Richtlinienempfehlungen der Bundesnotarkammer und den entsprechenden Richtlinien der Notarkammern die nach § 28 BNotO zu treffenden Vorkehrungen konkretisiert worden. In Ziffer VI. Nr. 1.2. ist die Führung eines Beteiligtenverzeichnisses geregelt (vgl. hierzu näher § 1 Rdn 99). 68

Freilich ist eine solche Dokumentation nur dann vom Notar zu führen, wenn auch die Möglichkeit besteht, dass die Verbotstatbestände des § 3 Abs. 1 Nr. 7, Nr. 8 Abs. 2 BeurkG eingreifen. Der hauptberufliche Notar, der keine Nebentätigkeiten ausübt und auch früher keine entsprechenden (insb. anwaltlichen) Tätigkeiten wahrgenommen hat, braucht eine solche Dokumentation nicht zu führen.

III. Dauer der Aufbewahrung

In den §§ 50–53 NotAktVV sind die Aufbewahrungsfristen zusammenfassend geregelt. Nach Ablauf der jeweiligen Aufbewahrungsfrist sind die Unterlagen zwingend zu vernichten. 69

5 DNotZ 2023, 481, sog. Nebenakten-Datensatz-Bekanntmachung-2023.
6 Hierzu näher Würzburger Notarhandbuch/*Kersten*, Teil 1 Kap. 4 Rn 15.

Für **Unterlagen**, die **ab dem 1.1.2022** erstellt werden, gelten folgende Aufbewahrungsfristen:

- für Eintragungen im Urkundenverzeichnis 100 Jahre,
- für Eintragungen im Verwahrungsverzeichnis 30 Jahre,
- für die in der Urkundensammlung verwahrten Dokumente 30 Jahre,
- für die in der Erbvertragssammlung verwahrten Dokumente 100 Jahre,
- für die in der elektronischen Urkundensammlung verwahrten Dokumente 100 Jahre,
- für die in der Sondersammlung verwahrten Dokumente 100 Jahre,
- für die in der Nebenakte verwahrten Dokumente 7 Jahre,
- für die in der Sammelakte für Wechsel- und Scheckproteste verwahrten Dokumente 7 Jahre,
- für die in der Generalakte verwahrten Dokumente 30 Jahre.

Für die Dokumente, welche in der Urkundensammlung, der Erbvertragssammlung oder der elektronischen Urkundensammlung verwahrt werden, gelten die Altregeln (dazu sogleich) für diejenigen Dokumente, welche vom 1.1. bis zum 30.6.2022 erstellt wurden. Denn in diesem Zeitraum wurde noch kein elektronisches Urkundenarchiv geführt, in welchem die Daten 100 Jahre gespeichert werden.

70 Die **Aufbewahrungsfristen** für Unterlagen, die **ab dem 1.1.2022** erstellt wurden, beginnen

- für Eintragungen im Urkundenverzeichnis mit dem Kalenderjahr, das auf die Eintragung folgt,
- für Eintragungen im Verwahrungsverzeichnis mit dem Kalenderjahr, das auf den Abschluss des Verwahrungsgeschäfts folgt,
- für Dokumente, die in der Urkundensammlung, der Erbvertragssammlung, der elektronischen Urkundensammlung, der Sondersammlung oder der Sammelakte für Wechsel- und Scheckproteste verwahrt werden, mit dem Kalenderjahr, das auf die Beurkundung oder die sonstige Amtshandlung folgt, und
- für die in der Nebenakte verwahrten Dokumente mit dem Kalenderjahr, das auf den Abschluss des Amtsgeschäfts folgt, zu dem die Nebenakte geführt wurde.

71 Für Unterlagen, die vom 1.1.1950 bis zum 31.12.2021 erstellt wurden, gelten gemäß § 51 Abs. 1 NotAktVV folgende Aufbewahrungsfristen:

- für die Urkundenrolle, das Erbvertragsverzeichnis und das Namensverzeichnis zur Urkundenrolle 100 Jahre,
- für das Verwahrungsbuch, das Massenbuch, das Namensverzeichnis zum Massenbuch und die Anderkontenliste 30 Jahre,
- für die in der Urkundensammlung verwahrten Dokumente einschließlich der gesondert aufbewahrten Erbverträge 100 Jahre,
- für die in der Nebenakte verwahrten Dokumente 7 Jahre,
- für die in Sammelbänden für Wechsel- und Scheckproteste verwahrten Dokumente 7 Jahre und
- für die in der Generalakte verwahrten Dokumente 30 Jahre.

Der jeweilige Fristbeginn ist in § 51 Abs. 2 NotAktVV geregelt.

Vor dem 1.1.1950 entstandene Unterlagen sind nach derzeitiger Rechtslage dauernd aufzubewahren. Eine Pflicht zur Konservierung besteht nicht.

IV. Verwahrung der Akten und Verzeichnisse nach Erlöschen des Amtes oder Verlegung des Amtssitzes des Notars

72 Ist das Amt eines Notars erloschen (§ 47 BNotO) oder wird sein Amtssitz in einen anderen Amtsgerichtsbezirk verlegt (§ 10 Abs. 1 BNotO), ist für die Verwahrung seiner Akten und Verzeichnisse sowie der ihm amtlich übergebenen Urkunden und Wertgegenstände die Notarkammer zuständig, in deren Bezirk sich der Amtssitz des Notars befunden hat. Die Landesjustizverwaltung kann jedoch die Verwahrung einer anderen Notarkammer oder einem Notar übertragen (§ 51 Abs. 1 BNotO). Der gesetzlich vorgesehene Regelfall der Zuständigkeit der Notarkammer wird aber zumindest im Bereich des hauptberuflichen Notariats in der Praxis meistens nicht dergestalt gehandhabt. Vielmehr geht die Zuständigkeit für die Verwahrung in der Regel aufgrund einer entsprechenden Verfügung der Landesjustizverwaltung auf den Amtsnachfolger bzw. ggf. den Notariatsverwalter über. Wird eine Notarstelle dauerhaft eingezogen, werden die Akten häufig einem anderen Notar im gleichen Amtsbereich übertragen.

V. Abgabe des Schriftgutes der Notare an die Staatsarchive/Elektronisches Urkundenarchiv

Die Abgabe von Akten und Verzeichnissen, deren Aufbewahrungsfrist noch nicht abgelaufen ist, an ein öffentliches Archiv regelt die Landesjustizverwaltung. Die frühere Rechtslage differenzierte nicht danach, ob die Aufbewahrungsfristen bereits abgelaufen waren oder nicht. Nunmehr gilt § 51 Abs. 5 S. 1 BNotO ausdrücklich nur noch für Akten und Verzeichnisse, deren Aufbewahrungsfrist **noch nicht abgelaufen** ist. **Bei bzw. nach Ablauf** der jeweiligen Aufbewahrungsfristen sind die Urkundenrolle, das Namensverzeichnis zur Urkundenrolle und die in der Urkundensammlung verwahrten Schriftstücke der Jahrgänge bis einschließlich 2021 dem zuständigen öffentlichen Archiv nach den jeweiligen archivrechtlichen Vorschriften zur Übernahme anzubieten, § 120 Abs. 1 BNotO. Dies gilt auch für in der Urkundensammlung verwahrte Schriftstücke, die vom 1.1. bis zum 30.6.2022 erstellt wurden, da in diesem Zeitraum noch kein elektronisches Urkundenarchiv geführt wurde. Weitere Übergangsvorschriften finden sich in §§ 118, 119 BNotO. 73

C. Bezug von Gesetzblättern und Zeitschriften

Früher verpflichtete § 32 BNotO die Notare zum Bezug bestimmter Zeitschriften. Diese Verpflichtung ist ab dem 1.1.2023 entfallen. Damit gibt es keinen bundesgesetzlichen Pflichtbezug mehr. Die Satzungen der Notarkammern können gleichwohl in gewissen Grenzen abweichende Regelungen treffen. Der Wegfall des Pflichtbezugs ändert nichts an der Pflicht des Notars zur Fortbildung gemäß § 14 Abs. 6 BNotO, bezüglich deren Ausfüllung dem Notar indes ein großes Ermessen zusteht.[7] 74

D. Notarielle Pflichten zur Geldwäschebekämpfung

In den letzten Jahren nimmt die Bedeutung der notariellen Mitarbeit bei der Bekämpfung von Geldwäsche kontinuierlich zu. Durch Geldwäsche soll die Herkunft von rechtswidrig erlangten Geldern und sonstigen Gegenständen verschleiert werden. Üblicherweise erfolgt zunächst eine Umwandlung der illegal erhaltenen Güter in andere, meist unauffälligere Vermögensgegenstände. Nach Maßnahmen zur Verschleierung der wahren Mittelherkunft werden die entsprechenden Werte sodann auf einem (vermeintlich) legalen Weg verwendet. Die Bestimmungen des GwG verfolgen auch den Zweck der Bekämpfung der Terrorismusfinanzierung. Der Begriff der Terrorismusfinanzierung ist in § 1 Abs. 2 GwG definiert. 75

Die den Notar im Zusammenhang mit der Geldwäschebekämpfung treffenden **Pflichten** sind größtenteils im Geldwäschegesetz (GwG) geregelt. Weitere relevante Bestimmungen sind enthalten in der Verordnung zu den nach dem Geldwäschegesetz meldepflichtigen Sachverhalten im Immobilienbereich (Geldwäschegesetzmeldepflichtverordnung-Immobilien – GwGMeldV-Immobilien).

Das GwG definiert den Begriff der Geldwäsche durch einen Verweis auf den im Strafgesetzbuch (StGB) geregelten Tatbestand der Geldwäsche. Hiernach ist seit 2021 **jede** Vortat eine taugliche Vortat. Geldwäsche ist in diesem Sinne in einem pauschalen Verständnis die Verschleierung der ursprünglichen Herkunft von rechtswidrig erlangten Vermögenswerten. Jedes Verbergen, Übertragen, Verschaffen, Verwahren oder Verwenden von Vermögenswerten, welche aus einer strafbaren Handlung resultieren, erfüllt den Tatbestand der Geldwäsche. Auch wenn die Handlungen ohne Vorsatz erfolgen, macht sich die betreffende Person strafbar, wenn sie leichtfertig handelt. 76

Das GwG legt nicht für jeden Einzelfall konkrete, zwingende Handlungsvorgaben fest, sondern verfolgt einen sog. **risikobasierten Ansatz** (näher hierzu Rdn 82). Die im Einzelfall entstehenden Anforderungen können somit voneinander abweichen. Dem Notar kommt infolgedessen grds. ein Ermessenspielraum zu. Bei der Ausübung der ihm zustehenden Handlungsoptionen darf insbesondere der Umstand einbezogen werden, dass bereits zahlreiche gesetzliche Vorgaben bestehen, welche der Geldwäsche im Notarbüro deutlich entgegenwirken. 77

7 BeckOKBNotO/*Sander*, § 14 Rn 126.

Diesbezüglich sind z.B. zu nennen:

- die **Anwesenheitspflicht** der Urkundsbeteiligten,
- die zwingende **Offenlegung** der Vertretung einer anderen Person und die Identifizierung durch den Notar,
- die Prüfung von **Vollmacht** und Verfügungsbefugnis und
- die Pflicht zur Ablehnung bei Ablieferung von **Bargeld** an den Notar.

Zudem besteht für ab dem 1.4.2023 geschlossene Verträge ein Barzahlungsverbot beim Immobilienkauf, § 16a GwG (hierzu näher Rdn 105). Ferner existieren Finanzsanktionslisten, durch welche Zahlungsflüsse an terroristische Organisationen unterbunden werden sollen.

78 Im Grundsatz gilt: Je weniger nachvollziehbar und rechtlich und/oder wirtschaftlich sinnloser ein Geschäft erscheint, desto näher liegt der Verdacht der Geldwäsche. Als besonders geldwäscheanfällig gelten ferner z.B.:

- das **Notaranderkonto**, wenn (Rück-)Zahlungen an/durch eine dritte Person oder in einen Drittstaat erfolgen sollen,
- die Zahlung mit hohen **Bargeldsummen**,
- Zahlung **vor** der notariellen Beurkundung,
- rasch aufeinanderfolgende **Veräußerungsvorgänge**, welche die gleichen Vermögensgegenstände betreffen,
- zum Beruf/Alter/Auftreten der Person **nicht** passende Geschäfte,
- Kaufpreiszahlungen an **Dritte** ohne erkennbaren Grund,
- nicht nachvollziehbare **Steigerungen** des Kaufpreises bei aufeinanderfolgenden Veräußerungen,
- die **Wahl** von (insbesondere gesellschaftsrechtlichen) Konstruktionen, welche die Identifizierung des wahren wirtschaftlich Berechtigten erschwert oder unmöglich macht.

I. Anwendbarkeit des GwG auf die notariellen Tätigkeiten

79 Das GwG ist anwendbar bei Immobilienverkäufen, wobei auch Sondereigentum und Erbbaurecht taugliche Vertragsgegenstände sind. Auch Versteigerungen werden erfasst. Eine Wertuntergrenze gibt es nicht. Geringe Geschäftswerte können indes ggf. zur Annahme eines geringen konkreten **Geldwäscherisikos** führen (dazu unten Rdn 85). Bei gesellschaftsrechtlichen Vorgängen („Gründung, Betrieb oder Verwaltung von […] Gesellschaften“, auch Zusammenschlüsse und Übernahmen sind erfasst) sowie der Verwaltung von Geld, Wertpapieren oder sonstigen Vermögenswerten ist das GwG ebenfalls einschlägig. Der exakte Anwendungsbereich wird in § 2 Abs. 1 Nr. 10 GwG festgelegt, wobei viele der dort aufgelisteten Tatbestände nicht den üblichen Tätigkeiten des Notars entsprechen (z.B. Eröffnung von Bankkonten für den Mandanten). Im **Gesellschaftsrecht** dürfte grundsätzlich jeder Vorgang dem Anwendungsbereich des GwG unterfallen.

Bei **Unterschriftsbeglaubigungen** ist nur eine auch den geldwäscherechtlichen Vorgaben genügende Identifizierung des Erschienenen erforderlich. Sofern es sich bei der Unterschriftsbeglaubigung um eine Genehmigung einer anderen Urkunde handelt, welche dem GwG unterfällt, ist der die Haupturkunde beurkundende Notar für die Einhaltung der sonstigen geldwäscherechtlichen Vorgaben verantwortlich.

Sofern **Spezialvollmachten** zu den oben genannten Geschäften erteilt werden, fallen diese auch in den Anwendungsbereich des GwG. Es genügt jedoch eine Identifizierung nach geldwäscherechtlichen Grundsätzen, da die weiteren gesetzlichen Anforderungen beim später vorzunehmenden Rechtsgeschäft ohnehin erfüllt werden müssen.

80 Für die folgenden Geschäfte ist das GwG hingegen **nicht** anwendbar:

- Schenkungen jeder Art (inkl. der Schenkung von Immobilien, Geschäftsanteilen und Aktien), auch bei vorbehaltenen Rechten oder der Gewährung einzelner Gegenleistungen, welche in einer Gesamtschau keinen realistischen Gegenwert darstellen,
- Grundstücksgeschäfte, die nicht auf den Kauf oder Verkauf von gerichtet sind (z.B. die Bestellung oder Löschung von Grundpfandrechten oder Dienstbarkeiten),
- familienrechtliche Angelegenheiten, auch die Erteilung von Generalvollmachten (insbes.: Vorsorgevollmachten),
- erbrechtliche Angelegenheiten (auch nicht bei Nachlassauseinandersetzungen oder Erbteilskäufen).

Die Bestellung von Erbbaurechten, bei welchen ein Erbbauzins zu zahlen ist, fällt in einen rechtlich nicht exakt geregelten Graubereich. Da sie in gewisser Weise einem Grundstücksverkauf ähnelt, sollte die Erfüllung der geldwäscherechtlichen Vorgaben auch in diesen Fällen erwogen werden.

II. Geldwäscherechtliche Anforderungen an die Identifizierung der erschienenen Personen

Im Anwendungsbereich des GwG gelten Besonderheiten hinsichtlich der Anforderungen an die Identifizierung Erschienener (hierzu näher § 3 Rdn 36). 81

Zu identifizieren sind stets nur die beim Notar **erscheinenden Personen**. In **Vertretungskonstellationen** ist zwar eine geldwäscherechtliche Personenidentifizierung des Vertretenen nicht erforderlich (und mitunter auch schwer möglich), jedoch ist bezüglich der vertretenen Person der wirtschaftlich Berechtigte zu identifizieren. Bürger des EU- und EWR-Raumes können grundsätzlich mit ihren Ausweisen identifiziert werden, in den anderen Fällen ist ein Pass erforderlich.[8] Vorgelegte **Pässe** und **Ausweise** müssen grds. noch gültig sein. Bei geringem Geldwäscherisiko sind auch alternative Identifizierungsmittel zulässig. Zu beachten ist, dass Ausweisdokumente den geldwäscherechtlichen Vorgaben nicht genügen können, wenn sie nur auf Angaben des Ausgewiesenen beruhen.

Die Angabe „von Person bekannt" genügt den **geldwäscherechtlichen** Anforderungen an die Identifizierung nur, wenn noch eine Ausweiskopie vorhanden ist. Dass dasjenige Ausweisdokument, mit welchem sich die betreffende Person erstmalig ausgewiesen hat, mittlerweile abgelaufen ist, hat keine Auswirkungen, solange die Kopie bzw. der Scan noch vorhanden ist.

III. Risikomanagement

Das Regelungskonzept des GwG stellt grundsätzlich auf „**angemessene**" Maßnahmen ab. Hierdurch gewährt das Gesetz den Verpflichteten einerseits einen beträchtlichen Handlungsspielraum, erschwert aber andererseits in manchen Fällen die Erkennbarkeit der erforderlichen Maßnahmen. Notare müssen das Geldwäscherisiko in Bezug auf die Gesamtheit der von ihnen durchgeführten Geschäfte analysieren, in der Generalakte dokumentieren und (mindestens) jährlich überprüfen sowie ggf. aktualisieren. Es empfiehlt sich, die Überprüfung und mögliche Anpassungen aktenkundig zu machen. 82

Zudem müssen im Wesentlichen auf der Ebene der Verfahrensabläufe interne Sicherungsmaßnahmen gegen Geldwäsche implementiert werden. So könnte beispielsweise erwogen werden, dass ein Mitarbeiter bei Vorliegen bestimmter Risikofaktoren direkt den Kontakt zum Amtsträger suchen sollte. Eine „Überraschung" des Notars mit komplexen geldwäscherechtlichen Besonderheiten während der Beurkundung sollte vermieden werden. Vielmehr ist es angezeigt, die erforderlichen Maßnahmen bereits vorab zu durchdenken bzw. zu veranlassen. Die Feststellung eines Beurkundungsverbotes erst **während der Beurkundung** ist aus vielerlei Gründen denkbar unglücklich.

Eine praktisch häufig vergessene Pflicht ist die zur Benennung einer „Whistleblowing"-Stelle, bei welcher Mitarbeiter anonym Hinweise zu Verstößen gegen geldwäscherechtliche Vorschriften innerhalb der Notarstelle geben können. Es wird sich regelmäßig anbieten, dass der Notar als Whistleblowing-Stelle benannt wird. Die konkrete Form der Ausgestaltung ist flexibel und kann bspw. über eine papierförmige Sammelbox oder eine anonym zugängliche E-Mail-Adresse erfolgen. 83

Die Mitarbeiter sollten regelmäßig zu den geldwäscherechtlichen Anforderungen geschult werden. Auch um die Einhaltung aller Vorgaben gegenüber den Aufsichtsbehörden nachweisen zu können ist eine ordnungsgemäße Dokumentation aller Einschätzungen, Schulungen, Meldungen und sonstiger Maßnahmen wichtig. Dabei sind die nicht vorgangsbezogenen Maßnahmen (abstrakte Risikoanalyse und Nachweise zu Schulungsmaßnahmen) in der **Generalakte** zu verwahren. In die **Nebenakte** gehören bspw. 84

8 Zu den weiteren zulässigen Identifizierungsmedien siehe Auslegungs- und Anwendungshinweise der BNotK für Notarinnen und Notare zum GwG (Stand Oktober 2021), S. 26.

- die konkrete Risikobewertung bzw. die Einschätzung, ob der Anwendungsbereich des GwG überhaupt eröffnet ist (z.B. nicht bei klassischen Überlassungsverträgen),
- Daten zu den wirtschaftlich Berechtigten, insbes. Eigentums- und Kontrollstrukturen, Transparenzregisterauszüge,
- die Identifikationsdaten (Ausweiskopien bzw. -scans) sowie
- ggf. weitere relevante Umstände wie zusätzliche Maßnahmen bei höherem Geldwäscherisiko oder für eine (potenzielle) Meldepflicht relevante Umstände.

85 Im Rahmen einer **konkreten Risikoanalyse** ist der Vorgang anhand der abstrakten Risikoanalyse und den Sachverhaltsgegebenheiten im Einzelfall auf das **diesen speziellen Vorgang** betreffende Geldwäscherisiko zu untersuchen. Die Auslegungs- und Anwendungshinweise der BNotK für Notarinnen und Notare zum GwG (Stand Oktober 2021) nehmen bspw. in den folgenden Fällen regelmäßig in geringes Risiko an:

- Immobilienkauf durch eine oder mehrere natürliche Personen mit Finanzierung durch ein Kreditinstitut mit Sitz in einem Mitgliedstaat der EU bzw. des EWR,
- Immobilienkauf durch natürliche Personen für eigene Wohn-/Geschäftszwecke sowie für Vermietungszwecke,
- gesellschaftsrechtliche Vorgänge bei dem Notar aus seiner bisherigen Tätigkeit bekannten und tatsächlich betriebenen Unternehmen.

Ein **höheres Risiko** wird entsprechend der Empfehlungen grundsätzlich in den folgenden Konstellationen anzunehmen sein:

- bei einem Beteiligten oder einem wirtschaftlich Berechtigten handelt es sich um eine politisch exponierte Person („PeP", bis zu zwölf Monate nach deren Ausscheiden), deren Familienmitglied oder einer der PeP bekanntermaßen nahestehenden Person;
- Beteiligung natürlicher oder juristischer Personen, die in einem in der delegierten Verordnung (EU) 2016/1675 der Kommission bestimmten Drittstaat mit hohem Risiko ansässig sind (siehe B.II.);
- Transaktionen, welche besonders komplex oder ungewöhnlich groß sind, ein ungewöhnliches Transaktionsmuster aufweisen oder ohne offensichtlichen wirtschaftlichen bzw. rechtmäßigen Zweck erfolgen.

Die Auslegungs- und Anwendungshinweise enthalten eine ausführliche Liste zu weiteren Anhaltspunkten für ein erhöhtes Risiko (S. 23 f.).

86 Für die Dokumentation der konkreten Risikobewertung genügt ein kurzer (Ankreuz)-Vermerk, welcher die Optionen des Geldwäscherisikos als gering, normal und höher bereitstellt. Zweckmäßigerweise bietet sich (bspw. für Grenzfälle) die Auswahloption „Anwendungsbereich des GwG nicht eröffnet" an.

Das Risiko ist während der Dauer der Geschäftsbeziehung kontinuierlich zu überwachen. Wenn sich in diesem Zeitraum relevante Änderungen ergeben, kann dies eine Anpassung der konkreten Risikobewertung erforderlich machen.

87 Ergibt sich ein höheres Geldwäscherisiko, entstehen zusätzliche Pflichten:

- Die Herkunft der verwendeten (Geld-)Mittel ist zu bestimmen. Zur Abfrage steht im internen Bereich der BNotK zur Geldwäschebekämpfung ein entsprechender Fragebogen bereit.[9]
- Die allgemeinen Überwachungspflichten greifen verstärkt ein, sodass ungewöhnliche, wirtschaftlich sinnlose Transaktionen besonders sorgfältig zu überwachen sind.

88 Je nach Sachverhaltskonstellation können auch weitere Maßnahmen erforderlich werden.

Die Europäische Kommission stuft bspw. gewisse **Drittstaaten** als Hochrisikostaaten ein. Sind an Transaktionen Gesellschaften (in weitem Sinne) beteiligt, welche in diesen Staaten ansässig sind, müssen zusätzlich Angaben abgefragt werden, insbes.

- zu der Verbindung nach Deutschland und zum konkreten Amtsgeschäft,
- zur Herkunft der verwendeten Mittel bzw. zur geplanten Verwendung der erhaltenen Mittel sowie
- zu den Gründen für die Transaktion.

9 Dort finden sich auch die Antworten auf häufig gestellte Fragen (FAQ) auf dem jeweils aktuellsten Stand. In derzeit 142 (Stand 17.2.2025) Fragen und Antworten werden viele Einzelaspekte behandelt.

Eine aktuelle Liste der Hochrisikostaaten sowie Handlungsempfehlungen für diese Fälle finden sich im internen Bereich der BNotK zur Geldwäschebekämpfung sowie auf der entsprechenden Internetseite des Zolls.[10]

Bei all diesen Anforderungen stehen dem Notar indes keine Ermittlungsbefugnisse zu, sondern er wird grundsätzlich nur bei Beteiligten nachfragen und die Antworten auf Plausibilität prüfen können. Der Einholung von Informationen bei Dritten (z.B. Geldinstituten) steht die Verschwiegenheitspflicht entgegen.

IV. Identifikation der wirtschaftlich Berechtigten

Ist im Anwendungsbereich des GwG eine Gesellschaft (im weiten Sinne) an einer Transaktion beteiligt oder liegen Vertretungsverhältnisse vor, ist der Notar verpflichtet, (mind.) eine natürliche Person als „wirtschaftlich Berechtigten" zu identifizieren. Versuchen, die wahre wirtschaftliche Zuordnung durch Vertretungsketten oder Gesellschaftskonstrukte zu verschleiern, soll hierdurch entgegengewirkt werden. 89

Der Begriff des wirtschaftlich Berechtigten ist in § 3 GwG näher definiert. Prinzipiell handelt es sich um diejenige natürliche Person, auf deren Veranlassung eine Transaktion durchgeführt bzw. eine Geschäftsbeziehung letztlich begründet wird oder in deren Eigentum bzw. unter deren Kontrolle eine juristische Person/sonstige Gesellschaft/Rechtsgestaltung letztlich steht.

Handelt eine **natürliche Person** ausschließlich für sich selbst, ist sie selbst der wirtschaftlich Berechtigte und es sind keine weiteren Identifizierungen nötig. 90

Wird hingegen (auch) eine andere natürliche Person vertreten, so sind die genannten Daten mit denen in vorgelegten **Vollmachten** bzw. **Genehmigungserklärungen** abzugleichen.

Werden **Gesellschaften** (in einem sehr weiten Begriffsverständnis) vertreten, so müssen die an diesen Gesellschaften wirtschaftlich Berechtigten ermittelt werden. Dies sind gemäß § 3 Abs. 2 S. 1 GwG diejenigen Personen, welche mehr als **25 % der Anteile** halten oder mehr als 25 % der Stimmrechte kontrollieren. Tatbestände, welche eine vergleichbare Kontrollsituation herbeiführen, sind im Auffangtatbestand des § 3 Abs. 2 S. 1 Nr. 3 GwG ebenfalls erfasst.

Auch nur über mittelbare Beteiligungen herbeigeführte Kontrolltatbestände erfüllen den Tatbestand.[11] Lassen sich nach diesen Maßstäben keine wirtschaftlich Berechtigten identifizieren, wird durch das GwG fingiert, dass der gesetzliche Vertreter wirtschaftlich Berechtigter ist. Diese Auffangnorm kommt bei Gesellschaften mit vielen Gesellschaftern und bei Vereinen häufig zur Anwendung. 91

Die Identifizierung der wirtschaftlich Berechtigten erfolgt entweder durch eine **Prüfung** der durch die betroffenen Beteiligten vorgelegten **Eigentums- und Kontrollstruktur** oder durch Einsichtnahme in das Transparenzregister bzw. andere Dokumente (insbes. das Handelsregister). 92

Besonders bei Treuhandkonstellationen liegt der Verdacht geldwäscherelevanten Handels häufig nahe, sodass in diesen Fällen besondere Sorgfalt auf die Identifizierung des wirtschaftlich Berechtigten verwendet werden sollte. Soweit möglich sollte Einsicht in den Treuhandvertrag genommen werden.

> *Hinweis*
>
> Bei börsennotierten Gesellschaften und juristischen Personen des öffentlichen Rechts ist keine Identifizierung eines wirtschaftlich Berechtigten erforderlich.

Zur Identifizierung sind wenigstens Vor- und Nachname zu ermitteln, bei höherem Risiko wird sich die zusätzliche Erhebung weiterer Daten (insb. Geburtsdatum, Anschrift, Geburtsort) anbieten. 93

Wenn ein Vorgang nach § 1 GrEstG betroffen ist, **muss** eine Eigentums- und Kontrollstruktur vorgelegt werden, wenn eine Gesellschaft beteiligt ist, § 12 Abs. 4 S. 1 GwG. Eine Vorlage ist nur dann nicht erforderlich, wenn sie bereits zuvor vorgelegt wurde und keine Anhaltspunkte für Änderungen bekannt sind.

10 *https://www.zoll.de/fiu-international-gelistete-risikostaaten.*

11 Vgl. hierzu näher die Auslegungs- und Anwendungshinweisen der BNotK zum Geldwäschegesetz, Stand Oktober 2021, S. 29 f.

Die vorgelegte Eigentums- und Kontrollstruktur muss notarseitig (nur) auf Schlüssigkeit überprüft werden. Inhaltliche Ermittlungen obliegen dem Notar grundsätzlich nicht. Wenn die Angaben widersprüchlich sind oder ein höheres Geldwäscherisiko vorliegt, ist die Beurkundung abzulehnen.

94 Ist kein Vorgang nach § 1 GrEStG gegeben (wichtiger Anwendungsfall: gesellschaftsrechtliche Vorgänge), müssen die Angaben **risikoangemessen** überprüft werden. Die Einsichtnahme in das Transparenzregister ist regelmäßig ausreichend, wenn sich hierdurch keine Unstimmigkeiten ergeben. Ergeben sich die wirtschaftlich Berechtigten aus anderen verlässlichen Dokumenten (z.B. Handelsregister) genügt dies grundsätzlich. Nur bei höherem Geldwäscherisiko empfiehlt sich die Anforderung einer Eigentums- und Kontrollstruktur.

V. Transparenzregister

95 Das Transparenzregister dient der **Eintragung** und **Speicherung** der wirtschaftlich Berechtigten von Gesellschaften im weiteren Sinne, also von allen juristischen Personen des Privatrechts, eingetragenen Personengesellschaften und sonstigen Rechtsgestaltungen nach § 21 GwG. Hierdurch soll **Transparenz** in die wahren Beherrschungsverhältnisse von teilweise komplexen Unternehmenskonstrukten gebracht werden.

> *Hinweis*
>
> Seit 2021 ist das Transparenzregister als **Vollregister** konzipiert, in welches alle betroffenen Rechtsformen aktiv aufzunehmen sind. Die zuvor bestehenden Mitteilungsfiktionen, durch welche die Eintragung in andere Register ausreichend war, wurden abgeschafft.

Es besteht eine **Pflicht** des Notars zur Einholung eines **Transparenzregisterauszugs** bei Begründung der Geschäftsbeziehung gemäß § 12 Abs. 3 S. 2 GwG. Eine Pflicht zum erneuten späteren Abruf besteht nur, soweit dem Notar Anhaltspunkte für Änderungen bekannt werden. Der Abruf ermöglicht es ihm, die eingetragenen Daten mit denen der ihm ggf. vorzulegenden Eigentums- und Kontrollstruktur abzugleichen. Anstelle des Transparenzregisterauszugs genügen durch den Verweis auf § 20 Abs. 1 GwG auch die an ein anderes Register eines Mitgliedstaates der Europäischen Union übermittelten Daten (quasi ein Auszug aus dem „Transparenzregister" eines anderen Mitgliedsstaates), § 20 Abs. 1 S. 3 GwG. Der Notar kann entweder selbst das ausländische Transparenzregister einsehen oder (einfacher) sich einen Nachweis über die dort erfolgte Registrierung vorlegen lassen. Eine Übersetzung darf er verlangen.

> *Hinweis*
>
> Wenn die dem Notar vorliegenden Daten einen anderen wirtschaftlich Berechtigten ergeben als den im Transparenzregister eingetragenen, kommt die Abgabe einer **Unstimmigkeitsmeldung** nach § 23a GwG in Betracht (hierzu näher Rdn 97).

Sobald für eine inländische Gesellschaft vor dem Notar eine Erklärung abgegeben wird, muss der Notar – soweit nicht bereits früher erfolgt – Einsicht in das Transparenzregister nehmen oder sich von den Beteiligten einen entsprechenden Auszug vorlegen lassen.

96 Ausländische Gesellschaften (in einem weiten Begriffsverständnis) müssen sich ebenfalls in das Transparenzregister eintragen lassen, wenn sie eine inländische Immobilie erwerben wollen oder über den Erwerb von Gesellschaftsanteilen faktisch die wirtschaftliche Berechtigung innehaben. § 20 Abs. 1 S. 2 GwG verweist insoweit auf § 1 Abs. 3 und 3a GrEStG (Regelfall: 90 %-Grenze).

Kommt die erwerbswillige ausländische Gesellschaft dieser Eintragungspflicht nicht nach, besteht nach § 10 Abs. 9 S. 4 GwG ein **Beurkundungsverbot**. Hierauf ist stets zu achten.

Hauptanwendungsfall wird in den meisten Notarbüros der Grundstückskauf sein. Bezüglich der Eintragungspflicht, welche aus dem Erwerb von Geschäftsanteilen resultiert, stehen dem Notar nur begrenzte **Tatsachengrundlagen** zur Verfügung. Er wird sich regelmäßig auf die von den Beteiligten getroffene Aussage, dass weder die (teil-)erworbene Gesellschaft noch deren Tochtergesellschaften i.w.S. über Eigentum an inländischen Grundstücken verfügen, verlassen dürfen und müssen. Eine standardmäßige Abfrage dieses Umstandes bei Beteiligung ausländischer Gesellschaften am Anteilskauf kann sich anbieten. Ob ein Erwerbsvorgang nach § 1 Abs. 3, 3a GrEStG vorliegt, muss (und zumeist: kann) vom Notar nicht aktiv ermittelt werden.

Eine weitere Pflicht des Notars resultiert aus § 23a GwG. Wenn der Notar Unstimmigkeiten zwischen dem Eintrag im Transparenzregister und den ihm zur Verfügung stehenden Informationen feststellt (z.B. anderer wirtschaftlicher Berechtigter, falsche Einzeldaten) feststellt, muss er dies grundsätzlich dem Transparenzregister melden. Dies erfasst auch die Fälle, in welchen eingetragene Daten fehlen oder nicht auf dem aktuellen Stand gehalten werden. Diese Pflicht wird indes in erheblichem Maße dadurch eingeschränkt, dass sie nur dann besteht, wenn **zugleich** eine Pflicht zur Meldung an die FIU besteht. Zudem besteht die Pflicht nur bei **Kenntnis** der Unstimmigkeit – ein allgemeiner Verdacht oder bloße Zweifel genügen nicht. 97

Zudem besteht **kein Beurkundungsverbot**, wenn der Notar eine Unstimmigkeit feststellt. Lediglich wenn ein Erwerbsvorgang nach § 1 GrEStG (Immobilienerwerb im weiteren Sinne) vorliegt und die vorgelegte Eigentums- und Kontrollstruktur nicht schlüssig ist, greift das Beurkundungsverbot des § 10 Abs. 9 S. 4 i.V.m. § 12 Abs. 4 GwG. Ist die Eigentums- und Kontrollstruktur hingegen schlüssig und lediglich das Transparenzregister nicht auf den neuesten Stand gebracht, besteht kein Beurkundungsverbot. Daher empfiehlt sich in diesen Fällen stets eine entsprechende Nachfrage bei der Gesellschaft. Auf die Pflicht zur Abgabe einer Unstimmigkeitsmeldung hat all dies indes keinen Einfluss.

Gemäß § 19a GwG sind im Transparenzregister enumerativ aufgezählte Daten zu Immobilien in das Transparenzregister aufzunehmen, wenn es sich bei den in Abteilung I. eingetragenen Eigentümern um Gesellschaften (im weiten Begriffsverständnis) handelt. Diese Daten werden gemäß § 19b GwG grds. von den Grundbuchämtern übermittelt. Wenn der Notar ab dem 1.1.2026 feststellt, dass die diesbezüglichen Daten im Transparenzregister unzutreffend bzw. unvollständig sind, greift § 23b GwG ein. 98

§ 23b Abs. 1 S. 1 GwG (Fassung ab dem 1.1.2026) bestimmt nach derzeitigem Sachstand, dass Notare Abweichungen unverzüglich an das Transparenzregister zu melden haben, die sie zwischen den Angaben über die Immobilien, die im Transparenzregister zugänglich sind, und den ihnen zur Verfügung stehenden Angaben und Erkenntnissen über Immobilien feststellen. Durch den Verweis in § 23b Abs. 1 S. 2 GwG (künftige Fassung) auf § 43 Abs. 2 GwG wird eine Meldepflicht nur dann bestehen, wenn der Notar entweder positive Kenntnis von der beabsichtigten Geldwäsche/Terrorismusfinanzierung hat oder ein Meldegrund aufgrund einer Meldeverordnung vorliegt.

VI. Meldepflichten

In bestimmten Sachverhalten ist eine Meldung des Notars an die Zentralstelle für Finanztransaktionsuntersuchungen (Financial Intelligence Unit – FIU) erforderlich. Eine Meldepflicht liegt nur in bestimmten, umgrenzten Sachverhaltskonstellationen vor. 99

Gesetzlicher Grundfall der Meldepflicht ist die Wissensmeldung. Sie muss erfolgen, wenn der Notar weiß, dass das Geschäft der Geldwäsche, Terrorismusfinanzierung und/oder einer (anderen) Straftat dienen soll. Nicht bis zur Gewissheit reichende allgemeine Zweifel oder Verdachtsmomente lösen die Meldepflicht nicht aus. Sie kommt daher in der Praxis selten vor. Erkennt der Notar die entsprechenden Umstände, muss er seine **Amtstätigkeit** ohnehin gemäß § 14 Abs. 2 BNotO versagen. § 43 Abs. 2. S. 2 GwG regelt die aus derartigen Sachverhalten folgende **Meldepflicht**. 100

Darüber hinaus bestehen weitere Meldepflichten nach der Geldwäschegesetzmeldepflichtverordnung-Immobilien (GwGMeldV-Immobilien).[12] Soweit das GwG anwendbar ist, muss der Notar immer dann eine Meldung abgeben, wenn ein Grundstückserwerb (im weiteren Sinne, § 1 GrEstG) vorliegt und ein in der Verordnung geregelter Meldegrund einschlägig ist. Der Notar hat gemäß § 7 GwGMeldV-Immobilien die Möglichkeit, trotz eigentlich bestehender Meldepflicht von einer Meldung abzusehen, wenn konkrete Tatsachen vorliegen, welche den abstrakten Geldwäscheverdacht entkräften. Die entsprechenden Umstände sind nachvollziehbar zu dokumentieren und für die Dienstprüfung aufzubewahren. 101

Die Meldegründe sind durch den Notar **nicht aktiv zu erforschen**. Ihn trifft keine diesbezügliche Untersuchungspflicht. Erlangt er gleichwohl entsprechende Sachverhaltskenntnis, muss eine Meldung erfolgen.

12 Verordnung zu den nach dem Geldwäschegesetz meldepflichtigen Sachverhalten im Immobilienbereich (Geldwäschegesetzmeldepflichtverordnung-Immobilien – GwGMeldV-Immobilien).

Es bestehen in den §§ 2 ff. GwGMeldV-Immobilien verschiedene Meldepflichten, bezüglich derer aus Kapazitätsgründen auf weiterführende Literatur zu verweisen ist.[13]

102 Die Meldepflichten bestehen nicht erst ab Beurkundung, sondern auch schon zuvor, wenn sich die entsprechenden **Sachverhalte** (z.B. Vorauszahlung) bereits verwirklicht haben oder ernsthaft in Betracht gezogen werden. Eine Meldung muss unverzüglich – also ohne schuldhaftes Zögern – über die Software goAML erfolgen. Jeder Notar ist verpflichtet, sich bei goAML für die Nutzung zu registrieren, um in der Lage zu sein, jederzeit umgehend eine Meldung abgeben zu können.

Wenn eine Meldung abgegeben wird, obwohl keine entsprechende Tatsachengrundlage bestand, schützt § 48 GwG den Notar. Hiernach ist er für eine fehlerhaft erfolgte Meldung nur dann verantwortlich, wenn er die Meldung vorsätzlich oder grob fahrlässig abgegeben hat.

Erfolgt eine Meldung muss der Notar die Beurkundung oder – wenn diese schon erfolgt ist – den Vollzug für drei Werktage anhalten.

Eine Besonderheit besteht nach seit dem 17.2.2025 geltender Rechtslage bei der Meldepflicht, die daraus resultiert, dass dem Notar kein schlüssiger Nachweis über die Einhaltung des Barzahlungsverbotes bei der Kaufpreiszahlung vorgelegt wurde. In diesen Fällen darf der Amtsträger den Antrag auf Eigentumsumschreibung erst nach Ablauf von **fünf** Werktagen nach Absendung der Meldung einreichen.

> *Hinweis*
>
> Erfährt der Amtsträger in der Beurkundung von den eine Meldepflicht auslösenden Tatsachen, kann er die Beurkundung abbrechen. Auch um Warneffekte zu vermeiden kann es jedoch sinnvoller sein, (zulässigerweise) **nach** der Beurkundung eine Meldung abzugeben und die Anhaltepflicht zu erfüllen.

103 Sofern die **FIU** vom Notar zum gemeldeten Sachverhalt Nachfragen hat, sind diese zu beantworten. Zumindest nach aktueller Rechtslage gilt dies **nicht** für Anfragen der Staatsanwaltschaft an den Notar. Die Eigentums- und Kontrollstruktur ist indes neben der FIU auch den Strafverfolgungsbehörden zur Verfügung zu stellen, § 12 Abs. 4 S. 2 GwG. Die Verschwiegenheitspflicht aus § 18 BNotO ist insofern reduziert. Für alle anderen Inhalte – wie bspw. die Kopien oder Scans der Ausweiskopien – gilt sie indes vollumfänglich, sodass sie grds. der Staatsanwaltschaft nur nach einer förmlichen Beschlagnahme herauszugeben sind.

VII. Beurkundungsverbote

104 Der Urkundsgewähranspruch aus § 15 Abs. 1 BNotO ist gegenüber den geldwäscherechtlichen Pflichten grundsätzlich vorrangig. Dies gilt indes nicht in denjenigen Fallkonstellationen, in welchen ein Beurkundungsverbot besteht.

Ein Beurkundungsverbot liegt in den folgenden Fällen vor:

- eine Gesellschaft (im weiten Begriffsverständnis) ist an einem geplanten Vorgang nach § 1 GrEStG (Immobilienerwerb im weiten Sinne) beteiligt und legt keine schlüssige Eigentums- und Kontrollstruktur vor,
- eine ausländische Gesellschaft plant, eine Immobilie in Deutschland direkt oder indirekt (insbes. über den Erwerb von Geschäftsanteilen einer anderen Gesellschaft) zu erwerben und kommt ihrer Pflicht zur Eintragung in das Transparenzregister nicht nach,
- ein Beteiligter ist in den Finanzsanktionslisten aufgeführt,
- der Notar weiß, dass die Transaktion der Geldwäsche und/oder Terrorismusfinanzierung dient, oder
- nach einer erfolgten Meldung besteht eine (zeitlich begrenzte) Anhaltepflicht des Notars.

Wird die Mitwirkung bei den aufgrund eines höheren Geldwäscherisikos bestehen Sonderpflichten in relevantem Maße verweigert, kann dies auch zur Verweigerung der Amtstätigkeit berechtigen.

13 Vgl. bspw. *Bülte/Marinitsch*, DNotZ 2021, 804; *Krais*, CCZ 2020, 311; aus aufsichtsrechtlicher Sicht *Blaeschke* DNotZ 2022, 827. Sehr instruktiv sind auch die Auslegungs- und Anwendungshinweisen der BNotK zum Geldwäschegesetz, Stand Oktober 2021, S. 47 ff. Alle Zitate berücksichtigen indes noch nicht die zum 17.2.2025 in Kraft getretenen Änderungen der GwGMeldV-Immobilien (BGBl 2025 I Nr. 13). Hierzu dürften Informationen in den Rundschreiben der Notarkammern enthalten sein.

VIII. Geldwäscherechtliches Barzahlungsverbot gemäß § 16a GwG

Für seit dem 1.3.2023[14] geschlossene Verträge gilt das Barzahlungsverbot des § 16a GwG. Die Regelung betrifft alle Verträge, welche auf Kauf oder Tausch von inländischen Immobilien gerichtet sind. Innerhalb dieses Anwendungsbereiches dürfen Geldschulden des Verkäufers – entgegen des gesetzlichen Regelfalls – ausnahmsweise nicht in bestimmten, im Gesetz aufgeführten Zahlungsmitteln erfüllt werden. § 16a Abs. 1 S. 1 GwG bestimmt, dass in diesen Fällen die geschuldete Gegenleistung nur mittels **anderer** Mittel als Bargeld, Kryptowerten, Gold, Platin oder Edelsteinen bewirkt werden kann. Alle anderen Zahlungsmittel bleiben zulässig. 105

Rechtstechnisch wird dies dadurch erreicht, dass der Gesetzgeber in den betreffenden Fällen den „Zahlungen" mit den verbotenen Mitteln die **Erfüllungswirkung** abspricht. So kann bspw. das Bargeld zwar wirksam vom Käufer an den Verkäufer übergeben und sogar übereignet werden, die Zahlungsschuld erlischt hierdurch jedoch nicht. Stattdessen muss der Käufer die unzulässig geleisteten Zahlungsmittel nach den Vorschriften des Bereicherungsrechts[15] zurückverlangen und sodann mit zulässigen Zahlungsmedien nochmals zahlen. Erst dann erlischt die Kaufpreisschuld. Dies hat insbesondere im Falle einer Insolvenz des Verkäufers nachteilige Konsequenzen für den Käufer, da er den Kaufpreis in erlaubten Zahlungsmitteln vollständig zahlen muss, seinen Bereicherungsanspruch aber zur Tabelle anmelden muss, was regelmäßig zu erheblichen Wertverlusten führt.[16] Sowohl eine Aufrechnung als auch die Geltendmachung eines Zurückbehaltungsrechts würden dem Gesetzeszweck widersprechen und sind in derartigen Fällen ausnahmsweise nicht zulässig. Ähnliches gilt für sonstige Umgehungsversuche (z.B. die Verrechnung mit vor der Beurkundung bar an den Verkäufer ausgezahlten „Darlehensansprüchen"). 106

Für den Käufer ist dies in mehrfacher Weise relevant: Zum einen bestimmt § 13 Abs. 1 S. 3 GBO, dass in den Fällen der Auflassung eine Eintragung durch das Grundbuchamt nur erfolgen soll, wenn ein Notar den Antrag im Namen eines Antragsberechtigten stellt. Der Notar wiederum darf den Antrag auf Eintragung des Käufers als neuen Eigentümer gemäß § 13a Abs. 3 S. 2 GwG erst dann stellen, wenn ihm ein schlüssiger Nachweis darüber vorgelegt wurde, dass die **Kaufpreisschuld** in erlaubten Zahlungsmitteln beglichen wurde. Im Ergebnis wird also grds. eine Eigentumsumschreibung nur dann erfolgen können, wenn zulässige Zahlungsmedien genutzt werden. Zum anderen werden der Anspruch des Verkäufers auf Zahlung des Kaufpreises sowie der infolge der Nutzung unzulässiger Zahlungsmittel entstehende Bereicherungsanspruch in unterschiedlichen Zeiträumen verjähren, denn der Bereicherungsanspruch verjährt regelmäßig in drei Jahren, § 195 BGB. Dies kann für den Käufer zu dem wenig glücklichen Ergebnis führen, dass er in unzulässigen Mitteln gezahlt hat, die Kaufpreisschuld daher nicht erloschen ist und zudem sein Rückgewähranspruch nach drei Jahren verjährt ist. Wenn sich der Verkäufer auf die Einrede der Verjährung beruft, müsste er somit den gesamten Kaufpreis nochmals leisten, um im Grundbuch als Eigentümer eingetragen zu werden.[17] Bei der Bestellung von Erbbaurechen tritt der Erwerb des Erbbaurechts jeweils an die Stelle der Eigentumsumschreibung. 107

Der Notar sollte seine **Muster** entsprechend anpassen und in der Beurkundung auf diese Besonderheiten hinweisen. Insbesondere empfiehlt sich der warnende Hinweis an den Käufer über die Folgen der Verwendung unzulässiger Zahlungsmittel. Gleichwohl ist zu konstatieren, dass der redliche Durchschnittskäufer schon zum Zwecke der Nachweisbarkeit der seiner geleisteten Zahlungen regelmäßig nicht geneigt sein dürfte, andere Zahlungsmethoden als die der Banküberweisung zu wählen. Daher ergeben sich aus den Regelungen des § 16a GwG für den normalen Vertragsablauf nur begrenzte Auswirkungen. 108

In den Vollzugsablauf von **Grundstückskaufverträgen** (im weiteren Sinne) ist im Notarbüro die Vorlage des Zahlungsnachweises sowie deren Prüfung auf Schlüssigkeit zu integrieren. Als Nachweis sind insbesondere Zahlungsbestätigungen von Veräußerer, Erwerber oder an der Transaktion beteiligten Kreditinstituten geeignet, § 16 Abs. 2 S. 2 GwG. So sind bspw. auch Entlassungen aus Treuhandaufträgen und Scans von ursprünglich papierförmigen Dokumenten für die Schlüssigkeitsprüfung geeignet, wenn sie die erforderlichen Angaben 109

14 Zum zeitlichen Anwendungsbereich näher *Bernert/Reyes y Ráfales,* NJW 2023, 1686, 1687.

15 Die Anwendung des Bereicherungsrechts wird durch § 16a Abs. 1 S. 2 Hs. 2 GwG teilweise eingeschränkt.

16 Hierzu näher *Bernert/Reyes y Ráfales,* NJW 2023, 1686, 1688 ff.

17 Möglicherweise steht der Käufer in diesen Fällen die auf § 821 BGB basierenden allgemeine Bereicherungseinrede zu. Die Anwendung derselben darf indes nicht dazu führen, dass die Gesetzeszwecke des § 16a GwG umgangen werden.

schlüssig belegen. Wird die Gegenleistung nachträglich geändert, müssen die Beteiligten dem Notar entsprechende inhaltlich übereinstimmende Erklärungen vorlegen.

110 Wird der Nachweis trotz entsprechender Aufforderung durch den Notar nicht von den Beteiligten erbracht, ist der Vorgang der FIU zu melden, § 6 Abs. 4 GwGMeldV-Immobilien. Nach Ablauf von fünf Werktagen darf der Vorgang sodann weiter betrieben (i.d.R.: vollzogen) werden.

Ist die Gegenleistung ganz oder teilweise erst nach der Einreichung des Eintragungsantrags zu erbringen (klassisch: Ratenzahlungsvereinbarung, Nachzahlungsverpflichtung) hat der Notar die Schlüssigkeit des Nachweises innerhalb angemessener Zeit nach Fälligkeit zu prüfen. Werden innerhalb eines Jahres nach Einreichung des Eintragungsantrags mehrere Teilleistungen fällig (Ratenzahlung), kann der Notar nach Ablauf eines Jahres eine Prüfung der Schlüssigkeit des Nachweises hinsichtlich aller bis zu diesem Zeitpunkt fällig gewordenen Teilleistungen vornehmen. Hierdurch wird ihm die gesonderte Anforderung und Einzelprüfung von z.B. monatlichen Nachweisen erspart. Soweit die Gegenleistung später als ein Jahr nach der Einreichung des Eintragungsantrags zu erbringen ist, entfällt diese nachträgliche Prüfpflicht. Korrespondierend hierzu bestimmt seit dem 17.2.2025 § 6 Abs. 1 Nr. 5 GwGMeldV-Immobilien, dass eine Meldepflicht besteht, wenn die Gegenleistung vollständig oder teilweise später als ein Jahr nach Stellung des Antrages auf Eintragung beim Grundbuchamt erbracht werden soll, ohne dass dafür ein nachvollziehbarer Grund besteht. Andernfalls wäre die notarielle Prüfung des Zahlungsnachweises denkbar leicht zu umgehen.

Die Prüfungspflichten entfallen gemäß § 16a Abs. 5 S. 1 GwG, wenn die geschuldete Gegenleistung maximal 10.000 EUR beträgt oder die Abwicklung über ein Notaranderkonto erfolgt. Wenn für max. 10.000 EUR kein schlüssiger Nachweis für die Erbringung in erlaubten Zahlungsmitteln möglich ist, ist dies unschädlich. Die beiden vorstehenden „Freibeträge“ sind nicht miteinander zu kombinieren.

§ 3 Amtsgeschäfte des Notars

A. Allgemeines

Die Notare „*werden für die Beurkundung von Rechtsvorgängen und andere Aufgaben auf dem Gebiet der vorsorgenden Rechtspflege [...] bestellt*" (§ 1 BNotO). Danach sind zwei große Tätigkeitsbereiche des Notars zu unterscheiden: Die **Urkundstätigkeit** (§§ 20–22 BNotO) und die sonstige **notarielle Rechtsbetreuung** (§§ 23, 24 BNotO). 1

B. Urkundstätigkeit

I. Allgemeines

1. Urkunden

a) Begriff

aa) Papierurkunde

Die „Urkunde" wird als die Verkörperung eines Gedankens beschrieben. Einen „verkörperten Gedanken" enthalten aber nicht nur Schriftstücke, sondern auch Grenzsteine, Fahrzeugnummern, Tonbänder, Disketten und alle anderen Träger, die Informationen gespeichert haben. Der Urkundsbegriff, der allein auf die Verkörperung des Gedankens abstellt, wie es z.B. das Strafrecht tut, ist für das spezielle Urkundenrecht zu weit. Zweck des Urkundenwesens ist es, den Rechtsverkehr durch unmittelbar erfassbare und jederzeit erkennbare Aufzeichnungen zu erleichtern. Die Aufzeichnungen müssen zudem vor Fälschungen einen gewissen Schutz bieten. Das wird durch die „Schrifturkunde" erreicht. Dabei setzt die Schrifturkunde weder für die Schriftunterlage noch für die Schrift selbst ein bestimmtes Material voraus. Die Schrift muss nur dauerhaft und die Schriftunterlage so handlich sein, dass sie in Akten eingeordnet werden kann. 2

Nicht jedes Schriftstück (z.B.: Urlaubsgruß, Einladungsbrief) ist schon eine Urkunde. Der niedergelegte Gedanke muss einen rechtlich bedeutsamen Inhalt haben. Genauer gesagt: Das Schriftstück muss entweder über rechtserhebliche Vorgänge berichten oder rechtserhebliche Vorgänge verkörpern.

bb) Elektronisches Dokument

Neben die herkömmliche Papierurkunde ist das elektronische Dokument getreten, § 126a BGB. Die elektronische Form kann die Schriftform ersetzen, wenn das Gesetz dies nicht ausdrücklich ausschließt, § 126 Abs. 3 BGB. Dadurch soll dem Rechtsverkehr die umfassende Nutzung der modernen Informations- und Kommunikationstechnologie ermöglicht werden, um hierdurch Kosten und Zeit zu sparen. 3

Die elektronische Urkunde ist ein elektronisches Dokument (elektronische Daten), das in einem Schriftträger verkörpert ist, der ohne technische Hilfsmittel nicht gelesen werden kann (Festplatte, USB-Stick, CD-ROM etc.). Gleichgültig für das elektronische Dokument ist, ob die Daten unverschlüsselt oder verschlüsselt sind. Voraussetzung ist aber, dass die Daten (jedenfalls nach Entschlüsselung) in Schriftzeichen lesbar sind und der Schriftträger dazu geeignet ist, die Daten dauerhaft festzuhalten (zur elektronischen Form und Textform vgl. Rdn 22 ff.). Dem tragen §§ 39a und 42 Abs. 4 BeurkG Rechnung, die auch Vermerkurkunden des Notars in elektronischer Form gestatten und weitere diesbezügliche Einzelheiten regeln (vgl. Rdn 22 ff.).

b) Öffentliche und private Urkunden

Für die Verwendung eines Schriftstücks im Rechtsverkehr kommt es darauf an, von wem es herrührt, wer also der **Aussteller** ist. Abhängig von den Eigenschaften des Ausstellers werden öffentliche und private Urkunden unterschieden. 4

Öffentliche Urkunden sind Schriftstücke, die von einer öffentlichen Behörde oder von einer mit öffentlichem Glauben versehenen Person innerhalb ihrer Zuständigkeit und in der vorgeschriebenen Form aufgenommen sind (§ 415 ZPO). Zu den öffentlichen Behörden zählen alle Bundes-, Landes-, Gemeinde- und Kirchenbehörden, die Dienststellen der Körperschaften des öffentlichen Rechts, öffentliche Kreditanstalten und sonstige öffentliche Anstalten und Stiftungen. Mit öffentlichem Glauben versehene Personen sind in erster Linie die Notare, aber auch Gerichtsvollzieher, Rechtspfleger, Urkundsbeamte der Geschäftsstellen der Gerichte und Standesbeamte.

5 **Privaturkunden** sind alle Urkunden, die nicht öffentliche Urkunden sind.

Die Unterscheidung zwischen öffentlichen und privaten Urkunden ist wichtig für die **Beweiskraft**. Voraussetzung für die Beweiskraft einer jeden Urkunde, sei sie öffentlich oder privat, ist zunächst, dass sie echt ist. Urkunden, die sich nach Form und Inhalt als von einer öffentlichen Behörde oder von einer mit öffentlichem Glauben versehenen Person errichtet darstellen, haben die Vermutung der Echtheit für sich (§ 437 ZPO).

Das Zivilgericht, Behörden und der private Rechtsverkehr vertrauen darauf, dass die vorgelegte Urkunde von dem öffentlichen Aussteller herrührt, dessen Siegel sie trägt. Denn der Rechtsverkehr geht davon aus, dass ein Siegel nicht ohne Weiteres entwendet, gefälscht oder missbraucht werden kann. Privaturkunden haben diese Echtheitsvermutung nicht. Wer eine Privaturkunde vorlegt, muss beweisen, dass sie echt ist, wenn der Gegner Gründe dafür vorbringt, dass sie unecht sein könnte.

6 Neben die Vermutung der Echtheit tritt bei öffentlichen Urkunden außerdem noch die gesetzliche Beweisregel der Wahrheit. Das heißt: Öffentliche Urkunden beweisen, dass die Tatsache so, wie sie beurkundet wurde, auch wahr ist (§§ 415, 418 ZPO). Bei der Erklärung einer Person vor einem Notar beispielsweise ist bewiesen, dass die Person diese Erklärung so abgegeben hat – natürlich nicht, dass auch diese Erklärung selbst wahr ist. Es ist nur der Gegenbeweis zulässig, dass der Vorgang unrichtig beurkundet worden sei (§§ 415 Abs. 2, 418 Abs. 2 ZPO). Wenn in einer Notarurkunde beispielsweise beurkundet ist, dass eine bestimmte Person erklärt, Eigentümer eines konkret benannten Grundstücks zu sein, wird dadurch bewiesen, dass dieser Urkundsbeteiligte diese **Aussage** getätigt hat. Ob der Erklärende tatsächlich **Eigentümer** der Immobilie ist, unterliegt hingegen nicht der besonderen Beweiskraft.

Durch Anzweifeln der Richtigkeit wird die Beweiskraft der öffentlichen Urkunde nicht beseitigt oder abgeschwächt.

c) Bewirkende und berichtende Urkunden

7 Nach dem **Inhalt** der Urkunde unterscheidet man bewirkende und berichtende Urkunden, und als Unterart der berichtenden Urkunde die bezeugende Urkunde. Die bezeugende Urkunde (Zeugnisurkunde) enthält einen schriftlichen Bericht des Ausstellers über Vorgänge, die er selbst wahrgenommen hat. Bewirkende – auch wirkende oder konstituierende Urkunden genannt – verkörpern unmittelbar den Rechtsakt selbst; berichtende Urkunden dagegen geben eine Darstellung des rechtlich erheblichen Vorganges.

> *Beispiele*
>
> Gerichtsurteile müssen immer schriftlich niedergelegt sein. Ohne die Urkunde ist die Entscheidung nicht existent (= sie „bewirkt" nichts). Urkunden über gerichtliche Urteile verkörpern die jeweilige Entscheidung. Ein weiteres einfaches Beispiel für eine bewirkende Urkunde ist die vollstreckbare Ausfertigung, welche der Notar erteilt: Wenn der Notar unter eine Ausfertigung die Vollstreckungsklausel setzt, kann mit dieser Urkunde gegen den Schuldner vollstreckt werden. Der Vollstreckungsvermerk begründet – also „bewirkt" – den Vollstreckungstitel.

8 Anders ist es bei den berichtenden Urkunden. Der Tod einer Person wird nicht durch die Sterbeurkunde „bewirkt", sondern die Sterbeurkunde berichtet von dem Tod und beweist, dass der Tod einer Person eingetreten ist. Ist Gegenstand der berichtenden Urkunde nicht bloß der Bericht über eine Tatsache (z.B. Geburtsurkunde, Sterbeurkunde, Heiratsurkunde), sondern hat darüber hinaus die Urkundsperson die berichtete Tatsache **persönlich** wahrgenommen, so spricht man von einer Zeugnisurkunde. In der Zeugnisurkunde berichtet die Person (meist ein Notar), was sie auch mündlich als Zeuge aussagen könnte, nämlich ihre Wahrnehmungen über Vorgänge. Die Vorgänge können tatsächlicher Natur sein (Verlosungen, Siegelungen, Lebensbescheinigungen), es können aber auch – und das ist der häufigste Fall – Erklärungen sein, die andere Personen **vor** der Urkundsperson abgegeben haben.

d) Urkunden des Notars

9 Die Urkunden des Notars, welche er in seiner amtlichen Eigenschaft errichtet hat, sind immer **öffentliche Urkunden**. Sie haben, wenn sie mit Unterschrift und Siegel versehen sind, die Vermutung der Echtheit und

die Vermutung der Wahrheit für sich. Die Urkunden des Notars sind Zeugnisurkunden, in denen der Notar über Vorgänge berichtet, die er in amtlicher Eigenschaft wahrgenommen hat. Die einzige bewirkende Urkunde des Notars ist die vollstreckbare Ausfertigung einer notariellen Urkunde.

Der Notar kann als Urkundsperson immer nur tätig werden, wenn er darum **ersucht** wird. Das Ersuchen ist Voraussetzung für seine Zuständigkeit. Wird der Notar zufällig Zeuge eines Vorgangs, z.B. eines Verkehrsunfalls, so kann er diesen Vorgang mit Beweiskraft nicht in einer öffentlichen Urkunde bezeugen. Er muss vielmehr – wie jeder andere Zeuge im Zivil- oder Strafprozess auch – mündlich aussagen. Denn die Vermutung der Wahrheit, welche den Urkunden des Notars aufgrund ihrer öffentlichen Eigenschaft innewohnt, ist nicht um des Notars willen, sondern für den Rechtsverkehr aufgestellt. Sie gilt deshalb nur, wenn sich jemand mit einem Beurkundungsersuchen an den Notar in seiner Eigenschaft als öffentliche Urkundsperson gewandt hat.

2. Notarielle Urkunden über Willenserklärungen und sonstige Erklärungen, Tatsachen oder Vorgänge

Aufgabe der Notare ist es, „*Beurkundungen jeder Art vorzunehmen*" (§ 20 BNotO). Was Beurkundung bedeutet, wird von der BNotO nicht näher erklärt. Die BNotO setzt den Begriff als bekannt voraus. Die Rechtslehre hat „Beurkundung" als Herstellen einer „Zeugnisurkunde" definiert, also einer Urkunde, in welcher der Notar über eigene Wahrnehmungen berichtet. 10

Die Wahrnehmungen, über welche der Notar in der Urkunde berichtet, oder – um in der Sprache der BNotO zu bleiben – die er „beurkundet", können tatsächliche Vorgänge betreffen (Beglaubigung von Unterschriften oder Abschriften, Siegelungen, Verlosungen) oder Willenserklärungen sein. Willenserklärungen sind Äußerungen einer Person, durch die sie Rechtsfolgen herbeiführen möchte.

Beispiele 11

Erklärung, ein Grundstück zu kaufen, eine andere Person zum Erben einzusetzen, einen Ehevertrag zu schließen.

Der Unterschied zwischen „Beurkundung von Willenserklärungen" einerseits und „sonstigen Beurkundungen" andererseits beherrscht das gesamte Urkundenrecht. Dabei muss man im Urkundenrecht drei Rechtsbereiche unterscheiden:

- Das **materielle Recht der Geschäftsformen**, in welchem geregelt ist, **welche Rechtsgeschäfte der Beurkundung bedürfen**; in erster Linie das BGB, aber auch die anderen bürgerlich-rechtlichen Nebengesetze wie bspw. HGB, GBO, GmbHG, AktG. Hier unterscheiden die Gesetze zwischen privaten und öffentlichen Urkunden und bezüglich der öffentlichen Urkunden wiederum zwischen öffentlich beglaubigten und notariell beurkundeten Urkunden (siehe Rdn 4 ff.).
- Das **Notariatsrecht**, niedergelegt in der BNotO, das bestimmt, wer **zuständig** ist, die vom materiellen Recht geforderte Urkunde zu errichten. § 20 BNotO zählt in Form eines Zuständigkeitskataloges verschiedene Urkunden auf. Danach sind die Notare zuständig, Beurkundungen jeder Art vorzunehmen sowie Unterschriften, qualifizierte elektronische Signaturen, Handzeichen und Abschriften zu beglaubigen. Zu ihren Aufgaben gehören insbesondere auch die Beurkundung von Versammlungsbeschlüssen, die Vornahme von Verlosungen und Auslosungen, die Aufnahme von Vermögensverzeichnissen, Nachlassverzeichnissen und Nachlassinventaren, die Vermittlung von Nachlass- und Gesamtgutsauseinandersetzungen, die Anlegung und Abnahme von Siegeln, die Aufnahme von Protesten, die Zustellung von Erklärungen sowie die Beurkundung amtlich von ihnen wahrgenommener Tatsachen.
- Das Recht, in welchem **Verfahren** die Urkunden errichtet werden. Das **Urkundsverfahrensrecht** ist im Beurkundungsgesetz enthalten.

Bei einem Vergleich der Gesetze (BNotO, BGB, BeurkG) fällt auf, dass der Begriff „Beurkundung" nicht einheitlich gebraucht wird. BNotO und BeurkG bezeichnen das Errichten eines Schriftstücks über Tatsachen und Vorgänge, welche der Notar selbst wahrgenommen hat, als „Beurkundung" – gleichgültig ob es sich dabei um die Beglaubigung einer Unterschrift oder Abschrift, die Beurkundung von Willenserklärungen oder die Aufnahme eines Vermögensverzeichnisses handelt. Dieses Verständnis ist der Beurkundungsbegriff im weiteren Sinn. 12

Das BGB (vgl. §§ 311b, 518, 2033 u.a.) verwendet den Begriff „Beurkundung“ dagegen nur als Aufnahme einer **Willenserklärung** durch den Notar in Protokollform (vgl. § 128 BGB, siehe Rdn 27). Dieser Bedeutungsinhalt ist der Beurkundungsbegriff im engeren Sinne. Doch auch zwischen BNotO und BeurkG besteht, obgleich beide Gesetze vom Beurkundungsbegriff im weiteren Sinn ausgehen, keine Übereinstimmung, da die Aufzählung der Urkundsgeschäfte in der BNotO nicht vollständig dem System des Beurkundungsgesetzes entspricht.

Die mangelnde begriffliche Übereinstimmung der Gesetze ist aus der historischen Entwicklung zu erklären. Das BGB entstand Ende des 19. Jahrhunderts, als das Urkundenwesen landesgesetzlich und somit nur zersplittert und unvollkommen geregelt war. Es definierte in Ermangelung eines übereinstimmenden Begriffs die „Beurkundung“ vom Verfahren her, und zwar als die Niederlegung der Willenserklärung durch die Urkundsperson in einer schriftlichen Urkunde.

13 Die Notarordnungen, die später als das BGB, aber ebenfalls noch zu einer Zeit erlassen wurden, als das Beurkundungsrecht teils im FGG, teils in den Landesgesetzen niedergelegt war, hatten nicht eine Regelung des **Urkundenwesens** zum Ziel, sondern wollten eine einheitliche **Notariatsverfassung** geben. Dementsprechend begnügten sie sich damit, die Zuständigkeit des Notars allgemein für „Beurkundungen jeder Art“ zu regeln, ohne die einzelnen Urkundsgeschäfte zu unterscheiden oder zu erklären. Erst das BeurkG aus dem Jahre 1969 gibt eine zusammenfassende, systematische Regelung des Beurkundungswesens für das gesamte Gebiet der Bundesrepublik Deutschland. Die früher in Bundes- und Landesgesetzen verstreuten Vorschriften über die Herstellung von Urkunden sind im Beurkundungsgesetz zum ersten Mal zusammengefasst und dadurch vereinheitlicht worden.

14 Die folgende Darstellung der Urkundstätigkeit des Notars orientiert sich an der Systematik des BeurkG:

- Im Ersten Abschnitt (§§ 1–5 BeurkG) enthält es „Allgemeine Vorschriften“, die für alle Beurkundungen im Sinne des § 20 BNotO gelten. Allgemeine Geltung besitzen insbesondere die Vorschriften über die Ausschließung und Ablehnung des Notars und die Urkundensprache.
- Der Zweite Abschnitt (§§ 6–35 BeurkG) ist der wichtigste Teil. Er enthält die Vorschriften über die Beurkundung von Willenserklärungen, also die Bestimmungen über die „notarielle Beurkundung“ im engeren Sinne (§ 128 BGB).
- Der Dritte Abschnitt (§§ 36–43 BeurkG) bezieht sich auf alle anderen Beurkundungen, für welche der Notar nach § 20 BNotO zuständig ist.

Die Aufteilung in den Zweiten Abschnitt (Beurkundung von Willenserklärungen) und den Dritten Abschnitt (Sonstige Beurkundungen) hat einen systematischen und einen sachlichen Grund. Dadurch wird zunächst der Dualismus des materiellen Rechts nachvollzogen, welches die Beurkundung von Willenserklärungen in der Form einer Niederschrift – enger Beurkundungsbegriff des BGB (§ 128 BGB) – und die Beglaubigung von Unterschriften (§ 129 BGB) unterscheidet. Zum anderen wird dadurch die zentrale Bedeutung der Beurkundung von Willenserklärungen hervorgehoben. Sie ist die wichtigste Aufgabe des Notars. Die Formvorschriften müssen hier besonders streng sein, um ordnungsgemäße Beweissicherung, Beratung und Belehrung sicherzustellen.

Der Dritte Abschnitt des Beurkundungsgesetzes, der sich auf die sonstigen Beurkundungen im Sinne des § 20 BNotO bezieht, kann sich auf gewisse Vereinfachungen beschränken und eine andere Form als die Niederschrift zulassen, nämlich den Vermerk.

Der Vierte Abschnitt des Beurkundungsgesetzes (§§ 44–54 BeurkG) über die Behandlung der Urkunden hat ebenso wie der Erste Abschnitt allgemeine Bedeutung. Er regelt das Verfahren, das nach dem Abschluss der Beurkundung einzuhalten ist, und bestimmt, wie die Urschrift zu behandeln und wie Abschriften und Ausfertigungen herzustellen sind. Der Fünfte Abschnitt regelt die Verwahrung der Urkunden, während der Sechste Abschnitt die Vorschriften zur Verwahrung enthält. Der Siebente Abschnitt beinhaltet in den Schlussvorschriften überwiegend Übergangsbestimmungen.

3. Formfreiheit und Urkundszwang im Rechtsverkehr

15 Der rechtsgeschäftliche Wille einer Person kann nur beachtet werden, wenn er geäußert ist. Insofern bedarf jede **Willenserklärung** einer Form, das heißt: eines Äußerungsmittels. Die Frage ist: Darf der Erklärende die Form frei wählen? – dann handelt es sich um ein formfreies Geschäft –, oder ist eine bestimmte **Erklärungsform**

vorgeschrieben, ohne deren Einhaltung der Wille nicht beachtet wird – dann handelt es sich um ein formbedürftiges Geschäft. Sofern das Gesetz eine besondere Form fordert, ist dies fast immer eine Urkunde; andere als urkundliche Formvorschriften sind dem heutigen Recht bis auf ganz wenige Ausnahmen (z.B. Dreizeugentestament) unbekannt.

Während ältere Rechtsordnungen den Formzwang für die meisten Geschäfte kannten, herrscht heute im Privatrechtsverkehr der Grundsatz der **Formfreiheit**. Er ist zwar nicht durch eine besondere Bestimmung des BGB ausdrücklich hervorgehoben, aber mittelbar dadurch eingeführt, dass Urkundsformen als Ausnahmen besonders vorgeschrieben sein müssen.

Nicht die Form schafft das Rechtsgeschäft, sondern der Wille der Beteiligten. Die Form ist nur das Mittel zum 16
Zweck. Der Zweck, welcher mit der Form eines Rechtsgeschäfts verfolgt wird, ist die **Sicherheit des Rechtsverkehrs**. Die Urkundsform hat auf dreierlei Weise Einfluss auf den Rechtsverkehr: Zunächst sichert sie auf Dauer den Beweis des Rechtsgeschäfts nach Bestand und Inhalt. Das gesprochene Wort verfliegt. Um es zu ermitteln, sind im Streitfall Zeugen erforderlich. Die Urkunde trägt dazu bei, Streitigkeiten und Prozesse zu vermeiden oder abzukürzen. Man nennt das die *„**Beweisfunktion**“* der Urkunde.

Andererseits ruft die Urkundsform bei den Beteiligten eine gesteigerte Achtsamkeit hervor und fordert so zu Vorsicht und Behutsamkeit heraus. Die Beteiligten werden durch die Hürde der Form vor unüberlegten, übereilten Geschäftsabschlüssen gewarnt („**Warnfunktion**“).

Die Protokollierung der Urkunde durch eine Urkundsperson soll diese Wirkung verstärken und darüber hinaus eine ausreichende Belehrung und Beratung der Beteiligten sicherstellen. Der Formzwang erhält dadurch zusätzlich eine **soziale** Bedeutung. Der unerfahrene Bürger, welcher sich gewandteren und geschäftserfahreneren Partnern gegenübersieht, wird über das Formerfordernis geschützt („**Belehrungsfunktion**“).

Gleichwohl schreibt das Gesetz die Einhaltung der Urkundsform nur für eine geringe Zahl von Rechtsgeschäf- 17
ten vor. Dem liegt die Befürchtung zugrunde, die Leichtigkeit und Schnelligkeit des Rechtsverkehrs könne durch zu viele Formvorschriften behindert werden. Deshalb bestehen Formvorschriften nur für Rechtsgeschäfte, die so wesentlich sind, dass sie eine eindeutige Klarstellung erfordern, und für solche, von denen der Gesetzgeber wünscht, dass sich die Beteiligten ihre wirtschaftliche Bedeutung vor Augen führen und über das Risiko bzw. die weitrechenden Folgen des Geschäfts Klarheit gewinnen.

4. Formen der Rechtsgeschäfte (Geschäftsformen)

Das Bürgerliche Gesetzbuch kennt private und öffentliche Urkunden. 18

Die privaten Urkundsformen sind die

- Schriftform,
- eigenhändige Urkunde,
- Urkunde in elektronischer Form,
- Urkunde in Textform.

Als öffentliche Urkundsform kennt das BGB die

- öffentlich beglaubigte Urkunde,
- notarielle Beurkundung.

a) Schriftform

Ist vom Gesetz schriftliche Form vorgeschrieben, so muss die Urkunde vom Aussteller eigenhändig durch Na- 19
mensunterschrift unterzeichnet werden (§ 126 BGB). Die Unterschrift muss nicht zwingend lesbar sein, es genügt ein hinreichend individueller Schriftzug, wenn er sich als Wiedergabe des Namens darstellt und die Absicht der Unterschriftsleistung erkennen lässt.

Unterzeichnet der Aussteller durch bloßes Handzeichen (z.B. drei Kreuze), so ist die Schriftform nur gewahrt, wenn das Handzeichen notariell beglaubigt wurde. Ist die Schriftform für einen Vertrag vorgeschrieben, so müssen beide Parteien auf derselben Urkunde unterzeichnen. Werden über den Vertrag mehrere gleich lautende Urkunden aufgenommen, etwa um jedem Beteiligten eine Urkunde geben zu können, so genügt es, wenn jede Partei die für die andere Partei bestimmte Urkunde unterzeichnet (§ 126 Abs. 2 BGB).

Die Schriftform setzt voraus, dass die betreffenden Dokumente **original** unterschrieben sind. Daher genügen Kopien, Faxe, Scans etc. nicht den Anforderungen der Schriftform.

20 *Beispiel für Schrifturkunden*

Mietvertrag bzw. Pachtvertrag über Grundstücke oder Wohnräume für länger als ein Jahr (§§ 550, 581 BGB), Landpachtverträge für längere Zeit als zwei Jahre (§ 585a BGB).

Bei bestimmten Verträgen fordert das Gesetz die Schriftform nur für die Erklärung des einen Vertragspartners, so bei der Bürgschaft für die Erklärung des Bürgen (§ 766 BGB), beim Schuldversprechen und Schuldanerkenntnis für die Erklärung des Schuldners (§§ 780, 781 BGB), beim Leibrentenvertrag für das Versprechen des Schuldners (§ 761 BGB).

b) Eigenhändige Urkunde

21 Eigenhändige Urkunde heißt, dass der Aussteller die Urkunde nicht nur selbst unterschrieben (Namensunterschrift), sondern darüber hinaus auch den Text der Urkunde mit eigener Hand geschrieben haben muss. Einziger Fall: das eigenhändige Testament (§ 2247 BGB, vgl. § 4 Rdn 911).

c) Elektronische Form

22 Die schriftliche Form kann durch die **elektronische Form** ersetzt werden, wenn sich aus dem Gesetz nicht etwas anderes ergibt (§ 126 Abs. 3 BGB).

Die elektronische Form erfordert, dass

- der Aussteller der Erklärung seinen Namen beifügt und
- das elektronische Dokument mit seiner qualifizierten elektronischen Signatur versieht (§ 126a Abs. 1 BGB).

Bei einem Vertrag müssen beide Parteien jeweils ein gleich lautendes Dokument in der vorbezeichneten Weise elektronisch signieren.

Vor Anwendung der elektronischen Form muss geprüft werden, ob die elektronische Form nicht ausnahmsweise unzulässig ist (§ 126 Abs. 3 BGB). In vielen (wichtigen) Fällen kann die Schriftform noch **nicht** durch die elektronische Form ersetzt werden (z.B. §§ 623 Hs. 2, 761 S. 2, 766 S. 2, 780 S. 2, 781 S. 2 BGB). In diesen Formvorschriften ist die Abgabe der Erklärung in elektronischer Form ausdrücklich ausgeschlossen. Wenn man also die schriftliche Form durch die elektronische Form ersetzen will, muss man sich vorher vergewissern, dass die elektronische Form im Einzelfall auch die schriftliche Form ersetzen kann.

d) Textform

23 Die Textform ist ein einfacher **Formtyp** der lesbaren, aber unterschriftslosen Erklärung, § 126b BGB. Voraussetzungen der Textform sind:

- eine lesbare Erklärung,
- in welcher die Person des Erklärenden genannt ist,
- welche auf einem dauerhaften Datenträger abgegeben wird.

Ein dauerhafter Datenträger in diesem Sinne ist jedes Medium, welches es dem Empfänger ermöglicht, eine auf dem Datenträger befindliche, an ihn persönlich gerichtete Erklärung so aufzubewahren oder zu speichern, dass sie ihm während eines für ihren Zweck angemessenen Zeitraums zugänglich und geeignet ist, die Erklärung unverändert wiederzugeben, § 126b S. 2 BGB.

Hinweis

Die Textform kann dem Empfänger per Post oder Fax übermittelt werden; ausreichend ist auch eine am Computer abgefasste und per E-Mail zugeleitete Erklärung. Dem Erfordernis der Lesbarkeit ist Genüge getan, wenn der Empfänger den Text auf seinem Bildschirm lesen kann. Ob er die Erklärung ausdrucken will oder nicht, entscheidet der Empfänger selbst.[1]

1 Grüneberg/*Ellenberger*, § 126b Rn 3.

Die Textform ist für Erklärungen und Mitteilungen angemessen, die eine Dokumentation oder Information zum Inhalt haben. Die Textform findet u.a. in folgenden Fällen Anwendung (für die früher die Schriftform erforderlich war): 24

- Änderung der Indexmiete (§ 557b Abs. 3 BGB);
- Erklärung und Begründung der Mieterhöhung (§ 558a Abs. 1 BGB);
- Informationspflichten bei Fernabsatzverträgen und außerhalb von Geschäftsräumen geschlossenen Verträgen (§ 312d Abs. 1 BGB, Art. 246a § 1 Abs. 2 S. 2 EGBGB).

Auch das Wohnungseigentumsgesetz kennt die Textform: § 24 Abs. 4 S. 1 WEG erlaubt es, die Eigentümerversammlung in Textform einzuberufen.

e) Öffentlich beglaubigte Urkunde

Für eine Reihe von Rechtsgeschäften verlangt das Gesetz öffentliche Beglaubigung. Die Beglaubigungsform ist für die meisten Erklärungen vorgeschrieben, die eine Eintragung in öffentliche Register bezwecken, aber auch für bestimmte Erklärungen aus dem Bereich des Familien- oder Erbrechts. 25

Was eine öffentlich beglaubigte Urkunde ist, besagt § 129 BGB: Die Erklärung muss schriftlich abgefasst und die Unterschrift des Erklärenden von einem Notar beglaubigt werden, § 129 Abs. 1 S. 1 Nr. 1 BGB. Möglich ist zudem auch die Vorgehensweise, dass die Erklärung in elektronischer Form abgefasst und die qualifizierte elektronische Signatur des Erklärenden von einem Notar beglaubigt wird, § 129 Abs. 1 S. 1 Nr. 2 BGB.

Öffentliche Beglaubigung bedeutet also lediglich Beglaubigung der **Unterschrift** oder **qualifizierten elektronischen Signatur**, welche unter einem Schriftstück steht bzw. an einer elektronischen Erklärung angebracht wird. Der **Urkundsinhalt** erlangt durch die Beglaubigung der Unterschrift keine größere „Glaubwürdigkeit" oder rechtliche Prüfung. Der Text kann in beliebiger Weise hergestellt worden sein, mit der Hand, mit der Schreibmaschine, elektronisch, durch Fotokopie, durch Druck etc. Die notarielle Beglaubigung ist mithin eine öffentliche Bestätigung der Urheberschaft einer Unterschrift.

f) Notarielle Beurkundung

Die notarielle Beurkundung ist die **stärkste** Urkundsform des bürgerlichen Rechts. Der Notar bezeugt, dass die in der Urkunde bezeichnete Person die Erklärung des beurkundeten Inhalts abgegeben hat. Sie wird vom Notar in der Form einer Niederschrift (Protokoll) festgehalten (§ 128 BGB). Bezeugt ist nicht nur die Unterschrift, sondern der gesamte Inhalt der Erklärung, nicht jedoch deren Richtigkeit. Die Beurkundung sichert den Beteiligten den sachkundigen Rat und die Belehrung durch die Urkundsperson. Notarielle Beurkundung ist deshalb vorgeschrieben für Rechtsgeschäfte, bei denen der Gesetzgeber wünscht, dass die Beteiligten über ihre Tragweite und rechtliche Bedeutung aufgeklärt werden. Davon ist der Grundstücksvertrag der wichtigste. Weiter bedürfen der Beurkundung beispielsweise das Schenkungsversprechen und die Erklärung, durch die eine Person sich der sofortigen Zwangsvollstreckung unterwirft, der Vertrag über die Errichtung einer GmbH oder einer AG, die Abtretung eines Geschäftsanteils an einer GmbH, der Ehevertrag und die Scheidungsfolgenvereinbarung, der Erbvertrag, die Anerkennung der Vaterschaft, der Rücktritt vom Erbvertrag, der Erbverzichtsvertrag und die eidesstattliche Versicherung zur Erlangung eines Erbscheins. 26

> *Wichtig!* 27
>
> Ist notarielle Beurkundung vorgeschrieben, so reichen andere, auch öffentliche, Urkunden nicht aus. Die notarielle Beurkundung ersetzt alle anderen Urkundsformen (z.B. Schriftform, Textform, eigenhändige Urkunde, öffentliche Beglaubigung).

Für alle Geschäftsformen gilt, dass die stärkere Form die schwächere ersetzt: Die Beurkundung ersetzt die Beglaubigung und die Schriftform (§§ 129 Abs. 3, 126 Abs. 4 BGB), die Beglaubigung ersetzt die Schriftform, diese wieder die Textform bzw. die mündliche Erklärung. Ausnahmsweise gilt dies nicht für das eigenhändige Testament. Hier ersetzt die Beglaubigungsform nicht die Eigenhändigkeit, da nicht nur die Unterschrift, sondern der gesamte Text eigenhändig geschrieben sein muss. Im Übrigen ist ein Rechtsgeschäft, das der gesetzlich vorgeschriebenen Form ermangelt, nichtig (§ 125 BGB).

II. Beurkundung von Willenserklärungen

1. Niederschrift

a) Grundsatz

28 Bei der Beurkundung von Willenserklärungen, also der „notariellen Beurkundung" des § 128 BGB (enger Beurkundungsbegriff), muss eine Niederschrift über die Verhandlung aufgenommen werden (§ 8 BeurkG). Die Vorgaben gelten neben der Beurkundung mehrseitiger Erklärungen (Verträge) auch für einseitige Erklärungen (z.B. Einzeltestament, eidesstattliche Versicherung).

Niederschrift (auch „Protokoll" genannt) bedeutet, dass die Verhandlung, welche die Beteiligten vor dem Notar führen, schriftlich festgehalten wird. Damit ist aber nicht gesagt, dass in die Niederschrift alles aufgenommen werden müsste, was verhandelt worden ist. Nicht das gesamte „Verhandeln", nicht die Erörterung der Angelegenheit zwischen den Beteiligten und im Gespräch mit dem Notar, wird protokolliert, sondern dessen *Ergebnis*, also die endgültigen rechtsgeschäftlichen Erklärungen der Beteiligten. Ferner wird im Notartermin in den allermeisten Fällen nicht erstmals über das Geschäft im Allgemeinen diskutiert. Es werden Entwürfe ausgehandelt und im Vorfeld der Beurkundung an die Beteiligten übersendet, sodass im Beurkundungstermin meist – wenn überhaupt – maximal über einzelne Punkte diskutiert wird. Eine gute Urkundenvorbereitung erspart in vielen Fällen Streitgespräche im Rahmen der Beurkundung.

29 *Beispiel*

Einem Erbvertrag können verschiedene Erwägungen zugrunde liegen: etwa die Altersversorgung des überlebenden Ehegatten, der Schutz der Kinder für den Fall, dass der überlebende Ehegatte wieder heiratet, die Sicherung der Ausbildung noch minderjähriger Kinder. Die Niederschrift über den Erbvertrag kann und soll nicht die einzelnen Gedankengänge der Vertragschließenden wiedergeben. Die Niederschrift begnügt sich damit, das Ergebnis der Überlegungen, also die erbrechtlichen Anordnungen der Beteiligten, in klarer und knapper Form festzuhalten. Das schließt nicht aus, im Einzelfall zum besseren Verständnis auch einmal die Motive oder die Vorgeschichte des Rechtsgeschäfts aufzuzeigen. Doch darf das nicht dazu führen, dass aus der Urkunde eine Geschichtserzählung wird. Die Niederschrift muss ihren Charakter (Fixierung des rechtsgeschäftlichen Willens der Beteiligten) behalten.

b) Bezeichnung des Ortes und des Tages der Verhandlung

30 Jedes Protokoll beginnt mit der Feststellung von Ort und Tag der Verhandlung: *„Die Niederschrift soll Ort und Tag der Verhandlung enthalten"* (§ 9 Abs. 2 BeurkG). „Soll" besagt, dass fehlende oder unrichtige Angaben über Ort und Tag die Wirksamkeit der Niederschrift als öffentliche Urkunde nicht berühren. Doch ist es Amtspflicht des Notars, eine Sollvorschrift genauso zu beachten wie eine zwingende Vorschrift.

Die Angabe des Ortes kann sich auf die politische Gemeinde beschränken, auf deren Gebiet die Verhandlung stattfindet; z.B. „*Verhandelt zu Köln*". Ortsteil, Straße und Hausnummer sind nicht zwingend erforderlich. Doch ist es zweckmäßig, auch im Hinblick auf das Erfordernis der Eintragung einer Auswärtsbeurkundung im Urkundenverzeichnis, bei Beurkundungen außerhalb der Geschäftsstelle des Notars die Ortsangabe genauer zu machen: „*Verhandelt zu Köln in den Städtischen Krankenanstalten (...)*". Das Fehlen einer genaueren Ortsangabe spricht dafür, dass der Notar in seiner Geschäftsstelle verhandelt hat. Es dürfte regelmäßig angebracht sein, auch bei Beurkundungen in der Geschäftsstelle deren exakte Ortsbezeichnung aufzunehmen.

31 Die Zeit der Verhandlung wird üblicherweise nach Jahr, Monat und Tag angegeben, und zwar Jahr und Tag nur in Zahlen. Wird die Verhandlung unterbrochen und an einem anderen Tag fortgesetzt, sollte dies so vermerkt werden.

c) Bezeichnung des Notars

32 Die Namen des Notars und der Beteiligten dürfen nicht fehlen, § 9 Abs. 1 Nr. 1 BeurkG. Eine Urkunde, welche den Notar oder die Beteiligten nicht nennt, ist unwirksam. Der Notar wird üblicherweise mit seiner Amtsbezeichnung und seinem vollen Namen (Vor- und Familiennamen) im Urkundseingang aufgeführt. Es entspricht Standesgebrauch, neben dem Namen auch den Amtssitz und gegebenenfalls den Doktortitel zu nennen, also etwa so: „*Vor mir, Dr. Max Muster, Notar in Musterhausen (...)*".

Im Bereich des Anwaltsnotariats darf die Berufsbezeichnung „Rechtsanwalt“ **nicht** mit angegeben werden. Wenn der „Rechtsanwalt und Notar“ in notariellen Angelegenheiten tätig wird, bezeichnet er sich ausschließlich als Notar.

Der Notarvertreter (siehe § 1 Rdn 46) gibt seinen Namen und den des vertretenen Notars an: „*Vor mir, Notarassessorin Marta Musterfrau als amtlich bestellte Vertreterin des Notars Dr. Max Muster, Notar in Musterhausen (...)*“. Der Notariatsverwalter muss erkennen lassen, an wessen Stelle er das Amt ausübt: „*Vor Notarassessorin Marta Musterfrau als amtlich bestellte Notariatsverwalterin des Notars Max Muster in Musterhausen (...)*“. Beide unterzeichnen mit dem Zusatz ihrer jeweiligen Eigenschaft.

d) Bezeichnung der Beteiligten

In der Niederschrift soll die Person der Beteiligten so genau bezeichnet werden, dass Zweifel und Verwechslungen ausgeschlossen sind (§ 10 Abs. 2 BeurkG). Beteiligte im Sinne des § 9 Abs. 1 BeurkG sind diejenigen Personen, deren Erklärungen beurkundet werden. Dabei macht es keinen Unterschied, ob die Erschienenen Willenserklärungen im eigenen oder im fremden Namen abgeben. In wessen Namen die Erschienenen ihre Erklärungen abgeben, kann schon bei ihrer Bezeichnung mit angegeben werden. Es genügt jedoch, wenn im Protokoll bei den einzelnen Erklärungen festgehalten wird, für wen der Erklärende sie abgibt. Fehlt jeder Hinweis, so ist es selbstverständlich, dass der Erschienene im eigenen Namen gehandelt hat und die Rechtsfolgen seiner Erklärungen ihn selbst treffen. 33

Es ist auch möglich, dass jemand für sich selbst und zugleich für einen anderen handelt.

Beispiel 34

Wenn Eheleute Eigentümer eines Grundstücks sind und sich die Ehefrau bei dessen Verkauf von ihrem Ehemann vertreten lässt, so formuliert man etwa:

(...)
erschienen,

1. Herr (...)
   hier handelnd:
   a) im eigenen Namen, und
   b) zugleich als durch die Grundstücksvollmacht des Notars (...) vom 1.1.2025, UVZ Nr. (...), bevollmächtigter Vertreter seiner Ehefrau (...)

Zur Vertretung vgl. Rdn 41 ff.

Bei der Bezeichnung natürlicher Personen sind der Vorname oder die Vornamen, der Familienname, das Geburtsdatum, der Wohnort und die Anschrift anzugeben, § 5 Abs. 1 DONot. Weicht der zur Zeit der Beurkundung geführte Familienname von dem Geburtsnamen ab, ist auch der Geburtsname anzugeben.

Bei der Bezeichnung Beteiligter, die keine natürlichen Personen sind, sind der Name oder die Firma, die Rechtsform, eine Dienst- oder Geschäftsanschrift und gegebenenfalls ein davon abweichender Sitz anzugeben. Sind Beteiligte in einem Register eingetragen, sind auch die registerführende Stelle und die Registernummer aufzunehmen, § 5 Abs. 2 DONot.

Die Angabe des Berufes ist verzichtbar, aber zumindest noch teilweise üblich. Sofern eine Auslandsberührung möglich ist, empfiehlt sich die Aufnahme der Staatsangehörigkeit.

Wesentlich weiterreichend als früher besteht nunmehr unter bestimmten Voraussetzungen die Möglichkeit, einzelne Angaben nicht in die Urkunde aufzunehmen: Gemäß § 5 Abs. 1 S. 3 DONot ist von der Angabe der Anschrift abzusehen, wenn dies in besonders gelagerten Ausnahmefällen zum Schutz gefährdeter Beteiligter oder ihrer Haushaltsangehörigen erforderlich ist. Diese Regelung stellt einen Ausnahmefall dar, welcher in der notariellen Praxis selten vorkommen dürfte. Die Regelung kann beispielsweise bei Fällen häuslicher Gewalt einschlägig sein. 35

Faktisch wesentlich häufiger wird § 5 Abs. 1 Abs. 2 S. 1 DONot einschlägig sein: Hiernach kann von der Angabe der Anschrift abgesehen werden, wenn die Urkunde zur Übermittlung an das Handelsregister oder ein ähnliches Register bestimmt ist und Zweifel und Verwechslungen ausgeschlossen sind. Diese Norm setzt im Gegensatz zur Regelung im Satz 3 keine Gefährdungslage voraus. Hintergrund dieser Regelung ist, dass die Einsichtnahme in das Handelsregister seit dem 1.8.2022 kostenfrei möglich ist. Zuvor fielen hierfür Gebühren an. Dieser Schritt im Sinne der Unternehmenspublizität hat jedoch zur Folge, dass der systematische Abruf von Handelsregisterinhalten durch Bots möglich wurde. Spezielle technische Regelungen zur Begrenzung können diese Abrufe bestenfalls begrenzen, aber nicht vollständig verhindern. Daher wurde diese neue Option eingeführt, nach welcher – praktisch im Regelfall – in diesen Fällen nunmehr von der Angabe der Anschrift abgesehen werden kann.

> *Hinweis*
> Die Möglichkeit, diese Daten wegzulassen, besteht bei Urkunden, welche zur Übermittlung an das Handelsregister, das Partnerschaftsregister, das Gesellschaftsregister, das Genossenschaftsregister, das Vereinsregister und das zukünftige Stiftungsregister vorgesehen sind.[2]

Es wird in diesen Fällen regelmäßig erforderlich, aber auch ausreichend sein, den Ort anzugeben. Auf Postleitzahl, Straße und Hausnummer wird regelmäßig zu verzichten sein. Eine Aufnahme der Postleitzahl oder ggf. sogar weitergehender Informationen ist nach der nichtamtlichen Begründung erforderlich, wenn dem Notar bekannt ist, dass die Anschrift für eine ordnungsgemäße Identifikation erforderlich ist. Dies ist insbesondere dann der Fall, wenn **bekannt** ist, dass am entsprechenden Ort (oder sogar im entsprechenden Postleitzahlbereich) eine Person mit gleichem Namen und gleichem Geburtsdatum wohnhaft ist. Die rein hypothetische Möglichkeit, dass dies auch ohne Kenntnis des Amtsträgers der Fall sein **könnte**, führt nicht zur Pflicht zur Angabe der vollständigen Anschrift.

Diese Pflichten der §§ 5, 5a DONot gelten nur für Beurkundungen und Beglaubigungen von notarseitig entworfenen Erklärungen. Für die reine Beglaubigung von Fremdentwürfen besteht keine Pflicht zur Streichung/Weißung dieser Angaben.

e) Feststellungen über die Identität der Beteiligten

36 Der Notar soll sich Gewissheit über die Person der **Beteiligten** verschaffen, § 10 Abs. 1 BeurkG. Diese Norm hat eine herausragende Bedeutung, da auch die besten Verträge und Belehrungen wenig nützen, wenn eine falsche Person den Notar aufsucht. Der Rechtsverkehr könnte mit notariellen Urkunden denkbar wenig anfangen, wenn nicht sichergestellt wäre, dass die beurkundeten Erklärungen auch tatsächlich von derjenigen Person stammen, welche im Urkundeneingang benannt ist.

Damit korrespondiert die Pflicht des Notars, die Person der Beteiligten so genau zu bezeichnen, dass Zweifel und Verwechslungen ausgeschlossen sind, § 19 Abs. 2 BeurkG.

Auf die Identifizierung hat der Notar äußerste Sorgfalt zu verwenden. Als Folge dieser Anforderungen an die notarielle Amtsausübung erbringt die Notarurkunde den vollen Beweis, dass die **benannten Beteiligten** die in der Urkunde festgehaltenen Erklärungen abgegeben haben. Andere Stellen (bspw. Grundbuchämter) haben keine zusätzliche Identitätsprüfung vorzunehmen.

Aus der Niederschrift soll sich ergeben, ob der Notar die Beteiligten kennt bzw. wie er sich Gewissheit über ihre Person verschafft hat. Kann sich der Notar diese Gewissheit nicht verschaffen, wird aber gleichwohl die Aufnahme der Niederschrift verlangt, so soll der Notar dies in der Niederschrift unter Anführung des Sachverhalts angeben (§ 10 Abs. 3 BeurkG).

37 aa) **Kenntnis** der Beteiligten (1. Variante): Damit ist gemeint, dass der Notar die Überzeugung von der Identität eines Beteiligten schon bei **früherer** Gelegenheit erlangt hat. Dann ist dies üblicherweise mit den Worten „bekannt“, „von Person bekannt“ oder „persönlich bekannt“ zu vermerken. Von Person bekannt ist nicht, wer erst anlässlich der Beurkundung dem Notar vorgestellt wird.

bb) Der Notar kennt den Beteiligten **nicht**, kann sich aber Gewissheit über seine Person verschaffen (2. Variante): Wie der Notar die Identität feststellt, ist seinem Ermessen überlassen. An feste Beweisregeln ist er dabei nicht gebunden. Da so gut wie jeder Erwachsene einen amtlichen Ausweis besitzt sind Personalausweis und

2 Zu den erfassten Arten der Urkunden näher BeckOK/BNotO/*Salzmann*, § 5 DONot, Rn 8.

Reisepass die häufigsten Ausweismittel. Aber auch sonstige amtliche, mit Lichtbild versehene Legitimationspapiere (Dienstausweis einer Behörde, Führerschein) können ausreichen. Der Notar soll die Gültigkeit des Ausweises prüfen. Es steht ihm aber frei, sich auch mit einem Ausweis zu begnügen, der bereits abgelaufen ist, wenn sonst keine Zweifel an der Identität bestehen.

Obige Ausführungen gelten nur für die **beurkundungsrechtlichen** Vorgaben. Soweit sich aufgrund des Geschäfts weitergehende **geldwäscherechtliche** Identifizierungspflichten ergeben, sind diese zusätzlich einzuhalten (vgl. hierzu § 2 Rdn 81 ff.).

Der Notar muss sich den **Ausweis** bzw. das sonstige Identifikationspapier selbst ansehen. Er darf sich nicht darauf verlassen, dass ein Mitarbeiter dies getan hat. In die Urkunde nimmt der Notar einen entsprechenden Hinweis auf („ausgewiesen durch Personalausweis"). Die Angabe der Nummer des Ausweises kann in Zweifelsfällen zweckmäßig sein, sofern nicht ohnehin Kopien oder Scans gefertigt werden. Dadurch kann der Notar später leicht nachweisen, dass ihm der Ausweis tatsächlich vorgelegen hat. Die Aufnahme von Datum und Ort der Ausstellung sollte – wenn überhaupt – allenfalls bei ausländischen Ausweispapieren erwogen werden.

Als **Erkennungszeugen** sind nur solche Personen geeignet, die der Notar selbst und als zuverlässig kennt und die weder Beteiligte sind, noch zu einem Beteiligten in näheren verwandtschaftlichen oder sonstigen, dem Notar bekannten Beziehungen stehen. Es genügt deshalb nicht, dass der dem Notar bekannte Ehemann seine Frau vorstellt, wenn die Ehefrau dem Mann Generalvollmacht erteilt. (Es könnte eine „falsche" Ehefrau sein.) Auch kann der Käufer dem Notar nicht den Verkäufer hinreichend sicher vorstellen. (Es könnte ein täuschender Komplize den „Verkäufer" spielen.) Geeignete Erkennungszeugen sind die Mitarbeiter des Notars. Die Identifizierung durch Erkennungszeugen kommt besonders oft vor, wenn der Notar sich vertreten lässt. Der Vertreter kennt die Klienten des Notars regelmäßig nicht, während sie den Mitarbeitern bekannt sind.

▼

Muster 3.1: Identifizierung durch Erkennungszeugen

Die Erschienenen wurden dem Notarvertreter durch den Bürovorsteher, , vorgestellt. 3.1

▲

Um in diesem Bereich potenzielle Probleme bei Notarvertretungen von Vornherein zu vermeiden, bietet es sich an, die Klienten auf die Notarvertretung bei der Beurkundung hinzuweisen und zu bitten, ein Ausweisdokument mitzubringen.

Wenn weder ein Ausweis vorgelegt wird noch Erkennungszeugen vorhanden sind, muss eine Beurkundung regelmäßig unterbleiben. Nur ausnahmsweise kann besondere Sachkunde einen Beteiligten ausweisen. Sie liegt vor, wenn der Erschienene Kenntnisse zeigt, die nur eine bestimmte Person selbst haben kann. Sie kann mit der Vorlage von Urkunden verbunden sein, die vom Inhaber sorgfältig aufbewahrt zu werden pflegen. Die Art und Weise der Persönlichkeitsfeststellung soll sich immer aus einem Vermerk in der Niederschrift ergeben. Das Feststellungsmittel muss dabei konkret genannt werden. Dieses Identifizierungsmittel ist mit Unsicherheiten belastet und sollte – von ganz besonderen Ausnahmefällen abgesehen – nicht genutzt werden.

cc) Auch wenn sich der Notar **keine Gewissheit** über die Person der Beteiligten verschaffen kann, braucht er die Beurkundung nicht abzulehnen (3. Variante): Die fehlende Identitätsfeststellung beeinträchtigt nicht die Wirksamkeit der Beurkundung, sondern nur deren Beweiskraft, Verwertbarkeit und spätere Vollziehbarkeit. Der Notar muss dann aber in der Niederschrift angeben, dass er sich keine Gewissheit über die Person eines oder der Beteiligten hat verschaffen können und dass sie die Beurkundung trotz der Belehrung über die dadurch bedingte geringere Verwertbarkeit der Urkunde wünschten.

> *Beispiel*
>
> Ein Kranker will ein Testament errichten, kann sich aber, weil er im Krankenhaus keinen Ausweis zur Hand hat, nicht ausweisen. Der Notar darf das Testament dennoch aufnehmen, soll aber die besonderen Umstände und die Belehrung über die eingeschränkte Beweiskraft im Protokoll festhalten.

Die zunächst nicht nachgewiesene Identität kann durch ein Nachtragszeugnis bestätigt werden. Diese Möglichkeit sollte grundsätzlich eingeräumt werden. Das Nachtragszeugnis wird auf die Urschrift gesetzt: Im Urkundseingang stellt der Notar fest, dass der Beteiligte sich nicht ausweisen kann, aber seinen Ausweis nachzureichen verspricht, und alle Beteiligten den Notar um sofortige Beurkundung bitten. Wenn der Beteiligte anschließend seinen Ausweis vorlegt, setzt der Notar auf die Urschrift den Vermerk:

▼

Muster 3.2: Vorlage des Ausweises

3.2 legte mir heute seinen Personalausweis vor. Dadurch habe ich mir Gewissheit über seine Identität verschafft.

▲

Dieser Vermerk wird mit Ort und Tag seiner Ausstellung sowie Unterschrift und Siegel des Notars abgeschlossen, § 39 BeurkG.

38 dd) Besondere Identifizierungspflichten hat das **Geldwäschegesetz** dem Notar auferlegt. Der Anwendungsbereich ist im notariellen Bereich insbesondere eröffnet bei der Mitwirkung an folgenden Geschäften (vgl. § 2 Abs. 1 Nr. 10 GwG):

- Kauf und Verkauf von Immobilien und Gewerbebetrieben,
- Verwaltung von Geld, Wertpapieren und sonstigen Vermögenswerten,
- Eröffnung von Bank-, Spar- und Wertpapierkonten,
- Gründung, Betrieb oder Verwaltung von Treuhandgesellschaften, Gesellschaften oder ähnlichen Strukturen.

In diesen Fällen muss der Notar über die Bestimmungen des BeurkG und der DONot **hinaus** noch weitere Identifizierungsmaßnahmen vornehmen:

- Feststellung von Namen, Geburtsdatum, Geburtsort, Staatsangehörigkeit und Anschrift[3] jeweils durch Vorlage eines gültigen[4] Personalausweises oder Reisepasses (vgl. § 12 Abs. 1 Nr. 1 GwG),[5]
- Feststellung von Art und Nummer und ausstellende Länderbehörde des amtlichen Ausweises, § 8 Abs. 2 S. 1 GwG,
- Aufzeichnung der genannten Angaben und Aufbewahrung gemäß § 8 Abs. 4 GwG für fünf Jahre; als Teil der Nebenakte werden sie im Regelfall aber erst nach sieben Jahren vernichtet, § 50 Abs. 1 Nr. 7 NotAktVV, bzw. später, sofern im Einzelfall eine längere Aufbewahrung der Nebenakten vom Notar verfügt wurde.

Der **Aufzeichnungs- und Aufbewahrungspflicht** genügt man am einfachsten durch Kopie des Ausweises bzw. besser noch durch ein Einscannen, § 8 Abs. 3 GwG; ein Ausdruck zu den Nebenakten ist nicht erforderlich, solange die Daten während der Aufbewahrungsfrist technisch zugänglich sind.[6]

Von der Identifizierung kann gemäß § 11 Abs. 3 GwG nur noch abgesehen werden, wenn der zu Identifizierende bereits früher nach dem GwG identifiziert wurde. Erforderlich ist aber, dass dies ebenfalls nach Maßgabe des GwG erfolgte; eine frühere Personalienfeststellung nur nach § 10 BeurkG oder persönliche Bekanntheit des Notars genügt nicht.[7]

f) Feststellungen über die Geschäftsfähigkeit

39 Grundsätzlich können nur voll geschäftsfähige Personen rechtswirksame Willenserklärungen abgeben. Die volle Geschäftsfähigkeit wird mit der Vollendung des 18. Lebensjahres (**Volljährigkeit**) erlangt (§ 2 BGB). Bei einigen Geschäften, z.B. zur Annahme eines Schenkungsversprechend, reicht ausnahmsweise die **beschränkte Geschäftsfähigkeit** (= Vollendung des 7. Lebensjahres). In anderen Fällen wird ein Mindestalter verlangt (z.B. ein notarielles Testament darf durch mündliche Erklärung oder Übergabe einer offenen Schrift errichten, wer das 16. Lebensjahr vollendet hat; seine Einwilligung zur Annahme als Kind kann abgeben, wer

3 Aus dem Reisepass kann man die Wohnanschrift nicht entnehmen, dennoch genügt dieser zur Identifizierung. Das GwG erfordert ebenso keinen zusätzlichen Nachweis des Wohnsitzes, wenn der Personalausweis noch eine alte Adressangabe enthält (Frenz/Miermeister/*Hertel*, § 57 BeurkG Rn 113c).

4 Nur wenn im Einzelfall ein geringes Risiko der Geldwäsche besteht, kann der Notar zur Identifizierung auch andere Dokumente, z.B. einen abgelaufenen Personalausweis, genügen lassen, § 14 Abs. 2 S. 1 Nr. 2 GwG.

5 Anstelle von Reisepass oder Personalausweis genügt auch ein amtlicher Pass- oder Ausweisersatz, beides aber nur dann, wenn nach dem Inhalt des Dokuments die Personalangaben nicht lediglich auf den eigenen Angaben des Ausweisinhabers beruhen (vgl. BNotK, Anwendungsempfehlungen GwG 2021, S. 27).

6 Frenz/Miermeister/*Hertel*, § 57 BeurkG Rn 123b.

7 Frenz/Miermeister/*Hertel*, § 57 BeurkG Rn 115.

14 Jahre alt ist). Dies ändert indes nichts daran, dass das Vorliegen der vollen Geschäftsfähigkeit der gesetzliche Regelfall ist.

Das Beurkundungsgesetz verpflichtet deshalb den Notar nicht, die „Geschäftsfähigkeit" festzustellen, sondern die „**erforderliche** Geschäftsfähigkeit" (§ 11 Abs. 1 BeurkG). Ist der Notar überzeugt, dass bei einem Beteiligten die für das beurkundete Geschäft erforderliche Geschäftsfähigkeit nicht vorhanden ist, so soll er die Beurkundung ablehnen (§ 11 Abs. 1 S. 1 BeurkG). Bloße Zweifel an der erforderlichen Geschäftsfähigkeit berechtigen ihn dazu nicht. Vielmehr soll er dann protokollieren, aber seine Zweifel in der Niederschrift festhalten (§ 11 Abs. 1 S. 2 BeurkG). Eine derartige Urkunde wird im Rechtsverkehr indes bestenfalls eingeschränkt genutzt werden können.

Ohne besonderen Anlass braucht in der Niederschrift keine Feststellung über die Geschäftsfähigkeit enthalten zu sein. Es gilt die Vermutung, dass ein Erwachsener geschäftsfähig ist.

Etwas anderes gilt, wenn ein Beteiligter schwer krank ist. Hier ist der Notar gehalten, Feststellungen über die 40
Geschäftsfähigkeit in der Niederschrift zu treffen (§ 11 Abs. 2 BeurkG). Bei Heranwachsenden ist es ratsam, sich über die Volljährigkeit zu vergewissern, bei Minderjährigen sollte man das Geburtsdatum beifügen.

Besonderheiten gelten für die Verfügungen von Todes wegen. Nach § 28 BeurkG soll der Notar in jedem Fall seine Wahrnehmungen über die erforderliche Geschäftsfähigkeit in der Niederschrift vermerken. Bei Verfügungen von Todes wegen und Vollmachten, welche von Kranken erteilt werden, ist besondere Aufmerksamkeit geboten. Die Erklärungen werden von Personen, die im Testament nicht bedacht oder von der Vollmacht beeinträchtigt werden, oft mit der Behauptung angefochten, der Testator oder Vollmachtgeber sei nicht mehr im Vollbesitz seiner geistigen Kräfte gewesen. Der Notar soll die Beteiligten vor dieser Gefahr möglichst schützen und daher Feststellungen treffen, die über den Satz *„der Notar überzeugte sich von der erforderlichen Geschäftsfähigkeit des Erblassers"* hinausgehen. Oft kann ein Attest des behandelnden Arztes beigebracht werden, welches der Nebenakte oder ggf. auch dem Testament beigefügt wird. Wenn der Beteiligte es erlaubt, kann der Notar auch selbst mit dem Arzt sprechen und dessen Auskunft in der Niederschrift vermerken.

g) Feststellungen über Vertretung und Bevollmächtigung

Willenserklärungen werden grundsätzlich dem Erklärenden zugerechnet. Wenn der Erschienene die Erklärun- 41
gen im Namen eines anderen abgibt, spricht man von **Vertretung**. Der Vertretene (Geschäftsherr) wird aus der Willenserklärung aber nur dann unmittelbar berechtigt und verpflichtet, wenn der Erklärende **Vertretungsmacht** hatte. Sie kann auf dem Gesetz beruhen (= gesetzliche Vertretung) oder auf einer Bevollmächtigung durch den Vertretenen (= „Vollmacht", „gewillkürte" oder „rechtsgeschäftliche" Vertretung).

Vom Notar ist stets zu überprüfen, ob eine wirksame Vertretung vorliegt, insbesondere ob hinreichende Vertretungsmacht besteht.

aa) **Gesetzliche Vertreter** sind bspw. die Eltern für ihre Kinder, Vormünder für die Mündel, die Organe juris- 42
tischer Personen (Geschäftsführer einer GmbH, Vorstand einer Aktiengesellschaft) sowie der persönlich haftende Gesellschafter für die Kommanditgesellschaft.

Vorgelegte Vollmachten bzw. Ausweise über die gesetzliche Vertretung sollen der Niederschrift in Urschrift oder beglaubigter Abschrift beigefügt werden (§ 12 Abs. 1 S. 1 BeurkG). Vormünder, Pfleger und Betreuer weisen ihre Vertretungsmacht bei der Beurkundung durch die Vorlage der Bestellungsurkunde nach.

> *Beispiel*
>
> (…) erschien:
>
> für den minderjährigen, am 31.10.2021 geborenen Manfred Wandler, wohnhaft in Aachen, Domplatz 2,
>
> als Pfleger aufgrund in Urschrift vorgelegter Bestellungsurkunde des Amtsgerichts Aachen vom 3.3.2022 (Az. VIII 83/2022),
>
> die in beglaubigter Abschrift beigefügt ist:
>
> Herr Willi Schiffers in Aachen, Gerichtsstraße 7.

Kinder werden von beiden Eltern gemeinsam vertreten (§ 1629 Abs. 1 S. 2 Hs. 1 BGB). Diese Vertretungsmacht muss regelmäßig nicht gesondert nachgewiesen oder bestätigt werden.

Beispiel

(...) erschienen:

für den minderjährigen, am 31.1.2016 geborenen Boris Bäcker, wohnhaft bei seinen Eltern,

dessen Eltern, die Eheleute Herr Eric Bäcker, geboren am 1.2.1990, und Frau Tanja Bäcker, geborene Eisler, geboren am 2.3.1992, beide wohnhaft in Aachen, Domplatz 2.

Nach dem Tod eines Elternteils steht die Vertretungsmacht dem anderen Elternteil allein zu.

Beispiel

(...) erschien:

für den minderjährigen, am 14.7.2013 geborenen Martin Müller, wohnhaft bei seiner Mutter,

als alleinige gesetzliche Vertreterin dessen Mutter, Frau Sabine Müller, geborene Tadler, geboren am 2.3.1992, wohnhaft in Aachen, Domplatz 2.

43 Eine Sterbeurkunde des anderen Elternteils braucht nicht beigefügt zu werden. Nur wenn Anlass dazu besteht, die Glaubwürdigkeit des erschienenen Elternteils zu bezweifeln, wird der Notar einen geeigneten Nachweis verlangen.

Leben die Eltern, denen die elterliche Sorge gemeinsam zusteht, nicht nur vorübergehend getrennt, insbesondere im Fall der Scheidung, so kann jeder Elternteil beantragen, dass ihm das Familiengericht die elterliche Sorge oder einen Teil der elterlichen Sorge allein überträgt (§ 1671 Abs. 1 BGB). Sofern die Eltern geschieden sind, ist es empfehlenswert, sich den Beschluss über die Übertragung der elterlichen Sorge vorlegen zu lassen.

Beispiel

(...) erschien:

für den minderjährigen, am 13.3.2012 geborenen Wilhelm Schuster, wohnhaft bei seiner Mutter,

als alleinige gesetzliche Vertreterin aufgrund Beschlusses des Amtsgerichts Aachen vom 4.6.2012 (Az. 4 X 13/1997), der in beglaubigter Abschrift beigefügt ist, dessen Mutter, Frau Anne Schuster, geborene Meyer (...)

Vorsicht ist geboten, wenn die Eltern gleichzeitig für sich und für ihr Kind handeln. Denn gemäß §§ 1629 Abs. 2 S. 1, 1824 Abs. 2 BGB können Vater und Mutter das Kind insoweit nicht vertreten, als ein Insichgeschäft nach § 181 BGB vorliegt. Werden die Eltern also auf der einen Seite des Geschäfts für sich selbst oder als Vertreter eines Dritten tätig, können sie grundsätzlich nicht zugleich auf der anderen Seite das Kind vertreten. Weitere Vertretungsverbote sind in § 1824 Abs. 1 BGB aufgelistet. In allen in § 1824 BGB aufgeführten Fällen ist für das Kind ein Ergänzungspfleger nach § 1809 BGB zu bestellen, wenn der Vertretungsausschluss beide Elternteile betrifft.

44 Die elterliche Sorge für Kinder, deren Eltern nicht miteinander verheiratet sind, richtet sich nach § 1626a BGB. Haben die Eltern, die nicht miteinander verheiratet sind, Sorgeerklärungen abgegeben und damit ihre gemeinsame Sorge begründet, so können sie durch **Ausfertigungen** der entsprechenden Sorgeerklärungen ihre Vertretung nachweisen. Liegt keiner der Fälle des § 1626a Abs. 1 oder Abs. 2 BGB vor, hat die Mutter die alleinige Sorge, § 1626a Abs. 3 BGB.

Beispiel

(...) erschienen:

für den minderjährigen, am 13.2.2012 geborenen Tom Schuster, wohnhaft bei seiner Mutter,

dessen Vater, Herr Eric Meyer, und dessen Mutter, Frau Christiane Schuster, gemeinsam sorgeberechtigt;

die erste Ausfertigung der Sorgerechtserklärung vom (...) UVZ-Nr. (...) des Notars (...) vorlegend, von der eine beglaubigte Abschrift dieser Urkunde beigefügt ist.

Juristische Personen (GmbH, AG, Verein, Genossenschaft) werden durch ihre Organe vertreten. Die Vertretungsbefugnis ergibt sich meist aus dem Handels-, Vereins- bzw. Genossenschaftsregister. Nach § 12 S. 2 BeurkG kann der Notar eine Vertretungsbescheinigung beifügen (vgl. dazu Rdn 142).

Beispiel

(…) erschien:

für die „Schmidt GmbH" (AG Düren HR B 1) mit dem Sitz in Düren, Tivolistraße 1,

deren Geschäftsführer Herr Rudolf Müller, wohnhaft in Düren, Tivolistraße 1.

Aufgrund heutiger Einsicht in das Handelsregister bescheinige ich, dass Herr Rudolf Müller alleinvertretungsberechtigter und von den Beschränkungen des § 181 BGB befreiter Geschäftsführer der „Schmidt GmbH" mit Sitz in Düren ist.

Die Einsicht in das Handelsregister muss nicht durch den Notar persönlich erfolgen,[8] er muss sich jedoch – beispielsweise durch Inanspruchnahme zuverlässigen Personals – die entsprechende Gewissheit verschaffen.

Ergibt sich die Vertretungsberechtigung nicht aus öffentlichen Registern ist sie typischerweise anhand von Vollmachtsurkunden zu prüfen, welche im Original oder in Ausfertigung vorliegen müssen.

bb) Tritt ein rechtsgeschäftlich bestellter Vertreter (= gewillkürter Vertreter) auf, so hat der Notar zunächst zu prüfen, ob bei dem vorzunehmenden Rechtsgeschäft Vertretung überhaupt zulässig ist. Manche Geschäfte können nur persönlich abgeschlossen werden. 45

Beispiel

Der Erblasser kann einen Erbvertrag nur persönlich schließen (§ 2274 BGB), das Gleiche gilt für die Testamentserrichtung (§ 2064 BGB) und die Einwilligung zur Annahme als Kind (§ 1746 Abs. 1 BGB).

Weiter muss die Vollmacht ordnungsgemäß erteilt sein und in ihrem Umfang das vorzunehmende Rechtsgeschäft decken. Etwaige Formvorschriften für die Vollmacht müssen eingehalten sein. Gemäß § 167 Abs. 2 BGB bedarf die Vollmacht nicht der Form, welche für das Rechtsgeschäft bestimmt ist, auf das sich die Vollmacht bezieht. Gleichwohl bestehen Vorschriften, welche aus materiell-rechtlichen (z.B. § 2 Abs. 2 GmbHG – Vollmacht zur Gründung einer GmbH) oder formell-rechtlichen (§ 29 Abs. 1 GBO) Gründen eine bestimmte Form erfordern oder zumindest faktisch erforderlich machen.

Die Urkunden für die Vollmacht sollen in Urschrift oder beglaubigter Abschrift der Niederschrift beigefügt werden (§ 12 Abs. 1 S. 1 BeurkG).

Dabei ist zu beachten, dass die Vollmacht bei der Beurkundung immer in **Urschrift** oder **Ausfertigung** vorgelegt werden muss. Denn sie könnte widerrufen oder sonst erloschen sein, ohne dass der Bevollmächtigte das Original der Urkunde oder die Ausfertigung zurückgegeben hat. Nach § 172 Abs. 2 BGB ist der Geschäftsgegner nur bei Vorlage der „Vollmachtsurkunde" in seinem guten Glauben an die Vollmacht geschützt. Vollmachtsurkunde im Sinne des § 172 BGB ist aber nur das Original der Vollmacht und bei notariell beurkundeten Vollmachten eine Ausfertigung (§ 47 BeurkG). Wird die Urschrift oder Ausfertigung der Vollmacht noch anderweitig benötigt, sodass der Vertreter die Urkunde nicht aus der Hand geben kann, so ist außerdem in der Niederschrift selbst festzustellen, dass die Vollmacht in Urschrift oder Ausfertigung vorgelegen hat. 46

Beispiel

(…) erschien:

Herr Franz Schneider, wohnhaft in Düsseldorf, Königsallee 300, hier handelnd

als Bevollmächtigter aufgrund in zweiter Ausfertigung vorliegender Vollmacht vom 3.2.2025 (UVZ-Nr. 50/2025 des Notars Fritz Richard in Mülheim), welcher in beglaubigter Abschrift dieser Niederschrift beigefügt ist, für:

Herrn Reiner Kloster, wohnhaft in Aachen, Domplatz 3.

Es ist auch möglich, dass sich ein Beteiligter vollmachtlos vertreten lässt. Der von einem Vertreter ohne Vertretungsmacht abgeschlossene Vertrag ist bis zur Genehmigung durch den vollmachtlos Vertretenen schwebend unwirksam (§ 177 Abs. 1 BGB).

8 Frenz/Miermeister/*Limmer*, BNotO § 21 Rn 13.

Beispiel

(…) erschien:

für die Stadt Aachen

als vollmachtloser Vertreter, die Genehmigung vorbehaltend:

Herr Anton Müller, wohnhaft in Aachen, Domplatz 5.

h) Erklärungen der Beteiligten einschließlich der Anlagen

47 Nach den Feststellungen über Ort und Tag der Verhandlung, der Bezeichnung des Notars und der Beteiligten folgen die Erklärungen der Erschienenen. Dieser Urkundenteil wird üblicherweise eingeleitet mit: „*Die Erschienenen erklärten*" oder „*Sie erklärten zu Protokoll des Notars*". Als Erklärung der Erschienenen nimmt der Notar deren rechtsgeschäftliche Willensäußerungen in die Urkunde auf. Die Erklärungen werden häufig in direkter Rede wiedergegeben, doch auch die indirekte Wiedergabe ist nicht unüblich.

aa) Erklärungen der Beteiligten

48 Eine Beurkundung geht im Allgemeinen so vor sich: Der Notar, der nicht nur ein „Protokollführer" ist, sondern der unparteiische und fachkundige Berater der Beteiligten, erörtert mit den Erschienenen den Gegenstand der Beurkundung und erforscht das wirklich Gewollte, das er dann formuliert (siehe § 1 Rdn 103 ff.). Den von ihm **formulierten Text** nimmt der Notar als Erklärung der Erschienenen auf. Dadurch, dass die Erschienenen den vom Notar vorgelesenen Text als ihre Erklärung „genehmigen", machen sie sich ihn zu eigen. Es kann somit entgegen dem Wortsinn eine Person vor dem Notar umfangreiche „Erklärungen" im Sinne des § 9 BeurkG abgeben, ohne dabei ein Wort zu sagen, indem sie beispielsweise nur mit dem Kopf nickt und das Protokoll unterzeichnet. Ob die Erklärungen vollständig und geeignet sind, den beabsichtigten Rechtserfolg herbeizuführen, ist keine Frage des Beurkundungsrechts, sondern des materiellen Rechts (BGB, HGB etc.).

Beispiel

Wenn Verkäufer und Käufer beim Grundstücksvertrag die Vertragsbedingungen falsch oder unvollständig angeben – etwa die Gegenleistungen geringer als vereinbart, angeben oder ganz verschweigen, um bspw. Steuern zu hinterziehen – dann ist der Vertrag nicht aus formellen Gründen unwirksam. Denn die Erklärungen vor dem Notar sind richtig protokolliert. Der Vertrag ist unter Umständen aber aus materiellen Gründen unwirksam. Nach § 311b Abs. 1 BGB – der materiellen Vorschrift – müssen alle wesentlichen Vertragsbedingungen beurkundet werden. Nebenabreden außerhalb der Urkunde können zur Nichtigkeit des ganzen Vertrages führen (§§ 311b, 125, 139 BGB).

bb) Anlagen

49 Die Erklärung der Beteiligten muss nicht zwingend im Protokoll selbst enthalten sein. Nach § 9 Abs. 1 S. 2 BeurkG gelten Erklärungen in einem Schriftstück, auf das in der Niederschrift verwiesen und welches der Niederschrift beigefügt wird, als in der Niederschrift enthalten. Ein solches Schriftstück kann Willenserklärungen beliebiger Art enthalten. Es muss nicht vom Notar stammen, kann also auch von den Beteiligten dem Notar übergeben worden sein. Wenn der Inhalt des zu beurkundenden Rechtsgeschäftes durch den in den Anlagen enthaltenen Inhalt näher ausgestaltet, modifiziert oder in sonstiger relevanter Weise mitbestimmt, ist eine Verweisung nach § 9 Abs. 1 S. 2 BeurkG erforderlich.

Zur wirksamen Verweisung auf das Schriftstück ist es erforderlich, dass die in der Anlage niedergelegten Äußerungen von den Erschienenen zum Gegenstand ihrer Erklärungen vor dem Notar gemacht wurden. Fehlt es an einer solchen Verweisung, so ist der Inhalt der Anlage, mag sie der Niederschrift auch beigefügt sein, nicht vom Notar beurkundet. Die Prüfungs- und Belehrungspflicht des Notars (§ 1 Rdn 103 ff.) bezieht sich auch auf übergebene und der Niederschrift beigefügte Schriftstücke. Die Anlage muss, da sie zur Niederschrift gehört, vorgelesen und genehmigt werden.

Beispiele für beigefügte Erklärungen

Die Erschienenen gründen eine GmbH und verweisen hinsichtlich der Satzung auf einen Gesellschaftsvertrag, den sie der Niederschrift beifügen. Die Verweisung könnte so lauten: *„Für das Gesellschaftsverhältnis vereinbaren wir den Gesellschaftsvertrag, der dieser Urkunde als Anlage beigefügt ist.“*

Jemand möchte die Richtigkeit von Angaben in einem Schriftstück an Eides statt versichern. In der Niederschrift belehrt der Notar über die Bedeutung der eidesstattlichen Versicherung und die Strafbarkeit einer fahrlässig oder vorsätzlich falschen Versicherung dieser Art. Der Erschienene versichert dann an Eides statt, dass die in dem als Anlage beigefügten und mit beurkundeten Schriftstück enthaltenen Angaben richtig und vollständig sind.

Häufig bedienen sich die Beteiligten zur Verdeutlichung ihrer Erklärungen dem Protokoll beizufügender Karten, Zeichnungen oder sonstiger Abbildungen;[9] etwa beim Verkauf von noch nicht vermessenen Teilflächen. Dem Kaufvertrag über ein Trennstück wird regelmäßig eine Katasterkarte oder eine Handskizze beigefügt. In die Karte sind die Grenzen des herauszumessenden Teilstückes eingezeichnet. 50

Karten, Zeichnungen und Abbildungen enthalten keine vorlesbaren Worte und sind deshalb keine „Schriftstücke“. Dennoch behandelt § 9 Abs. 1 S. 3 BeurkG diese Hilfsmittel wie Schriftstücke, sodass sie als Anlage mitbeurkundet werden können – und auch mitbeurkundet werden müssen, wenn die Erklärung ohne die Abbildung nicht verständlich wäre.

Soweit sich aus der Erklärung in Verbindung mit der Karte eine hinreichend klare Aussage ergibt, wird die Niederschrift von der möglicherweise umständlichen und wenig anschaulichen Wiedergabe des Karteninhalts in Wortform befreit. Allerdings ist es nicht möglich, Karten und dergleichen isoliert zu beurkunden. Erforderlich ist stets eine rechtsgeschäftliche Erklärung in der Niederschrift selbst, welche sich auf die Karte als Erklärungsmittel bezieht. 51

Die Möglichkeit, Erklärungen unter Verwendung von Abbildungen, Karten und Zeichnungen abzugeben, wirkt sich auf das **Beurkundungsverfahren** aus: Da diese Unterlagen nicht vorgelesen werden können, sieht § 13 Abs. 1 S. 1 HS. 2 BeurkG für Karten, Zeichnungen und Abbildungen als Ersatz die Vorlage zur Durchsicht vor. Sie ersetzt das nicht mögliche Vorlesen.

Der Notar formuliert in diesen Fällen beispielsweise wie folgt:

▼

Muster 3.3: Vorlage zur Durchsicht

Das Teilstück ist in der als Anlage zu dieser Urkunde genommenen Skizze angelegt und mit den Buchstaben bezeichnet. 3.3

Die Skizze wurde den Beteiligten zur Durchsicht vorgelegt und von ihnen genehmigt.

▲

Das Gesetz sieht nicht vor, dass diese Form der Anlagen von Urkundsbeteiligten unterzeichnet werden müssen. Gleichwohl beugen entsprechende Unterschriften späteren Streitigkeiten vor – insbesondere wird der Einwand, dass es sich nicht im die „richtige“ Anlage handele, abgeschnitten.

Keine Verweisung im Sinne des § 9 Abs. 1 S. 2 BeurkG liegt vor, wenn die „Verweisung“ lediglich auf Inhalte erfolgt, welche **nicht beurkundet** werden müssen. In diesen Fällen wird auch von einer „unechten Verweisung“ gesprochen. Diese Form der Bezugnahme bietet sich beispielsweise für lediglich zu Informationszwecken beigefügte Inhalte an. Es ist auch möglich, der Niederschrift Datenträger (USB-Sticks, externe Festplatten SD-Karten etc.) beizufügen, sofern die darauf enthaltenen Daten keine für den Beurkundungsgegenstand relevanten rechtsgeschäftlichen Erklärungen enthalten. 52

i) Verweisung auf eine andere notarielle Niederschrift gemäß § 13a BeurkG

Erklärungen, die zum beurkundungsbedürftigen Inhalt eines Rechtsgeschäftes gehören, können zunächst auf zweierlei Weise beurkundet werden: 53

9 Auch Fotografien, DNotI-Report 2007, 60 ff.

1. Die **Erklärungen** werden in die Niederschrift selbst aufgenommen, § 9 Abs. 1 Nr. 2 BeurkG.
2. In der Niederschrift wird auf die Erklärungen in einem anderen Schriftstück **verwiesen**, das andere Schriftstück wird als „echte" Anlage beigefügt und mitvorgelesen, § 9 Abs. 1 S. 2 BeurkG.

Eine dritte Möglichkeit der Beurkundung hat der in das Beurkundungsgesetz eingeführte § 13a BeurkG geschaffen:

3. In der Niederschrift wird auf das andere Schriftstück, sofern dies eine notarielle **Niederschrift** ist, in dem Verfahren nach § 13a BeurkG verwiesen.

Das Verweisungsverfahren nach § 13a BeurkG unterscheidet sich nur insoweit von der Aufnahme in die Niederschrift selbst und von der Mitbeurkundung als Protokollanlage, als das Vorlesen und Beifügen **verzichtbar** sind.

Es handelt sich bei dem Beurkundungsverfahren nach § 13a BeurkG um eine vom Gesetzgeber gewollte Vereinfachung, die notwendig geworden war, um die Beurkundung zu erleichtern, nachdem die Rechtsprechung des Bundesgerichtshofes bei der Bezugnahme auf andere notarielle Urkunden neue Anforderungen gestellt hatte.

54 § 13a BeurkG will bei der Beurkundung umfangreicher **serienmäßiger** Abmachungen, wie sie der moderne Rechtsverkehr mit sich bringt (Bauträgerverträge mit Baubeschreibung; Verkauf von Eigentumswohnungen mit Teilungserklärung; Beurkundung von Zusatzabreden bei Kaufverträgen wie Fernwärme- oder Antennenvereinbarungen) den Beteiligten das lange Vorlesen, welches oft ein mäßig sinnvoller Formalismus wäre, und die unnötige Beifügung von Urkunden, welche schon im Besitz der Beteiligten sind, ersparen. Demzufolge erlaubt das Verfahren nach § 13a BeurkG, unter bestimmten Voraussetzungen auf Vorlesen und Beifügen solcher Anlagen zu verzichten, die bereits anderwärts **notariell beurkundet** sind. Damit eine Verweisung nach § 13a BeurkG möglich ist, muss die Urkunde, auf welche verwiesen werden soll, nach den Vorschriften über die Beurkundung von Willenserklärungen errichtet worden sein, § 13 Abs. 1 S. 1.

Die folgenden Grundsätze gelten nur für das „echte" Verweisen im engeren Sinne, d.h. nur für die Bezugnahme auf solche Urkunden, deren Inhalt „an sich" mit vorgelesen, genehmigt und unterschrieben, also mit „beurkundet" werden müsste. Die Bezugnahme auf andere (auch privatschriftliche) Urkunden oder Karten etc., die nur als erläuternder Hinweis gemeint ist und deren Protokollierung durch die Verweisung nicht erübrigt werden soll, weil es ihrer gar nicht bedarf („unechte Verweisung"), unterliegt den nachfolgenden Regeln nicht.

> *Beispiel*
>
> In einem Erbscheinsantrag wird auf ein eigenhändiges Testament „verwiesen" oder auf dieses „Bezug genommen".

55 Die zwingenden Wirksamkeitsvoraussetzungen für das vereinfachte Beurkundungsverfahren nach § 13a BeurkG sind:

1. Es muss auf eine andere **notarielle** Niederschrift verwiesen werden. Die Verweisung auf andere öffentliche Urkunden (auch Urkunden im Sinne des Beurkundungsgesetzes, die von anderen Urkundspersonen protokolliert worden sind) und ausländische Urkunden würde die Verweisung und damit bei echten Verweisungen die Urkunde selbst unwirksam machen. Die Urkunde, auf die verwiesen wird, muss nach den Vorschriften über die Beurkundung von Willenserklärungen errichtet sein. Es darf also nur auf Urkunden gemäß §§ 8 ff. BeurkG verwiesen werden, nicht auf solche nach §§ 36 ff. BeurkG (Beurkundung tatsächlicher Vorgänge, Versammlungsbeschlüsse, Eide, Unterschriftsbeglaubigung). Besonders wichtig und anzumerken ist, dass eine Urkunde, unter der nur eine Unterschrift beglaubigt wurde, nicht verweisungsfähig ist. Die andere notarielle Urkunde, auf die verwiesen wird, muss formwirksam sein.
2. Auf die andere notarielle Niederschrift muss in der zu errichtenden Niederschrift **verwiesen** werden. „Verweisen" auf die andere notarielle Niederschrift setzt voraus, dass die andere Niederschrift genau bezeichnet wird nach Notar, Amtssitz, Datum, Urkundenverzeichnisnummer, und dass der Inhalt der anderen Urkunde in die zu errichtende Niederschrift einbezogen wird.
3. Weiter verlangt das Verfahren nach § 13a Abs. 1 BeurkG, dass die Beteiligten auf das Vorlesen der anderen Urkunde verzichten. Die Erklärung des Verzichts muss verbunden sein mit der Erklärung der Beteiligten, der Inhalt der anderen Niederschrift sei ihnen bekannt.

Es kann auch auf das **Beifügen** der anderen Niederschrift, auf die verwiesen wird, verzichtet werden, ferner sowohl auf das Vorlesen wie auf das Beifügen oder auch nur auf das Vorlesen oder nur auf das Beifügen.

Neben den unverzichtbaren Wirksamkeitsvoraussetzungen für die Verweisung, deren Verletzung die Beurkundung nichtig macht, kommt den Soll-Vorschriften in § 13a BeurkG besondere Bedeutung zu. Durch sie soll sichergestellt werden, dass die Beteiligten auch ohne Vorlesen über den Inhalt der Niederschrift, auf die verwiesen wird, unterrichtet sind. Die Soll-Vorschriften einzuhalten ist Amtspflicht des Notars. Die Formulierung „soll" bringt lediglich zum Ausdruck, dass die Verweisung bei Nichteinhaltung gleichwohl wirksam ist. 56

Folgende Förmlichkeiten soll der Notar bei dem Beurkundungsverfahren nach § 13a BeurkG beachten:

1. Die Niederschrift soll feststellen, dass die Beteiligten erklärt haben, der Inhalt der anderen Niederschrift sei ihnen bekannt und sie verzichteten auf das Vorlesen.
   Wenn auch auf das Beifügen verzichtet wird, soll dies ebenfalls zusätzlich vermerkt sein. Gleiches gilt, wenn nur auf das Beifügen verzichtet wird (nicht also auch auf das Vorlesen).
2. Der Notar soll nur beurkunden, wenn den Beteiligten die andere Niederschrift zumindest in beglaubigter Abschrift bei der Beurkundung vorliegt. Das Wort „zumindest" stellt klar, dass Urschrift und Ausfertigung auch genügen.
3. Kann die andere Niederschrift bei dem Notar oder einer anderen Stelle rechtzeitig vor der Beurkundung eingesehen werden, so soll der Notar dies den Beteiligten vor der Verhandlung mitteilen; befindet sich die andere Niederschrift bei dem Notar, so soll er diese den Beteiligten auf Verlangen übermitteln, § 13a Abs. 3 BeurkG.

Der Notar entscheidet in eigenem Ermessen, wann er von dieser Form der Verweisungsmöglichkeit Gebrauch macht. Maßstab für diese Entscheidung dürfte stets die ordnungsgemäße Erfüllung der Pflichten aus § 17 BeurkG sein. Auch für die Inhalte der Urkunde, auf welche verwiesen wird, gelten die notariellen Belehrungspflichten. Gerade in denjenigen Fällen, in welchen viele Nebenpunkte geregelt werden müssen und die Haupturkunde ohne eine Verweisung nach § 13a BeurkG einen Umfang annehmen würde, welcher die Informationsaufnahmefähigkeit der Klienten sicher übersteigt, sollte diese Möglichkeit in Betracht gezogen werden. Die Pflichten aus § 17 Abs. 2a BeurkG können durch eine Verweisung nach § 13a BeurkG nicht umgangen werden.

Das Gesetz schreibt nicht vor, dass der Notar bei der Beurkundung die Beachtung der Soll-Vorschriften zu vermerken hat. Dennoch muss empfohlen werden, in der Niederschrift die Einhaltung der Soll-Vorschriften zu protokollieren. 57

Das nachfolgende Muster geht davon aus, dass die Beteiligten auf Vorlesen und Beifügen der anderen Niederschrift verzichten:

▼ 58

Muster 3.4: Verzicht auf Vorlesen und Beifügen von anderen Niederschriften

Bezüglich der Teilungserklärung, Baubeschreibung und der Aufteilungspläne, die Gegenstand dieses Vertrages sind, verweisen die Beteiligten auf die Urkunde des amtierenden Notars vom – UVZ-Nr. / –, welche zur heutigen Beurkundung in Urschrift vorlag. Der Käufer hat bereits vor der heutigen Verhandlung vom Notar eine beglaubigte Abschrift dieser Urkunde erhalten.

Der Notar hat die Beteiligten darüber belehrt, dass der Inhalt dieser Urkunde als Teil ihrer heutigen Vereinbarungen mit dem Abschluss dieses Vertrages für sie verbindlich wird.

Die Beteiligten erklärten, dass ihnen der Inhalt dieser Urkunde bekannt sei und dass sie auf das Vorlesen der Schriftstücke, auf die Vorlage der Baupläne zur Durchsicht und auf das Beifügen dieser Urkunden zur heutigen Niederschrift verzichten.

▲

j) Eingeschränkte Vorlesungspflicht

§ 14 BeurkG enthält eine Einschränkung der Vorlesungspflicht nach § 13 BeurkG. Werden Bilanzen, Inventare, Nachlassverzeichnisse oder sonstige Bestandsverzeichnisse über Sachen, Rechte und Rechtsverhältnisse in ein Schriftstück aufgenommen, auf das in der Niederschrift verwiesen und dieser beigefügt wird, so braucht es 59 nicht vorgelesen zu werden, wenn die Beteiligten auf das Vorlesen verzichten. Das Gleiche gilt bei der Bestellung von Grundpfandrechten für diejenigen Erklärungen, die nicht selbst in das Grundbuch eingetragen werden müssen. Auch diese können in ein Schriftstück aufgenommen werden, auf das die Niederschrift verweist und welches der Niederschrift beigefügt wird. Das beigefügte Schriftstück braucht nicht vorgelesen zu werden, wenn die Erschienenen darauf verzichten. Der Verzicht ist in die Niederschrift aufzunehmen. Das Schriftstück soll den Beteiligten zur Kenntnisnahme vorgelegt und von ihnen unterschrieben werden. Besteht das Schriftstück aus mehreren Seiten, so **soll** jede einzelne Seite von den Beteiligten unterzeichnet werden. Die erfolgte Vorlegung soll in der Niederschrift vermerkt werden.

Wenn Bilanzen, Inventare, Nachlassverzeichnisse oder sonstige Bestandsverzeichnisse beigefügt werden, so ist zu beachten, dass sie sich auf einen real existierenden Bestand beziehen müssen. Beschreibungen oder Auflistungen von Gegenständen, die erst noch beschafft oder hergestellt werden müssen, beispielsweise die Baubeschreibung im Rahmen eines Bauträgervertrages, unterfallen nach wie vor der uneingeschränkten Vorlesungspflicht.

60 Die **Prüfungs- und Belehrungspflicht**, § 17 BeurkG (siehe § 1 Rdn 103 ff.) besteht auch hinsichtlich des nicht verlesenen Schriftstückes. Die missbräuchliche Auslagerung geschäftswesentlicher Vereinbarungen in Bezugsurkunden nach § 13a BeurkG ist nach II Abs. 2 der Richtlinienempfehlungen unzulässig.

Bei der Beurkundung von Grundpfandrechten **muss** die Niederschrift selbst auf jeden Fall enthalten: Die Bezeichnung des Gläubigers, den Nennbetrag des Grundpfandrechts, den Zinssatz und die anderen Nebenleistungen (§ 1115 Abs. 1 S. 1 BGB), ferner jedenfalls die Unterwerfung unter die sofortige Zwangsvollstreckung (§ 14 Abs. 1 BeurkG).

Dagegen können die schuldrechtlichen Vereinbarungen (Zahlungsbedingungen, Fristen, Kündigungsrechte, Sorgfaltspflichten hinsichtlich des Beleihungsobjektes) in die Anlage aufgenommen werden.

k) Sammelbeurkundung

61 § 13 Abs. 2 BeurkG gestattet eine erleichterte Form der Vorlesung bei Sammelbeurkundungen:

Werden mehrere Niederschriften aufgenommen, die ganz oder teilweise übereinstimmen, so genügt es, wenn der übereinstimmende Teil den Beteiligten einmal vorgelesen oder anstelle des Vorlesens zur Durchsicht vorgelegt wird. Bei der sog. **Sammelbeurkundung** muss der Notar Folgendes beachten:

- Alle Beteiligten müssen mit dem Verfahren **einverstanden** sein,
- die Verschwiegenheitspflicht darf **nicht verletzt** werden,
- die **Belehrung** aller Beteiligten über den Inhalt der Urkunde muss sichergestellt sein.

62 Daraus ergeben sich Beschränkungen. Die Richtlinien (Empfehlungen der BNotK Ziffer II 1 S. 4 lit. e) legen fest, dass es regelmäßig unzulässig ist, wenn eine gleichzeitige Beurkundung von mehr als fünf Niederschriften bei verschiedenen Beteiligten stattfindet.

Bei der Beurkundung von Bauträgerverträgen erscheint wegen deren Komplexität eine Obergrenze bei drei Beteiligten angemessen. Denn es ist – wenigstens abstrakt – zu erwarten, dass einzelne Urkundsbeteiligte bei größeren Gruppen ggf. von Fragen Abstand nehmen, welche sie dem Notar andernfalls gestellt hätten.

l) Schlussvermerk und Unterschriften

63 Die textförmige Niederschrift muss in **Gegenwart** des Notars den Beteiligten (sprich: Erschienenen) vorgelesen, von ihnen genehmigt und eigenhändig unterschrieben werden (§ 13 Abs. 1 BeurkG). In ihr soll festgestellt werden, dass dies geschehen ist. Auch der Notar muss sie unterschreiben (§ 13 Abs. 3 S. 1 BeurkG).

„Vorlesen" – „genehmigen" – „unterschreiben" sind die unverzichtbaren Bestandteile jeder notariellen Verhandlung. Ein Verstoß hat die Nichtigkeit der Urkunde zur Folge. Die Beteiligten können den Notar von dem Vorlesen nicht befreien oder durch zustimmende Erklärung die Formnichtigkeit heilen.

Vorzulesen ist das ganze Protokoll vom ersten bis zum letzten Wort, einschließlich des „Protokollkopfes", mit Ort und Tag der Verhandlung, der Bezeichnung des Notars und der Beteiligten. Eine Ausnahme darf gemacht werden, wenn in einem Termin mehrere Urkunden protokolliert werden, deren Wortlaut ganz oder teilweise übereinstimmt. Dann genügt es, eine Urkunde vorzulesen und von den übrigen nur die Abweichungen (§ 13 Abs. 2 BeurkG). Wenn während der Beurkundung Änderungen erforderlich werden, so muss nicht jede betroffene Seite vollständig neu verlesen werden. Es genügt, wenn der geänderte Text nochmals ausdrücklich verlesen wird. Bei derartigen Korrekturen sollte dringlichst darauf geachtet werden, dass nicht infolge geänderter Seitenumbrüche Inhaltsteile verloren gehen. Es ist in diesen Fällen möglich, dies durch einen Nachtragsvermerk nach § 44a BeurkG zu korrigieren. Die wohl größte Gefahr ist indes, dass der Fehler erst dann bemerkt wird, wenn er nicht mehr reparabel ist.

Das Erfordernis des Vorlesens ist eine nicht zu unterschätzende Möglichkeit der Fehlerkorrektur. Gerade beim Vorlesen fallen unklare oder zweideutige Formulierungen regelmäßig eher auch als beim stillen Durchlesen. Zudem lassen sich viele Erläuterungen besser anhand des Urkundstextes denn als „freie Erläuterung" durchführen. Das Gesetz bezweckt mit der Verlesung insbesondere, dass die Beteiligten exakte Kenntnis von den ggf. abzugebenden Erklärungen erhalten können.

Die Versuchung ist groß, das Vorlesen nicht so ganz genau zu nehmen. Bei Formularurkunden, z.B. Grund- 64
schuldbestellungen, bitten die Erschienenen den Notar manchmal, „schnell zu machen", da sie das Formular schon oft gehört hätten und das Vorlesen deshalb eine überflüssige Förmlichkeit sei. Der Notar, der in einem nicht verlesenen Protokoll feststellt, dass es verlesen sei, begeht eine Falschbeurkundung im Amt. Sie kann zur Amtsenthebung führen. Doch selbst für den Fall, dass amtliche Stellen zunächst keine Kenntnis von den Verstößen erhalten sollten, befindet sich der Notar gegenüber den Urkundsbeteiligten aufgrund deren Kenntnis der gravierenden Amtspflichtverletzung in einer ungünstigen Stellung.

Die gesamte Niederschrift muss in Gegenwart des Notars, aber nicht unbedingt von ihm selbst verlesen werden. Ferner muss auch die Durchsicht von Unterlagen, welche nicht verlesen werden, in Gegenwart des Notars erfolgen. Nicht gegenwärtig ist der Notar, wenn er im Nebenraum sitzt und durch die offene Tür zuhört.[10] Auf Verlangen soll der Notar die Niederschrift den Beteiligten zur Durchsicht vorlegen. Die Vorlage ersetzt jedoch nicht das Vorlesen (§ 13 Abs. 1 BeurkG). Die Urkundsbeteiligten müssen bei all diesen Prozessen anwesend sein. Wenn das materielle Recht nicht etwas anderes vorschreibt (z.B. bei der Auflassung, § 925 BGB: gleichzeitige Anwesenheit beider Teile), genügt es, wenn zunächst der Antrag und sodann die Annahme des Antrags von einem Notar beurkundet wird.

Die Urkunde muss von den Beteiligten genehmigt werden. Die Genehmigung kann in beliebiger Form gesche- 65
hen, etwa durch Kopfnicken oder durch anderes schlüssiges Verhalten. Regelmäßig liegt die Genehmigung darin, dass die Beteiligten widerspruchslos unterschreiben. Haben die Beteiligten die Niederschrift eigenhändig unterschrieben, so wird vermutet, dass sie in Gegenwart des Notars vorgelesen oder, soweit es sich um Karten und dergleichen handelt, diese zur Durchsicht vorgelegt und von den Beteiligten genehmigt wurden (§ 13 Abs. 1 S. 3 BeurkG).

Vor den Unterschriften steht der Schlussvermerk, etwa: „Diese Niederschrift wurde den Erschienenen (in Gegenwart des Notars) vorgelesen, von ihnen genehmigt und eigenhändig unterschrieben." Die Beteiligten müssen „eigenhändig" unterschreiben. Auf die Verwendung der Hand kommt es entgegen dem Wortlaut jedoch nicht an. Ein Versehrter kann auch mit dem Mund oder einem Fuß unterschreiben. „Eigenhändig" heißt: Unmittelbar mit eigener Kraft auf das Papier seinen Namen setzen. Hierbei ist es zulässig, den Beteiligten zu unterstützen, etwa durch Halten des Armes oder der Hand.[11] Auch ein Unterschriftszug in einer ausländischen Schriftart (z.B. Chinesisch oder Arabisch) ist zulässig.

„Unterschrift" ist die Namensunterschrift, die mit dem Familiennamen geleistet wird. Die Unterzeichnung nur 66
mit dem Vornamen führt zur Unwirksamkeit der Urkunde.[12] Führt der Erschienene einen anderen Namen als nach bürgerlichem Recht (Ordensname, Künstlername etc.), so kann er auch damit unterschreiben, sofern er dadurch zuverlässig identifiziert wird. Bei mehreren Beteiligten gleichen Familiennamens dient es der Klarheit, wenn der Vorname hinzugefügt wird. Der Name ist auszuschreiben. Der Vertreter unterschreibt mit seiner eigenen Unterschrift und nicht einer Wiedergabe des Namens des Vertretenen. Die Unterzeichnung mit den Anfangsbuchstaben (Paraphe) genügt nicht. Leserlich braucht der Namenszug nicht zu sein. Auch ein Blinder, der schreiben kann, muss die Niederschrift unterschreiben (vgl. Rdn 70).[13] In öffentlicher Funktion tätige Per-

10 BGH DNotZ 1975, 940, 941.
11 BayObLG DNotZ 1986, 299.
12 BGH ZNotP 2003, 142.
13 Zu den Anforderungen an Unterschriften unter der notariellen Niederschrift vgl. *Kanzleiter*, DNotZ 2002, 520 ff., und allgemein Frenz/Miermeister/*Limmer*, § 13 BeurkG Rn 18 ff.

sonen müssen nicht ihre Amtsbezeichnung hinzufügen. Auch ist die Beifügung von Dienstsiegeln von juristischen Personen des öffentlichen Rechts nicht erforderlich, § 72 BeurkG. Wirken neben den Beteiligten noch andere Personen mit (z.B. Dolmetscher), so unterzeichnen diese regelmäßig nach den unmittelbar Beteiligten; die Unterschrift des Notars muss auch die der weiteren Beteiligten decken.

Handzeichen, z.B. drei Kreuze, sind keine Unterschrift. Deshalb muss für einen Schreibunkundigen oder Schreibunfähigen ein Schreibzeuge zugezogen werden, der für ihn unterschreibt (vgl. Rdn 72). Da der Schreibunfähige jedoch seine Handzeichen notariell beglaubigen lassen kann, hilft sich die Praxis, wenn kein Schreibzeug zur Hand ist, mitunter damit, dass für den Schreibunfähigen ein mündlich Bevollmächtigter auftritt (sofern Vertretung zulässig ist) und der Vertretene unter die Genehmigungsurkunde sein Handzeichen setzt.

67 Die Unterschrift hat unter dem letzten Satz des Protokolls zu stehen. Wenn ein Beteiligter zwischen dem Schlussvermerk und seiner Unterschrift Platz lässt, soll der Notar den Zwischenraum durch einen Füllstrich vor nachträglichen Einfügungen sichern. Verweigert ein Beteiligter die Unterschrift, so ist die Beurkundung seiner Erklärung nicht zustande gekommen.

Die Unterschrift des Notars schließt die Beurkundung ab. Die zeitliche Reihenfolge kommt auch räumlich zum Ausdruck. Die Unterschrift des Notars ist die letzte und steht unter den anderen Unterschriften.

Der Notar hat gemäß § 1 DONot die Unterschrift, die er bei Amtshandlungen anwendet, dem Präsidenten des Landgerichts einzureichen. Die Unterschrift kann in der Regel auf den Nachnamen beschränkt werden. Bei der Unterschrift soll die Amtsbezeichnung angegeben werden („Notar“ oder „Notarvertreter“).

Hat der Notar seine Unterschrift versehentlich vergessen, so kann er sie nach herrschender Ansicht bei lebzeitigen Erklärungen auch dann noch nachholen, wenn bereits Ausfertigungen erteilt wurden. Die Anwesenheit der Urkundsbeteiligten ist hierzu nicht erforderlich. Hierzu ist eine Nachtragsverhandlung erforderlich. Die Nachtragsverhandlung könnte etwa lauten:[14]

▼

Muster 3.5: Nachtragsverhandlung

3.5 Diese Verhandlung habe ich am ______ fortgesetzt und mit meiner Unterschrift abgeschlossen.

▲

68 Etwas anderes gilt bei Verfügungen von Todes wegen. Ob die fehlende Unterschrift des Notars nur nachgeholt werden soll, solange der Erblasser noch lebt, ist nicht abschließend geklärt.

Allerdings wird die in der Niederschrift der Verfügung von Todes wegen fehlende Unterschrift „ersetzt“ durch die in der Aufschrift auf dem verschlossenen Umschlag, mit welchem der Notar die Verfügung von Todes wegen in die besondere amtliche Verwahrung bringt, § 35 BeurkG (siehe Rdn 185).

2. Beteiligung behinderter Personen

69 Das Gesetz will den schützen, der an einem körperlichen Gebrechen leidet und deshalb an der eigenen Überwachung des Beurkundungsvorganges gehindert ist. Ist ein Erschienener gebrechlich (= taub, stumm, blind; oder in der Sprache des Beurkundungsgesetzes: hörbehindert, sprachbehindert, sehbehindert), so müssen bei der Beurkundung die **Sondervorschriften** der §§ 22–26 BeurkG beachtet werden.

a) Art der Behinderung

70 **Hörbehindert** (taub) ist, wer nicht hören kann oder doch so behindert ist, dass eine zuverlässige Verständigung von Mund zu Ohr nicht stattfinden kann. Bloße Schwerhörigkeit ist nicht Taubheit, sofern sie durch lautes Sprechen überwunden werden kann.

Sprachbehindert (stumm) ist, wer sich nicht durch Sprachlaute verständlich machen kann. Unschädlich ist es, wenn der Beteiligte einzelne Worte nicht sprechen kann, sofern er sich durch Zeichen oder Gesten verständlich machen kann. Er muss jedoch das Wort „ja“ sagen können, auch wenn es schwer verständlich ist.[15]

14 LG Aachen DNotZ 1976, 428 ff.
15 BayObLG DNotZ 2000, 471 ff.

Sehbehindert ist, wer blind oder so hochgradig schwachsichtig ist, dass er der Verhandlung nicht mit dem Sehsinn folgen kann. Der Sehbehinderte (Blinde) ist nicht immer schreibunfähig. Viele Blinde können ihren Namen schreiben.

b) Feststellung der Behinderung

Es kommt nicht darauf an, ob der Beteiligte wirklich nicht hören, sehen oder sprechen kann. Das Urteil darüber ist schwierig und darf nicht allein dem Notar überlassen bleiben. Das Gesetz stellt deshalb alternativ auf die Angabe des Beteiligten selbst **oder** die Überzeugung des Notars ab. Immer reicht die Angabe des Beteiligten, er könne nicht sehen, hören oder sprechen aus, um das besondere Beurkundungsverfahren auszulösen. Will ein Beteiligter seine Behinderung jedoch nicht zugeben, so genügt auch die Überzeugung des Notars von der Behinderung. Ist der Notar von dem Gebrechen des Erschienenen überzeugt, so darf er nur unter Beachtung der Vorschriften der §§ 22 ff. BeurkG beurkunden. 71

c) Beurkundungsverfahren

Steht die Behinderung fest, so hat der Notar die Amtspflicht, zu der Beurkundung einen **Zeugen** oder einen zweiten Notar hinzuzuziehen, sofern nicht **alle** Beteiligten – nicht nur der Behinderte allein – darauf verzichten. Diese Tatsachen sollen in der Niederschrift angegeben werden (§ 22 Abs. 1 S. 3 BeurkG). 72

Als Zeuge oder zweiter Notar darf gemäß § 26 BeurkG nicht hinzugezogen werden, wer

- selbst beteiligt ist, also in der Niederschrift eine eigene Erklärung abgibt, oder vertreten wird,
- aus der zu beurkundenden Willenserklärung einen rechtlichen Vorteil erlangt,
- mit dem Notar verheiratet oder in gerader Linie verwandt ist oder war,
- mit dem Notar eine Lebenspartnerschaft führt,
- zu dem Notar in einem ständigen Dienstverhältnis steht (z.B. Angestellte des Notars, jedoch kann ein Notarassessor, der dem Notar zur Ausbildung überwiesen ist, als Schreibzeuge hinzugezogen werden),
- minderjährig ist,
- geisteskrank oder geistesschwach ist,
- nicht hinreichend zu hören, zu sprechen oder zu sehen vermag,
- nicht schreiben kann,
- der deutschen Sprache, oder wenn in einer anderen Sprache beurkundet wird, dieser Sprache nicht mächtig ist.

Es ist stets zweckmäßig, die Identität des Zeugen zu prüfen. Der Zeuge genehmigt die Niederschrift nicht, der Behinderte genehmigt sie selbst. Der Zeuge **soll** die Niederschrift unterschreiben (§ 22 Abs. 2 BeurkG); der Schreibzeuge **muss** sie unterschreiben (§ 25 S. 3 BeurkG).

Der Blinde muss grundsätzlich selbst unterschreiben. Kann der Blinde nicht schreiben, so wird er als Schreibunfähiger behandelt. Dann ist die Hinzuziehung eines Zeugen unverzichtbar; dieser Schreibzeuge **muss** die Niederschrift unterschreiben (§ 25 S. 3 BeurkG). 73

Auf Verlangen eines hör- oder sprachbehinderten Beteiligten soll der Notar einen Gebärdensprachdolmetscher hinzuziehen (§ 22 Abs. 1 S. 2 BeurkG). Mit dem Ausdruck „auf Verlangen" wird zum Ausdruck gebracht, dass der Notar nicht von sich aus einen Gebärdensprachdolmetscher hinzuziehen soll, sondern nur, wenn dies von dem behinderten Beteiligten verlangt wird. § 22 Abs. 2 BeurkG, wonach die Niederschrift auch vom Zeugen oder zweiten Notar unterschrieben werden soll, erwähnt den Gebärdensprachdolmetscher nicht. Warum er die Niederschrift nicht auch unterschreiben soll, ist aus dem Gesetzestext nicht ersichtlich. Auch seine Unterschrift unter der Niederschrift ist empfehlenswert, da sie jedenfalls nicht schadet.

§ 26 BeurkG (Verbot als Zeuge oder zweiter Notar hinzugezogen zu werden) ist nicht um den Gebärdensprachdolmetscher ergänzt. Ein Verstoß gegen §§ 22 und 26 BeurkG (Hinzuziehung eines Zeugen oder Hinzuziehung eines Gebärdensprachdolmetschers) führt nicht zur Unwirksamkeit der Beurkundung. 74

Da jedoch die gleiche abstrakte Gefährdungslage bei einem Gebärdendolmetscher besteht, sollte der Notar gleichwohl die Vorgaben des § 26 BeurkG auch für den Gebärdendolmetscher einhalten.

aa) Beteiligung eines Hörbehinderten

75 Bei hörbehinderten Personen muss die Niederschrift dem Hörbehinderten anstelle des Vorlesens **vorgelegt** werden. Dies soll in der Niederschrift festgestellt werden. Das Nichtvorlegen bewirkt die Unwirksamkeit der Beurkundung, da es sich bei § 23 BeurkG um eine Muss-Vorschrift handelt.

76 *Beispiel*

Verhandelt zu (…) am (…)

Vor Notar (…) erschienen:

1. Herr Müller (…)
2. Herr Schmitz (…)

Die Erschienenen sind dem Notar bekannt.

Herr Schmitz vermag nach seinen Angaben (oder/und: der Überzeugung des Notars) nicht hinreichend zu hören. Es wurde jedoch allseits auf die Zuziehung eines Zeugen oder zweiten Notars verzichtet (oder: es wurde deshalb als Zeuge zugezogen Herr (…), wohnhaft in (…), dem Notar bekannt, der bei der ganzen Verhandlung zugegen war).

Herr Schmitz verlangte nicht, dass der Notar einen Gebärdensprachdolmetscher hinzuzieht. Die Beteiligten erklärten:

(…)

Diese Niederschrift wurde in Gegenwart des Notars den Beteiligten vorgelesen und Herrn Schmitz zur Durchsicht vorgelegt, von den Beteiligten genehmigt und eigenhändig unterschrieben:

(…)

bb) Beteiligung eines Sprachbehinderten

77 *Beispiel*

Verhandelt zu (…) am (…)

Vor Notar (…) erschienen:

1. Herr Müller (…)
2. Herr Schmitz (…)

Die Erschienenen sind dem Notar bekannt.

Herr Schmitz vermag nach seinen Angaben (oder/und: der Überzeugung des Notars) nicht hinreichend zu sprechen. Es wurde jedoch allseits auf die Zuziehung eines Zeugen oder zweiten Notars verzichtet. Die Hinzuziehung eines Gebärdensprachdolmetschers wurde von Herrn Schmitz nicht verlangt. Die Beteiligten erklärten, und zwar Herr Schmitz im Wege schriftlicher Verständigung:

(…)

Diese Niederschrift wurde in Gegenwart des Notars den Beteiligten vorgelesen, von ihnen genehmigt und eigenhändig unterschrieben:

(…)

Ist der Beteiligte überdies hörbehindert, sind die diesbezüglichen Vorgaben zusätzlich einzuhalten.

cc) Beteiligung eines Sehbehinderten

78 Das nachfolgende Muster gilt für den Fall, dass der Blinde schreiben kann. Wenn der Blinde die Urkunde nicht selbst unterschreibt, muss er als Schreibunfähiger behandelt werden, sodass die Zuziehung eines Schreibzeugens unverzichtbar ist, § 25 S. 3 BeurkG.

79 *Beispiel*

Verhandelt zu (…) am (…)

Vor Notar (…) erschienen:

1. Herr Müller (…)
2. Herr Schmitz (…)

Die Erschienenen sind dem Notar bekannt.

Herr Schmitz vermag nach seinen Angaben nicht hinreichend zu sehen. Es wurde jedoch allseits auf die Zuziehung eines Zeugen oder zweiten Notars verzichtet.

Die Beteiligten erklärten:

(…)

Diese Niederschrift wurde in Gegenwart des Notars den Beteiligten vorgelesen, von ihnen genehmigt und eigenhändig unterschrieben:

(…)

dd) Beteiligung eines Hör- oder Sprachbehinderten, mit dem eine schriftliche Verständigung nicht möglich ist

Eine weitere Besonderheit gilt, wenn ein Beteiligter nach seinen Angaben oder der Überzeugung des Notars nicht hinreichend zu hören oder zu sprechen vermag und sich auch nicht schriftlich verständigen kann. Eine derartige Behinderung soll der Notar in der Niederschrift feststellen. Wird in der Niederschrift eine solche Feststellung getroffen, muss **zwingend** zu der Beurkundung eine Person hinzugezogen werden, die sich mit dem behinderten Beteiligten zu verständigen vermag und mit deren Zuziehung der Beteiligte nach Überzeugung des Notars auch einverstanden ist (§ 24 Abs. 1 BeurkG). Auch diese Umstände sind in der Niederschrift zu vermerken. Auf die Zuziehung der Person, die sich mit dem Behinderten verständigen kann, darf nicht verzichtet werden. Wenn eine schriftliche Verständigung nicht möglich ist, kann der Beteiligte nur über die Mittelsperson seinen Willen äußern. 80

Zweifelt der Notar an der Möglichkeit der Verständigung zwischen der zugezogenen Person und dem behinderten Beteiligten, so soll er dies in der Niederschrift feststellen (§ 24 Abs. 1 S. 3 BeurkG). Die Beurkundung von Willenserklärungen ist insoweit unwirksam, als diese darauf gerichtet sind, der zugezogenen Person einen rechtlichen Vorteil zu verschaffen, § 24 Abs. 2 BeurkG.

Gemäß § 24 Abs. 3 BeurkG bleibt das Erfordernis, nach § 22 BeurkG einen Zeugen oder zweiten Notar hinzuzuziehen, unberührt.

Beispiel 81

Verhandelt zu (…) am (…)

Vor Notar (…) erschienen:

1. Herr Müller (…)
2. Herr Schmitz (…)

Die Erschienenen sind dem Notar bekannt.

Herr Schmitz vermag nach seinen Angaben und nach Überzeugung des Notars nicht hinreichend zu hören (oder/und zu sprechen) und sich auch nicht schriftlich zu verständigen. Der Notar zog deshalb zur Verhandlung zu: Herrn (…) ausgewiesen durch (…), der sich als Gebärdensprachdolmetscher mit Herrn Schmitz zu verständigen vermag und mit dessen Zuziehung Herr Schmitz nach der Überzeugung des Notars einverstanden ist. Der Notar überzeugte sich davon, dass der Gebärdensprachdolmetscher Herr (…) sich mit Herrn Schmitz verständigen kann. Alle Beteiligten verzichteten auf die Zuziehung eines Zeugen oder zweiten Notars.

Die Beteiligten erklärten:

(…)

Diese Niederschrift wurde den Beteiligten vorgelesen, Herrn Schmitz von dem Gebärdensprachdolmetscher übersetzt, von allen Beteiligten genehmigt und von allen Beteiligten und dem Gebärdensprachdolmetscher eigenhändig unterschrieben.

(…)

Vermag der Hör- und Sprachbehinderte, mit dem eine schriftliche Verständigung nicht möglich ist, seinen Namen nicht zu schreiben, so gilt zusätzlich § 25 BeurkG; es muss dann **zwingend** zusätzlich ein (Schreib)Zeuge hinzugezogen werden, wenn nicht bereits nach § 22 BeurkG ein Zeuge oder ein zweiter Notar zugezogen worden ist.

ee) Schwerkranker als Beteiligter

82 Für die Beurkundung mit Beteiligung schwer kranker Personen ist § 11 Abs. 2 BeurkG im Blick zu halten. Nach dieser Vorschrift, die nicht zwischen körperlicher und psychischer Krankheit unterscheidet, sind in solchen Fällen vom Notar besondere Feststellungen über die Geschäftsfähigkeit zu machen.[16] Um der Beweissicherungsfunktion des Vermerks in der Niederschrift zu genügen, hat der Notar zunächst die Erkrankung festzuhalten. Beeinflusst diese Krankheit regelmäßig nur die körperlichen, und nicht die geistigen Funktionen des Beteiligten, reicht die Feststellung des Notars, dass an der Geschäftsfähigkeit keine Zweifel bestehen. Ansonsten muss der Notar beschreiben, auf welche Art und Weise er zu dem Ergebnis gekommen ist, dass der Kranke geschäftsfähig ist. Gerade in Zweifelsfällen sollte erwogen werden, hierzu ärztliche Feststellungen heranzuziehen.

3. Beteiligung schreibunfähiger Personen

83 Schreibunfähigkeit liegt vor, wenn der Beteiligte nicht in der Lage ist, aus eigener Kraft die nach § 13 Abs. 1 S. 1 BeurkG erforderliche eigenhändige Namensunterschrift zu leisten. Worauf die Schreibunfähigkeit beruht, ist gleichgültig. Analphabeten sind Handverletzten oder Handgelähmten gleichzustellen. Ein Armamputierter, der mit dem Mund oder dem Fuß schreiben kann, ist nicht schreibunfähig: Insoweit kommt es nicht auf die Verwendung der Hand an, sondern auf die Schriftleistung mit eigener Kraft. Die Hand darf gestützt werden, jedoch muss die **frei** gewollte Bewegung der Hand erhalten bleiben, ansonsten ist die Unterschrift nicht „eigen"-händig.

Blindheit ist allein kein Grund für Schreibunfähigkeit. Ob der Beteiligte über seinen Namen hinaus schreiben oder Geschriebenes lesen kann, ist unbeachtlich. Auch eine mit fremden Schriftzeichen (z.B. Chinesisch, Arabisch, Kyrillisch) geleistete Unterschrift identifiziert den Urheber und ist deshalb zugelassen. Solange diese Frage jedoch von der Rechtsprechung nicht eindeutig geklärt ist, empfiehlt es sich, den Beteiligten in fremden Schriftzeichen und in lateinischen Lettern unterschreiben zu lassen. Ist dies nicht möglich, kann erwogen werden, ihn vorsichtshalber wie einen Schreibunfähigen zu behandeln. Nach hier vertretener Auffassung ist dies jedoch nicht zwingend erforderlich.

84 Für die Annahme der Schreibunfähigkeit genügt die **Erklärung** des Beteiligten oder die Überzeugung des Notars. Hinsichtlich des Beurkundungsverfahrens gilt das Gleiche wie bei dem gebrechlichen Beteiligten, jedoch mit dem Unterschied, dass **immer** ein Zeuge (Schreibzeuge) oder ein zweiter Notar hinzugezogen werden muss. Die Zuziehung ist unverzichtbar. Ein Verstoß macht die Beurkundung unwirksam (§ 25 Abs. 1 S. 3 BeurkG). Der Schreibzeuge oder der zweite Notar muss die Niederschrift unterschreiben. Ein Schreibzeuge genügt auch für mehrere Schreibunfähige. Zugezogen ist der Zeuge nur, wenn er **vor Verhandlungsbeginn** aufgefordert worden ist, den Beurkundungsvorgang bewusst zu begleiten. Wenn sich erst nach dem Verlesen herausstellt, dass ein Beteiligter nicht schreiben kann, so genügt es nicht, dass der Notar eine Person, die bei Beurkundung anwesend war, als Zeugen unterschreiben lässt. Vielmehr muss die Niederschrift in Gegenwart des Zeugen nochmals vorgelesen werden.[17]

85 *Beispiel*

Vor (...) erschienen:

1. Herr Müller (...)
2. Herr Schmitz (...)

Die Beteiligten sind dem Notar bekannt.

Herr Schmitz erklärte, seinen Namen nicht schreiben zu können. Es wurde daher Herr Emil Meier, geboren am 13.5.1940, wohnhaft in 50667 Köln, Unter Sachsenhausen Nr. 10, als Zeuge hinzugezogen. Er ist dem Notar von Person bekannt.

Die Beteiligten erklärten:

(...)

16 OLG Bamberg RNotZ 2013, 43.

17 Hierzu insgesamt BayObLG DNotZ 1985, 217.

Diese Niederschrift wurde in Gegenwart des Notars und des Schreibzeugen den Beteiligten vorgelesen, von den Beteiligten genehmigt und von ihnen – mit Ausnahme von Herrn Schmitz – sowie dem Zeugen eigenhändig unterschrieben.

4. Urkundssprache und Beteiligung sprachfremder Personen

Grundsätzlich sind die Urkunden in deutscher Sprache abzufassen (§ 5 Abs. 1 BeurkG). Das ist zwingendes Recht für Amtsgerichte, Standesämter, Jugendämter und alle anderen Urkundspersonen. Nur der Notar (und die deutschen Konsuln) dürfen die Urkunden auf Verlangen der Beteiligten in einer fremden Sprache errichten. Der Notar soll das aber nur tun, wenn er dieser Sprache hinreichend mächtig ist (§ 5 Abs. 2 BeurkG). 86

Fremdsprachige Urkunden eines deutschen Notars sind in der Praxis eher selten. Häufiger kommt es vor, dass ein Beteiligter die deutsche Sprache, in welcher die Niederschrift aufgenommen wird, nicht hinreichend versteht. In diesem Fall muss das besondere Beurkundungsverfahren für Sprachfremde eingehalten werden (§ 16 BeurkG).

Sprachfremd ist ein Beteiligter, wenn er erklärt, der Urkundensprache nicht hinreichend kundig zu sein, oder wenn sich der Notar von der mangelnden Sprachkenntnis überzeugt hat. Dies soll in der Urkunde vermerkt werden. Alsdann muss sie dem sprachfremden Beteiligten anstelle des Vorlesens übersetzt werden. Die Übersetzung geschieht mündlich. Der Notar soll den Beteiligten darauf aufmerksam machen, dass er **außerdem** eine schriftliche Übersetzung verlangen kann. Sie ersetzt die mündliche nicht. Ist eine schriftliche Übersetzung verlangt worden, so wird sie dem Sprachfremden zur Durchsicht vorgelegt und der Niederschrift als Anlage beigefügt. 87

Der Notar – vorausgesetzt, er ist der fremden Sprache kundig – kann selbst übersetzen. Übersetzt der Notar nicht selbst, so muss ein Dolmetscher hinzugezogen werden. Es reicht nicht, wenn ein anderer Beteiligter dem Sprachfremden die Urkunde übersetzt. Als Dolmetscher kann keine Person mitwirken, bei der Ausschließungsgründe bestehen, die auch einen Notar von der Beurkundung ausschließen würden (vgl. Rdn 152 ff.). Damit soll erreicht werden, dass der Dolmetscher unparteiisch und nicht versucht ist, den Fremdsprachigen durch die Übersetzung zu beeinflussen (§ 16 Abs. 3 i.V.m. §§ 6 und 7 BeurkG). 88

Ist der Übersetzer nicht allgemein vereidigt, so soll der Notar ihn vereidigen, es sei denn, dass alle Beteiligten auf die Vereidigung verzichten. Das besondere Verfahren, das die Beteiligung des Sprachfremden verursacht, soll in der Niederschrift festgehalten werden.

Beispiel 89

Vor (...) erschienen:

1. Herr Müller (...)
2. Herr Legrand (...)

Die Beteiligten sind dem Notar bekannt.

Herr Legrand ist nach der Überzeugung des Notars der deutschen Sprache nicht hinreichend kundig. Er spricht französisch. Es wurde deshalb Herr Hans Dietrich, wohnhaft in Bremen, Hansastraße 11–13, geboren am 7.5.1940, als Dolmetscher zugezogen, in dessen Person Ausschließungsgründe als Dolmetscher nicht vorliegen. Er ist dem Notar bekannt. Er erklärte, als Dolmetscher allgemein vereidigt zu sein. (Oder: Er erklärte, als Dolmetscher nicht allgemein vereidigt zu sein. Alle Beteiligten verzichteten darauf, dass der Notar den Dolmetscher vereidigt.)

Die Beteiligten erklärten:

(...)

Diese Niederschrift wurde den Erschienenen in Gegenwart des Notars in deutscher Sprache vorgelesen und sodann von dem Dolmetscher in die französische Sprache übersetzt. Da Herr Legrand nach Hinweis des Notars eine schriftliche Übersetzung verlangte, fertigte der Dolmetscher eine schriftliche Übersetzung an, die Herrn Legrand zur Durchsicht vorgelegt wurde und der Niederschrift beigefügt ist. (Oder: Der Notar wies Herrn Legrand darauf hin, dass er eine schriftliche Übersetzung verlangen kann. Herr Legrand verzichtete jedoch auf eine schriftliche Übersetzung.) Die Niederschrift wurde von den Beteiligten genehmigt und von ihnen und dem Dolmetscher eigenhändig unterschrieben.

Die Verlesung in der Urkundensprache neben der Übersetzung kann unterbleiben, wenn der Fremdsprachige der einzige Urkundsbeteiligte ist. Die Übersetzung ersetzt aber **nur** gegenüber dem Sprachfremden das Vorlesen. Allen anderen ist die Niederschrift hingegen in der Urkundensprache vorzulesen, auch wenn sie zusätzlich die Sprache, in die übersetzt wird, verstehen.[18]

5. Sondervorschriften für notarielle Testamente und Erbverträge

90 Erbverträge und Testamente sind Verfügungen von Todes wegen. Für ihre Beurkundung gelten die Vorschriften über die Beurkundung von Willenserklärungen, jedoch mit einigen Abweichungen und Ergänzungen (§§ 27–35 BeurkG):

91 a) Im Allgemeinen sind Feststellungen über die Geschäftsfähigkeit der Beteiligten in der Niederschrift nur zu vermerken, wenn dafür ein besonderer Anlass besteht (vgl. Rdn 39 f.). Bei der Beurkundung einer Verfügung von Todes wegen soll der Notar dagegen immer seine Wahrnehmungen über die erforderliche Geschäftsfähigkeit in der Niederschrift schildern (§ 28 BeurkG). Das BGB nennt die Geschäftsfähigkeit bei Verfügungen von Todes wegen „Testierfähigkeit“ (§ 2229 BGB). Damit macht das BGB darauf aufmerksam, dass die bei Verfügungen von Todes wegen erforderliche Geschäftsfähigkeit einige Besonderheiten aufweist (zu den Einzelheiten: § 2229 BGB).

92 b) Der Notar soll – unabhängig von einer Gebrechlichkeit – bis zu zwei Zeugen oder einen zweiten Notar hinzuziehen, wenn die Beteiligten es wünschen (§ 29 BeurkG). In den meisten Fällen wird dies jedoch nicht gewollt.

93 c) Während bei der Beteiligung Sprachfremder die Niederschrift im Allgemeinen nur mündlich übersetzt und die schriftliche Übersetzung nur auf Verlangen angefertigt wird (§ 16 BeurkG), muss bei Verfügungen von Todes wegen grds. stets eine schriftliche Übersetzung angefertigt werden (§ 32 BeurkG). Der Erblasser kann aber auch hier auf die schriftliche Übersetzung verzichten. Wird verzichtet, so muss dies in der Niederschrift festgehalten werden.

94 d) Als Zeuge, zweiter Notar, Dolmetscher oder Gebärdensprachdolmetscher darf über das Mitwirkungsverbot des § 26 BeurkG hinaus bei der Beurkundung einer Verfügung von Todes wegen nicht zugelassen werden, wer durch sie einen rechtlichen Vorteil erlangt. Das Gleiche gilt für den Notar. Er darf nicht beurkunden, wenn er selbst oder einer seiner Angehörigen bedacht wird. Als „bedacht“ gilt auch, wer zum Testamentsvollstrecker ernannt wird (§ 27 BeurkG). Der Notar darf sich also nicht in der Verfügung von Todes wegen zum Testamentsvollstrecker ernennen lassen. § 27 BeurkG verbietet es allerdings nicht, dass der Notar durch einen privatschriftlichen Nachtrag zu dem vom ihm beurkundeten Testament zum Testamentsvollstrecker ernannt wird.[19]

Der Notar soll auch keine Verfügung von Todes wegen beurkunden, durch die sein Sozius zum Testamentsvollstrecker ernannt wird, § 3 Abs. 1 Nr. 4 BeurkG.[20]

Ein Verstoß hat nicht in allen Fällen die Unwirksamkeit zur Folge. Ist der zweite Notar oder ein Zeuge bedacht, so ist die Verfügung zwar wirksam, der Notar hat jedoch gegen eine Amtspflicht verstoßen (§ 27 i.V.m. § 26 Abs. 1 BeurkG). Sind dagegen der beurkundende Notar, der Dolmetscher, deren Ehegatten, Verwandte, Verschwägerte oder der nach § 24 BeurkG hinzugezogene Gebärdensprachdolmetscher bedacht, so ist die sie begünstigende Verfügung unwirksam (§§ 7, 16 Abs. 3, 24 Abs. 2 und 27 BeurkG).

95 e) § 2232 BGB a.F. sah vor, dass ein öffentliches Testament zur Niederschrift eines Notars errichtet wird, indem der Erblasser dem Notar seinen letzten Willen **mündlich** erklärt oder ihm eine Schrift mit der mündlichen Erklärung übergibt, dass die Schrift seinen letzten Willen enthalte. Die mündliche Erklärung war zwingend.[21] Der Erblasser musste also zumindest in der Lage sein, auf die Frage, ob das Vorgelesene seinem letzten Willen entspreche, mit „Ja“ zu antworten. Kopfnicken oder ähnliche Gebärden reichten nicht aus. War der Erblasser nicht in der Lage, dem Notar seinen letzten Willen mündlich zu erklären, kam die Errichtung des öffentlichen Testaments nur in der Weise in Betracht, dass der Erblasser dem Notar

18 Dazu DNotI-Report 2006, 183.
19 OLG Düsseldorf ErbR 2021, 680, 681.
20 Vgl. *Vaasen/Starke*, DNotZ 1998, 661, 669.
21 Zu den Anforderungen an die Sprachlaute vergleiche BayObLG DNotZ 2000, 471, 474 f.

eine Schrift mit der Erklärung übergibt, dass die Schrift seinen letzten Willen enthalte. Diese Schrift brauchte nicht von ihm geschrieben zu sein.

Nach § 2233 Abs. 2 BGB a.F. konnte ein Erblasser, der nicht im Stande war, Geschriebenes zu lesen, das Testament nur durch mündliche Erklärung errichten. Vermochte der Erblasser nach seinen Angaben oder nach der Überzeugung des Notars nicht hinreichend zu sprechen, so konnte er das Testament nur durch Übergabe einer Schrift errichten, § 2233 Abs. 3 BGB a.F. Eine schreib- und sprechunfähige Person konnte daher ein öffentliches Testament nicht errichten. Der Stumme, der nicht schreiben konnte, war damit faktisch testierunfähig.

Das Bundesverfassungsgericht[22] hat entschieden, dass der generelle Ausschluss schreib- und sprechunfähiger Personen von der Testiermöglichkeit in den §§ 2232, 2233 BGB und § 31 BeurkG gegen die Erbrechtsgarantie des Artikels 14 Abs. 1 GG sowie gegen den allgemeinen Gleichheitsgrundsatz des Artikels 3 Abs. 1 GG und das Benachteiligungsverbot für Behinderte in Artikel 3 Abs. 3 S. 2 GG verstößt.

Der Gesetzgeber hat deshalb das Erfordernis einer mündlichen Erklärung für öffentliche Testamente dadurch ganz entfallen lassen, dass in §§ 2232 und 2233 BGB n.F. die Worte „mündlich" jeweils vor den Worten „Erklärung" gestrichen und die §§ 2233 Abs. 3 BGB und 31 BeurkG ersatzlos aufgehoben worden sind.

Damit kann der Erblasser jetzt seine Erklärung gegenüber dem Notar in jeder denkbaren Verständigungsmöglichkeit abgeben, das heißt auch konkludent durch Gebärden, Zeichen oder auf andere Weise, wenn er weder sprechen noch schreiben kann.[23] Voraussetzung für die wirksame Errichtung eines Testaments vor dem Notar ist nur, dass die vorgeschriebenen beurkundungsrechtlichen Formen eingehalten werden, die für die Beurkundung bei der Beteiligung behinderter Personen gefordert werden. Auch der Sprechunfähige, der weder lesen noch schreiben kann, kann nunmehr ein Testament vor dem Notar errichten.

f) Hat der Notar die Niederschrift über die Errichtung einer Verfügung von Todes wegen nicht unterschrieben, 96
so ist die Beurkundung aus diesem Grunde nicht unwirksam, wenn er die Aufschrift auf dem verschlossenen Umschlag (vgl. § 4 Rdn 929) unterschrieben hat (§ 35 BeurkG). Gleichwohl sollte – wie stets – unbedingt auf die ordnungsgemäße Unterzeichnung der Urschrift geachtet werden.

g) Bei einem Erbvertrag gelten die vorstehenden Besonderheiten entsprechend auch für die Erklärungen des 97
anderen Vertragschließenden, der nicht Erblasser ist (§ 33 BeurkG).

III. Sonstige Beurkundungen

1. Allgemeines

Das Gegenstück zur Beurkundung von Willenserklärungen bilden die „**sonstigen Beurkundungen**" (§§ 36–43 98
BeurkG). Dazu zählen insbesondere: die Beurkundung von Eiden, eidesstattlichen Versicherungen und Versammlungsbeschlüssen, die Vornahme von Versteigerungen und Verlosungen, die Aufnahme von Verzeichnissen, die Anlegung und Abnahme von Siegeln, die Beglaubigung von Unterschriften und Abschriften sowie das Ausstellen von Bescheinigungen nach § 21 BNotO.

Das Verfahren für die „sonstigen Beurkundungen" ist im 3. Abschnitt des Beurkundungsgesetzes geregelt. Es gilt entweder die Form der Niederschrift (§ 36 BeurkG), also das gleiche Verfahren wie bei der Beurkundung von Willenserklärungen, oder die Form des Vermerks (§ 39 BeurkG). Der Vermerk ist eine Art verkürzte Niederschrift.

a) Die **Niederschrift** muss die Bezeichnung des Notars, den Bericht des Notars über seine Wahrnehmungen und die 99
eigenhändige Unterschrift des Notars enthalten (§ 37 i.V.m. § 13 Abs. 3 BeurkG). Darüber hinaus soll die Niederschrift den Ort und den Tag der Wahrnehmungen des Notars sowie den Ort und den Tag der Errichtung der Urkunde enthalten (§ 37 Abs. 2 BeurkG). Ähnlich wie bei der Beurkundung von Rechtsgeschäften kann der Bericht in einem Schriftstück enthalten sein, das der Niederschrift als Anlage beigefügt wird (§ 37 Abs. 1 S. 2 BeurkG).

Aus dem Umstand, dass das Gesetz darauf abstellt, dass der Notar seine **Wahrnehmungen** wiedergeben muss, folgt, dass lediglich **Tatsachen** Gegenstand der sonstigen Beurkundung sind. Rechtliche Wertungen

22 BVerfG DNotZ 1999, 409.

23 Grüneberg/*Weidlich*, § 2233 Rn 2 f.

etc. sind gutachterliche Tätigkeiten, deren Entfaltung bereits aus Gründen der Haftungsvermeidung gründlich überdacht werden sollte.

Da in der Urkunde die Wahrnehmungen des Notars beurkundet werden, können – anders als bei der Beurkundung von Willenserklärungen – durch den Notar Änderungen vorgenommen werden, bis die sonstige Urkunde ausgefertigt wird.

100 b) Die Form des **Vermerks** ist gemäß § 39 BeurkG zugelassen bei der Beglaubigung von Unterschriften, Handzeichen, Namenszeichnungen, bei der Feststellung des Zeitpunktes, zu dem eine private Urkunde vorgelegt wird, bei Bescheinigungen über Eintragungen in öffentliche Register, bei der Beglaubigung von Abschriften und sonstigen einfachen Zeugnissen (§ 39 BeurkG).

Der Vermerk muss die Wahrnehmungen des Notars (Zeugnis), die Unterschrift des Notars und das Präge- oder Farbdrucksiegel enthalten. Darüber hinaus soll der Vermerk auch den Ort und den Tag der Ausstellung angeben (§ 39 S. 2 BeurkG).

101 c) Bei der Erstellung des Vermerkes enthält § 39a BeurkG eine bedeutsame Ergänzung: Beglaubigungen und sonstige Zeugnisse im Sinne des § 39 BeurkG können elektronisch errichtet werden. Das hierzu erstellte Dokument muss mit einer qualifizierten elektronischen Signatur versehen werden, welche der Notar selbst erstellt hat. Diese soll auf einem Zertifikat beruhen, das auf Dauer prüfbar ist. Mit dem Zeugnis muss eine Bestätigung der Notareigenschaft durch die zuständige Stelle (Notarkammer) verbunden werden. Das Zeugnis soll Ort und Tag der Ausstellung angeben. Bei Einhaltung dieser Voraussetzungen wird die notarielle Vermerkurkunde in elektronischer Form der papiergebundenen notariellen Urkunde gleichgestellt.

Die Gestalt der elektronischen notariellen (Vermerk-)Urkunde ist in § 39a BeurkG geregelt. Naturgemäß ergeben sich hier aufgrund des anders gearteten Trägermediums Unterschiede zur Urkunde in papiergebundener Form. Die elektronische notarielle Urkunde gemäß § 39a BeurkG stellt eine virtuelle Datei dar. Das schließt eine Unterschrift und das Beidrücken eines Siegels aus. Eigenhändige Unterschrift und Siegel des Notars sind zwingende Anforderungen der papiergebundenen notariellen Vermerkurkunde nach § 39 BeurkG. Bei der elektronischen notariellen Urkunde treten an die Stelle der eigenhändigen Unterschrift und des Siegels funktionsgleiche elektronische Äquivalente: Gemäß § 39a S. 2 BeurkG muss die elektronische Datei eine qualifizierte elektronische Signatur tragen. Diese qualifizierte elektronische Signatur ist das Gegenstück zur eigenhändigen Unterschrift. Bei der qualifizierten elektronischen Signatur wird in einem Zertifizierungsverfahren ein Signaturschlüssel nachweislich einer bestimmten Person durch den **Zertifizierungsdiensteanbieter** (Zertifizierungsstelle, Trustcenter) zugewiesen und auf einer sicheren Signaturerstellungseinheit (auch Notarkarte, N-Karte genannt, früher: Signaturkarte) gespeichert. Durch die Eingabe der zugehörigen PIN in das Kartenlesegerät kann die qualifizierte elektronische Signatur erzeugt werden.

Mithilfe der **Notarkarte** und der Kenntnis der zugehörigen PIN kann der Notar **qualifizierte elektronische Signaturen** erstellen. Dies führt dazu, dass bezogen auf das zu beglaubigende Dokument (regelmäßig eine PDF-Datei) eine zusätzliche Signaturdatei (PKCS #7) erstellt wird. Die PKCS #7-Datei bestätigt die Notareigenschaft und führt zugleich zu einem Fälschungsschutz. Denn wenn nachträgliche Änderungen in dem beglaubigten elektronischen Dokument vorgenommen werden, wird die Signaturdatei ungültig. Eine Prüfung der Signatur, welche die Grundbuchämter, Handelsregister etc. standardmäßig vornehmen, würde also ergeben, dass nach dem Signaturvorgang durch den Notar Änderungen am Dokument vorgenommen wurden. Das gleiche Schutzprinzip, welches durch die abschließende Unterschrift, die Anbringung des Siegels und insbesondere das Verbindung durch Schnur und Siegel (§ 33 BeurkG) in der Papierwelt vor nachträglichen Änderungen schützen soll, wird somit in die elektronische Welt im Wege der Signaturtechnologie übertragen. Eine qualifizierte elektronische Signatur gilt im Vergleich zu einer händischen Unterschrift (z.B. des Notars) als sicherer.

102 Die Regelungssystematik der §§ 39, 39a BeurkG zeigt an, dass für die elektronische Urkunde nach § 39a BeurkG grundsätzlich dieselben rechtlichen Regelungen gelten wie für die papiergebundene Vermerkurkunde nach § 39 BeurkG. § 39a BeurkG macht aufgrund des andersgearteten Mediums nur nähere Vorgaben zur **Ausgestaltung** der elektronischen Urkunde. Hinsichtlich der Frage des Inhalts der vom Notar zu erstellenden Urkunde sind § 39 BeurkG und § 39a BeurkG deckungsgleich. Grundsätzlich kann daher jede Vermerkurkunde, die bislang in papiergebundener Form erzeugt wurde, auch in elektronischer Form dar-

gestellt werden. Konsequenz daraus ist, dass die weiteren Vorschriften der §§ 39 ff. BeurkG, die nähere Vorgaben zum Inhalt der Vermerkurkunde machen, auch auf die elektronische Urkunde Anwendung finden, sofern diese nicht – wie bei der Unterschriftsbeglaubigung (§ 40 BeurkG) – zwingend papiergebundene Form voraussetzen.

2. Beurkundung von Eiden und eidesstattlichen Versicherungen

Nach § 22 BNotO sind die Notare zur Abnahme von Eiden und eidlichen Vernehmungen nur zuständig, wenn 103
der Eid oder die eidliche Vernehmung nach dem Recht eines ausländischen Staates oder zur Wahrnehmung von Rechten im Ausland erforderlich ist. Zur Abnahme von Eiden und eidlichen Vernehmungen in inländischen Angelegenheiten sind die Notare demnach nicht zuständig. Ausnahme: die Vereidigung von Dolmetschern, § 16 Abs. 3 BeurkG (vgl. Rdn 88).

Auch zur Aufnahme einer eidesstattlichen Versicherung ist der Notar nicht unbeschränkt zuständig. Sie darf er nur aufnehmen, wenn einer Behörde oder sonstigen Dienststelle im Sinne des § 1 Abs. 4 VwVfG eine tatsächliche Behauptung glaubhaft gemacht werden soll (§ 22 Abs. 2 BNotO). Ob die zu versichernde Erklärung in den Zuständigkeitsbereich der empfangenden Behörde fällt, muss vom Notar nach wohl überwiegender Auffassung nicht geprüft werden.

Nicht zugelassen ist mithin die Protokollierung einer eidesstattlichen Versicherung, die im privaten Rechtsverkehr einen Sachverhalt glaubhaft machen soll. Gelegentlich verlangen Versicherungen von einem Versicherungsnehmer eine eidesstattliche Versicherung über den Schadensfall. Derartige Beurkundungen sind vom Gesetz nicht vorgesehen und daher vom Notar abzulehnen.

Das Verfahren für die Abnahme von Eiden und die Aufnahme von eidesstattlichen Versicherungen ist in § 38 104
BeurkG geregelt. Es gelten die Vorschriften über die Beurkundung von Willenserklärungen entsprechend: Es ist eine Niederschrift aufzunehmen, sie ist vorzulesen und von dem Erschienenen und dem Notar zu unterschreiben.

Der Notar soll über die Bedeutung des Eides bzw. der eidesstattlichen Versicherung belehren und dies in der Niederschrift vermerken (§ 38 Abs. 2 BeurkG). Dabei macht er in der Regel darauf aufmerksam, dass die vorsätzlich oder fahrlässig falsche Abgabe von Eiden bzw. eidesstattlichen Versicherungen mit Strafe bedroht ist.

Der Hauptanwendungsfall für die Eidesabnahme ist das für den angelsächsischen Rechtskreis (USA, England, Kanada) bestimmte **Affidavit**.

▼ 105

Muster 3.6: Eidesabnahme (angelsächsischer Rechtskreis) 3.6

Vor

erschien

Der Erschienene erklärte:

Ich habe einen Eid zu leisten für einen Rechtsstreit, welcher bei dem Gericht in /England anhängig ist. Ich ersuche um die Abnahme dieses Eides. Herr legte ein in englischer Sprache abgefasstes Schriftstück nebst einer vom vereidigten Dolmetscher beglaubigten Übersetzung vor. Der Erschienene erklärte, dass die vorgelegte Schrift die von dem englischen Gerichtshof gestellten Fragen und seine Antworten darauf enthalte.

Der Notar las dem Erschienenen die deutsche Übersetzung der Schrift vor. Der Erschienene bestätigte die Richtigkeit seiner Antworten und leistete den Eid nach der Belehrung über die Strafbarkeit einer falschen eidlichen Aussage in folgender Weise:

Der Notar sprach die Worte vor: „*Sie schwören bei Gott dem Allmächtigen und Allwissenden, dass die Ihnen vorgelesene Erklärung wahr ist.*"

Der Erschienene sprach darauf: „*Ich schwöre, dass die mir vorgelesene Erklärung wahr ist, so wahr mir Gott helfe.*"

Hierauf setzte der Notar auf den englischen Text den Vermerk: „*sworn before me by* “ Der Vermerk auf dem englischen Text wurde mit Siegel und Unterschrift des Notars versehen und dem Erschienenen ausgehändigt. Die deutsche Übersetzung ist dieser Niederschrift als Anlage beigefügt.

Diese Niederschrift wurde in Gegenwart des Notars dem Erschienenen vorgelesen, von ihm genehmigt und eigenhändig von ihm unterschrieben.

▲

Da der Notar regelmäßig nicht überprüfen kann, ob nach einer ausländischen Rechtsordnung tatsächlich ein Eid bzw. eine eidesstattliche Versicherung erforderlich ist, darf (und in der Regel: muss) er sich auf die diesbezüglichen Aussagen der Beteiligten verlassen.

106 Einfacher ist die Niederschrift über eine eidesstattliche Versicherung.

▼

Muster 3.7: Niederschrift über eidesstattliche Versicherung

3.7 Vor

erschien

Der Erschienene erklärte:

Ich wurde vom Notar darüber belehrt, dass eine vorsätzlich oder auch fahrlässig falsche eidesstattliche Versicherung mit Strafe bedroht ist. Zur Vorlage bei (Angabe der Behörde und ggf. des Verfahrens) versichere ich die Richtigkeit meiner folgenden Angaben an Eides statt:

Diese Niederschrift wurde in Gegenwart des Notars dem Erschienenen vorgelesen, von ihm genehmigt und eigenhändig unterschrieben.

▲

Der Hauptanwendungsfall der eidesstattlichen Versicherung ist der Erbscheinsantrag. Hierbei ist die Versicherung negativ zu formulieren, etwa wie folgt:

107 ▼

Muster 3.8: Eidesstattliche Versicherung – Negative Formulierung

3.8 Ich versichere an Eides statt, dass mir nichts bekannt ist, was der Richtigkeit meiner vorstehenden Angaben entgegensteht.

▲

Häufig wird der Notar um die Beglaubigung der Unterschrift unter einer eidesstattlichen Versicherung gebeten. Eine solche Beglaubigung ist zulässig, entspricht aber nicht dem Verfahren nach § 38 BeurkG. Der Notar kann die Unterschriftsbeglaubigung nach wohl überwiegender, aber bestrittener Meinung jedoch nur ablehnen, wenn ersichtlich ist, dass die Urkunde zu unerlaubten oder unredlichen Zwecken benutzt wird. Ein unlauterer Zweck kann insbesondere darin liegen, dass der Anschein einer eidesstattlichen Versicherung erweckt wird, welche jedoch in Ermangelung der Einhaltung der betreffenden Formvorschriften tatsächlich nicht vorliegt. Der Notar sollte in diesen Fällen stets darauf aufmerksam machen, dass die Behörde die Erklärung in beurkundeter Form verlangen kann (= richtige eidesstattliche Versicherung).

3. Beurkundung von Versammlungsbeschlüssen

108 Der Notar ist zuständig, über **Mitgliederversammlungen** ein Protokoll aufzunehmen und die **Versammlungsbeschlüsse** zu beurkunden (§ 20 Abs. 1 S. 2 BNotO). Dies gilt vor allem für die Gesellschafterversammlungen von Kapitalgesellschaften (Gesellschaft mit beschränkter Haftung, Aktiengesellschaft, Kommanditgesellschaft auf Aktien).

Wenn der Notar über den Hergang und die Beschlussfassung in der Versammlung eine Niederschrift aufnimmt, so beurkundet er keine Willenserklärungen, sondern Tatsachen. Eine Willenserklärung ist zwar die Stimmabgabe. Sie wird jedoch nicht beurkundet, sondern lediglich der tatsächliche Hergang der

Abstimmung als gesellschaftsrechtlicher Gesamtakt. Die Tatsachenbeurkundung wird häufig als Ergebnisprotokoll geführt, in welchem nur die Gesamtergebnisse sowie die für das Zustandekommen und die Wirksamkeit wichtigsten Aspekte aufgenommen werden.

Beurkundungszwang besteht u.a. für folgende **Gesellschafterbeschlüsse**:

- Hauptversammlungsbeschlüsse einer Aktiengesellschaft oder Kommanditgesellschaft auf Aktien (§§ 130 Abs. 1, 278 Abs. 3 AktG mit Ausnahmen für nicht börsennotierte Gesellschaften),
- Beschlüsse der Gesellschafter einer Gesellschaft mit beschränkter Haftung über Änderungen des Gesellschaftsvertrages (§ 53 Abs. 3 S. 1 GmbHG),
- Beschlüsse über die Umwandlung einer Personenhandelsgesellschaft (Offene Handelsgesellschaft, Kommanditgesellschaft) in eine Gesellschaft mit beschränkter Haftung, Aktiengesellschaft oder Kommanditgesellschaft auf Aktien.

Die Form der Protokolle ist mit Ausnahme des Hauptversammlungsprotokolls der Aktiengesellschaft und der Kommanditgesellschaft auf Aktien in den §§ 36, 37 BeurkG geregelt. **109**

Für die Hauptversammlung der Aktiengesellschaft (und der Kommanditgesellschaft auf Aktien) gelten daneben die besonderen Vorschriften der §§ 129, 130 AktG. Die Niederschrift über die Hauptversammlung muss danach zwingend enthalten: den Ort und den Tag der Verhandlung, den Namen des Notars, die Art der Abstimmung (z.B. durch Aufstehen, Stimmzettel), das Ergebnis der Abstimmung und die Feststellung des Vorsitzenden über die Beschlussfassung. Die Belege über die Einberufung sind der Niederschrift als Anlage beizufügen, wenn sie nicht unter Angabe ihres Inhalts in der Niederschrift aufgeführt sind.

Stets müssen die strengeren Vorschriften des Beurkundungsgesetzes über die Beurkundung von Willenserklärungen eingehalten werden, soweit in der Niederschrift **neben** den Beschlüssen auch rechtsgeschäftliche Erklärungen beurkundet werden (z.B. die Übernahme von GmbH-Anteilen bei einer Kapitalerhöhung). Insbesondere sind dann die Verlesung sowie Genehmigung und Unterzeichnung des Protokolls durch die Beteiligten und den Notar notwendig und zu vermerken.

4. Beurkundung sonstiger Tatsachen und Vorgänge in Protokollform

§ 20 BNotO nennt als weitere Tatsachenbeurkundung, die der Notar in Protokollform vollzieht: **110**

- die Vornahme von Verlosungen und Auslosungen,
- die Aufnahme von Vermögensverzeichnissen,
- die Anlegung und Abnahme von Siegeln sowie
- die Durchführung von freiwilligen Versteigerungen.

a) Vornahme von Verlosungen und Auslosungen

Die Verlosung oder Auslosung kann auf zweierlei Weise vor sich gehen. Entweder nimmt der Veranstalter die Verlosung vor und der Notar berichtet in einer Niederschrift über die Verlosung, oder der Notar nimmt die Verlosung selbst vor und berichtet in der Niederschrift darüber. Es handelt sich in beiden Fällen um eine Tatsachenbeurkundung. In der Niederschrift schildert der Notar den Verlosungsvorgang unter Angabe von Ziehungsgerät, Gewinnplan, Verlosungsbestimmungen und der an der Ziehung beteiligten Personen. Der Notar pflegt sich durch Stichproben von der Ordnungsmäßigkeit des Ziehungsmaterials zu überzeugen und dies in der Niederschrift festzustellen. Zweckmäßigerweise wird auch das Vorliegen einer behördlichen Genehmigung vermerkt, am besten unter Beifügung des Genehmigungsbescheides als Anlage zu der Niederschrift. **111**

b) Aufnahme von Vermögensverzeichnissen

Das BGB kennt zwei Verfahren, die Notare an der Aufnahme von Vermögensverzeichnissen zu beteiligen, und unterscheidet diese durch die Wortwahl des Gesetzes: Zum einen soll der Notar **mitwirken** (nachstehend aa)), zum anderen ist die *„**Aufnahme des Verzeichnisses**“* durch den Notar (nachstehend bb)) gefordert. **112**

aa) Die Inventarerrichtung zur **Haftungsbeschränkung** (§§ 1993, 2002 BGB) oder durch den Vormund (§ 1835 Abs. 3 BGB) soll nicht durch den Notar erfolgen, sondern der Notar wird hier lediglich „hinzugezogen“ oder sich seiner „Hilfe bedient“. Hier ist es Aufgabe des Notars, den Erben oder Vormund mit seinen Sach- und Rechtskenntnissen zu unterstützen. Der Notar vermerkt seine Mitwirkung auf der (Privat-)Urkunde des Erben **113** bzw. Vormunds. Er kann aber auch eine Niederschrift über seine Mitwirkung errichten und der Niederschrift das Verzeichnis des Erben oder des Vormundes als Anlage beifügen.

114 bb) Nach § 1035 S. 3 BGB können beim **Nießbrauch** an einem Sachinbegriff (Geschäften, landwirtschaftlichen Betrieben) Eigentümer und Nießbraucher verlangen, dass ein Verzeichnis der mit dem Nießbrauch belasteten Sachen durch einen Notar aufgenommen wird. Jeder Ehegatte, der im Güterstand der Zugewinngemeinschaft lebt, hat einen Anspruch auf Aufnahme eines Verzeichnisses des Anfangsvermögens durch einen Notar (§ 1377 Abs. 2 S. 2 i.V.m. § 1035 S. 3 BGB). Nach Beendigung des **Güterstandes** ist jeder Ehegatte verpflichtet, dem anderen Ehegatten über den Bestand seines Endvermögens Auskunft zu erteilen. Jeder Ehegatte kann verlangen, dass das Verzeichnis auf seine Kosten durch einen Notar aufgenommen wird (§ 1379 Abs. 1 S. 4 BGB).

Eltern haben ihrer Verwaltung unterliegendes Vermögen, das ihr Kind von Todes wegen erwirbt, zu verzeichnen, das Verzeichnis mit der Versicherung der Richtigkeit und Vollständigkeit zu versehen und dem Familiengericht einzureichen (§ 1640 Abs. 1 BGB). Reichen die Eltern ein solches Verzeichnis nicht ein oder ist das eingereichte Verzeichnis ungenügend, so kann das Familiengericht anordnen, dass das Verzeichnis bspw. durch einen Notar aufgenommen wird (§ 1640 Abs. 3 BGB). Ein Verzeichnis auch des übrigen Kindesvermögens kann vom Familiengericht gefordert werden, wenn das Vermögen durch die Verwaltung der Eltern gefährdet erscheint (§ 1667 Abs. 1 S. 3 BGB).

115 Der **Vorerbe** ist berechtigt und auf Verlangen des **Nacherben** verpflichtet, ein Verzeichnis der zur Erbschaft gehörenden Gegenstände durch einen Notar aufnehmen zu lassen (§ 2121 Abs. 3 BGB). Die gleiche Verpflichtung trifft den Testamentsvollstrecker (§ 2215 Abs. 4 BGB) und den Erben, wenn ein Pflichtteilsberechtigter es verlangt (§ 2314 Abs. 1 S. 3 BGB):[24]

Bei der „Aufnahme des Verzeichnisses“ geht die Tätigkeit des Notars über eine reine Beurkundung hinaus. Ihn trifft nämlich die Pflicht, die vorhandenen **Vermögensgegenstände** festzustellen. Dabei wird er sich auf die **Angaben** und **Auskünfte** der Beteiligten stützen müssen, die er mit gebotener Sorgfalt nachzuprüfen hat. Nach Befragung wird er Einsicht in die Grundbücher nehmen, Unterlagen sichten, insbesondere Auszüge von Bankkonten verlangen. Dem Notar obliegt es aber nicht, „ins Blaue hinein“ nach Vermögensgegenständen zu forschen,[25] von denen eine bloße Existenz von Seiten der Beteiligten lediglich behauptet wird, ohne substantiiert darzulegen, ob hierfür eine hinreichende Wahrscheinlichkeit besteht.

Eine sog. **Rasterfahndung** nach Bankkonten bei örtlichen Geldinstituten gehört daher ebenso wenig zu der Erforschungspflicht des Notars wie die Suche nach unbekanntem Grundbesitz des Erblassers, dessen Existenz ohne konkrete Anhaltspunkte behauptet wird.[26]

116 Gesteigerte Anstrengungen sind erforderlich, wenn der **Hausstand** des Erblassers noch existiert; der Notar wird dann häufig einen Ortstermin machen.[27] Der Notar nimmt das Vermögensverzeichnis in Form eines Protokolls nach § 37 BeurkG auf.

c) Anlegung und Abnahme von Siegeln

117 Jeder Besitzer von Sachen oder Räumen kann diese zum Zweck der Beweissicherung durch einen Notar versiegeln lassen.

> *Beispiele*
>
> - Stilllegung einer Mühle durch Versiegelung des Mahlwerks, um in den Genuss einer Stilllegungsprämie zu gelangen.
> - Die Erben lassen, um einer eigenmächtigen Entnahme von Nachlassgegenständen vor der Erbteilung vorzubeugen, die zum Nachlass gehörenden Räume versiegeln.

Auch durch das Gericht kann eine Siegelung von Nachlassgegenständen angeordnet werden (§ 1960 Abs. 2 BGB).

24 Ausführlich hierzu *Schreinert*, RNotZ 2008, 61 ff.; *Braun*, MittBayNot 2008, 351.
25 BGH MittBayNot 2024, 44, 51.
26 Vgl. OLG Köln RNotZ 2013, 127 f.
27 Ausführlich hierzu *Schreinert*, RNotZ 2008, 61 ff.

Der Notar ist für alle Arten der Siegelung zuständig (§ 20 Abs. 1 BNotO). Auch die Siegelung oder Entsiegelung ist ein über die bloße Beurkundung hinausgehender Akt der vorsorgenden Rechtspflege. Über den Akt der Siegelung nimmt der Notar eine Urkunde in Form einer Niederschrift auf, in der er die vorgefundenen Gegenstände und die Siegelung beschreibt. Ein Raum kann versiegelt werden, indem der Notar Türen und Fenster mit Papierstreifen, die sein Siegel tragen, an den Türpfosten und Fensterrahmen verklebt, sodass das Siegel zerreißt, wenn Türen oder Fenster geöffnet werden. 118

d) Freiwillige Versteigerung von Grundstücken

Die **freiwillige Versteigerung** ist ein Verkauf in einem besonderen Verfahren, das durch den Wettbewerb der Kaufanwärter den höchstmöglichen Preis erzielen soll. In der Bekanntgabe der **Versteigerungsbedingungen** durch den Verkäufer liegt eine Aufforderung zur Abgabe von Angeboten zum Abschluss des Kaufvertrages. Die Gebote der Bieter sind die Kaufangebote. Die Annahme des höchsten Gebots erfolgt durch den Zuschlag (§ 156 BGB). Die Bieter sind an ihre Gebote gebunden, bis ein höheres Gebot abgegeben wird oder die Versteigerung ohne Zuschlag geschlossen wird (§ 156 S. 2 BGB). Der Veräußerer kann die Versteigerung selbst leiten, aber auch gemäß § 20 Abs. 3 BNotO dem Notar übertragen. 119

Hierbei ist zu beachten, dass dem Notar grundsätzlich nur die Versteigerung von Grundstücken, Forderungen und sonstiger Rechte obliegt. Die Versteigerung beweglicher Sachen soll er nur bei Vorliegen der Voraussetzungen des § 20 Abs. 3 S. 2 BNotO vornehmen. Im Übrigen erfolgt die Versteigerung beweglicher Sachen grundsätzlich durch gewerbliche Anbieter.

Die **Angebote** der Bieter und der **Zuschlag** durch den Versteigerer sind **Willenserklärungen**. Die Niederschrift des Notars über die Versteigerung enthält folglich die Protokollierung von Tatsachen (Feststellung der Terminbekanntgabe, Mitteilung der Versteigerungsbedingungen, Aufforderung zur Abgabe von Geboten, Feststellung des Meistgebots) und die Beurkundung von Willenserklärungen. Sie muss deshalb den Formvorschriften für Willenserklärungen genügen (Ort und Tag der Verhandlung, Bezeichnung des Notars, Bezeichnung der an der Versteigerung beteiligten Personen). Beteiligt sind neben dem Versteigerer, der als Vertreter des Veräußerers auftritt, die Bieter, die an ihr Gebot gebunden sind (§ 15 BeurkG). 120

Die Niederschrift über die Versteigerung muss den Beteiligten vorgelesen, von ihnen genehmigt und eigenhändig unterschrieben werden (§ 13 BeurkG). Doch macht § 15 BeurkG eine Ausnahme: Entfernt sich ein Bieter vor dem Schluss der Verhandlung, so genügt anstelle seiner Unterschrift grundsätzlich die Feststellung des Notars, dass sich der Bieter entfernt hat.[28] 121

Von der Versteigerung in diesem Sinne zu unterscheiden sind Grundstücksauktionen, bei welchen keine eigentliche Versteigerung im Sinne des § 156 BGB vorliegt, sondern dieses Verfahren nur zur Vorauswahl des eigentlichen Vertragspartners unter den Bietern dient. Im Anschluss daran erfolgt eine grundsätzlich normale notarielle Beurkundung. Da es sich bei derartigen Verfahren um keine Versteigerung im Sinne des § 156 BGB handelt, sind auch die Privilegierungen des § 15 BeurkG auf derartige Konstellationen nicht anwendbar.

5. Beglaubigung von Unterschriften und Handzeichen

In der Praxis vieler Notare macht die Beglaubigung von Unterschriften einen Großteil der Beurkundungen aus. Die öffentliche Beglaubigung ist für alle Erklärungen vorgeschrieben, welche die Eintragung in ein öffentliches Register (Grundbuch, Handelsregister) bezwecken, sowie für einige Erklärungen aus dem Familien- und Erbrecht (z.B. Erbausschlagung nach § 1940 BGB). Bei Geschäften, für die öffentliche Beglaubigung nicht vorgeschrieben ist, kann sie von den Beteiligten gleichwohl gewählt werden (insbes. zum Zweck der Beweissicherung). 122

Öffentliche Beglaubigung ist das Zeugnis des Notars in einem Vermerk über die Echtheit der Unterschrift einer bestimmten Person unter einem bestimmten Text. Mit seiner Unterschrift bekennt sich der Unterzeichner zu dem Schriftstück (§ 416 ZPO). Durch die Beglaubigung der Unterschrift wird also nicht nur dargetan, dass der Namenszug von einer bestimmten Person herrührt, sondern auch bewiesen, dass sich der Unter-

28 Zu Reichweite und sonstigen Voraussetzungen dieser Erleichterung vgl. Armbrüster/Preuß/*Piegsa*, § 15 BeurkG Rn 26 ff.

zeichner den über der Unterschrift stehenden Text zurechnen lassen will. Das ist auch bei der Blankounterschrift nicht anders. Mit ihr bekennt sich der Aussteller zu einem Text, der erst später eingesetzt wird. Die Blankounterschrift kommt in mancherlei Hinsicht der Vollmacht nahe. Jede Beglaubigung darf nur auf Ersuchen der Person vorgenommen werden, deren Unterschrift beglaubigt wird. Es ist unzulässig, dass der Notar eine Unterschrift beglaubigt, deren Vollzug er zufällig beigewohnt hat, wenn der Unterschreibende ihn nicht dazu auffordert.

123 Der Unterschrift steht das **Handzeichen** gleich. Es erfordert keinen individuellen Charakter (z.B. drei Kreuze). Jeder kann es statt seiner Unterschrift leisten, auch wenn er seinen Namen schreiben könnte. Ein Zeuge braucht dabei nicht hinzugezogen zu werden. Häufig wird die unvollständige Unterschrift eines Kranken oder mitunter der fremde Schriftzug eines Ausländers (vgl. Rdn 19, 66) als Handzeichen beglaubigt.

Die Beglaubigung der Unterschrift bzw. des Handzeichens ist das Protokoll über eine persönliche Wahrnehmung des Notars. Die Unterschrift muss in seiner Gegenwart vollzogen oder *vor* ihm anerkannt werden (§ 40 Abs. 1 BeurkG). Die Beglaubigung einer Unterschrift aufgrund schriftlicher oder telefonischer Anerkennung (Fernbeglaubigung) bedeutet eine Amtspflichtverletzung. Wie aus § 40 Abs. 1 BeurkG hervorgeht („soll nur beglaubigen") ist die Fernbeglaubigung aber trotz der Amtspflichtverletzung wirksam. Gleichwohl sollte sie strengstens vermieden werden. Es droht zudem der Vorwurf der Falschbeurkundung im Amt.

124 Während das Schriftstück, unter dem die Unterschrift steht, Privaturkunde bleibt, ist der Beglaubigungsvermerk eine öffentliche Urkunde, genauer: Tatsachenbeurkundung in der Form eines Vermerks. Er **muss** gemäß § 39 BeurkG das „Zeugnis" des Notars, d.h. das Ergebnis seiner Wahrnehmung, seine Unterschrift und sein Siegel sowie gemäß § 40 Abs. 3 BeurkG den Namen der Person enthalten, deren Unterschrift beglaubigt wird. Fehlt eine dieser Voraussetzungen, so ist die Beglaubigung unwirksam.

Ferner **soll** der Vermerk enthalten:

- den Ort und den Tag, an dem der Notar ihn unterzeichnet („ausstellt", § 39 BeurkG),
- Zweifel und Verwechselungen ausschließende Angaben über die Person des Unterzeichners (§ 40 Abs. 4 i.V.m. § 10 Abs. 1, 2 BeurkG),
- die Art der Identitätsfeststellung („von Person bekannt", „ausgewiesen durch …"), § 40 Abs. 4 i.V.m. § 10 Abs. 3 S. 1 BeurkG und
- ob die Unterschrift vor dem Notar vollzogen oder anerkannt worden ist (§ 40 Abs. 3 S. 2 BeurkG).

Erfolgt der Beglaubigungsvermerk auf einem gesonderten Blatt, so ist er mit der vom Klienten unterzeichneten Urkunde mit Schnur und Prägesiegel zu verbinden.

Mit Zustimmung des Unterzeichners sind auch nachträgliche Änderungen am beglaubigten Text möglich.[29] Diese Vorgehensweise führt indes nicht selten zu Diskussionen mit den Empfängern der beglaubigten Erklärung.

125 Das Fehlen dieser Soll-Angaben beeinträchtigt die Gültigkeit der Beglaubigung nicht.

Den Inhalt der Erklärung, unter der die Unterschrift beglaubigt werden soll, braucht der Notar nur darauf zu überprüfen, ob er seine Amtstätigkeit nach § 14 Abs. 2 BNotO, § 4 BeurkG verweigern muss oder ob er nach § 3 BeurkG von der Urkundstätigkeit ausgeschlossen ist. Zu einer weitergehenden Prüfung ist er nur verpflichtet, wenn ihm ein entsprechender Auftrag erteilt wird. Sonst braucht er über den Inhalt der Urkunde und ihre Rechtsfolgen nicht zu belehren. Das gilt nicht, wenn der Notar selbst den Text über der Unterschrift entworfen hat. Dann trifft ihn die volle Prüfungs- und Belehrungspflicht.

126 Unterschriften ohne zugehörigen Text (Blankounterschriften) soll der Notar nur beglaubigen, wenn die Beteiligten darlegen, dass die Beglaubigung vor der Festlegung des Urkundeninhalts benötigt wird (§ 40 Abs. 5 BeurkG). Im Beglaubigungsvermerk soll in diesen Fällen angegeben werden, dass ein durch die Unterschrift gedeckter Text bei der Beglaubigung nicht vorhanden war. Die Angabe entsprechender Gründe dürfte sich grundsätzlich empfehlen. Auch unter einem fremdsprachigen Text und unter Schriftstücken mit fremden Schriftzeichen (chinesisch, griechisch) ist die Unterschrift auf Antrag zu beglaubigen.

Wenn der Notar in Ermangelung entsprechender Fremdsprachenkenntnisse wenig versteht, kann die zusätzliche Aufnahme der folgenden Formulierung erwogen werden:

29 Becksches Notarhandbuch/*Kindler*, § 31 1. E. V. Rn 370.

▼

Muster 3.9: Fehlende Fremdsprachenkenntnisse des Notars

Vom Inhalt des unterzeichneten Textes konnte ich mir mangels entsprechender Fremdsprachenkenntnisse keine Kenntnis verschaffen. 3.9

▲

Beispiel 127

Vorstehende, vor mir vollzogene (bzw. anerkannte) Unterschrift des Herrn Franz Müller, wohnhaft in Aachen, Beeckstraße 57, geboren am 1.1.1952, beglaubige ich. Herr Müller wies sich durch seinen Personalausweis aus.

Siegel Ort, Datum
Unterschrift des Notars

UVZ-Nr.: 334/2025

Vorstehendes, vor mir vollzogenes Handzeichen der Frau Emilie Recht, wohnhaft in Aachen, Altersheim St. Josef, Am Steppenweg 1, geboren am 20.4.1921, beglaubige ich. Frau Recht ist mir von Person bekannt.

Siegel Ort, Datum
Unterschrift des Notars

Der Beglaubigungsvermerk kann, wenn der Notar die Fremdsprache hinreichend beherrscht, in der anderen Sprache angefertigt werden.

Beispiel: Beglaubigung in englischer Sprache 128

(Übersetzung des vorstehenden Musters UVZ-Nr. 333/2025):

File No. 333/2025

I hereby certify that the above is the true signature, subscribed in my presence, of Mr. Franz Müller, of 57 Beeckstraße, Aachen, Germany, born 1st of January 1972, who is personally known to me. (Oder: identified by Passport/by Identity Card.)

Siegel Dueren, June30th 2025
Notary

Beispiel: Beglaubigung in französischer Sprache 129

(Übersetzung des vorstehenden Musters UVZ-Nr.: 333/2025):

Répertoire No 333/2025

Par la présente, je confirme l'authenticité de la signature ci-dessus, apposée devant moi, de Monsieur Franz Müller d'Aix-la-Chapelle, Beeckstraße 57, que je connais personnellement. (Oder: identifié par son passeport).

Siegel Dueren, le 30. Juin 2025
Notaire

Weitere Muster für Beglaubigungen in fremden Sprachen sind abgedruckt bei *Röll*.[30]

6. Beglaubigung von Abschriften

Unter der Beglaubigung einer Abschrift ist das urkundliche Zeugnis darüber zu verstehen, dass eine bestimmte Abschrift mit einer bestimmten Hauptschrift **übereinstimmt**. Als Hauptschrift bezeichnet man die Urkunde, 130

30 *Röll*, DNotZ 1974, 423 ff.

von der die Abschrift genommen ist. Es ist äußerst empfehlenswert, die Kopien der Hauptschrift im Notarbüro anzufertigen und nicht eine von den Beteiligten mitgebrachte „Kopie" zu verwenden, da letztere aufwändig auf Übereinstimmung mit dem Original geprüft werden müsste.

Das Verfahren für die Beglaubigung von Abschriften ist in § 42 i.V.m. § 39 BeurkG geregelt: Der Notar bezeugt auf der Abschrift (Ablichtung) eines Schriftstücks dessen Übereinstimmung mit dem vorgelegten Original. Der **Beglaubigungsvermerk** muss den Ort und den Tag seiner Ausstellung enthalten und ist mit der Unterschrift und dem Siegel des Notars zu versehen. Fehlt eine dieser Angaben, so ist die Beglaubigung unwirksam.

Die Hauptschrift kann eine Urschrift (auch einer Privaturkunde), eine Ausfertigung oder eine (einfache oder beglaubigte) Abschrift sein. Im Beglaubigungsvermerk soll festgestellt werden, ob die Hauptschrift eine Urschrift, Ausfertigung, beglaubigte oder einfache Abschrift ist (§ 42 Abs. 1 BeurkG).

131 ▼

Muster 3.10: Abschriftsbeglaubigung

3.10

Die Übereinstimmung der vorstehenden Abschrift mit der mir vorliegenden Urschrift beglaubige ich.

Siegel ,

Unterschrift des Notars

oder:

Die Übereinstimmung der vorstehenden Abschrift mit der mir vorliegenden Ausfertigung der Urkunde beglaubige ich.

Siegel ,

Unterschrift des Notars

▲

Finden sich in einer dem Notar vorgelegten Urkunde Lücken, Durchstreichungen, Einschaltungen, Änderungen oder unleserliche Worte, zeigen sich Spuren der Beseitigung von Schriftzeichen, insbesondere Radierungen, ist der Zusammenhang einer aus mehreren Blättern bestehenden Urkunde aufgehoben oder sprechen andere Umstände dafür, dass der ursprüngliche Inhalt der Urkunde geändert worden ist, so soll dies in dem Beglaubigungsvermerk festgestellt werden, sofern es sich nicht schon aus der Abschrift ergibt, § 42 Abs. 2 BeurkG.

132 ▼

Muster 3.11: Abschriftsbeglaubigung (Ausradierung)

3.11

Die Übereinstimmung der Abschrift mit der mir vorliegenden Urschrift beglaubige ich. In der ersten Zeile war ein Wort ausradiert. Zwischen den Worten: „schuldet mir" und dem Wort: „Euro" fehlte der Text.

Siegel ,

Unterschrift des Notars

▲

133 Enthält die Abschrift nur den Auszug aus einer Urkunde, so soll in dem Beglaubigungsvermerk der Gegenstand des Auszuges angegeben und bezeugt werden, dass die Urkunde über diesen Gegenstand keine weiteren Bestimmungen enthält (§ 42 Abs. 2 BeurkG). Eine auszugsweise Abschrift sollte dann erwogen werden, wenn die Urkunde bestimmte Inhalte enthält, welche der Empfänger nicht benötigt. Wenn beispielsweise in einer Scheidungsfolgenvereinbarung neben umfangreichen Regelungen zu Versorgungsausgleich, Unterhalt und Zugewinn auch die Übertragung einer Immobilie geregelt wird, muss dieser Teil der Urkunde zum Vollzug dem Grundbuchamt (und ggf. weiteren Beteiligten wie z.B. Gläubigern) übersandt werden. Die an der Urkunde Beteiligten werden indes nicht sonderlich geneigt seien, dem Grundbuchamt, Banken und möglichen Privatgläubigern den Inhalt ihrer Scheidungsfolgenvereinbarung offenzulegen. Daher erhalten diese Stellen in derartigen Fällen einen Auszug der Urkunde, welche nur den für sie relevanten Immobilienteil enthält.

▼ 134

Muster 3.12: Abschriftsbeglaubigung (Textauszug) 3.12

Die Übereinstimmung der vorstehenden auszugsweisen Abschrift des Ehevertrages, welche die Regelungen zur Auseinandersetzung des Immobilienvermögens beinhaltet, mit der mir vorliegenden Urschrift beglaubige ich. Zugleich bescheinige ich, dass die Urschrift weitere, den Ehevertrag betreffende Bestimmungen nicht enthält.

Siegel ,

Unterschrift des Notars

oder:

Die Übereinstimmung der vorstehenden auszugsweisen Abschrift des Kaufvertrages (ohne Auflassung) beglaubige ich. Zugleich bescheinige ich, dass die Urschrift weitere, den Kaufvertrag selbst betreffende Bestimmungen nicht enthält.

Siegel ,

Unterschrift des Notars

▲

„Abschrift" ist nicht wörtlich zu nehmen, bezieht sich also nicht nur auf durch Abschreiben hergestellte Duplikate, sondern ebenso auf Kopien, Abdrucke, Durchschläge oder sonstige Vervielfältigungen. Das alles sind „Abschriften" im Sinne des § 39 BeurkG. 135

Ist ein Siegel in der Abschrift nicht zu erkennen, so wird es an der Stelle, wo es auf der Hauptschrift angebracht ist, durch das Zeichen „L. S." (locus sigilli – Ort/Platz des Siegels) ersetzt. Auch was nicht „geschrieben" wurde, wie Pläne, Zeichnungen, Stammbäume, kann Gegenstand einer beglaubigten „Abschrift" sein.

Die neuen elektronischen Möglichkeiten und der Umstand, dass weder das Notariat noch alle Empfängerstellen volldigital arbeiten, führt zur Notwendigkeit, dass einerseits Papierurkunden elektronisch beglaubigt werden können und andererseits elektronische Dokumente wieder in die Papierwelt überführt werden können. Die diesbezüglichen Regelungen sind in §§ 39a, 42 Abs. 4 BeurkG enthalten (zu § 39a BeurkG ausführlich Rdn 100). 136

Der Vermerk zur Übereinstimmung könnte bspw. wie folgt lauten:

▼

Muster 3.13: Vermerk zur Übereinstimmung

Die Übereinstimmung der vorstehenden papierförmigen Abschrift mit der mir in elektronischer Form vorliegenden beglaubigten Abschrift beglaubige ich. Die Signaturprüfung war erfolgreich. 3.13

▲

Die zur Realisierung dieser Vorgänge erforderlichen technischen Einrichtungen sind in dem von der Bundesnotarkammer bereitgestellten Programm XNP umgesetzt.

7. Bescheinigungen und Bestätigungen

§ 20 Abs. 1 BNotO zählt zu den Aufgaben der Notare „die Beurkundung amtlich von ihnen wahrgenommener Tatsachen". Die Bescheinigungen enthalten nur Zeugnisse über Tatsachen. Tatsachen sind mit einem der Sinne wahrgenommene Vorgänge der Außenwelt, z.B. das Leben einer Person oder die Feststellung, wann eine Urkunde vorgelegt wurde. 137

Die Tatsachenbescheinigung erteilt der Notar regelmäßig in der Form des Vermerks (§ 39 BeurkG). Er kann allerdings auch eine Niederschrift anfertigen (§ 36 BeurkG).

Schlussfolgerungen und Wertungen, die der Notar trifft, kann er nicht als Tatsachen bescheinigen. Daher sind Bescheinigungen über die Vertretungsberechtigung bei Handelsgesellschaften und Bescheinigungen über die Richtigkeit einer Übersetzung (§ 50 BeurkG) so genannte Rechtsbescheinigungen oder 138

„Bestätigungen", die der Notar als öffentliche Urkunde nur ausstellen darf, sofern dies vom Gesetz vorgesehen ist, nämlich als:

- Vertretungsbescheinigung (§ 21 Abs. 1 Nr. 1 BNotO),
- Registerbescheinigung (§ 21 Abs. 1 Nr. 2 BNotO),
- Bescheinigung über die Richtigkeit einer Übersetzung (§ 50 BeurkG),
- Satzungsbescheinigung nach § 181 Abs. 1 S. 2 Hs. 2 AktG, § 54 Abs. 1 S. 2 Hs. 2 GmbHG.

Die Rechtsbescheinigung erteilt der Notar ebenfalls in der Form des § 39 BeurkG.

Zu der Notarbestätigung bei Hypotheken und Grundschulden siehe unten (vgl. § 4 Rdn 512 ff.). Bei dieser so genannten Rangbescheinigung handelt es sich nicht um eine notarielle Urkunde im Sinne des Urkundenrechts, sondern um ein Gutachten, das der Notar im Rahmen der sonstigen notariellen Rechtsbetreuung erteilt. Auch bei Fälligkeitsmitteilungen handelt es sich nicht um Bescheinigungen, sondern um gutachterliche Aussagen im Rahmen seiner Betreuungstätigkeit.

Bei der Ausstellung von Bescheinigungen sollte besondere Sorgfalt aufgewendet werden, da in diesem Bereich erhebliche Haftungsrisiken bestehen. In vielen Fällen wird sich anstelle einer besonderen Bescheinigung eine Beglaubigung mit modifiziertem Textinhalt anbieten.

a) Lebensbescheinigung

139 Die Lebensbescheinigung ist eine Tatsachenbescheinigung. Sie wird oft von Stellen verlangt, die Renten auszahlen.

> *Beispiel*
>
> Ich bescheinige, dass der mir persönlich bekannte Max Frisch, wohnhaft in Aachen, Montagstraße 1, geboren am 1.7.1952, lebt. Er suchte mich heute im Notarbüro auf.
>
> Siegel — Ort, Datum
>
> Unterschrift des Notars

b) Feststellung der Vorlegungszeit einer privaten Urkunde

140 Für die Wahrung von Fristen und zur Sicherung der Priorität von Erfindungen, Kompositionen, Formeln, Einfällen etc. bietet § 43 BeurkG eine Beweismöglichkeit an. Der Notar beurkundet in der Form eines Vermerks, dass ihm eine bestimmte Urkunde zu einer bestimmten Zeit vorgelegt wurde. Der Vermerk wird unmittelbar auf die vorgelegte Urkunde gesetzt. Finden sich in der vorgelegten Urkunde Lücken, Durchstreichungen, Einschaltungen, Änderungen, unleserliche Worte oder weist die Urkunde Rasuren oder Ähnliches auf, so soll der Notar dies in dem Vermerk feststellen.

141
> *Beispiel*
>
> Die vorstehende Urkunde ist mir heute um 15.00 Uhr von Herrn Josef Brauer, wohnhaft in Köln, Rochusplatz 7, geboren am 20.9.1954, im Notarbüro vorgelegt worden. Herr Brauer wies sich aus durch die Vorlage seines Personalausweises.
>
> Siegel — Ort, Datum
>
> Unterschrift des Notars

c) Bescheinigungen aus dem Register

142 Die gleiche Beweiskraft wie das Zeugnis des Registergerichtes hat die Bescheinigung des Notars gemäß § 21 Abs. 1 BNotO. Nach § 21 BNotO sind die Notare zuständig,

1. Bescheinigungen über eine Vertretungsberechtigung sowie
2. Bescheinigungen über das Bestehen oder den Sitz einer juristischen Person oder rechtsfähigen Personengesellschaft, die Änderung der Firma oder des Namens, eine Umwandlung oder sonstige rechtserhebliche Umstände

auszustellen, wenn sich diese Umstände aus einer Eintragung im Handelsregister oder einem ähnlichen Register ergeben (§ 21 Abs. 1 BNotO).

Der Notar darf die Bescheinigung nur ausstellen, wenn er sich zuvor über die Eintragung Gewissheit verschafft hat, die auf Einsichtnahme in das Register oder in eine beglaubigte Abschrift hiervon beruhen muss. Er hat den Tag der Einsichtnahme in das Register oder den Tag der Ausstellung der Abschrift in der Bescheinigung anzugeben (§ 21 Abs. 2 BNotO). Er muss das Register jedoch **nicht persönlich** einsehen. Er kann sich auch geeigneter Hilfspersonen bedienen, auf deren Sorgfalt er vertrauen kann.

> *Beispiel* 143
>
> Aufgrund heutiger Einsicht in das elektronische Handelsregisters des Amtsgerichts Düren (HRB 1000) bescheinige ich, dass der vorgenannte Herr Heinz Müller als Geschäftsführer und der vorgenannte Herr Friedrich Schuster als Prokurist gemeinschaftlich berechtigt sind, die „Müller Immobilien GmbH" zu Jülich zu vertreten.
>
> Siegel — Ort, Datum
>
> Unterschrift des Notars

> *Beispiel* 144
>
> Aufgrund Einsicht in die elektronische Datei des Handelsregisters des Amtsgerichtes (...) HR A (...) vom (...) bescheinige ich Folgendes:
>
> Die Firma Meier & Schulte ist am (...) mit Beginn am gleichen Tage als Kommanditgesellschaft in das Handelsregister eingetragen worden. Persönlich haftende Gesellschafter sind die Kaufleute (...) und (...), beide wohnhaft in (...). Sie sind gemeinsam vertretungsberechtigt, jeder von ihnen ist auch in Gemeinschaft mit einem Prokuristen zur Vertretung berechtigt. Kommanditisten sind seit der Eintragung der Firma Herr (...) und Frau (...), beide wohnhaft in (...), und zwar jeder mit einer Kommanditeinlage von 50.000 EUR. Prokuristen sind laut Eintragung vom (...) die Herren (...) und (...), beide wohnhaft in (...) Jeder von ihnen ist zusammen mit einem persönlich haftenden Gesellschafter vertretungsberechtigt.
>
> Siegel — Ort, Datum
>
> Unterschrift des Notars

d) Satzungsbescheinigung

Nach § 181 Abs. 1 S. 2 Hs. 2 AktG und § 54 Abs. 1 S. 2 Hs. 2 GmbHG ist der Notar zuständig, eine Bescheinigung über die Satzung einer GmbH bzw. AG zu erteilen. Es handelt sich um die Bescheinigung, dass geänderte Bestimmungen des Gesellschaftsvertrages mit dem Beschluss über die Satzungsänderung und die anderen Bestimmungen mit dem zuletzt dem Handelsregister eingereichten vollständigen Wortlaut des Gesellschaftsvertrages übereinstimmen (siehe § 4 Rdn 1523). 145

e) Übersetzungsbescheinigung

Der Notar kann die deutsche Übersetzung einer Urkunde mit der Bescheinigung ihrer Richtigkeit und Vollständigkeit versehen, wenn er die Urkunde selbst in fremder Sprache errichtet hat oder für die Erteilung einer Ausfertigung des Protokolls zuständig ist. Der Notar soll die Bescheinigung nur erteilen, wenn er der fremden Sprache hinreichend kundig ist (§ 50 BeurkG). Die Bescheinigung wird in der Form eines Vermerks erteilt. 146

> *Beispiel* 147
>
> Die Richtigkeit und Vollständigkeit der Übersetzung meiner Urkunde Nummer 337/2013 aus der französischen in die deutsche Sprache bescheinige ich.
>
> Siegel — Ort, Datum
>
> Unterschrift des Notars

8. Wechsel- und Scheckproteste

Scheck und Wechsel haben heute eine wesentlich geringere Bedeutung als früher und kommen daher in der Praxis nur noch sehr selten vor. 148

Ein Wechsel ist ein Wertpapier, in welchem eine Person („Aussteller" – Gläubiger) eine andere Person („Bezogener" – Schuldner) unbedingt anweist, bei Fälligkeit des Wechsels eine bestimmte Geldsumme an einen Dritten („Begünstigter" – Wechselinhaber) oder an den Aussteller zu bezahlen. Der Bezogene bestätigt dies durch seine Unterschrift. Wenn beispielsweise der Aussteller A an den Bezogenen B einen Kaufgegenstand liefert, müsste B diesen eigentlich bezahlen. Anstelle der Zahlung stellt A ein Wertpapier – den Wechsel – aus, in welchem B durch seine Unterzeichnung zusagt, bspw. am 31.12. des Jahres eine Geldsumme in Höhe des Kaufpreises an A zu zahlen. Faktisch erhält B hierdurch einen Kredit, da er erst später zahlen muss. A wiederum kann den Wechsel seinerseits als Zahlungsersatz nehmen. Wenn er bei seinem Lieferanten C Waren kauft, kann er ihm anstelle einer Geldzahlung den Wechsel übertragen, welchen er ausgestellt hat und bezüglich dessen B seine Zahlung zugesagt hat. Dann wird B den Geldbetrag am 31.12. an C als den neuen Inhaber des Wechsels zahlen. Und auch C kann den Wechsel wiederum seinem Gläubiger D übertragen. Wenn D am 31.12. dem B den Wechsel vorlegt, muss dieser ihm die Geldsumme zahlen.

Wenn B ordnungsgemäß zahlt, erlischt die Wechselschuld. Wird hingegen nicht (vollständig) gezahlt, so wird der Wechsel notleidend. Der Inhaber des Wechsels (D) kann auf alle Vorgänger (A und C – sowie mögliche Wechselbürgen) Rückgriff nehmen. An eine bestimmte Reihenfolge ist er hierbei nicht gebunden. Voraussetzung dieses Rückgriffs ist allerdings, dass ein Wechselprotest erfolgt ist. Genau hierfür ist (unter anderem) der Notar zuständig.

Beim Scheck handelt es sich im Grunde um einen Wechsel, jedoch mit der Besonderheit, dass der Bezogene zwingend ein Geldinstitut (z.B. eine Bank) sein muss. Hierdurch werden Fragen bezüglich der Zahlungsfähigkeit des Bezogenen weniger relevant.

149 Über den Protest nimmt der Notar eine Urkunde auf. Sie muss **enthalten**:

a) den Namen des Wechselinhabers, für den „protestiert" wird,
b) den Namen desjenigen, gegen den „protestiert" wird (Protestat),
c) die Angabe, dass dieser ohne Erfolg zur Zahlung (bzw. zur Annahme oder sonstigen wechselrechtlichen Leistung) aufgefordert wurde bzw. dass er nicht angetroffen wurde, oder auch, dass sich die Wohnung/das Geschäftslokal nicht ermitteln ließ,
d) den Ort und den Tag der Aufforderung und Protesterhebung,
e) die Unterschrift des Notars und sein Amtssiegel sowie den Wechsel, welcher mit der Protesturkunde zu verbinden ist.

Üblich ist es, dass der Wechsel nicht in der Wohnung oder dem Büro des Bezogenen zahlbar gestellt wird, sondern bei einer Bank oder Sparkasse. Sie ist nur die Zahlstelle des Bezogenen, nicht etwa selbst Wechselschuldner. Der Wechsel ist in der Zahlstelle vorzulegen oder bei Nichtzahlung dort zu protestieren.

Der Protest mangels Zahlung darf nicht am Zahlungstag (Verfalltag), sondern muss an einem der beiden auf den Zahlungstag folgenden Werktage erhoben werden (Art. 44 Abs. 3 WG). Verfällt der Wechsel an einem Sonntag, gesetzlichen Feiertag oder an einem Samstag, so kann die Zahlung erst am nächsten Werktag verlangt werden, sodass sich die Frist dann verschiebt (Art. 72 WG). Auch die Protesterhebung ist nur an einem Werktag, nicht an einem Feiertag oder Samstag möglich. An Samstagen oder Feiertagen kann die Frist nicht ablaufen, sondern verlängert sich entsprechend.

9. Vermittlung der Auseinandersetzung eines Nachlasses oder Gesamtguts

150 Durch das Gesetz zur Übertragung von Aufgaben im Bereich der freiwilligen Gerichtsbarkeit auf Notare wurden Notaren bundeseinheitlich Aufgaben des Nachlassgerichts im Bereich der Nachlass- und Gesamtgutauseinandersetzung übertragen.[31] § 344 Abs. 4a FamFG regelt die örtliche Zuständigkeit von Notaren zur Vermittlung einer Nachlassauseinandersetzung. Für eine solche Auseinandersetzung ist jeder Notar zuständig, der seinen Amtssitz im Bezirk des Amtsgerichts hat, in dem der Erblasser seinen letzten Wohnsitz hatte. Eine gerichtliche Zuständigkeit ist nach neuer Gesetzeslage nicht mehr gegeben. § 344 Abs. 5 S. 1 FamFG enthält eine entsprechende Regelung für die örtliche Zuständigkeit von Notaren für die Auseinandersetzung des Gesamt-

31 BGBl I, 2013, 1800.

guts einer Gütergemeinschaft, falls ein Anteil an dem Gesamtgut zu einem Nachlass gehört, indem auf die örtliche Zuständigkeitsregelung zur Nachlassauseinandersetzung verwiesen wird.

10. Zustellung von Erklärungen

Schließlich gehört zur Urkundstätigkeit des Notars noch die Zustellung von Erklärungen (§ 20 Abs. 1 BNotO). 151
Ausgenommen sind jedoch Zustellungen im Zivilprozess und im gerichtlichen Verfahren der freiwilligen Gerichtsbarkeit. Die Zustellung setzt eine Willenserklärung voraus, die übermittelt werden soll (z.B. Rücktritt vom Erbvertrag, Kündigung einer Hypothek). Zu beachten ist, dass bei der Zustellung einer empfangs- und formbedürftigen Willenserklärung (derzeit noch) eine **Ausfertigung** zugestellt werden muss, der Zugang einer beglaubigten Abschrift genügt nicht. Eine für die 2025 beginnende Legislaturperiode geplante Anpassung des § 130 BGB wird dies möglicherweise ändern.

Dem Adressaten ist persönlich zuzustellen, die Identität des Empfängers muss festgestellt werden. Die Zustellung durch den Notar ist unzweckmäßig, da eine Ersatzzustellung nicht möglich ist (z.B. wenn der Notar niemanden antrifft). Zustellungen durch den Notar selbst kommen in der Praxis so gut wie nie vor. Sie werden fast immer (auf Veranlassung des Notars) durch den Gerichtsvollzieher bewirkt (§ 132 BGB).

IV. Ausschluss des Notars von der Beurkundung

Der Notar ist nicht Vertreter einer Partei, sondern unparteiischer Betreuer aller Beteiligten (§ 14 Abs. 1 152
BNotO). Als unparteiischer Betreuer muss er bei seiner Amtstätigkeit von allen Beteiligten unabhängig sein. Die Unparteilichkeit des Notars wird vom Gesetz durch eine Reihe von Bestimmungen gewährleistet, die man unter den Begriff der „Mitwirkungsverbote" zusammenfassen kann. Grundlage ist § 16 Abs. 2 BNotO. Danach soll sich der Notar der Ausübung des Amtes enthalten, wenn er zu der Angelegenheit eine so nahe Verbindung hat, dass er den Beteiligten als „befangen" erscheinen muss.

Das in § 16 Abs. 2 BNotO allgemein ausgedrückte Gebot, sich bei Befangenheit der Amtstätigkeit zu enthalten, 153
wird im Beurkundungsgesetz unterstrichen und spezialisiert:

- in bestimmten Konfliktfällen ist die Beurkundung ganz oder teilweise unwirksam (§§ 6, 7 BeurkG),
- in anderen Fällen ist die Beurkundung zwar nicht unwirksam, doch gebietet die Amtspflicht dem Notar, die Beurkundung nicht vorzunehmen (§ 3 Abs. 1 BeurkG),
- in einigen Fällen, in denen der Verdacht der Befangenheit naheliegt, soll der Notar vor der Beurkundung auf seine Beziehung zu der Angelegenheit hinweisen und die Beteiligten fragen, ob er die Beurkundung gleichwohl vornehmen soll (§ 3 Abs. 2, 3 BeurkG).

1. Unwirksamkeit der Beurkundung (§§ 6, 7, 38 BeurkG)

Zur (ganzen oder teilweisen) Unwirksamkeit der Beurkundung kann es nur bei der Beurkundung von Willens- 154
erklärungen und der ihnen gleichgestellten Eide oder eidesstattlichen Versicherungen kommen (§§ 6, 7, 38 BeurkG). Mithin sind alle anderen Beurkundungen auch bei einer Verletzung des Mitwirkungsverbots wirksam; jedoch mit einer Ausnahme: Die Beglaubigung der eigenen Unterschrift ist nichtig, da es sich nicht mit dem Begriff der Beglaubigung verträgt, dass Amtsperson und Person, deren Unterschrift beglaubigt wird, identisch sind.

Gänzlich unwirksam ist nach § 6 Abs. 1 BeurkG die Beurkundung von Willenserklärungen, wenn an der Beurkundung beteiligt ist:

- der Notar selbst,
- sein Ehegatte, sein Lebenspartner,
- ein derzeit oder früher mit ihm in gerader Linie Verwandter oder
- wenn ein Vertreter für den Notar, seinen Ehegatten/Lebenspartner oder eine derzeit oder früher mit dem Notar in gerader Linie verwandte Person handelt.

„Beteiligt" ist dabei rein formell jeder Erschienene, dessen Erklärung beurkundet wird, mag er die Erklärung im eigenen Namen oder als Vertreter eines anderen abgeben.

155 *Beispiel*

Der Käufer eines Grundstücks lässt sich durch den Sohn des Notars vertreten. Die Beurkundung ist unwirksam, unabhängig davon, ob der Sohn bevollmächtigt war oder als Vertreter ohne Vertretungsmacht aufgetreten ist.

Der formale Beteiligungsbegriff wird ergänzt durch § 6 Abs. 1 Nr. 4 BeurkG. Die Beurkundung darf auch dann nicht vorgenommen werden, wenn der Notar, sein Ehegatte, sein Lebenspartner oder ein mit ihm in gerader Linie Verwandter sich durch einen anderen vertreten lässt. Dadurch wird die Umgehung durch Einschaltung von Vertretern unmöglich gemacht und die formelle Beteiligung auf die materielle Beteiligung ausgedehnt.

Teilweise unwirksam ist die Beurkundung, wenn der Inhalt der Erklärung darauf gerichtet ist, bestimmten Personen einen Vorteil zu verschaffen (§ 7 BeurkG). Zu diesen Personen gehören der Notar selbst, sein Ehegatte, sein Lebenspartner, ein früherer Ehegatte, ein früherer Lebenspartner und Personen, die mit dem Notar in gerader Linie verwandt, in der Seitenlinie bis zum dritten Grade verwandt (Neffe) oder bis zum zweiten Grade verschwägert (Schwager) sind oder waren. Es kommt im Gegensatz zu § 6 BeurkG nicht auf die formelle Beteiligung, sondern auf die Sachbeteiligung an. Der Notar ist von der Beurkundung immer ausgeschlossen, wenn eine dieser Personen durch die Beurkundung eine günstigere Rechtsposition erlangt. Die notariellen Eigenurkunden fallen nicht unter die obigen Einschränkungen, da es sich nicht um die Beurkundung von Willenserklärungen handelt, sondern um eine im Rahmen der Betreuungstätigkeit abgegebene Erklärung.

156 *Beispiel*

Der Notar beurkundet einen Grundstückskaufvertrag. Käufer ist u.a. sein Neffe. Insoweit ist die Beurkundung unwirksam (in der Seitenlinie im dritten Grad verwandt). Kauft aber die Ehefrau des Neffen, so ist die Beurkundung wirksam (im dritten Grad verschwägert).

Bei Testamenten und Erbverträgen ist die Unwirksamkeit schon immer dann gegeben, wenn eine der Personen des § 7 BeurkG irgendwie bedacht oder zum Testamentsvollstrecker ernannt wird, § 27 BeurkG.

2. Mitwirkungsverbote (§ 3 Abs. 1 BeurkG)

157 Das Ansehen der Notare gründet auf ihrer Unabhängigkeit und Unparteilichkeit. Unabhängigkeit und Unparteilichkeit der Notare müssen vor jeder Gefährdung geschützt werden. Die Bestimmung des § 3 BeurkG, welche die Mitwirkungsverbote regelt, gehört deshalb zu den zentralen Vorschriften des notariellen Berufsrechtes. Im Interesse einer geordneten vorsorgenden Rechtspflege soll bereits der **Anschein** einer Gefährdung der Unabhängigkeit und Unparteilichkeit des Notars vermieden werden. Deshalb schreibt § 14 Abs. 3 BNotO dem Notar vor, jedes Verhalten zu vermeiden, das den Anschein eines Verstoßes gegen die ihm gesetzlich auferlegten Pflichten erzeugt, insbesondere den Anschein der Abhängigkeit oder der Parteilichkeit. Wiederholte, grobe Verstöße gegen die Mitwirkungsverbote führen zur Amtsenthebung, § 50 Abs. 1 Nr. 9 lit. a BNotO.

158 Dem Anwaltsnotar ist es nunmehr gestattet, sich mit anderen Mitgliedern einer Rechtsanwaltskammer, Patentanwälten, Steuerberatern, Steuerbevollmächtigten, Wirtschaftsprüfern und vereidigten Buchprüfern zur gemeinsamen Berufsausübung zu verbinden oder mit ihnen gemeinsame Geschäftsräume zu haben (§ 9 Abs. 2 BNotO). Der Gesetzgeber ist davon ausgegangen, dass die gewandelten Organisationsformen der Anwaltsnotare in interprofessionellen und überörtlichen Sozietäten Gefahren für die Unabhängigkeit und Unparteilichkeit bedeuten. Die Erweiterung der Sozietätsmöglichkeiten hat den Gesetzgeber veranlasst, die Mitwirkungsverbote erheblich zu verschärfen. Die Verschärfung der Mitwirkungsverbote will in erster Linie den Gefahren vorbeugen, die aus dem Zusammenschluss der Anwaltsnotare mit Anwälten, Wirtschaftsprüfern, Steuerberatern, vereidigten Buchprüfern der Unparteilichkeit und Unabhängigkeit des Notars drohen.

§ 28 BNotO verpflichtet den Notar, durch geeignete Vorkehrungen die Einhaltung der Mitwirkungsverbote sicherzustellen. Zu diesem Zweck hat der Notar Beteiligtenverzeichnisse oder sonstige zweckentsprechende Dokumentationen zu führen, die eine Identifizierung der in Betracht kommenden Personen ermöglichen (vgl. hierzu näher § 1 Rdn 99).

Der Notar soll gemäß § 3 Abs. 1 BeurkG an der Beurkundung **nicht** mitwirken, wenn es sich handelt um: 159

1. eigene Angelegenheiten, auch wenn der Notar nur mitberechtigt oder mitverpflichtet ist,
2. Angelegenheiten seines Ehegatten, früheren Ehegatten oder Verlobten, Angelegenheiten seines Lebenspartners oder früheren Lebenspartners,
3. Angelegenheiten einer Person, die mit dem Notar in gerader Linie verwandt oder verschwägert oder in der Seitenlinie bis zum dritten Grade verwandt oder bis zum zweiten Grade verschwägert ist oder war,
4. Angelegenheiten einer Person, mit der sich der Notar zur gemeinsamen Berufsausübung verbunden oder mit der er gemeinsame Geschäftsräume hat,
5. Angelegenheiten einer Person, deren gesetzlicher Vertreter der Notar oder eine Person im Sinne von Nr. 4 ist,
6. Angelegenheiten einer Person, deren vertretungsberechtigtem Organ der Notar oder eine Person im Sinne der Nr. 4 angehört,
7. Angelegenheiten einer Person, für die der Notar oder eine Person der Nr. 4 außerhalb deren Amtstätigkeit in derselben Angelegenheit bereits tätig war oder ist, es sei denn, diese Tätigkeit wurde im Auftrag aller Personen ausgeübt, die an der Beurkundung beteiligt sein sollen,
8. Angelegenheiten einer Person, die den Notar in derselben Angelegenheit bevollmächtigt hat oder zu der der Notar oder eine Person im Sinne der Nr. 4 in einem ständigen Dienst- oder ähnlichen ständigen Geschäftsverhältnis steht,
9. Angelegenheiten einer Gesellschaft, an der der Notar mit mehr als 5 v.H. der Stimmrechte oder mit einem anteiligen Betrag des Haftkapitals von mehr als 2.500 EUR beteiligt ist.

a) Angelegenheit

Sämtliche oben aufgeführten Mitwirkungsverbote knüpfen an „Angelegenheiten" der verschiedenen Personenkreise an. Um bereits den Anschein mangelnder Unabhängigkeit und Unparteilichkeit zu verhindern darf der Begriff „Angelegenheiten" nicht zu eng ausgelegt werden. Eine zu weite Ausdehnung würde andererseits die praktische Handhabung sehr erschweren. „Angelegenheit" im Sinne der Vorschrift ist **Lebenssachverhalt**, auf den sich die Beurkundungstätigkeit des Notars bezieht. Um Angelegenheiten einer **Person** handelt es sich immer dann, wenn diese **sachlich** an der Beurkundung beteiligt ist. Dies sind zunächst alle diejenigen Personen, deren Rechte, Pflichten und Verbindlichkeiten durch den Inhalt der Amtstätigkeit unmittelbar begründet, erweitert oder vermindert werden. Es genügt, dass die Rechte, Pflichten und Verbindlichkeiten faktisch unmittelbar günstig oder ungünstig beeinflusst werden. Eine Sachbeteiligung ist z.B. gegeben: Bei Angeboten an den Notar, bei der Bestellung einer Hypothek für den Notar, bei einer Löschungsbewilligung für eine Hypothek auf dem Grundstück des Notars. Die Sachbeteiligung kann auch mittelbar bestehen, so bei einer Bürgschaft, wenn die Forderung, für die gebürgt wird, dem Notar zusteht. 160

Die nichteheliche Lebensgemeinschaft löst von Gesetzes wegen kein Mitwirkungsverbot aus. Der Notar sollte indes in Angelegenheiten seines Partners einer nichtehelichen Lebensgemeinschaft seine Mitwirkung gemäß § 14 Abs. 3 S. 2 BNotO i.V.m. § 16 Abs. 2 BNotO verweigern, um nicht den Anschein eines parteilichen Verhaltens zu erwecken.

b) § 3 Abs. 1 Nr. 1–3 BeurkG

Diese Vorschriften verbieten dem Notar jegliche Mitwirkung in eigenen Angelegenheiten oder in Angelegenheiten der genannten Angehörigen. Dieses Mitwirkungsverbot gilt auch im Verhältnis zu den **früheren** Ehegatten und im Verhältnis zu früheren Verwandten oder früheren Verschwägerten. 161

c) § 3 Abs. 1 Nr. 4 BeurkG

In § 3 Abs. 1 S. 1 Nr. 4 BeurkG ist ein Mitwirkungsverbot in Angelegenheiten einer Person statuiert worden, mit der sich der Notar zur **gemeinsamen** Berufsausübung verbunden oder mit der er gemeinsame Geschäftsräume hat. Damit soll verhindert werden, dass in den Augen eines Vertragspartners der Eindruck entsteht, der Notar berücksichtige bewusst oder unbewusst die Informationen seines Sozius oder der Sozius könne auf die Vertragsgestaltung und Vertragsdurchführung einen größeren Einfluss nehmen, weil diese sich im Bürobetrieb, an dem er auch beteiligt ist, abwickelt. Auch könnte sonst der Eindruck entstehen, dass die Mitwirkungsverbote über den Sozius „umgangen" werden. Der Sozius wird daher faktisch einem 162 nahen Verwandten gleichgestellt. Diese Regelung reicht inhaltlich sehr weit, da sie auch Gestaltungen miterfasst, in denen der Anschein einer Parteilichkeit von vornherein ausscheidet: z.B. Testament des Sozius oder auch Unterschriftsbeglaubigung für den Sozius. Ab Beendigung der Sozietät besteht kein Mitwirkungsverbot mehr.

In § 3 Abs. 1 Nr. 5, 6, 7 und 8 BeurkG werden die Mitwirkungsverbote auf die Fälle erstreckt, in denen das beschriebene Näheverhältnis nicht nur zu dem beurkundenden Notar selbst, sondern auch zu seinem Sozius besteht.

d) § 3 Abs. 1 Nr. 5 BeurkG

163 Ist der Notar gesetzlicher Vertreter einer natürlichen oder juristischen Person, so ist er an der Beurkundung sämtlicher Angelegenheiten gehindert, an denen der Vertretene beteiligt ist (§ 3 Abs. 1 S. 1 Nr. 5 BeurkG). Gesetzlicher Vertreter im Sinne dieser Vorschrift sind z.B. Vater oder Mutter (§ 1629 BGB), Vormund (§ 1789 Abs. 2 BGB), Betreuer (§ 1823 BGB), Pfleger (§ 1809), Vereinsvorstand (§ 26 Abs. 1 S. 2 BGB), Stiftungsvorstand (§ 84 Abs. 1 BGB), Geschäftsführer einer GmbH (§ 35 Abs. 1 GmbHG), Vorstand einer Aktiengesellschaft (§ 78 Abs. 1 AktG) oder einer Genossenschaft (§ 24 Abs. 1 GenG), Vertreter einer Gebietskörperschaft (z.B. Bürgermeister, Gemeindedirektor) oder einer sonstigen juristischen Person des öffentlichen Rechtes (z.B. Präsident einer Notarkammer).

e) § 3 Abs. 1 Nr. 6 BeurkG

164 Nach § 3 Abs. 1 S. 1 Nr. 6 BeurkG soll der Notar nicht mitwirken in Angelegenheiten einer Person, deren vertretungsberechtigtem Organ der Notar angehört. Es muss sich um die Mitgliedschaft in einem **vertretungsberechtigten** Organ handeln. Ein vertretungsberechtigtes Organ ist beispielsweise der mehrgliedrige Vorstand eines eingetragenen Vereines, einer Genossenschaft, einer Aktiengesellschaft.

Nicht zu den vertretungsberechtigten Organen zählt z.B. der Aufsichtsrat einer Aktiengesellschaft, denn der Aufsichtsrat ist im Allgemeinen nur Kontrollorgan, aber nicht Vertreter der Aktiengesellschaft. Die Mitgliedschaft im Aufsichtsrat einer AG oder eines Verwaltungsrats einer Sparkasse o.Ä. begründet nur eine **Hinweispflicht** gemäß § 3 Abs. 3 Nr. 1 BeurkG (siehe Rdn 171). Bei der Mitgliedschaft des Notars in Kommunalvertretungen oder in als Körperschaft des öffentlichen Rechts anerkannten Religions- oder Weltanschauungsgemeinschaften (auch bei anerkannten Teilorganisationen solcher Gemeinschaften) besteht kein Mitwirkungsverbot, sondern gemäß § 3 Abs. 3 Nrn. 2, 3 BeurkG die Hinweis- und Fragepflicht nach § 3 Abs. 2 BeurkG.

f) § 3 Abs. 1 Nr. 7 BeurkG

165 Eine insbesondere im Bereich des Anwaltsnotariats besonders wichtige Bestimmung zum Mitwirkungsverbot ist § 3 Abs. 1 Nr. 7 BeurkG. Der Gesetzgeber hat hierdurch ein Mitwirkungsverbot aufgrund **vorangegangener außernotarieller Tätigkeit** aufgenommen. In das Mitwirkungsverbot sind alle Personen einbezogen, mit denen der Notar zur gemeinsamen Berufsausübung verbunden ist oder eine Bürogemeinschaft unterhält. Das Mitwirkungsverbot besteht auch dann, wenn die Vorbefassung bereits abgeschlossen ist; es reicht also in die Vergangenheit. Das Mitwirkungsverbot greift nur dann **nicht** ein, wenn die Vorbefassung im Auftrag **aller** Personen ausgeübt wird oder wurde, die an der Beurkundung beteiligt sein sollen (insoweit die Darstellung des Mitwirkungsverbotes in § 3 Abs. 1 Ziff. 7 „Konfliktlage des Anwaltsnotars“ siehe § 1 Rdn 25).

Um die Einhaltung des § 3 Abs. 1 Nr. 7 BeurkG sicherzustellen, hat der Notar grundsätzlich vor Beurkundung nach einer Vorbefassung im Sinne des § 3 Abs. 1 Nr. 7 zu fragen und in der Urkunde die Antwort zu vermerken (§ 3 Abs. 1 S. 2 BeurkG). Der Wortlaut eines solchen Vermerkes, der in die Urkunde aufzunehmen ist, könnte wie folgt lauten:

166 ▼

Muster 3.14: Vorbefassung (Abfrage)

3.14 Der Notar fragte die Erschienenen, ob er oder eine der mit ihm beruflich verbundenen Personen in einer Angelegenheit, die Gegenstand dieser Beurkundung/Beglaubigung ist, außerhalb des Notaramtes tätig war oder ist. Die Frage wurde von allen Beteiligten verneint.

▲

Diese Fragepflicht besteht nicht nur dann, wenn konkrete Anhaltspunkte für eine Vorbefassung bestehen, sondern in allen Fällen. Nach herrschender Ansicht ist diese Frage- und Vermerkpflicht auf das Anwaltsnotariat zugeschnitten. Anders als beim Anwaltsnotar ist eine „Vorbefassung" des hauptberuflichen Notars i.S.d. § 3 Abs. 1 Nr. 7 BeurkG nur begrenzt denkbar. Der hauptberufliche Notar kann nicht anwaltlich tätig sein und sich auch mit keiner anderen Person zur gemeinsamen Berufsausübung verbinden, es sei denn, diese ist auch hauptberuflicher Notar. Die mit der Anordnung der Frage- und Vermerkpflicht verfolgten Ziele des Gesetzgebers, also eine andere als notarielle Vorbefassung des Notars oder seiner Sozien zu verhindern, legen deshalb die Differenzierung nahe, dass diese Pflichten auf den hauptberuflich tätigen Notar grundsätzlich nicht anwendbar sind.[32]

g) § 3 Abs. 1 Nr. 8 BeurkG

Seit der Geltung des § 3 Abs. 1 S. 1 Nr. 7 BeurkG verbleibt für § 3 Abs. 1 S. 1 Nr. 8 BeurkG nur noch ein eher begrenzter Anwendungsbereich. Er enthält drei voneinander zu unterscheidende Sachverhalte: 167

- Angelegenheiten einer Person, die den Notar in derselben Angelegenheit bevollmächtigt hat;
- Angelegenheiten einer Person, zu der der Notar in einem ständigen Dienst- oder ähnlichen ständigen Geschäftsverhältnis steht;
- Angelegenheiten einer Person, zu der eine Person i.S.d. Nr. 4 in einem ständigen Dienst- oder ähnlichen ständigen Geschäftsverhältnis steht.

Die erste Fallgestaltung ist Gegenstand von § 3 Abs. 1 Nr. 7 BeurkG, die insoweit als die speziellere Vorschrift zuerst anzuwenden ist. § 3 Abs. 1 Nr. 8 BeurkG greift deshalb nur noch dann ein, wenn Nr. 7 ausscheidet, weil die anderweitige Tätigkeit des Notars im Interesse aller Personen ausgeübt wurde, die an der Beurkundung beteiligt sein sollten und weiter dann, wenn der Notar in derselben Sache zwar bevollmächtigt, aber noch nicht tätig geworden ist. Der zweite Fall richtet sich gegen den „Hausnotar". Gedacht ist an einen Notar, der bei einem Unternehmen als Direktor, Syndikus, Justiziar oder in ähnlicher Funktion tätig ist. Er ist selbstverständlich an allen Beurkundungen gehindert, an denen das Unternehmen beteiligt ist. Wichtiger ist der letzte Fall, dass der Sozius in einem ständigen Dienst- oder Geschäftsverhältnis steht. Zudem darf der Notar nicht beurkunden in Angelegenheiten des Unternehmens, bei dem der Sozius beschäftigt ist.

h) § 3 Abs. 1 Nr. 9 BeurkG

Gemäß § 3 Abs. 1 S. 1 Nr. 9 BeurkG unterliegt der Notar dem Mitwirkungsverbot in Angelegenheiten einer Gesellschaft, an der er mit mehr als 5 v.H. der Stimmrechte oder mit einem Anteil am Betrag des (nominalen) Haftungskapitals von mehr als 2.500 EUR beteiligt ist. Entsprechende Beteiligungen seines Sozius lösen ein Mitwirkungsverbot nicht aus. 168

3. Gesetzliche Vermutung der Befangenheit (§ 3 Abs. 2 und 3 BeurkG)

In manchen Fällen, in denen bei den Beteiligten Zweifel an der Unparteilichkeit und Unabhängigkeit des Notars bestehen könnten, ist dem Notar die Beurkundung nicht schlechthin verboten. Er soll aber hier nur beurkunden, wenn er die Beteiligten vorher auf seine Sachbeziehung hingewiesen sowie gefragt hat, ob er gleichwohl beurkunden darf, und wenn die Beteiligten dies bejahen (§ 3 Abs. 2, 3 BeurkG). In der Niederschrift ist zu vermerken, dass dies geschehen ist. Es handelt sich hierbei um folgende Fälle: 169

a) § 3 Abs. 2 BeurkG

1. Angelegenheiten, in denen der Notar früher als Bevollmächtigter oder gesetzlicher Vertreter eines Beteiligten tätig gewesen ist, 170
2. wenn der Notar als Bevollmächtigter eines Beteiligten in **anderen** Angelegenheiten tätig ist.

Der erste Fall ist ohne praktische Bedeutung, da diese Sachverhalte fast immer unter die Vorbefassungsregel des § 3 Abs. 1 Nr. 7 BeurkG fallen, welcher als das speziellere Gesetz vorgeht. Ein relevanter Anwendungsbereich liegt vor, wenn die Vortätigkeit im Auftrag aller Personen ausgeübt wurde und deshalb § 3 Abs. 1 Nr. 7 BeurkG den Notar nicht ausschließt.

32 *Hermanns*, MittRhNotK 1998, 359; *Heller/Vollrath*, MittBayNot 1998, 322.

b) § 3 Abs. 3 BeurkG

171 Entsprechende **Einschränkungen** bestehen in:

1. Angelegenheiten einer Person, deren nicht zur Vertretung berechtigtem Organ der Notar angehört, § 3 Abs. 3 Nr. 1 BeurkG (z.B. Aufsichtsrat einer AG, GmbH oder Genossenschaft, Beirat oder Verwaltungsrat einer GmbH, Beirat eines Vereins). Ist der Notar Mitglied eines zur Vertretung berechtigten Organs, so ist seine Mitwirkung durch § 3 Abs. 1 Nr. 6 BeurkG schlechthin ausgeschlossen.
   § 3 Abs. 3 Nr. 1 BeurkG greift z.B. ein, wenn der Notar Mitglied des Aufsichtsrates einer Aktiengesellschaft, Gesellschaft mit beschränkter Haftung oder Genossenschaft ist. In diesem Fall soll er fragen, ob er beurkunden darf.
2. Angelegenheiten einer Gemeinde oder eines Kreises, deren Organ der Notar angehört (§ 3 Abs. 3 Nr. 2 BeurkG).
   Hiermit ist auch die Mitgliedschaft in einem nicht zur Vertretung berechtigten Organ erfasst. Die Mitgliedschaft in Gebietskörperschaften oder deren Zusammenschlüssen, z.B. Räte, Ausschüsse, Verbandsversammlungen, Bezirksausschüsse, führt nicht zu einem Mitwirkungsverbot, sondern nur zu einem Fragegebot.
3. Angelegenheiten einer als Körperschaft des öffentlichen Rechts anerkannten Religions- oder Weltanschauungsgemeinschaft oder einer als Körperschaft des öffentlichen Rechts anerkannten Teilorganisation einer solchen Gemeinschaft, deren Organ der Notar angehört (§ 3 Abs. 3 Nr. 3 BeurkG).

172 In den Angelegenheiten einer Gemeinde oder eines Kreises, deren Organ der Notar angehört (§ 3 Abs. 3 Nr. 2 BeurkG), und in Angelegenheiten einer als Körperschaft des öffentlichen Rechts anerkannten Religions- oder Weltanschauungsgemeinschaft, deren Organ der Notar angehört (§ 3 Abs. 3 Nr. 3 BeurkG), gilt § 3 Abs. 1 Nr. 6 BeurkG nicht. § 3 Abs. 3 S. 2 BeurkG nimmt diese Fälle ausdrücklich aus. Ein Notar, der Mitglied einer zur gesetzlichen Vertretung berufenen Gemeinde- oder Kreisvertretung oder Mitglied in einem zur gesetzlichen Vertretung einer Religionsgemeinschaft berufenen Organ ist, wird daher nicht pauschal von der Beurkundung gemäß § 3 Abs. 1 Nr. 6 BeurkG ausgenommen, sondern unterliegt lediglich der Fragepflicht.

V. Notarielle Eigenurkunden

173 Um eine sog. notarielle **Eigenurkunde** handelt es sich, wenn der Notar eine von ihm selbst beurkundete oder beglaubigte Erklärung, insbesondere eine Bewilligung, aufgrund ausdrücklicher Vollmacht nachträglich ergänzt oder ändert. Diese Eigenurkunde ist eine öffentliche Urkunde und genügt den Anforderungen des § 29 GBO, wenn sie vom Notar unterzeichnet und mit dem Amtssiegel versehen ist;[33] sie bedarf keiner weiteren Beglaubigung. Sie wird nicht in das Urkundenverzeichnis eingetragen, da auf sie das BeurkG nicht anwendbar ist.

174 ▼

Muster 3.15: Vollzugsvollmacht für eine grundbuchlich abzuwickelnde Urkunde

3.15 Der Notar ist berechtigt, Anträge aus dieser Urkunde getrennt und eingeschränkt zu stellen und sie in gleicher Weise zurückzunehmen. Die Beteiligten bevollmächtigen den Notar, sie im Grundbuchverfahren uneingeschränkt[34] zu vertreten, insbesondere Bewilligungen und Anträge gegenüber dem Grundbuchamt zu ergänzen und zu ändern, überhaupt alles zu tun, was verfahrensrechtlich zur grundbuchlichen Durchführung dieser Urkunde notwendig ist.

▲

175 Eine Eigenurkunde kommt **nicht** in Betracht, wenn **materiell-rechtlich** für das Rechtsgeschäft die Beurkundung vorgeschrieben ist; sie ist lediglich zulässig für die Ergänzung oder Berichtigung **verfahrensrechtlicher** Erklärungen.

In einer Eigenurkunde könnte der Notar – vorausgesetzt, er ist dazu bevollmächtigt –

- eine fehlende Grundstücksbezeichnung (§ 28 GBO) nachholen,
- eine so genannte Identitätserklärung (katasteramtliche Bezeichnung z.B. für eine verkaufte und aufgelassene Teilfläche eines Grundstücks) abgeben,

33 BGH DNotZ 1981, 118 mit zust. Anm. *Winkler*, DNotZ 1981, 252.

34 Siehe hierzu OLG Düsseldorf RNotZ 2012, 562.

- eine Rangbestimmung vornehmen,[35]
- die Rücknahme eines von den Beteiligten persönlich gestellten Antrages erklären,
- aufgrund einer ihm erteilten Doppelvollmacht (vgl. § 4 Rdn 239 f.) bestätigen, dass er eine familiengerichtliche/betreuungsgerichtliche/nachlassgerichtliche Genehmigung entgegengenommen, dem anderen Vertragsteil mitgeteilt und die Mitteilung wiederum für diesen entgegengenommen hat.

Beispiel: Eigenurkunde des Notars 176

Notarielle Eigenurkunde

In meiner Urkunde vom (...) – UVZ.Nr. (...) – ist als Kaufobjekt das im Grundbuch von (...) eingetragene Grundstück Flur 4, Flurstück 835 angegeben worden. Nachträglich hat sich herausgestellt, dass das Grundstück tatsächlich die Flurstücks-Nr. 835/61 führt. Bei der in der genannten Urkunde bewilligten Restkaufpreishypothek fehlt das Beteiligungsverhältnis.

Aufgrund der mir in Ziffer V. meiner vorbezeichneten Urkunde erteilten Vollmacht und des Vollzugsauftrages ergänze und berichtige ich die Kaufvertragsurkunde, wie folgt:

1. Das verkaufte Flurstück lautet richtig 835/*61*.
2. Die bewilligte Restkaufpreishypothek von EUR (...) soll zugunsten der Eheleute (...) je zur Hälfte in das Grundbuch eingetragen werden.

(...), den (...)

(Amtssiegel; Farbdrucksiegel genügt) Unterschrift, Notar

Siehe zur notariellen Eigenurkunde auch sehr ausführlich *Milzer*.[36]

VI. Behandlung der Urkunden

177 Der Vierte Abschnitt des Beurkundungsgesetzes (§§ 44–54 BeurkG) enthält Bestimmungen über die Behandlung der Urkunden und Vorschriften über das Verfahren nach dem Abschluss der Beurkundung. Ergänzt werden die gesetzlichen Regelungen durch die Dienstordnung für Notare (DONot) und die Verordnung über die Führung notarieller Akten und Verzeichnisse (NotAktVV), welche den technisch-praktischen Ablauf betreffen.

1. Äußere Form der Niederschriften und Vermerke

178 Urschriften, Ausfertigungen und beglaubigte Abschriften notarieller Urkunden sind so herzustellen, dass sie gut lesbar, dauerhaft und fälschungssicher sind, § 29 Abs. 1 DONot. Für Papierurkunden ist festes weißes oder gelbliches Papier zu verwenden, das den Anforderungen nach DIN EN ISO 9706 entspricht.

Es dürfen gemäß § 12 DONot ferner nur verwendet werden:

- blaue oder schwarze Tinte und Farbbänder, sofern sie handelsüblich als urkunden- oder dokumentenecht bezeichnet sind,
- blaue oder schwarze Schreibstifte, sofern Minen benutzt werden, die eine Herkunftsbezeichnung und eine Aufschrift tragen, die auf die ISO 12757–2 (Pasten-Kugelschreiber), ISO 14145–2 (Tinten-Roller) oder ISO 27668–2 (Gel-Roller) hinweist,
- in klassischen Verfahren und in schwarzer oder dunkelblauer Druckfarbe hergestellte Drucke des Buch- und Offsetdruckverfahrens,
- in anderen (zum Beispiel elektrografischen oder elektrofotografischen) Verfahren hergestellte Drucke oder Kopien, sofern die zur Herstellung benutzte Anlage (zum Beispiel Kopiergeräte, Laserdrucker, Tintenstrahldrucker) nach einem Prüfzeugnis der Papiertechnischen Stiftung (PTS) in Heidenau zur Herstellung

35 Siehe zur Eigenurkunde mit Rangbestimmung DNotI-Report 1998, 169.
36 *Milzer*, notar 2013, 35 ff.

von Urschriften von Urkunden geeignet ist, und soweit Tinten- oder Tonerzubehör verwendet wird, das im Prüfzeugnis aufgeführt ist,

- Formblätter, die in den genannten Druck- oder Kopierverfahren hergestellt worden sind.

Der Gebrauch von Stempeln ist unter Verwendung von schwarzer oder dunkelblauer Stempelfarbe zulässig, die den Prüfanforderungen in Anlehnung an ISO 12757–2 oder ISO 14145–2 entspricht, § 12 Abs. 2 DONot.

Vordrucke, die der Notarin oder dem Notar von Beteiligten zur Verfügung gestellt werden, müssen gemäß § 12 Abs. 3 DONot den Anforderungen der NotAktVV und der DONot selbst an die Herstellung von Urschriften genügen. Insbesondere dürfen sie keine auf Urheberinnen oder Urheber des Vordrucks hinweisenden individuellen Gestaltungsmerkmale (Namensschriftzug, Firmenlogo, Signet, Fußzeile mit Firmendaten und Ähnliches) aufweisen. Urheberinnen oder Urheber sollen am Rand des Vordruckes angegeben werden. Dies gilt nicht bei Beglaubigungen ohne Entwurf. Bei Verwendung solcher Vordrucke besteht nämlich die Gefahr, dass bereits vom äußerlichen Erscheinungsbild her der Eindruck einer Verbindung von Notar und z.B. Kreditinstitut erweckt wird, was die Stellung des Notars als unabhängiger Träger eines öffentlichen Amtes in Frage stellen könnte.[37]

179 Streichungen sind so vorzunehmen, dass das Geschriebene noch lesbar bleibt. Insbesondere im Bereich der Rheinischen Notarkammer ist es mitunter üblich, Wörter und Sätze, die nicht gelten sollen, einzuklammern und dahinter das Wort „lies:“ zu setzen. Am Rande soll der Notar die Streichung mit seiner Unterschrift vermerken, § 44a Abs. 2 BeurkG. Wichtige Zahlen, wie Kaufpreis, Schuldbetrag, Zinssatz, sind in Ziffern und Buchstaben zu schreiben. Lücken und leere Seiten müssen zur Verhinderung nachträglicher Einschübe durch Füllstriche gesichert werden.

180 Änderungen, die nicht geringfügig sind – Zusätze gelten immer als erheblich –, sollen entweder am Schluss vor den Unterschriften oder am Rande vermerkt werden. Werden sie am Rande angebracht, so soll der Notar sie besonders unterschreiben (§ 44a Abs. 1 BeurkG).

Größere Änderungen und Ergänzungen können auch am Schluss des Protokolls mit einem Hinweis auf die Stelle der Urkunde angebracht werden, wo sie einzufügen sind. Mit demselben Zeichen wird diese Stelle markiert. Werden die Änderungen hinter den Schlussvermerk gesetzt, so ist der Schlussvermerk (verkürzt) zu wiederholen. Die Notwendigkeit von Einfügungen am Ende der Urkunde nimmt indes stetig ab, da die Notariatssoftware und die Textverarbeitungsprogramme immer mehr und besser genutzt werden.

181 *Beispiel: Randvermerk*

Auf dieser Seite sind zwei Wörter gestrichen und drei Wörter hinzugesetzt. Notar

182 *Beispiel: Vermerk am Schluss*

Auf Seite 5 der Urkunde ist bei dem Zeichen „V“ einzufügen (…).

Auf der Seite 7 ist bei dem Zeichen „V“ einzufügen (…).

Zusätze mit vorgelesen, genehmigt und unterschrieben.

Offensichtliche Unrichtigkeiten kann der Notar auch **nach** Abschluss der Niederschrift durch einen von ihm zu unterschreibenden Nachtragsvermerk richtigstellen. Der Nachtragsvermerk ist am Schluss nach den Unterschriften oder auf einem besonderen, mit der Urkunde zu verbindenden Blatt niederzulegen und mit dem Datum der Richtigstellung zu versehen (§ 44a Abs. 2 BeurkG). Wird die elektronische Fassung der Urschrift zum Zeitpunkt der Richtigstellung bereits in der elektronischen Urkundensammlung verwahrt, darf der Nachtragsvermerk nur noch auf einem gesonderten, mit der Urkunde zu verbindenden Blatt niedergelegt werden, § 44a Abs. 2 S. 4 BeurkG. Andernfalls würden die papierförmige und die elektronische Fassung nicht mehr bildlich und inhaltlich übereinstimmen. Alle Beteiligten und Stellen, welche bereits eine (beglaubigte/einfache) Abschrift oder Ausfertigung erhalten haben, sollten eine um den Nachtragsvermerk ergänzte Fassung erhalten mit der Bitte um Rücksendung der nicht korrigierten Exemplare.

37 *Mihm/Bettendorf*, DNotZ 2001, 22, 45.

Beispiel 183

In der vorstehenden Niederschrift habe ich beim Zeichen *) die dort angegebene Grundbuchbezeichnung Blatt „0551" in Blatt „0155" als offensichtliche Unrichtigkeit gemäß § 44a BeurkG richtiggestellt.

Ort, Datum Notar

Die Verletzung einer dieser Vorschriften macht die Beurkundung, Ausfertigung oder beglaubigte Abschrift nicht unwirksam, kann aber den Beweiswert der Urkunde mindern.

Die Urkunden sollen stets einen genügend breiten Heftrand erhalten, damit die am Rande stehenden Wörter auch nach dem Heften noch zu lesen sind. Mehrere Blätter einer Urkunde werden mit Schnur und Prägesiegel verbunden, ebenso alle Schriftstücke, die der Niederschrift als Anlage beigefügt sind (§ 44 BeurkG). Die Heftschnur sollte im oberen Drittel des Seitenrandes so angesiegelt werden, dass eine Beschädigung beim Lochen und Abheften vermieden wird. Das gilt gleichermaßen für Urschrift, Ausfertigung und beglaubigte Abschrift. Es sollen Heftfäden in den Landesfarben verwendet werden (§ 14 Abs. 1 DONot).

Siegel müssen dauerhaft mit dem Papier oder mit dem Papier und der Schnur verbunden sein und den Abdruck oder die Prägung deutlich erkennen lassen, § 14 Abs. 3 DONot. Eine Entfernung des Siegels ohne sichtbare Spuren der Zerstörung darf nicht möglich sein. Bei herkömmlichen Siegeln (Farbdrucksiegel, Prägesiegel in Lack oder unter Verwendung einer Mehloblate) ist davon auszugehen, dass die Anforderungen nach Satz 1 und 2 erfüllt sind. Andere (neue) Siegelungstechniken dürfen verwendet werden, wenn ein entsprechende Prüfzeugnis der PTS Heidenau vorliegt. Die Verwendung eines lediglich drucktechnisch erzeugten Siegels ist unzulässig.

Unterlagen, die der Urkunde nur beigefügt und mit dieser verwahrt werden, aber nicht nach § 44 BeurkG verbunden werden müssen, können auch angeklebt werden. Mit Urkunden, die in Papierform nicht länger als 30 Jahre aufbewahrt werden müssen, können Unterlagen im Sinne des Satzes 1 auch durch Heftklammern verbunden werden. Unterlagen im Sinne des Satzes 1 können in die Ausfertigungen und Abschriften der Haupturkunde aufgenommen werden, § 14 Abs. 2 DONot.

2. Behandlung der Urschrift

a) Verwahrung der Urschrift

Auf jeder Urschrift ist die Urkundenverzeichnis-Nummer mit der **Jahreszahl** anzugeben, §§ 3 Abs. 3, 8 Abs. 1 NotAktVV. Die Nummer wird aus der Urkundenverzeichnis entnommen und am Kopf der Urkunde angebracht; bei Unterschriftsbeglaubigungen auch dort, wo der Vermerk des Notars beginnt. In die Ausfertigungen und Abschriften ist die Nummer des Urkundenverzeichnisses zu übernehmen. Für originär elektronisch errichtete Urkunden gelten gemäß § 3 Abs. 3 S. 3 NotAktVV Besonderheiten. 184

Wird die Urschrift der notariellen Urkunde nach den Vorgaben des § 56 BeurkG in ein elektronisches Dokument übertragen und in der elektronischen Urkundensammlung verwahrt, steht die elektronische Fassung der Urschrift derjenigen in Papierform gleich. Hierbei handelt es sich um eine Fiktion, da von elektronischen Dateien keine „Originale" im mit der Papierform vergleichbaren Sinne bestehen. Denn Dateien können ohne Änderung der Eigenschaften theoretisch unbegrenzt oft vervielfältigt werden. Durch die gesetzliche Regelung stehen diese Kopien allerdings nicht der Urschrift gleich, sondern nur diejenige Datei, welche in der elektronischen Urkundensammlung verwahrt wird.

Urkundensammlungen nach altem Recht sind möglichst in verschließbaren Schränken aufzubewahren. In offenen Regalen dürfen die Sammlungen nur liegen, wenn der Raum abschließbar und sichergestellt ist, dass Unbefugte die Urkundensammlung nicht einsehen können.

b) Aushändigung der Urschrift

Für die **Aushändigung** der Urschrift ist im Regelfall wie folgt zu **differenzieren**: 185

- Die Urschrift der Urkunde, die der Notar in der Form der Niederschrift aufgenommen hat, bleibt grundsätzlich in seiner Verwahrung, § 45 Abs. 1 BeurkG. Eine Ausnahme gilt für Erbverträge und Testamente, die in die besondere amtliche Verwahrung des Amtsgerichts zu bringen sind. Haben die Beteiligten bei einem

Erbvertrag diese besondere amtliche Verwahrung ausgeschlossen, so bleibt die Urkunde beim Notar und ist in der Erbvertragssammlung zu verwahren, § 32 NotAktVV. Nach Eintritt des Erbfalls hat er den Erbvertrag jedoch an das Nachlassgericht abzuliefern (§ 34a Abs. 3 S. 1 BeurkG).

- Urschriften in Form eines Vermerks (§ 39 BeurkG) händigt der Notar den Beteiligten aus, wenn nicht die Verwahrung ausdrücklich verlangt wird.

Ausnahmsweise darf der Notar auch die Urschrift eines Protokolls aushändigen, wenn dargelegt wird, dass sie im Ausland verwendet werden soll und alle Personen zustimmen, die eine Ausfertigung verlangen können, § 45a Abs. 1 S. 1 BeurkG. In diesen Fällen soll die Urschrift mit dem Siegel versehen und eine Ausfertigung in der Urkundensammlung zurückbehalten werden, auf der vermerkt ist, an wen und weshalb die Urschrift ausgehändigt wurde (§ 45a Abs. 1 S. 2 BeurkG). Die Ausfertigung ersetzt dann die Urschrift.

186 *Beispiel*

Die Urschrift, von der diese gleich lautende Ausfertigung zurückbehalten worden ist, wurde mit Zustimmung aller Beteiligten an Herrn Müller in Köln, Langstraße 13, ausgehändigt.

Herr Müller legte dar, dass er die Urschrift in Lima/Peru zur Gründung einer Gesellschaft benötige.

Urschriften von Urkunden, die in der Form eines Vermerks errichtet sind (§ 39 BeurkG), werden regelmäßig **ausgehändigt**, weil bei ihnen die Urschrift für den Rechtsverkehr bestimmt ist.

Nach § 31 Abs. 1 Nr. 4 NotAktVV ist bei diesen Vermerken in die Urkundensammlung aufzunehmen:

- Entweder die Urschrift, wenn die Beteiligten dies wünschen, oder
- eine Abschrift, wenn die Urschrift ausgehändigt wird und der Notar die Urkunde entworfen hat.

In allen anderen Fällen steht die Frage, ob in der Urkundensammlung eine Abschrift verwahrt wird, im Ermessen des Notars.

Bei originär elektronischen Niederschriften nach § 16b BeurkG (z.B. bei Gründungen im notariellen Online-Verfahren) bleibt das elektronische Original in der Verwahrung des Notars, § 45b Abs. 1 BeurkG. Elektronische Vervielfältigungen dieses elektronischen Dokuments sollen nicht ausgehändigt werden. Stattdessen werden elektronische oder papierförmige beglaubigte Abschriften erzeugt und versendet.

c) Ersetzung der Urschrift

187 Die Urschrift einer ganz oder teilweise zerstörten oder abhanden gekommenen notariellen Niederschrift kann ersetzt werden, wenn dazu Anlass besteht. Zuständig für die Ersetzung ist diejenige Stelle, die für die Erteilung der Ausfertigung oder beglaubigten Abschrift zuständig sein würde, wenn die Urschrift noch vorhanden wäre. Die Ersetzung ist aber nur möglich, wenn noch eine beglaubigte Abschrift oder Ausfertigung der Urkunde existiert. Fehlt beides, so ist die Ersetzung nicht möglich.

Die Urschrift wird dadurch ersetzt, dass der Notar auf der noch vorhandenen Ausfertigung oder beglaubigten Abschrift den Vermerk anbringt, sie trete an die Stelle der Urschrift. Der Notar kann von der Ausfertigung oder beglaubigten Abschrift auch eine neue beglaubigte Abschrift fertigen und auf diese sodann den Vermerk setzen.

188 *Beispiel*

Die Urschrift der Urkunde Nummer 333/1941 vom 25.3.1941 ist durch Kriegseinwirkung verloren gegangen. Von ihrer Ausfertigung in den Grundakten von Jülich Blatt 0890 habe ich diese Abschrift hergestellt, deren Übereinstimmung mit der Ausfertigung ich beglaubige. Die verloren gegangene Urschrift wird hiermit ersetzt. Diese Urkunde tritt an die Stelle der Urschrift.

Siegel — Ort, Datum

Unterschrift des Notars

Ist in der Urkunde eine Unterwerfung unter die sofortige Zwangsvollstreckung enthalten, so soll der Schuldner, der sich der sofortigen Zwangsvollstreckung unterworfen hat, vor der Ersetzung gehört werden (§ 46 Abs. 5 S. 1 BeurkG). Ist die Urschrift ersetzt, so sind diejenigen Personen, die eine Ausfertigung verlangen können, davon zu verständigen, soweit dies ohne Schwierigkeiten möglich ist (§ 46 Abs. 5 S. 2 BeurkG).

Ist die elektronische Fassung der Urschrift ganz oder teilweise zerstört worden, soll die Urschrift erneut nach § 56 BeurkG in die elektronische Form übertragen und in der elektronischen Urkundensammlung verwahrt werden. Ist die Urschrift nicht mehr vorhanden, ist die Ersetzung auch aus Papierdokumenten oder aus einer im Elektronischen Urkundenarchiv gespeicherten früheren elektronischen Fassung der Urschrift möglich, § 46 Abs. 2 BeurkG. Letzteres gilt auch bei Zerstörung einer elektronischen Urschrift; also bei originär elektronisch errichteten Urkunden (bspw. im notariellen Online-Verfahren oder zukünftig ggf. im Rahmen der elektronischen Präsenzbeurkundung).

Gegen die Ablehnung der Ersetzung und gegen die Ersetzung selbst ist das Rechtsmittel der Beschwerde gegeben (§ 54 Abs. 1 BeurkG). Über die Beschwerde entscheidet eine Zivilkammer des Landgerichts, in dessen Bezirk der Notar seinen Amtssitz hat (§ 54 Abs. 2 BeurkG).

d) Vermerke auf der Urschrift

Nachdem ein Dokument in elektronischer Form in die elektronische Urkundensammlung eingestellt wurde, dürfen auf der Urschrift oder Abschrift, die in der Urkundensammlung verwahrt wird, **keine Vermerke** mehr angebracht werden. Ergibt sich aus einer Rechtsvorschrift die Pflicht, auf der Urschrift oder Abschrift, die in der Urkundensammlung verwahrt wird, etwas zu vermerken, so ist der Vermerk gemäß § 35 Abs. 3 NotAktVV 189

- entweder auf einem **gesonderten Blatt** niederzulegen, welches mit der in der Urkundensammlung verwahrten Urschrift oder Abschrift zu verbinden ist, wenn die betreffende Urkunde in Papierform errichtet wurde, oder
- in einem **gesonderten elektronischen Dokument** niederzulegen, welches zusammen mit der in der elektronischen Urkundensammlung verwahrten Urkunde zu verwahren ist, wenn die betreffende Urkunde in elektronischer Form errichtet wurde.

Von einem **elektronischen Vermerk**, der zusammen mit einer elektronischen Urkunde in der elektronischen Urkundensammlung verwahrt wird, ist sodann ein Ausdruck mit dem in der Urkundensammlung verwahrten Ausdruck der elektronischen Urkunde zu verbinden. Ein **Papiervermerk** ist in die eUSL einzustellen.

Die Erteilung von Ausfertigungen wird nicht mehr (zwingend) auf der Urschrift, sondern im Urkundenverzeichnis vermerkt (§ 49 Abs. 4 BeurkG).

3. Ausfertigung

a) Bedeutung

Die Ausfertigung vertritt die Niederschrift bzw. die elektronische Niederschrift im Rechtsverkehr (§ 47 BeurkG). Sie allein hat, wenn es auf die Vorlegung der Urkunde ankommt, dieselbe Wirkung wie die Urschrift. Die beglaubigte Abschrift beweist nicht mehr als die Übereinstimmung der Abschrift mit der Urkunde; die Willenserklärung selbst enthält sie nicht. 190

Von einfachen Zeugnissen – also auch von Beglaubigungsvermerken – kann keine Ausfertigung erteilt werden. Eine elektronische Entsprechung der Ausfertigung existiert (noch) nicht.

Das ist zu beachten bei allen empfangsbedürftigen Willenserklärungen, für die notarielle Beurkundung vorgeschrieben ist; diese müssen in **Ausfertigung** zugehen.

> *Beispiel* 191
>
> Der Rücktritt vom Erbvertrag (§ 2296 BGB) und der Widerruf eines gemeinschaftlichen Testaments (§ 2271 BGB) müssen notariell beurkundet werden und dem anderen Beteiligten zugehen. Da die beurkundete Erklärung in der Urkunde verkörpert ist und die **Urschrift** im Rechtsverkehr durch die **Ausfertigung** ersetzt wird, muss hier eine Ausfertigung zugestellt werden!
>
> Dasselbe gilt für das Angebot einer Grundstücksveräußerung. Dem Angebotsempfänger muss eine **Ausfertigung**, nicht nur eine beglaubigte Abschrift, übersandt werden.

Gleiches gilt beispielsweise für die Herbeiführung der **Bindungswirkung** nach § 873 Abs. 2 BGB oder die Erbausschlagung. Solange die Bestrebungen, § 130 BGB zu modifizieren, um diesen Zustand zu ändern, nicht in geltendes Gesetzesrecht umgesetzt sind, sollte stets gründlich geprüft werden, wann eine Ausfertigung benötigt wird. Denn andernfalls wird die entsprechende Erklärung ggf. (trotz möglicher förmlicher Zustellung) nicht wirksam. Es empfiehlt sich, auch den zustellenden Gerichtsvollzieher für diese rechtliche Problematik zu sensibilisieren.

b) Zuständigkeit

192 Die Ausfertigung wird von der Stelle erteilt, die die Urschrift verwahrt (§ 48 BeurkG). Verwahrende Stelle ist grundsätzlich der Notar, der die Niederschrift aufgenommen und zu seiner Urkundensammlung genommen hat (§ 45 Abs. 1 BeurkG). Ist das Amt des Notars erloschen (§ 47 BNotO) oder wird sein Amtssitz verlegt, so übernimmt die Notarkammer oder – im Bereich des Nurnotariats der Regelfall – sein Amtsnachfolger (§ 51 Abs. 1 BNotO) die Akten. In diesem Fall erteilt der Amtsnachfolger bzw. die Notarkammer die Ausfertigung (§ 48 BeurkG).

c) Form

193 Unter der Überschrift „Ausfertigung“ folgt eine Abschrift der Verhandlung einschließlich der Unterschriften und mitbeurkundeten Anlagen (§ 49 BeurkG). Zusätze und Berichtigungen werden in den Text der Ausfertigung aufgenommen. Der Ausfertigungsvermerk gibt Tag und Ort der Erteilung an, bezeichnet die Person, der die Ausfertigung erteilt wird, und bestätigt die Übereinstimmung der Ausfertigung mit der papierförmigen Urschrift, der elektronischen Urschrift (z.B. bei notariellen Online-Verfahren) oder der elektronischen Fassung der Urschrift im elektronischen Urkundenarchiv. Der Ausfertigungsvermerk muss vom Notar unterschrieben und mit dem Siegel versehen werden (§ 49 Abs. 2 BeurkG). Besteht die Ausfertigung aus mehreren Blättern, so sind diese mit Schnur und Siegel zu verbinden (§ 44 BeurkG). Häufig werden mit der Ausfertigung Abschriften von Urkunden verbunden, die nicht beurkundet wurden, z.B. behördliche Genehmigungen, Vollmachten und Beitrittserklärungen. Diese brauchen dann nicht gesondert beglaubigt zu werden. Der Ausfertigungsvermerk verleiht ihnen automatisch die Eigenschaft beglaubigter Abschriften (§ 49 Abs. 3 BeurkG).

194 *Beispiel*

Vorstehende, mit der Urschrift übereinstimmende Ausfertigung wird hiermit Herrn Rainer Meier, geboren am 20.4.1974, wohnhaft in Jülich, Rurstraße 500, erteilt.

Siegel — Ort, Datum

Unterschrift des Notars

195 Verwahrt ein Amtsnachfolger die Urschrift, so kann er seiner Unterschrift den Zusatz beifügen:

▼

Muster 3.16: Verwahrung einer Urschrift durch Amtsnachfolger

3.16 als Verwahrer der Urkunde des Notars .

▲

d) Auszugsweise Ausfertigung

196 Grundsätzlich müssen Ausfertigungen den ganzen Wortlaut der Urschrift enthalten. § 49 Abs. 5 BeurkG gestattet es, Ausfertigungen auch auszugsweise zu erteilen. Dafür kann ein Interesse bestehen, wenn in einer Urkunde mehrere Geschäfte beurkundet sind, es aber ausreichend ist, der zuständigen Stelle nur ein Geschäft mitzuteilen. Werden z.B. Erbscheinsantrag und Erbauseinandersetzung in einer Niederschrift beurkundet, so wird dem Nachlassgericht nur der Erbscheinsantrag eingereicht. Oder: Von einer Niederschrift soll ein bestimmter Teil, etwa die Auflassung, (noch) nicht ausgefertigt werden (um den Erwerber daran zu hindern, selbst vorzeitig die Eigentumsumschreibung zu bewirken). Oder: Von einem Ehe- und Erbvertrag wird nur der Teil „Ehevertrag“ für die Berichtigung des Grundbuchs nach der Vereinbarung der Gütergemeinschaft benötigt.

In dem Ausfertigungsvermerk muss der Gegenstand des Auszugs angegeben und bezeugt werden, dass die Urschrift keine weiteren Bestimmungen über diesen Gegenstand enthält (§ 49 Abs. 5 i.V.m. § 42 Abs. 3 BeurkG).

Beispiel 197

Diese auszugsweise gleich lautende Ausfertigung, die nur den Erbscheinsantrag enthält, wird Herrn Emil Müller, geboren am 27.4.1978, wohnhaft in Aachen, Domplatz 9, erteilt. Zugleich wird bescheinigt, dass die Urkunde keine weiteren Bestimmungen über den Erbscheinsantrag enthält.

Siegel Ort, Datum

Unterschrift des Notars

e) Anspruch auf Erteilung von Ausfertigungen und Abschriften, Recht auf Einsicht in die Urkunden

Anspruch auf Erteilung von Ausfertigungen: 198

- jeder, der bei einer Beurkundung über Willenserklärungen eine Erklärung im eigenen Namen abgegeben hat,
- jeder, für den bei einer solchen Beurkundung eine Erklärung abgegeben worden ist,
- bei anderen Niederschriften jeder, der die Aufnahme der Urkunde beantragt hat, sowie jeweils
- deren Rechtsnachfolger (§ 51 Abs. 1 BeurkG).

Die Beteiligten können gemeinsam in der Niederschrift oder durch besondere Erklärung etwas anderes bestimmen, insbesondere also auch die Erteilung von Ausfertigungen an dritte Personen vorsehen (§ 51 Abs. 2 BeurkG). Wer Anspruch auf Ausfertigungen hat, kann auch einfache oder beglaubigte Abschriften verlangen und die Urschrift einsehen, § 51 Abs. 3 BeurkG.

§ 51 BeurkG ist eine Konkretisierung der in § 18 BNotO geregelten Verschwiegenheitsverpflichtung. Wenn eine Person eine Ausfertigung oder Abschrift verlangt, so ist dieses Begehr an § 51 BeurkG zu messen. Wer nicht unter die Liste des § 51 Abs. 1 BeurkG fällt, hat grundsätzlich keinen entsprechenden Anspruch.

f) Vollstreckbare Ausfertigung und Klauselumschreibung

Aus einer Urkunde, die ein (deutscher) Notar protokolliert hat, kann der Gläubiger die Zwangsvollstreckung betreiben, sofern die Urkunde über einen Anspruch errichtet ist, der einer vergleichsweisen Regelung zugänglich ist, und der Schuldner sich in der Urkunde wegen des – genau – zu bezeichnenden Anspruchs der sofortigen Zwangsvollstreckung unterworfen hat (§ 794 Abs. 1 Nr. 5 ZPO). Nicht unterwerfungsfähig ist nach dem Gesetzeswortlaut ein Anspruch, der auf Abgabe einer Willenserklärung gerichtet ist oder den Bestand eines **Mietverhältnisses** über **Wohnraum** betrifft (ausgeschlossen ist im zuletzt genannten Fall also ein Anspruch auf Herausgabe [Räumung] und auf Einschränkung **des Mietbesitzes**). 199

Die nach früherem Recht bestandene Beschränkung der Vollstreckungsunterwerfung auf Geldansprüche und Ansprüche auf andere vertretbare Sachen oder Wertpapiere ist entfallen. Die Vollstreckungsunterwerfung kann – neben den schon bisher unterwerfungsfähigen Ansprüchen, insbesondere Zahlungsansprüchen – auch erklärt werden wegen 200

- der Herausgabe einer bestimmten **beweglichen Sache**, z.B. eines genau bezeichneten Wohnzimmerschrankes oder des verkauften „*Personenkraftwagens Fabrikat BMW mit dem polizeilichen Kennzeichen ME WG 6, Fahrzeug-Identifizierungsnummer (...)*“, dessen Besitz zu einem exakt definierten Zeitpunkt auf den Käufer übergeht (§ 883 Abs. 1 ZPO),
- der Herausgabe einer **unbeweglichen Sache**, z.B. eines Gewerbegrundstücks (§ 885 Abs. 1 ZPO),
- der **Vornahme vertretbarer Handlungen**, z.B. Mängelbeseitigung (§ 887 ZPO),
- des Anspruchs auf **unvertretbare Handlungen**, z.B. Auskunftserteilung, Erstellung eines Nachlassverzeichnisses (§ 888 Abs. 1 ZPO).[38]

Es ist zulässig, dass sich der Verkäufer in einem Grundstückskaufvertrag zur Räumung der von ihm **selbst genutzten Wohnung** unterwirft, auch wenn der vereinbarte Räumungstermin lange Zeit nach dem Zeitpunkt des Gefahrübergangs liegt oder der Verkäufer für die Zeit vom Erhalt des Kaufpreises an eine Nutzungsentschädigung zu zahlen hat, wie sich auch der Verkäufer wegen der Übergabe des Besitzes an einem Grundstück der sofortigen Zwangsvollstreckung unterwerfen kann. Unterwerfungsfähig wären z.B. weiter- 201

38 Formulierungsvorschläge für Unterwerfungen der vorgenannten Art finden sich auch bei *Limmer*, DNotI-Report 1998, 10 f.

hin: **Unterlassungspflichten** oder **Ansprüche aus Dienstbarkeiten** (z.B. Duldungspflicht bezüglich eines Weges), § 890 Abs. 1 ZPO.[39]

202 ▼

3.17 **Muster 3.17: Unterwerfung unter die Zwangsvollstreckung wegen der Duldungspflicht aus einer Wegerechts-Grunddienstbarkeit**

(Protokolleingang)

Grunddienstbarkeitsbestellung

Demzufolge darf der Eigentümer des herrschenden Grundstücks den in dem als Anlage zu dieser Urkunde genommenen Lageplan mit den Buchstaben umschriebenen Weg befahren, um vom herrschenden Grundstück aus zu der vor dem dienenden Grundstück liegenden öffentlichen Straße „ “ zu gelangen und umgekehrt.

Eintragungsbewilligung

Als Eigentümer des dienenden Grundstücks unterwerfe ich mich hierdurch sowohl dem jeweiligen Eigentümer des herrschenden Grundstücks als auch als dem derzeitigen Eigentümer des herrschenden Grundstücks gegenüber wegen der aus der Grunddienstbarkeit entspringenden Duldungspflicht der sofortigen Zwangsvollstreckung aus dieser Urkunde.

Der Notar soll als dem derzeitigen Eigentümer des herrschenden Grundstücks sofort eine vollstreckbare Ausfertigung dieser Urkunde erteilen.

(Protokollabschluss)

▲

Die Zwangsvollstreckungsunterwerfung darf niemals **dinglicher** Inhalt der Grunddienstbarkeit sein. Eine Eintragung nach § 800 ZPO wie bei Grundpfandrechten ist nicht möglich.

203 ▼

3.18 **Muster 3.18: Vollstreckungsklausel**

Die vorstehende Ausfertigung, die eine vollständige Wiedergabe der Urschrift ist, wird hierdurch als dem derzeitigen Eigentümer des herrschenden Grundstücks zum Zwecke der Zwangsvollstreckung wegen der aus der vorbestellten Grunddienstbarkeit entspringenden Duldungspflicht gegen (Eigentümer des dienenden Grundstücks) erteilt.

Siegel ,

Unterschrift des Notars

▲

Die Unterwerfung unter die Zwangsvollstreckung wegen eines Geldbetrages wird auch weiterhin am häufigsten vorkommen.

204 *Beispiel*

Der Kaufpreis beträgt 100.000 EUR – i.W.: hunderttausend EUR –. Er ist am (…) fällig und bis dahin zinslos. Zahlt der Käufer den Kaufpreis bei Fälligkeit ganz oder teilweise nicht, so hat er den offenen Kaufpreis mit 10 % jährlich zu verzinsen.

Wegen dieses Betrages und der Zinsen unterwirft sich der Käufer dem Verkäufer gegenüber der sofortigen Zwangsvollstreckung aus dieser Urkunde.

205 Nach dem Gesetzeswortlaut muss sich der Schuldner „*wegen des zu bezeichnenden Anspruchs*“ der sofortigen Zwangsvollstreckung unterwerfen. Das ist so zu verstehen, dass pauschale Unterwerfungen („*wegen aller*

39 Siehe hierzu insgesamt DNotZ 1999, 1 ff.

Ansprüche aus dieser Urkunde“) nicht mehr gestattet sind, vielmehr jeder einzelne Anspruch in der Unterwerfungserklärung konkret bezeichnet werden muss. Dabei ist es notwendig, so viele einzelne Unterwerfungsklauseln in die Urkunde aufzunehmen wie Ansprüche vollstreckbar gestellt werden sollen. Eine Klausel in einer notariellen Urkunde, mit der sich der Erwerber einer Eigentumswohnung „wegen etwaiger Verpflichtungen zur Zahlung bestimmter Geldsummen“ der Zwangsvollstreckung aus dieser Urkunde unterwirft, genügt nicht den Anforderungen des Konkretisierungsgebots.[40] Aus einem Grundstücksübertragungsvertrag mit Rentenzahlungsverpflichtung ergeben sich beispielsweise bei entsprechender Formulierung hinsichtlich der Rente **drei Ansprüche**:

1. der dingliche Anspruch gemäß §§ 1105 Abs. 1, 1107, 1147 BGB,
2. der dem dinglichen Anspruch akzessorische persönliche Anspruch aus § 1108 Abs. 1 BGB,
3. der persönliche Anspruch aus der mit dem Übertragungsvertrag verbundenen schuldrechtlichen Rentenzahlungsverpflichtung (§ 759 BGB).

▼ 206

Muster 3.19: Vollstreckungsunterwerfung

Der Erwerber unterwirft sich wegen der dinglichen und wegen der persönlichen Ansprüche aus der Reallast sowie wegen der persönlichen Zahlungsverpflichtung, und zwar wegen 3.19

a) der Zahlungsverpflichtung von ______ EUR (Ausgangsbetrag), und

b) wegen des aufgrund der Wertsicherungsklausel möglichen Zusatzbetrages

der sofortigen Zwangsvollstreckung aus dieser Urkunde.

Sollte eine der beiden Zwangsvollstreckungsunterwerfungen unwirksam sein, so soll ______.

▲

Sind mehrere Personen auf der Schuldnerseite genannt, ohne dass über ihre Haftungsart etwas erwähnt ist, so sind diese im Zweifel Gesamtschuldner. Bei mehreren Schuldnern sollte zur Vermeidung von Unklarheiten in keiner Urkunde eine Erklärung wie z.B. „die Käufer schulden den Kaufpreis und die Zinsen als Gesamtschuldner. Jeder von ihnen unterwirft sich wegen seiner Zahlungsverpflichtungen der sofortigen Zwangsvollstreckung aus dieser Urkunde“ fehlen. 207

Bei einer Mehrheit von **Gläubigern** (z.B. bei mehreren Verkäufern) ist die Frage, wem von diesen eine vollstreckbare Ausfertigung erteilt werden kann und welchen Inhalt sie zu erhalten hat.[41] Beim Verkauf durch Miteigentümer (z.B. in Bruchteilsgemeinschaft zu je ½) kann jeder Verkäufer ohne Mitwirkung der anderen Verkäufer die Erteilung einer vollstreckbaren Ausfertigung verlangen. Die Vollstreckungsklausel ist aber mit der Maßgabe zu erteilen, dass hieraus nur zur Leistung an **alle** Mitgläubiger vollstreckt werden kann.

Der Eigentümer kann sich in Ansehung einer Hypothek, Grund- oder Rentenschuld der sofortigen Zwangsvollstreckung in der Weise unterwerfen, dass die Zwangsvollstreckung aus der Urkunde gegen den jeweiligen Eigentümer zulässig sein soll (§ 800 ZPO). Die Unterwerfung bedarf zu ihrer Wirksamkeit gegenüber späteren Eigentümern in diesem Falle der Eintragung in das Grundbuch; die Bezugnahme auf die Urkunde reicht nicht aus. Der Sinn dieser Zwangsvollstreckungsunterwerfung ist, dass bei der Zwangsvollstreckung gegen einen späteren, im Grundbuch eingetragenen Eigentümer die Zustellung der den Erwerb des Eigentums nachweisenden öffentlichen oder öffentlich beglaubigten Urkunden nicht notwendig ist (§ 800 Abs. 2 ZPO). Diese Vorschrift bedeutet jedoch nicht, dass bei einem eingetretenen Eigentümerwechsel die gegen den alten Eigentümer erteilte **Vollstreckungsklausel** auch zur Vollstreckung gegen den jeweiligen, insbesondere den neuen Eigentümer ausreichend ist, bloß weil die Unterwerfung gegen den „jeweiligen“ Grundstückseigentümer erklärt worden ist. 208

Denn mit der Zwangsvollstreckung darf erst begonnen werden, wenn der **Schuldtitel** dem Schuldner mindestens **zwei Wochen** vorher zugestellt worden ist (§ 798 ZPO). Unter „Schuldtitel“ i.S.d. § 798 ZPO sind alle in 209

40 BGH DNotZ 2013, 120, 121.

41 Wegen des unterschiedlichen Berechtigungsverhältnisses bei einer Gläubigermehrheit (Teilgläubiger [§ 420 BGB], Mitgläubiger [§ 432 BGB], Gesamtgläubiger [§ 428 BGB]) siehe Gutachten in DNotI-Report 2006, 117. Zur Gläubigermehrheit an der Kaufpreisforderung aus einem Grundstückskaufvertrag siehe auch ausführlich *Litzenburger*, NotBZ 2003, 296 ff.

§ 750 Abs. 2 ZPO genannten Urkunden zu verstehen. Das sind die vollstreckbare Urkunde mit der Vollstreckungsklausel und in den Fällen, in denen die Erteilung der vollstreckbaren Ausfertigung auf Nachweisen beruht, die durch öffentliche oder öffentlich beglaubigte Urkunden geführt worden sind, auch diese Urkunden. Hierzu gehören z.B. Abtretungserklärungen, Erbscheine, Vollmachten, Genehmigungserklärungen und sonstige Vertretungsnachweise. Auf die Einhaltung der Zweiwochenfrist kann der Schuldner dann verzichten, wenn die Vollstreckungsklausel ohne weitere Nachweise erteilt werden kann.

Die vollstreckbare Ausfertigung wird grundsätzlich von dem Notar erteilt, der die Urkunde verwahrt (§ 797 Abs. 1 Nr. 2 lit. a ZPO). Sofern die Urkunde von einer Notarkammer oder einem Amtsgericht verwahrt wird, sind jeweils diese Stellen zuständig, § 797 Abs. 1 Nr. 2 lit. b, c ZPO.

210 Die Aufnahme der Vollstreckungsunterwerfung in die Urkunde ist vor allem bei Geldansprüchen zweckmäßig. Sie verschafft dem Gläubiger schneller einen Vollstreckungstitel als dies beim Gericht im streitigen Verfahren – man vergesse hierbei nicht die Einlegung von Rechtsmitteln – möglich wäre. Dadurch kommt der Gläubiger auch sehr viel schneller zur Zwangsvollstreckung, ohne sich in langwierigen und kostspieligen gerichtlichen Verfahren erst einen Titel beschaffen zu müssen. Auch der Schuldner hat einen Vorteil: Die für die Protokollierung der vollstreckbaren Urkunde entstehenden Kosten sind wesentlich geringer als die Kosten eines gerichtlichen Verfahrens.

211 Die vollstreckbare Urkunde muss in der Form einer Niederschrift (Protokollform, Beurkundungsform) aufgenommen werden (§§ 8 ff. BeurkG). In einer **nur unterschriftsbeglaubigten** Urkunde kann die Vollstreckungsunterwerfung nicht wirksam erklärt werden.

Wenn die Unterwerfung unter die sofortige Zwangsvollstreckung durch einen Vertreter erklärt worden ist, darf die vollstreckbare Ausfertigung erst erteilt werden, wenn die Bevollmächtigung oder die Genehmigung durch eine öffentliche oder öffentlich beglaubigte Urkunde nachgewiesen ist.

212 Die Zwangsvollstreckung kann u.a. wegen einer **bestimmten Geldsumme** erfolgen. Die Geldsumme muss sich aus der Urkunde selbst oder aus einer darin in Bezug genommenen öffentlichen Urkunde ergeben oder errechnen lassen. Bei einer Sicherungshypothek zum Höchstbetrag ist aus diesem Grund die Klausel, dass sich der Eigentümer der sofortigen Zwangsvollstreckung unterwirft, grundsätzlich unzulässig. Etwas anderes gilt, wenn sich der Eigentümer in der Urkunde nur hinsichtlich einer bestimmten Teilforderung innerhalb des vereinbarten Höchstbetrages der sofortigen Zwangsvollstreckung unterwirft.

Bei einer Reallast (auch bei einer Erbbauzinsreallast) wird die Unterwerfung unter die sofortige Zwangsvollstreckung in der Weise, dass diese gegen den **jeweiligen Eigentümer** oder Erbbauberechtigten zulässig sein soll, nicht für zulässig erachtet. Jedoch ist die Zwangsvollstreckungsunterwerfung wegen bestimmter persönlicher und dinglicher Ansprüche aus der Reallast möglich, wenn sie den entsprechenden Anforderungen genügen.

213 Ist die Erteilung der Vollstreckungsklausel nach dem Inhalt der Urkunde von dem Eintritt einer Tatsache abhängig, so muss bei der Erteilung der Vollstreckungsklausel diese Tatsache bereits vorliegen (§ 726 Abs. 1 ZPO). Die Vollstreckungsklausel darf in diesem Falle nur erteilt werden, wenn das durch öffentliche oder öffentlich beglaubigte Urkunden bewiesen ist. Ist die Fälligkeit der Schuld von einer Kündigung abhängig, so trifft die Beweislast dafür, dass die Kündigung ausgesprochen wurde, den Gläubiger. Das Kündigungsschreiben selbst bedarf nicht der öffentlichen Form. Es muss jedoch vor der Erteilung der vollstreckbaren Ausfertigung der Nachweis, dass die Kündigung dem Schuldner zugegangen ist, durch eine öffentliche Urkunde (Zustellungsurkunde des Gerichtsvollziehers) geführt werden. Tritt die Fälligkeit auch ohne Kündigung zu einem bestimmten Termin ein, so darf die Vollstreckungsklausel grundsätzlich erst nach Ablauf dieses Termins erteilt werden. Bei der sog. **Verfallklausel** (Fälligkeit des Kapitals bei nicht rechtzeitiger Entrichtung von Zins- und Tilgungsbeträgen) ist es nicht Sache des Gläubigers, die Nichtzahlung zu beweisen. Vielmehr ist es umgekehrt Sache des Schuldners, die ordnungsgemäße Zahlung zu beweisen.

Es besteht jedoch auch die Möglichkeit, dass der Schuldner den Gläubiger von dem Nachweis der eingetretenen Fälligkeit seiner Forderung befreit. Wenn eine solche Klausel in der Urkunde enthalten ist, braucht der Notar den Eintritt der Fälligkeit vor der Erteilung der Vollstreckungsklausel nicht zu prüfen. Sie könnte etwa folgenden Inhalt haben:

▼

Muster 3.20: Befreiung vom Nachweis der eingetretenen Fälligkeit eine Forderung

Dem Gläubiger soll sofort eine vollstreckbare Ausfertigung dieser Urkunde erteilt werden, ohne dass es hierzu des Nachweises der Fälligkeit bedarf.

▲

Ein solcher Verzicht ist auch nach Inkrafttreten des **Risikobegrenzungsgesetzes** wirksam.[42]

214 Zweckmäßigerweise bringt man aber in der Urkunde zum Ausdruck, dass dem Gläubiger „sofort" eine vollstreckbare Ausfertigung der Urkunde erteilt werden soll, ohne dass es hierzu des Nachweises der Fälligkeit bedarf. Um Konflikte mit dem AGB-Recht zu vermeiden, empfiehlt *Wolfsteiner*,[43] jeder Zwangsvollstreckungsunterwerfung – sinngemäß – folgende Klausel hinzuzufügen:

▼

Muster 3.21: Zwangsvollstreckungsunterwerfung – Beweislast

im Verfahren der Vollstreckungsgegenklage liegt die Beweislast jedoch unverändert beim Verkäufer (Gläubiger).

▲

Rastätter[44] hat sich mit dieser Frage ausführlich auseinandergesetzt und kommt zu dem Ergebnis, dass kein Grund zur Aufnahme der von *Wolfsteiner* vorgeschlagenen Klausel besteht.

Es sollte jedoch wegen des Gebots der Ausgewogenheit notarieller Verträge von einer formularmäßigen Aufnahme des Nachweisverzichts abgesehen werden.

215 Der BGH[45] hat entschieden, dass eine Zwangsvollstreckungsunterwerfung des Erwerbers in einem **Bauträgervertrag** wegen Verstoßes gegen §§ 3, 12 MaBV i.V.m. § 134 BGB nichtig ist, wenn der Notar ermächtigt ist, die Vollstreckungsklausel ohne besonderen Nachweis zu erteilen.[46]

216 Die Form der Vollstreckungsklausel ist in § 725 ZPO geregelt. Wesentliches Erfordernis ist die **Bezeichnung des Gläubigers**. Dagegen ist die Bezeichnung des Schuldners nur dann erforderlich, wenn er nicht mit dem in der Urkunde genannten übereinstimmt, wenn es sich also um die Erteilung einer Vollstreckungsklausel gegen den **Rechtsnachfolger** handelt. Die Bezeichnung des Umfangs der Haftung des Schuldners („*wegen des Darlehnsbetrages – oder wegen der Schuldsumme – von 10.000 EUR nebst 8 v.H. Jahreszinsen ab 1.8...*") ist nicht erforderlich, weil er sich aus der Urkunde ergibt. Soll jedoch nur wegen eines Teiles der Forderung oder wegen der Zinsen allein vollstreckt werden können, so ist dies in der Klausel anzugeben (z.B. „hinsichtlich der jeweils fällig werdenden Zinsen ..."), damit keine unberechtigte Vollstreckung erfolgen kann. Die Vollstreckungsklausel ist mit dem **Amtssiegel** zu versehen. Unter „Siegel" ist nicht etwa nur das Prägesiegel zu verstehen, vielmehr ist es auch zulässig, dass die Ausfertigung mit dem Farbdrucksiegel versehen wird (die Beidrückung des Prägesiegels ist stets nur dann notwendig, wenn das Gesetz ausdrücklich vom **Prägesiegel** spricht).

▼ 217

Muster 3.22: Einfache Vollstreckungsklausel

Die vorstehende Ausfertigung, die eine vollständige Wiedergabe der Urschrift ist, wird hiermit der zum Zwecke der Zwangsvollstreckung erteilt.

Siegel ,

Unterschrift des Notars

▲

42 LG Lübeck Rpfleger 2009, 451 mit zust. Anm. *Schulz*. Vgl. auch BGH NotBZ 2022, 28, m. Anm. *Selentin*.
43 *Wolfsteiner* NJW 1982, 2851, 2853.
44 *Rastätter* NJW 1991, 392.
45 BGH DNotZ 1999, 53.
46 Vgl. hierzu auch DNotI-Report 1999, 141 ff.

218 ▼

3.23 **Muster 3.23: Vollstreckungsklausel, wenn vor ihrer Erteilung der Eintritt der Fälligkeit durch Kündigung nachgewiesen werden musste**

Die vorstehende Ausfertigung, die eine vollständige Wiedergabe der Urschrift ist, wird hiermit der ___ Bank zum Zwecke der Zwangsvollstreckung erteilt. Die Kündigung des Kapitals ist nachgewiesen durch den vorgelegten Brief des Gläubigers an den Schuldner vom ___ nebst Postzustellungsurkunde vom ___ in Verbindung mit der Zustellungsurkunde des Gerichtsvollziehers ___ vom ___.

Je eine beglaubigte Ablichtung des Kündigungsschreibens des Gläubigers mit der Postzustellungsurkunde und der Zustellungsurkunde des Gerichtsvollziehers ___ vom ___ sind dieser Vollstreckungsklausel beigeheftet.

▲

Bei diesem und den nachfolgenden Mustern wird nur noch der Wortlaut der eigentlichen Vollstreckungsklausel gebracht; Ort, Datum, Siegel und Unterschrift des Notars sind nicht mehr beigesetzt, aber bei Erteilung der Ausfertigung gleichwohl erforderlich.

219 Die Angabe des Schuldners in der Vollstreckungsklausel ist notwendig, wenn es sich um die Erteilung der Klausel gegen den Rechtsnachfolger handelt. Die Rechtsnachfolge des Schuldners kann z.B. durch Erbfolge eingetreten sein. Gegen Rechtsnachfolger kann eine vollstreckbare Ausfertigung nur erteilt werden, wenn die Rechtsnachfolge für den Notar offenkundig ist oder durch öffentliche oder öffentlich beglaubigte Urkunden nachgewiesen wird (§§ 727 ff. ZPO). Offenkundig sind die dem Notar bekannten Tatsachen. Hierbei ist es ohne Bedeutung, ob er die Kenntnis amtlich oder außeramtlich erlangt hat. Nicht offenkundig ist dagegen das, was der Notar erst aus Erkenntnisquellen erkunden, erforschen oder feststellen muss. **Aktenkundig** ist nicht mit **offenkundig** gleichzusetzen. Beim Erbgang wird die Rechtsnachfolge durch eine Ausfertigung des Erbscheins oder durch eine beglaubigte Abschrift der eröffneten, in einer öffentlichen Urkunde enthaltenen Verfügung von Todes wegen mit einer beglaubigten Abschrift des Eröffnungsprotokolls des Amtsgerichts nachgewiesen. Die Rechtsnachfolge kann auch, etwa durch Erbgang oder Abtretung, auf der Seite des Gläubigers eingetreten sein. Bei einem **Briefgrundpfandrecht** ist die durch Abtretung eingetretene Rechtsnachfolge durch Vorlage der Urschrift einer öffentlich beglaubigten oder der Ausfertigung der beurkundeten Abtretungserklärung nachzuweisen; eine beglaubigte **Abschrift reicht nicht** aus. Wenn die Urschrift der Abtretungserklärung dem Grundbuchamt eingereicht ist, müsste sich der Gläubiger diese zurückgeben lassen. Das über das Internet zugängliche Registerportal der Länder „Handelsregister.de“ als Informationsmöglichkeit ersetzt nicht den für die Erteilung einer Vollstreckungsklausel als Rechtsnachfolger notwendigen Nachweis der Rechtsnachfolge durch Vorlage einer öffentlichen oder öffentlich beglaubigten Urkunde.[47]

Der Notar darf grundsätzlich **nur eine vollstreckbare Ausfertigung** erteilen. Hierdurch sollen durch den beschränkten Prüfungsumfang der Vollstreckungsorgane denkbare Mehrfachvollstreckungen aus dem gleichen Vollstreckungstitel vermieden werden. Deshalb muss ihm für die Erteilung (Umschreibung) der Vollstreckungsklausel für oder gegen Rechtsnachfolger die bereits erteilte vollstreckbare Ausfertigung vorgelegt werden (wegen des Ausnahmefalles siehe Rdn 225).

220 Häufig verlangen die Gläubiger, dass der Grundstückseigentümer neben der Grundschuldbestellung ein abstraktes Schuldanerkenntnis abgibt und sich auch diesbezüglich der sofortigen Zwangsvollstreckung unterwirft. Wird in einem solchen Fall **lediglich** die Grundschuld abgetreten, so bedeutet dies nicht zugleich die Abtretung des Anspruchs aus dem abstrakten Schuldanerkenntnis. Sollen auch die Rechte aus der persönlichen Haftung an den neuen Gläubiger mit übergehen, so müssen diese ausdrücklich abgetreten werden. Auch die Abtretung der Grundschuld mit den Zinsen und „allen Nebenrechten“ reicht nicht aus; denn der Haftungsanspruch ist kein Nebenrecht, sondern ein selbstständiges Recht.[48] Die Abtretungserklärung erhält zweckmäßigerweise folgenden Wortlaut:

47 OLG Naumburg Rpfleger 2012, 398.

48 Vgl. hierzu auch ausführlich das Gutachten in DNotI-Report 2001, 37 ff.

▼

Muster 3.24: Abtretungserklärung 3.24

Hierdurch trete ich diese Grundschuld mit den Zinsen vom sowie alle Rechte aus der Grundschuldbestellungsurkunde, insbesondere auch den persönlichen Haftungsanspruch gegen den Grundstückseigentümer, ab an und bewillige .

▲

Einige Muster für Vollstreckungsklauseln nach dem Eintritt einer Rechtsnachfolge: 221

a) Vollstreckungsklausel **für einen Rechtsnachfolger des Gläubigers** (wenn bisher noch keine Vollstreckungsklausel erteilt war):

▼

Muster 3.25: Vollstreckungsklausel für Rechtsnachfolger des Gläubigers

Die vorstehende Ausfertigung, die eine vollständige Wiedergabe der Urschrift ist, wird hiermit der in zum Zwecke der Zwangsvollstreckung erteilt. 3.25

Die Rechtsnachfolge der Gläubigerin ist durch die in Urschrift vorgelegte Abtretungserklärung vom – UVZ-Nr. für des Notars – nachgewiesen.

▲

Um zu vermeiden, dass die (Mit-)Zustellung der Urkunden, aufgrund deren die Vollstreckungsklausel erteilt ist, übersehen und dadurch die Zwangsvollstreckung verzögert wird, sollte in derartigen Konstellationen eine beglaubigte Abschrift der Abtretungserklärung beigefügt werden. Der Klausel wäre folgender Satz anzufügen:

▼

Muster 3.26: Vollstreckungsklausel für Rechtsnachfolger des Gläubigers (Ergänzung)

Die Urschrift der Abtretungserklärung liegt dem Notar vor; sie ist dieser vollstreckbaren Ausfertigung in beglaubigter Abschrift beigefügt. 3.26

▲

b) Vollstreckungsklausel **gegen den Rechtsnachfolger des Schuldner-Erblassers**: 222

▼

Muster 3.27: Vollstreckungsklausel gegen Rechtsnachfolger des Schuldner-Erblassers

Die vorstehende, mit der Urschrift übereinstimmende Ausfertigung wird hiermit dem gegen 3.27

1.

2.

3.

als Gesamtschuldner zum Zwecke der Zwangsvollstreckung erteilt.

Die vorstehend zu 1., 2. und 3. Genannten sind Erben des am in verstorbenen . Ihre Rechtsnachfolge ist nachgewiesen durch die vorgelegte Ausfertigung des Erbscheins des Amtsgerichts vom – –, von der eine beglaubigte Abschrift dieser Vollstreckungsklausel beigeheftet wurde. Als Erben haften sie gemäß § 2058 BGB gesamtschuldnerisch.

▲

c) Zur Vollstreckungsklausel **für einen Rechtsnachfolger des Gläubigers und gegen einen Rechtsnachfolger des Grundstückseigentümers** das nachfolgende Beispiel: Der mit der zugunsten der Stadt-Sparkasse (…) eingetragenen vollstreckbaren Grundschuld belastete Grundbesitz ist an Fritz Meyer verkauft worden. Der damalige Grundstückseigentümer hatte bei der Grundschuldbestellung keine persönliche Haftung für die Zahlung eines Geldbetrages in Höhe des Grundschuldbetrages und der vereinbarten Zinsen übernommen und sich auch nicht der sofortigen Zwangsvollstreckung in sein gesamtes Vermögen unterworfen. Der Käufer hat die Grundschuld nebst Zinsen übernommen, ohne im Kaufvertrag ein abstraktes Schuldversprechen neben der Grund- 223 schuld abzugeben. Nachdem Fritz Meyer als Eigentümer im Grundbuch eingetragen worden ist, ist die Grundschuld mit den Zinsen an die Kreissparkasse (…) abgetreten worden. Der Notar, der die Grundschuldbestellung beurkundet hat, soll jetzt die Vollstreckungsklausel umschreiben. Die Vollstreckungsklausel könnte folgenden Wortlaut erhalten:

▼

Muster 3.28: Vollstreckungsklausel für Rechtsnachfolger des Gläubigers und gegen Rechtsnachfolger des Grundstückseigentümers

3.28

Die vorstehende Ausfertigung wird hiermit unter Zurückziehung der am ____ wegen des dinglichen Anspruchs erteilten Vollstreckungsklausel der Kreissparkasse ____ zum Zwecke der Zwangsvollstreckung wegen des dinglichen Anspruchs, insbesondere auch zum Zwecke der Zwangsvollstreckung in den belasteten Grundbesitz, gegen ____, geboren am ____, zu ____, ____, erteilt.

Die Rechtsnachfolgen sind nachgewiesen worden:

a) auf der Gläubigerseite durch die Urschrift der Abtretungserklärung vom ____ – UVZ.Nr. ____ für ____ des Notars ____ –, von der eine beglaubigte Abschrift dieser Vollstreckungsklausel beigeheftet ist,

b) auf der Eigentümerseite durch einen die Eintragung des ____ als Eigentümer im Grundbuch ausweisenden, mir vorgelegten beglaubigten Grundbuchauszug.

▲

Es wäre nicht richtig, die Vollstreckungsklausel auf den „belasteten Grundbesitz“ zu beschränken, da für das Grundpfandrecht kraft Gesetzes auch noch andere Vermögenswerte, die sich aus §§ 1120 ff. BGB (insbesondere Erzeugnisse, Bestandteile, Zubehör, Miet- und Pachtzins) ergeben, haften.

224 d) Vollstreckungsklausel bei **Teilabtretung**

Wenn nur ein Teil der Hypothek nebst der ihr zugrunde liegenden Forderung abgetreten wurde, so ist die Klausel – vorausgesetzt, es war bereits für den gesamten Anspruch eine vollstreckbare Ausfertigung erteilt – wie folgt zu fassen:

▼

Muster 3.29: Vollstreckungsklausel bei Teilabtretung

3.29

Diese Ausfertigung, die eine vollständige Wiedergabe der Urschrift ist, wird hiermit dem ____ (neuen Gläubiger) wegen des Teilbetrages von ____ EUR – i.W.: ____ EUR – nebst Zinsen seit dem ____ zum Zwecke der Zwangsvollstreckung sowohl wegen des persönlichen als auch wegen des dinglichen Anspruchs, insbesondere auch zum Zwecke der Zwangsvollstreckung in den belasteten Grundbesitz, erteilt.

Die Rechtsnachfolge des Gläubigers ist nachgewiesen durch die Vorlegung der Urschrift der Abtretungserklärung vom ____ – UVZ-Nr. ____ für ____ des Notars ____ –, von der eine beglaubigte Abschrift dieser Vollstreckungsklausel beigefügt ist.

▲

Auf der dem alten Gläubiger erteilten vollstreckbaren Ausfertigung muss dann Folgendes vermerkt werden:

▼

Muster 3.30: Vollstreckungsklausel bei Teilabtretung – Vermerk auf Ausfertigung des Altgläubigers

3.30

Wegen des Teilbetrages von ____ EUR – i.W.: ____ EUR – nebst Zinsen seit dem ____ ist sowohl wegen des persönlichen als auch wegen des dinglichen Anspruchs, insbesondere auch zum Zwecke der Zwangsvollstreckung in den belasteten Grundbesitz, eine neue vollstreckbare Ausfertigung erteilt. Die vorstehende vollstreckbare Ausfertigung erstreckt sich nicht mehr auf diesen Betrag und die darauf entfallenden Zinsen.

▲

Weitere vollstreckbare Ausfertigung 225

Ist dem Gläubiger die ihm erteilte vollstreckbare Ausfertigung abhandengekommen oder von ihm nicht mehr aufzufinden oder hat der Gerichtsvollzieher dem Schuldner die vollstreckbare Ausfertigung zu Unrecht ausgehändigt und der Gläubiger die Berechtigung zu einer weiteren Vollstreckung glaubhaft macht, besteht die Möglichkeit, eine weitere vollstreckbare Ausfertigung zu erteilen. Die Entscheidung über die Erteilung einer weiteren vollstreckbaren Ausfertigung wird bei einer notariellen Urkunde von dem die Urkunde verwahrenden Notar bzw. – soweit einschlägig – von der die Urkunde verwahrenden Notarkammer oder dem die Urkunde verwahrenden Amtsgericht getroffen, § 797 Abs. 2 ZPO. Bei der Entscheidung über die Zulässigkeit einer weiteren vollstreckbaren Ausfertigung wird der Notar den Schuldner regelmäßig nach § 733 Abs. 1 ZPO anhören. Bei dem gesamten Verfahren sollte die Gefahr der doppelten Vollstreckung stets bedacht werden. Beruht das Bedürfnis nach der weiteren vollstreckbaren Ausfertigung auf Erfüllung bzw. Erfüllungssurrogaten oder sonstigen den Anspruch (dauerhaft) zum Erlöschen bringenden Gründen, unterbleibt die Erteilung.

▼ 226

Muster 3.31: Weitere vollstreckbare Ausfertigung

Die vorstehende Ausfertigung wird der ______ als weitere vollstreckbare Ausfertigung zum Zwecke der Zwangsvollstreckung erteilt. 3.31

Feststellungen/Gründe:

Die Gläubigerin hat glaubhaft gemacht, dass die ihr erteilte vollstreckbare Ausfertigung der Urkunde vom ______ – UVZ-Nr. ______ / ______ des unterzeichnenden Notars – abhandengekommen ist und ihr die titulierte Forderung noch in voller Höhe zusteht. Dem Schuldner ist Gelegenheit zur Stellungnahme gegeben worden; er hat sich mit der Erteilung der weiteren vollstreckbaren Ausfertigung einverstanden erklärt.

Zur Entscheidung über die Erteilung dieser weiteren vollstreckbaren Ausfertigung ist der unterzeichnende Notar gemäß § 797 Abs. 2 Nr. 2a ZPO zuständig.

▲

Allgemeines 227

Im UVZ muss vermerkt werden, wann, wem und gegebenenfalls mit welchem Inhalt eine Vollstreckungsklausel erteilt worden ist, § 49 Abs. 4 BeurkG.[49] Die frühere Rechtslage, nach welcher der Vermerk zwingend auf der Urschrift anzubringen war, ist überholt.

Zusammenfassend ist Folgendes festzuhalten:

Für die Zwangsvollstreckung müssen – neben einem entsprechenden Antrag – regelmäßig drei Voraussetzungen erfüllt sein:

1. Titel	Vorliegen eines Vollstreckungstitels – z.B. Anspruch mit wirksamer Unterwerfung unter die sofortige Zwangsvollstreckung,
2. Klausel	mit der Vollstreckungsklausel versehener Vollstreckungstitel; die sog. vollstreckbare Ausfertigung,
3. Zustellung	Zustellung der mit der Vollstreckungsklausel versehenen Urkunde durch den Gerichtsvollzieher.

4. Vollstreckbarer Anwaltsvergleich

Zur Entlastung der Zivilgerichte hat der Gesetzgeber den „vollstreckbaren Anwaltsvergleich“ eingeführt. Nach §§ 796a bis 796c ZPO kann ein datierter und von den Rechtsanwälten der Parteien unterschriebener Vergleich, in dem sich der Schuldner der sofortigen Zwangsvollstreckung unterworfen hat, mit Zustimmung der Parteien von einem Notar in Verwahrung genommen, also bei ihm niedergelegt, und für vollstreckbar erklärt werden. Örtlich zuständig ist jeder Notar, der seinen Amtssitz im Bezirk eines Amtsgerichts hat, bei dem eine der 228

49 Hierzu näher BeckOGKBeurkG/*Regler*, Stand 12/2024, § 49 Rn 32 f.

am Vergleich beteiligten Parteien im Zeitpunkt des Vergleichsabschlusses ihren allgemeinen Gerichtsstand hat. Die Vollstreckbarerklärung setzt einen Antrag voraus, der aber keiner Form bedarf und von jeder Partei, ggf. durch einen bevollmächtigten Rechtsanwalt, gestellt werden kann.

229 Der vollstreckbare Anwaltsvergleich darf – ebenso wie die notarielle vollstreckbare Urkunde (§ 794 Abs. 1 Nr. 5 ZPO) – nicht auf die Abgabe einer Willenserklärung gerichtet sein oder den Bestand eines Mietverhältnisses über Wohnraum betreffen (§ 796a Abs. 2 ZPO).

Nach §§ 796c Abs. 1 S. 2, 796b Abs. 2 ZPO ist dem Gegner zwar vor der Entscheidung über den Antrag auf Vollstreckbarerklärung (z.B. schriftliche) Gelegenheit zur Äußerung zu geben. Eine mündliche Verhandlung ist indes nicht Voraussetzung der Entscheidung des Notars.

230 ▼

Muster 3.32: Antrag auf Verwahrung und Vollstreckbarerklärung eines Anwaltsvergleichs

3.32

Notar

Verwahrung und Vollstreckbarerklärung eines Anwaltsvergleichs (§§ 796a ff. ZPO)

Sehr geehrter ,

als Anlage überreiche ich namens und in Vollmacht des von mir beim Vergleichsabschluss vertretenen die Urschrift des zwischen den Parteien

./.

am geschlossenen und von diesen und ihren Rechtsanwälten unterzeichneten Vergleichs, in dem sich der Schuldner der sofortigen Zwangsvollstreckung unterworfen hat und in dem die Parteien ihre Zustimmung zur Verwahrung durch Sie erteilt haben,

mit der Bitte, diesen Vergleich in Ihre Verwahrung zu nehmen und ihn für vollstreckbar zu erklären.

gez.

Rechtsanwalt

▲

Der Notar hat Vollstreckbarerklärungen nach § 796c Abs. 1 ZPO in das Urkundenverzeichnis einzutragen (§ 7 Abs. 1 Nr. 5 NotAktVV); die Vollstreckbarerklärung ist zusammen mit der Urschrift des für vollstreckbar erklärten Anwaltsvergleichs in die Urkundensammlung aufzunehmen (§ 31 Abs. 1 Nr. 6 NotAktVV). Aufgrund des **Spiegelbildprinzips** sind diese Unterlagen entsprechend in die eUSL aufzunehmen (vgl. § 2 Rdn 43).

Der Notar erlässt alsdann nach – unverzichtbarer – Prüfung der Voraussetzungen des § 796a i.V.m. § 796c ZPO folgenden, auf der Urschrift des Anwaltsvergleichs anzubringenden oder auf ein mit ihr zu verbindendes besonderes Blatt zu setzenden Beschluss:

231 ▼

Muster 3.33: Anwaltsvergleich

3.33

UVZ-Nr. /

Beschluss

Der am zwischen

, geboren am , wohnhaft zu , einerseits,

und

, geboren am , wohnhaft zu , andererseits,

geschlossene Anwaltsvergleich wird in Verwahrung genommen und gemäß § 796c ZPO für vollstreckbar erklärt.

Die Kosten des Vollstreckbarerklärungsverfahrens hat der Schuldner zu tragen.

Gründe:

Beide Parteien haben der Verwahrung des Anwaltsvergleichs durch den amtierenden Notar zugestimmt (§ 796c Abs. 1 ZPO).

Dem Gegner ist Gelegenheit gegeben worden, Einwände gegen die Vollstreckbarerklärung zu erheben (§ 796b Abs. 2 ZPO); er hat sich nicht geäußert.

, den

(L. S.) , Notar

▲

Dieser Beschluss ist **von Amts wegen** den Parteien bzw. ihren (Prozess-)Bevollmächtigten zuzustellen (§§ 329 Abs. 3, 795, 166 ff. ZPO). Der Notar kann den Beschluss der Post zur Zustellung übergeben oder einen Gerichtsvollzieher mit der Zustellung beauftragen.

Neben dem für vollstreckbar erklärten Anwaltsvergleich bedarf es noch der Vollstreckungsklausel, die aber erst erteilt werden kann, wenn der Beschluss wirksam geworden, also zugestellt worden ist.

Der Partei, die aus dem Anwaltsvergleich vollstrecken will, erteilt der Notar – ggf. erst dann, wenn die Voraussetzungen des § 726 ZPO vorliegen – auf Antrag eine mit der Vollstreckungsklausel versehene Ausfertigung des Anwaltsvergleichs nebst Vollstreckbarerklärung. Diese Vollstreckungsklausel könnte folgenden Wortlaut erhalten:

▼ 232

Muster 3.34: Vollstreckbarerklärung

Die vorstehende Ausfertigung, welche eine vollständige Wiedergabe der Urschrift ist, wird hierdurch , geboren am , wohnhaft zu , zum Zwecke der Zwangsvollstreckung gegen , geboren am , wohnhaft zu , erteilt. 3.34

▲

Die vollstreckbare Ausfertigung des Beschlusses über die Vollstreckbarerklärung bedarf der Zustellung an den Schuldner, die im Parteibetrieb (durch den Gerichtsvollzieher) zu erfolgen hat. Mit der Zwangsvollstreckung darf erst begonnen werden, wenn die Zustellung mindestens zwei Wochen vorher erfolgt ist (§ 798 ZPO).

5. Notarielle Urkunden, die zum Gebrauch im Ausland bestimmt sind

a) Anerkennung deutscher notarieller Urkunden im Ausland

Die „Urkundsgewalt“ eines Notars endet an den Grenzen des Staates, der ihm seine Amtsbefugnisse verliehen 233
hat. Deutsche Notare können deshalb nur in Deutschland, ausländische Notare nur in ihrem Heimatland beurkunden. Eine Urkunde, die ein deutscher Notar im Ausland aufnimmt, ist **nichtig**; ebenfalls ist eine Urkunde nichtig, die ein ausländischer Notar in Deutschland aufnimmt.

Will ein deutscher Staatsbürger im Ausland eine notarielle Urkunde errichten, so muss er sich an einen Notar des Gastlandes wenden bzw. die diplomatische oder konsularische Vertretung der Bundesrepublik Deutschland aufsuchen. Die deutschen Konsularbeamten sind befugt, in Ausübung ihres Amtes Niederschriften oder Vermerke aufzunehmen, Willenserklärungen zu beurkunden sowie Unterschriften und Abschriften zu beglaubigen (§ 10 Abs. 1 Konsulargesetz). Die von einem deutschen Konsularbeamten im Ausland aufgenommenen Urkunden stehen den von einem deutschen Notar im Inland aufgenommenen gleich (§ 10 Abs. 2 Konsulargesetz).[50] In § 10 Abs. 3 Konsulargesetz sind Abweichungen vom Beurkundungsgesetz geregelt.

Von der **Zuständigkeit** zur Errichtung der Urkunden ist ihre **Verwendung** im Ausland zu unterscheiden. Ge- 234
legentlich werden Urkunden eines deutschen Notars im Ausland verwendet, z.B. Vollmachten oder Testamente. Manche Staaten verlangen dann den Nachweis, dass die Unterschrift des Notars echt ist, darüber hinaus oft auch, dass der Notar für die Amtshandlung nach den deutschen Gesetzen zuständig war und die Urkunde in der gesetzlichen Form aufgenommen worden ist. Umgekehrt kann für ausländische Urkunden, die in Deutschland

50 Einen Überblick über das konsularische Beurkundungswesen gibt *Bindseil*, DNotZ 1993, 5 ff.

vorgelegt werden, die deutsche Behörde eine Echtheitsbestätigung durch einen Konsul oder einen Gesandten der Bundesrepublik Deutschland oder eine Apostille verlangen.

b) Legalisation und Apostille

235 Die im internationalen Rechtsverkehr geforderte **Echtheitsbestätigung** nennt man „Legalisation". Sie wird von der zuständigen Vertretung des ausländischen Staates in der Bundesrepublik Deutschland (Konsulat, Botschaft) besorgt, in dem die Urkunde verwendet werden soll. Welche Anforderungen an den Echtheitsbeweis (Legalisation) im Einzelfall gestellt werden, bestimmt die Rechtsordnung des Staates, in dem die Urkunde vorgelegt werden soll. Bevor die diplomatische Vertretung eines ausländischen Staates die Urkunde eines deutschen Notars legalisiert, verlangt sie eine weitere besondere Beglaubigung, die so genannte *„***Zwischenbeglaubigung***"*. Zuständig dafür ist der Präsident des Landgerichts. Er bescheinigt, dass der Notar zur Vornahme der Amtshandlung befugt war und bestätigt die Echtheit des beigedrückten Siegels nebst Unterschrift.

236 Einige Staaten verlangen bei der Legalisation von Urkunden außer der „Zwischenbeglaubigung" durch den Präsidenten des Landgerichts eine „Endbeglaubigung" durch das Bundesamt für Auswärtige Angelegenheiten (Brandenburg an der Havel).

An die Stelle der Legalisation tritt im Verkehr mit den Vertragsstaaten des „Haager Übereinkommens vom 5.10.1961 zur Befreiung ausländischer öffentlicher Urkunden von der Legalisation" die vereinfachte Form der Echtheitsbestätigung, die so genannte *„***Apostille***"*. Sie wird nicht von der ausländischen Vertretung des Staates erteilt, in dem die Urkunde vorgelegt werden soll, sondern von den Behörden des Errichtungsstaates der Urkunde. Die Apostille ersetzt die umständlichere Legalisation, indem die zuständige Behörde (für notarielle Urkunden ist in Deutschland der Landgerichtspräsident zuständig) die Unterschrift der Urkundsperson und die Echtheit des beigedrückten Siegels „überbeglaubigt".

237 Umgekehrt gilt das „Haager Übereinkommen vom 5.10.1961" auch, wenn **ausländische** notarielle Urkunden bei deutschen Behörden vorgelegt werden. Die deutsche Behörde muss sich dann, wenn der Errichtungsstaat dem Haager Übereinkommen beigetreten ist, mit der Apostille begnügen, welche die zuständige Behörde des Errichtungsstaates erteilt hat. Eine Legalisation darf die deutsche Behörde in diesen Fällen nicht verlangen.

Außerdem gibt es (leider nur wenige) Staaten, welche für die Vorlage deutscher notarieller Urkunden weder eine Legalisation noch eine Apostille verlangen, sondern die deutschen notariellen Urkunden so, wie sie ausgefertigt worden ist, anerkennen. Beispiele hierfür sind Österreich, Belgien, Frankreich, Italien und Dänemark.

238 Wenn feststeht, dass die Urkunde im Ausland verwendet werden soll, geht der Notar wie folgt vor:

1. Zunächst prüft er, ob der fremde Staat die deutsche notarielle Urkunde ohne weiteres anerkennt. Zum Beispiel sind deutsche Personenstandsurkunden und Ehefähigkeitszeugnisse, die nach dem Muster der Übereinkommen der Internationalen Kommission für das Zivil- und Personenstandswesen (CIEC) ausgestellt werden, in den anderen Vertragsstaaten von jeder Förmlichkeit befreit.[51]
2. Soll die deutsche notarielle Urkunde in einem Land verwendet werden, in dem die Urkunden nicht per se von jeder Förmlichkeit befreit sind, so muss gefragt werden, ob eine Apostille genügt. Nach dem „Haager Übereinkommen vom 5.10.1961" lassen zahlreiche Länder die bloße Überbeglaubigung durch den Landgerichtspräsidenten (die so genannte Apostille) genügen.
3. Für die Verwendung in allen Staaten, die nicht unter die Ausnahmen der voranstehenden Ziffern 1. und 2. fallen, bedarf die notarielle Urkunde der Legalisation durch die diplomatische Vertretung des Verwendungsstaates. Bevor diese (Botschaft, Konsulat) die Legalisation erteilt, verlangt sie eine Zwischenbeglaubigung der Urkunde durch den Präsidenten des Landgerichts. Von einigen Vertretungen ausländischer Staaten werden neben der Zwischenbeglaubigung der Urkunde durch den Landgerichtspräsidenten noch weitere Zwischen- bzw. Endbeglaubigungen verlangt.
   Für die Endbeglaubigung ist das das Bundesamt für Auswärtige Angelegenheiten in Brandenburg an der Havel zuständig. Die Beteiligten können die Urkunden nach der Zwischenbeglaubigung durch den Präsidenten des Landgerichts dem Bundesverwaltungsamt unmittelbar einreichen. Eine exakte Prüfung der Anforderungen an den Antrag ist zu empfehlen.

51 Die einzelnen Übereinkommen sind online einsehbar unter *https://www.personenstandsrecht.de/Webs/PERS/DE/uebereinkommen/ciec/UE_CIEC-node.html.*

Wenn feststeht, dass die Urkunde legalisiert werden muss, ist also weiter zu fragen, ob die diplomatische Vertretung die Legalisation nach der Zwischenbeglaubigung durch den Landgerichtspräsidenten erteilt, oder ob sie noch zusätzlich eine Zwischen- bzw. Endbeglaubigung verlangt. 239

Mit welchen Staaten bilaterale völkerrechtliche Verträge bestehen, die auf Förmlichkeiten jeder oder einzelner Art verzichten, welche Staaten unter die Anwendbarkeit des Haager Übereinkommens fallen und wie im Übrigen die Legalisation deutscher öffentlicher Urkunden konkret vonstatten geht, ergibt sich stets aktuell aus der „Übersicht zu Apostille und Legalisation", abrufbar auf der Homepage des DNotI unter der Rubrik „Arbeitshilfen"[52] – „IPR und ausländisches Recht". Dort finden sich auch zahlreiche andere nützliche Übersichten. 240

C. Sonstige notarielle Rechtsbetreuung

Zum Amt des Notars gehört neben der Urkundstätigkeit die „sonstige Betreuung" der Beteiligten auf dem Gebiet der vorsorgenden Rechtspflege. § 24 BNotO nennt ausdrücklich: Entwurfsfertigung, Beratung und Vertretung vor Gericht und Behörden. Daneben sind Treuhandtätigkeiten sowie Rechtsauskünfte und Bestätigungen von praktischer Bedeutung. Auch die „sonstige notarielle Rechtsbetreuung" ist Amtstätigkeit. Wie stets ist ein Auftrag erforderlich. Bei der notariellen Rechtsbetreuung kommt es auf diesen Auftrag besonders an. Denn er begrenzt den Umfang und die Art der übernommenen Aufgabe. Der Notar ist – anders als bei der Urkundstätigkeit (§§ 20–22 BNotO) – zur Übernahme einer „sonstigen Betreuung" nicht verpflichtet. Die Pflicht zur Amtsausübung (§ 15 BNotO) gilt hier nicht. 241

I. Treuhandgeschäfte, Verwahrung

Die wichtigste Treuhandaufgabe des Notars ist die **Sicherung von Leistung und Gegenleistung beim Grundstückskaufvertrag**. Die gebräuchlichsten Gestaltungen sind: 242

- Überwachung der Kaufpreisfälligkeit und die Zurückhaltung des Umschreibungsantrages bis zur Bestätigung der Kaufpreiszahlung,
- Freistellung des Kaufobjektes von den eingetragenen Belastungen aus dem Kaufpreis,
- Hinterlegung des Kaufpreises beim Notar und Auszahlung an den Verkäufer bzw. dessen Gläubiger, wenn die vertragsgemäße Umschreibung erfolgt oder zumindest gesichert ist.

Letzteres ist selten geworden, seitdem hierfür gemäß § 57 Abs. 2 Nr. 1 BeurkG ein berechtigtes Sicherungsinteresse erforderlich ist.

Die Instrumente, mit denen der Notar seine Treuhandfunktion erfüllt, sind das **Notaranderkonto** und der von der Rechtspraxis entwickelte **Treuhandauftrag**.

Durch die Annahme eines Treuhandauftrages verpflichtet sich der Notar, von einer bestimmten Urkunde (z.B. Löschungsbewilligung, Vorrangseinräumung etc.) nur Gebrauch zu machen, wenn bestimmte Voraussetzungen, die der Treugeber (meist eine Bank) verlangt hat, vorliegen.

II. Beratung

Bei seiner Urkundstätigkeit ist der Notar von Amts wegen zur Beratung und Belehrung der Beteiligten verpflichtet, § 17 BeurkG (vgl. § 1 Rdn 103 ff.). 243

In § 24 BNotO geht es jedoch nicht darum, sondern um die „bloße" Beratung. Viele Bürger wenden sich an den Notar nicht zur Vorbereitung oder Durchführung einer Urkunde, sondern um in einer Angelegenheit der vorsorgenden Rechtspflege einen Rechtsrat zu erhalten. Solche Ratschläge können neben dem Notar auch Angehörige anderer rechts-, steuer- oder wirtschaftsberatender Berufe geben.

Oft ist die Abgrenzung der notariellen Betreuung von der dem Notar nur eingeschränkt erlaubten und häufig genehmigungspflichtigen Nebenbeschäftigung schwierig. Die Pflicht zur Unparteilichkeit begrenzt die 244

52 *https://www.dnoti.de/arbeitshilfen.*

Befugnis zur Beratung. Nicht mehr zur vorsorgenden Rechtsbetreuung gehören daher die Beratung und Vertretung einer Partei in einem streitigen Verfahren. Grundsätzlich soll eine Beratung unterbleiben, wenn sie die Durchsetzung gegensätzlicher Parteiinteressen zum Ziel hat. Wohl aber gehört eine Beratung in Erbschafts- und Nachlassangelegenheiten, bei der Gründung von Gesellschaften, bei der Verschmelzung und Umwandlung von Gesellschaften, bei der Vermittlung von Auseinandersetzungen regelmäßig zum Bereich der vorsorgenden Rechtspflege. In diesem Rahmen kann der Notar auch Rechtsgutachten erstatten. Gutachten, die der einvernehmlichen Regelung von Rechtsverhältnissen dienen, fallen unter den Bereich der vorsorgenden Rechtspflege. Dagegen würde ein Gutachten über Aussichten eines Rechtsstreites nicht mehr zur notariellen Rechtsbetreuung zählen.

Gutachten und Auskünfte über die Auslegung von Urkunden, die der Notar selbst beurkundet hat, gehören stets zur Notartätigkeit. Wenn nur ein Beteiligter den Notar um die Auslegung einer Urkunde bittet, muss der Notar besonders auf seine **Unparteilichkeit** achten und eine einseitige Beratung ablehnen.

III. Urkundsentwürfe

245 Zur Amtstätigkeit des Notars gehört auch das Anfertigen von Urkundsentwürfen. Selbstverständlich darf der Notar auch hierbei nur als unparteiischer Betreuer aller Beteiligten tätig werden. Die Prüfung von Entwürfen, die von anderen Notaren oder sonstigen Personen gefertigt wurden, gehört zur Beratung. Wenn der Notar unter einem von ihm gefertigten Entwurf die Unterschriften der Beteiligten beglaubigt, so handelt es sich um ein einheitliches Urkundsgeschäft, nicht um ein „sonstiges Geschäft der notariellen Betreuung".

IV. Vertretung der Beteiligten vor Gerichten und Behörden

246 Die Vertretung der Beteiligten vor Gerichten und Behörden darf der Notar nur übernehmen, soweit es sich um vorsorgende Rechtspflege handelt (§§ 1 und 24 Abs. 1 BNotO). Dazu gehört das Einholen behördlicher oder gerichtlicher Genehmigungen zu Urkundsgeschäften und die Vertretung der Beteiligten in Steuersachen, soweit die Steuerangelegenheit durch ein Urkundsgeschäft ausgelöst ist.

Die Vertretung vor Gerichten und Behörden setzt, wie jede Tätigkeit, die für einen anderen ausgeübt wird, dessen Vollmacht voraus. Das Gesetz unterstellt („fingiert") in einer Reihe von Vorschriften die Bevollmächtigung des Notars zum Vollzug der von ihm beurkundeten oder beglaubigten Urkunden, so z.B. § 15 Abs. 2 GBO für das Grundbuchverfahren und § 378 Abs. 2 FamFG für Registersachen.

Hat der Notar einen Vertrag beurkundet, welcher der Genehmigung nach dem Grundstückverkehrsgesetz bedarf, so gilt er kraft Gesetzes als ermächtigt, den Genehmigungsantrag zu stellen (§ 3 Abs. 2 GrdstVG der in einigen Bundesländern noch geltenden bundesgesetzlichen Regelung). Dasselbe gilt gemäß § 13 Abs. 2 HöfeVfO für Anträge auf Zustimmung zu einer Verfügung von Todes wegen über einen Hof im Sinne der HöfeO und für Anträge auf Genehmigung von Hofübergabeverträgen (§ 16 HöfeVfO).

§ 4 Die einzelnen Geschäfte und ihre Abwicklung

A. Aus dem Bereich des Grundstücksverkehrs

I. Allgemeines

1. Grundstück, Teilung und Verbindung von Grundstücken

a) Grundstück

Man unterscheidet Grundstücke im natürlichen, Grundstücke im katastertechnischen und Grundstücke im Rechtssinne. 1

Unter einem Grundstück im **natürlichen** Sinne wird ein räumlich abgegrenzter Teil der Erdoberfläche verstanden.

Ein Grundstück im **katastertechnischen** Sinn (sog. Flurstück, vgl. hierzu auch Rdn 7) besteht aus einem oder mehreren Grundstücken im natürlichen Sinne, die in der Flurkarte unter einer Nummer aufgeführt werden.

Ein Grundstück im **Rechtssinn** sind ein oder mehrere Grundstücke im katastertechnischen Sinne, die im Grundbuch unter einer laufenden Nummer im Bestandsverzeichnis gebucht sind. Zwischen den Kataster-Parzellen, die ein Grundstück im Rechtssinn bilden, besteht in der Regel – nicht notwendigerweise – ein räumlicher und/oder wirtschaftlicher Zusammenhang.

b) Teilung von Grundstücken

Ein Grundstück kann in der Weise geteilt werden, dass ein Teil im Grundbuch abgeschrieben und als selbstständiges Grundstück eingetragen wird. Dies ist der Fall, wenn entweder eines von mehreren Flurstücken, die im Grundbuch unter einer laufenden Nummer im Grundbuch geführt werden, oder die Teilfläche eines Flurstücks als selbstständiges Grundstück im Grundbuch gebucht werden soll. Dazu bedarf es eines **Antrags** des Eigentümers in beglaubigter Form (§ 29 GBO) und der **Eintragung** des abgetrennten Teilstücks/Flurstücks unter einer eigenen lfd. Nummer im Grundbuch. Soll die Teilfläche eines Flurstücks als selbstständiges Grundstück im Grundbuch eingetragen werden, so darf die Teilung nur eingetragen werden, wenn das6 Grundstück neu vermessen worden ist und der abzuschreibende Teil eine gesonderte Nummer im Liegenschaftskataster erhalten hat (§ 2 Abs. 3 GBO). 2

Ein generelles Genehmigungserfordernis für die Teilung von Grundstücken gibt es inzwischen nicht mehr. Die betreffenden Bestimmungen in den §§ 19 ff. BauGB wurden durch das Gesetz zur Anpassung des Baugesetzbuchs (BauGB) an EU-Richtlinien vom 24.6.2004 aufgehoben.

Allerdings sieht die Bauordnung des Landes Nordrhein-Westfalen (§ 7 Abs. 1 BauO NRW) die Genehmigungsbedürftigkeit der Teilung eines Grundstücks vor, das bebaut ist, dessen Bebauung genehmigt ist oder das aufgrund einer Genehmigungsfreistellung bebaut werden darf. Auch die Landesbauordnung von Hessen sieht seit dem 7.7.2018 ein allgemeines Genehmigungserfordernis für die Teilung eines bebauten oder zu bebauenden Grundstücks vor (§ 7 HBauO). In Baden-Württemberg wurde mit Wirkung zum 1.3.2015 lediglich eine Anzeigepflicht für Grundstücksteilungen eingeführt. Genehmigungspflichten für die Teilung eines Grundstücks bestehen jedoch noch nach 3

- § 51 Abs. 1 Nr. 1 BauGB (Umlegung),
- § 144 Abs. 2 Nr. 5 BauGB (städtebauliche Sanierung) und
- §§ 169 Abs. 1 Nr. 3, 144 Abs. 2 Nr. 5 BauGB (städtebauliche Entwicklungsmaßnahmen).

Genehmigungsbehörde ist die Gemeinde (vgl. hierzu auch Rdn 255). Bedarf die Teilung im Einzelfall einer Genehmigung, hat dies grundsätzlich zur Folge, dass der grundbuchliche Vollzug der Teilung von dem Vorliegen der Teilungsgenehmigung abhängt.

> *Beachte:*
>
> Besteht ein bebautes Grundstück im Rechtssinne aus mehreren (unter einer laufenden Nummer im Grundbuch gebuchten) Flurstücken, wird in der Praxis mitunter übersehen, dass auch die Teilung dieses Grundstücks durch Fortschreibung eines dieser Flurstücke unter einer separaten laufenden Nummer im Grundbuch einer Teilungsgenehmigung gemäß § 7 Abs. 1 BauO NRW bedarf. Regelmäßig kommt es in diesen

Fällen dennoch zum grundbuchlichen Vollzug der Teilung, da das Katasteramt in den Vorgang mangels Teilung eines Katasterflurstücks nicht eingebunden ist und das Grundbuchamt das Vorliegen einer Teilungsgenehmigung in diesen Fällen regelmäßig nicht prüft. Die Teilung ist dann ungeachtet ihres grundbuchlichen Vollzugs mangels Erteilung einer Teilungsgenehmigung schwebend unwirksam (§ 134 BGB).

In Baden-Württemberg und Schleswig-Holstein ist die Teilung von Waldgrundstücken genehmigungspflichtig. In Rheinland-Pfalz ist zur Bildung von Teilstücken einer gemeinschaftlichen Holzung (im Sinne von § 1 des Gesetzes über gemeinschaftliche Holzungen vom 14.3.1881) in den früheren Regierungsbezirken Koblenz, Trier und Montabaur die Genehmigung der Aufsichtsbehörde erforderlich.[1]

Ein gesonderter Antrag auf **Eintragung** der Teilung ist grundsätzlich nicht notwendig, wenn ein Grundstücksteil mit einem Recht belastet werden soll (§ 7 Abs. 1 GBO) oder wenn ein Grundstücksteil veräußert wird. Diese Erklärung ist dann bereits in der die Veräußerung betreffenden Einigungserklärung bzw. in der Belastungsbewilligung enthalten.

c) Verbindung von Grundstücken

4 Wenn zwei oder mehrere Grundstücke rechtlich **miteinander verbunden** werden sollen, ist dies nach § 890 BGB in der Weise möglich, dass

- sie zu einem Grundstück vereinigt werden (§ 890 Abs. 1 BGB, § 5 GBO) oder
- ein oder mehrere Grundstücke einem anderen Grundstück als Bestandteil zugeschrieben werden (§ 890 Abs. 2 BGB, § 6 GBO).

Die an der **Verbindung** (Vereinigung oder Bestandteilzuschreibung) beteiligten Grundstücke sollen im Bezirk desselben Grundbuch- und Katasteramts liegen und unmittelbar aneinandergrenzen. Hiervon soll nur abgewichen werden, wenn hierfür, insbesondere wegen der Zusammengehörigkeit baulicher Anlagen und Nebenanlagen, ein erhebliches Bedürfnis besteht. Zum Nachweis der Lage der Grundstücke zueinander bedarf es der Vorlage einer von der zuständigen Behörde (regelmäßig vom Katasteramt) beglaubigten Karte. Das erhebliche Bedürfnis ist glaubhaft zu machen; der öffentlich beglaubigten Form bedarf die Glaubhaftmachung nicht (so würde z.B. eine Bestätigung der Baubehörde genügen); vgl. hierzu §§ 5 und 6 Abs. 2 GBO.

aa) Vereinigung

5 Die Vereinigung gemäß § 890 Abs. 1 BGB bedarf eines **öffentlich beglaubigten Antrags** des Grundstückseigentümers (§ 29 GBO). Die Vereinigung von Grundstücken kann in das Grundbuch jedoch nur eingetragen werden, wenn hiervon Verwirrung, insbesondere aufgrund unterschiedlicher Belastungen der zu vereinigenden Grundstücke, nicht zu besorgen ist (§ 5 Abs. 1 S. 1 GBO).[2]

Beispiel

Amtsgericht Bergisch Gladbach

– Grundbuchamt –

51429 Bergisch Gladbach

Als Eigentümer der im Grundbuch von Refrath Blatt 573 eingetragenen Grundstücke Flur 7 Flurstücke 19 und 20 beantrage ich, diese Grundstücke zu einem Grundstück gemäß § 890 Abs. 1 BGB zu vereinigen.

Der Verkehrswert der beiden Grundstücke beträgt 50.000 EUR.

Bergisch Gladbach, den (…)

Unterschrift des Eigentümers

– Unterschriftsbeglaubigung –

1 Vgl. die unter *www.dnoti.de* in der Rubrik Arbeitshilfen/Immobilienrecht/Genehmigungserfordernisse und Vorkaufsrechte abrufbare Übersicht „Grundstücksteilung – Übersicht über landesrechtliche Genehmigungserfordernisse (DNotI) (Stand: 12.1.2022)“.

2 Vgl. im Einzelnen *Schöner/Stöber*, Grundbuchrecht, 16. Aufl. 2020, Rn 634 ff.

Kostenberechnung

Geschäftswert:	10–20 % des zusammengerechneten Werts aller zu vereinigenden Grundstücke (§§ 36 Abs. 1, 46 Abs. 1, 119 Abs. 1 GNotKG), hier 10.000 EUR
Gebühr:	GNotKG KV Nr. 24102, 21201 Nr. 4 (0,5) = 37,50 EUR (zzgl. MwSt)

Wirkungen

Die vereinigten Grundstücke verlieren ihre Selbstständigkeit und werden Bestandteil des einheitlichen Grundstücks. Die bisherigen Belastungen der Einzelgrundstücke bleiben an den entsprechenden Teilstücken bestehen, ohne dass diese Belastungen auf die anderen Grundstücksteile übergreifen. Neue – also nach der Vereinigung aufgenommene – Belastungen erfassen das ganze – neue – Grundstück.

bb) Bestandteilszuschreibung

Auch der Antrag auf Bestandteilszuschreibung bedarf der öffentlichen Beglaubigung. 6

Beispiel

Amtsgericht Bergisch Gladbach

– Grundbuchamt –

51429 Bergisch Gladbach

Ich beantrage, das im Grundbuch von Bensberg-Honschaft Blatt 0918 – lfd. Nr. 19 des Bestandsverzeichnisses – eingetragene Grundstück Flur 7 Flurstück 50 dem dort unter lfd. Nr. 23 des Bestandsverzeichnisses eingetragenen Grundstück Flur 7 Flurstück 51 als Bestandteil gemäß § 890 Abs. 2 BGB zuzuschreiben.

Den Verkehrswert des zuzuschreibenden Grundstücks schätze ich auf 3.000 EUR.

Bergisch Gladbach, den (…)

Unterschrift des Eigentümers

– Unterschriftsbeglaubigung –

Kostenberechnung

Geschäftswert:	20 % des Werts des zuzuschreibenden Grundstücks (§§ 36 Abs. 1, 46 Abs. 1, 119 Abs. 1 GNotKG), also 600 EUR
Gebühr:	GNotKG KV Nr. 24102, 21201 Nr. 4 (0,5) = 30 EUR [Mindestgebühr] (zzgl. MwSt)

Wirkungen

Das zugeschriebene Grundstück wird unter Verlust seiner rechtlichen Selbstständigkeit Bestandteil des einheitlichen Grundstücks. Auf dem Hauptgrundstück lastende Grundpfandrechte erstrecken sich auf das zugeschriebene Grundstück, gehen aber den bereits auf dem zugeschriebenen Grundstück eingetragenen Belastungen im Rang nach (§ 1131 BGB). Grundpfandrechte, die auf dem zugeschriebenen Grundstück ruhen, erfassen nicht das Hauptgrundstück. Andere Rechte (Reallasten, Vorkaufsrechte, Dienstbarkeiten) bleiben im bisherigen Umfang bestehen; sie belasten daher jeden Teil gesondert. Neue Belastungen erstrecken sich auf das einheitliche Grundstück.

2. Kataster

Grundlage für die Eintragung der Grundstücke im Bestandsverzeichnis des Grundbuchs ist ein **amtliches Verzeichnis**, in dem die Grundstücke unter **Nummern** aufgeführt sind. Dieses Verzeichnis heißt **(Liegenschafts-)Kataster** und wird von den Katasterämtern geführt. Die Liegenschaftskarten des Katasters sind in Gemarkungen eingeteilt. Die Gemarkung deckt sich in der Regel mit dem Gebiet einer (früher selbstständigen) Gemeinde, notwendig ist dies jedoch nicht. Eine Gemarkung ist wiederum in einzelne, fortlaufend nummerierte Flure untergliedert. Die in der **Flurkarte** unter einer besonderen Nummer geführten Grundstücke werden „**Flurstück**" (früher „Parzelle") genannt. 7

8 Ist Grundbesitz einer Person weder durch eine Eigentümersuche im Grundbuchportal noch auf andere Weise auffindbar, kann eine Auskunft aus den Katasterbuchdaten weiterhelfen.

Eine Anfrage beim zuständigen Katasteramt kann auch dann weiterhelfen, wenn es z.B. zu ermitteln gilt, in welche Flurstücke ein zwischenzeitlich nicht mehr bestehendes Flurstück fortgeschrieben, d.h. aufgeteilt, wurde. Dies Fragestellung tritt mitunter bei älteren Dienstbarkeiten auf, wenn das als herrschendes Grundstück im Grundbuch verzeichnete Flurstück nicht mehr besteht und allein anhand der verfügbaren Grundbucheintragungen nicht nachvollzogen werden kann, in welche Flurstücke es zwischenzeitlich fortgeschrieben wurde.

Kreditinstitute verlangen im Rahmen von Immobilienfinanzierungen häufig einen amtlichen Auszug aus dem Liegenschaftskataster, in dem das für die Beleihung vorgesehene Grundstück eingezeichnet ist.

3. Grundbuch

a) Sinn und Zweck des Grundbuchs

9 Das Grundbuch soll **erkennbar** machen, wer die Eigentümer der Grundstücke sind, welche Rechte Dritter an den Grundstücken und für die jeweiligen Eigentümer der Grundstücke an anderen Grundstücken bestehen und welche (eintragungspflichtigen) Lasten und Beschränkungen auf den Grundstücken ruhen.

b) Zuständigkeit

10 Die Grundbücher werden von den **Amtsgerichten** für die in ihrem Bezirk gelegenen Grundstücke geführt (§ 1 Abs. 1 GBO). Die Grundbuchangelegenheiten werden – von geringen Ausnahmen abgesehen – vom **Rechtspfleger** (einem Beamten des gehobenen Justizdienstes, dem richterliche Aufgaben übertragen worden sind) bearbeitet. Eintragungen in das Papier-Grundbuch müssen vom Rechtspfleger und vom Urkundsbeamten der Geschäftsstelle (Grundbuchführer) oder einem ermächtigten Justizangestellten unterzeichnet sein. Besonderheiten gelten in den neuen Bundesländern.

Beim inzwischen durchweg maschinell geführten Grundbuch soll eine Eintragung nur möglich sein, wenn die für die Führung des Grundbuchs zuständige Person oder nach landesrechtlicher Bestimmung in den Fällen des § 74 Abs. 1 S. 3 GBV der Urkundsbeamte der Geschäftsstelle der Eintragung ihren oder seinen Nachnamen hinzusetzt und beides elektronisch unterschreibt (§ 75 S. 1 GBV).

c) Grundakten

11 Die zum Grundbuch eingereichten **Urkunden** und die **Verfügungen** des Grundbuchamts werden in den **Grundakten**, und zwar für jedes **Grundbuchblatt** in einem gesonderten Aktenstück, zusammengefasst.

d) Einsicht in das Grundbuch

12 Jedem, der ein **berechtigtes Interesse** darlegt, ist die Einsicht in das Grundbuch und in die Grundakten gestattet. Wer dieses Recht hat, kann auch Grundbuchauszüge und Abschriften von Urkunden in den Grundakten (gegen **Kostenerstattung**) verlangen. Notare sind von der Darlegung eines berechtigten Interesses befreit. Gemäß § 133a GBO sind Notare ihrerseits berechtigt, jedem, der ein berechtigtes Interesse darlegt, Auskunft über den Inhalt des Grundbuchs zu geben sowie Grundbuchabdrucke zu erteilen. Über solche Mitteilungen des Grundbuchinhalts ist ein Protokoll zu führen (vgl. § 133a Abs. 3 GBO).

e) Öffentlicher Glaube

13 Das Grundbuch erfüllt seine Funktion, Gewissheit über die rechtlichen Verhältnisse an Grundstücken zu vermitteln, nur, wenn jeder sich unbedingt auf seinen Inhalt verlassen kann. Daher ist das Grundbuch mit „öffentlichem Glauben“ ausgestattet (§§ 892, 893 BGB). Der redliche – also gutgläubige – Erwerber kann sich auf den Inhalt des Grundbuches verlassen, auch wenn er nicht mit der wahren Rechtslage übereinstimmt. Der **Schutz des „guten Glaubens“** erstreckt sich:

a) auf das Bestehen der im Grundbuch eingetragenen dinglichen Rechte,
b) darauf, dass diese Rechte demjenigen zustehen, der als ihr Inhaber eingetragen ist,
c) auf das Nichtbestehen nicht eingetragener (oder gelöschter), aber eintragungsfähiger dinglicher Rechte,
d) auf das Nichtbestehen nicht eingetragener (oder gelöschter), aber eintragungsfähiger relativer Verfügungsbeschränkungen.

Eigentümer und Berechtigter müssen also aufpassen, dass sie der wahren Rechtslage entsprechend im Grundbuch eingetragen sind, um nicht ihre Rechte an einen gutgläubigen Erwerber zu verlieren. 14

Beispiele: Gutgläubiger Erwerb

(1) Der gutgläubige Erwerber eines Grundstücks erlangt das Eigentum mit seiner Eintragung im Grundbuch auch dann, wenn es dem als Eigentümer im Grundbuch eingetragenen Veräußerer tatsächlich nicht gehörte (Fall zu a) und b)).

(2) Die Hypothek des H ist am Grundstück des E vom Grundbuchamt versehentlich gelöscht worden. E übereignet das Grundstück an den gutgläubigen K. K erwirbt das Grundstück lastenfrei (Fall c)).

(3) Über das Vermögen des Grundstückseigentümers E ist das Insolvenzverfahren eröffnet worden. Ein Insolvenzvermerk (§ 32 InsO) ist im Grundbuch nicht eingetragen worden. E übereignet das Grundstück an K, der von der Insolvenz des E nichts weiß. K erwirbt das Eigentum an dem Grundstück, obwohl nicht mehr E, sondern der Insolvenzverwalter gemäß § 80 InsO über das Grundstück verfügungsberechtigt war (Fall d)).

Der gute Glaube ist aber nur bei rechtsgeschäftlichem Erwerb geschützt, **nicht** dagegen beim Erwerb kraft Gesetzes (z.B. Erbfolge) oder bei Begründung eines Rechts im Wege der Zwangsvollstreckung (z.B. Zwangssicherungshypothek). Zu beachten ist weiter, dass der Schutz des guten Glaubens bei einem rechtsgeschäftlichen Erwerbsvorgang nur besteht, wenn es sich um ein sog. **Verkehrsgeschäft** handelt. Ein Verkehrsgeschäft liegt dann nicht vor, wenn wirtschaftliche oder persönliche Identität zwischen Erwerber und Veräußerer besteht. 15

Beispiel

Der zu Unrecht als Eigentümer eines Grundstücks im Grundbuch eingetragene A überträgt das Eigentum an eine GmbH, deren einziger Gesellschafter er ist (kein Verkehrsgeschäft, da wirtschaftliche Identität).

Ein gutgläubiger Erwerb ist selbstverständlich nicht möglich, wenn bei dem Recht ein **Widerspruch** gegen die Richtigkeit des Grundbuches (§ 899 BGB) eingetragen ist. 16

Der öffentliche Glaube erstreckt sich nicht auf rein **tatsächliche Angaben**, z.B. Wirtschaftsart, Lage und Größe eines Grundstücks.

Der gute Glaube versagt ferner bei **nicht eintragungsfähigen Rechten, Belastungen und Beschränkungen**. Hierzu zählen etwa beim Güterstand der Zugewinngemeinschaft die Verfügungsbeschränkung gemäß § 1365 BGB (siehe Rdn 727 ff.), öffentlich-rechtliche Beschränkungen und Belastungen (Bauverbote, Baulinien, Anliegerbeiträge und Erschließungskosten) sowie gesetzliche Vorkaufsrechte, z.B. nach dem Baugesetzbuch, dem Reichssiedlungsgesetz und dem Denkmalschutzgesetz. 17

Sog. altrechtliche Dienstbarkeiten, die vor 1900 begründet worden sind und damals nicht in das Grundbuch eingetragen wurden (häufig im Rheinland), erwirbt der Erwerber des berechtigten Grundstücks mit und der Eigentümer des verpflichteten Grundstücks hat sie gegen sich gelten zu lassen.

f) Antragsprinzip

Eine Eintragung, abgesehen von solchen kraft Gesetzes oder von Amts wegen (z.B. Testamentsvollstrecker- oder Nacherbenvermerk, Amtswiderspruch), soll nur auf – formlosen (§ 30 GBO) – Antrag erfolgen (§ 13 GBO). Antragsberechtigt ist jeder, dessen Recht von der Eintragung betroffen wird oder zu dessen Gunsten die Eintragung erfolgen soll (§ 13 Abs. 1 S. 2 GBO). Der Notar, der für eine Eintragung erforderliche Erklärungen beurkundet hat, gilt als ermächtigt, die Eintragung zu beantragen (§ 15 Abs. 2 GBO). 18

Eine Besonderheit gilt in den Fällen des § 20 GBO, d.h. bei der Auflassung eines Grundstücks sowie bei der Bestellung, Inhaltsänderung oder Übertragung eines Erbbaurechts, da in diesen Fällen gemäß § 13 Abs. 1 Satz 2 GBO die Eintragung nur erfolgen soll, wenn ein Notar den Antrag **im Namen eines Antragsberechtigten** gestellt hat. Der Eintragungsantrag kann in diesen Fällen also nicht von einem Antragsberechtigten selbst beim Grundbuchamt eingereicht werden.

Eintragungsanträge unter Vorbehalt (**Bedingung**) sind unzulässig (§ 16 Abs. 1 GBO). Die Anweisung an den Notar, den Eintragungsantrag erst nach dem Eintritt einer bestimmten Bedingung (z.B. Hinterlegung des Kaufpreises) zu stellen, ist keine schädliche Bedingung, da der Eintragungsantrag **selbst** unbedingt gestellt ist. Werden von den Beteiligten mehrere Eintragungen in einer Urkunde beantragt, so kann bei Antragstellung (sog. **verbundene Anträge**) jedoch bestimmt werden, dass die eine Eintragung nicht ohne die andere erfolgen soll (§ 16 Abs. 2 GBO). Das Grundbuchamt ist an diese Bestimmung gebunden.

Der Antragsteller kann seinen Eintragungsantrag **bis zur Vollendung** der Eintragung ohne Begründung in öffentlich beglaubigter Form **zurücknehmen** (§ 31 GBO) und damit den Eintritt der Rechtsänderung verhindern; die Rücknahme eines Grundbuchberichtigungsantrages ist jedoch formlos möglich (§ 31 Abs. 1 S. 2 GBO). So könnte der Verkäufer seinen Eintragungsantrag ohne Wissen des Käufers zurücknehmen und das Grundstück nochmals an einen Dritten veräußern. Stellen beide Parteien den Eintragungsantrag, ist diese Gefahr ausgeschlossen. Die Rücknahme des Antrags durch einen Beteiligten ist dann ohne Bedeutung, weil der Antrag des anderen weiterhin gestellt ist.

Der Notar kann den von ihm gestellten Antrag zurücknehmen. Die Rücknahmeerklärung ist mit dem Amtssiegel des Notars zu versehen (§ 24 Abs. 3 BNotO).

g) Bewilligungsprinzip

19 Eine Eintragung in das Grundbuch erfolgt, wenn derjenige sie bewilligt, dessen Recht von ihr betroffen wird **(formelles Konsensprinzip)**. „Betroffen“ ist, wer ein Recht verliert oder dessen Recht irgendwie geschmälert wird (die Bestellung einer Hypothek beeinträchtigt das Eigentum, daher ist der Grundstückseigentümer „betroffen“; die Abtretung eines Grundpfandrechts beeinträchtigt den Abtretenden = Zedenten). Das Grundbuchamt hat sich mit der Einverständniserklärung des Betroffenen zu begnügen. Es prüft nicht, ob die für die Rechtsänderung erforderlichen materiellrechtlichen Willenserklärungen – zumeist die Einigung nach § 873 Abs. 1 BGB – abgegeben worden sind. Eine Ausnahme gilt gemäß § 20 GBO bei der Auflassung eines Grundstücks und bei der Bestellung, Inhaltsänderung oder Übertragung eines Erbbaurechts. Hier muss das Grundbuchamt prüfen, ob die dingliche Einigung über die Rechtsänderung wirksam erklärt ist.

Die Bewilligung kann im Gegensatz zum Antrag (§ 13 GBO) nie formlos erklärt werden (§ 29 GBO).

h) Voreintragungsgrundsatz

20 Grundsätzlich soll eine Eintragung nur erfolgen, wenn die Person, deren Recht durch sie betroffen wird, als der **Berechtigte** im Grundbuch eingetragen ist (§ 39 Abs. 1 GBO). Die Voreintragung ist ausnahmsweise bei einem Brief-Grundpfandrecht dann nicht erforderlich, wenn der nicht eingetragene Gläubiger den Brief besitzt und sein Gläubigerrecht durch eine auf einen eingetragenen Gläubiger zurückgehende, zusammenhängende Reihe öffentlich beglaubigter Abtretungserklärungen gemäß § 1155 S. 1 BGB nachweist (§ 39 Abs. 2 GBO).

Eine weitere, in der Praxis häufig vorkommende Ausnahme vom Voreintragungsgrundsatz ist gegeben, wenn der Betroffene der Erbe des eingetragenen Berechtigten ist und die **Übertragung** oder **Aufhebung** eines Rechts in das Grundbuch eingetragen werden soll (§ 40 Abs. 1 GBO).

> *Beispiel*
>
> E ist Eigentümer eines Grundstücks. Er verstirbt und wird von S und T beerbt. S und T verkaufen das Grundstück an K und lassen es an diesen auf. K kann in das Grundbuch eingetragen werden, ohne dass zuvor die Grundbuchberichtigung auf S und T vorgenommen werden müsste.
>
> Nichts anderes würde gelten, wenn zunächst lediglich eine Eigentumsverschaffungs-Vormerkung eingetragen werden soll.

Siehe hierzu auch Rdn 39.

Der Fall liegt aber grundsätzlich anders, wenn die Erben des eingetragenen Eigentümers das – geerbte – Grundstück **belasten** wollen, da § 40 Abs. 1 GBO nur für die Übertragung oder Aufhebung eines Rechts eine Ausnahme vom Voreintragungsgrundsatz vorsieht.

Beispiel

Die Erben lassen das Grundstück an einen Dritten auf, der zur Finanzierung des Kaufpreises ein dinglich zu sicherndes Darlehen aufnehmen muss. Soll das Grundpfandrecht vor der Umschreibung des Grundbesitzes auf den Käufer in das Grundbuch eingetragen werden, muss das Grundbuch nach wortgetreuer Lesart des § 40 Abs. 1 GBO zuvor durch Eintragung der Erben als Eigentümer berichtigt werden.

Inzwischen haben zahlreiche Oberlandesgerichte allerdings geurteilt, dass eine vorherige Grundbuchberichtigung jedenfalls dann nicht erforderlich ist, wenn die Bestellung des Finanzierungsgrundpfandrechts aufgrund einer transmortalen Vollmacht des verstorbenen Eigentümers erfolgt.[3] Soll ein Finanzierungsgrundpfandrecht auf diese Weise ohne Grundbuchberichtigung in das Grundbuch eingetragen werden, sollte dieses Vorgehen aufgrund der noch nicht letztgültig geklärten Rechtslage vorher mit dem zuständigen Grundbuchamt abgestimmt werden.

i) Öffentliche oder öffentlich beglaubigte Form

Eine Eintragung soll nur vorgenommen werden, wenn die Eintragungsbewilligung oder die sonstigen zur Eintragung erforderlichen Erklärungen durch öffentliche oder öffentlich beglaubigte Urkunden **nachgewiesen** werden (§ 29 GBO). 21

Zur Beurkundung von Grundbucherklärungen und zur Beglaubigung der Unterschriften der Beteiligten unter solchen Erklärungen sind grundsätzlich nur die **Notare** befugt. Urkundspersonen sind jedoch auch die Konsularbeamten (vgl. §§ 10 ff. KonsG). In Hessen sind die Ortsgerichtsvorsteher befugt, Unterschriften zu beglaubigen. In Rheinland-Pfalz sind neben den Notaren auch die Kommunalbehörden zur öffentlichen Beglaubigung von Unterschriften befugt. In sehr engen Grenzen bestehen auch Beglaubigungsbefugnisse der Vermessungsbehörden (vgl. § 61 Abs. 1 Nr. 6 BeurkG).

Von Bedeutung für das Grundbuchverfahren ist auch, dass eine Beglaubigungszuständigkeit ermächtigter Urkundspersonen bei den Betreuungsbehörden für Unterschriften und Handzeichen unter Vorsorgevollmachten besteht (§ 6 Abs. 2, Abs. 4 BtBG).[4]

Hinweis

Vorsicht ist jedoch bei einer Vollmacht geboten, die von der zuständigen Urkundsperson einer Betreuungsbehörde nach dem 31.12.2022 beglaubigt wurde, da die Wirkung der Beglaubigung gemäß § 7 Abs. 1 S. 2 BtOG neuer Fassung mit dem Tod des Vollmachtgebers endet. Das bedeutet, dass die Vollmacht zwar materiell-rechtlich noch wirksam ist, aber ihre Verwendbarkeit für Grundbuchzwecke (§ 29 GBO) verliert und deshalb die Abwicklung eines Grundstücksgeschäfts gefährden kann, wenn der Vollmachtgeber z.B. zwischen Beurkundung und Antragstellung verstirbt.

§ 925 Abs. 1 S. 3 BGB sieht schließlich noch die Möglichkeit vor, eine Auflassung in einem gerichtlichen Vergleich oder einem rechtskräftig bestätigten Insolvenzplan zu erklären.

Bei behördlichen Erklärungen oder Ersuchen gegenüber dem Grundbuchamt kann ein Abdruck des Dienstsiegels auch maschinell eingedruckt oder aufgedruckt werden (§ 29 Abs. 3 S. 2 GBO). Insoweit bedarf es keiner individuellen Siegelung mit einem Prägesiegel oder einem Farbdrucksiegel.

j) Notarielle Vorprüfung gemäß § 15 Abs. 3 GBO

Der Notar hat die zu einer Eintragung in das Grundbuch erforderlichen Erklärungen, welche dem **Formerfordernis** des § 29 Abs. 1 S. 1 GBO unterliegen, **vor** ihrer Einreichung beim Grundbuchamt auf ihre Eintragungsfähigkeit zu überprüfen (§ 15 GBO Abs. 3 GBO).[5] Diese Prüfungspflicht gilt gemäß § 15 Abs. 3 S. 2 allerdings dann nicht, wenn die vom Notar an das Grundbuchamt übermittelte Erklärung von einer öffent- 22

3 OLG Hamburg, Beschl. v. 20.12.2021 – 13 W 162/21; OLG Karlsruhe, Beschl. v. 18.10.2021 – 19 W 72/21 (Wx); OLG Celle, Beschl. v. 16.8.2019 – 18 W 33/19; OLG Stuttgart, Beschl. v. 2.11.2018 – 8 W 312/18.

4 Vgl. OLG Karlsruhe BWNotZ 2016, 22; OLG Naumburg NotBZ 2014, 234; *Böttcher*, NJW 2015, 840, 843 m.w.N.

5 Eine Parallelvorschrift für Registersachen (mit Ausnahme der Genossenschafts- und Partnerschaftsregistersachen) wurde in § 378 Abs. 3 S. 1 FamFG aufgenommen.

lichen Behörde abgegeben wurde. Gleiches gilt im Ergebnis für unterschriftsbeglaubigte Vollmachten oder Genehmigungserklärungen, da diese die betreffenden Grundbucherklärungen nicht unmittelbar enthalten.

Weitergehende **Prüfungsanforderungen** ergeben sich für den Notar aus § 15 Abs. 3 GBO im Ergebnis auch dann nicht, wenn er Grundbucherklärungen beurkundet oder diese – ohne sie später zu beurkunden – selbst entworfen hat, da ihm dann ohnehin eine inhaltliche Prüfungspflicht obliegt.

Ziel der notariellen Vorprüfung ist, dass vollständige und sachgerecht formulierte Anträge beim Grundbuchamt eingereicht werden. Folglich bezieht sich die Prüfungspflicht des Notars auch ausschließlich auf den ihm vorliegenden Antrag selbst, während außerhalb der Erklärung liegende Umstände grundsätzlich außer Betracht bleiben (z.B. Berechtigung bzw. Rechtsmacht des Erklärenden; Vorliegen weiterer Erklärungen oder Dokumente, die für die begehrte Eintragung etwa erforderlich sind; in der Erklärung gemachte Grundbuchangaben).

Für das Grundbuchamt muss aus der Erklärung selbst **ersichtlich** sein, dass der Notar deren Eintragungsfähigkeit überprüft hat. Ist eine Erklärung nach §§ 6 ff. BeurkG beurkundet worden, bedarf es insoweit keiner gesonderten Erklärung des beurkundenden Notars. Bei unterschriftsbeglaubigten Grundbucherklärungen sollte sich die erfolgte Prüfung der Eintragungsfähigkeit aus einem entsprechenden Prüfvermerk ergeben, der zweckmäßigerweise dem notariellen Beglaubigungsvermerk anzufügen ist.

Formulierungsbeispiel

Die vorstehend unterschriebene Erklärung habe ich auf ihre Eintragungsfähigkeit überprüft.

Sollte der Notar im Einzelfall **Zweifel** an der Eintragungsfähigkeit der Erklärung haben oder die Erklärung für nicht eintragungsfähig halten und die Beteiligten dennoch auf deren Übermittlung an das Grundbuchamt bestehen, ist auch dies im Beglaubigungsvermerk entsprechend zu vermerken:

Formulierungsbeispiel

Die vorstehend unterschriebene Erklärung habe ich auf ihre Eintragungsfähigkeit überprüft. Ich habe Zweifel hinsichtlich der Eintragungsfähigkeit der Erklärung/Ich halte die Erklärung nicht für eintragungsfähig.

Das GNotKG wurde in Bezug auf die neue Prüfungspflicht gemäß § 15 Abs. 3 GBO (bzw. § 378 Abs. 3 FamFG in Registerangelegenheiten) in GNotKG KV Nr. 22124 ergänzt. Regelmäßig entstehen den Beteiligten durch die notarielle Vorprüfung jedoch keine Mehrkosten.

k) Grundbuchberichtigung

23 Von der rechtsändernden Eintragung ist die bloß **berichtigende** zu unterscheiden. Betroffener ist hier der fälschlich Eingetragene. Er hat die Berichtigung zu bewilligen. Die Bewilligung der Berichtigung ist entbehrlich, wenn die Unrichtigkeit des Grundbuches nachgewiesen wird (§ 22 GBO). Dieser Nachweis muss durch öffentliche oder öffentlich beglaubigte Urkunden erbracht werden. Alsdann genügt für die Grundbuchberichtigung ein formloser Antrag eines Berechtigten.

Beispiel

Tod des Eigentümers: Für die Grundbuchberichtigung genügen der Erbnachweis und der Antrag eines Erben.

l) Rangordnung

24 Zwischen den auf einem Grundstück lastenden Rechten besteht ein bestimmtes, im Gesetz geregeltes Rangverhältnis. Das gesetzliche Rangverhältnis bestimmt sich, wenn die Rechte in **derselben Abteilung** eingetragen sind, **nach der Reihenfolge der Eintragung**. Bei in **verschiedenen Abteilungen** eingetragenen Rechten hat das unter einem **früheren Datum** eingetragene Recht den **Vorrang**. Die am selben Tag eingetragenen Rechte haben gleichen Rang untereinander. Eine abweichende Bestimmung des Rangverhältnisses bedarf der Eintragung in das Grundbuch (§ 879 Abs. 3 BGB).

Das Rangverhältnis kann auch nachträglich geändert werden (§ 880 BGB). Hierzu sind die Einigung zwischen dem Berechtigten des zurücktretenden und des vortretenden Rechts und die Eintragung im Grundbuch erforderlich. Wenn ein Grundpfandrecht im Range zurücktritt, bedarf es außerdem der Zustimmung des Grundstückseigentümers (§ 880 Abs. 2 S. 2 BGB).

Der Eigentümer kann sich sogleich bei der Belastung des Grundstücks die Befugnis vorbehalten, ein anderes, dem Umfang nach bestimmtes Recht mit Vorrang eintragen zu lassen (Rangvorbehalt, § 881 BGB).

Wegen der Möglichkeit einer nachträglich vorgenommenen Rangänderung ist bei einer Grundbucheinsicht besonders auf Vermerke in der Spalte „Veränderungen" zu achten (vgl. Rdn 580 ff.).

4. Einteilung des Grundbuchs

Das Grundbuch gliedert sich in die Aufschrift (Deckblatt), das Bestandsverzeichnis und in drei weitere Abteilungen. 25

a) Aufschrift (Deckblatt)

Die Aufschrift enthält die Angabe des Amtsgerichts, des Grundbuchbezirks und der Nummer des Blattes, den Schließungsvermerk bei Schließung eines Blattes und den Umschreibungsvermerk bei der Umschreibung eines Blattes. Bei einem Hof i.S.d. Höfeordnung wird in der Aufschrift des Grundbuches der Hofvermerk eingetragen (vgl. § 1 HöfeO). Die Eintragung lautet: „Hof gemäß der Höfeordnung" oder beim Ehegattenhof „Ehegattenhof gemäß der Höfeordnung". Die Aufhebung der Hofeigenschaft wird gleichfalls auf der Aufschrift des Grundbuchs vermerkt. Allerdings hat die Eintragung des Hofvermerks im Grundbuch nur unter bestimmten Voraussetzungen konstitutive Wirkung, sodass es sich auch bei Fehlen eines Hofvermerks im Grundbuch um einen Hof im Sinne der Höfeordnung handeln kann. 26

In der Aufschrift eines Blattes, das für ein Erbbaurecht angelegt ist, wird unter dem Vermerk über das Blatt das Wort „Erbbaugrundbuch" gesetzt. Bei Wohnungseigentum wird unter die Blattnummer das Wort „Wohnungsgrundbuch" bzw. bei Teileigentum das Wort „Teileigentumsgrundbuch" gesetzt. Schließlich werden auch Wohnungs- bzw. Teilerbbaugrundbücher in der Aufschrift des Grundbuchblattes in gleicher Weise als „Wohnungserbbaugrundbuch" bzw. „Teilerbbaugrundbuch" bezeichnet.

b) Bestandsverzeichnis

Im Bestandsverzeichnis werden die **Grundstücke** aufgeführt, und zwar mit den **Katasterangaben** (Gemarkung, Flur, Flurstück, Wirtschaftsart, Lage und Größe). Auch Miteigentumsanteile an gemeinschaftlich genutzten Grundstücken (z.B. an Wegeflächen) können im Bestandsverzeichnis der sog. herrschenden Grundstücke gebucht werden (vgl. hierzu die Eintragung im nachgenannten Grundbuchauszug). Nach § 3 Abs. 6 GBO ist dies auf Antrag des Eigentümers schon möglich, wenn die betroffenen Grundstücke noch im Eigentum **eines** Eigentümers stehen. Es können im Bestandsverzeichnis auch mit dem Grundstück verbundene Rechte (Grunddienstbarkeiten, z.B. Wegerechte oder Kanalleitungsrechte) vermerkt werden (sog. **Herrschvermerke**). Das Bestandsverzeichnis enthält ferner die Spalten „Bestand und Zuschreibungen" und „Abschreibungen". Unter „Bestand und Zuschreibungen" wird eingetragen, von welchem Grundbuch das Grundstück übernommen wurde. Es wird vermerkt, ob es z.B. durch Teilung oder Verbindung – Bestandteilszuschreibung oder Vereinigung – entstanden ist. Unter „Abschreibungen" wird die Übertragung des Grundstücks oder eines Teiles des Grundstücks in ein anderes Grundbuchblatt eingetragen. 27

c) Abteilung I

Diese Abteilung dient der Eintragung des Eigentümers und der Grundlage seiner Eintragung. Sind mehrere Eigentümer vorhanden, so müssen entweder die Anteile der Berechtigten in Bruchteilen angegeben oder das Rechtsverhältnis der Gemeinschaft (**Beteiligungsverhältnis**) bezeichnet werden (§ 47 GBO). 28

Beispiel 1

a) Max Müller, geboren am (...),
b) Franziska Müller geborene Schmitz, geboren am (...), beide wohnhaft in Düsseldorf, zu je ½.

Oder:

Beispiel 2

a) Max Müller, geboren am (...), Düsseldorf,
b) Fritz Müller, geboren am (...), Opladen,
in Erbengemeinschaft.

Grundlage der Eintragung können z.B. sein: Auflassung, Erbfolge, Zuschlagsbeschluss im Versteigerungsverfahren.

d) Abteilung II

29 Hier werden die Belastungen und Beschränkungen des Grundstücks vermerkt, mit Ausnahme der Grundpfandrechte, die in Abteilung III eingetragen werden.[6]

In der II. Abteilung können eingetragen werden:

Belastungen:

- **Dienstbarkeiten** nach §§ 1018 ff. BGB:
  - Grunddienstbarkeiten, §§ 1018–1029 BGB (vgl. Rdn 349 ff.),
  - beschränkte persönliche Dienstbarkeiten, §§ 1090–1093 BGB (vgl. Rdn 349 ff.);
- **Dauerwohn- und Dauernutzungsrechte**, §§ 31–42 WEG (vgl. Rdn 426 ff.);
- **Reallasten** nach §§ 1105–1112 BGB; hierzu gehört auch das Altenteil (vgl. Rdn 386 ff.);
- **Vorkaufsrechte** nach §§ 1094–1104 BGB (vgl. Rdn 449 ff.);
- **Erbbaurechte** nach dem ErbbauRG (vgl. Rdn 398 ff.);
- **Nießbrauch** nach §§ 1030–1067 BGB (vgl. Rdn 370 ff.);
- einschließlich der sich auf **diese** Belastungen beziehenden **Vormerkungen und Widersprüche.**

Verfügungsbeschränkungen:

- Nacherbenvermerk (vgl. Rdn 597 ff., 1076);
- Testamentsvollstreckervermerk (vgl. Rdn 601 f., 1106 ff., 41);
- Zwangsversteigerungs- und Zwangsverwaltungsvermerk (vgl. Rdn 607 ff.);
- Insolvenzvermerk (vgl. Rdn 603 ff., 43);
- Sanierungs-, Umlegungs- und Entwicklungsvermerk (vgl. Rdn 618 ff.);
- Verwaltungs- und Benutzungsregelungen (vgl. Rdn 625, 35);
- ferner die das Eigentum betreffenden Widersprüche und Vormerkungen (vgl. Rdn 432 ff., 471 ff., 56, 59 f.);
- sowie ein als Hinweis auf den Ausgleichsbetrag nach § 25 des Bundes-Bodenschutzgesetzes in das Grundbuch einzutragender Bodenschutzlastvermerk (§ 93b GBV, vgl. Rdn 90 f., 127).

e) Abteilung III

30 Diese Abteilung dient der Aufnahme von Hypotheken, Grund- und Rentenschulden einschließlich der sich auf diese Rechte beziehenden Vormerkungen, Widersprüche und Veränderungen (Abtretung, Löschung etc.).

(Wegen der Einzelheiten siehe Rdn 477 ff.).

Zum besseren Verständnis wird auf den folgenden Seiten ein Auszug aus dem Grundbuch mit Mustereintragungen abgedruckt.

6 Vgl. im Einzelnen *Schöner/Stöber*, Grundbuchrecht, 16. Aufl. 2020, Rn 1100.

Amtsgericht Mettmann

Grundbuch

von

Metzkausen

Blatt 0510

(Bemerkung: Die auf den folgenden Seiten unterpunktierten Eintragungen sind gelöscht und im Grundbuch rot unterstrichen)

Einlegeblatt 1

Amtsgericht Mettmann **Grundbuch von** Metzkausen **Blatt** 0510 **Bestandsverzeichnis**

Laufende Nummer der Grundstücke	Bisherige laufende Nummer der Grundstücke	Bezeichnung der Grundstücke und der mit dem Eigentum verbundenen Rechte					Größe		
		Gemarkung (Vermessungsbezirk)	Karte: Flur	Karte: Flurstück	Liegenschaftsbuch	Wirtschaftsart und Lage			
		a		b	c/d	e	ha	a	qm
1	2	3					4		
1	-	Metzkausen	5	215	96	Hof- und Gebäudefläche, Naumburger Weg 3		4	98
2	-	Metzkausen	5	216	96	Hof- und Gebäudefläche, Naumburger Weg 3		0	17
3	-	Metzkausen	5	420	98	Wiese, am Kirchendeller Weg		32	28
4	1,2	Metzkausen	5	215	96	Hof- und Gebäudefläche, Naumburger Weg 3	}	5	15
		Metzkausen	5	216	96	Hof- und Gebäudefläche, Naumburger Weg 3	}		
5 zu 3	-	Wegerecht an dem Grundstück Metzkausen Flur 5 Flurstück 217, eingetragen im Grundbuche von Metzkausen Blatt 0507 in Abt. II unter Nr. 1							
6 zu 4	-	1/10 (ein zehntel) Miteigentumsanteil an dem Grundstück Metzkausen	6	86	38	Gemeinschaftlicher Weg, an der Leipziger Straße		0	86

GS 76 Handblatt Best. Verz. (LB) – gen. 11. 1962 – Justizvollzugsanstalt Bochum (159000/6.72)

Bestand und Zuschreibungen		Abschreibungen	
Zur lfd. Nr. der Grundstücke		Zur lfd. Nr. der Grundstücke	
5	6	7	8
1	Von Blatt 197 hierher übertragen am 1. August 1973 Meyer Koch		
2	Von Blatt 201 hierher übertragen am 5. August 1973 Meyer Koch		
3	Von Blatt 008 hierher übertragen am 5. August 1973 Meyer Koch		
1,2,4	Nr. 2 der Nr. 1 als Bestandteil zugeschrieben und Nr. 2 mit Nr. 1 als Nr. 4 neu eingetragen am 10. September 1974 Kummer Koch		
5 zu 3	Vermerkt am 12. September 1977 Schön Koch		
6	Von Blatt 498 hierher übertragen am 12. November 1977 Schön Koch		

Fortsetzung auf Einlegeblatt

Amtsgericht Mettmann Grundbuch von Metzkausen Blatt 0510 **Erste Abteilung** Einlegeblatt 1 Abt. I

Laufende Nummer der Eintragungen	Eigentümer	Laufende Nummer der Grundstücke im Bestandsverzeichnis	Grundlage der Eintragung
1	2	3	4
1	Wilhelm Schulz, Kaufmann, Metzkausen	1	Aufgelassen am 29. Juni 1973 und eingetragen am 1. August 1973 Meyer Koch
		2	Aufgelassen am 29. Juni 1973 und eingetragen am 5. August 1973 Meyer Koch
		3	Aufgelassen am 19. März 1973 und eingetragen am 5. August 1973 Meyer Koch
2	Walter Schulz, Ingenieur, geboren am 15. Dezember 1926, Mettmann	1,2,3,4	Auf Grund des Erbscheines des Amtsgerichts Mettmann vom 30. August 1977 -6 VI 426/77- eingetragen am 6. September 1977 Schön Koch
		5 zu 3	Metzkausen Blatt 0507 eingetragen am 12. September 1977. Hier vermerkt am 12. September 1977 Schön Koch
		6	Aufgelassen am 14. September 1977 und in Blatt 498 eingetragen am 11. Oktober 1977. Gemäß § 3 Abs. 3 GBO hier eingetragen am 12. November 1977 Schön Koch

Einlegeblatt 1 — Abt. II

Amtsgericht: Mettmann **Grundbuch von** Metzkausen **Blatt** 0510 **Zweite Abteilung**

Laufende Nummer der Eintragungen	Laufende Nummer der betroffenen Grundstücke im Bestandsverzeichnis	Lasten und Beschränkungen
1	2	3
1	1,2 / 4	Nießbrauchsrecht für den Kaufmann Max Müller, Ratingen. Zur Löschung des Rechts genügt der Nachweis des Todes des Berechtigten. Unter Bezugnahme auf die Bewilligung vom 29. Juni 1973 eingetragen am 8. August 1973. Hoffmann Koch
2	3	Vormerkung zur Sicherung des Anspruchs auf Eigentumsübertragung für die Stadt Mettmann. Unter Bezugnahme auf die Bewilligung vom 10. September 1974 eingetragen am 23. September 1974. Meyer Koch
3	4	Vorkaufsrecht für alle Verkaufsfälle für Alfons Schmitz, Landwirt, Wülfrath. Unter Bezugnahme auf die Bewilligung vom 13. September 1974 eingetragen am 23. September 1974. Meyer Koch
4	4	Beschränkte persönliche Dienstbarkeit (Recht auf Verlegung und Unterhaltung eines Stromkabels verbunden mit einer Nutzungsbeschränkung) zu Gunsten der Rheinisch-Westfälisches Elektrizitätswerk Aktiengesellschaft, Essen/Ruhr. Unter Bezugnahme auf die Bewilligung vom 16. September 1974 eingetragen am 24. September 1974. Meyer Koch
5	4	Beschränkte persönliche Dienstbarkeit (Wohnungsrecht) für die Eheleute Paul Schulz, Kaufmann, und Marion geborene Wilde, Hausfrau, Metzkausen, als Gesamtberechtigte nach § 428 BGB. Unter Bezugnahme auf die Bewilligung vom 16. September 1974 eingetragen am 24. September 1974. Meyer Koch
6	3,4	Die Zwangsversteigerung ist angeordnet. Eingetragen am 26. September 1976. Meyer Koch

GS 78 Handblatt Zweite Abt. (LB) – gen. 11. 1962 – Justizvollzugsanstalt Bochum (100 000/8.69)

Veränderungen		Löschungen	
Laufende Nummer d. Spalte 1		Laufende Nummer d. Spalte 1	
4	5	6	7
3	Dem Recht Abt. III Nr. 2 ist der Vorrang eingeräumt. Eingetragen am 24. Oktober 1974. Meyer Koch		
4,5	Das Recht Abt. III Nr. 2 hat Vorrang. Eingetragen am 24. Oktober 1974. Meyer Koch		
1	Dem Recht Abt. III Nr. 2 ist der Vorrang eingeräumt. Eingetragen am 26. Oktober 1974. Meyer Koch		

Fortsetzung auf Einlegeblatt

Einlegeblatt 1 Abt. III

Amtsgericht Mettmann **Grundbuch von** Metzkausen **Blatt** 0510 **Dritte Abteilung**

Laufende Nummer der Eintragungen	Laufende Nummer der belasteten Grundstücke im Bestandsverzeichnis	Betrag	Hypotheken, Grundschulden, Rentenschulden
1	2	3	4
1	1,2 / 4	15.000,- DM -5.000,- DM 10.000,- DM	Fünfzehntausend Deutsche Mark Grundschuld mit zwölf vom Hundert jährlich verzinslich für die Credit- und Volksbank eG., Wuppertal-Barmen. Unter Bezugnahme auf die Bewilligung vom 29. Juni 1973 eingetragen am 8. August 1973.
2	4	50.000,- DM	Fünfzigtausend Deutsche Mark Hypothek für ein Darlehn der Deutschen Centralbodenkredit-Aktiengesellschaft in Köln nebst 9,5 vom Hundert Jahreszinsen. Unter Umständen sind ferner ein Säumniszuschlag von jährlich 1 vom Hundert und eine Entschädigung von höchstens 2,5 vom Hundert des ursprünglichen Darlehnsbetrages zu zahlen. Der jeweilige Eigentümer ist der sofortigen Zwangsvollstreckung unterworfen. Mit Bezug auf die Bewilligung vom 10. Oktober 1974 eingetragen am 24. Oktober 1974 mit Rang vor den Rechten Abt. II Nrn. 3, 4 und 5 sowie Abt. III Nr. 1.
3	3	20.000,- DM	Sicherungshypothek zum Höchstbetrag von zwanzigtausend Deutsche Mark für den Werkmeister Friedrich Schlapeit, Hagen/Westf. Unter Bezugnahme auf die Bewilligung vom 9. Oktober 1974 eingetragen am 24. Oktober 1974.

Justizvollzugsanstalt Bochum (E2000/5. 70)

Veränderungen			Löschungen		
Laufende Nummer der Spalte 1	Betrag		Laufende Nummer der Spalte 1	Betrag	
5	6	7	8	9	10
1	10.000,- DM	Dem Recht Abt. III Nr. 2 ist der Vorrang eingeräumt. Eingetragen am 24. Oktober 1974.	1	5.000,- DM	Fünftausend Deutsche Mark gelöscht am 10. Januar 1974
2	50.000,- DM	Löschungsvormerkung für den jeweiligen Gläubiger des Rechts Abt. III Nr. 1. Unter Bezugnahme auf die Eintragungsbewilligung vom 10. Oktober 1974 eingetragen am 24. Oktober 1974.			
2	50.000,- DM	Dem Recht Abt. III Nr. 2 ist der Vorrang vor dem Recht Abt. II Nr. 1 eingeräumt. Eingetragen am 26. Oktober 1974.			
2	50.000,- DM	Löschungsvormerkung für den Kaufmann Max Müller, Ratingen, als Berechtigter des Rechts Abt. II Nr. 1. Unter Bezugnahme auf die Bewilligung vom 10. Oktober 1974 eingetragen am 26. Oktober 1974.			

Fortsetzung auf Einlegeblatt

II. Kaufvertrag über ein Grundstück

1. Begriff

Der Kaufvertrag ist ein gegenseitiger Vertrag über ein Grundstück, in dem sich der Verkäufer verpflichtet, dem Käufer das Grundstück zu übereignen und zu übergeben, d.h. das Eigentum und den Besitz daran zu verschaffen. Der Käufer verpflichtet sich, als Gegenleistung den vereinbarten Kaufpreis zu bezahlen und das Grundstück abzunehmen (§ 433 BGB). Der Kaufvertrag ist das schuldrechtliche (obligatorische) Verpflichtungsgeschäft. Es muss zwischen dem Kauf und dem dinglichen Erfüllungsgeschäft (der Auflassung nach § 925 BGB) unterschieden werden. Das Eigentum geht durch die Einigung (Auflassung) und Umschreibung des Grundstücks auf den Käufer im Grundbuch über (§§ 873, 925 BGB). 31

2. Form

Ein Vertrag, in dem sich der eine Teil verpflichtet, Eigentum an einem Grundstück zu übertragen oder zu erwerben, bedarf der notariellen Beurkundung (§ 311b Abs. 1 BGB). Ein privatschriftlich oder gar mündlich geschlossener Grundstückskaufvertrag ist daher nichtig (§ 125 S. 1 BGB). Er wird allerdings seinem ganzen Inhalt nach gültig, der Formmangel also „geheilt“, wenn die Auflassung erklärt und die Eintragung in das Grundbuch erfolgt ist (§ 311b Abs. 1 S. 2 BGB). Die Auflassung muss wiederum vor einem Notar erklärt werden (§ 925 BGB). Der Notar soll sie nur entgegennehmen, wenn ihm der beurkundete Kaufvertrag vorgelegt oder er gleichzeitig von ihm beurkundet wird (§ 925a BGB). Der Beurkundungszwang besteht auch für Nebenabreden. Unvollständig oder mit falschem Inhalt, etwa mit einem zu niedrigen Kaufpreis (sog. **Schwarzkauf**), beurkundete Verträge werden durch Auflassung und Eintragung geheilt, sofern sie nur wegen des Formmangels, also nicht gleichzeitig etwa wegen eines Verstoßes gegen ein gesetzliches Verbot (§ 134 BGB) oder die guten Sitten (§ 138 BGB), ganz oder teilweise unwirksam sind. 32

Sind das Angebot zum Kaufvertrag und die Annahme getrennt erklärt worden, müssen beide notariell beurkundet sein.

Nach der Rechtsprechung des BGH bedarf die **Änderung** eines Grundstückskaufvertrages grundsätzlich **keiner** notariellen Beurkundung, wenn 33

- die Auflassung bereits erklärt wurde und die Verpflichtung zur dinglichen Rechtsänderung nicht verändert oder neu begründet wird oder
- die Änderung nur der Beseitigung von unvorhergesehenen Schwierigkeiten dient, die bei der Abwicklung des Vertrages auftreten, und sich die beiderseitigen Verpflichtungen dadurch nicht wesentlich ändern.

Für die **Aufhebung** eines Grundstückskaufvertrages gilt Folgendes:

- Ist die Auflassung noch nicht erklärt und eine Eigentumsvormerkung weder im Grundbuch eingetragen noch zur Eintragung in das Grundbuch beantragt, kann der Kaufvertrag formlos aufgehoben werden. In diesem Falle bedarf es lediglich einer übereinstimmenden – zweckmäßigerweise schriftlichen – Anweisung an den Notar, den Vollzug des Kaufvertrages nicht zu betreiben.
- Wenn die Auflassung zwar erklärt, aber noch keine Eigentumsvormerkung für den Käufer zur Eintragung in das Grundbuch beantragt ist, ist die Aufhebung des Kaufvertrages ebenfalls formfrei möglich. Auch die Aufhebung der Auflassung bedarf in diesem Fall keiner Form.
- Nach erklärter Auflassung und Eintragung einer Eigentumsvormerkung im Grundbuch oder Stellung des Antrags auf Umschreibung des Eigentums entsteht ein dingliches Anwartschaftsrecht des Käufers. In einem solchen Fall unterliegt der Aufhebungsvertrag der Beurkundungsform.[7] Für den Notar bedeutet dies, dass er den Antrag auf Eintragung der – noch nicht eingetragenen – Eigentumsvormerkung oder den Antrag auf Eigentumsumschreibung erst nach Beurkundung des Aufhebungsvertrages zurücknehmen darf. Ob ein solches Anwartschaftsrecht auch schon dann entstanden ist, wenn nach erklärter Auflassung die Eintragung

7 BGH DNotZ 1982, 619 ff.

einer Eigentumsvormerkung in das Grundbuch beantragt wurde,[8] ist noch nicht abschließend geklärt. Auch in diesem Fall sollte die Aufhebung daher vorsorglich beurkundet werden.

- Wenn nach Auflassung und Eigentumsumschreibung der Kaufvertrag aufgehoben werden soll, bedarf der Aufhebungsvertrag, durch den die Rückübertragung des Grundbesitzes begründet wird, der Form des § 311b BGB, also der notariellen Beurkundung.

3. Beteiligte des Kaufvertrags

a) Allgemeines

34 Beteiligte beim Grundstückskauf sind Verkäufer und Käufer. Erwerben mehrere Personen, so sind entweder ihre Anteile in Bruchteilen (z.B. je zur Hälfte) oder ihr sonstiges Rechtsverhältnis (z.B. Gütergemeinschaft) anzugeben (§ 47 Abs. 1 GBO).

Soll eine Gesellschaft bürgerlichen Rechts in das Grundbuch eingetragen werden, so kann dies gemäß § 47 Abs. 2 GBO nur erfolgen, wenn die Gesellschaft in das seit dem 1.1.2024 bestehende Gesellschaftsregister eingetragen ist. Anders als nach alter Rechtslage wird die Gesellschaft bürgerlichen Rechts ohne Angabe ihrer Gesellschafter in das Grundbuch eingetragen.

Beim Erwerb in Bruchteilsgemeinschaft werden mitunter Vereinbarungen über die Verwaltung, die Benutzung und den Ausschluss der Teilungsversteigerung getroffen und durch Eintragung in das Grundbuch gemäß § 1010 BGB auch für Rechtsnachfolger verbindlich gemacht. Gelegentlich werden überdies wechselseitig Vorkaufsrechte bestellt.

35 ▼

Muster 4.1: Auflösungsbeschluss bei Bruchteilsgemeinschaft

4.1

(Protokolleingang)

(...)

(Kaufvertrag; Kaufpreis: EUR; es erwerben   und   je zur Hälfte).

Die Käufer vereinbaren Folgendes:

1. Das Recht, die Aufhebung der Gemeinschaft zu verlangen, wird für immer ausgeschlossen.
2.   erhält das Erdgeschoss und den vom Hauseingang links gelegenen Kellerraum,   die erste Etage und den vom Hauseingang rechts gelegenen Kellerraum zur alleinigen Benutzung. Für Räume, die einem Miteigentümer zur alleinigen Nutzung zugewiesen sind, trägt der betreffende Miteigentümer alle Kosten und Lasten sowie die Verkehrssicherungspflichten.
3. Jeder Miteigentümer räumt dem jeweiligen anderen Miteigentümer ein Vorkaufsrecht für jeden Fall des Verkaufs an seinem Miteigentumsanteil ein.
4. Die Beteiligten bewilligen, in das Grundbuch als Belastung jedes Miteigentumsanteils zugunsten des jeweiligen Miteigentümers einzutragen:

   a) den Ausschluss des Rechts, die Aufhebung der Gemeinschaft zu verlangen,

   b) die Benutzungs- und Verwaltungsregelung,

   c) das Vorkaufsrecht.

Diese Niederschrift (...)

Kostenberechnung

Ausgangspunkt für den Geschäftswert ist der Kaufpreis (= Verkehrswert) des Grundstücks (§§ 51 Abs. 2, 47 S. 1 GNotKG).

8 So OLG Düsseldorf DNotZ 1981, 130 = Rpfleger 1981, 199.

a) Für Kaufvertrag: Geschäftswert nach §§ 97 Abs. 1, 47 S. 1 GNotKG (Kaufpreis) = EUR

b) Der Wert für den Ausschluss der Auseinandersetzung beträgt 30 % des von der Beschränkung betroffenen Gegenstands, hier des Verkehrswertes des Grundbesitzes (§ 51 Abs. 2 GNotKG).

c) Die Benutzungs- und Verwaltungsregelung ist mit % des Verkehrswertes anzusetzen (§ 51 Abs. 2 GNotKG).[9]

d) Bei den Vorkaufsrechten handelt es sich um einen Austauschvertrag gemäß § 97 Abs. 3 GNotKG. Es ist daher nur einmal die Hälfte des halben Werts des Grundstücks anzusetzen (§ 51 Abs. 1 S. 2 GNotKG).

Geschäftswert daher:

a) Kaufpreis	EUR
b) % von EUR	EUR
c) % von EUR	EUR
d) EUR: 2 = EUR; hiervon die Hälfte =	EUR
	EUR
Beurkundungsgebühr §§ 97 Abs. 1, 47 S. 1 GNotKG, KV Nr. 21100 =	**EUR**
	(zzgl. MwSt.)

▲

Vgl. hierzu auch Rdn 625 ff.

b) Güterstände

Vor der Beurkundung muss geklärt werden, ob die Beteiligten **verheiratet** sind und in welchem **Güterstand** sie leben. 36

Beim gesetzlichen Güterstand bleiben die Vermögen von Mann und Frau getrennt (§ 1363 Abs. 2 BGB). Jedoch benötigt ein Ehegatte beim Verkauf eines Grundstücks die Einwilligung des anderen Ehegatten, falls das Grundstück sein ganzes oder nahezu sein ganzes Vermögen ausmacht (§ 1365 Abs. 1 BGB). Ein ohne diese Zustimmung geschlossener Kaufvertrag ist schwebend unwirksam. Verweigert der andere Ehegatte die Genehmigung, wird der Vertrag endgültig unwirksam (§ 1366 Abs. 4 BGB).

Die Verfügungsbeschränkung des § 1365 BGB greift allerdings nur dann ein, wenn der Käufer positiv weiß, dass das Grundstück das gesamte oder nahezu das gesamte Vermögen des Verkäufers ausmacht, oder er zumindest die Umstände kennt, aus denen sich dies ergibt.

> *Hinweis*
>
> Wer im Güterstand der Gütertrennung lebt, kann Grundbesitz veräußern und erwerben, ohne dass eine Zustimmung des anderen Ehegatten erforderlich ist.

Leben die Ehegatten in Gütergemeinschaft, müssen beide bei der Veräußerung eines zum Gesamtgut gehörenden Grundstücks mitwirken. Dies gilt auch dann, wenn nur einer das Gesamtgut verwaltet (§§ 1423 ff. BGB). Unter bestimmten Voraussetzungen besteht jedoch die Möglichkeit, die Einwilligung des anderen Ehegatten durch das Familiengericht ersetzen zu lassen (§ 1426 BGB). Ein von einem Ehegatten allein erworbenes Grundstück fällt „automatisch" in das Gesamtgut. Dasselbe wird auch angenommen, wenn die Ehegatten es fälschlicherweise in Bruchteilsgemeinschaft erwerben. Einer besonderen Auflassung auf die Eheleute „in Gütergemeinschaft" bedarf es nicht; ein formloser Grundbuchberichtigungsantrag ist nach h.M. genügend. Ein Ehegatte kann über ein Grundstück, das zu seinem Vorbehaltsgut gehört, allein verfügen (Einzelheiten zu den Güterständen siehe Rdn 725 ff.; zum Güterstand von Bürgern der ehemaligen DDR siehe Rdn 778). 37

9 Die Verwaltungs- und Benutzungsregelung einerseits und der Aufhebungsausschluss andererseits sind gegenstandsverschieden und jeweils gemäß § 51 Abs. 2 GNotKG zu bewerten (vgl. Bormann/*Diehn*, GNotKG, 4. Aufl. 2021, § 51 Rn 6).

c) Ausländer

38 Bei Beteiligung von verheirateten Ausländern an einem Grundstückskaufvertrag ist stets zu prüfen, welches Recht auf die güterrechtlichen Wirkungen der Ehe des bzw. der an dem Grundstückskaufvertrag beteiligten ausländischen Ehegatten anwendbar ist. Zu ermitteln ist somit das sog. **Güterrechtsstatut**. Richten sich die güterechtlichen Wirkungen der Ehe der Beteiligten nach ausländischem Güterrecht, so kann dies Auswirkungen auf die Gestaltung des Grundstückskaufvertrages haben. Dies kann sowohl für Verkäufer als auch für Käufer gelten, die nach ausländischem Güterrecht verheiratet sind. Auf Verkäuferseite stellt sich die Frage, ob das ausländische Güterrecht Verfügungsbeschränkungen bzw. Zustimmungsvorbehalte vorsieht, wodurch Grundbesitz, der im Alleineigentum eines der Ehegatten steht, nicht ohne Mitwirkung des anderen Ehegatten veräußert werden kann. Sind Käufer nach ausländischem Güterrecht verheiratet, stellt sich die Frage, in welchem Erwerbsverhältnis der Grundbesitz von ihnen gemeinsam erworben werden kann. So kann das betreffende ausländische Güterrecht etwa dazu führen, dass die Ehegatten grundsätzlich kein Bruchteilseigentum an dem Grundbesitz erwerben können (z.B. Erwerb des Grundbesitzes zu je ½ Anteil), sondern nur ein gesamthänderischer Erwerb des Grundbesitzes (z.B. „in Errungenschaftsgemeinschaft nach dem Recht der Volksrepublik China“) möglich ist, da der erworbene Grundbesitz automatisch in das gemeinschaftliche Vermögen („Gesamtgut“) der Ehegatten fällt. Ist im konkreten Fall hingegen beabsichtigt, dass einer der nach ausländischem Güterrecht verheirateten Ehegatten den Grundbesitz allein erwirbt, kann das einschlägige ausländische Güterrecht dazu führen, dass dies nicht oder jedenfalls nicht ohne ergänzende güterrechtliche Regelungen (etwas in Form einer Rechtswahl) möglich ist.

Die vorstehend aufgezeigten Fragestellungen können selbst dann eine Rolle spielen, wenn Ehegatten ausländischer Herkunft inzwischen beide die deutsche Staatsangehörigkeit angenommen haben, da sie ungeachtet dessen nach wie vor nach ausländischem Güterrecht verheiratet sein können.

Hinsichtlich der sich im Einzelnen stellenden Rechtsfragen und deren Handhabung kann auf die Ausführungen unter Rdn 1724 ff. verwiesen werden.

d) Erbnachweis

39 Handelt es sich bei den Verkäufern um die Erben des noch im Grundbuch eingetragenen Erblassers, so muss ihr Erbrecht gegenüber dem Grundbuchamt nachgewiesen werden. Dies erfolgt bei gesetzlicher Erbfolge und bei Erbfolge aufgrund eines eigenhändigen Testaments durch die Vorlage einer Ausfertigung des Erbscheins oder durch Verweisung auf die **Erbscheinsakten**, sofern sie bei demselben Amtsgericht geführt werden. Ist die Erbfolge in einem notariellen Testament oder Erbvertrag geregelt, so genügt regelmäßig die Vorlage der vom Nachlassgericht beglaubigten Abschrift der Verfügung von Todes wegen nebst Eröffnungsprotokoll (§ 35 Abs. 1 S. 2 GBO). Die Voreintragung der Erben im Grundbuch ist beim Verkauf nicht erforderlich (§ 40 Abs. 1 GBO). § 892 BGB lässt einen gutgläubigen Erwerb (vgl. auch Rdn 13 ff.) jedoch nur vom **eingetragenen** Eigentümer oder von seinem Erben, der sich durch einen **Erbschein** ausweist (§ 2366 BGB), zu. Die §§ 892, 2366 BGB ermöglichen es einem Käufer gutgläubig Eigentum zu erwerben, auch wenn sich im Nachhinein herausstellt, dass der Verkäufer nicht der Eigentümer des Grundbesitzes war. Voraussetzung ist, dass sich der Käufer hinsichtlich der Eigentümerstellung des Verkäufers in gutem Glauben befand.

> *Hinweis*
>
> Allerdings ist der gute Glaube an die grundbuchlich verzeichnete Eigentümerstellung (§ 892 BGB) umfassender geschützt als der gute Glaube an die durch Erbschein nachgewiesene Erbenstellung (§ 2366 BGB).

Ist der Verkäufer im Grundbuch als Eigentümer eingetragen, reicht es in zeitlicher Hinsicht für den gutgläubigen Eigentumserwerb durch den Käufer aus, wenn dieser bis zum Eingang des Umschreibungsantrags beim Grundbuchamt hinsichtlich der Eigentümerstellung des Verkäufers gutgläubig war (§ 892 Abs. 2 BGB). Ist die Eigentümerstellung des Verkäufers durch Erbschein nachgewiesen, ohne dass es zu einer Voreintragung des Verkäufers als Eigentümer im Grundbuch kommt, muss der gute Glaube des Käufers an die Eigentümerstellung des Verkäufers demgegenüber bis zur Vollendung des Rechtserwerbs, d.h. bis zur Eigentumsumschreibung im Grundbuch, fortbestanden haben (§ 2366 BGB). Selbige Grundsätze gelten auch für den gutgläubigen Erwerb einer Eigentumsvormerkung (§§ 893, 892 Abs. 2 BGB). Führt der Erbe den Erbnachweis durch ein notarielles Testament oder einen notariellen Erbvertrag und findet sich später eine anderslautende Verfügung von Todes wegen, so ist für

§ 2366 BGB kein Raum. Der Käufer hat daher vom „angeblichen" Erben ohne dessen Voreintragung im Grundbuch (§ 892 BGB) nicht gutgläubig erworben.

Der Notar wird den Beteiligten deshalb in jedem Fall empfehlen, die Kaufpreisfälligkeit auch davon abhängig zu machen, dass der veräußernde Erbe vorher im Wege der Grundbuchberichtigung als Eigentümer in das Grundbuch eingetragen worden ist. Eine solche Grundbuchberichtigung kann auch deshalb erforderlich sein, weil der Käufer den Kaufpreis durch ein Bankdarlehen finanziert, das zulasten des erworbenen Grundbesitzes durch ein Grundpfandrecht im Grundbuch gesichert werden soll (vgl. dazu oben Rdn 20). Wünschen die Beteiligten – zumeist aus Kostengründen – ausdrücklich keine Voreintragung des Verkäufers im Wege der Grundbuchberichtigung, ist auf die damit verbundenen Risiken hinzuweisen:

▼

Muster 4.2: Erbnachweis – keine Voreintragung des Verkäufers im Wege der Grundbuchberichtigung 4.2

Der Notar hat empfohlen, den Verkäufer gemäß der eingetretenen Erbfolge zunächst als neuen Eigentümer in das Grundbuch eintragen zu lassen, um das Risiko auszuschließen, dass der Käufer trotz Zahlung des Kaufpreises (und Eigentumsumschreibung im Grundbuch) kein Eigentum erwirbt, weil sich später herausstellt, dass der Verkäufer (z.B. wegen einer anderslautenden, den Beteiligten derzeit nicht bekannten Verfügung von Todes wegen) nicht Eigentümer des veräußerten Grundbesitzes war. Dieses Vorgehen wurde von den Beteiligten ausdrücklich nicht gewünscht.

▲

e) Testamentsvollstrecker

Nur der Testamentsvollstrecker ist über die seiner Verwaltung unterliegenden Gegenstände verfügungsbefugt, 40
§§ 2205, 2211 BGB (vgl. Rdn 601, 1106 ff.).

Seine **Verfügungsmacht** weist der Testamentsvollstrecker nach:

- wenn er in einem eigenhändigen Testament berufen worden ist, durch die Vorlage des Testamentsvollstreckerzeugnisses in Ausfertigung,
- wenn er in einem notariellen Testament oder Erbvertrag berufen worden ist, alternativ auch durch eine vom Nachlassgericht beglaubigte Abschrift der Verfügung nebst Eröffnungsprotokoll. Daneben müssen die Erklärung über die Annahme des Amtes in öffentlich beglaubigter Form sowie die Eingangsbestätigung des Nachlassgerichts vorgelegt werden. In diesem Fall ist der gute Glaube an die Verfügungsbefugnis des Testamentsvollstreckers allerdings nicht gemäß §§ 2366, 2368 BGB geschützt. Deshalb entspricht es auch in diesen Fällen dem sichersten Weg, ein Testamentsvollstreckerzeugnis zu beantragen, da der gute Glaube des Käufers an die Verfügungsbefugnis des Testamentsvollstreckers dann geschützt ist.

Die Verfügungsbefugnis des Testamentsvollstreckers erstreckt sich gemäß § 2205 S. 3 BGB grundsätzlich **nicht auf unentgeltliche Verfügungen**. Bestehen Zweifel an der Vollentgeltlichkeit der Grundstücksveräußerung, kann es sich – soweit möglich – empfehlen, alle Erben an dem Rechtsgeschäft mitwirken zu lassen. Mit ihrer Zustimmung kann der Testamentsvollstrecker auch unentgeltlich verfügen.

Die Verfügungsbefugnis des Testamentsvollstreckers muss noch zur Zeit des Eintritts des letzten Tatbestandsmerkmals der **Rechtsvollendung** gegeben sein, also bei einem Grundstückskaufvertrag bei der Eigentumsumschreibung im Grundbuch, da sonst der/die Erben genehmigen müssen. Eine Vorverlagerung des für die Verfügungsbefugnis des Testamentsvollstreckers maßgeblichen Zeitpunkts in entsprechender Anwendung von § 878 BGB lehnt die Rechtsprechung ab. Hat der Testamentsvollstrecker z.B. sein Amt vor Eigentumsumschreibung im Grundbuch niedergelegt, ist die Verfügungsbefugnis entfallen. Dann liegt eine wirksame Einigung nach Auffassung der Rechtsprechung nicht mehr vor. Es ist daher vom Notar zu prüfen, ob die Testamentsvollstreckereigenschaft noch im Zeitpunkt der Eintragung der Eigentumsvormerkung im Grundbuch fortbestand. Davon sollte dann auch die Fälligkeit des Kaufpreises abhängig gemacht werden. Sollte der Testamentsvollstrecker in der Zeit zwischen Eintragung der Eigentumsvormerkung und Eigentumsumschreibung sein Amt verlieren und die von ihm erklärte Auflassung deshalb nach Auffassung der Rechtsprechung unwirksam werden, hat der Käufer immer noch einen vormerkungsgesicherten Übereignungsanspruch gegen den/die Erben. Diesen muss er notfalls im Klagewege geltend machen. Wer auch dieses Risiko für den Käufer ausschließen möchte, muss die Zahlung des Kaufpreises auf ein Notaranderkonto vorsehen. Die Auszahlung des Kaufpreises vom Notaranderkonto an den Verkäufer erfolgt dann erst mit erfolgter Eigentumsumschreibung auf den Käufer (und ggf. erneuter Vergewisserung, dass die Testamentsvollstreckereigenschaft auch zum Zeitpunkt der Eigentumsumschreibung noch fortbestand). In der Regel empfiehlt es sich zudem, die Löschung der Eigentumsvormerkung nicht – wie üblich – zugleich mit der Eigentumsumschreibung zu beantragen, sondern sie erst nach erfolgter Eigentumsumschreibung im Grundbuch und Vergewisserung über den Fortbestand der Testamentsvollstreckereigenschaft bis zum Zeitpunkt der Eigentumsumschreibung zur Löschung zu bringen.

f) Vorerbe

41 Vgl. hierzu Rdn 1064 ff.

g) Insolvenzverwalter

42 Mit der **Eröffnung** des Insolvenzverfahrens verliert der Schuldner (Grundstückseigentümer) die Befugnis, sein zur Insolvenzmasse gehörendes Vermögen zu verwalten und darüber zu verfügen. An seiner Stelle übt der Insolvenzverwalter das Verwaltungs- und Verfügungsrecht aus (§ 80 Abs. 1 InsO). Der Insolvenzverwalter weist sich durch Vorlage der **Urschrift** oder einer **Ausfertigung** der vom Insolvenzgericht ausgestellten Bestallungsurkunde (§ 56 Abs. 2 InsO) aus. Anders als das Testamentsvollstreckerzeugnis genießt die dem Insolvenzverwalter erteilte Bestallungsurkunde allerdings keinen öffentlichen Glauben (siehe auch Rdn 603). Der vorläufige Insolvenzverwalter hat zum Nachweis seiner Befugnisse zusätzlich eine Ausfertigung des Beschlusses über die **Anordnung eines allgemeinen Verfügungsverbotes** vorzulegen.[10]

Wie beim Testamentsvollstrecker geht die Rechtsprechung auch beim Insolvenzverwalter davon aus, dass die Verfügungsbefugnis des Insolvenzverwalters bis zur Vollendung des Rechtserwerbs, d.h. beim Erwerb von Grundbesitz bis zur Eigentumsumschreibung im Grundbuch, fortbestehen muss. Hinsichtlich der diesbezüglichen Erwägungen zu einer möglichst sicheren Gestaltung der Grundstücksveräußerung durch einen Insolvenzverwalter kann auf die Ausführungen zur gleichgelagerten Problematik bei der Veräußerung von Grundbesitz durch einen Testamentsvollstrecker verwiesen werden (vgl. oben Rdn 41).

h) Gesetzliche Vertretung

43 Vgl. hierzu auch Rdn 649 ff.

> *Hinweis*
>
> Gesetzliche Vertreter eines minderjährigen – ehelichen – Kindes sind beide Eltern gemeinschaftlich. Ein Elternteil vertritt das Kind allein, wenn ihm das Familiengericht die elterliche Sorge übertragen hat.

Sind die Eltern bei der Geburt des Kindes nicht miteinander verheiratet, hat die Mutter mit der Geburt die alleinige elterliche Sorge (§ 1626a Abs. 3 BGB). Den Eltern steht jedoch dann die elterliche Sorge gemeinsam zu, wenn sie in öffentlich beurkundeter Form erklären, dass sie die Sorge gemeinsam übernehmen wollen, wenn sie einander heiraten oder wenn ihnen das Familiengericht die elterliche Sorge gemeinsam überträgt (§ 1626a Abs. 1 BGB). Die Abgabe der Sorgeerklärungen nach § 1626a Abs. 1 Nr. 1 BGB hat die beurkundende Stelle dem für den Geburtsort des Kindes zuständigen Jugendamt zum Zwecke der Eintragung in das Sorgeregister und der Auskunftserteilung daraus mitzuteilen (§ 1626d Abs. 2 BGB). Steht den nicht nur vorübergehend getrenntlebenden Eltern die elterliche Sorge gemeinsam zu, so kann das Familiengericht auf Antrag die elterliche Sorge einem Elternteil ganz oder teilweise allein übertragen (§ 1671 Abs. 1 BGB). Leben die Eltern nicht nur vorübergehend getrennt und steht die elterliche Sorge nach § 1626a Abs. 3 BGB der Mutter allein zu, so kann der Vater beantragen, dass ihm das Familiengericht die elterliche Sorge ganz oder teilweise allein überträgt (§ 1671 Abs. 2 BGB). Die elterliche Sorge ist bei der Vertretung des Kindes, dessen Eltern **nicht** miteinander verheiratet sind, in notariellen Angelegenheiten **nachzuweisen**:

- bei beiden Eltern durch Vorlage einer Ausfertigung der öffentlich beurkundeten Sorgeerklärung, in der sie die gemeinsame Sorge begründet haben,

10 Vgl. *Krauß*, Immobilienkaufverträge in der Praxis, 10. Aufl. 2024, Rn 1119.

- bei beiden Eltern durch Vorlage einer Ausfertigung des Beschlusses des Familiengerichts über die Übertragung der gemeinsamen Sorge,
- bei der Mutter durch Bescheinigung des für den Geburtsort des Kindes zuständigen Jugendamts, dass eine Eintragung im Sorgeregister über die Abgabe einer Sorgeerklärung nach § 1626a Abs. 1 Nr. 1 BGB und über die Übertragung der gemeinsamen elterlichen Sorge nicht vorliegt (§ 58 Abs. 2 SGB VIII).

Sofern der oder die gesetzlichen Vertreter gehindert sind, das Kind beim Grundstückskaufvertrag zu vertreten, bedarf es der Bestellung eines Ergänzungspflegers (vgl. Rdn 657, 666 ff.). Zur familiengerichtlichen Genehmigung solcher Verträge vgl. Rdn 655, 235 ff.

Der Vormund, Betreuer oder Pfleger hat sich auszuweisen durch die **Urschrift** oder eine **Ausfertigung** der vom Familien-/Betreuungsgericht ausgestellten Bestellungsurkunde (§§ 168b, 168f, 290 FamFG).

i) Bevollmächtigter, Vertreter ohne Vertretungsmacht

Die Beteiligten können sich beim Vertragsabschluss vertreten lassen. Die Vollmacht für einen Grundstücksver- 44
kauf oder -kauf bedarf grundsätzlich keiner Form. Ausnahmsweise muss sie notariell beurkundet werden, wenn der Vollmachtgeber eine **unwiderrufliche** Vollmacht zum Kauf oder Verkauf eines Grundstücks erteilt. Das Beurkundungserfordernis besteht auch dann, wenn die Bevollmächtigung vor allem im Interesse des Vertreters erfolgt, der Vertreter vom Verbot des Selbstkontrahierens befreit wird und alsbald mit der Vornahme des Rechtsgeschäfts zu rechnen ist.[11] Selbst bei einer nur mündlich erteilten Vollmacht wird der Vertrag für den Vertretenen sofort verbindlich. Nur für den Vollzug des Vertrages beim Grundbuchamt ist ihre Beibringung in beglaubigter oder beurkundeter Form (§ 29 GBO) erforderlich.

▼ 45

Muster 4.3: Grundstücks-Verkaufsvollmacht in Protokollform

(*Protokolleingang*)

(…)

Der Erschienene erklärte:

Ich bevollmächtige hiermit ___, geboren am ___, wohnhaft ___, mein im Grundbuch des Amtsgerichts ___ von ___ Blatt ___ verzeichnetes Grundstück

Flur ___, Flurstück ___, Hof- und Gebäudefläche, ___ (*Adresse*), ___ (*Größe*),
oder Teile davon zu beliebigen Preisen (alternativ: zum Preis von mindestens ___ EUR) zu verkaufen, die Vertragsbedingungen nach seinem Ermessen zu vereinbaren, die Auflassung zu erklären und alle zur Durchführung des Vertrages erforderlichen und zweckmäßigen Erklärungen und Bewilligungen abzugeben und entgegenzunehmen sowie alle hierzu erforderlichen Rechtshandlungen vorzunehmen.

Der Bevollmächtigte ist auch ermächtigt, auf dem verkauften Grundbesitz Grundpfandrechte in unbeschränkter Höhe zu bestellen, deren Bedingungen zu vereinbaren, mich der sofortigen Zwangsvollstreckung in der Weise zu unterwerfen, dass die Zwangsvollstreckung gegen den jeweiligen Eigentümer des Kaufobjekts zulässig ist, sowie überhaupt alle Erklärungen abzugeben und entgegenzunehmen, die für die Bestellung der Grundpfandrechte an der vom Gläubiger geforderten Rangstelle erforderlich sind und mich bei allen vorstehenden Rechtshandlungen zu vertreten. Die Übernahme einer persönlichen Haftung für mich ist nicht gestattet. Aufgrund der zu vereinbarenden Sicherungsabrede darf der Gläubiger das Grundpfandrecht bis zur vollständigen Zahlung des Kaufpreises nur in der Höhe als Sicherheit verwerten oder behalten, in der er tatsächlich mit Erfüllungswirkung auf die Kaufpreisschuld des Käufers geleistet hat. Dem Grundbuchamt gegenüber ist die Vollmacht unbeschränkt.

Der Bevollmächtigte ist befugt, Untervollmacht zu erteilen. Er ist von den Beschränkungen des § 181 BGB befreit. Die Vollmacht gilt über meinen Tod hinaus. Sie kann jederzeit widerrufen werden.

11 BGH NJW 1952, 1210 ff.

Von dieser Vollmachtsurkunde erhält der Bevollmächtigte zunächst eine Ausfertigung. Weitere Ausfertigungen sollen nur dann erteilt werden, wenn ich oder meine Erben den Notar hierzu schriftlich anweisen.

Diese Niederschrift (...)

▲

46 ▼

Muster 4.4: Grundstücks-Erwerbsvollmacht in Beglaubigungsform

4.4 **Vollmacht**

Hiermit bevollmächtige ich Frau geborene , geboren am , wohnhaft , das im Grundbuch des Amtsgerichts von Blatt verzeichnete Grundstück Flur , Flurstück , Hof- und Gebäudefläche, , groß m^2, zu kaufen, die Auflassung für mich entgegenzunehmen, alle Erklärungen abzugeben und entgegenzunehmen sowie alle Rechtshandlungen vorzunehmen, die zur Durchführung des Kaufvertrages und zur Umschreibung des Eigentums auf mich erforderlich oder zweckdienlich sind.

Die Bevollmächtigte kann nach ihrem Ermessen mit dem Verkäufer die Vertragsbedingungen vereinbaren, dinglich gesicherte Verbindlichkeiten und Grundpfandrechte übernehmen oder neue aufnehmen und mich wegen der in dem Kaufvertrag vereinbarten Zahlungsverpflichtungen der sofortigen Zwangsvollstreckung unterwerfen.

Die Bevollmächtigte ist auch berechtigt, zu Lasten des Kaufobjektes Grundpfandrechte zu bestellen, mich wegen des Nennbetrages der zu bestellenden Grundpfandrechte nebst den Zinsen und sonstigen Nebenleistungen dinglich in der Weise der sofortigen Zwangsvollstreckung zu unterwerfen, dass die sofortige Zwangsvollstreckung gegen den jeweiligen Eigentümer des Kaufobjektes zulässig ist, sowie für die Zahlung von Geldbeträgen in Höhe der zu bestellenden Grundpfandrechte (Kapital, Zinsen und sonstige Nebenleistungen) für mich auch die persönliche Haftung zu übernehmen und mich auch wegen der persönlichen Haftung der sofortigen Zwangsvollstreckung zu unterwerfen.

Die Bevollmächtigte ist berechtigt, alle im Zusammenhang mit der Bestellung der Grundpfandrechte und deren Eintragung in das Grundbuch erforderlichen oder zweckdienlichen Erklärungen abzugeben und den Grundpfandrechten den Vorrang vor einer für mich in das Grundbuch einzutragenden Eigentumsvormerkung einzuräumen.

Die Bevollmächtigte ist befugt Untervollmacht zu erteilen. Von den Beschränkungen des § 181 BGB ist sie ausdrücklich nicht befreit. Die Vollmacht gilt über meinen Tod hinaus. Sie kann jederzeit widerrufen werden.

(Beglaubigungsvermerk)

▲

Dem Grundbuchamt gegenüber weist sich der Bevollmächtigte durch die Vorlage der **Urschrift** seiner notariell beglaubigten oder einer **Ausfertigung** der beurkundeten Vollmacht aus. Die Vorlage einer beglaubigten Abschrift beim Grundbuchamt genügt, wenn der Notar im Protokoll feststellt, dass ihm die Urschrift oder die Ausfertigung der Vollmacht bei der Beurkundung vorgelegt worden ist.

▼

Muster 4.5: Vorlage einer Vollmacht

4.5 hier handelnd als Bevollmächtigter für aufgrund Vollmacht vom – UVZ-Nr. des Notars –, die er in Ausfertigung (oder: Urschrift) vorlegte und von der eine beglaubigte Abschrift zu dieser Urkunde genommen wird.

▲

47 Es besteht grundsätzlich auch die Möglichkeit, den Nachweis über die Vollmachtserteilung dem Grundbuchamt gegenüber durch eine entsprechende notarielle **Vollmachtsbescheinigung** gemäß § 21 Abs. 3 BNotO zu führen (vgl. hierzu § 34 GBO). Bei notariellen Niederschriften entbindet eine solche Vollmachtbescheinigung

den beurkundenden Notar allerdings nicht von seiner Pflicht gemäß § 12 S. 1 BeurkG, der Niederschrift die Vollmacht in Urschrift oder beglaubigter Abschrift beizufügen.

▼

Muster 4.6: Bescheinigung über Vorlage einer Vollmacht

Ich bescheinige hiermit gemäß § 21 BNotO, dass mir die vorstehend näher bezeichnete Vollmacht im Beurkundungstermin in einer Ausfertigung, die auf den Bevollmächtigten ausgestellt war, vorgelegt wurde und dass diese die Vertretungsmacht für alle in der Urkunde abgegebenen Erklärungen begründet.

▲

Legt der Bevollmächtigte keine Vollmachtsurkunde vor, so kann er als mündlich Bevollmächtigter oder als Vertreter ohne Vertretungsmacht handeln. Zwischen den beiden Vertretungsarten (vollmachtlose Vertretung – schriftliche oder mündliche Bevollmächtigung) sollte wegen der Möglichkeit der Haftung des Vertreters nach § 179 Abs. 3 BGB unterschieden werden. Nach § 179 Abs. 3 BGB haftet nämlich der Vertreter nicht, wenn der andere Teil den Mangel der Vertretungsmacht gekannt hat oder hätte kennen müssen. Ist die Vollmacht nur mündlich erteilt worden, so bedarf es zur grundbuchlichen Durchführung des Vertrages einer beglaubigten Vollmachtbestätigung. Anders als bei einer Vertretung ohne Vertretungsmacht ist der Kaufvertrag aber sofort wirksam. Im Kaufvertrag steht dann etwa: 48

▼

Muster 4.7: Kaufvertrag – Vertretung ohne Vertretungsmacht

hier handelnd als mündlich Bevollmächtigter für . Er versprach, eine Vollmachtbestätigung in der erforderlichen Form nachzureichen.

▲

▼ 49

Muster 4.8: Vollmachtbestätigung

Herr , geboren am , wohnhaft , hat in der Urkunde vom – UVZ-Nr. für des Notars in – als mündlich Bevollmächtigter für mich Erklärungen abgegeben. Ich bestätige hiermit, dass Herr am von mir bevollmächtigt war, diese Erklärungen abzugeben.

, den

– Beglaubigungsvermerk –

Kostenberechnung

Geschäftswert: Kaufpreis, §§ 119 Abs. 1, 98, 47 S. 1 GNotKG

(Kaufpreis EUR; dieser ist nach § 98 Abs. 1 GNotKG zu halbieren, sodass der Geschäftswert EUR beträgt)

Gebühr gemäß GNotKG KV Nr. 24101, 21200 (1,0) EUR (zzgl. MwSt)

▲

Die Wirksamkeit eines von einem vollmachtlosen Vertreter abgeschlossenen Vertrages hängt von der Genehmigung durch den Vertretenen ab. Im Kaufvertrag steht dann etwa: 50

▼

Muster 4.9: Kaufvertrag – Vollmachtloser Vertreter

hier handelnd als Vertreter ohne Vertretungsmacht für , sich die Genehmigung des vollmachtlos Vertretenen ausdrücklich vorbehaltend, .

▲

Muster einer Genehmigungserklärung siehe Rdn 231.

4. Kaufgegenstand

51 Das Grundstück ist **übereinstimmend** mit dem Grundbuch oder durch Hinweis auf das Grundbuchblatt zu bezeichnen (§ 28 GBO). Es sollte, um Verwechslungen zu vermeiden, so genau wie möglich beschrieben werden.

> *Beispiel*
>
> Der Verkäufer verkauft den Käufern je zur Hälfte das im Grundbuch des Amtsgerichts Mettmann von Metzkausen Blatt 0512 eingetragene Grundstück Gemarkung Metzkausen Flur 5 Flurstück 420, Wiese, Am Kirchendeller Weg, groß 896 m^2.

52 Wird ein noch zu vermessender Grundstücksteil verkauft, so muss er so genau beschrieben werden, dass er auch von einem **Dritten** ohne Schwierigkeiten genau identifiziert werden kann (sog. **dingliche Bestimmtheit**), anderenfalls ist der Vertrag nichtig.

In der Praxis hilft man sich in der Regel damit, dass das Kaufobjekt in einem Lageplan näher bezeichnet wird, der als Anlage zur Niederschrift genommen wird. Dieser Lageplan ist Bestandteil der Niederschrift. Er wird den Beteiligten in der Beurkundung zur Durchsicht vorgelegt, was in der Niederschrift entsprechend zu vermerken ist (§ 13 Abs. 1 S. 1 und 2 BeurkG).

> *Beispiel*
>
> Der Verkäufer verkauft dem Käufer von dem im Grundbuch des Amtsgerichts Mettmann von Metzkausen Blatt 0510 eingetragenen Grundstück Gemarkung Metzkausen Flur 5 Flurstück 420 ein noch zu vermessendes Teilstück, das in der als Anlage zu dieser Urkunde genommenen Handzeichnung mit dem Buchstaben A–B–C–D–A umschrieben (und schraffiert) ist, in einer Größe von etwa 450 m^2.
>
> Die Handzeichnung wurde den Beteiligten zur Durchsicht vorgelegt und von ihnen genehmigt. Auf die Handzeichnung wird verwiesen; sie ist Bestandteil dieser Niederschrift.
>
> Die oben angegebene Flächengröße ist möglichst einzuhalten, die Abweichung des Vermessungsergebnisses darf höchstens (…) % betragen.
>
> Als vereinbart gilt, dass bei Unklarheiten über Lage, Zuschnitt und Größe des Kaufobjekts die geschuldete Vertragsleistung gemäß § 317 BGB von dem mit der Vermessung des Kaufgrundbesitzes beauftragten öffentlich bestellten Vermessungsingenieur (…) für alle Beteiligten verbindlich festgelegt wird. Hierdurch entstehende Kosten gehen je zur Hälfte zulasten der Vertragschließenden.

Wegen der in einem solchen Fall zweckmäßigerweise aufzunehmenden Vollmacht für die (ggf. erneut zu erklärende) Auflassung der Teilfläche bzw. die Feststellung der Identität zwischen veräußerter und vermessener Teilfläche (sog. **Identitätserklärung**) siehe Rdn 110.

5. Kaufpreis

a) Bargeldlose Zahlung

53 Für Grundstückskaufverträge gilt ein **striktes Barzahlungsverbot** (§ 16a GwG). Der Notar weist die Beteiligten im Rahmen der Kaufvertragsbeurkundung auf dieses Barzahlungsverbot hin und überwacht dessen Einhaltung im Rahmen der Vertragsabwicklung.[12]

b) Fälligkeit

54 Für die Abwicklung des Kaufvertrages hat der Notar zudem Regelungen vorzuschlagen, die verhindern, dass eine der Vertragsparteien zu Schaden kommt. Ein Schaden droht immer dann, wenn eine Partei bereits leistet, ohne dass sichergestellt ist, dass sie die Gegenleistung erhält (sog. ungesicherte Vorleistung). So ist das Vermögen des Käufers gefährdet, wenn er den Kaufpreis bezahlt, bevor sein vertragsmäßiger Erwerb sichergestellt ist – also:

- alle erforderlichen Genehmigungen vorliegen,
- feststeht, dass kein Vorkaufsrecht ausgeübt wird,

12 Zu den Einzelheiten vgl. § 2 Rdn 63 ff.

- für ihn eine Eigentumsvormerkung rangrichtig eingetragen ist,
- alle Löschungs- bzw. Pfandfreigabeunterlagen vorliegen.

Denn der Verkäufer könnte das Grundstück z.B. zwischenzeitlich neu belasten oder nochmals veräußern, es könnte ein Insolvenzverfahren über sein Vermögen eröffnet werden, oder der Vertrag könnte an einer erforderlichen Genehmigung scheitern. Wird andererseits das Grundstück bereits vor der Zahlung des Kaufpreises auf den Käufer umgeschrieben, so besteht für den Verkäufer die Gefahr, dass der Käufer in Vermögensverfall gerät und der Kaufpreisanspruch daher nicht mehr durchgesetzt werden kann. Die notarielle Praxis hat verschiedene Gestaltungen entwickelt, die eine für beide Seiten sichere Abwicklung des Kaufvertrages ermöglichen.

c) Sicherstellung

aa) Verkäuferinteressen

Es gilt, Rechtsstreitigkeiten zu vermeiden und den Beteiligten die **schnelle Durchsetzung** ihrer Ansprüche zu 55
ermöglichen. Deshalb soll der Notar darauf hinwirken, dass sich der Käufer wegen jedes einzelnen, konkret zu bezeichnenden Anspruchs des Verkäufers (nicht pauschal: „*wegen* ***aller*** *Ansprüche aus dieser Urkunde*") der sofortigen Zwangsvollstreckung aus der Urkunde unterwirft. Das gibt dem Verkäufer die Möglichkeit, wegen seiner Ansprüche vollstrecken zu können, ohne vorher einen langwierigen und kostspieligen Prozess gegen den Käufer führen zu müssen (vgl. dazu § 3 Rdn 218).

Die Interessen des Verkäufers wären dem Grunde nach am besten geschützt, wenn der Kaufpreis schon im Anschluss an die Beurkundung auf einem Anderkonto des Notars hinterlegt würde. Er könnte ausgezahlt werden, sobald die vertragsgemäße Umschreibung sichergestellt ist – gegebenenfalls unter Ablösung nicht übernommener Grundpfandrechte.

> *Hinweis*
>
> Gleichwohl bleibt die Abwicklung des Kaufpreises über ein **Notaranderkonto für Sonderkonstellationen** vorbehalten, in denen auf andere Weise kein vergleichbarer Schutz vor einer ungesicherten Vorleistung erreicht werden kann.

Auch kann die Auflassung **hinausgeschoben** werden, bis der Kaufpreis bezahlt oder die Kaufpreiszahlung si- 56
chergestellt ist. Auf diese Weise wird verhindert, dass der Verkäufer das Eigentum verliert, bevor er den Kaufpreis erhalten hat.

Das Hinausschieben der Auflassung kann auf verschiedene Weise bewerkstelligt werden. Denkbar wäre, die Auflassung (nach erfolgter Kaufpreiszahlung) von den Beteiligten in einer gesonderten Urkunde erklären zu lassen. Dies führt zu Problemen, wenn ein zweiter Beurkundungstermin aus tatsächlichen Gründen nicht zustande kommt oder sich erheblich verzögert. Um diesen Bedenken zu begegnen oder den Beteiligten zumindest den erneuten Weg zum Notar zu ersparen, könnten entsprechende Mitarbeitervollmachten in den Kaufvertrag aufgenommen werden. Die Erklärung der Auflassung zu gesonderter Urkunde ist für die Beteiligten jedoch in jedem Fall mit Mehrkosten verbunden.

In der Praxis durchgesetzt haben sich deshalb in erster Linie zwei andere Verfahren zur Überwachung der Eigentumsumschreibung: Bei der sog. **Ausfertigungssperre** werden dem Käufer und dem Grundbuchamt bis zur Kaufpreiszahlung keine Ausfertigungen oder beglaubigte Abschriften des Kaufvertrages erteilt, welche die bereits erklärte Auflassung sowie die betreffende Eintragungsbewilligung enthalten. Der Notar wird zudem angewiesen, die Umschreibung erst zu beantragen, wenn der Kaufpreis bezahlt oder die Kaufpreiszahlung sichergestellt ist. Damit soll ausgeschlossen werden, dass der Käufer seine Eintragung selbst und vor der Kaufpreiszahlung betreibt. Jedoch ist schwierig zu gewährleisten, dass bei diesem Verfahren im Einzelfall nicht doch versehentlich vollständige Ausfertigungen oder beglaubigte Abschriften des Kaufvertrages erteilt werden. Insoweit sieht sich der Notar bei diesem Vorgehen einem potenziell höheren Haftungsrisiko ausgesetzt. Vorzugswürdig erscheint deshalb im Ergebnis ein grundbuchverfahrensrechtlicher Lösungsansatz, der sich durch eine „ausgesetzte Bewilligung" der Auflassung kennzeichnet. Hierbei wird die Auflassung zwar im Kaufvertrag auch sogleich miterklärt. Der Kaufvertrag enthält aber ausdrücklich keine die Auflassung betreffende Eintragungsbewilligung. Die Beteiligten bevollmächtigen jedoch den Notar in dem Kaufvertrag, die Eintragungsbewilligung in einer Eigenurkunde gegenüber dem Grundbuchamt abzugeben, sobald ihm die Kaufpreiszahlung nachgewiesen wurde. Noch sicherer und daher vorzugswürdig ist es aus insolvenzrechtlichen

Gründen (vgl. § 117 Abs. 1 InsO zum Erlöschen von Vollmachten im Insolvenzverfahren), die Eintragungsbewilligung sogleich in die Urkunde aufzunehmen, diese jedoch unter die aufschiebende Bedingung zu stellen, dass der Notar die Eigentumsumschreibung mit einer entsprechenden Eigenurkunde beantragt. Der Notar ist dann in der Urkunde von den Beteiligten wiederum anzuweisen, eine solche Eigenurkunde nur dann beim Grundbuchamt einzureichen, wenn ihm die vollständige Kaufpreiszahlung nachgewiesen ist.

Soll der Kaufpreis ausnahmsweise ganz oder teilweise erst zu einem späteren Zeitpunkt, ggf. auch in Raten, gezahlt werden, die Eigentumsumschreibung auf den Käufer aber gleichwohl schon erfolgen, kann die Sicherung des (Rest-)Kaufpreises durch die Eintragung eines Grundpfandrechts (z.B. einer Sicherungshypothek) erreicht werden (Muster siehe Rdn 127).

bb) Käuferinteressen

57 In der Regel dauert es längere Zeit, bis die **Umschreibung** im Grundbuch beantragt werden kann, etwa weil behördliche Genehmigungen und Verzichtserklärungen sowie die Unbedenklichkeitsbescheinigung des Finanzamts vom Notar eingeholt werden müssen. Für den Käufer kann ein Risiko entstehen, wenn er den Kaufpreis bezahlt, bevor die zur Wirksamkeit des Vertrages erforderlichen Genehmigungen erteilt sind und die Umschreibung beantragt werden kann. Bis dahin könnte der Verkäufer noch Verfügungen über das Grundstück treffen; es bestünde auch die Gefahr der Eröffnung des Insolvenzverfahrens über das Vermögen des Verkäufers. Auch könnten Dritte durch Zwangsmaßnahmen (Eintragung einer Zwangshypothek, Betreiben der Zwangsversteigerung oder Zwangsverwaltung) die Umschreibung auf den Käufer vereiteln oder seine Rechte zumindest beeinträchtigen. Deshalb sollte der Notar im Kaufvertrag die Eintragung einer Eigentumsvormerkung ins Grundbuch vorsehen. Die Eigentumsvormerkung bietet jedoch dann keinen hinreichenden Schutz, wenn der Kaufpreis vor der Erteilung der behördlichen Genehmigungen bzw. Verzichtserklärungen zum Vorkaufsrecht gezahlt wird, weil der Vertrag erst danach voll wirksam bzw. vollziehbar ist. Daher sollte der Notar sicherstellen, dass der Kaufpreis erst fällig wird, wenn erforderliche behördliche Genehmigungen und Verzichtserklärungen bezüglich der Vorkaufsrechte vorliegen und die rangrichtige Eintragung der Eigentumsvormerkung erfolgt ist (Muster vgl. Rdn 127).

Eine Vorleistung des Käufers lässt sich auch dann vermeiden, wenn vom Käufer nicht übernommene Belastungen aus dem Kaufpreis abgelöst werden sollen. Dazu könnte die Hinterlegung des Kaufpreises auf einem Notaranderkonto vereinbart und dem Notar der Auftrag erteilt werden, aus dem hinterlegten Kaufpreis – nach Eintritt der sonstigen Fälligkeitsvoraussetzungen – zunächst das Grundstück von den nicht übernommenen Belastungen freizustellen und den Rest des Kaufpreises an den Verkäufer auszuzahlen. Dieses Verfahren bietet dem vorleistenden Käufer höchstmöglichen Schutz. Im Regelfall ist der Käufer jedoch auch dann hinreichend geschützt, wenn die Fälligkeit des Kaufpreises zusätzlich davon abhängig gemacht wird, dass dem Notar bezüglich nicht übernommener Grundbuchbelastungen grundbuchfähige Löschungsunterlagen vorliegen, die lediglich mit solchen Treuhand- bzw. Zahlungsauflagen verbunden sind, die aus dem Kaufpreis bestritten werden können. Der Käufer wird dann angewiesen, entsprechende Zahlungsauflagen bei Kaufpreisfälligkeit in Anrechnung auf den Kaufpreis zu erfüllen und nur den dann etwa noch verbleibenden Restbetrag des Kaufpreises direkt an den Verkäufer zu zahlen. Auf diese Weise ist sichergestellt, dass alle vom Käufer nicht übernommenen Belastungen nach erfolgter Kaufpreiszahlung aus dem Grundbuch gelöscht werden können. Der „Zwischenschaltung“ eines Notaranderkontos bedarf es daher nur in Ausnahmefällen, in denen das beschriebene Vorgehen aus bestimmten anderen Gründen keine vergleichbare Sicherheit bietet.

58 Der Notar sollte also vorschlagen, den Kaufpreis **erst fällig** zu stellen, wenn

- eine Eigentumsvormerkung für den Käufer an rangsicherer Stelle im Grundbuch eingetragen ist,
- die zum Vertrag erforderlichen Genehmigungen und Verzichtserklärungen beim Notar eingegangen sind,
- die Freistellung des Kaufobjekts von nicht übernommenen Belastungen gewährleistet ist.

Wenn sich der Verkäufer zur Räumung und Herausgabe des Kaufobjekts bis zu einem bestimmten Zeitpunkt verpflichtet, kann vorgesehen werden, dass er sich wegen dieser Verpflichtung der sofortigen Zwangsvollstreckung unterwirft (Unterwerfung jedoch nicht möglich, wenn der Anspruch den Bestand eines **Mietverhältnisses** über **Wohnraum** betrifft, aber zulässig bei Verpflichtung zur Räumung und Herausgabe z.B. eines Gewerbegrundstücks oder einer **eigengenutzten** Wohnung vgl. hierzu Rdn 96; § 3 Rdn 208 f.).[13]

13 Siehe *v. Rintelen*, RNotZ 2001, 2, 20 f.

Bei Kaufverträgen über Grundbesitz in den neuen Bundesländern können für den Käufer zusätzliche Risiken aufgrund der Bestimmungen der Grundstücksverkehrsordnung (GVO) hinzukommen. Zweck der GVO ist es in erster Linie, den Untergang von Restitutionsansprüchen nach dem Vermögensgesetz durch die Veräußerung von restitutionsbelastetem Grundbesitz zu verhindern. Hierzu sieht § 2 Abs. 1 S. 1 GVO vor, dass

- die Auflassung eines Grundstücks und der schuldrechtliche Vertrag hierüber sowie
- die Bestellung und Übertragung eines Erbbaurechts und der schuldrechtliche Vertrag hierüber

einer behördlichen Genehmigung bedürfen (zu Ausnahmen von der Genehmigungspflicht vgl. § 2 Abs. 1 S. 2 GVO). Ein Risiko für den Käufer stellt insbesondere der Umstand dar, dass die betreffende Genehmigung gemäß § 5 GVO bis zum Ablauf eines Jahres seit ihrer Erteilung widerrufen werden kann.[14] Den Beteiligten sollte deshalb beim Abschluss solcher Kaufverträge geraten werden, den Kaufpreis gegebenenfalls bis zum Ablauf der Widerrufsfrist auf einem Notaranderkonto zu hinterlegen.

d) Schuldübernahme

Im Ausnahmefall werden im Kaufvertrag Grundpfandrechte und dadurch gesicherte Darlehensverbindlichkeiten in Anrechnung auf den Kaufpreis übernommen (**Schuldübernahme**). Die Wirksamkeit der Schuldübernahme hängt von der Genehmigung des Gläubigers ab (§ 415 Abs. 1 BGB). Wird sie nicht erteilt, muss das Darlehen stattdessen abgelöst werden. Alternativ könnte nur die für den Verkäufer riskante Vereinbarung getroffen werden, dass der Käufer den Verkäufer im Innenverhältnis von der Schuld freistellt, die Haftung des Verkäufers im Außenverhältnis gegenüber dem Gläubiger aber fortbesteht (wegen der Einzelheiten siehe Rdn 1636 ff.). 59

▼ 60

Muster 4.10: Schuldübernahme im Kaufvertrag

In Anrechnung auf den Kaufpreis übernimmt der Käufer – mehrere Personen als Gesamtschuldner – zur vollständigen Entlastung des bisherigen Schuldners folgende dinglich gesicherte Verbindlichkeiten nach Maßgabe der Schuldurkunden mit den Zinsen und allen sonstigen Nebenleistungen ab dem Zeitpunkt des Besitzübergangs als eigene Schuld: 4.10

a) EUR – EUR – restliche Schuld gegenüber der Kreissparkasse nebst bis zu Jahreszinsen, die der Hypothek Abt. III Nr. 2 in Höhe von ursprünglich EUR zugrunde liegt,

b) EUR – EUR – restliche Schuld gegenüber der nebst bis zu Jahreszinsen, gesichert durch die Grundschuld Abt. III Nr. 4 im Nennbetrag von EUR.

Soweit übernommene Verbindlichkeiten zusätzlich durch ein abstraktes Schuldanerkenntnis oder Schuldversprechen gesichert sind, übernimmt der Käufer – mehrere Personen als Gesamtschuldner – auch diese Verbindlichkeiten im Nennbetrag des jeweiligen Grundpfandrechts und seiner Nebenleistungen. Der Käufer – mehrere Personen als Gesamtschuldner – unterwirft sich wegen dieser Zahlungsverpflichtungen gegenüber den Gläubigern der sofortigen Zwangsvollstreckung aus dieser Urkunde. Der Notar ist berechtigt, den Gläubigern jederzeit und ohne weitere Nachweise, die das Entstehen und die Fälligkeit der Forderungen betreffen, vollstreckbare Ausfertigungen dieser Urkunde zu erteilen.

Die aufgeführten Beträge beruhen auf den Angaben der Beteiligten. Sollte sich herausstellen, dass die übernommenen Verbindlichkeiten am Stichtag höher oder niedriger als angegeben sind, so sind die Beteiligten verpflichtet, den Differenzbetrag unmittelbar untereinander auszugleichen, sobald die Höhe der übernommenen Verbindlichkeiten feststeht, frühestens jedoch mit Fälligkeit des Restkaufpreises.

Sollte ein Gläubiger die Schuldübernahme nicht genehmigen oder das Darlehen aus Anlass der Veräußerung kündigen, so hat es der Käufer – mehrere Personen als Gesamtschuldner – in Anrechnung auf den

14 Zu weiteren dem Genehmigungserfordernis nach der GVO immanenten Risiken vgl. *Krauß*, Immobilienkaufverträge in der Praxis, 10. Aufl. 2024, Rn 7399 ff.

Kaufpreis, nicht jedoch vor Fälligkeit des Restkaufpreises, abzulösen. Eine dabei anfallende Vorfälligkeitsentschädigung geht zu Lasten des Verkäufers.

Der Verkäufer tritt alle ihm gegenwärtig und zukünftig in Bezug auf die vorgenannten Grundpfandrechte zustehenden Rechte, insbesondere Eigentümerrechte und Rückgewähransprüche, mit Wirkung ab der Eigentumsumschreibung an den dies annehmenden Käufer – an mehrere Personen zu gleichen Teilen – ab.

Sollte ein Gläubiger aus Anlass der Schuldübernahme Bearbeitungsgebühren fordern, so gehen diese zu Lasten des Käufers.

Der Notar hat die Beteiligten darauf hingewiesen, dass die Schuldbefreiung des bisherigen Schuldners der Genehmigung der Gläubiger bedarf und dass der bisherige Schuldner bis zur Genehmigung der Schuldübernahme durch die Gläubiger diesen gegenüber weiter haftet.

Der Notar soll den Gläubigern je eine beglaubigte Abschrift (oder: eine vollstreckbare Ausfertigung) dieses Vertrages übersenden.

Er wird beauftragt, die Genehmigung der Schuldübernahme und die Entlassung der Verkäufer aus der persönlichen Schuldhaft unter Übersendung einer Vertragsabschrift zu beantragen. Der Käufer – mehrere Personen als Gesamtschuldner – hat den Verkäufer bis zur Erteilung der Genehmigungen von jeder Inanspruchnahme durch die Gläubiger freizustellen.

Der Notar wird von allen Beteiligten angewiesen, die Eigentumsumschreibung erst zu beantragen, wenn ihm die Zahlung des Restkaufpreises nachgewiesen ist und die Gläubiger schriftlich zugesagt haben, die Schuldübernahme nach Mitteilung über die Eigentumsumschreibung zu genehmigen, und sie zudem schriftlich bestätigt haben, dass demzufolge die Grundpfandrechte nur noch zur Sicherung von Forderungen gegen den Käufer dienen und keine persönliche Schuldhaft des Verkäufers mehr besteht. Wird die Genehmigung versagt oder das Darlehen gekündigt, so darf die Eigentumsumschreibung erst nach vollständiger Ablösung der Darlehensverbindlichkeiten des Verkäufers erfolgen.

▲

61 **Kostenanmerkung**

Die **Erklärung der Schuldübernahme** und die **Abtretung der Eigentümerrechte** des Verkäufers im Verhältnis zu den Grundpfandrechtsgläubigern sind Vertragsbedingungen des Kaufvertrages und daher derselbe Beurkundungsgegenstand (§ 109 GNotKG); sie lösen keine zusätzlichen Gebühren aus.

Allerdings sind die zur Durchführung der Übernahme der Grundpfandrechte (Hypotheken und Grundschulden) gegenüber den Gläubigern abgegebenen Erklärungen (Schuldanerkenntnisse und die persönlichen Zwangsvollstreckungsunterwerfungen) mit dem Kaufvertrag nicht gegenstandsgleich (§ 110 Nr. 2a GNotKG). Sie lösen eine 1,0-Gebühr gemäß GNotKG KV Nr. 21200 aus; der Geschäftswert bestimmt sich nach dem Wert des Rechtsverhältnisses, das Beurkundungsgegenstand ist (hier: Beträge, für die sich der Käufer persönlich der sofortigen Zwangsvollstreckung unterwirft), § 97 Abs. 1 GNotKG. Es entsteht daher neben der 2,0-Gebühr für den Kaufvertrag (GNotKG KV Nr. 21100) eine 1,0-Gebühr (KV Nr. 21200) von 18.000 EUR und 22.000 EUR, insgesamt also 40.000 EUR.

Sind im Kaufvertrag keine weiteren gebührenpflichtigen Erklärungen enthalten, sind für den Kaufvertrag und für die „Erklärungen zur Finanzierung der Gegenleistung gegenüber den Gläubigern" gemäß § 94 Abs. 1 GNotKG getrennte Gebühren zu berechnen, sofern dies für den Kostenschuldner günstiger ist als die Gebühr nach dem höchsten infrage kommenden Gebührensatz aus dem Gesamtbetrag der Werte (sog. **Vergleichsrechnung**).

Für die Beschaffung der Gläubigererklärung über die Verpflichtung zur Genehmigung der Schuldübernahme (und etwaige weitere Vollzugstätigkeiten) entsteht eine 0,5-**Vollzugsgebühr** gemäß GNotKG KV Nr. 22110 KV Vorbem. 2.2.1.1 S. 2 Nr. 8. Der Geschäftswert für den Vollzug ist der Geschäftswert des zugrunde liegenden Beurkundungsverfahrens (§ 112 S. 1 GNotKG), also der Kaufpreis zuzüglich der Finanzierungserklärungen. Obwohl Erklärungen von zwei Gläubigern zu beschaffen sind, entsteht die Gebühr nur einmal

(§ 93 Abs. 1 S. 1 GNotKG). Mit dieser Gebühr sind auch alle weiteren Vollzugstätigkeiten (z.B. Beschaffung der Verzichtserklärung bezüglich des Vorkaufsrechts nach §§ 24 ff. BauGB oder einer etwaigen Löschungsbewilligung für ein vom Käufer nicht übernommenes Recht in Abt. II oder Abt. III des Grundbuchs) abgegolten.

Hinzukommt dann noch eine 0,5-**Betreuungsgebühr** gemäß GNotKG KV Nr. 22200 Nr. 2 und 3 für die Prüfung und Mitteilung der Kaufpreisfälligkeit und die Überwachung der Umschreibungssperre, für die der Geschäftswert wie bei der Beurkundung zu bestimmen ist (§ 113 Abs. 1 GNotKG). Für beide Betreuungstätigkeiten ist die Gebühr nur einmal zu erheben (§ 93 Abs. 1 S. 1 GNotKG).

Weiterverwendung einer Grundschuld ohne Schuldübernahme 62

Vorsicht ist geboten, wenn der Käufer eine Grundschuld übernimmt, die eine Forderung nicht oder nicht mehr sichert. Das ist insbesondere dann der Fall, wenn der Käufer die eingetragene Grundschuld entweder ganz oder teilweise für seine eigene Finanzierung verwenden will. Es ist dann sicherzustellen, dass die übernommene Grundschuld dem Gläubiger aufgrund der zwischen ihm und dem Verkäufer getroffenen Sicherungszweckabrede nicht mehr als Sicherheit für irgendwelche Forderungen gegen den **Verkäufer** dient. Anderenfalls könnte der Grundschuldgläubiger auch nach der Umschreibung des Eigentums auf den Käufer wegen seiner gegen den Verkäufer bestehenden Ansprüche weiterhin in den Grundbesitz vollstrecken. Daher hat der Notar im Kaufvertrag vorzusehen, dass der Grundschuldgläubiger eine Erklärung abgibt, dass die übernommene Grundschuld künftig nur noch zur Sicherung von Verbindlichkeiten des Käufers dient. Das Vorliegen dieser Erklärung des Gläubigers ist dann (weitere) Voraussetzung für die Fälligkeit des Kaufpreises.

Regelmäßig wird es dann zusätzlich erforderlich sein, dass der Käufer sich wegen des Nennbetrages des Grundpfandrechts (und der Nebenleistungen) auch persönlich der Zwangsvollstreckung unterwirft. Aufgrund der dadurch ausgelösten Notarkosten ist die mögliche Kostenersparnis für den Käufer im Vergleich zur Neubestellung eines Grundpfandrechts deutlich geschmälert. Im Regelfall stellt sich die Frage nach der Übernahme bestehender Grundpfandrechte durch den Käufer in der Praxis auch nur dann, wenn der Käufer mit dem eingetragenen Grundpfandrechtsgläubiger finanzieren möchte. Denn anderenfalls bedürfte es zusätzlich noch einer Abtretung des Grundpfandrechts an den Finanzierungsgläubiger des Käufers nebst Eintragung der Abtretung im Grundbuch, wodurch dem Käufer zusätzliche Kosten entstünden.

▼ 63

Muster 4.11: Weiterverwendungsvereinbarung

Die durch die Übernahme der Grundschuld zur Weiterverwendung durch den Käufer notwendige Änderung des Sicherungsvertrages mit dem Grundschuldgläubiger werden die Vertragschließenden selbst herbeiführen. Sie verpflichten sich, alle Erklärungen abzugeben, die zur Änderung der Zweckbestimmungserklärung notwendig sind, sodass die Grundschuld dem Grundschuldgläubiger künftig nur noch zur Sicherung von Forderungen gegen den Käufer dient. 4.11

(*Oder, wenn der Notar tätig werden soll*): Der amtierende Notar wird von den Vertragschließenden beauftragt, von dem Grundschuldgläubiger eine Erklärung anzufordern, wonach die Grundschuld nur noch zur Sicherung von Forderungen gegen den Käufer dient.

▲

Kostenanmerkung 64

Angenommen, der Kaufpreis beläuft sich auf 300.000 EUR und der Nennbetrag der übernommenen Grundschuld beträgt 250.000 EUR. Die dingliche Grundschuldübernahme für eigene Finanzierungszwecke mit Übernahme der persönlichen Haftung durch den Käufer und die persönliche Zwangsvollstreckungsunterwerfung sind mit dem Kaufvertrag nicht gegenstandsgleich (§ 110 Nr. 2a GNotKG); sie lösen neben der Beurkundungsgebühr für den Kaufvertrag eine 1,0-Gebühr nach § 97 Abs. 1 GNotKG, KV Nr. 21200 aus.

65 *Kostenberechnung*

2,0 von 300.000 EUR (Kaufpreis), §§ 97 Abs. 1, 47 S. 1 GNotKG, KV Nr. 21100	1.270 EUR
1,0 von 250.000 EUR (übernommene Grundschuld mit Übernahme der persönlichen Haftung), § 97 Abs. 1 GNotKG, KV 21200	535 EUR
	1.805 EUR
Gegenprobe nach § 94 Abs. 1 GNotKG	
2,0 von 550.000 EUR	**2.030 EUR**

Es bleibt bei der Einzelberechnung, da diese für den Kostenschuldner günstiger ist. Für die Beschaffung der Gläubigererklärung bezüglich der Entlassung des Verkäufers aus der persönlichen Haftung durch den Notar gelten die gleichen Grundsätze wie für die Beschaffung der Gläubigererklärung zur Schuldübernahme (Kostenanmerkung siehe Rdn 63).

e) Kreditbeschaffung durch den Käufer vor der Eigentumsumschreibung

66 Nur wenige Käufer sind in der Lage, den Kaufpreis vollständig aus eigenen Mitteln zu bezahlen. In den meisten Fällen wird ein erheblicher Teil des Kaufpreises durch die Aufnahme von **Krediten** finanziert. Die Banken gewähren die Darlehen aber nur gegen Sicherheiten, vornehmlich Grundschulden. Vor der Umschreibung des Kaufobjekts kann der Käufer **Grundpfandrechte** nur bestellen, wenn er bereits Eigentümer eines anderen Grundstücks ist. Er kann es dann belasten, um den Kaufpreis für das gekaufte Grundstück zu bezahlen. Oftmals ist jedoch nur das gekaufte Grundstück als Pfandobjekt vorhanden. Daran kann der Käufer aber grundsätzlich erst nach Umschreibung des Grundstücks im Grundbuch Grundpfandrechte bestellen. Dies wäre wenig praktikabel, weil der Verkäufer, wenn das Grundstück vor Sicherstellung des Kaufpreises umgeschrieben würde, vorleistungspflichtig wäre. Zudem würde sich die Zahlung des Kaufpreises erheblich verzögern.

67 Diese Schwierigkeiten werden vermieden, wenn noch der Verkäufer – im Regelfall vertreten durch den Käufer – die Eintragung der Grundpfandrechte bewilligt. Das ist der schnellste und auch der sicherste Weg der **Kaufpreisfinanzierung**. Schnell deshalb, weil der (Noch-)Eigentümer die Grundpfandrechte bewilligt und diese daher umgehend, also längere Zeit vor Eintragung des Käufers als Eigentümer des Kaufobjekts im Grundbuch, eingetragen werden können. Die Interessen des Verkäufers werden vor allem dadurch geschützt, dass die Sicherungsabrede der Finanzierungsgrundschuld in der Weise eingeschränkt wird, dass die Grundschuld bis zur vollständigen Begleichung der Kaufpreisschuld nur zur Sicherung von tatsächlichen Zahlungen auf den Kaufpreis dient. Dazu werden entsprechende Vereinbarungen zwischen Verkäufer und Käufer im Kaufvertrag getroffen, die durch Mitteilung des Notars auch dem Finanzierungsgläubiger auferlegt werden (vgl. auch Rdn 127). Sobald die Eintragung der Grundschuld an der vom Gläubiger verlangten Rangstelle sichergestellt ist und die vertraglichen Voraussetzungen für die Fälligkeit des Kaufpreises vorliegen, wird das durch die Grundschuld gesicherte Darlehen unmittelbar an abzulösende Gläubiger und mit dem verbleibenden Betrag an den Verkäufer ausgezahlt. Erfolgt die Kaufpreisabwicklung ausnahmsweise über ein Notaranderkonto, überweist der Notar den Hinterlegungsbetrag, wenn die Fälligkeitsvoraussetzungen vorliegen, an die Gläubiger abzulösender Belastungen und den verbleibenden Restbetrag an den Verkäufer.

68 Regelmäßig erteilt der Verkäufer dem Käufer im Kaufvertrag eine Belastungsvollmacht (Muster vgl. Rdn 127), aufgrund derer der Käufer namens des Verkäufers ohne dessen erneutes Erscheinen beim Notar erforderliche Finanzierungsgrundpfandrechte bestellen kann.

▼ 69

Muster 4.12: Eine noch vom Grundstückseigentümer (Verkäufer) bestellte Grundschuld 4.12

(*Protokolleingang*)

erschienen, dem Notar von Person bekannt:

1.
- nachstehend „Grundstückseigentümer/Eigentümer" oder „Sicherungsgeber" genannt –,

2.
- im Folgenden als „Schuldner", „Darlehensnehmer" oder „Kreditnehmer" bezeichnet –.

Die Erschienenen erklärten:

Der nachstehend genannte Pfandgrundbesitz steht noch im Eigentum des Sicherungsgebers – nachstehend auch „Verkäufer" genannt. Der Schuldner – im Folgenden auch als „Käufer" bezeichnet – hat den Pfandgrundbesitz durch Urkunde vom – UVZ-Nr. des Notars – gekauft.

Der Verkäufer wirkt bei dieser Grundschuldbestellung nur als derzeitiger Grundstückseigentümer mit. Die Beteiligten haben in dem Kaufvertrag folgende Bestimmungen getroffen, die als Inhalt dieser Grundschuldbestellung wiederholt werden:

a) **Sicherungsabrede**
Die Gläubigerin darf das Grundpfandrecht nur insoweit als Sicherheit verwerten oder behalten, als sie tatsächlich Zahlungen mit Tilgungswirkung auf die Kaufpreisschuld des Käufers geleistet hat. Die Gläubigerin ist verpflichtet, Löschungsbewilligung ohne Auflagen und Kosten für den Verkäufer gegen Rückzahlung geleisteter Valutierungsbeträge zu erteilen, wenn der Kaufvertrag nicht durchgeführt wird. Sollte die Grundschuld zurückzugewähren sein, so kann nur ihre Löschung verlangt werden, nicht Abtretung oder Verzicht. Alle weiteren Zweckbestimmungserklärungen, Sicherungs- und Verwertungsvereinbarungen innerhalb und außerhalb dieser Urkunde gelten erst, nachdem der Kaufpreis vollständig bezahlt ist, in jedem Fall ab Eigentumsumschreibung. Ab dann gelten sie für und gegen den Käufer als neuen Sicherungsgeber.

b) **Persönliche Zahlungspflichten und Kosten**
Der Verkäufer übernimmt im Zusammenhang mit der Grundpfandrechtsbestellung keine persönlichen Zahlungspflichten. Der Käufer hat den Verkäufer von allen Kosten und sonstigen Folgen der Grundpfandrechtsbestellung freizustellen.

c) **Fortbestand des Grundpfandrechts**
Das bestellte Grundpfandrecht darf auch nach Eigentumsumschreibung auf den Käufer bestehen bleiben. Alle Eigentümerrechte und Rückgewähransprüche in Bezug auf das bestellte Grundpfandrecht werden hiermit mit Wirkung ab vollständiger Bezahlung des Kaufpreises, in jedem Fall aber ab Eigentumsumschreibung auf den Käufer übertragen. Entsprechende Grundbucheintragung wird bewilligt.

Der Käufer stimmt dem gesamten Inhalt dieser Urkunde zu und wiederholt die dingliche Zwangsvollstreckungsunterwerfung gemäß § 800 ZPO in den Pfandbesitz wegen der Grundschuld samt Grundschuldnebenleistungen auch im eigenen Namen. Er verzichtet zudem auf den Nachweis des Eigentumswechsels.

(*Hier folgen die Grundschuldbestellung durch den Verkäufer mit Eintragungsbewilligungen sowie dinglicher Zwangsvollstreckungsunterwerfung und das abstrakte Schuldversprechen mit persönlicher Zwangsvollstreckungsunterwerfung durch den Käufer*).

▲

Wenn der Käufer als Bevollmächtigter des Verkäufers bei der Grundschuldbestellung handelt, müsste der Eingang der Niederschrift entsprechend formuliert werden: 70

4.13

Muster 4.13: Bestellung einer Finanzierungsgrundschuld aufgrund einer dem Käufer erteilten Belastungsvollmacht

erschien, dem Notar von Person bekannt,

hier handelnd

a) im eigenen Namen
– im Folgenden auch als „Schuldner", „Darlehensnehmer" oder „Kreditnehmer" bezeichnet –,

b) als Bevollmächtigter

aufgrund in Ausfertigung vorgelegter Vollmachtsurkunde aus dem Kaufvertrag vom – UVZ-Nr. für 2025 des Notars –, von der eine beglaubigte Abschrift als Anlage zu dieser Urkunde genommen wurde,
– nachstehend „Grundstückseigentümer/Eigentümer" oder „Sicherungsgeber" genannt.

Der Erschienene erklärte, handelnd wie angegeben:

(Hier folgen alle Erklärungen des vorstehenden Musters von „Der nachstehend genannte Pfandgrundbesitz steht noch im Eigentum (…)" bis zum Schluss.)

71 Grundsätzlich würde es für die Bestellung der Grundschuld ausreichen, wenn der Verkäufer die dinglichen Erklärungen einschließlich der dinglichen **Zwangsvollstreckungsunterwerfung** abgibt, während der Käufer die persönlichen Schulderklärungen einschließlich der persönlichen Vollstreckungsunterwerfung erklärt. In diesem Fall wäre jedoch nach erfolgter Eigentumsumschreibung auf den Käufer die Umschreibung der Vollstreckungsklausel (§ 727 ZPO) bezüglich der dinglichen Zwangsvollstreckungsunterwerfung notwendig. Selbst die übliche Formulierung in der Grundschuldbestellungsurkunde, wonach die dingliche Zwangsvollstreckung in den Pfandgrundbesitz in der Weise erfolgt, dass die Zwangsvollstreckung gegen den jeweiligen Eigentümer des Grundbesitzes zulässig sein soll (vgl. § 800 ZPO), würde daran nichts ändern. Denn die Zwangsvollstreckungsunterwerfung künftiger Eigentümer gemäß § 800 ZPO bewirkt lediglich, dass diesen abweichend von § 750 Abs. 2 ZPO nicht die den Eigentumserwerb nachweisenden Urkunden zuzustellen sind. Im Ergebnis bedarf es einer Umschreibung des dinglichen Vollstreckungstitels auf den Käufer bei Finanzierungsgrundschulden dennoch regelmäßig nicht, weil der Käufer darin die Vollstreckungsunterwerfung auch bereits im eigenen Namen abgibt und zudem *„auf den Nachweis des Eigentumswechsels verzichtet"*.

72 Der Käufer könnte seinem Darlehensgeber auch ohne Mitwirkung des Verkäufers eine dingliche Sicherheit für das gewährte Darlehen an dem gekauften Grundstück verschaffen, indem er je nach dem Stand der Vertragsabwicklung entweder den Auflassungsanspruch oder nach der Auflassung sein Anwartschaftsrecht dem Kreditgeber verpfändet. Mit der Eintragung des Käufers als Eigentümer erwirbt der Gläubiger anstelle seines Pfandrechts eine Sicherungshypothek für seine Forderung an dem Grundstück (§ 1287 S. 2 BGB). Diese Sicherungshypothek geht, falls der Käufer noch weitere Grundpfandrechte vor seiner Eintragung bestellt hat, diesen Rechten im Rang vor. Die Sicherungshypothek entsteht nämlich kraft Gesetzes mit der Umschreibung des Grundstücks, während die rechtsgeschäftlich bestellten Grundpfandrechte erst mit der Eintragung im Grundbuch entstehen (§ 873 Abs. 1 BGB). Die Eintragung kann aber erst nach der Eintragung des Käufers als Eigentümer erfolgen (vgl. § 39 GBO). Der Schutz der Beteiligten ist bei diesem Vorgehen gering, da der Erwerb und der Bestand des Pfandrechts vom Bestand, der Übertragbarkeit und Durchsetzbarkeit des Übereignungsanspruchs abhängig sind. Der Kaufvertrag kann z.B. vor der Verpfändung aufgehoben worden oder der Verkäufer kann – z.B. wegen Zahlungsverzugs – vom Kaufvertrag zurückgetreten sein. Für Pfandgläubiger bringt die Verpfändung erst dann **Sicherheit**, wenn

- die Bezahlung des Kaufpreises nachgewiesen oder zumindest gewährleistet ist,
- die Auflassungsvormerkung rangrichtig im Grundbuch eingetragen ist,
- Vorkaufsrechte nicht bestehen,
- alle erforderlichen Genehmigungen zum Kaufvertrag vorliegen,
- ein vertragliches Rücktrittsrecht nicht vereinbart ist.

Der Auflassungsanspruch oder das Anwartschaftsrecht des Käufers können auch gepfändet werden. Dann erwirbt der Pfändungsgläubiger analog § 848 Abs. 2 S. 2 ZPO bei der Umschreibung des Grundstücks ebenfalls eine Sicherungshypothek. Von der Pfändung erfahren der Finanzierungsgläubiger und der Notar nichts. Erfolgt die Pfändung zeitlich vor der Verpfändung zugunsten des Finanzierungsgläubigers, so geht die Sicherungshypothek des Pfändungsgläubigers im Rang vor. Ferner kann der Käufer das Grundstück vor der Eintragung der Sicherungshypothek zugunsten des Finanzierungsgläubigers weiterveräußern. Sofern dieser Dritterwerber gutgläubig ist, wird die Sicherungshypothek des Finanzierungsgläubigers ihm gegenüber unwirksam. Aus all diesen Gründen spielt die Verpfändung des Auflassungsanspruchs als Sicherungsmöglichkeit für den Finanzierungsgläubiger in der Praxis faktisch keine Rolle.

In der Praxis wird vereinzelt auch so verfahren, dass der Käufer das Grundpfandrecht schon vor seiner Eintragung 73
als Eigentümer bestellt und der Notar dem Gläubiger die vollstreckbare Ausfertigung der Bestellungsurkunde übermittelt mit der gleichzeitigen Anforderung der Valuta auf Notaranderkonto. Die Auszahlung des Hinterlegungsbetrages soll dann nach erfolgter Eigentumsumschreibung und ranggerechter Eintragung des Grundpfandrechts erfolgen. Von **diesem Verfahren ist abzuraten**, da es Haftungsrisiken birgt. Das Grundpfandrecht kann erst in das Grundbuch eingetragen werden, wenn der Käufer zuvor Eigentümer geworden ist. Bis zur Eigentumsumschreibung können der Auflassungsanspruch bzw. das Anwartschaftsrecht des Käufers gepfändet werden. In einem solchen Fall erhält das Grundpfandrecht des Kreditinstituts, das den Kaufpreis finanziert, Rang nach der gemäß § 848 Abs. 2 ZPO entstehenden Sicherungshypothek. Dadurch würde die vom Grundpfandrechtsgläubiger ausbedungene Rangstelle nicht erreicht mit der Folge, dass das hinterlegte Geld zurückgefordert wird. Hat der Notar die Auszahlung – z.B. zur Befriedigung von Gläubigern nicht übernommener Belastungen – bereits vorgenommen, kann er die Rückzahlung nicht mehr vornehmen.

f) Verzug und Rücktritt

Zahlt der Käufer den Kaufpreis trotz Fälligkeit nicht, so gerät er in Verzug, sofern der Verkäufer ihn nach Ein- 74
tritt der Fälligkeit mahnt (§ 286 Abs. 1 BGB). Der Verzug tritt ohne Mahnung ein, wenn u.a. der Käufer den Kaufpreis bis zu einem bestimmten Tag zu zahlen hat (§ 286 Abs. 2 Nr. 1 BGB) oder der Leistung ein Ereignis vorauszugehen hat und eine angemessene Zeit für die Leistung in der Weise bestimmt ist, dass sie sich von dem Ereignis an nach dem Kalender berechnen lässt (§ 286 Abs. 2 Nr. 2 BGB).

▼ 75

Muster 4.14: Kaufpreisfälligkeit

Der Kaufpreis ist fällig am . Zahlt der Käufer den Kaufpreis bei Fälligkeit nicht, kommt er ohne Mah- 4.14
nung in Verzug. Auf die gesetzlichen Verzugsfolgen hat der Notar hingewiesen.

▲

▼ 76

Muster 4.15: Voraussetzungen der Kaufpreisfälligkeit

Zur Fälligkeit des Kaufpreises müssen folgende Voraussetzungen vorliegen: 4.15

a)

b)

c)

(übliche Fälligkeitsvoraussetzungen).

Diese Voraussetzungen werden vom Notar überwacht. Ihren Eintritt teilt der Notar dem Käufer mit einfachem Brief mit. Der Verkäufer erhält eine Abschrift dieser Mitteilung. Der Kaufpreis ist fällig und zahlbar innerhalb von Bankarbeitstagen nach Zugang der Fälligkeitsmitteilung des Notars beim Käufer.

Der Kaufpreis muss am Tag der Kaufpreisfälligkeit auf dem Empfängerkonto bzw. den Empfängerkonten gutgeschrieben werden, anderenfalls gerät der Käufer ohne weitere Voraussetzungen in Verzug. Der Notar hat auf die gesetzlichen Vollzugsfolgen bei nicht rechtzeitiger Zahlung hingewiesen.

▲

Während des Verzugs muss der Käufer – wenn kein bestimmter Verzugszins vereinbart ist – den Kaufpreis pro Jahr mit 5 Prozentpunkten über dem Basiszinssatz (§ 288 Abs. 1 i.V.m. § 247 BGB), bei Rechtsgeschäften, an denen ein Verbraucher nicht beteiligt ist, pro Jahr mit 9 Prozentpunkten über dem Basiszinssatz (§ 288 Abs. 2 BGB) verzinsen. Die Geltendmachung eines weiteren Schadens ist nicht ausgeschlossen (§ 288 Abs. 4 BGB).

77 In der notariellen Praxis werden mitunter Vereinbarungen getroffen, die es dem Verkäufer erlauben, sich schneller vom Vertrag zu lösen. So kann in einem Individualvertrag auch ein Rücktrittsrecht für den Verkäufer **vereinbart** werden für den Fall, dass der Kaufpreis nicht fristgerecht gezahlt wird.

78 ▼

Muster 4.16: Schadenersatz bei Zahlungsverzug

4.16 Der Verkäufer behält sich das Recht vor, von diesem Vertrag zurückzutreten, wenn der Kaufpreis nicht spätestens bis zum Ablauf des siebenten Werktags seit Fälligkeit gezahlt worden ist.

Im Falle des Rücktritts wegen Zahlungsverzugs sind alle mit diesem Vertrag und seiner Rückabwicklung verbundenen Kosten (wenn eine Eigentumsvormerkung für den Käufer beantragt oder eingetragen ist: auch die Kosten der Eintragung und Löschung der Eigentumsvormerkung) vom Käufer zu tragen. Der Rücktritt schließt das Recht des Verkäufers nicht aus, etwaige Schäden geltend zu machen.

Das Rücktrittsrecht erlischt, wenn der Kaufpreis gezahlt wird, bevor der Verkäufer den Rücktritt erklärt hat.

▲

Kommt der Käufer mit seiner Verpflichtung zur **fristgerechten Zahlung** des Kaufpreises in Verzug, so treten die gesetzlichen **Verzugsfolgen** ein. Der Verkäufer kann dem zahlungssäumigen Käufer zur Zahlung des Kaufpreises eine angemessene Nachfrist setzen mit der gleichzeitigen Androhung, vom Kaufvertrag zurückzutreten, falls er diese Frist verstreichen lässt. Nach fruchtlosem Ablauf dieser Nachfrist kann der Verkäufer entweder Schadenersatz statt der Leistung verlangen (§ 281 Abs. 1 S. 1 BGB) oder vom Vertrag zurücktreten (§ 323 Abs. 1 BGB). Das Recht, Schadenersatz zu verlangen, wird durch den Rücktritt nicht ausgeschlossen (§ 325 BGB).

6. Haftung für Mängel

79 Der Verkäufer hat dem Käufer die Sache **frei von Sach- und Rechtsmängeln** zu verschaffen (§ 433 Abs. 1 S. 2 BGB).

a) Rechtsmängel

80 Der Verkäufer hat dem Käufer das Grundstück **frei von Rechten Dritter** zu verschaffen (z.B. Dienstbarkeiten und Grundpfandrechte, § 435 S. 1 BGB). Würde im Kaufvertrag eine Vereinbarung über die Übernahme oder Freistellung von Rechten nicht getroffen werden, hätte der Verkäufer diese Rechte zu beseitigen. § 435 S. 2 BGB bestimmt, dass im Grundbuch eingetragene, nicht mehr bestehende Rechte (Buchrechte) einen Rechtsmangel darstellen, also vom Verkäufer ebenfalls zu beseitigen sind. Eine ausdrückliche Bestimmung, dass der Verkäufer die Kosten der Freistellung des Kaufobjekts von diesen Rechten zu tragen hat, fehlt im Gesetz. Diese Kostentragungspflicht dürfte sich aber bereits aus § 433 Abs. 1 S. 2 BGB ergeben. Teilweise wird auch vertreten, diese Kosten seien zu den „*zum Zwecke der Nacherfüllung erforderlichen Aufwendungen*" i.S.d. § 439 Abs. 2 BGB zu rechnen, die der Verkäufer zu tragen habe. In jedem Fall empfiehlt sich eine entsprechende vertragliche Kostenregelung.

Hinweis

Der Verkäufer haftet nicht, wenn der Käufer bei Vertragsabschluss den Mangel kannte (§ 442 Abs. 1 S. 1 BGB). Ist dem Käufer ein Mangel infolge grober Fahrlässigkeit unbekannt geblieben, kann der Käufer Rechte wegen dieses Mangels nur geltend machen, wenn der Verkäufer den Mangel arglistig verschwiegen oder eine Garantie für die Beschaffenheit des Kaufgegenstandes übernommen hat (§ 442 Abs. 1 S. 2 BGB). Im Grundbuch eingetragene Rechte muss der Verkäufer aber auch dann beseitigen, wenn der Käufer sie kennt (§ 442 Abs. 2 BGB). Ein Rechtsmangel liegt nicht vor, wenn der Käufer ein Recht vertraglich übernimmt. Wird ein Recht nicht übernommen, so wird regelmäßig der Antrag, es zu löschen, in den Kaufvertrag mit aufgenommen (Ziffer IV. 2. des nachstehenden Kaufvertragsmusters siehe Rdn 127).

Werden Mängel **nicht beseitigt**, kann der Käufer gemäß § 437 BGB, soweit nicht ein anderes vereinbart ist,

- nach § 439 BGB Nacherfüllung verlangen,
- nach den §§ 440, 323 und 326 Abs. 5 BGB vom Vertrag zurücktreten, hilfsweise nach § 441 BGB den Kaufpreis mindern,
- nach den §§ 440, 280, 281, 283 und 311a BGB Schadenersatz geltend machen,
- nach § 284 BGB Ersatz vergeblicher Aufwendungen verlangen.

Nach § 436 Abs. 1 BGB ist der Verkäufer verpflichtet, Erschließungs- und sonstige Anliegerbeiträge für die 81
Maßnahmen zu tragen, die bis zum Tage des Abschlusses des Kaufvertrages bautechnisch begonnen sind, unabhängig vom Zeitpunkt des Entstehens der Beitragsschuld. Diese gesetzliche Regelung wird als wenig befriedigend empfunden. Deshalb besteht Regelungsbedarf (siehe hierzu Rdn 97 und die Formulierungsvorschläge bei Rdn 127).

Der Verkäufer haftet nach dem Gesetz nicht für die Freiheit des Grundstücks von anderen öffentlichen Abgaben und Lasten (z.B. Grundsteuern, Müllabfuhrgebühren etc.), die nicht ins Grundbuch eingetragen werden (§ 436 Abs. 2 BGB).

Der Grundstückseigentümer kann eine Verpflichtung öffentlich-rechtlicher Natur zu einem Tun, Dulden oder 82
Unterlassen übernehmen. Diese Verpflichtung kann als **Baulast** in das bei der Bauaufsichtsbehörde geführte Baulastenverzeichnis eingetragen werden; die Baulast entsteht regelmäßig mit ihrer Eintragung in diesem Verzeichnis.

Das Rechtsinstitut der Baulast ist nur im Zusammenhang mit dem öffentlichen Baurecht zu verstehen: Eine Baulast kann ein anderenfalls baurechtswidriges Bauvorhaben unter gewissen Voraussetzungen mit dem öffentlichen Baurecht in Einklang bringen und somit die Grundlage für die Erteilung einer Baugenehmigung für dieses Bauvorhaben überhaupt erst schaffen. Bestes Beispiel hierfür ist die sog. Abstandsflächenbaulast: Das öffentliche Baurecht sieht im Grundsatz vor, dass zwischen Baukörpern bestimmte Mindestabstandsflächen einzuhalten sind. Kann der erforderliche Mindestabstand zur Nachbarbebauung nicht auf dem eigenen Grundstück eingehalten werden, steht dies der Erteilung einer Baugenehmigung grundsätzlich entgegen. Abhilfe kann hier die Bestellung einer Abstandsflächenbaulast auf dem angrenzenden Nachbargrundstück schaffen, durch die der Eigentümer des Nachbargrundstücks die Verpflichtung gegenüber der Baubehörde übernimmt, einen bestimmten Bereich dieses Nachbargrundstücks nicht zu bebauen. Auf diese Weise kann für das in Rede stehende Bauvorhaben auf dem angrenzenden Grundstück die baurechtlich einzuhaltende Abstandsfläche zwischen dem darauf geplanten Baukörper und dem auf dem betreffenden Nachbargrundstück aufstehenden Baukörper „auf fremdem Grund“ vorgehalten werden.

In den Ländern Bayern und Brandenburg sehen die Landesbauordnungen keine Baulasten vor. Die Baulast begründet lediglich eine öffentlich-rechtliche Verpflichtung gegenüber der Baubehörde, gewährt dem Eigentümer des begünstigten Grundstücks aber keinen Anspruch gegen den Baulastbesteller auf Nutzung oder Duldung. Daher sollte neben der Baulast stets eine inhaltsgleiche Grunddienstbarkeit zur Sicherung des privatrechtlichen Anspruchs des Begünstigten bestellt und im Rang vor bestehenden Verwertungsrechten in das Grundbuch des dienenden Grundstücks eingetragen werden. Der Notar ist nach h.M. nicht verpflichtet, das Baulastenverzeichnis einzusehen.[15] Dennoch sollte er die Beteiligten auf die Möglichkeit des Bestehens einer den Erwerber in seinen Nutzungsrechten unter Umständen beeinträchtigenden Baulast und auf die Möglichkeit, das Baulastenverzeichnis vor der Beurkundung einzusehen (siehe Rdn 127), hinweisen.

Miet- und Pachtverhältnisse sind Rechtsmängel i.S.d. § 435 S. 1 BGB. Sofern sie im Kaufvertrag nicht vom 83
Käufer übernommen werden, ist der Verkäufer daher zur Eigentumsverschaffung frei von diesen obligatori-

15 Vgl. z.B. OLG Schleswig DNotZ 1991, 339.

schen Rechten der Mieter oder Pächter verpflichtet, trägt also auch grundsätzlich das Risiko eines eventuellen Räumungsprozesses. Besteht zum Zeitpunkt des Eigentumsübergangs auf den Käufer ein Miet- oder Pachtverhältnis in Bezug auf den veräußerten Grundbesitz, tritt der Käufer gemäß § 566 Abs. 1 BGB mit seiner Eintragung als Eigentümer im Grundbuch kraft Gesetzes anstelle des Verkäufers in das Miet- bzw. Pachtverhältnis ein. Eine Vereinbarung zwischen Verkäufer und Käufer, wonach der Käufer das bestehende Miet- bzw. Pachtverhältnis in Abweichung von § 566 Abs. 1 BGB nicht übernimmt, ist unwirksam („Kauf bricht Miete nicht"). Es sollten daher bezüglich der bestehenden Miet- und Pachtverhältnisse in jedem Fall klare Vereinbarungen getroffen werden, z.B.:

▼

Muster 4.17: Bestehende Miet- und Pachtverhältnisse

4.17 Die bestehenden Mietverhältnisse sind dem Käufer bekannt; sie werden von ihm übernommen. Soweit von den Mietparteien Kautionszahlungen oder sonstige Sicherheiten geleistet wurden, sind diese einschließlich etwaiger Zinsen vom Verkäufer – Zustimmung der Mieter vorausgesetzt – mit Wirkung ab dem Besitzübergang an den Käufer zur weiteren mietvertraglichen Verwendung zu übergeben. Der Notar hat die Beteiligten darauf hingewiesen, dass der Verkäufer so lange für die Rückzahlung der Mietkautionen haftet, bis die Mieter der Übergabe der Kautionen an den Käufer zugestimmt haben. Der Verkäufer tritt dem dies annehmenden Käufer hiermit alle ihm aus den bestehenden Mietverträgen zustehenden Rechte mit Wirkung zum Tag des Besitzübergangs ab. Ab dem Besitzübergang hat der Käufer den Verkäufer von allen mitvertraglichen Pflichten freizustellen.

▲

84 Die soziale Wohnraumförderung zum Zwecke der Schaffung von Wohnraum für sozial benachteiligte Personengruppen führt regelmäßig dazu, dass der betreffende Wohnraum von Gesetzes wegen nur zu bestimmten Konditionen an festgelegte Personengruppen vermietet werden kann und eine Eigennutzung nicht oder nur nach Erteilung einer entsprechenden behördlichen Sondergenehmigung möglich ist. Wohnungsbindung nach dem Wohnungsbindungsgesetz stellt daher nach der Rechtsprechung des BGH[16] einen Rechtsmangel dar. Gleiches muss wohl auch von Nutzungsbeschränkungen aufgrund des Wohnraumförderungsgesetzes gelten, welches das Wohnungsbindungsgesetz zum 1.9.2001 abgelöst hat. Seit dem 1.9.2006 fällt die soziale Wohnraumförderung in die ausschließliche Gesetzgebungskompetenz der Bundesländer. Allerdings bleibt das bisherige Bundesrecht vorbehaltlich landesrechtlicher Gesetzgebung weiterhin in Kraft.

Der Verkäufer ist verpflichtet, dem Käufer – wenn nicht anders vereinbart – den verkauften Grundbesitz frei von Beschränkungen dieser Art zu verschaffen. Der Notar ist aber nicht verpflichtet, auf soziale Wohnraumförderung hinzuweisen,[17] da sie von der Belehrungspflicht des § 17 BeurkG nicht umfasst wird. Dennoch ist ein Hinweis auf diese Thematik beim Abschluss des Kaufvertrages geboten:

> *Formulierungsvorschlag*
> Der Verkäufer erklärt, dass eine Wohnungsbindung und Wohnungsbauförderung nicht bestehen.

b) Sachmängel

85 Der Verkäufer hat die Pflicht, dem Käufer das verkaufte Grundstück frei von Sachmängeln zu übergeben (§§ 433 Abs. 1 S. 2, 434 BGB). Die Haftung des Verkäufers ist **ausgeschlossen**, wenn

- der Käufer beim Abschluss des Vertrages den Mangel kannte (§ 442 Abs. 1 S. 1 BGB),
- dem Käufer der Mangel infolge grober Fahrlässigkeit unbekannt war und der Verkäufer den Mangel weder arglistig verschwiegen noch eine Garantie für die Beschaffenheit des Kaufgegenstandes übernommen hat (§ 442 Abs. 1 S. 2 BGB),
- die Beteiligten die Sachmängelhaftung im Kaufvertrag oder später durch vertragliche Vereinbarung beschränkt oder ausgeschlossen haben.

16 BGH DNotZ 1977, 104; 1984, 689; NJW 2000, 1256 = NotBZ 2000, 122.
17 OLG Düsseldorf DNotZ 1985, 185; OLG Köln DNotZ 1987, 695.

Sachmängel sind z.B.: Hausschwamm, Funktionsstörungen der Heizung oder der Entwässerungsanlagen, Unbebaubarkeit des Grundstücks aufgrund öffentlichen Baurechts, wenn beide Vertragsteile von der Eigenschaft „Bauland" ausgehen.

In einem Individualvertrag, insbesondere einem typischen Kaufvertrag über einen **Altbau**, an dem ausschließlich Personen beteiligt sind, die nicht unternehmerisch tätig werden, ist in der Regel ein vollständiger Haftungsausschluss zulässig und sachgerecht.

Bezüglich des Ausschlusses der Sachmängelhaftung könnte folgende Klausel verwendet werden:

▼ 86

Muster 4.18: Ausschluss der Sachmängelhaftung

Alle Ansprüche und Rechte wegen Sachmängeln am Kaufobjekt werden hiermit vollumfänglich ausgeschlossen. Der Verkäufer haftet insbesondere nicht für das Flächenmaß des Grundbesitzes, die Verwendbarkeit des Grundbesitzes für Zwecke des Käufers oder für steuerliche Ziele des Käufers. Von der vorstehenden Rechtsbeschränkung ausgenommen ist eine Haftung bei Vorsatz oder Arglist. Der Verkäufer erklärt, dass ihm versteckte Sachmängel nicht bekannt sind.

▲

Der Ausschluss der Sachmängelhaftung gilt **nicht**, soweit der Verkäufer einen Mangel **arglistig** verschwiegen oder eine **Garantie** für die Beschaffenheit der Sache übernommen hat (§ 444 BGB).

Beim Verkauf eines neu errichteten Hauses oder einer Eigentumswohnung durch eine Privatperson an eine an- 87
dere Privatperson können in einem Individualvertrag auch alle Rechte wegen Sachmängeln ausgeschlossen werden (typischer Fall: Verkauf eines Eigenheims oder einer Eigentumswohnung wegen Wegzugs kurz nach Erwerb vom Bauträger). Zusätzlich sind die dem Verkäufer gegen die am Bau beteiligten Handwerker/Unternehmer zustehenden Ansprüche wegen eines Sachmangels an den Käufer abzutreten. Ein **formelhafter** Ausschluss der Gewährleistung für Sachmängel ist in einem solchen Fall jedoch unwirksam, wenn die Freizeichnung nicht mit dem Erwerber unter ausführlicher Belehrung über die einschneidenden Rechtsfolgen eingehend erörtert worden ist.

Eine solche Freizeichnung ist bei dem Verkauf eines neu hergestellten Objekts durch einen Unternehmer an einen Verbraucher nicht zulässig.

Hat der Verkäufer für einen Sachmangel einzustehen, so kann der Käufer gemäß § 437 BGB

- Nacherfüllung (§ 439 BGB), also Beseitigung des Mangels, verlangen,
- bei deren Scheitern vom Vertrag zurücktreten (§§ 440, 323 und 326 Abs. 5 BGB) oder den Kaufpreis mindern (§ 441 BGB), unter Umständen
- Schadenersatz (§§ 440, 280, 281, 283 und 311a BGB) oder Ersatz vergeblicher Aufwendungen (§ 284 BGB) verlangen.

Gelegentlich wird auch vereinbart, dass der Verkäufer einzelne Mängel innerhalb einer bestimmten Frist auf seine Kosten behebt.

Hinweis

Die Gewährleistungsansprüche wegen Sachmängeln verjähren in fünf Jahren bei Mängeln am Bauwerk (§ 438 Abs. 1 Nr. 2 BGB) bzw. in zwei Jahren bei Mängeln am Grundstück (§ 438 Abs. 1 Nr. 3 BGB). Die Verjährung beginnt jeweils mit der Übergabe des Grundstücks (§ 438 Abs. 2 BGB). Hat der Verkäufer einen Mangel arglistig verschwiegen, kommt die dreijährige Regelverjährung gemäß §§ 195, 199 BGB zur Anwendung.

Zu den offenbarungspflichtigen Sachmängeln gehören auch **Altlasten** und schädliche Bodenveränderungen im 88
Sinne des Bundes-Bodenschutzgesetzes (BBodSchG) vom 17.3.1998 (BGBl I S. 502). Das BBodSchG und die Bundes-Bodenschutz- und Altlastenverordnung (BBodSchV) vom 12.7.1999 (BGBl I S. 1554) haben die Haftung für Altlasten erheblich verschärft. Zur Sanierung eines Grundstücks kann grundsätzlich auch der frühere Eigentümer herangezogen werden, wenn er sein Eigentum nach dem 1.3.1999 übertragen hat und die schädliche Bodenveränderung oder Altlast hierbei kannte oder kennen musste. Sanierungspflichtig sind auch der aktuelle Eigentümer, der Inhaber der tatsächlichen Gewalt, der Verursacher einer schädlichen Bodenveränderung

(und dessen Gesamtrechtsnachfolger), derjenige, der aus handelsrechtlichem oder gesellschaftsrechtlichem Rechtsgrund für eine juristische Person einzustehen hat, der ein Grundstück, das mit einer schädlichen Bodenveränderung oder einer Altlast belastet ist, gehört, sowie derjenige, der das Eigentum an einem solchen Grundstück aufgibt (vgl. zum Ganzen § 4 BBodSchG).

89 Soweit durch den Einsatz öffentlicher Mittel bei Maßnahmen zur Erfüllung der Pflichten nach § 4 BBodSchG der Verkehrswert eines Grundstücks nicht nur unwesentlich erhöht wird und der Eigentümer die Kosten hierfür nicht oder nicht vollständig getragen hat, hat er einen von der zuständigen Behörde festzusetzenden Wertausgleich in Höhe der maßnahmenbedingten Wertsteigerung an den öffentlichen Kostenträger zu leisten. Der Ausgleichsbetrag ruht als öffentliche Last auf dem Grundstück. Auf diesen Ausgleichsbetrag wird durch einen in Abteilung II des Grundbuches einzutragenden Vermerk über die Bodenschutzlast hingewiesen (§ 25 BBodSchG). Der **Bodenschutzlastvermerk** lautet gemäß § 93b GBV wie folgt:

▼

Muster 4.19: Bodenschutzlast

Auf dem Grundstück ruht ein Ausgleichsbetrag nach § 25 des Bundes-Bodenschutzgesetzes als öffentliche Last.

▲

Siehe hierzu auch Rdn 29.

Im Grundstückskaufvertrag sollte der Verkäufer erklären, dass ihm auf dem Grundbesitz ruhende Altlasten oder schädliche Bodenveränderungen im Sinne des Bundes-Bodenschutzgesetzes nicht bekannt sind (vgl. auch Rdn 127). Der Käufer kann zudem auf die Möglichkeit hingewiesen werden, vor der Beurkundung Einsicht in das Altlastenkataster zu nehmen.

Bestehen Anhaltspunkte für das Vorhandensein von Altlasten oder schädlichen Bodenveränderungen oder sind den Beteiligten solche sogar bekannt, sollten hierzu weitergehende Regelungen in den Grundstückskaufvertrag aufgenommen werden.[18]

7. Besitzübergabe, Übergang von Nutzungen, Lasten und Gefahr

90 Das Gesetz sieht vor, dass die Gefahr des zufälligen Untergangs und der zufälligen Verschlechterung mit Übergabe der Sache auf den Käufer übergeht und dass ihm ab diesem Zeitpunkt auch die Nutzungen gebühren und er die mit der Sache verbundenen Lasten zu tragen hat (§ 446 BGB). Nutzungen (§ 100 BGB) sind z.B. die Miete oder der Gebrauchsvorteil im Fall der Eigennutzung. Lasten (§ 103 BGB) sind z.B. die Grundsteuern sowie die Prämien der Gebäudeversicherung.

Im Grundstückskaufvertrag wird ausdrücklich geregelt, wann der Besitz, die Nutzungen, die Lasten und die Gefahr des zufälligen Untergangs oder der zufälligen Verschlechterung des Grundstücks auf den Käufer übergehen (sog. **wirtschaftlicher Übergang**). Häufig ist vorgesehen, dass der wirtschaftliche Übergang des Grundstücks auf den Käufer mit vollständiger Kaufpreiszahlung erfolgt. Denkbar ist aber auch, die Lasten bereits ausdrücklich mit Kaufpreisfälligkeit auf den Käufer übergehen zu lassen. Auf diese Weise wird klargestellt, dass der Käufer sich dem Lastenübergang nicht durch eine verspätete Kaufpreiszahlung entziehen kann. Anderenfalls wäre diese Frage auf der Ebene des Verzugsschadens des Verkäufers wegen Zahlungsverzugs des Käufers zu behandeln.

91 ▼

Muster 4.20: Besitzübergang (Variante 1)

Auf den Käufer gehen über der Besitz und die Nutzungen, die privaten und öffentlichen Lasten, die Gefahr und alle Rechte und Pflichten aus den Kaufgegenstand betreffenden Versicherungen sowie die Verkehrssicherungspflichten mit Wirkung zum Tag der vollständigen Kaufpreiszahlung.

▲

18 Vgl. hierzu etwa *Krauß*, Immobilienkaufverträge in der Praxis, 10. Aufl. 2024, Rn 4872 ff.

▼ 92

Muster 4.21: Besitzübergang (Variante 2) 4.21

Auf den Käufer gehen über der Besitz und die Nutzungen, die Gefahr, die Verkehrssicherungspflichten sowie alle Rechte und Pflichten aus den den Kaufgegenstand betreffenden Versicherungen mit Wirkung zum Tag der vollständigen Kaufpreiszahlung. Die öffentlichen und privaten Lasten hat der Käufer bereits ab der Fälligkeit des Kaufpreises zu tragen.

▲

Vom Übergang dieser Rechte und Pflichten ist der Übergang des Eigentums zu unterscheiden. Meistens tritt der Käufer in die mit dem Grundbesitz verbundenen Rechte und Pflichten ein, bevor er als neuer Eigentümer in das Grundbuch eingetragen worden ist.

Dass der Besitzübergang unmittelbar nach vollständiger Kaufpreiszahlung erfolgt, ist Ausdruck des Grundsatzes, dass der **Austausch** von Leistung (Verschaffung von Besitz und Eigentum am Grundstück) und Gegenleistung (Kaufpreiszahlung) grundsätzlich Zug-um-Zug erfolgen soll. Da aber die Eigentumsumschreibung im Grundbuch und damit der rechtliche Eigentumserwerb durch den Käufer nach Kaufpreiszahlung noch einige Zeit in Anspruch nehmen, soll der Käufer nach der Kaufpreiszahlung zumindest schon das „wirtschaftliche Eigentum" an dem erworbenen Grundbesitz erhalten. Dieser Überlegung tragen die vorstehenden Musterformulierungen Rechnung.

Im Einzelfall kann es von den Beteiligten ausdrücklich gewünscht sein, dass der Besitzübergang schon vor der Kaufpreiszahlung erfolgt. Dann erbringt der Verkäufer jedoch eine ungesicherte Vorleistung, weil er den Besitz einräumt, ohne den Kaufpreis erhalten zu haben. Zahlt der Käufer den Kaufpreis nicht und tritt der Verkäufer deshalb vom Kaufvertrag zurück, trägt der Verkäufer vor allem das Risiko eines Räumungsprozesses, falls der Käufer bereits in den Kaufgegenstand eingezogen ist und diesen nicht freiwillig wieder räumt. Der Notar wird von einem Besitzübergang vor Kaufpreiszahlung deshalb grundsätzlich abraten. Sollten die Beteiligten dennoch einen sofortigen Besitzübergang wünschen, ist auf die damit verbundenen Risiken hinzuweisen. Zudem hat der Notar auf Sicherungsmöglichkeiten zur Abmilderung bestehender Risiken hinzuweisen (Anzahlung auf den Kaufpreis vor Besitzübergang, Hinterlegung des Kaufpreises auf Notaranderkonto etc.).

Nicht unüblich sind in der Praxis sog. **Renovierungsklauseln**, die es dem Käufer erlauben, den Kaufgegenstand schon vor erfolgter Kaufpreiszahlung zu renovieren bzw. renovieren zu lassen. Der Käufer ist bei dieser Gestaltung jedoch nicht berechtigt, den Kaufgegenstand vor vollständiger Kaufpreiszahlung zu beziehen oder durch Dritte nutzen zu lassen. Diese Einschränkungen mildern das Vorleistungsrisiko des Verkäufers im Vergleich zum sofortigen Besitzübergang zumindest teilweise ab. Ist eine solche Renovierungsklausel im Einzelfall gewünscht, hat der Notar dennoch auf die ungesicherte Vorleistung des Verkäufers und damit verbundene Risiken hinzuweisen und Sicherungsmöglichkeiten (s.o.) aufzuzeigen.

Besitzübergabe bedeutet grundsätzlich: 93

Verschaffung der tatsächlichen Gewalt über das Grundstück (§ 854 Abs. 1 BGB).

Die Einräumung der tatsächlichen Gewalt über den Grundbesitz, d.h. die Übergabe aller vorhandenen Schlüssel nach vollständiger Räumung, setzt allerdings voraus, dass der Verkäufer diesen tatsächlich auch im Besitz hat. Übernimmt der Käufer den Grundbesitz im vermieteten Zustand, ist dies nicht der Fall. Die tatsächliche Sachherrschaft hat dann der Mieter. Er ist der unmittelbare (Fremd-)Besitzer im Sinne von § 854 Abs. 1 BGB. Der Verkäufer ist dann der mittelbare (Eigen-)Besitzer des Grundbesitzes, weil ihm sein Besitz durch den über die unmittelbare Sachherrschaft verfügenden Mieter „vermittelt" wird (§ 868 BGB). In diesem Fall kann der Verkäufer dem Käufer auch keinen unmittelbaren Besitz verschaffen, da dieser ja beim Mieter verbleibt. Die „Übergabe" des mittelbaren Besitzes erschöpft sich dann darin, dass Käufer und Verkäufer sich einig sind, dass der Mieter künftig nicht mehr dem Verkäufer, sondern dem Käufer den Besitz „vermittelt" und der Mieter deshalb insbesondere verpflichtet ist, den Kaufgegenstand nach einer etwaigen Beendigung des Mietverhältnisses nicht mehr an den Verkäufer, sondern an den Käufer herauszugeben.

Bei Eigennutzung des Kaufgegenstandes durch den Verkäufer ist eine Regelung zur Räumungs- und Besitzverschaffungspflicht des Verkäufers in den Kaufvertrag aufzunehmen:

94 ▼

Muster 4.22: Räumungspflicht des Verkäufers

4.22 Der Verkäufer verpflichtet sich, das Kaufobjekt bis spätestens zum vollständig zu räumen und dem Käufer die Räumung unverzüglich anzuzeigen. Der Verkäufer hat den Kaufgegenstand an den Käufer sodann unter der Voraussetzung der vollständigen Kaufpreiszahlung besenrein und mit allen Schlüsseln zu übergeben. Wegen seiner Verpflichtung zur Räumung und zur Besitzübergabe unterwirft sich der Verkäufer der sofortigen Zwangsvollstreckung aus dieser Urkunde. Der Notar ist ermächtigt, dem Käufer nach dem auf Antrag ohne weitere Nachweise eine vollstreckbare Ausfertigung dieser Urkunde hinsichtlich der Räumungspflicht zu erteilen. Eine vollstreckbare Ausfertigung hinsichtlich der Pflicht zur Besitzübergabe kann dem Käufer auf Antrag jedoch erst dann erteilt werden, wenn dem Notar die Kaufpreiszahlung nachgewiesen wurde.

▲

8. Öffentliche Lasten, insbesondere Regelungen zu Erschließungskosten

95 Wie bereits erwähnt (siehe Rdn 81 ff.), haftet der Verkäufer kraft Gesetzes nicht für die Freiheit des Grundstücks von öffentlichen Lasten, die nicht im Grundbuch eingetragen sind (§ 436 Abs. 2 BGB). Hierunter fallen z.B. die Grundsteuer oder Müllabfuhrgebühren. In Ermangelung anderer Vereinbarungen trägt der Käufer alle nach der Übergabe des Grundstücks fällig werdenden öffentlich-rechtlichen Lasten (§§ 446, 103 BGB). § 436 Abs. 1 BGB sieht hinsichtlich der Erschließungs- und Anliegerbeiträge eines Grundstücks eine Kostenteilung vor. Danach ist der Verkäufer – soweit nichts anderes vereinbart ist – verpflichtet, Erschließungs- und Anliegerbeiträge für die Maßnahmen zu tragen, die bis zum Tage der Beurkundung bautechnisch begonnen sind, unabhängig vom Zeitpunkt des Entstehens der Beitragsschuld.

Die Tragung der Erschließungskosten im Kaufvertrag klar geregelt werden. Denn in der Praxis kommt es leider immer wieder vor, dass Erschließungsanlagen schon lange fertiggestellt sind, entsprechende Gebührenbescheide aber erst Jahre später an die Eigentümer der betroffenen Grundstücke ergehen. Besondere Abgrenzungsschwierigkeiten hinsichtlich der Lastentragung zwischen Käufer und Verkäufer können sich zudem ergeben, wenn die tatsächliche Herstellung oder Erneuerung von Erschließungsanlagen zum Zeitpunkt der Veräußerung gerade stattfindet.

Abgabepflichten aufgrund gemeindlicher Erschließungsmaßnahmen können aufgrund unterschiedlicher Rechtsgrundlagen entstehen. Zum einen sieht § 127 Abs. 2 BauGB Erschließungsbeiträge für bestimmte Erschließungsanlagen vor (Straßen, Wege, Plätze, Parkflächen, Grünanlagen, Immissionsschutzanlagen usw.). Hinzu kommen Straßenausbau- und Anschlussbeiträge sowie Kostenerstattungsansprüche für den Haus- bzw. Grundstücksanschluss an Ver- und Entsorgungsanlagen nach Maßgabe der Kommunalabgabengesetze der Länder (vgl. z.B. §§ 8, 10 Kommunalabgabengesetz (KAG) NW).

> *Hinweis*
>
> Zu beachten ist, dass das Kommunalabgabengesetz (KAG) NW inzwischen vorsieht, dass für Straßenausbaumaßnahmen, die von dem zuständigen Organ ab dem 1.1.2024 beschlossen wurden oder die in Ermangelung eines gesonderten Beschlusses frühestens im Haushalt des Jahres 2024 gestanden haben, keine Beiträge mehr erhoben werden (§ 8 Abs. 1 S. 3 KAG NW).

Die Abgaben gemäß §§ 127 ff. BauGB sowie die Straßenausbau- und Anschlussbeiträge gemäß § 8 KAG NW ruhen kraft Gesetzes als öffentliche Last auf dem betreffenden Grundbesitz (§ 134 Abs. 2 BauGB, § 8 Abs. 9 KAG NW). Somit kann jeder (auch spätere) Eigentümer auf Zahlung dieser Abgaben in Anspruch genommen werden (vgl. auch § 134 Abs. 1 BauGB). Für Kostenersatzansprüche gemäß § 8 KAG NW gilt dies nicht.

Die Erschließungsbeitragspflicht entsteht grundsätzlich mit der endgültigen Herstellung der Erschließungsanlage bzw. sobald der Anschluss an eine leitungsgebundene Einrichtung oder Anlage erfolgen kann (§ 133 Abs. 2 BauGB, § 8 Abs. 7 KAG NW).

Beitragsschuldner ist jedenfalls nach dem BauGB, wer im Zeitpunkt der Zustellung des Beitragsbescheides Eigentümer ist (§ 134 Abs. 1 BauGB).

Einige Formulierungsvorschläge für die Tragung von Erschließungsbeiträgen sind im nachstehenden Gesamtmuster (vgl. Rdn 127) enthalten.

9. Kosten und Steuern

a) Kosten

Nach dem Gesetz hat der Käufer „*die Kosten der Beurkundung des Kaufvertrages und der Auflassung, der Eintragung ins Grundbuch und der zu der Eintragung erforderlichen Erklärungen*" zu tragen (§ 448 Abs. 2 BGB). 96
Vermessungs- und Löschungskosten (§§ 448 Abs. 1, 433 Abs. 1, 435 S. 1, 442 Abs. 2 BGB) hat der Verkäufer zu tragen, es sei denn, der Käufer übernimmt diese Kosten. Die gesetzlichen Regeln über die Kostentragung sind nicht zwingend; die Beteiligten können eine abweichende Vereinbarung treffen. Im Kaufvertrag sollte die Kostentragungspflicht in jedem Fall genau geregelt werden. Demzufolge ist zu klären, wer die **Kosten** zu tragen hat für

- die Beurkundung des Vertrages;
- die Lastenfreistellung (einschließlich diesbezüglicher Treuhand- und Vollzugstätigkeiten des Notars);
- die Genehmigungen von vertretenen Beteiligten;
- die Einholung behördlicher Genehmigungen und Erklärungen;
- die Vermessung (beim Teilflächenkauf);
- die Verwahrung des Kaufpreises auf einem Notaranderkonto;
- den Grundbuchvollzug.

Es sollte im Kaufvertrag auch eine Aussage dazu getroffen werden, wer anfallende Steuern (insbesondere die Grunderwerbsteuer) zu tragen hat (vgl. dazu Rdn 100 ff.).

Regelungen zu Kosten und Steuern beziehen sich allerdings nur auf das Innenverhältnis zwischen den Beteiligten. Im Außenverhältnis haften die Beteiligten für Kosten und Steuern als Gesamtschuldner (§ 13 Nr. 1 GrEStG, § 11 Abs. 2 GrStG, §§ 30, 32 Abs. 1 GNotKG). Darauf sollte der Notar die Beteiligten hinweisen.

Eine solche Klausel zur Kostentragung könnte etwa lauten: 97

▼

Muster 4.23: Kostentragung

Die mit dieser Urkunde und ihrem Vollzug verbundenen Kosten einschließlich der Kosten und Gebühren der erforderlichen behördlichen und privaten Genehmigungen und Erklärungen sowie die Grunderwerbsteuer gehen zu Lasten des Käufers. Die Treuhandgebühren sowie die Kosten, welche das Grundbuchamt und die Gläubiger des Verkäufers für die Löschung nicht übernommener Belastungen in Rechnung stellen, gehen zu Lasten des Verkäufers. 4.23

Der Notar hat auf die gesamtschuldnerische Haftung für die den Kaufgegenstand treffenden Steuern, die Grunderwerbsteuer und die Kosten hingewiesen.

▲

b) Steuern

Im Zusammenhang mit einem Grundstückskaufvertrag können folgende **Steuerarten** von Belang sein: 98

- Grunderwerbsteuer,
- Schenkungsteuer,
- Einkommensteuer,
- Grundsteuer.

Die **Grunderwerbsteuer** wird aufgrund des Grunderwerbsteuergesetzes (GrEStG) erhoben. Die Steuerpflicht knüpft u.a. an den Kaufvertrag über ein inländisches Grundstück oder ein anderes Rechtsgeschäft an, das den Anspruch auf Übereignung eines inländischen Grundstücks begründet; an die Auflassung, wenn ein schuldrechtlicher Vertrag nicht vorausgegangen ist (§ 1 Abs. 1 Ziff. 1 und 2 GrEStG). Erbbaurechte stehen Grundstücken gleich (§ 2 GrEStG). 99

Die Steuer betrug für das gesamte Bundesgebiet früher einheitlich 3,5 %. Seit 2006 dürfen die Bundesländer den Steuersatz selbst festlegen. Von dieser Möglichkeit hat ein Großteil der Länder Gebrauch gemacht.[19]

100 Die Steuer bemisst sich grundsätzlich nach dem **Wert der Gegenleistung** (§ 8 Abs. 1 GrEStG). Beim Kauf ist dies der Kaufpreis einschließlich der vom Käufer übernommenen sonstigen Leistungen und der dem Verkäufer vorbehaltenen Nutzungen (§ 9 Abs. 1 Nr. 1 GrEStG). Beim Erwerb eines Erbbaurechts ist dem zusätzlich der kapitalisierte Erbbauzins hinzuzurechnen (§ 9 Abs. 2 Nr. 2 GrEStG). Der jährliche Erbbauzins ist gemäß § 13 Abs. 1 BewG i.V.m. Anl. 9a BewG ab Beginn der Erbbauzinszahlungspflicht durch den **Erwerber** für die Restlaufzeit zu kapitalisieren. Der kapitalisierte Erbbauzins beträgt höchstens das 18,6-fache des Jahreserbbauzinses (bei einer Restlaufzeit von mehr als 101 Jahren). Daher würde bei einem Kaufpreis für das Erbbaurecht von 300.000 EUR und einer Restlaufzeit des Erbbaurechts von 62 Jahren (zu zahlender Jahreserbbauzins: 2.000 EUR) der der Berechnung der Grunderwerbsteuer zugrunde zu legende Wert betragen:

Berechnungsbeispiel

Kaufpreis	300.000 EUR
Kapitalisierter Erbbauzins gemäß Anl. 9a BewG: 2.000 EUR × 18,006 =	36.012 EUR
	336.012 EUR
Davon 6,5 % =	21.840,78 EUR
abgerundet gemäß § 11 Abs. 2 GrEStG auf	16.800 EUR

Der Steueranspruch entsteht, nachdem der Kaufvertrag wirksam geworden ist; sofern Genehmigungs-/Zustimmungserklärungen erforderlich sind, von denen die Rechtswirksamkeit des Vertrages abhängt, also erst nach deren Erteilung. Steuerschuldner sind der Verkäufer und der Käufer, und zwar als Gesamtschuldner (§ 13 Nr. 1 GrEStG). Im Innenverhältnis trägt der **Käufer** regelmäßig die Grunderwerbsteuer allein (vgl. auch oben Rdn 98 f.).

101 Unter bestimmten Voraussetzungen wird bei der Rückabwicklung eines Kaufvertrages oder beim Rückerwerb des Grundbesitzes nach erfolgter Eigentumsumschreibung die Grunderwerbsteuer auf Antrag nicht festgesetzt oder die Steuerfestsetzung aufgehoben (§ 16 GrEStG).

Beispiele

Das GrEStG sieht insbesondere in den §§ 3 bis 7 zahlreiche Steuerbefreiungstatbestände vor. In der notariellen Praxis sind vor allem die folgenden Steuerbefreiungen regelmäßig von Bedeutung:

- Bagatellfälle – maßgebender Wert des Grundstücks beträgt nicht mehr als 2.500 EUR – (§ 3 Nr. 1 GrEStG); übersteigt die Gegenleistung diese **Freigrenze** (**kein Freibetrag**) – wenn auch nur geringfügig –, so ist GrESt von der **gesamten** Gegenleistung zu zahlen. Werden mehrere Grundstücke oder Miteigentumsanteile (z.B. durch Ehegatten – je zur Hälfte –) erworben, so gilt die Freigrenze von 2.500 EUR für den Erwerb **jedes** Grundstücks oder **jedes** Miteigentumsanteils;
- Grundstückserwerbe von Todes wegen und Grundstücksschenkungen unter Lebenden im Sinne des Erbschaft- und Schenkungsteuergesetzes (§ 3 Nr. 2 S. 1 GrEStG), wobei die Steuerbefreiung für Schenkungen unter einer Auflage nur eingeschränkt gilt (§ 3 Nr. 2 S. 1 GrEStG);
- Erwerbe zum Nachlass gehöriger Grundstücke durch Miterben zur Teilung des Nachlasses (§ 3 Nr. 3 S. 1 GrEStG); den Miterben stehen deren Ehegatten und Lebenspartner und unter gewissen Voraussetzungen auch der Ehegatte oder Lebenspartner des Erblassers gleich (§ 3 Nr. 3 S. 2 und 3 GrEStG);
- Grundstückserwerbe durch den Ehegatten oder den Lebenspartner des Veräußerers (§ 3 Nr. 4 GrEStG) sowie durch den früheren Ehegatten oder Lebenspartner im Rahmen der Vermögensauseinandersetzung nach der Scheidung bzw. nach der Aufhebung der Lebenspartnerschaft (§ 3 Nr. 5, 5a GrEStG);
- Grundstückserwerbe durch Personen, die mit dem Veräußerer in gerader Linie verwandt sind oder deren Verwandtschaft durch die Annahme als Kind bürgerlich-rechtlich erloschen ist; den Abkömmlingen stehen Stiefkinder gleich; den vorgenannten Personen stehen deren Ehegatten oder Lebenspartner gleich (§ 3 Nr. 6 GrEStG);

19 Vgl. die unter *www.dnoti.de* in der Rubrik Arbeitshilfen/Steuerrecht/Grunderwerbsteuer abrufbare Übersicht „Grunderwerbsteuersätze“.

- bestimmte Grundstückserwerbe durch bzw. von einer Gesamthand (§§ 5, 6 GrEStG);
- Steuerbefreiungen für Umstrukturierungen im Konzern (§ 6a GrEStG);
- Steuerbefreiungen für bestimmte Fälle der Umwandlung von gemeinschaftlichem Eigentum in Flächeneigentum (§ 7 GrEStG).

Zur Mitteilungspflicht des Notars gegenüber der Grunderwerbsteuerstelle des Finanzamts und zur Unbedenklichkeitsbescheinigung vgl. § 1 Rdn 119 ff.

Schenkungsteuer kann bei einem normalen Grundstückskaufvertrag nicht anfallen, da keine Schenkung im Sinne des Erbschaftsteuer- und Schenkungsteuergesetzes vorliegt. Allerdings kann dann – gegebenenfalls neben der Grunderwerbsteuer – Schenkungsteuer anfallen, wenn es sich bei dem Vertrag um eine gemischte Schenkung handelt, d.h. wenn der Kaufpreis den Verkehrswert des Kaufgegenstandes über- oder unterschreitet (vgl. Rdn 135 ff.). 102

Beispiel

Ein Grundstück mit einem Verkehrswert von 100.000 EUR wird für 50.000 EUR verkauft. Hier ist – wenn kein Befreiungsgrund gegeben ist – von 50.000 EUR Grunderwerbsteuer und bezogen auf den Wert der geschenkten anderen Hälfte Schenkungsteuer zu entrichten.

Einkommensteuer fällt beim Verkauf eines Grundstücks in der Regel nicht an, weil kein Einkommen erzielt, sondern lediglich das Vermögen umgeschichtet wird (Grund und Boden gegen Geld). 103

Allerdings können bei der Veräußerung von Betriebsvermögen und bei einem privaten Veräußerungsgeschäft im Sinne von § 23 EStG Einkommensteuer anfallen. Ein solches privates Veräußerungsgeschäft liegt grundsätzlich nur dann vor, wenn der Zeitraum zwischen der Anschaffung und Veräußerung nicht mehr als zehn Jahre beträgt. Davon ausgenommen ist jedoch Grundbesitz, der im Zeitraum zwischen Anschaffung oder Fertigstellung und Veräußerung ausschließlich zu eigenen Wohnzwecken oder im Jahr der Veräußerung und in den beiden vorangegangenen Jahren zu eigenen Wohnzwecken genutzt wurde.

Beachte:

Maßgeblich für den Zeitpunkt der Anschaffung im Sinne von § 23 EStG ist das **Datum des Vertragsschlusses** (und nicht der Zeitpunkt des Besitz- oder Eigentumsübergangs). Weiter zu differenzieren ist jedoch bei solchen Verträgen, die nicht sofort wirksam werden, weil es weiterer Genehmigungen bedarf (z.B. aufgrund vollmachtloser Vertretung eines Beteiligten, behördlicher Genehmigungserfordernisse oder Zustimmungsvorbehalte Dritter) und bei Gestaltungen, die bei wirtschaftlicher Betrachtungsweise das Ergebnis eines Verkaufs bereits vorwegnehmen.[20]

Liegt ein **privates Veräußerungsgeschäft** vor, ist die Differenz zwischen dem Veräußerungspreis und den Aufwendungen für den veräußerten Grundbesitz (Anschaffungs- bzw. Herstellungs- sowie Werbungskosten) zu versteuern.

Ist dem Notar bekannt, dass ein privates Veräußerungsgeschäft im Sinne des § 23 EStG vorliegt und die Anschaffungskosten des Verkäufers unter dem Verkaufspreis liegen, muss er grundsätzlich auf damit etwa verbundene steuerliche Folgen hinzuweisen.[21]

Beim Verkauf eines Grundstücks haftet der Käufer neben dem Verkäufer als Gesamtschuldner für die auf das Grundstück entfallende, an die zuständige Gemeinde zu zahlende **Grundsteuer**. Der Käufer haftet nicht nur mit dem Grundstück, sondern auch persönlich mit seinem ganzen Vermögen für diese Steuer, allerdings nur für das laufende und das vorangegangene Kalenderjahr (§ 11 Abs. 2 GrStG, vgl. auch Rdn 98). 104

10. Auflassung, Grundbucheintragung und Überprüfung der Eintragungsnachrichten

Zur Übertragung des Eigentums an einem Grundstück ist die Einigung des Verkäufers und des Käufers über den Übergang des Eigentums erforderlich (§ 873 BGB). Diese Einigung heißt Auflassung (§ 925 BGB). Sie muss bei 105

20 Vgl. *Krauß*, Immobilienkaufverträge in der Praxis, 10. Aufl. 2024, Rn 6696.
21 BGH DNotZ 1989, 452.

gleichzeitiger, jedoch nicht persönlicher Anwesenheit der Beteiligten zu Protokoll erklärt werden, die bloße Beglaubigung der Unterschriften genügt nicht. Eine Trennung in Angebot und Annahme ist bei der Auflassung also nicht möglich, weil sie gleichzeitig erfolgen muss. Jedoch kann sie durch Bevollmächtigte oder durch Vertreter ohne Vertretungsmacht erklärt werden. Käufer und Verkäufer können durch **einen** Bevollmächtigten vertreten werden. Der Notar soll die Auflassung nur beurkunden, wenn der notarielle Kauf-, Tausch-, Schenkungsvertrag o.Ä. vorgelegt oder gleichzeitig errichtet wird (§ 925a BGB). Die Auflassung muss unbedingt und unbefristet erklärt werden (§ 925 Abs. 2 BGB). Das aufgelassene Grundstück ist genau zu bezeichnen (§ 28 GBO).

106 ▼

Muster 4.24: Eine vom Kaufvertrag getrennt beurkundete Auflassung

Verhandelt

Vor Notar

erschienen:

1. (*Verkäufer*)
2. (*Käufer*)

beide dem Notar bekannt.

Sie erklärten:

Durch Vertrag vom – UVZ-Nr. für des Notars – hat (Verkäufer) an (Käufer) das im Grundbuch von Blatt eingetragene Grundstück Flur Flurstück verkauft.

Die Beteiligten sind sich einig, dass das Eigentum an diesem Grundstück auf den Käufer (oder die Käufer zu je ½ Anteil) übergeht und bewilligen die Umschreibung im Grundbuch.

▲

Der Antrag der Beteiligten (§ 13 GBO) braucht nicht mitbeurkundet zu werden, weil der Notar zur Antragstellung befugt ist (§ 15 GBO).

107 Ein noch zu vermessendes, genau bezeichnetes Teilstück kann bereits aufgelassen werden. Dann muss nach Vermessung und katasteramtlicher Fortschreibung aber zusätzlich eine sog. **Identitätserklärung** abgegeben werden, damit die Umschreibung im Grundbuch erfolgen kann. Zweckmäßigerweise erteilen sich hierzu die Beteiligten wechselseitig oder dem beurkundenden Notar Vollmacht. Eine solche Identitätserklärung hat etwa folgenden Wortlaut:

▼

Muster 4.25: Identitätserklärung

In der Urkunde vom – UVZ-Nr. – hat (Verkäufer) an (Käufer) das dort näher bezeichnete Teilstück aus dem im Grundbuch von Blatt eingetragenen Flurstück verkauft und aufgelassen.

Als Bevollmächtigter der Beteiligten erkläre ich, dass das aufgelassene Grundstück jetzt folgende Bezeichnung führt:

Flur , Flurstück , groß

Der Verkäufer bewilligt, den Käufer als Eigentümer des bezeichneten Grundstücks in das Grundbuch einzutragen.

, den – Beglaubigungsvermerk –

▲

Ist der Notar von den Beteiligten zur Abgabe der Identitätserklärung bevollmächtigt, genügt eine unterzeichnete und mit dem Amtssiegel versehene notarielle Eigenurkunde (vgl. § 3 Rdn 179 ff.).

Es ist alternativ auch möglich und empfehlenswert, das noch zu vermessende Teilstück nach Vorliegen der Katasterunterlagen aufzulassen und im Kaufvertrag Vollmacht zur Erklärung der Auflassung zu erteilen. 108

▼

Muster 4.26: Auflassungsvollmacht

Die Beteiligten bevollmächtigen Herrn   und Frau   , und zwar jeden von ihnen einzeln und unter Befreiung von den Beschränkungen des § 181 BGB, für sie die Auflassung zu erklären und zur vertragsgemäßen Durchführung des Erwerbs erforderlich werdende oder zweckmäßig erscheinende Erklärungen abzugeben und entgegenzunehmen. 4.26

▲

Stellt sich nach Vermessung und katasteramtlicher Fortschreibung heraus, dass zwischen der im Kaufvertrag bezeichneten Teilfläche und dem katasteramtlich fortgeschriebenen Flurstück nennenswerte **Abweichungen** in der Größe oder in der äußeren Umgrenzung der Fläche bestehen, sollte von der Vollmacht zur Abgabe einer Identitätserklärung und/oder Erklärung der Auflassung kein Gebrauch gemacht werden. Dann ist die Auflassung durch die Beteiligten selbst noch einmal zu erklären. Ab welchem Größenunterschied dieses Vorgehen zwingend erforderlich ist, wird in der Praxis uneinheitlich beurteilt. Jedenfalls bei Flächenabweichungen von zehn Prozent oder mehr sollte die Auflassung von den Beteiligten in jedem Fall erneut erklärt werden.

Die Auflassung genügt nicht zur Übertragung des Eigentums. Daneben ist noch die Eintragung des Käufers in das Grundbuch erforderlich (§ 873 Abs. 1 BGB). Den Umschreibungsantrag stellt gewöhnlich der Notar, wenn die erforderlichen Unterlagen (z.B. behördliche Genehmigungen, Vorkaufsrechtsverzichtserklärungen bzw. entsprechende Negativerklärungen, Bestätigung der Kaufpreiszahlung, Unbedenklichkeitsbescheinigung des Finanzamts) vorliegen.

Das Grundbuchamt benachrichtigt nach der Eintragung des Käufers als Eigentümer hierüber den Notar, den Verkäufer und den Käufer (§ 55 GBO). Der Eigentumswechsel soll auch denen, die ein dingliches Recht an dem Grundstück haben, bekannt gemacht werden. Hat der Notar nach § 15 GBO im Namen der Beteiligten den Antrag gestellt, so erhält grundsätzlich er – und **nur er** – die für die Beteiligten bestimmten Grundbuchnachrichten. 109

Wenn auch der Notar grundsätzlich nicht zur Überwachung des grundbuchlichen Vollzuges verpflichtet ist,[22] so dürfte für ihn doch dann eine Überwachungspflicht bestehen, wenn er den Antrag nach § 15 GBO gestellt oder die Überwachung zumindest stillschweigend übernommen hat.

Der Notar ist somit verpflichtet, die Grundbuchnachrichten zu überprüfen und sie bei Verzögerungen anzumahnen.

11. Auflassungsvormerkung

Siehe Rdn 432 ff. 110

12. Genehmigungserfordernisse

Siehe Rdn 231 ff. 111

13. Gesetzliche Vorkaufsrechte

In Betracht kommen im Wesentlichen **Vorkaufsrechte** nach: 112

- dem Baugesetzbuch,
- dem Reichssiedlungsgesetz,
- dem Gesetz über Naturschutz und Landschaftspflege (Bundesnaturschutzgesetz) sowie den Naturschutzgesetzen der Länder,
- § 577 BGB (Mietervorkaufsrecht),
- den Denkmalschutz- sowie Wald-, Wege- und Wassergesetzen.

22 BGH DNotZ 1958, 557.

a) Baugesetzbuch (BauGB)

113 Das **Baugesetzbuch** (BauGB) kennt zwei Arten von Vorkaufsrechten:

(1) das **allgemeine Vorkaufsrecht** an bebauten und unbebauten Grundstücken (§ 24 BauGB)
- im Geltungsbereich eines Bebauungsplans, soweit es sich um Flächen handelt, für die nach dem Bebauungsplan eine Nutzung für öffentliche Zwecke oder für Flächen oder Maßnahmen zum Ausgleich im Sinne des § 1a Abs. 3 BauGB festgesetzt ist,
- in einem Umlegungsgebiet,
- in einem förmlich festgelegten Sanierungsgebiet und städtebaulichen Entwicklungsbereich,
- im Geltungsbereich einer Satzung zur Sicherung von Durchführungsmaßnahmen des Stadtumbaus und einer Erhaltungssatzung,
- im Geltungsbereich eines Flächennutzungsplans, soweit es sich um unbebaute Flächen im Außenbereich handelt, für die nach dem Flächennutzungsplan eine Nutzung als Wohnbaufläche oder Wohngebiet dargestellt ist,
- in Gebieten, die nach §§ 30, 33 oder 34 Abs. 2 BauGB vorwiegend mit Wohngebäuden bebaut werden können, soweit die Grundstücke unbebaut sind, sowie
- in Gebieten, die zum Zweck des vorbeugenden Hochwasserschutzes von Bebauung freizuhalten sind, insbesondere in Überschwemmungsgebieten.

(2) das durch Satzung begründete **besondere Vorkaufsrecht** (§ 25 BauGB)
- im Geltungsbereich eines Bebauungsplanes an unbebauten Grundstücken,
- in Gebieten, in denen die Gemeinde städtebauliche Maßnahmen in Betracht zieht, zur Sicherung einer geordneten städtebaulichen Entwicklung.

114 Ein Vorkaufsrecht gemäß §§ 24, 25 BauGB darf nur ausgeübt werden, wenn das Wohl der Allgemeinheit dies rechtfertigt (§§ 24 Abs. 3 S. 1, 25 Abs. 2 S. 1 BauGB).

Nach § 28 Abs. 2 BauGB kann das Vorkaufsrecht nur innerhalb von **zwei Monaten** nach Mitteilung des rechtswirksamen Kaufvertrages durch Verwaltungakt gegenüber dem Verkäufer ausgeübt werden.

Das Grundbuchamt darf bei Kaufverträgen den Käufer als Eigentümer in das Grundbuch nur eintragen, wenn ihm die Nichtausübung oder das Nichtbestehen des Vorkaufsrechts nachgewiesen ist (§ 28 Abs. 1 S. 2 BauGB). Hieraus folgt die Belehrungspflicht des Notars darüber, dass dem Grundbuchamt bei der Eigentumsumschreibung ein entsprechender Nachweis vorzulegen ist.

Im § 28 BauGB sind Verfahren und Entschädigung für die Ausübung des Vorkaufsrechts geregelt. Danach kann z.B. die Gemeinde den zu zahlenden Betrag nach dem Verkehrswert des Grundstücks (§ 194 BauGB) im Zeitpunkt des Kaufes bestimmen, wenn der vereinbarte Kaufpreis den Verkehrswert in einer dem Rechtsverkehr erkennbaren Weise deutlich überschreitet (§ 28 Abs. 3 BauGB). Der Preis für das Grundstück bemisst sich nach dem Entschädigungswert, wenn die Gemeinde das Vorkaufsrecht im Geltungsbereich eines Bebauungsplanes zum Erwerb einer für öffentliche Zwecke bestimmten Fläche ausübt (§ 24 Abs. 1 S. 1 Nr. 1 BauGB), der Erwerb des Grundstücks zur Verwirklichung des Bebauungsplans erforderlich ist und die Fläche enteignet werden könnte (§ 28 Abs. 4 BauGB).

115 Das Vorkaufsrecht entsteht nur bei Abschluss eines **Kaufvertrages** über den betreffenden Grundbesitz. Ein Vorkaufsrecht gemäß §§ 24, 25 BauGB scheidet deshalb insbesondere bei folgenden Rechtsgeschäften aus:

- einer (gemischten) Schenkung,
- einem Tausch,
- der Bestellung eines Erbbaurechts,
- einer Erbauseinandersetzung über Grundbesitz,
- der Einbringung von Grundbesitz in eine Gesellschaft,
- der Übertragung von Anteilen an einer Grundbesitzgesellschaft,
- der Veräußerung eines Miteigentumsanteils an einen Miteigentümer, z.B. im Rahmen einer Trennungsvereinbarung, da dieser nicht Dritter im Sinne des § 463 BGB ist.

In diesen Fällen kann das Grundbuchamt die Vorlage einer Erklärung der Gemeinde zum Vorkaufsrecht nicht verlangen.

Nach § 26 Nr. 1 BauGB ist die Ausübung des Vorkaufsrechts **ferner ausgeschlossen**, wenn der Eigentümer das Grundstück an seinen Ehegatten oder an eine Person verkauft, die mit ihm in gerader Linie verwandt oder verschwägert oder in der Seitenlinie bis zum dritten Grad verwandt ist (wegen der Verwandtschafts- und Schwägerschaftsverhältnisse siehe Rdn 629 ff.). 116

Weitere Ausschließungsgründe ergeben sich aus § 26 Nr. 2 bis 4 BauGB.

Das Vorkaufsrecht steht der Gemeinde nicht zu beim Kauf von **Rechten nach dem Wohnungseigentumsgesetz und von Erbbaurechten** (§§ 24 Abs. 2, 25 Abs. 2 BauGB). 117

Zumindest in den Fällen der §§ 24 Abs. 2, 25 Abs. 2, 26 Nr. 1 BauGB (sog. Verwandten- und Verschwägertenprivileg) ist die Vorlage eines Negativattests beim Grundbuchamt nicht erforderlich. Voraussetzung ist jedoch, dass die erforderlichen Angaben im Kaufvertrag gemacht werden, worauf deshalb unbedingt zu achten ist. Dies könnte z.B. wie folgt geschehen: 118

Formulierungsvorschlag

(...)

erschienen:

1. Herr (...) – Verkäufer –
2. dessen Sohn, Herr (...) – Käufer –.

b) Reichssiedlungsgesetz (RSG)

Das Vorkaufsrecht gemäß § 4 Abs. 1 des **Reichssiedlungsgesetzes** (RSG) besteht, wenn ein landwirtschaftliches Grundstück oder Moor- und Ödland, das in landwirtschaftliche Kultur gebracht werden kann, durch Kaufvertrag veräußert wird und folgende weitere Voraussetzungen vorliegen: 119

- das verkaufte Grundstück hat eine Größe von mindestens zwei Hektar,[23]
- der Kaufvertrag bedarf einer Genehmigung nach dem Grundstückverkehrsgesetz (GVG) und die Genehmigung wäre nach Auffassung der zuständigen Behörde gemäß § 9 GVG zu versagen (die Genehmigung darf also weder erteilt noch versagt sein).

Das Vorkaufsrecht ist jedoch ausgeschlossen, wenn der Verkauf an eine Körperschaft des öffentlichen Rechts, an den Ehegatten oder an eine Person erfolgt, die mit dem Verkäufer in gerader Linie oder bis zum dritten Grade in der Seitenlinie verwandt oder bis zum zweiten Grade verschwägert ist (§ 4 Abs. 2 RSG).

Eine Vorkaufsrechtsverzichtserklärung braucht dem Grundbuchamt nicht vorgelegt zu werden, weil die Eintragung der Eigentumsänderung ohnehin nur möglich ist, wenn dem Grundbuchamt die rechtskräftig erteilte Genehmigung nach dem Grundstückverkehrsgesetz vorgelegt wird. Ist aber diese Genehmigung erteilt, kann ein Vorkaufsrecht nach dem RSG nicht mehr ausgeübt werden.

c) Gesetz über Naturschutz und Landschaftspflege (Bundesnaturschutzgesetz, BNatSchG)

Den Ländern steht nach § 66 Abs. 1 des am 1.3.2010 in Kraft getretenen Gesetzes über **Naturschutz und Landschaftspflege (Bundesnaturschutzgesetz** – BNatSchG) – soweit sie hierauf nicht verzichtet oder § 66 BNatSchG für nichtanwendbar erklärt haben – ein Vorkaufsrecht zu an Grundstücken, 120

- die in Nationalparks, nationalen Naturmonumenten, Naturschutzgebieten oder als solchen einstweilig sichergestellten Gebieten liegen,
- auf denen sich Naturdenkmäler oder als solche einstweilig sichergestellte Gegenstände befinden,
- auf denen sich oberirdische Gewässer befinden.

23 In **Bayern** mindestens 1 Hektar (Art. 3 des Gesetzes zur Sicherung der bäuerlichen Agrarstruktur (BayAgrG) vom 13.12.2016, das am 1.1.2017 in Kraft getreten ist); in **Baden-Württemberg** gilt statt § 4 RSG das Vorkaufsrecht gemäß §§ 17 ff. Agrarstrukturverbesserungsgesetz (ASVG), welches unter gewissen Voraussetzung bereits bei der Veräußerung von Grundstücksflächen mit einer Mindestgröße von 10 Ar ausgeübt werden kann (vgl. § 17 Abs. 1 S. 3 ASVG).

Das **Vorkaufsrecht** darf nur ausgeübt werden, wenn dies aus Gründen des Naturschutzes und der Landschaftspflege einschließlich der Erholungsvorsorge erforderlich ist (§ 66 Abs. 2 BNatSchG). Es kann nur innerhalb einer Frist von zwei Monaten nach Mitteilung des rechtswirksamen Kaufvertrages ausgeübt werden (§ 66 Abs. 3 S. 4 BNatSchG, § 469 Abs. 2 S. 1 BGB).

> *Hinweis*
> Das Vorkaufsrecht erstreckt sich nicht auf einen Verkauf, der an einen Ehegatten, eingetragenen Lebenspartner oder einen Verwandten ersten Grades erfolgt (§ 66 Abs. 3 S. 5 BNatSchG).

Auf Antrag kann das Vorkaufsrecht von den Ländern auch zugunsten von Körperschaften und Stiftungen des öffentlichen Rechts und anerkannten Naturschutzvereinigungen ausgeübt werden (§ 66 Abs. 4 BNatSchG).

Eine Verzichtserklärung oder ein Negativattest braucht mit dem Umschreibungsantrag dem Grundbuchamt nicht vorgelegt zu werden, da das Vorkaufsrecht **keine Grundbuchsperre** bewirkt. Allerdings hat das Vorkaufsrecht Vormerkungswirkung (§ 66 Abs. 3 S. 4 BNatSchG, § 1098 Abs. 2 BGB) und kann deshalb auch noch nach erfolgter Eigentumsumschreibung gegen den Käufer durchgesetzt werden.

121 Das Vorkaufsrecht gemäß § 66 BNatSchG lässt abweichende Vorschriften der Länder ausdrücklich unberührt (§ 66 Abs. 5 BNatSchG).

> *Hinweis*
> Das naturschutzrechtliche Vorkaufsrecht in Nordrhein-Westfalen setzt sich aus Bundes- und Landesrecht zusammen und hat seine Rechtsgrundlage in § 74 LNatSchG NW i.V.m. § 66 BNatSchG. Es wird nicht in das Grundbuch eingetragen. Dem Vorkaufsrecht unterliegen nur Grundstücke, die in einem entsprechenden Verzeichnis aufgeführt sind. Das Verzeichnis ist elektronisch über das DV-System VOKAR (www.vokar.nrw.de) einsehbar.

d) § 577 BGB

122 Nach § 577 BGB besteht ein **Vorkaufsrecht des Mieters** dann, wenn vermietete Wohnräume, an denen nach der **Überlassung** an den Mieter Wohnungseigentum begründet worden ist oder begründet werden soll, an einen Dritten verkauft werden. Dieses Vorkaufsrecht besteht jedoch nicht beim Verkauf der Wohnräume durch den Vermieter an einen Familienangehörigen oder an einen Angehörigen seines Haushalts. Das Vorkaufsrecht gilt nur für den ersten Verkaufsfall. Das Vorkaufsrecht erlischt durch den ersten Verkaufsfall selbst dann, wenn der Mieter beim Erstverkauf gar kein Vorkaufsrecht geltend machen konnte, weil es sich bei dem Erstverkauf um einen Vorgang handelte, der das Vorkaufsrecht nicht zum Entstehen gebracht hat (etwa bei einer Veräußerung im Rahmen der Zwangsversteigerung). Der Mieter kann das Vorkaufsrecht binnen zwei Monaten nach Mitteilung des **wirksamen** Kaufvertrages durch schriftliche Erklärung gegenüber dem Verkäufer ausüben (§§ 577 Abs. 1 S. 3, Abs. 3 i.V.m. 469 Abs. 2 S. 1 BGB). Eine Grundbuchsperre tritt nicht ein; mit dem Umschreibungsantrag braucht daher eine Vorkaufsrechtsverzichtserklärung oder ein Negativattest nicht vorgelegt zu werden.

e) Landesrechtliche Vorkaufsrechte

123 Landesrechtliche Vorkaufsrechte sind in zahlreichen Bundesländern vor allem im Denkmalschutzrecht, im Naturschutzrecht, im Wald- und Forstrecht, im Wasser- und Fischereirecht sowie im Straßen- und Wegerecht vorgesehen. Um sich einen schnellen Überblick über die in den einzelnen Bundesländern bestehenden Vorkaufsrechte zu verschaffen, empfiehlt sich ein Blick in die entsprechenden Arbeitsmaterialien des Deutschen Notarinstituts, auf die an dieser Stelle verwiesen wird.[24]

24 Vgl. die unter *www.dnoti.de* in der Rubrik Arbeitshilfen/Immobilienrecht/Genehmigungserfordernisse und Vorkaufsrechte abrufbaren Übersichten „Landesrechtliche Vorkaufsrechte an Grundstücken – Gesetzestexte“ sowie „Tabellarische Übersicht landesrechtlicher Vorkaufsrechte an Grundstücken“.

f) Neue Bundesländer

- **§ 20 Vermögensgesetz** 124

  § 20 Vermögensgesetz räumt Mietern und Nutzern von Ein- und Zweifamilienhäusern sowie von Erholungsgrundstücken, die der staatlichen Verwaltung unterlagen oder auf die ein Anspruch auf Rückübertragung besteht, auf Antrag ein – durch Grundbucheintragung entstehendes – Vorkaufsrecht am Grundstück ein, wenn das Miet- oder Nutzungsverhältnis am 29.9.1990 bestanden hat und im Zeitpunkt der Entscheidung über den Antrag fortbesteht und das Grundstück oder Gebäude durch den Mieter oder Nutzer vertragsgemäß genutzt wird.
  (Keine Grundbuchsperre).
- **§ 20a Vermögensgesetz**
  Bei Grundstücken, die nicht zurückübertragen werden können, weil Dritte an ihnen Eigentums- oder dingliche Nutzungsrechte erworben haben, wird dem Berechtigten auf Antrag ein Vorkaufsrecht am Grundstück eingeräumt. Das gilt jedoch nicht, wenn das Grundstück nach den Vorschriften des Investitionsvorranggesetzes erworben worden ist.
  (Keine Grundbuchsperre).
- **§ 57 Schuldrechtsanpassungsgesetz**
  Den von der Schuldrechtsanpassung betroffenen Nutzern ist ein gesetzliches Vorkaufsrecht eingeräumt worden.
  (Keine Grundbuchsperre).

14. Muster: Grundstückskaufvertrag mit Kostenberechnung

Eine Urkunde muss immer auf den Einzelfall abgestimmt werden. Daher kann und soll das nachstehende Muster nur Anregungen und Formulierungsvorschläge geben. 125

▼

Muster 4.27: Grundstückskaufvertrag

UVZ-Nr. für 4.27

Verhandelt zu , am

Vor mir, Dr. ,
Notar zu ,

erschienen:

1. Herr , geboren am , wohnhaft , hier handelnd im eigenen Namen sowie als Bevollmächtigter seiner Ehefrau geborene , geboren am , wohnhaft ebenda, aufgrund in Ausfertigung vorgelegter Vollmacht vom – UVZ-Nr. für des Notars zu –, von der eine beglaubigte Abschrift zu dieser Urkunde genommen wurde,
   – nachstehend „Verkäufer" genannt –,
2. Frau , geboren am , wohnhaft ,
   – im Folgenden als „Käuferin" bezeichnet –.

Herr ist dem Notar von Person bekannt.

Frau wies sich durch Vorlage ihres gültigen Personalausweises aus.

Die Erschienenen erklärten zur Beurkundung:

Wir schließen folgenden

Kaufvertrag:

I.

1. Als Eigentümer des im Grundbuch von – Amtsgericht – Blatt verzeichneten Grundstücks Flur , Flurstück , Bauplatz, , groß m², – nachfolgend auch kurz mit „Kaufgegenstand" bezeichnet – sind die vorstehend zu 1. aufgeführten Eheleute und je zur Hälfte eingetragen.
2. Abteilung II des vorbezeichneten Grundbuches ist lastenfrei, in Abteilung III unter Nr. 1 ist eine Grundschuld von EUR zugunsten der eingetragen.
   Diesen Grundbuchstand hat der Notar am durch Einsichtnahme in das elektronische Grundbuch festgestellt.
3. Die Verkäufer verkaufen der dies annehmenden Käuferin den vorbeschriebenen Kaufgegenstand mit darauf befindlichen Gebäuden und allen sonstigen wesentlichen Grundstücksbestandteilen und dem gesetzlichen Zubehör. Das Recht Abteilung III Nr. 1 wird von der Käuferin nicht übernommen.

II.

1. Der Kaufpreis beträgt EUR – in Worten: EUR –.
   Er steht den beiden Verkäufern entsprechend ihrer Beteiligung am Kaufobjekt je zur Hälfte zu.
2. Zur Fälligkeit des Kaufpreises müssen folgende Voraussetzungen vorliegen:
   a) Im Grundbuch des Grundbesitzes wurde die nachstehend bewilligte Vormerkung zur Sicherung des Eigentumsverschaffungsanspruchs der Käuferin eingetragen. Der Vormerkung dürfen keine von der Käuferin nicht übernommenen Rechte im Rang vorgehen oder im Rang mit ihr gleichstehen.

   b) Das Zeugnis der zuständigen Gemeinde liegt vor, wonach gesetzliche Vorkaufsrechte nicht bestehen oder nicht ausgeübt werden.

   c) Eine Erklärung der zuständigen Behörde liegt vor, wonach ein Vorkaufsrecht nach § 74 LNatSchG NRW nicht besteht oder nicht ausgeübt wird.

   d) Dem Notar liegen die Löschungsunterlagen für die vom Verkäufer zu beseitigenden, mit Rang vor der Eigentumsvormerkung vorhandenen Grundbucheintragungen vor. Sind die Löschungsunterlagen mit Zahlungsauflagen verbunden, müssen diese aus dem Kaufpreis erfüllbar sein.

   Diese Voraussetzungen werden vom Notar überwacht. Ihren Eintritt teilt der Notar der Käuferin mit einfachem Brief mit. Die Verkäufer erhalten eine Abschrift dieser Mitteilung.
3. Weitere Voraussetzung für die Fälligkeit des Kaufpreises ist die vollständige Räumung des Kaufgegenstandes durch die Verkäufer. Die Räumung wird vom Notar nicht überprüft.
4. Der Notar wird beauftragt, bei den Gläubigern der nicht übernommenen Belastungen unter Übersendung einer Abschrift des Kaufvertrages die Unterlagen anzufordern, die zur Löschung bzw. Freistellung des Kaufgegenstandes von den nicht übernommenen Belastungen erforderlich sind. Soweit die Gläubiger die Löschung bzw. Freistellung von Zahlungsauflagen abhängig machen, teilt der Notar der Käuferin diese Zahlungsauflagen in der Fälligkeitsmitteilung mit. Die Zahlungsauflagen sind von der Käuferin bei Fälligkeit des Kaufpreises in Anrechnung auf den Kaufpreis zu erfüllen.
5. Die Käuferin hat den Kaufpreisteilbetrag, der nicht zur Lastenfreistellung benötigt wird und deshalb direkt an die Verkäufer zu zahlen ist, bei Fälligkeit des Kaufpreises auf folgendes Konto zu überweisen:

Kontoinhaber:
Kreditinstitut:
IBAN:

6. Der Kaufpreis ist fällig und zahlbar innerhalb von Bankarbeitstagen nach Zugang der Fälligkeitsmitteilung des Notars bei der Käuferin. Haben die Verkäufer zu diesem Zeitpunkt ihre Räumungsverpflichtung noch nicht erfüllt, ist der Kaufpreis jedoch erst mit Ablauf von Bankarbeitstagen nach erfolgter Räumung fällig.
   Der Kaufpreis muss am Tag der Kaufpreisfälligkeit auf dem Empfängerkonto bzw. den Empfängerkonten gutgeschrieben werden, anderenfalls gerät die Käuferin ohne weitere Voraussetzungen in Verzug. Der Notar hat auf die gesetzlichen Vollzugsfolgen bei nicht rechtzeitiger Zahlung hingewiesen.

7. Die Käuferin unterwirft sich wegen ihrer Pflicht, den Kaufpreis zu bezahlen, zuzüglich fünf Prozentpunkten Zinsen über dem Basiszinssatz jährlich, die aus vollstreckungsrechtlichen Gründen ab dem als geschuldet gelten, der sofortigen Zwangsvollstreckung aus dieser Urkunde. Den Verkäufern kann eine vollstreckbare Ausfertigung dieser Urkunde ohne weitere Nachweise erteilt werden, nicht jedoch vor Eintritt der von dem Notar zu überwachenden Fälligkeitsvoraussetzungen.

III.

1. Die Verkäufer verpflichten sich, zum Zweck der Kaufpreisfinanzierung bei der Bestellung von Grundpfandrechten mitzuwirken. Diese Mitwirkungspflicht besteht nur, wenn in der Grundpfandrechtsbestellungsurkunde folgende Vereinbarungen wiedergegeben werden:

   a) Sicherungsabrede
   Die Gläubigerin darf das Grundpfandrecht nur insoweit als Sicherheit verwerten oder behalten, als sie tatsächlich Zahlungen mit Tilgungswirkung auf die Kaufpreisschuld der Käuferin geleistet hat. Die Gläubigerin ist verpflichtet, Löschungsbewilligung ohne Auflagen und Kosten für die Verkäufer gegen Rückzahlung geleisteter Valutierungsbeträge zu erteilen, wenn der Kaufvertrag aus Gründen, die die Verkäufer nicht zu vertreten haben, nicht durchgeführt wird. Sollte die Grundschuld zurückzugewähren sein, so kann nur ihre Löschung verlangt werden, nicht Abtretung oder Verzicht. Alle weiteren Zweckbestimmungserklärungen, Sicherungs- und Verwertungsvereinbarungen innerhalb und außerhalb dieser Urkunde gelten erst, nachdem der Kaufpreis vollständig bezahlt ist, in jedem Fall ab Eigentumsumschreibung. Ab dann gelten sie für und gegen die Käuferin als neuen Sicherungsgeber.

   b) Kaufpreiszahlung
   Kaufpreiszahlungen der Käuferin haben ausschließlich in der Weise zu erfolgen, wie sie im Kaufvertrag vereinbart sind.

   c) Persönliche Zahlungspflichten und Kosten
   Die Verkäufer übernehmen im Zusammenhang mit der Grundpfandrechtsbestellung keine persönlichen Zahlungspflichten. Die Käuferin hat die Verkäufer von allen Kosten und sonstigen Folgen der Grundpfandrechtsbestellung freizustellen.

   d) Fortbestand des Grundpfandrechts
   Das bestellte Grundpfandrecht darf auch nach Eigentumsumschreibung auf die Käuferin bestehen bleiben. Alle Eigentümerrechte und Rückgewähransprüche in Bezug auf das bestellte Grundpfandrecht werden hiermit mit Wirkung ab vollständiger Bezahlung des Kaufpreises, in jedem Fall aber ab Eigentumsumschreibung, auf die Käuferin übertragen.

2. Die Verkäufer erteilen der Käuferin Vollmacht unter Befreiung von den Beschränkungen des § 181 BGB, auf dem verkauften Grundbesitz Grundpfandrechte in beliebiger Höhe zu bestellen, deren Bedingungen

zu vereinbaren, in Ansehung der Grundpfandrechte die Eigentümer dinglich, d.h. gemäß § 800 ZPO, der sofortigen Zwangsvollstreckung zu unterwerfen, Zweckbestimmungserklärungen abzugeben, sowie überhaupt alle Erklärungen abzugeben und entgegenzunehmen, die mit der Bestellung der Grundpfandrechte an der vom Gläubiger geforderten Rangstelle erforderlich sind, und sie bei allen vorstehenden Rechtshandlungen zu vertreten. Die Vollmacht darf nur verwendet werden, wenn in den Grundpfandrechtsbestellungsurkunden die vorstehend unter a) bis d) getroffenen Vereinbarungen wiedergegeben werden und die Bestellung der Grundpfandrechte zugunsten von Kreditinstituten erfolgt, die gemäß § 32 KWG über eine Erlaubnis zum Geschäftsbetrieb in Deutschland verfügen. Die Vollmacht kann ausgeübt werden, bevor behördliche Genehmigungen erteilt sind. Mit Wirkung im Außenverhältnis kann von der Vollmacht nur durch Erklärung gegenüber dem amtierenden Notar, seinem Vertreter, seinem Sozius oder seinem Amtsnachfolger Gebrauch gemacht werden. Die weiteren Beschränkungen gelten nicht gegenüber dem Grundbuchamt.

IV.

Weiter wird Folgendes vereinbart:

1. Der Grundbesitz wird verkauft mit Gewähr für den lastenfreien Besitz- und Eigentumsübergang. Im Grundbuch nicht eingetragene Dienstbarkeiten, Baulasten und nachbarrechtliche Beschränkungen, deren möglichen Inhalt der Notar erläutert hat, werden von der Käuferin übernommen. Die Verkäufer erklären, dass ihnen von solchen nichts bekannt ist. Der Notar hat auf die Möglichkeit hingewiesen, das Baulastenverzeichnis einzusehen.
   Die Käuferin hat das Grundstück genau besichtigt und kauft es im gegenwärtigen altersbedingten Zustand. Alle Ansprüche und Rechte wegen Sachmängeln am Kaufobjekt werden hiermit vollumfänglich ausgeschlossen. Die Verkäufer haften insbesondere nicht für das Flächenmaß des Grundbesitzes, die Verwendbarkeit des Grundstücks für Zwecke der Käuferin oder für steuerliche Ziele der Käuferin. Von der vorstehenden Rechtsbeschränkung ausgenommen ist eine Haftung bei Vorsatz oder Arglist. Die Verkäufer erklären, dass ihnen versteckte Mängel nicht bekannt sind.
   Die Verkäufer erklärten, dass sie keine schädlichen Bodenveränderungen oder Altlasten im Sinne des Bundes-Bodenschutzgesetzes am Grundbesitz verursacht haben und ihnen das Vorhandensein von schädlichen Bodenveränderungen oder Altlasten auch nicht bekannt ist. Der Notar hat auf die Möglichkeit hingewiesen, das Altlastenkataster einzusehen.
   Sachmängel, die ab heute bis zum wirtschaftlichen Übergang entstehen, hat der Verkäufer auf seine Kosten zu beseitigen.

2. Auf den Käufer gehen über der Besitz und die Nutzungen, die privaten und öffentlichen Lasten, die Gefahr und alle Rechte und Pflichten aus den Kaufgegenstand betreffenden Versicherungen sowie die Verkehrssicherungspflichten mit Wirkung zum Tag der vollständigen Kaufpreiszahlung.

3. Die Verkäufer verpflichten sich, den Kaufgegenstand bis spätestens zum   vollständig zu räumen und der Käuferin die Räumung unverzüglich anzuzeigen. Die Verkäufer haben den Kaufgegenstand an die Käuferin sodann unter der Voraussetzung der vollständigen Kaufpreiszahlung besenrein und mit allen Schlüsseln zu übergeben. Wegen ihrer Verpflichtung zur Räumung und zur Besitzübergabe unterwerfen sich die Verkäufer der sofortigen Zwangsvollstreckung aus dieser Urkunde. Der Notar ist ermächtigt, der Käuferin nach dem   auf deren Antrag ohne weitere Nachweise eine vollstreckbare Ausfertigung dieser Urkunde hinsichtlich der Räumungspflicht zu erteilen. Eine vollstreckbare Ausfertigung hinsichtlich der Pflicht zur Besitzübergabe kann der Käuferin auf deren Antrag jedoch erst dann erteilt werden, wenn dem Notar die Kaufpreiszahlung nachgewiesen wurde.

4. Miet- und Pachtverhältnisse bestehen nicht.

5. Die Verkäufer kennen keine Erschließungsanlagen oder Erschließungsarbeiten, für die noch kein Beitragsbescheid zugestellt ist. Die Verkäufer versichern, alle in der Vergangenheit etwa angeforderten Erschließungskosten und Anliegerbeiträge bezahlt zu haben. Vorsorglich wird dazu vereinbart:
(Käufer trägt alle Erschließungskosten und Anliegerbeiträge, die ab angefordert werden):
Erschließungskosten und Anliegerbeiträge im Sinne des § 436 BGB trägt die Käuferin, soweit sie ab heute angefordert werden, mögen sie auch in der Vergangenheit entstanden, aber noch nicht abgerechnet sein. Etwaige Ansprüche auf Rückzahlung von Vorausleistungen oder Erstattungen aufgrund aufgehobener Bescheide treten die Verkäufer an die Käuferin unter der aufschiebenden Bedingung der Kaufpreiszahlung ab. Die Beteiligten werden die Abtretung der Gemeinde selbst anzeigen. Sollte die Gemeinde die Verkäufer bis zur Umschreibung des Eigentums noch zu Leistungen dieser Art heranziehen, so hat die Käuferin sie davon freizustellen.
– Oder (bei Lastenteilung nach dem derzeitigen Stand der Erschließung):
Erschließungskosten und Anliegerbeiträge im Sinne des § 436 BGB tragen für die heute im Erschließungsgebiet ganz oder teilweise tatsächlich vorhandenen Erschließungsanlagen die Verkäufer, unabhängig vom Zeitpunkt der Entstehung der Beitragspflicht und der Zustellung des Beitragsbescheides; alle übrigen Beiträge und Lasten trägt die Käuferin. Bereits erbrachte Vorausleistungen sind den Verkäufern nach Zugang des endgültigen Beitragsbescheides zu erstatten, soweit die Käuferin im Innenverhältnis die Erschließungskosten zu tragen hat. Etwaige Erstattungsansprüche aufgrund aufgehobener Bescheide werden hiermit an die Käuferin unter der aufschiebenden Bedingung der Kaufpreiszahlung abgetreten; die Beteiligten werden die Abtretung der Gemeinde selbst anzeigen. Soweit die Erstattung nicht zur Zahlung der endgültigen Beitragsschuld erforderlich ist bzw. soweit die betreffenden Erschließungskosten im Innenverhältnis von der Käuferin zu tragen wären, verpflichtet sich die Käuferin zur Rückerstattung an die Verkäufer.
– Oder (wenn Ersterschließungskosten die Verkäufer zu tragen haben):
Die Verkäufer tragen die Kosten für die Herstellung sämtlicher Erschließungsanlagen gemäß Baugesetzbuch und Kommunalabgabengesetz für die im Zeitpunkt des Besitzübergangs tatsächlich vorhandenen, bautechnisch errichteten Erschließungsanlagen sowie für die erstmalige Herstellung der Erschließungsanlagen mit Ausnahme der Kosten für die Hausanschlüsse. Beiträge für Erschließungsanlagen, die nach Übergabe des Kaufobjekts bautechnisch errichtet werden und die über die erstmalige Herstellung der Erschließungsanlagen hinausgehen, trägt die Käuferin.
Der Notar hat darauf hingewiesen, dass der Gemeinde gegenüber derjenige beitragspflichtig ist, der im Zeitpunkt der Zustellung des Beitragsbescheides Eigentümer des Kaufgegenstandes ist und dass Erschließungskosten nach dem Baugesetzbuch und Staßenausbau- und Anschlussbeiträge nach dem Kommunalabgabengestz als öffentliche Lasten auf dem Grundbesitz ruhen. Der Notar hat abschließend darauf hingewiesen, dass die Beteiligten bei der zuständigen Gemeinde Erkundigungen über etwa ausstehende Erschließungskosten und Anliegerbeiträge einholen können.

6. Der Verkäufer erklärt, dass der Grundbesitz keinen Beschränkungen nach dem Wohnungsbindungs- oder dem Wohnraumförderungsgesetz unterliegt.

7. Für den Fall, dass ein gesetzliches Vorkaufsrecht ausgeübt wird, steht den Beteiligten ein vertragliches Rücktrittsrecht zu. Soweit die Käuferin bereits Leistungen aufgrund des Kaufvertrages erbracht hat, tritt der Verkäufer ihm gegen den Vorkäufer zustehende Kaufpreiszahlungsansprüche sicherungshalber an die Käuferin ab.

8. Die mit dieser Urkunde und ihrem Vollzug verbundenen Kosten einschließlich der Kosten und Gebühren der erforderlichen behördlichen und privaten Genehmigungen und Erklärungen sowie die Grunderwerbsteuer gehen zu Lasten der Käuferin. Die Treuhandgebühren sowie die Kosten, welche das Grundbuchamt und die Gläubiger der Verkäufer für die Löschung nicht übernommener Belastungen in Rechnung stellen, gehen zu Lasten der Verkäufer.

V.

1. Die Beteiligten sind ohne Bedingung darüber einig, dass das Eigentum an dem verkauften Grundbesitz auf die Käuferin übergeht. Die Verkäufer bewilligen die Eintragung des Eigentumswechsels in das Grundbuch unter der aufschiebenden Be-dingung, dass der beurkundende Notar die Eigentumsumschreibung durch gesiegelte Eigenurkunde beantragt. Die Beteiligten weisen den Notar unwiderruflich an, die Eigentumsumschreibung erst zu beantragen, wenn ihm die vollständige Kaufpreiszahlung, ohne etwaige Zinsen, nachgewiesen ist.

2. Die Verkäufer bewilligen und die Käuferin beantragt, eine Eigentumsvormerkung für die Käuferin in das Grundbuch einzutragen. Die Vormerkung ist auflösend bedingt. Die Bedingung tritt ein, wenn der Notar dem Grundbuchamt gegenüber mit gesiegelter Eigenurkunde erklärt, dass der gesicherte Anspruch nicht besteht. Im Innenverhältnis wird der Notar unwiderruflich angewiesen, diese Erklärung nur abzugeben, wenn

   a) die Verkäufer in Schriftform schlüssig dargelegt haben, dass der Eigen-tumsverschaffungsanspruch der Käuferin nicht besteht, z.B. weil die Verkäufer wegen Zahlungsverzugs vom Kaufvertrag zurückgetreten ist, und

   b) die Käuferin nach schriftlicher Aufforderung durch den Notar an die dem Notar zuletzt bekannt gegebene Anschrift der Käuferin der Löschung der Vormerkung nicht innerhalb von vier Wochen nach Postaufgabe des Aufforderungsschreibens mindestens in Textform mit nachvollziehbarer Begründung widersprochen hat, und

   c) nachgewiesenermaßen gezahlte Kaufpreisteilbeträge der Käuferin erstattet oder bei dem Notar hinterlegt worden sind und die Auszahlung vom Notaranderkonto an die Käuferin nur von der Löschung ihrer Eigentumsvormerkung abhängt.
   Die Käuferin bewilligt die Löschung der Vormerkung gleichzeitig mit der Umschreibung, sofern keine Zwischeneintragungen erfolgt sind außer solchen, denen die Käuferin zugestimmt hat.

3. Die Beteiligten bewilligen und beantragen die gänzliche oder teilweise Löschung aller Belastungen und Beschränkungen im Grundbuch, auch an allen Mithaftstellen.

VI.

1. Die Beteiligten wurden auf Folgendes hingewiesen:

   a) Die Beteiligten haften als Gesamtschuldner für die den Kaufgegenstand treffenden Steuern, die Grunderwerbsteuer und die Notar- und Gerichtsgebühren.

   b) Der Kaufvertrag muss vollständig und richtig beurkundet werden. Nebenabreden außerhalb dieser Urkunde können zur Nichtigkeit des gesamten Kaufvertrages führen.

   c) Das Eigentum geht erst mit der Umschreibung im Grundbuch auf die Käuferin über; bis dahin können die Rechte der Käuferin beeinträchtigt werden. Vor der Umschreibung müssen erforderliche Genehmigungen und Vorkaufsrechtsverzichtserklärungen, der Nachweis der Kaufpreiszahlung durch Überweisung sowie die Unbedenklichkeitsbescheinigung des Finanzamts vorliegen. Der Anspruch auf Eigentumsübertragung wird durch die Eintragung einer Vormerkung gesichert. Der Notar hat die Beteiligten darüber belehrt, inwieweit diese Vormerkung nach ihrem grundbuchmäßigen Rang die Rechte der Käuferin sichern kann.

   d) Die Grundstücksveräußerung kann gemäß § 23 EStG und bei der Veräußerung von Betriebsvermögen Einkommensteuer auslösen. Der Notar hat eine steuerliche Beratung im Zusammenhang mit dem Abschluss dieses Kaufvertrages nicht übernommen. Er hat das Baulastenverzeichnis und das Altlastenkataster nicht eingesehen und keine Erkundigungen über etwa ausstehende Erschließungskosten oder Anliegerbeiträge eingeholt.

e) Bargeldzahlungen sind beim Immobilienkauf verboten und führen nicht zur Erfüllung der Kaufpreisschuld.

2. Die Beteiligten verpflichten sich wechselseitig und dem Notar gegenüber, dem Notar die unbare Kaufpreiszahlung durch Vorlage entsprechender Kontoauszüge nachzuweisen.

3. Die Beteiligten beantragen hiermit alle zu diesem Vertrag erforderlichen Genehmigungen und Zustimmungserklärungen. Sie beauftragen und bevollmächtigen den Notar, die erforderlichen Genehmigungen und Zustimmungserklärungen für sie einzuholen und entgegenzunehmen.

4. Der Notar ist berechtigt, Anträge aus dieser Urkunde zu ändern, getrennt und eingeschränkt zu stellen und sie in gleicher Weise zurückzunehmen. Im Übrigen ist der Notar ermächtigt, diese Urkunde zur grundbuchlichen Durchführung zu ergänzen und zu ändern.

Diese Niederschrift wurde in Gegenwart des Notars vorgelesen, von den Beteiligten genehmigt und von ihnen und dem Notar eigenhändig wie folgt unterschrieben:

, Notar

▲

Anmerkung: 126

Nach Abschluss des Kaufvertrages müssen **versandt** werden:

a) eine Abschrift an das Finanzamt – Grunderwerbsteuerstelle – mit einer Anzeige nach amtlich vorgeschriebenem Vordruck, sog. Veräußerungsanzeige (§ 18 GrEStG) unter Angabe der steuerlichen Identifikationsnummern des Verkäufers und des Käufers (vgl. hierzu auch § 1 Rdn 120),
b) eine (elektronische) Abschrift an den Gutachterausschuss (§ 195 BauGB).

In der Praxis beschafft der Notar die behördlichen Genehmigungen und die Verzichtserklärungen bezüglich der gesetzlichen Vorkaufsrechte. Weiterhin erteilt er den Beteiligten Ausfertigungen und Abschriften, schließlich stellt er auch die Anträge beim Grundbuchamt.

Für den vorliegenden Fall ist für den Vollzug der Urkunde insbesondere Folgendes anzumerken: 127

- Die Genehmigung nach dem GrdstVG ist nicht erforderlich (vgl. Rdn 247 ff.).
- Der Notar hat die Verzichtserklärung bzgl. des Vorkaufsrechts nach §§ 24 ff. BauGB beschafft (Vollzugstätigkeit nach KV Nr. 22110 i.V.m. Vorb 2.2.1.1 Abs. 1 S. 2 Nr. 1 und 9, §§ 93 Abs. 1 S. 1, 112 S. 1 GNotKG).
- Der Notar hat veranlasst, dass der Grundpfandrechtsgläubiger die Löschungsunterlagen an ihn übersendet. Dies ist eine Vollzugstätigkeit nach KV Nr. 22110 i.V.m. Vorb 2.2.1.1 Abs. 1 S. 2 Nr. 9, §§ 93 Abs. 1 S. 1, 112 S. 1 GNotKG, die eine Gebühr von 0,5 in Höhe von 342,50 EUR auslöst. Mit dieser Gebühr sind dann aber **alle** ausgeübten Vollzugstätigkeiten (d.h. auch die Vorkaufsrechtsanfrage) abgegolten.
- Der Notar überprüft den Eintritt der Fälligkeitsvoraussetzungen und übermittelt den Beteiligten die Fälligkeitsmitteilung. Er beantragt die Eigentumsumschreibung beim Grundbuchamt erst nach vollständiger Kaufpreiszahlung (Betreuungstätigkeiten gemäß GNotKG KV Nr. 22200 Nrn. 2, 3 i.V.m. §§ 93 Abs. 1 S. 1 GNotKG, 113 Abs. 1 GNotKG). Auch die Betreuungsgebühr fällt für alle Betreuungstätigkeiten insgesamt nur einmal an).
- Der Gläubiger übermittelt dem Notar diese Unterlagen zu treuen Händen mit der Auflage, von ihnen nur Gebrauch zu machen, wenn die Restforderung einschließlich der Zinsen in Höhe von 120.000 EUR gezahlt worden ist. Für die Beachtung der Auflage entsteht eine 0,5-Treuhandgebühr (GNotKG KV Nr. 22201 i.V.m. § 113 Abs. 2 GNotKG).

128 *Beispiel einer Kostenberechnung (zum vorstehenden Muster, jedoch ohne Auslagen)*

(Bei den Nummern handelt es sich um die Nummern der Anlage 1 zum GNotKG – Kostenverzeichnis – KV GNotKG; Paragrafen ohne nähere Bezeichnung sind solche des GNotKG).

a)	Beurkundungsverfahren (Kaufvertrag) Geschäftswert: 350.000 EUR (§§ 97 Abs. 1, 47 S. 1)			
	21100	(2,0)	1.370 EUR	1.370 EUR
b)	Vollzugsgebühr Geschäftswert: 350.000 EUR (§ 112 S. 1)			
	22112, 22110; KV Vorb. 2.2.1.1 Abs. 1 S. 2 Nrn. 1, 9	(0,5)		
	– Vorkaufsrechtsanfrage, Anforderung Löschungsunterlagen –		342,50 EUR	342,50 EUR
d)	Betreuungsgebühr Geschäftswert: 350.000 EUR (§ 113 Abs. 1)			
	22200 Nr. 3	(0,5)		
	– Prüfung und Mitteilung der Kaufpreisfälligkeit, Umschreibungsüberwachung		342,50 EUR	342,50 EUR
e)	Treuhandgebühr (Beachtung der Treuhandauflage des Grundschuldgläubigers) Geschäftswert: 120.000 EUR (§ 113 Abs. 2)			
	22201	(0,5)	150 EUR	150 EUR
				2.205,00 EUR

129 ▼

4.28

Muster 4.28: Ein in Angebot und Annahme getrennter Grundstückskaufvertrag I

Angebot zum Abschluss des Kaufvertrages

– vom Käufer ausgehend –

(Protokolleingang)

erschien, dem Notar bekannt,

Herr

– nachstehend „Käufer" genannt –.

Der Erschienene erklärte:

Hiermit mache ich den Eheleuten

– im Folgenden als „Verkäufer" bezeichnet –

nachstehendes Angebot zum Abschluss eines Grundstückskaufvertrages. An dieses Angebot halte ich mich bis zum unwiderruflich gebunden. Wird das Angebot nicht innerhalb der Frist angenommen, erlischt es nicht, es kann jedoch von mir jederzeit widerrufen werden. Zur Wirksamkeit der Annahme genügt deren Erklärung zu notariellem Protokoll, ohne dass es des Zugangs der Annahmeerklärung bei mir bedarf. Der Notar, vor dem die Annahme erklärt wird, wird jedoch gebeten, mir eine Ausfertigung der Annahmeerklärung zu übersenden.

Das Angebot hat folgenden Wortlaut:

(es folgt jetzt der Wortlaut des unter Rdn 127 abgedruckten Kaufvertrages von Ziffer I. an, jedoch ohne

- die Zwangsvollstreckungsunterwerfung des Verkäufers hinsichtlich der Räumung des Kaufgegenstandes (Ziffer IV. 3.);
- die Auflassung; die Ziffer V. 3. könnte stattdessen wie folgt gefasst werden:
  „Der Käufer bevollmächtigt hiermit die Verkäufer unter Befreiung von den Beschränkungen des § 181 BGB, mit der Annahme des Kaufangebots gleichzeitig die Auflassung in seinem Namen zu erklären und alle zur vertragsgemäßen Durchführung des Kaufvertrages erforderlichen Erklärungen abzugeben und entgegenzunehmen.")

(Protokollabschluss)

Kostenberechnung

Geschäftswert: Kaufpreis (§§ 97 Abs. 1, 47 S. 1 GNotKG) EUR

Gebühr (ohne Auslagen):

2,0-Gebühr (GNotKG KV Nr. 21100) EUR

▲

Anmerkung

In das Angebot sollte nur die Zwangsvollstreckungsunterwerfung des Anbietenden (nicht des Annehmenden) aufgenommen werden. Um sicher zu erreichen, dass auch der Annehmende eine für erforderlich gehaltene Zwangsvollstreckungsunterwerfung abgibt, kann die Wirksamkeit des Vertrages unter die ausdrückliche Bedingung gestellt werden, dass der Annehmende eine solche in der Annahmeerklärung abgibt.

Das Angebot darf zudem die Auflassung nicht enthalten, da diese bei gleichzeitiger Anwesenheit beider Teile erklärt werden muss. Aus diesem Grund ist es zweckmäßig – wie vorstehend vorgesehen –, eine Auflassungsvollmacht zu erteilen.

Wie der Verkäufer kann auch der Käufer ein Angebot machen. Hätte der Verkäufer das Angebot gemacht, sollte in dem Angebot dementsprechend die Zwangsvollstreckungsunterwerfung des Käufers wegen der Kaufpreiszahlung (Rdn 127) entfallen.

Es ist schließlich noch Folgendes zu beachten: Das Angebot muss dem Erklärungsempfänger in Ausfertigung zugehen; der Zugang einer beglaubigten Abschrift ist nicht ausreichend. Die Annahme des Angebots ist erst möglich, wenn dem Angebotsempfänger zuvor eine **Ausfertigung** des Angebots zugegangen ist.

▼ 130

Muster 4.29: Ein in Angebot und Annahme getrennter Grundstückskaufvertrag II

Annahme des Angebots zum Abschluss des Kaufvertrages 4.29

– durch Verkäufer, beurkundet durch einen Notar, der das Angebot **nicht** beurkundet hat –

(*Protokolleingang*)

erschienen, dem Notar bekannt:

die Eheleute

Die Erschienenen erklärten:

Durch Urkunde vom – UVZ-Nr. – hat uns Herr das Angebot zum Abschluss eines Kaufvertrages gemacht.

Das uns in der vorgenannten Urkunde gemachte, uns in allen Teilen bekannte Vertragsangebot, von dem uns eine Ausfertigung zugegangen ist, nehmen wir hiermit in vollem Umfang an.

Zu diesem Zweck geben wir alle einseitigen, in dem Kaufvertragsangebot enthaltenen Erklärungen ab (ggf. auch Unterwerfung unter die Zwangsvollstreckung wegen der Verpflichtung zur Räumung und Übergabe des Kaufgegenstandes).

Aufgrund der in der eingangs erwähnten Urkunde erteilten Vollmacht erklären wir sowohl im eigenen Namen als auch als Bevollmächtigte des Käufers folgende Auflassung:

Es besteht Einigkeit darüber, dass das Eigentum an dem Kaufobjekt auf den Käufer übergeht.

Die Eintragung der Eigentumsänderung in das Grundbuch wird unter der aufschiebenden Bedingung bewilligt, dass der beurkundende Notar die Eigentumsumschreibung mit gesiegelter Eigenurkunde beantragt. Die Beteiligten weisen den Notar unwiderruflich an, die Eigentumsumschreibung erst zu beantragen, wenn ihm die vollständige Kaufpreiszahlung, ohne etwaige Zinsen, nachgewiesen ist.

Es wird die Eintragung einer Eigentumsvormerkung, einschließlich der auflösenden Bedingung gemäß Angebotsurkunde, für den Käufer in das Grundbuch bewilligt und beantragt. Die Löschung dieser Vormerkung gleichzeitig mit der Eigentumsumschreibung wird schon jetzt bewilligt, sofern bis dahin in Abteilung II und III des Grundbuches Zwischeneintragungen ohne Zustimmung des Käufers weder erfolgt noch beantragt sind.

(Protokollabschluss)

Kostenberechnung

Geschäftswert: Kaufpreis (§§ 97 Abs. 1, 47 S. 1 GNotKG) = EUR

Gebühr (ohne Auslagen)

1,0-Gebühr (GNotKG KV Nr. 21100, 21102) EUR

▲

Werden die Annahme und die Auflassung von demselben Notar beurkundet, der auch das Angebot beurkundet hat, entsteht lediglich eine 0,5-Gebühr (GNotKG KV Nr. 21100, 21101). Etwas anderes gilt allerdings dann, wenn die Annahme auch eine Zwangsvollstreckungsunterwerfung enthält, da in diesem Fall stattdessen eine 1,0-Gebühr gemäß GNotKG KV Nr. 21200 anfällt.

III. Tauschvertrag

1. Begriff

131 Beim Tausch besteht die Gegenleistung für einen hingegebenen Gegenstand nicht in Geld, sondern in einem anderen Gegenstand. Lediglich eine etwaige Wertdifferenz zwischen den Tauschgegenständen ist üblicherweise in Geld auszugleichen. Auch im Rahmen eines Tauschvertrages gilt für Zahlungen zum Ausgleich von Wertdifferenzen das Barzahlungsverbot gemäß § 16a GwG.[25] Die gesetzlichen Regelungen zum Kaufvertrag finden auf den Tauschvertrag entsprechende Anwendung (§ 480 BGB).

Werden statt des Tausches zwei selbstständige Kaufverträge beurkundet, sind diese **nichtig**.

Bei einem Grundstückstausch ist die Grunderwerbsteuer so zu bemessen, als lägen zwei Kaufverträge vor. Die Grunderwerbsteuer ist daher für jede Tauschleistung (jeden Grunderwerb) gesondert anzusetzen (§ 1 Abs. 5 GrEStG).

25 Zu den Einzelheiten vgl. § 2 Rdn 63 ff.

2. Muster: Einfacher Tauschvertrag

▼ 132

Muster 4.30: Tauschvertrag 4.30

…

Die Erschienenen erklärten:

Wir schließen folgenden

Tauschvertrag

I.

… überträgt tauschweise … das im Grundbuch des Amtsgerichts … von … Blatt … eingetragene Grundstück Flur … Flurstück …, ….

Dagegen überträgt … … das im Grundbuch des Amtsgerichts … von … Blatt … eingetragene Grundstück Flur … Flurstück …, ….

II.

Für die ausgetauschten Grundstücke werden folgende Werte angenommen:

a) für das an … übertragene Flurstück …: … EUR,
b) für das an … übertragene Flurstück …: … EUR.
Die Wertdifferenz von … EUR – in Worten: … EUR – ist von … zinslos bis spätestens zum … an … zu überweisen, nicht jedoch bevor … (Zwangsvollstreckungsunterwerfung).

III.

…

(Löschungszustimmung für auf dem Flurstück … eingetragene Grundschuld von … EUR).

Die Kosten für die Beurkundung dieses Vertrages tragen die Vertragschließenden je zur Hälfte. Im Übrigen hat jeder Erwerber die Kosten seines Erwerbs einschließlich der Grunderwerbsteuer zu tragen. Die Kosten für die Löschung der Grundschuld gehen zu Lasten ….

IV.

(Auflassung)

…

Kostenberechnung:

Geschäftswert:

Die Werte der ausgetauschten Grundstücke sind miteinander zu vergleichen; der höhere Wert ist maßgebend (§ 97 Abs. 3 GNotKG). Im vorliegenden Falle sind die Leistungen gleichwertig. Daher beträgt der Wert … EUR.

Gebühren (ohne Auslagen):

a)	Gebühr GNotKG KV Nr. 21100 (EUR)	EUR
b)	bei notwendiger Vollzugstätigkeit:[26] Gebühr GNotKG KV Nr. 22110, KV Vorb. 2.2.1.1 Nr. 9 (Wert: 20.000 EUR, § 112 S. 1 GNotKG)	EUR
		EUR

▲

IV. Überlassungsvertrag

1. Begriffe

133 Bei einem Kaufvertrag und bei einem Tauschvertrag gehen die Beteiligten davon aus, dass die beiderseitigen Leistungen **gleichwertig** sind. Bei einem (reinen) Schenkungsvertrag sind sich die Beteiligten darüber einig, „*dass die Zuwendung unentgeltlich erfolgt*“ (§ 516 BGB). Meinen die Beteiligten, die beiderseitigen Leistungen seien gleichwertig, obwohl sie es tatsächlich nicht sind, so liegt dennoch ein voll entgeltlicher Kauf- oder Tauschvertrag vor. Überlässt der Verkäufer den Gegenstand dem Käufer aus Freundschaft oder mit Rücksicht darauf, dass beide miteinander verwandt sind, **bewusst** zu einem besonders günstigen Preis, so handelt es sich auch dabei in der Regel gleichwohl um einen reinen Kaufvertrag. Sind sich die Vertragspartner dagegen bewusst, dass die Gegenleistung geringer als die Leistung ist, und wollen sie beide, dass der **Mehrwert unentgeltlich** übergehen soll, so liegt eine sog. **gemischte Schenkung** vor. Wird bei der Schenkung die Nebenbestimmung getroffen, dass der Empfänger zu einer bestimmten Leistung aus dem Wert des Geschenks verpflichtet sein soll, ohne dass sich seine Leistung als Gegenleistung für den übertragenen Gegenstand darstellt, so haben wir es mit einer Schenkung unter einer Auflage zu tun (§ 525 BGB). Es ist oft schwierig festzustellen, ob ein Kauf- bzw. Tauschvertrag, eine gemischte Schenkung oder eine Schenkung unter Auflage gewollt ist, zumal wenn die beiderseitigen Leistungen annähernd gleichwertig sind.

134 Wird die Übertragung vorgenommen, um die **Erbfolge** in den übertragenen Gegenstand schon zu Lebzeiten des Übergebers vorwegzunehmen, so spricht man von einem **Übergabevertrag** (oder: Übertragungsvertrag, Überlassungsvertrag, Verpflegungsakt). Er ist je nachdem ein Unterfall der Schenkung, der gemischten Schenkung oder der Schenkung unter einer Auflage. Die Rechtsprechung ist nicht einheitlich. So wurden Übertragungen gegen Übernahme von **Altenteilsleistungen** (Zahlung einer Rente, Pflege- und **Verpflegeverpflichtung**, Vorbehalt des Wohnungsrechts und Abfindung weichender Erben) teilweise als Schenkung unter Auflage,[27] teilweise aber auch als gemischte Schenkung[28] angesehen. Wird kein Recht vorbehalten und keinerlei Gegenleistung ausbedungen, so ist es eine reine Schenkung. Übersteigen die Gegenleistungen den Wert des übertragenen Gegenstandes und ist dies den Beteiligten bewusst, so spricht man zwar von einem Übergabevertrag, wenn er zum Zweck der Vorwegnahme der Erbfolge geschlossen wird. In diesem Fall liegt jedoch allenfalls eine Schenkung seitens des Übernehmers vor, sofern er die überhöhten Gegenleistungen nicht zur Erfüllung etwa einer Unterhaltspflicht übernimmt. Typischerweise enthält ein Überlassungsvertrag sowohl Elemente der gemischten Schenkung als auch der Auflagenschenkung.[29] Die Übertragung auf ein Kind ist insoweit nicht Schenkung, sondern Ausstattung (§ 1624 BGB), als sie mit Rücksicht auf dessen Verheiratung oder zur Schaffung einer Existenz für das Kind erfolgt und den Vermögensverhältnissen der Eltern angemessen ist. Die Übertragung auf den Ehegatten zur „Verwirklichung der ehelichen Lebensgemeinschaft“ wird als sog. ehebedingte Zuwendung in gewisser Hinsicht den Regeln über die Schenkung unterworfen, in anderer nicht (vgl. Rdn 741 ff.).

135 Sind die beiderseitigen Leistungen **gleichwertig** und werden sie auch von den Beteiligten als gleichwertig angesehen, so kommt es allein auf den mit dem Vertrag verfolgten **Zweck** an: Sollen vor allem gleichwertige Leistungen ausgetauscht werden, so liegt ein Kauf- oder Tauschvertrag vor. Soll dagegen vor allem die sonst erst

26 Z.B. – wie hier – für Anforderung und Prüfung der Löschungsunterlagen für die Grundschuld von z.B. 10.000 EUR.
27 BGH NJW 1989, 2122; OGHBrZ NJW 1949, 260.
28 BGH FamRZ 1967, 214; BGH NJW 2009, 1346.
29 Vgl. BGH MittBayNot 1989, 206.

beim Tode des Übergebers eintretende Nachfolge in den übertragenen Gegenstand vorgenommen werden, so handelt es sich um einen Übergabevertrag.

2. Bedeutung der Unterscheidungen

Die Frage, ob die Überlassung eine Schenkung, eine gemischte Schenkung oder eine Schenkung unter Auflage ist, erlangt Bedeutung, 136

- wenn sie nicht notariell beurkundet worden ist oder
- wenn es darum geht, ob und inwieweit die Schenkung wegen Nichterfüllung einer Auflage (§ 527 BGB) oder wegen Verarmung des Schenkers (§ 528 BGB) zurückgefordert, wegen groben Undanks des Beschenkten widerrufen (§ 530 BGB) oder ihre Erfüllung wegen Eigenbedarfs des Schenkers verweigert werden darf (§ 519 BGB).

Auf diese Rechte kann nicht im Voraus verzichtet werden. Die Unterscheidung ist ferner für die Mängelhaftung von Bedeutung.

Die Übertragung eines Grundstücks bedarf stets der **notariellen Beurkundung** (§ 311b Abs. 1 BGB). Dasselbe verlangt § 518 BGB für einen Schenkungsvertrag auch über beliebige andere Gegenstände, sofern nicht die Schenkung sofort vollzogen, der verschenkte Gegenstand also nicht sogleich übereignet bzw. abgetreten wird. Bei sofortiger Vollziehung spricht man von einer Handschenkung. Sonst liegt ein bloßes Schenkungsversprechen vor. Ein gemischtes Schenkungsversprechen bedarf nach herrschender Ansicht nur insoweit der Beurkundung, als es Schenkungsversprechen ist, also nicht für den entgeltlichen Teil. Allerdings führt der Formmangel wegen § 139 BGB (ist ein Teil nichtig, dann ist im Zweifel alles nichtig) i.d.R. zur Ungültigkeit des ganzen Vertrages, also auch des entgeltlichen Teils.[30] Bei der Schenkung unter Auflagen gibt es keinen entgeltlichen Teil, das Schenkungsversprechen unter einer Auflage ist daher stets **insgesamt** beurkundungsbedürftig. 137

Bei einer **Schenkung unter Auflage** sind die Vorschriften über das Rückforderungsrecht wegen Verarmung des Schenkers (§ 528 BGB) und Schenkungswiderruf wegen groben Undanks (§ 530 BGB) ohne Einschränkungen anwendbar).[31] Bei einer **gemischten Schenkung** hingegen erstrecken sich das Rückforderungsrecht des § 528 BGB und das Widerrufsrecht des § 530 BGB grundsätzlich nur auf den unentgeltlichen Teil, während die Rückforderung des gesamten übertragenen Gegenstands, z.B. eines Grundstücks, oder der Widerruf eines gesamten Vertrages nur dann verlangt werden können, (unter Rückgabe der Gegenleistung), wenn der unentgeltliche Teil des Rechtsgeschäfts überwiegt.[32] Ein derartiges Überwiegen des Schenkungscharakters wird bei der gemischten Schenkung, wenn die Herausgabe des Geschenks gefordert wird, angenommen, wenn die Zuwendung des Schenkers wertmäßig doppelt so hoch ist, wie die Gegenleistung des Beschenkten;[33] ist dies nicht der Fall, so kann nur Wertersatz in Höhe der Differenz zwischen Schenkung und Gegenleistung, nicht aber Herausgabe des Zuwendungsobjekts selbst verlangt werden.[34] 138

Bei der gemischten Schenkung haftet der Schenker nur für Mängel des entgeltlichen Teils der Übertragung wie ein Verkäufer voll. Seine Haftung für den geschenkten Teil ist eingeschränkt (§§ 521, 523, 524, 526 BGB). 139

3. Die mit einer Überlassung verfolgten Zwecke

Mit einer gemischten Schenkung bzw. einer Schenkung unter **Auflagen** wird, was den geschenkten Teil angeht, die **Verbesserung** der Vermögenslage des Beschenkten, und, was den entgeltlichen Teil angeht, die eigene Versorgung des Überlassers oder die Verbesserung der Vermögenslage eines Dritten (z.B. der Ehefrau oder eines anderen Kindes) angestrebt. 140

30 BeckOK-BGB/*Gehrlein*, § 516 Rn 15; MüKo-BGB/*Koch*, § 516 Rn 40.
31 Siehe *von Hoyenberg*, S. 19.
32 Grüneberg/*Weidenkaff*, § 516 Rn 16; *von Hoyenberg*, S. 17.
33 Grüneberg/*Weidenkaff*, § 516 Rn 16.
34 BGH NJW 2012, 605; Grüneberg/*Weidenkaff*, § 516 Rn 16.

Der Anstoß zu einer solchen Übergabe geht etwa von folgenden Überlegungen aus:

141 Dem Übernehmer soll, um ihm eine eigene Existenz zu verschaffen, der **Betrieb** des Übergebers ganz oder zum Teil (z.B. durch Aufnahme als Gesellschafter, Abtretung einer Gesellschaftsbeteiligung) übertragen werden, häufig verbunden mit der Vereinbarung von Versorgungsleistungen für den Übergeber, wie z.B. eine lebenslange Rente.

142 Oder der Übernehmer braucht eine eigene **Wohnung**. Er will das elterliche Haus ausbauen. Um ihm dafür die nötige Sicherheit zu verschaffen, wird ihm das Haus übertragen. Die Eltern behalten ein Wohnungsrecht.

143 Oder der Übergeber will seine **Versorgung** im Alter sichern. Er überträgt dem Kind, das ihn pflegen und unterstützen will, sein Vermögen und erhält dafür einen Anspruch auf Pflege, Beköstigung, Rente und dergleichen.

144 Oder dem Übergeber wird aufgrund vorgerückten Alters die **Verwaltung** seines Mietshauses zu beschwerlich; er überträgt es an den Übernehmer, der sich verpflichtet, an den Übergeber wiederkehrende Geldzahlungen in Höhe der erzielten Miete zu leisten.

145 Oder der Übergeber will durch die Übertragung von Vermögensgegenständen **Pflichtteilsansprüche** mindern. Nach früherem Recht blieb die Schenkung bei der Berechnung des Pflichtteilsanspruchs jedoch nur dann außer Ansatz, sofern im Zeitpunkt des Erbfalls seit der Schenkung bereits zehn Jahre verstrichen waren (§ 2325 Abs. 3 BGB a.F.). Nach der am 1.1.2010 in Kraft getretenen Neufassung des § 2325 Abs. 3 BGB ist an die Stelle des früheren Alles-oder-nichts-Prinzips ein gleitendes Abschmelzmodell getreten. Danach werden mit Vollendung jeweils eines Jahres nach Schenkungsvollzug je 10 % des Schenkungswertes von der Pflichtteilsergänzung ausgenommen, sodass z.B. bei einer Schenkung, die bereits fünf Jahre zurückliegt, nur noch 50 % des Schenkungswertes zu berücksichtigen sind. Geblieben sind allerdings die strengen Regeln zum Fristbeginn. Nach wie vor beginnt die Frist bei Übertragungen unter Ehegatten nicht vor Auflösung der Ehe. Sie beginnt zudem nur, wenn der Übergeber das übergebene Gut wirtschaftlich aus seinem Vermögen ausgliedert und die Folgen der Entäußerung selbst zu tragen hat.[35] Der Vorbehalt des uneingeschränkten Nießbrauchs lässt danach die Frist nicht anlaufen.[36] Auch die Abschmelzung beginnt in diesem Fall nicht.

146 Oder es soll bei einem großen Vermögen **Steuer** gespart werden. Überträgt der Übergeber rechtzeitig Teile seines Vermögens, so können, wenn er danach noch zehn Jahre lebt, mehrmals die Freibeträge bei der Erbschaftsteuer ausgenutzt werden. Außerdem erlangt der Übernehmer dann oft aus dem übertragenen Vermögen eigene Einkünfte, die nicht mehr bei dem zumeist stärker besteuerten Übergeber, sondern bei dem weniger verdienenden und daher niedriger besteuerten Übernehmer zur Einkommensteuer veranlagt werden. Dadurch tritt nicht selten eine beträchtliche Verminderung der Gesamtsteuerlast der Familie ein.

147 Oder der Übergeber möchte verhindern, dass, falls er irgendwann einmal pflegebedürftig werden sollte, sein Haus für die Pflegekosten verwertet wird und überträgt es dem Übernehmer, hoffend, dass der Pflegefall, wenn überhaupt, dann frühestens nach zehn Jahren und damit nach Ablauf der Ausschlussfrist für die Rückforderung wegen Verarmung des Schenkers (§§ 528, 529 BGB) eintreten möge.

Der Rückforderungsanspruch wegen Verarmung des Schenkers wird in der Praxis nur selten vom Schenker selbst, sondern sehr viel häufiger von den Sozialhilfeträgern geltend gemacht.[37] Diese können nämlich den Herausgabeanspruch des pflegebedürftigen Schenkers, der seine Heimkosten nicht tragen kann, auf sich nach § 93 SGB XII überleiten. Nach dem Wortlaut des § 528 BGB („*Soweit der Schenker (...) außerstande ist, seinen angemessenen Unterhalt zu bestreiten (...)*"), besteht der Anspruch auf Herausgabe des Geschenks nur in dem Umfang, in welchem der Schenkungsgegenstand zur Deckung des angemessenen Unterhalts des Schenkers erforderlich ist.[38] Bei einem nicht teilbaren Geschenk, wie dies bei Grundstücken der Fall ist, ist der Anspruch von vornherein auf die wiederkehrende Zahlung eines der jeweiligen Bedürftigkeit des Schenkers entsprechenden Wertanteils gerichtet (vergleichbar einer Unterhaltsrente), bis der Wert des Geschenks erschöpft ist.[39] Der Beschenkte kann die auf

35 BGH DNotZ 1987, 315; BGH DNotZ 1994, 784.

36 BGH DNotZ 1994, 784; BGH NJW 2016, 2957. Zur Frage, ob auch der Vorbehalt eines Wohnungsrechts den Anlauf der 10-Jahresfrist hindert, vgl. BGH NJW 2016, 295

37 Siehe *von Hoyenberg*, S. 4.

38 BGH NJW 2003, 2449, 2450.

39 BGH NJW 2003, 2449, 2450; BGH NJW 1985, 2419.

§ 528 BGB gestützte Zahlungspflicht abwenden, wenn er dem Sozialhilfeträger die Rückübertragung des geschenkten Grundstücks anbietet.[40]

4. Inhalt von Überlassungsverträgen

a) Leistungen des Übergebers

Die gemischte Schenkung bzw. Schenkung unter Auflagen besteht regelmäßig in der Übertragung eines Gegenstandes (z.B. Hausgrundstück) oder einer Gesamtheit von Gegenständen (Betrieb). Allerdings kann die Leistung des Schenkers auch etwa im Erlass einer Forderung bestehen. 148

Für die Übertragung der Gegenstände gelten die allgemeinen Regeln: Ein Grundstück muss aufgelassen, seine Umschreibung im Grundbuch bewilligt werden. Ein GmbH-Anteil oder ein Erbanteil muss mit dinglicher Wirkung in einem (beurkundungsbedürftigen) Vertrag übertragen werden. Dazu müssen beide Beteiligte erklären, dass sie über den Rechtsübergang einig sind. Eine Forderung, etwa ein Sparbuch, muss abgetreten werden. Ein beweglicher Gegenstand (Auto, Hausrat) muss übereignet werden.

Zwar werden zumeist das dingliche Erfüllungsgeschäft und der schuldrechtliche Vertrag, in dem der Übergeber sich dazu verpflichtet (hier: das Schenkungsversprechen), zusammen beurkundet. Dennoch handelt es sich um zwei rechtlich getrennte Vorgänge. Der dingliche Vertrag ist grundsätzlich vom schuldrechtlichen unabhängig (abstrakt). Daher kann das Erfüllungsgeschäft wirksam sein und bleiben, auch wenn das Verpflichtungsgeschäft ungültig ist oder nachträglich wegfällt (etwa durch Anfechtung, Rücktritt oder Widerruf).

b) Gegenleistungen des Übernehmers

Die Gegenleistungen des Übernehmers können von der verschiedensten Art sein. Wir wollen hier die in der Praxis am häufigsten vorkommenden Vereinbarungen darstellen und dabei auch die dem Übergeber vorbehaltenen Rechte mit darunter verstehen. 149

aa) Rente, dauernde Last

Bei der Übertragung werden oft **Rentenzahlungen** an den Übergeber und seinen Ehegatten bis zum Tode des Längstlebenden von ihnen **(Leibrente)** vereinbart. Wird die Höhe der Rente auch von der Leistungsfähigkeit des Übernehmers und/oder dem Bedarf des Übergebers abhängig gemacht, so handelt es sich um eine sog. **dauernde Last**. Wird deren Höhe von den wirtschaftlichen Verhältnissen der Beteiligten abhängig gemacht, so ist die für das Grundbuch erforderliche Bestimmbarkeit der Reallast, mit der sie üblicherweise gesichert wird, nur in Höhe des Ausgangsbetrages gegeben (vgl. nachfolgendes Muster „Dauernde Last"). Die Rente kann auch für eine bestimmte Zeit (sog. **Zeitrente**) oder mit der Maßgabe vereinbart werden, dass sie sich beim Tode des ersten von mehreren Berechtigten um einen bestimmten Prozentsatz verringert. Um den Auswirkungen der Geldentwertung zu entgehen, wird die Höhe der Rente regelmäßig von der Entwicklung der Lebenshaltungskosten (Verbraucherpreisindex) oder bestimmter Einkommen (Beamtengehalt, Renten der gesetzlichen Rentenversicherung) abhängig gemacht (sog. Wertsicherungsklausel). Bei der Koppelung an die Lebenshaltungskosten erhält der Berechtigte jeweils einen Betrag, mit dem er sich immer annähernd das Gleiche kaufen kann; bei der Koppelung an ein Einkommen nimmt er darüber hinaus an der allgemeinen Wohlstandsentwicklung teil (Erläuterungen zur Wertsicherungsklausel vgl. Rdn 256 ff.). 150

Nicht selten soll die Höhe der Rente vom Ertrag des zu übertragenden Gegenstandes abhängig sein. Dann koppelt man sie an den Umsatz oder den Gewinn daraus, nach unten zumeist von einem Mindestbetrag, nach oben oft auch von einem Höchstbetrag begrenzt. Sofern Grundbesitz übertragen wird, bietet es sich an, die Rente durch die Eintragung einer Reallast oder einer Höchstbetragssicherungshypothek im Grundbuch zu sichern. 151

▼ 152

Muster 4.31: Überlassungsvertrag – Rente

Die Übernehmer verpflichten sich als Gesamtschuldner, an den Übergeber und dessen Ehefrau Anna geborene Schmitz als Gesamtberechtigte und auf deren Lebenszeit eine Rente von ______ EUR – in Worten: 4.31

40 BGH DNotZ 2011, 31.

EUR – im Monat zu zahlen. Sie ist spätestens am Werktag eines jeden Monats fällig, erstmal am . Nach dem Tode des Erstversterbenden der Berechtigten verringert sie sich um .

Wegen dieser Zahlungsverpflichtungen unterwerfen sich die Übernehmer als Gesamtschuldner der sofortigen Zwangsvollstreckung aus dieser Urkunde.

Veränderungen im Bedarf der Berechtigten oder in der Leistungskraft der Verpflichteten sind ohne Einfluss auf die Höhe der Rente. Sie verändert sich jedoch im selben Verhältnis, wie sich in Zukunft, bezogen auf den ersten Tag des auf die Beurkundung dieses Vertrages folgenden Monats, die Altersrenten in der gesetzlichen Rentenversicherung verändern.

(Oder): das monatliche Grundgehalt eines Bundesbeamten in der Besoldungsgruppe A 13 und der Dienstaltersstufe 3 ohne einmalige oder dauernde Zuschläge.

(Oder): der Verbraucherpreisindex für Deutschland

Eine Anpassung soll jedoch nur vorgenommen werden, wenn sich eine Veränderung der Rentenhöhe um mindestens % ergibt. Der geänderte Rentenbetrag ist vom nächsten Monat an zu zahlen, der auf die berechtigte Geltendmachung des Anpassungsanspruchs folgt. Dieser wirkt also nicht auf den Zeitpunkt zurück, von dem ab eine Anpassung hätte verlangt werden können.

Sollte die vereinbarte Wertsicherungsklausel nach dem Preisklauselgesetz nicht zulässig sein, so bleibt der Vertrag im Übrigen wirksam. Die Beteiligten sind dann verpflichtet, eine zulässige Wertsicherung zu vereinbaren, die der hier vereinbarten im wirtschaftlichen Ergebnis möglichst nahe kommt.

Zur Sicherung der Rente bewilligen und beantragen wir die Eintragung einer Reallast für den Übergeber und dessen Ehefrau als Gesamtberechtigte nach § 428 BGB auf dem übertragenen Grundbesitz in Höhe des Ausgangsbetrages von 1.000 EUR monatlich und mit Rang nach dem Wohnungsrecht.

Die Berechtigten verpflichten sich, mit dieser Reallast hinter ein Grundpfandrecht von bis zu 50.000 EUR nebst bis zu 18 % Jahreszinsen und bis zu 10 % einmaliger Nebenleistung zurückzutreten, wenn bei dem Grundpfandrecht für sie eine Löschungsvormerkung eingetragen wird und die Gläubigerbank ihnen gegenüber die Verpflichtung übernimmt

a) dafür einzustehen, dass das Darlehen ausschließlich zur Bezahlung von Handwerkerrechnungen für Renovierungs- und Erweiterungsarbeiten auf dem übertragenen Grundbesitz verwendet wird,

b) mit dem Grundpfandrecht nur dieses Darlehen zu sichern,

c) Löschungsbewilligung auch dann zu erteilen, wenn ihr noch sonstige Ansprüche gegen die Übernehmer oder deren Rechtsnachfolger zustehen,

d) auf Verlangen der Übergeber auch Teillöschungsbewilligungen in Höhe der nicht entstandenen oder nicht mehr bestehenden Teile der Darlehensforderung zu erteilen, jedoch jeweils nur in Teilen von 10.000 EUR,

e) das Grundpfandrecht nicht abzutreten.

▲

153 ▼

Muster 4.32: Überlassungsvertrag – Dauernde Last

4.32

Als dauernde Last verpflichten sich die Übernehmer als Gesamtschuldner zur Zahlung eines monatlichen Betrages von zunächst EUR – in Worten: EUR – an den Übergeber und dessen Ehefrau als Gesamtberechtigte gemäß § 428 BGB auf deren Lebenszeit. Der Betrag ist monatlich im Voraus bis zum Tag des Monats zu zahlen, erstmals am Tag des Monats, der auf die Beurkundung dieses Vertrages folgt.

Wegen dieses Betrages unterwerfen sich die Übernehmer als Gesamtschuldner der sofortigen Zwangsvollstreckung aus dieser Urkunde. Wir bewilligen und beantragen die Eintragung einer Reallast für die Übergeber als Gesamtberechtigte nach § 428 BGB auf dem übertragenen Grundbesitz zur Sicherung ihrer Ansprüche auf Leistung dieser Geldbeträge.

Schuldrechtlich gilt Folgendes:

Die Höhe der dauernden Last soll abhängig sein

a) von der Entwicklung der Währungs- und Preisverhältnisse,

b) von der gesamtwirtschaftlichen Entwicklung, insbesondere von der Entwicklung des allgemeinen Lebensstandards,

c) von der Leistungskraft der Übernehmer, insbesondere der Gewinnentwicklung des übertragenen Betriebes,

d) von dem sich möglicherweise ändernden Bedarf der Berechtigten. Ein etwaiger Mehrbedarf der Berechtigten, der sich daraus ergibt, dass diese das übertragene Anwesen, aus welchem Grund auch immer, verlassen, berechtigt jedoch nicht zu einer Abänderung der dauernden Last.

Die dauernde Last steht dem Überlebenden der Berechtigten ungeschmälert zu, mindert sich also durch den Tod des Erstversterbenden nicht. Einigen sich die Beteiligten nicht über eine Anpassung, so ist sie von einem von der Industrie- und Handelskammer Köln zu benennenden vereidigten Sachverständigen als Schiedsgutachter verbindlich festzustellen. Dessen Gebühren zahlt derjenige, der mit seinem letzten Angebot weiter von der vom Schiedsgutachter festgelegten Zahlungshöhe entfernt lag, bei gleichem Abstand beide je zur Hälfte. Die geänderte Zahlungshöhe ist rückwirkend von dem 1. des Monats an maßgebend, der auf das begründete Änderungsbegehren folgt.

(Sicherung durch Reallast etc. siehe oben Rdn 154.)

▲

bb) Nießbrauchsrecht

Statt einer Rente behält sich der Übergeber in anderen Fällen ein **Nießbrauchsrecht** vor. Dabei bleiben ein Teil der Herrschaftsgewalt (Besitz, § 1036 BGB) und der Ertrag (Nutzung, § 1030 BGB) beim Übergeber. Bei einem vermieteten Objekt steht daher dem Übergeber aufgrund des Nießbrauchsrechts weiterhin die Miete zu und er bleibt trotz der Übertragung Vermieter, mit allen damit verbundenen Mühen und Unannehmlichkeiten. 154

Beim **vorbehaltenen Nießbrauch** („Vorbehaltsnießbrauch") kann nicht der neue Eigentümer die Absetzungen für Abnutzung (sog. AfA) geltend machen, wohl aber der Nießbraucher, beim zugewendeten Nießbrauch („Zuwendungsnießbrauch") keiner von beiden. 155

Der **vermachte Nießbrauch** wird wie der vorbehaltene behandelt. Weil der Eigentümer eines nießbrauchbelasteten Grundstücks keine Einkünfte erzielt, kann er auch keine Werbungskosten geltend machen. Um die nach dem Gesetz dem Eigentümer obliegenden außergewöhnlichen Unterhaltungskosten (§ 1041 BGB) absetzbar zu machen, werden sie oft vertraglich dem Nießbraucher auferlegt. Damit das für diesen nicht zu einer untragbaren Belastung wird, kann ihm das Recht eingeräumt werden, unter Verzicht auf das Nießbrauchsrecht die Zahlung einer Leibrente oder dauernden Last verlangen zu können, die durch die Eintragung einer Reallast zu sichern ist. 156

Im Hinblick auf etwaige **Pflichtteilsergänzungsansprüche** (§ 2325 BGB) ist bei einer Übertragung unter Nießbrauchsvorbehalt Folgendes zu beachten: 157

- Die Zehnjahresfrist des § 2325 Abs. 3 S. 2 BGB beginnt nicht zu laufen.[41]
- Für die Berechnung des Anspruchs sind nach der Rechtsprechung[42] – zunächst noch ohne Berücksichtigung des vorbehaltenen Nutzungswerts – die inflationsbereinigten Verkehrswerte des Zuwendungsobjekts

41 BGH NJW 1994, 1791; BGH NJW 2016, 2957.
42 BGH NJW 1992, 2887.

im Zeitpunkt der Übertragung und im Zeitpunkt des Erbfalls gegenüberzustellen. Maßgeblich ist der geringere Wert von beiden (Niederstwertprinzip, § 2325 Abs. 2 S. 2 Halbs. 2 BGB). War der Wert im Zeitpunkt der Übertragung der niedrigere von beiden, so sind in einem zweiten Schritt die kapitalisierten Nutzungen (der Wert des Nießbrauchs) von dem Wert des Zuwendungsobjektes abzuziehen. Der danach verbleibende Restwert ist sodann unter Berücksichtigung des Kaufkraftschwundes auf den Todestag des Erblassers umzurechnen und unterliegt der Pflichtteilsergänzung. War dagegen der Wert im Zeitpunkt des Erbfalls geringer als der im Zeitpunkt der Übertragung, so bleibt das vorbehaltene Nutzungsrecht für die Pflichtteilsergänzung gänzlich unberücksichtigt.

Beispiel nach Heinrichs[43]

Betrug der – inflationsbereinigte – Wert eines unter Nießbrauchsvorbehalt zugewendeten Grundeigentums zum Zeitpunkt der Schenkung 100.000 EUR und im Zeitpunkt des Erbfalls 120.000 EUR, während der Wert des vorbehaltenen Nießbrauchsrechts 70.000 EUR betrug, so wäre ein Betrag von 30.000 EUR als geschenkt anzusehen und für die Pflichtteilsergänzung dem Nachlass hinzuzurechnen. Hätte dagegen der – inflationsbereinigte – Wert des Grundbesitzes zum Zeitpunkt des Erbfalls aber nur 99.000 EUR betragen, wären dem Nachlass 99.000 EUR für die Pflichtteilsergänzung hinzuzurechnen.

158 Soll der Übernehmer den unmittelbaren Besitz erhalten, so vermietet oder verpachtet der Übergeber ihm im Rahmen des Übergabevertrages (bis zur Beendigung des Nießbrauchsrechts) den übertragenen Gegenstand (Betrieb).

(Wegen der Einzelheiten siehe § 4 Rdn 370 ff.).

159 ▼

Muster 4.33: Überlassungsvertrag - Nießbrauch

4.33

Der Übernehmer räumt dem Übergeber und – aufschiebend bedingt auf den Tod des Übergebers – auch dessen Ehefrau , geborene an allen übertragenen Gegenständen ein lebenslängliches und unentgeltliches Nießbrauchsrecht ein.

Auf dem übertragenen Grundbesitz bewilligen und beantragen wir die Eintragung eines Nießbrauchsrechts für den Übergeber und eines durch dessen Tod aufschiebend bedingten Nießbrauchsrechts für dessen Ehefrau , geborene , jeweils mit dem Vermerk, dass zur Löschung der Nachweis des Todes des Berechtigten genügt. Der Jahreswert des Nießbrauchsrechts beträgt EUR.

Abweichend von den gesetzlichen Regelungen vereinbaren wir schuldrechtlich:

1. Die Nießbraucher tragen die etwaige, durch diesen Vertrag ausgelöste Schenkungsteuer und Grunderwerbsteuer sowie außer den Zinsen auch die fällig werdenden Tilgungsbeträge für die auf dem übertragenen Grundbesitz dinglich gesicherten Verbindlichkeiten, ferner die außergewöhnlichen Unterhaltungskosten.
2. Die Nießbraucher sind berechtigt, im forstrechtlich zulässigen Umfang den nießbrauchunterworfenen Wald abzuholzen, ohne zur Wiederaufforstung verpflichtet zu sein (Kahlschlagsrecht).
3. An der übertragenen Gesellschaftsbeteiligung sollen die Nießbraucher im zulässigen Umfang die Rechtsstellung als Gesellschafter behalten (was nur möglich ist, wenn der Gesellschaftsvertrag es zulässt oder alle Gesellschafter zustimmen), also auch das Stimmrecht. Sofern letzteres nicht zulässig sein sollte, erteilt der Übernehmer den Nießbrauchern eine gemeinsam auszuübende Stimmrechtsvollmacht, die unwiderruflich und befreit von den Beschränkungen des § 181 BGB sein soll. Bei Kapitalerhöhungen unterfallen die neuen Anteile dem Nießbrauchsrecht. Wird das Kapital aus Mitteln der Gesellschafter erhöht, so haben die Nießbraucher im Innenverhältnis davon (oder: , alles, nichts) zu tragen.

43 MittRhNotK 1995, 157, 165 ff.; vgl. auch Hannes/*Roemer*, S. 51 f.

(Oder): An der übertragenen Gesellschaftsbeteiligung sind die Rechte der Nießbraucher darauf beschränkt, die Auszahlung des ausgeschütteten Reingewinns verlangen zu können. Alle anderen Rechte, insbesondere das Stimmrecht, stehen dem Übernehmer zu. Bei Kapitalerhöhungen (...) etc.

(Oder): In Ausübung des Nießbrauchsrechts verpachten hiermit der Übergeber und seine Ehefrau dem Übernehmer das auf dem Grundstück Flur Nummer betriebene Hotel für die Dauer von Jahren und gegen einen Pachtzins von monatlich EUR – in Worten: EUR. Im Einzelnen vereinbaren wir dazu Folgendes (...).

▲

cc) Abstandsgeld

Statt einer Rente oder des Nießbrauchsrechts, gelegentlich aber auch zusätzlich dazu, wird manchmal eine einmalige Geldleistung des Übernehmers an den Übergeber vereinbart (sog. *Abstandsgeld* oder *Übergabepreis*). Damit soll in der Regel ein bereits erkennbarer Geldbedarf des Übergebers (etwa für die Beschaffung einer Wohnung) oder ein möglicherweise in Zukunft entstehender zusätzlicher Bedarf (bei Krankheit, für die Ausstattung anderer Kinder etc.) befriedigt werden. Oft will der Übergeber auch nur ein erhöhtes Gefühl der Sicherheit gegen die Wechselfälle des Lebens behalten oder den Übernehmer mit der Möglichkeit der Geltendmachung dieser Forderung zu Wohlverhalten drängen können. 160

Sofern der Eintritt des Bedarfs nicht von vornherein für sicher gehalten wird, machen die Beteiligten die Fälligkeit der Forderung meistens von einer besonderen Geltendmachung durch den Übergeber abhängig. Um den Übernehmer dadurch nicht in Verlegenheit kommen zu lassen, werden je nachdem höhere oder geringere Teilbeträge pro Jahr abrufbar gemacht. Nicht selten wird vereinbart, dass der beim Tode des Berechtigten noch nicht abgerufene Übergabepreis erlassen sein soll.

Zur Sicherung dieser Forderung bieten sich eine Höchstbetragssicherungshypothek oder eine nicht abtretbare Buchgrundschuld an. Bei der Überlassung von Betriebsvermögen ist die Vereinbarung eines Abstandsgeldes zumeist steuernachteilig.

▼ 161

Muster 4.34: Überlassungsvertrag – Abstandsgeld, Übergabepreis

Der Übergeber erhält ein Abstandsgeld (Übergabepreis) von EUR – in Worten: EUR –. Es ist nicht zu verzinsen und kann mit einer Frist von Monat in Teilbeträgen von höchstens insgesamt EUR im Kalenderjahr abgerufen werden. Beim Tode des Übergebers geht die Forderung auf dessen Ehefrau über. Was beim Tode des Überlebenden von beiden noch nicht abgerufen worden ist, wird kraft hiermit getroffener Vereinbarung den Übernehmern erlassen. 4.34

(Gegebenenfalls Unterwerfung unter die sofortige Zwangsvollstreckung und Bewilligung einer Hypothek oder Grundschuld.)

▲

dd) Wohnungsrecht

Wenn nur die Wohnbedürfnisse des Übergebers und seines Ehegatten bis zum Tode befriedigt werden sollen, ohne dass sie dafür das ganze Haus benötigen, wird ein **Wohnungsrecht** (§ 1093 BGB) vereinbart. Dabei muss zur Wahrung des sachenrechtlichen Bestimmtheitsgrundsatzes genau beschrieben werden, auf welche Räume es sich beziehen soll. Auch wird zumeist ausdrücklich vereinbart, dass das Wohnungsrecht sich auch auf die Mitbenutzung der gemeinschaftlich genutzten Räume, Anlagen und Einrichtungen (Keller, Flur, Speicher, Bad, Garten, Garage etc.) erstreckt und den freien Zu- und Umgang einschließt. Erforderlich ist dies insbesondere im Hinblick auf die Mitbenutzung von Garten und Garage, da sich das Recht zu deren Mitbenutzung nicht ohne Weiteres aus § 1093 Abs. 3 BGB ergeben soll. 162

Das Wohnungsrecht als dingliches Recht ist stets **unentgeltlich**. Jedoch kann schuldrechtlich ein Entgelt vereinbart werden. Das Wohnungsrecht berechtigt dazu, die Wohnung selbst oder durch Familienmitglieder (§ 1093 Abs. 2 BGB) zu benutzen. Die Überlassung der Ausübung an andere ist nur gestattet, wenn dies vereinbart worden war. Es ist nicht vererblich (im Übrigen vgl. Rdn 364 ff.).

163 Probleme können entstehen, wenn der Wohnungsberechtigte nicht mehr in der Lage ist, sein Wohnungsrecht auszuüben, z.B. weil er aufgrund Pflegebedürftigkeit in ein Alten- oder Pflegeheim aufgenommen wird. In diesen Fällen entspricht es regelmäßig nicht dem Willen der Beteiligten, wenn Dritte, z.B. das Sozialamt, Ansprüche gegen den Übernehmer wegen des zwar nicht mehr ausgeübten, aber trotz Auszugs fortbestehenden Wohnungsrechts[44] stellen. Hier kann es sich empfehlen, im Übertragungsvertrag zu vereinbaren, dass das Wohnungsrecht entschädigungslos erlischt, wenn der Wohnungsberechtigte aus dem Wohnobjekt auszieht. Die Rechtsprechung hält solche Vereinbarungen, sofern nicht besondere erschwerende Umstände hinzukommen, für wirksam.[45]

164 ▼

Muster 4.35: Überlassungsvertrag – Wohnungsrecht

4.35 Der Übergeber und – aufschiebend bedingt auf dessen Tod – auch dessen Ehefrau ___ geborene ___ erhalten an folgenden Räumen des übertragenen Hauses Flur ___ Flurstück ___ ein Wohnungsrecht:

a) ___,

b) ___,

c) ___.

Das Wohnungsrecht umfasst das Recht zur Mitbenutzung der gemeinschaftlich genutzten Räume, Einrichtungen und Anlagen, insbesondere des Kellers, des Flures, des Bades, der Toiletten, des Speichers, des Gartens und der Garage. Seine Ausübung darf keinem Dritten überlassen werden. Verlässt der Wohnungsberechtigte die Wohnung auf Dauer, so erlischt das Wohnungsrecht in seiner Person entschädigungslos. Er hat in diesem Fall das Wohnungsrecht auf Verlangen und Kosten des Eigentümers in grundbuchmäßiger Form zur Löschung zu bewilligen.

Den Jahreswert des Wohnungsrechts geben wir mit ___ EUR an.

Wir bewilligen und beantragen auf dem Grundstück Flur ___ Flurstück ___ mit Rang vor den Versorgungsreallasten einzutragen:

Ein Wohnungsrecht für den Übergeber ___ sowie ein – durch den Tod des Übergebers Peter Meier aufschiebend bedingtes – Wohnungsrecht für dessen Ehefrau ___ geborene ___.

▲

ee) Ver- und Entsorgung

165 Mit dem Wohnungsrecht verbunden wird i.d.R. eine Vereinbarung darüber, wer die auf die überlassene Wohnung entfallenden **Kosten für Strom, Heizung, Müllabfuhr und Wasser einschließlich Abwasser** trägt: der Übernehmer, der Übergeber oder beide zu einem bestimmten Teil.

▼

Muster 4.36: Überlassungsvertrag – Strom, Heizung und Wasser

4.36 Die Übernehmer verpflichten sich als Gesamtschuldner, für den Übergeber und dessen Ehefrau Zeit deren Lebens die Kosten von Strom, Heizung, Müllabfuhr, Wasser und Abwasser zu tragen.

▲

ff) Beköstigung

166 Die Versorgung des Übergebers wird gelegentlich auch auf seine **Beköstigung** erstreckt. Dabei wird zumeist ausdrücklich vermerkt, dass sie „am gemeinschaftlichen Tisch“ zu erfolgen hat, damit der Übergeber nicht an einen „Katzentisch“ gesetzt oder mit minderwertiger Kost abgespeist werden kann. Ihm wird einseitig das Recht zuzubilligen sein, verlangen zu können, dass ihm das Essen (etwa bei Krankheit oder bei Streit) in

44 Auch bei einem Umzug des Wohnungsberechtigten in ein Pflegeheim bleibt das Wohnungsrecht bestehen, vgl. BGH NJW 2007, 1884; BGH NJW 2009, 1348.

45 BGH NJW 2009, 1346; *Herrler*, DNotZ 2009, 408, 423.

seiner Wohnung verabreicht wird. Soll sich der Übergeber an den Kosten der Ernährung beteiligen, so empfiehlt es sich, dafür den monatlichen Geldbetrag zu bestimmen, der anfangs bezahlt wird, mit der Maßgabe, dass er sich entsprechend verändert, wenn sich die Lebenshaltungskosten (Verbraucherpreisindex) oder etwa die Altersrenten in der gesetzlichen Rentenversicherung ändern. Statt der Beköstigung am gemeinschaftlichen Tisch wird gelegentlich auch (noch) vereinbart, dass der Übernehmer dem Übergeber eine gewisse Menge Lebensmittel aus dem eigenen Betrieb oder Geschäft zur Verfügung stellen muss (Deputat, Naturalaustrag).

▼

Muster 4.37: Überlassungsvertrag – Beköstigung

Die Übernehmer verpflichten sich, den Übergeber und dessen Ehefrau auf Lebenszeit unentgeltlich am gemeinschaftlichen Tisch zu beköstigen. Die Berechtigten können verlangen, dass ihnen Speise und Trank in ihre Wohnung gebracht wird. Im Krankheitsfalle ist ihnen Diät- oder Schonkost zu reichen. 4.37

(Oder): Der Übergeber und seine Ehefrau beteiligen sich an den Kosten für die Verpflegung mit monatlich EUR. Dieser Betrag verändert sich im selben Verhältnis, wie sich in Zukunft die Altersrenten in der gesetzlichen Rentenversicherung verändern, und zwar ab dem Monat, der auf das Anpassungsverlangen folgt.

▲

gg) Pflege

Vor allem in ländlichen Regionen und im Rahmen von Hofübergabeverträgen verpflichtet sich der Übernehmer 167
nicht selten, jedoch regional unterschiedlich und mit rückläufiger Tendenz, den Übergeber und dessen Ehegatten entweder ab sofort oder bei Bedarf unentgeltlich zu pflegen oder für ihre Pflege aufzukommen. Damit soll im Rahmen der Möglichkeiten des Übernehmers dem Übergeber und seinem Ehegatten der Wegzug in ein Alten- und Pflegeheim erspart werden. Wird der Übergeber, zu dessen Pflege im übertragenen Anwesen sich der Übernehmer verpflichtet hatte, in einem Pflegeheim untergebracht, so soll der Übernehmer auch ohne besondere Abrede verpflichtet sein, sich in Höhe der ersparten Aufwendungen an den Heimkosten zu beteiligen.[46] Das gilt jedoch nicht, wenn die Parteien vereinbaren, dass die Pflegeverpflichtung entschädigungslos ruhen solle, wenn der Übernehmer nicht mehr im übertragenen Objekt wohnt, insbesondere wegen Aufnahme in ein Alten- und Pflegeheim. Eine solche Vereinbarung (sog. Wegzugsklausel) verstößt, sofern nicht weitere erschwerende Umstände hinzutreten, auch nicht gegen die guten Sitten (§ 138 BGB).[47]

▼

Muster 4.38: Überlassungsvertrag – Pflege

Der Übernehmer hat seinen Eltern auf deren Lebenszeit bei Krankheit und Gebrechlichkeit sorgsame Pflege und hauswirtschaftliche Versorgung in den Räumen des übertragenen Hofanwesens zu gewähren. 4.38

Zur Pflege gehört insbesondere die Hilfe bei Aufstehen und Zu-Bett-Gehen, An- und Auskleiden, Nahrungsaufnahme und Körperpflege sowie die Verabreichung von Medikamenten. Die Pflegeverpflichtung umfasst nicht Leistungen, die nur von geschultem Personal erbracht werden können. Dauerpflege ist nur in dem Umfang zu erbringen, der einschließlich der notwendigen hauswirtschaftlichen Verrichtungen für die Übergeber nach dem Urteil des Hausarztes der Übergeber einen durchschnittlichen Zeitaufwand von insgesamt zwei Stunden täglich nicht überschreitet.

Zur hauswirtschaftlichen Versorgung gehören insbesondere die Verrichtung der anfallenden häuslichen Arbeiten wie Reinigung der Wohnung, der Kleidung, der Wäsche und des Schuhwerks, Geschirrspülen sowie die Verköstigung der Berechtigten zu allen Mahlzeiten mit Speisen und Getränken, die dem Alters- und Gesundheitszustand der Berechtigten entsprechen. Die Kosten für die Beschaffung der hierfür erforderlichen Lebensmittel müssen die Berechtigten jedoch selbst tragen.

46 BGH DNotZ 2002, 702; BGH RNotZ 2003, 450.
47 BGH DNotZ 2009, 441.

Die Verpflichtung zur Pflege und hauswirtschaftlichen Versorgung ruht entschädigungslos, wenn sich der Pflegeberechtigte nicht mehr in dem übertragenen Hofanwesen aufhält.

Ein etwaiges Pflegegeld steht den Pflegeberechtigten zu, die es zur Deckung etwaiger Pflegekosten zu verwenden haben. Soweit ihnen solche Kosten aufgrund der Leistung des Übernehmers nicht oder nicht in vollem Umfang entstehen, haben sie das Pflegegeld dem Übernehmer zu überlassen.

▲

Die Beschränkung der Pflegepflicht auf die Dauer des Aufenthalts der Berechtigten in dem übertragenen Anwesen verhindert nicht, dass der Übernehmer aus einem übergeleiteten Anspruch auf Herausgabe wegen Notbedarfs (§ 528 BGB) in Höhe des Werts des Geschenks zehn Jahre lang vom Sozialhilfeträger in Anspruch genommen werden kann, wenn dieser für Pflegeleistungen des Übergebers in einem Pflegeheim in Vorlage getreten ist.

Zur näheren Bestimmung des Umfangs der Pflegeverpflichtung und damit auch zu ihrer Begrenzung wurde bisher in notariellen Verträgen häufig auf die Pflegestufen nach dem Pflegeversicherungsgesetz (§ 15 SGB XI) Bezug genommen. Die am 1.1.2017 in Kraft getretene Neuregelung der §§ 14 und 15 SGB XI hat insoweit zu einschneidenden Änderungen geführt.[48] § 15 Abs. 3 SGB XI n.F. sieht nicht mehr die aus dem früheren Recht bekannten drei Pflegestufen, sondern fünf Pflegegrade vor. Die bisherige Orientierung am Zeitaufwand für die Pflege ist weggefallen. Stattdessen werden nunmehr Punktwerte ermittelt. Entsprechend dem erreichten Gesamtpunktwert erfolgt die Einordnung in eine der Pflegegrade, die von Pflegegrad 1 (geringe Beeinträchtigung der Selbstständigkeit oder der Fähigkeiten) bis Pflegegrad 5 (schwerste Beeinträchtigung der Selbstständigkeit oder der Fähigkeiten mit besonderen Anforderungen an die pflegerische Versorgung) reichen. Die gesetzliche Neuregelung lässt es ratsam erscheinen, die geschuldeten Pflegeleistungen und den zeitlichen Umfang der zu erbringenden Tätigkeiten (Begrenzung des geschuldeten täglichen Zeitaufwands) vertraglich genauer zu konkretisieren.[49]

Fraglich ist, wie zu verfahren ist, wenn in vor dem 1.1.2017 geschlossenen Verträgen zur Konkretisierung der geschuldeten Pflegeverpflichtung auf eine der drei Pflegestufen des bisherigen Rechts Bezug genommen wurde.[50] Sofern die Beteiligten nicht bereits ausdrücklich vereinbart hatten, dass die bei Vertragsschluss gültige Fassung des § 15 SGB XI maßgeblich sein solle, dürfte sich deren Geltung jedenfalls in der Regel im Wege der ergänzenden Vertragsauslegung ergeben.[51] Auch dann können sich freilich nach der gesetzlichen Neufassung Schwierigkeiten ergeben, da der Medizinische Dienst keine Einstufung nach den alten Pflegstufen und keine Feststellung des für die Pflege erforderlichen Zeitaufwands vornehmen wird, so dass im Streitfall evtl. nur die Klärung durch einen Gutachter bleibt.[52]

168 Die Geschwister des Übernehmers legen häufig Wert darauf, dass sie im Falle der Pflegebedürftigkeit ihrer Eltern nicht für die entstehenden Heimkosten in Anspruch genommen werden. Sie begründen dies damit, dass der Übernehmer das Anwesen zu Gegenleistungen weit unter seinem Verkehrswert bekommen habe, sie also ein Opfer gebracht hätten und deshalb nicht zu zusätzlichen Leistungen für die Eltern herangezogen werden möchten. Dies kann in Anbetracht der hohen Pflege- und Heimkosten bei einer nicht ausreichenden Leistungskraft des Übernehmers zu einem unlösbaren Problem führen. Deshalb sollte eine solche Freistellungspflicht, wenn sie denn schon vereinbart wird, zumindest betragsmäßig begrenzt werden.

▼

4.39

Muster 4.39: Überlassungsvertrag – Freistellung der Geschwister von der Haftung für Sozialhilfeleistungen

Die Möglichkeit, dass der Sozialhilfeträger den Anspruch auf Herausgabe wegen Notbedarfs nach § 528 BGB auf sich überleitet und den Übernehmer daraus in Anspruch nimmt, wurde uns erläutert. Der Übernehmer hat seine Geschwister und deren Abkömmlinge von ihrer gesetzlichen Unterhaltspflicht gegenüber

48 Hierzu und zum Folgenden vgl. DNotI-Report 2016, 194.

49 DNotI-Report 2016, 194.

50 Ausführlich hierzu *Krauß*, Vermögensnachfolge in der Praxis, Rn 2302 ff.

51 DNotI-Report 2016, 194; zu möglichen Alternativen *Krauß*, Vermögensnachfolge in der Praxis, Rn 2302.

52 DNotI-Report 2016, 194.

dem Übergeber freizustellen. Die Freistellungsverpflichtung ist begrenzt auf einen Betrag von 400 EUR monatlich und insgesamt auf einen Betrag von 50.000 EUR.

▲

hh) Begräbnis, Grab, Grabpflege

Oft legt der Übergeber besonderes Gewicht darauf, dass sich der Übernehmer verpflichtet, ihm ein *„standes-* 169
gemäßes christliches Begräbnis" zu bereiten, für ihn ein Grab zu kaufen, darauf einen Grabstein zu errichten und das Grab zu pflegen und zu schmücken. Dafür soll der Übernehmer dann i.d.R. das Sterbegeld von einer etwaigen Sterbegeldversicherung erhalten.

▼

Muster 4.40: Überlassungsvertrag – Begräbnis, Grabpflege

Die Übernehmer haben sowohl dem Übergeber als auch seiner Ehefrau ein standesgemäßes christliches 4.40
Begräbnis zu bereiten. Beim Tode des ersten von ihnen haben sie auf die längstmögliche Zeit ein Doppelgrab zu besorgen. Alle Kosten tragen die Übernehmer. Dafür erhalten sie das etwaige Sterbegeld in voller Höhe.

Sofern nach dem Tode des Übergebers und seiner Ehefrau noch kein Grabstein vorhanden sein sollte, haben die Übernehmer einen standesgemäßen, im Übrigen ortsüblichen Grabstein zu beschaffen und die damit verbundenen Kosten zu tragen. Das Grab des Übergebers und seiner Ehefrau haben die Übernehmer den örtlichen Gepflogenheiten gemäß zu pflegen und zu schmücken.

▲

ii) Umwandlungsrecht

Für den Fall, dass der Übergeber aus der Wohnung auszieht und damit die geldwerten Leistungen (Wohnung, 170
Strom, Heizung, Wasser, Beköstigung, Pflege etc.) nicht mehr in Anspruch nehmen kann, wird gelegentlich vereinbart, dass er das Recht haben soll, ersatzweise eine angemessene, mit der Geldentwertung steigende Geldsumme zu verlangen (Umwandlungsrecht). Der Geldbetrag bemisst sich meistens nicht nach den Kosten, die für die Selbstversorgung entstehen, weil diese unverhältnismäßig höher sind als die Kosten bei Naturalleistung. Der Übergeber soll vielmehr in diesem Fall i.d.R. einen Teil der Mehrkosten selbst tragen. Das hemmt zugleich seinen Entschluss, bei aufkommenden Streitigkeiten allzu schnell das Weite zu suchen. Zumeist wird zusätzlich bestimmt, dass das Umwandlungsrecht überhaupt nur entstehen soll, wenn der Übernehmer oder dessen Angehörige nachweisbar, schuldhaft und in grober, nachhaltiger Weise ihre Pflichten verletzen oder den Übergeber und/oder dessen Ehefrau so schlecht behandeln, dass ihnen die Fortsetzung der Versorgung im übertragenen Anwesen nicht mehr zugemutet werden kann.

▼

Muster 4.41: Überlassungsvertrag – Umwandlungsrecht

Wenn die Übernehmer vor dem Übergeber und seiner Ehefrau versterben, aber auch wenn das Zusam- 4.41
menleben in dem Haus Flur ____ Flurstück ____ aufgrund des Verhaltens der Übernehmer oder ihrer Angehörigen für den Übergeber oder seine Ehefrau unzumutbar wird, können der Übergeber und seine Ehefrau die Beköstigung und Pflege durch die Übernehmer ablehnen und stattdessen einen Geldbetrag von monatlich ____ EUR – in Worten: ____ EUR – verlangen. Ziehen der Übergeber und seine Ehefrau in diesem Fall aus der ihnen vorbehaltenen Wohnung aus, so erhöht sich der Ersatzbetrag auf ____ EUR – in Worten: ____ EUR.

Diese Beträge ändern sich in demselben Verhältnis, wie sich ab heute die Altersrenten in der gesetzlichen Rentenversicherung verändern. Sie vermindern sich um ____ %, wenn einer der Eheleute ____ und ____ geborene ____ verstirbt. Sie sind von vornherein um ein Viertel geringer, wenn die Trennung auf Verlangen der Übernehmer erfolgt, weil der Übergeber und/oder seine Ehefrau durch anhaltend grob unverträgliches Verhalten den Übernehmern das Zusammenleben mit ihnen unzumutbar gemacht haben.

Im Fall der Trennung sind der Übergeber und seine Ehefrau berechtigt, an Einrichtungsgegenständen, insbesondere Möbeln, Geschirr und Wäsche, soviel mitzunehmen, wie sie zur Führung eines eigenen

Haushalts benötigen. Sie erlangen an diesen Gegenständen nur ein bis zum Tode des Überlebenden von ihnen unkündbares unentgeltliches Gebrauchsrecht nach den Regeln der Leihe.

▲

jj) Sicherung der Versorgungsrechte

171 Die in Übergabeverträgen, insbesondere in Hofübergaben vereinbarten Versorgungsrechte des Übergebers wie Wohnungsrecht, Zahlung einer Leibrente, Pflegerecht, Beköstigung, Versorgung mit Strom, Heizung und Wasser, Übernahme der Begräbniskosten sowie Grabpflege können im Grundbuch getrennt und für jedes Einzelrecht gesondert gesichert werden, das Wohnungsrecht als beschränkt persönliche Dienstbarkeit, die übrigen vorgenannten Rechte durch Reallasten. Sie können aber auch gemäß § 49 GBO als sog. Altenteil (auch „Leibgeding", „Leibzucht", „Austrag" oder „Auszucht" genannt) zusammengefasst im Grundbuch eingetragen werden. Die Eintragung unter der Sammelbezeichnung „Altenteil" ändert aber nichts daran, dass es sich bei dem Altenteil im Sinne von § 49 GBO um eine Mehrzahl dinglicher Rechte handelt, die lediglich aus Vereinfachungsgründen und zur besseren Übersichtlichkeit des Grundbuchs zusammengefasst eingetragen werden können,[53] von denen aber jedes einzelne Recht für sich zulässig und eintragungsfähig sein muss. Die Pflicht zur Tragung der Beerdigungskosten sowie die Grabpflegepflicht sollten zweckmäßigerweise nicht Bestandteil des grundbuchlichen Altenteils werden. Andernfalls könnten sie nicht aufgrund Todesnachweises und auch nicht nach Ablauf des Sperrjahres des § 23 Abs. 2 GBO gelöscht werden, sondern nur mit Erbnachweis und Bewilligung der Erben.[54] Anders als das Altenteil nach Art. 96 EGBGB setzt das grundbuchliche Altenteil des § 49 GBO nicht voraus, dass der übertragene Grundbesitz eine die Existenz des Übernehmers zumindest teilweise sichernde Wirtschaftseinheit darstellt,[55] wie dies etwa typischerweise bei Hofübergabeverträgen der Fall ist. Hofübergabeverträge sind regelmäßig Altenteilsverträge i.S.d Art. 96 EGBGB. Für derartige Altenteilsverträge gelten über Art. 96 EGBGB ergänzende landesrechtliche Bestimmungen, die z.B. Ersatzansprüche bei Wegzug des Übergebers aus dem übertragenen Anwesen vorsehen und im Interesse des Fortbestandes des Vertrages insbesondere das Rücktrittsrecht wegen Nichterfüllung oder Verzug mit einer Leistungspflicht sowie das Herausgaberecht gemäß § 527 BGB überwiegend ausschließen. Diese landesrechtlichen Bestimmungen können jedoch vertraglich abbedungen werden. Als landesrechtliche Bestimmungen zum Altenteilsvertrag sind zu nennen:

- Baden-Württemberg: §§ 6–17 AGBGB;
- Bayern: Art. 7–23 AGBGB;
- Bremen: Art. 27 AGBGB;
- Hessen: Art. 4 ff. AGBGB;
- Niedersachsen: §§ 5–17 AGBGB;
- Nordrhein-Westfalen (für die früheren preußischen Gebiete): Art. 15 PreußAGBGB;
- Rheinland-Pfalz: Art. 2 ff. AGBGB;
- Saarland: §§ 6–22 AGJusG;
- Schleswig-Holstein: § 1 ff. AGBGB;
- Thüringen: § 16 AGBGB.

172 ▼

Muster 4.42: Überlassungsvertrag – Altenteil

4.42 Wir vereinbaren für die Übergeber als Gesamtberechtigte gemäß § 428 BGB auf deren Lebenszeit ein Altenteil, das aus folgenden Einzelrechten besteht:

a) aus einem Wohnungsrecht auf dem Grundstück Flur Flurstück an allen Räumen des Erdgeschosses, welches das Recht zur Mitbenutzung des Kellers einschließt,

b) aus dem Recht, die Übernahme aller Kosten für Strom, Heizung, Wasser und Abwasser sowie Müllabfuhr zu verlangen,

53 BGH NJW 1994, 1158.
54 BayOblG RPfleger 1983, 308; BayOblG NJW-RR 1988, 464.
55 BGH NJW 1994, 1158.

c) aus einem Pflegerecht, aufgrund dessen die Übernehmer verpflichtet sind,

d) aus dem Recht auf Bezug aller von den Übernehmern erzeugten oder gehandelten Lebensmittel zum Eigenverbrauch des Übergebers und seiner Ehefrau,

e) aus einer ab dem monatlich im Voraus zu entrichtenden Leibrente von EUR – in Worten: EUR –, die sich nach dem Tode des Erstversterbenden der Berechtigten um ermäßigt und deren Höhe sich im selben Verhältnis ändert, wie sich in Zukunft die Altrenten der gesetzlichen Rentenversicherung verändern

f) aus der Auflage, dem Überlebenden ein standesgemäßes christliches Begräbnis zu bereiten und das Grab des Übergebers und seiner Ehefrau, solange es besteht, dem örtlichen Herkommen gemäß zu pflegen und zu schmücken.

Wir bewilligen und beantragen, für die Eheleute und geborene als Gesamtberechtigte nach § 428 BGB in das Grundbuch einzutragen:

a) auf dem Grundstück Flur Flurstück ein Wohnungsrecht als beschränkte persönliche Dienstbarkeit,

b) auf dem gesamten übertragenen Grundbesitz Reallasten zur Sicherung der anderen Ansprüche – mit Ausnahme derjenigen gemäß Buchstaben f) –

unter Zusammenfassung zu einem Altenteil mit dem Vermerk, dass zur Löschung der Todesnachweis genügt.

▲

kk) Rücktrittsrecht

Für den Fall, dass der Übernehmer die übernommenen Pflichten nachhaltig grob verletzen sollte, wünscht der 173
Übergeber nicht selten die Aufnahme eines vertraglichen **Rücktrittsrechts**. Ein solches Rücktrittsrecht ist, wenn es an persönliches Fehlverhalten anknüpft, wie etwa die vermeintliche Schlechterfüllung einer Pflegeverpflichtung, nicht unproblematisch. Wenn, wie insbesondere bei Übergaben mit vorbehaltenem Wohnungsrecht, zwei Generationen unter einem Dach wohnen, bleiben zwischenmenschliche Konflikte und Störungen nicht aus. Ursächlich hierfür ist häufig nicht nur das Verhalten einer Partei, vielmehr tragen meist beide Seiten hierzu bei. Es empfiehlt sich die Vereinbarung, dass die Rücktrittserklärung der notariellen Beurkundung bedürfen soll. Damit werden die Beteiligten vor unbedachten Schritten bewahrt. Ferner wird so einem Notar Gelegenheit gegeben, nach der Anhörung der Beschwerden beider Seiten die Beteiligten noch einmal auf ihre Rechte und Pflichten hinzuweisen und ihnen die Konsequenzen eines Rücktritts vor Augen zu führen.

Es sollte klargestellt werden, was im Rücktrittsfall wechselseitig zu erstatten ist. Oft wird vereinbart, dass nur der Grundbesitz zurück zu übertragen ist, ggf. gegen Übernahme von grundpfandrechtlich gesicherten Verbindlichkeiten, die anderen wechselseitig erbrachten Leistungen (abgesehen von Kapitalzahlungen wie insbesondere Abfindungen) dagegen nicht erstattet werden müssen. Das wirkt sich für den Übernehmer oft wie eine Vertragsstrafe aus. Es vereinfacht die Rückabwicklung, kann aber, wenn der Übernehmer wertsteigernde Investitionen vorgenommen hat, die im Zeitpunkt der Rückübertragung noch werterhöhend vorhanden sind, problematisch sein.

Der beim Rücktritt entstehende Rückauflassungsanspruch kann durch die Eintragung einer Rückauflassungsvormerkung gesichert werden.

▼ 174

Muster 4.43: Überlassungsvertrag – Rücktrittsrecht

Sollten die Übernehmer eine der übernommenen Verpflichtungen vorsätzlich und nachhaltig nicht oder schlecht erfüllen oder sollte infolge schuldhaften Verhaltens der Übernehmer oder ihrer Angehörigen die Fortsetzung des Vertragsverhältnisses für den Übergeber und seine Ehefrau aus einem sonstigen Grunde unzumutbar werden, so ist der Übergeber berechtigt, von diesem Vertrag zurückzutreten. Nach seinem Tod ist seine Ehefrau unter denselben Voraussetzungen berechtigt zu verlangen, dass ihr die oben aufgeführten Gegenstände bzw. die an deren Stelle getretenen Ersatzgegenstände übereignet werden.

Die Erklärung des Rücktritts bzw. des Übereignungsverlangens soll der notariellen Beurkundung bedürfen. Die Kosten dafür und für die Rückübertragung gehen zu Lasten der jetzigen Übernehmer.

Im Falle der Ausübung dieses Rechts sind die hier übertragenen Gegenstände bzw. die an deren Stelle getretenen Ersatzgegenstände dem Übergeber zurück zu übertragen bzw. nach dessen Tod seiner Frau zu übereignen, und zwar gegen Übernahme etwaiger Grundpfandrechte und der ihnen zugrunde liegenden Verbindlichkeiten, sofern es sich dabei um Reste von den in diesem Vertrag übernommenen Hypotheken und Grundschulden oder um solche Grundpfandrechte handelt, die von den Übernehmern im Einvernehmen mit dem Übergeber bestellt worden sind, sowie gegen Erstattung bis dahin erbrachter Abfindungszahlungen und werterhöhender Aufwendungen, sofern die Werterhöhung im Zeitpunkt der Rückübertragung noch besteht. Auf den Erstattungsbetrag anzurechnen sind diejenigen vom Rücktrittsberechtigten zu übernehmenden Verbindlichkeiten, die der Übernehmer mit Zustimmung des Rücktrittsberechtigten zur Finanzierung der zu erstattenden Aufwendungen eingegangen ist. Alle anderen aufgrund dieses Vertrages erbrachten Leistungen sind nicht zu erstatten.

Der Auflassungsanspruch ist nicht vererblich. Ist er beim Tode des Überlebenden der Berechtigten zwar geltend gemacht, aber noch nicht erfüllt, so erlischt er mithin.

Zur Sicherung des etwaigen Rückauflassungsanspruchs bzw. Auflassungsanspruchs bewilligen wir, auf dem hier übertragenen Grundbesitz

a) für Herrn … eine Rückauflassungsvormerkung,

b) mit Rang danach für seine Ehefrau …, geborene …, eine Auflassungsvormerkung

in das Grundbuch einzutragen.

▲

175 Bei der **Rückauflassungsvormerkung** ist eine Eintragung gemäß § 23 Abs. 2 GBO, dass zu ihrer Löschung der Nachweis des Todes des Berechtigten genügt, nicht möglich.[56] Um dennoch nach dem Tode des Auflassungsberechtigten die Löschung der Vormerkung ohne die ansonsten erforderliche Bewilligung seiner Erben samt Nachweis der Erbenstellung herbeiführen zu können, besteht die Möglichkeit, die Auflassungsvormerkung auf die Lebenszeit des Übergebers zu befristen oder den Übernehmer im Übergabevertrag zu bevollmächtigen, die Auflassungsvormerkung nach dem Tode des Vormerkungsberechtigten zur Löschung zu bewilligen.

176 ▼

Muster 4.44: Überlassungsvertrag – Befristung der Auflassungsvormerkung

Die Beteiligten bewilligen und beantragen die Eintragung einer auf die Lebenszeit des Übergebers befristeten Rückauflassungsvormerkung zugunsten des Übergebers auf dem in dieser Urkunde übertragenen Grundbesitz zur Sicherung seines in § … dieser Urkunde vereinbarten Rückforderungsrechts.

▲

177 ▼

Muster 4.45: Überlassungsvertrag – Löschungsvollmacht im Übergabevertrag

Der Übergeber bevollmächtigt den Übernehmer unter Befreiung von den Beschränkungen des § 181 BGB, die in dieser Urkunde bewilligte Rückauflassungsvormerkung des Übergebers nach dessen Tod unter Vorlage einer Sterbeurkunde zur Löschung zu bewilligen.

▲

II) Verfügungsverbot

178 Oft wird gewünscht, dass der Übernehmer den erworbenen Grundbesitz zu Lebzeiten des Übergebers ohne dessen Zustimmung **weder veräußern noch belasten** darf. Dieses Verfügungsverbot kann zwar als solches nicht in das Grundbuch eingetragen werden; wohl aber kann vereinbart werden, dass der Übernehmer bei einem Verstoß gegen das Verfügungsverbot verpflichtet sein soll, den Grundbesitz an den Übergeber zurück

56 BGH NJW 1992, 1683.

zu übertragen. Der Rückübertragungsanspruch kann durch eine Auflassungsvormerkung gesichert und diese im Grundbuch eingetragen werden.

Wird ein solches **Verfügungsverbot** allerdings in einem Vertrag vereinbart, der die Übergabe eines Betriebes, 179
z.B. eines landwirtschaftlichen Betriebes zum Gegenstand hat, so kann dies rechtlich problematisch sein. Nach einer neueren Entscheidung des BGH sollen nämlich Unterlassungspflichten, die dem Übernehmer eines Betriebes Verfügungen über den Betrieb oder über betrieblichen Grundbesitz untersagen, nach § 138 BGB nichtig sein, sofern der Übernehmer von dem Übergeber nicht die Zustimmung zu einer mit den Grundsätzen ordnungsgemäßer Wirtschaft zu vereinbarenden und dem Zweck des Verfügungsverbots nicht wesentlich gefährdenden Verfügung (Veräußerung oder Belastung) verlangen kann.[57] Allerdings hat der BGH nur solche Verfügungsverbote verworfen, die dem Übernehmer ausnahmslos jede Verfügung über das Vermögen des Betriebes oder über dessen Grundvermögen untersagen. Will man nicht in Betriebsübergabeverträgen auf Verfügungsverbote gänzlich verzichten, so empfiehlt es sich, diese abzuschwächen, z.B. durch die Vereinbarung, dass der Übernehmer berechtigt ist, bestimmte Grundstücke auch ohne Zustimmung des Übergebers zu veräußern oder zu belasten. Die Grundsätze der genannten BGH-Entscheidung gelten jedoch nicht, wenn nur ein einzelner Vermögensgegenstand, z.B. ein Hausgrundstück übertragen wird.[58] Wird ein Hof im Sinne der HöfeO durch Übergabevertrag übertragen, so stehen die Landwirtschaftsgerichte, die für die Erteilung der Genehmigung des Hofübergabevertrages zuständig sind, der Vereinbarung von Rückforderungsrechten teilweise aus grundstücksverkehrsrechtlichen Gründen kritisch gegenüber, insbesondere wenn diese für den Fall vorbehalten werden, dass der Übernehmer den Grundbesitz ohne Zustimmung des Übergebers veräußern oder belasten sollte.[59] In Zweifelsfällen sollte daher die Genehmigungspraxis des zuständigen Landwirtschaftsgerichts vor der Beurkundung des Hofübergabevertrages abgeklärt werden.

▼

Muster 4.46: Überlassungsvertrag – Belastungs- und Veräußerungsverbot

Die Übernehmer verpflichten sich, den übertragenen Grundbesitz bis zum Tode des Übergebers nicht ohne dessen Zustimmung und, sollte der Übergeber vor seiner Ehefrau geborene versterben, danach bis zum Tode der Frau geborene nicht ohne deren Zustimmung zu belasten oder zu veräußern und auch keine Verpflichtung dazu einzugehen. Die Zwangsvollstreckung in den übertragenen Grundbesitz steht dem gleich. 4.46

Im Falle des Verstoßes hiergegen sind die Übernehmer verpflichtet, den übertragenen Grundbesitz auf Verlangen des Rückübertragungsberechtigten an den Übergeber bzw. nach dessen Tod an seine Ehefrau zurückzuübertragen. Etwaige dinglich gesicherte Verbindlichkeiten hat der Rückübertragungsberechtigte zu übernehmen, sofern es sich um Verbindlichkeiten handelt, die in diesem Vertrag übernommen oder mit seiner Zustimmung eingegangen worden sind. Werterhöhende Aufwendungen des Übernehmers auf den Grundbesitz sind zu erstatten, sofern und soweit die Werterhöhung im Zeitpunkt der Rückübertragung noch besteht. Auf den Erstattungsbetrag sind diejenigen vom Rückübertragungsberechtigten zu übernehmenden Verbindlichkeiten anzurechnen, die der Übernehmer mit Zustimmung des Rückübertragungsberechtigten zum Zwecke der Finanzierung der zu erstattenden Aufwendungen eingegangen ist. Alle sonstigen wechselseitigen Leistungen und Aufwendungen sind nicht zu erstatten.

Zur Sicherung dieses etwaigen Auflassungsanspruchs bewilligen wir die Eintragung je einer Auflassungsvormerkung für den Übergeber und mit Rang danach für seine Ehefrau.

▲

mm) Rückforderungsrecht für den Fall des Vorversterbens

Übertragen Eltern zu Lebzeiten Grundbesitz auf ihr Kind, so geschieht dies häufig in Vorwegnahme der Erb- 180
folge. Verstirbt das Kind wider Erwarten vor seinen Eltern, so möchten diese regelmäßig die Möglichkeit haben, den Grundbesitz wieder zurück zu verlangen. Für diesen Fall wird daher oft ein Rückforderungsrecht im

57 BGH NJW 2012, 3162.
58 BGH NJW 2012, 3162, 3164.
59 Ausführlich hierzu Roemer/Stephany/Vaupel/*Roemer*, NotarFormulare Übergabe landwirtschaftlicher Betriebe, 2021, § 11 Rn 3 ff.

Übergabevertrag vorbehalten. Es liegt dann in der Entscheidung der Eltern, ob sie bei Vorversterben ihres Kindes das Rückforderungsrecht ausüben, um den Grundbesitz sodann an andere Personen zu übertragen oder zu vererben, oder ob sie ihn bei den Erben ihres Kindes belassen.

181 ▼

Muster 4.47: Überlassungsvertrag – Rückforderungsrecht für den Fall des Vorversterbens

Die Übergeber behalten sich als Gesamtberechtigte gemäß § 428 BGB das Recht vor, die Rückübertragung des in dieser Urkunde übertragenen Grundbesitzes auf sich zu verlangen, falls der Übernehmer vor dem Längstlebenden der Übergeber versterben sollte. Das Rückforderungsrecht kann zu Lebzeiten beider Übergeber nur von ihnen gemeinsam ausgeübt werden. In diesem Fall ist der Grundbesitz an die Übergeber in ihrem heutigen Beteiligungsverhältnis zurückzuübertragen. Nach dem Tod des Erstversterbenden der Übergeber steht das Rückforderungsrecht dem Überlebenden von ihnen allein zu. Übt er es aus, so ist der gesamte Grundbesitz an ihn zu Alleineigentum zu übertragen.

(Es folgen die weiteren Bestimmungen zum Rückforderungsrecht ähnlich wie beim Muster Rücktrittsrecht, siehe Rdn 176).

Die Beteiligten bewilligen und beantragen die Eintragung einer Auflassungsvormerkung auf dem übertragenen Grundbesitz zugunsten der Übergeber – als Gesamtberechtigte gemäß § 428 BGB, dem Überlebenden von ihnen allein – zur Sicherung des Rückübertragungsanspruchs gemäß §   der Urkunde.

▲

nn) Abfindung von weichenden Erben

182 In der Regel wird, wenn der Wert der übertragenen Gegenstände deutlich höher ist als die übernommenen Gegenleistungen, zum Ausgleich des Mehrwerts eine **Abfindungszahlung** an die Geschwister (auch „Gleichstellungsgeld“ genannt) vereinbart. Sie wird meist so bemessen, dass der Übernehmer noch einen gewissen Vorteil behält, um ihn überhaupt an dem Vertrag zu interessieren, aber auch, um ihn für die damit verbundenen Bindungen, Behinderungen, Zwänge und Risiken zu entschädigen.

a) Bei einem Betrieb orientiert man sich gewöhnlich nicht an dessen Verkehrswert, sondern an seinem sog. Ertragswert. Das ist der Wert, der sich aus der Multiplikation des durchschnittlichen Reinertrages (nach Abzug eines eigenen, gedachten Lohnanspruchs des Übernehmers und etwaiger unbezahlter Arbeit von Familienmitgliedern) mit einem Vervielfältiger (16 bis 25) ergibt.

b) Der Ertragswert liegt nur bei außerordentlich gewinnträchtigen Unternehmen gelegentlich einmal über den Teilwerten der Betriebsbestandteile und praktisch nie über dem Verkehrswert des gesamten Unternehmens, der seinerseits oft als das Mittel zwischen Ertragswert und Sachwert errechnet wird.

c) In der westdeutschen Landwirtschaft bewegt sich derzeit der Ertragswert nur bei etwa 20 % des Verkehrswerts. Das hängt mit der niedrigen Verzinsung zusammen, die bei einer – als besonders sicher angesehenen – Geldanlage in land- und forstwirtschaftlichen Grundstücken erzielt wird. Der Ertragswert wird in den meisten Ländern mit dem Faktor 25 (= 4 %) errechnet (in Baden-Württemberg, Bayern und den ehemals bayerischen Gebietsteilen des Saarlandes mit dem Faktor 18, in Niedersachsen mit dem Faktor 17).

d) Um die Lebensfähigkeit des Unternehmens nicht zu gefährden, werden die Abfindungszahlungen oft unverzinslich oder gering verzinslich über mehrere Jahre verteilt. Der Beginn der Ratenzahlung wird in manchen Fällen auf einen Zeitpunkt nach dem Tod (etwa ein Jahr) der Übergeber festgelegt. Dahinter steht die Überlegung, dass der Übernehmer bis dahin wegen der Altenteilsleistungen an die Übergeber außerstande ist, daneben auch noch Abfindungszahlungen aufzubringen.

e) Sofern die Geschwister („Abfindlinge“, „weichende Erben“) am Vertrag nicht beteiligt sind, sollte klargestellt werden, ob die Vereinbarung der Zahlungen an sie als sog. echter Vertrag zugunsten Dritter verstanden werden soll, der dann nicht mehr zu deren Nachteil geändert werden könnte, oder ob die Beteiligten des Vertrages sich das Recht vorbehalten wollen, diese Vereinbarungen auch ohne Mitwirkung der Abfindlinge noch zu ändern oder zu aufzuheben. Regelmäßig ist es anzustreben, die Abfindlinge beim Vertrag mitwirken zu lassen. Das fördert den Familienfrieden, weil dann keiner mehr sagen kann, er habe von der Übertragung nichts gewusst oder sei mit ihr nicht einverstanden gewesen. Zu erwägen ist stets, ob die Abfindlinge nicht vorsorglich einen gegenständlich beschränkten Pflichtteilsverzicht erklären sollen, damit sie später nicht doch noch Pflichtteilsergänzungsansprüche geltend machen können. Soll ein solcher Verzicht ausgesprochen werden, so ist zu beachten, dass dann der Vertrag von dem Übergeber (= Erblasser) nur persönlich, also nicht durch einen Vertreter, abgeschlossen werden kann (§ 2347 S. 1 BGB). Der Übergeber kann dann auch nicht vollmachtlos vertreten werden.

f) Erhält der Übernehmer den Betrieb für Gegenleistungen, die beträchtlich unter seinem Verkehrswert liegen – was oft angezeigt ist, um ihn nicht zu überfordern –, so erscheint es den Beteiligten i.d.R. gerechtfertigt, dem Übernehmer zusätzliche Zahlungen an den Übergeber oder die Geschwister für den Fall aufzuerlegen, dass er den Betrieb oder wesentliche Teile davon innerhalb eines bestimmten Zeitraumes verkauft. Denn der Grund für die Bevorzugung des Übernehmers liegt in einem solchen Fall darin, dass man ihm die Erhaltung des Betriebes in der Familie möglich machen oder doch erleichtern will. Dieser Grund fällt bei der vorzeitigen Veräußerung des Betriebes nachträglich weg. Sein Erhalt war aber eine sog. Geschäftsgrundlage des Vertrages.[60] Mit seinem Wegfall soll auch die Begünstigung entfallen. Der Übernehmer soll daher dann die volle oder einen Teil der Differenz zwischen dem Verkehrswert und dem Übernahmepreis nachentrichten. Eine gesetzliche Regelung gibt es dafür im Zuweisungsrecht (§ 17 GrdstVG) und im Höferecht (§ 13 HöfeO und § 26 HöfeO Rhl.-Pf.). Beim Hofübergabevertrag vgl. unten Rdn 202 ff.

▼ 183

Muster 4.48: Überlassungsvertrag – Abfindung weichender Erben – Abfindungsergänzung

In der Form eines echten Vertrages zugunsten Dritter, also so, dass der Berechtigte die Ansprüche aus diesem Vertrag unmittelbar und ohne seine Mitwirkung unabänderlich erlangt, verpflichtet sich der Übernehmer, ___ mit der Hälfte des Ertragswerts des Betriebes abzufinden. Maßgebender Stichtag für die Ermittlung des Ertragswertes ist der ___, der auf den Tod des Überlebenden der Eheleute ___ und ___, geborene ___, folgt. 4.48

Die Abfindung ist zinslos in ___ gleichen Teilbeträgen zu zahlen, von denen der erste ein Jahr nach dem Tode des Überlebenden der Eheleute ___ fällig ist, die Folgebeträge jeweils im Abstand von ___ Monaten nach Fälligkeit des vorherigen Teilbetrages. Die Abfindung hat sich ___ auf seine Pflichtteilsansprüche nach dem Tode des Überlebenden der Eltern anrechnen zu lassen.

Veräußert der Übernehmer oder sein Rechtsnachfolger innerhalb von ___ Jahren ab heute den Betrieb, nur die Hofstelle oder insgesamt ___ ha der Betriebsfläche, so ist er verpflichtet, an ___ bzw. an dessen Erben die Hälfte des Veräußerungsgewinns abzuführen.

Veräußerungsgewinn ist die Differenz zwischen dem Ertragswert am Stichtag und dem erzielten bzw. dem erzielbaren Erlös nach Steuer. Die Abfindungsergänzung findet auch statt, wenn der Übernehmer den Betrieb oder wesentliche Teile davon innerhalb von ___ Jahren ab heute in anderer Weise als durch Veräußerung, also etwa durch die Bestellung von Erbbaurechten, Auskiesung oder Umwidmung in einen Gewerbebetrieb, zweckfremd verwertet, nicht jedoch bei bloßer Verpachtung oder bei der Veräußerung des Inventars. Wird die Hofstelle veräußert oder umgewidmet, so ist die Hälfte ihres Erlöses bzw. Verkehrswerts im Zeitpunkt der Entnahme an ___ abzuführen.

Schließt der Übernehmer innerhalb eines Jahres nach Abschluss des schuldrechtlichen Vertrages über die Veräußerung einen Vertrag zum Erwerb eines in den Ertragsmesszahlen gleichwertigen Ersatzbetriebes bzw. Ersatzlandes und wird der Erwerbsvertrag ohne Verzug durchgeführt, so entstehen Abfindungsergänzungsansprüche nicht.

Im Übrigen sollen die Bestimmungen des § 13 HöfeO sinngemäß gelten.

Im Streitfall entscheidet ein von der Landwirtschaftskammer Nordrhein-Westfalen zu benennender vereidigter Sachverständiger als Schiedsgutachter verbindlich. Dieser hat auch den Ertragswert des Betriebes zum vorgenannten Stichtag durch Gutachten zu ermitteln. Die Kosten des Sachverständigen tragen beide Seiten je zur Hälfte.

▲

60 Vgl. auch BGH NJW 1997, 653.

Bei nicht landwirtschaftlichen Objekten werden Nachabfindungen selten vereinbart. Das vorstehende Muster müsste dafür den Gegebenheiten entsprechend abgewandelt werden.

oo) Schuldübernahme

184 Bei Übergabeverträgen wird zumeist vereinbart, dass der Übernehmer die auf dem Grundbesitz ruhenden Belastungen und Beschränkungen mit den ihnen zugrunde liegenden persönlichen Verbindlichkeiten übernehmen soll, und zwar gleichviel, ob die Gläubiger den Übergeber aus der persönlichen Schuldhaft freigeben oder nicht. Bei der Überlassung von Betriebsvermögen ist die Übernahme privater Schulden des Übergebers oft steuernachteilig (zu den Einzelheiten vgl. „Schuldübernahme" Rdn 61, 1636 ff.).

c) Sonstiger Inhalt

aa) Anrechnungs- oder Ausgleichungspflicht

185 Wenn Eltern zu ihren Lebzeiten Vermögen, z.B. ein Grundstück, auf ihr Kind übertragen, stellt sich die Frage, ob das Kind sich diese Zuwendung in irgendeiner Weise auf sein späteres Erbe oder seinen Pflichtteil „anrechnen" lassen muss oder nicht. Die „**Anrechnung**" auf den Erbteil nennt das Gesetz „Ausgleichung" (§ 2050 BGB), während es in Bezug auf den Pflichtteil von „Anrechnung" spricht (§ 2315 BGB).

186 Bei der Ausgleichung unterscheidet das BGB zwischen Zuwendungen, die auch ohne entsprechende Anordnung des Zuwendenden auszugleichen sind, und solchen, die nur auszugleichen sind, wenn der Zuwendende dies bei der Zuwendung angeordnet hat (§ 2050 Abs. 3 BGB). Zur ersten Gruppe gehören Ausstattungen nach § 1624 BGB, ferner Zuschüsse zu Einkünften und Aufwendungen für die Berufsausbildung, diese jedoch nur insoweit, als sie das den Vermögensverhältnissen des Zuwendenden entsprechende Maß übersteigen (§ 2050 Abs. 1 und Abs. 2 BGB). Alle sonstigen Zuwendungen sind nur auszugleichen, wenn der Zuwendende die Ausgleichung bei der Zuwendung angeordnet hat (§ 2050 Abs. 3 BGB). Da die Abgrenzung im Einzelfall schwierig sein kann, empfiehlt es sich, im Übergabevertrag jeweils ausdrücklich zu regeln, ob und gegebenenfalls wie eine Ausgleichung zu erfolgen hat oder ob diese ausgeschlossen sein soll.

Eine nachträgliche Anordnung oder ein nachträglicher Ausschluss kann nur durch Verfügung von Todes wegen (Testament oder Erbvertrag) erfolgen.

▼

Muster 4.49: Überlassungsvertrag – Vereinbarungen über die Ausgleichungs- bzw. Anrechnungspflicht

II.

Eine Gegenleistung ist nicht zu erbringen. Der Übergeber behält sich auch kein Recht an dem Grundstück vor. Der Übernehmer hat das übertragene Grundstück

- nicht nach dem Übergeber auszugleichen,
- *(oder)*: mit seinem Wert von zurzeit EUR – in Worten: EUR – nach dem Übergeber zur Ausgleichung zu bringen. Dieser Betrag verändert sich im selben Verhältnis wie der Verbraucherpreisindex für Deutschland zwischen heute und dem Erbfall,
- *(oder)*: mit seinem Verkehrswert beim Tode des Übergebers zur Ausgleichung zu bringen (oder auf seinen Pflichtteil anrechnen zu lassen). Dabei werden werterhöhende Veränderungen durch den Übernehmer, vor allem von ihm errichtete Gebäude, nicht veranschlagt.

▲

187 Die **Ausgleichung** wird wie folgt durchgeführt: Die Zuwendung wird dem Nachlass **hinzugerechnet**. Anschließend wird der Wert der Zuwendung von dem auf den Zuwendungsempfänger entfallenden Erbteilswert abgezogen. Für die Berechnung des Werts der Zuwendung ist, sofern der Zuwendende nichts anderes bestimmt hat, der Verkehrswert des Objektes im Zeitpunkt seiner Zuwendung maßgeblich (§ 2055 Abs. 2 BGB). Spätere Wertsteigerungen und Erträge des Zuwendungsobjektes bleiben unberücksichtigt, jedoch ist der Kaufpreisschwund zwischen Zuwendung und Erbfall einzurechnen.[61] Zu diesem Zweck wird der Wert, den der Gegen-

61 BGH NJW 1975, 1831.

stand im Zeitpunkt seiner Zuwendung hatte, mit der Preisindexzahl für den Verbraucherpreisindex des Todesjahres multipliziert und durch die entsprechende Preisindexzahl für das Zuwendungsjahr dividiert.

Beispiel für Ausgleichung 188

V hat seiner Tochter T ein Baugrundstück übertragen. Im Übertragungsvertrag ist vereinbart, dass die T die Zuwendung nach dem Tode ihres Vaters auszugleichen hat. Das Grundstück war bei der Übertragung 60.000 EUR wert. Die Tochter errichtete auf dem Grundstück ein Haus. Im Zeitpunkt des Todes des V betrug der Verkehrswert des bebauten Grundstücks 290.000 EUR, der Verkehrswert des Grundstücks ohne Aufbauten belief sich aufgrund zwischenzeitlicher Wertsteigerungen auf 90.000 EUR. Der Kaufpreisschwund betrug 30 %. V hinterlässt einen Netto-Nachlass von 180.000 EUR. Er wird von seinen beiden Kindern S und T zu je ½ Anteil beerbt.

Der Nachlass ist wie folgt zu verteilen:

Vorhanden:		180.000 EUR
Hinzuzurechnen:	60.000 EUR + 30 % Kaufpreisschwund =	78.000 EUR
Anzusetzen:		258.000 EUR

Davon gebührt jedem Kind die Hälfte. T hat bereits 78.000 EUR (= 60.000 EUR zzgl. – aufgrund einzurechnenden Kaufpreisschwunds – 18.000 EUR) erhalten, bekommt also noch 51.000 EUR, S erhält 129.000 EUR.

Hat der Übernehmer durch die Zuwendung bereits mehr erhalten, als er vom Nachlass zu verlangen hat, so braucht er den Mehrbetrag nicht herauszuzahlen (§ 2056 BGB).

Beispiel 189

Beträgt im vorstehenden Beispiel der Netto-Nachlass nur 50.000 EUR, so ist zwar unter Berücksichtigung des Vorempfangs von 78.000 EUR ein rechnerischer Nachlasswert von 128.000 EUR zu veranschlagen, sodass jedem Kind 64.000 EUR zustehen würden. Da jedoch die Tochter T den Mehrwert ihres Vorempfangs nicht an S herauszahlen muss, erhält dieser nur die noch vorhandenen 50.000 EUR.

Von der Ausgleichung zu unterscheiden ist die Anrechnung auf den Pflichtteil. Der Pflichtteilsberechtigte muss 190
sich Zuwendungen nur dann auf seinen Pflichtteil anrechnen lassen, wenn der Zuwendende eine solche Anrechnung vor oder spätestens mit der Zuwendung angeordnet hat (§ 2315 BGB). Nachträglich kann eine Anrechnungspflicht nur durch notariell zu beurkundenden Verzichtsvertrag zwischen Zuwendungsempfänger und Zuwendenden begründet werden.[62]

Beispiel

Im Beispiel zu Rdn 190 soll der Netto-Nachlass 400.000 EUR betragen. V hat den S zum Alleinerben eingesetzt. Der Pflichtteil der T würde 100.000 EUR betragen (= ¼ von 400.000 EUR).

Auf diesen Betrag muss T sich die bereits erhaltene Zuwendung mit 78.000 EUR anrechnen lassen, sodass ihr Pflichtteil noch 22.000 EUR beträgt.

Allerdings kann bei Schenkungen, nicht bei anderen Zuwendungen, über einen etwaigen Pflichtteilsergänzungsanspruch nach § 2325 BGB doch noch eine Herauszahlungspflicht für den Übernehmer entstehen.

bb) Pflichtteilsverzicht des Übernehmers

Ist der zugewendete Gegenstand bei der Pflichtteilsberechnung nicht mit seinem Verkehrswert, sondern mit 191
einem **niedrigeren Wert** zu veranschlagen, z.B. bei einem Hof i.S.d. HöfeO mit 60 % des Grundsteuerwertes des landwirtschaftlichen Betriebes (§ 12 Abs. 2 S. 2 HöfeO) oder bei einem Landgut mit dem Ertragswert (§§ 2049, 2312 BGB), so kann die Situation eintreten, dass der Übernehmer noch Pflichtteilsansprüche behielte, obwohl er nach dem Verkehrswert mehr erhalten hat, als ihm bei gleichmäßiger Verteilung des Nachlasses nach Verkehrswerten zustünde.

62 *Thubauville*, MittRhNotK 1992, 289, 297.

Beispiel

Wert der Zuwendung nach dem Verkehrswert: 1 Mio. EUR, nach dem Ertragswert: 350.000 EUR. Wert des sonstigen Nachlasses: 2,8 Mio. EUR, bei Hinzurechnung der Zuwendung zum Verkehrswert also 3,8 Mio. EUR, für die Pflichtteilsberechnung 3.150.000 EUR. Gesetzliche Erbquote des Übernehmers: $1/4$, Pflichtteil also $1/8$ = 393.750 EUR. Restpflichtteil demnach noch 43.750 EUR. Der Übernehmer hat aber an Verkehrswert bereits 1 Mio. EUR erhalten, obwohl ihm als gesetzliches Erbteil nach Verkehrswerten nur 950.000 EUR zustanden. Er würde also insgesamt 93.750 EUR mehr bekommen, als ihm bei gleichmäßiger Verteilung zugestanden hätte.

Soll diese Folge ausgeschlossen werden, so bedarf es eines Pflichtteilsverzichts des Übernehmers. Der **Übergeber** kann dann wiederum beim Vertragsabschluss nicht vertreten werden.

cc) Pflichtteilsverzicht des Ehegatten, Zugewinnausgleichsverzicht

192 Ist die Zuwendung eine **Schenkung**, so wird sie – wenn der Übergeber innerhalb von zehn Jahren stirbt (§ 2325 Abs. 3 BGB) – für die Pflichtteilsberechnung dem Nachlass hinzugerechnet, nach der seit dem 1.1.2010 geltenden Neufassung des § 2325 Abs. 3 BGB jedoch abgemildert in der Weise, dass mit jedem Jahr nach Schenkungsvollzug je 10 % des Schenkungswertes abzuziehen sind. Das kann dazu führen, dass der Übernehmer etwa an den Ehegatten des Übergebers nach dessen Tod noch Pflichtteilsergänzungszahlungen zu leisten hat.

Beispiel

Wert der Zuwendung: 2 Mio. EUR. Wert des Nachlasses bei Hinzurechnung der Zuwendung: 2,3 Mio. EUR. Gesetzliche Erbquote des Ehegatten: $1/2$, Pflichtteil also $1/4$ oder 575.000 EUR. Da der vorhandene Nachlass nur 300.000 EUR ausmacht, steht dem Ehegatten gegen den Beschenkten eine Forderung von 275.000 EUR zu (§ 2329 BGB).

Auch dies kann nur durch einen **Pflichtteilsverzicht** (hier: des Ehegatten gegenüber dem Übergeber) ausgeschlossen werden.

Wenn der Übergeber die Übertragung vornimmt, um im Scheidungsfall die Zugewinnausgleichsansprüche seines Ehegatten zu vereiteln oder zu mindern, kann es ebenfalls zu einer Haftung des Übernehmers für den ausgefallenen Ausgleichsanspruch kommen (§§ 1375 Abs. 2, 1390 BGB), sofern der Übergeber bei der Übergabe in der Absicht handelte, seinen Ehegatten zu benachteiligen. Wenn der Übernehmer das ausschließen will, ist die Zustimmung des anderen Ehegatten oder dessen (teilweiser) Ausgleichsverzicht erforderlich.

dd) Zustimmung des Ehegatten

193 Lebt der Übergeber mit seinem Ehegatten im gesetzlichen Güterstand der Zugewinngemeinschaft, so bedarf es ohnehin dessen Einwilligung, wenn die übertragenen Gegenstände das gesamte oder nahezu gesamte Vermögen des Übergebers ausmachen und der Übernehmer das weiß oder doch die Verhältnisse kennt, aus denen es sich ergibt (§ 1365 BGB). Daher empfiehlt es sich, bei allen Übergabeverträgen, die nicht offensichtlich nur einen Teil des Vermögens des Übergebers erfassen, entweder die Einwilligung des anderen Ehegatten oder zumindest eine Versicherung des Übergebers, dass er nur über einen Teil seines Vermögens verfügt, mit zu beurkunden.

Zwar kann die Einwilligung auch außerhalb der Urkunde nachträglich und formfrei erteilt werden. Da sie jedoch dem Grundbuchamt in öffentlich beglaubigter Form nachgewiesen werden muss, bedarf es bei Grundstücksübertragungen zumindest einer Einwilligung in Beglaubigungsform. Das Grundbuchamt darf den Nachweis der Einwilligung bzw. des Vorhandenseins weiteren Vermögens allerdings nur verlangen, wenn es bestimmte Anhaltspunkte dafür hat, dass es sich im konkreten Fall um eine Übertragung (nahezu) des gesamten Vermögens handelt. Bei größeren Vermögen (über 250.000 EUR)[63] genügt es, wenn dem veräußernden Ehegatten 10 % seines ursprünglichen Vermögens verbleiben, bei kleineren Vermögen müssen es mindestens 15 % sein.[64]

63 Grüneberg/*Siede*, § 1365 Rn 6.

64 BGH NJW 1980, 2350; BGH NJW 1991, 1739; Grüneberg/*Siede*, § 1365 Rn 6.

V. Erbschaftsteuer – Schenkungsteuer

Die steuerrechtlichen Fragen, die ein Übergabevertrag – zumal bei größeren Vermögen – aufwerfen kann, sind so schwierig geworden, dass ihre Abhandlung den Rahmen dieses in erster Linie für Notarmitarbeiter/innen bestimmten Lehrbuches übersteigt. In allen nicht ganz einfachen und eindeutigen Fällen sollte der Notar die Beteiligten an einen Steuerberater verweisen. Das gilt insbesondere bei der Übertragung von Betrieben. 194

VI. Kosten

1. Geschäftswert

Gemischte Schenkungen und Schenkungen unter Auflagen, insbesondere also auch Übergabeverträge, haben den **Austausch von Leistungen** zum Gegenstand. Daher sind für die Kostenberechnung die Leistungen einer der beiden Vertragspartner zugrunde zu legen, und zwar die höhere der beiderseitigen Leistungen (§ 97 Abs. 3 GNotKG). Dies ist zumeist die des Übergebers. Allerdings kann, wenn der Versorgungscharakter überwiegt, auch einmal die Summe der Leistungen des Übernehmers höher sein. 195

Der Wert der Leistungen bestimmt sich nach den allgemeinen und besonderen **Wertvorschriften** (siehe § 5 Rdn 100 ff.). Soweit die Leistungen in einem bezifferten Geldbetrag bestehen, ergeben sich keine Besonderheiten. Rentenverpflichtungen sind nach § 52 GNotKG zu kapitalisieren. Bei Nießbrauchsrechten und Wohnungsrechten ist der jährliche Nettoertrag bzw. -wert überschlägig und nach dem Mindestwertprinzip im Gespräch mit den Beteiligten zu ermitteln und tunlichst in der Urkunde festzuhalten. Alsdann ist auch hier die Tabelle nach § 52 Abs. 4 GNotKG anzuwenden (Beispiele siehe § 5 Rdn 121–126).

Werden **Grundstücke** übertragen, so ist deren Wert nach § 46 GNotKG zu ermitteln (vgl. hierzu § 5 Rdn 105). Wenn dieser Wert höher ist als die Summe der Leistungen des Übernehmers, dann interessieren die Übernehmerleistungen für die Wertberechnung beim Notar im Ergebnis nicht und das Grundbuchamt nur, soweit dafür ein Recht (z.B. ein Altenteil) eingetragen werden soll. § 110 Nr. 2b GNotKG, wonach die Bestellung von subjektiv-dinglichen Rechten immer einen verschiedenen Beurkundungsgegenstand gegenüber der Veräußerung darstellt gilt nicht für die typischerweise als subjektiv-persönliche Rechte (beschränkte persönliche Dienstbarkeit, Wohnungsrecht) vereinbarten Gegenleistungen im Übergabevertrag (wohl aber für etwaige Grunddienstbarkeiten).

Soweit im Gespräch mit den Beteiligten nichts Genaueres zu ermitteln ist, geht man üblicherweise von Erfahrungswerten aus. Bei durchschnittlichen Verhältnissen wird man im Rahmen der Ermessensausübung (§ 36 Abs. 1 GNotKG) etwa folgende **Werte** zugrunde legen können:

(1) Wohnungsrecht: ortsübliche Miete vergleichbarer (häufig nicht abgeschlossener) Räume. Hilfsweise kann die **Sozialversicherungsentgeltverordnung** (SvEV, Verordnung nach § 17 SGB IV, zuletzt geändert am 15.12.2020, BGBl I S. 2933) herangezogen werden. Die SvEV sieht für eine freie Unterkunft, die keine abgeschlossene Wohnung ist, einen Betrag von derzeit 237 EUR pro Person monatlich vor (Abzug von 15 % bei Aufnahme im Haushalt, also z.B. bei Gemeinschaftsküche oder Bad).

(2) Monatswert für Licht, Beheizung, Müllabfuhr und Wasser einschließlich Abwasser: je Berechtigten etwa 70 EUR,

(3) Beköstigung pro Monat und Person: etwa 350 EUR. Die SvEV setzt dafür nur 263 EUR an (je 104 EUR für Mittag- und Abendessen, 55 EUR für Frühstück).

(4) Pflegerecht: Maßgeblich ist die konkret geschuldete Leistung. Eine Orientierung geben die Leistungen der gesetzlichen Pflegeversicherung als Pflegesachleistung (§ 36 SGB XI) oder Pflegegeld (§ 37 SGB XI). Für Wart und Pflege können mindestens 125 EUR pro Person und Monat angesetzt werden, das entspricht dem bei Pflegegrad 1 gezahlten Entlastungsbetrag (§ 28a Abs. 2 SGB XI). Die Beträge sind in den anderen Pflegegraden deutlich höher. Das Pflegegeld ist zur Weitergabe an eine nichtprofessionelle Hilfe gedacht und spiegelt den wirtschaftlichen Wert der Pflege daher nicht unbedingt wider.

(5) Begräbniskosten: etwa 5.000 EUR,

(6) Grabpflege: Jahreswert der gärtnerischen Leistungen eines Laien, kapitalisiert auf die Restdauer der Grabmiete (längstens 20 Jahre, § 52 Abs. 2 S. 2 GNotKG). Ein Kapitalwert von etwa 5.000 EUR dürfte nicht zu beanstanden sein.

Für die **Kapitalisierung** aller wiederkehrenden Leistungen gilt die Rechenanweisung der § 52 Abs. 2 und Abs. 4 GNotKG. Wenn – bei jungem Alter der Übergeber – noch ganz und gar ungewiss ist, ob Leistungen wie Verköstigung und Pflege jemals in Anspruch genommen werden, kann und der Wert herabgesetzt werden muss (§ 52 Abs. 6 S. 3).

Stehen die Übertragung eines Grundstücks und die Gegenleistungen in einem Austauschverhältnis ohne Schenkungsanteil, so kann der Wert des Grundstücks auch über die Summe der übernommenen Gegenleistungen ermittelt werden. Bei der Überlassung eines landwirtschaftlichen Betriebes gelten Besonderheiten (siehe hierzu § 5 Rdn 388).

2. Beurkundungsgebühr

196 Es handelt sich stets um die **Beurkundung eines Vertrages** i.S.d. KV Nr. 21100 GNotKG. Demnach ist das Doppelte der vollen Gebühr zu erheben.

3. Vollzugsgebühren

197 Für die nach dem Wert des Überlassungsvertrags (§ 112 GNotKG) zu bestimmende Vollzugsgebühr gemäß KV Nr. 22110 GNotKG kommen vor allem die folgenden **Tätigkeiten** der Vorbemerkung KV 2.2.1.1. (1) GNotKG in Betracht:

Nr. 1: Wenn der Vertrag einer behördlichen oder gerichtlichen Genehmigung bedarf, sofern die Beteiligten den Notar beauftragen, ein Negativattest bzw. die Genehmigung einzuholen.

Nr. 4: Wenn zu dem Vertrag eine Genehmigung des Familiengerichts erforderlich ist und der Notar mit der Einholung beauftragt wird (z.B. bei Bestellung eines Nießbrauchrechts am Grundstück des minderjährigen Eigentümers).

Nr. 5: Wenn der Notar auftragsgemäß eine Vollmachtbestätigung oder Genehmigung nicht oder nicht formgerecht vertretener Beteiligter einholt.

Nr. 6: Wenn der Notar auftragsgemäß eine privatrechtliche Verzichtserklärung einholt (z.B. bei Rechten Dritter am überlassenen Grundstück).

Nr. 8: Wenn eine Schuldübernahme vereinbart ist und der Notar deren Genehmigung durch den Gläubiger einholen soll. Ebenso bei einer Haftentlassungserklärung.

Nr. 9: Wenn der Notar auftragsgemäß Löschungsbewilligungen oder Rangrücktrittserklärungen einholt.

Nr. 11: Im Rahmen einer Tätigkeit nach Nr. 1 tritt der Notar in Verhandlungen mit der Behörde, dem Gericht etc., um die beantragten Unterlagen zu erhalten bzw. es bedarf eigener Begründung gestellter Anträge durch den Notar.

Die **Vollzugsgebühr** fällt grundsätzlich nur einmal an. Hinsichtlich der Gebührenhöhe ist aber zu beachten, dass jede einzelne Tätigkeit nach Nr. 1 und Nr. 2 höchstens eine Gebühr von 50 EUR begründet („wachsende Höchstgebühr"). Wenn nur solche Tätigkeiten im Vollzug anfallen, ist deren mit 50 EUR multiplizierte Anzahl zu vergleichen mit der bei Ansatz des Gebührensatzes von 0,5 entstehenden Gebühr (Beispiel siehe § 5 Rdn 194).

Fällt wenigstens eine Vollzugstätigkeit nach KV 2.2.1.1. (1) Nr. 4–11 GNotKG an, gilt immer die ungeschmälerte Gebühr nach dem Gebührensatz 0,5. Insofern hat die Abgrenzung zwischen Nr. 1 und Nr. 11 Bedeutung: Ist z.B. die Bestellung eines Ergänzungspflegers erforderlich, soll nach der Literatur[65] Nr. 1 dann gelten, wenn der Notar lediglich das bloße Ersuchen verschickt. Begründet er dagegen das Erfordernis der Bestellung oder macht er Ausführung, welche Person weshalb zum Pfleger bestellt werden soll, gilt danach Nr. 11.

65 Fackelmann/Heinemann/*Macht*, KV Nr. 22110–21114 Rn 42.

4. Betreuungs- und Treuhandgebühren

Auch eine **Betreuungsgebühr** ist nach dem Wert des Überlassungsvertrags (§ 113 Abs. 1 GNotKG) zu bestimmen. Sie fällt mit einem Gebührensatz von 0,5 – genau einmal – an, sobald – wenigstens – eine der in KV Nr. 22200 GNotKG genannten Tätigkeit aufgrund eines Auftrags der Beteiligten durch den Notar übernommen wird. 198

Für den Überlassungsvertrag relevant sind hier etwa

- Prüfen und Mitteilung der Fälligkeit von Erwerberleistungen bei teilentgeltlicher Übertragung (KV Nr. 22200 Nr. 2 GNotKG)
- Umschreibungsüberwachung, wenn die Umschreibung von Leistungen des Erwerbers abhängig gemacht ist (KV Nr. 22200 Nr. 3 GNotKG).

Daneben können **Treuhandgebühren** anfallen, wenn z.B. abzulösende Gläubiger die Verwendung von Löschungsbewilligungen von einem Zahlungseingang abhängig machen, den der Notar zu überwachen hat. Diese Gebühren können mehrfach anfallen und betragen 0,5 nach dem Wert des einzelnen Sicherungsinteresses (§ 113 Abs. 2 GNotKG), das ist in der Regel der geforderte Ablösebetrag.

VII. Besonderheiten bei der Abwicklung eines Überlassungsvertrages

Für die **Abwicklung** von Überlassungsverträgen gelten folgende Besonderheiten: 199

a) Es ist eine **beglaubigte** Abschrift an die für den Übergeber örtlich zuständige **Schenkungsteuerstelle** zu senden.
b) Sofern land- oder forstwirtschaftlich nutzbare Grundstücke (auch etwa eine ehemalige Hofstelle) übertragen werden, bedarf es einer **Genehmigung** oder eines **Negativattests** nach dem GrdstVG, sofern die Grundstücke die von Land zu Land verschiedenen Freigrenzen überschreiten (vgl. Rdn 250). Zu diesem Zweck wird eine (unbeglaubigte) **Abschrift** des Vertrages an die örtlich zuständige Genehmigungsbehörde mit dem Antrag geschickt, zu dem Vertrag ein Negativattest zu erteilen, hilfsweise, ihn zu genehmigen.
c) Zu der Frage, ob zur Teilung eines Grundstücks eine Teilungsgenehmigung einzuholen und daher vom Notar insoweit eine Tätigkeit auszuüben ist, siehe Rdn 2 f., 255.

VIII. Hof- und Landgutsübergabe

1. Wesen des Hofübergabevertrages

Wird ein Hof i.S.d. HöfeO zum Zweck der Vorwegnahme der Erbfolge übertragen, so handelt es sich um einen Hofübergabevertrag.[66] Für ihn gelten einige Besonderheiten. 200

Es muss sich um einen Hof i.S.d. HöfeO handeln. Die Höfeordnung gilt in den Ländern Hamburg, Niedersachsen, Nordrhein-Westfalen und Schleswig-Holstein. Sie wird deshalb auch „nordwestdeutsche Höfeordnung" genannt. Vergleichbare Höfeordnungen gelten in den Ländern Rheinland-Pfalz und Bremen. In Brandenburg gilt seit 2019 ebenfalls eine eigene Höfeordnung, die sich sehr eng an die nordwestdeutsche HöfeO anlehnt. Wesentlich für die Vererbung einer Besitzung nach Höferecht ist, dass sie geschlossen nur an **einen** Erben fallen kann. Bei einem Hofübergabevertrag kann ein Hof i.S.d. HöfeO dementsprechend auch nur an eine Person übertragen werden. Eine Ausnahme hiervon gilt für den Erwerb durch Ehegatten. Da die HöfeO den Ehegattenhof kennt (§ 1 Abs. 1 S. 1 HöfeO), kann ein Hof i.S.d. HöfeO auch an ein Ehepaar vererbt oder übertragen werden. In Hessen gibt es eine Landgüterordnung, die jedoch nur ein Übernahmerecht zum Ertragswert gewährt. 201

Zu einem vollständigen Hof gehören die **Wohn- und Wirtschaftsgebäude** (Hofstelle) und **land- oder forstwirtschaftliche Nutzflächen**. Hoffähig sind nur Betriebe ab einer gewissen **Mindestgröße**. Im Bereich der nordwestdeutschen HöfeO lag sie bis zum 31.12.2024 bei einem Wirtschaftswert (das ist der Einheitswert

66 In den Ländern, die kein besonderes Höferecht kennen, nennt man auch die „Landgüter" Höfe und spricht auch bei ihnen von „Hofübergabe".

abzüglich Wohnungswert) von 5.000 EUR. Seit dem 1.1.2025 knüpft die HöfeO aufgrund einer Gesetzesänderung[67] nicht mehr an den Wirtschaftswert oder den Einheitswert an, sondern an den Grundsteuerwert des landwirtschaftlichen Betriebes. Hoffähig sind danach nur solche Betriebe, die einen Grundsteuerwert von mindestens 27.000 EUR haben. In Rheinland-Pfalz liegt die Mindestgröße bei einer sog. Ackernahrung (das ist so viel Land, wie nötig ist, um eine Familie zu ernähren und zu versorgen) und in Brandenburg bei einer Fläche von mindestens zehn Hektar. Hof wird der Betrieb entweder **kraft Gesetzes** (in den Ländern der nordwestdeutschen HöfeO ab einem Grundsteuerwert von mindestens 54.000 EUR (§ 1 Abs. 1 S. 1 HöfeO), in Brandenburg bei Besitzungen ab 20 Hektar) oder auf **Antrag** (in Rheinland-Pfalz) bzw. aufgrund **Hofeinführungserklärung** des Eigentümers (in den Ländern der nordwestdeutschen HöfeO bei Besitzungen mit einem Grundsteuerwert von mindestens 27.000 EUR und weniger als 54.000 EUR (§ 1 Abs. 1 S. 2 HöfeO), in Brandenburg bei Besitzungen mit einer Größe von mindestens zehn Hektar und weniger als 20 Hektar). Im gesamten Geltungsbereich der nordwestdeutschen Höfeordnung und in Brandenburg kann der Eigentümer jederzeit die Hofeigenschaft aufheben. Die Hofaufgabeerklärung ist gegenüber dem Landwirtschaftsgericht abzugeben. Sie bedarf der öffentlichen Beglaubigung. Gleiches gilt jeweils für die Hofeinführungserklärung.

In Rheinland-Pfalz kann die Aufhebung der Hofeigenschaft nur aus wichtigem Grund beantragt werden.

202 Die Begründung oder Aufhebung der Hofeigenschaft i.S.d. HöfeO kann auch mehrmals nacheinander geschehen. Es bestehen daher keine Bedenken, wenn der Hofeigentümer vor der geplanten Übergabe die Hofeigenschaft aufhebt, z.B. weil Zweifel an der erforderlichen Wirtschaftsfähigkeit des Erwerbers bestehen, und der Erwerber nach der Übergabe die Hofeigenschaft wieder einführt. Das stellt, wie der BGH entschieden hat, selbst dann keine unzulässige Umgehung des Höferechts nach der HöfeO dar, wenn der Erwerber sich zuvor zur Wiedereinführung der Hofeigenschaft verpflichtet hatte.[68] Soll die Hofeigenschaft eines land- oder forstwirtschaftlichen Betriebes nach deren Aufhebung durch Hofeinführungserklärung wieder neu begründet werden, so muss dieser die genannten Mindestgrößen erreichen (in den Ländern der nordwestdeutschen HöfeO also einen Grundsteuerwert von 27.000 EUR, in Brandenburg eine Größe von zehn Hektar).

Hof kann nur eine Besitzung sein, die einer natürlichen Person, Ehegatten oder einer fortgesetzten Gütergemeinschaft gehört. Ob ein Betrieb Hof ist, kann man in Rheinland-Pfalz einer besonderen, beim Grundbuchamt geführten Höferolle entnehmen. In den nordwestdeutschen Ländern soll zwar auf dem Titelblatt des Grundbuchs ein Hofvermerk eingetragen werden. Dies ist jedoch nicht Voraussetzung für die Entstehung der Hofeigenschaft und in vielen Fällen unterblieben. Daher ist die Frage, ob ein Hof vorliegt, im Bereich der Höfeordnung oft **schwierig** zu beantworten. In Zweifelsfällen kann in einem besonderen Verfahren auf Antrag eines Beteiligten, der ein rechtliches Interesse daran glaubhaft macht, vom Landwirtschaftsgericht für alle an dem Verfahren Beteiligten verbindlich festgestellt werden, ob ein Hof vorliegt oder beim Erbfall vorgelegen hat (§ 11 Abs. 1a HöfeVfO). In der Praxis kommt man zumeist auch mit einer vorsorglichen Hofeinführungs- bzw. Hofaufhebungserklärung aus.[69] Die vorsorgliche Hofaufgabeerklärung wird recht häufig abgegeben, nämlich dann, wenn zweifelhaft ist, ob eine Besitzung Hof ist, der Eigentümer aber die etwa doch bestehende Hofeigenschaft nicht mehr wünscht.

Die Hofeigenschaft hat außer der Vererbung des Betriebes auf nur einen Hoferben im Wesentlichen zur Folge, dass sich die Abfindung aller anderen Erben (der sog. weichenden Erben) nicht nach dem Verkehrswert, sondern nach einem niedrigeren Wert richtet. Dieser beträgt nach der nordwestdeutschen HöfeO 60 % des für den landwirtschaftlichen Betrieb zuletzt festgestellten Grundsteuerwertes. In Rheinland-Pfalz ist der Ertragswert maßgebend. Auf diese Weise wird die geschlossene Erhaltung landwirtschaftlicher und forstwirtschaftlicher Betriebe zu erträglichen Abfindungsbedingungen gewährleistet und die sog. **Realteilung** vermieden.

203 Der Hofübergabevertrag ist dadurch gekennzeichnet, dass mit ihm die **(Hof-)Erbfolge vorweggenommen** werden soll.

67 Gesetz zur Änderung der Höfeordnung und der Verfahrensordnung für Höfesachen vom 4.12.2024, BGBl I, Nr. 395.

68 BGH ZEV 2009, 144.

69 Zur vorsorglichen Hofaufgabeerklärung vgl. OLG Köln RNotZ 2009, 323 m. Anm. *Roemer*. Ausführlich zur Hofeinführungs- und Hofaufgabeerklärung, auch zur vorsorglichen Hoferklärung, *Roemer*, RNotZ 2015, 556. Formulierungsvorschläge für Hofeinführungs- und Hofaufgabeerklärungen in: Roemer/Stephany/Vaupel, NotarFormulare Übergabe landwirtschaftlicher Betriebe, § 3 Rn 15 ff. und Rn 29 ff.

2. Wirkung des Hofübergabevertrages

Der Übergabevertrag hat nach der nordwestdeutschen Höfeordnung die besondere Wirkung, dass zugunsten der anderen Abkömmlinge des Übergebers der Erbfall als dann eingetreten gilt, wenn der Hof einem hoferbenberechtigten Abkömmling übertragen wird (§ 17 Abs. 2 HöfeO), sog. **Fiktion des Hoferbfalls**. Sie erlangen damit schon zu Lebzeiten des Erblassers mit der Eigentumsumschreibung auf den Hofübernehmer die vertraglich vereinbarten, ansonsten die gesetzlichen Geldabfindungsansprüche (§ 12 HöfeO), mindestens jedoch die Pflichtteilsansprüche in Bezug aus den Hof. Die Pflichtteilsansprüche berechnen sich nach dem sog. Hofeswert, der lediglich 60 % des für den landwirtschaftlichen Betrieb zuletzt festgestellten Grundsteuerwertes beträgt (§ 12 Abs. 2 S. 2 HöfeO) und damit weit hinter dem Verkehrswert zurückbleibt. 204

3. Inhalt des Hofübergabevertrages

Wesentlich für einen Hofübergabevertrag ist, dass in ihm ein Hof i.S.d. HöfeO **übertragen**, d.h. übereignet wird. 205
Behält der Übergeber für sich, seinen Ehegatten oder etwa andere („weichende") Erben unwesentliche Teile des Hofes zurück, so ändert dies zwar nichts daran, dass es sich um einen Hofübergabevertrag handelt. Ein solcher Vertrag ist jedoch nur genehmigungsfähig, wenn der übergebene Betrieb aufgrund seiner Größe und Ertragstärke den Rückbehalt dieser Grundstücke wirtschaftlich verkraften kann. Vorsicht ist in diesem Fall aus steuerlichen Gründen geboten, da die zurückbehaltenen Grundstücke aus dem Betriebsvermögen entnommen werden.

In aller Regel werden im Hofübergabevertrag die **Abfindungsansprüche** der weichenden Erben festgelegt. Dies kann, was anzustreben ist, unter Mitwirkung der Abfindlinge, aber auch ohne sie in der Form eines Vertrages zugunsten Dritter geschehen. Hier gelten gegenüber sonstigen Übergabeverträgen keine Besonderheiten. Auf die Erläuterungen oben (siehe Rdn 184) wird verwiesen.

Die gesetzlichen Abfindungsansprüche können bis zur Grenze des Pflichtteils herabgesetzt und bis zur Grenze der Leistungsfähigkeit des Hofes heraufgesetzt werden. Wird diese überschritten, so kann der Vertrag vom Landwirtschaftsgericht nicht genehmigt werden.

Regelmäßig werden in einem Hofübergabevertrag auch **Versorgungsleistungen** für den Übergeber und seinen Ehegatten vereinbart, die in der nordwestdeutschen HöfeO und in der HöfeO Rheinland-Pfalz als „Altenteil" (siehe hierzu Rdn 173 f.) bezeichnet werden, deshalb aber nicht unbedingt zu einem Altenteil im Grundbuch zusammengefasst werden müssen. Es können grundsätzlich Leistungen beliebiger Art und beliebigen Umfanges vereinbart werden, jedoch unter Beachtung der nachfolgend unter d) dargelegten Besonderheiten.

Allerdings sind beim Hofübergabevertrag die Grenzen der **Vertragsfreiheit** verhältnismäßig eng gezogen, und zwar, weil neben den allgemeinen Beschränkungen nach dem Grundstückverkehrsgesetz zusätzlich die nach der Höfeordnung gelten.

Hinweis 206

Dies bedeutet vor allem, dass

(1) der Übernehmer **„wirtschaftsfähig"**, d.h., in der Lage sein muss, den Betrieb ordnungsgemäß zu bewirtschaften. Davon gibt es Ausnahmen. So muss etwa der Ehegatte eines Hofeigentümers, der dessen Hof erbt oder übertragen erhält, nicht wirtschaftsfähig sein;

(2) es problematisch sein kann, ob und in welchem **Umfang** Rücktritts- und Rückforderungsrechte vereinbart werden können (ein gesetzliches Rücktrittsrecht hat der Übergeber nicht, da in den Ausführungsgesetzten zum BGB das Recht des Übergebers, wegen Verzug oder Nichterfüllung einer vertraglich vereinbarten Leistung vom Vertrag zurückzutreten, ausgeschlossen ist); hier ist insbesondere die Entscheidung des BGH[70] zur nur eingeschränkten Zulässigkeit vertraglicher Verfügungsverbote zu beachten (vgl. hierzu Rdn 181). Die Landwirtschaftsgerichte, deren Genehmigung zur Wirksamkeit des Hofübergabevertrages erforderlich ist, stehen teilweise auch aus grundstücksverkehrsrechtlichen Gründen der Vereinbarung von Rückforderungsrechten kritisch gegenüber, insbesondere wenn diese für den Fall vereinbart werden, dass der Übernehmer **ohne Zustimmung** des Übergebers über den Grundbesitz durch Veräußerung oder Be-

70 BGH NJW 2012, 3162.

lastung verfügen sollte[71] In Zweifelsfällen sollte vor der Beurkundung des Hofübergabevertrages die Genehmigungspraxis des zuständigen Landwirtschaftsgerichts abgeklärt werden.
(3) der Hof nicht mehreren Personen (außer Ehegatten) und nicht einer juristischen Person übergeben werden kann,
(4) der Hof grundsätzlich geschlossen und zu erträglichen Bedingungen übergeben werden muss, und
(5) ein durch die Übertragung der Bewirtschaftung oder die Beschäftigung auf dem Hof verbindlich bestimmter Hofanwärter nicht übergangen werden darf.

4. Landgutsübergabe

207 Im **Geltungsbereich** der HöfeO können die Beteiligten dieser Inhaltskontrolle entgehen, wenn die Hofeigenschaft vor der Übergabe durch eine entsprechende Erklärung des Eigentümers und anschließende Löschung des Hofvermerks im Grundbuch aufgehoben wird (§ 1 Abs. 4 HöfeO). Denn dann muss die Genehmigungsbehörde den Vertrag ohne Rücksicht auf seinen Inhalt genehmigen, sofern der Betrieb geschlossen auf den Ehegatten, einen Abkömmling, einen Verwandten bis zum 3. Grad in der Seitenlinie oder einen Verschwägerten bis zum 2. Grad übertragen wird (§ 8 Nr. 2 GrdstVG).

Außerhalb des Geltungsbereichs der Anerbengesetze, also auch in den neuen Ländern (in Brandenburg gilt allerdings seit 2019 eine eigene Höfeordnung mit enger Anlehnung an die nordwestdeutsche HöfeO), können landwirtschaftliche Betriebe nur bei ihrer Überlassung als Landgut unter Lebenden oder von Todes wegen überlebensfähig gehalten werden. Sofern der Eigentümer wünscht, dass der Betrieb fortgeführt werde, muss er in der Verfügung seine Veranschlagung mit dem Ertragswert positiv anordnen. Dann bemessen sich auch die Pflichtteilsansprüche nur nach dem Ertragswert (§§ 2049, 2312 BGB). Der Ertragswert liegt in der Regel deutlich unter dem Verkehrswert. Bei der Bewertung von Bauland oder Bauerwartungsland, das zu einem Landgut gehört, ist jedoch von dessen Verkehrswert auszugehen. Andererseits muss die darauf ruhende „latente Steuerlast" wertmindernd berücksichtigt werden, wenn sein Wert nur durch seinen Verkauf realisiert werden kann und dieser eine Entnahmegewinn-Besteuerung zur Folge hat.

208 Bei der Landgutsübergabe sollten die **Abfindungen** der „weichenden Erben" möglichst genau bestimmt werden. Es gibt keine gesicherte, jedenfalls keine gesetzlich verbindliche Methode zur Berechnung des Ertragswerts. Die Abfindungsbeträge können vertraglich etwa an ein Vielfaches der Jahrespacht ausgerichtet werden, z.B. das 25–30-fache der erzielbaren ortsüblichen Jahrespacht, deren Ermittlung – wenn sich die Beteiligten nicht einigen – einem von der Landwirtschaftskammer bzw. dem Amt für Agrarordnung zu benennenden Sachverständigen als Schiedsgutachter aufgetragen wird. Die Abfindungen werden häufig auf einige Jahre zinslos gestreckt. Die Grenze für derartige Anordnungen sind die Pflichtteilsansprüche der weichenden Erben auf der Basis des Ertragswerts.

209 **Landgutsfähig** sind nur Alleineigentumsbesitzungen und Besitzungen in fortgesetzter Gütergemeinschaft (§ 1515 BGB), die bei realistischer Betrachtung auch in Zukunft weiter als aktive landwirtschaftliche Betriebe in der – bäuerlichen – Familie gehalten werden können. Der Betrieb muss leistungsfähig sein. Er muss als geschlossene Einheit übertragen bzw. vererbt werden. Eine starre Mindestgrenze gibt es nicht. Auch ein Neben- oder Zuerwerbsbetrieb ist grundsätzlich landgutsfähig, wenn er eine selbstständige und dauernde Nahrungsquelle abgibt und zu einem erheblichen Teil zum Lebensunterhalt seines Eigentümers beiträgt.

Das Landgut kann **nur einer Person** zu Ertragswertbedingungen übertragen werden. Der Übernehmer oder Erbe muss zu den Pflichtteilsberechtigten gehören, also entweder Abkömmling, Ehegatte oder Elternteil sein.

5. Genehmigung des Übergabevertrages

210 Wenn der Übergabevertrag die Übereignung von land- oder forstwirtschaftlich nutzbaren Grundstücken zum Gegenstand hat, bedarf er der Genehmigung nach dem GrdstVG (§ 3). Für die Genehmigung eines **Hofübergabevertrages** i.S.d. HöfeO ist das Landwirtschaftsgericht zuständig (§ 17 Abs. 3 HöfeO). Wird sie versehentlich von der Genehmigungsbehörde erteilt, so ist sie zwar deshalb fehlerhaft und mit einem Antrag auf gericht-

71 Ausführlich hierzu Roemer/Stephany/Vaupel/*Roemer*, Notarformulare Übergabe landwirtschaftlicher Betriebe, 2021, § 11 Rn 3 ff.

liche Entscheidung anfechtbar; sie wird aber, wenn ein solcher Antrag unterbleibt, nach herrschender Meinung rechtsbeständig. Wird umgekehrt ein Übergabevertrag, für dessen Genehmigung die Grundstücksverkehrsbehörde zuständig wäre, vom Landwirtschaftsgericht genehmigt, so ist dessen Genehmigung wirksam und kann, da das Landwirtschaftsgericht der Landwirtschaftsbehörde in seiner Entscheidungsbefugnis übergeordnet ist, auch nicht wegen fehlender Zuständigkeit angefochten werden. Örtlich zuständig für die Genehmigung des Hofübergabevertrages ist das Landwirtschaftsgericht, in dessen Bezirk die Hofstelle liegt. Der Notar gilt als ermächtigt, den Genehmigungsantrag für die Beteiligten zu stellen (§§ 13, 16 HöfeVfO). Dies geschieht in der Regel dadurch, dass der Notar zwei (**beglaubigte**) Abschriften des Vertrages mit dem Antrag an das Landwirtschaftsgericht schickt, den Vertrag zu genehmigen.

Am Genehmigungsverfahren sind die Vertragsparteien und – wenn der Hof nahezu das ganze Vermögen des Übergebers darstellt – dessen Ehegatte beteiligt, die weichenden Erben nur, wenn sie an dem Vertrag beteiligt worden sind. Die Entscheidung des Gerichts ist nur den Verfahrensbeteiligten zuzustellen, nicht einem etwa übergangenen hoferbberechtigten Abkömmling.

> *Hinweis*
> Wird die Genehmigung eines Hofübergabevertrages versagt oder nur unter einer Auflage oder Bedingung erteilt, so kann jeder Vertragsbeteiligte gegen die Entscheidung Beschwerde an das Oberlandesgericht richten, bei einer Landgutsübergabe Antrag auf gerichtliche Entscheidung stellen.

IX. Wohnungs- und Teileigentum

1. Begriff

a) Allgemeines

Das BGB lässt ein selbstständiges Eigentum an Teilen von Gebäuden nicht zu. Das Eigentum an einem Grundstück erstreckt sich somit auf alles, was oberhalb und unterhalb seiner Oberfläche vorhanden ist. Daher gehören Gebäude und Gebäudeteile, sofern sie nicht nur zu einem vorübergehenden Zweck mit dem Grundstück verbunden sind (§ 95 BGB), zu den wesentlichen Bestandteilen eines Grundstücks (§ 94 BGB). Sie können nicht Gegenstand besonderer Rechte, also auch nicht von selbstständigem Eigentum sein (§ 93 BGB). Eine Ausnahme hiervon bildete früher nur das Erbbaurecht (vgl. Rdn 398 ff.). 211

Die nach dem Zweiten Weltkrieg bestehende Wohnungsnot verlangte jedoch nach einer Ergänzung der rechtlichen Rahmenbedingungen für die Schaffung von Wohnraum und Wohneigentum. Infolgedessen kam es zum Erlass des Wohnungseigentumsgesetzes (WEG) vom 15.3.1951, das erstmals selbstständiges Eigentum an Teilen eines Gebäudes zuließ.

Die Wohnungs- und Teileigentümer bilden gemeinsam die Gemeinschaft der Wohnungseigentümer. Diese Gemeinschaft ist ihrerseits rechtsfähig (vgl. §§ 9a, 9b WEG). Demnach kann die Wohnungseigentümergemeinschaft Rechte erwerben, Verbindlichkeiten eingehen, vor Gericht klagen und verklagt werden (§ 9a Abs. 1 S. 1 WEG). Im Rechtsverkehr tritt sie unter Angabe des betreffenen Grundstücks, z.B. als „Wohnungseigentümergemeinschaft Kölner Straße 3, 51429 Bergisch Gladbach“ oder als „Gemeinschaft der Wohnungseigentümer Kölner Straße 3, 51429 Bergisch Gladbach“, auf (§ 9a Abs. 1 S. 3 WEG).

Die Wohnungseigentümergemeinschaft kann auch Inhaberin dinglicher Rechte sein. Große praktische Bedeutung hat dies insbesondere in Form von Zwangssicherungshypotheken zugunsten von Wohnungseigentümergemeinschaften als Sicherheit für bestehende Hausgeldrückstände von Wohnungs- oder Teileigentümern. Aber auch sonst kann die Wohnungseigentümergemeinschaft als Gläubigerin einer Hypothek oder einer Grundschuld im Grundbuch eingetragen werden, vorausgesetzt, die zu sichernde Verbindlichkeit ist dem Verwaltungsvermögen zuzurechnen. 212

Schließlich ist auch der Erwerb von Sonder- oder Teileigentum durch die Eigentümergemeinschaft zulässig. Ein denkbares Beispiel hierfür ist der Erwerb einer Hausmeisterwohnung durch die Eigentümergemeinschaft. Als Eigentümerin wäre z.B. die „Wohnungseigentümergemeinschaft Kölner Straße 3, 51429 Bergisch Gladbach“ (nicht alle Wohnungseigentümer) in das Grundbuch einzutragen. Der Abschluss eines solchen Grundstückskaufvertrages durch den Verwalter setzt allerdings voraus, dass die Wohnungseigentümer einen entsprechenden Ermächtigungsbeschluss gefasst haben (vgl. § 9a Abs. 1 S. 1 Hs. 2 WEG).

Wohnungseigentum ist das Sondereigentum an einer bestimmten Wohnung i.V.m. dem Miteigentumsanteil an dem gemeinschaftlichen Eigentum, zu dem es gehört (§ 1 Abs. 2 WEG). Teileigentum ist das Sondereigentum an nicht zu Wohnzwecken dienenden Räumen eines Gebäudes i.V.m. dem Miteigentumsanteil an dem gemeinschaftlichen Eigentum, zu dem es gehört (§ 1 Abs. 3 WEG). Gemeinschaftliches Eigentum (Miteigentum nach Bruchteilen) an den gemeinschaftlichen Teilen des Hausgrundstücks tritt bei der Begründung von Wohnungs- bzw. Teileigentum daher untrennbar neben das Sondereigentum an der Wohnung bzw. an den nicht zu Wohnzwecken dienenden Räumen. Ähnlich dem Erbbaurecht wird auch das Wohnungs- bzw. Teileigentum rechtlich weitgehend wie ein Grundstück behandelt. Für jeden Miteigentumsanteil wird ein Wohnungs- bzw. Teileigentumsgrundbuch angelegt. Das Grundbuchblatt des Stammgrundstücks wird von Amts wegen geschlossen.

213 Die Landesregierungen können unter bestimmten Voraussetzungen durch Rechtsverordnung eine Genehmigungsbedürftigkeit für die Begründung von Wohnungs- und Teileigentum an Gebäuden vorsehen, die ganz oder teilweise Wohnzwecken zu dienen bestimmt sind (§ 172 Abs. 1 S. 4 BauGB).[72] Genehmigungsbedürftig ist dann nur die „Begründung von Sondereigentum", nicht eine spätere Änderung der Teilungserklärung, soweit kein neues Sondereigentum begründet wird. Das Grundbuchamt darf eine Aufteilung in Wohnungs- und Teileigentum in einem solchen Fall nur vollziehen, wenn ihm die Erteilung der Genehmigung oder das Entfallen des Genehmigungserfordernisses nachgewiesen wurde (§ 172 Abs. 1 S. 6 i.V.m. § 22 Abs. 6 BauGB). Es ist zweckmäßig, die Genehmigung bzw. ein entsprechendes Negativattest zugleich mit der Abgeschlossenheitsbescheinigung zu beantragen.

§ 250 BauGB regelt, dass für Gebiete mit **angespannten Wohnungsmärkten** die Begründung oder Teilung von Wohnungseigentum oder Teileigentum ebenfalls ein behördliches Genehmigungserfordernis vorgesehen werden kann. Die Landesregierungen sind wiederum ermächtigt durch Rechtsverordnung Gebiete zu bestimmen, in denen ein solches Genehmigungserfordernis gilt.[73]

> *Wichtig!*
>
> Zu beachten ist, dass diese Ermächtigungsgrundlage (§ 250 Abs. 1 S. 3 BauGB) in ihrer derzeit geltenden Fassung vorsieht, dass solche Rechtsverordnungen spätestens mit Ablauf des 31.12.2025 außer Kraft treten müssen.

b) Gemeinschaftliches Eigentum

214 **Gemeinschaftliches Eigentum** sind

- das Grundstück und das Gebäude, soweit sie nicht im Sondereigentum oder im Eigentum eines Dritten stehen (§ 1 Abs. 5 WEG),
- Teile des Gebäudes, die für dessen Bestand und Sicherheit erforderlich sind (sog. konstitutive Elemente: Fundamente, tragende Mauern, Dach, Schornsteine, Außenputz des Gebäudes usw., § 5 Abs. 2 WEG),
- Anlagen und Einrichtungen, die dem gemeinsamen Gebrauch der Wohnungseigentümer dienen (z.B. Treppenhaus, Fahrstuhl, Zentralheizung usw., § 5 Abs. 2 WEG),
- Bestandteile des Gebäudes, die nicht verändert, beseitigt oder eingefügt werden können, ohne dass dadurch das gemeinschaftliche Eigentum oder ein auf Sondereigentum beruhendes Recht eines Wohnungseigentümers über das bei einem geordneten Zusammenleben unvermeidliche Maß hinaus beeinträchtigt oder die äußere Gestaltung des Gebäudes verändert wird (Fenster, Fensterläden, Wohnungsabschlusstüren).

c) Sondereigentum

215 Das **Sondereigentum** umfasst

- bestimmte Wohnungen und Räume, die in sich abgeschlossen sind (§ 5 Abs. 1 WEG),

72 Vgl. die unter *www.dnoti.de* in der Rubrik Arbeitshilfen/Immobilienrecht/Genehmigungserfordernisse und Vorkaufsrechte abrufbare „Übersicht zu Erhaltungssatzungen und Verordnungen i.S.d. § 172 Abs. 1 S. 4 BauGB".

73 Vgl. die unter *www.dnoti.de* in der Rubrik Arbeitshilfen/Immobilienrecht/Genehmigungserfordernisse und Vorkaufsrechte abrufbare „Übersicht zu Umwandlungsverordnungen i.S.v. § 250 Abs. 1 S. 3 BauGB".

- zu diesen Räumen gehörende Bestandteile des Gebäudes, die verändert, beseitigt oder eingefügt werden können, ohne dass dadurch das gemeinschaftliche Eigentum oder ein auf Sondereigentum beruhendes Recht eines anderen Wohnungseigentümers über das bei einem geordneten Zusammenleben unvermeidliche Maß hinaus beeinträchtigt oder die äußere Gestaltung des Gebäudes verändert wird und die weder für den Bestand oder die Sicherheit des Gebäudes erforderlich sind noch dem gemeinschaftlichen Gebrauch der Wohnungseigentümer dienen (z.B. Fußböden, Innentüren, nichttragende Zwischenwände, Wand- und Deckenputz, Innenanstriche, Sanitäranlagen, Ver- und Entsorgungsleitungen innerhalb des Sondereigentums,[74] § 5 Abs. 1 und 2 WEG).

An Garagenstellplätzen in Gebäuden (Parkhaus, Sammelgarage, Tiefgarage) kann Sondereigentum begründet werden. Dies gilt auch für Kfz-Stellplätze im Freien. Voraussetzung für die Sondereigentumsfähigkeit von Stellplätzen ist in allen Fällen, dass ihre Flächen durch entsprechende Maßangaben im Aufteilungsplan bestimmt sind (§ 3 Abs. 3 Alt. 2 WEG).

Es besteht ferner die Möglichkeit, das Sondereigentum an Räumen auf einen außerhalb des Gebäudes liegenden Teil des Grundstücks (z.B. eine Gartenfläche) zu erstrecken, es sei denn, die Wohnung oder die nicht zu Wohnzwecken dienenden Räume bleiben dadurch wirtschaftlich nicht die Hauptsache (§ 3 Abs. 2 WEG). Voraussetzung für die Bildung von Sondereigentum an Außenfläche ist wiederum, dass die betreffenden Flächen mit Maßangaben im Aufteilungsplan bestimmt sind.

Aus § 3 Abs. 2 WEG folgt, dass z.B. eine Gartenfläche nur Teil des zu einer Wohnungseigentumsheit gehörenden Sondereigentums sein kann. Eine Gartenfläche kann daher – anders als ein Stellplatz – kein eigenständiges Teileigentum bilden.

> *Beachte!*
>
> Das Sondereigentum kann grundsätzlich nicht ohne den Miteigentumsanteil am Gemeinschaftseigentum übertragen werden und umgekehrt.

2. Begründung

Wohnungseigentum kann durch Vertrag (§ 3 WEG) zwischen Miteigentümern oder durch (einseitige) Teilungserklärung des Alleineigentümers (§ 8 WEG) begründet werden. 216

Die Rechte und Pflichten der Wohnungseigentümer ergeben sich aus dem WEG und dem BGB, soweit keine zulässigen abweichenden Vereinbarungen getroffen worden sind.

a) Begründung durch Vertrag der Miteigentümer

Bei der Begründung des Wohnungseigentums nach § 3 WEG müssen die künftigen Sondereigentümer entweder bereits Miteigentümer sein oder das Grundstück gleichzeitig erwerben; die vertragliche Begründung setzt also das Bestehen einer **Miteigentümergemeinschaft** mit feststehenden Bruchteilen an dem Grundstück voraus. Steht das Grundstück einer Gesamthandsgemeinschaft (z.B. einer Gesellschaft oder Erbengemeinschaft) zu, so müssen sich die Beteiligten für eine Teilung gemäß § 3 WEG erst auseinandersetzen und als Eigentümer nach Bruchteilen in das Grundbuch eintragen lassen. Steht das zu teilende Grundstück im Eigentum einer Gesamthandsgemeinschaft ist es allerdings regelmäßig kostengünstiger, zunächst nach § 8 WEG zu teilen (1,0 Gebühr gemäß KV 21100 GNotKG) und die Gesamthandsgemeinschaft erst anschließend auseinanderzusetzen. 217

Zur Eintragung des Sondereigentums ist die Einigung aller Miteigentümer über den Eintritt der Rechtsänderung (§ 4 Abs. 1 WEG) in der für die Auflassung vorgeschriebenen Form (§ 4 Abs. 2 WEG) und die Eintragung in das Grundbuch erforderlich. Ein Nachweis der Einigung, ähnlich wie in § 20 GBO, wird nicht verlangt. Es genügt die Vorlage einer öffentlich beglaubigten Eintragungsbewilligung aller Miteigentümer, wenn es auch üblich ist, die Einigung zu beurkunden und dem Grundbuchamt einzureichen.

74 BGH MittBayNot 2012, 212: Sondereigentumsfähgkeit ab der ersten für die Handhabung durch den Sondereigentümer vorgesehenen Absperrmöglichkeit.

b) Begründung durch – einseitige – Teilungserklärung

218 Vielfach wird Wohnungseigentum nicht durch Vertrag, sondern durch Teilungserklärung des Eigentümers nach § 8 WEG begründet. Diese Erklärung erfolgt gegenüber dem Grundbuchamt in öffentlich beglaubigter Form (§ 29 GBO). Der Grundstückseigentümer kann in diesem Fall die Miteigentumsanteile bestimmen und gleichzeitig die Rechtsbeziehungen der künftigen Wohnungseigentümer zueinander mit dinglicher Wirkung regeln.

In der Praxis wird auch die Teilung gemäß § 8 WEG regelmäßig beurkundet. Dies ermöglicht es, bei einem späteren Verkauf von Wohnungs- und Teileigentumseinheiten auf die Teilungserklärung zu verweisen, ohne diese noch einmal verlesen zu müssen (vgl. § 13a BeurkG).

Die Teilung nach § 8 WEG zur Bildung von Wohnungseigentum ist keine Teilung i.S.d. § 19 Abs. 2 BauGB.

> *Beachte!*
>
> Wohnungseigentum kann durch Vertrag oder einseitige Teilung auch an Gebäuden, die erst noch errichtet werden sollen, begründet werden.

Zwecks Verwaltung des gemeinschaftlichen Eigentums wird, jedenfalls bei größeren Eigentümergemeinschaften, regelmäßig ein Verwalter bestellt. Die Verwalterbestellung darf auf höchstens fünf Jahre erfolgen, im Falle der ersten Bestellung nach der Begründung von Wohnungseigentum auf höchstens drei Jahre (§ 26 Abs. 2 WEG). Die Rechte und Pflichten des Verwalters werden insbesondere in § 27 WEG angesprochen. Der Verwalter ist im Außenverhältnis zur umfassenden Vertretung der Wohnungseigentümergemeinschaft befugt (§ 9b Abs. 1 WEG). Für den Abschluss von Grundstückskauf- und Darlehensverträgen namens der Eigentümergemeinschaft benötigt der Verwalter allerdings auch im Außenverhältnis einen Ermächtigungsbeschluss der Wohnungseigentümer (vgl. § 9a Abs. 1 S. 1 Hs. 2 WEG).

c) Kurzes Muster einer Teilungserklärung nach § 8 WEG

219 ▼

4.50 **Muster 4.50: Erklärung zur Begründung von Wohnungs- und Teileigentum durch Teilung nach § 8 WEG**

Teil I

Begründung von Wohnungs- und Teileigentum

§ 1

Grundstücksbezeichnung

Wir, die unterzeichneten Eheleute ___, sind je zur Hälfte Eigentümer des im Grundbuch des Amtsgerichts ___ von ___ Blatt ___ eingetragenen Grundstücks Flur ___, Flurstück ___.

Auf diesem Grundstück befindet sich ein Gebäude mit sieben Wohnungen und zwei Garagen.

§ 2

Teilung

Wir teilen das Eigentum an dem vorbezeichneten Grundstück gemäß § 8 WEG in Miteigentumsanteile in der Weise auf, dass mit jedem Miteigentumsanteil das Sondereigentum an einer in sich abgeschlossenen Wohnung (Wohnungseigentum) oder an einer Garage (Teileigentum) verbunden ist, und zwar in folgender Weise:

1. Miteigentumsanteil von

   verbunden mit dem Sondereigentum an der Wohnung im Untergeschoss links sowie einem Abstellraum im Kellergeschoss, im Aufteilungsplan mit Nr. 1 bezeichnet,

2. Miteigentumsanteil von

   verbunden mit dem Sondereigentum an der Wohnung im Untergeschoss rechts sowie einem Abstellraum im Kellergeschoss, im Aufteilungsplan mit Nr. 2 bezeichnet,

3. Miteigentumsanteil von

   verbunden mit dem Sondereigentum an der Wohnung im Erdgeschoss sowie einem Kellerraum im Kellergeschoss, im Aufteilungsplan mit Nr. 3 bezeichnet,

4. Miteigentumsanteil von

   verbunden mit dem Sondereigentum an der Wohnung im ersten Obergeschoss sowie einem Kellerraum im Kellergeschoss, im Aufteilungsplan mit Nr. 4 bezeichnet,

5. Miteigentumsanteil von

   verbunden mit dem Sondereigentum an der Wohnung im Dachgeschoss links sowie einem Kellerraum im Kellergeschoss, im Aufteilungsplan mit Nr. 5 bezeichnet,

6. Miteigentumsanteil von

   verbunden mit dem Sondereigentum an der Wohnung im Dachgeschoss rechts sowie einem Abstellraum im Kellergeschoss, im Aufteilungsplan mit Nr. 6 bezeichnet,

7. Miteigentumsanteil von

   verbunden mit dem Sondereigentum an der Wohnung im ersten Obergeschoss sowie den zu ihr gehörigen Nutzungsräumen, im Aufteilungsplan mit Nr. 7 bezeichnet,

8. Miteigentumsanteil von

   verbunden mit dem Sondereigentum an der im Aufteilungsplan mit Nr. 8 bezeichneten Garage,

9. Miteigentumsanteil von

   verbunden mit dem Sondereigentum an der im Aufteilungsplan mit Nr. 9 bezeichneten Garage.

Teil II

Bestimmungen über das Verhältnis der Wohnungs- und Teileigentümer untereinander und über die Verwaltung

§ 3

Es gelten die Bestimmungen des Wohnungseigentumsgesetzes, soweit nachfolgend nichts Abweichendes vereinbart ist:

a) Dem jeweiligen Eigentümer des ausmachenden Miteigentumsanteils verbunden mit dem Sondereigentum an der in den anliegenden Aufteilungsplänen mit Nr. 7 bezeichneten Raumeinheit wird die ausschließliche Benutzung und Nutzung der in der als Anlage zu dieser Urkunde genommenen Plan mit den Buchstaben A – B – C – D – E – F – A umschriebenen Gartenterrasse (plattiert) und des gesamten Hausgartens eingeräumt. Die Kosten der Instandhaltung und Instandsetzung der Gartenterrasse und des Hausgartens trägt der jeweilige Eigentümer der Raumeinheit Nr. 7.

b) Jeder volle -Miteigentumsanteil gewährt bei Abstimmungen eine Stimme.

Teil III

Eintragungsbewilligung und -antrag

§ 4

Wir bewilligen und beantragen, in das Grundbuch einzutragen:

a) die Teilung des eingangs erwähnten Grundstücks nach Maßgabe des § 2 der Teilungserklärung,

b) die Bestimmungen des § 3 dieser Urkunde als Inhalt des Sondereigentums.

Teil IV

§ 5

Die Abgeschlossenheitsbescheinigung und die Aufteilungspläne liegen vor und werden als Anlagen zu dieser Urkunde zu den Grundakten gereicht.

§ 6

Der Verkehrswert des Grundstücks beträgt EUR.

Mettmann, den

(*Unterschriftsbeglaubigung*)

▲

d) Eintragungsvoraussetzungen

220 In beiden vorgenannten Fällen der Begründung von Wohnungseigentum sind zwei wichtige **Dokumente** dem Grundbuchamt mit einzureichen (§ 7 Abs. 4 WEG):

1. der **Aufteilungsplan**, auf den in der Teilungserklärung verwiesen wird, d.h. von der Baubehörde mit Unterschrift und Siegel oder Stempel versehene Grundrisse nebst Gebäudeschnitten, Seitenansichten und einem Lageplan, aus der die Aufteilung des Gebäudes sowie die Lage und Größe der im Sondereigentum und der im gemeinschaftlichen Eigentum stehenden Gebäudeteile ersichtlich ist,
2. eine **Bescheinigung der Baubehörde**, dass die Voraussetzungen des § 3 Abs. 3 WEG vorliegen, d.h. die Wohnungen oder sonstigen Räume in sich abgeschlossen sind.

3. Belastung und Veräußerung, Veräußerungsbeschränkungen

221 Das Wohnungseigentum kann mit Grundpfandrechten, Reallasten, Nießbrauchs- und Vorkaufsrechten sowie Dienstbarkeiten belastet werden. Es ist veräußerlich, grundsätzlich aber nur zusammen mit dem Miteigentumsanteil am Grundstück (§ 6 WEG). Es gelten für die Veräußerung im Vergleich zum gewöhnlichen Eigentum grundsätzlich keine Besonderheiten.

4. Tausch von „Außenräumen"

222 Ein Fall, in dem Sondereigentum auch ohne einen Miteigentumsanteil an einen anderen Wohnungseigentümer derselben Wohnungseigentümergemeinschaft übertragen werden kann, ist z.B. der Kellertausch. Hierbei müssen nur die **Tauschpartner** mitwirken, weil durch den Tausch weder das Gemeinschaftseigentum noch das Sondereigentum anderer Miteigentümer berührt werden. Die Grenzen des Sondereigentums verändern sich durch den Austausch nicht; deshalb sind sowohl ein neuer Aufteilungsplan als auch eine neue Abgeschlossenheitsbescheinigung entbehrlich. Zur Abtrennung der Kellerräume ist die Zustimmung der dinglich Berechtigten der betroffenen Sondereigentumseinheiten erforderlich. Hierbei sollte darauf geachtet werden, dass die dinglich Berechtigten ausdrücklich einer „lastenfreien" Übertragung der Kellerräume zustimmen. Grundbuch-

lich ist der Kellertausch als Inhaltsänderung des jeweiligen Sondereigentums zu vollziehen.[75] In Abteilung II und III eingetragene Rechte erstrecken sich auf das seinem Inhalt nach geänderte Sondereigentum.

▼ 223

Muster 4.51: Kellertausch 4.51

Verhandelt zu …

Vor mir Notar …

erschienen, mir von Person bekannt:

1. …
2. die Eheleute …

und erklärten:

… ist als Eigentümer des im Wohnungsgrundbuch des Amtsgerichts … von … Blatt … eingetragenen Miteigentumsanteils von …/1000 an dem Grundstück Gemarkung … Flur … Flurstück …, verbunden mit dem Sondereigentum an der im Aufteilungsplan mit Nr. … bezeichneten Wohnung nebst Kellerraum Nr. …. Das Wohnungseigentum ist in Abteilung II lastenfrei und in Abteilung III unter Nr. 1 mit einer Grundschuld von … EUR für die … Bankgesellschaft AG in … belastet.

Die Eheleute … sind Eigentümer je zur Hälfte des im Wohnungsgrundbuch von … Blatt … eingetragenen Miteigentumsanteils von …/1000 an der im Aufteilungsplan mit Nr. … bezeichneten Wohnung nebst Kellerraum Nr. …. Das Wohnungseigentum ist in Abteilung II und III lastenfrei.

Es tauschen und übertragen ohne Veränderung der jeweiligen Miteigentumsanteile

a) … das Sondereigentum an dem im Aufteilungsplan mit Nr. … bezeichneten Kellerraum an die Eheleute … je zur Hälfte,
b) die Eheleute … das Sondereigentum an dem im Aufteilungsplan mit Nr. … bezeichneten Kellerraum an ….

Die Kellerräume Nrn. … und … werden jeweils von dem Miteigentumsanteil, zu dem sie bisher gehören, abgetrennt und neu verbunden mit dem Miteigentumsanteil der jeweiligen Erwerber.

Die Beteiligten sind über den entsprechenden Übergang des jeweiligen Sondereigentums einig. Sie bewilligen die Eintragung der Rechtsänderungen in die Wohnungsgrundbücher, und zwar unter Beibehaltung der bisherigen Nummerierung der Kellerräume, wie folgt:

a) Zum Wohnungsgrundbuch von … Blatt …: Der Gegenstand des Sondereigentums ist dahingehend geändert, dass der dort verzeichnete Miteigentumsanteil von …/1000 an dem Grundstück Gemarkung … Flur … Flurstück … fortan nicht mehr mit dem im Aufteilungsplan mit Nr. … bezeichneten Kellerraum, sondern mit dem dort mit Nr. … bezeichneten Kellerraum verbunden ist;
b) Zum Wohnungsgrundbuch von … Blatt …: Der Gegenstand des Sondereigentums ist dahingehend geändert, dass der dort verzeichnete Miteigentumsanteil von …/1000 an dem Grundstück Gemarkung … Flur … Flurstück … fortan nicht mehr mit dem im Aufteilungsplan mit Nr. 5 bezeichneten Kellerraum, sondern mit dem dort mit Nr. … bezeichneten Kellerraum verbunden ist.

Die Beteiligten stimmen allen Pfandfreigaben zu und beantragen den Vollzug im Grundbuch.

75 Vgl. zum Ganzen *Schöner/Stöber*, Grundbuchrecht, 16. Aufl. 2020, Rn 2969 f.

Die Beteiligten betrachten die ausgetauschten Kellerräume als gleichwertig; eine Herauszahlung findet daher nicht statt.

Der Wert eines jeden Kellerraumes beträgt EUR.

Die mit dieser Urkunde verbundenen Kosten tragen die Vertragsteile je zur Hälfte. Die Gerichtskosten und die Grunderwerbsteuer trägt jeder für seinen Erwerb. Die Kosten der Lastenfreistellung gehen zulasten des .

Die in dieser Urkunde enthaltenen Anträge sollen nicht als ein einheitlicher Antrag angesehen werden. Der Notar kann demnach die Anträge aus dieser Urkunde auch einzeln oder beschränkt dem Grundbuchamt zur Erledigung vorlegen und sie in gleicher Weise zurückziehen. Im Übrigen ist der Notar ermächtigt, diese Urkunde – soweit zum grundbuchlichen Vollzug notwendig – zu ergänzen und zu ändern.

Diese Niederschrift

▲

224 Grundsätzlich muss bei der (Erst-)Begründung von Wohnungseigentum auch jeder Kellerraum die gleiche Nummer wie die Wohnung erhalten (§ 7 Abs. 4 Nr. 1 WEG). Es wird allgemein vertreten, dass es beim – späteren – Kellertausch bei der bisherigen Nummer verbleiben kann.[76] Dagegen kann nach OLG München[77] das Grundbuchamt aber verlangen, die neu zugeordneten Räume so umzubenennen, dass nicht Räume mit gleicher Nummer zu unterschiedlichen Einheiten gehören. Wenn man sich dieser Auffassung anschließt, sollte in die Urkunde über den Kellertausch etwa Folgendes aufgenommen werden (in dem vorstehenden Muster könnte dies vor der Auflassung stehen):

▼

Muster 4.52: Kellertausch – Neunummerierung

4.52 Die Beteiligten verweisen auf den dieser Urkunde beigefügten Plan, in dem die ausgetauschten Kellerräume neu nummeriert worden sind und fortan die Nummern der Wohnungen führen, denen sie zugewiesen sind. Demgemäß tragen in dem Plan

- der bisherige Kellerraum Nr. die Nr. ,
- der bisherige Kellerraum Nr. die Nr. .

Der Plan wurde den Beteiligten zur Durchsicht vorgelegt, von ihnen genehmigt und unterzeichnet. Er ist Bestandteil dieser Urkunde.

▲

Wenn so verfahren wird, dann müssen jedoch in der Eintragungsbewilligung des vorstehenden Musters die Worte „*und zwar unter Beibehaltung der bisherigen Nummerierung der Kellerräume*" entfallen.

225 *Hinweis*

Für jeden Erwerb entsteht Grunderwerbsteuer (wegen deren Höhe siehe Rdn 101), es sei denn, der Wert eines jeden Erwerbs liegt unter 2.500 EUR oder es ist ein anderer Befreiungsgrund, wie z.B. nach § 3 Nr. 6 GrEStG, gegeben.

Belastungsbeschränkungen – etwa ähnlich wie § 5 Abs. 2 ErbbauRG – können nicht begründet werden. Es kann aber nach § 12 Abs. 1 WEG als Inhalt des Sondereigentums vereinbart werden, dass ein Wohnungseigentümer zur **Veräußerung** seines Wohnungseigentums der Zustimmung anderer Wohnungseigentümer oder eines Dritten (insb. des Verwalters) bedarf. Diese Zustimmung muss dem Grundbuchamt in öffentlich beglaubigter Form nachgewiesen werden (§ 29 GBO). Der Nachweis der Bestellung des Verwalters wird durch die Vorlage des Protokolls über den Bestellungsbeschluss geführt, unter dem die Unterschriften des Vorsitzenden der Versammlung und eines Wohnungseigentümers sowie, falls ein Verwaltungsbeirat bestellt ist, auch von dessen Vorsitzenden oder seinem Vertreter notariell beglaubigt sind (§§ 26 Abs. 4, 24 Abs. 6 WEG).

76 *Schöner/Stöber*, Grundbuchrecht, 16. Aufl. 2020, Rn 2968.
77 MittBayNot 2011, 229 = RNotZ 2010, 646.

Die Wohnungseigentümer können die Aufhebung einer solchen Veräußerungsbeschränkung beschließen und deren Löschung im Grundbuch herbeiführen. Zur Löschung im Grundbuch bedarf es der Vorlage des Protokolls über den Aufhebungsbeschluss, unter dem die Unterschriften der in § 24 Abs. 6 WEG genannten Personen (s.o.) beglaubigt sind (§ 12 Abs. 4 S. 3 i.V.m § 7 Abs. 2 WEG). Der Löschungsantrag selbst stellt einen Antrag auf Grundbuchberichtigung gemäß § 22 GBO dar. Antragsberechtigt sind jeder Wohnungseigentümer und die durch den Verwalter vertretene Wohnungseigentümergemeinschaft. Statt der Aufhebung der Veräußerungsbeschränkung im Beschlusswege mit anschließender Grundbuchberichtigung, ist auch eine Löschung aufgrund Bewilligung aller Wohngseigentümer in der Form des § 29 GBO möglich.

5. Inhaltsänderung

Änderungen des Inhalts des Sondereigentums bedürfen nach der Begründung des Wohnungseigentums und Bildung einer Wohnungseigentümergemeinschaft im Regelfall eines Vertrages (Einigung) aller Wohnungseigentümer und der Eintragung in das Grundbuch. Sind die Wohnungseigentumsrechte belastet, müssen im Regelfall auch die dinglich Berechtigten der Inhaltsänderung zustimmen (§§ 877, 876 BGB). Die Zustimmung des Gläubigers einer Hypothek, Grund- oder Rentenschuld oder der Reallast eines Dritten zu einer reinen Vereinbarung oder einer Änderung einer Vereinbarung über das Verhältnis der Wohnungseigentümer untereinander ist aber nur dann erforderlich, wenn ein Sondernutzungsrecht begründet oder ein mit dem Wohnungseigentum verbundenes Sondernutzungsrecht aufgehoben, geändert oder übertragen wird (§ 5 Abs. 4 S. 2 WEG). 226

6. Aufhebung des Sondereigentums

Die Aufhebung ist eine Inhaltsänderung und bedarf daher der Einigung sämtlicher Wohnungseigentümer in der Form der Auflassung und der Eintragung in das Grundbuch. Wie bei sonstigen Inhaltsänderungen ist auch hier die Zustimmung etwaiger dinglich Berechtigter erforderlich. 227

Das Wohnungseigentum erlischt außer durch Aufhebung ferner, wenn sich sämtliche Wohnungseigentumsrechte in der Person eines Eigentümers vereinigen und auf Antrag des Eigentümers ein Grundbuchblatt nach den allgemeinen Vorschriften angelegt wird (§ 9 Abs. 1 Nr. 2 WEG).

7. Dauerwohnrecht – Dauernutzungsrecht

Siehe hierzu Rdn 426 ff. 228

X. Genehmigungserfordernisse beim Grundstücksvertrag

1. Private Genehmigungen

Mitunter werden einzelne Beteiligte eines Grundstücksvertrages bei der Beurkundung von einem Bevollmächtigten oder vollmachtlos vertreten. Die Vollmacht bedarf auch für Grundstücksverträge grundsätzlich keiner Form (§ 167 Abs. 2 BGB). Mündlich oder privatschriftlich erteilte Vollmachten führen daher zu einem sofort wirksamen, insbesondere auch für den Vollmachtgeber verbindlichen Vertrag. Allein deshalb, weil dem Grundbuchamt nach der Grundbuchordnung alle Unterlagen in öffentlicher oder öffentlich beglaubigter Form vorgelegt werden müssen (§§ 20, 29 GBO), bedarf es in diesen Fällen einer zusätzlichen Erklärung des Vollmachtgebers in Beglaubigungsform. Genau genommen handelt es sich dabei entweder um die **Bestätigung**, dass der Vertreter bevollmächtigt war (**Vollmachtbestätigung**), oder um eine nachträgliche Zustimmung, wenn der Vertreter vollmachtlos gehandelt hat (**Genehmigung**). Eine vorherige Zustimmung, die das Gesetz „*Einwilligung*" nennt (§ 183 BGB), wird nur ausnahmsweise in notariell beglaubigter Form erteilt. Stattdessen wählt man regelmäßig eine Spezialvollmacht. Die Genehmigung hat etwa folgenden Wortlaut: 229

▼

Muster 4.53: Genehmigung

4.53 Ich genehmige hiermit alle Erklärungen, die in der Urkunde vom , UVZ-Nr. des Notars , für mich abgegeben worden sind. Soweit erforderlich, wird Befreiung von den Beschränkungen des § 181 BGB erteilt und werden erteilte Vollmachten bestätigt.

▲

▼

Muster 4.54: Vollmachtbestätigung

4.54 Ich bestätige hiermit, dass bevollmächtigt war, für mich die Erklärungen in der Urkunde vom , UVZ-Nr. des Notars , abzugeben, und genehmige hiermit diese Erklärungen vorsorglich noch einmal. Soweit erforderlich, wird Befreiung von den Beschränkungen des § 181 BGB erteilt.

▲

230 Die Genehmigung wirkt (wenn nichts anderes erklärt wird) auf den Zeitpunkt der Beurkundung des Vertrages zurück (§ 184 Abs. 1 BGB), Es wird somit nachträglich der Rechtszustand geschaffen, der bestanden hätte, wenn der Vertretene den Vertrag von Anfang an selbst abgeschlossen hätte. Bis zur Genehmigung ist der Vertrag „schwebend unwirksam“. Die Vertragspartner können – bei offen erklärter vollmachtloser Vertretung – ihre Erklärungen nicht widerrufen (§ 178 BGB). Der Vertretene kann die Genehmigung nach Belieben verweigern oder erteilen. Das gilt nicht, wenn es sich um den Fall einer reinen „Vollmachtbestätigung“ handelt, der Vertretene den Vertreter also vor der Beurkundung bereits mündlich oder privatschriftlich bevollmächtigt hatte. Hier können die anderen Vertragspartner den Vertretenen notfalls auf Abgabe der erforderlichen Grundbucherklärungen verklagen.

231 Der Vertretene kann seine Entscheidung nicht beliebig lange hinauszögern. Wenn die Vertragspartner ihn auffordern, die Genehmigung zu erklären, so gilt sie als verweigert, wenn der Vertretene sie nicht innerhalb von **zwei Wochen** nach dem Zugang der Aufforderung erklärt (§ 177 Abs. 2 BGB).

232 Die Genehmigung ist für den Vertragspartner bestimmt, der wissen muss, woran er ist. Daher handelt es sich bei ihr um eine sog. **empfangsbedürftige Willenserklärung**. Sie wird wirksam, wenn sie dem Vertragspartner zugeht (§ 130 BGB). Da der Eintritt der Wirksamkeit dem Grundbuchamt in öffentlicher oder öffentlich beglaubigter Form nachgewiesen werden muss, bedarf es stets noch eines mindestens öffentlich beglaubigten Empfangsbekenntnisses des Vertragspartners, wenn nicht – was das Gesetz zulässt – der Eintritt der Wirksamkeit anderweitig festgelegt worden ist. Dem Zweck, den Eintritt der Wirksamkeit ohne weiteres nachweisbar zu machen, dient der bei genehmigungsbedürftigen Rechtsgeschäften übliche und stets zweckmäßige Satz: *„Alle Genehmigungen werden wirksam mit ihrem Eingang beim Notar“*. Denn dass die Genehmigung beim Notar eingegangen ist, ergibt sich ohne Weiteres daraus, dass er sie dem Grundbuchamt einreicht. Aufgrund der in öffentlicher Form nachgewiesenen Vereinbarung, dass alle Genehmigungen mit ihrem Eingang beim Notar wirksam werden sollen, ist damit zugleich schlüssig und in der vorgeschriebenen Form nachgewiesen, dass die Genehmigung wirksam geworden ist.

2. Genehmigung des Betreuungsgerichts und des Familiengerichts

233 Wenn Eltern für ihre minderjährigen Kinder als deren gesetzliche Vertreter Verträge abschließen oder Betreuer für die von ihnen Betreuten handeln, sind sie nicht in gleicher Weise frei wie bei einem Handeln im eigenen Namen. Vielmehr sieht das BGB für derartige Rechtsgeschäfte zum Schutz der Kinder und der Betreuten in bestimmten Fällen gerichtliche Genehmigungserfordernisse vor. In der notariellen Praxis besonders wichtige Genehmigungstatbestände sind Grundbesitz betreffende Geschäfte des minderjährigen Kindes oder des Betreuten (§§ 1643 Abs. 1, 1850 Nrn. 1, 2 und 4–6 BGB). Zuständig für die Erteilung der Genehmigung ist, soweit Minderjährige betroffen sind, das Familiengericht, und zwar unabhängig davon, ob diese bei Vornahme des Rechtsgeschäfts durch ihre Eltern, einen Vormund oder einen Ergänzungspfleger vertreten werden. Dagegen ist für Genehmigungen zu Rechtsgeschäften, die ein Betreuer für den Betreuten abschließt, das Betreuungsgericht zuständig.

Beachte!

Wird Grundbesitz eines Minderjährigen/Betreuten verkauft und bestellt der Käufer zur Finanzierung des Kaufpreises ein Finanzierungsgrundpfandrecht an dem Grundbesitz, bedarf auch die Bestellung dieses Grundpfandrechts der Genehmigung des Familien-/Betreuungsgerichts. Das gilt nach herrschender Meinung selbst dann, wenn der Kaufvertrag, der eine übliche Beleihungsvollmacht enthält, vom Gericht genehmigt worden ist.[78] In der Praxis ist deshalb darauf hinzuwirken, dass die Beurkundung der Finanzierungsgrundschuld nach Möglichkeit direkt im Anschluss an die Beurkundung des Kaufvertrages oder jedenfalls alsbald danach erfolgt, damit beide Urkunden möglichst zeitgleich beim Familien-/Betreuungsgericht zwecks Beantragung der erforderlichen Genehmigungen eingereicht werden können.

Bei Grundstücksverträgen übernimmt es regelmäßig der Notar, die familien-/betreuungsgerichtliche Genehmigung zu beantragen. Das Gericht prüft die Ordnungsmäßigkeit und die Vorteilhaftigkeit des Vertrages für das minderjährige Kind/den Betreuten. Die Genehmigung kann versagt, nur unter einer Auflage oder Bedingung oder vorbehaltlos erteilt werden. Gegen die Versagung der Genehmigung oder ihre eingeschränkte Erteilung können die Beteiligten Beschwerde einlegen. In betreuungsgerichtlichen Genehmigungsverfahren ist das Landgericht Beschwerdeinstanz (§ 72 Abs. 1 S. 2 GVG), in familiengerichtlichen Genehmigungssachen dagegen das Oberlandesgericht (§ 119 Abs. 1 Nrn. 1 a) und 1 b) GVG). 234

Beachte! 235

Der Genehmigungsbeschluss wird erst rechtskräftig und damit wirksam, wenn innerhalb der Beschwerdefrist keine Beschwerde gegen ihn eingelegt wurde (§§ 40 Abs. 2, 45 FamFG). Die Beschwerdefrist beträgt zwei Wochen ab schriftlicher Bekanntgabe des Beschlusses an den betreffenden Beteiligten (§ 63 Abs. 2 Nr. 2, Abs. 3 S. 1 FamFG). Die Rechtskraft des Beschlusses wird auf entsprechenden Antrag auf diesem vermerkt (sog. Rechtskraftzeugnis gemäß § 46 S. 1 FamFG). Es ist daher darauf zu achten, dass zusätzlich zu der Erteilung der gerichtlichen Genehmigung auch die Erteilung des Rechtskraftzeugnisses beantragt und abgewartet wird, bevor von der Doppelvollmacht (dazu sogleich) Gebrauch gemacht wird.

Die Entscheidung über die Genehmigung wird dem gesetzlichen Vertreter (Eltern, Vormund, Betreuer, Pfleger) gegenüber erklärt (§ 1828 BGB). Sie wird dem Vertragspartner gegenüber erst wirksam, wenn der Vertreter sie ihm mitteilt (§ 1829 BGB). Dem Grundbuchamt muss beides, also die Zustellung an den Vertreter und dessen Mitteilung der Genehmigung an den Vertragspartner, in öffentlicher oder öffentlich beglaubigter Form nachgewiesen werden (§§ 20, 29 GBO). Der Nachweis, dass der Vertreter die Genehmigung den anderen Vertragspartnern mitgeteilt hat, wäre in grundbuchmäßiger Form schwierig zu führen. Praktisch käme nur die Zustellung dieser Mitteilung durch den Gerichtsvollzieher oder eine besondere, in notariell beglaubigter Form abgegebene Erklärung der anderen Vertragsteile in Frage, wonach ihnen die Genehmigung des Gerichts vom Vertreter mitgeteilt worden ist. Dieses Verfahren wäre umständlich, zeitraubend und relativ kostspielig. Um es zu vereinfachen, wird in der Praxis nahezu ausnahmslos von der sog. **Doppelvollmacht** Gebrauch gemacht. Darin wird der Notar bevollmächtigt, von der familien-/betreuungsgerichtlichen Genehmigung für die Vertragsbeteiligten Kenntnis zu nehmen. Das bedeutet: Er wird vom Vertreter bevollmächtigt, die Genehmigung entgegenzunehmen und den anderen Vertragsteilen mitzuteilen; zugleich wird er von diesen bevollmächtigt, die Mitteilung der Genehmigung entgegenzunehmen. 236

Dieser **innere Vorgang** muss, um dem Grundbuchamt gegenüber als vollzogen dargetan werden zu können, irgendwie verlautbart werden. Dies geschieht zumeist dadurch, dass die Mitteilung der Genehmigung und deren Entgegennahme an die Übersendung einer beglaubigten Abschrift oder Ausfertigung des Vertrages einschließlich des Genehmigungsbeschlusses geknüpft wird. Damit wird erreicht, dass der Eintritt der Wirksamkeit des Vertrages dem Grundbuchamt mit der Übersendung der beglaubigten Abschrift oder Ausfertigung des Vertrages einschließlich des Genehmigungsbeschlusses in grundbuchmäßiger Form dargetan werden kann. Mit der bloßen Beiheftung des Beschlusses zur Urschrift würde dies nicht erreicht. Vereinzelt wird in der Praxis auf der Urschrift ein Vermerk angebracht (mit Ort, Datum und Unterschrift), wonach der Notar die ihm zugegangene Genehmigung sich selbst als Bevollmächtigten der anderen Vertragsteile mitgeteilt und für diese in 237

78 OLG Frankfurt, Beschl. v. 11.12.2024 – 20 W 130/24; *Schöner/Stöber*, Grundbuchrecht, 16. Aufl. 2020, Rn 3688.

Empfang genommen hat. Dies ist jedoch dann überflüssig, wenn der Notar – wie im nachstehenden ersten Muster – seinen Entschluss, von der gerichtlichen Genehmigung Kenntnis zu nehmen, sie den anderen Vertragsteilen mitzuteilen und diese Mitteilung für sie entgegenzunehmen, sonst wie, nämlich durch die Erteilung einer beglaubigten Abschrift oder Ausfertigung der Urkunde einschließlich des Genehmigungsbeschlusses, nach außen kenntlich macht.

238 ▼

Muster 4.55: Doppelvollmacht

Der gesetzliche Vertreter (Eltern, Vormund, Pfleger, Betreuer), der sich die Genehmigung des Familien- bzw. Betreuungsgerichts vorbehält und sie hiermit beantragt, bevollmächtigt den amtierenden Notar, diese Genehmigung vom Familien- bzw. Betreuungsgericht für ihn in Empfang zu nehmen und sie den anderen Vertragsbeteiligten mitzuteilen. Diese bevollmächtigen den Notar zur Empfangnahme der Mitteilung.

Die Empfangnahme und die Mitteilung sollen durch die Einreichung einer Ausfertigung (beglaubigten Abschrift) dieser Urkunde mit einer beglaubigten Abschrift des Genehmigungsbeschlusses zu den Grundakten als bewirkt gelten.

▲

Der letzte Absatz könnte weggelassen werden. Dann wäre es aber notwendig, den inneren Willen des Doppelbevollmächtigten, die Genehmigung sich selbst als Vertreter des Vertragsgegners mitzuteilen und entgegenzunehmen, nach außen hin erkennbar zu machen.

239 Dies könnte durch die Anbringung eines Vermerks auf dem Genehmigungsbeschluss durch den Notar etwa so geschehen:

▼

Muster 4.56: Doppelvollmacht – Genehmigung

Diese mir als dem Bevollmächtigten des gesetzlichen Vertreters/Betreuers zugegangene Genehmigung habe ich heute in dieser Eigenschaft mir selbst als dem Bevollmächtigten der anderen Vertragsbeteiligten mitgeteilt und für sie in Empfang genommen.

, den

(Unterschrift des Notars)

▲

Der **Beidrückung** des Amtssiegels bedarf es nicht. Gegen die Beifügung des Amtssiegels dürfte jedoch nichts einzuwenden sein.

240 Die **Einholung** der Genehmigung des Familien-/Betreuungsgerichts und die anschließende Mitteilung der Genehmigung sowie die Entgegennahme der Mitteilung namens der Vertragsbeteiligung durch den Notar unter Verwendung der Doppelvollmacht sind Voraussetzungen für die Wirksamkeit des Vertrages und damit auch für die Kaufpreisfälligkeit. Bei den Fälligkeitsvoraussetzungen kann daher z.B. folgende Formulierung aufgenommen werden:

▼

Muster 4.57: Kaufpreisfälligkeit

Der Kaufpreis ist fällig innerhalb von zwei Wochen nach Zugang der Mitteilung des Notars beim Käufer, dass dem Notar die Genehmigung des Familiengerichts/Betreuungsgerichts zu diesem Vertrag nebst Rechtskraftzeugnis gemäß § 46 FamFG vorliegt und die Genehmigung sodann den Beteiligten gemäß § 1829 BGB von dem Notar aufgrund der in diesem Vertrag erteilten Vollmacht mitgeteilt worden ist.

▲

241 Die vorstehenden Ausführungen zur familien- und betreuungsgerichtlichen Genehmigung gelten entsprechend auch für die nachlassgerichtliche Genehmigung von Rechtsgeschäften des Nachlasspflegers und Nachlassverwalters. Handelt daher ein Nachlasspfleger für die unbekannten Erben, so muss im Verfahren zur nachlassgerichtlichen Genehmigung eines von ihm abgeschlossenen Rechtsgeschäfts den unbekannten Erben für die

Bekanntgabe des Genehmigungsbeschlusses zusätzlich ein Verfahrenspfleger bestellt werden, dem der Beschluss ebenfalls zuzustellen ist.[79]

3. Genehmigung nach dem Grundstückverkehrsgesetz

Die Veräußerung eines land- oder forstwirtschaftlich nutzbaren Grundstücks bedarf im Regelfall einer Genehmigung nach dem Grundstückverkehrsgesetz (§§ 1, 2 GrdstVG). Das Grundstück braucht nicht tatsächlich land- oder forstwirtschaftlich genutzt zu werden. Es genügt, wenn es in land- oder forstwirtschaftliche Kultur gebracht werden kann. Daher unterliegen auch land- oder forstwirtschaftlich **nutzbares** Bauland sowie Moor- und Ödland grundsätzlich der Grundstücksverkehrskontrolle nach dem GrdstVG. 242

Das GrdStVG ist ein aus dem Jahre 1961 stammendes Bundesgesetz. Nach einer Änderung des Grundgesetzes im Jahre 2006 (Föderalismusreform) gehört jedoch u.a. die Gesetzgebungsmaterie des landwirtschaftlichen Grundstücksverkehrs, die Gegenstand des GrdStVG ist, nicht mehr zur konkurrierenden Gesetzgebung des Bundes, sondern fällt nunmehr in die Gesetzgebungskompetenz der Bundesländer. Diese haben es seitdem in der Hand, das GrdStVG zu ändern oder aufzuheben und durch ein neues Landesgesetz zu ersetzen. Solange sie von dieser Möglichkeit keinen Gebrauch machen, gilt das GrdStVG mit seinem jetzigen Inhalt als Bundesrecht in den Ländern fort (Art. 125a GG). Von der Möglichkeit, das GrdStVG durch ein eigenes Gesetz zum landwirtschaflichen Gründstücksverkehr zu ersetzen, hat bisher nur Baden-Württemberg durch das Agrarstrukturverbesserungsgesetz v. 10.11.2009 Gebrauch gemacht. Das Gesetz lehnt sich eng an die Regelungen des GrdStVG an, sodass die nachstehend dargestellten Regelungen sinngemäß auch für Baden-Württemberg gelten, auch wenn sie dort in einem eigenständigen Gesetz niedergelegt sind.

Mit der **Kontrolle** nach dem GrdStVG soll erreicht werden, dass

- land- oder forstwirtschaftlich nutzbare Grundstücke möglichst in der Hand von Hauptberufslandwirten bleiben oder an sie gelangen,
- keine ungesunden Bodenanhäufungen entstehen,
- Grundstücke nicht in zu kleine Parzellen zerschnitten werden,
- lebensfähige Betriebe nicht zerteilt werden und
- für Land weder Überpreise noch Schleuderpreise bezahlt werden (§ 9 GrdstVG).

Hinweis

Unter **Landwirtschaft** sind nicht nur der Ackerbau und die Viehzucht zu verstehen, sondern auch der Anbau von Wein, Obst, Flachs, Hopfen, Tabak, Schilfrohr usw., der Gartenbau, die Binnenfischerei und die Imkerei.

Gärtnereien, aber auch Eierfabriken, Schweinemästereien, Abmelkställe und dergleichen können ohne oder nahezu ohne Bodenbewirtschaftung betrieben werden. Dann gehören sie nicht zur Landwirtschaft, sind vielmehr Gewerbe. Die Abgrenzung kann im Einzelfall schwierig sein.

Aus dem Grundbuch ist nur in **Großstädten** zuverlässig zu entnehmen, ob für ein Grundstück eine land- oder forstwirtschaftliche Nutzung in Frage kommt. Dass z.B. in Köln an der Schildergasse keine land- oder forstwirtschaftlichen Grundstücke liegen, ist offenbar. Aber schon in den Außenbereichen der Großstädte, jedenfalls auf dem Lande, könnte mehr oder weniger jedes Grundstück ein land- oder forstwirtschaftlich nutzbares sein, etwa eine Hofstelle, eine ehemalige Hofstelle oder landwirtschaftlich nutzbares Bauland. Auch aus der Katasterbezeichnung, der Lage oder Nutzungsart lässt sich nur selten mit Sicherheit entnehmen, dass das Grundstück kein land- oder forstwirtschaftliches sein kann. 243

Dies ist der Grund, warum für die Veräußerung solcher Grundstücke von den Grundbuchämtern regelmäßig eine Genehmigung oder ein sog. **Negativattest** (das ist eine Bescheinigung, dass der Vertrag keiner Genehmigung bedarf) verlangt wird, sofern sie die Freigrenze (vgl. unten bei d) überschreiten. Das wiederum ist der Grund, warum solche Verträge stets bei der Genehmigungsbehörde mit dem Antrag auf Erteilung eines Nega-

79 OLG Hamm RNotZ 2011, 46 m. Anm. *Bremkamp*.

tivattests, hilfsweise auf Erteilung der Genehmigung, eingereicht werden müssen, es sei denn die Freigrenze würde nicht überschritten.

244 Für die Erteilung der Genehmigung bzw. des Negativattests ist die Genehmigungsbehörde zuständig, in deren Bezirk die Hofstelle liegt, zu der das Grundstück gehört. Ist keine Hofstelle vorhanden, so ist örtlich zuständig die Behörde, in deren Bezirk die veräußerten Grundstücke ganz oder zum größeren Teil liegen (§ 18 Abs. 1 GrdstVG).

Genehmigungsbedürftig ist der Vertrag über die rechtsgeschäftliche Veräußerung eines Grundstücks, in Ermangelung eines solchen Vertrages die Auflassung. Nicht nur die Veräußerung eines Grundstücks ist genehmigungsbedürftig, sondern auch die Veräußerung eines Teils eines Grundstücks, die Einräumung oder Veräußerung eines Miteigentumsanteils, die Veräußerung eines Erbteils an einen Nichterben, wenn der Nachlass im Wesentlichen aus einem land- oder forstwirtschaftlichen Betrieb besteht, und die Bestellung eines Nießbrauchs (§§ 1, 2 GrdstVG).

245 Nach § 4 GrdstVG sind u.a. **genehmigungsfrei** Verträge,

- an denen der Bund oder ein Land beteiligt ist,
- mit denen eine Kirche Grundstücke erwirbt, es sei denn, es handelte sich um einen ganzen Betrieb,
- wenn das Grundstück in einem Bebauungsplan als nicht landwirtschaftliches ausgewiesen ist (Ausnahme: Hofstelle).

Genehmigungsfrei sind ferner Verträge über Grundstücke, die innerhalb der von dem jeweiligen Bundesland festgesetzten Freigrenzen liegen.[80] So ist in Nordrhein-Westfalen etwa die Veräußerung von Grundstücken bis zu einer Größe von 1 ha genehmigungsfrei.

246 Werden **mehrere Grundstücke** verkauft, von denen jedes einzelne innerhalb einer landesrechtlichen Freigrenze liegt, die jedoch in ihrer Gesamtheit diese Freigrenze überschreiten, so gilt Folgendes: Grundsätzlich ist nach dem GrdstVG der rechtliche und nicht der wirtschaftliche Grundstücksbegriff maßgeblich.[81] Es kommt also auf die Größe des einzelnen Grundstücks und nicht auf die Gesamtgröße aller verkauften Grundstücke an, sodass bei einer landesrechtlichen Freigrenze von 2500 m^2 z.B. ein Kaufvertrag über drei Grundstücke von je 1000 m^2 keiner Genehmigung bedürfte.[82] Jedoch können die einzelnen Bundesländer nicht nur die Genehmigungsfreigrenzen festlegen, sondern z.B. auch bestimmen, dass bei einem Verkauf von wirtschaftlich zusammenhängenden Grundstücken die Gesamtgröße aller verkauften Grundstücke maßgeblich sein soll, wie dies etwa in Baden-Württemberg, Sachsen und im Saarland geschehen ist und trotz des insoweit nicht eindeutigen Wortlauts auch für die nordrhein-westfälischen Freigrenze von 1 ha angenommen wird.[83]

Die Genehmigung **muss** erteilt werden, wenn ein Betrieb geschlossen veräußert oder zum Zweck der Vorwegnahme der Erbfolge übertragen wird und der Erwerber entweder der Ehegatte des Veräußerers ist oder ein Verwandter in gerader Linie oder bis zum dritten Grad in der Seitenlinie. Dasselbe gilt, wenn beide Beteiligte bis zum zweiten Grad verschwägert sind (§ 8 Nr. 2 GrdstVG). Die Genehmigung ist ferner zu erteilen, wenn eine Gemeinde oder ein Gemeindeverband beteiligt ist, das Grundstück in deren Gebiet liegt und durch einen Bauleitplan nachgewiesen wird, dass es für andere als land- oder forstwirtschaftliche Zwecke vorgesehen ist. Es gibt noch eine Reihe weiterer Fälle, in denen die Genehmigung ohne Inhaltskontrolle erteilt werden muss. Sie spielen in der Praxis jedoch keine Rolle.

247 Die Genehmigung kann auch unter Auflagen oder Bedingungen erteilt werden (§§ 10, 11 GrdstVG).

248 Versagt werden darf die Genehmigung nur, wenn einer der drei Versagungsgründe des § 9 GrdstVG gegeben ist. Die Veräußerung an einen Nichtlandwirt kann in der Regel nur genehmigt werden, wenn kein Hauptberufslandwirt am Erwerb zu demselben Preis interessiert ist. Auch ein Hauptberufslandwirt soll weiteres Land nicht hinzuerwerben, wenn dadurch ein übergroßer Betrieb entstehen würde (sog. **ungesunde Bodenanhäufung**). Parzellen dürfen bei einer Teilung grundsätzlich nicht kleiner als 1 ha werden. Ein lebensfähiger landwirt-

80 Vgl. die unter *www.dnoti.de* in der Rubrik Arbeitshilfen/Immobilienrecht/Genehmigungserfordernisse und Vorkaufsrechte abrufbare Übersicht „Landesrechtliche Ausführungsgesetze zum Grundstücksverkehrsgesetz bzw. ASVG (Freigrenzen)".

81 BGH AgarR 1986, 211; BGHZ 49, 145.

82 BGHZ 49, 145; OLG Jena RNotZ 2010, 399; OLG Schleswig RNotZ 2007, 210.

83 OLG Hamm AgrarR 1985, 173; OLG Düsseldorf MittRNotK 1992, 188.

schaftlicher Betrieb darf durch die Veräußerung nicht „*unwirtschaftlich verkleinert oder aufgeteilt*" werden. Der Gegenwert darf nicht in einem groben Missverhältnis zum Grundstückswert stehen.

Wenn das Grundstück oder eine Mehrheit von zusammengehörenden Grundstücken 2 ha oder größer ist und gegen den Erwerb einer der vorgenannten Versagungsgründe spricht, kann eine vorkaufsberechtigte Stelle das sog. **siedlungsrechtliche Vorkaufsrecht** ausüben, dies jedoch nur bei landwirtschaftlichen, nicht aber bei forstwirtschaftlichen Grundstücken (§§ 6, 12 GrdstVG, § 4 Reichssiedlungsgesetz; siehe hierzu auch Rdn 121).

Gegen die Versagung der Genehmigung, die Genehmigung unter einer Auflage oder Bedingung und gegen die **249** Ausübung des siedlungsrechtlichen Vorkaufsrechts können die Beteiligten innerhalb von zwei Wochen seit der Zustellung des Bescheids **Antrag auf gerichtliche Entscheidung** stellen. Dann entscheidet das Landwirtschaftsgericht. Gegen dessen Entscheidung ist die Beschwerde an das Oberlandesgericht möglich, u.U. noch weitere Beschwerde an den Bundesgerichtshof.

Entscheidet die Genehmigungsbehörde nicht innerhalb eines Monats über die Genehmigung, so gilt sie als erteilt (§ 6 Abs. 2 GrdstVG). Durch einen sog. **Zwischenbescheid** verlängert sich diese Frist auf zwei Monate und, wenn eine Erklärung über die Ausübung des siedlungsrechtlichen Vorkaufsrechts herbeigeführt werden muss, auf drei Monate (§ 6 Abs. 1 GrdstVG).

4. Genehmigung nach dem Baugesetzbuch

a) Bis zum 31.12.1997 bedurfte – von wenigen Ausnahmen abgesehen – jede Teilung eines Grundstücks zu **250** ihrer Wirksamkeit der Genehmigung nach § 19 BauGB. Ohne eine solche Genehmigung konnten eine Grundstücksteilung und damit auch die Veräußerung einer noch zu vermessenden Teilfläche wegen der Grundbuchsperre des § 20 BauGB a.F. nicht vollzogen werden. Nachdem der Genehmigungszwang nach § 19 BauGB a.F. durch das Bau- und Raumordnungsgesetz 1998 bereits erheblich eingeschränkt worden war, ist er durch das am 20.7.2004 in Kraft getretene Gesetz zur Anpassung des BauGB an EU-Richtlinien vom 24.6.2004 vollständig aufgehoben worden und die Grundbuchsperre des früheren § 20 BauGB damit ersatzlos entfallen. Zwar dürfen gemäß § 19 Abs. 2 BauGB durch die Teilung eines Grundstücks im Geltungsbereich eines Bebauungsplans keine Verhältnisse entstehen, die den Festsetzungen des Bebauungsplans widersprechen. Eine Grundstücksteilung, die trotz Unvereinbarkeit mit den Festsetzungen eines Bebauungsplans grundbuchlich vollzogen wird, ist jedoch nicht unwirksam.[84] Der teilende Grundstückseigentümer schafft dadurch allerdings baurechtswidrige Umstände.

Allerdings bestehen noch vereinzelte länderrechtliche Genehmigungserfordernisse für Grundstücksteilungen.[85] So bedarf in Nordrhein-Westfalen die Teilung eines Grundstücks, das bebaut oder dessen Bebauung genehmigt ist oder das aufgrund einer Genehmigungsfreistellung bebaut werden darf, gemäß § 7 Abs. 1 BauO NRW zu ihrer Wirksamkeit grundsätzlich der Genehmigung der Bauaufsichtsbehörde. Die Teilung darf in diesem Fall in das Liegenschaftskataster erst übernommen werden, wenn der Genehmigungsbescheid vorgelegt ist.

b) Für die Teilung von Grundstücken, die in einem Umlegungsgebiet, Sanierungsgebiet oder einem städtebaulichen Entwicklungsbereich liegen, besteht jedoch weiterhin eine Genehmigungspflicht (§§ 51 Abs. 1 S. 1 Nr. 1, 144 Abs. 2 Nr. 5, 169 Abs. 1 Nr. 3 BauGB) (siehe hierzu auch Rdn 2 ff.).

c) Die Veräußerung und Belastung von Grundstücken, die in einem Umlegungsgebiet, Sanierungsgebiet oder einem städtischen Entwicklungsbereich liegen, bedürfen zu ihrer Wirksamkeit ebenfalls der Genehmigung nach dem Baugesetzbuch (näher hierzu Rdn 618 ff.).

84 *Grziwotz*, DNotZ 2004, 674, 681.

85 Vgl. die unter *www.dnoti.de* in der Rubrik Arbeitshilfen/Immobilienrecht/Genehmigungserfordernisse und Vorkaufsrechte abrufbare Übersicht „Grundstücksteilung – Übersicht über landesrechtliche Genehmigungserfordernisse".

5. Preisklauselgesetz

251 a) Der Anstieg des allgemeinen Preisniveaus in einer Volkswirtschaft, die sog. **Inflation**, ist ein bekanntes Phänomen. Bei Geldschulden, die über einen längeren Zeitraum oder erst nach längerer Zeit zu bezahlen sind, kann der Gläubiger daher begründete Bedenken haben, dass seine Forderung schließlich mit geringwertigem Geld bezahlt wird. Das kann aus Sicht des Gläubigers für die Vereinbarung einer sog. Wertsicherungsklausel sprechen.

252 b) Solche Klauseln, auch „Preisklauseln“ oder „Indexklauseln“ genannt, begegnen uns in der notariellen Praxis z.B. im Immobilienrecht. Mitunter werden Grundstücke gegen Zahlung einer Rente für den Verkäufer verkauft, die bis zu dessen Tod oder zumindest für einen bestimmten längeren Zeitraum zu gewähren ist. Auch bei anderen längerfristigen Verträgen besteht häufig das Bedürfnis für die Vereinbarung einer Wertsicherungsklausel. Das gilt etwa für Miet- und Pachtverträge, Erbbaurechtsverträge und, außerhalb des Immobilienrechts, z.B. für Unterhaltsvereinbarungen.

Aufgrund der Vertragsfreiheit könnten die Beteiligten dem Grunde nach bei jeder Art von Vertrag eine Wertsicherungsklausel beliebigen Inhalts vereinbaren. Wäre dies ohne Einschränkung möglich, würde möglicherweise kaum ein längerfristiger Vertrag ohne Wertsicherungsklausel geschlossen. Ein solch ausufernder Gebrauch von Wertsicherungsklauseln würde allerdings die Gefahr bergen, dass ein allgemeines Misstrauen in die Preisstabilität gefördert und dadurch Inflationstendenzen begünstigt würden. Der Gesetzgeber legt deshalb im Preisklauselgesetz (PreisklauselG) im Grundsatz ein Verbot solcher Klauseln fest (vgl. § 1 Abs. 1 PreisklauselG), macht von diesem Regelverbot aber wiederum eine Reihe gesetzlicher Ausnahmen (§ 1 Abs. 2, §§ 2 ff. PreisklauselG).

253 c) Gleitklauseln sind nach der Definition des Preisklauselgesetzes (PreisklauselG) solche Vereinbarungen, durch die der Betrag von Geldschulden unmittelbar und selbsttätig durch den Preis oder Wert von anderen Gütern oder Leistungen bestimmt wird, die mit den vereinbarten Gütern oder Leistungen nicht vergleichbar sind. Hierzu zählen vor allem Wertsicherungsvereinbarungen, die eine automatische Anpassung der Geldschuld an die Veränderungen des Verbraucherpreisindexes für Deutschland knüpfen.

254 ▼

Muster 4.58: Verbraucherpreisindex

Die Rente erhöht oder vermindert sich in demselben prozentualen Verhältnis, in dem sich der Verbraucherpreisindex für Deutschland nach den Veröffentlichungen des Statistischen Bundesamts in Wiesbaden auf der Basis 2020 = 100 gegenüber dem Stand vom verändert. Eine Anpassung soll jedoch nur erfolgen, wenn sich jeweils eine Veränderung der Rente um mindestens 10 % ergibt. Die Rente ist jeweils in der veränderten Höhe ab dem Monat zu zahlen, der auf die eingetretene Veränderung folgt, ohne dass es einer Aufforderung hierzu bedarf.

▲

255 e) Die in der notariellen Praxis besonders bedeutsamen **Gleitklauseln**, die an den vom Statistischen Bundesamt in Wiesbaden veröffentlichten Verbraucherpreisindex anknüpfen, sind demnach zulässig, wenn der Vertrag wiederkehrende Zahlungen zum Gegenstand hat, die auf die Lebenszeit des Gläubigers, Schuldners oder eines anderen Beteiligten zu erbringen sind oder für die Dauer von mindestens zehn Jahren zu leisten sind, gerechnet vom Vertragsschluss bis zur Fälligkeit der letzten Zahlung (§ 3 PreisklauselG). Daneben können gemäß § 3 PreisklauselG auch andere Gleitklauseln mit dem Verbraucherpreisindex als Bezugsgröße zulässig sein, z.B. solche

- über Zahlungen aufgrund einer Verbindlichkeit aus der Auseinandersetzung zwischen Miterben, Ehegatten, Eltern und Kindern, aufgrund einer Verfügung von Todes wegen, oder
- über Zahlungen, die der Übernehmer eines Betriebes oder eines sonstigen Sachvermögens (z.B. Grundbesitz) als Abfindung eines Dritten zu leisten hat,

sofern jeweils zwischen der Begründung der Verbindlichkeit und der Endfälligkeit ein Zeitraum von mindestens zehn Jahren liegt oder die Zahlungen nach dem Tode eines Beteiligten zu erfolgen haben.

256 f) Allgemeine **Zulässigkeitsvoraussetzung** nach § 2 PreisklauselG ist darüber hinaus, dass die jeweilige Gleitklausel hinreichend bestimmt ist und keine Vertragspartei unangemessen benachteiligt. An der erfor-

derlichen Bestimmtheit fehlt es, wenn der geschuldete Betrag allgemein von der künftigen Preisentwicklung oder einem anderen Maßstab abhängen soll, der nicht erkennen lässt, welche Preise oder Werte maßgebend sein sollen. Eine unangemessene Benachteiligung liegt nach § 2 Abs. 3 PreisklauselG insbesondere vor, wenn einerseits ein Preis- oder Wertanstieg eine Erhöhung, nicht aber umgekehrt ein Preis- oder Wertrückgang eine entsprechende Ermäßigung des Zahlungsanspruchs bewirkt, oder der geschuldete Betrag sich gegenüber der Entwicklung der Bezugsgrößen überproportional ändern kann.

g) Für Wertsicherungsklauseln in Mietverträgen über Wohnräume gilt § 557b BGB, der als Spezialregelung die Bestimmungen des PreisklauselG verdrängt. Nach § 557b BGB können die Mietvertragsparteien schriftlich vereinbaren, dass die Miete durch den vom Statistischen Bundesamt ermittelten Preisindex für die Lebenshaltung aller privaten Haushalte in Deutschland (jetzt: **Verbraucherpreisindex** für Deutschland) bestimmt wird. Sie darf nicht höher als der Index festgelegt werden. Zwischen zwei Erhöhungen muss die Miete jeweils ein Jahr unverändert bleiben. Die Anpassung der Miete an die Indexveränderung erfolgt nicht automatisch, sondern muss durch Erklärung, die der Textform bedarf, geltend gemacht werden. Die geänderte Miete ist mit Beginn des übernächsten Monats nach Zugang der Erklärung zu entrichten. 257

Für Wertsicherungsklauseln in Miet- und Pachtverträgen über Gebäude und Räume, die nicht Wohnraummietverträge sind, gilt hingegen wiederum das Preisklauselgesetz. Derartige Klauseln sind nach § 3 Abs. 1 Nr. 1 Buchst. e) PreisklauselG zulässig, wenn der Vermieter/Verpächter für mindestens zehn Jahre auf das Recht zur ordentlichen Kündigung verzichtet oder der Mieter/Pächter das Recht hat, die Vertragsdauer auf mindestens zehn Jahre zu verlängern, und die Wertsicherungsklausel eine der in § 3 PreisklauselG zugelassenen Bezugsgrößen verwendet.

Zulässig sind auch Wertsicherungsklauseln in **Erbbaurechtsbestellungsverträgen** und **Erbbauzinsreallasten** mit einer Laufzeit von mindestens 30 Jahren (§ 4 PreisklauselG).

h) Des Weiteren **zulässig** sind die folgenden **Wertsicherungsklauseln**: 258

(1) **Leistungsvorbehaltsklauseln**

Das sind Klauseln, die hinsichtlich des Ausmaßes der Änderung des geschuldeten Betrages einen Ermessensspielraum lassen, der es ermöglicht, die neue Höhe der Geldschuld nach Billigkeitsgrundsätzen zu bestimmen (§ 1 Abs. 2 Nr. 1 PreisklauselG). Bei ihnen wird der Betrag der Geldschuld nicht automatisch an eine Bezugsgröße angepasst, sondern von beiden Vertragspartnern mittels einer Anpassungsvereinbarung oder durch eine Leistungsbestimmung einer Vertragspartei nach § 315 BGB oder eines Dritten nach § 317 BGB festgelegt. Derartige Klauseln haben den Nachteil, dass ihr Ergebnis ungewiss ist und sie daher zu Streit führen können.

▼

Muster 4.59: Leistungsvorbehalt

Die Veräußerungsrente soll bei einer wesentlichen Veränderung des Bedarfs des Veräußerers oder der Leistungsfähigkeit des Erwerbers nach billigem Ermessen angepasst werden. Tritt eine solche Veränderung ein, so hat jeder Vertragsteil Anspruch auf eine entsprechende Anpassung. In diesem Fall haben die Vertragsparteien zunächst Verhandlungen mit dem Ziel einer einvernehmlichen Anpassung aufzunehmen. Einigen sich die Vertragsbeteiligten nicht, so soll ein von der Industrie- und Handelskammer in Köln zu benennender vereidigter Sachverständiger als Schiedsgutachter nach billigem Ermessen über eine Anpassung entscheiden. 4.59

▲

(2) **Spannungsklauseln**

Das sind Klauseln, bei denen die in ein Verhältnis zueinander gesetzten Güter oder Leistungen im Wesentlichen gleichartig oder zumindest vergleichbar sind (§ 1 Abs. 2 Nr. 2 PreisklauselG).

Als Beispiele für eine solche Gleichartigkeit bzw. Vergleichbarkeit kommen in Betracht: Höhe der Versorgungsrente – Altersrenten der gesetzlichen Rentenversicherung oder der Beamtengehälter; Höhe der Pacht – ortsübliche Pacht für ein vergleichbares Objekt.

Muster 4.60: Spannungsklausel

4.60 Die Miete soll sich in demselben Verhältnis ändern, wie sich in Zukunft die Mieten für Geschäftsräume vergleichbarer Art und Lage in Köln verändern. Im Streitfall soll hierüber ein vom Haus- und Grundbesitzerverein in Köln zu benennender vereidigter Sachverständiger als Schiedsgutachter entscheiden. Seine Kosten trägt derjenige, der mit seinem letzten Angebot am weitesten von dem festgestellten Betrag entfernt war, bei gleichem Abstand jeder zur Hälfte.

(3) **Kostenelementeklauseln**
Das sind Klauseln, nach denen der geschuldete Betrag insoweit von der Entwicklung der Preise oder Werte für Güter oder Leistungen abhängig gemacht wird, als diese die Selbstkosten des Gläubigers bei der Erbringung der Gegenleistungen unmittelbar beeinflussen (§ 1 Abs. 2 Nr. 3 PreisklauselG).

(4) **Ermäßigungsklauseln**
Das sind Klauseln, die lediglich zu einer Ermäßigung der Geldschuld führen können (§ 1 Abs. 2 Nr. 4 PreisklauselG).

6. Genehmigung nach der Grundstücksverkehrsordnung

259 Bei Grundstücksgeschäften, die Grundbesitz in den neuen Bundesländern zum Gegenstand haben, sind zusätzliche Genehmigungserfordernisse nach der Grundstücksverkehrsordnung (GVO) zu beachten. Die GVO schützt den Restitutionsberechtigten nach dem Vermögensgesetz (VermG) gegen beeinträchtigende Verfügungen. Das VermG hat wiederum die Regelung von Rückgabe- und Entschädigungsansprüchen von Eigentümern zum Gegenstand, die enteignet oder durch staatliche Verwaltung in ihrer Verfügungsbefugnis beschränkt wurden. Mit Wirkung zum 1.7.2018 ist in § 2 Abs. 1 Nr. 6 GVO ein Freistellungstatbestand eingefügt worden, der die Anzahl der nach der GVO genehmigungspflichtigen Grundstücksgeschäfte erheblich verringert hat.[86] Nach § 2 Abs. 1 Nr. 6 GVO ist zu der Veräußerung eines Grundstücks eine Genehmigung nicht mehr erforderlich, wenn im Zeitpunkt der Eintragung einer Auflassungsvormerkung oder im Zeitpunkt der Eigentumsumschreibung kein Anmeldevermerk gemäß § 30b Abs. 1 des Vermögensgesetzes im Grundbuch eingetragen ist.

7. Aufsichtsbehördliche Genehmigungen

a) Für Gebietskörperschaften

aa) Veräußerung von Grundstücken

260 Nach den Gemeindeordnungen und Kreisordnungen vieler Bundesländer bedürfen die Gemeinden, Kreise und Zweckverbände zur Veräußerung von Grundstücken zumindest in bestimmten Fällen der **Genehmigung ihrer Aufsichtsbehörden**.[87] So ist es den Gemeinden und Kreisen in fast allen Bundesländern untersagt, ohne besondere Ermächtigung Grundbesitz unter seinem vollen Wert zu veräußern. Das Grundbuchamt kann daher fordern, dass ihm eine Erklärung der Gemeinde über die kommunalrechtliche Genehmigungsfreiheit des Grundstücksgeschäfts (sog. Vollwertigkeitserklärung) oder eine Versicherung der Gemeinde vorgelegt wird, dass keine Unterwertveräußerung vorliegt.[88]

Besonderheiten gelten in Bayern, da der Bürgermeister die Gemeinde dort grundsätzlich nur dann wirksam vertreten kann, wenn ein entsprechender Gemeinderatsbeschluss vorliegt (Art. 38 Abs. 1 S. 2 der Gemeindeordnung für den Freistaat Bayern). Ein solcher Gemeinderatsbeschluss ist nur dann nicht erforderlich, wenn es sich um ein Geschäft der laufenden Verwaltung oder ein unaufschiebbares Rechtsgeschäft handelt. Entsprechende Nachweise sind bei Grundstücksgeschäften deshalb dem Notar und dem Grundbuchamt gegenüber zu führen.[89]

86 *Schöner/Stöber*, Grundbuchrecht, 16. Aufl. 2020, Rn 4108.
87 Vgl. zur Rechtslage in den einzelnen Bundesländern *Schöner/Stöber*, Grundbuchrecht, 16. Aufl. 2020, Rn 4075 ff.
88 *Schöner/Stöber*, Grundbuchrecht, 16. Aufl. 2020, Rn 4078.
89 *Schöner/Stöber*, Grundbuchrecht, 16. Aufl. 2020, Rn 3660.

bb) Belastung von Grundstücken

Nach den Gemeindeordnungen der Bundesländer dürfen Gemeinden **keine Sicherheiten zugunsten Dritter** bestellen.[90] Die Aufsichtsbehörden können jedoch Ausnahmen hiervon zulassen. Das Verbot, ohne Zustimmung der Aufsichtsbehörde Grundpfandrechte zu bestellen, ist auch nicht durch Genehmigungsfreigrenzen abgeschwächt. 261

In Anbetracht dieser Verbotstatbestände behalf sich die Praxis und behilft sich gelegentlich auch jetzt noch bei der Bestellung von Finanzierungsgrundpfandrechten wie folgt: Der Käufer eines gemeindeeigenen Grundstücks bestellt das Grundpfandrecht so, als wäre er bereits Eigentümer. Dem Gläubiger kann sofort eine vollstreckbare Ausfertigung erteilt werden. Daraufhin zahlt der Gläubiger der Gemeinde treuhänderisch unter Vorbehalt der Durchführung des Vertrages den Kaufpreis bzw. den von ihm zu finanzierenden Teil davon. Mit der Umschreibung des Eigentums wird die ranggerechte Eintragung des Grundpfandrechtes beantragt.

Nach Möglichkeit sollte jedoch versucht werden, die Eintragungsbewilligung noch vom Verkäufer – aufgrund von ihm erteilter Belastungsvollmacht – abgeben zu lassen, da ansonsten eine Pfändung des Auflassungsanspruchs oder Anwartschaftsrechts des Käufers möglich wäre mit der Folge des Entstehens einer Sicherungshypothek mit Rang vor dem rechtsgeschäftlich bestellten Grundpfandrecht (vgl. hierzu Rdn 68 ff.).

Werden die bei einer Grundpfandrechtsbestellung aufgrund Belastungsvollmacht üblichen Sicherungsmaßnahmen zugunsten des Verkäufers beachtet (insbesondere Ausschluss der Übernahme der persönlichen Haftung und der Kosten durch den Verkäufer; Einschränkung des Sicherungszwecks), so sollten der Zustimmung seitens der Aufsichtsbehörde keine Hindernisse entgegenstehen.

In zahlreichen Bundesländern ist die Belastung von gemeindeeigenem Grundbesitz mit Grundpfandrechten, die aufgrund Belastungsvollmacht bestellt werden, inzwischen jedoch erleichtert und vom Genehmigungszwang **freigestellt**.[91] 262

In Nordrhein-Westfalen ist es zulässig, beim Kauf von gemeindeeigenen Grundstücken grundpfandrechtliche Sicherheiten zur Finanzierung des Erwerbs zu bestellen; eine Genehmigung der Aufsichtsbehörde ist hierzu nicht erforderlich (§ 87 Abs. 1 S. 3 Gemeindeordnung NW). Unklar ist, ob diese Neuregelung auch die Bestellung von Finanzierungsgrundpfandrechten ermöglicht, deren Höhe den Kaufpreis übersteigt. Vorsorglich sollte daher der Nennbetrag der aufgrund von Belastungsvollmacht bestellten Grundpfandrechten nicht höher als der Kaufpreis sein.

In zahlreichen anderen Bundesländern kann Grundbesitz der Gemeinde bei einem Verkauf mit Grundpfandrechten aufgrund einer Belastungsvollmacht ohne aufsichtsbehördliche Genehmigung belastet werden, wenn die in den jeweiligen länderrechtlichen Freistellungsbestimmungen enthaltenen Voraussetzungen erfüllt werden. Diese Freistellungsbestimmungen knüpfen die Genehmigungsfreiheit an die Einhaltung der in der notariellen Praxis bewährten Regeln bei der Vorwegbeleihung aufgrund Finanzierungsvollmacht.

b) Für Kirchen

Das Vermögen der Kirchen gehört großenteils den einzelnen Pfarreien. Für die Veräußerung, den Erwerb und die Belastung von Grundstücken oder grundstücksgleichen Rechten und für die Verfügung über Rechte an Grundstücken gilt überall ein mehr oder weniger umfassendes **Erfordernis der kirchenaufsichtsbehördlichen Genehmigung**.[92] 263

Die Einzelheiten sind von Kirche zu Kirche und von Landesteil zu Landesteil verschieden. Soweit sie erforderlich ist, darf das Grundbuchamt die beantragte Rechtsänderung nicht ohne Vorlage der Genehmigung eintragen. Sie wird in der katholischen Kirche vom Generalvikariat des Bistums erteilt, dem die verfügende Pfarrgemeinde angehört. In der evangelischen Kirche erfolgt die aufsichtsbehördliche Genehmigung durch das örtlich zuständige Landeskirchenamt, soweit diese Aufgabe nicht, wie dies im Rheinland für die meisten Grundstücksgeschäfte der Fall ist, an die Kirchenkreise delegiert wurde.

90 Vgl. hierzu *Schöner/Stöber*, Grundbuchrecht, 16. Aufl. 2020, Rn 4079, sowie zur Rechtslage in den einzelnen Bundesländern *Schöner/Stöber*, Grundbuchrecht, 16. Aufl. 2020, Rn 4075 ff.

91 Vgl. zur Rechtslage in den einzelnen Bundesländern *Schöner/Stöber*, Grundbuchrecht, 16. Aufl. 2020, Rn 4075.

92 Vgl. *Schöner/Stöber*, Grundbuchrecht, 16. Aufl. 2020, Rn 4085 f; sowie zum Vertretungsrecht der Kirchen in Nordrhein-Westfalen *Bamberger* RNotZ 2014, 1 ff.

8. Einholen der Genehmigungen

264 Die Gemeinden und Gemeindeverbände sowie die Kirchengemeinden pflegen die aufsichtsbehördliche Genehmigung **selbst** einzuholen. Üblicherweise wird es dem Notar aufgetragen, alle übrigen Genehmigungen bzw. Negativatteste für die Beteiligten zu besorgen. Zu diesem Zweck übersendet der Notar eine (einfache) Abschrift des Vertrages mit dem Antrag an die Genehmigungsbehörde, in erster Linie ein Negativattest, in zweiter Linie die Genehmigung zu erteilen. Das Antragsschreiben braucht nicht vom Notar eigenhändig unterschrieben zu werden. Es genügt ein vervielfältigtes Anschreiben. Da der Notar nur ausnahmsweise (so in § 3 Abs. 2 GrdstVG) kraft gesetzlicher Vermutung als ermächtigt gilt, den Genehmigungsantrag zu stellen, die Beteiligten aber die Besorgung der Genehmigungen üblicherweise dem Notar übertragen, enthalten Grundstücksverträge regelmäßig eine entsprechende Ermächtigung des Notars. Um sicherzustellen, dass die Beteiligten rechtzeitig von der Versagung der Genehmigung bzw. ihrer Einschränkung durch Auflagen oder Bedingungen Kenntnis erlangen, andererseits dem Notar nicht die alleinige Verantwortung für die Wahrung der mit der Zustellung des Bescheides beginnenden Rechtsmittelfrist aufzubürden, hat es sich in der Praxis eingebürgert, die mit der Ermächtigung zur Antragstellung verbundene Zuständigkeit zur Entgegennahme der Bescheide auf die uneingeschränkt positiven zu beschränken.

265 ▼

Muster 4.61: Einholung der Genehmigungen durch den Notar

4.61 Alle erforderlichen Genehmigungen soll der Notar einholen. Anfechtbare Bescheide sind den Beteiligten selbst zuzustellen. Von ihnen wird eine Abschrift an den Notar erbeten. Alle übrigen Genehmigungen werden wirksam mit ihrem Eingang beim Notar.

▲

Mit dem letzten Satz des Musters wird der dem Grundbuchamt gegenüber zu führende **Nachweis** erbracht, dass die Genehmigungen wirksam geworden sind (vgl. Rdn 234).

XI. Abwicklung eines Grundstückskaufvertrages

266 Die büromäßige Behandlung eines Grundstückskaufvertrages soll an folgendem Beispiel erläutert werden:

Beispiel

Die Eheleute Volz verkaufen Herrn Peter Kappel ein noch zu vermessendes Teilstück eines in Nordrhein-Westfalen gelegen Grundstücks zum Zwecke der Bebauung mit einem Wohnhaus. Frau Volz wird bei der Beurkundung von ihrem Ehemann vollmachtlos vertreten. Das Grundstück ist mit einer Grundschuld belastet. Die Fälligkeit des Kaufpreises soll eintreten, wenn eine Eigentumsvormerkung im Grundbuch eingetragen ist und sobald der Notar mitteilt, dass die lastenfreie Umschreibung des Eigentums gewährleistet erscheint. Andererseits soll der Antrag auf Umschreibung des Eigentums erst gestellt werden, wenn der Kaufpreis bezahlt ist.

267 Praktisch bewährt haben sich sog. **Verfügungsbögen**. Auf ihnen sind die regelmäßig oder häufiger vorkommenden „Ausgänge" vorgedruckt. Der Tag des „Ausgangs" wird darin vermerkt, ebenso alle „Eingänge". Dazu folgendes Beispiel:

Beispiel

Volz ./. Kappel	UVZ-Nr.	377/24	Kaufvertrag
(Beteiligte)			
	UVZ-Nr.	1499/24	Auflassung
Kaufvertrag	UVZ-Nr.		
(Sache)			

			Ausgang	Eingang
Genehmigungen:	1)	der Beteiligten Eva Volz m. Gen. E	*18.2.24*	*4.3.24*
(siehe Rdn 231 ff., 281)	2)	des Beteiligten		
	3)	des Beteiligten		
(siehe Rdn 235 ff. und 666 ff.)	4)	Pflegerbestellung für (…)		
(siehe Rdn 235 ff.)	5)	des Familiengerichts für (…)		
(siehe Rdn 247 ff.)	6)	nach dem GrdstVG		
(siehe Rdn 266)	7)	nach der GVO		
	8)			
(siehe Rdn 618 ff.)	9)	des Umlegungsausschusses		
	10)			
(siehe Rdn 267 ff., 272)	11)	der Kirchenaufsichtsbehörde		
	12)			
Löschungen:	13)	zu III/1 (Freigabezusage)	*18.2.24*	*26.2.24*
	14)	zu III/1 (Freigabe + Brief m.E.)	*26.8.24*	*10.9.24*
	15)	zu		
	16)	zu		
Mitteilungen:	17)	Finanzamt (GrEStStelle)	*18.2.24*	
(siehe § 1 Rdn 119 ff.)	18)	Finanzamt (Wirksamkeitsmitteilung)	*17.4.24*	
(siehe § 1 Rdn 123 ff.)	19)	Finanzamt (SchenkungStStelle)		
(siehe § 1 Rdn 134 und § 4 Rdn 128)	20)	Gutachterausschuss	*18.2.24*	
Vorkaufsrechte:	21)	BauGB (siehe Rdn 115 ff.)	*18.2.24*	*15.3.24*
(siehe Rdn 1347, 449 ff.)	22)	DenkmalschutzG	*18.2.24*	*15.3.24*
(siehe § 4 Rdn 121)	23)	LNatSchG NW	*18.2.24*	*18.2.24*
	24)			
Kaufpreis:	25)	Fälligkeitsmitteilung	*17.4.24*	
	26)	Kontrolle der Zahlung (einschließlich § 16a GwG)		*30.4.24*
	27)	hinterlegt		
	28)	ausgezahlt		
Beteiligte:	29)	begl. Abschr./Ausf. an K.	*18.2.24*	
+ 1499/24	30)	begl. Abschr./Ausf. an V.	*26.8.24*	
+ 1499/24	31)	begl. Abschr./Ausf. an K.	*26.8.24*	
	32)	Rechnung an K.	*26.8.24*	*16.9.24*
	33)	Rechnung an		
	34)	Rechnung an		
Grundbuchamt:	35)	Eigentumsvormerkung, nach *1)*	*4.3.24*	*19.3.24*
	36)	Umschreibung, Löschung	*10.9.24*	*30.9.24*
	37)			
Sonstiges:	38)	erledigt 2/10/24		
	39)	aufgelöst 5/10/24		

268 Nach der Eintragung des Vertrages in das Urkundenverzeichnis wird verfügt, was zu geschehen hat:

- Die **Genehmigung** der Frau Volz ist einzuholen; „m. Gen. E." soll bedeuten, dass zusammen mit der Vertragsabschrift ein Entwurf für die Genehmigung an sie verschickt wird (bzgl. eines Musters für den Genehmigungsentwurf und den Begleitbrief vgl. unten Rdn 281),
- von der Sparkasse wird eine **Freigabezusage** angefordert (Muster siehe Rdn 284),
- der Vertrag wird (unter Übersendung einer einfachen Abschrift mit einer sog. Veräußerungsanzeige) der **Grunderwerbsteuerstelle** des Finanzamts angezeigt (Muster siehe Rdn 285),
- dem **Gutachterausschuss** wird elektronisch mittels XNP (eNoVa) eine Vertragsabschrift übermittelt,
- die Gemeinde erhält eine **Abschrift** des Vertrages und wird zur Erklärung über ihre etwaigen Vorkaufsrechte aufgefordert (Muster siehe Rdn 288),
- durch elektronische Einsichtnahme in das **Vorkaufsrechtsregister** (VOKAR) ist zu klären, ob ein Vorkaufsrecht nach § 74 Landesnaturschutzgesetz NW besteht.
- der Käufer Herr Kappel erhält eine **Abschrift** des Vertrages,
- unter Nr. 33 wird vermerkt, dass „nach 1)" = nach dem Eingang der Genehmigung von Frau Volz die **Eigentumsvormerkung** beantragt werden muss.

269 Dies alles geschieht im Beispielsfall am 18.2.2024, bzgl. der Eigentumsvormerkung am 4.3.2024 und wird auf dem Verfügungsbogen in der Spalte „*Ausgang*" notiert.

Am 26.2.2024 geht die Zusage der Sparkasse ein, dass sie das verkaufte Teilstück aus der Mithaft freigeben wird. Dies wird vermerkt. Am 4.3.2024 geht die Genehmigung der Frau Volz ein. Nunmehr kann – da dafür die behördlichen Genehmigungen nicht erforderlich sind – am 4.3.2024 die Eigentumsvormerkung (**Auflassungsvormerkung**) beantragt werden (Muster siehe Rdn 289). Auch dies wird vermerkt. Am 6.3.2024 geht die Genehmigung nach dem Grundstückverkehrsgesetz ein. Da sonstige Genehmigungen im Beispielsfall nicht benötigt werden, ist der Vertrag jetzt endgültig wirksam. Bis dahin war er „schwebend unwirksam". Dies wird dem Finanzamt am 17.4.2024 mitgeteilt (Muster siehe Rdn 290). Erst jetzt erhebt das Finanzamt die Grunderwerbsteuer.

Am 15.3.2024 geht die Bescheinigung der Gemeinde ein, dass keine Vorkaufsrechte nach dem Baugesetzbuch und dem Denkmalschutzgesetz bestehen oder solche jedenfalls nicht ausgeübt werden. Das Nichtbestehen eines Vorkaufsrechts nach dem Landesnaturschutzgesetz wurde bereits am 18.2.2024 durch elektronische Einsichtnahme in das Vorkaufsrechtsverzeichnis (VOKAR) festgestellt. Am 19.3.2024 geht die Mitteilung des Grundbuchamts über die Eintragung der Eigentumsvormerkung ein. Nach Eintragung der Eigentumsvormerkung ist zu überprüfen, dass im Grundbuch keine neuen Eintragungen mit Rang vor der Eigentumsvormerkung erfolgt sind.

270 Jetzt ist gesichert, dass Herr Kappel ein – lastenfreies – Grundstück erwirbt. Daher wird ihm und den Eheleuten Volz am 17.4.2024 mitgeteilt, dass der Kaufpreis fällig ist (Muster siehe Rdn 291). Am 30.4.2024 geht beim Notar die Kaufpreisbestätigung der Verkäufer ein. Der Kaufpreisbestätigung ist die Kopie eines Kontoauszugs beigefügt, aus dem der Notar ersehen kann, dass die Kaufpreiszahlung durch Überweisung erfolgt ist.

Für die weitere Abwicklung des Vertrages muss der Veränderungsnachweis des Katasteramtes abgewartet werden. Im Beispielsfall geht dieser am 26.8.2024 beim Notar ein. Anschließend kann die Auflassung beurkundet werden – zumeist unter Vertretung der Beteiligten durch einen Angestellten des Notars aufgrund einer entsprechenden Vollmacht im Kaufvertrag (Muster siehe Rdn 292). Sie erhält die Urkundennummer 1499/24. Dies wird im Verfügungsbogen oben rechts vermerkt.

Jetzt kann bei der Sparkasse die Pfandfreigabe angefordert werden (Muster siehe Rdn 293). Unter Nr. 14) im Verfügungsbogen wird vermerkt, dass dies am 26.8.2024 geschehen ist. „+ Brief m.E." bedeutet, dass der Entwurf dazu mitgeschickt und der Grundschuldbrief angefordert wurde. Den Beteiligten werden Ausfertigungen erteilt. Dem Käufer werden die Notarkosten in Rechnung gestellt (Muster siehe Rdn 295). Dies wird wiederum in der Spalte „Ausgang" des Verfügungsbogens vermerkt.

Nachdem am 10.9.2024 die Pfandfreigabe und der Grundschuldbrief eingegangen sind – was unter „Eingang" im Verfügungsbogen notiert wird –, können am 10.9.2024 die Umschreibung des Eigentums, die Löschung der Eigentumsvormerkung und die Eintragung der Freigabe beantragt werden (Muster siehe Rdn 296). Dies wird in der Spalte „Ausgang" vermerkt. Am 16.9.2024 bezahlt Herr Kappel die Notarkosten, am 30.9.2024 erhält der

Notar vom Grundbuchamt Nachricht, dass die beantragten Grundbucheintragungen erfolgt sind. Beides wird notiert, die Richtigkeit der Grundbucheintragungen wird kontrolliert. Am 2.10.2024 wird notiert, dass die Sache „erledigt" ist, am 5.10.2024, dass sie „aufgelöst" wurde, d.h., dass die Handakte im Archiv abgelegt wurde.

▼ 271

Muster 4.62: Private Genehmigung

Genehmigung

Ich, die unterzeichnende geborene , geboren am , genehmige hiermit sämtliche Erklärungen, die mein Ehemann, , in der Urkunde des Notar in vom – UVZ-Nr. für – für mich abgegeben hat, sowie den gesamten Inhalt der vorgenannten Urkunde in allen Teilen und allen Beteiligten gegenüber. Vom Inhalt der vorgenannten Urkunde habe ich Kenntnis genommen.

Ich ermächtige den Notar in , den übrigen Beteiligten der vorgenannten Urkunde diese Genehmigung mitzuteilen.

▲

▼

Muster 4.63: Private Genehmigung – Begleitschreiben

Mein Zeichen:

UVZ-Nr. /

Kaufvertrag ./. vom – meine UVZ-Nr. für –

Sehr geehrte Frau ,

als Anlage übersende ich Ihnen eine beglaubigte Abschrift der vorgenannten Urkunde mit der Bitte um Kenntnisnahme.

Zu den Erklärungen in der Urkunde bedarf es Ihrer Genehmigung in notariell beglaubigter Form. Beigefügt finden Sie daher den Entwurf einer Genehmigungserklärung mit der Bitte, diese vor einem Notar zu unterzeichnen und nach Beglaubigung Ihrer Unterschrift wieder an mich zurückzusenden.

Für Rückfragen stehe ich Ihnen natürlich jederzeit gerne zur Verfügung.

Mit freundlichen Grüßen

(Notar)

(Anlagen)

▲

(Anmerkung zum Muster siehe Rdn 231 ff.).

272 ▼

4.64

Muster 4.64: Einholung einer Freigabezusage

(…)

Mein Zeichen:

UVZ-Nr. /

Grundstück der Eheleute und in

hier: Grundbuch von Blatt

Darl.-Nr.:

Sehr geehrte Damen und Herren,

im vorgenannten Grundbuch ist in Abteilung III unter lfd. Nr. 1 eine Grundschuld von EUR für die eingetragen. Die Eheleute haben von dem belasteten Grundstück eine unbebaute Teilfläche in Größe von voraussichtlich m^2 verkauft. Zu Ihrer Information übersende ich eine Kopie der dem Vertrag beigefügten Skizze. Darin ist das verkaufte Teilstück mit bezeichnet.

Ich bitte um Ihre verbindliche Zusage, dass Sie das verkaufte Teilstück ohne jede weitere Bedingung – gegebenenfalls unter Aufgabe eines Ablösungsbetrages – sofort nach der Zuleitung einer Kopie des Veränderungsnachweises aus der Mithaft für die vorgenannte Grundschuld freigeben werden.

Mit freundlichen Grüßen

(Notar)

(Anlage)

▲

273 ▼

4.65

Muster 4.65: Anzeige an das Finanzamt – Grunderwerbsteuerstelle – mit Rechtswirksamkeitsbescheinigung

(…)

Mein Zeichen:

UVZ-Nr. /

Sehr geehrte Damen und Herren,

gemäß § 18 Abs. 1 GrEStG zeige ich den in der Anlage beigefügten Vorgang an. Eine Veräußerungsanzeige ist beigefügt. Der Vertrag ist rechtswirksam.

Ich beantrage die Erteilung der Unbedenklichkeitsbescheinigung.

Mit freundlichen Grüßen

(Notar)

Anlagen

▲

(Anmerkungen zum Muster siehe § 1 Rdn 119 ff.; § 4 Rdn 127).

Diese Anzeige wäre zu verwenden, wenn der Vertrag schon rechtswirksam wäre.

274 Vgl. jedoch für den oben geschilderten Fall (siehe Rdn 275) das nachstehende Muster.

▼
Muster 4.66: Anzeige an Finanzamt bei noch nicht rechtswirksamen Verträgen

(...) 4.66

Mein Zeichen:
UVZ-Nr. /

Sehr geehrte Damen und Herren,

als Anlage übersende ich eine Abschrift meiner vorgenannten Urkunde. Gemäß § 18 Abs. 1 GrEStG zeige ich diesen Vorgang hiermit an. Eine Veräußerungsanzeige ist beigefügt.

Der Vertrag ist noch nicht rechtswirksam. Die Wirksamkeit des Vertrages werde ich unter Angabe des Aktenzeichens gesondert mitteilen, sobald diese eingetreten ist.

Ich beantrage die Erteilung der Unbedenklichkeitsbescheinigung und bitte um deren Übersendung an mich.

Mit freundlichen Grüßen

(Notar)

(Anlagen)
▲
▼
Muster 4.67: Finanzamt – Vermerk der Rechtswirksamkeit

Aktenzeichen des Finanzamtes: 4.67

Finanzamt:

Kopie zurück an das

Finanzamt in mit der Bemerkung, dass der Vertrag nunmehr rechtswirksam ist.

– Datum des Poststempels –

Mit freundlichen Grüßen

(Notar)
▲
▼ 275
Muster 4.68: Mitteilung an Gemeinde wegen gesetzlicher Vorkaufsrechte

4.68

Erteilung einer Negativbescheinigung zu den gesetzlichen Vorkaufsrechten

UVZ-Nr. /

Sehr geehrte Damen und Herren,

als Anlage übersende ich eine Abschrift des im Betreff bezeichneten Kaufvertrages. Ich bitte zu bescheinigen, dass ein gesetzliches Vorkaufsrecht der Gemeinde, insbesondere nach dem Baugesetzbuch und dem Denkmalschutzgesetz, nicht besteht, ersatzweise, dass es nicht ausgeübt wird. Ferner bitte ich zu bestätigen, dass der Grundbesitz nicht in einem förmlich festgelegten Sanierungsgebiet bzw. Entwicklungsbereich liegt.

Etwaige Kosten trägt ausschließlich der aus dem Vertrag ersichtliche Kostenschuldner.

Mit freundlichen Grüßen

(Notar)

(Anlage)

▲

276 ▼

4.69

Muster 4.69: Antrag auf Eintragung der Eigentumsvormerkung

(…)

Mein Zeichen:

UVZ-Nr. /

Blatt

Sehr geehrte Damen und Herren,

als Anlage übersende ich eine beglaubigte Abschrift meiner Urkunde Nr. / und der Genehmigung der , UVZ-Nr. / des Notars in .

Ich beantrage im Namen aller Antragsberechtigten die Eintragung der Eigentumsvormerkung.

Nachricht erbitte ich an die Beteiligten und an mich.

Die Kosten trägt der Käufer.

Mit freundlichen Grüßen

(Notar)

(Anlagen)

▲

277 ▼

4.70

Muster 4.70: Mitteilung der Wirksamkeit des Vertrages an das Finanzamt

(…)

Mein Zeichen:

UVZ-Nr. /

UVZ-Nr. / – Vertrag vom

Sehr geehrte Damen und Herren,

anbei übersende ich Ihnen eine Abschrift meiner Veräußerungsanzeige vom und teile Ihnen mit, dass die letzte zur Rechtswirksamkeit des Vertrages erforderliche Genehmigung am bei mir eingegangen ist.

Der Vertrag ist somit rechtswirksam geworden.

(Notar)

▲

278

Muster 4.71: Fälligkeitsmitteilung 4.71

(...)

Mein Zeichen:

UVZ-Nr. /

Sehr geehrte Damen und Herren,

zu Ihrem Kaufvertrag vom – meine UVZ-Nr. für – teile ich mit, dass

- alle Genehmigungen,
- die Vorkaufsrechtserklärungen,
- die Freigabezusage der Sparkasse und
- die Mitteilung über die rangrichtige Eintragung der Eigentumsvormerkung

bei mir eingegangen sind. Damit wird der Kaufpreis Tage nach dem Absendedatum dieses Schreibens fällig.

Die Eheleute bitte ich, mir schriftlich Bescheid zu geben, wenn der Kaufpreis bei ihnen eingegangen ist. Bitte fügen Sie als Nachweis der unbaren Kaufpreiszahlung die Kopie/den Ausdruck des Kontoauszugs bei, aus dem sich der Zahlungseingang auf Ihrem Konto ergibt. Bei Ausdrucken/Screenshots aus dem Online-Banking bitte ich zu beachten, dass sich daraus folgende Punkte eindeutig ergeben müssen:

- Überweisender,
- Überweisungsempfänger unter Angabe der IBAN,
- Überweisungsbetrag.

Mit freundlichen Grüßen

(Notar)

279

Muster 4.72: Auflassung 4.72

UVZ-Nr. für

Verhandelt zu am

Vor mir, , Notar in , erschien, von Person bekannt:

> , geboren am , geschäftsansässig , hier handelnd als Bevollmächtigter für die Beteiligten des Kaufvertrages vom vor dem amtierenden Notar – UVZ-Nr. für –, aufgrund der ihm unter IX. erteilten Vollmacht, die bei der Beurkundung in Urschrift vorlag und nicht widerrufen war.

Der Erschienene, handelnd wie angegeben, erklärte:

Ich nehme Bezug auf den vorgenannten Kaufvertrag. Die Vermessung ist inzwischen erfolgt. Das verkaufte Teilstück hat die Bezeichnung

Gemarkung

Flur Flurstück , Bauplatz, , groß m^2,

erhalten.

Die Beteiligten sind darüber einig, dass das Eigentum an diesem Grundstück auf übergeht; sie bewilligen und beantragen die Eigentumsumschreibung im Grundbuch.

Sie beantragen, das aufgelassene Grundstück aus der Mithaft für die Grundschuld Abteilung III Nr. 1 zu entlassen und diese Pfandentlassung im Grundbuch einzutragen.

Diese Niederschrift

, Notar

▲

(Anmerkung zum Muster siehe Rdn 107 ff.).

280 ▼

Muster 4.73: Einholung einer Pfandfreigabe

Mein Zeichen:

UVZ-Nr. /

Darlehenssache Eheleute und in

Darlehens-Nr.:

Ihr Schreiben vom

Sehr geehrte Damen und Herren,

als Anlage übersende ich eine Kopie des Veränderungsnachweises und den Entwurf für die Pfandfreigabe mit der Bitte um Unterzeichnung, Siegelung und Rücksendung sowie Zusendung des Grundschuldbriefes.

Mit freundlichen Grüßen

(Notar)

(Anlagen)

▲

281 ▼

Muster 4.74: Pfandfreigabe

Pfandfreigabe

Im Grundbuch von Blatt ist in Abteilung III unter lfd. Nr. für die eine Grundschuld von EUR eingetragen. Die Gläubigerin gibt das Grundstück

Gemarkung

Flur Flurstück , Bauplatz, , groß m^2,

aus der Mithaft für diese Grundschuld frei und bewilligt die Eintragung der Freigabe in das Grundbuch.

, den

(Siegel)

▲

(Anmerkung zum Muster siehe Rdn 550 f.).

▼ 282

Muster 4.75: Begleitbrief zur Übersendung von Abschriften bzw. Ausfertigungen Auflassung) 4.75

Mein Zeichen:

UVZ-Nr. /

Sehr geehrte ,

in der Anlage übersende ich eine Ausfertigung des Kaufvertrages – meine UVZ-Nr. für – nebst Auflassung – meine UVZ-Nr. für –.

Mit freundlichen Grüßen

(Notar)

(Anlagen)

▲

▼

Muster 4.76: Begleitbrief zur Übersendung von Abschriften bzw. Ausfertigungen (Auflassungsurkunde) 4.76

Mein Zeichen:

UVZ-Nr. /

Sehr geehrter ,

als Anlage übersende ich eine Ausfertigung des Kaufvertrages vom – meine UVZ-Nr. für – nebst der Auflassungsurkunde – meine UVZ-Nr. für –. Beigefügt ist meine Kostenberechnung.

Mit freundlichen Grüßen

(Notar)

(Anlagen)

▲

▼ 283

Muster 4.77: Antrag auf Umschreibung und Löschung 4.77

Mein Zeichen:

UVZ-Nr. /

Betr.: Münster

Sehr geehrte Damen und Herren,

ich nehme Bezug auf meinen Antrag vom zu meiner Urkunde Nr. / .

Als Anlage übersende ich eine beglaubigte Abschrift der Auflassungsurkunde – meine UVZ-Nr. für .

Beigefügt sind:

1. die Genehmigung nach dem Grundstückverkehrsgesetz,
2. die Vorkaufsrechtserklärung der Gemeinde,
3. die Unbedenklichkeitsbescheinigung des Finanzamts,
4. die Pfandfreigabe zu dem Recht Abteilung III Nr. 1,
5. der Grundschuldbrief dazu – Gruppe   Nr.   .

Ich beantrage im Namen aller Antragsberechtigten die Umschreibung des Eigentums, die Eintragung der Pfandfreigabe und die Löschung der Eigentumsvormerkung – letzteres nur, sofern, außer von mir, keine Zwischenanträge eingegangen sind –.

Grundbuchnachrichten erbitte ich an die Beteiligten und an mich.

Der Grundschuldbrief kann unmittelbar der   zugeleitet werden.

Die Kosten trägt der Käufer.

Mit freundlichen Grüßen

(Notar)

(Anlagen)

▲

B. Aus dem Bereich der Grundstücksbelastungen und Grundstücksbeschränkungen

I. Überblick über die beschränkten dinglichen Rechte

1. Teilberechtigungen

284 Das Eigentum ist das umfassende **Herrschaftsrecht** über eine Sache. Dies bedeutet, dass der Eigentümer mit dem ihm gehörenden Grundstück grundsätzlich nach Belieben verfahren kann: Er kann über das Grundstück frei verfügen, d.h. er kann es verkaufen, verschenken und vererben. Er kann das Grundstück auch einem anderen zum Gebrauch überlassen, z.B. vermieten oder verpachten. Ferner ist der Grundstückseigentümer in der Lage, sich einem anderen gegenüber zu verpflichten, das Grundstück überhaupt nicht oder nur in beschränktem Maße zu nutzen. Er kann einem Dritten ein Verwertungsrecht an seinem Grundstück einräumen und ihm die Möglichkeit geben, das Grundstück unter bestimmten Voraussetzungen zwangsversteigern zu lassen. Schließlich kann der Eigentümer einem anderen an seinem Grundstück ein Erwerbsrecht einräumen, also die Befugnis, das Grundstück unter bestimmten Bedingungen zu erwerben.

Bei der Veräußerung oder Vererbung eines Grundstücks geht das Eigentum auf einen anderen über. Wird einem anderen dagegen lediglich ein Nutzungsrecht, Verwertungsrecht oder Erwerbsrecht an dem Grundstück eingeräumt, so bleibt das Eigentum in der Hand desjenigen, der die Rechte bestellt. Er überträgt aber einen Teil der Befugnisse, die er als Eigentümer hat, auf einen Dritten. Der Dritte erwirbt somit eine Teilberechtigung am Grundstück, ein beschränktes dingliches Recht (Eigentum = umfassendes dingliches Recht = ganzer Kuchen, Teilrecht = beschränktes dingliches Recht = Stück des Kuchens).

2. Inhalt der Rechte

Die Teilberechtigungen an einem Grundstück lassen sich einteilen in **Nutzungsrechte**, **Verwertungsrechte** und **Erwerbsrechte**. Zu den Nutzungsrechten gehören das Erbbaurecht, die Dienstbarkeiten, wie die Grunddienstbarkeit, die beschränkte persönliche Dienstbarkeit und der Nießbrauch, und – mit Einschränkung – auch die Reallast. Verwertungsrechte sind die Grundpfandrechte, wie Hypothek, Grundschuld und Rentenschuld. Ein Erwerbsrecht ist das Vorkaufsrecht. Die Grenzen innerhalb der Gruppen sind allerdings zum Teil nicht scharf zu ziehen. 285

Hat jemand ein beschränktes dingliches Recht an dem Grundstück eines anderen, so hindert dies den anderen nicht, noch über das Grundstück zu verfügen, es also zu veräußern, zu belasten oder zu vererben. Nach dem Grundsatz, dass Rechte und Pflichten nur zwischen den an einer Vereinbarung Beteiligten begründet werden, würden die Rechte nicht gegenüber dem neuen Eigentümer wirken. Der Inhaber einer Teilberechtigung an dem Grundstück eines anderen hat aber ein Interesse daran, dass seine Berechtigung auch einem neuen Eigentümer gegenüber oder einem weiteren Inhaber einer Teilberechtigung gegenüber wirkt. Diesem Interesse hat der Gesetzgeber Rechnung getragen: Die beschränkten dinglichen Rechte wirken **gegen jedermann**, also gegen jeden späteren Eigentümer und gegen Dritte, haben also **absoluten Charakter**. Die Bestellung eines beschränkten dinglichen Rechts muss aus diesem Grund – ebenso wie die Eigentumsübertragung – offenkundig gemacht werden. Dies wird dadurch erreicht, dass eine Eintragung im Grundbuch erfolgt.

3. Typenzwang

Der Eigentümer kann nur **ganz bestimmte**, im Gesetz abschließend aufgezählte beschränkte dingliche Rechte als Teilberechtigungen übertragen. Das gebietet die Rechtssicherheit; denn weil die dinglichen Rechte jedem Dritten gegenüber wirksam sind, müssen sie nach Art und Inhalt festliegen. Die möglichen dinglichen Rechte sind daher der Zahl nach begrenzt. Die beschränkten dinglichen Rechte können auch nur mit dem gesetzlich bestimmten Inhalt vereinbart werden. Es gilt hier also nicht – wie sonst – der Grundsatz der Vertragsfreiheit. Zwar kann der Eigentümer frei darüber entscheiden, ob er einem anderen ein beschränktes dingliches Recht an seinem Grundstück einräumt, er kann die Teilberechtigung, die er auf einen Dritten überträgt, inhaltlich jedoch nicht nach seinem Belieben ausgestalten, eine Hypothek zum Beispiel nicht mit dem Inhalt vereinbaren, dass der Gläubiger nicht zur Verwertung (Zwangsversteigerung) berechtigt sei. Diesen Grundsatz nennt man **Typenzwang**. 286

4. Berechtigte aus den Rechten

Inhaber eines beschränkten dinglichen Rechts können eine oder mehrere **natürliche Personen oder eine juristische Person** sein, also eine Kapitalgesellschaft, wie AG und GmbH oder ein rechtsfähiger Verein. Den juristischen Personen stehen gleich die **rechtsfähige** Personengesellschaft wie OHG, KG und eGbR. In allen Fällen spricht man von subjektiv persönlichen Rechten. Hierzu zählen die beschränkte persönliche Dienstbarkeit, das Wohnungsrecht, der Nießbrauch, die Grundpfandrechte, das subjektiv persönliche Vorkaufsrecht und die subjektiv persönliche Reallast. 287

Aus einem beschränkten dinglichen Recht kann aber auch der jeweilige Eigentümer eines anderen Grundstücks berechtigt sein, wie etwa bei der Grunddienstbarkeit, dem subjektiv dinglichen Vorkaufsrecht oder bei der subjektiv dinglichen Reallast. Alle diese Rechte sind subjektiv dingliche Rechte.

Subjektiv persönliche Rechte können mehreren Personen zustehen, etwa in Bruchteilsgemeinschaft, Erbengemeinschaft oder Gütergemeinschaft (siehe hierzu Rdn 331). Subjektiv dingliche Rechte stehen dann Mehreren zu, wenn Eigentümer des herrschenden Grundstücks mehrere Personen sind.

II. Bestellung eines beschränkten dinglichen Rechts und seine Aufhebung

Für die Bestellung aller beschränkten dinglichen Rechte an Grundstücken sind als „Grundtatbestand" erforderlich die **Einigung und die Eintragung in das Grundbuch**. Neben diesen Grundvoraussetzungen können für 288 die Bestellung einzelner beschränkter dinglicher Rechte weitere Erfordernisse notwendig sein, wie etwa bei der Hypothek das Bestehen der zu sichernden Forderung oder die Übergabe des Hypothekenbriefes. Diese Besonderheiten werden bei der Darstellung der einzelnen beschränkten dinglichen Rechte behandelt. Hier sollen zunächst nur die für die Bestellung aller beschränkten dinglichen Rechte an Grundstücken gemeinsamen Elemente dargestellt werden.

1. Einigung über die Entstehung des Rechts

289 Der Eigentümer und derjenige, der das Recht eingeräumt erhält, müssen sich über die Bestellung eines dinglichen Rechts einig sein. Sie müssen übereinstimmend erklären, dass ein bestimmtes dingliches Recht mit dem gesetzlich bestimmten Inhalt entstehen soll. Will der Grundstückseigentümer z.B. einem Dritten gestatten, den auf seinem Grundstück befindlichen Weg zu benutzen, müssen beide hierüber eine Einigung herbeiführen. Die Beteiligten einigen sich dann über das Entstehen einer Grunddienstbarkeit oder einer beschränkten persönlichen Dienstbarkeit. Oder will die Bank, die dem Eigentümer ein Darlehen gewährt hat, zur Sicherheit das Recht eingeräumt erhalten, im Falle der Nichtrückzahlung des Darlehens das Grundstück zwangsversteigern zu lassen und sich aus dem Erlös zu befriedigen, so müssen sich die Beteiligten über die Bestellung einer Hypothek einigen.

Die Einigung über die Bestellung eines beschränkten dinglichen Rechts bedarf grundsätzlich keiner Form, sie kann also auch **mündlich** erfolgen.

290 Das Erfordernis der Einigung – zu der ja mindestens zwei Personen gehören – macht es fraglich, ob der Eigentümer auch an seinem eigenen Grundstück für sich selbst ein beschränktes dingliches Recht bestellen kann. Gesetzlich geregelt ist dieser Fall bei der **Eigentümergrundschuld**. Der Eigentümer räumt sich hier an seinem eigenen Grundstück eine Grundschuld ein. Das ist sinnvoll für den Fall, dass der Eigentümer beabsichtigt, das Grundstück zu veräußern, sich aber eine Teilberechtigung in Form eines Verwertungsrechts vorbehalten möchte. Der neue Eigentümer erwirbt dann – wenn die Grundschuld nicht gleichzeitig mitübertragen wird – ein mit einer Grundschuld zugunsten des alten Eigentümers belastetes Grundstück. Ein Eigentümer bestellt an seinem Grundstück eine Grundschuld für sich selbst häufig auch in der Absicht, sie später auf einen Dritten zu übertragen (vgl. hierzu Rdn 498 f.).

291 Es ist rechtlich möglich, dass der Eigentümer auch Grunddienstbarkeiten und beschränkte persönliche Dienstbarkeiten für sich selbst am eigenen Grundstück bestellen kann, wenn hierfür ein **schutzwürdiges wirtschaftliches oder ideelles Interesse** besteht.

> *Beispiel*
>
> E ist Eigentümer zweier nebeneinander liegender Grundstücke A und B in einer Gebirgslandschaft. Er möchte auf dem Grundstück A ein Hotel errichten und das Grundstück B verkaufen. Damit der zukünftige Eigentümer des Grundstücks B dem auf dem Grundstück A geplanten Hotel nicht die Aussicht verbaut, lässt E auf dem Grundstück B eine Grunddienstbarkeit zugunsten des jeweiligen Eigentümers des Grundstückes A eintragen mit dem Inhalt, dass das Grundstück B nur eingeschossig bebaut werden darf.

292 Es ist umstritten, ob auf die dingliche Einigung die Regeln des Vertrages zugunsten Dritter Anwendung finden. Die herrschende Rechtsprechung lehnt dies ab.[93] Dies bedeutet, dass die Personen, zugunsten derer ein dingliches Recht bestellt wird, (zumindest konkludent) an der dinglichen Einigung mitwirken müssen.

> *Beispiel*
>
> In einem Grundstücksübertragungsvertrag zwischen Vater und Sohn verpflichtet sich der Erwerber (Sohn), seine Geschwister mit bestimmten Geldbeträgen abzufinden. Zur Sicherheit bestellt er zugunsten seiner Geschwister Hypotheken an dem Grundstück.

93 BGH NJW-RR 1986, 848, 849; vgl. im Einzelnen MüKo-BGB/*Lettmaier*, 9. Aufl. 2023, § 873 Rn 58 m.w.N.

Die Hypotheken sind nur dann gültig entstanden, wenn sich der Sohn mit seinen Geschwistern (formlos) über die Entstehung der Hypotheken einigt. Um spätere Streitigkeiten zu vermeiden, empfiehlt es sich, die Geschwister an dem notariellen Vertrag mitwirken zu lassen.

2. Eintragung des Rechts im Grundbuch

Für die Bestellung beschränkter dinglicher Rechte an Grundstücken ist neben der Einigung als weiteres Entste- 293
hungselement die Eintragung der Rechte in das Grundbuch erforderlich (§ 873 BGB). Jede Rechtsänderung im Hinblick auf ein Grundstück soll offenkundig werden *(***Publizitätsprinzip***)*. Das Bürgerliche Gesetzbuch bestimmt lediglich, dass die Eintragung in das Grundbuch erforderlich ist, sagt aber nichts darüber, wie die Eintragung erfolgt und welche formellen Voraussetzungen gegeben sein müssen, damit die Eintragung vorgenommen wird. Dies ergibt sich vielmehr aus dem formellen Grundbuchrecht, insbesondere aus den Vorschriften der Grundbuchordnung. Das formelle Grundbuchrecht wird nachstehend (siehe Rdn 298 ff.) behandelt.

Nach § 874 BGB, § 44 GBO braucht das Recht nicht mit seinem ganzen Inhalt in das Grundbuch eingetragen zu werden. Es genügt die Bezugnahme auf die Eintragungsbewilligung und eine schlagwortartige Kennzeichnung im Eintragungsvermerk.

Beispiel

Wenn der E zugunsten des B ein Wegerecht oder ein Wohnungsrecht einräumt, so genügt es für die Eintragung, dass im Grundbuch das Wegerecht bzw. das Wohnungsrecht schlagwortartig bezeichnet wird. Es ist nicht erforderlich, im Grundbuch im Einzelnen den Inhalt des Wegerechts bzw. Wohnungsrechts aufzuführen, also z.B. die Breite des Weges anzugeben. Auch ist es entbehrlich zu beschreiben, ob der Weg befahren werden oder von welchen Personen er benutzt werden darf. Bei der Eintragung des Wohnungsrechts ist es nicht geboten, die einzelnen Zimmer, die von dem Wohnungsrecht erfasst werden, in das Grundbuch einzutragen. Es genügt die Bezeichnung „Wohnungsrecht". Aus der **Bewilligung** müssen sich Inhalt und Umfang des Rechts genau ergeben.

Beispiel einer Eintragung 294

Grunddienstbarkeit (Wegerecht) zugunsten des jeweiligen Eigentümers des Grundstücks (...), unter Bezugnahme auf die Eintragungsbewilligung vom (...) eingetragen am (...).

3. Wechsel des Rechtsinhabers

Der Wechsel eines Rechtsinhabers kann Folge einer **Übertragung** oder **Vererbung** des Rechts sein. Hier muss 295
zwischen den einzelnen beschränkten dinglichen Rechten differenziert werden. Frei veräußerlich und vererblich sind die Grundpfandrechte. Der Inhaber einer Hypothek oder Grundschuld kann das Recht an einen anderen abtreten. Stirbt der Inhaber einer Hypothek oder Grundschuld, geht sie auf seine Erben über. Entsprechendes gilt für die Rentenschuld.

Weder veräußerlich noch vererblich sind die beschränkte persönliche Dienstbarkeit, das Wohnungsrecht und der Nießbrauch. Lediglich in Ausnahmefällen besteht für den Nießbrauch und die beschränkte persönliche Dienstbarkeit eine Übertragungsmöglichkeit, wenn Berechtigter eine juristische Person oder rechtsfähige Personengesellschaft ist (vgl. §§ 1059a, 1092 Abs. 2 und 3 BGB).

Die subjektiv persönliche Reallast kann übertragen und vererbt werden, Letzteres nur, sofern sie nicht, wie häu- 296
fig, auf die Lebenszeit des Berechtigten beschränkt ist. Bei dem subjektiv persönlichen Vorkaufsrecht sind Übertragung und Vererbung nur zulässig, wenn sie durch Einigung und Eintragung im Grundbuch zum Rechtsinhalt gemacht worden sind.

Rechte, die **zugunsten des jeweiligen Eigentümers** eines Grundstücks bestellt sind, gehen als deren Bestandteile (§ 96 BGB) mit Übertragung des herrschenden Grundstücks auf den neuen Eigentümer über. Dazu gehören die Grunddienstbarkeit, die subjektiv dingliche Reallast und das subjektiv dingliche Vorkaufsrecht.

Einzelheiten zu den Möglichkeiten der Übertragung und Vererbung beschränkter dinglicher Rechte werden bei der Behandlung der einzelnen Rechte dargestellt.

4. Aufhebung des Rechts

297 Die Aufhebung eines beschränkten dinglichen Rechts erfolgt in der Regel durch die **einseitige Erklärung** des Rechtsinhabers, das Recht aufgeben zu wollen, und die Löschung des Rechts im Grundbuch (§ 875 BGB). Die Erklärung ist dem Grundbuchamt oder demjenigen gegenüber abzugeben, zu dessen Gunsten die Aufhebung erfolgt, also in der Regel dem Eigentümer. Möchte also der Wohnungsberechtigte sein Wohnungsrecht aufgeben, muss er dies dem Eigentümer gegenüber erklären. Ferner muss das Wohnungsrecht im Grundbuch gelöscht werden. Wie die Löschung im Grundbuch erfolgt, ergibt sich wiederum aus dem formellen Grundbuchrecht, also den Vorschriften der Grundbuchordnung.

Die einseitige Erklärung des Rechtsinhabers, das Recht aufgeben zu wollen, genügt dann nicht, wenn durch die Aufhebung Rechte Dritter beeinträchtigt werden (§ 876 BGB). Ist z.B. eine Hypothek an einen Dritten verpfändet, so bedarf die Aufgabe der Hypothek der Zustimmung desjenigen, an den sie verpfändet worden ist. Denn sonst würde der Pfandgegenstand ohne den Willen des Pfandgläubigers vernichtet.

III. Eintragung der beschränkten dinglichen Rechte in das Grundbuch und ihre Löschung

1. Aufbau des Grundbuchs

298 Für die Bestellung und Aufhebung von Grundstücksrechten ist die Eintragung in das Grundbuch erforderlich. Die Voraussetzungen für die Eintragung ergeben sich aus der Grundbuchordnung (GBO). Nach § 1 Abs. 1 GBO werden die Grundbücher von den Amtsgerichten (Grundbuchämter) geführt. Jedes Amtsgericht ist örtlich für alle in seinem Bezirk gelegenen Grundstücke zuständig. Beim Amtsgericht werden die Eintragungen vom Rechtspfleger vorgenommen.

299 Das Grundbuchamt führt für jedes Grundstück ein Grundbuchblatt. Mehrere, demselben Eigentümer gehörende Grundstücke im Amtsgerichtsbezirk werden entweder in einem Grundbuchblatt zusammengefasst (sog. **Personalfolium**) oder aber – heute überwiegend – getrennt nach den Gemarkungen, in denen sie liegen (sog. **Realfolium**). Das Grundbuchblatt ist für das Grundstück als „das Grundbuch" im Sinne des BGB anzusehen. Das Grundbuchblatt (Grundbuch) ist wie folgt eingeteilt:

- **Aufschrift**: Sie gibt das Amtsgericht, den Grundbuchbezirk und die Nummer des Blattes an, ferner den Hinweis auf den Inhalt, wenn nicht nur Grundstücke enthalten sind (Wohnungsgrundbuch, Erbbaugrundbuch);
- **Bestandsverzeichnis**: Hier sind die Angaben enthalten, die das Grundstück in seiner räumlichen Lage und Größe charakterisieren; Beschreibung der Art des Eigentums (Wohnungseigentum) bzw. Rechts (Erbbaurecht);
- **drei Abteilungen**: die erste Abteilung kennzeichnet den Eigentümer und den Erwerbsgrund, die zweite Abteilung enthält alle sonstigen Eintragungen, außer den Grundpfandrechten, in der dritten Abteilung sind die Grundpfandrechte (Hypotheken, Grund- und Rentenschulden) eingetragen.

Für jedes Grundbuchblatt werden besondere Grundakten geführt. Darin werden alle auf das Grundbuchblatt bezogenen Urkunden gesammelt.

2. Rechtsnatur der Eintragung

300 Der Eintragung in das Grundbuch kommen verschiedene Bedeutungen zu. Soweit die Eintragung die Voraussetzung für das Entstehen oder das Erlöschen des Rechtes ist, handelt es sich um eine **rechtsändernde** (konstitutive) Eintragung.

> *Beispiel*
>
> Der Nießbrauch entsteht durch Einigung und Eintragung im Grundbuch. Erst die Eintragung in das Grundbuch lässt das Recht entstehen.

Nicht alle Eintragungen haben eine solche Wirkung. Sie können auch erfolgen, um das Grundbuch mit der wahren Rechtslage in Einklang zu bringen, wenn es durch ein außerhalb des Grundbuchs liegendes Ereignis falsch geworden ist. Hier erfolgt eine berichtigende Eintragung (deklaratorische Eintragung, Grundbuchberichtigung). 301

Beispiel

Der eingetragene Eigentümer E ist verstorben. Einziger gesetzlicher Erbe ist sein Sohn S. Mit dem Erbfall ist S, ohne dass eine Eintragung in das Grundbuch vorgenommen werden müsste, Eigentümer des Grundstücks geworden. Die anschließende Eintragung des S in das Grundbuch ist lediglich eine Grundbuchberichtigung, die das Grundbuch mit der wahren Rechtslage in Einklang bringt.

3. Formelle Voraussetzungen für die rechtsändernde Eintragung

Bei der Eintragung oder Löschung von beschränkten dinglichen Rechten handelt es sich in der Regel um rechtsändernde Eintragungen. Sie erfolgen grundsätzlich nur auf Antrag (§ 13 GBO). Weitere Voraussetzung ist die Eintragungs- oder Löschungsbewilligung (§ 19 GBO) in der Form des § 29 GBO, erteilt von dem (eingetragenen) Betroffenen (§ 39 GBO). 302

a) Antrag

Der Antragsteller muss **antragsberechtigt** sein. Bei der rechtsändernden Eintragung ist nach § 13 Abs. 2 GBO jeder unmittelbar Beteiligte antragsberechtigt; unmittelbar beteiligt ist derjenige, dessen Rechtsstellung durch die Eintragung einen Verlust erleidet oder einen Gewinn erfährt. 303

Beispiel

Bei der Eintragung einer Grundschuld erleidet der Eigentümer rechtlich gesehen einen Verlust, da sein Grundstück belastet wird, der Gläubiger erfährt rechtlich einen Gewinn, da er ein Verwertungsrecht an einem anderen Grundstück erlangt. Sowohl Gläubiger als auch Eigentümer sind daher unmittelbar Beteiligte und können den Antrag auf Eintragung der Grundschuld beim Grundbuchamt stellen.

Der Antrag bedarf der Schriftform. Er muss inhaltlich so beschaffen sein, dass er ein bestimmtes Eintragungsbegehren erkennen lässt. Gemäß § 15 GBO gilt der beurkundende Notar als zur Stellung des Antrags ermächtigt. 304

Der Eintragungsantrag kann bis zur Eintragung frei widerrufen werden, allerdings gemäß § 31 GBO nur in der Form des § 29 GBO.

Beispiel

Der Notar N beantragt namens des Eigentümers E die Eintragung einer Grundschuld zugunsten des Gläubigers G. E nimmt ohne Wissen des Gläubigers den Antrag zurück. Die Grundschuld kann nicht eingetragen werden. Die Rücknahme des Antrags durch E ist aber dann bedeutungslos, d.h., die Grundschuld wird eingetragen, wenn der Antrag vom Notar auch im Namen des Gläubigers gestellt worden ist.

Der Notar kann den gemäß § 15 GBO gestellten Antrag auch wieder zurücknehmen (§ 24 Abs. 3 BNotO). Vorsorglich lässt er sich zudem regelmäßig dazu ausdrücklich von den Beteiligten bevollmächtigen. Der Form des § 29 GBO ist in diesen Fällen genügt, wenn der Notar dem Rücknahmeschreiben sein Amtssiegel beidrückt. 305

▼

Muster 4.78: Rücknahmeschreiben des Notars

Der Notar wird ermächtigt, die in dieser Urkunde enthaltenen Eintragungsanträge dem Grundbuchamt getrennt zur Erledigung vorzulegen, sie einzuschränken und ganz oder teilweise zurückzuziehen. 4.78

▲

b) Bewilligung (formelles und materielles Konsensprinzip)

306 Wenn von einem Antragsberechtigten beim Grundbuchamt der **Eintragungsantrag** – etwa der Antrag auf Eintragung einer Grunddienstbarkeit – gestellt wird, prüft der Rechtspfleger grundsätzlich nicht nach, ob sich der Eigentümer mit seinem Nachbarn über die Bestellung des Wegerechts, das als Grunddienstbarkeit eingetragen werden soll, geeinigt hat. Zwar ist die Einigung Voraussetzung für das Entstehen des Rechts, der Rechtspfleger trägt das Recht jedoch bereits ein, wenn ihm die einseitige **Eintragungsbewilligung** (**Löschungsbewilligung**) des **Betroffenen** vorgelegt wird (§ 19 GBO). Betroffen ist stets derjenige, dessen Recht beeinträchtigt wird, der also einen rechtlichen Nachteil erleidet (**formelles Konsensprinzip**).

> *Beispiel*
>
> E will zugunsten des G eine Grundschuld eintragen lassen. Da sein Grundstück belastet wird, ist E der Betroffene, er erleidet einen rechtlichen Nachteil. Die Eintragungsbewilligung ist daher von ihm abzugeben. Soll die Grundschuld im Grundbuch wieder gelöscht werden, ist G der Betroffene, weil er durch die Aufgabe seines Rechts eine rechtliche Einbuße erfährt (Verlust der Sicherheit). Die Löschungsbewilligung ist daher von G abzugeben.

307

> *Beachte!*
>
> Die Einigung über die Bestellung eines beschränkten dinglichen Rechts ist und bleibt **materiell-rechtliche Voraussetzung** für das Entstehen des Rechts. Sie braucht dem Grundbuchamt aber nicht nachgewiesen zu werden. Fehlt die Einigung, entsteht das Recht nicht, die Eintragung macht das Grundbuch dann falsch.

308

> *Beispiel*
>
> E will dem N, um ihm eine Freude zu bereiten, die Nutznießung an seinem Grundstück einräumen. Er bewilligt und beantragt die Eintragung des Nießbrauchs zugunsten des N. Der Nießbrauch wird aufgrund der einseitigen Bewilligung des Betroffenen – des Grundstückseigentümers – eingetragen. Als N hiervon erfährt, erklärt er, von E nichts geschenkt bekommen zu wollen. Der Nießbrauch ist – obwohl im Grundbuch eingetragen – mangels Einigung zwischen E und N nicht entstanden. Das Grundbuch ist falsch.

Die **Eintragungsbewilligung** (**Löschungsbewilligung**) wird wirksam mit ihrem Zugang beim Grundbuchamt oder bei demjenigen, zu dessen Gunsten sie abgegeben wird. Nach dem Zugang ist sie – anders als der Antrag – nicht frei widerruflich.

309 Eine wichtige Ausnahme von dem Grundsatz der einseitigen Bewilligung des Betroffenen besteht im Falle der **Eigentumsübertragung**. Die Eintragungsbewilligung genügt als Eintragungsvoraussetzung nicht bei der Übereignung von Grundstücken; hier muss, damit das Eigentum auf den Erwerber umgeschrieben wird, dem Grundbuchamt die Auflassung – die Einigung über die Rechtsänderung, §§ 873, 925 BGB – vorgelegt werden (§ 20 GBO). Gleiches gilt für die Bestellung, Übertragung und Aufhebung eines Erbbaurechts (**materielles Konsensprinzip**).

> *Beispiel*
>
> E schenkt dem K ein Grundstück. Es genügt nicht, dass E bewilligt und beantragt, den Eigentumswechsel in das Grundbuch einzutragen. Dem Grundbuchamt muss vielmehr das Einigsein zwischen E und K über den Eigentumswechsel (= Auflassung) nachgewiesen werden. Will E dem K ein Erbbaurecht an seinem Grundstück bestellen, ist auch hier dem Grundbuchamt die Einigung über die Bestellung des Erbbaurechts nachzuweisen.

Der Grund dafür, dass die Einigung in den genannten Fällen dem Grundbuchamt nachzuweisen ist, liegt darin, dass mit dem Eigentum an Grundstücken und mit der Inhaberschaft am Erbbaurecht öffentlich-rechtliche Verpflichtungen verbunden sind und daher ein besonderes Interesse an der Übereinstimmung der wahren Rechtslage mit der Grundbuchlage besteht.

Beachte! 310

Bei der Eigentumsübertragung und bei der Bestellung des Erbbaurechts wird die Eintragungsbewilligung um die Auflassung (Nachweis der Einigung der Beteiligten) ergänzt.

c) Öffentliche oder öffentlich beglaubigte Urkunden

Alle zur Eintragung in das Grundbuch erforderlichen Erklärungen – mit Ausnahme des Eintragungsantrags – 311 sind durch öffentliche oder öffentlich beglaubigte Urkunden **nachzuweisen**. Hierdurch soll sichergestellt werden, dass die Eintragungsunterlagen „echt" sind. Als Regel kann man sich merken: Eintragungsbewilligungen und sonstige Erklärungen, die zur Eintragung erforderlich sind, bedürfen der notariellen Beurkundung oder der notariellen Beglaubigung. Andere Voraussetzungen der Eintragung (Lebensalter, Eheschließung, Erbfolge usw.) müssen beim Grundbuchamt entweder offenkundig sein oder durch öffentliche Urkunden nachgewiesen werden. Für den Eintragungsantrag genügt die Schriftform. Enthält er aber gleichzeitig die Eintragungsbewilligung (oder die Erteilung einer Vollmacht), so ist die Form des § 29 GBO einzuhalten (§ 30 GBO). Das Gleiche gilt, wenn ein Eintragungsantrag zurückgenommen wird (§ 31 GBO).

d) Voreintragung des Betroffenen

Derjenige, der die Eintragungsbewilligung abgibt, also der Betroffene, muss als Berechtigter im Grundbuch 312 eingetragen sein, d.h., er muss **voreingetragen** sein (§ 39 GBO).

Beispiel

Bewilligt und beantragt E zu Lasten seines Grundstücks eine Grundschuld zugunsten des G, so ist erforderlich, dass E als Eigentümer des Grundstücks in Abteilung I eingetragen ist.

Ist der Berechtigte, der die Bewilligung abgibt, als solcher nicht im Grundbuch eingetragen, muss seine Vor- 313 eintragung herbeigeführt werden. Erst dann kann das Recht, das zur Eintragung bewilligt worden ist, in das Grundbuch eingetragen werden.

Beispiel

G ist als Eigentümer eines Grundstücks eingetragen. Er ist verstorben und von N allein beerbt worden. N bewilligt und beantragt die Eintragung einer Grundschuld zugunsten des H. N ist mit dem Erbfall – durch Rechtserwerb außerhalb des Grundbuchs – Eigentümer des Grundstücks geworden und somit als Betroffener berechtigt, die Eintragungsbewilligung abzugeben; denn durch die Eintragung der Grundschuld wird sein Eigentum belastet und er erleidet einen rechtlichen Nachteil. N ist als Berechtigter jedoch nicht im Grundbuch eingetragen, vielmehr noch G. Das Grundbuch muss daher zuerst dahingehend berichtigt werden, dass N Eigentümer ist. Dann ist die Voreintragung herbeigeführt. Erst jetzt trägt der Grundbuchbeamte die Grundschuld ein.

Es gibt mehrere Ausnahmen von dem Grundsatz der Voreintragung des Betroffenen, von denen zwei besonders 314 wichtig sind:

1. Ist der Berechtigte, also der Bewilligende, Erbe einer noch im Grundbuch eingetragenen Person und will er sein ererbtes Recht übertragen oder aufheben, braucht er nicht vorher in das Grundbuch eingetragen zu werden. Es wäre Formalismus, die Eintragung einer Person zu verlangen, die alsbald wieder aus dem Grundbuch verschwände. Daher verzichtet § 40 GBO in diesen Fällen auf die Zwischeneintragung des Erben.

   Beispiel

   Will der Erbe V des noch im Grundbuch eingetragenen E sein Grundstück an K veräußern, so braucht V nicht zuvor im Wege der Grundbuchberichtigung als Eigentümer eingetragen zu werden. Wenn V sein Erbrecht durch Erbschein, öffentliche letztwillige Verfügung oder Europäisches Nachlasszeugnis (siehe hierzu Rdn 316) nachweist, kann der Erwerber K ohne Zwischeneintragung des V eingetragen werden.

Beachte:

Aus notarieller Sicht kann es gleichwohl empfehlenswert sein, die Voreintragung des Erben zu veranlassen, um dem Käufer die Möglichkeit des gutgläubigen Erwerbs zu eröffnen. Dies gilt insbesondere dann, wenn die Erbfolge nicht durch Erbschein, sondern durch öffentliches Testament, Erbvertrag oder Europäisches Nachlasszeugnis nachgewiesen wird. Öffentliches Testament und Erbvertrag vermitteln keinerlei guten Glauben; beim Europäischen Nachlasszeugnis ist der Gutglaubensschutz deutlich geringer ausgeprägt („konkreter Vertrauensschutz“, Bösgläubigkeit bereits bei grob fahrlässiger Unkenntnis).

Ferner ist zu beachten, dass die Ausnahme von dem Grundsatz der Voreintragung des Betroffenen im Erbfall nur gilt, wenn der Erbe sein Recht überträgt oder aufgibt, nicht wenn er lediglich sein Recht belastet. Will der Erbe also das im Nachlass befindliche Grundstück, das noch auf den Namen des Erblassers eingetragen ist, mit einer Grundschuld belasten, muss er vorher im Wege der Berichtigung in Abteilung I des Grundbuchs eingetragen werden. Hieraus folgt, dass im Rahmen eines Kaufvertrages grundsätzlich die Voreintragung des Erben erfolgen muss, wenn der Erbe das Grundstück an einen Käufer verkauft, der den Kaufpreis finanziert und deswegen eine Grundschuld zu Lasten des Kaufgegenstandes vor Eigentumsumschreibung benötigt.[94]

2. Bei Grundpfandrechten (Hypothek und Grundschuld), über die ein Brief gebildet ist, bildet der Brief sozusagen einen im Besitz des Gläubigers befindlichen Teil des Grundbuchs. Der Gläubiger wird durch den Besitz des Briefes und öffentlich beglaubigter Abtretungserklärungen als Inhaber des Grundpfandrechts ausgewiesen, ohne im Grundbuch eingetragen zu sein. Diese Legitimation genügt auch gegenüber dem Grundbuchamt (§ 39 Abs. 2 GBO).

   Beispiel

   G ist als Grundschuldgläubiger im Grundbuch eingetragen. Die Grundschuld wird – jeweils unter Übergabe des Grundschuldbriefs – von G an D und von D an F in öffentlich beglaubigter Form abgetreten. F kann sich unter Vorlage des Grundschuldbriefs und der beiden Abtretungserklärungen als neuer Grundschuldgläubiger in das Grundbuch eintragen lassen, ohne dass es der Voreintragung des D bedarf.

e) Voraussetzung für eine Löschung

315 Die vorstehend dargestellten **Grundsätze** für die Eintragung gelten auch für die **Löschung** eines Rechts. Das Wort „Eintragung“ in der Grundbuchordnung umfasst auch die Löschung eines eingetragenen Rechts, da sie durch die Eintragung des Löschungsvermerks vorgenommen wird. Für die Löschung eines Rechts sind daher ein Antrag und die Löschungsbewilligung des eingetragenen Betroffenen in der Form des § 29 GBO erforderlich.

Beispiel

Soll der zugunsten des N eingetragene Nießbrauch im Grundbuch gelöscht werden, muss entweder N oder der Eigentümer E einen Löschungsantrag stellen. Die Löschungsbewilligung kann nur von N abgegeben werden, da allein er durch die Löschung des Rechts einen rechtlichen Nachteil erleidet und somit Betroffener im Sinne des § 19 GBO ist. Die Löschungsbewilligung muss notariell beglaubigt und N als Inhaber des Nießbrauchs im Grundbuch eingetragen sein.

4. Grundbuchberichtigungen

316 Stimmt die Eintragung im Grundbuch mit der wahren Rechtslage nicht überein, muss eine **Grundbuchberichtigung** erfolgen. Sie ist erforderlich, damit der wahre Berechtigte im Sinne des § 39 GBO eingetragen wird. Denn bei einer falschen Grundbucheintragung besteht immer die Gefahr, dass der wahre Berechtigte sein Recht an einen gutgläubigen Dritten verliert (§ 892 BGB). Dem Grundbuch kommt nämlich eine „Vermutungs- und

94 Bei Veräußerung aufgrund einer transmortal erteilten Vollmacht wird dies teilweise anders gesehen; vgl. zum Meinungsstand *Thelen/Bühler*, NJW 2024, 2950 m.w.N.

Glaubenswirkung" zu. Der Grundbuchinhalt gilt – wenn er mit der wahren Rechtslage nicht übereinstimmt – für einen gutgläubigen Dritten als richtig. Wenn also jemand zu Unrecht als Eigentümer oder als Inhaber eines beschränkten dinglichen Rechts eingetragen ist, muss der wahre Berechtigte befürchten, dass ein Dritter von dem zu Unrecht eingetragenen Nichtberechtigten gutgläubig das Eigentum bzw. das beschränkte dingliche Recht erwirbt (§ 892 BGB).

Beispiele 317

Der dauernd geisteskranke E hat sein Grundstück an K verkauft. K wird als Eigentümer im Grundbuch eingetragen. Das Grundbuch ist falsch, denn K konnte mangels wirksamer Einigung nicht Eigentümer werden, weil Kaufvertrag und Auflassung wegen der Geisteskrankheit des E nichtig sind. Verkauft K nun seinerseits das Grundstück an den gutgläubigen D, erwirbt dieser das Eigentum an dem Grundstück, weil er sich auf die Eintragung im Grundbuch verlassen durfte.

Oder: Der dauernd geisteskranke E hat zugunsten des G an seinem Grundstück die Eintragung einer Grundschuld bewilligt und beantragt. G ist – obwohl er als Grundschuldgläubiger in das Grundbuch eingetragen worden ist – nicht Inhaber der Grundschuld geworden. Denn die Einigung zwischen E und G ist wegen der Geschäftsunfähigkeit des E unwirksam. Tritt G nunmehr die Grundschuld an den gutgläubigen D ab, erwirbt dieser die Grundschuld und damit ein Verwertungsrecht an dem Grundstück des E.

Der wahre Berechtigte muss also bemüht sein, das Grundbuch berichtigen zu lassen. Die Berichtigung des Grundbuchs erfolgt auf **Antrag**. Insoweit gilt dasselbe wie bei der rechtsändernden Eintragung.

Möglich ist, dass der zu Unrecht im Grundbuch Eingetragene eine **Berichtigungsbewilligung** nach § 19 GBO 318
abgibt. Für sie gilt ebenfalls dasselbe wie für die Bewilligung bei der rechtsändernden Eintragung.

Beispiel

In unserem vorigen Beispiel gibt der zu Unrecht eingetragene Grundschuldgläubiger G eine Löschungsbewilligung ab.

In den meisten Fällen wird die Grundbuchberichtigung jedoch durch den **Nachweis der Unrichtigkeit** (§ 22 319
GBO) herbeigeführt. Damit der Grundbuchbeamte das Grundbuch berichtigt, muss die Unrichtigkeit entweder offenkundig sein oder durch öffentliche Urkunden nachgewiesen werden (§ 29 Abs. 1 S. 2 GBO).

Beispiel

E bewilligt zu Lasten seines Grundstücks die Eintragung einer Reallast zugunsten des X. Die Reallast wird eingetragen. Nunmehr stellt sich heraus, dass für E nach § 1896 BGB ein Betreuer bestellt und angeordnet worden ist, dass E für Grundstücksgeschäfte dessen Einwilligung bedarf (Einwilligungsvorbehalt), die Zustimmung des Betreuers aber nicht erteilt worden ist. Gegen Nachweis der Bestellung des Betreuers und der nach § 1903 BGB getroffenen Anordnung durch Vorlage des Beschlusses des Betreuungsgerichts wird das Grundbuchamt auf Antrag die Reallast löschen.

a) Grundbuchberichtigung bei der GbR

Eine Grundbuchberichtigung kommt auch im Zusammenhang mit dinglichen Rechten einer Gesellschaft bür- 320
gerlichen Rechts in Betracht. Zu beachten ist, dass sich die Rechtslage durch Einführung des MoPeG zum 1.1.2024 geändert hat.

Nach alter Rechtslage war die GbR mit ihren sämtlichen Gesellschaftern im Grundbuch einzutragen. Eine Änderung des Gesellschafterbestandes (z.B. durch Tod oder Anteilsübertragung) war im Wege der Grundbuchberichtigung grundbuchlich zu verlautbaren.

Seit Einführung des MoPeG ist die GbR voll **rechtsfähig** und den Personenhandelsgesellschaften gleichgestellt. Sie kann – und in bestimmten Fällen, insbesondere soweit es um Rechtsänderungen im Grundbuch geht: muss – sich in das gleichfalls eingeführte **Gesellschaftsregister** eintragen lassen. Denn Eintragungen im Grundbuch betreffend Rechte einer GbR sollen gemäß § 47 Abs. 2 GBO, Art. 229 § 21 Abs. 1 EGBGB nur im Grundbuch eingetragen werden, wenn die Gesellschaft zuvor im Gesellschaftsregister eingetragen wurde. Damit ist für die sog. eGbR eine Registerpublizität geschaffen. Die Gesellschafterstellung ergibt sich aus dem Gesellschaftsregister und wird nicht mehr im Grundbuch verlautbart. Im Grundbuch wird die eGbR unter Angabe von Name, Sitz, Registergericht und Registernummer eingetragen (§ 15 GBV).

Folglich ist eine Änderung im **Gesellschafterbestand** gemäß (Art. 229 Art. 21 Abs. 2 S. 1 EGBGB) auch nicht mehr im Wege der Grundbuchberichtigung im bisherigen Sinne im Grundbuch einzutragen, sondern unmittelbar beim Gesellschaftsregister anzumelden. Bei Alt-Gesellschaften (also solchen, die noch nach alter Rechtslage mit ihren Gesellschaftern im Grundbuch eingetragen sind) empfiehlt es sich, frühzeitig und anlasslos, eine Eintragung ins Gesellschaftsregister mit anschließender Grundbuchberichtigung auf die eGbR zu bewirken, um spätere zeitliche Verzögerungen und Friktionen aufgrund der durch das MoPeG veränderten Anknüpfung an den Gutglaubensschutz zu verhindern.[95] Hierzu bedarf es nach Registereintragung gemäß (Art. 229 § 21 Abs. 3 EGBGB) der Berichtigungsbewilligung aller im Grundbuch aktuell eingetragenen Gesellschafter sowie der Zustimmung der eGbR.

b) Grundbuchberichtigung nach Erbfall

321 Ein wichtiger Fall in der notariellen Praxis ist die Grundbuchberichtigung nach einem **Erbfall**. Mit dem Tode des Erblassers geht das Eigentum an einem im Nachlass befindlichen Grundstück oder eine im Nachlass befindliche Hypothek – durch Rechtserwerb außerhalb des Grundbuchs – auf die Erben über. Die spätere Eintragung der Erben hat lediglich berichtigenden Charakter, führt also keine Rechtsänderung herbei. Bei unvererblichen Rechten (z.B. Nießbrauch, Wohnungsrecht) wird durch die Vorlage der Sterbeurkunde des Berechtigten in öffentlicher Form nachgewiesen, dass das Recht erloschen und das Grundbuch infolgedessen unrichtig geworden ist.[96]

322 Will der **Erbe** in das Grundbuch eingetragen werden, muss er die Unrichtigkeit des Grundbuchs nachweisen, insbesondere also, dass er Erbe geworden ist.

Der Nachweis der Erbfolge wird dem Grundbuchamt gegenüber durch Erbschein, Europäisches Nachlasszeugnis oder notarielles Testament bzw. Erbvertrag geführt (§ 35 GBO). Der Erbschein ist in Ausfertigung vorzulegen. Eine beglaubigte Abschrift genügt nicht, da sonst nicht ausgeschlossen werden kann, dass der Erbschein zwischenzeitlich als unrichtig vom Nachlassgericht eingezogen worden ist. Das Nachlassgericht zieht in diesem Fall nämlich lediglich die Urschrift und erteilten Ausfertigungen wieder ein; die beglaubigten Abschriften bleiben im Umlauf. Beim Europäischen Nachlasszeugnis genügt die Vorlage einer beglaubigten Abschrift (Art. 70 Abs. 3 Eu-ErbVO).[97] Hierbei ist die Regelgültigkeitsdauer von sechs Monaten ab Ausstellung zu beachten (siehe auch Rdn 1812 ff.). Eine beglaubigte Abschrift des notariellen Testaments bzw. des Erbvertrages in Verbindung mit einer beglaubigten Abschrift des Eröffnungsprotokolls genügen dann zum Nachweis der Erbfolge, wenn sich diese aus dem Testament oder Erbvertrag eindeutig ergibt. Das ist z.B. dann nicht der Fall, wenn etwa ein Erblasser zu seinen Erben „seine leiblichen ehelichen Abkömmlinge nach den Regeln der gesetzlichen Erbfolge“ eingesetzt hat. Dem Grundbuchbeamten wird hier nicht zugemutet, die Erben festzustellen. Das ist Aufgabe des Nachlassgerichts im Rahmen der Erteilung eines Erbscheins.

323 Wenn sich die Erbfolge nicht eindeutig aus dem notariellen Testament oder dem Erbvertrag ergibt sowie bei gesetzlicher Erbfolge und bei Erbfolge aufgrund eines eigenhändigen Testaments, ist stets die Vorlage eines Erbscheins bzw. Europäischen Nachlasszeugnisses erforderlich. Das eigenhändige Testament ist daher nur vordergründig „bequemer“ und „billiger“. Im Todesfall macht es – wenn sich Grundbesitz, Sparbücher oder Wertpapiere im Nachlass befinden – einen Erbschein oder ein Europäisches Nachlasszeugnis erforderlich.

95 Wegfall des § 899a BGB; jetzt § 707a Abs. 3 BGB i.V.m. § 15 HGB.

96 Unter Berücksichtigung des § 23 GBO, vgl. im Einzelnen Rn 338.

97 Zu beachten ist allerdings, dass nur die durch das Nachlassgericht erteilte „beglaubigte Abschrift“ Gutglaubensträger ist, nicht hingegen die notarielle beglaubigte Abschrift einer beglaubigten Abschrift. Die durch das Nachlassgericht erstellte beglaubigte Abschrift entspricht der Ausfertigung nach deutscher Terminologie, vgl. *Lange*, DNotZ 2016, 103, 112. Vgl. im Übrigen zum Erbnachweis durch Europäisches Nachlasszeugnis auch *Simon/Buschbaum*, ZEV 2012, 525, *Volmer*, notar 2016, 323.

▼ 324

Muster 4.79: Grundbuchberichtigungsantrag 4.79

An das Amtsgericht – Grundbuchamt – in

Im Grundbuch von Blatt ist in Abteilung III unter lfd. Nr. eine Grundschuld in Höhe von EUR für eingetragen. ist verstorben und beerbt worden von seinen Kindern , und .

Ich beantrage, das Grundbuch dahingehend zu berichtigen, dass , und in Erbengemeinschaft Inhaber der Grundschuld sind.

, den

▲

Der Antrag kann von einem der Erben **allein** gestellt werden. Notarielle Beglaubigung ist nicht erforderlich. Die Erbfolge ist durch einen Erbnachweis – Erbschein, Europäisches Nachlasszeugnis oder notarielle Verfügung mit Eröffnungsprotokoll – zu belegen.

c) Berichtigung nach Erlöschen auf Lebenszeit bestellter Rechte

Eine Besonderheit besteht bei der Löschung von Rechten, die auf die Lebenszeit des Berechtigten beschränkt 325
sind. Hierbei handelt es sich entweder um Rechte, die **kraft Gesetzes** unvererblich sind. Dazu gehören der Nießbrauch, die beschränkte persönliche Dienstbarkeit, insbesondere das Wohnungsrecht, und, falls nichts anderes vereinbart ist, das subjektiv-persönliche Vorkaufsrecht. Andere Rechte können **durch Vereinbarung** unter den Beteiligten, d.h. rechtsgeschäftlich, auf die Lebenszeit des Berechtigten beschränkt werden.

> *Beispiel*
> E bestellt zugunsten des H eine Grundschuld mit der Maßgabe, dass diese mit dem Tod des H erlöschen soll.

Diese mit dem Tode des Berechtigten erlöschenden Rechte können grundsätzlich aufgrund **Todesnachweises** 326
(**Sterbeurkunde**) gelöscht werden.

Dies gilt allerdings nicht für Rechte, bei denen Leistungsrückstände möglich sind, so beim Nießbrauch, bei Hypotheken und Grundschulden sowie bei der Reallast.

> *Beispiel*
> Im Zeitpunkt des Todes des Berechtigten einer Reallast werden noch Rentenleistungen geschuldet. Oder bei der Grundschuld, die auf die Lebenszeit des H beschränkt ist, werden beim Tode des H noch Zins- und Tilgungsleistungen geschuldet.

Demgegenüber sind **Rückstände** bei den meisten beschränkten persönlichen Dienstbarkeiten, insbesondere also auch beim Wohnungsrecht, in der Regel ausgeschlossen. Denn der Eigentümer ist nach dem Inhalt der Dienstbarkeit grundsätzlich nur zur Duldung einer bestimmten Nutzung verpflichtet, nicht jedoch zu einem aktiven Tun. Etwas anderes gilt nur dann, wenn bestimmte Nebenleistungen des Eigentümers zum dinglichen Inhalt der Dienstbarkeit oder des Wohnungsrechts gemacht werden.[98]

> *Beispiel*
> Der Eigentümer verpflichtet sich, die dem Wohnungsrecht unterliegenden Räume jederzeit in einem gut bewohnbaren Zustand zu erhalten.

Sind Rückstände möglich, so ist nach § 23 GBO der Nachweis des Todes des Berechtigten für die Löschung des 327
Rechts nur ausreichend, wenn sie entweder erst nach dem Ablauf eines Jahres seit dem Tode des Berechtigten erfolgen soll und der Erbe der Löschung nicht inzwischen widersprochen hat oder wenn bei dem betreffenden Recht eingetragen ist, „dass zur Löschung des Rechts der Nachweis des Todes des Berechtigten genügt“ (Vor-

98 BeckOK-GBO/*Wilsch*, 55. Edition, Stand: 9.12.2024, § 23 GBO Rn 13; *Schöner/Stöber*, 16. Aufl. 2020 Rn 1268 ff.; OLG München ZEV 2016, 439, 441.

löschungsklausel oder Löschbarkeitsvermerk). Ansonsten bedarf es zur Löschung einer Bewilligung des Erben nebst Erbnachweis.

328 In der Praxis wird bei Rechten, die auf die **Lebenszeit** des Berechtigten beschränkt und bei denen Leistungsrückstände möglich sind, häufig eine Vorlöschungsklausel zur Eintragung bewilligt. Dieser Vermerk ist entbehrlich – und wohl auch nicht eintragungsfähig – bei Rechten, bei denen Rückstände ausgeschlossen sind.

Der Vermerk, dass zur Löschung des Rechts der Todesnachweis genügen soll, wirkt wie eine **vorweggenommene Löschungsbewilligung**. Er muss daher von dem Berechtigten in der Form des § 29 GBO bewilligt werden; die Bewilligung des Eigentümers reicht nach herrschender Ansicht aus, wenn der Löschbarkeitsvermerk gleichzeitig mit der Eintragung des Rechts vorgenommen werden soll.

Beispiel

E bewilligt zugunsten des N die Eintragung eines Nießbrauchs mit dem Vermerk, dass zur Löschung des Rechts der Nachweis des Todes des N genügen soll. N muss diese Urkunde nicht mitunterzeichnen.

d) Berichtigung nach Erlöschen zeitlich beschränkter Rechte

329 Nach § 24 GBO gelten diese Regeln sinngemäß bei Rechten, die in anderer Weise zeitlich beschränkt sind. Die zeitliche Beschränkung kann auf einem Endtermin oder einer auflösbaren Bedingung beruhen.

Beispiel

Hypothek befristet auf die Dauer von zehn Jahren; Nießbrauch zugunsten des N grundsätzlich auf seine Lebenszeit, jedoch mit der Maßgabe, dass er vorzeitig erlischt, falls N heiratet.

330 Bei derart befristeten oder auflösend bedingten Rechten kann ein **Vermerk** eingetragen werden, dass zur Löschung des Rechts der Nachweis des Eintritts des Endtermins oder der auflösenden Bedingung genügen soll. Ist ein solcher Vermerk bei dem Recht nicht eingetragen, kann es entsprechend den Regeln des § 23 GBO erst nach Ablauf eines Jahres seit dem Eintritt des Endtermins oder der auflösenden Bedingung – wenn der Berechtigte der Löschung nicht widersprochen hat – oder nur aufgrund einer Bewilligung des Berechtigten gelöscht werden.

5. Mehrere Berechtigte eines Rechts

331 Wird ein beschränktes dingliches Recht für mehrere Berechtigte eingetragen, muss im Grundbuch das für die Gemeinschaft maßgebende Rechtsverhältnis (sog. **Beteiligungsverhältnis**) angegeben werden (§ 47 GBO). Ein Recht kann mehreren Personen entweder in Bruchteilsgemeinschaft, in Gesamthandsgemeinschaft oder als Gesamtberechtigten im Sinne des § 428 BGB zustehen.

Beispiel

Nießbrauch zugunsten von A und B zu je einem ideellen Hälfteanteil, Wohnungsrecht zugunsten von Eheleuten N in Gütergemeinschaft, Nießbrauch zugunsten der Eheleute N als Gesamtberechtigten im Sinne des § 428 BGB.

332 **Bruchteilsgemeinschaft** und **Gesamthandsgemeinschaft** sind also nicht nur Rechtsformen für mehrere Eigentümer eines Grundstücks, sondern ebenso für mehrere Inhaber eines Rechts an einem Grundstück, also eines Nießbrauchs, einer beschränkten persönlichen Dienstbarkeit oder einer Hypothek. Als Gesamthandsgemeinschaften kommen – wie beim Eigentum an einem Grundstück – die Erbengemeinschaft und die eheliche Gütergemeinschaft in Betracht.

Beispiel

Bestellt E zugunsten der Eheleute N, die im Güterstand der Gütergemeinschaft leben, ein Wohnungsrecht, so fällt das Wohnungsrecht in das Gesamtgut. Daher steht das Wohnungsrecht den Eheleuten N „in Gütergemeinschaft“ zu. Stirbt der Hypothekar H und wird er von seinen Kindern A, B und C beerbt, steht die Hypothek A, B und C „in Erbengemeinschaft“ zu.

Ein besonderes Rechtsverhältnis ist die **Gesamtberechtigung** im Sinne des § 428 BGB. Diese Form einer Berechtigung mehrerer ist bei einer Hypothek oder Grundschuld ebenso möglich wie bei einem Nießbrauch, einer beschränkten persönlichen Dienstbarkeit, einem Wohnungsrecht, einer Reallast oder einem Erbbaurecht (bei letzterem str.). Steht ein Recht mehreren als Gesamtberechtigten im Sinne des § 428 BGB zu, so ist jeder der Gläubiger berechtigt, die ganze Leistung an sich selbst zu verlangen, der Schuldner braucht aber nur einmal zu leisten. Die Leistung an einen der Gläubiger befreit also den Schuldner allen anderen gegenüber. Bei Tod eines Berechtigten steht das Recht dem Überlebenden allein zu. Entsprechende Grundbuchberichtigung erfolgt durch Vorlage einer Sterbeurkunde. 333

Beispiel

Ein Wohnungsrecht steht A und B als Gesamtberechtigten im Sinne des § 428 BGB zu. Nur B übt das Wohnungsrecht aus. Der Eigentümer hat seine Verpflichtungen erfüllt. Stirbt A, verbleibt das Recht B allein.

6. Belastungsgegenstand

Nur ein Grundstück „im Rechtssinne" kann mit einem beschränkten dinglichen Recht belastet werden. Ein Grundstück im Rechtssinne ist ein katastermäßig erfasstes Flurstück, das unter **einer eigenen laufenden Nummer** im Bestandsverzeichnis des Grundbuchs eingetragen ist. Mehrere Grundstücke nach dem Kataster bilden ebenfalls ein Grundstück im Rechtssinne, wenn sie zusammen unter einer laufenden Nummer des Bestandsverzeichnisses gebucht sind. Der Teil eines Grundstücks kann nur dann zugunsten des jeweiligen Eigentümers des anderen Teils belastet werden, wenn zwei Grundstücke gebildet worden sind. 334

Beispiel

V verkauft an K ein Trennstück aus dem ihm gehörenden Flurstück 501. Es handelt sich hierbei um den vorderen, zur Straße hin gelegenen Teil seines Grundstücks. Daher soll der Käufer dem Verkäufer an dem Teilstück, das er erwirbt, ein Wegerecht als Grunddienstbarkeit bestellen, was vereinbart wird. Damit der Käufer als Eigentümer und eine Grunddienstbarkeit eingetragen werden kann, ist es erforderlich, dass das an K verkaufte Teilstück aus dem Flurstück 501 vermessen und katastermäßig fortgeschrieben wird. Erst dann ist aus dem Teilstück ein Grundstück im Rechtssinne geworden, das den Eigentümer wechseln und belastet werden kann. Die im Kaufvertrag einem Notariatsmitarbeiter regelmäßig erteilte Auflassungsvollmacht enthält zusätzlich die Vollmacht, nach Vermessung und katastermäßigen Fortschreibung gleichzeitig mit der Auflassung die Eintragungsbewilligung bezüglich der Grunddienstbarkeit zu erklären.

Möglich ist auch die Belastung eines ideellen Miteigentumsanteils mit einem beschränkten dinglichen Recht mit Ausnahme einer Grunddienstbarkeit und einer beschränkten persönlichen Dienstbarkeit. Die Belastung eines Miteigentumsanteils mit einem Grundpfandrecht ist für den Gläubiger allerdings in der Regel ohne wirtschaftliches Interesse, weil in der Zwangsversteigerung lediglich ein Hälfteanteil des verpfändeten Grundbesitzes zur Verwertung gelangt.

Die Belastung mehrerer Grundstücke mit einem einheitlichen Recht (Gesamtrecht) ist ohne weiteres nur möglich bei den Grundpfandrechten und der Reallast, eingeschränkt beim Erbbaurecht, nicht jedoch bei den Dienstbarkeiten, dem Nießbrauch oder Vorkaufsrecht. Hier muss jedes Grundstück jeweils mit einem Einzelrecht gleichen Inhalts belastet werden.

IV. Dienstbarkeiten

Dienstbarkeiten sind der Nießbrauch, die Grunddienstbarkeit und die beschränkte persönliche Dienstbarkeit. Allen Dienstbarkeiten ist gemeinsam, dass dem Berechtigten eine **Befugnis zur Nutzung** des belasteten Grundstücks zusteht. Nießbrauch und sonstige Dienstbarkeiten unterscheiden sich durch die Intensität der Nutzung: Während der Nießbrauch zur **umfassenden** Nutzung des belasteten Grundstücks berechtigt, beinhalten beschränkte persönliche Dienstbarkeit und Grunddienstbarkeit das Recht, das belastete Grundstück **in einzelnen Beziehungen** zu nutzen. 335

1. Grunddienstbarkeit und beschränkte persönliche Dienstbarkeit

a) Inhalt der Dienstbarkeit

336 Grunddienstbarkeit und beschränkte persönliche Dienstbarkeit haben denselben Inhalt. Drei mögliche Inhalte sind zu unterscheiden:

- Der Inhaber der Dienstbarkeit darf das Grundstück des Eigentümers „in einzelnen Beziehungen benutzen" (§ 1018 BGB, erste Fallgruppe) oder
- der Eigentümer des belasteten Grundstücks darf auf seinem Grundstück bestimmte Handlungen nicht vornehmen, die er an sich als Eigentümer vornehmen dürfte (§ 1018 BGB, zweite Fallgruppe) oder
- der Eigentümer des belasteten Grundstücks darf gegenüber dem Inhaber der Dienstbarkeit Rechte nicht ausüben, die er an sich aufgrund seines Eigentums ausüben dürfte (§ 1018 BGB, dritte Fallgruppe).

Die Dienstbarkeit muss dem Berechtigten einen **Vorteil** bringen (§ 1019 BGB).

337 Bei der ersten Fallgruppe besteht die Verpflichtung des Eigentümers des belasteten Grundstücks in einem **Dulden**. Der Eigentümer duldet, dass ein anderer sein Grundstück in einzelnen Beziehungen benutzt.

> *Beispiel*
>
> Hierzu gehören die so genannten Entnahmerechte: Der Berechtigte darf auf dem Grundstück des Eigentümers Holz schlagen, Kies baggern oder aus einem auf dem Grundstück befindlichen Brunnen Wasser schöpfen.
>
> In diese Gruppe fallen auch die in der Praxis wichtigen Wege- oder Fahrrechte. Der Berechtigte darf das Grundstück des Eigentümers zum Gehen oder Fahren benutzen oder mitbenutzen. Häufig ist auch eine Nutzung in der Weise, dass der Berechtigte Anlagen auf dem Grundstück des Eigentümers errichtet oder unterhält. Hierzu gehören die Leitungsrechte, Fensterrechte, Grenzbebauungsrechte, Grenzmauermitbenutzungsrechte.

338 Die Ausübung der Dienstbarkeit kann auf einen **begrenzten Bereich** des Grundstücks beschränkt werden (Ausübungsstelle). Es kann auch vorgesehen werden, dass der Berechtigte einzelne Räume auf einem fremden Grundstück umfassend nutzt.[99]

> *Beispiel*
>
> Der Eigentümer des herrschenden Grundstücks ist befugt, einen entlang der nördlichen Grenze verlaufenden drei Meter breiten Streifen des Grundstücks zum Gehen und Fahren mitzubenutzen.

339 Inhalt einer Dienstbarkeit kann weiter sein, dass sich der Eigentümer gegenüber dem Berechtigten verpflichtet, bestimmte Handlungen auf seinem Grundstück nicht vorzunehmen. Hierbei handelt es sich um **Unterlassungspflichten** (zweite Fallgruppe).

> *Beispiel*
>
> Der Eigentümer verpflichtet sich einem anderen gegenüber, sein Grundstück überhaupt nicht oder nur in einer bestimmten Weise zu bebauen (Bebauungsbeschränkung) oder sein Grundstück nur in bestimmter Weise zu bepflanzen. Hierher gehört auch der Fall, dass sich ein Eigentümer verpflichtet, auf seinem Grundstück kein Konkurrenzunternehmen zu betreiben.

340 Bei der dritten Art der Dienstbarkeit ist die Ausübung eines Rechts, das dem Eigentümer an und für sich zusteht, ausgeschlossen.

> *Beispiel*
>
> E betreibt auf seinem Grundstück eine Fabrik, die erhebliche Rauch- und Geruchsbelästigungen hervorruft. Der Nachbar N, der Unterlassung der Belästigungen verlangen könnte, will seine Unterlassungsansprüche – weil er mit E befreundet ist – nicht geltend machen. Mit diesem Inhalt kann N zu Lasten seines Grundstücks eine Grunddienstbarkeit oder eine beschränkte persönliche Dienstbarkeit eintragen lassen.

99 BGH MittBayNot 2019, 336; OLG Düsseldorf RNotZ 2020, 156.

Es ist dagegen nicht möglich, mit Hilfe einer Dienstbarkeit die allgemeine Handlungsfreiheit des Eigentümers eines Grundstücks einzuschränken. Sie kann vielmehr nur darauf gerichtet sein, die Befugnisse des Eigentümers auszuschließen bzw. zu beschränken, die ihm als **Ausfluss** seines Eigentums an und für sich zustehen. Nicht eintragungsfähig ist daher eine Dienstbarkeit, wonach sich der Eigentümer einem anderen gegenüber verpflichtet, nur dessen Produkte und keine anderen von dem Grundstück aus zu verkaufen. Der Verkauf von Waren hat mit seiner rechtlichen Stellung als Grundstückseigentümer nichts zu tun. Eine Beschränkung der rechtlichen Freiheit des Grundstückseigentümers kann nicht Inhalt einer Grunddienstbarkeit oder beschränkten persönlichen Dienstbarkeit sein.

b) Berechtigte der Dienstbarkeit

Der Unterschied zwischen einer Grunddienstbarkeit und einer beschränkten persönlichen Dienstbarkeit liegt nicht im Inhalt der Rechte, sondern in der Person des Berechtigten. Berechtigter aus einer Grunddienstbarkeit ist der **jeweilige Eigentümer** eines anderen Grundstücks. Die beschränkte persönliche Dienstbarkeit wird dagegen für eine **bestimmte Person** bestellt, unabhängig davon, ob sie Eigentümerin eines Grundstücks ist oder nicht. 341

Da man es bei der Grunddienstbarkeit stets mit zwei Grundstücken zu tun hat, nämlich mit dem belasteten und mit demjenigen, dem ein Vorteil anhängt, spricht man vom „**dienenden**" und vom „**herrschenden**" Grundstück.

> *Beispiel*
>
> E bestellt seinem Nachbarn N an seinem Grundstück ein Wegerecht zugunsten des jeweiligen Eigentümers des dem N gehörenden Grundstücks. Das Grundstück des E ist das dienende, das des N das herrschende Grundstück.

Der wesentliche Unterschied zwischen der Grunddienstbarkeit und der beschränkten persönlichen Dienstbarkeit liegt in Folgendem: 342

Die beschränkte persönliche Dienstbarkeit ist **höchstpersönlich**, d.h., sie kann grundsätzlich nicht auf einen anderen übertragen werden und ist **unvererblich**.[100] Sie erlischt mit dem Tode des Berechtigten.

Die Grunddienstbarkeit dagegen ist wesentlicher Bestandteil des Eigentumsrechts am herrschenden Grundstück (§ 96 BGB) und geht mit dem Eigentum am herrschenden Grundstück auf einen neuen Eigentümer über.

> *Beispiel* 343
>
> E hat dem Nachbarn N gestattet, den über das Grundstück des E verlaufenden Weg mitzubenutzen. Das Wegerecht ist als Grunddienstbarkeit zu Lasten des Grundstücks des E und zugunsten des jeweiligen Eigentümers des Grundstücks des N im Grundbuch eingetragen. Veräußert N sein Grundstück an den X, so geht die Grunddienstbarkeit mit dem Eigentum am herrschenden Grundstück auf den neuen Eigentümer über. X ist daher – obwohl er mit E keine Vereinbarung getroffen hat – berechtigt, den Weg zu begehen und zu befahren.
>
> Wäre das Wegerecht als beschränkte persönliche Dienstbarkeit zugunsten des N eingetragen worden, hätte die Veräußerung des dem N gehörenden Grundstücks keinen Einfluss auf die Inhaberschaft bezüglich der beschränkten persönlichen Dienstbarkeit gehabt. Diese stünde nicht dem neuen Eigentümer, sondern nach wie vor dem N persönlich zu.

Der **Unterschied** zwischen einer Grunddienstbarkeit und einer beschränkten persönlichen Dienstbarkeit wirkt sich also bei der **Veräußerung** des herrschenden Grundstücks aus, nicht dagegen bei einer Veräußerung des dienenden Grundstücks.

Verkauft E in dem oben genannten Beispiel sein Grundstück an den Z, so ist Z verpflichtet, die Ausübung des Wegerechts zu dulden, gleichgültig, ob das Wegerecht als Grunddienstbarkeit oder als beschränkte persönliche Dienstbarkeit eingetragen ist.

100 Ausnahmen ergeben sich aus § 1092 Abs. 2 und 3, § 1059a ff. BGB bei Dienstbarkeiten einer juristischen Person oder rechtsfähigen Personengesellschaft.

c) Entstehung und Aufhebung der Dienstbarkeit

344 Grunddienstbarkeit und beschränkte persönliche Dienstbarkeit entstehen wie alle beschränkten dinglichen Rechte durch Einigung und Eintragung in Abteilung II des dienenden Grundstücks. Die Grunddienstbarkeit kann darüber hinaus im Bestandsverzeichnis des herrschenden Grundstücks vermerkt werden (sog. **Herrschvermerk**). Der Vermerk im Bestandsverzeichnis des herrschenden Grundstücks erfolgt auf einseitigen formlosen Antrag seines Eigentümers oder desjenigen, dessen Zustimmung nach § 878 S. 2 BGB zur Aufhebung des Rechts erforderlich ist (§ 9 Abs. 1 GBO).

Die Eintragung der Dienstbarkeit nimmt der Grundbuchbeamte bei Vorliegen der **allgemeinen Eintragungsvoraussetzungen** vor (siehe oben Rdn 311 ff.). Die Eintragungsbewilligung für die Dienstbarkeit muss also vom Grundstückseigentümer des dienenden Grundstücks abgegeben werden. Der Nachweis der Einigung ist nicht erforderlich. Die Grunddienstbarkeit kann auch dann bestellt werden, wenn herrschendes und belastetes Grundstück demselben Eigentümer gehören.

In der Eintragung muss der Inhalt der Dienstbarkeit schlagwortartig bezeichnet werden („Wegerecht"), im Übrigen kann auf die Eintragungsbewilligung Bezug genommen werden (§ 44 Abs. 2 S. 3 GBO).

345 Auch die Aufhebung bzw. das Erlöschen der Dienstbarkeit erfolgt nach allgemeinen Regeln. Sie erlischt durch die **einseitige Erklärung** des Berechtigten, dass er das Recht aufgebe, und die Löschung im Grundbuch. Für die Löschung ist erforderlich, dass der Berechtigte eine Löschungsbewilligung abgibt. Dies ist bei der Grunddienstbarkeit derjenige, der im Zeitpunkt der Löschung des Rechts Eigentümer des herrschenden Grundstücks ist. Die beschränkte persönliche Dienstbarkeit erlischt durch den Tod des Berechtigten. Sie kann durch Unrichtigkeitsnachweis (Sterbeurkunde) zur Löschung gebracht werden (vgl. Rdn 329). Dienstbarkeiten erlöschen ferner durch dauernden Wegfall des Vorteils für den Berechtigten (§ 1019 BGB).

346 Gemäß § 876 S. 2 BGB ist ferner die Zustimmung der am herrschenden Grundstück dinglich Berechtigten erforderlich. Materiell-rechtlich ist diese Zustimmung immer erforderlich, es sei denn das Recht wird durch die Aufhebung der Dienstbarkeit nicht berührt. Grundbuchverfahrensrechtlich muss die Zustimmung jedoch nur dann in öffentlich beglaubigter Form nachgewiesen werden, wenn ein Herrschvermerk eingetragen ist (§§ 9, 21 GBO).

> *Beispiel*
>
> Das Grundstück des E ist zugunsten des jeweiligen Eigentümers des Grundstücks des D mit einer Grunddienstbarkeit (Wegerecht) belastet. Die Grunddienstbarkeit ist im Bestandsverzeichnis des Grundbuchs des D als Berechtigung vermerkt. Im Grundbuch des D ist in Abteilung III eine Grundschuld zugunsten des G eingetragen. Zur Löschung der Grunddienstbarkeit im Grundbuch des E sind eine Löschungsbewilligung des D und eine Zustimmungserklärung des G in notariell beglaubigter Form erforderlich.

d) Unterhaltungspflichten

347 Befinden sich bei einer Grunddienstbarkeit auf dem dienenden Grundstück Anlagen, z.B. Leitungen oder ein gepflasterter Weg, den der Berechtigte in Ausübung seiner Dienstbarkeit benutzt, so erhebt sich die Frage, wer diese Anlagen zu **unterhalten** hat. Nach § 1020 BGB fällt die Unterhaltung von Anlagen auf dem belasteten Grundstück grundsätzlich dem Berechtigten zur Last. Nach § 1021 BGB kann jedoch eine hiervon abweichende Vereinbarung getroffen und in das Grundbuch eingetragen werden. So kann etwa vereinbart werden, dass der Eigentümer des belasteten Grundstücks die Anlagen zu unterhalten hat oder dass dies dem Eigentümer und dem Dienstbarkeitsberechtigten gemeinsam obliegt.

Die gesetzlichen Begriffe der **Anlage** und der **Instandhaltung** werden weit ausgelegt. Eine Regelung mit dinglichem Inhalt kann sowohl hinsichtlich der tatsächlichen Instandsetzung als auch hinsichtlich der Kostenübernahme vereinbart werden. So können – wenn die Anlage etwa von dem Eigentümer des dienenden Grundstücks und dem Berechtigten gemeinsam benutzt wird – die Kosten der Unterhaltung dem Berechtigten und dem Verpflichteten z.B. je zur Hälfte zur Last fallen.

e) Nicht eingetragene Dienstbarkeiten

348 In den Gebieten, in denen bis 1900 – Zeitpunkt des Inkrafttretens des Bürgerlichen Gesetzbuchs – der Code civil gegolten hat, bestehen nach wie vor die früher entstandenen Grunddienstbarkeiten, auch wenn sie nicht in das

Grundbuch eingetragen sind (sog. altrechtliche Dienstbarkeiten). In diesen Gebieten ergibt sich mithin aus dem Grundbuch kein zuverlässiger Aufschluss über das Bestehen solcher Rechte. Vorsorglich sollte daher bei Grundstücksverträgen die Erklärung des Veräußerers aufgenommen werden, dass ihm von der Existenz nicht eingetragener Dienstbarkeiten nichts bekannt ist, oder aber, dass etwa nicht eingetragene Dienstbarkeiten vom Erwerber übernommen werden.

▼ 349

Muster 4.80: Eintragungsbewilligung für eine Grunddienstbarkeit (Abwasserleitungsrecht)

Ich bewillige und beantrage, zu Lasten meines im Grundbuch des Amtsgerichts von Blatt 4.80
eingetragenen Grundstücks Gemarkung Flur Flurstück und zugunsten des jeweiligen Eigentümers des im Grundbuch desselben Amtsgerichts von Blatt eingetragenen Grundstücks Gemarkung Flur Flurstück , unter Vermerk der Dienstbarkeit im Bestandsverzeichnis beim herrschenden Grundstück, eine Grunddienstbarkeit (Abwasserleitungsrecht) mit folgendem Inhalt einzutragen:

Der jeweilige Eigentümer des herrschenden Grundstücks ist berechtigt, über das dienende Grundstück eine Kanalleitung zum herrschenden Grundstück zu führen, dauernd zu unterhalten und Schmutz- und Regenwasser durch diese Leitung in das auf der Parzelle befindliche Kanalnetz abzuleiten. Der jeweilige Eigentümer des herrschenden Grundstücks darf sich an die auf dem dienenden Grundstück vorhandenen Anlagen anschließen.

Zur Instandhaltung der auf dem dienenden Grundstück vorhandenen Anlagen sind der jeweilige Eigentümer des dienenden und des herrschenden Grundstücks je zur Hälfte verpflichtet.

▲

Wegen der Möglichkeit der – zu beurkundenden – Unterwerfung unter die sofortige Zwangsvollstreckung bezüglich der aus der Grunddienstbarkeit entspringenden Duldungspflicht siehe § 3 Rdn 209 ff.

2. Wohnungsrecht

Eine besondere Art der beschränkten persönlichen Dienstbarkeit ist das Wohnungsrecht. Es gibt dem Berech- 350
tigten die Befugnis, ein Gebäude ganz oder teilweise unter Ausschluss des Eigentümers als Wohnung zu benutzen (§ 1093 BGB).

Wesentlich ist, dass der Eigentümer in Bezug auf die dem Wohnungsrecht unterliegenden Räume von der Be- 351
nutzung ausgeschlossen ist. Darf der Berechtigte bestimmte Räume nur zusammen mit dem Eigentümer benutzen, so kann nur eine „gewöhnliche" beschränkte persönliche Dienstbarkeit (Mitbenutzungsrecht), nicht aber ein Wohnungsrecht nach § 1093 BGB in das Grundbuch eingetragen werden. Die Räume müssen dem Berechtigten zu **Wohnzwecken** überlassen werden. Unschädlich ist jedoch, wenn einzelne Räume zu beruflichen oder gewerblichen Zwecken genutzt werden, solange diese Nutzung untergeordneter Natur ist (z.B. Arbeitszimmer in der Wohnung des Lehrers). Das Wohnungsrecht kann auch die Benutzung eines Kfz-Stellplatzes oder einer Garage umschließen, sofern diese Nutzung wesensmäßig zur Wohnung dazugehört und der Stellplatz nicht auf einem rechtlich selbstständigen Grundstück oder Teileigentum liegt.

Soll eine darüber hinausgehende Nutzung von Räumen zu gewerblichen oder sonstigen Zwecken im Grundbuch gesichert werden, kann nur eine normale beschränkte persönliche Dienstbarkeit bestellt werden.

Das Wohnungsrecht schließt auch das Recht zur Mitbenutzung der zum **gemeinschaftlichen** Gebrauch bestimmten Anlagen und Einrichtungen des Hauses durch den Berechtigten (z.B. Keller, Waschküche, Speicher, Heizungsanlage und Hof) ein.

Die Räume, auf die sich das Wohnungsrecht erstrecken soll, müssen in der Eintragungsbewilligung – ggf. unter Bezugnahme auf einen Plan – **genau** bezeichnet werden (z.B. „alle Räume im Erdgeschoss", oder „die zwei Räume im zweiten Obergeschoss zur Straße hin, links von der Straße aus gesehen", oder „alle Räume im ersten Obergeschoss des Hauses mit Ausnahme des an der südlichen Giebelseite gelegenen Raumes").

Das Wohnungsrecht ist als Dienstbarkeit **nicht veräußerlich und nicht vererblich**. Der Berechtigte kann je- 352
doch stets seine Familie, soweit sie zu seinem Hausstand gehört, sowie Bedienungs- und Pflegepersonal in die

Wohnung aufnehmen. Wenn der Eigentümer dem Wohnungsberechtigten gestattet, die Ausübung des Wohnungsrechts ganz oder teilweise einem Dritten zu überlassen, ist auch eine Vermietung möglich.

353 Das Wohnungsrecht ist seiner Natur nach **unentgeltlich**. Wollen die Beteiligten ein Entgelt vereinbaren, kann dies nur **schuldrechtlich** geschehen, d.h. die Vereinbarung gilt lediglich zwischen den Beteiligten, kann nicht in das Grundbuch eingetragen werden und berechtigt daher nicht einen etwaigen Rechtsnachfolger des Eigentümers, sofern der Anspruch nicht im Erbgang oder durch besondere Abtretung auf ihn übergeht. Inwieweit eine Vereinbarung über Kostentragungspflichten mit dinglicher Wirkung getroffen werden kann, ist im Einzelnen umstritten. Grundsätzlich hat der Berechtigte keine Lasten des Grundstücks zu tragen und die Kosten der Erhaltung der Wohnung in ihrem wirtschaftlichen Bestand nur insoweit aufzubringen, als es sich um „gewöhnliche Unterhaltungskosten" handelt. Die verbrauchsabhängigen Kosten für Wasser, Strom, Heizung und Treppenhausbeleuchtung trägt der Berechtigte. Soll der Eigentümer dinglich verpflichtet werden, solche Kosten zu übernehmen, ist der sicherste Weg, eine selbstständige Reallast zu bestellen.

Praktische Bedeutung hat das Wohnungsrecht bei Grundstücksübertragungen von Eltern auf ihre Kinder.

354 *Beispiel*

Die Eltern schenken ihrer Tochter zum Zweck der Vorwegnahme der Erbfolge das ihnen gehörende Hausgrundstück und behalten sich an den im ersten Obergeschoss befindlichen Räumen auf Lebenszeit ein Wohnungsrecht vor.

355 ▼

Muster 4.81: Vereinbarung über Vorbehalt eines Wohnungsrechts in einem Übertragungsvertrag

4.81 Die Veräußerer behalten sich in dem übertragenen Haus die ausschließliche Nutzung aller Räume im ersten Obergeschoss vor.

Demgemäß räumt die Erwerberin den Veräußerern als Gesamtberechtigten im Sinne des § 428 BGB und mit der Maßgabe, dass das Recht dem Überlebenden der Berechtigten ungeschmälert allein zusteht, an dem übertragenen Grundstück ein Wohnungsrecht ein mit dem Inhalt, dass die Veräußerer berechtigt sind, die im ersten Obergeschoss des Hauses liegenden Räume unter Ausschluss des Eigentümers auf ihre Lebenszeit als Wohnung zu benutzen und die gemeinschaftlichen Räume und Einrichtungen des Hauses sowie die unbebauten Grundstücksteile mitzubenutzen.

Den Veräußerern ist es nicht gestattet, die Ausübung des Wohnungsrechts ganz oder teilweise Dritten zu überlassen.

Wir bewilligen und beantragen die Eintragung eines Wohnungsrechts für die Veräußerer als Gesamtberechtigte gemäß § 428 BGB in das Grundbuch.

Schuldrechtlich wird vereinbart, dass die Kosten der Versorgung der dem Wohnungsrecht unterliegenden Räume mit Strom, Wasser und Wärme den Wohnungsberechtigten zur Last fallen.

▲

Die Eintragung eines Vermerks, dass zur Löschung des Rechts der Nachweis des Todes der Berechtigten genügt, ist grundsätzlich entbehrlich, da beim Wohnungsrecht in der Regel Rückstände von Leistungen ausgeschlossen sind und die Löschung des Rechts daher – ohne dass dies bei dem Recht vermerkt sein muss – aufgrund Todesnachweises erfolgen kann (vgl. Rdn 338 ff.).

3. Nießbrauch

a) Inhalt und Berechtigte des Nießbrauchs

356 Der Nießbrauch an einem Grundstück gibt dem Berechtigten die Befugnis, das Grundstück in Besitz zu nehmen und sämtliche Nutzungen daraus zu ziehen. Im Gegensatz zur Dienstbarkeit beinhaltet der Nießbrauch nicht die Berechtigung, das Grundstück **in einzelnen Beziehungen** zu nutzen, sondern verschafft dem Berechtigten ein **umfassendes Nutzungsrecht**. Auf der anderen Seite hat er aber alle mit dem Grundstück verbundenen Lasten zu tragen.

Das Nutzungsrecht erstreckt sich auf die Sachfrüchte und auf die Rechtsfrüchte.

Beispiel

Sachfrüchte sind z.B. Obst, Gras, Gemüse. Sie stehen dem Nießbraucher zu. Rechtsfrüchte sind z.B. die Mieten, gleichgültig ob das Haus bei der Nießbrauchsbestellung schon vermietet war oder erst später vom Nießbraucher vermietet wird. Auch die persönliche tatsächliche Nutzung des Grundstücks steht dem Nießbraucher zu. Der Nießbrauch schließt also ein Wohnungsrecht mit ein.

Nießbraucher kann eine natürliche oder juristische Person oder rechtsfähige Personengesellschaft sein. Eine **357**
Bestellung für den jeweiligen Eigentümer eines anderen Grundstücks (subjektiv dinglich) ist nicht möglich. Mehrere Berechtigte können Inhaber in Gütergemeinschaft, Bruchteilsgemeinschaft oder als Gesamtberechtigte gemäß § 428 BGB sein.

b) Verteilung der Rechte und Pflichten

Die Rechte und Pflichten des Eigentümers und des Nießbrauchers sind im Gesetz geregelt. Die Verteilung der **358**
Rechte und Pflichten zwischen Grundstückseigentümer und Nießbraucher kann abweichend vereinbart werden; damit eine solche abweichende Vereinbarung für und gegen Rechtsnachfolger des Eigentümers wirkt, bedarf sie jedoch der Eintragung in das Grundbuch.

Der Nießbraucher hat nach den gesetzlichen Bestimmungen insbesondere die Pflicht, die wirtschaftliche Be- **359**
stimmung der Sache zu erhalten und ordnungsgemäß zu wirtschaften. Daraus ergibt sich das Verbot, die Sache wesentlich umzugestalten. Gebäude muss der Nießbraucher in ihrem Bestand erhalten. Ausbesserungen und Erneuerungen, die zur **gewöhnlichen Unterhaltung** gehören, hat er auf eigene Kosten vorzunehmen oder vornehmen zu lassen. Die Kosten der **außergewöhnlichen Unterhaltung** gehen jedoch zu Lasten des Eigentümers.

Beispiel

Weist das Dach des Hauses, an dem der Nießbrauch bestellt ist, einige schadhafte Ziegel auf, so muss sie der Nießbraucher auf seine Kosten ersetzen lassen. Muss das Dach insgesamt neu gedeckt werden, so ist das Sache des Eigentümers.

Abweichend von dieser Regelung kann jedoch mit dinglicher Wirkung vereinbart werden, dass auch die außergewöhnlichen Ausbesserungen und Erneuerungen vom Nießbraucher zu tragen sind.

Der Nießbraucher hat ferner die laufenden öffentlichen und privatrechtlichen Lasten zu tragen, die mit dem **360**
Grundbesitz verbunden sind. Der Grund hierfür liegt darin, dass diese Kosten regelmäßig aus den Nutzungen gedeckt werden. Zu den laufenden öffentlichen Lasten gehören insbesondere die Grund- und Gebäudesteuern und die Gebühren für die Müllabfuhr, den Schornsteinfeger und die Kanalbenutzung. Zu den privatrechtlichen Lasten, die der Nießbraucher nach dem Gesetz zu tragen hat, gehören die Zinsen für Verbindlichkeiten, die durch Grundpfandrechte auf dem mit dem Nießbrauch belasteten Grundstück abgesichert sind, ferner die Kosten für die Gebäudeversicherung.

Anlieger- und Erschließungskosten ebenso wie Tilgungsleistungen auf die dinglich abgesicherten Verbindlichkeiten obliegen hingegen nach dem Gesetz dem Eigentümer. Auch insoweit kann eine abweichende Vereinbarung mit dinglicher Wirkung getroffen werden.[101]

c) Ausübungsüberlassung und Erlöschen des Nießbrauchs

Der Nießbrauch ist grundsätzlich nicht übertragbar. Eine Ausnahme gilt für den Nießbrauch einer juristischen **361**
Person in den in § 1059a BGB genannten Fällen (**Umwandlung, Unternehmensübertragung**). Dagegen kann die Ausübung des Nießbrauchs einem Dritten überlassen werden, sofern diese Befugnis nicht ausgeschlossen wird. Die Überlassung begründet einen lediglich schuldrechtlichen Anspruch des Dritten gegen den Nießbraucher auf Duldung der Nießbrauchausübung, also der Ausübung der aus dem Nießbrauch fließenden Rechte, insbesondere der Fruchtziehung. Eine Inhaltsänderung des Nießbrauchs ist mit der Überlassung nicht verbunden, der Nießbraucher bleibt also Inhaber des Rechts.

101 Vgl. im Einzelnen zu den Gestaltungsmöglichkeiten hinsichtlich des dinglichen Inhalts des Nießbrauchs *Trömer*, RNotZ 2016, 421.

362 Die rechtliche Konsequenz der Möglichkeit einer **Ausübungsüberlassung** ist die Pfändbarkeit des Nießbrauchs, etwa durch einen Träger der Sozialhilfe.

363 Der Nießbrauch erlischt mit dem Tode des Berechtigten, ist also **nicht vererblich**. Es sollte daher bewilligt werden, dass zur Löschung des Rechts der Nachweis des Todes des Berechtigten genügt, weil beim Nießbrauch stets Rückstände von Leistungen denkbar sind und daher die Wartezeit von einem Jahr eingehalten werden müsste, wenn diese Vorlöschungsklausel fehlt. Steht der Nießbrauch einer juristischen Person oder einer rechtsfähigen Personengesellschaft zu, erlischt er mit dieser, also in der Regel mit Beendigung der Liquidation der Gesellschaft.

d) Vorbehalts- und Zuwendungsnießbrauch

364 Der Nießbrauch wird häufig bei Grundstücksübertragungen zum Zweck der **Vorwegnahme der Erbfolge** vom Veräußerer vorbehalten (vgl. Rdn 156 ff.), dann spricht man von einem Vorbehaltsnießbrauch, oder er wird unter Lebenden oder durch Verfügung von Todes wegen vermächtnisweise zugewendet; hier handelt es sich um einen Zuwendungsnießbrauch. Im letzteren Fall sind die Erben verpflichtet, nach Eintritt des Erbfalls dem Vermächtnisnehmer den Nießbrauch an dem Grundstück zu bestellen.

> *Beispiel*
>
> E setzt sein Kind K zu seinem alleinigen Erben ein und vermacht seiner Ehefrau den Nießbrauch an dem in seinem Nachlass befindlichen Wohnhaus. K ist nach Eintritt des Erbfalls verpflichtet, seiner Mutter den Nießbrauch einzuräumen.

Die Differenzierung zwischen **Vorbehalts- und Zuwendungsnießbrauch** hat in erster Linie einen steuerlichen Hintergrund. An den Zuwendungsnießbrauch knüpfen sich andere – in der Regel ungünstigere – steuerliche Folgen als an den Vorbehaltsnießbrauch.

365 Eine Zuwendung des Nießbrauchs unter Lebenden kann entgeltlich oder unentgeltlich erfolgen.

> *Beispiel*
>
> Der Vater schenkt seinem Sohn den Nießbrauch an einem Mehrfamilienhaus, um die Einkünfte aus Vermietung und Verpachtung – damit sie bei der Besteuerung seines Einkommens außer Betracht bleiben – auf den Sohn zu verlagern, der weniger hoch besteuert wird.

366 ▼

Muster 4.82: Vereinbarung über Bestellung eines Nießbrauchs

4.82

Im Wege der Schenkung bestellt … für … an dem im Grundbuch von … Blatt … verzeichneten Grundstück der Gemarkung … Flur … Flurstück … einen unentgeltlichen Nießbrauch. Der Nießbrauch soll dem Berechtigten auf seine Lebenszeit zustehen. Der Nießbraucher ist verpflichtet, nicht nur die gewöhnlichen, sondern auch die außergewöhnlichen Ausbesserungen und Erneuerungen auf seine Kosten vornehmen zu lassen. Ihm obliegen ferner die Tilgungsleistungen auf die dinglich abgesicherten Verbindlichkeiten, nämlich ….

Wir bewilligen und beantragen die Eintragung eines Nießbrauchs für … in das Grundbuch mit dem Vermerk, dass zur Löschung des Rechts der Nachweis des Todes des Berechtigten genügt.

▲

e) Bruchteilsnießbrauch – Quotennießbrauch

367 Der Nießbrauch kann auch zu Lasten eines Miteigentumsanteils eingetragen werden. Dann handelt es sich um einen **Bruchteilsnießbrauch**, der in § 1066 BGB geregelt ist. Der Nießbraucher übt die Rechte aus, die sich für den Miteigentümer des belasteten Anteils in Ansehung der Verwaltung des Grundstücks und der Art seiner Benutzung ergeben.

Beispiel 368

A und B sind Miteigentümer je zur ideellen Hälfte eines Zweifamilienhauses. Die Benutzung ist dergestalt geregelt, dass A die vermietete Erdgeschosswohnung und B die Obergeschosswohnung nutzt. A bestellt dem N den Nießbrauch an seinem halben Miteigentumsanteil. N steht die Miete der Erdgeschosswohnung zu. Er hat die Hälfte aller Grundstückskosten zu tragen.

Vom Bruchteilsnießbrauch zu unterscheiden ist der Quotennießbrauch. Hier wird auf dem gesamten Grundstück zugunsten des Berechtigten ein Nießbrauch lediglich zu einem Bruchteil (Quote) der Nutzungen bestellt. Zwischen Eigentümer und Nießbraucher besteht eine **Nutzungs- und Verwaltungsgemeinschaft**, für die die Bestimmungen der Bruchteilsgemeinschaft (§§ 741 ff. BGB) entsprechend gelten. 369

Beispiel 370

E bestellt zugunsten des N an seinem Grundstück einen Nießbrauch zu einem ideellen Bruchteil von einem Drittel. Zwei Drittel der Nutzungen verbleiben dann dem E, ein Drittel der Nutzungen stehen dem N zu. Entsprechendes gilt für die Lasten, die mit dem Grundstück verbunden sind.

Die Eintragung des Nießbrauchs lediglich auf einem **Gebäudeteil** ist rechtlich **ausgeschlossen**, weil das Gebäude wesentlicher Bestandteil des Grundstücks und nur eine einheitliche Belastung möglich ist. Hier bietet sich als Lösung für das wirtschaftlich Gewollte die Bestellung eines Quotennießbrauchs an, etwa in Höhe einer Quote, die dem Verhältnis der Nutzfläche des betreffenden Gebäudeteils zur Gesamtnutzfläche des Gebäudes entspricht.

Beispiel 371

E ist Eigentümer eines Zweifamilienhauses mit einer Erdgeschoßwohnung in Größe von 90 qm und einer Obergeschoßwohnung in Größe von 70 qm. N soll den Nießbrauch an der Obergeschoßwohnung erhalten, der ihm zu einem Bruchteil (Quote) von 70/160 zu bestellen wäre.

V. Reallast

1. Gesetzlicher Inhalt der Reallast

Für die Reallast ist kennzeichnend, dass vom Eigentümer an den Berechtigten „*wiederkehrende Leistungen aus dem Grundstück zu entrichten sind*“. Im Gegensatz zur Dienstbarkeit, bei der der Eigentümer eine Einwirkung auf sein Grundstück dulden muss oder bestimmte Tätigkeiten auf seinem Grundstück zu unterlassen hat, ist der Grundstückseigentümer bei der Reallast verpflichtet, aus eigenem Handeln dem Berechtigten etwas zu geben oder ihm gegenüber etwas zu tun (**Handlungspflichten**). 372

Beispiel 373

Will E dem K ein Kieslieferungsrecht gewähren, so kann er ihm eine beschränkte persönliche Dienstbarkeit bestellen; dies hat zur Folge, dass K auf dem Grundstück des E den Kies auf seine (des K) Kosten abbauen kann (Duldung). Bewilligt E dem K dagegen eine Reallast, so bedeutet dies, dass E den Kies selbst und auf seine Kosten gewinnt (K hat auf dem Grundstück des E nichts zu suchen) und an K liefert (Handlung).

Die wiederkehrenden Leistungen müssen in einem positiven Geben oder Tun bestehen. Bei den Leistungen, die an den Berechtigten zu erbringen sind, kann es sich um Geldzahlungen, Lieferung von Naturalien, insbesondere von Früchten oder sonstigen Erzeugnissen des Grundstücks, aber auch um bloße Tätigkeiten, wie Arbeits- oder Dienstleistungen handeln. Die wiederkehrenden Leistungen müssen dauernd oder wenigstens mehrmals anfallen, nicht unbedingt regelmäßig.

Beispiel 374

Geldrente (Leibrente), Lieferung von Lebensmitteln, Unterhaltsleistungen, Dienstleistungen wie Pflege für Alte oder Kranke, Stromlieferung, Wasserlieferung, Pflicht zur Erhaltung einer Brücke oder eines sonstigen Bauwerks oder eines Weges.

2. Anwendungsfälle

375 Große Bedeutung hat die Reallast für Grundstücksverträge, in denen als Gegenleistung eine **Rentenzahlung** vereinbart wird. Die Rentenzahlung wird für den Veräußerer dadurch gesichert, dass zu seinen Gunsten auf dem übertragenen Grundstück eine Reallast eingetragen wird. Gegenüber der Hypothek oder Grundschuld hat dies den Vorteil, dass Schwankungen in der Höhe der Rente abgesichert werden können.

Ein weiterer Anwendungsfall für die Reallast ist das sog. **Altenteilsrecht**: Der Landwirt, der den Hof an seinen Nachfolger übergibt, behält sich üblicherweise ein Wohnungsrecht, die Lieferung von Naturalien entsprechend den Bedürfnissen des Altenteilers und der Produktion des Hofes, die Zahlung einer monatlichen Versorgungsrente und die Pflege in kranken Tagen vor. Die Natural-, Geld- und Dienstleistungen könnten durch eine Reallast gesichert werden, das Wohnungsrecht durch eine entsprechende Dienstbarkeit. Eine grundbuchrechtliche Besonderheit ergibt sich aus § 49 GBO: Statt der Reallast und der beschränkten persönlichen Dienstbarkeit (Wohnungsrecht) kann zusammengefasst ein „Altenteilsrecht" in das Grundbuch eingetragen werden.

3. Ansprüche des Inhabers der Reallast

376 Dass die Leistungen bei der Reallast *„aus dem Grundstück"* zu erbringen sind, bedeutet nicht, dass es sich um Leistungen handeln müsste, die das Grundstück „hervorbringt". Das kann zwar bei der Lieferung von Naturalien der Fall sein. Bei der Leistung von Geld oder Diensten erkennt man jedoch, dass der Begriff „aus dem Grundstück" so nicht verstanden werden kann. Er bedeutet vielmehr, dass der Berechtigte die Verwertung des Grundstücks betreiben kann, wenn der Eigentümer die Leistungen nicht erbringt. Das geschieht, indem die Zwangsversteigerung und die Zwangsverwaltung des Grundstücks – wie bei den Grundpfandrechten – beantragt wird. Die Reallast steht also den Verwertungsrechten (Grundpfandrechten) nahe; insbesondere bei Reallasten, die auf Geld gerichtet sind – Zahlung von Rentenleistungen – überwiegt von vornherein der Sicherungszweck.

377 Neben der dinglichen Haftung des Eigentümers mit dem belasteten Grundstück haftet er dem Inhaber der Reallast für die gesicherte Leistung auch kraft Gesetzes persönlich mit seinem gesamten Vermögen (§ 1108 BGB). Davon zu unterscheiden ist der schuldrechtliche Anspruch auf die Leistung aus dem zugrundeliegenden Vertrag, zum Beispiel der Rentenanspruch aus dem Kaufvertrag. Auch für die Erfüllung dieses Anspruchs haftet der Eigentümer mit seinem gesamten Vermögen.

4. Wertsicherungsvereinbarung

378 Bei Geldrenten wird meistens eine **Wertsicherungsvereinbarung** getroffen, um die Höhe der Rente an die veränderten wirtschaftlichen Verhältnisse anzupassen (siehe nachfolgendes Muster). Gemäß § 1105 S. 2 BGB kann als zulässiger Inhalt einer Reallast eine Anpassung der Leistungen an die geänderten Verhältnisse vereinbart werden, wenn die Anpassung aufgrund objektiver Kriterien bestimmbar ist. Dies ist bei einer Veränderung aufgrund einer Anpassung an den Verbraucherpreisindex in der Regel der Fall.

5. Entstehung, Übertragung, Löschung

379 Die Reallast entsteht wie alle beschränkten dinglichen Rechte durch Einigung und Eintragung in das Grundbuch. Sie kann bestellt werden als **„subjektiv-persönliches"** Recht. Dann ist sie vererblich und übertragbar, sofern nicht etwas anderes vereinbart und in das Grundbuch eingetragen wird. Die Reallast kann auch als **„subjektiv-dingliches"** Recht bestellt werden. Dann ist Berechtigter aus der Reallast der jeweilige Eigentümer eines Grundstücks (wie bei der Grunddienstbarkeit). Auch hier kann die Reallast im Bestandsverzeichnis des herrschenden Grundstücks vermerkt werden (§ 9 GBO).

380 Die subjektiv-dingliche Reallast geht mit dem Eigentum am herrschenden Grundstück auf den Rechtsnachfolger über. Die subjektiv-persönliche Reallast ist **nicht übertragbar**, wenn es vereinbart ist oder nach Übertragung der Inhalt der Leistung verändert würde, wie etwa bei persönlichen Dienstleistungen. Übertragbar sind daher Reallasten, wenn sie reine Geldleistungen zum Inhalt haben.

381 Die Reallast kann auch – wie bei den Grundpfandrechten – als **Gesamtreallast** an **mehreren Grundstücken** bestellt werden. Sie kann auch zu Lasten eines ideellen Miteigentumsanteils eingetragen werden.

Für die Löschung der Reallast gelten die allgemeinen Grundsätze. Sie wird aufgehoben durch einseitige Aufgabeerklärung des Berechtigten und Löschung des Rechts im Grundbuch. Ist die Reallast auf die Lebenszeit des Berechtigten bestellt, erlischt sie mit seinem Tode. Wenn es gewollt ist, empfiehlt sich die Eintragung des Vermerks, dass zur Löschung des Rechts der Nachweis des Todes des Berechtigten genügt. Denn bei der Reallast sind stets Rückstände von Leistungen denkbar (vgl. § 23 GBO), so dass die Frist von einem Jahr abgewartet werden muss, wenn die Löschung aufgrund Todesnachweises von den Erben nicht bewilligt wird. 382

▼ 383

Muster 4.83: Vereinbarung über durch Reallast gesicherte Leibrente

Der Erwerber verpflichtet sich, an den Veräußerer eine Rente von monatlich zurzeit EUR – in Worten: EUR – zu zahlen. Der Anspruch soll dem Rentenberechtigten auf seine Lebenszeit zustehen. 4.83

Die Rente ist monatlich im Voraus bis zum Werktag eines jeden Monats, erstmals für den Monat zu entrichten.

Der Erwerber unterwirft sich wegen seiner Verpflichtung zur Zahlung der Rente der sofortigen Zwangsvollstreckung aus dieser Urkunde in sein gesamtes Vermögen. Er ist mit der jederzeitigen Erteilung einer vollstreckbaren Ausfertigung an den Rentenberechtigten einverstanden, ohne dass es hierzu eines besonderen Nachweises bedarf.

Erhöht oder ermäßigt sich der Verbraucherpreisindex für Deutschland auf der Basis 2020 = 100 um 10 % oder mehr gegenüber dem Stand des Monats März 2025, so erhöht oder ermäßigt sich die Rente bei gleichbleibender Laufzeit in dem gleichen prozentualen Verhältnis. Die Änderung tritt mit dem Monat in Kraft, der auf die maßgebliche Indexänderung folgt.

In der Folgezeit soll eine Anpassung jeweils dann erfolgen, wenn sich für einen späteren Monat, der auf eine Erhöhung oder Ermäßigung der Rente folgt, wieder ein um 10 % oder mehr erhöhter oder ermäßigter Preisindex ergibt.

Die Beteiligten bewilligen und beantragen, für den Veräußerer als Belastung des übertragenen Grundstücks eine Reallast mit den Bedingungen der Rente einschließlich der getroffenen Wertsicherungsvereinbarung einzutragen mit dem Vermerk, dass zur Löschung des Rechts der Nachweis des Todes des Berechtigten genügt.

▲

VI. Erbbaurecht

1. Gesetzlicher Inhalt und Bedeutung

Ein Grundstück kann in der Weise belastet werden, dass demjenigen, zu dessen Gunsten die Belastung erfolgt, das veräußerliche und vererbliche Recht zusteht, auf oder unter der Oberfläche des Grundstücks ein Bauwerk zu haben (§ 1 ErbbauRG). Dieses Recht heißt Erbbaurecht. Ein Erbbaurecht kann an mehreren – sogar verschiedenen Eigentümern gehörenden – Grundstücken bestellt werden (Gesamterbbaurecht). Das im ErbbauRG nicht geregelte **Gesamterbbaurecht** hat durch § 6a GBO seine gesetzliche Anerkennung gefunden. Bei der Eintragung eines Gesamterbbaurechts ist jedoch diese gesetzliche Bestimmung zu beachten. Hiernach sollen die zu belastenden Grundstücke in der Regel aneinandergrenzen. Das Erbbaurecht kann auch auf einen für das Bauwerk nicht erforderlichen Teil des Grundstücks (z.B. Hof und Garten) erstreckt werden. 384

▼ 385

Muster 4.84: Gesamterbbaurecht

Dem Erbbauberechtigten steht das veräußerliche und vererbliche Recht zu, auf dem Grundstück, das Gegenstand dieses Vertrages ist, vier Einfamilienhäuser und vier Garagen mit allen dazu erforderlichen Anlagen und Einrichtungen sowie Entwässerungs- und Versorgungsleitungen mit allen dazu gehörenden baulichen Anlagen und Einrichtungen herzustellen, zu haben und zu unterhalten und den für die Bauwerke und die Anlagen nicht erforderlichen Teil des Grundstücks als Hofraum, Gartenland und Grünfläche zu nutzen. 4.84

▲

386 Die rechtliche Bedeutung des Erbbaurechts liegt in Folgendem: Nach § 94 BGB ist ein Gebäude wesentlicher Bestandteil des Grundstücks. Es teilt sein rechtliches Schicksal, kann also nur zusammen mit dem Grundstück veräußert, belastet oder vererbt werden. Das Erbbaurecht bewirkt demgegenüber eine **Trennung** dergestalt, dass künftig Grundstück und Gebäude jeweils ein eigenes rechtliches Schicksal haben. Über das Gebäude kann also nach Entstehen des Erbbaurechts unabhängig vom Grundstück verfügt werden, sodass in der Regel der Eigentümer des Grundstücks und der Inhaber des Gebäudes (Erbbaurechts) verschiedene Personen sind. Ist der Eigentümer des Grundstücks und der Eigentümer des Gebäudes (Inhaber des Erbbaurechts) ein und dieselbe Person, spricht man vom Eigentümererbbaurecht.

387 Die wirtschaftliche Bedeutung des Erbbaurechts besteht für den Erbbauberechtigten darin, bauen zu können, **ohne** den Kaufpreis für das Grundstück aufbringen zu müssen. Als Gegenleistung für die meist langfristige (z.B. 99-jährige) Nutzung des Grundstücks zahlt der Erbbauberechtigte an den Grundstückseigentümer jährlich einen im Erbbaurechtsvertrag festgelegten Betrag (Erbbauzins). Das Interesse des Eigentümers an der Einräumung des Erbbaurechts besteht darin, dass er trotz Bebauung seines Grundstücks durch eine andere Person Eigentümer des Grund und Bodens bleibt und zudem noch Nutzen in Form von jährlich wiederkehrenden Bezügen hat.

2. Entstehung und vertragsmäßiger Inhalt

388 Das Erbbaurecht wird begründet durch einen Vertrag zwischen dem Eigentümer und dem Erbbauberechtigten (siehe hierzu Rdn 417 ff.). Das Erbbaurecht entsteht durch Einigung (entsprechend der Auflassung, § 20 GBO) und Eintragung in das Grundbuch. Der Eigentümer kann auch für sich selbst ein Erbbaurecht bestellen (**Eigentümererbbaurecht**). Das Erbbaurecht ist veräußerlich und vererblich (siehe hierzu Rdn 421 ff.).

> *Beispiel*
>
> Ein Bauträger beabsichtigt, Häuser ohne Grundstück zu verkaufen. Zunächst bestellt er für sich selbst ein Erbbaurecht; anschließend verkauft er das Erbbaurecht mit einem schlüsselfertig zu erstellenden Haus.

389 Der Erbbaurechtsvertrag enthält Vereinbarungen des Grundstückseigentümers und des Erbbauberechtigten über die Errichtung, Instandhaltung und Verwendung des Bauwerks, seine Versicherung und die Tragung der öffentlichen und privatrechtlichen Lasten und Abgaben, ferner eine Bestimmung über die Dauer. Sie werden dinglicher Inhalt. Weitere Vereinbarungen, die zum dinglichen Inhalt des Erbbaurechts gemacht werden können, sind in § 2 ErbbauRG aufgezählt.

Muster 4.85: Erbbaurecht

4.85 Das Erbbaurecht beginnt mit der Eintragung in das Grundbuch und endet mit dem .

Der Erbbauberechtigte ist berechtigt, ein Einfamilienhaus mit Garage nach seinen Plänen herzustellen.

Er hat das hergestellte Bauwerk in einem ordnungsgemäßen und guten Zustand zu erhalten. Dazu gehört insbesondere die Vornahme der erforderlichen Reparaturen und sonstigen Erneuerungsarbeiten.

Der Erbbauberechtigte trägt alle auf das Erbbaurecht und das Grundstück entfallenden einmaligen und laufenden Steuern, Gebühren und Beiträge sowie die sonstigen öffentlichen und privaten Lasten und Abgaben jeder Art. Dazu gehören insbesondere die Grundsteuern sowie die Beträge für die Anlegung, Verbesserung und Erhaltung öffentlicher Straßen und Plätze, ferner die Erschließungs- und Anliegerbeiträge.

Der Erbbauberechtigte ist zur Reinigung der Straßen und Bürgersteige verpflichtet. Er übernimmt die Haftung für die Verkehrssicherheit auf dem Erbbaugrundstück und trägt alle sonstigen Haftpflichtschäden, die sich aus dem Eigentum oder Besitz an dem Grundstück ergeben.

390 Regelmäßig enthält der Erbbaurechtsvertrag als dinglicher Inhalt auch eine Verpflichtung des Erbbauberechtigten, das Erbbaurecht beim Eintreten bestimmter Voraussetzungen auf den Grundstückseigentümer zu übertragen (Heimfall). Dem **Heimfallanspruch** selbst kommt jedoch nur schuldrechtliche Wirkung zu. Sind dessen

Voraussetzungen bei einem früheren Erbbauberechtigten eingetreten, kann der Anspruch somit nicht gegen den Erwerber des Erbbaurechts geltend gemacht werden.[102] Zahlungsverzug des Erbbauberechtigten mit dem Erbbauzins kann den Heimfallanspruch nur dann begründen, wenn der Erbbauberechtigte mit dem Erbbauzins mindestens in Höhe zweier Jahresbeträge im Rückstand ist (§ 9 Abs. 4 ErbbauRG).

▼

Muster 4.86: Heimfallanspruch

Der Grundstückseigentümer ist berechtigt, die Übertragung des Erbbaurechts auf sich oder einen von ihm zu benennenden Dritten zu verlangen, 4.86

a) wenn das Insolvenzverfahren über das Vermögen des Erbbauberechtigten eröffnet oder mangels Masse nicht eröffnet, oder wenn die Zwangsverwaltung oder die Zwangsversteigerung des Erbbaurechts angeordnet wird;

b) wenn der Erbbauberechtigte gegen eine der Bestimmungen dieses Vertrages trotz Abmahnung verstößt;

c) wenn der Erbbauberechtigte mit dem Erbbauzins für zwei Jahre im Rückstand ist.

▲

Macht der Grundstückseigentümer von seinem Heimfallanspruch Gebrauch, gehen – ebenso wie bei Beendigung des Erbbaurechts durch Aufhebung oder Zeitablauf – die errichteten Bauwerke, baulichen Anlagen und Einrichtungen in das Eigentum des Grundstückseigentümers über. In diesen Fällen hat der Grundstückseigentümer dem Erbbauberechtigten für das Bauwerk eine Entschädigung zu gewähren. Als Inhalt des Erbbaurechts können Vereinbarungen über die Höhe dieser Entschädigung bzw. Vergütung, die Art ihrer Zahlung sowie über ihre Ausschließung getroffen werden. 391

▼

Muster 4.87: Erbbaurecht – Beendigung

Erlischt das Erbbaurecht durch Zeitablauf oder durch Ausübung des Heimfallanspruchs, so ist dem Erbbauberechtigten eine Entschädigung von   des gemeinen Wertes der Bauwerke, baulichen Anlagen und Einrichtungen zum Zeitpunkt des Zeitablaufs bzw. der Ausübung zu zahlen. 4.87

Falls sich die Beteiligten darüber und über die Zahlungsbedingungen nicht einigen, entscheidet ein vom Präsidenten der Industrie- und Handelskammer in   auf Antrag eines Beteiligten zu benennender vereidigter Sachverständiger als Schiedsgutachter gemäß § 317 BGB.

▲

Als Inhalt des Erbbaurechts kann auch vereinbart werden, dass der Erbbauberechtigte zur Veräußerung und zur Belastung des Erbbaurechts mit einer Hypothek oder Grundschuld der Zustimmung des Grundstückseigentümers bedarf (§ 5 ErbbauRG). 392

▼

Muster 4.88: Erbbaurecht – Verfügungsbeschränkung

Zur Veräußerung und zur Belastung des Erbbaurechts mit einer Hypothek, Grund- oder Rentenschuld sowie mit Reallasten und zur Inhaltsänderung eines solchen Rechts, welche die Belastungen des Erbbaurechts erweitert, bedarf der Erbbauberechtigte der vorherigen schriftlichen Zustimmung des Grundstückseigentümers. 4.88

Der Grundstückseigentümer ist verpflichtet, seine Zustimmung zur Belastung des Erbbaurechts mit Hypotheken, Grundschulden, Rentenschulden oder Reallasten zu erteilen, soweit sie nachweislich der Finanzierung des Bauvorhabens des Erbbauberechtigten dienen. Er hat seine Zustimmung zur Veräußerung des Erbbaurechts zu erteilen, wenn in der Person des Erwerbers kein wichtiger Grund vorliegt, der ein Versagen der Zustimmung rechtfertigt.

▲

102 BGH notar 2016, 265 m. Anm. *Eckart*.

3. Erbbauzins

a) Dingliche Absicherung

393 Das für die Bestellung und Überlassung des Erbbaurechts zu zahlende Entgelt nennt man **Erbbauzins**. Der dingliche Erbbauzins ist ein reallastartiges Recht; die Bestimmungen über die Reallast (§§ 1105 ff. BGB) finden entsprechende Anwendung, soweit § 9 ErbbauRG keine Spezialregelung enthält. Die Erbbauzinsreallast ist ein subjektiv-dingliches Recht, das nur **zugunsten** des jeweiligen Grundstückseigentümers bestellt und im Grundbuch eingetragen werden kann. Der Erbbauzins ist nicht Inhalt des Erbbaurechts. Seine dingliche Wirkung erhält er dadurch, dass er als Reallast im Grundbuch abgesichert wird.

b) Wertsicherung

394 Zwischen Grundstückseigentümer und Erbbauberechtigtem werden in der Regel Wertsicherungsvereinbarungen getroffen, die eine Anpassung des Erbbauzinses an veränderte wirtschaftliche Verhältnisse (insbesondere Steigerung der Lebenshaltungskosten) ermöglichen. Solche Wertsicherungsvereinbarungen können auch weiterhin vereinbart werden, wenn die Erbbaurechtslaufzeit mindestens 30 Jahre beträgt (§ 4 PreisklauselG).

395 Nach der Rechtslage vor dem 1.10.1994 musste der dingliche Erbbauzins für die ganze Laufzeit des Erbbaurechts im Voraus bestimmt sein. Aufgrund einer vereinbarten Wertsicherung wurden die Vertragsteile verpflichtet, bei Eintritt bestimmter Voraussetzungen oder Erreichen bestimmter Zeitpunkte (Steigerung des Verbraucherpreisindexes für Deutschland um eine bestimmte Anzahl von Punkten oder Prozenten) den Erbbauzins an die veränderten Verhältnisse anzupassen. Der Anspruch des Grundstückseigentümers auf eine Erhöhung des Erbbauzinses aufgrund der getroffenen **Wertsicherungsvereinbarung** konnte durch Eintragung einer Vormerkung zur Sicherung des Erhöhungsanspruchs im Grundbuch gesichert werden.

Nach Inkrafttreten des Sachenrechtsbereinigungsgesetzes kann eine Anpassungsklausel zum Inhalt der dinglichen Erbbauzinsreallast gemacht werden, und zwar entweder bei der Neubestellung des Erbbaurechts oder als Inhaltsänderung einer bestehenden Erbbauzinsreallast. Die Eintragung einer Vormerkung zur Sicherung des Erhöhungsanspruchs wird in diesem Fall also entbehrlich.

396 Ein Anspruch auf Erhöhung des Erbbauzinses darf jedoch frühestens nach Ablauf von drei Jahren seit Vertragsabschluss und, wenn eine Erhöhung des Erbbauzinses bereits erfolgt ist, frühestens nach Ablauf von drei Jahren seit der jeweils letzten Erhöhung geltend gemacht werden (§ 9a Abs. 1 S. 5 ErbbauRG).

▼

Muster 4.89: Erbbauzins

4.89 Der Erbbauzins beträgt jährlich EUR. Er ist jeweils nachträglich zum 31.12. eines jeden Jahres zu entrichten. Bis zum ist der Erbbauzins der Höhe nach unveränderlich.

Der Erbbauzins ist auf der Grundlage der Lebenshaltungskosten vereinbart und soll wertgesichert sein. Erhöht oder ermäßigt sich nach dem vorgenannten Zeitpunkt der vom Statistischen Bundesamt festgestellte Verbraucherpreisindex für Deutschland auf der Basis 2020 = 100 gegenüber dem Stand des Monats um 10 % oder mehr, so ändert sich der Erbbauzins in dem gleichen prozentualen Verhältnis.

Wenn aufgrund dieser Bestimmungen eine Anpassung des Erbbauzinses erfolgt ist, werden dieselben Bestimmungen erneut anwendbar, soweit sich der Preisindex gegenüber der Indexzahl, die der vorangegangenen Anpassung zugrunde lag, erneut um 10 % oder mehr erhöht oder ermäßigt hat. Eine weitere Erhöhung kann jedoch frühestens nach Ablauf von drei Jahren seit der jeweils letzten Erhöhung des Erbbauzinses geltend gemacht werden.

Der Erbbauzins samt Anpassungsklausel ist im Grundbuch als Reallast einzutragen.

▲

c) Konkurrenz zwischen Erbbauzins und Grundpfandrechten

397 In der Praxis steht die Erbbauzinsreallast – was ihren grundbuchmäßigen Rang angeht – in Konkurrenz insbesondere zu den in Abt. III eingetragenen Grundpfandrechten. Dies ist für die Zwangsversteigerung des Erbbaurechts von Bedeutung.

Ohne weitere Vereinbarungen (vgl. Rdn 399) steht die Erbbauzinsreallast im Rang vor einem Grundpfandrecht, aus welchem der Gläubiger die Zwangsversteigerung betreibt, fällt sie in das geringste Gebot und ist vom Ersteher zu übernehmen. Ist sie dagegen nachrangig eingetragen, erlischt sie in der Zwangsversteigerung, sodass der Ersteher insoweit lastenfrei erwirbt. Für den Ersteher gilt nur der nach § 2 ErbbauRG auch gegen Sonderrechtsnachfolger wirkende Erbbaurechtsinhalt, zu dem jedoch der Erbbauzins gerade nicht gehört. Dies führt dazu, dass der Grundstückseigentümer für die restliche Laufzeit des Erbbaurechts keinen Erbbauzins mehr erhält.

Bis zum 1.10.1994 wurde in der Praxis versucht, den drohenden Verlust des Erbbauzinses in der Zwangsversteigerung durch die Abgabe einer sog. Stillhalteerklärung abzuwenden. In ihr erklärt sich der vorrangige Gläubiger des Grundpfandrechts bzw. der mit seiner Reallast vorrangige Grundstückseigentümer bereit, im Falle der Zwangsversteigerung des Erbbaurechts darin einzuwilligen, dass der Erbbauzins nicht kapitalisiert, sondern sein Fortbestand nach § 59 ZVG vereinbart wird. Gleichzeitig wird die Verpflichtung begründet, auf eine Vereinbarung des Bestehenbleibens gemäß § 91 Abs. 2 ZVG hinzuwirken. Diese Vorschrift eröffnet die Möglichkeit, die durch den Zuschlag erloschene Erbbauzinsreallast durch Vereinbarung zwischen dem Grundstückseigentümer und dem Ersteher bestehen zu lassen. 398

▼

Muster 4.90: Stillhalteerklärung des Gläubigers, der den Vorrang erhält

Die Bank als Gläubiger der oben genannten Grundschuld sichert dem Grundstückseigentümer zu, im Falle einer Zwangsversteigerung des Erbbaurechts die Erbbauzinsreallast stehen zu lassen. Dieses Stehenbleiben kann zur Vermeidung einer möglichen Kapitalisierung der genannten Last am Erbbaurecht entweder über § 59 Abs. 1 ZVG oder – sofern der Ersteher damit einverstanden ist – über § 91 Abs. 2 ZVG herbeigeführt werden. Der Gläubiger verpflichtet sich, im Zwangsversteigerungsverfahren auf Verlangen des Eigentümers unverzüglich einen entsprechenden Antrag gemäß § 59 ZVG zu stellen und evtl. vom Grundstückseigentümer gestellten Änderungsanträgen zuzustimmen. Im Fall des § 91 Abs. 2 ZVG soll der Ersteher verpflichtet werden, auch in die rein schuldrechtlich wirkenden Verpflichtungen des Erbbaurechtsvertrages einzutreten. 4.90

▲

Die Stillhalteerklärung bringt jedoch keine wirkliche Sicherheit für den Grundstückseigentümer als Berechtigten aus dem Erbbauzins. Das Rangverhältnis zwischen Erbbauzins und Grundpfandrecht einerseits und der Ausfall des Erbbauzinses in der Zwangsversteigerung andererseits waren daher die Hauptprobleme des Erbbaurechts, die letztlich nur durch Änderung des Gesetzes zu lösen waren.

Das Sachenrechtsänderungsgesetz vom 21.9.1994 hat die geltende Rechtslage mit Wirkung vom 1.10.1994 insoweit verändert, als nunmehr im Erbbaurechtsvertrag vereinbart werden kann, dass die Reallast abweichend von § 52 Abs. 1 ZVG in der Zwangsversteigerung bestehen bleibt, wenn der Grundstückseigentümer aus der Reallast oder der Inhaber eines vorrangigen oder gleichstehenden Rechts die Zwangsversteigerung des Erbbaurechts betreibt (§ 9 Abs. 3 S. 1 Nr. 1 ErbbauRG). Die Erbbauzinsreallast wird auf diese Weise versteigerungsfest. Stillhalteerklärungen spielen daher heute in der Praxis nur noch bei alten Erbbaurechtsverträgen eine Rolle, die nicht an die neue Rechtslage angepasst wurden. 399

Ferner kann gemäß § 9 Abs. 3 S. 1 Nr. 2 ErbbauRG ein **Rangvorbehalt** zugunsten des jeweiligen Erbbauberechtigten begründet werden, wonach der jeweilige Erbbauberechtigte dem Inhaber der Reallast gegenüber berechtigt ist, das Erbbaurecht in einem bestimmten Umfang mit einem der Reallast im Rang vorgehenden Grundpfandrecht im Erbbaugrundbuch zu belasten. Dadurch wird erreicht, dass dem Ersteher des Erbbaurechts die Möglichkeit zu einer vorrangigen Belastung des Erbbaurechts erhalten bleibt. 400

▼

Muster 4.91: Erbbaurecht – Rangvorbehalt

Als dinglicher Inhalt des Erbbauzinses wird vereinbart, dass 4.91

a) die Reallast abweichend von § 52 Abs. 1 des Gesetzes über die Zwangsversteigerung und die Zwangsverwaltung mit ihrem Hauptanspruch bestehen bleibt, wenn der Grundstückseigentümer aus der Reallast oder der Inhaber eines im Range vorgehenden oder gleichstehenden dinglichen Rechts die Zwangsversteigerung des Erbbaurechts betreibt und

b) der jeweilige Erbbauberechtigte dem jeweiligen Inhaber der Reallast gegenüber berechtigt ist, das Erbbaurecht mit einer der Reallast im Rang vorgehenden Grundschuld oder Hypothek in Höhe von EUR nebst Zinsen und sonstigen Nebenleistungen zusammen bis % jährlich ab Eintragung des vorbehaltenen Rechts im Erbbaugrundbuch zu belasten.

▲

4. Wechselseitige Vorkaufsrechte, Ankaufsrecht

401 Regelmäßig räumt der Erbbauberechtigte dem Grundstückseigentümer an dem Erbbaurecht (Gebäude) und oft der Eigentümer dem Erbbauberechtigten am Grundstück ein **dingliches**, also auch gegenüber Rechtsnachfolgern wirkendes Vorkaufsrecht ein (siehe hierzu Rdn 449 ff.).

▼

Muster 4.92: Erbbaurecht – Vorkaufs-/Ankaufsrecht

4.92 Der Erbbauberechtigte räumt dem jeweiligen Grundstückseigentümer ein Vorkaufsrecht gemäß §§ 1094 ff. BGB an dem Erbbaurecht für alle Verkaufsfälle während der Dauer des Erbbaurechts ein.

Der Grundstückseigentümer räumt dem jeweiligen Erbbauberechtigten ein Vorkaufsrecht gemäß §§ 1094 ff. BGB an dem Grundstück für alle Verkaufsfälle während der Dauer des Erbbaurechts ein.

▲

402 Da das Vorkaufsrecht des Erbbauberechtigten an dem Grundstück nur dann greift, wenn der Grundstückseigentümer das Grundstück verkauft, lässt sich der Erbbauberechtigte vielfach an dem Grundstück ein Ankaufsrecht einräumen, welches ihn in die Lage versetzt, das Grundstück nach seinem Belieben unter bestimmten Voraussetzungen und zu bestimmten Bedingungen anzukaufen. Dieses Ankaufsrecht kann durch eine Auflassungsvormerkung zugunsten des Erbbauberechtigten in Abteilung II des Grundbuchs des Grundstücks gesichert werden.

5. Grundstücksrecht und Grundbuchvorschriften

403 Der Erbbaurechtsvertrag bedarf der notariellen Beurkundung (§ 311b BGB). Das Erbbaurecht entsteht durch Einigung und Eintragung in das Grundbuch. Anders als bei den sonstigen beschränkten dinglichen Rechten erfolgt die Eintragung in das Grundbuch nicht aufgrund einer einseitigen Bewilligung des Eigentümers (§ 19 GBO, formelles Konsensprinzip); vielmehr muss dem Grundbuchamt – wie bei der Auflassung – die Einigung über die Bestellung des Erbbaurechts nachgewiesen werden (§ 20 GBO, materielles Konsensprinzip).

404 Das Erbbaurecht wird in Abteilung II des Grundbuchs, in dem das Grundstück verbucht ist, eingetragen. Es kann dort nur an absolut **erster Rangstelle** eingetragen werden (§ 10 ErbbauRG). Ist das Grundstück also belastet, müssen die Gläubiger bzw. Berechtigten der eingetragenen Rechte dem Erbbaurecht den Vorrang einräumen.

Grundpfandrechtsgläubiger räumen dem Erbbaurecht am Grundstück regelmäßig nur den Vorrang ein, wenn das zu begründende Erbbaurecht ihrem Grundpfandrecht nachverpfändet wird. Die Vorrangseinräumungserklärung wird dem Notar dann zu treuen Händen mit der Auflage übersandt, von ihr nur Zug um Zug gegen Nachverpfändung des Erbbaurechts Gebrauch zu machen.

405 In Abteilung II des Grundbuchs eingetragene Vermerke, die kein Rangverhältnis begründen, brauchen dem Erbbaurecht dagegen keinen Vorrang einzuräumen. Dies gilt zum Beispiel für den Umlegungsvermerk; einzuholen und dem Grundbuchamt vorzulegen ist in diesem Fall jedoch die Genehmigung des Umlegungsausschusses.

Einzuholen und dem Grundbuchamt vorzulegen ist ferner bei Bestellung eines Erbbaurechts die Unbedenklichkeitsbescheinigung des Finanzamts wegen der Grunderwerbsteuer. Sowohl die Bestellung als auch die Veräußerung eines Erbbaurechts stellen einen grunderwerbsteuerpflichtigen Vorgang dar. Keine Grunderwerbsteuer dagegen wird erhoben bei Bestellung eines Eigentümererbbaurechts, weil hier kein Verkehrsgeschäft vorliegt. In diesem Fall ist auch die Vorlage einer Unbedenklichkeitsbescheinigung des Finanzamts beim Grundbuchamt entbehrlich.

Für das Erbbaurecht wird bei der Eintragung in das Grundbuch von Amts wegen ein besonderes Grundbuchblatt (Erbbaugrundbuch) angelegt. Das Erbbaugrundbuch ist für das Erbbaurecht (Gebäude) das Grundbuch im Sinne des Bürgerlichen Gesetzbuchs. Im Bestandsverzeichnis des Erbbaugrundbuchs ist der jeweilige Eigentümer des Grundstücks zu vermerken. Entsprechend ist auch nach Eintragung eines neuen Erbbauberechtigten in Abteilung I des Erbbaugrundbuchs unverzüglich in Abteilung II auf dem Blatt des Grundstücks der Inhaber des Erbbaurechts zu berichtigen. Es besteht also eine Wechselwirkung zwischen Erbbaugrundbuch und Grundbuch des Grundstücks. 406

▼

Muster 4.93: Grundbucherklärungen im Erbbaurechtsvertrag

Die Beteiligten sind sich über die Entstehung des Erbbaurechts einig. 4.93

Sie bewilligen und beantragen einzutragen:

1. in das Grundbuch des Grundstücks
   a) ein Erbbaurecht zu den in dieser Urkunde niedergelegten Bedingungen – soweit sie mit dinglicher Wirkung als Inhalt des Erbbaurechts vereinbart werden können – also mit den Bedingungen der §§ ,
   b) das Vorkaufsrecht zugunsten des jeweiligen Erbbauberechtigten mit Rang nach dem Erbbaurecht;
2. in das anzulegende Erbbaugrundbuch
   a) den Erbbauzins als Reallast einschließlich der Wertsicherung zugunsten des jeweiligen Grundstückseigentümers und einschließlich der Vereinbarung über das Bestehenbleiben in der Zwangsversteigerung,
   b) mit Rang danach das Vorkaufsrecht zugunsten des jeweiligen Grundstückseigentümers.

Die Beteiligten stimmen sämtlichen Löschungen und Rangänderungen gemäß den Bewilligungen der Berechtigten zu.

Der Notar ist berechtigt, die in dieser Urkunde enthaltenen Anträge dem Grundbuchamt getrennt oder beschränkt zur Erledigung einzureichen und sie in gleicher Weise zurückzuziehen. Die Beteiligten bevollmächtigen den Notar, die vorstehenden Anträge zu berichtigen, zu ergänzen oder grundbuchrechtlichen Erfordernissen inhaltlich anzupassen.

▲

6. Übertragung und Belastung

Das Erbbaurecht kann verkauft, verschenkt, belastet und vererbt werden. Insoweit gelten keine Besonderheiten. 407
Wirtschaftlich beziehen sich die genannten Rechtsvorgänge lediglich auf das Gebäude, nicht auf das Grundstück. Ist im Erbbaurechtsvertrag geregelt, dass die Veräußerung und die Belastung des Erbbaurechts der Zustimmung des Grundstückseigentümers bedürfen, darf der Rechtsübergang und die Belastung erst eingetragen werden, wenn dem Grundbuchamt die Zustimmung des Grundstückseigentümers in der Form des § 29 GBO nachgewiesen wird.

Die Zustimmung des Grundstückseigentümers zur Belastung des Erbbaurechts mit Hypotheken oder Grundschulden hat in der notariellen Praxis Bedeutung. Weil der Grundpfandrechtsgläubiger in der Regel vor den in Abteilung II des Erbbaugrundbuchs eingetragenen Rechten des Grundstückseigentümers eingetragen werden will, ist in der notariell zu beglaubigenden Zustimmungserklärung zur Belastung zugleich die Vorrangseinräumungserklärung hinsichtlich der in Abteilung II des Erbbaugrundbuchs zugunsten des Grundstückseigentümers eingetragenen Rechte abzugeben.

Hierzu wird der Eigentümer jedoch nur dann bereit sein, wenn der vorrangige Grundpfandrechtsgläubiger entweder eine sog. Stillhalteerklärung im Hinblick auf eine Zwangsversteigerung des Erbbaurechts abgibt oder der Erbbauzins durch Vereinbarung im Erbbaurechtsvertrag „versteigerungsfest“ gemacht worden ist (siehe Rdn 411 ff.).

408 ▼

Muster 4.94: Belastungsgenehmigung mit Vorrangeinräumungserklärung

4.94 Der unterzeichnende Grundstückseigentümer stimmt hiermit der Belastung des Erbbaurechts im Erbbaugrundbuch von ____ Blatt ____ mit der Grundschuld von ____ EUR zugunsten der Sparkasse ____ nebst Zinsen von ____ % jährlich zu. Zugleich räumt er dieser Grundschuld nebst Zinsen den Vorrang ein vor den zu seinen Gunsten im Erbbaugrundbuch eingetragenen Rechten, nämlich

Nr. 1 = Erbbauzins-Reallast

Nr. 2 = Vorkaufsrecht für alle Verkaufsfälle

und bewilligt die Eintragung der Rangänderung in das Erbbaugrundbuch.

▲

409 Wird ein Erbbaurecht verkauft oder übertragen, sind in den Vertrag, der der notariellen Beurkundung bedarf, **Bestimmungen** aufzunehmen, wonach der Käufer oder Erwerber in die Rechte und Pflichten aus dem Erbbaurechtsvertrag **einzutreten** hat. Insbesondere ist vom Käufer oder Erwerber die Verpflichtung zur Zahlung des Erbbauzinses zu übernehmen (Schuldübernahme). In der Zustimmung des Grundstückseigentümers zur Veräußerung des Erbbaurechts wird regelmäßig die erforderliche Genehmigung der Schuldübernahme hinsichtlich des Erbbauzinses enthalten sein.

▼

Muster 4.95: Erbbaurecht – Schuldübernahme

4.95 Der Käufer – mehrere als Gesamtschuldner – tritt mit Wirkung vom Tage des Besitzübergangs an zur gänzlichen Entlastung des Verkäufers in alle Verpflichtungen ein, die sich aus dem Erbbaurechtsvertrag ergeben. Dies gilt insbesondere auch für die Verpflichtung zur Zahlung des Erbbauzinses.

Die in Abteilung II des Erbbaugrundbuchs eingetragenen Belastungen (Erbbauzinsreallast, Vorkaufsrecht zugunsten des jeweiligen Grundstückseigentümers und Vormerkung zur Sicherung des Anspruchs auf Erhöhung des Erbbauzinses) werden vom Käufer übernommen.

Der Käufer tritt auch in alle Rechte ein, die im Erbbaurechtsvertrag dem Verkäufer und dem jeweiligen Erbbauberechtigten eingeräumt worden sind. Der Verkäufer tritt diese Rechte sowie alle Ansprüche aus dem Erbbaurechtsvertrag hiermit an den Käufer ab.

▲

7. Wohnungs- und Teilerbbaurecht

410 Ein Erbbaurecht kann auch in Wohnungs- und Teilerbbaurechte nach dem Wohnungseigentumsgesetz aufgeteilt werden.

> *Beispiel*
>
> Ein Bauträger bestellt für sich selbst ein Erbbaurecht (Eigentümererbbaurecht). Sodann teilt er das Erbbaurecht (Gebäude) in Wohnungserbbaurechte nach dem Wohnungseigentumsgesetz auf und verkauft die einzelnen Wohnungen.

Es gelten hier keine Besonderheiten. Wird ein Erbbaurecht nach dem Wohnungseigentumsgesetz geteilt, wird das **Erbbaugrundbuch geschlossen**. Für die einzelnen Wohnungen werden Wohnungserbbaugrundbücher und für nicht zu Wohnzwecken dienende Einheiten, wie Läden und Garagen, Teilerbbaugrundbücher angelegt. Die Teilungserklärung hinsichtlich des Erbbaurechts hat eine Bestimmung zu enthalten, wonach die Erbbauzinsreallast auf die einzelnen Wohnungs- und/oder Teilerbbaugrundbücher verteilt wird.

▼ 411

Muster 4.96: Erbbaurecht – Teilungserklärung

Der Grundstückseigentümer als Berechtigter aus der Erbbauzinsreallast in Höhe von ______ EUR jährlich verteilt hiermit diese Reallast auf die vorstehend gebildeten Wohnungserbbaurechtseinheiten dergestalt, dass jede Einheit künftig für einen jährlichen Betrag von ______ EUR haftet und bewilligt und beantragt die Eintragung der Verteilung in die Wohnungserbbaugrundbücher. 4.96

▲

Die Veräußerung eines Wohnungs- oder Teilerbbaurechts bedarf der Zustimmung des Verwalters – sofern in der Teilungserklärung ein solches Zustimmungserfordernis vorgesehen ist – und der Zustimmung des Grundstückseigentümers, wenn diese im Erbbaurechtsvertrag vereinbart ist. Im Übrigen gelten auch für den Wohnungs- und Teilerbbauberechtigten alle Rechte und Pflichten aus dem zugrunde liegenden Erbbaurechtsvertrag.

VII. Dauerwohn- und Dauernutzungsrecht

1. Dauerwohnrecht

Das Dauerwohnrecht ist im **Wohnungseigentumsgesetz** (WEG) geregelt (§§ 31 ff. WEG). Es hat zum Inhalt, 412
dass derjenige, zu dessen Gunsten es bestellt wird, berechtigt ist, unter Ausschluss des Eigentümers eine bestimmte Wohnung in einem auf dem Grundstück errichteten Gebäude zu bewohnen. Praktisch kommt es nicht besonders häufig vor, da typischerweise unmittelbar Wohnungseigentum begründet wird. Die Bestellung des Dauerwohnrechts richtet sich nach den allgemeinen Bestimmungen: Es entsteht also durch **Einigung und Eintragung** im Grundbuch (Abteilung II). Für das Recht wird also kein besonderes Grundbuchblatt wie beim Erbbaurecht angelegt. Die Eintragung erfolgt – ohne dass die Einigung nachgewiesen werden müsste – aufgrund einseitiger Eintragungsbewilligung.

Das Dauerwohnrecht kann nur bestellt werden, wenn die Wohnung in sich abgeschlossen ist. Der Eintragungs- 413
bewilligung ist daher eine sog. **Abgeschlossenheitsbescheinigung** der Baubehörde beizufügen. Weiterer Bestandteil der Eintragungsbewilligung ist ein baubehördlicher Aufteilungsplan, in dem die Wohnung, auf die sich das Recht erstreckt, dargestellt ist. Er ist ebenfalls als Anlage beizufügen. Insoweit gelten dieselben Voraussetzungen wie bei Wohnungs- und Teileigentum.

Die Besonderheit des Dauerwohnrechts liegt darin, dass es **veräußerlich** und **vererblich** ist. Hierin unterschei- 414
det es sich wesentlich vom Wohnungsrecht nach § 1093 BGB. Der Berechtigte darf die dem Recht unterliegende Wohnung auch vermieten. Als Inhalt des Dauerwohnrechts kann vereinbart werden, dass die Veräußerung des Rechts der Zustimmung des Eigentümers bedarf.

Es kann ferner vereinbart werden, dass der Berechtigte verpflichtet ist, das Recht beim Eintritt bestimmter Vo- 415
raussetzungen (etwa bei Vertragsverletzungen durch den Berechtigten) gegebenenfalls gegen Entschädigung auf den Eigentümer zu übertragen (Heimfallanspruch). Weitere Vereinbarungen, die als Inhalt des Dauerwohnrechts getroffen werden können, sind in § 33 Abs. 4 WEG aufgeführt.

Bei entgeltlichem Erwerb eines Dauerwohnrechts kann ein Bedürfnis für die Absicherung eines Finanzierungs- 416
darlehens bestehen. Da es sich um ein in Abteilung II des Grundbuchs eingetragenes Recht handelt, scheidet eine Belastung mit Grundpfandrechten aus. Möglich ist allerdings eine Verpfändung des Rechts (siehe § 1273 BGB), die im Grundbuch vermerkt werden kann. Das Dauerwohnrecht kann auch gepfändet werden. Die Pfändung wird mit Eintragung der Pfändung im Grundbuch wirksam.

2. Dauernutzungsrecht

Das Dauernutzungsrecht erstreckt sich auf nicht zu Wohnzwecken dienende Räume, also z.B. auf Praxisräume, 417
Läden und Garagen. Das Dauerwohn- und Dauernutzungsrecht kann als ein **einheitliches Recht** eingetragen werden, wenn sich die Berechtigung des Inhabers sowohl auf Wohnräume als auch auf Räume erstreckt, die nicht zu Wohnzwecken bestimmt sind. Für das Dauernutzungsrecht gelten die Vorschriften über das Dauerwohnrecht entsprechend.

VIII. Vormerkung

1. Wirkung und Wesen der Vormerkung

418 Die Vormerkung ist ein **Sicherungsmittel eigener Art**. Sie schützt den Inhaber eines schuldrechtlichen Anspruchs auf dingliche Rechtsänderung, indem sie vertragswidrige Verfügungen des bisherigen Rechtsinhabers ihm gegenüber unwirksam sein lässt (§ 883 BGB). Zwischen dem Abschluss des schuldrechtlichen Vertrages auf Übertragung des Eigentums an einem Grundstück und der Eintragung der Rechtsänderung im Grundbuch liegt in der Praxis ein nicht unerheblicher Zeitraum. Für den Erwerber besteht daher die Gefahr, dass er seinen Anspruch nicht durchsetzen kann, wenn der Veräußerer in der Zwischenzeit über das Grundstück anderweitig durch Veräußerung oder Belastung verfügt oder ein Dritter eine Zwangseintragung – etwa eine Zwangshypothek – erwirkt hat.

Beispiel

V verkauft K sein Grundstück. Wenn V nach Abschluss des Vertrages sein Grundstück an einen Dritten übereignet oder mit einer Hypothek belastet, ist diese Übereignung bzw. Belastung wirksam. K wird nicht geschützt. Er ist lediglich auf Schadenersatzansprüche verwiesen.

419 Auch könnte der Veräußerer nach Abschluss des Vertrages insolvent werden. Dann wäre der Anspruch auf Übereignung des Grundstücks nicht mehr durchsetzbar. Um solchen Gefahren zu begegnen, kann in das Grundbuch zugunsten des Erwerbers eine Art Reservierung, nämlich die Vormerkung, eingetragen werden. Sie gibt dem Berechtigten die Gewähr, dass er seinen schuldrechtlichen Anspruch uneingeschränkt verwirklichen kann. Denn sämtliche Eintragungen, die mit Rang nach der Vormerkung in das Grundbuch gelangen, braucht der Vormerkungsberechtigte nicht gegen sich gelten zu lassen.

Beispiel

Wenn im obigen Beispielsfall für K eine Auflassungsvormerkung bewilligt und im Grundbuch eingetragen ist, kann V dennoch – weil er nach wie vor Eigentümer des Grundstücks ist – ein Grundpfandrecht in das Grundbuch eintragen lassen oder das Grundstück verkaufen. Die Vormerkung bewirkt also keine Grundbuchsperre. Eintragungen, die nach ihr erfolgen, sind jedoch dem Vormerkungsberechtigten gegenüber unwirksam. Ihre Löschung muss auf sein Verlangen hin vom eingetragenen Berechtigten bewilligt werden (§ 888 BGB).

420 Sichert die Vormerkung einen Anspruch auf Eigentumsübertragung bezüglich eines Grundstücks, so spricht man von einer Vormerkung zur **Sicherung des Eigentumsverschaffungsanspruchs** (die Bezeichnungen variieren: Eigentumsvormerkung, Auflassungsvormerkung). Sie wird in Abteilung II des Grundbuchs eingetragen.

421 Bei der **Eigentumsumschreibung** auf den Erwerber des Grundstücks wird die Vormerkung auf Antrag gelöscht, wenn zu diesem Zeitpunkt keine sonstigen Anträge beim Grundbuchamt vorliegen und keine nachrangigen Zwischeneintragungen erfolgt sind. Anderenfalls darf die Vormerkung bei der Eigentumsumschreibung nicht gelöscht werden, damit aus dem Grundbuch zu ersehen ist, dass die zwischenzeitlich – d.h. nach der Vormerkung – eingetragenen Rechte dem Erwerber des Grundstücks gegenüber unwirksam sind (**relative Unwirksamkeit**).

Beispiel

V hat ein Grundstück an K verkauft. Zur Sicherung des Eigentumsverschaffungsanspruchs des K ist im Grundbuch eine Vormerkung eingetragen worden. Danach bewilligt und beantragt V die Eintragung einer Hypothek für D. Die Hypothek wird in das Grundbuch eingetragen (keine Grundbuchsperre). Bei der Eigentumsumschreibung auf K darf die Vormerkung nicht gelöscht werden, damit aus dem Grundbuch zu ersehen ist, dass die Hypothek nach der Vormerkung eingetragen worden und somit K gegenüber unwirksam ist.

▼ 422

Muster 4.97: Bewilligung einer Vormerkung zur Sicherung eines Eigentumsverschaffungsanspruchs 4.97

Die Beteiligten bewilligen und beantragen zur Sicherung des Anspruchs des Käufers auf Eigentumsverschaffung die Eintragung einer Vormerkung auf dem verkauften Grundbesitz – für mehrere Käufer in dem Beteiligungsverhältnis, zu dem sie erwerben. Sie bewilligen und beantragen die Löschung dieser Vormerkung gleichzeitig mit der Eigentumsumschreibung, sofern zu diesem Zeitpunkt keine Zwischeneintragungen erfolgt sind und keine Zwischenanträge vorliegen, denen der Käufer nicht zugestimmt hat.

▲

2. Entstehungsvoraussetzungen

Voraussetzungen für die Entstehung der Vormerkung sind ein **schuldrechtlicher Anspruch** auf dingliche Rechtsänderung (etwa auf Eigentumsübertragung an einem Grundstück), die Bewilligung des Betroffenen (Grundstückseigentümer oder Inhaber des zu schützenden Rechts) und die Eintragung der Vormerkung im Grundbuch. Die Eintragung einer Vormerkung kann auch aufgrund einer gerichtlichen einstweiligen Verfügung erfolgen. Sie ersetzt die Bewilligung des Betroffenen (§ 883 BGB). Der Gläubiger kann auf diese Weise bei einer Gefährdung der Erfüllung seines Anspruchs im Eilverfahren die Schutzwirkung der Vormerkung ohne Mitwirkung des Eigentümers oder Berechtigten erlangen. 423

Vormerkungsfähig sind alle **noch nicht erfüllten** schuldrechtlichen Ansprüche auf dingliche Rechtsänderung, auch künftige und bedingte Ansprüche. Jeder Anspruch, der gesichert werden soll, bedarf einer eigenen Vormerkung. Durch Vormerkung gesichert werden nicht nur Ansprüche auf Übertragung von Eigentum an einem Grundstück, sondern z.B. auch ein Anspruch auf Eintragung einer Grundschuld, auf Abtretung einer Grundschuld oder etwa ein Anspruch auf Rangrücktritt. 424

Beispiel

E verpflichtet sich, für den H an seinem Grundstück eine Hypothek zu bestellen. Die Bedingungen für die Hypothek sind noch nicht ausgehandelt und die Verhandlungen werden sich voraussichtlich über einen längeren Zeitraum erstrecken. Da die Hypothek an erster Rangstelle eingetragen werden soll und H befürchtet, dass diese Stelle zwischenzeitlich besetzt wird, lässt er sich in das Grundbuch eine Vormerkung zur Sicherung seines Anspruchs auf Eintragung der Hypothek eintragen. Diese Vormerkung wird in Abteilung III des Grundbuchs eingetragen und erhält dem H den ersten Rang, gleichgültig, ob zwischenzeitlich andere Grundpfandrechte in das Grundbuch eingetragen werden. Die Vormerkung dient also auch der Rangwahrung für künftig einzutragende beschränkte dingliche Rechte.

Durch eine Vormerkung kann auch ein **Anspruch aus einem Vertrag** gesichert werden, der noch einer Genehmigung bedarf. 425

Beispiel

Der Käufer hat sich bei Abschluss des Kaufvertrages vollmachtlos vertreten lassen. Seine Genehmigung steht noch aus. Dennoch kann die Vormerkung zu seinen Gunsten in das Grundbuch eingetragen werden, da für die Eintragung die einseitige Bewilligung des Betroffenen – die des Eigentümers (Verkäufers) – genügt. Die Vormerkung kann **nicht** eingetragen werden, wenn sich der Verkäufer hat vollmachtlos vertreten lassen, bevor er den Vertrag genehmigt. Hier fehlt die Eintragungsbewilligung des Betroffenen.

Schließlich sind auch künftige und bedingte Ansprüche vormerkungsfähig. Wird ein Kaufvertrag unter der aufschiebenden Bedingung des Eintritts eines bestimmten Ereignisses abgeschlossen, so kann – noch bevor die Bedingung eingetreten ist – eine Vormerkung für den Käufer eingetragen werden. Vormerkungsfähig sind auch die Ansprüche aus einem Vorvertrag und aus einem Kaufangebot. 426

Beispiel

Der Verkäufer macht dem K ein Angebot auf Abschluss eines Kaufvertrages. Dem Käufer wird für die Annahme eine Frist von zwei Monaten gesetzt. Zu seinen Gunsten kann bereits vor der Annahme des Angebots eine Vormerkung eingetragen werden.

3. Keine Grundbuchsperre

427 Durch die Vormerkung wird der Eigentümer (oder Inhaber des betroffenen Rechts) in seiner Verfügungsmacht nicht beschränkt. Er kann weiter verfügen. Nur sind Verfügungen, falls der vorgemerkte Anspruch durchgesetzt wird, dem Vormerkungsberechtigten gegenüber unwirksam. Das gilt auch für Verfügungen im Wege der **Zwangsvollstreckung**.

Beispiel

V verkauft K ein Grundstück und lässt eine Vormerkung eintragen. Ein Gläubiger des V erwirkt die Eintragung einer Zwangshypothek. Sie ist dem Käufer gegenüber unwirksam, wenn er Eigentümer des Grundstücks wird.

428 Auch wenn über das Vermögen des Schuldners (Eigentümers) nach der Eintragung der Vormerkung das Insolvenzverfahren eröffnet wird, kann der vorgemerkte Anspruch durchgesetzt werden. Der Insolvenzverwalter muss den Anspruch erfüllen. Die Vormerkung ist also **insolvenzsicher**.

Beispiel

Nach Abschluss des Kaufvertrages und Eintragung der Vormerkung für K wird das Insolvenzverfahren über das Vermögen des Verkäufers eröffnet. K wird dennoch Eigentümer des verkauften Grundstücks. Es verbleibt also nicht in der Insolvenzmasse.

Da die Anträge vom Grundbuchamt grundsätzlich in der Reihenfolge ihres Eingangs erledigt werden müssen, tritt die Schutzwirkung der Vormerkung schon mit dem Eingang des Antrags beim Grundbuchamt ein. Wenn der Eigentümer danach, aber vor der Eintragung der Vormerkung seine Verfügungsmacht verliert, etwa über sein Vermögen das Insolvenzverfahren eröffnet wird, entfaltet die Vormerkung dennoch ihre Schutzwirkung. § 878 BGB, wonach eine gemäß § 873 BGB bindend gewordene Erklärung nicht dadurch unwirksam wird, dass der Berechtigte in der Verfügung beschränkt wird, wenn zu diesem Zeitpunkt der Eintragungsantrag beim Grundbuchamt bereits gestellt worden ist, ist also entsprechend anzuwenden.

429 Der Vormerkungsberechtigte kann von dem Dritten, der durch die vormerkungswidrige Verfügung ein Recht erworben hat, die Zustimmung zu der Eintragung oder Löschung verlangen, die zur Verwirklichung des durch die Vormerkung gesicherten Anspruchs erforderlich ist (§ 888 BGB).

Beispiel

Nach Abschluss des Kaufvertrages und nach Eintragung der Vormerkung für K belastet V das Grundstück mit einer Grundschuld zugunsten des B. Nach der Eigentumsumschreibung auf K kann dieser von B die Zustimmung zur Löschung der Grundschuld verlangen, im Ergebnis also die Abgabe einer Löschungsbewilligung.

(Oder): V verkauft bei Notar A das Grundstück an K und lässt eine Vormerkung für ihn eintragen. Sodann verkauft er das Grundstück bei Notar B an X. Notar B stellt als erster den Umschreibungsantrag. X wird als Eigentümer eingetragen. K kann aufgrund seiner Vormerkung verlangen, dass er als Eigentümer in das Grundbuch eingetragen wird; X muss alle hierzu nötigen Erklärungen abgeben. Letztlich verliert X sein Eigentum.

4. Sicherung schuldrechtlicher Verfügungsbeschränkungen

Bedeutung hat die Vormerkung zur Sicherung von schuldrechtlichen Verfügungsbeschränkungen. Grundsätzlich kann man einen Eigentümer nicht daran hindern, über ein ihm gehörendes Grundstück durch Veräußerung oder Belastung zu verfügen, selbst wenn er sich verpflichtet hat, dies nicht zu tun. 430

Beispiel

Eltern schenken ihrem Sohn ein Grundstück unter der Auflage, darüber – solange die Eltern leben – nicht ohne deren Zustimmung durch Veräußerung oder Belastung zu verfügen. Veräußert nun der Sohn dennoch das Grundstück an X, so wird X Eigentümer. Die Eltern können allenfalls Schadenersatzansprüche gegen ihren Sohn geltend machen. Daran sind die Eltern jedoch nicht interessiert. Sie wollen vielmehr, dass das Grundstück im Eigentum des Sohnes verbleibt.

Eine Verfügungsbeschränkung als solche ist nicht eintragungsfähig, weil ein solcher Vermerk im Gesetz nicht 431
vorgesehen ist (**numerus clausus der Sachenrechte**). Um die Absicht der Beteiligten zu verwirklichen, wird daher in Übertragungsverträgen zwischen Eltern und Kindern vereinbart, dass – falls der Erwerber gegen das Verfügungsverbot verstößt – das übertragene Grundstück auf die Eltern zurückzuübertragen ist. Mit dieser Hilfskonstruktion wird erreicht, dass zugunsten der Veräußerer ein Recht eingetragen werden kann, nämlich eine Vormerkung. Diese verlangt als unabdingbare Entstehungsvoraussetzung die Begründung eines schuldrechtlichen Anspruchs auf dingliche Rechtsänderung, hier der Rückübertragung auf die Veräußerer. Der bedingte Rückübereignungsanspruch der Eltern wird also durch Eintragung einer „Rückauflassungsvormerkung" gesichert. Ist die Vormerkung zugunsten der Eltern eingetragen und verfügt der Erwerber nunmehr durch Veräußerung oder Belastung über das Grundstück, so ist diese Verfügung den Eltern gegenüber unwirksam (relative Unwirksamkeit).

Beispiel

Entgegen der von ihm übernommenen Verpflichtung belastet der Sohn S das Grundstück mit einer Hypothek zugunsten des B. Die Eltern können die Rückübereignung des Grundstücks und – da die Hypothek mit Rang nach ihrer Vormerkung eingetragen worden ist – die Löschung der Hypothek vom Hypothekengläubiger verlangen.

▼ 432

Muster 4.98: Sicherung einer Verfügungsbeschränkung durch Vormerkung in Übertragungsvertrag

Der Erwerber verpflichtet sich gegenüber dem Veräußerer, das Grundstück, solange der Veräußerer lebt, nicht ohne dessen Zustimmung zu veräußern oder zu belasten. 4.98

Verstößt der Erwerber gegen diese Verpflichtung, so ist der Veräußerer berechtigt, von ihm die unentgeltliche, kosten- und steuerfreie Rückübereignung des Grundstücks zu verlangen.

Zur Sicherung des Anspruchs auf Rückübereignung bewilligen und beantragen die Beteiligten die Eintragung einer Auflassungsvormerkung auf dem übertragenen Grundstück für den Veräußerer.

Der Veräußerer bevollmächtigt den Erwerber, nach seinem Tode die Löschung der Vormerkung zu bewilligen.

▲

Sind **mehrere** zu Bruchteilen Eigentümer eines Grundstücks, so haben sie ein Interesse daran, dass ein 433
Miteigentümer seinen Anteil nicht ohne Zustimmung der anderen veräußert oder belastet. Es soll verhindert werden, dass unerwünschte Personen Miteigentümer werden. Auch hier kann jedem Miteigentümer die Verpflichtung auferlegt werden, über seinen Anteil nicht ohne Zustimmung der Miteigentümer zu verfügen. Als Sanktion für die Verletzung des Verfügungsverbots kann eine Übereignungsverpflichtung vereinbart werden, die wiederum durch die Eintragung einer Vormerkung zu Lasten der Miteigentumsanteile und zugunsten der jeweiligen Eigentümer der anderen Miteigentumsanteile gesichert wird.

▼

Muster 4.99: Vereinbarung einer Verfügungsbeschränkung zwischen Miteigentümern

4.99 Die beiden Miteigentümer verpflichten sich und ihre Gesamtrechtsnachfolger schuldrechtlich, über ihre Miteigentumsanteile, solange einer von ihnen lebt, nicht ohne Zustimmung des anderen Miteigentümers zu verfügen, sie insbesondere weder zu veräußern noch zu belasten.

Verstößt ein Miteigentümer gegen diese Verpflichtung, so ist der jeweils andere berechtigt, von ihm die Übereignung des Miteigentumsanteils zu verlangen.

Zur Sicherung des bedingten Anspruchs auf Übereignung des Miteigentumsanteils bewilligen und beantragen die Beteiligten die Eintragung je einer Auflassungsvormerkung als Belastung der Miteigentumsanteile zugunsten des jeweiligen Eigentümers des jeweils anderen Miteigentumsanteils.

▲

434 **Nicht vormerkungsfähig** ist der aufgrund einer Verfügung von Todes wegen zu erwartende Erwerb eines dinglichen Rechts.

> *Beispiel*
>
> E vermacht seiner Tochter T in einem Erbvertrag erbvertraglich bindend ein Grundstück. T ist dann zwar sicher, dass E das Grundstück keinem anderen durch Verfügung von Todes wegen zuwenden kann. Sie ist jedoch grundsätzlich nicht davor geschützt, dass E das Grundstück zu Lebzeiten veräußert oder belastet.

E kann sich jedoch in dem Erbvertrag seiner Tochter T gegenüber verpflichten, auch zu Lebzeiten über das vermachte Grundstück nicht mehr anderweitig zu verfügen. Es kann vereinbart werden, dass – falls E dem zuwiderhandelt – das Grundstück der Tochter bereits zu Lebzeiten des Vaters übertragen werden muss, gegebenenfalls gegen Eintragung eines Nießbrauchs für den Vater. Dieser bedingte, insoweit durch Rechtsgeschäft unter Lebenden begründete Übereignungsanspruch der Tochter kann wiederum durch die Eintragung einer Vormerkung gesichert werden.

IX. Erwerbsrechte

1. Vorkaufsrecht

a) Inhalt und Wirkung des dinglichen Vorkaufsrechts

435 Ein Grundstück kann in der Weise belastet werden, dass derjenige, zu dessen Gunsten die Belastung erfolgt, dem Eigentümer gegenüber zum Vorkauf berechtigt ist.

Das dingliche, in Abteilung II des Grundbuchs eingetragene Vorkaufsrecht dient einem Sicherungsbedürfnis: Der Vorkaufsberechtigte kann im Falle des Verkaufs des Grundstücks durch den Eigentümer von diesem die Übereignung des Grundstücks zu den in dem Kaufvertrag mit dem Dritten vereinbarten Bedingungen fordern. Das Sicherungsbedürfnis wird dadurch erfüllt, dass das Vorkaufsrecht Dritten gegenüber die Wirkung einer Vormerkung zur Sicherung des durch die Ausübung des Rechts entstehenden Anspruchs auf Übertragung des Eigentums entfaltet (§ 1098 Abs. 2 BGB). Der Berechtigte ist also gegen Verfügungen des Eigentümers, die das Vorkaufsrecht vereiteln oder erschweren, geschützt. Kommt es infolge des Verkaufs, der das Vorkaufsrecht auslöst, zu einer Übertragung an den Dritten, kann der Vorkaufsberechtigte von diesem entsprechend § 888 BGB die Auflassung an sich verlangen (siehe oben Rdn 432 ff.).

> *Beispiel*
>
> Der Grundstückseigentümer E räumt dem B an seinem Grundstück ein Vorkaufsrecht ein, das in Abteilung II des Grundbuchs eingetragen wird. Danach verkauft E das Grundstück an X zu einem Preis von 100.000 EUR und lässt es ihm auf. B übt, als er von dem Verkauf erfährt, sein Vorkaufsrecht aus. Mit der Ausübung des Vorkaufsrechts kommt kraft Gesetzes ein Kaufvertrag zwischen E und B zustande, und zwar zu den Bedingungen, die E mit X vereinbart hat. B muss also einen Kaufpreis von 100.000 EUR an E zahlen. Er kann nicht geltend machen, der Kaufpreis sei ihm zu hoch. B kann von X die Auflassung und gegebenenfalls Herausgabe des Grundstücks verlangen.

b) Entstehung des Rechts

Das dingliche Vorkaufsrecht entsteht durch **Einigung und Eintragung**. Für die Eintragung genügt die Bewilligung des Eigentümers in beglaubigter Form. Die Einigung ist also nicht beurkundungspflichtig und braucht dem Grundbuchamt nicht nachgewiesen zu werden.[103] Das Verpflichtungsgeschäft bedarf gleichwohl der notariellen Beurkundung (§ 311b BGB). Durch Eintragung des Vorkaufsrechts in das Grundbuch wird ein etwaiger Formmangel allerdings geheilt. 436

Das dingliche Vorkaufsrecht kann 437

- zugunsten einer Person (**subjektiv persönlich**), aber auch
- zugunsten des jeweiligen Eigentümers eines anderen Grundstücks (**subjektiv dinglich**),
- nur für den ersten Verkaufsfall oder
- für mehrere oder für alle Verkaufsfälle

bestellt werden.

> *Beispiel* 438
>
> Ist das Vorkaufsrecht nur für einen Verkaufsfall bestellt, so erlischt es mit dem Verkauf an den Dritten, wenn der Vorkaufsberechtigte von seinem Vorkaufsrecht keinen Gebrauch macht. Ist das Vorkaufsrecht für alle Verkaufsfälle bestellt, kann der Berechtigte es auch noch bei einem Weiterverkauf durch den Käufer ausüben.

Für mehrere Berechtigte kann ein Vorkaufsrecht nach Auffassung des BGH nicht als Gesamtgläubiger gemäß § 428 BGB eingetragen werden.[104] Anwendbar ist vielmehr die Vorschrift des § 472 BGB. Sie besagt, dass ein Vorkaufsrecht nur im Ganzen ausgeübt werden kann, wenn es Mehreren gemeinschaftlich zusteht. Ist es für einen der Berechtigten erloschen oder übt er es nicht aus, so sind die Übrigen berechtigt, das Vorkaufsrecht im Ganzen auszuüben. Das Gemeinschaftsverhältnis nach § 472 BGB ist gemäß § 47 GBO im Grundbuch zu verlautbaren.[105] 439

c) Ausübungsfrist

Der Vorkaufsberechtigte muss das Vorkaufsrecht innerhalb einer Frist von zwei Monaten nach Übermittlung einer Abschrift des – wirksamen, also gegebenenfalls **genehmigten** – Kaufvertrages ausüben, wenn keine andere Ausübungsfrist vereinbart ist (§ 469 BGB). In der Praxis wird der Notar regelmäßig bevollmächtigt, dem Vorkaufsberechtigten eine Ausfertigung des Kaufvertrages – **einschließlich aller behördlichen und privaten Genehmigungen** – namens des Verkäufers und des Käufers mittels Einschreiben zu übersenden. Durch diese Mitteilung wird die Frist zur Ausübung des Vorkaufsrechts in Gang gesetzt. Zweckmäßig kann auch die Zustellung durch einen Gerichtsvollzieher sein. 440

Auf diese Weise werden

- der Abschluss des Vertrages,
- der Nachweis seiner Wirksamkeit und
- der Zeitpunkt des Zugangs beim Vorkaufsberechtigten

durch eine öffentliche Urkunde **beweisbar**. Dies kann bedeutsam werden, wenn der Vorkaufsberechtigte nach dem Erlöschen des Vorkaufsrechts infolge Fristablaufs auf Abgabe einer Löschungsbewilligung in Anspruch genommen werden soll.

d) Vorkaufsfall

Das Vorkaufsrecht kann nur ausgeübt werden, wenn das belastete Grundstück an einen **Dritten** verkauft wird. Daher ist kein Vorkaufsfall gegeben bei Schenkung, Tausch oder Einbringung, aber auch nicht bei einer Erbauseinandersetzung, einer Auseinandersetzung der Bruchteilsgemeinschaft oder Verkauf an einen Miteigentümer, weil der Erwerber in allen diesen Fällen nicht Dritter ist. Das Vorkaufsrecht erstreckt sich im 441

103 BGH notar 2016, 311.
104 BGH FGPrax 2017, 54.
105 Vgl. im Einzelnen *Schöner/Stöber*, 16. Aufl. 2020, Rn 1406 ff.

Zweifel auch nicht auf den Verkauf, der mit Rücksicht auf ein künftiges Erbrecht an einen gesetzlichen Erben erfolgt (§ 470 BGB). Ein Vorkaufsfall liegt schließlich auch nicht vor bei Verkauf eines Erbanteils, zu dem das mit dem Vorkaufsrecht belastete Grundstück gehört.

e) Erlöschen des Vorkaufsrechts

442 Das Vorkaufsrecht erlischt immer durch seine Ausübung. Für das Erlöschen in anderen Fällen ist es von entscheidender Bedeutung, ob es lediglich für den ersten Verkaufsfall oder für alle oder mehrere Verkaufsfälle bestellt ist.

Denn § 1097 S. 1 BGB beschränkt das Vorkaufsrecht für den ersten Verkaufsfall auf einen Verkauf durch denjenigen Eigentümer, welchem das belastete Grundstück zur Zeit der Bestellung des Vorkaufsrechts gehört, oder durch dessen Erben. Ein derart beschränktes Vorkaufsrecht erlischt nicht nur bei Nichtausübung, sondern auch aufgrund einer Veräußerung, die keinen Vorkaufsfall im Sinne des vorhergehenden Abschnitts d) darstellt. Denn der veräußernde Ersterwerber ist dann nicht mehr derjenige, dem das Grundstück bei Bestellung des Rechts gehörte.

> *Beispiel*
>
> A bestellt ein Vorkaufsrecht für den ersten Verkaufsfall für X. A schenkt das Grundstück dann dem B. B verkauft es an C. Obwohl dies der erste Verkaufsfall ist, nützt das Vorkaufsrecht dem X nichts, weil es bereits mit dem Eigentumserwerb des B erloschen ist.

Hier besteht also die Möglichkeit einer Umgehung durch eine vorgeschaltete Schenkung. Soll nach dem Willen der Beteiligten, wenn schon kein Vorkaufsrecht für mehrere oder für alle Verkaufsfälle, sondern nur für den ersten Verkaufsfall bestellt wird, eine umgehungsfeste Formulierung gewünscht sein, könnte diese etwa folgenden Wortlaut haben:

443 ▼

Muster 4.100: Bestellung eines dinglichen Vorkaufsrechts

4.100 Frau bestellt hierdurch zugunsten des Herrn an dem im Grundbuch von Blatt eingetragenen Grundstück Flur Flurstück ein dingliches Vorkaufsrecht für denjenigen ersten Verkaufsfall, bei welchem dem Vorkaufsberechtigten erstmals eine Ausübung des Vorkaufsrechts rechtlich möglich ist. Das Vorkaufsrecht besteht also auch dann, wenn ein solcher Verkaufsfall erst bei einem Gesamt- oder Sonderrechtsnachfolger der derzeitigen Grundstückseigentümerin eintritt. Das Vorkaufsrecht ist vererblich, aber nicht übertragbar.

Herr nimmt die vorstehenden Erklärungen der Frau an.

Die Eintragung dieses Vorkaufsrechts in das Grundbuch wird hierdurch bewilligt.

Bis zu seiner Eintragung gilt das Vorkaufsrecht mit schuldrechtlicher Wirkung zwischen den Beteiligten.

▲

Ist das Vorkaufsrecht demgegenüber **für alle oder mehrere Verkaufsfälle** bestellt, erlischt es nicht durch Nichtausübung in einem von mehreren Verkaufsfällen und auch nicht aufgrund einer Veräußerung mittels Nichtverkaufs. Hätte also im vorhergehenden Beispiel das Vorkaufsrecht für alle Verkaufsfälle bestanden, hätte es im Falle des Verkaufs durch B noch ausgeübt werden können. In diesen Fällen ist Verpflichteter also nicht der Eigentümer zur Zeit der Bestellung, sondern derjenige zur Zeit des Verkaufs.

f) Erschwernisse für den Eigentümer

444 Bei Vorhandensein eines eingetragenen Vorkaufsrechts wird ein Verkauf des Grundstücks erschwert, weil für jeden potenziellen Käufer die Ungewissheit besteht, ob das Vorkaufsrecht ausgeübt wird oder nicht. Insbesondere das für alle oder mehrere Verkaufsfälle bestellte Vorkaufsrecht führt zu einer nicht unerheblichen Wertminderung des Grundstücks, weil es bei Nichtausübung im ersten Verkaufsfall nicht erlischt, vom Käufer also übernommen werden muss.

Auch die **Beleihbarkeit** des Grundstücks wird erschwert. Insoweit kann es zweckmäßig sein, für den Grundstückseigentümer einen Rangvorbehalt für einzutragende Grundpfandrechte vorzusehen (zum Rangvorbehalt vgl. Rdn 584 ff.). 445

Denn das dingliche Vorkaufsrecht hat gegenüber nachrangigen Grundpfandrechten die Wirkung einer Eigentumsvormerkung (§ 1098 Abs. 2 BGB). Der Vorkaufsberechtigte kann zwar die Löschung eines nachrangigen Grundpfandrechts nach Ausübung des Vorkaufsrechts dann nicht verlangen, wenn dieses bereits vor dem Verkaufsfall entstanden ist. Die Bank kann aber bei der Beleihung nicht zuverlässig feststellen, ob vor Entstehung ihres Grundpfandrechts noch ein Verkauf stattgefunden hat. Sie verlangt daher regelmäßig einen Rangrücktritt des Vorkaufsberechtigten. Dieser muss dann über die Grundpfandrechtsbestellung unterrichtet werden und ist gleichwohl nicht verpflichtet zurückzutreten.

Verkauft der Eigentümer ein mit einem Vorkaufsrecht belastetes Grundstück und übt der Vorkaufsberechtigte daraufhin sein Recht aus, bestehen zwei Kaufverträge. Erfüllen muss der Eigentümer gegenüber dem Vorkaufsberechtigten, was ihn einer Schadenersatzverpflichtung gegenüber dem Erstkäufer aussetzt. Um dieses Risiko zu vermeiden, sollte sich der Eigentümer in dem Kaufvertrag mit dem Dritten ein Rücktrittsrecht für den Fall der Ausübung des Vorkaufsrechts vorbehalten. Der Rücktritt führt dann zur Auflösung des mit dem Dritten abgeschlossenen Kaufvertrages, lässt aber die Wirksamkeit des mit dem Vorkaufsberechtigten infolge der Ausübung seines Rechts zustandegekommenen Kaufvertrages unberührt (vgl. § 465 BGB). 446

g) Vereinbarung von Übertragbarkeit und Vererblichkeit

Das Vorkaufsrecht ist nicht übertragbar und geht nicht auf die Erben des Berechtigten über (§ 473 BGB). Hierdurch wird der Verpflichtete vor einem ihm nicht genehmen Wechsel in der Person des Berechtigten geschützt. Das Gesetz gestattet jedoch, die Übertragbarkeit oder die Vererblichkeit des subjektiv-persönlichen Vorkaufsrechts zu vereinbaren. Hiervon sollte jedoch nur in Ausnahmefällen Gebrauch gemacht werden, ebenso wie von der Vereinbarung eines Vorkaufsrechts für alle oder mehrere Verkaufsfälle, wegen der damit verbundenen, nicht unerheblichen Beschränkungen für den Eigentümer. 447

Die Übertragbarkeit und Vererblichkeit des subjektiv-persönlichen Vorkaufsrechts bedarf der Einigung und Eintragung im Grundbuch. Das subjektiv-dingliche Vorkaufsrecht geht infolge einer Übertragung oder Vererbung des herrschenden Grundstücks als dessen Bestandteil (§ 96 BGB) auf einen Rechtsnachfolger über. 448

h) Schuldrechtliches Vorkaufsrecht

Vom dinglichen Vorkaufsrecht ist das schuldrechtliche zu unterscheiden. Es wird **nicht** in das Grundbuch eingetragen und wirkt daher nur zwischen dem Eigentümer (bzw. seinem Erben) und dem Vorkaufsberechtigten. Der Vertrag über seine Begründung bedarf der notariellen Beurkundung. 449

> *Beispiel*
>
> E bestellt dem B ein schuldrechtliches Vorkaufsrecht an seinem Grundstück. Danach verkauft er es an X. Nachdem es auf X umgeschrieben worden ist, erfährt B von dem Abschluss des Kaufvertrages und übt sein Vorkaufsrecht aus. Zwar kommt auch hier ein Kaufvertrag zwischen E und B zustande, den E aber nicht mehr erfüllen kann, weil X inzwischen Eigentümer des Grundstücks geworden ist. B muss die Eigentumsumschreibung auf X gegen sich gelten lassen. Das Eigentum an dem Grundstück ist für ihn verloren; er hat allenfalls Schadenersatzansprüche gegen E.

Das schuldrechtliche Vorkaufsrecht hat also wesentlich **geringere Schutzwirkungen** als das dingliche. Allerdings ist es möglich, den bedingten Anspruch des Vorkaufsberechtigten auf Übertragung des Grundstücks aus dem schuldrechtlichen Vorkaufsrecht durch Eintragung einer Auflassungsvormerkung zugunsten des Vorkaufsberechtigten zu sichern. Dann hat das schuldrechtliche Vorkaufsrecht vergleichbare Wirkungen wie ein dingliches: Die Eigentumsumschreibung auf einen Dritten ist dem Vorkaufsberechtigten gegenüber – für den Fall, dass er sein Vorkaufsrecht ausübt – unwirksam. Er kann – wie beim dinglichen Vorkaufsrecht – die Zustimmung zu seiner Eintragung als Eigentümer im Grundbuch auch von dem Dritten verlangen.[106] 450

106 Unterschiede zwischen schuldrechtlichem und dinglichem Vorkaufsrecht ergeben sich bei freihändigem Verkauf durch den Insolvenzverwalter, § 1098 Abs. 1 S. 2, 471 BGB.

451 Beim schuldrechtlichen Vorkaufsrecht können die Beteiligten – im Gegensatz zum dinglichen Vorkaufsrecht – auch vereinbaren, dass bei der Ausübung des Vorkaufsrechts nicht der mit dem Dritten vereinbarte Kaufpreis, sondern ein von vornherein vereinbarter, möglicherweise niedrigerer Kaufpreis zu zahlen ist (limitiertes Vorkaufsrecht).

i) Wirtschaftlicher Hintergrund für ein Vorkaufsrecht

452 In der Praxis werden Vorkaufsrechte vor allem in Verbindung mit langjährigen Miet- und Pachtverträgen, zwischen Nachbarn zur Ermöglichung des eventuellen Zuerwerbs eines Grundstücks und zwischen Miteigentümern bestellt.

Ist die Vereinbarung des Vorkaufsrechts zugunsten des Mieters/Pächters auf Erwerb des gemieteten/gepachteten Grundstücks im Miet-/Pachtvertrag enthalten, bedarf der gesamte Vertrag – also auch hinsichtlich der reinen miet-/pachtrechtlichen Vereinbarungen – der Beurkundungsform (§ 311b BGB).

j) Gesetzliche Vorkaufsrechte

453 Gesetzliche Vorkaufsrechte beruhen nicht auf einer Vereinbarung und werden nicht in das Grundbuch eingetragen. Mit ihrer Hilfe sichert sich die öffentliche Hand den Zugriff auf Grundstücke, um sie für Zwecke des öffentlichen Bedarfs zu verwenden. Hierzu zählen die Vorkaufsrechte nach dem Baugesetzbuch, dem Reichssiedlungsgesetz, dem Bundesnaturschutzgesetz und zahlreichen Landesgesetzen (vgl. Rdn 114 ff.). Aus Gründen des Mieterschutzes ist dem Mieter in § 577 BGB (vgl. Rdn 124) ein gesetzliches Vorkaufsrecht eingeräumt. Wird eine vermietete Wohnung, an der nach der Überlassung an den Mieter Wohnungseigentum begründet worden ist oder begründet werden soll, also bereits nach Errichtung der Teilungserklärung, an einen Dritten verkauft, so ist der Mieter zum Vorkauf berechtigt.

2. Ankaufsrecht

454 Der Vorkaufsberechtigte hat nicht die Sicherheit, das Grundstück einmal zu erwerben; denn Bedingung für die Ausübung seines Rechts ist der Verkauf des Grundstücks. Wird das Grundstück nicht verkauft, kann der Vorkaufsberechtigte nicht zum Zuge kommen. Im Gegensatz zum Vorkaufsrecht hängt die Ausübung des Ankaufsrechts allein vom Willen des Berechtigten oder dem Eintritt einer anderen Bedingung als dem Verkauf des Grundstücks ab. Der Eigentümer macht dem Ankaufsberechtigten ein **bindendes Verkaufsangebot**, das dieser bei Eintritt eines bestimmten Ereignisses oder während einer gewissen Zeit annehmen kann. Häufig wird das Ankaufsrecht auch in der Form eines Vorvertrages zum Kaufvertrag begründet.

> *Beispiel*
>
> Der Vermieter räumt dem Mieter das Recht ein, das vermietete Objekt während der Dauer des Mietvertrages jederzeit anzukaufen. Oder: Der Eigentümer räumt dem Erbbauberechtigten das Recht ein, das mit dem Erbbaurecht belastete Grundstück innerhalb einer bestimmten Frist seit Abschluss des Erbbaurechtsvertrages anzukaufen.

455 Das **Ankaufsrecht** wird durch einen Vertrag (oder ein Vertragsangebot) begründet, der der notariellen Beurkundung bedarf. Dabei werden bereits alle als wesentlich erachteten Bestimmungen für den Ankauf einschließlich der Ausübungsvoraussetzungen so vollständig vereinbart, dass grundsätzlich – außer dem Eintritt einer etwa vereinbarten zusätzlichen Bedingung – nur noch die Ausübungserklärung des Berechtigten zum endgültigen Zustandekommen des Kaufs erforderlich ist. Die Parteien können jedoch auch einzelne Punkte einer späteren Vereinbarung vorbehalten, sofern **objektive** Merkmale für die spätere nähere Bestimmung festgelegt werden. Auch die genaue Bestimmung des Ankaufspreises kann einer späteren Festsetzung vorbehalten bleiben, falls der Kaufpreis nach objektiven Merkmalen bestimmbar und die Grundlage hierfür in dem Ankaufsrechtsvertrag enthalten ist.

456 Außer durch Vertrag kann ein Ankaufsrecht auch durch Verfügung von Todes wegen eingeräumt werden, so durch ein Vermächtnis oder die Zuwendung eines Übernahmerechts gegen Herauszahlung des (oft ermäßigten) Gegenwerts an die Erben bzw. Miterben.

3. Wiederkaufsrecht

Das Wiederkaufsrecht ist das Recht des Verkäufers, das Kaufobjekt unter bestimmten Bedingungen zurückzukaufen. Es wird auch Rückkaufsrecht genannt und ist ein geeignetes Mittel, um den Käufer in der Verwendung des Kaufgegenstandes zu binden. Insbesondere die Gemeinden vereinbaren oft ein Wiederkaufsrecht, um die mit dem Verkauf verfolgten wirtschaftlichen oder sozialen Ziele zu sichern, z.B. für den Fall, dass vom Käufer der vorgesehene Industriebetrieb oder das geplante Wohnhaus nicht innerhalb einer festgelegten Frist auf dem verkauften Grundstück errichtet wird. 457

▼

Muster 4.101: Wiederkaufsrecht

Der Käufer räumt der Verkäuferin an dem verkauften Grundbesitz nebst Aufbauten bis zur schlüsselfertigen Herstellung des Gebäudes ein Wiederkaufsrecht ein. 4.101

Die Verkäuferin ist berechtigt, das Wiederkaufsrecht auszuüben, wenn der Käufer die Aufbauverpflichtung gemäß Abschnitt dieses Vertrages verletzt. Die Frist zur Ausübung des Wiederkaufsrechts endet drei Monate nach dem Zeitpunkt, in dem die Verkäuferin Kenntnis von den ihr Wiederkaufsrecht begründenden Tatsachen erlangt hat.

Für den Wiederkauf gilt als Kaufpreis der Verkehrswert im Zeitpunkt der Ausübung des Wiederkaufsrechts, abzüglich vom Hundert. Können sich die Parteien über den Verkehrswert nicht einigen, so soll er auf Antrag eines Beteiligten von einem vom Präsidenten der Industrie- und Handelskammer in zu benennenden vereidigten Sachverständigen als Schiedsgutachter gemäß § 317 BGB verbindlich festgesetzt werden.

▲

4. Sicherung des schuldrechtlichen Wieder- und Ankaufsrechts

Wiederkaufsrecht und Ankaufsrecht haben nur **schuldrechtliche Wirkung**. Der Eigentümer wird durch die Einräumung eines Wiederkaufs- oder Ankaufsrechts nicht gehindert, nach wie vor über sein Grundstück zu verfügen. Der Wiederkaufs- oder Ankaufsberechtigte kann also nicht verhindern, dass der Eigentümer – wenn er auch dadurch seinen Vertrag verletzt – das Grundstück an einen Dritten verkauft oder verschenkt. Der Wiederkaufs- oder Ankaufsberechtigte ist dann allenfalls auf Schadenersatzansprüche verwiesen. 458

Der Anspruch auf Eigentumsübertragung nach der Ausübung eines Wiederkaufs- oder Ankaufsrechts kann jedoch – wie beim schuldrechtlichen Vorkaufsrecht – durch die Eintragung einer **Auflassungsvormerkung** zugunsten des Berechtigten „verdinglicht" werden. Dann sind vertragswidrige Verfügungen des Eigentümers über das Grundstück dem Berechtigten gegenüber unwirksam. Dem Wiederkaufs- oder Ankaufsberechtigten bleibt – wie bei dem durch Vormerkung gesicherten schuldrechtlichen Vorkaufsrecht – der Zugriff auf das Grundstück erhalten. 459

Eine weitere Annäherung an ein dingliches Recht kann durch die Vereinbarung einer so genannten **Nachfolgeklausel** erreicht werden. Dadurch wird der Grundstückseigentümer verpflichtet, bei einer Weiterveräußerung die ihm obliegenden Verpflichtungen gegenüber dem Wiederkaufs- oder Ankaufsberechtigten seinem Rechtsnachfolger im Eigentum aufzuerlegen mit der Verpflichtung zur entsprechenden Weitergabe der Verpflichtungen bei weiteren Grundstücksübertragungen. Tritt ein Grundstückserwerber in die bestehenden Vereinbarungen ein, so besteht für ihn eine unmittelbare Verpflichtung dem Wiederkaufs- bzw. Ankaufsberechtigten gegenüber. 460

▼

Muster 4.102: Vormerkung zur Sicherung eines Wiederkaufsrechts

Die Beteiligten bewilligen und beantragen zugunsten der Verkäuferin die Eintragung einer Vormerkung zur Sicherung des bei der Ausübung des Wiederkaufsrechts entstehenden Anspruchs der Verkäuferin auf Rückübereignung des Grundbesitzes. 4.102

▲

X. Grundpfandrechte

1. Wirtschaftliche Bedeutung und Struktur der Grundpfandrechte

a) Sicherungsbedürfnis des Gläubigers

461 Der Gläubiger einer Geldforderung, der dem Schuldner Zahlungsfristen einräumt, hat ein berechtigtes Interesse an einer „Sicherheit". Da die künftigen wirtschaftlichen Verhältnisse des Schuldners nicht voraussehbar sind, will der Gläubiger für den Fall der Zahlungsunfähigkeit des Schuldners entweder auf bestimmte Vermögenswerte zurückgreifen können, oder es soll ihm eine andere Person für die Schuld einstehen.

Beispiel

E leiht sich von der Bank B Geld. E und B schließen einen Darlehensvertrag. Aus diesem Darlehensvertrag hat die Bank B einen Anspruch auf Rückzahlung des Geldes. Für die Darlehensschuld haftet E mit seinem ganzen Vermögen. Die Bank kann jedoch nicht sicher sein, ob E seine Verbindlichkeiten erfüllt und ob sein Vermögen erhalten bleibt. Daher lässt sie sich von E eine „Sicherheit", ein Pfand, geben, welches die Bank für den Fall, dass der Schuldner seinen Verpflichtungen nicht nachkommt, verwerten kann.

462 Ist der Schuldner Eigentümer eines Grundstücks, so kann er zur Sicherung einer Forderung des Gläubigers für diesen an seinem Grundstück eine Grundschuld oder eine Hypothek eintragen lassen. Kommt der Schuldner seinen Verpflichtungen nicht nach, kann der Gläubiger aus der Hypothek oder der Grundschuld – dem Grundpfandrecht – die Zwangsversteigerung betreiben und sich aus dem Versteigerungserlös für seine Forderung befriedigen (**Immobiliarpfandrecht**). Grundpfandrechte sind in der notariellen Praxis die wichtigsten Kreditsicherungsmittel. Als weitere Kreditsicherungsmittel kommen daneben auch bewegliche wertvolle Gegenstände des Schuldners in Betracht, die dieser der Bank übergibt (**Mobiliarpfandrecht**, § 1204 BGB). Denkbar ist schließlich, dass der Schuldner einen Bürgen stellt, der von der Bank in Anspruch genommen werden kann, wenn der Schuldner seinen Verpflichtungen nicht nachkommt (§ 765 BGB).

b) Anwendungsfälle

463 Grundpfandrechte dienen der **Sicherung** von Forderungen in mannigfacher Art. Häufig wird gesichert ein Kredit zur Finanzierung des Ankaufs eines Grundstücks oder zur Erhöhung oder Erhaltung des Grundstückswerts, insbesondere durch Errichtung, Modernisierung oder Verbesserung eines auf dem Grundstück stehenden Hauses oder Betriebes.

464 Beim Verkauf eines Grundstücks kann vereinbart werden, dass der Verkäufer einen Teil des Kaufpreises stundet. Hier spricht man von einer Restkaufpreisforderung, die – wenn das Grundstück vor der vollständigen Zahlung des Kaufpreises auf den Käufer umgeschrieben werden soll – durch eine **Restkaufpreishypothek** zugunsten des Verkäufers gesichert werden kann. Schließlich kommen Abfindungsforderungen von Erben gegen den Miterben in Frage, der bei einer Erbauseinandersetzung ein Grundstück übertragen erhält. Werden diese Forderungen für längere Zeit gestundet, so kann zur Sicherung der Abfindungsberechtigten ein Grundpfandrecht eingetragen werden.

c) Grundlagen und Struktur der Grundpfandrechte

465 Grundpfandrechte sind im Grundbuch **einzutragende dingliche Rechte**. Sie gewähren gegenüber dem jeweiligen Eigentümer einen Anspruch auf Duldung der Zwangsvollstreckung (§ 1147 BGB). Der Eigentümer muss dabei nicht zwingend auch der persönliche Schuldner sein.

Beispiel

Tochter T nimmt zur Errichtung eines Wintergartens ein Darlehen bei der Bank auf. Sie schuldet der finanzierenden Bank somit die Rückzahlung des Darlehens und ist persönliche Schuldnerin. Als Sicherheit für dieses Darlehen gewähren die Eltern von T den Eintrag eines Grundpfandrechts zu Lasten ihrer eigenen Immobilie. Die Eltern schulden damit nicht die Rückzahlung des Darlehens, müssen aber die Verwertung ihrer Immobilie im Zwangsversteigerungsverfahren dulden, wenn die Bank die Vollstreckung betreibt.

Man unterscheidet im Wesentlichen **zwei Arten** von Grundpfandrechten: **Hypothek** und **Grundschuld**. Zu vernachlässigende Bedeutung hat die Rentenschuld (s.u. Rdn 537).

Unterschied zwischen Hypothek und Grundschuld ist, dass die Hypothek streng **akzessorisch** ist. Dies bedeutet, dass die Hypothek immer eine bestimmte Forderung sichert (sie ist also abhängig [= akzessorisch] von der Forderung). Die Grundschuld dagegen ist ein abstraktes Recht, d.h. sie entsteht auch unabhängig davon, dass eine Forderung existiert.

In der Praxis hat sich die Grundschuld durchgesetzt, weil sie flexibler ist. Sie hat die Hypothek nahezu verdrängt. Aus der fehlenden gesetzlichen Verknüpfung von Forderung und Grundschuld (Akzessorietät) darf allerdings nicht geschlossen werden, dass die Grundschuld rechtlich isoliert dasteht. Die Verknüpfung zwischen Forderung und dinglichem Recht wird vielmehr dadurch hergestellt, dass eine sog. **Sicherungsvereinbarung** (siehe Rdn 488 ff.) zwischen Eigentümer und Gläubiger getroffen wird. Aus der Sicherungsvereinbarung ergibt sich, welche Forderungen durch die Grundschuld abgesichert werden. Die fehlende Akzessorietät wird folglich durch eine schuldrechtliche Vereinbarung kompensiert.

Seit dem 1.1.2002 können Grundpfandrechte nur noch in EUR, Schweizer Franken, US-Dollar und in den Währungen von EU-Staaten eingetragen werden, die nicht der Währungsunion angehören (z.B. Englische Pfund). Auf Deutsche Mark lautende Altrechte können vom Grundbuchamt von Amts wegen gebührenfrei auf EUR umgestellt werden. Das geschieht in der Regel, wenn bei einem Grundpfandrecht, das auf Deutsche Mark lautet, eine Eintragung vorzunehmen ist (§ 26a GBMaßnG).

Sofern nicht das Gegenteil vereinbart wurde, wird für die Hypothek bzw. Grundschuld ein „**Brief**" gebildet. 466
Dies ist der gesetzliche Regelfall, wobei in den Bestellungsurkunden der meisten Banken ein Briefausschluss vorgesehen ist. Der Grundpfandrechtsbrief ist ein vom Grundbuchamt ausgestelltes **Dokument über das Grundpfandrecht**. Er enthält Angaben über die laufende Nummer des belasteten Grundstücks, unter der es im Bestandsverzeichnis des Grundbuchs eingetragen ist, die Höhe und den Inhaber des Grundpfandrechts.

Bestellt ein Verbraucher zugunsten eines Kreditinstituts oder eines sonstigen Unternehmers eine Grundschuld, so sind die Anforderungen des § 17 Abs. 2a BeurkG zu beachten. Der Notar ist daher insbesondere verpflichtet, auf persönliche Beurkundung oder Beurkundung durch eine Vertrauensperson hinzuwirken.

2. Bestellung von Hypotheken und Grundschulden

a) Entstehung von Grundpfandrechten

Voraussetzungen für das Entstehen einer Hypothek und einer Grundschuld sind die **Einigung** des Eigentümers 467
und des Gläubigers über die Bestellung des Grundpfandrechts, die **Eintragung** des Grundpfandrechts in das Grundbuch und bei „Briefrechten" die Übergabe des Hypotheken- bzw. Grundschuldbriefs an den Gläubiger.

Für die Einigung und die Eintragung gelten die allgemeinen Regeln (vgl. Rdn 301 ff.). Die Einigung über die Bestellung eines Grundpfandrechts erfolgt also formlos. Für die Eintragung des Grundpfandrechts in das Grundbuch sind erforderlich:

- die Eintragungsbewilligung des Eigentümers in notariell beglaubigter Form,
- ein (formloser) Eintragungsantrag des Eigentümers oder des Gläubigers.

b) Unterwerfungserklärung

Die **notariell beglaubigte Eintragungsbewilligung** genügt also grundsätzlich, um ein Grundpfandrecht in 468
das Grundbuch eintragen und damit entstehen zu lassen. Dennoch erfolgt in der überwiegenden Zahl der Fälle die Bestellung von Grundpfandrechten in Form von Verhandlungsniederschriften. Dies hat folgenden Grund: Der Grundpfandrechtsgläubiger bedarf, um aus dem Grundpfandrecht in das Grundstück vollstrecken zu können, eines so genannten Titels. Ein vollstreckbarer Titel ist etwa ein rechtskräftiges Gerichtsurteil. Die Erwirkung eines solchen Urteils kostet Zeit und Geld. Ein Titel, der einem gerichtlichen Urteil gleichsteht, ist die vollstreckbare Ausfertigung einer notariellen Urkunde. Voraussetzung für die Erteilung einer vollstreckbaren Ausfertigung ist, dass sich der Schuldner in der Urkunde der sofortigen Zwangsvollstreckung unterworfen hat. Diese Unterwerfung kann nur zu notariellem Protokoll erklärt werden, also in einer Verhandlungsniederschrift. Weil der Gläubiger in der Regel vom Schuldner verlangt, dass er sich bei der Grundpfandrechtsbestellung der sofortigen Zwangsvollstreckung unterwirft, werden die Grundpfandrechte also regelmäßig in der Form der notariellen Beurkundung bestellt.

469 Typischerweise finden sich in der notariell zu beurkundenden Grundschuldbestellungsurkunde **zwei Vollstreckungsunterwerfungen**, die auseinanderzuhalten sind.

In erster Linie hat der Gläubiger gegen den Grundstückseigentümer einen Anspruch aus dem Grundpfandrecht, d.h. auf Zwangsversteigerung des mit der Hypothek oder der Grundschuld belasteten Grundstücks (**Duldungsanspruch**).

Damit sich der Gläubiger nicht nur durch Verwertung der Immobilie befriedigen kann, gibt der persönliche Schuldner in zweiter Linie in aller Regel ein sog. abstraktes Schuldanerkenntnis über einen bestimmten Betrag (§ 780 BGB) ab. Hier erklärt der Schuldner, dem Gläubiger die Zahlung einer bestimmten Geldsumme zu schulden.

Für beide Ansprüche wünscht der Gläubiger in der Regel einen „Titel" (= eine vollstreckbare Urkunde). Wenn er aus der Verwertung des Grundstücks nicht voll befriedigt wird, möchte er sich an dem sonstigen Vermögen des Schuldners schadlos halten. Der Schuldner unterwirft sich daher zu Protokoll des Notars sowohl der sofortigen Zwangsvollstreckung in sein gesamtes Vermögen als auch den jeweiligen Eigentümer wegen des Grundpfandrechts in das Grundstück.

Die Unterwerfung des jeweiligen Eigentümers unter die sofortige Zwangsvollstreckung in das Grundstück bedarf der Eintragung in das Grundbuch (§ 800 ZPO). Die Klausel „jeweiliger Eigentümer" bedeutet, dass der Gläubiger auch gegen einen Rechtsnachfolger des Eigentümers aufgrund der vollstreckbaren Ausfertigung der Bestellungsurkunde – ohne einen Prozess anstrengen zu müssen – Zwangsvollstreckungsmaßnahmen in das Grundstück einleiten kann. Zuvor muss der Notar dann allerdings die Vollstreckungsklausel gegen den neuen Eigentümer umschreiben (vgl. § 3 Rdn 227 ff.).

470 ▼

Muster 4.103: Grundschuldbestellung mit dinglicher Zwangsvollstreckungsunterwerfung

4.103 Auf dem Grundbesitz ______ wird für die vorstehend genannte Gläubigerin eine Buchgrundschuld i.H.v. ______ EUR bestellt. Die Grundschuld ist vom Tage der Eintragungsbewilligung ab mit ______ vom Hundert jährlich zu verzinsen. Die Zinsen sind am ersten Tage des folgenden Kalenderjahres nachträglich zu zahlen.

Die Erteilung eines Briefes ist ausgeschlossen.

Wegen des Grundschuldbetrages und der Zinsen wird die Unterwerfung unter die sofortige Zwangsvollstreckung in den belasteten Grundbesitz in der Weise erklärt, dass die Zwangsvollstreckung aus dieser Urkunde gegen den jeweiligen Eigentümer des belasteten Grundstücks zulässig ist.

Es wird bewilligt und beantragt, die Grundschuld gemäß den vorstehenden Vereinbarungen und die Unterwerfung unter die sofortige Zwangsvollstreckung in das Grundbuch einzutragen.

Der Gläubigerin ist jederzeit eine für den Grundschuldbetrag und die Zinsen vollstreckbare Ausfertigung dieser Urkunde zu erteilen, ohne dass es des Nachweises der Fälligkeit der Grundschuld bedarf.

▲

c) Herbeiführung der Bindung (§ 873 Abs. 2 BGB)

471 Vor der Eintragung eines Grundpfandrechts sind die Beteiligten an die Einigung (§ 873 Abs. 1 BGB; siehe hierzu Rdn 301 ff.) nur gebunden, wenn die Erklärung bindend, d.h. unwiderruflich geworden ist. Diese im § 873 Abs. 2 BGB geregelte Bindungswirkung tritt bei einseitigen Erklärungen, wenn also die Erklärungen nur vom Grundstückseigentümer abgegeben worden sind, erst ein, wenn der Berechtigte (Eigentümer) dem **anderen Teil** (Gläubiger) eine den Vorschriften der GBO (§§ 19, 28, 29) entsprechende Eintragungsbewilligung ausgehändigt hat. Die Bindung tritt erst ein bei – beurkundeten – Grundpfandrechtsbestellungen mit der Aushändigung einer **Ausfertigung**, bei beglaubigten Grundpfandrechtsbestellungen mit der Aushändigung der **Urschrift** der Urkunde. Der Gläubiger kann – was vielfach geschieht – den Notar zur Entgegennahme einer Ausfertigung bzw. der Urschrift bevollmächtigen. Eine solche Entgegennahme löst zusätzliche Kosten in Form einer Betreuungsgebühr (KV-Nr. 22200 Nr. 7 GNotKG) aus.

Vorschlag für den **Vermerk** auf der der Gläubigerin zu erteilenden **Ausfertigung**:

▼

Muster 4.104: Ausfertigungsvermerk

Die vorstehende Ausfertigung, die eine vollständige Wiedergabe der Urschrift ist, wird hiermit der -Bank in 4.104

zur Vorlage beim Amtsgericht – Grundbuchamt – in erteilt.

Zugleich nehme ich diese Ausfertigung aufgrund der mir von der Gläubigerin hierzu erteilten Vollmacht für diese entgegen.

, den

(L. S.) Notar

▲

Vorschlag für das **Anschreiben** an die Gläubigerin bei einer beurkundeten Grundschuldbestellung: 472

▼

Muster 4.105: Grundbuchbestellung – Anschreiben

(*Aufführung der zu übersendenden Ausfertigung etc., dann weiter*): 4.105

Aufgrund der mir von Ihnen erteilten Vollmacht habe ich die für Sie bestimmte, jedoch dem Grundbuchamt weitergeleitete Ausfertigung der Grundschuldbestellungsurkunde am heutigen Tage für Sie in Empfang genommen und dies auf der Ausfertigung, die ich mit gleicher Post dem Amtsgericht – Grundbuchamt – mit dem Antrag auf Eintragung der Grundschuld übersende, vermerkt.

Mit freundlichen Grüßen

(Notar)

▲

Die Erteilung der Ausfertigung ist gemäß § 15 NotAktVV im **UVZ** zu vermerken. Sofern gewünscht, kann im Feld „Bemerkungen" eine Notiz über die Entgegennahme angebracht werden. Ein Vermerk auf der Urschrift der Niederschrift erfolgt nicht mehr. 473

d) Buchrecht – Briefrecht

Sowohl bei der Grundschuld als auch bei der Hypothek ist – soweit es sich um ein „Briefrecht" handelt – Entstehungsvoraussetzung, dass der Brief dem Gläubiger **übergeben** wird. Nach der Eintragung des Grundpfandrechts übergibt das Grundbuchamt den Brief – wenn keine andere Anweisung vorliegt – dem Eigentümer. Der Gläubiger erwirbt in diesem Fall das Recht erst, wenn ihm der Eigentümer den Brief übergibt. Für den Gläubiger besteht somit die Gefahr, dass er bei Insolvenz des Eigentümers oder bei Pfändung vor Briefübergabe das Recht nicht erwirbt. 474

Dass das Grundbuchamt den gebildeten Brief dem Eigentümer aushändigt, kommt daher in der Praxis so gut wie nicht vor. Die Übergabe vom Eigentümer an den Gläubiger wird vielmehr durch die so genannte **Aushändigungsabrede** ersetzt: Gläubiger und Eigentümer vereinbaren, dass der Gläubiger berechtigt sein soll, sich den Brief vom Grundbuchamt aushändigen zu lassen. Schon mit dieser Vereinbarung, nicht erst mit der Aushändigung des Briefes an den Gläubiger, entsteht das Grundpfandrecht für den Gläubiger, sobald das Grundpfandrecht im Grundbuch eingetragen ist und alle sonstigen Voraussetzungen für das Entstehen des Grundpfandrechts gegeben sind. 475

▼

Muster 4.106: Aushändigungsabrede

Mit dem Gläubiger ist gemäß § 1117 Abs. 2 BGB vereinbart worden, dass er berechtigt sein soll, sich den Grundschuldbrief vom Grundbuchamt aushändigen zu lassen. Der Brief ist daher unmittelbar dem Gläubiger zu Händen des Notars vom Grundbuchamt auszuhändigen. 4.106

▲

Das „**Buchrecht**“ ist nach der Vorstellung des Gesetzgebers die Ausnahme, tatsächlich aber mittlerweile der Regelfall. Neben der Einigung und Eintragung setzt die Entstehung des Buchrechts die Einigung der Parteien über den Ausschluss des Briefes und die Eintragung des Briefausschlusses im Grundbuch voraus. Gebräuchlich sind Formulierungen wie: „Grundschuld ohne Brief“, „brieflos“, „die Erteilung eines Briefes ist ausgeschlossen“.

476 Das Buchrecht kann in ein Briefrecht **umgewandelt** werden und umgekehrt. In beiden Fällen handelt es sich um eine Inhaltsänderung. Einigung und Eintragung der Änderung (bei der Umwandlung in ein Briefrecht zusätzlich die Übergabe des Briefes) sind daher erforderlich. Die Eintragungsbewilligung ist vom Eigentümer und Gläubiger in notariell beglaubigter Form abzugeben.

e) Forderung als Entstehungsvoraussetzung der Hypothek

477 Der Unterschied zwischen Hypothek und Grundschuld besteht im Hinblick auf die zu **sichernde Forderung**. Der Gläubiger wird erst Inhaber der Hypothek (d.h., die Hypothek entsteht erst dann), wenn er gegen den Schuldner die mit der Hypothek zu sichernde Forderung erlangt hat. Die Hypothek ist streng abhängig von der Forderung (sog. **Akzessorietät**).

Die Forderung muss auf die Leistung einer bestimmten Geldsumme gerichtet sein. Ansprüche auf Sach- und Dienstleistungen können also ebenso wenig durch eine Hypothek gesichert werden wie Forderungen auf unbestimmte Geldleistungen (Ausnahme: Höchstbetragshypothek, vgl. unten Rdn 554 ff.). Die Forderung kann künftig oder bedingt sein.

478 Selbst wenn eine Hypothek im Grundbuch eingetragen steht, ist damit noch nichts darüber gesagt, ob sie auch dem Gläubiger zusteht. Dies ist dann nicht der Fall, wenn der Gläubiger noch keine Forderung gegen den Schuldner hat oder sie nicht mehr hat.

Beispiele

Der Schuldner und Eigentümer hat die Hypothek zugunsten der Bank eintragen lassen, das zugesagte Darlehen aber nicht erhalten. Oder der Schuldner und Eigentümer hat das Darlehen inzwischen zurückgezahlt.

479 Ist eine Hypothek zugunsten des Gläubigers im Grundbuch eingetragen, besteht aber keine Forderung des Gläubigers (mehr), so steht das eingetragene Recht in Wirklichkeit dem Eigentümer des Grundstücks zu (als **Eigentümergrundschuld**). Das Grundbuch ist falsch, weil die Eintragung im Grundbuch mit der wahren Rechtslage nicht übereinstimmt. Der Eigentümer kann das Grundbuch dahingehend berichtigen lassen, dass eine Eigentümergrundschuld eingetragen wird. Hierzu muss er allerdings eine öffentlich beglaubigte Erklärung des Gläubigers vorlegen, dass eine Forderung entweder nie bestanden hat (**Nichtvalutierungserklärung**) oder eine Forderung nicht mehr besteht (**löschungsfähige Quittung**).

480 Die Eigentümergrundschuld ist ein Grundpfandrecht, dessen Inhaber der Eigentümer des Grundstücks selbst ist. Der Eigentümer kann seine Eigentümergrundschuld an einen Gläubiger, der ihm ein Darlehen gibt, abtreten und somit „zu Geld machen“. Die Grundschuld wird dann wieder zur „**Fremdgrundschuld**“.

Beispiel

E hat zugunsten der Bank B eine Hypothek eintragen lassen. Wider Erwarten gewährt die Bank B das Darlehen nicht. Eine Hypothek in der Hand der Bank ist nicht entstanden. Vielmehr besteht eine Eigentümergrundschuld des E. Das Grundbuch ist falsch. Erhält nunmehr E von der Bank X ein Darlehen, kann er nach Berichtigung der „Hypothek“ in eine Eigentümergrundschuld diese zur Sicherheit an die Bank X abtreten.

Die im Grundbuch eingetragene Hypothek, der ein **Darlehen** zugrunde liegt, verwandelt sich mit **fortschreitender Tilgung** des Darlehens in eine **Eigentümergrundschuld**. Entsprechend verringert sich die Hypothek in der Hand des Gläubigers, ohne dass dies aus dem Grundbuch ersichtlich wäre. Der Eigentümer entzieht dem Gläubiger die Sicherheit in Höhe der geleisteten Tilgung.

f) Grundschuld

aa) Keine Akzessorietät

Während die Hypothek von dem Bestand der zugrunde liegenden Forderung streng abhängig ist, entsteht die Grundschuld in der Hand des Gläubigers auch dann, wenn ihr eine Forderung nicht zugrunde liegt (sie ist „**abstrakt**" oder **nicht akzessorisch**). 481

Beispiel

E lässt zugunsten der Bank B auf seinem Grundstück eine Grundschuld eintragen. Die Bank ist Inhaberin der Grundschuld, gleichgültig, ob sie das Darlehen gewährt oder nicht. Da die Grundschuld jedoch in Erwartung dessen, dass ein Darlehen gewährt wird, bestellt worden ist, hat der Eigentümer, wenn die Valutierung ausbleibt, einen Anspruch darauf, dass die Bank eine Löschungsbewilligung bezüglich der Grundschuld abgibt oder die Grundschuld an ihn, den Eigentümer, abtritt. Nach der Abtretung besteht, weil dann der Eigentümer Inhaber der Grundschuld ist, wiederum eine Eigentümergrundschuld.

Dem Fehlen der Akzessorietät steht nicht entgegen, dass die Grundschuld überwiegend der Sicherung von Forderungen dient. Man spricht hier von einer Sicherungsgrundschuld. In der Kreditsicherungspraxis hat die Grundschuld die Hypothek fast völlig verdrängt. Das liegt daran, dass sie wegen ihrer Abstraktheit im Gegensatz zur Hypothek mehrfach und zur Sicherung verschiedener, auch künftiger Verbindlichkeiten verwendet werden kann. Ihr Vorteil liegt also in der Flexibilität. 482

Auch die Grundschuld wird aber – wie die Hypothek – dann zur Eigentümergrundschuld, wenn auf sie selbst, also nicht auf die durch sie zumeist gesicherte Forderung, gezahlt wird. Um dem Gläubiger bis zur Beendigung des Schuldverhältnisses die Grundschuld unverkürzt zu erhalten, wird daher zumeist vereinbart, dass die Zahlungen nicht auf die Grundschuld, sondern auf die persönliche Schuld erfolgen. Die Grundschuld verbleibt dann bis zur Löschung bzw. Abtretung in der Hand des Gläubigers, gleichgültig, ob ihm noch etwas geschuldet wird oder nicht.

bb) Nebenleistungen der Grundschuld

Während der bei der Hypothek einzutragende Zinssatz demjenigen des Darlehensvertrages entspricht (Akzessorietät), ist der mit einer Grundschuld ausgestattete Zins vom Darlehenszins unabhängig, also ebenso wenig akzessorisch wie die Grundschuld selbst. 483

Bei der Grundschuld werden üblicherweise Jahres-Festzinssätze zwischen 12 % und 20 % eingetragen. Diese Zinssätze haben mit den vereinbarten Darlehenszinsen nichts zu tun. Es handelt sich um einen Sicherheitszins, der das Volumen der Sicherheit des Gläubigers insgesamt erweitert (teilweise Verdoppelung des Hauptsachebetrages). Mit dem abstrakten hohen Zinssatz werden z.B. spätere Erhöhungen des Darlehenszinses, etwaige Verzugszinsen sowie gegebenenfalls erhöhte Zinsen für Kontokorrentüberziehungen abgesichert.

Häufig werden bei der Grundschuld auch Nebenleistungen eingetragen (beispielsweise 15 % des Grundschuldbetrages). Diese sichern im Darlehensvertrag zusätzlich vereinbarte Zahlungsverpflichtungen ab, etwa die Zahlung einer Vorfälligkeitsentschädigung bei vorzeitiger Ablösung des Darlehens. 484

cc) Kündigung der Grundschuld

In der Vergangenheit wurde in Grundschuldformularen von Banken, Sparkassen und Bausparkassen das Kapital der Grundschuld in Abänderung zur gesetzlichen **Kündigungsfrist** von sechs Monaten (§ 1193 Abs. 2 BGB) sofort fällig gestellt. Durch das am 19.8.2008 in Kraft getretene **Risikobegrenzungsgesetz** ist nunmehr die Fälligkeit des Grundschuldkapitals zwingend an die sechsmonatige Kündigungsfrist geknüpft, wenn die Grundschuld – wie in der Regel der Fall – der Sicherung einer Geldforderung dient. Die Vereinbarung der sofortigen Fälligkeit ist somit bei Sicherungsgrundschulden nicht mehr zulässig. Zulässig ist jedoch nach wie vor die sofortige Erteilung einer vollstreckbaren Ausfertigung der Grundschuldbestellungsurkunde durch den Notar, wenn der Schuldner auf den Nachweis der Tatsachen, die das Entstehen oder die Fälligkeit der Grundschuld bedingen, verzichtet.[107] 485

107 BNotK Rundschreiben Nr. 23 v. 26.8.2008; *Schindeldecker*, RNotZ 2016, 440.

486 Das nunmehr gesetzlich zwingende Kündigungserfordernis des § 1193 Abs. 2 S. 2 BGB gilt allerdings nur für nach dem 19.8.2008 neubestellte Grundschulden. Bei Nachverpfändungen von Altgrundschulden, die nach diesem Zeitpunkt erfolgen, muss darauf geachtet werden, dass die Grundschuld in Bezug auf das nachverpfändete Grundstück mit der nunmehr geltenden gesetzlichen Kündigungsfrist ausgestattet wird (siehe hierzu Rdn 521 ff.). Diese Grundschulden haben dann also zwei Fälligkeiten, nämlich eine sofortige für die ursprünglich belasteten Grundstücke und eine mit gesetzlicher Kündigungsfrist für das nachverpfändete Grundstück.

dd) Flexibilität der Grundschuld

487 Ist die gesicherte Forderung getilgt, bleibt die Grundschuld oft als Sicherheit für spätere Fälle im Grundbuch stehen. Die Grundschuld kann also im Gegensatz zur Hypothek als Sicherheit für mehrere, auch nacheinander entstehende und für Forderungen unterschiedlicher Höhe dienen. Sie hat sich wegen ihrer leichteren Handhabbarkeit in der Praxis der Banken als gängiges Sicherungsmittel durchgesetzt.

ee) Sicherungsabrede, Zweckbestimmung

488 Da die Grundschuld als Grundpfandrecht dem Grundschuldgläubiger das Recht gewährt, im Falle der Versteigerung aus dem Versteigerungserlös einen Betrag zu entnehmen, der dem Grundschuldbetrag entspricht, der also möglicherweise über den noch bestehenden persönlichen Anspruch hinausgeht, setzt die Bestellung einer Grundschuld zur Sicherung für eine Forderung großes Vertrauen in den Gläubiger voraus. Denn der Gläubiger ist rechtlich in der Lage, die Grundschuld auch dann zu verwerten, wenn eine Forderung nicht besteht. Nur einem absolut vertrauenswürdigen Gläubiger sollte daher eine Grundschuld bestellt werden.

489 In der Regel schließen Gläubiger und Eigentümer einen so genannten **Sicherungsvertrag**. In dem Sicherungsvertrag, der teilweise auch als Zweckerklärung oder Zweckabrede bezeichnet wird, wird vereinbart, welche Forderungen durch die Grundschuld gesichert werden sollen, dass die Grundschuld – wenn eine Forderung nicht mehr besteht – auf den Eigentümer zurückzuübertragen oder ihm eine Löschungsbewilligung über die Grundschuld zu erteilen ist, und dass dem Eigentümer die dazu erforderlichen Unterlagen, etwa ein Grundschuldbrief, auszuhändigen sind. Schließlich kann vereinbart werden, dass Grundschuld und Forderung nur zusammen abgetreten werden dürfen. Der Sicherungsvertrag verknüpft also die Grundschuld mit der zu sichernden Forderung. Während sich bei der Hypothek die Verknüpfung bereits aus dem Gesetz ergibt, erfolgt bei der Grundschuld die Verknüpfung durch Parteivereinbarung. Folglich sind im Zusammenhang mit der Grundschuld drei Dinge gedanklich auseinanderzuhalten: Die Sicherheit selbst (Grundschuld), die zu sichernde Forderung (z.B. Anspruch auf Rückzahlung des Darlehens) und der Sicherungsvertrag, der Grundschuld und zu sichernde Forderung miteinander verbindet.

490 ▼

Muster 4.107: Zweckerklärung (verkürzt)

4.107 Die Grundschuld dient – auch wenn die Sicherheit anlässlich einer bestimmten Kreditgewährung bestellt wird – zur Sicherung aller bestehenden und künftigen, auch bedingten oder befristeten Ansprüche aus der Geschäftsverbindung (insbesondere aus Krediten irgendwelcher Art, Bürgschaften, Gewährleistungen, Wechseln, Schecks, Lieferungen oder Leistungen) und der Ansprüche aus den im Rahmen der üblichen Bankgeschäfte von Dritten erworbenen Forderungen, welche der Gläubiger gegen den Kreditnehmer und persönlichen Schuldner oder dessen Gesamtrechtsnachfolger zustehen.

▲

Eine umfassende **Zweckbestimmungserklärung** versetzt den Kreditgläubiger in die Lage, auf die bestellte Grundschuld ungeachtet des ursprünglichen Schuldgrundes hinsichtlich weiterer Forderungen gegen den Sicherungsgeber als Sicherheit zurückgreifen zu können.

ff) Einschränkungen der Sicherungsabrede

491 Zweifel an der Bereitschaft des Grundstückseigentümers, der Bank eine solche umfassende Sicherheit gewähren zu wollen, können sich dann ergeben, wenn Grundstückseigentümer und Kreditnehmer nicht dieselbe Person sind. Der Bundesgerichtshof hat in einer Entscheidung ausgeführt, bei formularmäßig verwendeten Zweckerklärungen mit dem vorangegebenen Inhalt liege die Annahme einer überraschenden Klausel im Sinne Allgemeiner Geschäftsbedingungen (§§ 305 ff. BGB) nahe. So braucht nach dem BGH derjenige, der zur Sicherung eines fremden zweckgebundenen Darlehens an seinem Grundstück eine Grundschuld bestellt,

billigerweise nicht damit zu rechnen, dass er mit dem Grundstück für „alle gegenwärtigen und zukünftigen Ansprüche aus der Geschäftsverbindung" zwischen Darlehensschuldner und Darlehensgläubiger haftet. Der BGH hat in seiner Entscheidung festgestellt, dass eine solche Ausweitung des Sicherungszwecks außerhalb des durch den Anlass des Geschäftes bestimmten Rahmens liege.[108]

Bei Auseinanderfallen von Schuldner und Grundstückseigentümer kann also eine umfassende Zweckerklärung im vorbeschriebenen Sinne gegen § 307 BGB verstoßen und somit zur Unwirksamkeit der Grundschuldbestellungsurkunde führen. Hier ist die Sicherungsabrede gegebenenfalls einzuschränken.

Einen besonders häufig vorkommenden Fall einer nur auf ein bestimmtes Kreditgeschäft bezogenen Hingabe einer Sicherheit stellt die Mitwirkung des Verkäufers bei der Kaufpreisfinanzierung vor Umschreibung des Kaufgrundbesitzes dar. Hier sollte in einer in der Grundschuldbestellungsurkunde enthaltenen Zweckerklärung deutlich gemacht werden, dass die Grundschuld bis zur Eigentumsumschreibung auf den Käufer lediglich zur Sicherung von Verbindlichkeiten dient, die zum Zwecke der Kaufpreisfinanzierung eingegangen werden (vgl. Rdn 71). 492

g) Rangbescheinigung

In der überwiegenden Zahl der Fälle werden Grundpfandrechte zugunsten von Banken oder Sparkassen zur Sicherung von Krediten bestellt, die diese dem Grundstückseigentümer gewähren. Die Darlehen werden in der Regel erst ausgezahlt, wenn die Grundpfandrechte entstanden, also im Grundbuch eingetragen sind und – falls es sich um Briefrechte handelt – der Gläubiger im Besitz des Briefes ist. Zwischen der Beurkundung des Grundpfandrechts und seiner Eintragung in das Grundbuch kann, insbesondere auch wegen unterschiedlicher Bearbeitungsdauer beim Grundbuchamt, manchmal eine längere Zeit liegen. 493

Will der Schuldner eine schnellere Auszahlung, also vor Eintragung des Rechts im Grundbuch erreichen, hilft in der Praxis eine „**Notarbestätigung**" oder „**Rangbescheinigung**". Bescheinigt der Notar dem Geldinstitut, dass er den Antrag auf Eintragung des Grundpfandrechts bei dem Grundbuchamt eingereicht hat und dass für ihn keine Hindernisse ersichtlich sind, dass das Grundpfandrecht die verlangte Rangstelle im Grundbuch erhalten wird, zahlt es das Darlehen bereits aufgrund dieser Bescheinigung dem Schuldner aus. Bevor der Notar die Rangbescheinigung erteilt, muss er anhand der Grundbuchlage, insbesondere aber durch Einsicht in die **Grundakten** feststellen, ob das Grundpfandrecht mit dem ausbedungenen Rang in das Grundbuch eingetragen wird. Eine Rangbescheinigung ist stets sorgsam zu behandeln, da sie mit einem erheblichen Haftungsrisiko für den Notar verbunden ist. 494

Bei der Erteilung einer Rangbescheinigung ist auf Folgendes besonders zu achten: 495

Dem Notar ist es im Hinblick auf § 14 Abs. 4 S. 1 BNotO untersagt, die künftige Eintragung eines Grundpfandrechts zu garantieren oder zu garantieren, dass ein zur Eintragung beantragtes Grundpfandrecht tatsächlich eine bestimmte Rangstelle erhalten wird. Andererseits lassen sich wegen der Bindung des Grundbuchamtes an die Grundbuchordnung aus den vorliegenden Anträgen Folgerungen über die künftigen Eintragungen im Grundbuch ziehen. Derartige Folgerungen aus festgestellten Tatsachen sind gutachterliche Äußerungen, in denen die künftige Erledigung eines Antrages beurteilt, nicht aber für eine Eintragung Gewähr geleistet wird. Zu einer solchen gutachterlichen Stellungnahme ist der Notar nach § 24 Abs. 1 BNotO berufen.

Der Notar gewinnt seine Erkenntnisse im Zusammenhang mit der Erstellung einer Rangbescheinigung aus den eigenen Akten, dem Grundbuch und insbesondere aus den Grundakten bzw. beim elektronisch geführten Grundbuch aus der elektronischen Antragsliste, auch Markentabelle genannt. Sowohl die Einsicht in die Grundakten als auch in die Markentabelle dient dazu, vorrangige Eintragungsanträge zu erkennen. Die Markentabelle bzw. die elektronische Antragsliste ist ein Hilfsverzeichnis im Sinne von § 12a Abs. 1 GBO, in der grundbuchblattbezogene Eintragungsanträge vermerkt sind, die dem Grundbuchamt vorliegen und noch in Bearbeitung sind. 496

108 Vgl. BGH DNotZ 1982, 314.

Als Hilfsverzeichnis nehmen elektronische Antragsliste oder Markentabelle allerdings nicht an den Rechtswirkungen des Grundbuchs teil, vermitteln also insbesondere keinen Schutz des guten Glaubens. Das Grundbuchamt haftet nicht für eine etwaige Unvollständigkeit (§ 12a Abs. 1 S. 2 Hs. 2 GBO). Es empfiehlt sich also, zur Vermeidung einer Haftung des Notars neben der Markentabelle bzw. der elektronischen Antragsliste, wie bisher, auch die Grundakten einzusehen. Nützlich – wenn auch letztlich nicht verbindlich – ist immer auch eine mündliche Auskunft des Geschäftsstellenbeamten über vorliegende Anträge.

497 Das nachfolgende Muster einer Rangbescheinigung basiert auf einem Formulierungsvorschlag der Bundesnotarkammer.[109]

▼

Muster 4.108: Rangbescheinigung

4.108 An das -Kreditinstitut

Ihr Zeichen:

Darlehensnehmer:

Pfandobjekt:

Eigentümer/Erbbauberechtigter:

Grundbuch des Amtsgerichts vom , Blatt

Rangbescheinigung

Meine Urkunde vom , UVZ-Nr. , übersende ich Ihnen/habe ich Ihnen bereits übersandt in

- einfacher Ausfertigung
- vollstreckbarer Ausfertigung
- Urschrift

In meiner Eigenschaft als Notar bestätige ich Ihnen gegenüber

1. Am habe ich dem Grundbuchamt die vorgenannte Urkunde vorgelegt; die Eintragungsanträge habe ich im zulässigen Umfang auch in ihrem Namen gestellt. Hierbei habe ich für das Pfandobjekt festgestellt:

   a) Als Eigentümer/Erbbauberechtigter ist/sind eingetragen ,

   b) Folgende Belastungen und Beschränkungen sind eingetragen:
   Abteilung II:
   Abteilung III:

2. Auf der Grundlage meiner Akten und der Einsicht in

   – das Grundbuch am

   – die elektronische Antragsliste (Markentabelle) am

   – die Grundakten am

109 Weitere Musterformulierungen zu Ranggutachten unter besonderer Berücksichtigung des elektronischen Rechtsverkehrs finden sich bei *Lindow*, RNotZ 2019, 505.

- sind mir keine Umstände bekannt, die der Eintragung des Grundpfandrechts im Rang nach bzw. im Gleichrang mit folgenden Belastungen entgegenstehen:
  Abteilung II:
  Abteilung III:

, den

(Ort und Datum)

(Unterschrift des Notars)

▲

Da die Rangbescheinigung keine öffentliche Urkunde im Sinne der §§ 415, 418 ZPO ist, bedarf sie zu ihrer Wirksamkeit nicht der Beifügung des Amtssiegels und erhält auch keine eigene Urkundennummer. Andererseits dürfte gegen die Beifügung des Amtssiegels nichts einzuwenden sein, wenn es ausschließlich zur Identifizierung des Notars dient.

h) Eigentümergrundschuld

Der Eigentümer eines Grundstücks kann auch für sich selbst eine Grundschuld als Eigentümergrundschuld ein- 498
tragen lassen. Sie ist eine **echte Grundschuld**. Möglich ist, dass sich der Eigentümer dem zukünftigen Gläubiger gegenüber sowohl der sofortigen Zwangsvollstreckung in das Grundstück als auch persönlich in sein gesamtes Vermögen unterwirft. Zwar kann der Eigentümer die Zwangsvollstreckung nicht gegen sich selbst betreiben. Sinn der dinglichen und persönlichen Unterwerfung ist jedoch, dass ein späterer Gläubiger, der die Grundschuld nach deren Abtretung erwirbt, einen Titel besitzt, um die Zwangsvollstreckung in den verpfändeten Grundbesitz und das persönliche Vermögen des Schuldners betreiben zu können.

Die **persönliche Zwangsvollstreckungsunterwerfung** in der Eigentümergrundschuldbestellungsurkunde ist 499
aber nur gegenüber dem **ersten Abtretungsempfänger** wirksam. Ob der spätere Inhaber der Grundschuld auch der erste Abtretungsempfänger ist, lässt sich jedenfalls bei einem Briefrecht, das in der Regel außerhalb des Grundbuchs übertragen wird, nicht ohne weiteres nachweisen. Deshalb empfiehlt es sich, die persönliche Zwangsvollstreckungsunterwerfung in die – dann notariell zu beurkundende – Abtretungsurkunde aufzunehmen.

Die Bestellung einer Eigentümerbriefgrundschuld und deren Abtretung außerhalb des Grundbuchs werden in 500
der Praxis häufig vorgenommen, damit der Kreditgeber des Eigentümers aus dem Grundbuch nicht ersichtlich wird oder wenn zunächst noch nicht feststeht, bei welchem Gläubiger ein Kredit in Anspruch genommen werden soll.

> *Beispiel*
> E lässt zu seinen Gunsten an seinem Grundstück eine Eigentümergrundschuld mit Brief eintragen. Sodann tritt er die Eigentümergrundschuld durch schriftliche Erklärung unter Übergabe des Grundschuldbriefes an einen Gläubiger ab, der ihm ein Darlehen gewährt. Aufgrund der Abtretung wird der Gläubiger Inhaber der Grundschuld, ohne dass die Abtretung in das Grundbuch eingetragen werden müsste. Im Grundbuch steht nach wie vor lediglich die Eigentümergrundschuld zugunsten des E.

i) Belastungsgegenstand

Belastungsgegenstand eines Grundpfandrechts ist ein Grundstück (bzw. Wohnungs-/Teileigentum oder ein 501
Erbbaurecht). Nicht mit einer Grundschuld belastet werden kann eine noch nicht vermessene Teilfläche. Hier ist im Vorfeld lediglich die Eintragung auf der Gesamtfläche denkbar; nach rechtlicher Verselbstständigung der Teilfläche ist dann der nicht zu belastende Teil wieder freizugeben.

Ein Miteigentumsanteil an einem Grundstück kann nur dann belastet werden, wenn bereits eine Miteigentümergemeinschaft besteht oder der ideelle Bruchteil bereits isoliert gemäß § 3 Abs. 6 GBO gebucht ist (§ 1114 BGB).

Werden mehrere Grundstücke oder Miteigentumsanteile an einem Grundstück mit ein und demselben Grundpfandrecht belastet, so spricht man von einer „**Gesamthypothek**“ bzw. einer „**Gesamtgrundschuld**“. Ist zunächst nur ein Grundstück mit einer Hypothek oder einer Grundschuld belastet und soll später ein weiteres Grundstück in die Pfandhaft mit einbezogen werden, so spricht man von „Nachverpfändung“.

Soll der jeweilige Eigentümer des nachverpfändeten Grundstücks der sofortigen Zwangsvollstreckung unterworfen sein (§ 800 ZPO), sind in der Nachverpfändungsurkunde die für die Unterwerfung erforderlichen Angaben (Betrag, Zinshöhe, Zinsbeginn und gegebenenfalls sonstige Nebenleistung) vollständig anzugeben, oder es ist eine Verweisung gemäß § 13a BeurkG auf die ursprüngliche Grundpfandrechtsbestellungsurkunde vorzunehmen.

502 Ist von vornherein beabsichtigt, mehrere Grundstücke mit einem Grundpfandrecht zu belasten, jedoch eine Belastung aller Grundstücke zurzeit nicht möglich, etwa weil ein Grundstück noch nicht im Eigentum des Grundpfandrechtsbestellers steht, so kann zweifelhaft sein, ob das Gesamtgrundpfandrecht bereits wirksam entsteht, wenn es zunächst nur auf einigen – nicht auf allen – Grundstücken eingetragen wird. Es empfiehlt sich, in solchen Fällen folgende Formulierung in die Grundpfandrechtsbestellungsurkunde aufzunehmen:

▼

Muster 4.109: Gesamtgrundschuld

4.109 Erfolgt die Eintragung der Gesamtgrundschuld nicht zugleich auf allen verpfändeten Grundstücken, so ist zwischen dem Eigentümer und der Gläubigerin Folgendes vereinbart:

Die Grundschuld soll in diesem Fall an denjenigen Pfandobjekten, an denen sie jeweils eingetragen wird, bereits mit der Eintragung entstehen, unabhängig vom weiteren Vollzug der Urkunde.

▲

3. Abtretung von Grundpfandrechten

a) Wirtschaftliche Bedeutung

503 Der Gläubiger kann sein Grundpfandrecht an einen anderen abtreten. An seine Stelle tritt dann ein neuer Gläubiger. Die Zustimmung des Schuldners ist dazu grundsätzlich **nicht** erforderlich. Etwas anderes gilt dann, wenn die Abtretbarkeit bei Bestellung des Grundpfandrechts ausgeschlossen wird. Dies empfiehlt sich insbesondere bei Privatgrundschulden.

In der Praxis ist die Abtretung einer Grundschuld häufig gewünscht, weil der Darlehensnehmer seine Verbindlichkeiten umschulden möchte, sprich: den alten Kredit durch Aufnahme eines neuen Kredits bei einer neuen Bank ablösen möchte. Soll keine neue Grundschuld bestellt werden, kann die alte Grundschuld abgetreten werden. Mit der Grundschuld werden normalerweise auch die Ansprüche aus dem persönlichen Schuldanerkenntnis an den neuen Gläubiger abgetreten.

Bei Hypotheken ist wegen der bestehenden Akzessorietät zudem erforderlich, dass auch die gesicherten Forderungen mit abgetreten werden. Der neue Gläubiger erwirbt also sowohl den Zahlungsanspruch gegen den Schuldner als auch das Recht, notfalls die Zwangsvollstreckung in das Grundstück zu betreiben. Die Abtretung kann schenkweise oder gegen Entgelt erfolgen. Dies ist eine Frage des zugrunde liegenden Schuldverhältnisses (vgl. Rdn 1627 ff.).

> *Beispiel*
>
> G ist Inhaber einer durch Hypothek gesicherten Forderung in Höhe von 10.000 EUR – in Worten: zehntausend EUR – gegen E. X will von G Forderung und Hypothek gegen Zahlung eines Betrages von 9.000 EUR erwerben. G ist damit einverstanden und tritt Forderung und Hypothek an den X ab.

b) Rechtliche Erfordernisse

504 Die Abtretung der Forderung erfolgt durch **formlose Vereinbarung** zwischen dem alten und dem neuen Gläubiger. Für die Form der Abtretung der Grundpfandrechte, also der Sicherheiten, muss zwischen Briefrechten und Buchrechten unterschieden werden. Die Abtretung von Buchhypotheken und Buchgrundschulden erfordert Einigung und Eintragung in das Grundbuch. Bei Briefrechten ist ein Brief ausgestellt worden, ein Wert-

papier, dessen Besitz notwendig ist, um über das verbriefte Recht zu verfügen und es auszuüben. Hier ist für den Übergang des Rechts eine Eintragung der Abtretung im Grundbuch nicht zwingend erforderlich.

Der Übergang eines Briefrechts erfordert stets:

- eine formlose Einigung über den Übergang des Grundpfandrechts und
- die Übergabe des Briefs.

Dazu muss kommen

- entweder die Eintragung der Abtretung in das Grundbuch,
- oder eine Abtretungserklärung in schriftlicher Form (§ 1154 BGB).

Für die Abtretungserklärung begnügt sich das Gesetz zwar mit der Schriftform. Seine volle Legitimation er- 505
reicht der neue Gläubiger aber nur, wenn die Abtretungserklärung **öffentlich beglaubigt** ist. Um die Verkehrsfähigkeit des Briefrechts zu erhöhen, ist im Gesetz bestimmt, dass derjenige, der seine Inhaberschaft anhand ununterbrochener öffentlich beglaubigter Abtretungserklärungen zurück bis zu dem im Grundbuch eingetragenen Gläubiger nachweisen kann, als Inhaber des Grundpfandrechts genauso legitimiert ist, wie wenn er selbst im Grundbuch eingetragen wäre.

Die Abtretungserklärungen werden in der Regel noch aus einem anderen Grund notariell beglaubigt. Will sich 506
der Inhaber eines Grundpfandrechts, der das Recht nach mehrmaligen, außerhalb des Grundbuchs erfolgten Abtretungen erworben hat, als Gläubiger in das Grundbuch eintragen lassen, muss er nach §§ 19, 29 GBO eine Kette von öffentlich beglaubigten Abtretungserklärungen und den Brief dem Grundbuchamt vorlegen. In diesem Fall bedarf es – ausnahmsweise nicht der Voreintragung des Betroffenen, d.h. des vorangehenden Gläubigers (§ 39 Abs. 2 GBO und vgl. Rdn 20, 327).

Die gesetzliche Regel, dass für die Abtretung eines Briefrechts die Schriftform genügt, bildet in der Praxis also 507
die Ausnahme.

▼

Muster 4.110: Abtretung einer Hypothek

Im Grundbuch für Blatt ist als Belastung des dort verzeichneten Grundstücks in Abteilung 4.110
III unter lfd. Nr. eine Hypothek in Höhe von EUR – in Worten: EUR – für mich eingetragen.

Ich trete diese Hypothek einschließlich der ihr zugrunde liegenden Forderung mit Zinsen und sonstigen Nebenleistungen seit dem an ab. Ich bewillige und beantrage die Eintragung der Abtretung in das Grundbuch.

▲

▼ 508

Muster 4.111: Abtretung einer Grundschuld

Im Grundbuch von Blatt ist zu Lasten des dort verzeichneten Grundstücks in Abteilung III 4.111
unter lfd. Nr. für mich eine Grundschuld ohne Brief von EUR – in Worten: EUR – eingetragen.

Diese Grundschuld mit den Zinsen seit der Eintragung der Grundschuld trete ich an ab.

Ferner trete ich alle Rechte aus der Grundschuldbestellungsurkunde, insbesondere auch den persönlichen Haftungsanspruch gegen den Grundstückseigentümer, an den neuen Gläubiger ab (siehe hierzu § 3 Rdn 228).

Ich bewillige und beantrage die Eintragung der Abtretung in das Grundbuch.

▲

Die Abtretbarkeit einer Hypothek oder Grundschuld kann ausgeschlossen werden. Der Abtretungsausschluss 509
bedarf, damit er gegenüber Dritten wirkt, der Eintragung in das Grundbuch, zumindest durch Bezugnahme auf die Eintragungsbewilligung. Er schützt den Eigentümer vor ihm nicht genehmen Gläubigern.

c) Einreden gegenüber dem neuen Gläubiger

510 Eine Einrede, die dem Eigentümer aufgrund eines zwischen ihm und dem bisherigen Gläubiger bestehenden Rechtsverhältnisses gegen die Hypothek zusteht, kann auch dem neuen Gläubiger entgegengehalten werden (§ 1157 BGB). Allerdings kann der neue Gläubiger die Hypothek einredefrei erwerben, wenn er gutgläubig ist, also von der Einrede nichts weiß (zum gutgläubigen Erwerb siehe Rdn 13).

511 Entsprechendes gilt für Einreden gegen die Grundschuld. Hier gilt eine Besonderheit für Sicherungsgrundschulden nach einer Gesetzesänderung durch das Risikobegrenzungsgesetz (siehe oben Rdn 502). Einreden, die dem Eigentümer aufgrund des Sicherungsvertrages mit dem bisherigen Gläubiger gegen die Grundschuld zustehen, können auch einem gutgläubigen Erwerber der Grundschuld entgegengesetzt werden. Insoweit findet also ein einredefreier Erwerb selbst bei Gutgläubigkeit nicht statt (§ 1192 Abs. 1a BGB).

4. Ansprüche aus den Grundpfandrechten

512 Der Gläubiger eines der Sicherheit für eine Geldforderung dienenden Grundpfandrechts hat zwei Ansprüche: Einmal einen **Zahlungsanspruch** aus der gesicherten Forderung, zum anderen, falls der Schuldner die Forderung nicht erfüllt, einen **Anspruch auf Duldung der Zwangsvollstreckung**, d.h. der Verwertung des Grundstücks.

a) Anspruch auf Duldung der Zwangsvollstreckung

513 Das Verwertungsrecht des Gläubigers erstreckt sich auf das Grundstück und seine wesentlichen Bestandteile (Gebäude) und darüber hinaus auf bestimmte Gegenstände, die den wirtschaftlichen Wert des Grundstücks ausmachen. Hierzu gehören insbesondere das Zubehör, die Erzeugnisse und die sonstigen Bestandteile, die mit der Trennung in das Eigentum des Eigentümers fallen, sowie Miet-, Pachtzins- und Versicherungsforderungen.

> *Beispiel*
>
> H ist Inhaber einer Hypothek am Hof des Bauern E. Dem Gläubiger haften die Grundstücke und die darauf befindlichen Gebäude, ferner – falls der Eigentümer den Hof selbst bewirtschaftet – die aufstehende Saat, die Maschinen, das Saatgut sowie das Vieh. Hat E den Hof verpachtet, so erstreckt sich die Hypothek auf die Pachtzinsforderungen.

b) Zwangsversteigerung, Zwangsverwaltung

514 Der Grundpfandrechtsgläubiger kann, falls seine Forderung aus dem gesicherten Darlehen nicht beglichen wird, das Grundstück verwerten, indem er die Zwangsverwaltung oder die Zwangsversteigerung betreibt. Dazu bedarf er – wie stets für eine Zwangsvollstreckung – eines Titels, der mit der Vollstreckungsklausel versehen sein muss. Liegt eine notarielle Urkunde mit Unterwerfung unter die sofortige Zwangsvollstreckung vor, genügt eine vollstreckbare Ausfertigung der Urkunde und deren Zustellung durch den Gerichtsvollzieher an den Schuldner (vgl. § 3 Rdn 245). Auf Antrag des Gläubigers wird vom Vollstreckungsgericht das Zwangsverwaltungs- oder das Zwangsversteigerungsverfahren angeordnet. Hierdurch wird das Grundstück „beschlagnahmt“ (siehe unten Rdn 607 ff.).

515 Der die Zwangsversteigerung anordnende Beschluss gilt zugunsten der betreibenden Gläubigerin als Beschlagnahme des Grundstücks (§ 20 ZVG). Die **Beschlagnahme** wird wirksam

- entweder durch Zustellung des Beschlusses beim Schuldner (§ 22 Abs. 1 S. 1 ZVG)
- oder mit dem Zeitpunkt, in dem das Ersuchen des Vollstreckungsgerichts um Eintragung des Versteigerungsvermerks beim Grundbuchamt eingeht, sofern daraufhin die Eintragung „demnächst“ erfolgt (§ 22 Abs. 1 S. 2 ZVG).

Ist die Beschlagnahme zum Zwecke der Zwangsverwaltung angeordnet, so erstreckt sie sich auf alle Gegenstände, die dem Gläubiger haften. Die Beschlagnahme zum Zwecke der Zwangsversteigerung erstreckt sich ebenfalls auf alle Gegenstände, die zum Haftungsverband gehören, jedoch mit Ausnahme der Miet- und Pachtzinsforderungen und der Ansprüche auf wiederkehrende Leistungen. Bei Objekten, die Mieten einbringen, betreibt der Gläubiger daher in der Regel sowohl die Zwangsversteigerung als auch die Zwangsverwaltung, um zur Befriedigung seiner Ansprüche auch einen Zugriff auf die Mietzinsforderungen zu erhalten.

c) Fälligkeit der Grundpfandrechte

Bevor der Gläubiger die Zwangsvollstreckung einleiten kann, muss die Hypothek bzw. die Grundschuld **fällig** sein. 516

Für eine etwa die Fälligkeit herbeiführende Kündigung ist zwischen Hypothek und Grundschuld zu unterscheiden. Weil die Hypothek akzessorisch, also von der gesicherten Forderung abhängig ist, muss sie gekündigt werden, wenn auch die Fälligkeit der Forderung, wie meistens der Fall, von einer Kündigung abhängt (§ 1141 BGB). Die Grundschuld wird nach vorgängiger Kündigung mit einer Frist von sechs Monaten fällig, eine sofortige Fälligkeit (ohne Kündigung) kann allerdings vereinbart werden (§ 1193 BGB). Die abweichende Vereinbarung bedarf der Eintragung in das Grundbuch.

Dient die Grundschuld, wie in der Regel, der Sicherung einer Geldforderung (Sicherungsgrundschuld), ist eine 517
Vereinbarung über einen **Kündigungsausschluss** nicht zulässig (siehe oben Rdn 502 f.). Bei ihr gilt also stets die gesetzliche Kündigungsfrist von sechs Monaten.

5. Erlöschen der Grundpfandrechte

a) Interessen des Eigentümers

Wenn die gesicherte Forderung **nicht mehr besteht**, kann das Grundpfandrecht gelöscht werden. Grundsätzlich 518
steht es im Belieben des Eigentümers, ob er nach Tilgung der Schuld das Grundpfandrecht im Grundbuch löschen lässt. Eine Grundschuld lässt der Eigentümer häufig aber dann im Grundbuch stehen, wenn er beabsichtigt, sich später erneut ein Darlehen geben zu lassen. Dann kann er – ohne Löschungs- und Neueintragungskosten – die Grundschuld zur Sicherung des neuen Darlehens verwenden.

Eine getilgte Hypothek wird kraft Gesetzes zu einer Eigentümergrundschuld und kann nach entsprechender 519
Grundbuchberichtigung zwecks Neuvalutierung an einen neuen Darlehensgeber abgetreten werden (siehe oben Rdn 493 ff.). Diese theoretische Möglichkeit ist aufwändig und mit Kosten verbunden, weshalb sie in der Praxis selten vorkommt.

Eine Verpflichtung des Eigentümers zur Löschung eines Grundpfandrechts kann sich aufgrund eines gesetzlichen oder vertraglichen Anspruchs eines nachrangigen Inhabers eines beschränkten dinglichen Rechts ergeben, der grundsätzlich ein Interesse daran hat, sich im Rang zu verbessern (siehe unten Rdn 569 ff.).

Zur Löschung eines Grundpfandrechts bedarf es nach § 27 GBO stets der **Zustimmung** des Eigentümers. Durch 520
die Löschung eines Grundpfandrechts kann nämlich auch der Eigentümer in seinen Rechten beeinträchtigt werden. Denn jedes Grundpfandrecht kann Eigentümergrundschuld, also ein Recht des Eigentümers, geworden sein. Die Hypothek verwandelt sich – soweit ihr eine Forderung nicht mehr zugrunde liegt – kraft Gesetzes in eine Eigentümergrundschuld. Dasselbe gilt für eine Fremdgrundschuld, wenn die Zahlungen nicht auf die Forderung, sondern auf die Grundschuld selbst erfolgen (was in der Praxis allerdings meistens abbedungen wird, siehe oben Rdn 499). Außerdem hat der Eigentümer ein berechtigtes Interesse daran, dass nachrangige Gläubiger nicht ohne seine Zustimmung den durch die Löschung frei werdenden Rang als Folge ihres Aufrückens besetzen.

Aus diesen Gründen fordert das Gesetz für die Löschung der Grundpfandrechte die Zustimmung des Eigentümers. Da sie eine Art Löschungsbewilligung ist, verlangt die Grundbuchordnung für sie – zur Sicherung des Rechtsverkehrs – notarielle Beglaubigung (vgl. Rdn 22).

Bei Briefrechten ist für die Löschung des Rechts der Brief dem Grundbuchamt vorzulegen. Vorsicht ist insofern 521
bei der Vorbereitung und Abwicklung von Kaufverträgen geboten, wenn auf dem Kaufgegenstand noch Briefrechte lasten: Am besten sollte noch vor der Beurkundung geklärt werden, wo sich die Grundpfandrechtsbriefe befinden. Sind diese nämlich nicht mehr auffindbar, ist ein aufwändiges und zeitintensives gerichtliches Aufgebotsverfahren erforderlich.

▼

Muster 4.112: Löschungsbewilligung

Im Grundbuch von ______ Blatt ______ ist in Abteilung III unter lfd. Nr. ______ für mich eine brieflose 4.112
Hypothek von ______ EUR – in Worten: ______ EUR – eingetragen. Ich bewillige deren Löschung. Kosten übernehme ich nicht.

(Unterschriftsbeglaubigung)

▲

522 ▼

Muster 4.113: Löschungsantrag (Zustimmung)

4.113 Im Grundbuch von … Blatt … ist in Abteilung III unter lfd. Nr. … für … eine brieflose Hypothek von … EUR – in Worten: … EUR – eingetragen.

Ich, der Eigentümer, stimme deren Löschung zu und beantrage sie.

(*Unterschriftsbeglaubigung*)

▲

b) Teillöschung

523 Schon nach der teilweisen Befriedigung des Gläubigers kann der Eigentümer ein Interesse daran haben, dass ein entsprechender Teil des Grundpfandrechts gelöscht wird. In der Praxis wird dann ein „letztrangiger" Teil des Grundpfandrechts gelöscht.

▼

Muster 4.114: Teillöschungsbewilligung

4.114 Im Grundbuch von … ist für mich in Abteilung III unter lfd. Nr. … eine Hypothek von … EUR – in Worten: … EUR – eingetragen. Ich bewillige die Löschung eines rangletzten Teils von … EUR – in Worten: … EUR – dieser Hypothek.

(*Unterschriftsbeglaubigung*)

▲

Häufig schließt der Gläubiger allerdings in seinen Verträgen seine Verpflichtung zur Abgabe einer Teillöschungsbewilligung aus.

c) Löschungsfähige Quittung

524 Der Löschungsbewilligung des Gläubigers einer Hypothek bedarf es ausnahmsweise nicht, wenn er erklärt, vom Eigentümer und Schuldner wegen seiner Forderung befriedigt worden zu sein. Denn daraus ergibt sich, dass die Hypothek zu einer Eigentümergrundschuld geworden ist, also nicht mehr dem Gläubiger, sondern dem Eigentümer selbst zusteht. Diese Erklärung nennt man „**löschungsfähige Quittung**". Wird sie dem Grundbuchamt in notariell beglaubigter Form vorgelegt, so genügt zur Löschung ein (notariell beglaubigter) Löschungsantrag des Eigentümers. Aus der löschungsfähigen Quittung muss sich der Übergang des Rechts auf den Eigentümer ergeben (i.d.R.: Höhe des Zahlbetrages, Person des Zahlenden und Leistungsempfänger, Zeitpunkt der Zahlung bei zwischenzeitlichem Eigentumswechsel).

▼

Muster 4.115: Löschungsfähige Quittung mit Löschungsantrag des Eigentümers

4.115 Im Grundbuch von … ist in Abteilung III unter lfd. Nr. … für mich eine Hypothek von … EUR – in Worten: … EUR – eingetragen. Ich bekenne mich durch den jetzigen Eigentümer und persönlichen Schuldner für voll befriedigt und übergebe ihm den Hypothekenbrief.

Ich, der Eigentümer, stimme der Löschung zu und beantrage sie.

(*Unterschriftsbeglaubigung*)

▲

d) Verzicht des Gläubigers

525 Denkbar ist auch ein **Verzicht** des Gläubigers auf sein Grundpfandrecht. Er gibt dann seine Sicherheit auf. Dies wird er – obwohl seine Forderung noch besteht – möglicherweise tun, wenn ihm vom Schuldner eine andere Sicherheit geboten wird.

Beispiel

E hat die Hälfte seiner Schuld an G bezahlt. G, der Inhaber einer Hypothek am Grundstück des E ist, hält eine Sicherheit für seine Forderung nicht mehr für erforderlich. Denkbar ist auch, dass sich B für die Schuld verbürgt und G eine doppelte Sicherheit nicht für nötig hält. Er verzichtet auf die Hypothek.

Der Verzicht auf die Hypothek führt nicht zur Beseitigung des Rechts, sondern lässt die Hypothek auf den Eigentümer als Eigentümergrundschuld übergehen. Der Verzicht bedarf nicht der Zustimmung des Eigentümers. Er wird durch die Eintragung des Vermerks im Grundbuch wirksam. Der Eigentümer kann dann das Grundbuch dahingehend berichtigen lassen, dass für ihn eine Eigentümergrundschuld besteht, oder das Recht löschen lassen. Entsprechendes gilt für die Grundschuld. Durch Verzicht auf die Grundschuld entsteht also eine Eigentümergrundschuld.

e) Pfandfreigabe

526 Bei Gesamtgrundpfandrechten, also solchen, die auf mehreren Grundstücken oder Miteigentumsanteilen lasten, kommt es vor, dass das Grundpfandrecht nur auf einem Teil des Grundbesitzes gelöscht werden soll. Hier spricht man von einer „Pfandfreigabe“ oder einer „Pfandentlassung“. Die Pfandfreigabe ist das Gegenstück zur Nachverpfändung (vgl. Rdn 521).

▼

Muster 4.116: Pfandentlassungserklärung

4.116

Ich, der Gläubiger, bewillige hiermit, bei der im Grundbuch von ___ verzeichneten Grundschuld Abteilung III lfd. Nr. ___ einzutragen, dass das Grundstück Flur ___ Flurstück ___ aus der Mithaft entlassen ist. Kosten trage ich nicht.

▲

527 Die **Pfandfreigabe** ist ein Teilverzicht auf das Grundpfandrecht. Die Zustimmung des Eigentümers ist entbehrlich, weil das Grundpfandrecht als solches in der Hand des Gläubigers bestehen bleibt und sich lediglich der Pfandumfang verringert.

Pfandfreigaben kommen vor allem beim Verkauf eines Teilstücks aus einem Grundstück vor. Wenn das Grundstück, aus dem das Teilstück verkauft wird, belastet und dem Käufer Lastenfreiheit zugesichert worden ist, muss das verkaufte Teilstück nach Vermessung und Fortschreibung im Kataster aus der Haftung freigegeben werden.

f) Verteilung

528 Bei Gesamtgrundpfandrechten kommt in der Praxis ferner eine Hypotheken- oder Grundschuldverteilung in Betracht.

Beispiel

Auf den Flurstücken 574 und 575 lastet eine Gesamthypothek von 50.000 EUR. E, der Eigentümer, will die Hypothek vom Gläubiger so aufteilen lassen, dass auf jedem Flurstück eine Hypothek von 25.000 EUR lastet.

Zur Verteilung von Grundpfandrechten durch den Gläubiger ist die Zustimmung des Eigentümers ebenfalls, wie bei der Pfandfreigabe, **nicht** erforderlich.

6. Verschiedene Hypothekenarten

529 Bei Hypotheken unterscheidet man zwischen der **Verkehrshypothek** (Brief- und Buchhypothek), der **Sicherungshypothek**, der **Höchstbetragshypothek**, der **Gesamthypothek** und der **Zwangshypothek**.

a) Verkehrshypothek

530 Wenn die Beteiligten keine besondere Abrede treffen, bestellen sie eine Briefhypothek. Ist die Erteilung eines Briefes ausgeschlossen, so wollen sie eine Buchhypothek. Da sowohl bei der Brief- als auch bei der Buchhypothek zum Schutz des Rechtsverkehrs das Recht gutgläubig erworben werden kann, obwohl eine Forderung des

Gläubigers nicht besteht, nennt man diese Hypotheken „Verkehrshypotheken“. Sie sind für den Umlauf im Rechtsverkehr (Abtretung) geeignet.

b) Sicherungshypothek

531 Wollen die Beteiligten verhindern, dass ein Dritter die Hypothek gutgläubig erwirbt, obwohl eine Forderung nicht mehr besteht, können sie eine Sicherungshypothek bestellen. Sie ist streng von der Forderung abhängig. Nur der Inhaber der Forderung kann Inhaber der Hypothek sein. Die Sicherungshypothek kann nur als Buchhypothek bestellt werden. Im Falle der Abtretung erwirbt der Erwerber die Hypothek nur, wenn noch eine Forderung gegen den Schuldner besteht. Ohne Forderung kann die Sicherungshypothek also auch nicht gutgläubig erworben werden. Sie ist im Gegensatz zur Verkehrshypothek für den Umlauf im Rechtsverkehr also ungeeignet. Sicherungshypotheken werden meist im Wege der Zwangsvollstreckung eingetragen (s.u. Rdn 535).

c) Höchstbetragshypothek

532 Bei Hypotheken muss die zu sichernde Forderung ihrer Höhe nach grundsätzlich feststehen. Es gibt aber zahlreiche Rechtsbeziehungen, bei denen sich weder die konkret zu sichernde Forderung noch deren Höhe schon von vornherein bestimmen lassen, wo aber gleichwohl ein Bedürfnis nach Sicherung der Forderungen aus der „Geschäftsverbindung“ vorhanden ist. Man denke etwa an den Kontokorrentkredit.

533 Für diese Fälle stellt das Gesetz die Höchstbetragshypothek zur Verfügung. Sie ist eine Sicherungshypothek, bei der nur der Höchstbetrag, bis zu dem das Grundstück haften soll, bestimmt ist, im Übrigen aber die Feststellung der Forderung ihrer Art und Höhe nach vorbehalten wird.

d) Gesamthypothek

534 Eine Gesamthypothek liegt vor, wenn für die Forderung eine Hypothek an mehreren Grundstücken oder Miteigentumsanteilen besteht. In diesem Fall haftet jedes der Grundstücke bzw. jeder Miteigentumsanteil für die gesamte Forderung. Der Hypothekengläubiger kann aber nur einmal den Schuldbetrag verlangen. Zur Realisierung seiner Forderung kann er nach seinem Belieben in den gesamten oder nur einen Teil des Grundbesitzes zwangsvollstrecken (vgl. Rdn 536 ff.). Entsprechendes gilt für die Gesamtgrundschuld.

e) Zwangshypothek

535 Der Gläubiger einer „titulierten“ Forderung (Urteil, vollstreckbare Ausfertigung einer notariellen Urkunde) kann die Eintragung einer Zwangshypothek auf dem Grundstück des Schuldners beantragen. Voraussetzung für die Eintragung der Zwangshypothek ist, dass die titulierte Forderung mehr als 750 EUR beträgt. Auch für mehrere titulierte Forderungen kann eine einheitliche Sicherungshypothek eingetragen werden.

Bei der Zwangshypothek gibt es keine Gesamthypothek. Sollen mehrere Grundstücke mit einer Hypothek belastet werden, ist eine Verteilung der Forderung notwendig. Die Größe der Teile bestimmt der Gläubiger; die Teile müssen aber auch hier jeweils höher als 750 EUR sein.

536 Dem Grundbuchamt muss mit dem Antrag auf Eintragung einer Zwangshypothek ein mit der Vollstreckungsklausel und dem Zustellungsvermerk versehener Titel vorgelegt werden. Die Zwangshypothek ist stets Sicherungshypothek.

7. Rentenschuld

a) Inhalt

537 In der Praxis ist die Bedeutung der Rentenschuld sehr gering. Ihre Funktion als Sicherungsmittel für „Renten“ kann sie nicht mehr erfüllen, weil sie nicht wertgesichert werden kann, etwa durch Koppelung an den Verbraucherpreisindex.

Die Rentenschuld ist eine Abart der Grundschuld, bei der eine Geldrente zu regelmäßig wiederkehrenden Terminen „aus dem Grundstück“ zu zahlen ist. Dabei muss der Betrag **bestimmt** und im Grundbuch eingetragen werden, durch dessen Zahlung die Rentenschuld abgelöst werden kann (Ablösungssumme). Das Recht der Ablösung steht nur dem Eigentümer zu. Der Gläubiger kann die Ablösung von sich aus nicht verlangen, ein Recht dazu kann ihm auch nicht eingeräumt werden. Auf die einzelnen Leistungen der Rentenschuld sind die Vorschriften über die Hypothekenzinsen anwendbar.

b) Unterschied zur Reallast

Die Rentenschuld ist nicht zu verwechseln mit der Reallast (siehe hierzu Rdn 386 ff.). Diese wird in Abteilung II eingetragen, die Rentenschuld in Abteilung III. Die Reallast hat einen breiteren Anwendungsbereich als die Rentenschuld. Die Reallast verpflichtet zwar auch zu wiederkehrenden Leistungen „aus dem Grundstück“, nicht aber wie die Rentenschuld zu **regelmäßig** wiederkehrenden Leistungen gleicher Höhe. Daher können die mit der Reallast gesicherten Forderungen indexabhängig gemacht werden. Dies ist der Grund, warum bei Veräußerungen „auf Rentenbasis“ statt der an sich dafür vorgesehenen Rentenschuld die Reallast als Sicherungsmittel gewählt wird. 538

Die Rentenschuld sichert nur Geldleistungen, während die Reallast jemanden berechtigen kann, auch andere Leistungen zu fordern. Während die Reallast entweder dem jeweiligen Eigentümer eines Grundstücks (subjektiv dinglich) oder einer bestimmten Person (subjektiv persönlich) zustehen kann, wird die Rentenschuld **nur für eine bestimmte Person** bestellt. Bei der Reallast haftet der Eigentümer nicht nur mit dem Grundstück, sondern für die während der Dauer seines Eigentums fällig werdenden Leistungen auch persönlich. Bei der Rentenschuld haftet der Eigentümer nur mit dem Grundstück. Wird eine Reallast abgelöst, dann erlischt sie, wird eine Rentenschuld abgelöst, so geht sie als Eigentümerrentenschuld auf den Eigentümer über.

XI. Rang der Grundstücksrechte

1. Wirtschaftliche Bedeutung des Ranges eines Rechts

Das Gesetz gibt dem Eigentümer die Möglichkeit, sich ihm zustehender Nutzungs- und Verwertungsrechte zu entäußern und sie in Gestalt eines beschränkten dinglichen Rechts (eines Nutzungsrechts, z.B. Nießbrauch, oder eines Verwertungsrechts, z.B. einer Hypothek oder einer Grundschuld) einem anderen zu übertragen. Dies ist so lange problemlos, wie nur **ein Nutzungsrecht** oder **ein Verwertungsrecht** bestellt wird. Die Lage ändert sich, wenn an ein und demselben Grundstück mehrere beschränkte dingliche Rechte begründet werden. Solange „alles gut geht“, also etwa die Hypotheken vereinbarungsgemäß „bedient“, d.h. der Zins- und Tilgungsdienst pünktlich geleistet wird, besteht zwischen den Rechten keine Konkurrenz. Muss aber das Grundstück – in der Zwangsverwaltung und/oder Zwangsversteigerung – verwertet werden und reicht der Erlös nicht für alle Beteiligten aus, so wird die Konkurrenz der Rechte, ihr Verhältnis zueinander, d.h. ihr Rang, von entscheidender Bedeutung. 539

In der **Zwangsversteigerung** werden die eingetragenen Rechte grundsätzlich in der Reihenfolge ihrer Eintragung befriedigt. Es gilt der Grundsatz, dass das früher begründete Recht den Vorrang vor dem zeitlich später entstandenen hat. Entsprechend der unterschiedlichen Chance, bei einer zwangsweisen Verwertung des Grundstücks voll oder nur teilweise zum Zuge zu kommen, werden die Rechte **„bewertet“**: Eine an zweiter Rangstelle eingetragene Hypothek bietet geringere Sicherheit als eine an erster Stelle stehende (und ist daher in der Regel „teurer“, also höher verzinslich, oder wird überhaupt nicht als Sicherheit akzeptiert).[110] 540

Bedeutung hat der Rang auch für Gläubiger von Nutzungs- oder Erwerbsrechten (Dienstbarkeiten, Vorkaufsrechten, Vormerkungen). Betreibt der Gläubiger eines Grundpfandrechts die Zwangsversteigerung, fallen diese Rechte in das sog. geringste Gebot, wenn sie **vorrangig** eingetragen sind. Dies bedeutet, dass sie auch nach dem Zuschlag bestehen bleiben und von dem Erwerber zu übernehmen sind. Sind sie dagegen **nachrangig** eingetragen, erlöschen sie mit dem Zuschlag. 541

> *Beispiel*
>
> An erster Rangstelle ist in Abteilung III eine Grundschuld für den Gläubiger G eingetragen. Nachrangig besteht ein Wohnungsrecht für die Mutter des Eigentümers M. Der G betreibt nun die Zwangsversteigerung in das Grundstück. Durch den Zuschlag erwirbt der Ersteigerer E lastenfreies Eigentum. Das Wohnungsrecht für M erlischt.
>
> Wäre die Grundschuld hingegen mit Rang **nach** dem Wohnungsrecht eingetragen gewesen, hätte der Ersteigerer E das Wohnungsrecht übernehmen müssen.

110 Vgl. hierzu *Grauel*, JurBüro 1979, 494 ff.

2. Grundsätze der Rangordnung

a) Beweglichkeit der Rangordnung

542 Das Rangverhältnis unter mehreren Rechten bestimmt sich nach § 879 BGB (siehe unten Rdn 575 ff.). Die einmal gegebene Rangordnung ist nicht unumstößlich, sondern „**beweglich**“. Es ist also nicht ausgeschlossen, dass die Beteiligten eine abweichende Vereinbarung treffen. Dies kann von vornherein geschehen. Dann spricht man von einer Rangvereinbarung. Ihr kann auch durch einen so genannten **Rangvorbehalt** Rechnung getragen werden. Erfolgt die Vereinbarung nachträglich, spricht man von einer **Rangänderung**. Sie erfordert die Einigung des zurücktretenden und des vortretenden Berechtigten und die Eintragung der Änderung in das Grundbuch (§ 880 BGB). Auch durch Löschung eines vorrangigen Rechts im Grundbuch erfolgt ein automatisches Aufrücken der nachrangigen Rechte im Rang.

543 Es gibt eine Ausnahme von dem Grundsatz der „Beweglichkeit“ der Rangordnung: Bei der Vereinigung von Eigentum und beschränktem dinglichen Recht in einer Person geht das beschränkte dingliche Recht nicht unter, sondern bleibt bestehen (§ 889 BGB). Ein automatisches Aufrücken nachrangiger Gläubiger erfolgt nicht.

> *Beispiel*
>
> E hat dem N einen Nießbrauch, später dem H eine Hypothek bewilligt. Beerbt N den E, so bleibt sein Nießbrauch (als Recht an eigener Sache) bestehen, hindert also eine Rangverbesserung des H.

b) Löschungsverpflichtung

544 Praktisch bedeutsamer ist eine zweite Ausnahme vom Grundsatz der Beweglichkeit der Rangordnung: Bei der Hypothek führt das Nichtentstehen oder Erlöschen der gesicherten Forderung nicht zum Untergang der Hypothek und damit zu einem Aufrücken der nachfolgenden Gläubiger; das Pfandrecht steht vielmehr jetzt dem Eigentümer als Eigentümergrundschuld zu unter Beibehaltung des bisherigen Ranges. Früher suchten sich die nachfolgenden Gläubiger ein Aufrücken durch die mit dem Eigentümer von vornherein getroffene und im Grundbuch durch Vormerkung gesicherte Vereinbarung zu sichern, wonach der Eigentümer sich verpflichtete, das auf ihn übergegangene Grundpfandrecht sofort löschen zu lassen (**Löschungsvormerkung**).

Seit dem 1.1.1978 haben nachrangige Grundpfandrechtsgläubiger einen gesetzlichen Löschungsanspruch gegen den Eigentümer, falls sich ein vorrangiges oder gleichstehendes Grundpfandrecht mit dem Eigentum in einer Person vereinigt (§ 1179a BGB). Dies gilt jedoch nur für nach dem 31.12.1977 eingetragene Rechte. Die Eintragung von Löschungsvormerkungen für Gläubiger von „neuen“ Grundpfandrechten ist also seit dem 1.1.1978 nicht mehr zulässig. Dennoch behält die Löschungsvormerkung nach wie vor Bedeutung für Inhaber nachrangiger Rechte, die nicht Grundpfandrechte sind, also insbesondere für Inhaber von in Abteilung II des Grundbuchs eingetragenen Rechten, sowie beim Rangwechsel mit einem vor dem 1.1.1978 eingetragenen Grundpfandrecht.

545

> *Beispiel*
>
> Einem Wohnungsrecht gehen Grundpfandrechte im Range vor. Um dem Inhaber des Wohnungsrechts ein Aufrücken im Rang zu sichern, verpflichtet sich der Grundstückseigentümer, die dem Wohnungsrecht im Range vorgehenden Grundpfandrechte löschen zu lassen, wenn sie sich mit dem Eigentum in einer Person vereinigen.
>
> *Oder:*
>
> Der Gläubiger einer vor dem 1.1.1978 eingetragenen Hypothek tritt hinter eine nach dem 31.12.1977 eingetragene zurück. Der Eigentümer verpflichtet sich dem Gläubiger des zurücktretenden Rechts gegenüber, das einzutragende Recht löschen zu lassen, wenn und soweit es sich mit dem Eigentum in einer Person vereinigt.

▼ 546

Muster 4.117: Durch Vormerkung zu sichernde Löschungsverpflichtung

Der Eigentümer verpflichtet sich gegenüber (Inhaber des Wohnungsrechts), sämtliche jetzt oder später im Range vorgehenden oder gleichstehenden Grundpfandrechte löschen zu lassen, wenn und soweit sie sich mit dem Eigentum an dem belasteten Grundbesitz in einer Person vereinigen. Der Eigentümer bewilligt und beantragt, bei allen dem Wohnungsrecht im Range vorgehenden oder gleichstehenden Grundpfandrechten entsprechende Löschungsvormerkungen einzutragen. 4.117

▲

c) Abtretung von Rückgewähransprüchen

547 Bei der Grundschuld bestehen Besonderheiten, weil sie von der zugrunde liegenden Forderung unabhängig ist und sie sich daher bei Nichtbestehen der Forderung gerade nicht mit dem Eigentum in einer Person vereinigt. Sie bleibt vielmehr in der Hand des Gläubigers und somit Fremdgrundpfandrecht. Der gesetzliche Löschungsanspruch des nachrangigen Gläubigers ist in aller Regel nicht gegeben.

Die Grundschuld vereinigt sich allerdings dann mit dem Eigentum in einer Person, wenn „*auf sie bezahlt wird*". Die Zahlung auf die Grundschuld wird jedoch in Grundschuldbestellungsformularen meistens ausgeschlossen:

▼ 548

Muster 4.118: Ausschluss der Zahlung auf die Grundschuld

Zahlungen an die Gläubigerin erfolgen nicht unmittelbar zur Tilgung der Grundschuld, sondern zur Begleichung der durch die Grundschuld gesicherten persönlichen Forderungen der Gläubigerin. 4.118

▲

Da also bei Grundschulden der gesetzliche Löschungsanspruch des nachrangigen Grundpfandrechtsgläubigers nicht greift, wird für ihn ein Aufrücken im Rang verhindert. Dies führt dazu, dass in der Zwangsversteigerung der auf eine nicht valutierte Grundschuld oder auf einen nicht valutierten Grundschuldteil entfallende Erlös oder Erlösanteil dem Eigentümer zufallen kann. Hierdurch können dem nachrangigen Grundpfandrechtsgläubiger erhebliche Nachteile entstehen.

549 Um diese Nachteile auszugleichen, wird folgender Weg gegangen:

Bestehen bei einer Grundschuld keine Forderungen oder sind sie erloschen, so erhält nach der getroffenen Sicherungsabrede der Eigentümer einen Anspruch auf Übertragung oder Löschung der Grundschuld und in der Zwangsversteigerung einen Anspruch auf Auskehrung des auf den Gläubiger hinsichtlich der nicht valutierten Grundschuld entfallenden Erlösanteils. Diese Ansprüche des Eigentümers lässt sich der nachrangige Grundpfandrechtsgläubiger in der Grundschuldbestellungsurkunde in der Regel abtreten. Auf diese Weise erreicht er zumindest wirtschaftlich ein Aufrücken mit seinem Recht.

▼

Muster 4.119: Abtretung von Rückgewähransprüchen

Sofern der in dieser Urkunde bestellten Grundschuld jetzt oder künftig andere Grundschulden im Range vorgehen oder gleichstehen, trete ich, der Eigentümer hiermit zusätzlich sicherungshalber folgende Ansprüche gegen die jeweiligen Grundschuldgläubiger an die Gläubigerin ab: 4.119

a) den mit Wegfall des Grundes für die Bestellung oder Abtretung entstehenden Anspruch auf Rückübertragung, Aufhebung oder Verzicht dieser Grundschulden,

b) für den Fall, dass bei der Verwertung vorgehender oder gleichstehender Grundschulden ein Betrag erzielt wird, der die durch die Grundschulden gesicherten Forderungen übersteigt, den Anspruch auf Auszahlung des Mehrerlöses.

Sollten Rückgewähransprüche bezüglich vorrangiger oder gleichrangiger Grundschulden bereits an Dritte abgetreten sein, trete ich hiermit meine gegenwärtigen und künftigen Ansprüche auf Rückabtretung dieser Ansprüche an die Gläubigerin ab.

▲

d) Grundbuchvorschriften

550 Die Rangordnung von Rechten, die in derselben Abteilung des Grundbuchs eingetragen sind, bestimmt sich nach der **Reihenfolge** der Eintragungen. Sind Rechte in verschiedenen Abteilungen eingetragen, so entscheidet das angegebene Eintragungsdatum; bei gleichem Datum haben die Rechte gleichen Rang (§ 879 BGB).

551 Eine Ergänzung zu der genannten Vorschrift stellen die §§ 17 und 45 GBO dar. § 17 GBO besagt, dass die später beantragte Eintragung nicht vor der Erledigung des früher gestellten Antrags erfolgen darf. In § 45 GBO ist bestimmt, dass Eintragungen einen der Zeitfolge der Anträge entsprechenden Rang erhalten, wenn sie in derselben Abteilung vorgenommen werden. Sollen nach dem Willen der Beteiligten die in derselben Abteilung eingetragenen Rechte gleichen Rang haben, so muss dies im Grundbuch vermerkt werden. Die Grundbuchordnung regelt also, in welcher Reihenfolge die Rechte einzutragen sind, damit sie den ihnen gebührenden Rang (eben den der zeitlichen Folge der Anträge) erhalten. Der Notar hat daher durch die Reihenfolge der Antragstellung die Möglichkeit, Einfluss auf die Rangfolge zu nehmen.

e) Rangvereinbarung

552 Die **Vereinbarung eines Rangverhältnisses** setzt die Einigung der Parteien über den Rang, den das Recht erhalten soll, und die Eintragung dieses Rangverhältnisses im Grundbuch voraus (§ 880 BGB).

> *Beispiel*
>
> E vereinbart mit seinen Gläubigern H 1 und H 2, dass H 1 die erste, H 2 die zweite Rangstelle erhalten soll. Dies wird in den notariellen Hypothekenbestellungsurkunden mit dinglicher Wirkung erklärt. Auch wenn der Notar nun beide Anträge gleichzeitig gestellt hat und die Anträge gleichzeitig erledigt werden, erhält H 1 den Vorrang. Dies ist durch einen Rangvermerk im Grundbuch klarzustellen.

553 In der Praxis spielt die Vereinbarung eines Rangverhältnisses mit dinglicher Wirkung keine große Rolle. Die Banken schließen in ihren Grundschuldbestellungsformularen eine Rangbestimmung mit dinglicher Wirkung sogar regelmäßig aus, da sie das Risiko birgt, dass das Grundpfandrecht überhaupt nicht zur Entstehung gelangt, wenn der gewünschte Rang nicht erreicht werden kann. Die Praxis behilft sich vielmehr dadurch, dass sie durch die Reihenfolge der Eintragungsanträge das gewünschte Rangverhältnis herbeiführt.

> *Beispiel*
>
> Der Notar beantragt zuerst die Eintragung der Grundschuld für H 1 (Antrag I), sodann wird zeitlich später der Antrag II auf Eintragung der Grundschuld für H 2 dem Grundbuchamt vorgelegt. Wegen der Vorschrift des § 17 GBO werden die Grundschulden in der gewünschten Reihenfolge eingetragen.

Anträge, die hintereinander erledigt werden sollen, werden mit römischen Zahlen versehen, um so die gewünschte Reihenfolge der Eintragungen zu kennzeichnen. Ob der Grundbuchbeamte jedoch verpflichtet ist, die römischen Zahlen zu beachten, wenn die Anträge gleichzeitig eingehen, ist streitig.[111] Es empfiehlt sich, vor Versendung mehrerer Anträge die Vorgehensweise des Grundbuchamts in den betreffenden Fällen zu erfragen.

f) Vermerke ohne Rang

554 Im Grundbuch finden sich auch Eintragungen, die keine „Grundstücksrechte" betreffen, z.B. der Insolvenzvermerk, der Umlegungsvermerk, der Sanierungsvermerk, der Testamentsvollstreckervermerk oder der Nacherbenvermerk. Zwischen solchen Vermerken untereinander und im Verhältnis zu eingetragenen Rechten besteht kein Rangverhältnis.

111 Dagegen: OLG Koblenz DNotZ 1976, 549; dafür die h.L., vgl. MüKo-BGB/*Kohler*, 8. Aufl. 2020, § 879 Rn 14; DNotI-Report 2006, 149; *Spiritus*, DNotZ 1977, 343 jeweils m.w.N.

3. Rangänderung

Bei der Rangänderung kommt es zu einem **Rangtausch**. 555

Beispiel

Der bisher an erster Stelle eingetragene Hypothekar (z.B. eine Bausparkasse) tritt hinter eine neu einzutragende Hypothek eines Instituts, das Darlehen nur gegen erststellige Sicherheit gibt, zurück.

Eine Rangänderung liegt nicht nur dann vor, wenn der Rangtausch zwischen zwei bestehenden Rechten erfolgt, sondern auch dann, wenn das vortretende Recht erst noch eingetragen werden soll.

Voraussetzung für die Rangänderung sind die Einigung des Inhabers des vortretenden Rechts mit dem Berech- 556
tigten des zurücktretenden und die Eintragung im Grundbuch (siehe oben Rdn 567 ff.). Zum Vollzug der Rangänderung im Grundbuch genügt die Vorlage einer öffentlich beglaubigten Rangrücktrittserklärung des Inhabers des zurücktretenden Rechts.

Tritt ein Grundpfandrecht im Range zurück, muss der Eigentümer dem zustimmen (§ 880 Abs. 2 S. 2 BGB). Denn hinter jedem Grundpfandrecht steckt eine mögliche Eigentümergrundschuld (vgl. Rdn 493 ff.), der Eigentümer wird also von der Rangänderung „betroffen". Durch die Rangänderung werden Zwischenrechte nicht berührt.

Beispiel 557

Grundbuchlage:

1. 7.000 EUR für A
2. 5.000 EUR für B
3. 4.000 EUR für C

A räumt C den Vorrang ein.

Neue Rangfolge:

4.000 EUR für C

3.000 EUR für A

5.000 EUR für B

4.000 EUR für A.

Dem B dürfen also auch nach der Rangänderung nicht mehr als 7.000 EUR vorgehen.

▼ 558

Muster 4.120: Vorrangeinräumung

Im Grundbuch von … Blatt … ist in Abteilung III Nr. … eine Grundschuld von … EUR für … eingetragen. Der Gläubiger räumt der durch Urkunde vom heutigen Tage – UVZ-Nr. … des Notars (…) für … bestellten Hypothek von … EUR – in Worten: … EUR – samt Nebenleistungen den Vorrang vor seiner Grundschuld ein und bewilligt die Eintragung dieser Rangänderung in das Grundbuch. 4.120

Kosten trägt der Gläubiger nicht.

(*Unterschriftsbeglaubigung*)

▲

4. Rangvorbehalt

Der Eigentümer kann sich bei der Belastung des Grundstücks mit einem Recht die Befugnis vorbehalten, ein 559
anderes, dem Umfang nach bestimmtes Recht mit dem Range vor jenem Recht eintragen zu lassen (§ 881 BGB). Der Vorbehalt bedarf der Eintragung in das Grundbuch; die Eintragung muss bei dem Recht erfolgen, das zurücktreten soll.

Beispiel

Die für die zweite Rangstelle vorgesehene Grundschuld soll bereits eingetragen werden; für die Eintragung der erstrangigen Grundschuld fehlt es noch an einer Voraussetzung.

a) Möglichkeiten der Rangwahrung

560 Um dem später einzutragenden Grundpfandrecht den besseren Rang zu sichern, gibt es verschiedene Möglichkeiten. Praktikabel ist die Rangänderung, wonach der Gläubiger des zuerst eingetragenen Grundpfandrechts dem **später** einzutragenden den Vorrang einräumt. Möglich ist auch, dass der Eigentümer mit Rang vor dem nachrangig vorgesehenen Grundpfandrecht eine Eigentümergrundschuld eintragen lässt, die er später an den für die bessere Rangstelle vorgesehenen Gläubiger abtritt. Die Eigentümergrundschuld wird nach der Abtretung zur Fremdgrundschuld und sichert das Darlehen vorrangig. Hier ist allerdings zu beachten, dass die Eigentümergrundschuld der Pfändung von Gläubigern des Eigentümers unterliegt und daher unter Umständen das angestrebte Ziel nicht erreicht wird.

561 Daneben gibt es zur Wahrung der besseren Rangstelle die Möglichkeit der Eintragung einer Vormerkung zur Sicherung des Anspruchs auf Eintragung eines Grundpfandrechts; dies setzt jedoch voraus, dass der Gläubiger und die Bedingungen des vorgemerkten Grundpfandrechts bereits feststehen.

b) Rangvorbehalt als Mittel der Rangwahrung

562 Als Mittel der Rangwahrung ist der **Rangvorbehalt** für den Eigentümer ein Stück vorbehaltenen Eigentumsrechts, für den Gläubiger dagegen, bei dessen Recht er eingetragen ist, eine Beschränkung. Der Rangvorbehalt kann bei jedem Recht an einem Grundstück eingetragen werden, also nicht nur bei Grundpfandrechten, sondern auch bei in Abteilung II des Grundbuchs einzutragenden Rechten (z.B. bei dem Wohnungsrecht).

Der Rangvorbehalt entsteht durch Einigung zwischen dem Eigentümer und dem Inhaber des Rechts, das durch den Vorbehalt beschränkt wird und durch Eintragung bei diesem Recht in das Grundbuch. Er wird ausgeübt durch Einigung zwischen dem Eigentümer und dem Inhaber des später einzutragenden Rechts über die Ausnutzung des Vorbehalts und die Eintragung dieser Ausnutzung in das Grundbuch.

563 *Beispiel*

Der Eigentümer bewilligt und beantragt die Eintragung der Hypothek unter Ausnutzung des Rangvorbehalts bei dem Recht Abteilung III Nr. 3 mit Rang vor diesem Recht.

564 Das Recht, dem der bessere Rang vorbehalten wird, muss dem Umfang nach bestimmt sein, also den Höchstbetrag von Kapital, Zinsen und Nebenleistungen ersehen lassen. Bei den Nebenleistungen ist der Berechnungszeitraum (jährlich, monatlich, einmalig) anzugeben. Dem Bestimmtheitsgrundsatz dient auch die Angabe des Anfangstages für Zinsen und fortlaufende andere Nebenleistungen.

565 Der Rangvorbehalt kann nach allgemeiner Meinung mehrfach ausgeübt werden, es sei denn, er ist auf eine nur einmalige Ausübung beschränkt. Weil diesbezüglich eine gesetzliche Regelung fehlt, ist es ratsam, eine klare Bestimmung zu treffen.

c) Rangvorbehaltsformulierung

566 ▼

Muster 4.121: Rangvorbehalt

4.121 (Im Zusammenhang mit der Bestellung einer Grundschuld oder der Bewilligung einer Eigentumsvormerkung):

Vorbehalten bleibt die Befugnis, mit Rang vor der vorbestellten Grundschuld (**vorbewilligten Eigentumsvormerkung**) Grundpfandrechte bis zum Gesamtbetrag von   EUR nebst   vom Hundert Jahreszinsen und   vom Hundert jährlichen oder einmaligen sonstigen Nebenleistungen vom Grundpfandrechtsnennbetrag ab Eintragung (oder alternativ: ab Bewilligung) des vorbehaltenen Rechts eintragen zu lassen mit der Maßgabe, dass dieser Rangvorbehalt bis zur genannten Höhe nur einmal (oder: mehrfach) und nur für solche Grundpfandrechte ausgenutzt werden darf, die unter Mitwirkung des (**vormerkungsberechtigten**) Käufers bestellt und für die die Bestellungsurkunde(n) (**Eintragungsbewil-**

ligung(en)) vom amtierenden Notar, dessen Sozius oder deren Vertreter im Amt beurkundet oder beglaubigt worden sind. Der Rangvorbehalt kann nur dann ausgenutzt werden, wenn die in den Rangvorbehalt einzuweisenden Rechte auch Vorrang vor allen anderen Belastungen erhalten, die der heute mit dem Rangvorbehalt versehenen Grundschuld (**bewilligten Eigentumsvormerkung**) im Zeitpunkt der Eintragung des einzuweisenden Rechts im Range nachfolgen oder gleichstehen.

Die Eintragung dieses Rangvorbehalts wird bewilligt und beantragt.

(Wenn der Rangvorbehalt bei einer Eigentumsvormerkung eingetragen werden soll: Mit Löschung der Eigentumsvormerkung wird die Löschung des Rangvorbehalts – soweit noch nicht ausgenutzt – bewilligt und auf Kosten des Käufers beantragt).

▲

d) Auswirkungen des Rangvorbehalts bei Zwischenrechten

Gläubiger wünschen häufig nicht, dass das zu ihren Gunsten einzutragende Recht unter Ausnutzung eines Rangvorbehalts bestellt wird oder wünschen jedenfalls den Rangrücktritt aller sog. **Zwischenrechte** (d.h. den Rangrücktritt von Rechten, die vor Ausnutzung des Rangvorbehalts in Abt. II oder III noch eingetragen wurden). Denn beim Vorhandensein von Zwischenrechten kommt es in der Zwangsversteigerung zu dem sinnwidrigen Ergebnis, dass die Beteiligung des in den Rangvorbehalt einrückenden Rechts am Versteigerungserlös sinkt, wenn dieser steigt. So kann es sogar vorkommen, dass das unter Ausnutzung des Rangvorbehalts eingetragene Recht in der Zwangsversteigerung ganz ausfällt, also überhaupt nichts vom Versteigerungserlös erhält, während das mit dem Rangvorbehalt belastete (also „zurücktretende“) Recht voll befriedigt wird. Das Beispiel bei *Herrler*[112] zeigt dies deutlich. 567

XII. Vermerke in Abteilung II des Grundbuchs und ihre Bedeutung

Abteilung II ist schließlich Eintragungsort für zahlreiche Vermerke. Der Eintragung dieser Vermerke ist gemein, dass sie nicht rechtsbegründend ist, sondern lediglich auf bestimmte, besondere Genehmigungserfordernisse bzw. auf bestehende Verfügungsbeschränkungen hinweist. Eine Ausnahme bildet die Eintragung einer Miteigentümervereinbarung gemäß § 1010 BGB. Diese wirkt nur dann gegen einen Sondernachfolger, wenn sie im Grundbuch eingetragen ist. Die Eintragung ist also konstitutiv. 568

1. Nacherbenvermerk

Hat ein Erblasser in einer Verfügung von Todes wegen Vor- und Nacherbschaft angeordnet, so fällt der gesamte Nachlass zunächst an den **Vorerben**. Mit dem Eintritt des Nacherbfalls geht das Vermögen an den Nacherben. Befindet sich im Nachlass ein Grundstück, wird zunächst der Vorerbe Eigentümer und als solcher in das Grundbuch eingetragen. Anlässlich dieser Eintragung ist jedoch nach § 51 GBO das Nacherbenrecht in Abteilung II zu vermerken, und zwar von Amts wegen. Stehen die Namen der Nacherben bereits fest, so sind auch sie einzutragen. 569

Zweck des Vermerks ist es, die **Beschränkungen**, denen der Vorerbe nach materiellem Recht in der Verfügung über ein zum Nachlass gehörendes Grundstück unterliegt (§ 2113 BGB), im Grundbuch für Dritte erkennbar zu machen und dadurch den Nacherben vor nicht gestatteten Verfügungen des Vorerben zu sichern (vgl. hierzu Rdn 1076). Ein nach dem Gesetz (§ 2113 Abs. 3 BGB) möglicher gutgläubiger Erwerb eines Dritten wird so verhindert. 570

Grundsätzlich darf nämlich der Vorerbe über ein zum Nachlass gehörendes Grundstück insoweit nicht durch Veräußerung und Belastung verfügen, als dadurch das Recht des Nacherben beeinträchtigt oder vereitelt würde. Das gilt sowohl für entgeltliche als auch für unentgeltliche Verfügungen.

112 Grüneberg/*Herrler*, BGB, 84. Aufl. 2025, § 881 Rn 12.

Allerdings kann der Erblasser dem Vorerben Verfügungen über Nachlassgrundstücke gestatten, wenn sie nicht unentgeltlich erfolgen (vgl. §§ 2136, 2113 Abs. 1 BGB), weil dann ein Gegenwert (Surrogat) in den Nachlass gelangt, dieser also nicht geschmälert wird. Dann spricht man von einem befreiten Vorerben. Die Befreiung des Vorerben ist im Nacherbenvermerk anzugeben.

571 Dem Nacherben gegenüber unwirksam sind also sämtliche unentgeltliche Verfügungen sowohl des befreiten als auch des **unbefreiten Vorerben**, nicht aber entgeltliche Verfügungen des befreiten Vorerben. Zu beachten ist bei entgeltlichen Verfügungen eines befreiten Vorerben allerdings, dass nach Auffassung einiger Oberlandesgerichte die Nacherben – nicht jedoch die Ersatznacherben – vor Löschung des Nacherbenvermerks anzuhören sind.[113]

572 Der Nacherbe kann einer **Verfügung** des Vorerben, die ansonsten unwirksam wäre (**unentgeltliche Verfügung eines befreiten Vorerben oder generell die Verfügung eines unbefreiten Vorerben**), zustimmen, was sie in jedem Falle wirksam macht. Der Nacherbenvermerk wird dann auf Antrag gelöscht. Einer Zustimmung von Ersatznacherben bedarf es nicht.[114] Verkauft ein befreiter Vorerbe ein Nachlassgrundstück und bestehen Zweifel hinsichtlich der Angemessenheit der Gegenleistung und damit an der Entgeltlichkeit, ist er – wenn er in solchen Fällen die Zustimmung des Nacherben nicht vorsorglich beibringen kann oder will – genötigt, die Entgeltlichkeit des Rechtsgeschäfts nachzuweisen. Dazu genügt es, dass die Würdigung der dem Grundbuchamt vorgelegten Urkunde zur Annahme der Entgeltlichkeit führt. Für zweiseitige Rechtsgeschäfte, insbesondere für normale Kaufverträge unter sich fremden Personen, kann die Entgeltlichkeit regelmäßig angenommen werden. Der Nacherbenvermerk wird dann ohne weiteres auf Antrag im Grundbuch gelöscht. Eine Verfügung ist unentgeltlich, wenn der Vorerbe keine objektiv gleichwertige Gegenleistung erhält.

2. Testamentsvollstreckervermerk

573 Hat der Erblasser in einer Verfügung von Todes wegen Testamentsvollstreckung angeordnet und gehört zum Nachlass ein Grundstück, so wird das Grundbuch auf den Namen des Erben berichtigt, zugleich aber gemäß § 52 GBO von Amts wegen ein Testamentsvollstreckervermerk eingetragen. Der Erbe kann über nachlasszugehörige Gegenstände nicht verfügen. Dies kann nur der Testamentsvollstrecker (vgl. Rdn 41, 1121). Der Testamentsvollstreckervermerk soll diese Rechtslage offenkundig machen und somit insbesondere auch einen etwaigen gutgläubigen Erwerb eines Dritten (vgl. § 2211 Abs. 2 BGB) ausschließen.

Der Testamentsvollstrecker kann über Nachlassgrundstücke verfügen, ohne dass der Erbe zuvor im Grundbuch einzutragen ist (§ 40 GBO). Er kann die Nachlassgrundstücke auch ohne Voreintragung der Erben mit Grundpfandrechten belasten. Er bedarf hierzu lediglich der Vorlage eines Testamentsvollstreckerzeugnisses, nicht also eines Erbnachweises. Alternativ kann der Nachweis auch durch Vorlage einer notariellen letztwilligen Verfügung nebst Eröffnungsprotokoll und Beleg über die Amtsannahme erbracht werden.

574 Dem Testamentsvollstrecker ist es allerdings untersagt, unentgeltlich über Nachlassgegenstände zu verfügen. Ausgenommen sind Pflicht- und Anstandsschenkungen. Auch der Testamentsvollstrecker muss dem Grundbuchamt also gegebenenfalls nachweisen, dass er nicht unentgeltlich verfügt. Eine unentgeltliche Verfügung liegt ebenso wie beim Vorerben dann vor, wenn der Testamentsvollstrecker objektiv ohne eine (annähernd) gleichwertige Gegenleistung bzw. ohne dazu verpflichtet zu sein, wie etwa bei der Erfüllung eines Vermächtnisses, die Erbmasse vermindert.

3. Insolvenzvermerk

575 Das Insolvenzverfahren dient dazu, die Gläubiger eines Schuldners gemeinschaftlich zu befriedigen, indem das Vermögen des Schuldners verwertet und der Erlös verteilt oder in einem Insolvenzplan eine abweichende Regelung insbesondere zum Erhalt des Unternehmens getroffen wird (§ 1 InsO).

Vor Eröffnung des Insolvenzverfahrens kann das Insolvenzgericht dem Schuldner ein allgemeines Verfügungsverbot auferlegen oder anordnen, dass Verfügungen des Schuldners nur mit Zustimmung eines vorläu-

113 OLG Düsseldorf RNotZ 2012, 328; OLG München notar 2015, 329; OLG Bamberg MittBayNot 2015, 402.
114 BGHZ 40,115.

figen Insolvenzverwalters wirksam sind (§ 21 Abs. 2 Nr. 2 InsO). **Mit der Eröffnung des Insolvenzverfahrens verliert der Schuldner die Befugnis, sein zur Insolvenzmasse gehörendes Vermögen zu verwalten und darüber zu verfügen** (§ 80 InsO). Diese Verwaltung und Verfügung geschieht durch den Insolvenzverwalter (§§ 27 ff., 56 ff. InsO). Der Verwalter erhält vom Insolvenzgericht eine Urkunde über seine Bestellung (§ 56 Abs. 2 InsO; siehe auch Rdn 43).

Die vorgenannte Verfügungsbeschränkung wie auch die Eröffnung des Insolvenzverfahrens sind auf Ersuchen des Insolvenzgerichts oder auf Antrag des Insolvenzverwalters in das Grundbuch einzutragen (§§ 23 Abs. 3, 32 Abs. 2 InsO).

Ist zur Sicherung des Anspruchs auf Eigentumsverschaffung aus einem formwirksam vor Eröffnung des Insolvenzverfahrens abgeschlossenen, aber grundbuchlich noch nicht vollzogenen Grundstückskaufvertrag eine Eigentumsvormerkung vor Verfahrenseröffnung im Grundbuch eingetragen worden, so kann der Käufer für seinen Anspruch Befriedigung aus der Insolvenzmasse verlangen (§ 106 Abs. 1 S. 1 InsO); die Eigentumsübertragung ist daher mit der Eintragung der Eigentumsvormerkung insolvenzfest.

Nach Eröffnung des Insolvenzverfahrens vorgenommene Verfügungen des Schuldners sind unwirksam (§ 81 Abs. 1 S. 1 InsO). Allerdings lassen die §§ 81 Abs. 1 S. 2, 91 Abs. 2 InsO unter bestimmten Voraussetzungen einen gutgläubigen Erwerb entsprechend § 892 BGB zu, sofern der Insolvenzvermerk noch nicht im Grundbuch eingetragen ist.

Die nachstehenden Beispiele mögen zeigen, welche Bedeutung dem Zeitpunkt der Eröffnung des Insolvenzverfahrens und der Eintragung des Insolvenzvermerks in das Grundbuch zukommt.

Fall 1 576

A bestellt am 5.7.2016 eine Grundschuld von 100.000 EUR nebst 18 vom Hundert Jahreszinsen für die Kreissparkasse und bewilligt in der gleichen Urkunde die Eintragung der Grundschuld nebst Zinsen. Der Kreissparkasse sind keine Umstände bekannt, die auf die Zahlungsunfähigkeit oder einen Insolvenzeröffnungsantrag des Grundstückseigentümers schließen lassen. Die Gläubigerin hatte den beurkundenden Notar zur Empfangnahme der Eintragungsbewilligung bevollmächtigt; der Notar hat am Beurkundungstag zum Zwecke des Eintritts der Unwiderruflichkeit der Eintragungsbewilligung (§ 873 Abs. 2 BGB) von der ihm erteilten Vollmacht Gebrauch gemacht. Er hat darüber hinaus der Kreissparkasse eine Ausfertigung der Grundschuldbestellungsurkunde einschließlich der Eintragungsbewilligung zugesandt; diese Urkunde ist am 6.7.2016 bei der Kreissparkasse eingegangen.

Damit ist am 5.7.2016 die Bindungswirkung nach § 873 Abs. 2 BGB eingetreten.

Der Notar hat am 5.7.2016 – auch im Namen der Gläubigerin – beim Grundbuchamt (GBA) den Antrag auf Eintragung der Grundschuld gestellt.

Am 10.7.2016 geht noch vor der *Eintragung* der Grundschuld das Ersuchen des Insolvenzgerichts auf Eintragung des Insolvenzvermerks beim Grundbuchamt ein. Aus diesem Ersuchen ergibt sich, dass das Insolvenzverfahren am 9.7.2016 eröffnet worden ist.

Kurze Zusammenfassung:

(Einigung und) Eintragsbewilligung: 5.7.2016

Eintritt der Bindungswirkung: 5.7.2016

Eingang des Eintragungsantrages beim GBA: 5.7.2016

Insolvenzeröffnung: 9.7.2016

Die Insolvenz des Grundstückseigentümers (Schuldners) hat gemäß § 91 InsO mit der Verweisung auf § 878 BGB keinen Einfluss auf die Eintragung der Grundschuld, weil die Bindungswirkung nach § 873 Abs. 2 BGB vor der Eröffnung des Insolvenzverfahrens und auch des Eingangs des Ersuchens um Eintragung des Insolvenzvermerks eingetreten ist. Das Grundbuchamt muss die Grundschuld eintragen.

577 *Fall 2*

Sachverhalt ähnlich wie im Fall 1, jedoch:

(Einigung und) Eintragungsbewilligung: 5.7.2016

Eintritt der Bindungswirkung: 5.7.2016

Insolvenzeröffnung: 8.7.2016

Eingang des Eintragungsantrages des Notars beim GBA: 9.7.2016

§ 878 BGB findet keine Anwendung, weil der Eintragungsantrag erst *nach* der Insolvenzeröffnung beim GBA eingegangen ist. Der Gläubiger kann jedoch nach § 91 Abs. 2 InsO i.V.m. § 892 BGB das Recht noch erwerben, wenn er *gutgläubig* ist. Er darf jedoch keine Kenntnis von der Eröffnung des Insolvenzverfahrens haben, auch darf der Insolvenzvermerk noch nicht im Grundbuch eingetragen sein. Diese Wirkung würde aber nur dann eintreten, wenn der Eintragungsantrag – auch – vom Gläubiger gestellt worden ist, weil der Antrag des Eigentümers nach § 81 InsO unwirksam ist.

In diesem Fall ist es nicht unbestritten, ob das GBA noch eintragen darf. Trotzdem wird man die Verpflichtung zur Eintragung noch annehmen können, da das Grundbuchamt von der Gutgläubigkeit des Gläubigers ausgehen kann.

578 *Fall 3*

Insolvenzeröffnung: 8.7.2016

(Einigung und) Eintragungsbewilligung und Eintritt der Bindung: 9.7.2016

Eingang des Eintragungsantrages beim GBA: 10.7.2016

Die – erst nach der Insolvenzeröffnung abgegebene – Bewilligung kann nicht mehr wirksam gemacht werden (§ 81 InsO). Die Eintragung darf nicht vorgenommen werden.

Werden ein Grundstück oder ein Recht, bei denen die Eröffnung des Insolvenzverfahrens eingetragen ist, vom Verwalter freigegeben oder veräußert, so hat das Insolvenzgericht auf Antrag das GBA um Löschung der Eintragung zu ersuchen (§ 32 Abs. 3 S. 1 InsO). Die Löschung kann auch vom Verwalter beim GBA beantragt werden (§ 32 Abs. 3 S. 2 InsO).

4. Zwangsversteigerungs- und Zwangsverwaltungsvermerk

a) Einleitung des Vollstreckungsverfahrens

579 Ein Gläubiger des Grundstückseigentümers kann zur Befriedigung seiner Forderungen die Zwangsvollstreckung in den Grundbesitz betreiben. Die Zwangsvollstreckung kann entweder durch Zwangsversteigerung oder durch Zwangsverwaltung erfolgen. Bei der Zwangsversteigerung wird der Gläubiger im Wege der Verwertung des Grundstücks aus dem erzielten Erlös befriedigt. Die Zwangsverwaltung bietet sich hingegen bei vermieteten Grundstücken an: Hier wird der Gläubiger aus den laufenden Einkünften des Grundstücks befriedigt.

Zwangsversteigerung und Zwangsverwaltung werden auf Antrag eines Gläubigers eingeleitet, der hierfür eines mit Vollstreckungsklausel und Zustellungsvermerk versehenen Titels bedarf und der bei dem Vollstreckungsgericht des Amtsgerichts zu stellen ist. Alsdann ordnet das Gericht durch Beschluss die Zwangsversteigerung und/oder Zwangsverwaltung an. Auf Ersuchen des Vollstreckungsgerichts wird vom Grundbuchamt ein Vermerk über den ergangenen Beschluss, nämlich der Zwangsversteigerungs- und/oder Zwangsverwaltungsvermerk, in das Grundbuch eingetragen (§ 19 ZVG).

580 Durch den Zwangsversteigerungs- oder Zwangsverwaltungsbeschluss wird das Grundstück einschließlich aller mithaftenden Gegenstände zugunsten des Gläubigers beschlagnahmt (wegen der Wirksamkeit der Beschlagnahme siehe Rdn 538 f.). Die Beschlagnahme bewirkt ein Veräußerungsverbot zugunsten des betreibenden Gläubigers. Anders als im Falle der Insolvenz verliert der Grundstückseigentümer nicht die Verfügungsbefugnis über den Grundbesitz. Die Eintragung des Versteigerungsvermerks bewirkt keine Grundbuchsperre, sondern führt lediglich dazu, dass Verfügungen des Grundstückseigentümers dem die Zwangsvollstreckung betrei-

benden sowie allen beigetretenen Gläubigern gegenüber unwirksam sind. In der Praxis kommt es häufig vor, dass der Eigentümer nach einer Beschlagnahme noch versucht, sein Grundstück freihändig zu verkaufen, um einen höheren Erlös als bei der Zwangsversteigerung zu erzielen. Der betreibende Gläubiger wird in der Regel mit einem freihändigen Verkauf einverstanden sein, wenn die Ablösung seiner Forderung dabei hinreichend sichergestellt ist. Dann nimmt der betreibende Gläubiger seinen Versteigerungsantrag zurück. Das Vollstreckungsgericht ersucht danach das Grundbuchamt um die Löschung des Vermerks.

b) Versteigerungsbefangenes Grundstück

Die Eintragung eines Zwangsversteigerungsvermerks hindert den freihändigen Verkauf des Grundstücks im 581
Grundsatz nicht. Bei der Gestaltung und Abwicklung des notariellen Kaufvertrages sind jedoch einige Besonderheiten zu beachten.[115] Häufig lässt der Vermerk auf wirtschaftliche Schwierigkeiten des Verkäufers schließen. Oftmals sind weitere Kosten rückständig, die möglicherweise auch beim Käufer eingetrieben werden können (z.B. öffentliche Abgaben und Lasten, Wohngeldrückstände etc.). An sich vom Verkäufer zu tragende Kosten der Vertragsabwicklung können von diesem in der Regel nicht gezahlt werden. Da sich die abzulösenden Gläubiger nicht allein aus dem Grundbuch ergeben, sondern auch die das Zwangsversteigerungsverfahren betreibenden und dem Verfahren beigetretenen Gläubiger zu berücksichtigen sind, stellt sich die Frage, ob der Kaufpreis zur Ablösung aller Gläubiger reicht bzw. unter welchen Bedingungen sich die Gläubiger mit einer Einstellung des Verfahrens einverstanden erklären.

Wenn über das versteigerungsbefangene Grundstück ein Kaufvertrag abgeschlossen worden ist, sollte schnellstmöglich der Antrag auf Eintragung der Eigentumsvormerkung beim Grundbuchamt gestellt werden, damit die Vormerkung Rang vor später beitretenden Gläubigern erhält. Das Versteigerungsgericht sollte dann unter Beifügung einer beglaubigten Abschrift des Kaufvertrages von der Veräußerung unterrichtet und der Erwerber als künftiger Berechtigter aus der Vormerkung zum Versteigerungsverfahren angemeldet werden, um zu erreichen, dass der Käufer zum Beteiligten des Versteigerungsverfahrens wird und über den Verfahrensstand unterrichtet wird.

▼ 582

Muster 4.122: Zwangsversteigerungsverfahren

4.122

Notar

Amtsgericht – Versteigerungsgericht –

Zwangsversteigerungsverfahren Schmitz – Az.: –

Sehr geehrte Damen und Herren,

über das im Grundbuch von Blatt eingetragene Grundstück wurde der in beglaubigter Abschrift beigefügte Kaufvertrag geschlossen. Den Antrag auf Eintragung der zugunsten des Käufers bewilligten Eigentumsvormerkung habe ich heute beim Grundbuchamt gestellt. Im ausdrücklichen Auftrag und in Vollmacht des Käufers melde ich hierdurch diese Eintragung der Eigentumsvormerkung an, sodass der Vormerkungsberechtigte gemäß § 9 Nr. 2 ZVG zum Beteiligten des Versteigerungsverfahrens wird. Etwaige Zustellungen, insbesondere über Terminbestimmungen (§ 41 ZVG) und den Zuschlagsbeschluss, erbitte ich für den Käufer an mich.

Ich bitte, mir mitzuteilen,

- welcher Gläubiger das Versteigerungsverfahren betreibt und wer evtl. dem Verfahren beigetreten ist,
- zu welchem Zeitpunkt der Zwangsversteigerungsantrag bzw. ein evtl. Beitritt wirksam geworden ist,
- wie hoch sich die angemeldeten Forderungen belaufen,
- welche öffentlichen Lasten (§ 10 Abs. 1 Nr. 3 ZVG) zu welchen Zeitpunkten angemeldet worden sind.

115 S. hierzu *Franck*, MittBayNot 2012, 345 ff. und 2012, 439 ff.; ZNotP 2020, 397 ff., 456 ff., ZNotP 2021, 19 ff. und 61 ff.

Für den Fall, dass bereits ein Versteigerungstermin anberaumt sein sollte, bitte ich um baldläufige Rückäußerung. In diesem Fall werde ich den betreibenden Gläubiger zur Beantragung der einstweiligen Einstellung des Verfahrens veranlassen.

Mit freundlichen Grüßen

Notar

▲

583 Die Vormerkung bietet keinen Schutz davor, dass einem Dritten im laufenden Versteigerungsverfahren das Eigentum zugeschlagen wird. Im Rahmen der Kaufpreisfälligkeit müssen daher Vorkehrungen getroffen werden, nach denen der Kaufpreis erst zu zahlen ist, wenn die Rücknahme des Versteigerungsantrages von *allen* betreibenden und beigetretenen Gläubigern vorliegt. Ferner muss sichergestellt werden, dass der Kaufpreis auch zur Abdeckung rückständiger öffentlicher Abgaben und Lasten sowie zur Zahlung ausstehender Wohngeldforderungen ausreicht. Eine Abwicklung über Notaranderkonto ist nicht in jedem Fall zwingend erforderlich. Sie ist jedoch insbesondere bei einer Vielzahl von offenen Forderungen in Erwägung zu ziehen. Häufig erklären sich die Gläubiger zur Abgabe der erforderlichen Erklärungen auch nur bei Abwicklung über Anderkonto bereit.

Im Zusammenhang mit der Löschung der Vormerkung im Rahmen des Vollzuges ist die Entscheidung des **BGH** vom 10.7.2008[116] zu beachten. Hiernach endet die Beschlagnahme des Grundstücks **nicht** schon mit dem **Eingang** der Rücknahmeerklärung der betreibenden und beigetretenen Gläubiger beim Vollstreckungsgericht, sondern erst mit dem der Zustellung bedürfenden **Aufhebungsbeschluss** (§ 32 ZVG).[117] Aus Sicherheitsgründen sollte die Löschung der zugunsten des Käufers eingetragenen Vormerkung daher erst veranlasst werden, wenn das Zwangsversteigerungsverfahren aufgehoben ist.[118]

Ist dem Ersteher das versteigerungsbefangene Grundstück bereits zugeschlagen worden, kommt es häufig vor, dass sich der Ersteher den Versteigerungserlös im Darlehenswege beschaffen muss. Wie ist in diesem Fall eine Sicherung des Grundpfandrechtsgläubigers möglich, der dem Ersteher ein Darlehn zum Zwecke der Erfüllung seiner Zahlungsverpflichtungen aus dem Versteigerungsverfahren gegeben hat? Für die Eintragung des Grundpfandrechts sind formell-rechtlich Bewilligung des Eigentümers (§ 19 GBO), Antrag eines Beteiligten (§ 13 GBO) und Voreintragung des Eigentümers (§ 39 GBO) erforderlich. Nach § 90 Abs. 1 ZVG wird der Ersteher durch den Zuschlag Eigentümer des Grundstücks. Dieser Eigentumsübergang tritt also außerhalb des Grundbuchs ein. Erfolgt die Grundpfandrechtsbestellung – erst – nach dem Zuschlag, ist der Ersteher in diesem Zeitpunkt Eigentümer, sodass **seine** Eintragungsbewilligung ausreicht, ohne dass der Vollstreckungsschuldner (= früherer Eigentümer) mitwirken müsste. Die Eintragung des Erstehers als Eigentümer in das Grundbuch ist jedoch Voraussetzung für die Eintragung des Grundpfandrechts (§ 39 GBO, § 130 Abs. 3 ZVG). Das Grundbuchamt darf aber gleichwohl den gestellten Antrag auf Eintragung des Grundpfandrechts nicht zurückweisen, auch nicht beanstanden.[119] Es muss vielmehr den Antrag bei den Grundakten verwahren und ihn erledigen, sobald die Eintragungen nach § 130 Abs. 1 ZVG vollzogen sind. Der Notar kann und **muss** also beim Grundbuchamt die Eintragung des Grundpfandrechts mit **rangwahrender Wirkung** beantragen; er muss aber mit der Auszahlung von bei ihm hinterlegtem Geld oder auch mit der Veranlassung der Auszahlung der Darlehensvaluta durch den Grundpfandrechtsgläubiger sehr vorsichtig sein.

Es wäre denkbar und auch anzuraten, dass sich der Ersteher – am besten in der Grundpfandrechtsbestellungsurkunde – dem Finanzierungsgläubiger gegenüber ausdrücklich verpflichtet, keine Liegenbelassung von durch den Zuschlag erloschenen Rechten zu vereinbaren. Mit **dinglicher** Wirkung kann diese Vereinbarung nicht ausgestattet werden, sodass der Ersteher trotz seiner eingegangenen Verpflichtung gleichwohl eine solche Liegenbelassung vereinbaren könnte. Der Ersteher sollte für den Fall der Liegenbelassung seine sämtlichen Ansprüche gegen den Gläubiger des liegenbelassenen Rechts an den Finanzierungsgläubiger abtreten und diese Abtretung dem Gläubiger anzeigen.

116 DNotZ 2009, 43 = NotBZ 2009, 127 = Rpfleger 2008, 586 = NJW 2008, 3067 = DNotI-Report 2008, 150.

117 S. hierzu auch *Krauß*, notar 2009, 433. und *Heggen*, RNotZ 2009, 384 ff.

118 S. hierzu auch *Kesseler*, DNotZ 2010, 404 ff.; *Franck*, MittBayNot 2012, 439, 444, je mit Formulierungsvorschlag für Anweisung an den Notar, der den Kaufvertrag beurkundet hat, zum Gebrauch der Löschungsbewilligung bezüglich der AV.

119 *Schöner/Stöber*, 16. Aufl. 2020, Rn 1002 m.w.H.

▼ 584

Muster 4.123: Erklärungen in der Grundpfandrechtsbestellungsurkunde

Der Besteller hat den vorbezeichneten Grundbesitz im Wege der Zwangsversteigerung (Aktenzeichen ___ des Amtsgerichts ___) erworben; der Zuschlag wurde bereits erteilt. Ihm ist bekannt, dass die Eintragung des Grundpfandrechts erst vollzogen werden kann, wenn er auf Ersuchen des Vollstreckungsgerichts im Wege der Berichtigung als Eigentümer eingetragen ist. Er verpflichtet sich, alles hierfür Erforderliche unverzüglich vorzunehmen, insbesondere die Grunderwerbsteuer zu entrichten. Die Urkunde soll aber bereits jetzt dem Grundbuchamt zur Rangwahrung zur Eintragung vorgelegt werden (§ 130 Abs. 3 ZVG). Allerdings kann sich der Rang dadurch verschlechtern, dass durch den Zuschlag erloschene Rechte doch eingetragen bleiben, etwa aufgrund nachträglicher Liegenbelassensvereinbarungen (§ 91 ZVG) oder als Sicherungshypotheken gemäß § 128 ZVG, wenn das Bargebot nicht im Verteilungstermin entrichtet wird. 4.123

Der Besteller verpflichtet sich hierdurch gegenüber der vorgenannten Grundschuldgläubigerin, der Bank ___, keine Liegenbelassung von durch den Zuschlag erloschenen Rechten zu vereinbaren. Weiterhin tritt er für den Fall, dass er dennoch eine Liegenbelassung vereinbaren sollte, seine sämtlichen Ansprüche gegenüber dem Gläubiger des liegenbelassenen Rechts, die durch das liegenbelassene Recht gesichert werden, an die Gläubigerin der vorbestellten Grundschuld ab, und verpflichtet sich, diese Abtretung dem Gläubiger des liegenbelassenen Rechts anzuzeigen.

▲

Ggf. sollte versucht werden, von dem Gläubiger des liegenbelassenen Rechts eine Vorrangseinräumungserklärung zu bekommen, worin dem Grundpfandrecht des Finanzierungsgläubigers der Vorrang vor dem liegenbelassenen Recht eingeräumt wird.

Für das Finanzierungsinstitut besteht die Gefahr, dass im Rang vor dem Finanzierungsgrundpfandrecht Sicherungshypotheken der befriedigungsberechtigten Gläubiger im Grundbuch eingetragen werden, weil das Bargebot nicht ordnungsgemäß berichtigt wurde (§§ 118, 128 ZVG). Ferner kann der Rang des Finanzierungsgrundpfandrechts dadurch verschlechtert werden, dass der Ersteher eine sog. **Liegenbelassungsvereinbarung** abgibt. Diese muss im Verteilungstermin oder spätestens vor Berichtigung des Grundbuchs dem Vollstreckungsgericht durch öffentlich beglaubigte Erklärung nachgewiesen werden. Vor diesem Hintergrund bietet eine notarielle Rangbescheinigung keine umfassende Sicherheit, da der Notar nicht bestätigen kann, dass nicht zwischenzeitlich Sicherungshypotheken oder Liegenbelassungsvereinbarungen entstanden sind. Gleichwohl wird eine eingeschränkt aussagekräftige Rangbescheinigung in der Praxis akzeptiert.[120] 585

Der Notar sollte nach der Einreichung des Eintragungsantrages beim Grundbuchamt Feststellungen treffen, ob

- Forderungen gegen den Ersteher übertragen sind und daher gemäß § 128 ZVG Sicherungshypotheken mit Rang **vor** den rechtsgeschäftlich begründeten Grundpfandrechten einzutragen sind,
- die zur Eintragung der **Eigentumseintragung** des Erstehers im Grundbuch erforderliche Unbedenklichkeitsbescheinigung des Finanzamts wegen der Grunderwerbsteuer dem Versteigerungsgericht vorliegt und daher das Ersuchen um Eintragung des Erstehers als Grundstückseigentümer seitens des Versteigerungsgerichts an das Grundbuchamt ergehen kann,
- die Liegenbelassung für ein Grundpfandrecht gemäß § 91 Abs. 2 ZVG vereinbart ist und dem Versteigerungsgericht vorliegt (letzte Sicherheit, ob nicht doch – ggf. nach dem Verteilungstermin – ein Liegenbelassen vereinbart worden ist, ist damit jedoch nicht gegeben),
- ein Beitritt zum Versteigerungsverfahren erfolgt ist.

Vor der Erteilung einer Rangbescheinigung müssten die **Versteigerungsakten** eingesehen werden, um festzustellen, ob 586

- die steuerliche Unbedenklichkeitsbescheinigung vorliegt,
- sich möglicherweise eine Liegenbelassungsvereinbarung bei den Versteigerungsakten befindet.

120 Vgl. zu all dem *Franck*, MittBayNot 2012, 439, 445.

587 ▼

Muster 4.124: Rangbescheinigung

4.124 (Eingang der Rangbescheinigung sinngemäß wie beim Muster oben (siehe Rdn 515) bis einschließlich der Urkundenübersendung)

1. Am ___ habe ich auch in Ihrem Namen den Antrag auf Eintragung der Grundschuld von ___ EUR beim Grundbuchamt ___ gestellt.
2. Durch Grundbucheinsicht vom gleichen Tage habe ich für das Pfandobjekt folgende Eintragungen festgestellt:
   Eigentümer: ___
   Abteilung II: ___
   Abteilung III: ___
3. Auf der Grundlage meiner Akten, der Einsichten in das Grundbuch, die elektronische Antragsliste (Markentabelle) sowie die Grundakten habe ich weiterhin heute festgestellt, dass insoweit keine Umstände der Eintragung des Grundpfandrechts entsprechend der zu meiner Urkunde abgegebenen Bewilligung entgegenstehen.
4. Auf der Grundlage der am ___ erfolgten Einsicht in die Versteigerungsakten des Vollstreckungsgerichts ___ zu Az. ___ bestätige ich, dass unter der Voraussetzung der Zahlung des Steigpreises und des Vollzugs des Zuschlagsbeschlusses und vorbehaltlich dessen, dass durch den Zuschlag erloschene Rechte durch Vereinbarung zwischen Ersteher und Gläubigern erloschener Rechte nicht noch nachträglich liegenbelassen werden, oder bei Nicht- oder nicht vollständiger Entrichtung des Bargebots Forderungen gegen den Ersteher übertragen sind/werden und daher gemäß § 128 ZVG Sicherungshypotheken mit Rang vor der zu Ihren Gunsten rechtsgeschäftlich bestellten Grundschuld in das Grundbuch eingetragen werden (*ggf.*: **und unter der Voraussetzung der Zahlung der Grunderwerbsteuer**), aus meiner Sicht keine Umstände ersichtlich sind, die der Eintragung der zu Ihren Gunsten bestellten Grundschuld von ___ EUR in Abteilung II und in Abteilung III des Grundbuchs ohne Vorlasten entgegenstehen.
   Die steuerliche Unbedenklichkeitsbescheinigung des Finanzamts liegt dem Versteigerungsgericht vor. (*Alternativ*: Die steuerliche Unbedenklichkeitsbescheinigung des Finanzamts liegt bislang nicht vor. Ich weise darauf hin, dass bei Nichtbezahlung der Grunderwerbsteuer Ihr Grundpfandrecht nicht eingetragen wird).
   Eine Liegenbelassungserklärung von durch den Zuschlag erloschenen Rechten habe ich in den Versteigerungsakten nicht vorgefunden. Ich weise jedoch darauf hin, dass Ihr Grundpfandrecht bei etwa später erfolgenden Liegenbelassungsvereinbarungen nicht ranggerecht eingetragen wird.
5. Weitere Vollzugsvoraussetzungen, abgesehen von der Bezahlung der Gerichtsgebühren, sind mir nicht bekannt.

___, den ___

Notar

▲

588 Sofern die Unbedenklichkeitsbescheinigung des Finanzamts nicht bei den Versteigerungsakten ist, muss der Notar dies in der Rangbescheinigung zum Ausdruck bringen. Bei seinen Feststellungen über die ranggerechte Eintragung des Grundpfandrechts sollte er daher klarstellen, dass diese Feststellungen vorbehaltlich der Zahlung der Grunderwerbsteuer durch den Ersteher erfolgen und daher die Möglichkeit besteht, dass das Grundpfandrecht nicht nur nicht an der ausbedungenen Rangstelle, sondern u.U. überhaupt nicht eingetragen wird. Es sollte weiterhin zum Ausdruck gebracht werden, dass die ranggerechte Eintragung des Grundpfandrechts noch durch die Liegenbelassung eines durch Zuschlag erloschenen Rechts verhindert werden kann, und zwar auch dann, wenn nach seinen getroffenen Feststellungen in den Akten des Versteigerungsgerichts keine Liegenbelassungsvereinbarung vorliegt.

5. Reichsheimstättenvermerk

Ein im Grundbuch – noch – eingetragener Heimstättenvermerk ist infolge Aufhebung des Reichsheimstättengesetzes durch Gesetz vom 17.6.1993 (BGBl I, 912) seit dem 1.1.1999 nicht mehr beachtlich; er ist kostenfrei **von Amts wegen** zu löschen. 589

6. Sanierungs- und Umlegungsvermerk

a) Wirtschaftliche Bedeutung der Umlegung

Die Umlegung ist ein im Baugesetzbuch geregeltes Grundstückstauschverfahren (§§ 45 ff. BauGB). Der Rat der Gemeinde ordnet durch Beschluss das Umlegungsverfahren an. In dem Beschluss wird ein Umlegungsgebiet festgesetzt. Am Umlegungsverfahren sind insbesondere die Eigentümer der im Umlegungsgebiet liegenden Grundstücke und die Gemeinde beteiligt. Zweck des Umlegungsverfahrens ist es, zur Erschließung oder Neugestaltung bestimmter Gebiete die Grundstücke in der Weise neu zu ordnen, dass nach Form und Größe für die bauliche und sonstige Nutzung zweckmäßig gestaltete Grundstücke entstehen. 590

Im Umlegungsverfahren werden den beteiligten Eigentümern neue Grundstücke möglichst im gleichen Wert wie die eingebrachten Grundstücke zugeteilt. Der Verkehrswert der alten wie der neuen Grundstücke wird ermittelt. Ergibt sich ein Wertunterschied, so ist dieser in Geld auszugleichen.

Beispiel 591

Der Eigentümer bringt ein Grundstück mit einem Wert von 48.260 EUR in die Umlegung ein. Er erhält ein neues Grundstück mit einem Bodenwert von 73.237 EUR. Der Wertunterschied von 24.977 EUR ist vom Eigentümer an die Gemeinde zu zahlen.

b) Rechtsfolgen der Umlegung

Ab Bekanntmachung des Umlegungsbeschlusses tritt bezüglich der an der Umlegung beteiligten Grundstücke eine Verfügungsbeschränkung ein (§ 51 BauGB). Verfügungen über ein Grundstück (Veräußerung und Belastung) bedürfen einer Genehmigung des bei den Gemeinden gebildeten Umlegungsausschusses. 592

Auf Ersuchen der Gemeinde wird in Abteilung II des Grundbuchs zu Lasten der in das Verfahren einbezogenen Grundstücke ein Umlegungsvermerk eingetragen (§ 54 BauGB). Hierdurch soll offenkundig gemacht werden, dass Verfügungen über das Grundstück der Genehmigung des Umlegungsausschusses bedürfen. Genehmigungsbedürftig sind Veräußerungsverträge – sowohl der schuldrechtliche Vertrag als auch die Auflassung – und die Bestellung und Löschung von Grundstücksbelastungen. Keiner Genehmigung bedarf die Eintragung einer Auflassungsvormerkung.

Der Notar hat für den Vollzug seiner Urkunden die Genehmigung des Umlegungsausschusses einzuholen und dem Grundbuchamt zusammen mit seinem Eintragungsantrag vorzulegen.

Das Umlegungsverfahren endet mit der Erstellung eines Umlegungsplans. Mit der Bekanntmachung im Amtsblatt der Gemeinde treten die neuen Rechtsverhältnisse an die Stelle der alten. Das Eigentum an den neu zugeteilten Grundstücken geht kraft Gesetzes über, ohne dass es einer Auflassung bedarf. Die Grundbücher werden **von Amts wegen** berichtigt und die Umlegungsvermerke gelöscht. 593

c) Das Sanierungsverfahren

Wie das Umlegungsverfahren dient das Sanierungsverfahren der Neuordnung von Grundstücken in einem Teil des Gemeindegebiets. 594

Nach dem Baugesetzbuch hat die Gemeinde auch hier die Möglichkeit, durch Satzung mit Genehmigung der höheren Verwaltungsbehörde ein Sanierungsgebiet festzulegen. Auf Ersuchen der Gemeinde wird bei den betroffenen Grundstücken ein „Sanierungsvermerk" in Abteilung II des Grundbuchs eingetragen (§ 143 BauGB). Der Sanierungsvermerk hat ähnliche Wirkungen wie der Umlegungsvermerk, führt also zu einer Verfügungsbeschränkung.

595 Nach § 144 BauGB sind in förmlich festgesetzten Sanierungsgebieten **genehmigungsbedürftig**:

- die rechtsgeschäftliche Veräußerung eines Grundstücks und die Bestellung und Veräußerung eines Erbbaurechts;
- die Bestellung eines das Grundstück belastenden Rechts;
- der schuldrechtliche Vertrag zu beidem;
- Vereinbarungen, durch die ein schuldrechtliches Nutzungsverhältnis (etwa Mietvertrag) auf unbestimmte Zeit oder von mehr als einem Jahr eingegangen oder verlängert wird;
- die Teilung eines Grundstücks.

Genehmigungsfrei ist auch hier die Eintragung einer Auflassungsvormerkung.

596 Genehmigungsbehörde ist die Gemeinde (**Sanierungsausschuss**). Die Genehmigung darf nur versagt werden, wenn Grund zu der Annahme besteht, dass der Rechtsvorgang oder die mit ihm bezweckte Nutzung die Durchführung der Sanierung unmöglich machen, wesentlich erschweren oder dem Sanierungszweck zuwiderlaufen würden.

Wird die Genehmigung versagt, so ist zwar das Rechtsgeschäft unwirksam, der Eigentümer hat jedoch in diesem Fall das Recht, die Übernahme des Grundstücks durch die Gemeinde zu verlangen, wenn ihm mit Rücksicht auf die Durchführung der Sanierung nicht zumutbar ist, das Grundstück zu behalten und zu nutzen.

7. Vereinbarungen unter Miteigentümern (Vermerk nach § 1010 BGB)

a) Verwaltungs- und Benutzungsregelung

597 Haben Miteigentümer nach Bruchteilen die Verwaltung und Benutzung des Grundstücks geregelt (vgl. § 745 BGB), so wirkt die getroffene Vereinbarung gegen Sonderrechtsnachfolger eines Miteigentümers nur, wenn sie als Belastung seines Anteils im Grundbuch eingetragen ist. Diesem Zweck dient die Eintragung eines entsprechenden Vermerks nach § 1010 BGB.

> *Beispiel*
>
> A und B sind je zu ½ Anteil Miteigentümer an einem Hausgrundstück. In dem Haus befinden sich zwei Wohnungen. A und B vereinbaren, dass A die Wohnung im Erdgeschoss und B die Wohnung im Obergeschoss jeweils unter Ausschluss des anderen Miteigentümers allein nutzen darf. Gesamtrechtsnachfolger, also Erben, sind an diese Nutzungsvereinbarung stets gebunden, nicht aber ohne weiteres Sonderrechtsnachfolger. Verkauft z.B. A seinen Miteigentumsanteil an X, so braucht X die Nutzungsvereinbarung nur gegen sich gelten zu lassen, wenn sie im Grundbuch zu Lasten des Miteigentumsanteils eingetragen ist.

b) Auseinandersetzungsverbot

598 Jeder Miteigentümer nach Bruchteilen hat das Recht, gegen den Willen des oder der anderen Miteigentümer jederzeit die Aufhebung der Gemeinschaft, die Auseinandersetzung zu verlangen (§ 749 BGB). Dies geschieht im Wege der Zwangsversteigerung (**Teilungsversteigerung**) des Grundstücks und Teilung des Versteigerungserlöses. Vor einer solchen zwangsweisen Auseinandersetzung suchen sich Miteigentümer dadurch zu schützen, dass sie ein Auseinandersetzungsverbot vereinbaren. Es kann für immer, aber auch lediglich für eine bestimmte Zeit vereinbart werden. Ein Miteigentümer kann dann nicht gegen den Willen des oder der anderen Miteigentümer die Teilungsversteigerung betreiben.

599 Das Auseinandersetzungsverbot wirkt für und gegen Sonderrechtsnachfolger nur, wenn es im Grundbuch in Abteilung II zu Lasten der Miteigentumsanteile und zugunsten des oder der jeweiligen Inhaber der anderen Miteigentumsanteile eingetragen ist, und zwar auch hier durch einen entsprechenden Vermerk gemäß § 1010 BGB.

Das Recht, die Auseinandersetzung aus einem wichtigen Grund zu verlangen, kann allerdings nicht ausgeschlossen werden, wenn etwa die Fortsetzung der Gemeinschaft für einen Miteigentümer unzumutbar ist. Das kann der Fall sein, wenn einem Miteigentümer der ihm zustehende Gebrauch des gemeinsamen Eigentums nachhaltig vorenthalten wird oder wenn überhaupt durch eine heillose Zerrüttung des Vertrauensverhältnisses eine gemeinsame Verwaltung und Nutzung nicht mehr möglich ist.

c) Wechselseitige Verfügungsbeschränkungen und Vorkaufsrechte

Möglich ist auch, dass sich die Miteigentümer schuldrechtlich gegenseitig Verfügungsbeschränkungen auferlegen. 600

Beispiel

Miteigentümer vereinbaren, dass keiner von ihnen ohne Zustimmung des anderen über seinen Miteigentumsanteil durch Veräußerung oder Belastung verfügen darf.

Wird an die Verletzung der schuldrechtlich wirkenden Verfügungsbeschränkung eine Übereignungsverpflichtung geknüpft, so kann diese durch eine Vormerkung gesichert werden (vgl. Rdn 432 ff.). Häufig werden auch wechselseitige Vorkaufsrechte an den Miteigentumsanteilen bestellt. Die Vereinbarung von Verfügungsbeschränkungen und wechselseitigen Vorkaufsrechten unter Miteigentümern an Grundstücken soll verhindern, dass unerwünschte Personen Mitglieder der Gemeinschaft werden.

C. Aus dem Bereich des Familienrechts

I. Verwandtschaft, Schwägerschaft

„Verwandtschaft" ist die blutsmäßige Verbindung zwischen mehreren Personen. Das BGB geht über die durch Blutsbande vermittelte Verwandtschaft hinaus und erkennt auch die durch Adoption vermittelten Bande als (künstliche) Verwandtschaft an (§ 1754 BGB). Miteinander verwandt sind auch Personen, deren blutsmäßigen Bande durch eine nichteheliche Geburt vermittelt werden. Dabei ist es gleichgültig, ob die Verwandtschaft über eine eheliche oder eine nichteheliche Geburt vermittelt ist. 601

Man unterscheidet Verwandtschaft in gerader Linie und Verwandtschaft in der Seitenlinie. Personen, deren eine von der anderen abstammt, sind in **gerader Linie** verwandt (§ 1589 S. 1 BGB).

Beispiel

Großvater – Vater – Sohn – Enkel – Urenkel (…)

Personen, die **nicht in gerader Linie** verwandt sind, aber von derselben dritten Person abstammen, sind in der Seitenlinie verwandt (§ 1589 S. 2 BGB).

Beispiel

Bruder – Onkel – Vetter.

Der Grad der Verwandtschaft, d.h. die Nähe der Verwandtschaft, bestimmt sich gemäß § 1589 S. 3 BGB nach der Zahl der die Verwandtschaft vermittelnden Geburten. Es sind also Eltern und Kinder im ersten Grade, Großeltern und Enkel im zweiten Grade, Urgroßeltern und Urenkel im dritten Grade miteinander verwandt. 602

In der Seitenlinie gibt es keine Verwandtschaft ersten Grades, da der Verwandtschaftsgrad immer über den gemeinsamen Stammvater hinweg gezählt werden muss.

Demgemäß sind Geschwister im 2. Grade in der Seitenlinie miteinander verwandt, Onkel und Neffe im 3. Grade und Vettern im 4. Grade.

Die gerade Linie ist entweder „aufsteigend" (**Aszendenten**) oder „absteigend" (**Deszendenten**), je nachdem, ob das Verhältnis einer Person zu ihren Vorfahren oder zu ihren Nachkommen in Frage steht. Die Verwandten der absteigenden Linie bezeichnet das Gesetz ohne Rücksicht auf den Verwandtschaftsgrad als

„Abkömmlinge" (§ 1924 BGB) oder auch als „Nachkommenschaft" (§ 2107 BGB). „Kinder" nennt das Gesetz nur die Abkömmlinge 1. Grades (§§ 207, 1924 Abs. 4 BGB).

Die Verwandten aufsteigender Linie 1. Grades werden als „Eltern" (§ 1925 Abs. 1 BGB), diejenigen 2. Grades als „Großeltern" (§ 1926 Abs. 1 BGB), diejenigen 3. Grades als „Urgroßeltern" (§ 1928 Abs. 1 BGB) bezeichnet. Vollbürtige Verwandte sind solche, die von demselben Vorelternpaar abstammen, halbbürtige solche, die nur den Vater, Großvater usw. oder die Mutter, Großmutter usw. gemeinsam haben.

Die Verwandtschaft wird rechtlich bedeutsam für die Unterhaltspflicht (§§ 1601 ff. BGB), das Rechtsverhältnis zwischen Eltern und Kindern (§§ 1616 ff. BGB), das Erbrecht (§§ 1924 ff. BGB), das Pflichtteilsrecht (§§ 2303 ff. BGB), die Stellung als befreite Betreuer (§ 1859 Abs. 2 BGB), für die Ausschließung der Vertretungsmacht des gesetzlichen Vertreters bei Rechtsgeschäften des Kindes mit seinen Verwandten (§ 1824 BGB) sowie bei verschiedenen Mitwirkungsverboten als Richter oder Notar. Nahe Verwandtschaft begründet ferner ein Eheverbot (§ 1307 BGB).

603 Die Verwandten eines Ehegatten sind mit dem anderen Ehegatten verschwägert. Die Linie und der Grad der Schwägerschaft bestimmen sich nach der Linie und dem Grad der sie vermittelnden Verwandtschaft (§ 1590 Abs. 1 BGB). Die Schwägerschaft dauert fort, auch wenn die Ehe, durch die sie begründet wurde, aufgelöst ist (§ 1590 Abs. 2 BGB).

Dabei unterscheidet man auch wieder Schwägerschaft in gerader und in der Seitenlinie. In gerader Linie verschwägert sind die Eltern und Voreltern (Schwiegereltern), in der Seitenlinie die Seitenverwandten des einen Ehegatten mit dem anderen Ehegatten (Schwager, Schwägerin).

Entgegen dem allgemeinen Sprachgebrauch sind nach dem Gesetz Ehegatten nicht miteinander verwandt.

Nicht miteinander verschwägert sind die Verwandten eines Ehegatten mit den Verwandten des anderen Ehegatten, also z.B. nicht der Bruder der Ehefrau mit dem Bruder des Ehemannes. Aus demselben Grunde sind auch die Ehemänner zweier Schwestern nicht miteinander verschwägert (landläufig „Schwippschwager" genannt).

Die Wirkungen der Schwägerschaft sind erheblich geringer als die der Verwandtschaft. Insbesondere begründet die Schwägerschaft kein Erbrecht. Die verbreitete Vorstellung, wonach Schwiegerkinder anstelle weggefallener Kinder zur Erbfolge gelangen, ist irrig. Verschwägerte sind auch nicht zum Unterhalt verpflichtet.

604 § 11 LPartG bezieht den Lebenspartner in den Kreis der Familienangehörigen des anderen Lebenspartners mit ein und bestimmt weiter, dass die Verwandten des einen Lebenspartners mit dem anderen Lebenspartner als verschwägert gelten.

Schaubilder zu den Verwandtschafts- und Schwägerschaftsverhältnissen

Zum besseren Verständnis mögen die nachfolgenden Darstellungen dienen, bei denen bedeuten:

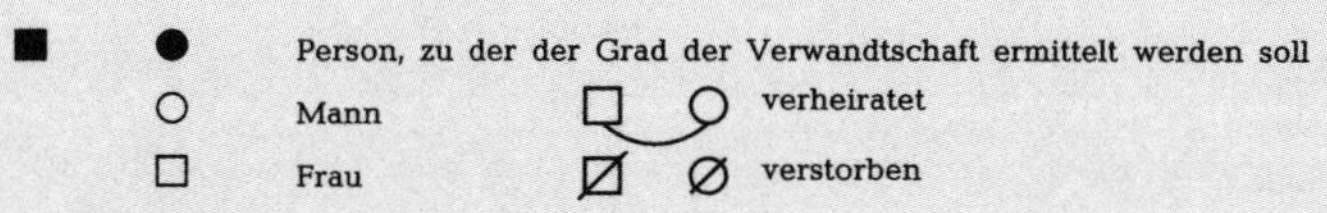

1. Beispiel:
Verwandtschaft in gerader Linie

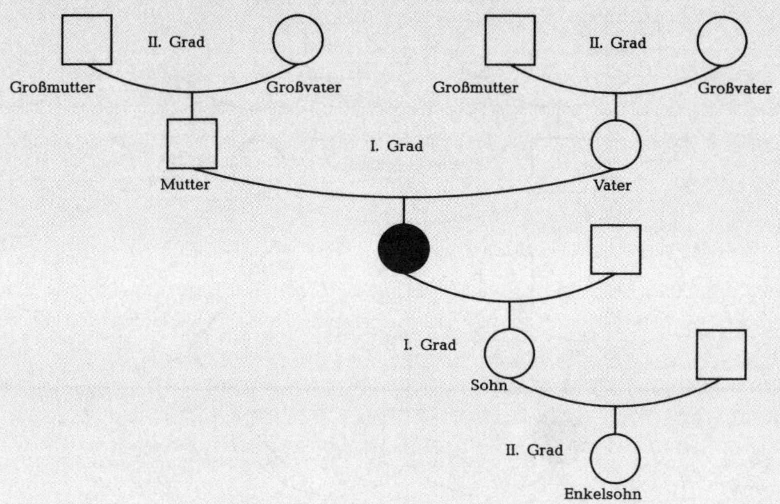

2. Beispiel:
Verwandtschaft in der Seitenlinie

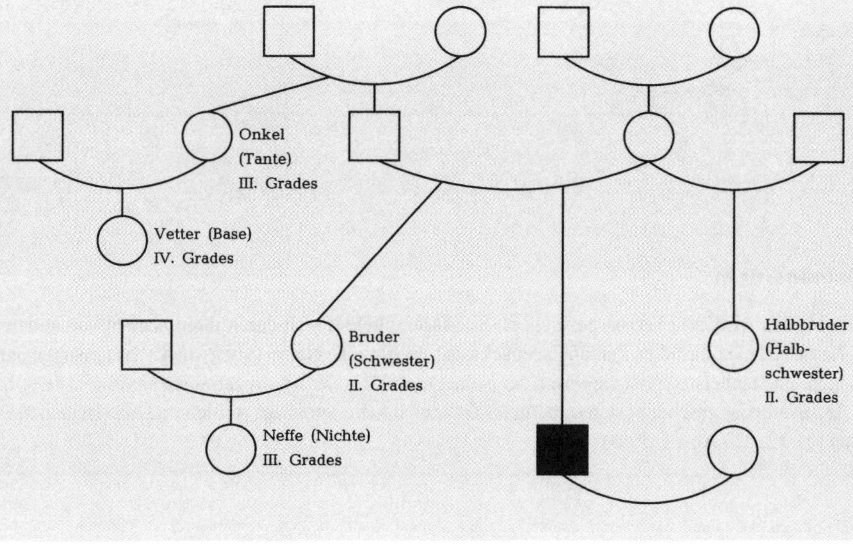

3. Beispiel:
Schwägerschaftsverhältnis
Hierin bedeuten:

S = Schwägerschaft
g = in gerader Linie
s = in der Seitenlinie
1, 2, 3 = Gradesnähe

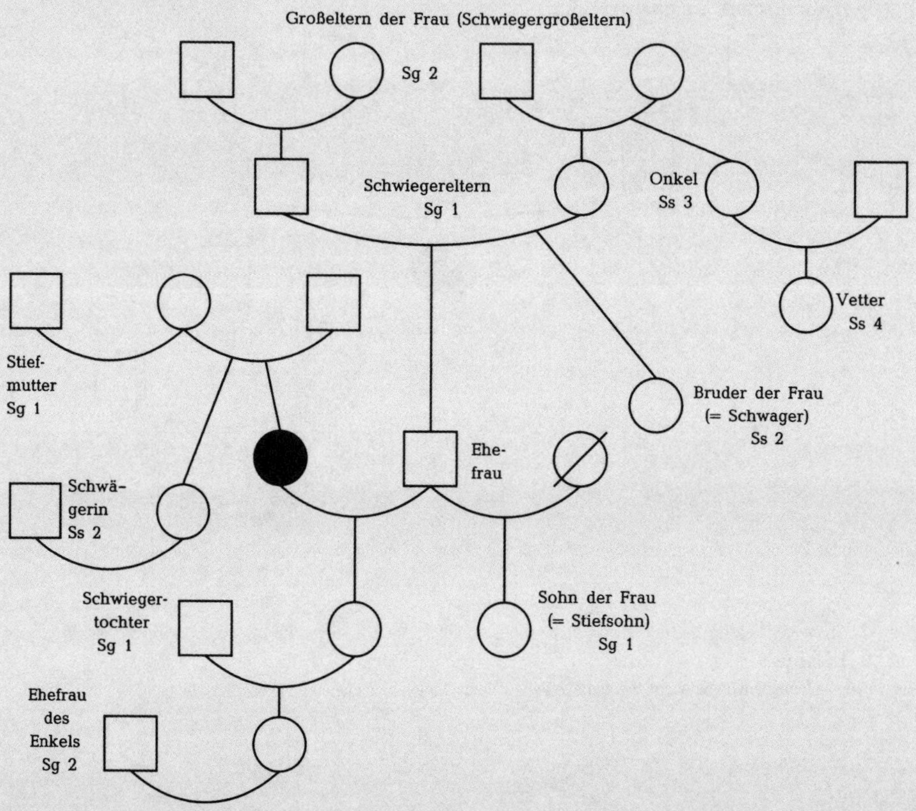

II. Namensrecht

605 Mit dem Namen wird eine Person bezeichnet. Sie **unterscheidet** sich durch ihren Namen von anderen Personen. Name ist bei natürlichen Personen zunächst der bürgerliche Name. Auch juristische Personen haben einen Namen. Im Handelsrecht ist die Firma der Name, unter dem der Kaufmann seine Geschäfte betreibt (§ 17 HGB). Der Name ist geschützt, sein unbefugter Gebrauch kann untersagt werden und zu Schadenersatz verpflichten (§§ 12, 823 Abs. 1 BGB).

Es lassen sich drei bürgerliche Namen unterscheiden:

1. der Geburtsname, der sich aufteilt in einen Vornamen und einen Nachnamen (Familiennamen) (§§ 1616, 1617, 1757 BGB),
2. der gemeinsame Familienname von Ehegatten (= Ehename) (§ 1355 Abs. 1 BGB),
3. der Begleitname, nämlich die Beifügung des übergangenen Geburtsnamens bei Ehegatten (§ 1355a BGB).

1. Geburtsname

Führen die Eltern eines Kindes einen Ehenamen, so erhält das Kind zwingend diesen Ehenamen als Geburts- 606
namen (§ 1616 BGB).

Führen die Eltern keinen Ehenamen, weil sie nicht miteinander verheiratet sind oder bei der Eheschließung keinen Ehenamen bestimmt haben, so ist folgende Unterscheidung zu treffen:

a) Steht den Eltern die **gemeinsame Sorge** zu, so können sie den Namen des Vaters oder den Namen der Mutter 607
zum Geburtsnamen des Kindes bestimmen, neuerdings auch den aus den Namen beider Eltern gebildeten Doppelnamen (§ 1617 BGB). Die einmal getroffene Bestimmung der Eltern gilt auch für ihre weiteren Kinder. Treffen die Eltern binnen eines Monats nach der Geburt des Kindes keine Bestimmung, so überträgt das Familiengericht das Bestimmungsrecht einem Elternteil. Die Namenserklärung, die die gemeinsam sorgeberechtigten Eltern nach der Beurkundung der Geburt des Kindes abgeben, muss öffentlich beglaubigt werden. Sie muss dem Standesamt gegenüber abgegeben werden (§ 1617 Abs. 1 BGB).

b) Steht die elterliche Sorge **nur einem Elternteil** zu, so erhält das Kind kraft Gesetzes den Namen dieses sor- 608
geberechtigten Elternteils als Geburtsnamen (§ 1617a BGB).

Ein Elternteil, dem die elterliche Sorge für ein unverheiratetes Kind allein zusteht, kann dem Kind den Namen des anderen Elternteiles erteilen. Die Erteilung bedarf der Einwilligung des anderen Elternteils und, wenn das Kind das 5. Lebensjahr vollendet hat, auch der Einwilligung des Kindes (§ 1617a Abs. 3 BGB).

▼

Muster 4.125: Gemeinsame elterliche Sorge – Familienname

An das 4.125

Standesamt

Wir, die unterzeichnenden Frau , geborene , und Herr , sind die Eltern des am in geborenen Kindes . Die elterliche Sorge für das Kind steht uns gemeinsam zu.

Wir bestimmen, dass das Kind Klara den Familiennamen seines Vaters führen soll.

, den

(Unterschriftsbeglaubigung)

▲

▼

Muster 4.126: Alleinige elterliche Sorge – Einwilligung in Namensgebung

An das 4.126

Standesamt

Mir, der unterzeichnenden Frau , geborene , steht die elterliche Sorge für das am in geborene Kind Klara allein zu.

Ich, der unterzeichnende Herr , bin der Vater des Kindes. Ich, Frau , geborene , erteile meinem Kind hiermit den Namen seines Vaters. Ich, Herr , willige in die Namensgebung ein.

, den

(Unterschriftsbeglaubigung)

▲

609 c) Zuständig, die Namenserklärung anzunehmen, ist das **Standesamt**, das das Geburtenregister in dem die Geburt des Kindes beurkundet ist, führt (§ 45 Abs. 1 und 2 PStG).

2. Ehename

610 Die Ehegatten sollen einen **gemeinsamen** Familiennamen (Ehenamen) führen, § 1355 Abs. 1 BGB. Mit der Aufforderung, einen gemeinsamen Ehenamen zu bestimmen („*sollen*"), behält das BGB die Namenseinheit der Familie als rechtspolitisches Ziel weiter aufrecht, ohne jedoch einen entsprechenden Zwang in dieser Richtung auszuüben.

Zum Ehenamen können die Ehegatten durch unwiderrufliche Erklärung gegenüber dem Standesbeamten den Geburtsnamen oder den zur Zeit der Erklärung über die Bestimmung des Ehenamens geführten Namen der Frau oder des Mannes bestimmen, § 1355 Abs. 2 BGB. Dies kann auch ein Name sein, der erst durch eine frühere Eheschließung „erheiratet" wurde.

Hinweis

Seit der zum 1.5.2025 in Kraft getretenen **Namensrechtsreform** kann zudem ein aus den Namen beider Ehegatten gebildeter **Doppelname zum Ehenamen** bestimmt werden. Die Ehegatten können auch festlegen, ob die Namen durch Bindestrich verbunden werden sollen oder nicht. Unzulässig sind indes Namensketten aus drei oder mehr Namen.

Beispiel

Julia Schmitz heiratet den Grafen von Waldersee. Zum Ehenamen bestimmen die Ehegatten den Namen Graf von Waldersee. Die Ehefrau heißt demnach Julia Gräfin von Waldersee geborene Schmitz. Nach Ehescheidung vom Grafen von Waldersee heiratet die Ehefrau Herrn Josef Müller. Zum Ehenamen bestimmen die Eheleute den Namen Graf von Waldersee. Die Eheleute heißen nunmehr Julia Gräfin von Waldersee geborene Schmitz und Josef Graf von Waldersee geborener Müller.

Beide Ehegatten führen den von ihnen auf diese Weise bestimmten Ehenamen. Bestimmen die Ehegatten **keinen** Ehenamen, so führen sie – trotz Heirat – ihren zur Zeit der Eheschließung geführten Namen auch nach der Eheschließung weiter, § 1355 Abs. 1 S. 3 BGB.

Beispiel

Wolfgang Fleischhauer und Beate Kupka heiraten. Sie haben die Möglichkeit, als Ehenamen Fleischhauer, Kupka, Fleischhauer-Kupka oder Kupka-Fleischhauer zu wählen, wobei letztere Namen mit oder ohne Bindestrich möglich sind.

Wählen sie Fleischhauer, so heißen die Ehegatten: Wolfgang Fleischhauer und Beate Fleischhauer geborene Kupka. Die Kinder der Eheleute heißen Fleischhauer.

Wählen sie Kupka zum Ehenamen, so heißen die Ehegatten: Wolfgang Kupka geborener Fleischhauer und Beate Kupka. Die Kinder heißen Kupka.

Wählen sie Fleischhauer-Kupka, so heißen sie Wolfgang Fleischhauer-Kupka, geb. Fleischhauer, und Beate Fleischhauer-Kupka, geb. Kupka. Die Kinder heißen Fleischhauer-Kupka.

3. Begleitname

611 Ein Ehegatte, dessen Geburtsname nicht Ehename wird, kann durch Erklärung gegenüber dem Standesbeamten dem Ehenamen seinen Geburtsnamen oder den Namen, den er zurzeit führt, **voranstellen oder beifügen**. Dies gilt nicht, wenn der Ehename aus mehreren Namen besteht. Besteht der Geburtsname eines Ehegatten aus mehreren Namen, so kann er nur einen dieser Namen hinzufügen (§ 1355a BGB).

Beispiel

Wenn die Eheleute als Ehenamen Fleischhauer wählen, kann Frau Fleischhauer ihren Namen Kupka voranstellen oder anfügen, also Beate Kupka-Fleischhauer geborene Kupka oder Beate Fleischhauer-Kupka geborene Kupka heißen. Die Kinder heißen Fleischhauer.

Der vorangestellte oder angefügte Name (Begleitname) wird nicht Bestandteil des Ehenamens, sondern bleibt 612
bloßer persönlicher Namenszusatz des einen Ehegatten. Der Begleitname geht somit insbesondere nicht auf die Kinder über. Er wird durch öffentlich beglaubigte Erklärung gegenüber dem Standesbeamten angenommen. Die Annahme ist an keine Frist gebunden, sodass sie auch längere Zeit nach der Eheschließung und auch im Fall der Scheidung nachgeholt werden kann. Zuständig ist der Standesbeamte, der das Eheregister, in dem die Eheschließung beurkundet wurde, führt (§ 41 Abs. 2 PStG).

▼

Muster 4.127: Beifügung des Geburtsnamens

An das 4.127

Standesamt ___

Betr.: Beifügung des Geburtsnamens

Meine am ___ geschlossene Ehe mit ___ wurde vom Standesbeamten in ___ unter Heiratsregister-Nr. ___/___ beurkundet. Ehename ist der Geburtsname meines Mannes: ___.

Ich erkläre hiermit, dass ich dem Ehenamen ___ meinen Geburtsnamen ___ voranstelle, sodass ich künftig heißen werde: ___ geborene ___.

___, den ___

___

(Beglaubigungsvermerk) (Unterschrift)

▲

Der verwitwete oder geschiedene Ehegatte behält den Ehenamen. Er kann durch öffentlich beglaubigte Erklä- 613
rung gegenüber dem Standesbeamten seinen Geburtsnamen oder den Namen, den er zur Zeit der Eheschließung geführt hat, wieder annehmen oder seinen Geburtsnamen dem Ehenamen voranstellen oder anfügen (§ 1355 Abs. 5 BGB). Die Zuständigkeit des Standesamtes ist in § 41 PStG geregelt.

▼

Muster 4.128: Wiederannahme des Geburtsnamens

An das 4.128

Standesamt ___

Betr.: Wiederannahme des Geburtsnamens

Meine am ___ vor dem Standesbeamten in ___ geschlossene Ehe mit ___ (Heiratsregister-Nr. ___/___) ist durch den am ___ rechtskräftig gewordenen Beschluss des Familiengerichts ___ (Aktenzeichen ___) geschieden worden.

Unser Ehename lautet ___, sodass ich zurzeit den Namen führe: ___ geborene ___.

Ich erkläre hiermit, dass ich gemäß § 1355 Abs. 5 BGB meinen Geburtsnamen ___ wieder annehme.

___, den ___

___

(Beglaubigungsvermerk) (Unterschrift)

▲

4. Vorname

614 Die Bestimmung des Vornamens eines Kindes, ist Ausfluss der elterlichen Sorge. Können sich gemeinsam sorgeberechtigte Eltern nicht auf einen Vornamen einigen, so kann das Familiengericht auf Antrag eines Elternteils die Entscheidung einem Elternteil übertragen (§ 1628 BGB).

III. Kindschaftsrecht

1. Vorbemerkung

615 Das Kindschaftsrecht ist im Jahre 1998 reformiert worden. Ziel der Reformgesetze war es, den Verfassungsauftrag zu erfüllen, eheliche und nichteheliche Kinder **gleichzustellen**. Die Unterscheidung von ehelichen und nichtehelichen Kindern ist aufgehoben. Kinder, die nichteheliche Kinder genannt wurden, werden nunmehr als Kinder bezeichnet, deren Eltern nicht miteinander verheiratet sind.

2. Abstammungsrecht

616 Die Abstimmung ist in den §§ 1591 ff. BGB geregelt:

a) Mutter ist die Frau, die das Kind geboren hat (§ 1591 BGB). Dadurch wird der Tatsache Rechnung getragen, dass durch eine Ei- oder Embryonenspende gebärende Frau nicht auch zugleich die genetische Mutter des Kindes sein muss. Mutter i.S.d. BGB ist aber immer die **gebärende** Frau und nicht die genetische Mutter.
b) Vater ist gemäß § 1592 BGB der Mann,
   - der zum Zeitpunkt der Geburt mit der Mutter des Kindes verheiratet ist,
   - der die Vaterschaft anerkannt hat
   - oder dessen Vaterschaft gemäß § 1600d BGB gerichtlich festgestellt ist.

Die Ehe mit der Mutter begründet also wie bisher die **Vermutung** der Vaterschaft. Eine bloße Lebensgemeinschaft des Vaters mit der Mutter lässt die väterliche Abstammung bis zur Anerkennung oder gerichtlichen Feststellung nach wie vor offen.

Die Frau, die mit der Mutter verheiratet ist, ist nach bisheriger Rechtslage nicht kraft Gesetzes „Co-Mutter“. Vielmehr muss das Verwandtschaftsverhältnis durch **Stiefkindadoption** begründet werden. Ob diese Ungleichbehandlung einer Ehefrau der Mutter im Vergleich zum Ehemann der Mutter verfassungsgemäß ist, wird lebhaft diskutiert und wird voraussichtlich vom Bundesverfassungsgericht zu entscheiden sein.

3. Anerkennung der Vaterschaft

617 Bei Kindern, deren Eltern nicht miteinander verheiratet sind, wird die Vaterschaft durch Anerkennung – oder gerichtliche Entscheidung – mit Wirkung für und gegen alle festgestellt. Die Rechtswirkungen der Anerkennung können erst von dem Zeitpunkt an geltend gemacht werden, zu dem die Anerkennung wirksam wird. Die Vaterschaftsanerkennung ist eine Wissenserklärung und gleichzeitig eine einseitige nicht empfangsbedürftige Willenserklärung. Sie beinhaltet, dass der Anerkennende der Mutter in der Empfängniszeit beigewohnt hat und das Kind als von ihm erzeugt ansieht. Die Anerkennung ist schon vor der Geburt des Kindes zulässig (§ 1594 Abs. 4 BGB). Der Mann kann die Anerkennung widerrufen, wenn sie ein Jahr nach der Beurkundung noch nicht wirksam geworden ist (§ 1597 Abs. 3 BGB). Die Anerkennung ist unwirksam, wenn sie unter einer Bedingung oder Zeitbestimmung erfolgt (§ 1594 Abs. 3 BGB). Eine Anerkennung der Vaterschaft ist nicht wirksam, solange die Vaterschaft eines anderen Mannes besteht (§ 1594 Abs. 2 BGB). Durch einen Bevollmächtigten kann die Anerkennung nicht erklärt werden (§ 1596 Abs. 4 BGB). Wer in der Geschäftsfähigkeit beschränkt ist, kann nur selbst anerkennen. Die Zustimmung seines gesetzlichen Vertreters ist erforderlich. Für einen Geschäftsunfähigen kann nur der gesetzliche Vertreter mit Genehmigung des Familiengerichtes anerkennen (§ 1596 Abs. 1 BGB).

618 Die Anerkennung bedarf der **Zustimmung** der Mutter (§ 1595 Abs. 1 BGB), und zwar aus eigenem Recht, nicht als die gesetzliche Vertreterin des Kindes. Die Zustimmung des Kindes ist neben der Zustim-

mung der Mutter zusätzlich erforderlich, wenn der Mutter insoweit die elterliche Sorge nicht zusteht (§ 1595 Abs. 2 BGB). Für ein Kind, das geschäftsunfähig oder noch nicht 14 Jahre alt ist, kann nur der gesetzliche Vertreter der Anerkennung zustimmen. Im Übrigen kann ein Kind, das in der Geschäftsfähigkeit beschränkt ist, nur selbst zustimmen; es bedarf hierzu der Zustimmung des gesetzlichen Vertreters (§ 1596 Abs. 2 BGB).

Die **Anerkennungserklärung** und die Zustimmungserklärung müssen öffentlich beurkundet werden (§ 1597 Abs. 1 BGB). Beglaubigte Abschriften der Anerkennung und aller Erklärungen, die für die Wirksamkeit der Anerkennung bedeutsam sind, sind dem Vater, der Mutter und dem Kind sowie dem Standesamt zu übersenden. Zuständig ist der Standesbeamte, der die Geburt des Kindes beurkundet hat (§ 44 Abs. 3 PStG).

Zur Verhinderung missbräuchlicher Vaterschaftsanerkennungen bestehen umfangreiche verfahrensrechtliche Vorgaben. So ist insbesondere die Beurkundung unter bestimmten Voraussetzungen auszusetzen, § 1597a BGB. Eine gleichwohl vorgenommene Beurkundung führt jedoch zur wirksamen Anerkennung der Vaterschaft.

Die **Rechtswirkungen** der Vaterschaft treten ein mit der Anerkennung und dem Zugang der Zustimmungserklärung. Der Standesbeamte vermerkt die Vaterschaft am Rande des Geburtseintrages des Kindes; das Kind ist mit dem Vater verwandt, der Vater dem Kinde unterhaltspflichtig (und umgekehrt); das Kind hat ein Erbrecht nach dem Vater, der Vater hat ein Erbrecht nach dem Kind. Neben diese familienrechtlichen und erbrechtlichen Ansprüche treten die sonstigen Rechtswirkungen der Vaterschaft, etwa das Zeugnisverweigerungsrecht im Zivilprozess und Strafprozess.

▼ 619

Muster 4.129: Vaterschaftsanerkennung eines Volljährigen

Verhandelt zu ___ am ___ 4.129

Vor dem unterzeichnenden Notar ___ erschien ___:

Herr ___

Der Beteiligte erklärte:

Ich bin am ___ in ___ geboren – Standesamt ___ Reg.Nr. ___ – und deutscher Staatsangehöriger.

Ich erkenne an, der Vater des von ___ am ___ in ___ geborenen Kindes namens ___ zu sein. Die Geburt des Kindes ist bei dem Standesamt ___ Reg.Nr. ___ beurkundet.

Mir ist bekannt, dass zur Wirksamkeit der Anerkennung die Zustimmung der Mutter erforderlich ist und dass ich die Anerkennung widerrufen kann, wenn sie ein Jahr nach der Beurkundung noch nicht wirksam geworden ist.

Die Zustimmung der Mutter muss in öffentlich beurkundeter Form erfolgen.

Der Notar hat mich auf die verwandtschaftlichen, unterhaltsrechtlichen und erbrechtlichen Folgen der Anerkennung der Vaterschaft hingewiesen.

Beglaubigte Abschriften sind zu erteilen:

- mir, der Mutter, dem Kind sowie dem Standesbeamten, der die Geburt des Kindes beurkundet hat.

Diese Urkunde ist gebührenfrei. Die Auslagen trage ich.

Diese Niederschrift ___

▲

▼

Muster 4.130: Zustimmung der Mutter des Kindes zur Vaterschaftsanerkennung

4.130 Verhandelt zu am

Vor dem unterzeichnenden Notar erschien

Frau

Die Beteiligte erklärte:

In der Urkunde des Notars in vom – dessen UVZ-Nummer – hat Herr , wohnhaft in , anerkannt, der Vater des Kindes zu sein, das ich am in geboren habe.

Als Mutter des Kindes erkläre ich zu der Vaterschaftsanerkennung meine Zustimmung.

Der Notar hat mich über die verwandtschaftlichen, unterhaltsrechtlichen und erbrechtlichen Folgen der Anerkennung der Vaterschaft hingewiesen.

Beglaubigte Abschriften sind zu erteilen:

mir, dem Vater, dem Kind sowie dem Standesbeamten, der die Geburt des Kindes beurkundet hat.

Diese Urkunde ist gebührenfrei. Die Auslagen trage ich.

Diese Niederschrift

▲

4. Unterhaltspflicht gegenüber Kindern

620 Das minderjährige Kind kann den ihm nach § 1610 ff. BGB geschuldeten angemessenen Unterhalt in zweierlei Form geltend machen:

a) als statische monatliche Unterhaltsrente,
b) als dynamisierte monatliche Unterhaltsrente mit Hilfe der Regelbeträge nach der Regelbetrag-Verordnung (§ 1612a BGB).

Als dynamisierte Rente passt sich der individuell festgesetzte Unterhaltsbetrag automatisch im Zweijahres-Rhythmus den Änderungen der Regelbetrag-Verordnung an (§ 1612a Abs. 4 BGB).

5. Elterliche Sorge

a) Vorbemerkung

621 Die elterliche Sorge umfasst die Sorge für die Person des Kindes (**Personensorge**) und das Vermögen des Kindes (**Vermögenssorge**), § 1626 Abs. 1 BGB.

b) Elterliche Sorge bei Kindern, deren Eltern miteinander verheiratet sind

622 Grundsätzlich obliegt verheirateten Eltern, und zwar gemeinsam, die Personen- und Vermögenssorge ihrer minderjährigen Kinder (§§ 1626, 1627 BGB). Die elterliche Sorge umfasst auch die gesetzliche Vertretung, § 1629 BGB.

Diese gesetzliche Vertretungsmacht kann von den Eltern nur einverständlich ausgeübt werden. Einigen sie sich nicht, so kommt eine Vertretung des Kindes nicht zustande. Jeder Elternteil kann in wichtigen Angelegenheiten bei Uneinigkeiten das Familiengericht anrufen, das dann die Entscheidung einem Elternteil übertragen kann (§ 1628 BGB). Bei der Pflege und Erziehung berücksichtigen die Eltern die wachsende Fähigkeit und das wachsende Bedürfnis des Kindes zu selbstständigem verantwortungsbewusstem Handeln. Sie besprechen mit dem Kind, soweit es nach dessen Entwicklungsstand angezeigt ist, Fragen der elterlichen Sorge und streben ein Einvernehmen mit dem Kind an (§ 1626 Abs. 2 BGB). Entwürdigende Erziehungsmaßnahmen, insbesondere körperliche und seelische Misshandlungen, sind unzulässig (§ 1631 Abs. 2 BGB). Zum Wohl des Kindes gehört in der Regel der Umgang mit beiden Elternteilen. Gleiches gilt für den Umgang mit anderen Personen, zu denen das Kind Bindungen besitzt, wenn ihre Aufrechterhaltung für seine Entwicklung förderlich ist (§ 1626 Abs. 3 BGB). Stand die elterliche Sorge den Eltern gemeinsam zu und ist ein Elternteil gestorben, so steht die elterliche Sorge dem überlebenden Elternteil allein zu (§ 1680 Abs. 1 BGB). Ist ein Elternteil, dem die elterliche Sorge allein zustand, gestorben, so hat das Familiengericht die elterliche Sorge dem überlebenden Elternteil zu übertragen, wenn dies dem Wohl des Kindes nicht widerspricht (§ 1680 Abs. 2 BGB).

Leben die Eltern, denen die elterliche Sorge gemeinsam zusteht, nicht nur vorübergehend getrennt, insbesondere im Falle der **Scheidung**, so kann jeder Elternteil beantragen, dass ihm das Familiengericht die elterliche Sorge oder einen Teil der elterlichen Sorge allein überträgt (§ 1671 BGB). Dem Antrag auf Übertragung der alleinigen Sorge ist stattzugeben, soweit

- der andere Elternteil zustimmt, es sei denn, dass das Kind das vierzehnte Lebensjahr vollendet hat und der Übertragung widerspricht
  oder
- zu erwarten ist, dass die Aufhebung der gemeinsamen Sorge und die Übertragung auf den Antragsteller dem Wohl des Kindes entsprechen.

Wird kein Antrag „Übertragung der elterlichen Sorge“ nach § 1671 BGB gestellt, so bleibt es trotz Getrenntleben und Scheidung der Eltern bei dem gemeinsamen Sorgerecht beider Eltern.

c) Elterliche Sorge bei Kindern, deren Eltern nicht miteinander verheiratet sind

Eltern, auch wenn sie nicht miteinander verheiratet sind, steht die elterliche Sorge über ihr (nichteheliches) Kind gemeinsam zu, 623

1. wenn sie erklären, dass sie die Sorge gemeinsam übernehmen wollen (**Sorgeerklärung**), § 1626a Abs. 1 Nr. 1 BGB oder
2. wenn sie einander heiraten, § 1626a Abs. 1 Nr. 2 BGB oder
3. soweit ihnen das Familiengericht die elterliche Sorge gemeinsam überträgt.

Das Familiengericht überträgt auf Antrag eines Elternteiles die elterliche Sorge beiden Eltern gemeinsam, wenn die Übertragung dem Kindeswohl nicht widerspricht, § 1626a Abs. 2 S. 1 BGB. Im Übrigen, wenn also keiner der vorgenannten Fälle Nr. 1–3 vorliegen, hat die Mutter die elterliche Sorge allein, § 1626a Abs. 3 BGB. Damit hat die Mutter mit der Geburt des Kindes die alleinige Sorge. Allerdings ermöglicht die Neuregelung auf Antrag des Vaters die **gemeinsame** Sorge – auch gegen den Willen der Mutter – immer dann, wenn das Wohl des Kindes der gemeinsamen Sorge nicht entgegensteht.

Sorgeerklärungen unter einer Bedingung oder eine Zeitbestimmung sind unwirksam, § 1626b BGB. Die Sorgeerklärung kann schon vor der Geburt des Kindes abgegeben werden. Die Sorgeerklärungen sind höchstpersönlich und können nur von den Eltern **selbst** abgegeben werden, §§ 1626c ff. BGB.

Eine einmal erklärte Bestimmung über die gemeinsame elterliche Sorge kann nur nach Maßgabe des § 1671 BGB wieder geändert werden. Nach § 1671 Abs. 1 BGB kann das Familiengericht auf Antrag einem Elternteil die elterliche Sorge allein übertragen, wenn die Eltern nicht nur vorübergehend getrennt leben und der andere Elternteil der Übertragung zustimmt oder zu erwarten ist, dass die Aufhebung der gemeinsamen Sorge und die Übertragung auf einen Elternteil **allein** dem Wohl des Kindes am besten entspricht. Leben die Eltern nicht nur vorübergehend getrennt, und steht die elterliche Sorge der Mutter nach § 1626a Abs. 3 BGB zu, so kann der Vater beantragen, dass ihm das Familiengericht die elterliche Sorge allein überträgt. Das Familiengericht hat dem Antrag auf Übertragung der Sorge stattzugeben, wenn zu erwarten ist, dass die Übertragung auf den Vater dem Wohl des Kindes am besten entspricht, § 1671 Abs. 2 BGB. 624

Die Sorgeerklärung muss öffentlich **beurkundet** werden, § 1626d BGB. Die Beurkundung kann auch durch das Jugendamt erfolgen. 625

Bei dem nach § 87c Abs. 6 S. 2 SGB VIII zuständigen Jugendamt (des Geburtsortes des Kindes oder des Jugendlichen) wird ein Sorgeregister geführt. In das Sorgeregister werden jeweils eingetragen: 626

die Sorgeerklärungen nach § 1626a Abs. 1 Nr. 1 BGB und die Übertragung der elterlichen Sorge aufgrund gerichtlicher Entscheidung, § 58a SGB VIII.

Der Notar ist deshalb verpflichtet, die Abgabe von Sorgeerklärungen, die er beurkundet hat, dem zuständigen Jugendamt mitzuteilen. Das Gleiche gilt für das Familiengericht für Entscheidungen gemäß § 1626a Abs. 2 BGB. Liegen keine Eintragungen im Sorgeregister vor, so erhält die Mutter auf Antrag hierüber eine Bescheinigung vom Jugendamt, § 58a Abs. 2 SGB VIII. Durch diese Bescheinigung kann sie die elterliche Sorge, die ihr gemäß § 1626a Abs. 3 BGB zusteht, nachweisen.

▼

Muster 4.131: Sorgeerklärung

4.131 Verhandelt zu am

Vor Notar

1. Frau

2. Herr

Die Erschienenen wiesen sich aus durch Vorlage ihrer Personalausweise.

Die Erschienenen erklärten:

Am hat Frau das Kind in geboren. Vater des Kindes ist der zu 2. erschienene Herr . Die Eltern sind nicht miteinander verheiratet. Die Vaterschaft ist anerkannt durch . Die Erschienenen erklären, dass sie die Sorge für das Kind gemeinsam übernehmen wollen.

Der Notar hat die Erschienenen darauf hingewiesen, dass die Sorgeerklärung unter einer Bedingung oder Zeitbestimmung unwirksam ist und die gemeinsame Sorge nur in Ausnahmefällen vom Familiengericht auf Antrag eines Elternteils aufgehoben werden kann. Ein solcher Antrag setzt voraus, dass die Eltern nicht nur vorübergehend getrennt leben.

Wir beauftragen den beurkundenden Notar, die Abgabe der Sorgeerklärungen unter Angabe des Geburtsortes des Kindes sowie des Namens des Kindes dem nach § 87c Abs. 6 S. 2 SGB VIII für den Geburtsort des Kindes zuständigen Jugendamt zu den in § 58a SGB VIII genannten Zwecken mitzuteilen. Der Notar soll jedem von uns beliebig viele Ausfertigungen dieser Sorgeerklärung erteilen.

Diese Niederschrift wurde den Erschienenen von dem Notar vorgelesen, von ihnen genehmigt und von ihnen und dem Notar wie folgt eigenhändig unterschrieben.

▲

6. Gesetzliche Vertretungsmacht der Eltern

627 Die elterliche Sorge umfasst das **Recht zur (gesetzlichen) Vertretung des Kindes**, § 1629 BGB. Diese gesetzliche Vertretungsmacht der Eltern ist eingeschränkt:

- In manchen Fällen sind die Eltern kraft Gesetzes von der Vertretung des Kindes ausgeschlossen (§ 1629 Abs. 2 i.V.m. § 1824 BGB).
- Zu einer Reihe von Rechtsgeschäften bedürfen die Eltern der Genehmigung des Familiengerichtes (§§ 1643 ff. BGB).
- Höchstpersönliche Rechtsgeschäfte können nur von dem Minderjährigen selbst vorgenommen werden.
- Geben die Eltern das Kind für längere Zeit in Familienpflege, so kann das Familiengericht Angelegenheiten der elterlichen Sorge auf die Pflegeperson übertragen (§ 1630 Abs. 3 BGB).

628 a) Kein Elternteil kann das Kind bei Rechtsgeschäften zwischen seinem Ehegatten oder einem seiner Verwandten in gerader Linie einerseits und dem Kind andererseits sowie bei einem Rechtsgeschäft zwischen sich selbst und dem Kind vertreten (§ 1629 Abs. 2 i.V.m. §§ 1824, 181 BGB).

Durch diese Vorschrift soll eine sonst mögliche Gefährdung der Interessen des Kindes verhütet werden.

Beispiel

Das Kind kauft ein Grundstück von seinem Vater. Es könnte ein überhöhter Kaufpreis vereinbart werden. Vater und Mutter sind von der Vertretung ausgeschlossen; der Vater, weil er selbst an dem Geschäft beteiligt ist (§§ 1629, 1795, 181 BGB); die Mutter, weil ihr Ehemann an dem Geschäft beteiligt ist (§§ 1629, 1795 Abs. 1 Ziff. 1 BGB).

Da die Vertretungsmacht der Eltern eine gemeinsame (Gesamtvertretung) ist, sind im Regelfall **beide** Elternteile von der Vertretung ausgeschlossen.

Beispiel

Das Kind kauft ein Grundstück von seinem Großvater väterlicherseits. Der Vater kann das Kind nicht vertreten, weil einer seiner Verwandten in gerader Linie beteiligt ist. Die Mutter, die mit dem Großvater (ihrem Schwiegervater) nur verschwägert ist, kann das Kind ebenfalls nicht vertreten, weil ihr Ehemann als Vater ausgeschlossen ist.

Dies gilt jedoch nicht, wenn die Eltern geschieden sind. Dann ist die Mutter ja nicht mehr Ehefrau des Vaters. Das Vertretungsverbot erstreckt sich auch nicht auf Verwandte in der Seitenlinie.

Beispiel

Das Kind kauft ein Grundstück von seinem Onkel. Beide Eltern können das Kind wirksam vertreten.

Können die Eltern das Kind nicht vertreten, so hat gemäß § 1693 BGB das Familiengericht die im Interesse des Kindes erforderlichen Maßregeln zu treffen. Nach § 1809 BGB ist wegen der Verhinderung der Eltern für das Kind ein Ergänzungspfleger zu bestellen. Dies geschieht üblicherweise vor dem Abschluss des Rechtsgeschäfts. Möglich ist aber auch – insbesondere bei eiligen Verträgen – eine Bestellung nach bereits abgeschlossenem Vertrag. Hier muss dann der Pfleger, die von einem Vertreter ohne Vertretungsmacht für ihn abgegebenen Erklärungen genehmigen. 629

Wenn das Kind lediglich einen rechtlichen Vorteil durch das Rechtsgeschäft erhält, ist der Ausschluss der Eltern von der Vertretung zur Vermeidung einer Benachteiligung des Kindes nicht nötig.

Beispiel

Die Großeltern schenken dem Kind ein unbelastetes Grundstück, das weder vermietet noch verpachtet ist. Hier ist ein Interessenkonflikt nicht denkbar. Der BGH hat aus diesem Grund das Vertretungsverbot des § 1795 BGB eingeschränkt ausgelegt und dahin erkannt, dass es nicht gelten soll für Geschäfte, die dem Kind lediglich einen rechtlichen Vorteil bringen.[121] Ähnlich liegen die Fälle, in denen die Eltern und das Kind auf derselben Seite des Vertragsverhältnisses stehen und daher „an einem Strang ziehen".

b) Das Gesetz schreibt vor, dass die Eltern/Vormund/Pfleger zu bestimmten, besonders wichtigen Geschäften, die außerhalb der gewöhnlichen Verwaltung des Kindesvermögens liegen, der Genehmigung des Familiengerichts bedürfen (§ 1643 BGB i.V.m. §§ 1850 ff. BGB). Wenn für einen Betreuten gehandelt wird, ist die Genehmigung des Betreuungsgerichts erforderlich (§ 1850 ff. BGB); entsprechendes gilt, wenn Vormünder oder Pfleger handeln (vgl. §§ 1813, 1799 i.V.m. §§ 1850 ff. BGB). Es handelt sich hierbei im Wesentlichen um folgende Rechtsgeschäfte: 630

- die Verpflichtung zur Verfügung und die Verfügung über ein Grundstück, Erbbaurecht oder eine Eigentumswohnung,
- die Verpflichtung zu Verfügungen über das Vermögen im Ganzen, eine angefallene Erbschaft, ein künftiges gesetzliches Erb- und Pflichtteilsrecht sowie zur Verfügung über einen Erbteil,
- Verträge, die auf den entgeltlichen Erwerb oder die Veräußerung eines Erwerbsgeschäfts gerichtet sind, wozu auch der Beitritt zu einer GmbH und die Umwandlung von Gesellschaften gehören,
- Miet- oder Pachtverträge über die Volljährigkeit hinaus,

121 Vgl. dazu BGH NJW 1975, 1885.

- gewagte Geschäfte wie Kreditaufnahme, Schuldverschreibung, Prokura, Übernahme einer fremden Verbindlichkeit (Bürgschaft, Schuldübernahme), Wechselverbindlichkeit, Sicherungsübereignung,
- Verträge, die auf den entgeltlichen Erwerb eines Grundstücks, Erbbaurechts oder einer Eigentumswohnung gerichtet sind.

Auch zur Ausschlagung einer Erbschaft des Kindes bedürfen die Eltern der Genehmigung des Familiengerichts. Fällt die Erbschaft an das Kind jedoch erst infolge der Ausschlagung eines Elternteils, so ist die Genehmigung nicht erforderlich (§ 1643 Abs. 3 BGB).

Beispiel

Die Mutter wird kraft Gesetzes Erbin ihres Vaters (also des Großvaters des Kindes). Weil der Nachlass überschuldet ist, schlägt sie die Erbschaft aus. Die Ausschlagung hat die Wirkung, dass die Erbschaft demjenigen anfällt, welcher berufen sein würde, wenn der Ausschlagende zur Zeit des Erbfalles nicht gelebt hätte (§ 1953 Abs. 2 BGB). Gemäß § 1924 Abs. 3 BGB tritt somit das Enkelkind an die Stelle der Mutter. In diesem Fall dürfen die Eltern die Erbschaft für das Kind **ohne** Genehmigung des Familiengerichts ausschlagen. Werden dagegen Mutter und Kind nebeneinander Erben, so bedarf die Mutter für die Ausschlagung der Erbschaft des Kindes der Genehmigung des Familiengerichts.

631 Die familiengerichtliche Genehmigung kann vor oder auch, wie meist, nach der Vornahme des Rechtsgeschäfts eingeholt werden. Wird sie nachträglich eingeholt, so erklärt das Familiengericht die Genehmigung gemäß § 1644 BGB i.V.m. § 1856 BGB nur gegenüber den Eltern (Vormund, Pfleger). Ein Vertrag wird nach § 1644 BGB i.V.m. § 1856 Abs. 1 S. 2 BGB aber nicht schon damit wirksam, sondern erst, wenn die Eltern (Vormund, Pfleger) die Genehmigung dem anderen Vertragsteil mitteilen. Das verzögert die Abwicklung und erfordert, zumal in Grundbuchsachen, den Nachweis der Mitteilung. Der Notar kann, um das Verfahren abzukürzen, bevollmächtigt werden, die mit Rechtskraftvermerk versehene Genehmigung des Familiengerichts einzuholen, für den gesetzlichen Vertreter entgegenzunehmen, sie dem Vertragspartner mitzuteilen und diese Mitteilung für den Vertragspartner entgegenzunehmen. Eine solche **Doppelvollmacht** kann etwa wie folgt lauten:

▼

Muster 4.132: Doppelvollmacht

4.132 Der Notar wird ermächtigt, die familiengerichtliche Genehmigung für den gesetzlichen Vertreter im Empfang zu nehmen, sie dem Vertragspartner mitzuteilen und diese Mitteilung für den Vertragspartner entgegenzunehmen. Eine Ausfertigung des Genehmigungsbeschlusses soll dem Notar erteilt werden. Mit der Erteilung einer beglaubigten Abschrift oder Ausfertigung dieser Urkunde einschließlich des Genehmigungsbeschlusses wird die Genehmigung allen Beteiligten gegenüber wirksam.

▲

Über geschenktes, geerbtes oder als Unterhaltsabfindung erlangtes Vermögen des Kindes haben die Eltern ein Verzeichnis zu errichten, wenn sein Wert 15.000 EUR übersteigt, es sei denn, der Zuwendende hätte bei der Zuwendung etwas anderes angeordnet. Reichen die Eltern das Verzeichnis nicht ein oder ist es ungenügend, so kann das Familiengericht anordnen, dass es von einer Behörde oder einem Notar aufgenommen wird (§ 1640 BGB).

632 c) Eine Reihe **höchstpersönlicher Rechtsgeschäfte** kann nur von den Minderjährigen selbst vorgenommen werden. Es handelt sich hierbei in erster Linie um Vorgänge des Familienrechts, z.B. die Einwilligung zur Annahme als Kind (§ 1746 BGB). Die Eltern haben das Recht, den „Umgang" des Kindes zu bestimmen, also festzulegen, mit wem das Kind „umgehen" darf und mit wem nicht (§ 1632 Abs. 2 BGB). Über Streitigkeiten entscheidet das Familiengericht auf Antrag eines Elternteils (§ 1632 Abs. 3 BGB).

Aber auch manche **Vermögensangelegenheiten** sind höchstpersönlicher Natur: z.B. die Errichtung eines Testaments oder eines Erbvertrages.

633 d) Ist eine Willenserklärung gegenüber dem Kind abzugeben, so genügt die Abgabe gegenüber einem Elternteil (§ 1629 Abs. 1 S. 2 BGB).

7. Einbenennung

Der sorgeberechtigte Elternteil und sein (neuer) Ehegatte können dem Kind durch Erklärung gegenüber dem Standesbeamten ihren Ehenamen erteilen (§ 1618 S. 1 BGB). Die Erteilung des Namens bedarf, wenn das Kind den Namen des anderen Elternteils führt, der Einwilligung dieses Elternteils, und wenn das Kind das 5. Lebensjahr vollendet hat, auch der Einwilligung des Kindes. Das Familiengericht kann die Einwilligung des anderen Elternteils ersetzen, wenn die Erteilung des Namens zum Wohl des Kindes erforderlich ist. Die Erklärungen müssen ebenfalls öffentlich beglaubigt werden. 634

Dabei ist zu beachten:

Die Einbenennung ist **ausschließlich eine Namenserteilung**. Sie hat weder Rechte noch Pflichten des Stiefvaters zur Folge. Durch die Einbenennung ändert sich der Geburtsname. Anders als Laien mitunter meinen, wird der frühere Name also nicht zum Geburtsnamen, erscheint dementsprechend auch nicht im Ausweis des Kindes.

▼ 635

Muster 4.133: Einbenennung

An das 4.133

Standesamt

Wir, die unterzeichnenden Eheleute erteilen dem Kind aus der geschiedenen Ehe der Frau mit Herrn unseren Ehenamen .

Herr , der Vater des Kindes, erteilt hierzu seine Zustimmung. Über den Unterschied zwischen der Namenserteilung und der Annahme als Kind sind wir belehrt.

, den

(Unterschriftsbeglaubigung)

▲

IV. Vormundschaft, Pflegschaft und Betreuung

Das BGB unterscheidet Vormundschaft, Pflegschaft und Betreuung: 636

- **Vormundschaft** ist die allgemeine Fürsorge für **Minderjährige** (§§ 1773–1895 BGB). Sie ist allgemein und umfasst alle persönlichen und vermögensrechtlichen Angelegenheiten des „Mündels".
- **Pflegschaft** ist die Fürsorge für begrenzte Angelegenheiten.
  Hauptfall der Pflegschaft ist die Ergänzungspflegschaft für Personen, die unter elterlicher Sorge oder unter Vormundschaft stehen (§ 1809 BGB).
  Pflegebefohlene können auch sein: Abwesende, das ungeborene Kind, subjektiv unbekannte, objektiv ungewisse Beteiligte (z.B. noch nicht erzeugte Nacherben).
- **Betreuung** ist staatlicher Beistand für volljährige Personen: Kann ein Volljähriger aufgrund einer psychischen Krankheit oder einer (körperlichen, geistigen oder seelischen) Behinderung seine Angelegenheiten ganz oder teilweise nicht besorgen, so stellt das Betreuungsgericht (auf seinen Antrag oder von Amts wegen) für ihn einen Betreuer (§ 1814 Abs. 1 BGB).

Bemerkung:

Wenn Vormund oder Pfleger für Minderjährige bestellt werden, ist das **Familiengericht** zuständig (§ 151 FamFG). Auch soweit eine Genehmigung benötigt wird, ist diese vom Familiengericht zu erteilen.

Für die Betreuung ist das **Betreuungsgericht** zuständig (§ 271 FamFG). Das gilt auch für Genehmigungen.

1. Vormundschaft

637 Ein Vormund wird für alle Minderjährigen bestellt, die nicht unter elterlicher Sorge stehen (§§ 1773 ff. BGB), für Waisenkinder, aber auch Kinder, die von ihren Eltern nicht vertreten werden können, weil deren elterliche Sorge ruht (§§ 1673 ff. BGB).

Die Vormundschaft wird von Amts wegen vom **Familiengericht** ausgesprochen, wenn ein Kind des Vormundes bedarf. Ehegatten können gemeinschaftlich zu Vormündern bestellt werden (§ 1775 BGB). Der Vormund übt seine verwaltende Tätigkeit im Wesentlichen selbstständig aus. Im Interesse des Mündels untersteht er aber der Aufsicht des Familiengerichts. Die Vermögensverwaltung ist gesetzlich geregelt. Der Vormund hat ein Vermögensverzeichnis aufzustellen (§ 1798 Abs. 2 i.V.m. §§ 1835 ff. BGB), das zum Vermögen des Mündels gehörende Geld wirtschaftlich zu verwalten und über seine Verwaltung dem Familiengericht Rechenschaft zu geben.

Zu bestimmten Geschäften bedarf der Vormund der Genehmigung des Familiengerichts (§§ 1799, auch i.V.m. §§ 1848 ff. BGB). Dazu gehören u.a. die Geschäfte, die auch die Eltern für ihre Kinder nur mit Zustimmung des Familiengerichts tätigen dürfen (vgl. Rdn 630).

Das Jugendamt und Vormundschaftsvereine können zum vorläufigen Vormund bestellt werden, §§ 1774 Abs. 2, 1781 BGB.

2. Pflegschaft

638 Die Pflegschaft beschränkt sich auf besondere Angelegenheiten, in denen ein Fürsorgebedürfnis besteht. Auf das Verfahren bei der Pflegschaft finden die Vorschriften über die Vormundschaft entsprechende Anwendung (§ 1813 BGB). Zu allen Handlungen, zu denen ein Vormund/die Eltern der Genehmigung des Familiengerichts bedürfen, muss auch der Pfleger die familiengerichtliche Genehmigung einholen. Die Pflegschaft ist vom Familiengericht aufzuheben, wenn der Grund für die Anordnung weggefallen ist (§ 1812 Abs. 1 BGB).

Man unterscheidet:

a) Ergänzungspflegschaft (§ 1809 BGB) und Zuwendungspflegschaft (§ 1811 BGB)

639 Wer unter elterlicher Sorge oder Vormundschaft steht, erhält für Angelegenheiten, an deren Besorgung die Eltern oder der Vormund (wegen der Gefahr von Interessenkollisionen) gehindert sind, einen **Pfleger**. Zuständig ist das Familiengericht (§ 151 FamFG). Dies gilt auch für die Verwaltung des Vermögens, das der „Pflegling" von Todes wegen erwirbt oder das ihm geschenkt wird, wenn bei der Zuwendung bestimmt wurde, dass die Eltern (bzw. der Vormund) das Vermögen nicht verwalten dürfen (§ 1811 BGB). Sind mehrere Kinder an dem Rechtsgeschäft beteiligt und treffen sie auch Abmachungen untereinander, so genügt nicht die Bestellung eines Pflegers für alle Kinder. In diesem Fall muss vielmehr für jedes Kind ein besonderer Pfleger bestellt werden. Anders liegt es, wenn die Kinder auf derselben Seite des Vertrages stehen und keine Vereinbarungen untereinander treffen.

> *Beispiel:*
>
> Wird eine vermietete Immobilie vom Großvater an mehrere minderjährige Enkel verschenkt, so sind die Eltern an der Vertretung ihrer Kinder (der Enkel) gehindert, §§ 1629 Abs. 2, 1824 Abs. 1 Nr. 1 BGB. Im Regelfall genügt die Bestellung eines einzigen Zuwendungspflegers, da die Enkel auf derselben Vertragsseite stehen. Treffen die Enkel zudem eine Miteigentümervereinbarung (vgl. § 1010 BGB), muss für jedes Enkelkind ein gesonderter Pfleger bestellt werden.

Wenn der **Betreuer** an der Erledigung der Rechtsgeschäfte gehindert ist, kommt gemäß § 1899 Abs. 4 BGB nicht die Bestellung eines Ergänzungspflegers, sondern Ergänzungsbetreuers zur Anwendung.

b) Abwesenheitspflegschaft (§ 1884 BGB)

640 Wer unbekannten Aufenthalts ist, erhält für seine Vermögensangelegenheiten, soweit sie der Fürsorge bedürfen, einen **Abwesenheitspfleger**.

Dasselbe gilt, wenn der Aufenthaltsort des Pfleglings zwar bekannt ist, er aber an der Rückkehr und der Besorgung seiner Vermögensangelegenheiten verhindert ist. Die Abwesenheitspflegschaft darf nur im Interesse des Abwesenden eingerichtet werden; nicht auch im Interesse seiner Gläubiger.[122] Zur Bestellung des Abwesenheitspflegers ist gemäß § 340 FamFG das **Betreuungsgericht** zuständig. Zu den Geschäften, zu denen der Vormund die Genehmigung des Familiengerichts einholen muss, bedarf der Abwesenheitspfleger der Genehmigung des Betreuungsgerichts.

c) Nachlasspflegschaft (§§ 1960, 1961, 1962 BGB)

Das Nachlassgericht kann eine Nachlasspflegschaft anordnen, 641

- wenn vor der Annahme der Erbschaft Verwaltungshandlungen erforderlich werden,
- wenn der Erbe unbekannt ist,
- wenn ungewiss ist, ob der wahre Erbe die Erbschaft angenommen hat.

Der Nachlasspfleger ist gesetzlicher Vertreter des Erben. Er hat den Erben zu ermitteln und den Nachlass zu erhalten. Dazu gehört auch die Befriedigung von Nachlassverbindlichkeiten, ggf. mittels Versilberung von Nachlassgegenständen (auch Grundstücken).

Bei der Nachlasspflegschaft tritt an die Stelle des Familiengerichts oder des Betreuungsgerichts das **Nachlassgericht** (§ 1962 BGB). Zu den Geschäften, zu denen der Vormund die Genehmigung des Familiengerichts einholen muss, bedarf der Nachlasspfleger der Genehmigung des Nachlassgerichts.

3. Betreuung

Kann ein Volljähriger aufgrund einer Krankheit oder einer Behinderung seine Angelegenheiten ganz oder teil- 642
weise nicht selbst besorgen, so bestellt das Betreuungsgericht für ihn einen Betreuer (§ 1814 Abs. 1 BGB). Laien sprechen häufig auch hier fälschlich von einem „**Vormund**". Die Vormundschaft gibt es jedoch nur bei Minderjährigen.

a) Allgemeines

Die Anordnung der Betreuung führt nicht (mehr) zum Verlust der Geschäftsfähigkeit, außer für ihn ist ein Ein- 643
willigungsvorbehalt angeordnet. Die Entmündigung (§ 6 BGB) ist seit 1.1.1992 abgeschafft. Die Geschäftsunfähigkeit einer Person kann nicht mehr konstitutiv festgestellt werden. Die Geschäftsunfähigkeit beurteilt sich nunmehr allein nach § 104 Nr. 2 BGB, der so genannten „natürlichen" Geschäftsunfähigkeit. Nur wer sich in einem die freie Willensbestimmung ausschließenden Zustand krankhafter Störung der Geistestätigkeit befindet, ist geschäftsunfähig.

> *Hinweis*
>
> Daraus ergibt sich eine wichtige Folgerung: Auch der Betreute bleibt grundsätzlich handlungsfähig, wenn er nicht geschäftsunfähig im natürlichen Sinne ist (§ 104 Nr. 2 BGB). Er kann also Testamente errichten oder allein (ohne Betreuer) Kaufverträge abschließen. Gegen den freien Willen eines Volljährigen darf ein Betreuer nicht bestellt werden (§ 1814 Abs. 2 BGB).

b) Erforderlichkeit der Betreuung

Die Bestellung eines Betreuers und die Festlegung seines Aufgabenkreises dürfen nur erfolgen, wenn und so- 644
weit die Betreuung **erforderlich** ist (§ 1814 Abs. 3 BGB). Eine Betreuung ist dann nicht erforderlich, wenn die Angelegenheiten des Volljährigen durch einen Bevollmächtigten oder durch andere Hilfen ebenso gut wie durch einen Betreuer besorgt werden können (vgl. Vorsorgevollmacht nachfolgend Rdn 648). Eine Vollmacht vermeidet die Bestellung eines Betreuers. Sie geht daher einer Betreuung vor.

Der Grundsatz der Erforderlichkeit schränkt auch den **Umfang** der Betreuung ein. Entsprechend der Art und Schwere der Einschränkung des Betreuten wird der Aufgabenbereich des Betreuers weit oder eng gefasst. Alle Bereiche, die der Betreute trotz seiner Krankheit oder Behinderung selbst weiter erledigen kann, müssen

122 OLG Zweibrücken Rpfleger 1987, 201.

aus dem Aufgabenbereich des Betreuers herausgenommen werden. Das Betreuungsgericht muss den Aufgabenbereich differenziert aussprechen, vgl. § 1815 BGB.

Die Betreuung darf in zeitlicher Hinsicht nur so lange aufrechterhalten bleiben, wie das unumgänglich ist. Spätestens alle sieben Jahre hat das Betreuungsgericht über Aufhebung oder Verlängerung zu entscheiden (§§ 294 Abs. 3, 295 Abs. 2 FamFG).

Die Auswahlfreiheit des Betreuungsgerichts in der Person des Betreuers ist eng. Schlägt der Volljährige eine Person vor, die zum Betreuer bestellt werden kann, so ist diesem Vorschlag zu entsprechen, wenn er nicht dem Wohl des Volljährigen zuwiderläuft (§ 1816 Abs. 2 BGB). Schlägt der Volljährige niemanden vor, so ist bei der Auswahl des Betreuers auf die verwandtschaftlichen und sonstigen persönlichen Bindungen Rücksicht zu nehmen (§ 1816 Abs. 3 BGB).

c) Einwilligungsvorbehalt

645 Da durch die Anordnung der Betreuung keine Feststellung darüber getroffen wird, ob jemand geschäftsfähig ist oder nicht, muss der Gesetzgeber den Betroffenen vor schädlichen Geschäften, die er nicht verantworten kann, schützen. Dies geschieht durch den Einwilligungsvorbehalt. Nach § 1825 Abs. 1 BGB kann das Betreuungsgericht anordnen, dass der Betreute zu einer Willenserklärung, die den Aufgabenbereich des Betreuers betrifft, dessen Einwilligung bedarf. Der Vorbehalt darf aber nur ausgesprochen werden, soweit dies zur Abwendung einer erheblichen Gefahr für die Person oder das Vermögen des Betreuten notwendig ist. Nicht betroffen von der Anordnung sind Willenserklärungen, die dem Betreuten lediglich einen rechtlichen Vorteil bringen oder eine geringfügige Angelegenheit des täglichen Lebens betreffen (§ 1825 Abs. 3 BGB).

Der Einwilligungsvorbehalt bewirkt, dass der Betreute zu einem Rechtsgeschäft, das den Aufgabenkreis des Betreuers betrifft, dessen Einwilligung bedarf. Ist der Betreute **geschäftsfähig** und ist ein Einwilligungsvorbehalt angeordnet, so ist der Betreute dadurch beschränkt geschäftsfähig geworden. § 1825 BGB verweist hinsichtlich der Folgen des Vorbehaltes auf §§ 108 ff. BGB. Die §§ 108–113, 131 Abs. 2 und 206 BGB gelten entsprechend.

Das bedeutet:

- Ein ohne Einwilligung des Betreuers geschlossener Vertrag ist schwebend unwirksam, seine Wirksamkeit hängt von der Genehmigung des Betreuers ab (§ 108 BGB);
- einseitige Rechtsgeschäfte, die der Betreute ohne die erforderliche Einwilligung des Betreuers getätigt hat, sind unwirksam (§ 111 BGB);
- Willenserklärungen, die gegenüber dem Betreuten abgegeben werden, werden nicht wirksam, bevor sie dem Betreuer zugegangen sind (§ 131 Abs. 2 BGB);
- der **Taschengeldparagraph** gilt ebenfalls, sodass der Betreute in geringem Umfang eigenverantwortlich am Rechtsverkehr teilnehmen kann.

d) Stellung des Betreuers

646 Der Betreuer hat die Stellung des gesetzlichen Vertreters des Betreuten; er vertritt den Betreuten gerichtlich und außergerichtlich (§ 1823 BGB). Da die Bestellung des Betreuers (solange kein Einwilligungsvorbehalt ausgesprochen wurde) keinen Einfluss auf die Geschäftsfähigkeit des Betreuten hat, bleibt der Betreute auch im Aufgabenbereich des Betreuers handlungsfähig, soweit er im natürlichen Sinne geschäftsfähig ist.

Ausnahmsweise ist der Betreuer von der Vertretung des Betreuten **ausgeschlossen**, insb. bei Rechtsgeschäften mit nahen Angehörigen des Betreuers und bei Insichgeschäften, § 1824 BGB. Es handelt sich um Fälle, in denen typischerweise ein Interessenkonflikt nahe liegt. In diesen Fällen ist für das betreffende Geschäft ein Ergänzungsbetreuer (§ 1817 Abs. 5 BGB) zu bestellen. Da dem (Haupt-)Betreuer insoweit die Vertretungsmacht fehlt, ist ein wirksamer Vertragsschluss durch den (Haupt-)Betreuer in solchen Fällen nicht möglich.

Der Betreuer bedarf nach Maßgabe von §§ 1848 ff. BGB zu einer Reihe von **Maßnahmen** der Genehmigung des Betreuungsgerichts. Für den Notar besonders wichtig: § 1850 BGB (Grundstücksgeschäfte); § 1851 BGB (erbrechtliche Rechtsgeschäfte) und § 1852 BGB (handels- und gesellschaftsrechtliche Rechtsgeschäfte).

Hinweis

Zu beachten ist, dass stets zunächst auf der ersten Stufe die Frage des Ausschlusses von der Vertretungsmacht (§ 1824 BGB) zu prüfen ist, bevor auf der zweiten Stufe das Erfordernis der Genehmigung zu behandeln ist. Auch der ggf. handelnde Ergänzungsbetreuer bedarf u.U. der gerichtlichen Genehmigung, sofern ein Genehmigungstatbestand nach §§ 1848 ff. BGB einschlägig ist.

e) Betreuungsverfügung

§ 1816 BGB verpflichtet den Betreuer, den Wünschen des Betreuten zu entsprechen. Dies gilt auch für Wün- **647**
sche, die der Betreute vor der Bestellung des Betreuers geäußert hat. Damit haben Erklärungen, die in einer „Betreuungsverfügung" festgelegt worden sind, eine bindende Wirkung. § 1816 Abs. 2 S. 4 BGB ordnet eine Ablieferungspflicht für Schriftstücke an, in denen jemand für den Fall seiner Betreuung Vorschläge zur Auswahl des Betreuers oder Wünsche zur Wahrnehmung der Betreuung geäußert hat. Ein besonderes Formerfordernis ist für Betreuungsverfügungen nicht vorgesehen. Inhalt solcher Betreuungsverfügungen kann zunächst die Auswahl des Betreuers und Regelung seiner Vergütung sein. Der ältere Mensch wird auch Wünsche äußern, wie er untergebracht sein möchte, etwa welches Altenheim ihn aufnehmen soll, ob seine Wohnung aufgelöst werden soll und vieles andere mehr.

Anders als die Vorsorgevollmacht soll die Betreuungsverfügung die Betreuung nicht verhindern, sondern nach dem Willen des Betreuten inhaltlich **ausgestalten**. Das kann ein wichtiger Gesichtspunkt bei der notariellen Beratung sein: Hat der Betroffene keine Person, der er vertraut oder der er eine Vorsorgevollmacht erteilen kann, so bietet es sich an, eine Betreuungsverfügung zu empfehlen. Der Betroffene kann in der Betreuungsverfügung einen Personenkreis benennen, aus dem der Betreuer ausgewählt werden soll, und weitere Betreuungswünsche niederlegen, die der Betreuer zu beachten hat. Anders als der Bevollmächtigte steht diese Person unter der Kontrolle des Betreuungsgerichts.

Nicht nur Vorsorgevollmachten können im Zentralen **Vorsorgeregister** registriert werden, sondern auch (isolierte) Betreuungsverfügungen.

▼

Muster 4.134: Betreuungsverfügung

Verhandelt zu 4.134

Vor Notar

erschien

Herr/Frau

Der Erschienene ließ folgende

Betreuungsverfügung

beurkunden und erklärte:

Für den Fall, dass ich betreuungsbedürftig werden sollte, schlage ich dem Betreuungsgericht vor, eine Person zu meinem Betreuer zu bestellen, die der meiner Heimatstadt benennt.

Bezüglich der Ausgestaltung der Betreuung bitte ich den Betreuer, meinen folgenden Wünschen zu entsprechen:

1. Der Betreuer soll so weit wie möglich für mich eine häusliche Pflege einrichten, damit ich so lange wie möglich in meiner Wohnung bleiben kann.
2. Sollte, auch mit Unterstützung von Hilfskräften, es nicht mehr möglich sein, dass ich in meiner Wohnung bleiben kann, so soll der Betreuer meine Wohnung auflösen und mich in dem Seniorenstift in unterbringen. Die Unterbringung soll aus meiner Pension bezahlt werden. Wenn diese nicht ausreicht, sollen meine Ersparnisse verwendet werden. Der Betreuer soll meinen Hausrat, soweit ich ihn nach meinem Umzug in das Seniorenstift nicht mehr benötige, auflösen und versilbern.

3. Der Betreuer soll die Grabstätte meines verstorbenen Ehemannes gärtnerisch pflegen lassen.

Ich bitte, mir zwei Ausfertigungen dieser Betreuungsverfügung zu erteilen.

Diese Niederschrift wurde der/dem Erschienenen vorgelesen.

▲

4. Vorsorgevollmacht

a) Subsidiarität der Betreuung

648 Eine Betreuung ist nach § 1814 Abs. 3 S. 1 BGB nicht erforderlich, soweit die Angelegenheiten des Volljährigen durch einen Bevollmächtigten ebenso gut wie durch einen Betreuer besorgt werden können. Die Vorsorgevollmacht schließt eine Betreuung gemäß §§ 1814 ff. BGB im Regelfall aus. Der Gesetzgeber unterstützt damit die **privatautonome** Vorsorge. Die Betreuung soll nur subsidiär (ersatzweise) sein: Nur wenn der Vollmachtgeber nicht durch Vorsorgevollmacht für den Fall seiner Behinderung vorgesorgt hat, soll eine staatliche Betreuung eingerichtet werden.

b) Begriff der Vorsorgevollmacht

649 Die Vorsorgevollmacht ist eine rechtsgeschäftliche Vollmacht nach §§ 164 ff. BGB, die regelmäßig ausdrücklich für die **Zeit der Betreuungsbedürftigkeit** gelten soll. Der Begriff „Alters"-Vorsorgevollmacht ist zu eng, denn die Erteilung der Vorsorgevollmacht kann auch für jüngere Menschen sinnvoll sein, die z.B. durch einen Unfall oder durch eine Krankheit in eine Betreuungssituation geraten können.

Im Hinblick auf die Reichweite der Vollmacht wird regelmäßig zwischen den vermögensrechtlichen Angelegenheiten einerseits und den persönlichen Angelegenheiten andererseits unterschieden. Wird eine Vollmacht für beide Bereiche erteilt, spricht man auch von einer General- und Vorsorgevollmacht.

c) Form der Vorsorgevollmacht

650 Grundsätzlich bedarf die Vorsorgevollmacht auch als Generalvollmacht keiner notariellen Form. Jedoch ist Folgendes zu beachten: Im Hinblick auf § 29 Abs. 1 GBO und § 12 Abs. 1 HGB und § 311b Abs. 1 S. 1 BGB (bzw. die Rechtsprechung hierzu) ist eine Vorsorgevollmacht, mit der der Bevollmächtigte für den Vollmachtgeber auch Grundstücksgeschäfte vornehmen und Erklärungen gegenüber dem Grundbuchamt oder dem Handelsregister abgeben soll, nur verwendbar, wenn sie zumindest notariell beglaubigt ist. Ein Verbraucherkredit kann im Namen des Vollmachtgebers regelmäßig nur aufgenommen werden, wenn die Vollmacht notariell beurkundet ist (§ 492 Abs. 4 S. 2 BGB), da anderenfalls bereits bei der schriftlichen Vollmachtserteilung der Inhalt des Darlehensvertrages in die Vollmacht aufgenommen werden müsste (§ 492 Abs. 4 S. 1 BGB).

Wird die Vollmacht **notariell** beurkundet, muss der Notar die Geschäftsfähigkeit des Betroffenen prüfen. Damit bietet eine in dieser Form errichtete Vorsorgevollmacht einen Schutz gegen den nachträglich vorgebrachten Einwand, die Vollmacht sei bereits wegen zum Zeitpunkt ihrer Errichtung vorhandener Geschäftsunfähigkeit des Vollmachtgebers unwirksam.

Wenn der Bevollmächtigte auch zur Einwilligung in eine Untersuchung des Gesundheitszustandes, eine Heilbehandlung oder einen ärztlichen Eingriff befugt sein soll, bei dem begründete Gefahr besteht, dass der Betroffene aufgrund der Maßnahme stirbt oder einen schweren und länger dauernden gesundheitlichen Schaden erleidet, so ist die Einwilligung nur wirksam, wenn die Vollmacht zumindest schriftlich erteilt ist und die vorgenannten Maßnahmen **ausdrücklich** (nicht notwendig wörtlich) umfasst (§ 1820 Abs. 2 Nr. 1 BGB i.V.m. § 1829 BGB). Dies gilt auch für die Nichteinwilligung oder den Widerruf der Einwilligung des Bevollmächtigten in eine entsprechende Untersuchung.

651 Entsprechendes gilt für Unterbringungen gemäß § 1831 BGB oder für unterbringungsähnliche Maßnahmen gemäß § 1831 Abs. 4 BGB, die mit einer Freiheitsentziehung verbunden sind. Auch sie werden von einer Vollmacht nur dann umfasst, wenn die Vollmacht schriftlich erteilt ist und sich ausdrücklich auf die Möglichkeit einer Unterbringung oder unterbringungsähnlichen Maßnahme erstreckt (§ 1820 Abs. 2 Nr. 2 BGB).

Die Einwilligung eines Vorsorgebevollmächtigten oder Betreuers in eine ärztliche Zwangsmaßnahme ist nur unter bestimmten, in § 1832 BGB geregelten Voraussetzungen möglich und bedarf der Genehmigung des Betreuungsgerichts. Die Vorsorgevollmacht muss auch insoweit ausdrücklich auch die Befugnis zur Einwilligung in eine ärztliche Zwangsmaßnahme umfassen, § 1820 Abs. 2 Nr. 3 BGB. Im Zentralen Vorsorgeregister wird diesbezüglich eine Registrierungsmöglichkeit vorgesehen, ob Maßnahmen nach § 1820 Abs. 2 BGB von der Vollmacht umfasst sind.

d) Genehmigung des Betreuungsgerichts zu Handlungen des Bevollmächtigten

Zu der in § 1829 BGB genannten Einwilligung (Nichteinwilligung und Widerruf der Einwilligung) in eine Un- 652
tersuchung des Gesundheitszustandes, eine Heilbehandlung oder einen ärztlichen Eingriff oder eine Unterbringung (§ 1831 Abs. 1 BGB) oder eine ärztliche Zwangsmaßnahme (§ 1832 Abs. 1 BGB) bedürfen der Bevollmächtigte und der Betreuer der Genehmigung des Betreuungsgerichts.

Eine Genehmigung der Einwilligung, Nichteinwilligung oder des Widerrufs der Einwilligung ist allerdings **nicht erforderlich**, wenn zwischen Bevollmächtigtem (Betreuer) und behandelndem Arzt Einvernehmen darüber besteht, dass die Erteilung, die Nichterteilung oder der Widerruf der Einwilligung dem Willen des Betroffenen entspricht. Dies kann sich aus einer Patientenverfügung, einem Behandlungswunsch oder dem mutmaßlichen Willen des Betroffenen ergeben, vgl. § 1827 BGB.

e) Hinweise auf Risiken der Vollmacht und Vorschläge zur Sicherung des Vollmachtgebers

Enthält die Vollmacht keine ausdrückliche Befreiung von den Beschränkungen des § 181 BGB, gilt diese Vor- 653
schrift grundsätzlich uneingeschränkt. Eine Befreiung ist mit dem Vollmachtgeber in jedem Fall zu besprechen. Ob die Befreiung erteilt werden sollte, hängt vom Einzelfall ab. Hilfreich ist die Befreiung in vielen Fällen, z.B. bei Erbauseinandersetzung. Die Missbrauchsgefahr ist jedoch nicht zu übersehen.

Der Notar wird mit dem Vollmachtgeber darüber sprechen, ob nicht einige risikoreichen Geschäfte von der Vollmacht ausgenommen sein sollen. Z.B. können Grundstücksgeschäfte ausgenommen werden.

▼

Muster 4.135: Ausnahmen von der Vollmacht

Der Bevollmächtigte ist nicht befugt, über meinen Grundbesitz zu verfügen. Er darf diesen insbesondere 4.135
weder veräußern noch belasten.

▲

f) Weiterer Bevollmächtigter

Häufig ist es sinnvoll, einen weiteren Bevollmächtigten zu bestimmen, der dann handeln soll, wenn der zu- 654
nächst in der Urkunde Genannte ausfallen sollte. Es könnte daran gedacht werden, wenn Ehegatten sich gegenseitig bevollmächtigen, die Kinder oder eines der Kinder als weiteren Bevollmächtigten einzusetzen für den Fall, dass der zunächst Bevollmächtigte ausfällt.

▼

Muster 4.136: Weitere Vollmacht

Eine Vollmacht mit dem Inhalt gemäß Abschnitt I. §§ 1 und 2 dieser Urkunde erteilt ein jeder von uns unse- 4.136
ren Kindern ,

und zwar jeweils allein handlungsbefugt (oder jeweils zwei gemeinsam handlungsbefugt).

Der Notar soll diesen Bevollmächtigten jetzt noch keine Ausfertigung dieser Urkunde erteilen. Eine Ausfertigung soll diesen Bevollmächtigten nur erteilt werden, wenn die Vollmachtgeber den Notar hierzu schriftlich anweisen. Sollten die Vollmachtgeber dazu nicht mehr in der Lage sein, so dürfen die in dieser Ziffer genannten Bevollmächtigten gegen Vorlage einer dies belegenden ärztlichen Bescheinigung beliebig viele Ausfertigungen dieser Urkunde vom Notar verlangen.

▲

g) Vorlage einer Ausfertigung

655 Zu einer Wirksamkeitsvoraussetzung der Vollmacht kann gemacht werden, dass der Bevollmächtigte eine gemäß § 49 Abs. 2 BeurkG auf **seinen Namen** erteilte Ausfertigung der Vollmachtsurkunde vorlegt. Dies sichert den Vollmachtgeber davor, dass der Bevollmächtigte – obwohl die Vollmacht widerrufen wurde – unter Vorlage einer Ausfertigung, sei sie auch auf den Namen des Vollmachtgebers ausgestellt, handelt. Diese Wirksamkeitsvoraussetzung anzuordnen ist empfehlenswert, wenn in einer Urkunde mehrere Personen bevollmächtigt werden oder zwei Personen, z.B. Eheleute, sich gegenseitig bevollmächtigen.

▼

Muster 4.137: Vorlage einer Ausfertigung

4.137 Jeder der Bevollmächtigten kann aufgrund dieser Vollmacht nur handeln, wenn er eine Ausfertigung dieser Urkunde vorlegt, die ihm persönlich erteilt ist, das heißt, deren Ausfertigungsvermerk seine Person bezeichnet. Eine bloße, auch beglaubigte, Abschrift dieser Urkunde ist nicht ausreichend.

▲

h) Kontrollbetreuer

656 §§ 1815 Abs. 3 und 1820 Abs. 3 BGB sehen vor, als Aufgabenkreis eines Betreuers auch die Geltendmachung von Rechten des Betreuten gegenüber seinem Bevollmächtigten zu bestimmen. § 1820 Abs. 3 BGB geht von der Situation aus, dass der Betroffene einen Bevollmächtigten bestellt hat, ihn aber nicht überwachen kann, und, falls er zwischenzeitlich geschäftsunfähig ist, die Vollmacht insbesondere auch nicht mehr widerrufen kann.

Zur Einrichtung einer **Kontrollbetreuung** muss hinzukommen, dass ein **konkreter Überwachungsbedarf** besteht. Allein die Unfähigkeit des Betroffenen, seinen Bevollmächtigten zu überwachen, reicht dazu nicht aus. Denn der Vollmachtgeber wollte gerade in den Fällen, in denen er geschäftsunfähig ist, dem Bevollmächtigten sein Vertrauen schenken und eine staatliche Intervention vermeiden. Daher steht die Anordnung der Kontrollbetreuung unter der Voraussetzung, dass aufgrund konkreter Anhaltspunkte davon auszugehen ist, dass der Bevollmächtigte die Angelegenheiten des Vollmachtgebers nicht entsprechend der Vereinbarung oder dem erklärten oder mutmaßlichen Willen des Vollmachtgebers besorgt.

Ist eine Vollmacht einmal widerrufen, so kann sie nicht „reaktiviert" werden. Vielmehr muss sie **neu** erteilt werden. Ist der Vollmachtgeber jedoch geschäftsunfähig, so scheidet eine Neuerteilung aus. Daher erlaubt das Gesetz nur in extremen Ausnahmefällen den Widerruf der Vollmacht durch einen Kontrollbetreuer und macht sie von einer gerichtlichen Genehmigung abhängig, vgl. § 1820 Abs. 5 BGB. Als milderes Mittel sieht es ausnahmsweise die Suspendierung der Vollmacht durch das Gericht vor, vgl. § 1820 Abs. 4 BGB.

i) Zentrales Vorsorgeregister

657 Die Bundesnotarkammer hat ein zentrales elektronisches Register für Vorsorgevollmachten und Betreuungsverfügungen (Zentrales Vorsorgeregister, kurz ZVR) eingerichtet. Das Register dient dazu, im Falle eines Betreuungsverfahrens dem Betreuungsgericht die schnelle und zuverlässige Information über relevante Urkunden zu ermöglichen, um unnötige Betreuungen im Interesse des Bürgers zu vermeiden. Auch Ärzte können inzwischen das ZVR einsehen. Auf die Möglichkeit der Registrierung soll der Notar gemäß § 20a BeurkG hinweisen.

Notare können die Daten über die Homepage des Zentralen Vorsorgeregisters unter *www.vorsorgeregister.de* übertragen. Zusätzliche Angaben wie Telefonnummern der Bevollmächtigten bzw. vorgeschlagenen Betreuer oder ergänzende Angaben zum Inhalt der Urkunden sind ebenfalls möglich.

Wenn die Daten von Bevollmächtigten registriert werden, erhalten diese – aus Datenschutzgründen – hierüber Nachricht. Sie können der Speicherung ihrer Daten widersprechen.

Das Zentrale Vorsorgeregister stellt auf Verlangen zudem mit der „ZVR-Karte" eine Karte im Scheckkartenformat für den Vollmachtgeber zur Verfügung, die auf die Registrierung der Vorsorgevollmacht im Zentralen Vorsorgeregister verweist und die der Vollmachtgeber in seiner Geldbörse bei sich tragen kann. In die Karte können neben dem Namen des Vollmachtgebers die Namen von bis zu zwei Bevollmächtigten und deren Telefonnummern sowie der Aufbewahrungsort der Vollmacht eingetragen werden. Zudem kann angekreuzt werden, ob auch eine Betreuungsverfügung und/oder eine Patientenverfügung mit der Vorsorgevollmacht verbunden ist. Die ZVR-Karte ersetzt selbstverständlich nicht die Verfügung, sondern weist lediglich auf diese hin.

▼

Muster 4.138: Vorsorgevollmacht (ohne Patientenverfügung) einer Einzelperson 658

4.138

Der Erschienene ließ folgende

VORSORGEVOLLMACHT

beurkunden und erklärte:

Die nachstehende Vollmacht dient der Vermeidung der Bestellung eines Betreuers. Sie geht daher einer Betreuung vor.

Der Bevollmächtigte soll von der nachstehenden Vollmacht nur dann Gebrauch machen, wenn ich durch Alter oder Krankheit daran gehindert bin, für mich selbst zu sorgen. Diese Bestimmung ist jedoch keine Beschränkung der Vollmacht gegenüber Dritten, sondern lediglich eine Anweisung des Vollmachtgebers an den Bevollmächtigten, die nur im Innenverhältnis gilt; im Außenverhältnis gegenüber Dritten und Behörden ist diese Vollmacht unbeschränkt.

I. BEVOLLMÄCHTIGUNG

Ich bevollmächtige hiermit Herrn/Frau

mich in allen persönlichen und vermögensrechtlichen Angelegenheiten nach Maßgabe der nachstehenden Bestimmungen gerichtlich und außergerichtlich zu vertreten.

§ 1 Vermögensrechtliche Angelegenheiten

1. Der Bevollmächtigte ist berechtigt, mich in allen vermögensrechtlichen Angelegenheiten zu vertreten.
2. Der Bevollmächtigte kann in einzelnen Vermögensangelegenheiten Untervollmacht erteilen.
3. Der Bevollmächtigte ist befugt, Rechtsgeschäfte mit sich im eigenen Namen und als Vertreter Dritter vorzunehmen.

§ 2 Persönliche Angelegenheiten

1. Der Bevollmächtigte ist ferner berechtigt, mich in allen persönlichen Angelegenheiten, soweit dies gesetzlich zulässig ist, zu vertreten. Insbesondere ist der Bevollmächtigte zu allen Erklärungen und Handlungen berechtigt, zu denen ein Betreuer mit oder ohne Genehmigung des Betreuungsgerichts befugt wäre, wie
   a) die Einwilligung in eine Untersuchung des Gesundheitszustandes, eine Heilbehandlung oder einen ärztlichen Eingriff zu erteilen oder nicht zu erteilen oder eine solche Einwilligung zu widerrufen, auch wenn die begründete Gefahr besteht, dass ich aufgrund der Maßnahme sterbe oder einen schweren dauernden gesundheitlichen Schaden erleide (§ 1829 BGB); hierbei ist der Bevollmächtigte auch befugt, Krankenunterlagen einzusehen und alle Informationen von den behandelnden Ärzten einzuholen, die von ihrer Schweigepflicht hiermit entbunden werden,
   b) in den Abbruch lebenserhaltender Maßnahmen einzuwilligen, nicht einzuwilligen oder eine solche Einwilligung zu widerrufen, auch wenn Gefahr besteht, dass ich aufgrund des Abbruches sterbe;
   c) zur Einwilligung in eine Unterbringung, die mit einer freiheitsentziehenden Maßnahme verbunden ist (§ 1831 BGB),
   d) zur Einwilligung in freiheitsbeschränkende Maßnahmen im Sinne von § 1831 Abs. 4 BGB (Freiheitsentziehung durch mechanische Vorrichtung, Medikamente oder auf andere Weise),
   e) zur Einwilligung in eine meinem natürlichen Willen widersprechende ärztliche Maßnahme (ärztliche Zwangsmaßnahme) im Sinne von § 1832 BGB,

f) zur Bestimmung meines Aufenthalts und zur Kündigung eines Mietverhältnisses über Wohnraum (§ 1833 BGB).

2. Die Vollmacht in persönlichen Angelegenheiten ist übertragbar. Untervollmacht darf auch in persönlichen Angelegenheiten erteilt werden.

II. BETREUUNGSVERFÜGUNG

Sollte trotz der hier bestellten Vollmacht für mich eine Betreuung notwendig werden, bestimme ich, dass der Bevollmächtigte zu meinem Betreuer bestellt wird. Ist der Bevollmächtigte nicht bereit oder in der Lage, meine Angelegenheiten wahrzunehmen, so soll der Betreuer jeweils aus dem Kreis der nächsten Verwandten bestimmt werden.

III. SCHLUSSBESTIMMUNGEN

1. Die Vollmacht soll durch meinen Tod nicht erlöschen, ebenfalls nicht durch meine Geschäftsunfähigkeit. Sie soll auch dann wirksam bleiben, wenn ein Betreuer für mich bestellt wird.
2. Dem Bevollmächtigten sind auf Verlangen beliebig viele Ausfertigungen dieser Urkunde zu erteilen.
3. Jeder Bevollmächtigte kann aufgrund dieser Vollmacht nur handeln, wenn er eine Ausfertigung dieser Urkunde vorlegt, die ihm persönlich erteilt ist, das heißt, deren Ausfertigungsvermerk seine Person bezeichnet.
4. Diese Vollmacht ist im Zentralen Vorsorgeregister der Bundesnotarkammer zu registrieren.

Umstände, aufgrund derer die erforderliche Geschäftsfähigkeit der Erschienenen in Zweifel gezogen werden könnte, waren nicht ersichtlich.

Diese Niederschrift wurde dem Erschienenen von dem Notar vorgelesen, von ihm genehmigt und von ihm und dem Notar wie folgt eigenhändig unterschrieben:

▲

5. Patientenverfügung und Behandlungswünsche

a) Begriff

659 Als Patientenverfügung (§ 1827 Abs. 1 S. 1 BGB) bezeichnet man schriftliche **Willensäußerungen** eines Volljährigen im Hinblick auf bestimmte **medizinische Behandlungen oder Nichtbehandlung**, die der Verfügende für den Fall trifft, dass er seinen Willen aufgrund einer Krankheit oder Behinderung zeitweise oder dauerhaft nicht mehr äußern kann. Der Bevollmächtigte/Betreuer hat zu prüfen, ob diese Festlegungen auf die aktuelle Lebens- und Behandlungssituation zutreffen (§ 1827 Abs. 1 S. 1 BGB). Ist dies der Fall, so hat der Betreuer dem Willen des Betreuten Ausdruck und Geltung zu verschaffen (§ 1827 Abs. 1 S. 2 BGB).

Es ist im Einzelfall schwierig, vor einer konkreten Krankheitssituation die gewünschten oder unerwünschten Behandlungsmaßnahmen hinreichend konkret zu beschreiben, um den Anforderungen an eine (qualifizierte) Patientenverfügung im Sinne des § 1827 Abs. 1 BGB zu genügen.

Liegt somit keine (qualifizierte) Patientenverfügung vor oder treffen die Festlegungen einer Patientenverfügung nicht auf die aktuelle Lebens- und Behandlungssituation zu, hat der Betreuer die **Behandlungswünsche** oder den mutmaßlichen Willen des Betreuten festzustellen und auf dieser Grundlage zu entscheiden, ob er in eine ärztliche Maßnahme einwilligt oder sie untersagt. Der mutmaßliche Wille ist aufgrund konkreter Anhaltspunkte zu ermitteln. Zu berücksichtigen sind insbesondere frühere mündliche oder schriftliche Äußerungen, ethische oder religiöse Überzeugungen und sonstige persönliche Wertvorstellungen des Betreuten. Vor diesem Hintergrund wird zwischen der qualifizierten Patientenverfügung nach § 1827 Abs. 1 BGB und der „einfachen Patientenverfügung“ im Sinne des § 1827 Abs. 2 BGB unterschieden. Würde man nur die gemäß § 1827 Abs. 1 BGB qualifizierten Patientenverfügungen als Patientenverfügungen im Sinne des BGB ansehen, so dürfte das dazu führen, dass es Patientenverfügungen in der Praxis kaum noch gibt. Auch die gemäß § 1827 Abs. 2 BGB festgelegten Behandlungswünsche des Betroffenen sind als eine Patientenverfügung zu werten. Man sollte allerdings in einer Patientenverfügung immer bestimmte ärztliche Maßnahmen nennen und Krankheitsbilder oder Behandlungssituationen klar umschreiben, statt nur allgemeine Anweisungen und Wünsche zu äußern.

b) Verbindlichkeit der Patientenverfügung unabhängig vom Krankheitsstadium

An die Patientenverfügung **nicht** gebunden ist deren Urheber. Die Patientenverfügung kann von dem Betroffenen jederzeit **formlos widerrufen** werden, also auch mündlich oder durch konkludentes Verhalten. Alle anderen Beteiligten sind an die Patientenverfügung **gebunden**, unabhängig von Art und Stadium der Erkrankung des Betroffenen. 660

c) Gespräch zur Feststellung des Patientenwillens

§ 1828 Abs. 2 BGB verlangt zur Feststellung des Patientenwillens, der Behandlungswünsche oder des mutmaßlichen Willens, dass nahen Angehörigen und sonstigen Vertrauenspersonen des Vollmachtgebers die Gelegenheit zur Äußerung gegeben werden soll, wenn das ohne erhebliche Verzögerungen möglich ist. 661

d) Trennung von Vorsorgevollmacht und Patientenverfügung?

Die Vorsorgevollmacht bestimmt nicht, **wie** der Bevollmächtigte verfahren soll, sondern nur **wer** die Befugnis zur Entscheidung erhält. Es ist möglich, nur eine Patientenverfügung zu erteilen; dann muss ggf. der gerichtlich eingesetzte Betreuer diese umsetzen. Möglich ist es auch, nur eine Vorsorgevollmacht zu erteilen; der Bevollmächtigte erhält dann keine schriftliche Richtschnur für sein Handeln. Sinnvollerweise werden daher häufig beide Verfügungen gleichzeitig getroffen. 662

In der notariellen Praxis trifft man sowohl kombinierte Urkunden an, die sowohl die Vorsorgevollmacht als auch die Patientenverfügung enthalten, als auch die Trennung beider Urkunden.

Für die **Zusammenfassung in einer Urkunde** spricht neben geringeren Kosten, dass beide Teile im medizinischen Bereich unter Umständen gemeinsam benötigt werden. Gegen die Zusammenfassung spricht, dass Dritte aus dem Vermögensbereich (z.B. Banken) die Behandlungswünsche nicht erfahren sollen. Überdies gestaltet sich der Widerruf der Vollmacht bei gleichzeitiger Aufrechterhaltung der Patientenverfügung technisch schwieriger.

Als Mittelweg ist die Erteilung auszugsweiser Ausfertigungen der kombinierten Urkunde möglich. Dieser Weg ist jedoch büroorganisatorisch aufwändiger.

▼

Muster 4.139: Einfache Patientenverfügung (Behandlungswunsch i.S.v. § 1827 Abs. 2 BGB) mit Vorsorgevollmacht – Ehegatten wechselseitig 4.139

Die Erschienenen ließen folgende

Vorsorgevollmacht und Patientenverfügung

beurkunden und erklärten:

I. VORSORGEVOLLMACHT

Die nachstehende Vollmacht dient der Vermeidung der Bestellung eines Betreuers. Sie geht daher einer Betreuung vor.

Der Bevollmächtigte soll von der nachstehenden Vollmacht nur dann Gebrauch machen, wenn der jeweilige Vollmachtgeber durch Alter oder Krankheit daran gehindert ist, für sich selbst zu sorgen. Diese Bestimmung ist jedoch keine Beschränkung der Vollmacht gegenüber Dritten, sondern lediglich eine Anweisung des Vollmachtgebers an den Bevollmächtigten, die nur im Innenverhältnis gilt; im Außenverhältnis gegenüber Dritten und Behörden ist diese Vollmacht unbeschränkt.

Wir bevollmächtigen uns hiermit wechselseitig, also jeder von uns den anderen von uns, uns in allen vermögensrechtlichen und persönlichen Angelegenheiten nach Maßgabe der nachstehenden Bestimmungen gerichtlich und außergerichtlich zu vertreten.

– Jeder von uns nachstehend „der Bevollmächtigte“ und „der Vollmachtgeber“ genannt –.

§ 1 Vermögensrechtliche Angelegenheiten

1. Der Bevollmächtigte ist berechtigt, uns in allen vermögensrechtlichen Angelegenheiten, soweit dies rechtlich möglich ist, zu vertreten.
2. Der Bevollmächtigte kann in einzelnen Vermögensangelegenheiten Untervollmacht erteilen.
3. Der Bevollmächtigte ist befugt, Rechtsgeschäfte mit sich im eigenen Namen und als Vertreter Dritter vorzunehmen.

§ 2 Persönliche Angelegenheiten

1. Der Bevollmächtigte ist ferner berechtigt, uns in allen persönlichen Angelegenheiten, soweit dies rechtlich zulässig ist, zu vertreten. Insbesondere ist der Bevollmächtigte zu allen Erklärungen und Handlungen berechtigt, zu denen ein Betreuer mit oder ohne Genehmigung des Betreuungsgerichts befugt wäre, wie
   a) die Einwilligung in eine Untersuchung des Gesundheitszustandes, eine Heilbehandlung oder einen ärztlichen Eingriff zu erteilen oder nicht zu erteilen oder eine solche Einwilligung zu widerrufen, auch wenn die begründete Gefahr besteht, dass ich aufgrund der Maßnahme sterbe oder einen schweren dauernden gesundheitlichen Schaden erleide (§ 1829 BGB); hierbei ist der Bevollmächtigte auch befugt, Krankenunterlagen einzusehen und alle Informationen von den behandelnden Ärzten einzuholen, die von ihrer Schweigepflicht hiermit entbunden werden,
   b) in den Abbruch lebenserhaltender Maßnahmen einzuwilligen, nicht einzuwilligen oder eine solche Einwilligung zu widerrufen, auch wenn Gefahr besteht, dass ich aufgrund des Abbruches sterbe,
   c) die Einwilligung in eine Unterbringung, die mit einer freiheitsentziehenden Maßnahme verbunden ist (§ 1831 BGB),
   d) die Einwilligung in freiheitsbeschränkende Maßnahmen im Sinne von § 1831 Abs. 4 BGB (Freiheitsentziehung durch mechanische Vorrichtung, Medikamente oder auf andere Weise),
   e) zur Einwilligung in eine meinem natürlichen Willen widersprechende ärztliche Maßnahme (ärztliche Zwangsmaßnahme) im Sinne von § 1832 Abs. 1 BGB,
   f) die Bestimmung meines Aufenthaltes und zur Kündigung eines Mietverhältnisses über Wohnraum (§ 1833 BGB).
2. Die Vollmacht in persönlichen Angelegenheiten ist nicht übertragbar. Untervollmacht darf in persönlichen Angelegenheiten nicht erteilt werden.

II. PATIENTENVERFÜGUNG

Weiter erklärt jeder von uns:

Für den Fall, dass ich meinen Willen nicht mehr bilden oder verständlich äußern kann, weil

- ich mich aller Wahrscheinlichkeit nach unabwendbar und unmittelbar im Sterbeprozess befinde, oder
- ich mich in einem unzweifelhaft hoffnungslosen gesundheitlichen Zustand befinde, in dem, auch wenn der Tod noch nicht unmittelbar bevorsteht, eine Behandlung nur noch Leidensverlängerung bewirkt, oder
- ich infolge einer Gehirnschädigung meine Fähigkeiten verloren habe, Einsichten zu gewinnen, Entscheidungen zu treffen und mit anderen Menschen in Kontakt zu treten, und diese Fähigkeiten auch nach ärztlicher Einschätzung unwiderruflich erloschen sind, selbst wenn der Tod noch nicht absehbar ist, oder

- ich infolge eines weit fortgeschrittenen Hirnabbauprozesses (z.B. bei Demenzerkrankung) auch mit ausdauernder Hilfestellung nicht mehr in der Lage bin, Nahrung und Flüssigkeit auf natürliche Weise zu mir zu nehmen,
- ich mich in einem vergleichbaren, hier nicht ausdrücklich erwähnten Krankheitszustand befinde,

bestimme ich Folgendes:

Ich wünsche, dass man mich sterben lässt und nicht durch künstliche Mittel (z.B. Intensivtherapie, Reanimation) am Leben erhält; auch Transplantationen oder künstliche Beatmung lehne ich in diesem Zusammenhang ab. Sollte durch solche ärztlichen Maßnahmen nicht mehr erreicht werden können als eine Verlängerung des Sterbevorgangs oder eine Verlängerung des Leidens, verweigere ich hiermit ausdrücklich die Zustimmung zu irgendwie gearteten ärztlichen Eingriffen, zumal wenn sie mit erheblichen Schmerzen verbunden sind.

Ich bitte, mir jede notwendige Menge von Medikamenten zu geben, die erforderlich ist, um mich von Schmerz und großer Belastung zu befreien, auch wenn sie lebensverkürzend sind oder zu einer Bewusstseinsausschaltung führen.

Der Bevollmächtigte ist beauftragt und ermächtigt, meinen Wünschen Geltung zu verschaffen. Im Übrigen richtet sich die vorstehende Erklärung an alle, die es angeht, insbesondere meine Familie und meine Ärzte.

III. BETREUUNGSVERFÜGUNG

Sollte trotz der hier bestellten Vollmacht eine Betreuung notwendig werden, bestimmt jeder von uns, dass der Bevollmächtigte zu seinem Betreuer bestellt wird. Ist der Bevollmächtigte nicht bereit oder nicht in der Lage, die Angelegenheiten des Vollmachtgebers wahrzunehmen, so soll der Betreuer jeweils aus dem Kreis der nächsten Verwandten bestimmt werden.

IV. VORSORGEREGISTER

Die Erschienenen wünschen die Erfassung dieser Urkunde einschließlich der in ihr enthaltenen personenbezogenen Daten im zentralen Register der Bundesnotarkammer für Vorsorgeurkunden. Dieses Register dient der Information der mit Betreuungsverfahren befassten Stellen.

V. SCHLUSSBESTIMMUNGEN

1. Die Vollmacht soll durch den Tod des Vollmachtgebers nicht erlöschen. Sie soll auch dann wirksam bleiben, wenn der Vollmachtgeber geschäftsunfähig werden sollte oder ein Betreuer für ihn bestellt wird.
2. Dem Bevollmächtigten sind auf Verlangen beliebig viele Ausfertigungen dieser Urkunde zu erteilen. Unser behandelnder Arzt, Herr Dr. ______, in ______, soll eine beglaubigte Abschrift dieser Niederschrift erhalten.
3. Jeder der Bevollmächtigten kann aufgrund dieser Vollmacht nur handeln, wenn er eine Ausfertigung dieser Urkunde vorlegt, die ihm persönlich erteilt ist, das heißt, deren Ausfertigungsvermerk seine Person bezeichnet.

Umstände, aufgrund derer die erforderliche Geschäftsfähigkeit der Erschienenen in Zweifel gezogen werden könnte, waren nicht ersichtlich.

Diese Niederschrift wurde den Erschienenen von dem Notar vorgelesen, von ihnen genehmigt und von ihnen und dem Notar wie folgt eigenhändig unterschrieben:

▲

V. Annahme als Kind

663 Die Annahme als Kind (früher Annahme an Kindes statt) richtet sich nach den Bestimmungen der §§ 1741 bis 1772 BGB.

Das Gesetz geht von der Minderjährigenadoption als dem Regelfall aus. Daneben gibt es die Annahme Volljähriger mit schwächeren Wirkungen.

1. Allgemeines

a) Wohl des Kindes/Herstellung eines Eltern-Kind-Verhältnisses

664 Ziel und Voraussetzung der Minderjährigenadoption ist, dass sie dem Wohl des Kindes dient und die Herstellung eines Eltern-Kind-Verhältnisses zu erwarten ist (§ 1741 Abs. 1 BGB). Das Kind wird wie ein eheliches Kind des Annehmenden in jeder Beziehung voll in dessen Familienverband eingegliedert und ganz aus seinem ursprünglichen Familienverband herausgelöst (Volladoption). Die Annahme erfolgt durch staatlichen Hoheitsakt (Beschluss des Familiengerichts). Verheiratete können ein familienfremdes Kind stets nur **gemeinschaftlich** annehmen (§ 1741 Abs. 2 S. 2 BGB). Ein Ehegatte allein kann ein Kind seines Ehegatten annehmen (§ 1741 Abs. 2 S. 3 BGB). Er kann allein ein familienfremdes Kind dann annehmen, wenn der andere Ehegatte das Kind nicht annehmen kann, weil er geschäftsunfähig ist oder das 21. Lebensjahr noch nicht vollendet hat (§ 1741 Abs. 2 S. 4 BGB). Adoptiert werden können also familienfremde Kinder sowie Kinder von Verwandten oder des Ehegatten.

b) Verwandtschaftsverhältnisse/Rechte und Pflichten des Kindes

665 Die Verwandtschaftsverhältnisse sowie die Rechte und Pflichten gegenüber der Ursprungsfamilie erlöschen mit der förmlichen Zustellung des Adoptionsbeschlusses (§ 1755 Abs. 1 BGB). Das Kind erlangt die rechtliche Stellung eines Kindes (§ 1754 BGB) mit allen Rechten und Pflichten gegenüber dem Annehmenden und seiner Familie. Mit der Adoption gehen der Unterhalts- und der Erbanspruch gegen die leibliche Familie verloren. Nimmt ein Ehegatte das Kind seines Ehegatten an, so tritt das Erlöschen des Verwandtschaftsverhältnisses nur im Verhältnis zu dem anderen Elternteil und dessen Verwandten ein (§ 1755 Abs. 2 BGB).

Bei der Annahme eines Volljährigen sind die Wirkungen schwächer. Daher spricht man hier von einer „schwachen" Adoption (vgl. Rdn 686).

c) Alterserfordernisse

666 Das **Mindestalter der Adoptiveltern** ist 25 Jahre. Bei der Annahme durch ein Ehepaar muss ein Ehegatte das 25. Lebensjahr, der andere das 21. Lebensjahr vollendet haben (§ 1743 S. 2 BGB). Wer ein Kind seines Ehegatten annehmen will, muss das 21. Lebensjahr vollendet haben (§ 1743 S. 1 BGB). Wegen der Adoption durch – eingetragene – Lebenspartner siehe Rdn 670. Der Annehmende muss unbeschränkt geschäftsfähig sein. Befreiung vom **Erfordernis des Mindestalters ist nicht möglich**. Das Mindestalter des Adoptivkindes beträgt acht Wochen (§ 1747 Abs. 2 BGB).

Die Interessen der vorhandenen Kinder des Annehmenden oder des Anzunehmenden dürfen der Adoption nicht entgegenstehen (§ 1745 BGB).

d) Namensführung

667 Das Kind erhält als Geburtsnamen den Familiennamen des Annehmenden (§ 1757 Abs. 1 S. 1 BGB). Nimmt ein Ehepaar ein Kind an oder nimmt ein Ehegatte ein Kind des anderen Ehegatten an und führen die Ehegatten keinen Ehenamen, so bestimmen sie den Geburtsnamen des Kindes vor dem Ausspruch der Annahme durch Erklärung gegenüber dem Familiengericht; § 1617 Abs. 1 BGB gilt entsprechend. Das Kind, das das fünfte Lebensjahr vollendet hat, muss in diesem Fall zustimmen (§ 1757 Abs. 2 S. 2 BGB). Wenn es dem Wohl des Kindes entspricht, kann das Familiengericht auf Antrag des Annehmenden mit Einwilligung des Kindes beim Ausspruch der Annahme den Vornamen des Kindes ändern oder ihm einen oder mehrere neue Vornamen beigeben, und wenn dies aus schwerwiegenden Gründen zum Wohl des Kindes erforderlich ist, dem neuen Familiennamen den bisherigen Familiennamen voranstellen oder anfügen (§ 1757 Abs. 3 BGB).

Hinweis

Bei der Volljährigenadoption ist zu beachten, dass sich die Änderung des Geburtsnamens auf den Ehenamen des Kindes nur dann erstreckt, wenn sich auch der Ehegatte der Namensänderung vor dem Ausspruch der Annahme durch – mindestens öffentlich beglaubigte – Erklärung gegenüber dem Familiengericht anschließt (§ 1767 Abs. 4 BGB). Zudem kann der Anzunehmende der Namensänderung widersprechen oder einen Doppelnamen wählen, § 1767 Abs. 3 BGB.

e) Staatsangehörigkeit – ausländisches minderjähriges Kind

Wird ein ausländisches minderjähriges Kind durch Deutsche wirksam angenommen, so erwirbt es zugleich die deutsche Staatsangehörigkeit (§ 6 StAG). Diese Wirkung tritt nicht ein bei der Volljährigenadoption (§§ 1767 ff. BGB), auch nicht bei der Volljährigenadoption mit den Wirkungen der Minderjährigenannahme (§ 1772 BGB). 668

f) Einzureichende Urkunden

Folgende, der notariellen Beurkundung bedürfende **Erklärungen** müssen für die Adoption dem Familiengericht vorgelegt werden: 669

(1) Antrag des Annehmenden,
(2) Einwilligung des Kindes,
(3) Einwilligung der Eltern,
(4) Einwilligung des anderen Ehegatten.

g) Adoption durch Lebenspartner und Lebensgefährten

Besonderheiten gelten für die Adoption durch Lebenspartner und Lebensgefährten. Als Lebenspartner meint das Gesetz stets gleichgeschlechtliche Paare, die vor Inkrafttreten der „Ehe für alle“ eine eingetragene Lebenspartnerschaft eingegangen sind. Für (gleich- oder verschiedengeschlechtliche) Lebensgefährten kennt das Gesetz keine Registrierungsmöglichkeit neben der Ehe. Allerdings kommt eine Stiefkindadoption auch bei „verfestigten Lebensgemeinschaften“ in Betracht, wobei die Einzelheiten in § 1766a BGB geregelt sind. 670

Ein Partner einer **eingetragenen Lebenspartnerschaft** kann mit Zustimmung des anderen Lebenspartners ein Kind allein annehmen (§ 9 Abs. 6 LPartG). Die **gemeinschaftliche Adoption** eines fremden Kindes durch beide Lebenspartner ist nicht möglich; eingetragene Lebenspartner können dieses Ziel jedoch erreichen, indem sie die Lebenspartnerschaft in eine Ehe umwandeln lassen (§ 20a LPartG). Ansonsten ist bei eingetragenen Lebenspartnern eine Sukzessivadoption möglich, also die nacheinander geschaltete Adoption des Kindes erst durch einen Lebenspartner mit anschließender (Stiefkind-)Adoption durch den anderen Lebenspartner.

h) Zuständigkeit

Sachlich zuständig für die zu den Familiensachen gehörenden Adoptionssachen (§ 111 Nr. 4 FamFG) ist das Familiengericht (§ 1752 Abs. 1 BGB). **Örtlich** zuständig ist ausschließlich das Amtsgericht, in dessen Bezirk der Annehmende oder einer der Annehmenden seinen gewöhnlichen Aufenthalt hat (§ 187 Abs. 1 FamFG). Haben annehmende Eheleute keinen einheitlichen gewöhnlichen Aufenthalt, dann ist das Gericht zuständig, das zuerst mit der Angelegenheit befasst ist (§ 2 FamFG). Der gewöhnliche Aufenthalt des Kindes ist dann maßgebend, wenn keiner der Annehmenden seinen gewöhnlichen Aufenthalt im Inland hat (§ 187 Abs. 2 FamFG). Ist nach § 187 Absätze 1 und 2 BGB eine Zuständigkeit nicht gegeben, ist das Amtsgericht Schöneberg in Berlin zuständig (§ 187 Abs. 4 S. 1 FamFG), das die Sache aus wichtigem Grund mit bindender Wirkung an ein anderes Gericht verweisen kann (§ 187 Abs. 4 S. 2 i.V.m. § 3 Abs. 3 FamFG). Die Zuständigkeit deutscher Gerichte setzt voraus, dass einer der Annehmenden oder das Kind Deutscher ist oder einer von ihnen seinen gewöhnlichen Aufenthalt im Inland hat (§ 101 FamFG). 671

Nach § 23 Abs. 1 S. 2 FamFG sollen im Antrag die im § 188 FamFG bezeichneten und im Adoptionsverfahren zu beteiligenden Personen benannt werden. Aus diesem Grund sollte der Notar z.B. nachfragen, ob der Anzunehmende verheiratet ist und ggf. den Ehegatten in der Urkunde angeben, sofern dieser nicht bereits mitwirkt.

Ebenso sollten Feststellungen getroffen werden über das Vorhandensein etwaiger Kinder der Annehmenden und der Anzunehmenden (wegen §§ 1745, 1769 BGB).

Das Familiengericht hat einem minderjährigen Beteiligten entsprechend § 158 FamFG einen Verfahrensbeistand zu bestellen, wenn dies zur Wahrnehmung seiner Interessen erforderlich ist (§ 191 FamFG).

2. Antrag des Annehmenden

672 Die Adoption wird nur auf Antrag des Annehmenden und mit Einwilligung des Anzunehmenden ausgesprochen (§§ 1752 Abs. 1, 1746 BGB). Beides bedarf der notariellen Beurkundung (§§ 1752 Abs. 2, 1750 Abs. 1 BGB) und ist an das nach § 187 FamFG zuständige Amtsgericht – Familiengericht – (siehe Rdn 671) zu richten.

673 ▼

Muster 4.140: Antrag auf Annahme eines fremden Kindes durch Eheleute

4.140 (*Protokolleingang; es erscheinen die annehmenden Eheleute*).

I.

Ich, …, bin am … in … geboren (Geburtenregister Nr. … des Standesamts …).

Ich, …, geborene …, bin am … in … geboren (Geburtenregister Nr. … des Standesamts …).

Wir haben am … vor dem Standesbeamten in … die Ehe miteinander geschlossen (Eheregistereintrag Nr. … des Standesamts …).

Wir sind ausschließlich deutsche Staatsangehörige.

II.

Wir wollen die am … in … (Geburtenregister Nr. … des Standesamts …) als Kind der Eheleute … geborene …, die ausschließlich die deutsche Staatsangehörigkeit besitzt, als gemeinschaftliches Kind annehmen und beantragen daher,

die Annahme der … als unser gemeinschaftliches Kind auszusprechen.

Das Kind erhält als Geburtsnamen den Familiennamen … der Annehmenden.

III.

Wir beauftragen den Notar, eine Ausfertigung dieser Urkunde und den Antrag auf Annahme als Kind beim zuständigen Familiengericht unverzüglich einzureichen sowie uns eine Ausfertigung dieser Urkunde zu erteilen. Die Kosten der Adoption tragen wir.

…

(Protokollabschluss)

▲

674

4.141

Muster 4.141: Antrag auf Annahme des Kindes eines Ehegatten aus einer geschiedenen Ehe durch den anderen Ehegatten

(*Protokolleingang*)

erschienen:

1. Herr
2. dessen Ehefrau
   hier handelnd im eigenen Namen und als gesetzliche Vertreterin ihres minderjährigen, bei ihr wohnhaften Kindes ,

beide dem Notar von Person bekannt.

I. (*wie Muster oben*)

II.

Zunächst erklärte der Erschienene zu 1.:

Aus der geschiedenen Ehe meiner Ehefrau und des Herrn ist der am geborene hervorgegangen (Geburtenregister Nr. des Standesamtes). Ich will dieses Kind meiner Ehefrau als Kind annehmen, damit es die rechtliche Stellung eines gemeinschaftlichen Kindes von mir und meiner Ehefrau erlangt. Ich beantrage daher,

> die Annahme des als Kind von mir mit der Wirkung auszusprechen, dass es die rechtliche Stellung eines gemeinschaftlichen Kindes von mir und meiner Ehefrau erlangt.

Das anzunehmende Kind erhält als Geburtsnamen den Familiennamen des Erschienenen zu 1.

Ich besitze ausschließlich die deutsche Staatsangehörigkeit.

III.

Sodann erklärte die Erschienene zu 2.:

Ich gebe dem Familiengericht gegenüber zu der Annahme meines Kindes Fritz Schütze als Kind meines Ehemannes meine Einwilligung, und zwar als Mutter und gesetzliche Vertreterin des Kindes und als Ehefrau des Annehmenden.

Sowohl mein Sohn als auch ich sind ausschließlich deutsche Staatsangehörige.

IV. (*wie III. Muster oben*)

Anmerkung:

Der Antrag auf Annahme als Kind und die Einwilligungserklärungen betreffen denselben Beurkundungsgegenstand i.S.d. § 109 Abs. 1 GNotKG. Daher ist nur **eine** Gebühr nach dem höchsten infrage kommenden Gebührensatz (GNotKG KV Nr. 21200) anzusetzen.

675 ▼

4.142 **Muster 4.142: Antrag auf Annahme eines Kindes mit Einwilligung des gesetzlichen Vertreters**

(*Protokolleingang*)

erschienen, dem Notar bekannt:

1. die Eheleute
2. hier handelnd als Leiter der Verwaltung des Jugendamtes der Stadt , das Jugendamt der Stadt handelnd als Vormund für die am in geborene, demgemäß noch nicht 14 Jahre alte Karola Licht, wohnhaft in .

I.

Zunächst erklärte der Erschienene zu 2.:

Bei dem hier vertretenen Kind Karola Licht handelt es sich um das Kind des und der , die nicht miteinander verheiratet sind. Beide Elternteile haben in die Annahme als Kind eingewilligt; die Einwilligungserklärungen liegen dem Familiengericht vor. Das Jugendamt der Stadt ist durch das Familiengericht zum Vormund bestellt worden. Das Kind ist ausschließlich deutsche Staatsangehörige.

II.

Die Erschienenen zu 1. erklärten:

Wir wollen die am geborene als gemeinschaftliches Kind annehmen und beantragen daher,

die Annahme der als unser gemeinschaftliches Kind auszusprechen.

Das anzunehmende Kind erhält als Geburtsnamen den Familiennamen der Erschienenen zu 1.

Wir besitzen ausschließlich die deutsche Staatsangehörigkeit.

III.

Nunmehr erklärte der Erschienene zu 2.:

Ich willige in die Annahme der als gemeinschaftliches Kind der Eheleute ein. Mir ist bekannt, dass diese Einwilligungserklärung, die ich dem Familiengericht gegenüber abgebe, unwiderruflich ist und dass sie mit ihrem Zugang beim Familiengericht wirksam wird, jedoch ihre Kraft verliert, wenn der Antrag zurückgenommen oder die Annahme versagt wird.

Schließlich erklärten wiederum die Erschienenen zu 1.:

IV.

(Wie Ziff. III des ersten Musters oben siehe Rdn 673).

▲

676 ▼

4.143 **Muster 4.143: Antrag zu einer Stiefkindadoption (eheliches Kind einer Partnerin einer eingetragenen Lebenspartnerschaft) unter Mitwirkung des über 14 Jahre alten, noch minderjährigen Kindes**

(*Protokolleingang*)

erschienen:

1. Frau
2. die minderjährige

3. Frau , hier handelnd im eigenen Namen und als alleinige gesetzliche Vertreterin ihrer zu 2. genannten Tochter.

Die Erschienenen wiesen sich aus .

Die Erschienenen ersuchten, über den Antrag auf Annahme der Erschienenen zu 2. als Kind der Erschienenen zu 1. eine Niederschrift aufzunehmen; sie erklärten:

I.

Ich, die Erschienene zu 1., bin am in geboren (Geburtenregister-Nr. des Standesamts).

Ich, die Erschienene zu 3., bin am in geboren (Geburtenregister-Nr. des Standesamts).

Wir, die Erschienenen zu 1. und 3., haben am vor dem Standesbeamten des Standesamts eine eingetragene Lebenspartnerschaft begründet (Nr. des Lebenspartnerschaftsregisters des Standesamts).

Bei der Begründung der Lebenspartnerschaft haben wir als gemeinsamen Lebenspartnerschaftsnamen den Geburtsnamen der Erschienenen zu 1., nämlich „ “, gewählt.

Die Erschienene zu 2. lebt seit Begründung der eingetragenen Lebenspartnerschaft im Haushalt der Erschienenen zu 1. und 3. und wird von der Erschienenen zu 1. wie ein eigenes Kind angesehen und behandelt.

Die Erschienenen zu 1. und 3. besitzen ausschließlich die deutsche Staatsangehörigkeit.

Die Erschienene zu 2. ist am in (Geburtenregister-Nr. des Standesamts) geboren.

Sie besitzt ebenfalls ausschließlich die deutsche Staatsangehörigkeit.

II.

Sodann erklärte die Erschienene zu 1.:

Ich will das Kind meiner hier mit erschienenen Lebenspartnerin aus ihrer durch rechtskräftiges Urteil des Amtsgerichts – Familiengerichts – in vom – Aktenzeichen: – geschiedenen Ehe mit Herrn , nämlich die Erschienene zu 2., als Kind annehmen, damit es die rechtliche Stellung eines gemeinschaftlichen Kindes von mir und meiner hier mit erschienenen Lebenspartnerin erlangt. Ich beantrage daher, durch das Familiengericht auszusprechen:

1. Die Annahme des vorgenannten, hier vertretenen Kindes als Kind von mir mit der Wirkung, dass es die rechtliche Stellung eines gemeinschaftlichen Kindes von mir und meiner hier mit erschienenen Lebenspartnerin erlangt.
2. Die Anzunehmende erhält als Geburtsnamen den Lebenspartnerschaftsnamen „ “.

III.

Sodann erklärte der Erschienene zu 2.:

Ich willige in die Annahme als Kind durch die zu 1. erschienene Lebenspartnerin meiner Mutter ein. Ich gebe diese Einwilligungserklärung gegenüber dem zuständigen Familiengericht ab.

Ich bin darüber belehrt worden, dass ich meine Einwilligung bis zum Wirksamwerden des Ausspruchs der Annahme in öffentlich beurkundeter Form ohne Zustimmung meiner gesetzlichen Vertreterin gegenüber dem Familiengericht widerrufen kann.

IV.

Nunmehr erklärte die Erschienene zu 3.:

Ich erteile als Mutter und unbeschränkte gesetzliche Vertreterin meiner Tochter meine Zustimmung zu der vorstehend von ihr abgegebenen Einwilligungserklärung. Weiterhin gebe ich auch als Lebenspartnerin der Annehmenden meine Einwilligung zu der Annahme als Kind.

Diese Erklärung gebe ich gegenüber dem zuständigen Familiengericht ab. Über die Unwiderruflichkeit der Erklärungen nach Zugang beim Familiengericht bin ich belehrt worden.

V.

Der Kindesvater hat seine Einwilligung in der Urkunde vom – UVZ-Nr. des Notars – abgegeben.

VI.

Schließlich erklärten alle Erschienenen:

Wir beantragen, zunächst eine Ausfertigung dieser Urkunde zu erteilen und diese dem zuständigen Familiengericht einzureichen. Uns soll je eine beglaubigte Abschrift dieser Urkunde erteilt werden.

Ferner betraue ich, die Erschienene zu 1., den Notar, den Antrag auf Annahme als Kind beim zuständigen Familiengericht unverzüglich einzureichen.

VII.

Die mit dieser Urkunde jetzt und in der Folge verbundenen Kosten gehen zulasten der hier Erschienenen.

VIII.

Die Beteiligten sind vom amtierenden Notar darauf hingewiesen worden, dass die Erschienene zu 2. mit dem Ausspruch der Annahme als Kind die rechtliche Stellung eines gemeinschaftlichen Kindes der hier zu 1. und 3. Erschienenen erlangt. Über die weiteren Wirkungen der Annahme als Kind sind wir vom amtierenden Notar eingehend belehrt worden.

(*Protokollabschluss*)

Kostenberechnung

3. Einwilligung des Kindes

677 Zur Annahme ist die Einwilligung des Kindes erforderlich (§ 1746 Abs. 1 BGB). Hat das Kind noch nicht das 14. Lebensjahr vollendet, kann die Einwilligung nur sein gesetzlicher Vertreter abgeben. Danach muss es die Einwilligung selbst erklären, bedarf jedoch der Zustimmung seines gesetzlichen Vertreters. Hat das Kind also das 14. Lebensjahr vollendet, müssen sowohl das Kind als auch dessen Sorgeberechtigten beim Notar erscheinen. Das Kind kann, wenn es das 14. Lebensjahr vollendet hat und nicht geschäftsunfähig ist, die Einwilligung bis zum Wirksamwerden des Ausspruchs der Annahme als Kind (d. i. die Zustellung des Adoptionsbeschlusses an den oder die Annehmenden) gegenüber dem Familiengericht in öffentlich beurkundeter Form widerrufen (§ 1746 Abs. 2 BGB), ohne dass es hierzu einer Zustimmung des gesetzlichen Vertreters bedarf.

678

Muster 4.144: Widerruf der Einwilligung durch das Kind

4.144

(*Protokolleingang*)

erschien, dem Notar bekannt,

der Schüler , geboren am , daher über 14 Jahre alt, wohnhaft zu

Der Erschienene erklärte:

Durch Urkunde vom – UVZ-Nr. des Notars – habe ich meine Einwilligung dazu erteilt, dass ich von den Eheleuten und geborene in als gemeinschaftliches Kind angenommen werde. Der Antrag auf Annahme als Kind durch die vorgenannten Eheleute ist in der Urkunde des Notars – dessen UVZ-Nr. für – gestellt worden. Der Ausspruch der Annahme durch das Familiengericht (vgl. den Beschl. v. Akt.-Z.:) ist noch nicht wirksam geworden, weil seine Zustellung noch nicht erfolgt ist.

Ich widerrufe hiermit meine Einwilligung und bitte, eine Ausfertigung dieser Urkunde dem Familiengericht zuzusenden.

(Protokollabschluss)

4. Einwilligung der Eltern

Zur Annahme eines Kindes ist die **Einwilligung** der Eltern (§ 1747 Abs. 1 BGB) erforderlich. Diese Einwilligungserklärungen sind unwiderruflich (§ 1750 Abs. 2 S. 2 BGB); sie können erst nach der Geburt, und zwar acht Wochen danach, abgegeben werden (§ 1747 Abs. 2 BGB). Sind die Eltern nicht miteinander verheiratet und steht ihnen die elterliche Sorge nicht gemeinsam zu, so 679

- kann die Einwilligung des Vaters bereits vor der Geburt erteilt werden,
- kann der Vater in öffentlicher Urkunde darauf verzichten, die Übertragung der Sorge nach § 1626a Abs. 2 und § 1671 Abs. 2 BGB zu beantragen
- darf, wenn der Vater die Übertragung der Sorge nach § 1626a Abs. 2 oder § 1671 Abs. 2 BGB beantragt hat, die Annahme erst ausgesprochen werden, nachdem über den Antrag des Vaters entschieden worden ist
- (§ 1747 Abs. 3 BGB).

680

Muster 4.145: Einwilligungserklärung der Kindesmutter

4.145

(*Protokolleingang*)

Die Erschienene erklärte:

Ich gebe als Mutter des von mir am in geborenen Kindes hiermit meine Einwilligung dazu, dass mein Kind von den in der Adoptionsliste des Jugendamtes unter Nr. genannten Eheleuten, deren Namen zu erfahren ich verzichte, gemeinschaftlich, bei Wegfall eines der Eheleute durch den Überlebenden allein, als Kind angenommen wird. Diese Einwilligungserklärung gebe ich dem Familiengericht gegenüber ab.

Mir ist bekannt, dass diese Einwilligungserklärung unwiderruflich ist und dass sie mit ihrem Zugang beim Familiengericht wirksam wird, jedoch ihre Kraft verliert, wenn das Kind nicht innerhalb von drei Jahren danach angenommen, der Antrag zurückgenommen oder die Annahme versagt wird.

Ich ersuche den amtierenden Notar, eine Ausfertigung dieser Urkunde dem Jugendamt zu erteilen.

Die rechtliche Tragweite der Einwilligung in die Annahme als Kind ist mir bekannt. Der Notar hat mich insbesondere darüber belehrt, dass mit dem Zugang meiner Einwilligung in die Annahme bei dem Familiengericht meine elterliche Sorge ruht, die Befugnis, mit dem Kind persönlich umzugehen, nicht ausgeübt werden darf, und von diesem Zeitpunkt an das Jugendamt Vormund des Kindes ist; das Jugendamt wird jedoch kein Vormund, wenn der andere Elternteil die elterliche Sorge allein ausübt (§ 1751 Abs. 1 S. 2 BGB).

(*Protokollabschluss*)

681

4.146

Muster 4.146: Einwilligungs- und Verzichtserklärung des Kindesvaters, der mit der Kindesmutter nicht verheiratet ist

(*Protokolleingang*)

Der Erschienene erklärte:

Am hat Frau , mit der ich nicht verheiratet bin, das Kind in geboren. Ich bin der Vater dieses Kindes.

Ich gebe als Vater meines vorgenannten Kindes hiermit ausdrücklich meine Einwilligung dazu, dass mein Kind von

- dem jetzigen Ehemann der Kindesmutter, nämlich , als Kind angenommen wird mit der Wirkung, dass es die rechtliche Stellung eines gemeinschaftlichen Kindes von dem genannten Herrn und seiner Ehefrau, der Kindesmutter, erlangt.
- (*Alternativ*): den in der Adoptionsliste des Jugendamtes unter Nr. genannten Eheleuten, deren Namen ich zu erfahren verzichte, gemeinschaftlich, bei Wegfall eines der Eheleute durch den Überlebenden allein, als Kind angenommen wird.
  Ich verzichte hierdurch unwiderruflich, die Übertragung der Sorge nach § 1626a Abs. 2 und § 1671 Abs. 2 BGB zu beantragen.
  Diese Einwilligungserklärung und Verzichtserklärung gebe ich dem zuständigen Familiengericht gegenüber ab.
  Mir ist bekannt, dass diese Einwilligungserklärung und Verzichtserklärung unwiderruflich sind und mit ihrem Zugang beim Familiengericht wirksam werden.
  Die rechtliche Tragweite der Einwilligung in die Annahme als Kind und des Verzichts auf Übertragung der elterlichen Sorge sind mir bekannt.
- Mir ist insbesondere bekannt, dass mit dem Wirksamwerden der Annahme als Kind mein/meine vorgenannte(r) Sohn/Tochter die rechtliche Stellung eines gemeinschaftlichen Kindes des Annehmenden und der Kindesmutter erlangt, insbesondere hinsichtlich des Unterhalts und des Erbrechts, und dass die Verwandtschaftsverhältnisse sowie die Rechte und Pflichten des Kindes und seiner Abkömmlinge zu seinen Verwandten väterlicherseits erlöschen.

Ich bitte, dem Annehmenden/dem Jugendamt eine Ausfertigung dieser Urkunde zu erteilen.

(*Protokollabschluss*)

5. Einwilligung des anderen Ehegatten

Die Einwilligung des anderen Ehegatten ist notwendig, wenn die Annahme eines Kindes durch einen Ehegatten allein erfolgen soll (§§ 1741 Abs. 2 S. 3 und 4, 1749 Abs. 1 S. 1 BGB). In der Praxis betrifft dies vor allem die Fälle der Stiefkindadoption eines minderjährigen Kindes. 682

Zu den Einwilligungen der Eltern bzw. der Kindesmutter und des Ehegatten: Die Einwilligung eines Elternteils und die des Ehegatten kann in bestimmten Fällen durch das Familiengericht ersetzt werden (§§ 1748, 1749 Abs. 1 BGB). Sie ist überhaupt nicht erforderlich, wenn der Elternteil oder der Ehegatte zur Abgabe der Erklärung dauernd außerstande oder sein Aufenthalt dauernd unbekannt ist (§§ 1747 Abs. 4, 1749 Abs. 3 BGB).

Zu den Einwilligungen des Kindes, der Eltern und des anderen Ehegatten: Diese Einwilligungserklärungen müssen **notariell beurkundet** und dem Familiengericht gegenüber abgegeben werden; sie werden mit ihrem Zugang beim Gericht wirksam (§ 1750 Abs. 1 BGB). Von diesem Zeitpunkt ab tritt – abgesehen von dem Fall, dass ein Ehegatte das Kind des anderen Ehegatten annimmt – Amtsvormundschaft ein, weil das Kind ohne gesetzlichen Vertreter ist (§ 1751 Abs. 1 BGB). Die Einwilligungserklärung verliert ihre Kraft, wenn der Antrag auf Annahme als Kind zurückgenommen oder die Annahme versagt oder das Kind nicht innerhalb von drei Jahren seit dem Wirksamwerden der Einwilligung (= Zugang beim Familiengericht) angenommen wird (§ 1750 Abs. 4 BGB). Die Einwilligung zu einer Inkognitoadoption ist zulässig (§ 1747 Abs. 2 S. 2 BGB). Zuständiges Familiengericht – auch für die Entgegennahme der Einwilligungserklärungen – ist das nach § 187 FamFG zuständige Amtsgericht (siehe Rdn 671). 683

6. Zusammenstellung der dem Familiengericht vorzulegenden Urkunden

Dem Familiengericht müssen für das Annahmeverfahren folgende Urkunden vorgelegt werden, wobei das Gericht nach seinem Ermessen im Rahmen der Amtsermittlung weitere Unterlagen anfordern kann, z.B. polizeiliche Führungszeugnisse, ärztliche Atteste, Meldebescheinigungen oder Staatsangehörigkeitsnachweise: 684

(1) Antrag des Annehmenden auf Annahme als Kind.
(2) Einwilligungserklärung des anzunehmenden Kindes.
(3) Einwilligungserklärung des Ehegatten des anzunehmenden Kindes, sofern es verheiratet ist.
(4) Einwilligungserklärung der Eltern des anzunehmenden Kindes (Sterbeurkunde, falls ein Teil verstorben ist).
(5) Einwilligungserklärung des Ehegatten des Annehmenden.
(6) Geburtsurkunde des Annehmenden.
(7) Eheurkunde der annehmenden Eheleute.
(8) Geburtsurkunde des anzunehmenden Kindes.
(9) Sofern der Ehegatte des Annehmenden verstorben ist, dessen Sterbeurkunde.

Zweckmäßigerweise wird zur Beschleunigung des Verfahrens bei der Annahme Minderjähriger sogleich eine gutachterliche Äußerung der Adoptionsvermittlungsstelle (§ 189 FamFG) oder eine Stellungnahme des Jugendamts (§ 194 FamFG) vom Notar dem Familiengericht mit vorgelegt.

Erfolgt eine Stiefkindadoption eines minderjährigen Kindes, hat zwingend vor Beurkundung die Beratung vor einer Adoptionsvermittlungsstelle nach § 9a AdVermG stattzufinden und ist dem Notar hierüber eine Bescheinigung vorzulegen.

7. Verwandtenadoption

Die oben (siehe Rdn 665) erwähnten Wirkungen der Volladoption gelten nicht uneingeschränkt bei der **Verwandtenadoption**, der Annahme von **Stiefkindern** (§ 1756 BGB) und der **Volljährigenadoption** (§§ 1767 ff. BGB). 685

Bei der Annahme eines Kindes durch Verwandte (Verschwägerte) im zweiten oder dritten Grad (etwa Großeltern/Geschwister oder Onkel/Tante) erlischt nur das Verwandtschaftsverhältnis des Kindes zu seinen **Eltern** (um zu vermeiden, dass das Kind zwei Elternpaare hat, § 1756 Abs. 1 BGB). Adoptiert ein Ehegatte das Kind seines Ehegatten, so erlöschen die Verwandtschaftsbeziehungen lediglich zu dem verstorbenen Elternteil, nicht aber zu dem noch lebenden Elternteil, der jetzt mit dem Annehmenden verheiratet ist, auch nicht zu den Verwandten des anderen Elternteils, wenn dieser die elterliche Sorge hatte und verstorben ist (§ 1756 Abs. 2 BGB). In einem solchen Fall kann das angenommene Kind sechs Großeltern mit gegenseitigen Unterhalts- und Erbansprüchen haben. Durch § 1925 Abs. 4 BGB ist festgelegt worden, dass die *leiblichen* Geschwister des angenommenen Kindes nicht mehr zu den Erben der zweiten Ordnung gehören. Sie können aber Erben der dritten Ordnung sein, wenn weder Erben der ersten Ordnung (Abkömmlinge) noch der zweiten Ordnung (Adoptiveltern und Adoptivgeschwister) vorhanden sind und die gemeinsamen Großeltern – oder einer von ihnen – (als Erben der dritten Ordnung) zur Zeit des Todes des angenommenen Kindes nicht mehr leben (vgl. § 1926 Abs. 3 BGB).

Zur Verdeutlichung mögen die nachstehenden Stammbäume dienen. In dem ersten Schema sind die Verwandtschafts- und Schwägerschaftsverhältnisse aus der Zeit *vor* der wirksamen Annahme als Kind aufgeführt, um den Anwendungsbereich des § 1756 BGB besser erkennbar zu machen.

Es bedeuten:

V = Verwandtschaft
S = Schwägerschaft
g = in gerader Linie
s = in der Seitenlinie

1,2,3 = Bezeichnung des Grades
GM = Großmutter
GV = Großvater

Fall des § 1756 Abs. 1 BGB

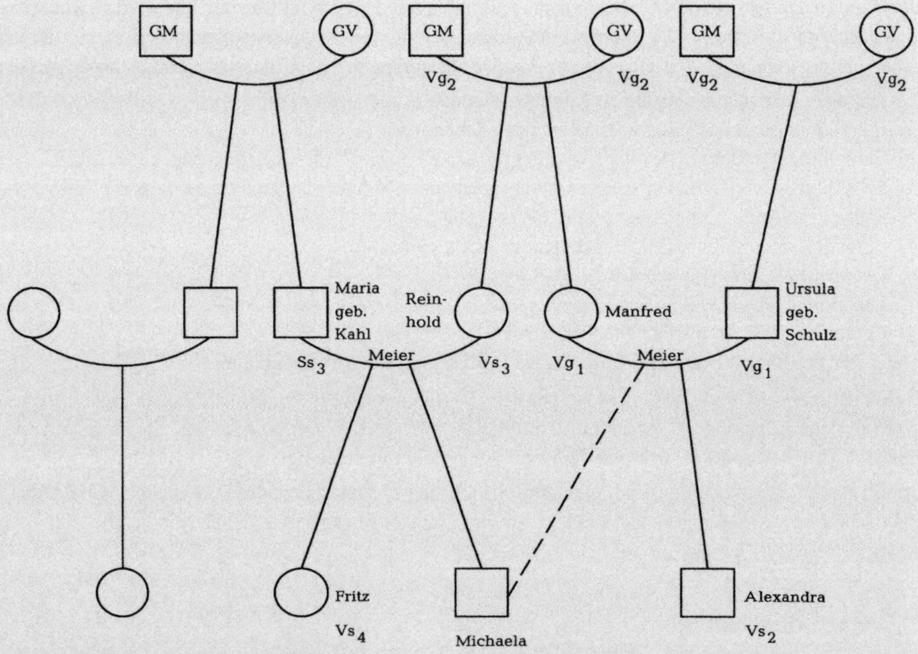

(*Leibliche* Eltern: Eheleute Manfred Meier;
*Adoptiv*eltern: Eheleute Reinhold Meier)
- Manfred und Reinhold Meier sind Brüder -

(ist von den Eheleuten Reinhold Meier als Kind angenommen worden)

Nach der Adoption sind in unserem Beispiel gesetzliche Erben

a) der **ersten** Ordnung
die eventuellen Abkömmlinge der angenommenen Michaela Meier,
b) der **zweiten** Ordnung
die (annehmenden) Eheleute Reinhold und Maria Meier, bei ihrem Vorversterben deren Sohn Fritz (der jetzige Bruder der Angenommenen),
c) der **dritten** Ordnung
die – sechs – Großeltern der Angenommenen, bei ihrem Vorversterben deren Abkömmlinge, zu denen auch die leibliche Schwester Alexandra der Angenommenen gehören kann.

Wenn der Ehemann das Kind seiner Ehefrau aus deren Ehe mit ihrem **verstorbenen** Ehemann annimmt, erlangt das Kind die rechtliche Stellung eines gemeinschaftlichen Kindes der jetzigen Eheleute. Das Verwandtschaftsverhältnis erlischt nur zu dem verstorbenen Vater des Kindes, nicht aber zu seiner Mutter und den Verwandten der leiblichen Elternteile. Dazu folgendes Schaubild:

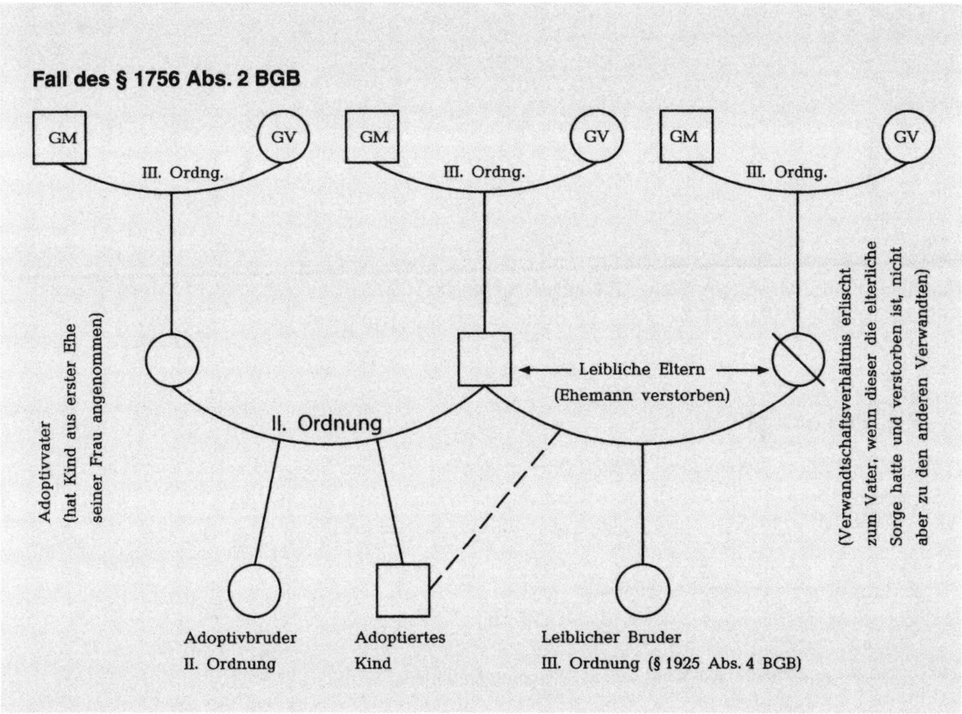

Anders ist es aber dann, wenn Kinder des Ehegatten aus einer früheren Ehe, die durch **Scheidung** aufgelöst worden ist, angenommen werden (vgl. hierzu § 1755 Abs. 2 BGB). Hier treten die Wirkungen der Volladoption (vgl. Rdn 665) ein.

Auch hierzu ein Schaubild:

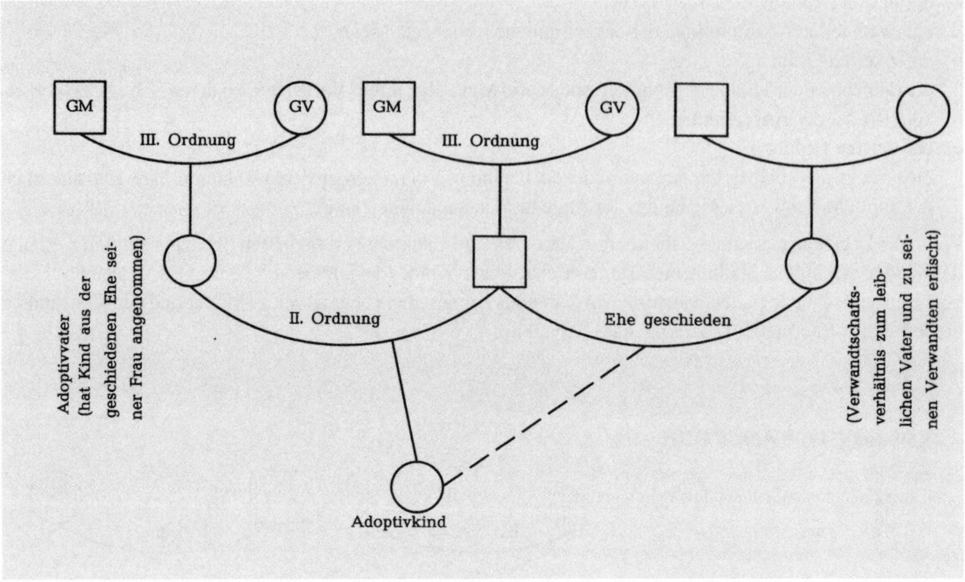

Bei dem im letzten Schaubild dargestellten Fall nimmt der Ehemann das Kind aus der geschiedenen (ersten) Ehe seiner Frau an. Dadurch erlangt das Kind die rechtliche Stellung eines Kindes der **jetzigen** Eheleute. Es tritt „Volladoption“ ein. Daher werden die Beziehungen zum leiblichen Vater und zu seinen Verwandten gelöst.

8. Volljährigenadoption

686 Bei der Volljährigenadoption, die auf Antrag des Annehmenden und des Anzunehmenden vom Familiengericht ausgesprochen wird (§ 1768 BGB), erstrecken sich die Wirkungen der Annahme nicht auf die Verwandten des Annehmenden (§ 1770 BGB). In den Fällen des § 1772 BGB, wenn also

- minderjährige Geschwister des Anzunehmenden vom Annehmenden als Kind vorher angenommen worden sind oder gleichzeitig angenommen werden
- oder der Anzunehmende bereits als Minderjähriger in die Familie des Annehmenden aufgenommen worden ist
- oder der Annehmende das Kind seines Ehegatten annimmt
- oder der Anzunehmende in dem Zeitpunkt, in dem der Antrag auf Annahme bei dem Familiengericht eingereicht wird, noch nicht volljährig ist,

kann das Familiengericht auf Antrag auch bei einer Volljährigenadoption eine Volladoption anordnen, sodass dann die Wirkungen die gleichen sind wie bei der Annahme eines Minderjährigen.

687

Muster 4.147: Annahme eines Volljährigen mit den Wirkungen der Minderjährigenadoption durch den Ehemann der Kindesmutter beim Vorhandensein gemeinschaftlicher Kinder des Annehmenden und seiner Ehefrau

4.147

(*Protokolleingang*)

… erschienen:

1. Herr …
2. Frau …
3. die Ehefrau des zu 1. erschienenen Herrn …,

sämtlich dem Notar von Person bekannt.

Die Erschienenen ersuchten, über den Antrag auf Annahme der zu 2. Erschienenen als Kind des zu 1. Erschienenen eine Niederschrift aufzunehmen; sie erklärten:

Zunächst erklärten die Erschienenen zu 1. und 3.:

Ich, der Erschienene zu 1., bin am … in … geboren (Geburtenregister-Nr. … des Standesamts …).

Ich, die Erschienene zu 3., bin am … in … geboren (Geburtenregister-Nr. … des Standesamts …).

Wir haben am … vor dem Standesbeamten des Standesamtes … die Ehe miteinander geschlossen (Eheregister-Nr. … des Standesamts …).

Aus unserer Ehe sind folgende Kinder hervorgegangen:

1. …
2. …

Ich, der Erschienene zu 1., habe keine weiteren Kinder.

Wir sind ausschließlich deutsche Staatsangehörige.

Die Erschienene zu 2. ist das Kind der Erschienenen zu 3. aus deren geschiedener Ehe mit ….

Sodann erklärte die Erschienene zu 2.:

Ich bin am … in … geboren (Geburtenregister-Nr. … des Standesamtes …).

Ich bin ledig, habe keine Kinder und besitze ausschließlich die deutsche Staatsangehörigkeit.

Nunmehr erklärten die Erschienenen zu 1. und 3.:

Die Erschienene zu 2. befand sich seit unserer Eheschließung im Jahre … bis zu ihrem Auszug im Jahre … in unserem Haushalt und wird seitdem wie ein eheliches Kind von uns beiden gehalten.

Auch unsere voraufgeführten gemeinschaftlichen Kinder betrachten die Erschienene zu 2. als ihre Schwester.

Dies vorausgeschickt, erklärten die Erschienenen zu 1. und 2.:

Wir beantragen:

1. die Annahme der Erschienenen zu 2. als Kind des Erschienenen zu 1. durch das Familiengericht auszusprechen,

2. beim Ausspruch der Annahme als Kind zu bestimmen, dass sich die Wirkungen der Annahme nach den Vorschriften über die Annahme eines Minderjährigen richten. Die Anzunehmende erhält als Geburtsnamen den Familiennamen des Erschienenen zu 1.

Hierzu erklären wir, dass

a) die Anzunehmende bereits als Minderjährige, nämlich etwa von ihrem zweiten Lebensjahr ab, in dem von uns seit dem Jahre gemeinsam geführten Haushalt gelebt hat, dort aufgewachsen ist, die gesamte Kindheit dort verbracht und bei uns bis zum Beginn ihres Studiums im Jahre gelebt hat,

b) der Annehmende das Kind seines Ehegatten annimmt (§ 1772 BGB).

Die Anzunehmende ist auch nach ihrem Auszug aus unserem Haushalt noch in häufigem Kontakt mit uns und besucht uns stetig.

Wir betrauen den amtierenden Notar, den Antrag auf Annahme als Kind, und zwar auch nach unserem Tod, beim zuständigen Familiengericht zu stellen und einzureichen.

Nunmehr erklärte die Erschienene zu 3.:

Ich willige als Ehefrau des zu 1. Erschienenen in die Annahme meines Kindes durch meinen Ehemann ein. Diese Einwilligungserklärung gebe ich dem zuständigen Familiengericht gegenüber ab. Mir ist bekannt gegeben, dass meine Einwilligungserklärung mit dem Zugang beim Familiengericht unwiderruflich wird.

Schließlich erklärten noch alle Erschienenen:

Der beantragten Annahme der Erschienenen zu 2. als Kind des Erschienenen zu 1. stehen keine – weder vermögensrechtlichen, erbrechtlichen noch sonstigen – überwiegenden Interessen der anderen Kinder der Erschienenen zu 1. und 3. im Sinne des § 1769 BGB entgegen. Hinsichtlich der Interessen der anderen Kinder der Erschienenen zu 1. und 3. bleibt zu berücksichtigen, dass die Erschienene zu 2. bereits seit ihrem zweiten Lebensjahr im Familienverband des Annehmenden ist und daher schon seit Anfang an faktisch ein Vater-Kind-Verhältnis und entsprechende Geschwisterverhältnisse bestehen. Vor diesem Hintergrund ist die Adoption trotz des Vorhandenseins von gemeinsamen Kindern der Erschienenen zu 1. und 3. zuzulassen.

Der Notar hat uns darüber belehrt, dass

- mit dem Ausspruch der Annahme die Erschienene zu 2. die rechtliche Stellung eines gemeinschaftlichen Kindes der Erschienenen zu 1. und 3. erlangt, was mit Rechten und Pflichten insbesondere im Unterhalts- und Erbrecht verbunden ist,
- das Verwandtschaftsverhältnis der Erschienenen zu 2. zu ihrem leiblichen Vater sowie dessen Verwandten nebst den sich daraus ergebenden Rechten und Pflichten erlischt.

Die mit dieser Urkunde jetzt und in der Folge verbundenen Kosten gehen zu Lasten der Erschienenen zu 1. und 3.

Hierbei waren miterschienen:

a) ,

b) ,

die Kinder der hier Erschienenen zu 1. und 3.

Sie wiesen sich aus durch und erklärten:

Wir sind mit der Adoption der Erschienenen zu 2. durch unseren Vater einverstanden.

(Protokollabschluss)

▲

9. Entscheidung über die Adoption

Über die Annahme als Kind entscheidet der **Richter durch Beschluss** (§ 14 Nr. 3 f. RpflG). Der Beschluss ist zu begründen. In ihm ist anzugeben, auf welche Gesetzesvorschriften sich die Annahme (§§ 1754 Abs. 1 und 2, 1755 Abs. 1 und 2 oder: 1756 Abs. 1 oder: 1756 Abs. 2 oder: 1767 oder: 1772 BGB, ggf. zusätzlich § 1757 Abs. 4 Nrn. 1 und 2 BGB, evtl. auch § 1747 Abs. 4 BGB) gründet (§ 197 Abs. 1 FamFG). Der Beschluss ist nicht anfechtbar und kann vom Gericht nicht geändert werden (§ 197 Abs. 3 FamFG). 688

10. Zusammenstellung der wesentlichen Wirkungen der Annahme als Kind

Die Adoption begründet ein rechtliches Eltern-Kind-Verhältnis. Daraus resultieren bei einem minderjährigen Kind Sorge- und Umgangsrechte, die auch im Falle der Trennung der Eltern grundsätzlich fortbestehen. 689

Überdies werden Unterhaltsansprüche sowie Erb- und Pflichtteilsansprüche begründet. Schließlich tritt grundsätzlich eine Änderung des Geburtsnamens ein, wobei insoweit bestehende Einschränkungen zu beachten siehe Rdn 667.

Denkbar ist, dass auf (künftige) Erb- und Pflichtteilsansprüche schon im Vorfeld der Adoption durch einen notariellen Erb- und Pflichtteilsverzicht verzichtet wird.

Das Annahmeverhältnis kann bei Minderjährigen nur in ganz besonderen Ausnahmefällen und auch nur dann aufgelöst werden, wenn die Auflösung im Einklang mit dem Wohl des Kindes steht (§§ 1759 ff. BGB), bei Volljährigen auf (gemeinsamen) Antrag des Annehmenden und des Angenommenen, wenn ein wichtiger Grund vorliegt oder notwendige Erklärungen gefehlt haben (§§ 1760, 1771 BGB).[123]

D. Aus dem Bereich des Ehegüterrechts, des Versorgungsausgleichs und der Eingetragenen Lebenspartnerschaft

I. Allgemeines

Im ehelichen Güterrecht unterscheidet man zwischen dem **gesetzlichen** Güterstand und den **vertraglichen** Güterständen. 690

Eheleute leben im gesetzlichen Güterstand, wenn sie keine ehevertraglichen Vereinbarungen treffen oder wenn ein vereinbarter Güterstand aufgehoben wird und ein anderer vertraglicher Güterstand nicht vereinbart wird (Ausnahme: bei Aufhebung der Gütergemeinschaft tritt Gütertrennung ein, §§ 1416, 1414 S. 2 BGB).

Vertraglicher Güterstand ist derjenige, den die Eheleute durch einen Ehevertrag vereinbaren.

Der heute geltende gesetzliche Güterstand der Zugewinngemeinschaft (vgl. hierzu Rdn 697 ff.) ist erst mit Inkrafttreten des Gleichberechtigungsgesetzes am 1.7.1958 in das BGB eingeführt worden. 691

In seiner ursprünglichen Fassung bestimmte das BGB als gesetzlichen Güterstand den Güterstand der Verwaltung und Nutznießung des Vermögens der Frau durch den Ehemann. Nach Inkrafttreten des Grundgesetzes war dieser Güterstand nicht mehr mit der Verfassung vereinbar: Er verstieß gegen Art. 3 Abs. 2 GG, wonach Mann und Frau gleichberechtigt sind. Darüber hinaus ordnete das GG ausdrücklich an, dass mit Ablauf des 31.3.1953 alle Vorschriften außer Kraft traten, die dem Grundsatz der Gleichberechtigung von Mann und Frau widersprachen. Am 1.4.1953 war damit der bis dahin geltende Güterstand der Verwaltung und Nutznießung des Vermögens der Frau durch den Mann außer Kraft getreten. Von diesem Zeitpunkt an galt – bis zum Inkrafttreten des Gleichberechtigungsgesetzes am 1.7.1958 – der Güterstand der Gütertrennung als gesetzlicher Güterstand.

123 Zu den familien- und erbrechtlichen Wirkungen der Adoption – auch nach altem Recht – siehe auch *Grauel*, ZNotP 2001, 185 und *Grauel*, ZFE 2002, 81 ff.

Übersicht

a) vom 1.1.1900–31.3.1953:
Gesetzlicher Güterstand der Verwaltung und Nutznießung des Vermögens der Frau durch den Mann.

b) vom 1.4.1953–30.6.1958:
Gesetzlicher Güterstand = Gütertrennung.

c) vom 1.7.1958–heute:
Gesetzlicher Güterstand der Zugewinngemeinschaft.

692 Der Güterstand der Zugewinngemeinschaft gilt für alle Ehen, die seit dem 1.7.1958 geschlossen worden sind. Aber auch die Ehen, die vor dem 1.7.1958 geschlossen worden sind und in denen der gesetzliche Güterstand galt, wurden durch das Gleichberechtigungsgesetz in den neuen gesetzlichen Güterstand übergeleitet.

Vertraglich vereinbarte Güterstände wurden jedoch nicht in den Güterstand der Zugewinngemeinschaft übergeleitet. Daneben räumte das Gleichberechtigungsgesetz den Eheleuten, die am 30.6.1958 im gesetzlichen Güterstand – d.h. Gütertrennung lebten – das Recht ein, einseitig, also ohne Mitwirkung des anderen Ehegatten, zu erklären, dass weiterhin Gütertrennung gelten sollte. Diese Erklärung bedurfte der notariellen Beurkundung.

Als Regel kann man sich also merken:

Eheleute leben heute ohne Rücksicht auf das Datum der Eheschließung im gesetzlichen Güterstand der Zugewinngemeinschaft, wenn sie nicht durch Ehevertrag etwas anderes vereinbart haben.

1. Staatsangehörigkeit und Güterstand

693 Haben nicht beide Ehegatten die deutsche Staatsangehörigkeit, sondern ist nur einer der Ehegatten Deutscher oder sind sogar beide Ehegatten Ausländer, so stellt sich die Frage, welche Rechtsordnung für die ehegüterrechtlichen Beziehungen maßgeblich ist.

Es ist zu unterscheiden:

Für Ehen, die vor dem 29.1.2019 geschlossen worden sind, gilt weiterhin Art. 15 Abs. 1 des Einführungsgesetzes zum Bürgerlichen Gesetzbuch.[124] Danach unterliegen die güterrechtlichen Wirkungen der Ehe dem bei der Eheschließung für die allgemeinen Wirkungen der Ehe maßgebenden Recht. Diese wiederum werden bestimmt durch Art. 14 Abs. 1 EGBGB: der Reihe nach ist das Recht desjenigen Staates berufen

- dem beide Ehegatten angehören oder während der Ehe zuletzt angehörten, wenn einer von ihnen diesem Staat noch angehört, sonst
- in dem beide Ehegatten ihren gewöhnlichen Aufenthalt haben oder während der Ehe zuletzt hatten, wenn einer von ihnen dort noch seinen gewöhnlichen Aufenthalt hat, hilfsweise
- mit dem die Ehegatten auf andere Weise gemeinsam am engsten verbunden sind.

(Hierzu näher die Ausführungen siehe Rdn 38 ff., 1740 ff.).

Für die nach dem 29.1.2019 geschlossenen Ehen gilt nach der EU-Ehegüterrechtsverordnung (EUGüVO) folgende abweichende Anknüpfung.

Nach Art. 26 Abs. 1 lit. a EUGüVO unterliegt der eheliche Güterstand nicht mehr vorrangig dem gemeinsamen Heimatrecht der Ehegatten, sondern dem Recht des Staates, in dem die Ehegatten nach der Eheschließung ihren ersten gemeinsamen gewöhnlichen Aufenthalt haben. Fehlt es an einem solchen gemeinsamen Aufenthalt, so wird hilfsweise an die gemeinsame Staatsangehörigkeit angeknüpft (Art. 26 Abs. 1 lit. b). Fehlt auch diese, kommt es auf die gemeinsame engste Verbindung an (Art. 26 Abs. 1 lit. c EUGüVO).

Die EuGüVO lässt weitgehende Rechtswahlmöglichkeiten zu (Art. 22 EUGüVO). Vgl. auch Rdn 1736 ff.

124 Neugefasst durch das Gesetz zur Neuregelung des Internationalen Privatrechts vom 25.7.1986, BGBl I, S. 1142.

2. Begriff, Zulässigkeit und Inhalt eines Ehevertrages

Unter einem Ehevertrag versteht das Gesetz (§ 1408 Abs. 1 BGB) die vertragliche Regelung der güterrechtlichen Verhältnisse zwischen Ehegatten. Eheverträge können bereits vor der Ehe zwischen den Verlobten und während der Ehe jederzeit geschlossen werden. 694

Als Inhalt eines Ehevertrages kann vereinbart werden:

a) An die Stelle des gesetzlichen Güterstandes soll Gütertrennung (vgl. Rdn 737) oder Gütergemeinschaft (vgl. Rdn 740 ff.) treten; der gesetzliche Güterstand wird hier durch einen vom Gesetz bereits geregelten Wahl-Güterstand ersetzt.
b) Die Ehegatten treffen innerhalb eines bestimmten Güterstandes eine vom gesetzlichen Modell abweichende Vereinbarung, die ihren persönlichen Zwecken am besten entspricht (**spezieller Ehevertrag**). Derartige vertragliche Abweichungen von den gesetzlich beschränkten Güterstands-Typen sind allerdings nur insoweit zulässig, als nicht gegen zwingende gesetzliche Bestimmungen verstoßen wird.

Der Umstand, dass das Gesetz als „Ehevertrag" die vertragliche Regelung der güterrechtlichen Verhältnisse bezeichnet, bedeutet nicht, dass Gegenstand eines Ehevertrages nur Vereinbarungen über den Güterstand sein können. In der notariellen Praxis enthält ein Ehevertrag häufig auch andere ehebezogene Regelungen, insbesondere zum Versorgungsausgleich und zum Unterhalt. Man spricht dann auch von einem Ehevertrag im erweiterten Sinn, im Unterschied zum Ehevertrag im engeren Sinn, der sich auf güterrechtliche Vereinbarungen beschränkt.

3. Form des Ehevertrages

Der **Ehevertrag** muss bei gleichzeitiger Anwesenheit der Eheleute vor einem Notar geschlossen werden (§ 1410 BGB). 695

Gleichzeitige Anwesenheit bedeutet nicht auch **persönliche** Anwesenheit beim Abschluss des Vertrages. Vertretung ist also zulässig, in der Praxis allerdings unüblich und nicht zu empfehlen. Wird der Vertrag nicht notariell beurkundet, so ist er unwirksam. Die Aufhebung oder Änderung eines Ehevertrages bedarf ebenfalls der notariellen Beurkundung.

Beschränkt Geschäftsfähige (§ 106 BGB) können einen Ehevertrag nur mit Zustimmung des gesetzlichen Vertreters schließen. Dagegen kann der gesetzliche Vertreter nicht selbst für einen beschränkt Geschäftsfähigen einen Ehevertrag schließen.

Für einen Geschäftsunfähigen (§ 104 BGB) wird der Ehevertrag durch den gesetzlichen Vertreter geschlossen. Gütergemeinschaft kann hierbei weder vereinbart noch – eine bestehende Gütergemeinschaft – aufgehoben werden (§ 1411 Abs. 2 S. 1 BGB).

4. Gerichtliche Kontrolle von Eheverträgen

Eheverträge bedürfen nicht der gerichtlichen Genehmigung. Sie unterliegen jedoch zur Vermeidung sittenwidriger und gegen Treu und Glauben verstoßender Ergebnisse der gerichtlichen Inhaltskontrolle nach den von der Rechtsprechung des BGH hierzu entwickelten Grundsätzen. Näheres hierzu siehe unter Rdn 807 f., 828 und 828 f. 696

II. Gesetzlicher Güterstand der Zugewinngemeinschaft

Der gesetzliche Güterstand der Zugewinngemeinschaft wird durch drei Merkmale geprägt: 697

- grundsätzlich **Gütertrennung**,
- in bestimmtem Umfang **Verfügungsbeschränkungen** der Ehegatten,
- Ausgleich des **Zugewinns**.

Die Vermögen der Ehegatten, seien sie vor oder während der Ehe erworben, bleiben getrennt, sodass an sich Gütertrennung herrscht. Die Bezeichnung „Zugewinngemeinschaft" ist also eher irreführend. Es entsteht kein „gemeinschaftliches" Eigentum am „Zugewinn". Aus der prinzipiellen Gütertrennung folgt ferner, dass ein Ehegatte nicht für die Schulden des anderen mithaftet. Jeder haftet für seine Schulden allein mit seinem Vermögen. Der Ehegatte wird am Vermögen des anderen weder bei Beginn noch während des Güterstandes oder nach seiner Beendigung dinglich beteiligt.

698 Jeder der Ehegatten verwaltet sein Vermögen **selbstständig** (§ 1364 BGB). Dieser Grundsatz wird allerdings durch die §§ 1365 ff. BGB eingeschränkt:

- Jeder Ehegatte kann sich nur mit Einwilligung des anderen verpflichten, über sein Vermögen im Ganzen zu verfügen (§ 1365 Abs. 1 BGB). Mit Hilfe dieser Bestimmung soll der Familie die wirtschaftliche Grundlage erhalten bleiben.
- Jeder Ehegatte kann über ihm gehörende Gegenstände des ehelichen Haushalts nur verfügen und sich dazu nur verpflichten, wenn der andere Ehegatte einwilligt (§ 1369 BGB).

1. Verfügungsbeschränkungen im Einzelnen

699 In der notariellen Praxis ist die Verfügungsbeschränkung aus § 1365 BGB besonders wichtig. Danach kann sich, wie bereits erwähnt, ein Ehegatte nur mit **Einwilligung** des anderen verpflichten, über sein Vermögen im Ganzen zu verfügen.

Beispiel

Der Ehemann E ist Eigentümer zweier Grundstücke, die sein gesamtes Vermögen darstellen. Ohne Wissen seiner Frau verkauft er sie an K und lässt sie ihm auf. K wird als Eigentümer in das Grundbuch eingetragen. Die Ehefrau des E erfährt hiervon und erklärt, sie sei mit dem Verkauf nicht einverstanden. K wusste, dass die beiden Grundstücke die einzigen nennenswerten Vermögensgegenstände des E waren.

700 Ein wirksamer Eigentumserwerb des K scheitert hier an § 1365 BGB. Ein Ehegatte kann sich nur mit Einwilligung des anderen verpflichten, über sein Vermögen im Ganzen zu verfügen. E hat ohne Einwilligung seiner Frau die Grundstücke verkauft und aufgelassen. Der Verkauf und die Übereignung sind unwirksam, da die Ehefrau ihre Einwilligung nicht erteilt und das Rechtsgeschäft auch nicht genehmigt hat, was möglich ist (§ 1366 BGB). Keine Rolle spielt dabei, dass E den Kaufpreis erhalten hat und das Geschäft vielleicht sogar für ihn wirtschaftlich vorteilhaft war. Nach herrschender Meinung ist jedoch erforderlich, dass K auch die Umstände kannte, aus denen sich ergab, dass E über sein Vermögen im Ganzen verfügte.

Ein zustimmungsbedürftiges Geschäft liegt bereits dann vor, wenn sich ein Ehegatte verpflichtet, über einen einzelnen Gegenstand – z.B. ein Grundstück –, zu verfügen, der sein gesamtes Vermögen ausmacht. Es genügt, wenn der Gegenstand über den verfügt werden soll, **im Wesentlichen** das gesamte Vermögen darstellt.

701 Schwierigkeiten bereitet häufig die Feststellung, ob ein bestimmter Gegenstand bereits im Wesentlichen das Vermögen ausmacht. Die Fälle, dass ein Ehegatte über sein Vermögen im Ganzen verfügt, sind in der Praxis recht selten. Weit häufiger kommt es vor, dass ein Ehegatte über ein Grundstück verfügt, welches nahezu sein ganzes Vermögen darstellt. Auch hier ist die Verfügungsbeschränkung des § 1365 BGB zu beachten. Problematisch ist dann immer die Feststellung, ob es sich bei dem Gegenstand, über den verfügt wird, nahezu um das ganze Vermögen des Ehegatten handelt. Genaue Prozentzahlen oder Wertverhältnisse lassen sich als Regel kaum feststellen. Als Faustregel für die Praxis wird man sagen können, dass eine Verfügung über das Vermögen im Ganzen noch nicht vorliegt, wenn der verfügende Ehegatte Eigentümer mehrerer Grundstücke ist und lediglich eines verkauft. Bei der Abwägung, ob ein veräußerter Gegenstand im Wesentlichen das gesamte Vermögen des verfügenden Ehegatten darstellt, ist der Wert nicht nur der ihm verbleibenden Vermögensstücke, sondern auch der Wert des veräußerten Gegenstandes um die darauf ruhenden dinglichen Belastungen zu mindern. Nach der Rechtsprechung des Bundesgerichtshofs ist der Tatbestand des § 1365 BGB grundsätzlich nicht erfüllt, wenn dem verfügenden Ehegatten bei einem größeren Vermögen (das sind solche ab 250.000 EUR) Werte von 10 % und bei einem kleinen Vermögen Werte von 15 % seines ursprünglichen Gesamtvermögens verbleiben.[125] Keinesfalls greift § 1365 BGB bei einem verbleibenden Vermögen von 30 % ein.[126] Das Grundbuchamt darf die Verfügungsbefug-

125 BGH NJW 1991, 1739.
126 BGH NJW 1980, 2350.

nis des ohne Zustimmung seines Ehegatten verfügenden Grundstückseigentümers nur anzweifeln, wenn konkrete Anhaltspunkte für das Vorliegen sowohl der objektiven als auch der subjektiven Voraussetzungen des § 1365 BGB bestehen.[127]

Den Notar trifft nach § 17 BeurkG eine Prüfungs- und Belehrungspflicht, und er muss somit auch über die Bedeutung des § 1365 BGB belehren. Andererseits ist der Notar nicht verpflichtet, genau zu ermitteln, ob das zu verkaufende Grundstück das ganze oder so gut wie das ganze Vermögen des Verkäufers ausmacht. In der Praxis behilft man sich damit, dass man einen allein verfügenden Ehegatten versichern lässt, dass es sich bei dem Grundstück, welches verkauft wird, nicht um sein ganzes oder nahezu ganzes Vermögen handelt. Hierdurch wird ein gewisser Schutz des Vertragsgegners erreicht, denn nur wenn dieser weiß, dass es sich um nahezu das ganze Vermögen des Ehegatten handelt, kommt § 1365 BGB zum Zuge. In Zweifelsfällen sollte vorsorglich die Zustimmung des Ehegatten des Veräußerers eingeholt werden. 702

Bei Belastungen eines Grundstücks mit Grundpfandrechten ist § 1365 BGB ebenfalls zu beachten. Seine Anwendung kommt jedoch nur dann in Betracht, wenn an einem Grundstück, das das wesentliche Vermögen des Ehegatten bildet, Grundpfandrechte bestellt werden sollen, die den Verkehrswert dieses Grundstücks ganz oder nahezu vollständig ausschöpfen, und dem Gläubiger diese Umstände bekannt sind. Da nach einer Entscheidung des BGH hierbei nicht nur der Nennbetrag einer bestellten Grundschuld, sondern auch die oft sehr hohen Grundschuldzinsen einzubeziehen sind, und zwar regelmäßig mit ihrem zweieinhalbfachen Jahresbetrag,[128] kann eine derartige Wertausschöpfung durchaus häufiger vorkommen. 703

> *Beispiel*
>
> Ein Hausgrundstück im Verkehrswert von 300.000 EUR wird mit einer Grundschuld in Höhe von 200.000 EUR nebst 18 % Jahreszinsen belastet. Im Rahmen des § 1365 BGB beträgt die Belastung damit: 200.000 + 90.000 (= 2,5 × 36.000 Zinsen) = 290.000 EUR.

2. Zugewinn

Wesentliches Kennzeichen des gesetzlichen Güterstandes ist der **Ausgleich** des Zugewinns. Die Zugewinngemeinschaft wird erst dann bedeutsam, wenn der von einem Ehegatten während der Ehe erzielte Zugewinn ausgeglichen werden muss. 704

Das Gesetz sieht zur Durchführung des Zugewinns zwei voneinander getrennte Lösungen vor:

- die güterrechtliche Lösung (§§ 1372 ff. BGB),
- die erbrechtliche Lösung (§ 1371 Abs. 1 BGB).

Die güterrechtliche Lösung gilt immer dann, wenn der Zugewinn zu **Lebzeiten** der Ehegatten ausgeglichen wird.

Die erbrechtliche Lösung kommt dann grundsätzlich zum Zuge, wenn die Ehe durch den **Tod** eines Ehegatten aufgelöst wird. Aber auch bei Auflösung der Ehe durch den Tod wird der Zugewinnausgleich nach der güterrechtlichen Lösung durchgeführt, sofern der überlebende Ehegatte nicht Erbe nach dem Verstorbenen wird und ihm auch kein Vermächtnis zugewandt wurde (§ 1371 Abs. 2 BGB).

3. Ausgleich des Zugewinns zu Lebzeiten beider Ehegatten

a) Allgemeines

Wird der Güterstand der Zugewinngemeinschaft zu Lebzeiten beider Ehegatten beendet, so ist zu prüfen, welchen Zugewinn jeder Ehegatte in der Ehe erzielt hat. Die Zugewinngemeinschaft endet zu Lebzeiten der Ehegatten: 705

- wenn die Ehegatten einen anderen Güterstand vereinbaren,
- wenn die Ehe geschieden oder aufgehoben wird,
- wenn durch Gerichtsurteil die Zugewinngemeinschaft vorzeitig aufgehoben wird.

127 BGH BeckRS 2013, 06773.
128 BGH MittBayNot 2012, 222 m. Anm. *Gladenbeck*.

Übersteigt der Zugewinn des einen Ehegatten den des anderen, so steht die Hälfte des Überschusses dem anderen Ehegatten als Ausgleichsforderung zu (§ 1378 Abs. 1 BGB).

Der Überschuss wird dadurch ausgeglichen, dass der Ehegatte, der den geringeren oder keinen Zugewinn erzielt hat, gegenüber dem anderen eine **Geldforderung** erhält. Der ausgleichsberechtigte Ehegatte wird also am Vermögen des anderen **dinglich nicht** beteiligt.

Beispiel

	Mann	Frau
Zugewinn	20.000 EUR	10.000 EUR
Anspruchsberechtigt:	Frau (da Zugewinn des Mannes höher)	

Ausgleichsforderung (nach § 1378 Abs. 1 BGB):

½ (20.000 EUR – 10.000 EUR) = 5.000 EUR (Hälfte von 10.000 EUR)

Zugewinn ist der Betrag, um den das Endvermögen eines Ehegatten sein Anfangsvermögen übersteigt (§ 1373 BGB).

Anfangsvermögen ist das Vermögen, das einem Ehegatten nach Abzug der Verbindlichkeiten beim Eintritt des Güterstandes gehört (§ 1374 BGB). **Endvermögen** ist dasjenige, was ein Ehegatte nach Abzug der Verbindlichkeiten beim Ende des Güterstandes besitzt (§ 1375 BGB).

706 *Beispiel*

	Mann	Frau
Vermögen bei Beginn des Güterstandes (in der Regel also im Zeitpunkt der Eheschließung):	10.000 EUR	20.000 EUR
Verbindlichkeiten in diesem Zeitpunkt:	2.000 EUR	0 EUR
Anfangsvermögen:	**8.000 EUR**	**20.000 EUR**
Vermögen bei Ende des Güterstandes:	45.000 EUR	32.000 EUR
Verbindlichkeiten in diesem Zeitpunkt:	1.000 EUR	2.000 EUR
Endvermögen:	44.000 EUR	30.000 EUR
– Anfangsvermögen:	8.000 EUR	20.000 EUR
Zugewinn:	**36.000 EUR**	**10.000 EUR**

Der Zugewinn des Mannes übersteigt den Zugewinn der Frau um 26.000 EUR. Der Frau steht also gegen den Mann eine Ausgleichsforderung in Höhe der Hälfte davon (= 13.000 EUR) zu.

707 Das Anfangsvermögen kann **negativ** sein und ist dann kraft Gesetzes als solches zu berücksichtigen (§ 1374 Abs. 3 BGB).

Beispiel

Der Ehemann hat bei Eheschließung Verbindlichkeiten in Höhe von 100.000 EUR, die er während der Ehe vollständig tilgt. Bei Beendigung des Güterstands verfügt er über ein Aktivvermögen von 100.000 EUR. Die Ehefrau hat bei Eingehung der Ehe weder Vermögen noch Schulden (Anfangsvermögen also 0 EUR). Ihr Endvermögen beträgt 100.000 EUR. Der Zugewinn des Ehemanns beträgt nach neuem Recht somit 200.000 EUR, derjenige der Ehefrau 100.000 EUR, sodass der Ehemann 50.000 EUR (100.000 EUR : 2) als Zugewinnausgleich zu zahlen hat.

708 Der ausgleichspflichtige Ehegatte soll jedoch nach dem Willen des Gesetzgebers höchstens so viel als Zugewinn zahlen müssen, wie er bei Beendigung des Güterstandes überhaupt an Vermögen hat. Daher sieht § 1378 Abs. 2 S. 1 BGB eine entsprechende Kappungsgrenze vor und bestimmt: Die **Höhe** der Ausgleichsforderung wird durch den Wert des Vermögens **begrenzt**, das nach Abzug der Verbindlichkeiten bei Beendigung des Güterstandes vorhanden ist. Das wirkt sich vor allem dann aus, wenn der Zugewinn eines Ehegatten im Wesentlichen darauf beruht, dass er bei der Eheschließung bereits vorhandene Schulden getilgt hat.

Beispiel

Der Ehemann hat bei Eheschließung Verbindlichkeiten in Höhe von 100.000 EUR, die er während der Ehe vollständig tilgt. Bei Beendigung des Güterstands verfügt er über ein Aktivvermögen von 20.000 EUR. Die Ehefrau hat bei Eingehung der Ehe keine Schulden und ein Vermögen von 10.000 EUR. Ihr Endvermögen beläuft sich auf 30.000 EUR. Der Zugewinn des Ehemanns beträgt somit 120.000 EUR, derjenige der Ehefrau 20.000 EUR. Daher müsste der Ehemann rechnerisch an seine Ehefrau als Zugewinnausgleich eigentlich einen Betrag von 50.000 EUR zahlen (120.000 – 20.000 : 2). Da sein Vermögen jedoch nur 20.000 EUR beträgt, beschränkt sich seine Ausgleichspflicht nach § 1378 Abs. 2 S. 1 BGB auf diesen Betrag. Er muss daher nur 20.000 EUR als Zugewinn zahlen.

Die Kappungsgrenze gilt allerdings nicht, wenn der ausgleichspflichtige Ehegatte unlautere Vermögenstransaktionen nach § 1375 Abs. 2 BGB vorgenommen hat, z.B. Schenkungen an Dritte oder Vermögensverschiebungen in der Absicht, seinen Ehegatten zu benachteiligen (§ 1378 Abs. 2 S. 2). In einem solchen Fall muss er, um die Zugewinnausgleichsforderung zu erfüllen, nicht nur sein gesamtes Aktivvermögen einsetzen, sondern sich auch verschulden; er wird dann so behandelt, als hätte er das illoyal weggegebene Vermögen noch.[129]

b) Ausgleich des Zugewinns bei Schenkungen und Erbschaften

Vermögen, das ein Ehegatte von Todes wegen (**Erbschaft**) oder mit Rücksicht auf ein künftiges Erbrecht durch **Schenkung** oder als Ausstattung erwirbt, unterliegt **nicht dem Zugewinnausgleich**. Der Beschenkte oder Erbe soll die Zuwendung in voller Höhe behalten dürfen. Ein derartiger Vermögenserwerb wird daher dem Anfangsvermögen hinzugerechnet (§ 1374 Abs. 2 BGB). Zugewinn ist jedoch die etwaige Wertsteigerung dieses Vermögens (vgl. Rdn 720). 709

Beispiel

	Mann	Frau
Vermögen bei Beginn des Güterstandes	10.000 EUR	20.000 EUR
Verbindlichkeiten in diesem Zeitpunkt:	2.000 EUR	1.000 EUR
Anfangsvermögen (§ 1374 Abs. 1 BGB):	8.000 EUR	19.000 EUR
Erbschaft während des Bestehens der Zugewinngemeinschaft:	50.000 EUR	0 EUR
Schenkung während des Bestehens der Zugewinngemeinschaft	0 EUR	10.000 EUR
Anfangsvermögen (nach § 1374 Abs. 1 und 2 BGB):	58.000 EUR	29.000 EUR
Vermögen bei Ende des Güterstandes:	70.000 EUR	34.000 EUR
Verbindlichkeiten in diesem Zeitpunkt:	8.000 EUR	4.000 EUR
Endvermögen:	62.000 EUR	30.000 EUR
– Anfangsvermögen:	58.000 EUR	29.000 EUR
Zugewinn:	**4.000 EUR**	**1.000 EUR**

Der Frau steht hiernach gegen den Mann eine Ausgleichsforderung von 1.500 EUR zu (4.000 EUR – 1.000 EUR : 2). Der „Zugewinn" des Mannes durch Erbschaft und der „Zugewinn" der Frau durch Schenkung beeinflussen demnach nicht die Höhe des Zugewinns i.S.d. § 1373 BGB. Würden die Schenkung und die Erbschaft nicht zum Anfangsvermögen hinzugerechnet, sondern als „Zugewinn" lediglich im Endvermögen berücksichtigt, so betrüge das Anfangsvermögen des Mannes 8.000 EUR, sein Endvermögen 62.000 EUR (bei der Frau: 19.000 EUR Anfangsvermögen und 30.000 EUR Endvermögen), sodass der Ehemann an die Ehefrau als Zugewinnausgleich [(54.000 EUR – 11.000 EUR) : 2] = 21.500 EUR zahlen müsste, d.h., die Erbschaft würde ihm nicht in vollem Umfang verbleiben. Die Regelung in § 1374 BGB führt demgegenüber dazu, dass ein Ehegatte die während des Bestehens des Güterstandes gemachte Erbschaft (Schenkung, Ausstattung) in vollem Umfang behalten kann.

129 MüKo-BGB/*Koch*, § 1378 Rn 8.

c) Ausgleich des Zugewinns bei Vermögensminderungen während des Bestehens des Güterstandes

710 Um den ausgleichsberechtigten Ehegatten davor zu schützen, dass der andere durch Schenkungen, durch Verschwendung oder sonstige Vermögensverschiebungen die Ausgleichsforderung vermindert oder gar vereitelt, wird das Endvermögen erhöht um:

- unentgeltliche Zuwendungen, sofern sie nicht einer sittlichen Pflicht oder dem Anstand genügen,
- verschwendetes Vermögen,
- Vermögensverschiebungen in der Absicht, den anderen Ehegatten zu benachteiligen (§ 1375 BGB).

Das Endvermögen wird in diesen Fällen nicht erhöht, wenn die Vermögensminderung mindestens zehn Jahre vor Beendigung des Güterstandes eingetreten ist oder wenn der andere Ehegatte mit ihr einverstanden war.

Dem Schutz des ausgleichsberechtigten Ehegatten vor Vermögensmanipulationen dient auch § 1384 BGB. Danach tritt im Scheidungsfall für die Berechnung des Zugewinns und für die Höhe der Ausgleichsforderung an die Stelle der Beendigung des Güterstands der Zeitpunkt der Rechtshängigkeit des Scheidungsantrags. Vermögensänderungen nach Zustellung des Scheidungsantrags können die Höhe des Ausgleichsanspruchs nicht mehr beeinflussen.

711 **Schenkungen unter Ehegatten und unbenannte ehebedingte Zuwendung**

Zuwendungen unter Ehegatten können:

- Schenkungen oder
- sog. unbenannte ehebedingte Zuwendungen sein.

712 1. Eine echte Schenkung liegt vor, wenn der erworbene Vermögenswert aus dem Vermögen des Zuwendenden kommt und beide Teile darüber einig sind, dass die Zuwendung unentgeltlich zum Zwecke der Bereicherung des Zuwendungsempfängers erfolgt.

Der Vertrag, der das Schenkungsversprechen enthält, bedarf der notariellen Beurkundung und wird als „**Schenkungsvertrag**“ ausdrücklich bezeichnet. In der notariellen Praxis findet sich häufig auch die Bezeichnung „Übertragungsvertrag“, „Überlassungsvertrag“, im landwirtschaftlichen Bereich auch „Übergabevertrag“.

Derartige Schenkungen sind auch unter Eheleuten zulässig.

Nicht jede Zuwendung, die ein Ehegatte dem anderen macht, ohne eine ausdrückliche Gegenleistung zu fordern, ist jedoch eine „Schenkung“. Vielmehr dürfte in der überwiegenden Zahl derartiger Zuwendungen unter Ehegatten die Vorstellung oder Erwartung des Zuwendenden zugrunde liegen, dass die eheliche Lebensgemeinschaft Bestand haben werde, oder dass die Zuwendung sonst „um der Ehe willen“ und als Beitrag zur Verwirklichung oder Ausgestaltung, Erhaltung oder Sicherung der ehelichen Lebensgemeinschaft erbracht wird und hierin ihre Grundlage hat. In derartigen Fällen spricht man von so genannten ehebedingten unbenannten Zuwendungen.

713 2. In der Praxis kommen vor allem folgende **Fallgruppen** der **ehebedingten unbenannten Zuwendung** vor:

- Eheleute erwerben Grundbesitz zu hälftigem Miteigentum mit Mitteln, die ganz oder überwiegend aus dem Vermögen nur eines Ehegatten stammen,
- ein Ehegatte überträgt einen hälftigen Miteigentumsanteil eines Grundstücks, das er vor oder nach der Eheschließung insbesondere durch Erbschaft oder in Vorwegnahme der Erbfolge erworben hatte, auf seinen Ehepartner,
- ein Ehegatte erwirbt Grundbesitz zu Alleineigentum mit Mitteln, die ihm von dem anderen Ehegatten zur Verfügung gestellt worden sind.

Der Erwerb zu hälftigem Miteigentum beruht regelmäßig auf der Vorstellung der Eheleute, es sei üblich und richtig, dass insbesondere das von den Eheleuten bewohnte Familienheim auch beiden gemeinsam gehören soll. Der Erwerb zu Alleineigentum kann dagegen z.B. haftungsrechtliche oder steuerrechtliche Gründe haben (der Grundbesitz soll nicht Haftungsobjekt sein oder nicht zum Betriebsvermögen gehören).

714 3. Die Unterscheidung zwischen Schenkung und unbenannter Zuwendung ist für das zivilrechtliche Verhältnis der Ehegatten von erheblicher **Bedeutung**. Das gilt etwa für die Frage, ob und wie eine Zuwendung bei Scheitern der Ehe **zurückzugewähren** ist.

a) Liegt keine Schenkung, sondern eine unbenannte Zuwendung vor, kann der Zuwendende nicht nach § 530 BGB wegen groben Undanks die Rückgewähr der Zuwendung, also z.B. die Rückübereignung des übertragenen ½ Miteigentumsanteils verlangen.
b) Auch aus dem Gesichtspunkt des Wegfalls der Geschäftsgrundlage bei Scheitern der Ehe ist eine Rückforderung nahezu ausgeschlossen. Das gilt jedenfalls bei Ehen im gesetzlichen Güterstand, da die Regeln über den Zugewinnausgleich als speziellere Vorschriften vorgehen. Nur in extremen Ausnahmefällen, wenn der Verbleib der Zuwendung beim Zuwendungsempfänger schlechthin unangemessen und unzumutbar wäre, kommt im Güterstand der Zugewinngemeinschaft eine Verpflichtung zur Rückgewähr in Betracht.[130]
Leben die Ehegatten im Güterstand der Gütertrennung, so scheitert eine Rückforderung wegen Wegfalls der Geschäftsgrundlage zwar nicht an der Vorrangigkeit der Regeln über den Zugewinnausgleich. Die Rechtsprechung lässt jedoch auch hier eine Rückforderung nur unter besonderen Voraussetzungen zu und räumt dem Ausgleich in Geld den Vorzug ein.[131]
c) Dies zeigt, wie wichtig es ist, in Übertragungsverträgen unter Ehegatten die Frage einer Rückforderung zu regeln.

▼

Muster 4.148: Rückübereignung im Fall der Scheidung

Der Ehemann ist berechtigt, von seiner Ehefrau im Falle der Scheidung die Rückübereignung des ihr in der heutigen Urkunde übertragenen ½ Miteigentumsanteils zu verlangen. 4.148

Übt er dieses Recht aus, so hat er zur vollständigen Entlastung seiner Ehefrau diejenigen Verbindlichkeiten zur Alleinschuld zu übernehmen, die durch seiner nachstehend bewilligten Auflassungsvormerkung im Range vorgehenden Grundpfandrechte gesichert werden.

Die mit der Rückübertragung verbundenen Kosten und Steuern hat der Ehemann zu tragen. Weitere Gegenleistungen für die Rückübertragung hat er nicht zu erbringen.

Zug um Zug mit der Rückübertragung findet sodann auf der Grundlage der nach der Rückforderung bestehenden Vermögenslage der gesetzliche Zugewinnausgleich statt.

Zur Sicherung des Rückübereignungsanspruchs des Ehemannes bewilligen und beantragen die Vertragsbeteiligten die Eintragung einer Auflassungsvormerkung für den Ehemann auf dem eingangs dieser Urkunde genannten Grundbesitz.

▲

▼ 715

Muster 4.149: Ausschluss der Rückforderung im Fall der Scheidung

Eine Rückforderung der in dieser Urkunde erfolgten Zuwendung wird ausgeschlossen. Der Ausschluss gilt auch für den Fall, dass die Ehe der Vertragsbeteiligten geschieden werden sollte oder beide voneinander getrennt leben. Die Scheidung oder Trennung führt auch nicht zu einem Wegfall der Geschäftsgrundlage. 4.149

▲

Ob die Unterscheidung zwischen Schenkung und unbenannter Zuwendung nicht nur im Verhältnis der Ehegatten untereinander, sondern auch **gegenüber Dritten** Auswirkungen hat, ist sehr fraglich. 716

Die von manchen gehegte Erwartung, die unbenannte Zuwendung sei – weil keine Schenkung – weder Grundlage von Pflichtteilsergänzungsansprüchen (§§ 2325, 2329 BGB) noch von Ansprüchen aus §§ 2287, 2288 BGB, könne auch nicht wie eine Schenkung nach den Vorschriften des Anfechtungsgesetzes und der Insolvenzordnung angefochten werden und löse auch keine Schenkungssteuer aus, hat sich nicht erfüllt. Nach der Rechtsprechung ist die unbenannte Zuwendung im Erbrecht grundsätzlich wie eine Schenkung[132] und im Anfech-

130 BGH NJW 1991, 2553.
131 BGH NJW 1989, 1986.
132 BGH NJW 1992, 564.

tungsgesetz wie eine anfechtbare unentgeltliche Leistung zu behandeln[133] und ist auch nicht von der Schenkungsteuer ausgenommen.[134]

Ist allerdings ein Familienheim Gegenstand der Zuwendung unter Ehegatten, so ist diese nach § 13 Abs. 1 Nr. 4a ErbStG von der Schenkungsteuer befreit, und zwar unabhängig davon, ob es sich um eine Schenkung oder eine unbenannte Zuwendung handelt. Familienheim in diesem Sinne ist das Eigentum oder Miteigentum an Ein- und Zweifamilienhäusern, Mietwohngrundstücken, Wohnungs- und Teileigentum nach dem WEG, Geschäftsgrundstücken und gemischt genutzten Grundstücken, soweit darin jeweils eine Wohnung zu eigenen Wohnzwecken genutzt wird. § 13 Abs. 1 Nr. 4a ErbStG begünstigt auch solche Objekte, die nur teilweise für eigene Wohnzwecke genutzt werden. Allerdings ist in diesem Fall die Begünstigung auf den zu eigenen Wohnzwecken genutzten Teil beschränkt. Das Zuwendungsobjekt muss entweder in Deutschland, in einem Mitgliedstaat der EU oder in einem Staat des Europäischen Wirtschaftsraumes gelegen sein.

d) Zuwendungen unter Ehegatten beim Zugewinnausgleich

717 Häufig kommt es vor, dass ein Ehegatte den anderen während der Ehe an dem Vermögenszuwachs beteiligt. Zum Beispiel sind die Ehegatten zu je ½ Anteil Miteigentümer ihres Einfamilienhauses, obgleich es ausschließlich oder überwiegend mit Mitteln des Ehemannes erworben wurde. Würde die Zuwendung des Miteigentumsanteils am Einfamilienhaus des Ehemannes bei der Berechnung des Zugewinns nicht berücksichtigt, so erhielte die Ehefrau neben dem Anteil noch den ungekürzten Zugewinnausgleich. Auf die Ausgleichsforderung eines Ehegatten wird aber angerechnet, was er vom anderen durch Rechtsgeschäft unter Lebenden mit der Bestimmung erhalten hat, dass es auf die Ausgleichsforderung angerechnet werden soll. Im Zweifel werden Zuwendungen angerechnet, wenn ihr Wert den von üblichen Gelegenheitsgeschenken übersteigt (§ 1380 BGB).

Die technische Durchführung der Anrechnung erfolgt in der Weise, dass der Wert der Zuwendung bei der Berechnung der Ausgleichsforderung dem Zugewinn des Ehegatten hinzugerechnet wird, der die Zuwendung gemacht hat (§ 1380 Abs. 2 BGB).

Beispiel

	Mann	Frau
Anfangsvermögen (§ 1374 Abs. 1 BGB)	100.000 EUR	0 EUR
Schenkung des Mannes an die Frau (§ 1374 Abs. 2 BGB):	0 EUR	50.000 EUR
Anfangsvermögen (§ 1374 Abs. 1 und 2 BGB):	100.000 EUR	50.000 EUR
Endvermögen:	200.000 EUR	50.000 EUR
– Anfangsvermögen:	100.000 EUR	50.000 EUR
Zugewinn:	100.000 EUR	0 EUR
Hinzurechnung (§ 1380 Abs. 2 S. 1 BGB):	50.000 EUR	0 EUR
Ausgleichspflichtiger Zugewinn:	150.000 EUR	0 EUR
Ausgleichsforderung:	–	75.000 EUR
– Anrechnung (§ 1380 Abs. 1 BGB):	–	50.000 EUR
Rest-Ausgleichsforderung:	–	**25.000 EUR**

e) Wertermittlung des Anfangs- und Endvermögens

718 Das Anfangsvermögen wird mit dem Wert veranschlagt, den es beim **Eintritt** des Güterstandes hat (§ 1376 Abs. 1 BGB). Das Endvermögen wird mit dem Wert, den es bei Beendigung des Güterstandes hat, berücksichtigt.

Die Bewertung von Verbindlichkeiten erfolgt in der gleichen Weise.

Die Bewertung eines Vermögens führt in der Praxis häufig zu Schwierigkeiten, da nicht nur der Gegenwartswert festzustellen ist, sondern auch der Wert, den es vor einem unter Umständen lange zurückliegen-

133 BGH NJW 1991, 1610.
134 BFH NJW 1994, 2044.

den Zeitpunkt gehabt hat. Um die hier auftauchenden Schwierigkeiten zu mildern, sieht das Gesetz zwei Möglichkeiten vor:

Haben die Ehegatten den Bestand und den Wert des Anfangsvermögens gemeinsam in einem Verzeichnis festgehalten, so wird bei der Auseinandersetzung vermutet, dass das Verzeichnis richtig ist (§ 1377 Abs. 1 BGB). Ein solches Verzeichnis wird aber nur sehr selten errichtet. Ist ein solches Verzeichnis nicht errichtet worden, so wird nach dem Gesetz vermutet, dass das Endvermögen eines Ehegatten seinen Zugewinn darstellt (§ 1377 Abs. 3 BGB).

f) Berücksichtigung von Wertschwankungen

Ein Gegenstand (z.B. Grundstück), der zum Anfangs- wie zum Endvermögen eines Ehegatten gehört, kann in dem Zeitraum, der zwischen den beiden Bewertungsstichtagen liegt, **Wertschwankungen** unterliegen. 719

Beispiel

Ein Ehegatte war bei Beginn und bei der Beendigung des Güterstandes Eigentümer eines Grundstücks, dessen Wert sich in diesem Zeitraum von 20.000 EUR auf 200.000 EUR erhöht hat, weil es von Ackerland zu Bauland geworden ist. Das Endvermögen dieses Ehegatten übersteigt somit sein Anfangsvermögen um 180.000 EUR. Diese 180.000 EUR sind ausgleichspflichtiger Zugewinn.

Hieraus ergibt sich für die Gestaltung von ehevertraglichen Vereinbarungen eine wichtige Konsequenz. Vermögen, das ein Ehegatte nach Eintritt des Güterstandes der Zugewinngemeinschaft von Todes wegen oder mit Rücksicht auf ein künftiges Erbrecht, durch Schenkung oder als Ausstattung erwirbt, wird dem Anfangsvermögen hinzugerechnet (§ 1374 Abs. 2 BGB). Wie bereits erwähnt, hat dies zur Folge, dass es bei der Berechnung des Zugewinns außer Betracht bleibt. Erhält ein Ehegatte von seinen Eltern während der Ehe ein Grundstück geschenkt, so bleibt es also bei der Berechnung seines Zugewinns außer Ansatz. Anders verhält es sich jedoch mit den Wertsteigerungen, die es während des Bestehens der Ehe erfährt. Diese Wertsteigerungen unterliegen dem Zugewinnausgleich. Wird dieses Ergebnis nicht gewünscht, muss durch notariell zu beurkundenden Ehevertrag eine abweichende Regelung getroffen werden (vgl. Rdn 730). 720

Lediglich scheinbare Wertsteigerungen, etwa durch Geldentwertung, fallen nicht in den Zugewinn. In der höchstrichterlichen Rechtsprechung ist anerkannt, dass nur echte Wertsteigerungen auszugleichen sind.

g) Ausgleichsforderung

Die Ausgleichsforderung entsteht mit der **Beendigung** des Güterstandes und ist von diesem Zeitpunkt an **vererblich und übertragbar** (§ 1378 Abs. 3 BGB). Hieraus ergibt sich, dass eine Ausgleichsforderung nicht nur entsteht, wenn die Ehe geschieden oder aus sonstigen Gründen aufgelöst wird, sondern auch dann, wenn anstelle des gesetzlichen Güterstandes ein vertraglicher, z.B. Gütertrennung, vereinbart wird. 721

Vor Beendigung des Güterstandes kann sich kein Ehegatte verpflichten, über die Ausgleichsforderung zu verfügen. Nur während eines Verfahrens, das auf die Auflösung der Ehe gerichtet ist, kann eine solche Vereinbarung getroffen werden. Sie bedarf der notariellen Beurkundung (§ 1378 Abs. 3 BGB).

Die Ausgleichsforderung **verjährt** in drei Jahren von dem Zeitpunkt an, in dem der ausgleichsberechtigte Ehegatte von der Beendigung des Güterstands Kenntnis erlangt oder ohne grobe Fahrlässigkeit Kenntnis erlangen müsste, unabhängig davon nach zehn Jahren. Im Falle der Beendigung des Güterstands durch Tod (vgl. Rdn 722) beträgt die Verjährungshöchstfrist 30 Jahre, da die Geltendmachung des Anspruchs von der Kenntnis einer Verfügung von Todes wegen abhängt (§ 199 Abs. 3a BGB).

4. Ausgleich des Zugewinns bei Beendigung der Zugewinngemeinschaft durch den Tod eines Ehegatten

Die Beendigung der Zugewinngemeinschaft durch den Tod ist die Regel. Der Gesetzgeber wollte den Beteiligten ersparen, nach unter Umständen langjähriger Ehe und der damit verbundenen Schwierigkeiten eine Einzelabrechnung des Zugewinnausgleichs nach den vorstehend geschilderten Grundsätzen durchzuführen. Der Zugewinnausgleich wird daher beim Tod eines Ehegatten pauschaliert in der Weise durchgeführt, dass sich der gesetzliche Erbteil des überlebenden Ehegatten um ein Viertel erhöht (§ 1371 Abs. 1 BGB; vgl. Rdn 858). 722

Unerheblich ist, ob die Ehegatten im Einzelfall tatsächlich einen Zugewinn erzielt haben oder nicht. Der Erbteil des überlebenden Ehegatten erhöht sich mithin auch dann um 1/4, wenn er selbst keinen oder den höheren Zugewinn während der Ehe erzielt hat.

723 Die Verwirklichung des Zugewinnausgleichs durch Erhöhung des gesetzlichen Erbteils ist **nicht zwingend**. Der überlebende Ehegatte kann den Ausgleich des Zugewinns nach den Regeln über den güterrechtlichen Ausgleich verlangen, wenn er nicht Erbe ist und ihm auch kein Vermächtnis zusteht (§ 1371 Abs. 2 BGB). Diesen Weg wird der überlebende Ehegatte möglicherweise dann wählen, wenn der tatsächliche Zugewinn des verstorbenen Ehegatten höher ist als der Wert des erhöhten Erbteils. Diesen Anspruch kann der überlebende Ehegatte, falls er Erbe oder Miterbe geworden ist oder ihm zumindest ein Vermächtnis zugewandt wurde, nur dann erheben, wenn er die Erbschaft bzw. das Vermächtnis ausschlägt.

Beachte!

Schlägt der überlebende Ehegatte die Erbschaft aus, so kann er neben dem Zugewinnausgleich noch den sog. **kleinen Pflichtteil** verlangen, d.h., bei der Berechnung des Pflichtteils ist von dem nicht um ein Viertel erhöhten Ehegattenerbrecht (§ 1931 Abs. 1 BGB) auszugehen. Ist der überlebende Ehegatte dagegen Testamentserbe geworden, so ist für die Ermittlung eines etwaigen Pflichtteilsrestanspruchs nach § 2305 BGB vom „großen Pflichtteil" auszugehen, also von dem um ein Viertel erhöhten gesetzlichen Erbteil.

724 *Beispiel*

M lebt mit seiner Frau F im gesetzlichen Güterstand. In seinem Testament setzt M seine Frau F zu 1/8 und seinen Sohn S zu 7/8 als Erben ein. Bei seinem Tode hinterlässt M ein Vermögen im Wert von 48.000 EUR, das nur aus Zugewinn besteht. F hat keinen Zugewinn erzielt.

Da F zu 1/8, also in Höhe von 6.000 EUR, als Erbin eingesetzt ist und somit der Wert der Hälfte ihres gesetzlichen Erbteils nicht erreicht wird (§§ 1931, 1371 Abs. 1 BGB), steht ihr nach § 2305 BGB ein Pflichtteilsrestanspruch von 6.000 EUR zu.

Schlägt F die Erbschaft aus, so kann sie den Pflichtteil beanspruchen (§ 1371 Abs. 3 BGB). Dies ist eine Ausnahme von dem allgemeinen Grundsatz, dass bei Ausschlagung kein Pflichtteil verlangt werden kann. Dieser Pflichtteil berechnet sich nach dem nicht erhöhten Erbteil der F (daher „kleiner" Pflichtteil). Ferner steht ihr der güterrechtliche Zugewinnausgleich zu. Güterrechtlicher Zugewinnausgleich nach § 1378 BGB: 1/2 von 48.000 EUR = 24.000 EUR.

Daneben erhält F den kleinen Pflichtteil. Dieser berechnet sich nach dem nicht erhöhten gesetzlichen Erbteil (§ 1931 Abs. 1 BGB = 1/4) und beträgt davon die Hälfte, also 1/8. Der Zugewinnausgleich in Höhe von 24.000 EUR wird als Nachlassverbindlichkeit abgezogen. Der Pflichtteilsanspruch der F beträgt also 1/8 von (48.000 EUR – 24.000 EUR) = 3.000 EUR, F erhält also insgesamt 27.000 EUR.

5. Abänderung der gesetzlichen Regelung durch Ehevertrag

725 Inwiefern die Vorschriften über den gesetzlichen Güterstand der Zugewinngemeinschaft durch einen Ehevertrag abgeändert werden können, ist in der Rechtslehre umstritten. Die herrschende Meinung nimmt an, dass die Regeln des gesetzlichen Güterrechts nur zum geringen Teil zwingendes Recht darstellen, und daher vertragliche Abweichungen möglich sind. Der BGH hat klargestellt, dass den Ehegatten ein sehr weiter **Gestaltungsspielraum** zusteht, der es ihnen z.B. erlaubt, unter Beibehaltung des gesetzlichen Güterstandes im Übrigen Vermögenswerte wie z.B. ein Unternehmen oder eine Unternehmensbeteiligung vom Ausgleich des Zugewinns auszuklammern.[135] Nach einer grundlegenden Entscheidung des BGH aus dem Jahre 2004 gehört der Zugewinnausgleich – anders als der Versorgungsausgleich und der Unterhalt – nicht zum Kernbereich des Scheidungsfolgenrechts und lässt daher in weitem Umfang abweichende ehevertragliche Vereinbarungen zu, auch den Ausschluss des gesetzlichen Güterstands.[136]

135 BGH NJW 1997, 2239.

136 BGH NJW 2004, 930, seitdem ständige Rechtsprechung, vgl. BGH NJW 2008, 3426; BGH NJW 2013, 457.

a) Änderung der Ausgleichsforderung

Im notariell beurkundeten Ehevertrag kann vereinbart werden, dass der Ausgleich des Zugewinns abweichend vom Gesetz durchzuführen ist. So kann vereinbart werden, dass dem ausgleichsberechtigten Ehegatten weniger als die Hälfte des Zugewinnüberschusses als Forderung zusteht. Besonders häufig kommt es vor, dass im Ehevertrag festgelegt wird, ob und wie bestimmte Vermögensgegenstände im Rahmen des Zugewinnausgleichs zu bewerten sind. Es wird z.B. vereinbart, dass bestimmte Vermögenswerte im Endvermögen nicht mit einem höheren Wert als im Anfangsvermögen anzusetzen sind oder gänzlich außer Betracht zu bleiben haben. Gehört ein Unternehmen zum Vermögen eines Ehegatten, wird häufiger vereinbart, dass die während des Güterstandes eingetretenen Wertsteigerungen des Betriebes nicht oder nur zu einem gewissen Prozentsatz berücksichtigt werden oder nach einem bestimmten Bewertungsverfahren zu ermitteln sind oder Betriebsvermögen beim Zugewinnausgleich vollständig außer Betracht bleiben soll. 726

Zulässig ist auch eine Vereinbarung, wonach die Ausgleichsforderung unterschiedlich zu berechnen ist, je nachdem, ob der Güterstand durch den Tod eines Ehegatten oder auf andere Weise – also insbesondere durch Scheidung – beendet wird. Derartige Gestaltungen werden häufig bei großen Vermögen gewählt, damit die erbschaftsteuerlichen Vorteile des gesetzlichen Güterstandes erhalten bleiben (vgl. Rdn 759 ff.), andererseits im Falle der Scheidung kein hoher Zugewinn entsteht.

Beispiel 727

Im Ehevertrag wird vereinbart, dass grundsätzlich der gesetzliche Güterstand gelten soll, jedoch mit der Abweichung, dass

- ein Zugewinnausgleich nicht stattfinden soll, wenn der Güterstand auf andere Weise als durch den Tod eines Ehegatten beendet wird,
  oder
- dem überlebenden Ehegatten nur ein bestimmter Prozentsatz des Zugewinnüberschusses zustehen soll, wenn die Ehe durch Tod aufgelöst wird und der Überlebende die güterrechtliche Lösung wählt.

Eine derartige Regelung stellt sicher, dass der Nachlass des erstversterbenden Ehegatten nicht durch zu hohe Ausgleichsforderungen belastet wird, was insbesondere von Bedeutung ist, wenn zum Nachlass ein Unternehmen gehört, das durch die grundsätzlich sofort fällige Ausgleichsforderung ruiniert werden könnte; andererseits bleiben die steuerlichen Vorteile der Zugewinngemeinschaft erhalten (hoher Freibetrag für den überlebenden Ehegatten). 728

b) Aufhebung der Verfügungsbeschränkungen

Wiederum hauptsächlich in der „Unternehmer-Ehe" kann es geboten sein, den unternehmerisch tätigen Ehegatten von den Beschränkungen der §§ 1365, 1369 BGB zu befreien (vgl. Rdn 699 ff.). Im Interesse des reibungslosen Funktionierens eines Unternehmens wäre es u.U. unerträglich, wenn die Wirksamkeit unternehmerischer Entscheidungen von der Zustimmung des anderen – häufig nicht einmal sachkundigen – Ehegatten abhängig wäre. Auch jenseits der „Unternehmer-Ehe" werden die vielfach als antiquiert empfundenen Verfügungsbeschränkungen ehevertraglich abbedungen. 729

c) Vereinbarungen, durch die mittelbar die Höhe der Ausgleichsforderung beeinflusst wird

Die Höhe der Ausgleichsforderung kann durch Abreden, die sich auf die Bewertung des Anfangs- und Endvermögens beziehen, reguliert werden. Folgende Gestaltungen kommen bspw. in Betracht: 730

- der Gewerbebetrieb eines Ehegatten wird nur mit dem Buchwert und nicht mit dem Verkehrswert angesetzt,
- Wertsteigerungen bei Vermögen, das ein Ehegatte von Todes wegen oder im Wege der vorweggenommenen Erbfolge erwirbt, werden nicht berücksichtigt (vgl. Rdn 720),
- Erträge der vorgenannten Vermögensgegenstände und mit ihnen angeschaffte Gegenstände (sog. Surrogate) werden nicht berücksichtigt.

731 **Beispiel für die „modifizierte Zugewinngemeinschaft“**

1. **Aufhebung der Verfügungsbeschränkungen und Ausschluss des Zugewinnausgleichs** für den Fall, dass der Güterstand auf andere Weise als durch den Tod beendet wird:

▼

Muster 4.150: Modifizierte Zugewinngemeinschaft

4.150 (Protokolleingang):

Die Erschienenen erklärten:

Wir schließen folgenden Ehevertrag:

Wir haben am … vor dem Standesbeamten in … geheiratet.

Wir sind deutsche Staatsangehörige, hatten unseren ersten gemeinsamen gewöhnlichen Aufenthalt nach Eheschließung in Deutschland, haben bisher keinen Ehevertrag abgeschlossen und leben somit im gesetzlichen Güterstand der Zugewinngemeinschaft.

Dieser Güterstand soll für unsere Ehe mit folgenden Abweichungen gelten:

a) Keiner von uns soll den Beschränkungen der §§ 1365 und 1369 des Bürgerlichen Gesetzbuchs unterworfen sein.

b) Wird der Güterstand auf andere Weise als durch den Tod eines von uns beendet, wird insbesondere die Ehe geschieden, so soll kein Zugewinnausgleich stattfinden; das gilt auch für den bis zum heutigen Tag etwa bereits erzielten Zugewinn.

Ein Verzeichnis der zu unserem Vermögen gehörenden Vermögensstücke soll einstweilen nicht aufgenommen werden.

Wir nehmen die vorstehenden Erklärungen gegenseitig an. Den Wert der vorstehenden Erklärungen geben wir mit … EUR an.

Die mit diesem Vertrag jetzt und in der Folge verbundenen Kosten tragen wir je zur Hälfte.

Diese Niederschrift

…

▲

732 2. **Zusätzliche Vereinbarungen** für den Fall, dass die Ehe durch Tod aufgelöst wird und der Überlebende die güterrechtliche Lösung wählt:

▼

Muster 4.151: Zugewinnausgleich – Auflösung der Ehe durch Tod

4.151 a) (*wie oben*)

b) (*wie oben*)

c) Wird unsere Ehe durch den Tod aufgelöst und verlangt der Überlebende von uns, weil er nicht Erbe des Erstversterbenden geworden ist und ihm auch kein Vermächtnis zusteht, gemäß § 1371 Abs. 2 BGB den Ausgleich des Zugewinns, so steht ihm abweichend von der in § 1378 Abs. 1 BGB enthaltenen Vorschrift nur 25 vom Hundert des dort genannten Zugewinnüberschusses als Ausgleichsforderung zu.

Diese Niederschrift

…

▲

3. **Vereinbarung über Wertermittlung** 733

▼

Muster 4.152: Zugewinn – Gewerbebetrieb

Soweit zum Anfangs- oder Endvermögen eines Ehegatten ein Gewerbebetrieb gehört, ist für dessen Bewertung der Buchwert zugrunde zu legen. 4.152

▲

4. **Herausnahme von Schenkungen und Erbschaften aus der „Ehe-Schluss-Bilanz“** 734

▼

Muster 4.153: Zugewinn – Herausnahme von Schenkungen und Erbschaften

Vermögen, das ein Ehegatte vor oder nach Eintritt des Güterstandes von Todes wegen oder mit Rücksicht auf ein künftiges Erbrecht, durch Schenkung oder als Ausstattung erworben hat oder noch erwerben wird, soll sowohl bei der Ermittlung des Anfangsvermögens als auch bei der Ermittlung des Endvermögens außer Ansatz bleiben. 4.153

▲

5. **Herausnahme von Hausrats- und Kunstgegenständen** 735

▼

Muster 4.154: Zugewinn – Herausnahme von Hausrats- und Kunstgegenständen

Hausrat und alle sonstigen zum Haushalt gehörenden Gegenstände wie Kunstgegenstände und Schmuck bleiben bei der Ermittlung sowohl des Anfangsvermögens als auch des Endvermögens beider Ehegatten außer Ansatz. 4.154

▲

III. Vertragliche Güterstände des BGB

Die Ehegatten können ihre güterrechtlichen Verhältnisse durch Ehevertrag regeln und hierbei den gesetzlichen Güterstand abwandeln oder aber einen anderen Güterstand vereinbaren. Das BGB sieht drei Vertragsgüterstände vor: 736

Die **Gütertrennung** und die **Gütergemeinschaft** sowie den **deutsch-französischen Wahlgüterstand**.

1. Gütertrennung

Eheleute leben im Güterstand der Gütertrennung, wenn: 737

- sie durch Ehevertrag vereinbart wurde,
- der gesetzliche Güterstand vertraglich ausgeschlossen wird, ohne dass ein anderer Güterstand vereinbart wird,
- der Zugewinnausgleich durch Vertrag gänzlich ausgeschlossen wird,
- eine Gütergemeinschaft aufgehoben wird (§ 1414 BGB).

Im Güterstand der Gütertrennung verwaltet und nutzt jeder Ehegatte sein Vermögen selbst. Ein Zugewinnausgleich findet bei Beendigung der Ehe nicht statt. Wird die Ehe durch den Tod eines der Ehegatten beendet, verbleibt es bei den allgemeinen erbrechtlichen Bestimmungen, d.h., der Erbteil des überlebenden Ehegatten wird nicht um ¼ erhöht. Sind jedoch neben dem überlebenden Ehegatten ein oder zwei Abkömmlinge des Erblassers gesetzliche Erben, so erben der überlebende Ehegatte und jedes der Kinder zu gleichen Teilen (§ 1931 Abs. 4 BGB, vgl. Rdn 858).

Vereinbaren Eheleute, die bisher im gesetzlichen Güterstand der Zugewinngemeinschaft gelebt haben, Gütertrennung, so ist zu beachten, dass mit der Beendigung der Zugewinngemeinschaft der Anspruch auf Ausgleich des Zugewinns entsteht. In der Regel wünschen die Eheleute, dass dieser Anspruch ausgeschlossen sein soll. Eine entsprechende Vereinbarung muss ausdrücklich in den Ehevertrag aufgenommen werden. 738

Allerdings unterliegt der Anspruch eines Ehegatten auf den Ausgleich des Zugewinns nicht bereits im Zeitpunkt der Beendigung des Güterstandes dem Zugriff seiner Gläubiger; der Anspruch ist vielmehr erst pfändbar, wenn er durch Vertrag anerkannt oder rechtshängig geworden ist (§ 852 Abs. 2 ZPO).

▼

Muster 4.155: Vereinbarung der Gütertrennung

4.155 (Protokolleingang)

Die Erschienenen erklärten:

Wir schließen folgenden Ehevertrag:

Wir haben am   vor dem Standesbeamten in   geheiratet, haben bisher keinen Ehevertrag geschlossen, sind deutsche Staatsangehörige und leben somit im gesetzlichen Güterstand der Zugewinngemeinschaft.

Für unsere Ehe schließen wir den gesetzlichen Güterstand der Zugewinngemeinschaft aus und vereinbaren stattdessen den Güterstand der Gütertrennung. Keiner von uns soll somit den Beschränkungen der §§ 1365 und 1369 BGB unterworfen sein. Ein Zugewinnausgleich nach Maßgabe der §§ 1372 ff. BGB soll ebenfalls nicht stattfinden. Der gesetzliche Erbteil des Überlebenden von uns soll auch nicht nach Maßgabe der in § 1371 BGB enthaltenen Vorschriften erhöht werden. Jeder von uns verzichtet gegenüber dem anderen auf den Ausgleich des Zugewinns, der bis zum heutigen Tag bereits entstanden sein sollte.

Wir nehmen die vorstehenden Erklärungen gegenseitig an.

Ein Verzeichnis der zu unserem Vermögen gehörigen Vermögensstücke soll einstweilen nicht aufgenommen werden. Den Wert unseres Vermögens geben wir mit   EUR an. Die mit dieser Urkunde jetzt und in der Folge verbundenen Kosten tragen wir je zur Hälfte. Diese Niederschrift

▲

739 **Abwicklung einer Gütertrennungs-Vereinbarung**

Nach § 34a BeurkG hat der Notar alle erbfolgerelevanten Urkunden im Sinne von § 78 Abs. 2 S. 1 BNotO dem Zentralen Testamentsregister (ZTR) bei der Bundesnotarkammer elektronisch zu melden (vgl. Rdn 973 ff., § 1 Rdn 127 ff.). Diese Meldepflicht besteht daher auch bei der Beurkundung eines Ehevertrages mit erbrechtlichen Auswirkungen, also etwa beim Übergang vom gesetzlichen Güterstand zur Gütertrennung oder Gütergemeinschaft und umgekehrt, da sich das Erbrecht der Ehegatten ändert.

> *Beachte*
>
> Wird der gesetzliche Güterstand durch Ehevertrag lediglich modifiziert (vgl. Rdn 818), so hat keine Registrierung im ZTR zu erfolgen, da sich an der gesetzlichen Erbfolge nichts ändert.

2. Gütergemeinschaft

a) Allgemeines

740 Der Güterstand der Gütergemeinschaft wird heute nur noch selten vereinbart. Früher war er insbesondere im ländlichen Bereich verbreiteter. Für die Gütergemeinschaft sprach, dass sie das gemeinsame Wirtschaften rechtlich widerspiegelt und als angemessen empfunden wurde. Nachteilig ist neben der hohen Komplexität dieses Güterstands vor allem die Haftung für die Schulden des anderen Ehegatten vgl. Rdn 745.

Bei der Gütergemeinschaft sind fünf Vermögensmassen zu unterscheiden:

- das gemeinschaftliche Vermögen beider Eheleute (Gesamtgut, § 1416 BGB),
- Vorbehaltsgut des Mannes (§ 1418 BGB),
- Vorbehaltsgut der Frau (§ 1418 BGB),

- Sondergut des Mannes (§ 1417 BGB),
- Sondergut der Frau (§ 1417 BGB).

b) Vermögensmassen

Gesamtgut 741

Zum Gesamtgut gehört das bei Abschluss des Ehevertrages vorhandene und das später hinzuerworbene Vermögen sowohl des Mannes als auch der Frau ohne Rücksicht darauf, ob es entgeltlich oder unentgeltlich erworben wurde. Mit Abschluss des Ehevertrages verschmelzen also die beiden getrennten Vermögensmassen der Eheleute und werden ihr gemeinschaftliches Eigentum.

Das gemeinschaftliche Vermögen ist **gesamthänderisch** gebunden, d.h., keiner der Eheleute kann über seinen Anteil am Gesamtgut oder über einen Anteil an einem einzelnen, zum Gesamtgut gehörenden Gegenstand verfügen. Keiner von ihnen ist berechtigt, Teilung zu verlangen, solange die Gütergemeinschaft besteht. Wird die Gütergemeinschaft beendet und alsbald auseinandergesetzt, so gebührt den Ehegatten der Überschuss, der nach Berichtigung der Verbindlichkeiten des Gesamtguts verbleibt, zu gleichen Teilen (§ 1476 Abs. 1 BGB).

Vorbehaltsgut 742

Zum Vorbehaltsgut eines jeden Ehegatten gehören die Gegenstände, die durch Ehevertrag dazu erklärt worden sind (§ 1418 Abs. 1 BGB). Daneben gehören die Gegenstände, die ein Ehegatte von Todes wegen erwirbt (Erbschaft, Vermächtnis, Pflichtteil), oder die ihm von einem Dritten unentgeltlich zugewendet werden, zum Vorbehaltsgut, sofern der Zuwendende bestimmt hat, dass das Zugewandte Vorbehaltsgut sein soll (§ 1418 BGB). Vorbehaltsgut fällt nicht in das Gesamtgut, wird daher nicht gemeinschaftliches Vermögen der Eheleute, sondern steht im Alleineigentum eines Ehegatten. Die Vorbehaltsgutseigenschaft tritt automatisch ein – also auch gegen den Willen des Erwerbers –, das so Erworbene kann jedoch durch eine ehevertragliche Vereinbarung in das Gesamtgut überführt werden. Häufig wird die Zuwendung aber unter der Bedingung gemacht, dass das Zugewandte nur Vorbehaltsgut sein darf. Dann kann es nicht zum Gesamtgut gemacht werden.

> *Beachte*
>
> Werden Gesamtgutsgegenstände durch Ehevertrag zu Vorbehaltsgut erklärt, so ist dinglicher Vollzug erforderlich, bei beweglichen Sachen also Übergabe, bei Grundstücken Auflassung.

Die aus dem Vorbehaltsgut gezogenen Früchte werden ihrerseits auch Vorbehaltsgut.

Sondergut 743

Sondergut eines jeden Ehegatten sind die Gegenstände, die nicht durch Rechtsgeschäft übertragen werden können (§ 1417 BGB), z.B. ein Nießbrauch, beschränkte persönliche Dienstbarkeiten (nicht aber: ein Wohnungsrecht zugunsten beider Eheleute), unpfändbares Gehalt und Rente, Urheberrechte, Beteiligung an einer OHG oder der Anteil an einer Kommanditgesellschaft als persönlich haftender Gesellschafter, jedoch nicht der Kommanditanteil. Die Nutzungen der beiden Sondergüter fallen **in das Gesamtgut.**

c) Verwaltung der Vermögensmassen

(1) **Verwaltung des Gesamtguts:** 744

Für die Verwaltung des Gesamtguts sind in erster Linie die Vereinbarungen der Eheleute im Ehevertrag maßgebend: Die Ehegatten sollen im Ehevertrag bestimmen, ob sie gemeinschaftlich oder nur einer von ihnen das Gesamtgut verwalten. Fehlt eine solche Bestimmung im Ehevertrag, verwalten sie das Gesamtgut gemeinschaftlich (§ 1421 BGB).

Der Ehegatte, der das Gesamtgut verwaltet, ist berechtigt, die zum Gesamtgut gehörenden Sachen in Besitz zu nehmen. Bei gemeinschaftlicher Verwaltung steht dieses Recht beiden Eheleuten gemeinschaftlich zu.

Der verwaltende Ehegatte kann über Gegenstände des Gesamtgutes verfügen (nicht jedoch über seinen Anteil an den Gegenständen, vgl. Rdn 741).

Bei gemeinschaftlicher Verwaltung müssen beide Ehegatten verfügen.

Verwalten die Ehegatten das Gesamtgut gemeinschaftlich, so haften für Gesamtgutsverbindlichkeiten das Gesamtgut selbst und das Vorbehalts- und Sondergut beider Ehegatten, also alle fünf Vermögensmassen.

Verwaltet ein Ehegatte das Gesamtgut allein, dann haften für Gesamtgutsverbindlichkeiten das Gesamtgut und das Vorbehalts- und Sondergut des verwaltenden Ehegatten. Der andere Ehegatte wird mit seinem Vorbehalts- und Sondergut nicht verpflichtet.

Von der Regel, dass der Alleinverwalter ohne Mitwirkung des anderen Ehegatten über das Gesamtgut verfügen und das Gesamtgut verpflichten kann, gibt es drei wichtige Ausnahmen:

Er bedarf der Zustimmung des anderen Ehegatten, wenn

- über das Gesamtgut im Ganzen verfügt werden soll (§ 1423 BGB),
- über ein zum Gesamtgut gehörendes Grundstück verfügt werden soll, oder wenn ein solches Grundstück belastet werden soll (§ 1424 BGB),
- Schenkungen, die nicht durch eine sittliche Pflicht oder eine auf den Anstand zu nehmende Rücksicht geboten sind (§ 1425 BGB), erfolgen sollen.

(2) **Verwaltung des Vorbehalts- und Sonderguts:**

Jeder Ehegatte verwaltet sein Vorbehalts- und Sondergut selbstständig (§§ 1417, 1418 BGB).

Beachte

Das Sondergut wird für Rechnung des Gesamtguts verwaltet. Die Erträge des Sonderguts werden also Gesamtgut. Die Erträge des Vorbehaltsguts fallen dagegen an das Vorbehaltsgut.

d) Schuldenhaftung

745 **Grundsatz**: Jeder Ehegatte haftet für seine persönlichen Schulden, ohne Rücksicht darauf, ob sie vor oder nach Eingehung der Ehe begründet worden sind. Für diese Schulden haften sowohl das Vorbehalts- wie das Sondergut.

Haftung für gemeinsame Verbindlichkeiten: Für die Schulden beider Ehegatten haftet das Gesamtgut (Gesamtgutsverbindlichkeiten). Gesamtgutsverbindlichkeiten sind jedoch gleichzeitig auch persönliche Verbindlichkeiten desjenigen Ehegatten, der das Gesamtgut allein verwaltet oder mitverwaltet, sodass sein Vorbehalts- und Sondergut ebenfalls haften. Gesamtgutsverbindlichkeiten sind grundsätzlich alle Schulden eines Ehegatten, sofern sich nicht aus den §§ 1438–1440 BGB etwas anderes ergibt. Wegen dieser Regelung der Schuldenhaftung ist die Gütergemeinschaft **nicht ungefährlich**. Der Verwaltende haftet für Gesamtgutsverbindlichkeiten des anderen Ehegatten auch persönlich. Bei gemeinschaftlicher Verwaltung haftet jeder der Ehegatten für die persönlichen Schulden des anderen. In der Regel dürfte daher die Vereinbarung von Gütergemeinschaft nicht in Frage kommen.

e) Beendigung der Gütergemeinschaft

746 Die Gütergemeinschaft endet:

- wenn die Ehe aufgelöst wird (Tod eines Ehegatten, Scheidung der Ehe),
- wenn sie durch Ehevertrag aufgehoben wird,
- wenn auf Klage eines Ehegatten durch rechtskräftiges Urteil auf Aufhebung der Gütergemeinschaft erkannt wird.

Nach der Beendigung der Gütergemeinschaft folgt die Auseinandersetzung über das Gesamtgut (§ 1471 BGB). Bis zur Durchführung der Auseinandersetzung besteht eine **Liquidationsgemeinschaft**, in der die Verwaltung des Gesamtguts beiden Ehegatten zusteht, auch wenn im Ehevertrag Alleinverwaltung vereinbart war. Bei Beendigung der Gütergemeinschaft durch den Tod eines der Ehegatten wird diese grundsätzlich nicht fortgesetzt, sondern der Anteil des Verstorbenen am Gesamtgut fällt in seinen Nachlass (§ 1482 BGB). Mit den gemeinschaftlichen Abkömmlingen wird sie nur fortgesetzt, wenn die Eheleute dies im Ehevertrag vereinbart haben (§ 1483 BGB). Die vorstehende Regelung gilt, sofern die Gütergemeinschaft nach dem 30.6.1958 vereinbart wurde. Bestand dagegen bereits am 1.7.1958 Gütergemeinschaft und sind Abkömmlinge vorhanden, tritt fortgesetzte Gütergemeinschaft ein, sofern sie nicht im Ehevertrag ausgeschlossen worden ist.

Bis zur endgültigen Auseinandersetzung sind Verfügungen über das Gesamtgut und die einzelnen Gesamtgutsgegenstände nur durch alle Anteilsberechtigten gemeinsam möglich. Zulässig ist es, die Auseinandersetzung des Gesamtguts bei beendeter Gütergemeinschaft durch Vereinbarung auszuschließen.

Die Auseinandersetzung ist in den §§ 1471 bis 1482 BGB geregelt. Auf ihre Darstellung wird hier verzichtet.

▼ 747

Muster 4.156: Gütergemeinschaft

(Protokolleingang): 4.156

Die Erschienenen erklärten:

Wir schließen folgenden Ehevertrag:

Wir sind am   vor dem Standesbeamten in   die Ehe miteinander eingegangen und sind deutsche Staatsangehörige. Wir haben bisher keinen Ehevertrag abgeschlossen und leben somit im gesetzlichen Güterstand der Zugewinngemeinschaft.

Wir vereinbaren nunmehr für unsere Ehe die Gütergemeinschaft nach den Vorschriften der §§ 1415 ff. des Bürgerlichen Gesetzbuches.

Das Gesamtgut wird von   verwaltet. Zum Vorbehaltsgut der   erklären wir alles, was sie von Todes wegen oder im Wege der Schenkung durch ihre eigenen Verwandten erhalten hat oder noch erhalten wird, insbesondere das in B. Blatt 570 eingetragene Grundstück.

Wir nehmen die vorstehenden Erklärungen gegenseitig an. Die mit dieser Urkunde jetzt und in der Folge verbundenen Kosten treffen das Gesamtgut.

Den Wert der vorstehenden Erklärungen geben wir mit   EUR an.

Wir beantragen die Berichtigung des Grundbuches dahin, dass alle Grundstücke und Rechte an Grundstücken, die uns oder einem von uns gehören, jedoch mit Ausnahme des vorstehend zum Vorbehaltsgut von   erklärten Grundbesitzes, als zum Gesamtgut der zwischen uns bestehenden Gütergemeinschaft gehörig in das Grundbuch eingetragen werden. Dies gilt insbesondere für die im Grundbuch von   Blatt   eingetragenen Grundstücke .

Diese Niederschrift

▲

Für die büromäßige Abwicklung gilt das Gleiche wie bei der Gütertrennung, d.h., es besteht eine Meldepflicht an das Zentrale Testamentsregister (vgl. Rdn 739).

f) Fortgesetzte Gütergemeinschaft

In einem Ehevertrag, in dem die Ehegatten Gütergemeinschaft vereinbaren, kann bestimmt werden, dass die Gütergemeinschaft nach dem Tode eines Ehegatten zwischen dem überlebenden Ehegatten und den gemeinschaftlichen Abkömmlingen fortgesetzt wird (§ 1483 BGB). Die fortgesetzte Gütergemeinschaft muss also (bei Eheverträgen, die nach dem 30.6.1958 geschlossen wurden) ausdrücklich im Ehevertrag vereinbart werden, und mindestens ein **gemeinschaftlicher** Abkömmling muss beim Tode des erstversterbenden Ehegatten vorhanden sein. Mit Abkömmlingen des verstorbenen Ehegatten, die nicht gemeinschaftliche Abkömmlinge sind, kann die Gütergemeinschaft nicht fortgesetzt werden. Die Erbrechte nicht gemeinschaftlicher Abkömmlinge bestimmen sich so, als ob die fortgesetzte Gütergemeinschaft nicht eingetreten wäre. Nachlass ist insoweit das Vorbehaltsgut, das Sondergut und ½ Anteil des verstorbenen Ehegatten am Gesamtgut. 748

Die fortgesetzte Gütergemeinschaft kennt im Gegensatz zur Gütergemeinschaft nur vier Vermögensmassen:

- das Gesamtgut (§ 1485 BGB),
- das Vorbehaltsgut des überlebenden Ehegatten (§ 1486 BGB),
- das Sondergut des überlebenden Ehegatten (§ 1486 BGB),
- die Vermögen der anteilsberechtigten Abkömmlinge.

Die gemeinschaftlichen Abkömmlinge sind nur mit dem Anteil des verstorbenen Ehegatten an der Gütergemeinschaft beteiligt, nicht dagegen mit ihrem eigenen Vermögen.

749 **Ausschluss der Fortsetzung der Gütergemeinschaft**

(1) Die Fortsetzung der Gütergemeinschaft kann von beiden Ehegatten ausgeschlossen werden:
- durch Ehevertrag in notariell beurkundeter Form,
- durch gemeinschaftliches Testament und
- durch Erbvertrag.

(2) Die Fortsetzung kann von einem Ehegatten ausgeschlossen werden durch letztwillige Verfügung:
- wenn er berechtigt ist, dem anderen Ehegatten den Pflichtteil zu entziehen oder auf Aufhebung der Gemeinschaft zu klagen; ferner, wenn der Ehegatte auf Aufhebung der Ehe zu klagen berechtigt ist und die Klage erhoben hat (§ 1509 BGB);
- wenn alle gemeinschaftlichen Abkömmlinge mit Zustimmung des anderen Ehegatten (§ 1516 BGB) von der Gütergemeinschaft ausgeschlossen werden (§ 1511 BGB).

(3) Die Fortsetzung der Gütergemeinschaft ist schließlich ausgeschlossen, wenn der überlebende Ehegatte die Fortsetzung der Gütergemeinschaft ablehnt (§ 1484 BGB). Auf diese Ablehnung finden die Vorschriften über die Ausschlagung einer Erbschaft entsprechende Anwendung.

In den vorgenannten Fällen erhält der überlebende Ehegatte bei der Auseinandersetzung der aufgelösten Gütergemeinschaft seinen ½ Anteil am Gesamtgut sowie in Höhe seiner Erbquote einen Anteil an dem des verstorbenen Ehegatten.

Die fortgesetzte Gütergemeinschaft ist beendet:
- mit dem Tode des überlebenden Ehegatten (§ 1494 BGB),
- mit dem Wegfall aller Abkömmlinge (§§ 1490, 1491 BGB),
- mit der Wiederverheiratung des überlebenden Ehegatten (§ 1493 BGB),
- durch einseitige Erklärung des überlebenden Ehegatten gegenüber dem für den Nachlass des verstorbenen Ehegatten zuständigen Gericht; diese Erklärung muss öffentlich beglaubigt werden (§ 1492 Abs. 1 BGB),
- durch Vertrag zwischen dem überlebenden Ehegatten und den anteilsberechtigten Abkömmlingen; der Vertrag bedarf der notariellen Beurkundung (§ 1492 Abs. 2 BGB),
- durch Urteil nach entsprechender Klage eines Abkömmlings (§ 1495 BGB).

Die Auseinandersetzung der beendeten, fortgesetzten Gütergemeinschaft zwischen dem überlebenden Ehegatten und den anteilsberechtigten Abkömmlingen erfolgt nach den gleichen Regeln wie bei der einfachen Gütergemeinschaft (§ 1498 BGB).

3. Deutsch-französischer Wahlgüterstand

750 Gemäß § 1519 BGB kann der Güterstand der (deutsch-französischen) Wahl-Zugewinngemeinschaft gewählt werden. Ein Bezug zu Frankreich ist dafür nicht erforderlich. Der Güterstand ähnelt dem gesetzlichen Güterstand der Zugewinngemeinschaft. Hervorzuheben ist, dass ein Ehepartner zur Veräußerung der Familienwohnung stets der Einwilligung des Ehegatten bedarf. Der Wahlgüterstand kann im Einzelfall zu einer Verkleinerung von Pflichtteilsansprüchen von Kindern beitragen, weil der überlebende Ehegatte seinen rechnerischen Zugewinn geltend machen (und als Nachlassverbindlichkeit in Abzug bringen) kann, ohne die Erbschaft ausschlagen zu müssen.

IV. Gütergemeinschaft und Grundbuch

751 Erwerben Eheleute, die in Gütergemeinschaft leben, ein Grundstück zum Gesamtgut, so ist das Grundstück für sie „in Gütergemeinschaft" in das Grundbuch einzutragen (§ 47 GBO).

Beispiel

Der alleinvertretungsberechtigte Ehemann Albert Schmitz erwirbt für die Eheleute ein Grundstück zum Gesamtgut. Der Kaufvertrag lautet:

Herr Werner Schneider verkauft dem dies annehmenden Albert Schmitz das im Grundbuch von Bonn Blatt 1213 eingetragene Grundstück

Gemarkung Kessenich

Flur 7, Flurstück 125, Hof- und Gebäudefläche, 2,87 a groß.

Die Übertragung erfolgt, da Herr Albert Schmitz mit seiner Ehefrau in Gütergemeinschaft lebt, an Herrn Albert Schmitz und Frau Josefine Schmitz in Gütergemeinschaft.

Die Grundbucheintragung in Abteilung I Spalte 2 lautet:

a) Albert Schmitz (...)
b) seine Ehefrau Josefine Schmitz, geb. Pütz in (...)
in Gütergemeinschaft.

Wird Gütergemeinschaft erst vereinbart, nachdem entweder einer der Ehegatten das Grundstück allein oder beide es zu je 1/2 Anteil erworben hatten, so wird das Grundstück automatisch Gesamtgut, wenn es nicht durch Ehevertrag zum Vorbehaltsgut eines der Ehegatten erklärt worden ist. Damit wird das Grundbuch unrichtig, und es kann auf **Antrag** berichtigt werden. Der Berichtigungsantrag kann von beiden Ehegatten oder von einem allein gestellt werden. Wird der Berichtigungsantrag formlos gestellt, so bedarf es des Nachweises des Bestehens der Gütergemeinschaft. Dieser Nachweis ist in der Regel dadurch zu führen, dass eine beglaubigte Abschrift des Ehevertrages vorgelegt wird. 752

Wird Eheleuten, die in Gütergemeinschaft leben, versehentlich ein Grundstück zu je 1/2 Anteil aufgelassen, so können sie die Eintragung des Rechtserwerbs für das Gesamtgut im Wege der Grundbuchberichtigung beantragen, ohne dass hierbei der Veräußerer mitwirken muss. Eine erneute Auflassung ist also nicht erforderlich.

Gehört ein Grundstück zum Vorbehaltsgut eines Ehegatten, so kann dieser Umstand als solcher nicht in das Grundbuch eingetragen werden. Allerdings wird dann nur der eine Ehegatte als Eigentümer vermerkt.

Ist die Gütergemeinschaft beendet, aber noch nicht auseinandergesetzt, so kann die bis zur Auseinandersetzung bestehende Liquidationsgemeinschaft in das Grundbuch eingetragen werden. Die Eintragung in Abteilung I des Grundbuchs lautet dann: 753

▼

Muster 4.157: Gütergemeinschaft – Eintragung in Abt. I des Grundbuchs

Gesamtgut der beendeten, noch nicht auseinandergesetzten Gütergemeinschaft“ oder kurz „in beendeter Gütergemeinschaft“. 4.157

▲

Die fortgesetzte Gütergemeinschaft kann in das Grundbuch eingetragen werden. Der Nachweis über das Bestehen einer fortgesetzten Gütergemeinschaft wird durch ein Zeugnis des Nachlassgerichts erbracht (§ 1507 BGB). Es kann durch ein Überweisungszeugnis des Nachlassgerichts ersetzt werden (§§ 36, 37 GBO; vgl. Rdn 1290 ff.). Vorlage des Ehevertrages oder eines Erbscheins genügt nicht.

Das Zeugnis ist dem Grundbuchamt in **Ausfertigung** vorzulegen. Zulässig ist es jedoch, auf die Akten des Nachlassgerichts zu verweisen, sofern es sich um dasselbe Amtsgericht handelt.

Der Antrag auf Grundbuchberichtigung kann von dem überlebenden Ehegatten allein gestellt werden.

V. Gesichtspunkte für die Wahl eines Güterstandes

1. Zugewinngemeinschaft

Mögliche Nachteile 754

Die Verpflichtungs- und Verfügungsbeschränkung nach § 1365 BGB kann den Ehegatten erheblich beeinträchtigen. Kreditinstitute verlangen häufig bei der Bestellung von Grundpfandrechten auch die Zustimmung des Nichteigentümer-Ehegatten (zu § 1365 BGB vgl. Rdn 699 ff.). § 1365 BGB kann daher dazu führen, dass sinnvolle und notwendige Maßnahmen verzögert werden oder gänzlich unterbleiben, weil die erforderliche Zustimmung des anderen Ehegatten nicht oder nicht rechtzeitig erteilt wird.

Gehört zum Vermögen eines Ehegatten ein Betrieb oder eine Unternehmensbeteiligung, so kann die Zugewinnausgleichsforderung derart hoch sein, dass der Bestand des Unternehmens gefährdet ist. Zudem ist die Ausgleichsforderung in der Regel sofort fällig und kann oft nur durch den Verkauf von Grundbesitz unter dem Verkehrswert erfüllt werden. Im Extremfall kann dies zur Zerschlagung ganzer Vermögenskomplexe führen, sofern das Familiengericht nicht die auf Antrag mögliche Stundung der Ausgleichsforderung ausspricht (§ 1382 BGB).

Zu **unbilligen Ergebnissen** führt die Zugewinngemeinschaft, wenn ein Ehegatte Eigentümer von Grundbesitz ist, der in der Ehe erhebliche Wertsteigerungen erfährt. Im Scheidungsfall profitiert hiervon der andere Ehegatte, auch wenn die Wertsteigerung ohne dessen Zutun eingetreten ist. Der zum Ausgleich verpflichtete Ehegatte zu einer (ggf. unwirtschaftlichen) Veräußerung seines Grundbesitzes gezwungen sein.

Die erwähnten Nachteile der Zugewinngemeinschaft sind indes für eine „Normal-Ehe" von geringerer Bedeutung. Im Regelfall überwiegen die Vorteile, sodass es sich für Ehegatten empfiehlt, die Zugewinngemeinschaft als Güterstand beizubehalten und allenfalls in einzelnen Punkten von ihr abzuweichen (zur modifizierten Zugewinngemeinschaft vgl. die nachfolgende Ziffer 4 und vgl. Rdn 818).

755 So hat der gesetzliche Güterstand deutliche erbrechtliche Vorzüge, da er zu einer Erhöhung des Erbteils des überlebenden Ehegatten und damit gleichzeitig zu einer erwünschten Verringerung der Pflichtteilsquote der Kinder führt.

> *Beispiel*
>
> **Ehepaar mit zwei Kindern**: Im Güterstand der Gütertrennung beträgt der Erbteil des überlebenden Ehegatten und der beiden Kinder jeweils 1/3 (§ 1931 Abs. 4 BGB), die Pflichtteilsquote der Kinder damit jeweils 1/6, während im gesetzlichen Güterstand die Erbquoten des überlebenden Ehegatten 1/2 und die der zwei Kinder jeweils 1/4 betragen, sodass hier den Kindern nur ein Pflichtteil von jeweils 1/8 zusteht.

Der Ausgleich des Zugewinns führt in vielen Fällen zu einer ausgewogenen **Beteiligung** des Ehegatten am wirtschaftlichen Erfolg des anderen, insbesondere dann, wenn der ausgleichsberechtigte Ehegatte aus familiären Gründen, insbesondere wegen der Betreuung der gemeinschaftlichen Kinder, kein oder nur ein deutlich geringeres Berufseinkommen erzielen konnte. Zudem haftet auch im Güterstand der Zugewinngemeinschaft jeder Ehegatte nur für seine eigenen Schulden und nicht für die Schulden des Ehepartners, ein Umstand, der weitgehend unbekannt ist und dessen Unkenntnis in vielen Fällen zu dem dann nicht sachgerechten Wunsch nach Vereinbarung der Gütertrennung führt. Hinzu kommen erbschaftsteuerliche Vorteile der Zugewinngemeinschaft (siehe Rdn 759).

2. Gütertrennung

756 Der Vorteil der Gütertrennung besteht darin, dass beide Ehegatten in vermögensrechtlicher Hinsicht so behandelt werden, als ob sie nicht verheiratet wären. Jeder kann also selbstständig nach seinem Belieben über sein Vermögen verfügen, ohne von der Zustimmung des anderen abhängig zu sein; ein Ausgleich des Zugewinns findet nicht statt. Der wesentliche Nachteil der Gütertrennung besteht aber darin, dass der Ehegatte, der während des Bestehens der Ehe keine oder nur sehr eingeschränkte Möglichkeiten hatte, Vermögen zu erwerben – meist also die Ehefrau –, am Vermögenszuwachs des anderen Ehegatten im Falle der Scheidung **nicht beteiligt** wird. Zudem erhöhen sich beim Güterstand der Gütertrennung die Pflichtteilsansprüche von Abkömmlingen, ein regelmäßig nicht gewünschtes Ergebnis. Schließlich ist die Gütertrennung auch in erbschaftsteuerrechtlicher Hinsicht nachteilhaft, da die wichtige Vergünstigung des § 5 ErbStG auf den Güterstand der Zugewinngemeinschaft beschränkt ist.

3. Gütergemeinschaft

Im Gegensatz zur Zugewinngemeinschaft, bei der die Vermögensbeteiligung des Ehegatten mit dem geringeren Zugewinn erst nach Beendigung des Güterstandes über seine Geldforderung erfolgt, werden bei der Gütergemeinschaft beide Ehegatten bereits während des Bestehens des Güterstandes dinglich an dem gemeinsamen Vermögen beteiligt, über das sie auch nur gemeinsam verfügen können. Bei fortgesetzter Gütergemeinschaft kommt als weiterer Vorteil in Betracht, dass nach dem Tode des zuerst versterbenden Ehegatten **keine Pflichtteilsansprüche** der gemeinsamen Abkömmlinge entstehen können, sodass das gemeinsame Vermögen der Eheleute ungeschmälert zusammengehalten werden kann. Andererseits besteht jedoch bei der Gütergemeinschaft die große Gefahr, dass einer der Ehegatten durch die Mithaft für die Schulden des anderen sein gesamtes Vermögen verliert. 757

4. Modifizierte Zugewinngemeinschaft

Mit der Vereinbarung einer **modifizierten Zugewinngemeinschaft** lassen sich die Vorteile der „reinen“ Gütertrennung und der „reinen“ Zugewinngemeinschaft vereinen, ohne deren Nachteile hinnehmen zu müssen. 758

So können Eheleute durch **Ehevertrag** unter Aufrechterhaltung des gesetzlichen Güterstandes den Zugewinnausgleich für den Fall der Ehescheidung ausschließen oder beschränken, ihn für den Fall der Beendigung des Güterstandes durch den Tod eines Ehegatten jedoch beibehalten. Sie bewahren sich damit die erbrechtlichen und erbschaftsteuerlichen Vorzüge der Zugewinngemeinschaft. Ergänzend können sie die Verfügungsbeschränkung des § 1365 BGB aufheben.

Damit soll allerdings nicht gesagt werden, dass es in allen Fällen erstrebenswert ist, durch Ehevertrag den Zugewinnausgleich für den Fall der Scheidung auszuschließen. Es kommt vielmehr auf den jeweiligen Zuschnitt der Ehe, den „Ehetyp“ an. So kann es bei jüngeren Eheleuten mit Kindern oder Kinderwunsch geboten sein, den Zugewinnausgleich auch im Falle der Scheidung beizubehalten (bei noch kinderlosen Ehen z.B. mit der Einschränkung, dass aus der Ehe tatsächlich Kinder hervorgehen sollten), während ältere und beiderseits berufstätige Eheleute ohne Kinder auch im Scheidungsfall leichter auf den Ausgleich des Zugewinns verzichten können.

Zusammenfassend lässt sich sagen, dass die Vereinbarung der Gütertrennung, obwohl von vielen Beteiligten gewünscht, in den meisten Fällen unzweckmäßig und überdies – im Hinblick auf die erbrechtlichen und erbschaftsteuerrechtlichen Folgen – auch nachteilhaft ist. Unabhängig hiervon sollte jede ehevertragliche Vereinbarung nach einiger Zeit überprüft werden, um festzustellen, ob angesichts der Ausgestaltung und vermögensmäßigen Entwicklung der Ehe Änderungen angebracht sind.

VI. Erbschaftsteuerliche Auswirkungen des Güterstandes

1. Zugewinngemeinschaft

Die erbschaftsteuerliche Behandlung der Zugewinngemeinschaft ist unterschiedlich, je nachdem, ob der Zugewinn nach § 1371 Abs. 1 (erbrechtliche Lösung) oder § 1371 Abs. 2 BGB (güterrechtliche Lösung) ausgeglichen wird (vgl. Rdn 722). 759

a) Erbrechtliche Lösung

Nach § 5 Abs. 1 ErbStG gilt der Betrag, den der überlebende Ehegatte als Ausgleichsforderung geltend machen könnte, nicht als steuerbarer Erwerb, ist also steuerfrei. 760

Allerdings ist hierbei die **Kappungsvorschrift** zu beachten (§ 5 Abs. 1 S. 5 ErbStG): Soweit der Nachlass des Erblassers bei der Ermittlung des als Ausgleichsforderung steuerfreien Betrages mit einem höheren Wert als dem nach den steuerlichen Bewertungsgrundsätzen maßgebenden Wert angesetzt worden ist, gilt höchstens der dem Steuerwert des Nachlasses entsprechende Betrag nicht als steuerbarer Erwerb.

Zur Verdeutlichung folgendes Beispiel:

> *Beispiel*
>
> Der Verkehrswert des Nachlasses beträgt 2.000.000 EUR, der Wert i.S.d. Steuergesetze hingegen nur 1.600.000 EUR. Angenommen, der überlebende Ehegatte hätte bei güterrechtlicher Lösung einen Ausgleichsanspruch in Höhe von 200.000 EUR, so sind bei erbrechtlicher Lösung diese 200.000 EUR nicht steuerfrei, sondern nur der Teil, der dem Steuerwert des Nachlasses entspricht, also 160.000 EUR. Der Steuerfreibetrag kann nach folgender Formel berechnet werden:
>
> $$\text{Steuerfreibetrag} = \frac{\text{Steuerwert des Nachlasses} \times \text{Ausgleichsforderung}}{\text{Verkehrswert}}$$
>
> In dem vorgenannten Beispiel ergibt sich also folgender Freibetrag:
>
> $$\frac{1.600.000\ \text{EUR} \times 200.000\ \text{EUR}}{2.000.000} = 160.000\ \text{EUR}$$

Es bleiben mithin nur 160.000 EUR von dem insgesamt 200.000 EUR betragenden Zugewinn steuerfrei. Hinzu kommt jedoch der allgemeine Ehegatten-Freibetrag von 500.000 EUR nach § 16 Abs. 1 Nr. 1 ErbStG.

b) Güterrechtliche Lösung

761 Wird der Güterstand der Zugewinngemeinschaft in anderer Weise als durch den Tod eines Ehegatten beendet oder wird der Zugewinn nach § 1371 Abs. 2 BGB ausgeglichen, so gehört die Ausgleichsforderung nicht zum steuerbaren Erwerb. In diesem Fall wird also der Steuerfreibetrag nicht ins Verhältnis zum Verkehrswert des Vermögens des anderen Ehegatten gesetzt. Dies kann für den überlebenden Ehegatten unter Umständen ein Anreiz dazu sein, statt der erbrechtlichen die güterrechtliche Lösung zu wählen, indem er die Erbschaft ausschlägt und nach § 1371 Abs. 2 BGB den Zugewinn nebst kleinem Pflichtteil verlangt. Dieser Anreiz ist besonders dann groß, wenn sich das Vermögen des zuerst verstorbenen Ehegatten überwiegend aus Gegenständen zusammensetzt, die nach steuerlichen Bewertungsgrundsätzen mit einem niedrigeren Wert als dem Verkehrswert anzusetzen sind.

2. Gütergemeinschaft

762 Die Bereicherung, die ein Ehegatte bei Vereinbarung der Gütergemeinschaft erfährt, gilt als Schenkung unter Lebenden, ist also nach dem Erbschaftsteuer- und Schenkungsteuergesetz zu versteuern (§ 7 Abs. 1 ErbStG). Hierbei kommt es nicht darauf an, ob mit der Vereinbarung des Güterstandes in erster Linie güterrechtliche oder auch schon erbrechtliche Zwecke verfolgt werden. Die Bereicherung bemisst sich nach der Hälfte des Unterschiedsbetrages zwischen den von beiden Ehegatten zum Gesamtgut eingebrachten Vermögen. Grunderwerbsteuer fällt dagegen bei einem Grundstückserwerb durch einen Ehegatten bei der Gründung der Gütergemeinschaft nicht an (§ 3 Nr. 4 GrEStG).

> *Beispiel*
>
> Der Ehemann bringt Grundstücksvermögen im Wert von 500.000 EUR ein, die Ehefrau Wertpapiervermögen im Wert von 300.000 EUR. Die Ehefrau ist hierbei um 100.000 EUR bereichert.

Wird die Gütergemeinschaft durch den Tod eines der Ehegatten beendet, so kommt für den überlebenden Ehegatten lediglich der generelle Freibetrag von 500.000 EUR in Betracht (§ 16 Abs. 1 Nr. 1 ErbStG).

3. Fortgesetzte Gütergemeinschaft

763 Beim Tode eines Ehegatten wird dessen Anteil am Gesamtgut so behandelt, wie wenn er ausschließlich den anteilsberechtigten Abkömmlingen angefallen wäre (§ 4 Abs. 1 ErbStG). Die kraft Güterrechts eintretende Hinausschiebung des Vermögensübergangs vom erstversterbenden Ehegatten auf die Erben wird also vom Erbschaftsteuerrecht nicht angenommen. In Abweichung vom Zivilrecht sieht damit das Steuerrecht den Eintritt der Abkömmlinge in die Gütergemeinschaft als echte Erbfolge an.

VII. Verbindung von Ehevertrag mit Erbvertrag

Da das eheliche Güterrecht erbrechtliche Auswirkungen hat, liegt es nahe, zugleich mit dem Ehevertrag Verfügungen von Todes wegen zu treffen. Hinzu kam, dass die KostO in § 46 Abs. 3 den Abschluss eines „Ehe- und Erbvertrages“ kostenmäßig begünstigt hatte, da für beide Verträge nur einmal die 20/10-Gebühr anfiel. Dieses **Kostenprivileg** ist jedoch mit Inkrafttreten des GNotKG seit dem 1.8.2013 entfallen. Zudem kann ein Erbvertrag, der mit einem Ehevertrag in einer Urkunde verbunden ist (§ 2276 Abs. 2 BGB), nicht gemäß § 2300 Abs. 2 BGB aus der amtlichen Verwahrung zurückgenommen und den Vertragsschließenden zurückgegeben werden. Daher sollten Ehevertrag und Erbvertrag in zwei getrennten Urkunden beurkundet werden. 764

VIII. Güterrechtsregister

Das Güterrechtsregister, in das güterrechtliche Vereinbarungen eingetragen werden konnten, wurde mit Wirkung zum 1.1.2023, **abgeschafft**. 765

IX. Grundzüge des Versorgungsausgleichs

1. Grundgedanke

Der Versorgungsausgleich soll dem Ehegatten im **Scheidungsfall** eine **Teilhabe** an den von seinem Ehepartner während der Ehezeit erworbenen Anwartschaften und Ansprüchen auf Versorgung bei Alter und Invalidität ermöglichen. Relevant ist dies vor allem für den Ehegatten, der – beispielsweise wegen Kinderbetreuung, Haushaltsführung oder Pflege naher Angehöriger – nicht oder nur eingeschränkt erwerbstätig ist. Durch den Versorgungsausgleich werden bei wirtschaftlicher Betrachtung die während der Ehe erworbenen Versorgungsanwartschaften beider Ehegatten hälftig unter ihnen aufgeteilt. Die technische Durchführung ist nicht unkompliziert. 766

2. Rechtsgrundlagen

Mit Wirkung zum 1.9.2009 ist das Recht des Versorgungsausgleichs grundlegend reformiert worden. Der Versorgungsausgleich ist nunmehr außerhalb des BGB in einem eigenen Gesetz, dem Versorgungsausgleichsgesetz (VersAusglG) geregelt. § 1587 BGB enthält nur noch einen Verweis auf das neue VersAusglG. Das Grundanliegen des Versorgungsausgleichs, die Teilhabe des Ehegatten an den während der Ehezeit erworbenen Versorgungsanwartschaften seines Ehepartners, ist beibehalten worden. 767

a) Interne Teilung

Das Recht des Versorgungsausgleichs verzichtet auf eine Gesamtsaldierung, wie sie beim Zugewinnausgleich vorgesehen ist. Stattdessen wird jedes einzelne Versorgungsanrecht der Ehegatten grundsätzlich intern geteilt (§§ 10 ff. VersAusglG), d.h. innerhalb des Versorgungssystems des jeweils **ausgleichspflichtigen** Ehegatten (**interne Teilung**). Es gibt also nicht nur einen Ausgleichspflichtigen und einen Ausgleichsberechtigten, sondern so viele Ausgleichspflichtige und Ausgleichsberechtigte wie Versorgungsanrechte bestehen. 768

> *Beispiel*
>
> Die Ehefrau hat in der Ehezeit zwei Versorgungsanrechte erworben, nämlich in der gesetzlichen Rentenversicherung und in der Zusatzversorgungskasse des öffentlichen Dienstes. Der Ehemann hat in der Ehezeit drei Versorgungsanrechte erworben, und zwar in dem Versorgungswerk der Ärzte, in einer privaten Rentenversicherung des Versicherers A-AG und in einer weiteren privaten Rentenversicherung des Versicherers B-AG.

Sämtliche von beiden Ehegatten in der Ehezeit erworbenen Anteile werden nunmehr im Versorgungsausgleich hälftig geteilt. Das Familiengericht überträgt daher von jedem der drei Anrechte des Ehemanns jeweils die Hälfte auf die Ehefrau, während es von den zwei Anrechten der Ehefrau jeweils die Hälfte auf den Ehemann überträgt. Der Ehemann ist daher im Beispielsfall zweimal Ausgleichsberechtigter und dreimal Ausgleichsverpflichteter, die Ehefrau dreimal Ausgleichsberechtigte und zweimal Ausgleichsverpflichtete.

Ein Saldenausgleich statt eines Hin-und-her-Ausgleichs findet dagegen statt, wenn beide Ehegatten über auszugleichende Anrechte gleicher Art bei demselben Versorgungsträger verfügen (§ 10 Abs. 2 VersAusglG). Haben z.B. beide Ehegatten Anrechte in der gesetzlichen Rentenversicherung erworben, so wird insoweit der Ausgleich nur in Höhe des Wertunterschieds durch Verrechnung durchgeführt.

b) Externe Teilung

769 Abweichend vom Regelfall der internen Teilung ist in Ausnahmefällen eine **externe Teilung** der Versorgungsanrechte vorzunehmen. Hiernach versteht das Gesetz (§ 14 VersAusglG) die Begründung von Anrechten bei einem anderen Versorgungsträger als demjenigen, bei dem das Anrecht der ausgleichspflichtigen Person besteht. Eine externe Teilung kommt in drei Fällen in Betracht:

- wenn der ausgleichsberechtigte Ehegatte und der Versorgungsträger des ausgleichspflichtigen Ehegatten eine externe Teilung vereinbaren;
- wenn der Versorgungsträger des ausgleichspflichtigen Ehegatten dies verlangt und es sich um einen geringen Ausgleichswert i.S.d. § 14 Abs. 2 Nr. 2 VersAusglG handelt, (die Wertgrenzen betragen zurzeit (im Jahr 2025) 74,90 EUR bei monatlichen Renten und 8.988 EUR bei Kapitalwerten);
- wenn der Träger einer Versorgung aus einem öffentlich-rechtlichen Dienst- oder Amtsverhältnis keine interne Teilung vorsieht (§ 16 VersAusglG). Dies betrifft vor allem Landesbeamte.

c) Schuldrechtliche Ausgleichsrente

770 Bezieht der ausgleichspflichtige Ehegatte bereits eine laufende Versorgung aus einem noch nicht ausgeglichenen Anrecht, so kann der ausgleichsberechtigte Ehegatte von ihm gem. § 20 VersAusglG den Ausgleichswert als Rente (schuldrechtliche Ausgleichsrente) verlangen. Der ausgleichsberechtigte Ehegatte kann verlangen, dass ihm der Anspruch gegen den Versorgungsträger in Höhe der Ausgleichsrente abgetreten wird. Soweit für den ausgleichspflichtigen Ehegatten zumutbar, kann der ausgleichsberechtigte Ehegatte für ein noch nicht ausgeglichenes Anrecht von dem ausgleichspflichtigen Ehegatten eine zweckgebundene Abfindung verlangen. Sie ist an den Versorgungsträger zu zahlen, bei dem ein bestehendes Anrecht ausgebaut oder ein neues Anrecht begründet werden soll.

3. Gegenstand des Versorgungsausgleichs

771 Im Versorgungsausgleich sind folgende in der Ehezeit erworbenen Anrechte auszugleichen (§ 2 VersAusglG), d.h. zu teilen:

- im In- und Ausland bestehende Anwartschaften auf Versorgung und Ansprüche auf laufende Versorgungen, insbesondere aus der gesetzlichen Rentenversicherung,
- aus anderen Regelsicherungssystemen wie der Beamtenversorgung oder der berufsständischen Versorgung,
- aus der privaten Alters- und Invaliditätsvorsorge.

Die Ehezeit im Sinne des VersAusglG beginnt mit dem 1. Tag des Monats, in dem die Ehe geschlossen worden ist; sie endet am letzten Tag des Monats vor Zustellung des Scheidungsantrags (§ 3 VersAusglG).

4. Ausnahmen vom Versorgungsausgleich

a) Geringfügigkeit

Der Versorgungsausgleich soll nicht durchgeführt werden, wenn entweder die Ausgleichsdifferenz der beiderseitigen Anrechte gleicher Art nur gering ist (§ 18 Abs. 1 VersAusglG) oder einzelne Anrechte nur einen geringen Ausgleichswert haben (§ 18 Abs. 2 VersAusglG). Die einschlägigen Wertgrenzen betragen derzeit (im Jahr 2025) 37,45 EUR bei monatlichen Renten und 4.494 EUR als Kapitalwert. 772

b) Kurze Ehedauer

Ein Versorgungsausgleich findet auch dann nicht statt, wenn die Ehe nur bis zu drei Jahre gedauert hat, es sei denn, ein Ehegatte beantragt in diesem Fall den Versorgungsausgleich (§ 3 Abs. 3 VersAusglG). 773

c) Ausschluss des Versorgungsausgleichs durch Vereinbarung

Der Versorgungsausgleich ist auch dann nicht durchzuführen, wenn die Ehegatten ihn durch notariell zu beurkundende Vereinbarung ausgeschlossen haben (§ 6 Abs. 1 Nr. 2 VersAusglG). Zu den Einzelheiten vgl. die nachfolgenden Ausführungen in Ziffer 6. 774

5. Vereinbarungen zum Versorgungsausgleich

a) Formelle Wirksamkeitsvoraussetzungen

Vereinbarungen über den Versorgungsausgleich, die vor Rechtskraft der Entscheidung über den Wertausgleich getroffen werden, bedürfen zu ihrer Wirksamkeit der notariellen Beurkundung (§ 7 Abs. 1 VersAusglG). Wird die Vereinbarung im Rahmen eines Ehevertrages geschlossen, ist gem. § 7 Abs. 3 VersAusglG die Formvorschrift des § 1410 BGB einzuhalten, also eine notarielle Beurkundung bei gleichzeitiger Anwesenheit beider Ehegatten. Nach dem Wortlaut des § 1410 BGB ist damit zwar der Abschluss des Ehevertrages durch Angebot und Annahme ausgeschlossen, nicht jedoch die Vertretung eines bei der Beurkundung nicht anwesenden Ehegatten. Gleichwohl sollte von einer solchen Vertretung abgesehen werden und der Notar auf eine **persönliche Anwesenheit** beider Ehegatten bei der Beurkundung bestehen. 775

Wird das Verfahren über den Versorgungsausgleich abgetrennt und eine gerichtliche Entscheidung über den Wertausgleich erst nach Rechtskraft der Scheidung getroffen, besteht das Beurkundungserfordernis fort. Erst nach Rechtskraft der Entscheidung über den Wertausgleich sind Vereinbarungen über noch nicht ausgeglichene Anrechte formfrei möglich.

b) Wegfall der Jahresfrist des § 1408 Abs. 2 S. 2 BGB a.F.

Nach bisherigem Recht (§ 1408 Abs. 2 S. 2 BGB a.F.) wurde der vertraglich vereinbarte Ausschluss des Versorgungsausgleichs unwirksam, wenn innerhalb eines Jahres nach Vertragsabschluss Antrag auf Scheidung der Ehe gestellt wurde. Diese gesetzliche Bestimmung ist mit Wirkung zum 1.9.2009 ersatzlos entfallen. Das Schicksal des Vertrages hängt daher nicht mehr vom Zeitpunkt des Scheidungsantrags ab. 776

c) Wegfall des Genehmigungserfordernisses des § 1587o BGB a.F.

Nach § 1587o BGB a.F. bedurften Vereinbarungen zum Versorgungsausgleich, die in einem Scheidungsfolgenvertrag geschlossen wurden, der Genehmigung des Familiengerichts. Dieses Genehmigungserfordernis ist durch das am 1.9.2009 in Kraft getretene Gesetz zur Strukturreform des Versorgungsausgleichs aufgehoben worden. Vereinbarungen zum Versorgungsausgleich unterliegen daher nicht mehr der gerichtlichen Genehmigungspflicht, und zwar unabhängig davon, ob sie in einem vorsorgenden Ehevertrag oder in einer Scheidungsfolgenvereinbarung getroffen werden. 777

d) Wegfall der güterrechtlichen Folgen der Ausschlussvereinbarung

Nach § 1414 Abs. 2 BGB a.F. führte der vereinbarte Ausschluss des Versorgungsausgleichs kraft Gesetzes zur Gütertrennung, sofern sich aus dem Ehevertrag nichts anderes ergab. 778

Diese – schon bisher überwiegend als verfehlt angesehene – Regelung ist mit Wirkung zum 1.9.2009 aufgehoben worden. Vereinbarungen über den Versorgungsausgleich haben daher nach neuem Recht keine Änderung des Güterstandes mehr zur Folge.

e) Materielle Wirksamkeitsvoraussetzungen

779 Vereinbarungen über den Versorgungsausgleich müssen gemäß § 8 VersAusglG einer gerichtlichen Inhalts- und Ausübungskontrolle standhalten.

Nach der Rechtsprechung des BGH[137] unterliegen die gesetzlichen Regelungen über den Versorgungsausgleich, den Zugewinn und den nachehelichen Unterhalt grundsätzlich der vertraglichen Disposition der Ehegatten. Dies – so der BGH – darf jedoch nicht dazu führen, dass der Schutzzweck gesetzlicher Regelung durch vertragliche Vereinbarung beliebig unterlaufen werden kann. Dies wäre der Fall, wenn dadurch eine evident einseitige und durch die individuelle Gestaltung der ehelichen Lebensverhältnisse nicht gerechtfertigte Lastenverteilung entstünde, die für den belasteten Ehegatten bei verständiger Würdigung als unzumutbar erscheint. Die Belastungen des einen Ehegatten würden daher umso schwerer wiegen und die Belange des anderen Ehegatten umso genauerer Prüfung bedürfen, je unmittelbarer die vertragliche Abbedingung gesetzlicher Regelungen in den **Kernbereich** des Scheidungsfolgenrechts eingreift. Zu diesem Kernbereich gehört nach Ansicht des BGH an erster Stelle der Betreuungsunterhalt (§ 1570 BGB), gefolgt von dem Krankheitsunterhalt (§ 1572 BGB) und dem Unterhalt wegen Alters (§ 1571 BGB). Auf derselben Stufe wie der Altersunterhalt rangiert nach der Rechtsprechung des BGH der Versorgungsausgleich. Als vorweggenommener Altersunterhalt steht er der vertraglichen Disposition nur begrenzt offen. Im Rahmen einer **Wirksamkeitskontrolle** ist zunächst zu prüfen, ob die ehevertragliche Vereinbarung schon im Zeitpunkt ihres Zustandekommens zu einer derart einseitigen Lastenverteilung für den Scheidungsfall führt, dass ihr wegen Verstoßes gegen die guten Sitten (§ 138 BGB) die Anerkennung zu versagen ist. Erforderlich ist dabei eine Gesamtwürdigung, die insbesondere die Einkommens- und Versorgungsverhältnisse des Ehegatten, den Zuschnitt der Ehe, die Auswirkungen auf die Ehegatten und Kinder und subjektiv die von den Ehegatten mit der Vereinbarung verfolgten Zwecke und Beweggründe berücksichtigen muss. Sittenwidrigkeit wird regelmäßig nur dann in Betracht kommen, wenn durch den Vertrag Regelungen aus dem Kernbereich des gesetzlichen Scheidungsfolgenrechts ganz oder jedenfalls zu erheblichen Teilen abbedungen werden, ohne dass dieser Nachteil für den anderen Ehegatten durch anderweitige Vorteile gemildert oder durch gewichtige Belange des begünstigten Ehegatten gerechtfertigt wird. So hat der BGH[138] die Sittenwidrigkeit eines kompensationslos vereinbarten Ausschlusses des Versorgungsausgleichs angenommen, wenn die Ehegatten bei Abschluss des Vertrages bewusst in Kauf nehmen, dass die Ehefrau (diese war bei Vertragsabschluss im 9. Monat schwanger) wegen Kinderbetreuung alsbald aus dem Berufsleben ausscheidet und bis auf Weiteres abgesehen von Kindererziehungszeiten keine eigenen Versorgungsanrechte erwerben wird.

780 Soweit eine Vereinbarung der Wirksamkeitskontrolle standhält, muss der Richter sodann im Rahmen einer **Ausübungskontrolle** prüfen, ob und inwieweit ein Ehegatte die ihm durch den Vertrag eingeräumte Rechtsmacht durch Berufung auf die Rechtswirksamkeit des Vertrages missbraucht. Entscheidend ist hierbei, ob sich nunmehr im Zeitpunkt des Scheiterns der Lebensgemeinschaft aus dem vereinbarten Ausschluss der Scheidungsfolge eine evident einseitige Lastenverteilung ergibt, die für den belasteten Ehegatten unzumutbar ist. Das kann insbesondere dann der Fall sein, wenn die tatsächliche einvernehmliche Gestaltung der ehelichen Lebensverhältnisse von der ursprünglichen bei Vertragsabschluss bestehenden Lebensplanung grundlegend abweicht, z.B. durch die Geburt gemeinsamer Kinder.

Bestehen keine Wirksamkeits- und Durchsetzungshindernisse, ist das Familiengericht gemäß § 6 Abs. 2 VersAusglG an die Vereinbarung über den Versorgungsausgleich gebunden.

f) Zustimmungsbedürftigkeit seitens des Versorgungsträgers

781 In bestimmten Fällen bedarf die Vereinbarung über den Versorgungsausgleich der Zustimmung des Versorgungsträgers. So können gemäß § 8 Abs. 2 VersAusglG Anrechte durch eine Vereinbarung nur übertragen oder begründet werden, wenn die maßgeblichen Regelungen dies zulassen und die betreffenden Versorgungsträger zustimmen. Hauptanwendungsfall ist die Vereinbarung über eine externe Teilung von Anrechten (vgl. oben Rdn 769). Vereinbaren z.B. die Ehegatten, dass der Versorgungsträger der betrieblichen Altersversorgung des ausgleichspflichtigen Ehegatten den Ausgleichswert als Kapitalbetrag an die private Rentenversiche-

137 NJW 2004, 930.
138 NJW 2008, 3426.

rung (z.B. Riester-Rente) des ausgleichsberechtigten Ehegatten zahlen soll, erfordert dies die Zustimmung beider Versorgungsträger.[139]

Durch das Zustimmungserfordernis sollen Manipulationen zulasten der Sicherungssysteme verhindert werden. Nicht unter § 8 Abs. 2 VersAusglG fällt der vereinbarte Ausschluss des Versorgungsausgleichs, hierzu bedarf es also keiner Zustimmung des Versorgungsträgers.

6. Regelungsmöglichkeiten zum Versorgungsausgleich

a) Vollständiger Ausschluss des Versorgungsausgleichs

Er kommt z.B. in folgenden Fällen in Betracht: 782

- Eheschließung im fortgeschrittenen Alter, z.B. jenseits der Fünfzig (beide Ehegatten verfügen bereits über Versorgungsanrechte);
- bei Ehegatten, die beide berufstätig sind und keine Kinder haben werden.

▼ 783

Muster 4.158: Vertrag über vollständigen Ausschluss des Versorgungsausgleichs

(Protokolleingang) 4.158

Die Erschienenen erklärten:

Wir schließen folgenden Ehevertrag über den Ausschluss des Versorgungsausgleichs:

Wir haben am vor dem Standesbeamten in die Ehe geschlossen. Der Ehemann ist Jahre alt, die Ehefrau Jahre. Jeder von uns war bereits einmal verheiratet. Die jeweiligen Kinder aus erster Ehe sind volljährig und haben bereits eine eigene Familie.

Wir sind beide ganztags berufstätig.

Wir schließen hiermit den Versorgungsausgleich vollständig und für die gesamte Ehezeit aus.

Der Notar hat uns über die Bedeutung und Tragweite dieses Ausschlusses belehrt. Er hat insbesondere darauf hingewiesen, dass

- bei einem Ausschluss des Versorgungsausgleichs die in der Ehezeit erworbenen Anwartschaften auf Versorgung und Ansprüche auf laufende Versorgung im Scheidungsfall zwischen uns nicht ausgeglichen werden und jeder Ehegatte für seine eigene Altersversorgung sorgen muss,
- die Ausschlussvereinbarung einer Wirksamkeits- und Ausübungskontrolle nach § 8 VersAusglG und der hierzu ergangenen Rechtsprechung unterliegt. Ehevertragliche Vereinbarungen können unwirksam oder unanwendbar sein, wenn sie zu einer evident einseitigen Lastenverteilung führen und sich ein Ehepartner bei Vertragsabschluss in einer erheblichen schwächeren Verhandlungsposition befand. Sie können ferner bei einer gewichtigen Änderung der Ehekonstellation nachträglich einer gerichtlichen Ausübungskontrolle unterliegen.

▲

b) Teilweiser Ausschluss des Versorgungsausgleichs

▼ 784

Muster 4.159: Teilweiser Ausschluss des Versorgungsausgleichs

(Protokolleingang) 4.159

Wir sind Angestellte und haben beide Anwartschaften in der gesetzlichen Rentenversicherung erworben. Wir vereinbaren, dass alle Anwartschaften auf Versorgung und Ansprüche auf laufende Versorgungen, die

139 *Brambring*, NotBZ 2009, 429, 432.

außerhalb der gesetzlichen Rentenversicherung in der Ehezeit erworben worden sind und noch erworben werden sollten, insbesondere alle Ansprüche aus der betrieblichen Altersversorgung und aus der privaten Alters- und Invaliditätsvorsorge, nicht nach dem VersAusglG auszugleichen sind. Insoweit schließen wir den Versorgungsausgleich aus.
▲

Das Recht lässt den Teilausschluss des Versorgungsausgleichs in § 6 Abs. 1 S. 2 VersAusglG ausdrücklich zu. Unzulässig ist es hingegen zu vereinbaren, ein einzelnes Anrecht mehr als hälftig zu übertragen, also z.B. zu vereinbaren, dass die Ausgleichsquote 75 % statt 50 % betragen solle.

c) Ausschluss für bestimmte Ehezeiten

785 Hierunter fallen z.B. Vereinbarungen über:

- den Ausschluss des Versorgungsausgleichs für den Zeitraum des Getrenntlebens,
- die Beschränkung des Versorgungsausgleichs auf die Zeiten der Kindesbetreuung.

d) Einseitiger Ausschluss des Versorgungsausgleichs

786 Er kommt z.B. in folgenden Fällen in Betracht: Nur ein Ehegatte, nämlich der als Arbeitnehmer berufstätige, verfügt über im Rahmen des Versorgungsausgleichs auszugleichende Anrechte. Der andere beruflich selbstständige Ehegatte hat seine gesamte Altersversorgung auf Kapitallebensversicherungen aufgebaut, die nur im Rahmen des Zugewinns zu berücksichtigen sind. Vereinbaren die Ehegatten bei einer solchen Konstellation Gütertrennung oder schließen den Zugewinn im Scheidungsfalle aus, so läuft der Arbeitnehmer-Ehegatte Gefahr, bei einer Scheidung die Hälfte seiner Versorgungsanrechte an den Ehepartner zu verlieren, ohne hierfür einen Ausgleich zu erhalten. Hier bietet sich ein einseitiger Verzicht des anderen Ehegatten auf den Versorgungsausgleich an.

e) Aufschiebend bedingter oder mit Rücktrittsvorbehalt vereinbarter Versorgungsausgleich

787 Wollen junge, beiderseits berufstätige Ehegatten den Versorgungsausgleich ausschließen, so ist zu bedenken, dass die Geburt eines gemeinsamen Kindes die beruflichen Pläne und damit auch den Aufbau einer eigenen Altersversorgung erheblich beeinflussen und beeinträchtigen kann. Hier kommt z.B. in Betracht, die Geburt des ersten gemeinsamen Kindes als auflösende Bedingung für den Ausschluss des Versorgungsausgleichs oder als Rücktrittsgrund zu vereinbaren.

X. Scheidungsfolgenvereinbarungen

788 In einer Scheidungsfolgenvereinbarung treffen Ehegatten Regelungen im Hinblick auf eine bereits beabsichtigte Scheidung. Auch Eheverträge enthalten nicht selten Vereinbarungen über die vermögensmäßigen Folgen einer Scheidung. Während bei der Scheidungsfolgenvereinbarung die Scheidung konkret in Aussicht genommen ist, weil die Ehe der Vertragsbeteiligten gescheitert ist oder vermutlich scheitern wird, ist dies bei Abschluss eines Ehevertrages regelmäßig nicht der Fall. Soweit dieser scheidungsbezogene Vereinbarungen vorsieht, werden sie nicht aus Anlass einer bevorstehenden Scheidung, sondern lediglich vorsorglich getroffen.

789 Die Scheidungsfolgenvereinbarung hat ihre hauptsächliche Bedeutung im Bereich der einverständlichen Scheidung nach einjährigem Getrenntleben. Nach dieser Trennungszeit kann eine Ehe geschieden werden, wenn beide Ehegatten die Scheidung beantragen oder einer von ihnen den Scheidungsantrag stellt und der andere ihm zustimmt (§§ 1565, 1566 BGB). Der Abschluss einer Scheidungsfolgenvereinbarung ist nicht Voraussetzung für die einvernehmliche Scheidung. Gemäß § 133 FamFG muss die Antragsschrift im Scheidungsverfahren die Erklärung enthalten, **ob** die Ehegatten eine Regelung über bestimmte Scheidungsfolgen (elterliche Sorge, Umgang, Kindesunterhalt, Ehegattenunterhalt, Ehewohnung und Haushaltsgegenstände) getroffen haben. Eine Einigung hierüber ist allerdings nicht Scheidungsvoraussetzung. Gleichwohl ist eine Scheidungsfolgenvereinbarung zweckmäßig und empfehlenswert. Nach wie vor ist nämlich über die Scheidung und die Folgesachen, wie z.B. Unterhalt, Versorgungsausgleich, Güterrecht und Hausrat zusammen in einem Verbund zu entscheiden, wenn ein Ehegatte dies beantragt (§ 137 FamFG). Eine Scheidungsfolgenvereinbarung, in der diese Bereiche einvernehmlich geregelt werden, erleichtert und beschleunigt daher eine beiderseitig gewünschte Scheidung.

Vor allem trägt die Scheidungsfolgenvereinbarung zur Rechtssicherheit bei. Dies ist nicht zu unterschätzen, verliert doch die zunächst bekundete Absicht der Ex-Partner, nicht streiten zu wollen, nicht selten mit der Zeit an Verbindlichkeit. Zudem ist die Scheidungsfolgenvereinbarung als gütliche Einigung einer prozessualen Auseinandersetzung vorzuziehen. Immerhin stellt ein streitiges Verfahren eine erhebliche Belastung für die gesamte Familie dar und verursacht auch deutlich höhere Kosten als eine notarielle Vereinbarung. 790

Gegenstand einer Scheidungsfolgenvereinbarung könnten sein:

- Regelungen zum Güterstand,
- Versorgungsausgleich,
- Unterhalt der Ehegatten,
- Unterhalt der Kinder,
- Regelung der elterlichen Sorge und des Umgangsrechts,
- Wohnung und Hausrat,
- Übertragung von Miteigentum bei gemeinschaftlichem Grundbesitz,
- Auseinandersetzung von sonstigem Vermögen,
- Zuordnung von Verbindlichkeiten,
- Aufhebung von gemeinschaftlichen Testamenten oder Erbverträgen,
- wechselseitige Erb- und/oder Pflichtteilsverzichte.

1. Vereinbarungen zum Güterstand

Mit Scheidung der Ehe **endet** der Güterstand. Die güterrechtlichen Folgen einer Scheidung richten sich nach dem jeweiligen Güterstand, in dem die Ehegatten gelebt haben. 791

a) Im gesetzlichen Güterstand der Zugewinngemeinschaft entsteht mit Rechtskraft des Scheidungsbeschlusses der Anspruch auf Ausgleich des Zugewinns (§ 1378 Abs. 3 S. 1 BGB). Demjenigen Ehegatten, dessen Zugewinn geringer ist als der des anderen, steht die Hälfte des Überschusses als Ausgleichsforderung zu (§ 1378 Abs. 1 BGB).
   Die Ehegatten können gemäß § 1378 Abs. 3 S. 2 BGB während eines Scheidungsverfahrens für den Fall der Auflösung der Ehe eine Vereinbarung über den Ausgleich des Zugewinns treffen, die der notariellen Beurkundung bedarf. Entgegen dem Wortlaut der Vorschrift sind derartige Vereinbarungen nach der Rechtsprechung des Bundesgerichtshofes auch *vor* Anhängigkeit des Scheidungsverfahrens zulässig. Daneben können die Ehegatten auch bei bestehender Scheidungsabsicht wie in einem vorsorgenden Ehevertrag gemäß § 1408 Abs. 1 BGB güterrechtliche Regelungen treffen, insbesondere den gesetzlichen Güterstand aufheben und Gütertrennung vereinbaren sowie im Zusammenhang hiermit den etwaigen Ausgleich des bis dahin entstandenen Zugewinns regeln.
   Hinsichtlich der Ausgleichsforderung kann die Vereinbarung z.B. Folgendes zum Inhalt haben:
   - Verzicht auf den Ausgleich,
   - einvernehmliche Festlegung der Höhe der Ausgleichsforderung,
   - Vereinbarung der Zahlung in Teilbeträgen,
   - Erfüllung der Ausgleichsforderung nicht durch Geldzahlung, sondern durch Übertragung von Vermögenswerten, z.B. von Grundbesitz.
b) Leben die Ehegatten im Güterstand der Gütergemeinschaft, so haben sie sich nach dessen Beendigung über das Gesamtgut auseinanderzusetzen (§ 1471 BGB). Entschließen sie sich zu einer Scheidungsfolgenvereinbarung, so werden sie häufig ihren Güterstand durch Vereinbarung der Gütertrennung beenden und einen Auseinandersetzungsvertrag schließen, der Bestandteil ihrer Scheidungsfolgenvereinbarung ist. Der Auseinandersetzungsvertrag regelt insbesondere die Übertragung der zum Gesamtgut gehörenden und im Gesamthandseigentum befindlichen Gegenstände in das Alleineigentum oder Bruchteilseigentum der Ehegatten. Bei Grundstücken ist hierzu die Auflassung (§ 925 BGB) erforderlich.
c) Hatten die Ehegatten für ihre Ehe den Güterstand der Gütertrennung gewählt, so werden sie hieran regelmäßig bei bevorstehender Scheidung nichts ändern. Da bei diesem Güterstand keine güterrechtlichen Beziehungen zwischen den Ehegatten bestehen, insbesondere auch kein Zugewinn auszugleichen ist, besteht

aus Anlass einer Scheidung hier auch kein Bedarf für besondere güterrechtliche Vereinbarungen. Dies gilt jedoch nicht für die übrigen Scheidungsfolgen, die auch im Güterstand der Gütertrennung zweckmäßigerweise einvernehmlich geregelt werden sollten.

2. Vereinbarungen zum Versorgungsausgleich

792 Die Ehegatten können gemäß § 6 VersAusglG Vereinbarungen über den Versorgungsausgleich schließen. Die Vereinbarung bedarf, wenn sie vor Rechtskraft der gerichtlichen Versorgungsausgleichsentscheidung getroffen wird, der notariellen Beurkundung (§ 7 VersAusglG).

Die Vereinbarungen müssen jedoch der Inhalts- und Ausübungskontrolle standhalten (vgl. Rdn 779 f.). Bezüglich der verschiedenen Regelungsmöglichkeiten zum Versorgungsausgleich wird auf die Ausführungen (siehe oben Rdn 782 ff.) verwiesen.

3. Vereinbarungen über den Ehegattenunterhalt

793 Das Gesetz unterscheidet den Unterhalt bei Getrenntleben und den Unterhalt nach Scheidung der Ehe.

a) Unterhalt bei Getrenntleben

794 Leben die Ehegatten getrennt, so kann ein Ehegatte von dem anderen gemäß § 1361 BGB den nach den Lebensverhältnissen und den Erwerbs- und Vermögensverhältnissen der Ehegatten angemessenen Unterhalt verlangen. Vereinbarungen über den Trennungsunterhalt sind nicht unzulässig, unterliegen jedoch wegen § 1614 Abs. 1 BGB einschränkenden Voraussetzungen. Nach dieser Vorschrift kann auf künftigen Unterhalt nicht, auch nicht teilweise, verzichtet werden. Das Verbot gilt auch für die Zeit des Getrenntlebens der Ehegatten, und zwar selbst dann, wenn der Scheidungsantrag bereits gestellt sein sollte. Zwar können Eheleute Abreden über die Ausgestaltung des Trennungsunterhalts treffen, etwa über Art und – in Grenzen – Höhe des Unterhalts; ein Verzicht oder Teilverzicht auf Unterhalt darf jedoch hiermit nicht verbunden sein.[140] Eine gegen § 1614 BGB verstoßende Unterhaltsvereinbarung ist gemäß § 134 BGB nichtig. Das gilt auch für eine Vereinbarung, durch die der unterhaltsberechtigte Ehegatte zwar nicht auf künftigen Trennungsunterhalt verzichtet, jedoch die Verpflichtung eingeht oder das Versprechen abgibt, keinen Trennungsunterhalt geltend zu machen. Denn hierbei handelt sich um ein unzulässiges und damit unwirksames Umgehungsgeschäft.[141]

b) Unterhalt für die Zeit nach der Scheidung

795 Kann ein Ehegatte nach der Scheidung nicht selbst für seinen Unterhalt sorgen, so hat er gegen den anderen Ehegatten gemäß § 1569 BGB Anspruch auf Unterhalt, sofern der andere Ehegatte hierzu ohne Gefährdung des eigenen Unterhaltes in der Lage ist und einer der folgenden Unterhaltstatbestände vorliegt:

796
- Unterhalt wegen Betreuung eines gemeinschaftlichen Kindes (§ 1570 BGB),
- Unterhalt wegen Alters (§ 1571 BGB),
- Unterhalt wegen Krankheit oder Gebrechen (§ 1572 BGB),
- Unterhalt wegen Erwerbslosigkeit (§ 1573 Abs. 1 BGB),
- Aufstockungsunterhalt (§ 1573 Abs. 2 BGB),
- Unterhalt zur Ausbildung, Fortbildung und Umschulung (§ 1575 BGB),
- Unterhalt aus Billigkeitsgründen (§ 1576 BGB).

797 Das am 1.1.2008 in Kraft getretene Unterhaltsrechtsänderungsgesetz betont nunmehr den Grundsatz der Eigenverantwortung, wenn es in § 1569 BGB bestimmt: „Nach der Scheidung obliegt es jedem Ehegatten, selbst für seinen Unterhalt zu sorgen." Nur wenn er dazu nicht in der Lage ist, kann er bei Vorliegen der gesetzlichen Voraussetzungen nachehelichen Unterhalt von seinem geschiedenen Ehegatten verlangen.

Sind die Voraussetzungen des Anspruchs auf Geschiedenenunterhalt erfüllt, so richtet sich dessen Höhe grundsätzlich nach den ehelichen Lebensverhältnissen (§ 1578 Abs. 1 BGB).

140 Hierzu BGH DNotZ 2016, 59; OLG Hamm RNotZ 2001, 49.
141 BGH DNotZ 2016, 59.

In der gerichtlichen Praxis spielt der Unterhaltstatbestand des § 1570 BGB (Unterhalt wegen der Betreuung eines gemeinsamen Kindes) eine besonders wichtige Rolle. Wie lange Kindesbetreuungsunterhalt zu zahlen ist bzw. verlangt werden kann, ist einzelfallabhängig zu prüfen. Starre Altersphasen gibt es, abgesehen von der Stufe 1 nicht, wie nachfolgende Übersicht zeigt:

- **Stufe 1: Zeitlicher Basisunterhalt** 798
  Bis zur Vollendung des 3. Lebensjahres des Kindes ist dem betreuenden Elternteil keine Erwerbstätigkeit zuzumuten. Bis zu diesem Zeitpunkt steht ihm daher auf jeden Fall Betreuungsunterhalt zu, sofern auch die allgemeinen sonstigen Unterhaltsvoraussetzungen vorliegen.
- **Stufe 2: Verlängerung aus kindbezogenen Gründen**
  Die Dauer des Unterhaltsanspruchs verlängert sich über diesen Zeitraum hinweg, solange und soweit dies der Billigkeit entspricht. Dabei sind die Belange des Kindes (z.B. Krankheit, Schulschwierigkeiten) und die bestehenden Möglichkeiten der Kindesbetreuung (z.B. Kindergarten, Hort) zu berücksichtigen.
- **Stufe 3: Verlängerung aus elternbezogenen Gründen**
  Die Dauer des Unterhaltsanspruchs verlängert sich weiter und über die Stufen 1 und 2 hinaus, wenn dies unter Berücksichtigung von Kindesbetreuung und Erwerbstätigkeit in der Ehe sowie der Dauer der Ehe der Billigkeit entspricht.

Die Ehegatten können gemäß § 1585c BGB Vereinbarungen über die Unterhaltspflicht für die Zeit nach der Scheidung treffen. Die Verzichtssperre des § 1614 Abs. 1 BGB besteht hier nicht, sodass die Ehegatten auf nachehelichen Unterhalt verzichten können. Allerdings ist hierbei die Rechtsprechung des Bundesgerichtshofes zur Inhaltskontrolle von Eheverträgen zu beachten (vgl. hierzu den folgenden Text). Vereinbarungen über nachehelichen Unterhalt, die **vor** Rechtskraft der Scheidung getroffen werden, sind zudem nur wirksam, wenn sie notariell beurkundet werden (§ 1585c S. 2 BGB).

▼ 799

Muster 4.160: Scheidungsfolgenvereinbarung – Verzicht auf nachehelichen Unterhalt

Wir verzichten wechselseitig auf nachehelichen Unterhalt, auch für den Fall der Not, und nehmen diesen Verzicht wechselseitig an. Der Notar hat uns darauf hingewiesen, dass aufgrund des Unterhaltsverzichts jeder von uns nach der Scheidung selbst für seinen Unterhalt Sorge tragen muss und den geschiedenen Ehepartner hierfür nicht mehr in Anspruch nehmen kann.

▲

Der Verzicht eines Ehegatten, der minderjährige Kinder zu betreuen hat, auf nachehelichen Unterhalt ist kritisch zu beurteilen, sofern nicht aufgrund sonstiger Umstände eine **Benachteiligung** des Verzichtenden ausgeschlossen werden kann.[142] Nach einer grundlegenden Entscheidung des BGH aus dem Jahre 2004 zur Inhaltskontrolle von Eheverträgen gehört der Unterhalt eines geschiedenen Ehegatten wegen Betreuung eines gemeinsamen Kindes (§ 1570 BGB) zum **Kernbereich** des Scheidungsfolgenrechts.[143] Danach unterliegt der Betreuungsunterhalt schon wegen seiner Ausrichtung am Kindesinteresse nicht der freien Disposition der Ehegatten. In einer Rangabstufung, die der BGH entsprechend der Bedeutung der verschiedenen Unterhaltstatbestände vornimmt und bei der der jeweils nachrangige Unterhaltstatbestand einen größeren Vereinbarungsspielraum gewährt, folgen auf den Betreuungsunterhalt der Krankheitsunterhalt (§ 1572 BGB) und der Unterhalt wegen Alters (§ 1571 BGB), die ebenfalls noch zum Kernbereich des Scheidungsfolgenrechts gehören, sodann der Unterhalt wegen Erwerbslosigkeit (§ 1573 BGB), danach Krankenvorsorge- und Altersvorsorgeunterhalt (§ 1578 Abs. 2, 3 BGB) und schließlich und als am ehesten verzichtbar die Ansprüche auf Aufstockungs- und Ausbildungsunterhalt (§§ 1573 Abs. 2, 1575 BGB). Auf derselben Stufe wie der Altersunterhalt rangiert der Versorgungsausgleich, der jedoch nach Ansicht des BGH jedenfalls bei deutlich gehobenen Vermögensverhältnissen eine weitergehende Dispositionsbefugnis rechtfertigen soll.[144] Erforderlich ist immer eine Gesamtschau und Gesamtwürdigung aller getroffenen Vereinbarungen, der Gründe und Umstände ihres Zustandekommens sowie der ehelichen Einkommens- und Vermögensverhältnisse und des Zuschnitts der

142 BVerfG NJW 2001, 957.
143 BGH NJW 2004, 930 und seitdem ständige Rechtsprechung, vgl. z.B. BGH NJW 2013, 380.
144 BGH NJW 2004, 930, 934.

jeweiligen Ehe. Je stärker die getroffenen Vereinbarungen zum Nachteil eines Ehegatten in den Kernbereich des Scheidungsfolgenrechts eingreifen, ohne dass diese Nachteile durch anderweitige Vorteile gemildert oder durch sonstige gewichtige Belange gerechtfertigt werden, desto größer ist die Gefahr, dass die getroffenen Vereinbarungen keinen rechtlichen Bestand haben.

801 Auch wenn danach ehevertragliche Ausschlussvereinbarungen einer Wirksamkeitskontrolle nach § 138 Abs. 1 BGB standhalten sollten, ist sodann im Rahmen einer richterlichen Ausübungskontrolle zu prüfen, ob und inwieweit es einem Ehegatten gleichwohl nach Treu und Glauben (§ 242 BGB) verwehrt ist, sich auf eine ihn begünstigende Regelung wie z.B. den Verzicht auf nachehelichen Unterhalt zu berufen (vgl. hierzu Rdn 807 f.).[145]

Unterhaltsvereinbarungen können zum Gegenstand haben:

802
- die Höhe des Unterhalts,
- die Dauer der Unterhaltsverpflichtung (insbesondere die zeitliche Beschränkung),
- den Ausschluss und die Aufrechterhaltung einzelner Unterhaltstatbestände, etwa die Beibehaltung des Unterhalts für den Fall der Not,
- den Umfang der Anrechnung von Einkünften,
- die Leistung von Sachwerten anstelle von regelmäßig wiederkehrenden Unterhaltsleistungen.

4. Vereinbarungen über den Kindesunterhalt

803 Eltern sind gegenüber ihren Kindern unterhaltspflichtig (§ 1601 BGB). Das Gesetz unterscheidet zwischen Barunterhalt und Naturalunterhalt. Derjenige Elternteil, der das Kind betreut, erfüllt seine Unterhaltsverpflichtung in der Regel durch die Pflege und Erziehung des Kindes (§ 1606 Abs. 3 BGB), während der andere Elternteil Unterhalt in Form einer Geldrente (**Barunterhalt**) zu leisten hat.

Für den Kindesunterhalt gilt die Verzichtssperre des § 1614 BGB, sodass auf Kindesunterhalt nicht mit Wirkung gegen das Kind verzichtet werden kann. Zwar ist eine Vereinbarung möglich, mit der ein Elternteil den anderen von Unterhaltsansprüchen des Kindes freistellt, sofern sie sich in den vom BVerfG gezogenen Grenzen bewegt (keine Freistellung des nicht betreuenden Elternteils vom Kindesunterhalt durch den Betreuenden, wenn der betreuende Elternteil über keine angemessenen finanziellen Mittel verfügt).[146] Eine solche Abrede wirkt jedoch nur im Innenverhältnis zwischen den Eltern, nicht aber zu Lasten des Kindes, dem es unbenommen bleibt, den freigestellten Elternteil auf Unterhalt in Anspruch zu nehmen.

804 Die Ehegatten können den Umfang des gesetzlichen Unterhaltsanspruchs ihres Kindes zwar nicht mindern, wohl aber vereinbaren, dass dem Kind ein höherer als der nach dem Gesetz geschuldete Unterhalt zustehen soll und diese Höhe sodann festlegen. Auch können sie Abreden im Bereich des Kindergeldes treffen, da das staatliche Kindergeld nicht den Kindern, sondern den Eltern zusteht.

Der Kindesunterhalt kann als **statischer** Unterhalt in Form eines monatlichen Festbetrages vereinbart werden, der bei einer Änderung der Verhältnisse (Alter des Kindes; Änderung der Tabellensätze der Düsseldorfer Tabelle) jeweils neu angepasst werden muss. Er kann jedoch gemäß § 1612a BGB stattdessen auch als **dynamischer** Unterhalt verlangt und vereinbart werden. In diesem Fall wird der geschuldete Unterhalt in Form eines Prozentsatzes des gesetzlichen Mindestunterhalts formuliert und im Vollstreckungstitel ausgewiesen. Die Richtsätze der Einkommensstufe 1 der Düsseldorfer Tabelle entsprechen dabei jeweils 100 % des Mindestunterhalts. Ein derart vereinbarter Kindesunterhalt ermöglicht auch eine entsprechende Vollstreckungsunterwerfung in notarieller Urkunde und damit einen dynamischen Vollstreckungstitel. Damit erübrigen sich dann spätere neue Titulierungen.

145 BGH NJW 2004, 930; BGH NJW 2013, 380.
146 BVerfG NJW 2001, 957.

▼ 805

Muster 4.161: Scheidungsfolgenvereinbarung – Vereinbarung zum Kindesunterhalt

Der Ehemann verpflichtet sich, für das gemeinsame jährige Kind zu Händen der Ehefrau Kindesunterhalt in Höhe von % des Mindestunterhalts gemäß § 1612a BGB in der jeweils geltenden Altersstufe zu zahlen, abzüglich des hälftigen auf das Kind entfallenden Kindergeldes. Danach beträgt der monatliche Kindesunterhalt für das Kind auf der Grundlage der Düsseldorfer Tabelle (Stand:) derzeit EUR, abzüglich EUR Kindergeldanteil, somit EUR. Das Kind soll durch die vorstehende Vereinbarung einen eigenen Anspruch im Sinne eines echten Vertrages zugunsten Dritter erhalten. 4.161

Wegen der vorstehenden Verpflichtung zur Zahlung des dynamischen Kindesunterhalts – derzeit in der bezifferten Höhe von EUR monatlich – unterwirft sich der Ehemann gegenüber seinem Kind der sofortigen Zwangsvollstreckung aus dieser Urkunde in sein gesamtes Vermögen. Der Notar wird ermächtigt, dem Kind zu Händen der Ehefrau jederzeit ohne weitere Nachweise vollstreckbare Ausfertigungen dieser Urkunde erteilen.

▲

Die Eltern können bei Abschluss der Unterhaltsvereinbarung ihr Kind wegen §§ 1629 Abs. 2, 1795 Abs. 1 Nr. 1 BGB nicht vertreten. Hierzu bedürfte es der Bestellung eines Ergänzungspflegers. Zur Vermeidung der Pflegerbestellung wird daher die Vereinbarung üblicherweise zwischen den Ehegatten selbst zugunsten des Kindes als echter Vertrag zugunsten Dritter (§ 328 BGB) geschlossen, durch den das Kind einen eigenen vollstreckbaren Unterhaltsanspruch erhält.

5. Vereinbarungen über die elterliche Sorge und das Umgangsrecht

Die Eltern behalten auch nach Trennung und Scheidung die gemeinsame elterliche Sorge, ohne dass hierfür ein Antrag und eine gerichtliche Entscheidung erforderlich sind. Jeder Elternteil kann jedoch gemäß § 1671 BGB beantragen, dass ihm das Familiengericht die elterliche Sorge oder einen Teil der elterlichen Sorge allein überträgt. Dem Antrag ist stattzugeben, wenn der andere Elternteil zustimmt (und ein bereits 14 Jahre altes Kind der Übertragung nicht widerspricht) oder zu erwarten ist, dass die Aufhebung der gemeinsamen Sorge und die Übertragung auf einen Elternteil dem Wohl des Kindes am besten entsprechen. 806

Möglich ist nunmehr auch, dass nur ein Teil der elterlichen Sorge (z.B. das Aufenthaltsbestimmungs- und Erziehungsrecht) einem Elternteil allein übertragen wird (partielle Alleinsorge), während sie im Übrigen bei beiden Eltern gemeinsam verbleibt.

Für die Scheidungsfolgenvereinbarung bedeutet dies Folgendes: Soll die elterliche Sorge auch nach der Scheidung beiden Eltern gemeinsam zustehen (nunmehr gesetzlicher Regelfall), empfiehlt sich die Aufnahme einer entsprechenden Bestimmung in den Vertrag, auch wenn diese nur klarstellenden Charakter hat.

▼ 807

Muster 4.162: Scheidungsfolgenvereinbarung – Gemeinsame elterliche Sorge

Hinsichtlich der elterlichen Sorge für das gemeinsame Kind soll es bei der gesetzlichen Regelung verbleiben. Die elterliche Sorge soll daher auch künftig ungeachtet einer Trennung und Scheidung beiden Eltern gemeinsam zustehen. Abweichende Sorgerechtsanträge beabsichtigen die Vertragsbeteiligten nicht zu stellen. 4.162

▲

Soll die elterliche Sorge einem Elternteil allein übertragen werden, so könnte in der Scheidungsfolgenvereinbarung etwa wie folgt formuliert werden: 808

▼

Muster 4.163: Scheidungsfolgenvereinbarung – Alleinige elterliche Sorge

Die elterliche Sorge für das gemeinsame Kind soll der Mutter übertragen werden. Diese wird in dem Scheidungsverfahren einen entsprechenden Sorgerechtsantrag stellen. Der Kindesvater und Ehe- 4.163

mann stimmt diesem Antrag bereits jetzt zu. Er verpflichtet sich, diese Zustimmung im Scheidungsverfahren erforderlichenfalls erneut zu erklären.

▲

In beiden Fällen, also sowohl für den Fall des Fortbestands der gemeinsamen elterlichen Sorge als auch für den Fall ihrer – vollständigen oder teilweisen – Übertragung auf einen Elternteil, können die Ehegatten Vereinbarungen zur näheren Ausgestaltung der elterlichen Sorge und des Umgangsrechtes treffen.

Soll die elterliche Sorge einem Elternteil allein übertragen werden, behält der andere Elternteil das Recht zum Umgang mit dem gemeinsamen Kind (§ 1684 BGB), dessen Einzelheiten die Ehegatten vertraglich regeln können.

809 ▼

Muster 4.164: Scheidungsfolgenvereinbarung – Umgangsrechtsvereinbarung

4.164 Der Vater ist berechtigt, das gemeinsame Kind an jedem zweiten Wochenende des Monats in der Zeit von Freitag Uhr bis Sonntag Uhr bei sich zu haben. Der Vater holt das Kind jeweils in der Wohnung der Mutter ab und bringt es dorthin zurück. Der Vater ist ferner berechtigt, jeweils in den Sommerferien einen dreiwöchigen Urlaub mit dem Kind zu verbringen.

▲

Soll die elterliche Sorge nach der Scheidung beiden Eltern gemeinsam zustehen, besteht ebenfalls Regelungsbedarf. So ist etwa zu klären, bei welchem Elternteil das Kind wohnen soll und wie das Umgangsrecht des anderen Elternteils ausgeübt werden soll (vgl. hierzu § 5 des folgenden Musters einer Scheidungsfolgenvereinbarung, siehe Rdn 818).

6. Vereinbarungen über Ehewohnung und Hausrat

810 Die §§ 1568a und 1568b BGB treffen Regelungen für den Fall, dass sich die Ehegatten anlässlich der Scheidung nicht darüber einigen können, wer von ihnen die Ehewohnung künftig bewohnen und wer die Wohnungseinrichtung und den sonstigen Hausrat erhalten soll. Danach kann z.B. ein Ehegatte verlangen, dass ihm der Ehepartner anlässlich der Scheidung die gemietete Ehewohnung überlässt, wenn er auf deren Nutzung in stärkerem Maße angewiesen ist als der andere Ehegatte oder dies der Billigkeit entspricht. Der Ehegatte, dem die Ehewohnung nach § 1568a Abs. 1 BGB überlassen wurde, tritt an Stelle des anderen Ehegatten in das Mietverhältnis ein oder setzt dieses allein fort (§ 1568a Abs. 2 BGB), und zwar ab dem Zeitpunkt, an dem die Mitteilung der Ehegatten über die Überlassung dem Vermieter zugegangen ist. In entsprechender Weise kann ein Ehegatte gemäß § 1568b BGB verlangen, dass sein Ehepartner ihm anlässlich der Scheidung die im gemeinsamen Eigentum stehenden Haushaltsgegenstände gegen angemessene Ausgleichszahlung überlässt und übereignet, wenn er auf deren Nutzung in stärkerem Maße angewiesen ist als der andere Ehegatte oder dies der Billigkeit entspricht.

Da es zweifelhaft sein kann, ob derartige Ansprüche im Einzelfall tatsächlich bestehen, empfiehlt sich eine gütliche Regelung hierüber.

811 ▼

Muster 4.165: Scheidungsfolgenvereinbarung – Ehewohnung/Hausrat

4.165 Wir sind gemeinsame Mieter der bisherigen Ehewohnung in , . Der Ehemann ist aus dieser Wohnung ausgezogen. Er scheidet mit Beginn des nächsten Monats aus dem Mietverhältnis aus, das von der Ehefrau allein fortgesetzt wird. Uns ist bekannt, dass diese Vereinbarung gegenüber dem Vermieter nur dann wirkt, wenn dieser ihr zustimmt. Der Vermieter hat die Zustimmung bereits schriftlich erteilt.

Den Hausrat haben wir bereits zwischen uns aufgeteilt. Wir stellen fest und vereinbaren, dass jeder von uns Alleineigentümer derjenigen Hausratsgegenstände ist, die sich in seinem jetzigen Besitz befinden. Wir sind uns über den Übergang des Eigentums einig.

▲

7. Zuordnung von Verbindlichkeiten

812 Häufig bestehen bei Trennung der Ehegatten noch Verbindlichkeiten aus Darlehen, die von beiden Ehegatten oder einem von ihnen während der Ehezeit aufgenommen worden sind. Die Eheleute können im Zusammen-

hang mit der Scheidung Vereinbarungen über die künftige Zuordnung dieser Verbindlichkeiten treffen. Sie können vereinbaren, dass einer von ihnen die Darlehensschuld allein übernimmt und der andere aus der Mithaft entlassen werden soll. Sie können sich auch über eine vorzeitige Tilgung des Darlehens einigen. Möglich ist ferner die Aufspaltung eines Darlehens in zwei getrennte Darlehen über jeweils die Hälfte der Verbindlichkeiten, für die jeder von ihnen sodann nur noch als Alleinschuldner und nicht als Gesamtschuldner haftet. Dem Darlehensgläubiger gegenüber wirken derartige Vereinbarungen nur, wenn dieser hierzu seine Zustimmung erteilt.

Sind die Verbindlichkeiten durch Grundpfandrechte auf dem gemeinsamen Grundbesitz der Ehegatten gesichert und soll der Grundbesitz im Rahmen der Scheidungsfolgenvereinbarung auf einen der Ehegatten übertragen werden, so werden die Regelungen über die Zuordnung dieser Verbindlichkeiten in den Abschnitt über die Grundstücksübertragung aufgenommen (zur Schuldübernahme siehe Rdn 61 ff., 186, 1636 ff.).

8. Übertragung von Grundbesitz

Bei bestehendem Alleineigentum und insbesondere bei Miteigentum der Ehegatten an Grundbesitz wird vielfach vereinbart, dass einer von ihnen den Grundbesitz zu Alleineigentum übertragen erhält. Regelmäßig handelt es sich um denjenigen Ehepartner, der nach Auszug des anderen das bislang gemeinsam genutzte Haus allein oder mit den Kindern weiter bewohnt. Als Gegenleistung für die Übertragung übernimmt der Erwerber üblicherweise die auf dem Grundbesitz durch Grundpfandrechte gesicherten Verbindlichkeiten als alleiniger Schuldner. Zusätzlich verpflichtet er sich häufig, an den übertragenden Ehegatten eine Herauszahlung zu leisten. Ansonsten unterscheidet sich diese Übertragung meist nicht von anderen Grundstücksübertragungen. 813

9. Aufhebung von Verfügungen von Todes wegen, Erb- und Pflichtteilsverzicht

Getrennt lebende Ehegatten mit Scheidungsabsicht möchten zumeist nicht, dass ein Ehepartner den anderen trotz Trennung noch gesetzlich beerben oder den Pflichtteil geltend machen kann. Ihnen ist aber häufig unbekannt, dass nicht schon die Trennung, sondern erst die Scheidung oder, wenn der Todesfall vor Scheidung eintritt, der Scheidungsantrag, sofern die Voraussetzungen für die Scheidung der Ehe gegeben waren, das gesetzliche Erb- und Pflichtteilsrecht des überlebenden Ehegatten gegenüber dem Erstversterbenden beseitigt (§ 1933 BGB) und zum Wegfall einer letztwilligen Verfügung führt, in der der erstversterbende Ehegatte den Überlebenden bedacht hat (§ 2077 BGB). 814

Daher entspricht es in vielen Fällen dem Willen der Ehegatten, in der notariellen Scheidungsfolgenvereinbarung auch etwa bestehende gemeinschaftlich errichtete Testamente oder Erbverträge aufzuheben und wechselseitig auf das gesetzliche Erb- und/oder Pflichtteilsrecht zu verzichten.

10. Formbedürftigkeit der Vereinbarung

Zu ihrer Wirksamkeit bedürfen der notariellen Beurkundung die Vereinbarungen über den Güterstand (§ 1408 Abs. 1 BGB) und den Ausgleich des Zugewinns (§ 1378 Abs. 3 BGB), den Versorgungsausgleich (§ 7 VersAusglG), eine vor Rechtskraft der Scheidung getroffene Vereinbarung über den nachehelichen Unterhalt (§ 1585c S. 2 BGB), die Übertragung von Grundbesitz (§ 311b Abs. 1 BGB) sowie der Erb- und Pflichtteilsverzicht (§ 2346 BGB). Ebenfalls formbedürftig ist die Aufhebung eines gemeinschaftlichen Testamentes oder eines Erbvertrages der Ehegatten; einzuhalten ist hierbei entweder die für Erbverträge vorgeschriebene Form der notariellen Beurkundung (§§ 2290 Abs. 4, 2276 BGB) oder die für gemeinschaftliche Testamente angeordnete Form (§ 2292 BGB). Für sich genommen formfrei möglich sind bislang noch die Vereinbarungen über den Kindesunterhalt – nicht jedoch die diesbezügliche Vollstreckungsunterwerfung – sowie über den Hausrat und die eheliche Wohnung. Stehen diese Abreden jedoch – wie häufig – im Zusammenhang mit beurkundungspflichtigen Vereinbarungen etwa zum Güterrecht oder zur Grundstücksübertragung, so sind auch sie in der Regel beurkundungspflichtig. 815

11. Scheidungsvorbehalt

816 Die Ehegatten schließen den Scheidungsfolgenvertrag regelmäßig vor dem Hintergrund einer konkret beabsichtigten Scheidung, die nicht selten bereits bei Gericht beantragt ist. Die Durchführung dieser Scheidung kann rechtsgeschäftliche Bedingung (§ 158 BGB) oder nur Anlass der Vereinbarung sein. Die Frage wird dann bedeutsam, wenn die Ehegatten nach Abschluss der Vereinbarung die Scheidung nicht weiterverfolgen und zum Beispiel den Scheidungsantrag zurücknehmen, weil sie sich wieder versöhnt oder aus anderen Gründen von einer Scheidung Abstand genommen haben. Wird dann, vielleicht Jahre später, erneut die Scheidung betrieben, so könnte der Fortbestand der damaligen Scheidungsvereinbarung in Zweifel gezogen werden. Um dies zu vermeiden, empfiehlt sich eine entsprechende Klarstellung in dem Vertrag.

817 ▼

Muster 4.166: Scheidungsfolgenvereinbarung – Scheidungsvorbehalt

4.166 Wir leben getrennt und beabsichtigen, unsere Ehe scheiden zu lassen. Der Scheidungsantrag ist bereits gestellt. Die Scheidung ist jedoch nicht Bedingung unseres heutigen Vertrages. Die in dieser Urkunde enthaltenen Vereinbarungen treffen wir vielmehr unabhängig davon, ob und zu welchem Zeitpunkt unsere Ehe geschieden werden sollte.

▲

12. Muster einer Scheidungsfolgenvereinbarung

818 ▼

Muster 4.167: Scheidungsfolgenvereinbarung

4.167 Verhandelt zu

Die Erschienenen erklärten:

Wir sind beide ausschließlich deutsche Staatsangehörige und hatten den ersten gemeinsamen gewöhnlichen Aufenthalt nach Eheschließung in Deutschland.

Wir haben am vor dem Standesbeamten in die Ehe miteinander geschlossen. Wir leben getrennt und beabsichtigen, unsere Ehe scheiden zu lassen. Der Scheidungsantrag ist noch nicht bei Gericht gestellt.

Im Hinblick auf die Scheidung, jedoch nicht durch diese bedingt, treffen wir die folgenden Vereinbarungen:

§ 1 Güterstand, Ausgleich des Zugewinns

1. Wir haben bislang keinen Ehevertrag geschlossen, sodass für unsere Ehe der gesetzliche Güterstand der Zugewinngemeinschaft gilt. Wir heben mit sofortiger Wirkung den gesetzlichen Güterstand auf und vereinbaren den Güterstand der Gütertrennung gemäß § 1414 BGB.
   Über die damit verbundenen Rechtsfolgen hat uns der Notar belehrt.
   Jeder von uns ist in Zukunft frei von den Beschränkungen der §§ 1365 und 1369 BGB, kann also ohne Zustimmung des anderen Ehegatten über sein Vermögen – auch über sein Vermögen im Ganzen – oder über ihm gehörende Gegenstände des ehelichen Hausrats verfügen und sich zu solchen Verfügungen verpflichten. Die in § 1371 BGB vorgesehene Erhöhung des gesetzlichen Erbteils des Überlebenden von uns tritt nicht ein. Der künftig in unserer Ehe erzielte Zugewinn wird nicht ausgeglichen.

2. Der bis zum heutigen Tag entstandene Zugewinn wird wie folgt ausgeglichen:
   Der Ehemann verpflichtet sich, an die Ehefrau innerhalb von einem Monat ab dem heutigen Tag einen Betrag in Höhe von EUR zinslos zu zahlen. Mit Zahlung dieses Betrages ist der Zugewinn vollständig ausgeglichen. Die Ehefrau verzichtet vorsorglich auf weitergehenden Zugewinnausgleich.
   Wegen der Verpflichtung zur Zahlung des Betrages von EUR unterwirft sich der Ehemann der sofortigen Zwangsvollstreckung aus dieser Urkunde in sein gesamtes Vermögen. Vollstreckbare Ausfertigung kann ohne weitere Nachweise erteilt werden.

§ 2 Versorgungsausgleich

Der Versorgungsausgleich soll nach den gesetzlichen Bestimmungen durchgeführt werden.

§ 3 Ehegattenunterhalt

1. Der Ehemann verpflichtet sich, an die Ehefrau für die Zeit der Trennung bis zur Rechtskraft des Scheidungsbeschlusses einen monatlichen Unterhaltsbetrag in Höhe von EUR zu zahlen. Der Unterhalt ist monatlich im Voraus bis zum ersten Tag eines jeden Monats zu entrichten, erstmals am ersten Tag des folgenden Monats.
   Unterhaltsrückstände bestehen nicht. Der Notar hat drüber belehrt, dass auf künftigen Trennungsunterhalt nicht rechtswirksam verzichtet werden kann. Mit der vorstehenden Vereinbarung ist kein Verzicht auf künftigen Trennungsunterhalt verbunden. Sollte der Ehefrau daher nach dem Gesetz ein höherer als der hier vereinbarte Trennungsunterhalt zustehen, so ist sie nicht gehindert, diesen geltend zu machen.
2. Für die Zeit ab Rechtskraft des Scheidungsbeschlusses vereinbaren wir Folgendes:
   a) Der Ehemann verpflichtet sich in Ausgestaltung der gesetzlichen Unterhaltspflicht, an seine Ehefrau für die Zeit ab Rechtskraft des Scheidungsurteils einen Unterhaltsbetrag in Höhe von EUR monatlich zu zahlen. Der Unterhalt ist monatlich im Voraus bis zum ersten Tag eines jeden Monats zu entrichten.
   b) Der Anspruch der Ehefrau auf nachehelichen Unterhalt wird befristet. Er entfällt mit dem Monat, der auf die Vollendung des Lebensjahres des gemeinsamen Sohnes folgt. Ab diesem Zeitpunkt verzichtet die Ehefrau auf nachehelichen Unterhalt, auch für den Fall der Not.
   c) Der Ehemann verzichtet vollständig auf nachehelichen Unterhalt, auch für den Fall der Not.
3. Wegen der Verpflichtung zur Zahlung des Trennungsunterhalts von monatlich EUR und des nachehelichen Unterhalts von monatlich EUR unterwirft sich der Ehemann der sofortigen Zwangsvollstreckung aus dieser Urkunde in sein gesamtes Vermögen. Vollstreckbare Ausfertigung kann ohne weitere Nachweise erteilt werden.
4. Bei der Bemessung des Unterhalts sind wir von unseren derzeitigen monatlichen Nettoeinkünften aus Berufstätigkeit ausgegangen, die bei dem Ehemann EUR und bei der Ehefrau EUR betragen. Der Ehemann ist als Industriekaufmann, die Ehefrau halbtags als städtische Angestellte tätig. Sie wird, womit sich der Ehemann ausdrücklich einverstanden erklärt, den zeitlichen Umfang ihrer Berufstätigkeit im Interesse der Betreuung des gemeinsamen Sohnes bis zur Vollendung seines Lebensjahres nicht erhöhen.
5. Die Ehefrau stimmt bereits jetzt der Geltendmachung der an sie zu zahlenden Unterhaltsleistungen als Sonderausgabe nach § 10 Abs. 1 Nr. 1 Einkommensteuergesetz durch den Ehemann zu und verpflichtet sich, alle Erklärungen abzugeben, die zur Durchführung des Sonderausgabenabzuges bei der Einkommensteuerveranlagung des Ehemannes erforderlich sind. Der Ehemann verpflichtet sich, die Ehefrau von den ihr hierdurch entstehenden steuerlichen Nachteilen freizustellen. Die Steuervorteile stehen dem Ehemann zu.

§ 4 Kindesunterhalt

Der Ehemann verpflichtet sich, für das gemeinsame jährige Kind zu Händen der Ehefrau Kindesunterhalt in Höhe von % des Mindestunterhalts gemäß § 1612a BGB in der jeweils geltenden Altersstufe zu zahlen, abzüglich des hälftigen auf das Kind entfallenden Kindergeldes. Danach beträgt der monatliche Kindesunterhalt für das Kind auf der Grundlage der Düsseldorfer Tabelle (Stand) derzeit EUR, abzüglich EUR Kindergeldanteil, somit EUR. Das Kind soll durch die vorstehende Vereinbarung einen eigenen Anspruch im Sinne eines echten Vertrages zugunsten Dritter erhalten.

Wegen der vorstehenden Verpflichtung zur Zahlung des dynamisierten Kindesunterhalts – derzeit in der bezifferten Höhe von EUR monatlich – unterwirft sich der Ehemann gegenüber seinem Kind B der sofortigen Zwangsvollstreckung aus dieser Urkunde in sein gesamtes Vermögen. Der Notar wird ermächtigt, dem Kind zu Händen der Ehefrau jederzeit ohne weitere Nachweise vollstreckbare Ausfertigungen dieser Urkunde zu erteilen.

§ 5 Elterliche Sorge

Die elterliche Sorge für den Sohn soll auch nach der Scheidung beiden Eltern gemeinsam zustehen. Hiervon abweichende Anträge auf Übertragung der elterlichen Sorge oder eines Teils der elterlichen Sorge auf nur einen Elternteil werden wir nicht stellen.

Zur näheren Ausgestaltung der elterlichen Sorge und des Umgangsrechts vereinbaren wir Folgendes:

Das Kind nimmt seinen gewöhnlichen Aufenthalt bei der Mutter und wohnt in deren Wohnung.

Die Mutter trifft die Entscheidungen in Angelegenheiten des täglichen Lebens. Bei allen darüberhinausgehenden Entscheidungen, die das Kind betreffen, ist das gegenseitige Einvernehmen beider Elternteile erforderlich. Zwischen Vater und Sohn soll ein ständiger Kontakt gewährleistet sein. Die Ehegatten verpflichten sich wechselseitig, alle hierfür notwendigen Voraussetzungen zu schaffen und aufrecht zu erhalten. Ohne weitergehende Kontakte damit zu beschränken, ist der Vater berechtigt,

- das Kind jeden des Monats von Uhr bis Uhr und jedes Wochenende des Monats in der Zeit von Uhr bis Uhr bei sich zu haben,
- mit dem Kind in den Sommerferien einen Urlaub und in den Herbstferien einen Urlaub zu verbringen.

§ 6 Hausrat

Der Hausrat und die Möbel sind zwischen uns aufgeteilt. Wir vereinbaren, dass die in der Anlage 1 dieser Urkunde genannten Gegenstände in das Alleineigentum der Ehefrau und die in der Anlage 2 dieser Urkunde aufgeführten Gegenstände in das Alleineigentum des Ehemannes übergehen sollen. Auf die vorgenannten Anlagen wird verwiesen; sie werden mit vorgelesen.

§ 7 Grundstücksübertragung

1. Wir sind zu je Anteil Miteigentümer des im Grundbuch von Blatt eingetragenen Grundbesitzes:

   Gemarkung ,
   Flur Nr. Hof- und Gebäudefläche,
   , groß .

   Der in Abteilung II lastenfreie Grundbesitz ist in Abteilung III lfd. Nr. 1 mit einer Grundschuld in Höhe von EUR zugunsten der belastet.

2. Die Ehefrau überträgt hiermit dem Ehemann ihren Miteigentumsanteil an dem vorbezeichneten Grundbesitz, sodass der Ehemann Alleineigentümer wird.

3. Für die Übertragung hat der Ehemann folgende Gegenleistungen zu erbringen:

   a) Er verpflichtet sich, an die Ehefrau eine Herauszahlung in Höhe von EUR zu leisten. Der Herauszahlungsbetrag ist zinslos fällig innerhalb von einem Monat, gerechnet ab dem heutigen Tag. Wegen dieser Zahlungsverpflichtung unterwirft sich der Ehemann der sofortigen Zwangsvollstreckung aus dieser Urkunde in sein gesamtes Vermögen. Vollstreckbare Ausfertigung kann ohne weitere Nachweise erteilt werden.

   b) Zusätzlich und ohne Anrechnung auf die Zahlungsverpflichtung nach Buchst. a) übernimmt der Ehemann die der Belastung Abteilung III Nr. 1 zugrunde liegenden Verbindlichkeiten, für die die Eheleute bislang als Gesamtschuldner haften, zur gänzlichen Entlastung seiner Ehefrau zur Alleinschuld. Fortan sollen durch die Grundschuld nurmehr Verbindlichkeiten des Ehemannes, nicht aber solche der Ehefrau gesichert werden. Der Notar wird gebeten, der Gläubigerin eine beglaubigte Abschrift dieser Urkunde mit dem Ersuchen zu übersenden, die Entlassung der Ehefrau aus der Mithaft zu genehmigen und die Änderung der Sicherungszweckerklärung zu bestätigen.
   Ansprüche auf Rückgewähr der Grundschuld werden mit Wirkung zum Zeitpunkt der Leistung des Herauszahlungsbetrages an den Ehemann abgetreten.

4. Der Notar wird angewiesen, den Antrag auf Umschreibung des Miteigentumsanteils auf den Ehemann erst dann beim Grundbuchamt zu stellen, wenn ihm die Zahlung des Betrages von EUR an die Ehefrau sowie deren Entlassung aus der Mithaft für die dem Recht Abteilung III Nr. 1 zugrunde liegenden Verbindlichkeiten nachgewiesen worden sind. Dem Nachweis der Schuldhaftentlassung steht es gleich, wenn der Gläubiger diese Entlassung lediglich von der Eintragung des Ehemannes als Alleineigentümer im Grundbuch abhängig macht. Vor Erfüllung dieser Voraussetzungen soll der Notar dem Ehemann und dem Grundbuchamt keine beglaubigten Abschriften oder Ausfertigungen dieser Urkunde, die die Auflassung enthalten, erteilen.
   (*Es folgt der sonstige Text einer Grundstücksübertragung*).

§ 8 Erb- und Pflichtteilsverzicht

Wir verzichten hiermit wechselseitig auf unser gesetzliches Erb- und Pflichtteilsrecht und nehmen diesen Verzicht gegenseitig an.

Wir wurden darauf hingewiesen, dass beim Tod eines jeden von uns die gesetzliche Erbfolge eintritt, falls keine Verfügung von Todes wegen besteht. Über die gesetzliche Erbfolge hat uns der Notar belehrt.

§ 9 Schlussbestimmungen

1. Die mit dieser Urkunde und ihrem grundbuchlichen Vollzug verbundenen Kosten trägt der Ehemann.

2. Sollte eine Bestimmung dieser Urkunde nicht rechtswirksam sein oder nicht durchgeführt werden können, so soll hierdurch die Gültigkeit der übrigen Vertragsbestimmungen nicht berührt werden. Anstelle der unwirksamen oder nicht durchführbaren Bestimmungen soll eine angemessene Regelung gelten, die dem von den Beteiligten Gewollten am nächsten kommt.

Diese Niederschrift

▲

XI. Eingetragene Lebenspartnerschaft

819 Seit dem 1.8.2001 konnten zwei Personen gleichen Geschlechts durch Erklärung gegenüber der zuständigen Behörde eine eingetragene Lebenspartnerschaft begründen. Rechtsgrundlage hierfür war das Gesetz über die Eingetragene Lebenspartnerschaft (Lebenspartnerschaftsgesetz-LPartG). Die eingetragene Lebenspartnerschaft war, auch aufgrund späterer Gesetzesänderungen, in ihren Rechtswirkungen der Ehe weitestgehend angenähert, sodass man auch von einer „Quasi-Ehe" sprach. Dies galt insbesondere für den Güterstand, den Versorgungsausgleich, den Unterhalt und das Erbrecht. Ebenso wie Ehegatten durch Ehevertrag (§ 1408 BGB), konnten auch die Partner einer eingetragenen Lebenspartnerschaft durch Lebenspartnerschaftsvertrag (§ 7 LPartG) ihre güterrechtlichen Verhältnisse regeln, z.B. Gütertrennung vereinbaren. Der Lebenspartnerschaftsvertrag konnte darüber hinaus auch weitere Vereinbarungen enthalten, insbesondere zum Versorgungsausgleich und zum Unterhalt.

Am 1.10.2017 ist das Gesetz zur Einführung des Rechts auf Eheschließung für Personen gleichen Geschlechts in Kraft getreten. § 1353 Abs. 1 S. 1 BGB lautet seitdem: *„Die Ehe wird von zwei Personen verschiedenen oder gleichen Geschlechts geschlossen.*" Seit dem 1.10.2017 können gleichgeschlechtliche Paare keine eingetragene Lebenspartnerschaft nach dem LPartG mehr begründen (Art. 3 Abs. 3 des Gesetzes zur Einführung des Rechts auf Eheschließung für Personen gleichen Geschlechts), sondern nur noch heiraten wie Paare verschiedenen Geschlechts. Für bereits eingetragene Lebenspartnerschaften gilt Folgendes: Diese werden nicht automatisch in Ehen umgewandelt. Vielmehr haben die Partner einer eingetragenen Lebenspartnerschaft ein Wahlrecht. Sie können gemäß § 20a Abs. 1 LPartG vor dem Standesbeamten persönlich und bei gleichzeitiger Anwesenheit erklären, miteinander eine Ehe auf Lebenszeit führen zu wollen; dann wird ihre Lebenspartnerschaft in eine Ehe umgewandelt. Geben sie diese Erklärung nicht ab, verbleibt es bei einer eingetragenen Lebenspartnerschaft, für die dann weiterhin die Bestimmungen des LPartG gelten.

E. Aus dem Bereich des Erbrechts

I. Gesetzliche Erbfolge (Intestaterbfolge)

1. Einleitung

820 Die Erbfolge beruht entweder auf dem Gesetz (**gesetzliche Erbfolge**) oder auf dem Willen des Erblassers (**gewillkürte Erbfolge**). Der Mensch kann also über sein Vermögen auch für die Zeit nach seinem Tode verfügen, indem er durch Testament oder Erbvertrag einen oder mehrere Erben bestimmt. Die gesetzliche Erbfolge tritt ein, wenn der Erblasser keinen Erben berufen hat.

Mit dem Tode (Erbfall) geht das Vermögen (die **Erbschaft**) des Erblassers auf den oder die Erben über (§ 1922 BGB). Jede natürliche oder juristische Person kann Erbe sein. Nach § 1923 BGB kann aber Erbe nur werden, wer zur Zeit des Erbfalls lebt. Eine juristische Person muss im Zeitpunkt des Erbfalles die Rechtsfähigkeit erlangt haben. Eine Ausnahme macht das Gesetz für ein beim Erbfall noch nicht lebendes, aber bereits gezeugtes Kind (sog. **nasciturus**). Wenn es nach dem Erbfall lebend geboren wird, behandelt man es so, wie wenn es vorher geboren wäre (§ 1923 Abs. 2 BGB).

821 Erbe wird **nicht**,

- wer in einem notariell beurkundeten Vertrag mit dem Erblasser auf sein Erbrecht verzichtet (§§ 2346, 2349 BGB),
- wer die Erbschaft ausschlägt (§ 1953 BGB),
- wer für erbunwürdig erklärt wurde (§ 2344 BGB),
- wer durch Testament von der Erbfolge ausgeschlossen ist (§ 1938 BGB).

822 Das BGB sieht die Erbfolge der Blutsverwandten nach Verwandtschaftsgraden vor (sog. **Erbordnungen**). Ein Verwandter einer vorhergehenden Ordnung schließt die Verwandten aller nachfolgenden Ordnungen von der Erbfolge aus (§ 1930 BGB). Neben den Blutsverwandten wird der überlebende Ehegatte gesetzlicher Erbe.

Wegen des gesetzlichen Erbrechts gleichgeschlechtlicher Lebenspartner siehe unten (vgl. Rdn 867 ff.).

Grundsätzlich erbt ein Adoptivkind wie ein eheliches Kind, §§ 1754, 1755 BGB (vgl. auch Rdn 691 ff.). Wegen der Ausnahmen bei

- Verwandtenadoption, § 1756 BGB (siehe Rdn 713 ff., 853),
- Volljährigenadoption, § 1770 BGB (siehe Rdn 714 f.)

Sind weder Verwandte noch ein Ehegatte oder ein Lebenspartner vorhanden, so ist der Fiskus gesetzlicher Erbe 823
(§ 1936 BGB).

Erklärung der Zeichen für die folgenden **Stammbäume**:

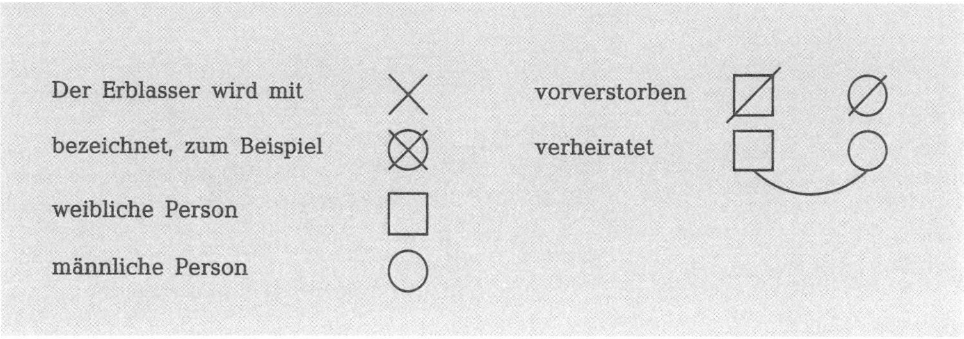

2. Erbrecht der Verwandten (§§ 1924–1930 BGB)

a) Gesetzliche Erben der **ersten Ordnung** sind die Abkömmlinge (Kinder) des Erblassers (§ 1924 Abs. 1 824
BGB). Ist ein Abkömmling vor dem Erblasser verstorben, so treten die durch ihn mit dem Erblasser verwandten Abkömmlinge – sein „Stamm" – an seine Stelle (§ 1924 BGB).

Kinder erben zu gleichen Teilen (§ 1924 Abs. 4 BGB).

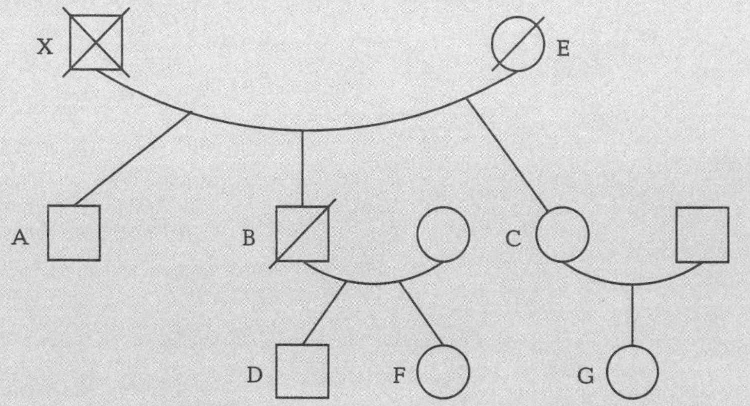

Der Ehemann der Erblasserin (E) und das Kind B sind vorverstorben.

Gesetzliche Erben:

A, C, D, F, und zwar A und C zu je 1/3,

D und F (über B) zu je 1/6,

G wird gemäß § 1924 Abs. 2 BGB durch seinen Vater C von der Erbfolge ausgeschlossen.

825 b) Gesetzliche Erben der **zweiten Ordnung** sind die Eltern des Erblassers und deren Abkömmlinge (§ 1925 Abs. 1 BGB).

Leben zur Zeit des Erbfalls beide Eltern, so erben sie zu gleichen Teilen; sie schließen die Geschwister des Erblassers und deren Nachkommen von der Erbfolge aus (§ 1925 Abs. 2 BGB).

Lebt zur Zeit des Erbfalls ein Elternteil nicht mehr, so treten dessen Abkömmlinge an seine Stelle; sind Abkömmlinge nicht vorhanden, so erbt der überlebende Elternteil allein (§ 1925 Abs. 3 BGB).

Beispiel 1

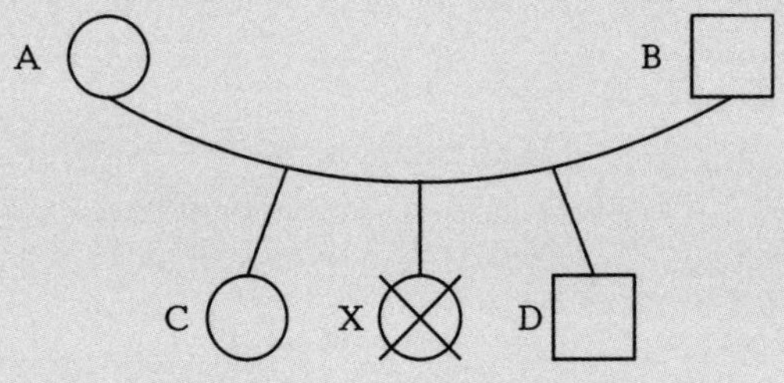

Gesetzliche Erben: A und B zu je 1/2 (Eltern)
C und D kommen nicht zum Zuge.

Beispiel 2

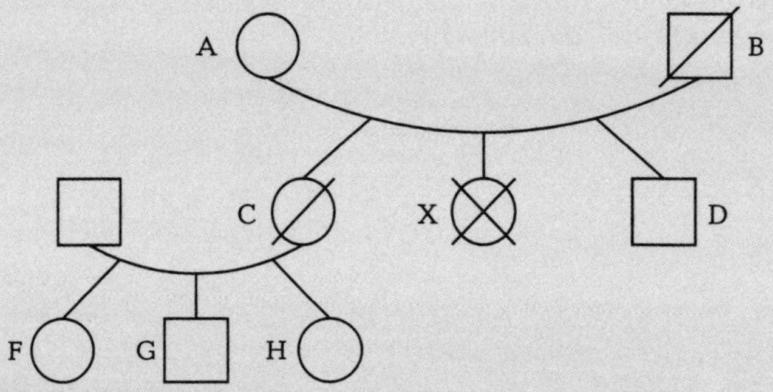

B (= Mutter des Erblassers) und C (= Bruder des Erblassers) sind vorverstorben.

Gesetzliche Erben: A (= Vater) 1/2
anstelle der Mutter erben die beiden Stämme C und D,
also D (= Schwester) 1/4
F, G, H je 1/12 (als Stamm nach C, der auch 1/4 geerbt haben würde).

Beispiel 3

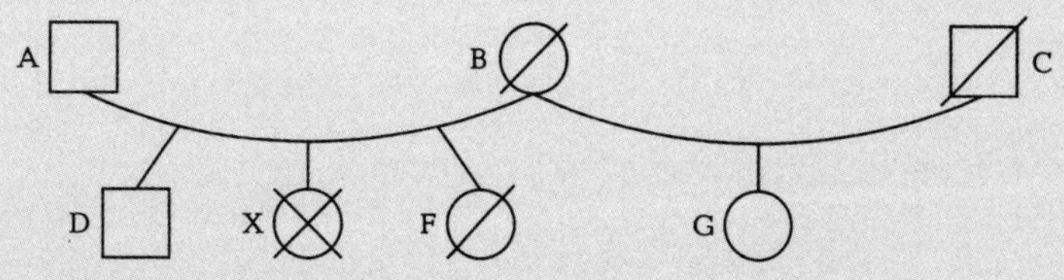

B (Vater des Erblassers) und F (Bruder des Erblassers) sind vorverstorben. Die Hälfte, die B geerbt haben würde, fällt an dessen Kinder D und G.

Gesetzliche Erben: A (= Mutter) ½
D und G je ¼

Beispiel 4

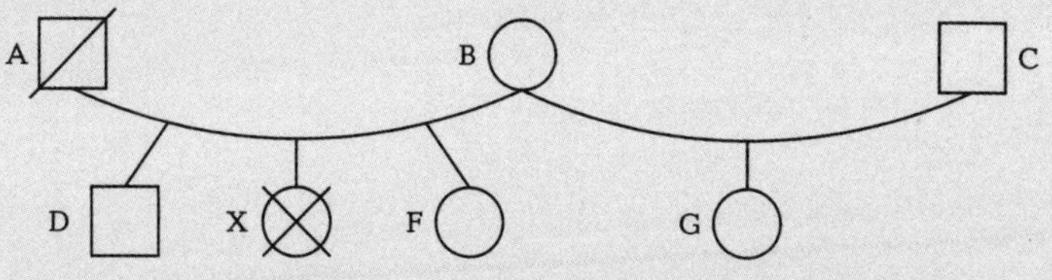

Die Mutter A des Erblassers ist vorverstorben. Ihre Hälfte erben nur *ihre* Kinder D und F.

Gesetzliche Erben: B (= Vater) ½
D und F je ¼

G geht leer aus, weil er kein Abkömmling der vorverstorbenen Mutter des Erblassers ist.

Beispiel 5

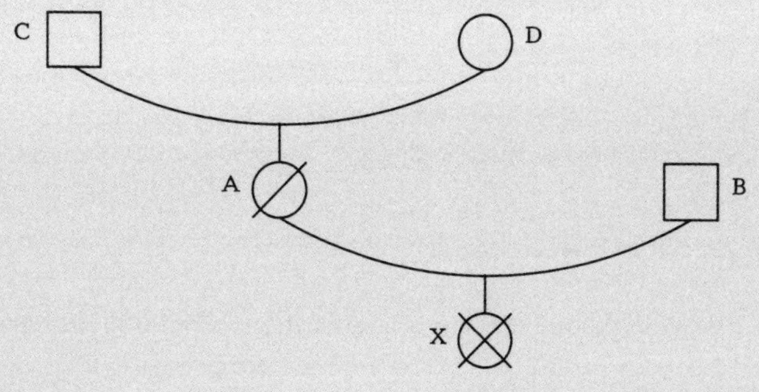

Der Vater A des Erblassers ist vorverstorben.

Alleiniger gesetzlicher Erbe: die Mutter B.

Als gesetzliche Erbin der zweiten Ordnung schließt B die Großeltern des Erblassers C und D (= gesetzliche Erben der dritten Ordnung) von der Erbfolge aus (§ 1930 i.V.m. § 1925 Abs. 3 BGB).

Beispiel 6

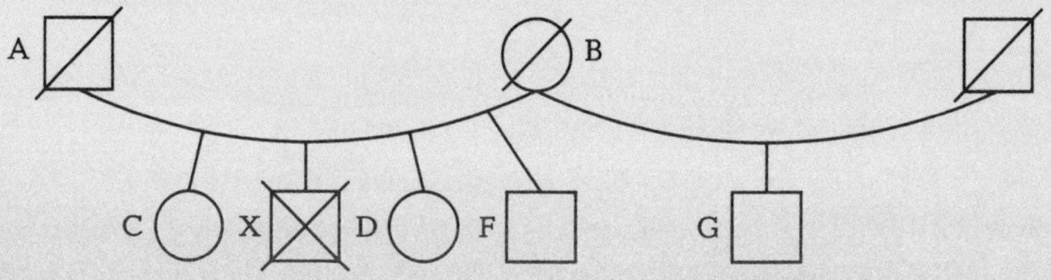

Die Eltern des Erblassers (A und B) sind vorverstorben. Die Hälfte der A erben deren Kinder C, D und F, die Hälfte des B dessen Kinder C, D, F und G.

Gesetzliche Erben: C, D, F je 7/24 (je 1/6 = 4/24 über A, je 1/8 = 3/24 über B); G 1/8 = 3/24 über B.

Beispiel 7

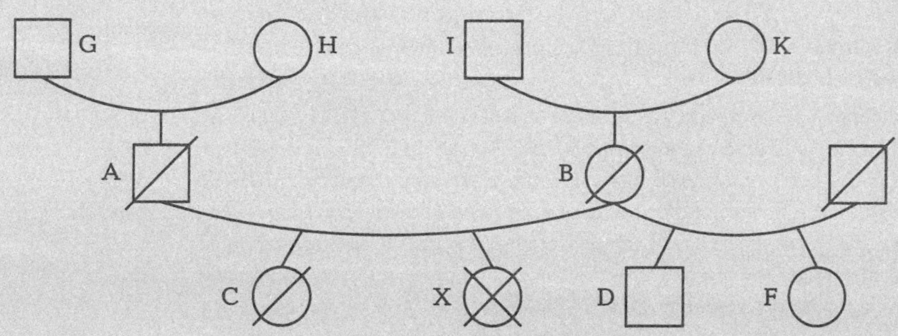

Die Eltern A und B sowie der Bruder C sind vorverstorben.

Gesetzliche Erben: D und F (= Halbgeschwister des Erblassers) zu je 1/2.

Als gesetzliche Erben der zweiten Ordnung schließen D und F die Großeltern G, H, I, K des Erblassers (gesetzliche Erben der dritten Ordnung) von der gesetzlichen Erbfolge aus (§ 1930 BGB).

Beispiel

Ein Beispiel für § 1925 Abs. 4 BGB in Verbindung mit § 1756 BGB: Adoptieren z.B. Großeltern ihr Enkelkind, so verliert es im Verhältnis zu seinen Geschwistern die Stellung eines Erben zweiter Ordnung und umgekehrt (vgl. auch Rdn 713).

826 c) Gesetzliche Erben der **dritten Ordnung** sind die Großeltern des Erblassers und deren Abkömmlinge (§ 1926 BGB).

Leben zur Zeit des Erbfalls die Großeltern, so erben sie zu gleichen Teilen (§ 1926 Abs. 2 BGB).

Lebt zur Zeit des Erbfalls von einem Großelternpaar ein Teil nicht mehr, so treten an die Stelle des Verstorbenen dessen Abkömmlinge. Hinterlässt der verstorbene Großelternteil keine Abkömmlinge, so fällt sein Anteil an den anderen Teil und, falls auch dieser nicht mehr lebt, an dessen Abkömmlinge (§ 1926 Abs. 3 BGB).

Lebt zur Zeit des Erbfalls ein Großelternpaar nicht mehr und sind Abkömmlinge der Verstorbenen nicht vorhanden, so erben die anderen Großeltern oder ihre Abkömmlinge allein (§ 1926 Abs. 4 BGB).

Auf die Abkömmlinge finden die Grundsätze der ersten Erbordnung Anwendung (§ 1926 Abs. 5 BGB).

Beispiel 1

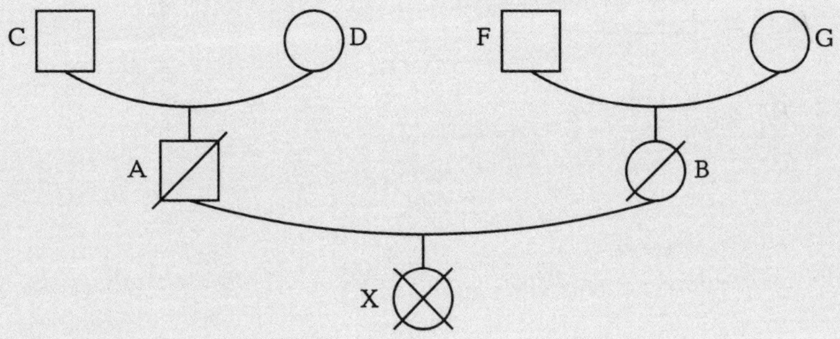

Die Eltern A und B sind vorverstorben. Gesetzliche Erben: C, D, F, G je 1/4.

Beispiel 2

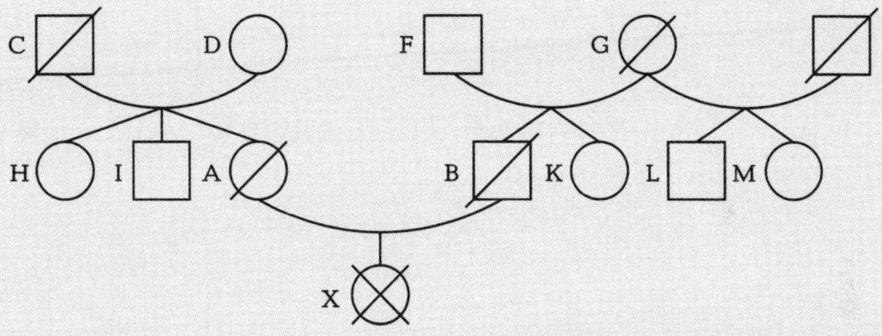

Vorverstorben sind:

A und B (Eltern des Erblassers), C (Großmutter väterlicherseits) und G (Großvater mütterlicherseits). Das Viertel, das C geerbt haben würde, fällt an dessen Kinder H und I, das Viertel, das G geerbt haben würde, an dessen Kinder K, L und M.

Gesetzliche Erben: D und F je 1/4, H und I je 1/8, K, L und M je 1/12.

Beispiel 3

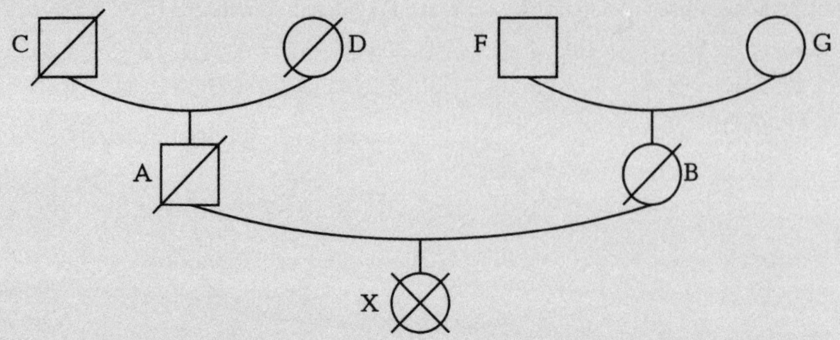

A und B (Eltern) sowie C und D (Großeltern mütterlicherseits) sind vorverstorben.
Gesetzliche Erben: F und G je ½.

Beispiel 4

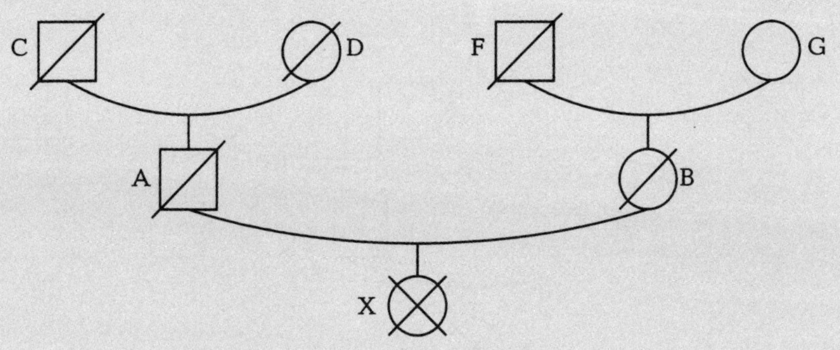

A und B (Eltern), C und D (Großeltern mütterlicherseits) sowie F (Großmutter väterlicherseits) sind vorverstorben.
Alleiniger gesetzlicher Erbe: G.

827 *Beachte!*
Ein Verwandter ist nicht zur Erbfolge berufen, solange ein Verwandter einer vorhergehenden Ordnung vorhanden ist (§ 1930 BGB).

828 d) Hier ist das gesetzliche Erbrecht nur bis zur dritten Ordnung dargestellt worden. Das BGB kennt darüber hinaus noch gesetzliche Erben der vierten, der fünften und der „ferneren" Ordnungen. Über die dritte Erbordnung hinausgehende Erbfolgen kommen in der Praxis jedoch höchst selten vor.

3. Erbrecht des Ehegatten (§ 1931 BGB)

829 Der überlebende Ehegatte erhält, wenn er neben Abkömmlingen des Erblassers erbt, ein Viertel des Nachlasses (§ 1931 Abs. 1 BGB). Neben Verwandten der zweiten Ordnung oder neben Großeltern fällt ihm die Hälfte des Nachlasses zu.

Treffen mit – noch lebenden – Großeltern Abkömmlinge von – verstorbenen – Großeltern zusammen, so erbt der überlebende Ehegatte außer der Hälfte des Nachlasses auch die Anteile, welche den Abkömmlingen anstelle der verstorbenen Großeltern zufallen würden (§ 1931 Abs. 1 S. 2 BGB). Hat ein verstorbener Großelternteil keine Abkömmlinge hinterlassen, wächst dessen Anteil dem anderen Teil des Großelternpaares (§ 1926 Abs. 3 S. 3 BGB) oder dem anderen Großelternpaar an (§ 1926 Abs. 4 BGB). Der Ehegatte steht somit in diesem Fall schlechter da, als wenn der verstorbene Großelternteil Abkömmlinge hinterlassen hätte. Dies ist ein nicht nachvollziehbarer Systembruch des Gesetzes (vgl. Beispiele 4 und 5 in Rdn 861).

Sind weder Verwandte der ersten oder der zweiten Ordnung noch Großeltern vorhanden, wird der überlebende Ehegatte Alleinerbe (§ 1931 Abs. 2 BGB).

Der Ehegatte erhält, wenn er neben Verwandten der zweiten Ordnung (Eltern, Geschwister) oder neben Großeltern gesetzlicher Erbe wird, zusätzlich den „**Voraus**“. Darunter versteht man die zum ehelichen Haushalt gehörenden Gegenstände, soweit sie nicht Zubehör eines Grundstücks sind, und die Hochzeitsgeschenke (§ 1932 BGB). Diesen Anspruch hat der Ehegatte neben Abkömmlingen des Erblassers nur insoweit, als er die Gegenstände zur Führung eines angemessenen Haushalts benötigt. (Wegen des Ehegattenerbrechts nach DDR-Recht siehe Rdn 874 ff.). Auf den Voraus sind die für Vermächtnisse geltenden Vorschriften anzuwenden (§ 1932 Abs. 2 BGB; vgl. Rdn 1033 ff.). Der Ehegatte hat somit gegen die Erbengemeinschaft einen Anspruch auf Eigentumsübertragung der dem Voraus unterfallenden Nachlassgegenstände (§ 2174 BGB).

Die Erbquote des überlebenden Ehegatten hängt davon ab, wann der Erbfall eingetreten ist und in welchem Gü- **830**
terstand die Eheleute gelebt haben.

Für Erbfälle nach dem 30.6.1958 gilt Folgendes:

Der Erbteil des überlebenden Ehegatten erhöht sich um ein Viertel, wenn die Eheleute im **gesetzlichen Güterstand der Zugewinngemeinschaft** gelebt haben (§ 1371 Abs. 1 BGB). Damit soll ein Ersatz für den Ausgleich des Zugewinns geboten werden. Der überlebende Ehegatte wird also in diesem Fall neben Abkömmlingen des Erblassers zur Hälfte, neben Eltern des Erblassers oder deren Abkömmlingen oder neben Großeltern des Erblassers zu drei Vierteln Erbe. Wäre der Ehegatte ohnehin zu 3/4 oder mehr berufen (§ 1931 Abs. 1 S. 2 BGB), wird er beim gesetzlichen Güterstand Alleinerbe (str., vgl. hierzu auch Beispiel 4a in Rdn 861).[147]

Lebten die Eheleute in **Gütergemeinschaft**, so erbt der Überlebende neben Abkömmlingen ein Viertel, neben Eltern, Geschwistern, Geschwisterkindern und Großeltern die Hälfte.

Bei **Gütertrennung** ist zu unterscheiden: Liegt der Erbfall vor dem 1.7.1970, so hat der Ehegatte eine nicht erhöhte Quote geerbt, also ebenso viel wie bei Gütergemeinschaft. Bei Erbfällen nach dem 30.6.1970 erbt der Überlebende neben einem Kind die Hälfte, neben zwei Kindern ein Drittel, neben drei und mehr Kindern ein Viertel (§ 1931 Abs. 4 BGB) und neben Verwandten der zweiten Ordnung oder neben Großeltern die Hälfte (§ 1931 Abs. 1 BGB).

> *Beachte!* **831**
>
> Beim Ehegattenerbrecht ist also zu prüfen,
>
> a) **wann** der Erblasser gestorben ist,
>
> b) in **welchem Güterstand** er bei seinem Tode lebte.

147 Vgl. hierzu Grüneberg/*Weidlich*, 84. Aufl. 2025, § 1931 Rn 7.

832 *Die gesetzliche Erbfolge des überlebenden Ehegatten beim gesetzlichen Güterstand bis zum 30.6.1958 und von diesem Zeitpunkt ab sowohl beim gesetzlichen Güterstand als auch bei Vertragsgüterständen*

	Ehegatte	
Eintritt des Erbfalls	neben Abkömmlingen	neben Erben der 2. Ordnung und neben Großeltern
I. Erbfall in der Zeit vom 1.1.1900 bis zum 31.3.1953	**Verwaltung und Nutznießung des Ehemannes am eingebrachten Gut seiner Ehefrau** $^1/_4$ (§ 1931 Abs. 1 BGB)	$^1/_2$ (§ 1931 Abs. 1 BGB)
II. Erbfall in der Zeit vom 1.4.1953 bis zum 30.6.1958	**Gütertrennung** (zwar gesetzloser Zustand, aber durch die Rechtsprechung, insbesondere des BGH, herausgebildet) $^1/_4$ (§ 1931 Abs. 1 BGB)	$^1/_2$ (§ 1931 Abs. 1 BGB)
III. Erbfall in der Zeit vom 1.7.1958 bis zum 30.6.1970	a) **Zugewinngemeinschaft** $^1/_4$ + $^1/_4$ (§§ 1931 Abs. 1, 1371 Abs. 1 BGB) b) **Gütertrennung** $^1/_4$ c) **Gütergemeinschaft** $^1/_4$ (b, c: § 1931 Abs. 1 BGB)	$^1/_2$ + $^1/_4$ (§§ 1931 Abs. 1, 1371 Abs. 1 BGB) $^1/_2$ $^1/_2$ (§ 1931 Abs. 1 BGB)
IV. Erbfall seit dem 1.7.1970	a) **Zugewinngemeinschaft** $^1/_4$ + $^1/_4$ (§§ 1931 Abs. 1, 1371 Abs. 1 BGB) b) **Gütertrennung** (Ehegatte erbt zu gleichen Anteilen wie jedes Kind, erhält aber mindestens $^1/_4$ (§ 1931 Abs. 4 BGB) c) **Gütergemeinschaft** $^1/_4$ (§ 1931 Abs. 1 BGB	$^1/_2$ + $^1/_4$ (§§ 1931 Abs. 1, 1371 Abs. 1 BGB) $^1/_2$ $^1/_2$ (§ 1931 Abs. 1 BGB)

833 Bei den nachfolgenden Beispielen 1 a bis 5 a lebte der Erblasser in Zugewinngemeinschaft (§§ 1931 Abs. 1, 1371 Abs. 1 BGB), sonst in einem früheren oder in einem vertraglichen Güterstand (§ 1931 Abs. 1, 4 BGB).

Beispiel 1 (neben Erben erster Ordnung)

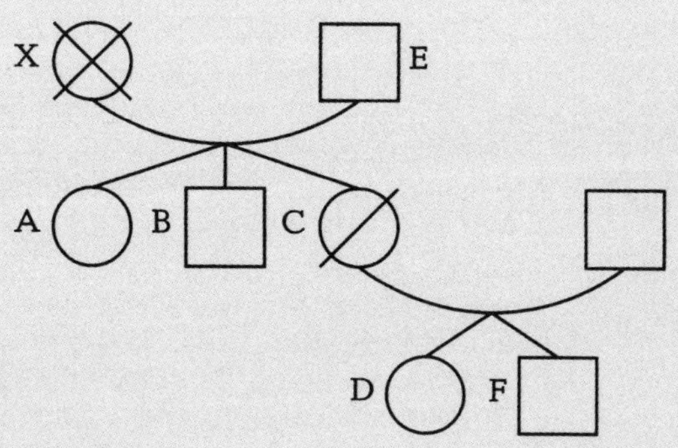

C (Sohn des Erblassers) vorverstorben.

Gesetzliche Erben: E, A und B je ¼, D und F je ⅛ (über C).

Beispiel 2 (neben Erben zweiter Ordnung)

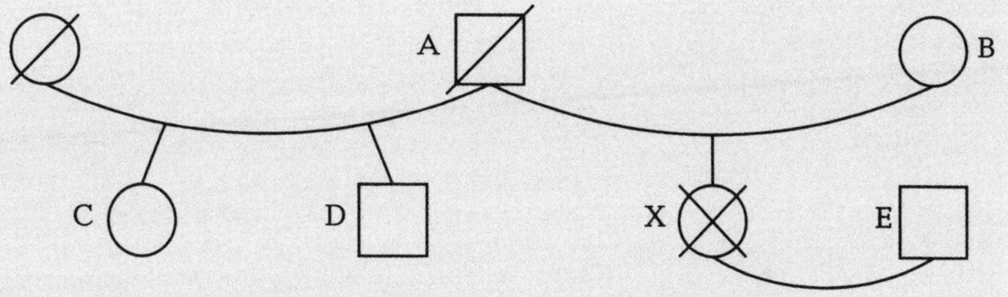

A (Mutter des Erblassers) vorverstorben.

Gesetzliche Erben: E ½
B ¼
C und D je ⅛ (über A).

Beispiel 3 (neben Großeltern)

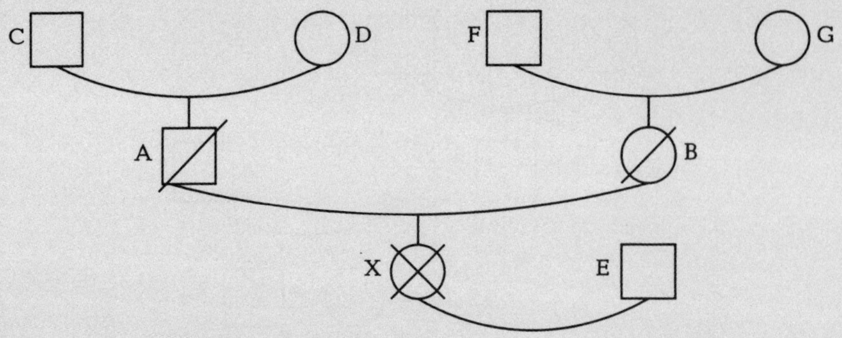

A und B (Eltern der Erblasser) vorverstorben.

Gesetzliche Erben: E 1/2
C, D, F und G je 1/8.

Beispiel 4

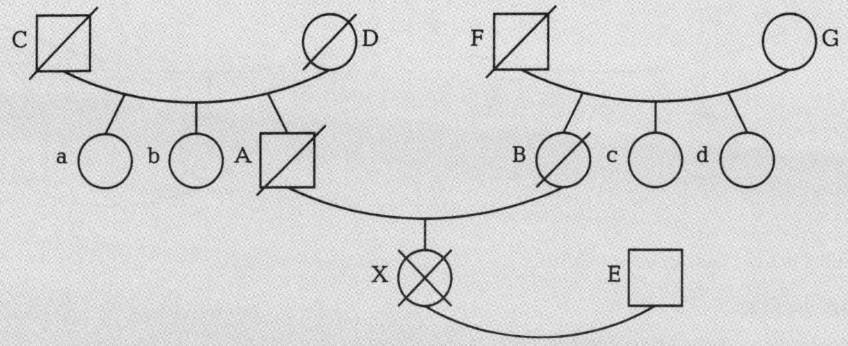

A und B (Eltern des Erblassers) sowie C und D (Großeltern mütterlicherseits) und F (Großmutter väterlicherseits) vorverstorben.

Gesetzliche Erben: E 7/8, und zwar 1/2 (§ 1931 Abs. 1 S. 1 BGB) und je 1/8 statt C und D (§ 1931 Abs. 1 S. 2 BGB) und 1/8 statt F (§ 1931 Abs. 1 S. 2 BGB)
G 1/8
a, b, c und d fallen aus.

Beispiel 5

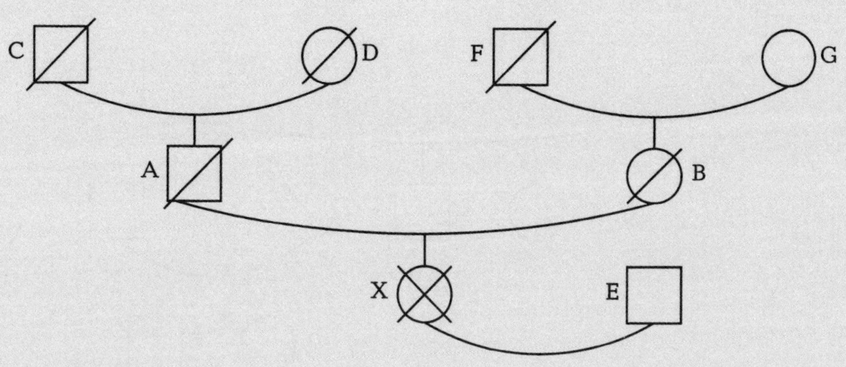

A und B (Eltern des Erblassers), C und D (Großeltern mütterlicherseits) sowie F (Großmutter väterlicherseits) vorverstorben.

Gesetzliche Erben: E ½
G ½.

Die E erhält, da hier noch Großeltern – nämlich G – vorhanden sind, gemäß § 1931 Abs. 1 S. 1 BGB eine Hälfte des Nachlasses. Die andere Hälfte geht, da Großeltern mütterlicherseits nicht mehr leben, auf die Großeltern väterlicherseits über (§ 1926 Abs. 4 BGB!). Da die Großmutter väterlicherseits nicht mehr lebt, tritt an ihre Stelle Großvater G (§ 1926 Abs. 3 S. 2 BGB).

Beispiel 6

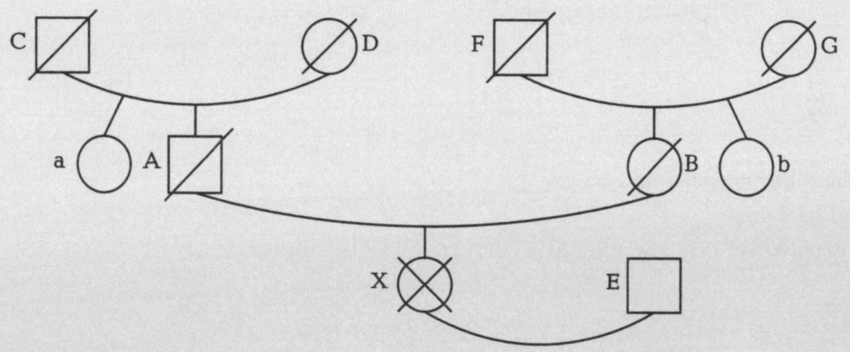

A, B, C, D, F und G vorverstorben.
Alleiniger gesetzlicher Erbe: E;
a und b fallen aus (§ 1931 Abs. 1 S. 2 BGB).

834 In den folgenden Beispielen 1a bis 5a lebte der Erblasser in Zugewinngemeinschaft.

Beispiel 1a (neben Erben erster Ordnung)

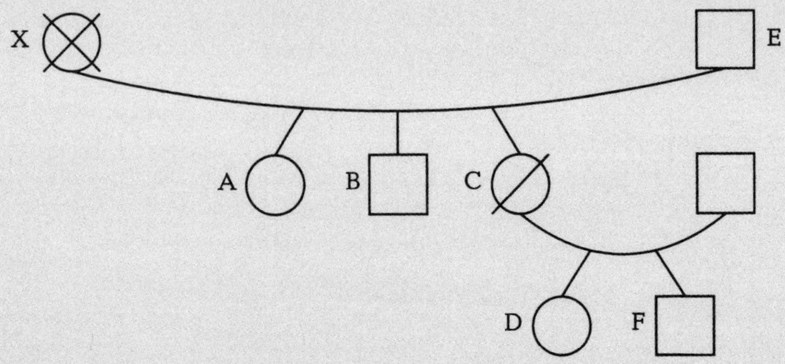

C (Sohn des Erblassers) vorverstorben.

Gesetzliche Erben: E ($1/4 + 1/4 =$) $1/2$
A und B je $1/6$
D und F je $1/12$ (über C).

Beispiel 2a (neben Erben der zweiten Ordnung)

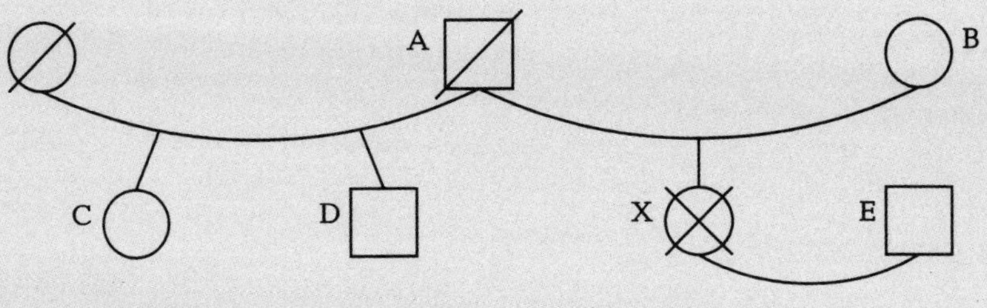

A (Mutter des Erblassers) vorverstorben.

Gesetzliche Erben:

E $3/4$, nämlich $1/2$ (§ 1931 Abs. 1 S. 1 BGB) und $1/4$ (§ 1371 Abs. 1 BGB)

B $1/8$

C und D je $1/16$ (über A).

Beispiel 3a (neben Großeltern)

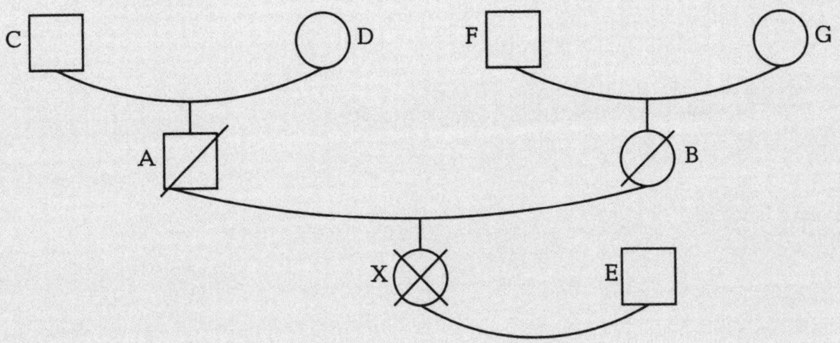

A und B (Eltern des Erblassers) vorverstorben.
Gesetzliche Erben:
E 3/4, nämlich 1/2 (§ 1931 Abs. 1 S. 1 BGB) und 1/4 (§ 1371 Abs. 1 BGB)
C, D, F und G je 1/16.

Beispiel 4a

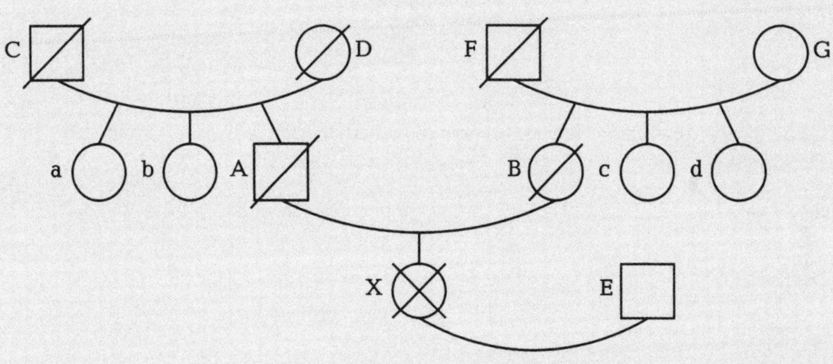

A und B (Eltern des Erblassers) sowie C und D (Großeltern mütterlicherseits) und F (Großmutter väterlicherseits) vorverstorben.
Die Lösung dieses Falles ist umstritten. Eine Meinung im Schrifttum geht von Folgendem aus:
E **alleinige** gesetzliche Erbin, und zwar

1/2 = 4/8 nach § 1931 Abs. 1 S. 1 BGB
3/8 nach § 1931 Abs. 1 S. 2 BGB
7/8 (siehe Beispiel 4)
1/4 nach § 1371 Abs. 1 BGB
8/8 = Alleinerbin
Der Großvater väterlicherseits geht leer aus; A, B, C und D fallen ebenfalls aus.

Nach einer anderen Meinung im Schrifttum wird hier wie folgt verteilt:

E 1/2 =	8/16 nach § 1931 Abs. 1 S. 1 BGB
1/4 =	4/16 nach § 1371 Abs. 1 BGB
	12/16
	3/16 nach § 1931 Abs. 1 S. 2 BGB
G =	1/16
	16/16

a, b, c und d fallen auch hier aus.

Beispiel 5a

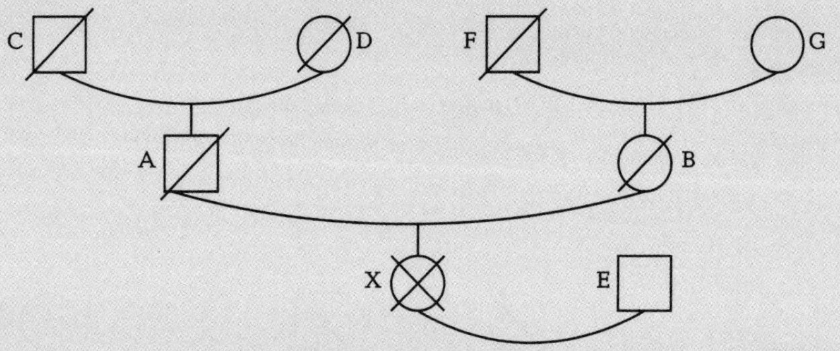

A und B (Eltern des Erblassers), C und D (Großeltern mütterlicherseits) sowie F (Großmutter väterlicherseits) vorverstorben.

Gesetzliche Erben:	E 3/4, nämlich 1/2 =	2/4 nach § 1931 Abs. 1 S. 1 BGB
		1/4 nach § 1371 Abs. 1 BGB
		3/4
	G	1/4

835 Bei Erbfällen nach dem 30.6.1970 und Gütertrennung ergibt sich:

Beispiel 1

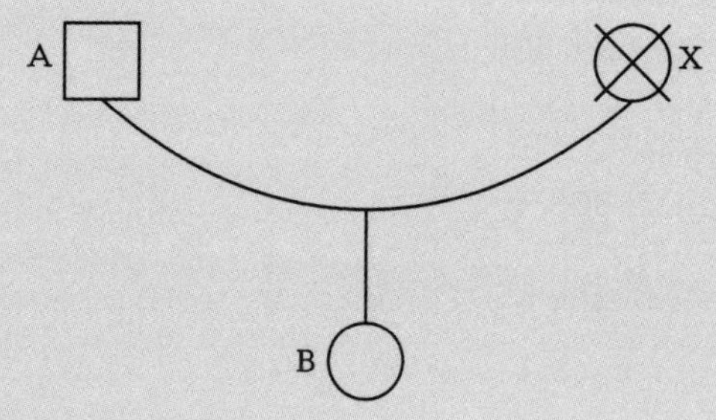

Gesetzliche Erben: A und B je 1/2 (§ 1931 Abs. 4 BGB).

Beispiel 2

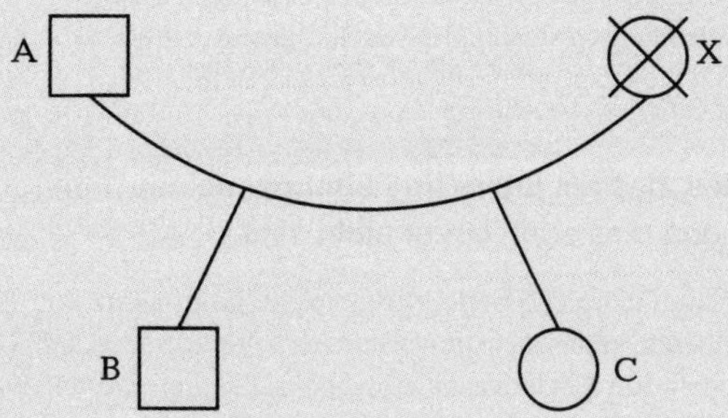

Gesetzliche Erben: A, B und C je 1/3 (§ 1931 Abs. 4 BGB).

Beispiel 3

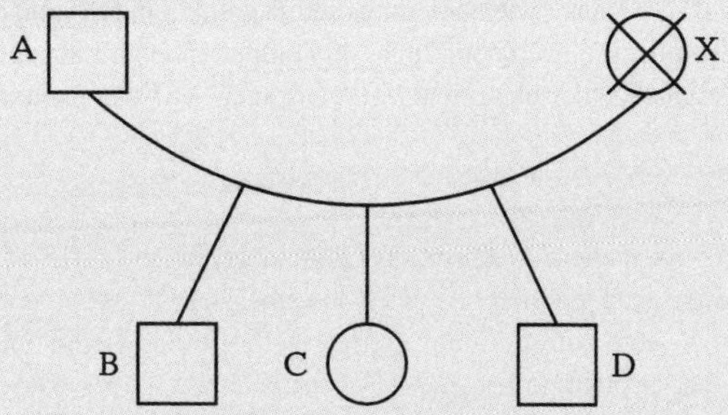

Gesetzliche Erben: A, B, C und D je 1/4 (§ 1931 Abs. 1 BGB).

Beispiel 4

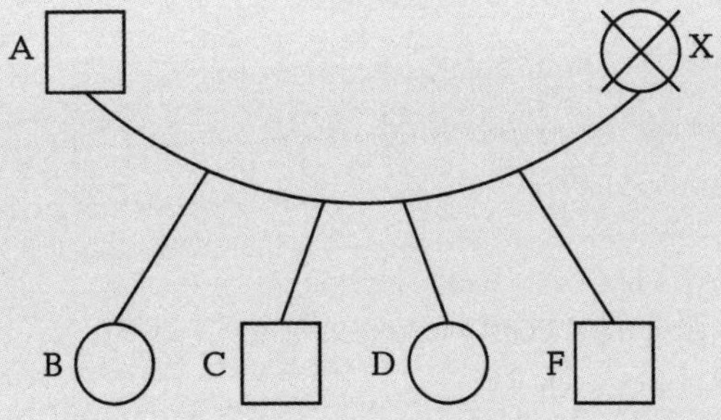

Gesetzliche Erben: A 1/4 (§ 1931 Abs. 1 BGB)
B, C, D und F je 3/16 (§ 1924 Abs. 4 BGB).

Das Erbrecht des überlebenden Ehegatten und der „Voraus" sind ausgeschlossen, wenn die Ehe beim Erbfall scheidungsreif war und der Erblasser die Scheidung beantragt oder ihr zugestimmt hatte. Die Antragstellung des Erblassers erlangt ihre erbrechtliche Wirkung aber erst durch Zustellung an den anderen Ehegatten (= Rechtshängigkeit des Scheidungsverfahrens). Dasselbe gilt, wenn der Erblasser auf Aufhebung der Ehe zu klagen berechtigt war und die Klage erhoben hatte (§ 1933 BGB).

4. Erbrecht des Kindes, dessen Eltern im Zeitpunkt seiner Geburt nicht miteinander verheiratet waren und dies auch heute nicht sind

836 Durch das am 1.4.1998 in Kraft getretene **Erbrechtsgleichstellungsgesetz** vom 16.12.1997 (BGBl I, 2968) sind nichteheliche Kinder, deren Vaterschaft in öffentlicher Urkunde anerkannt oder gerichtlich festgestellt ist (vgl. Rdn 645 ff.), den ehelichen Kindern auch erbrechtsmäßig gleichgestellt worden, jedoch mit der Sonderregelung, dass vor dem 1.7.1949 geborene nichteheliche Kinder kein gesetzliches Erbrecht nach ihrem Vater hatten, wenn dieser am 2.10.1990 seinen gewöhnlichen Aufenthalt in der alten Bundesrepublik hatte. Nichteheliche Kinder, deren Vater am 2.10.1990 seinen gewöhnlichen Aufenthalt in der ehemaligen DDR hatte und nach diesem Zeitpunkt verstorben ist, erbten wie eheliche Kinder, auch wenn sie vor dem 1.7.1949 geboren sind. Diese erbrechtliche Ungleichbehandlung hat das Zweite Gesetz zur erbrechtlichen Gleichstellung nichtehelicher Kinder vom 12.4.2011[148] weitgehend beseitigt. Nunmehr sind auch alle vor dem 1.7.1949 geborenen nichtehelichen Kinder nach ihrem Vater (wie auch umgekehrt) gesetzlich erb- und pflichtteilsberechtigt. Dies gilt jedoch nur für solche Erbfälle, die nach dem 28.5.2009 eingetreten sind. Ist der Vater vor dem 29.5.2009 verstorben, sind das nichteheliche Kind nach seinem Vater wie auch der Vater nach seinem nichtehelichen Kind nicht erbberechtigt.[149]

837 *Beispiel 1*

X (verstorben am 2.1.2002 mit letztem Wohnsitz in Düsseldorf) hinterlässt Ehefrau A und die ehelichen Kinder B, C und D sowie das nichteheliche Kind E, das am 1.4.1971 geboren ist. Die Vaterschaft zu E hat er wirksam anerkannt. X lebte zum Zeitpunkt seines Todes in der Zugewinngemeinschaft; eine Verfügung von Todes wegen hat er nicht hinterlassen. Ein fortgeltender (siehe Rdn 866) vorzeitiger Erbausgleich des nichtehelichen Kindes nach den durch das vorgenannte Zweite Erbrechtsgleichstellungsgesetz aufgehobenen §§ 1934d und 1934e BGB zwischen X und E ist nicht geschlossen worden. Es ist also gesetzliche Erbfolge nach X eingetreten.

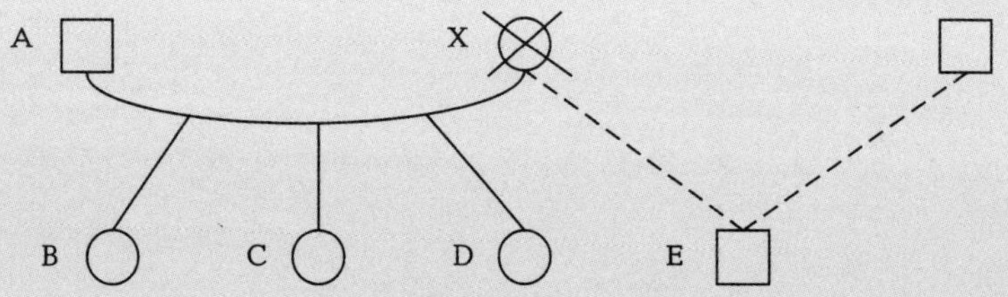

Gesetzliche Erben:

A ½, nämlich ¼ (§ 1931 Abs. 1 S. 1 BGB) und ¼ (§ 1371 Abs. 1 BGB)

B, C, D und E je ⅛ (§ 1924 Abs. 1 und 4 BGB).

148 BGBl I S. 615.

149 Wegen Lücken und Tücken des alten und neuen Nichtehelichenerbrechts ausführlich *Bestelmeyer*, Rpfleger 2012, 361 ff.

Beispiel 2

Sachverhalt wie im vorstehenden Beispiel, jedoch ist X am 30.5.2009 verstorben, während E am 30.6.1949 geboren ist.

Die Erbfolge und die Erbquoten sind wie im vorigen Beispiel.

Beispiel 3

Sachverhalt wie im ersten Beispiel; X ist jedoch am 27.5.2009 verstorben; E ist am 30.6.1949 geboren.

Gesetzliche Erben:

A ½, nämlich ¼ (§ 1931 Abs. 1 S. 1 BGB) und ¼ (§ 1371 Abs. 1 BGB)

B, C und D je ⅙ (§ 1924 Abs. 1 + 4 BGB).

E wird nicht Erbe, weil sein Vater X vor dem 29.5.2009 verstorben ist. E könnte jedoch vom Staat Ersatz in Höhe des Wertes der ihm entgangenen erbrechtlichen Ansprüche verlangen, wenn der Staat gemäß 1936 BGB Erbe geworden ist.

5. Weiterhin geltende Vorschriften über das Erbrecht nichtehelicher Kinder

Die bis zum 1.4.1998 gegoltenen Vorschriften über das Erbrecht nichtehelicher Kinder[150] sind jedoch weiterhin anzuwenden, wenn *vor* diesem Zeitpunkt 838

1. der Erblasser gestorben ist oder
2. über den Erbausgleich eine wirksame Vereinbarung getroffen oder der Erbausgleich durch rechtskräftiges Urteil zuerkannt worden ist (Art. 227 Abs. 1 EGBGB).

6. Erbrecht der Lebenspartner einer eingetragenen Lebenspartnerschaft

Nach dem am 1.8.2001 in Kraft getretenen Gesetz über die Eingetragene Lebenspartnerschaft[151] konnten zwei Personen gleichen Geschlechts eine Lebenspartnerschaft begründen, wenn sie gegenseitig persönlich und bei gleichzeitiger Anwesenheit gegenüber der zuständigen Behörde erklären, miteinander eine Lebenspartnerschaft auf Lebenszeit führen zu wollen (§ 1 LPartG a.F.).[152] Seit dem 1.10.2017 können auch zwei Personen gleichen Geschlechts eine Ehe schließen (vgl. den neuen § 1353 Abs. 1 S. 1 BGB). Eine eingetragene Lebenspartnerschaft können sie ab diesem Zeitpunkt nicht mehr begründen (§ 1 LPartG). Das Lebenspartnerschaftsgesetz gilt aber für alle vor dem 1.10.2017 begründeten Lebenspartnerschaften weiter (§ 1 LPartG). § 20a Abs. 1 LPartG ermöglicht es eingetragenen Lebenspartnern, ihre eingetragene Lebenspartnerschaft vor einem Standesbeamten bei persönlicher und gleichzeitiger Anwesenheit durch Erklärung in eine Ehe umzuwandeln (vgl. zur eingetragenen Lebenspartnerschaft und zur neuen Rechtslage ab dem 1.10.2017 auch Rdn 847). Die nachfolgenden Ausführungen betreffen vor dem 1.10.2017 begründete eingetragene Lebenspartnerschaften, die nicht in eine Ehe umgewandelt worden sind. 839

Durch das Gesetz zur Überarbeitung des Lebenspartnerschaftsrechts[153] wurde der Lebenspartner im Erbrecht einem Ehegatten gleichgestellt (zum **Ehegattenerbrecht** siehe Rdn 857 ff.).

Der überlebende Lebenspartner des Erblassers ist neben Verwandten der ersten Ordnung zu einem Viertel, neben Verwandten der zweiten Ordnung oder neben Großeltern zur Hälfte der Erbschaft gesetzlicher Erbe (§ 10 Abs. 1 S. 1 LPartG). Treffen mit – noch lebenden – Großeltern Abkömmlinge von – vorverstorbenen – Großeltern zusammen, so erhält der Lebenspartner auch von der anderen Hälfte den Anteil, der nach § 1926 BGB den Abkömmlingen zufallen würde (§ 10 Abs. 1 S. 2 LPartG). Gehört der überlebende Lebenspartner zu den erb- 840

150 Siehe hierzu auch *Faßbender*, Notariatskunde, 12. Aufl., Rn 910 ff.
151 Lebenspartnerschaftsgesetz – LPartG vom 16.2.2001, BGBl I S. 266.
152 Zur eingetragenen Lebenspartnerschaft siehe auch Rdn 847.
153 Vom 15.12.2004 BGBl I S. 3396.

berechtigten Verwandten, so erbt er zugleich als Verwandter. Der Erbteil, der ihm aufgrund der Verwandtschaft zufällt, gilt als besonderer Erbteil (§ 10 Abs. 1 Sätze 6 und 7 LPartG).

§ 1371 Abs. 1 BGB gilt entsprechend. Demnach erhöht sich der Erbteil des überlebenden Lebenspartners um ¼, wenn er mit dem Erblasser im Zeitpunkt dessen Todes in der Zugewinngemeinschaft (§ 6 LPartG) lebte.

> *Hinweis*
>
> Die Erhöhung des Erbteils tritt nicht ein, wenn die Lebenspartner einen Lebenspartnerschaftsvertrag (§ 7 LPartG) geschlossen und darin die Gütergemeinschaft oder die Gütertrennung vereinbart haben.

841 Sind weder Verwandte der ersten noch der zweiten Ordnung noch Großeltern vorhanden, erhält der überlebende Lebenspartner die ganze Erbschaft (§ 10 Abs. 2 S. 1 LPartG). Bestand beim Erbfall Gütertrennung und sind als gesetzliche Erben neben dem überlebenden Lebenspartner ein oder zwei Kinder des Erblassers berufen, so erben der überlebende Lebenspartner und jedes Kind zu gleichen Teilen; § 1924 Abs. 3 BGB gilt auch in diesem Fall (§ 10 Abs. 2 S. 2 LPartG). Das entspricht der für Ehegatten geltenden Regelung des § 1931 Abs. 4 BGB.

Der Lebenspartner erhält neben Verwandten der ersten und zweiten Ordnung sowie neben Großeltern die zum lebenspartnerschaftlichen Haushalt gehörenden Gegenstände, auch die Geschenke zur Begründung der Lebenspartnerschaft, als Voraus. Der Voraus steht ihm als gesetzlicher Erbe neben Verwandten der ersten Ordnung nur zu, soweit er ihn zur Führung eines angemessenen Haushalts benötigt (§ 10 Abs. 1, Sätze 3 und 4 LPartG).

842 Das Erbrecht des überlebenden Lebenspartners ist jedoch **ausgeschlossen**, wenn zur Zeit des Todes des Erblassers

- die Voraussetzungen für die Aufhebung der Lebenspartnerschaft nach § 15 Abs. 2 Nr. 1 oder 2 LPartG gegeben waren und der Erblasser die Aufhebung beantragt oder ihr zugestimmt hatte oder
- der Erblasser einen Antrag nach § 15 Abs. 2 Nr. 3 LPartG (Fortsetzung der Lebensgemeinschaft als unzumutbare Härte) gestellt hatte und dieser Antrag begründet war

(§ 10 Abs. 3 LPartG).

Lebenspartner können ein gemeinschaftliches Testament errichten (§ 10 Abs. 4 LPartG). Die Umwandlung der eingetragenen Lebenspartnerschaft in eine Ehe hat keine Auswirkungen auf ein gemäß § 10 Abs. 4 LPartG errichtetes gemeinschaftliches Testament (§ 20a Abs. 4 LPartG n.F.).

Der überlebende Lebenspartner kann, wenn ihn der Erblasser durch Verfügung von Todes wegen von der Erbfolge ausgeschlossen hat, von den Erben die Hälfte des Wertes des gesetzlichen Erbteils als Pflichtteil verlangen (§ 10 Abs. 6 LPartG).

843 ▼

Muster 4.168: Erbscheinsantrag aufgrund gesetzlicher Erbfolge mit eingetragenem Lebenspartner

4.168 UVZ-Nr. für

Verhandelt zu , am

Vor dem unterzeichnenden

Dr. ,

Notar für den Oberlandesgerichtsbezirk

mit Amtssitz zu

erschien, dem Notar von Person bekannt,

Herr , geboren am , wohnhaft zu .

Der Erschienene ersuchte, die eidesstattliche Versicherung und den Antrag auf Erteilung eines Erbscheins zu beurkunden. Nachdem er auf die Bedeutung einer eidesstattlichen Versicherung und die strafrechtlichen Folgen einer falschen eidesstattlichen Versicherung hingewiesen worden war, erklärte er:

Am verstarb in , seinem letzten Wohnsitz, mein eingetragener Lebenspartner, der am geborene . Er besaß ausschließlich die deutsche Staatsangehörigkeit. Im Ausland belegenes Vermögen hat er nicht hinterlassen. Zum Nachlass gehört auch kein Hof im Sinne der Höfeordnung. Der Erblasser hat als gesetzliche Erben hinterlassen:

1. mich, seinen eingetragenen Lebenspartner, zu
2. seine Eltern:
   a) , geboren am , wohnhaft in ,
   b) , geborene , geboren am , ebenda wohnhaft, zusammen zu oder zu je .

Ich versichere, dass der nachstehende Erbscheinsantrag – nach Rücksprache mit allen Miterben – nicht dem erklärten Willen eines Miterben widerspricht.

Eine Verfügung von Todes wegen hat der Erblasser nicht hinterlassen.

Nichteheliche oder adoptierte Kinder hat der Erblasser nicht hinterlassen (zur Adoption siehe oben Rdn 698).[154]

Personen, durch welche die vorgenannten Erben von der Erbfolge ausgeschlossen oder deren Erbteile gemindert werden würden, sind und waren nicht vorhanden.

Ein Rechtsstreit über das Erbrecht der Erben ist nicht anhängig.

Alle Erben haben die Erbschaft angenommen.

Der Erblasser lebte im Zeitpunkt seines Todes mit mir im gesetzlichen Güterstand der Zugewinngemeinschaft nach § 6 LPartG.

Ein Verfahren zur Aufhebung unserer Eingetragenen Lebenspartnerschaft gemäß § 15 LPartG i.V.m. § 10 Abs. 3 LPartG ist nicht anhängig.

Ich versichere hierdurch vor dem Notar an Eides statt, dass mir nichts bekannt ist, was der Richtigkeit meiner vorstehenden Angaben entgegensteht.

An das Amtsgericht richte ich den Antrag, nach dem Erblasser einen gemeinschaftlichen Erbschein vorstehenden Inhalts zu erteilen und eine Ausfertigung dem amtierenden Notar zuzusenden.

Die Kosten dieser Verhandlung und des Erbscheines sind von mir zu erheben.

Der Wert des reinen Nachlasses beträgt EUR.

Diese Niederschrift wurde in Gegenwart des Notars vorgelesen, von dem Erschienenen genehmigt und eigenhändig, wie folgt, unterschrieben.

, Notar

▲

Weitere Bemerkungen zum Erbrecht der eingetragenen Lebenspartner: Der Lebenspartner hat bei dem vorstehenden Fall das gleiche Erbrecht wie Ehegatten im gesetzlichen Güterstand der Zugewinngemeinschaft (§§ 10 Abs. 1, 6 LPartG, 1371 Abs. 1 BGB). 844

154 Zur Adoption durch eingetragene Lebenspartner siehe *Grauel*, ZNotP 2007, 90 ff.

Hätte der Erblasser durch Lebenspartnerschaftsvertrag einen anderen Güterstand vereinbart, würde die Erbquote des überlebenden Lebenspartners anders sein. Es müsste dann der – andere – Güterstand angegeben werden, etwa durch folgende Erklärung:

▼

Muster 4.169: Vereinbarung eines anderen Güterstands durch Lebenspartnerschaftsvertrag

4.169 Der Erblasser lebte im Zeitpunkt seines Todes mit mir in durch Lebenspartnerschaftsvertrag vereinbarter

- Gütertrennung nach § 7 LPartG
  (Erbrecht wie bei Ehegatten in Gütertrennung, § 10 Abs. 1, Abs. 2 LPartG).
- (*Alternativ*): Gütergemeinschaft nach § 7 LPartG
  (Erbrecht wie bei Ehegatten, bei denen der Güterstand der Gütergemeinschaft bestand, § 10 Abs. 1 LPartG).

▲

7. Gesetzliches Erbrecht des Staates (§ 1936 BGB)

845 Ist im Zeitpunkt des Erbfalls kein Verwandter, Ehegatte oder Lebenspartner des Erblassers vorhanden, so erbt das Land, in dem der Erblasser zur Zeit des Erbfalls seinen letzten Wohnsitz oder, wenn ein solcher nicht feststellbar ist, seinen gewöhnlichen Aufenthalt hatte. Hatte der Erblasser im Zeitpunkt seines Todes in keinem Bundesland Wohnsitz oder gewöhnlichen Aufenthalt, dann erbt der Bund.

Wird ein Ausländer nach deutschem Recht beerbt und liegen die vorgenannten Voraussetzungen vor, dann ist der Bund Erbe des Ausländers.[155] Sollte ein ab dem 15.8.2015 verstorbener Erblasser (ab diesem Zeitpunkt ist die EU-Erbrechtsverordnung anwendbar, vgl. dazu unter Rdn 1812 ff.) bei Anwendbarkeit deutschen Erbrechts auch Nachlassvermögen im Ausland hinterlassen haben, so ist vorrangig Art. 33 EU-ErbVO zu beachten. Sieht demnach das Recht der Belegenheit des Nachlassgegenstandes ein öffentlich-rechtliches Aneignungsrecht für diesen Gegenstand vor, so ist dieses vorrangig vor dem deutschen Erbrecht des Fiskus zu beachten. Voraussetzung ist allerdings, dass die Nachlassgläubiger berechtigt sind, auch auf die Nachlassgegenstände im Aneignungsstaat zuzugreifen.

8. Erbfolgen nach DDR-Recht (ZGB)

846 *Übersicht über die gesetzliche Erbfolge des überlebenden Ehegatten unter Berücksichtigung des DDR-Erbrechts (ZGB):*

Sterbefälle	**DDR-Bürger**	**Bundesbürger**
bis 31.3.1966	**(Altes) BGB-Recht** (Ehegatte – neben Abkömmlingen: 1/4 – neben II. Ordnung. + Großeltern: 1/2)	**Recht in der Bundesrepublik** (vgl. Rdn 857)
1.4.1966 bis 31.12.1975	**DDR-Recht**[1] (Ehegatte neben Abkömmlingen[2]: gleiche Teile, mindestens 1/4; wenn keine Abk. vorhanden sind, **allein,** aber Besonderheit, wenn Erblasser im Zeitpunkt des Erbfalles den eigenen Eltern unterhaltspflichtig war)	**Recht der Bundesrepublik** (siehe vorstehend)

155 Siehe hierzu auch Grüneberg/*Weidlich*, BGB, 84. Aufl. 2025, § 1936 Rn 3; *Baumann/Karsten*, RNotZ 2010, 95, 99.

Sterbefälle	DDR-Bürger	Bundesbürger	
1.1.1976 bis 2.10.1990	**DDR-Recht**[3] (Ehegatte neben Abkömmlingen, **auch nichtehelichen:** gleiche Teile, mindestens 1/4; wenn keine Abk. vorhanden sind, **allein**)	Eigentum und andere Rechte an Grundstücken u. Gebäuden, § 25 Abs. 2 RAG, Art. 235 § 1 Abs. 1 EGBGB: **DDR-Recht**	Sonstiges Vermögen: **Recht der Bundesrepublik** (siehe vorstehend)
ab 3.10.1990	**Recht der Bundesrepublik Deutschland** (siehe Rdn 857 ff.), aber Sonderregelung für nichteheliche Kinder[4]	**Recht der Bundesrepublik** (siehe vorstehend)	

[1] § 10 des mit Wirkung vom 1.1.1976 aufgehobenen EGFGB.
[2] Das nichteheliche Kind erbt beim Tode seines Vaters oder der Großeltern väterlicherseits wie ein eheliches Kind, solange es **minderjährig** ist (§ 9 Abs. 1 EGFGB). Für **volljährige** nichteheliche Kinder siehe die Sondervorschrift des § 9 Abs. 2 und 3 EGFGB). – Art. 235 § 1 Abs. 2 EGBGB –
[3] (§§ 364 – 369 ZGB; Art. 235 § 1 Abs. 1 EGBGB). Ein nichteheliches Kind erbt uneingeschränkt wie ein eheliches.
[4] Nach Art. 235 § 1 Abs. 2 EGBGB gelten die Vorschriften über das Erbrecht des ehelichen Kindes des BGB für nichteheliche Kinder (im Beitrittsgebiet, § 230 Abs. 2 EGBGB), wenn diese **vor** dem **3.10.1990** geboren sind.

Kurzer Überblick über die wesentlichen erbrechtlichen Bestimmungen des Zivilgesetzbuches (ZGB) der ehemaligen DDR 847

Das ZGB kennt im Gegensatz zum BGB nur drei Erbordnungen. Wenn keine Erben bis zur dritten Ordnung vorhanden waren, wurde gemäß § 369 ZGB der Staat gesetzlicher Erbe.

Gesetzliche Erben der ersten Ordnung sind der überlebende Ehegatte und die Nachkommen des Erblassers 848
zu gleichen Teilen, der Ehegatte erbt jedoch mindestens 1/4 (§ 365 ZGB). Nichteheliche Kinder werden gleichbehandelt.

Nach § 366 ZGB erbt der Ehegatte allein, wenn Nachkommen des Erblassers nicht vorhanden sind.

Beispiele 849

Ehegatte und zwei Abkömmlinge.

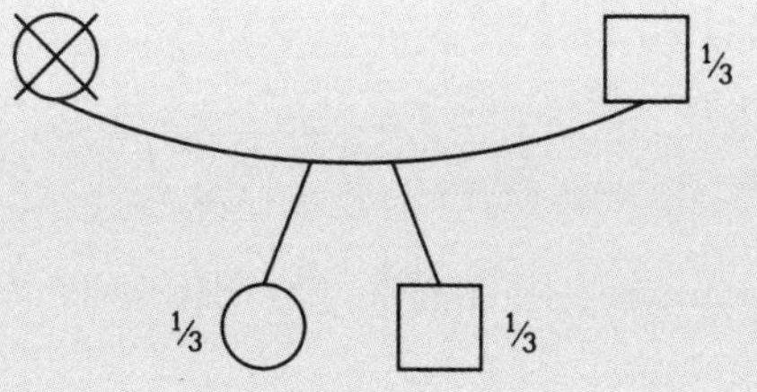

Ehegatte, keine Abkömmlinge des Erblassers, Eltern des Erblassers leben noch.

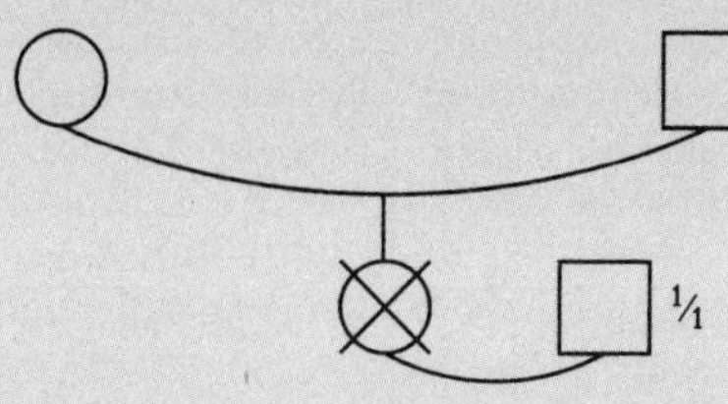

Ehegatte, zwei Abkömmlinge aus der Ehe, ein nichteheliches Kind des Erblassers.

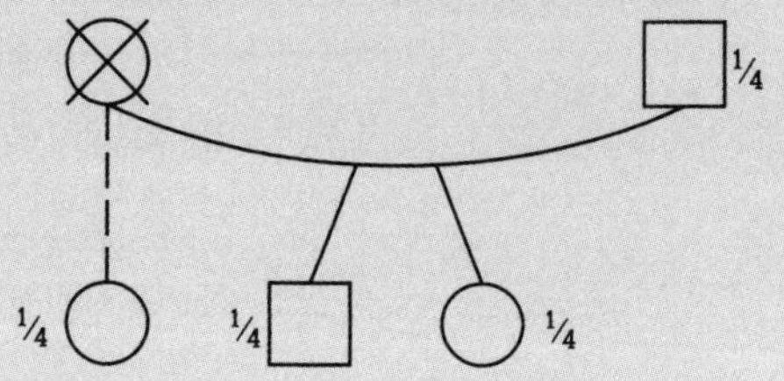

Ehegatte, zwei Kinder, von denen eines unter Hinterlassung von Kindern vorverstorben ist.

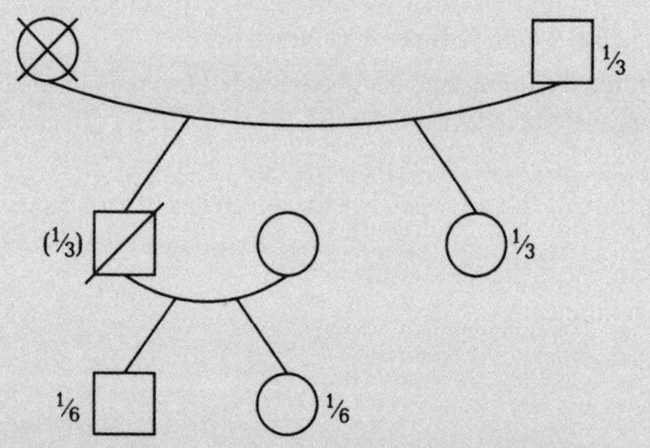

850 **Gesetzliche Erben der zweiten Ordnung** sind die Eltern des Erblassers und deren Nachkommen (§ 367 Abs. 1 ZGB).

Lebt nur ein Elternteil, so erbt er allein (§ 367 Abs. 2 ZGB), auch wenn Abkömmlinge der Eltern vorhanden sind.

Sind beide Elternteile vorverstorben, so erben die Nachkommen (§ 367 Abs. 3 ZGB).

Beispiele 851

Es leben beide Elternteile und zwei Geschwister.

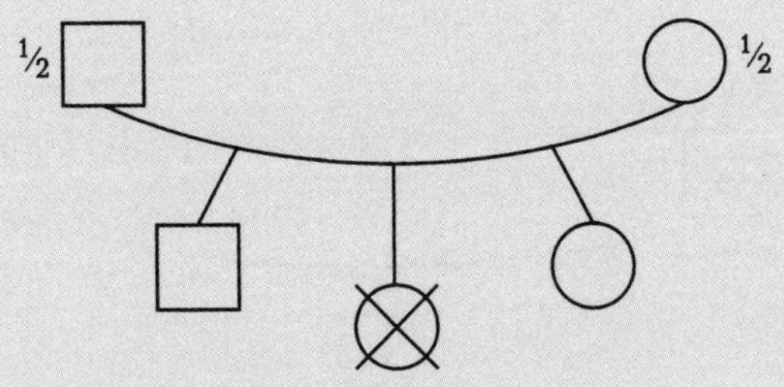

Es leben ein Elternteil und zwei Geschwister.

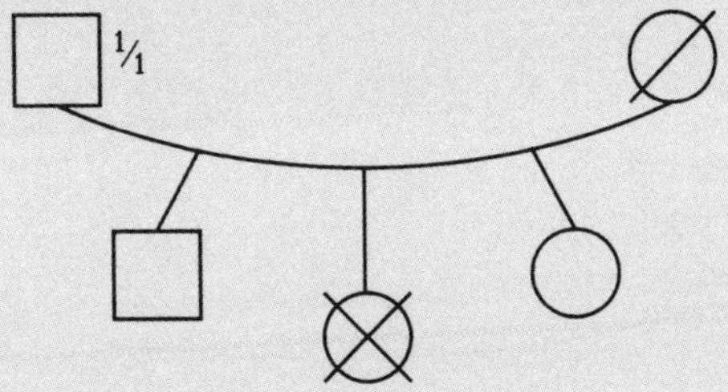

Beide Elternteile sind vorverstorben; es sind zwei Geschwister vorhanden.

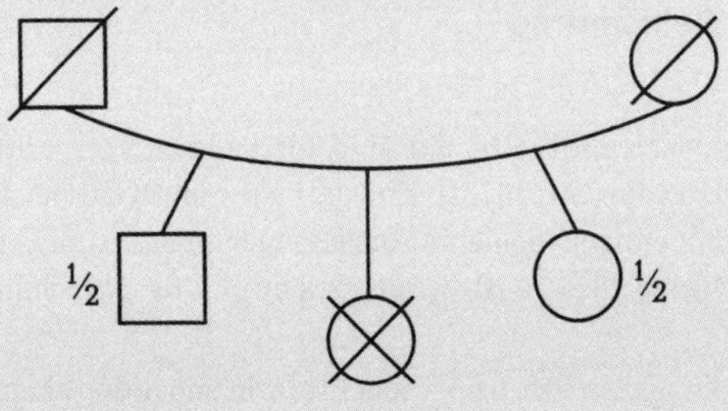

Gesetzliche Erben der dritten Ordnung sind die Großeltern des Erblassers und deren Nachkommen (§ 368 Abs. 1 ZGB). 852

Lebt ein Teil eines Großelternpaares nicht mehr, so erbt der andere dessen Erbteil mit (§ 368 Abs. 3 S. 1 ZGB).

Lebt ein Großeltern*paar* nicht mehr, so treten die Nachkommen an die Stelle (§ 368 Abs. 3 S. 2 ZGB).

853 *Beispiele*

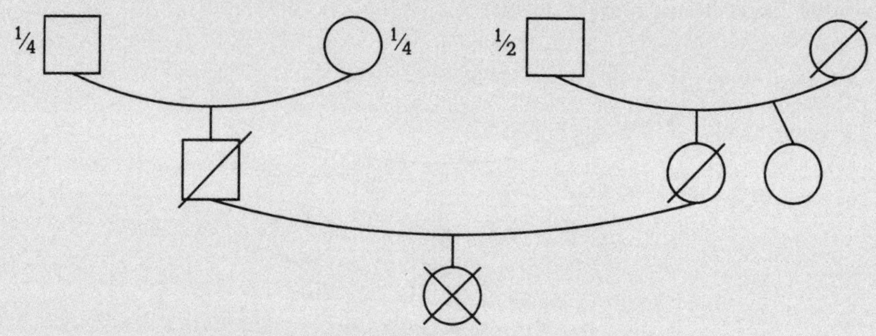

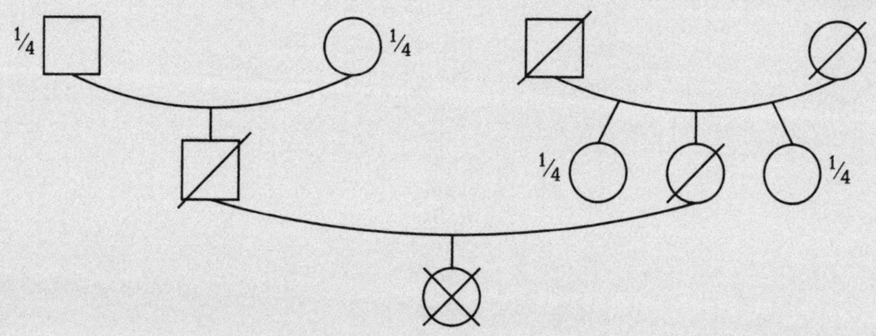

9. Erbschein und Erbscheinsantrag

a) Allgemeines

854 Durch das Gesetz zum Internationalen Erbrecht und zur Änderung von Vorschriften zum Erbschein sowie zur Änderung sonstiger Vorschriften vom 29.6.2015[156] sind die bisher im BGB enthaltenen Vorschriften zum Erbschein (§§ 2354–2360 BGB) mit einigen kleineren Anpassungen in das FamFG (§§ 352–352e FamFG) überführt worden. Die Vorschrift des § 2353 BGB wurde gleichwohl als erbrechtliche Legaldefintion des Erbscheins beibehalten.

855 Das Nachlassgericht hat auf Antrag dem Erben über sein Erbrecht und, wenn er nur zu einem Teil der Erbschaft berufen ist, über die Größe des Erbteils ein Zeugnis (Erbschein) zu erteilen (§ 2353 BGB). Sind mehrere Erben vorhanden, so ist auf Antrag, den jeder Erbe stellen kann, ein gemeinschaftlicher Erbschein zu erteilen (§ 352a FamFG). In dem Erbschein sind eventuelle Beschränkungen des Erbrechts, wie Einsetzung eines Nacherben oder Testamentsvollstreckers, anzugeben (§§ 352b Abs. 1 und 2 FamFG). Nicht in den Erbschein gehören Angaben über den Umfang des Nachlasses oder Nachlassverbindlichkeiten, wie z.B. Pflichtteilsansprüche oder Vermächtnisse, Auflagen, Teilungsanordnungen oder Angaben über nach dem Erbfall angeordnete Verfügungsbeschränkungen, wie Nachlassverwaltung oder Nachlassinsolvenz. Einen nur auf bestimmte Nachlassgegenstände beschränkten Erbschein – ausgenommen den Fall des § 352c FamFG (siehe hierzu Rdn 2000 ff.) – kennt das BGB nicht.

856 Aufgrund des Erbscheins wird **widerlegbar** vermutet, dass dem darin als Erben Aufgeführten das angegebene Erbrecht zusteht und dass er nicht durch weitere, nicht aufgeführte Anordnungen (Nacherbfolge, Ersatznach-

156 BGBl I S. 1042.

erbfolge oder Testamentsvollstreckung) beschränkt ist (§ 2365 BGB). Im Rahmen dieser Vermutung gilt gegenüber Dritten, die von dem im Erbschein als Erbe Bezeichneten durch Rechtsgeschäft einen Erbschaftsgegenstand oder ein Recht hieran erwerben oder die an diesen aufgrund eines zur Erbschaft gehörenden Rechts eine Leistung erbringen, der Inhalt des Erbscheins als richtig (§§ 2366, 2367 BGB). Das gilt jedoch nicht, wenn der Dritte die Unrichtigkeit des Erbscheins kennt oder weiß, dass das Nachlassgericht die Rückgabe des Erbscheins wegen Unrichtigkeit verlangt hat. Der Schutz des öffentlichen Glaubens an die Richtigkeit des Erbscheins erlischt ebenfalls, sobald das Nachlassgericht den Erbschein eingezogen oder für kraftlos erklärt hat (§ 2361 BGB und § 353 FamFG) oder der Besitzer den Erbschein auf Verlangen des wahren Erben dem Nachlassgericht herausgegeben hat (§ 2362 BGB).

Vor der Geltung der EU-ErbVO, d.h. bei Erbfällen bis zum 16.8.2015, galt, dass die deutschen Gerichte in 857
Nachlasssachen dann international zuständig sind, wenn sie auch örtlich zuständig sind (§§ 105, 343, 344 FamFG), und zwar unabhängig davon, ob deutsches oder ausländisches Erbrecht anwendbar war. Fraglich war zunächst, ob für Erbfälle ab dem 17.8.2015 die nationalen Zuständigkeitsvorschriften des FamFG für die Erteilung von nationalen Erbscheinen durch die Zuständigkeitsvorschriften der EU-ErbVO verdrängt werden oder ob die nationalen Zuständigkeitsvorschriften nach wie vor ihre Eigenständigkeit behalten. Sollten also zukünftig für die Ermittlung der internationalen Zuständigkeit der deutschen Nachlassgerichte für die Erteilung von Erbscheinen §§ 105, 343, 344 FamFG oder die Art. 4 ff. EU-ErbVO gelten? Die vorstehende Frage war praktisch von großer Bedeutung, da die Zuständigkeitsvorschriften der EU-ErbVO viel enger sind als die des FamFG, den deutschen Nachlassgerichten also bei einer ausschließlichen Anwendbarkeit der Art. 4 ff. EU-ErbVO in vielen Fällen eine Zuständigkeit auch in praktisch relevanten Fällen abgeschnitten wäre.

Die vorstehende Frage war in der juristischen Literatur zunächst sehr umstritten.[157] Gerichtliche Entscheidungen 858
existierten zu dieser Frage zunächst nicht. Eine klare Antwort hatte dann der deutsche Gesetzgeber mit dem vorgenannten Gesetz zum Internationalen Erbrecht und zur Änderung von Vorschriften zum Erbschein sowie zur Änderung sonstiger Vorschriften gegeben. Durch dieses Gesetz wurden die nationalen Zuständigkeitsvorschriften der §§ 105, 343 FamFG für die Erteilung von Erbscheinen mit Auslandsberührung nicht aufhoben oder dem Wortlaut der Art. 4 ff. EU-ErbVO entsprechend angeglichen, sondern nur einzelne Begriffe (insbesondere „gewöhnlicher Aufenthalt" statt „Wohnsitz" i.R.d. § 343 FamFG) an die EU-ErbVO angepasst. Die Begründung zu § 343 FamFG führte aus, dass es hinsichtlich der internationalen Zuständigkeit (von Erbscheinen) bei der Anwendung des § 105 FamFG bleibt. Hiernach sollte sich also die internationale Zuständigkeit der deutschen Nachlassgerichte für die Erteilung von deutschen Erbscheinen mit Auslandsberührung nach wie vor nach den nationalen Zuständigkeitsvorschriften des FamFG und nicht nach den Vorschriften der EU-ErbVO richten.[158]

Der vorstehenden Auffassung des deutschen Gesetzgebers und zahlreicher Literaturstimmen hat aber der Eu- 859
ropäische Gerichtshof (EuGH) mit seinem Urt. v. 21.6.2018[159] einen Riegel vorgeschoben. Der EuGH erklärte die deutschen Zuständigkeitsvorschriften der §§ 105, 343 FamFG für gemeinschaftsrechtswidrig, soweit Sachverhalte betroffen sind, die in den Anwendungsbereich der EU-ErbVO fallen, also Sachverhalte mit Auslandsberührung bzw. mit Gemeinschaftsbezug. Art. 4 ff. EU-ErbVO begründen also insoweit eine umfassende internationale Zuständigkeit der mitgliedstaatlichen Gerichte für den gesamten Nachlass, gleich wo sich die Nachlassgegenstände befinden, unabhängig von der Staatsangehörigkeit des Erblassers und unabhängig davon, ob das betreffende Verfahren streitig oder nicht streitig (also auch für das deutsche Erbscheinsverfahren) geführt wird. Durch den Anwendungsvorrang der Art. 4 ff. EU-ErbVO vor den deutschen Zuständigkeitsvorschriften verlieren die deutschen Nachlassgerichte ihre bisherige Zuständigkeit für die Erteilung von Erbscheinen in all denjenigen praktisch relevanten Erbfällen mit Auslandsberührung bzw. Gemeinschaftsbezug, in denen der Erblasser nicht mit letztem gewöhnlichen Aufenthalt in Deutschland verstorben ist.[160] So müssen beispielsweise nunmehr die Erben eines deutschen Erblassers, der mit letztem Wohnsitz und gewöhnlichem Aufenthalt in Italien verstorben ist und der ausschließlich Immobilien in Deutschland hinterlässt, als Erbnach-

157 Vgl. zum Meinungsstreit bis zum Urteil des EuGH v. 21.6.2018 – C-20/17 z.B. *Wall*, ZErb 2015, 9 ff. mit weiteren Nachweisen; Palandt/*Weidlich*, 76. Aufl. 2017, § 2353, Rn 8.

158 Vgl. BT-Drucks 18/4201, S. 59.

159 Urteil des EuGH v. 21.6.2018 – C-20/17, vgl. ZEV 2018, 465.

160 Zur ausnahmsweisen internationalen Zuständigkeit deutscher Nachlassgerichte in Fällen, in denen der Erblasser mit letztem gewöhnlichen Aufenthalt nicht in einem Mitgliedstaat verstorben ist, Art. 10 EU-ErbVO, vgl. unten Rdn 1940 ff.

weis ein Europäisches Nachlasszeugnis (vgl. hierzu im Detail unten Rdn 1940 ff.) vor einem italienischen Nachlassgericht auf der Grundlage des italienischen Rechts beantragen. Ein deutsches Erbscheinsverfahren ist in diesem Fall nun nicht mehr möglich.

860 Örtlich zuständig ist für die Erteilung eines Erbscheins – gleich ob mit oder ohne Auslandsberührung – gemäß § 343 Abs. 1 FamFG primär das Amtsgericht (§ 23a Abs. 1 Nr. 2, Abs. 2 Nr. 2 GVG), in dessen Bezirk der Erblasser im Zeitpunkt seines Todes seinen gewöhnlichen Aufenthalt hatte (§ 343 Abs. 1 FamFG). Dieses Amtsgericht ist das Nachlassgericht. Auch für reine Inlandssachverhalte wurden die Zuständigkeitsvorschriften zur Erbscheinserteilung von den Begriffen her an die EU-ErbVO angeglichen, da nunmehr nicht mehr auf den letzten Wohnsitz, sondern in erster Linie auf den letzten gewöhnlichen Aufenthalt des Erblassers (Deutscher oder Ausländer) im Todeszeitpunkt abgestellt wird, vgl. zum Begriff des gewöhnlichen Aufenthalts im Sinne der EU-ErbVO Rdn 1846 ff. Hatte der Erblasser zum Todeszeitpunkt keinen gewöhnlichen Aufenthalt im Inland, ist hilfsweise das Gericht zuständig, in dessen Bezirk der Erblasser seinen letzten gewöhnlichen Aufenthalt im Inland hatte (§ 343 Abs. 2 FamFG). Weiterhin hilfsweise, d.h. wenn eine Zuständigkeit nach den § 343 Abs. 1 und 2 FamFG nicht gegeben ist, ist das Amtsgericht Schöneberg in Berlin zuständig, wenn der Erblasser Deutscher ist oder sich Nachlassgegenstände im Inland befinden (§ 343 Abs. 3 FamFG). Für deutsche Erblasser ergibt sich somit immer eine örtliche Zuständigkeit für die deutschen Nachlassgerichte, für ausländische Erblasser nur, wenn sie zum Zeitpunkt ihres Todes oder irgendwann einmal davor ihren gewöhnlichen Aufenthalt in Deutschland hatten oder sie Nachlassgegenstände in Deutschland hinterlassen haben, § 343 Abs. 2, 3 FamFG. Nach der vorgenannten Rechtsprechung des EuGH spielen die Zuständigkeitsregelungen der § 343 Abs. 2 u. 3 FamFG aber in der Praxis nur noch eine untergeordnete Rolle, z.B. bei Vorliegen einer Gerichtsstandsvereinbarung nach Art. 5 EU-ErbVO, wenn der Erblasser nach Art. 22 EU-ErbVO eine Rechtswahl zum deutschen Heimatrecht getroffen hat (vgl. dazu unter Rdn 890 und Rdn 1946 ff.).

861 Fraglich ist, wie sich im Rahmen von § 343 FamFG die örtliche Zuständigkeit der deutschen Nachlassgerichte im Falle von Staatenlosen oder von Personen, deren Staatsangehörigkeit nicht festgestellt werden kann, bestimmt. Bei solchen Personen ist das Recht des Staates anzuwenden, in dem sie ihren gewöhnlichen Aufenthalt (wegen des Begriffs „gewöhnlicher Aufenthalt“ vgl. Rdn 38, 1694 ff., 1846 ff.) oder, mangels eines solchen, ihren – schlichten bzw. einfachen – Aufenthalt[161] hatten (Art. 5 Abs. 2 EGBGB). Im Falle staatenloser Erblasser oder von Erblassern, deren Staatsangehörigkeit nicht festgestellt werden kann, ist also eine örtliche Zuständigkeit der deutschen Nachlassgerichte grundsätzlich nur gegeben, wenn diese zum Zeitpunkt ihres Todes ihren gewöhnlichen Aufenthalt oder schlichten Aufenthalt (z.B. Tod während einer Urlaubsreise) in Deutschland (§ 343 Abs. 1 FamFG) haben.

862 Für die Erbfolge nach Personen, die ab dem 17.8.2015 versterben, bestimmt sich das anwendbare Erbrecht nach den Bestimmungen der EU-ErbVO. Danach ist grundsätzlich das Recht des Staates, in dem der Erblasser im Zeitpunkt seines Todes seinen gewöhnlichen Aufenthalt hatte, für alle Bereiche der Rechtsnachfolge von Todes wegen maßgebend, nicht mehr die Staatsangehörigkeit des Erblassers (Art. 21 Abs. 1 EU-ErbVO). Der Erblasser hat jedoch die Möglichkeit, in einer **Verfügung von Todes wegen** zu wählen, dass für die Rechtsnachfolge von Todes wegen in sein gesamtes Vermögen das deutsche Recht als das Recht des Staates, dessen Staatsangehörigkeit er im Zeitpunkt seines Todes besitzt, gelten soll, Art. 22 EU-ErbVO, vgl. hierzu im Einzelnen unten Rdn 1867 ff.

b) Arten des Erbscheins

863 Man unterscheidet folgende Arten:

- den Alleinerben-Erbschein (§ 2353 Alt. 1 BGB);
- den Teilerbschein (§ 2353 Alt. 2 BGB); er beinhaltet, wie das Wort schon sagt, nur das Erbrecht eines **Miterben**; er kann auch von einem anderen Miterben beantragt werden;
- den gemeinschaftlichen Erbschein (§ 352a FamFG), wenn mehrere Erben vorhanden sind. Er weist das Erbrecht aller Miterben und die Größe ihrer Erbteile aus, betrifft also die Erbfolge in den ganzen Nachlass. Entgegen der alten Rechtslage ist nunmehr die Angabe der Erbteile nicht mehr zwingend erforderlich,

161 Zum „schlichten bzw. einfachen Aufenthalt“ siehe MüKo/*v. Hein*, BGB, 8. Aufl. 2020, Art. 5 EGBGB, Rn 130 ff.

wenn alle Antragsteller (nicht: Erben) in dem Antrag auf die Aufnahme der Erbteile in den Erbschein verzichten (§ 352a Abs. 2 S. 2 FamFG);

- den Gruppenerbschein. Er fasst mehrere Teilerbscheine über das Erbrecht mehrerer zu demselben Stamm gehörender Erben in einer Urkunde zusammen, setzt jedoch voraus, dass **alle** aufgeführten Erben ihn beantragen und die erforderlichen Erklärungen abgeben. Dieser Erbschein ist wenig praktisch; daher wird er auch nur äußerst selten erwirkt;
- den gemeinschaftlichen Teilerbschein. Er weist – wie der Gruppenerbschein – nicht alle Miterben, sondern nur mehrere von ihnen aus. Es handelt sich also um einen Erbschein über die Erbteile eines Teiles der Erben. Er kann auf Antrag eines jeden der in ihm genannten Miterben ausgestellt werden;
- den Sammelerbschein. Er fasst die Erbscheine über Erbfälle nach mehreren Erblassern, die sich **nacheinander** beerbt haben, in einer Urkunde zusammen;
- den gegenständlich beschränkten Erbschein (§ 352c FamFG). Gehören zu einer Erbschaft auch Gegenstände, die sich im Ausland befinden, kann der Antrag auf Erteilung eines Erbscheins auf die im Inland befindlichen Gegenstände beschränkt werden;
- den Hoffolgeerbschein (Hoffolgezeugnis) nach § 18 Abs. 2 S. 3 HöfeO. Er ist ein Zeugnis nur über die Hoferbfolge, also über die Sondererbfolge in das hofgebundene Vermögen nach dem Höferecht. Von ihm sind zu unterscheiden:
  aa) der Erbschein über den Gesamtnachlass, zu dem ein Hof im Sinne der HöfeO gehört, mit dem besonderen Zeugnis über die Hoferbfolge;
  bb) der Erbschein nur über das hoffreie Vermögen. Wenn ein Hof i.S.d. HöfeO zum Nachlass gehört, so ist sowohl für die Erteilung des Hoffolgezeugnisses als auch des Erbscheins über den hoffreien Nachlass statt des Nachlassgerichts das **Landwirtschaftsgericht ausschließlich** zuständig.

c) Erbscheinsantrag

Der Erbschein ist nur auf **Antrag** vom Nachlassgericht zu erteilen. Antragsberechtigt sind: 864

- jeder Erbe (§ 2353 BGB), auch der Vorerbe (§ 352b FamFG); der Nacherbe ist jedoch vor dem Eintritt der Nacherbfolge nicht berechtigt, einen Erbschein für sich selbst oder für den Vorerben zu beantragen;
- der Rechtsnachfolger des Erben (Erbeserbe), wobei allerdings der ursprüngliche Erbe im Erbschein ausgewiesen wird;
- der Erbteilserwerber (§ 2033 BGB), wobei ebenfalls der Name dessen, der unmittelbar Erbe geworden ist, im Erbschein angegeben wird; ob der Erbschaftskäufer einen Erbschein auf den Namen dessen, der unmittelbar Erbe geworden ist, beantragen kann, ist umstritten;
- der Testamentsvollstrecker;
- der Nachlassverwalter;
- der Nachlassinsolvenzverwalter;
- der gesetzliche Vertreter eines Erben;
- der Abwesenheitspfleger (§ 1911 BGB);
- der Nachlass- wie der Erbengläubiger (§§ 792, 896 ZPO), sofern er einen vollstreckbaren Titel vorlegt.

Nicht antragsberechtigt sind:

- der Nachlasspfleger für **den** Nachlass, für den die Pflegschaft besteht, da er keinen bestimmten Erben zu vertreten hat,
- der Vermächtnisnehmer, wozu auch derjenige gehört, dem der Nießbrauch am ganzen Nachlass oder an einem Teil desselben zusteht (vermacht ist), es sei denn, er legt einen vollstreckbaren Titel vor.

Der Antrag selbst bedarf keiner Form. Daher kann er durch die Vorlage einer **beglaubigten Abschrift** der von einem Notar beurkundeten Erbscheinsverhandlung gestellt werden;[162] der Vorlage **einer Ausfertigung** der notariellen Urkunde bedarf es nicht. 865

Der Antrag soll begründet werden. In dem Antrag sollen die zur Begründung dienenden Tatsachen und Beweismittel angegeben sowie die in Betracht kommenden Beteiligten benannt werden (§ 23 Abs. 1 FamFG). Zu den Beteiligten gehören z.B. gesetzliche und testamentarische Erben, auch Nacherben (nicht aber Pflichtteils-

162 LG Wuppertal Rpfleger 1972, 100 mit zust. Anm. *Grauel*.

berechtigte), wenn ein Rechtsstreit über das Erbrecht anhängig ist, die Gegner des Antragstellers. Wegen der Beteiligten im Übrigen siehe § 345 Abs. 1 S. 2 FamFG.

866 Auch sollte der Antragsteller im Erbscheinsantrag über das Vorhandensein oder Nichtvorhandensein von Vermögen des Erblassers im Ausland Angaben machen, und zwar insbesondere um die Zulässigkeit eines gegenständlich beschränkten Erbscheins gemäß § 352c Abs. 1 FamFG festzustellen.

Bevor der Erbschein vom Nachlassgericht erteilt wird, ist ein Beschluss zu erlassen, in dem festgestellt wird, dass die Voraussetzungen für die Erteilung („die zur Erteilung eines Erbscheins erforderlichen Tatsachen für festgestellt erachtet") vorliegen (§ 352e Abs. 1 S. 1 FamFG). Vor Erlass dieses Beschlusses können die in § 345 Abs. 1 S. 2 FamFG genannten Beteiligten hinzugezogen werden; auf ihren Antrag hin sind sie hinzuzuziehen (§ 345 Abs. 1 S. 3 FamFG). Das Verfahren kann beschleunigt werden durch Aufnahme einer Versicherung in die notarielle Urkunde des Inhalts, dass der Erbscheinsantrag nicht dem erklärten Willen eines Miterben widerspricht (siehe Muster in Rdn 904). Entsprechend der Anregung von *Baumann*[163] könnte auch von den am Erbscheinsverfahren nicht mitwirkenden Beteiligten die von ihm angesprochene und als Muster gebrachte Einverständniserklärung beschafft werden.[164]

867 In einer unstreitigen Sache wird der Beschluss mit Erlass wirksam, ohne dass es einer Bekanntgabe an die Beteiligten bedarf.

Widerspricht der Beschluss dem erklärten Willen eines Beteiligten, ist der Beschluss den Beteiligten bekanntzugeben. In diesem Fall hat das Gericht die sofortige Wirksamkeit auszusetzen und die Erteilung des Erbscheins bis zur Rechtskraft des Beschlusses zurückzustellen (§ 352e Abs. 2 FamFG).

Der Erbschein darf vom Nachlassgericht nur genau dem Antrag entsprechend erteilt werden; der Erbscheinsantrag muss daher einen bestimmten Vorschlag für den Inhalt des zu erteilenden Erbscheins bringen. Der Antragsteller darf es nicht dem Ermessen des Gerichts überlassen, den Inhalt des Erbscheins zu bestimmen. Es ist jedoch zulässig, mit dem bestimmt gestellten Antrag auf Erteilung eines Erbscheins für den Fall, dass dieser Antrag abgelehnt wird, **einen oder mehrere Hilfsanträge** zu verbinden. Der im Erbscheinsverfahren früher häufig praktizierte Vorbescheid, durch den das Nachlassgericht ankündigte, es werde einen im Wortlaut festgelegten Erbschein erteilen, falls nicht innerhalb einer bestimmten Frist Beschwerde eingelegt werde, ist nicht mehr zulässig.

868 Der Notar gilt nur dann als zur Stellung des Antrages auf Erteilung des Erbscheins, zur Zurücknahme des Erbscheinsantrages und zur Einlegung der Beschwerde für bevollmächtigt, wenn die Erteilung einer Ausfertigung des Erbscheins zu Händen des Notars beantragt wird. In zweifelhaften Fällen empfiehlt es sich, eine ausdrückliche Vollmacht für den Notar abgeben zu lassen, die etwa folgenden Inhalt haben könnte:

▼

Muster 4.170: Erbscheinsantrag – Vollmacht des Notars

4.170 Der Notar wird ermächtigt, diese Erbscheinsverhandlung zu ergänzen oder zu berichtigen, den Erbscheinsantrag zurückzunehmen sowie Rechtsmittel einzulegen.

▲

Durch die Aufnahme einer solchen Vollmacht kann unter Umständen ein umfangreicher Schriftwechsel zwischen dem Nachlassgericht und dem Notar einerseits und zwischen dem Notar und dem Antragsteller andererseits vermieden werden.

d) Erforderliche Angaben und Nachweise

869 Zur Erwirkung eines Erbscheins aufgrund gesetzlicher Erbfolge hat der Antragsteller nach § 352 Abs. 1 FamFG anzugeben:

1. den Zeitpunkt des Todes des Erblassers,
2. den letzten gewöhnlichen Aufenthalt und die Staatsangehörigkeit des Erblassers,
3. das Verhältnis, auf dem sein Erbrecht beruht, wobei dann, wenn ein Ehegatte zur Erbfolge gelangt ist, anzugeben ist, in welchem Güterstand der Erblasser mit ihm lebte,

163 NotBZ 2011, 197.
164 NotBZ 2011, 202.

4. ob und welche Personen vorhanden sind oder vorhanden waren, durch die er von der Erbfolge ausgeschlossen oder sein Erbteil gemindert werden würde,
5. ob und welche Verfügungen von Todes wegen des Erblassers vorhanden sind,
6. ob ein Rechtsstreit über das Erbrecht anhängig ist,
7. dass er die Erbschaft angenommen hat,
8. die Größe seines Erbteils,
9. wenn eine Person weggefallen ist, durch die der Antragsteller von der Erbfolge ausgeschlossen oder sein Erbteil gemindert werden würde, in welcher Weise die Person weggefallen ist (z.B. durch Tod, Ausschlagung, Erbverzicht); bei Ehegatten ist der Überlebende von der Erbfolge ausgeschlossen, wenn zurzeit des Eintritts des Erbfalles die Voraussetzungen für die Scheidung der Ehe gegeben waren und wenn der Erblasser die Scheidung beantragt oder ihr zugestimmt hatte oder wenn der Erblasser auf Aufhebung der Ehe zu klagen berechtigt war und die Klage erhoben hatte; die Rechtsprechung verlangt deshalb vereinzelt eine eidesstattliche Versicherung, dass eine Ehesache (Scheidungsverfahren bzw. Aufhebungsklage) nicht anhängig ist;[165] nach OLG Hamm[166] ist es dagegen ermessensmissbräuchlich, wenn der Rechtspfleger **routinemäßig** in jedem Fall eine eidesstattliche Versicherung verlangt, dass die Voraussetzungen für den Ausschluss des Ehegattenerbrechts nach § 1933 BGB nicht vorliegen;
10. ob und ggf. welches Vermögen der Erblasser im Ausland hinterlassen hat (vgl. § 352c Abs. 1 FamFG),

bei Beantragung eines **gemeinschaftlichen** Erbscheins zusätzlich zu den Angaben zu 1. bis 10:

11. die Erben und ihre Erbteile (§ 352a Abs. 1 S. 1, Abs. 2 S. 1 FamFG); auf die Angabe der Erbteile kann verzichtet werden, wenn alle Antragsteller in dem Antrag auf die Aufnahme der Erbteile in den Erbschein verzichten (§ 352a Abs. 2 S. 2 FamFG),
12. wenn der Antrag nicht von allen Erben gestellt wird: dass die übrigen Erben die Erbschaft angenommen haben (§ 352a Abs. 3 FamFG).

Der Antragsteller hat die Richtigkeit seiner Angaben teils durch öffentliche Urkunden, teils durch Abgabe einer **870** eidesstattlichen Versicherung nachzuweisen (§ 352 Abs. 3 S. 1 bis 4 FamFG).

Die Richtigkeit der Angaben zu 1., 3. und 9. ist durch öffentliche Urkunden im Sinne des § 415 ZPO nachzuweisen (§ 352 Abs. 3 S. 1 FamFG). Nach § 352 Abs. 3 S. 2 FamFG genügt die Angabe anderer Beweismittel (z.B. Auskünfte von Behörden, Benennung von Zeugen, Beibringung eidesstattlicher Versicherungen, Bezugnahme auf andere Akten), wenn die Urkunden nicht oder nur mit **unverhältnismäßigen** Schwierigkeiten zu beschaffen sind. Als „öffentliche Urkunden" kommen in erster Linie die **Personenstandsurkunden** (Geburts-, Ehe- oder Lebenspartnerschafts- und Sterbeurkunden), die der Standesbeamte nach § 55 PStG ausstellt, in Betracht. Personenstandsurkunden aus den Gebieten östlich der Oder-Neiße-Linie können meistens nicht beigebracht werden, weil die entsprechenden Personenstandsbücher vernichtet sind. In diesen Fällen musste ein Familienbuch nach § 15a PStG a.F. angelegt werden. Hat ein Deutscher im Ausland die Ehe geschlossen, so kann die Eheschließung auf Antrag von dem Wohnsitz-Standesamt im Eheregister beurkundet werden (§ 34 PStG). Dadurch wird die früher im § 15a PStG a.F. geregelte Funktion des Familienbuchs ersetzt. § 36 PStG erklärt die Wohnsitz-Standesämter für zuständig, auch Geburten und Todesfälle Deutscher im Ausland zu beurkunden. Für den Besitz der deutschen Staatsangehörigkeit ist der Zeitpunkt der Antragstellung maßgebend. Mit eidesstattlichen Versicherungen geben sich die Nachlassgerichte schon lange nicht mehr zufrieden.

Folgende **Personenstandsurkunden** sind dem Nachlassgericht vorzulegen: Der Tod des Erblassers ist durch **871** eine Sterbeurkunde oder einen beglaubigten Ausdruck aus dem Personenstandsregister (§ 55 PStG), gegebenenfalls durch die Vorlage einer Ausfertigung des Beschlusses über die Todeserklärung, zu beweisen.

Zum Nachweis des Erbrechts des Ehegatten des Erblassers ist eine Eheurkunde gemäß § 57 PStG notwendig, die nach dem Erbfall ausgestellt sein muss. Es genügt nicht, dass der Ehegatte in der Sterbeurkunde des Erblassers oder in einer Geburtsurkunde eines Kindes als solcher aufgeführt ist. In den nach dem 1.1.2009 ausgestellten Sterbeurkunden wird nur noch der Familienstand des Verstorbenen ohne

165 OLG Braunschweig Rpfleger 1990, 462.
166 DNotZ 1993, 139 = Rpfleger 1993, 66.

Namensnennung des Ehepartners angegeben (§ 60 Nr. 2 PStG), sodass auch aus diesem Grunde die Eheurkunde vorzulegen ist.

Bei Personen, die in einer eingetragenen Lebenspartnerschaft lebten (vgl. Rdn 867 ff.), ist die Vorlage einer Lebenspartnerschaftsurkunde erforderlich.[167]

Hat der verheiratete oder in eingetragener Lebenspartnerschaft verbundene Erblasser – abweichend vom gesetzlichen Güterstand – in Gütertrennung oder Gütergemeinschaft gelebt, so ist dieser Güterstand durch Ehevertrag bzw. Lebenspartnerschaftsvertrag oder über das Güterrechtsregister nachzuweisen.

872 Zum Nachweis des Erbrechts

- eines **Kindes** sind erforderlich: dessen Geburtsurkunde,
- **beim Enkel**: dessen Geburtsurkunde und die Geburts- und Sterbeurkunde des weggefallenen Elternteils,
- **für einen Elternteil**: die Geburtsurkunde des Erblassers,
- **bei Bruder oder Schwester**: die Geburtsurkunde des erbenden Bruders (Schwester) und des Erblassers sowie die Sterbeurkunde des weggefallenen Elternteils des Erblassers,
- **bei einem Geschwisterkind**: die Geburtsurkunden des Erblassers, des erbenden Geschwisterkindes und des weggefallenen Vaters (Mutter) des Geschwisterkindes sowie die Sterbeurkunden des weggefallenen Elternteils des Geschwisterkindes und des weggefallenen Elternteils des Erblassers.

Ein **Wegfall** von erbberechtigten Personen kann eingetreten sein durch Tod vor dem Erblasser (§ 1923 BGB), Erbausschlagung (§§ 1942 ff. BGB), Erbverzicht (§§ 2346 ff. BGB), Erbunwürdigkeit (§§ 2339 ff. BGB) und Ausschließung (§ 1938 BGB) sowie dadurch, dass zur Zeit des Todes des Erblassers die Voraussetzungen für die Scheidung einer Ehe gegeben waren und der Erblasser die Scheidung beantragt oder ihr zugestimmt hatte oder der Erblasser auf Aufhebung der Ehe zu klagen berechtigt war und die Klage erhoben hatte (§ 1933 BGB). Weiterhin kann ein Wegfall bei unverheirateten Erblassern eintreten, wenn bei einer Eingetragenen Lebenspartnerschaft (vgl. Rdn 870) zur Zeit des Todes des Erblassers die Voraussetzungen für die Aufhebung der Lebenspartnerschaft nach § 15 Abs. 2 Nr. 1 oder 2 LPartG gegeben waren und der Erblasser die Aufhebung beantragt oder ihr zugestimmt hatte oder der Erblasser einen Antrag nach § 15 Abs. 2 Nr. 3 LPartG gestellt hatte und dieser Antrag begründet war (§ 10 Abs. 3 LPartG). Diese Tatsachen sind ebenfalls durch öffentliche Urkunden nachzuweisen.

873 Zu den übrigen **Angaben** (siehe Rdn 897), d.h. den Angaben

- über den letzten gewöhnlichen Aufenthalt und die Staatsangehörigkeit des Erblassers,
- ob und welche Personen vorhanden sind und waren, durch die die Erben von der Erbfolge ausgeschlossen oder ihre Erbteile gemindert werden würden,
- ob und welche Verfügungen von Todes wegen vorhanden sind,
- ob ein Rechtsstreit über das Erbrecht anhängig ist,
- dass er die Erbschaft angenommen hat, und falls der Antrag nicht von allen Erben gestellt wird, dass die übrigen Erben die Erbschaft angenommen haben,
- über die Größe seines Erbteils,
- sofern ein im gesetzlichen Güterstand lebender Ehegatte oder eingetragener Lebenspartner zu den gesetzlichen Erben gehört: dass der Erblasser zur Zeit seines Todes im gesetzlichen Güterstand lebte,
- ob und ggf. welches Vermögen der Erblasser im Ausland hinterlassen hat (vgl. § 352c Abs. 1 FamFG),
- dass keine Ehesache anhängig ist (vgl. Rdn 897) oder die Voraussetzungen für die Aufhebung der eingetragenen Lebenspartnerschaft nicht vorliegen (vgl. vorstehenden Absatz und siehe auch Rdn 870),

hat der Antragsteller vor einem Notar oder Gericht **an Eides statt** zu versichern, dass ihm nichts bekannt sei, was der Richtigkeit seiner Angaben entgegensteht (§ 352 Abs. 3 S. 3 FamFG).

Aufgrund der erforderlichen Angabe des Antragsstellers in dem Erbschein, ob und welche Personen vorhanden sind oder vorhanden waren, durch die er von der Erbfolge ausgeschlossen oder sein Erbteil gemindert sein könnte, sowie der Angabe der Größe des Erbteils des Antragsstellers muss vor der Aufnahme der Urkunde

167 Wegen der landesrechtlichen Vorschriften für die Ausstellung entsprechender Urkunden siehe *Brandhuber*, MittBayNot Sonderheft November 2001, S. 11, 16 und 19 ff.

für die Erwirkung des Erbscheins gefragt werden, ob der Erblasser im Zeitpunkt seines Todes verheiratet war oder in einer eingetragenen Lebenspartnerschaft (siehe Rdn 867 ff.) gelebt hat.

Wegen des Erbrechts von Lebenspartnern einer eingetragenen Lebenspartnerschaft mit dem Muster eines Erb- 874
scheinsantrages siehe oben (vgl. Rdn 867 ff.).

Die eidesstattliche Versicherung i.S.v. § 352 Abs. 3 S. 3 FamFG ist vom Antragsteller selbst bzw. seinem gesetzlichen Vertreter (z.B. Betreuer) abzugeben, und zwar auch dann, wenn ein anderer als der Erbe den Erbschein beantragt (z.B. Testamentsvollstrecker oder Gläubiger). Die eidesstattliche Versicherung eines Bevollmächtigten – auch eines Vorsorgebevollmächtigten – wurde lange Zeit als unzulässig angesehen. Mittlerweile bejahen aber nicht nur Oberlandesgerichte (OLG Düsseldorf und OLG Bremen), sondern auch die Literatur die Abgabe einer eidesstattlichen Versicherung durch einen Vorsorgebevollmächtigten als dem gesetzlichen Betreuer gleichstehend.[168] Sie braucht vom Notar nicht in Ausfertigung vorgelegt zu werden, vielmehr genügt auch hier eine beglaubigte Abschrift der notariellen Urkunde.[169]

Zum notariellen Erbscheinsverfahren nach dem FamFG siehe ausführlich *Baumann*.[170]

§ 352d FamFG bietet dem Nachlassgericht die Möglichkeit, eine öffentliche Aufforderung zur Anmeldung der 875
anderen Personen zustehenden Erbrechte zu erlassen. Die öffentliche Auffordung ist das letzte Mittel, etwa wenn die Beibringung urkundlicher Nachweise zum Tod oder zur Existenz weiterer Mitberechtigter dem Antragssteller unverhältnismäßige Schwierigkeiten bereiten würde oder etwa eine als Miterbe in Betracht kommende Person seit vielen Jahren unbekannten Aufenthalts ist. Als Folge eines nach § 352d FamFG durchgeführten Erbenaufgebotes wird im Rahmen der Entscheidung über den Erbscheinsantrag angenommen, dass weitere Erben nicht existieren. Die Art der Bekanntmachung und die Dauer der Anmeldungsfrist bestimmen sich nach den für das Aufgebotsverfahren geltenden Vorschriften.[171]

e) Muster eines Erbscheinsantrages

▼ 876

Muster 4.171: Erbscheinsantrag 4.171

(*Protokolleingang*)

Die Erschienene (Ehefrau des Erblassers)   erklärte, nachdem sie auf die Bedeutung einer eidesstattlichen Versicherung hingewiesen worden war:

Am   verstarb in , seinem letzten Wohnsitz und gewöhnlichen Aufenthalt, mein Ehemann, der . Der Erblasser besaß ausschließlich die deutsche Staatsangehörigkeit; er hat im Ausland belegendes Vermögen nicht hinterlassen. Zum Nachlass gehört auch kein Hof im Sinne der Höfeordnung.

Er hat als gesetzliche Erben hinterlassen:

1. mich, , zu ,
2. seine Abkömmlinge:
   a) , geboren am , , zu ,
   b) die Kinder seines vorverstorbenen Sohnes :
      aa) , geboren am , ,
      bb) , geboren am , ,
      zu je .

168 Vgl. z.B. BeckOK-FamG, Hahne/Schlögel/Schlüter, 52. Aufl., § 352 FamfG, Rn 28.
169 LG Berlin DNotZ 1968, 51; LG Düsseldorf MittRhNotK 1969, 725.
170 NotBZ 2011, 157 ff.; 2011, 193 ff.
171 Zur Pflicht des Nachlassgerichts zum Aufgebot unbekannter Erben zur inhaltsgleichen Vorgängervorschrift des § 2358 Abs. 2 BGB siehe OLG Hamm, Beschl. vom 13.2.2015 – 15 W 313/14, NJW-RR 2015, 1160.

Vor ihm verstarben:

1. sein Sohn am ,
2. seine Tochter am ohne Hinterlassung von Abkömmlingen.

Nichteheliche oder adoptierte Kinder hat der Erblasser nicht hinterlassen.

Andere Personen, durch welche die vorgenannten Erben von der Erbfolge ausgeschlossen oder deren Erbteile gemindert werden würden, sind und waren nicht vorhanden.

Die Erbschaft ist von allen Erben angenommen worden.

Eine Verfügung von Todes wegen hat der Erblasser nicht hinterlassen.

Ein Rechtsstreit über das Erbrecht der Erben ist nicht anhängig.

Der Erblasser lebte im Zeitpunkt seines Todes mit mir im gesetzlichen Güterstand.

Eine Ehesache (Scheidungsverfahren bzw. Aufhebungsklage – § 1933 BGB) ist nicht anhängig.

Ich versichere hiermit an Eides statt, dass mir nichts bekannt ist, was der Richtigkeit meiner Angaben entgegensteht und versichere weiterhin, dass der Erbscheinsantrag – nach Rücksprache mit allen Miterben – nicht dem erklärten Willen eines Miterben widerspricht.

Ich beantrage, nach dem Erblasser einen gemeinschaftlichen Erbschein vorstehenden Inhalts zu erteilen und eine Ausfertigung davon an den Notar zu senden.

Die Kosten dieser Verhandlung und des Erbscheins trage ich.

Der Nettowert des Nachlasses beträgt EUR.

Der Notar wird ermächtigt, diese Erbscheinsverhandlung zu ergänzen oder zu berichtigen, den Erbscheinsantrag zurückzunehmen sowie Rechtsmittel einzulegen.

Diese Niederschrift wurde in Gegenwart des Notars der Beteiligten vorgelesen, von ihr genehmigt und eigenhändig, wie folgt, unterschrieben:

Kostenberechnung (ohne Auslagen)

Geschäftswert:	Nettowert des Nachlasses (gemäß § 40 Abs. 1 S. 1 Nr. 1 GNotKG); hier: EUR
	Gebühr nach GNotKG KV Nr. 23300 (1,0); hier: EUR (+ MwSt).

▲

Die zur Erlangung eines Erbscheins erforderlichen Erklärungen brauchen nicht in einem bestimmten Wortlaut beurkundet zu werden. Es würde auch eine Urkunde folgenden Inhalts ausreichend sein:

877 ▼

4.172

Muster 4.172: Erbscheinsantrag (Alternative)

(*Protokolleingang*)

Der Erschienene ersuchte um die Beurkundung einer eidesstattlichen Versicherung und des Antrages auf Erteilung eines Erbscheins und machte folgende Angaben:

1. Erblasser:

2. Familienstand:
   Güterstand im Zeitpunkt des Todes:
3. Zeit und Ort des Todes:
4. Letzter gewöhnlicher Aufenthalt:
5. Staatsangehörigkeit:
6. Der Erblasser hat im Ausland belegenes Vermögen nicht hinterlassen. Zum Nachlass gehört auch kein Hof im Sinne der Höfeordnung.
7. Vorhandene Verfügungen von Todes wegen:
8. Gesetzliche Erben sind (Angabe des Verhältnisses, auf dem das Erbrecht beruht):
9. Als Erben ausgeschieden sind durch:

Andere Personen, durch welche die genannten Erben von der Erbfolge ausgeschlossen oder ihre Erbteile gemindert würden, sind und waren nicht vorhanden.

Eine Ehesache (Scheidungsverfahren bzw. Aufhebungsklage – § 1933 BGB) ist nicht anhängig.

Nichteheliche oder adoptierte Kinder hat der Erblasser nicht hinterlassen.

Verfügungen von Todes wegen hat der Erblasser nicht hinterlassen.

Alle Erben haben die Erbschaft angenommen.

Ein Rechtsstreit über das Erbrecht ist nicht anhängig.

Nach Belehrung über die Bedeutung einer eidesstattlichen Versicherung und auf die strafrechtlichen Folgen einer vorsätzlich oder fahrlässig falsch abgegebenen Erklärung an Eides statt hingewiesen, versichere ich hiermit an Eides statt, dass mir nichts bekannt ist, was der Richtigkeit meiner Angaben entgegensteht.

Ich beantrage die Erteilung eines – gemeinschaftlichen – Erbscheins vorstehenden Inhalts und die Übersendung einer Ausfertigung an den Notar. Ich versichere, dass der Erbscheinsantrag – nach Rücksprache mit allen Miterben – nicht dem erklärten Willen eines Miterben widerspricht.

Der Nettowert des Nachlasses beträgt EUR.

Die Kosten können von mir erhoben werden.

Der Notar wird ermächtigt, diese Erbscheinsverhandlung zu ergänzen oder zu berichtigen, den Erbscheinsantrag zurückzunehmen sowie Rechtsmittel einzulegen.

Diese Niederschrift wurde vom Notar vorgelesen, von dem Beteiligten genehmigt und von ihm eigenhändig, wie folgt, unterschrieben:

▲

Bedarf es zum Zwecke der Zwangsvollstreckung, insbesondere zur Erteilung oder Umschreibung einer Vollstreckungsklausel (§§ 727, 728, 795 ZPO), des Nachweises der Erbfolge nach dem Schuldner, so kann der Gläubiger anstelle des Schuldners die Erteilung eines Erbscheins beantragen (§ 792 ZPO). Dabei hat er die nach § 352 Abs. 3 FamFG erforderliche eidesstattliche Versicherung abzugeben, wie wenn er Erbe oder Miterbe wäre. Er muss allerdings sein Antragsrecht durch einen vollstreckbaren Titel nachweisen. 878

Ist dem Erben bereits ein Erbschein erteilt, so kann jeder, der – wie hier der Gläubiger des Schuldners – ein rechtliches Interesse hat, gemäß § 357 Abs. 2 FamFG eine Ausfertigung verlangen.

879 ▼

4.173 **Muster 4.173: Antrag des Gläubigers des Erblassers auf Erteilung eines Erbscheins zum Zwecke der Zwangsvollstreckung**

(Urkundeneingang wie üblich)

In der vor Notar am errichteten Urkunde hat der Kaufmann anerkannt, von mir ein Darlehn von EUR erhalten zu haben und sich verpflichtet, es mit % jährlich zu verzinsen und am zurückzuzahlen. Für das Darlehen nebst Zinsen hat er sich der sofortigen Zwangsvollstreckung unterworfen.

Herr , der Schuldner, ist ausweislich der Sterbeurkunde am verstorben.

(*Jetzt folgen die Erklärungen wie beim „normalen" Erbschein*).

(*Ggf.:* Der Erblasser lebte im Zeitpunkt seines Todes mit seiner vorgenannten Ehefrau im gesetzlichen Güterstand der Zugewinngemeinschaft).

Es sind und waren keine Personen vorhanden, durch die das Erbrecht der Erben ausgeschlossen oder ihre Erbteile gemindert werden würden.

Ein Rechtsstreit über das Erbrecht der Erben ist nicht anhängig.

Eine Verfügung von Todes wegen hat der Erblasser nicht hinterlassen.

Ich versichere an Eides statt, dass mir nichts bekannt ist, was der Richtigkeit meiner vorstehenden Angaben entgegensteht.

Da ich zur Zwangsvollstreckung aus der oben bezeichneten vollstreckbaren Urkunde gegen die Erben meines Schuldners eines Erbscheins bedarf, beantrage ich, mir einen Erbschein dahin zu erteilen, dass Erben des eingangs genannten Erblassers die Vorgenannten zu je (oder zu anderen Bruchteilen) geworden sind. Eine Ausfertigung des Erbscheins erbitte ich an mich.

Der reine Wert des Nachlasses ist schwer zu ermitteln. Ich schätze ihn auf EUR.

Diese Niederschrift

▲

Nach BGH[172] hat der Notar die Pflicht, den erteilten Erbschein zu prüfen, ob er antragsgemäß erteilt worden ist; die Ausfertigung eines unrichtig erteilten Erbscheins darf der Notar dem Erben nicht aushändigen.

II. Gewillkürte Erbfolge (Testaterbfolge)

1. Grundsatz der Testierfreiheit

880 Das deutsche Erbrecht geht – stillschweigend – vom Grundsatz der Testierfreiheit aus, die im Wesentlichen nur

a) durch das Pflichtteilsrecht,
b) die allgemeine Sittenordnung und
c) bindende frühere Verfügungen von Todes wegen

eingeschränkt ist. Daneben gibt es noch zeitliche Grenzen für die Wirksamkeit einer Verfügung von Todes wegen (siehe Rdn 1143), das Verbot, die Verfügung einem anderen zu überlassen (siehe Rdn 1187 ff.) und einige Beschränkungen aus dem Lenkungsrecht (Höferecht, Grundstückverkehrsgesetz, Baugesetzbuch sowie Preisklauselgesetz, vgl. Rdn 1194 ff., 1197 ff.). Schließlich ist es einem deutschen Staatsangehörigen verwehrt, für seinen Erbfall zu bestimmen, dass das Erbrecht eines ausländischen Staates angewendet werden soll. Dies gilt auch für deutsche Erblasser, die ab dem 17.8.2015 versterben, und bei denen sich das auf ihre Rechtsnachfolge anwendbare Erbrecht nach der EU-Erbrechtsverordnung Nr. 650 vom 4.7.2012 richtet. Dagegen konnte ein

172 DNotZ 1988, 372.

Ausländer bis zum 16.8.2015 gemäß Art. 25 Abs. 2 EGBGB (Einführungsgesetz zum Bürgerlichen Gesetzbuch) bestimmen, dass für sein in der Bundesrepublik Deutschland belegenes, unbewegliches Vermögen das Erbrecht des BGB gilt. Seit dem 17.8.2015 ist eine derartige gegenständlich beschränkte Rechtswahl nach der EU-Erbrechtsverordnung Nr. 650/2012 vom 4.7.2012 nicht mehr zulässig (vgl. Rdn 1871). Niemand kann seine Testierfreiheit aufgeben, d.h. sich verpflichten, eine Verfügung von Todes wegen zu treffen bzw. nicht zu treffen (§ 2302 BGB). Eine Bindung ist nur in einem gemeinschaftlichen Testament oder Erbvertrag möglich.

Im Rahmen dieser Grenzen überlässt es das deutsche Erbrecht dem Einzelnen, über die Nachfolge in sein Vermögen beliebige Bestimmungen zu treffen. Es hält dafür ein vielfältiges Instrumentarium von Regelungsmöglichkeiten bereit: Verfügungen von Todes wegen können in verschiedener Form errichtet werden. Die inhaltlichen Gestaltungsmöglichkeiten sind nahezu unbegrenzt. 881

2. Testament und Erbvertrag

a) Arten

Nach dem Sprachgebrauch des BGB unterscheidet man bei Verfügungen von Todes wegen zwischen 882

(1) **Testamenten** und
(2) **Erbverträgen**.

Testamente nennt man auch „letztwillige Verfügungen", weil sie „das letzte Wort" oder auch „den letzten Willen" eines Erblassers über seinen Nachlass enthalten.

Testamente unterscheidet man

(1) hinsichtlich der Beteiligung in **Einzeltestamente** und **gemeinschaftliche Testamente**,
(2) hinsichtlich der Form in
  (a) **ordentliche**, nämlich
    (aa) eigenhändige und
    (bb) öffentliche,
    sowie
  (b) **außerordentliche**, nämlich
    (aa) Nottestamente (Bürgermeistertestament, 3-Zeugen-Testament, Seetestament) und
    (bb) Konsulartestamente.

b) Erfordernisse für das eigenhändige Einzeltestament

Der volljährige Erblasser kann ein Testament durch eine eigenhändig **geschriebene** und **unterschriebene** Erklärung errichten (§ 2247 Abs. 1 BGB). Minderjährige Erblasser sind auf die Errichtung von öffentlichen Testamenten beschränkt (§§ 2233 Abs. 1, 2247 Abs. 4 BGB, vgl. Rdn 1020 f.). „Eigenhändig" bedeutet, dass der gesamte Testamentswortlaut vom Erblasser handschriftlich niedergelegt werden muss. Wer nicht mit der Hand schreiben kann, darf die Prothese, einen Fuß oder den Mund benutzen. Es muss nicht Papier verwendet werden. Jedes beliebige Material, etwa Pergament, Leder, Kunststoff, eine Schiefertafel, ist zugelassen, ebenso jedes Schreibmittel, also auch Kreide oder Farbe. Mehrere Blätter brauchen nicht miteinander verbunden und nicht einzeln unterschrieben zu sein. Der Erblasser braucht sich nicht der deutschen Sprache zu bedienen. Ebenso wenig kommt es auf die Schriftart an. Druckbuchstaben, Kurzschrift, arabische oder hebräische Buchstaben z.B. können also durchaus verwendet werden. Entscheidend ist, dass der Text überhaupt gelesen und verstanden werden kann, und dass es sich nicht um die bloße Ankündigung eines Testaments, einen bloßen Entwurf oder einen Scherz handelt. Durchstreichen und Radieren sind nicht verboten, schmälern aber die Beweiskraft der Urkunde, wenn nicht feststeht, dass die Korrekturen vom Erblasser selbst vorgenommen worden sind. 883

Schreibhilfe, also das Stützen der Hand des Testators, ist zulässig. Die Schriftzüge müssen jedoch vom Erblasser bestimmt, sie dürfen nicht von dem Helfer geformt sein. Zusätze von fremder Hand oder mit der Schreibmaschine sind nichtig, lassen den übrigen Text aber wirksam bleiben. Dasselbe gilt von unlesbaren Teilen.

Beachte!

Ein Testament ist folglich vor allem **ungültig**, wenn es

- ein anderer geschrieben hat,
- mit einer Schreibmaschine, einem Computer oder als E-Mail bzw. WhatsApp o.Ä. hergestellt wurde,
- mittels Durchpausens oder Abmalens eines von einem anderen geschriebenen Textes gefertigt wurde.

884 Die Unterschrift braucht nicht leserlich zu sein. Bloße Handzeichen, Schnörkel oder Kreuze genügen jedoch nicht. Es muss sich um einen dem Erblasser eigentümlichen individuellen Schriftzug handeln, der ihn ausreichend identifiziert. Daher unterschreibt er am besten mit Vor- und Zunamen (§ 2247 Abs. 3 S. 1 BGB ist als „soll"-Vorschrift formuliert). Sofern dadurch die Urheberschaft des Erblassers nicht zweifelhaft wird, kann er auch nur mit dem Familiennamen, nur mit dem Vornamen, seinem Künstlernamen, seiner Familienstellung („Euer Vater") oder einem Kosenamen unterschreiben. Unter diesen Voraussetzungen sind auch Abkürzungen bis hin zu den bloßen Anfangsbuchstaben des Namens ausreichend (vgl. § 2247 Abs. 3 S. 2 BGB).

Die Unterschrift bildet ihrem Wesen nach den Abschluss des Textes. Zeit- und Ortsangaben können gleichwohl auch unter der Unterschrift stehen. Die Unterschrift auf einem Briefumschlag, in den der Erblasser das Testament gesteckt hat, genügt nur dann, wenn sie erkennbar einen Zusammenhang mit der Urkunde und keine eigene Bedeutung hat. Spätere Berichtigungen von Unrichtigkeiten brauchen nicht besonders unterschrieben zu werden; Zusätze nur, wenn sie eine neue Verfügung enthalten.

885 Das Testament kann formwirksam auch auf mehreren losen Blättern, und auch zu verschiedenen Zeitpunkten, errichtet werden, wenn nur aus der Gesamturkunde die Einheitlichkeit der Willenserklärung des Erblassers erkennbar ist. Es muss feststehen, dass der Erblasser eine einheitliche Erklärung gewollt hat und diese als seinen letzten Willen angesehen hat.

Der Erblasser soll den Ort und Tag der Errichtung des Testaments angeben (§ 2247 Abs. 2 BGB). Mit der Ortsangabe lässt sich die Frage klären, ob das Testament nach den an diesem Ort maßgeblichen Gesetzen formgültig ist. Die Zeitangabe soll Aufschluss darüber geben, ob der Erblasser zur Zeit der Testamentserrichtung testierfähig (volljährig, nicht entmündigt) war und welches von mehreren Testamenten das zuletzt errichtete und damit das wirksame ist. Das Fehlen der Angaben über Ort und Zeit macht indes das Testament nicht ungültig. Die Angaben dürfen daher auch falsch oder anders als handschriftlich zu Papier gebracht worden sein (Druck, Schreibmaschine).

c) Erfordernisse für das eigenhändige gemeinschaftliche Testament

886 Ein gemeinschaftliches Testament kann **nur von Ehegatten** errichtet werden (§ 2265 BGB). Minderjährige können nach der ersatzlosen Aufhebung des § 1303 Abs. 2 BGB a.F. durch das Gesetz zur Bekämpfung von Kinderehen vom 17.7.2017 mit Wirkung ab dem 31.12.2017 grundsätzlich kein gemeinschaftliches Testament mehr errichten. Vor dem 1.1.2018 errichtete gemeinschaftliche Testamente bleiben jedoch wirksam. Lebenspartnern einer „Eingetragenen Lebenspartnerschaft" steht dasselbe Recht zu (§ 10 Abs. 4 LPartG). Gemeinschaftliche Testamente von Verlobten oder von Verwandten sind nichtig, soweit es sich um wechselbezügliche Verfügungen handelt, also um solche, von denen anzunehmen ist, dass die Verfügung des einen nicht ohne die des anderen getroffen worden wäre (§ 2270 BGB). Wenn jede Verfügung für sich die Formerfordernisse erfüllt und die Verfügungen unabhängig voneinander sind, können auch gemeinschaftliche Testamente von Nichtehegatten als gültig anerkannt werden.

Beispiele

(1) Geschwister berufen sich in ein und derselben Urkunde gegenseitig zu Alleinerben. Dies sind wechselbezügliche Verfügungen, da nicht angenommen werden kann, dass der eine Erblasser den anderen zum Alleinerben berufen hätte, wenn er nicht von diesem ebenfalls zum Alleinerben berufen worden wäre. Das Testament ist ungültig.

(2) Ein nichtehelicher Lebenspartner beruft seine Geschwister zu seinen Erben. In derselben Urkunde beruft der andere nichteheliche Lebenspartner seine Geschwister zu seinen Erben. Diese Verfügungen sind nicht wechselbezüglich, da angenommen werden muss, dass der eine nichteheliche Lebenspartner seine Verfügung auch getroffen haben würde, wenn der andere nichteheliche Lebenspartner seine Verfügung nicht getroffen hätte, und umgekehrt. Beide Verfügungen sind daher wirksam, wenn jeder sie selbst mit der Hand geschrieben und unterschrieben hat.

Nur äußerlich verbundene Einzeltestamente von Nichtehegatten sind stets gültig, ebenso gleichzeitig errichtete, äußerlich getrennte Testamente, auch wenn sie wechselseitig begünstigende oder wechselbezügliche Verfügungen enthalten (Paralleltestamente). Inhaltsgleiche Testamente von Eheleuten, die nicht durch die Wortwahl („wir" oder „gemeinsam") deutlich machen, dass sie ein gemeinschaftliches Testament sein sollen, gelten nur als Einzeltestamente. 887

Es gelten jeweils dieselben **Formerfordernisse** wie bei einem eigenhändigen Einzeltestament.

Das gemeinschaftliche Testament kann errichtet werden, indem einer der Ehegatten den gesamten Text mit der Hand schreibt und unterschreibt und der andere Ehegatte ebenfalls unterschreibt (§ 2267 BGB). Dabei sollen Ort und Zeit der Unterzeichnung durch beide Ehegatten angegeben werden. Auch hier ist dies keine zwingende Wirksamkeitsvoraussetzung. Vielfach schreibt der mitunterzeichnende Ehegatte noch eine eigenhändige Beitrittserklärung etwa des Inhalts: „Dieses ist auch mein letzter Wille". Erforderlich ist das nicht. Die Reihenfolge der Unterschriften unter dem handschriftlichen Text ist unerheblich, solange klar ist, dass sich beide Unterschriften auf die handschriftliche Erklärung beziehen.

Gemeinschaftliche Testamente können auch in **anderer Form** errichtet werden. Es kommt stets nur darauf an, dass die Verfügungen nach dem zum Ausdruck gebrachten Willen der Ehegatten gemeinschaftliche sein sollen und in einem räumlichen Verhältnis zueinander stehen. So kann jeder seine Erklärungen schreiben und wechselseitig beide unterschreiben. Oder jeder bringt die Verfügungen beider Ehegatten zu Papier und unterschreibt nur den von ihm gefertigten Text. Es genügt nicht, dass ein Ehegatte seine Verfügung schreibt und unterschreibt, die des anderen ebenfalls schreibt und nur von diesem unterschreiben lässt. Auch genügt es nicht, wenn beide Ehegatten abwechselnd den Text schreiben und der Text von beiden Ehegatten unterschrieben wird. Ein zeitlicher Abstand zwischen den Verfügungen der beiden Ehegatten ist unschädlich, jedoch müssen bei der letzten Unterschrift noch beide Ehegatten leben. 888

d) Erfordernisse für das beurkundete Einzeltestament

Der Erblasser kann seinen letzten Willen von einem Notar beurkunden lassen. Dazu muss er ihn dem Notar gegenüber erklären. Der Notar muss darüber eine formgültige Niederschrift fertigen. Die Verhandlung muss der Notar selbst führen. Er darf sie keinem Dritten überlassen. Dies schließt nicht aus, dass ein Mitarbeiter des Notars die Vorbesprechung führt und den Text der Niederschrift entwirft. Das wird aber der Bedeutung und Tragweite dieses wichtigsten Rechtsgeschäfts des Testators nur selten angemessen sein. 889

Als Erklärung des Erblassers genügt jede Art der Verständigung, aus der für den Notar erkennbar die Äußerung des letzten Willens des Erblassers folgt. Zulässig sind neben der ausdrücklichen mündlichen Erklärung auch stillschweigende und schlüssige Erklärungen des Erblassers, die durch Gebärden, Lautsprachen, Zeichen oder auf andere Weise zum Ausdruck gebracht werden. Das zunächst in § 2232 BGB festgelegte Erfordernis der Abgabe einer **mündlichen** Erklärung des Erblassers gegenüber dem Notar ist durch die vom 1.8.2002 an geltende Gesetzesneufassung entfallen, nachdem zuvor das Bundesverfassungsgericht den generellen Ausschluss bestimmter Mehrfachbehinderter von jeder Testiermöglichkeit als verfassungswidrig festgestellt hat (vgl. hierzu auch § 3 Rdn 91 ff.). Die Vorschrift des § 2233 Abs. 3 BGB, die einem Sprachbehinderten bzw. stummen Erblasser die Errichtung eines öffentlichen Testamentes nur durch Übergabe einer Schrift ermöglichte, wurde demzufolge mit Wirkung zum 1.8.2002 aufgehoben. Verfahrensrechtlich hat der Notar je nach Art und Umfang der Behinderung des Erblassers gemäß § 24 BeurkG als Kommunikationshilfe eine Person zur Beurkundung hinzuzuziehen, die sich mit dem behinderten Erblasser zu verständigen vermag. Weiterhin soll gemäß § 22 BeurkG auf Verlangen des behinderten Erblassers ein Gebärdensprachdolmetscher hinzugezogen werden (zu den diesbezüglichen beurkundungsrechtlichen Besonderheiten vgl. oben § 3 Rdn 91 ff.).

Ist der Erblasser in der Lage, eine mündliche Erklärung gegenüber dem Notar abzugeben, so sollte dies – trotz der Streichung des Mündlichkeitserfordernisses im Gesetz – in der Urkunde zum Ausdruck gebracht werden. Hierdurch werden die Art und auch die Zuverlässigkeit der Verständigung zwischen dem Erblasser und dem Notar in der Urkunde dokumentiert (vgl. wegen der Formulierung des Testaments eines schreibunfähigen Stummen unten das Muster, siehe Rdn 1019). 890

891 Für die Beurkundung gelten die allgemeinen Regeln (vgl. § 3 Rdn 29 ff.) und einige Besonderheiten (vgl. § 3 Rdn 91 ff.). Das Testament ist gemäß § 34 Abs. 1 BeurkG – nach Fertigung von beglaubigten Abschriften – unverzüglich in einen Umschlag zu stecken. Nach herrschender Auffassung darf der Notar von Urkunden, die in gerichtliche Verwahrung gegeben werden, keine Ausfertigungen, sondern nur (beglaubigte) Abschriften erteilen. Der Umschlag ist mit dem Prägesiegel zu verschließen. Auf ihm sind nähere Angaben über die Person des Erblassers, insbesondere die Geburtenregisternummer und bei Geburt im Ausland der Geburtsstaat, Art der Verfügung von Todes wegen, Datum der Urkunde, Urkundenverzeichnisnummer, Name und Amtssitz des Notars, verwahrendes Nachlassgericht sowie die ZTR-Nummer zu verzeichnen. Es empfiehlt sich, auf den vom Zentralen Testamentsregister (= ZTR) zur Verfügung gestellten Ausdruck zurückzugreifen, der diese Pflichtangaben alle enthält. Der Notar hat dann die Aufschrift auf dem Umschlag zu unterschreiben. Fehlt die Unterschrift des Notars unter der Testamentsurkunde, so heilt die Unterschrift auf dem Umschlag den Fehler (§ 35 BeurkG). Das bislang vom Notar anzufertigende Vermerkblatt (§ 20 DONot a.F.) ist entfallen. Das Testament ist dann unverzüglich in die besondere amtliche Verwahrung des Gerichts zu schaffen (§ 34 Abs. 1 BeurkG), nachdem die Registrierung im ZTR erfolgt ist. Zuständig ist das Amtsgericht, in dessen Bezirk der Notar seinen Amtssitz hat (§ 344 Abs. 1 S. 1 Nr. 1 FamFG). Der Erblasser kann jedoch jederzeit die Verwahrung bei einem anderen Amtsgericht verlangen, für gewöhnlich das Gericht seines Wohnsitzes bzw. gewöhnlichen Aufenthalts (§ 344 Abs. 1 S. 2 FamFG).

892 Der Notar hat gemäß § 34a Abs. 1 BeurkG erbfolgerelevante Urkunden (neben allen Verfügungen von Todes wegen sowie Änderungen, Widerrufen, Anfechtungen, Aufhebungen oder Rücktritten von Erbverträgen sind dies z.B. auch Erb- und Zuwendungsverzichtsverträge – nicht jedoch Pflichtteilsverzichtsverträge – Ehe- und Partnerschaftsverträge wie z.B. Vereinbarung einer Gütertrennung oder Gütergemeinschaft und erb- und güterrechtliche Rechtswahlen; vgl. § 78d Abs. 2 BNotO), also auch Testamente, die er beurkundet hat, unverzüglich elektronisch zur Registrierung an das Zentrale Testamentsregister bei der Bundesnotarkammer zu melden. Die – frühere – Pflicht zur Mitteilung der Inverwahrnahme der Testamente durch das Amtsgericht an die Geburtsstandesämter der Erblasser ist weggefallen.

893 Die dem Zentralen Testamentsregister zu machenden, aus den folgenden Mustern zu ersehenden Angaben sind erforderlich, um den Erblasser zuverlässig von anderen registrierten Personen unterscheiden zu können. Wichtigstes, weil das einzige eindeutige Unterscheidungsmerkmal, ist die Geburtenbuch-/-registernummer des Erblassers. Der Notar ist gehalten, auf die Angabe der Geburtenregisternummer hinzuwirken. Eine darüber hinausgehende Pflicht, die Geburtenregisternummer zu ermitteln oder die Richtigkeit der vom Erblasser mitgeteilten Angaben zu überprüfen, trifft den Notar jedoch nicht. Gibt es für den Erblasser kein deutsches Geburtsstandesamt und keine Geburtenbuch-/-registernummer, muss dies bei der Meldung angegeben werden.

894 Die Registrierung beim **Zentralen Testamentsregister** (= ZTR) muss erfolgen, bevor das Testament in die besondere amtliche Verwahrung beim Amtsgericht gebracht wird. Auf diese Registrierung kann weder vom Erblasser noch vom Notar verzichtet werden. Die Registerbehörde erteilt dann eine Eintragungsbestätigung an den Notar mit der Angabe der von der Registerbehörde vergebenen Verwahrnummer. Der Notar teilt dann dem zuständigen Amtsgericht als Verwahrgericht mit der Übersendung des in dem versiegelten Briefumschlag befindlichen Testaments die ZTR-Verwahrnummer mit. Gemäß § 16 NotAktVV ist im **Urkundenverzeichnis** (= UVZ) unter der Karteikarte „Bemerkungen" das Datum der Verbringung des Testaments in die besondere amtliche Verwahrung des Amtsgerichts zu vermerken. Das Amtsgericht bestätigt dem Notar den Eingang des eingereichten Testaments auf elektronischem Wege entweder über das ZTR oder das **besondere elektronische Notarpostfach** (= beN). Ferner hat der Notar die Eintragungsbestätigung des ZTR auszudrucken und dem Erblasser – zweckmäßigerweise mit der beglaubigten Abschrift des Testaments – zu übermitteln.

Ein weiterer Ausdruck dieser Bestätigung ist – und sofern der Beteiligte bzw. die Beteiligten dies wünschen – auch eine beglaubigte Abschrift des Testaments in der Urkundensammlung grundsätzlich offen (also nicht in einem verschlossenen Briefumschlag aufzubewahren (§ 31 Abs. 1 Nr. 1. NotAktVV). Das bislang erforderliche Vermerkblatt ist mit Einführung des elektronischen Urkundenverzeichnisses entfallen.

Im Testament könnte folgende Formulierung aufgenommen werden:

▼

Muster 4.174: Testament – Verwahrung beim Amtsgericht

Das Testament wird beim zuständigen Amtsgericht amtlich verwahrt. Der Notar soll eine beglaubigte Abschrift offen zu seiner Urkundensammlung nehmen. 4.174

▲

Gemäß § 34 Abs. 4 BeurkG darf die Urschrift einer Verfügung von Todes wegen im Unterschied zu anderen Urschriften nicht nach § 56 BeurkG in die elektronische Form übertragen werden. Der Notar hat daher in der elektronischen Urkundensammlung bei Verfügungen von Todes wegen entweder eine elektronische Fassung der in der Urkundensammlung verwahrten beglaubigten Abschrift, eine elektronisch beglaubigte Abschrift der Urschrift oder eine elektronisch beglaubigte Abschrift der in der Urkundensammlung verwahrten beglaubigten Abschrift zu verwahren.

Testamentsregisterauszüge können beim ZTR nur noch für bis zum 30.6.2022 registrierte Testamente abgerufen werden. Dem Erblasser soll vom Amtsgericht ein Hinterlegungsschein erteilt werden (§ 346 Abs. 3 FamFG). Dieser Hinterlegungsschein braucht nicht – mehr – unterschrieben und mit dem Dienstsiegel des Amtsgerichts versehen zu werden.[173]

Zur Niederschrift eines Testaments, der Eintragungsbestätigung des Zentralen Testamentsregisters, dem Schreiben an das Amtsgericht über die Einreichung des Testaments, dem Testamentsumschlag, der Empfangsbestätigung des Amtsgerichts und des Hinterlegungsscheins siehe die nachfolgenden Muster. 895

aa) Niederschrift eines Testaments

▼ 896

Muster 4.175: Testament

UVZ-Nr. ___ für ___ 4.175

Verhandelt zu ___ am ___

Vor dem unterzeichneten

___

Notar in ___

erschien, dem Notar bekannt,

(*alternativ*: Der Erschienene wies sich aus durch Vorlage seines gültigen Bundespersonalausweises).

Herr ___, geboren am ___ in ___ (Geburtenregister-Nr. ___ des Standesamts ___), wohnhaft in ___

Der Erschienene erklärte:

Ich will ein Testament errichten und bin hieran durch frühere Verfügungen von Todes wegen (Erbvertrag oder gemeinschaftliches Testament) nicht gehindert.

Ich besitze seit meiner Geburt ausschließlich die deutsche Staatsangehörigkeit und meinen gewöhnlichen Aufenthalt in Deutschland. Ich beabsichtige aller Voraussicht nach nicht, in Zukunft meinen gewöhnlichen Aufenthalt ins Ausland zu verlegen.

Mein gesamtes Vermögen, zu dem kein Hof im Sinne der Höfeordnung und auch keine Beteiligungen an Personengesellschaften oder Gesellschaften bürgerlichen Rechts bzw. eingetragenen Gesellschaften bürgerlichen Rechts gehören, befindet sich ausschließlich in Deutschland.

Ich verlange keine Zuziehung von Zeugen zu dieser Verhandlung.

173 Siehe hierzu auch *Heinemann*, DNotZ 2009, 27.

Der Notar überzeugte sich durch den Gang der Verhandlung von der Geschäfts- und Testierfähigkeit des Erschienenen.

Der Erschienene erklärte sodann mündlich zur Niederschrift des Notars als seinen letzten Willen Folgendes

Testament

I.

Ich widerrufe hiermit sämtliche bisher von mir errichteten Verfügungen von Todes wegen.

II.

Ich berufe hierdurch zu meinem alleinigen und unbeschränkten Erben .

(Weitere Erklärungen, z.B.: Ersatzerbenbestimmung, Anordnung von Vermächtnissen und/oder Testamentsvollstreckung.)

III.

Weitere Verfügungen von Todes wegen will ich heute nicht zu treffen.

IV.

Das Testament wird bei dem zuständigen Amtsgericht amtlich verwahrt. Der Notar soll eine beglaubigte Abschrift dieses Testaments offen zu seiner Urkundensammlung nehmen.

Diese Niederschrift wurde in Gegenwart des Notars vorgelesen, von dem Erschienenen genehmigt und von ihm eigenhändig, wie folgt, unterschrieben:

▲

bb) Eintragungsbestätigung

897

ZENTRALES TESTAMENTSREGISTER
BUNDESNOTARKAMMER

EINTRAGUNGSBESTÄTIGUNG

Neuregistrierung
Die nachstehenden Verwahrangaben wurden in das Zentrale Testamentsregister aufgenommen. Bitte überprüfen Sie diese, insbesondere die Erblasserdaten.

VORGANGSDATUM
13.03.2025

REGISTRIERUNGSNUMMER
36358595

ANREDE Frau	VORNAME(N) Monika
FAMILIENNAME Mustermann	GEBURTSNAME Musterfrau
GEBURTSORT (KREIS:) Musterstadt	GEBURTSDATUM 12.07.1952
GEBURTSSTANDESAMT (BEHÖRDENNUMMER.) Musterstadt	GEBURTENREGISTERNUMMER 124/1952

URKUNDE Notarielles Testament	URKUNDENVERZEICHNISNUMMER W372/2025	URKUNDENDATUM 06.03.2025
NOTAR Dr. Weise		AMTSSITZ Musterstadt

VERWAHRSTELLE Amtsgericht Musterstadt	ZTR-VERWAHRNUMMER 64/2025
ANSCHRIFT VERWAHRSTELLE Musterstraße 1, 12345 Musterstadt	LETZTES EIGENES VERWAHRKENNZEICHEN --

WEITERE REGISTRIERUNGEN ZU DIESER URKUNDE --	BEMERKUNGEN --

GEBÜHRENFESTSETZUNG 12,50 €
Die Gebühr wurde nach § 1 Abs. 2 ZTR-GebS festgesetzt. Sie wird durch den Notar für die Registerbehörde erhoben.

AMTLICHE HINWEISE

Bundesnotarkammer, K. d. ö. R. | Zentrales Testamentsregister
Internet: www.testamentsregister.de | Telefon: 0800.35.50.600 (gebührenfrei)
E-Mail: info@testamentsregister.de | Telefax: 030.38.38.66.88

6333303932386133-414895966 13.03.2025 08:32:21
100-150305

cc) Schreiben an das Amtsgericht

898

Notar Dr. Weise
Musterstraße 101
12345 Musterstadt

ZENTRALES TESTAMENTSREGISTER
BUNDESNOTARKAMMER

Notar Dr. Weise, Musterstraße 101, 12345 Musterstadt

ZTR-VERWAHRNUMMER
64/2025

Amtsgericht Musterstadt
Musterstraße 1
12345 Musterstadt

Besondere amtliche Verwahrung
Meine UVZ-Nr. W372/2025

Musterstadt,
13.03.2025

Sehr geehrte Damen und Herren,

die verschlossen beiliegende Urschrift meiner Urkunde Nr. W372/2025 vom 06.03.2025 beantrage ich in die besondere amtliche Verwahrung zu nehmen. Die Kosten der Verwahrung trägt der Erblasser, dem Sie bitte auch den Hinterlegungsschein übersenden.

Bitte bestätigen Sie den Eingang der Urkunde und deren Inverwahrnahme elektronisch im Zentralen Testamentsregister (§ 3 Abs. 3 Satz 2 ZTRV), damit ich die daraufhin von der Registerbehörde erzeugte Empfangsbestätigung zu meinen Akten nehmen kann.

Für Rückfragen stehe ich jederzeit gern zur Verfügung.

Mit freundlichem Gruß

Dr. Weise
Notar

ANLAGE
Notarielles Testament vom 06.03.2025, meine UVZ-Nr. W372/2025

Frau Monika Mustermann, Musterstraße 11, 12345 Musterstadt ERBLASSER

☐ Bitte hier klicken, wenn Sie als amtlich bestellte(r) Vertreter(in) handeln.

Zentrales Testamentsregister
Telefon: 0800.35.50.600
Telefax: 030.38.38.66.88
www.testamentsregister.de

Notar Dr. Ralf Wittkowski
Telefon: 02801/7199-0
Telefax: 02801/70371
E-Mail: info@notar-xanten.de

400-130912

6333303932386133-414895966 13.03.2025 08:32:22

dd) Testamentsumschlag

899

ZENTRALES TESTAMENTSREGISTER
BUNDESNOTARKAMMER

Amtsgericht Rheinberg
64/2025
ZTR-VERWAHRNUMMER

VERWAHRUNGSBUCH-NUMMER

ERBLASSER ZU 1: ZTR-REG-NR 36358595

Frau ANREDE

Monika VORNAME

Mustermann FAMILIENNAME

Musterfrau GEBURTSNAME

12.07.1952 GEBURTSDATUM

KREIS
Musterstadt GEBURTSORT (einschließlich Staat der Geburt, sofern Erblasser im Ausland geboren)

Musterstadt GEBURTSSTANDESAMT

124/1952 GEBURTENREGISTERNUMMER

URKUNDE / DATUM / UVZ-Nr.
Notarielles Testament vom 06.03.2025, UVZ-Nr. W372/2025

NOTAR / AMTSSITZ
Dr. Weise, Musterstadt

UNTERSCHRIFT DES MELDERS

NACH ABLEBEN DES ERBLASSERS ZU ... ERÖFFNET AM ... UND WIEDERVERSCHL. AMTSGERICHT ...

UNTERSCHRIFT

300-121022

ee) Empfangsbestätigung des Amtsgerichts

900

EMPFANGSBESTÄTIGUNG

ZENTRALES TESTAMENTSREGISTER
BUNDESNOTARKAMMER

Eingang bei der Verwahrstelle

Die nachstehend bezeichnete Urkunde ist bei der angegebenen Verwahrstelle eingegangen.

EINGANGSDATUM **18.03.2025**

REGISTRIERUNGSDATUM 13.03.2025

URKUNDE	URKUNDENVERZEICHNISNUMMER	URKUNDENDATUM
Notarielles Testament	W372/2025	06.03.2025

NOTAR	AMTSSITZ
Dr. Weise	Musterstadt

VERWAHRSTELLE	ZTR-VERWAHRNUMMER
Amtsgericht Musterstadt	64/2025
ANSCHRIFT VERWAHRSTELLE	**LETZTES EIGENES VERWAHRKENNZEICHEN**
Musterstraße 1, 12345 Musterstadt	23 IV 222/25

ERBLASSER ZU 1 (REG-NR. 36358595)

ANREDE	VORNAME(N)
Frau	Monika
FAMILIENNAME	**GEBURTSNAME**
Mustermann	Musterfrau
GEBURTSORT (KREIS)	**GEBURTSDATUM**
Musterstadt	12.07.1952
GEBURTSSTANDESAMT	**GEBURTENREGISTERNUMMER**
Musterstadt	124/1952

Bundesnotarkammer, K. d. ö. R.
Internet: www.testamentsregister.de
E-Mail: notare@testamentsregister.de

Zentrales Testamentsregister
Telefon: 0800.35.50.600 (gebührenfrei)
Telefax: 030.38.38.66.88

4469616E61205761-414895966 18.03.2025 10:07:34

101-181031

ff) Hinterlegungsschein

901

Amtsgericht Rheinberg

Datum:

Rheinstraße 67
47495 Rheinberg

Zentrale: 02843-1730
Ansprechpartner: 02843-173 (Frau ____)
Telefax: 170

Geschäftsnummer: (Bitte bei allen Schreiben angeben!)
7a IV

Sorgfältig aufbewahren,
bei Eröffnung oder
Rücknahme zurückgeben.

Hinterlegungsschein

über eine Verfügung von Todes wegen

____

Ein mit dem Siegel des Notars/Amtsgerichts __________ aus _______ verschlossener Umschlag, der nach der Aufschrift

das Einzeltestament/Erbvertrag von ______________________________

errichtet am __________, UVZ-Nr. ________, enthält, ist in besondere amtliche Verwahrung genommen worden.

Nr. des Verwahrungsbuches

______

Tag der Annahme

____

ZTR-Verwahr-Nr

______

____

Justizbeschäftigte
als Urkundsbeamtin der Geschäftsstelle

e) Erfordernisse für das beurkundete gemeinschaftliche Testament

902 Hier gelten hinsichtlich der Voraussetzungen dieselben Grundsätze wie beim eigenhändigen gemeinschaftlichen Testament (vgl. Rdn 914 ff.), hinsichtlich der Beurkundungsförmlichkeiten die dargestellten Regeln (siehe § 3 Rdn 29 ff., 91 ff.) und hinsichtlich der Versiegelung und Ablieferung dieselben Vorschriften wie beim beurkundeten Einzeltestament (vgl. Rdn 917 ff.).

Zu beachten ist, dass ab dem 1.1.2018 Minderjährige kein gemeinschaftliches Testament mehr errichten können (vgl. oben Rdn 914) und die Ehegatten bei der Beurkundung nicht vertreten werden können. Sie brauchen grundsätzlich ihre Erklärungen nicht gleichzeitig und nicht vor demselben Notar abzugeben. Jeder Ehegatte kann die beiderseitigen Erklärungen abgeben, wenn der andere beitritt. Der eine Ehegatte kann durch Erklärung (mündlich, durch Gebärden, Zeichen u.s.w.) vor dem Notar, der andere eigenhändig testieren. Will ein Ehegatte durch Übergabe einer Schrift, der andere durch Erklärung vor dem Notar testieren, so müssen beide Ehegatten gleichzeitig vor demselben Notar erscheinen. Ist ein Ehegatte minderjährig, so können beide nur durch Erklärung vor einem Notar oder durch Übergabe einer offenen Schrift testieren (vgl. hierzu Rdn 1021).

f) Besondere Formen der Testamentserrichtung

aa) Übergabe einer Schrift

903 Das Gesetz sieht vor, dass der Erblasser ein Testament auch durch die **Übergabe** einer (offenen oder verschlossenen) Schrift an den Notar errichten kann (§ 2232 BGB). Leseunkundige Personen können kein Testament durch die Übergabe einer Schrift errichten, sondern nur durch Erklärung gegenüber dem Notar (§ 2233 Abs. 2 BGB). Minderjährige Personen können ein Testament nur durch die Übergabe einer offenen Schrift errichten (§ 2233 Abs. 1 BGB). Der Notar hat nach einhelliger Meinung über die Übergabe der Schrift eine Niederschrift gemäß §§ 8 ff. BeurkG zu errichten, die dem Erblasser vom Notar gemäß § 13 BeurkG vorzulesen, vom Erblasser zu genehmigen und vom Notar und dem Erblasser (gegebenenfalls auch von Dolmetschern, Zeugen oder Verständigungspersonen) eigenhändig zu unterschreiben ist. Das öffentliche Testament besteht somit aus der übergebenen Schrift des Erblassers und der vom Notar aufgenommenen Niederschrift.

904 Die übergebene Schrift braucht nicht vom Erblasser selbst geschrieben oder unterschrieben sein. Sie muss auch keine Orts- oder Datumsangabe enthalten. Die Schrift kann auch von einem Dritten, z.B. auch dem Notar, entworfen worden sein. Sie kann in Maschinenschrift, Kurz- oder Blindenschrift, im fremden Schriftzeichen und in jeder beliebigen Sprache verfasst sein. Keine Schrift sind jedoch elektronische Speichermedien wie CD-Rom, USB-Stick, usw. Eine Verlesung der Schrift ist nicht erforderlich (§ 30 S. 5 Hs. 2 BeurkG).

905 Die vom Notar aufzunehmende Niederschrift (vgl. Rdn 939) umfasst zwei wesentliche Komponenten, zum einen die **Tatsachenfeststellung** des Notars, dass eine Schrift übergeben worden ist (§ 30 S. 1 BeurkG) – das Fehlen dieser Feststellung würde zur Unwirksamkeit der Niederschrift führen – und zum anderen die **Erklärung** des Erblassers, dass die Schrift seinen letzten Willen enthält (§ 2232 S. 1 BGB). Auch diese Erklärung kann nach der seit dem 1.8.2002 geltenden Gesetzeslage (vgl. hierzu Rdn 917 ff.) in jeder Form, also mündlich, schriftlich oder durch Gebärden, Lautsprachen bzw. Zeichen erfolgen. § 31 BeurkG, der bei der Übergabe einer Schrift durch einen stummen Erblasser eine schriftliche Erklärung verlangte und somit den stummen und schreibunfähigen Erblasser auch von dieser Testierform ausschloss (eine mündliche Erklärung gegenüber dem Notar kam für diesen mehrfach behinderten Erblasser nach der alten Gesetzeslage ja auch nicht in Betracht), ist ebenfalls mit Wirkung vom 1.8.2002 ersatzlos gestrichen worden (vgl. hierzu § 3 Rdn 91 ff.). Gegebenenfalls hat der Notar auch für diese Erklärung Hilfspersonen im Sinne von §§ 22 und/oder 24 BeurkG (vgl. oben Rdn 917 ff.; § 3 Rdn 91 ff.) heranzuziehen. In der Niederschrift soll ferner auch vermerkt werden, ob die Schrift offen oder verschlossen übergeben wurde (§ 30 S. 3 BeurkG).

906 Bei der Übergabe einer offenen Schrift soll der Notar, sofern er der in der Schrift verwendeten Sprache hinreichend kundig ist, vom Inhalt Kenntnis nehmen, diese auf Rechtswirksamkeit prüfen und wie bei einer selbst verfassten Verfügung belehren (§ 30 S. 4 Hs. 2 BeurkG i.V.m. § 17 BeurkG). Bei der Übergabe der Schrift soll diese der Niederschrift beigefügt werden mit einer Kennzeichnung, die eine Verwechselung ausschließt (§ 30 S. 2 BeurkG). Die Art und Weise der Kennzeichnung steht im pflichtgemäßen Ermessen des Notars. Eine Kennzeichnung kann maschinenschriftlich, handschriftlich oder mittels eines Stempels erfolgen. Empfehlenswert ist es, die Kennzeichnung wie bei Anlagen zu Urkunden mithilfe der Urkundennummer des konkreten

Urkundsvorgangs vorzunehmen, zweckmäßigerweise unmittelbar nach der Übergabe der Schrift während des Beurkundungsvorgangs.

Wird die Schrift verschlossen abgegeben, so kann der Notar von ihrem Inhalt naturgemäß keine Kenntnis neh- 907
men und sie mithin weder auf ihre formale Richtigkeit noch auf die Zulässigkeit und Zweckmäßigkeit ihres Inhalts prüfen. Diese bei der Beurkundung vom Notar stets geleistete Hilfe entgeht einem Erblasser also, der durch die Übergabe einer verschlossenen Schrift testieren will. Andererseits löst die Beurkundung der Übergabe dieselben Gebühren aus, die von der Beurkundung des Testaments ausgelöst werden würden. Der Erblasser erhält mithin für dasselbe Geld erheblich weniger wertvolle Dienste des Notars, wenn er eine verschlossene Schrift übergibt. Das ist der Grund, warum diese Testamentsform in der Praxis grundsätzlich nur vorkommt, wenn der Erblasser keine Sprache spricht oder schreibt, die der Notar verstehen kann.

Auch für die Übergabe einer offenen Schrift war der praktische Anwendungsbereich bislang sehr einge- 908
schränkt. Denn „**Laientestamente**" enthalten zumeist textliche Ungenauigkeiten, werfen also Auslegungsfragen auf, sodass kaum ein Testament in seiner ursprünglichen Fassung bliebe. Wenn es aber neu geschrieben werden muss, dann kann es auch sogleich in die Beurkundungsform gebracht werden, zumal dies nicht mehr kostet und den Vorteil bietet, dass mit dem beurkundeten Testament in der Regel später der Erbschein erübrigt wird. Anwendungsfälle für die Übergabe einer offenen Schrift waren bislang z.B. solche, in denen eine Verfügung von Todes wegen von einem anderen Berater als dem Notar verfasst wurde, die sehr umfangreich ist oder der Erblasser schwer krank, aber noch testierfähig ist. Ganz aktuelle Bedeutung gewann diese Testamentsform allerdings im Rahmen der Covid-19-Pandemie. Insbesondere durch das nicht erforderliche Verlesen der übergebenden Schrift war und ist es möglich, den Beurkundungsvorgang zeitlich stark zu verkürzen und somit die beiderseitige Ansteckungsgefahr von Erblasser und Notar zu reduzieren. So hatten auch die Notarkammern eine entsprechende Empfehlung an die Notare ausgesprochen. Machte ein Notar pandemiebedingt von diesem Verfahren Gebrauch, hat er allerdings regelmäßig das Testament wie im normalen Verfahren der Errichtung eines öffentlichen Testamentes zur Niederschrift des Notars (vgl. oben Rdn 917) selbst entworfen und dieses nach Möglichkeit vor der Beurkundung mit dem Erblasser fernmündlich oder per Video-Konferenz besprochen. So kam bzw. kommt der Notar seinen Prüfungs- und Belehrungspflichten ausreichend nach und ersparte bzw. erspart sich im Endeffekt nur die Zeit der Verlesung und damit ein höheres Ansteckungsrisiko für sich und den Erblasser.

909

Muster 4.176: Übergabe einer offenen Schrift

Verhandelt zu 4.176

Vor dem unterzeichneten Notar

mit dem Amtssitz in

erschien, von Person bekannt:

Der Erschienene erklärte:

Ich will ein

Testament

errichten und bin durch frühere Verfügungen von Todes wegen daran nicht gehindert. Ich bin Deutscher, habe meinen gewöhnlichen Aufenthalt in Deutschland, beabsichtige diesen auch voraussichtlich bis zu meinem Tode beizubehalten und bitte, keine Zeugen zuzuziehen. Ich bin in der Lage, den Inhalt der von mir zu übergebenden offenen Schrift zu lesen.

Der Notar überzeugte sich von der Geschäfts- und Testierfähigkeit des Erblassers.

Der Erblasser übergab dem Notar die der Niederschrift beigefügte offene Schrift. Bedenken gegen ihren Inhalt waren nicht zu erheben. Der Erblasser erklärte, die Schrift enthalte seinen letzten Willen.

Die offene Schrift wurde vom beurkundenden Notar durch folgenden Vermerk gekennzeichnet: „Offen übergebene Schrift zu UVZ-Nr. / des Notars in “.

Der Verkehrswert des Nettonachlasses ist etwa EUR.

Diese Niederschrift wurde in Gegenwart des Notars dem Erschienenen vorgelesen, von ihm genehmigt und sodann von ihm und dem Notar eigenhändig unterschrieben.

▲

910 ▼

Muster 4.177: Übergabe einer verschlossenen Schrift

Vor dem unterzeichneten Notar

erschien

Der Erschienene erklärte:

Ich will ein

Testament

errichten (vgl. vorherige Rdn 939)

Der Notar überzeugte sich von der Geschäfts- und Testierfähigkeit des Erblassers.

Der Erblasser übergab dem Notar die verschlossene Schrift, die dieser Niederschrift beigefügt ist, mit der Erklärung, dass sie seinen letzten Willen enthalte.

Kennzeichnung der verschlossenen Schrift (vgl. vorherige Rdn 939)

Den Wert des Nettonachlasses gab er mit EUR an.

Diese Niederschrift

▲

bb) Bürgermeistertestament

911 Da in unserer Zeit überall ein Notar ebenso schnell zu erreichen ist wie ein Bürgermeister, spielt das sog. **Bürgermeistertestament** der §§ 2249, 2250 Abs. 1 BGB keine praktische Rolle mehr. Es soll daher nur erwähnt werden, dass der Bürgermeister am Aufenthaltsort des Erblassers unter Hinzuziehung zweier Zeugen befugt ist, ein Testament zu beurkunden, wenn kein Notar zu erreichen ist, bevor der Erblasser zu sterben droht, oder weil der Aufenthaltsort des Erblassers von der Außenwelt abgeschnitten ist. Es verliert seine Gültigkeit, wenn seit der Errichtung drei Monate verstrichen sind und der Erblasser noch lebt (§ 2252 BGB). In dieser Form ist auch ein gemeinschaftliches Testament von Ehegatten oder eingetragenen Lebenspartnern möglich, sofern die gesetzlichen Voraussetzungen bei mindestens einem Ehegatten oder Lebenspartner vorliegen (§ 2266 BGB).

cc) Drei-Zeugen-Testament

912 Wer sich in so naher Todesgefahr befindet, dass voraussichtlich vor seinem Tod weder ein Notar noch ein Bürgermeister herbeizuholen ist, kann sein Testament auch durch **mündliche** Erklärung vor **drei Zeugen** errichten, die darüber eine Niederschrift fertigen müssen (§ 2250 Abs. 2 und 3 BGB). Sprachunfähige sind auch nach der seit dem 1.8.2002 geltenden Gesetzeslage von dieser Testamentsform ausgeschlossen. Ehegatten oder eingetragene Lebenspartner können ebenfalls ein gemeinschaftliches Nottestament errichten, sofern die gesetzlichen Voraussetzungen bei mindestens einem der Partner vorliegen (§ 2266 BGB). Auch diese Testamentsform spielt keine nennenswerte Rolle. Sie kommt allenfalls bei Unglücksfällen an entlegenen Orten in Frage. Auch das Drei-Zeugen-Testament verliert seine Gültigkeit, wenn seit der Errichtung drei Monate verstrichen sind und der Erblasser noch lebt (§ 2252 BGB).

dd) Seetestament

Ein Testament durch mündliche Erklärung vor drei Zeugen, die darüber eine Niederschrift fertigen müssen, kann auch errichten, wer sich an Bord eines deutschen Schiffes außerhalb eines deutschen Hafens befindet. Dies gilt nicht bei Fahrten auf Fischereifahrzeugen oder bei kurzen Sport- und Vergnügungsfahrten. Eine besondere Notlage braucht nicht zu bestehen. Von Sprachunfähigen kann ein Seetestament nach wie vor nicht errichtet werden. 913

Ehegatten oder eingetragene Lebenspartner können ebenfalls ein gemeinschaftliches Seetestament errichten.

Die gesetzlichen Voraussetzungen werden grundsätzlich bei beiden Partnern vorliegen. Zwingend ist dies jedoch nicht.

Für das Seetestament gilt ebenfalls grundsätzlich, dass es ungültig wird, wenn seit der Errichtung drei Monate verstrichen sind und der Erblasser noch lebt. Sticht der Erblasser jedoch vor dem Ablauf dieser Frist erneut in See, so beginnt die Drei-Monats-Frist mit der Beendigung der weiteren Seereise erneut zu laufen (§ 2252 Abs. 3 BGB).

ee) Konsulartestament

Die deutschen Konsularbeamten sind im Rahmen ihrer auswärtigen Amtstätigkeit befugt, für deutsche Erblasser Testamente und Erbverträge zu beurkunden. Dabei gelten die deutsche Erbrechtsordnung und die deutschen Beurkundungsregeln. Die so aufgenommenen Urkunden stehen den von einem deutschen Notar aufgenommenen gleich (§§ 10, 11 Konsulargesetz). 914

g) Widerruf, Anfechtung, Unwirksamkeit von Testamenten

aa) Widerruf

Der Erblasser kann sein Testament ganz oder teilweise jederzeit widerrufen (§ 2253 BGB). Auf dieses Recht kann er nicht wirksam verzichten (§ 2302 BGB). 915

Der Widerruf kann erfolgen

(1) durch ein **„reines“ Widerrufstestament**, also durch eine in Testamentsform niedergelegte Verfügung, wonach ein früheres Testament widerrufen sein soll (§ 2254 BGB); ein öffentliches Testament kann in einem eigenhändigen Testament widerrufen werden oder umgekehrt; es genügt, wenn sich der Wille, ein früheres Testament zu widerrufen, durch Auslegung oder Umdeutung ermitteln lässt;

(2) durch **Vernichtung** (§ 2255 BGB); dazu ist erforderlich, dass der Erblasser die Urschrift des Testaments eigenhändig oder durch einen Beauftragten zu Lebzeiten zerstört; dies muss freiwillig und in der Absicht geschehen, dadurch das Testament zu widerrufen; unfreiwilliger Verlust oder versehentliche Vernichtung bedeuten mithin keinen Widerruf; das Wegwerfen der Urkunde, etwa in den Papierkorb, steht der Vernichtung gleich; die bloße Unauffindbarkeit spricht dagegen nicht für den Widerruf durch Vernichtung;

(3) durch **Veränderung** (§ 2255 BGB); in Frage kommen Durchstreichen, Abschneiden, Einschneiden und Einreißen, aber auch Vermerke wie „gilt nicht mehr“, „aufgehoben“ und dergleichen; bei Streichungen, die keine neue positive Verfügung ergeben, sondern lediglich Textteile ungültig machen, brauchen nicht die Formen für ein Testament (Ort, Zeit, Unterschrift) eingehalten zu werden; ein Ungültigkeitsvermerk muss auf der Urschrift angebracht werden; auch er braucht nicht unterschrieben zu sein;

(4) durch **Rücknahme eines vor einem Notar oder einem Bürgermeister errichtetes Testament aus der besonderen amtlichen Verwahrung** (§ 2256 BGB); der Erblasser kann jederzeit die Rückgabe seines Testaments aus der besonderen amtlichen Verwahrung bei Gericht verlangen; das Testament darf dann aber nur an den Erblasser **persönlich** zurückgegeben werden; dabei hat er darauf hinzuweisen, dass die Rücknahme des Testaments dessen Widerruf bedeutet; ein eigenhändiges Testament, das nach § 2248 BGB ebenfalls bei Gericht hinterlegt werden kann, gilt allein durch die Rücknahme aus der besonderen amtlichen Verwahrung nicht als widerrufen;

(5) durch ein **späteres Testament** (§ 2258 BGB); das letzte Testament ist stets maßgebend; wenn das frühere Testament nicht ausdrücklich widerrufen wird, bleibt es insoweit gültig, als das neue Testament mit ihm nicht in Widerspruch steht; wer sich auf ein späteres, aber unauffindbares Testament beruft, muss die formgültige Errichtung und den Inhalt des Testaments beweisen und trägt im Verfahren auf Erteilung eines Erbscheins insoweit die Feststellungslast; an diesen Nachweis sind zwar strenge Anforderungen zu stellen, allerdings kann sogar eine Kopie des Originaltestamentes als Nachweis ausreichen, wenn mit ihr die formgerechte Er-

richtung des Originaltestamentes nachgewiesen werden kann; ob das Testament von dem Erblasser unterschrieben wurde, kann nicht das Nachlassgericht, sondern nur ein Sachverständiger bewerten.[174]

916 *Beispiel*

In einem früheren Testament vermacht der Erblasser seinem Neffen die Briefmarkensammlung, in einem späteren setzt er seine Frau zur Alleinerbin ein. Die Erbeinsetzung widerspricht dem Vermächtnis nicht, es sei denn, der Erblasser macht deutlich, dass seine Frau „alles" erhalten soll. Ansonsten bleibt das Vermächtnis gültig.

917 *Beispiel*

Vermacht der Erblasser im vorherigen Beispiel (vgl. Rdn 946) dagegen die Briefmarkensammlung in einem späteren Testament seiner Nichte, so wird damit das frühere Testament widerrufen.

918 Auch der durch Testament erfolgte Widerruf kann widerrufen werden. Dann wird das widerrufene Testament wieder wirksam (§§ 2257, 2258 Abs. 2 BGB). Nicht möglich ist dies bei einem Widerruf durch Vernichtung, Veränderung oder Rücknahme aus der besonderen amtlichen Verwahrung. Das vernichtete, veränderte oder zurückgenommene Testament bleibt ungültig. Zur Wiederherstellung muss es neu errichtet werden.

919 *Beispiel*

Der Erblasser testiert am 1.2.2018: „*Meine Briefmarkensammlung vermache ich meinem Neffen Anton*". Am 2.4.2018 verfügt er: „*Mein Neffe Anton erhält nichts, weil er aus der Kirche ausgetreten ist*". Am 6.8.2018 bringt er zu Papier: „*Das Testament vom 2.4.2018 gilt nicht mehr. Anton ist – wie ich jetzt erfahren habe – gar nicht aus der Kirche ausgetreten*". Dann wird das Testament vom 1.2.2018, also das Vermächtnis der Briefmarkensammlung an Anton, wieder wirksam.

Hat der Erblasser das Testament vom 1.2.2018 zerrissen und weggeworfen, dann muss es zur Wiederherstellung neu errichtet werden.

920 Der Widerruf kann ferner nach dem Erbfall angefochten werden, wenn der Erblasser nachweisbar **gar nicht widerrufen** wollte oder zu dem Widerruf von irrigen Vorstellungen oder durch Drohung bestimmt worden ist (§ 2078 BGB). Infolge der Anfechtung des Widerrufs wird das widerrufene Testament wieder wirksam.

Beispiel

Der Erblasser testiert am 1.2.2018 wie im vorherigen Beispiel (vgl. Rdn 949). Der Erblasser schreibt dann am 2.4.2018: „*Mein Neffe Anton erhält nichts, weil er aus der Kirche ausgetreten ist*". Dabei bleibt es. Nach dem Tode des Erblassers weist Anton nach, dass er überhaupt nicht aus der Kirche ausgetreten ist. Seine Anfechtung des Testaments vom 2.4.2018 macht das Testament vom 1.2.2018 wieder wirksam.

bb) Anfechtung

921 Auch das Testament selbst kann unter den **Voraussetzungen** des § 2078 BGB angefochten werden. Hat der Erblasser einen zur Zeit des Erbfalles vorhandenen Pflichtteilsberechtigten übergangen, von dessen Existenz ihm bei der Errichtung des Testaments nichts bekannt war oder der zu dieser Zeit noch nicht geboren oder pflichtteilsberechtigt war, so kann das Testament schon deshalb angefochten werden (§ 2079 BGB). Das gilt nicht, wenn anzunehmen ist, dass der Erblasser seine Verfügungen auch getroffen haben würde, wenn ihm die Existenz des Pflichtteilsberechtigten bekannt gewesen wäre.

922 *Beispiel*

Der Erblasser beruft seine Töchter A und B je zur Hälfte zu seinen Erben. Nach seinem Tode wird der Sohn C geboren. Hier kann das Testament mit dem Ergebnis angefochten werden, dass A, B und C zu je ⅓ erben.

Beruft der Erblasser dagegen seine Frau zur alleinigen Erbin, „*gleichviel, ob und welche Pflichtteilsberechtigte bei meinem Tode vorhanden sind*", so macht die Geburt des C das Testament nicht anfechtbar.

174 Vgl. dazu OLG Köln NJW-Spezial 2017, 40.

Anfechtungsberechtigt ist stets nur derjenige, dem die Unwirksamkeit des Testaments unmittelbar zustatten käme (§ 2080 BGB). Die Anfechtung hat durch den Berechtigten selbst oder einen gesetzlichen Vertreter (z.B. Eltern) oder gewillkürten Vertreter (z.B. Bevollmächtigter) zu erfolgen. Die Anfechtung einer Erbeinsetzung, einschließlich einer Nacherbeneinsetzung, Enterbung, Testamentsvollstreckerernennung oder Auflage erfolgt formlos gegenüber dem Nachlassgericht (in der Praxis regelmäßig schriftlich oder zur Niederschrift der Geschäftsstelle), die Anfechtung anderer Verfügungen (Vermächtnisse, Teilungsanordnungen) gegenüber dem daraus Begünstigten (§ 2081 BGB). 923

▼ 924

Muster 4.178: Anfechtung einer Erbeinsetzung

Amtsgericht

– Nachlassgericht –

Betr.: Nachlass

hat in seinem Testament vom unsere je zur zu seinen Erben berufen. Nach seinem Tode ist unser Sohn geboren. Als seine alleinige gesetzliche Vertreterin fechte ich hiermit dieses Testament für meinen Sohn an.

, den

▲

▼ 925

Muster 4.179: Anfechtung eines Vermächtnisses

Liebe/r !

Ich habe gestern erfahren, dass du am . Das Testament meines Mannes vom beruht demnach auf einem Irrtum. Ich fechte es daher hiermit an.

Mit freundlichen Grüßen

▲

Die Anfechtung kann nur innerhalb eines Jahres erklärt werden, nachdem der Anfechtungsberechtigte von dem Anfechtungsgrund Kenntnis erlangt hat (§ 2082 BGB). 926

cc) Besonderheiten beim gemeinschaftlichen Testament

Da die folgenden Erläuterungen nicht nur für Ehegatten, sondern gemäß § 10 Abs. 4 LPartG auch für eingetragene Lebenspartner gelten, wird im Folgenden der Begriff „Partner" als Oberbegriff für die Begriffe „Ehegatte(n)" und „eingetragene(r) Lebenspartner" verwendet. 927

Beim gemeinschaftlichen Testament sind zu unterscheiden:

(1) Widerruf

(a) **Einseitige Erklärungen.** Sie können von jedem Partner jederzeit, auch noch nach dem Tode des anderen, frei widerrufen werden. Bis zur Ablieferung des Testaments an das Nachlassgericht kann der Widerruf einseitiger Verfügungen auch durch Vernichtung oder Veränderung (§ 2255 BGB) erfolgen. 928

(b) **Wechselbezügliche Verfügungen.** Das sind solche, von denen anzunehmen ist, dass die des einen Partners nicht ohne die des anderen getroffen worden wären (§ 2270 BGB). Im Zweifel gehören dazu Verfügungen zugunsten des jeweils anderen Partners. Aber auch Verfügungen des überlebenden Partners zugunsten von Verwandten oder sonstigen, dem Erstversterbenden nahestehenden Personen gelten im Zweifel als wechselbezügliche, wenn der Erstversterbende dem Überlebenden Zuwendungen gemacht hat. Nur Erbeinsetzungen, Vermächtnisse, Auflagen und die Wahl des anzuwendenden Erbrechts können in dieses Abhängigkeitsverhältnis gebracht werden (§ 2270 Abs. 3 BGB), nicht also z.B. Teilungsanordnungen, die Ernennung eines Testamentsvollstreckers und Enterbungen bzw. Pflichtteilsentziehungen.

929 *Hinweis*

Die **wechselbezüglichen Verfügungen** können **widerrufen** werden:

- Zu Lebzeiten beider Partner gemeinschaftlich in jeder möglichen Form (Widerrufstestament, widersprechendes Testament – hier gelten die für die Errichtung des Testaments genannten Grundsätze entsprechend (vgl. Rdn 911 ff.) –, Vernichtung, Veränderung, Rücknahme aus der besonderen amtlichen Verwahrung).
- Zu Lebzeiten beider Partner einseitig nur durch eine persönlich abzugebende Erklärung, die
  aa) notariell beurkundet und
  bb) in **Ausfertigung** dem Partner zugestellt werden muss.
  Hier liegt eine gefährliche Quelle für Amtshaftungsansprüche gegen den Notar. Die Übermittlung nur einer beglaubigten Abschrift führt nicht zum Widerruf. Die Zustellung muss nicht, sollte aber über den Gerichtsvollzieher vorgenommen werden, weil nur so in einer öffentlichen Urkunde die Art des zugestellten Schriftstücks und die Zustellung selbst unwiderleglich festgehalten werden. Damit der Gerichtsvollzieher erst gar nicht in die Versuchung gerät, eine (beglaubigte) Abschrift von der Ausfertigung zuzustellen, empfiehlt es sich, ihm zwei Ausfertigungen zu schicken. Der Widerruf ist ferner unwirksam, wenn er dem anderen Partner nicht vor dessen Tod zugeht. Deshalb ist die Zustellung **stets eilbedürftig**. Stirbt der widerrufende Partner vor dem Zugang des Widerrufs beim anderen, so wird er nur wirksam, wenn sich der Widerruf beim Tod des widerrufenden Partners bereits ordnungsgemäß, d.h. in Ausfertigung, auf dem Weg zum anderen Partner befand und der Zugang alsbald nachfolgte (§ 130 Abs. 2 BGB). Unwirksam ist der Widerruf jedoch, wenn der widerrufende Partner dessen Zugang bewusst hinauszögerte, um bis zu seinem Tod den anderen Partner vom Widerruf nichts wissen zu lassen.
- Nach dem Tode des erstversterbenden Partners nicht mehr. Der Überlebende ist an sie grundsätzlich gebunden. Spätere Verfügungen von Todes wegen sind insoweit unwirksam, als sie die bindend Bedachten beeinträchtigen würden. Das hindert den Überlebenden nicht an Verfügungen unter Lebenden. Sie sind uneingeschränkt wirksam, auch wenn sie die Aushöhlung des gemeinschaftlichen Testaments zur Folge haben. Nur wenn besondere Umstände vorliegen, können sie einmal nichtig sein. Bei Schenkungen steht dem Bedachten jedoch u.U. ein Bereicherungsanspruch gegen den Beschenkten zu, wenn der Erblasser die Schenkung in der Absicht vorgenommen hat, den Vertragspartner zu benachteiligen (§ 2287 BGB entsprechend). Eine solche Absicht ist immer dann zu verneinen, wenn der Erblasser mit der Schenkung ein lebzeitiges Eigeninteresse verfolgt hat (z.B. der Erblasser will seine Altersversorgung durch den Beschenkten sichern). Ein Bereicherungsanspruch besteht dann nicht, wenn der Bedachte sein Einverständnis mit einer ihn beeinträchtigenden lebzeitigen Verfügung erteilt hat, und zwar vor Eintritt des Erbfalls in notarieller Form (BGH und h.M.). Nach Eintritt des Erbfalls kann der Bedachte dem Beschenkten gegenüber durch formlosen Erlassvertrag (§ 397 BGB) auf seine Bereicherungsansprüche verzichten.
- Befreien kann sich der überlebende Partner von der Bindung nur,
  aa) wenn er das ihm Zugewendete ausschlägt,
  bb) bei Verschwendung, Überschuldung oder Verfehlungen des Bedachten, die zur Entziehung bzw. Beschränkung des Pflichtteils berechtigen würden,
  cc) wenn er sich ein Widerrufsrecht vorbehalten hatte,
  dd) durch einen sog. Zuwendungsverzicht nach § 2352 BGB (z.B. durch den als Schlusserben eingesetzten Abkömmling des verstorbenen Ehegatten, vgl. hierzu Rdn 1341 ff.).

930 ▼

Muster 4.180: Einseitiger Widerruf zu Lebzeiten des anderen Partners

4.180 (*Protokolleingang*)

Der Erschienene erklärte:

Ich widerrufe hiermit das mit ______ am ______ errichtete gemeinschaftliche Testament, soweit es Verfügungen von mir enthält, und ersuche den Notar, eine Ausfertigung dieser Urkunde ______ durch den Gerichtsvollzieher zustellen zu lassen.

Der Notar hat mich darüber belehrt, dass dadurch auch die in diesem Testament von getroffenen Verfügungen unwirksam werden und dass – sofern ich keine andere Verfügung von Todes wegen treffe – die gesetzliche Erbfolge eintritt, die mir der Notar erläutert hat.

Diese Niederschrift

▲

(2) Anfechtung

Nach dem Tod eines Partners ist die Anfechtung des gemeinschaftlichen Testaments möglich, und zwar sowohl durch den überlebenden Partner als auch durch einen Dritten. 931

(a) So kann sich der überlebende Partner durch (Selbst-)Anfechtung von den Bindungen des gemeinschaftlichen Testaments lösen, wenn er die wechselbezüglichen Verfügungen nachweislich 932

- aufgrund eines Irrtums oder
- infolge einer Drohung getroffen hat, oder
- wenn er noch einmal heiratet oder Kinder bekommt, es sei denn, dass er erkennbar auch in diesem Fall an die Verfügung gebunden sein soll (§ 2079 BGB).

Auf die Selbstanfechtung des überlebenden Partners sind die Vorschriften über die Anfechtung vertragsmäßiger Verfügungen in einem Erbvertrag entsprechend anzuwenden (§§ 2281 ff. BGB; vgl. hierzu Rdn 997).

Die Anfechtung der eigenen wechselbezüglichen Verfügungen bedarf der **notariellen Beurkundung**. Dabei ist Vertretung ausgeschlossen (§ 2282 Abs. 3 i.V.m. Abs. 1 BGB entspr.). Das frühere Anfechtungsrecht eines beschränkt Geschäftsfähigen ist mit Inkrafttreten des Gesetzes zur Bekämpfung von Kinderehen zum 22.7.2017 entfallen. Die Anfechtung erfolgt durch Erklärung gegenüber dem Nachlassgericht. Daher ist auch hier stets nach Auffassung des BGH und zahlreicher Obergerichte eine Ausfertigung an das Gericht zu senden. Das Nachlassgericht soll die Erklärung dem betroffenen Dritten mitteilen. Dafür genügt eine beglaubigte Abschrift, die zweckmäßigerweise zusammen mit der Ausfertigung dem Gericht eingereicht wird. Die Anfechtungsfrist beträgt ein Jahr. Sie beginnt im Fall der Drohung mit der Beendigung der Zwangslage, sonst mit dem Zeitpunkt, in dem der überlebende Ehegatte Kenntnis von dem Anfechtungsgrund erlangt.

Die (Selbst-)Anfechtung einer eigenen wechselbezüglichen Verfügung des überlebenden Partners bewirkt nach § 2270 BGB grundsätzlich auch die Unwirksamkeit der wechselbezüglichen Verfügungen des erstverstorbenen Partners, insbesondere dessen Verfügung, durch die der überlebende Ehegatte als Erbe eingesetzt wurde, sodass in der Regel nachträglich gesetzliche Erbfolge nach dem erstverstorbenen Partner eintritt. Etwas anderes gilt nur, wenn ausnahmsweise anzunehmen ist, dass der erstverstorbene Partner seine wechselbezüglichen Verfügungen auch in Kenntnis der Anfechtung der wechselbezüglichen Verfügungen des überlebenden Partners getroffen hätte.

▼ 933

Muster 4.181: Selbstanfechtung

(Protokolleingang) 4.181

Der Erschienene erklärte:

Im gemeinschaftlichen Testament vom – eröffnet vom Nachlassgericht unter – habe ich unsere Kinder und zu meinen Erben berufen. Dies fechte ich hiermit an. Ich habe wieder geheiratet.

Den Notar bitte ich, eine Ausfertigung und zwei beglaubigte Abschriften dieser Urkunde dem Nachlassgericht zuzuleiten.

Diese Niederschrift

▲

(b) Sofern die Voraussetzungen der Irrtumsanfechtung (§ 2078 BGB) vorliegen, kann der überlebende Partner auch die einseitigen oder wechselbezüglichen Verfügungen des erstverstorbenen Partners anfechten. Die Anfechtung ist formlos möglich (vgl. hierzu Rdn 951 ff.). Ein Anfechtungsrecht nach § 2079 BGB wegen Übergehung eines Pflichtteilsberechtigten steht dem überlebenden Partner nicht zu (§ 2080 Abs. 3 BGB). 934

Die wirksame Anfechtung der wechselbezüglichen Verfügungen des erstverstorbenen Partners durch den überlebenden Partner bewirkt nach § 2270 BGB grundsätzlich auch die Nichtigkeit seiner eigenen wechselbezüglichen Verfügungen.

935 ▼

Muster 4.182: Anfechtung nach dem Tode des Partners

An das Amtsgericht

– Nachlassgericht –

Betr.: Nachlass –

Ich habe am mit meiner Ehefrau geborene ein gemeinschaftliches Testament errichtet, das nach ihrem Tode vom dortigen Nachlassgericht unter dem Aktenzeichen eröffnet worden ist. Dieses Testament fechte ich hiermit insoweit an, als sie unseren Sohn enterbt hat. Dabei ist sie davon ausgegangen, dass unser Sohn Alleinerbe von werden würde. hat jedoch mich zum Alleinerben berufen.

▲

936 (c) Ein Dritter kann die einseitigen oder wechselbezüglichen Verfügungen des erstverstorbenen Partners gemäß §§ 2078, 2079 ff. BGB formlos anfechten, wenn ihm der Wegfall der angefochtenen Verfügung unmittelbar zustatten kommt (z.B. pflichtteilsberechtigte Kinder, die zwischen der Errichtung des gemeinschaftlichen Testaments und dem Erbfall geboren wurden; vgl. hierzu Rdn 951 ff.).

Die Verfügungen des überlebenden Partners können von einem Dritten erst nach dem Tod dieses Partners, nicht zu dessen Lebzeiten, nach den vorgenannten Grundsätzen angefochten werden.

(3) Unwirksamkeit von Testamenten gemäß § 2077 BGB/§ 10 Abs. 5 LPartG

937 Verfügungen von Todes wegen, mit denen der Erblasser seinen Ehegatten/eingetragenen Lebenspartner bedacht hat, werden von selbst unwirksam, wenn die Ehe/eingetragene Lebenspartnerschaft

(a) nichtig war, oder
(b) vor dem Tod des Erblassers aufgelöst wurde, oder
(c) im Zeitpunkt des Todes des Erblassers scheidungsreif (= rechtshängiges Scheidungsverfahren) war, sofern der Erblasser die Scheidung bereits beantragt oder ihr zugestimmt hatte (Scheidungsantrag des bedachten Partners ohne Zustimmung des Erblassers reicht somit für die Anwendbarkeit der Vorschrift nicht aus!), oder
(d) im Zeitpunkt des Todes des Erblassers hätte aufgehoben werden können, sofern der Erblasser bereits die Aufhebungsklage erhoben hatte (§ 2077 BGB).

938 In diesen vier Fällen wird auch ein gemeinschaftliches Testament von selbst seinem ganzen Inhalt nach unwirksam (§ 2268 Abs. 1 BGB). Davon gibt es gemäß § 2268 Abs. 2 BGB eine wichtige Ausnahme: In den Fällen (b) bis (d) bleiben Verfügungen insoweit wirksam, als angenommen werden muss, dass sie trotz der zerstörten Ehe/eingetragenen Lebenspartnerschaft gelten sollen. Wenn z.B. in einem gemeinschaftlichen Testament die Eheleute ihre gemeinschaftlichen Kinder zu Erben eingesetzt und dem überlebenden Ehegatten lediglich ein Nießbrauchsrecht am Einfamilienhaus vermacht haben, so ist in den drei vorgenannten Fallgruppen zwar ohne weiteres anzunehmen, dass die wechselseitigen Vermächtnisse entfallen sind. Die Erbeinsetzung der Kinder jedoch ist – soweit keine besonderen Umstände dagegensprechen – weiterhin wirksam geblieben. Insbesondere entfällt die Wechselbezüglichkeit der Verfügungen nicht mit der Aufhebung der Ehe (h.M.). Die Erbeinsetzung der gemeinschaftlichen Kinder könnte hier somit nicht durch einen Ehegatten einseitig aufgehoben werden, sondern sie könnte dann nur nach Maßgabe des § 2271 Abs. 1 S. 1 BGB förmlich, d.h. in notarieller Form, widerrufen oder nach einer Wiederheirat oder der Geburt weiterer Kinder angefochten werden.

Desgleichen wird eine Verfügung zugunsten eines Verlobten unwirksam, wenn das Verlöbnis vor dem Tode des Erblassers aufgelöst worden ist (§ 2077 Abs. 2 BGB).

dd) Unwirksamkeit bei Anwendbarkeit ausländischen Erbrechts

Viele ausländische Rechtsordnungen, zumal die des romanischen Rechtskreises (Frankreich, Italien, Portugal, Spanien), lassen wechselbezügliche gemeinschaftliche Testamente **nicht** zu. Sie behandeln derartige Testamente teils als unwirksam, teils als zwar wirksam, aber nicht bindend (vgl. hierzu Rdn 1893). Bis zum 16.8.2015, also bis zur Anwendbarkeit der EU-Erbrechtsverordnung Nr. 650 vom 4.7.2012, konnte allerdings noch ein Ausländer für im Inland belegenes unbewegliches Vermögen in der Form einer Verfügung von Todes wegen deutsches Recht wählen (Art. 25 Abs. 2 EGBGB). Dann unterlagen diesbezüglich auch die Frage der Gültigkeit der Errichtung einer Verfügung von Todes wegen und die Frage der Bindung an sie dem deutschen Recht (Art. 26 Abs. 5 EGBGB a.F., heute Art. 24, 25 EU-ErbVO). Die Rechtswahlerklärung konnte einseitig in Form einer Verfügung von Todes wegen getroffen werden, aber auch vertragsmäßig mit der Folge, dass die im Zuge dessen dem anderen gemachten Zuwendungen auch dann bindend bleiben, wenn der Erblasser die Wahl des deutschen Erbrechts widerruft (zur Rechtswahl im Erbrecht unter Geltung der EU-ErbVO vgl. auch Rdn 1867). Eine vor dem 17.8.2015 danach wirksam getroffene Rechtswahl bleibt unter den Voraussetzungen der Übergangsvorschrift des Art. 83 Abs. 2 EU-ErbVO auch nach dem 17.8.2015 wirksam (Rdn 1826). Seit dem 17.8.2015 werden Ausländer, die zum Zeitpunkt ihres Todes ihren gewöhnlichen Aufenthalt in Deutschland hatten, gemäß Art. 21 der Verordnung grundsätzlich nach deutschem Recht beerbt, sodass in diesem Fall sowohl ein deutsch-ausländisches Ehepaar als auch ein rein ausländisches Ehepaar wirksam ein gemeinschaftliches Testament nach deutschem Recht errichten können. 939

Gemäß der seit dem 17.8.2015 neu gefassten Vorschrift des § 2270 Abs. 3 BGB können ausdrücklich auch Erbrechtswahlen in gemeinschaftlichen Testamenten wechselbezüglich vereinbart werden.

Vgl. Muster zu Wahlen des deutschen Erbrechts gemäß Art. 22 EU-ErbVO unter Rdn 2078 im Rahmen eines einseitigen Testaments, Rdn 2082 im Rahmen eines Erbvertrages und Rdn 2086 im Rahmen eines Pflichtteilsverzichtsvertrages. 940

Soweit bis zu ihrem Tode in Deutschland lebende Deutsche in einem anderen Mitgliedstaat der EU-ErbVO, etwa in Frankreich oder Luxemburg, Grundbesitz haben, wurden sie insoweit bis zum 16.8.2015 nach dem dortigen Erbrecht und ab dem 17.8.2015 nach deutschem Recht beerbt. Bezüglich dieses Grundbesitzes können sie daher wirksam ein bindendes gemeinschaftliches Testament oder einen Erbvertrag nur dann errichten, wenn der Erbfall ab dem 17.8.2015 eintritt (zu dieser Problematik vgl. auch Rdn 1856 ff. Etwas anderes kann gelten, wenn bis zu ihrem Tode in Deutschland lebende Deutsche in einem Nicht-Mitgliedstaat der EU-ErbVO Grundbesitz hinterlassen, etwa in Großbritannien (England), weil hierfür aus Sicht des Lageortes das eigene Recht anzuwenden ist und dieses Recht ein gemeinschaftliches Testament nicht kennt bzw. zulässt (vgl. hierzu Rdn 1858, 2006). 941

ee) Umgang mit unwirksamen Testamenten in der Urkundensammlung und der elektronischen Urkundensammlung

Gemäß § 33 Abs. 4 NotAktVV ist eine in der Urkundensammlung aufgenommene beglaubigte Abschrift eines Testaments (in der Regel eines unwirksamen oder unwirksam gewordenen Testaments) auf Wunsch aller Beteiligten an diese auszuhändigen. Durch die Herausgabe der beglaubigten Abschrift wird das Vertraulichkeitsinteresse der Beteiligten gewahrt. Ergänzend bestimmt § 38 NotAktVV, dass auch eine parallele Löschung der elektronisch beglaubigten Abschrift verlangt werden kann. 942

h) Erbvertrag

Der Erbvertrag ist eine Verfügung von Todes wegen in der Form eines Vertrages. Er ist daher – wie jeder Vertrag – auch zu Lebzeiten aller Vertragspartner grundsätzlich **bindend**. Das unterscheidet ihn vom gemeinschaftlichen Testament. Ein weiterer Unterschied besteht darin, dass er nicht nur zwischen Ehegatten oder Lebenspartnern und auch von mehr als zwei Personen abgeschlossen und mit anderen vertraglichen Abreden (Ehevertrag, Unterhalt, Pflege, Verpflegung des Erblassers) verbunden werden kann. Zahlreiche Rechtsordnungen, insbesondere diejenigen des romanischen Rechtskreises und diejenigen des sog. ehemaligen sozialistischen Rechtskreises, verbieten vertragsgemäße Verfügungen. Die Staatsangehörigen dieser Staaten (z.B. Franzosen, Italiener, Portugiesen, Bulgaren, Polen, Rumänen usw.) konnten bis zum Inkrafttreten der EU-ErbVO zum 17.8.2015 somit nicht wirksam einen Erbvertrag schließen, sofern sie nicht über im Inland (Deutschland) belegenes unbewegliches Vermögen verfügt oder das deutsche Erbrecht gemäß Art. 25 Abs. 2 943

EGBGB bis zum 16.8.2015 gewählt haben. Dasselbe galt für Deutsche, sofern sie über Grundbesitz z.B. in Frankreich oder Luxemburg verfügten (vgl. auch Rdn 1857). Ab dem 17.8.2015 werden Deutsche und Ausländer, die zum Zeitpunkt ihres Todes ihren gewöhnlichen Aufenthalt in Deutschland hatten, gemäß Art. 21 der Verordnung, unabhängig davon, ob sich ihr Vermögen in Deutschland oder im Ausland befindet, grundsätzlich einheitlich nach deutschem Recht beerbt, sodass in diesem Fall sowohl ein deutsch-ausländisches Ehepaar als auch ein rein ausländisches Ehepaar wirksam einen Erbvertrag nach deutschem Recht abschließen können. Etwas anderes kann gelten, wenn bis zu ihrem Tode in Deutschland lebende Deutsche in einem Nicht-Mitgliedstaat der Eu-ErbVO Grundbesitz hinterlassen, etwa in Großbritannien (England), weil hierfür aus Sicht des Lageortes das eigene Recht anzuwenden ist und dieses Recht einen Erbvertrag nicht kennt bzw. zulässt (Rdn 1858, 2006).

944 Man unterscheidet

(1) **einseitige Erbverträge**, in denen nur eine Person vertragsmäßige Verfügungen von Todes wegen trifft und eine oder mehrere andere diese „annehmen", und
(2) **zweiseitige Erbverträge**, in denen zwei (oder mehr) Personen vertragsmäßige Verfügungen von Todes wegen treffen und sie wechselseitig annehmen.

Die Annahme der Verfügungen ist **wesentliches Merkmal** für den Erbvertrag und sollte daher stets ausdrücklich mit beurkundet werden.

Vertragsmäßig, also bindend, können nur Erbeinsetzungen, Vermächtnisse, Auflagen oder seit dem 17.8.2015 auch die Wahl des anzuwendenden Erbrechts verfügt werden (§ 2278 Abs. 2 BGB). Andere Anordnungen beliebigen Inhalts können zwar in den Erbvertrag aufgenommen werden. Sie sind aber stets wie ein einseitiges Testament frei widerruflich. Die Form des Erbvertrages entspricht der eines beurkundeten gemeinschaftlichen Testaments. Eigenhändige Erbverträge sind mithin **ausgeschlossen**. Zur Beurkundung sind nur die Notare, die Konsularbeamten im Rahmen ihrer auswärtigen Amtstätigkeit und die Richter bei gerichtlichen Vergleichen zuständig, nicht also in Notfällen die Bürgermeister oder drei Zeugen.

Ein Erbvertrag kann nur noch von unbeschränkt geschäftsfähigen Erblassern abgeschlossen werden. Die bisherige Möglichkeit, dass auch ein beschränkt geschäftsfähiger Ehegatte als Erblasser mit seinem unbeschränkt geschäftsfähigen Ehegatten einen Erbvertrag abschließen kann, ist durch das Gesetz zur Bekämpfung von Kinderehen zum 22.7.2017 mit Wirkung ab dem 1.1.2018 entfallen (vgl. Rdn 914 zum gemeinschaftlichen Testament). Die Fortgeltung vor diesem Zeitpunkt wirksam abgeschlossener Erbverträge unter Mitwirkung eines Minderjährigen ist umstritten, dürfte aber wohl zu bejahen sein.[175] Für den Vertragsgegner gelten die allgemeinen Vorschriften über Verträge der §§ 104 ff. BGB (vgl. unten Rdn 1022). So kann der Vertragsgegner sich beim Abschluss des Vertrages vertreten lassen. Nimmt der beschränkt geschäftsfähige Vertragsgegner nur Erklärungen des Erblassers an (z.B. Erbenstellung oder ein Vermächtnis), benötigt er keine Zustimmung seines gesetzlichen Vertreters, da der Abschluss des Vertrages für ihn lediglich rechtlich vorteilhaft (bzw. neutral) ist.

Alle Vertragsteile müssen **gleichzeitig** anwesend sein (§ 2276 BGB). Wer in dem Vertrag Verfügungen von Todes wegen trifft („der Erblasser"), kann dabei nicht vertreten werden (§ 2274 BGB). Wer die Verfügungen nur annimmt („der Vertragsgegner"), kann sich dagegen – auch vollmachtlos – vertreten lassen.

Ein Erbvertrag kann grundsätzlich auch durch Übergabe einer verschlossenen oder offenen Schrift errichtet werden (§§ 2276 Abs. 1 S. 2 Hs. 1, 2232 BGB). Hierbei ist es sogar möglich, dass nur die Willenserklärung der einen Vertragspartei durch Übergabe einer Schrift erfolgt, während der andere Vertragsteil seine Willenserklärungen mündlich gegenüber dem Notar abgibt.[176]

Das Gesetz geht davon aus, dass die Urschrift des Erbvertrages in die besondere amtliche Verwahrung des Gerichts gegeben wird (§ 34 Abs. 2 BeurkG). Das war jedoch im Bereich des Nurnotariats über lange Zeit die Ausnahme. Denn aus Kostengründen wünschten die Beteiligten in der Regel, dass der Notar den Erbvertrag in seiner amtlichen Verwahrung behält. Nachdem die Kosten der besonderen amtlichen Verwahrung aber nicht mehr wertabhängig, sondern gemäß Nr. 12100 KV GNotKG einheitlich mit 75 EUR je in Verwahrung genommener Urkunde erhoben werden, überwiegen nun die Vorteile für eine konsequente Ablieferung der Erbverträge an

175 So z.B. Grüneberg/*Weidlich*, 84. Aufl. 2025, § 2275 BGB Rn 3.
176 Vgl. Staudinger/*Kanzleiter*, BGB 2019, § 2276, Rn 5.

das zuständige Amtsgericht. Hiermit werden die Haftungsrisiken des Notars verringert, die Führung der Erbvertragssammlung sowie die aufwendige spätere Eröffnungstätigkeit entfällt und die sehr zeitintensive Überprüfung alle 30 bzw. fünf Jahre gemäß § 8 DONot und § 351 FamFG ist nicht mehr erforderlich.

Soll der Erbvertrag in die Verwahrung des Gerichts gebracht werden, so ist grundsätzlich wie beim beurkun- **945**
deten Testament zu verfahren (vgl. Rdn 919 ff.). Wird der Erbvertrag vom Notar verwahrt, erteilt er den Beteiligten nach Mitteilung an das Zentrale Testamentsregister grundsätzlich beglaubigte Abschriften (str. bleibt, ob auch Ausfertigungen vom Erbvertrag erteilt werden dürfen) vom Erbvertrag, zweckmäßigerweise zusammen mit den Eintragungsbestätigungen des ZTR. Erbverträge dürfen gemäß § 34 Abs. 4 BeurkG nicht nach § 56 BeurkG in die elektronische Form überragen werden. Dementsprechend werden ab dem 1.1.2022 alle Urschriften der vom Notar verwahrten Erbverträge in der separaten Erbvertragssammlung gemäß § 32 AktNotVV verwahrt. Die Erbvertragssammlung löst das bisherige Erbvertragsverzeichnis des Notars für Erbverträge ab dem 1.1.2022 ab. Die Erbverträge werden in der Erbvertragsammlung nach der Nummernfolge im Urkundenverzeichnis aufbewahrt. Die Aufbewahrungsfrist beträgt nach § 50 Abs. 1 Nr. 4 NotAktVV im Unterschied zu anderen Urkunden 100 Jahre. Auf Wunsch der Erblasser bzw. der Vertragschließenden kann auch eine beglaubigte Abschrift des Erbvertrages in der Urkundensammlung verwahrt werden. Für den in der Urkunde aufzunehmenden Einverständnisvermerk der Beteiligten siehe oben Rdn 922. Sie soll in einem **verschlossenen** Umschlag zur Urkundensammlung genommen werden, es sei denn, dass die Beteiligten sich mit der **offenen** Aufbewahrung **schriftlich** bzw. in der Urkunde einverstanden erklären. Entsprechend kann dann auch eine elektronisch beglaubigte Abschrift des Erbvertrages in der elektronischen Urkundensammlung verwahrt werden. Das bislang erforderliche Vermerkblatt für die Urkundensammlung ist entfallen.

In allen Fällen der Verwahrung hat der Notar nach Errichtung der Urkunde die erforderlichen **Verwahranga-** **946**
ben unverzüglich gemäß § 34a BeurkG dem Zentralen Testamentsregister (= ZTR) auf elektronischem Wege zu melden (vgl. oben Rdn 920 ff.). Für jeden am Erbvertrag beteiligten Erblasser ist eine eigene Benachrichtigung vorzunehmen. Sobald der Notar die Eintragungsbestätigung(en) – für jeden am Erbvertrag beteiligten Erblasser erhalten hat, kann er diese an den/die Erblasser weiterleiten. Einen weiteren Ausdruck der Eintragungsbestätigung(en) nimmt er zur Urschrift des Erbvertrages in die Erbvertragssammlung sowie gemäß § 31 Abs. 1 NotAktVV bei entsprechendem Wunsch der Beteiligten auch in die Urkundensammlung zusammen mit einer beglaubigten Abschrift des Erbvertrages. Die vorstehende Pflicht des Notars zur elektronischen Übermittlung der Verwahrangaben erstreckt sich gleichermaßen auch auf Aufhebungsverträge, Rücktritts- und Anfechtungserklärungen (§ 78d Abs. 2 BNotO). Testamentsregisterauszüge können mit ZTR nur noch für bis zum 30.6.2022 registrierte Erbverträge abgerufen werden.

Die Eintragungsbestätigungen des ZTR unterscheiden sich nicht wesentlich von denjenigen im Falle eines Tes- **947**
tamentes (hierzu die nachfolgenden Muster siehe Rdn 983 ff.).

Gemäß § 34a S. 1 BeurkG liefert der Notar im Falle der Verwahrung des Erbvertrages durch den Notar nach **948**
Kenntnisnahme vom Tod des Erblassers (Nachricht über das ZTR oder Vorlage einer Sterbeurkunde durch die Erben) die Urschrift des Erbvertrages an das Nachlassgericht ab. Gemäß § 16 Abs. 3 NotAktVV ist die Ablieferung im UVZ zu vermerken.

Erhält eine sonstige Urkunde (z.B. ein Ehevertrag) erbfolgerelevante Erklärungen, teilt der Notar dem Nachlassgericht diese Erklärungen durch Übersendung einer beglaubigten Abschrift – bzw. aus Verschwiegenheitsgründen – einer nur auszugsweisen beglaubigten Abschrift mit.

Der Notar hat gemäß § 351 FamFG und § 8 DONot n.F. bis zum 15. Februar eines Jahres das Erbvertragsver- **949**
zeichnis bzw. die Kartei der Ausdrucke der Registrierungsbestätigungen und ab dem Jahre 2053 auch das Urkundenverzeichnis (= UVZ) regelmäßig daraufhin zu überprüfen, ob bei ihm Erbverträge verwahrt werden, die älter als 30 Jahre sind. Findet er solche, so hat er Ermittlungen darüber anzustellen, ob der Erblasser noch lebt bzw. die Erblasser noch leben (§ 351 FamFG). Kann er das nicht feststellen, so hat er den Erbvertrag dem Amtsgericht zur Eröffnung einzureichen und die Ablieferung der Registerbehörde elektronisch mitzuteilen. Dasselbe gilt, wenn er von der Registerbehörde benachrichtigt wird, dass der Erblasser verstorben ist. Auf diese Weise soll sichergestellt werden, dass jeder Erbvertrag zu Tage kommt und seine Wirksamkeit entfaltet. Die Durchsicht ist vom Notar gemäß § 8 DONot n.F. in einem schriftlichen Vermerk zu bestätigen und von ihm zu unterzeichnen.

950 Ergeben die Ermittlungen des Notars, dass der Erblasser noch lebt bzw. die Erblasser noch leben, ist die Ermittlung im 5-Jahresabstand zu wiederholen. Für die Praxis bietet es sich an, in den Fällen, in denen positiv festgestellt wurde, dass der Erblasser noch lebt, im ZTR zu überprüfen, ob die dort eingetragenen Verwahrangaben richtig sind. Ist dies nicht der Fall, sind die Verwahrangaben zu korrigieren bzw. eine unterbliebene Registrierung erstmals zu veranlassen. Aufgrund der dann erteilten Registrierungsbestätigungen ist sichergestellt, dass die Verwahrangaben zutreffen und eine erneute Ermittlung, ob der Erblasser noch lebt, ist in Zukunft nicht mehr erforderlich (§ 8 S. 2 DONot n.F.).

951 **Vermerk über die jährliche Durchsicht älterer Erbverträge**

▼

4.183

Muster 4.183: Vermerk über die jährliche Durchsicht älterer, in meiner Verwahrung befindlicher Erbverträge

… – Notar in …

Am … habe ich das Erbvertragsverzeichnis bzw. die Kartei bezüglich der Bestätigungen der Registerbehörde über die Registrierungen der Erbverträge im Zentralen Testamentsregister (§ 8 DONot n.F.) über die seit mehr als 30 Jahren in meiner amtlichen Verwahrung befindlichen Erbverträge durchgesehen. Dabei habe ich vorgefunden

1. Erbverträge, die mein Amtsvorgänger, Notar …, beurkundet hat, nämlich:
   vom … – UVZ-Nr. … für …,
   vom … – UVZ-Nr. … für …,
   vom … – UVZ-Nr. … für …,
   vom … – UVZ-Nr. … für …;
2. von mir beurkundete Erbverträge
   vom … – meine UVZ-Nr. … für …,
   vom … – meine UVZ-Nr. … für …,
   vom … – meine UVZ-Nr. … für …,
   vom … – meine UVZ-Nr. … für ….

Meine bei den zuständigen Einwohnermeldeämtern entsprechend § 351 FamFG und § 8 DONot n.F. angestellten Ermittlungen haben ergeben, dass

I. die Erblasser, die die Erbverträge UVZ-Nr. …, …, … und … errichtet haben, teils beide, teils einer von ihnen verstorben sind,

II. die Erblasser, die die übrigen vorgenannten Erbverträge errichtet haben, noch leben.

Die vorstehend zu I. bezeichneten Erbverträge habe ich den infrage kommenden Nachlassgerichten eingereicht und die Ablieferung der Registerbehörde elektronisch mitgeteilt. Die übrigen Erbverträge bleiben in meiner amtlichen Verwahrung.

…, den …

…, Notar

▲

952 Zur Niederschrift eines Erbvertrages, dem Erbvertragsumschlag, dem Schreiben an das Amtsgericht über die Einreichung des Erbvertrages, den Eintragungsbestätigungen und dem Verzeichnis der Erbverträge vergleiche die nachfolgenden Muster.

aa) Niederschrift eines Erbvertrages

▼ 953

Muster 4.184: Niederschrift eines Erbvertrags 4.184

UVZ-Nr. für

Verhandelt zu am

Vor dem unterzeichnenden

,

Notar für den Oberlandesgerichtsbezirk

mit Amtssitz in

erschienen, dem Notar von Person bekannt,[177]

die Eheleute , geboren am in (Geburtenregister Nr. des Standesamts) und Frau , geborene , geboren am in (Geburtenregister Nr. des Standesamts), beide wohnhaft in .

Die Erschienen erklärten:

Wir wollen einen Erbvertrag schließen und sind durch frühere Verfügungen von Todes wegen (Erbvertrag oder gemeinschaftliches Testament) hieran nicht gehindert.

Wir besitzen beide seit der Geburt ausschließlich die deutsche Staatsangehörigkeit. Wir haben beide zurzeit unseren gewöhnlichen Aufenthalt in Deutschland und beabsichtigen diesen aller Voraussicht nach auch bis zu unserem Tode beizubehalten.

Unser gesamtes gegenwärtiges Vermögen, zu dem kein Hof im Sinne der Höfeordnung und auch keine Beteiligungen an Personengesellschaften oder Gesellschaften bürgerlichen Rechts bzw. eingetragenen Gesellschaften bürgerlichen Rechts gehören, befindet sich ausschließlich in Deutschland.

Wir verlangen keine Zuziehung von Zeugen zu dieser Verhandlung

Der Notar überzeugte sich durch den Gang der Verhandlung von der Geschäfts- und Testierfähigkeit der Erschienenen.

Die Erschienenen erklärten dem Notar mündlich, was folgt:

Wir schließen den nachstehenden

Erbvertrag,

der in der amtlichen Verwahrung des Notars verbleiben soll.[178]

I. bis II.

(Z.B.: Widerruf bisher errichteter Verfügungen von Todes wegen, Gegenseitige Erbeinsetzung)

III.

Rechtswahl nach Art. 22 EU-ErbVO[179]

177 Alternativ: ausgewiesen durch Vorlage ihrer Bundespersonalausweise.

178 Alternativ: der unverzüglich dem Amtsgericht Rheinberg zur besonderen amtlichen Verwahrung eingereicht werden soll.

179 Um die mit der Anknüpfung an den gewöhnlichen Aufenthalt des Erblassers im Zeitpunkt seines Todes (Art. 21 EU-ErbVO) möglicherweise verbundenen Rechtsunsicherheiten zu vermeiden.

Ein jeder von uns wählt hiermit auf der Grundlage der Europäischen Erbrechtsverordnung (EU-ErbVO) für die Erbfolge sowie für die Zulässigkeit, die materielle Wirksamkeit und die Bindungswirkung dieses Erbvertrages das deutsche Recht als das Recht seiner Staatsangehörigkeit zum Zeitpunkt der Rechtswahl.

IV. bis V.

(Z.B.: Einsetzung des/der Erben des Überlebenden, Verfügungen für den Fall des gleichzeitigen Versterbens der Eheleute)

VI.

Wir nehmen alle vorstehenden Erklärungen – soweit gesetzlich zulässig – wechselseitig an.

Keiner von uns behält sich ein einseitig ausübbares Rücktrittsrecht von diesem Erbvertrag vor.

(*Alternativ*: Ein jeder von uns behält sich das Recht zum einseitigen Rücktritt von diesem Erbvertrag vor. Der Notar hat uns darauf hingewiesen, dass der Rücktritt der notariellen Beurkundung bedarf. Im Fall des Rücktritts soll dieser Erbvertrag mit all seinen vertragsmäßigen und einseitigen Verfügungen unwirksam werden).

Der Überlebende von uns ist jedoch berechtigt, die hier getroffenen Verfügungen von Todes wegen zugunsten und zu Lasten von Abkömmlingen (ggf.: und deren Ehegatten), nicht aber zugunsten dritter Personen einseitig abzuändern und zu ergänzen.

Er darf dabei insbesondere

- die Erbquoten unter den Abkömmlingen ändern sowie deren Ehegatten in die Erbfolge einbeziehen,
- gemeinschaftlichen Abkömmlingen (ggf.: und deren Ehegatten) Vermächtnisse zuwenden,
- Teilungsanordnungen treffen,
- einzelne Abkömmlinge auf den Pflichtteil setzen oder, falls die Voraussetzungen vorliegen, ihnen den Pflichtteil entziehen.

Machen alle Abkömmlinge, die gesetzliche Erben wären, nach dem Tode des Erstversterbenden von uns Pflichtteilsansprüche geltend, dann hat der Überlebende von uns das Recht, über den beiderseitigen Nachlass völlig frei anderweitig Verfügungen von Todes wegen zu treffen.

VII.

Soweit ein Erbe oder Vermächtnisnehmer in Gütergemeinschaft des deutschen oder eines ausländischen Rechts lebt, sollen alle Vermögenswerte, die dem Erben oder Vermächtnisnehmer aufgrund der hier getroffenen Verfügungen von Todes wegen zufallen, Vorbehalts- oder Eigengut sein.

Alle Verfügungen in dieser Urkunde werden von uns ohne Rücksicht darauf getroffen, ob und welche Pflichtteilsberechtigten in der Zeit bis zum Tode eines jeden von uns oder aber im Zeitpunkt des Todes eines jeden von uns vorhanden sind. Das Anfechtungsrecht nach § 2079 BGB ist deshalb insbesondere auch im Falle der Wiederverheiratung eines jeden von uns ausgeschlossen.

Ist beim Tode eines Ehegatten ein Scheidungsantrag zugestellt, sollen die Verfügungen von Todes wegen ihrem ganzen Inhalt nach unwirksam sein, und zwar ohne dass die gesetzlichen Voraussetzungen für die Eheauflösung gegeben sein müssten. Auch das gesetzliche Erbrecht des überlebenden Ehegatten ist dann ausgeschlossen. Entsprechendes gilt bei Auflösung der Ehe.

VIII.

Der Erbvertrag wird bei dem zuständigen Amtsgericht amtlich verwahrt. Der Notar soll eine beglaubigte Abschrift dieser Urkunde offen zu seiner Urkundensammlung nehmen.

Diese Niederschrift wurde in Gegenwart des Notars den Erschienenen vorgelesen, von ihnen genehmigt und eigenhändig unterschrieben:

Hinweis: Wegen der vorstehend in Ziffer **III.** getroffenen Rechtswahl siehe oben (vgl. auch Rdn 1867 ff. und Rdn 1903 f., 1908, 1911 f.).

▲

bb) Umschlag für Versand eines Erbvertrages in die besondere amtliche Verwahrung des Amtsgerichts

954

ZENTRALES TESTAMENTSREGISTER
BUNDESNOTARKAMMER

VERWAHRUNGSBUCH-NUMMER

Amtsgericht Rheinberg
65/2025
ZTR-VERWAHRNUMMER

ERBLASSER ZU 1: ZTR-REG-NR 36358803	ERBLASSER ZU 2: ZTR-REG-NR 36358804	
Herr	Frau	ANREDE
Max	Monika	VORNAME
Mustermann	Mustermann	FAMILIENNAME
Mustermann	Musterfrau	GEBURTSNAME
27.02.1962	**11.10.1961**	GEBURTSDATUM
KREIS: Musterstadt	KREIS: Musterstadt	GEBURTSORT (einschließlich Staat der Geburt, sofern Erblasser im Ausland geboren)
Musterstadt	Musterstadt	GEBURTSSTANDESAMT
481/1962	3521/1961	GEBURTENREGISTERNUMMER

URKUNDE / DATUM / UVZ-Nr.
Erbvertrag vom 21.02.2025, UVZ-Nr. W282/2025
NOTAR / AMTSSITZ
Dr. Weise, Musterstadt

UNTERSCHRIFT DES MELDERS

NACH ABLEBEN DES ERBLASSERS ZU ... | ERÖFFNET AM ... UND WIEDERVERSCHL. | AMTSGERICHT ... | UNTERSCHRIFT

300-121022

cc) Schreiben an das Amtsgericht

955

Notar Dr. Weise
Musterstraße 101
12345 Musterstadt

ZENTRALES TESTAMENTSREGISTER
BUNDESNOTARKAMMER

Dr. Weise, Musterstaße 101, 12345 Musterstadt

ZTR-VERWAHRNUMMER
65/2025

Amtsgericht Musterstadt
Musterstraße 1
12345 Musterstadt

Besondere amtliche Verwahrung
Meine UVZ-Nr. W282/2025

Musterstadt,
13.03.2025

Sehr geehrte Damen und Herren,

die verschlossen beiliegende Urschrift meiner Urkunde Nr. W282/2025 vom 21.02.2025 beantrage ich in die besondere amtliche Verwahrung zu nehmen. Die Kosten der Verwahrung tragen die Vertragsschließenden, denen Sie bitte auch den Hinterlegungsschein übersenden.

Bitte bestätigen Sie den Eingang der Urkunde und deren Inverwahrnahme elektronisch im Zentralen Testamentsregister (§ 3 Abs. 3 Satz 2 ZTRV), damit ich die daraufhin von der Registerbehörde erzeugte Empfangsbestätigung zu meinen Akten nehmen kann.

Für Rückfragen stehe ich jederzeit gern zur Verfügung.

Mit freundlichem Gruß

Dr. Weise
Notar

ANLAGE
Erbvertrag vom 21.02.2025, meine UVZ-Nr. W282/2025
Herrn und Frau Max und Manuela Mustermann, Musterstraße 99, 12345 Musterstadt ERBLASSER

☐ Bitte hier klicken, wenn Sie als amtlich bestellte(r) Vertreter(in) handeln.

Zentrales Testamentsregister
Telefon: 0800.35.50.600
Telefax: 030.38.38.66.88
www.testamentsregister.de

Notar Dr. Ralf Wittkowski
Telefon: 02801/7199-0
Telefax: 02801/70371
E-Mail: info@notar-xanten.de

400-130912

6333303932386133-414901041 13.03.2025 09:10:16

dd) Eintragungsbestätigung bei Verwahrung durch den Notar

(1) Ehefrau

956

ZENTRALES TESTAMENTSREGISTER
BUNDESNOTARKAMMER

EINTRAGUNGSBESTÄTIGUNG

Neuregistrierung

Die nachstehenden Verwahrangaben wurden in das Zentrale Testamentsregister aufgenommen. Bitte überprüfen Sie diese, insbesondere die Erblasserdaten.

VORGANGSDATUM
07.02.2025

REGISTRIERUNGSNUMMER
87654321

ANREDE Frau	VORNAMEN Monika
FAMILIENNAME Mustermann	GEBURTSNAME Musterfrau
GEBURTSORT (HEUTIGER KREIS: Gelsenkirchen, Stadt - PLZ: 45879) Buer, heute Gelsenkirchen	GEBURTSDATUM 01.01.1945
GEBURTSSTANDESAMT (BEHÖRDENNUMMER: 05513021014) Gelsenkirchen-Buer, heute Gelsenkirchen	GEBURTENREGISTERNUMMER 1/1945

URKUNDE Erbvertrag	URKUNDENVERZEICHNISNUMMER W168/2025	URKUNDENDATUM 03.02.2025
NOTAR Dr. Weise		AMTSSITZ Musterstadt

VERWAHRSTELLE Notar Dr. Weise, Musterstadt	ZTR-VERWAHRNUMMER nicht vergeben
ANSCHRIFT VERWAHRSTELLE Musterstraße 111, 12345 Musterfrau	LETZTES EIGENES VERWAHRKENNZEICHEN –

WEITERE REGISTRIERUNGEN ZU DIESER URKUNDE Manfred Mustermann (12345678)	BEMERKUNGEN –

GEBÜHRENFESTSETZUNG 12,50 €

Die Gebühr wurde nach § 1 Abs. 2 ZTR-GebS festgesetzt. Sie wird durch den Notar für die Registerbehörde erhoben.

AMTLICHE HINWEISE

Bundesnotarkammer, K. d. ö. R.
Internet: www.testamentsregister.de
E-Mail: info@testamentsregister.de

Zentrales Testamentsregister
Telefon: 0800.35.50.600 (gebührenfrei)
Telefax: 030.38.38.66.68

(2) Ehemann

957

ZENTRALES TESTAMENTSREGISTER

EINTRAGUNGSBESTÄTIGUNG

Neuregistrierung

Die nachstehenden Verwahrangaben wurden in das Zentrale Testamentsregister aufgenommen. Bitte überprüfen Sie diese, insbesondere die Erblasserdaten.

VORGANGSDATUM: 07.02.2025

REGISTRIERUNGSNUMMER: 12345678

ANREDE Herr	VORNAME(N) Manfred
FAMILIENNAME Mustermann	GEBURTSNAME Mustermann
GEBURTSORT (KREIS: Mettmann - PLZ: 42489) Wülfrath	GEBURTSDATUM 01.07.1942
GEBURTSSTANDESAMT (BEHÖRDENNUMMER: 05158120 – Nordrhein-Westfalen) Wülfrath	GEBURTENREGISTERNUMMER 1038/1942

URKUNDE Erbvertrag	URKUNDENVERZEICHNISNUMMER W168/2025	URKUNDENDATUM 03.02.2025
NOTAR Dr. Weise		AMTSSITZ Musterstadt

VERWAHRSTELLE Notar Dr. Weise, Musterstadt	ZTR-VERWAHRNUMMER nicht vergeben
ANSCHRIFT VERWAHRSTELLE Musterstraße 111, 12345 Musterstadt	LETZTES EIGENES VERWAHRKENNZEICHEN --
WEITERE REGISTRIERUNGEN ZU DIESER URKUNDE Monika Musterfrau (87654321)	BEMERKUNGEN –

GEBÜHRENFESTSETZUNG 12,50 €

Die Gebühr wurde nach § 1 Abs. 2 ZTR-GebS festgesetzt. Sie wird durch den Notar für die Registerbehörde erhoben.

AMTLICHE HINWEISE

Bundesnotarkammer, K. d. ö. R.
Internet: www.testamentsregister.de
E-Mail: info@testamentsregister.de

Zentrales Testamentsregister
Telefon: 0800 35 50 500 (gebührenfrei)
Telefax: 030 38 38 66 88

ee) Eintragungsbestätigung bei Verwahrung durch das Amtsgericht

(1) Ehefrau

958

ZENTRALES TESTAMENTSREGISTER
BUNDESNOTARKAMMER

EINTRAGUNGSBESTÄTIGUNG

Neuregistrierung

Die nachstehenden Verwahrangaben wurden in das Zentrale Testamentsregister aufgenommen. Bitte überprüfen Sie diese, insbesondere die Erblasserdaten.

VORGANGSDATUM
13.03.2025

REGISTRIERUNGSNUMMER
36358804

ANREDE Frau	VORNAME(N) Monika
FAMILIENNAME Mustermann	GEBURTSNAME Musterfrau
GEBURTSORT (KREIS:) Musterstadt	GEBURTSDATUM 11.10.1961
GEBURTSSTANDESAMT (BEHÖRDENNUMMER:) Musterstadt	GEBURTENREGISTERNUMMER 3521/1961

URKUNDE Erbvertrag	URKUNDENVERZEICHNISNUMMER W282/2025	URKUNDENDATUM 21.02.2025
NOTAR Dr. Weise		AMTSSITZ Musterstadt

VERWAHRSTELLE Amtsgericht Musterstadt	ZTR-VERWAHRNUMMER 65/2025
ANSCHRIFT VERWAHRSTELLE Musterstraße 1, 12345 Musterstadt	LETZTES EIGENES VERWAHRKENNZEICHEN --

WEITERE REGISTRIERUNGEN ZU DIESER URKUNDE Max Mustermann (36358803)	BEMERKUNGEN --

GEBÜHRENFESTSETZUNG 12,50 €

Die Gebühr wurde nach § 1 Abs. 2 ZTR-GebS festgesetzt. Sie wird durch den Notar für die Registerbehörde erhoben.

AMTLICHE HINWEISE

Bundesnotarkammer, K. d. ö. R. | Zentrales Testamentsregister
Internet: www.testamentsregister.de | Telefon: 0800.35.50.600 (gebührenfrei)
E-Mail: info@testamentsregister.de | Telefax: 030.38.38.66.88

100-150305

6333303932386133-414901041 13.03.2025 09:10:16

(2) Ehemann

959

ZENTRALES TESTAMENTSREGISTER
BUNDESNOTARKAMMER

EINTRAGUNGSBESTÄTIGUNG

Neuregistrierung
Die nachstehenden Verwahrangaben wurden in das Zentrale Testamentsregister aufgenommen. Bitte überprüfen Sie diese, insbesondere die Erblasserdaten.

VORGANGSDATUM
13.03.2025

REGISTRIERUNGSNUMMER
36358803

ANREDE Herr	VORNAME(N) Max
FAMILIENNAME Mustermann	GEBURTSNAME Mustermann
GEBURTSORT (KREIS:) Musterstadt	GEBURTSDATUM 27.02.1962
GEBURTSSTANDESAMT (BEHÖRDENNUMMER:) Musterstadt	GEBURTENREGISTERNUMMER 481/1962

URKUNDE Erbvertrag	URKUNDENVERZEICHNISNUMMER W282/2025	URKUNDENDATUM 21.02.2025
NOTAR Dr. Weise		AMTSSITZ Musterstadt

VERWAHRSTELLE Amtsgericht Musterstadt	ZTR-VERWAHRNUMMER 65/2025
ANSCHRIFT VERWAHRSTELLE Musterstraße 1, 12345 Musterstadt	LETZTES EIGENES VERWAHRKENNZEICHEN --

WEITERE REGISTRIERUNGEN ZU DIESER URKUNDE Monika Mustermann (36358804)	BEMERKUNGEN --

GEBÜHRENFESTSETZUNG 12,50 €
Die Gebühr wurde nach § 1 Abs. 2 ZTR-GebS festgesetzt. Sie wird durch den Notar für die Registerbehörde erhoben.

AMTLICHE HINWEISE

Bundesnotarkammer, K. d. ö. R. | Zentrales Testamentsregister
Internet: www.testamentsregister.de | Telefon: 0800.35.50.600 (gebührenfrei)
E-Mail: info@testamentsregister.de | Telefax: 030.38.38.66.88

6333303932386133-414901041 13.03.2025 09:10:16

100-150305

ff) Verzeichnis der Erbverträge (für bis zum 31.12.2021 beurkundete Erbverträge)

Verzeichnis der Erbverträge 2019 960

Lfd. Nr.	Name des Erblassers	Geburtsdatum	Tag der Ausstellung der Urkunde	Nr. der Urkundenrolle	in besondere amtl. Verwahrung abgeliefert an (Gericht)	Tag der Abgabe
163	Hans Adam	14.2.1953	29.11.2024	1302/24		
163	Elisabeth Adam	23.4.1956	29.11.2024	1302/24		
164	Günter Habertz	28.6.1961	3.12.2024	1330/24	an das Amtsgericht Rheinberg	10.12.2024
165	Maria Anna Kuno	13.7.1963	5.12.2024	1342/24		
166	Herbert Krause	20.7.1973	9.12.2024	1380/24		
167	Manfred Meier	25.9.1976	19.12.2024	1420/24		
168	Klaus Schmitz	18.10.1937	22.12.2024	1452/24		
169	Jürgen Esser	2.11.1939	28.12.2024	1483/24		
169	Anna Esser	11.12.1953	28.12.2024	1483/24		

Hinweis 961

Die Bindung an den Erbvertrag hindert den Erblasser nicht, lebzeitige Verfügungen zu treffen, auch solche, die den Erbvertrag aushöhlen (§ 2286 BGB). Hier gelten dieselben Grundsätze wie bei den wechselbezüglichen Verfügungen in gemeinschaftlichen Testamenten (vgl. Rdn 957 ff.).[180] Derartige Verfügungen des Erblassers können jedoch oft dadurch praktisch zum Schutze des Bedachten verhindert werden, dass der Erblasser sich dem Bedachten gegenüber ausdrücklich verpflichtet, nicht mehr ohne dessen Zustimmung über die ihm zugedachten Gegenstände zu verfügen, insbesondere sie nicht zu veräußern und nicht zu belasten und sie ihm bei einem Verstoß dagegen zu übereignen (ggf. unter Nießbrauchsvorbehalt). Diese bedingte Übertragungspflicht kann bei Grundstücken, grundstücksgleichen Rechten und Rechten an Grundstücken durch eine Vormerkung gesichert werden.

▼ 962

Muster 4.185: Erbvertrag – Verfügungsverbot 4.185

(Erbvertrag)

Ich verpflichte mich, über das Hausgrundstück , eingetragen in Blatt , nicht mehr ohne Zustimmung meiner Tochter zu verfügen, insbesondere es weder zu belasten noch zu veräußern und auch kein Verpflichtungsgeschäft dazu einzugehen. Die Zwangsvollstreckung in dieses Grundstück steht dem gleich. Für den Fall des Verstoßes gegen diese Vereinbarung verpflichte ich mich, das Hausgrundstück meiner Tochter unter Vorbehalt des Nießbrauchs und auf deren Kosten zu übereignen. Zur Sicherung des etwaigen Auflassungsanspruchs beantrage ich die Eintragung einer Vormerkung in das Grundbuch.

Diese Niederschrift

▲

180 Zur Zustimmung des Bedachten zu erbvertragswidrigen lebzeitigen Verfügungen, insbesondere Schenkungen vgl. *Ivo*, ZEV 2003, 101 ff.

963 Der Erblasser kann sich in vielfältiger Weise von den Bindungen des Erbvertrages lösen oder sie von vornherein einschränken:

(1) Gebunden ist der Erblasser ohnehin nur an seine vertragsmäßigen Verfügungen. Alle anderen kann er frei widerrufen. Durch die Beschränkung der Bindung auf nur eine oder wenige vertragsmäßige Verfügungen kann der Erblasser im Übrigen freie Hand behalten. Zumindest eine Verfügung muss eine vertragsmäßige sein, da sonst kein Erbvertrag vorläge. In der Urkunde sollte festgehalten werden, welche Erbeinsetzungen, Vermächtnisse, Auflagen und Rechtswahlen der Erblasser als vertragsmäßige Verfügungen anordnen will, um den Umfang der eintretenden Bindung deutlich zu machen. Über die Bedeutung der eintretenden Bindung hat der Notar den Erblasser zu belehren.

964 (2) Der Erblasser kann sich das Recht vorbehalten, auch (alle) seine vertragsmäßigen Verfügungen für den Fall beliebig abzuändern, dass sich bis zu seinem Tod „die Verhältnisse" ändern, seien es die persönlichen Beziehungen zu den Bedachten, seine eigenen oder die Verhältnisse der Bedachten. Allerdings kann eine solche Klausel Streit darüber auslösen, ob sich die Verhältnisse in einer für den Erbvertrag erheblichen Hinsicht geändert haben. Sie sollte daher möglichst vermieden werden.[181]

965 (3) Der Erblasser kann sich nach h.M. auch das Recht vorbehalten, nach Belieben Schenkungen vorzunehmen und so Bereicherungsansprüche nach § 2287 BGB von vornherein ausschließen (vgl. auch Rdn 957 ff., 989).

966 (4) Der Erblasser kann sich ein **Rücktrittsrecht** vorbehalten. Das Rücktrittsrecht kann vom Eintritt bestimmter Bedingungen abhängig gemacht oder zeitlich befristet, aber auch so vereinbart werden, dass der Erblasser jederzeit und ohne weiteres zurücktreten kann. Alsdann ist die Bindung des Erbvertrages nicht größer als die eines gemeinschaftlichen Testaments. Auch wenn ein Rücktrittsrecht nicht ausdrücklich vorbehalten wurde, kann der Erblasser zurücktreten, wenn

- sich der Bedachte einer Verfehlung schuldig macht, die dazu berechtigen würde, einem Abkömmling den Pflichtteil zu entziehen (§ 2294 BGB),
- die Verpflichtungen des Bedachten zu wiederkehrenden Leistungen an den Erblasser (Unterhalt, Pflege, Verpflegung etc.) aufgehoben werden (§ 2295 BGB).

967 Für die Form des Rücktritts gelten dieselben Regeln wie beim einseitigen Widerruf eines gemeinschaftlichen Testaments zu Lebzeiten beider Ehegatten. Die Rücktrittserklärung bedarf somit insbesondere der notariellen Beurkundung und muss dem Vertragspartner in **Ausfertigung** zugestellt werden (vgl. Rdn 959). Nach dem Tode des Vertragsgegners erfolgt der Rücktritt beim einseitigen Erbvertrag in der Form eines Widerrufstestaments (§ 2297 BGB). Bei einem Erbvertrag, in dem beide Beteiligte vertragsmäßige Verfügungen getroffen haben, erlischt das Rücktrittsrecht mit dem Tod eines Vertragsteils (§ 2298 Abs. 2 S. 2 BGB), es sei denn

- die Beteiligten haben das Gegenteil vereinbart oder
- der überlebende Beteiligte schlägt das ihm Zugewendete aus (§ 2298 Abs. 2 S. 3 BGB).

Bei einem Erbvertrag, bei dem beide Vertragspartner vertragsmäßige Verfügungen getroffen haben, wird durch den Rücktritt eines Vertragspartners der ganze Vertrag – d.h. alle vertragsmäßigen Verfügungen des Erbvertrages – aufgehoben, es sei denn, die Vertragspartner wollten etwas anderes (§ 2298 Abs. 2, 3 BGB). Die Aufhebung erfasst im Zweifel auch die einseitigen Verfügungen (§ 2299 Abs. 3 BGB).

Der beiderseitige Rücktrittsvorbehalt ist bei Partnern einer nichtehelichen Lebensgemeinschaft dringend zu empfehlen, weil ihr Erbvertrag nicht durch eine Scheidung im Rechtssinne hinfällig werden kann und sonst nur über eine in den Voraussetzungen nicht immer einfache Anfechtung beseitigt werden könnte. Bei Eheleuten kann der Rücktrittsvorbehalt – der zwar häufig abgelehnt wird, weil in ihm ein Ausdruck von Misstrauen liege – zweckmäßig sein, um die Möglichkeit der Lossagung von dem Erbvertrag schon für die Zeit zwischen der Trennung und dem Scheidungsantrag (bzw. der Zustimmung zur Scheidung) zu schaffen (§ 2077 Abs. 1 S. 2 BGB). Die Anfechtung ist hier in der Regel nicht möglich, weil das harmonische Zusammenbleiben nicht ohne weiteres als Motiv für die Verfügungen angenommen werden kann.

181 Vgl. zu den nicht unumstrittenen Grenzen von Änderungsvorbehalten in Erbverträgen *Musielak*, ZEV 2007, 245 ff.

▼ 968

Muster 4.186: Erbvertrag – Rücktritt 4.186

(*Rubrum*)

In dem Erbvertrag mit vom vor Notar in – UVZ-Nr. / – haben wir uns beide ein Rücktrittsrecht für den Fall vorbehalten, dass wir unsere nichteheliche Lebensgemeinschaft auflösen. Ich habe mich vor etwa zwei Wochen von meiner Lebensgefährtin getrennt und beabsichtige nicht, die Lebensgemeinschaft mit ihr wieder aufzunehmen.

Hiermit trete ich von dem Erbvertrag zurück und ersuche den Notar, eine Ausfertigung dieser Urkunde meiner früheren Lebensgefährtin durch den Gerichtsvollzieher zustellen zu lassen.

Der Notar hat mich darüber belehrt, dass dadurch auch die in dem Erbvertrag von meiner ehemaligen Lebensgefährtin getroffenen Verfügungen unwirksam werden und dass – sofern ich keine andere Verfügung von Todes wegen treffe – die gesetzliche Erbfolge nach mir eintritt, die mir der Notar erläutert hat.

Diese Niederschrift

▲

(5) Der Erblasser kann seine vertragsmäßigen Verfügungen anfechten, wenn er sich geirrt hat oder unter einer Drohung stand oder ansonsten ein Pflichtteilsberechtigter übergangen würde (§§ 2078, 2079 BGB). 969

Hauptfälle

- Der Erblasser wollte keine Verfügung von Todes wegen treffen.
- Der Erblasser wollte keine bindenden Verfügungen treffen.
- Der Vertragspartner oder der Bedachte haben sich wesentlich anders verhalten, als sie dem Erblasser versprochen oder er von ihnen erwartet hatte.
- Der Vertragspartner oder der Bedachte haben die dem Erblasser gegenüber eingegangenen Verpflichtungen nicht oder nicht ordentlich erfüllt.
- Der Erblasser hat versehentlich einen Pflichtteilsberechtigten übergangen (z.B. der Ehemann erfährt erst später von der Existenz eines nichtehelichen Kindes).
- Ein Pflichtteilsberechtigter ist erst nach dem Abschluss des Erbvertrages geboren oder durch Heirat dazugekommen.

Die Anfechtung ist dem Vertragsgegner gegenüber zu erklären, nach dessen Tode dem Nachlassgericht gegenüber, das die Anfechtung dem Bedachten mitteilen soll (§ 2281 Abs. 2 BGB). Sie kann nicht durch einen Vertreter des Erblassers erklärt werden (Ausnahme: Für den geschäftsunfähigen Erblasser kann sein gesetzlicher Vertreter mit Genehmigung des Familien- bzw. Betreuungsgerichts anfechten, vgl. §§ 1643 Abs. 1, 1851 Nr. 4 BGB) und bedarf der notariellen Beurkundung (§ 2282 BGB). Es muss eine Ausfertigung zugestellt werden. Das frühere Anfechtungsrecht eines beschränkt Geschäftsfähigen ist durch das Gesetz zur Bekämpfung von Kinderehen vom 22.7.2017 entfallen. Die Frist für die Anfechtung beträgt ein Jahr seit Wegfall der Drohung bzw. seit Kenntniserlangung vom Anfechtungsgrund (§ 2283 BGB). Der Erblasser kann aber einen anfechtbaren Erbvertrag auch gelten lassen, indem er entweder die Anfechtungsfrist verstreichen lässt oder den Erbvertrag bestätigt (§ 2284 BGB). In diesen Fällen können die durch den Wegfall der anzufechtenden Verfügung begünstigten Dritten ihrerseits nicht mehr anfechten.

(6) Exkurs 970

Auch der Vertragsgegner und Dritte können die vertragsmäßigen Verfügungen des Erblassers anfechten (§ 2285 BGB). Das Anfechtungsrecht entsteht erst mit dem Tod des Erblassers. Die Anfechtung richtet sich nach den §§ 2078 ff. BGB. Anfechtungsberechtigt ist somit derjenige, welchem die Aufhebung der letztwilligen Verfügung unmittelbar zustatten kommen würde (§ 2080 BGB). Die Anfechtungserklärung ist formlos möglich und bei Erbeinsetzung und Auflagen gegenüber dem Nachlassgericht sowie bei Vermächtnissen gegenüber dem Bedachten abzugeben (vgl. oben Rdn 951 ff.). Dieses Anfechtungsrecht ist jedoch von dem des Erblassers abhängig. So können der Vertragsgegner und Dritte vertragsgemäße Verfügungen des Erblassers dann nicht mehr anfechten, wenn das Anfechtungsrecht des Erblassers zur Zeit des Erbfalles erloschen ist (z.B. durch Fristversäumnis i.S.v. § 2283 BGB oder durch Bestätigung des Erblassers gemäß § 2284 BGB).

971 ▼

Muster 4.187: Anfechtung des Erbvertrags durch den Erblasser

4.187 *(Urkundseingang)*

Den mit am vor dem amtierenden Notar geschlossenen Erbvertrag – UVZ-Nr. / – fechte ich hiermit an. erfüllt seit einem Monat ihre im Erbvertrag übernommene Pflicht, , nicht mehr. Ich habe mich insoweit beim Abschluss des Erbvertrages über deren zukünftiges Verhalten geirrt.

Den Notar ersuche ich, eine Ausfertigung dieser Urkunde meiner Nichte vom Gerichtsvollzieher zustellen zu lassen.

Diese Niederschrift

▲

972 (7) Selbstverständlich können die Beteiligten den Erbvertrag übereinstimmend *aufheben,* und zwar durch Vertrag (§ 2290 BGB) oder im Falle von Ehegatten oder Lebenspartnern i.S.d. Lebenspartnerschaftsgesetzes durch gemeinschaftliches Testament (§ 2292 BGB). Der Aufhebungsvertrag bedarf derselben Form wie der Erbvertrag, nämlich der notariellen Beurkundung bei gleichzeitiger Anwesenheit beider Teile. Auch hier kann der Erblasser nicht, wohl aber der Vertragsgegner, vertreten werden. Bei nachträglicher Geschäftsunfähigkeit kann der Erblasser den Erbvertrag nicht mehr aufheben. Seit Inkrafttreten des Gesetzes zur Bekämpfung von Kinderehen am 22.7.2017 ist die Aufhebung eines Erbvertrages („Altvertrag") durch einen minderjährigen Erblasser nicht mehr möglich. Hierbei handelt es sich wohl um ein Versehen des Gesetzgebers.[182] Steht der Vertragsgegner unter Betreuung, so ist die betreuungsgerichtliche Genehmigung gemäß § 1851 Nr. 5 BGB erforderlich. Bei nachträglicher Geschäftsunfähigkeit kann der Vertragsgegner durch seinen gesetzlichen Vertreter handeln. Eine einseitige formlose Zustimmung des Vertragspartners hingegen lässt nach h.M. die Bindungswirkung der Verfügung des Erblassers nicht entfallen.

Vermächtnisse, Auflagen sowie Rechtswahlen können auch durch ein (eigenhändiges) Widerrufstestament mit Zustimmung des Vertragsgegners aufgehoben werden (§ 2291 BGB). Die Zustimmung bedarf der notariellen Beurkundung. Auch hier ist eine formlose Zustimmung nicht ausreichend.

973 (8) Die Beteiligten können den Erbvertrag auch dadurch aufheben, dass sie ihn aus der besonderen amtlichen Verwahrung oder aus der notariellen Verwahrung zurücknehmen (§ 2300 Abs. 2 BGB).

Bis zur Einfügung des Absatzes 2 in die Vorschrift des § 2300 BGB mit Wirkung zum 1.8.2002 konnten nur Testamente aus der besonderen amtlichen Verwahrung zurückgenommen werden (§ 2256 BGB, vgl. hierzu oben Rdn 945). Erbverträge hingegen mussten, selbst wenn sie bereits aufgehoben waren, vom Nachlassgericht eröffnet werden. Dies widersprach in vielen Fällen dem Geheimhaltungsinteresse des Erblassers. Nach umfangreicher Kritik der bestehenden Rechtslage durch die juristische Literatur hat der Gesetzgeber reagiert und eine Rücknahmemöglichkeit auch von Erbverträgen aus der besonderen amtlichen Verwahrung bzw. notariellen Verwahrung in das Gesetz aufgenommen.

974 *Beachte!*

Für die Zurücknahme eines Erbvertrages aus der notariellen Verwahrung sind folgende Punkte zu berücksichtigen:

- Der zurückzunehmende Erbvertrag darf nur **Verfügungen von Todes wegen** enthalten. So kann z.B. ein in einer notariellen Urkunde – früher häufig aus Kostengründen – verbundener Ehe- und Erbvertrag nicht

182 Vgl. hierzu zu einem Vorschlag zur Schließung dieser Regelungslücke Grüneberg/*Weidlich*, 84. Aufl. 2025, § 2290 BGB, Rn 2.

zurückgenommen werden. Dies gilt auch für einen Erbvertrag, der mit einem Erb- und/oder Pflichtteilsverzichtsvertrag verbunden ist.

- Der Erbvertrag kann nur allen Vertragsbeteiligten gemeinsam zurückgegeben werden.
- Die Rückgabe setzt eine körperliche Aushändigung der Urkunde durch den Notar oder seinen amtlichen Vertreter voraus. Eine postalische Übersendung des Erbvertrages bzw. seine Rückgabe durch Mitarbeiter des Notars ist nicht zulässig. Die Einschaltung eines anderen Notars oder des Amtsgerichts bei auswärtigen Erblassern ist nicht möglich. Allerdings könnte z.B. ein durch Krankheit verhinderter Erblasser die besondere amtliche Verwahrung beim Amtsgericht seiner Wahl herbeiführen (§ 344 Abs. 1 S. 2 FamFG); sodann könnte die Rückgabe von diesem Amtsgericht verlangt werden.
- Alle Vertragsbeteiligten müssen zur Zeit der Rückgabe noch leben. Stellvertretung kommt nur für den Vertragspartner, der keine eigene Verfügung von Todes wegen getroffen hat, in Betracht, nicht jedoch für den Erblasser. Für die Geschäftsfähigkeit der Vertragsbeteiligten gelten dieselben Regelungen wie bei der Aufhebung eines Erbvertrages durch einen Aufhebungsvertrag (§ 2290 BGB).

Im Falle der ordnungsgemäßen Rücknahme des Erbvertrages gelten sämtliche vertragsmäßigen und einseitigen 975
Verfügungen von Todes wegen als aufgehoben. Auch bereits anderweitig – z.B. durch Aufhebungsvertrag – aufgehobene Erbverträge können aus der besonderen amtlichen oder notariellen Verwahrung zurückgenommen werden. Die Anfechtungsfiktion greift in diesem Falle allerdings nicht mehr.

Da sich die gesetzliche Eröffnungspflicht nach überwiegender Meinung auch auf Ausfertigungen und beglaubigte Abschriften der Erbverträge bezieht, müssten – um dem Geheimhaltungsinteresse der Vertragsbeteiligten gerecht zu werden – auch sämtliche, dem Notar vorliegende Ausfertigungen und beglaubigte Abschriften (str.) zurückgegeben werden bzw. müssten die Vertragsbeteiligten sämtliche ihnen vorliegende Ausfertigungen und beglaubigten Abschriften (str.) vernichten. Hierauf sollte der Notar die Vertragsbeteiligten hinweisen.[183]

Der Notar hat die Beteiligten ferner über die Widerrufswirkung der Zurücknahme zu belehren, dies auf der Ur- 976
schrift zu vermerken und beides zusammen mit dem Datum der Rücknahme aktenkundig zu machen(§§ 2300 Abs. 2 S. 3, 2256 Abs. 1 S. 2 BGB). Dies erfolgt zweckmäßigerweise in einer Eigenurkunde des Notars (wohl = Niederschrift i.S.v. § 33 Abs. 2 NotAktVV), da der in § 33 Abs. 1 NotAktVV i.Vm. § 9 NotAktVV genannte Vermerk nur die Mindestangaben wie Datum und Ort der Rückgabe, Amtsperson und Personen, denen der Erbvertrag zurückgegeben wurde, enthält, nicht jedoch die vorgenannte Belehrungspflicht des Notars.

Ferner hat der Notar gemäß § 34a Abs. 2 BeurkG die Rückgabe des Erbvertrages aus der notariellen Verwahrung dem Zentralen Testamentsregister bei der Bundesnotarkammer mitzuteilen. Neben den üblichen Verwahrangaben ist insbesondere auch das Datum der Rücknahme zu übermitteln. Für jeden am Erbvertrag beteiligten Erblasser ist eine getrennte Benachrichtigung vorzunehmen. Sobald der Notar die entsprechenden Eintragungsbestätigung(en) erhalten hat, leitet er diese an den/die Erblasser weiter.

Die Vorschrift des § 33 NotAktVV enthält Sonderregelungen für Erbverträge, die aus der notariellen Verwahrung zurückgegeben werden. Diese Vorschrift ist aber aus Sicht der aktuellen Kommentar-Literatur nicht eindeutig gefasst hinsichtlich der Frage, in welcher Sammlung der Notars (Erbvertragssammlung und Urkundensammlung) welche Dokumente zu verwahren sind.[184] Für die Praxis ist somit bis zu einer eindeutigen Klärung dieser Fragen zu empfehlen, über die Rückgabe auf jeden Fall eine Eigenurkunde mit Belehrungshinweis, nicht nur einen bloßen Vermerk mit den Mindestangaben des § 33 Abs. 1 NotAktVV zu fertigen und diesen jeweils zusammen mit den Eintragungsbestätigungen des ZTR sowohl in die Erbvertragssammlung (Urschrift der Eigenurkunde) als auch in die Urkundensammlung (beglaubigte Abschrift der Eigenurkunde) aufzunehmen. Mit Zustimmung der Erbvertragsparteien kann auch jeweils eine einfache Abschrift zu Dokumentationszwecken in der Erbvertragssammlung und in der Urkundensammlung verwahrt werden.

Gemäß § 16 Abs. 3 NotAktVV ist die Rückgabe auch im UVZ unter Angabe des Datums zu vermerken.

183 Vgl. im Einzelnen zum Rücknahmeverfahren von *Dickuth-Harrach*, RNotZ 2002, 384 ff.
184 Vgl. z.B. *Weingärtner*, NotAktVV, DONot, 15. Aufl. Kommentierung zu § 33.

977 **Eigenurkunde (Niederschrift) über die Rückgabe eines Erbvertrages**

▼

Muster 4.188: Eigenurkunde (Niederschrift) über Rückgabe eines Erbvertrages aus der Verwahrung des Notars

Am … erschienen vor mir:

1. …, geboren am …, wohnhaft in …, …,

2. …, geboren am …, wohnhaft in …, …,

mir von Person bekannt,

– oder: ausgewiesen durch … –.

Ich überzeugte mich durch die mit den Erschienenen geführte Unterhaltung von ihrer Geschäftsfähigkeit.

Die Vertragsschließenden beantragten die Rückgabe des von ihnen am … errichteten Erbvertrages – meine UVZ-Nr. … für … – aus der notariellen Verwahrung. Die Urschrift des Erbvertrages wurde den Beteiligten vorgelegt. Sie bestätigten, dass es sich um den Erbvertrag handelt, dessen Rückgabe sie beantragt haben. Ich überzeugte mich davon, dass der Erbvertrag nur Verfügungen von Todes wegen enthält.

Ich habe die Beteiligten darüber belehrt, dass der Erbvertrag durch die Rückgabe als aufgehoben gilt. Ein entsprechender Vermerk ist auf der Urschrift des Erbvertrages angebracht worden. Die Beteiligten sind ferner von mir darüber belehrt worden, dass durch die Rückgabe die gesetzliche Erbfolge eintritt, gegebenenfalls eine frühere Verfügung von Todes wegen, die durch den Erbvertrag aufgehoben wurde, wieder wirksam werden kann.

Die Urschrift des Erbvertrages mit dem Aufhebungsvermerk ist den Beteiligten persönlich zurückgegeben worden. Mit ihrer Zustimmung habe ich eine Abschrift des Erbvertrages zurückbehalten und mit diesem Aktenvermerk zur Erbvertragssammlung und zur Urkundensammlung genommen.

…, den …

…
Unterschrift der Vertragsschließenden

…
(L.S.) Unterschrift des Notars

▲

978 Auf der an die Vertragschließenden zurückzugebenden Urschrift des Erbvertrages ist ein Vermerk nachstehenden Inhalts – zweckmäßigerweise mit dem vorgesehenen Belehrungsvermerk – anzubringen. Für diesen Vermerk kann auch ein Stempel verwendet werden.

▼

Muster 4.189: Erbvertrag – Rückgabe aus der notariellen Verwahrung

Dieser Erbvertrag gilt durch die am … erfolgte Rückgabe aus der notariellen Verwahrung als aufgehoben (§§ 2300 Abs. 2, 2290, 2256 Abs. 1 BGB). Die Beteiligten sind durch den Notar über die Rechtsfolgen der Rückgabe belehrt worden.

…, den … …
Notar

▲

Eintragungsbestätigung seitens des zentralen Testamentsregisters bei der Bundesnotarkammer 979

ZENTRALES TESTAMENTSREGISTER
BUNDESNOTARKAMMER

EINTRAGUNGSBESTÄTIGUNG

Rückgabe
Die Rückgabe der Urkunde aus der amtlichen Verwahrung vom 03.07.2023 wurde registriert. Im Sterbefall erfolgt keine Benachrichtigung der Verwahrstelle.

VORGANGSDATUM
28.08.2023

REGISTRIERUNGSNUMMER
30809139

ANREDE Frau	VORNAME(N) Monika
FAMILIENNAME Mustermann	GEBURTSNAME Musterfrau
GEBURTSORT (KREIS:) Musterstadt	GEBURTSDATUM 23.12.1987
GEBURTSSTANDESAMT (BEHÖRDENNUMMER: 05112001007) Musterstadt	GEBURTENREGISTERNUMMER 2419/1987

URKUNDE Erbvertrag	URKUNDENROLLENNUMMER W 0764/2017	URKUNDENDATUM 21.04.2017
NOTAR Dr. Weise		AMTSSITZ M usterstadt

VERWAHRSTELLE Notar Dr. Weise, Musterstadt	ZTR-VERWAHRNUMMER nicht vergeben
ANSCHRIFT VERWAHRSTELLE Musterstraße 101, 12345 Musterstadt	LETZTES EIGENES VERWAHRKENNZEICHEN --

WEITERE REGISTRIERUNGEN ZU DIESER URKUNDE Max Mustermann (30809139 - zurückgegeben)	BEMERKUNGEN --

GEBÜHRENFESTSETZUNG
Dieser Vorgang wurde gebührenfrei registriert.

AMTLICHE HINWEISE

Bundesnotarkammer, K. d. ö. R. | Zentrales Testamentsregister
Internet: www.testamentsregister.de | Telefon: 0800.35.50.600 (gebührenfrei)
E-Mail: info@testamentsregister.de | Telefax: 030.38.38.66.88

3838326161373535-372171598 28.08.2023 09:11:15
100-150305

980 Für die Rückgabe eines Erbvertrages aus der notariellen Verwahrung entsteht eine Verfahrensgebühr von 0,3 nach GNotKG KV Nr. 23100. Der Geschäftswert bestimmt sich nach § 102 Abs. 1–3, § 114 GNotKG, wobei für die Wertberechnung der Zeitpunkt der Rückgabe maßgebend ist (§ 96 GNotKG). Wird von demselben Notar demnächst nach der Rückgabe des Erbvertrages eine – neue – Verfügung von Todes wegen desselben Erblassers beurkundet, wird die Rückgabe-Verfahrensgebühr auf die Gebühr des Beurkundungsverfahrens angerechnet.

981 (9) Erbverträge zwischen Ehegatten oder Verlobten und Erbverträge zugunsten von Ehegatten oder Verlobten verlieren wie ein gemeinschaftliches Testament von selbst ihre Wirksamkeit, und zwar auch insoweit, als ein **Dritter** durch den Erbvertrag bedacht ist:

- mit der Lösung des Verlöbnisses,
- mit der Scheidung der Ehe,
- wenn die Ehe nichtig war,
- wenn sie hätte aufgehoben werden können und der Erblasser die Aufhebungsklage erhoben hatte,
- wenn sie scheidungsreif war und der Erblasser die Scheidung beantragt oder ihr zugestimmt hatte,

es sei denn, dass sie erkennbar auch für einen solchen Fall gelten sollen (§§ 2279 Abs. 2, 2077 Abs. 3 BGB). Entsprechendes gilt bei eingetragenen Lebenspartnerschaften (§ 10 Abs. 5 LPartG).

i) Gesichtspunkte für die Wahl zwischen Testament, gemeinschaftlichem Testament und Erbvertrag

982 Wenn sich der Erblasser nicht binden will oder kann – etwa weil ein deutscher oder ausländischer Erblasser ganz oder teilweise nach einem ausländischen Erbrecht beerbt wird, das die Errichtung von bindenden Verfügungen von Todes wegen verbietet und eine Rechtswahl zum deutschen Recht nicht oder nicht umfassend oder nur für den deutschen Ehegatten einer gemischt-nationalen Ehe zulässig ist –, ist stets von daher schon das Testament als Form der Verfügung von Todes wegen vorgeschrieben. Mehrere Erblasser, die sich wechselseitig oder übereinstimmend einen Dritten bedenken wollen, können das in diesen Fällen nicht bindend, wohl aber nebeneinander in Einzeltestamenten tun (Paralleltestamente). Jeder kann dann seine Verfügung ohne weiteres (auch ohne Wissen des anderen Ehegatten) widerrufen. Dagegen kann sich der jeweils andere nur dadurch einigermaßen schützen, dass er seine eigene Verfügung von der Fortgeltung der Verfügung des anderen abhängig macht.

983 *Beispiel*

Die italienischen Eheleute A und B lebten lange Zeit in Deutschland, sind jetzt aber im Alter nach Italien gezogen und beabsichtigen auch bis zu ihrem Tode in Italien zu bleiben. Sie haben fast ausschließlich bewegliches und unbewegliches Vermögen in Deutschland. Sie wollen sich wechselseitig vor einem deutschen Notar bindend zu Alleinerben und ihren einzigen Sohn zum Schlusserben einsetzen. Da in diesem Fall ab dem 17.8.2015 sowohl aus deutscher Sicht als auch aus italienischer Sicht wegen des gewöhnlichen Aufenthalts der Erblasser zum Zeitpunkt der Errichtung des Erbvertrages und voraussichtlich zum Zeitpunkt ihres Todes in Italien hinsichtlich des gesamten Nachlassvermögens der Eheleute A und B das italienische Recht sowohl Errichtungsstatut (Art. 25 Abs. 2 EU-ErbVO) als auch Erbstatut (Art. 21 Abs. 2 EU-ErbVO) ist, das italienische Recht aber sowohl gemeinschaftliche Testamente als auch Erbverträge verbietet, könnten sich A und B hier nur in getrennten Testamenten zu Erben und ihren Sohn jeweils zum Ersatzerben bestimmen. Bis zum 16.8.2015 wären allerdings sowohl eine gegenständlich beschränkte Rechtswahl gemäß Art. 25 Abs. 2 EGBGB a.F. für den Grundbesitz in Deutschland als auch eine umfassende Rechtswahl zum deutschen Recht nach Art. 46 Abs. 2 des italienischen IPRG zulässig gewesen, die auch über den 17.8.2015 hinaus wirksam gewesen wären. Dann hätten A und B entsprechend für den Grundbesitz in Deutschland (bei einer Rechtswahl nach Art. 25 Abs. 2 EGBGB a.F.) bzw. für den gesamten Nachlass in Deutschland (bei einer Rechtswahl nach Art. 46 Abs. 2 ital. IPRG) bindende Verfügungen von Todes wegen errichten können. Seit dem 17.8.2015 lässt die EU-ErbVO aber derartige Rechtswahlen nicht mehr zu (vgl. hierzu Rdn 1829).

984 Soll eine Bindung geschaffen werden und sind die Beteiligten weder miteinander verheiratet noch in einer eingetragenen Lebenspartnerschaft verbunden, so kann die Verfügung nur in einem Erbvertrag getroffen werden.

Wenn Ehegatten bzw. eingetragene Lebenspartner wechselbezüglich verfügen wollen, stellt sich die Frage, ob die Form des gemeinschaftlichen Testaments oder die des Erbvertrages gewählt werden soll. Wird eine sehr weitgehende Bindung angestrebt, soll also etwa der Widerruf für beide und die Selbstanfechtung für den Überlebenden bei einer Wiederheirat oder der Geburt weiterer Kinder ausgeschlossen werden, so erreicht man das nur mit einem Erbvertrag. Soll die Bindung insbesondere zu Lebzeiten beider Ehegatten bzw. Lebenspartner nur locker sein, also jeder ohne weiteres, wenn auch in einer erschwerten (notariellen) Form, widerrufen können (was übrigens bei Ehegatten in der Praxis nur selten vorkommt), so steht auch die Form des gemeinschaftlichen Testaments zur Verfügung.

Die Bindung an den Erbvertrag kann durch die Vereinbarung eines unbefristeten und bedingungslosen Rück- 985
trittsrechts genau auf diejenige an ein gemeinschaftliches Testament beschränkt werden. Das gemeinschaftliche Testament hat dann diesbezüglich dem Erbvertrag gegenüber keinen Vorteil. Darüber hinaus ist zu berücksichtigen, dass die in der Praxis von Ehegatten errichteten eigenhändigen gemeinschaftlichen Testamente in ihrer typischen Ausgestaltung des sog. **Berliner Testamentes** (gegenseitige Erbeinsetzung der Ehegatten und Einsetzung der gemeinschaftlichen Abkömmlinge zu Schlusserben des Überlebenden; vgl. hierzu unten Rdn 1085 ff.) den überlebenden Ehegatten in der Regel mangels ausdrücklich vereinbarter Widerrufsvorbehalte weit stärker binden als ein notariell beurkundeter Erbvertrag, bei dem die Verfügungen des überlebenden Ehegatten nur einseitig und ohne erbvertragliche Bindung getroffen werden. Letzteres ist in der notariellen Praxis immer häufiger anzutreffen. Außerdem bietet der Erbvertrag im Verhältnis zum gemeinschaftlichen Testament ungleich mehr Gestaltungs- und Kombinationsmöglichkeiten (Ehe- und Erbvertrag, Verpflegungsvertrag, Ausschluss lebzeitiger Verfügungen etc.), und verdient so schon aus diesem Grunde den Vorzug. Nicht ohne Gewicht ist auch ein Kostengesichtspunkt: Gemeinschaftliches Testament und Erbvertrag lösen beide eine 2,0 Gebühr nach (Nr. 21100 KV) aus. Der Erbvertrag bleibt in der Regel gebührenfrei in der amtlichen Verwahrung des Notars. Das gemeinschaftliche Testament muss dagegen beim Amtsgericht hinterlegt werden. Dadurch entsteht eine zusätzliche Verwahrungsgebühr. Mit der Festgebühr des Gerichts von 75 EUR für die Annahme einer Verfügung von Todes wegen (KV Nr. 12100 GNotKG) werden aber auch die Verwahrung, die Mitteilung nach § 347 FamFG und die Herausgabe abgegolten.

Dem ursprünglich gegen einen Erbvertrag sprechenden Argument, dass dieser nicht durch Zurücknahme aus 986
der besonderen amtlichen oder notariellen Verwahrung „vernichtet“ und dadurch vollends ungeschehen gemacht werden kann, ist durch die seit dem 1.8.2002 vom Gesetzgeber in § 2300 Abs. 2 BGB vorgesehene Rücknahmemöglichkeit von Erbverträgen (vgl. oben Rdn 1001) der Boden entzogen.

Es spricht also praktisch alles für den Erbvertrag. Gleichwohl wird in weiten Bereichen des Anwaltsnotariats traditionsgemäß dem gemeinschaftlichen Testament der Vorzug gegeben. Dies scheint insbesondere einen Grund darin zu haben, dass die Verwahrung des Erbvertrages beim Notar im Bereich des Anwaltsnotariats wegen der dort zumeist nur kürzeren Lebensdauer der Notarstellen nicht oder nicht so ohne weiteres gewährleistet ist, wie die Verwahrung beim Nurnotar, der praktisch immer einen Nachfolger bekommt.

j) Regelung der Erbfolge in außerehelicher Lebensgemeinschaft

In der notariellen Praxis ist zunehmend ein Bedürfnis für die Regelung der Erbfolge bei Personen festzustellen, 987
die – ohne verheiratet zu sein oder in einer eingetragenen Lebenspartnerschaft zu leben – eine Lebensgemeinschaft führen. Die Gültigkeit solcher Verfügungen kann zweifelhaft sein, etwa wenn die Partner noch anderweitig verheiratet sind oder ihre legitimen Kinder – ohne wichtigen Grund – enterben wollen. Das gemeinschaftliche Testament scheidet in diesen Fällen aus, da es nur von Ehegatten oder eingetragenen Lebenspartnern errichtet werden kann (§ 2265 BGB, § 10 Abs. 4 LPartG). Es bleibt die Möglichkeit, dass jeder Partner ein einseitiges Testament zugunsten des anderen errichtet. Der Nachteil liegt in der fehlenden Bindungswirkung; jeder ist in der Lage, sein Testament – ohne dass der andere es erfährt – zu widerrufen.

Um eine Bindungswirkung herbeizuführen, bietet sich der Erbvertrag an. Es empfiehlt sich jedoch, für jeden Vertragsbeteiligten ein freies Rücktrittsrecht von dem Erbvertrag vorzusehen, das dann insbesondere auch den Trennungsfall zwischen den Partnern umfasst.

988 ▼

Muster 4.190: Erbvertrag – Rücktrittsrecht

Wir nehmen unsere Erklärungen wechselseitig an.

Die in diesem Erbvertrag enthaltenen Verfügungen sollen für uns bindend sein, soweit wir uns gegenseitig bedacht haben.

Jeder von uns behält sich jedoch das Recht vor, von dem Erbvertrag einseitig zurückzutreten. Wir wurden darüber belehrt, dass die Rücktrittserklärung der notariellen Beurkundung bedarf und dem anderen zugehen muss.

▲

3. Testierfähigkeit und Geschäftsfähigkeit

989 Wer eine Verfügung von Todes wegen treffen will, muss testierfähig sein.

a) **Testierunfähig** sind

- Jugendliche unter 16 Jahren (§ 2229 Abs. 1 BGB),
- geistig Gestörte, Geistesschwache und im Bewusstsein Gestörte, solange die Störung anhält (§ 2229 Abs. 4 BGB). Gestört in diesem Sinne ist, wer die Bedeutung und Tragweite seiner Verfügungen nicht zu erfassen, das Für und Wider nicht abzuwägen oder nach dieser Abwägung einen klaren und freien Willensentschluss nicht zu treffen vermag. Das Bestehen einer Betreuung an sich führt nicht zur Geschäfts- oder Testierunfähigkeit des Betreuten (vgl. Rdn 673); gemäß § 1825 Abs. 2 Nr. 2 BGB kann die Wirksamkeit einer Verfügung von Todes wegen auch nicht durch Anordnung eines Einwilligungsvorbehalts von der Zustimmung des Betreuers abhängig gemacht werden.

990 b) Aufgrund der oben dargestellten Gesetzesänderungen (siehe Rdn 917 ff.; § 3 Rdn 91 ff.) können die meisten sog. Mehrfachbehinderten (z.B. ein stummer und schreibunfähiger, ein sprech- und leseunfähiger oder ein stummer und blinder Erblasser, der die Blindenschrift nicht beherrscht) nunmehr eine Verfügung von Todes wegen mit Hilfe der gesetzlichen Verständigungsmittel und Verständigungspersonen wirksam errichten. Aber auch nach der aktuellen Rechtslage ist ein mehrfach behinderter Erblasser dann von der Errichtung einer Verfügung von Todes wegen ausgeschlossen, wenn eine hinreichende Verständigung mit ihm nicht möglich ist (z.B. ein gehörloser Erblasser kann nicht lesen und sich auch nicht über eine Mittelsperson verständigen).

991 **Taubstummentestament**

▼

Muster 4.191: Errichtung eines Testaments durch taubstummen Erblasser, mit dem eine schriftliche Verständigung nicht möglich ist, der auch seinen Namen nicht schreiben kann

UVZ-Nr. für

Verhandelt zu , am

Vor dem unterzeichneten

Notar in

erschien, dem Notar bekannt,

,

Gegen die Geschäfts- und Testierfähigkeit des Erschienenen bestehen nach der Überzeugung des Notars keine Bedenken.

Der Erschienene vermag jedoch nach der Überzeugung des Notars weder zu hören noch zu sprechen; eine schriftliche Verständigung mit ihm ist nicht möglich, auch vermag er seinen Namen nicht zu schreiben. Der Notar zog daher zu dieser Verhandlung zu, dem Notar persönlich bekannt:

1. als Verständigungsperson gemäß § 24 BeurkG , geboren am , wohnhaft in , der sich nach der Überzeugung des Notars mit dem Erblasser zu verständigen vermag. Der Erblasser ist nach Überzeugung des Notars mit der Zuziehung von einverstanden.
   Die Zuziehung eines Gebärdensprachdolmetschers wurde vom Erblasser nicht verlangt.
2. als Zeugen nach § 22 BeurkG und zugleich auch als Schreibzeugen gemäß § 25 BeurkG , geboren am , wohnhaft in .
   Mitwirkungsverbote für den Zeugen lagen nicht vor.

Die Zuziehung von Zeugen nach § 29 BeurkG wurde nicht gewünscht.

verständigte sich mit durch Gebärdensprache so, dass der Notar erkannte, was der Erblasser beurkunden lassen wollte. Der Notar gewann die Überzeugung, dass der Erblasser verstanden hat. Einen rechtlichen Vorteil kann die Verständigungsperson aus der Beurkundung nicht erlangen.

Der Erblasser erklärte unter Vermittlung von durch Gebärden seinen letzten Willen, wie folgt:

Diese Niederschrift wurde durch den Notar vorgelesen, von dem Erblasser verständlich gemacht, vom Erblasser durch Kopfnicken und Gebärden genehmigt und von , dem Zeugen und dem Notar eigenhändig, wie folgt, unterschrieben:

▲

c) Auf bestimmte **Formen** der Errichtung ihrer Verfügung von Todes wegen sind angewiesen 992

- Jugendliche, die 16, aber noch nicht 18 Jahre alt sind (§ 2233 Abs. 1 BGB). Sie können nur durch Erklärung vor dem Notar oder durch die Übergabe einer offenen Schrift an den Notar testieren, beides – sofern die Voraussetzungen dafür vorliegen – auch vor dem Bürgermeister und zwei Zeugen, wohl nicht aber vor drei Zeugen (§ 2250 BGB, str.), da es sich hierbei um eine Privaturkunde handelt und eine dem Minderjährigenschutz angemessene Beratung nicht gewährleistet ist. Die Übergabe einer verschlossenen Schrift würde die Unwirksamkeit des Testaments zur Folge haben. Eigenhändige Testamente Minderjähriger sind unwirksam (§ 2247 Abs. 4 BGB).
- Wer nicht lesen kann, ist darauf verwiesen, sein Testament durch Erklärung zu errichten (§ 2233 Abs. 2 BGB). Ein Blinder, der die Blindenschrift beherrscht, kann auch durch die Übergabe einer in Blindenschrift gefassten Schrift testieren.
- Wer nicht schreiben kann, ist nur gehindert, ein eigenhändiges Testament zu errichten. Mit dem Nachmalen einer Vorlage wäre ein ungültiges Testament errichtet. Bei der Beurkundung muss ein Schreibzeuge zugezogen werden (§ 25 BeurkG, im Übrigen vgl. § 3 Rdn 84 ff.).

d) Wenn ein **Ehegatte minderjährig** ist, können beide Ehegatten seit Inkrafttreten des Gesetzes zur Bekämp- 993
fung von Kinderehen vom 17.7.2017 mit Wirkung zum 1.1.2018 grundsätzlich kein gemeinschaftliches Testament mehr errichten (vgl. hierzu auch oben Rdn 914).

e) Auch beim **Erbvertrag** muss der Erblasser unbeschränkt geschäftsfähig sein (§ 2275 BGB) (vgl. zur Mög- 994
lichkeit des Abschlusses eines Erbvertrages durch einen beschränkt geschäftsfähigen Ehegatten als Erblasser bis zum 31.12.2017 oben Rdn 974).

Geistig Gestörte, Geisteschwache und im Bewusstsein Gestörte sind testierunfähig, können aber gleichwohl in lichten Augenblicken auch als Erblasser einen Erbvertrag schließen, und zwar ohne dass es der Zustimmung eines Dritten oder des Familien- bzw. Betreuungsgerichts bedarf.

Für den Vertragsgegner, also denjenigen, der selbst in dem Erbvertrag keine Verfügung von Todes wegen trifft, sofern er keine Verpflichtungen übernimmt, gelten die gesetzlichen Vorschriften zum Abschluss von Verträgen (§§ 104 ff. BGB; vgl. auch oben Rdn 974).

995 f) Für die Aufhebung eines Erbvertrages muss der Erblasser unbeschränkt geschäftsfähig sein. Die Aufhebung des Erbvertrages durch einen beschränkt geschäftsfähigen, mindestens 16 Jahre alten Erblasser ist seit dem 1.1.2018 durch das Inkrafttreten des Gesetzes zur Bekämpfung von Kinderehen vom 17.7.2017 nicht mehr möglich (vgl. auch Rdn 1000). Der Vertragsgegner bedarf – wenn er unter Betreuung steht und die Aufhebung vom Aufgabenbereich des Betreuers umfasst ist – gemäß § 1851 Nr. 5 BGB der Genehmigung des Betreuungsgerichts. Dasselbe gilt, wenn der Erbvertrag durch ein gemeinschaftliches Testament aufgehoben werden soll (§ 2292 BGB). Vom Erbvertrag zurücktreten kann der beschränkt geschäftsfähige Erblasser seit dem 1.1.2018 auch nicht mehr. Hierbei handelt es sich aber wohl um einen gesetzgeberischen Irrtum (vgl. oben Rdn 1000 und dort Fn 35). Dasselbe gilt für den Widerruf wechselbezüglicher Verfügungen in einem gemeinschaftlichen Testament (§§ 2271 Abs. 1, 2296 Abs. 1 BGB).

996 g) Der Notar hat zu prüfen, ob die an einer Verfügung von Todes wegen Beteiligten die jeweils erforderliche Geschäfts- und Testierfähigkeit haben (§§ 11, 28 BeurkG). Er hat seine Feststellungen darüber in der Niederschrift zu vermerken. In zweifelsfreien Fällen genügt der Satz:

▼

Muster 4.192: Geschäfts- und Testierfähigkeit

4.192 Der Notar überzeugte sich durch die Verhandlung von der erforderlichen Geschäfts- und Testierfähigkeit der Beteiligten.

▲

997 h) Kommt der Notar zu der sicheren Überzeugung, dass ein Beteiligter die erforderliche Geschäfts- bzw. Testierfähigkeit nicht hat, so soll er die Beurkundung ablehnen (§ 11 BeurkG). In allen Zweifelsfällen soll der Notar zwar im Protokoll die Umstände schildern, die seine Zweifel begründen (etwa den Krankheitszustand), und die Mittel beschreiben, die er zur Aufklärung der Frage eingesetzt hat (Kontrollfragen an den Kranken, Befragung des behandelnden Arztes). Er darf in diesen Fällen jedoch die Beurkundung nicht ablehnen. Die Beteiligten sollen nicht um die Chance gebracht werden, die beabsichtigte Verfügung von Todes wegen für den Fall wirksam zu treffen, dass sich später – etwa in einem Prozess – die Zweifel des Notars als unbegründet erweisen. Durch die Beurkundung einer sich später als unwirksam erweisenden Verfügung von Todes wegen wird niemand geschädigt. Durch die unbegründete Verweigerung der Beurkundung würde jedoch derjenige um seine Zuwendung gebracht werden, der in der Verfügung bedacht werden sollte.

998 ▼

Muster 4.193: Erbvertrag bei zweifelhafter Geschäftsfähigkeit

4.193 *(Protokolleingang)*

erschienen, von Person bekannt:

Eheleute und geborene Meier

lag im Bett. war beim Sprechen stark behindert, antwortete jedoch jeweils auf die Frage, ob der gerade vorgelesene Satz seinen Willen richtig wiedergebe, zwar leise und hauchend, aber hörbar und eindeutig mit „ja“ bzw. „nein“. Nach Auskunft des behandelnden Arztes ist bei infolge eines Gehirnschlags das Sprachzentrum nahezu völlig gelähmt. Sein Bewusstsein sei beeinträchtigt, aber nicht so stark, dass er nicht mehr seinen letzten Willen fassen und bekunden könnte.

▲

4. Gestaltungsmöglichkeiten des Erbrechts

a) Erbeinsetzung

In seiner Verfügung von Todes wegen kann der Erblasser bestimmen, auf wen im Augenblick seines Todes sein Vermögen mit allen Rechten und Pflichten übergeht. Diese Bestimmung nennt man „Erbeinsetzung", den Vermögensübergang „Erbfolge" oder „Gesamtrechtsnachfolge" (zur Unterscheidung von der „Einzelrechtsnachfolge", bei der zu Lebzeiten nur einzelne Vermögensgegenstände übergehen). 999

Häufig ist zweifelhaft, ob der Bedachte nach dem Willen des Erblassers die Zuwendung als Erbe oder als Vermächtnisnehmer erhalten soll. Auf die verwendeten Worte kommt es nicht an. In Laientestamenten wird oft mit „Ich vermache" in Wahrheit eine Erbeinsetzung gemeint, umgekehrt auch mit „(...) soll (...) erben" nur ein Vermächtnis.

Bei der Zuwendung einzelner Vermögensstücke oder eines Rechts an einem Nachlassgegenstand (Nießbrauch, Wohnungsrecht) liegt in der Regel ein Vermächtnis vor (§ 2087 Abs. 2 BGB). Bei der Zuwendung der Gesamtheit aller Vermögensstücke (mit Ausnahme der anderweitig verteilten) und bei der Zuwendung eines Bruchteils vom Vermögen handelt es sich in der Regel um eine Erbeinsetzung (§ 2087 Abs. 1 BGB). Schreibt der Erblasser im Einzelnen vor, wer die Gegenstände seines Nachlasses bekommen soll, so ist das auch bei Verwendung des Wortes „vermache" in Wirklichkeit eine Erbeinsetzung (mit Teilungsanordnung). Die Erbquoten bestimmen sich dann nach dem ungefähren Wertverhältnis der den Erben zugedachten Gegenstände. Hinterlässt der Erblasser nur oder im Wesentlichen nur einen Gegenstand, so ist die Zuwendung dieses Gegenstandes im Zweifel Erbeinsetzung.

Der alleinige Erbe wird mit dem Tod des Erblassers automatisch kraft Gesetzes, d.h. ohne weiteren Rechtsakt, Eigentümer aller Nachlassgegenstände. Bei Grundbesitz bedarf es daher nur der Berichtigung des Grundbuchs, bei Sparbüchern der Umschreibung. Sind mehrere Erben berufen, so werden auch sie mit dem Tod des Erblassers Eigentümer der Nachlassgegenstände, jedoch alle gemeinschaftlich („in Erbengemeinschaft", § 2032 BGB). Um den einzelnen Erben das Alleineigentum an den ihnen zugedachten Gegenständen zu verschaffen, müssen alle Erben jeden einzelnen Gegenstand dem jeweiligen Miterben übereignen (auflassen, übergeben, abtreten etc.). Diesen Vorgang nennt man „Erbauseinandersetzung". Bis dahin kann kein Erbe über die ihm zugedachten Gegenstände oder seinen Anteil an einzelnen Nachlassgegenständen verfügen (§ 2033 Abs. 2 BGB), jeder jedoch über seinen Anteil am gesamten Nachlass, also seinen Erbteil (§ 2033 Abs. 1 BGB). 1000

Der Erblasser kann sich auf die Anordnung beschränken, dass einer oder mehrere seiner gesetzlichen Erben, also der Personen, die ihn nach dem Gesetz beerben würden, wenn er keine Verfügung von Todes wegen träfe, nichts bekommen soll bzw. sollen („Enterbung", § 1938 BGB). Dann erben anstelle des Ausgeschlossenen dessen Abkömmlinge, sofern sie nicht ebenfalls ausgeschlossen sein sollen. Sind auch die Abkömmlinge ausgeschlossen, so erben die anderen gesetzlichen Erben so viel, wie wenn der Ausgeschlossene und seine Abkömmlinge beim Erbfall nicht gelebt hätten. 1001

> *Beispiel* 1002
>
> E hat den Sohn S und die Tochter T. S hat zwei Töchter EN 1 und EN 2. Verfügt E: „*Mein Sohn S erhält nichts*", so erben EN 1 und EN 2 an dessen Stelle je 1/4. Verfügt er: „*Mein Sohn S und seine gesamte Nachkommenschaft bekommen nichts*", so erbt T alles.

Formulierungen wie: „*Mein Haus erbt mein Sohn, meine Wertpapiere meine Tochter*" sind zwar sehr populär, jedoch unjuristisch und je nachdem, in welchem Wertverhältnis das Haus und die Wertpapiere zueinander und zum Gesamtnachlass stehen, als eine wertentsprechende Erbeinsetzung mit Teilungsanordnung oder als bloße Vermächtnisse auszulegen. 1003

Der bewusste Verzicht auf eine Erbeinsetzung kann angezeigt sein, wenn der Bedachte nicht oder nicht sicher **erbfähig** ist. So ist es nicht unumstritten, ob zum Beispiel nicht rechtsfähige Vereine und Stiftungen des kirchlichen Rechts Erben werden können. Da sie ohne Zweifel Vermächtnisse anzunehmen vermögen, bietet es sich in solchen Fällen an, einen Testamentsvollstrecker zu berufen, der den Nachlass verteilt.

1004 *Beispiel: Verzicht auf Erbeinsetzung*

Der Erblasser will einige persönliche Gegenstände seinen Nichten und Neffen vermachen, den Nachlass im Wesentlichen jedoch den „Freunden neuer Kunst" hinterlassen. Es ist nicht klar und auf die Schnelle nicht zu ermitteln, ob es sich dabei um einen eingetragenen Verein handelt oder nicht.

Der Erblasser verzichtet hier auf eine ausdrückliche Erbeinsetzung, beruft einen Testamentsvollstrecker und trägt ihm auf, nach der Erfüllung der Vermächtnisse und der Nachlassverbindlichkeiten alles andere zu versilbern und den Erlös an diese Vereinigung zu übertragen.

Dann kann es dahinstehen, ob es sich bei den „Freunden neuer Kunst" um eine erbrechtsfähige Vereinigung handelt oder nicht: Ist sie erbrechtsfähig, wird sie Alleinerbin, ist sie es nicht, erlangt sie das Zugewendete als Vermächtnis. Letzteres ist unzweifelhaft möglich.

b) Vermächtnis

aa) Abgrenzung Vermächtnis – Vorausvermächtnis

1005 Wendet der Erblasser dem Bedachten etwas zu, ohne ihn zum Erben zu berufen, so handelt es sich um ein Vermächtnis (§ 1939 BGB). Der Vermächtnisnehmer ist mithin in der Regel nicht zugleich Erbe. Aber auch einem Erben kann etwas als Vermächtnis zugewendet werden. Das Gesetz nennt das ein „**Vorausvermächtnis**" (§ 2150 BGB). Die häufigsten Fälle sind:

(a) Der Miterbe erhält bestimmte Vermögensvorteile zusätzlich zu seinem Erbteil, also vorweg und ohne Anrechnung auf seinen Erbteil.

(b) Der alleinige Vorerbe erhält einzelne Gegenstände zu freiem Eigentum.

1006 *Beispiel*

Ich berufe meine Frau zu meiner alleinigen Vorerbin. Nacherben sind unsere Kinder. Mein Wohnhaus in Bonn, Beethovenstraße 22, erhält meine Frau zu freiem Eigentum.

Dann wird die Ehefrau mit dem Tod des Erblassers Eigentümerin des gesamten Nachlasses. Um sie im Grundbuch ohne den insoweit unzutreffenden Nacherbenvermerk als Eigentümerin des Hauses Beethovenstraße 22 eintragen zu können, muss ausnahmsweise im Erbschein und dementsprechend auch im Erbscheinsantrag dieses Haus als von der Nacherbfolge nicht betroffen besonders aufgeführt werden (vgl. Rdn 1287 ff.).

1007 Vermächtnisse können im Erbvertrag vertraglich und im gemeinschaftlichen Testament mit wechselbezüglicher Wirkung angeordnet werden (§§ 2278 Abs. 2, 2270 Abs. 3 BGB).

bb) Gesetzliche Vermächtnisse

1008 Es gibt folgende **gesetzliche Vermächtnisse**:

(a) den sog. **Voraus** (§ 1932 BGB). Ihn erhält der Ehegatte des Erblassers, wenn er gesetzlicher Erbe, nicht also, wenn er Erbe aufgrund Verfügung von Todes wegen wird. Er besteht in den Haushaltsgegenständen einschließlich dem Mietrecht an der ehelichen Wohnung. Für eingetragene Lebenspartner gelten die vorgenannten Regelungen entsprechend (§ 10 Abs. 1 S. 3 bis 5 LPartG; vgl. auch oben Rdn 869).

1009 (b) den sog. **Dreißigsten** (§ 1969 BGB). Ihn erhalten die Familienangehörigen des Erblassers (auch der eingetragene Lebenspartner, § 11 LPartG, und der nichteheliche Lebenspartner, str., nicht jedoch Hausangestellte), die bei seinem Tod zu seinem Hausstand gehörten und von ihm Unterhalt erhielten, auch wenn sie nicht mit ihm verwandt waren (z.B. Pflegekinder). Er besteht in dem Anspruch, noch 30 Tage nach dem Tod des Erblassers den bisherigen Unterhalt weiter zu bekommen und die Wohnung des Erblassers in dieser Zeit weiter mit benutzen zu dürfen.

1010 (c) den Anspruch auf Bezahlung einer angemessenen **Ausbildung** (§ 1371 Abs. 4 BGB). Er entsteht nur, wenn

(aa) der Erblasser einen Ehegatten hinterlassen hat,

(bb) er mit diesem im gesetzlichen Güterstand gelebt hat,

(cc) der Ehegatte deshalb als Ausgleich des Zugewinns 1/4 vom Nachlass zusätzlich erhält,

(dd) der Erblasser erbberechtigte Abkömmlinge hinterlassen hat und

(ee) die Abkömmlinge nicht aus der Ehe des Erblassers mit dem hinterlassenen Ehegatten stammen.

(d) den **Ausgleichsanspruch bei besonderen Leistungen** (insbesondere Pflegeleistungen, aber auch erhebliche Geldleistungen) eines Abkömmlings nach § 2057a BGB (früher auch „Lidlohn“ genannt); der im Rahmen der Erbauseinandersetzung geltend zu machende Ausgleichsanspruch steht nur Abkömmlingen (nicht anderen Verwandten oder dem Ehegatten des Erblassers) zu, wenn diese entweder zur gesetzlichen Erbfolge gelangen oder testamentarisch auf ihre gesetzlichen Erbteile oder im Verhältnis derselben eingesetzt sind; Voraussetzung für den Anspruch ist, dass der Abkömmling längere Zeit im Haushalt oder Betrieb des Erblassers ohne angemessenes Entgelt mitgearbeitet oder in sonstiger Weise dazu beigetragen hat, das Vermögen des Erblassers zu erhalten oder zu vermehren oder der Abkömmling den Erblasser während längerer Zeit gepflegt hat, und zwar gemäß der ab dem 1.1.2010 geltenden Rechtslage unabhängig davon, ob die besonderen Leistungen unter Verzicht auf berufliches Einkommen erbracht wurden oder nicht; besondere Bedeutung erlangt die Regelung dadurch, dass in einer Vielzahl von Fällen nicht berufstätige Abkömmlinge Pflegeleistungen für ihre Eltern erbringen; der Erblasser kann die gesetzliche Ausgleichsregelung durch Verfügung von Todes wegen ausschließen, einschränken oder abändern; es handelt sich dann bei einer derartigen Anordnung um ein Vermächtnis zugunsten der übrigen Abkömmlinge des Erblassers. 1011

cc) Forderungsrecht des Vermächtnisnehmers gegen den/die Erben – Ausnahme: Vorausvermächtnis des einzigen Vorerben

Nur das Vorausvermächtnis an den einzigen Vorerben führt mit dem Erbfall zum **Erwerb des Eigentums** an dem vermachten Gegenstand (siehe auch Rdn 1287 f.). Ansonsten begründet das Vermächtnis stets nur **ein Forderungsrecht** gegen den oder die Erben auf Übereignung des vermachten Gegenstandes (§ 2174 BGB). Bewegliche Sachen müssen also unter Einigung über den Eigentumsübergang übergeben, Grundstücke aufgelassen, Forderungen abgetreten werden etc. Die Kosten der Auflassung und der Umschreibung trägt im Zweifel der Erbe, nicht – wie es dem allgemeinen Rechtsempfinden entsprechen würde – der Vermächtnisnehmer. Bei der Gestaltung einer Verfügung von Todes wegen empfiehlt sich auf jeden Fall eine ausdrückliche Regelung darüber, wer die mit der Erfüllung des Vermächtnisses verbundenen Kosten zu tragen hat, aufzunehmen. 1012

dd) Sicherstellung der Erfüllung des Vermächtnisses

Um für den Vermächtnisnehmer die Erfüllung des Vermächtnisses nach Eintritt des Erbfalls sicherzustellen (es besteht z.B. die Gefahr, dass die Erben die Erfüllung des Vermächtnisses verweigern oder den vermachten Gegenstand entgegen der Erblasseranordnung an einen Dritten übertragen), kann bei dinglichen Rechten als Vermächtnisgegenstand (z.B. Grundbesitz, Nießbrauch) im Grundbuch eine Vormerkung eingetragen werden, sofern dies vom Erblasser in seiner Verfügung von Todes wegen vorgesehen war. Oder dem Vermächtnisnehmer kann in der Verfügung von Todes wegen eine erst mit dem Tode des Erblassers beginnende Vollmacht (sog. **postmortale Vollmacht**) zwecks Erfüllung des Vermächtnisses erteilt werden oder der Erblasser ordnet eine Testamentsvollstreckung lediglich zur Erfüllung des Vermächtnisses an (hier kann auch der Vermächtnisnehmer selbst der Testamentsvollstrecker sein).[185] 1013

ee) Belasteter Vermächtnisgegenstand

Wenn ein vermachtes Grundstück mit einem Grundpfandrecht belastet ist, sollte in der Verfügung des Erblassers klargestellt werden, ob der Erbe oder der Vermächtnisnehmer die Belastung weiter zu tragen hat. Im Zweifel trägt sie der Vermächtnisnehmer (§§ 2165, 2166 BGB). 1014

ff) Vermachter Ersatzanspruch

Hat der Erblasser den vermachten Gegenstand noch vor dem Erbfall veräußert, so ist damit das Vermächtnis unwirksam geworden. Ist der Gegenstand untergegangen oder dem Erblasser entzogen worden, so gilt im Zweifel ein etwaiger Ersatzanspruch als vermacht (§ 2169 Abs. 3 BGB). 1015

gg) Ersatzvermächtnisnehmer

*Ersatz*vermächtnisnehmer ist derjenige, der den vermachten Gegenstand bekommen soll, wenn der Vermächtnisnehmer vor dem Erbfall stirbt, das Vermächtnis ausschlägt oder sonst wegfällt. Der Ersatzvermächtnisnehmer ist der Figur des Ersatz*erben* vergleichbar. 1016

185 Vgl. zu den Sicherungsmöglichkeiten im Einzelnen *Halding-Hoppenheit*, RNotZ 2005, 311 ff.

1017 ▼

Muster 4.194: Ersatzvermächtnisnehmer

4.194 Mein/e vermache ich , ersatzweise .

▲

hh) Wichtige besondere Arten von Vermächtnissen

(1) Untervermächtnis

1018 Soll der Vermächtnisnehmer mit Leistungen an einen anderen beschwert werden, so ist ein **Untervermächtnis** gewollt (§ 2186 BGB). Es braucht nicht denselben Gegenstand wie das Vermächtnis zu haben. Die Fälligkeit des Untervermächtnisses setzt den Anfall beider Vermächtnisse und die Fälligkeit des Hauptvermächtnisses voraus.

1019 ▼

Muster 4.195: Untervermächtnis

4.195 vermache ich . Dafür muss er EUR zahlen.

(*Anmerkung*: Dies ist ein Untervermächtnis als Verschaffungsvermächtnis).

▲

(2) Nachvermächtnis

1020 Der **Nachvermächtnisnehmer** bekommt den Gegenstand nach dem Vermächtnisnehmer. Er ist wieder Vermächtnisnehmer, hat also nur einen Übereignungsanspruch gegen den Nachlass des Vermächtnisnehmers (§ 2191 BGB). Der Vorvermächtnisnehmer haftet nur für die Sorgfalt wie in eigenen Angelegenheiten. Die Eintragung des Nachvermächtnisnehmers im Grundbuch wie bei der Nacherbschaft ist nicht möglich, wohl aber – bei entsprechender Anordnung des Erblassers – die Eintragung einer Auflassungsvormerkung.

1021 ▼

Muster 4.196: Nachvermächtnis

4.196 Das Grundstück in Flur Nr. , Ackerland, , groß ha, vermache ich . Nach seinem Tod (oder: wenn Jahre alt ist) fällt dieses Grundstück als Nachvermächtnis an . Dieser kann verlangen, dass sein späterer Auflassungsanspruch durch die Eintragung einer Vormerkung im Grundbuch auf seine Kosten gesichert wird.

▲

(3) Verschaffungsvermächtnis

1022 Wird bewusst ein dem Erblasser nicht gehörender Gegenstand vermacht, so sollte klargestellt werden, dass es sich um ein sog. **Verschaffungsvermächtnis** im Sinne der §§ 2169, 2170 BGB handelt und welche Aufwendungen für die Anschaffung den Erben zugemutet werden sollen.

1023 *Beispiel*

E verfügt: „*Meinem Patenkind Anton vermache ich eine goldene Taschenuhr mit eingravierter Widmung. Mein Sohn soll eine solche Uhr in Abstimmung mit meinem Patenkind für insgesamt etwa 5.000 EUR kaufen.*“

(4) Wahlvermächtnis

1024 Beim **Wahlvermächtnis** hat der Vermächtnisnehmer nur einen von mehreren in Frage kommenden Gegenständen zu beanspruchen („*einen der Teppiche*“). Die Auswahl steht im Zweifel dem Erben zu, kann aber auch einem Dritten oder dem Vermächtnisnehmer selbst eingeräumt werden (§ 2154 BGB).

(5) Gattungsvermächtnis

1025 Von einem **Gattungsvermächtnis** (§ 2155 BGB) spricht man, wenn die vermachten Sachen nur ihrer Gattung nach bestimmt sind (z.B. 100 Flaschen französischen Rotwein).

c) Auflage

Vom Vermächtnis ist die **Auflage** zu unterscheiden. Man sollte nur da von „Auflage" sprechen, wo wirklich eine solche und nicht das zumeist gewollte Vermächtnis oder Untervermächtnis gemeint ist. Der aus einer Auflage Begünstigte hat keinen eigenen Durchsetzungsanspruch (§ 1940 BGB). Auflagen zugunsten von Personen sind daher selten. Praktisch kommen sie nur für Leistungen vor, die niemandem direkt zugute kommen, etwa für die Grabpflege, das Lesenlassen von Messen, das Bestehenlassen einer über den Tod hinaus wirkenden (sog. **transmortalen**) Vollmacht und dergleichen. 1026

Die Vollziehung der Auflage kann jeder Miterbe, ein etwaiger Testamentsvollstrecker und derjenige verlangen, dem der Wegfall des mit der Auflage Beschwerten als Erbe oder Vermächtnisnehmer unmittelbar zustatten käme (§ 2194 BGB). Liegt die Vollziehung der Auflage im öffentlichen Interesse, so kann ihre Erfüllung auch von der nach Landesrecht zuständigen Behörde verlangt werden.

d) Teilungsanordnung, Abgrenzung vom Vorausvermächtnis, Übernahmerecht, Ausschluss der Auseinandersetzung

Der Erblasser kann im Einzelnen anordnen, wer von seinen Erben welche Gegenstände bekommen soll. Sofern er dabei nicht die Absicht hat, über die Verteilung einem der Erben einen besonderen Vorteil zukommen zu lassen, liegt eine bloße **Teilungsanordnung** vor, anderenfalls ein **Vorausvermächtnis**. Es kommt also auf den **Begünstigungswillen** an: Ist er vorhanden, dann handelt es sich um ein Vorausvermächtnis, fehlt er, um eine bloße Teilungsanordnung. Beide Rechtsinstitute haben unterschiedliche Wirkungen. 1027

So kann die Teilungsanordnung als solche nicht bindend getroffen werden, das Vorausvermächtnis hingegen wohl (vgl. oben Rdn 1033 ff.). Soll die Teilungsanordnung in einem gemeinschaftlichen Testament oder Erbvertrag verbindlich gemacht werden, so hat die Verfügung einen doppelten Charakter: Sie ist Teilungsanordnung und Vorausvermächtnis zugleich, wobei der besondere **Vorteil** für den Bedachten darin liegt, dass der Erblasser die Verteilung nicht mehr zu seinen Ungunsten abändern kann.

Beispiel 1028

Die Eheleute M und F verfügen im Erbvertrag: „*Der Überlebende wird alleiniger Vorerbe des Erstversterbenden. Nacherben des Erstversterbenden und Erben des Überlebenden werden unsere beim Tode des Überlebenden vorhandenen oder gezeugten Abkömmlinge zu gleichen Teilen nach Stämmen. Unser Sohn Karl erhält unser Haus, unsere Tochter Ruth unser Ackerland und unsere Tochter Brigitte alles andere. Daran soll der Überlebende gebunden sein.*"

Die drei Vermögenskomplexe sind gleichwertig und gehören M und F je zur Hälfte. An und für sich ist das nur eine Teilungsanordnung, da keines der Kinder begünstigt werden soll. Dann könnte aber die überlebende F sie noch ändern und ihren Anteil am Haus etwa der Tochter Ruth, ihren Anteil am Ackerland der Tochter Brigitte und ihren Anteil an dem anderen Vermögen dem Sohn Karl zuteilen. Damit würden alle drei praktisch benachteiligt, da sie jeweils nur die Hälfte der Vermögensstücke erhielten, die Hälfte eines Gegenstandes in der Regel aber weniger wert ist als 50 % des Gesamtwertes des Gegenstandes (kaum jemand bezahlt für einen ½ Anteil an einem Haus 50 % dessen, was er für das ganze Haus bezahlen würde).

Vor dieser Benachteiligung sollten die Kinder geschützt werden, um diesen Schutz sollten sie „begünstigt" werden. Insoweit liegt also ein – bindendes – Vorausvermächtnis vor. Dies hindert F an der Änderung ihrer Teilungsanordnungen.

Während ein Vorausvermächtnis ausgeschlagen werden kann, kann sich ein Miterbe der Teilungsanordnung nicht einseitig entziehen. 1029

Das Recht, die Übertragung bestimmter Gegenstände oder einer Sachgesamtheit (Betrieb) aus dem Nachlass verlangen zu können, nennt man „ **Übernahmerecht** ". Es kann ohne, mit einer verkürzten oder mit einer vollen Herauszahlungspflicht verbunden sein. Sofern dabei der Übernahmeberechtigte begünstigt werden soll – eine Begünstigung liegt in der Regel schon darin, dass der Berechtigte frei wählen kann, ob er einen Nachlassgegenstand zu einem seinem wahren Wert entsprechenden Preis übernimmt oder nicht (= Gestaltungsrecht) –, handelt es sich um ein Vorausvermächtnis, im Übrigen um eine bloße Teilungsanordnung. 1030

1031 Aus verschiedenen Gründen, zumeist wegen der Jugendlichkeit der Erben, kann es dem Erblasser zweckmäßig erscheinen, die **Auseinandersetzung** seines Nachlasses bis zu einem bestimmten Zeitpunkt oder bis zum Eintritt eines bestimmten Ereignisses („bis der jüngste Erbe 25 Jahre alt ist“) hinauszuschieben. Das Gesetz räumt ihm das Recht ein, die Auseinandersetzung des Nachlasses insgesamt oder bezüglich einzelner Nachlassgegenstände bis zu 30 Jahre nach seinem Tod auszuschließen (§ 2044 BGB). Über diesen Zeitraum hinaus kann der Erblasser auch anordnen, dass die Auseinandersetzung des Nachlasses bis zur Heirat oder zum Tod eines Miterben oder bis zum Eintritt eines anderen Ereignisses in der Person eines Miterben ausgeschlossen wird. Der Ausschluss der Auseinandersetzung hat aber stets nur schuldrechtliche Wirkung, sodass sich alle Miterben gemeinsam und einvernehmlich über die Anordnung des Erblassers hinwegsetzen können.

e) Ersatzerbe

1032 Der Ersatzerbe ist nur für den Fall berufen, dass der eingesetzte Erbe wegfällt, sei es, weil er vor dem Erblasser stirbt, einen Erbverzichtsvertrag schließt, die Erbschaft ausschlägt oder erbunwürdig ist, sei es, weil seine Einsetzung nichtig ist, widerrufen oder angefochten wird (§ 2096 BGB).

Hat der Erblasser einen seiner Abkömmlinge zum Erben eingesetzt, so ist nach einer gesetzlichen Auslegungsregel im Zweifel anzunehmen, dass die Abkömmlinge eines weggefallenen Erben Ersatzerben sind, sofern es sich dabei um eigene Abkömmlinge, also Verwandte des Erblassers, handelt (§ 2069 BGB).

1033 *Beispiel*

> Vater V hat Sohn S zum Alleinerben eingesetzt. S stirbt vor V und hinterlässt als einziges Kind die als zweijähriges Kind adoptierte Tochter E. Hier wird im Zweifel E als mit dem V Verwandte (§ 1754 Abs. 1, 2 BGB) Erbin. Würde S als einziges Kind die als Volljährige adoptierte Tochter NE hinterlassen, so würde diese als Nicht-Verwandte des V (§ 1770 Abs. 1 BGB) im Zweifel nicht dessen Erbin.

1034 Eine entsprechende Anwendung des § 2069 BGB bei der Einsetzung von sonstigen nahen Angehörigen (Ehegatten, Geschwistern usw.) kommt zwar nach h.M. nicht in Betracht. Doch führt eine ergänzende Auslegung der Verfügung des Erblassers im Falle der Einsetzung einer dem Erblasser nahestehenden Person als Erbe oft zum Nachrücken der Abkömmlinge des weggefallenen, dem Erblasser nahestehenden Erben.

1035 Die Erbeinsetzung eines Nacherben bedeutet im Zweifel dessen Berufung zum Ersatzerben für den Fall, dass der Vorerbe ausfällt (§ 2102 BGB).

f) Vor- und Nacherbschaft

aa) Allgemeines

1036 Nacherbe ist, wer Erbe wird, nachdem ein anderer, der Vorerbe, bereits Erbe war (§ 2100 BGB). Der Nacherbe löst also den Vorerben in der Herrschaft über den Nachlass des Erblassers ab. Er ist nicht etwa Rechtsnachfolger (Erbe) des Vorerben. Es handelt sich vielmehr um einen einzigen **Erbfall**, wenn auch mit mehrfacher **Erbfolge**, nach dem **Erblasser**. Mit dem Nacherbfall geht der Nachlass ebenso auf den Nacherben über, wie wenn der Erblasser erst in diesem Zeitpunkt gestorben wäre: automatisch, ohne Übertragungsakt, mit dinglicher Wirkung. Bei Grundstücken ist das Grundbuch lediglich zu berichtigen. Einer Auflassung vom Vorerben oder dessen Erben an den Nacherben bedarf es nicht (anders beim **Nachvermächtnis**, vgl. Rdn 1048).

Mit der Anordnung der Vor- und Nacherbschaft wird häufig bezweckt, den Nachlass nicht an die Erben des Erben, sondern an die eigenen Nachfolger des Erblassers fallen zu lassen. Zwei **Beispiele** sollen das deutlich machen:

1037 *Beispiele*

> (1) Der Erblasser hat eine Frau und zwei Kinder. Beruft er seine Frau zur Vollerbin, dann wandert sein Vermögen bei deren Tod zur Hälfte an einen etwaigen zweiten Ehemann und zu 1/6 an ein etwaiges Kind aus zweiter Ehe. Die eigenen Kinder erhalten im Ergebnis nur je 1/6 des Vermögens, 2/3 gelangen also in andere Blutslinien. Die Frau kann dieses Ergebnis noch verstärken, wenn sie die erstehelichen Kinder auf den Pflichtteil setzt. Dann erhalten sie nur je 1/12, mehr als 80 % des Vermögens wandert ab.

(2) Der Erblasser hat einen Sohn, der seinerseits kinderlos ist, und eine Tochter mit Kindern. Sein schon von seinen Eltern stammendes Vermögen (Betrieb, Fabrik) soll der Sohn erben, die Tochter nur eine geringe Abfindung erhalten. Wird hier der Sohn zum Vollerben eingesetzt, so fällt das Erblasservermögen bei seinem Tod zu 3/4 an dessen Ehefrau, bei einer entsprechenden Verfügung von Todes wegen sogar ganz, ohne dass die Schwester und deren Kinder noch irgendwelche Ansprüche stellen könnten.

In beiden Fällen kann der Erblasser die Situation mit der Anordnung der Vor- und Nacherbschaft angemessen regeln: In dem einen Fall wird die Frau als Vorerbin, in dem anderen der Sohn als Vorerbe zunächst alleinige(r) „Herrin" bzw. „Herr" des Nachlasses, allein verwaltungs- und nutzungsberechtigt, je nach dem Grad der „Befreiung" des Vorerben (vgl. Rdn 1081 ff.) sogar verfügungsbefugt. Beim Tod des Vorerben fällt in dem einen Fall der Nachlass an die zu Nacherben berufenen eigenen Kinder des Erblassers, in dem anderen Fall an die Tochter des Erblassers bzw. deren Kinder, jedenfalls an eigene Abkömmlinge. 1038

Dem mutmaßlichen Erblasserwillen trägt das Gesetz Rechnung, indem es vorsieht, dass die Anordnung der Nacherbschaft nicht gilt, wenn nach der Testamentserrichtung ein bis dahin kinderloser Abkömmling doch noch Nachkommenschaft bekommt (§ 2107 BGB).

Die Anordnung der Vor- und Nacherbschaft bedeutet mithin weniger den Ausdruck von Misstrauen gegenüber dem Vorerben als vielmehr eine Vorsichtsmaßnahme gegen das Abwandern des aus der Familie des Erblassers stammenden Vermögens. Da diese Gefahr mit der Erhöhung der Ehegattenerbquote im Jahre 1958 (vgl. § 1371 Abs. 1 BGB) und beim Vorhandensein von Kindern aus einer weiteren Ehe oder Beziehung noch größer geworden ist, ist das Bedürfnis nach Vorkehrungen dagegen gestiegen, wenn auch verschieden stark: Der in traditionellen, auf Sicherheit bedachten Denkweisen sich bewegende Erblasser wird zumindest das geerbte Familienvermögen als ihm zur Weitergabe an seine Abkömmlinge anvertraut betrachten und bemüht sein, sein Abwandern in andere Blutslinien zu verhindern. Wer dagegen nur Errungenschaft zu vererben hat, also Vermögen, das er – möglicherweise zusammen mit seinem Ehegatten – selbst angesammelt hat, wird eher damit einverstanden sein, dass sein Ehegatte es zur freien Verfügung erlangt und von sich aus weitervererbt. In jedem Fall muss der Erblasser bei der Frage, ob die Anordnung einer Vor- und Nacherbschaft sinnvoll ist, Folgendes abwägen: Zum einen die Gefahr des Abwanderns des Erblasservermögens (Wiederheirat des überlebenden Ehegatten, dem Erblasserwillen widersprechende Verfügungen von Todes wegen durch den überlebenden Ehegatten oder die Abkömmlinge des Ehegatten), zum anderen aber das durch die Vor- und Nacherbschaft bewirkte „An-die-Kette-Legen" des Vorerben, welches allerdings durch die Anordnung einer befreiten Vor- und Nacherbschaft (vgl. unten Rdn 1081 ff.) stark abgemildert werden kann. 1039

Außerdem bietet sich die Vor- und Nacherbschaft auch an, um einen unzuverlässigen (verschwenderischen, überschuldeten) Erben an der Verschleuderung des Erbes bzw. Pflichtteils zu hindern (§ 2338 BGB).

bb) „Konstruktive" Nacherbschaft, Dauer

Der Gesetzgeber hat sich der Vor- und Nacherbschaft in einigen Fällen als **Hilfskonstruktion** bedient: 1040

(1) Der zur Zeit des Erbfalls noch nicht gezeugte Erbe kann naturgemäß nicht sofort zur Erbfolge gelangen. Er wird vielmehr mit seiner Geburt Nacherbe. Bis dahin sind die gesetzlichen Erben des Erblassers Vorerben (§ 2101 BGB).
(2) Hat der Erblasser nur angeordnet, dass der Erbe die Erbschaft nach einer gewissen Zeit oder mit dem Eintritt einer bestimmten Bedingung verliert, ohne zu regeln, wer sie dann erhalten soll, so werden die gesetzlichen Erben des Erblassers Nacherben (§ 2104 BGB).
(3) Hat der Erblasser umgekehrt nur angeordnet, dass der Erbe die Erbschaft erst von einem gewissen Zeitpunkt ab oder mit dem Eintritt eines bestimmten Ereignisses erhält, ohne zu regeln, wer sie bis dahin bekommen soll, so sind seine gesetzlichen Erben zunächst als Vorerben berufen (§ 2105 BGB).

Je nach den Anordnungen des Erblassers tritt der Nacherbfall beim Tod des Vorerben, oft aber auch schon früher, etwa bei dessen Wiederverheiratung oder nach dem Ablauf einer bestimmten Zeit, ein (§ 2106 BGB).

cc) Vererblichkeit der Nacherbanwartschaft

Stirbt der Nacherbe nach Eintritt des Erbfalls, aber bevor der Nachlass an ihn gefallen ist (Nacherbfall = oft Tod des Vorerben), so geht sein Recht im Zweifel auf seine Erben über (§ 2108 Abs. 2 BGB). Die bloße Berufung von Ersatznacherben bedeutet noch nicht den Ausschluss der Vererblichkeit des Nacherbrechts, da die Ersatz- 1041 berufung auch für andere Fälle des Wegfalls des Nacherben als durch Tod, z.B. durch Ausschlagung (§ 2142 Abs. 2 BGB) getroffen sein kann. Der Unterschied zwischen Vererblichkeit und Nicht-Vererblichkeit des Nacherbrechts ist bedeutsam.

1042 *Beispiel*

Der Erblasser hinterlässt seine Frau als Vorerbin und einen Sohn als Nacherben. Dieser ist verheiratet und hat eine Tochter. Der Sohn verstirbt vor seiner Mutter. Ist das Nacherbrecht vererblich, werden die Schwiegertochter und die Enkelin je zur Hälfte Nacherben. Ist es nicht vererblich, erbt die Enkelin allein.

1043 Das Letztere ist eine Folge der gesetzlichen **Ersatzberufung** des Stammes eines vorverstorbenen Nacherben (§ 2069 BGB). Fallen alle in Frage kommenden Nacherben weg, so wird der Vorerbe zum Vollerben.

Es ist daher ratsam, in der Verfügung von Todes wegen die Frage der Vererblichkeit des Nacherbrechts eindeutig zu regeln.

1044 *Beispiel 1*

E verfügt: „*Meine Frau wird alleinige Vorerbin, meine Abkömmlinge Nacherben*". Er hinterlässt seine Frau, den Sohn S und die Tochter T. S stirbt vor seiner Mutter und hinterlässt Frau und Sohn E.

Die Vererblichkeit des Nacherbrechts ist hier nicht ausgeschlossen. Statt des S werden daher (wenn er im gesetzlichen Güterstand oder in Gütertrennung gelebt und keine Verfügung von Todes wegen getroffen hat) seine Frau und der Enkel E je zur Hälfte, jeder also zu $1/4$, Nacherben.

Beispiel 2

Wie Beispiel 1: E hat jedoch verfügt: „*(...) Die Nacherbanwartschaften sind nicht vererblich und nicht übertragbar*". Hier ist die Vererblichkeit des Nacherbrechts ausgeschlossen. Da die Frau des S nicht zu den Abkömmlingen des E zählt, tritt der Enkel E allein an die Stelle seines Vaters S. Er wird hier also zu $1/2$ Nacherbe.

dd) Teils Vollerbschaft, teils Nacherbschaft

1045 Der Erblasser kann den einen zum **Vollerben**, den anderen zum **Vorerben** berufen. Der Vollerbe kann zugleich zum Nacherben für den Anteil des Vorerben bestimmt werden. Auch können mehrere Vor- und Nacherben hintereinander berufen werden.

1046 *Beispiel*

„*Meine Frau wird zuerst Erbin, nach ihrem Tod meine Tochter, nach deren Tod meine Enkelin.*"

Dann ist die Ehefrau erste Vorerbin, die Tochter erste Nacherbin und zugleich zweite Vorerbin, die Enkelin zweite Nacherbin.

ee) Surrogation

1047 An den Nacherben fällt alles, was im Nacherbfall vom Nachlass noch vorhanden ist, aber auch alles, was der Vorerbe als Ersatz für den Verlust (z.B. Versicherungssumme für ein abgebranntes Haus) oder die Hingabe von Nachlassgegenständen bei Kauf, Verkauf oder Tausch erlangt hat (sog. **Surrogate**, § 2111 BGB).

ff) Verfügungsrecht des Vorerben, Inventarisierungspflicht

1048 Grundsätzlich kann der Vorerbe über die Nachlassgegenstände verfügen (§ 2112 BGB). Davon gibt es jedoch bedeutsame **Ausnahmen**:

(1) Schenkungen aus dem Nachlass, die über Anstandsschenkungen hinausgehen, sind nach dem Nacherbfall dem Nacherben gegenüber unwirksam (§ 2113 Abs. 2 BGB).

(2) Dasselbe gilt für Verfügungen über Grundstücke, Rechte an Grundstücken und eingetragene Schiffe, sofern sie die Rechte des Nacherben vereiteln oder beeinträchtigen (§ 2113 Abs. 1 BGB). Hier ist jedoch gutgläubiger Erwerb möglich, wenn ein Nacherbvermerk im Grundbuch bzw. Schiffsregister nicht eingetragen war. Eine Grundbuchsperre bewirkt der Nacherbenvermerk jedoch nicht, sodass Verfügungen des Vorerben über den Grundbesitz im Grundbuch eingetragen werden, wenn dabei der Nacherbenvermerk weiterhin eingetragen bleibt und damit der Nacherbe geschützt bleibt.

(3) Der Vorerbe kann zwar hypothekarisch gesicherte Forderungen allein kündigen und einziehen. Sofern das Geld an ihn gezahlt werden soll, muss er jedoch die Einwilligung des Nacherben beibringen. Anderenfalls wird es für ihn und den Nacherben gemeinschaftlich hinterlegt (§ 2114 BGB).

(4) Wertpapiere hat der Vorerbe auf Verlangen des Nacherben bei einer Hinterlegungsstelle oder einer Zentralkasse zu hinterlegen. Über diese Papiere kann er nur mit Zustimmung des Nacherben verfügen (§ 2116 BGB).

(5) Geld, das nach den Regeln einer ordnungsmäßigen Wirtschaft dauernd anzulegen ist, darf der Vorerbe nur nach der Rechtsverordnung nach § 240a BGB entsprechend sicher anlegen (§ 2119 BGB; früher: mündelsicher anlegen).

Gehört die Verfügung zur ordnungsmäßigen Verwaltung des Nachlasses (etwa: Verkauf von Nachlassgegenständen zur Bezahlung von Schulden des Nachlasses), so ist der Nacherbe verpflichtet, ihr zuzustimmen (§ 2120 BGB).

Der Nacherbe kann verlangen, dass der Vorerbe ein von ihm unterschriebenes Verzeichnis (mit Unterschrifts- 1049
beglaubigung) der zur Erbschaft gehörenden Gegenstände – in seiner Anwesenheit – aufnimmt oder von einem Notar aufnehmen lässt und dass der Zustand der Nachlassgegenstände von Sachverständigen festgestellt wird. Die Kosten dafür trägt der Nachlass (§§ 2121, 2122 BGB). Damit kann sich der Nacherbe gegen das spurlose Verschwinden von Nachlassgegenständen, der Vorerbe gegen Verdächtigungen schützen, Nachlassgegenstände beiseite geschafft oder verschlechtert zu haben. Um den überlebenden Ehegatten von dieser Inventarisierungspflicht hinsichtlich des Hausrats freizustellen, wird dieser oft dem Überlebenden zu freiem Eigentum im Voraus vermacht. Bei Wald kann jede Seite die Aufstellung eines Wirtschaftsplans verlangen (§ 2123 BGB).

Der Nacherbe kann vom Vorerben Auskunft über den Nachlass verlangen, wenn er berechtigte Sorge hat, dass seine Rechte erheblich verletzt werden (§ 2127 BGB). Besteht diese Gefahr, so kann der Nacherbe Sicherheitsleistung verlangen (§ 2128 BGB). Wird sie nicht erbracht, so verliert der Vorerbe das Recht, über Nachlassgegenstände zu verfügen (§ 2129 Abs. 1 BGB).

gg) Erhaltung der Nachlassgegenstände

Die gewöhnlichen Kosten der Erhaltung (Steuern, Abgaben, Zinsen, Reparaturen) trägt der Vorerbe. Macht er 1050
darüber hinaus Aufwendungen auf den Nachlass, so kann er beim Nacherbfall dafür Ersatz verlangen (§§ 2125, 2126 BGB). Umgekehrt muss er dem Nacherben Ersatz leisten, wenn er dem Nachlass übermäßig Früchte entzieht und soweit er die Substanz für sich verwendet hat (§§ 2133, 2134 BGB).

> *Beispiel 1* 1051
>
> Der Vorerbe bezahlt die Tilgungsraten für die auf dem Nachlassgrundstück lastende Hypothek aus der eigenen Tasche und erneuert mit eigenen Mitteln die verfallene Hausfassade. Diese Aufwendungen kann er vom Nacherben ersetzt verlangen.

> *Beispiel 2* 1052
>
> Der Vorerbe schlägt den Wald kahl, ohne ihn wieder aufzuforsten. Hier kann der Nacherbe beim Nacherbfall vom Vorerben bzw. seinen Erben Ersatz verlangen.

hh) Der „befreite“ Vorerbe

Der Erblasser kann den Vorerben von den meisten der Beschränkungen und Verpflichtungen befreien (sog. **be-** 1053
freiter Vorerbe). Er kann ihn nicht berechtigen, Schenkungen vorzunehmen, und nicht von der Pflicht zur Inventarerrichtung befreien (§ 2136 BGB). Im Übrigen kann der befreite Vorerbe voll wirksam verfügen, auch über Grundstücke und Wertpapiere. Das, was er vom Nachlass ausgegeben und verlebt hat, braucht er nicht zu ersetzen. Ist der Nacherbe auf den Überrest des Nachlasses eingesetzt oder ist dem Vorerben das Recht eingeräumt, über die Nachlassgegenstände frei zu verfügen, so gilt er als umfassend befreit (§ 2137 BGB).

> *Beispiel* 1054
>
> E verfügt: „*Meine Frau F berufe ich zur alleinigen Vorerbin. Sie ist von allen Verpflichtungen und Beschränkungen befreit, von denen sie befreit werden kann. Ihr stehen alle Rechte zu, die ihr nach*

dem Gesetz zustehen können, einschließlich des Rechts auf Verzehr des Nachlasses. Nacherben sind meine Abkömmlinge."

Hier ist F befreite Vorerbin. Sie kann jedoch vom Nachlass nichts verschenken und nichts vererben, wohl aber Nachlassgegenstände verkaufen und verleben.

1055 *Beispiel*

E verfügt: „*Nach meinem Tode kann meine Frau mit meinem Vermögen tun und lassen, was sie will. Wenn noch etwas übrig bleibt, bekommen es später meine Kinder.*"

Wer „*tun und lassen*" kann, „*was er will*", muss auch Schenkungen vornehmen können. Das kann aber selbst der befreite Vorerbe nicht. Daher ist dieses Testament dahin auszulegen, dass F Vollerbin wird und die Kinder lediglich den Überrest erhalten.

1056 In der Regel wird der Vorerbe entweder von keiner Beschränkung und Verpflichtung befreit oder aber von allen, von denen er befreit werden kann. Nur ausnahmsweise beschränkt der Erblasser die Befreiung auf einzelne Punkte.

g) Berliner Testament (§ 2269 BGB)

1057 Beim „Berliner Testament" berufen sich die Ehegatten gegenseitig zum alleinigen **Vollerben** und einen Dritten, zumeist die gemeinschaftlichen Abkömmlinge, zum Erben des Überlebenden. Hier erlangt der Dritte nicht nur das, was vom Nachlass des Erstversterbenden noch übrig ist, sondern auch das Vermögen des Überlebenden, und zwar alles unmittelbar von diesem, aber erst mit seinem Tod. Der überlebende Ehegatte kann – da Vollerbe – auch **unentgeltlich** im Rahmen der gesetzlichen Grenzen (§§ 2286, 2287 BGB) verfügen.

1058 Besonders in den Fällen, in denen der Erblasser hohe Vermögenswerte, die aus der eigenen Familie stammen (Unternehmen, Grundbesitz, etc.), hinterlässt, ist die Gefahr des Abwanderns des Erblasservermögens an Dritte zu beachten. Die Gefahr besteht insbesondere dann, wenn der überlebende Ehegatte wieder heiratet. Daher ist zu prüfen, ob nicht anstelle der Regelungen eines „Berliner Testamentes" durch die Anordnung einer befreiten Vor- und Nacherbschaft zu Lasten des überlebenden Ehegatten ein sinnvoller Schutz des Erblasservermögens vor Abwanderung an Dritte erreicht und gleichzeitig der überlebende Ehegatte in seiner Verfügungsgewalt nicht zu stark eingeschränkt wird.

Im Falle des „Berliner Testaments" profitiert bei Wiederheirat des überlebenden Ehegatten der zweite Ehegatte mittelbar vom Vermögen des erstversterbenden Ehegatten, und zwar insbesondere über sein Pflichtteilsrecht. Im Falle der Anordnung einer (befreiten) Vor- und Nacherbschaft ist dies nicht der Fall.

1059 Beim Berliner Testament bemisst sich der Pflichtteil des überlebenden zweiten Ehegatten nach dem Gesamtvermögen seines Ehegatten einschließlich der Hinterlassenschaft des zuerst verstorbenen Ehegatten erster Ehe, und zwar berechnet von der um ein Viertel erhöhten Erbquote, sofern er von seinem Ehegatten irgendetwas erbt oder vermacht bekommt. Bei gleicher Vermögensgröße ergibt das ein Viertel des Gesamtvermögens der ersten Ehe, wenn in der zweiten Ehe der gesetzliche Güterstand galt und Kinder hinterlassen werden.

1060 *Beispiel 1*

M und F berufen sich gegenseitig zum alleinigen Vollerben, der Überlebende von ihnen den Sohn S zu seinem Alleinerben. M verstirbt. F heiratet M 2. Beide leben im gesetzlichen Güterstand der Zugewinngemeinschaft. F stirbt vor M 2. Aufgrund eines entsprechenden Vorbehalts im gemeinschaftlichen Testament mit M hat F ihrem zweiten Mann M 2 ein Wohnungsrecht in dem von ihrem ersten Ehemann geerbten Haus vermacht. M und F hatten je 100.000 EUR Vermögen. Der Pflichtteilsanspruch des M 2 beläuft sich auf 50.000 EUR, jedoch verringert um den Wert des vermachten Wohnungsrechts (1/4 des Nachlassvermögens der F; §§ 1371 Abs. 1, 1931 Abs. 1, 2307 Abs. 1 S. 2 BGB). Hier erhält M 2 mittelbar 25 000 EUR aus dem Nachlassvermögen des M.

Wäre F nur (befreite) Vorerbin des M geworden, wäre das Nachlassvermögen des M nach dem Tode der F auf S übergegangen. Der Pflichtteilsanspruch nach M 2 hätte sich somit nur nach dem Nachlassvermögen der F in Höhe von 100.000 EUR berechnet und somit 25.000 EUR betragen. In diesem Fall erhält M 2 auch mittelbar nichts vom Vermögen des M.

Andererseits kann der überlebende Ehegatte beim „Berliner Testament“ – sofern kein entsprechender Änderungsvorbehalt gemacht wurde – seinem zweiten Ehegatten nicht mehr als den Pflichtteil, also eine Geldforderung, hinterlassen, und zwar nur den sog. **kleinen Pflichtteil**, neben Kindern also ein Achtel. 1061

Beispiel 2 1062

Wie Beispiel 1 (siehe Rdn 1088): In dem gemeinschaftlichen Testament zwischen M und F war kein Änderungsvorbehalt vereinbart, sodass F nach ihrem Tode allein von S beerbt wird und M 2 auch kein Vermächtnis erhält. M 2 erhält somit nur seinen Pflichtteil von 1/8 (§ 1371 Abs. 2 BGB) des Nachlassvermögens der F, also in Höhe von 25.000 EUR; M 2 erhält in diesem Fall mittelbar vom Nachlassvermögen des M 12.500 EUR. Zusätzlich kann M 2 gegenüber F Zugewinnausgleich verlangen.

Damit können die Versorgungsbedürfnisse des überlebenden zweiten Ehegatten oft nicht befriedigt werden. 1063
Sie zielen auf den Hausrat, das Bar- und Spargeld, ein Wohnungs- oder Nießbrauchsrecht, eventuell eine Geldrente ab. In der Regel werden die Abkömmlinge erster Ehe davon auch weniger hart getroffen als von einer bar zu entrichtenden Kapitalforderung. Dieser unangenehmen Zwangslage kann sich der überlebende Ehegatte nur entziehen, indem er das „Berliner Testament“ innerhalb eines Jahres nach der Wiederverheiratung anficht (§§ 2079, 2082 BGB). Dadurch werden allerdings alle wechselbezüglichen Verfügungen (§§ 2270, 2271 BGB, zum Begriff vgl. Rdn 958 ff.) vernichtet, im Zweifel also auch seine eigene Erbeinsetzung (vgl. oben Rdn 962 ff.). Die dann nachträglich eintretende gesetzliche Erbfolge führt zu einer oft schwierigen und konfliktträchtigen Rückrechnung aller Vermögensvorgänge seit dem Erbfall.

Beispiel 3 1064

Wie Beispiel 1 (siehe Rdn 1088): F ficht innerhalb eines Jahres nach der Heirat mit M 2 das mit M errichtete gemeinschaftliche Testament an. Ihre Erbeinsetzung wird hinfällig. Sie ist nur noch gesetzlicher Erbe zu 1/2 (= 50.000 EUR). M 2 wird gesetzlicher Erbe der F zu 1/2 Anteil. Der Nachlass der F beläuft sich nunmehr auf 150.000 EUR. Davon erhält M 2 die Hälfte, also 75.000 EUR. M 2 erhält in diesem Fall mittelbar vom Nachlass des M 25.000 EUR.

Wird die Anfechtbarkeit ausgeschlossen (§ 2079 S. 2 BGB) und ist keine Änderungsbefugnis vorgesehen bzw. wird von ihr kein Gebrauch gemacht, so kann der überlebende Ehegatte in der zweiten Ehe weder Erbe werden noch ein Vermächtnis erhalten. Es gilt dann Beispiel 2 (siehe Rdn 1090).

Im Ergebnis erhält also M 2 – je nach Fall-Lage – mittelbar 1/4 oder 1/8 des Nachlassvermögens des M. Im Falle der Anordnung einer (befreiten) Vor- oder Nacherbschaft erhält M 2 hingegen nichts vom Vermögen des M.

h) Wiederverheiratungsklauseln

Die nachteiligen Folgen des „Berliner Testaments“ lassen sich durch eine sog. **Wiederverheiratungsklausel** – 1065
die aber ihrerseits eine Reihe rechtlicher und praktischer Probleme aufwirft (vgl. hierzu unten Rdn 1103 ff.) – weitgehend vermeiden. Die wichtigsten Gestaltungen werden nachfolgend dargestellt.

aa) Durch Wiederverheiratung bedingte Vor- und Nacherbschaft

Beispiel 1066

„Der Erstversterbende von uns beruft den Überlebenden zu seinem alleinigen Vollerben. Sollte der Überlebende jedoch noch einmal heiraten, so soll er nur alleiniger Vorerbe gewesen sein, und zwar befreit von allen Verpflichtungen und Beschränkungen, von denen er befreit werden kann, und mit dem Recht zum Verzehr des Nachlasses. Mit der Wiederverheiratung werden unsere dann lebenden bzw. gezeugten Abkömmlinge nach den Regeln der gesetzlichen Erbfolge Nacherben.“

Hier wird der Überlebende zum auflösend bedingten **Vollerben** und zugleich zum aufschiebend bedingten *Vor*erben eingesetzt. Der Nacherbfall tritt ein mit der Wiederverheiratung des Überlebenden. Er muss dann den Nachlass an die Nacherben herausgeben. Der überlebende Ehegatte unterliegt wegen der nur auflösend bedingten Vollerbeinsetzung bei dieser Gestaltung von vornherein allen Beschränkungen des Vorerben. Das hat zur Folge, dass seine Stellung zugunsten der Nacherben erheblich eingeschränkt ist. Es empfiehlt sich deshalb, ihn im Regelfall von allen Beschränkungen, soweit gesetzlich zulässig, zu befreien (§ 2136 BGB, vgl. dazu Rdn 1081 ff.). Er kann dann immerhin wirksam Nachlassgegenstände verkaufen, belasten und den Erlös verzehren.

1067 Der Überlebende kann auch so eingesetzt werden, dass er z.B. einen seiner gesetzlichen Quote entsprechenden Erbteil als Vorerbe bis zu seinem Tode behält.

1068 *Beispiel*

E verfügt: *„Meine Frau F wird alleinige befreite Vorerbin, mein Sohn S Nacherbe. Heiratet meine Frau wieder, so behält sie nur den Teil als Vorerbin, der ihr nach dem Gesetz als Erbteil zusteht. Der andere Teil fällt dann sofort an meinen Sohn S, ihr Teil bei ihrem Tode.“*

bb) Bedingte Einsetzung auf den gesetzlichen Erbteil

1069 *Beispiel*

E verfügt: *„Meine Frau F soll meine alleinige Erbin werden. Heiratet sie wieder, so behält sie nur den Teil als Vollerbin, der ihr nach dem Gesetz zusteht. Der andere Teil fällt dann an meinen Sohn S. Bis dahin kann meine Frau über meinen Nachlass verfügen. Zum Nachlass gehören ein Haus im Wert von 200.000 EUR und Aktien im Wert von ebenfalls 200.000 EUR.“*

Hier ist die überlebende Ehefrau nur hinsichtlich ihrer gesetzlichen Erbquote endgültig **Vollerbin**, im Übrigen aufschiebend bedingte *Vor*erbin. Die Besonderheit besteht hier darin, dass sich die bedingte Nacherbschaft lediglich auf eine Erbteilsquote bezieht. Dann darf die überlebende Ehefrau die der Höhe ihrer Vollerbenquote entsprechenden Nachlassgegenstände aus dem von der bedingten Teilnacherbschaft befangenen Nachlass herauslösen, um sich so freie Nachlassgegenstände zu verschaffen. Im Übrigen gilt dasselbe wie unter aa) (siehe Rdn 1094 ff.). F ist also zur Hälfte Vollerbin geworden. Sie kann das Haus oder die Aktien in ihr freies Vermögen überführen und dann darüber auch unentgeltlich und letztwillig verfügen. Praktisch geht dies nicht ohne Mitwirkung des S, zu der dieser jedoch für verpflichtet gehalten werden muss. Es genügt seine „Zustimmung“, sein „Einverständnis“ oder seine „Bestätigung“, da eine Übereignung (Auflassung) der Gegenstände nicht stattfindet. Für das Grundbuchamt genügt die Bewilligung des S zur Löschung des Nacherbenvermerks.

cc) Bedingtes Vermächtnis zugunsten der Kinder

1070 Hier wird und bleibt der Überlebende Vollerbe des ganzen Nachlasses. Er muss aber an die Kinder die vermachten Gegenstände oder den vermachten Geldbetrag, der sich z.B. nach dem Wert ihrer Erbquoten bemessen kann, herausgeben, gegebenenfalls unter Abzug bereits erhaltener Vorempfänge oder eines bereits erfüllten Pflichtteilsanspruchs.

1071 *Beispiel*

E verfügt: *„Ich berufe meine Frau F zur alleinigen Erbin. Heiratet sie wieder, so hat sie meinen Kindern das Ackerland zu übertragen (oder: an jedes Kind 50.000 EUR zu zahlen; oder: an jedes Kind so viel herauszuzahlen, wie dem Wert seines gesetzlichen Erbteils bei meinem Tod entsprochen hätte). Meine Tochter T hat sich dabei die Baustelle anrechnen zu lassen, die ich ihr geschenkt habe. Die Ansprüche meiner Kinder verringern sich um den Betrag, den sie gegebenenfalls als Pflichtteil bekommen haben.“*

1072 Das Vermächtnis kann sich auch – als Verschaffungsvermächtnis (vgl. Rdn 1050) – auf einen Bruchteil oder Gesamtgutsanteil erstrecken, der dem Überlebenden bereits vor dem Erbfall gehört hat. Diese Regelung ist oft zweckmäßig, wenn zum gemeinschaftlichen Vermögen der Ehegatten ein landwirtschaftlicher oder gewerblicher Betrieb gehört. Eine entsprechende Regelung kann als Teilungsanordnung und Übernahmerecht auch mit Wirkung vom Tod des Überlebenden an vereinbart oder als Verpflichtung zur Verpachtung des Betriebes (zu ermäßigten Bedingungen) konstruiert werden unter Festlegung eines Zeitpunkts oder Mindestalters für die Übergabe.

Beispiel 1 1073

E verfügt: „*Ich berufe meine Frau zu meiner alleinigen Erbin. Heiratet sie wieder, so hat sie meine Hälfte unseres Auto-Centers meinem Sohn S sofort zu übertragen. Für diesen Fall vermache ich meinem Sohn ferner den Anspruch, auch die Hälfte meiner Frau an unserem Auto-Center übertragen zu bekommen, diese jedoch unter Vorbehalt des Nießbrauchs für meine Frau. Sobald mein Sohn die Meisterprüfung gemacht hat, ist der Betrieb meinem Sohn zu verpachten. Dies gilt auch, wenn meine Frau nicht wieder heiratet. Die Pacht soll 30 % unter derjenigen liegen, die ein Fremder bezahlen müsste. Im Streitfall entscheidet darüber mein Kollege Meier aus Xanten als Schiedsgutachter verbindlich.*"

Beispiel 2 1074

M und F verfügen im Erbvertrag: „*Wir berufen uns gegenseitig zu alleinigen Erben. Nach dem Tode des Überlebenden erhält unser Sohn S unseren landwirtschaftlichen Betrieb in Xanten einschließlich allen Zubehörs und gegen Abfindung unserer Tochter T mit einem Geldbetrag, der dann drei Hektar Ackerland mittlerer Art und Güte entspricht. Im Streitfall entscheidet ein von der örtlich zuständigen Landwirtschaftskammer zu benennender vereidigter Sachverständiger als Schiedsgutachter verbindlich.*

Heiratet der Überlebende wieder, so hat er den Betrieb sofort unserem Sohn S zu übereignen, also auch seinen ursprünglich eigenen Anteil daran, und zwar gegen Vorbehalt des Nießbrauchs und zu den vorgenannten Abfindungsbedingungen. Der Betrieb einschließlich Inventar ist unserem Sohn S ab dem 11.11.2024 zu verpachten, und zwar für 300 Doppelzentner abzugsfreien Weizen im Jahr zuzüglich der Grundbesitzabgaben (Gemeindesteuern, Beitrag zur Berufsgenossenschaft und Beitrag zur Landwirtschaftskammer)."

Wiederverheiratungsklauseln sind zumeist problematisch. So wird dem überlebenden Ehegatten, der die Erbschaft angenommen hat, im zuvor unter aa) genannten Fall (1. Beispiel siehe Rdn 1094) der ersatzlose Verlust der gesamten Erbschaft zugemutet, während er bei Ausschlagung der Erbschaft nach dem erstversterbenden Ehegatten den Pflichtteil und den Zugewinnausgleich hätte verlangen (§ 1371 Abs. 3 BGB) und bei Wiederheirat auch hätte behalten können. Von daher sollte die Beschränkung des überlebenden Ehegatten nur so weit gehen, dass er für den Fall der Wiederheirat zum befreiten Vorerben eingesetzt ist, der Nacherbfall aber erst mit seinem Tode eintritt. Die der Nacherbschaft unterfallenden Nachlassgegenstände müssten somit vom überlebenden Ehegatten zu dessen Lebzeiten nicht an die Nacherben herausgegeben werden. 1075

Außerdem führen Wiederverheiratungsklauseln den Überlebenden in Versuchung, der Wiederverheiratung die Eingehung eines eheähnlichen Verhältnisses vorzuziehen. Abgesehen davon ist der bedingten Vor- und Nacherbschaft die unbedingte auch deshalb vorzuziehen, weil sie klarere Rechtsverhältnisse schafft und einfacher zu verstehen und zu handhaben ist. Die bedingte Voll- und Vorerbenstellung wird nicht selten als einfache Vor- und Nacherbschaft missverstanden, zumal wenn sie missverständlich formuliert ist. Dann werden – oft im Nachhinein – lebzeitige Verfügungen des Überlebenden als unwirksam und letztwillige als Verfügungen eines Nichtberechtigten angesehen.

Beispiel 1076

E verfügt: „*Meine Frau erbt von mir alles. Wenn sie wieder heiratet, wird sie bloße Vorerbin, meine Kinder werden bei ihrem Tode Nacherben.*"

Hier soll die Frau für den Fall, dass sie nicht wieder heiratet, Vollerbin sein. Sie ist also zugleich auflösend bedingte Vollerbin und aufschiebend bedingte Vorerbin. Derartige Verfügungen werden aber oft als bloße Vorerbberufung missverstanden. Der Unterschied ist bedeutsam: Richtig ausgelegt, kann F – wenn sie nicht wieder heiratet – aus dem Nachlass des E Schenkungen machen und auch darüber letztwillig verfügen. Wird die Verfügung als bloße Vorerbberufung missverstanden, könnte sie beides nicht.

Vermächtnisse zugunsten der Kinder werfen eine Reihe von praktischen und rechtlichen Problemen auf. So ist es oft fraglich, ob der Wert im Erbfall oder im Wiederverheiratungsfall für die Berechnung des Quotenvermächtnisses zugrunde zu legen ist. Die Bewertung selbst führt fast immer zu einem Streit über die Methode, die angewendet werden, und die Person, die sie vornehmen soll. Geldvermächtnisse sind nur in komplizierter Weise gegen Geldwertschwund zu sichern. 1077

Problematisch ist auch die Auswirkung der Wiederverheiratungsklausel und der Wiederheirat auf die Verfügungen, die der Überlebende selbst im Testament getroffen hat. Nach herrschender Meinung führt die Wiederheirat lediglich zum Wegfall der Bindung des Überlebenden an seine Verfügungen, die demnach fortgelten, wenn er sie nicht aufhebt. Nach einer Mindermeinung führt die Wiederheirat dagegen automatisch zum Wegfall der Verfügungen selbst, sodass mangels anderweitiger Verfügungen des Überlebenden gesetzliche Erbfolge eintritt.[186]

i) Testamentsvollstreckung

aa) Bedeutung – Anlass

1078 Der Erblasser kann in einer Verfügung von Todes wegen eine oder mehrere natürliche oder juristische Personen damit beauftragen, seinen letzten Willen auszuführen und den Nachlass – grundsätzlich jedoch längstens für 30 Jahre (§ 2210 BGB) – in Verwaltung zu nehmen (§§ 2197 ff. BGB). Die Bestimmung der Person des Testamentsvollstreckers kann er einem Dritten oder dem Nachlassgericht (§ 2198, 2200 BGB), nicht aber dem die notarielle Verfügung von Todes wegen beurkundenden Notar, auftragen. Auch ein Miterbe kann zum Testamentsvollstrecker berufen werden, der alleinige Erbe (oder Vorerbe) grundsätzlich nicht. Der Alleinerbe oder der alleinige Vorerbe kann nur ausnahmsweise Testamentsvollstrecker sein, wenn er entweder nur die Erfüllung eines Vermächtnisses zulasten eines anderen Vermächtnisnehmers überwacht (§ 2223 BGB) oder wenn er die Aufgabe eines Dauervollstreckers bezüglich eines einem – zumeist minderjährigen Vermächtnisnehmer – zugewandten Vermächtnisses übernehmen soll – vgl. nachfolgendes Beispiel (siehe Rdn 1107)[187] – oder sich seine Aufgabe auf die sofortige Erfüllung eines zulasten des Nachlasses angeordneten Vermächtnisses beschränkt und das Nachlassgericht bei groben Pflichtverstößen einen anderen Testamentsvollstrecker benennen kann oder er lediglich Mitvollstrecker (§ 2224 BGB) ist.

1079 *Beispiel*

Dauervollstreckung durch den überlebenden Ehegatten als Alleinerben bezüglich eines zugunsten eines minderjährigen Kindes ausgesetzten Vermächtnisses

Wir, Eheleute M und F setzen uns wechselseitig zu Alleinerben ein. Der Erstversterbende von uns vermacht unserem Sohn S ein Barvermächtnis in Höhe von 100.000 EUR. Bezüglich dieses Vermächtnisses ordnet der Erstversterbende von uns Dauertestamentsvollstreckung an. Die Dauervollstreckung endet mit Vollendung des 25. Lebensjahres unseres Sohnes S. Testamentsvollstrecker ist der Längstlebende von uns.

Die Anordnung einer Testamentsvollstreckung sowie die Bestimmung der Person des Testamentsvollstreckers können nicht bindend in einem gemeinschaftlichen Testament oder in einem Erbvertrag bestimmt werden.

1080 *Beispiel: Bestimmung der Person des Testamentsvollstreckers*

Eheleute berufen in einem Erbvertrag ihre Kinder zu Erben des Erstversterbenden und setzen für den Überlebenden lediglich ein Nießbrauchsvermächtnis und das Vermächtnis des beweglichen Nachlasses zu Eigentum aus. Zur Stärkung der Stellung des Überlebenden soll dieser zusätzlich lebenslang Verwaltungstestamentsvollstrecker werden. Diese Testamentsvollstreckungs-Anordnung kann nicht bindend verfügt werden.

1081 Ungeachtet dieser Vereinbarung kann jeder der Ehegatten – auch heimlich – in einer späteren Verfügung von Todes wegen eine andere Person zu seinem Testamentsvollstrecker bestimmen. Hat im Beispielsfall (siehe Rdn 1108) auch der Überlebende eine Testamentsvollstreckung angeordnet und eine bestimmte Person zum Testamentsvollstrecker ernannt, die das Vertrauen beider Ehegatten genießt, dessen Beibehaltung daher von beiden gewünscht wird, so kann der Überlebende gleichwohl einen anderen zu seinem Testamentsvollstrecker bestimmen. Der Testamentsvollstrecker soll noch das Vertrauen des überlebenden Ehegatten als Erblasser durch dessen „letzten" Willen genießen.

1082 Der Testamentsvollstrecker kann sein Amt jederzeit kündigen bzw. niederlegen (§ 2226 BGB). Er ist nicht der Vertreter der Erben, des Erblassers oder des Nachlasses, er handelt vielmehr aus eigener Machtbefugnis, aber

186 Vgl. hierzu Grüneberg/*Weidlich*, 84. Aufl. 2025, § 2269, Rn 16 ff.
187 Vgl. hierzu auch das Muster in *Dorsel/Dorsel*, Kölner Formularbuch Erbrecht, 4. Aufl. 2024, Kap. 9 Rn 88.

für Rechnung des Nachlasses. Die Erben können ihn daher nicht abberufen oder in seiner Verfügungsmacht beschränken. Das Interesse der Erben an der ungestörten Verwaltung des Nachlasses kann jedoch im Einzelfall höher als der Wille des Erblassers zu veranschlagen sein und die Entlassung des Testamentsvollstreckers durch das Nachlassgericht rechtfertigen (§ 2227 BGB). Nach herrschender Meinung führt dies noch nicht zur Aufhebung der Vollstreckung als solcher. Sie kann nur dadurch erreicht werden, dass alle etwaigen Ersatztestamentsvollstrecker das Amt kündigen bzw. nicht annehmen oder entlassen werden, wenn sie auf Beibehaltung einer wirtschaftlich nicht tragbaren Vollstreckung uneinsichtig beharren. Ein bestimmter Testamentsvollstrecker kann ferner auf Antrag eines Beteiligten entlassen werden, wenn ein wichtiger Grund vorliegt (z.B. Feindschaft zwischen Testamentsvollstrecker und Erben, Interessenkollision, Gefährdung der Erben oder sonstiger Beteiligter, grobe Pflichtverletzung, Unfähigkeit). Dass der Erbe die Verwaltung des Nachlasses oder etwa die Leitung des zum Nachlass gehörenden Betriebes selbst übernehmen will und kann, ist für sich genommen kein Entlassungsgrund.

Testamentsvollstreckung wird etwa **angeordnet**, 1083

- um die Regulierung des Nachlasses zu erleichtern und zu vereinfachen,
- bei einer Vielzahl von Erben oder Vermächtnisnehmern,
- wenn die Erben oder einzelne von ihnen im Erbfall voraussichtlich noch minderjährig sein werden,
- wenn Erben gegen ihre Unerfahrenheit oder Schwäche (Sucht, Leichtsinn, Krankheit) geschützt werden sollen,
- um die Fortsetzung der Unternehmensstrategie des Erblassers zu gewährleisten oder die Unternehmensführung schlagkräftig zu erhalten,
- allgemein zur Sicherstellung des Vollzugs der Verfügungen des Erblassers,
- um die Stellung etwa des überlebenden Ehegatten, der nur Miterbe oder Vermächtnisnehmer wird, zu stärken und von den Kindern unabhängig zu machen, oder
- wenn sichergestellt werden soll, dass ein Übernahmeberechtigter oder ein Vermächtnisnehmer sich ohne Mitwirkung der Erben seine Ansprüche selbst erfüllen kann.

Vielfach wird die Testamentsvollstreckung auf Teile des Nachlasses oder die Anteile einzelner Erben bzw. 1084
Nacherben **beschränkt**.

Ist der Erblasser durch Erbvertrag oder bindend gewordenes gemeinschaftliches Testament in der Berufung sei- 1085
ner Erben festgelegt, so kann er deren Stellung nicht mehr durch die Anordnung einer Testamentsvollstreckung beschränken. Etwas anderes gilt nur, wenn sich der Erblasser das vorbehalten hatte oder durch entsprechende Testamentsauslegung objektiv feststellbar ist, dass die Anordnung dem übereinstimmenden Willen der Erbvertragspartner bzw. der Eheleute oder der eingetragenen Lebenspartner beim gemeinschaftlichen Testament entspricht. Ansonsten kann der gebundene Erblasser die Berechtigung zur Anordnung einer Testamentsvollstreckung nur dadurch gewinnen, dass er mit dem bestimmten Erben einen entsprechenden, darauf beschränkten Zuwendungsverzichtsvertrag nach § 2352 BGB schließt, der gemäß § 2348 BGB der notariellen Beurkundung bedarf.

Beispiel: Anordnung der Testamentsvollstreckung durch gebundenen Erblasser nach Zuwendungsverzicht 1086
des Erben

In einem „Berliner Testament" haben sich die Eheleute wechselseitig zu Vollerben und den Sohn S – vorbehaltlos, also bindend – zum Erben des Überlebenden (sog. Schlusserben) berufen. Der Überlebende hat sich die Anordnung einer Testamentsvollstreckung nicht vorbehalten. Nach dem Tod der Ehefrau wird der Sohn S drogenabhängig. Der Ehemann möchte ihm daher einen Testamentsvollstrecker zum Beistand geben. Er ist sich sicher, damit auch dem mutmaßlichen Willen seiner Frau zu entsprechen. Ein objektiver Anhaltspunkt dafür ist dem Testament indes nicht zu entnehmen.

Hier kann der Ehemann Testamentsvollstreckung wirksam nur anordnen, nachdem er mit S einen entsprechenden materiellen Zuwendungsverzichtsvertrag geschlossen hat. Inhalt etwa: „*Im bindend gewordenen gemeinschaftlichen Testament vom (...) ist S zum Erben nach seinem Vater berufen worden. S verzichtet dem dies annehmenden V gegenüber auf die uneingeschränkte Berufung zum Alleinerben in der Weise, dass V die Befugnis zur Beschränkung der Erbenstellung des S durch die Anordnung einer Dauertestamentsvollstreckung eingeräumt wird.*"

Ein anderweitig – vor oder nach dem Erbfall – erklärtes Einverständnis des Bedachten wäre unwirksam. Im Beispielsfall könnte zwar V ohne weiteres der als Testamentsvollstrecker vorgesehenen Vertrauensperson eine mit seinem Tod beginnende oder darüber hinaus wirksame (General-)Vollmacht erteilen. Diese könnte S indes – nachdem er Alleinerbe geworden ist – jederzeit widerrufen.

bb) Aufgaben und Befugnisse

1087 Aufgabe des Testamentsvollstreckers ist es, die **letztwilligen Verfügungen des Erblassers auszuführen**. Sofern der Erblasser seine Aufgaben nicht näher beschreibt, obliegt es dem Testamentsvollstrecker,

- für die Bestattung des Erblassers zu sorgen,
- wenn erforderlich, einen Erbschein oder ein Testamentsvollstreckerzeugnis zu beantragen,
- den Nachlass in Besitz zu nehmen und ordnungsgemäß zu verwalten (§§ 2205, 2216 BGB),
- ein Verzeichnis über die Aktiva und Passiva zu erstellen (§ 2215 BGB),
- Forderungen einzuziehen und Verbindlichkeiten zu erfüllen,
- Vermächtnisse, Teilungsanordnungen und sonstige Verfügungen des Erblassers auszuführen (§ 2203 BGB),
- einen Teilungsplan aufzustellen, in dem er den Erben mitteilt, wie er mit dem übrigen Nachlass verfahren will,
- die Erbschaftsteuererklärung abzugeben und die Erbschaftsteuer abzuführen,
- den in Natur teilbaren Nachlass (z.B. Bankkonten, gleichartige und gleichwertige Goldmünzen) unter die Erben entsprechend ihren Erbquoten zu verteilen,
- nicht mehr benötigte Gegenstände den Erben zu überlassen (sofern keine Dauertestamentsvollstreckung angeordnet ist) und bei Grundstücken die Löschung des Testamentsvollstreckervermerks im Grundbuch zu beantragen,
- den nicht in Natur teilbaren Nachlass (z.B. Grundstücke, Häuser, einen Betrieb) nach einem Teilungsplan den Erben zu übertragen,
- im Nichteinigungsfalle diese Nachlassgegenstände freihändig zu verkaufen oder versteigern zu lassen und den Erlös unter die Erben zu verteilen,
- den Erben Auskunft über den Verbleib der Nachlassgegenstände zu geben und Rechnung über alle Einnahmen und Ausgaben zu legen (§ 2218 BGB) und
- seine Vergütung aus dem Nachlass zu entnehmen (§ 2221 BGB).

1088 Der **Umfang der Befugnisse** des Testamentsvollstreckers richtet sich nach den **zugewiesenen Aufgaben**. Nach dem Willen des Erblassers können die Befugnisse abweichend vom gesetzlichen Normalfall (§§ 2204 ff. BGB) im Rahmen der gesetzlichen Grenzen eingeschränkt oder erweitert werden. So ist der Testamentsvollstrecker bei der Erfüllung seiner Aufgaben an Vereinbarungen und Weisungen der Erben nicht gebunden, wenngleich er sie regelmäßig beachten wird.

Die Testamentsvollstreckung kann darauf beschränkt werden, nur ein Vermächtnis zu erfüllen oder etwa die Übernahme eines Betriebes vorzunehmen. Dazu kann der Übernahmeberechtigte oder Vermächtnisnehmer selbst die Befugnis erhalten.

1089 Die Befugnisse des Testamentsvollstreckers können etwa durch die **Anordnung beschränkt** werden, dass er zur Veräußerung von Grundbesitz der Einwilligung der Erben, einzelner von ihnen oder derjenigen bedarf, die ein bestimmtes Alter erreicht haben. Die Befugnis zu unentgeltlichen Verfügungen kann dem Testamentsvollstrecker über den gesetzlichen Rahmen hinaus (nur, wenn sie einer sittlichen Pflicht oder einer auf den Anstand zu nehmenden Rücksicht entsprechen) nicht erteilt werden (§§ 2207 S. 2, 2205 S. 3 BGB). Im Falle der Veräußerung eines zum Nachlass gehörenden Grundbesitzes durch den Testamentsvollstrecker muss von daher das Grundbuchamt für die Eigentumsumschreibung die Entgeltlichkeit der Verfügung prüfen. Ein Nachweis der Entgeltlichkeit in der Form des § 29 GBO ist aber weder möglich noch erforderlich. Das Zurückgreifen auf allgemeine Erfahrungssätze reicht aus. So ist im Falle der Veräußerung des Grundbesitzes an einen unbeteiligten Dritten grundsätzlich von einer Entgeltlichkeit der Verfügung auszugehen.[188] Die Erfüllung eines Vermächtnisses ist keine unentgeltliche Verfügung im vorgenannten Sinne.[189] Ein Vergleich ist (teilweise) unentgeltlich, wenn objektiv keine gleichwertigen Leistungen vereinbart werden und der Testamentsvollstrecker dies weiß oder bei ordnungsmäßiger Verwaltung hätte erkennen müssen. Mit Zustimmung sämtlicher Erben und betroffener Vermächtnisnehmer kann der Testamentsvollstrecker auch unentgeltlich verfügen.

Die Befugnisse des Testamentsvollstreckers können zur **Dauer- oder Verwaltungsvollstreckung erweitert** 1090
werden (§ 2209 BGB). Sie wird vor allem angeordnet,

- wenn der überlebende Ehegatte als bloßer Miterbe oder neben einem Nießbrauchsrecht durch die zusätzliche Berufung zum Testamentsvollstrecker größere Unabhängigkeit von den Erben erlangen soll,
- wenn die Testamentsvollstreckung dem Schutz minderjähriger oder kranker Erben dient. Dem Testamentsvollstrecker kann z.B. auch aufgegeben werden, in dem nach den einschlägigen sozialhilferechtlichen Regelungen unangreifbaren Umfang aus dem Nachlass Zahlungen an das sozialhilfeberechtigte Kind zu leisten oder
- wenn durch die Dauervollstreckung das Familien- oder Betreuungsgericht ausgeschaltet werden soll, was angezeigt ist, wenn schnelle Entscheidungen getroffen werden müssen, also vor allem bei Unternehmen.

Im Falle eines Dauertestamentsvollstreckers sollte regelmäßig angeordnet werden, dass der Testamentsvollstrecker in der Eingehung von Verbindlichkeiten nicht beschränkt sein soll (§§ 2207, 2209 S. 2 BGB). Ihm sollte aufgegeben werden, sogleich nach der Annahme des Amtes einen Ersatztestamentsvollstrecker zu bestimmen, damit keine Vakanz entsteht. Die Stellung des Testamentsvollstreckers kann ferner durch die Aufnahme einer Schiedsklausel in die Verfügung von Todes wegen noch wesentlich verstärkt werden.

Beispiel 1 1091

Meiner Frau vermache ich mein bewegliches Vermögen zu Eigentum und an meinem unbeweglichen ein lebenslanges unentgeltliches Nießbrauchsrecht. Zugleich berufe ich sie auf Dauer zu meiner Testamentsvollstreckerin. Sie ist von allen Einschränkungen und Verpflichtungen befreit, soweit dies gesetzlich zulässig ist. Insbesondere befreie ich sie von den Beschränkungen des § 181 BGB. Für den Fall, dass ihre Einkünfte nicht ausreichen, um ihren standesgemäßen Lebensunterhalt zu bestreiten, soll sie im erforderlichen Umfang nachlasszugehörigen Grundbesitz verkaufen und den Erlös verzehren können. Diesen vermache ich ihr hiermit ebenfalls zu Eigentum. Bis zur Grenze des Missbrauchs soll sie Art und Umfang des zu veräußernden Grundbesitzes selbst bestimmen können.

Beispiel 2 1092

Die Testamentsvollstreckung soll andauern, bis das jüngste meiner als Erben eingesetzten Kinder das 24. Lebensjahr vollendet hat. Beschränkt auf den Erbteil meines behinderten Sohnes Anton dauert sie bis zu dessen Tod fort. Der Testamentsvollstrecker kann einen Ersatzvollstrecker bestimmen. Auch die Erträgnisse des Nachlasses unterliegen seiner Verwaltung. Er soll sie im erforderlichen Umfang den Erben zu ihrem Unterhalt und zu ihrer angemessenen Ausbildung zur Verfügung stellen.

cc) Stellung der Erben

Durch die Testamentsvollstreckung sind den Erben die Verfügungsbefugnisse über den Nachlass entzogen. 1093
Dennoch getroffene Verfügungen sind bis zur Genehmigung durch den Testamentsvollstrecker **schwebend unwirksam**. Wer von den Erben gutgläubig erwirbt, wird durch § 2211 Abs. 2 BGB geschützt. Dies gilt,

- wenn der Erwerber meint, der Gegenstand gehöre nicht zum Nachlass, oder
- wenn der Erwerber nichts von der Testamentsvollstreckung weiß oder
- wenn er annimmt, der Gegenstand unterliege nicht der Testamentsvollstreckung.

188 Vgl. hierzu *Schöner/Stöber*, Grundbuchrecht, 16. Aufl. 2020, Rn 3435, 3441.

189 Vgl. hierzu OLG München, Beschl. v. 16.3.2015 – 34 Wx 430/14, RNotZ 2015, 359; auch allgemein zu den Anforderungen an den Nachweis der Entgeltlichkeit von Verfügungen des Testamentsvollstreckers zur Erfüllung von Vermächtnissen und zur Erbauseinandersetzung im Grundbuchverfahren.

Hinweis

Um gutgläubigen Erwerb auszuschließen, wird bei Grundstücken im Zuge der Grundbuchberichtigung von Amts wegen ein Testamentsvollstreckervermerk eingetragen. Damit wird zugleich verhindert, dass Gläubiger des Erben, die nicht auch Gläubiger des Nachlasses sind (sog. **Eigengläubiger des Erben**), in die der Verwaltung des Testamentsvollstreckers unterliegenden Grundstücke vollstrecken. Im Zuge der Veräußerung des Grundstücks durch den Testamentsvollstrecker wird der Vermerk als gegenstandslos gelöscht.

dd) Pflichten gegenüber dem Finanzamt

1094 Der Testamentsvollstrecker hat **alle ertrag- und vermögensteuerlich relevanten Dinge** dem Finanzamt anzuzeigen (§ 34 Abs. 3 AO) und eine Erbschaftsteuererklärung abzugeben (§ 31 Abs. 5 ErbStG). Für die von ihm verwalteten Nachlassgegenstände trifft ihn die Steuerpflicht. Sofern er vorzeitig den Nachlass aus der Hand gibt, haftet er persönlich für die Erbschaftsteuer.

ee) Grenzen der Testamentsvollstreckung bei Personengesellschaften

1095 Die Beteiligung eines persönlich haftenden Gesellschafters an einer **Personengesellschaft** als solche (GbR, eGbR, OHG, Komplementär einer KG) kann grundsätzlich nicht der Testamentsvollstreckung unterliegen (wohl aber zum Beispiel der Abfindungsanspruch oder der Auseinandersetzungsanspruch des bzw. der Erben des verstorbenen Gesellschafters gegen die Gesellschaft). Grund hierfür ist die Unvereinbarkeit der unbeschränkten persönlichen Haftung des Gesellschafters nach §§ 721 BGB, 128 HGB einerseits mit der auf den Nachlass beschränkten Rechtsmacht des nicht persönlich haftenden Testamentsvollstreckers andererseits. Die Beteiligung an einer derartigen Personengesellschaft geht im Falle einer sog. erbrechtlichen Nachfolgeklausel (§§ 711 Abs. 2 S. 1 BGB, 105 Abs. 3 HGB) im Wege der Sondererbfolge unmittelbar auf den Nachfolger über. Sind mehrere Erben vorhanden, fällt der Geschäftsanteil gemäß § 711 Abs. 2 S. 2 BGB bzw. §§ 105 Abs. 3 HGB, 711 Abs. 2 S. 2 BGB kraft Gesetzes jedem Erben entsprechend der Erbquote zu. Die Vorschriften der Erbengemeinschaft finden insoweit keine Anwendung.

Da die Beteiligung somit aber gleichwohl zum Nachlass gehört, ist nach h.M. zumindest eine auf die „Außenseite“ des Gesellschaftsanteils beschränkte Verwaltung möglich, d.h. der Testamentsvollstrecker kann zwar nicht selbst mit Wirkung für den Erben in seiner Funktion als Gesellschafter handeln, wohl aber ist die Verfügung des Erben über den Gesellschaftsanteil ohne den Testamentsvollstrecker nicht möglich und Eigengläubiger des Gesellschafter-Erben können in den Gesellschaftsanteil und die daraus erwachsenen Vermögensrechte nicht vollstrecken. Für diese „beschränkte Verwaltung“ hinsichtlich der Außenseite des Gesellschaftsanteils ist weder die Zustimmung der Mitgesellschafter nötig noch kann sie durch den Gesellschaftsvertrag ausgeschlossen werden.

1096 Grundsätzlich anders stellt sich die Rechtslage für die Mitgliedschaftsrechte der Erben eines **Kommanditisten** dar: Gemäß § 177 HGB wird die KG beim Tod eines Kommanditisten mangels anderer vertraglicher Bestimmungen mit den Erben fortgesetzt. Da der Kommanditist nicht unbeschränkt und persönlich, sondern nur auf seine Einlage beschränkt haftet, ist eine Testamentsvollstreckung, auch eine Dauervollstreckung, hinsichtlich eines Kommanditanteils grundsätzlich uneingeschränkt für die „Außenseite“ des Gesellschaftsanteils ohne Zustimmung und für die „Innenseite“ des Gesellschaftsanteils (z.B. Stimmrecht oder Recht zur Teilnahme an der Gesellschafterversammlung) mit Zustimmung aller Mitgesellschafter – diese kann bereits im Gesellschaftsvertrag oder auch für den Einzelfall durch alle Mitgesellschafter erteilt werden – zulässig. Bei Anordnung einer Dauertestamentsvollstreckung über den Nachlass eines Kommanditisten ist auf Antrag des Testamentsvollstreckers ein Testamentsvollstreckervermerk in das Handelsregister der Kommanditgesellschaft einzutragen.[190] Auch kann dem Testamentsvollstrecker eine **Treuhänderstellung** für die KG-Beteiligung eingeräumt werden, wenn der Gesellschaftsvertrag dies vorsieht oder die übrigen Gesellschafter dem zustimmen. Ansonsten kann der Erblasser ihm eine mit dem Tod beginnende (**postmortale**) oder über den Tod hinaus wirksam bleibende **(transmortale) Vollmacht** erteilen und anordnen, dass der Erbe, der diese – wozu er berechtigt ist – zu widerrufen unternimmt (oder nicht in einer erforderlichen Form erteilt), damit enterbt ist. Mit einer entsprechenden

190 So BGH, ZEV 2012, 335.

Auflage erlangt der Testamentsvollstrecker zwar keinen darauf gerichteten durchsetzbaren Anspruch. Der „ungehorsame" Erbe bringt sich jedoch mit deren Nichterfüllung um sein Erbe.[191]

ff) Notar als Testamentsvollstrecker

Hinweis 1097

Der beurkundende Notar kann sich **nicht selbst** zum Testamentsvollstrecker berufen lassen (vgl. §§ 7, 27 BeurkG).

Wird die Testamentsvollstreckung jedoch in der beurkundeten Verfügung geregelt und die Benennung des Testamentsvollstreckers z.B. in einer eigenhändigen Verfügung von Todes wegen vorgenommen, so kann auch der Urkundsnotar Testamentsvollstrecker werden. Die eigenhändige Zusatzurkunde kann auch mit in den Umschlag gesteckt werden, in dem das Testament in die amtliche Verwahrung gegeben wird und laut BGH sogar mit der notariellen Urkunde verbunden werden.[192] Das Nachlassgericht kann auf Wunsch des Erblassers auch den Urkundsnotar zum Testamentsvollstrecker ernennen. Ob die Ernennung in einer vom Sozius beurkundeten Verfügung vorgenommen werden kann, war umstritten. Nach § 3 Abs. 1 S. 1 Nr. 4 BeurkG ist – jetzt – die Beurkundung der Ernennung des Sozius als Testamentsvollstrecker ausgeschlossen.[193] Ein bei der Beurkundung mitwirkender Zeuge soll nicht zum Testamentsvollstrecker berufen (oder sonst wie bedacht) werden (§§ 26, 27 BeurkG).

gg) Banken und Steuerberater als Testamentsvollstrecker

Banken und Steuerberater können ohne Weiteres Testamentsvollstrecker werden. Für das bis zum 30.6.2008 1098
geltende Rechtsberatungsgesetz hatte der BGH im Jahre 2005 entschieden (vgl. NJW 2005, 968, 969), dass die Tätigkeit des Testamentsvollstreckers keine Besorgung fremder Rechtsangelegenheiten i.S.v. Art. 1 § 1 Abs. 1 S. 1 Rechtsberatungsgesetz ist. Im Rechtsdienstleistungsgesetz vom 12.12.2007 (kurz RDG), in Kraft getreten am 1.7.2008, welches das Rechtsberatungsgesetz abgelöst hat und dessen Ziel es ist, die Rechtsuchenden, den Rechtsverkehr und die Rechtsordnung vor unqualifizierten Rechtsdienstleistungen zu schützen (§ 1 Abs. 1 S. 2 RDG), regelt nun § 5 ausdrücklich den Fall der Testamentsvollstreckung. Danach sind die Rechtsdienstleistungen im Zusammenhang mit einer anderen Tätigkeit erlaubt, wenn sie als Nebenleistung zum Berufs- oder Tätigkeitsbild gehören. Als erlaubte Nebenleistung gelten nach § 5 Abs. 2 Ziff. 1 insbesondere Rechtsdienstleistungen, die im Zusammenhang mit einer Testamentsvollstreckung erbracht werden.

hh) Gebühren des Testamentsvollstreckers

Für die Berechnung der Testamentsvollstreckergebühren existieren in der Praxis unterschiedliche Tabellen, die 1099
jeweils bestimmte Vergütungsrichtsätze festlegen. Vielfach wird der Berechnung die sog. **Möhring'sche Tabelle** zugrunde gelegt,[194] die Vergütungsrichtsätze zwischen 2,81 % und 7,5 % des Aktivnachlasses vorschlägt. Abgesehen von den in den Tabellen vorgeschlagenen Vergütungsrichtsätzen ist es möglich und oft angezeigt, die Höhe der **Testamentsvollstreckergebühren** im Testament zu beschränken. Bei einer Dauertestamentsvollstreckung erhält der Testamentsvollstrecker üblicherweise neben der Gebühr für die Ausführung der Verfügungen des Erblassers eine laufende Verwaltergebühr, etwa in Höhe eines bestimmten Prozentsatzes des von ihm erwirtschafteten Gewinns. Die Notare sollten den Empfehlungen des Deutschen Notarvereins folgen, der die am längsten gebräuchliche „Rheinische Tabelle" des Notariatsvereins für Rheinpreußen von 1925[195] überarbeitet und aktualisiert hat, sog. **Neue Rheinische Tabelle**. Die Vergütungsrichtsätze für den Vergütungsgrundbetrag betragen hiernach zwischen 0,75 % und 5 % des Bruttowertes des Nachlasses. Darüber hinaus

191 Vgl. zu diesem Problemkreis BHG, NJW 1996, 1284; *Everts*, MittBayNot 2003, 427 ff., Beck'sches Notarhandbuch/*Heckschen/Weitbrecht*, 8. Aufl. 2024, § 20 Rn 155 ff. und 186 ff. und kritisch dazu *Dorsel/Dorsel*, Kölner Formularbuch, Erbrecht, 4. Aufl. 2024, Kap. 11, Rn 159 ff., 179 ff.

192 ZEV 2022, 402.

193 So auch *Vaasen/Starke*, DNotZ 1998, 661, 669, Fn 22; *Mihm*, DNotZ 1999, 8, 14.

194 Abgedr. bei *Möhring/Beisswingert/Klingelhöfer*, Vermögensverwaltung in Vormundschafts- und Nachlasssachen, 7. Aufl. 1992, S. 224 ff.

195 Abgedr. bei OLG Köln in FamRZ 94, 328.

hat der Deutsche Notarverein für vom Normalfall abweichende Abwicklungen (z.B. Dauervollstreckungen, Abwicklung durch mehrere Testamentsvollstrecker, usw.) spezielle typisierende Vorschläge unterbreitet.[196]

ii) Mehrere Testamentsvollstrecker – Ersatztestamentsvollstrecker

1100 Mehrere Testamentsvollstrecker können **nebeneinander** berufen werden. Das verteuert naturgemäß die Verwaltung und kann – sollen beide nur gemeinschaftlich handeln – zu Unbeweglichkeit führen. Bei Großvermögen wird gelegentlich eine Testamentsvollstrecker-GmbH gegründet, deren Gesellschafter aus dem Management des Unternehmens stammen. Ob beim Wegfall aller Testamentsvollstrecker das Nachlassgericht einen Ersatztestamentsvollstrecker ernennt, richtet sich nach dem erklärten, hilfsweise nach dem mutmaßlichen Erblasserwillen. Bei der Anordnung einer Dauertestamentsvollstreckung ist der Wille des Erblassers anzunehmen, dass beim Wegfall aller eingesetzten Testamentsvollstrecker das Nachlassgericht bis zur Beendigung der Vollstreckung einen Testamentsvollstrecker ernennen soll.

jj) Antrag auf Erteilung eines Testamentsvollstreckerzeugnisses

1101 Wie der Erbscheinsantrag kann auch der Antrag auf Erteilung eines Testamentsvollstreckerzeugnisses sowohl vom Nachlassgericht als auch von einem Notar beurkundet werden. Er folgt weitgehend den Regeln für den Erbscheinsantrag (§ 2368 S. 2 Hs. 1 BGB, § 354 Abs. 1 FamFG). Im Testamentsvollstreckerzeugnis ist auch anzugeben, wenn der Testamentsvollstrecker in der Verwaltung des Nachlasses beschränkt ist oder der Erblasser angeordnet hat, dass der Testamentsvollstrecker in der Eingehung von Verbindlichkeiten für den Nachlass nicht beschränkt sein soll (§ 354 Abs. 2 FamFG).

1102 ▼

Muster 4.197: Antrag auf ein Testamentsvollstreckerzeugnis

4.197 Am verstarb . Sein letzter Wohnsitz war . Er war deutscher Staatsangehöriger. Als einzige Verfügungen von Todes wegen hat er hinterlassen:

1. den Erbvertrag vom UVZ-Nr. des Notars ,
2. das eigenhändige Testament vom .

In dem Testament hat er mich zu seiner Testamentsvollstreckerin mit der Befugnis berufen, unbeschränkt für den Nachlass Verbindlichkeiten einzugehen. Der Erbvertrag enthält lediglich Vermächtnisse. Er stand daher der Anordnung der Testamentsvollstreckung nicht entgegen. Ein Rechtsstreit über die Gültigkeit des Testaments oder meine Ernennung ist nicht anhängig. Ich nehme das Amt an.

Der Notar hat mich über die Bedeutung einer eidesstattlichen Versicherung, insbesondere die Strafbarkeit einer falschen eidesstattlichen Versicherung, belehrt. Ich erkläre daraufhin Folgendes an Eides statt:

Mir ist nichts bekannt, was der Richtigkeit meiner vorstehenden Angaben entgegensteht.

Ich beantrage die Erteilung eines Testamentsvollstreckerzeugnisses mit dem Vermerk gemäß § 354 Abs. 2 FamFG und bitte, eine Ausfertigung davon an den Notar zu schicken.

Den Wert des Brutto-Nachlasses gebe ich mit EUR an. Die Nachlassverbindlichkeiten belaufen sich auf EUR. Die Verwaltung wird voraussichtlich nur kurze Zeit dauern und weder wirtschaftliche noch rechtliche Schwierigkeiten machen.

Diese Niederschrift

Gebühren:

Wert: § 40 Abs. 5: EUR (20 % vom Nachlasswert ohne Abzug von Verbindlichkeiten)

Gebühr: KV Nr. 23300.

1,0 (mindestens 60 EUR) EUR.

▲

196 Vgl. *Reimann*, DNotZ 2001, 344 oder im Internet unter *www.dnotv.de*.

Ist der Testamentsvollstrecker in einer **beurkundeten** Verfügung von Todes wegen ernannt worden, so reicht 1103
vielfach statt eines Testamentsvollstreckerzeugnisses eine vom Nachlassgericht beglaubigte Abschrift der Urkunde nebst Ausfertigung oder beglaubigter Abschrift des Eröffnungsprotokolls zusammen mit einer weiteren Urkunde aus, in der das Nachlassgericht

- entweder dem Testamentsvollstrecker die Annahme des Amtes in öffentlicher Form („mit Siegel") bestätigt,
- oder ihm auch nur den Eingang der Annahmeerklärung (mit beglaubigter Unterschrift) bescheinigt.

Bei nicht beurkundeten Testamenten kann diese Bestätigung bzw. Bescheinigung die Vorlage eines Testamentsvollstreckerzeugnisses nicht ersetzen.

▼ 1104

Muster 4.198: Annahme des Testamentsvollstreckeramts

An das Amtsgericht 4.198

– Nachlassgericht –

Der am verstorbene, zuletzt in wohnhaft gewesene – er war deutscher Staatsangehöriger und hatte seinen letzten gewöhnlichen Aufenthalt in Deutschland – hat in seinem Testament vom vor Notar in – UVZ-Nr. für –, eröffnet vom dortigen Nachlassgericht unter , mich zum Testamentsvollstrecker ernannt. Ich nehme das Amt an und füge eine beglaubigte Abschrift dieser Erklärung mit der Bitte um Bescheinigung des Eingangs und Rückgabe bei.

(*Beglaubigung der Unterschrift*)

▲

Entwirft der Notar die Annahmeerklärung, so ist dafür folgende Gebühr zu erheben: 1105

Kosten bei Entwurf der Annahmeerklärung durch den Notar:

Wert: §§ 119 Abs. 1, 40 Abs. 5 GNotKG: 60.000 EUR (20 % vom Nachlasswert ohne Abzug von Verbindlichkeiten)

Gebühr: KV Nr. 24102 (denn Beurkundungsgebühr wäre 0,5 gemäß KV Nr. 21201 Nr. 6)

Rahmen 0,3–0,5, hier zwingend 0,5 (§ 92 Abs. 2) → 96 EUR.

Für die Unterschriftsbeglaubigung unter dem Entwurf entsteht keine Gebühr (Vorbem. 2.4.1 (2) KV GNotKG). Für die Beglaubigung der zusätzlichen Abschrift fällt außerdem eine Gebühr von 10 EUR an (Mindestgebühr bei bis zu 10 Seiten, KV Nr. 25102 GNotKG). Eine Dokumentenpauschale fällt nicht an (Bem. 1 zu KV Nr. 25102 GNotKG).

j) Ausschluss der Auseinandersetzung, familienrechtliche Anordnungen

Sind minderjährige Erben zu erwarten, so ist zu erwägen, ob der Erblasser nicht die Auseinandersetzung des 1106
Nachlasses bis zur Volljährigkeit des jüngsten Erben oder noch länger ausschließen sollte (§ 2044 BGB, vgl. hierzu auch oben Rdn 1059). Der Erblasser kann auch das Verwaltungsrecht der Eltern oder eines Elternteils am Kindesvermögen ausschließen (§ 1638 BGB), Vorschriften für die Verwaltung machen (§ 1639 BGB), einen Vormund bestimmen oder auch ausschließen (§ 1782 BGB).

5. Grenzen der Testierfreiheit

a) Beschränkungen durch frühere bindende Verfügung

Der Erblasser kann durch frühere Verfügungen in seiner Testierfreiheit **beschränkt** sein, und zwar durch 1107

(1) einen Erbvertrag,
(2) ein wechselbezügliches gemeinschaftliches Testament oder
(3) eine formlose, aber bindende Hoferbenbestimmung.

Falls eine derartige Bindung besteht, ist zunächst zu prüfen, ob die beabsichtigte Verfügung den in der früheren Verfügung Bedachten überhaupt **beeinträchtigt**. Dies ist keineswegs immer der Fall. Ist in der bindenden Verfügung beispielsweise lediglich ein Vermächtnis ausgeworfen, dann hindert dies nicht eine Erbeinsetzung und beliebige Zuwendungen aus dem Nachlass mit Ausnahme der des vermachten Gegenstandes. Eine Bindung besteht auch z.B. dann nicht, wenn die Verfügung von Todes wegen nur Bestimmungen des Erstversterbenden enthält, der Verfügende aber der Überlebende ist.

1108 Falls durch die frühere Verfügung eine beabsichtigte neue Regelung ausgeschlossen ist, muss geprüft werden, ob und wie der Erblasser sich von dieser Bindung befreien kann, wenn eine einverständliche vertragliche Aufhebung nicht zu erzielen ist. Ein früherer Erbvertrag könnte beispielsweise einen Änderungsvorbehalt oder ein Rücktrittsrecht enthalten. Oder es könnte ein gesetzliches Rücktrittsrecht wegen Verfehlungen des Bedachten (§ 2294 BGB) oder Wegfalls der Gegenverpflichtung (§ 2295 BGB) gegeben sein. Ein wechselbezügliches gemeinschaftliches Testament kann der Erblasser bis zum Tod des anderen stets widerrufen (§ 2271 BGB). Er muss dabei allerdings die Form des § 2296 BGB einhalten: Beurkundung und förmliche Zustellung einer **Ausfertigung** (nicht einer bloßen beglaubigten Abschrift) sind also erforderlich. Nach dem Tode des anderen kann er seine Verfügungen aufheben, wenn er das ihm Zugewendete ausschlägt (§ 2271 Abs. 2 BGB). Bei Verschwendung, Überschuldung und Verfehlungen des Abkömmlings kann der Überlebende auch ohne Ausschlagung diesem die Zuwendung entziehen oder beschränken, sofern Pflichtteilsentziehungs- bzw. Beschränkungsgründe vorliegen (§§ 2271, 2289 Abs. 2, 2338 Abs. 1, 2294 BGB, vgl. dazu Rdn 1144). Schließlich ist auf die Anfechtungsmöglichkeit beim Erbvertrag gemäß § 2281 BGB hinzuweisen, insbesondere bei Irrtum, Drohung (§ 2078 BGB) oder wenn der Erblasser nach dem Tod seines ersten Ehegatten ein zweites Mal heiratet und/oder ein (weiterer) Abkömmling des Erblassers geboren wird (§ 2079 BGB).

1109 Die Frage, ob eine Bindung durch formlose Hoferbenbestimmung eingetreten ist, kann im Einzelfall schwierig zu beantworten sein. Nach der inzwischen allgemein anerkannten Rechtsprechung des BGH[197] ist ein Hofeigentümer, der durch die Art und den Umfang der Beschäftigung eines Nachfolgers auf dem Hof zu erkennen gegeben hat, dass er diesen zum Hofnachfolger bestimmen will, daran gehindert, einen anderen durch Testament oder Hofübergabevertrag zum Hofnachfolger zu machen, wenn der Anwärter im Vertrauen auf das Verhalten des Eigentümers sein Leben auf die Hofübernahme ausgerichtet hat. Seit der am 1.7.1976 in Kraft getretenen Höferechtsnovelle ist der Erblasser schon bei vorbehaltloser Übertragung der Bewirtschaftung des Betriebes oder durch die Beschäftigung des Abkömmlings auf dem Hof daran gehindert, einen anderen zum Hoferben zu bestimmen, ohne dass die von der Rechtsprechung entwickelten strengen Voraussetzungen für eine bindende formlose Hoferbenbestimmung vorzuliegen brauchen (§ 7 Abs. 2 HöfeO). Diese Hinderung entfällt mit der Beendigung der Beschäftigung bzw. der Bewirtschaftungsüberlassung. Nach der ständigen Rechtsprechung des BGH kann der Eigentümer trotz einer formwirksamen oder formlos bindenden Hoferbenbestimmung die Hofeigenschaft aufheben und so den Anfall des Betriebes zu Hofbedingungen vereiteln.

b) Beschränkungen bei Sittenwidrigkeit

1110 Verfügungen von Todes wegen dürfen **nicht sittenwidrig** sein (Stichworte früher: „Geliebtentestament" – spielt aber heute aufgrund der geänderten Moralvorstellungen keine nennenswerte Rolle mehr – und „**Behindertentestament**"). Wo die Grenze zu ziehen ist, muss von Fall zu Fall entschieden werden. Diese Entscheidung ist für den Notar oft im Voraus nicht zu treffen.

Eindeutig sittenwidrig und daher nichtig sind Zuwendungen an einen Ehebrecher zur Abgeltung seiner geschlechtlichen Hingabe oder die Einsetzung eines Erben unter der Bedingung, dass er eine Straftat begeht. Wirksam sind dagegen Zuwendungen eines Ledigen an einen Lebensgefährten, wenn damit die geschlechtliche Hingabe nicht abgegolten werden soll, sondern Gesichtspunkte der Alterssicherung und der Vergütung sonstiger Dienste im Vordergrund stehen. Irgendwo zwischen diesen beiden Extremen liegt die Grenze. Im Grenzfall sollte der Notar über die Zweifel belehren, dies auch zu Protokoll bringen, ansonsten es in einem von den Beteiligten zu unterschreibenden Aktenvermerk festhalten, aber die Verfügung beurkunden. Hier gelten dieselben Grundsätze wie bei Zweifeln an der Testierfähigkeit (vgl. Rdn 1024).

197 BGHZ 101, 57.

Eine Verfügung von Todes wegen, mit der Eltern ihr behindertes, auf Kosten der Sozialhilfe unterzubringendes Kind nur als Vorerben auf einen den Pflichtteil kaum übersteigenden Erbteil einsetzen, bei seinem Tod ein anderes Kind als Nacherben berufen und dieses auch zum Vollerben des übrigen Nachlasses bestimmen, ist – auch in Kombination mit einer Verwaltungstestamentsvollstreckung bezüglich des an das behinderte Kind fallenden Vermögens – nicht sittenwidrig, auch soweit dadurch der Kostenersatzanspruch des Sozialhilfeträgers vereitelt wird (vgl. auch unten Rdn 1232 ff.).[198] 1111

c) Beschränkungen aufgrund gesetzlicher Verbote (§ 14 Heimgesetz und entsprechende Landesheimgesetze)

Verfügungen von Todes wegen dürfen nicht gegen gesetzliche Verbote verstoßen, da sie sonst nichtig sind (§ 134 BGB). Ein wichtiges gesetzliches Verbot ist der bis zum 31.8.2006 deutschlandweit anwendbare § 14 Heimgesetz (HeimG). Im Rahmen der Föderalismusreform ist die Gesetzgebungskompetenz für das Heimwesen mit Wirkung ab dem 1.9.2006 in die ausschließliche Gesetzgebungskompetenz der Länder übergegangen. Seitdem haben alle Länder eine landesgesetzliche Regelung des öffentlich-rechtlichen Teiles des Heimgesetzes ausgearbeitet und damit von der neuen Gesetzgebungskompetenz für das öffentlich-rechtliche Heimwesen Gebrauch gemacht. Eine Übersicht nebst der einschlägigen Landesgesetze findet sich im Internet unter www.dnoti.de unter Gesetzesänderungen/Erbrecht.[199] Die neuen Landesgesetze ersetzen das bisherige Heimgesetz des Bundes. Die meisten der neuen Landesgesetze enthalten dem § 14 HeimG wörtlich oder zumindest inhaltlich weitgehend entsprechende Regelungen, sodass die zum Bundesheimgesetz ergangene Rechtsprechung und vorherrschende Auslegung weiterhin maßgeblich bleiben wird. 1112

Gemäß § 14 HeimG sind u.a. auch letztwillige Verfügungen eines Erblassers, der sich in einem Heim befindet oder der sich um einen Heimplatz bewirbt, zugunsten des Heimträgers, der Heimleitung, von Beschäftigten des Heimes oder von sonstigen Heimmitarbeitern unwirksam. Welche Kriterien für eine Bewerbung um einen Heimplatz vorliegen müssen, ist von der Rechtsprechung bislang noch nicht geklärt; der Anwendungsbereich des § 14 HeimG ist von daher in diesem Punkt noch unsicher. Schutzzweck des § 14 HeimG und der entsprechenden landesgesetzlichen Regelungen ist es, den „Heimfrieden" durch die Vermeidung einer unterschiedlichen, sachlich nicht gerechtfertigten Behandlung einzelner Heimbewohner zu wahren und die Heimbewohner vor einer „Doppelbezahlung" neben dem eigentlichen Heimentgelt zu schützen. Heime im Sinne des Heimgesetzes sind Einrichtungen, die dem Zweck dienen, ältere Menschen oder pflegebedürftige oder behinderte Volljährige aufzunehmen, ihnen Wohnraum zu überlassen sowie Betreuung und Verpflegung zur Verfügung zu stellen (§ 1 Abs. 1 HeimG). Die Rechtsprechung dehnt das vorstehende Verbot auch auf Verwandte von Heimmitarbeitern aus. Das Verbot betrifft in erster Linie vertragsmäßige Zuwendungen (Erbeinsetzung oder Vermächtnisse) im Rahmen eines Erbvertrages. Einseitige Testamente unterfallen dem Verbot nur dann, wenn die Zuwendung auf ein Einvernehmen zwischen dem Erblasser und dem Bedachten gründet. Wenn also der Heimträger, dessen Leitung oder Mitarbeiter erst nach dem Tod des Erblassers von der Zuwendung Kenntnis erlangt haben (= sog. **stille Testamente**), ist die testamentarische Verfügung wirksam. Das gilt auch dann, wenn z.B. ein Angehöriger eines Heimbewohners diesen zum nicht befreiten Vorerben und den Heimträger zum Nacherben einsetzt und letzterer zwar erst nach dem Tode des Erblassers, aber vor Eintritt des Nacherbfalls von dem Testament und der Erbeinsetzung erfährt. Einrichtungen des sog. **betreuten Wohnens** waren nach der Neufassung des Heimgesetzes ab dem 1.1.2002 vom Anwendungsbereich des Gesetzes ausgenommen, solange keine Verpflichtung des Mieters bestand, Verpflegung und weitergehende Betreuungsleistungen von bestimmten Anbietern anzunehmen (§ 1 Abs. 2 HeimG). Die Nachfolgegesetze der Länder des Heimgesetzes handhaben den Fall des betreuten Wohnens allerdings sehr unterschiedlich.[200] Problematisch ist, ob das vorstehende gesetzliche Verbot auch auf die Betreuung und Pflege durch ambulante Pflegedienste in der Wohnung der zu pflegenden Person oder durch private Pflegepersonen in deren Privatwohnung entsprechend anzuwenden ist. Hier dürfte es wohl bereits an einer „Einrichtung" im Sinne des § 1 Abs. 1 HeimG und an einer Vergleichbarkeit der besonders eingeschränkten Lebenssituation eines stationär untergebrachten Heimbewohners mit der Le- 1113

198 BGH MittRhNotK 1993, S. 320; OLG Köln Rpfleger 2010, 140; vgl. auch Dorsel/*Perau*, Kölner Formularbuch Erbrecht, 4. Aufl. 2024, Kap. 5 Rn 570 ff.

199 Vgl. auch Dorsel/*Perau*, Kölner Formularbuch Erbrecht, 4. Aufl. 2024, Kap. 5, Rn 585 Fn 885.

200 Vgl. *Keim*, Die Testierverbote nach den Heimgesetzen der Länder, notar 2017, 119 ff.

benssituation einer im eigenen Hause oder im Hause einer privaten Pflegeperson gepflegten Person fehlen. So hat auch das OLG Düsseldorf bei einer letztwilligen Zuwendung an einen ambulanten Pflegedienst, der den Behinderten zu Hause versorgt, einen Verstoß gegen § 14 HeimG verneint. Einige Landesgesetze erstrecken jedoch das Zuwendungsverbot auch auf ambulante Pflegedienste.[201] Auch für Zuwendungen des behinderten Betreuten an seinen zivilrechtlichen Betreuer im Sinne der §§ 1814 BGB oder für Zuwendungen des Vollmachtgebers an seinen Vorsorgebevollmächtigten hat die Rechtsprechung einen Verstoß gegen § 14 HeimG verneint. Unabhängig von den vorerwähnten unterschiedlichen Auffassungen der Bundesländer empfiehlt sich aber für den Notar auf jeden Fall, den zugunsten einer privaten Pflegeperson testierenden Erblasser auf die Problematik des § 14 HeimG bzw. der entsprechenden Regelungen in den Nachfolgegesetzen der Bundesländer hinzuweisen und den Hinweis gegebenenfalls auch in die Urkunde mit aufzunehmen. Außerdem hat der eine letztwillige Verfügung in diesen Fällen beurkundende Notar darauf zu achten, dass die zu begünstigende Pflegeperson keine übermäßige Willensbeeinflussung auf den Erblasser ausübt, da die letztwillige Zuwendung sonst im Einzelfall sittenwidrig sein könnte. Auch kann es sich empfehlen, Auffangregelungen durch Ersatzerbeneinsetzungen für den Fall zu treffen, dass die getroffenen Verfügungen wegen Verstoßes gegen ein Heimgesetz unwirksam sein sollten. In allen Fällen der Anwendbarkeit des § 14 HeimG bzw. in den meisten Fällen der einschlägigen Landesheimgesetze kann die zuständige Aufsichtsbehörde in Einzelfällen Ausnahmen von den gesetzlichen Verboten zulassen, soweit der Schutz der Bewohner die Aufrechterhaltung der Verbote nicht erfordert und die Leistungen noch nicht versprochen oder gewährt worden sind (vgl. z.B. § 14 Abs. 6 HeimG).[202]

1114 Besonderheiten galten insbesondere zunächst für das am 10.12.2008 in Kraft getretene Wohn- und Teilhabegesetz – WTG NRW.[203] Das WTG NRW hatte § 14 HeimG nicht inhaltlich übernommen, sondern im § 10 eine eigenständige Regelung getroffen, die sich in wesentlichen Punkten von § 14 HeimG unterschieden hat. Seitens der Literatur bestanden Zweifel an der Verfassungsmäßigkeit dieser Bestimmung.[204] Durch Artikel 2 des Gesetzes vom 2.10.2014 zur Entwicklung und Stärkung einer demographiefesten, teilhabeorientierten Infrastruktur und zur Weiterentwicklung und Sicherung der Qualität von Wohn- und Betreuungsangeboten für ältere Menschen, Menschen mit Behinderungen und ihre Angehörigen wurde das ursprüngliche WTG NRW vom 18.11.2008 außer Kraft und das neue WTG NRW in Kraft gesetzt.[205] Die ursprünglich in § 10 WTG NRW enthaltene Regelung über Leistungen an Betreiber und Beschäftigte findet sich nunmehr in § 7 WTG NRW und ist der ursprünglichen Regelung des § 14 HeimG inhaltlich in großen Teilen nachgebildet.

d) Zeitliche Grenzen für Verfügungen von Todes wegen

1115 Der Erblasser kann keine Gestaltung auf unbegrenzte Zeit treffen. Er kann sein Vermögen nicht über **30 Jahre** nach seinem Tod hinaus binden. Dies schreiben § 2044 BGB für den Ausschluss der Auseinandersetzung, § 2109 BGB für die Vor- und Nacherbschaft, § 2162 BGB für das Vermächtnis und § 2210 BGB für die Testamentsvollstreckung vor. Es gibt gewisse eng begrenzte Ausnahmen. Auch kann der Erblasser eine Familienstiftung einrichten. Deren Bedeutung hat in der Praxis in den letzten Jahren zugenommen.

Der Notar sollte dem Erblasser von allzu weit in die Zukunft hineinwirkenden Verfügungen abraten. Schon das Überspringen einer Generation oder auch nur die Beschränkung der Kinder durch die Anordnung von Vor- und Nacherbschaft zugunsten der Enkelkinder sollte nur empfohlen werden, um Unheil von der Familie abzuwenden, also etwa bei Alkohol- oder Drogenabhängigkeit, drohender Insolvenz, Verschwendungssucht oder zweifelhafter Geschäftsfähigkeit des Erben oder bei der Gefahr von Vollstreckungsmaßnahmen in den Erbteil eines Erben.

201 Vgl. *Keim*, notar 2017, a.a.O.
202 Vgl. zu den vorstehenden Problematiken *Suyter*, ZEV 2003, 104 f. und Gutachten im DNotI-Report, 2005, 137 ff.
203 Vgl. GVBl NRW 2008, 738.
204 Vgl. hierzu im Einzelnen *Tersteegen*, RNotZ 2009, 222 ff.; *Karl*, ZEV 2009, 544 ff.
205 Vgl. GVBl NRW 2014, 625.

e) Beschränkungen durch das Pflichtteilsrecht

aa) Grundsätze

Eine weitere Grenze zieht das Pflichtteilsrecht (§§ 2303 ff. BGB). Es war in der DDR auf einen unbedeutenden Rest reduziert. Die Regelung im ZGB entsprach besser den heutigen Verhältnissen als die im BGB. Die Bürger akzeptieren nur schwer, dass der Staat sie daran hindert, mit dem von ihnen geschaffenen Vermögen nach Belieben zu verfahren. Bei geerbtem Vermögen ist das anders. Hier wird eine weitgehende Bindung zugunsten der Nachkommen häufig gewünscht. Trotz kritischer Betrachtung des Pflichtteilsrechts in Teilen der deutschen Bevölkerung ist das Pflichtteilsrecht durch die am 1.1.2010 in Kraft getretene Erbrechtsreform (Gesetz zur Änderung des Erb- und Verjährungsrechts) grundsätzlich unangetastet geblieben. Nur in einzelnen Punkten wurde das Pflichtteilsrecht vereinfacht bzw. praxisnäher gestaltet (zu § 2325 Abs. 3 BGB im Rahmen des Pflichtteilsergänzungsanspruchs vgl. Rdn 1148 ff. und zur Neufassung der §§ 2305 und 2306 BGB vgl. Rdn 1170 ff., 1179 ff.). Der Erblasser sollte wissen, dass mit der Geltendmachung von Pflichtteilsansprüchen zu rechnen ist, wenn er einem Pflichtteilsberechtigten weniger hinterlässt, als ihm an Pflichtteil zusteht. Will der Erblasser die Ungewissheit beseitigen, so bleibt nur die Möglichkeit der Vereinbarung eines Pflichtteilsverzichts, § 2346 BGB (vgl. Rdn 1332 ff.). Ist er nicht zu erreichen, so kann der Erblasser es darauf ankommen lassen, ob der Pflichtteilsanspruch tatsächlich und rechtzeitig im Rahmen der gesetzlichen Verjährungsfrist (vgl. unten Rdn 1154) geltend gemacht wird. Vernünftiger ist es aber, dem Pflichtteilsberechtigten von vornherein so viel zukommen zu lassen, wie der Pflichtteilsanspruch voraussichtlich betragen wird. 1116

bb) Berechnung des Pflichtteils

Der Pflichtteil besteht in der Hälfte des Wertes des gesetzlichen Erbteils in Geld (§ 2303 Abs. 1 S. 2 BGB), bei enterbten Ehegatten im gesetzlichen Güterstand, denen auch kein Vermächtnis zugewendet wurde, berechnet von ihrer **nicht** erhöhten Erbquote (§ 1371 Abs. 2 BGB); neben Abkömmlingen des Erblassers beträgt er also ein Achtel, bei einem kinderlosen Erblasser neben Eltern und Geschwistern ein Viertel des Nettonachlasses (sog. kleiner Pflichtteil). Der Pflichtteilsanspruch ist ein reiner Geldanspruch gegenüber dem Erben bzw. den Miterben. Der Pflichtteilsberechtigte wird somit nicht Erbe, also auch nicht (Mit)Eigentümer des Nachlasses. Er hat bei dessen Auseinandersetzung nicht mitzuwirken. Der Pflichtteilsanspruch wird der Höhe nach berechnet aufgrund einer **Nachlassbilanz**, in die alle Aktivwerte und Passivwerte – grundsätzlich mit ihrem Verkehrswert zum Zeitpunkt des Erbfalls – eingesetzt werden. Der Saldo ist der Nettonachlass (§ 2311 BGB). Dann wird festgestellt, wie viel der Pflichtteilsberechtigte geerbt haben würde, wenn gesetzliche Erbfolge eingetreten wäre. Die Hälfte davon ist der Pflichtteil. 1117

cc) Berechtigte – Rechte – Pflichten

> *Hinweis* 1118
>
> Pflichtteilsberechtigt sind die Abkömmlinge des Erblassers und sein Ehegatte. Die Eltern des Erblassers sind pflichtteilsberechtigt, wenn entweder der Erblasser keine Abkömmlinge hinterlassen hat (§§ 2303 Abs. 2, 1930 BGB) oder der Erblasser zwar Abkömmlinge hinterlassen hat, diese aber durch Ausschlagung, Erbverzicht oder Erbunwürdigkeitserklärung nicht Erben geworden sind. Das Pflichtteilsrecht der Eltern wird in letzteren Fällen aber durch die schwer verständliche Vorschrift des § 2309 eingeschränkt.

Auch der überlebende Lebenspartner der „Eingetragenen Lebenspartnerschaft" kann von den Erben die Hälfte des Wertes des gesetzlichen Erbteils (siehe hierzu Rdn 867 ff.) als Pflichtteil verlangen, wenn er vom Erblasser durch Verfügung von Todes wegen von der Erbfolge ausgeschlossen worden ist. Die Vorschriften des BGB über den Pflichtteil gelten mit der Maßgabe entsprechend, dass der Lebenspartner wie ein Ehegatte zu behandeln ist (§ 10 Abs. 6 LPartG).

Der Pflichtteilsberechtigte kann vom Erben Auskunft über den Bestand des Nachlasses verlangen. Wenn er darauf besteht, muss ein vom Notar aufzunehmendes Nachlassverzeichnis erstellt werden (§ 2314 BGB).[206] Auf Verlangen ist der Pflichtteilsberechtigte bei der Aufnahme des Verzeichnisses zuzuziehen. Die Verkehrswerte

206 Vgl. zu den Anforderungen an die Erstellung eines notariellen Nachlassverzeichnisses etwa OLG Bamberg ZEV 2016, 580; OLG Koblenz DNotZ 2014, 780; OLG Düsseldorf ZEV 2020, 294; OLG Stuttgart ZEV 2020, 292; ausführlich zum notariellen Nachlassverzeichnis *Damm*, notar 2016, 219; *Schmitz*, RNotZ 2016, 231 und *Keim*, NJW 2020, 2996.

der Nachlassgegenstände sind durch Sachverständige zu ermitteln (§ 2314 BGB). Die Kosten dafür fallen dem Nachlass zur Last (§ 2314 Abs. 2 BGB).

1119 Der Pflichtteilsberechtigte hat sich auf den Pflichtteil anrechnen zu lassen, was ihm vom Erblasser zu Lebzeiten mit der Bestimmung übertragen worden ist, dass er es auf den Pflichtteil anrechnen lassen muss (§ 2315 BGB). Die **Anrechnungsbestimmung** muss (z.B. im Rahmen von Übertragungsverträgen) vor oder spätestens mit der Zuwendung erfolgen. Die einseitige Nachholung einer unterbliebenen Bestimmung durch den Übertragenden ist nicht möglich. Eine derartige nachträgliche Anrechnungsmöglichkeit wurde im Rahmen der am 1.1.2010 in Kraft getretenen Erbrechtsreform diskutiert und war auch zunächst im Regierungsentwurf enthalten, ist dann letztendlich aber im Gesetzgebungsverfahren gescheitert. Die nachträgliche Einwilligung des Pflichtteilsberechtigten in die Anrechnungsbestimmung kann jedoch als teilweiser Pflichtteilsverzicht beurkundet werden (vgl. Rdn 1332 ff.).

dd) Pflichtteilsergänzungsanspruch

1120 Der Erblasser könnte grundsätzlich durch **Schenkungen zu Lebzeiten** an Miterben oder Dritte den Pflichtteil des bzw. der Berechtigten, dessen Höhe vom Wert des Nachlasses zum Zeitpunkt des Erbfalles abhängt (vgl. Rdn 1145), verkleinern oder gar vollständig aushöhlen. Um dies zu verhindern, gewährt § 2325 BGB dem bzw. den Pflichtteilsberechtigten einen vom ordentlichen Pflichtteilsanspruch unabhängigen und selbstständigen Pflichtteilsergänzungsanspruch, in dem die Gegenstände, die der Erblasser in den letzten zehn Jahren vor seinem Tod (bei Schenkungen an den Ehegatten auch über diesen Zeitraum hinaus, § 2325 Abs. 3 S. 3 BGB) verschenkt hat, dem Nettonachlass ganz oder anteilsmäßig hinzugerechnet werden und dann der entsprechende Pflichtteil vom somit erhöhten Nettonachlasswert bestimmt wird.

1121 Im Falle sog. **gemischter Schenkungen** (z.B. Übertragung eines Hauses von den Eltern an ein Kind gegen Einräumung eines lebzeitigen Wohnungsrechts und einer Pflegeverpflichtung) ist nur der tatsächliche Schenkungsanteil ergänzungspflichtig. Den Vertragsparteien steht es dabei bis zur Grenze des Missbrauchs grundsätzlich frei, den Wert des geschenkten Gegenstandes (z.B. des Hauses) und den Wert der vereinbarten Gegenleistungen (z.B. des Wohnungsrechts und der Pflegeverpflichtung) zu bestimmen. Für die Bewertung der Schenkung ist auf den Verkehrswert abzustellen. Bei nicht verbrauchbaren Sachen (z.B. bei Grundstücken) sind die Verkehrswerte zum Zeitpunkt der Schenkung (unter Berücksichtigung der Grundsätze des Kaufkraftschwundes auf den Tag des Erbfalls umgerechnet) und zum Zeitpunkt des Erbfalls miteinander zu vergleichen und der niedrigere Wert der Berechnung zugrunde zu legen (§ 2325 Abs. 2 BGB). Nach stark umstrittener Auffassung des Bundesgerichtshofs kann der Wert von vorbehaltenen Nutzungsrechten (z.B. Nießbrauch oder Wohnungsrecht) nur dann wertmindernd vom Verkehrswert des Grundbesitzes abgezogen werden, wenn der Wert des Grundbesitzes zum Zeitpunkt des Erbfalls höher war als zum Zeitpunkt der Schenkung, also bei der Wertermittlung auf den Wert des Grundbesitzes zum Zeitpunkt der Schenkung abgestellt wird. Dies ist in Zeiten fallender Immobilienpreise problematisch.

1122 Der **Pflichtteilsergänzungsanspruch** richtet sich grundsätzlich gegen den Erben (§ 2325 BGB) und nur ausnahmsweise gegen den Beschenkten (§ 2329 BGB), wenn der Erbe aus rechtlichen Gründen (z.B. es ist kein Nachlass oder nur ein überschuldeter Nachlass vorhanden) – nicht aber aus tatsächlichen Gründen (z.B. Zahlungsunfähigkeit oder Insolvenz des Erben) – nicht zur Pflichtteilsergänzung verpflichtet ist.[207]

1123 Gemäß der seit dem 1.1.2010 geltenden „**Abschmelzungsregelung**" des § 2325 Abs. 3 BGB (durch das Gesetz zur Änderung des Erb- und Verjährungsrechts wurde die bis Ende 2009 geltende starre Ausschlussfrist, die ein „Alles-oder-nichts-Prinzip" beinhaltete, abgeschafft) werden für die Bemessung des Pflichtteilsergänzungsanspruchs Schenkungen umso weniger berücksichtigt, je länger diese zurückliegen. Eine Schenkung im ersten Jahr vor dem Erbfall wird danach voll berücksichtigt, im zweiten Jahr nur noch zu $^9/_{10}$, im dritten Jahr zu $^8/_{10}$ u.s.w. Durch die neue Regelung wird dem Erblasser bzw. Schenker und dem Beschenkten (oft einzelne Kinder des Erblassers) mehr Planungssicherheit eingeräumt, die übergangenen Pflichtteilsberechtigten (oft Geschwister des beschenkten Kindes) werden hierdurch hingegen benachteiligt.

1124 Wie im Falle der bisherigen starren **Ausschlussfrist** greift aber auch die neue Abschmelzungsregelung nicht, wenn der Schenker noch gar nicht geleistet hat, also eine wirtschaftliche Ausgliederung des geschenkten Ge-

207 Vgl. zur Geltendmachung des Pflichtteilsergänzungsanspruchs gegen den Beschenkten *Siebert*, ZEV 2013, 241.

genstandes aus dem Vermögen des Schenkers noch nicht stattgefunden hat, wie z.B. im Falle von Schenkungen unter Nießbrauchsvorbehalt. Umstritten ist nach wie vor, wie z.B. Schenkungen gegen Einräumung eines Wohnungsrechts behandelt werden, wenn sich das Recht nur auf einzelne Räumlichkeiten des übertragenen Grundbesitzes bezieht. Hat dann bereits eine die Abschmelzungsregelung in Gang setzende Leistung des Schenkers stattgefunden? Dieselbe Rechtsunsicherheit existiert nach wie vor für die in Übertragungsverträgen üblichen Rückforderungsklauseln mit konkreten Rückforderungsgründen wie z.B. Veräußerungs- und Belastungsverbote für den Beschenkten oder Insolvenz des Beschenkten. Zumindest in Bezug auf die Einräumung eines Wohnungsrechts hat der BGH mittlerweile klargestellt, dass der Beginn des Fristablaufs gemäß § 2325 Abs. 3 BGB nur in Ausnahmefällen gehindert sein wird.[208] Zwar ließe sich nicht abstrakt beantworten, ob auch ein vorbehaltenes Wohnungsrecht wie ein Nießbrauch den Fristbeginn hindern kann. Maßgebend seien vielmehr die Umstände des Einzelfalls, anhand derer beurteilt werden muss, ob der Erblasser den verschenkten Gegenstand auch nach Vertragsschluss noch im Wesentlichen weiterhin nutzen konnte. Soweit das im Wohnungsrecht verankerte Ausschließungsrecht jedoch nur an Teilen der übergebenen Immobilie bestehe, sei der Erblasser – anders als beim Vorbehalt des Nießbrauchs – mit Vollzug des Übergabevertrages nicht mehr als „Herr im Haus“ anzusehen. Für den Beginn des Fristablaufs spreche auch die fehlende Gestattung der Übertragbarkeit des Wohnungsrechts auf Dritte. Es ist damit zwar nicht ausgeschlossen, dass die Einräumung eines Wohnungsrechts den Beginn des Fristablaufs gemäß § 2325 Abs. 3 BGB hindert, der Erblasser wird in solchen Konstellationen jedoch in aller Regel den „Genuss“ des verschenkten Gegenstands nach der Schenkung auch tatsächlich entbehren müssen.

> *Hinweis*
>
> Bei Schenkungen an den Ehegatten oder den eingetragenen Lebenspartner beginnt die Frist erst mit der Auflösung der Ehe bzw. der eingetragenen Lebenspartnerschaft. Die nichteheliche Lebenspartnerschaft außerhalb des Lebenspartnerschaftsgesetzes wird also nach wie vor bevorzugt, da durch Schenkungen an die Lebensgefährtin bzw. an den Lebensgefährten diese bereits nach einem Jahr gegenüber den Kindern des Schenkers von der Abschmelzungsregelung profitieren.

Ehebezogene Zuwendungen werden im Pflichtteilsrecht als Schenkungen behandelt. Die dem Pflichtteils- 1125
berechtigten gemachten Geschenke sind dem Nachlass ebenso hinzuzurechnen wie die Dritten schenkweise übertragenen Gegenstände (§ 2327 BGB). Sog. **Anstandsschenkungen**, also Schenkungen von geringerem Wert etwa zu Weihnachten oder zum Geburtstag, werden nicht dem Nachlass hinzugerechnet (§ 2330 BGB). Der Anspruch auf Pflichtteilsergänzung entfällt, wenn im Nachhinein durch eine Vertragsänderung die ursprüngliche Schenkung durch Vereinbarung von Gegenleistungen des Erwerbers (z.B. Zahlung einer Rente) zu einem entgeltlichen Übertragungsvertrag wird.

ee) Verjährung und Stundung

Der Pflichtteilsanspruch verjährt grundsätzlich in drei Jahren (§ 195 BGB, früher § 2332 BGB). Gemäß § 199 1126
Abs. 1 BGB beginnt die Verjährungsfrist mit dem Schluss des Jahres, in dem der Anspruch entstanden ist und der Pflichtteilsberechtigte vom Eintritt des Erbfalls, von der ihn beeinträchtigenden Verfügung von Todes wegen und von der Person des bzw. der Erben Kenntnis erlangt oder ohne grobe Fahrlässigkeit hätte Kenntnis erlangen müssen („Silvesterverjährung“). Ohne Rücksicht auf die Kenntnis oder grob fahrlässige Unkenntnis verjährt der Pflichtteilsanspruch in 30 Jahren ab dem Erbfall (§ 199 Abs. 3a BGB).

> *Beispiel* 1127
>
> Der am 1.9.2020 verstorbene verwitwete Erblasser E hat sein einziges Kind K zugunsten seiner Lebensgefährtin durch ein privatschriftliches Testament enterbt. Von dem Testament und seiner Enterbung erfährt K erst am 5.1.2021 aufgrund der schriftlichen Bekanntgabe des eröffneten Testaments durch das zuständige Nachlassgericht.
>
> Die Verjährung beginnt hier mit dem Ablauf des 31.12.2021 (also um 24:00 Uhr), sodass der Pflichtteilsanspruch des K erst mit dem Ablauf des 31.12.2024 (also um 24:00 Uhr) verjährt.

208 Urt. v. 29.6.2016 – IV ZR 474/15, DNotZ 2016, 805.

1128 § 2332 BGB regelt für alle Erbfälle ab dem 1.1.2010 (die Vorschrift wurde durch das Gesetz zur Änderung des Erb- und Verjährungsrechts neu gefasst) nur noch die Verjährung des nur hilfsweise bestehenden Pflichtteilsergänzungsanspruchs des durch eine Schenkung beeinträchtigten Pflichtteilsberechtigten gegen den Beschenkten nach § 2329 BGB (vgl. Rdn 1148 ff.). Im Interesse des Beschenkten beginnt hier die Verjährungsfrist von drei Jahren stets mit dem Erbfall zu laufen, und zwar unabhängig von Kenntnis oder grob fahrlässiger Unkenntnis der vorgenannten anspruchsbegründenden Tatsachen im Sinne des § 199 Abs. 1 BGB seitens des Pflichtteilsberechtigten.

1129 Gemäß § 2331a BGB in der seit dem 1.1.2010 geltenden Fassung (die Vorschrift wurde durch das Gesetz zur Änderung des Erb- und Verjährungsrechts geändert) kann jeder Erbe (nicht nur wie bisher der selbst pflichtteilsberechtigte Erbe) die **Stundung** des Pflichtteils verlangen, wenn die sofortige Erfüllung des gesamten Anspruchs für den Erben wegen der Art der Nachlassgegenstände eine unbillige Härte wäre. Dies ist insbesondere der Fall, wenn der Erbe zur Aufgabe des Familienheims oder zur Veräußerung eines Wirtschaftsguts gezwungen würde, das für ihn und seine Familie die wirtschaftliche Lebensgrundlage bildet (z.B. ein Unternehmen oder ein Mietshaus, woraus der Erbe hauptsächlich seine Einkünfte bezieht). Die **Interessen** des Pflichtteilsberechtigten sind angemessen zu berücksichtigen. Ist der Pflichtteilsanspruch nicht streitig, so entscheidet über die Stundung das Nachlassgericht, andernfalls das Prozessgericht. Praktisch relevant ist die Stundung von Pflichtteilsansprüchen z.B. in dem Fall, in dem der Ehegatte, der Alleineigentümer des von den Ehegatten gemeinsam bewohnten Eigenheims ist, zuerst verstirbt, die Ehegatten keinerlei nennenswertes sonstiges Vermögen hatten bzw. haben und die Kinder den Pflichtteil vom überlebenden Ehegatten verlangen.

ff) Entziehung des Pflichtteils

1130 Durch das am 1.1.2010 in Kraft getretene Gesetz zur Änderung des Erb- und Verjährungsrechts ist das Pflichtteilsentziehungsrecht grundlegend neu geordnet worden. Die bisherigen Vorschriften der §§ 2334 und 2335 BGB, die die Pflichtteilsentziehung von Eltern und Ehegatten bzw. eingetragenen Lebenspartnern regelten, sind aufgehoben worden. Gemäß der neu gefassten Verweisungsvorschrift des § 2333 Abs. 2 BGB gelten nicht nur für Abkömmlinge, sondern auch für Eltern und Ehegatten bzw. eingetragene Lebenspartner die Pflichtteilsentziehungsgründe des § 2333 Abs. 1 BGB.

Einem Abkömmling, einem Elternteil, seinem Ehegatten bzw. eingetragenen Lebenspartner kann der Erblasser gemäß § 2333 Abs. 1, 2 BGB den Pflichtteil **entziehen**, wenn

(1) dem Erblasser, dem Ehegatten (bzw. eingetragenen Lebenspartner) des Erblassers, einem anderen Abkömmling oder einer dem Erblasser ähnlich nahestehenden Person nach dem Leben getrachtet wird, oder
(2) sich der betreffende Pflichtteilsberechtigte eines Verbrechens oder eines schweren vorsätzlichen Vergehens gegen eine der in Nummer 1 bezeichneten Personen schuldig macht, oder
(3) der Pflichtteilsberechtigte die ihm dem Erblasser gegenüber gesetzlich obliegende Unterhaltspflicht böswillig verletzt, oder
(4) der Pflichtteilsberechtigte wegen einer vorsätzlichen Straftat zu einer Freiheitsstrafe von mindestens einem Jahr ohne Bewährung rechtskräftig verurteilt wird oder wenn die Unterbringung des Pflichtteilsberechtigten in einem psychiatrischen Krankenhaus oder in einer Entziehungsanstalt wegen einer ähnlich schwerwiegenden Tat rechtskräftig angeordnet wird und im betreffenden Fall die Teilhabe des Pflichtteilsberechtigten am Nachlass deshalb für den Erblasser unzumutbar ist.

Der in der Praxis bedeutungslos gewordene Pflichtteilsentziehungsgrund des „ehrlosen und unsittlichen Lebenswandels" ist mit der Erbrechtsreform entfallen. Stattdessen ist der vorgenannte Grund der rechtskräftigen Verurteilung von mindestens einem Jahr bzw. der rechtskräftigen Anordnung einer Unterbringung in einem psychiatrischen Krankenhaus oder in einer Entziehungsanstalt wegen einer ähnlich schwerwiegenden Tat als neuer Pflichtteilsentziehungsgrund hinzugekommen. Hier kann das Tatbestandsmerkmal der „Unzumutbarkeit der Nachlassteilhabe" in der Praxis vielfach zu Streit führen. Je schwerer die Straftat ist, desto eher wird sich die Unzumutbarkeit bereits aus der Begehung der Tat ergeben und desto geringer werden die Anforderungen an die Darlegung der Gründe für die Unzumutbarkeit sein.

Hinweis

Erweitert worden ist der Personenkreis, der in den Schutzbereich der Pflichtteilsentziehung einbezogen wird. Auch ein Fehlverhalten des Pflichtteilsberechtigten gegen Stief- und Pflegekinder des Erblassers oder gegen dessen Lebensgefährten kann zu einer berechtigten Pflichtteilsentziehung führen.

Die Entziehung des Pflichtteils kann nur in einer letztwilligen Verfügung ausgesprochen werden. Dabei muss 1131
der Grund für die Entziehung angegeben werden. Er muss zur Zeit der Errichtung der Verfügung bestehen (§ 2336 Abs. 1, 2 BGB). Im Falle des zuvor unter (4) genannten Pflichtteilsentziehungsgrundes muss die Straftat zur Zeit der Errichtung der Verfügung begangen sein und der Grund für die Unzumutbarkeit vorliegen. Beides muss in der Verfügung von Todes wegen angegeben werden. Dies kann im Einzelfall zu großen Problemen führen, so z.B. wenn der Erblasser bereits seit Jahren keinerlei Kontakt mehr zu einem Kind hat und nur über Dritte von der Begehung von Straftaten und verbüßten Freiheitsstrafen des Kindes gehört hat ohne jedoch Einzelheiten zu kennen.

Hinweis 1132

Derjenige, der sich auf die Entziehung des Pflichtteils beruft, muss den Grund für die Pflichtteilsentziehung im Streitfall nachweisen (§ 2336 Abs. 3 BGB). Das Recht zur Entziehung des Pflichtteils erlischt durch Verzeihung. Eine Verfügung, in der die Entziehung angeordnet ist, wird durch die Verzeihung unwirksam (§ 2337 BGB).

gg) Beschränkung des Pflichtteils

Wenn sich ein Abkömmling als verschwendungssüchtig zeigt oder wenn er in solchem Maße überschuldet ist, 1133
dass sein späterer Erwerb erheblich gefährdet scheint, so kann der Erblasser das Pflichtteilsrecht durch die Anordnung beschränken, dass nach dem Tod des Pflichtteilsberechtigten dessen gesetzliche Erben das ihm Hinterlassene als Nacherben oder als Nachvermächtnisnehmer erhalten (§ 2338 BGB, Pflichtteilsbeschränkung in guter Absicht). Auf diese Weise wird der Pflichtteil dem Zugriff der Gläubiger des Abkömmlings entzogen. Der Erblasser kann auch anordnen, dass das durch den Pflichtteil Erlangte von einem Testamentsvollstrecker verwaltet wird, solange der Abkömmling lebt. Dann hat der Abkömmling nur einen Anspruch auf den jährlichen Reinertrag dieses Vermögens (§ 2338 Abs. 1 S. 2 BGB).

▼ 1134

Muster 4.199: Beschränkung des Pflichtteils

Mein Sohn ____ ist total verschuldet. Ich enterbe ihn daher hiermit. Das, was er als Pflichtteil bekommt, 4.199
erhalten bei seinem Tode dessen gesetzliche Erben als Nacherben nach dem Verhältnis ihrer gesetzlichen Erbteile. Bis dahin verwaltet es mein Sohn ____ als Testamentsvollstrecker.

▲

hh) Verringerung des Pflichtteils

Der Erblasser kann dem Berechtigten die Geltendmachung von Pflichtteilsansprüchen **verleiden** und sie auf ein 1135
Mindestmaß verringern. Dafür bieten sich vor allem folgende Möglichkeiten.

(1) Pflichtteilsstrafklausel

Der in der Praxis häufigste Fall ist die Einsetzung auf den Pflichtteil nach dem Überlebenden für den Fall, dass 1136
ein Kind nach dem Erstversterbenden seinen Pflichtteil verlangt.

Diese Wirkung kann verstärkt werden, wenn für den Fall der Geltendmachung des Pflichtteils durch ein Kind den anderen Kindern ein Geldvermächtnis nach dem Erstversterbenden in Höhe des gesetzlichen Erbteils zugewendet wird, fällig beim Tode des Überlebenden (sog. **Jastrow'sche Klausel**).

Beispiel 1137

„Sollte einer unserer Abkömmlinge nach dem Tode des Erstversterbenden seinen Pflichtteil verlangen, so sollen er und seine Abkömmlinge nach dem Tode des Überlebenden auch nur den Pflichtteil erhalten. Für diesen Fall vermacht der Erstversterbende den anderen Abkömmlingen, die den Pflichtteil nicht geltend

machen, eine Geldforderung in Höhe des Werts ihres gesetzlichen Erbteils, die mit dem Tod des Erstversterbenden entsteht, mit 6 % p.a. zu verzinsen ist und mit den Zinsen beim Tod des Überlebenden fällig wird."
Auf diese Weise wird der Nachlass des Überlebenden um das Vermächtnis verkleinert und im selben Verhältnis der Pflichtteil nach ihm verringert.[209]

(2) Vereinbarung einer Gütergemeinschaft

1138 Hat der Elternteil, der vermutlich zuerst verstirbt, ein mehr als dreimal so großes Vermögen wie der andere, so können die Pflichtteilsansprüche der Kinder dadurch verringert werden, dass die Eltern Gütergemeinschaft vereinbaren.

Dies kommt aber nur dann in Betracht, wenn gegen die Gütergemeinschaft nicht wichtige andere Gründe, etwa Haftungsgesichtspunkte, die Wahrscheinlichkeit einer Ehescheidung oder schenkungsteuerliche Gesichtspunkte sprechen. Wird die Gütergemeinschaft ausschließlich vereinbart, um die Pflichtteilsansprüche zu verringern, so kann darin in extremen Fällen eine Schenkung liegen. Mit einer Schenkung kann aber die Verringerung des Pflichtteils wegen der Vorschrift des § 2325 BGB (vgl. Rdn 1148 ff.) nicht erreicht werden. Im Übrigen hängt der Eintritt des erwarteten Ergebnisses von der zukünftigen Entwicklung der Vermögensverhältnisse beider Ehegatten und davon ab, ob sie in der vermuteten Reihenfolge versterben, also stets von ungewissen Ereignissen.

1139 *Beispiel*

M hat 300.000 EUR, F 100.000 EUR Vermögen. Das einzige Kind von M und F, Sohn S, kann, wenn M zuerst verstirbt, bei gesetzlichem Güterstand als Pflichtteil nach M 75.000 EUR (1/4 von 300.000 EUR) und bei Gütergemeinschaft ebenfalls 75.000 EUR (3/8 von 200.000 EUR) verlangen. Hat M 310.000 EUR Vermögen, so lauten die Zahlen 77.500 EUR bei gesetzlichem Güterstand und 76.875 EUR bei Gütergemeinschaft.

(3) Einführung einer Hofeigenschaft

1140 Bei landwirtschaftlichem Besitz ist ein wirksames Mittel zur Verringerung der Pflichtteilsansprüche die Einführung der Hofeigenschaft. Beim Hof im Sinne der Höfeordnung berechnen sich die Pflichtteilsansprüche seit dem 1.7.1976 nach dem 1 1/2-fachen Einheitswert (§§ 16 Abs. 2, 12 Abs. 2 HöfeO). Dies ist nur ein Bruchteil des Verkehrswerts.

(4) Anordnung gemäß § 2312 BGB bei einem Landgut

1141 Bei Nicht-Höfen, die aber die Eigenschaft eines Landgutes haben, also aus einer Hofstelle und landwirtschaftlicher Nutzfläche bestehen, kann durch entsprechende Anordnungen erreicht werden, dass der Pflichtteilsanspruch nur nach dem **Ertragswert** des Betriebes errechnet wird, nicht nach dem Verkehrswert (§§ 2312, 2049 BGB, Übernahme als Landgut). Da sich der Ertragswert (in den alten Bundesländern) etwa bei einem Drittel des Verkehrswerts bewegt, erreicht der Erblasser mit einer solchen Anordnung ebenfalls eine wesentliche Verringerung der Pflichtteilsansprüche (vgl. hierzu Rdn 184, 193).

ii) Zusatzpflichtteil gemäß § 2305 BGB und Erbeinsetzung mit Beschränkungen und Beschwerungen gemäß § 2306 BGB

1142 Grenzen der Testierfreiheit des Erblassers ergeben sich insbesondere auch aus den Vorschriften der §§ 2305 und 2306 BGB, die beide durch das Gesetz zur Änderung des Erb- und Verjährungsrechts mit Wirkung zum 1.1.2010 geändert bzw. neu gefasst worden sind. Beide Vorschriften sollen den Pflichtteilsberechtigten schützen und ihm den gesetzlich zugebilligten Pflichtteil auch bei abweichender Verfügung des Erblassers erhalten.[210]

Bedenkt der Erblasser einen Pflichtteilsberechtigten durch eine Verfügung von Todes wegen mit einem Erbteil ohne Beschränkungen und Beschwerungen, der mindestens dem gesetzlichen Pflichtteil des Berechtigten ent-

209 Vgl. zur Jastrow'schen Klausel und zu Verbesserungsvorschlägen *Worm*, RNotZ 2003, 535, 553 ff.

210 Siehe zur alten bis zum 31.12.2009 gültigen Rechtslage z.B. die Kommentierungen in Palandt, BGB-Kommentar zu den §§ 2305 und 2306 BGB bis zur 68. Auflage.

spricht, so muss sich dieser mit dem zugewendeten Erbteil zufrieden geben. Ein Pflichtteilsanspruch steht dem Pflichtteilsberechtigten dann nicht zu, da kein Ausschluss von der Erbfolge (§ 2303 BGB) gegeben ist.

Beispiel 1143

Witwer W hat zwei Kinder, Tochter T und Sohn S. Er beruft beide in einem Testament zu gleichen Teilen zu Erben.

Hier steht keinem der Kinder ein Pflichtteil zu. Auch durch Ausschlagung könnte keines der Kinder den Pflichtteil erlangen, da das betreffende Kind dann nicht durch Verfügung von Todes wegen (vgl. § 2303 Abs. 1 BGB), sondern durch eigenen Entschluss von der Erbfolge ausgeschlossen wäre. Das ausschlagende Kind würde dann gar nichts erhalten.

Wendet der Erblasser einem Pflichtteilsberechtigten jedoch einen Erbteil ohne Beschränkungen und Beschwerungen zu, der quotenmäßig kleiner als der gesetzliche Pflichtteil ist, so steht dem Pflichtteilsberechtigten gemäß § 2305 BGB ein Zusatzpflichtteil zu. Die Höhe des Zusatzpflichtteils bestimmt sich nach der Differenz zwischen dem Wert des angenommenen unzureichenden Erbteils und dem Wert des Pflichtteils. 1144

Beispiel 1145

Witwer W hat zwei Kinder, Tochter T und Sohn S. Er beruft in einem Testament die T zu $\frac{4}{5}$ und den S zu $\frac{1}{5}$ Anteil zu Erben. Der Wert des Nettonachlasses beträgt 100.000 EUR.

Hier beträgt der Wert des dem S zustehenden Erbteils 20.000 EUR und der Wert des ihm zustehenden Pflichtteils (= die Hälfte des gesetzlichen Erbteils von $\frac{1}{2} = \frac{1}{4}$) 25.000 EUR. S steht somit gemäß § 2305 BGB ein Zusatzpflichtteil in Höhe von 5.000 EUR zu.

Setzt der Erblasser hingegen einen Pflichtteilsberechtigten zum Erben oder Miterben ein und ist der Pflichtteilsberechtigte durch Beschränkungen und/oder Beschwerungen belastet, so gibt § 2306 BGB in der ab dem 1.1.2010 gültigen Fassung dem Pflichtteilsberechtigten unabhängig von der Größe des zugewendeten Erbteils ein Wahlrecht: Entweder er nimmt den Erbteil mit allen Beschränkungen und Beschwerungen an oder er schlägt seinen Erbteil aus und verlangt den Pflichtteil (vgl. zur Ausschlagungserklärung im Rahmen des § 2306 BGB auch die Empfehlung in Rdn 1314). Die möglichen Beschränkungen und Beschwerungen sind in § 2306 BGB abschließend aufgeführt. Als Beschwerungen kommen lediglich Vermächtnisse und Auflagen in Betracht. Als Beschränkungen sind die Anordnung einer Testamentsvollstreckung, einer Teilungsanordnung sowie die Einsetzung des Pflichtteilsberechtigten lediglich als Vorerbe oder lediglich als Nacherbe zu nennen.[211] 1146

Beispiel 1147

Witwer W hat zwei Kinder, Tochter T und Sohn S. Er beruft in einem Testament die T und den S zu gleichen Teilen zu Erben. Im Wege eines Vorausvermächtnisses (vgl. Rdn 1055 ff.) wendet W der T sein Einfamilienhaus im Wert von 100.000 EUR zu, was praktisch den gesamten Nachlasswert ausmacht.

Hier hat S die Wahl: Schlägt er fristgerecht die Erbschaft aus (zu beachten ist aber hier die kurze Ausschlagungsfrist von sechs Wochen gemäß § 1944 Abs. 1 BGB; siehe Rdn 1309), kann er den Pflichtteil in Höhe von 25.000 EUR verlangen. Nimmt er jedoch die Erbschaft an, erhält er praktisch nichts, da sein Erbteil von $\frac{1}{2}$, der quotenmäßig seinen Pflichtteil von $\frac{1}{4}$ übersteigt, durch das Vorausvermächtnis der T aufgezehrt wird. In diesem Fall steht dem S auch kein Zusatzpflichtteil zu. Denn nach der Neufassung des § 2305 durch das Gesetz zur Änderung des Erb- und Verjährungsrechts bleiben Beschränkungen und Beschwerungen der in § 2306 BGB bezeichneten Art bei der Berechnung des Wertes außer Betracht (§ 2305 S. 2 BGB). Durch den Zusatzpflichtteil wird somit nur noch der quotenmäßig fehlende Teil aufgestockt (so das nächste Beispiel), nicht aber werden hierdurch wertmäßige Aufzehrungen des Erbteils ausgeglichen.

Auch wenn dem pflichtteilsberechtigten Erben ein Zusatzpflichtteil gemäß § 2305 BGB zusteht, kann der „aushöhlungswillige" Erblasser durch geschickte Testamentsgestaltung erreichen, dass der pflichtteilsberechtigte 1148

211 Vgl. zu der schwierigen Entscheidung eines pflichtteilsberechtigten Nacherben, ob er besser die Erbschaft mit der Vorerbschaft belastet annimmt oder er besser die Nacherbschaft ausschlägt und seinen Pflichtteil verlangt, *Beckmann*, ZEV 2012, 637.

Erbe nicht den vollen Wert seines Pflichtteils erhält, wenn er die Erbschaft mit allen angeordneten Beschränkungen und Beschwerungen annimmt, anstatt die Erbschaft auszuschlagen.

1149 *Beispiel*

Witwer W hat nur ein Kind, seinen Sohn S. Er beruft in einem Testament den S zu ¼ Anteil zum Erben und seine Lebensgefährtin L zu ¾ Anteil zur Erbin. Den S belastet W noch mit einem Geldvermächtnis in Höhe von 10.000 EUR zugunsten einer wohltätigen Organisation. Der Wert des gesamten Nachlasses beträgt 100.000 EUR.

Schlägt S die Erbschaft nicht aus, erhält er zum einen den mit dem Vermächtnis beschwerten Erbteil von 15.000 EUR (= 25.000 EUR minus 10.000 EUR) und zum anderen den Zusatzpflichtteil von ¼ (Pflichtteil des einzigen Kindes = ½ minus ¼ zugewendeter Erbteil = ¼; das Vermächtnis bleibt als Beschwerung nach § 2305 S. 2 BGB außer Betracht!), also in Höhe von 25.000 EUR, insgesamt also 40.000 EUR. Schlägt S die Erbschaft aus, erhält er seinen Pflichtteil von ½, also 50.000 EUR. S wäre also zu empfehlen, die Erbschaft auszuschlagen. Durch den Zusatzpflichtteil erhält er also nicht seinen vollen Pflichtteil.

1150 Durch die Neufassung der §§ 2305 und 2306 BGB sind zwar viele rechtliche und praktische Probleme aus der Vergangenheit gelöst worden, insbesondere auf der Ebene der Gestaltung einer Verfügung von Todes wegen; einige Probleme bestehen jedoch nach wie vor. So muss der Pflichtteilsberechtigte nach dem Erbfall innerhalb der in der Regel kurzen Ausschlagungsfrist von sechs Wochen (§ 1944 BGB) eine wirtschaftliche Bewertung der testamentarischen bzw. erbvertraglichen Zuwendung einschließlich der durch den Erblasser angeordneten Beschränkungen und Beschwerungen vornehmen und die wirtschaftlichen Folgen der Ausschlagungsentscheidung abschätzen. Dies setzt zumindest eine ungefähre Kenntnis des Nachlassbestandes voraus. Allerdings dürfte dem Pflichtteilsberechtigten für den Fall, dass er sich über das Vorhandensein und die Werte wesentlicher Nachlassgegenstände geirrt und er deshalb die „falsche" Entscheidung getroffen hat, in Zukunft in großzügiger Form die Möglichkeit eröffnet werden, die Annahme oder die Ausschlagung der Erbschaft wegen Eigenschaftsirrtums (§ 119 Abs. 2 BGB) anzufechten. Zu den Auswirkungen der neuen Rechtslage auf das „Behindertentestament" bzw. den „Behindertenerbvertrag" (siehe Rdn 1232 f.) sowie auf die sog. Cautela Socini (siehe Rdn 1180).[212]

jj) Pflichtteilsanspruch bei Personengesellschaften

1151 Bei Personengesellschaften (BGB-Gesellschafter, OHG-Gesellschafter und Komplementäre einer KG) wird im Falle des Todes eines Gesellschafters die Gesellschaft mangels abweichender Bestimmungen im **Gesellschaftsvertrag** (sog. **erbrechtliche Nachfolgeklauseln**) von den übrigen Gesellschaftern und im Falle nur eines überlebenden Gesellschafters von dem überlebenden Gesellschafter als Einzelfirma fortgesetzt. In diesen Fällen fällt die Beteiligung des verstorbenen Gesellschafters nicht in den Nachlass. Die Erben haben dann Anspruch auf eine Abfindung. Die Abfindung der Erben des verstorbenen Gesellschafters wird in der Regel im Gesellschaftsvertrag festgelegt. So kann dort bestimmt werden, dass eine Abfindung der Erben des Ausscheidenden nicht oder etwa nur nach dem Buchwert oder nach dem nominalen Kapitalanteil erfolgt. Der Wert des Pflichtteils berechnet sich grundsätzlich nach dem Betrag des Abfindungsanspruchs. Bleibt die Abfindung aufgrund gesellschaftsvertraglicher Regelungen aber hinter dem Verkehrswert zurück, so ist es allerdings fraglich, ob der Berechnung des Pflichtteils nicht dennoch der wahre Wert der Gesellschaftsbeteiligung oder der Verkehrswert des etwaigen Abfindungsguthabens zugrunde zu legen ist.[213] Die Kommanditbeteiligung des Kommanditisten einer KG ist hingegen vererblich (§ 177 HGB). Die Gesellschaft wird daher mit den Erben fortgesetzt, sodass sich hier eine Abfindungs- und Pflichtteilsproblematik zunächst nicht ergibt (siehe im Einzelnen Rdn 1420 ff.).

kk) Sog. Cautela Socini

1152 Mit der „**Cautela Socini**" kann dem oft bedrohlichen Abfluss liquider Mittel aus dem Gesellschaftsvermögen durch sofort fällige Pflichtteilsansprüche begegnet werden. Mit ihr wird ein Pflichtteilsberechtigter, dessen

212 Allgemein zu den aktuellen Regelungen der §§ 2305 und 2306 siehe z.B. *Keim*, MittBayNot 2010, 85/86; *Baumann/Karsten*, RNotZ 2010, 95/96; *Kerstan*, RNotZ 2021, 561 ff.

213 Vgl. zum Meinungsstand Grüneberg/*Weidlich*, 84. Aufl. 2025, § 2311 Rn 11.

Erbteil größer ist als sein Pflichtteil und der die vom Erblasser angeordneten Beschränkungen und Beschwerungen nicht hinzunehmen bereit ist und deshalb die Erbschaft ausschlägt (§ 2306 Abs. 1 BGB), für diesen Fall in Höhe des seinem Pflichtteil entsprechenden Bruchteils des Nachlasses sozusagen ein **zweites Mal** zum Erben berufen, für diesen Fall befreit von den in § 2306 BGB abschließend aufgezählten Beschränkungen und Beschwerungen (Nacherbschaft, Testamentsvollstreckung, Teilungsanordnung, Vermächtnisse oder Auflagen). Schlägt der Erbe auch diese Erbeinsetzung aus, so erhält er vom Nachlass nichts, auch nicht seinen Pflichtteil.

Begründung

Er ist dann nicht durch eine Verfügung des Erblassers, sondern durch seine eigene Willenserklärung von der Erbfolge ausgeschlossen worden. Ein Ehegatte im gesetzlichen Güterstand kann allerdings auch einen unbeschränkten und unbeschwerten Erbteil gleich welcher Höhe ausschlagen und dann Zugewinnausgleich plus „kleinen" Pflichtteil verlangen.

Der **„sozinische" Erbe** muss die nicht in § 2306 BGB aufgezählten Beschwerungen und Beschränkungen hinnehmen. Dazu zählen auch nicht beschwerende Teilungsanordnungen und familienrechtliche Verfügungen des Erblassers wie die Zuweisung des Erbes zum Vorbehaltsgut und der Ausschluss der Eltern von der Verwaltung des Kindesvermögens, die Veranschlagung eines Landguts zum Ertragswert nach § 2312 BGB sowie die Pflichtteilsbeschränkung in guter Absicht nach § 2338 BGB. Dagegen wird der Ausschluss der Auseinandersetzung nach § 2044 BGB als nicht hinzunehmende Teilungsanordnung angesehen. Eine qualifizierte Nachfolgeklausel in einen Gesellschaftsanteil ist keine der unannehmbaren Beschränkungen und Beschwerungen. 1153

Der „sozinische" Erbe ist zwar am Nachlass dinglich beteiligt und hat daher eine stärkere Rechtsstellung als der auf einen Geldanspruch beschränkte Pflichtteilsberechtigte. Der Pflichtteilsanspruch wird jedoch sofort fällig (§ 2317 BGB) und kann nur unter strengen Voraussetzungen gestundet werden (§ 2331a BGB, vgl. Rdn 1154 f.). Dies würde oft, wenn ein Unternehmen oder eine Unternehmensbeteiligung zum Nachlass gehört, zu einem unerwünschten Liquiditätsabfluss führen. Der „sozinische" Erbe ist dagegen auf das zeitraubende Auseinandersetzungsverfahren nach §§ 2042 ff., 750 ff. BGB verwiesen.

Wenn die Unternehmensbeteiligung in einem Anteil an einer Personengesellschaft besteht und dieser zwar zum Nachlass gehört, dessen ungeachtet aber in Sondererbfolge an den in einer qualifizierten Nachfolgeklausel Berufenen fällt, hat der „sozinische" Erbe bei der Auseinandersetzung des Nachlasses nur den seinem Erbteil entsprechenden Bruchteil von den Gewinnansprüchen und ansonsten nur seinen Bruchteil an dem zukünftigen Auseinandersetzungsguthaben zu fordern.

Während die Zulässigkeit der „cautela socini" unter der Anwendbarkeit des § 2306 BGB alter Fassung (zu der ab dem 1.1.2010 anwendbaren Fassung des § 2306 BGB siehe Rdn 1170) umstritten war und diese Regelung vom Bundesgerichtshof im Rahmen des § 2306 Abs. 1 S. 1 BGB alter Fassung (also wenn der dem Pflichtteilsberechtigten hinterlassene Erbteil kleiner oder gleich dem gesetzlichen Pflichtteil war) für unwirksam gehalten wurde – denn dem Pflichtteilsberechtigten müsse ohne sein Zutun der ihm zugewendete Erbteil ohne Beschränkungen und Beschwerungen zukommen –, geht nach der neuen Rechtslage die wohl herrschende Meinung von der Zulässigkeit sozinischer Klauseln aus: Zwar erhalte hierbei der Pflichtteilsberechtigte im Falle seiner Ausschlagung nicht seinen Pflichtteilsanspruch, sondern eine Erbenstellung, sodass ein Unterschied zur gesetzlichen Rechtslage des § 2306 Abs. 1 BGB neuer Fassung bestehe. Da aber das Gesetz selbst in § 2305 BGB die Möglichkeit anerkenne, dass dem Pflichtteilsberechtigten anstatt des Pflichtteils ein Erbteil in gleicher Höhe zugewandt werden kann, ohne dass er sich dagegen wehren könne, werde durch das Gesetz selbst unterstrichen, dass der Erbteil in Höhe des Pflichtteils gegenüber dem Pflichtteilsanspruch kein Minus darstellt.[214] 1154

214 Siehe zu der Problematik der sozinischen Klauseln nach aktuellem Recht z.B. *Keim*, NJW 2008, 2072, 2075; Grüneberg/*Weidlich*, 84. Aufl. 2025, § 2306 Rn 8.

1155 ▼

Muster 4.200: Cautela Socini

4.200 Schlägt meine Tochter die Erbschaft (oder: das ihr zugedachte Vermächtnis) aus, so wird sie zu einem der Höhe ihres Pflichtteils gemäß § 2311 BGB entsprechenden Bruchteil des Nachlasses Erbin, und zwar befreit von den in § 2306 BGB aufgezählten Beschränkungen und Beschwerungen.

▲

f) Verhinderung des Pflichtteilsanspruchs durch Anordnung einer Vor- und Nacherbschaft oder ein Nießbrauchsvermächtnis

1156 Beim Vorhandensein von Kindern, die ein Ehegatte mit in die Ehe gebracht hat (hier z.B. ein Kind des Ehemannes aus einer früheren Ehe oder Beziehung), kann der andere Ehegatte (hier die Ehefrau) so testieren, dass sein bzw. ihr Nachlass der Substanz nach nicht bzw. nicht endgültig an den Ehegatten mit den erstehelichen Kindern (hier den Ehemann) fällt und daher auch der mittelbare Anfall an das nicht gemeinschaftliche Kind – und damit auch ein Pflichtteilsanspruch dieses Kindes – vermieden wird. Hier bieten sich die Anordnung von Vor- und Nacherbschaft oder ein bloßes Nießbrauchsvermächtnis zugunsten des Ehemannes als Lösungen an.

1157 *Beispiel*

M hat ein Kind N aus einer früheren Ehe. M und F haben den Sohn S als gemeinschaftliches Kind. Das Vermögen der F ist 200.000 EUR wert. Stirbt F zuerst, so geht bei gesetzlicher Erbfolge und gesetzlichem Güterstand die Hälfte, also 100.000 EUR, an M, und davon wieder die Hälfte, also 50.000 EUR, bei dessen Tod an N. Selbst wenn M nur seinen Sohn S als Alleinerben einsetzen würde, stünde N ein Pflichtteil von $1/4$, also 25.000 EUR, zu. Beruft F den M dagegen zum Vorerben und S zum Nacherben, so erhält N von ihrem Vermögen nichts. Dasselbe gilt, wenn sie S zum Alleinerben beruft und M ein Nießbrauchsrecht an ihrem Nachlass vermacht.

g) Beschränkungen der Testierfreiheit durch den Zugewinnausgleichsanspruch

1158 Der **Zugewinnausgleichsanpruch** (vgl. Rdn 733 ff.) trifft den Nachlass und vermindert folglich die verfügbare Vermögensmasse des Erblassers. Er kommt in Betracht, wenn der überlebende Ehegatte nicht miterbt und auch kein Vermächtnis bekommt (§ 1371 Abs. 2 BGB). Alsdann kann er den sog. **kleinen Pflichtteil zuzüglich Zugewinnausgleich** verlangen. Der kleine Pflichtteil beträgt die Hälfte des nicht um ein Viertel gemäß § 1371 Abs. 1 BGB erhöhten gesetzlichen Erbteils, bei Vorhandensein von Abkömmlingen also ein Achtel. Wird der überlebende Ehegatte Miterbe oder Vermächtnisnehmer – sei es auch mit einer noch so kleinen Zuwendung – (§ 1371 Abs. 1 BGB), so kann er nach herrschender Meinung nur den sog. **großen Pflichtteil**, der dann auch Grundlage für die Ansprüche aus §§ 2305 und 2307 BGB darstellt, also berechnet von dem um ein Viertel gemäß § 1371 Abs. 1 BGB erhöhten gesetzlichen Erbteil, verlangen, daneben aber keinen Zugewinnausgleich.[215] Im letzteren Fall kann der Überlebende die Zuwendung ausschlagen und dann wiederum den kleinen Pflichtteil plus Zugewinnausgleich verlangen (§ 1371 Abs. 3 BGB).

Um Zweifel und Streit darüber auszuschließen, kann es sich empfehlen, von den Ehegatten einen wechselseitigen Verzicht auf möglicherweise weitergehende Pflichtteilsansprüche im Todesfall abgeben zu lassen und ehevertraglich für den Todesfall die güterrechtliche Lösung des Zugewinnausgleichs auszuschließen. Sowohl der Ehevertrag als auch der Pflichtteilsverzichtsvertrag bedürfen der notariellen Beurkundung (§§ 1410, 2348 BGB).

h) Verbot der Verlagerung der Entscheidung auf einen anderen

1159 Der Erblasser darf die Bestimmung über die Wirksamkeit seiner Verfügung und die Empfänger seiner Zuwendungen nicht einem Dritten überlassen (§ 2065 BGB). Dies klingt einfach und selbstverständlich. Im Einzelfall kann diese Grenze der Testierfreiheit jedoch schwierig festzustellen sein.

So kann zwar der erstversterbende Ehegatte die Änderung oder Aufhebung seiner Anordnungen nicht dem Überlebenden überlassen. Wählt er für seine Verfügung jedoch die Vor- und Nacherbschaft, so kann er die

215 So MüKo-BGB/*Lange*, 9. Aufl. 2022, § 2303 BGB Rn 37 ff.

Nacherbschaft unter die auflösende Bedingung stellen, dass der Vorerbe nicht anderweitig über seinen, des Erstversterbenden, Nachlass letztwillig verfügt, am besten beschränkt auf den Fall, dass dies ausschließlich zugunsten gemeinschaftlicher Abkömmlinge erfolgt. Nach herrschender Meinung wird darin eine bedingte Berufung des Überlebenden zum Vollerben gesehen, der dann ja über seinen eigenen Nachlass verfügt. Praktisch läuft dies auf das hinaus, was § 2065 BGB unterbinden will.

Beispiel 1160

E verfügt: „*Meine Frau F wird meine alleinige Vorerbin. Nacherben sind unsere gemeinschaftlichen Abkömmlinge zu gleichen Teilen. Verfügt meine Frau F jedoch letztwillig auch über meinen Nachlass, und zwar ausschließlich zugunsten unserer gemeinschaftlichen Abkömmlinge, so soll sie Vollerbin gewesen sein. Dies gilt nicht, wenn sich dadurch Erb- oder Pflichtteilsansprüche eines zweiten Ehemannes oder nicht gemeinschaftlicher Kinder erhöhen.*“

Heiratet F nicht mehr und bekommt sie kein weiteres Kind, so kann sie auch über das Vermögen, das sie von E erbt, letztwillig verfügen, allerdings nur zugunsten gemeinschaftlicher Abkömmlinge. Hinterlässt sie einen zweiten Ehemann oder Kinder zweiter Ehe (bzw. nichteheliche Kinder), so steht ihr das Verfügungsrecht nur zu (d.h. wird sie nur Vollerbin), wenn der zweite Ehemann bzw. die Kinder zweiter Ehe durch entsprechende Pflichtteilsverzichtsverträge von der Nachfolge in das Vermögen des E ausgeschlossen wurden.

Ferner wird zwischen der **Bezeichnung** und der **Bestimmung** des Bedachten unterschieden. Die Bestimmung 1161
darf keinem Dritten überlassen werden, wohl aber die Bezeichnung, wenn der Erblasser selbst die Gesichtspunkte festgelegt hat, nach denen sie erfolgen soll. In der Praxis kann ein Unternehmer oder Landwirt oft noch nicht absehen, wer sein Nachfolger werden soll. Man muss dann notgedrungen darauf ausweichen, einem Dritten, im Zweifel dem Ehegatten, die Bezeichnung des Nachfolgers zu übertragen. Es müssen jedoch die Anhaltspunkte festgelegt werden, nach denen die Bezeichnung erfolgen soll, also z.B.: „*dasjenige meiner Kinder, das eine kaufmännische Lehre erfolgreich absolviert, bei mehreren das älteste*“. Oder: „*der älteste Sohn, der die berufliche Qualifikation als Einzelhandelskaufmann erlangt*“.

Ein Landwirt kann durch die Schaffung eines Ehegattenhofes den Überlebenden zum Hofvollerben machen 1162
und ihm damit ein **freies Bestimmungsrecht** verschaffen. Beim Alleineigentumshof kann der Hofeigentümer dem überlebenden Ehegatten letztwillig die Befugnis erteilen, unter den Abkömmlingen des Erblassers den Hoferben zu bestimmen. Diese Befugnis erlischt, wenn der Überlebende sich wiederverheiratet oder wenn der gesetzliche Hoferbe das 25. Lebensjahr vollendet (§ 14 Abs. 3 HöfeO).

In anderen Fällen hilft die Berufung eines Testamentsvollstreckers. Diesem kann die Verteilung des Nachlasses 1163
nach billigem Ermessen übertragen werden. Auch kann einem Dritten, einem Testamentsvollstrecker oder dem Nachlassgericht die Ernennung eines Testamentsvollstreckers aufgetragen werden. Ein Dritter kann ferner berufen werden, darüber zu befinden, ob eine vom Erblasser gesetzte Bedingung eingetreten ist.

Der Erblasser kann auch **wahlweise** mehrere mit einem Vermächtnis bedenken (§§ 2151, 2152 BGB). Im Zwei- 1164
fel entscheidet dann der Erbe als Beschwerter, wer es bekommt. Ferner kann der Erblasser mehrere in der Weise mit einem Vermächtnis bedenken, dass der Beschwerte oder ein Dritter bestimmen soll, wer was davon bekommt (§ 2153 BGB).

Der Grundsatz des § 2065 BGB ist mithin vielfach durchbrochen. Für eine großzügige Handhabung besteht ein 1165
praktisches Bedürfnis. Allerdings ist Vorsicht geboten. Man sollte nur auf Hilfslösungen ausweichen, wenn die eigene Bestimmung durch den Erblasser aus tatsächlichen Gründen noch nicht möglich ist, dagegen nicht, wenn der Erblasser lediglich unentschlossen ist.

i) Beschränkungen aus dem Bodenlenkungsrecht (Baurecht, Grundstückverkehrsgesetz)

Beschränkungen der Testierfreiheit können sich aus den Bauordnungen der Länder ergeben (die früher nach 1166
§ 19 Baugesetzbuch erforderliche Teilungsgenehmigung im Geltungsbereich eines Bebauungsplans ist seit dem 20.4.2004 entfallen). Viele Landesbauordnungen sehen aber die Genehmigungsbedürftigkeit der Teilung eines Grundstücks vor (z.B. § 7 BauO NRW für bebaute Grundstücke). Wenn der Erblasser z.B. anordnen will, dass ein bebautes Grundstück im sog. **Innenbereich** geteilt werden soll, können sich Schwierigkeiten ergeben (vgl. dazu Rdn 2 ff.). In diesen Fällen bedarf es der Prüfung, ob die Anordnung überhaupt durchführbar sein

wird. In Zweifelsfällen kann eine Stellungnahme, etwa ein Negativattest oder eine Genehmigung der zuständigen Behörde, eingeholt werden.

1167 Bei landwirtschaftlichem Grundbesitz können sich Beschränkungen der Testierfreiheit aus dem **Grundstückverkehrsgesetz** ergeben. Verfügungen sind zu vermeiden, deren Durchführung wegen der Versagung der erforderlichen Genehmigung voraussichtlich scheitern würde. Anordnungen z.B., die zu einer sog. **ungesunden Bodenverteilung (Erwerb durch Nichtlandwirte)**, zur unwirtschaftlichen Aufteilung eines Betriebes oder zur Zersplitterung eines Grundstücks im Sinne der Versagungsgründe des § 9 GrdstVG führen, sollten vermieden werden. Dasselbe gilt für Nießbrauchsvermächtnisse (§ 2 Abs. 2 Nr. 3 GrdstVG). Auch hier sollte in Zweifelsfällen eine Negativbescheinigung oder eine Genehmigung der Behörde eingeholt werden. Falls diese Genehmigung versagt wird, bieten sich oft Ersatzlösungen an. So kann der Erblasser den Nichtlandwirt zum Erben einsetzen und dem Landwirt den Kern des Betriebes vermächtnisweise zuwenden. In solchen Fällen sieht sich die Genehmigungsbehörde gezwungen, die Vermächtniserfüllung zu genehmigen, weil sie sonst den Landwirt um seine Existenz bringen würde.

1168 *Beispiel*

E hat eine Hofstelle und 9 ha Land. Es handelt sich nicht um einen Hof im Sinne der Höfeordnung. Sein Sohn S soll die Hofstelle und 7 ha Land erhalten, seine Tochter T 2 ha Land.

Würde E beide Kinder zu Erben berufen und die Aufteilung durch Vorausvermächtnisse bzw. Teilungsanordnungen regeln, so bedürfte es zu deren Ausführung eines Erbauseinandersetzungsvertrages, der nach dem Grundstückverkehrsgesetz genehmigungsbedürftig und wegen unwirtschaftlicher Aufteilung eines Betriebes nicht genehmigungsfähig wäre.

Beruft E dagegen die Tochter T zu seiner Alleinerbin und wendet er die Hofstelle und die 7 ha Land dem Sohn als Vermächtnis zu, so wird T mit dem Erbfall Eigentümer der ganzen Besitzung. Die Vermächtniserfüllung (Auflassung der Hofstelle und der 7 ha Land an S) bedarf zwar ebenfalls der Genehmigung nach dem Grundstückverkehrsgesetz. Wird sie jedoch versagt, so kann S (der Landwirt) nicht Eigentümer des ihm zugedachten Betriebskerns werden. Die Genehmigung ist daher hier zu erwarten.

j) Beschränkungen nach der Höfeordnung

1169 Eine **bindende Hoferbenbestimmung** steht nach der Rechtsprechung des BGH der Aufhebung der Hofeigenschaft ebenso wenig entgegen wie andere erbrechtliche Bindungen der Einführung der Hofeigenschaft (vgl. auch Rdn 1137). Über einen Hof kann der Erblasser aber nur beschränkt letztwillig verfügen. Insbesondere kann er nicht dessen Aufteilung anordnen. Ebenso wenig kann er mehrere zu Erben des Hofes bestimmen, ausgenommen ein Ehepaar. Bevor eine Verfügung von Todes wegen über eine landwirtschaftliche Besitzung beurkundet wird, sollte daher zunächst geklärt werden, ob sie die Eigenschaft eines Hofes im Sinne der Höfeordnung hat. Ist dies der Fall, so ist als zweites zu prüfen, ob die Hofeigenschaft aufgehoben werden kann, wozu der Hofeigentümer seit dem 1.7.1976 in allen Ländern der ehemaligen britischen Zone **jederzeit** berechtigt ist. Sofern er den Betrieb als Hof einem bestimmten Anwärter bereits verbindlich zugesagt hat, ist er daran gehindert, einen anderen zum Hoferben zu bestimmen oder ihm den Hof zu „übergeben" (= zu übereignen).

In allen zweifelhaften Fällen gibt es nach der Höfeverfahrensordnung die Möglichkeit, durch einen Beschluss des Landwirtschaftsgerichts für alle Beteiligten verbindlich feststellen zu lassen, ob die Hofeigenschaft besteht und ob sie aufgehoben bzw. eingeführt werden könnte.

1170 Die Höfeordnung verbietet den **Ausschluss** der Erbfolge kraft Höferechts und schreibt die Genehmigung für Verfügungen von Todes wegen vor, wenn sie als Rechtsgeschäft unter Lebenden genehmigungsbedürftig wären (§ 16 HöfeO). Einen Ausschluss der Hoferbfolge nimmt man beispielsweise an:

(1) wenn der Hof mehreren Erben oder Nacherben anfallen soll,
(2) wenn so viele Grundstücke vom Hof vermacht sind, dass der Hof ausgehöhlt würde,
(3) wenn die Abfindungen so hoch angesetzt werden, dass der Hof sie nicht tragen kann,
(4) wenn dem Hoferben zur Auflage gemacht wird, den Hof zu veräußern und den Erlös unter die Erben zu verteilen.

Die **Beschränkung** der Hoferbfolge ist zwar grundsätzlich **genehmigungsfrei** zulässig. Sie bedarf jedoch der Genehmigung, wenn ein Rechtsgeschäft unter Lebenden gleichen Inhalts genehmigungsbedürftig wäre (§ 16 HöfeO). Als Beschränkungen dieser Art sind vor allem das Vermächtnis einzelner Grundstücke oberhalb der Freigrenze und ein Nießbrauchsvermächtnis zu nennen. 1171

In allen zweifelhaften Fällen sollte eine Genehmigung oder ein Negativattest des Landwirtschaftsgerichts eingeholt oder ein Feststellungsverfahren nach der Höfeverfahrensordnung durchgeführt werden.

k) Wertsicherungsklauseln

Nach § 2 Abs. 1 Nr. 1, § 3 Abs. 1 Nr. 2a des am 14.9.2007 in Kraft getretenen **Preisklauselgesetzes** (hierdurch wurde das bis zu diesem Zeitpunkt geltende Preisangaben- und Preisklauselgesetz in Verbindung mit der Preisklauselverordnung ersetzt) sind Wertsicherungsklauseln, nach denen der geschuldete Betrag durch die Änderung eines vom Statistischen Bundesamt oder einem Statistischen Landesamt ermittelten Preisindexes für die Gesamtlebenshaltung oder eines vom Statistischen Amt der Europäischen Union ermittelten Verbraucherindexes bestimmt werden soll, in Verträgen über Zahlungen im Rahmen von Erbauseinandersetzungen aufgrund einer Verfügung von Todes wegen zulässig. Das bisherige Genehmigungserfordernis durch das Bundesamt für Wirtschaft und Ausfuhrkontrolle ist weggefallen (siehe auch Rdn 258). 1172

6. Modelle für Verfügungen von Todes wegen

a) Beim Durchschnittsnachlass

Das typische Vermögen, dessen Vererbung es zu regeln gilt, besteht aus einem Haus oder einer Eigentumswohnung bzw. einem Miteigentumsanteil daran, einigen Ersparnissen, dem Hausrat sowie den persönlichen Gegenständen des Erblassers. 1173

Die **Hauptvarianten** sind:

(1) der Erblasser, der einen Ehegatten und Abkömmlinge hinterlässt,
(2) der Erblasser, der nur einen Ehegatten hinterlässt,
(3) der Erblasser, der nur Abkömmlinge hinterlässt,
(4) der Erblasser, der weder einen Ehegatten noch Abkömmlinge hinterlässt.

Das gesetzliche Erbrecht hat beim normalen Nachlass drei wesentliche **Nachteile**: 1174

(1) Es führt zu seiner Zersplitterung auf eine oft handlungsunfähige Erbengemeinschaft.
(2) Es führt zur Abhängigkeit des überlebenden Ehegatten von den Kindern oder sonstigen zur Erbfolge gelangenden Verwandten bzw. dem Familien- oder Betreuungsgericht, sofern Miterben minderjährig sind.
(3) Es führt zum Abwandern von Vermögen im Falle der Wiederverheiratung, wenn der überlebende Ehegatte vor seinem zweiten Ehegatten verstirbt, oder falls weitere, mit dem Erblasser nicht verwandte Erben des überlebenden Ehegatten hinzukommen.

Der Erblasser verfolgt mit seiner Verfügung von Todes wegen meistens zwei Ziele: 1175

(1) Er will den überlebenden Ehegatten mehr oder weniger unabhängig machen von Abkömmlingen, Seitenverwandten und dem Familien- und Betreuungsgericht.
(2) Andererseits will er das Abwandern seines Vermögens an nicht verwandte Personen möglichst verhindern.

Die beiden vorgenannten Ziele widersprechen sich jedoch zum Teil, da einerseits eine weitreichende Unabhängigkeit des überlebenden Ehegatten von Abkömmlingen, Seitenverwandten und dem Familien- und Betreuungsgericht das Abwandern des Erblasservermögens an nicht verwandte Dritte erleichtert und andererseits eine möglichst hohe Absicherung des Erblasservermögens vor einem solchen Abwandern eine mehr oder weniger starke Bindung des überlebenden Ehegatten nach sich zieht.

Der Erblasser muss die Bedeutung dieser beiden Ziele für sich selbst abwägen und entscheiden, auf welches er den Schwerpunkt legen will.

Sollte der Erblasser die Gefahr des Abwanderns seines Vermögens an nicht verwandte Personen, insbesondere im Falle der Wiederheirat des überlebenden Ehegatten an den neuen Ehegatten, für gering einschätzen, bietet sich folgende Lösung an, die dem überlebenden Ehegatten eine weitreichende Freiheit im Hinblick auf spätere, auch das Erblasservermögen betreffende Verfügungen von Todes wegen einräumt: 1176

Die Ehegatten M und F setzen sich in einem Erbvertrag oder einem gemeinschaftlichen Testament gegenseitig mit bindender Wirkung zu Vollerben und ihre gemeinschaftlichen Abkömmlinge zu gleichen Teilen zu Schlusserben ein. Die Schlusserbeneinsetzung der Abkömmlinge erfolgt einseitig und ohne erbvertragliche Bindung.

Im Hinblick auf eine etwaige spätere Wiederheirat des Überlebenden könnte folgende Regelung in den Erbvertrag bzw. das gemeinschaftliche Testament aufgenommen werden (vgl. zu den Problemen der sog. **echten Wiederverheiratungsklauseln** Rdn 1093 ff.).

1177 ▼

Muster 4.201: Erbvertrag – Wiederverheiratungsklausel

4.201 Für den Fall der Wiederverheiratung des Überlebenden von uns wollen wir keine besonderen Anordnungen treffen. Wir erwarten jedoch – ohne damit irgendeine Rechtspflicht oder eine Rechtsfolge zu verbinden –, dass der Überlebende von uns im Falle seiner Wiederverheiratung vor seiner Eheschließung in notarieller Form Gütertrennung vereinbart und mit seinem neuen Ehegatten einen Erb- oder Pflichtteilsverzichtsvertrag schließt.

▲

1178 Sollte der Erblasser hingegen die Gefahr des Abwanderns des eigenen Vermögens an nicht verwandte Personen für relativ hoch einschätzen – der Erblasser hinterlässt z.B. Abkömmlinge, die nicht auch Abkömmlinge des überlebenden Ehegatten sind (sog. Stiefkinder), sodass das Risiko des Übergehens dieser Abkömmlinge, sei es durch spätere Verfügungen von Todes wegen des überlebenden Ehegatten, sei es durch einfaches Nichttreffen notwendiger rechtlicher Maßnahmen zugunsten der Abkömmlinge –, bieten sich im Wesentlichen folgende zwei Gestaltungen an:

aa) Vor- und Nacherbschaftslösung

1179 Entweder der überlebende Ehegatte wird zum befreiten oder nicht befreiten **Vorerben** und die Abkömmlinge des Erblassers werden zu Nacherben berufen bei gleichzeitiger vermächtnisweiser Zuwendung des Hausrates, des Personenwagens, der persönlichen Gegenstände und oft auch der Ersparnisse an den überlebenden Ehegatten zu freiem Eigentum.

1180 ▼

Muster 4.202: Vor- und Nacherbschaft

4.202 Meine Ehefrau berufe ich zur alleinigen nicht befreiten Vorerbin. Nacherben sind meine Abkömmlinge nach den Regeln der gesetzlichen Erbfolge. Meinen beweglichen Nachlass vermache ich meiner Ehefrau zu freiem Eigentum, sodass sich die Beschränkungen der angeordneten Vor- und Nacherfolge nicht auf diese vermachten Gegenstände beziehen.

▲

Oder:

1181 ▼

Muster 4.203: Vor- und Nacherbschaft (Alternative)

4.203 Meine Ehefrau berufe ich zur alleinigen Vorerbin. Sie ist von allen Beschränkungen und Verpflichtungen befreit, von denen sie nach dem Gesetz befreit werden kann. Ihr stehen alle Rechte zu, die ihr nach dem Gesetz zustehen können, einschließlich des Rechts auf Verzehr des Nachlasses. Nacherben sind meine Abkömmlinge nach den Regeln der gesetzlichen Erbfolge.

Anmerkung: Auch bei diesem Muster ist das Vermächtnis des beweglichen Nachlasses zu freiem Eigentum zweckmäßig, wenn der Vorerbe insoweit von der Inventarisierungspflicht befreit werden soll.

▲

bb) Nießbrauchslösung

1182 Oder aber die Kinder werden zu Erben berufen mit einem **Nießbrauchsrecht** für den Überlebenden am gesamten Nachlass, oft gekoppelt mit einer Verwaltungstestamentsvollstreckung bis zum Tod des Überlebenden oder bis zu seiner Wiederverheiratung und dem Vermächtnis der beweglichen Gegenstände sowie des Anspruchs, im Notfall auch Substanz des Nachlasses verzehren zu dürfen.

▼ 1183

Muster 4.204: Nießbrauchslösung 4.204

Ich berufe meine Kinder ___ und ___ zu meinen Erben. Meiner Frau vermache ich meinen beweglichen Nachlass zu Eigentum und den Anspruch, Substanz des übrigen Nachlasses verbrauchen zu können, wenn ihre Einkünfte nicht ausreichen, um ihren standesgemäßen Lebensunterhalt zu bestreiten. Sie soll den Nachlass bis zu ihrem Tode als Testamentsvollstreckerin verwalten und den Anspruch auf Substanzverzehr selbst erfüllen können. An meinem unbeweglichen Vermögen vermache ich ihr den lebenslänglichen Nießbrauch.

Anmerkung*:* Dies vermeidet eine oft demütigende „Bevormundung" des Ehegatten. Bei missbräuchlicher Ausnutzung dieser Machtstellung können die Erben bzw. das Nachlassgericht eingreifen.

▲

Sind keine Abkömmlinge vorhanden, so soll in aller Regel der überlebende Ehegatte **alleiniger Vollerbe** werden. Hier müssen gegebenenfalls gewisse Vorkehrungen getroffen werden, um die Pflichtteilsansprüche anderer möglichst gering zu halten, und für den Fall, dass die Ehegatten gemeinsam ums Leben kommen. 1184

Beispiel 1185

M und F sind kinderlos. Das Haus, das sie gemeinsam erspart haben, ist im Grundbuch allein auf den Mann als Eigentümer eingetragen. Sein Nettonachlass ist 100.000 EUR. Stirbt er, so erben seine Eltern – bei gesetzlichem Güterstand – je $\frac{1}{8}$. Deren Ansprüche können durch die Berufung der F zur Alleinerbin auf den Pflichtteil, also je $\frac{1}{16}$ = 6.250 EUR oder zusammen 12.500 EUR, verkürzt werden. Vereinbaren M und F außerdem einen vorzeitigen Zugewinnausgleich, im Zuge dessen M der F einen halben Miteigentumsanteil an dem Haus übereignet, so werden die Pflichtteilsansprüche der Eltern nochmals halbiert, belaufen sich also dann auf insgesamt 6.250 EUR. Dabei sollte klargestellt werden, dass damit der gesetzliche Güterstand nicht aufgehoben, sondern lediglich der bis dahin entstandene Zugewinn ausgeglichen werden soll. Als davon unabhängige „ehebezogene Zuwendung" würde die Übertragung nicht pflichtteilsmindernd wirken (§ 2325 Abs. 3 S. 3 BGB).

b) Bei großen Privatvermögen

Eine völlig andere Interessenlage besteht bei großen Vermögen. Hier nehmen steuerliche Überlegungen einen wichtigen Platz ein. Die steuerlichen Auswirkungen sollten stets sorgfältig mitbedacht und berücksichtigt werden. Dies hat allerdings eine Grenze: Man sollte eine Verfügung von Todes wegen nie ausschließlich nach steuerlichen Gesichtspunkten abfassen. Entscheidend sind die **familiäre Situation**, das zu verteilende Vermögen, das Sicherungsbedürfnis des Überlebenden, die Existenzsicherung des Betriebsnachfolgers bzw. die gerechte Abfindung der weichenden Erben. Gewisse steuerliche Nachteile können eher in Kauf genommen werden als familiäre oder betriebliche Misshelligkeiten. 1186

Auch bei großen Vermögen kann das Ziel des Erblassers im Vordergrund stehen, den überlebenden Ehegatten möglichst unabhängig von Abkömmlingen, Familien- und **Betreuungsgericht** zu machen (vgl. Rdn 1201 ff.) und ihn deshalb zum alleinigen und unbeschränkten Vollerben einzusetzen. Hierdurch unter Umständen entstehende erbschaftsteuerliche Nachteile können wie folgt abgemildert oder gar verhindert werden: Die Abkömmlinge machen im Einverständnis und im Interesse des überlebenden Elternteils den Pflichtteil nach dem verstorbenen Elternteil geltend und senken so unter Ausnutzung der eigenen Steuerfreibeträge die Steuerlast des überlebenden Elternteils. Oder der überlebende Ehegatte schlägt die Erbschaft nach dem Erblasser unter der Bedingung aus, dass der überlebende Ehegatte von den dann zur Erbfolge gelangenden Abkömmlingen eine in der Höhe nach steuerlicher Zweckmäßigkeit zu bemessende Abfindung erhält. Als praktikables Steuersparmodell bietet sich auch das sog. von der obersten Finanz-Rechtsprechung akzeptierte **Supervermächtnis** (ein Zweckvermächtnis i.S.d. § 2156 BGB) an, bei dem der erstversterbende Ehegatte den überlebenden Ehegatten mit einem Vermächtnis belastet, welches in erste Linie den Zweck erfüllt, die steuerlichen Freibeträge der Kinder aufgrund deren Enterbung nach dem erstversterbenden Ehegatten auszunutzen, und dessen Ausgestaltung (Zuwendung vom Immobilien, Bar- und Sparvermögen, o.Ä.) sowie dessen Höhe bis zu einem Betrag in Höhe des aktuellen Steuerfreibetrages der Kinder (z.Z. 400.000 EUR pro Kind) vom überlebenden

Ehegatten innerhalb eines zeitlich begrenzten Zeitraums (bis zu einem Jahr nach dem Todes des Erstversterbenden dürfte steuerlich anerkannt werden) frei bestimmt werden kann.[216]

Die Vor- und Nacherbschaft hat bei großen Vermögen einen erheblichen steuerlichen Nachteil, weil Vorerbfall und Nacherbfall jeweils als eigener Erbfall behandelt und gesondert besteuert werden. Auch werden die Freibeträge nach den Eltern nur einmal, nämlich nach dem Überlebenden, genutzt (§ 6 Abs. 1, 2 ErbStG).

c) Bei gewerblichen Unternehmen

1187 Bei Gesellschaftsbeteiligungen sollte klargestellt werden, ob der mit einem Nießbrauchsrecht bedachte überlebende Ehegatte über die gesetzliche Gestaltung hinaus im zulässigen Umfang die Rechtsstellung eines Gesellschafters erhalten soll oder ob er lediglich den ausgeschütteten Gewinn zu beanspruchen hat. Auch sollte geklärt werden, was mit den während des Nießbrauchs angesammelten stillen Reserven und was bei einer Kapitalerhöhung zu geschehen hat.

1188 ▼

Muster 4.205: Nießbrauchsrecht – Gesellschaftsbeteiligung

4.205 An meinem Gesellschaftsanteil der ___ vermache ich meiner Frau ___ ein lebenslanges Nießbrauchsrecht. Sie hat lediglich den Anspruch auf den ausgeschütteten Gewinnanteil. Das Stimmrecht steht mithin meinem Sohn und Erben ___ zu. Ihm gebühren alle während des Nießbrauchs angesammelten stillen Reserven. Bei einer Kapitalerhöhung aus Gesellschaftsmitteln erstreckt sich der Nießbrauch auf den erhöhten Kapitalanteil. Bei einer Kapitalerhöhung aus Mitteln der Gesellschafter hat mein Sohn das Kapital aufzubringen. An dem erhöhten Kapitalanteil steht meiner Frau das Nießbrauchsrecht nicht zu.

▲

1189 Zu denken ist auch an ein Rentenvermächtnis für den überlebenden Ehegatten. Bei einer festen Rente bis zum Tode, wenn auch wertgesichert, handelt es sich um eine sog. **Leibrente**. Soll die Höhe der wiederkehrenden Leistung von der Leistungsfähigkeit des Verpflichteten und/oder den Bedürfnissen des Berechtigten oder von sonstigen Veränderungen (z.B. des Umsatzes oder des Gewinns des Unternehmens) abhängig gemacht werden, handelt es sich um eine sog. **dauernde Last**. Zivilrechtlich wird in vielen Fällen das Versorgungsinteresse und die Sicherheit des bedachten überlebenden Ehegatten im Vordergrund stehen, sodass in der Regel eine (allenfalls wertgesicherte) Leibrente in Betracht kommen wird. Dies umso mehr, als mit Inkrafttreten des Jahressteuergesetzes 2008 am 1.1.2008 die bis dahin geltende einkommensteuerliche Unterscheidung zwischen einer nur mit dem Ertragsteil beim Verpflichteten steuermindernd absetzbaren Leibrente und der beim Verpflichteten voll absetzbaren dauernden Last entfallen ist (vgl. hierzu noch die 16. Auflage). Handelt es sich bei der wiederkehrenden Leistung um eine begünstigte Versorgungsleistung im Sinne des Einkommensteuergesetzes, so handelt es sich unabhängig von der zivilrechtlichen Ausgestaltung um beim Verpflichteten voll absetzbare (§ 10 Abs. 1a Nr. 2 EStG, vorher: § 10 Abs. 1 Nr. 1a EStG) und beim Empfänger voll steuerpflichtige Leistungen (§ 22 Nr. 1a EStG, vorher: § 22 Nr. 1b EStG).[217]

1190 *Beispiel: Leibrente und dauernde Last*

(1) E verfügt: „*Mein Sohn S erhält meine Bauunternehmung mit allem Zubehör. Er hat an meine Frau F bis zu deren Tode monatlich eine Rente von 2.000 EUR zu zahlen, die sich im selben Verhältnis ändert, wie sich der Verbraucherpreisindex für Deutschland (2020 = 100) ab heute verändert, wobei eine Anpassung stets nur auf Verlangen meiner Frau F und nur mit Wirkung für die Zukunft erfolgen soll, wenn sich eine Änderung um mindestens 10 % ergibt, und zwar ab dem 1. des Monats, der auf das Änderungsverlangen folgt.*“

(2) Wie (1). E verfügt: „*(…) einen Betrag von 2.000 EUR zu zahlen, der sich im selben Verhältnis wie der steuerliche Reingewinn der Bauunternehmung verändert, jedoch nicht niedriger als 2.000 EUR im Monat sein darf.*“

216 Vgl. hierzu *Hartmann*, RNotZ 22, 469 ff.

217 Zu den Einzelheiten der Vorgängervorschriften siehe *Wälzholz*, MittBayNot 2008, 93 ff.

Dass der Unternehmer sorgfältige, vor allem mit dem Gesellschaftsvertrag abgestimmte erbrechtliche Anordnungen über die **Betriebsnachfolge** treffen soll, versteht sich von selbst. Hier sollen nur die folgenden allgemeinen Hinweise gegeben werden: 1191

- Der **Lebensfähigkeit des Unternehmens** gehört zumeist das Hauptinteresse. Deshalb orientieren sich die Versorgungsansprüche überlebender Ehegatten und die Abfindungsansprüche weichender Erben vor allem an der Leistungsfähigkeit des Unternehmens, also an seinem Ertragswert, der in der Regel geringer ist als der Substanz- oder Verkehrswert. Für die Berechnung des Ertragswerts sollten möglichst genaue Anweisungen festgelegt werden. Wird die Übernahme zum Zeitwert angeordnet, so sollte klargestellt werden, ob eine besondere Abfindungsbilanz erstellt werden muss oder die letzte Jahresbilanz maßgebend sein soll, wie bewertet werden soll (nach dem Buchwert, dem Verkehrswert, dem Teilwert mit oder ohne stille Reserven). Ferner sollte klargestellt werden, ob der sog. **Firmenwert** (Goodwill = Kundschaft, günstige Bezugsquellen, eingearbeiteter Mitarbeiterstab etc.) mit veranschlagt, gegebenenfalls wie er errechnet werden soll.
- Für die **Betriebsnachfolge** hat der Gesellschaftsvertrag **Vorrang**. Schreibt er also z.B. vor, dass nur eine Person Nachfolger werden kann, so ist der Erblasser gehindert, mehrere Nachfolger zu bestimmen. Es muss ferner Übereinstimmung geschaffen werden zwischen der Nachfolgeklausel des Gesellschaftsvertrages und der im Testament.

Als Modelle für die **Unternehmensnachfolge** kommen vor allem in Frage: 1192

(1) Die Einsetzung des Nachfolgers zum Alleinerben mit einem Vermächtnis zugunsten des Ehegatten und der weichenden Erben, das wiederum in einer Kapitalabfindung, einer Rente oder einer Gewinnbeteiligung bestehen kann.
(2) Die Zuwendung des Unternehmens oder der Beteiligung daran an den Nachfolger als Vermächtnis.
(3) Die Zuwendung an den Nachfolger durch Teilungsanordnung.

Die Art der Zuwendung hat bedeutsame ertragsteuerliche Auswirkungen.

> *Hinweis*
> Bei Vermächtnis und Teilungsanordnung sollte eine **Frist** für die Annahme durch den Bedachten vorgesehen werden, um eine zu lange dauernde Ungewissheit über das Schicksal des Unternehmens zu vermeiden.

An **weiteren Anordnungen** kommen vor allem in Frage: 1193

(1) Bestimmungen über die Fortführung der Firma,
(2) Konkurrenzverbote für die weichenden Erben,
(3) der Aufschub der Auseinandersetzung bis zum Erreichen eines bestimmten Mindestalters des Übernehmers,
(4) die Auseinandersetzung durch eine bestimmte Person nach pflichtgemäßem Ermessen (Testamentsvollstrecker),
(5) die Einrichtung eines Schiedsgerichts,
(6) die Fortsetzung des Unternehmens als juristische Person oder Personengesellschaft unter Angabe der wichtigsten Bestimmungen des Gesellschaftsvertrages.

Wegen der oft schwierigen steuerlichen Fragen im Zusammenhang mit einem „**Unternehmertestament**" ist die Hinzuziehung eines **Steuerberaters** dringend zu empfehlen.

d) Bei landwirtschaftlichen Betrieben

Für Landwirte gilt grundsätzlich das Gleiche wie bei den sonstigen Unternehmern. Sie wollen den Betrieb lebensfähig, zumeist geschlossen erhalten, den überlebenden Ehegatten sichern und die weichenden Erben möglichst gerecht abfinden. Hier ergeben sich folgende **Besonderheiten**: 1194

(1) Das gesetzliche Altenteil für den überlebenden Ehegatten (§ 14 HöfeO) wird weithin als zu kümmerlich angesehen. Der überlebende Ehegatte wird dabei zu kurzgehalten und ist zu sehr vom Hoferben abhängig. Man weicht daher oft auf eine Nießbrauchsbestellung oder die Berufung des Überlebenden zum Hofvorerben aus. Beides kann mit einem Vermächtnis für den Hoferben verbunden werden, aufgrund dessen er ab einem gewissen Alter die Verpachtung des Hofes zu Vorzugsbedingungen verlangen kann.

(2) Auch die gesetzlichen Abfindungsansprüche (§ 12 HöfeO) sind nach wie vor sehr gering. Teilweise wird daher deren Anhebung bis zur Höhe des Ertragswerts vorgesehen.

(3) Die sog. **Abfindungsergänzungs- bzw. Nachabfindungsansprüche** (§ 13 HöfeO), die entstehen, wenn der Hoferbe innerhalb einer bestimmten Frist den Hof oder Teile davon veräußert, können in der Verfügung von Todes wegen abgewandelt werden. So kann die Frist verlängert, die Voraussetzung für die Entstehung des Anspruchs verschärft oder erleichtert und die Abnahme der Ansprüche mit Zeitablauf (Degression) gemildert oder verstärkt werden.

1195 ▼

Muster 4.206: Hofvererbung

4.206 Mein Sohn … wird Hoferbe. Meine Frau … erhält am Hof das lebenslange Nießbrauchsrecht. Sie hat den Hof mit Zubehör meinem Sohn … im Herbst … zu verpachten, und zwar zu Bedingungen, die … % unter der ortsüblichen Pacht liegen.

Meine Tochter … erhält als Abfindung nach dem Tod meiner Frau in drei gleichen Jahresraten, von denen die erste ein Jahr nach dem Tod meiner Frau fällig wird, insgesamt … Doppelzentner abzugsfreien Weizen.

Veräußert mein Sohn den Hof oder wesentliche Teile davon Innerhalb von 30 Jahren nach meinem Tode, so hat er den Nettoerlös nach Steuer zur Hälfte an meine Tochter abzuführen. Meine Frau erhält also davon nichts. Von dem Nettoerlös ist ¼ abzusetzen, wenn die Veräußerung später als 15 Jahre, und ¾, wenn sie später als 25 Jahre nach meinem Tod erfolgt. Im Übrigen gilt § 13 HöfeO.

▲

1196 Ist der Betrieb nicht ein Hof im Sinne der Höfeordnung, so wird oft seine Übernahme als Landgut zum **Ertragswert** angeordnet (§ 2312 BGB). Für dessen Berechnung können im Testament bereits Vorschriften gemacht werden. Ebenso einfach wie brauchbar ist die Anordnung, dass der Wert des Betriebes mit einem Preis von × Doppelzentnern eines auf dem Hof gewonnenen Erzeugnisses pro Hektar der übernommenen Fläche anzusetzen ist. Man kann in diesen Betrag den Wert der Gebäude und des Inventars von vornherein einrechnen. Dies ist eine einfache, sichere und Geldwertschwankungen sowie Änderungen der Erzeugerpreise berücksichtigende Berechnungsmethode. Die in der Landwirtschaft zunehmend wichtiger werdenden **Subventionen** (Ausgleichszahlungen, Stilllegungsprämien etc.) werden dabei nicht berücksichtigt, was indes zumeist der Absicht der Beteiligten entspricht. Die Herauszahlungsbeträge werden meistens auf eine Reihe von Jahren verteilt fällig gestellt, oft zinslos. Bei Nichthöfen sowie bei Höfen nach dem Badischen Hofgütergesetz und der Hessischen Landgüterordnung empfiehlt es sich aus steuerlichen Gründen, den Betriebsnachfolger zum Alleinerben zu berufen und die Zuwendungen an die anderen Kinder als Vermächtnisse zu gestalten.

1197 ▼

Muster 4.207: Vererbung eines Nicht-Hofes

4.207 Ich berufe meinen Sohn … zu meinem alleinigen Erben. Alles, was nicht zum Betriebsvermögen meines landwirtschaftlichen Betriebes im steuerrechtlichen Sinne gehört, vermache ich meinen Kindern … und … . An diese hat mein Sohn … ferner je einen Geldbetrag zu zahlen, der einem Viertel des Ertragswerts des Betriebes entspricht. Als Ertragswert des gesamten Betriebes sind … Doppelzentner abzugsfreien Weizens (oder: … Doppelzentner abzugsfreien Weizens pro Hektar, wobei Gebäude und Zubehör nicht zusätzlich veranschlagt werden) anzusetzen. Die Lieferung des Weizens, nach Wahl der Berechtigten den Verkaufserlös dafür, hat mein Sohn zinslos in fünf gleichen Jahresraten aufzubringen, von denen die erste ein Jahr nach meinem Tode fällig wird.

▲

1198 Gelegentlich beschränkt sich der Eigentümer auch auf gewisse Einzelheiten der **Nachlassregulierung**, ohne im Übrigen die Betriebsnachfolge festzulegen. Wenn er keine Erbeinsetzung vornimmt und das Zuweisungsverfahren nach dem Grundstückverkehrsgesetz nicht ausschließt, kann der Betrieb nach seinem Tod im Zuweisungsverfahren an einen Betriebsnachfolger übergehen (§ 13 GrdstVG).

e) Bei Geschiedenen

Bei Geschiedenen besteht zumeist das Bedürfnis, Vorsorge dagegen zu treffen, dass der geschiedene Ehegatte **indirekt** zur Erbfolge gelangt. Werden keine besonderen Vorkehrungen getroffen, so kann der geschiedene Ehegatte kraft Gesetzes oder kraft Testaments über ein gemeinsames Kind Erbeserbe werden. 1199

Beispiel 1200

Die geschiedene Ehefrau wird von ihren Kindern beerbt. Eines davon verstirbt unverheiratet und kinderlos vor dem Vater. Er – also der geschiedene Ehemann – beerbt das Kind nach dem Gesetz zur Hälfte, aufgrund eines Testaments möglicherweise auch allein. Nach ihm fällt das Erbe ganz oder teilweise, jedenfalls in Höhe des Pflichtteils, an die neue Ehefrau neben den Kindern oder auch über sie an die Kinder früherer Ehen.

Soll dieses Ergebnis ausgeschlossen werden, so bietet sich als Lösung die Anordnung von Vor- und Nacherbschaft an. 1201

▼ 1202

Muster 4.208: Vor-/Nacherbschaft bei Geschiedenen 4.208

Meine Kinder berufe ich zu befreiten Vorerben. Nacherben sind deren Erben. Mein geschiedener Ehemann und dessen Abkömmlinge aus anderen Ehen werden als Nacherben oder als Erbeserben ausgeschlossen. Sie sollen unter keinen Umständen, auch nicht indirekt, aus meinem Nachlass etwas erlangen. Hinterlässt ein Kind Abkömmlinge, so soll er Vollerbe gewesen sein. Dasselbe gilt, wenn seine Erben nicht zu dem ausgeschlossenen Personenkreis gehören und ab dem Tod meines geschiedenen Mannes. Das Verwaltungsrecht meines Mannes am Kindesvermögen schließe ich aus (§ 1638 BGB).

▲

f) Unter gleichzeitiger Änderung der güterrechtlichen Beziehungen

In der Praxis werden oft Einzelheiten der **güterrechtlichen Rechtsbeziehungen** im Rahmen eines Erbvertrages abgewandelt, z.B. 1203

(1) Die Ehegatten verzichten wechselseitig auf etwaige über die in dem Erbvertrag gemachten Zuwendungen hinausgehende Erb- und/oder Pflichtteilsrechte.
(2) Die Ehegatten schließen wechselseitig ihre Zugewinnausgleichsansprüche im Falle des Todes aus.
(3) Die Verfügungsbeschränkung über das Vermögen im Ganzen (§ 1365 BGB) wird aufgehoben.
(4) Entweder schließen die Ehegatten generell oder aber für denjenigen, der an der Zerrüttung der Ehe nachweisbar allein schuld ist, auch für den Fall der Scheidung die Zugewinnausgleichsansprüche aus.

7. Behindertentestament/Behindertenerbvertrag

Behinderte sind in vielen Fällen sozialhilfeberechtigt. Eltern behinderter Kinder haben daher regelmäßig den Wunsch, ihr Vermögen im Wege der Erbfolge ihren Kindern zukommen zu lassen und dem Zugriff des Sozialhilfeträgers zu entziehen. Um dies zu erreichen, werden in der Praxis in erster Linie zwei Lösungswege vorgeschlagen, die mit den Schlagworten „Vor- und Nacherbschaft mit Testamentsvollstreckung“ und „Vor- und Nachvermächtnis mit Testamentsvollstreckung“ umschrieben werden können. Der nach wie vor favorisierte Weg ist die Vor- und Nacherbschaft mit Testamentsvollstreckung. In diesem Fall reicht es allerdings nicht aus, dass sich die Eltern des behinderten Kindes gegenseitig zu alleinigen Erben und für den Fall des Todes des Überlebenden von ihnen zu dessen Erben ihre Kinder zu gleichen Teilen, das behinderte Kind jedoch nur zum nicht befreiten Vorerben und seine Geschwister zu Nacherben einsetzen. Denn bei dieser Gestaltung würde schon nach dem Erstversterbenden der Eltern ein Pflichtteilsanspruch für das behinderte Kind entstehen, der gemäß § 93 des zwölften Buches des Sozialgesetzbuches (SGB XII, vorher § 90 des Bundessozialhilfegesetzes) auf den Sozialhilfeträger überleitbar ist. Zwar hat der BGH entschieden,[218] dass der Pflichtteilsverzicht eines behinderten Sozialleistungsbeziehers grundsätzlich nicht sittenwidrig sei. Ein solcher Pflichtteilsverzicht, insbesondere nach dem erstversterbenden Elternteil, kommt aber von vornherein grundsätzlich nur bei 1204

218 Urt. v. 19.1.2011, vgl. z.B. ZEV 2011, 258.

einem voll geschäftsfähigen Verzichtenden in Betracht. Denn der durch einen gesetzlichen Vertreter ausgesprochene oder genehmigte Pflichtteilsverzicht (zur grundsätzlichen Möglichkeit der Vertretung beim Verzichtenden vgl. § 2347 Abs. 1 BGB) bedarf grundsätzlich der familiengerichtlichen bzw. betreuungsgerichtlichen Genehmigung. Diese Genehmigung dürfte im Zweifel nicht erteilt werden. Um also die Überleitung des Pflichtteilsanspruchs des behinderten Kindes durch den Sozialhilfeträger auch unabhängig von einem im Einzelfall möglichen Pflichtteilsverzicht des Kindes zu vermeiden, wird das behinderte Kind schon nach dem Erstversterbenden der Eltern zu einem Bruchteil, der seine Pflichtteilsquote übersteigt, zum Miterben eingesetzt. Parallel wird dann Dauertestamentsvollstreckung für den Erbteil des behinderten Kindes angeordnet mit der Aufgabe, diesen Erbteil zu verwalten und dem Kind die Erträgnisse, die der Sozialhilfe nicht unterliegen, zukommen zu lassen. Zu beachten ist hierbei, dass aufgrund der Rechtsprechung mehrerer Obergerichte der gesetzliche Vertreter des Behinderten (in der Regel der Betreuer) und der Testamentsvollstrecker nicht personenidentisch sein sollten. Im Hinblick auf das behinderte Kind sollten die gleichen Bestimmungen auch für den Fall des Todes des Überlebenden der Eltern getroffen werden. Der BGH,[219] das OLG Köln[220] und auch das OLG Hamm[221] haben die Sittenwidrigkeit dieser Lösung grundsätzlich verneint.

1205 Die bisherigen Entscheidungen des BGH sind zu kleinen bis mittleren Vermögen ergangen. In der Literatur ist daraus gefolgert worden, dass die Gerichte bei einem (sehr) großen Nachlassvermögen möglicherweise die Sittenwidrigkeit bejahen würden, wenn das behinderte Kind aus den Nutzungen des Pflichtteils neben den Annehmlichkeiten praktisch auch die gesamte Grundversorgung auf Lebenszeit bestreiten könnte.[222] Das OLG Hamm hat mit vorgenanntem Urt. v. 27.10.2016[223] jedoch entschieden, dass die Anordnung der Vor- und Nacherbfolge, die im Ergebnis dazu führt, dass der Sozialhilfeträger selbst nach dem Tod des Sozialhilfeberechtigten nicht auf ein gegebenenfalls dann noch verbleibendes Erbe zurückgreifen kann, selbst dann nicht gegen § 138 Abs. 1 BGB verstößt, wenn sich der Wert des Gesamtnachlasses auf über 7 Mio. EUR und der Wert des Erbteils auf über 960.000 EUR beläuft und selbst der geringere Pflichtteil noch einen beträchtlichen Vermögenswert hat, der unter Zugrundelegung des geltenden Sozialhilfestandards voraussichtlich ausreichen würde, um eine weitere Versorgung des behinderten Kindes bis zu seinem Lebensende sicherzustellen. Nach Ansicht des OLG Hamm ist für die Beurteilung des Behindertentestaments nicht danach zu differenzieren, wie groß das dem behinderten Kind hinterlassene Vermögen ist. Es sei weder eine klar umrissene Wertung des Gesetzgebers noch eine allgemeine Rechtsauffassung festzustellen, dass Eltern einem behinderten Kind ab einer gewissen Größe ihres Vermögens einen über den Pflichtteil hinausgehenden Erbteil hinterlassen müssen, damit es nicht ausschließlich der Allgemeinheit zur Last fällt.

1206 Durch die im Rahmen der am 1.1.2010 in Kraft getretenen Erbrechtsreform unter anderem neu gefassten pflichtteilsrechtlichen Vorschriften der §§ 2305 und 2306 BGB (vgl. hierzu Rdn 1170 ff.) hat sich die Rechtslage hinsichtlich des Behindertentestamentes bzw. des Behindertenerbvertrages grundsätzlich nicht geändert. Durch die nicht mehr bestehende Differenzierung zwischen pflichtteilsunter- und pflichtteilsüberschreitenden Zuwendungen und die Abschaffung der daraus bislang resultierenden Wertgrenze des § 2306 Abs. 1 S. 1 BGB alter Fassung entfällt die Gefahr eines „Supergaus“, wonach bislang bei der Wahl eines zu kleinen Erbteils für das behinderte Kind die angeordnete Vor- und Nacherbschaft sowie die angeordnete Testamentsvollstreckung kraft Gesetzes als nicht angeordnet galten. Dennoch sollte der Erbteil zugunsten des behinderten Kindes deutlich über der Pflichtteilsquote liegen. Denn da der Betreuer seine Entscheidungen zum Wohl des Betreuten treffen muss, könnte der Betreuer im Einzelfall auch bei Einsetzung einer für die Interessen des betreuten Kindes nicht ausreichenden Erbquote – selbst wenn diese über der Pflichtteilsquote liegt – zur Ausschlagung verpflichtet sein. Zu beachten ist hierbei, dass die Ausschlagung des Betreuers der Genehmigung des Betreuungsgerichts bedarf (§ 1851 Nr. 1 BGB) und der Sozialhilfeträger seinerseits nicht die Ausschlagung im Rahmen des § 2306 Abs. 1 BGB neuer Fassung vornehmen kann, da es sich bei der Ausschlagung um ein persönliches Gestaltungs-

219 DNotZ 1994, 380 und aktuell auch ZEV 2011, 258.
220 Rpfleger 2010, 140.
221 Urt. v. 27.10.2016 – 10 U 13/16, BeckRS 2016, 110649, ZEV 2017, 158.
222 Vgl. Dorsel/*Perau*, Kölner Formularbuch Erbrecht, 4. Aufl. 2024, Kap. 5, Rn 580 m.w.N.
223 BeckRS 2016, 110649.

recht des behinderten Kindes handelt.[224] Beim Unterschreiten der Pflichtteilsquote könnte der Sozialhilfeträger aber den Zusatzpflichtteil gemäß § 2305 BGB geltend machen und auf sich überleiten.

Dem Vorteil, durch die vorstehend beschriebene, komplexe rechtliche Gestaltung das Familienvermögen weitestgehend dem Zugriff des Sozialhilfeträgers und anderen Gläubigern zu entziehen, stehen aber auch nicht unerhebliche Nachteile gegenüber. So entsteht bereits nach dem erstversterbenden Elternteil eine Erbengemeinschaft aus dem überlebenden Elternteil und dem behinderten Kind, wenn auch die hieraus entstehenden Beeinträchtigungen durch die Einsetzung des überlebenden Elternteils als Testamentsvollstrecker und zugleich als Nacherbentestamentsvollstrecker größtenteils vermieden werden können. Der überlebende Elternteil darf in diesem Fall dann aber – wie bereits zuvor ausgeführt – weder gesetzlicher Vertreter noch Betreuer des behinderten Kindes sein. Alternativ könnte das Amt des Testamentsvollstreckers und der Nacherbentestamentsvollstreckers auch von einem nicht behinderten Geschwisterkind des behinderten Kindes ausgefüllt werden. Hier müssen sich die verfügenden Eltern aber im Einzelfall fragen, ob sie ihrem nicht behinderten Kind diese langfristige zeitintensive und auch emotionale Bürde des Amtes auferlegen wollen. Außerdem unterliegt der Erbteil des behinderten Kindes nach wie vor dem Gläubigerzugriff, wenn auch die Verwertung des Erbteils aufgrund der vorgenannten Rechtsgestaltung weder einem Gläubiger noch dem Sozialhilfeträger praktisch etwas bringt. So sollte im Einzelfall ernsthaft überlegt werden, ob nicht auf die vorstehende Rechtskonstruktion verzichtet wird, die Eltern sich stattdessen wechselseitig zu alleinigen Vollerben und ihr nicht behindertes Kind bzw. ihre nicht behinderten Kinder unter Ausschluss des behinderten Kindes zu Schlusserben einsetzen und so den zweifachen Pflichtteilsanspruch des behinderten Kindes in Kauf nehmen. Je mehr Kinder die Eltern haben, desto eher bietet sich diese einfachere Lösung an, da dann die Pflichtteilsquoten des behinderten Kindes nach beiden Elternteilen entsprechend kleiner werden.[225]

8. Muster

Behindertenerbvertrag 1207

▼

Muster 4.209: Behindertenerbvertrag 4.209

(Eingang der Niederschrift wie beim Erbvertrag vgl. Rdn 982).

Wir schließen den folgenden

Erbvertrag,

der in der amtlichen Verwahrung des Notars bleiben soll:

I.

Wir widerrufen hiermit alle bisher von uns getroffenen Verfügungen von Todes wegen.

II.

1. Der Erstversterbende von uns bestimmt zu seinen Erben
   - unser behindertes, bei uns wohnhaftes Kind ____, zu einem 10 % über dem im Zeitpunkt des Ablebens des Erstversterbenden von uns für unsere behinderte Tochter ____ nach den gesetzlichen Regeln bestehenden Pflichtteil liegenden Anteil zum Miterben,
   - den Überlebenden von uns hinsichtlich des verbleibenden Erbteils zum alleinigen Erben.

224 Vgl. BGH ZEV 2011, 258, 260.

225 Wegen Einzelheiten der Vor- und Nacherbschaftslösung und der damit auch verbundenen Nachteile, zu Alternativ-Lösungen sowie zur aktuellen Rechtslage nach der Erbrechtsreform 2010 siehe z.B. *Kössinger* in: Kössinger/Najdecki/Zintl, Handbuch der Testamentsgestaltung, 7. Aufl. 2024, § 21 Rn 63 ff.; *Grziwotz*, ZEV 2002, 409 ff.; *Kleensang*, RNotZ 2007, 22 ff.; *Spall*, ZErb 2007, 272 ff.; *Baumann/Karsten*, RNotZ 2010, 95, 97; vgl. zu den unterschiedlichen Gestaltungsmöglichkeiten mit Mustern auch Dorsel/*Perau*, Kölner Formularbuch Erbrecht, 4. Aufl. 2024, Kap. 5, Rn 570 ff. mit einem Formulierungsvorschlag in Rn 668.

- Sollte unsere Tochter … vor oder nach Eintritt des Erbfalls des Erstversterbenden von uns wegfallen, so wächst deren Anteil dem Überlebenden von uns beiden gemäß § 2094 BGB an, sodass der Überlebende von uns alleiniger Erbe des Erstversterbenden wird.

2. Unsere Tochter … wird jedoch nur nicht befreite Vorerbin. Nacherbe auf den Tod der Vorerbin ist der Überlebende von uns beiden.
Ersatznacherben sind unsere Kinder … und … zu gleichen Teilen, ersatzweise deren Abkömmlinge unter sich zu gleichen Stammanteilen nach den Regeln der gesetzlichen Erbfolge.
Sollte eines unserer Kinder … und … ohne Hinterlassung von Abkömmlingen wegfallen, wächst dessen Anteil dem anderen (Mit-)Nacherben, ersatzweise dessen Abkömmlingen im Verhältnis untereinander nach den Regeln der gesetzlichen Erbfolge an. Die Nacherbenanwartschaften sind nicht vererblich und nicht übertragbar.

III.

1. Der Überlebende von uns – sofern wir beide gleichzeitig versterben sollten, ein jeder von uns – bestimmt zu seinen Erben

   - unsere Tochter … zu einem 10 % über dem im Zeitpunkt des Ablebens des Letztversterbenden von uns beiden für sie nach den gesetzlichen Regeln bestehenden Pflichtteil liegenden Anteil,
   - unsere Kinder … und … je zur Hälfte hinsichtlich des verbleibenden Erbteils.

2. Ersatzerben anstelle unserer nicht behinderten Kinder … und … sind deren Abkömmlinge, untereinander entsprechend den Regeln der gesetzlichen Erbfolge.
Falls eines unserer Kinder … und … ohne Hinterlassung von Abkömmlingen wegfällt, wächst dessen Anteil jeweils dem anderen, ersatzweise dessen Abkömmlingen im Verhältnis untereinander nach den Regeln der gesetzlichen Erbfolge, an.

3. Unser behindertes Kind … ist nur nicht befreite Vorerbin. Nacherben auf den Tod des Vorerben sind

   - unsere Kinder … und … zu gleichen Teilen,
   - ersatzweise deren Abkömmlinge, untereinander beteiligt entsprechend den Regeln der gesetzlichen Erbfolge.

   Sollte eines unserer Kinder … und … ohne Hinterlassung von Abkömmlingen wegfallen, wächst dessen Anteil jeweils dem anderen (Mit-)Nacherben, ersatzweise dessen Abkömmlingen im Verhältnis untereinander nach den Regeln der gesetzlichen Erbfolge, an.

Die Nacherbenanwartschaften sind nicht vererblich und nicht übertragbar.

Nacherben und Ersatznacherben sind auch Ersatzerben für den Fall, dass unser behindertes Kind nicht zur Erbfolge gelangt.

IV.

Klarstellend bemerken wir, dass die in diesem Erbvertrag ausgesprochene Erbeinsetzung zugunsten der gemeinsamen Abkömmlinge auch im Falle der etwaigen Wiederheirat des Überlebenden von uns gelten und dass daher eine Anfechtung des Erbvertrages auch in diesem Falle ausgeschlossen sein soll.

Der Längstlebende von uns ist jedoch berechtigt, im Falle seiner Wiederheirat seinem neuen Ehepartner und etwaigen Abkömmlingen aus der neuen Ehe vermächtnisweise diejenigen Vermögenswerte von Todes wegen zuzuwenden, die er nach der Wiederverheiratung hinzuerworben hat. Ausgenommen bleibt jedoch ein Zuerwerb, der aus dem früheren Vermögen des Längstlebenden herrührt oder wirtschaftlich an die Stelle solcher Vermögenswerte tritt, die bei der Wiederheirat bereits vorhanden waren.

V.

1. Mit Rücksicht darauf, dass unser Kind … wegen seiner Behinderung nicht in der Lage sein wird, seine Angelegenheiten selbst zu besorgen, insbesondere die ihm durch den jeweiligen Erbfall zufallenden Vermögenswerte selbst zu verwalten, ordnen sowohl der Erstversterbende als auch der Überlebende von uns für seinen Nachlass Testamentsvollstreckung an.
Die Testamentsvollstreckung soll sich jedoch nicht auf die unseren Kindern … und … zufallenden Erbteile erstrecken.
Zum Testamentsvollstrecker bestimmt der Erstversterbende

   - den Überlebenden von uns,
   - ersatzweise …,
   - ersatzweise ….

   Zum Testamentsvollstrecker bestimmt der Überlebende von uns

   - …,
   - ersatzweise …

   Sollte keiner der Vorgenannten das Testamentsvollstreckeramt annehmen oder sollten sie alle vor oder nach dem Erbfall wegfallen, ohne einen Ersatztestamentsvollstrecker bestimmt zu haben, so soll das zuständige Nachlassgericht einen Testamentsvollstrecker ernennen.
Der Testamentsvollstrecker ist in der Eingehung von Verbindlichkeiten für den Nachlass nicht beschränkt und vom Verbot des § 181 BGB befreit.

2. Aufgabe des Testamentsvollstreckers ist die Verwaltung des Erbteils unseres behinderten Kindes … und damit die Verwaltung des Nachlasses zusammen mit den weiteren Miterben.
Der Testamentsvollstrecker hat alle Verwaltungsrechte auszuüben, die unserem behinderten Kind … als Vorerbin zustehen. Über den verwalteten Erbteil selbst darf der Testamentsvollstrecker nicht verfügen. Nach Teilung des Nachlasses setzt sich die Testamentsvollstreckung an den der Vorerbin zugefallenen Vermögenswerten fort.

3. Sowohl der Erstversterbende als auch der Überlebende von uns trifft folgende, für den Testamentsvollstrecker verbindliche Verwaltungsanordnungen gemäß § 2216 Abs. 2 BGB:
Der Testamentsvollstrecker hat unserem behinderten Kind … die ihm gebührenden anteiligen jährlichen Reinerträgnisse (Nutzungen) des Nachlasses, wie beispielsweise etwaige anteilige Miet- und Pachtzinsen, Zinserträge, Dividenden- und Gewinnanteile und etwaige sonstige Gebrauchsvorteile und Früchte von Nachlassgegenständen, nur in Form folgender Leistungen zuzuwenden:

   - Überlassung von Geldbeträgen in Höhe des jeweiligen Rahmens, der nach den jeweiligen einschlägigen Gesetzen einem Behinderten maximal zur freien Verfügung stehen kann;
   - Geschenke zu Weihnachten, Ostern, Pfingsten und zum Geburtstag, wobei bei der Auswahl der Geschenke auf die Bedürfnisse und Wünsche unseres behinderten Kindes … einzugehen ist;
   - Zuschüsse zur Finanzierung eines Urlaubs oder zur Urlaubsgestaltung;
   - Zuwendungen zur Befriedigung geistiger Bedürfnisse sowie zur Befriedigung der individuellen Bedürfnisse in Bezug auf Freizeit, wozu insbesondere auch Hobbys und Liebhabereien zählen;
   - Aufwendungen für ärztliche und sonstige Heilbehandlungen und Therapien, Medikamente und medizinische Hilfsmittel, die von der Krankenkasse nicht vollständig bezahlt werden.

Für welche der genannten Leistungen die jährlichen Reinerträgnisse verwendet werden sollen, ob diese also auf sämtliche Leistungen gleichmäßig oder nach einem bestimmten Schlüssel verteilt werden oder ob diese in einem Jahr nur für eine oder mehrere der genannten Leistungen verwendet werden, entscheidet der Testamentsvollstrecker nach billigem Ermessen, wobei er allerdings immer auf das Wohl unseres Kindes bedacht sein muss.
Werden die jährlichen Reinerträgnisse in einem Jahr nicht in voller Höhe in Form der bezeichneten Leistungen unserem Kind zugewendet, sind die entsprechenden Teile vom jeweiligen Testamentsvollstrecker gewinnbringend anzulegen.
Sind größere Anschaffungen für unser Kind, wie beispielsweise der Kauf eines Gegenstandes zur Steigerung des Lebensstandards oder eine größere Reise oder ähnliches, beabsichtigt, hat der Testamentsvollstrecker entsprechende Rücklagen zu bilden, die dann zugunsten unseres Kindes zur gegebenen Zeit entsprechend zu verwenden sind.

Im Übrigen gelten für die Testamentsvollstreckung die gesetzlichen Bestimmungen.

Die von uns hier benannten Testamentsvollstrecker erhalten keine Vergütung, wohl aber Ersatz ihrer Auslagen. Ein vom Nachlassgericht ernannter Testamentsvollstrecker erhält eine angemessene Vergütung. Diese muss sich nach den Empfehlungen des Deutschen Notarvereins in ihrer jeweils aktuellen Fassung richten. Eine hierauf anfallende Umsatzsteuer ist gesondert zu erstatten. Im Innenverhältnis der Erben sind die bis zur Erbauseinandersetzung anfallenden Gebühren des Testamentsvollstreckers im Verhältnis der Erbquoten zu tragen. Die Gebühren für die anschließende Verwaltung gehen ausschließlich zu Lasten des betroffenen Erbteils.

VI.

Sowohl der Erstversterbende als auch der Überlebende von uns schließt die zwangsweise Auseinandersetzung gegen den Willen eines Miterben in Ansehung des gesamten Nachlasses gemäß § 2044 BGB auf Lebenszeit des längstlebenden Miterben aus.

VII.

Ein jeder von uns regt an, nach dem Ableben des länger lebenden Elternteils zum **Betreuer** unserer Tochter zu bestellen.

VIII.

Wir nehmen vorstehende Erklärungen – soweit gesetzlich zulässig – wechselseitig an.

Keiner von uns behält sich den einseitigen Rücktritt von diesem Erbvertrag vor.

Der amtierende Notar hat uns über die durch diesen Erbvertrag eingegangene Bindung belehrt. Er hat uns ferner hingewiesen auf

- das gesetzliche Pflichtteilsrecht, vor allem auf die Bestimmungen des § 2306 BGB,
- das Wesen einer Vor- und Nacherbfolge,
- die Bedeutung einer Testamentsvollstreckung.

Der Überlebende von uns ist jedoch berechtigt, die hier getroffenen Verfügungen von Todes wegen zugunsten und zu Lasten von Abkömmlingen und deren Ehegatten, nicht aber zugunsten dritter Personen einseitig abzuändern und zu ergänzen. Er darf dabei insbesondere

- die Erbquoten unter den Abkömmlingen ändern,
- gemeinschaftlichen Abkömmlingen und ihren Ehegatten Vermächtnisse zuwenden,
- Teilungsanordnungen treffen,

- einzelne Abkömmlinge auf den Pflichtteil setzen oder, falls die Voraussetzungen vorliegen, den Pflichtteil entziehen.

Machen alle Abkömmlinge, die gesetzliche Erben wären, nach dem Tode des Erstversterbenden von uns Pflichtteilsansprüche geltend, darf der Überlebende von uns über den beiderseitigen Nachlass völlig frei anderweitige Verfügungen von Todes wegen treffen.

IX.

Sollte die in dieser Urkunde getroffene Gestaltung wider Erwarten, etwa aufgrund der Änderung der Rechtslage, unwirksam sein oder werden, erhält unsere Tochter in beiden Erbfällen nur den Pflichtteil.

Diese Niederschrift

▲

9. Eröffnung einer Verfügung von Todes wegen

Jede Urkunde, die eine Verfügung von Todes wegen enthalten könnte, muss nach dem Tod des Erblassers „**un- 1208
verzüglich**" beim **Nachlassgericht** abgeliefert werden (§ 2259 BGB). Dies gilt auch, wenn die Verfügung offensichtlich ungültig, widerrufen oder gegenstandslos ist. Das Unterlassen der Ablieferung kann strafbar sein und schadensersatzpflichtig machen. Das Nachlassgericht kann die Ablieferung ferner durch Zwangsgeld erzwingen (§§ 358, 35 FamFG).

Die **Ablieferungspflicht** dient der Vorbereitung der „Eröffnung" des Testaments oder Erbvertrages und der Erhaltung und Sicherstellung der nicht vom Gericht verwahrten Verfügungen. Die Eröffnung soll den letzten Willen des Erblassers an die „Öffentlichkeit" bringen, damit für jedermann klar wird, wer Erbe geworden ist, und damit die Erben und die sonstigen Bedachten und Beteiligten erfahren, was sie bekommen bzw. nicht bekommen oder was sie sonst mit dem Nachlass zu tun haben (z.B. der Testamentsvollstrecker). Die Eröffnung wird vom Nachlassgericht von Amts wegen betrieben (§ 348 Abs. 1 FamFG). Sofern das Gericht keine Verfügung des Erblassers verwahrt und deshalb vom Zentralen Testamentsregister über den Tod des Erblassers nicht informiert wird, bedarf es naturgemäß eines Anstoßes von einem Beteiligten, den man üblicherweise „Antrag" nennt, obwohl er das genau genommen nicht ist.

Zuständig ist das Nachlassgericht des letzten gewöhnlichen Aufenthalts des (deutschen oder ausländischen) 1209
Erblassers (§ 343 Abs. 1 FamFG), mangels eines inländischen gewöhnlichen Aufenthalts das Nachlassgericht, in dessen Bezirk der Erblasser seinen letzten gewöhnlichen Aufenthalt im Inland hatte (§ 343 Abs. 2 FamFG). Soweit eine Zuständigkeit nicht nach § 343 Abs. 1 oder 2 FamFG gegeben ist, ist das Amtsgericht Schöneberg in Berlin zuständig, wenn der Erblasser Deutscher ist oder – im Fall eines ausländischen Erblassers – sich Nachlassgegenstände im Inland befinden (§ 343 Abs. 3 S. 1 FamFG). Eine von einem anderen Gericht als dem zuständigen Nachlassgericht (§ 343 FamFG) verwahrte Verfügung von Todes wegen wird von dem Verwahrungsgericht eröffnet (§ 344 Abs. 6 FamFG).

Zum Zweck der Eröffnung der vom Erblasser hinterlassenen Verfügungen von Todes wegen bestimmt der 1210
Rechtspfleger des Nachlassgerichts einen Termin. Dazu lädt er in der Regel die gesetzlichen Erben und die sonstigen Beteiligten nicht ein. Durch die seit dem 1.9.2009 gültige Vorschrift des § 348 Abs. 2 FamFG wird diese in der Praxis überwiegend geübte „stille Eröffnung" als praktischer Regelfall – zumindest bei notariellen Verfügungen von Todes wegen – ermöglicht. Sollten ausnahmsweise Beteiligte zur Eröffnung geladen werden, so wären dies die gesetzlichen Erben – also die Personen, die geerbt haben würden, wenn keine Verfügung von Todes wegen vorläge –, etwaige Testamentserben, sonstige Bedachte und ein etwaiger Testamentsvollstrecker. Anhand der Todesurkunde stellt der Rechtspfleger im Eröffnungstermin fest, dass der Erblasser gestorben ist. Die Verfügungen von Todes wegen werden – sofern jemand erscheint – verlesen und auf Verlangen den Erschienenen auch vorgelegt (§ 348 Abs. 2 S. 3 FamFG). Über den Vorgang wird eine Niederschrift errichtet (§ 348 Abs. 1 S. 2 FamFG, siehe das folgende Muster vgl. Rdn 1240). Die nicht erschienenen Beteiligten erhalten davon und von den Verfügungen des Erblassers – soweit der Inhalt sie betrifft – eine Abschrift (§ 348 Abs. 3 S. 1 FamFG).

1211 Damit der Rechtspfleger die gesetzlichen Erben und die bedachten Personen im Ausnahmefall laden kann bzw. er im Falle der „stillen“ Eröffnung diese den Beteiligten bekannt geben kann, muss er deren Namen und Anschriften mitgeteilt bekommen. Auch muss der Rechtspfleger wissen, an wen er sich wegen der Kosten wenden soll. Daraus ergibt sich für den Eröffnungs-„Antrag“, den der Notar zumeist für die Beteiligten oder einen von ihnen stellt, folgender **Inhalt**:

- Übersendung einer Sterbeurkunde des Erblassers,
- Übersendung der Verfügungen von Todes wegen bzw. Angaben darüber, dass, wo und – möglichst – unter welchem Aktenzeichen Verfügungen von Todes wegen verwahrt werden,
- gegebenenfalls die Übersendung des Hinterlegungsscheins,
- die Namen und Anschriften der gesetzlichen Erben und der Bedachten,
- die Angabe des Kostenschuldners.

1212 ▼

4.210

Muster 4.210: Antrag auf Eröffnung eines Testaments

, den

Notar

Einschreiben

Amtsgericht

– Nachlassgericht –

Betr.: Nachlass des aus

Als Anlagen übersende ich:

1. eine Sterbeurkunde des Erblassers,
2. sein eigenhändiges Testament vom ,
3. den Erbvertrag vom – meine UVZ-Nr. / –,

mit dem Antrag auf Eröffnung.

Der Erblasser hat ferner noch ein Testament vom beim dortigen Nachlassgericht hinterlegt. Der Hinterlegungsschein ist nicht auffindbar.

Gesetzliche Erben sind:

1. seine Ehefrau geborene , geboren am , wohnhaft in ,
2. seine Kinder, nämlich:
   a) , geboren am ,
   b) , geboren am ,

   beide bei der Mutter wohnhaft.

Die Kosten können bei der Ehefrau erhoben werden.

Anlagen

Hochachtungsvoll

(Notar)

▲

▼ 1213

Muster 4.211: Eröffnungsprotokoll 4.211

Amtsgericht , den

– –

Gegenwärtig:

, Rechtspfleger

In dem auf heute anberaumten Termin zur Eröffnung der Verfügung von Todes wegen der am in verstorbenen, zuletzt in wohnhaft gewesenen

Frau

geborene

erschien niemand. Ladungen erfolgten nicht.

Der Hinterlegungsschein über das unter Nr. des Verwahrungsbuches eingetragene Testament sowie die Sterbeurkunde befinden sich bei den Akten.

Das nach dem Hinterlegungsschein am zur besonderen amtlichen Verwahrung übergebene Testament der Erblasserin vom – UVZ-Nr. / des Notars in – war aus der Verwahrung entnommen. Das Testament ist mit einem Siegelabdruck des Notars verschlossen. Es wurde festgestellt, dass der Verschluss unversehrt war.

Notar in hat den Ehe- und Erbvertrag vom – seine UVZ-Nr. / – abgeliefert.

Das Testament vom und der Ehe- und Erbvertrag vom wurden eröffnet.

Der Inhalt der Verfügungen von Todes wegen und diese Niederschrift werden den Beteiligten schriftlich bekannt gegeben (§ 348 Abs. 3 S. 1 FamFG).

gez. , Rechtspfleger

▲

Von besonderer Bedeutung kann der **Umfang** der Eröffnung von gemeinschaftlichen Testamenten oder Erbverträgen nach dem Tod des Erstversterbenden sein. So kann durch die Bekanntgabe der Verfügungen des Überlebenden bereits nach dem Tod des Erstversterbenden unter Umständen der Familienfrieden erheblich gestört werden. Setzen sich beispielsweise die Eheleute gegenseitig zum alleinigen Vollerben ein und berufen eines ihrer beiden Kinder zum alleinigen Erben des Überlebenden, wodurch das zweite Kind sowohl nach dem erstversterbenden Ehegatten als auch nach dem überlebenden Ehegatten enterbt wird, kann es durchaus im Interesse des überlebenden Ehegatten liegen, dass die Enterbung des zweiten Kindes diesem erst nach dem Tode des überlebenden Ehegatten bekannt gemacht wird. Gemäß § 349 Abs. 1, 4 FamFG sind bei gemeinschaftlichen Testamenten und Erbverträgen die Verfügungen des überlebenden Ehegatten, soweit sie sich trennen lassen, den Beteiligten nicht bekannt zu geben. Hiernach müssen also die Verfügungen des überlebenden Ehegatten, soweit sie sich von denen des erstverstorbenen Ehegatten nicht trennen lassen, mit diesen bekannt gegeben werden. Nach ständiger Rechtsprechung ist letzteres immer dann der Fall, wenn Verfügungen des Überlebenden mit Verfügungen des Erstverstorbenen in ein und demselben Satz oder Satzteil enthalten sind. Es wird von daher in der Literatur empfohlen, dass jeder Ehegatte die Verfügungen, die er für den Fall seines Überlebens vorgesehen hat, von denen des anderen Ehegatten auch sprachlich trennt, selbst wenn die Verfügungen beider Ehegatten – wie in der Regel – inhaltsgleich sind. 1214

1215 *Beispiele*

(1) Der Überlebende von uns – und falls wir gleichzeitig versterben – ein jeder von uns, setzt hiermit unseren Sohn A zum alleinigen Erben ein.

(2) Für den Fall, dass ich, der Ehemann X, der Überlebende von uns bin oder gleichzeitig mit meiner Frau X versterbe, setze ich unseren Sohn A zum alleinigen Erben ein.
Für den Fall, dass ich, Frau X, die Überlebende von uns bin oder gleichzeitig mit meinem Mann X versterbe, setze ich unseren Sohn A zum alleinigen Erben ein.

1216 Im Fall (1) lassen sich die Verfügungen beider Ehegatten bereits sprachlich nicht trennen, sodass hier nach dem Tod des einen Ehegatten auch die Verfügungen des anderen Ehegatten mit eröffnet und bekannt gemacht würden, während im Fall (2) grundsätzlich nur die Verfügung des Erstverstorbenen Herrn X, nicht aber die Verfügung der überlebenden Frau X eröffnet und bekannt gemacht würde. Aber auch in dem Fall (2) lässt sich nicht erreichen, dass die an sich gegenstandslose Verfügung des Herrn X, die er als Überlebender getroffen hat, geheim gehalten wird. Dies widerspricht schon dem Gesetzeswortlaut des § 349 Abs. 1 FamFG (Ausnahme von der Bekanntgabepflicht nur für Verfügungen des überlebenden Ehegatten oder eingetragenen Lebenspartners, nicht für gegenstandslose Verfügungen des verstorbenen Ehegatten oder eingetragenen Lebenspartners) und ist auch mit dem Interesse an der richtigen und zweifelsfreien Beurteilung der Erbfolge nicht zu vereinbaren. So kann unter Umständen erst aus der Zusammensicht sämtlicher Verfügungen des erstverstorbenen Ehegatten erkennbar sein, ob dieser im Hinblick auf den überlebenden Ehegatten und die gemeinsamen Kinder eine Vollerben- und Schlusserbeneinsetzung oder eine Vor- und Nacherbeneinsetzung gewollt hat. Da aber die Ehegatten die Erbfolge nach dem Überlebenden in den allermeisten Fällen identisch regeln, hilft die Eröffnung und Bekanntmachung nur der Verfügungen des erstverstorbenen Ehegatten im Hinblick auf ein etwaiges Geheimhaltungsinteresse des Überlebenden kaum weiter. Es bliebe dann nur die – aber aus vielen anderen Gründen nicht zu empfehlende – Lösung, in der bindenden Verfügung von Todes wegen zunächst nur die Erbfolge nach dem Erstversterbenden zu regeln und dem Überlebenden dann nach dem Tode des anderen Ehegatten die Errichtung einer weiteren Verfügung von Todes wegen zu überlassen. Auf jeden Fall sollte der Notar in den sog. **kritischen Fällen** (z.B. Enterbung einzelner Abkömmlinge nach dem überlebenden Ehegatten) auf die Eröffnungsproblematik hinweisen und mit den Erblassern eine möglichst günstige Lösung für den Einzelfall suchen.[226]

10. Erbschein beim Vorhandensein einer Verfügung von Todes wegen

a) Erforderlichkeit

1217 Eine nicht beurkundete Verfügung von Todes wegen ist **kein Erbnachweis**. Sie könnte ungültig, widerrufen, gefälscht, überholt oder mehrdeutig sein. Um das Grundbuch nach dem Tod des Erblassers auf die Erben umzuschreiben oder etwa die Konten oder Wertpapierdepots des Erblassers aufzulösen, bedarf es aber einer möglichst sicheren Grundlage. Sie ist nur mit einem Zeugnis über die Erbfolge zu erreichen, das Beweiskraft hat, in der Regel also nur mit einem Erbschein, der vom Nachlassgericht ausgestellt wird und dem das Gesetz „öffentlichen Glauben“ beilegt (§ 2366 BGB), sodass sich jeder, der gutgläubig ist, auf seine Richtigkeit verlassen kann (§ 2365 BGB, vgl. auch Rdn 882 ff.).

b) Entbehrlichkeit

1218 Öffentlichen Glauben genießen aber auch die Urkunden des Notars. Deshalb ist ein Erbschein zumeist entbehrlich, wenn ein „öffentliches“ Testament, also ein vom Notar beurkundetes oder ihm vom Erblasser übergebenes (§ 2232 BGB) Testament, oder wenn ein Erbvertrag vorliegt. Die Grundbuchordnung sieht das ausdrücklich vor (§ 35 Abs. 1 GBO). Die Registergerichte wenden diese Vorschrift vielfach auch für die Anmeldung des Ausscheidens eines Gesellschafters und des Eintritts seiner Erben in eine Gesellschaft entsprechend an. Nach den Allgemeinen Geschäftsbedingungen der Banken und Sparkassen genügt als Erbnachweis in entsprechender Anwendung des § 35 Abs. 1 GBO ein öffentliches Testament oder ein Erbvertrag jeweils in Verbin-

226 Vgl. zu dem vorstehenden Problem ausführlich *Gehse*, RNotZ 2006, 270 ff.

dung mit dem Eröffnungsprotokoll.[227] Der BGH hat in diesem Zusammenhang mit Urt. v. 5.4.2016[228] entschieden, dass eine Bank bei einem eigenhändigen Testament nicht regelmäßig auf Vorlage eines Erbscheins bestehen könne. Der Erbe müsse vielmehr die Möglichkeit haben, seinen Erbnachweis auch in anderer Form, z.B. durch Vorlage einer beglaubigten Ablichtung eines eigenhändigen Testaments nebst einer beglaubigten Abschrift des Eröffnungsprotokolls, zu erbringen. Dies gelte jedenfalls in klaren Erbfolgefällen. Die Bank habe bei Vorlage eines eigenhändigen Testaments nicht das Recht, ohne weiteres einen Erbschein zu verlangen. Vielmehr komme es auf die Umstände des Einzelfalls an. Nur bei konkreten und begründeten Zweifeln an der Richtigkeit der Erbfolge sei die Bank berechtigt, sich ergänzende Unterlagen wie den Erbschein vorlegen zu lassen. Lediglich abstrakte Zweifel genügten nicht.

Da das öffentliche Testament bzw. der Erbvertrag nicht die letzte und gültige Verfügung des Erblassers zu enthalten braucht, bedarf es außer einer vom Nachlassgericht beglaubigten Abschrift der Verfügung zusätzlich einer **beglaubigten Abschrift des Eröffnungsprotokolls**. Aus ihm ergibt sich nämlich, welche Verfügungen von Todes wegen der Erblasser insgesamt hinterlassen hat, also auch, ob noch eine Verfügung vorliegt, in der die Erbfolge geändert worden sein könnte.

Voraussetzung ist im Übrigen stets, dass sich aus dem öffentlichen Testament bzw. aus dem Erbvertrag die Erbfolge unzweideutig ergibt. Bestehen nach seinem Wortlaut darüber Zweifel, so kann die Vorlegung eines Erbscheins verlangt werden (für das Grundbuchamt § 35 Abs. 1 S. 2 Hs. 2 GBO). Dasselbe gilt, wenn der Wortlaut zwar eindeutig ist, die Erbfolge sich aber gleichwohl nicht aus ihm ergibt, etwa weil es nur Vermächtnisse oder Teilungsanordnungen enthält oder die Person des Nacherben nicht bezeichnet ist.

Beispiel 1219

„Ich setze meine Ehefrau zu meiner alleinigen Vorerbin ein, Nacherben sind meine Abkömmlinge nach den Regeln der gesetzlichen Erbfolge.“

Hier ist zwar klar und unzweideutig festgelegt, wer Erbe bzw. Vorerbe werden soll. Die Nacherben ergeben sich indes ihrer Person nach nicht aus dem Testament. Deshalb müssen sie – wie bei gesetzlicher Erbfolge – im Erbscheinsverfahren ermittelt und im Erbschein ausgewiesen werden.

Im Übrigen bedarf es auch bei Vorliegen eines öffentlichen Testamentes bzw. eines Erbvertrages eines wei- 1220
teren Nachweises gegenüber dem Grundbuchamt oder einem Kreditinstitut z.B. in den Fällen, in denen die Erbeinsetzung vom Eintritt einer aufschiebenden oder Nichteintritt einer auflösenden Bedingung abhängt. Haben sich beispielsweise Eltern in einem Erbvertrag gegenseitig zu Alleinerben und ihre beiden einzigen Kinder K 1 und K 2 zu gleichen Teilen zu Schlusserben eingesetzt und haben die Eltern weiterhin bestimmt, dass ein Kind bei Geltendmachung des Pflichtteiles nach dem Erstversterbenden auch nach dem Letztversterbenden nur den Pflichtteil erhalten soll (sog. **Pflichtteilsstrafklausel**, vgl. hierzu Rdn 1164 ff.), so muss gegenüber dem Grundbuchamt oder dem Kreditinstitut auch der Nachweis des Nichteintritts der auflösenden Bedingung (Geltendmachung des Pflichtteils nach dem Erstversterbenden) geführt werden. Entsprechendes gilt, wenn das öffentliche Testament bzw. ein Erbvertrag eine sog. Wiederverheiratungsklausel enthält (vgl. dazu Rdn 1093 ff.).

Hinweis

Uneinigkeit herrscht darüber, ob der Nachweis zwingend durch Vorlegung eines Erbscheins zu erbringen ist oder ob auch eine in öffentlicher Urkunde abgegebene eidesstattliche Versicherung ausreicht.[229]

Ein Erbschein ist zumeist entbehrlich, wenn der Erblasser Testamentsvollstreckung angeordnet hat. Denn dann 1221
kann der Testamentsvollstrecker über die Nachlassgegenstände verfügen, sie insbesondere den Erben übereignen (auflassen) bzw. an Dritte verkaufen, ohne dass vorher die Erben als Eigentümer in das Grundbuch einge-

227 Vgl. hierzu das Gutachten, DNotI-Report 2005, 83 ff.

228 ZEV 2016, 320.

229 Vgl. hierzu OLG Köln Rpfleger 2010, 263, ohne sich für eine Ansicht zu entscheiden; der BGH hat mit Beschl. v. 2.6.2016 entschieden, dass das Grundbuchamt sowohl beim Vorliegen einer Pflichtteilsstrafklausel als auch einer allgemein gehaltenen Verwirkungsklausel Eintragungen nicht ohne Vorlage eines Erbscheins vornehmen darf (ZEV 2016, 635); zu weiteren Fällen, in denen ein Erbschein trotz Vorliegens einer notariellen Verfügung von Todes wegen notwendig sein kann, siehe *Böhringer*, ZEV 2017, 68.

tragen werden müssten. Es genügt dann ein Nachweis über die Testamentsvollstreckung und die Person des Testamentsvollstreckers. Er besteht in einem Testamentsvollstreckerzeugnis oder – sofern die Ernennung in einem öffentlichen Testament oder Erbvertrag erfolgt ist – in einer Bescheinigung des Nachlassgerichts über den Eingang der Erklärung des Testamentsvollstreckers, dass er das Amt angenommen hat, verbunden mit einer vom Nachlassgericht beglaubigten Abschrift der Verfügungen von Todes wegen und des Eröffnungsprotokolls (siehe hierzu Rdn 1129 ff.).

c) Erbscheinsantrag bei Erbeinsetzung

1222 Hier gelten grundsätzlich dieselben Regeln wie beim Erbscheinsantrag nach gesetzlicher Erbfolge (vgl. Rdn 892 ff.).

Zur Erwirkung eines Erbscheins aufgrund einer Verfügung von Todes wegen hat der Antragsteller nach § 352 Abs. 2 FamFG **anzugeben**:

1. die Verfügung zu bezeichnen, auf der sein Erbrecht beruht,
2. anzugeben, ob und welche sonstigen Verfügungen des Erblassers von Todes wegen vorhanden sind,
3. den Zeitpunkt des Todes des Erblassers,
4. den letzten gewöhnlichen Aufenthalt und die Staatsangehörigkeit des Erblassers,
5. ob ein Rechtsstreit über das Erbrecht anhängig ist,
6. dass er die Erbschaft angenommen hat,
7. die Größe seines Erbteils,
8. wenn eine Person weggefallen ist, durch die der Antragsteller von der Erbfolge ausgeschlossen oder sein Erbteil gemindert werden würde, in welcher Weise die Person weggefallen ist (z.B. durch Tod, Ausschlagung, Erbverzicht);
9. ob und ggf. welches Vermögen der Erblasser im Ausland hinterlassen hat (vgl. § 352c Abs. 1 FamFG), sowie die zusätzlichen Angaben bei Beantragung eines **gemeinschaftlichen** Erbscheins (vgl. dazu Rdn 897).

Es müssen **alle**, auch offenbar ungültige Verfügungen von Todes wegen, angeführt werden.

Die Verfügung, in der die maßgeblich gebliebene Erbeinsetzung vorgenommen worden ist, muss **bezeichnet** und gegebenenfalls ausgelegt werden. Die Auslegung ist immer dann erforderlich, wenn der Wortlaut der Verfügung nicht ohne weiteres oder nicht eindeutig ergibt, wer mit welchem Beteiligungsverhältnis Erbe werden soll.

1223 *Beispiel*

„*Ich vermache alles, was ich hinterlasse, meinem Sohn A.*“

Dann ergibt die Auslegung, dass in Wahrheit A zum Alleinerben berufen worden ist.

Oder:

1224 *Beispiel*

„*Mein Haus erhält meine Tochter A, mein Ackerland mein Sohn B, alles andere mein Enkel C.*“

Dann sind A, B und C Erben. Anhand der Wertverhältnisse zwischen dem Haus, dem Ackerland und dem sonstigen Nachlass muss durch Auslegung ermittelt werden, wie groß die Erbquoten der drei Erben sind. Dabei genügen grob geschätzte Wertangaben des Antragstellers, da es für die Verteilung des Nachlasses hier auf die Erbquoten im Ergebnis nicht ankommt: Was jeder zu bekommen hat, liegt aufgrund der Teilungsanordnung des Erblassers fest, gleichviel, wie groß die Quoten der einzelnen Erben, die im Erbschein und daher auch im Antrag angegeben werden müssen, auch immer sein mögen.

Ist das Haus 100.000 EUR, das Ackerland 60.000 EUR und die Wertpapiere 40.000 EUR wert, so sind die Tochter mit 50 % des Nachlasses, also zu $^{5}/_{10}$, der Sohn mit 30 % des Nachlasses oder $^{3}/_{10}$ und der Enkel mit 20 % des Nachlasses oder $^{2}/_{10}$ Erben geworden.

Oder:

Beispiel 1225

„Meine Frau soll bis zu ihrem Tod die alleinige Nutzung und Verwaltung über mein Vermögen haben. Danach sollen es meine Kinder bekommen.“

Hier ist unklar, ob die Frau Vollerbin oder Vorerbin bzw. Verwaltungstestamentsvollstreckerin und Nießbraucherin sein soll. Es bedarf daher der Ermittlung der Hintergründe, Beweggründe und Absichten, die der Erblasser verfolgt hat. Dazu müssen u.U. auch außerhalb des Testaments liegende Umstände herangezogen werden. Hat der Erblasser z.B. zu einem Freund gesagt: *„Ich habe meiner Frau alles vermacht. Sie soll damit machen, was sie will. Die Kinder haben sich mit dem zu begnügen, was sie übrig lässt“*, dann kann man dies im Antrag selbst oder in einer getrennten Urkunde von dem Freund an Eides statt versichern lassen und den Testamentsinhalt anhand dieser Bekundung in die Vollerbeinsetzung der Frau und ein Vermächtnis des Überrestes zugunsten der Kinder auslegen. Hat der Erblasser dagegen zu seinem Freund gesagt: *„Meine Kinder bekommen mein Vermögen. Meine Frau bekommt nur die Nutznießung. Sie soll aber mein Vermögen für die Kinder verwalten können, ohne sie fragen zu müssen“*, dann führt dies zu der Auslegung, dass die Kinder Erben geworden sind und der Frau ein Nießbrauchsrecht am gesamten Nachlass vermacht wurde, verbunden mit einer lebenslangen Verwaltungstestamentsvollstreckung. Hat der Erblasser schließlich seinem Freund gesagt: *„Zuerst soll meine Frau alles bekommen, sie kann aber nichts von meinem Vermögen verkaufen oder einem zweiten Mann vererben. Denn nach ihrem Tod sollen meine Kinder mein Vermögen allein bekommen“*, dann ergibt sich daraus, dass er seine Frau zur (nicht befreiten) Vorerbin und seine Kinder zu Nacherben berufen hat.

Zur Auslegung können z.B. auch frühere und ungültige Verfügungen herangezogen werden.

Das Gesetz selbst enthält eine Reihe von **Auslegungsregeln**. Die wichtigsten sind Folgende: 1226

§ 2066 BGB 1227

Hat der Erblasser seine gesetzlichen Erben ohne Namensnennung und ohne Angabe der Erbquoten eingesetzt, so sind diejenigen Personen Erben, die der Erblasser bei seinem Tode als gesetzliche Erben hinterlässt, und zwar mit den Quoten, die sie als gesetzliche Erben hätten. Eine solche pauschale Erbeinsetzung lässt mithin praktisch die gesetzliche Erbfolge zum Zuge kommen.

§ 2067 BGB 1228

Hat der Erblasser seine „Verwandten“ oder „Angehörigen“ ohne nähere Bestimmung eingesetzt, so gilt dasselbe wie bei der Einsetzung der „gesetzlichen Erben“.

§ 2068 BGB 1229

Setzt der Erblasser seine „Kinder“ zu Erben ein, so zählen dazu auch etwaige Enkelkinder, wenn deren Elternteil, also das Kind des Erblassers, vor dem Erblasser verstirbt.

§ 2069 BGB 1230

Hat der Erblasser einen seiner Abkömmlinge namentlich bedacht und fällt dieser später weg, so ist im Zweifel anzunehmen, dass an seine Stelle seine, d.h. die mit dem Erblasser verwandten Abkömmlinge treten sollen (vgl. Rdn 1060 ff.). Diese Auslegungsregel gilt nicht nur für Erbeinsetzungen, sondern auch bei der Anordnung von Vermächtnissen.

§ 2072 BGB 1231

Wenn der Erblasser „die Armen“ ohne nähere Bestimmung bedenkt, so fällt diese Zuwendung an das Sozialamt seines letzten Wohnsitzes mit der Auflage, dass dieses das angefallene Vermögen an arme Einwohner des Sozialamtsbezirks zu verteilen hat.

§ 2074 BGB 1232

Wenn der Erblasser die Zuwendung nicht sofort an den Bedachten fallen lassen will, sondern nach einer gewissen Zeit oder nur unter einer bestimmten Bedingung, so gilt die Zuwendung nur als gemacht, wenn der Bedachte den Eintritt des Zeitpunkts oder der Bedingung erlebt.

Beispiel

E verfügt: „*Meine Briefmarkensammlung erhält mein Enkel C, sobald er 25 Jahre alt ist.*" C stirbt, bevor er 25 Jahre alt geworden ist. Das Vermächtnis gilt nicht mehr. Die Erben des C können nicht statt seiner die Briefmarkensammlung verlangen.

1233 **§ 2103 BGB**

Wenn der Erblasser anordnet, dass der Erbe die Erbschaft nach dem Ablauf einer bestimmten Zeit oder dem Eintritt eines bestimmten Ereignisses einem anderen herausgeben muss, so ist der zunächst Bedachte Vorerbe, der danach zum Zuge kommende Nacherbe.

Beispiel

E verfügt: „*Nach meinem Tode wird meine Ehefrau alleinige Erbin. Sie hat den Nachlass an meinen Sohn S herauszugeben, sobald dieser 25 Jahre alt ist. Meine Frau erhält dann an meinem Vermögen den lebenslangen unentgeltlichen Nießbrauch.*" Hier sind die Ehefrau Vorerbin, der Sohn Nacherbe. Zusätzlich ist der Ehefrau für die Zeit nach dem Nacherbfall der Nießbrauch vermacht.

1234 **§ 2104 BGB**

Hat der Erblasser angeordnet, dass der Erbe nur vorübergehend oder bis zum Eintritt eines bestimmten Ereignisses Erbe sein soll, ohne zu bestimmen, wer nach ihm die Erbschaft erhalten soll, so ist anzunehmen, dass als Nacherben diejenigen eingesetzt sind, die im Zeitpunkt des Nacherbfalls die gesetzlichen Erben des Erblassers wären.

Beispiel

E verfügt: „*Meine Frau wird meine alleinige Erbin. Heiratet sie wieder, so fällt sie als Erbin weg.*" E hat die Töchter A, B und C hinterlassen. Die Tochter A ist zwischen seinem Tod und der Wiederheirat der Mutter verstorben und hat ihrerseits den Enkel D hinterlassen. „Im Zeitpunkt des Nacherbfalls", also der Wiederverheiratung, wären die gesetzlichen Erben des E seine Töchter B und C sowie sein Enkel D gewesen. Diese werden daher Nacherben des E mit der Wiederverheiratung seiner Frau.

1235 **§ 2105 BGB**

Hat der Erblasser bestimmt, dass der Erbe die Erbschaft erst nach einer gewissen Zeit oder nach dem Eintritt eines bestimmten Ereignisses erhalten soll, ohne zu bestimmen, wer die Erbschaft bis dahin bekommen soll, so sind die gesetzlichen Erben die Vorerben und der Bedachte Nacherbe.

Beispiel

E verfügt: „*Mein Sohn S soll mein alleiniger Erbe werden, wenn er 25 Jahre alt geworden ist*". Weitere Bestimmungen hat er nicht getroffen. E hinterlässt seine Frau F, seinen Sohn S und seine Tochter T. Bis S 25 Jahre alt wird, werden die gesetzlichen Erben des E dessen Vorerben, also F zu 1/2 (bei gesetzlichem Güterstand) und S sowie T je zu 1/4. Mit Vollendung des 25. Lebensjahres wird S der alleinige Nacherbe des E.

1236 Angaben über den Güterstand und vorverstorbene gesetzliche Erben sind **entbehrlich**, weil beides **ohne Einfluss** auf die im Erbschein auszuweisende Erbfolge ist. Entsprechend bedarf es nicht der Versicherung, dass andere als die im Antrag bezeichneten Personen vorhanden sind oder waren, durch die sie von der Erbfolge ausgeschlossen oder ihre Erbteile gemindert worden wären (§ 352 Abs. 2 Nr. 3 FamFG, der § 352 Abs. 1, S. 1 Nr. 4 FamFG nicht aufführt). Einzelne Nachlassgerichte verlangen die Angabe, dass zur Zeit des Erbfalls keine Ehesache anhängig bzw. rechtshängig war (§ 2077 BGB und vgl. Rdn 1009), und deren Bekräftigung in der eidesstattlichen Versicherung. Begründung: Wäre im Zeitpunkt des Todes des Erblassers ein Scheidungs- oder Eheanfechtungsverfahren rechtshängig gewesen, so hätte der Ehegatte nicht geerbt (siehe auch Rdn 897 ff.).

Muster 4.212: Erbscheinsantrag – Erbeinsetzung 1237

4.212

(Protokolleingang)

Der Erschienene erklärte:

Am verstarb meine Mutter, die verwitwete geborene . Ihr letzter Wohnsitz und gewöhnlicher Aufenthalt war . Die Erblasserin hat kein Vermögen im Ausland hinterlassen. Sie hat als einzige folgende Verfügungen von Todes wegen hinterlassen:

1. das eigenhändige Testament vom ,
2. das eigenhändige gemeinschaftliche Testament mit ihrem vorverstorbenen Ehegatten vom ,
3. das eigenhändige Testament vom .

Das Testament vom wurde im gemeinschaftlichen Testament vom widerrufen bzw. aufgehoben. Im gemeinschaftlichen Testament hat nur der Erstversterbende der Eheleute und geborene Verfügungen getroffen. Die Erblasserin ist Überlebende geblieben. In ihrem Testament vom hat sie bestimmt, dass mein Bruder das Haus und ich das gesamte andere Vermögen bekommen sollen. Das Haus und das gesamte andere Vermögen sind je etwa gleich viel wert. Die Anordnung der Erblasserin ist daher dahin zu verstehen, dass sie zu Erben berufen hat:

1. mich, den Erschienenen,
2. meinen Bruder , geboren am , wohnhaft in , ,

je zur Hälfte.

Die Erben haben die Erbschaft angenommen. Ein Rechtsstreit über das Erbrecht ist nicht anhängig. Höferechtsgebundener Nachlass ist nicht vorhanden. Meine Schwester Rita Schmitz ist im Kindesalter vorverstorben.

Über die Bedeutung einer eidesstattlichen Versicherung belehrt, versichere ich an Eides statt, dass mir nichts bekannt ist, was der Richtigkeit meiner vorstehenden Angaben entgegensteht.

Ich beantrage die Erteilung eines Erbscheins vorstehenden Inhalts und bitte um die Übersendung einer Ausfertigung an den Notar.

(Die Versicherung, dass kein höferechtsgebundener Nachlass vorhanden sei, ist zwar nicht erforderlich, aber zweckmäßig, damit halbwegs gewährleistet wird, dass nicht statt des Erbscheins ein Hoffolgezeugnis beim Landwirtschaftsgericht beantragt werden müsste).

d) Erbscheinsantrag bei Verfügung ohne Erbeinsetzung

Nicht jede Verfügung von Todes wegen enthält eine Erbeinsetzung. So kann sich der Erblasser darauf beschränken, lediglich Vermächtnisse auszuwerfen, Auflagen zu machen oder Testamentsvollstreckung anzuordnen. Dann tritt trotz der Verfügung von Todes wegen gesetzliche Erbfolge ein. In diesen Fällen stellt man den Inhalt der Verfügung im Erbscheinsantrag kurz dar, zieht den Schluss, dass mithin gesetzliche Erbfolge eingetreten sei, und verfährt dann wie beim Erbscheinsantrag aufgrund gesetzlicher Erbfolge (vgl. Rdn 904). 1238

1239 ▼

Muster 4.213: Erbscheinsantrag – Verfügung ohne Erbeinsetzung

4.213 *(Protokolleingang)*

Der Erschienene erklärte:

Am verstarb mein Vater . Sein letzter Wohnsitz und gewöhnlicher Aufenthalt war . Der Erblasser hat kein Vermögen im Ausland hinterlassen. Er hat als einzige Verfügung von Todes wegen ein eigenhändiges Testament vom hinterlassen. Darin hat er lediglich Vermächtnisse ausgeworfen (oder: Erbeinsetzungen hat er darin nicht getroffen). Er wurde demnach gesetzlich beerbt.

Im Zeitpunkt seines Todes lebte er mit seiner Ehefrau im gesetzlichen Güterstand. Eine Ehesache war nicht anhängig. Vorverstorben ist die Tochter im Kindesalter.

Erben sind demnach geworden:

▲

III. Hoferbfolge

1. Alleineigentumshof

1240 Ob ein Hof i.S.d. HöfeO vorliegt, ist oft schwierig festzustellen (vgl. hierzu Rdn 202 ff.). Zur Unterscheidung vom **Ehegattenhof** spricht man von einem *„***Alleineigentumshof***“*, wenn der Hof nur einer Person gehört.

1241 a) Nach der **Höfeordnung** (HöfeO), die nur in Hamburg, Niedersachsen, Nordrhein-Westfalen und Schleswig-Holstein gilt, gibt es vier Hoferbenordnungen (§ 5 HöfeO):

- die Kinder des Erblassers und deren Abkömmlinge,
- den Ehegatten des Erblassers,
- die Eltern des Erblassers, wenn der Hof von ihnen oder aus ihren Familien stammt,
- die Geschwister des Erblassers und deren Abkömmlinge.

In der ersten Hoferbenordnung ist zunächst berufen, wer die Bewirtschaftung des Hofes im Erbfall auf Dauer übertragen erhalten hatte, es sei denn, der Erblasser hätte sich dabei ausdrücklich die anderweitige Bestimmung des Hoferben vorbehalten (§ 6 Abs. 1 S. 1 HöfeO) und von dieser vorbehaltenen Befugnis Gebrauch gemacht. In zweiter Linie ist derjenige berufen, dem der Erblasser eine landwirtschaftliche Ausbildung hat zukommen lassen oder durch seine Beschäftigung auf dem Hof zum Erbanwärter gemacht hat. Eine ähnliche Bestimmung kennt die HöfeO Rheinland-Pfalz (§ 17 Abs. 2). Treffen diese Voraussetzungen auf mehrere Anwärter gleichermaßen zu, so ist der ältere von ihnen (in Gebieten mit Jüngstenrecht der jüngere) Hoferbe. Treffen die Voraussetzungen auf keinen zu, so ist stets je nach dem Erbbrauch der ältere oder der jüngere Hoferbe.

1242 In Rheinland-Pfalz wird der Ehegatte, solange Verwandte entfernterer Ordnung leben, nur (nicht befreiter) Hofvorerbe (§ 16 Abs. 2 HöfeO Rhl.-Pf.). In Nordwestdeutschland scheidet der Ehegatte beim Vorhandensein von Verwandten entfernterer Ordnungen als Hoferbe aus, wenn „ihr Ausschluss von der Hoferbfolge, insbesondere wegen der von ihnen für den Hof erbrachten Leistungen, grob unbillig wäre“ (§ 6 Abs. 2 Nr. 1 HöfeO). Weiter scheidet er aus, wenn er wegen eines laufenden Scheidungsverfahrens nach § 1933 BGB von der Erbfolge ausgeschlossen ist (§ 6 Abs. 2 Nr. 2 HöfeO).

Der Ehegatte braucht nicht wirtschaftsfähig zu sein. Das gilt in Rheinland-Pfalz nur bei Ehegattenhöfen. Ansonsten scheidet als Hoferbe aus, wer nicht wirtschaftsfähig ist (§ 6 Abs. 6 HöfeO bzw. § 17 Abs. 4 HöfeO Rhl.-Pf.), es sei denn, allein mangelnde Altersreife wäre der Grund für das Fehlen der Wirtschaftsfähigkeit.

Wirtschaftsfähig ist, wer nach seinen Fähigkeiten, Kenntnissen und nach seiner Persönlichkeit in der Lage ist, den Hof selbstständig und ordnungsgemäß zu bewirtschaften (§ 6 Abs. 7 HöfeO). Fällt ein Hoferbe wegen fehlender Wirtschaftsfähigkeit aus, so wird er als nicht lebend behandelt. Seine Abkömmlinge gehen etwaigen Geschwistern vor (str.). Ist kein (wirtschaftsfähiger) Hoferbe vorhanden oder wirksam bestimmt, so vererbt sich der Betrieb als Nicht-Hof nach dem BGB (§ 10 HöfeO).

b) Grundsätzlich kann der Hofeigentümer den Hoferben durch Verfügung von Todes wegen oder durch Übergabevertrag **frei** bestimmen (§ 7 Abs. 1 HöfeO bzw. § 15 HöfeO Rhl.-Pf.). Der durch Verfügung von Todes wegen oder durch Übergabevertrag Berufene muss ebenso wirtschaftsfähig sein wie der gesetzliche Hoferbe. Dies gilt nur dann nicht, wenn kein Abkömmling wirtschaftsfähig und auch kein wirtschaftsfähiger Ehegatte vorhanden ist (§ 7 Abs. 1 S. 2 Hs. 2 HöfeO). 1243

Der Eigentümer kann im Übergabevertrag oder in der Verfügung von Todes wegen die Abfindung der weichenden Erben bis zur Pflichtteilsgrenze, berechnet nach dem 1 ½-fachen Einheitswert (§ 12 Abs. 2 HöfeO; in Rheinland-Pfalz nach dem Ertragswert, § 21 Abs. 2 HöfeO Rhl.-Pf. i.V.m. § 2049 BGB), herab- und bis zur Grenze der Belastbarkeit des Hofes heraufsetzen.

c) Hat der Eigentümer in einem Erbvertrag oder in einem bindend gewordenen gemeinschaftlichen Testament den Hoferben bestimmt, oder hat er sich dadurch auf einen Hoferben festgelegt, dass er ihm vorbehaltslos die Bewirtschaftung des Hofes übertragen hat, oder dadurch, dass er ihn durch die Beschäftigung auf dem Hof zum Anwärter berufen hat, so kann er weder durch Verfügung von Todes wegen noch durch Übergabevertrag einem anderen den Hof zuwenden (§ 7 Abs. 2 HöfeO). 1244

Hinweis

Nach der – umstrittenen – Rechtsprechung des BGH kann der Erblasser diese Bindungen durch die Aufhebung der Hofeigenschaft unterlaufen.

d) In Nordwestdeutschland kann der Eigentümer seinem Ehegatten durch Verfügung von Todes wegen die Befugnis einräumen, unter den Abkömmlingen des Eigentümers den Hoferben **auszuwählen**. Diese Befugnis erlischt, wenn der Ehegatte sich wieder verheiratet oder der gesetzliche Hoferbe 25 Jahre alt wird. Die Bestimmung erfolgt durch eine mündliche Erklärung zur Niederschrift des Landwirtschaftsgerichts oder durch eine notariell beglaubigte Erklärung (§ 14 Abs. 3 HöfeO). 1245

2. Ehegattenhof

Den Ehegattenhof erhält seit dem 1.7.1976 in Nordwestdeutschland stets der überlebende Ehegatte zu **Volleigentum** (§ 8 Abs. 1 HöfeO). In Rheinland-Pfalz kommt es darauf an, von wem der Hof stammt (§ 18 HöfeO Rhl.-Pf.). Stirbt der Ehegatte, von dem der Hof nicht stammt, so wird der Überlebende Volleigentümer. Stirbt dagegen der Ehegatte, von dem der Hof stammt, so wird der Überlebende nur (nicht befreiter) Hofvorerbe. Hofnacherbe wird derjenige, der Hoferbe geworden wäre, wenn der Ehegatte, von dem der Hof stammt, erst beim Tod des überlebenden Ehegatten gestorben wäre. 1246

Beim Ehegattenhof können die Ehegatten einen Dritten nur gemeinsam zum Hoferben bestimmen und diese Bestimmung nur gemeinsam widerrufen (§ 8 Abs. 2 S. 1 HöfeO bzw. § 15 Abs. 2 HöfeO Rhl.-Pf.). Haben die Eheleute keine Hoferbenbestimmung getroffen oder die Bestimmung widerrufen, so kann in Nordwestdeutschland der überlebende Ehegatte nach Belieben einen Hoferben berufen (§ 8 Abs. 2 S. 2 HöfeO). In Rheinland-Pfalz kann er, wenn er nur Hofvorerbe wird, den Nacherben nicht bestimmen.

Hinweis

Sowohl das Bestimmungsrecht beider Ehegatten als auch das des Überlebenden unterliegt denselben Beschränkungen wie das Bestimmungsrecht beim Alleineigentumshof: Eine entgegenstehende Verfügung von Todes wegen oder eine formlose, aber bindende sonstige Hoferbenbestimmung schließt das Bestimmungsrecht aus (vgl. Rdn 1268 ff.).

IV. Digitaler Nachlass

Hinsichtlich des sog. digitalen Nachlasses (z.B. auf Servern vorhandene elektronische Post, E-Mail-Accounts, Benutzerkonten bei sozialen Netzwerken, Blogs als quasi öffentlich geführte Tagebücher) wurden viele Jahre zahlreiche juristische Diskussionen darüber geführt, wie dieser Nachlass in die Bestimmungen des deutschen 1247

Erbrechts einzuordnen ist. In einer Grundsatzentscheidung aus dem Jahre 2018[230] hat der Bundesgerichtshof entschieden, dass es für den digitalen Nachlass keine erbrechtlichen Sonderregelungen gibt, sondern dass hierfür die allgemeinen Erbrechtsgrundsätze, vor allem der Grundsatz der Gesamtrechtsnachfolge, gilt. Diese Grundsätze umfassen so insbesondere auch Nutzungsverträge von sozialen Netzwerken, sodass der betreffende Anbieter den Erben grundsätzlich Zugang zum Konto des Erblassers einschließlich der darin enthaltenen höchstpersönlichen und vermögensrechtlichen Inhalte zu gewähren hat. Ein Nutzungsvertrag sei nämlich nicht seinem Wesen nach höchstpersönlicher Natur. Und ein Verstoß gegen das Fernmeldegeheimnis sei in der Weitergabe der Inhalte der Benutzerkonten an die Erben nicht begründet, denn die Erben seien keine „anderen" im Sinne von § 88 Abs. 1 Telekommunikationsgesetz (TKG). AGB-Klauseln der Anbieter sozialer Netzwerke, die das Vertragsverhältnis ihrer Kunden für unvererblich erklären, verstoßen grundsätzlich gegen § 307 Abs. 1, 2 BGB. Eine entsprechende Individualvereinbarung zwischen Anbieter und Nutzer wäre aber aufgrund der Vertragsfreiheit wohl möglich.

Ob aufgrund der vorgenannten Rechtslage auch eine aktive Weiternutzung des digitalen Benutzerkontos des Erblassers durch seine Erben möglich ist, hat der Bundesgerichtshof nicht entschieden und ist in der juristischen Literatur bislang umstritten, wegen der Personenbezogenheit der digitalen Konten wohl aber eher zu verneinen.

Aus der vorstehenden BGH-Entscheidung folgt, dass für die erbrechtliche Gestaltung hinsichtlich des digitalen Nachlasses grundsätzlich auf die allgemeinen erbrechtlichen Gestaltungsmittel zurückzugreifen ist. Ergänzend hierzu wäre zum einen zu erwägen, ob der Erblasser seinen Erben eine postmortale Vollmacht erteilt, die es diesen ermöglicht, über den digitalen Nachlass im Rahmen der mit dem Anbieter getroffenen Vereinbarungen uneingeschränkt zu verfügen. Zum anderen könnte der Erblasser in einer Verfügung von Todes wegen z.B. über Auflagen den Erben auferlegen, über den digitalen Nachlass in bestimmter Weise zu verfahren, z.B. für die sofortige Löschung bestimmter persönlicher Inhalte zu sorgen. Diese Aufgaben könnten auch einem Testamentsvollstrecker übertragen werden.[231]

V. Gewöhnlicher Aufenthalt und Staatsangehörigkeit des Erblassers und Belegenheit des Nachlasses zur Vorbereitung von Verfügungen von Todes wegen und Erbscheinsanträgen

1248 Sowohl bei der Gestaltung von Verfügungen von Todes wegen (Erbverträge und Testamente) zu Lebzeiten eines Erblassers als auch bei der Vorbereitung von Erbscheinsanträgen nach dem Tode eines Erblassers ist es von großer Bedeutung, ob der dem Notar und seinen Mitarbeitern vorgelegte Sachverhalt Auslandsberührung hat oder nicht. So beeinflussen der gewöhnliche Aufenthalt und die Staatsangehörigkeit des Erblassers, aber auch das Vorhandensein von Vermögenswerten des Erblassers in Deutschland und/oder im Ausland maßgeblich die Gestaltungsmöglichkeiten für die Vorbereitung von Verfügungen von Todes wegen oder Erbscheinsanträgen. Es ist von daher für den Notar und seine Mitarbeiter wichtig zu wissen, welches Recht auf die Erbfolge nach dem Erblasser anzuwenden ist, welches Recht für die Wirksamkeit einer zu errichtenden Verfügung von Todes wegen einschlägig ist, ob ein deutsches Nachlassgericht für die Erteilung eines Erbscheins international zuständig ist – bei einem Sachverhalt mit Auslandsberührung ist das unter Umständen nicht der Fall –, und ob und welcher Erbschein im konkreten Fall erteilt werden kann (vgl. hierzu im Einzelnen Rdn 1837 ff., 1889 ff., 1959 ff., 1994 ff.). So enthält, wie bereits ausgeführt (vgl. Rdn 1250), der Katalog des neuen § 352 FamFG als Pflichtangaben im Antrag auf Erteilung eines Erbscheins den letzten gewöhnlichen Aufenthalt und die Staatsangehörigkeit des Erblassers.

1249 Der Notar und seine Mitarbeiter sind somit schon im Rahmen der ersten Beratung gehalten, nach dem aktuellen gewöhnlichen Aufenthalt des Erblassers, dessen Staatsangehörigkeit und nach dem Vorhandensein von Vermögenswerten im Ausland zu fragen und dies auch entsprechend zu protokollieren. Im Hinblick auf die seit dem 17.8.2015 anwendbare „EU-Erbrechtsverordnung" Nr. 650 vom 4.7.2012 ist es für die Testaments- und Erbrechtsgestaltungen auch empfehlenswert, nach der Lebensplanung der Erblasser, insbesondere im Hinblick

230 BGH-Entscheidung vom 12.7.2018, vgl. BGHZ 219, 243; NJW 2018, 3178.

231 Vgl. zu praktischen Empfehlungen zum digitalen Nachlass und zu Gestaltungsempfehlungen für die notarielle Praxis *Steiner/Holzer*, ZEV 2015, 262 ff. und *Raude*, RNotZ 2017, 17 ff.

auf einen später beabsichtigten Wohnsitzwechsel ins Ausland, zu befragen und auch dies im Protokoll zu vermerken. Ob nämlich ein deutscher oder ausländischer Erblasser in Deutschland überhaupt wirksam verfügen, insbesondere ob er bindend im Rahmen von gemeinschaftlichen Testamenten oder Erbverträgen verfügen kann, hängt von dem Erbrecht ab, das auf die Rechtsnachfolge von Todes wegen des betreffenden Erblassers anwendbar ist.

Besondere Vorsicht ist bei Erblassern angezeigt, die in Deutschland ein gemeinschaftliches Testament oder ei- 1250
nen Erbvertrag beurkunden lassen wollen, und auf deren Rechtsnachfolge von Todes wegen ein ausländisches Recht zur Anwendung kommt. Denn viele ausländische Rechte lassen dies nicht zu. So erklären die Gesetze des romanischen und des sog. **ehemaligen sozialistischen Rechtskreises** (Frankreich, Italien, Portugal, Spanien, Bulgarien, Polen, Rumänien und andere Staaten) bindende Verfügungen für unwirksam (vgl. Rdn 969, 1010, 1011).

Um das auf die Rechtsnachfolge von Todes wegen nach einem Erblasser anwendbare Recht zu bestimmen, gal- 1251
ten bis zur Anwendbarkeit der „EU-Erbrechtsverordnung“ Nr. 650 vom 4.7.2012 am 17.8.2015 die Regeln des deutschen EGBGB. Nach Art. 25 Abs. 1 EGBGB a.F. wurde das auf die Rechtsnachfolge von Todes wegen anzuwendende Recht grundsätzlich an die Staatsangehörigkeit des Erblassers zum Zeitpunkt seines Todes angeknüpft (vgl. zu den Einzelheiten des bis zum 17.8.2015 anzuwendenden Erbrechts die Vorauflagen der Notariatskunde).

Seit dem 17.8.2015, dem Zeitpunkt der Anwendbarkeit der „EU-Erbrechtsverordnung“ Nr. 650 vom 4.7.2012, 1252
gilt für die Ermittlung des anwendbaren Erbrechts Folgendes: Anstelle der Anknüpfung an die Staatsangehörigkeit des Erblassers unterliegt nach der „EU-Erbrechtsverordnung“ die gesamte Rechtsnachfolge von Todes wegen grundsätzlich dem Recht des Staates, in dem der Erblasser im Zeitpunkt seines Todes seinen gewöhnlichen Aufenthalt hatte. Für die Zulässigkeit und die Wirksamkeit einer Verfügung von Todes wegen muss ermittelt werden, welches Erbrecht des Erblassers bzw. der Erblasser anwendbar gewesen wäre, wenn der bzw. die Erblasser zum Zeitpunkt der Errichtung der Verfügung von Todes wegen gestorben wäre bzw. wären (= **hypothetisches Erbstatut**; vgl. hierzu im Einzelnen Rdn 1889 ff.).

Leichter ist für den deutschen Notar und seine Mitarbeiter nunmehr die Gestaltung von gemeinschaftlichen 1253
Testamenten und Erbverträgen für ausländische Erblasser, die dauerhaft in Deutschland leben und auch aller Voraussicht nach beabsichtigen, hier bis zu ihrem Tode wohnen bzw. leben zu bleiben. Denn in diesen Fällen kann der Notar auf der Grundlage des ihm bekannten deutschen Erbrechts ohne Rücksicht auf ausländische Rechtsordnungen erbrechtlich gestalten. Auch die Vorbereitung von Erbscheinsanträgen nach ausländischen Erblassern, die mit letztem gewöhnlichen Aufenthalt in Deutschland verstorben sind, wird für den deutschen Notar und seine Mitarbeiter leichter, da der deutsche Rechtsanwender auch hier aufgrund des grundsätzlich einschlägigen deutschen Erbrechts in der Materie „zu Hause“ ist.

Schwieriger ist es für die Gestaltung von Verfügungen von Todes wegen, insbesondere von gemeinschaftlichen 1254
Testamenten und Erbverträgen, unter Umständen im Falle deutscher Erblasser, die beabsichtigen, später ins Ausland zu ziehen. Hier ist aber nach der „EU-Verordnung“ eine Rechtswahl zum deutschen Heimatrecht möglich, sodass auch bei einem späteren Umzug – z.B. auf eine spanische „Sonneninsel“ – deutsches Erbrecht anwendbar bleibt und somit auch die in Deutschland errichteten Verfügungen von Todes wegen, insbesondere gemeinschaftliche Testamente und Erbverträge, wirksam bleiben (vgl. hierzu Rdn 1867 ff.).

VI. Erbscheinsanträge in besonderen Fällen

1. Gegenständlich beschränkter Erbschein

Im Grundsatz gibt es keinen Erbschein, der nur die Rechtsnachfolge hinsichtlich einzelner Nachlassgegen- 1255
stände ausweist (zu unterscheiden vom Teilerbschein und vom Mindesterbschein, die nur die Rechtsnachfolge hinsichtlich einer Quote des – gesamten – Nachlasses ausweisen). Gemäß § 352c Abs. 1 FamFG kann der Antrag auf Erteilung eines Erbscheins auf die im Inland befindlichen Gegenstände beschränkt werden, wenn zu einer Erbschaft auch Gegenstände gehören, die sich im Ausland befinden. Durch das am 1.9.2009 in Kraft getretene Gesetz über das Verfahren in Familiensachen und in den Angelegenheiten der freiwilligen Gerichtsbarkeit (kurz: FamFG) war die internationale Zuständigkeit der deutschen Nachlassgerichte neu geregelt worden.

Die internationale Zuständigkeit wurde seither aus der örtlichen Zuständigkeit abgeleitet. Die Neuregelung hatte zu einer erheblichen Ausweitung der internationalen Zuständigkeit der deutschen Nachlassgerichte insbesondere dadurch geführt, dass sich diese Zuständigkeit bei deutschen und ausländischen Erblassern auf das gesamte Weltvermögen des Erblassers und nicht nur – wie bis zum 1.9.2009 – auf den im Inland befindlichen Nachlass erstreckt, und zwar unabhängig davon, ob auf den Erbfall deutsches Erbrecht, ein oder mehrere ausländische Erbrechte oder deutsches und ausländisches Erbrecht anwendbar sind. Die vorstehenden Vorschriften zur Bestimmung der internationalen Zuständigkeit der deutschen Nachlassgerichte für die Erteilung von Erbscheinen mit Auslandsberührung finden aber nach der Anwendbarkeit der EU-Erbrechtsverordnung ab dem 17.8.2015 keine Anwendung mehr. Der Europäische Gerichtshof hat die deutschen Zuständigkeitsvorschriften der §§ 105, 343 FamFG für gemeinschaftsrechtswidrig erklärt, soweit Sachverhalte betroffen sind, die in den Anwendungsbereich der EU-ErbVO fallen, also Sachverhalte mit Auslands- bzw. Gemeinschaftsbezug. Die internationale Zuständigkeit, u.a. auch für deutsche Nachlassgerichte zur Erteilung von Erbscheinen mit Auslands- bzw. Gemeinschaftsbezug, beurteilt sich also seit der Anwendbarkeit der EU-ErbVO ausschließlich nach den Art. 4, 10 EU-ErbVO (vgl. hierzu ausführlich Rdn 886 ff.).

Aus Praktikabilitäts- und Kostengründen ermöglicht § 352c Abs. 1 FamFG in Fällen, in denen ein deutsches Nachlassgericht zur Erteilung eines Erbscheins mit Auslandsbezug nach wie vor international zuständig ist, den Erbschein auf die im Inland, also in Deutschland befindlichen Nachlassgegenstände zu beschränken, und zwar unabhängig vom anwendbaren Recht. Von besonderer Bedeutung ist diese Beschränkungsmöglichkeit, wenn ein mit letztem gewöhnlichen Aufenthalt in Deutschland verstorbener deutscher oder ausländischer Erblasser Vermögen in Deutschland und im Ausland hinterlässt (z.B. ein deutscher oder belgischer Erblasser hinterlässt neben einem Haus in Deutschland noch ein Ferienhaus in Belgien), der Erbschein für in Deutschland befindliches Nachlassvermögen (z.B. ein zu verkaufendes Haus) dringend benötigt wird, der deutsche Erbschein für das im Ausland (z.B. in Belgien) befindliche unbewegliche Vermögen ohnehin nicht anerkannt würde und der Antragssteller somit wegen des geringeren Geschäftswertes Gebühren sparen kann (§ 40 Abs. 3 GNotKG; zur ausführlichen Behandlung des § 352c FamFG siehe unten Rdn 2000 ff. und zu den praktischen Anwendungsfällen siehe Fälle 1 ff., Rdn 2005 ff.)

2. Hoffolgezeugnis

1256 Das **Hoffolgezeugnis** ist ein Nachweis über die Erbfolge in den Hof. Es ist mithin ein gegenständlich beschränkter Erbschein im weiteren Sinne. Ein Hof i.S.d. HöfeO vererbt sich ohne Rücksicht auf die Staatsangehörigkeit des Erblassers nach der Höfeordnung. Für den Antrag, der ansonsten den Regeln über den Erbscheinsantrag unterliegt, gelten einige Besonderheiten. So ist insbesondere darzutun,

- dass ein Hof i.S.d. HöfeO zum Nachlass gehört,
- ob es sich dabei um einen Alleineigentumshof oder einen Ehegattenhof handelt,
- ob über die Hoferbfolge eine Verfügung von Todes wegen vorliegt,
- ob anderenfalls oder in Konkurrenz dazu eine formlose bindende Hoferbenbestimmung oder ein faktischer Erbvertrag vorliegt,
- ob der Hoferbe wirtschaftsfähig sein muss, gegebenenfalls dass er wirtschaftsfähig ist,
- wer demnach Hoferbe geworden ist,
- in welchen Grundbuchblättern der Hof eingetragen ist und welche dort eingetragenen Grundstücke nicht zum Hof gehören,
- wo sich die Hofstelle befindet,
- dass vom Landwirtschaftsgericht (statt vom Nachlassgericht) die Erteilung eines Hoffolgezeugnisses begehrt wird (gilt nur in Hamburg, Niedersachsen, Nordrhein-Westfalen und Schleswig-Holstein),
- ob auch hoffreier Nachlass vorhanden ist und darüber ebenfalls ein Erbnachweis begehrt wird sowie gegebenenfalls die Darstellung der Erbfolge in den hoffreien Nachlass und die Bezeichnung der Erben wie bei einem regulären Erbscheinsantrag.

▼ 1257

Muster 4.214: Hoffolgezeugnisantrag 4.214

Am verstarb mein Vater ohne Hinterlassung einer Verfügung von Todes wegen. Er war deutscher Staatsangehöriger. Sein letzter Wohnsitz und gewöhnlicher Aufenthalt war . Er lebte mit seiner Ehefrau geborene im gesetzlichen Güterstand. Im Zeitpunkt seines Todes war eine Ehesache nicht anhängig. Zum Nachlass gehört ein Hof im Sinne der Höfeordnung mit der Hofstelle in , eingetragen in den Grundbüchern von . Er stand im Alleineigentum meines Vaters. Seit etwa Jahren ist mir die Bewirtschaftung des Hofes übertragen worden. Ich habe mit Erfolg die Landwirtschaftsschule absolviert und seit meiner Schulentlassung ständig auf dem Betrieb meines Vaters mitgearbeitet. Ich bin wirtschaftsfähig. Gemäß § 6 Abs. 1 Nr. 1 HöfeO bin ich daher Hoferbe geworden.

Der hoffreie Nachlass ist kraft gesetzlicher Erbfolge zugefallen:

1. meiner Mutter zu 1/2,
2. den Kindern des Erblassers:
   a) mir, dem Erschienenen,
   b) meinem Bruder , geboren am , wohnhaft in zu je 1/4.

Andere Personen, durch die die vorgenannten Erben von der Hoferbfolge oder von der Erbfolge ausgeschlossen oder ihre Erbteile gemindert werden würden, sind und waren nicht vorhanden. Ich habe die Hoferbfolge, die Erben haben die Erbfolge angenommen. Ein Rechtsstreit über die Erbfolgen ist nicht anhängig.

Über die Bedeutung einer eidesstattlichen Versicherung belehrt, versichere ich an Eides statt, dass mir nichts bekannt ist, was der Richtigkeit meiner vorstehenden Angaben entgegensteht.

Ich beantrage beim zuständigen Landwirtschaftsgericht die Erteilung eines Hoffolgezeugnisses sowie eines Erbscheins vorstehenden Inhalts und bitte um die Übersendung einer Ausfertigung an den Notar.

Der Hof hat einen Einheitswert von EUR, der hoffreie Nachlass einen Verkehrswert von EUR. Nachlassverbindlichkeiten bestehen nicht.

▲

Beim Vorhandensein eines Hofes i.S.d. HöfeO ist das Landwirtschaftsgericht nicht nur für die Erteilung des **Hoffolgezeugnisses**, sondern auch für die Erteilung des **Erbscheins** oder eines Europäischen Nachlasszeugnisses (§ 18 HöfeO) über den hoffreien Nachlass **zuständig**. Gleiches gilt nach der Höfeordnung in Rheinland-Pfalz (§ 30). Nach dem Höfegesetz für Bremen (§ 31) wird das Nachfolgezeugnis in den Hof vom Nachlassgericht erteilt. Für den Antrag auf Erteilung eines solchen Erbscheins gelten die Besonderheiten wie beim Hoffolgezeugnis. Nach den in Hessen und Baden geltenden Anerbengesetzen tritt keine unmittelbare Hoferbfolge ein. Dem Hoffolger steht vielmehr ein bloßes Übernahmerecht an dem Hof zu. Für den Erbschein und den Erbscheinsantrag ergeben sich daher keine Besonderheiten, wenn ein Landgut bzw. ein Hofgut zum Nachlass gehört. Für die Kostenberechnung des Notars und des Gerichts ist die Hofübergabe nach § 48 GNotKG (siehe § 5 Rdn 334) privilegiert. 1258

3. Vorausvermächtnis an den alleinigen Vorerben

Dem Vorerben können einzelne Gegenstände zu freiem Eigentum vermacht werden (vgl. Rdn 1033). Bei einer Mehrheit von Vorerben ist die Übereignung der vermachten Gegenstände sowohl möglich als auch nötig. Sie wird die Grundlage für den Erwerb des alleinigen Eigentums durch den jeweiligen Bedachten. Sind jedoch dem alleinigen Vorerben bestimmte Gegenstände frei von den Bindungen der Vorerbschaft zugewendet, so werden auch sie sein Eigentum kraft Gesamtrechtsnachfolge. Eine besondere Übereignung ist weder nötig noch möglich. 1259

Würde beim alleinigen Vorerben im Erbschein hinsichtlich der zu freiem Eigentum vermachten Gegenstände keine Einschränkung gemacht, so würde der Erbschein die Rechtsverhältnisse falsch darstellen: Es sähe so aus, als bestünde die Vorerbschaftsbindung am gesamten Nachlass. Da der Erbschein hier – anders als bei einer

Mehrheit von Vorerben – die einzige Grundlage etwa für die Eintragung des Erben im Grundbuch ist, müsste er dazu führen, dass der Nacherbenvermerk auch bei den Grundstücken eingetragen würde (vgl. Rdn 597 ff.), die der Nacherbfolge nicht unterliegen, sofern sie nicht im Erbschein als frei von den Bindungen der Vorerbschaft aufgeführt werden könnten.

Dies ist der Grund, warum hier der Grundsatz durchbrochen wird, wonach im Erbschein der Nachlass nicht beschrieben werden darf. Dem alleinigen Vorerben im Voraus vermachte Gegenstände sind aufzuführen. Entsprechend müssen sie auch im Erbscheinsantrag einzeln angegeben werden.

Auch der nach Eintritt der Nacherbfolge erteilte Erbschein muss diejenigen Gegenstände angeben, die dem Vorerben als Vorausvermächtnis zugewandt wurden und auf die sich das Erbrecht des Nacherben daher nicht erstreckt. Das kann – wie beim Erbschein für den Vorerben – positiv oder negativ ausgedrückt werden.[232]

1260 ▼

Muster 4.215: Erbscheinsantrag – Vorausvermächtnis

4.215

Er hat als einzige Verfügung von Todes wegen das eigenhändige Testament vom hinterlassen. Darin hat er mich zur alleinigen Vorerbin berufen. Zum Zeitpunkt seines Todes war eine Ehesache nicht anhängig. Seinen Miteigentumsanteil an unserem Haus in Starnberg, eingetragen im Grundbuch von Blatt als

Gemarkung

Flur , Flurstück , Hof- und Gebäudefläche, ,

groß a,

hat er mir im Voraus zu freiem Eigentum vermacht. Ich beantrage, dies im Erbschein zu vermerken

▲

4. Bescheinigung über Heimstättenfolge

1261 Die Erbfolge in eine Reichsheimstätte richtete sich für bis zum 30.9.1993 eingetretene Erbfälle nach dem Reichsheimstättengesetz vom 24.11.1937 und der Ausführungsverordnung vom 19.7.1940 (siehe auch Rdn 617). Für die vor seiner durch Gesetz vom 17.6.1993 mit Wirkung vom 1.10.1993 erfolgten Aufhebung eingetretenen Erbfälle wird auf *Faßbender*[233] verwiesen.

5. Auseinandersetzungszeugnis

1262 Besteht der Nachlass nur aus Grundbesitz oder einem Erbbaurecht und soll nur einer der Erben als Eigentümer oder Erbbauberechtigter in das Grundbuch eingetragen werden, kann der Erbnachweis statt eines Erbscheins auch durch ein sog. grundsätzlich vom Nachlassgericht auszustellendes **Auseinandersetzungszeugnis** gemäß § 36 GBO geführt werden. Ausnahmsweise kann dieses Zeugnis gemäß § 36 Abs. 2a GBO auch vom Notar ausgestellt werden, wenn dieser eine Auseinandersetzung nach der Erteilung eines Erbscheins über das Erbrecht sämtlicher Erben oder nach Erteilung eines Zeugnisses über die Fortsetzung einer Gütergemeinschaft vermittelt hat. Das Auseinandersetzungszeugnis dient der Erleichterung der grundbuchlichen Durchführung der Erbauseinandersetzung, da das Grundbuchamt weder die Rechtsnachfolge noch das Vorliegen der zur Eintragung notwendigen Erklärungen der Beteiligten und die zur Rechtswirksamkeit der Auflassung erforderlichen Erklärungen von Behörden zu prüfen braucht.[234]

1263 Kostenvorteile bestehen nicht.

232 Vgl. hierzu OLG München, Beschl. v. 1.10.2014 – 31 Wx 314/14, NJW-RR 2014, 1417.

233 Faßbender/*Faßbender*, Notariatskunde, 12. Aufl., Rn 1092.

234 Vgl. zur grundbuchlichen Eintragung eines Erben aufgrund eines Auseinandersetzungszeugnisses auch *Schöner/Stöber*, Grundbuchecht, 16. Aufl. 2020, Rn 830 ff.

Gerichtskosten:

- Nach § 41 GNotKG ist Geschäftswert für das Zeugnis nach § 36 GBO der Wert des Grundbesitzes, auf den sich die Erbauseinandersetzung bezieht.
- Für das Auseinandersetzungszeugnis entsteht eine 1,0-Gebühr gemäß GNotKG KV Nr. 12210.

Notarkosten: Vom Notar sind der Antrag auf Erteilung des Auseinandersetzungszeugnisses wie ein Erbscheinsantrag nebst eidesstattlicher Versicherung und die Überweisungsvereinbarung wie ein Erbauseinandersetzungsvertrag abzurechnen.

▼ 1264

Muster 4.216: Antrag auf Erteilung eines Auseinandersetzungszeugnisses und einer Überweisungsvereinbarung

4.216

…

Die Erschienenen erklärten:

A. Zeugnis über die Auseinandersetzung eines Nachlasses

Am … verstarb unser Vater … . Sein letzter Wohnsitz und gewöhnlicher Aufenthalt war … . Er war deutscher Staatsangehöriger. Als einzige Verfügungen von Todes wegen hat er hinterlassen:

1. …

2. …

In dem maßgeblich gebliebenen Testament vom … hat er uns gleichanteilig zu seinen Erben berufen. Wir sind daher zu je … seine Erben geworden. Die Erbschaft haben wir angenommen. Ein Rechtsstreit über das Erbrecht ist nicht anhängig. Ein Hof im Sinne der Höfeordnung gehört nicht zum Nachlass.

(Es folgen die üblichen Kautelen wie bei einem Erbscheinsantrag, insbesondere die eidesstattliche Versicherung gemäß § 352 Abs. 3 BGB).

Wir beantragen die Erteilung eines Zeugnisses gemäß § 36 GBO über die Auseinandersetzung des Nachlasses dahin, dass wir zugeteilt haben:

- den im Grundbuch von … Blatt … Gemarkung … Flur … Flurstück … groß … eingetragenen Grundbesitz dem Miterben … zu Alleineigentum,
- den im Grundbuch von … Blatt … Gemarkung … Flur … Flurstück … groß … eingetragenen Grundbesitz dem Miterben … zu Alleineigentum,
- den im Grundbuch von … Blatt … Gemarkung … Flur … Flurstück … groß … eingetragenen Grundbesitz dem Miterben … zu Alleineigentum.

Wir sind darüber einig, dass das Eigentum wie angegeben übergeht und bewilligen die Umschreibung im Grundbuch.

Den Netto-Wert des Grundstücks … geben wir mit … EUR an, den des Grundstücks … mit … EUR und den des Grundstücks … mit … EUR.

B. Schuldrechtliche Vereinbarungen

(Es folgen die üblichen Kautelen eines Erbauseinandersetzungsvertrages).

Diese Niederschrift …

Kostenberechnung:

Gebühr für Beurkundung des Antrags auf Erteilung des Auseinandersetzungszeugnisses mit eidesstattlicher Versicherung GNotKG KV Nr. 23300 (1,0)

(Angenommener) Geschäftswert (§ 41 GNotKG):
Je Grundstück EUR = EUR — EUR

Gebühr für Beurkundung der Überweisungsvereinbarung GNotKG KV Nr. 21100 (2,0)
Geschäftswert: EUR (§ 46 Abs. 1 GNotKG) — EUR

Vollzugsgebühr für Beschaffung der Genehmigung nach dem GrdstVG
GNotKG KV Nr. 22110, 22112 (0,3) [höchstens 50 EUR]
Geschäftswert: EUR (§ 112 S. 1 GNotKG) — EUR

EUR

▲

VII. Grundbuchberichtigung

1265 Das Grundbuch stimmt nicht immer mit der wirklichen Rechtslage überein. In einem solchen Fall kann für den wahren Rechtsinhaber wegen des öffentlichen Glaubens des Grundbuchs und der Möglichkeit eines gutgläubigen Erwerbs Dritter (vgl. hierzu Rdn 13 ff.) die Gefahr eines Rechtsverlustes bestehen. Weicht die Grundbucheintragung von der tatsächlichen Rechtslage ab, so kann derjenige, dessen Recht nicht oder nicht richtig eingetragen oder fälschlicherweise durch die Eintragung einer nicht bestehenden Belastung oder Beschränkung beeinträchtigt ist, die Zustimmung zu der Berichtigung des Grundbuchs von demjenigen verlangen, dessen unrichtig eingetragenes Recht durch die Berichtigung formell betroffen wird bzw. von seinen Erben (§ 894 BGB). Diese Zustimmung ist nicht erforderlich, wenn der Berechtigte dem Grundbuchamt gegenüber den Nachweis der Unrichtigkeit durch öffentliche oder öffentlich beglaubigte Urkunden erbringen kann. Dann wird die Grundbuchberichtigung aufgrund eines – formlosen – Antrages vorgenommen. Nach einem Erbfall genügt ein privatschriftlicher Antrag unter Beifügung einer Ausfertigung des Erbscheins bzw. des Europäischen Nachlasszeugnisses oder je einer beglaubigten Abschrift der eröffneten, in öffentlicher Urkunde enthaltenen Verfügung von Todes wegen und der Eröffnungsverhandlung (§ 35 GBO), um die Eigentumseintragung zu berichtigen. Wenn es sich um Akten des gleichen Amtsgerichts handelt, genügt eine Verweisung auf die Nachlassakten. An der Berichtigung der Eigentümereintragung besteht ein öffentliches Interesse, um bei richtig eingetragenen Eigentümern die Arbeit der Behörden, insbesondere der Flurbereinigungs- und Umlegungsbehörden, zu erleichtern. Aus diesem Grunde bestimmt das GNotKG (KV Nr. 14110), dass die Grundbuchberichtigung dann gerichtsgebührenfrei ist, wenn bei der Eintragung von Erben des eingetragenen Eigentümers der Eintragungsantrag innerhalb von zwei Jahren seit dem Erbfall dem Grundbuchamt eingereicht wird. Im Übrigen kann das Grundbuchamt den Eigentümer zur Herbeiführung der Grundbuchberichtigung – gegebenenfalls unter Auferlegung von Zwangsgeld, § 35 FamFG – anhalten und diese notfalls auch von Amts wegen vornehmen (§§ 82 und 82 a GBO).

Für die Umschreibung eines Grundstücks oder eines Erbbaurechts im Wege der Grundbuchberichtigung auf den oder die Erben braucht dem Grundbuchamt eine Unbedenklichkeitsbescheinigung des Finanzamts nicht vorgelegt zu werden.[235]

235 Zur Entbehrlichkeit der Unbedenklichkeitsbescheinigung in den einzelnen Bundesländern siehe Beck'sches Notar-Handbuch/*Hagemann*, 7. Aufl. 2019, § 1 Rn 563 und *Schöner/Stöber*, Grundbuchrecht, 16. Aufl. 2020, 1. Teil Rn 150.

1266

Muster 4.217: Grundbuchberichtigungsanträge

4.217

a) Bei Erbfolge:
Im Grundbuch von … ist als Eigentümer des dort verzeichneten Grundbesitzes … aus … eingetragen. Er ist am … verstorben und ausweislich des Erbscheins des Amtsgerichts … vom … – … – beerbt worden von:

(a) mir, seiner Witwe … geborene …, geboren am …, Hausfrau, wohnhaft zu …,

(b) seinem Sohn …, geboren am …, Holzhändler, ebenda wohnhaft.

Ich beantrage, das vorbezeichnete Grundbuch dahin zu berichtigen, dass anstelle des Verstorbenen seine Erben als Eigentümer in Erbengemeinschaft eingetragen werden.
Den Verkehrswert des Grundbesitzes schätze ich auf … EUR.
Kosten für die Eintragung der Grundbuchberichtigung entstehen nicht (GNotKG KV Nr. 14110).
…, den …

b) Nach Vereinbarung von Gütergemeinschaft:
Im Grundbuch von … Blatt … ist als Eigentümerin des dort verzeichneten Grundbesitzes … die … geborene … aus … eingetragen.
Durch Ehevertrag vom … – UVZ-Nr. … für … des Notars … – haben wir, die Eheleute …, den Güterstand der Gütergemeinschaft vereinbart. Unsere genauen Personalien einschließlich der Geburtsdaten bitten wir dem überreichten Ehevertrag zu entnehmen.
Wir beantragen die Berichtigung des Grundbuchs dahin, dass wir als Eigentümer in Gütergemeinschaft eingetragen werden.
Eine Ausfertigung des Ehevertrages fügen wir bei.
Den Verkehrswert des Grundbesitzes schätzen wir auf … EUR.
…, den …

- Es folgen die Unterschriften beider Ehegatten;
  Beglaubigung der Unterschriften ist nicht notwendig!

Der Berichtigungsantrag kann von beiden Eheleuten gemeinsam oder von einem von ihnen allein gestellt werden. Der Vorlage einer steuerlichen Unbedenklichkeitsbescheinigung bedarf es auch in diesem Falle nicht.

Kostenberechnung zu den vorstehenden Mustern:

Für den Entwurf des Grundbuchberichtigungsantrages fällt eine halbe (0,5-)Gebühr gemäß GNotKG KV Nr. 21200, 21201 Nr. 4, 24102 – mindestens 30 EUR – an. Wenn im Beispiel b) der Antrag auf Grundbuchberichtigung gleichzeitig mit dem Ehevertrag beurkundet wird, gilt jedoch § 109 Abs. 1 GNotKG; in diesem Fall darf der Grundbuchberichtigungsantrag nicht besonders berechnet werden. Um sich nicht dem Vorwurf der unrichtigen Sachbehandlung auszusetzen, sollte der Notar immer den Grundbuchberichtigungsantrag zusammen mit dem Ehevertrag beurkunden. Würde hingegen im Beispiel a) der Grundbesitz von den Erben verkauft und in derselben Urkunde die Grundbuchberichtigung auf die Erben beantragt, gilt nach der wohl überwiegenden Meinung[236] etwas anderes: Es handelt sich um verschiedene Gegenstände.

236 Ausf. dazu jüngst Prüfungsabteilung der Ländernotarkasse, NotBZ 2025, 181 mit Verweis auf Rohs/Wedewer/*Wuy*, § 109 Rz 341; BeckOK-KostR/*Bachmayer*, § 109 Rn 58a; LG Magdeburg NotBZ 2017, 116. Anders Korintenberg/*Diehn*, § 109 Rn 168a.

Geschäftswert: Verkehrswert des Grundbesitzes (§§ 119 Abs. 1, 97 Abs. 1, 46 Abs. 1 GNotKG). Auch hinsichtlich der Grundbuchberichtigung bei der Gütergemeinschaft gilt nichts anderes, da hier nicht nur die Umschreibung eines Hälfteanteils erfolgt, sondern neue Eigentumsverhältnisse in das Grundbuch eingetragen werden.

▲

1267 Einige Fälle, bei denen nur eine **Grundbuchberichtigung** – also keine Auflassung – notwendig ist:

1. Eintritt der Erbfolge (§§ 1922 ff. BGB),
2. Begründung der Gütergemeinschaft durch Ehevertrag (§ 1416 Abs. 2 BGB),
3. Erbteilsübertragung (§ 2033 BGB),
4. Erfüllung eines Vorausvermächtnisses an den durch Nacherbfolge beschränkten Alleinerben (vgl. auch Rdn 1287 f.),
5. Eintritt eines neuen Gesellschafters in eine BGB-Gesellschaft oder Ausscheiden eines Gesellschafters unter Fortbestehen der BGB-Gesellschaft,
6. Umwandlung einer offenen Handelsgesellschaft in eine Kommanditgesellschaft oder umgekehrt,
7. Umwandlung einer offenen Handelsgesellschaft oder Kommanditgesellschaft in eine BGB-Gesellschaft oder umgekehrt,
8. Übernahme der Firma mit Grundstück durch einen Gesellschafter bei Auflösung der offenen Handelsgesellschaft oder Kommanditgesellschaft ohne Liquidation durch Vereinbarung unter Lebenden oder mit dem Erben eines verstorbenen Gesellschafters,
9. Umwandlungen (Verschmelzungen, Spaltungen, formwechselnde Umwandlungen) nach dem Umwandlungsgesetz; formwechselnde Umwandlungen, da Identität des Rechtsträgers erhalten bleibt; Verschmelzungen und Spaltungen (Aufspaltungen, Abspaltungen und Ausgliederungen), da das Vermögen des übertragenden Rechtsträgers bzw. der übertragenden Rechtsträger im Wege der Gesamtrechtsnachfolge bzw. der partiellen Gesamtrechtsnachfolge auf den bzw. die übernehmenden Rechtsträger übergeht.

VIII. Erbauseinandersetzung

1. Gesetzliche Erbfolge

1268 Bis zur Auseinandersetzung des Nachlasses stehen die Verwaltung und Verfügung über die Nachlassgegenstände allen Erben gemeinschaftlich zu (§§ 2038, 2040 BGB). Maßnahmen zur ordnungsgemäßen Verwaltung können mit Mehrheit beschlossen werden. Alles andere kann nur einstimmig geschehen. Das macht Erbengemeinschaften vielfach bewegungsunfähig. Auch drängen die Erben in der Regel nach einer gewissen Zeit darauf, das ihnen Zugefallene in die alleinige Verfügungsgewalt zu bekommen. Jeder Miterbe kann die Auseinandersetzung grundsätzlich jederzeit verlangen, sofern sie nicht gemäß §§ 2043 bis 2045 BGB aufgeschoben bzw. ausgeschlossen ist (zum Ausschluss der Auseinandersetzung vgl. Rdn 1059, 1305 ff.). Diese Umstände führen dazu, dass der Nachlass zumeist verhältnismäßig **kurze Zeit** nach dem Tode des Erblassers **auseinandergesetzt** wird.

Dies kann erfolgen als

a) persönliche Teilauseinandersetzung,
b) gegenständliche Teilauseinandersetzung,
c) vollständige Auseinandersetzung.

a) Persönliche Teilauseinandersetzung („Abschichtung")

1269 Ist z.B. einer der Miterben unverträglich oder braucht er dringend Geld, während die anderen noch zusammenbleiben wollen, so kann allen geholfen werden, indem der eine Miterbe – sei es in Geld, sei es mit Gegenständen des Nachlasses – abgefunden wird und dafür aus der Erbengemeinschaft ausscheidet (= „**Abschichtung**"). Sein Erbteil wächst dann den übrigen Miterben im Verhältnis ihrer Erbquoten an. Diese auch als „Abschichtung" bezeichnete Möglichkeit der persönlichen Teilauseinandersetzung kann nur im Einvernehmen aller Miterben und nach Auffassung des Bundesgerichtshofs jederzeit formfrei erfolgen. Dies soll auch dann gelten, wenn Grundbesitz zum Nachlass gehört und dieser im Nachlass verbleibt. Eine Abschichtungsvereinbarung stellt lediglich eine bloße Aufgabe der Mitgliedschaftsrechte in der Erbengemeinschaft und keine das strenge Formerfordernis auslösende Rechtsübertragung dar.[237] Lediglich wenn im Wege der Abschichtung Grundbesitz aus dem Nachlass auf den ausscheidenden Miterben – z.B. als Abfindung – übertragen wird, ist die notarielle Form des § 311b BGB zu beachten.[238]

Beispiel 1270

A, der zu 1/10 Miterbe ist, wird abgefunden und scheidet aus. B war vorher zu 3/10, C zu 6/10 Miterbe. Durch Anwachsung werden B zu 3/9, C zu 6/9 Anteil am Rest des Nachlasses beteiligt.

Wird der ausscheidende Miterbe nicht aus dem Nachlass, sondern von einem der Miterben aus dessen sonstigem Vermögen abgefunden, so würde die Anwachsung zu einem sachwidrigen Ergebnis führen, weil sie auch den Miterben zugutekäme, die keine Abfindung geleistet haben. Hier bietet es sich stattdessen an, den Erbteil des Ausscheidenden auf den Abfindenden zu übertragen (vgl. hierzu Rdn 1345). 1271

b) Gegenständliche Teilauseinandersetzung

Von gegenständlicher Teilauseinandersetzung spricht man, wenn die Erben **unverändert** dieselben bleiben, aber ein Teil des Nachlasses im Einvernehmen aller Miterben veräußert wird. Es kann sich dabei um den Verkauf an Dritte, aber auch darum handeln, dass ein Miterbe bestimmte Nachlassgegenstände gegen Zahlung einer Herausgabe zu Alleineigentum erhält. Im Falle der Veräußerung von Grundstücken ist notarielle Beurkundung gemäß § 311b BGB erforderlich. Die Herauszahlung kann wiederum entweder in den Nachlass erfolgen; dann ist sie praktisch nichts anderes als ein (ermäßigter) Kaufpreis; der Übernehmer bleibt an diesem Erlös in Höhe seiner Erbquote beteiligt. Oder sie erfolgt an die Miterben jeweils unmittelbar in deren sonstiges Vermögen; dann behält der übernehmende Miterbe vom Anschlagspreis den seiner Erbquote entsprechenden Teil von vornherein zurück und zahlt an die Miterben nur so viel, wie sie bekommen würden, wenn der volle „Kaufpreis" sogleich verteilt worden wäre. 1272

Beispiel 1273

Zum Nachlass gehört ein Wohnhaus im Verkehrswert von 160.000 EUR. A, B und C sind zu je 1/3 Miterben. A übernimmt das Haus. Man einigt sich, dass er dafür 150.000 EUR bezahlen soll.

Lösung 1: A zahlt 150.000 EUR auf ein Nachlass-Konto. Dann bleibt er rechnerisch daran mit 1/3, also mit 50.000 EUR, beteiligt.

Lösung 2: A zahlt an B und C je 50.000 EUR in deren sonstiges Vermögen. Seinen „Anteil" von 50.000 EUR behält er einfach ein.

c) Vollständige Auseinandersetzung

Sie erfordert grundsätzlich einen **Vertrag sämtlicher Miterben** über die Verteilung bzw. Veräußerung der Nachlassgegenstände. Er bedarf der notariellen Beurkundung, wenn zum Nachlass Grundstücke gehören. 1274

Werden sich die Miterben nicht einig, so kann auf Antrag mindestens eines Miterben hin eine Vermittlung bei der Auseinandersetzung durch einen Notar erfolgen (§§ 363 ff. FamFG). Bis zum 31.8.2013 war hier das Nachlassgericht zuständig. Durch das „Gesetz zur Übertragung von Aufgaben im Bereich der freiwilligen Gerichtsbarkeit auf Notare"[239] wurden Notaren bundeseinheitlich verschiedene Aufgaben des Nachlassgerichts im Bereich der Nachlass- und Gesamtgutauseinandersetzung übertragen, sodass für die vollständige Auseinandersetzung nunmehr gemäß § 344 Abs. 4a FamFG nur noch der Notar zuständig ist, und zwar in räumlicher Hinsicht jeder Notar, der seinen Amtssitz im Bezirk des Amtsgerichts hat, in dem der Erblasser seinen letzten gewöhnlichen Aufenthalt hatte. Eine gerichtliche Zuständigkeit ist nicht mehr gegeben, vielmehr übernimmt der Notar im Wege einer Art Beleihung diese hoheitliche Aufgabe.[240] Hatte der Erblasser

237 OLG Hamm, Beschl. v. 12.11.2013 – 15 W 43/13, DNotZ 2014, 695.

238 Vgl. zur Kritik der juristischen Literatur an dieser Form der Auseinandersetzung sowie zu einem Mustervorschlag *Dietz/Sammet*, in Beck'sches Notar-Handbuch, 8. Aufl. 2024, § 17, Rn 463 f.; *Keim*, RNotZ 2003, 375 ff. sowie *Kanzleiter*, ZEV 2012, 447.

239 BGBl I 2013, 1800.

240 Vgl. hierzu ausführlich *Zimmermann*, NotBZ 2013, 335, 336.

keinen gewöhnlichen Aufenthalt im Inland, ist jeder Notar zuständig, der seinen Amtssitz im Bezirk eines Amtsgerichts hat, in dem sich Nachlassgegenstände befinden. Von mehreren örtlich zuständigen Notaren ist derjenige zur Vermittlung berufen, bei dem zuerst ein auf Auseinandersetzung gerichteter Antrag eingeht. Der Antragsteller hat insoweit ein Wahlrecht. Der Vermittlungsantrag wird beim Notar gestellt, nicht mehr, wie vor der Reform, beim Nachlassgericht.

Vermittlungsverfahren sind in der Praxis verhältnismäßig selten, insbesondere da ein Verfahren bereits dann scheitert, wenn mit nur einem Miterben keine Einigung erzielt werden kann, Mehrheitsentscheidungen in dem Verfahren nicht vorgesehen sind und Zwangsmittel gegen einen unwilligen Miterben nicht existieren. Vereinfachend in diesem Verfahren ist jedoch, dass hier unter Umständen nicht erschienene Beteiligte als zustimmend behandelt werden können (§§ 366 Abs. 3, 368 Abs. 2 FamFG). Dies ergibt einen gewissen Zwang zum Erscheinen und vermittelt dem Notar die Möglichkeit, auf uneinsichtige Beteiligte im Sinne einer sachgerechten und gleichmäßigen Verteilung des Nachlasses hinzuwirken.

Können sich die Miterben zwar nicht zur Sache, wohl aber auf einen oder mehrere Personen einigen, denen sie die Verteilung des Nachlasses anzuvertrauen bereit sind, so bietet es sich an, diese in einem Schiedsvertrag zu Schiedsrichtern zu berufen. Sie können dann die Auseinandersetzung unter Ausschluss des Prozessweges vornehmen, den Miterben also die erheblichen Kosten und größeren Belastungen eines Zivilprozesses ersparen.

1275 Eine Auseinandersetzungsklage ist erst möglich, wenn der Nachlass „**teilungsreif**" ist. Dies ist er, wenn

(1) alle Nachlassverbindlichkeiten beglichen sind (§ 2046 BGB),
(2) alle Gegenstände, die sich nicht ohne weiteres auf die Erben gleichmäßig verteilen lassen, veräußert worden sind (§§ 2042, 753 BGB).

Geld, Sparbuchforderungen, sonstige Forderungen, (gleichartige und -wertige) Münzen, Wertpapiere (sofern sie gestückelt werden können) gehören zu den in Natur teilbaren Gegenständen, Grundstücke nur, wenn gleichartige und gleichwertige Teilstücke gebildet werden können (was nur ausnahmsweise der Fall ist). Häuser, Hausratsgegenstände, Sammlungen und dergleichen sind praktisch nie in gleichartige und gleichwertige Teile zerlegbar. Diese sog. **unteilbaren Gegenstände** werden, soweit es sich um Grundstücke handelt, durch Zwangsversteigerung, im Übrigen nach den Regeln über den Pfandverkauf (§§ 1233 ff. BGB) in Geld umgesetzt. Dieses Geld wird an die Miterben entsprechend ihren Erbquoten verteilt, wobei anrechnungspflichtige Vorausempfänge ausgeglichen werden (§§ 2050 ff. BGB).

d) Zuweisung

1276 Bei landwirtschaftlichen Betrieben, die nicht Hof im Sinne der HöfeO sind, kann die Auseinandersetzung auf Antrag auch durch die Zuweisung des Betriebes an einen Miterben erfolgen (§§ 13 ff. GrdstVG). Der Sinn dieses Verfahrens ist die geschlossene Erhaltung des Betriebes in einer Hand zu erträglichen Bedingungen.

Voraussetzung ist, dass der Betrieb durch **gesetzliche Erbfolge** an die Erbengemeinschaft gefallen ist. Testamentserbfolge schließt mithin die Zuweisung aus. Der Betrieb muss eine ausreichende Hofstelle haben und so groß sein, dass eine bäuerliche Familie im Wesentlichen auf ihm ihren Unterhalt verdienen kann (sog. **hinkende Ackernahrung**). Er wird demjenigen zugewiesen, dem er nach dem wirklichen oder mutmaßlichen Willen des Erblassers zugedacht war. Der Erwerber muss die Fähigkeit haben, den Betrieb selbst zu bewirtschaften. Die anderen Miterben werden (regelmäßig) in Geld abgefunden. Dabei wird der Betrieb nicht mit seinem Verkehrswert, sondern mit seinem Ertragswert veranschlagt, der oft nur einen Bruchteil des Verkehrswerts ausmacht. Die Abfindung nach Verkehrswert würde den Übernehmer in der Regel unfähig machen, den Betrieb fortzuführen.

2. Erbauseinandersetzung aufgrund einer Verfügung von Todes wegen

1277 Hier ist die Verfügung des Erblassers die Richtschnur für die Auseinandersetzung. Enthält sie lediglich Erbeinsetzungen, so gelten für die Auseinandersetzung keine Besonderheiten gegenüber der gesetzlichen Erbfolge. Ansonsten kommt es auf ihren Inhalt an. Die Auseinandersetzung hat zu unterbleiben, wenn und soweit der Erblasser sie ausgeschlossen hat (§ 2044 BGB).

Über das Auseinandersetzungsverbot können sich die Miterben im allseitigen Einvernehmen hinwegsetzen, sofern die Anordnung nicht als Auflage zu verstehen ist, wonach die Auseinandersetzung auch mit dem Einverständnis aller Erben verboten sein soll. Auch letzterenfalls ist das dingliche Verfügungsgeschäft wirksam.[241] Gehört zum Nachlass Grundbesitz, ist das Auseinandersetzungsverbot im Grundbuch nicht eintragungsfähig.

Beispiel 1278

Erblasser E hat seine drei Kinder A (12 Jahre), B (10 Jahre) und C (8 Jahre) zu gleichen Teilen zu Erben eingesetzt und angeordnet, dass die Erbauseinandersetzung erst stattfinden soll, wenn das jüngste Kind das 25. Lebensjahr vollendet hat. Zum Nachlass des E gehört unter anderem ein Haus. A und B und C können auch schon vor Vollendung des 25. Lebensjahres des C (z.B. wenn C das 21. Lebensjahr vollendet hat) gemeinsam und einvernehmlich das Haus veräußern und einem Dritten Eigentum hieran verschaffen.

Vermächtnisse sind durch Übereignung der vermachten Gegenstände, Auflagen – soweit möglich – durch 1279
Vornahme der auferlegten Maßnahme (z.B. Messestiftung, Grabpflegevertrag) zu erfüllen. Wenn der Erblasser Teilungsanordnungen getroffen hat, kann jeder Miterbe verlangen, die ihm zugeteilten Gegenstände übereignet zu bekommen (§ 2048 BGB). Die Unterscheidung zwischen einer Teilungsanordnung und einem Vorausvermächtnis ist oft schwierig (vgl. Rdn 1055 ff.).[242] Sofern erkennbar wird, dass der Erblasser mit seiner Anordnung ungleiche Zuteilungen erreichen wollte, ist ein Vorausvermächtnis anzunehmen.

Beispiel 1280

„*Der Sohn A soll mein Landgut erhalten, meine Tochter B den gewerblichen Betrieb zum Buchwert, meine Tochter C die Mietshäuser zum vollen Verkehrswert, mein Sohn D die Aktien zu 80 % ihres Kurswertes bei meinem Tode.*"

Eine bloße Teilungsanordnung ist lediglich die Zuwendung der Mietshäuser an die Tochter C. Alle anderen Anordnungen sind zugleich begünstigende Zuwendungen an Erben, also Vorausvermächtnisse (vgl. Rdn 1055 ff.). Da im Beispielsfall kein Anhaltspunkt für die gegenteilige Annahme vorliegt, greift bezüglich des Landguts die Vermutung des § 2049 BGB ein: Es ist zum Ertragswert, nicht zum Verkehrswert, anzusetzen. In der Differenz dieser beiden Werte liegt die Begünstigung für den A.

Wenn sich alle Beteiligten einig sind, steht nichts dagegen, von den Anordnungen des Erblassers abzuweichen oder sie auch völlig zu ignorieren. Dies gilt nicht, wenn der Erblasser die Auseinandersetzung des Nachlasses einem Testamentsvollstrecker aufgetragen hat (siehe hierzu Rdn 1106 ff.).

IX. Annahme und Ausschlagung der Erbschaft

1. Annahme

Mit der Annahme einer Erbschaft wird der Notar in der Regel nicht befasst. Sie tritt nach dem Gesetz **von selbst** 1281
ein

- durch Verstreichenlassen der sechswöchigen Ausschlagungsfrist, sie beginnt mit der Kenntnis vom Anfall der Erbschaft, beim Vorliegen einer Verfügung von Todes wegen nicht vor Bekanntgabe der Verfügung von Todes wegen durch das Nachlassgericht, also bei oder nach Eröffnung der Verfügung an den Erben, sei es mündlich bei Anwesenheit im Termin, sei es mit Zugang einer Abschrift bei Abwesenheit (§ 348 Abs. 2, 3 FamFG); hatte der Erblasser seinen letzten Wohnsitz im Ausland oder hielt sich der Erbe beim Beginn der Frist im Ausland auf, so beträgt sie sechs Monate (§ 1944 Abs. 3 BGB),
- durch ausdrückliche oder stillschweigende Erklärung, also auch etwa durch die Verfügung über Nachlassgegenstände oder die Bezahlung von Nachlassschulden.

241 Vgl. Grüneberg/*Weidlich*, 84. Aufl. 2025, § 2044 BGB Rn 2.

242 Sowie im Einzelnen zur Abgrenzung und zu den einzelnen Rechtsfolgen: Beck'sches Notar-Handbuch/*Dietz/Sammet*, 8. Aufl. 2024, § 17 Rn 153 ff.

1282 Die Ausschlagungsfrist wird im Falle höherer Gewalt gehemmt (§§ 1944 Abs. 2 S. 3, 206 BGB). Unter höhere Gewalt fallen z.B. unvorhersehbare schwere Krankheiten wie beispielsweise Covid-19, wenn der Krankheitszustand ein Handeln unmöglich macht; aber auch ein Stillstand der Rechtspflege, z.B. wenn keine rechtzeitige Terminvergabe beim Nachlassgericht wegen Covid-19 erfolgt.[243]

1283 Hat sich der Erbe über die Ausschlagungsfrist geirrt (§ 1956 BGB), hat er nicht gewusst, dass der Nachlass überschuldet ist, oder hat er sonstige falsche Vorstellungen über die Zusammensetzung des Nachlasses oder die Höhe seiner Beteiligung gehabt, so kann er die Annahme anfechten. Auch hier beträgt die Frist sechs Wochen, beim Wohnsitz des Erblassers im Ausland oder Auslandsaufenthalt des Erben sechs Monate. Die Anfechtung wird gegenüber dem Nachlassgericht (= Amtsgericht am Ort des inländischen gewöhnlichen Aufenthalts des Erblasssers zum Zeitpunkt seines Todes, hilfsweise das AG Schöneberg für deutsche Erblasser mit letztem gewöhnlichen Aufenthalt im Ausland oder für ausländische Erblasser, die Nachlassgegenstände im Inland hinterlassen) in notariell beglaubigter Form erklärt (§ 1945 BGB, § 343 Abs. 1, 2 FamFG). Allerdings kann seit Inkrafttreten des FamFG am 1.9.2009 die Ausschlagung auch bei demjenigen Nachlassgericht wirksam und fristgerecht erklärt werden, in dessen Bezirk der/die Ausschlagende seinen/ihren gewöhnlichen Aufenthalt hat (§ 344 Abs. 7 S. 1 FamFG). Dieses nimmt die Erklärung in eigener Zuständigkeit entgegen und übersendet die Niederschrift über die Ausschlagungserklärung dem nach § 343 FamFG zuständigen Nachlassgericht (also grundsätzlich dem Amtsgericht am Ort des gewöhnlichen Aufenthalts des Erblassers zum Zeitpunkt seines Todes). Von daher kann auch der die Ausschlagung beurkundende Notar nach herrschender Meinung die Ausschlagungserklärung fristwahrend bei diesem Amtsgericht am gewöhnlichen Aufenthaltsort des/der Ausschlagenden einreichen.[244]

1284 ▼

Muster 4.218: Erbschaftsannahme – Anfechtung

4.218

Amtsgericht

– Nachlassgericht –

Betr.: Nachlass meines Vaters , – –

Wie sich erst gestern herausgestellt hat, ist der Nachlass meines am verstorbenen Vaters überschuldet. Er hat mich zum alleinigen Erben berufen. Ich fechte hiermit die durch Fristablauf eingetretene Annahme der Erbschaft wegen Irrtums über eine wesentliche Eigenschaft des Nachlasses an und schlage die Erbschaft aus allen Berufungsgründen, also auch als gesetzlicher Erbe, aus.

Aufgrund dieser Ausschlagung fällt der Nachlass meinem Sohn , wohnhaft bei mir, als gesetzlichem Erben an.

, den

(Beglaubigungsvermerk)

Gebühren Wert: 0 EUR (§§ 119, 103 Abs. 1 GNotKG)

Gebühr: 0,5 (KV Nr. 24102, 21201 Nr. 7), grundsätzlich Rahmen 0,3 – 0,5, hier zwingend 0,5 (§ 92 Abs. 2 GNotKG), mindestens 30 EUR.[245]

▲

243 Vgl. Grüneberg/*Weidlich*, 84. Aufl. 2025, § 1944 Rn 7.
244 Vgl. *Sternal*, FamFG, 21. Aufl. 2023, § 344 Rn 48.
245 Muster bearbeitet von *Dr. Otto*.

2. Ausschlagung

a) Eine Erbschaft wird zumeist ausgeschlagen 1285

- wegen Überschuldung des Nachlasses; dann wird der Erbe mit der Erbschaft auch die Schulden los;
- um Steuern zu sparen, etwa wenn ein Sohn zur Erbfolge gelangt, der selbst ein großes Vermögen hat und vermeiden will, dass der Nachlass seines Vaters von ihm und später von seiner Tochter – zusammen mit seinem eigenen Nachlass – nochmals versteuert werden muss, oder der erreichen will, dass seine Tochter aus dem Vermögen seines Vaters eigene Einkünfte erlangt, die sie selbst mit einem geringeren Steuersatz versteuern muss, als er sie wegen seiner sonstigen Einkünfte versteuern müsste;
- aus persönlichen Gründen („*von **dem** will ich nichts haben*“);
- um die Bindung aus einer wechselbezüglichen Verfügung oder einem Erbvertrag loszuwerden (§ 2271 BGB, vgl. Rdn 957 ff., 991 ff.);
- bei Ehegatten im gesetzlichen Güterstand: um den Zugewinnausgleich und den sog. kleinen Pflichtteil geltend machen zu können (§§ 1371 Abs. 3, 1931 BGB), was möglicherweise für den überlebenden Ehegatten günstiger ist als die Annahme der Erbschaft (vgl. Rdn 750 ff.).

Die Ausschlagung der Erbschaft führt grundsätzlich zum **Verlust des Pflichtteilsanspruchs**. Von diesem 1286
Grundsatz macht das Gesetz nur wenige Ausnahmen. Neben der vorgenannten Möglichkeit des Ehegatten im gesetzlichen Güterstand, die Erbschaft auszuschlagen und dann den Zugewinnausgleich und den sog. **kleinen Pflichtteil** geltend zu machen, kann nach § 2306 BGB auch ein als Erbe berufener Pflichtteilsberechtigter, der durch die Einsetzung eines Nacherben, die Ernennung eines Testamentsvollstreckers oder eine Teilungsanordnung beschränkt oder mit einem Vermächtnis oder einer Auflage beschwert ist, den Pflichtteil verlangen, wenn er den Erbteil ausschlägt. Dabei steht es einer Beschränkung der Erbeinsetzung gleich, wenn der Pflichtteilsberechtigte als Nacherbe eingesetzt ist. In der Literatur wird die Ansicht vertreten, eine umfassende Ausschlagungserklärung *„aus allen Berufungsgründen“* hätte auch in diesem Fall den Verlust des Pflichtsanspruchs zur Folge, da eine derartige umfassende Ausschlagungserklärung auch den Berufungsgrund der gesetzlichen Erbfolge einschließe, der gerade Grundlage für die Zuerkennung eines Pflichtteilsanspruchs sei. Obwohl diese Ansicht auch von der Rechtsprechung abgelehnt wird,[246] empfiehlt sich im Falle einer notariellen Ausschlagungserklärung im Zusammenhang mit § 2306 BGB stets die Aufnahme der Erklärung, dass die Ausschlagung der Erbschaft zur Geltendmachung des Pflichtteils erfolgt.

b) Die Ausschlagung ist dem Nachlassgericht gegenüber in deutscher Sprache[247] in öffentlich beglaubigter 1287
Form oder zur Niederschrift des Nachlassgerichts zu erklären. Sie kann gemäß § 344 Abs. 7 S. 1 FamFG auch bei demjenigen Nachlassgericht wirksam und fristgerecht erklärt werden, in dessen Bezirk der/die Ausschlagende seinen/ihren gewöhnlichen Aufenthalt hat (vgl. hierzu Rdn 1311). Ein Bevollmächtigter benötigt eine öffentlich beglaubigte Vollmacht (§ 1945 Abs. 1, 3 BGB).

(Wegen der Ausschlagungsfrist vgl. Rdn 1311).

c) Ist der Erbe durch Verfügung von Todes wegen berufen und wäre er auch nach dem Gesetz Erbe geworden, so 1288
kann er die Erbschaft als eingesetzter Erbe ausschlagen, als gesetzlicher Erbe dagegen annehmen (*„ich will nur das, was mir nach dem Gesetz zusteht“*) (§ 1948 BGB). Dies kann er nur dann nicht, wenn der Erblasser ihn für diesen Fall von jeder Erbfolge ausgeschlossen hat, in dem der Erblasser für diesen Fall z.B. einen Ersatzerben berufen hat oder eine Ersatzerbschaft vom Gesetz vermutet wird (z.B. § 2069 BGB, vgl. Rdn 1258) oder gemäß § 2094 BGB Anwachsung erfolgt. Mit der Ausschlagung nur der gewillkürten Erbfolge erreicht der Erbe nicht, dass er etwaige damit verbundene Lasten und Beschränkungen (Teilungsanordnungen, Auflagen, eine Nacherbeinsetzung) los wird, es sei denn, nach dem Willen des Erblassers sollen diese nur den durch Verfügung von Todes wegen berufenen Erben treffen.

246 So etwa das OLG Schleswig mit Darstellung des aktuellen Meinungsstandes, Urt. v. 2.9.2014 – 3 U 3/14, ZEV 2015, 109.

247 Vgl. § 184 GVG; nach OLG Köln, Beschl. v. 12.2.2014 – 2 Wx 25/14, NJW-RR 2014, 1037, ist eine Ausschlagungserklärung, die in einer fremden Sprache ohne Übersetzung in die deutsche Sprache bei dem Nachlassgericht eingereicht wird, nicht geeignet, die Ausschlagungsfrist zu wahren.

1289 ▼

Muster 4.219: Erbschaftsausschlagung

(Kopf siehe Rdn 1312).

hat mich in seinem Testament vom zum Alleinerben berufen. Diese Erbschaft als Testamentserbe schlage ich hiermit aus. Nach dem Gesetz bin ich zu ½ Erbe geworden. Diese Erbschaft nehme ich hiermit an.

, den

(Beglaubigungsvermerk)

▲

1290 d) Man kann nicht „zugunsten" einer bestimmten Person ausschlagen mit der Wirkung, dass diese statt des Ausschlagenden zur Erbfolge gelangt. Vielmehr wird durch die Ausschlagung **zwingend der Nächstberufene** (bzw. der vom Erblasser bestimmte Ersatzerbe) zum Erben. Ist die Ausschlagung „zugunsten" eines Dritten ihr Zweck (sog. **Beweggrund**), so wäre dies unbeachtlich. Ist sie als Bedingung zu verstehen, so wäre die Ausschlagung unwirksam (§ 1947 BGB). Das damit beabsichtigte Ergebnis kann nur durch eine Erbteilsübertragung auf den Dritten (vgl. Rdn 1345 ff.) bzw. die Übertragung der Erbschaft (vgl. Rdn 1344) erreicht werden.

1291 *Beispiel*

E hinterlässt seine Ehefrau F, den Sohn S und die Tochter T. Er hat seine beiden Kinder, ersatzweise deren Abkömmlinge, zu seinen Erben berufen. S will seinen Erbteil der Mutter zugutekommen lassen und deshalb ausschlagen. Dies führt jedoch nur dazu, dass er als im Zeitpunkt des Todes des E nicht mehr lebend angenommen wird. Dann hätten an seiner Stelle seine Kinder geerbt. Die Ausschlagung kommt mithin zwangsläufig seinen Kindern, nicht seiner Mutter zugute. Schlägt S „unter der Bedingung" aus, dass die Ausschlagung seiner Mutter zugutekommt, so ist sie unwirksam. Hatte er zwar beabsichtigt, die Erbschaft seiner Mutter zugutekommen zu lassen, diese Folge aber nicht zur Bedingung seiner Erklärung gemacht, so wäre dieser Beweggrund unbeachtlich, d.h., die Kinder kommen zum Zuge. Um zum Ziel zu kommen, müsste S seiner Mutter seinen Erbteil übertragen.

1292 e) Das Recht zur Ausschlagung steht nur dem Erben persönlich zu und ist daher nicht auf Dritte übertragbar. Das Recht ist jedoch vererblich, wenn der Erbe das Recht zur Ausschlagung nicht bereits durch Annahme oder Ablauf der Ausschlagungsfrist verloren hat (§ 1952 Abs. 1 BGB). Stirbt also der Erbe noch während der laufenden Ausschlagungsfrist, geht das Ausschlagungsrecht als Rechtsposition des Nachlasses des Erben auf den Erbeserben über.

1293 *Beispiel*

Witwer E (= Erblasser) ist am 1.5.2024 verstorben und allein beerbt worden von seinem unverheirateten Sohn S (= Erbe). S verstirbt dann am 1.6.2024 und hinterlässt als alleinige gesetzliche Erbin Tochter T (= Erbeserbin).

Im vorliegenden Fall hat T folgende Möglichkeiten:

(1) Sie nimmt die Erbschaft nach ihrem Vater S an und ebenfalls nach ihrem Großvater E.

(2) T nimmt die Erbschaft nach Vater S an und schlägt dann die Erbschaft nach Großvater E aus. Die Ausschlagungsfrist für T nach Großvater E endet nicht vor Ablauf der Ausschlagungsfrist ihrer Erbschaft nach dem Vater S (§ 1952 Abs. 2 BGB).

Nicht möglich ist es für T, die Erbschaft nach Vater S auszuschlagen und die Erbschaft nach Großvater E anzunehmen, da sie infolge der Ausschlagung der Erbschaft nach S das Ausschlagungsrecht des S nach E nicht geerbt hat.

Zur äußerst komplizierten Frage der Behandlung der Ausschlagung des Erstnachlasses durch einen von mehreren Erbeserben (im vorliegenden Fall hinterlässt S als gesetzliche Erben Ehefrau F und Tochter T, wobei T die Erbschaft nach E ausschlägt, F diese jedoch annimmt).[248]

248 Vgl. Gutachten, DNotI-Report 2006, 135 f.

f) Die Ausschlagung bewirkt, dass es so angesehen wird, als hätte der Ausschlagende den Erbfall nicht erlebt. 1294
Der durch die Ausschlagung zur Erbfolge gelangende Dritte wird so behandelt, als wäre er sofort beim Tod des Erblassers Erbe geworden. Dies ist u.a. beim Erbscheinsantrag zu beachten (vgl. Rdn 892 ff.).

g) Die Ausschlagung erfordert die **volle Geschäftsfähigkeit** des ausschlagenden Erben. Für geschäftsunfähige 1295
Erben kann die Ausschlagung nur durch den gesetzlichen Vertreter erklärt werden. Nach herrschender Meinung kann für einen beim Erbfall noch nicht geborenen, aber schon gezeugten künftigen Erben (§ 1923 Abs. 2 BGB) die Erbschaft zwar nicht angenommen, wohl aber durch seine künftigen gesetzlichen Vertreter (in der Regel die Eltern) ausgeschlagen werden. Für beschränkt Geschäftsfähige (Kinder ab sieben Jahren, § 106 BGB) muss die Ausschlagung durch den Erben selbst mit Einwilligung des gesetzlichen Vertreters oder durch den gesetzlichen Vertreter erklärt werden, da die Ausschlagung der Erbschaft für den ausschlagenden Erben nicht lediglich rechtlich vorteilhaft ist (§ 107 BGB). Im Falle einer Betreuung (§§ 1814 ff. BGB) ist der Betreuer im Rahmen seines Aufgabenkreises zur Ausschlagung berechtigt, daneben der Betreute selbst, wenn er geschäftsfähig ist und kein Einwilligungsvorbehalt angeordnet worden ist (§ 1825 Abs. 1 BGB). Sind beide Eltern gemeinsam gesetzliche Vertreter ihres Kindes (vgl. § 3 Rdn 43 ff.), müssen auch beide Eltern die Ausschlagung erklären. Für den Beginn der kurzen Ausschlagungsfrist des § 1944 Abs. 1 BGB müssen beide Eltern vom Anfall der Erbschaft und dem Grunde der Berufung Kenntnis erlangt haben. Vormund, Pfleger und Betreuer benötigen für die Ausschlagung stets die Genehmigung des Familien- bzw. Betreuungsgerichts (§ 1851 Nr. 1 BGB). Eltern bedürfen für die Ausschlagung grundsätzlich der Genehmigung des Familiengerichts (§§ 1643 Abs. 1, 1851 Nr. 1 BGB). Dies gilt dann nicht, wenn der Vertretene erst durch die Ausschlagung seines gesetzlichen Vertreters zur Erbfolge gelangt, und zwar unabhängig davon, ob der Nachlass werthaltig oder überschuldet ist (§ 1643 Abs. 3 S. 1 BGB).[249]

Beispiele 1296

(1) Der Sohn des Erblassers ist Alleinerbe. Er schlägt aus. Dadurch würde seine – minderjährige – Tochter (= Enkelin des Erblassers) Alleinerbin. Hier können die *Eltern* ohne Genehmigung des Familiengerichts auch für die Tochter ausschlagen.

(2) Der minderjährige Neffe des Erblassers ist in einem Testament zum Alleinerben berufen worden. Hier brauchen die Eltern des Neffen für die Ausschlagung die Genehmigung des Familiengerichts.

▼ 1297

Muster 4.220: Ausschlagung der Eltern zugleich für ein Kind, wenn das Kind erst durch die Ausschlagung des einen Elternteils Erbe würde 4.220

Amtsgericht

– Nachlassgericht –

Betr.: Nachlass des am verstorbenen aus

– –

Ich bin die alleinige gesetzliche Erbin meines Vaters aus . Ich schlage hiermit diese Erbschaft aus.

Dadurch würde mein Sohn , geboren am , alleiniger Erbe meines Vaters werden. Wir, seine Eltern Eheleute und geb. , handelnd als seine gesetzlichen Vertreter, schlagen auch für unseren Sohn diese Erbschaft aus.

249 Vgl. hierzu OLG Köln, ZEV 2013, 199 und *Sagmeister*, ZEV 2012, 121.

Als weiterer gesetzlicher Erbe kommt der Neffe des Erblassers, … aus …, …, in Betracht.

…, den …

(Beglaubigungsvermerk)

Anmerkung: Hier ist die familiengerichtliche Genehmigung **nicht** erforderlich.

▲

1298 ▼

4.221 **Muster 4.221: Ausschlagung für ein Kind, das nicht erst durch die Ausschlagung eines Elternteils zur Erbfolge gelangen würde**

Amtsgericht

– Nachlassgericht –

…

Betr.: Nachlass des am … verstorbenen … aus …

– … –

Aufgrund des Testaments des Erblassers vom … ist unser minderjähriger Sohn … Alleinerbe seines Onkels … geworden. Wir, seine Eltern und gesetzlichen Vertreter, schlagen für ihn diese Erbschaft aus. Dadurch gelangt der Sohn des Erblassers, … in …, …, zur Erbfolge.

…, den …

(Beglaubigungsvermerk)

Anmerkung: Hier ist die familiengerichtliche Genehmigung erforderlich.

▲

1299 Wird die Genehmigung des Familien- bzw. Betreuungsgerichts **rechtzeitig** vor Ablauf der Ausschlagungsfrist beantragt, so wird der Ablauf der Frist bis zur Erteilung der gerichtlichen Genehmigung gehemmt. Denn durch eine nicht im Einflussbereich des ausschlagenden Erben liegende Verzögerung der gerichtlichen Genehmigung soll dem Erben nicht die gesetzliche Ausschlagungsmöglichkeit genommen werden. Diese Verzögerung wird von der herrschenden Meinung auch als „höhere Gewalt" angesehen (§§ 1944 Abs. 2 S. 3, 206 BGB). Zu beachten ist jedoch, dass der Zugang der rechtskräftigen gerichtlichen Genehmigung samt Rechtskraftvermerk der Ausschlagungserklärung, etwa des Betreuungsgerichts, beim Empfangsberechtigten, etwa dem Betreuer, dazu führt, dass die gehemmte 6-Wochen-Frist weiterläuft. Die (betreuungsrechtliche) Genehmigung samt Rechtskraftvermerk muss dann innerhalb der restlichen Laufzeit der Frist beim Nachlassgericht eingehen. Das OLG Brandenburg hat diesbezüglich entschieden, dass die betreuungsrechtliche Genehmigung und deren Bekanntmachung gegenüber dem Betreuer dem Nachlassgericht vor Ablauf der zwischenzeitlich gehemmten Ausschlagungsfrist nachgewiesen werden muss.[250]

1300 h) Grundsätzlich kann **niemand** die Erbschaft hinsichtlich einzelner Nachlassgegenstände ausschlagen (§ 1950 BGB). Dies gilt nur dann nicht, wenn zum Nachlass ein Hof gehört. Der Hoferbe kann den Hofanfall ausschlagen, ohne zugleich die Erbfolge in den hoffreien Nachlass auszuschlagen (§ 11 HöfeO, § 19 HöfeO Rhl.-Pf., § 13 des Badischen Hofgüter-Gesetzes und § 9 des Bremischen Höfegesetzes). Nach herrschender Meinung kann der Hoferbe auch umgekehrt den Hof annehmen und die übrige Erbschaft ausschlagen. Die Ausschlagung nur des Hofanfalls muss gegenüber dem Landwirtschaftsgericht, also nicht gegenüber dem sonst zuständigen Nachlassgericht, erklärt werden. Die Ausschlagung gegenüber dem (örtlich oder sachlich) unzuständigen Gericht nimmt ihr jedoch nach herrschender Meinung nicht die Wirksamkeit.

250 OLG Brandenburg, Beschl. v. 22.4.2014 – 3 W 13/14, ZEV 2014, 540.

▼ 1301

Muster 4.222: Ausschlagung des Hofanfalls

Amtsgericht 4.222

– Landwirtschaftsgericht –

Betr.: Hof des in

Ich bin beim Tod meines Vaters Hoferbe seines im Grundbuch von Blatt eingetragenen Hofes im Sinne der HöfeO mit der Hofstelle in , , geworden.

Ich schlage hiermit den Anfall des Hofes aus, nehme dagegen die Erbschaft in den hoffreien Nachlass an. Nächstberufener Hoferbe ist mein Sohn .

Der Einheitswert des Hofes ist EUR.

, den

(Beglaubigungsvermerk)

Gebühren	Wert: EUR (vierfacher Einheitswert, § 119, § 103 Abs. 2, § 48 Abs. 3, Abs. 1 GNotKG)[251]	
	Entwurfsgebühr: KV Nr. 24101 – hier 1,0	EUR
	Erläuterungen: 1) Die Beurkundungsgebühr wäre hier 1,0 nach KV Nr. 21200 (Erklärungen gegenüber dem Landwirtschaftsgericht sind in 21201 nicht berücksichtigt).[252] 2) Innerhalb des Rahmens von 0,3 bis 1,0 ist wegen § 92 Abs. 2 GNotKG (vollständiger Entwurf) zwingend der Höchstsatz einzusetzen. Weitere Hinweise: 1) Die erste Beglaubigung wird nicht berechnet, Vorbem. 2.4.1 (2) KV GNotKG. 2) Die (bloße) Übermittlung an das Landwirtschaftsgericht ist mit abgegolten, Vorbem. 2.4.1 (4) KV GNotKG.	

▲

i) Die Annahme und Ausschlagung eines Vermächtnisses ist nicht dem Nachlassgericht, sondern dem **Beschwerten** (also regelmäßig dem Erben) gegenüber zu erklären. Sie bedarf keiner Form und ist nicht fristgebunden. Ansonsten gelten die Regeln über die Annahme bzw. Ausschlagung einer Erbschaft entsprechend (§ 2180 BGB). 1302

j) Mit der Ausschlagung entfällt für den Ausschlagenden die sonst etwa entstehende Erbschaftsteuer. Sie ist keine Schenkung an den durch sie Begünstigten, löst also auch ihrerseits keine Schenkungsteuer aus. Eine Abfindung für die Ausschlagung ist wie ein Erwerb vom Erblasser zu versteuern. Zahlt sie der durch die Ausschlagung zum Zuge kommende Erbe, so ist sie bei ihm als Erwerbsaufwand vom Steuerwert der Erbschaft abzuziehen. Zahlt sie ein Dritter, so wird sie wie eine schenkungsteuerpflichtige Zuwendung des Erblassers an den Begünstigten behandelt. 1303

251 Hier wird vorausgesetzt, dass die Bewertungsvorschrift § 48 Abs. 3 GNotKG eine Prüfung der weiteren Anwendungsvoraussetzungen des § 48 Abs. 1 GNotKG entbehrlich macht. Das Ergebnis entspricht der Praxis zur KostO, die an dieser Stelle vom Gesetzgeber nicht geändert werden sollte. Vgl. dazu Fackelmann/Heinemann/*Fackelmann*, § 48 Rn 7.

252 Anders Kostenspiegel, Teil 19 Rn 77: KV Nr. 21201 Nr. 7.

X. Erbverzicht und Zuwendungsverzicht (§§ 2346 ff. BGB)

1304 1. Mit einem **Erbverzichtsvertrag** (Kosten siehe § 5 Rdn 379 ff.) kann bereits **vor** dem Erbfall (statt, wie mit der Ausschlagung, im Nachhinein) erreicht werden, dass der Verzichtende nicht zur Erbfolge gelangt, also behandelt wird, als hätte er beim Erbfall nicht gelebt. Ein Bedürfnis für solche Regelungen tritt zumeist auf, wenn ein Erbe bereits zu Lebzeiten des Erblassers abgefunden wird und daher von der Erbschaft nichts mehr erhalten soll. Der Verzicht kann auf das Pflichtteilsrecht (§ 2346 Abs. 2 BGB) oder auf einen Bruchteil des Erbteils **beschränkt** werden. Durch den Erbverzicht scheidet der Verzichtende (und bei einem Verzicht eines Abkömmlings oder eines Seitenverwandten des Erblassers gemäß § 2349 BGB auch die Abkömmlinge des Verzichtenden) für die Berechnung der Pflichtteile der gesetzlichen Erben aus, sodass sie sich erhöhen. Soll dies vermieden werden, so darf nur ein Pflichtteilsverzicht erklärt werden. Dann erhöhen sich die Pflichtteile der anderen nicht. Allerdings erbt dann der Verzichtende trotz des Verzichts auf den Pflichtteil in Höhe seiner gesetzlichen **Quote**, sofern der Erblasser ihn nicht durch Verfügung von Todes wegen ausschließt. Ein auf einzelne Nachlassgegenstände beschränkter Erbverzicht *(„(...) was das Haus angeht (...)“)* ist nichtig. Er kann jedoch in der Regel in einen Bruchteilsverzicht umgedeutet werden. Die Gegenleistung für einen Erb- bzw. Pflichtteilsverzicht gilt steuerlich als Zuwendung des Erblassers an den Verzichtenden, auch wenn sie der Begünstigte aufbringt.

1305 2. Den Erbverzichtsvertrag kann der Erblasser nur **höchstpersönlich** abschließen. Der Verzichtende dagegen kann rechtsgeschäftlich vertreten werden (§ 2347 BGB). Man neigt dazu anzunehmen, es wäre umgekehrt, weil die Erklärung des Verzichtenden als die wichtigere erscheint. Deshalb werden hier nicht selten Fehler gemacht. Ein beschränkt geschäftsfähiger **Erblasser** bedarf nicht der Zustimmung seines gesetzlichen Vertreters. Ist der Erblasser geschäftsunfähig, so wird der Vertrag durch seinen gesetzlichen Vertreter abgeschlossen. Der Vertrag bedarf in diesem Fall der Genehmigung des Familien- oder Betreuungsgerichts (§ 1851 Nr. 9 BGB). Dies gilt insbesondere, wenn der Erblasser unter elterlicher Sorge steht. Bestehen Zweifel, ob der Erblasser geschäftsunfähig ist oder nicht, so sollte in der Praxis sowohl der Erblasser selbst als auch der gesetzliche Vertreter den Erbverzichtsvertrag abschließen. Steht der **Verzichtende** unter elterlicher Sorge oder unter Vormundschaft oder Betreuung, so bedarf der Verzicht ebenfalls stets der Genehmigung des Familien- bzw. des Betreuungsgerichts. Die bisherige gesetzliche Ausnahme vom gerichtlichen Genehmigungserfordernis für Verträge zwischen Ehegatten und Verlobten mit einem minderjährigen Partner ist seit Inkrafttreten des Gesetzes zur Bekämpfung von Kinderehen am 22.7.2017 entfallen.

1306 3. Der Erbverzichtsvertrag ist nur wirksam, wenn er **notariell beurkundet** wurde (§ 2348 BGB). Bloße Unterschriftsbeglaubigung oder gar privatschriftliche Form machen die Vereinbarung nichtig. Sie kann aber in ein Testament mit dem Inhalt der Enterbung des Verzichtenden umgedeutet werden, wenn die Form dafür gewahrt ist (eigenhändig vom Erblasser geschrieben und unterschrieben).

1307 4. Sofern nicht das Gegenteil bestimmt ist, erstreckt sich der Verzicht eines Abkömmlings oder eines Seitenverwandten des Erblassers auf den **ganzen Stamm des Verzichtenden**, also auch auf seine Abkömmlinge (§ 2349 BGB). Da in der Regel dem Verzicht eine vorweggenommene Abfindung des Verzichtenden zugrunde liegt, würde sein Stamm bevorzugt, wenn seine Abkömmlinge trotz des Verzichts zur Erbfolge gelangten.

1308 5. Wird ein Verzicht auf das gesetzliche Erbrecht **zugunsten** eines anderen erklärt, so gilt er im Zweifel nicht, wenn der andere nicht Erbe wird, ihm der Verzicht also nicht zugute kommen kann (§ 2350 Abs. 1 BGB). Die Auslegungsregel gilt weder für den bloßen Pflichtteilsverzicht noch für den Zuwendungsverzicht im Sinne von § 2352 BGB (für Letzteren str.). Ist der Verzichtende ein Abkömmling des Erblassers, so wird vermutet, dass der Verzicht zugunsten der anderen Abkömmlinge und des Ehegatten des Erblassers erklärt werden sollte (§ 2350 Abs. 2 BGB). Fallen mithin der Ehegatte und alle anderen Abkömmlinge des Erblassers weg, so gilt ein solcher Verzicht nicht. Durch diese Auslegungsregel soll verhindert werden, dass unbeabsichtigt Verwandte der aufsteigenden oder der Seitenlinie oder der Staat begünstigt werden.

1309 *Beispiel*

Der Sohn S hat – gegen Abfindung – auf alle Erb- und Pflichtteilsrechte dem Vater V gegenüber verzichtet. Durch einen Unfall kommen dessen Ehefrau F und das einzige weitere Kind, die Tochter T, ums Leben. Würde der Erbverzicht weitergelten, so kämen die Eltern des V, dessen Geschwister oder Geschwisterkinder zum Zuge. Das Gesetz unterstellt, dass dieses Ergebnis von den Beteiligten nicht gewollt gewesen sein kann. S wird also trotz seines Verzichts (alleiniger) Erbe des V.

▼ 1310

Muster 4.223: Erbverzicht 4.223

Verhandelt zu

Die Erschienenen erklärten:

hat seinem Sohn für EUR – i.W.: EUR – im Wege der Schenkung zwecks Vorwegnahme der Erbfolge zur Verfügung gestellt.

Mit Rücksicht darauf verzichtet seinem dies annehmenden Vater gegenüber für sich und seine Abkömmlinge auf alle Erb- und Pflichtteilsrechte am Nachlass seines Vaters.

▲

6. Auf das Pflichtteilsrecht kann **selbstständig** verzichtet werden (§ 2346 Abs. 2 BGB). Im Unterschied zum 1311 Erbverzicht ist ein gegenständlich beschränkter Pflichtteilsverzicht insofern möglich, als bestimmte Gegenstände bei der Nachlassbewertung (§ 2311 BGB) als nicht zum Nachlass gehörig anzusehen sind. Der Erbverzicht schließt dagegen den Pflichtteilsverzicht ein (§ 2346 Abs. 1 BGB). Daher würde im vorstehenden Muster die Formulierung „auf sein gesetzliches Erbrecht" genügen. In der Praxis ist es gleichwohl üblich, auch den Verzicht auf das Pflichtteilsrecht ausdrücklich erklären zu lassen, um den Beteiligten deutlich zu machen, dass auf beide Rechte verzichtet wird.

7. Wird nicht auf das gesetzliche Erbrecht, sondern auf eine **Zuwendung** (Erbeinsetzung, Vermächtnis usw.) 1312 verzichtet, die dem Verzichtenden in einem Testament oder Erbvertrag gemacht worden ist (§ 2352 BGB), so spricht man von einem „**Zuwendungsverzicht**". Ist der Verzichtende der einzige Vertragspartner des Erblassers beim Erbvertrag, so kann ersterer nicht nach § 2352 BGB verzichten. Er ist darauf verwiesen, den Weg der Aufhebung des Erbvertrages mit dem Erblasser zu wählen.

> *Beispiel* 1313
>
> Die Eheleute V und M haben sich in einem Erbvertrag gegenseitig zum Alleinerben und den Neffen N mit bindender Wirkung zum Erben des Überlebenden berufen. M stirbt. V möchte von der Erbeinsetzung des N loskommen. Er bietet ihm 10.000 EUR, wenn er auf die Erbeinsetzung verzichtet. N ist einverstanden. Hier kann V nur durch einen Zuwendungsverzichtsvertrag nach § 2352 BGB seine Testierfreiheit zurückerlangen. Wäre dagegen N in einem Erbvertrag zum Erben berufen worden, den er selbst mit V abgeschlossen hat, so könnte V nur dadurch von der Bindung befreit werden, dass er den Erbvertrag mit N aufhebt.

Früher spielte der Zuwendungsverzicht in der Praxis kaum eine Rolle, da sich dieser, anders als der Erbverzicht, 1314 nach herrschender Meinung mangels gesetzlicher Regelung grundsätzlich nicht auf die Abkömmlinge des Verzichtenden erstreckte. Folglich traten in den Fällen, in denen z.B. ein Abkömmling gegenüber seinem überlebenden Elternteil auf sein in einem gemeinschaftlichen Testament oder in einem Erbvertrag begründetes Erbrecht als Schlusserbe verzichtete, an Stelle des Verzichtenden dessen Abkömmlinge, und zwar entweder kraft ausdrücklicher Ersatzerbenbestimmung in der bindenden Verfügung von Todes wegen oder kraft der Auslegungsregel des § 2069 BGB (vgl. Rdn 1258). Zur Durchbrechung der erbrechtlichen Bindung hätten dann auch die (zum Teil noch minderjährigen) Ersatzberufenen einen Zuwendungsverzicht abgeben müssen. Seit 1.1.2010 erstreckt sich nunmehr bei Erbfällen ab diesem Zeitpunkt der Zuwendungsverzicht auch auf die Abkömmlinge des Verzichtenden, sofern dieser ein Abkömmling oder ein Seitenverwandter des Erblassers ist (§§ 2352 S. 3, 2349 BGB). Dadurch sollen die bisherigen praktischen Probleme beseitigt und die Testierfreiheit des Erblassers gestärkt werden.

> *Beispiel* 1315
>
> Die Eheleute V und M haben sich in einem Erbvertrag gegenseitig zum Alleinerben und den gemeinsamen Sohn S mit bindender Wirkung zum Erben des Überlebenden berufen. Ersatzschlusserben wurden nicht benannt. M stirbt. S hat zwei Kinder E 1 und E 2. V möchte nun anstelle des S die Tochter T zur Alleinerbin

einsetzen, da T den V bereits seit Jahren allein pflegt und versorgt. S ist einverstanden. Hier kann S mit V einen Zuwendungsverzichtsvertrag abschließen. Dieser Verzicht erstreckt sich nach der aktuellen Rechtslage auch auf E 1 und E 2, sodass V seine Testierfreiheit zurückerlangt und nunmehr in einer Verfügung von Todes wegen die T zur Alleinerbin berufen kann.

XI. Erbschaftskauf und Erbteilsübertragung

1. Erbschaftskauf

1316 Der Verkauf einer ganzen Erbschaft durch den Alleinerben (§§ 2371 ff. BGB) kommt in der Praxis so gut wie nicht vor. Daher soll hier nur erwähnt werden,

- dass er der notariellen Beurkundung bedarf (§ 2371 BGB),
- dass damit nicht das Erbrecht als solches, sondern der Inbegriff des Nachlasses veräußert wird,
- dass deshalb die **einzelnen Nachlassgegenstände übertragen werden müssen** (also Grundstücke durch Auflassung, Forderungen durch Abtretung, bewegliche Gegenstände durch Einigung und Übergabe), und
- dass er dem Nachlassgericht **angezeigt** werden muss (§ 2384 BGB).

2. Erbteilsübertragung

1317 Ein Miterbe kann über seine Anteile an den einzelnen Nachlassgegenständen **nicht** verfügen (§ 2033 Abs. 2 BGB). Gehören also z.B. ein Haus und ein Sparbuch von 10.000 EUR zum Nachlass und ist der Miterbe zu ½ beteiligt, so kann er weder seine Hälfte an dem Haus noch seine Hälfte an dem Guthaben aus dem Sparbuch getrennt übertragen. Dagegen kann er seine Gesamtbeteiligung am Nachlass – ohne die Miterben oder einen etwaigen Testamentsvollstrecker fragen zu müssen und auch entgegen einem vom Erblasser angeordneten Auseinandersetzungsverbot gemäß § 2044 BGB (vgl. Rdn 1134) – an einen Miterben, aber auch an einen Dritten übertragen (§ 2033 Abs. 1 BGB). Der Erbteilserwerber tritt mit allen Rechten und Pflichten an die Stelle des Veräußerers, der aber Miterbe bleibt und weiter für Nachlassverbindlichkeiten haftet (§§ 2382, 2385 BGB). Der Erwerber haftet also neben dem Veräußerer auch für alle Nachlassverbindlichkeiten einschließlich der Erbschaftsteuer. Im Verhältnis zum Veräußerer hat der Erwerber diese Verbindlichkeiten zu tragen, sofern im Vertrag keine gegenteilige Vereinbarung getroffen wird. Die Miterbenstellung erhält der Erbteilserwerber jedoch nicht, da die Erbenstellung rechtsgeschäftlich nur durch eine Verfügung von Todes wegen eingeräumt werden kann. Der Erbteilserwerber wird durch den Erwerb insbesondere nicht vorkaufsberechtigt, falls ein Miterbe seinen Erbteil seinerseits veräußert.

1318 *Beispiel*

Die Erbengemeinschaft besteht aus A, B und C. A hat seinen Erbteil an K 1 verkauft und übertragen. K 1 tritt nun zwar mit allen Rechten und Pflichten an die Stelle des A. Veräußert aber nunmehr B seinen Erbteil an K 2, so steht K 1 kein Vorkaufsrecht nach § 2034 BGB zu.

1319 Eine **Erbteilsübertragung** wird vor allem vorgenommen,

- wenn ein Miterbe ausscheiden will, bevor der Nachlass auseinandergesetzt ist, und die anderen oder ein anderer Miterbe den Anteil des Veräußerers aufzukaufen gewillt ist,
- wenn ein Miterbe durch den Verkauf seines Anteils an einen Dritten vor der Erbauseinandersetzung bereits zu Geld kommen will,
- wenn die Ausschlagungsfrist verpasst worden ist und ein Miterbe über die Anteilsübertragung das gleiche Ergebnis wie mit der Ausschlagung (vgl. Rdn 1313 ff.) erreichen will.

Die Erbteilsübertragung führt zum Erwerb einer **gesamthänderischen Mitberechtigung** an den Nachlassgegenständen, ohne dass es einer besonderen Übertragung (Auflassung, Abtretung, Übergabe usw.) bedarf. Sofern Grundbesitz zum Nachlass gehört, wird das Grundbuch lediglich berichtigt (vgl. Rdn 1293 ff.). Die Veräußerung eines Erbteils bedarf der Genehmigung nach dem Grundstückverkehrsgesetz, wenn der Nachlass im Wesentlichen aus einem landwirtschaftlichen oder forstwirtschaftlichen Betrieb besteht und der Erwerber nicht bereits Miterbe ist (§ 2 Abs. 2 Nr. 2 GrdstVG). Die Miterben haben ein gesetzliches **Vorkaufsrecht**, wenn der Erbteil an einen Dritten verkauft wird (§ 2034 BGB). Dies gilt auch dann, wenn der Erwerber bereits früher einen Erbteil erworben hatte.

Das Kernproblem im Rahmen einer Erbteilsübertragung ist die **Abstimmung der Sicherungsbedürfnisse** von Erbteilsverkäufer und Erbteilskäufer im Hinblick auf die Erbringung von Leistung und Gegenleistung. 1320

Das Interesse des Erbteilsverkäufers liegt darin, die Inhaberschaft an dem Erbteil erst dann zu verlieren, wenn der vereinbarte Kaufpreis vom Käufer vertragsgerecht gezahlt worden ist. Das Interesse des Erbteilskäufers hingegen liegt darin, den Kaufpreis erst dann zu zahlen, wenn die Übertragung des Erbteils auf ihn erfolgt oder zumindest sichergestellt ist.

Im Folgenden werden die möglichen Risiken des Erbteilsverkäufers und des Erbteilskäufers im Rahmen eines Erbteilskaufvertrages getrennt betrachtet und – soweit möglich – Vertragsgestaltungsvorschläge zur Risikovermeidung bzw. Risikoverminderung dargestellt:

- **Risiken und Schutz des Erbteilsverkäufers** 1321

  Werden das schuldrechtliche Geschäft (z.B. Kaufvertrag) und die dingliche, unmittelbar rechtsändernd wirkende Übertragung in einer notariellen Urkunde gemeinsam beurkundet, sodass der Käufer den Erbteil unmittelbar erwirbt, trägt der Verkäufer das Risiko, dass der Käufer vor Kaufpreiszahlung über den Erbteil anderweitig verfügt oder insolvent wird. Zum Schutze des Erbteilsverkäufers vor diesen Risiken werden in der Literatur verschiedene Lösungswege vorgeschlagen:

  (1) Die dingliche Übertragung des Erbteils wird bis zur Bezahlung des Kaufpreises zurückgestellt. Verkäufer und Käufer bevollmächtigen einen Notarangestellten, das dingliche Übertragungsgeschäft sowie – für den Fall, dass der Nachlass Grundbesitz enthält – auch den Grundbuchberichtigungsantrag erst nach erfolgter Kaufpreiszahlung namens der Vertragsbeteiligten zu erklären. Der Kaufpreis soll erst dann fällig gestellt werden, wenn etwa erforderliche Genehmigungen (z.B. nach dem Grundstückverkehrsgesetz) erteilt oder Verzichtserklärungen der Miterben hinsichtlich ihres gesetzlichen Vorkaufsrechts gemäß § 2034 BGB vorliegen bzw. die zweimonatige Ausübungsfrist verstrichen ist. Der Nachteil dieses Vorschlages liegt darin, dass hier der Käufer nicht vor vertragswidrigen Verfügungen des Verkäufers (anderweitige Übertragung, Verpfändung oder Pfändung des Erbteils) oder vor der Insolvenz des Verkäufers geschützt ist. Außerdem entsteht für die getrennte Beurkundung der dinglichen Übertragung neben der 2,0 Gebühr für den Erbteilskaufvertrag noch eine weitere 0,5 Gebühr für die dingliche Übertragung (wenn diese – wie in der Regel – von dem Notar beurkundet wird, der auch den Erbteilskaufvertag beurkundet hat, ansonsten wenn die dingliche Übertragung von einem anderen Notar beurkundet wird, sogar eine 1,0 Gebühr).

  (2) Vorgeschlagen wird weiterhin die Hinterlegung des Kaufpreises auf Notaranderkonto vor Beurkundung des Erbteilskaufvertrages. Der Notar wird in diesem Fall angewiesen, die Auszahlung erst dann vorzunehmen, wenn alle Genehmigungen bzw. Vorkaufsrechtsverzichtserklärungen der Miterben vorliegen. Der Nachteil dieses Vorschlages liegt darin, dass den Vertragsbeteiligten Zinsverluste dadurch entstehen, dass insbesondere wegen der Vorkaufsrechtsverzichtserklärungen der Miterben oder etwa erforderlicher Genehmigungen zwischen der Hinterlegung und der Auszahlung des Kaufpreises ein relativ langer Zeitraum liegen kann.

  (3) Ferner wird vorgeschlagen, den Erbteil zwar mit sofortiger dinglicher Wirkung auf den Käufer zu übertragen, gleichzeitig diesen Anteil aber durch den Käufer an den Verkäufer zur Absicherung seines Kaufpreisanspruchs zu verpfänden. Gleichzeitig könnte – sofern der Nachlass Grundbesitz enthält – diesbezüglich ein entsprechender Verpfändungsvermerk in Abteilung II des Grundbuchs eingetragen werden. Nachteil dieses Vorschlags ist, dass der Verkäufer im Falle der nicht vertragsgerechten Zahlung des Kaufpreises versuchen müsste, seine Rechte durch Verwertung des Erbteils im Wege der Versteigerung, Verwaltung oder Überweisung zur Einziehung durchzusetzen.

  (4) Die zurzeit herrschende Meinung in der Literatur schlägt vor, das schuldrechtliche und das dingliche Rechtsgeschäft beim Erbteilskaufvertrag zwar gemeinsam zu beurkunden, die dingliche Übertragung im Sinne von § 2033 BGB jedoch nur bedingt zu erklären. Da es sich bei der Erbteilsübertragung, selbst wenn der Nachlass ausschließlich oder teilweise aus Grundbesitz besteht, nicht um eine Verfügung über Grundstücke oder um eine Auflassung handelt, steht § 925 Abs. 2 BGB der bedingten Übertra-

gung nicht entgegen. Vorgeschlagen wird zum einen eine aufschiebend bedingte Übertragung des Erbteils. Als Bedingung kommt hier zunächst die vertragsgerechte Kaufpreiszahlung durch den Käufer in Betracht. Problematisch ist jedoch in diesem Fall, den Eintritt der Bedingung für eine bei Nachlassgrundbesitz erforderliche Grundbuchberichtigung in öffentlicher oder öffentlich-beglaubigter Form nachzuweisen. Es sollte daher weiter vereinbart werden, dass die Bedingung auch durch Erteilung einer den Grundberichtigungsantrag enthaltenden Ausfertigung oder beglaubigten Abschrift der Urkunde durch den Notar eintritt. Der Notar wird in diesem Fall zunächst nur eine auszugsweise Ausfertigung oder beglaubigte Abschrift der Urkunde erteilen. Erst nachdem ihm die vertragsgerechte Kaufpreiszahlung nachgewiesen ist, erfolgt die Erteilung einer vollständigen Ausfertigung oder beglaubigten Abschrift des Erbteilskaufvertrages. Alternativ wird vorgeschlagen, als Bedingungseintritt die Bestätigung des Notars an das Grundbuchamt zu vereinbaren, dass der Kaufpreis vollständig gezahlt ist.

(5) Zum anderen wird eine auflösend bedingte Übertragung des Erbteils vorgeschlagen. Die Erbteilsübertragung ist dann auflösend bedingt durch Ausübung eines dem Verkäufer vorbehaltenen Rücktrittsrechts vom Erbteilskaufvertrag für den Fall, dass die Kaufpreiszahlung nicht vertragsgerecht durch den Käufer erfolgt. Gegen vertragswidrige Verfügungen des Käufers ist der Verkäufer gemäß § 161 Abs. 2, 1 BGB geschützt. Um auch zu verhindern, dass der Käufer – sofern der Nachlass Grundbesitz enthält – zusammen mit den übrigen Miterben den Grundbesitz an eine gutgläubige dritte Person veräußert (§§ 892, 161 Abs. 3 BGB), sollte eine Verfügungsbeschränkung des Käufers infolge der auflösenden Bedingung in Abteilung II des Grundbuchs eingetragen werden. Der Verkäufer bewilligt bereits in der Vertragsurkunde die Löschung dieser Verfügungsbeschränkung und weist den Notar an, die Löschungsbewilligung erst nach erfolgter vertragsgerechter Kaufpreiszahlung herauszugeben.[253]

1322 ▪ **Risiken und Schutz des Erbteilskäufers**

(1) Der Käufer möchte zunächst davor geschützt werden, dass der Verkäufer gar nicht Erbe ist oder Nachlassgegenstände nicht zum Nachlass gehören oder der Erbteil bereits vor Abschluss des Erbteilskaufvertrages anderweitig veräußert worden oder mit Rechten Dritter (z.B. durch einen Nacherben, Testamentsvollstreckung, Vermächtnisse, Verpfändung oder Pfändung des Erbteils usw.) belastet ist.
In diesem Rahmen ist allerdings nur ein sehr eingeschränkter Schutz des Käufers möglich, da die Gutglaubensvorschriften der §§ 892, 932 ff., 2366 BGB nur beim Erwerb einzelner Nachlassgegenstände, nicht aber beim Kauf eines Erbteils greifen. Der Erbteilskaufvertrag sollte dementsprechend zumindest Versicherungen des Verkäufers enthalten, dass er den Erbteil nicht anderweitig veräußert oder sonst mit Rechten Dritter belastet hat. Darüber hinaus sollte der Kaufpreis erst dann fällig gesetzt werden, wenn sich die Miterbenstellung des Verkäufers entweder aus einer notariellen Verfügung von Todes wegen mit einem entsprechenden Eröffnungsprotokoll oder aus einem Erbschein oder einem Europäischen Nachlasszeugnis (vgl. Art. 69 EU-ErbVO) ergibt. Zusätzlich sollte der Notar vor Fälligsetzung des Kaufpreises das Grundbuch und im Hinblick auf die Anzeigepflicht des § 2384 BGB die Nachlassakten einsehen.

(2) Gegen nachträgliche Verfügungen des Verkäufers oder Vollstreckungsmaßnahmen in den Erbteil kann der Käufer für den Fall, dass der Nachlass Grundbesitz umfasst, nicht durch eine Vormerkung geschützt werden, und zwar selbst dann nicht, wenn der Nachlass nur aus einem einzigen Grundstück besteht. Der Erbteilskaufvertrag begründet nämlich keinen vormerkbaren Anspruch, da hierin kein Anspruch auf Einräumung oder Aufhebung eines Rechts an einem Grundstück begründet wird. Der Erbteilskaufvertrag verpflichtet lediglich zur Übertragung des Erbteils an sich und die Übertragung des Erbteils erfolgt nach § 2033 BGB, d.h. insbesondere im Falle von Grundbesitz außerhalb des Grundbuchs.
Geschützt wird der Käufer gegen nachträgliche Verfügungen des Verkäufers oder vollstreckbare Maßnahmen jedoch durch die unter c) aa (4) und (5) genannten Fälle der bedingten Erbteilsübertragung. Im Falle einer aufschiebenden Bedingung gemäß c) aa) (4) besteht jedoch die Gefahr, dass der Verkäufer

253 Vgl. zur Eintragungsfähigkeit einer solchen Verfügungsbeschränkung *Neusser*, MittRhNotK 1979, 143, 149; *Schöner/Stöber*, Grundbuchrecht, 16. Aufl. 2020, Rn 970 und Muster Rn 955 mit weiteren Nachweisen; Dorsel/*Terner*, Kölner Formularbuch Erbrecht, 4. Aufl. 2024, Kap. 18, Rn 162.

mit den übrigen Miterben – also die Erbengemeinschaft in bisheriger Zusammensetzung – einen einzelnen Nachlassgegenstand, insbesondere Grundbesitz, an einen gutgläubigen Dritten veräußert. Hier kann der Käufer durch die Eintragung einer aus der aufschiebenden Übertragung resultierenden Verfügungsbeschränkung in Abteilung II des Grundbuchs gesichert werden. Die Eintragung setzt allerdings voraus, dass die Erbengemeinschaft mit dem Erbteilsverkäufer bereits im Grundbuch eingetragen ist. Im Falle einer auflösenden Erbteilsübertragung gemäß Ziffer c) aa) (5) kann bei Vorhandensein von Nachlassgrundbesitz bis zur Stellung des Grundbuchberichtigungsantrages einige Zeit, und zwar insbesondere im Hinblick auf die erforderliche Unbedenklichkeitsbescheinigung des Finanzamtes, vergehen. Hier kann zunächst zum Schutz des Käufers ein Widerspruch gegen die Richtigkeit in das Grundbuch eingetragen werden.

Der nachfolgende Mustervorschlag wählt die aufschiebend bedingte Übertragung des Erbteils. Ausführliche Mustervorschläge für eine auflösend bedingte Erbteilsübertragung finden sich bei *Schöner/Stöber*.[254]

▼ 1323

Muster 4.224: Erbteilskauf- und Übertragungsvertrag 4.224

Verhandelt zu

Die Erschienenen erklärten:

I. und dessen Schwester, Frau geborene , sind zu je ½ Anteil Miterben nach ihrem Vater (AG). verkauft seinen Erbteil dem dies annehmenden .

II. Zum Nachlass gehört nur noch der Grundbesitz des landwirtschaftlichen Betriebes im Grundbuch von Blatt . Der Grundbuchinhalt wurde vom Notar am festgestellt. Danach handelt es sich um die Grundstücke
Gemarkung

– Flur , Flurstück , Hof- und Gebäudefläche, , groß Ar, und

– Flur , Flurstück , Acker, , groß Hektar.

In Abt. II und III des Grundbuchs sind keine Rechte eingetragen. Als Eigentümer ist bereits die Erbengemeinschaft / vermerkt.
Der Notar hat darüber belehrt, dass dieser Kaufvertrag der Genehmigung nach dem Grundstückverkehrsgesetz bedarf. Er wird beauftragt, diese Genehmigung einzuholen. Sie wird wirksam mit dem Eingang beim Notar.
erklärt,

1. dass keine Nachlassverbindlichkeiten mehr bestehen,
2. dass er die Erbschaftsteuer bereits bezahlt hat,
3. dass er den Erbteil noch nicht anderweitig veräußert und nicht verpfändet hat,
4. dass der Erbteil weder gepfändet noch mit Vermächtnissen, Auflagen, Pflichtteilslasten, Ausgleichspflichten, Teilungsanordnungen, einer Testamentsvollstreckung, einem Nacherbrecht oder sonstigen Rechten Dritter belastet ist.

Der Notar hat darüber belehrt, dass über diese Umstände aus dem Grundbuch kein sicherer Aufschluss zu gewinnen ist und dass daher das Risiko des Bestehens von Rechten Dritter nicht gänzlich

254 *Schöner/Stöber*, Grundbuchrecht, 16. Aufl. 2020, Rn 955; siehe auch bei *Otto*, in: Münchner Vertragshandbuch, Band 6, 8. Aufl. 2020, S. 719 ff. Muster XVIII 1., Erbteilskauf und Übertragungsvertrag sowie Dorsel/*Terner*, Kölner Formularbuch Erbrecht, 4. Aufl. 2024, Kap. 18, Rn 165 für einen Erbteilskauf mit Notaranderkonto.

ausgeschlossen werden kann. erklärt, das persönliche Vertrauen in zu setzen, das erforderlich ist, um dennoch diesen Vertrag abzuschließen.

III. Der Notar hat darüber belehrt, dass die weitere Miterbin geborene ein gesetzliches Vorkaufsrecht hat. Er wird beauftragt, nach dem Eingang der Genehmigung gemäß dem Grundstückverkehrsgesetz eine Ausfertigung dieses Vertrages der Vorkaufsberechtigten zur Erklärung über ihr Vorkaufsrecht durch einen Gerichtsvollzieher zustellen zu lassen.

IV. Für den Zustand der Nachlassgegenstände übernimmt der Verkäufer keine Haftung. Er ist dem Käufer bekannt. In der Vergangenheit gezogene Nutzungen werden nicht an den Käufer abgeführt, Aufwendungen werden dem Verkäufer nicht erstattet.

V. Der Kaufpreis beträgt EUR (in Worten: EUR).
Er ist zinslos fällig innerhalb einer Woche, nachdem der Notar mitgeteilt hat, dass

1. die Genehmigung nach dem Grundstückverkehrsgesetz erteilt worden ist,
2. bei ihm eine Verzichtserklärung zum Vorkaufsrecht der Miterbin eingegangen ist bzw. die Frist von zwei Monaten für die Ausübung des Vorkaufsrechts verstrichen ist, ohne dass die Beteiligten den Notar von einer Vorkaufsrechtsausübung schriftlich verständigt haben,
3. die Verfügungsbeschränkung des Verkäufers gemäß Ziffer VI. 3. dieser Urkunde im Grundbuch eingetragen ist.

Bei Zahlungsverzug hat der Verkäufer das Recht, wahlweise 6 % p. a. Zinsen zu verlangen oder von diesem Vertrag zurückzutreten. Nur zu Vollstreckungszwecken wird der Beginn des Zinslaufs auf den festgelegt. Der Notar hat darauf hingewiesen, dass Zahlungsverzug auch ohne Mahnung des Verkäufers eintritt.
Der Käufer unterwirft sich wegen der Verpflichtung zur Zahlung des Kaufpreises und der Zinsen dem Verkäufer gegenüber der sofortigen Zwangsvollstreckung aus dieser Urkunde. Der Notar kann dem Verkäufer jederzeit eine vollstreckbare Ausfertigung dieser Urkunde erteilen, ohne dass es hierzu eines besonderen Nachweises bedarf. Im Verfahren der Vollstreckungsgegenklage liegt die Beweislast jedoch unverändert beim Verkäufer.

VI. 1. Der Verkäufer überträgt dem dies annehmenden Käufer mit dinglicher Wirkung den Erbteil unter der aufschiebenden Bedingung, dass

a) der Käufer dem Verkäufer den Kaufpreis vertragsgerecht zahlt, oder
b) der Notar dem Grundbuchamt eine den Grundbuchberichtigungsantrag gemäß Ziffer VI. 2. dieser Urkunde enthaltende Ausfertigung oder beglaubigte Abschrift dieser Urkunde einreicht.

2. Der Verkäufer und der Käufer bewilligen und beantragen, die Erbteilsübertragung im Wege der Grundbuchberichtigung in das Grundbuch einzutragen.
Der beurkundende Notar wird von den Vertragsbeteiligten angewiesen, dem Grundbuchamt erst dann eine diesen Grundbuchberichtigungsantrag enthaltende Ausfertigung oder beglaubigte Abschrift dieser Urkunde einzureichen, wenn ihm die vertragsgemäße Zahlung des Kaufpreises nachgewiesen ist.

3. Um den Käufer bis zum Eintritt der aufschiebenden Bedingung gegen einen möglichen gutgläubigen Erwerb eines Dritten zu schützen, bewilligen und beantragen der Verkäufer und der Käufer die in der aufschiebenden Bedingung liegende Verfügungsbeschränkung des Verkäufers in Abteilung II des Grundbuchs in der Weise einzutragen, dass dort vermerkt wird, dass die heutige Erbteilsübertragung aufschiebend bedingt ist und die Bedingung erst entweder mit der Kaufpreiszahlung oder

mit der Einreichung einer die Grundbuchberichtigung enthaltenden Ausfertigung oder beglaubigten Abschrift dieser Urkunde durch den Notar beim Grundbuchamt eintritt.
Die Beteiligten bewilligen und beantragen schon jetzt die Löschung dieser Verfügungsbeschränkung gleichzeitig mit der Eintragung des Käufers im Grundbuch anstelle des Verkäufers, sofern bis dahin in Abteilung II und III des Grundbuches keine Zwischeneintragungen ohne Zustimmung des Käufers erfolgt oder beantragt sind.

VII. Die Kosten dieses Vertrages und seiner Durchführung einschließlich der Kosten für die Berichtigung des Grundbuchs und die Grunderwerbsteuer trägt der Käufer.
Der Notar wird von den Vertragsbeteiligten angewiesen, dem Amtsgericht – Nachlassgericht – in Aachen gemäß § 2384 BGB den Verkauf und zu gegebener Zeit die dingliche Abtretung des Erbteils unter Übersendung einer einfachen Abschrift dieser Urkunde anzuzeigen.

Diese Niederschrift

▲

Das Schreiben an die Vorkaufsberechtigte könnte lauten: 1324

▼

Muster 4.225: Erbteilskaufvertrag – Anschreiben an Vorkaufsberechtigte

Sehr geehrte , 4.225

als Anlage übersende ich eine Ausfertigung des Erbteilskaufvertrages vom – meine UVZ-Nr. / – einschließlich der Genehmigung nach dem Grundstückverkehrsgesetz. Gemäß § 2034 BGB steht Ihnen ein gesetzliches Vorkaufsrecht innerhalb von zwei Monaten ab Zugang dieses Schreibens zu. Bitte teilen Sie mir möglichst bald mit, ob Sie das Vorkaufsrecht ausüben wollen oder nicht.

Mit freundlichen Grüßen

(**Tipp**! Um den Zeitpunkt des Zugangs dieses Briefes beweisbar zu machen, empfiehlt es sich, ihn durch den Gerichtsvollzieher zustellen zu lassen).

▲

Das Schreiben an die Beteiligten zur Fälligstellung des Kaufpreises könnte lauten: 1325

▼

Muster 4.226: Erbteilskaufvertrag – Fälligstellung des Kaufpreis

Sehr geehrte , 4.226

zu dem Erbteilskaufvertrag vom – meine UVZ-Nr. / – teile ich mit, dass die Genehmigung nach dem Grundstückverkehrsgesetz erteilt wurde und dass in einem bei mir heute eingegangenen Schreiben auf ihr gesetzliches Vorkaufsrecht verzichtet hat. Der Kaufpreis ist daher innerhalb einer Woche nach Eingang dieses Schreibens zu bezahlen. Ich bitte Sie, mir die Bezahlung des Kaufpreises nachzuweisen bzw. zu bestätigen.

Mit freundlichen Grüßen

▲

1326 ▼

4.227

Muster 4.227: Erbteilskaufvertrag – Einigung über Rechtsübergang

Wenn diese bis zur Bezahlung des Kaufpreises zurückgestellt worden ist:

Verhandelt zu

Es erschien, von Person bekannt:

, in , geboren am , hier handelnd für die Beteiligten des Erbteilskaufvertrages vom – UVZ-Nr. / – des amtierenden Notars, aufgrund der ihr unter VI. erteilten Vollmacht, die bei der Beurkundung in Urschrift vorlag und nicht widerrufen war.

Die Erschienene, handelnd wie angegeben, erklärte: Ich nehme Bezug auf den vorgenannten Vertrag. Die Genehmigung nach dem GrdstVG und eine Verzichtserklärung der Vorkaufsberechtigten aus zu dem ihr zustehenden gesetzlichen Vorkaufsrecht sind beim amtierenden Notar eingegangen. hat durch den heute beim Notar eingegangenen Brief vom bestätigt, den Kaufpreis erhalten zu haben.

Die Beteiligten sind nunmehr darüber einig, dass der ½ Erbanteil des am Nachlass seines Vaters mit sofortiger dinglicher Wirkung auf übergeht (oder: überträgt hiermit dem dies annehmenden mit sofortiger dinglicher Wirkung seinen ½ Erbanteil am Nachlass seines Vaters). Sie beantragen die Berichtigung des Grundbuchs von Blatt dahin, dass aus und in Erbengemeinschaft als Eigentümer eingetragen werden.

Gebühren:

1. Beurkundung des Erbteilskaufvertrags samt Erbteilsübertragung

Geschäftswert: EUR (§ 97 GNotKG)

KV Nr. 21100, Gebühr 2,0 EUR
(Die dingliche Erbteilsübertragung ist Durchführungsgeschäft und bleibt im Ergebnis nach § 109 GNotKG unbewertet).

2. Vollzug

[Einholen und Prüfen der Genehmigung nach dem Grundstückverkehrsgesetz

und

Einholen und Prüfen einer Vorkaufsrechtsverzichtserklärung]

Geschäftswert: EUR (§ 112 GNotKG)

KV Nr. 22110, Gebühr 0,5 EUR

3. Betreuung

[Prüfen und Mitteilung der Kaufpreisfälligkeit

und

Überwachen Kaufpreiszahlung

und

Anzeige einer Tatsache]

Geschäftswert: EUR (§ 113 GNotKG)

KV Nr. 22200, Gebühr 0,5 EUR
Summe **EUR**

Abwandlungen:

(1) Die dingliche Einigung war bis zur Bezahlung des Kaufpreises zurückgestellt (im Regelfall nicht zu empfehlen!) und wird nunmehr bei demselben Notar nachgeholt:

1. Beurkundung der Erbteilsübertragung

Geschäftswert: EUR (§ 97 GNotKG)

KV Nr. 21101, Gebühr 0,5 EUR

2. Betreuung

[Anzeige einer Tatsache an das Nachlassgericht]

Geschäftswert: EUR (§ 113 GNotKG)

KV Nr. 22200, Gebühr 0,5 EUR

Summe **EUR**

(2) Das Grundbuch war noch nicht berichtigt. In der Urkunde (Grundfall) wird daher zunächst die Berichtigung des Grundbuchs nach dem Erblasser beantragt. Dazu wird angenommen, dass der Kaufpreis für den 1/2-Erbteil dem anteiligen Verkehrswert des Grundstücks entspricht.

1. Beurkundungsverfahren

a) Berichtigungsantrag:

Geschäftswert: EUR (§§ 46, 38)

KV Nr. 21201 Nr. 4, Gebühr 0,5 EUR

b) Beurkundung des Erbteilskaufvertrags samt Erbteilsübertragung

Geschäftswert: EUR (§ 97 GNotKG)

KV Nr. 21100, Gebühr 2,0 EUR

(Die dingliche Erbteilsübertragung ist Durchführungsgeschäft und bleibt im Ergebnis nach § 109 GNotKG unbewertet).

Es handelt sich um verschiedene Gegenstände (u.a. geht die Bedeutung der Grundbuchberichtigung über eine Durchführung des Erbteilsverkaufs hinaus).

Vergleich nach § 94 Abs. 1:

Summe der Einzelgebühren EUR

Gebühr 2,0 nach Wert EUR EUR

→ Es bleibt bei dem Einzelansatz der Gebühren.

2. Vollzug

[Einholen und Prüfen der Genehmigung nach dem Grundstückverkehrsgesetz

und

Einholen und Prüfen einer Vorkaufsrechtsverzichtserklärung]

Geschäftswert: EUR (§ 112 GNotKG)

KV Nr. 22110, Gebühr 0,5 EUR

3. Betreuung

[Prüfen und Mitteilung der Kaufpreisfälligkeit

und

Überwachen Kaufpreiszahlung

und

Anzeige einer Tatsache]

Geschäftswert: EUR (§ 113 GNotKG)

KV Nr. 22200, Gebühr 0,5	EUR
Summe	**EUR**

Der Grundsatz, dass Vollzugs- und Betreuungsgebühren stets aus dem vollen Wert des Verfahrens bestimmt werden, führt hier zu erheblichen Mehrgebühren. Trotzdem sollte zum Schutz der Beteiligten trotz § 40 Abs. 1 GBO grundsätzlich nicht auf die Grundbuchberichtigung verzichtet werden.

▲

XII. Steuerfragen

1327 In den vergangenen Jahren haben sich das Erbschaft- und Schenkungsteuerrecht sowie die mit Erbschaften bzw. Schenkungen zusammenhängenden Regelungen auch im Ertragsteuerrecht immer wieder und zum Teil grundlegend geändert. Diese Entwicklung ist anscheinend noch nicht annähernd abgeschlossen. Zugleich und nicht zuletzt deswegen ist dieses Rechtsgebiet so schwierig geworden, dass es zuverlässig nur noch von Spezialisten beherrscht werden kann. Seine Darstellung im Rahmen dieses Lehrbuchs ist daher nicht mehr sinnvoll möglich.

F. Aus dem Bereich des Handels- und Vereinsrechts

I. Unternehmensformen

1. Wirtschaftliche Bedeutung des Unternehmens

a) Gegenstand des Unternehmens

1328 Das Handelsrecht kann als das Sonderrecht des Kaufmanns bezeichnet werden. Seine Vorschriften betreffen im Wesentlichen die Rechtsbeziehungen des Unternehmers zu seinen Geschäftspartnern und Mitunternehmern.

1329 Das Unternehmen ist ein wirtschaftlich-rechtlich organisiertes Gebilde, das auf **Gewinnerzielung** ausgerichtet ist. Zu seinen Vermögenswerten gehören nicht nur bewegliche Sachen (Maschinen, Büroeinrichtung) und Grundstücke, sondern auch Rechte, wie Firmen-, Marken-, Patent- und Urheberrechte. Insbesondere gehören zu einem Unternehmen auch **immaterielle Werte**, z.B. der Kundenstamm, sein guter Ruf, eine besonders eingeführte und bekannte Firma oder Marke. Die immateriellen Werte des Unternehmens bezeichnet man auch als „**good-will**" oder „**Firmenwert**".

1330 Die unternehmerischen Leistungen werden im Betrieb erbracht. Nach der Art der wirtschaftlichen Leistung unterscheidet man **Produktionsbetriebe** (Handwerks- und Industriebetriebe) und **Dienstleistungsbetriebe** (wie Verkehrs-, Handels-, Bank- oder Versicherungsbetriebe). Die Leistungen im Betrieb werden durch die Arbeit der Arbeitnehmer mit Hilfe des vom Unternehmer zur Verfügung gestellten **Betriebsvermögens** (Maschinen, Werkzeuge, Gebäude, Rohstoffe usw.) und nach Maßgabe seiner unternehmerischen Entscheidungen erbracht.

b) Träger des Unternehmens

1331 Personen, die ein Unternehmen planen, mit Erfolg gründen, und/oder selbstständig und verantwortlich leiten, nennt man „Unternehmer". Der Unternehmer trägt das Wagnis, dass das Unternehmen finanzielle Einbußen erleidet oder gar scheitert. Dies kann z.B. durch die allgemeine wirtschaftliche Entwicklung (grundlegende Bedarfsumschichtungen, Kriege, sonstige Katastrophen), durch Besonderheiten der Branche (z.B. starke Schwankungen der Mode) oder durch falsche Dispositionen des Unternehmers verursacht werden. Das Unternehmerwagnis wird durch den Gewinn abgegolten.

Das Unternehmen kann in verschiedenen Formen geführt werden. Wird es von einer Person geführt, spricht man von einem **Einzelunternehmen** (Einzelkaufmann). Schließen sich mehrere zur Führung eines Unternehmens zusammen, spricht man von einer **Gesellschaft**. Letztere werden je nach der kapitalmäßigen Beteiligung der einzelnen Gesellschafter und nach ihrer Haftung in **Personen- oder Kapitalgesellschaften** unterschieden.

Zu den Personengesellschaften zählen die Gesellschaft bürgerlichen Rechts (GbR), die offene Handelsgesell- **1332**
schaft (OHG), die Kommanditgesellschaft (KG) und die Partnerschaftsgesellschaft. Kapitalgesellschaften sind insbesondere die Aktiengesellschaft (AG), die Gesellschaft mit beschränkter Haftung (GmbH) und als Sonderform die Genossenschaft (eG).

2. Kapitalgesellschaft – Personengesellschaft

Das Gesellschaftsrecht ist beherrscht vom Gegensatz der Kapital- und Personengesellschaft. **1333**

a) Struktur der Kapitalgesellschaft

Die Kapitalgesellschaft ist eine juristische Person, d.h., sie selbst ist Trägerin von Rechten und Pflichten. Dies **1334**
bedeutet, dass Eigentümerin der zum Gesellschaftsvermögen gehörenden Gegenstände nicht die Gesellschafter, sondern die Gesellschaft als solche ist. Sie ist ebenso Gläubigerin der Forderungen und Schuldnerin der Verbindlichkeiten.

> *Beispiel*
>
> Eine GmbH kauft ein Auto. Der Vertrag kommt zwischen dem Verkäufer und der GmbH zustande. Für die Zahlung des Kaufpreises haftet allein die GmbH, nicht deren Gesellschafter. Eigentümer des Autos wird die GmbH selbst, nicht die Gesellschafter.

Die Gesellschafter der Kapitalgesellschaften haben Anteile an der Gesellschaft. Bei der GmbH nennt man die- **1335**
sen Anteil „Geschäftsanteil", bei der AG „Aktie".

b) Struktur der Personengesellschaft

Bei der Personengesellschaft (OHG, KG und GbR) ist die Gesellschaft Eigentümer der zum Gesellschaftsver- **1336**
mögen gehörenden Gegenstände. Gläubiger der Forderungen und Schuldner der Verbindlichkeiten ist die Gesellschaft selbst. Sie ist also, ohne eine juristische Person zu sein, rechtsfähig, besser teilrechtsfähig, das heißt Trägerin von Rechten und Pflichten.

Im Gegensatz zu der Kapitalgesellschaft gibt es bei der Personengesellschaft keinen Anteil des Gesellschafters **1337**
an der Gesellschaft, sondern nur eine Beteiligung an den vielfältigen Rechtsbeziehungen, die zusammen das Gesellschaftsvermögen bilden. Die Personengesellschaft ist die Verbindung der Gesellschafter zu einem gemeinsamen Unternehmen.

Obwohl die Personengesellschaften keine juristischen Personen sind, geben ihnen § 705 Abs. 2 BGB (für die eingetragene Gesellschaft bürgerlichen Rechts – „eGbR") bzw. § 105 Abs. 2 HGB (für die offene Handelsgesellschaft und die Kommanditgesellschaft) die Möglichkeit, unter ihrer Firma Rechte zu erwerben und Verbindlichkeiten einzugehen, Eigentum und andere dingliche Rechte an Grundstücken zu erwerben und vor Gericht zu klagen und verklagt zu werden. Die eGbR, die offene Handelsgesellschaft und die Kommanditgesellschaft treten daher im Rechtsverkehr auf *wie* selbstständige juristische Personen, ohne es zu sein.

> *Beispiel*
>
> Die offene Handelsgesellschaft „Meyer & Co. OHG" kauft von V ein Grundstück. Der notarielle Kaufvertrag kann abgeschlossen werden zwischen V und der OHG. Für die Zahlung des Kaufpreises haften aber nicht nur die OHG, sondern auch die Gesellschafter der OHG (§ 126 HGB). V kann also unmittelbar von einem Gesellschafter Zahlung verlangen. Als Eigentümer in das Grundbuch wird die offene Handelsgesell-

schaft „Meyer & Co. OHG" eingetragen. Das Grundstück gehört den Gesellschaftern der OHG jedoch zur gesamten Hand.

Die von der OHG oder KG erworbenen Rechte und die von ihr eingegangenen Verpflichtungen sind also genau genommen Rechte bzw. Verbindlichkeiten der Gesellschafter.

c) Neuerungen durch die Reform des Personengesellschaftsrechts – MoPeG

1338 Durch das zum 1.1.2024 in Kraft getretene Gesetz zur Modernisierung des Personengesellschaftsrechts (**MoPeG**) wurde das Personengesellschaftsrecht umfassend reformiert. Die für die Personengesellschaften geltenden Vorschriften im BGB und im HGB wurden neugefasst und -geordnet, sodass Vorlagen, Muster und Textbausteine von vor dem 1.1.2024 stets besonders auf ihre Übereinstimmung mit dem neuen Recht und Paragrafenzitate dahin zu prüfen sind, ob sie auf die aktuell geltenden Normen im BGB und HGB verweisen.

1339 Das MoPeG enthält eine Vielzahl an wichtigen Neuerungen für die notarielle Praxis. Auf diese wird in den entsprechenden Abschnitten dieses Kapitels hingewiesen. Von allgemeiner Bedeutung ist die Anerkennung der Rechtsfähigkeit der nach außen im Rechtsverkehr auftretenden **„Außen"-GbR**. Wie zuvor schon die Personenhandelsgesellschaften kann diese Außen-GbR nach § 705 Abs. 2 BGB selbstständig Rechte erwerben und Verbindlichkeiten eingehen. Sie ist also nicht mehr nur eine von ihren Mitgliedern getragene und abhängige Gesamthandsgemeinschaft, sondern ein selbstständiger Rechtsträger. Damit sind nunmehr alle Personen(-handels-)gesellschaften als zumindest teilrechtsfähig anerkannt. In der Folge sind die allgemeinen Vorschriften für Personengesellschaften nun in den §§ 705 ff. BGB geregelt und das HGB verweist auf diese in § 105 HGB. Die Außen-GbR kann in das neugeschaffene Gesellschaftsregister eingetragen werden und wird dadurch zur eingetragenen GbR (**eGbR**). Diese Eintragung ist Voraussetzung dafür, dass die Außen-GbR in Registern (Grundbuch, Handelsregister etc.) einzutragende Rechte erwerben kann (sog. **Voreintragungsgrundsatz**). In Abgrenzung zur Außen-GbR gibt es die bloße Innen-GbR, also eine GbR, die nicht am Rechtsverkehr teilnehmen soll (§ 740 BGB). Die Einführung des Gesellschaftsregisters erleichtert Immobilientransaktionen unter Beteiligung einer eGbR, denn durch das Gesellschaftsregister können Existenz der eGbR und die Vertretungsverhältnisse rechtssicher nachgewiesen werden.

d) Anzeigepflichten bei Kapitalgesellschaften

1340 Im Zusammenhang mit Beurkundungen bei Kapitalgesellschaften obliegen dem Notar umfangreiche Anzeigepflichten gegenüber Finanzämtern, und zwar gegenüber der Kapitalverkehrsteuerstelle (§ 54 EStDV). Notare sind verpflichtet, eine beglaubigte Abschrift von Urkunden, die die Gründung, Kapitalerhöhung oder -herabsetzung, Umwandlung oder Auflösung von Kapitalgesellschaften oder die Verfügung über Anteile an Kapitalgesellschaften zum Gegenstand haben, dem für die Gesellschaft zuständigen Finanzamt zu übersenden. Diese Anzeigepflicht besteht auch bei der Handelsregisteranmeldung einer inländischen Zweigniederlassung einer Kapitalgesellschaft mit Sitz im Ausland. Den Beteiligten dürfen Ausfertigungen und beglaubigte Abschriften der betreffenden Urkunden erst ausgehändigt werden, wenn eine beglaubigte Abschrift der Urkunde an das Finanzamt abgesandt ist.

3. Bedeutung der Wahl der Gesellschaftsform

1341 Für die Wahl der Gesellschaftsform können verschiedene Gesichtspunkte maßgebend sein. Im Vordergrund stehen zumeist **Haftungs- und Steuerfragen**. Da bei den Personengesellschaften stets mindestens ein Gesellschafter unbeschränkt mit seinem gesamten Vermögen den Gläubigern der Gesellschaft haften muss, empfiehlt sich – wenn das Unternehmen ein „riskantes Geschäft" zum Gegenstand hat (Erprobung von Patenten, Entwicklung neuer Methoden, Befriedigung eines „Augenblick-Bedarfs", von dem man noch nicht weiß, wie lange er fortbestehen wird) – die Kapitalgesellschaft, meist in der Form einer GmbH. Auf der anderen Seite ist die Personengesellschaft kreditwürdiger als die Kapitalgesellschaft; denn durch die Übernahme der unbeschränkten Haftung für die Verbindlichkeiten der Gesellschaft hat zumindest ein Gesellschafter zum Ausdruck gebracht, dass er zu dem Unternehmen Vertrauen hat und mit ihm „steht und fällt". Die Kreditwürdigkeit der Personengesellschaft beruht also im besonderen Maße auf der persönlichen Haftung der Gesellschafter.

Ein weiterer Vorteil der Personengesellschaft besteht darin, dass die Gründung einfach und nicht an besondere Formen gebunden ist. Die Gründung einer Kapitalgesellschaft (GmbH und AG) bedarf dagegen der notariellen Beurkundung. Auch die Gründung einer Personengesellschaft bedarf dann der notariellen Beurkundung, wenn sich ein Gesellschafter verpflichtet, in die Gesellschaft ein Grundstück einzubringen (§ 311b BGB).

Die Vorzüge der Kapitalgesellschaft, insbesondere der GmbH, liegen darin, dass die Gesellschafter den Gläu- 1342
bigern der Gesellschaft nicht haften. Die Gesellschafter sind lediglich der GmbH gegenüber verpflichtet, ihre Einlage zu leisten. Ein Vorteil der GmbH kann auch darin liegen, dass bei ihr die Möglichkeit besteht, Geschäftsführer zu bestellen, die nicht zugleich Gesellschafter sind. Die GmbH kennt daher keine Nachfolgeprobleme beim Tod eines Gesellschafters. Während bei der Personengesellschaft der Tod eines persönlich haftenden Gesellschafters einen empfindlichen Verlust an Führung bedeuten kann, bleibt der Tod eines Gesellschafters der GmbH zunächst ein Vorgang, der die Gesellschaft unmittelbar nicht berührt.

Vorteile und Nachteile der einzelnen Gesellschaftsformen lassen sich nicht leicht abwägen. So bedeutet z.B. die unbeschränkte Haftung bei der OHG auch größere Kreditfähigkeit, während die Formlosigkeit des Gesellschaftsvertrages zwar die Gesellschaftsgründung erleichtert, auf der anderen Seite aber die Gefahr mit sich bringt, dass später Unklarheiten im Gesellschaftsvertrag zu Streit zwischen den Gesellschaftern führen. Steuerliche Gründe allein sollten nicht den Ausschlag für die Wahl der Gesellschaftsform geben. Steuerliche Vorteile wiegen die Nachteile einer an sich verfehlten Konstruktion in der Regel nicht auf.

II. Einzelkaufmann

Durch das Handelsrechtsreformgesetz, das am 1.7.1998 in Kraft getreten ist, ist die Unterscheidung zwischen 1343
dem Muss- (oder Ist-)Kaufmann, dem Sollkaufmann und dem Kann-Kaufmann entfallen. Nunmehr unterscheidet das HGB nur noch zwischen dem Ist-Kaufmann und dem Kann-Kaufmann.

1. Ist-Kaufmann

Nach § 1 Abs. 1 HGB ist Kaufmann, wer ein **Handelsgewerbe betreibt**. Ein Handelsgewerbe setzt zunächst 1344
voraus, dass die ausgeübte Tätigkeit überhaupt ein Gewerbe darstellt. Gewerbe ist nach herrschender Meinung jede selbstständige, planmäßig und auf gewisse Dauer zum Zwecke der Gewinnerzielung ausgeübte Tätigkeit, die nicht „freier Beruf" ist. Ärzte, Rechtsanwälte, Steuerberater und Architekten üben also kein Gewerbe aus. Eine Definition des „freien Berufs" enthält § 1 Abs. 2 PartGG.

Ein Handelsgewerbe liegt vor, wenn das Unternehmen nach Art oder Umfang einen in kaufmännischer Weise 1345
eingerichteten Geschäftsbetrieb erfordert (§ 1 Abs. 2 HGB). Die *Art* eines in kaufmännischer Weise eingerichteten Gewerbebetriebes bestimmt sich nach der Komplexität und Vielfalt der Geschäftsvorgänge, nach dem Anfall der Geschäftskorrespondenz und dem Zuschnitt der betrieblichen Organisation. Maßgebend sind auch, ob Kredite in Anspruch genommen und Bilanzen erstellt werden. Für den **Umfang** ausschlaggebend sind der Umsatz, die Höhe des Anlage- und Kapitalvermögens, die Anzahl der Betriebsstätten und deren Größe, die Anzahl der Beschäftigten und die Höhe der Lohnsumme. Die genannten Kriterien sind aber nur Anhaltspunkte, letztlich entscheidend ist die Würdigung des Gesamtbildes des gewöhnlichen Geschäftsablaufes. Häufig ist maßgebend, ob eine kaufmännische Buchführung erforderlich ist.

Für den Kaufmann gelten die Vorschriften des Handelsrechts (HGB). Der Kaufmann nach § 1 HGB ist kraft Gesetzes Kaufmann (Ist-Kaufmann) und muss sich in das Handelsregister eintragen lassen (§ 29 HGB). Seine Eintragung führt also die Kaufmannseigenschaft nicht herbei, sondern hat nur **deklaratorische** Bedeutung. Demjenigen, der seiner Verpflichtung zur Anmeldung einer Eintragung in das Handelsregister nicht nachkommt, kann unter Androhung eines Zwangsgeldes aufgegeben werden, innerhalb einer bestimmten Frist seiner gesetzlichen Verpflichtung nachzukommen.

2. Kann-Kaufmann

Personen, die einen Gewerbebetrieb führen, der nach Art und Umfang einen in kaufmännischer Weise **einge-** 1346
richteten Geschäftsbetrieb nicht erfordert, werden als Nichtkaufleute behandelt, auf die das HGB keine An-

wendung findet. Dem Kleingewerbetreibenden ist allerdings gemäß § 2 S. 2 HGB die Möglichkeit eingeräumt, die Firma seines Unternehmens in das Handelsregister eintragen zu lassen (Kann-Kaufmann). Er hat ein Wahlrecht, **kann** also die Eintragung nach den für kaufmännische Firmen geltenden Vorschriften herbeiführen, ist dazu aber nicht verpflichtet. Macht er davon Gebrauch, gilt er als Kaufmann (§ 2 S. 2 HGB). Die Eintragung in das Handelsregister hat hier **konstitutive**, d.h. rechtsbegründende, Wirkung. Dabei kommt es auf Art und Größe des Gewerbebetriebes nicht an. Ist die Eintragung eines Kleingewerbetreibenden erfolgt, so kann die Firma später auf Antrag des Unternehmers wieder gelöscht werden, es sei denn, dass das Unternehmen sich inzwischen zu einem in kaufmännischer Weise eingerichteten Geschäftsbetrieb entwickelt hat (§ 2 S. 3 HGB).

3. Land- und Forstwirte

1347 Land- und Forstwirte sind kraft Gesetzes grundsätzlich **keine** Kaufleute (§ 3 Abs. 1 HGB). Sie können sich jedoch in das Handelsregister eintragen lassen, wenn ihr Unternehmen nach Art und Umfang einen in kaufmännischer Weise eingerichteten Geschäftsbetrieb erfordert (§ 3 Abs. 2 HGB). Die Eintragung hat **konstitutive** Wirkung.

4. Form-Kaufmann, Handelsgesellschaften

1348 Die für Kaufleute geltenden Vorschriften des HGB gelten nach § 6 Abs. 1 HGB auch für Handelsgesellschaften, insbesondere also für die offene Handelsgesellschaft und die Kommanditgesellschaft. Aktiengesellschaften, Kommanditgesellschaften auf Aktien, die GmbH und die eingetragene Genossenschaft besitzen allein wegen ihrer Rechtsform und ohne Rücksicht auf den Gegenstand des Unternehmens Kaufmannseigenschaft (Form-Kaufmann), auch wenn ein nach Art und Umfang in kaufmännischer Weise eingerichteter Geschäftsbetrieb nicht vorliegt (§ 6 Abs. 2 HGB).

III. Handelsfirma – Name des Kaufmanns

1. Begriff der Firma

1349 Die Firma ist der **Name** des Kaufmanns, unter dem er

- im Handelsverkehr seine Geschäfte betreibt,
- seine Unterschrift abgibt sowie
- klagen und verklagt werden kann (§ 17 HGB).

Die Firma ist nur der Name des Handelsgeschäfts und **nicht** das Unternehmen oder der Betrieb selbst. Sie ist jedoch mit dem Unternehmen **unlösbar verknüpft** und kann nur mit ihm zusammen, also niemals selbstständig veräußert werden (§ 23 HGB).

2. Unterscheidungskraft, Firmenwahrheit

1350 Durch das Handelsrechtsreformgesetz – in Kraft getreten am 1.7.1998 – ist das Firmenrecht liberalisiert worden, der Kaufmann ist in der Wahl seiner Firma also weitgehend frei. Der Grundsatz der **Firmenunterscheidbarkeit** steht im Vordergrund. Die Firma muss zur Kennzeichnung geeignet sein und Unterscheidungskraft besitzen (§ 18 Abs. 1 HGB). Sie muss sich weiterhin von allen an demselben Ort eingetragenen Firmen deutlich unterscheiden (§ 30 Abs. 1 HGB), es darf keine Verwechslungsgefahr bestehen.

1351 Über die **Kennzeichnungs- und Unterscheidungskraft** sowie die Beifügung eines Rechtsformzusatzes hinaus werden keine weiteren Anforderungen mehr gestellt. Beim Einzelkaufmann und bei allen Gesellschaften sind somit Personenfirmen, Sachfirmen, aber auch reine Fantasiebezeichnungen als Firma möglich. Unterscheidungskraft ist die hinreichende Eigenart, die eine Firma für sich genommen von anderen unterscheidbar macht bzw. den Verkehr als einen Hinweis auf das Unternehmen verstehen lässt. Entscheidend ist die Individualisierung. Die Firma muss sich als namenmäßiger Hinweis auf ein bestimmtes Unternehmen eignen.

1352 Bezeichnungen, die **ausschließlich den Unternehmensgegenstand** wiedergeben, sind nicht unterscheidungskräftig (z.B.: Bauunternehmung). Für solche Begriffe, also reine Gattungsbezeichnungen besteht auch ein Freihaltebedürfnis, da andere ein berechtigtes Interesse an der Verwendung solcher Begriffe als Firmenbestandteil haben. Beschreibende Bezeichnungen können aber dann Unterscheidungskraft haben, wenn ein individualisierender Zusatz beigefügt wird (z.B.: BAUWO Bauunternehmung).

Nach § 18 Abs. 2 S. 1 HGB darf die Firma keine Angaben enthalten, die geeignet sind, die geschäftlichen Ver- 1353
hältnisse, die für die angesprochenen Verkehrskreise wesentlich sind, zu täuschen, es besteht also der Grundsatz der Firmenwahrheit. Das Registergericht prüft einen eventuellen Verstoß gegen das Täuschungsverbot im Eintragungsverfahren. Dritte können gemäß §§ 37 Abs. 2, 18 Abs. 2 HGB Unterlassung der irreführenden Angaben verlangen.

3. Rechtsformzusatz

Die uneingeschränkte Zulassung von Fantasie- und Sachfirmen, auch beim Einzelkaufmann und Personenhan- 1354
delsgesellschaften, macht es im Interesse des Erhalts der Informationsfunktion erforderlich, dass ein Rechtsformzusatz in die Firma aufgenommen wird. Dieses Erfordernis ist in § 19 HGB geregelt.

Die Anforderungen an den **Rechtsformzusatz** im Überblick: 1355

Einzelkaufmann	§ 19 Abs. 1 Nr. 1 HGB: „eingetragener Kaufmann", „eingetragene Kauffrau" oder eine allgemein verständliche Abkürzung dieser Bezeichnung, insbesondere „e.K.", „e.Kfm." oder „e.Kfr."
eGbR	§ 707a Abs. 2 BGB: „eingetragene Gesellschaft bürgerlichen Rechts" oder „eGbR"
OHG	§ 19 Abs. 1 Nr. 2 HGB: „offene Handelsgesellschaft" oder eine allgemein verständliche Abkürzung, wie „OHG"
KG	§ 19 Abs. 1 Nr. 3 HGB: „Kommanditgesellschaft" oder eine allgemein verständliche Abkürzung, wie „KG"
OHG oder KG, bei der keine natürliche Person persönlich haftet (z.B. GmbH & Co. KG)	§ 19 Abs. 2 HGB: Hinweis auf Haftungsbeschränkung durch Aufnahme des Rechtsformzusatzes „GmbH"
GmbH	§ 4 GmbHG: „Gesellschaft mit beschränkter Haftung" oder eine allgemein verständliche Abkürzung, wie „GmbH"
UG (haftungsbeschränkt)	§ 5a Abs. 1 GmbHG: „Unternehmergesellschaft (haftungsbeschränkt)" oder „UG (haftungsbeschränkt)"
AG	§ 4 AktG: „Aktiengesellschaft" oder eine allgemein verständliche Abkürzung, wie „AG"
KGaA	§ 279 AktG: „Kommanditgesellschaft auf Aktien" oder eine allgemein verständliche Abkürzung, wie „KGaA"
eG	§ 3 GenG: „eingetragene Genossenschaft" oder die Abkürzung „eG"
PartG	§ 2 PartGG: „und Partner" oder „Partnerschaft"
PartG mbB	§ 8 Abs. 4 PartGG: „mit beschränkter Berufshaftung" oder eine allgemein verständliche Abkürzung, wie „mbB"

4. Abgeleitete Firmen

a) Grundsatz der Firmenbeständigkeit

Der Grundsatz der Firmenbeständigkeit besagt, dass die Firma in bestimmten Fällen unverändert bestehen blei- 1356
ben darf, obwohl sie unrichtig geworden ist. Die **Unrichtigkeit** kann z.B. darauf beruhen, dass in der Firma der Name des Inhabers enthalten ist und sich dieser geändert hat (§ 21 HGB), der Inhaber des Handelsgeschäftes rechtsgeschäftlich oder kraft Erbfolge gewechselt hat (§ 22 HGB) oder Gesellschafter ein- oder ausgetreten

sind (§ 24 HGB). Der Grundsatz der **Firmenbeständigkeit** führt also zur Durchbrechung der Firmenwahrheit. Man spricht in diesen Fällen auch von „abgeleiteten Firmen". Diese Durchbrechung beruht auf dem Gedanken, dass die Firma einen erheblichen Vermögenswert darstellen kann, der dem Geschäftsinhaber auch bei rechtlichen oder tatsächlichen Veränderungen erhalten bleiben soll.

Beispiele

(1) A firmiert unter „Autohaus A e.K". Er verkauft sein Unternehmen an B. § 22 HGB erlaubt es dem B, die Firma unverändert oder mit einem Nachfolgezusatz fortzuführen.

(2) B scheidet aus der „A & B OHG" aus. A übernimmt das Handelsgeschäft. Hier kann die Firma nicht unverändert fortgeführt werden. Dies folgt daraus, dass mit der Firmierung unter „OHG" der Geschäftsverkehr insoweit irregeführt wird, als nur noch eine Person und nicht mehrere Personen persönlich haften. Zulässig ist daher nur die Fortführung unter „A e.K." oder „A & B OHG, Inhaber A".

Wenn in einer offenen Handelsgesellschaft oder Kommanditgesellschaft keine natürliche Person sondern eine Kapitalgesellschaft, wie etwa eine GmbH, haftet, muss die Firma, auch wenn sie nach den §§ 21, 22, 24 HGB oder nach anderen gesetzlichen Vorschriften fortgeführt wird, eine Bezeichnung enthalten, welche die **Haftungsbeschränkung** kennzeichnet.

Beispiel

Die Gesellschafter der „A & B OHG" nehmen in die Gesellschaft als weitere persönlich haftende Gesellschafterin die „X GmbH" auf. Zugleich werden A und B Kommanditisten. Die Firma kann unter „A & B GmbH & Co. KG" fortgeführt werden.

b) Haftung bei Firmenfortführung

1357 Bei Fortführung der Firma durch einen rechtsgeschäftlichen Erwerber haftet dieser für die in dem Betrieb begründeten **Verbindlichkeiten des früheren Inhabers** (§ 25 Abs. 1 S. 1 HGB). Voraussetzung ist, dass der Erwerber das Handelsgeschäft unter der bisherigen Firma fortführt, wobei eine wort- und buchstabengetreue Übereinstimmung zwischen alter und neuer Firma nicht erforderlich ist. Entscheidend ist vielmehr, ob der Geschäftsverkehr die neue Firma noch mit der alten identifiziert. Es genügt also, dass der „Kern" der Firma und die „prägenden Zusätze" übernommen werden.

1358 Die Haftung kann jedoch durch Vereinbarung zwischen dem Erwerber und dem Veräußerer ausgeschlossen werden. Gegenüber Dritten wirkt eine solche Vereinbarung gemäß § 25 Abs. 2 HGB aber nur dann, wenn sie im Handelsregister eingetragen und bekannt gemacht oder dem Dritten vom Erwerber oder Veräußerer mitgeteilt worden ist. Dies muss allerdings **unverzüglich** nach der Übergabe erfolgen, da der Übergang der Verbindlichkeiten und Forderungen kraft Gesetzes im Zeitpunkt des Geschäftsübergangs erfolgt.

5. Anmeldung zum Handelsregister

1359 Anzumelden zum Handelsregister sind beim Einzelkaufmann die **Firma** und der **Ort** der Handelsniederlassung. Anzumelden ist ferner stets eine **inländische Geschäftsanschrift** (§ 29 HGB).

▼

Muster 4.228: Anmeldung eines Einzelkaufmanns zum Handelsregister

4.228 Zur Eintragung in das Handelsregister melde ich an, dass ich, der unterzeichnende , geboren am , , , unter der Firma „ " den Handel mit betreibe.

Der Ort meiner Handelsniederlassung ist .

Die Geschäftsräume befinden sich in . Dies ist zugleich die inländische Geschäftsanschrift.

, den

▲

Angaben zu Art und Umfang des Gewerbebetriebes müssen bei der Erstanmeldung eines Einzelkaufmanns nicht mehr gemacht werden. Jeder Gewerbetreibende kann sich nämlich nunmehr in das Handelsregister als Einzelkaufmann eintragen lassen. Erfordert das Geschäft nach Art und Umfang kaufmännische Einrichtungen, ist die Eintragung lediglich deklaratorisch, andernfalls konstitutiv (siehe oben Rdn 1343 ff.).

Ausführungen zu Art und Umfang des Gewerbebetriebes müssen nur noch bei folgenden Handelsregister- 1360
anmeldungen gemacht werden:

a) Eintragung eines Landwirts gemäß § 3 HGB (**Kann-Kaufmann**). Der Landwirt wird nur eingetragen, wenn sein Geschäft nach Art und Umfang kaufmännische Einrichtungen erfordert.
b) Löschung der Eintragung eines Einzelkaufmanns. Die Löschung der Firma des Einzelkaufmanns darf nicht erfolgen, wenn sein Geschäft nach Art und Umfang kaufmännische Einrichtungen erfordert (**Ist-Kaufmann**).

▼ 1361

Muster 4.229: Anmeldung eines Inhaberwechsels mit Firmenfortführung

Zur Eintragung in das Handelsregister melden wir an, dass das unter der Firma „ “ betriebene Ge- 4.229
schäft an den Kaufmann veräußert worden ist.

Der Veräußerer willigt ein, dass das Geschäft unter der bisherigen Firma mit oder ohne Beifügung eines das Nachfolgeverhältnis andeutenden Zusatzes fortgeführt wird.

Der Erwerber führt die Firma unverändert unter „ “ fort.

Wir beantragen, in das Handelsregister einzutragen, dass der Übergang der in dem Betrieb des Geschäfts begründeten Verbindlichkeiten bei dem Erwerb des Geschäfts durch ausgeschlossen wurde.

Die inländische Geschäftsanschrift lautet unverändert: .

, den

▲

Diese Anmeldung ist besonders eilbedürftig, weil der Haftungsausschluss Dritten gegenüber nur dann wirksam ist, wenn er unverzüglich in das Handelsregister eingetragen wird.

IV. Gesellschaften

1. Gesellschaft bürgerlichen Rechts (GbR)

a) Zweck der Gesellschaft

Eine Personengesellschaft ist die in den §§ 705 ff. BGB geregelte Gesellschaft bürgerlichen Rechts. Sie ist die 1362
auf Vertrag beruhende **Verbindung mehrerer Personen** zur Erreichung eines gemeinsamen Zwecks. Dieser gemeinsame **Zweck** ist nicht der Betrieb eines Handelsgewerbes gemäß § 1 Abs. 2 HGB. Die Gesellschafter einer Gesellschaft bürgerlichen Rechts sind daher **Nichtkaufleute**.

Betreiben die Gesellschafter ein Handelsgeschäft, das nach § 1 Abs. 2 HGB nach Art und Umfang kaufmännische Einrichtungen erfordert, liegt zwangsläufig eine OHG vor, die in das Handelsregister eingetragen werden **muss** (§ 105 Abs. 1 HGB).

> *Beispiel*
>
> A und B eröffnen einen Autohandel, der nach Art und Umfang keinen in kaufmännischer Weise eingerichteten Geschäftsbetrieb erfordert. Im zweiten Jahr weitet sich das Geschäft stark aus. A und B beschäftigen nun zwölf Mitarbeiter und erreichen einen beträchtlichen Umsatz. Zunächst bestand zwischen A und B eine BGB-Gesellschaft. Im zweiten Jahr wurde der von A und B geführte Betrieb zum Handelsgewerbe gemäß § 1 Abs. 2 HGB. Die BGB-Gesellschaft wandelt sich ohne weiteres, also von selbst, in eine OHG um. A und B sind verpflichtet, die OHG in das Handelsregister eintragen zu lassen. Die Eintragung ist in diesem Fall lediglich deklaratorisch.

Weil die Gesellschaft bürgerlichen Rechts von Nichtkaufleuten betrieben wird, gilt für sie **nicht das Sonderrecht des HGB**. Die Gesellschaft führt infolgedessen auch keine Firma. Sie darf im Geschäftsverkehr nicht unter einer firmenähnlichen Bezeichnung auftreten, die den Eindruck erweckt, es handele sich um ein eingetragenes Unternehmen.

1363 Entsprechend der Regelung in § 2 HGB sieht § 107 Abs. 1 S. 1 HGB vor, dass eine Gesellschaft, deren Gewerbebetrieb nicht schon nach § 1 Abs. 2 HGB Handelsgewerbe ist oder die nur eigenes Vermögen verwaltet, eine offene Handelsgesellschaft ist, wenn die Firma dieses Unternehmens in das Handelsregister eingetragen ist. Nichtkaufleute, die sich zu einem gemeinsamen Zweck verbunden haben oder nur eigenes Vermögen verwalten, **können** (Wahlrecht) durch Eintragung in das Handelsregister die Rechtsform der offenen Handelsgesellschaft erlangen. Diese Eintragung hat dann – wie im Fall des § 2 HGB – konstitutive Wirkung. Es wird also durch § 107 Abs. 1 HGB Nichtkaufleuten der Zugang zur Rechtsform der offenen Handelsgesellschaft eröffnet.

1364 Seit dem 1.1.2024 erlaubt es § 107 Abs. 1 S. 2 HGB auch **Freiberuflern** (vgl. § 1 Abs. 2 PartGG), sich in der Rechtsform einer Personenhandelsgesellschaft zusammenzuschließen, obwohl sie **kein Handelsgewerbe** ausüben. Ein Vorteil des Zusammenschlusses von Freiberuflern in Form einer Personenhandelsgesellschaft ist die Möglichkeit der umfassenden Haftungsbeschränkung, etwa über eine GmbH & Co. KG. Anders als bei der PartGG mbB, bei der die Haftung nach § 8 Abs. 4 PartGG nur auf Fälle einer fehlerhaften Berufsausübung und bei bestehender Haftpflichtversicherung beschränkt werden kann, ermöglicht die GmbH & Co. KG eine darüber hinausgehende umfassende Haftungsbeschränkung. Die Berufsausübung in Form einer Personenhandelsgesellschaft steht allerdings nach § 107 Abs. 1 S. 2 HGB unter dem Vorbehalt, dass dieser Zusammenschluss berufsrechtlich ausdrücklich erlaubt ist (**Berufsrechtsvorbehalt**).

b) Erscheinungsformen

1365 Im täglichen Leben, insbesondere im Wirtschaftsleben, hat die Gesellschaft bürgerlichen Rechts (nachfolgend kurz: GbR) erhebliche Bedeutung erlangt und zwar immer dann, wenn es **vermögensrechtliche Beziehungen** zwischen Beteiligten zu regeln gilt:

- Die Rechtsform der GbR wird gewählt für Besitzgesellschaften, insbesondere wenn sie sich auf Grundstücke beziehen, die von Mehreren gehalten werden.
- Die GbR wird ferner verwendet für Bauherrengemeinschaften zur Errichtung eines Bauwerks, für Gemeinschaftspraxen von Ärzten oder Sozietäten von Rechtsanwälten, Steuerberatern und Wirtschaftsprüfern, regelmäßig auch für Zusammenschlüsse zum Betrieb eines Erwerbsgeschäfts, das kein Handelsgewerbe ist, häufig auch im Dienstleistungsbereich wie etwa bei Friseuren.
- Häufiger Anwendungsfall ist die Verwaltung eigenen Vermögens durch Mehrere.

c) Rechtsfähigkeit und Personengesellschaftsmodernisierungsgesetz (MoPeG)

1366 Mit dem Personengesellschaftsrechtsmodernisierungsgesetz (MoPeG) wurde insbesondere das Recht der GbR umfangreich reformiert. Während die §§ 705 ff. BGB bislang vom Leitbild der nichtrechtsfähigen Gesamthandsgemeinschaft ausgegangen sind, stellt § 705 Abs. 2 BGB nunmehr klar, dass eine GbR, die am **Rechtsverkehr** teilnehmen soll (nachfolgend kurz: Außen-GbR), rechtsfähig ist, also selbst **Rechte erwerben und Verbindlichkeiten eingehen** kann. Dem gegenüber steht nach § 705 Abs. 2 BGB die nicht rechtsfähige GbR (nachfolgend kurz: Innen-GbR; näher zu dieser unten Rdn 1393), mit der die Gesellschafter nur ihr Rechtsverhältnis untereinander regeln.

Die Außen-GbR ist selbstständige **Trägerin von Rechten und Pflichten**. Daraus folgt, dass die Außen-GbR im eigenen Namen Rechtsgeschäfte, insbesondere Verträge, abschließen, einen Namen führen oder sich an Gesellschaften beteiligen kann. Infolge ihrer Rechtsfähigkeit ist die Außen-GbR auch parteifähig, sie kann also unter ihrem Namen klagen und verklagt werden. Insoweit kann gegen sie auch ein Vollstreckungstitel erwirkt werden. Die GbR ist insolvenz- und erbfähig. Eigentümer eines Grundstücks sind nicht wie früher die Gesellschafter in Gesamthandsgemeinschaft, sondern Eigentümerin ist die Außen-GbR als solche. Verkauft sie ein ihr gehörendes Grundstück oder kauft sie ein Grundstück, ist sie selbst Verkäuferin bzw. Käuferin.

Im Folgenden wird die rechtsfähige Außen-GbR behandelt, soweit nicht ausdrücklich auf die nicht rechtsfähige Innen-GbR Bezug genommen wird.

d) Vertretung der Gesellschaft und Geschäftsführungsbefugnis

Die Vertretung der Gesellschaft ist in § 720 BGB geregelt, die **Geschäftsführungsbefugnis** in § 715 BGB. Anders als nach altem Recht richtet sich die Vertretungsmacht der Geschäftsführer nicht mehr automatisch nach dem Umfang ihrer Geschäftsführungsbefugnis. Die GbR wird im Rechtsverkehr durch alle Gesellschafter gemeinschaftlich vertreten, wenn diese nicht im Gesellschaftsvertrag eine abweichende Regelung getroffen haben (§ 720 BGB). Die Gesellschafter können **einzelne oder mehrere** von ihnen zu Vertretung berechtigen oder einzelne von ihnen von der Vertretung ausschließen. Die Vertretungsmacht ist im Verhältnis zu Dritten **unbeschränkt**. Die zur Vertretung berechtigten Gesellschafter treten im Rechtsverkehr im Rahmen ihrer Vertretungsmacht im Namen der GbR auf. Aus ihrem Handeln wird die rechtsfähige Gesellschaft selbst berechtigt und verpflichtet. 1367

> *Hinweis*
>
> Die Vertretungsregelung sowie ihre Änderung müssen in das **Gesellschaftsregister** eingetragen werden (§ 707 Abs. 2 Nr. 3 BGB; siehe oben Rdn 1378).

Wie bei den Kapital- und den Personenhandelsgesellschaften unterscheidet man die **abstrakte und die konkrete Vertretungsbefugnis**. Die Gesellschafter können ihre Vertretungsmacht durch rechtsgeschäftliche Vollmacht auf einen anderen Gesellschafter oder einen Dritten übertragen. In der Vollmacht muss zum Ausdruck kommen, dass die Vertretungsmacht die Bevollmächtigung zum Handeln für die Gesellschaft umfasst.

Die Gesellschafter führen die Geschäfte nach § 715 BGB grundsätzlich gemeinschaftlich (**organschaftliche Vertretung**). Auch hier können einzelne Gesellschafter von der Geschäftsführungsbefugnis ausgeschlossen werden. Die Geschäftsführungsbefugnis beschränkt sich auf die gewöhnlichen Geschäfte. Grundlagengeschäfte erfordern einen Beschluss aller Gesellschafter. Im Übrigen kann auf die Ausführungen zur OHG verwiesen werden (siehe unten Rdn 1403 f.). 1368

e) Haftung gegenüber Dritten

Die rechtsfähige Außen-GbR haftet für Verbindlichkeiten gegenüber Dritten selbst. Daneben besteht jedoch nach § 721 BGB eine akzessorische und gesamtschuldnerische Haftung der Gesellschafter für Verbindlichkeiten der Gesellschaft. Daher kann ein Gläubiger für eine von der Gesellschaft geschuldete Leistung jeden **Gesellschafter persönlich** in Anspruch nehmen. Jeder Gesellschafter haftet für Verbindlichkeiten der GbR mit seinem gesamten Vermögen unbeschränkt und primär. Ein Gläubiger kann sich also sofort an den Gesellschafter halten, ohne zunächst die Gesellschaft als solche in Anspruch nehmen zu müssen. Auch der eintretende Gesellschafter haftet für Altverbindlichkeiten (§ 721a BGB). Nach § 721b BGB können Gesellschafter Einreden und Einwendungen der Gesellschaft geltend machen, wenn sie in Anspruch genommen werden. Diese Außenhaftung entspricht weitgehend den Regelungen für die offene Handelsgesellschaft (siehe unten Rdn 1412). 1369

f) Wechsel im Gesellschafterbestand

Die GbR verändert sich in ihrem Gesellschafterbestand, wenn ein Gesellschafter ausscheidet und/oder ein neuer Gesellschafter eintritt. Dies kann auch durch eine Gesellschaftsanteilsveräußerung erfolgen (dazu Rdn 1387 ff.). 1370

aa) Eintritt eines Gesellschafters

Der Eintritt eines Gesellschafters erfolgt wie bei den Personenhandelsgesellschaften durch Abschluss eines Aufnahmevertrags. Der eintretende Gesellschafter haftet nach § 721a BGB für Altverbindlichkeiten der Gesellschaft. 1371

bb) Ausscheidensgründe und Folgen des Ausscheidens

Die **Ausscheidensgründe** sind in § 723 BGB geregelt. Diese entsprechen denen für die Personenhandelsgesellschaften, sodass auf die dortige Kommentierung verwiesen wird (dazu Rdn 1409 f.). Seit dem 1.1.2024 führt das Ausscheiden mangels einer abweichenden Regelung im Gesellschaftsvertrag nach § 723 Abs. 1 BGB nicht mehr zur Auflösung der Gesellschaft. Stattdessen wird die Gesellschaft unter den verbleibenden Gesellschaftern fortgesetzt und diesen wächst der Anteil des ausgeschiedenen Gesellschafters zu (§ 712 Abs. 1 BGB). Dies erfolgt automatisch kraft Gesetzes; Übertragungsakte sind nicht erforderlich. Sofern im Gesellschaftsvertrag 1372 nichts anderes vereinbart ist, ist die Gesellschaft verpflichtet, den ausgeschiedenen Gesellschafter von der Haftung für die Verbindlichkeiten der Gesellschaft zu befreien und ihm eine dem Wert seines Anteils angemessene Abfindung zu zahlen. Sind Verbindlichkeiten der Gesellschaft noch nicht fällig, kann die Gesellschaft dem Ausgeschiedenen Sicherheit leisten, statt ihn von der an sich fortbestehenden Haftung nach § 721 BGB zu befreien.

cc) Tod eines Gesellschafters

1373 Mit dem Tod eines Gesellschafters scheidet dieser aus der Gesellschaft aus, sofern der **Gesellschaftsvertrag** für diesen Fall nicht die Auflösung der Gesellschaft vorsieht. Damit wird der bisher geltende Grundsatz (Auflösung vor Ausscheiden) bei der GbR nach neuem Recht umgekehrt (Ausscheiden vor Auflösung). Nach § 711 Abs. 2 BGB können die Gesellschafter im Gesellschaftsvertrag im Sinne einer erbrechtlichen **Nachfolgeklausel** anstelle des Ausscheidens vereinbaren, dass die Gesellschaft mit den Erben des verstorbenen Gesellschafters fortgesetzt wird.

Wie auch bei den Personenhandelsgesellschaften (siehe Rdn 1414 ff. für die OHG) fällt der Gesellschaftsanteil des Ausgeschiedenen den **Erben** dann unmittelbar entsprechend ihrer Erbquoten zu (Sondererbfolge), die insoweit also keine Erbengemeinschaft bilden (§ 711 Abs. 2 BGB). Wie nach bisheriger Rechtslage können **qualifizierte Nachfolgeklauseln** vereinbart werden, wonach nur bestimmte Erben in die Gesellschaftsbeteiligung einrücken dürfen.

> *Praxistipp*
>
> In solchen Fällen ist es für den Notar bei der Nachfolgeberatung entscheidend, letztwillige Verfügung und Gesellschaftsvertrag **aufeinander** abzustimmen, damit der durch die Nachfolgeklausel berufene Unternehmensnachfolger auch Erbe wird (siehe näher oben Rdn 1219 f.).

1374 Nach der seit 1.1.2024 geltenden Rechtslage hat der **Erbe** gemäß § 724 BGB nach dem Erbfall zudem ein Wahlrecht verbunden mit einem **Haftungsprivileg**: Der Erbe kann sein Verbleiben in der Gesellschaft davon abhängig machen, dass er Kommanditist wird. Lehnen die anderen Gesellschafter sein Verlangen ab oder ist eine Umwandlung der Gesellschaft bürgerlichen Rechts in eine Kommanditgesellschaft nach § 161 Abs. 2 HGB in Verbindung mit § 107 Abs. 1 S. 2 HGB rechtlich nicht möglich, steht es dem Erben frei, aus der Gesellschaft auszuscheiden. Durch **fristgemäße Umwandlung** der Mitgliedschaft oder durch fristgemäßen Austritt aus der Gesellschaft beschränkt der Erbe seine gesellschaftsrechtliche Haftung.

1375 Verstirbt ein Gesellschafter der GbR, sind die **Folgen für den Gesellschafterbestand und die GbR** anzumelden. Folgende Konstellationen sind möglich:

- Scheidet der Verstorbene mangels (einfacher oder qualifizierter) Nachfolgeklausel aus, ist das Ausscheiden anzumelden.
- Sollte der vorletzte Gesellschafter ausscheiden, sind die Anwachsung des Anteils auf den letzten Verbliebenen „Gesellschafter" und in der Folge das Erlöschen der GbR anzumelden.
- Wird die GbR mit dem bzw. den Erben aufgrund einfacher bzw. qualifizierter Nachfolgeklausel fortgesetzt, ist die Sonderrechtsnachfolge in den Gesellschaftsanteil des Verstorbenen anzumelden.
- Bestimmt der Gesellschaftsvertrag entgegen dem gesetzlichen Regelfall, dass die Gesellschaft im Erbfall aufzulösen ist, ist die Auflösung anzumelden.

Die Anmeldung hat jeweils durch die **verbliebenen Gesellschafter** und die Erben in öffentlich beglaubigter Form zu erfolgen. Beizufügen ist ein Erbnachweis in öffentlich beglaubigter Form. Der Erbschein reicht aus, wenn das von der Ausfertigung erstellte elektronische Dokument zeitnah dem Registergericht vorgelegt wird. Wenn keine Auslegungsschwierigkeiten bestehen, genügt die Vorlage einer elektronisch beglaubigten Abschrift einer notariell beurkundeten Verfügung von Todes wegen samt entsprechender Eröffnungsniederschrift des Nachlassgerichts aus.

▼

Muster 4.230: Sonderrechtsnachfolge in Gesellschaftsanteil

Zur Eintragung in das Gesellschaftsregister melden wir an: 4.230

Der Gesellschafter , geboren am , wohnhaft in , ist verstorben und aus der Gesellschaft ausgeschieden.

An seiner Stelle ist als Erbe in die Gesellschaft eingetreten: , geboren am , wohnhaft in .

Als Erbnachweis ist beigefügt: Elektronisch beglaubigte Abschrift der Ausfertigung des Erbscheins des Nachlassgerichts vom , Az.: .

(*Ggf.*): In die Fortführung des Namens der Gesellschaft wird durch die weiteren Erben eingewilligt.

, den

(*Beglaubigungsvermerk*)

▲

g) Anmeldung zum Gesellschaftsregister

Die Gesellschafter einer Außen-GbR haben seit dem 1.1.2024 gemäß § 707 BGB die Möglichkeit, nicht aber 1376
die Pflicht, ihre GbR im neu geschaffenen Gesellschaftsregister zur Eintragung anzumelden. Die Anmeldung zur Eintragung ist **freiwillig**. Es kann aber ein faktischer Zwang zur Eintragung einer Außen-GbR bestehen, wenn eine GbR **Inhaberin** von in anderen Registern (z.B. Grundbuch, Handelsregister) registrierten Rechten werden oder über solche Rechte verfügen will. Dann gilt die sog. **Voreintragungsobliegenheit**, wonach die GbR über solche Rechte nur verfügen kann, wenn sie im Gesellschaftsregister eingetragen ist (dazu Rdn 1382).

> *Hinweis*
>
> Eine Innen-GbR wird mit ihrer Eintragung zwingend zur Außen-GbR, da sie mit Eintragung ihre **Rechtsfähigkeit** erwirbt (§ 719 Abs. 1 BGB). Die Anmeldung muss bei dem Gericht, in dessen Bezirk die GbR ihren Sitz hat, erfolgen.

Der **Inhalt der Anmeldung** ergibt sich aus § 707 Abs. 2 BGB. Die Anmeldung muss insbesondere Namen, 1377
Sitz und Anschrift der Gesellschaft sowie die Gesellschafter mit ihren Vor- und Nachnamen, dem Geburtsdatum und Wohnort zu enthalten. Anmeldepflichtig ist zudem die Vertretungsbefugnis der Gesellschafter. Nach § 3 Abs. 1 **Gesellschaftsregisterverordnung** (GesRV) soll in der Anmeldung auch der **Gegenstand** der Gesellschaft angegeben werden, sofern er sich nicht aus dem Gesellschaftsnamen ergibt. Die Anmeldung hat durch alle Gesellschafter zu erfolgen. Die Anmeldungen zum Gesellschaftsregister müssen über den Notar und in notariell beglaubigter Form erfolgen. Neben der Gesellschaftsregisteranmeldung selbst müssen keine weiteren Erklärungen oder Dokumente eingereicht werden. Insbesondere ist die Vorlage des Gesellschaftsvertrages nicht erforderlich. Nach Eintragung führt die GbR nach § 707a Abs. 2 S. 1 BGB als Namenszusatz die Bezeichnungen „eingetragene Gesellschaft bürgerlichen Rechts" oder „eGbR". Vorteil der Eintragung im Gesellschaftsregister ist vor allem, dass sie den Nachweis der Existenz und der Vertretungsverhältnisse über das mit öffentlichem Glauben ausgestattete Gesellschaftsregister erlaubt (§ 707a Abs. 3 BGB i.V.m. § 15 HGB). Existenz und Vertretungsverhältnisse kann der Notar sodann über § 21 Abs. 1 BNotO bescheinigen.

> *Hinweis*
>
> Mit ihrer Eintragung wird die eGbR transparenzregisterpflichtig, weshalb die Angaben zu den wirtschaftlich Berechtigten an das Transparenzregister zu übermitteln sind.

1378 Wird der Name der im Gesellschaftsregister eingetragenen Gesellschaft geändert, der Sitz an einen anderen Ort verlegt oder die Anschrift geändert oder ändert sich die Vertretungsbefugnis eines Gesellschafters, ist dies zur Eintragung in das Gesellschaftsregister anzumelden; Entsprechendes gilt für das Ausscheiden eines Gesellschafters und den Eintritt eines neuen Gesellschafters (§ 707 Abs. 3 BGB).

▼

Muster 4.231: Erstanmeldung einer eGbR

4.231 Zur Eintragung in das Gesellschaftsregister melden wir an:

Wir haben eine Gesellschaft bürgerlichen Rechts unter dem Namen „ “ gegründet.

(*Alternative bei bestehender GbR*): Wir sind Gesellschafter der „ “. Diese soll nunmehr unter dem Namen „ “ in das Gesellschaftsregister eingetragen werden.

Die Gesellschaft hat ihren Sitz in .

Die Anschrift der Gesellschaft lautet: .

Gegenstand der Gesellschaft ist: Halten und Verwalten von eigenen Immobilien.

Gesellschafter sind:

- in , geb. am ; und
- , geborener , in , geb. am .

Abstrakt gilt für die Vertretung Folgendes: Alle Gesellschafter vertreten gemeinsam.

Konkret gilt Folgendes: Die Gesellschafter und sind von den Beschränkungen des § 181 BGB befreit.

Die Gesellschafter versichern, dass die Gesellschaft nicht bereits im Handels- oder Partnerschaftsregister eingetragen ist.

, den

▲

h) Auflösung der GbR

1379 Die Auflösung der GbR ist in den §§ 729 bis 734 BGB geregelt, die **Liquidation** in den §§ 735 bis 739 BGB. Die Auflösung der GbR ist ähnlich den Vorschriften für die Personenhandelsgesellschaften in den §§ 138 ff. HGB geregelt. Die **Auflösungsgründe** finden sich – nicht abschließend – in § 729 BGB. Dazu gehören insbesondere der Zeitablauf, die Kündigung der Gesellschaft, der Auflösungsbeschluss sowie das Erreichen des mit der GbR verfolgten Zwecks. Wie bei den Personenhandelsgesellschaften führt die Auflösung der GbR nicht zum Erlöschen der Gesellschaft, sondern zur Umwandlung in eine entsprechende Abwicklungsgesellschaft (§ 735 BGB). Die Vollbeendigung der Gesellschaft tritt erst ein, wenn die Liquidation vollständig durchgeführt ist (§ 738 BGB).

> *Hinweis*
>
> Die Auflösung der Gesellschaft ist – wie das anschließende Erlöschen – zum Gesellschaftsregister anzumelden.

Die **Vertretungsbefugnisse** der Gesellschafter erlöschen mit der Auflösung (§ 736b Abs. 1 S. 1 BGB). Zur Vertretung berechtigt sind die Liquidatoren. Dies sind, sofern die Gesellschafter nichts Abweichendes vereinbaren oder beschließen (§ 736 Abs. 4 BGB), alle Gesellschafter (§ 736 Abs. 1 BGB). Diese sind kraft Gesetzes gemeinschaftlich vertretungsberechtigt (§ 736b Abs. 1 S. 2 BGB). Die Gesellschafter können allerdings einzelne von ihnen oder beliebige Dritte – auch Nichtgesellschafter – als Liquidatoren zu bestellen und von der gesetzlichen Vertretungsregelung abweichende Bestimmungen zu treffen (§ 736 Abs. 4 S. 1 BGB). Der Auflösungsgrund oder das konkrete Datum müssen in der Anmeldung nicht benannt werden. Anzumelden ist durch sämtliche Gesellschafter, was auch bezüglich der Liquidatoren und deren Vertretungsbefugnis gilt.

Das Erlöschen der GbR nach Beendigung der Liquidation ist nach § 738 BGB durch sämtliche Liquidatoren zur Eintragung in das **Gesellschaftsregister** anzumelden. Das Liquidationsverfahren ist für die Gesellschafter weitgehend frei gestaltbar (§ 735 Abs. 3 BGB). Es reicht schon die Verteilung des Aktivvermögens, da die Gesellschafter für Verbindlichkeiten nach § 739 BGB auch nach Erlöschen der GbR persönlich haften.

Ein Sonderfall des liquidationslosen Erlöschens der Gesellschaft ist das Ausscheiden des **vorletzten Gesellschafters**, mit dem gemäß § 712a Abs. 1 S. 1 BGB ohne weitere Auseinandersetzung kraft Gesamtrechtsnachfolge das Gesellschaftsvermögen zum Zeitpunkt des Ausscheidens auf den letzten Gesellschafter übergeht, da es keine Personengesellschaft mit nur einem einzelnen Gesellschafter gibt (Anwachsung). Da keine besonderen Regelungen zur Vornahme der Registeranmeldung und -eintragung bestehen, ist in diesem Fall gemäß § 707 Abs. 3 S. 2 BGB das Ausscheiden und entsprechend § 738 BGB das Erlöschen der Gesellschaft anzumelden. Da es in einem solchen Fall keine Liquidatoren gibt, erfolgt die Anmeldung durch die Gesellschafter selbst.

▼

Muster 4.232: Anmeldung der Auflösung einer eGbR

Zur Eintragung in das Gesellschaftsregister melden wir an: 4.232

Die „ “ ist aufgelöst.

Liquidatoren sind die Gesellschafter.

Für die Gesellschaft gilt nun folgende allgemeine Vertretungsregelung: Die Liquidatoren sind gemeinsam zur Vertretung der Gesellschaft berechtigt. Eine abweichende konkrete Vertretungsregelung besteht nicht.

, den

(Beglaubigungsvermerk)

▲

▼

Muster 4.233: Anmeldung des Erlöschens einer eGbR

Zur Eintragung in das Gesellschaftsregister melden wir an: 4.233

Die Liquidation ist beendet.

Die „ “ ist erloschen.

, den

(Beglaubigungsvermerk)

▲

i) GbR im Grundstücksverkehr

aa) MoPeG und die bis 31.12.2023 geltende Rechtslage

Bis zum Inkrafttreten des MoPeG zum 1.1.2024 galt es Besonderheiten zu beachten beim Auftreten einer GbR 1380 im Grundstücksverkehr.[255] Diese resultierten aus dem bis dahin fehlenden Gesellschaftsregister und der damit einhergehenden mangelnden Publizität hinsichtlich der Existenz der Gesellschaft sowie der Identität und Vertretungsmacht ihrer Gesellschafter. Daher ordneten § 899a BGB a.F. und § 47 Abs. 2 GBO a.F. die Eintragung der GbR und aller ihrer Gesellschafter im Grundbuch an (sog. **Objektpublizität**). War eine GbR demnach im Grundbuch eingetragen und sollte ein Grundstück veräußert werden, so wurde in Ansehung des Grundstücks

255 Siehe hierzu die Vorauflage § 4 F, Rn 1395 ff.

vermutet, dass diejenigen Personen Gesellschafter sind, die nach § 47 Abs. 2 GBO a.F. im Grundbuch eingetragen sind, und dass darüber hinaus keine weiteren Gesellschafter vorhanden sind (§ 899a BGB a.F.). Erwarb eine anlässlich des Erwerbs neu gegründete oder eine schon bestehende GbR ein Grundstück, enthielt die Erklärung der handelnden Gesellschafter gegenüber dem Notar konkludent die Bestätigung, dass es die genannte GbR tatsächlich gab und dass sie zum aus den erschienenen Gesellschaftern bestand.

Beispiel zur alten Rechtslage

Führte eine GbR mit den Gesellschaftern A, B und C den Namen „Florestan GbR", war sie unter der Bezeichnung „Florestan GbR, bestehend aus A, B und C" in das Grundbuch einzutragen. Die Eintragung konnte auch lediglich lauten „Gesellschaft bürgerlichen Rechts, bestehend aus A, B und C".

1381 Mit dem MoPeG ist § 899a BGB **aufgehoben** worden. Eine GbR wird nunmehr nicht mehr über die im Grundbuch eingetragenen Gesellschafter identifiziert, sondern – wie bei den Personenhandels- und Kapitalgesellschaften – über den Nachweis der Eintragung der GbR im Gesellschaftsregister (sog. **Subjektpublizität**). Grundstücksgeschäfte vollziehen sich nunmehr wie bei den Personenhandels- und Kapitalgesellschaften. Besonderheiten bestehen für die eGbR insoweit nicht mehr. Entfallen ist damit die Pflicht, sämtliche Gesellschafter in das Grundbuch eintragen zu lassen und zudem bei jedwedem Gesellschafterwechsel das Grundbuch zu berichtigen. Das war gerade bei Publikumsgesellschaften und bei einer Vielzahl von Grundstücken einer GbR zeit- und kostenaufwändig.

bb) Voreintragungsgrundsatz

1382 Die Eintragung einer GbR ist ab dem 1.1.2024 möglich und grundsätzlich fakultativ. Die Eintragung ist aber faktisch zwingend, wenn die GbR in einem öffentlichen Register wie dem Grundbuch[256] eingetragen werden soll oder als Inhaber eines Rechts in einem solchen öffentlichen Register bereits eingetragen ist und weitere Eintragungen erfolgen sollen, die das für die GbR betroffene Recht betreffen (sog. **Voreintragungsgrundsatz**). Für das Grundbuchverfahren ordnet § 47 Abs. 2 GBO demzufolge an, dass für eine GbR ein Recht nur eingetragen werden soll, wenn die GbR im Gesellschaftsregister eingetragen ist. Dieses Voreintragungserfordernis besteht für alle dinglichen Rechte zugunsten einer eGbR (z.B. Grundstückseigentum, grundstücksgleiche Rechte wie das Erbbaurecht, Nutzungs-, Erwerbs- und Verwertungsrechte sowie Vormerkungen).

Damit Grundstücksgeschäfte unter Beteiligung einer GbR rechtssicher vollzogen werden können, sollte die GbR vor Beurkundung bereits eingetragen sein. Dann erfolgt der Nachweis von Existenz und Vertretungsverhältnissen der eGbR mit Gutglaubenswirkung über die Eintragung im Gesellschaftsregister. Die eGbR kann entsprechend den Personenhandels- und Kapitalgesellschaften in der Urkunde bezeichnet werden. Das gilt für Erwerbs- und Veräußerungs- und sonstige Rechtsgeschäfte betreffend in öffentlichen Registern eingetragene Rechte. Erfahrungsgemäß tragen die Registergerichte neu angemeldete eGbR zügig ein, sodass unbedingt darauf hingewirkt werden sollte, die Eintragung abzuwarten.

▼

Muster 4.234: Urkundseingang

4.234 Es erscheint , geb. am , wohnhaft in , dem Notar von Person bekannt, hier handelnd als einzelvertretungsberechtigter und von den Beschränkungen des § 181 BGB befreiter Gesellschafter der eGbR mit dem Sitz in (Anschrift:), eingetragen im Gesellschaftsregister des Amtsgerichts unter GsR . Die eGbR wird nachfolgend auch als „Käufer" bezeichnet.

Aufgrund heutiger Einsichtnahme in das elektronische Gesellschaftsregister des Amtsgerichts Siegen bescheinige ich, Notar, gemäß § 21 Abs. 1 BNotO, dass die eGbR dort unter GsR eingetragen und als deren Gesellschafter einzelvertretungsberechtigt und von den Beschränkungen des § 181 BGB befreit ist.

▲

256 Dies gilt auch für alle anderen öffentlichen Register wie das Handelsregister, das Gesellschaftsregister einer anderen GbR oder das Schiffsregister sowie die Gesellschafterliste einer GmbH (§ 106 Abs. 2 Nr. 2b HGB, § 40 Abs. 1 GmbHG, § 707a Abs. 1 BGB, § 51 Abs. 2 SchiffsRegO).

cc) Richtigstellung bei Alt-GbR

Für bereits im Grundbuch vor dem 1.1.2024 eingetragene GbR gilt gemäß Art. 229 § 21 Abs. 1 EGBGB, dass 1383
für eine Eintragung, die ein Recht dieser GbR betrifft, ab dem 1.1.2024 nicht nur die vorherige Eintragung der GbR in das Gesellschaftsregister erforderlich ist. Zudem muss die Bezeichnung der GbR im Grundbuch **richtiggestellt** sein. Es gilt also ein **doppeltes Voreintragungserfordernis**. Dieses greift zum Beispiel, wenn eine „Alt-GbR" ein ihr gehöriges Grundstück veräußern oder mit einer Grundschuld belasten möchte. Gemäß Art. 229 § 21 Abs. 3 S. 2 EGBGB bedarf es dafür der Bewilligung aller gemäß § 47 Abs. 2 GBO bisher eingetragenen Gesellschafter und der Zustimmung der einzutragenden Gesellschaft selbst gemäß § 22 Abs. 2 GBO.

▼

Muster 4.235: Antrag auf Richtigstellung im Grundbuch

Sämtliche der im Grundbuch des Amtsgerichts … für …, Blatt …, vermerkten Gesell- 4.235
schafter der dort als Eigentümerin eingetragenen GbR bewilligen, die Bezeichnung der Gesellschaft dahingehend richtigzustellen, dass die … eGbR mit Sitz in …, eingetragen im Gesellschaftsregister des Amtsgerichts … unter GsR …, Eigentümerin ist.

Die …, vertreten durch ihre gemeinsam vertretungsberechtigten Gesellschafter … und …, stimmt der Richtigstellung zu und beantragt sie.

Auf das genannte Gesellschaftsregister wird gemäß § 32 Abs. 2 GBO Bezug genommen.

…, den …

…

(Beglaubigungsvermerk)

▲

dd) Erwerbskonstellation unter Beteiligung einer eGbR

Für Grundstücksgeschäfte sind die nachfolgend aufgeführten Konstellationen der Beteiligung einer eGbR in 1384
Abhängigkeit davon zu unterscheiden, ob die eGbR auf **Erwerber- oder Veräußererseite** steht und ob sie bereits in das Gesellschaftsregister eingetragen ist oder nicht:

(1) Erwerbsfälle

Erwirbt eine eGbR ein Grundstück und ist sie zum Zeitpunkt der Beurkundung bereits im Gesellschaftsregister 1385
eingetragen, ist die Vertragsgestaltung unproblematisch. Existenz der eGbR sowie die Identität und Vertretungsbefugnis der Gesellschafter werden über die Eintragung im Gesellschaftsregister nachgewiesen.

Der Erwerb eines Grundstücks durch eine im Zeitpunkt der Beurkundung noch nicht im Gesellschaftsregister eingetragene GbR stellt die notarielle Praxis aktuell vor erhebliche Probleme. Zwar ist die Außen-GbR schon vor ihrer Eintragung rechtsfähig[257] und kann daher wirksam einen Kaufvertrag abschließen und die Auflassung erklären. Es besteht jedoch das grundbuchverfahrensrechtliche Problem, dass dem Grundbuchamt in öffentlich beglaubigter Form die Identität der in der Kaufvertragsurkunde erwerbenden GbR und der später eingetragenen eGbR nachgewiesen werden muss.

In der Notarliteratur werden dazu verschiedene **Lösungswege** vorgeschlagen:

(i) Identitätsnachweis durch Eigenurkunde bzw. Bestätigung des Notars, wonach zwischen der eGbR und der im Kaufvertrag die Auflassung entgegennehmenden GbR Identität besteht;[258]
(ii) Erklärung der Auflassung nach Beurkundung und nach Eintragung der GbR;[259]

257 Sie kann auch in der Kaufvertragsurkunde selbst gegründet werden.
258 Siehe etwa *Krauß*, Immobilienkaufverträge in der Praxis, 10. Aufl. 2024, Rn 743a.
259 Siehe etwa *Baschnagel/Hilser*, notar 2023, 167.

(iii) analoge Anwendung des Art. 229 § 21 Abs. 3 EGBGB, wonach es ausreicht, wenn alle Gesellschafter der Ausgangs-GbR die Eintragung der eGbR bewilligen und die eGbR dem zustimmt, um dem Grundbuchamt die Identität ausreichend nachzuweisen;[260] oder
(iv) Nachgenehmigung von Kaufvertrag und Auflassung durch die nunmehr im Gesellschaftsregister registrierte eGbR durch ihre vertretungsberechtigten Gesellschafter.[261]

Soweit ersichtlich, ist zum aktuellen Zeitpunkt keine der vorgeschlagenen Lösungen zumindest obergerichtlich bestätigt worden. Soll die noch nicht eingetragene GbR daher ein Grundstück erwerben, sind die Beteiligten über dieses Risiko eindeutig unter Hinweis auf Abhilfemöglichkeiten (Abwarten mit der Beurkundung) zu belehren.

(2) Veräußerungsfälle

1386 Im Veräußerungsfall ist die **doppelte Voreintragungsobliegenheit** zu beachten: Die veräußernde GbR muss sowohl im Gesellschaftsregister als auch nach aktuellem Recht im Grundbuch eingetragen sein (oben Rdn 1382). Ist beides der Fall, bestehen für die Vertragspraxis keine Probleme.

Ist die eGbR zum Zeitpunkt der Beurkundung bereits im **Gesellschaftsregister eingetragen**, aber steht sie mit ihren Gesellschaftern noch nach alter Rechtslage im Grundbuch, ist in der Kaufvertragsurkunde die Richtigstellung des Grundbuchs zu beantragen (siehe oben Rdn 1383). Aufgrund der Eintragung im Gesellschaftsregister stellen sich ansonsten für die Vertragsgestaltung bei dieser Konstellation keine Probleme.

Ist die GbR zur Zeit der Beurkundung im Gesellschaftsregister noch nicht eingetragen und steht sie noch nach altem Recht mit ihren Gesellschaftern im Grundbuch, sollte zumindest die Eintragung der GbR im Gesellschaftsregister **abgewartet** und die Richtigstellung in der Kaufvertragsurkunde beantragt werden.

Soll trotz noch nicht erfolgter Eintragung im Gesellschaftsregister beurkundet werden, stellt sich wie im Erwerbsfall das Problem des **Nachweises der Identität** zwischen der in der Kaufvertragsurkunde veräußernden und der später im Gesellschaftsregister eingetragenen eGbR. Insoweit wird wiederum vorgeschlagen, dass der Notar mittels Eigenurkunde bzw. Bestätigung nach der Eintragung der eGbR deren Identität mit der erwerbenden GbR bescheinigt. Dieses Vorgehen ist jedoch wiederum, soweit derzeit ersichtlich, nicht zumindest obergerichtlich bestätigt und daher mit Risiken verbunden, über die der Notar die Beteiligten aufzuklären hat. Der Notar wird den Beteiligten also wiederum empfehlen, mit der Beurkundung bis zur Eintragung der eGbR abzuwarten.

j) Übertragung der Beteiligung an einer GbR

1387 Die Übertragung der Beteiligung an einer GbR bedarf, selbst wenn zu ihrem Vermögen ein Grundstück oder Geschäftsanteile gehören, grundsätzlich **keiner notariellen Beurkundung**, insbesondere auch keiner Auflassung. Es genügt die Schriftform. Ausnahmsweise ist die Beurkundung einer Gesellschaftsanteilsveräußerung beurkundungspflichtig, wenn dadurch Formvorschriften wie § 311b Abs. 1 BGB oder § 15 Abs. 3 und 4 GmbHG betroffen sind. Die Beteiligung eines Gesellschafters an der GbR (Gesellschaftsanteil) ist als solche unter Lebenden grundsätzlich **übertragbar**.

1388 Die Beteiligung des Gesellschafters an der GbR ist sein Gesellschaftsanteil, seine Stellung im Ganzen in der Gesellschaft, also der Inbegriff seiner vermögens- und mitgliedschaftsrechtlichen Rechte und Pflichten. Nur diese **Gesellschafterstellung im Ganzen** kann übertragen werden, unwirksam ist dagegen die Übertragung einzelner Rechte aus diesem Bündel von Rechtsbeziehungen (vgl. §§ 711, 711a BGB).

1389 Die **Übertragung eines Gesellschaftsanteils** kann nur mit **Zustimmung** aller übrigen Gesellschafter erfolgen. Diese kann allerdings im Gesellschaftsvertrag vorab erklärt werden. Die Gesellschaftsanteilsübertragung führt zu einem Gesellschafterwechsel. Der Erwerber einer Beteiligung tritt als Rechtsnachfolger des Veräußerers in die Gesellschaft ein.

1390 Der **Gesellschafterwechsel** ist nach § 707 Abs. 4 BGB durch sämtliche Gesellschafter (einschließlich ein- und austretender Gesellschafter) zum **Gesellschaftsregister** in öffentlich-beglaubigter Form anzumelden. Die anzumeldenden Angaben ergeben sich aus § 707 Abs. 2 BGB. Anzugeben sind insbesondere die Vertretungsmacht des neuen Gesellschafters sowie eine Einwilligung des Namensgebers in die Namensfortführung. Die Vorlage des Anteilsübertragungsvertrags ist nicht erforderlich.

260 *Meier*, NJW 2024, 465, 469.
261 *Baschnagel/Hilser*, notar 2023, 167.

Da die eGbR transparenzregisterpflichtig ist (§ 20 GwG), muss der Gesellschafterwechsel auch zum **Transparenzregister** angemeldet werden, wenn sich dadurch eine Änderung bei den wirtschaftlich Berechtigten ergibt.

> *Hinweis*
>
> Für grundbesitzende GbRs gilt seit Inkrafttreten des MoPeG zum 1.1.2024 Folgendes: Ein Gesellschafterwechsel aufgrund der Übertragung einer Beteiligung vollzieht sich außerhalb des Grundbuchs. Allerdings sind die GbR-Gesellschafter seit dem 1.1.2024 nicht mehr im Grundbuch eingetragen, sondern nur im **Gesellschaftsregister**. Durch die Gesellschaftsanteilsveräußerung wird das Grundbuch also nicht mehr falsch; es muss nicht berichtigt werden.

Die Übertragung einer Beteiligung an einer BGB-Gesellschaft löst – wenn zum Vermögen der Gesellschaft Grundbesitz gehört – **keine Grunderwerbsteuer** aus. 1391

Wenn sich jedoch innerhalb von fünf Jahren der Gesellschafterbestand dergestalt ändert, dass mindestens **95 %** der Anteile auf neue Gesellschafter übergehen, liegt ein **grunderwerbsteuerpflichtiger** Rechtsträgerwechsel vor.

▼ 1392

Muster 4.236: Übertragung einer Beteiligung an einer GbR 4.236

(1) (Veräußerer) überträgt seine Beteiligung an der Gesellschaft bürgerlichen Rechts mit allen Rechten und Pflichten auf den dies annehmenden (Erwerber).
und stimmen dieser Übertragung in ihrer Eigenschaft als Mitgesellschafter zu.

(2) Der Erwerber ist verpflichtet, den Veräußerer von jeder Inanspruchnahme aus Verbindlichkeiten der Gesellschaft freizuhalten. Sicherheitsleistungen wegen noch nicht fälliger Gesellschaftsschulden kann der Veräußerer nicht verlangen.

(3) Persönliche Steuerschulden des Veräußerers übernimmt der Erwerber nicht.
Fehler eines zum Gesellschaftsvermögen gehörenden Gegenstandes hat der Veräußerer nicht zu vertreten. Dies gilt auch für alle Ansprüche auf Schadenersatz, es sei denn, der Veräußerer handelt vorsätzlich.
Das Recht des Veräußerers auf Beteiligung am Ertrag der Gesellschaft geht mit dem heutigen Tage auf den Erwerber über.

(4) Wenn und soweit der Veräußerer Unterlagen in Händen hat, die das Gesellschaftsvermögen oder die Geschäftsführung der Gesellschaft betreffen, hat er sie den verbleibenden Gesellschaftern auszuhändigen. Er bleibt jedoch berechtigt, die ausgehändigten Unterlagen einzusehen und Auszüge daraus zu fertigen, soweit seine berechtigten Interessen dies erfordern.
Der Veräußerer garantiert, dass ihm die veräußerte Beteiligung ohne Einschränkungen zustand.
Er erklärt, dass er darüber nicht in anderer Weise verfügt hat und dass der Gesellschaftsanteil auch nicht zugunsten eines Dritten gepfändet ist.

(5) Eine Grunderwerbsteuer kommt nach Auffassung der Beteiligten, weil es sich lediglich um einen Wechsel in der Person der Gesellschafter handelt, nicht in Betracht.

(6) Hinsichtlich der zwischen ihnen bisher bestehenden Gesellschaft des bürgerlichen Rechts stehen den Beteiligten keine weiteren Rechte oder Ansprüche mehr gegeneinander zu als diejenigen, die in dieser Urkunde ausdrücklich anerkannt oder begründet sind.

(...), den (...)

▲

▼

Muster 4.237: Anmeldung eines rechtsgeschäftlichen Gesellschafterwechsels

4.237 Zur Eintragung in das Gesellschaftsregister melden wir an:

, geb. am , wohnhaft in , ist in die Gesellschaft als neuer Gesellschafter eingetreten. Gleichzeitig ist , geb. am , wohnhaft in , aus der Gesellschaft als Gesellschafter ausgetreten.

Eine von der allgemeinen Vertretungsmacht abweichende konkrete Vertretungsregelung ist für den neu eingetretenen Gesellschafter nicht getroffen.

Der Name der Gesellschaft wird unverändert fortgeführt.

, den

▲

k) Nicht rechtsfähige GbR

1393 In der notariellen Praxis begegnet einem die nicht rechtsfähige GbR (**Innen-GbR**) z.B. in Form einer Gesellschaftervereinbarung oder einer Ehegatteninnengesellschaft. Die nicht rechtsfähige GbR (Innen-GbR) ist in den §§ 740 ff. BGB in einem eigenen Untertitel geregelt. § 740 Abs. 2 BGB verweist auf diejenigen Vorschriften der rechtsfähigen GbR, die auch auf die Innen-GbR anwendbar sind. Die Innen-GbR ist nicht rechtsfähig; sie wird nicht im Gesellschaftsregister eingetragen. Sie hat kein eigenes Gesellschaftsvermögen. Sie erlischt daher nach § 740a BGB liquidationslos. Nach § 740b BGB schulden die Gesellschafter einander die Auseinandersetzung. Gemäß § 740c BGB können die Gesellschafter vereinbaren, dass statt der Beendigung der Gesellschaft der betreffende Gesellschafter aus der Gesellschaft ausscheidet.

l) Statuswechsel

1394 Das **UmwG** sieht **keine Möglichkeit** des Formwechsels einer Personengesellschaft in eine andere Personengesellschaft vor. Der Wechsel von einer Personengesellschaftsform in eine andere vollzieht sich vielmehr nach den **allgemeinen Regeln**.

> *Beispiele sind:*
>
> - Wechsel von der eGbR zur OHG durch derartige **Ausweitung** des Geschäftsbetriebs, dass ein in kaufmännischer Weise eingerichteter Gewerbebetrieb erforderlich ist;
> - Wechsel von der eGbR zur KG, wenn die **Aufnahme** von Kommanditisten gewünscht ist;
> - Wechsel der im **Handelsregister** eingetragenen kleingewerblichen OHG zur eGbR.
>
> Mit diesen Rechtsformwechseln ist auch der Wechsel des Registers verbunden: vom Gesellschaftsregister zum Handelsregister oder zurück.

§ 707c BGB (§§ 106, 107 HGB für die Handelsgesellschaften) regelt den registerlichen Vollzug des Statuswechsels. Wechselt eine Personengesellschaft aus ihrem (Ausgangs-)Register in ein anderes (Ziel-)Register wird im Ausgangsregister ein Statuswechselvermerk eingetragen. Dieser ermöglicht den rechtssicheren Nachweis, dass die im Zielregister eingetragene Personengesellschaft mit derjenigen identisch ist, die im Ausgangsregister eingetragen war. Das ist wichtig zum Beispiel im Grundbuchverkehr, für GmbH-Gesellschafterlisten oder das Aktienregister.

1395 Die **Voraussetzungen** für den Statuswechsel variieren danach, ob es sich um einen **konstitutiven** oder einen **deklaratorischen** Statuswechsel handelt. Bei dem konstitutiven Statuswechsel führt erst der Statuswechsel führt erst die Eintragung im Zielregister den Wechsel in die neue Rechtsform.

Beispiele

Ein Beispiel ist der Wechsel von der eGbR in die Kommanditgesellschaft. Hier ist ein – grundsätzlich formfreier – Statuswechselbeschluss aller Gesellschafter mit neuem Gesellschaftsvertrag erforderlich. Der deklaratorische Statuswechsel ist eine Geschäftsführungsmaßnahme, ein Gesellschafterbeschluss ist nicht erforderlich. Ein Beispiel ist der „Wechsel" der eGbR in die OHG durch Ausweitung des Geschäftsbetriebs.

Der Statuswechsel ist von allen Gesellschaftern in jedem Fall zum Ausgangsregister anzumelden. Hierfür ist notarielle Beglaubigung nötig. Anlagen sind keine beizufügen. Stellvertretung ist zulässig, da keine höchstpersönlichen Erklärungen abgegeben werden. 1396

▼

Muster 4.238: Anmeldung eines Statuswechsels von der eGbR zur OHG

Zur Eintragung in das Gesellschaftsregister sowie zum Handelsregister melden wir als sämtliche Gesellschafter an: 4.238

1. Die … eGbR wird im Wege des Statuswechsel als offene Handelsgesellschaft unter der Firma … OHG fortgesetzt.
2. Gegenstand der Gesellschaft ist der Handel mit … .
3. Sitz der Gesellschaft ist … .
4. Die Geschäftsanschrift lautet unverändert: … .
5. Gesellschafter sind unverändert:
   - … in …, geb. am …; und
   - …, geborener …, in …, geb. am … .
6. Abstrakt gilt für die Vertretung Folgendes: Jeder Gesellschafter vertritt stets einzeln.
7. Konkret gilt Folgendes: Eine abweichende konkrete Vertretungsregelung besteht nicht.

…, den …

…

(Beglaubigungsvermerk)

▲

2. Offene Handelsgesellschaft (OHG)

a) Begriff der OHG

Schließen sich mehrere zu einer Gesellschaft zusammen, deren **gemeinsamer Zweck** auf den **Betrieb eines Handelsgewerbes** gerichtet ist, entsteht gemäß § 105 Abs. 1 HGB eine OHG, wenn bei keinem der Gesellschafter die Haftung gegenüber den Gesellschaftsgläubigern beschränkt ist. Handelsgewerbe ist gemäß § 1 Abs. 2 HGB jeder Gewerbebetrieb, der nach Art oder Umfang des Unternehmens einen in kaufmännischer Weise eingerichteten Geschäftsbetrieb erfordert. Wird ein Kleingewerbe (kein nach Art und Umfang in kaufmännischer Weise eingerichteter Geschäftsbetrieb) betrieben, entsteht mit Abschluss des Gesellschaftsvertrages eine GbR. Diese **kann** sich aber gemäß § 107 Abs. 1 HGB in das Handelsregister eintragen lassen und ist dann eine OHG. 1397

Diese Möglichkeit besteht gemäß § 107 Abs. 1 HGB auch für Gesellschaften, die nur eigenes Vermögen verwalten, etwa für die eGbR, die nur Grundbesitz hält.

1398 Eine Gesellschaft, die nach Art und Umfang einen in kaufmännischer Weise eingerichteten Geschäftsbetrieb erfordert, ist kraft Gesetzes eine OHG. Ihre Eintragung in das Handelsregister hat lediglich **deklaratorische** Wirkung. Demgegenüber werden Gesellschaften, die ein Kleingewerbe betreiben (keinen in kaufmännischer Weise eingerichteten Geschäftsbetrieb) oder die lediglich eigenes Vermögen verwalten, erst mit ihrer Eintragung in das Handelsregister eine OHG. Die Eintragung hat hier also **konstitutive** Wirkung.

b) Anmeldung zum Handelsregister

1399 Die Gesellschaft ist bei dem Gericht, in dessen **Bezirk** sie ihren Sitz hat, zur Eintragung in das Handelsregister anzumelden. Die Anmeldung hat zu enthalten den Namen, Vornamen, das Geburtsdatum und den Wohnort jedes Gesellschafters, die Firma der Gesellschaft und den Ort, wo sie ihren Sitz hat, sowie die abstrakte und konkrete Vertretungsmacht der Gesellschafter. Wird die Firma einer Gesellschaft geändert oder der Sitz der Gesellschaft an einen anderen Ort verlegt oder tritt ein neuer Gesellschafter in die Gesellschaft ein, so ist dies ebenfalls zur Eintragung in das Handelsregister anzumelden (§ 106 HGB). Die Anmeldungen sind von sämtlichen Gesellschaftern zu bewirken. Anzumelden ist schließlich stets eine Geschäftsanschrift in einem Mitgliedstaat der Europäischen Union.

Ausführungen zu Art und Umfang des Gewerbebetriebes einer Personengesellschaft müssen nur noch bei folgenden Handelsregisteranmeldungen gemacht werden:

a) Anmeldung einer OHG oder KG zwischen Landwirten (§§ 161 Abs. 2, 107 Abs. 1 S. 1 i.V.m. § 3 HGB), denn Voraussetzung für die Eintragung von Landwirten ist, dass ihr Geschäft nach Art und Umfang kaufmännische Einrichtungen erfordert.
b) Statuswechsel einer OHG oder KG in eine eGbR, denn ein solcher darf nicht erfolgen, wenn der Geschäftsbetrieb nach Art und Umfang kaufmännische Einrichtungen erfordert.

c) Vertretung der Gesellschaft

1400 Die OHG wird grundsätzlich von jedem Gesellschafter allein im Rechtsverkehr, also im Außenverhältnis, vertreten. Es kann jedoch im Gesellschaftsvertrag bestimmt werden, dass nur alle oder mehrere Gesellschafter gemeinschaftlich oder nur zusammen mit einem Prokuristen zur **Vertretung** der Gesellschaft berechtigt sein sollen (§ 124 HGB). Diese Beschränkungen der Vertretungsmacht müssen in das Handelsregister eingetragen werden, wenn sie Dritten gegenüber wirksam sein sollen. Unterschieden wird dabei wie bei der Kapitalgesellschaft zwischen der abstrakten Vertretungsbefugnis, die sich aus dem Gesetz oder dem Gesellschaftsvertrag ergibt und der konkreten Vertretungsbefugnis.

1401 Bei folgenden Handelsregisteranmeldungen sind die abstrakte Vertretungsbefugnis aller persönlich haftenden Gesellschafter – das ist die generelle Vertretungsregelung nach Gesetz oder Gesellschaftsvertrag – und die konkrete Vertretungsbefugnis oder der konkrete Ausschluss von der Vertretung für **jeden** persönlich haftenden Gesellschafter anzumelden:

- bei jeder Erstanmeldung,
- bei jeder Änderung der abstrakten Vertretungsregelung,
- bei jeder Anmeldung der Liquidation einer OHG und KG.

Ferner ist bei jeder Änderung der konkreten Vertretungsbefugnis sowie auch bei dem Eintritt eines neuen persönlich haftenden Gesellschafters oder der Bestellung eines neuen Liquidators die abstrakte und die konkrete Vertretungsbefugnis oder der konkrete Ausschluss von der Vertretung für den oder die betroffenen persönlich haftenden Gesellschafter oder Liquidatoren anzumelden.

1402 Für bereits bestehende Personenhandelsgesellschaften gilt die Übergangsregelung des § 52 Einführungsgesetz zum Handelsgesetzbuch (EGHGB). Danach können Anmeldungen zu einer dem gesetzlichen Regelfall entsprechenden konkreten Vertretungsbefugnis der persönlich haftenden Gesellschafter erst zur Eintragung gelangen, wenn eine vom gesetzlichen Regelfall abweichende Bestimmung des Gesellschaftsvertrages über die Vertretungsmacht (abstrakte Vertretungsregelung) zugleich angemeldet und eingetragen wird. Dasselbe gilt für die erstmalige Anmeldung und Eintragung von Liquidatoren.

d) Geschäftsführungsbefugnis

Von der Vertretungsbefugnis gegenüber Dritten im Rechtsverkehr ist die Geschäftsführung der Gesellschafter im Innenverhältnis, also im Verhältnis der Gesellschafter zueinander, zu unterscheiden. Zu ihr sind alle Gesellschafter berechtigt und verpflichtet (§ 116 Abs. 1 HGB), wobei auch hier Abweichungen vereinbart werden können. Zudem kann im **Innenverhältnis** ein vertretungsberechtigter Gesellschafter verpflichtet werden, sich bei der **Geschäftsführung** im Rahmen bestimmter Schranken und an Weisungen zu halten. Anders als bei der GbR ist bei der OHG nach § 116 Abs. 3 HGB die **Einzelgeschäftsführungsbefugnis** der gesetzliche Regelfall. 1403

Die Befugnis zur Geschäftsführung erstreckt sich nur auf Handlungen, die der gewöhnliche Betrieb mit sich bringt. Zu Handlungen, die darüber hinausgehen, ist ein Beschluss aller Gesellschafter erforderlich (§ 116 Abs. 2 HGB). Geschäfte eines Gesellschafters, der allein zu handeln berechtigt ist, müssen unterbleiben, wenn ein anderer geschäftsführungsberechtigter Gesellschafter widerspricht. Überschreitet ein Gesellschafter diese Grenzen, so wird er unter Umständen der Gesellschaft gegenüber schadenersatzpflichtig; dem Dritten gegenüber ist seine Handlung jedoch grundsätzlich rechtswirksam. 1404

Beispiel

A und B sind die alleinigen Gesellschafter der offenen Handelsgesellschaft „A & B OHG". Jeder von ihnen ist allein zur Vertretung der Gesellschaft berechtigt. A beabsichtigt, ein Patent zu kaufen, von dem er sich einen großen Erfolg verspricht. B ist anderer Meinung und weist A an, den Kauf nicht zu tätigen. A schließt den Kaufvertrag dennoch namens der OHG ab. Der Kaufvertrag mit dem Verkäufer des Patents kommt rechtswirksam zustande. A hat sich jedoch der Gesellschaft gegenüber schadenersatzpflichtig gemacht, wenn sich das Patent als wertlos erweist.

e) Haftung gegenüber Dritten

Für die Schulden der OHG haften alle Gesellschafter auch **persönlich** (§ 126 HGB). Dies kann weder durch den Gesellschaftsvertrag noch durch Vereinbarung unter den Gesellschaftern abgeändert werden. Die Haftung besteht auch für den **ausgeschiedenen Gesellschafter**, soweit die Verbindlichkeiten bei seinem Ausscheiden bestanden haben. Die Ansprüche gegen ihn verjähren jedoch in fünf Jahren seit der Eintragung seines Ausscheidens in das Handelsregister, falls sie zu diesem Zeitpunkt fällig gewesen waren, andernfalls erst fünf Jahre nach der Fälligkeit (§ 151 HGB). 1405

Der Gläubiger hat grundsätzlich die **Wahl**, ob er die Gesellschaft oder den einzelnen Gesellschafter in Anspruch nehmen will. Zur Zwangsvollstreckung in das Vermögen der OHG ist ein Urteil gegen diese erforderlich. Dagegen ist die Zwangsvollstreckung in das Vermögen der einzelnen Gesellschafter nur aufgrund eines gegen sie persönlich ergangenen Urteils möglich. Zulässig und zweckmäßig ist es deshalb, ein Urteil zugleich gegen die OHG und die Gesellschafter oder einzelne von ihnen zu erwirken, indem der Klageantrag entsprechend gestellt wird. 1406

f) Rechtliche Selbstständigkeit

Zwar ist die offene Handelsgesellschaft als Personengesellschaft **keine juristische Person**, genießt aber gemäß § 105 Abs. 2 HGB eine **rechtliche Selbstständigkeit**, die derjenigen einer juristischen Person nahekommt (**Rechtsfähigkeit**). Die offene Handelsgesellschaft kann unter ihrer Firma Rechte erwerben und Verbindlichkeiten eingehen, Eigentum und andere dingliche Rechte an Grundstücken erwerben, vor Gericht klagen und verklagt werden. Als Eigentümerin im Grundbuch wird die offene Handelsgesellschaft unter ihrer Firma eingetragen. Es muss streng zwischen **Gesellschafts- und Gesellschaftervermögen** unterscheiden werden. Die Gesellschafter sind am Gesellschaftsvermögen nur mittelbar über ihre Mitgliedschaft beteiligt. Gegenstand von Verfügungen des einzelnen Gesellschafters kann nur der eigene Gesellschaftsanteil sein. 1407

▼

Muster 4.239: Anmeldung einer OHG zum Handelsregister

4.239 Zur Eintragung in das Handelsregister melden wir an:

Wir haben eine offene Handelsgesellschaft unter der Firma „… OHG" gegründet. Die Gesellschaft hat ihren Sitz in …. Ihre Geschäftsräume befinden sich in …. Dies ist auch die inländische Geschäftsanschrift.

Gesellschafter sind:

- … in …, geboren am … und
- … aus …, geboren am ….

Abstrakt gilt für die Vertretung Folgendes: Jeder Gesellschafter vertritt die Gesellschaft einzeln. Jedem von ihnen kann Befreiung von den Beschränkungen des § 181 BGB erteilt werden. Konkret gilt Folgendes:

Der Gesellschafter … ist berechtigt, die Gesellschaft stets einzeln zu vertreten. Er ist von den Beschränkungen des § 181 BGB befreit. Der Gesellschafter … ist von der Vertretung ausgeschlossen.

Gegenstand des Unternehmens sind der …. Die Gesellschaft ist berechtigt, andere Unternehmen zu erwerben, sich an solchen zu beteiligen und Zweigniederlassungen zu errichten.

Die inländische Geschäftsanschrift lautet: …

…, den …

…

▲

g) Wechsel im Gesellschafterbestand

1408 Die Gesellschaft verändert sich in ihrem Personenbestand, wenn ein Gesellschafter ausscheidet und/oder ein neuer Gesellschafter eintritt. Ausscheiden und Eintreten kann auch in der Weise kombiniert werden, dass ein Gesellschafterwechsel erfolgt, dass also ein neuer Gesellschafter an die Stelle des alten tritt (**Sonderrechtsnachfolge**).

aa) Ausscheidungsgründe

1409 Personengesellschaften sind im Gegensatz zu den Kapitalgesellschaften grundsätzlich von ihrem **Mitgliederbestand abhängig**. Allerdings ist die Personengesellschaft nach geltendem Recht weitgehend unabhängig von ihrem Gesellschafterbestand. Der Tod eines Gesellschafters und andere in der Person des Gesellschafters begründete Umstände führen nach § 130 HGB nicht mehr zur Auflösung der Gesellschaft, sondern zum Ausscheiden des Gesellschafters. Die Gesellschaft wird unter den verbleibenden Gesellschaftern fortgesetzt.

1410 Kraft Gesetzes scheidet ein Gesellschafter aus der Gesellschaft aus bei seinem **Tod**, bei Eröffnung des Insolvenzverfahrens über sein Vermögen, bei Kündigung durch ihn oder durch einen seiner Privatgläubiger. Bei Vorliegen eines wichtigen Grundes in der Person eines Gesellschafters – insbesondere, wenn er eine ihm nach dem Gesellschaftsvertrag obliegende wesentliche Verpflichtung vorsätzlich oder grob fahrlässig verletzt – kann sein Ausschluss gemäß § 134 HGB von den übrigen Mitgesellschaftern betrieben werden. Der Ausschluss erfolgt durch gerichtliches Gestaltungsurteil, das des Antrages der übrigen Gesellschafter bedarf. Mit Rechtskraft des obsiegenden Urteils scheidet der beklagte Gesellschafter automatisch aus der fortbestehenden Gesellschaft aus.

Der Gesellschaftsvertrag kann weitere Ausscheidungsgründe vorsehen.

bb) Folgen des Ausscheidens

1411 Für die bis zum Zeitpunkt des Ausscheidens begründeten Verbindlichkeiten (Altschulden) besteht die Haftung aus § 126 HGB fort. Nach § 137 HGB erlischt die Haftung des Ausgeschiedenen nach fünf Jahren, wenn die Ansprüche nicht innerhalb der Frist gerichtlich geltend gemacht oder schriftlich anerkannt worden sind.

Scheidet ein Gesellschafter aus einer fortbestehenden Gesellschaft aus, so bleibt die Identität der Gesellschaft erhalten. Der Ausscheidende verliert mit seiner Mitgliedschaft zugleich seine Berechtigung am Gesellschaftsvermögen; sein Anteil wächst den übrigen Gesellschaftern gemäß § 712 Abs. 1 BGB i.V.m. § 105 Abs. 3 HGB an. Die Anwachsung vollzieht sich automatisch, ohne dass irgendwelche Übertragungsakte erforderlich oder überhaupt möglich sind. Der ausscheidende Gesellschafter hat gegen die Gesellschaft gemäß § 728 BGB einen Anspruch auf Befreiung von den Schulden der Gesellschaft sowie auf eine angemessene Abfindung, für den die übrigen Gesellschafter persönlich haften. Obwohl nach geltendem Recht nicht mehr ausdrücklich geregelt, darf der ausscheidende Gesellschafter Rückgabe der Gegenstände, die er der Gesellschaft zur Benutzung überlassen hat, verlangen. Die Folgen des Ausscheidens können und sollten die Gesellschafter im Gesellschaftsvertrag näher regeln, insbesondere was eine angemessene Abfindung angeht.

cc) Eintritt eines Gesellschafters

Der Eintritt eines Gesellschafters in die Gesellschaft erfolgt durch Abschluss eines Aufnahmevertrages. Der **1412** Eintretende wird automatisch am Gesellschaftsvermögen beteiligt. Er haftet gemäß § 127 HGB auch für Altschulden der Gesellschaft.

dd) Tod eines Gesellschafters

Gemäß § 130 Abs. 1 Nr. 1 HGB führt der Tod eines Gesellschafters einer OHG nicht zur Auflösung der Gesell- **1413** schaft, sondern lediglich zum Ausscheiden des Gesellschafters, wenn die Gesellschafter im Gesellschaftsvertrag nicht die Auflösung für diesen Fall vereinbart haben. Der Anteil des Verstorbenen am Gesellschaftsvermögen wächst den verbliebenen Gesellschaftern an. Dem Erben steht als Ausgleich für den Verlust des Anteils ein Anspruch auf „angemessene Abfindung" zu, der sich nach dem wirklichen Wert des Gesellschaftsvermögens am Tag des Todes richtet (§ 728 BGB i.V.m. § 105 Abs. 3 HGB).

Die Gesellschafter können im Gesellschaftsvertrag jedoch vereinbaren, dass ein, mehrere oder alle Erben des **1414** verstorbenen Gesellschafters in seine Gesellschafterstellung nachrücken (erbrechtliche Nachfolgeklausel). Auf diese Weise können nur gesetzliche oder gewillkürte Erben, nicht Vermächtnisnehmer in die Gesellschaft eintreten. Die erbrechtliche Nachfolge in den Gesellschaftsanteil erfolgt durch eine Sondererbfolge, der vererbte Gesellschaftsanteil wird vom übrigen Nachlass abgesondert und geht auf den oder die durch letztwillige Verfügung oder gesetzliche Erbfolge bestimmten Erben des verstorbenen Gesellschafters über.

Die Sondererbfolge führt dazu, dass bei einem Eintrittsrecht mehrerer Erben (einfache Nachfolgeklausel) diese **1415** den Gesellschaftsanteil zu einem ihrer Erbquote entsprechenden Teil (also nicht im Rechtsverhältnis der Erbengemeinschaft) erwerben und beim Eintrittsrecht eines oder eines bestimmten Erben (qualifizierte Nachfolgeklausel) dieser den Anteil im Ganzen unmittelbar, abgesondert vom übrigen Nachlass, erwirbt.

Gemäß § 131 Abs. 1 HGB kann ein Erbe sein Verbleiben in der Gesellschaft davon abhängig machen, dass ihm **1416** die Stellung eines Kommanditisten eingeräumt wird. Hierdurch erreicht er eine Haftungsbeschränkung (vgl. Rdn 1428). Diese Befugnis ist innerhalb von drei Monaten nach Kenntnis vom Anfall der Erbschaft auszuüben (§ 131 Abs. 3 HGB). Nehmen die übrigen Gesellschafter den Antrag des Erben nicht an, so ist dieser befugt, ohne Einhaltung einer Kündigungsfrist sein Ausscheiden aus der Gesellschaft zu erklären (§ 131 Abs. 2 HGB). Die Gesellschaft wird von den übrigen Gesellschaftern fortgeführt; bestand sie nur aus zwei Gesellschaftern, so geht das Gesellschaftsvermögen gemäß § 712 Abs. 1 S. 1 BGB i.V.m. 105 Abs. 3 HGB auf den überlebenden Gesellschafter über.

h) Auflösung der Gesellschaft

Die OHG wird aufgelöst, wenn ein Auflösungsgrund eintritt. Gesetzliche Auflösungsgründe sind gemäß § 138 **1417** HGB Zeitablauf, Gesellschafterbeschluss, Insolvenzeröffnung über das Vermögen der Gesellschaft und gerichtliche Entscheidung (Auflösungsklage).

Die Auflösung der Gesellschaft führt nicht zu deren Erlöschen. Vielmehr wird sie zu einer Abwicklungsgesell- **1418** schaft. Auch kann die Gesellschaft stets durch einen übereinstimmenden Beschluss aller Gesellschafter wieder von den verbleibenden Gesellschaftern fortgeführt werden. Die Abwicklung der Gesellschaft nennt man Liquidation. Sie liegt in der Regel in den Händen der Gesellschafter. Zu Liquidatoren können aber auch Nichtgesellschafter bestellt werden. Die Auflösung der Gesellschaft, die Liquidatoren und ihre abstrakte und konkrete Vertretungsbefugnis sind zur Eintragung in das Handelsregister anzumelden.

1419 Der Zweck der Liquidation ist die Versilberung des Gesellschaftsvermögens, d.h. die Herstellung eines reinen Geldvermögens. Die laufenden Geschäfte sollen erledigt und die Schulden beglichen werden. Der Überschuss ist an die Gesellschafter zu verteilen. Mit der Schlussverteilung endet die OHG (Vollbeendigung). Die Beendigung der Liquidation und das Erlöschen der Firma sind zur Eintragung in das Handelsregister anzumelden. Denkbar ist auch, dass Auflösung und Vollbeendigung zusammenfallen, nämlich dann, wenn bei der Auflösung Vermögen nicht mehr zu verteilen ist, wie etwa bei dem Verkauf des Geschäfts durch die OHG.

▼

Muster 4.240: Anmeldung der Auflösung der OHG

4.240 Zum Handelsregister A – Firma „ “ in – melden wir an:

Die Gesellschaft ist durch Gesellschafterbeschluss aufgelöst. Zum Liquidator ist der Steuerberater in bestellt. Er ist befugt, die Gesellschaft stets einzeln zu vertreten. Von den Beschränkungen des § 181 BGB ist er befreit.

Abstrakt gilt für die Vertretung der Liquidatoren:

Jeder Liquidator vertritt die Gesellschaft allein. Jedem Liquidator kann Befreiung von den Beschränkungen des § 181 BGB erteilt werden.

Die inländische Geschäftsanschrift lautet:

, den

(Beglaubigungsvermerk)

▲

1420 ▼

Muster 4.241: Anmeldung des Erlöschens der Firma nach Beendigung der Liquidation

4.241 Zum Handelsregister A melde ich an, dass die Liquidation beendet und die Firma erloschen ist. Die Bücher und Papiere der aufgelösten Gesellschaft sind dem Gesellschafter in Verwahrung gegeben worden.

, den

(Beglaubigungsvermerk)

▲

3. Partnerschaftsgesellschaft

1421 Das Partnerschaftsgesellschaftsgesetz (PartGG) regelt eine besondere Gesellschaftsform der freien Berufe. Die Partnerschaft ist ähnlich der OHG eine rechtsfähige Personengesellschaft, die namens-, partei-, grundbuch-, insolvenz- und deliktsfähig ist. In ihr können sich Angehörige freier Berufe zur Ausübung ihres Berufes zusammenschließen. Sie übt kein Handelsgewerbe aus. Angehörige einer Partnerschaft können nur natürliche Personen sein. Welche freien Berufe sich zu einer Partnerschaft zusammenschließen können, ergibt sich aus § 1 Abs. 2 des Gesetzes. Notaren steht die Partnerschaft nicht offen.

> *Hinweis*
> Durch das MoPeG ist das **Namensrecht** der PartG weitgehend liberalisiert worden. Der Name der Partnerschaft muss daher nur noch den Zusatz „und Partner“ oder „Partnerschaft“ enthalten. Der Zwang zur Benennung mindestens eines Partners und zur Benennung aller vertretenen Berufe ist jeweils entfallen.

1422 Seit dem MoPeG unterliegt der Partnerschaftsvertrag **keinem Formerfordernis** mehr, kann also auch **mündlich** abgeschlossen werden. Dadurch ist die Rechtslage an die anderen Personengesellschaftsformen angeglichen worden. Das PartGG schreibt an sich seit dem MoPeG den Mindestinhalt des Partnerschaftsvertrages nicht mehr vor. Mindestinhalte ergeben sich aber aus dem verpflichtenden Inhalt der Anmeldung der Partnerschaft zum Partnerschaftsregister (§ 4 Abs. 1 und § 5 Abs. 1 PartGG).

Für die **Verbindlichkeiten** der Partnerschaft haften neben dem Vermögen der Partnerschaft die Partner als Gesamtschuldner. Die persönliche Haftung kann jedoch wegen fehlerhafter Berufsausübung vertraglich auf einen oder mehrere Partner beschränkt werden. Eine Sonderform ist die Partnerschaftsgesellschaft mit beschränkter Berufshaftung nach § 8 Abs. 4 PartGG. Bei dieser haftet nur das Gesellschaftsvermögen für Schäden, die Dritten **durch fehlerhafte Berufsausübung** eines Partners entstanden sind. Im Gegenzug muss die Gesellschaft eine Berufshaftpflichtversicherung unterhalten und im Namen den Zusatz „mit beschränkter Berufshaftung" oder die Abkürzung „mbB" oder eine andere allgemein verständliche Abkürzung dieser Bezeichnung enthalten. Seit dem MoPeG stehen auch den freien Berufen die Rechtsformen der Personenhandelsgesellschaften offen, obwohl sie kein Gewerbe ausüben (§ 107 Abs. 1 S. 2 HGB). Dies hat den Vorteil, dass die Haftung der Gesellschafter über eine GmbH & Co. KG auch für solche Verbindlichkeiten beschränkt werden kann, die nicht auf fehlerhafter Berufsausübung beruhen. Das jeweilige Berufsrecht muss die Eintragung einer Personenhandelsgesellschaft aber ausdrücklich erlauben. Es bleibt abzuwarten, inwieweit sich die Personenhandelsgesellschaft als Alternative zur Partnerschaft und Kapitalgesellschaft für freie Berufe etablieren wird.

Die Partnerschaft wird im Verhältnis zu Dritten mit ihrer Eintragung in das Partnerschaftsregister wirksam (§ 7 1423
Abs. 1 PartGG).

§ 4 PartGG regelt die Anmeldung der Partnerschaft in das **Partnerschaftsregister**.

Die in öffentlich beglaubigter Form von allen Partnern elektronisch zu bewirkende Anmeldung muss enthalten den Namen, den Sitz und die Geschäftsanschrift der Partnerschaft, den Namen und den Vornamen, das Geburtsdatum, den in der Partnerschaft ausgeübten Beruf und den Wohnort jedes Partners sowie den Gegenstand der Partnerschaft. Im Hinblick darauf, dass die Partnerschaftsgesellschaft erst mit ihrer Eintragung in das Partnerschaftsregister wirksam wird, bedarf es nicht der Angabe des Beginns der Gesellschaft.

Nach §§ 119 Abs. 1, 105 Abs. 2, Abs. 3 Nr. 2, 92 Abs. 2 GNotKG beträgt der Geschäftswert für den Entwurf 1424
der ersten Anmeldung einer Partnerschaftsgesellschaft mit zwei Gesellschaftern 45.000 EUR; hat die Partnerschaftsgesellschaft mehr als zwei Gesellschafter, erhöht sich der Wert für den dritten und jeden weiteren Gesellschafter um jeweils 15.000 EUR. Der Höchstwert der Anmeldung beträgt 1 Million EUR (§ 106 GNotKG).

Für den Entwurf der Anmeldung zum Partnerschaftsregister mit Unterschriftsbeglaubigung entsteht eine 0,5-Gebühr, mindestens 30 EUR, gemäß GNotKG KV Nr. 24102, 21200, 21201 Nr. 5.

▼ 1425

Muster 4.242: Anmeldung einer Partnerschaft zum Partnerschaftsregister

Amtsgericht 4.242

– Partnerschaftsregister –

Hiermit beantragen wir gemäß § 4 PartGG i.V.m. der VO über die Einrichtung und Führung des Partnerschaftsregisters die Eintragung unserer Partnerschaft in das Partnerschaftsregister.

1. Der Name der Partnerschaft lautet „ ". Der Sitz der Partnerschaft ist .
2. Partner sind:
   a) , geboren am , wohnhaft in ,
   b) , geboren am , wohnhaft in ,
   c) , geboren am , wohnhaft in .
3. Gegenstand der Partnerschaft ist die Ausübung rechtsanwaltlicher und steuerberatender Tätigkeit.

4. Jeder Partner vertritt die Partnerschaft einzeln. Einem Partner kann durch Vereinbarung der Partner Befreiung von den Beschränkungen des § 181 BGB erteilt werden. Der Rechtsanwalt und der Steuerberater sind jeweils einzelvertretungsberechtigt und von den Beschränkungen des § 181 BGB befreit.

Die Rechtsanwältin ist von der Vertretung der Partnerschaft ausgeschlossen.

Wir versichern die Zugehörigkeit jedes Partners zu dem angegebenen freien Beruf und dass die genannten Berufe in der Partnerschaft ausgeübt werden. Zum Nachweis fügen wir jeweils einen elektronisch beglaubigten Auszug aus der Registrierung der jeweiligen Kammer bzw. berufsständigen Vereinigung bei. Berufsrechtliche Vorschriften führen weder zu einer Beschränkung noch zu einem Ausschluss der Zusammenarbeit der Partner in einer Partnerschaftsgesellschaft.

Beigefügt ist zudem eine Versicherungsbescheinigung gemäß § 113 Abs. 2 VVG.

Für die Berufe, die in der Partnerschaft ausgeübt werden, bestehen folgende Berufskammern:

- Rechtsanwaltskammer ,
- Steuerberaterkammer ,

Die Geschäftsräume der Partnerschaft befinden sich in .

, den

(Beglaubigungsvermerk)

▲

Wegen weiterer Anmeldungen zum Partnerschaftsregister siehe *Gustavus*.[262]

1426 *Kostenberechnung:*

Geschäftswert:	45.000 EUR	(für zwei Gesellschafter)
	+ 15.000 EUR	(für den dritten Gesellschafter)
	60.000 EUR	

(§§ 119 Abs. 1, 105 Abs. 3 Nr. 2, 92 Abs. 2 GNotKG)

Gebühr GNotKG KV Nr. 24102, 21200, 21201 Nr. 5 (0,5) 96 EUR

Erzeugt der Notar nach der Fertigung des Entwurfs der Anmeldung zum Partnerschaftsregister und der Beglaubigung der Unterschriften der Unterzeichner strukturierte Daten in Form der Extensible Markup Language (XML) oder in einem nach dem Stand der Technik vergleichbaren Format für eine automatisierte Weiterbearbeitung, erhält er die Gebühr nach GNotKG KV Nr. 22114 von 0,2, höchstens 125 EUR; hier: bei dem Geschäftswert von 60.000 EUR in Höhe von 38 EUR. Diese Gebühr entsteht neben der vorstehend erwähnten Gebühr für die Anmeldung.

Aufgrund § 376 Abs. 2 FamFG können die Landesregierungen durch Rechtsverordnung die Führung des Partnerschaftsregisters für mehrere Amtsgerichtsbezirke einem Amtsgericht übertragen. So hat z.B. das Land Nordrhein-Westfalen von dieser Ermächtigung Gebrauch gemacht und dem Amtsgericht Essen die Führung des Partnerschaftsregisters für alle Amtsgerichtsbezirke in Nordrhein-Westfalen übertragen. Baden-Württemberg hat die Partnerschaftsregistersachen bei den folgenden vier Amtsgerichten konzentriert: Freiburg, Mannheim, Stuttgart und Ulm. In anderen Bundesländern müsste daher zunächst die Zuständigkeit geprüft werden.

262 *Gustavus*, Handelsregister-Anmeldungen, 12. Aufl. 2024, A 83 ff.

4. Kommanditgesellschaft (KG)

a) Besonderheiten der KG

Die KG ist eine Abart der OHG. Es finden daher die für die OHG geltenden Bestimmungen auch auf die KG Anwendung, soweit sich nicht aus den §§ 161 ff. HGB etwas anderes ergibt. Über die Verweisung auf § 105 Abs. 2 HGB finden auch die Bestimmungen der §§ 750 ff. BGB über die GbR entsprechende Anwendung, soweit weder die §§ 161 ff. HGB, noch die §§ 105 ff. HGB eine passende Regelung bereithalten. Das Besondere an der KG ist, dass mindestens ein Gesellschafter, der Komplementär, für die Schulden der Gesellschaft unmittelbar und unbeschränkt haftet, während die Haftung der übrigen Gesellschafter, der Kommanditisten, auf einen bestimmten Betrag (Haftsumme) beschränkt ist. Eine KG setzt also voraus, dass mindestens ein Gesellschafter persönlich haftet (Komplementär) und mindestens ein Gesellschafter Kommanditist ist. Letzterer ist lediglich Kapitalgeber, während der Komplementär das eigentliche kaufmännische Unternehmen betreibt. 1427

Der Komplementär haftet den Gläubigern der Gesellschaft wie der Gesellschafter einer OHG, also unbeschränkt und persönlich mit seinem gesamten Vermögen. Bei der Haftung des Kommanditisten ist zu unterscheiden, ob er seine Einlage bereits geleistet hat oder nicht. Vor der Leistung seiner Einlage haftet er den Gläubigern der Gesellschaft gegenüber unmittelbar, aber beschränkt bis zur Höhe der von ihm zu erbringenden Einlage. Hat der Kommanditist seine Einlage geleistet, haftet er den Gläubigern der Gesellschaft überhaupt nicht mehr (§ 171 HGB). 1428

Beispiel

K hat sich zu einer Einlage von 10.000 EUR verpflichtet. Die Einlage ist in Höhe von 5.000 EUR erbracht, mit dem Rest steht sie noch offen. Ein Gläubiger, der gegen die Gesellschaft eine Forderung von 20.000 EUR hat, wendet sich an K. Dieser ist verpflichtet, an den Gläubiger 5.000 EUR auf die Forderung zu zahlen. Hätte K seine Einlage bereits voll erbracht, wäre seine Haftung gegenüber dem Gläubiger ausgeschlossen gewesen.

Die Vertretungsmacht obliegt bei einer Kommanditgesellschaft kraft zwingenden Rechts stets dem Komplementär. Die Übertragung der organschaftlichen Vertretungsmacht auf einen Kommanditisten ist nicht möglich. Allerdings kann einem Kommanditisten **Prokura** oder Handlungsvollmacht erteilt werden. Dagegen kann einem Kommanditisten durch Gesellschaftsvertrag die Allein- oder Mitgeschäftsführung im Innenverhältnis übertragen werden. 1429

▼ 1430

Muster 4.243: Anmeldung einer Kommanditgesellschaft zum Handelsregister 4.243

Zum Handelsregister melden wir an:

Wir haben unter der Firma „ “ eine Kommanditgesellschaft gegründet. Persönlich haftender Gesellschafter ist der Kaufmann , Kommanditistin mit einer Haftsumme von EUR die Kauffrau .

Gegenstand des Unternehmens ist der Betrieb einer .

Abstrakt gilt für die Vertretung Folgendes: Jeder persönlich haftende Gesellschafter vertritt die Gesellschaft einzeln. Jeder von ihnen kann von den Beschränkungen des § 181 BGB befreit werden. Konkret gilt: ist von den Beschränkungen des § 181 BGB befreit.

Die Geschäftsräume der Gesellschaft befinden sich in . Dies ist auch die inländische Geschäftsanschrift.

, den

(Beglaubigungsvermerk)

▲

b) Wechsel im Gesellschafterbestand

1431 Die Beteiligung des Komplementärs und die Kommanditbeteiligung können – wie die Beteiligung an einer OHG – an einen **Dritten** übertragen werden. Bei der Übertragung einer Kommanditbeteiligung ist Folgendes zu beachten: Wird die **Einlage** des Kommanditisten ganz oder teilweise an diesen zurückgezahlt, gilt sie insoweit den Gläubigern der Gesellschaft als noch nicht geleistet mit der Folge, dass die Haftung des Kommanditisten den Gläubigern gegenüber wieder auflebt. Daher ist bei der Anmeldung eines Kommanditistenwechsels durch Sonderrechtsnachfolge zum Handelsregister von den dem persönlich haftenden Gesellschafter und dem ausgeschiedenen Kommanditisten zu versichern, dass diesem keine Abfindung aus dem Gesellschaftsvermögen gewährt oder versprochen worden ist.

▼

Muster 4.244: Anmeldung eines Kommanditistenwechsels durch Sonderrechtsnachfolge

4.244 Zum Handelsregister melden wir an:

Der Kommanditist ___, geboren am ___, wohnhaft in ___, hat seine gesamte Beteiligung mit einer Haftsumme von ___ EUR im Wege der Sonderrechtsnachfolge auf seine damit neu mit dieser Haftsumme in die Gesellschaft als Kommanditistin eingetretene Tochter ___, geboren am ___, wohnhaft in ___, übertragen und ist dadurch aus der Gesellschaft ausgeschieden.

Der bisherige Kommanditist ___ sowie der persönlich haftende Gesellschafter versichern, dass dem ausgeschiedenen Kommanditisten keinerlei Abfindung aus dem Gesellschaftsvermögen gewährt oder versprochen worden ist.

Die inländische Geschäftsanschrift lautet unverändert: ___

___, den ___

___

▲

1432 Stirbt ein Kommanditist, geht sein Kommanditanteil – wenn im Gesellschaftsvertrag nicht etwas anderes vereinbart ist – auf seine Erben über (§ 177 BGB). Der Kommanditanteil, ebenso wie die Beteiligung eines persönlich haftenden Gesellschafters, unterliegt bei Bestehen einer erbrechtlichen Nachfolgeklausel einer Sondererbfolge, wird also aus dem sonstigen Nachlass ausgegliedert und geht unmittelbar auf den Erben über. Bei mehreren Erben eines Kommanditanteils tritt jeder Erbe als selbstständiger Kommanditist mit einem seiner Erbquote entsprechenden Teil der Einlage des Erblassers in die Gesellschaft ein. Die einzelnen Beträge sind in der Anmeldung anzugeben.

▼

Muster 4.245: Anmeldung einer Sondererbfolge

4.245 Der Kommanditist ___ ist durch Tod aus der Gesellschaft ausgeschieden. Seine Kommanditbeteiligung mit einer Haftsumme in Höhe von ___ EUR ist durch Erbfolge auf seine Erben übergegangen.

Diese sind im Wege einer Sondererbfolge mit folgenden Haftsummen in die Gesellschaft als Kommanditisten eingetreten: ___ mit einer Haftsumme in Höhe von ___ EUR und ___ mit einer Haftsumme in Höhe von ___ EUR.

Als Erbnachweis wird die elektronisch beglaubigte Abschrift der Ausfertigung des gemeinschaftlichen Erbscheins des Amtsgerichts ___ vom ___ eingereicht.

Die inländische Geschäftsanschrift ist unverändert geblieben und lautet: ___

▲

5. Innengesellschaften

1433 Von einer Innengesellschaft spricht man, wenn lediglich Rechte und Pflichten **unter den Gesellschaftern**, aber **keine Rechtsbeziehungen** der Gesellschaft zu **Dritten** entstehen. Bei den Innengesellschaften gibt es keine Vorschriften über die Vertretung und die Haftung der Gesellschafter. Sie tritt nach außen nicht in Erscheinung, d.h., im Geschäftsverkehr ist nicht erkennbar, dass eine Gesellschaft vorliegt. Die Innengesellschaften werden daher auch nicht in das Handelsregister eingetragen. Die Innen-GbR ist in den §§ 740 ff. BGB geregelt (siehe oben Rdn 1393).

a) Stille Gesellschaft

Eine **reine** Innengesellschaft ist die stille Gesellschaft, gesetzlich geregelt in den §§ 230 ff. HGB. Sie ist eine **1434** Gesellschaft, bei der der stille Gesellschafter sich an dem Handelsgewerbe eines anderen in der Weise beteiligt, dass er in das Unternehmen des Geschäftsinhabers eine Einlage leistet und dafür am Gewinn teilnimmt. Die stille Gesellschaft hat **kein eigenes Gesellschaftsvermögen**, die Einlage des stillen Gesellschafters geht in das Vermögen des Inhabers des Handelsgeschäfts über. Aus den mit Dritten geschlossenen Geschäften wird allein der Inhaber des Unternehmens berechtigt und verpflichtet.

Beispiel

A ist Inhaber eines Damenmodegeschäfts. B beteiligt sich daran mit 50.000 EUR. Dafür soll er 20 % des Gewinns erhalten. Die 50.000 EUR gehen in das Eigentum des A über. A bleibt alleiniger Inhaber des Geschäfts. Aus den von ihm abzuschließenden Verträgen wird allein er berechtigt und verpflichtet.

Bei Auflösung der stillen Gesellschaft hat der stille Gesellschafter einen Anspruch auf Rückzahlung seiner Be- **1435** teiligung zuzüglich ihm gutgeschriebener Gewinne. An den Wertsteigerungen des Geschäftsvermögens nimmt er in der Regel nicht teil. Das Gegenteil kann aber vereinbart werden. Dann ist der stille Gesellschafter echter Mitunternehmer. Man spricht in diesen Fällen von einer „**atypischen**“ stillen Gesellschaft.

b) Unterbeteiligung

Eine weitere Form der Innengesellschaft ist die **Unterbeteiligung**. Sie liegt vor, wenn mehrere im Innenver- **1436** hältnis an der Beteiligung eines Gesellschafters beteiligt sind. Gemeinsamer Zweck bei der Unterbeteiligung ist es, den Anteil an der Hauptgesellschaft innezuhaben und insbesondere gewinnbringend zu nützen. Der Unterbeteiligte tritt nach außen nicht in Erscheinung und ist lediglich schuldrechtlich am Gewinn und am Auseinandersetzungsguthaben, die auf den betreffenden Gesellschaftsanteil entfallen, beteiligt.

Beispiel

A ist Kommanditist einer KG. Er beabsichtigt, seinen Sohn S an dem auf ihn entfallenden Gewinn zu beteiligen. A schließt mit S einen Vertrag, wonach A seinen Gewinn aus der Kommanditbeteiligung zwischen sich und S in bestimmter Weise verteilt. Die Kommanditbeteiligung steht nach wie vor allein A zu. Er allein unterhält Rechtsbeziehungen zu den anderen Gesellschaftern der KG, der KG selbst und zu Dritten. A ist lediglich im Innenverhältnis zu S schuldrechtlich gehalten, den Gewinn aufzuteilen.

6. Gesellschaft mit beschränkter Haftung (GmbH)

a) Wesen der GmbH

Die Gesellschaft mit beschränkter Haftung ist eine juristische Person und somit **selbstständige Trägerin von** **1437** **Rechten und Pflichten**. Sie kann Eigentum und andere dingliche Rechte an Grundstücken (z.B. Hypotheken und Grundschulden) erwerben, vor Gericht klagen und verklagt werden. Aus Verträgen, die die GmbH abschließt, wird sie allein berechtigt und verpflichtet. Für die Verbindlichkeiten der Gesellschaft haftet nur die GmbH mit ihrem Gesellschaftsvermögen, es haften also nicht die Gesellschafter persönlich.

Die GmbH kann zu jedem gesetzlich **zulässigen Zweck** durch eine oder mehrere Personen errichtet werden. Ge- **1438** winnerzielungsabsicht ist nicht erforderlich. Für bestimmte Tätigkeiten ist die Gesellschaftsform der GmbH ausgeschlossen (Bausparkassen, Versicherungen). Freie Berufe können sich der Rechtsform der GmbH bedienen, insbesondere Wirtschaftsprüfer und Steuerberater,[263] nicht aber Apotheker und Notare.

Da die Gesellschafter für Verbindlichkeiten der Gesellschaft nicht haften, versuchen sich Gläubiger, insbeson- **1439** dere Banken, dadurch zu sichern, dass sie die Gesellschafter neben der Gesellschaft **persönlich** in Haftung neh-

263 Für Ärzte: BGH, NJW 1994, 786; für Rechtsanwälte: BayObLG, NJW 1996, 3217.

men, etwa durch Übernahme einer Bürgschaft gegenüber der Bank. Hierdurch wird in der Praxis die „beschränkte Haftung“ für die Gesellschafter umgangen.

1440 Organe der GmbH sind der **Geschäftsführer** und die Gesamtheit der Gesellschafter, die **Gesellschafterversammlung**. Die Gesamtheit der Gesellschafter ist Trägerin der Willensbildung; sie beschließt über alle Angelegenheiten und die Geschicke der Gesellschaft. Der Geschäftsführer hat diese Beschlüsse auszuführen. Er vertritt die Gesellschaft gerichtlich und außergerichtlich. Aus den Erklärungen, die der Geschäftsführer im Rechtsverkehr für die Gesellschaft abgibt, wird diese berechtigt und verpflichtet.

b) Gesellschaftsvertrag

aa) Form und Mindestinhalt

1441 Der Gesellschaftsvertrag bedarf der **notariellen Beurkundung**. Ein Gesellschafter kann sich beim Abschluss des Vertrages vertreten lassen. Die Vollmacht oder die nachträgliche Genehmigung bedürfen jedoch der notariellen Beglaubigung.

Bei Gründung einer Ein-Personen-GmbH ist der Gesellschaftsvertrag nichtig, wenn ein Vertreter ohne Vertretungsmacht für den Gesellschafter aufgetreten ist. Gemäß § 180 S. 1 BGB ist nämlich eine Vertretung ohne Vertretungsmacht bei einseitigen, nicht empfangsbedürftigen Willenserklärungen – um eine solche handelt es sich bei der Gründung einer Ein-Personen-GmbH – unzulässig.

> *Hinweis*
>
> Diese Rechtsfolge kann auch nicht dadurch vermieden werden, dass aufgrund schriftlicher oder mündlich behaupteter Vollmacht gehandelt und die Vollmacht dann notariell beglaubigt bestätigt wird.[264]

1442 Der **Gesellschaftsvertrag** muss enthalten:

- die Firma und den Sitz der Gesellschaft, den Gegenstand des Unternehmens,
- den Betrag des Stammkapitals und
- die Zahl und die Nennbeträge der Geschäftsanteile, die jeder Gesellschafter gegen Einlage auf das Stammkapital übernimmt.

Sitz der Gesellschaft muss ein Ort im Inland sein (**Satzungssitz**). Das schließt nicht aus, dass Betrieb und Verwaltung an einem anderen Ort, auch im Ausland, liegen (**Verwaltungssitz**). Auch zeitliche Beschränkungen der Gesellschaft und Leistungen der Gesellschafter, die nicht in Geld bestehen (**Sachen**), sind in den Gesellschaftsvertrag aufzunehmen (§ 3 Abs. 2 GmbHG).

1443 Die GmbH ist in der **Firmenbildung** weitgehend frei. Die Firma muss lediglich unterscheidungskräftig sein (§ 18 HGB). Außerdem muss der Zusatz „Gesellschaft mit beschränkter Haftung“ oder „GmbH“ hinzugefügt werden. Dieser Hinweis muss auf allen Geschäftspapieren auch tatsächlich erscheinen (§ 35a GmbHG). Unzulässig ist die Verwendung des Begriffs „Partner“ in der Firma im Hinblick auf § 11 PartGG (vgl. Rdn 1421).[265] Eine gemeinnützige GmbH darf den Zusatz „gGmbH“ führen.

1444 Der Gegenstand des Unternehmens ist im Gesellschaftsvertrag so genau zu bezeichnen, dass den Teilnehmern am wirtschaftlichen Verkehr ohne weiteres erkennbar wird, was das Unternehmen macht.

▼

Muster 4.246: Firma

4.246 (1) Die Firma der Gesellschaft lautet: „ “.

(2) Die Gesellschaft hat ihren Sitz in .

(3) Gegenstand des Unternehmens ist der Handel mit Schmuckwaren und ähnlichen Gegenständen. Die Gesellschaft ist berechtigt, alle den Gesellschaftszweck fördernden Geschäfte zu tätigen. Sie ist befugt, andere Unternehmungen zu erwerben, sich an solchen zu beteiligen, deren Geschäftsführung zu übernehmen und Zweigniederlassungen zu errichten.

▲

264 OLG Stuttgart, GmbHR 2015, 487.

265 Die Verwendung des Begriffs „partners“ in der Firma der GmbH ist allerdings zulässig, BGH NJW 2021, 1952.

bb) Stammkapital, Geschäftsanteile

Das **Mindeststammkapital** einer GmbH beträgt 25.000 EUR. 1445

Der **Nennbetrag** eines jeden Geschäftsanteils hat eine beliebige Höhe in vollen EUR (mindestens also 1 EUR) 1446
ohne Dezimalstellen. Dies gilt sowohl bei der Gründung als auch bei einer Kapitalerhöhung oder Teilung eines Geschäftsanteils. Ein Gesellschafter kann bei Gründung einer GmbH mehrere Geschäftsanteile (auch mit verschiedenen Nennbeträgen) übernehmen.

Die **Geschäftsanteile**, die jeder Gesellschafter gegen Einlage auf das Stammkapital übernimmt, müssen in der 1447
Satzung nummeriert sein. Die Anteile sind durchgehend, also fortlaufend, mit arabischen Ziffern zu versehen. Die **Nummerierung** ist auch bei der Teilung eines Geschäftsanteils fortzuschreiben und stets in die Gesellschafterliste aufzunehmen.

Bei Altgesellschaften ist die Nummerierung anlässlich einer Kapitalerhöhung oder Geschäftsanteilsübertragung vorzunehmen.

▼

Muster 4.247: Stammkapital, Geschäftsanteile

(1) Das Stammkapital der Gesellschaft beträgt ___ EUR – in Worten: ___ EUR –. 4.247

(2) Davon übernehmen

a) ___ einen Geschäftsanteil im Nennbetrag von ___ EUR (Geschäftsanteil Nr. 1);

b) ___ einen Geschäftsanteil im Nennbetrag von ___ EUR (Geschäftsanteil Nr. 2).

(3) Die Geschäftsanteile sind in Geld zu erbringen. Jeder Gesellschafter ist verpflichtet, unverzüglich nach Abschluss dieses Vertrages die Hälfte seines Geschäftsanteils in die Gesellschaftskasse einzuzahlen. Der Rest ist auf Anforderung der Geschäftsführung zu entrichten.

▲

Möglich ist auch die Leistung von **Sacheinlagen**. Hier müssen der Gegenstand der Sacheinlage und der Betrag 1448
des Geschäftsanteils, auf den sich die Sacheinlage bezieht, im **Gesellschaftsvertrag** festgelegt werden. Die Gesellschafter haben in einem Sachgründungsbericht die für die Bewertung der Sacheinlagen wesentlichen Umstände darzulegen. Die Angemessenheit der Leistung kann bei gebrauchten Gegenständen durch ein Sachverständigengutachten, bei neuwertigen Sachen durch Vorlage von Rechnungen belegt werden.

cc) Unternehmergesellschaft

Nach § 5a GmbHG ist die Gründung einer Unternehmergesellschaft (UG) mit einem **unter** dem **gesetzlichen** 1449
Mindeststammkapital von 25.000 EUR liegenden Stammkapital möglich. Hierbei handelt es sich um eine besondere Art der Gesellschaft mit beschränkter Haftung („kleine GmbH"). Für sie gelten alle Regelungen des GmbH-Rechts mit einigen wenigen Besonderheiten.

Die Unternehmergesellschaft muss in ihrer Firma den Zusatz „Unternehmergesellschaft (haftungsbeschränkt)" 1450
oder „UG (haftungsbeschränkt)" führen. Das Stammkapital kann zwischen 1 EUR und 24.999 EUR liegen. Sacheinlagen sind **nicht** möglich. Das gewählte Stammkapital muss vor der Anmeldung zum Handelsregister voll eingezahlt sein. Eine gemeinnützige Unternehmergesellschaft kann den Firmenzusatz „gUG" führen.

Die Unternehmergesellschaft ist nach § 5a Abs. 3 GmbHG verpflichtet, aus ihren jährlichen Gewinnen jeweils 1451
25 % in eine gesetzliche **Rücklage** einzustellen. Sie kann jederzeit durch Kapitalerhöhung auf das Mindeststammkapital von 25.000 EUR in eine normale GmbH wechseln, und zwar entweder durch Leistung von baren Einlagen (dann reicht die hälftige Einzahlung des Stammkapitals von insgesamt mind. 12.500 EUR) oder durch Umwandlung der gesetzlichen Rücklage (aus Gesellschaftsmitteln von mind. 25.000 EUR) in Kapital. Verpflichtet hierzu ist sie aber nicht. Selbst wenn die Rücklage das Mindeststammkapital erreicht oder das Stammkapital entsprechend erhöht worden ist, kann die Unternehmergesellschaft beibehalten werden.

> *Hinweis*
>
> Die UG ist eine Variante der GmbH und als solche rechtsfähig. Sie ist auch grundbuchfähig und kann sich als Komplementärin an einer Kommanditgesellschaft beteiligen (UG haftungsbeschränkt & Co.KG).

dd) Gründung im vereinfachten Verfahren

1452 Sowohl für die normale GmbH mit einem Mindeststammkapital von 25.000 EUR als auch für die Unternehmergesellschaft ist ein vereinfachtes Gründungsverfahren durch notarielle Beurkundung mit einem sog. **Musterprotokoll** möglich (§ 2 Abs. 1a GmbHG). Die Musterprotokolle sind im Anhang zum GmbH-Gesetz (Schönfelder Nr. 52) für eine Einpersonengesellschaft und eine Mehrpersonengesellschaft mit bis zu drei Gesellschaftern bereitgestellt. Gründer können also höchstens drei natürliche oder juristische Personen sein.

1453 Es kann nur eine Bargründung vorgenommen werden, wobei bei einer Unternehmergesellschaft das Stammkapital in voller Höhe **sofort** zu erbringen ist und bei einer Normal-GmbH in Höhe von mindestens **50 %** sofort und mit dem Rest aufgrund Beschlusses der Gesellschafterversammlung. Beide Alternativen sind in den Musterprotokollen vorgesehen. Die Erbringung von Sacheinlagen ist bei der vereinfachten Gründung nicht zulässig.

1454 Es kann nur ein Geschäftsführer bestellt werden, der kraft Gesetzes von den Beschränkungen des § 181 BGB befreit ist. Seine Bestellung ist in das Musterprotokoll integriert, ohne dass ein besonderer Beschluss gefasst werden müsste. Es erübrigt sich auch die Einreichung einer Gesellschafterliste.

1455 Der Regelungsinhalt der Musterprotokolle ist beschränkt auf die **Mindestangaben** nach § 3 GmbHG (Firma, Sitz, Gegenstand des Unternehmens, Betrag des Stammkapitals, Zahl- und Nennbeträge der Geschäftsanteile); im Übrigen gelten sämtliche gesetzlichen Bestimmungen des GmbHG. Es dürfen bei der vereinfachten Gründung über die Protokolle hinaus keine zusätzlichen Bestimmungen in die Urkunde aufgenommen werden. Sind derartige Regelungen gewünscht, muss der normale Gründungsvorgang gewählt werden.

Das vereinfachte Gründungsverfahren ist mit einem **Gebührenprivileg** verbunden (§§ 107 Abs. 1 S. 2, 105 Abs. 6 S. 1 GNotKG), weil hier der für Gesellschaftsverträge und Handelsregisteranmeldungen festgeschriebene Mindestwert von 30.000 EUR (§ 107 Abs. 1 S. 1 und § 105 Abs. 1 S. 2 GNotKG) nicht gilt. Zudem entfällt die Gebühr für die Geschäftsführerbestellung, da ein entsprechender Gesellschafterbeschluss nicht nötig und damit auch nicht abzurechnen ist. Auch die Vollzugsgebühr für die Erstellung und Einreichung der Gesellschafterliste entfällt. Dies sorgt bei der Gründung einer GmbH mit 25.000 EUR Stammkapital für eine deutliche Kostenersparnis. Besonders stark wirkt sich das Gebührenprivileg bei einer im vereinfachten Verfahren gegründeten Unternehmergesellschaft (haftungsbeschränkt) mit einem Stammkapital von weniger als 25.000 EUR aus.

1456 Dem Kostenvorteil des Musterprotokolls stehen gewichtige Nachteile gegenüber, die in der Gründungsberatung mit den Beteiligten abzuwägen sind. Zu den Nachteilen gehört vor allem die Unflexibilität des Musterprotokolls, sodass der Gesellschaftsvertrag nicht an die individuellen Bedürfnisse der Gründer angepasst werden kann, etwa hinsichtlich der Befreiung von Wettbewerbsverboten. Zu Recht wird darauf hingewiesen, dass das Musterprotokoll in der Regel gänzlich **ungeeignet** ist für eine Mehrpersonengesellschaft, da es keinerlei Regelungen über das Verhältnis der Gesellschafter untereinander enthält, wie insbesondere die allgemein üblichen **Zustimmungsvorbehalte** der Gesellschafterversammlung, Vinkulierungsklauseln, Bestimmungen zur Vererbung von Geschäftsanteilen und zum Güterstand, Kündigungs- und Einziehungsklauseln sowie Regelungen zur Abfindung beim Ausscheiden eines Gesellschafters.[266] Riskant für die Gründer ist zudem die zwingende **Befreiung** des Geschäftsführers von § 181 BGB.

▼

4.248 **Muster 4.248: Gründung einer Einpersonengesellschaft im vereinfachten Verfahren – Anlage zu § 2 Abs. 1a GmbHG**

Der Erschienene erklärte zur Beurkundung:

(1) Der Erschienene errichtet hiermit nach § 2 Abs. 1a GmbHG eine Gesellschaft mit beschränkter Haftung unter der Firma mit Sitz in

(2) Gegenstand des Unternehmens ist

(3) Das Stammkapital der Gesellschaft beträgt EUR (in Worten: EUR) und wird vollständig von Herrn/Frau (Geschäftsanteil Nr. 1) übernommen. Die Einlage ist in Geld zu erbringen,

266 Siehe nur BeckOGK-GmbHG/*Stelmaszczyk*, Stand: 1.2.2025, § 2 Rn 385.

und zwar sofort in voller Höhe/zu 50 Prozent, im Übrigen sobald die Gesellschafterversammlung ihre Einforderung beschließt.

(4) Zum Geschäftsführer der Gesellschaft wird Herr/Frau , geboren am , wohnhaft in , bestellt. Der Geschäftsführer ist von den Beschränkungen des § 181 BGB befreit.

(5) Die Gesellschaft trägt die mit der Gründung verbundenen Kosten bis zu einem Gesamtbetrag von EUR, höchstens jedoch bis zum Betrag ihres Stammkapitals. Darüber hinausgehende Kosten trägt der Gesellschafter.

(6) Von dieser Urkunde erhält eine Ausfertigung der Gesellschafter, beglaubigte Ablichtungen die Gesellschaft und das Registergericht (in elektronischer Form) sowie eine einfache Abschrift das Finanzamt – Körperschaftsteuerstelle –.

(7) Der Erschienene wurde vom Notar insbesondere darauf hingewiesen, dass .

(Protokollabschlussvermerk)

▲

Ein Musterprotokoll für die Gründung einer Mehrpersonengesellschaft mit bis zu drei Gesellschaftern im vereinfachten Verfahren befindet sich ebenfalls in der Anlage zum GmbH-Gesetz.

ee) Vertretung der Gesellschaft

Die Gesellschaft muss einen und kann mehrere **Geschäftsführer** haben. Geschäftsführer kann nur eine natürliche, unbeschränkt geschäftsfähige Person sein. Zu Geschäftsführern können Gesellschafter, aber auch andere Personen (Dritte) bestellt werden. Die Bestellung erfolgt entweder im Gesellschaftsvertrag oder durch Beschluss der Gesellschafter in einer Gesellschafterversammlung. Unzweckmäßig ist die Bestellung im Gesellschaftsvertrag, weil dann ein Wechsel des Geschäftsführers eine Änderung der Satzung erforderlich macht, die stets einer notariellen Beurkundung bedarf (siehe unten Rdn 1465). Dies gilt nicht bei der Bestellung des Geschäftsführers im Musterprotokoll (siehe oben Rdn 1454). 1457

Die Gesellschaft wird durch die Geschäftsführer **gerichtlich und außergerichtlich** vertreten. Hat die Gesellschaft keinen Geschäftsführer (Führungslosigkeit), wird sie für den Fall, dass ihr gegenüber Willenserklärungen abgegeben oder Schriftstücke zugestellt werden, durch die Gesellschafter vertreten (§ 35 Abs. 1 GmbHG). 1458

Geschäftsführer darf **nicht** werden, wer unter Betreuung steht und bei der Besorgung seiner Vermögensangelegenheiten ganz oder teilweise einem Einwilligungsvorbehalt (§ 1825 BGB) unterliegt, wem ein Berufs- oder Gewerbeverbot im Bereich des Unternehmensgegenstandes auferlegt ist oder wer wegen vorsätzlich begangener Straftaten, die im § 6 GmbHG im Einzelnen aufgeführt sind, im In- oder Ausland verurteilt worden ist, sofern die Rechtskraft des Urteils weniger als fünf Jahre zurückliegt (Amtsunfähigkeitsgründe). 1459

Der Geschäftsführer ist entweder **einzel- oder gesamtvertretungsberechtigt**. Im letzteren Fall kann er die Gesellschaft nur mit einem weiteren Geschäftsführer oder einem Prokuristen vertreten. Unzulässig ist es, die Vertretungsbefugnis des einzigen Geschäftsführers von der Mitwirkung eines Prokuristen abhängig zu machen. 1460

Im **Gesellschaftsvertrag** kann die Geschäftsführungsbefugnis eines Geschäftsführers beschränkt werden, etwa dahingehend, dass er gewisse Geschäfte oder gewisse Arten von Geschäften nur mit Zustimmung der Gesellschafter vornehmen darf. Solche Beschränkungen gelten jedoch nicht gegenüber Dritten im Rechtsverkehr; diese brauchen sie sich also – selbst, wenn sie sie kennen – nicht entgegenhalten zu lassen. Der Geschäftsführer ist jedoch der Gesellschaft und den Gesellschaftern gegenüber verpflichtet, ihm auferlegte Beschränkungen in der Geschäftsführungsbefugnis zu beachten, andernfalls kann er sich schadenersatzpflichtig machen. 1461

Auf **Rechtsgeschäfte** des Geschäftsführers mit der Gesellschaft selbst findet die Vorschrift des § 181 BGB (Verbot des Selbstkontrahierens) Anwendung. Von diesem Verbot kann der Geschäftsführer im Gesellschaftsvertrag und später durch Beschluss der Gesellschafter über seine Bestellung befreit werden, vorausgesetzt, eine Ermächtigung hierzu ist im Gesellschaftsvertrag enthalten. 1462

Die **Befreiung** des Geschäftsführers vom Verbot des Selbstkontrahierens versetzt ihn in die Lage, namens der Gesellschaft mit sich im eigenen Namen (z.B. Abschluss des Anstellungsvertrages) oder als Vertreter eines

Dritten ein Rechtsgeschäft vorzunehmen. Die Befreiung des Geschäftsführers vom Verbot des Selbstkontrahierens ist in das Handelsregister einzutragen.

Da eine in der Satzung bestimmte Befreiung des Geschäftsführers vom Verbot des **Insichgeschäfts** nicht automatisch für den Liquidator fortwirkt (selbst wenn es sich um einen geborenen Liquidator handelt, also der vorherige Geschäftsführer Liquidator wird), sollte die Befreiungsmöglichkeit von § 181 BGB auch ausdrücklich in der Satzung für den Liquidator aufgenommen werden. Sonst müsste für die Durchführung der Liquidation ggf. erst die Satzung geändert werden, damit der Liquidator von § 181 BGB befreit werden kann. Das ist insbesondere bei der Ein-Personen-Gesellschaft ratsam.

▼

Muster 4.249: Geschäftsführer

4.249 1. Die Gesellschaft hat einen oder mehrere Geschäftsführer.

2. Ist nur ein Geschäftsführer bestellt, so vertritt dieser die Gesellschaft allein. Sind mehrere Geschäftsführer bestellt, so wird die Gesellschaft durch zwei von ihnen gemeinschaftlich oder durch einen von ihnen in Gemeinschaft mit einem Prokuristen vertreten.

3. Die Gesellschafter können einem oder mehreren Geschäftsführern die Befugnis erteilen, die Gesellschaft stets allein zu vertreten. Sie können auch einem oder mehreren Geschäftsführern die Befugnis erteilen, namens der Gesellschaft mit sich selbst Rechtsgeschäfte zu tätigen, gleichviel, ob sie dabei für sich oder für Dritte handeln.

4. Die vorstehenden Bestimmungen gelten für Liquidatoren der Gesellschaft entsprechend.

▲

ff) Gesellschafterversammlung

1463 Über die Belange der Gesellschaft entscheidet die Gesamtheit der Gesellschafter durch Beschluss in einer **Gesellschafterversammlung**. Die Befugnisse der Gesellschafterversammlung ergeben sich aus dem Gesellschaftsvertrag, im Übrigen aus dem Gesetz. Die Versammlung ist insbesondere **zuständig** für

- die Feststellung der Jahresbilanz,
- die Gewinnverteilung,
- die Bestellung und Abberufung von Geschäftsführern sowie ihre Entlastung und
- für Maßnahmen zur Prüfung und Überwachung der Geschäftsführung.

Das GmbH-Gesetz enthält Regelungen über die Gesellschafterversammlung (§ 48 GmbHG), die Abstimmung der Gesellschafter (§ 47 GmbHG), die Einberufung der Versammlung (§ 49 GmbHG) und die Form der Einberufung (§ 51 GmbHG).

▼

Muster 4.250: Gesellschafterversammlung

4.250 Die Gesellschafter fassen ihre Beschlüsse in Gesellschafterversammlungen. Soweit nicht zwingende Vorschriften entgegenstehen, ist auch eine schriftliche, per E-Mail, per Telefax oder per Telefon erfolgende Abstimmung zulässig – auch in kombinierter Form –, wenn sämtliche Gesellschafter diesem Verfahren zugestimmt haben.

Die Gesellschafterversammlung wird durch die Geschäftsführer einberufen. Alle Gesellschafter sind schriftlich zu laden. Die Ladung erfolgt mit einer Frist von zwei Wochen; dabei sind der Tag der Ladung und der Tag der Versammlung nicht mitzurechnen.

Jeder Gesellschafter kann seine Rechte in der Versammlung grundsätzlich nur persönlich wahrnehmen. Er kann sich aber durch einen anderen Gesellschafter oder durch einen Sachkundigen, der zur Berufsverschwiegenheit verpflichtet ist, mit schriftlicher Vollmacht vertreten lassen.

Beschlüsse bedürfen, soweit durch Gesetz oder Gesellschaftsvertrag keine größere Mehrheit vorgeschrieben ist, der Mehrheit der Stimmen aller Gesellschafter. Je 1 EUR eines Geschäftsanteils gewährt eine Stimme.

Beschlüsse der Gesellschafterversammlung über die Erhöhung oder Herabsetzung des Stammkapitals, sonstige Satzungsänderungen und die Auflösung der Gesellschaft bedürfen einer Mehrheit von drei Vierteln der Stimmen aller Gesellschafter.

▲

Über die Beschlussfassung in der Gesellschafterversammlung braucht in der Regel **keine Niederschrift** aufgenommen zu werden. Befinden sich jedoch alle **Geschäftsanteile** der Gesellschaft in der Hand eines Gesellschafters oder daneben in der Hand der Gesellschaft, so ist unverzüglich eine Niederschrift zu fertigen und zu unterschreiben. Hierdurch soll sichergestellt werden, dass der Beschluss des einzigen Gesellschafters auch nach außen erkennbar gemacht wird. 1464

Eine weitere Ausnahme von der **Formfreiheit** stellen Beschlüsse über die Änderung der Satzung dar. Sie bedürfen der notariellen Beurkundung (§§ 53 ff. GmbHG). Schließlich müssen Beschlüsse der Gesellschafterversammlung, die Grundlage einer Eintragung in das Handelsregister sind, dem Registergericht mindestens in **Schriftform** vorgelegt werden. Nach § 12 Abs. 2 HGB ist der Beschluss dann elektronisch als Scan zum Registergericht über den Notar einzureichen. Zu denken ist hier an den Beschluss über die Bestellung und/oder Abberufung eines Geschäftsführers (§ 39 Abs. 2 GmbHG). 1465

gg) Ergebnisverwendung

Die Gesellschafter haben Anspruch auf den Jahresüberschuss (Gewinn). Die Verteilung erfolgt gemäß § 29 Abs. 3 GmbHG nach dem Verhältnis der Geschäftsanteile, im Gesellschaftsvertrag kann jedoch ein anderer Maßstab für die Verteilung festgesetzt werden. Privatschriftlich außerhalb der Satzung getroffene Vereinbarungen über eine von dem Verhältnis der Geschäftsanteile abweichende Gewinnverteilung entfalten grundsätzlich keine Wirkung. Zulässig ist jedoch eine „**Öffnungsklausel**", etwa wie folgt: 1466

▼

Muster 4.251: Öffnungsklausel

Die Verteilung des auszuschüttenden Gewinns erfolgt grundsätzlich nach dem Verhältnis der Nennbeträge der Geschäftsanteile. Durch Beschluss der Gesellschafterversammlung kann mit Zustimmung aller dadurch benachteiligten Gesellschafter eine abweichende Gewinnverteilung festgesetzt werden. 4.251

▲

Das **Ergebnis** der Gesellschaft wird ermittelt durch den **Jahresabschluss** (Bilanz, Gewinn- und Verlustrechnung und Lagebericht). Der Jahresabschluss und der Lagebericht sind von den gesetzlichen Vertretern in den ersten drei Monaten des Geschäftsjahres für das vergangene Geschäftsjahr aufzustellen (§ 264 HGB). Kleine Kapitalgesellschaften dürfen den Jahresabschluss und den Lagebericht auch später aufstellen, wenn dies einem ordnungsgemäßen Geschäftsgang entspricht, jedoch innerhalb der ersten sechs Monate des Geschäftsjahres für das vergangene Geschäftsjahr. Die Satzung darf aber die Höchstfrist von sechs Monaten nicht von vornherein als Regelfrist zulassen, weil sie sonst in unzulässiger Weise den Begriff „ordnungsgemäßer Geschäftsgang" außer Acht lassen würde. 1467

Kleine Kapitalgesellschaften sind solche, die mindestens zwei der drei nachstehenden Merkmale **nicht überschreiten** (vgl. § 267 HGB): 1468

(a) 7.500.000 EUR Bilanzsumme;
(b) 15.000.000 EUR Umsatzerlös in den zwölf Monaten vor dem Abschlussstichtag;
(c) im Jahresdurchschnitt 50 Arbeitnehmer.

Die Geschäftsführer haben den Jahresabschluss und den Lagebericht unverzüglich nach der Aufstellung den Gesellschaftern zum Zwecke der Feststellung des Jahresabschlusses vorzulegen. Die Gesellschafter haben spätestens bis zum Ablauf der ersten acht Monate (bei kleinen Gesellschaften bis zum Ablauf der ersten elf Monate) des Geschäftsjahres über die Feststellung des Jahresabschlusses und über die Ergebnisverwendung für das abgelaufene Geschäftsjahr zu beschließen. Der Gesellschaftsvertrag kann die Frist nicht verlängern.

Die Geschäftsführer haben zudem jährlich den Jahresabschluss zum Handelsregister einzureichen.

▼

Muster 4.252: Jahresabschluss

4.252 Alljährlich muss in den ersten drei Monaten eines jeden Geschäftsjahres der Jahresabschluss (Bilanz, Gewinn- und Verlustrechnung und Anhang) für das abgelaufene Geschäftsjahr aufgestellt und der Gesellschafterversammlung zur Beschlussfassung vorgelegt werden. Die Gesellschafterversammlung beschließt, inwieweit ein zur Verfügung stehendes Ergebnis als Rücklage verwendet, vorgetragen oder an die Gesellschafter verteilt werden soll. An einem zu verteilenden Ergebnis nehmen die Gesellschafter nach dem Verhältnis der Nennbeträge ihrer Geschäftsanteile teil.

▲

hh) Sonstige Satzungsbestimmungen

1469 Der Gesellschaftsvertrag kann Bestimmungen enthalten über **Kündigungsrechte** der Gesellschafter, über die Voraussetzungen für den Ausschluss eines Gesellschafters, über die Höhe der Abfindung ausscheidender Gesellschafter, über Auszahlungsmodalitäten des Abfindungsguthabens, über die Einziehung von Geschäftsanteilen, etwa beim Tod eines Gesellschafters, oder über Zustimmungserfordernisse bei der Übertragung von Geschäftsanteilen durch einen Gesellschafter (Vinkulierung).

1470 Gemäß § 12 S. 1 GmbHG haben Bekanntmachungen bei der GmbH zwingend im „Bundesanzeiger" zu erfolgen. Dieser wird nur noch elektronisch geführt. In der Satzung kann auf eine Bestimmung zur Bekanntmachung aufgrund der zwingenden Regelung nunmehr entweder vollständig verzichtet werden oder es ist ausdrücklich eine Veröffentlichung im „Bundesanzeiger" vorzusehen.

1471 Schließlich sollte der Vertrag eine Regelung über die von der Gesellschaft zu tragenden Gründungskosten enthalten. Das sind Notar- und Gerichtskosten, Rechts- und Steuerberatungskosten, Bankgebühren, bei Sachgründungen auch Kosten für Wertgutachten. Sie sollten der Höhe nach in einem angemessenen Verhältnis zum Stammkapital stehen und 10 % desselben nicht überschreiten. Ist der Gründungsaufwand in der Satzung bezeichnet, kann er aus dem Stammkapital beglichen werden. Ansonsten geht er zu Lasten der Gesellschafter.

c) Anmeldung zum Handelsregister

1472 Mit dem Abschluss des Gesellschaftsvertrages ist die GmbH zwar errichtet; sie entsteht jedoch erst mit der Eintragung in das Handelsregister. Bis dahin ist sie eine sog. Vorgesellschaft, die Rechte und Pflichten begründen kann, welche automatisch auf die entstehende GmbH übergehen. Wer vor der Eintragung namens der Gesellschaft handelt, haftet dem Dritten grundsätzlich persönlich. Hierüber hat der Notar zu belehren.

▼

Muster 4.253: Notarhinweis zur Eintragung in das Handelsregister

4.253 Der Notar hat die Beteiligten darauf hingewiesen, dass die Gesellschaft als solche erst mit ihrer Eintragung in das Handelsregister entsteht, und dass für Geschäfte vor der Eintragung die Handelnden persönlich und gesamtschuldnerisch (solidarisch) haften.

▲

Nach Errichtung der GmbH durch den Abschluss des Gesellschaftsvertrages ist sie bei dem Gericht, in dessen Bezirk sie ihren Sitz hat, zur Eintragung in das Handelsregister anzumelden. Die erste Anmeldung und auch alle späteren Anmeldungen zum Handelsregister erfolgen durch den oder die Geschäftsführer. Die Neueintragung der GmbH muss – ebenso wie die Kapitalerhöhung und die Kapitalherabsetzung – durch **sämtliche** Geschäftsführer angemeldet werden. In anderen Fällen – etwa bei der Anmeldung eines Geschäftsführerwechsels – genügt die Anmeldung durch Geschäftsführer in der zur Vertretung der Gesellschaft ausreichenden Anzahl.

aa) Voraussetzungen für die Anmeldung

1473 Die Anmeldung darf erst erfolgen, wenn auf jeden Geschäftsanteil, soweit er in bar zu erbringen ist, ein **Viertel** eingezahlt ist. Insgesamt muss auf das Stammkapital mindestens so viel eingezahlt sein, dass der Gesamtbetrag der eingezahlten Geldeinlagen zuzüglich des Gesamtbetrags der Geschäftsanteile, für die Sacheinlagen zu leisten sind, 12.500 EUR erreicht. Dies gilt auch für eine Ein-Personen-GmbH.

1474 Sacheinlagen sind vor der Anmeldung der Gesellschaft zur Eintragung in das Handelsregister so an die Gesellschaft zu bewirken, dass sie endgültig zur freien Verfügung der Geschäftsführer stehen.

bb) Anlagen zur Anmeldung

Der Anmeldung müssen beigefügt sein: 1475

(a) der Gesellschaftsvertrag nebst etwaiger (notariell beglaubigter) Vollmachten oder beglaubigte Abschriften dieser Urkunden;
(b) der Beschluss über die Bestellung des oder der Geschäftsführer, sofern die Bestellung nicht Satzungsinhalt ist;
(c) eine von dem oder den Geschäftsführern unterschriebene Liste der Gesellschafter, aus welcher deren Name, Vorname, Geburtsdatum und Wohnort derselben sowie die Nennbeträge der von ihnen übernommenen Geschäftsanteile und ihre laufenden Nummern, sowie die durch den jeweiligen Nennbetrag des Geschäftsanteils vermittelte jeweilige prozentuale Beteiligung am Stammkapital ersichtlich sind. Hält ein Gesellschafter mehr als einen Geschäftsanteil, ist in der Liste zudem der Gesamtumfang der Beteiligung am Stammkapital als Prozentsatz gesondert anzugeben;
(d) wenn Sacheinlagen vereinbart sind, die Unterlagen, die dartun, dass der Wert der Sacheinlagen den Betrag der dafür übernommenen Geschäftsanteile erreicht, ferner der Sachgründungsbericht, in dem die Gesellschafter die wesentlichen Umstände darzulegen haben, aus denen sich ergibt, dass die den Sacheinlagen beigelegten Werte angemessen sind und schließlich die Verträge, die für die Festsetzung der Höhe der Geschäftsanteile maßgebend waren.

cc) Versicherung über die bewirkten Leistungen

In der Anmeldung ist von allen Geschäftsführern zu versichern, dass die erforderlichen Leistungen auf die Geschäftsanteile bewirkt sind und dass diese sich endgültig in ihrer freien Verfügung befinden. Die Versicherung hat die Namen der einzahlenden Gesellschafter, die Nummern der betreffenden Geschäftsanteile, die Nennbeträge und die Einzahlungsbeträge zu enthalten. Weitere Nachweise, etwa die Vorlage der Einzahlungsbelege, sind nicht erforderlich. Nur bei erheblichen Zweifeln kann das Registergericht Nachweise verlangen, also nicht im Regelfall. Geben die Geschäftsführer allerdings eine falsche Versicherung ab, machen sie sich strafbar. 1476

Nach der Rechtsprechung wird verlangt, dass die anmeldenden Geschäftsführer in der Versicherung auch Angaben über „Vorbelastungen“ machen. Es soll versichert werden, die eingezahlten Beträge seien durch Vorbelastungen nicht derart geschmälert, dass sie unter die Mindestgrenzen des einzuzahlenden Kapitals gesunken sind. Vorbelastungen sind über die Gründungskosten (Notar-, Gerichts- und Steuerberatungskosten) hinaus getätigte Ausgaben. 1477

dd) Versicherung über das Nichtvorliegen von Amtsunfähigkeitsgründen

Ferner haben alle Geschäftsführer in der Anmeldung zu versichern, dass **keine Umstände** vorliegen, aufgrund deren sie nach § 6 Abs. 2 GmbHG von dem Amt als Geschäftsführer ausgeschlossen wären. Das ist der Fall bei einer in den letzten fünf Jahren im In- oder Ausland erfolgten **Verurteilung** wegen einer oder mehrerer vorsätzlich begangener, im Einzelnen aufgeführter Straftaten, ferner bei Bestehen eines durch gerichtliches Urteil oder vollziehbare Entscheidung einer Verwaltungsbehörde auferlegten Berufsverbots, sofern der Unternehmensgegenstand ganz oder teilweise mit dem Gegenstand des Verbots übereinstimmt. Letzteres gilt auch, wenn der Geschäftsführer in einem anderen Mitgliedstaat der Europäischen Union oder einem anderen Vertragsstaat des Abkommens über den Europäischen Wirtschaftsraum einem vergleichbaren Verbot unterliegt. Die Versicherung braucht sich – obwohl ein Ausschließungsgrund besteht – nicht darauf zu erstrecken, dass keine Betreuung mit Anordnung eines Einwilligungsvorbehalts gemäß § 1825 BGB vorliegt. 1478

Insoweit sind die Geschäftsführer gegenüber dem Registergericht unbeschränkt **auskunftspflichtig**, allerdings nur dann, wenn sie hierüber belehrt worden sind. Dies ergibt sich aus § 51 Abs. 2 des Gesetzes über das Zentralregister und das Erziehungsregister.[267] 1479

§ 8 Abs. 3 GmbHG stellt klar, dass die erforderliche Belehrung auch durch einen Notar vorgenommen werden kann. Sie hat stets in deutscher Sprache zu erfolgen, da sie dem Registergericht nachgewiesen werden muss. Die erfolgte Belehrung durch den Notar ist in der Anmeldung zum Handelsregister zu versichern.

267 In der Fassung der Bekanntmachung vom 21.9.1984 (BGBl I, S. 1229, ber. 1985 S. 195).

ee) Abstrakte und konkrete Vertretungsregelung

1480 In der Anmeldung der Neueintragung einer GmbH ist sowohl die **konkrete** Vertretungsbefugnis des oder der Geschäftsführer als auch die **abstrakte** Vertretungsregelung, wie sie im Gesetz oder im Gesellschaftsvertrag enthalten ist, anzugeben. Schließlich ist anzumelden, ob der oder die Geschäftsführer befugt sind, auch namens der Gesellschaft mit sich selbst oder als Vertreter eines Dritten Rechtsgeschäfte zu tätigen (Befreiung von den Beschränkungen des § 181 BGB).

ff) Anmeldung im vereinfachten Verfahren

1481 Für Anmeldungen zum Handelsregister, die im Anschluss an eine Gesellschaftsgründung im vereinfachten Verfahren erfolgen, gelten keine Besonderheiten. Allerdings braucht hier keine Gesellschafterliste eingereicht zu werden, weil das Gründungsprotokoll zugleich als Gesellschafterliste gilt (§ 2 Abs. 1a S. 4 GmbHG). Die **abstrakte** Vertretungsregelung ist – entsprechend der gesetzlichen Regelung – wie folgt anzumelden:

▼

Muster 4.254: Anmeldung der abstrakten Vertretungsregelung im vereinfachten Verfahren

4.254 Ist nur ein Geschäftsführer bestellt, vertritt er die Gesellschaft allein. Sind mehrere Geschäftsführer bestellt, sind sie alle nur gemeinschaftlich zur Vertretung der Gesellschaft berechtigt.

▲

gg) Prüfung durch das Registergericht

1482 Das **Registergericht** prüft, ob der Gesellschaftsvertrag und die Anmeldung den gesetzlichen Vorschriften **entsprechen**. Zuständig ist hier in den meisten Bundesländern der Richter. In Baden-Württemberg, Bremen, Hessen, Niedersachsen, Rheinland-Pfalz und im Saarland ist jedoch der Rechtspfleger zuständig. Bei der Überprüfung der Zulässigkeit einer Firma und der Fassung des Unternehmensgegenstandes stützt sich das Gericht in der Regel auf eine gutachterliche Stellungnahme der zuständigen Industrie- und Handelskammer (IHK). Über das Ergebnis ihrer Ermittlungen stellt die IHK eine **Unbedenklichkeitsbescheinigung** aus, die dem Gericht vom Notar mit vorgelegt werden kann. Die IHK prüft neben der rechtlichen Zulässigkeit der gewählten Firma auch, ob sie sich von anderen Firmen in der betreffenden Gemeinde deutlich unterscheidet (Ausschluss der Verwechslungsgefahr, § 30 HGB). Ist Gegenstand des Unternehmens ein Handwerksbetrieb oder umfasst er handwerkliche Tätigkeiten, so holt die IHK auch eine Stellungnahme der zuständigen Handwerkskammer ein zwecks Feststellung des Vorliegens einer etwa erforderlichen handwerklichen Konzession. An die Unbedenklichkeitsbescheinigung der IHK ist das Registergericht nicht gebunden.

> *Praxistipp*
>
> Zur Beschleunigung des Verfahrens empfiehlt es sich, dass bereits der Notar den Gesellschaftsvertrag der zuständigen IHK zur Stellungnahme vorlegt und die Erteilung der erforderlichen Unbedenklichkeitsbescheinigung beantragt.

Um Beanstandungen vorzubeugen kann es auch zweckmäßig sein, bereits vor der Beurkundung die Fassung von Firma und Gegenstand des Unternehmens mit der IHK abzustimmen.

hh) Staatliche Genehmigung

1483 Bestimmte Tätigkeiten eines Unternehmens bedürfen einer **staatlichen Genehmigung**. Typische erlaubnispflichtige Tätigkeiten von Gesellschaften mit beschränkter Haftung sind

- die in der Gewerbeordnung geregelten Privatkrankenanstalten (§ 30),
- das Bewachungsgewerbe (§ 34a),
- die Vermittlung von Grundstücken, Wohnräumen u.a. (§ 34c),
- ferner in gewerblichen Nebengesetzen geregelte Tätigkeiten, wie der Betrieb von Kreditinstituten (§ 32 Kreditwesengesetz),
- die Steuerberatungsgesellschaft (§ 32 Abs. 3 StBerG),
- das Gaststättengewerbe (§ 2 Gaststättengesetz) sowie
- die Personenbeförderung (§ 2 Personenbeförderungsgesetz).

Das Vorliegen einer für den Unternehmensgegenstand erforderlichen staatlichen Genehmigung ist nach Aufhebung des § 8 Abs. 1 Nr. 6 durch das MoMiG grundsätzlich nicht mehr im Eintragungsverfahren durch das Gericht zu überprüfen. Eine Ausnahme gilt für eine **Genehmigungsbedürftigkeit** nach § 32 Kreditwesengesetz. Die gewerberechtliche Genehmigungsurkunde muss dem Gericht im Rahmen der Anmeldung daher auch nicht mit vorgelegt werden. Dies ändert allerdings nichts daran, dass bei Vorliegen eines genehmigungspflichtigen Unternehmensgegenstandes eine gewerberechtliche Erlaubnis für die Aufnahme der satzungsmäßigen Tätigkeit behördlicherseits erforderlich ist. In der Gründungsurkunde sollte auf diesen Umstand hingewiesen werden. 1484

Wurde eine Kapitalgesellschaft ohne die erforderliche gewerberechtliche Genehmigung eingetragen, besteht ein Auflösungsgrund mit der Rechtsfolge, dass die Gesellschaft von Amts wegen gelöscht werden kann. Außerdem droht ein Bußgeld nach dem OWiG. 1485

ii) Inländische Geschäftsanschrift

Damit an die Gesellschaft wirksam zugestellt oder ihr gegenüber eine Willenserklärung abgegeben werden kann, ist in das Handelsregister ihre inländische **Geschäftsanschrift** einzutragen. Sie ist daher in der Anmeldung anzugeben. Dies gilt auch für Aktiengesellschaften, Einzelkaufleute, Personenhandelsgesellschaften, die eGbR sowie Zweigniederlassungen (auch von Auslandsgesellschaften). 1486

Ist bei Gesellschaften und Einzelkaufleuten, die im Zeitpunkt des Inkrafttretens des MoMiG (1.11.2008) bereits in das Handelsregister eingetragen waren, eine inländische Geschäftsanschrift nicht eingetragen oder hat sie sich geändert, ist sie mit der ersten die eingetragene Gesellschaft oder den eingetragenen Kaufmann betreffenden Anmeldung zum Handelsregister anzumelden.

1487

Muster 4.255: Anmeldung einer GmbH zum Handelsregister (Bargründung)

4.255

Amtsgericht

– Handelsregister –

Neueintragung einer Gesellschaft mit beschränkter Haftung unter der Firma

Anbei werden überreicht:

1. eine elektronisch beglaubigte Abschrift der Urkunde vom heutigen Tage – UVZ-Nr. des beglaubigenden Notars – einschließlich der Geschäftsführerbestellung,
2. Gesellschafterliste,
3. die firmenrechtliche Unbedenklichkeitsbescheinigung der zuständigen Industrie- und Handelskammer.

Ich melde die Gesellschaft und mich als Geschäftsführer zur Eintragung in das Handelsregister an.

Ich bin berechtigt, die Gesellschaft allein zu vertreten, auch wenn mehrere Geschäftsführer bestellt sind.

Ich bin befugt, namens der Gesellschaft mit mir selbst oder namens Dritter Rechtsgeschäfte vorzunehmen (Befreiung von den Beschränkungen des § 181 BGB).

Abstrakt gilt für die Vertretung der Gesellschaft Folgendes:

(Hier folgt die allgemeine Vertretungsregelung, wie sie in der Satzung enthalten ist und die wie folgt lauten könnte).

Die Gesellschaft hat einen oder mehrere Geschäftsführer. Ist nur ein Geschäftsführer bestellt, vertritt dieser die Gesellschaft allein, sind mehrere Geschäftsführer bestellt, so wird die Gesellschaft durch zwei von ihnen gemeinschaftlich oder einen von ihnen in Gemeinschaft mit einem Prokuristen vertreten.

Die Gesellschafter können einem oder mehreren Geschäftsführern die Befugnis erteilen, die Gesellschaft stets allein zu vertreten. Sie können auch einem oder mehreren Geschäftsführern die Befugnis erteilen, namens der Gesellschaft mit sich selbst Rechtsgeschäfte zu tätigen, gleichviel, ob sie dabei für sich oder für Dritte handeln (Befreiung von den Beschränkungen des § 181 BGB).

Ich versichere, dass auf die übernommenen Geschäftsanteile je die Hälfte, und zwar von dem Gesellschafter in Höhe von EUR auf seinen Geschäftsanteil Nr. im Nennbetrag von EUR und von dem Gesellschafter in Höhe von EUR auf seinen Geschäftsanteil Nr. im Nennbetrag von EUR, und insgesamt ein Betrag in Höhe von EUR eingezahlt ist, und dass sich die eingezahlten Beträge endgültig und durch Vorbelastungen – mit Ausnahme der Gründungskosten – ungeschmälert in meiner freien Verfügung befinden.

Ich versichere ferner, dass ich

a) nicht aufgrund eines gerichtlichen Urteils oder einer vollziehbaren Entscheidung einer Verwaltungsbehörde einen Beruf, einen Berufszweig, ein Gewerbe oder einen Gewerbezweig nicht ausüben darf, insbesondere auch nicht, sofern der Unternehmensgegenstand ganz oder teilweise mit dem Gegenstand des Verbots übereinstimmt; ich unterliege auch nicht in einem anderen Mitgliedstaat der Europäischen Union oder einem anderen Vertragsstaat des Abkommens über den Europäischen Wirtschaftsraum einem vergleichbaren Verbot,

b) während der letzten fünf Jahre – gerechnet ab Rechtskraft eines eventuellen Urteils – nicht wegen einer oder mehrerer vorsätzlich begangener Straftaten

   - des Unterlassens der Stellung des Antrags auf Eröffnung des Insolvenzverfahrens (Insolvenzverschleppung),
   - nach §§ 283 bis 283d StGB (Insolvenzstraftaten),
   - der falschen Angaben nach § 82 GmbHG oder § 399 AktG,
   - der unrichtigen Darstellung nach § 400 AktG, § 331 HGB, § 346 UmwG oder § 17 PublizitätsG oder
   - nach §§ 263 bis 264a oder §§ 265b bis 266a StGB zu einer Freiheitsstrafe von mindestens einem Jahr
   - verurteilt worden bin. Ebenso bin ich nicht wegen einer Tat, die mit den vorgenannten Taten vergleichbar ist, im Ausland verurteilt worden.

Ich wurde nicht aufgrund einer behördlichen Anordnung in einer Anstalt verwahrt.

Über meine unbeschränkte Auskunftspflicht gegenüber dem Registergericht bin ich durch den beglaubigenden Notar belehrt worden.

Die inländische Geschäftsanschrift der Gesellschaft lautet:

Die Benachrichtigungen des Registergerichts werden zu Händen des Notars erbeten.

Der beglaubigende Notar wird bevollmächtigt, die vorstehenden Erklärungen gegenüber dem Registergericht zu ergänzen und zu ändern, überhaupt alles zu tun, was zur verfahrensrechtlichen Durchführung dieser Urkunde erforderlich oder zweckmäßig ist.

, den

▲

1488 Nach einer Entscheidung des BGH[268] genügt den gesetzlichen Anforderungen, wenn der Geschäftsführer in der Anmeldung zum Handelsregister **allgemein** versichert, er sei noch nie, weder im Inland noch im Ausland, we-

268 DNotZ, 2010, 930.

gen einer Straftat verurteilt worden, ohne die in § 6 Abs. 2 S. 2 Nr. 3 GmbHG genannten Straftatbestände im Einzelnen aufführen zu müssen.

jj) Gesellschafterliste

Mit der Anmeldung ist eine von sämtlichen Geschäftsführern unterzeichnete Gesellschafterliste dem Handelsregister einzureichen, in der die **Geschäftsanteile** durchgehend (fortlaufend) zu nummerieren sind, und zwar entsprechend der bereits in der Satzung bei den Bestimmungen über die Übernahme der Geschäftsanteile vorgenommenen Nummerierung. In die Liste der Gesellschaften sind **aufzunehmen**: Name, Vorname, Geburtsdatum und Wohnort der Gesellschafter sowie die Nennbeträge der von ihnen übernommenen Geschäftsanteile und ihre laufenden Nummern in ganzen arabischen Zahlen sowie die durch den jeweiligen Nennbetrag des Geschäftsanteils vermittelte jeweilige prozentuale Beteiligung am Stammkapital; hält ein Gesellschafter mehr als einen Geschäftsanteil, ist in der Liste zudem der Gesamtumfang der Beteiligung am Stammkapital als Prozentsatz gesondert anzugeben. Die Prozentangaben dürfen gemäß § 4 Abs. 1 GesLV nach dem kaufmännischen Prinzip bis auf eine Dezimalstelle gerundet oder alternativ durch das Weglassen der Nachkommastellen ohne Runden dargestellt werden. 1489

Der Gesellschafterliste kommt eine erhebliche Bedeutung zu. Ein Gesellschafter kann seine **Mitgliedschaftsrechte** nur dann ausüben, wenn er in die im Handelsregister aufgenommene Liste eingetragen ist, weil ihm im Verhältnis zur Gesellschaft nur dann die Gesellschafterstellung zukommt (§ 16 Abs. 1 GmbHG). Er braucht seine Gesellschafterstellung künftig nicht mehr durch Urkunden (Gründungsurkunde oder Geschäftsanteilsübertragungsurkunde) nachzuweisen, wenn er auf seine Eintragung in die Gesellschafterliste verweisen kann. 1490

Bedeutung hat die Gesellschafterliste auch für einen möglichen **gutgläubigen Erwerb von Geschäftsanteilen** (§ 16 Abs. 3 GmbHG). Wer einen Geschäftsanteil erwirbt, soll darauf vertrauen dürfen, dass die in der Gesellschafterliste verzeichnete Person auch wirklich Gesellschafter, also Inhaber des Geschäftsanteils ist. Voraussetzung für den gutgläubigen Erwerb ist, dass der Veräußerer als Inhaber des Geschäftsanteils seit mindestens drei Jahren in der im Handelsregister aufgenommenen Gesellschafterliste eingetragen oder – bei einer Unrichtigkeit der Liste für einen Zeitraum von weniger als drei Jahren – dem wahren Berechtigten und Inhaber des Geschäftsanteils die Unrichtigkeit zuzurechnen ist. Letzteres kann dann der Fall sein, wenn etwa ein Anteilserwerb nicht durch Rechtsgeschäft (unter Mitwirkung eines Notars), sondern durch Erbfall erfolgt ist und der Erbe und neue Inhaber die Berichtigung der Liste nicht veranlasst hat. 1491

Guter Glaube setzt voraus, dass der Erwerber **keine positive Kenntnis und keine grob fahrlässige Unkenntnis** von der mangelnden Berechtigung des Veräußerers hat und der dem Registergericht eingereichten Gesellschafterliste kein Widerspruch zugeordnet ist (analog im Grundbuchrecht § 899 BGB). 1492

Der Gutglaubensschutz der Gesellschafterliste erfasst nur den guten Glauben an die **Rechtsinhaberschaft** des eingetragenen Gesellschafters. Nicht geschützt wird dagegen der gute Glaube daran, dass 1493

- der Geschäftsanteil nicht belastet ist (etwa verpfändet),
- die im Gesellschaftsvertrag für die Verfügung über einen Geschäftsanteil begründeten Zustimmungserfordernisse erfüllt sind,
- der Geschäftsanteil nicht bereits aufschiebend bedingt (etwa nach Zahlung des Kaufpreises) an einen anderen abgetreten worden ist.

In den genannten Fällen kann also der Geschäftsanteil trotz Gutgläubigkeit nur belastet oder überhaupt nicht erworben werden, wenn etwa bei einer zuvor unter der Bedingung der Kaufpreiszahlung erfolgten Abtretung des Anteils an einen Dritten der Kaufpreis von diesem gezahlt wird (Eintritt der Bedingung, § 161 Abs. 1 S. 1 BGB). Es wird also nicht geschützt der gute Glaube an die Lastenfreiheit des Anteils oder die Verfügungsberechtigung des in der Liste eingetragenen Rechtsinhabers.[269]

269 BGH, DNotZ 2011, 943.

1494 ▼

Muster 4.256: Einfache Gesellschafterliste

Gesellschafterliste der „ “ mit dem Sitz in :

	Nennbeträge und Nummern der Geschäftsanteile sowie durch den Geschäftsanteil vermittelte prozentuale Beteiligung am Stammkapital der Gesellschaft	
, geboren am , wohnhaft in	EUR (Geschäftsanteil Nr. 1)	%
, geboren am , wohnhaft in	EUR (Geschäftsanteil Nr. 2)	%
	EUR	

, den

▲

d) Geschäftsanteilsübertragung

aa) Geschäftsanteil

1495 Die Beteiligung an einer GmbH wird durch den oder die Geschäftsanteile vermittelt. Der Geschäftsanteil jedes Gesellschafters bestimmt sich nach der von ihm übernommenen Einlage. Die Summe der Geschäftsanteile ergibt somit das Stammkapital. Wer Inhaber eines Geschäftsanteils ist, ist Gesellschafter der GmbH. Der Geschäftsanteil kann originär durch Übernahme im Gründungsvertrag oder abgeleitet durch rechtsgeschäftlichen Übertragungsakt (Kauf, Schenkung) erworben werden, ferner durch Erbgang.

1496 Die Geschäftsanteile sind veräußerlich und vererblich. Allerdings kann der Gesellschaftsvertrag die Zulässigkeit der Übertragung von Geschäftsanteilen an besondere Voraussetzungen knüpfen, sie insbesondere von der Genehmigung der Gesellschaft oder der Gesellschafter abhängig machen (**Vinkulierung**).

▼

Muster 4.257: Vinkulierung

Die Abtretung und Belastung von Geschäftsanteilen bedürfen zu ihrer Wirksamkeit der Zustimmung aller Gesellschafter. Eine Genehmigung zur Veräußerung ist nicht erforderlich, wenn der Erwerber Mitgesellschafter ist.

▲

1497 Auch die **Vererblichkeit** eines Geschäftsanteils kann im Gesellschaftsvertrag derart eingeschränkt werden, dass der oder die Erben von der Gesellschaft ausgeschlossen werden können oder der betreffende Geschäftsanteil eingezogen wird. Das verhindert allerdings nicht, dass der Geschäftsanteil zunächst mit Tod des Erblassers auf den oder die Erben in Erbengemeinschaft übergeht. Anders als bei den Personengesellschaften findet bei Kapitalgesellschaften keine Sondererbfolge statt (oben Rdn 1414 f.).

▼

Muster 4.258: Erbfolgeregelung

Für alle Gesellschafter gilt folgende Einschränkung der Vererblichkeit: Handelt es sich bei dem Erben oder Vermächtnisnehmer nicht um einen Mitgesellschafter, den Ehegatten oder einen Abkömmling des verstorbenen Gesellschafters, so können die Gesellschafter beschließen, dass die nicht zu diesem Kreis gehörenden Personen aus der Gesellschaft ausscheiden und nach den Bestimmungen dieses Vertrages abgefunden werden.

Bei dem zu fassenden Beschluss hat der betroffene Erbe oder Vermächtnisnehmer kein Stimmrecht.

▲

bb) Übertragungsvorgang

Die Übertragung eines Geschäftsanteils vollzieht sich in zwei Stufen, dem **Verpflichtungsgeschäft** (Verkauf, 1498
Schenkung usw.) und dem **dinglichen Übertragungsakt** (Abtretung). Sowohl das Verpflichtungsgeschäft als auch die Abtretung bedürfen der notariellen Beurkundung (§ 15 GmbHG). Ein nicht in notarieller Form abgeschlossenes Verpflichtungsgeschäft wird jedoch durch eine notariell beurkundete Abtretung geheilt.

Mehrere Personen können Inhaber eines einheitlichen Geschäftsanteils sein (Beispiele: in Erbengemeinschaft, 1499
in Gütergemeinschaft, je zu einem ideellen Bruchteil). Hier gelten die allgemeinen Grundsätze. Steht ein Geschäftsanteil mehreren Mitberechtigten ungeteilt zu, so können die Rechte aus dem Geschäftsanteil natürlich nur gemeinschaftlich ausgeübt werden.

Ein Gesellschafter kann mehrere Geschäftsanteile innehaben, und zwar auch mit verschiedenen Nennbeträgen, die er bereits bei der Gründung oder später erwerben kann. Jeder EUR eines Geschäftsanteils gewährt nach dem Gesetz bei einer Beschlussfassung in Angelegenheiten der Gesellschaft eine Stimme.

cc) Teilung und Zusammenlegung

Geschäftsanteile können **beliebig geteilt und zusammengelegt** werden. Das frühere Verbot der Vorratsteilung 1500
ist, unabhängig von einer anschließenden Anteilsveräußerung, entfallen. Insbesondere ist für die Teilung eines Geschäftsanteils eine Zustimmung der Gesellschaft nicht mehr erforderlich. § 17 GmbHG a.F. ist ersatzlos aufgehoben worden.

Für Teilung und Zusammenlegung ist nach dem Gesetz (§ 46 Nr. 4 GmbHG) ein Beschluss der Gesellschafter- 1501
versammlung unter **Zustimmung** des betroffenen Gesellschafters erforderlich. Überträgt ein Gesellschafter also einen Teilgeschäftsanteil, muss zuvor die Gesellschafterversammlung die Teilung unter Zustimmung des veräußernden Gesellschafters beschließen.

Der Gesellschaftsvertrag kann – wie hinsichtlich der Veräußerung – auch die Teilung und Zusammenlegung von Geschäftsanteilen an weitere Voraussetzungen knüpfen, etwa an eine Genehmigung der Gesellschaft oder aller Gesellschafter (Vinkulierung).

dd) Aktualisierung der Gesellschafterliste

Nach § 40 GmbHG sind die Geschäftsführer verpflichtet, die Gesellschafterliste stets auf dem **neuesten Stand** 1502
zu halten und bei Veränderungen im Gesellschafterbestand eine aktuelle Liste zum Handelsregister einzureichen. Für den Fall, dass ein Notar an den Veränderungen mitgewirkt hat, ist er anstelle der Geschäftsführer zur Aktualisierung und Einreichung der Gesellschafterliste zum Handelsregister berufen (§ 40 Abs. 2 GmbHG). Hat ein Notar an einer Veränderung mitgewirkt, entfällt also die Verpflichtung der Geschäftsführer zur Erstellung und Einreichung einer neuen Liste.

Der Notar wirkt hinsichtlich der Veränderung des Gesellschafterbestandes insbesondere bei der **Übertragung** 1503
eines Geschäftsanteils mit, aber auch bei einer **Kapitalerhöhung** und bei **Umwandlungen** nach dem UmwG und zwar wegen der **Beurkundungspflicht** für diese Rechtsvorgänge. Er ist aber auch bei Beschlussfassungen über die Teilung oder Zusammenlegung von Geschäftsanteilen eingeschaltet, wenn diese anlässlich einer Geschäftsanteilsübertragung erfolgen. Der Notar hat in der Gesellschafterliste gemäß § 40 Abs. 2 S. 2 GmbHG zu bescheinigen, dass sie den Veränderungen entspricht, an denen er durch seine Beurkundung mitgewirkt hat, und dass die übrigen Angaben der Liste mit dem Inhalt der zuletzt im Handelsregister aufgenommenen Liste übereinstimmen (qualifizierte Gesellschafterliste).

▼ 1504

Muster 4.259: Geschäftsanteilsübertragungsvertrag

4.259

Die Erschienenen erklärten zur Beurkundung:

(1) … ist Inhaber eines Geschäftsanteils im Nennbetrag von … EUR an der im Handelsregister des Amtsgerichts … unter HRB … eingetragenen … GmbH. Dies wird nachgewiesen durch die zuletzt im Handelsregister aufgenommene Gesellschafterliste vom … . Dabei handelt es sich um den mit Nummer … bezeichneten Geschäftsanteil. Gegen die Richtigkeit der vorgenannten Gesellschafterliste ist im Handelsregister kein Widerspruch eingetragen.

Weitere Feststellungen über Entstehung und Erwerb des vorgenannten Geschäftsanteils möchten die Beteiligten in dieser Urkunde nicht treffen.
Es wird garantiert, dass die auf den Geschäftsanteil zu leistenden Einlagen ohne Verstoß gegen das Verbot der verdeckten Sacheinlage in voller Höhe erbracht und nicht zurückgewährt worden sind.

(2) – nachstehend Veräußerer genannt – überträgt an – nachstehend Erwerber genannt – den in Ziffer näher bezeichneten Geschäftsanteil.
Der Erwerber nimmt die Übertragung an.
Der Erwerber hat dem Veräußerer als Gegenleistung einen Kaufpreis in Höhe von EUR (in Worten:) zu bezahlen. Der Kaufpreis ist am zur Zahlung fällig und bis dahin unverzinslich.
Der Kaufpreis ist auf folgendes Konto des Veräußerers zu leisten und muss bei Fälligkeit gutgeschrieben sein:
Der Erwerber unterwirft sich hiermit wegen dieser Zahlungsverpflichtung der sofortigen Zwangsvollstreckung aus dieser Urkunde. Die Vollstreckungsklausel kann jederzeit erteilt werden. Eine weitere Absicherung des Veräußerers, z.B. in der Weise, dass die Anteilsabtretung erst mit vollständiger Zahlung des Kaufpreises wirksam wird, wünschten die Beteiligten ausdrücklich nicht.

(3) Der Geschäftsanteil wird mit sofortiger dinglicher Wirkung abgetreten.
Das Recht auf den Gewinnbezug geht mit dem heutigen Tage über.
Es wird garantiert, dass der übertragene Geschäftsanteil wirksam entstanden ist und existiert, frei von Rechten Dritter, insbesondere weder an einen Dritten abgetreten noch belastet oder gepfändet, und frei verfügbar ist.
Es wird ferner garantiert,

a) dass alle Stammkapitaleinlagen in vollem Umfang erbracht sind und dass keine verdeckten Sacheinlagen geleistet sind;

b) dass die Satzung weiterhin der Fassung vom entspricht;

c) dass die Angaben zur Gesellschaft in Ziffer dieser Urkunde richtig sind.

Im Übrigen wird eine Gewähr ausdrücklich nicht geleistet, insbesondere nicht für Wert und Ertragskraft des Geschäftsanteils. Vereinbarungen über die Beschaffenheit des von der Gesellschaft betriebenen Unternehmens und deren Vermögen sind weder Inhalt noch Geschäftsgrundlage des Vertrages. Sämtliche Rechte und Ansprüche insoweit sind ausgeschlossen.
Der Notar hat darauf hingewiesen, dass der Erwerber im Verhältnis zur Gesellschaft erst dann als Inhaber des Geschäftsanteils und damit als Gesellschafter gilt, wenn er in der im Handelsregister aufgenommenen Gesellschafterliste eingetragen ist.

(4) Die mit dieser Urkunde und ihrem Vollzug verbundenen Kosten und etwaigen Steuern fallen dem Erwerber zur Last.
Die Gesellschaft verfügt nach Angaben der Beteiligten über keinen Grundbesitz. Sie ist auch nicht an grundstückshaltenden Gesellschaften beteiligt. Eine steuerliche Beratung hat der Notar nicht übernommen.
Der Notar wird unmittelbar nach Wirksamkeit der Geschäftsanteilsabtretung eine Liste der Gesellschafter, die die Veränderungen aus der vorliegenden Urkunde berücksichtigt, beim Handelsregister einreichen und diese Liste auch dem Geschäftsführer übermitteln.
Der Notar hat auf die Möglichkeit des gutgläubigen Erwerbs im Zusammenhang mit dem Inhalt der Gesellschafterliste hingewiesen und darauf, dass jeder Gesellschafter daher die Gesellschafterliste regelmäßig, mindestens alle drei Jahre, auf ihre Richtigkeit und Vollständigkeit überprüfen sollte.

(*Protokollabschlussvermerk*)

▲

Nach der Beurkundung hat der Notar eine **qualifizierte Gesellschafterliste** zum Handelsregister einzureichen.

▼ 1505

Muster 4.260: Qualifizierte Gesellschafterliste

Gesellschafterliste der „ “ mit dem Sitz in : 4.260

	Nennbeträge und Nummern der Geschäftsanteile sowie durch den Geschäftsanteil vermittelte prozentuale Beteiligung am Stammkapital der Gesellschaft		
, geboren am , wohnhaft in	EUR (Geschäftsanteil Nr. 1)	%	Anteils-abtretung
, geboren am , wohnhaft in	EUR (Geschäftsanteil Nr. 2)	%	
	EUR		

Ich bescheinige hiermit, dass die vorstehende Gesellschafterliste den Veränderungen entspricht, an denen ich als Notar durch meine Urkunde vom – UVZ-Nr. – mitgewirkt habe, und dass die übrigen Angaben in der Liste mit dem Inhalt der zuletzt im Handelsregister aufgenommenen Liste übereinstimmen.

, den

Notar

▲

ee) Übertragung eines Teils eines Geschäftsanteils

Soll ein **Teilgeschäftsanteil** übertragen werden, ist zuvor eine Gesellschafterversammlung unter **Mitwirkung** 1506
des Veräußerers abzuhalten, welche die Teilung beschließt. Ansonsten gelten keine Besonderheiten gegenüber der Abtretung eines ganzen Geschäftsanteils.

▼

Muster 4.261: Teilungsbeschlusses

Die beteiligten Gesellschafter halten unter Verzicht auf die Beachtung aller in Gesetz und Satzung vorgeschriebenen Formen und Fristen eine Gesellschafterversammlung der genannten Gesellschaft ab und beschließen unter Zustimmung des Veräußerers mit allen ihren Stimmen: 4.261

Der Geschäftsanteil des Veräußerers in Höhe von EUR (Nr.) wird geteilt in zwei Geschäftsanteile im Nennbetrag von EUR (Nr.) und EUR (Nr.).

Damit ist die Gesellschafterversammlung beendet.

▲

ff) Übertragung gegen Kaufpreiszahlung

Wird ein Geschäftsanteil **gegen Kaufpreiszahlung** übertragen, möchte der Veräußerer ihn nicht vor Erhalt des 1507
Kaufpreises verlieren. Eine sofortige dingliche Abtretung des Geschäftsanteils ist unbedenklich, wenn die Zahlung des Kaufpreises durch Bankbürgschaft oder Hinterlegung auf Notaranderkonto gesichert ist. Eine Zug-um-Zug-Wirkung wird auch dadurch erreicht, dass der Geschäftsanteil aufschiebend bedingt durch die erfolgte Kaufpreiszahlung abgetreten wird.

1508 ▼

Muster 4.262: Aufschiebend bedingte Abtretung bei Verkauf

Der Geschäftsanteil wird mit dinglicher Wirkung in der Weise abgetreten, dass er unmittelbar nach Zahlung des Kaufpreises übergeht (aufschiebende Bedingung).

Diese Bedingung für die dingliche Abtretung gilt als eingetreten, wenn der Notar eine Ausfertigung oder beglaubigte Ablichtung dieser Urkunde erteilt, welche die dingliche Übertragungserklärung enthält. Demgemäß wird der amtierende Notar von den Beteiligten unwiderruflich angewiesen, eine die dingliche Abtretungserklärung enthaltende Ausfertigung oder beglaubigte Ablichtung dieser Urkunde erst und nur dann zu erteilen, wenn ihm die Zahlung des Kaufpreises bestätigt oder nachgewiesen ist.

▲

Der Notar kann in diesem Fall die berichtigte qualifizierte Gesellschafterliste erst dann dem Handelsregister einreichen, wenn ihm die Zahlung des Kaufpreises **nachgewiesen** oder vom Veräußerer bestätigt worden ist. Durch die Anweisung an den Notar, eine vollständige, die dingliche Übertragungserklärung enthaltende, Ausfertigung oder beglaubigte Ablichtung der Urkunde erst nach Bedingungseintritt zu erteilen, wird dieser zudem für den Rechtsverkehr objektiviert.

1509 Nach einer aufschiebend bedingten Abtretung ist der gutgläubige Zwischenerwerb eines Dritten infolge einer vertragswidrigen zweiten Verfügung des Veräußerers nicht möglich, sodass es insoweit keiner besonderen Absicherung für die Kaufpreiszahlung des aufschiebend bedingten Abtretungsempfängers und Erstkäufers bedarf. Mit der Zahlung des Kaufpreises erstarkt sein Anwartschaftsrecht gemäß § 161 Abs. 1 S. 1 BGB trotz der Zwischenverfügung zum Vollrecht. Die Vorschrift des § 161 Abs. 3 BGB, die einen gutgläubigen Zwischenerwerb an und für sich ermöglichen würde, findet auf den gutgläubigen Erwerb eines Geschäftsanteils nach § 16 Abs. 3 GmbHG keine Anwendung.[270]

gg) Übertragung von Anteilen an Vorrats- und Mantelgesellschaften

1510 Eine besondere Bedeutung in der Praxis hat die Verwertung von sog. Vorrats- oder Mantelgesellschaften. Hierbei handelt es sich um eine GmbH, die entweder von Anfang an über **keinen Geschäftsbetrieb** verfügt oder nach Ablauf einer Zeit keinen Geschäftsbetrieb mehr ausübt und kein nennenswertes Vermögen mehr hat. In beiden Fällen erfolgt die Verwertung der Gesellschaft durch Übertragung und Abtretung ihrer Geschäftsanteile an Gewerbetreibende, die ihr Geschäft in der Rechtsform einer GmbH betreiben und sich das zeitlich und von den Kosten her aufwändige Gründungsverfahren ersparen wollen.

1511 Im Interesse des **Gläubigerschutzes** bei der Belebung einer nicht tätig gewesenen GmbH hat der BGH nunmehr entschieden,[271] dass

- die Verwendung einer auf Vorrat gegründeten GmbH wirtschaftlich eine Neugründung darstellt,
- auf die wirtschaftliche Neugründung die der Sicherstellung der Kapitalausstattung dienenden Gründungsvorschriften des GmbH-Gesetzes einschließlich der registergerichtlichen Kontrolle entsprechend anzuwenden sind,
- die Geschäftsführer in einer neuerlichen Anmeldung zum Handelsregister entsprechend § 8 Abs. 2 GmbHG zu versichern haben, dass die in § 7 Abs. 2 und 3 GmbHG bezeichneten Leistungen auf die Geschäftsanteile bewirkt sind und der Gegenstand der Leistungen sich weiterhin in der freien Verfügung der Geschäftsführer befindet.

Dieselben Grundsätze sind anzuwenden bei der Verwendung einer Mantelgesellschaft, die zwar früher gewerblich tätig gewesen ist, nunmehr aber unternehmens- und zumeist auch vermögenslos ist.

e) Beschlüsse der Gesellschafter

aa) Geschäftsführerwechsel

1512 Die Beschlüsse der Gesellschafter werden in **Gesellschafterversammlungen** gefasst (siehe oben Rdn 1463 ff.). Sie bedürfen grundsätzlich keiner notariellen Beurkundung. Diese ist selbst dann nicht erforderlich, wenn Gegenstand des Beschlusses eine zum Handelsregister anzumeldende Tatsache ist. Der Beschluss über die Abberufung

270 BGH, DNotZ 2011, 943.
271 Beschl. v. 9.12.2002, RNotZ 2003, 193.

und Neubestellung eines Geschäftsführers kann also von den Gesellschaftern in einer privatschriftlichen Niederschrift festgehalten werden.

▼ 1513

Muster 4.263: Anmeldung eines Geschäftsführerwechsels

Zur Eintragung in das Handelsregister melde ich unter Überreichung der Niederschrift über die Gesellschafterversammlung vom heutigen Tage an: 4.263

1. ist nicht mehr Geschäftsführer.

2. Zum Geschäftsführer bin ich, , geboren am , wohnhaft in bestellt worden.

Ich bin berechtigt, die Gesellschaft einzeln zu vertreten, gleich ob ein oder mehrere Geschäftsführer bestellt sind. Ich bin befugt, namens der Gesellschaft auch mit mir selbst Rechtsgeschäfte zu tätigen, gleichviel, ob ich dabei für mich oder für Dritte handele (Befreiung von den Beschränkungen des § 181 BGB).

Hier folgt die Versicherung, dass keine Amtsunfähigkeitsgründe vorliegen (siehe Rdn 1478).

Über meine unbeschränkte Auskunftspflicht gegenüber dem Registergericht bin ich durch den beglaubigenden Notar belehrt worden.

Die inländische Geschäftsanschrift lautet nach wie vor:

, den

▲

bb) Satzungsänderung

Ein Beschluss, der eine Abänderung des Gesellschaftsvertrages betrifft, muss notariell beurkundet werden. Er bedarf einer Mehrheit von drei Vierteln der abgegebenen Stimmen. Der Gesellschaftsvertrag kann auch noch andere Erfordernisse aufstellen (§ 53 Abs. 2 GmbHG). 1514

▼

Muster 4.264: Niederschrift über Gesellschafterversammlung

Die Erschienenen erklärten zur Beurkundung: 4.264

(1) sind die Gesellschafter der im Handelsregister des Amtsgerichts unter HRB eingetragenen . Das Stammkapital der Gesellschaft beträgt EUR. An diesem Stammkapital sind nach ihren Angaben beteiligt.
Dies wird nachgewiesen durch die zuletzt im Handelsregister aufgenommene Gesellschafterliste vom .
Weitere Feststellungen über Entstehung und Erwerb der vorgenannten Geschäftsanteile möchten die Beteiligten in dieser Urkunde nicht treffen.
Die Beteiligten vertreten also das gesamte Stammkapital.

(2) Die beteiligten Gesellschafter halten unter Verzicht auf die Beachtung aller in Gesetz und Satzung vorgeschriebenen Formen und Fristen eine
Gesellschafterversammlung
der genannten Gesellschaft ab und beschließen mit allen ihren Stimmen:

(*Protokollabschlussvermerk*)

▲

1515 Eine Abänderung des Gesellschaftsvertrages ist zur Eintragung in das Handelsregister anzumelden. Die Eintragung hat konstitutive Wirkung, die Änderung ist also erst mit der Eintragung in das Handelsregister wirksam. Betreffen die Änderungen die nach § 10 GmbHG in das Handelsregister einzutragenden Satzungsbestimmungen wie Firma, Sitz, Gegenstand des Unternehmens oder die Höhe des Stammkapitals, so müssen sie in der Anmeldung konkret, wenn auch nur schlagwortartig, bezeichnet werden. Das gilt auch für den Fall der Neufassung einer Satzung.[272]

> *Beispiel*
>
> Zur Eintragung in das Handelsregister melde ich an:
>
> § 1 des Gesellschaftsvertrages, betreffend den Sitz der Gesellschaft, und § 2 (Gegenstand des Unternehmens) sind geändert worden.

1516 Der Anmeldung einer Satzungsänderung ist nach § 54 GmbHG der vollständige neue Wortlaut des Gesellschaftsvertrages beizufügen. Dieser muss mit einer Bescheinigung des Notars versehen sein, dass die geänderten Bestimmungen des Gesellschaftsvertrages mit dem Beschluss über die Änderung und die unveränderten Bestimmungen mit dem zuletzt zum Handelsregister eingereichten vollständigen Wortlaut des Gesellschaftsvertrages übereinstimmen.

▼

Muster 4.265: Bescheinigung nach § 54 GmbH-Gesetz

4.265 Zu dem vorstehend wiedergegebenen Wortlaut des Gesellschaftsvertrages bescheinige ich, dass die geänderten Bestimmungen des Gesellschaftsvertrages mit dem Beschluss über die Änderung des Gesellschaftsvertrages und die unveränderten Bestimmungen mit dem zuletzt zum Handelsregister eingereichten vollständigen Wortlaut des Gesellschaftsvertrages übereinstimmen.

…, den …

(L. S.) …, Notar

▲

cc) Erhöhung des Stammkapitals

1517 Bei der Beurkundung eines Gesellschafterbeschlusses über die Erhöhung des Stammkapitals gilt Folgendes: Zunächst ist festzulegen, in wie viele **Geschäftsanteile** das erhöhte Kapital zerlegt und **wer** zur Übernahme der neuen Geschäftsanteile zugelassen wird. Dies können die bisherigen Gesellschafter oder einzelne von ihnen, aber auch neue Gesellschafter sein.

1518 Wer eine Stammeinlage übernimmt, hat dies in einer besonderen Übernahmeerklärung zu bekunden. Die Übernahmeerklärung bedarf zumindest notarieller Beglaubigung. Sie kann in der Niederschrift über die Kapitalerhöhung enthalten sein, aber auch außerhalb dieser Urkunde erklärt werden.

1519 Mit der **Übernahmeerklärung** verpflichtet sich der Gesellschafter zur Leistung der betreffenden Einlage. Wird die Übernahme des neuen Geschäftsanteils von jemandem erklärt, der bisher nicht Gesellschafter war, so bedeutet dies seinen Beitritt zur Gesellschaft.

Wird von einem der Gesellschaft bereits angehörenden Gesellschafter ein Geschäftsanteil auf das erhöhte Kapital übernommen, bleibt dieser selbstständig, vereinigt sich also nicht mit dem alten Geschäftsanteil.

Für die Leistung der Einlagen auf das neue Stammkapital finden dieselben Grundsätze wie bei der Gründung Anwendung. Auf die übernommene Einlage muss also mindestens ein Viertel eingezahlt werden.

1520 ▼

Muster 4.266: Beschluss über Erhöhung des Stammkapitals mit Satzungsänderung

4.266 Die Erschienenen erklärten:

(1) Das Stammkapital der Gesellschaft, das zurzeit … EUR beträgt, wird um … EUR auf … EUR erhöht. Es wird ein neuer Geschäftsanteil mit der Nummer … gebildet, der am Gewinn der Gesellschaft vom … ab teilnimmt. Zur Übernahme des neuen Geschäftsanteils wird

272 OLG Hamm, RNotZ 2002, 55.

zugelassen. Der neue Geschäftsanteil ist in Geld zu erbringen, in Höhe eines Viertels sofort und mit dem Rest auf Anforderung der Geschäftsführung.

(2) erklärt als Geschäftsführer der Gesellschaft gegenüber , dass er zur Übernahme des neuen Geschäftsanteils zugelassen sei.
Sodann erklärte , dass er den Geschäftsanteil übernehme.
nimmt diese Übernahmeerklärung für die Gesellschaft entgegen.

(3) § 3 des Gesellschaftsvertrages wird geändert und erhält hierdurch folgende Fassung:
„Das Stammkapital der Gesellschaft beträgt EUR. An dem Stammkapital der Gesellschaft sind beteiligt:

a) mit einem Geschäftsanteil im Nennbetrag von EUR (Geschäftsanteil Nr. 1),

b) mit einem Geschäftsanteil im Nennbetrag von EUR (Geschäftsanteil Nr. 2),

c) mit einem Geschäftsanteil im Nennbetrag von EUR (Geschäftsanteil Nr. 3).“

▲

In der **Neufassung** der Satzungsregelung über das Stammkapital sind die Gesellschafter mit ihren Geschäfts- **1521**
anteilen nur aufzuführen, wenn das Stammkapital insgesamt noch nicht in voller Höhe eingezahlt worden ist. Ist das der Fall, kann formuliert werden, dass die Geschäftsanteile in voller Höhe geleistet sind.

dd) Anmeldung der Kapitalerhöhung

Die Erhöhung des Stammkapitals ist von allen Geschäftsführern zur Eintragung in das Handelsregister anzu- **1522**
melden, wenn sämtliche **Übernahmeerklärungen** von den Gesellschaftern bzw. den neuen Gesellschaftern abgegeben worden sind. In der Anmeldung haben die Geschäftsführer die Versicherung abzugeben, dass die Einlagen auf das neue Stammkapital mindestens zu einem Viertel bewirkt sind und dass sich die bewirkten Leistungen endgültig in der freien Verfügung der Geschäftsführer befinden. Es gelten dieselben Grundsätze wie bei der Gründung der Gesellschaft.

Bisher wurde verlangt, dass bei einer Barkapitalerhöhung die Einlageleistung zum Zeitpunkt der Anmeldung **1523**
zumindest wertgleich noch vorhanden sein müsse. Diese Auffassung ist aufgegeben worden.[273] Nunmehr gilt, dass

- es genügt, wenn die Bareinlage nach dem Kapitalerhöhungsbeschluss in den uneingeschränkten Verfügungsbereich der Geschäftsführer gelangt ist und nicht an die Einleger zurückgezahlt wurde,
- es daher unschädlich ist, wenn die Geschäftsführer nach dem Kapitalerhöhungsbeschluss und vor der Handelsregisteranmeldung über die Bareinlage verfügen,
- bei der Anmeldung zu versichern ist, dass der eingezahlte Betrag für die Zwecke der Gesellschaft zur freien Verfügung der Geschäftsführer eingezahlt und in der Folgezeit nicht an die Einleger zurückgezahlt worden ist.

Der Anmeldung sind beizufügen eine **elektronisch beglaubigte Ablichtung** der Niederschrift über die Gesell- **1524**
schafterversammlung, elektronisch beglaubigte Abschriften der Übernahmeerklärungen, sofern diese nicht in der Niederschrift der Gesellschafterversammlung enthalten sind, eine von den Geschäftsführern unterschriebene Liste der Personen, welche die neuen Geschäftsanteile übernommen haben (jeweils mit dem Betrag der übernommenen Einlage und der fortlaufenden Nummer des Geschäftsanteils) und der neue Wortlaut des Gesellschaftsvertrages mit dem geänderten, die neue Höhe des Stammkapitals betreffenden Paragraphen und der Bescheinigung des Notars nach § 54 GmbHG.

Mit der Anmeldung ist dem Registergericht zusätzlich eine von dem Notar erstellte, aktuelle Gesellschafterliste **1525**
einzureichen, da er an der Veränderung durch Beurkundung des Kapitalerhöhungsbeschlusses amtlich mitgewirkt hat. Sie ist mit der Bescheinigung des Notars zu versehen, dass die geänderten Eintragungen in der Liste den Veränderungen entsprechen, an denen er mitgewirkt hat, und die übrigen Eintragungen mit dem Inhalt der zuletzt im Handelsregister aufgenommenen Liste übereinstimmen (**qualifizierte Gesellschafterliste**).

273 BGH, RNotZ 2002, 287 = NJW 2002, 1716.

1526 ▼

Muster 4.267: Anmeldung einer Kapitalerhöhung zum Handelsregister

4.267 Amtsgericht

– Handelsregister –

– HR B (…) –

„ “

Als Geschäftsführer überreiche ich:

1. elektronisch beglaubigte Ablichtung der notariellen Niederschrift vom heutigen Tage – UVZ-Nr. des beglaubigenden Notars –;
2. Liste der Person, welche den neuen Geschäftsanteil übernommen hat;
3. Bescheinigung nach § 54 GmbH-Gesetz;
4. qualifizierte Gesellschafterliste des beglaubigenden Notars.

Ich melde die Erhöhung des Stammkapitals und die Änderung des § 3 des Gesellschaftsvertrages (Stammkapital) zur Eintragung in das Handelsregister an. Die Erklärung über die Übernahme des neuen Geschäftsanteils ist in der vorgenannten Niederschrift enthalten.

Ich versichere, dass auf den übernommenen Geschäftsanteil ein Viertel eingezahlt, auch in der Folge nicht an den Einleger zurückgezahlt worden ist und dass sich der eingezahlte Betrag für die Zwecke der Gesellschaft endgültig in meiner freien Verfügung befindet.

Die inländische Geschäftsanschrift lautet unverändert:

, den

▲

ee) Umstellung von Deutsche Mark auf Euro

1527 Bei Altgesellschaften wird auch nach Einführung des Euro die Währungseinheit DM beibehalten, sofern die Gesellschafter eine Umstellung auf die neue Währung nicht vornehmen. Für Mindeststammkapital, Geschäftsanteile sowie für die Stimmrechte gelten also die bis zum 31.12.1998 maßgeblichen Beträge. Eine Verpflichtung zur Umstellung auf Euro besteht selbst nach dem 31.12.2001 nicht, jedoch dürfen ab diesem Zeitpunkt Kapitaländerungen dieser Altgesellschaften nur in das Handelsregister eingetragen werden, wenn zugleich die Nennbeträge von Stammkapital und Geschäftsanteilen auf Euro gestellt werden (**Registersperre**, Art. 1 Abs. 1 S. 4 EGGmbHG).

1528 ▼

Muster 4.268: Gesellschafterbeschluss zwecks Umstellung auf Euro mit Kapitalerhöhung

4.268 Die Erschienenen erklärten:

(1) sind die Gesellschafter der im Handelsregister des Amtsgerichts unter HR B eingetragenen . Das Stammkapital der Gesellschaft in Höhe von DM ist voll eingezahlt. An diesem Stammkapital sind die vier Erschienenen mit je einem Geschäftsanteil im Nennbetrag von DM beteiligt.
Dies wird nachgewiesen .
Die Beteiligten vertreten also das gesamte Stammkapital.

(2) Die beteiligten Gesellschafter halten unter Verzicht auf die Beachtung aller in Gesetz und Satzung vorgeschriebenen Formen und Fristen eine

Gesellschafterversammlung

der genannten Gesellschaft ab und beschließen mit allen ihren Stimmen:

a) Das Stammkapital und die Geschäftsanteile der Gesellschaft sowie sämtliche DM-Betragsangaben im Gesellschaftsvertrag mit Ausnahme des Gründungsaufwands werden auf EUR umgestellt. Nach dem amtlichen Umrechnungskurs von 1 EUR = 1,95583 DM beträgt das Stammkapital somit EUR, die Geschäftsanteile der Gesellschafter je EUR.

b) Das Stammkapital der Gesellschaft von EUR wird um EUR auf EUR erhöht.

c) Zur Übernahme werden die Gesellschafter zugelassen. Die Kapitalerhöhung erfolgt durch Aufstockung der Geschäftsanteile. Die Geschäftsanteile der Gesellschafter im Nennbetrag von je EUR werden jeweils um EUR auf EUR erhöht.
Es werden bezeichnet die Geschäftsanteile

- des Gesellschafters von EUR mit Nr. 1,
- des Gesellschafters von EUR mit Nr. 2,
- des Gesellschafters von EUR mit Nr. 3,
- des Gesellschafters von EUR mit Nr. 4.

d) Die neuen Einlagen zur Aufstockung der Geschäftsanteile werden zum Nennwert ausgegeben und sind sofort in voller Höhe in bar zu leisten.

e) Die neuen Einlagen zur Aufstockung der Geschäftsanteile sind ab sofort gewinnberechtigt.

f) § des Gesellschaftsvertrages wird wie folgt geändert:
„§ Stammkapital – Geschäftsanteile
Das Stammkapital der Gesellschaft beträgt EUR. Es ist eingeteilt in vier Geschäftsanteile zu je EUR."

g) § Abs. S. des Gesellschaftsvertrages wird wie folgt geändert:
„Je 1 EUR eines Geschäftsanteils gibt eine Stimme."

(3) Die Gesellschafter erklären, dass sie auf das erhöhte Stammkapital der Gesellschaft zur Aufstockung ihrer jeweiligen Geschäftsanteile eine Einlage in Höhe von jeweils EUR übernehmen.

(4) Der Notar hat auf die Haftung der Gesellschafter für übernommene, aber nicht einbezahlte Einlagen sowie auf den Zeitpunkt des Wirksamwerdens der Kapitalerhöhung hingewiesen.

(5) Die Kosten dieser Urkunde und ihres Vollzugs trägt die Gesellschaft.

Diese Niederschrift

1529 ▼

Muster 4.269: Handelsregisteranmeldung zur vorgenannten Urkunde

4.269 UVZ-Nr.

Amtsgericht – Registergericht –

GmbH mit Sitz in – HR B –

Die unterzeichneten Geschäftsführer der vorgenannten Gesellschaft überreichen eine elektronisch beglaubigte Ablichtung der Niederschrift über die Gesellschafterversammlung vom – UVZ-Nr. – und melden zur Eintragung in das Handelsregister an:

1. Die Gesellschaft hat die Umstellung des Kapitals auf EUR beschlossen.
2. Das Stammkapital der Gesellschaft wurde durch Bareinlage von bisher EUR um EUR auf EUR erhöht.
   § (...) des Gesellschaftsvertrages wurde entsprechend geändert.
   Wir versichern, dass die Einlagen in voller Höhe bewirkt sind und sich der Gegenstand der Leistungen endgültig zur freien Verfügung der Geschäftsführer befindet.
3. In § Abs. S. des Gesellschaftsvertrages (Stimmrechtsgewährung bei Beschlussfassungen in der Gesellschafterversammlung) wurde der Betrag von 100 DM in 1 EUR geändert.

Die inländische Geschäftsanschrift der Gesellschaft ist nach wie vor .

Wir, die unterzeichneten Geschäftsführer, überreichen:

- eine elektronisch gefertigte Ablichtung der Liste der Übernehmer der Kapitalerhöhungsbeträge,
- eine elektronisch beglaubigte Ablichtung des vollständigen Gesellschaftsvertrages mit der Bescheinigung des Notars gemäß § 54 Abs. 1 S. 2 GmbHG.

Die elektronisch gefertigte beglaubigte Bescheinigung des Notars gemäß § 40 Abs. 2 GmbHG mit der vollständigen Gesellschafterliste wird nach Eintragung der Kapitalerhöhung dem Registergericht nachgereicht.

, den

(Die Anmeldung muss von **sämtlichen** Geschäftsführern wegen der Abgabe der Versicherung über die Volleinzahlung unterzeichnet werden).

▲

f) Auflösung der Gesellschaft

aa) Auflösungsgründe

1530 Die Gesellschaft mit beschränkter Haftung wird aufgelöst

(i) durch Ablauf der im Gesellschaftsvertrag bestimmten Zeit,
(ii) durch Beschluss der Gesellschafter, der, sofern im Gesellschaftsvertrag nicht etwas anderes bestimmt ist, einer Mehrheit von drei Vierteln der abgegebenen Stimmen bedarf,
(iii) durch gerichtliches Urteil oder
(iv) durch Entscheidung der Verwaltungsbehörde,
(v) durch die Eröffnung des Insolvenzverfahrens bzw. mit der Rechtskraft des Beschlusses, durch den die Eröffnung des Insolvenzverfahrens mangels Masse abgelehnt worden ist,
(vi) mit der Rechtskraft einer Verfügung des Registergerichts, durch welche ein Mangel des Gesellschaftsvertrages festgestellt worden ist und schließlich
(vii) durch Löschung der Gesellschaft wegen Vermögenslosigkeit (§ 60 GmbHG).

Die Gesellschaft kann durch **gerichtliches Urteil** aufgelöst werden, wenn die Erreichung des Gesellschaftszweckes unmöglich wird, oder wenn andere, in den Verhältnissen der Gesellschaft liegende, wichtige Gründe für die Auflösung vorhanden sind. Die Auflösungsklage ist gegen die Gesellschaft zu richten und kann nur von Gesellschaftern erhoben werden, deren Geschäftsanteile zusammen mindestens zehn vom Hundert des Stammkapitals ausmachen (§ 61 GmbHG). 1531

Die Auflösung durch **Verwaltungsakt** kommt in Betracht, wenn eine Gesellschaft das Gemeinwohl dadurch gefährdet, dass die Gesellschafter gesetzwidrige Beschlüsse fassen oder gesetzwidrige Handlungen der Geschäftsführer wissentlich geschehen lassen (§ 62 GmbHG). Wird die Gesellschaft zahlungsunfähig, so haben die Geschäftsführer unverzüglich die Eröffnung des Insolvenzverfahrens zu beantragen. Dasselbe gilt, wenn sich bei der Aufstellung einer Bilanz ergibt, dass das Vermögen nicht mehr die Schulden deckt (Überschuldung). 1532

Hinweis 1533

Der Auflösungsbeschluss bedarf **keiner notariellen Beurkundung**, es sei denn, er enthält eine Satzungsänderung.

bb) Anmeldung der Auflösung

In den Fällen des **Insolvenzverfahrens** und der gerichtlichen Feststellung eines Mangels des Gesellschaftsvertrages hat das Gericht die Auflösung und ihren Grund von Amts wegen in das Handelsregister einzutragen. In allen anderen Fällen erfolgt die Eintragung aufgrund einer Anmeldung zum Handelsregister. 1534

Nach Auflösung, außer im Fall des Insolvenzverfahrens, schließt sich die **Liquidation** der Gesellschaft an. Sie erfolgt durch den oder die Liquidatoren. Das sind häufig die ehemaligen Geschäftsführer, können aber auch Dritte sein. Die ersten Liquidatoren sowie ihre Vertretungsbefugnis – auch der abstrakten –, jeder Wechsel der Liquidatoren und jede Änderung ihrer Vertretungsbefugnis sind durch die Liquidatoren zur Eintragung in das Handelsregister anzumelden. Der Anmeldung sind die Urkunden über die Bestellung der Liquidatoren in elektronisch beglaubigter Abschrift beizufügen. In der Anmeldung haben die Liquidatoren genau wie die Geschäftsführer die Versicherung abzugeben, dass in ihrer Person keine Amtsunfähigkeitsgründe gemäß § 6 GmbHG vorliegen. 1535

cc) Vertretung der Liquidatoren

In dem Auflösungsbeschluss werden zugleich die Liquidatoren bestellt. Ihre gesetzliche **Vertretungsbefugnis** ergibt sich aus § 68 Abs. 1 GmbHG: Ist nur ein Liquidator vorhanden, vertritt er allein, mehrere vertreten die Gesellschaft gemeinsam. Durch Gesellschaftsvertrag oder Gesellschafterbeschluss kann eine abweichende Regelung getroffen werden, so etwa, dass jeder von mehreren Liquidatoren allein vertritt. 1536

Von den Beschränkungen des § 181 BGB können die Liquidatoren durch Gesellschafterbeschluss nur **befreit** werden, wenn der Gesellschaftsvertrag eine entsprechende Ermächtigung vorsieht. Nach überwiegender Auffassung kann eine Befugnis im Gesellschaftsvertrag, die Geschäftsführer vom Verbot des Selbstkontrahierens zu befreien, nicht auch auf Liquidatoren angewendet werden.

Daher sollte in den Auflösungsbeschluss eine entsprechende **Satzungsänderung** aufgenommen werden, etwa dass die für die Geschäftsführer geltende Vertretungsregelung, ebenso wie die Möglichkeit der Befreiung vom Verbot des Selbstkontrahierens, auch für Liquidatoren gelten soll. Dann bedarf der Auflösungsbeschluss, für den sonst die Schriftform genügt, allerdings der notariellen Beurkundung. Das gilt auch, wenn für die Liquidatoren eine vom Gesetz abweichende abstrakte Vertretungsregelung in die Satzung aufgenommen werden soll.

Hinweis

Sinnvoll ist es, bereits bei Gründung der GmbH im Gesellschaftsvertrag bei den für die Geschäftsführer festgelegten Vertretungsregelungen zu bestimmen, dass diese auch für Liquidatoren gelten sollen (siehe oben Rdn 1462).

1537 ▼

Muster 4.270: Anmeldung der Auflösung der Gesellschaft

4.270 Amtsgericht

– Handelsregister –

Betr.: HR B „“

Anbei überreiche ich eine elektronisch beglaubigte Ablichtung der Niederschrift über die Gesellschafterversammlung vom heutigen Tage – UVZ-Nr. des beglaubigenden Notars – und melde zur Eintragung in das Handelsregister an:

a) Die Gesellschaft ist aufgelöst.

b) Zum Liquidator der Gesellschaft bin ich, , bestellt worden. Ich bin berechtigt, die Gesellschaft stets allein zu vertreten. Von den Beschränkungen des § 181 BGB bin ich befreit.

c) ist nicht mehr Geschäftsführer.

d) Die abstrakte Vertretungsbefugnis ergibt sich aus der gesetzlichen Regelung in § 68 Abs. 1 S. 2 GmbHG. Danach vertritt ein Liquidator die Gesellschaft allein, solange er der einzige Liquidator ist. Sind mehrere Liquidatoren bestellt, vertreten sie gemeinsam.

(*Oder*):

Für die abstrakte Vertretungsbefugnis der Liquidatoren gilt die in der Satzung für die Geschäftsführer festgelegte entsprechend.

Ich versichere, (hier folgt die Versicherung über das Nichtvorliegen von Amtsunfähigkeitsgründen, siehe Rdn 1478).

Die inländische Geschäftsanschrift lautet unverändert:

, den

▲

dd) Aufgaben der Liquidatoren

1538 Die Liquidatoren haben die laufenden Geschäfte der Gesellschaft zu beenden, deren Verbindlichkeiten zu erfüllen, ihre Forderungen einzuziehen und das übrige Vermögen in Geld umzusetzen (Versilberung). Sie vertreten die Gesellschaft gerichtlich und außergerichtlich. Nachdem das Gesellschaftsvermögen versilbert worden ist und alle Geschäfte abgewickelt worden sind, ist das Vermögen der Gesellschaft unter die Gesellschafter nach dem Verhältnis ihrer Geschäftsanteile zu verteilen.

1539 Die Verteilung des Gesellschaftsvermögens darf nicht vor der Tilgung oder Sicherstellung der Schulden der Gesellschaft und nicht vor Ablauf eines Jahres, des sog. **Sperrjahres**, erfolgen. Das Sperrjahr wird wie folgt in Gang gesetzt: Die Auflösung der Gesellschaft ist von den Liquidatoren im elektronischen Bundesanzeiger bekannt zu machen. In der Bekanntmachung sind die Gläubiger aufzufordern, sich bei der Gesellschaft zu melden. Die Bekanntmachung im Bundesanzeiger kann auch durch den Notar erfolgen, wenn ihn der Liquidator dazu beauftragt. In diesem Fall fällt zusätzlich zur Gebühr für den Entwurf der Registeranmeldung eine Betreuungsgebühr nach KV-GNotKG 22200 Nr. 5 an.

▼ 1540

Muster 4.271: Inserat im Bundesanzeiger

Bekanntmachung 4.271

Die GmbH in ist aufgelöst. Die Gläubiger der Gesellschaft werden aufgefordert, sich bei ihr zu melden.

, den

Der Liquidator

▲

Mit der Veröffentlichung dieser Bekanntmachung beginnt das Sperrjahr zu laufen. Nach seinem Ablauf ist unter Vorlage des Belegs über die erfolgte Veröffentlichung die Löschung der Firma von dem oder den Liquidatoren anzumelden (**Vollbeendigung**). 1541

▼

Muster 4.272: Anmeldung des Erlöschens der Firma

Amtsgericht 4.272

– Handelsregister –

– HR B –

„ “

Anbei überreiche ich als Liquidator der Gesellschaft den Beleg des Bundesanzeigers, wonach die Gläubiger der Gesellschaft aufgefordert worden sind, sich bei ihr zu melden.

Ich melde zur Eintragung in das Handelsregister an:

Die Liquidation ist beendet.

Die Firma ist erloschen.

Die Bücher und Schriften der Gesellschaft werden von mir aufbewahrt.

, den

gez.

▲

ee) Fortsetzungsbeschluss

Auch eine aufgelöste Gesellschaft kann wieder in eine werbend tätige Gesellschaft umgewandelt werden, wenn die Gesellschafter beschließen, die Gesellschaft fortzusetzen. Die Fortsetzung ist von dem oder den Geschäftsführern unter Überreichung der Niederschrift über die Gesellschafterversammlung, in welcher der Fortsetzungsbeschluss gefasst wurde, zur Eintragung in das Handelsregister anzumelden. Der oder die Geschäftsführer haben zu versichern, dass mit der Verteilung des Vermögens an die Gesellschafter noch nicht begonnen worden ist. 1542

ff) Vermögenslosigkeit

Wird festgestellt, dass eine Gesellschaft vermögenslos ist, erfolgt die Löschung – ohne Liquidation – von Amts wegen oder auf Antrag auch der Steuerbehörde (§ 394 FamFG). Sie ist auch von Amts wegen zu löschen, wenn das Insolvenzverfahren über das Vermögen der Gesellschaft durchgeführt worden ist und keine Anhaltspunkte dafür vorliegen, dass die Gesellschaft noch Vermögen besitzt. 1543

gg) Nachtragsliquidation

1544 War die Gesellschaft im Handelsregister bereits gelöscht und ergibt sich nachträglich das Erfordernis von Rechtshandlungen durch die GmbH im Rechtsverkehr, so ist vom zuständigen Registergericht ein Nachtragsliquidator zu bestellen, der die Rechtshandlung dann namens der Gesellschaft vornimmt.

> *Beispiel*
>
> Im Grundbuch steht für die „X-GmbH" eine Grundschuld, die gelöscht werden soll. War die GmbH bereits im Handelsregister gelöscht, kann ein vom Gericht bestellter Nachtragsliquidator die Löschungsbewilligung für die bereits gelöschte GmbH abgeben.

7. GmbH & Co. KG

1545 Die GmbH & Co. KG ist eine Kommanditgesellschaft, deren persönlich haftende Gesellschafterin eine GmbH ist. Kommanditisten sind zumeist die Gesellschafter der GmbH. Mit der GmbH & Co. KG verbinden die Gesellschafter die Vorteile einer Personengesellschaft mit denen der Haftungsbeschränkung einer GmbH. Als Gesellschafter der GmbH haften sie den Gläubigern gegenüber nicht. Als Kommanditisten ist ihre Haftung den Gläubigern gegenüber, soweit die Einlage geleistet und in ihrer Höhe im Handelsregister eingetragen ist, ausgeschlossen. Die **haftungsrechtliche Sonderstellung** der GmbH & Co. KG liegt also darin, dass sie die einzige übliche Rechtsform einer Personengesellschaft ist, bei der keine natürliche Person die unbeschränkte persönliche Haftung zu übernehmen braucht. Dies ist ein Vorteil, der nunmehr nach Inkrafttreten des MoPeG auch Freiberuflern offensteht (siehe oben Rdn 1364).

> *Hinweis*
>
> Für die Wahl dieser Rechtsform sind häufig steuerrechtliche Überlegungen maßgebend, wenn die Personengesellschaft im konkreten Fall steuerliche Vorteile gegenüber einer Kapitalgesellschaft bietet und zugleich eine Haftungsbeschränkung der Gesellschafter bestehen soll.

1546 Die Gründung der GmbH & Co. KG vollzieht sich in **zwei Schritten**. Zunächst erfolgt die Gründung der Komplementär-GmbH nach den Bestimmungen des GmbH-Gesetzes (siehe oben Rdn 1441 ff.). Anschließend wird unter Beteiligung der GmbH als persönlich haftender Gesellschafterin die Kommanditgesellschaft (nachstehend KG) gegründet. Für den Gesellschaftsvertrag der KG besteht kein Formerfordernis. In der Mehrzahl der Fälle beschränkt sich die Tätigkeit des Notars insoweit auf die Anmeldung zum Handelsregister. Die Haftungsbeschränkungen der Gesellschafter sowohl der GmbH als auch der KG treten erst mit der Eintragung beider Gesellschaften in das Handelsregister ein.

Die Eintragung der KG kann erst nach Entstehen der GmbH durch ihre Eintragung im Handelsregister erfolgen. Die Anmeldung beider Gesellschaften kann gleichzeitig erfolgen.

1547 Bei der **Firmenwahl** ist einerseits zu beachten, dass sich die Firmen der Komplementär-GmbH und der KG deutlich voneinander unterscheiden müssen, wenn die Gesellschaften, wie regelmäßig der Fall, ihren Sitz am selben Ort haben (§ 30 HGB). Andererseits muss auch die Firma der KG die Rechtsformbezeichnung „GmbH" enthalten, damit ihre Haftungsbeschränkung zum Ausdruck kommt.

1548 Persönlich haftende Gesellschafterin der KG kann auch eine **Unternehmergesellschaft** sein, dann handelt es sich um eine „UG (haftungsbeschränkt) & Co. KG". Möglich ist, dass der einzige Gesellschafter und Geschäftsführer der GmbH zugleich einziger Kommanditist ist. Hier muss er als Geschäftsführer der GmbH von den Beschränkungen des § 181 BGB befreit sein, um den Gesellschaftsvertrag namens der GmbH einerseits und als Kommanditist andererseits abschließen zu können.

1549 Die GmbH ist als Komplementärin allein zur Geschäftsführung und Vertretung der KG berechtigt. Diese Befugnisse übt sie durch ihre Organe, also ihre Geschäftsführer, aus.

Beispiel

Eine GmbH & Co. KG kauft ein Grundstück. Der Kaufvertrag wird vom Geschäftsführer der GmbH abgeschlossen, der z.B. handelt „*als alleinvertretungsberechtigter Geschäftsführer der GmbH unter der Firma (...), diese als zur alleinigen Vertretung berechtigte persönlich haftende Gesellschafterin der Kommanditgesellschaft unter der Firma (...)*“ In das Grundbuch wird die GmbH & Co. KG, also die Kommanditgesellschaft, eingetragen.

▼ 1550

Muster 4.273: Anmeldung einer GmbH & Co. KG zum Handelsregister

Zur Eintragung in das Handelsregister melden wir an: 4.273

1. Die „ “ in und haben eine Kommanditgesellschaft gegründet. Die Firma der Gesellschaft lautet:
   „ KG“.
   Sie hat ihren Sitz in . Die Geschäftsräume befinden sich in Moers, Steinstraße 22. Dies ist auch die inländische Geschäftsanschrift.
   Gegenstand des Unternehmens ist der Vertrieb von .
2. Persönlich haftende Gesellschafterin ist die durch vertretene „ “ in Moers. Kommanditistin ist . Ihre Haftsumme beträgt EUR.
3. Abstrakt gilt für die Vertretung der Gesellschaft: Jeder persönlich haftende Gesellschafter vertritt die Gesellschaft einzeln. Einem persönlich haftenden Gesellschafter kann durch Gesellschafterbeschluss Befreiung von den Beschränkungen des § 181 BGB erteilt werden.
   Konkret gilt Folgendes: Die persönlich haftende Gesellschafterin, die „ “, ist berechtigt, die Gesellschaft allein zu vertreten. Sie ist von den Beschränkungen des § 181 BGB befreit.
   Bei der Unterzeichnung dieser Anmeldung handelt als zur alleinigen Vertretung berechtigter Geschäftsführer der persönlich haftenden Gesellschafterin.

, den

▲

8. Überblick über die Aktiengesellschaft

a) Rechtsnatur und Bedeutung

Die Aktiengesellschaft (nachstehend AG) ist die reinste Form der Kapitalgesellschaft. Sie ist – wie die GmbH – 1551
eine juristische Person mit eigener Rechtspersönlichkeit, also eine **nur mit ihrem Vermögen haftende Gesellschaft**, die ein in Aktien zerlegtes Grundkapital hat und an der die Gesellschafter (Aktionäre) mit einem Teil des Grundkapitals beteiligt sind.

Die Aktiengesellschaft ist eine Gesellschaftsform für Großbetriebe, die einen großen Kapitalbedarf haben. Durch Ausgabe von Aktien können solche Betriebe den Kapitalmarkt in Anspruch nehmen, d.h., die Aktien an eine Vielzahl von Personen über die Börse verkaufen. Erwerber von Aktien haben kein besonderes Interesse an einer wirtschaftlichen Betätigung, sondern wollen ihr Geld anlegen.

Die Beziehungen des einzelnen Aktionärs zur Gesellschaft sind daher nach dem Gesetz nur lose, nämlich rein auf die Kapitalbeteiligung beschränkt. Der Einfluss der Aktionäre auf die Geschicke der Gesellschaft, soweit sie nicht zu den beherrschenden Großaktionären gehören, ist gering.

Wie jede juristische Person kann auch die Aktiengesellschaft nur durch Organe einen Willen bilden und handeln. Organe sind der **Vorstand**, dem die Vertretung der AG obliegt, der **Aufsichtsrat**, der den Vorstand bestellt und kontrolliert, und die **Hauptversammlung** der Aktionäre, die willensbildende und Beschlüsse fassende Gesellschafterversammlung.

b) Grundkapital und Aktien

1552 Bezüglich des **Grundkapitals** und der **Aktien** gilt Folgendes:

- Das Mindestgrundkapital einer AG beträgt 50.000 EUR.
- Der Mindestnennbetrag einer Aktie beträgt 1 EUR.
- Die Ausgabe nennwertloser Stückaktien ist möglich; sie sind am Grundkapital in gleichem Umfang beteiligt, der anteilige Betrag darf einen EUR nicht unterschreiten. Der Anteil am Grundkapital bestimmt sich bei Nennbetragsaktien nach dem Verhältnis ihres Nennbetrages zum Grundkapital, bei Stückaktien nach der Zahl der Aktien.
- Aktien können auf den Inhaber oder auf den Namen ausgestellt werden; Namensaktien sind in ein Aktienregister der Gesellschaft einzutragen. Man unterscheidet Stammaktien und Vorzugsaktien; Letztere gewähren größere Rechte bei der Verteilung des Gewinns und des Gesellschaftsvermögens.
- Jede Aktie gewährt das Stimmrecht entsprechend ihrem Anteil am Grundkapital; Vorzugsaktien können ohne Stimmrecht ausgegeben werden (stimmrechtslose Vorzugsaktien).

1553 Ein Gesellschafterwechsel findet durch Übertragung der Aktie statt. Die Übertragung einer Namensaktie kann von der Zustimmung der Gesellschaft abhängig gemacht werden (vinkulierte Namensaktie).

c) Gründungsvorgang

1554 Die Gründung einer AG erfordert die Feststellung der Satzung durch notarielle Beurkundung. Der Mindestinhalt der Satzung ergibt sich aus § 23 Abs. 3 AktG. An der Gründung müssen sich eine oder mehrere Personen beteiligen, welche die Aktien gegen Einlage übernehmen. Bevollmächtigte bedürfen einer notariell beglaubigten Vollmacht.

1555 Die Gründer haben in der Gründungsurkunde zu notariellem Protokoll den ersten Aufsichtsrat zu bestellen. Er besteht aus mindestens drei Mitgliedern; die Höchstzahl richtet sich nach der Höhe des Grundkapitals und beträgt maximal einundzwanzig (§ 95 AktG). Der Aufsichtsrat hat den ersten Vorstand zu bestellen; dieser kann aus einer oder mehreren Personen bestehen. Die Amtsunfähigkeitsgründe und die gesetzliche Vertretung (§§ 76 Abs. 2, 78 AktG) entsprechen den Regelungen für die Geschäftsführer einer GmbH (siehe oben Rdn 1457).

1556 Die Gesellschaft ist von allen Gründern, allen Mitgliedern des Aufsichtsrats und allen Vorstandsmitgliedern zur Eintragung in das Handelsregister anzumelden.

9. Überblick über die Genossenschaft

a) Wesen der Genossenschaft

1557 Die Genossenschaft ist eine Gesellschaft mit **nicht geschlossener Mitgliederzahl**, deren Zweck darauf gerichtet ist, die Erwerbs- oder Wirtschaftstätigkeit ihrer Mitglieder, aber auch ihrer sozialen oder kulturellen Belange durch einen **gemeinschaftlichen Geschäftsbetrieb** zu fördern (§ 1 GenG). Sie ist juristische Person und erlangt Rechtsfähigkeit mit ihrer Eintragung in das Genossenschaftsregister. Für die Verbindlichkeiten der Genossenschaft haftet den Gläubigern nur das Vermögen der Genossenschaft. Nach § 17 Abs. 2 GenG gilt sie als Kaufmann i.S.d. HGB (Formkaufmann).

1558 Beispiele für diese Rechtsform sind

- Spar- und Darlehensgenossenschaften,
- Volks- und Raiffeisenbanken, Konsumgenossenschaften,
- Einkaufs- und Verkaufsgenossenschaften,
- landwirtschaftliche Produktionsgenossenschaften und
- Molkereigenossenschaften.

b) Gründung und Beitritt

1559 Die Gründung der Genossenschaft erfolgt durch mindestens **drei** Mitglieder. Die Satzung, die nach § 5 GenG lediglich der Textform (§ 126b BGB) bedarf, muss unter anderem enthalten Firma, Sitz und Gegenstand des Unternehmens. Die Firma enthält die Bezeichnung „eingetragene Genossenschaft“ oder die Abkürzung „eG“. Jedes Mitglied hat einen in der Satzung festgelegten **Betrag** in die Genossenschaft einzuzahlen und erwirbt einen Geschäftsanteil, der seine Mitgliedschaft verkörpert. Der Gründungsvorgang schließt ab mit der Anmeldung zur Eintragung in das **Genossenschaftsregister** durch den Vorstand.

Die Mitgliedschaft an einer bestehenden Genossenschaft wird durch eine mindestens in Textform verfasste **Beitrittserklärung** erworben, welche die ausdrückliche Verpflichtung enthalten muss, die nach Gesetz und Satzung geschuldeten Einzahlungen auf den Geschäftsanteil zu leisten. Die Mitglieder sind in einer Mitgliederliste eingetragen. 1560

c) Organe der Genossenschaft

Organe der Genossenschaft sind der **Vorstand**, der **Aufsichtsrat** und die **Generalversammlung**. Der Vorstand vertritt die Genossenschaft gerichtlich und außergerichtlich. Er besteht aus zwei Personen, die nur gemeinsam zur Vertretung befugt sind und von der Generalversammlung gewählt und abberufen werden. Die Satzung kann die Zahl der Vorstandsmitglieder und ihre Vertretungsbefugnis abweichend bestimmen. 1561

Der Aufsichtsrat besteht, sofern nicht die Satzung eine höhere Zahl festlegt, aus drei von der Generalversammlung zu wählenden Personen. Er hat den Vorstand bei dessen Geschäftsführung zu überwachen. Sowohl die Mitglieder des Vorstandes als auch des Aufsichtsrats müssen Mitglieder der Genossenschaft und natürliche Personen sein (Selbstorganschaft). 1562

Die Mitglieder üben ihre Rechte in Angelegenheiten der Genossenschaft in der Generalversammlung aus. Grundsätzlich hat jedes Mitglied eine Stimme. Die **Satzung** kann unter bestimmten, im Gesetz geregelten Voraussetzungen mehr Stimmrechte eines Mitglieds vorsehen. Bei Genossenschaften mit mehr als 1.500 Mitgliedern kann die Satzung bestimmen, dass die Generalversammlung von Vertretern der Mitglieder (**Vertreterversammlung**) abgehalten wird. Die Vertreterversammlung ist aus mindestens 50 Vertretern zusammengesetzt, die von den Mitgliedern in allgemeiner, unmittelbarer, gleicher und geheimer Wahl gewählt werden. 1563

V. Vertretung des Kaufmanns und der Gesellschaften

1. Prokura

Die Handelsgesellschaften handeln im Rechtsverkehr entweder durch ihre **Gesellschafter** oder durch **Organe**. Der Einzelkaufmann und die Handelsgesellschaften werden zudem durch Prokuristen vertreten. **Prokurist** ist der unbeschränkte und mit Rechtswirksamkeit nach außen nicht beschränkbare Vertreter des Kaufmanns bzw. der Handelsgesellschaft. Die Prokura wird von dem Inhaber des Handelsgeschäfts oder seinem gesetzlichen Vertreter mittels **ausdrücklicher Erklärung** erteilt. Die Eintragung in das Handelsregister ist keine Wirksamkeitsvoraussetzung, sondern hat lediglich deklaratorische Bedeutung. Die Prokura entsteht also bereits mit dem Akt der Verleihung. 1564

2. Umfang der Prokura

Die Prokura berechtigt zur Vornahme **aller Rechtsgeschäfte und Rechtshandlungen**, die der Betrieb irgendeines (nicht nur dieses) Handelsgeschäfts mit sich bringt. Der Prokurist darf das Unternehmen aber als Ganzes nicht übertragen und auch nicht den Betrieb einstellen. Auch darf er keine Grundstücke veräußern oder belasten; hierzu kann er aber **ermächtigt** werden (§ 49 Abs. 2 HGB). Man spricht dann von einer Prokura mit erweiterter Vertretungsmacht. Demgegenüber ist der Erwerb eines Grundstücks durch die Prokura ohne weiteres gedeckt. Der Prokurist kann von den Beschränkungen des § 181 BGB befreit werden, was dann in das Handelsregister einzutragen ist. 1565

Eine Beschränkung des Umfangs der Prokura ist Dritten gegenüber unwirksam. Dies gilt insbesondere von der Beschränkung, dass die Prokura nur für gewisse Geschäfte oder bestimmte Arten von Geschäften oder nur unter gewissen Umständen oder für eine gewisse Zeit oder an einzelnen Orten ausgeübt werden soll. Erteilt der Inhaber des Handelsgeschäfts dem Prokuristen diesbezügliche Weisungen, gelten sie nur im Innenverhältnis, machen den Prokuristen also bei Missachtung der Weisung dem Geschäftsinhaber (Prinzipal) gegenüber schadenersatzpflichtig. 1566

1567 Möglich ist allerdings die Beschränkung der Prokura auf eine **Zweigniederlassung** des Geschäftsinhabers (Filialprokura), wenn diese unter einer anderen Firma betrieben wird. Eine zulässige Beschränkung stellt auch die Gesamtprokura dar. Hier sind mehrere (meist zwei) Prokuristen nur zur gemeinsamen Vertretung berechtigt. Die Prokura kann auch an die Mitwirkung des Geschäftsinhabers, eines vertretungsberechtigten Gesellschafters, Geschäftsführers oder Vorstandsmitglieds geknüpft werden.

3. Anmeldung der Prokura und ihres Erlöschens

1568 Die Prokura ist vom Einzelkaufmann bzw. von den vertretungsberechtigten Organen der Kapitalgesellschaft oder den vertretungsberechtigten Gesellschaftern einer Personengesellschaft zum Handelsregister anzumelden. Anders als ein neu bestellter Geschäftsführer darf der neu bestellte Prokurist sich nicht selbst anmelden.[274]

1569 ▼

Muster 4.274: Anmeldung einer Prokura

4.274 Zum Handelsregister melde ich als einzelvertretungsberechtigter Geschäftsführer an:

Ich habe Gesamtprokura in der Weise erteilt, dass er berechtigt ist, die Gesellschaft gemeinsam mit einem weiteren Prokuristen zu vertreten. Er ist von den Beschränkungen des § 181 BGB befreit.

Die inländische Geschäftsanschrift lautet nach wie vor:

, den

▲

Die Prokura **erlischt** durch den Tod des Prokuristen (nicht durch den Tod des Geschäftsinhabers), durch Insolvenz des Geschäftsinhabers, durch jederzeit zulässigen Widerruf und durch Beendigung des der Prokura zugrunde liegenden Dienstvertrages.

Auch das Erlöschen ist zur Eintragung in das Handelsregister anzumelden; die Eintragung hat aber wiederum nur deklaratorische (= klarstellende) Wirkung (§ 53 HGB). Die Anmeldung ist eilbedürftig, denn gutgläubigen Dritten gegenüber gilt die Prokura als fortbestehend (siehe unten Rdn 1587 ff.).

4. Handlungsvollmacht

1570 **Vertreter eines Kaufmanns** ist ferner der Handlungsbevollmächtigte. Die Vertretungsmacht des Handlungsbevollmächtigten kann mit Wirkung nach außen, d.h. Dritten gegenüber, beschränkt werden. Sie wird nicht in das Handelsregister eingetragen. Die uneingeschränkte Handlungsvollmacht berechtigt zur Vornahme aller Rechtshandlungen, die der Betrieb eines derartigen Handelsgewerbes mit sich bringt. Dies ist nach den örtlichen, zeitlichen und branchenüblichen Anschauungen zu beurteilen.

1571 Zur Veräußerung und Belastung von Grundstücken, zur Aufnahme von Darlehen und zur Prozessführung ist der Handlungsbevollmächtigte nur ermächtigt, wenn ihm eine solche Befugnis erteilt worden ist. Sonstige Beschränkungen muss ein Dritter nur dann gegen sich gelten lassen, wenn er sie kannte oder kennen musste.

VI. Handelsregister

1. Sachliche und örtliche Zuständigkeit

1572 Sachlich zuständig für Handelsregistersachen ist das Amtsgericht als **Registergericht** (§ 374 Nr. 1 FamFG). Die örtliche Zuständigkeit richtet sich nach dem Sitz des Einzelkaufmanns oder der Handelsgesellschaft. Örtlich zuständig ist das Amtsgericht, in dessen Bezirk ein Landgericht seinen Sitz hat, für den Bezirk dieses Land-

274 OLG Frankfurt a.M., MittBayNot 2005, 513.

gerichts (§ 376 Abs. 1 FamFG). Die Aufgaben des Registergerichts sind in einigen Bundesländern nach § 376 Abs. 2 FamFG zentralisiert und auf bestimmte Amtsgerichte übertragen worden.[275]

Das Handelsregister besteht aus **zwei Abteilungen**, A und B. Die Abteilung A dient der Eintragung von Einzelkaufleuten, offenen Handelsgesellschaften und Kommanditgesellschaften. In Abteilung B werden insbesondere die Aktiengesellschaft und die GmbH eingetragen. 1573

2. Elektronischer Handelsregisterverkehr

Die Übermittlung von Anmeldungen und dazugehörenden oder sonstigen Dokumenten an das Registergericht ist grundsätzlich **nur in elektronischer Form** möglich. Hierzu sind bei den Registergerichten virtuelle Poststellen eingerichtet (Elektronisches Gerichts- und Verwaltungspostfach, auch „EGVP"). Vor der Übermittlung von Anträgen, die nicht vom deutschen Notar entworfen werden, hat er diese Anträge gemäß § 378 Abs. 3 S. 1 FamFG für das Registergericht auf ihre **Eintragungsfähigkeit** zu überprüfen und das Ergebnis der notariellen Prüfung z.B. im Unterschriftsbeglaubigungsvermerk zu dokumentieren. Nach § 378 Abs. 3 S. 2 FamFG müssen Anmeldungen in Handels- und Gesellschaftsregistersachen zwingend über einen deutschen Notar zum Registergericht eingereicht werden. Anders ist das in Vereinsregistersachen. 1574

Um von einer in Papier erstellten Handelsregisteranmeldung ein elektronisches, in öffentlich beglaubigter Form hergestelltes Dokument zu erzeugen, hat der Notar zunächst eine Handelsregisteranmeldung in **Papierform** zu erstellen (§ 12 HGB i.V.m. §§ 39, 39a BeurkG). Diese wird in das **EDV-System** eingescannt. Für die Aufbereitung der zu versendenden elektronischen Datei und die Überprüfung und elektronische Signatur steht die Software „**XNP**" zur Verfügung. Die Signatur erfolgt mittels einer zweifach verschlüsselten Signaturkarte. Nachdem der Notar die elektronische beglaubigte Abschrift gemäß § 39a BeurkG hergestellt hat, wird das Original der Handelsregisteranmeldung für registerliche Zwecke nicht mehr benötigt. Es ist empfehlenswert, dass der Notar die Urschrift in seiner Urkundensammlung verwahrt, er darf sie aber auch an die Beteiligten aushändigen. 1575

Im Falle einer gemäß § 40a BeurkG online beglaubigten Handelsregisteranmeldung bestätigt der Notar in einer „originär" elektronischen **Vermerkurkunde** (§ 39a Abs. 1 BeurkG), dass die vor ihm über das Videokommunikationssystem der BNotK erschienene und eindeutig identifizierte Person die auf ihren Namen lautende qualifizierte elektronische Signatur auf der elektronischen Handelsregisteranmeldung anerkannt hat. Das entspricht der **Anerkennung** einer Unterschrift im Präsenzverfahren. Zum Handelsregister eingereicht wird dann das elektronische Dokument mit dem **elektronischen Beglaubigungsvermerk** des Notars (§ 12 Abs. 1 S. 2 HGB). Das Kopieren und Scannen einer Papierurkunde ist damit entbehrlich. 1576

Pro Online-Beglaubigung einer qualifizierten elektronischen Signatur fällt zusätzlich eine **Pauschale** für die Inanspruchnahme des **Videokommunikationssystems** der Bundesnotarkammer in Höhe von 8 EUR (Nr. 32016 KV GNotKG) an. Werden mehrere qualifizierte elektronische Signaturen mittels eines einzigen Vermerks beglaubigt, entsteht die Pauschale nur einmal.

Beispiel: Beglaubigungsvermerk im Online-Verfahren

Ich beglaubige hiermit die Echtheit der heute vor mir mittels Videokommunikation [über das von der Bundesnotarkammer betriebene Videokommunikationssystem] anerkannten qualifizierten elektronischen Signatur von Frau Annemarie Pflaumen, geb. am 17.4.1973, wohnhaft in Weinheim, ausgewiesen durch elektronischen Identitätsnachweis sowie durch aus dem elektronischen Speicher- und Verarbeitungsmedium ihres Personalausweises ausgelesenes und mir elektronisch übermitteltes Lichtbild.

Die Anmeldung habe ich gemäß § 378 Abs. 3 FamFG geprüft.

Mannheim, den (…)

– signiert –

(…), Notar

275 Zum Beispiel Baden-Württemberg hat die Handels-, Genossenschafts-, Partnerschafts-, Gesellschafts- und Vereinsregistersachen bei den Amtsgerichten Freiburg, Mannheim, Stuttgart und Ulm konzentriert.

1577 Die **Einsichtnahme** in das Handelsregister sowie in die zum Handelsregister eingereichten Dokumente ist jedem zu Informationszwecken gestattet. Anders als beim Grundbuch ist ein berechtigtes Interesse gerade nicht erforderlich. Jedermann kann jederzeit kostenlos Einsicht über die Internetseite der Landesjustizverwaltungen nehmen.[276] Von den Eintragungen und den eingereichten Dokumenten kann ein Ausdruck verlangt werden (**Online-Abruf**).

Das Registerblatt steht in drei verschiedenen Ansichten zur Verfügung. Der aktuelle Ausdruck gibt nur die derzeit gültigen Eintragungen wieder. Der chronologische Ausdruck enthält alle Daten ab Umstellung auf elektronische Registerführung und der historische Ausdruck alle Daten, die bis zur Umstellung auf die elektronische Registerführung gültig waren.

3. Anmeldepflichtige Tatsachen

1578 Was in das **Handelsregister** eingetragen werden muss, ist im HGB, im GmbH-Gesetz und im Aktiengesetz erschöpfend geregelt. Anmeldepflichtig sind beispielsweise:

- die Eintragung und das Erlöschen der Firma des Einzelkaufmanns,
- die Erteilung und der Widerruf einer Prokura.

Bei den **Personengesellschaften**:

- die Errichtung,
- die Vertretungsmacht der Gesellschafter,
- die Änderung der Firma,
- die Verlegung des Sitzes,
- der Wechsel eines Gesellschafters,
- die Auflösung der Gesellschaft,
- das Erlöschen der Firma.

Bei der **GmbH und AG**:

- die Errichtung,
- die Vertretungsmacht der Geschäftsführer (GmbH) und des Vorstandes (AG),
- jede Satzungsänderung,
- die Bestellung und die Abberufung von Geschäftsführern bzw. Vorstandsmitgliedern.

4. Zweigniederlassungen

1579 Bisher wurde das Registerblatt für **Zweigniederlassungen** beim Gericht des Ortes der Zweigniederlassung geführt. Gemäß § 13 Abs. 2 HGB wird die Zweigniederlassung beim Gericht der Hauptniederlassung bzw. des Sitzes eingetragen. Hierdurch werden doppelte Eintragungen und Abstimmungsschwierigkeiten zwischen den Registergerichten vermieden. Hintergrund ist, dass der örtliche Rechtsverkehr sich hinsichtlich der die Zweigniederlassung betreffenden Tatsachen problemlos über die Online-Einsicht auf dem Registerblatt der Hauptniederlassung bzw. des Sitzes informieren kann und nicht mehr auf eine Eintragung im örtlichen Register angewiesen ist.

1580 Nach der Übergangsregelung des Art. 61 Abs. 6 EGHGB waren die Zweigniederlassungsblätter zu schließen und mit einem klarstellenden Vermerk zu versehen, der auf die künftige ausschließliche Eintragung beim Gericht der Hauptniederlassung bzw. des Sitzes verweist. Zugleich war auf dem Registerblatt der Hauptniederlassung bzw. des Sitzes der Hinweis auf das Registergericht am Ort der Zweigniederlassung zu löschen.

1581 Für die Anmeldung von Zweigniederlassungen mit Hauptniederlassung oder Sitz im Ausland (§§ 13d bis 13g HGB) bleibt es natürlich bei einer Anmeldepflicht am deutschen Sitz der Zweigniederlassung und einer dortigen Eintragung.

276 *www.justizregister.de* oder *www.handelsregister.de*.

5. Rechtsbegründende oder deklaratorische Wirkung

Die Eintragungen im Handelsregister sind in der Regel **nicht rechtsbegründend**. Zumeist kommt ihnen nur deklaratorische Wirkung zu, d.h., sie bekunden Rechtsvorgänge, die bereits außerhalb des Handelsregisters wirksam geworden sind. Dazu zählen unter anderem 1582

- die Eintragung eines Kaufmanns, der kein Kleingewerbe betreibt (§ 1 HGB),
- die Erteilung oder das Erlöschen der Prokura (§ 53 HGB),
- die Eintragung der Auflösung der Gesellschaft, des Eintritts oder des Ausscheidens eines Gesellschafters (§§ 107, 143 HGB) oder
- die Bestellung und Abberufung von Geschäftsführern einer GmbH.

In besonderen Fällen wirkt die Eintragung dagegen **konstitutiv**, d.h., ohne Eintragung tritt eine materielle Wirkung noch nicht ein: 1583

- Erst die Eintragung der Kleingewerbetreibenden und der Landwirte (§§ 2, 3 Abs. 2 HGB) begründet die Eigenschaft als Kaufmann; die Wirksamkeit der OHG oder KG, deren Gewerbe unter § 2 HGB fällt oder die nur eigenes Vermögen verwaltet (§ 107 Abs. 1 S. 1 HGB), tritt im Außenverhältnis erst mit der Eintragung ein.
- Die GmbH und die AG entstehen erst mit der Eintragung (§ 11 Abs. 1 GmbHG, § 41 Abs. 1 AktG), Satzungsänderungen werden erst mit der Eintragung wirksam.

6. Anmeldende Personen

Anzumelden haben: 1584

- beim Einzelkaufmann der Inhaber,
- bei den Personengesellschaften (OHG und KG) alle Gesellschafter,
- bei der GmbH die Geschäftsführer in vertretungsberechtigter Zahl, bei Gründung und Kapitalerhöhung alle;
- bei der AG grundsätzlich die Mitglieder des Vorstands in vertretungsberechtigter Zahl, bei Kapitalerhöhung neben allen Vorstandsmitgliedern zusätzlich der Vorsitzende des Aufsichtsrats, bei Gründung alle Gründer, alle Aufsichtsratsmitglieder und alle Vorstandsmitglieder.

> *Hinweis*
>
> Eine Besonderheit gilt bei der Prokura. Sie braucht bei Personengesellschaften nicht von allen Gesellschaftern, sondern nur durch den bzw. die vertretungsberechtigten persönlich haftenden Gesellschafter angemeldet zu werden. Eine weitere Ausnahme gilt für die Anmeldung der Änderung der inländischen Geschäftsanschrift der Gesellschaft. Diese hat gemäß § 106 Abs. 7 S. 3 HGB ebenfalls nur durch den bzw. die vertretungsberechtigten persönlich haftenden Gesellschafter zu erfolgen.

Die Vornahme von Anmeldungen eintragungspflichtiger Tatsachen kann durch **Festsetzung von Zwangsgeld** erzwungen werden. 1585

Nach § 378 Abs. 2 FamFG wird **gesetzlich vermutet**, dass der Notar bevollmächtigt ist, im Namen der zur Anmeldung Berechtigten die Eintragung zu beantragen, wenn er die zu der Eintragung erforderlichen Erklärungen beurkundet hat. Das können ein beurkundeter Gesellschaftsvertrag, ein Gesellschafterbeschluss (z.B. Zustimmungsbeschluss zu einem Unternehmensvertrag), eine Satzungsänderung bei der GmbH, aber auch die Anmeldung selbst sein. Es handelt sich um eine widerlegliche Vollmachtsvermutung. **Nachweise** brauchen dem Registergericht nicht vorgelegt werden. Höchstpersönliche Erklärungen kann der Notar in Vertretung nicht abgeben, wie etwa die Amtsfähigkeitsversicherung eines Geschäftsführers. 1586

Die Vertretung durch den Notar gemäß § 378 Abs. 2 FamFG hat vor allem praktische Vorteile, etwa wenn bei einer Satzungsänderung bei einer GmbH zwar die Gesellschafter beim Notar zur Beschlussfassung erscheinen, nicht hingegen (auch) die Geschäftsführer, etwa weil sie sich an einem anderen Ort aufhalten.

Beispiel

Der Notar beurkundet die Satzungsänderung einer GmbH (z.B. Änderung der Firma). Er kann diese Änderung zum Handelsregister anmelden gemäß § 378 Abs. 2 FamFG, sodass es hierfür nicht der Mitwirkung der Geschäftsführer bedarf.

▼

Muster 4.275: Registeranmeldung durch den Notar nach § 378 FamFG

4.275 Amtsgericht – Registergericht –

GmbH mit Sitz in – HR B –

Zur Eintragung in das Handelsregister melde ich nach § 378 Abs. 2 FamFG an:

Die Gesellschafterversammlung vom hat den Gesellschaftsvertrag in § 1 (Firma) und § 2 (Gegenstand des Unternehmens) geändert.

Die Firma lautet nun: .

Die Gesellschaft hat ihren Gegenstand geändert in: .

Als Anlagen sind beigefügt:

- elektronisch beglaubigte Abschrift der notariellen Niederschrift vom (UVZ-Nr. des Notars),
- vollständigen Wortlaut des Gesellschaftsvertrags mit der Bescheinigung des Notars nach § 54 Abs. 1 S. 2 GmbHG.

Die inländische Geschäftsanschrift der Gesellschaft ist nach wie vor , .

, den

(Siegel des Notars) (Unterschrift des Notars)

(Alternativ kann die Anmeldung auch originär elektronisch erstellt und qualifiziert elektronisch mit Notarattribut durch den Notar erstellt und zum Handelsregister eingereicht werden).

▲

7. Publizität des Handelsregisters

1587 Jede Eintragung ist demjenigen gegenüber, der sie beantragt hat, **bekannt** zu machen. Alle Eintragungen im Handelsregister sind auch im Bundesanzeiger ihrem ganzen Inhalt nach zu veröffentlichen. Das Gericht hat die Bekanntmachungen unverzüglich zu veranlassen.

a) Nicht eingetragene und bekanntgemachte Tatsachen

1588 Ist eine eintragungspflichtige Tatsache nicht eingetragen oder zwar eingetragen, aber nicht bekannt gemacht worden, so kann sie einem **Dritten** nur entgegengehalten werden, wenn dieser sie **positiv gekannt** hat (§ 15 Abs. 1 HGB).

Beispiel

Der Kaufmann K widerruft eine in das Handelsregister eingetragene Prokura, ohne dass er das Erlöschen in das Handelsregister eintragen lässt. Nach dem Widerruf tätigt der Prokurist namens des K ein für ihn ungünstiges Geschäft. K ist an dieses Geschäft gebunden, es sei denn, dem Vertragspartner war das Erlöschen der Prokura bekannt.

Der Dritte wird also gegen die Folgen nicht eingetragener und bekanntgemachter Tatsachen geschützt. Im genannten Beispiel kann der Kaufmann dem Dritten nicht entgegenhalten, dass die Prokura in Wahrheit nicht bestanden hat, er also eigentlich nicht verpflichtet worden wäre (**negative Publizität**).

b) Richtig eingetragene und bekanntgemachte Tatsachen

Ist eine eintragungspflichtige Tatsache eingetragen und bekanntgemacht worden, so muss ein Dritter sie **gegen sich** 1589
gelten lassen (§ 15 Abs. 2 HGB). Dies gilt nicht bei Rechtshandlungen, die innerhalb von fünfzehn Tagen nach der Bekanntmachung vorgenommen werden, wenn der Dritte beweist, dass er die Tatsache weder kannte noch kennen musste. Innerhalb einer kurzen Frist kann der Dritte also einwenden, er habe von Eintragung und Bekanntmachung nichts gewusst, danach nicht mehr. Ein ordentlicher Kaufmann hat sich innerhalb dieser Frist zu informieren.

Beispiel

Im vorhergehenden Beispiel hatte K den Widerruf der Prokura zum Handelsregister angemeldet. Das Erlöschen ist auch ordnungsgemäß eingetragen und bekannt gemacht worden. Der Prokurist kauft drei Wochen nach Bekanntmachung von V namens K eine teure Maschine. V, der den P jahrelang als Prokuristen des K gekannt hat, denkt nicht daran, dass die Prokura widerrufen sein könnte. Der Kaufmann K braucht das Geschäft nicht gegen sich gelten zu lassen.

Die Vorschrift ist eigentlich selbstverständlich. Eine Tatsache, die eingetragen und bekanntgemacht worden ist, gilt im Geschäftsverkehr, jedenfalls nach Ablauf einer Frist von fünfzehn Tagen, als bekannt. Im letzten Beispiel wird also der Kaufmann geschützt. Etwas anderes könnte aus Gründen der Rechtsscheinhaftung in einem Ausnahmefall dann gelten, wenn zwischen V und K eine ständige Geschäftsbeziehung bestanden und V den P jahrelang als Prokuristen des K gekannt hätte.

c) Unrichtig eingetragene und bekanntgemachte Tatsachen

Ist eine eintragungspflichtige Tatsache unrichtig bekannt gemacht worden, so kann sich ein Dritter auf diese 1590
unrichtige Bekanntmachung berufen, es sei denn, der Kaufmann kann den Beweis führen, dass der Dritte die Unrichtigkeit positiv gekannt hat (§ 15 Abs. 3 HGB). Diese Vorschrift bezieht sich sowohl darauf, dass eine eintragungspflichtige Tatsache richtig eingetragen, aber unrichtig bekannt gemacht wurde, als auch darauf, dass eine falsche Tatsache eingetragen und bekannt gemacht worden ist, oder dass die Eintragung ganz unterblieb und nur eine falsche Bekanntgabe erfolgte.

Hier wird ein Dritter geschützt, der auf den unrichtigen Inhalt des Handelsregisters vertraut (positive Publizi- 1591
tät). Wer eine unrichtige Eintragung veranlasst oder eine ihn betreffende unrichtige Eintragung zu beseitigen unterlässt, muss sich das zurechnen lassen. Es handelt sich hierbei um eine Rechtsscheinhaftung.

Beispiel

Ein Kaufmann hat aus Versehen eine Prokura in das Handelsregister eintragen lassen, die in Wirklichkeit nicht erteilt worden ist. Schließt der vermeintliche Prokurist Rechtsgeschäfte für den Kaufmann ab, so muss der Kaufmann die abgeschlossenen Geschäfte gegen sich gelten lassen, es sei denn, der Geschäftspartner wusste, dass die Prokura nicht bestand.

8. Unternehmensregister

Neben dem Handelsregister gibt es ein Unternehmensregister, welches **elektronisch** geführt wird. 1592

Über die Internetseite des Unternehmensregisters sind zugänglich:

- Eintragungen im Handelsregister und deren Bekanntmachung und zum Handelsregister eingereichte Dokumente,
- Eintragungen im Genossenschaftsregister und deren Bekanntmachung und zum Genossenschaftsregister eingereichte Dokumente,
- Eintragungen im Partnerschaftsregister und deren Bekanntmachung und zum Partnerschaftsregister eingereichte Dokumente,
- Unterlagen der Jahresabschlüsse von Kapitalgesellschaften und Genossenschaften und deren Bekanntmachung,

- Gesellschaftsrechtliche Bekanntmachungen im elektronischen Bundesanzeiger,
- Bekanntmachungen der Insolvenzgerichte in anhängigen Insolvenzverfahren mit Ausnahme der Verbraucherinsolvenzverfahren, sowie
- weitere Bekanntmachungen und Veröffentlichungen die in § 8b HGB im Einzelnen aufgeführt sind.

Auch die Einsichtnahme in das Unternehmensregister und die dort eingereichten Dokumente sind jedem zu Informationszwecken gestattet.

9. Handelsregister anderer europäischer Staaten

1593 In Umsetzung einer europäischen Richtlinie[277] sieht § 9 HGB die Einrichtung eines europäischen Systems der Registerverknüpfung vor. Über die Europäische **E-Justiz-Plattform** ist es möglich, Handelsregisterauszüge betreffend die Kapitalgesellschaften aller EU-Mitgliedstaaten abzurufen. Dazu erhalten die Kapitalgesellschaften eine zusätzliche europaweit einheitliche Handelsregisternummer. Die Einzelheiten der Interoperabilität werden in einer noch zu erlassenden Rechtsverordnung des Bundes festgelegt. Auch danach verbleibt es aber dabei, dass jeder Mitgliedstaat autonom sein eigenes Handelsregistersystem betreibt. Es bestehen strukturelle Unterschiede zwischen den jeweiligen Systemen, insbesondere betreffend den Schutz des guten Glaubens an die Eintragung im Register, was den Umfang des Gutglaubensschutzes betreffend die jeweiligen Eintragungen angeht.

VII. Vereinsrecht

1594 Das Vereinsrecht findet sich in den §§ 21–79 BGB. Das Gesetz selbst definiert den Verein nicht. Nach der Rechtsprechung ist der Verein ein **auf Dauer angelegter körperschaftlich organisierter Zusammenschluss von Personen**, die ein **gemeinschaftliches Ziel** verfolgen. Die zusammengeschlossenen Personen treten als Einheit auf, führen einen Gesamtnamen, werden durch einen Vorstand vertreten und bilden ihren Willen durch Beschlussfassung nach Stimmenmehrheit. Zum Wesen eines Vereins gehört die Möglichkeit eines Wechsels im Mitgliederbestand. Damit der Verein sich im Rechtsverkehr wie eine natürliche Person bewegen kann, muss er rechtsfähig sein. Die Rechtsfähigkeit erlangt er durch die Eintragung im Vereinsregister. Damit erlangt er die Fähigkeit, Träger von Rechten und Pflichten zu sein und ein eigenes, von dem der Mitglieder getrenntes Vermögen zu haben.[278]

1. Entstehung des eingetragenen Vereins

1595 Haben sich mehrere Personen (mindestens **zwei**) zur Gründung eines Vereins zusammengefunden, so besteht der Gründungsakt darin, dass sich diese Personen über die künftig für den Verein maßgebenden Regeln einigen, d.h. eine **Satzung** vereinbaren. Diese Satzung ist von mindestens **sieben** Mitgliedern zu unterzeichnen (§ 59 Abs. 3 BGB). Es empfiehlt sich also, mit der Gründung so lange zu warten, bis sieben Mitglieder vorhanden sind. Die Gründer müssen grundsätzlich unbeschränkt geschäftsfähig sein.

Auch juristische Personen des Privatrechts (GmbH, AG, eingetragene Vereine und Genossenschaften) sowie Gesellschaften des Handelsrechts (OHG und KG) oder juristische Personen des öffentlichen Rechts (der Staat – Bundesrepublik Deutschland, die Bundesländer und die Gemeinden – sowie Körperschaften des öffentlichen Rechts) können einen Verein gründen; es ist z.B. zulässig – und kommt oft vor –, dass ein Verein allein von juristischen Personen gegründet wird (Verbände, Dachorganisationen).

1596 Nach der Gründung muss der Vorstand den Verein zur Eintragung in das Vereinsregister anmelden. Besteht der Vorstand aus mehreren Personen, so muss die Anmeldung durch die zur Vertretung des Vereins berechtigten Vorstandsmitglieder erfolgen (§§ 59 Abs. 1, 77 S. 1 BGB). Besteht der Vorstand aus mehreren Personen, so wird der Verein durch die Mehrheit der Vorstandsmitglieder vertreten (§ 26 Abs. 2 S. 1 BGB), sofern die Sat-

277 Richtlinie 2012/17/EU vom 13.6.2012 ABl L 156 vom 16.6.2012 S. 1.

278 Wegen des nicht eingetragenen Vereins, der in der notariellen Praxis kaum Bedeutung erlangt, siehe Würzburger Notarhandbuch/*Katschinski*, 5.1 Rn 11 ff.; Kersten/Bühling/*Krauß*, § 122 Rn 1 ff.

zung nichts anderes bestimmt (§ 40 S. 1 BGB). Durchweg wird in der Satzung die Vertretung des Vereins abweichend von § 26 Abs. 2 S. 1 BGB geregelt.

Nach § 77 S. 1 BGB sind die Anmeldungen zum Vereinsregister durch die „*Mitglieder des Vorstandes (...), die insoweit zur Vertretung des Vereins berechtigt sind*“, abzugeben. Hierdurch ist der bisher bestandene Meinungsstreit, ob der gesamte Vorstand oder der Vorstand in vertretungsberechtigter Zahl die Erstanmeldung des Vereins vorzunehmen hat, beseitigt worden.

Auch der Bevollmächtigte eines Vorstandsmitgliedes kann die Anmeldung vornehmen. Die Vollmacht bedarf jedoch der öffentlich beglaubigten Form (analog § 12 Abs. 1 S. 3 HGB; §§ 77, 129 BGB).

Die Anmeldung muss durch öffentlich beglaubigte Erklärung erfolgen (§ 77 S. 1 BGB). Die Länder können die elektronische Anmeldung vorsehen. Ein großer Teil der Länder hat von dieser Möglichkeit Gebrauch gemacht. Daneben sind weiterhin alle Anmeldungen auch in Papierform möglich.

Zur **Beurkundung** und damit zur Herstellung des Entwurfs einer Vereinsregisteranmeldung mit anschließen- 1597
der **Unterschriftsbeglaubigung** sind grundsätzlich die Notare und Konsuln zuständig. Zur **öffentlichen Beglaubigung von Unterschriften** unter den Anmeldungen sind neben den Notaren zuständig:

- in Baden-Württemberg die Ratschreiber,
- in Hessen die Ortsgerichtsvorsteher,
- in Rheinland-Pfalz die Ortsbürgermeister, Kreisverwaltungen und die kreisfreien und großen kreisangehörigen Stadtverwaltungen.

Die Zurücknahme einer Anmeldung zum Vereinsregister ist formlos möglich, bedarf also nicht der für die Anmeldung vorgeschriebenen Form. Der Notar kann seinen gestellten Eintragungsantrag (§ 378 FamFG) zurücknehmen (§ 24 Abs. 3 S. 1 BNotO). Die Rücknahmeerklärung ist zu unterzeichnen und mit dem Amtssiegel zu versehen (§ 24 Abs. 3 S. 2 BNotO).

Der Anmeldung sind beizufügen (§ 59 Abs. 2 BGB): 1598

- die Satzung des Vereins in Abschrift (die **Urschrift** der Satzung ist dem Gericht nicht mehr einzureichen),
- eine Abschrift der Niederschrift über die Gründungsversammlung der Mitglieder des Vereins, aus der sich die Bestellung der Vorstandsmitglieder ergibt.

Beanstandet der Registerrechtspfleger vor der Eintragung des Vereins die Satzung, so bedarf es zur Abänderung der Satzung nach überholter Meinung eines einstimmigen Beschlusses der wieder aufgenommenen Gründungsversammlung, nach neuerer Auffassung reicht dafür jedoch die satzungsgemäße oder gesetzliche Mehrheit (§ 33 Abs. 1 S. 1 BGB) aus. Die Änderung der Gründungssatzung ist nicht erneut anzumelden, sondern es genügt, wenn die geänderte Satzung dem Registergericht eingereicht wird.

Um die Einberufung einer neuen Mitgliederversammlung zur Änderung der Satzung zu vermeiden, empfiehlt 1599
es sich, folgende Bestimmung in die Satzung hineinzunehmen:

▼

Muster 4.276: Satzungsänderung

Soweit infolge einer Auflage des Registergerichts oder einer anderen Behörde eine Satzungsänderung erforderlich ist, ist der Vorstand i.S.d. § 26 BGB (oder: der Vorsitzende) befugt, diese Satzungsänderung zu beschließen. 4.276

▲

In das Vereinsregister werden eingetragen (§ 64 BGB): 1600

- der Name und der Sitz des Vereins,
- Tag der Errichtung der Satzung,
- Mitglieder des Vorstandes und ihre Vertretungsmacht.

Dem Verein bzw. seinem Bevollmächtigten ist die Eintragung bekannt zu geben (§ 383 Abs. 1 FamFG).

2. Inhalt der Vereinssatzung

1601 Bestimmte Vorschriften **müssen**, andere **sollen** in der Satzung enthalten sein. Für die Anmeldung eines Vereins ist diese Unterscheidung ohne Bedeutung, da der Rechtspfleger die Anmeldung auch dann zu beanstanden hat, wenn lediglich Soll-Vorschriften in der Satzung fehlen.

1602 a) **Muss-Vorschriften** sind nach § 57 BGB Bestimmungen über

- den Zweck des Vereins,
- den Namen des Vereins,
- den Sitz des Vereins,
- die Eintragung des Vereins in das Vereinsregister.

b) **Soll-Vorschriften** sind gemäß § 58 BGB Bestimmungen über

- den Eintritt und Austritt der Mitglieder,
- die Beitragspflicht der Mitglieder,
- die Bildung des Vorstandes,
- die Einberufung der Mitgliederversammlung,
- die Form der Berufung der Mitgliederversammlung,
- die Beurkundung der gefassten Beschlüsse.

Ist ein Verein unter Verletzung einer Muss-Vorschrift eingetragen worden, so ist die Eintragung von Amts wegen zu löschen; bei Verletzung einer Soll-Vorschrift bleibt die Eintragung des Vereins bestehen.

In der Praxis entsprechen die Satzungen von Vereinen oft nicht den vorstehenden Erfordernissen. Der Notar, der mit der Anmeldung beauftragt wird, sollte daher entweder die Satzung auf ihre wesentlichen Erfordernisse hin überprüfen oder in der Anmeldung darauf hinweisen, dass etwaiger Schriftwechsel unmittelbar mit dem Verein und nicht über ihn zu führen ist.

1603 Die nachstehende Checkliste soll hierbei eine Hilfe geben:

A. Satzung des Vereins

I. § 57 BGB
   1. Name
   2. Sitz
   3. Bestimmung, dass Eintragung in das Vereinsregister erfolgen soll
   4. Zweck des Vereins

II. § 58 Nrn. 1–4 BGB
   1. Mitgliedereintritt
   2. Mitgliederaustritt
   3. Beitragspflicht
   4. Bildung des Vorstandes
   5. Vorstand gemäß § 26 BGB
   6. Voraussetzungen für Berufung einer Mitgliederversammlung – Minderheitenrecht (§ 37 BGB) beachten!
   7. Form der Berufung einer Mitgliederversammlung
   8. Beurkundung des Beschlusses einer Mitgliederversammlung

III. § 59 BGB
   1. Liegt die Satzung in Abschrift vor?
   2. Abschrift der Urkunden über die Bestellung des Vorstandes (in der Regel Abschrift des Gründungsprotokolls)
   3. Ist die Urschrift der Satzung von mindestens sieben Mitgliedern unterschrieben?
   4. Ist der Tag der Errichtung der Satzung angegeben?

IV. §§ 26, 28 BGB
   1. Enthält die Satzung eine Vertretungsbeschränkung des Vorstandes? Ist diese Beschränkung zulässig?
   2. Weichen die Bestimmungen der Satzung über die Beschlussfassung des Vorstandes (§ 28 BGB) von den §§ 32, 34 BGB ab?

B. Anmeldung des Vereins

1. Haben alle anmeldepflichtigen Vorstandsmitglieder angemeldet (§§ 59 Abs. 1, 77 BGB)?
2. Ist die Urschrift der Satzung von mindestens sieben Personen unterschrieben?
3. Liegt die Abschrift der Satzung bei?
4. Liegt die Abschrift des Protokolls über die Vorstandsbestellung bei?

C. Inhalt der zum Vereinsregister einzureichenden Protokolle

1. Ort und Tag der Versammlung
2. Bezeichnung des Vorsitzenden und des Schriftführers
3. Zahl der erschienenen Mitglieder
4. Feststellung der satzungsgemäßen Berufung der Versammlung
5. Tagesordnung mit der Angabe, ob sie bei der Berufung der Versammlung mitangekündigt war
6. Feststellung der Beschlussfähigkeit der Versammlung, falls die Satzung eine diesbezügliche Bestimmung enthält
7. die gestellten Anträge sowie die gefassten Beschlüsse und die Wahlen, soweit hierdurch eintragungsbedürftige Verhältnisse berührt werden (insbesondere Vorstand)
8. Art der Abstimmung und ziffernmäßige Angabe des Abstimmungsverhältnisses (es genügt nicht z.B. „mit großer Mehrheit")
9. die Gewählten sind nach Vor- und Familiennamen, Geburtsdatum und Wohnort zu bezeichnen; es ist anzugeben, dass sie die Wahl angenommen haben
10. bei Satzungsänderungen eine Abschrift des die Änderung enthaltenden Beschlusses und der Wortlaut der Satzung. In dem Wortlaut der Satzung müssen die geänderten Bestimmungen mit dem Beschluss über die Satzungsänderung, die unveränderten Bestimmungen mit dem zuletzt eingereichten vollständigen Wortlaut der Satzung und, wenn die Satzung geändert worden ist, ohne dass ein vollständiger Wortlaut der Satzung eingereicht wurde, auch mit den zuvor eingetragenen Änderungen übereinstimmen (§ 71 Abs. 1 BGB)
11. Unterschriften derjenigen Personen, die nach der Satzung die Beschlüsse der Mitgliederversammlung zu beurkunden haben

3. Vertretung des Vereins

Der eingetragene Verein wird durch seinen **Vorstand** vertreten. Jeder Verein muss einen Vorstand haben. 1604
Durch den Vorstand handelt der Verein als **juristische Person** im Rechtsverkehr. Der Vorstand hat gemäß § 26 BGB die rechtliche Stellung des gesetzlichen Vertreters des Vereins. Nach § 58 Nr. 3 BGB sind in der Satzung Bestimmungen über die Bildung, d.h. die Zusammensetzung des Vorstandes, zu treffen. Der Vorstand kann aus einer oder mehreren Personen bestehen. Besteht der Vorstand aus mehreren Personen, so wird der Verein durch die Mehrheit der Vorstandsmitglieder vertreten (§ 26 Abs. 2 S. 1 BGB). Hierbei handelt es sich um eine nachgiebige Vorschrift (§ 40 S. 1 BGB). Die Satzung kann daher eine andere Vertretung des Vereins regeln. Von dieser Möglichkeit wird in der Praxis überwiegend Gebrauch gemacht.

Der Vorstand des Vereins hat folgende **Aufgaben**:

1. Er vertritt den Verein gerichtlich und außergerichtlich,
2. er besorgt die Vereinsangelegenheiten,
3. er beruft die Mitgliederversammlung ein,
4. er meldet den Verein zur Eintragung in das Vereinsregister an,
5. er hat jede Änderung des Vorstandes und jede Änderung der Satzung zur Eintragung in das Vereinsregister anzumelden,
6. er hat auf Verlangen des Amtsgerichts eine schriftliche Bescheinigung über die Zahl der Vereinsmitglieder einzureichen,
7. er führt die Liquidation nach Auflösung des Vereins durch.

1605 Bei den **Satzungsbestimmungen** über die **Zusammensetzung** des Vorstandes ist darauf zu achten, dass die **Vertretungsbefugnisse** der einzelnen Vorstandsmitglieder klar und eindeutig geregelt sind. Häufig trifft man in Vereinssatzungen die Bestimmung an:

▼

Muster 4.277: Verein – Vertretung

4.277 Vorstand ist der 1. Vorsitzende, im Verhinderungsfall einer der beiden stellvertretenden Vorsitzenden.

▲

In einer derartigen Bestimmung kann man eine bedingte Zugehörigkeit der stellvertretenden Vorsitzenden zum Vorstand erblicken. Eine bedingte Bildung des Vorstandes ist jedoch nicht zulässig und kann nicht in das Vereinsregister eingetragen werden. Ebenso wenig kann eine Bestimmung über die Bildung des Vorstandes in das Vereinsregister eingetragen werden, wonach Vorstand im Sinne des § 26 BGB entweder der Vorsitzende oder der stellvertretende Vorsitzende ist. Möglich ist es dagegen zu bestimmen, dass der Vorstand des Vereins aus dem 1. Vorsitzenden und dem 2. Vorsitzenden gebildet wird, wobei jeder von ihnen Einzelvertretungsbefugnis hat, und im **Innenverhältnis** der 2. Vorsitzende sein Amt nur ausüben darf, wenn der 1. Vorsitzende verhindert ist.

Die Bestellung des Vorstandes erfolgt durch Beschluss der Mitgliederversammlung (§ 27 Abs. 1 BGB). Geschäftsunfähige können nicht zum Vorstand bestellt werden, wohl aber in der Geschäftsfähigkeit beschränkte Personen (z.B. Minderjährige). Hierbei ist jedoch die Einwilligung des gesetzlichen Vertreters erforderlich, da der Minderjährige durch die Übernahme eines Vorstandsamtes in einem Verein wegen der damit verbundenen Pflichten nicht lediglich einen rechtlichen Vorteil erlangt (§ 107 BGB).

4. Anmeldung zum Vereinsregister

1606 Zur Eintragung in das Vereinsregister sind anzumelden:

- jede Änderung des Vorstandes (§ 67 Abs. 1 BGB), nicht dagegen eine Wiederwahl des Vorstandes;
- jede Änderung der Satzung (§ 71 Abs. 1 BGB);
- die Auflösung des Vereins (§ 74 Abs. 1 BGB);
- die Liquidatoren des Vereins (§ 76 Abs. 1 BGB).

Die Anmeldungen zum Vereinsregister sind von den vertretungsberechtigten Mitgliedern des Vorstandes durch öffentlich beglaubigte Erklärung zu bewirken, d.h., die Erklärung muss schriftlich abgefasst sein und die Unterschrift der Anmeldenden von einem Notar beglaubigt werden (§ 129 Abs. 1 BGB. Wegen der Beglaubigungsbefugnis nach Landesrecht vgl. Rdn 1597). Die Anmeldung kann in Urschrift oder in öffentlich beglaubigter Abschrift beim Gericht eingereicht werden (§ 77 S. 2 BGB).

Nach § 23d GVG können die Landesregierungen die Vereinssachen durch Rechtsverordnung einem Amtsgericht für die Bezirke mehrerer Amtsgerichte zuweisen. Die Landesregierungen können diese Ermächtigung durch Rechtsverordnung auf die Landesjustizverwaltungen übertragen.

Von diesen Ermächtigungen haben wohl zwischenzeitlich alle Länder Gebrauch gemacht.

1607 ▼

Muster 4.278: Neuanmeldung eines Vereins zum Vereinsregister

4.278 Amtsgericht

– Registergericht –

(Adresse)

Betr.: Neuanmeldung des Vereins mit dem Sitz in .

Wir, die vertretungsberechtigten Vorstandsmitglieder des vorbezeichneten, in Gründung befindlichen Vereins, überreichen als Anlage in Abschrift die Satzung des Vereins sowie Abschrift des Protokolls über die Gründungsversammlung der Mitglieder des Vereins, aus der sich auch die Bestellung der Vorstandsmitglieder ergibt, und melden den Verein und die Mitglieder des Vorstandes:

1. Vorsitzender: ,
2. Stellvertretender Vorsitzender: , (Name, Vorname,
3. Schriftführer: , Geburtsdatum, Anschrift)
4. Kassenwart: ,

zur Eintragung in das Vereinsregister an.

Der Verein wird gerichtlich und außergerichtlich vertreten entweder durch den 1. Vorsitzenden allein oder durch den Schriftführer und den Kassenwart in Gemeinschaft.

Die Anschrift des Vereins lautet:

, den

(Es folgt der Beglaubigungsvermerk unter den Unterschriften der ***vertretungsberechtigten*** *Vorstandsmitglieder).*

▲

Bei Anmeldungen zum Vereinsregister kommen bestimmte Geldbeträge kaum vor. Daher richtet sich der Ge- **1608**
schäftswert nach §§ 119 Abs. 1, 36 Abs. 2, 3 GNotKG; er ist daher regelmäßig mit 5.000 EUR anzunehmen. Bei der Bemessung des Wertes nach § 36 Abs. 2 GNotKG ist auf die Bedeutung des Vereins, seine Mitgliederzahl, seine Betätigung etwa auf Orts-, Landes- oder Bundesebene, seine Vermögenslage, seinen Zweck und seine Mitgliedsbeiträge sowie auf die Bedeutung der Anmeldung abzustellen. Der Wert der Anmeldung eines auf Bundesebene tätigen Verbandes ist in jedem Fall höher als der Regelwert zu bestimmen.

Beispiel

Der Turnverein „Heb mich hoch, runter falle ich allein" hat 300 Mitglieder.

Geschäftswert: regelmäßig 5.000 EUR; wegen der großen Anzahl von Mitgliedern und der Höhe der dadurch anfallenden Mitgliedsbeiträge ist vom Regelwert abzuweichen. Ein Geschäftswert von 10.000 EUR (oder auch höher) ist daher durchaus angemessen.

Kostenberechnung – ohne Auslagen **1609**
(Siehe Rdn 1612).

Geschäftswert: (*angenommen*) 10.000 EUR (§§ 119 Abs. 1, 92 Abs. 2, 36 Abs. 3, Abs. 2 GNotKG)

Gebühr GNotKG KV Nr. 24102, 21201 Nr. 5, 21200 (0,5) 37,50 EUR.

Erzeugt der Notar nach der Fertigung des Entwurfs der Vereinsregisteranmeldung und der Beglaubigung der Unterschriften der Anmeldenden strukturierte Daten in Form der Extensible Markup Language (XML) oder in einem nach dem Stand der Technik vergleichbaren Format für eine automatisierte Weiterbearbeitung, erhält er die Gebühr nach

GNotKG KV Nr. 22114 von 0,2 höchstens 125 EUR, hier: 15 EUR, **neben** der 0,5-Gebühr nach KV Nr. 24102, 21201 Nr. 5, 21200.

Hätte der Notar beim vorgenannten Strukturierungsverfahren den Entwurf **nicht** gefertigt, sondern lediglich die Unterschriften der Anmelder beglaubigt und auftragsgemäß die Einreichung beim Amtsgericht vorgenommen, entständen folgende Gebühren:

GNotKG KV Nr. 25100 in Höhe von 0,2, mindestens 20 EUR, höchstens 70 EUR,

hier bei dem Wert von 10.000 EUR 15 EUR, jedoch wegen der Mindestgebühr 20 EUR für die Unterschriftsbeglaubigung

GNotKG KV Nr. 22124 für die Übermittlung an das Gericht (Vollzugsgebühr)	20 EUR,
GNotKG KV Nr. 22125 in Höhe von 0,5,	höchstens 250 EUR, bei dem Wert von 10.000 EUR 38 EUR, für die Strukturierung.

1610 ▼

4.279

Muster 4.279: Anmeldungen einer Satzungsänderung

Amtsgericht …

Betr.: VR-Nr. …

Wir, die vertretungsberechtigten Vorstandsmitglieder des vorbezeichneten Vereins, überreichen als Anlage in Abschrift das Protokoll über die Mitgliederversammlung vom …, enthaltend den Beschluss über die Änderung der Satzung sowie die geänderten Satzungsbestimmungen.

Wir fügen weiterhin den Wortlaut der Satzung bei, in der die geänderten Bestimmungen mit dem Beschluss über die Satzungsänderung und die unveränderten Bestimmungen mit dem zuletzt eingereichten vollständigen Wortlaut der Satzung übereinstimmen.

Zur Eintragung in das Vereinsregister melden wir an: Die Satzung des Vereins ist in folgenden Punkten geändert: … (*hier folgt die schlagwortartige Bezeichnung der geänderten Gegenstände der Satzung*).

Die Vereinsanschrift ist unverändert.

…, den …

(*Es folgt der Beglaubigungsvermerk unter den Unterschriften der vertretungsberechtigten Vorstandsmitglieder*).

Kostenberechnung:

Geschäftswert: … EUR (§§ 119 Abs. 1, 92 Abs. 2, 36 Abs. 3, Abs. 2 GNotKG)

Gebühr GNotKG KV Nr. 24102, 21201 Nr. 5, 21200 (0,5)

22,50 EUR, mindestens aber 30 EUR

Gebühr für Erzeugung der strukturierten Daten wie vorstehendes Muster (siehe Rdn 1607), jedoch bei dem Geschäftswert von … EUR nach

GNotKG KV Nr. 22114: 15 EUR, wenn der Notar den Entwurf der Anmeldung gefertigt hat;

GNotKG KV Nr. 22125: 23 EUR, wenn der Notar nur die Unterschrift beglaubigt hat.

▲

1611 ▼

4.280

Muster 4.280: Anmeldung einer Satzungsänderung, wobei wegen einer Vielzahl von Satzungsänderungen die Satzung völlig neu gefasst wurde

Amtsgericht …

Betr.: VR-Nr. …

Wir, die vertretungsberechtigten Vorstandsmitglieder des vorbezeichneten Vereins, überreichen als Anlage in Abschrift das Protokoll der Mitgliederversammlung vom … sowie Abschrift der Satzung in der neu gefassten Form und melden die Neufassung der Satzung zur Eintragung in das Vereinsregister an.

Die Vereinsanschrift ist unverändert.

…, den …

Die Änderung der gesamten Satzung kann zu einem anderen Wert als bei der Änderung nur einer einzelnen Satzungsbestimmung führen.

Kostenberechnung

(wie vorstehendes Muster, siehe Rdn 1607)

(Die Abschrift der Satzung muss in diesem Fall von den gleichen Personen unterzeichnet sein, die das Protokoll über die Mitgliederversammlung unterzeichnet haben).

▲

▼ 1612

Muster 4.281: Anmeldung einer Vorstandsänderung 4.281

Amtsgericht

Betr.: VR-Nr.

Wir, die vertretungsberechtigten Vorstandsmitglieder des vorbezeichneten Vereins, überreichen als Anlage eine Abschrift des Protokolls der Mitgliederversammlung vom und melden zur Eintragung in das Vereinsregister an:

Im Vorstand des Vereins haben sich folgende Änderungen ergeben:

1. ist aus dem Vorstand ausgeschieden,
2. ist neues Vorstandsmitglied.

Der Verein wird gerichtlich und außergerichtlich vertreten entweder durch den 1. Vorsitzenden allein oder durch den Schriftführer und den Kassenwart in Gemeinschaft.

Die Vereinsanschrift ist unverändert.

Kostenberechnung

Geschäftswert: 2 × 5.000 EUR (§§ 119 Abs. 1, 92 Abs. 2, 36 Abs. 3 GNotKG)	10.000,00 EUR
Gebühr GNotKG KV Nr. 24102, 21201 Nr. 5, 21200, § 35 Abs. 1 (0,5)	37,50 EUR
Gebühr für Erzeugung der strukturierten Daten wie vorstehendes Muster (vgl. Rdn 1607)	

▲

Hier ist davon ausgegangen worden, dass ein neues Vorstandsmitglied und das Ausscheiden eines bisherigen Vorstandsmitgliedes angemeldet worden sind. Die Vorstandsänderungen betreffen mehrere Gegenstände; die Werte dieser mehreren Gegenstände werden zusammengerechnet (§ 35 Abs. 1 GNotKG); davon ist eine einheitliche Gebühr zu errechnen.

VIII. Notarielle Onlineverfahren im Gesellschaftsrecht

1. Einleitung und Anwendungsbereich

In Umsetzung der sog. **Digitalisierungsrichtlinie**[279] durch das DiRUG[280] und – über die Richtlinienvorgaben 1613
hinausgehend – das DiREG[281] hat der deutsche Gesetzgeber zum 1.8.2022 die neuen Onlineverfahren im Gesellschaftsrecht eingeführt.

279 Richtlinie EU 2019/1151.

280 Gesetz zur Umsetzung der Digitalisierungsrichtlinie (DiRUG) v. 5.7.2021.

281 Gesetz zur Ergänzung der Regelungen zur Umsetzung der Digitalisierungsrichtlinie und zur Änderung weiterer Vorschriften (DiREG) v. 21.7.2022.

Erstmalig sind damit – in Abkehr von dem bis dahin ausnahmslos geltenden Präsenzprinzip nach § 13 Abs. 1 S. 1 BeurkG – die **Videobeurkundung** von Willenserklärungen wie der GmbH-Gründung oder satzungsändernde GmbH-Gesellschafterbeschlüsse sowie die **Videobeglaubigung** von qualifizierten elektronischen Signaturen für Registeranmeldungen im Gesellschaftsrecht möglich.

Der Gesetzgeber hat sich allerdings bewusst gegen eine generelle Öffnung der Onlineverfahren für alle notariellen Verfahren entschieden. Die Onlinebeurkundung eines Grundstückskaufvertrages oder eines Testaments ist deshalb weiterhin **unzulässig**. Auch im Gesellschaftsrecht ist genau auf den Anwendungsbereich der Onlineerfahren zu achten.

1614 Der **Anwendungsbereich** der neuen umfasst insbesondere:

- die Bar- und Sachgründung von GmbH und UG (haftungsbeschränkt); in die elektronische Gründungsniederschrift können weitere Willenserklärungen aufgenommen werden, auch wenn sie nicht beurkundungsbedürftig sind, wie etwa die Geschäftsführerbestellung;
- satzungsändernde GmbH-Gesellschafterbeschlüsse (einschließlich Kapitalmaßnahmen), soweit sie einstimmig erfolgen;
- die Beglaubigung der Übernahmeerklärung bei einer Kapitalerhöhung;
- alle Anmeldungen zu den verschiedenen Registern (Gesellschafts-, Handels-, Vereins-, Partnerschafts- und Genossenschaftsregister).

Hinweis

Über das Videokommunikationssystem können auch nicht beurkundungsbedürftige Willenserklärungen und (sofern einstimmig) Beschlüsse beurkundet werden. Das ermöglicht es, bei der Online-GmbH-Gründung die **Geschäftsführerbestellung**, die Befreiung eines Gesellschafters/Geschäftsführers vom Wettbewerbsverbot sowie etwa eine Geschäftsordnung für die Geschäftsführung mitzubeurkunden. Auch die **Gesellschafterliste** – obwohl weder zu beurkunden noch zu beglaubigen – kann mittels des Videokommunikationssystems erstellt werden. Das ist sinnvoll, denn dann kann die elektronisch erstellte Gesellschafterliste direkt an das Handelsregister weitergegeben werden.

Die Öffnung der Videobeurkundung für alle nicht beurkundungsbedürftigen Willenserklärungen ermöglicht es insbesondere, nicht beurkundungsbedürftige Gesellschaftervereinbarungen wie etwa Stimmbindungsverträge, Vereinbarungen zu Wettbewerbsverboten oder nicht beurkundungsbedürftige Verpflichtungs- und Erfüllungsgeschäfte im Rahmen von Sacheinbringungen mitzubeurkunden.[282]

Wichtig!

Nicht im Anwendungsbereich der neuen Onlineverfahren befinden sich im Gesellschaftsrecht:

- die Gründung von AG, SE und KGaA;
- GmbH-Geschäftsanteilsabtretungen;
- beurkundungsbedürftige Gesellschaftervereinbarungen;
- nicht einstimmige satzungsändernde GmbH-Gesellschafterbeschlüsse;
- Umwandlungsmaßnahmen und Zustimmungen zu Unternehmensverträgen.

Auch in allen anderen Bereichen notarieller Zuständigkeiten im Immobilien-, Erb- und Familienrecht sind Onlinebeurkundung und -beglaubigung **ausgeschlossen**.

2. Videobeurkundungssystem der BNotK

1615 Die notariellen Onlineverfahren (Videobeurkundung und -beglaubigung) dürfen nach §§ 16a Abs. 1, 40a Abs. 1 BeurkG ausschließlich über das von der **BNotK** entwickelte und hoheitlich betriebene **Videokommunikationssystem** durchgeführt werden. Damit werden nach dem Willen des Gesetzgebers höchste Standards hinsichtlich **Datensicherheit, Datenschutz, Manipulationsresistenz sowie Verfügbarkeit** gewährleistet.[283]

282 Begr. RegE DiREG, BT-Drs. 20/1672, 22 f.

283 Begr. RegE DiRUG, BT-Drs. 19/28177, 116 f.; nochmals bekräftigt durch Begr. RegE DiREG, BT-Drs. 20/1672, 12.

Hinweis

Die Onlinebeurkundung bzw. -beglaubigung über private und/oder ausländische Videokommunikationsanbieter ist damit ausdrücklich **unzulässig**.

Das Videokommunikationssystem der BNotK umfasst insbesondere das Onlineportal der Bundesnotarkammer, das die Kommunikation mit den Beteiligten im Vorfeld und diesen die Teilnahme mittels Videokommunikation am Onlineverfahren ermöglicht. Der Zugang zum Onlineverfahren erfolgt über die XNP-Plattform. Nicht nur der Notar und die Beteiligten, sondern auch deren Berater (Rechtsanwälte, Steuerberater etc.) können an dem Onlineverfahren teilnehmen. Das Videokommunikationssystem ermöglicht zudem die sichere Identifizierung der Beteiligten anhand eines doppelstufigen Identifizierungsverfahrens, das **erstens** die Durchführung des elektronischen Identitätsnachweises gemäß § 78p Abs. 2 S. 1 Nr. 2 BNotO sowie **zweitens** das Auslesen des Lichtbildes der Beteiligten aus dem elektronischen Speicher- und Verarbeitungsmedium eines amtlichen Ausweises oder Passes gemäß § 78p Abs. 2 S. 1 Nr. 3 BNotO umfasst. Schließlich ermöglicht das Videokommunikationssystem die Erstellung qualifizierter Signaturzertifikate für alle Beteiligten und das Versehen der elektronischen Niederschrift mit auf diesen Zertifikaten beruhenden qualifizierten elektronischen Fernsignaturen gemäß § 78p Abs. 2 S. 1 Nr. 4 BNotO. 1616

3. Örtliche Zuständigkeit

Auch für die notariellen Onlineverfahren muss die **örtliche Zuständigkeit** des Notars beachtet werden. Wann ein Onlineverfahren als im **Amtsbereich** eines Notars ausgeübt gilt, ergibt sich aus § 10a Abs. 3 BNotO: Wenn mindestens einer der dort aufgeführten Anknüpfungskriterien für den Amtsbereich eines Notars erfüllt ist, ist dieser Notar örtlich zuständig. 1617

Für die Gründung einer GmbH oder UG (haftungsbeschränkt) und für die Registeranmeldungen sind alternativ zuständigkeitsbegründend: der Sitz der betroffenen Gesellschaft (Nr. 1 Alt. 1), der (Wohn-) Sitz eines organschaftlichen Vertreters der betroffenen Gesellschaft (Nr. 3) oder der (Wohn-) Sitz eines Gesellschafters der betroffenen Gesellschaft, sofern die Eigenschaft als Gesellschafter aus dem Handelsregister oder einem vergleichbaren Register ersichtlich ist (Nr. 4).

Hinweis 1618

Gilt eine Online-Beurkundung als nicht im Amtsbereich ausgeübt, liegt gleichwohl keine Amtspflichtverletzung vor, wenn besondere **berechtigte Interessen** der Rechtssuchenden ein solches Tätigwerden gebieten (§ 10a Abs. 2, Abs. 4 BNotO).

Im Fall einer **Überschreitung des Amtsbezirks** bedarf es gemäß § 11 Abs. 2 BNotO stets der Gefahr im Verzug oder der vorherigen **Genehmigung** durch die Aufsichtsbehörde.

Die Verletzung der örtlichen Zuständigkeit ist eine **Amtspflichtverletzung** des Notars, die durch die Aufsichtsbehörden geahndet wird, die rechtliche Wirksamkeit der Onlinebeurkundung oder -beglaubigung nicht berührt. Die Registergerichte prüfen die örtliche Zuständigkeit des Notars nicht.

4. Technische Voraussetzungen und Ablauf der Onlineverfahren

Technische Voraussetzungen für die Beteiligten sowie der Ablauf der neuen notariellen Onlineverfahren sind übersichtlich dargestellt auf der Website der folgenden Bundesnotarkammer: *https://online.notar.de*. Es hat sich bewährt, den Beteiligten vor Durchführung der Onlineverfahren einen Link zu dieser Website zuzusenden, damit sie prüfen können, ob ein Onlineverfahren für sie in Frage kommt. 1619

Die Beteiligten benötigen für die Onlineverfahren lediglich: 1620

- Smartphone mit NFC-Schnittstelle (worüber alle aktuelleren Geräte verfügen) sowie die Notar-App;
- Computer, Laptop oder iPad;

- Personalausweis[284] mit eID-Funktion und Ausweis-PIN; sowie
- Internetverbindung.

1621 Der Ablauf der Onlineverfahren stellt sich wie folgt dar:

- Die Beteiligten müssen sich erstens mit einem Nutzerkonto anhand ihrer **eID** registrieren. Auf dieser Basis wird für jeden Beteiligten kostenfrei ein individuelles Signaturzertifikat für die qualifizierte elektronische Signatur erstellt. Damit können die Beteiligten später in der Videokonferenz die elektronische Urkunde digital unterschreiben.
- Zweitens muss mit dem Notar ein **Termin** für die Videokonferenz vereinbart werden. Das kann, muss aber nicht, über das Onlineportal der Bundesnotarkammer erfolgen.
- Drittens findet sodann der Notartermin in der **Videokonferenz** statt. Für die Onlinebeurkundung bzw. -beglaubigung finden grundsätzlich die Vorschriften über das Präsenzverfahren Anwendung, sodass die (elektronische) Urkunde den Beteiligten insbesondere vorgelesen werden muss. Anstelle der Unterschrift unterschreiben die Beteiligten und der Notar die (elektronische) Urkunde mit ihren qualifizierten elektronischen Signaturen. Für die Beteiligten erfolgt das über die Eingabe einer persönlichen TAN, die wie beim Online-Banking für jede Signatur neu generiert und ihnen per SMS zugeschickt wird.

1622 Eine sog. **gemischte Onlinebeurkundung** nach § 16a BeurkG ist möglich, bei der ein Teil der Beteiligten persönlich beim Notar **anwesend** sind und sich andere per **Videokommunikationssystem** zuschalten. Das kann sinnvoll etwa dann sein, wenn nur einer der Beteiligten nicht vor Ort anwesend sein kann und sich daher zuschalten möchte. Die gemischte Beurkundung bietet sich auch an, wenn einer der Beteiligten die technischen Voraussetzungen des Videokommunikationssystems nicht erfüllt und daher in Person beim Notar anwesend ist. Bei gemischten Beurkundungen muss der Notar **zwei Niederschriften** erstellen:

(i) eine **elektronische Niederschrift** nach § 16b BeurkG mit den per Videokommunikation zugeschalteten Beteiligten und

(ii) eine **inhaltsgleiche Niederschrift** nach § 8 BeurkG in Papierform mit den physisch anwesenden Beteiligten (§ 16e Abs. 1 S. 1 BeurkG).

Dies hat der Notar in beiden Niederschriften zu vermerken. Aufgrund der Inhaltsgleichheit genügt das einmalige Verlesen einer der beiden Niederschriften.

▼

Muster 4.282: Abschlussvermerk bei gemischter Beurkundung

4.282 Vorgelesen vom Notar, von sämtlichen Beteiligten genehmigt, als elektronische Niederschrift von den mittels Videokommunikation erschienenen Beteiligten und dem Notar mit qualifizierten elektronischen Signaturen versehen und als Niederschrift von dem physisch erschienenen Beteiligten und dem Notar eigenhändig unterschrieben wie folgt:

▲

5. Elektronische Urkunde

1623 Das Ergebnis der Onlinebeurkundung ist ein vom Notar und allen Beteiligten **qualifiziert elektronisch signiertes elektronisches Dokument** – die **„elektronische Urkunde“** (§ 45 Abs. 3 BeurkG). Da es bei elektronischen Urkunden kein „Original“ geben kann (Dateien sind beliebig oft vervielfältigbar), definiert das Gesetz die elektronische Niederschrift, die gemäß § 34 Abs. 3 S. 2 Nr. 1 NotAktVV in die elektronische Urkundensammlung hochzuladen und dort zu verwahren ist, als elektronische Urschrift. Die elektronische Urkunde ist zusätzlich gemäß § 31 Abs. 1 Nr. 3 NotAktVV als beglaubigter Ausdruck in der papiergebundenen Urkundensammlung zu verwahren.

284 Für die Identifizierung von Beteiligten aus anderen EU-Mitgliedstaaten sowie Drittstaatsangehörige siehe *https://online.notar.de*.

Die nach § 16b BeurkG erstellten elektronischen Urkunden sind nach § 45b Abs. 1 S. 1 BeurkG zwingend vom Notar zu verwahren. § 45b Abs. 1 S. 2 BeurkG **untersagt** die Aushändigung elektronischer Vervielfältigungen. Hiermit gemeint sind Kopien des elektronischen Dokuments nebst aller qualifizierter elektronischer Signaturen in Abgrenzung zu einfachen (elektronischen) Abschriften ohne Signaturen, die auch weiterhin ausgehändigt werden dürfen.[285]

Elektronisch beglaubigte Abschriften können von der elektronischen Urschrift oder direkt nach der Videokonferenz auf der Grundlage der noch nicht in der elektronischen Urkundensammlung gespeicherten elektronischen Urkunde erstellt werden, was eine schnelle elektronische Übermittlung der Gründungsurkunde bzw. des satzungsändernden Gesellschafterbeschlusses an das zuständige Registergericht ermöglicht.[286]

Hinweis 1624

Ergebnis der Online-Beglaubigung ist eine **originär elektronische Vermerkurkunde** i.S.v. § 39a Abs. 1 BeurkG. Die elektronische Vermerkurkunde ist nach § 45b Abs. 2 S. 3 BeurkG grundsätzlich **herauszugeben** und bleibt nur dann in der Verwahrung des Notars, wenn die Beteiligten die Verwahrung verlangen. Der Notar darf elektronische Vervielfältigungen herausgeben.[287]

6. Kosten der Onlineverfahren

Die Kosten für Onlinebeurkundung und -beglaubigung entsprechen denen im Präsenzverfahren. Für die Onlinebeurkundung fällt pro Verfahren zusätzlich eine Pauschale für die Inanspruchnahme des Videokommunikationssystems der Bundesnotarkammer in Höhe von 25 EUR (Nr. 32016 KV GNotKG) an, für die Onlinebeglaubigung pro Online-Beglaubigung einer qualifizierten elektronischen Signatur eine Pauschale in Höhe von 8 EUR (Nr. 32016 KV GNotKG), wobei die Pauschale bei nur einem Beglaubigungsvermerk auch nur einmal anfällt. 1625

▼

Muster 4.283: Elektronische Niederschrift einer GmbH-Gründung mittels Onlinebeurkundung (Auszug) 4.283

Verhandelt zu , am

Vor mir, , Notar mit dem Amtssitz in , erschien heute mittels Videokommunikation über das von der Bundesnotarkammer betriebene Videokommunikationssystem:

, geb. am , wohnhaft in , ausgewiesen durch elektronischen Identitätsnachweis sowie durch aus dem elektronischen Speicher- und Verarbeitungsmedium seines Personalausweises ausgelesenes und mir elektronisch übermitteltes Lichtbild.

Auf Ansuchen des Erschienenen beurkunde ich dessen Erklärungen gemäß den folgenden

Gesellschaftsvertrag zur Gründung einer GmbH und Geschäftsführerbestellung

I. Gründung

errichtet hiermit unter der Firma (i. Gr.)

mit dem Sitz in eine Gesellschaft mit beschränkter Haftung.

Für diese Gesellschaft stellt den dieser elektronischen Niederschrift als **Anlage** beigefügten Gesellschaftsvertrag fest.

II. Geschäftsführerbestellung

285 Näher hierzu BeckNotar-HdB/*Stelmaszczyk*, 8. Aufl. 2024, § 31 Rn 567 m.w.N.
286 BeckNotar-HdB/*Stelmaszczyk*, 8. Aufl. 2024, § 31 Rn 567 m.w.N.
287 *Kienzle* DNotZ 2021, 590, 605.

III. Hinweise

IV. Vollzugsvollmacht

V. Kosten, Fertigungen

Diese elektronische Niederschrift samt Anlage wurde dem Erschienenen vom Notar vorgelesen, von dem Erschienenen genehmigt und von ihm und dem Notar mit qualifizierten elektronischen Signaturen versehen:

– signiert –

– signiert –

, Notar

▲

G. Aus dem Bereich des Schuldrechts

I. Miete und Pacht

1626 1. Mietverträge über Wohnungen werden kaum je notariell beurkundet. Angemerkt werden soll daher lediglich, dass in diesem Bereich die Vertragsfreiheit eingeengt und der Schutz des Mieters, insbesondere gegen überhöhte Mieten und gegen die Kündigung des Mietverhältnisses, stark ausgeprägt sind. Dies behindert den Rechtsverkehr mit vermieteten Einfamilienhäusern und Eigentumswohnungen, wenn und weil der Erwerber nicht absehen kann, ob und wann er in sein Haus bzw. seine Wohnung einziehen darf.

1627 2. Miet- bzw. Pachtverträge über **gewerbliche Räume oder Unternehmen** sowie Pachtverträge über landwirtschaftliche Grundstücke oder Betriebe werden dagegen gelegentlich beurkundet, und zwar vor allem

- wenn dem Mieter oder Pächter zugleich für die Dauer des Vertrages ein Vorkaufsrecht (vgl. Rdn 449 ff.) oder ein Ankaufsrecht (vgl. Rdn 468 ff.) eingeräumt werden soll. Dann ist der gesamte Vertrag beurkundungsbedürftig,
- wenn dem Vermieter bzw. Verpächter mittels der Unterwerfung unter die sofortige Zwangsvollstreckung (vgl. § 3 Rdn 207 ff.) eine Handhabe zum schnellen Zugriff wegen rückständiger Leistungen des Mieters bzw. Pächters und/oder mit einer Hypothek oder Grundschuld auf Grundbesitz des Mieters bzw. Pächters eine Sicherheit verschafft werden soll,
- wenn im Zuge der Übergabe eines gewerblichen oder landwirtschaftlichen Betriebes zum Zweck der Vorwegnahme der Erbfolge dem Übergeber der Nießbrauch vorbehalten und zugleich in Ausübung des Nießbrauchs der Betrieb vom Übergeber an den Übernehmer verpachtet wird (vgl. Rdn 156 ff.).

1628 3. Miete ist die entgeltliche Überlassung eines Gegenstandes zum Gebrauch (§ 535 BGB). Die unentgeltliche wäre Leihe (§ 598 BGB). Pacht ist die entgeltliche Überlassung eines Gegenstandes zur Ausbeute (§ 581 BGB). Häuser, Wohnungen, Räume, Autos, Maschinen usw. werden in der Regel vermietet, eben weil sich die Überlassung auf ihre Benutzung beschränkt. Ganze Unternehmen (z.B. Gaststätten, Apotheken, Einzelhandelsgeschäfte, landwirtschaftliche Betriebe), aber auch Grundstücke (zum Beackern, zur Kiesausbeute) werden dagegen verpachtet, wenn und weil die Überlassung einschließt, dass der Pächter berechtigt ist, sich die natürlichen bzw. die „rechtlichen" Früchte (Gewinne) des Gegenstandes anzueignen.

In Grenzfällen kommt es darauf an, was die Hauptsache ist: Bei der Überlassung eines Geschäfts mit Wohnung handelt es sich um Pacht, da das Geschäft im Vordergrund steht, bei der Überlassung eines Hauses mit Hausgarten um Miete, da die Gebrauchsüberlassung des Hauses für die Beteiligten wichtiger ist als die Nutzungsüberlassung des Gartens.

Unterschiede zwischen Miete und Pacht bestehen vor allem hinsichtlich

- der Pflicht zur Instandhaltung des Gegenstandes,
- der Pflicht zur Anschaffung von Ersatzgegenständen,
- der Termine für die Zahlung der Gegenleistung (des so genannten Miet- bzw. Pachtzinses),
- der Kündigung.

4. Miet- und Pachtverträge können **formfrei**, also auch mündlich oder durch schlüssiges Verhalten (z.B. Einziehen in die Wohnung einerseits, Annahme der ersten Miete andererseits) abgeschlossen werden. Soll der Miet- oder Pachtvertrag über ein Grundstück länger als ein Jahr laufen, so bedarf er der Schriftform (§ 550 BGB), ein Landpachtvertrag, wenn er für mehr als zwei Jahre geschlossen wird (§ 585a BGB). Fehlt es an der Schriftform, so ist der Vertrag nicht unwirksam, sondern gilt als auf unbestimmte Zeit geschlossen. 1629

5. **Regelungen** sollten vor allem getroffen werden darüber 1630

- was vermietet bzw. verpachtet wird (Vertragsobjekt),
- wann der Vertrag beginnt, wann er endet, ob er sich automatisch verlängert, wie er gekündigt werden muss usw. (Vertragszeit),
- wie hoch die Gegenleistung ist, wann sie jeweils zu erbringen ist, ob sie – bei langfristigen Verträgen – an Wertveränderungen angepasst werden soll (Wertsicherungsklausel, vgl. Rdn 256 ff.), die Unterwerfung unter die sofortige Zwangsvollstreckung (vgl. § 3 Rdn 207 ff.), welche Nebenabgaben der Mieter bzw. Pächter zu tragen hat (etwa für Wassergeld, Heizung, Strom, Kanalbenutzung, Straßenreinigung, Versicherungen, bei landwirtschaftlichen Grundstücken: Beiträge zur Berufsgenossenschaft und zur Landwirtschaftskammer),
- wer das Objekt instand zu halten, bei der Vermietung von Räumen insbesondere: wer die so genannten Schönheitsreparaturen zu tragen hat,
- ob die Untervermietung (= Vermietung durch den Mieter an einen Dritten) zugelassen ist,
- was bei der vorgesehenen bzw. einer vorzeitigen Beendigung des Vertrages zu geschehen hat,
- gegebenenfalls ein Vorkaufsrecht für den Mieter bzw. Pächter.

Bei **Landpachtverträgen** ist ferner zu überlegen, 1631

- ob nicht auf die Beschreibung der Pachtsache nach § 585b BGB beiderseits verzichtet werden sollte,
- ob nicht statt der Übergabebefugnis gemäß § 593a BGB das Recht zur Unterverpachtung an den Betriebsnachfolger vereinbart werden sollte,
- ob nicht das Verfahren zur Verlängerung des Pachtvertrages gemäß § 594 BGB abbedungen werden sollte,
- ob nicht das Kündigungsrecht des Verpächters beim Tod des Pächters ausgeschlossen oder auf den Fall beschränkt werden sollte, dass die ordnungsmäßige Bewirtschaftung durch die Erben gefährdet erscheint,
- ob nicht für den Fall der Veräußerung des Pachtgrundstücks an einen selbstwirtschaftenden Erwerber die Kündbarkeit zum Ende eines Pachtjahres mit halbjähriger Frist vereinbart werden sollte.

6. Das Pachtrecht, insbesondere das Landpachtrecht, ist durch das Gesetz zur Neuordnung des landwirtschaftlichen Pachtrechts vom 8.11.1985 grundlegend geändert, insbesondere bei der Landpacht wesentlich erweitert worden. Der früher im Landpachtgesetz geregelte Pächterschutz ist in das BGB eingearbeitet worden. Das Landpachtgesetz wurde durch das Gesetz über die Anzeige und Beanstandung von Landpachtverträgen (LPachtVG) vom 8.11.1985 abgelöst. Wichtig ist, dass nach wie vor grundsätzlich alle Landpachtverträge bei der Landwirtschaftsbehörde angezeigt werden müssen und von dieser beanstandet werden können. Ausnahmen gelten vor allem für Landpachtverträge zwischen Verwandten und über Flächen unterhalb der von den Ländern zu bestimmenden Freigrenzen. 1632

1633 ▼

4.284

Muster 4.284: Mietvertrag über Geschäftsräume

Verhandelt zu ___

Die Erschienenen erklärten:

I. Mietobjekt

___ vermietet ___ die ___ auf dem Grundstück in ___, ___, einschließlich Büro im Erdgeschoss an der Straße, Keller und Speicher, zum Betrieb eines ___.

II. Zustand des Mietobjekts

Der Mieter hat das Mietobjekt besichtigt. Er verpflichtet sich, unverzüglich und auf seine Kosten das Dachfenster reparieren und die Decke im Büroraum beiputzen zu lassen. Er erkennt den Zustand der Mieträume im Übrigen als ordnungsgemäß an und verpflichtet sich, sie in ordnungsgemäßem Zustand zu erhalten. Alle Innenreparaturen sind Sache des Mieters.

III. Mietzeit

Das Mietverhältnis beginnt am ___. An diesem Tag wird der Vermieter dem Mieter ___ Torschlüssel, ___ Schlüssel für den Büroraum und ___ Kellerschlüssel aushändigen. Der Mietvertrag wird bis zum ___ fest abgeschlossen. Er verlängert sich jeweils um ___ Jahr, wenn er nicht ___ Monate vor seinem Ablauf schriftlich gekündigt wird.

IV. Mietzins und Nebenabgaben

1. Der Mietzins beträgt ___ EUR – i.W. ___ EUR – im Monat. Zusätzlich trägt der Mieter die nach der Höhe der Mieten des Gesamtobjekts umzulegenden anteiligen Kosten für Heizung, Wasser, Abwasser, Grundsteuer, Straßenreinigung und Schornsteinfeger. Darauf leistet er monatlich mit der Miete Abschlagszahlungen von ___ EUR – i.W. ___ EUR –. Jeweils zum ___ legt ihm der Vermieter die genaue Abrechnung über diese Aufwendungen vor, und zwar unter Übersendung von Kopien der Ölrechnungen und der Abgabenbescheide. Der Spitzenbetrag ist danach sofort auszugleichen. Vom nächsten Monatsersten an sind als Abschlagszahlung monatlich $1/12$ der tatsächlichen Aufwendungen des vorangegangenen Kalenderjahres zu zahlen.

2. Der Mietzins und die Abschlagszahlungen haben jeweils spätestens am ___ Werktag eines jeden Monats beim Vermieter einzugehen. Der Vermieter kann das Mietverhältnis fristlos kündigen, wenn der Mieter mit mehr als einer Monatsleistung in Verzug gerät und auch auf eine schriftliche Mahnung hin nicht innerhalb ___ Woche seit deren Zugang zahlt. Wegen des Betrages von monatlich ___ EUR – i.W. ___ EUR – unterwirft sich der Mieter dem Vermieter gegenüber der sofortigen Zwangsvollstreckung aus dieser Urkunde. Der Notar soll dem Vermieter sofort eine vollstreckbare Ausfertigung dieser Urkunde erteilen.

3. Die Miete soll sich im selben Verhältnis ändern, wie sich die Mieten für vergleichbare Objekte in ___ erhöhen bzw. ermäßigen. Einigen sich die Beteiligten nicht auf eine neue Miethöhe, so ist sie von einem von der Industrie- und Handelskammer in Köln zu benennenden vereidigten Sachverständigen als Schiedsgutachter verbindlich festzusetzen. Die Kosten dafür tragen die Beteiligten je zur Hälfte. Die neue Miethöhe ist von dem Monat an zu zahlen, der auf das schriftlich zu stellende Verlangen nach einer Anpassung folgt. Etwaige zusätzlich eingeführte Grundbesitzabgaben kann der Vermieter entsprechend Ziff. IV. 1. umlegen.

4. Der Mieter hat vor seinem Einzug dem Vermieter als Sicherheit den Betrag von ___ EUR – i.W. ___ EUR – zu zahlen. Dieser Betrag ist nach Erhalt von dem Vermieter bei einem Kreditinstitut zu dem für Spareinlagen mit dreimonatiger Kündigungsfrist üblichen Zinssatz anzulegen. Die Zinsen wer-

den bei der Jahresabrechnung (Ziff. 1) verrechnet. Die Kaution ist nach dem Auszug des Mieters zurückzuzahlen. Der Vermieter darf etwaige restliche Forderungen dagegen aufrechnen.

V. Benutzung der Mieträume, Beheben von Schäden

1. Der Mieter darf die Mieträume nur zu dem vereinbarten Zweck (I.) benutzen und nur mit Zustimmung des Vermieters untervermieten. Ein Verstoß dagegen berechtigt den Vermieter zur fristlosen Kündigung.
2. Vom Mieter, seinen Mitbewohnern und Besuchern, seinen Kunden, Lieferanten und Handwerkern verursachte Schäden hat der Mieter auf seine Kosten beheben zu lassen.
3. Vom Mieter nicht zu vertretende Schäden am Baukörper (Dach, Fenster, Türen usw.) hat der Mieter dem Vermieter unverzüglich anzuzeigen. Nach Ablauf einer angemessenen Frist kann er sie auf Kosten des Vermieters beheben lassen. Weitergehende Rechte (Kündigung, Minderung) hat er nicht.

VI. Auszug des Mieters

1. Der Mieter hat die Mieträume besenrein zu hinterlassen. Die ihm nach Abschnitt III. überlassenen Schlüssel hat er zurückzugeben. Der Vermieter ist berechtigt, die Mieträume auf Kosten des Mieters instand setzen zulassen, wenn dieser sie nicht so zurückgibt, dass der Nachfolger sie ohne weiteres für einen vergleichbaren Zweck verwenden kann.
2. Der Mieter kann Einrichtungen, die er in den Mieträumen angebracht hat, wegnehmen. Auf Verlangen des Vermieters hat er sie jedoch zurückzulassen, wenn der Vermieter ihm eine angemessene Entschädigung bezahlt.
3. Hat der Mieter einen Grund zur fristlosen Kündigung gegeben, so hat er dem Vermieter den Schaden zu ersetzen, der entsteht, weil der Vermieter die Räume nicht sofort oder nur zu einer geringeren Miete neu vermieten kann. Diese Haftung ist auf die Zeit bis zum Ende der vereinbarten Mietdauer und höchstens auf die Dauer von einem Jahr seit dem Auszug des Mieters beschränkt.

VII. Schlussbestimmungen

1. Mündliche Nebenabreden gelten nicht. Änderungen des Vertrages bedürfen der Schriftform, soweit nicht das Gesetz eine strengere Form vorschreibt.
2. Die Kosten dieses Vertrages trägt der Mieter.
3. Soweit in diesem Vertrag keine abweichenden Regelungen getroffen wurden, gelten die gesetzlichen Bestimmungen.

Diese Niederschrift

1634

Muster 4.285: Muster eines Pachtvertrages über einen landwirtschaftlichen Betrieb (kurze Fassung) 4.285

Verhandelt zu

Die Erschienenen erklärten:

Wir schließen folgenden

Pachtvertrag:

§ 1 Gegenstand der Pacht

(1) Verpachtet wird der landwirtschaftliche Betrieb in mit der Hofstelle in , , eingetragen im Grundbuch von Hambach Blatt 1789, groß 17,48 ha.

(2) Das Inventar ist Eigentum des Pächters. Aufstehende Saat ist nicht vorhanden. Sie ist auch nicht bei der Beendigung des Pachtvertrages zu hinterlassen.

(3) Der Verpächter darf bis zu ___ % der Pachtfläche mit der Wirkung veräußern, dass sie aus dem Pachtverhältnis ausscheidet, sobald der Pächter die im Zeitpunkt der Anzeige ihrer Veräußerung ggf. aufstehende Saat abgeerntet hat. Der Pachtpreis vermindert sich dadurch im Verhältnis der verpachteten zur veräußerten Fläche.

§ 2 Pachtdauer

Das Pachtverhältnis beginnt am ___ und endet am ___. Wird es nicht ___ Jahre vor seinem Ablauf schriftlich gekündigt, so verlängert es sich jeweils um ___ Jahre. Der Pächter kann die Verlängerung des Pachtvertrages verlangen, wenn der Betrieb seine wirtschaftliche Lebensgrundlage bildet und die vertragsmäßige Beendigung des Pachtverhältnisses für ihn eine Härte bedeuten würde, die auch unter Würdigung der berechtigten Interessen des Verpächters nicht zu rechtfertigen ist. Das Anfrageverfahren nach § 594 BGB wird abbedungen.

§ 3 Pachtzins

(1) Der jährliche Pachtzins beträgt ___ EUR – in Worten ___ EUR –. Er ist in monatlichen Teilbeträgen von jeweils ___ EUR zu zahlen. Der monatliche Teilbetrag ist im Voraus bis zum ___ Tag des Monats zu zahlen, erstmals am ___. Wegen der vorstehenden Verpflichtung zur Zahlung des Pachtzinses in Höhe von ___ EUR jährlich und ___ EUR monatlich unterwirft sich der Pächter dem Verpächter gegenüber der sofortigen Zwangsvollstreckung aus dieser Urkunde in sein gesamtes Vermögen. Der Notar wird ermächtigt, jederzeit ohne weitere Nachweise vollstreckbare Ausfertigung dieser Urkunde zu erteilen.

(2) Die auf dem verpachteten Grundbesitz derzeit ruhende Grundsteuer trägt der Verpächter. Der Pächter trägt außer der Pacht

a) etwaige Grundsteuererhöhungen,

b) den Beitrag zur landwirtschaftlichen Berufsgenossenschaft,

c) die Umlage der Landwirtschaftskammer,

d) alle Beiträge für die Feuer-, Sturm-, Wasser- und Hagelversicherung, sofern die Versicherungssummen angemessen sind,

e) etwaige neu eingeführte Steuern und Abgaben, die auf dem verpachteten Grundbesitz ruhen.

Im Schadensfall ist die Versicherungssumme zur Behebung des Schadens zu verwenden.

(3) Dem Verpächter steht die Jagdpacht zu, dem Pächter etwaige Ersatzansprüche wegen Wildschäden.

(4) Der Verpächter kann den Pachtvertrag fristlos kündigen, wenn der Pächter mit einem nicht unerheblichen Teil des Pachtzinses länger als ___ Monate in Verzug ist. Die Kündigung ist ausgeschlossen, wenn der Verpächter vorher befriedigt wird. Sie wird unwirksam, wenn sich der Pächter durch Aufrechnung von der Schuld befreien konnte und die Aufrechnung unverzüglich nach der Kündigung erklärt. Der Pächter hat dem Verpächter den Schaden zu ersetzen, den dieser erleidet, weil er das Pachtobjekt nach der fristlosen Kündigung nicht sofort oder nur zu einem geringeren Zins neu verpachten kann. Die Haftung dauert bis zum Ende der Pachtzeit, höchstens jedoch für 2 Jahre nach dem Abzug des Pächters.

§ 4 Zustand des Pachtobjekts, Instandhaltung, Verbesserungen

(1) Der Pächter erkennt das Pachtobjekt als mängelfrei an. Auf eine Betriebsbeschreibung nach § 585b BGB wird wechselseitig verzichtet.

(2) Der Pächter hat das Pachtobjekt auf seine Kosten instand zu halten. Dazu gehört auch die regelmäßige Düngung des Bodens. Im Betrieb gewonnener Dünger und Kompost darf nur mit Zustimmung des Verpächters veräußert werden und ist bei der Beendigung des Pachtverhältnisses entschädigungslos zu-

rückzulassen. Zur Änderung der Nutzungsart bedarf der Pächter der Zustimmung des Verpächters. Sie darf nur aus triftigem Grund verweigert werden.

(3) Der Pächter ist nur mit Zustimmung des Verpächters berechtigt, bauliche Veränderungen, insbesondere den Ausbau oder Neubau von Gebäuden, vorzunehmen sowie die bisherige Nutzung zu ändern. Die Zustimmung darf nur aus triftigem Grund verweigert werden. Zulässige Werterhöhungen hat der Verpächter dem Pächter bei der Beendigung des Pachtverhältnisses zum Zeitwert zu ersetzen. Im Übrigen gilt § 590 BGB.

(4) Der Pächter ist berechtigt, Einrichtungen, mit denen er die Pachtsache versehen hat, wegzunehmen. Der Verpächter kann das Wegnahmerecht durch die Zahlung einer angemessenen Entschädigung abwenden.

§ 5 Unterverpachtung, Betriebsübergabe, Tod des Pächters

(1) Unterverpachtung ist nur mit Zustimmung des Verpächters zulässig. Die Überlassung von Pachtsachen an einen landwirtschaftlichen Zusammenschluss und ein Pflugtausch gelten nicht als Unterverpachtung und sind demnach erlaubt.

(2) Übergibt der Pächter den Betrieb zum Zweck der Vorwegnahme der Erbfolge, so kann er das Pachtverhältnis mit allen Rechten und Pflichten auf den Nachfolger übertragen.
Er haftet dem Verpächter jedoch neben dem Übernehmer weiter. Wird der Pächter berufsunfähig, so kann er den Pachtvertrag mit einer Frist von ______ Monaten zum Ende des nächsten Pachtjahres kündigen.

(3) Beim Tod des Pächters ist der Verpächter nur dann zur Kündigung des Pachtvertrages berechtigt, wenn die ordnungsmäßige Bewirtschaftung des Betriebes und die sonstige Erfüllung des Pachtvertrages durch die Erben als gefährdet erscheint. Diese können das Pachtverhältnis mit einer Frist von ______ Monaten zum Ende des nächsten Pachtjahres kündigen.

§ 6 Kündigung des Pachtverhältnisses

(1) Der Verpächter kann das Pachtverhältnis fristlos kündigen,

a) wenn der Pächter mit der Entrichtung der monatlichen Pachtzahlung oder eines nicht unerheblichen Teils der monatlichen Pacht für zwei aufeinanderfolgende Termine in Verzug ist;

b) wenn der Pächter von dem Pachtgegenstand einen vertragswidrigen Gebrauch macht und diesen trotz Abmahnung fortsetzt;

c) wenn ein sonstiger wichtiger Grund vorliegt.

(2) Der Pächter kann das Pachtverhältnis fristlos aus wichtigem Grund kündigen.

(3) Die Kündigung bedarf jeweils der Schriftform. Sie kann auch zum Ende eines laufenden Pachtjahres ausgesprochen werden.

§ 7 Schlussbestimmungen

(1) Der Verpächter oder sein Vertreter ist berechtigt, das Pachtobjekt werktags zwischen ______ und ______ Uhr zu besichtigen.

(2) Mündliche Nebenabreden sind ungültig. Änderungen des Vertrages bedürfen der Schriftform, sofern nicht das Gesetz eine strengere Form vorschreibt

(3) Ergänzend gelten die jeweiligen pachtrechtlichen Bestimmungen. Der Notar soll den Pachtvertrag bei der Landwirtschaftsbehörde für den Verpächter gemäß § 2 LPachtVG anzeigen.

(4) Die Kosten dieses Vertrages trägt der Pächter.

Diese Niederschrift ______

▲

II. Abtretung

1. Übertragung einer Forderung

1635 Das Schuldverhältnis ist eine **persönliche Rechtsbeziehung zwischen zwei Personen**. Es bewirkt, dass der Gläubiger vom Schuldner eine Leistung verlangen kann, d.h. eine Forderung hat. Diese Forderung gehört zum Vermögen des Gläubigers; den Vermögensgegenstand „Forderung“ kann der Gläubiger auf einen anderen übertragen. Diese Übertragung erfolgt durch Abtretung gemäß § 398 BGB.

1636 Die Abtretung ist eine **Verfügung**. Sie ist von dem schuldrechtlichen Geschäft, das der Abtretung zugrunde liegt, unabhängig.

> *Beispiel*
>
> G hat gegen F eine Forderung auf Zahlung von 20.000 EUR. Diese Forderung tritt G an N ab. N wird Inhaber der Forderung. Es ist denkbar, dass G an N die Forderung verkauft hat – etwa gegen Zahlung von 20.000 EUR – oder eine Schenkung vorliegt. Für die Abtretung selbst – den Rechtsübergang – ist dies ohne Bedeutung.

Die Abtretung erfordert einen Vertrag (dingliches Verfügungsgeschäft) zwischen dem Altgläubiger und dem Neugläubiger. Die Beteiligten müssen sich einigen, dass die Forderung vom Altgläubiger auf den Neugläubiger übergeht. Einer Zustimmung des Schuldners bedarf es nicht.

1637 Grundsätzlich bedarf der Abtretungsvertrag **keiner Form**. Die Abtretung kann daher auch durch schlüssiges Verhalten erfolgen.

Nur ausnahmsweise bedarf die Abtretung einer Form, und zwar im Fall der Übertragung einer Briefhypothek (vgl. Rdn 527 ff.). Die Briefhypothek wird übertragen durch Abtretung der Forderung. Diese ist nur wirksam, wenn sie schriftlich erfolgt und der Brief übergeben wird (§ 1154 BGB). Demgegenüber erfolgt die Übertragung einer Buchhypothek durch formfreie Abtretungserklärung und Eintragung im Grundbuch. Formell-rechtlich bedarf die Eintragungsbewilligung natürlich öffentlicher Beglaubigung (§ 29 GBO).

1638 Nach § 399 BGB (Fall 1) kann eine Forderung nicht abgetreten werden, wenn die Leistung an einen anderen als den ursprünglichen Gläubiger nicht ohne Veränderung ihres Inhalts erfolgen kann.

> *Beispiel*
>
> Die Bank B hat dem A verbindlich zugesagt, ihm ein Darlehen zu gewähren. Diesen Anspruch auf Auszahlung des Darlehens kann A nicht abtreten. Entscheidend ist die Kreditwürdigkeit des Darlehensnehmers, sodass es ausschließlich auf seine Person ankommt.

1639 Nach § 399 BGB (Fall 2) kann die Möglichkeit der Abtretung zwischen Gläubiger und Schuldner ausgeschlossen werden. Eine trotzdem erfolgte Abtretung ist unwirksam.

Unpfändbare Forderungen können nicht abgetreten werden. Eine Lohnforderung kann also nur insoweit abgetreten werden, als sie den nicht pfändbaren Teil übersteigt.

2. Schutz des Schuldners

1640 Der Schuldner, der an der Abtretung nicht beteiligt ist, hat ein berechtigtes Interesse daran, dass sich seine Rechtsstellung durch die Abtretung nicht verschlechtert. Diesem Grundsatz trägt das Gesetz dadurch Rechnung, dass der neue Gläubiger in die Rechtsstellung des alten Gläubigers eintritt, d.h. keine weitergehenden Rechte erlangen kann. Einwendungen oder Einreden, die der Schuldner gegenüber dem alten Gläubiger hatte, kann er auch dem neuen Gläubiger gegenüber geltend machen (§ 404 BGB). Leistet der Schuldner in Unkenntnis der Abtretung noch an den alten Gläubiger, braucht er nicht noch einmal an den neuen Gläubiger zu leisten (vgl. § 407 BGB). Es ist daher wichtig, den Schuldner von einer erfolgten Abtretung zu benachrichtigen.

3. Vorausabtretung

Auch künftige Forderungen können abgetreten werden. Erforderlich ist – wie auch sonst bei der Abtretung –, dass die abgetretene Forderung bestimmt oder bestimmbar ist. Sie muss so genau gekennzeichnet sein, dass sie spätestens im Zeitpunkt ihrer Entstehung zweifelsfrei bestimmt werden kann. 1641

Beispiel

A tritt dem B zur Sicherung für einen Kredit die künftige Kaufpreisforderung aus dem von A beabsichtigten Verkauf eines Grundstücks ab.

Das Erfordernis der Bestimmbarkeit hat vor allem bei der Sicherungsabtretung künftiger Forderungen und beim verlängerten Eigentumsvorbehalt praktische Bedeutung. Im ersteren Fall handelt es sich um eine Globalzession (Zession = Abtretung). Zukünftige Geschäftsforderungen werden zur Sicherheit für einen gewährten Kredit an den Darlehensgeber (meistens eine Bank) abgetreten. Der verlängerte Eigentumsvorbehalt ist ein Sicherungsmittel des Warenkreditgebers. 1642

Beispiel 1643

V liefert Waren an K gegen Stundung des Kaufpreises. K tritt seine sämtlichen Forderungen aus dem Weiterverkauf der Waren zur Sicherheit an V ab.

Die Sicherungsabtretung bei Forderungen entspricht der Sicherungsübereignung bei beweglichen Sachen. Im Außenverhältnis zum Schuldner erlangt der Sicherungsnehmer alle Gläubigerrechte. Er ist aber im Verhältnis zum Altgläubiger (Sicherungsgeber) an die Sicherungsabrede gebunden (Innenverhältnis). Zweck der Konstruktion ist in allen Fällen die Sicherheit für ein gewährtes Darlehen. Der Neugläubiger (Sicherungsnehmer) darf über die abgetretenen Forderungen nur dann verfügen, also den Schuldner in Anspruch nehmen, wenn der Altgläubiger (Sicherungsgeber) ihm gegenüber seine Verbindlichkeiten nicht erfüllt.

III. Schuldübernahme und Vertragsübernahme

1. Schuldnerwechsel

Die Schuldübernahme ist das Gegenstück zur Abtretung. Während bei der Abtretung der Gläubiger wechselt, verändert sich bei der Schuldübernahme die Schuldnerseite; entweder wechselt der Schuldner (befreiende Schuldübernahme) oder es kommt ein neuer Schuldner hinzu (Schuldbeitritt). Die Interessenlage ist bei der Schuldübernahme jedoch ganz anders als bei der Abtretung. Bei der Abtretung geht es darum, dass die Forderung einen Vermögenswert darstellt und dem Gläubiger die Möglichkeit gegeben wird, diesen Vermögenswert in anderer Weise zu nutzen als durch die Einziehung der Forderung, nämlich etwa durch ihren Verkauf. Dagegen geht es bei der Schuldübernahme entweder darum, dass an die Stelle eines alten Schuldners ein neuer tritt oder dass zum alten Schuldner zusätzlich ein weiterer Schuldner tritt (Schuldbeitritt). 1644

Durch eine Schuldübernahme werden die Interessen des Gläubigers berührt; denn er hat ein Interesse daran, dass sein Schuldner wirtschaftlich leistungsfähig ist. Ihm kann also nicht daran gelegen sein, dass an die Stelle eines guten alten Schuldners ein schlechter neuer tritt. 1645

Daher bedarf die Schuldübernahme grundsätzlich der Genehmigung des Gläubigers (§ 415 Abs. 1 BGB). Durch die Genehmigung wird der alte Schuldner rückwirkend auf den Zeitpunkt des Vertragsschlusses von der Verbindlichkeit befreit.

2. Erfüllungsübernahme

Vereinbaren Altschuldner und Neuschuldner eine Schuldübernahme und erteilt der Gläubiger hierzu nicht seine Genehmigung, so kann dennoch im Innenverhältnis zwischen Altschuldner und Neuschuldner gewollt sein, dass der Neuschuldner den Altschuldner von allen Verbindlichkeiten freizustellen hat. Dies bedeutet, dass sich der Gläubiger zwar nach wie vor nur an den Altschuldner zu halten braucht, der Neuschuldner jedoch verpflichtet ist, den Altschuldner so zu stellen, als habe er mit der Schuld nichts mehr zu tun (§ 415 Abs. 3 BGB). 1646

Beispiel

V verkauft an K ein Grundstück. K übernimmt unter Anrechnung auf den Kaufpreis die den in Abteilung III des Grundbuchs eingetragenen Grundpfandrechten zugrunde liegenden Verbindlichkeiten. Der Gläubiger der Grundpfandrechte genehmigt die Schuldübernahme nicht, da sich seiner Ansicht nach K in wirtschaftlichen Schwierigkeiten befindet. Der Gläubiger hält sich weiterhin an V. Im Innenverhältnis ist K verpflichtet, den V aus einer Inanspruchnahme des Gläubigers freizustellen, d.h. ihm entweder an den Gläubiger geleistete Beträge zu erstatten oder noch nicht gezahlte vorzuschießen.

3. Schuldbeitritt

1647 Neben der befreienden Schuldübernahme – Schuldnerwechsel – gibt es die kumulative Schuldübernahme, den Schuldbeitritt. Hier wird der Schuldner nicht von der Schuld befreit, sondern der Übernehmer tritt neben den bisherigen Schuldner als weiterer Schuldner. Beide werden Gesamtschuldner (§ 421 BGB). Einer Zustimmung des Gläubigers bedarf es nicht, weil sich seine Rechtsstellung verbessert. Häufig verlangt der Gläubiger die Mitverpflichtung eines Dritten, um etwa bei mangelnder Bonität des Schuldners seine Sicherheit zu verstärken. Regelmäßig hat der der Schuld beitretende Dritte ein sachliches Interesse an der Erfüllung der Verbindlichkeit, etwa bei persönlichen Beziehungen zum Schuldner.

1648 *Beispiel*

Eltern übertragen ihr Hausgrundstück auf die Tochter. Die Tochter übernimmt in dem Übergabevertrag die den im Grundbuch eingetragenen Grundpfandrechten zugrunde liegenden Verbindlichkeiten. Die Gläubiger verlangen häufig, dass der Ehemann der Tochter den übernommenen Verbindlichkeiten als weiterer Schuldner beitritt.

Der rechtsgeschäftliche Schuldbeitritt ist im Gesetz nicht geregelt. Dagegen gibt es den gesetzlichen Schuldbeitritt, etwa in § 25 HGB (siehe oben Rdn 1357).

4. Übernahme einer durch Grundpfandrecht gesicherten Schuld

1649 In Kaufverträgen über ein Grundstück kann vereinbart werden, dass der Käufer die durch ein Grundpfandrecht dinglich abgesicherte Verbindlichkeit in Anrechnung auf den Kaufpreis übernimmt. Hierbei handelt es sich um eine Schuldübernahme, zu deren Wirksamkeit es der Genehmigung des Gläubigers bedarf. § 416 BGB regelt für Hypotheken die Rechtsfolge, dass unter bestimmten Voraussetzungen bei Schweigen des Gläubigers die Genehmigung als erteilt gilt. Die Vorschrift gilt analog auch für durch Grundschuld gesicherte Verbindlichkeiten.

1650 In der Praxis ist die Bedeutung der Vorschrift gering, weil in der Regel bei einer beabsichtigten Schuldübernahme zuerst mit dem Gläubiger dahingehend verhandelt wird, ob seine Genehmigung in Aussicht gestellt wird. Ist dies nicht der Fall, wird die Schuldübernahme unterbleiben. In Fällen der Übernahme einer dinglich abgesicherten Verbindlichkeit wird der Gläubiger aber nur in Ausnahmefällen eine Genehmigung versagen, weil ihm selbst bei nicht optimaler Bonität des Neuschuldners die Sicherheit der Verpfändung des Grundbesitzes jedenfalls immer erhalten bleibt.

1651 ▼

Muster 4.286: Schuldübernahme mit gleichzeitigem Schuldbeitritt

4.286 Der Erwerber übernimmt zur Entlastung der Veräußerer und etwa mithaftender Personen mit Wirkung vom ____ die durch die Hypothek Abteilung III lfd. Nr. ____ gesicherte Darlehensverbindlichkeit nebst ____ vom Hundert Jahreszinsen gegenüber der ____ in ____; darauf werden zurzeit noch ____ EUR geschuldet.

Die Übernahme der Verbindlichkeit erfolgt zu den Bedingungen, wie sie sich aus der zugrunde liegenden Schuldurkunde ergeben.

Die Ehefrau des Erwerbers tritt den von ihrem Ehemann übernommenen Verbindlichkeiten als weitere Selbst- und Gesamtschuldnerin bei.

Die Schuldübernahme erfolgt in der Weise, dass der Erwerber und seine Ehefrau von dem angegebenen Zeitpunkt ab so in das Schuldverhältnis eintreten, dass die Gläubigerin gegen sie unmittelbare Ansprüche auf die Leistungen erlangt, ohne Rücksicht darauf, ob sie die Veräußerer aus der Haftung entlässt oder nicht.

Den Beteiligten ist bekannt, dass die Veräußerer aus der Haftung erst frei werden, wenn die Schuldübernahme von der Gläubigerin genehmigt worden ist.

Der Erwerber und seine Ehefrau unterwerfen sich wegen der vorstehend übernommenen Verbindlichkeit der Gläubigerin gegenüber der sofortigen Zwangsvollstreckung aus dieser Urkunde in ihr gesamtes Vermögen. Der Gläubigerin kann jederzeit ohne besonderen Nachweis eine vollstreckbare Ausfertigung dieser Urkunde erteilt werden.

Der Erwerber übernimmt das zur Sicherung der übernommenen Verbindlichkeit eingetragene Grundpfandrecht. Soweit daraus Rechte des Eigentümers, insbesondere Eigentümergrundschulden, entstanden sind oder bis zur Eintragung des Eigentumswechsels noch entstehen, werden diese Rechte hiermit an den Erwerber abgetreten.

▲

Wegen der Schuldübernahme im Grundstückskaufvertrag siehe Rdn 61 ff.

5. Vertragsübernahme

Möglich ist auch die Übertragung eines Schuldverhältnisses im Ganzen mit allen Rechten und Pflichten. Im Gesetz ist die Vertragsübernahme nicht geregelt, im Wege der Rechtsfortbildung ist sie aber allgemein anerkannt. Eine Vertragsübernahme kommt bei Dauerschuldverhältnissen oder langfristigen Verträgen in Betracht, etwa bei Miet-, Pacht- oder Leasingverträgen. Auf die Vertragsübernahme finden hinsichtlich der Rechte die Vorschriften über die Abtretung und in Bezug auf die Pflichten diejenigen der Schuldübernahme Anwendung, es handelt sich aber um ein einheitliches Rechtsgeschäft. In jedem Falle bedarf es der Mitwirkung aller Beteiligten, also der bisherigen Vertragspartner, von denen einer ausscheidet, und des neuen, an seine Stelle tretenden Vertragspartners. 1652

IV. Schuldversprechen und Schuldanerkenntnis

Das selbstständige Schuldversprechen (§ 780 BGB) und das selbstständige Schuldanerkenntnis (§ 781 BGB) kommen durch einen Vertrag zwischen Schuldner und Gläubiger zustande, in welchem der Schuldner dem Gläubiger gegenüber eine bestimmte (Geld-)Leistung zu erbringen verspricht oder eine Verbindlichkeit anerkennt. Die Abgrenzung von Schuldanerkenntnis und Schuldversprechen ist äußerlich und oft nicht sicher zu treffen, wegen der Gleichheit der Rechtsfolgen aber auch in der Praxis entbehrlich. 1653

Die Erklärung des Schuldners, also desjenigen, der verspricht oder anerkennt, bedarf der **Schriftform**. Bei fehlender Schriftform ist das Schuldversprechen oder das Schuldanerkenntnis nichtig. Ausnahmsweise können Schuldversprechen und Schuldanerkenntnis mündlich abgegeben werden, nämlich von einem Kaufmann im Sinne des HGB im Rahmen eines Handelsgeschäfts (§ 350 HGB). Die nach § 126 Abs. 3 BGB mögliche Ersetzung der Schriftform durch die elektronische Form ist bei Schuldversprechen und Schuldanerkenntnis ausdrücklich ausgeschlossen. 1654

Notarielle Beurkundung des Schuldanerkenntnisses oder des Schuldversprechens ist erforderlich, wenn Rechtsgrund eine Schenkung ist (§ 518 Abs. 1 S. 2 BGB) oder wenn die Verpflichtung zur Übereignung eines Grundstücks übernommen oder anerkannt wird (§ 311b BGB). Im letzteren Fall bedarf auch die Annahmeerklärung des Gläubigers der notariellen Beurkundung. Notarielle Beurkundung ist auch dann erforderlich, 1655 wenn sich der Schuldner im Hinblick auf das Schuldanerkenntnis der sofortigen Zwangsvollstreckung in sein gesamtes Vermögen unterwirft, um dem Gläubiger einen vollstreckbaren Titel zu verschaffen.

1656 Das selbstständig verpflichtende Schuldversprechen oder Schuldanerkenntnis stellt einen vom zugrunde liegenden Rechtsgeschäft **losgelösten** Verpflichtungsgrund dar. Die Verpflichtung tritt im Zweifel neben die Verpflichtung aus einem etwa schon bestehenden Schuldverhältnis. Die Selbstständigkeit des Schuldversprechens oder des Schuldanerkenntnisses besteht darin, dass Einwendungen aus dem zugrunde liegenden Rechtsverhältnis grundsätzlich ausgeschlossen sind; dieser Ausschluss von Einwendungen ist in der Regel gerade Sinn und Zweck für die Abgabe eines abstrakten Schuldanerkenntnisses oder -versprechens. Sie erleichtern dem Gläubiger die Durchsetzung seines Anspruchs, weil sie im Prozess eine Anspruchsbegründung und gegebenenfalls Beweisführung entbehrlich machen.

1657 *Beispiel*

V hat an K ein Grundstück verkauft. Gibt K für seine Kaufpreisschuld dem V gegenüber ein abstraktes Schuldanerkenntnis ab, so kann er – wenn V Zahlung aus dem Schuldanerkenntnis verlangt – keine Mängeleinreden aus dem zugrunde liegenden Kaufvertrag geltend machen. Das Kaufverhältnis soll zurücktreten und das Schuldverhältnis nunmehr, soweit es sich um die Zahlungsverpflichtung des Käufers handelt, losgelöst vom Kaufvertrag selbstständig begründet sein.

1658 ▼

Muster 4.287: Selbstständiges Schuldversprechen mit Vollstreckungsunterwerfung

Verhandelt zu

Mit der Maßgabe, dass dieses Anerkenntnis die Verpflichtung selbstständig begründen soll, bekenne ich, dem einen Betrag in Höhe von EUR nebst vom Hundert Zinsen jährlich seit dem zu schulden. Das Kapital und die Zinsen sind fällig.

Wegen der Verpflichtung zur Zahlung des Betrages nebst Zinsen unterwerfe ich mich der sofortigen Zwangsvollstreckung aus dieser Urkunde in mein gesamtes Vermögen. Dem Gläubiger kann jederzeit eine vollstreckbare Ausfertigung dieser Urkunde erteilt werden, ohne dass es eines besonderen Nachweises bedarf.

Ich beantrage, dem Gläubiger sofort eine vollstreckbare Ausfertigung dieser Urkunde zu erteilen und verzichte auf den Widerruf der in dieser Urkunde abgegebenen Erklärungen.

Diese Niederschrift

▲

V. Bürgschaft

1. Allgemeines

1659 Die Bürgschaft ist ein Sicherungsgeschäft, das es dem Gläubiger ermöglicht, außer auf das Vermögen des Schuldners noch auf das Vermögen einer dritten Person zuzugreifen. Die Bürgschaft gehört neben den Grundpfandrechten, Pfandrechten und der Figur der Sicherungsübereignung zu den gebräuchlichsten Sicherungsgeschäften des täglichen Lebens.

a) Begriff (§ 765 BGB)

1660 Durch den Bürgschaftsvertrag verpflichtet sich der Bürge gegenüber dem Gläubiger eines Dritten, für die Erfüllung der Verbindlichkeit des Dritten einzustehen. Hierbei muss es sich nicht um eine bereits bestehende Verbindlichkeit handeln, sondern es genügt eine künftige oder eine bedingte Verbindlichkeit, für deren Erfüllung der Bürge einzustehen verspricht. Art und Inhalt der Hauptverbindlichkeit sind gleichgültig. In der Praxis handelt es sich jedoch überwiegend um Zahlungsverbindlichkeiten, für deren Erfüllung der Bürge einzustehen verspricht.

b) Vertrag zwischen Gläubiger und Bürge

Die Bürgschaft kommt zustande durch einen Vertrag zwischen dem Gläubiger und dem Bürgen. Zur Gültigkeit des Bürgschaftsvertrages ist **schriftliche** Erteilung der Bürgschaftserklärung erforderlich (§ 766 BGB); elektronische Form genügt nicht. Zweck dieser Formvorschrift ist es vornehmlich, dem Bürgen die Bedeutung und Tragweite seiner Verpflichtungserklärung vor Augen zu führen, um ihn vor vorschnellen Bürgschaftserklärungen zu warnen. Ist der Bürge Kaufmann und stellt die Übernahme der Bürgschaft für ihn ein Handelsgeschäft dar, so bedarf es der Schriftform nicht (§ 350 HGB). 1661

Wesentlicher **Inhalt** des Bürgschaftsvertrages:

- Bezeichnung der Hauptverbindlichkeit, deren Erfüllung der Bürge verspricht,
- Bezeichnung der Person des Gläubigers,
- Bezeichnung der Person des Hauptschuldners und
- Bürgschaftserklärung des Bürgen.

Im Bürgschaftsvertrag übernimmt der Bürge nicht die Schuld des Hauptschuldners, sondern er verpflichtet sich nur, den Gläubiger wegen seiner Forderung gegen den Hauptschuldner zu befriedigen. Daher setzt die Verpflichtung aus der Bürgschaft stets das Bestehen einer Schuld des Hauptschuldners voraus: Die Verpflichtung des Bürgen folgt in Bezug auf Entstehung, Inhalt und Fortbestand der Schuld des Hauptschuldners – die Verpflichtung des Bürgen ist also „akzessorisch" – (§ 767 Abs. 1 BGB).

c) Abhängigkeit der Bürgschaftsverpflichtung von der Hauptschuld

Aus dem Grundsatz, dass die Verpflichtung des Bürgen von der Hauptschuld **abhängig** ist, folgt: 1662

- Erlischt die Hauptschuld, so erlischt die Verpflichtung aus der Bürgschaft.
- Wird die Hauptschuld nur teilweise verringert, so gilt entsprechendes für die Bürgschaftsverpflichtung.
- Erhöht sich die Hauptverbindlichkeit durch Verschulden oder Verzug des Hauptschuldners, so erhöht sich entsprechend die Bürgschaftsverpflichtung (§ 767 Abs. 1 S. 2 BGB).

Nimmt dagegen der Hauptschuldner nach der Übernahme der Bürgschaft ein Rechtsgeschäft mit dem Gläubiger vor, durch das die Verpflichtung des Bürgen erweitert wird, so ist dies im Hinblick auf den Umfang der Verpflichtung des Bürgen ohne Belang, sofern der Bürge nicht zugestimmt hat (§ 767 Abs. 1 S. 3 BGB). 1663

> *Beispiel*
>
> Der Hauptschuldner hat vom Gläubiger ein Darlehen erhalten, verzinslich zu 7 v.H. im Jahr, rückzahlbar nach zwei Jahren. B hat sich verbürgt. Nunmehr vereinbaren der Hauptschuldner und der Gläubiger, dass das Darlehen zu 10 v.H. jährlich verzinslich sein soll und bereits nach einem Jahr zurückzuzahlen ist. Diese, die Verpflichtung des Bürgen erweiternde Vereinbarung ist gegenüber dem Bürgen unwirksam.

d) Einreden des Bürgen

Dem Bürgen stehen die gleichen Einreden gegen die Hauptschuld zu, die der Hauptschuldner geltend machen kann (§ 768 Abs. 1 BGB). Hat z.B. im vorhergehenden Beispiel der Gläubiger die Rückzahlung des Darlehens nach Fälligkeit gestundet, so kann sich hierauf auch der Bürge berufen; dies kann er selbst dann, wenn der Hauptschuldner später auf die Einrede verzichtet hat (§ 768 Abs. 2 BGB). 1664

e) Einrede der Vorausklage

Da die Bürgschaft in erster Linie dem Gläubiger dazu dienen soll, eine Sicherheit für seine Forderung zu erhalten, nicht dagegen einen weiteren (Gesamt-)Schuldner, der zusätzlich mit seinem gesamten Vermögen haftet, hat der Gläubiger zunächst zu versuchen, vom Hauptschuldner im Wege der Zwangsvollstreckung Befriedigung zu erlangen. Erst wenn dieser Versuch erfolglos geblieben ist, kann er sich an den Bürgen halten. Verlangt der Gläubiger vorher vom Bürgen Befriedigung, so steht diesem die so genannte Einrede der Vorausklage zu (§ 771 BGB), d.h., er kann den Gläubiger darauf verweisen, zunächst im Wege der Zwangsvollstreckung beim Hauptschuldner Befriedigung zu suchen. Der Gläubiger muss daher im Wege der Zwangsvollstreckung gegen den Hauptschuldner – aufgrund eines Urteils oder eines anderen Zwangsvollstreckungstitels, etwa aufgrund einer vollstreckbaren Urkunde – ohne Erfolg versucht haben, sich wegen seiner Forderung zu befriedigen; es reicht daher nicht aus, wenn er lediglich vom Hauptschuldner vergeblich Zahlung verlangt hat. 1665

Die Einrede der Vorausklage ist ausgeschlossen:

- wenn der Bürge auf die Einrede verzichtet, insbesondere wenn er sich als Selbstschuldner verbürgt hat,
- wenn die Rechtsverfolgung gegen den Hauptschuldner infolge einer nach der Übernahme der Bürgschaft eingetretenen Änderung des Wohnsitzes, der gewerblichen Niederlassung oder des Aufenthaltsortes des Hauptschuldners wesentlich erschwert ist,
- wenn über das Vermögen des Hauptschuldners das Insolvenzverfahren eröffnet ist,
- wenn anzunehmen ist, dass die Zwangsvollstreckung in das Vermögen des Hauptschuldners nicht zur Befriedigung des Gläubigers führen wird.

1666 Häufigster Fall des Ausschlusses der Einrede der Vorausklage in der Praxis ist die Verbürgung als Selbstschuldner. Der Verzicht auf die Einrede der Vorausklage muss ebenso wie die Bürgschaftsverpflichtung selbst **schriftlich** erklärt sein. Hierbei genügt allerdings jeder Ausdruck, aus dem sich erkennbar ein Verzicht auf die Einrede der Vorausklage ergibt (beispielsweise Verbürgung als „Selbstschuldner", „Selbstzahler"). Hat sich ein Kaufmann verbürgt und stellt die Bürgschaft ein Handelsgeschäft für ihn dar, so steht ihm kraft Gesetzes die Einrede der Vorausklage nicht zu; es bedarf keines besonderen Verzichtes auf die Einrede der Vorausklage (§ 349 HGB).

2. Verhältnis zwischen Hauptschuldner und Bürge

a) Nach Befriedigung des Gläubigers durch den Bürgen

1667 Das Rechtsinstitut der Bürgschaft ist nicht dazu geschaffen, um dem Gläubiger des Hauptschuldners zu einer wahlweisen Befriedigungsmöglichkeit zu verhelfen und dabei den Hauptschuldner völlig von seiner Verbindlichkeit zu befreien. Vielmehr soll der Hauptschuldner im Ergebnis an seiner Verpflichtung festgehalten bleiben. Daher lässt das Gesetz die Forderung des Gläubigers auf den Bürgen übergehen, soweit er den Gläubiger befriedigt hat (gesetzlicher Forderungsübergang, § 774 BGB). Der Anspruch des Gläubigers steht also dem Bürgen zu, wenn er den Gläubiger befriedigt hat. Mit der Hauptforderung gehen die sichernden Nebenrechte gemäß § 401 BGB auf den Bürgen über, z.B. eine zur Sicherung der Forderung bestellte Hypothek oder ein Pfandrecht.

b) Vor Befriedigung des Gläubigers durch den Bürgen

1668 Unter bestimmten Voraussetzungen braucht es der Bürge allerdings nicht darauf ankommen zu lassen, aus der Bürgschaft in Anspruch genommen zu werden, um erst alsdann einen möglicherweise wertlosen Anspruch gegen den Hauptschuldner zu erlangen. Unter den in § 775 Abs. 1 BGB genannten Voraussetzungen kann er vom Hauptschuldner Befreiung von der Bürgschaft verlangen, nämlich dann,

- wenn sich die Vermögensverhältnisse des Hauptschuldners wesentlich verschlechtert haben,
- wenn die Rechtsverfolgung gegen den Hauptschuldner infolge einer nach der Übernahme der Bürgschaft eingetretenen Änderung des Wohnsitzes, der gewerblichen Niederlassung oder des Aufenthaltsortes des Hauptschuldners wesentlich erschwert ist,
- wenn der Hauptschuldner mit der Erfüllung seiner Verbindlichkeit im Verzug ist,
- wenn der Gläubiger gegen den Bürgen ein vollstreckbares Urteil auf Erfüllung erwirkt hat.

3. Besondere Formen der Bürgschaft

a) Nachbürgschaft

1669 Der Nachbürge ist Bürge für die von einem Vorbürgen eingegangene Bürgschaftsverpflichtung.

b) Rückbürgschaft

1670 Der Rückbürge verbürgt sich für die **Rückgriffsforderung** des Bürgen gegen den Hauptschuldner nach Zahlung durch den Bürgen. Daher kann sich der Bürge an den Rückbürgen erst dann halten, wenn er den Gläubiger befriedigt hat und vom Hauptschuldner keinen Ersatz erlangt.

c) Mitbürgschaft (§ 769 BGB)

Verbürgen sich mehrere für dieselbe Verbindlichkeit, so haften sie als Gesamtschuldner, auch wenn sie die 1671
Bürgschaft nicht gemeinschaftlich übernehmen.

d) Ausfallbürgschaft

Voraussetzung für die Inanspruchnahme des Ausfallbürgen ist, dass der Gläubiger mit seiner Forderung trotz 1672
Zwangsvollstreckung beim Schuldner und nach erfolgloser Verwertung von sonstigen Sicherheiten einen Ausfall erleidet. Bei der Ausfallbürgschaft braucht daher der Ausfallbürge die Einrede der Vorausklage überhaupt nicht zu erheben In der Regel wird die Ausfallbürgschaft vereinbart für den Fall, dass der Gläubiger sich nicht aus einer ganz bestimmten Sicherheit Befriedigung verschaffen kann.

VI. Sicherungsübereignung

Das Pfandrecht an beweglichen Sachen setzt voraus, dass der Eigentümer dem Gläubiger den Besitz an den 1673
Pfandsachen verschafft (§ 1205 BGB). Ein besitzloses Pfandrecht ist dem geltenden Recht unbekannt. Häufig ist es aber gerade nötig, dass der Schuldner den Besitz an den Sachen, die er zur Kreditsicherung verwenden will, weiter behält. Für den Schuldner ist es sinnlos, den Besitz an seinem Auto, wenn er das Auto für Finanzierungszwecke beleihen will, weiterzugeben. Auch ein Kaufmann muss die Ware in seinem Laden haben, wenn er damit Handel treiben will.

Eine Verpfändung verbietet sich aus diesen praktischen Erwägungen in den meisten Fällen.

Es ist das Bestreben der Rechtspraxis gewesen, ein „besitzloses Pfandrecht“ zu bilden. Die Sicherungsübereignung kommt in ihren Wirkungen dem Pfandrecht nahe, ohne dass der Schuldner den Besitz an den beliehenen Gegenständen verliert. Sie ist heute allgemein anerkannt und ersetzt das im BGB nicht vorgesehene „besitzlose Pfandrecht“.

Bei der Sicherungsübereignung erhält der Gläubiger volles Eigentum, nicht jedoch den Besitz an den ihm übereigneten Sachen. Die Übergabe der Sachen wird regelmäßig durch die Vereinbarung eines so genannten Besitzmittlungsverhältnisses ersetzt. Als ein solches Besitzmittlungsverhältnis bietet sich die Leihe an:

Der Schuldner übereignet dem Gläubiger die Sachen, die er als Sicherheit geben will. Der Gläubiger verleiht dem Schuldner die Sachen, die der Schuldner ihm zur Sicherung übereignet hat, zurück. Schuldrechtlich ist der Gläubiger verpflichtet, die ihm übereigneten Sachen nur zur Sicherung seiner Forderung zu verwenden. Nach Abzahlung des Kredites hat er das Eigentum an den ihm übereigneten Sachen auf den Kreditnehmer zurück zu übertragen. Oft vereinbaren Schuldner und Gläubiger auch, dass beim Erlöschen der gesicherten Forderungen das Eigentum automatisch auf den Schuldner im Wege der auflösenden Bedingung zurückfällt.

▼ 1674

Muster 4.288: Sicherungsübereignung einer Wohnungseinrichtung

Zwischen den Eheleuten …, …, und … geborene …, …, beide wohnhaft in 4.288
…, …,

– nachstehend auch Schuldner genannt –,

und

der Firma … in …, …,

– nachstehend auch Gläubiger genannt –,

wird Folgendes vereinbart:

I.

1. Die Schuldner bekennen hiermit, aus Reparaturverträgen, die in verschiedenen Zeiten getätigt worden sind, dem Gläubiger als Gesamtschuldner einen Betrag von … EUR zu schulden.

2. Die Beteiligten sind darüber einig, dass diese Forderung in eine Darlehensforderung umgewandelt und den Schuldnern gestundet wird. Das Darlehen ist vom ab mit % jährlich zu verzinsen. Die Zinsen sind in vierteljährlich nachträglich fällig werdenden Raten, jeweils zum 1. Januar, 1. April, 1. Juli und 1. Oktober eines jeden Jahres, zu entrichten.
   Das Darlehen ist zu tilgen vierteljährlich mit gleichbleibenden Raten von EUR, fällig jeweils zum 1. Januar, 1. April, 1. Juli und 1. Oktober eines jeden Jahres. Die Schuldner sind zur vorzeitigen ganzen oder teilweisen Tilgung berechtigt; bei teilweiser Tilgung müssen die Tilgungsbeträge jedoch durch 100 teilbar sein.

3. Bleiben die Schuldner mit einer Kapital- oder Zinsrate länger als Wochen im Rückstand, so kann der Gläubiger die sofortige Zahlung der gesamten Restschuld verlangen.

II.

1. Zur Sicherung der in I. bezeichneten Ansprüche nebst Zinsen übereignen die Schuldner dem Gläubiger die in der Anlage zu diesem Vertrag aufgeführten Gegenstände. Diese Gegenstände bilden die Einrichtung der Privatwohnung der Schuldner in , .

2. Die Schuldner versichern, dass die genannten Gegenstände in ihrem gemeinschaftlichen Eigentum stehen und nicht mit Rechten Dritter belastet sind, insbesondere kein Eigentumsvorbehalt eines Lieferanten an diesen Gegenständen besteht.
   Die Beteiligten sind darüber einig, dass das Eigentum an den vorgenannten Gegenständen auf den Gläubiger übergeht.

III.

Die Übergabe der Sachen wird dadurch ersetzt, dass der Gläubiger die Sachen den Schuldnern leiht. Die Schuldner verpflichten sich, die Sachen pfleglich zu behandeln und auf eigene Kosten instand zu halten. Sie dürfen die Sachen im Rahmen ihrer Haushaltsführung wie bisher weiter benutzen, jedoch nicht aus der Wohnung entfernen.

IV.

Sollten die Rechte des Gläubigers durch Maßnahmen Dritter oder sonst wie beeinträchtigt oder gefährdet werden, so sind die Schuldner verpflichtet, den Gläubiger hiervon unverzüglich zu benachrichtigen.

V.

Mit der vollständigen Tilgung der Schuld fällt das Eigentum an den Sachen an die Schuldner zurück, ohne dass es eines besonderen Übertragungsaktes bedarf. Die Eigentumsübertragung an den Sachen ist insoweit auflösend bedingt.

VI.

Tritt die Fälligkeit des Darlehens gemäß I. Abs. 3 ein, so ist der Gläubiger berechtigt, die Herausgabe der Sachen zu verlangen, wenn die Schuldner nicht unverzüglich die Restschuld bezahlen. Der Gläubiger ist berechtigt, die Sachen in dem erforderlichen Umfang nach pflichtgemäßem Ermessen zu verwerten, ohne an die Vorschriften über den Pfandverkauf gebunden zu sein. Den Erlös hat der Gläubiger zur Befriedigung seiner Ansprüche zu verwenden und den Überschuss an die Schuldner – zu je ½ Anteil – auszuzahlen.

VII.

Die Kosten dieses Vertrages und seiner Durchführung zahlen die Schuldner.

, den

▲

H. Internationales Privatrecht

I. Bedeutung, Definition und Aufgabe des „Internationalen Privatrechts"

Das Internationale Privatrecht gewinnt in der notariellen Praxis von Jahr zu Jahr ständig an Bedeutung. Ausdruck einer stetig wachsenden Internationalisierung in den persönlichen und wirtschaftlichen Beziehungen ist der Zuzug von Millionen von Ausländern nach Deutschland, zuletzt aufgrund von Fluchtbewegungen aus Kriegsgebieten (Syrien, Ukraine),[288] der Wegzug von zahlreichen Deutschen ins Ausland und damit verbunden eine ansteigende Zahl von Ehen zwischen Ausländern und Deutschen sowie ein vermehrter Erwerb von Vermögen – insbesondere von Immobilien – in Deutschland durch Ausländer bzw. im Ausland durch Deutsche. So wird die notarielle Tätigkeit zunehmend durch Sachverhalte mit Auslandsberührung geprägt. Die Beurkundungspflicht des deutschen Notars besteht selbstverständlich auch bei Sachverhalten mit Auslandsberührung, insbesondere also auch im Falle der Beteiligung von Ausländern. 1675

Auslandsberührung weisen z.B. die folgenden notarrelevanten Fälle auf: 1676

a) Ein 18-jähriger Japaner möchte eine Eigentumswohnung in Berlin kaufen.
b) Ein mit einer Portugiesin verheirateter Portugiese möchte sein Einfamilienhaus in Dresden verkaufen.
c) Ein italienisches Ehepaar möchte ein Baugrundstück in Bonn kaufen.
d) Eine Deutsche möchte eine Ferienwohnung auf Mallorca kaufen.
e) Ein seit vielen Jahren in Aachen lebendes niederländisches Ehepaar möchte einen Erbvertrag errichten.
f) Ein mit letztem gewöhnlichen Aufenthalt in Deutschland lebender italienischer Erblasser verstirbt und hinterlässt Grundbesitz in Deutschland und in Italien. Die Erben benötigen einen Erbnachweis u.a. für den Verkauf des Grundbesitzes in beiden Ländern.
g) Ein deutsch-griechisches Ehepaar aus Düren möchte einen Ehevertrag abschließen und Gütertrennung vereinbaren.
h) Zwei türkische Unternehmer möchten in Jena eine GmbH gründen.
i) Ein nunmehr in Deutschland lebender ukrainischer Staatsangehöriger, der mit einer Ukrainerin seit 2010 verheiratet ist, möchte allein einen GmbH-Geschäftsanteil erwerben.

Bei allen Fällen mit Auslandsberührung stellt sich die Frage, welches Recht – das deutsche oder ein ausländisches Recht – auf den konkreten Sachverhalt anwendbar ist. 1677

Art. 3 Einführungsgesetz zum Bürgerlichen Gesetzbuch (EGBGB) bestimmt:

> *„Soweit nicht (...) (unmittelbar anwendbares EU-Recht oder völkerrechtliche Vereinbarungen) (...) maßgeblich sind, bestimmt sich das anzuwendende Recht bei Sachverhalten mit einer Verbindung zu einem ausländischen Staat nach den Vorschriften dieses Kapitels (internationales Privatrecht)."*

Das Internationale Privatrecht (IPR) beantwortet also „lediglich" die Frage, welches Recht in einem Fall mit Auslandsberührung anzuwenden ist.

Das IPR löst nicht die konkrete materiellrechtliche Frage des Falles (z.B. ist ein 18-jähriger Japaner geschäftsfähig oder von wem wird ein italienischer Erblasser beerbt?). Diese Frage löst das konkrete materielle Recht (Sachrecht) – das deutsche oder ein ausländisches Recht –, das vom IPR zur Anwendung bestimmt worden ist. Das IPR enthält somit auch **keine Sachnormen**, sondern lediglich **Kollisionsnormen**, d.h. Normen, die sich mit dem „Zusammenstoß" bzw. dem „Zusammentreffen" von eigenem und fremdem Recht befassen.

Beispiele: Kollisionsnormen im EGBGB 1678

- Art. 7 Abs. 1 S. 1 EGBGB „Die Rechtsfähigkeit einer Person unterliegen dem Recht des Staates, dem die Person angehört."
- Art. 7 Abs. 2 S. 1 EGBGB „Die Geschäftsfähigkeit einer Person unterliegen dem Recht des Staates, in dem die Person ihren gewöhnlichen Aufenthalt hat."

288 Nach Angaben des Statistischen Bundesamtes in Wiesbaden – vgl. *www.destatis.de* – hatten zum Ende 2023 mehr als 14 % der in Deutschland lebenden Bürger eine ausländische Staatsangehörigkeit.

- Art. 22 Abs. 1 S. 1 EGBGB: „Die Annahme als Kind unterliegt dem Recht des Staates, dem der Annehmende bei der Annahme angehört."
- Art. 43 Abs. 1 EGBGB: „Rechte an einer Sache unterliegen dem Recht des Staates, in dem sich die Sache befindet."

Beispiele: Kollisionsnormen im EU-Recht

- Art. 21 Abs. 1 EU-Erbrechtsverordnung: „Sofern in dieser Verordnung nichts anderes vorgesehen ist, unterliegt die gesamte Rechtsnachfolge von Todes wegen dem Recht des Staates, in dem der Erblasser im Zeitpunkt seines Todes seinen gewöhnlichen Aufenthalt hatte."
- Art. 26 Abs. 1 lit. a) EU-Güterrechtsverordnung: „Mangels einer Rechtswahlvereinbarung nach Artikel 22 unterliegt der eheliche Güterstand dem Recht des Staates, in dem die Ehegatten nach der Eheschließung ihren ersten gemeinsamen gewöhnlichen Aufenthalt haben, [...]."

1679 **Probleme des Internationalen Privatrechts** spielen in der notariellen Praxis vor allem in folgenden Bereichen eine Rolle:

- Grundstücksgeschäfte – insbesondere Kauf-, Schenkungs- und sonstige Übertragungsverträge – unter Beteiligung von ausländischen Staatsangehörigen auf der Veräußerer- und/oder Erwerberseite,
- Vollmachten für Grundstücksgeschäfte im Ausland (Verkauf/Kauf einer Eigentumswohnung auf Mallorca),
- Eheverträge, Scheidungsfolgenvereinbarungen und Adoptionsanträge unter Beteiligung von ausländischen Staatsangehörigen,
- Verfügungen von Todes wegen von ausländischen Staatsangehörigen,
- Verfügungen von Todes wegen von deutschen Staatsangehörigen mit gewöhnlichem Aufenthalt und/oder Vermögenswerten (insbesondere Immobilien) im Ausland
- Erbscheinsanträge, Anträge auf Erteilung von Testamentsvollstreckerzeugnissen oder Anträge auf Erteilung von europäischen Nachlasszeugnissen nach deutschen oder ausländischen Erblassern mit letztem gewöhnlichen Aufenthalt in Deutschland oder im Ausland mit Nachlassvermögen im In- und/oder Ausland.

1680 Schwerpunkte für die Notarfachangestellten bilden in diesem Rahmen zum einen die Vorbereitung von Grundstücksgeschäften unter Beteiligung von ausländischen Staatsangehörigen (erste Kontaktaufnahme mit den Vertragsbeteiligten, Beschaffung der vertragsrelevanten Daten wie z.B. Staatsangehörigkeit, bei Ehegatten oder eingetragenen Lebenspartnern Heiratszeitpunkt und Heiratsort, gewöhnlicher Aufenthalt und Wohnsitz zum Zeitpunkt der Eheschließung bzw. der Begründung der eingetragenen Lebenspartnerschaft sowie Güterstand der Vertragsbeteiligten bis hin zur Entwurfsfertigung) und zum anderen die Vorbereitung von Erbscheinsanträgen, Anträgen auf Erteilung von Testamentsvollstreckerzeugnissen oder Anträgen auf Erteilung von europäischen Nachlasszeugnissen sowie die Vorbereitung einfacherer Verfügungen von Todes wegen sowie von Pflichtteilsverzichtsverträgen (Zusammenstellung der Informationen zur Person des Erblassers wie Staatsangehörigkeit, aktueller gewöhnlicher Aufenthalt, weitere Lebensplanung im Hinblick auf einen etwaigen Umzug ins Ausland, Bestimmung von Art, Umfang und Lage des Nachlassvermögens im In- und Ausland usw. sowie gegebenenfalls Entwurfsfertigung).

1681 Anhand der nachfolgenden Ausführungen sollen den Notarfachangestellten zunächst die IPR-rechtlichen **Grundlagen** für die Prüfung eines Falles mit Auslandsberührung vermittelt werden. In diesem Rahmen werden erst einige elementare Grundbegriffe des IPR erläutert und dann die Methodik der Fallbearbeitung anhand von Beispielsfällen anhand des deutschen EGBGB in Grundzügen dargestellt. Anschließend werden dann Grundprobleme des Grundstückskaufvertrages unter Beteiligung ausländischer Staatsangehöriger behandelt und in diesem Rahmen die zentralen familienrechtlichen Kollisionsnormen der Art. 14 und 15 EGBGB a.F. sowie der relevanten Vorschriften der in diesem Bereich seit dem 29.1.2019 geltenden Regelungen der EU-Güterrechtsverordnungen (= Verordnung der Europäischen Union Nr. 1103/2016 vom 24.6.2016 zur Durchführung einer Verstärkten Zusammenarbeit im Bereich der Zuständigkeit, des anzuwendenden Rechts und der Anerkennung und Vollstreckung von Entscheidungen in Fragen des ehelichen Güterstands [EU-GüVO] und Verordnung der Europäischen Union Nr. 1104/2016 vom 24.6.2016 zur Durchführung der Verstärkten Zusammenarbeit im Bereich der Zuständigkeit, des anzuwendenden Rechts und der Anerkennung und Vollstreckung von Entscheidungen in Fragen güterrechtlicher Wirkungen eingetragener Partnerschaften [EU-PartVO]) beleuchtet. In diesem Zusammenhang wird es notwendig sein, auch die bisher geltenden Bestimmungen der Art. 14, 15 EGBGB a.F. zu skizzieren, da die Regelungen der EU-Güterrechtsverordnung für Ehen gelten, die erst nach dem 29.1.2019 geschlossen wurden bzw. werden. Es folgt schließlich eine Erörterung von grundlegenden Fragen im Zusammenhang mit der Beantragung und Erteilung von Erbscheinen mit Auslandsberührung und europäischen Nachlasszeugnissen, wobei in diesem Rahmen zunächst die für Erbfälle ab dem 17.8.2015 einschlägige EU-Erbrechtsverordnung (= Verordnung der Europäischen Union Nr. 650/2012 vom 4.7.2012 über die Zuständigkeit, das anzuwendende Recht, die Anerkennung und Vollstreckung von Entscheidungen, die Annahme und Vollstreckung öffentlicher Urkunden in Erbsachen, sowie zur Einführung eines Europäischen Nachlasszeugnisses – im Folgenden kurz EU-ErbVO) in Grundzügen vorgestellt wird, dann die Ermittlung des auf einen Erbfall anwendbaren Erbrechts nach den Vorschriften der EU-ErbVO dargestellt und die Frage der internationalen Zuständigkeit der deutschen Nachlassgerichte für die Erteilung von europäischen Nachlasszeugnisssen einerseits und deutschen Erbscheinen mit Auslandsberührung andererseits erörtert wird. Es folgt eine ausführlichere Vorstellung sowohl des neuen Instituts des europäischen Nachlasszeugnisses als auch von deutschen Erbscheinen mit Auslandsberührung, die dann mit der Lösung mehrerer praxisrelevanter Beispielsfälle einschließlich Muster-Formulierungsvorschlägen abgeschlossen wird. Schließlich werden noch einige für die notarielle Praxis wichtige Hinweise für die Vorbereitung von Verfügungen von Todes wegen (Erbverträge und Testamente) sowie Pflichtteilsverzichtsverträgen mit Musterformulierungen gegeben.

II. Prüfung eines Falles mit Auslandsberührung

1. Sachverhalt mit Auslandsberührung

a) Fallkonstellationen mit Auslandsberührung

Ein **Sachverhalt mit Auslandsberührung** liegt z.B. vor, wenn 1682

- ein Urkundsbeteiligter nicht ausschließlich die deutsche Staatsangehörigkeit besitzt, also ein „Nur-Ausländer“ (z.B. der Verkäufer hat ausschließlich die italienische Staatsangehörigkeit) oder ein „Auch-Deutscher“ (z.B. der Käufer hat sowohl die deutsche als auch die US-amerikanische Staatsangehörigkeit) oder ein Staatenloser oder Personen mit einem besonderen Status wie Flüchtlinge, Asylberechtigte oder Spätaussiedler,
- ein Urkundsbeteiligter, gleich ob Deutscher oder Ausländer, seinen gewöhnlichen Aufenthalt oder seinen Wohnsitz im Ausland hat,
- der Gegenstand eines Rechtsgeschäfts (z.B. der Kaufgrundbesitz) oder Nachlassvermögen eines verstorbenen Erblassers im Ausland belegen ist,
- ein Rechtsgeschäft (z.B. ein Grundstückskaufvertrag) im Ausland vorgenommen werden soll,
- ein Rechtsgeschäft in Deutschland vorgenommen werden soll, das im Ausland gelten soll (z.B. Erteilung einer Vollmacht für den Verkauf einer Eigentumswohnung auf Mallorca),
- wenn eine juristische Person (z.B. GmbH oder AG) oder eine Personengesellschaft (z.B. OHG oder KG) oder deren Zweigniederlassung ihren Sitz im Ausland hat oder nach einer ausländischen Rechtsordnung gegründet worden ist,
- wenn die Urkundsbeteiligten die Geltung ausländischen Rechts vereinbart haben oder vereinbaren wollen.

b) Anhaltspunkte für eine Auslandsberührung

Zuverlässige **Anhaltspunkte** für einen Fall mit Auslandsberührung sind insbesondere für die Notarfachange- 1683
stellten, die zumeist den ersten Kontakt mit den Urkundsbeteiligten aufnehmen,

- Erklärungen der Beteiligten (z.B. Angaben über Staatsangehörigkeit, gewöhnlichen Aufenthalt bzw. Wohnsitz, ggf. auch Geburtsort im Ausland, Vermögenswerte, die sich im Ausland befinden),
- Unterlagen, die eingereicht werden (z.B. ausländische Ausweispapiere, Geburtsurkunden, ausländische Urkunden wie z.B. ein Grundbuch- oder ein Registerauszug).

Wenn keine objektiv erkennbaren Anhaltspunkte für eine Auslandsberührung vorliegen, besteht für den Notar 1684
und seine Mitarbeiter nach herrschender Auffassung keine Pflicht, nach einer Auslandsberührung zu forschen.

Es sollten aber Anhaltspunkte erkannt werden, die auf eine Auslandsberührung hinweisen, wie z.B. äußeres Erscheinungsbild (Hautfarbe, u.s.w.), Sprache und Akzent oder ausländisch klingende Vor- und Familiennamen. Hierbei handelt es sich allerdings heute nicht mehr um zuverlässige Indizien.

1685 *Beispiel*

Ein im Notariat vorsprechender Grundstücksverkäufer, der farbige, die deutsche Sprache mit einem starken amerikanischen Akzent sprechende ledige William Earp, hat aufgrund seiner ausschließlich deutschen Staatsangehörigkeit und seines gewöhnlichen Aufenthaltes in Deutschland im Hinblick auf den geplanten Verkauf des in Leipzig belegenen Grundbesitzes keinerlei fallrelevante Auslandsberührung.

1686 Ist jedoch eine Auslandsberührung **objektiv** erkennbar, so müssen der Notar und seine Mitarbeiter auf Angaben und Informationen der Beteiligten hinwirken, um entweder die Möglichkeit der Geltung ausländischen Rechts auszuschließen oder die Beteiligten auf die Möglichkeit der Geltung ausländischen Rechts hinzuweisen oder im Einzelfall dann auf der Grundlage des geltenden ausländischen Rechts beraten und gestalten zu können.

2. Rechtsquellen des Internationalen Privatrechts

1687 Wichtig ist zunächst die Feststellung, dass jede Rechtsordnung ihr eigenes Internationales Privatrecht hat. Es gibt von daher kein universell geltendes Internationales Privatrecht, sondern so viele Internationale Privatrechte wie es Staaten gibt. Der deutsche Rechtsanwender (Notar, Richter, Rechtspfleger, Rechtsanwalt) geht bei seiner Fallprüfung immer vom deutschen IPR aus (**lex fori**). Und insbesondere der Notar muss das deutsche IPR (dieses umfasst auch EU-Kollisionsrecht, das in Deutschland unmittelbar gilt, z.B. die EU-ErbVO), welches deutsches, und nicht etwa ausländisches Recht ist, beherrschen und auch darüber belehren. Umgekehrt muss der deutsche Notar über ausländisches Recht **nicht belehren** (§ 17 Abs. 3 S. 2 EGBGB), wozu auch ausländisches IPR gehört.

1688 Die bislang über Jahrzehnte wichtigste Rechtsquelle für das deutsche IPR war das EGBGB.[289] Das Kapitel „Internationales Privatrecht“, das die Art. 3 bis 46 umfasst (vgl. auch die Übergangsregelungen des Art. 220), ist mehrfach grundlegend geändert worden, erstmals durch das Gesetz zur Neuregelung des Internationalen Privatrechts vom 25.7.1986 (BGBl I, S. 1142), in Kraft getreten am 1.9.1986. Daneben finden sich Vorschriften des deutschen IPR auch vereinzelt in einigen deutschen Spezialgesetzen (z.B. Internationales Erbrechtsverfahrensgesetz [IntErbRVG], Asylverfahrensgesetz).

1689 Eine wichtige **Rechtsquelle**, die von der Rangfolge her noch vor dem EGBGB zu nennen ist, die von Jahr zu Jahr zunehmend an Bedeutung gewinnt, und die die Vorschriften des EGBGB mehr und mehr ablöst, sind die unmittelbar anwendbaren Regelungen der Europäischen Gemeinschaft (insbesondere die EU-Erbrechtsverordnung, das Haager Unterhaltsprotokoll und die sog. **Rom I-, II- und III-Verordnungen** zu den vertraglichen und außervertraglichen Schuldverhältnissen sowie zum Ehescheidungs- und Trennungsrecht; vgl. zu den genauen Bezeichnungen Art. 3 EGBGB in der aktuellen Fassung) sowie die völkerrechtlichen Verträge bzw. Staatsverträge, welche Deutschland mit anderen Staaten (bilaterale Verträge, z.B. das deutsch-iranische Niederlassungsabkommen, der deutsch-türkische Konsularvertrag oder der deutsch-sowjetische Konsularvertrag; vgl. Rdn 1745, 1847 ff.) oder mit Staatengruppen oder im Rahmen von Internationalen Organisationen (multilaterale Verträge, z.B. Haager Testamentsformabkommen oder Genfer Abkommen über die Rechtsstellung von Flüchtlingen) abgeschlossen hat. Nach Art. 3 EGBGB gehen diese Regelungen, soweit sie unmittelbar anwendbares deutsches Recht geworden sind, den Vorschriften des EGBGB vor. In den für die Notarfachangestellten praxisrelevanten Fällen (vgl. Rdn 1732 ff.) spielten diese immer vorrangig zu prüfenden EU-Regelungen, völkerrechtlichen Verträge und Staatsverträge jedoch bislang nur sehr selten eine Rolle. Seit dem 17.8.2015 hat jedoch im Bereich des Erbkollisionsrechts die EU-ErbVO vom 4.7.2012 das bisher geltende deutsche IPR (Art. 25 Abs. 1 EGBGB a.F.) vollständig verdrängt. Seit dem 29.1.2019 ist auch die bislang zentrale Vorschrift des Art. 15 EGBGB a.F. für die Anknüpfung im Ehegüterrecht für Ehen, die ab dem Tage des Inkrafttretens der EU-Verordnungen zum ehelichen Güterrecht (EU-GüVO) und zum Güterrecht eingetragener Lebenspartner-

289 Abrufbar unter *www.gesetze-im-internet.de/bgbeg*.

schaften (EU-PartVO) geschlossen werden, durch die Kollisionsnormen dieser Verordnungen ersetzt worden. Somit weicht das deutsche IPR des EGBGB von Jahr zu Jahr mehr den europäischen Kollisionsvorschriften.

3. Anknüpfungsgegenstand und Anknüpfungspunkt

Wenn die Untersuchung des Sachverhaltes eine Auslandsberührung ergeben hat, ist nunmehr zu prüfen, welches materielle Recht – Sachrecht – auf den Fall anzuwenden ist. Hierzu muss die einschlägige Kollisionsnorm gesucht werden, die auf das anzuwendende Recht verweist. Sofern keine speziellen Regelungen in völkerrechtlichen Verträgen oder in unmittelbar anwendbarem EU-Recht vorliegen, ist die Kollisionsnorm dann – da der deutsche Rechtsanwender bei seiner Fallprüfung immer vom deutschen IPR ausgeht –, in erster Linie im EGBGB zu suchen. Liegt vorrangiges, in Deutschland unmittelbar anwendbares EU-Recht vor, wie z.B. die EU-Erbrechtsverordnung vom 4.7.2012 für Erbfälle ab dem 17.8.2015, ist die Kollisionsnorm im Rahmen des einschlägigen EU-Rechts, das dann auch Teil des deutschen IPR ist, zu suchen. 1690

a) Anknüpfungsgegenstand

Ausgangspunkt für die Suche nach der einschlägigen Kollisionsnorm ist das materiellrechtliche Gebiet, in dem sich der zu untersuchende Fall bewegt (z.B. Geschäftsfähigkeit eines Urkundsbeteiligten, güterrechtliche Beziehungen zwischen Eheleuten, die eine Immobilie erwerben wollen, Adoption eines minderjährigen Kindes, Erbrecht nach einem verstorbenen Erblasser, usw.). Zu fragen ist also, welche Kollisionsnorm dieses materiellrechtliche Gebiet behandelt oder welche Kollisionsnorm den entsprechenden **Anknüpfungsgegenstand** hat. 1691

Beispiele im EGBGB 1692

Art. 7 Abs. 1 S. 1:	Die **Rechtsfähigkeit** einer Person unterliegt dem Recht (…)
Art. 7 Abs. 2 S. 1:	Die **Geschäftsfähigkeit** einer Person unterliegt dem Recht (…)
Art. 7a Abs. 1:	Die **Geschlechtszugehörigkeit** einer Person unterliegt dem Recht des Staates (…)
Art. 10 Abs. 1:	Der **Name** einer Person unterliegt den Sachvorschriften des Staates (…)
Art. 14 Abs. 1:	Die **allgemeinen Wirkungen einer Ehe** unterliegen dem Recht (…)
Art. 22 Abs. 1:	Die **Annahme als Kind** im Inland unterliegt dem deutschen Recht. Im Übrigen unterliegt sie dem Recht des Staates (…)
Art. 40 Abs. 1:	**Ansprüche aus unerlaubter Handlung** unterliegen dem Recht (…)
Art. 43 Abs. 1:	**Rechte an einer Sache** unterliegen dem Recht (…)

Beispiel im unmittelbar in Deutschland geltenden EU-Recht

Art. 21 Abs. 1 EU-ErbVO:	Die **Rechtsnachfolge von Todes wegen** unterliegt dem Recht (…)
Art. 26 Abs. 1 EU-GüVO:	Der **eheliche Güterstand** unterliegt dem Recht (…)

b) Anknüpfungspunkt

Da Sachverhalte des IPR regelmäßig Beziehungen zu mehreren Rechtsordnungen aufweisen, muss die Kollisionsnorm den konkreten Fall nun mit einer bestimmten Rechtsordnung verbinden bzw. an eine bestimmte Rechtsordnung anknüpfen. Der jeweilige staatliche Gesetzgeber entscheidet sich in jeder Kollisionsnorm, welcher **Anknüpfungspunkt** für den konkreten Fall der wichtigste ist. 1693

In der Vergangenheit stellte der deutsche Gesetzgeber im EGBGB vorrangig auf die Staatsangehörigkeit als wichtigsten Anknüpfungspunkt ab.

Beispiele: Bisherige Anknüpfungen im EGBGB 1694

Art. 7 Abs. 1:	Die Rechtsfähigkeit und die Geschäftsfähigkeit einer Person unterliegen dem Recht des Staates, dem die Person angehört.

Art. 10 Abs. 1:	Der Name einer Person unterliegt dem Recht des Staates, dem die Person angehört.
Art. 22 Abs. 1 S. 1:	Die Annahme als Kind unterliegt dem Recht des Staates, dem der Annehmende bei der Annahme angehört.

1695 Inzwischen ist der deutsche Gesetzgeber – nicht zuletzt unter dem Einfluss des EU-Rechts – in zahlreichen neuen Vorschriften zur Anknüpfung an den gewöhnlichen (oder schlichten) Aufenthalt übergegangen.

Beispiele: EGBGB

Art. 7 Abs. 2 S. 1:	Die Geschäftsfähigkeit einer Person unterliegen dem Recht des Staates, in dem die Person ihren gewöhnlichen Aufenthalt hat.
Art. 10 Abs. 1:	Der Name einer Person unterliegt den Sachvorschriften des Staates, in dem sie ihren gewöhnlichen Aufenthalt hat.
Art. 14 Abs. 2 Ziff. 1:	Die allgemeinen Wirkungen der Ehe unterliegen (…) dem Recht des Staates, in dem beide Ehegatten ihren gewöhnlichen Aufenthalt haben (…)
Art. 19 Abs. 1:	Die Abstammung eines Kindes unterliegt dem Recht des Staates, in dem das Kind seinen gewöhnlichen Aufenthalt hat.
Art. 21:	Das Rechtsverhältnis zwischen einem Kind und seinen Eltern unterliegt dem Recht des Staates, in dem das Kind seinen gewöhnlichen Aufenthalt hat.
Art. 22 Abs. 1:	Die Annahme als Kind im Inland unterliegt dem deutschen Recht. Im Übrigen unterliegt sie dem Recht des Staates, in dem der Anzunehmende zum Zeitpunkt der Annahme seinen gewöhnlichen Aufenthalt hat.

1696 Weitere Anknüpfungspunkte im EGBGB sind u.a. die **Belegenheit der Sache** (z.B. Art. 43 EGBGB), der Ort der **Vornahme** des Rechtsgeschäfts (z.B. Art. 11 Abs. 1 oder Art. 39 Abs. 1 EGBGB), der Ort der **Handlung** des Ersatzpflichtigen bzw. der Ort des Eintritts des **Verletzungserfolges** (z.B. Art. 40 Abs. 1 EGBGB) oder die **Rechtsordnung**, nach der eine juristische Person oder Personengesellschaft gegründet wurde (= Gründungstheorie, diese gilt heute nach der Rechtsprechung des EuGH für alle mit Satzungssitz in einem EU-Mitgliedstaat gegründeten Gesellschaften) oder die Rechtsordnung des Sitzes einer juristischen Person oder Personengesellschaft (= Sitztheorie, diese gilt nach ständiger Rechtsprechung und überwiegender Lehre für Gesellschaften aus Nicht-EU-Mitgliedstaaten).

1697 Im Rahmen der zunehmend an Bedeutung gewinnenden Kollisionsnormen in unmittelbar anwendbaren Regelungen der Europäischen Gemeinschaft (insbesondere Verordnungen) ist der gewöhnliche Aufenthalt der zentrale Anknüpfungspunkt und nicht die Staatsangehörigkeit wie im deutschen IPR. Inzwischen hält auch der deutsche Gesetzgeber den gewöhnlichen Aufenthalt bei Neuregelungen für vorrangig (z.B. Art. 7 Abs. 2 S. 1, Art. 14 Abs. 2 Ziff. 1 EGBGB jeweils neuer Fassung).

Beispiele: EU-Recht

Art. 21 Abs. 1 EUErbVO:	Sofern in dieser Verordnung nicht anderes vorgesehen ist, unterliegt die gesamte Rechtsnachfolge von Todes wegen dem Recht des Staates, in dem der Erblasser im Zeitpunkt seines Todes seinen gewöhnlichen Aufenthalt hatte.
Art. 26 Abs. 1 EUGüVO:	Mangels einer Rechtswahlvereinbarung nach Artikel 22 unterliegt der eheliche Güterstand dem Recht des Staates, in dem die Ehegatten nach der Eheschließung ihren ersten gemeinsamen gewöhnlichen Aufenthalt haben, (…).

Bei den in der Praxis des deutschen IPR (wozu auch das in Deutschland unmittelbar anwendbare EU-Recht gehört) am häufigsten verwendeten Anknüpfungspunkten ist Folgendes zu beachten:

aa) Staatsangehörigkeit

Welche Staatsangehörigkeit jemand besitzt, erwirbt oder verliert (z.B. durch Geburt, Adoption, Einbürgerung), entscheidet allein das Staatsangehörigkeitsrecht des betreffenden Staates. Dies ist eine Frage des öffentlichen Rechts. In Deutschland befinden sich die Regelungen im Staatsangehörigkeitsgesetz (StAG).[290] 1698

Bei Personen, die staatenlos sind oder deren Staatsangehörigkeit nicht festgestellt werden kann, wird im Rahmen des Anwendungsbereichs des EGBGB gemäß Art. 5 Abs. 2 EGBGB an den gewöhnlichen Aufenthalt oder, mangels eines solchen, an den (schlichten) Aufenthalt angeknüpft (zur Behandlung von Staatenlosen im Rahmen der EU-ErbVO vgl. Rdn 1883). 1699

Bei Mehrstaatern wird im Rahmen des Anwendungsbereichs des EGBGB gemäß Art. 5 Abs. 1 EGBGB an die **engste Verbundenheit** der Person mit dem betreffenden Staat angeknüpft. Bei „Auch-Deutschen" hat die deutsche Staatsangehörigkeit gemäß Art. 5 Abs. 1 S. 2 EGBGB Vorrang. Der „Auch-Deutsche" wird somit vom deutschen Rechtsanwender wie ein „Nur-Deutscher" behandelt (zur Behandlung von Personen mit mehreren Staatsangehörigkeiten im Rahmen der EU-ErbVO vgl. Rdn 1879). 1700

Zum Teil sehr komplizierte Sonderregelungen gibt es für **spezielle Personengruppen** wie Flüchtlinge, Asylberechtigte oder Vertriebene sowie Spätaussiedler.[291] 1701

bb) Gewöhnlicher Aufenthalt

Der Begriff des gewöhnlichen Aufenthaltes ist gesetzlich im Rahmen des EGBGB nicht definiert. Literatur und Rechtsprechung verstehen hierunter den Daseinsmittelpunkt bzw. den Schwerpunkt der Lebensverhältnisse einer natürlichen Person (zum Begriff des gewöhnlichen Aufenthalts im Rahmen der EU-ErbVO vgl. Rdn 1855 ff.). 1702

Im Unterschied zur deutschen Rechtsordnung knüpfen verschiedene ausländische Rechtsordnungen schwerpunktmäßig nicht an die Staatsangehörigkeit, sondern an den **gewöhnlichen Aufenthalt oder Wohnsitz einer Person** an (z.B. Dänemark und Schweden). Insbesondere die anglo-amerikanischen Staaten wie England, Schottland, Kanada, Australien und die USA knüpfen an das sog. Domizilrecht *(domicile)* an. Hierunter versteht man aus Sicht dieser Rechtsordnungen den Ort, an dem sich ein Mensch ständig aufhält mit der Absicht, dort auch dauerhaft zu bleiben. 1703

cc) Belegenheit der Sache (lex rei sitae)

Wiederum andere ausländische Rechtsordnungen knüpfen im Rahmen verschiedener Anknüpfungsgegenstände (z.B. Güterrecht und Erbrecht) bezüglich Immobilien an den jeweiligen Lageort der Immobilien an (**lex rei sitae**); so z.B. im Bereich des Ehegüterrechts die anglo-amerikanischen Staaten wie England, Schottland, Kanada, Australien und mit Einschränkungen auch ein Großteil der US-amerikanischen Bundesstaaten oder im Bereich des Erbrechts ebenfalls diese anglo-amerikanischen Staaten, die meisten Nachfolgestaaten der ehemaligen Sowjetunion mit Ausnahme der baltischen Staaten sowie bis zur Anwendung der EU-ErbVO am 17.8.2015 die europäischen Staaten des romanischen Rechtskreises wie z.B. Belgien, Luxemburg und Frankreich. Da die vorstehenden Rechtsordnungen in den vorgenannten Bereichen hinsichtlich des beweglichen Vermögens überwiegend einen anderen Anknüpfungspunkt wählen (z.B. den gewöhnlichen Aufenthalt bzw. das Domizil), kann es bei der Anknüpfung zu sog. **Spaltungen** kommen. D. h. durch die unterschiedliche Anknüpfung von beweglichem und unbeweglichem Vermögen unterliegen die beiden Vermögensmassen u.U. verschiedenen Rechtsordnungen (im Einzelnen für den Bereich des Ehegüterrechts siehe unten Rdn 1788 ff. und für den Bereich des Erbrechts im Rahmen der EU-ErbVO vgl. Rdn 1857 ff.). 1704

290 Staatsangehörigkeitsgesetz vom 22.7.1913, RGBl S. 583 in der aktuellen Fassung vom 22.3.2024, abrufbar unter www.gesetze-im-internet.de/stag.

291 Vgl. hierzu *Hausmann/Odersky*, Internationales Privatrecht in der Notar- und Gestaltungspraxis, 4. Aufl. 2021, § 2 Rn 42 ff.

4. Methodik der Fallbearbeitung für die Ermittlung der anzuwendenden Rechtsverweisung, Rückverweisung, Weiterverweisung

1705 Die Prüfung eines Falles vollzieht sich immer in zwei verschiedenen Stufen:

1. Stufe: **IPR mit Kollisionsnormen**: Hier wird das auf den Fall anwendbare Recht ermittelt.

2. Stufe: **Anwendbares materielles Recht** (Sachrecht): Hier wird anhand des auf der 1. Stufe ermittelten Sachrechts die konkrete Rechtsfrage beantwortet.

Die Prüfung dieser beiden Stufen ist streng zu unterscheiden!

1706 Das anwendbare Recht wird auch als „**Statut**" bezeichnet. So heißt das auf die Rechtsnachfolge von Todes wegen anwendbare Recht „Erbstatut" oder das auf die güterrechtlichen Wirkungen einer Ehe anwendbare Recht „Güterrechtsstatut".

1707 *Beispiel*

Die Ausgangsfrage lautet, ob ein lediger 18-jähriger Japaner für den Abschluss eines Grundstückskaufvertrages in Berlin die erforderliche Geschäftsfähigkeit besitzt.

Hier ist zunächst auf der 1. Stufe vom deutschen IPR ausgehend das auf die Geschäftsfähigkeit des Japaners anwendbare Recht zu ermitteln. Erst dann ist auf der 2. Stufe anhand des vom IPR zur Anwendung berufenen Sachrechts zu prüfen, ob nach diesem Recht ein 18-jähriger Japaner geschäftsfähig ist (zur Lösung dieses Falles vgl. Rdn 1731).

1708 Wie bereits oben ausgeführt, geht der deutsche Rechtsanwender (Notar, Richter, Rechtspfleger, Rechtsanwalt) bei seiner Fallprüfung immer vom deutschen IPR, also vom deutschen Kollisionsrecht, gegebenenfalls aber auch von vorrangigen unmittelbar anwendbaren Regelungen der Europäischen Gemeinschaft oder völkerrechtlichen Verträgen oder Staatsverträgen (z.B. von den Kollisionsvorschriften der EU-ErbVO oder der EU-GüVO), aus. Die nachfolgende Methodik der Fallbearbeitung bezieht sich auf die bislang fast ausschließlich einschlägigen Anknüpfungen nach dem deutschen EGBGB. Sie ist somit im Rahmen der nachfolgenden Ausführungen insbesondere für das Ehe- bzw. Ehegüterrecht, aber auch für sonstige im EGBGB noch geregelte Rechtsgebiete, wie die Rechts- und Geschäftsfähigkeit, das Namensrecht, das Adoptionsrecht oder das Sachenrecht, einschlägig. Die im Rahmen des unmittelbar in Deutschland geltenden EU-Rechts geregelten Anknüpfungen folgen ganz oder teilweise anderen Grundsätzen. Die entsprechende Vorgehensweise für die Ermittlung des anzuwendenden Rechts im Rahmen der für das Güterrecht nunmehr einschlägigen EU-GüVO wird nachfolgend unter Rdn 1796 ff., der für das Erbrecht nunmehr einschlägigen EU-ErbVO unter Rdn 1846 ff. näher behandelt.

1709 Die **Anwendung einer Kollisionsnorm** im EGBGB kann zu drei unterschiedlichen Ergebnissen führen:

a) Die Kollisionsnorm bestimmt, dass die eigene Rechtsordnung (deutsches Recht) anwendbar ist.
b) Die Kollisionsnorm bestimmt, dass eine ausländische Rechtsordnung berufen ist.
c) Die Kollisionsnorm ermöglicht eine Rechtswahl.

1710 *Beispiele*

zu a) Ein deutsch-portugiesisches Ehepaar lebt seit Jahren in Dresden und heiratet auch dort. Die güterrechtlichen Wirkungen der Ehe, soweit diese vor dem 29.1.2019 geschlossen wurde, unterliegen gemäß Art. 15 Abs. 1 EGBGB i.V.m. Art. 14 Abs. 1 Nr. 2 EGBGB a.F. wegen des gemeinsamen gewöhnlichen Aufenthaltes der Ehegatten zum Zeitpunkt der Eheschließung in Deutschland dem deutschen Recht.

zu b) Beide Ehegatten haben seit ihrer Geburt die niederländische Staatsangehörigkeit; sie leben seit vielen Jahren in Düsseldorf und heiraten auch dort. Wegen der gemeinsamen niederländischen Staatsangehörigkeit der Ehegatten zum Zeitpunkt der Eheschließung (vor dem 29.1.2019) verweisen Art. 15 Abs. 1 EGBGB i.V.m. Art. 14 Abs. 1 Nr. 1 EGBGB a.F. auf das niederländische Recht.

zu c) Ein in Wuppertal lebendes italienisches Ehepaar möchte eine Eigentumswohnung in Wuppertal zu je ½ Anteil erwerben. Dies setzt die Anwendbarkeit des deutschen Rechts (z.B. mit dem gesetzlichen Güterstand der Zugewinngemeinschaft) voraus, da nach italienischem Recht als gesetzlicher Güterstand eine Errungenschaftsgemeinschaft der Ehegatten bestünde und somit nur in dieser Errungenschaftsgemeinschaft erworben werden könnte, soweit die Ehe vor dem 29.1.2019 geschlossen wurde. In einem solchen Fall ermöglichte bereits früher Art. 15 Abs. 2 EGBGB a.F. unter bestimmten Voraussetzungen eine Rechtswahl zum deutschen Recht. Nunmehr ist eine solche Rechtswahl nach Art. 22 Abs. 1 EU-GüVO möglich.

a) Verweisung auf das deutsche Recht

aa) Grundsatz der einheitlichen Verweisung auf das eigene Sachrecht

Die Verweisung auf das eigene Recht ist immer eine Verweisung auf das **eigene materielle Recht** (Sachrecht). 1711
Verweist also eine Kollisionsnorm des deutschen IPR bei einem Fall mit Auslandsberührung auf das deutsche Recht, so ist auch grundsätzlich ohne weitere Prüfung einheitlich deutsches Sachrecht auf den Fall anzuwenden.

Beispiel 1712

Ein deutsch-portugiesisches Ehepaar lebt seit Jahren in Bonn und heiratet auch dort. Nach welchem Recht beurteilen sich die güterrechtlichen Wirkungen der Ehe der Ehegatten, wenn diese ihre Ehe vor dem 29.1.2019 geschlossen haben? Art. 15 Abs. 1 EGBGB i.V.m. Art. 14 Abs. 1 Nr. 2 EGBGB a.F. knüpft wegen des gemeinsamen gewöhnlichen Aufenthaltes der Ehegatten zum Zeitpunkt der Eheschließung an das deutsche Recht an. Es bleibt in diesem Fall somit bei der Anwendung des deutschen Sachrechts.

Die Verweisung auf das deutsche Sachrecht umfasst grundsätzlich das gesamte, für den jeweiligen Rechtsbereich (**Anknüpfungsgegenstand**) relevante Vermögen. So unterliegt z.B. im Bereich des ehelichen Güterrechts grundsätzlich das gesamte Vermögen der Ehegatten dem deutschen Recht oder im Bereich des Sachenrechts beurteilen sich die Rechte an einer Sache grundsätzlich hinsichtlich des gesamten Vermögens einer Person nach deutschem Recht.

bb) Bisherige Ausnahme für im Ausland belegenes unbewegliches Vermögen nach Art. 3a Abs. 2 EGBGB a.F.

Eine wichtige Ausnahme der einheitlichen Verweisung auf das deutsche Sachrecht enthielt bis vor Kurzem 1713
Art. 3a Abs. 2 EGBGB, eine vom Wortlaut her nur sehr schwer verständliche Norm.

Art. 3a Abs. 2 EGBGB a.F. bestimmte:

> *„Soweit Verweisungen im Dritten Abschnitt (des EGBGB, also im Bereich des Internationalen Familienrechts) das Vermögen einer Person dem Recht eines Staates unterstellen, beziehen sie sich nicht auf Gegenstände, die sich nicht in diesem Staat befinden und nach dem Recht des Staates, in dem sie sich befinden, besonderen Vorschriften unterliegen."*

Sofern also eine Kollisionsnorm im Bereich des Internationalen Familienrechts auf die eigene deutsche Rechtsordnung verwies, wurde diese Verweisung für einzelne Gegenstände oder Gruppen von Gegenständen durchbrochen, sofern sich diese im Ausland befanden und der betreffende Lageort-Staat hierfür besondere Vorschriften vorsah („Einzelstatut bricht Gesamtstatut"). Solche für die Praxis wichtigen „besonderen Vorschriften" waren z.B. Kollisionsnormen eines ausländischen IPR, die eine besondere Anknüpfung für unbewegliches Vermögen vorsahen, indem sie diesbezüglich an das Recht der Belegenheit der Sache (*lex rei sitae*) anknüpften, während für das bewegliche Vermögen z.B. an das Heimatrecht oder den Wohnsitz bzw. gewöhnlichen Aufenthalt der betroffenen Person (Ehegatten) angeknüpft wurde.

Bereits nach Anwendbarkeit der EU-ErbVO am 17.8.2015 fand die Vorschrift des Art. 3a Abs. 2 EGBGB im 1714
Erbrecht keine Anwendung mehr. Entsprechend war auch Art. 3a Abs. 2 EGBGB für den Zeitraum nach dem 17.8.2015 neu gefasst worden und bezog sich nicht mehr auf den Vierten Abschnitt (Erbrecht) des EGBGB (vgl. auch unter Rdn 1866). Inzwischen hat der deutsche Gesetzgeber diese Vorschrift, die einen Sonderweg des deutschen IPR bildete, aufgrund ihres geringen Anwendungsbereichs ersatzlos gestrichen.

b) Verweisung auf ein ausländisches Recht

1715 Art. 4 Abs. 1 S. 1 EGBGB bestimmt:

> *„Wird auf das Recht eines anderen Staates verwiesen, so ist auch dessen Internationales Privatrecht anzuwenden, sofern dies nicht dem Sinn der Verweisung widerspricht."*

Dies ist eine zentrale Aussage für die Prüfung eines Falles mit Auslandsberührung. Bei der Verweisung auf eine ausländische Rechtsordnung handelt es sich also regelmäßig (d.h. von Ausnahmen abgesehen, die sich häufig schon aus dem Wortlaut der Kollisionsnorm ergeben) um eine **Gesamtverweisung**, d.h. eine Verweisung nicht nur auf die Sachvorschriften der ausländischen Rechtsordnung, sondern auch auf das ausländische IPR. Bedeutsame Konsequenz hieraus ist, dass die Prüfung des Falles nach der Verweisung auf das ausländische Recht durch das deutsche Kollisionsrecht noch nicht zu Ende ist. Das betreffende ausländische IPR muss nun entscheiden, wie die Prüfung weitergeht. Hier gibt es wiederum drei Möglichkeiten:

a) Das ausländische IPR nimmt die Verweisung an.
b) Das ausländische IPR verweist auf das deutsche Recht zurück.
c) Das ausländische IPR verweist an eine dritte Rechtsordnung weiter.

1716 Das Gegenteil von einer Gesamtverweisung ist die sog. **Sachnormverweisung** (bislang in Art. 3a Abs. 1 EGBGB a.F. normiert). Hier wird unmittelbar auf die Sachvorschriften der ausländischen Rechtsordnung unter Ausschluss des ausländischen IPR verwiesen. Sachnormverweisungen fanden bzw. finden sich im deutschen IPR bislang im Unterhaltsrecht (Art. 18 EGBGB, mittlerweile abgelöst durch das Haager Unterhaltsprotokoll), im Recht der eingetragenen Lebenspartnerschaften (Art. 17b Abs. 1 S. 1 EGBGB) und darüber hinaus bei Rechtswahlen (vgl. Art. 4 Abs. 2 EGBGB) – Rechtswahlmöglichkeiten enthalten z.B. Art. 14 Abs. 1 oder Art. 42 EGBGB – sowie in EU-rechtlich oder völkerrechtlich bzw. staatsvertraglich festgelegten Kollisionsnormen, wie z.B. Art. 22 EU-ErbVO (vgl. dazu unter Rdn 1876 ff.) oder Art. 22 EU-GüVO (vgl. dazu unter Rdn 1801 ff.).

1717 *Beispiel*

Wählen z.B. in Deutschland lebende italienische Ehegatten nach Art. 22 Abs. 1 lit. a) EU-GüVO für die güterrechtlichen Wirkungen ihrer Ehe das deutsche Recht, so ist diesbezüglich unmittelbar deutsches Güterrecht anwendbar.

1718 Wird auf ein ausländisches Recht eines Staates verwiesen, auf dessen Gebiet es mehrere **unterschiedliche Rechtsordnungen** gibt (z.B. in Spanien, Großbritannien oder in den USA), so bestimmt – sofern nicht das deutsche Internationale Privatrecht selbst die maßgebende Teilrechtsordnung bestimmt (z.B. durch eine ortsbezogene Anknüpfung wie der gewöhnliche Aufenthalt oder die Belegenheit der Sache) – das Recht dieses „Mehrrechtstaates" in Form einer Unteranknüpfung (z.B. in Spanien durch die Anknüpfung an die zivilrechtliche Gebietszugehörigkeit von spanischen Staatsangehörigen), welche Teilrechtsordnung im konkreten Fall anwendbar ist. Enthält das Recht des Mehrrechtsstaates (wie z.B. Großbritannien) keine derartige einheitliche Unteranknüpfung, so ist die Teilrechtsordnung anzuwenden, mit welcher der Sachverhalt am engsten verbunden ist (Art. 4 Abs. 3 EGBGB). Man spricht hier vom sog. **Interlokalen Privatrecht**.

Von **Interpersonalen Privatrecht** spricht man hingegen, wenn in einem Staat verschiedene Unterrechtsordnungen für unterschiedliche Religionsgemeinschaften existieren (z.B. im Iran für die Religionsgemeinschaften der Schiiten und der Sunniten). Hier entscheidet das interpersonale Recht dieses Staates, welche Unterrechtsordnung anwendbar ist.

Im Folgenden sollen nun die drei unterschiedlichen Reaktionsmöglichkeiten des ausländischen IPR auf die vom deutschen IPR ausgesprochene Gesamtverweisung näher behandelt werden.

aa) Annahme der Verweisung durch das ausländische IPR

1719 Das vom deutschen IPR berufene ausländische IPR nimmt die Verweisung insbesondere dann an, wenn es denselben Anknüpfungspunkt wie das deutsche Recht wählt. Es kommen dann die Sachvorschriften der ausländischen Rechtsordnung zur Anwendung.

Beispiel 1720

Ein polnisches Ehepaar lebt seit vielen Jahren in Frankfurt (Oder). Welches Recht ist auf die güterrechtlichen Wirkungen der vor dem 29.1.2019 geschlossenen Ehe anwendbar? Art. 15 Abs. 1 i.V.m. Art. 14 Abs. 1 Nr. 1 Alt. 1 EGBGB a.F. verweist als Gesamtverweisung auf das polnische Recht einschließlich dessen IPR. Das polnische IPR knüpft ebenso an die gemeinsame Staatsangehörigkeit der Ehegatten an und nimmt die Verweisung somit an. Von daher ist polnisches (Sach-)Recht auf die güterrechtlichen Wirkungen der Ehe der polnischen Eheleute anwendbar.

bb) Rückverweisung des ausländischen IPR auf das deutsche Recht

Geht das vom deutschen IPR berufene ausländische IPR von einem anderen Anknüpfungspunkt aus, so kann es 1721 zu Rück- oder Weiterverweisungen kommen. Der Hauptgrund für solche Verweisungen liegt darin, dass viele ausländische Rechtsordnungen im Unterschied zum deutschen IPR nicht in erster Linie an die Staatsangehörigkeit, sondern bevorzugt an den gewöhnlichen Aufenthalt, den Wohnsitz bzw. das Domizil oder für Immobilien an die Belegenheit der Sache anknüpfen.

Verweist das ausländische IPR auf das deutsche Recht zurück, so wird diese Verweisung vom deutschen IPR 1722 immer angenommen (Art. 4 Abs. 1 S. 2 EGBGB), sodass in diesem Fall deutsches Sachrecht anwendbar ist. Es gibt somit kein „Ping-Pong-Spiel“ des Hin-und-Her-Verweisens.

Beispiel 1723

Das deutsche Ehepaar Walesa lebt seit vielen Jahren in Deutschland. Die Ehegatten besaßen zum Zeitpunkt der Eheschließung im Jahre 1995 beide noch die polnische Staatsangehörigkeit. Erst im Jahre 2001 haben beide Ehegatten die deutsche Staatsangehörigkeit erworben und die polnische Staatsangehörigkeit verloren. Welches Recht ist auf die güterrechtlichen Wirkungen der Ehe der Eheleute Walesa anwendbar? Art. 15 Abs. 1 i.V.m. Art. 14 Abs. 1 Nr. 1 EGBGB a.F. verweisen wegen der gemeinsamen polnischen Staatsangehörigkeit der Ehegatten zum Zeitpunkt der Eheschließung auf das polnische Recht einschließlich dessen IPR. Auch das polnische IPR knüpft an die gemeinsame Staatsangehörigkeit der Ehegatten an, allerdings nicht unwandelbar zum Zeitpunkt der Eheschließung, sondern wandelbar an das jeweils geltende Heimatrecht der Ehegatten. Bis zum Staatsangehörigkeitswechsel der Ehegatten hat das polnische Recht die Verweisung somit angenommen, sodass bis dahin polnisches Ehegüterrecht anwendbar war. Nach dem Staatsangehörigkeitswechsel der Ehegatten verweist das polnische IPR aber auf das deutsche Recht zurück, das die Verweisung gemäß Art. 4 Abs. 1 S. 2 EGBGB annimmt. Es ist somit deutsches Ehegüterrecht als Sachrecht anwendbar, vgl. hierzu auch unten Rdn 1786.[292]

cc) Weiterverweisung des ausländischen IPR auf eine dritte Rechtsordnung

Verweist das ausländische IPR auf eine dritte Rechtsordnung weiter, so kann dies wiederum entweder in Form 1724 einer Gesamtverweisung oder in Form einer Sachnormverweisung erfolgen. Das ausländische IPR entscheidet selbst, in welcher Form die Verweisung erfolgt. Im Falle einer Sachnormverweisung ist dann das materielle Recht der dritten Rechtsordnung anwendbar. Im Falle einer Gesamtverweisung entscheidet wiederum das IPR der dritten Rechtsordnung, wie weiterhin angeknüpft wird.

Beispiel 1725

Das deutsche Ehepaar Romanov lebt zurzeit in Warschau und beabsichtigt, in Deutschland eine Eigentumswohnung zu je ½ Anteil zu erwerben. Die Ehegatten besaßen zum Zeitpunkt der Eheschließung im Jahre 2000 beide noch die russische Staatsangehörigkeit. Erst im Jahre 2011 haben beide Ehegatten die deutsche Staatsangehörigkeit erworben und die russische Staatsangehörigkeit verloren. Ob der Erwerb der Immobilie zu je ½ Anteil möglich ist, hängt davon ab, welches Güterrecht auf die Ehe der Eheleute Romanov anwendbar ist. Art. 15 Abs. 1 i.V.m. Art. 14 Abs. 1 Nr. 1 EGBGB a.F. verweisen wegen der gemeinsamen russischen Staatsangehörigkeit der Ehegatten zum Zeitpunkt der Eheschließung auf das russische Recht einschließlich dessen IPR. Das russische IPR (Art. 161 russ. FGB) knüpft wandelbar an den jeweiligen

292 Die dargestellte Lösung des Falles entspricht der ganz herrschenden Meinung in der Rechtsprechung und Literatur, die davon ausgeht, dass die Wandelbarkeit eines ausländischen Güterstatuts auch im Rahmen der Rückverweisung auf das deutsche Recht zu beachten ist (jüngst etwa OLG Köln, ZEV 2024, 531); eine andere Ansicht vertritt lediglich das OLG Nürnberg MittBayNot, 2011, 337.

gemeinsamen Wohnsitz der Ehegatten an. Das russische IPR verweist somit wegen des aktuellen Wohnsitzes der Eheleute Romanov in Warschau an das polnische Recht weiter, und zwar als Sachnormverweisung (Art. 1190 russ. ZGB). Es ist somit polnisches Ehegüterrecht als Sachrecht anwendbar. In Polen ist die Errungenschaftsgemeinschaft der gesetzliche Güterstand, sodass ein Erwerb der Eigentumswohnung in Deutschland zu je ½ Anteil ausscheidet. Zur Möglichkeit einer Rechtswahl nach der EU-GüVO vgl. unten Rdn 1801 ff.

1726 Im Zusammenhang mit der Verweisung des deutschen IPR auf eine ausländische Rechtsordnung ist abschließend festzuhalten, dass der Notar – und dies gilt erst recht für seine Mitarbeiter – ausländisches Recht nicht kennen und über dessen Inhalt nicht belehren muss (§ 17 Abs. 3 S. 2 BeurkG). Nicht zum ausländischen Recht gehören aber neben dem deutschen IPR auch die IPR-Regelungen in unmittelbar anwendbaren Regelungen der Europäischen Gemeinschaft im Sinne von Art. 3 EGBGB, also vor allem in den EU-Verordnungen, insbesondere also in der EU-ErbVO und der EU-GüVO. Diese muss der Notar kennen und hierüber muss der Notar auch belehren. Führt die Verweisung einer Kollisionsnorm des deutschen IPR oder einer unmittelbar anwendbaren Regelung der Europäischen Gemeinschaft (zumeist in einer EU-Verordnung) zu einem ausländischen Recht, muss der Notar zwar die Beteiligten darauf hinweisen und dies in der Niederschrift vermerken (§ 17 Abs. 3 S. 1 BeurkG). Der Notar ist jedoch nicht zur Belehrung darüber verpflichtet, ob die durch die deutsche Kollisionsnorm oder durch die Kollisionsnorm des unmittelbar in Deutschland geltenden EU-Rechts ausgesprochene Verweisung auf das ausländische Recht von diesem angenommen wird oder nicht und wenn ja, welchen Inhalt das konkret anzuwendende ausländische materielle Recht hat. Dem Notar und seinen Mitarbeitern sollte es jedoch mit relativ leicht zugänglichen Hilfsmitteln möglich sein, zumindest die einschlägigen ausländischen IPR-rechtlichen Vorschriften in den zentralen Rechtsbereichen Ehegüterrecht und Erbrecht zu ermitteln, um so festzustellen, ob im Endeffekt deutsches oder ausländisches Sachrecht auf den konkreten Fall anzuwenden ist.[293] Der Notar ist nämlich bei der Lösung eines Falles auf der Grundlage des deutschen materiellen Rechts unabhängig davon „zu Hause“, ob sich die Anwendbarkeit des deutschen Sachrechts unmittelbar aus der Verweisung durch eine Kollisionsnorm des deutschen IPR bzw. des unmittelbar in Deutschland geltenden EU-Rechts oder erst aufgrund einer Rück- oder Weiterverweisung durch das ausländische IPR ergibt.

1727 Als Hilfsmittel zur Ermittlung von ausländischen Kollisionsnormen – insbesondere in den praxisrelevanten Bereichen des Ehegüterrechts und des Erbrechts – bieten sich zum einen Standardwerke der notariellen Literatur an,[294] zum anderen aber auch verschiedene Gesetzessammlungen.[295] Eine besonders geeignete, hochqualifizierte und schnell zugängliche Hilfestellung bietet darüber hinaus die Gutachtenanfrage beim Deutschen Notarinstitut in Würzburg, die bei (komplexeren) Sachverhalten mit Auslandsberührung in der Regel zu empfehlen ist.

c) Ermöglichung einer Rechtswahl

1728 Verschiedene Kollisionsnormen des deutschen IPR sowie des EU-Rechts ermöglichen eine Rechtswahl. Hierdurch wird es den Beteiligten überlassen, die auf den konkreten Fall anwendbare Rechtsordnung selbst zu bestimmen. Nahezu unbeschränkte Rechtswahlmöglichkeiten eröffnet das Schuldvertragsrecht (Art. 3 der EU-Verordnung [EG] Nr. 593/2008 [Rom I], das in Deutschland unmittelbar anwendbares Recht darstellt).

1729 *Beispiel*

So können ein deutscher Verkäufer und ein deutscher Käufer für den Kaufvertrag über ein in Deutschland gelegenes Grundstück z.B. französisches Recht wählen und somit die strenge Formvorschrift des § 311b

293 Anders *Heinemann*, Kölner Formularbuch Grundstücksrecht, 3. Aufl. 2021, Kap. 5 Rn 93, der auf eine vom Notar nicht geschuldete Beratung über ausländisches Recht hinweist (§ 17 Abs. 3 BeurkG): *„Wer sich am Glasperlenspiel des internationalen Privatrechts berauscht, mag insoweit auf eigenes Risiko forschen (...)“.*

294 Z.B. Beck'sches Notar-Handbuch, 8. Aufl. 2024; *Süß*, Erbrecht in Europa, 5. Aufl. 2024; *Süß/Ring*, Eherecht in Europa, 4. Aufl. 2020; *Hertel*, Würzburger Notarhandbuch, 6. Aufl. 2022, Teil 7, Kap. 2 Rn 74 und Kap. 3 Rn 56, Güterrechts- bzw. Erbstatute in verschiedenen Staaten.

295 Zu nennen ist insbesondere die Gesetzessammlung „Internationales Privat- und Verfahrensrecht“, herausgegeben von *Erik Jayme/Rainer Hausmann*, München, 24. Aufl. 2024; ferner die aktuellen Loseblatt-Sammlungen zu einzelnen Rechtsgebieten von *Henrich/Dutta/Ebert* im Internationalen Ehe- und Kindschaftsrecht, *Rieck/Lettmaier* im Ausländischen Familienrecht sowie *Hausmann* im Internationalen Erbrecht.

BGB umgehen. Das dingliche Rechtsgeschäft, die Auflassung, würde allerdings gemäß Art. 43 Abs. 1 EGBGB wegen des Anknüpfungspunktes der Belegenheit der Sache (*lex rei sitae*) zwingend ohne Rechtswahlmöglichkeit nach deutschem Recht beurteilt und somit der nach deutschem BGB vorgeschriebenen strengen Form des § 925 BGB unterfallen, wobei die für die Auflassung bestimmte Form nur durch deren Erklärung vor einem im Inland bestellten Notar gewahrt wird.[296]

Für die notarielle Praxis relevante Rechtswahlen enthalten Art. 14 Abs. 1 EGBGB (zuvor Art. 14 Abs. 2 und 3 EGBGB a.F.) im Bereich der allgemeinen Ehewirkungen sowie seit dem 29.1.2019 Art. 22 EU-GüVO (zuvor Art. 15 Abs. 2 EGBGB a.F.) im Bereich des ehelichen Güterrechts. Die bislang im Bereich des Erbrechts praxisrelevante Rechtswahl nach der Vorschrift des Art. 25 Abs. 2 EGBGB a.F. ist aufgrund der Anwendbarkeit der EU-ErbVO seit dem 17.8.2015 nach Aufhebung dieser Vorschrift nicht mehr möglich. Die vorgenannten familienrechtlichen Rechtswahl-Vorschriften werden unten im Abschnitt III (siehe Rdn 1757 ff.) näher behandelt. Soweit eine Rechtswahl zulässig ist, können die Beteiligten nur auf die Sachvorschriften des betreffenden Staates verweisen, nicht auch auf das betreffende IPR (Art. 4 Abs. 2 EGBGB). Rück- und/oder Weiterverweisungen des ausländischen IPR sind somit nicht zu beachten. 1730

Abschlussbeispiel 1731

Besitzt ein lediger 18-jähriger Japaner für den Abschluss eines Grundstückskaufvertrages in Berlin die erforderliche Geschäftsfähigkeit? – Hier wird zunächst auf der 1. Stufe das auf die Geschäftsfähigkeit des Japaners anwendbare materielle Recht ermittelt. Vor dem 1.1.2023 unterlagen nach Art. 7 Abs. 1 S. 1 EGBGB a.F. die Rechtsfähigkeit und die Geschäftsfähigkeit einer Person dem Recht des Staates, dem die Person angehörte (**Personalstatut**). Nunmehr stellt man hinsichtlich der Geschäftsfähigkeit nach Art. 7 Abs. 2 S. 1 EGBGB auf den gewöhnlichen Aufenthalt ab. Hat der 18-jährige Japaner diesen in seinem Heimatland, verweist das deutsche IPR auf das japanische Recht in Form einer Gesamtverweisung, somit auch auf das japanische IPR. Art. 3 des japanischen Rechtsanwendungsgesetzes knüpft bei der Geschäftsfähigkeit an die Staatsangehörigkeit bzw. an das Heimatrecht der Person an. Das japanische Recht nimmt also die Verweisung an. Somit ist japanisches Sachrecht anwendbar. Nun wird auf der 2. Stufe anhand des anwendbaren japanischen materiellen Rechts die konkrete Frage nach der Geschäftsfähigkeit eines 18-jährigen Japaners überprüft. Die einschlägige Sachnorm ist Art. 3 des japanischen Zivilgesetzbuchs. Danach wird die Volljährigkeit mit Vollendung des 20. Lebensjahres erreicht. Ergebnis: Der ledige 18-jährige Japaner hat nicht die für den Abschluss des Grundstückskaufvertrages erforderliche Geschäfts- bzw. Handlungsfähigkeit, sofern er seinen gewöhnlichen Aufenthalt in Japan hat. Hat er diesen jedoch in Deutschland, ist in Anwendung des Art. 7 Abs. 2 S. 1 EGBGB seine Geschäftsfähigkeit zu bejahen.

III. Grundstückskaufvertrag unter Beteiligung ausländischer Staatsangehöriger

Ein für Notarfachangestellte sehr praxisrelevanter Bereich sind Grundstücksverträge unter Beteiligung ausländischer Staatsangehöriger. Hier werden durch die erste Kontaktaufnahme mit den Beteiligten und die in diesem Rahmen gewonnenen Informationen (Staatsangehörigkeit, Familienstand, bei Verheirateten der Heiratszeitpunkt, der gemeinsame Wohnsitz bzw. der gewöhnliche Aufenthalt der Eheleute zum Zeitpunkt der Heirat und zum heutigen Zeitpunkt, Vorhandensein eines Ehevertrages usw.) entscheidende Weichen für die Vorbereitung und auch für die spätere Beurkundung gestellt. So können sich im Einzelfall schon in diesem frühen Stadium gewichtige Gründe für eine Ablehnung oder zumindest eine Verschiebung der Beurkundung ergeben. Im Folgenden wird schwerpunktmäßig der Grundstückskaufvertrag behandelt. Die in diesem Rahmen angestellte Untersuchung und die gefundenen Ergebnisse lassen sich aber in güterrechtlicher Hinsicht ohne weiteres auch auf andere Grundstücksverträge (z.B. Übertragungsverträge im Rahmen der vorweggenommenen Erbfolge, Schenkungsverträge, Tauschverträge usw.) übertragen. 1732

296 Vgl. BGH NJW 2020, 1670 = DNotZ 2020, 742.

1. Einzelne Problemfälle

1733 Keine Probleme entstehen bei unverheirateten – d.h. bei ledigen, geschiedenen oder verwitweten – und nicht in einer eingetragenen Lebenspartnerschaft lebenden ausländischen Vertragsbeteiligten. Im Falle der Beteiligung von verheirateten ausländischen oder mit einem Ausländer verheirateten deutschen Staatsangehörigen können Besonderheiten aus dem unter Umständen anwendbaren ausländischen Güterrecht resultieren. Die Fälle der Beteiligung von ausländischen Staatsangehörigen, die in einer eingetragenen Lebenspartnerschaft leben, werden im Folgenden nicht behandelt. Nach Art. 17b EGBGB unterliegen aber u.a. die vermögensrechtlichen Beziehungen von Lebenspartnern dem Recht des Staates, in dem die Lebenspartnerschaft registriert ist, und zwar unabhängig von der Nationalität der Lebenspartner, sodass zumindest für in Deutschland registrierte Lebenspartnerschaften immer das deutsche Recht zur Anwendung kommt. Hinsichtlich der Ermittlung des „Partnerschaftsstatuts" nach Art. 17b EGBGB wird verwiesen auf die Ausführungen in *Hausmann/Odersky* bzw. *Süß*.[297] Die durch die Beteiligung von verheirateten ausländischen oder mit einem Ausländer verheirateten deutschen Staatsangehörigen an einem Grundstückskaufvertrag möglicherweise entstehenden Probleme zeigen sich vornehmlich in drei Fallkonstellationen, für die zunächst jeweils ein Beispielsfall aufgezeigt wird:

Beispiele

- Ein mit einer Portugiesin verheirateter Portugiese möchte sein Einfamilienhaus in Dresden verkaufen. Die Ehefrau befindet sich zurzeit in Lissabon im Urlaub.
- Eine mit einem Italiener verheiratete Deutsche möchte eine Eigentumswohnung in Leipzig zu Alleineigentum erwerben.
- Ein polnisches Ehepaar möchte ein Baugrundstück in Frankfurt (Oder) zu je ½ Anteil erwerben.

a) Beteiligung von Ausländern auf der Veräußererseite

1734 Ausgangsfrage: Kann ein ausländischer Ehegatte oder ein mit einem Ausländer verheirateter deutscher Ehegatte allein ohne Mitwirkung des anderen Ehegatten Grundbesitz veräußern?

Problematisch kann hier der Verkauf von Grundbesitz durch einen ausländischen Ehegatten ohne Mitwirkung des anderen Ehegatten sein, und zwar selbst dann, wenn der Verkäufer als Alleineigentümer des Grundbesitzes im Grundbuch eingetragen ist. Denn zahlreiche ausländische Rechtsordnungen sehen im Rahmen des ehelichen Ehegüterrechts Verfügungsbeschränkungen des veräußernden bzw. Zustimmungserfordernisse seitens des anderen, nicht veräußernden Ehegatten vor. Von daher kann der Kaufvertrag über in Deutschland belegenen Grundbesitz durch einen ausländischen Ehegatten ohne Mitwirkung des anderen Ehegatten aufgrund einer solchen Verfügungsbeschränkung schwebend unwirksam oder gar nichtig, zumindest aber angreifbar sein. Dieselbe Problematik besteht auch für einen deutschen Verkäufer, der mit einem Ausländer verheiratet ist und mit diesem in einem entsprechenden ausländischen Güterrecht lebt, welches solche Verfügungsbeschränkungen vorsieht.

1735 *Beispiele*

- So bedarf z.B. nach dem portugiesischen Güterrecht u.a. die Veräußerung oder Belastung von eigenen oder gemeinsamen unbeweglichen Sachen der Zustimmung beider Ehegatten.
- Nach dem belgischen Güterrecht ist grundsätzlich die Zustimmung beider Ehegatten erforderlich für den Erwerb oder die Veräußerung von unbeweglichem Vermögen oder die Belastung mit dinglichen Rechten.
- Im türkischen Güterrecht findet sich eine Verfügungsbeschränkung, wonach eine Veräußerung der Familienwohnung nur mit der ausdrücklichen Zustimmung des anderen Ehegatten zulässig ist.

297 *Hausmann/Odersky*, Internationales Privatrecht in der Notar- und Gestaltungspraxis, 4. Aufl. 2021, § 13 Rn 29 ff.; *Süß*, in Beck'sches Notar-Handbuch, 8. Aufl. München 2024, § 28 Rn 205 ff.

b) Beteiligung von Ausländern auf der Erwerberseite

In diesem Zusammenhang gibt es in erster Linie zwei Problemfelder für die notarielle Praxis, die unter der Überschrift „**Gesetzlicher Vermögenserwerb im Rahmen von Gütergemeinschaften oder Errungenschaftsgemeinschaften**" zusammengefasst werden können. 1736

Ausgangsfragen: (a) Wenn ein von einem ausländischen Ehegatten oder einem mit einem Ausländer verheirateten deutschen Ehegatten auf der Erwerberseite allein abgeschlossener Kaufvertrag und die mit beurkundete Auflassung wirksam abgeschlossen werden können, erwirbt dann der nicht beteiligte Ehegatte kraft ausländischen Güterrechts unter Umständen – obwohl nicht gewollt! – automatisch eine Mitberechtigung an dem erworbenen Grundbesitz?

(b) In welchem Beteiligungsverhältnis i.S.v. § 47 Abs. 1 GBO kann ein Ehepaar mit Ausländerbeteiligung Grundbesitz erwerben?

Praktisch bedeutsam sind die Fälle, in denen das ausländische Güterrecht einen gesetzlichen, d.h. automatischen Übergang von Vermögenswerten des einen Ehegatten auf den anderen Ehegatten – vergleichbar mit den Rechtswirkungen der deutschen Gütergemeinschaft – vorsieht, somit eine automatische Verschiebung der Eigentumszuordnung in der Ehe stattfindet. Dies ist insbesondere in den Rechtsordnungen der Fall, die die Güterstände der Gütergemeinschaft oder der Errungenschaftsgemeinschaft als gesetzlichen Güterstand verankert haben. 1737

Beispiele 1738

- So fallen im Rahmen der italienischen Errungenschaftsgemeinschaft in das Gemeinschaftsvermögen (Gesamtgut) der Ehegatten alle Vermögenswerte, die von beiden Ehegatten gemeinsam oder von jedem von ihnen getrennt während der Ehe erworben werden.
- Im Rahmen der französischen Errungenschaftsgemeinschaft umfasst das gemeinschaftliche Vermögen alles, was die Ehegatten seit der Eheschließung zusammen oder getrennt erwerben.

aa) Problem des „Miterwerbs" durch den nicht beteiligten Ehegatten

Es ist denkbar, dass in einem notariellen Grundstückskaufvertrag ein ausländischer Ehegatte (oder ein mit einem Ausländer verheirateter deutscher Ehegatte) zwar allein als Käufer auftritt mit der Absicht, Alleineigentum an dem Grundbesitz zu erwerben, der andere Ehegatte aber dadurch, dass die Immobilie kraft Gesetzes in das eheliche Gemeinschaftsvermögen (Gesamtgut) fällt, automatisch eine Mitberechtigung an der Immobilie erlangt (so z.B. ein Franzose, der mit seiner Frau im gesetzlichen Güterstand der Errungenschaftsgemeinschaft des französischen Rechts lebt). 1739

Beispiel 1740

Noch kritischer und auf den ersten Blick noch schwieriger zu erkennen ist folgender Fall:

Die verwitwete deutsche Mutter beabsichtigt, ihrer deutschen Tochter ein Einfamilienhaus im Wege der vorweggenommenen Erbfolge gegen Gewährung einer lebenslangen Rente zu übertragen. Der Notar klärt nicht auf, dass die deutsche Tochter mit einem Franzosen verheiratet ist und mit diesem im gesetzlichen Güterstand der Errungenschaftsgemeinschaft des französischen Rechts lebt. Hier besteht die Gefahr, dass der französische Ehemann kraft französischen Güterrechts automatisch eine Mitberechtigung an dem Einfamilienhaus erlangt (Art. 1401 französ. Code Civile). Nach der Rechtsprechung des BGH wäre auch die beurkundete Auflassung nur an die deutsche Frau wirksam und würde nur nach dem richtigen Ergebnis ausgelegt bzw. entsprechend umgedeutet. Würde die Tochter und Ehefrau entgegen der tatsächlichen Rechtslage als Alleineigentümerin in das Grundbuch eingetragen, könnte die Grundbuchberichtigung entweder durch Berichtigungsantrag der Eheleute in der Form des § 29 GBO oder – sofern der Unrichtigkeitsnachweis durch öffentliche Urkunden möglich ist –, durch formlosen Antrag eines Ehegatten, z.B. des französischen Ehegatten, ohne Mitwirkung des Veräußerers erfolgen.

bb) Angabe des Beteiligungsverhältnisses nach § 47 Abs. 1 GBO

Die automatische Verschiebung der Eigentumszuordnung in der Ehe kraft ausländischen Güterrechts spielt auch im Rahmen des § 47 Abs. 1 GBO eine Rolle. Hiernach müssen beim Erwerb von Grundbesitz durch meh- 1741 rere Personen gemeinschaftlich „*entweder die Anteile der Berechtigten in Bruchteilen angegeben werden oder das für die Gemeinschaft maßgebende Rechtsverhältnis bezeichnet werden*." Das materiell-rechtlich einschlägige Erwerbsverhältnis (also z.B. **Gesamthandsverhältnisse** nach ausländischem Recht) muss somit zum Ausdruck gebracht werden. So können z.B. Ehegatten nur dann als **Bruchteilseigentümer** (in der Regel zu je ½ Anteil) in das Grundbuch eingetragen werden, wenn das jeweils einschlägige ausländische Güterrecht dies zulässt. So ist Bruchteilserwerb problemlos in allen Rechtsordnungen zulässig, die als gesetzlichen Güterstand die Gütertrennung oder die Zugewinngemeinschaft vorsehen – vorausgesetzt, die Eheleute haben keinen abweichenden Güterstand vereinbart (z.B. Finnland, Griechenland, Großbritannien, Japan, Österreich, ein Großteil der US-amerikanischen Bundesstaaten, die meisten islamischen Staaten usw.). Nicht möglich ist dies in den Rechtsordnungen, die Gütergemeinschaften oder Errungenschaftsgemeinschaften vorsehen (z.B. Belgien, Frankreich, Italien, Polen, Portugal, viele osteuropäische Rechtsordnungen, usw.), sofern nicht abweichende ehevertragliche Vereinbarungen bestehen. Ein Überblick über die gesetzlichen Güterstände in vielen ausländischen Rechtsordnungen findet sich bei *Süß*.[298]

1742 *Beispiel*

Ein polnisches Ehepaar kann eine Immobilie in Deutschland grundsätzlich nur in gesetzlicher Gütergemeinschaft des polnischen Rechts (Errungenschaftsgemeinschaft) erwerben. Ein Erwerb zu je ½ Anteil wäre nur möglich, wenn die Eheleute entweder auf der Grundlage des polnischen Rechts einen Ehevertrag schließen und Gütertrennung vereinbaren oder auf der Grundlage des deutschen Kollisionsrechts eine Rechtswahl zum deutschen Recht treffen und es dann auf dieser Grundlage entweder beim gesetzlichen Güterstand der Zugewinngemeinschaft belassen oder Gütertrennung vereinbaren.[299]

1743 Ist der Güterstand der erwerbenden Ehegatten bei der Vorbereitung des Kaufvertrages nicht richtig ermittelt worden, sodass die Ehegatten in einem falschen Rechtsverhältnis erwerben, ist auch hier die Auflassung grundsätzlich wirksam und als Auflassung im richtigen Rechtsverhältnis auszulegen bzw. entsprechend umzudeuten. Ein irrtümlich erfolgter Erwerb zu Bruchteilen würde dann gegebenenfalls in einen Erwerb in Gesamthandsgemeinschaft ausgelegt bzw. umgedeutet. Eine entsprechende Grundbuchberichtigung könnte aufgrund eines Berichtigungsantrages der Eheleute in der Form des § 29 GBO oder – sofern der Unrichtigkeitsnachweis durch öffentliche Urkunden möglich ist –, durch formlosen Antrag mindestens eines der Ehegatten erfolgen. Es ist auch grundsätzlich denkbar, dass auch ein irrtümlich erfolgter Erwerb in Gesamthandsgemeinschaft gegebenenfalls in einen Erwerb in Bruchteilsgemeinschaft ausgelegt bzw. umgedeutet werden kann. Dies ist allerdings mangels höchstrichterlicher Rechtsprechung nicht hinreichend geklärt, sodass in dieser Konstellation auf eine richtige Eintragung hinzuwirken ist. Im Zweifel soll die Auflassung an die Ehegatten als Bruchteilseigentümer zu je ½-Anteil erfolgen, was immer zu einem wirksamen Eigentumserwerb führt (vgl. dazu unter Rdn 1819).

c) Notwendige Ermittlung des Güterrechtsstatuts

1744 Zur Beantwortung der zuvor aufgeworfenen Fragen muss nun geklärt werden, welches Recht auf die güterrechtlichen Wirkungen der Ehe des bzw. der an dem Grundstücksvertrag beteiligten ausländischen Ehegatten anwendbar ist. Zu ermitteln ist somit das sog. **Güterrechtsstatut**.

1745 Als einzig praktisch relevanter, vorab zu prüfender, vorrangiger **Staatsvertrag** (vgl. dazu auch im Erbrecht siehe Rdn 1848 ff.) kommt das deutsch-iranische Niederlassungsabkommen vom 17.2.1929 in Betracht, das allerdings nicht auf gemischt-nationale, sondern nur auf rein deutsche oder rein iranische Ehen Anwendung findet. Auf EU-Ebene sind nach jahrelanger Diskussion im Verfahren der verstärkten Zusammenarbeit zwei Verordnungen (EU-GüVO und EU-PartVO) erlassen worden, die von 18 Mitgliedstaaten – u.a. von Deutschland – angenommen worden sind. Die beiden Verordnungen sind jeweils ab dem 29.1.2019 in Kraft getreten. Die Kollisionsnormen der beiden Verordnungen gelten aber nur für Ehen, die nach dem Stichtag geschlossen

298 *Süß*, in: Beck'sches Notar-Handbuch, 8. Aufl. 2024, § 28 Rn 168, *Süß/Ring*, Eherecht in Europa, 4. Aufl. 2021.

299 Vgl. hierzu allerdings die Entscheidung des OLG München NJW 2016, 1186 = NotBZ 2016, 226, wonach die Eintragung der Ehegatten als Miteigentümer zu je ½ dennoch möglich sein könnte: *„Ergibt deshalb die grundbuchamtliche Prüfung, dass – abstrakt betrachtet – auch in dem maßgeblichen ausländischen Güterstand der Errungenschaftsgemeinschaft ein Alleinerwerb bzw. ein Erwerb zu Miteigentum eines jeden Ehegatten möglich ist, so wird antragsgemäß in dem bezeichneten Verhältnis (§ 47 Abs. 1 GBO) einzutragen sein".*

bzw. für Partnerschaften, die nach dem Stichtag registriert worden sind bzw. für Ehegatten oder eingetragene Lebenspartner, die nach dem Stichtag eine Rechtswahl getroffen haben. Das bisherige, nachfolgend noch darzustellende deutsche Kollisionsrecht wird somit für die vor dem 29.1.2019 geschlossenen Ehen bzw. registrierten Partnerschaften noch lange neben den Vorschriften der neuen EU-Verordnungen auch nach dem genannten Stichtag eine wichtige Rolle spielen.[300] Das Abkommen vom 4.2.2010 zum deutsch-französischen Wahlgüterstand[301] ist hingegen kein vorrangiger Staatsvertrag im Sinne des Art. 3 EGBGB. Das Abkommen schafft lediglich zwischen den Vertragsstaaten (zurzeit sind dies lediglich Deutschland und Frankreich) einen neuen Güterstand auf der sach- bzw. materiell-rechtlichen Ebene. Nach Art. 1 des Abkommens kann der Güterstand von Ehegatten gewählt werden, deren Güterstand dem Sachrecht eines der beiden Vertragsstaaten unterliegt. Er besteht neben den in beiden Staaten ohnehin geltenden Güterständen und ist im deutschen Recht durch § 1519 BGB als „Wahl-Zugewinngemeinschaft" übernommen worden. Die Wahl-Zugewinngemeinschaft kann seit dem 1.5.2013 durch notarielle Beurkundung mit Registrierung im Zentralen Testamentsregister aufgrund des Einflusses auf die gesetzliche Erbfolge (§ 78b Abs. 2 S. 1 BNotO) begründet werden. Mangels eines vorrangigen Staatsvertrages, also außer in Fällen, die dem deutsch-iranischen Niederlassungsabkommen unterliegen, beginnt die Prüfung je nach dem Zeitpunkt der Eheschließung entweder in den vorgenannten europäischen Verordnungen (EU-GüVO, EU-PartVO) oder im deutschen EGBGB.

Die einschlägige Kollisionsnorm im deutschen IPR, die sich mit dem Anknüpfungsgegenstand „Güterrecht" befasst, war bislang Art. 15 EGBGB a.F. Das hierdurch ermittelte, auf den konkreten Fall anwendbare Güterrecht entscheidet u.a., welches Schicksal der im Rahmen eines Grundstücksvertrages erworbene Grundbesitz in seiner Eigentumszuordnung beim Erwerb durch Ehegatten (Bruchteilserwerb, Erwerb in Gesamthandsgemeinschaft, usw.) hat und ob und inwieweit die Ehegatten bei der Verfügung über Grundbesitz Verfügungsbeschränkungen unterliegen. 1746

Nach Art. 15 Abs. 1 EGBGB a.F. unterliegen die güterrechtlichen Wirkungen einer vor dem 29.1.2019 geschlossenen Ehe dem bei der Eheschließung für die allgemeinen Wirkungen der Ehe (Art. 14 EGBGB a.F.) maßgebenden Recht. Art. 15 EGBGB sagt also noch nicht selbst, welches Recht auf den konkreten Fall anwendbar ist, sondern verweist seinerseits auf eine Norm, welche die allgemeinen Ehewirkungen zum Gegenstand hat. Im Folgenden soll von daher zunächst die Kollisionsnorm des vor dem 29.1.2019 geltenden Art. 14 EGBGB behandelt werden, um dann anschließend die für die vorliegende Untersuchung wichtige Kollisionsnorm des Art. 15 EGBGB a.F. darzustellen. 1747

2. Das auf die allgemeinen Ehewirkungen anwendbare Recht nach Art. 14 EGBGB (Ehewirkungsstatut)

Auch im Bereich der allgemeinen Ehewirkungen ist als einzig praktisch relevanter, vorab zu prüfender, vorrangiger Staatsvertrag (Art. 3 EGBGB) das deutsch-iranische Niederlassungsabkommen vom 17.2.1929 zu nennen, das allerdings nur zur Anwendung kommt, wenn beide Ehegatten entweder die deutsche oder die iranische Staatsangehörigkeit besitzen. 1748

a) Art. 14 EGBGB als Grundnorm des Internationalen Familienrechts

Die unmittelbare Bedeutung des Art. 14 EGBGB ist gering. Vom Anwendungsbereich umfasst sind die in den §§ 1353 ff. BGB geregelten Rechtsfragen (mit Ausnahme des Namensrechts – Art. 10 EGBGB – und des Unterhaltsrechts – früher in Art. 18 EGBGB, heute im Haager Unterhaltsprotokoll vom 23.11.2007 geregelt –) wie z.B. die Pflicht zur ehelichen Lebensgemeinschaft, die Einigung über Haushaltsführung und Erwerbstätigkeit oder die sog. Schlüsselgewalt (§ 1357 BGB). Bedeutung gewinnt Art. 14 EGBGB dadurch, dass in zahlreichen anderen Kollisionsnormen auf Art. 14 EGBGB verwiesen wird. Art. 14 EGBGB wird von daher auch als Grundnorm des Familienrechts bezeichnet. 1749

Die nunmehr geltende EU-GüVO umfasst einige der Fragen der allgemeinen Ehewirkungen mit. Die EU-GüVO gilt für alle Ehen, die ab dem 29.1.2019 geschlossen werden, und für Ehen aus der Zeit davor dann, wenn die 1750

300 Vgl. zu einem kurzen Überblick über die Ermittlung des Güterrechtsstatuts nach der neuen EU-GüVO *Weber*, MittBayNot, 2016, 482, 484.

301 Vgl. BGBl 2012 II, S. 178 und ausführlich zum Abkommen z.B. *Hoischen*, RNotZ 2015, 317; *Braun*, MittBayNot 2012, 89.

Eheleute ab dem 29.1.2019 eine Rechtswahl treffen. Sie umfasst nicht nur das Güterrecht nach bisherigem deutschen Verständnis, sondern alle vermögensrechtlichen Beziehungen, die sich aufgrund der Ehe oder aufgrund ihrer Auflösung ergeben. Unter das nach der EU-GüVO anwendbare Recht fallen daher z.B. auch alle Verfügungsbeschränkungen (egal ob sie für alle Ehen oder nur für bestimmte Güterstände gelten) und die Schlüsselgewalt nach § 1357 BGB.[302] Damit ist der Anwendungsbereich des Art. 14 EGBGB enger geworden.

1751 In den aktuell gültigen Vorschriften des Internationalen Familienrechts des EGBGB wird auf Art. 14 EGBGB lediglich in Art. 19 Abs. 1 S. 3 (Abstammung eines Kindes einer verheirateten Mutter) verwiesen.

Art. 15 Abs. 1 EGBGB a.F. enthielt ebenfalls eine Verweisung auf Art. 14 EGBGB a.F. Soweit es um die Ermittlung des Güterstandes für vor dem 29.1.2019 geschlossene Ehen geht, hat die bisherige Fassung des Art. 14 EGBGB immer noch eine hohe praktische Relevanz.

b) Objektive Anknüpfung (Anknüpfungsleiter)

1752 Art. 14 EGBGB a.F. sah für die Ermittlung des anzuwendenden Rechts eine stufenweise Anknüpfung in **fünf Stufen** vor (sog. **Kegel'sche Leiter**; benannt nach Kegel, der die stufenweise Anknüpfung grundlegend entwickelt hat); diesbezüglich sowie zu den Fallbeispielen zu jeder Stufe wird auf die Vorauflagen der Notariatskunde verwiesen. Die Prüfung hatte streng von Stufe zu Stufe zu erfolgen, d.h., die nächste Stufe durfte erst dann geprüft werden, wenn die vorhergehende Stufe nicht einschlägig war. Bei einem Abweichen von dieser strikten Reihenfolge, führte die Prüfung häufig zu falschen Ergebnissen.

1753 Wenn keine Rechtswahl bezüglich der allgemeinen Ehewirkungen erfolgt, bestimmt sich das anwendbare Recht nach Art. 14 Abs. 2 EGBGB in der seit dem 29.1.2019 geltenden Fassung wie folgt:

- das Recht des Staates, in dem beide Ehegatten ihren gewöhnlichen Aufenthalt haben, sonst
- das Recht des Staates, in dem beide Ehegatten ihren gewöhnlichen Aufenthalt während der Ehe zuletzt hatten, wenn einer von ihnen dort noch seinen gewöhnlichen Aufenthalt hat, sonst
- das Recht des Staates, dem beide Ehegatten angehören, sonst
- das Recht des Staates, mit dem die Ehegatten auf andere Weise gemeinsam am engsten verbunden sind.

Die objektive Anknüpfung nach Art. 14 Abs. 2 EGBGB enthält zwar wie Art. 14 Abs. 1 EGBGB a.F. eine mehrstufige Anknüpfungsleiter mit den Elementen gemeinsamer gewöhnlicher Aufenthalt, gemeinsame Staatsangehörigkeit und sonstige gemeinsame engste Verbindung. Im Einklang mit dem Regelungskonzept des Art. 26 EU-GüVO und der internationalen rechtspolitischen Entwicklung hat der deutsche Gesetzgeber den gemeinsamen gewöhnlichen Aufenthalt bzw. den letzten gemeinsamen gewöhnlichen Aufenthalt der Ehegatten in den Vordergrund gerückt (Art. 14 Abs. 2 Nr. 1 und 2 EGBGB). Parallel dazu wurde die gemeinsame Staatsangehörigkeit auf die dritte Stufe der Anknüpfungsleiter verlagert (Art. 14 Abs. 2 Nr. 3 EGBGB) und die hilfsweise Anknüpfung an die letzte gemeinsame Staatsangehörigkeit (Art. 14 Abs. 1 Nr. 1 Alt. 2 EGBGB a.F.) abgeschafft. Auf der letzten Stufe ist es bei der Anknüpfung an die sonstige gemeinsame engste Verbindung der Ehegatten zu einer Rechtsordnung geblieben (Art. 14 Abs. 2 Nr. 4 EGBGB).

c) Wandelbarkeit des Ehewirkungsstatuts

1754 Das Ehewirkungsstatut ist wandelbar. Art. 14 Abs. 1 EGBGB enthält keinen Zeitpunkt für die Prüfung der jeweiligen Anknüpfungspunkte, sodass es auf das jeweilige Heimatrecht oder das jeweilige Aufenthaltsrecht oder die jeweilige engste Verbundenheit zu einem Staat zum Zeitpunkt der Fallprüfung ankommt. Ändern sich somit die für die Bestimmung des anwendbaren Rechts maßgebenden Rechtsverhältnisse (Staatsangehörigkeit, Wohnsitz usw.), so ändert sich unter Umständen auch das auf den konkreten Fall anwendbare Recht.

1755 *Beispiel*

Der Ehemann ist und war stets französischer Staatsangehöriger; die Ehefrau ist und war stets spanische Staatsangehörige. Die Eheleute lebten im Zeitpunkt der Eheschließung und für einige Zeit danach in Deutschland. Danach ziehen sie gemeinsam in die Schweiz um. Eine Rechtswahl haben sie nicht getroffen. Maßgeblich ist nach Art. 14 Abs. 2 Nr. 1 EGBGB der gemeinsame gewöhnliche Aufenthalt der Eheleute. Sie waren zunächst gemeinsam in Deutschland ansässig, sodass sich die allgemeinen Ehewirkungen zu-

302 *Weber*, DNotZ 2016, 659, 665.

nächst nach deutschem Recht richteten. Später zogen die Eheleute jedoch in die Schweiz um. Wie oben beschrieben, ist das Statut der allgemeinen Ehewirkungen wandelbar. Der gemeinsame Umzug in die Schweiz führte daher zu einem Verweis auf das Schweizer Recht. Dieser Verweis schließt auch die Vorschriften des Schweizer Kollisionsrechts mit ein (Art. 4 Abs. 1 S. 1 EGBGB), sodass dieses auch zu prüfen ist. Nach dem Schweizer IPR ist für die allgemeinen Ehewirkungen vorrangig der gemeinsame Wohnsitz der Eheleute maßgeblich. Das Schweizer Recht nimmt die Verweisung also an. Ab dem Zeitpunkt des Umzugs in die Schweiz ist daher sowohl aus deutscher als auch aus Schweizer Sicht das Schweizer Recht auf die allgemeinen Ehewirkungen anwendbar.

Intertemporal regelt das deutsche IPR, dass sich die allgemeinen Wirkungen der Ehe bis einschließlich 28.1.2019 nach Art. 14 EGBGB in der bis zu diesem Tag geltenden Fassung bestimmen. Dies kann zu einer zeitlichen Spaltung des allgemeinen Ehewirkungsstatuts führen. Angesichts der unterschiedlichen objektiven Anknüpfung der alten und der neuen Fassung des Art. 14 EGBGB ist es etwa für Ehegatten, die außerhalb des gemeinsamen Heimatstaates leben und keine Rechtswahl getroffen haben, am 29.1.2019 unversehens zu einem Statutenwechsel gekommen. 1756

d) Rechtswahlmöglichkeiten nach Art. 14 Abs. 1 EGBGB

Nach bisherigem deutschen Kollisionsrecht war eine **Rechtswahl** bezüglich der allgemeinen **Ehewirkungen** nur sehr eingeschränkt möglich (Art. 14 Abs. 2 und 3 EGBGB a.F.). Hatten beispielsweise ausländische Ehegatten eine gemeinsame Staatsangehörigkeit, war eine Rechtswahl zugunsten des deutschen Rechts trotz des gewöhnlichen Aufenthalts in Deutschland nicht möglich. Deutsches Recht kam in solchen Fällen nur dann zur Anwendung, wenn das ausländische IPR hierauf verwies. 1757

Nach der **Neufassung** des Art. 14 Abs. 1 EGBGB sind im Rahmen einer Rechtswahl wählbar: 1758

- das Recht des Staates, in dem beide Ehegatten zur Zeit der Rechtswahl ihren gewöhnlichen Aufenthalt haben;
- das Recht des Staates, in dem beide ihren gewöhnlichen Aufenthalt während der Ehe zuletzt hatten, wenn einer ihn dort zur Zeit der Rechtswahl noch innehat;
- das Recht des Staates, dem ein Ehegatte zur Zeit der Rechtswahl angehört, wobei davon auszugehen ist, dass bei mehrfacher Staatsangehörigkeit jedes Heimatrecht gewählt werden kann.

Auch wenn den allgemeinen Ehewirkungen weniger Bedeutung zukommt, empfiehlt sich in internationalen Fällen dennoch eine (vorsorgliche) Rechtswahl bezüglich der allgemeinen Ehewirkungen. Denn es ist nicht absehbar, ob sich das Ehewirkungsstatut durch einen Wechsel der Staatsangehörigkeit und/oder einen Umzug später ändert. Ferner könnten sich bei einem ausländischen Ehewirkungsstatut Konflikte mit dem (deutschen) Güterrechtsstatut und Abgrenzungsprobleme ergeben. 1759

Mit der Neufassung des Art. 14 EGBGB hat der deutsche Gesetzgeber sich für die Anknüpfung der Ehewirkungen vom staatsangehörigkeitsbestimmten Personalstatut gelöst und die unionsrechtliche Anknüpfung an den gewöhnlichen Aufenthalt mit Betonung der Rechtswahl übernommen. Die Rechtswahl muss allerdings die allgemeinen Ehewirkungen unter Ausschluss der ehelichen Vermögensbeziehungen, die in den Anwendungsbereich der EU-GüVO fallen, zum Gegenstand haben. In der Rechtspraxis wird es eine solche Rechtswahl in reiner Form kaum geben. Vielmehr werden die Ehegatten für ihre Ehe oder ihre ehelichen Beziehungen allgemein eine Rechtswahl treffen. In diesem Fall ist zu ermitteln, worauf sich die Willenseinigung bezieht. Erstreckt sie sich auf die vermögensrechtliche und die nicht vermögensrechtliche Seite, so unterliegt der erste Teil dem Kollisionsrecht der EU-GüVO und der zweite Teil dem EGBGB. 1760

Die Verweisung durch Rechtswahl ist eine Sachnormverweisung, sodass Rück- und Weiterverweisungen ausgeschlossen sind. Das gewählte Recht ist unwandelbar. Rechtswahlen haben Wirkung immer nur für die Zukunft; die Vereinbarung einer Rückwirkung ist unzulässig. Die Rechtswahl muss notariell beurkundet werden (Art. 14 Abs. 1 S. 3 EGBGB). Die Ehegatten können die Rechtswahl jederzeit während der Ehe vornehmen. Im Unterschied zu Art. 22 Abs. 1 EU-GüVO werden „künftige Ehegatten“ in Art. 14 Abs. 1 EGBGB nicht ausdrücklich erwähnt. Es ist aber anerkannt, dass die Rechtswahl schon vor der Eheschließung getroffen werden kann. In diesem Fall treten ihre Wirkungen aber erst mit der Eheschließung ein. 1761

Wenn die Rechtswahl in der Zeit vor der Eheschließung und bis zum Ablauf des 28.1.2019 erfolgte, musste sie dem Zentralen Testamentsregister angezeigt werden, da sie über Art. 15 Abs. 1 EGBGB a.F. Auswirkungen auf das Güterrecht hatte. Ab dem 29.1.2019 besteht diese Anzeigepflicht nicht mehr. Für alle Eheschließungen ab diesem Tag gilt die EU-GüVO. Diese bestimmt das Güterrechtsstatut selbstständig und nicht mehr unter Rückgriff auf Art. 14 EGBGB (wie bisher Art. 15 Abs. 1 EGBGB a.F.). Daher kann eine (isolierte) Rechtswahl der allgemeinen Ehewirkungen ab dem 29.1.2019 das Güterrecht und damit die Erbquoten nicht mehr beeinflussen.

3. Das auf die güterrechtlichen Wirkungen einer Ehe vor dem 29.1.2019 anwendbare Recht nach Art. 15 EGBGB a.F. (Güterrechtsstatut)

a) Die drei Stufen des Art. 15 Abs. 1 EGBGB a.F. – Grundsätze der Unwandelbarkeit und der Einheitlichkeit des Güterrechtsstatuts

1762 Art. 15 Abs. 1 EGBGB a.F. ist die für die güterrechtlichen Wirkungen der Ehe anzuwendende Kollisionsnorm des deutschen IPR, die noch mangels Einschlägigkeit eines vorrangigen Staatsvertrages bzw. einer unmittelbar anwendbaren Regelung der Europäischen Gemeinschaft zu prüfen ist (vgl. hierzu Rdn 1744 ff.). Hiernach unterliegen die güterrechtlichen Wirkungen der vor dem 29.1.2019 geschlossenen Ehe dem bei der Eheschließung für die allgemeinen Wirkungen der Ehe maßgebenden Recht. Art. 15 Abs. 1 EGBGB a.F. verweist somit auf die Voraussetzungen des Art. 14 Abs. 1 EGBGB a.F. zum Zeitpunkt der Eheschließung. Diese Anknüpfung zum Zeitpunkt der Eheschließung hat zur Folge, dass die auf diesen Zeitpunkt ermittelte Rechtsordnung auch dann maßgebend bleibt, wenn sich im Nachhinein Veränderungen im Hinblick auf die Anknüpfungspunkte (z.B. Staatsangehörigkeits- oder Wohnsitzwechsel) ergeben. Das so einmal zum Zeitpunkt der Eheschließung für die güterrechtlichen Wirkungen der Ehe ermittelte Recht (= Güterrechtsstatut) ist von daher im Unterschied zum allgemeinen Ehewirkungsstatut des Art. 14 Abs. 1 EGBGB a.F. **unwandelbar**. Das ermittelte Güterrechtsstatut umfasst grundsätzlich das gesamte Vermögen der Ehegatten, gleichgültig, wo sich die Vermögensgegenstände befinden und gleichgültig, ob es sich um bewegliches oder unbewegliches Vermögen handelt.

1763 Art. 15 Abs. 1 EGBGB a.F. ist aufgrund der Verweisung auf Art. 14 Abs. 1 EGBGB a.F. unter Berücksichtigung des Grundsatzes der Unwandelbarkeit wie folgt zu lesen:

> *Hinweis*
> Die güterrechtlichen Wirkungen der Ehe unterliegen
> (1) dem Recht des Staates, dem beide Ehegatten bei der Eheschließung angehören, hilfsweise
> (2) dem Recht des Staates, in dem beide Ehegatten bei der Eheschließung ihren gewöhnlichen Aufenthalt haben, hilfsweise
> (3) dem Recht des Staates, mit dem die Ehegatten bei der Eheschließung auf andere Weise gemeinsam am engsten verbunden sind.

Es gibt somit wegen der Anknüpfung zum Zeitpunkt der Eheschließung im Unterschied zu Art. 14 Abs. 1 EGBGB nur drei Stufen, die aber ebenfalls streng der Reihe nach geprüft werden müssen.

aa) Beispiele

1764 **Hinweis für Beispiele 1 bis 5 vorweg**: Das portugiesische IPR knüpft die güterrechtlichen Wirkungen der Ehe wie das deutsche IPR in erster Linie an das gemeinsame Heimatrecht der Eheschließenden zum Zeitpunkt der Eheschließung und hilfsweise an das Recht des gemeinsamen gewöhnlichen Aufenthaltes der Eheschließenden zum Zeitpunkt der Eheschließung an.

Welches Recht ist jeweils auf die güterrechtlichen Wirkungen der Ehe der Eheleute anwendbar?

bb) Beispiel 1

1765
> *Beispiel 1*
> Beide Ehegatten haben seit ihrer Geburt die portugiesische Staatsangehörigkeit; sie leben seit vielen Jahren in Dresden und heiraten auch dort. – Art. 15 Abs. 1 EGBGB i.V.m. Art. 14 Abs. 1 Nr. 1 EGBGB a.F. ist einschlägig und verweist als Gesamtverweisung auf das portugiesische Recht einschließlich dessen IPR (Zur zweiten Stufe – gemeinsamer gewöhnlicher Aufenthalt zum Zeitpunkt der Eheschließung – kommt man hier gar nicht, weil schon die erste Stufe – gemeinsame Staatsangehörigkeit der Ehegatten zum Zeitpunkt

der Eheschließung greift.). Das portugiesische IPR knüpft ebenso an die gemeinsame Staatsangehörigkeit der Ehegatten zum Zeitpunkt der Eheschließung an und nimmt die Verweisung somit an. Von daher ist portugiesisches Sachrecht auf die güterrechtlichen Wirkungen der Ehe der portugiesischen Ehegatten anwendbar.

cc) Beispiel 2

Beispiel 2 1766

Ein deutsch-portugiesisches Ehepaar lebt seit Jahren in Leipzig und heiratet auch dort. – Die erste Stufe greift nicht. Die zweite Stufe des Art. 15 Abs. 1 EGBGB a.F. i.V.m. Art. 14 Abs. 1 Nr. 2 EGBGB a.F. ist einschlägig und verweist wegen des gemeinsamen gewöhnlichen Aufenthaltes der Eheleute zum Zeitpunkt der Eheschließung auf das deutsche Recht, welches somit anwendbar ist (Die zweite Stufe ist in der Praxis sehr wichtig und in den meisten Fällen von gemischt-nationalen Ehen einschlägig.).

dd) Beispiel 3

Beispiel 3 1767

Der deutsche Ehemann lebt in Köln, die portugiesische Ehefrau in Lissabon. Die Heirat fand in Las Vegas (USA) statt. Die Ehegatten beabsichtigen, demnächst ihren ersten gemeinsamen ehelichen Wohnsitz in Köln zu begründen. – Die ersten beiden Stufen sind hier mangels gemeinsamer Staatsangehörigkeit und mangels gemeinsamen gewöhnlichen Aufenthaltes der Ehegatten zum Zeitpunkt der Eheschließung nicht einschlägig. Es greift somit die dritte Auffangstufe des Art. 15 Abs. 1 i.V.m. Art. 14 Abs. 1 Nr. 3 EGBGB a.F. Hier ist die engste gemeinsame Verbundenheit der Eheleute zu einem Staat zum Zeitpunkt der Eheschließung zu ermitteln. Dies bereitet im Einzelfall größere Probleme. Anhaltspunkt ist wie auch im Rahmen des Art. 14 Abs. 1 EGBGB a.F. z.B. die gemeinsame Lebensplanung der Ehegatten, nicht jedoch der oft nur zufällige Heiratsort. Hier kommt man aufgrund der Lebensplanung der Ehegatten „wohl" über die dritte Stufe zu einer Sachnormverweisung auf das deutsche Recht. Dieses Ergebnis ist aber nicht sicher! Um Rechtssicherheit hinsichtlich des anwendbaren Rechts zu erlangen, könnte eine Rechtswahl getroffen werden, die allerdings, da sie nach dem 29.1.2019 getroffen wird, nunmehr nach den Bestimmungen der EU-GüVO zu vereinbaren wäre (vgl. Rdn 1801 ff.).

ee) Beispiel 4

Beispiel 4 1768

Ein deutsch-portugiesisches Ehepaar lebt seit vielen Jahren in Erfurt, wo auch die Hochzeit stattfindet. Ein Jahr später ziehen beide um nach Lissabon. – Zunächst greift hier die zweite Stufe des Art. 15 Abs. 1 EGBGB a.F. i.V.m. Art. 14 Abs. 1 Nr. 2 EGBGB a.F., wodurch auf das deutsche Sachrecht verwiesen wird. Deutsches Ehegüterrecht ist somit anwendbar. Der spätere Umzug nach Lissabon hat wegen des Grundsatzes der Unwandelbarkeit des Güterrechtsstatuts keine Bedeutung mehr. Es bleibt also nach wie vor deutsches Güterrecht anwendbar.

ff) Beispiel 5

Und nun noch ein wichtiger Fall zur Unwandelbarkeit des Güterrechtsstatuts, der für die notarielle Praxis große Relevanz hat: 1769

Beispiel 5

Das deutsche Ehepaar Eusebio möchte in Weimar eine Eigentumswohnung zu je ½ Anteil erwerben. Ist das möglich? – Dieser Fall hat auf den ersten Blick keine Auslandsberührung. Dann erklären jedoch die Ehegatten, dass sie zum Zeitpunkt der Eheschließung im Jahre 1995 beide noch die portugiesische Staatsangehörigkeit besessen haben und sie erst im Jahre 2001 die deutsche Staatsangehörigkeit erworben und die portugiesische Staatsangehörigkeit verloren haben. – Art. 15 Abs. 1 EGBGB a.F. i.V.m. Art. 14 Abs. 1 Nr. 1 EGBGB a.F. verweist wegen der gemeinsamen Staatsangehörigkeit der Ehegatten zum Zeitpunkt der Eheschließung auf das portugiesische Recht einschließlich dessen IPR. Auch das portugiesische IPR knüpft an die gemeinsame Staatsangehörigkeit der Ehegatten zum Zeitpunkt der Eheschließung – also ebenso unwandelbar – an und nimmt die Verweisung somit an. Von daher ist portugiesisches Sachrecht auf die güterrechtlichen Wirkungen der portugiesischen Ehegatten anwendbar. Der im Jahre 2001 erfolgte Staatsangehörigkeitswechsel spielt somit keine Rolle mehr. Die heute deutschen Eheleute Eusebio leben somit nach wie vor im portugiesischen Güterrecht und mangels Abschlusses eines Ehevertrages im gesetzlichen Güterstand der Errungenschaftsgemeinschaft des portugiesischen Rechts. Ein Erwerb der Eigentumswohnung zu je ½ Anteil ist somit nicht (ohne weiteres) möglich. Hier konnte früher aber eine Rechtswahl nach Art. 15 Abs. 2 EGBGB a.F. weiterhelfen. Soweit nach dem 29.1.2019 eine Rechtswahl in Erwägung gezogen wird, wäre diese nunmehr nach Art. 22 EU-GüVO zu treffen.

1770 *Hinweis*

Auf ein rein deutsches Ehepaar ist somit nicht zwangsläufig deutsches Güterrecht anwendbar. Es kommt darauf an, ob die Ehegatten die deutsche Staatsangehörigkeit auch schon zum Zeitpunkt der Eheschließung besaßen! Dies ist mitunter in der Praxis nicht immer auf den ersten Blick erkennbar. Ein Anhaltspunkt dafür könnte der Geburtsort der Beteiligten sein. Liegt dieser im Ausland, ist nach der Staatsangehörigkeit der Ehegatten zum Zeitpunkt der Eheschließung zu fragen.

b) Bisherige Rechtswahlmöglichkeiten nach Art. 15 Abs. 2 EGBGB a.F.

1771 Im Unterschied zu den nur sehr eingeschränkt möglichen Rechtswahlen nach Art. 14 Abs. 2 und 3 EGBGB a.F. waren Rechtswahlen zur Bestimmung des Güterrechtsstatuts nach Art. 15 Abs. 2 EGBGB a.F. in sehr weitem Umfang möglich. Eine mittelbare Bestimmung des auf die güterrechtlichen Wirkungen einer Ehe anwendbaren Rechts war darüber hinaus durch eine bereits zum Zeitpunkt der Eheschließung wirksam werdende Rechtswahl nach Art. 14 Abs. 2 und 3 EGBGB möglich. Sofern die Ehegatten die Rechtswahl zum deutschen Recht vor dem 29.1.2019 getroffen haben, ist diese bei der Prüfung des Sachverhalts zu berücksichtigen.

1772 **Gewählt** werden konnte nach Art. 15 Abs. 2 EGBGB a.F.

- das Recht des Staates, dem (mindestens) einer der Ehegatten angehört,
- das Recht des Staates, in dem (mindestens) einer der Ehegatten seinen gewöhnlichen Aufenthalt hat,
- für unbewegliches Vermögen das Recht des Lageortes.

1773 *Beispiel*

Vgl. oben Beispiel 1 (siehe Rdn 1757). Das in Dresden lebende und seit 2005 verheiratete portugiesische Ehepaar möchte dort ein Grundstück zu je ½ Anteil erwerben. – Ein solcher Erwerb käme dann in Betracht, wenn auf die güterrechtlichen Wirkungen der Ehe der Eheleute deutsches Güterrecht anwendbar wäre und die Ehegatten dann in diesem Rahmen entweder mangels weiterer ehevertraglicher Regelungen im gesetzlichen Güterstand der Zugewinngemeinschaft oder aufgrund Ehevertrages im Güterstand der Gütertrennung leben würden. Nur ein Erwerb in Errungenschaftsgemeinschaft wäre hingegen möglich, wenn sich die güterrechtlichen Wirkungen der Eheleute nach portugiesischem Recht beurteilen und die Ehegatten dann in diesem Rahmen mangels Abschlusses eines Ehevertrages im gesetzlichen Güterstand der Errungenschaftsgemeinschaft leben würden. Wie oben bei der Falllösung gesehen, ist portugiesisches Güterrecht auf die güterrechtlichen Wirkungen der Ehe der portugiesischen Ehegatten anwendbar. Ein Erwerb des Grundstücks zu je ½ Anteil ist somit ohne weiteres nicht möglich. Nach den vor dem 29.1.2019 geltenden Bestimmungen des EGBGB kam jedoch eine Rechtswahl zum deutschen Recht in Betracht, und zwar entweder nach Art. 15 Abs. 2 Nr. 2 EGBGB a.F. (gewöhnlicher Aufenthalt beider Ehegatten in Deutschland) oder nach Art. 15 Abs. 2 Nr. 3 EGBGB a.F. (Lageort des Grundstücks in Deutschland). Nach einer solchen Rechtswahl zum deutschen Recht lebten die Ehegatten mangels Abschlusses weiterer ehevertraglicher Regelungen im gesetzlichen Güterstand der Zugewinngemeinschaft (im Falle der Rechtswahl nach Art. 15 Abs. 2 Nr. 3 EGBGB a.F. nur bezüglich des unbeweglichen Vermögens in Deutschland), sodass dann ein Erwerb des Grundstücks zu je ½ Anteil möglich war. Sofern eine Rechtswahl zugunsten deutschen Rechts nach dem 29.1.2019 vorgenommen wird, bestimmt sich diese nunmehr nach Art. 22 EU-GüVO.[303]

303 Dazu ausführlich *Döbereiner*, notar 2018. 244, 250 ff.

Die Verweisung durch Rechtswahl, die vor dem 29.1.2019 getroffen war, war Sachnormverweisung, sodass Rück- und Weiterverweisungen nicht zu beachten waren. Rechtswahlen hatten Wirkung immer nur für die Zukunft; die Vereinbarung einer Rückwirkung war auf kollisionsrechtlicher Ebene unzulässig, gegebenenfalls aber auf der sachrechtlichen Ebene möglich. 1774

Im vorherigen Beispiel konnten die portugiesischen Ehegatten nicht auf der kollisionsrechtlichen Ebene (= 1. Stufe der Prüfung) eine „rückwirkende Rechtswahl“ dergestalt vereinbaren, dass das deutsche Güterrecht und damit auch der gesetzliche Güterstand der Zugewinngemeinschaft bereits vom Zeitpunkt der Eheschließung an galt. Aber auf der sachrechtlichen Ebene des gewählten deutschen Rechts (= 2. Stufe der Prüfung; zur strengen Unterscheidung der beiden Stufen vgl. auch Rdn 1705 ff.) konnten die Ehegatten im Rahmen eines Ehevertrages z.B. vereinbaren, dass für die Berechnung des Anfangsvermögens eines jeden Ehegatten nicht der Zeitpunkt des Beginns des Güterstandes, sondern der Tag der Eheschließung maßgebend sein sollte.

Die bisherige Rechtswahl hatte nur Folgen auf der kollisionsrechtlichen Ebene und führte grundsätzlich zu einem Wechsel des anwendbaren Rechts („Statutenwechsel“). Wollten die Ehegatten auf der Ebene der gewählten Rechtsordnung vom gesetzlichen „Normalzustand“ abweichen, also z.B. im Rahmen des deutschen Rechts statt in Zugewinngemeinschaft in Gütertrennung leben, so bedurfte es hierzu eines separaten Ehevertrages auf der sachrechtlichen Ebene. (Hier ist der deutsche Rechtsanwender, also insbesondere der Notar und seine Mitarbeiter, dann problemlos „zu Hause“.) Der durch die Rechtswahl beendete Güterstand musste gegebenenfalls auf der Grundlage des abgewählten Rechts (str.) abgewickelt werden (z.B. Auseinandersetzung hinsichtlich des den portugiesischen Ehegatten in Errungenschaftsgemeinschaft gehörenden Vermögens). 1775

Die Rechtswahl musste notariell beurkundet werden (Art. 15 Abs. 3 EGBGB i.V.m. Art. 14 Abs. 4 EGBGB). Es bestand eine Anzeigepflicht wegen der mittelbaren erbrechtlichen Auswirkungen der Rechtswahl (§§ 1371 Abs. 1, 1931 Abs. 4 BGB) beim Zentralen Testamentsregister bei der Bundesnotarkammer in Berlin.

Die Rechtswahl nach Art. 15 Abs. 2 Nr. 3 EGBGB a.F. (Wahl des Lageortes für unbewegliches Vermögen) kann zu einer Güterrechtsspaltung führen, d.h. für die Beurteilung der güterrechtlichen Wirkungen einer Ehe können hinsichtlich des beweglichen Ehevermögens einerseits und des unbeweglichen Ehevermögens andererseits unterschiedliche Rechtsordnungen zur Anwendung kommen. Besonders umstritten war in diesem Zusammenhang die Frage, ob eine solche Rechtswahl für ein einzelnes Grundstück zulässig war; diesbezüglich wird auf die Vorauflagen der Notariatskunde verwiesen. Im Geltungsbereich der EU-GüVO ist eine Rechtswahl für ein einzelnes Grundstück, die vor dem 29.1.2019 in der Praxis durchaus verbreitet war, nicht möglich. 1776

c) Sonderprobleme bei der Ermittlung des anwendbaren Güterrechts – Durchbrechung der Grundsätze der Unwandelbarkeit und der Einheitlichkeit des Güterrechtsstatuts

Nach Behandlung der Grundsätze der Ermittlung des Güterrechtsstatuts für vor dem 29.1.2019 geschlossene Ehen – sowohl durch objektive Anknüpfung nach Art. 15 Abs. 1 EGBGB a.F. i.V.m. Art. 14 Abs. 1 EGBGB a.F. als auch durch Rechtswahl nach Art. 15 Abs. 2 EGBGB a.F. – werden nun noch einige Sonderprobleme der Ermittlung des anwendbaren Güterrechts angesprochen. Die Darstellung dieser Sonderprobleme erfolgt in erster Linie, um dem Rechtsanwender im Notariat ein Gespür für mögliche problematische Fallkonstellationen im Hinblick auf die Vorbereitung und Beurkundung von Grundstückskaufverträgen unter Beteiligung ausländischer Staatsangehöriger zu geben. Im Vordergrund steht somit nicht eine ausführliche IPR-rechtliche Analyse dieser Sonderprobleme. 1777

aa) Ausnahmen vom Grundsatz der Unwandelbarkeit des Güterrechtsstatuts

Der oben genannte Grundsatz der **Unwandelbarkeit des Güterrechtsstatuts** wird in mehreren Fällen durchbrochen. So kann ein Wechsel des auf den Zeitpunkt der Eheschließung der Ehegatten ermittelten anwendbaren Güterrechts (**Statutenwechsel**) insbesondere stattfinden 1778

- durch die bereits dargestellten Rechtswahlmöglichkeiten nach Art. 15 Abs. 2 EGBGB a.F.,
- möglicherweise durch die Übergangsvorschrift des Art. 220 Abs. 3 EGBGB für sog. Altehen,
- durch Kollisionsnormen des vom deutschen IPR berufenen ausländischen IPR.

(1) Übergangsvorschrift des Art. 220 Abs. 3 EGBGB – Problem der sog. Altehen

1779 Die selbst für den geübten Juristen nur mit großen Mühen zu erfassende Übergangsvorschrift des Art. 220 Abs. 3 EGBGB spielt bei der Vorbereitung bzw. Beurkundung von Grundstückskaufverträgen unter Beteiligung ausländischer Staatsangehöriger dann eine Rolle, wenn einer der als Verkäufer oder Käufer beteiligten Ehegatten vor dem 9.4.1983 geheiratet hat. Dies dürfte bei der jetzigen Altersstruktur der Bevölkerung in Deutschland recht häufig vorkommen.

1780 In Art. 220 Abs. 3 EGBGB werden für die Ermittlung der güterrechtlichen Wirkungen von Ehen inzwischen vier Zeiträume unterschieden:

- Ehen, die vor dem 1.4.1953 geschlossen worden sind. – Hier wird an das Heimatrecht des Ehemannes zum Zeitpunkt der Eheschließung angeknüpft. Die Ehegatten konnten aber in der Vergangenheit eine Rechtswahl nach Art. 15 Abs. 2 EGBGB a.F. treffen, sofern die entsprechenden Voraussetzungen dieser Vorschrift vorliegen. Ab dem 29.1.2019 ist eine entsprechende Rechtswahl nach den Bestimmungen der EU-GüVO zu treffen.
- Ehen, die in der Zeit vom 1.4.1953 bis einschließlich zum 8.4.1983 geschlossen worden sind. Dies ist der „problematische" Zeitraum mit den komplizierten Übergangsregelungen, die nachfolgend ausführlicher behandelt werden.
- Ehen, die vom 9.4.1983 bis einschließlich zum 28.1.2019 geschlossen worden sind. – Für diese Ehen gilt der bisherige Art. 15 EGBGB a.F. Umstritten ist, ob die Bestimmung des Art. 5 Abs. 1 S. 2 EGBGB, wonach bei Mehrstaatern mit deutscher Staatsangehörigkeit nur diese maßgebend ist, erst ab der Neufassung dieser Bestimmung zum 1.9.1986 oder auch schon für den Übergangszeitraum ab dem 9.4.1983 gilt.
- Ehen, die vom 29.1.2019 an geschlossen worden sind bzw. geschlossen werden: Für diese Ehen gilt nunmehr die EU-GüVO.

1781 Der in Art. 220 Abs. 3 EGBGB genannte Stichtag des 8. bzw. 9.4.1983 ist vom Gesetzgeber gewählt worden, da am 9.4.1983 der Beschluss des Bundesverfassungsgerichts zur Nichtigkeit des früheren Art. 15 Abs. 1 und 2 EGBGB, der zur Ermittlung des Güterrechtsstatuts allein an die Staatsangehörigkeit des Ehemannes anknüpfte, im Bundesgesetzblatt verkündet worden ist.

1782 Art. 220 Abs. 3 EGBGB unterscheidet für den vorgenannten (nunmehr ersten) „mittleren" Heiratszeitraum (1.4.1953 bis 8.4.1983) zwischen den güterrechtlichen Wirkungen bis zum 8.4.1983 und den güterrechtlichen Wirkungen nach dem 8.4.1983. Die Ermittlung des Güterrechtsstatuts von Ehegatten zwecks Vorbereitung bzw. Beurkundung eines Grundstückskaufvertrages mit Ausländerbeteiligung betrifft von vornherein nur die güterrechtlichen Wirkungen nach dem 8.4.1983, weshalb auch nur dieser Zeitraum näher betrachtet werden soll.

Folgende Grundsätze können für Ehen, die vom 1.4.1953 bis zum 8.4.1983 geschlossen worden sind, hinsichtlich der güterrechtlichen Wirkungen nach dem 8.4.1983 festgehalten werden:

- Bei **gemeinsamer Staatsangehörigkeit** beider Ehegatten zum Zeitpunkt der Eheschließung wird dieses gemeinsame Heimatrecht der Ehegatten berufen. Bei der Verweisung handelt es sich um eine Gesamtverweisung auf das ausländische Recht einschließlich dessen IPR. Rück- und Weiterverweisungen sind somit zu beachten. Für diese Fälle gibt es somit keinen Unterschied zu Ehen, die vom 9.4.1983 an geschlossen worden sind.
- Bei **gemischt-nationalen Ehen**, bei denen die Ehegatten vor dem 9.4.1983 keine ausdrückliche (notarielle oder formfreie) oder stillschweigende Rechtswahl hinsichtlich des Güterrechts getroffen haben (= Fall des Art. 220 Abs. 3 S. 1 Nr. 3, Anknüpfung an das Heimatrecht des Ehemannes bei der Eheschließung) – und das dürfte ein Großteil der betroffenen Ehen darstellen, da sich die meisten Ehegatten gar keine Gedanken über das auf ihre Ehe anwendbare Güterrecht gemacht haben –, ist Art. 15 EGBGB (in der bis einschließlich 28.1.2019 geltenden Fassung) anzuwenden, wobei der Stichtag für die Ermittlung des anwendbaren Güterrechts nicht der Zeitpunkt der Eheschließung, sondern der 9.4.1983 ist (Art. 220 Abs. 3 S. 3 EGBGB). In der notariellen Praxis kommt es somit in der Regel auf den gemeinsamen gewöhnlichen Aufenthalt der Eheleute am 9.4.1983 an. Bei der Vorbereitung der Urkunden ist es also wichtig, den gemeinsamen gewöhnlichen Aufenthalt der Eheleute am 9.4.1983 zu ermitteln.
- Beim bisherigen Hauptproblemfall der gemischt-nationalen Ehen, bei denen die Ehegatten vor dem 9.4.1983 eine ausdrückliche oder stillschweigende Rechtswahl hinsichtlich des Güterrechts getroffen

haben – eine solche Rechtswahl im Einzelfall festzustellen, bereitete in der Praxis häufig große Probleme –, stellt sich in den allermeisten Fällen die Rechtslage seit dem Beschluss des Bundesverfassungsgerichts vom 18.12.2002 (NJW 2003, 1656) vereinfacht dar, wenn auch für diese Fallgruppe durch die Entscheidung noch keine letztendliche Klarheit und Rechtssicherheit geschaffen worden ist. Sollten nach dieser Entscheidung Eheleute davon ausgegangen sein, dass für die güterrechtlichen Wirkungen ihrer Ehe das Heimatrecht des Ehemannes gilt – und das dürfte in der Zeit bis zu der Entscheidung des Bundesverfassungsgerichts die Regel gewesen sein, da die Ehegatten von der bis dahin gültigen Rechtslage geprägt worden sind –, so kann diese auf einem gleichheitswidrigen Zustand (Verstoß gegen Art. 3 Abs. 2 Grundgesetz) basierende stillschweigende Rechtswahl nicht über den 8.4.1983 hinaus Geltung beanspruchen. Von diesem Zeitpunkt an ist von daher als Folge der Entscheidung nach h.M. auf der Grundlage der sog. **Kegel'schen Leiter** (vgl. hierzu Rdn 1752) anzuknüpfen, die bei unterschiedlicher Staatsangehörigkeit der Ehegatten an den gemeinsamen gewöhnlichen Aufenthalt der Ehegatten anknüpft. Als relevanter Anknüpfungszeitpunkt ist hier auch auf den 9.4.1983 abzustellen, da die Rechtslage einer subjektiven (wenn auch verfassungswidrigen) Anknüpfung an das Mannesrecht mit der einer objektiven Anknüpfung an das Mannesrecht i.S.v. Art. 220 Abs. 3 S. 3 EGBGB vergleichbar ist (str. vertreten wird auch das Abstellen auf den Zeitpunkt der Eheschließung oder auf den Zeitpunkt der Sachverhaltsprüfung). *Hausmann/Odersky* sehen für die gesamte Übergangsregelung des Art. 220 Abs. 3 EGBGB im Falle gemischt-nationaler Ehen nach der Entscheidung des Bundesverfassungsgerichts keinerlei Raum mehr.[304]

Hinweis 1783

Als Faustregel für Ehen, die zwischen dem 1.4.1953 und dem 9.4.1983 geschlossen worden sind, gilt:

- Bei gemeinsamer Staatsangehörigkeit der Eheleute zum Zeitpunkt der Eheschließung wird auf das gemeinsame Heimatrecht der Eheleute verwiesen.
- Bei unterschiedlicher Staatsangehörigkeit der Ehegatten zum Zeitpunkt der Eheschließung wird auf das Recht des gemeinsamen gewöhnlichen Aufenthaltes der Ehegatten am 9.4.1983 verwiesen.

(Jeweils Gesamtverweisung mit der Beachtung von Rück- oder Weiterverweisungen).

Für die notarielle Praxis sollte allerdings Eheleuten, die in der Zeit vom 1.4.1953 bis zum 8.4.1983 geheiratet haben, aufgrund der nach wie vor bestehenden rechtlichen und tatsächlichen Unsicherheiten dringend eine Rechtswahl (nunmehr nach den Bestimmungen der EU-GüVO), gegebenenfalls ergänzt um zusätzliche Vereinbarungen auf der sachrechtlichen Ebene, empfohlen werden, um klare und sichere Rechtsverhältnisse für ihre Ehe zu schaffen. 1784

(2) Wandelbarkeit aufgrund einer ausländischen Kollisionsnorm

Zu einer **Wandelbarkeit** des Güterrechtsstatuts kann es ferner kommen, wenn das durch das deutsche IPR berufene ausländische Recht im Unterschied zum deutschen Recht von der Wandelbarkeit des Güterrechtsstatuts ausgeht.[305] 1785

Beispiel 1786

Vgl. oben das Beispiel in Rdn 1723. Das deutsche Ehepaar Walesa möchte in Weimar eine Eigentumswohnung zu je ½ Anteil erwerben. Ist das möglich? – Auch dieser Fall hat auf den ersten Blick keine Auslandsberührung. Dann erklären jedoch die Ehegatten, dass sie zum Zeitpunkt der Eheschließung im Jahre 1995 beide noch die polnische Staatsangehörigkeit besessen haben und sie erst im Jahre 2001 die deutsche Staatsangehörigkeit erworben und die polnische Staatsangehörigkeit verloren haben.– Art. 15 Abs. 1 EGBGB a.F. i.V.m. Art. 14 Abs. 1 Nr. 1 EGBGB a.F. verweist wegen der gemeinsamen Staatsangehörigkeit der Ehegatten zum Zeitpunkt der Eheschließung auf das polnische Recht einschließlich dessen IPR. Auch das polnische IPR knüpft an die gemeinsame Staatsangehörigkeit der Ehegatten an, allerdings nicht unwandelbar zum Zeitpunkt der Eheschließung, sondern wandelbar an das jeweils geltende Heimatrecht der Ehegatten.

304 *Hausmann/Odersky*, Internationales Privatrecht in der Notar- und Gestaltungspraxis, 4. Aufl. 2021, § 9 Rn 179 ff.

305 Dies entspricht zumindest der ganz herrschenden Meinung in der Rechtsprechung und in der Literatur, wonach sich das Wandelbarkeitsprinzip der ausländischen Rechtsordnung im Rahmen einer Rück- oder Weiterverweisung durchsetzt; a.A. nur OLG Nürnberg MittBayNot, 2011, 337; vgl. Palandt/*Thorn*, 78. Aufl. 2019, Art. 15 EGBGB a.F., Rn 3 mit weiteren Verweisen.

Bis zum Staatsangehörigkeitswechsel der Ehegatten hat das polnische Recht die Verweisung somit angenommen, sodass bis dahin polnisches Ehegüterrecht anwendbar war. Nach dem Staatsangehörigkeitswechsel der Ehegatten verweist das polnische IPR auf das deutsche Recht zurück, das die Verweisung gemäß Art. 4 Abs. 1 S. 2 EGBGB annimmt. Es hat somit mit dem Wechsel der Staatsangehörigkeit aufgrund der Wandelbarkeit des polnischen IPR auch das anwendbare Güterrecht gewechselt (**Statutenwechsel**).

1787 Die beiden Fälle („**Portugiesen-Fall**" in Rdn 1769 und „**Polen-Fall**" in Rdn 1725) verdeutlichen, dass man sich bei der Vorbereitung eines Grundstückkaufvertrages mit Ausländerbeteiligung nicht zwangsläufig auf die aktuelle Staatsangehörigkeit der Vertragsbeteiligten verlassen kann. Sobald Anhaltspunkte dafür vorliegen (ausländisch klingende Familien- und/oder Vornamen, Sprache, Geburtsort im Ausland, usw.), dass die Ehegatten nicht immer die heutige (in der Regel die deutsche) Staatsangehörigkeit besessen haben, muss weiter ermittelt werden. Kommt man zu einer anderen Staatsangehörigkeit der Ehegatten zum Zeitpunkt ihrer Eheschließung, muss geprüft werden (notfalls mit Hilfe eines DNotI-Gutachtens oder anderer dem Notar und seinen Mitarbeitern zugänglichen Hilfsmitteln), ob das betreffende ehemalige Heimatrecht der Ehegatten unwandelbar (dann bleibt es bei der Anwendung diesen Rechts) oder wandelbar (dann kommt es gegebenenfalls zu einer Rück- oder Weiterverweisung, wobei die Rückverweisung im Falle des deutschen IPR immer angenommen wird) anknüpft.

bb) Ausnahmen vom Grundsatz der Einheitlichkeit des Güterrechtsstatuts

1788 Auch vom Grundsatz, dass das anwendbare Güterrecht einheitlich das **gesamte Vermögen** der Ehegatten umfasst, unabhängig davon, wo sich die Vermögensgegenstände befinden und unabhängig davon, ob es sich um bewegliches oder unbewegliches Vermögen handelt, gibt es mehrere Ausnahmen. Diese sind

- die oben schon dargestellte Rechtswahl nach Art. 15 Abs. 2 Nr. 3 EGBGB a.F. für unbewegliches Vermögen, die vor dem 29.1.2019 zulässig war,
- die bisherige Sonderanknüpfung nach Art. 3a Abs. 2 EGBGB a.F. (vgl. hierzu Rdn 1713 f.),
- die teilweise Rück- oder Weiterverweisung durch das vom deutschen IPR berufene ausländische IPR.

Für die beiden letzteren Fälle soll zur Problemerkennung jeweils nur ein praktisches Beispiel gegeben werden.

(1) Sonderanknüpfung nach Art. 3a Abs. 2 EGBGB a.F.

1789 *Beispiel*

Ein deutsches Ehepaar hat diverses Vermögen in Deutschland und eine Ferienwohnung in Schottland. – Zur Ermittlung des anwendbaren Güterrechts verweist Art. 15 Abs. 1 EGBGB a.F. i.V.m. Art. 14 Abs. 1 Nr. 1 EGBGB a.F. für die vor dem 29.1.2019 geschlossene Ehe in Form der Sachnormverweisung auf das deutsche Recht. Es ist also deutsches Recht auf die güterrechtlichen Wirkungen der Ehe anwendbar. Die einheitliche Verweisung auf das deutsche Recht wird jedoch durch die Sonderanknüpfung nach der komplizierten Vorschrift des Art. 3a Abs. 2 EGBGB a.F. durchbrochen. Das schottische Recht (IPR) enthält nämlich für die Ermittlung des anwendbaren Güterrechts „besondere Vorschriften" dahingehend, dass für unbewegliches Vermögen anders als für das bewegliche Vermögen angeknüpft wird, und zwar an das Recht der Belegenheit der Sache (*lex rei sitae*). Diese Sonderanknüpfung geht somit nach Art. 3a Abs. 2 EGBGB a.F. vor (**Einzelstatut bricht Gesamtstatut**). Hinsichtlich der Ferienwohnung in Schottland gilt also schottisches Güterrecht, während für das übrige Vermögen der Ehegatten deutsches Güterrecht einschlägig ist.

(2) Teilweise Rück- oder Weiterverweisung durch das ausländische IPR

1790 *Beispiel*

Dieser Fall ist praktisch der Umkehrfall zum vorherigen Beispielsfall.

Ein in Glasgow lebendes schottisches Ehepaar hat diverses Vermögen in Schottland und möchte in St. Peter Ording eine Ferienwohnung zu je ½ Anteil erwerben. Zur Ermittlung des anwendbaren Güterrechts verweist, sofern die Ehe vor dem 29.1.2019 geschlossen wurde, Art. 15 Abs. 1 EGBGB a.F. i.V.m. Art. 14 Abs. 1 Nr. 1 EGBGB a.F. hier auf das schottische Recht einschließlich dessen IPR. Das schottische Recht unterscheidet, wie im letzten Fall gesehen, im Bereich des ehelichen Güterrechts zwischen beweglichem und unbeweglichem Vermögen. Für bewegliches Vermögen der Ehegatten wird an das Domizil (vgl.

zum Begriff Rdn 1703), für unbewegliches Vermögen der Ehegatten an die Belegenheit der Sache (*lex rei sitae*) angeknüpft. Hinsichtlich des beweglichen Vermögens nimmt das schottische Recht somit die Verweisung an, sodass diesbezüglich schottisches Güterrecht zur Anwendung kommt. Hinsichtlich des unbeweglichen Vermögens wird auf das deutsche Recht zurückverwiesen, das die Rückverweisung gemäß Art. 4 Abs. 1 S. 2 EGBGB annimmt. Da somit für die in St. Peter Ording zu erwerbende Ferienwohnung deutsches Güterrecht – und mangels Abschlusses eines Ehevertrages der gesetzliche Güterstand der Zugewinngemeinschaft – gilt, ist ein Erwerb der Ferienwohnung der Ehegatten zu je ½ Anteil möglich.

Das letzte Beispiel zeigt, dass man auch bei ausländischen Ehegatten hinsichtlich in Deutschland belegenen Grundbesitzes durchaus zur Anwendung deutschen Güterrechts und damit zu einer „gewohnten" Vorbereitung des Grundstückskaufvertrages gelangen kann. 1791

4. Das auf die güterrechtlichen Wirkungen einer nach dem 29.1.2019 geschlossenen Ehe anwendbare Recht nach der EU-GüVO (Güterrechtsstatut)

a) Anwendungsbereich, Prüfungsreihenfolge

Für alle Ehen, die ab dem 29.1.2019 geschlossen werden, bestimmt sich das anwendbare Güterrecht **ausschließlich** nach der EU-GüVO. Für Ehen, die bis zum Ablauf des 28.1.2019 geschlossen wurden, gilt grundsätzlich nur Art. 15 EGBGB a.F. für die Bestimmung des an-wendbaren Güterrechts. Dies gilt auch für eine bis zu diesem Zeitpunkt getroffene Rechtswahl (die nach Art. 15 Abs. 2 EGBGB a.F. zu beurteilen ist). Nur wenn die Ehegatten erst ab dem 29.1.2019 eine Rechtswahl treffen, bestimmt sich diese Rechtswahl ausschließlich nach der EU-GüVO. 1792

Die Vorschriften der EU-GüVO zum anwendbaren Recht finden immer dann Anwendung, wenn die Eheleute 1793

- nach dem 29.1.2019 die Ehe eingegangen sind, oder
- nach dem 29.1.2019 eine Rechtswahlvereinbarung getroffen haben.

Der Verweisungsumfang der EU-GüVO ist weiter als der bisherige nach Art. 15 EGBGB a.F. Das heißt, die EU-GüVO erfasst auch Materien, die nach bisherigem nationalen Recht nicht unter den Güterstand (bisher Art. 15 EGBGB a.F.), sondern unter die allgemeinen Ehewirkungen (Art. 14 EGBGB a.F.) fielen. Denn die EU-GüVO erfasst alle vermögensrechtlichen Rechtsbeziehungen, die sich aufgrund der Ehe oder ihrer Auflösung ergeben. Daher zählen nach der EU-GüVO insbesondere auch alle Verfügungsbeschränkungen (z.B. für das Familienheim nach einigen ausländischen Rechten) zum Güterrechtsstatut.[306] 1794

Von den bisher vor Art. 15 EGBGB a.F. vorrangigen Sonderregelungen ist im Rahmen der EU-GüVO nur noch das deutsch-iranische Niederlassungsabkommen zu beachten (siehe Art. 62 Abs. 1 EU-GüVO). Alle anderen Sonderregelungen beanspruchen keinen Vorrang mehr oder kommen zeitlich ohnehin nicht mehr in Betracht. Anders als nach bisherigem deutschen Recht gilt insbesondere auch keine Ausnahme für Grundstücke in Drittstaaten oder sonstiges dort belegenes Vermögen mehr: Auch wenn nach dem Recht des Drittstaats das dort belegene Vermögen immer dem Recht des Drittstaats unterliegt, wird das nach der EU-GüVO zu bestimmende Recht angewandt. Art. 3a Abs. 2 EGBGB a.F. (der dies für das deutsche Recht anders bestimmte), findet im Rahmen der EU-GüVO keine Anwendung, da diese in dieser Hinsicht abschließendes und höherrangiges Europarecht darstellt. Das nach der EU-GüVO anwendbare Recht gilt einheitlich für das gesamte Güterrecht (vgl. Art. 21 EU-GüVO). 1795

Bei der Prüfung des Sachverhalts nach dem **Kollisionsrecht** der EU-GüVO ist wie folgt vorzugehen: Soweit keine vorrangige Sonderregelung (z.B. das deutsch-iranische Niederlassungsabkommen) greift, ist zu ermitteln, wo die Ehegatten ihren ersten gemeinsamen gewöhnlichen Aufenthalt **nach** der Eheschließung hatten (Art. 26 Abs. 1 lit. a) EU-GüVO). Ein solcher gewöhnlicher Aufenthalt kann innerhalb von ca. drei bis acht Monaten nach der Eheschließung begründet werden, kann jedoch auch schon im Zeitpunkt der Eheschließung bestehen. Haben die Ehegatten keinen solchen gewöhnlichen Aufenthalt, ist dann auf die gemeinsame Staatsangehörigkeit im Zeitpunkt der Eheschließung abzustellen (Art. 26 Abs. 1 lit. b) EU-GüVO). Ist dies auch nicht gegeben, ist die engste Verbindung im Zeitpunkt der Eheschließung maßgeblich (Art. 26 Abs. 1 lit. c) 1796

306 Vgl. *Weber*, DNotZ 2017, 659, 665.

EU-GüVO). Anders als nach bisherigem deutschen Kollisionsrecht ist also der gemeinsame gewöhnliche Aufenthalt vorrangig vor der Staatsangehörigkeit.

1797 Hat ein Ehegatte mehrere Staatsangehörigkeiten, dann ist die **effektive** Staatsangehörigkeit maßgeblich, d.h. die Staatsangehörigkeit, mit der er am engsten verbunden ist. Wenn ein Ehegatte auch Deutscher ist, hat diese Staatsangehörigkeit nicht automatisch (wie im deutschen Recht) Vorrang. Art. 5 Abs. 1 S. 2 EGBGB, der dies bestimmt, gilt im europäischen Recht nicht. Auch die deutsche Staatsangehörigkeit ist daher bei einem Mehrstaater nur dann maßgeblich, wenn sie auch die effektive Staatsangehörigkeit ist.

Wenn die Ehegatten mehrere gemeinsame Staatsangehörigkeiten haben (z.B. zwei Doppelstaater deutsch-polnisch), findet nur die Anknüpfung an den gemeinsamen gewöhnlichen Aufenthalt und an die engste Verbindung Anwendung (Art. 26 Abs. 2 EU-GüVO). In diesem Fall kommt es also auf eine effektive Staatsangehörigkeit nicht an.

1798 Rück- oder Weiterverweisungen durch das Recht eines Drittstaats werden (anders als nach bisherigem deutschen Recht) nicht mehr zu beachten sein (Art. 32 EU-GüVO). Das nach den vorstehenden Regelungen bestimmte Güterrecht findet also immer unmittelbar Anwendung; die Prüfung ist sofort beendet. Auf ein fremdes Kollisionsrecht kommt es nicht mehr an, was die Prüfung erheblich erleichtern soll.

b) Sonderregelung in Art. 26 Abs. 3 EU-GüVO

1799 Art. 26 Abs. 3 EU-GüVO enthält eine Sonderregelung, die dann Anwendung findet, wenn sich das anwendbare Recht eigentlich nach dem ersten gemeinsamen gewöhnlichen Aufenthalt nach der Eheschließung bestimmt (vgl. Art. 26 Abs. 1 lit. a) EU-GüVO). Das Gericht kann dann aufgrund der vorstehenden Sonderregelung ausnahmsweise ein anderes Recht anwenden. Voraussetzung ist insbesondere, dass die Ehegatten tatsächlich erheblich länger in einem anderen Land gelebt haben als in dem Land, in dem sie ihren ersten gemeinsam gewöhnlichen Aufenthalt genommen haben.

> *Beispiel*
>
> Die Ehegatten sind beide ausschließlich deutsche Staatsangehörige. Sie lernen sich in einem Hotel in Frankreich kennen, in dem sie beide arbeiten. Am 5.2.2019 heiraten sie in Frankreich und leben dort für ein weiteres Jahr. Im Februar 2020 ziehen sie zurück nach Deutschland und leben dort für zwölf Jahre, bis die Ehefrau die Scheidung beantragt. In diesem Fall kommt die Anwendung von Art. 26 Abs. 3 EU-GüVO in Betracht, da die Ehegatten erheblich länger gemeinsam in Deutschland gelebt haben und möglicherweise auf die Anwendung deutschen Güterrechts vertraut haben.

1800 Da die Voraussetzungen von Art. 26 Abs. 3 EU-GüVO unklar sind, empfiehlt sich in solchen Fällen eine Rechtswahl. Eine Rechtswahl empfiehlt sich auch dann, wenn absehbar ist, dass die Ehegatten das Land ihres Aufenthalts dauerhaft verlassen werden. Denn auch dann ist eine mögliche Anwendung von Art. 26 Abs. 3 EU-GüVO schon absehbar.

c) Rechtswahlmöglichkeiten, Art. 22 EU-GüVO

1801 Folgende **Rechtswahlmöglichkeiten** bestehen nach Art. 22 Abs. 1 EU-GüVO:

- gemeinsamer gewöhnlicher Aufenthalt oder gewöhnlicher Aufenthalt eines Ehegatten/Verlobten, jeweils zum Zeitpunkt der Rechtswahl,
- Staatsangehörigkeit eines Ehegatten/Verlobten zum Zeitpunkt der Rechtswahl (bei Mehrstaatern ist das Recht jeder Staatsangehörigkeit wählbar; auf die effektive Staatangehörigkeit kommt es hier nicht an).

Seit dem 29.1.2019 sind Rechtswahlen nur noch in diesem Umfang zulässig. Insbesondere ist daher eine beschränkte Rechtswahl nur für Grundstücke wie nach bisherigem deutschen Recht (Art. 15 Abs. 2 Nr. 3 EGBGB a.F.) nicht mehr möglich.

1802 Im Rahmen einer Rechtswahl sind die Vorgaben des Art. 22 Abs. 2 und 3 EU-GüVO zu beachten. Danach gilt die Änderung des anwendbaren Rechts während der Ehe grundsätzlich nur für die Zukunft. Gleichwohl können die Ehegatten eine rückwirkende Änderung vereinbaren, sofern diese die Rechte Dritter nicht beeinträchtigt. Jedenfalls wenn die Ehegatten einen Wechsel des anwendbaren Rechts (und damit des Güterstands) nur für die Zukunft vereinbaren, so ist der bisherige Güterstand ggf. abzuwickeln. Eine rückwirkende Rechtswahl wirkt hingegen wohl auch sachenrechtlich und macht eine Auseinandersetzung des bisherigen Güterstands damit teilweise entbehrlich. Die Einzelheiten sind jedoch derzeit noch nicht abschließend geklärt.

Häufig leben ausländische Paare in Deutschland – zum Teil ohne es zu wissen – in einem ausländischen Güterstand. Wünschen sie ehevertragliche Regelungen zum Güterstand, kann dies in der Regel nur auf Grundlage des deutschen Rechts erfolgen. Dann muss zunächst eine Rechtswahl zugunsten des deutschen Rechts erfolgen. Aufgrund der Rechtswahl endet der ausländische Güterstand, sodass er abzuwickeln ist. Die Abwicklung sollte die Urkunde zumindest kurz regeln. Bei den Regelungen zur Auseinandersetzung ist zu unterscheiden, ob die Ehegatten bisher in einer Gütergemeinschaft/Errungenschaftsgemeinschaft oder in bloßer Zugewinngemeinschaft/Gütertrennung gelebt haben. Nur bei der Gütergemeinschaft/Errungenschaftsgemeinschaft bilden die Ehegatten grundsätzlich gemeinsames Eigentum. Dann ist zur Beendigung der Gemeinschaft eine Eigentumszuordnung erforderlich. Selbstverständlich sind die Beteiligten nicht gezwungen, bei Beendigung des Güterstands alle ihnen gehörende Sachen sofort unter sich aufzuteilen. Sie können sich über die Zuordnung auch noch später einigen. Die Übereignung beweglicher Sachen ist für sich nicht beurkundungspflichtig. Wenn es den Beteiligten jedoch auf die Zuordnung bestimmter beweglicher Sachen ankommt und die Zuordnung Bedingung ihrer übrigen Vereinbarungen ist, sollte eine Regelung unmittelbar in der Urkunde erfolgen. Dies gilt insbesondere dann, wenn in einer Trennungs- und/oder Scheidungssituation die korrekte Zuordnung zwischen den Beteiligten umstritten war und daher Bedarf zur Klarstellung besteht. 1803

Bei einer zulässigen rückwirkenden Rechtswahl des deutschen Rechts nach Art. 22 EU-GüVO (möglich seit dem 29.1.2019) ist hingegen wohl davon auszugehen, dass diese auch sachenrechtlich wirkt.[307] Das heißt, die Eigentumszuordnung ändert sich rückwirkend, z.B. von einer Errungenschaftsgemeinschaft zu **Bruchteilseigentum**. Die Einzelheiten sind derzeit nicht abschließend geklärt. So ist z.B. nicht sicher, ob die Ehegatten automatisch immer Bruchteilseigentum zu je ½ Anteil erwerben, oder ob für das Anteilsverhältnis maßgeblich ist, wie die Ehegatten zur Finanzierung der Sache beigetragen haben, oder ob sie die Anteilsverhältnisse ggf. doch vereinbaren müssen. Es ist also nicht gesichert, dass alle Gegenstände automatisch und ohne Weiteres in den neuen Güterstand überführt werden. Daher empfehlen sich stets klarstellende Vereinbarungen sowie (zumindest vorsorgliche) dingliche Einigungen/Auflassungen zur Überführung der Sachen in ein bestimmtes Bruchteilsverhältnis. 1804

> *Hinweis* 1805
>
> Wenn die Ehegatten hingegen in einem der deutschen Zugewinngemeinschaft ähnlichen Güterstand oder in Gütertrennung leben, ist nicht zwingend gemeinsames Eigentum an Sachen entstanden. Auch dann ist es jedoch möglich, dass die Ehegatten gemeinsame Anschaffungen getätigt haben und Eigentum zu Bruchteilen erworben haben. Wenn daher eine Eigentumszuordnung erforderlich ist, könnten auch hier klarstellende Vereinbarungen getroffen werden.

5. Praktische Hinweise zur Vorbereitung und Beurkundung von Grundstückskaufverträgen unter Beteiligung ausländischer Staatsangehöriger

Zusammenfassend können die folgenden praktischen Hinweise für die Vorbereitung und Beurkundung eines Grundstückskaufvertrages unter Beteiligung ausländischer Staatsangehöriger gegeben werden. Hierbei ist stets im Auge zu behalten, zu welchem Zeitpunkt die Ehegatten ihre Ehe geschlossen haben. In der Praxis werden uns noch eine Zeit lang Ehen beschäftigen, die vor dem 29.1.2019 geschlossen wurden. Für diese gelten zur Ermittlung des Güterrechtsstatuts die bisherigen Bestimmungen der Art. 15 Abs. 1 EGBGB a.F. i.V.m. Art. 14 Abs. 1 EGBGB a.F. Für Ehen, die nach dem genannten Stichtag geschlossen wurden, gilt nunmehr die EU-GüVO. Rechtswahlen, die ab diesem Stichtag vereinbart werden, bestimmen sich ausschließlich nach der EU-GüVO. 1806

a) Beteiligung von Ausländern auf der Veräußererseite

Der sicherste und beste Weg ist immer, beide Ehegatten auf der **Veräußererseite** an der Beurkundung mitwirken zu lassen. **Veräußerungsbeschränkungen** und **Zustimmungserfordernisse** nach ausländischen Rechtsordnungen stehen dann der Beurkundung nicht im Wege. Es sollte von daher nach Möglichkeit immer darauf 1807

307 Dazu *Döbereiner*, notar 2018, 244, 255.

hingewirkt werden, dass beide Ehegatten an der Beurkundung teilnehmen oder die Urkunde zumindest im Nachhinein ordnungsgemäß genehmigen. Um dies zu erreichen, sollte im Einzelfall auch eine zeitliche Verschiebung der Beurkundung in Kauf genommen werden.

1808 Wenn die Mitwirkung beider Ehegatten nicht möglich oder nicht gewollt ist, kann durch **Ermittlung des einschlägigen Güterrechtsstatuts** – aufgrund entsprechender Auskünfte und Informationen der Vertragsbeteiligten und gegebenenfalls mittels entsprechender Fachliteratur oder Rechtsgutachten des DNotI – festgestellt werden, ob überhaupt Verfügungsbeschränkungen oder Zustimmungserfordernisse existieren, die der Beurkundung entgegenstehen. So bereiten z.B. die Rechtsordnungen, die als gesetzlichen Güterstand eine Gütertrennung vorsehen in diesem Rahmen keine Probleme. Oder die Prüfung ergibt, dass die betreffende ausländische Rechtsordnung hinsichtlich unbeweglichen Vermögens auf deutsches – also vertrautes – Recht zurückverweist (vgl. „**Schottland-Fall**“, Rdn 1790) und dann lediglich die „Hürde“ des § 1365 BGB zu nehmen ist.

1809 Ist eine Beteiligung beider Ehegatten an der Beurkundung nicht möglich und ergibt die Ermittlung des einschlägigen Güterrechts das Vorliegen von Verfügungsbeschränkungen bzw. Zustimmungserfordernissen, so sollte überlegt werden, inwieweit eine Rechtswahl möglich ist. Eine Rechtswahl zum deutschen Güterrecht wie bislang gemäß Art. 15 Abs. 2 Nrn. 1 bis 3 EGBGB a.F. ist nicht mehr möglich. Seit dem 29.1.2019 richtet sich die Zulässigkeit einer Rechtswahl nach Art. 22 EU-GüVO.[308] Aber auch eine solche Rechtswahl setzt die – hier ja nicht mögliche – Mitwirkung beider Ehegatten voraus. Auch im Übrigen wird eine Rechtswahl in den meisten Fällen vom Veräußerer nicht gewollt sein, da er sich ja gerade durch den Kaufvertrag seines Grundbesitzes – und damit häufig seines wesentlichen Vermögenswertes – in Deutschland „entledigt“, für den das gewählte deutsche Güterrecht dann keine Bedeutung mehr haben kann.

1810 Hilfe könnte für Ehen, die vor dem 29.1.2019 geschlossen wurden, die Schutzvorschrift des Art. 16 Abs. 1 EGBGB a.F. bieten. Diese Vorschrift schützt das Vertrauen **eines gutgläubigen Dritten** in die Geltung des deutschen Güterrechts, und zwar unter folgenden Voraussetzungen (bezogen auf die hier zu untersuchende Problematik eines Grundstückskaufvertrages):

- Mindestens einer der Ehegatten, die einem ausländischen Güterrecht unterstehen, muss in Deutschland seinen gewöhnlichen Aufenthalt haben oder hier ein Gewerbe betreiben;
- der ausländische Güterstand darf nicht im Güterrechtsregister des zuständigen Amtsgerichts eingetragen sein;
- der Vertragspartner (hier der Erwerber) darf bei Vertragsschluss nicht positiv wissen, dass der Ehegatte (hier der Veräußerer) in einem ausländischen Güterstand lebt;
- der Grundstückskaufvertrag wird in Deutschland vorgenommen.

1811 Die vorstehenden Voraussetzungen müssen **gleichzeitig** vorliegen; fehlt nur eine der Voraussetzungen, entfällt der Schutz des guten Glaubens. Da Eintragungen in das Güterrechtsregister nur äußerst selten vorkommen und der Vertragspartner in aller Regel keine positive Kenntnis darüber hat, in welchem Güterstand sein Vertragspartner lebt (Kennenmüssen schadet nicht und allein die Kenntnis der ausländischen Staatsangehörigkeit des Vertragspartners begründet für sich noch keine positive Kenntnis des ausländischen Güterstandes), wird das Vertrauen in die Geltung des deutschen Güterrechts durch Art. 16 Abs. 1 EGBGB a.F. sehr weitgehend geschützt. Wichtig ist aber, dass Art. 16 Abs. 1 EGBGB a.F. nur einseitig den Vertragspartner, nicht die ausländischen Ehegatten selbst schützt. Liegen also die Voraussetzungen des Art. 16 Abs. 1 EGBGB a.F. vor, kann der Vertragspartner wählen, ob er an dem Kaufvertrag festhalten oder sich auf die wirkliche Rechtslage (Verfügungsbeschränkung für den allein veräußernden Ehegatten) und damit auf die Unwirksamkeit des Kaufvertrages berufen will. Dem veräußernden Ehegatten steht dieses Recht nicht zu. Da der Notar aber verpflichtet ist, beide Vertragsparteien gleichermaßen zu schützen, muss er auch beide Vertragsparteien ausführlich über die Voraussetzungen, Rechtsfolgen, die einseitige Schutzrichtung der Vorschrift und deren Risiken belehren. Alles in allem sollte ein „Sich-Verlassen“ auf die Schutzvorschrift des Art. 16 Abs. 1 EGBGB a.F. nur das „letzte Mittel“ nach Ausschöpfung aller anderen Lösungswege sein. Eine ausführliche Behandlung dieser Vorschrift einschließlich eines Formulierungsvorschlages für eine umfassende notarielle Belehrung findet sich bei *Schotten*.[309]

308 Dazu ausführlich *Döbereiner*, notar 2018, 244, 250 ff.

309 *Schotten*, Der Schutz des Rechtsverkehrs im Internationalen Privatrecht, DNotZ 1994, 670 ff.; vgl. auch *Hausmann/Odersky*, Internationales Privatrecht in der Notar- und Gestaltungspraxis, 4. Aufl. 2021, § 9 Rn 277 ff.

Letztendlich sollte die Beurkundung eines Grundstückskaufvertrages unter Mitwirkung nur eines Ehegatten, der aufgrund der Anwendung ausländischen Güterrechts einer Verfügungsbeschränkung bzw. einem Zustimmungserfordernis des anderen Ehegatten unterliegt, grundsätzlich abgelehnt oder zumindest bis zur möglichen Mitwirkung des anderen Ehegatten verschoben werden. Eine Beurkundung unter Berufung auf Art. 16 Abs. 1 EGBGB a.F. sollte nur erfolgen, wenn beide Vertragsparteien in Kenntnis der hiermit verbundenen Risiken darauf bestehen, und dann nur unter Aufnahme einer umfassenden Belehrung in die Urkunde. Die notarielle Praxis zeigt aber, dass die Vertragsparteien in den meisten Fällen die für eine reibungslose Vorbereitung und Beurkundung erforderliche Kooperationsbereitschaft zeigen und grundsätzlich den Empfehlungen des Notars folgen, sodass es nur in den seltensten Fällen zu Problemen kommt. 1812

Für Ehen, die nach dem 29.1.2019 geschlossen wurden, bestimmt sich der Schutz Dritter gegenüber Beschränkungen seines Vertragspartners durch ausländisches Ehegüterrecht künftig nach Art. 28 EU-GüVO. Danach ist maßgeblich, ob der Dritte Kenntnis von dem auf den Güterstand anwendbaren Recht des oder der Ehegatten hatte, mit dem/denen er kontrahiert hat, oder diese Kenntnis bei Anwendung der erforderlichen Sorgfalt hätte haben können.[310] Die Reichweite des Art. 28 EU-GüVO ist nicht enger als jene des bisherigen Art. 16 EGBGB a.F. Dennoch sollte auch hier in der Praxis auf die ordnungsgemäße Beteiligung des anderen Ehegatten hingewirkt werden. Denn es ist oft nicht sicher zu beurteilen, ob die Gutglaubensvorschriften eingreifen. Ferner bietet ein Erwerb, der nur auf gutem Glauben basiert, jedenfalls rechtliches Angriffspotential, insbesondere im Scheidungsfall. 1813

b) Beteiligung von Ausländern auf der Erwerberseite

Wegen des oben dargestellten Problems eines gesetzlichen Vermögenserwerbs im Rahmen von **Güter- oder Errungenschaftsgemeinschaften** durch den an der Urkunde nicht mitwirkenden Ehegatten und wegen der notwendigen Angabe des Beteiligungsverhältnisses beim Erwerber gemäß § 47 Abs. 1 GBO ist grundsätzlich das für die Erwerber-Ehegatten einschlägige Güterrechtsstatut mit den entsprechenden juristischen Hilfsmitteln zu bestimmen. Die für die Ermittlung notwendigen Erklärungen der Vertragsbeteiligten sollten in die Urkunde aufgenommen werden und hierbei klargestellt werden, dass es sich hierbei um Erklärungen der Vertragsbeteiligten und nicht um Erklärungen des Notars handelt. 1814

▼ 1815

Muster 4.289: Erklärungen der Beteiligten zur Bestimmung des Güterrechtsstatuts im Falle gemischt-nationaler Ehen, die nach dem 8.4.1983 geschlossen wurden 4.289

Die Eheleute erklären zunächst, dass

- seit seiner Geburt ausschließlich die Staatsangehörigkeit besitze,
- seit ihrer Geburt ausschließlich die Staatsangehörigkeit besitze,
- sie am vor dem Standesbeamten des Standesamtes die Ehe geschlossen haben,
- jeder von ihnen zu diesem Zeitpunkt seinen gewöhnlichen Aufenthalt in Deutschland hatte,
- sie ihren ersten gemeinsamen ehelichen Wohnsitz in Deutschland begründet haben,
- sie keine Rechtswahl hinsichtlich des Güterrechts getroffen und keinen Ehevertrag geschlossen haben,

sodass sie im gesetzlichen Güterstand der Zugewinngemeinschaft des deutschen Rechts leben.[311]

▲

Gelangt man aufgrund der Prüfung zur Anwendung eines ausländischen Güterrechts und sind die hierdurch festgelegten Rechtsfolgen nicht erwünscht (z.B. Erwerb des Grundbesitzes nur in Errungenschaftsgemeinschaft möglich), so müssen weitere Überlegungen angestellt werden: 1816

310 Näher dazu *Hausmann/Odersky*, Internationales Privatrecht in der Notar- und Gestaltungspraxis, 4. Aufl. 2021, § 9 Rn 282 ff.; *Döbereiner*, notar 2018, 244, 257 f.

311 Nach *Schotten/Schmellenkamp*, Das Internationale Privatrecht in der notariellen Praxis, 2. Aufl. 2007, Rn 208; für Ehen, die vor dem 8.4.1983 geschlossen wurden, vgl. das Muster ebenfalls bei *Schotten/Schmellenkamp*, Rn 208.

Hinweis

Ein Rechtsschutz über Art. 16 Abs. 1 EGBGB a.F. (bzw. nach Art. 28 EU-GüVO) kommt – wie bereits oben ausgeführt – von vornherein nur für den Vertragspartner des bzw. der ausländischen Ehegatten, nicht jedoch für diese Ehegatten selbst (hier den bzw. die Erwerber-Ehegatten) in Betracht. Über Art. 16 Abs. 1 EGBGB a.F. kann somit insbesondere nicht der gesetzliche „Miterwerb" des an der Beurkundung nicht beteiligten Ehegatten im Rahmen einer ausländischen Güter- bzw. Errungenschaftsgemeinschaft verhindert werden.

1817 Die Beteiligten sollten auf die Möglichkeit einer Rechtswahl hingewiesen werden. Eine umfassende Rechtswahl, die nunmehr nach Art. 22 EU-GüVO zu treffen wäre, ist insbesondere dann sinnvoll, wenn die Erwerber-Ehegatten schon seit vielen Jahren in Deutschland leben und von ihrer Lebensplanung her auch weiterhin in Deutschland bleiben wollen. Denn dann sind auch weitergehende, unmittelbar nicht beabsichtigte Auswirkungen der Rechtswahl auf eine etwaige spätere Scheidung und deren güterrechtliche Abwicklung akzeptabel. Aufgrund der Reichweite einer solchen Rechtswahl ist es empfehlenswert, die Rechtswahl in einer gesonderten Urkunde zu vereinbaren. In diese Urkunde sollte eine entsprechende Belehrung über den durch die Rechtswahl bewirkten Wechsel des anwendbaren Rechts aufgenommen werden. Mit den betroffenen Ehegatten wäre weiterhin zu erörtern, ob es im Rahmen des gewählten deutschen Rechts entweder bei der Zugewinngemeinschaft bleibt und in diesem Rahmen für die Berechnung des Anfangsvermögens der Zeitpunkt der Eheschließung oder der Zeitpunkt der Rechtswahl gelten oder eventuell ein anderer Güterstand (etwa die Gütertrennung) vereinbart werden soll. Schließlich müsste geklärt werden, ob der nunmehr beendete Güterstand des ausländischen Rechts abgewickelt werden soll, sofern die Rechtswahl nicht rückwirkend gelten soll (vgl. Art. 22 Abs. 3 EU-GüVO).

1818 Insbesondere dann, wenn eine Immobilie an einen im Güterstand der Gütergemeinschaft oder Errungenschaftsgemeinschaft des ausländischen Rechts lebenden Erwerber übertragen wird, ohne dass gleichzeitig ein automatischer gesetzlicher Übergang des Grundbesitzes auf den nicht an der Urkunde beteiligten Ehegatten stattfinden soll, können für den geübten Rechtsanwender unter Umständen Regelungen auf der Basis des materiellen ausländischen Rechts weiterhelfen. So wird z.B. nach mehreren ausländischen Rechtsordnungen einerseits unentgeltlich übertragener Grundbesitz von vornherein als Vorbehalts- oder Eigengut behandelt, und/oder kann andererseits entgeltlich übertragener Grundbesitz als Vorbehalts- bzw. Eigengut festgelegt werden, sodass der übertragene Grundbesitz von daher jeweils nicht in das Gesamtgut der Ehegatten übergeht.

1819 Fraglich ist, welche Risiken es nach sich zieht, wenn im Rahmen der vorstehenden Ermittlungen ein falsches Güterrechtsstatut und/oder ein falscher Güterstand ermittelt werden. Nach herrschender Auffassung gehört die Angabe des Erwerbsverhältnisses zum zwingenden Inhalt der Auflassung in einem Grundstückskaufvertrag und ist somit materielle Wirksamkeitsvoraussetzung für den Eigentumserwerb. Der „Super-Gau" einer unwirksamen Auflassung und eines unwirksamen Eigentumserwerbs tritt aber aufgrund der Rechtsprechung des BGH und des BayObLG im Falle der Ermittlung eines falschen Erwerbsverhältnisses nicht ein. Denn erfolgt die Auflassung an einen Ehegatten zu Alleineigentum oder an beide Ehegatten zu Bruchteilseigentum, obwohl sie im Güterstand einer Güter- oder Errungenschaftsgemeinschaft leben, so gehen sowohl der BGH[312] als auch die h.M. in der juristischen Literatur – wenn auch mit unterschiedlicher Argumentation – davon aus, dass beide Ehegatten kraft Gesetzes in Güter- bzw. Errungenschaftsgemeinschaft erwerben, sodass letztendlich trotz falscher Auflassung das materiellrechtlich richtige Ergebnis herauskommt. Wird z.B. die Auflassung an einen französischen Ehegatten allein erklärt, der im Güterstand der Errungenschaftsgemeinschaft des französischen Rechts lebt, so haben tatsächlich der französische Erwerber und sein nicht an der Beurkundung mitwirkender Ehegatte den Kaufgrundbesitz in Errungenschaftsgemeinschaft des französischen Rechts erworben. Das Grundbuch wird somit unrichtig und es kann somit von jedem Erwerber – also auch von dem nicht beteiligten Ehegatten – die entsprechende Grundbuchberichtigung beantragt werden. Wird hingegen umgekehrt an ein Ehepaar in Errungenschaftsgemeinschaft aufgelassen, obwohl gar keine Gesamthandsgemeinschaft im Sinne des deutschen Rechts vorliegt, so ist die Auflassung nach herrschender Meinung unwirksam. Sie kann jedoch nach Auffassung des BayObLG und eines Teils der juristischen Literatur in eine Auflassung an die Ehegatten als Bruchteilseigentümter zu je ½ Anteil umgedeutet werden. Diese Auffassung kann aber – insbesondere mangels höchstrichterlicher Rechtsprechung hierzu – noch nicht als gesichert angesehen werden. Für die Praxis be-

312 Vgl. hierzu die Grundsatzentscheidung BGH NJW 1982, 1097.

deutet dies, dass in den Fällen, in denen der Notar nicht sicher ist, ob ein ausländisches Güterrecht zur Anwendung gelangt und wenn ja, ob der im Rahmen des ausländischen Güterrechts anwendbare ausländische Güterstand eine Gesamthand im Sinne des deutschen Rechts darstellt, der Kaufgrundbesitz im Zweifel an die Ehegatten als Bruchteilseigentümer zu je ½ Anteil aufgelassen werden sollte, da dies immer zu einem wirksamen Eigentumserwerb führt.[313]

IV. Das Europäische Nachlasszeugnis und der deutsche Erbschein mit Auslandsberührung

1. Allgemeines zur Europäischen Erbrechtsverordnung (EU-ErbVO)

Eine besondere praktische Relevanz für die notarielle Tätigkeit hat auch die Vorbereitung und Beurkundung von Europäischen Nachlasszeugnissen und Erbscheinsanträgen mit Auslandsberührung. Eine solche Auslandsberührung ist dann gegeben, wenn entweder der Erblasser zum Zeitpunkt des Erbfalles eine ausländische Staatsangehörigkeit besessen hat und/oder der Erblasser zu diesem Zeitpunkt seinen gewöhnlichen Aufenthalt bzw. seinen Wohnsitz bzw. sein Domizil im Ausland hatte und/oder wenn der Erblasser Nachlassvermögen im Ausland hinterlassen hat. 1820

Am 16.8.2012 ist die Verordnung der Europäischen Union Nr. 650/2012 vom 4.7.2012 über die Zuständigkeit, das anzuwendende Recht, die Anerkennung und Vollstreckung von Entscheidungen, die Annahme und Vollstreckung öffentlicher Urkunden in Erbsachen, sowie zur Einführung eines Europäischen Nachlasszeugnisses (im Folgenden kurz EU-ErbVO) in Kraft getreten. Sie ist anwendbar auf alle Erbfälle, die ab dem 17.8.2015 eintreten. Durch die EU-ErbVO sind insbesondere die bisher geltenden nationalen Kollisionsnormen zur Ermittlung des anwendbaren Erbrechts (Art. 25 und 26 EGBGB) verdrängt worden. Darüber hinaus schafft die EU-ErbVO ein neues Europäisches Nachlasszeugnis und regelt die entsprechenden Zuständigkeitsvorschriften. Nachfolgend wird zunächst ein kurzer Überblick über wichtige Eckpunkte der neuen EU-ErbVO (Anwendungsbereiche, Inhalt, Ziel, zeitliche Übergangsvorschriften, usw.) gegeben und in diesem Rahmen das Verhältnis vom neuen, durch die Verordnung geschaffenen Rechtsinstitut des Europäischen Nachlasszeugnisses zum deutschen Erbschein, insbesondere die Abgrenzung der entsprechenden Zuständigkeitsvorschriften der EU-ErbVO von den nationalen Zuständigkeitsvorschriften des FamFG, dargestellt. Es folgt die Ermittlung des auf einen Erbfall anzuwendenden Rechts anhand der neuen Kollisionsvorschriften der EU-ErbVO (Erbstatut). Anschließend wird das Errichtungsstatut bzw. das hypothetische Erbstatut bei Testamenten und Erbverträgen im Rahmen der EU-ErbVO näher beleuchtet. Die alte Rechtslage gemäß Art. 25, 26 EGBGB a.F. wird nicht mehr aufgegriffen; diesbezüglich wird auf die Vorauflagen der Notariatskunde verwiesen. Dann werden die Vorschriften zur Zuständigkeit deutscher Nachlassgerichte für die Erteilung von Europäischen Nachlasszeugnissen einerseits und von deutschen Erbscheinen mit Auslandsberührung andererseits erörtert. Es folgen detailliertere Ausführungen zum einen zum Europäischen Nachlasszeugnis und zum anderen zum deutschen Erbschein mit Auslandsberührung. Anhand von typisierten Beispielsfällen wird dann die Erteilung von Europäischen Nachlasszeugnissen und deutschen Erbscheinen mit Auslandsberührung vertieft. Schließlich werden noch einige wichtige Hinweise für die Vorbereitung von Verfügungen von Todes wegen und Pflichtteilsverzichtsverträgen mit Auslandsberührung samt Musterformulierungen gegeben. 1821

a) Anwendungsbereich der EU-ErbVO

aa) Zeitlicher Anwendungsbereich der EU-ErbVO

Die EU-ErbVO ist am 16.8.2012 in Kraft getreten. Sie gilt für Erbfälle, die ab dem 17.8.2015 eingetreten sind. Die EU-ErbVO – und mit ihr insbesondere die Kollisionsvorschriften zur Ermittlung des anwendbaren Erbrechts – gilt somit auch erst für Verfahren zur Erteilung von Europäischen Nachlasszeugnissen sowie für deutsche Erbscheinsverfahren, die Erbfälle ab diesem Zeitpunkt betreffen. Für Erbfälle vor dem vorgenannten Stichtag kommt die Erteilung eines Europäischen Nachlasszeugnisses nicht in Betracht und die Ermittlung 1822

313 Vgl. zu diesem Themenbereich ausführlich auch mit weiteren Gestaltungsvorschlägen *Weber*, Erwerb von Grundstücken durch Ehegatten mit ausländischem Güterstand, MittBayNot 2016, 482 und 2017, 22.

des anwendbaren Erbrechts im Rahmen von deutschen Erbscheinsanträgen mit Auslandsberührung richtet sich ausschließlich nach den bisherigen deutschen Kollisionsvorschriften der Art. 25, 26 EGBGB a.F.

bb) Örtlicher Anwendungsbereich

1823 Die EU-ErbVO ist in allen EU-Staaten anzuwenden mit **Ausnahme** von Dänemark und Irland.[314]

Die Kollisionsnormen der EU-ErbVO gelten aber auch dann, wenn sie auf das Erbrecht eines Drittstaates bzw. auf das Recht Dänemarks oder Irlands verweisen. Sie enthalten somit universelles Recht (= *loi uniforme*, Art. 20 EU-ErbVO).

cc) Vorrangige internationale Abkommen

1824 Gemäß Art. 75 EU-ErbVO lässt die Verordnung die Anwendung internationaler Abkommen unberührt, denen ein oder mehrere Mitgliedstaaten zum Zeitpunkt der Annahme dieser Verordnung angehören und die Bereiche betreffen, die in der EU-ErbVO geregelt sind.

1825 Vorrangig ist hiernach als einziges, Deutschland betreffendes multilaterales Abkommen das in Art. 75 Abs. 1 EU-ErbVO ausdrücklich genannte Haager Testamentsformübereinkommen vom 5.10.1961. Die Formwirksamkeit von letztwilligen Verfügungen (einseitige und gemeinschaftliche Testamente) richtet sich somit für die in Deutschland errichteten Testamente nach dem Haager Testamentsformübereinkommen. Für Erbverträge gilt das Haager Testamentsformübereinkommen jedoch nicht, hier greift die Vorschrift des Art. 27 EU-ErbVO, die allerdings die sehr weitgehenden Formvorschriften des Haager Testamentsübereinkommens übernommen hat. Formwirksam errichtet sind aufgrund beider Rechtsgrundlagen Verfügungen von Tode wegen, die entweder der Ortsform, der Form des Heimatstaates oder des Aufenthalts- bzw. Wohnsitzstaates eines an der Verfügung beteiligten Erblassers (wobei Staatsangehörigkeit, gewöhnlicher Aufenthalt oder Wohnsitz entweder zum Zeitpunkt der Errichtung der Verfügung von Todes wegen oder zum Zeitpunkt des Erbfalls vorliegen müssen) oder der Form des Lageortes einer im Nachlass befindlichen Immobilie (*lex rei sitae*) entsprechen.

1826 Vorrangige Deutschland betreffende bilaterale Abkommen sind das deutsch-iranische Niederlassungsabkommen vom 17.2.1929, der deutsch-sowjetische Konsularvertrag vom 25.4.1958 und der deutsch-türkische Konsularvertrag vom 28.5.1929 (vgl. hierzu unter im Einzelnen die Ausführungen unter Rdn 1852 f.).

b) Inhalt der EU-ErbVO

1827 Die Verordnung umfasst alle Bereiche der „Rechtsnachfolge von Todes wegen" (Art. 1 Abs. 1 EU-ErbVO), also insbesondere die gesetzliche und gewillkürte Erbfolge (Art. 3 Abs. 1 lit. a) EU-ErbVO) und in diesem Rahmen die Berufung der Berechtigten, die Festlegung der Erbquoten und die Bestimmung von Rechten und Pflichten am Nachlass, weiterhin den Anfall und den Übergang des Nachlasses, die Ausschlagung von Erbschaft und Vermächtnissen, die Rechte von Testamentsvollstreckern und Nachlassverwaltern, die Erbauseinandersetzung, die Haftung für Nachlassverbindlichkeiten, die Pflichtteils- und Noterbrechte, aber auch die Auswirkungen von gesetzlichen oder vertraglichen Ausgleichs- und Anrechnungsbestimmungen wie z.B. §§ 2050, 2315 BGB (vgl. Art. 23 EU-ErbVO und unter Rdn 1899 ff.).

1828 Die Verordnung umfasst hingegen nicht Fragen der Rechts-, Geschäfts- und Handlungsfähigkeit, des ehelichen Güterrechts, des Unterhaltsrechts, des Gesellschaftsrechts (z.B. des Grundbuchrechts und des Handelsregisters) oder des Sachenrechts. Die Abgrenzung ist im Einzelfall recht schwierig. Dies betrifft insbesondere die Bereiche des Güterrechts (z.B. Frage der Qualifikation der Vorschrift des § 1371 Abs. 1 BGB; vgl. dazu unter Rdn 1989 ff.) und des Sachenrechts (vgl. dazu unter Rdn 1993).

1829 **Inhaltlich** behandelt die Verordnung von ihrer Gliederung her folgende **fünf Bereiche**:

(1) Zuständigkeit der Gerichte
(2) Anzuwendendes Recht
(3) Anerkennung und Vollstreckung von Entscheidungen
(4) Öffentliche Urkunden und gerichtliche Vergleiche
(5) Europäisches Nachlasszeugnis

314 Vgl. hierzu Erwägungsgründe (= EG) 82, 83 zur EU-ErbVO.

Weiter untersucht werden im Folgenden nur die Punkte (1) Zuständigkeit der Gerichte, (2) Anzuwendendes Recht und (5) Europäisches Nachlasszeugnis.

c) Ziel der Verordnung

Ziel der EU-ErbVO ist die Erleichterung der Rechtsdurchsetzung im Zusammenhang mit **grenzüberschreitenden Erbfällen**, somit die Wahrung der Rechte von Erben, Vermächtnisnehmern und Nachlassgläubigern im europäischen Rechtsraum. Nach Möglichkeit soll ein Gleichlauf zwischen der gerichtlichen Zuständigkeit und dem anwendbaren Recht erreicht werden, und zwar jeweils durch die Regelanknüpfung an den gewöhnlichen Aufenthalt des Erblassers zum Zeitpunkt des Todes. Die Gerichte sollen somit im Regelfall ihr eigenes Recht anwenden, sodass eine schnellere und unkompliziertere Nachlassabwicklung möglich sein soll. Ein weiteres wichtiges Anliegen der EU-ErbVO ist die Vermeidung der oft mit erheblichen Nachteilen verbundenen Nachlassspaltung durch Verankerung des Grundsatzes der Nachlasseinheit (vgl. Art. 21 Abs. 1 EU-ErbVO). 1830

Da nationale Erbscheine und andere Erbnachweise in anderen Staaten grundsätzlich nicht anerkannt werden und somit grundsätzlich in jedem Staat ein **eigenes Nachlassverfahren** durchgeführt werden muss, soll in Zukunft ein einheitliches Europäisches Nachlasszeugnis eine zügige, unkomplizierte und effiziente Abwicklung grenzüberschreitender Erbfälle ermöglichen, ohne allerdings die bewährten nationalen Erbnachweise zu verdrängen. 1831

d) Zeitliche Übergangsvorschriften gemäß Art. 83 EU-ErbVO

Die EU-ErbVO enthält in Art. 83 wichtige zeitliche Übergangsvorschriften. 1832

aa) Art. 83 Abs. 3 der Verordnung: Vor dem 17.8.2015 errichtete Verfügungen von Todes wegen

Gemäß Art. 83 Abs. 3 der Verordnung bleiben vor dem 17.8.2015 nach bisherigem nationalen Recht wirksam errichtete Verfügungen von Todes wegen auch nach dem vorgenannten Zeitpunkt dann zulässig sowie formell und materiell wirksam, wenn sie (1) entweder dem nach der EU-ErbVO anwendbaren Erbrecht oder (2) dem zum Zeitpunkt der Errichtung der Verfügung geltenden Recht des Staates entsprechen, dessen Staatsangehörigkeit der Erblasser zum Zeitpunkt der Errichtung der Verfügung von Todes wegen hatte oder (3) in dem der Erblasser zum Zeitpunkt der Errichtung der Verfügung von Todes wegen seinen gewöhnlichen Aufenthalt hatte oder (4) dessen Behörde mit der Erbsache befasst war. So bleiben insbesondere von deutschen Erblassern oder von in Deutschland lebenden ausländischen Erblassern nach deutschem Recht wirksam errichtete Verfügungen von Todes wegen auch nach dem 17.8.2015 zulässig sowie formell und materiell wirksam. Art. 83 Abs. 3 der Verordnung bezieht sich aber ausdrücklich nicht auf die Bindungswirkung oder die übrigen Wirkungen der betreffenden Verfügung von Todes wegen. Diese sind bei Eintritt des Erbfalls nach dem gemäß den Kollisionsvorschriften der EU-ErbVO zu ermittelnden Erbrecht (Art. 22, 24, 25) zu bestimmen (vgl. hierzu unten die Ausführungen unter Rdn 1902 ff.). 1833

bb) Art. 83 Abs. 2 der Verordnung: Vor dem 17.8.2015 getroffene Rechtswahlen

Gemäß Art. 83 Abs. 2 der Verordnung bleiben vor dem 17.8.2015 getroffene Rechtswahlen auch über den vorgenannten Zeitpunkt hinaus unter anderem auch dann in Kraft, wenn die Rechtswahlen nach dem zum Zeitpunkt der Rechtswahl anwendbaren Erbrecht wirksam getroffen wurden und der Erblasser entweder die Staatsangehörigkeit des Staates des maßgeblichen Rechts oder in diesem Staat seinen gewöhnlichen Aufenthalt hatte.[315] Dementsprechend bleiben z.B. vor dem 17.8.2015 getroffene gegenständlich beschränkte Rechtswahlen nach Art. 25 Abs. 2 EGBGB a.F., die nach dem vorgenannten Zeitpunkt nicht mehr zulässig sind (vgl. hierzu unter Rdn 1880 ff.), auch über den genannten Zeitpunkt hinaus wirksam, wenn der Erblasser zum Zeitpunkt der Rechtswahl entweder deutscher Staatsangehöriger war oder er seinen gewöhnlichen Aufenthalt in Deutschland hatte. Allerdings verliert die Rechtswahl ihre Wirkung, wenn der Erblasser nach dem 17.8.2015 neu testiert, da sich seine Verfügung dann ausdrücklich oder konkludent an den beschränkten Rechtswahlmöglichkeiten der EU-ErbVO orientieren muss. 1834

315 Vgl. hierzu BGH RNotZ 2019, 623.

1835 *Beispiel: Anwendbarkeit des Art. 83 Abs. 2 EU-ErbVO*

Ein in Deutschland lebender Ungar hat im Jahre 2010 vor einem deutschen Notar in einem Testament gemäß Art. 25 Abs. 2 EGBGB a.F. für seine in Düsseldorf befindliche Eigentumswohnung das deutsche Recht gewählt. Er zieht im Jahre 2014 nach Budapest um, wo er im Jahre 2016 stirbt. Da der Erblasser zum Zeitpunkt der Rechtswahl vor dem 17.8.2015 seinen gewöhnlichen Aufenthalt in Deutschland hatte, bleibt die Rechtswahl auch ab dem 17.8.2015 wirksam, obwohl ab diesem Stichtag nach den Vorschriften der EU-ErbVO diese gegenständlich beschränkte Rechtswahl nicht mehr zulässig ist.

1836 *Beispiel: Nicht-Anwendbarkeit des Art. 83 Abs. 2 der Verordnung*

Die von einem in Frankreich lebenden spanischen Erblasser mit Grundbesitz in Deutschland nach Art. 25 Abs. 2 EGBGB a.F. getroffene gegenständlich beschränkte Rechtwahl ist nur bis zum 17.8.2015 wirksam, da der Erblasser zum Zeitpunkt der Rechtswahl weder deutscher Staatsangehöriger war noch seinen gewöhnlichen Aufenthalt in Deutschland hatte.

1837 Über den 17.8.2015 hinaus wirksam bleiben unter den vorgenannten Voraussetzungen auch vor einem deutschen Notar auf der Grundlage eines ausländischen Rechts getroffene Rechtswahlen. So konnte bis zu dem vorgenannten Stichtag z.B. ein in Deutschland lebender italienischer Staatsangehöriger gemäß Art. 46 Abs. 2 italienisches IPRG, ein in Deutschland lebender polnischer Staatsangehöriger gemäß Art. 64 Abs. 1 polnisches IPRG oder ein in Deutschland lebender niederländischer Staatsangehöriger gemäß Art. 1 des niederländischen Erbrechtskollisionsgesetzes in Verbindung mit Art. 5 Abs. 1 des Haager Erbrechtsübereinkommens vom 1.8.1989 für sein gesamtes Nachlassvermögen das deutsche Recht wählen, und zwar zum Teil als das Recht des gewöhnlichen Aufenthaltes des Erblassers (so in Italien, Polen und den Niederlanden) und zum Teil als das Recht der Staatsangehörigkeit des Erblassers (so in Polen und in den Niederlanden). Zu beachten ist aber, dass die auf der Grundlage des italienischen Rechts getroffene Rechtswahl zum deutschen Recht nach dem bisher geltenden italienischen Recht dann unwirksam ist bzw. wird, wenn der Erblasser zum Zeitpunkt seines Todes nicht mehr seinen gewöhnlichen Aufenthalt in Deutschland hat.

cc) Art. 83 Abs. 4 der Verordnung: Fiktion einer umfassenden Rechtswahl

1838 Die sehr weitreichende und für die Gestaltungspraxis wichtige Vorschrift des Art. 83 Abs. 4 der Verordnung fingiert eine umfassende Rechtswahl für den Fall, dass ein Erblasser vor dem 17.8.2015 eine Verfügung von Todes wegen nach dem Recht errichtet hat, welches er gemäß der Verordnung hätte wählen können, nämlich sein **Heimatrecht** (vgl. dazu unter Rdn 1876 ff.). In diesem Fall gilt dieses Heimatrecht des Erblassers als das auf seine gesamte Rechtsnachfolge von Todes wegen anzuwendende Recht, und zwar unabhängig davon, ob sich der Erblasser über die Frage des anwendbaren Rechts überhaupt Gedanken gemacht hat.[316]

1839 *Beispiel*

Ein in Slowenien lebender deutscher Erblasser hat dort im Jahre 2005 ein den deutschen Vorschriften des BGB entsprechendes privatschriftliches Testament errichtet und hierin die Regelungen eines „typischen" Behindertentestamentes mit Vor- und Nacherbschaft und Dauertestamentsvollstreckung (vgl. hierzu oben Rdn 1232 ff.) aufgenommen. Das slowenische Recht kennt eine derartige rechtliche Konstruktion nicht, die es ermöglicht, den Nachlass im Hinblick auf das behinderte Kind dem Zugriff des Sozialhilfeträgers zu entziehen. Deshalb muss die Verfügung wohl nach dem dem Erblasser bekannten deutschen Erbrecht errichtet worden sein. Dieses ist das Heimatrecht des Erblassers, welches er nach den Vorschriften der EU-ErbVO auch hätte wählen können (Art. 22; vgl. unten Rdn 1876 ff.). Damit unterliegt die Erbfolge nach dem Erblasser gemäß der Fiktion des Art. 83 Abs. 4 der Verordnung dem deutschen Heimatrecht des Erblassers.

1840 Selbst wenn die **Rechtswahlfiktion** hinsichtlich der Notargebühr eine kostengünstigere Lösung darstellt, ist gegebenenfalls nicht ausreichend, sich hierauf zu verlassen, da diese durch spätere Verfügungen des Erblassers ihre Wirkung verlieren könnte. Auch bei Vorliegen von vor dem 17.8.2015 wirksam errichteten

316 Vgl. zur Rechtswahlfiktion nach Art. 83 Abs. 4 EU-ErbVO jüngst OLG Karlsruhe ZEV 2024, 534.

Verfügungen ist sorgfältig zu prüfen, ob die Geltung deutschen Erbrechts durch eine ausdrückliche Rechtwahl „zementiert“ werden soll.

e) Abgrenzung der Zuständigkeitsvorschriften für die Erteilung von Europäischen Nachlasszeugnissen und deutschen Erbscheinen

Sehr wichtig für die folgenden Ausführungen ist die Frage der Abgrenzung der **Zuständigkeitsvorschriften** für die deutschen Nachlassgerichte zur Erteilung von Europäischen Nachlasszeugnissen (kurz: ENZ) einerseits und zur Erteilung von deutschen Erbscheinen mit Auslandsberührung andererseits. Ausgangspunkt der Überlegungen ist Art. 62 Abs. 3 S. 1 EU-ErbVO. Hiernach tritt das ENZ nicht an die Stelle der innerstaatlichen Schriftstücke, die in den Mitgliedstaaten zu ähnlichen Zwecken verwendet werden. Das ENZ tritt also insbesondere nicht an die Stelle des deutschen Erbscheins gemäß § 2353 BGB, §§ 352 ff. FamFG. Fraglich ist somit, wann welches der beiden erbrechtlichen Nachweisinstrumente von den deutschen Nachlassgerichten angewandt werden kann bzw. wann die deutschen Nachlassgerichte für die Erteilung eines ENZ einerseits und die Erteilung eines deutschen Erbscheins mit Auslandsberührung andererseits international zuständig sind. 1841

Die Zuständigkeit für die Erteilung eines ENZ ergibt sich aus Art. 64 in Verbindung mit Art. 4, 5, 7, 10 und 11 EU-ErbVO. Die internationale Zuständigkeit der deutschen Nachlassgerichte für die Erteilung von Erbscheinen mit Auslandsberührung folgte bis zur Anwendbarkeit der EU-ErbVO aus den nationalen Zuständigkeitsvorschriften der §§ 105, 343, 344 FamFG (vgl. im Einzelnen hierzu Rdn 1953 ff.). Fraglich ist, ob nunmehr die nationalen Zuständigkeitsvorschriften des FamFG für die Erteilung von nationalen Erbscheinen durch die Zuständigkeitsvorschriften der EU-ErbVO verdrängt werden oder ob die nationalen Zuständigkeitsvorschriften nach wie vor ihre Eigenständigkeit behalten. Sind also die Vorschriften des FamFG nach wie vor auch nach Anwendbarkeit der EU-ErbVO für die Ermittlung der internationalen Zuständigkeit der deutschen Nachlassgerichte zur Erteilung von Erbscheinen mit Auslandsberührung einschlägig oder gelten stattdessen ausschließlich die Art. 4 ff. EU-ErbVO? 1842

Diese Frage ist praktisch von großer Bedeutung, da die Zuständigkeitsvorschriften der EU-ErbVO viel enger sind als die des FamFG, den deutschen Nachlassgerichten also bei einer ausschließlichen Anwendbarkeit der Art. 4 ff. EU-ErbVO in vielen Fällen eine Zuständigkeit auch in praktisch relevanten Fällen abgeschnitten wäre. Da die EU-ErbVO sowohl bei den Zuständigkeitsvorschriften als auch bei den Vorschriften über die Ermittlung des anzuwendenden Rechts dem Aufenthaltsprinzip folgt und somit einen weitestgehenden Gleichlauf von Zuständigkeit der Gerichte und Behörden einerseits und dem von diesen anzuwendenden Recht andererseits herstellt, würden die deutschen Nachlassgerichte in der Regel nur dann für die Erteilung von Erbscheinen mit Auslandsberührung zuständig sein, wenn der Erblasser mit letztem Wohnsitz in Deutschland verstorben ist und deutsches Erbrecht zur Anwendung kommt. Aus dem Zuständigkeitsbereich herausfallen würden all die praktisch wichtigen Fälle, in denen ein Erblasser (gleich ob Deutscher oder Ausländer) mit letztem Wohnsitz im Ausland verstirbt, von daher in diesen Fällen zumeist ausländisches Erbrecht anzuwenden ist, der Erblasser aber Vermögenswerte nennenswerter Art, insbesondere Immobilien, in Deutschland hinterlässt. Die Erteilung von sog. **Fremdrechtserbscheinen** (vgl. zum Begriff Rdn 2008 ff.) durch deutsche Nachlassgerichte würde damit grundsätzlich ausscheiden. 1843

Die vorstehende Frage war bis vor kurzem in der juristischen Literatur sehr umstritten.[317] Bislang ging die überwiegende Meinung in der Literatur davon aus, dass sich die Zuständigkeit für deutsche Erbscheine nur nach § 343 FamFG richtet. Danach konnten die Erben und weitere Antragsberechtigte in sehr vielen Fällen einen deutschen Erbschein beantragen, auch wenn der Erblasser seinen gewöhnlichen Aufenthalt nicht in Deutschland hatte. 1844

So hat auch das KG in seinem Beschl. v. 10.1.2017[318] festgestellt, dass sich seiner Auffassung nach die internationale Zuständigkeit der deutschen Nachlassgerichte für die Erteilung von Erbscheinen nach wie vor nach den Vorschriften der §§ 105, 343 FamFG, und nicht nach den Zuständigkeitsvorschriften der Art. 4 ff. EU-ErbVO richtet. Kernargument des KG ist hierbei, wie bereits zuvor ausgeführt, dass ein deutscher Erbschein keine gerichtliche Entscheidung im Sinne des Art. 4 EU-ErbVO darstellt. Dennoch hat das KG dem EuGH die Frage zur

317 Vgl. zum damaligen Meinungsstreit z.B. *Wall*, ZErb 2015, 9 ff. mit weiteren Nachweisen.
318 ZEV 2017, 213.

Vorabentscheidung vorgelegt, ob Art. 4 EU-ErbVO dahingehend auszulegen ist, dass damit auch die ausschließliche Zuständigkeit für den Erlass der nicht vom ENZ ersetzten nationalen Nachlasszeugnisse in den jeweiligen Mitgliedstaaten bestimmt wird, mit der Folge, dass abweichende Bestimmungen der nationalen Gesetzgeber hinsichtlich der internationalen Zuständigkeit für die Ausstellung der nationalen Nachlasszeugnisse – wie z.B. in Deutschland § 105 FamFG – wegen Verstoßes gegen höherrangiges Europarecht unwirksam sind. Der EuGH hat in der Sache *„Oberle"* nunmehr (für alle Erbfälle ab dem 17.8.2015) entschieden, dass nationale Erbnachweise – insbesondere also auch deutsche Erbscheine! – von den Zuständigkeitsvorschriften der EU-ErbVO erfasst werden.[319] Maßgeblich für die gerichtliche Zuständigkeit ist also zunächst der gewöhnliche Aufenthalt in einem Mitgliedstaat. Hatte der Erblasser seinen gewöhnlichen Aufenthalt in Deutschland, sind die deutschen Nachlassgerichte daher zuständig. Hatte der Erblasser hingegen seinen gewöhnlichen Aufenthalt in einem anderen Mitgliedstaat der EU-ErbVO (alle EU-Mitgliedstaaten außer Irland und Dänemark), so sind die Gerichte dieses Mitgliedstaats zuständig. Die deutschen Gerichte sind dann nicht zuständig. Ein Erbschein kann dann in Deutschland nicht beantragt werden! Nur in dem Mitgliedstaat, in dem der Erblasser seinen gewöhnlichen Aufenthalt hatte, können nationale Erbnachweise und/oder ein Europäisches Nachlasszeugnis beantragt werden.

1845 Wenn zur Nachlassabwicklung in Deutschland ein Erbnachweis erforderlich ist, empfiehlt es sich daher, bei dem jeweils zuständigen ausländischen Gericht ein ENZ zu beantragen. Einfacher ist es in diesem Fall in der Regel, wenn die Beteiligten das Nachlasszeugnis vor Ort beantragen. Sind sie hingegen in Deutschland ansässig und möchten sie hier den Antrag stellen, sollte möglichst das Formblatt für den Antrag auf Erteilung eines Europäischen Nachlasszeugnisses verwendet werden, da das Formblatt in allen Mitgliedstaaten bekannt ist.

2. Ermittlung des auf die Erbfolge anwendbaren Rechts (Erbstatut) nach der EU-ErbVO

1846 Da nach aktueller Rechtslage die die Europäischen Nachlasszeugnisse oder Erbscheine erteilenden deutschen Nachlassgerichte, aber auch die die Erbscheinsanträge beurkundenden bzw. ENZ-Anträge begleitenden Notare, vermehrt Erbfälle mit Auslandsberührung bearbeiten müssen, in denen auch ausländisches Recht zur Anwendung kommen kann, ist es von besonderer Bedeutung – schon im Rahmen der Vorbereitung eines ENZ- bzw. Erbscheinsantrags mit Auslandsberührung – das auf den konkreten Fall anwendbare materielle Erbrecht (= „Erbstatut") zu ermitteln.

a) Vorrangige internationale Abkommen im Sinne von Art. 75 EU-ErbVO

1847 Bevor das anwendbare Recht durch eine Kollisionsnorm der EU-ErbVO festgestellt werden kann, muss zunächst geprüft werden, ob es vorrangige internationale Abkommen im Sinne vom Art. 75 EU-ErbVO gibt. Im Hinblick auf die Ermittlung des anwendbaren Erbrechts gibt es für Deutschland die drei schon genannten bilateralen Abkommen im Verhältnis zum Iran, zu einigen Nachfolgestaaten der ehemaligen Sowjetunion (z.B. Russland) und zu der Türkei. Bei den Verweisungen in den Abkommen handelt es sich stets um Sachnormverweisungen, sodass Rück- oder Weiterverweisungen ausgeschlossen sind. Wenn also der sachliche Anwendungsbereich eines dieser drei Abkommen eröffnet ist, hat die Ermittlung des anwendbaren Rechts grundsätzlich aufgrund der in diesen Abkommen enthaltenen Kollisionsnormen und nicht nach den Kollisionsvorschriften der EU-ErbVO zu erfolgen.

aa) Deutsch-iranisches Niederlassungsabkommen vom 17.2.1929

1848 Das **deutsch-iranische Niederlassungsabkommen** vom 17.2.1929,[320] das nur für ausschließlich deutsche oder ausschließlich iranische Erblasser (also keine Mehrstaater) gilt, knüpft für die Ermittlung des Erbstatuts an das Heimatrecht des Erblassers zum Zeitpunkt seines Todes an. Diese Anknüpfung an die Staatsangehörigkeit entsprach der bisherigen Anknüpfung des Art. 25 Abs. 1 EGBGB, weicht aber von der nunmehr geltenden Regelanknüpfung der EU-ErbVO an den letzten gewöhnlichen Aufenthalt des Erblassers (vgl. dazu unter Rdn 1855 ff.) ab. Von der EU-ErbVO abweichende Lösungen gibt es von daher für von in Deutschland lebenden „Nur"-Iranern und von im Iran lebenden ausschließlich deutschen Staatsangehörigen.

319 EuGH DNotZ 2018, 699 = RNotZ 2018, 486.
320 RGBl 1930 II, 1006.

Beispiel 1849

Der ausschließlich iranische Erblasser E verstirbt mit letztem gewöhnlichen Aufenthalt in Deutschland unter hinterlässt bewegliches und unbewegliches Vermögen in Deutschland und im Iran. – Der iranische Erblasser wird hinsichtlich seines gesamten Vermögens nach iranischem Recht beerbt.

bb) Deutsch-sowjetischer Konsularvertrag vom 25.4.1958

Der **deutsch-sowjetische Konsularvertrag** vom 25.4.1958,[321] der nach der Auflösung der Sowjetunion auch 1850
im Verhältnis zu Russland als Rechtsnachfolger der Sowjetunion und grundsätzlich auch zu den anderen Nachfolgestaaten der Sowjetunion aufgrund besonderer Erklärungen und Notenwechsel Anwendung findet (nicht anwendbar ist das Abkommen im Verhältnis zu Estland, Lettland, Litauen und Turkmenistan), enthält für unbewegliches Nachlassvermögen eine Sonderanknüpfung; es wird diesbezüglich an das Recht der Belegenheit der Sache (*lex rei sitae*) angeknüpft (Art. 28 Abs. 3). Der Vertrag gilt auch für Erblasser, die sowohl die deutsche als auch die russische Staatsangehörigkeit bzw. die Staatsangehörigkeit eines anderen Nachfolgestaates der Sowjetunion besitzen, aber auch für Erblasser, die entweder die deutsche Staatsangehörigkeit und die eines Drittstaates oder aber die Staatsangehörigkeit eines Nachfolgestaates der Sowjetunion und die eines Drittstaates haben, in letzterem Fall aber nur, wenn die Staatsangehörigkeit des Nachfolgestaates die effektivere ist (vgl. Art. 5 Abs. 1 S. 1 EGBGB). In sachlicher Hinsicht ist das Abkommen nur anwendbar, wenn sich in einem Vertragsstaat unbewegliche Nachlassgegenstände befinden, die zum Nachlass eines Angehörigen eines **anderen** Vertragsstaates gehören. Nach ganz herrschender Meinung sind die Regelungen des Konsularvertrages territorial begrenzt, sodass sich der Konsularvertrag nicht auf Immobilien bezieht, die sich in einem Drittstaat befinden. Sofern und soweit das Abkommen nicht anwendbar ist, wird nach den Kollisionsvorschriften der EU-ErbVO angeknüpft. Durch die unterschiedlichen Anknüpfungspunkte vom Konsularvertrag einerseits und der EU-ErbVO andererseits kann es zu einer Nachlassspaltung kommen.

Beispiel 1851

Der deutsche Erblasser E verstirbt mit letztem Wohnsitz in Xanten und hinterlässt bewegliches und unbewegliches Vermögen in Deutschland und ein Haus in Moskau. – Der sachliche Anwendungsbereich des deutsch-sowjetischen Konsularvertrages umfasst nur das Haus des deutschen Erblassers in Moskau. Diesbezüglich gilt nach Art. 28 Abs. 3 des Konsularvertrages russisches Recht (Sachnormverweisung). Für das Nachlassvermögen in Deutschland ist der sachliche Anwendungsbereich des Abkommens nicht eröffnet, sodass diesbezüglich das anzuwendende Recht nach den Kollisionsvorschriften der EU-ErbVO zu ermitteln ist. Es gilt diesbezüglich gemäß Art. 21 der Verordnung das deutsche Recht (vgl. dazu unten Rdn 1855 ff.). Es kommt somit zu einer Nachlassspaltung.

cc) Deutsch-türkischer Konsularvertrag vom 28.5.1929

Der deutsch-türkische Konsularvertrag vom 28.5.1929[322] knüpft hinsichtlich des beweglichen Nachlassver- 1852
mögens an das Heimatrecht des Erblassers zum Zeitpunkt seines Todes und hinsichtlich des unbeweglichen Nachlassvermögens an den Lageort (**lex rei sitae**) der Vermögenswerte an (Art. 20 § 14 Abs. 1 u. 2). Hinsichtlich des beweglichen Vermögens fallen deutsch-türkische Doppelstaater nicht unter das Abkommen, und zwar unabhängig davon, welche Staatsangehörigkeit die effektivere ist. Jeder Staat wendet hier sein eigenes Recht an, Deutschland somit die Kollisionsnormen der EU-ErbVO. Es entsteht ein sog. **hinkendes Rechtsverhältnis**.[323] Hinsichtlich des unbeweglichen Vermögens findet der Vertrag aber auch auf Erblasser Anwendung, die sowohl die deutsche als auch die türkische Staatsangehörigkeit besitzen (str.). In sachlicher Hinsicht ist das Abkommen nur anwendbar, wenn sich in einem Vertragsstaat Nachlassgegenstände befinden, die zum Nachlass eines Angehörigen des anderen Vertragsstaates gehören. Nach ganz herrschender Meinung sind die Regelungen des Konsularvertrages territorial begrenzt, sodass sich der Konsularvertrag nicht auf Immobilien bezieht, die sich in einem Drittstaat befinden. Sofern und soweit das Abkommen nicht anwendbar ist, wird nach den Kollisionsvorschriften der EU-ErbVO angeknüpft. Für deutsche Erblasser mit Immobilien in der Türkei und türkische Erblasser mit Immobilien in Deutschland kommt es schon aufgrund

321 BGBl 1959 II, 232.
322 RGBl 1930 II, 748.
323 Vgl. hierzu *Hausmann/Odersky*, Das internationale Privatrecht in der notariellen Praxis, 4. Aufl. 2021, § 15 Rn 357.

der unterschiedlichen Anknüpfung des Abkommens für bewegliches und unbewegliches Vermögen zwingend zu einer Nachlassspaltung.[324]

1853 *Beispiel*

Der deutsche Erblasser verstirbt mit letztem Wohnsitz in Istanbul und hinterlässt ein Bankkonto und ein Ferienhaus in der Türkei. Gemäß dem vorrangig zu prüfenden deutsch-türkischen Konsularvertrag wird der deutsche Erblasser hinsichtlich des in Istanbul befindlichen beweglichen Vermögens nach seinem deutschen Heimatrecht und hinsichtlich des in Istanbul gelegenen Grundstücks nach türkischem Recht (Recht des Lageortes) beerbt – die Verweisung durch Kollisionsnormen in Staatsverträgen ist grundsätzlich Sachnormverweisung. Es kommt somit zu einer Nachlassspaltung aufgrund der Kollisionsvorschriften des deutsch-türkischen Konsularvertrages.

b) Objektive Anknüpfung gemäß Art. 21 EU-ErbVO

1854 Sofern und soweit keine vorrangigen internationalen Abkommen einschlägig sind, ist das auf die Erbfolge anzuwendende Recht (Erbstatut) nach den Regelungen der EU-ErbVO zu ermitteln. Da die EU-ErbVO als sog. **loi uniforme** ausgestaltet ist, ist das nach der Verordnung ermittelte Recht auch dann anzuwenden, wenn es sich hierbei um das Recht eines Drittstaates (Nicht-Mitgliedsstaat, wozu auch Dänemark und Irland zählen) handelt (Art. 20 EU-ErbVO).

1855 Nach der Verordnung unterliegt grundsätzlich die gesamte Rechtsnachfolge von Todes wegen gemäß Art. 21 Abs. 1 EU-ErbVO dem Recht des Staates, in dem der Erblasser im Zeitpunkt seines Todes seinen gewöhnlichen Aufenthalt hatte. Art. 21 Abs. 2 EU-ErbVO macht hiervon eine Ausnahme für die Fälle, in denen, der Erblasser im Zeitpunkt seines Todes aufgrund der Gesamtheit der Umstände eine offensichtlich engere Verbindung zu einem anderen Staat hatte.

Fraglich ist, was unter einem „**gewöhnlichen Aufenthalt**" im Sinne des Art. 21 Abs. 1 der Verordnung zu verstehen ist. Die EU-ErbVO definiert diesen Begriff selbst nicht. In Anlehnung an die Rechtsprechung des Europäischen Gerichtshofs (EuGH) zu diesem Begriff im Zusammenhang mit anderen Rechtsgebieten ist hierunter der „Daseinsmittelpunkt" als Schwerpunkt der familiären, sozialen und beruflichen Beziehungen einer Person zu verstehen. Die EU-ErbVO fordert in ihrem Erwägungsgrund 23 eine enge und feste Beziehung zu einer bestimmten Rechtsordnung, die anhand einer Gesamtbeurteilung aller Lebensumstände des Erblassers in den Jahren vor seinem Tode und im Zeitpunkt seines Todes zu ermitteln ist. Hierbei sollen alle relevanten Tatsachen berücksichtigt werden, insbesondere die Dauer und die Regelmäßigkeit des Aufenthalts des Erblassers in dem betreffenden Staat sowie die damit zusammenhängenden Umstände. Ein Großteil der Fälle wird sich anhand dieser Kriterien problemlos lösen lassen.

1856 Daneben gibt es aber auch Fallkonstellationen, die sich als komplexer und schwerer zu lösen erweisen, da der Erblasser aufgrund seiner konkreten Lebensumstände Beziehungen zu mehreren Staaten unterhalten hat. Erwägungsgrund 24 der Verordnung behandelt hier zwei typische Problemfälle, und zwar zum einen die der Berufspendler, Diplomaten und Studenten und zum anderen die der Personen, die sich abwechselnd in mehreren Staaten aufhalten („Mallorca-Rentner"). Hiernach wird bei Berufspendlern,[325] Diplomaten und Studenten der gewöhnliche Aufenthalt im Zweifel eher im Herkunftsstaat liegen und nicht im Staat der Berufstätigkeit bzw. des Studiums, solange noch die familiären und sonstigen sozialen Bindungen im Herkunftsstaat und nicht am Berufs- oder Studienort bestehen. Bei Personen – z.B. Senioren und Rentner –, die nur einen Teil des Jahres in Deutschland, den Rest des Jahres jedoch auf einer „Sonneninsel" z.B. den Kanaren oder den Balearen verbringen, können als ausschlaggebende Faktoren für die Bestimmung des gewöhnlichen Aufenthaltes ausnahmsweise auch die Staatsangehörigkeit und der Lageort der wesentlichen Vermögenswerte des Erblassers eine Rolle spielen. Für etwaige weitere Zweifelsfälle wird man die Rechtsprechung der in Zukunft mit den Erbangelegenheiten befassten Nachlassgerichte abwarten müssen.

324 Vgl. OLG Hamm MittBayNot 2019, 504.

325 Zu dieser Fallgruppe lesenswert ist der Beschluss des KG vom 26.4.2016 (ZEV 2016, 514), wonach der gewöhnliche Aufenthalt eines bejahrten Grenzpendlers, der im Zweitstaat nicht integriert ist, beim Erststaat verbleibt, obwohl dieser keinen Wohnsitz mehr dort hat.

Die Ausnahmevorschrift des Art. 21 Abs. 2 EU-ErbVO ist sehr eng auszulegen. Ein Beispiel hierfür ist Erwägungsgrund 25 zur Verordnung zu entnehmen. Hiernach kann das mit der Erbsache befasste Nachlassgericht zu dem Schluss kommen, nicht das Recht des letzten gewöhnlichen Aufenthaltes, sondern das Recht des Staates, zu dem der Erblasser einer offensichtlich engere Verbindung hatte, anzuwenden, wenn z.B. der Erblasser ist erst kurz vor seinem Tod in ein anderes Land gezogen, das gesamte Vermögen des Erblassers sich jedoch noch in dem ursprünglichen Aufenthaltsstaat des Erblassers befindet bzw. wenn dessen gesamten persönlichen Beziehungen noch an dem ursprünglichen Aufenthaltsstaat hängen. Erwägungsgrund 25 stellt auch klar, dass die „offensichtlich engste Verbindung des Erblassers" nicht als subsidiärer Anknüpfungspunkt gebraucht werden darf, wenn sich die Feststellung des letzten gewöhnlichen Aufenthaltes des Erblassers als schwierig erweist. Vorrangig zur Prüfung des Art. 21 Abs. 2 EU-ErbVO muss also immer die Festlegung auf einen bestimmten gewöhnlichen Aufenthalt im Sinne des Art. 21 Abs. 1 der Verordnung erfolgen. 1857

c) Interlokale und interpersonale Anknüpfung gemäß Art. 36, 37 EU-ErbVO

Verweist Art. 21 Abs. 1 EU-ErbVO auf das Recht eines Staates mit einem einheitlichen Rechtssystem, wie z.B. Deutschland, ist dieses einheitliche Recht problemlos anwendbar. Es gibt aber auch Staaten, die kein einheitliches Recht auf dem Gebiet des Erbrechts haben, bei denen es also mehrere parallele Rechtsordnungen nebeneinander gibt. Beispiele für Staaten mit verschiedenen örtlichen (territorialen) Rechtsordnungen sind Großbritannien, Spanien, die USA, Kanada, Australien, Mexiko oder China. Beispiele für Staaten mit verschiedenen personalen Rechtsordnungen sind z.B. Indonesien oder Staaten des islamischen Rechtskreises (Nordafrika und Naher Osten), in denen für verschiedene ethnische Gruppen oder Gruppen unterschiedlicher Religionszugehörigkeiten verschiedene Rechtsordnungen existieren. 1858

aa) Interlokale Anknüpfung gemäß Art. 36 EU-ErbVO

Für die Fälle der interlokalen Rechtsspaltung (jedes Gebiet des betroffenen Staates hat eine unterschiedliche Rechtsordnung) muss, da Art. 21 EU-ErbVO nur auf das Recht eines Staates, nicht aber auf das Recht eines bestimmten Ortes verweist, eine Unteranknüpfung stattfinden; diese ist in Art. 36 der Verordnung geregelt. Art. 36 EU-ErbVO unterscheidet zwischen Staaten mit einem einheitlichen interlokalen Privatrecht (Art. 36 Abs. 1 EU-ErbVO) und Staaten, die ein solches einheitliches interlokales Privatrecht nicht haben (Art. 36 Abs. 2 EU-ErbVO). 1859

Staaten mit einem einheitlichen interlokalen Privatrecht sind heute die Ausnahme. Als Beispiel kann hierfür noch Spanien genannt werden. Gemäß Art. 36 Abs. 1 EU-ErbVO wird in diesem Fall auf das einheitliche interlokale Privatrecht Spaniens verwiesen. Art. 14 des Codigo civil sieht als Unteranknüpfungspunkt die zivilrechtliche bzw. bürgerlich-rechtliche Gebietszugehörigkeit (*vecindad civil*) vor, die ausschließlich spanische Staatsangehörige entweder bei Geburt durch Abstammung von den Eltern oder bei Einbürgerung durch entsprechende Option zu erwerben. Sie kann sich später durch dauernden Aufenthalt in einem anderen Gebiet oder durch Erklärung gegenüber der zuständigen Behörde ändern. So würde z.B. ein mit letztem gewöhnlichen Aufenthalt in Spanien verstorbener spanischer Erblasser mit katalanischer Gebietszugehörigkeit nach katalanischem Recht beerbt. Problematisch ist in diesem Zusammenhang, dass ausländische Staatsangehörige keine vecindad civil erwerben können. Ungeklärt bzw. umstritten ist somit, wie der Fall eines Erblassers ausländischer Staatsangehörigkeit (z.B. eines deutschen Erblassers), der mit letztem gewöhnlichen Aufenthalt in Barcelona/Katalonien verstirbt, zu behandeln ist. Eine Meinung wendet Art. 36 Abs. 1 EU-ErbVO entsprechend an, sodass nach wie vor der spanische Codigo civil die lokale Zuordnung regelt, wobei statt der bürgerlichrechtlichen Gebietszugehörigkeit der gewöhnliche Aufenthalt des Erblassers relevant sein soll. Eine andere Meinung knüpft, da der Fall nicht vom spanischen interlokalen Privatrecht geregelt wird, über Art. 36 Abs. 2 EU-ErbVO an.[326] 1860

Existiert in dem Staat, auf den die EU-ErbVO verweist, kein einheitliches interlokales Privatrecht, wie in den meisten Mehrrechtsstaaten (z.B. Großbritannien oder die USA), wird im Falle der Verweisung gemäß Art. 21 Abs. 1 EU-ErbVO gemäß Art. 36 Abs. 2 lit. a) der Verordnung – quasi als verlängerte Verweisung – auf das Recht der Gebietseinheit verwiesen, in dem der Erblasser seinen letzten gewöhnlichen Aufenthalt hatte. 1861

326 Vgl. hierzu im einzelnen Süß/*Steinmetz/Huzel/Garcia Alcazar*, Erbrecht in Europa, 5. Aufl. 2025, Länderbericht Spanien, Rn 65 ff.; und Ferid/Firsching/*Dörner/Hausmann/Hierneis*, Spanien, Rn 63 ff.

1862 *Beispiel*

Der deutsche Erblasser E verstirbt mit letztem gewöhnlichen Aufenthalt und Domizil in London.

Art. 21 in Verbindung mit Art. 36 Abs. 2 lit. a) EU-ErbVO verweisen somit auf das englische Recht (zu der Frage der Gesamtverweisung auf das englische Recht gemäß Art. 34 Abs. 1 EU-ErbVO vgl. unten Rdn 1861 ff.).

1863 Verweist die EU-ErbVO aufgrund Anknüpfung an die Staatsangehörigkeit des Erblassers (z.B. aufgrund Rechtswahl gemäß Art. 22 EU-ErbVO, vgl. dazu unten Rdn 1876 ff.), wird gemäß Art. 36 Abs. 2 lit. b) auf das Recht der Gebietseinheit verwiesen, zu der der Erblasser die engste Verbindung hatte. Das bedeutet, dass ein Erblasser gemäß Art. 22 EU-ErbVO nur das Recht eines Gesamtstaates, nicht aber das Recht einer Gebietseinheit wählen kann. Dieses Recht ergibt sich zwingend aus der objektiven Anknüpfung gemäß Art. 36 Abs. 2 lit. b) EU-ErbVO.

Beispiel

Ein US-amerikanischer Erblasser, der eine offensichtlich engste Verbindung zum Staat Kalifornien hat, kann somit in einer Verfügung von Todes wegen nur die Anwendbarkeit des US-Rechts, nicht aber z.B. die Anwendbarkeit des Staates Ohio wählen. Beerbt wird der Erblasser im Falle einer Rechtswahl dann aufgrund der Regelungen der Art. 22, 36 Abs. 2 lit. b) EU-ErbVO zwingend nach kalifornischem Erbrecht.

bb) Interpersonale Anknüpfung gemäß Art. 37 EU-ErbVO

1864 Sieht ein Staat für verschiedene Personengruppen unterschiedliche Rechtssysteme oder Regelwerke vor (z.B. für Schiiten und Sunniten im islamischen Rechtskreis), so ist gemäß Art. 37 EU-ErbVO vorrangig ein internes interpersonales Kollisionsrecht dieses Staates anzuwenden. Hilfsweise gilt das Rechtssystem oder das Regelwerk, zu dem der Erblasser die engste Verbindung hatte. In der Regel ergibt sich aus den Rechtssystemen bzw. Regelwerken der betroffenen Staaten der oft ungeschriebene, aber allgemein anerkannte Grundsatz, dass jede Person den Regeln seiner Religionsgemeinschaft bzw. seiner ethnischen Herkunft unterliegt.

d) Grundsatz der Nachlasseinheit – Kein Vorrang des Einzelstatuts mehr

1865 Es gilt bei der Anknüpfung nach Art. 21 EU-ErbVO der Grundsatz der **Nachlasseinheit**, sodass das Recht des letzten gewöhnlichen Aufenthalts unabhängig davon gilt, wo (in welchem Staat) sich die Nachlassgegenstände befinden und unabhängig davon, ob es sich um bewegliches oder unbewegliches Nachlassvermögen handelt. **Nachlassspaltungen** kommen im Unterschied zur bisherigen Rechtslage nur noch viel seltener vor.

1866 Eine dem bisherigen Art. 3a Abs. 2 EGBGB entsprechende Norm („Einzelstatut bricht Gesamtstatut") gibt es in der EU-ErbVO nicht mehr. Zwar räumt Art. 30 EU-ErbVO besonderen Regelungen in Mitgliedstaaten für bestimmte unbewegliche Sachen, Unternehmen oder andere besondere Arten von Vermögenswerten, die die Rechtsnachfolge von Todes wegen in Bezug auf diese Vermögenswerte aus wirtschaftlichen, familiären oder sozialen Erwägungen beschränken oder berühren, den Vorrang ein. Diese Ausnahmevorschrift ist jedoch eng auszulegen. Hierunter fällt in Deutschland z.B. das Höferecht. Nicht hierunter fallen aber insbesondere nationale Kollisionsnormen derjenigen Staaten, die eine Sonderanknüpfung für unbewegliches Vermögen vorsehen (in der Regel den Lageort der Sache, **lex rei sitae**).[327] Und dies gilt nicht nur im Verhältnis zu den Mitgliedstaaten der EU-ErbVO (wie z.B. bis zum Inkrafttreten der EU-ErbVO in Belgien, Frankreich und Luxemburg), sondern auch im Verhältnis zu Drittstaaten, wozu neben den meisten Staaten der USA auch Großbritannien sowie die EU-Mitgliedstaaten Dänemark und Irland zählen.

1867 *Beispiel*

Der seit vielen Jahren in Deutschland lebende deutsche Erblasser, der am 10.1.2017 in Deutschland verstorben ist, hinterlässt bewegliches und unbewegliches Nachlassvermögen in Deutschland sowie Bankvermögen und jeweils eine Ferienwohnung in Belgien (Mitgliedstaat) und in England (Drittstaat).

In diesem Fall wird der deutsche Erblasser für das gesamte Nachlassvermögen nach deutschem Recht beerbt. Während Belgien als Mitgliedstaat der Verordnung zum selben kollisionsrechtlichen Ergebnis

327 Vgl. Erwägungsgrund 54 der Verordnung.

kommt, gibt es hinsichtlich der Ferienwohnung in England im Verhältnis zu England einen Entscheidungsdissenz, da diese Immobilie aus englischer Sicht nach dem Grundsatz der Belegenheit der Sache (**lex rei sitae**) ausschließlich nach englischem Recht vererbt wird.[328] Bis zum Inkrafttreten der EU-ErbVO wäre der Erblasser aus deutscher Sicht über Art. 3a Abs. 2 EGBGB a.F. in Verbindung mit den Vorschriften des belgischen bzw. englischen internationalen Privatrechts hinsichtlich der Ferienwohnung in Belgien nach belgischem Recht und hinsichtlich der Ferienwohnung in England nach englischem Recht beerbt worden.

e) Grundsatz der Sachnormverweisung – Ausnahme des Art. 34 Abs. 1 EU-ErbVO

Innerhalb des Anwendungsbereichs der EU-ErbVO enthält die Verordnung im Verhältnis zwischen Mitgliedstaaten ausschließlich Sachnormverweisungen, sodass Rück- und Weiterverweisungen durch das internationale Privatrecht anderer Mitgliedstaaten nicht mehr zu beachten sind. Verstirbt somit der Erblasser mit letztem gewöhnlichen Aufenthalt in einem Mitgliedstaat der Verordnung, so verweist Art. 21 Abs. 1 EU-ErbVO stets auf das **Sachrecht**, also das materielle Erbrecht, dieses Mitgliedstaates. 1868

Beispiel 1869

Ein belgischer Erblasser ist am 5.3.2017 in Belgien mit letztem Wohnsitz und gewöhnlichem Aufenthalt in Brüssel verstorben. Er hinterlässt neben beweglichem und unbeweglichem Nachlassvermögen in Belgien auch ein Grundstück in Köln.

Nach bisherigem Recht wäre der belgische Erblasser wegen der teilweisen Rückverweisung durch das belgische Recht (Lageort für unbewegliches Vermögen) hinsichtlich seines Grundstücks in Deutschland nach deutschem Recht beerbt worden. Nach Art. 21 Abs. 1 EU-ErbVO wird diese Rückverweisung aber gegenstandslos, sodass der belgische Erblasser wegen seines letzten gewöhnlichen Aufenthaltes in Brüssel hinsichtlich seines gesamten Nachlassvermögens, also auch hinsichtlich seines Grundstücks in Köln, nach belgischem Recht beerbt wird.

Eine wichtige Ausnahme von der Sachnormverweisung enthält Art. 34 Abs. 1 der Verordnung im Verhältnis zu Drittstaaten. Wird hiernach auf das Recht eines Drittstaates (Nicht-EU-Staaten, aber auch Dänemark und Irland) verwiesen, so sind Rück- und Weiterverweisungen dieser Rechtsordnungen auf das Recht eines Mitgliedstaates oder eines Drittstaates, der sein eigenes Recht anwenden würde, zu beachten. Umstritten ist, ob eine Rückverweisung auf das Recht eines Mitgliedstaates (insbesondere auf das deutsche Recht) ohne weiteres angenommen wird oder ob es gegebenenfalls wiederum zu einer Rückverweisung auf das Recht des Drittstaates kommen kann (eine Art Ping-Pong-Spielen von Hin- und Rückverweisungen). Vor Inkrafttreten der EU-ErbVO hätte das deutsche Kollisionsrecht gemäß Art. 4 Abs. 1 S. 2 EGBGB einen Abbruch der Verweisungskette angenommen und im Falle einer Rückverweisung ohne weiteres deutsches Sachrecht (Erbrecht) angewendet, vgl. hierzu oben Rdn 1721. Eine dem Art. 4 Abs. 1 S. 2 EGBGB vergleichbare Vorschrift enthält die EU-ErbVO jedoch nicht. Die bislang herrschende Meinung geht insbesondere unter Verweis auf Erwägungsgrund 57 der Verordnung, wonach Rück- und Weiterverweisungen zur Wahrung des internationalen Entscheidungseinklanges gefolgt werden soll, davon aus, dass insbesondere Rückverweisungen durch das Recht des Drittstaates auf das Recht eines Mitgliedstaates ohne weiteres zu beachten sind.[329] Dieser herrschenden Meinung ist zu folgen, da nach den Kollisionsregelungen der EU-ErbVO dann dasjenige Sachrecht des betreffenden Staates (in der Regel des betreffenden Mitgliedstaates) anzuwenden ist, welches auch nach dem Kollisionsrecht des betreffenden Drittstaates anzuwenden wäre. Dies spielt insbesondere eine Rolle für Drittstaaten, die für das unbewegliche Nachlassvermögen an die Belegenheit der Sache (**lex rei sitae**) wie z.B. England oder die meisten Staaten der USA, anknüpfen.[330] 1870

328 Vgl. Süß/*Odersky*, Erbrecht in Europa, 5. Aufl. 2025: Großbritannien: England und Wales, Rn 13.

329 Für die herrschende Meinung, die dem Prinzip des „**single renvoi**“ folgt, z.B. OLG Bremen DNotZ 2020, 833, 835; Grüneberg/*Thorn*, Art. 34 EuErbVO Rn 3, MüKo/*Dutta*, Art. 34 EuErbVO, Rn 3, BOGK/*J. Schmidt*, Art. 34 EuErbVO, Rn 7 ff.; für die Mindermeinung, die der Lehre des „**double renvoi**“ bzw. der „**foreign court**“-Theorie folgt, z.B. Süß/*Süß*, Erbrecht in Europa, 5. Aufl. 2025, Allgemeiner Teil, § 2 Rn 57; *Hausmann/Odersky*, Internationales Privatrecht in der Notar- und Gestaltungspraxis, 4. Aufl. 2021, § 15 Rn 65 ff.; eine eindeutige Klärung der Frage wird wohl erst eine Entscheidung des EuGH herbeiführen.

330 Vgl. OLG Bremen DNotZ 2020, 833, 835.

Hierdurch kann es dann aber abweichend vom Grundsatz der Nachlasseinheit der Verordnung zu Nachlassspaltungen kommen.

1871 *Beispiel*

Der englische Erblasser E ist am 18.4.2017 in England mit letztem Domizil und gewöhnlichem Aufenthalt in London verstorben. Dort lebte er bereits seit zehn Jahren. Er hinterlässt neben beweglichem und unbeweglichem Nachlassvermögen in England auch ein Grundstück in Köln (vgl. dazu auch ausführlich nachfolgend Rdn 2060 ff.).

Nach bisherigem Recht wäre der englische Erblasser wegen der teilweisen Rückverweisung durch das englische Recht (Lageort für unbewegliches Vermögen) hinsichtlich seines Grundstücks in Deutschland nach deutschem Recht beerbt worden. Nach der EU-ErbVO bleibt es gemäß Art. 34 Abs. 1 bei dieser Rückverweisung auf das deutsche Recht, die von diesem nach der hier vertretenen Auffassung ohne weiteres angenommen wird, sodass der englische Erblasser zwar hinsichtlich seines gesamten in England befindlichen Vermögens nach englischem Recht (= Domizil-Prinzip für bewegliches Vermögen und Lageort-Prinzip für das unbewegliche Vermögen), hinsichtlich des Grundstücks in Köln aber nach deutschem Recht beerbt wird. Aus Sicht des englischen Rechts käme man hier zum selben Ergebnis.[331] Durch Art. 34 Abs. 1 der EU-ErbVO wird somit ein internationaler Entscheidungseinklang hergestellt. Im vorliegenden Fall findet also (wie im auch schon vor Inkrafttreten der EU-ErbVO) abweichend vom Grundsatz der Nachlasseinheit eine Nachlassspaltung statt.

1872 Zu einer Rück- oder Weiterverweisung durch das IPR eines Drittstaates im Sinne des Art. 34 Abs. 1 EU-ErbVO kann es aber nicht nur aufgrund objektiver Anknüpfung durch das IPR des Drittstaates kommen (z.B. Lagerecht für Immobilien wie in dem zuvor behandelten Englandfall), sondern auch durch eine nach dem IPR des Drittstaates zulässige Rechtswahl (Rechtswahl nach ausländischem Recht). Vgl. zu Rechtswahlen nach ausländischem Recht im Hinblick auf Mitgliedstaaten (Italien, Polen, Niederlande) bis zur Anwendbarkeit der EU-ErbVO oben Rdn 1837. Zwingende Voraussetzung hierfür ist aber, dass das ausländische Recht aufgrund der objektiven Anknüpfung gemäß Art. 21 Abs. 1 EU-ErbVO und nicht durch die Ausnahmevorschrift des Art. 21 Abs. 2 EU-ErbVO oder durch Rechtswahl (Art. 22 EU-ErbVO) anwendbar ist. Voraussetzung ist auch hier, dass das ausländische Recht auf das Recht eines Mitgliedstaates oder das Recht eines Drittstaates, der sein eigenes Recht anwenden würde, verweist. Praktische Bedeutung kann die vorstehende Fallkonstellation für den deutschen Rechtsanwender vor allem in Fällen der Rückverweisung auf das deutsche Recht haben, um das deutsche Aufenthaltsrecht endgültig festzulegen.

1873 *Beispiel*

Ein südkoreanischer Erblasser lebt seit längerer Zeit in München und möchte ein notarielles Testament errichten, in dem er u.a. eine Vor- und Nacherbfolge nach deutschem Recht anordnen will. Da der Erblasser umfangreiches Immobiliarvermögen in Deutschland hat, soll das Testament auch dann wirksam bleiben, wenn der Erblasser später seinen gewöhnlichen Aufenthalt nach Südkorea verlegt und dort auch verstirbt. Das südkoreanische Recht sieht eine Vor- und Nacherbschaftslösung nicht vor.[332]

Nach Art. 49 Abs. 1 des koreanischen IPR unterliegt zwar die Erbfolge dem Heimatrecht des Erblassers zum Zeitpunkt seines Todes. Art. 49 Abs. 2 des koreanischen IPR gestattet einem Erblasser aber die Wahl des gewöhnlichen Aufenthaltsrechts zum Zeitpunkt der Rechtswahl oder auch im Hinblick auf unbewegliches Vermögen die Wahl des Lageortrechtes. Die Rechtswahl zum gewöhnlichen Aufenthaltsrecht ist jedoch nur wirksam, wenn der Erblasser zum Zeitpunkt seines Todes noch seinen gewöhnlichen Aufenthalt in dem Staat hat, in dem er zum Zeitpunkt der Rechtswahl seinen gewöhnlichen Aufenthalt hatte. Bei der Rechtswahl des Lageortrechtes gibt es eine derartige Einschränkung nicht. Würde der koreanische Erblasser in dem deutschen Testament eine Rechtswahl auf der Grundlage des koreanischen Rechts zum deutschen Lageortrecht hinsichtlich der Immobilien in Deutschland treffen, dann nach Südkorea umziehen und dort auch versterben, würde Art. 21 Abs. 1 EU-ErbVO auf das koreanische Recht einschließlich dessen IPR verwei-

331 Vgl. zu diesem Fall auch Süß/*Odersky*, Erbrecht in Europa, 5. Aufl. 2025: Großbritannien: England und Wales, Rn 10.
332 Fall nachgebildet nach Süß/*Süß*, Erbrecht in Europa, 5. Aufl. 2025, Allgemeiner Teil, § 2 Rn 126.

sen. Wegen der wirksam auf der Grundlage des koreanischen Rechts getroffenen Rechtswahl (die immer Sachnormverweisung ist) käme es hinsichtlich der in Deutschland gelegenen Immobilien zu einer Rückverweisung auf das deutsche Recht, die auch vom deutschen Recht im Sinne vom Art. 34 Abs. 1 lit. a) EU-ErbVO angenommen wird.[333]

Art. 34 Abs. 2 EU-ErbVO enthält wiederum Ausnahmen von Art. 34 Abs. 1 EU-ErbVO. So sind Rück- und Weiterverweisungen bei Verweisung auf das Recht eines Drittstaates insbesondere dann nicht zu beachten, wenn entweder das Recht des Drittstaates aufgrund einer offensichtlich engeren Bindung des Erblassers zu einem anderen Staat als dem seines letzten gewöhnlichen Aufenthaltes ermittelt wird (Art. 21 Abs. 2 EU-ErbVO) oder das Recht des Drittstaates durch Rechtswahl des Erblassers gemäß Art. 22 der Verordnung zur Anwendung gelangt. In letztem Fall würde nämlich die Beachtung des ausländischen IPR regelmäßig die Erwartung des Erblassers zerstören. In den vorgenannten Fällen wird somit auf das Sachrecht (Erbrecht) des Drittstaates verwiesen. 1874

Beispiel 1875

Abwandlung vom vorvorherigen Fall Rdn 1871: Der englische Erblasser E ist am 18.4.2017 in England mit letztem Domizil und gewöhnlichem Aufenthalt in London verstorben. Dort lebte er bereits seit zehn Jahren. Zuvor hatte er mehrere Jahre in Köln gelebt und dort in einem notariellen Testament gemäß Art. 22 EU-ErbVO eine Rechtswahl zum britischen Recht getroffen. Er hinterlässt neben beweglichem und unbeweglichem Nachlassvermögen in England auch ein Grundstück in Köln.

Der englische Erblasser wird aufgrund der Rechtswahl hinsichtlich seines gesamten Vermögens gemäß Art. 22 in Verbindung mit Art. 36 Abs. 2 lit. b) (eine unmittelbare Rechtswahl des englischen Rechts ist nicht möglich; vgl. dazu oben Rdn 1863) aufgrund seiner engsten Verbindung zu England hinsichtlich seines gesamten Nachlassvermögens, also auch hinsichtlich seines Grundstücks in Köln, nach englischem Recht beerbt. Eine Rückverweisung auf das deutsche Recht hinsichtlich des Grundstücks in Köln gemäß Art. 34 Abs. 1 EU-ErbVO findet wegen der Ausnahmevorschrift des Art. 34 Abs. 2 EU-ErbVO nicht statt.

f) Rechtswahl gemäß Art. 22 EU-ErbVO

Gemäß Art. 22 Abs. 1 der Verordnung kann der Erblasser für die Rechtsnachfolge von Todes wegen das Recht des Staates wählen, dem er im Zeitpunkt der Rechtswahl oder im Zeitpunkt seines Todes angehört. 1876

aa) Praktische Bedeutung der Rechtswahl

Durch die Rechtswahl hat der Erblasser die Möglichkeit das auf seine Erbfolge anwendbare Recht (Erbstatut) zu fixieren, es also von einem späteren Umzug ins Ausland unabhängig zu machen. Hierdurch wird Rechtssicherheit gewährleistet. Diese äußert sich insbesondere darin, dass der Erblasser Rechtsgestaltungen wählen kann (z.B. Vor- und Nacherbschaft oder Dauertestamentsvollstreckung nach deutschem Recht), die u.U. nur sein Heimatrecht kennt und gestattet, die aber im Falle des Umzuges in einen anderen Staat nach dem dann anwendbaren Aufenthaltsrecht dieses Staates nicht mehr möglich wären. Ferner vermeidet eine Rechtswahl im Einzelfall die unsichere Bestimmung des anwendbaren Rechts nach der Ausnahmevorschrift des Art. 21 Abs. 2 EU-ErbVO (Anknüpfung an eine offensichtlich engere Verbindung des Erblassers zu einem anderen Staat als dem Aufenthaltsstaat). Schließlich ermöglicht eine Rechtswahl den Erben eine Gerichtsstandsvereinbarung zugunsten der Nachlassgerichte des Heimatstaates (Art. 5 EU-ErbVO). Vgl. zu den Zuständigkeitsregelungen der EU-ErbVO für die Nachlassgerichte zur Erteilung eines ENZ unten Rdn 1953 ff. Dies kann z.B. für einen im Ausland lebenden deutschen Erblasser von Bedeutung sein, der Nachlassvermögen in Deutschland und im Ausland hinterlässt und der seinen in Deutschland lebenden Erben eine Gerichtsstandsvereinbarung für die deutschen Nachlassgerichte zur Erteilung eines ENZ ermöglichen will.[334] 1877

333 Vgl. zum IPR Südkoreas auch Ferid/Firsching/*Dörner/Hausmann/Kim-Ukkon*, Republik Korea, Rn 22 ff.

334 Wendet man hinsichtlich der internationalen Zuständigkeit der deutschen Nachlassgerichte Art. 4 ff. der EU-ErbVO an, würde dann auch eine Gerichtsstandsvereinbarung für die deutschen Nachlassgerichte zur Erteilung eines deutschen Erbscheins ermöglicht, was z.B. für in Deutschland befindliche Nachlass-Immobilien von praktischer Bedeutung ist.

bb) Wählbares Recht

1878 Gewählt werden kann gemäß Art. 22 Abs. 1 der Verordnung aber nur das Recht der Staatsangehörigkeit des Erblassers entweder zum **Zeitpunkt der Rechtswahl** oder aber zum **Zeitpunkt seines Todes**. So kann z.B. ein deutscher Erblasser das deutsche Erbrecht wählen, wenn er zum Zeitpunkt der Rechtswahl die deutsche Staatsangehörigkeit hatte. Ein späterer Verlust der Staatsangehörigkeit macht die Rechtswahl nicht unwirksam. Die Rechtswahl des Rechts eines Staates, dessen Staatsangehörigkeit der Erblasser noch nicht hat, aber vielleicht zum Zeitpunkt seines Todes haben wird, dürfte praktisch nicht sehr relevant sein. In Betracht käme unter Umständen ein Erblasser, der sich zum Zeitpunkt der Rechtswahl kurz vor dem erfolgreichen Abschluss eines Einbürgerungsverfahrens befindet. Umstritten ist, ob der Erblasser das zu wählende Recht in der Rechtswahl konkret benennen muss, oder ob es z.B. ausreicht, allgemein *„das Recht des Staates zu wählen, dessen Staatsangehörigkeit der Erblasser zum Zeitpunkt seines Todes haben wird“*.[335] Aufgrund der momentanen Unsicherheit der Rechtslage ist aber von einer derartigen Rechtswahl abzuraten.

1879 Ein Doppelstaater kann eines seiner Staatsangehörigkeitsrechte wählen (Art. 22 Abs. 1 S. 2 der Verordnung). Welche Staatsangehörigkeit jemand besitzt, erwirbt oder verliert (z.B. durch Geburt, Adoption, Einbürgerung usw.), entscheidet allein das Staatsangehörigkeitsrecht des betreffenden Staates. Dies ist eine Frage des öffentlichen Rechts. In Deutschland befinden sich die Regelungen – wie bereits oben ausgeführt im StAG. Vgl. hierzu oben Rdn 1698.

1880 Ausdrücklich nicht wählbar sind nach den Vorschriften der EU-ErbVO das Recht des gewöhnlichen Aufenthaltes des Erblassers zum Zeitpunkt der Rechtswahl oder zum Zeitpunkt seines Todes oder das Recht des Belegenheitsstaates z.B. für Immobilien. Diese Rechtswahlmöglichkeiten wurden nach langwierigen Diskussionen zwischen den Mitgliedstaaten trotz eines sicherlich vorhandenen praktischen Bedürfnisses nicht in die Verordnung aufgenommen, da mehrere Mitgliedsstaaten befürchteten, dass mit solchen Rechtswahlen die in den Staaten sehr unterschiedlich ausgestalteten Pflicht- und Noterbrechte zu leicht umgangen werden könnten.[336] Auch eine gegenständlich beschränkte Rechtswahl – wie z.B. bislang in Art. 25 Abs. 2 EGBGB a.F. enthalten – ist ab Inkrafttreten der EU-ErbVO wegen des Grundsatzes der Nachlasseinheit der Verordnung nicht mehr zulässig.

1881 Im Anwendungsbereich der vorrangig geltenden Abkommen im Sinn des Art. 75 EU-ErbVO (Deutsch-iranisches Niederlassungsabkommen vom 17.2.1929, Deutsch-sowjetischer Konsularvertrag vom 25.4.1958 und Deutsch-türkischer Konsularvertrag vom 28.5.1929) ist vorab zu prüfen, ob der Erblasser eine Rechtswahl getroffen hat. Eine (ausdrückliche) Rechtswahlmöglichkeit ist in solchen Abkommen nicht vorgesehen, was daran liegt, dass im Zeitpunkt ihres Verhandelns und Inkrafttretens die Rechtswahl des Einzelnen (als privates Gestaltungsmittel) im internationalen Erbrecht nicht anerkannt bzw. bekannt war. Nach der aktuellen Rechtsprechung des EuGH können Angehörige eines Drittstaates gemäß Art. 22 EU-ErbVO für die Rechtsnachfolge von Todes wegen das Recht ihres Heimatstaates wählen.[337] In Bezug auf das bilaterale Abkommen zwischen der Republik Polen und der Ukraine vom 24.5.1993 führt der EuGH in seiner Entscheidung aus, dass Art. 75 i.V.m. Art. 22 EU-ErbVO einer nationalen Regelung nicht entgegensteht, nach der ein in einem Mitgliedstaat der Union wohnhafter Drittstaatsangehöriger für die Rechtsnachfolge von Todes wegen nicht das Recht des Drittstaats wählen kann, wenn dieser Mitgliedstaat vor der Annahme der Verordnung mit dem Drittstaat ein bilaterales Abkommen geschlossen hat, welches das auf Erbsachen anzuwendende Recht vorgibt und nicht ausdrücklich die Möglichkeit der Wahl eines anderen Rechts vorsieht. Diese Rechtsprechung ist auf die internationalen Abkommen, an denen die Bundesrepublik Deutschland beteiligt ist, übertragbar.

1882 *Beispiel*

Eine in Erlangen lebende Ukrainerin hat eine Wohnung in Kyjiw sowie Bankkonten in Deutschland und in der Ukraine. Sie bittet einen Notar in Hof um Protokollierung ihrer letztwilligen Verfügung. Fraglich ist, ob eine Rechtswahl im Rahmen einer solchen Verfügung möglich ist.

335 Vgl. zum Meinungsstreit z.B. Süß/*Süß*, Erbrecht in Europa, 5. Aufl. 2025, Allgemeiner Teil, § 2, Rn 97.

336 Vgl. Erwägungsgrund 38 S. 2 der Verordnung.

337 EuGH DNotZ 2024, 432. Eine solche Rechtswahl wurde in Deutschland im Anwendungsbereich des Art. 25 Abs. 2 EGBGB a.F. in der Vergangenheit überwiegend abgelehnt (vgl. etwa MüKoBGB/*Dutta*, 6. Aufl. 2015, EGBGB Art. 25 Rn 296).

Der deutsch-sowjetische Konsularvertrag ist in diesem Fall bei näherer Betrachtung in sachlicher Hinsicht nicht anwendbar, da es sich bei der Wohnung in Kyjiw nicht um einen (unbeweglichen) Gegenstand aus dem Nachlass eines Angehörigen eines **anderen Vertragsstaates** handelt.[338] In Anwendung der EU-ErbVO wäre das Rechts der Staatsangehörigkeit, hier ukrainisches Recht, hingegen wählbar. Mangels deutscher Staatsangehörigkeit ist die Rechtswahl zugunsten deutschen Erbrechts nicht möglich. Ob eine Wahl des ausländischen Rechts vor dem Hintergrund des möglicherweise in Deutschland liegenden gewöhnlichen Aufenthalts hier sinnvoll ist, ist im Einzelfall genau zu ermitteln.

Die vorstehend beschriebene Rechtsprechung des EuGH hat allerdings dann Relevanz, wenn deutsche Staatsangehörige, die etwa in der Ukraine, der Türkei oder im Iran dauerhaft leben, ihre Erbfolge dennoch dem deutschen Erbrecht unterstellen wollen.[339]

Umstritten ist, ob auch Staatenlose eine Rechtswahl nach Art. 22 EU-ErbVO treffen können. Mangels einer Staatsangehörigkeit könnte hier (ähnlich wie in Art. 5 Abs. 2 EGBGB) hilfsweise an den gewöhnlichen Aufenthalt angeknüpft werden. Dies wird von einer Meinung unter Hinweis auf Vorschriften in internationalen Abkommen (z.B. New Yorker Abkommen über die Rechtsstellung der Staatenlosen vom 28.9.1954 oder Genfer Flüchtlingskonvention vom 28.7.1951) im Hinblick auf die Schutzbedürftigkeit dieses Personenkreises bejaht. Eine andere Meinung verneint eine Rechtswahlmöglichkeit durch Staatenlose, da sich die EU-ErbVO ja bewusst gegen die Möglichkeit der Wahl des Rechts des Staates des letzten gewöhnlichen Aufenthaltes des Erblassers entschieden hat.[340] Bis zur Klärung dieser Frage durch die Rechtsprechung sollte auf eine Rechtswahl von Staatenlosen in der notariellen Praxis verzichtet werden. 1883

Die Wahl einer Teilrechtsordnung von Staaten mit unterschiedlichen territorialen oder personalen Rechtsordnungen (z.B. Spanien, Großbritannien, USA einerseits und Staaten des islamischen Rechtskreises andererseits) ist – wie bereits oben ausgeführt – nicht zulässig. Der Erblasser kann hier nur das Recht des Gesamtstaates wählen. Die Unteranknüpfung findet hier zwingend nach den Vorschriften der Art. 36 und 37 EU-ErbVO statt. Vgl. Rdn 1863, 1875. 1884

cc) Sachnormverweisung durch Rechtswahl

Eine wirksame Rechtswahl beinhaltet zwingend eine Sachnormverweisung, und zwar unabhängig davon, ob der Erblasser das Recht eines Mitgliedstaates der EU-ErbVO oder das Recht eines Drittstaates wählt (Art. 34 Abs. 2 EU-ErbVO). Rück- und Weiterverweisungen sind somit nicht zu beachten. Der Erblasser hat somit keine Möglichkeit, durch die Wahl seines Heimatrechtes mittels Weiter- oder Rückverweisung zu einem anderen dritten Recht zu gelangen oder aber sein aktuelles Aufenthaltsrecht zu zementieren. 1885

dd) Erklärung der Rechtswahl durch eine Verfügung von Todes wegen

Gemäß Art. 22 Abs. 2 EU-ErbVO muss die Rechtswahl ausdrücklich in Form einer Verfügung von Todes wegen erfolgen oder sich konkludent aus einer solchen Verfügung ergeben. Eine Verfügung von Todes wegen kann gemäß Art. 3 Abs. 1 lit. d) EU-ErbVO ein Testament, ein gemeinschaftliches Testament oder ein Erbvertrag sein. Die Rechtswahl kann isoliert in der Verfügung von Todes wegen, aber auch neben anderen Verfügungen (z.B. Festlegung einer bestimmten Erbfolge) getroffen werden. 1886

Das auf die Form der Rechtswahl anwendbare Recht richtet sich für Testamente und gemeinschaftliche Testamente nach dem Haager Testamentsformübereinkommen und für Erbverträge nach Art. 27 EU-ErbVO. Hiernach gelten die sehr weitreichenden Formvorschriften, die praktisch einem Großteil der errichteten Verfügungen von Todes wegen zur Formwirksamkeit verhelfen. Formwirksam errichtet sind gemäß dem Haager Testamentsformübereinkommen sowie gemäß den fast inhaltsgleichen Regelungen des Art. 27 EU-ErbVO insbesondere diejenigen Verfügungen von Todes wegen, die entweder dem Recht des Staates entsprechen, in dem 1887

338 Zu dieser (nicht einfach verständlichen) Kollisionsregel im deutsch-sowjetischen Konsularvertrag: *Hausmann/Odersky*, Internationales Privatrecht in der Notar- und Gestaltungspraxis, 4. Aufl. 2021, § 15 Rn 364 ff.; Dutta/Weber/*Bauer/Süß*, Internationales Erbrecht, 2. Aufl. 2021, Art. 75 Anh. III Rn 7; Gierl/Köhler/Kroiß/Wilsch/*Köhler*, Internationales Erbrecht, 3. Aufl. 2020, Teil 5 § 4 Rn 3.

339 Vgl. *Weber*, DNotZ 2024, 436, 438.

340 Für eine Rechtswahl für Staatenlose vgl. z.B. Grüneberg/*Thorn*, 85. Aufl. 2025, Art. 22 EuErbVO Rn 4, gegen eine Rechtswahlmöglichkeit z.B. Süß/*Süß*, Erbrecht in Europa, 5. Aufl. 2025, Allgemeiner Teil, § 2 Rn 99, 100.

die Verfügung von Todes wegen errichtet worden ist oder dem Recht des Staates, dem der Erblasser im Zeitpunkt der Errichtung der Verfügung von Todes wegen angehörte (Art. 27 Abs. 1 lit. a), b) bzw. Art. 1 Abs. 1 S. 1 lit. a) und b) des Haager Testamentsformübereinkommens). Die vor einem deutschen Notar in einem den Formvorschriften des BGB entsprechenden notariellen Testament oder Erbvertrag von einem deutschen Erblasser getroffene Rechtswahl zum deutschen Recht ist also demgemäß formwirksam; vgl. auch oben Rdn 1825.

1888 Gemäß Erwägungsgrund 39 zur Verordnung kann von einer **stillschweigenden** (konkludenten) Rechtswahl des Erblassers ausgegangen werden, wenn er in seiner Verfügung Bezug auf spezifische Bestimmungen des Rechts des Staates, dem er angehört, genommen hat oder er das Recht dieses Staates in anderer Weise erwähnt hat. Eine solche konkludente Rechtswahl ist auch nach der neueren Rechtsprechung zu bejahen, wenn der Erblasser Begriffe oder Rechtsinstitute verwendet, die gerade in dieser Rechtsordnung spezifisch sind.[341] Da die Bestimmung des anwendbaren Rechts aufgrund einer konkludenten Rechtswahl problematisch sein könnte, ist eine ausdrückliche und umfassende Rechtswahl stets vorzuziehen.

1889 *Beispiel*

Ein in Polen lebender deutscher Erblasser ordnet in einem privatschriftlichen Testament befreite Vor- und Nacherbfolge kombiniert mit einer Dauertestamentsvollstreckung an.

Hier kann man wegen der Bezugnahme auf spezifische Regelungen des deutschen Erbrechts im BGB von einer stillschweigenden Rechtswahl zum deutschen Recht ausgehen, insbesondere da das polnische Erbrecht die Anordnung einer Vor- und Nacherbfolge nicht kennt.

ee) Materielle Wirksamkeit der Rechtswahl

1890 Die materielle Wirksamkeit der Rechtswahl unterliegt gemäß Art. 22 Abs. 3 EU-ErbVO dem gewählten Heimatrecht des Erblassers. Zur materiellen Wirksamkeit einer Verfügung von Todes wegen zählen gemäß Art. 26 EU-ErbVO u.a. die Testierfähigkeit, die Zulässigkeit von Stellvertretung bei Verfügungen von Todes wegen oder die Fragen von Willensmängeln bei der Errichtung von Verfügungen von Todes wegen wie z.B. Irrtum, Nötigung und Täuschung. So kann z.B. ein Erblasser, der nach dem Recht des gewöhnlichen Aufenthaltes nicht testierfähig ist, durch Wahl seines Heimatrechts nicht nur seine Testierfähigkeit erreichen, sondern auch die Fähigkeit, überhaupt eine Rechtswahl vorzunehmen.

1891 *Beispiel*

Ein seit vielen Jahren in Italien lebender 16-jähriger deutscher Erblasser wählt während einer Urlaubsreise in Deutschland vor einem deutschen Notar in einem notariellen Testament gemäß Art. 22 EU-ErbVO das deutsche Recht und verfügt anschließend noch eine bestimme Erbfolge.

Nach Art. 591 ital. Codice Civile sind Minderjährige nicht testierfähig. Nach deutschem Recht ist eine Person ab Vollendung des 16. Lebensjahres testierfähig und kann in notarieller Form eine Verfügung von Todes wegen errichten (§§ 2229, 2247 Abs. 4 BGB). Der 16-jährige Erblasser kann somit – auch wenn er in Italien sterben und nach italienischem Recht beerbt würde – durch die Rechtswahl zum deutschen Recht seine Testierfähigkeit und somit seine Fähigkeit, eine Rechtswahl zu treffen, erreichen.

1892 Die in der letztwilligen Verfügung getroffene Rechtswahl darf im Ergebnis nicht unwirksam sein, was der Notar als Gestalter im Auge behalten muss. Die Unwirksamkeit der Rechtswahl ist nach einer Grundsatzentscheidung des BGH bei einem Verstoß gegen den Grundsatz **ordre public** gegeben. So verstößt etwa die Anwendung des gemäß Art. 22 Abs. 1 EU-ErbVO gewählten englischen Erbrechts jedenfalls dann gegen den deutschen *ordre public* im Sinne von Art. 35 EU-ErbVO, wenn sie dazu führt, dass bei einem Sachverhalt mit hinreichend starkem Inlandsbezug kein bedarfsunabhängiger Pflichtteilsanspruch eines Kindes besteht.[342]

1893 *Beispiel*

Der Erblasser war ein britischer Staatsangehöriger, lebte seit Jahrzehnten in Deutschland und hatte sein wesentliches Vermögen in Deutschland. Für seinen Nachlass wählte er die Anwendung britischen Rechts,

341 BGH RNotZ 2021, 361.
342 BGH DNotZ 2023, 37.

das keine vom Bedarf des Erben unabhängigen, dem deutschen Pflichtteilsrecht vergleichbaren Ansprüche kennt.[343]

Der BGH erblickt hierin einen Verstoß gegen den *ordre public* (Art. 35 EU-ErbVO), da durch die Wahl dieser Rechtsordnung das verfassungsrechtlich gesicherte Recht auf Pflichtteil verletzt sei, was jedenfalls dann gelte, wenn der Erblasser und sein Nachlass einen starken Bezug zu Deutschland hätten.

ff) Änderung und Widerruf einer Rechtswahl – Bindungswirkung einer Rechtswahl

Eine Rechtswahl kann vom Erblasser auch jederzeit widerrufen oder geändert werden. Dies folgt aus Art. 22 Abs. 4 EU-ErbVO. Diese Vorschrift regelt aber nur, dass der Widerruf und die Änderung den allgemeinen Formvorschriften zur Änderung und zum Widerruf von Verfügungen von Todes wegen entsprechen müssen, somit also für Testamente einschließlich gemeinschaftlicher Testamente den Vorschriften des Haager Testamentsformübereinkommens und für Erbverträge den fast inhaltsgleichen Regelungen des Art. 27 EU-ErbVO (vgl. hierzu oben Rdn 1887). Zur Frage der materiellen Voraussetzungen für den Widerruf und die Änderung der Rechtswahl enthält die Verordnung keine Regelungen. Erwägungsgrund 40 S. 3 der Verordnung enthält diesbezüglich nur einen unklaren und auslegungsbedürftigen Hinweis. Die ganz herrschende Meinung in der Literatur geht davon aus, dass bei einer Änderung bzw. Neufassung entsprechend Art. 22 Abs. 3 EU-ErbVO allein das neu gewählte Recht maßgebend ist. Im Falle des reinen Widerrufs einer Rechtswahl, die dann ja nur wieder den gesetzlichen Anknüpfungszustand des Art. 21 EU-ErbVO, also die Anknüpfung an das Aufenthaltsrecht, herstellt, geht die herrschende Meinung in der Literatur davon aus, dass hier das Recht des gewöhnlichen Aufenthalts einschlägig ist, da der Erblasser aufgrund des Widerrufs mit dem Recht seiner Staatsangehörigkeit nicht mehr verbunden sein will. 1894

Von der Frage der materiellen Wirksamkeit des Widerrufs bzw. der Änderung der Rechtswahl ist die Frage zu unterscheiden, ob ein Widerruf bzw. eine Änderung überhaupt möglich ist oder die ursprüngliche Rechtswahl Bindung entfaltet. Diese Frage unterliegt nach herrschender Meinung in der Literatur dem für die ursprüngliche Rechtswahl gewählten Recht. Sieht dieses eine Bindungswirkung vor, so bleibt die ursprüngliche Rechtswahl bindend, auch wenn das neu gewählte Recht oder das Recht des gewöhnlichen Aufenthalts eine Bindungswirkung nicht kennt. 1895

Nach den durch Art. 16 des Gesetzes zum internationalen Erbrecht und zur Änderung von Vorschriften zum Erbschein sowie zur Änderung sonstiger Vorschriften vom 29.6.2015[344] neu gefassten Vorschriften der §§ 2270 Abs. 3 und 2278 Abs. 2 BGB können nunmehr Rechtswahlen gemäß der EU-ErbVO in gemeinschaftlichen Testamenten mit wechselbezüglicher Wirkung und in Erbverträgen mit erbvertraglicher Bindung vereinbart werden (vgl. dazu auch oben Rdn 958, 974). Wählt somit ein deutscher Erblasser formgerecht gemäß Art. 22 EU-ErbVO das deutsche Erbrecht, so kann dieser Rechtswahl gemäß den beiden deutschen Vorschriften des BGB **Bindungswirkung** verliehen werden. 1896

gg) Folgen für die notarielle Praxis

Aus dem Vorgesagten ergibt sich, dass zwar für deutsche Erblasser, gleich ob sie ihren gewöhnlichen Aufenthalt zur Zeit in Deutschland oder im Ausland haben, das deutsche Heimatrecht – gegebenenfalls nur rein vorsorglich – gewählt werden kann, sodass auch bei einem späteren Wohnsitzwechsel ins Ausland nach wie vor das deutsche Erbrecht anwendbar wäre. Der deutsche Notar bzw. dessen Mitarbeiter haben stets zu prüfen, ob eine solche Rechtswahl für den deutschen Erblasser möglich und sinnvoll ist. Die Entscheidung für die Aufnahme einer Rechtswahl gemäß Art. 22 EU-ErbVO sollte aber nur im Einzelfall unter Abwägung aller Umstände getroffen werden (Wahrscheinlichkeit eines späteren Umzugs ins Ausland, Art, Umfang und Lage im In- oder Ausland – des jetzigen und noch zu erwartenden Vermögens, Kosten der Rechtswahl). Eine standardmäßige Aufnahme einer Rechtswahl eines deutschen Erblassers in sein Testament ist schon aus Kostengründen nicht zu empfehlen. § 104 Abs. 2 GNotKG setzt für die erbrechtliche Rechtswahl 30 % des nach § 102 GNotKG zu 1897

343 Offenbleibt, was dort gilt, wo über die EU-ErbVO durch Verlegung des gewöhnlichen Aufenthalts ins Ausland ein Recht Anwendung findet, das keine Pflichtteilsrechte kennt (sog. „Pflichtteilstourismus"), siehe hierzu die Ausführungen von *Krauß*, Vermögensnachfolge in der Praxis, 6. Aufl. 2022, Rn. 4186 ff. (Flucht in ausländische Rechtsordnungen bzw. Wegzug in ein „pflichtteilsgünstigeres" Staatsgebiet).

344 BGBl 2015, 1042.

ermittelnden bereinigten Nettovermögens des Erblassers an.[345] Dagegen lässt sich allerdings einwenden, dass der Notar für die Beurkundung verantwortlich ist und deshalb in aller Regel ein noch viel offensichtlicheres Interesse an der Wahl seines deutschen Heimatrechts als die Beteiligten hat.[346]

1898 Für ausländische Erblasser mit gewöhnlichem Aufenthalt in Deutschland ist eine vorsorgende Rechtswahl zum deutschen Aufenthaltsrecht nicht möglich. Hier kann im Einzelfall eine Rechtswahl nach ausländischem Recht möglich und zweckmäßig sein. Vgl. hierzu oben Rdn 1837, 1873 und 1930. Die Erblasser sind aber auf jeden Fall über die Rechtsfolgen eines späteren Aufenthaltswechsels ins Ausland zu belehren (vgl. hierzu unter Ziffer 7. mit Mustervorschlägen in Rdn 2018 ff.).

g) Reichweite des anzuwendenden Rechts gemäß Art. 23 Abs. 1 und 2 EU-ErbVO

1899 Die Reichweite des anzuwendenden Rechts ergibt sich aus dem Positivkatalog des Art. 23 EU-ErbVO und dem Negativkatalog des Art. 1 Abs. 2 EU-ErbVO. Vgl. hierzu auch Rdn 1825 ff.

1900 Hiernach sind vom anzuwendenden Erbrecht z.B. positiv **umfasst**

- Ort, Zeitpunkt und Gründe für den Eintritt des Erbfalls,
- Berufung von Erben oder Vermächtnisnehmern aufgrund gesetzlicher Erbfolge oder im Wege der gewillkürten Erbfolge,
- Erbfähigkeit des Erblassers,
- Enterbung und Erbunwürdigkeitsregelungen,
- Übergang von Vermögenswerten an Erben oder Vermächtnisnehmer (Gesamtrechtsnachfolge, automatischer dinglicher Übergang eines Vermächtnisses an den Vermächtnisnehmer bei einem sog. „Vindikationslegat“ oder schuldrechtlicher Anspruch des Vermächtnisnehmers gegen den/die Erben auf Übertragung von Nachlassgegenständen wie im deutschen Recht),
- Rechte von Erben und Testamentsvollstreckern (z.B. im Hinblick auf Veräußerung von Vermögen),
- Pflichtteils- und Noterbrechte und deren rechtliche Ausgestaltung,
- Ausgleichungs- und Anrechnungsbestimmungen bei lebzeitigen Zuwendungen (z.B. §§ 2050 und 2315 BGB).

1901 Das Erbstatut umfasst nicht die Fragen, die gemäß Art. 1 Abs. 2 EU-ErbVO allgemein vom Anwendungsbereich der Verordnung ausgenommen sind. Hierzu zählen z.B. Fragen der Rechts-, Geschäfts- und Handlungsfähigkeit, des ehelichen Güterrechts, des Unterhaltsrechts, des Gesellschaftsrechts, des Registerrechts (z.B. des Grundbuchrechts und des Handelsregisters) oder des Sachenrechts. Die Abgrenzung ist im Einzelfall recht schwierig. Dies betrifft insbesondere die Bereiche des Güterrechts (z.B. Frage der Qualifikation der Vorschrift des § 1371 Abs. 1 BGB; vgl. dazu unter Rdn 1989 ff. und des Sachenrechts vgl. dazu unter Rdn 1993, 2005).

3. Errichtungsstatut (hypothetisches Erbstatut) bei Testamenten und Erbverträgen

a) Bedeutung des Errichtungsstatuts

1902 Für den Fall des Wechsels des gewöhnlichen Aufenthaltes des Erblassers, aber auch im Falle des Wechsels der Staatsangehörigkeit des Erblassers nach Errichtung einer Verfügung von Todes wegen besteht die Gefahr, dass eine formell und materiell wirksam errichtete Verfügung von Todes wegen im Nachhinein unwirksam wird.

1903 Für die Formwirksamkeit wird dieses Problem durch die sehr weitreichenden Anknüpfungsmöglichkeiten gelöst, die das Haager Testamentsformübereinkommen für die Errichtung von einseitigen und gemeinschaftlichen Testamenten und Art. 27 EU-ErbVO für die Errichtung von Erbverträgen vorsehen. So ist danach ein Testament u.a. dann formwirksam errichtet, wenn es dem Recht des Staates entspricht, in dem das Testament errichtet wurde oder dem Recht des Staates, dessen Staatsangehörigkeit der Erblasser zum Zeitpunkt der Errichtung des Testamentes hatte oder dem Recht des Staates, in dem der Erblasser bei Errichtung des Testamentes seinen gewöhnlichen Aufenthalt oder Wohnsitz hatte. Ein späterer Staatsangehörigkeits- oder Aufenthalts-

345 Vgl. hierzu auch § 5 Rdn 139 ff.

346 So neuerdings *Kanzleiter*, DNotZ 2020, 902, 905, der auch darauf hinweist, dass bei der Schaffung des GNotKG das Interesse an der Förderung sinnvoller Rechtswahlen betont wurde.

bzw. Wohnsitzwechsel berührt somit die Formwirksamkeit einer einmal formwirksam errichteten Verfügung von Todes wegen nicht mehr.

Damit der Erblasser sicher sein kann, dass eine einmal von ihm errichtete Verfügung von Todes wegen nicht nur hinsichtlich ihrer Form, sondern auch dauerhaft materiell wirksam bleibt, schafft die EU-ErbVO in den Art. 24 und 25 für die materielle Wirksamkeit einer Verfügung von Todes wegen, aber auch für deren Zulässigkeit sowie bei Erbverträgen zusätzlich auch für deren Bindungswirkungen ein sog. **Errichtungsstatut**, auch hypothetisches Erbstatut genannt. Hierdurch wird die Anknüpfung dieser Fragen vom Erbfall auf den Zeitpunkt der Errichtung der Verfügung von Todes wegen vorverlegt. Vor Inkrafttreten der EU-ErbVO wurden die Fragen des hypothetischen Erbstatuts in Art. 26 Abs. 5 EGBGB a.F. geregelt.[347] 1904

b) Reichweite des Errichtungsstatuts

Da sich das Errichtungsstatut der Art. 24 und 25 EU-ErbVO nur auf die „Zulässigkeit", die „materielle Wirksamkeit" von Verfügungen von Todes wegen und bei Erbverträgen zusätzlich auf die „Bindungswirkung", nicht aber auf die Wirkungen einer Verfügung von Todes wegen im Übrigen (z.B. welche rechtlichen Wirkungen eine angeordnete Vor- und Nacherbschaft hat oder welche Rechte einem eingesetzten Testamentsvollstrecker zustehen) bezieht, sind zunächst die vom Errichtungsstatut umfassten Begrifflichkeiten zu klären. 1905

Die „**Zulässigkeit**" betrifft die Frage, ob eine beabsichtigte Verfügung von Todes wegen nach der betreffenden Rechtsordnung überhaupt vorgesehen oder unter Umständen sogar verboten ist. Von besonderer Bedeutung ist hier die Frage, ob die im deutschen Recht bekannten Rechtsinstitute des gemeinschaftlichen Testamentes und des Erbvertrages nach der betreffenden Rechtsordnung zugelassen sind. Vielen Staaten des romanischen Rechtskreises, des ehemals kommunistischen Rechtskreises und des islamischen Rechtskreises verbieten derartige Verfügungen mit Bindungswirkung. Teilweise werden die Verbote in den betreffenden Staaten als Formverbote (z.B. Frankreich), teilweise aber auch als materielle Sachverbote (z.B. Italien) behandelt.[348] Umstritten ist, ob beide Arten der Verbote dem hypothetischen Erbstatut der Art. 24 und 25 EU-ErbVO unterfallen oder nur die Sachverbote.[349] Der vorsichtige Rechtsanwender sollte auf jeden Fall nur dann einen Erbvertrag oder ein gemeinschaftliches Testament beurkunden, wenn diese nach dem hypothetischen Erbstatut aller Staaten zulässig sind, in denen sich Nachlassvermögen befinden.[350] 1906

Der Begriff der „**materiellen Wirksamkeit**" ist in Art. 26 EU-ErbVO definiert. Demnach fallen unter den Begriff insbesondere Fragen der Testierfähigkeit, der Zulässigkeit von Stellvertretung bei der Errichtung von Verfügungen von Todes wegen und der Willensmängel des Erblassers (Irrtum, Drohung, Täuschung). 1907

Der Begriff der „Bindungswirkung" umfasst die Frage, in welchem Umfang, in welcher Art und Weise und wie lange die Vertragsparteien an die Bestimmungen eines Erbvertrages gebunden sind. Im deutschen Recht würden hierunter z.B. die Fragen fallen, welche Anordnungen mit Bindungswirkung getroffen werden können (vgl. §§ 2270 Abs. 3 und 2278 Abs. 3 BGB) oder welche Auswirkungen eine bindende Verfügung auf spätere widersprechende Verfügungen hat (vgl. z.B. §§ 2271, 2289 BGB). 1908

c) Begriffe des Erbvertrages und des gemeinschaftlichen Testamentes

Art. 24 EU-ErbVO behandelt die Zulässigkeit und die materielle Wirksamkeit von Verfügungen von Todes wegen, Art. 25 EU-ErbVO bezieht sich auf die Zulässigkeit, materielle Wirksamkeit und Bindungswirkungen von Erbverträgen. 1909

Der Erbvertrag ist eine Verfügung von Todes wegen (Art. 3 Abs. 1 lit. d) EU-ErbVO). Nach der Definition in Art. 3 Abs. 1 lit. b) EU-ErbVO ist hierunter „eine Vereinbarung einschließlich einer Vereinbarung aufgrund gegenseitiger Testamente" zu verstehen, „die mit oder ohne Gegenleistung Rechte am künftigen Nachlass oder künftigen Nachlässen einer oder mehrerer an dieser Vereinbarung beteiligter Personen begründet, ändert oder entzieht." Der Begriff der EU-ErbVO ist viel weiter als der Erbvertragsbegriff des deutschen BGB. Er umfasst aber unzweifelhaft den deutschen Erbvertrag im Sinne der §§ 2274 ff. BGB. Unter den verordnungsrecht- 1910

347 Vgl. hierzu die entsprechenden Ausführungen in den Vorauflagen der Notariatskunde.

348 Vgl. zu der Unterscheidung *Hausmann/Odersky*, Das Internationale Privatrecht in der notariellen Praxis, 4. Aufl. 2021, § 15 Rn 195.

349 Vgl. zu dem Meinungsstreit z.B. Grüneberg/*Thorn*, 85. Aufl. 2025, Art. 25 EU-ErbVO, Rn 4.

350 So auch die Empfehlung von *Hausmann/Odersky*, Internationales Privatrecht in der Notar- und Gestaltungspraxis, 4. Aufl. 2021, § 15 Rn 197.

lichen Erbvertragsbegriff fallen aber auch die für den deutschen Rechtsanwender sehr wichtigen Erb- und Pflichtteilsverzichtsverträge.[351]

1911 Unter einem einseitigen Erbvertrag bzw. einem Erbvertrag, der den Nachlass nur einer einzigen Person betrifft (Art. 25 Abs. 1 EU-ErbVO), ist ein Erbvertrag zu verstehen, bei dem nur eine Vertragspartei Verfügungen von Todes wegen errichtet, während die andere Partei oder die anderen Parteien nur die Annahme des Vertrages erklären. Unter einem mehrseitigen Erbvertrag bzw. einem Erbvertrag, der den Nachlass mehrerer Personen betrifft (Art. 25 Abs. 2 EU-ErbVO), ist ein Erbvertrag zu verstehen, bei dem mehrere Parteien Verfügungen von Todes wegen treffen, und zwar unabhängig davon, ob alle verfügenden Parteien bindende Verfügungen treffen oder nicht.

1912 Äußerst umstritten ist, ob gemeinschaftliche Testamente im deutschen Recht gemäß §§ 2265 ff. BGB unter die Vorschrift des Art. 24 EU-ErbVO oder die Vorschrift des Art. 25 EU-ErbVO fallen, also entweder wie ein einseitiges Testament oder wie ein Erbvertrag behandelt werden. Unter Berufung auf Art. 3 Abs. 1 lit. b) und c) EU-ErbVO, wonach der Gesetzeswortlaut klar zwischen Erbverträgen und gemeinschaftlichen Testamenten unterscheidet, geht die eine Meinung davon aus, dass ein gemeinschaftliches Testament nicht als Erbvertrag anzusehen ist. Die herrschende Meinung in der deutschen Literatur unterstellt jedoch zumindest das wechselbezügliche gemeinschaftliche Testament dem weiten Erbvertragsbegriff der Verordnung.[352] Diese Auffassung dürfte aber von vielen anderen Mitgliedstaaten der Verordnung nicht geteilt werden. Bis zu einer verbindlichen Entscheidung des EuGH wird diese wichtige Frage nicht zuverlässig geklärt werden können. Von daher sollte der beratende deutsche Notar bzw. seine Mitarbeiter bei erbrechtlichen Gestaltungen mit Auslandsberührung von Ehegatten oder eingetragenen Lebenspartnern bis zu einer sicheren Klärung dieser Frage immer zum Erbvertrag und nicht zum gemeinschaftlichen Testament raten. Im Folgenden wird von daher auch nur das Errichtungsstatut im Hinblick auf einseitige Testamente und Erbverträge, nicht jedoch im Hinblick auf gemeinschaftliche Testamente, behandelt.

d) Objektive Anknüpfung bei einseitigen Testamenten (Art. 24 Abs. 1 EU-ErbVO)

1913 Gemäß Art. 24 Abs. 1 EU-ErbVO unterliegen die Zulässigkeit und materielle Wirksamkeit einer Verfügung von Todes wegen dem Recht, das nach dieser Verordnung auf die Rechtsnachfolge von Todes wegen anwendbar wäre, wenn die Person, die die Verfügung errichtet hat, zu diesem Zeitpunkt verstorben wäre. Damit verweist Art. 24 Abs. 1 EU-ErbVO auf Art. 21 Abs. 1 und Art. 22 EU-ErbVO.

1914 Angeknüpft wird somit grundsätzlich an das Recht des gewöhnlichen Aufenthaltes des Verfügenden zum Zeitpunkt der Errichtung des Testamentes. Liegt der gewöhnliche Aufenthalt in einem **Drittstaat**, ist wie auch im Rahmen der Prüfung des anwendbaren Rechts gemäß Art. 21 EU-ErbVO eine mögliche Rück- oder Weiterverweisung gemäß Art. 34 Abs. 1 EU-ErbVO zu beachten. Abzustellen ist auch hier auf den Zeitpunkt der Testamentserrichtung. Da es im Nachhinein schwierig sein kann, den für das Errichtungsstatut relevanten gewöhnlichen Aufenthalt zum Zeitpunkt der Testamentserrichtung festzustellen, sollte im Testament neben dem Errichtungsort auch der aktuelle gewöhnliche Aufenthalt des Verfügenden festgestellt werden.

1915 Hat der Erblasser bereits vor der Errichtung des Testamentes eine Rechtswahl gemäß Art. 22 EU-ErbVO hinsichtlich des anwendbaren Rechts getroffen, so ist für die Zulässigkeit und die materiellen Wirkungen des Testaments über Art. 24 Abs. 1 EU-ErbVO das Heimatrecht des Erblassers das Errichtungsstatut.

e) Rechtswahl bei einseitigen Testamenten (Art. 24 Abs. 2 EU-ErbVO)

1916 Wie das Erbstatut kann auch das Errichtungsstatut – neben den mittelbaren Wirkungen einer Rechtswahl gemäß Art. 22 EU-ErbVO vor Errichtung des Testaments – unmittelbar durch eine Rechtswahl des Errichtungsstatuts durch den Verfügenden beeinflusst werden.

1917 So kann der Verfügende gemäß Art. 24 Abs. 2 EU-ErbVO das Recht seines Heimatstaates wählen, das er auch nach Art. 22 EU-ErbVO hätte wählen können. Wählbar ist aber aufgrund der Systematik des Art. 24 Abs. 2 EU-ErbVO nur das Heimatrecht des Verfügenden zum Zeitpunkt der Rechtswahl, nicht aber ein etwaiges zukünf-

351 Vgl. für viele Grüneberg/*Thorn*, 85. Aufl. 2025, Art. 25 EU-ErbVO, Rn 2 sowie unter Rn 2091 ff.

352 Vgl. zum Meinungsstreit ausführlich *Hausmann/Odersky*, Internationales Privatrecht in der Notar- und Gestaltungspraxis, 4. Aufl. 2021, § 15 Rn 228 ff.; ferner zu dieser Fragestellung *Pünder*, Gemeinschaftliche Testamente und die EU-Erbrechtsverordnung, 2018, S. 234 ff.

tiges Heimatrecht (= Unterschied zu Art. 22 Abs. 1 EU-ErbVO). Die Rechtswahl bezieht sich auch nur auf die Zulässigkeit und die materielle Wirksamkeit (Art. 26 EU-ErbVO) der Verfügung von Todes wegen, nicht aber auf das auf die Erbfolge des Erblassers anwendbare Recht. Dieses muss der Verfügende gegebenenfalls separat gemäß Art. 22 EU-ErbVO wählen. Der Verfügende kann sich somit aussuchen, ob er beide Rechtswahlen gemeinsam trifft oder nur eine der beiden Rechtswahlen isoliert. In der Regel werden die beiden Rechtswahlen gemeinsam und einheitlich getroffen, um eine Übereinstimmung von auf die Erbfolge anwendbarem Recht und dem Recht, das die Zulässigkeit und die Wirksamkeit der Verfügung beurteilt, zu erreichen. Im Einzelfall kann es sinnvoll sein, nur eine der beiden Rechtswahlen, z.B. die nach Art. 24 Abs. 2 EU-ErbVO, zu treffen, wenn der Verfügende die für ihn günstigen Rechtsinstitute des Aufenthaltsrechts (z.B. Vor- und Nacherbschaft nach deutschem Recht) und gleichzeitig die für ihn günstigen Regelungen des Errichtungsstatuts nutzen will (z.B. Nutzung einer günstigeren Testierfähigkeitsregelung des Heimatrechts).

Beispiel 1918

Ein 14-jähriger schottischer Jugendlicher mit gewöhnlichem Aufenthalt in Xanten möchte ein notarielles Testament errichten und darin u.a. ein Vor- und Nacherbschaftsregelung nach deutschem Recht treffen.

Da nach deutschem Recht die Testierfähigkeit für notarielle Testamente erst ab 16 Jahren erreicht wird (§§ 2229, 2247 Abs. 4 BGB), könnte der schottische Jugendliche das schottische Recht als Errichtungsstatut gemäß Art. 24 Abs. 2 EU-ErbVO wählen, denn nach schottischem Recht sind Jugendliche schon ab 12 Jahren testierfähig, inhaltlich aber das Testament nach dem deutschen Aufenthaltsrecht gemäß Art. 21 Abs. 1 EU-ErbVO errichten.[353]

Die Rechtswahl gemäß Art. 24 Abs. 2 EU-ErbVO muss sich einheitlich auf alle Fragen der Zulässigkeit und der materiellen Wirksamkeit der Verfügung von Todes wegen beziehen. Eine Beschränkung auf Einzelaspekte ist nicht statthaft. 1919

Ändert der Verfügende ein Testament durch ein späteres Testament, so sind die Zulässigkeit und die materiellen Wirkungen für das Änderungstestament neu zu bestimmen, wenn es zwischen der Errichtung der beiden Testamente zu einem Statutenwechsel gekommen ist, z.B. durch Umzug in ein anderes Land. Art. 24 Abs. 3 EU-ErbVO regelt die Bestimmung des auf die Änderung bzw. den Widerruf des Testamentes anzuwendenden hypothetischen Erbstatuts. Da der Wortlaut dieser Vorschrift nicht eindeutig ist und Auslegungsspielräume eröffnet, herrscht in der juristischen Literatur Streit darüber, ob sich Änderung und Widerruf nach dem ursprünglichen Errichtungsstatut oder nach dem neuen aktuellen Errichtungsstatut beurteilen. Die herrschende Meinung geht davon aus, dass das ursprüngliche Errichtungsstatut aus **Rechtssicherheitsgründen** darüber entscheiden muss, ob ein Testament überhaupt widerruflich ist oder ob es gewisse Bindungswirkungen entfaltet, die einen Widerruf ausschließen. Das Errichtungsstatut zum Zeitpunkt der Errichtung des neuen Testamentes entscheidet hingegen einheitlich über alle Fragen der Zulässigkeit und der materiellen Wirksamkeit der neuen Verfügung von Todes wegen.[354] 1920

f) Einseitige Erbverträge gemäß Art. 25 Abs. 1 EU-ErbVO

Die Anknüpfung von einseitigen Erbverträgen entspricht grundsätzlich der Anknüpfung von einseitigen Testamenten. So unterliegen gemäß Art. 25 Abs. 1 EU-ErbVO die Zulässigkeit, die materielle Wirksamkeit und die Bindungswirkungen eines einseitigen Erbvertrages einschließlich der Voraussetzungen für seine Auflösung dem vorgezogenen Erbstatut zum Zeitpunkt der Errichtung des Erbvertrages. Grundsätzlich ist somit auf den gewöhnlichen Aufenthalt der verfügenden Erbvertragspartei zum Zeitpunkt der Errichtung des Erbvertrages abzustellen. Hat die verfügende Erbvertragspartei bereits vor Errichtung des Erbvertrages eine Rechtswahl seines Heimatrechtes gemäß Art. 22 EU-ErbVO getroffen, so ist dieses Heimatrecht auch Errichtungsstatut gemäß Art. 25 Abs. 1 EU-ErbVO. Gemäß Art. 25 Abs. 3 EU-ErbVO können die Erbvertragsparteien ferner auch das Heimatrecht der verfügenden Erbvertragspartei als Errichtungsstatut wählen, und zwar unabhängig davon, ob die verfügende Erbvertragspartei auch für das Erbstatut eine Rechtswahl zum Heimatrecht gemäß 1921

353 Vgl. zu diesem Fall *Hausmann/Odersky*, Internationales Privatrecht in der Notar- und Gestaltungspraxis, 4. Aufl. 2021, § 15 Rn 204 ff., 237.

354 Vgl. zum Meinungsstreit ausführlich *Hausmann/Odersky*, Internationales Privatrecht in der Notar- und Gestaltungspraxis, 4. Aufl. 2021, § 15 Rn 241 ff.

Art. 22 EU-ErbVO getroffen hat. Wie auch beim einseitigen Testament können die beiden Rechtswahlen je nach Interessenlage der Erbvertragsparteien unabhängig voneinander getroffen werden.

g) Objektive Anknüpfung bei mehrseitigen Erbverträgen (Art. 25 Abs. 2 EU-ErbVO)

1922 Art. 25 Abs. 2 EU-ErbVO unterscheidet für die objektive Anknüpfung zwischen der Zulässigkeit des Erbvertrages einerseits und seiner materiellen Wirksamkeit und seiner Bindungswirkung andererseits.

Im ersten Schritt ist auf der Zulässigkeitsebene zu prüfen, ob der Erbvertrag als Rechtsinstitut erlaubt bzw. zulässig oder aber verboten ist. Für die Zulässigkeit findet gemäß Art. 25 Abs. 2 S. 1 EU-ErbVO eine kumulative Prüfung statt, d.h. der Erbvertrag muss nach dem Errichtungsstatut aller Erbvertragsparteien zulässig sein. Wie auch beim Testament ist Errichtungsstatut bzw. hypothetisches Erbstatut entweder das Recht des Staates, in dem die betreffende Erbvertragspartei bei Abschluss des Erbvertrages ihren gewöhnlichen Aufenthalt hat oder das Heimatrecht der betreffenden Erbvertragspartei, sofern von ihr eine entsprechende Rechtswahl gemäß Art. 22 EU-ErbVO vor Abschluss des Erbvertrages getroffen worden ist. Der für die notarielle Praxis praktisch wichtigste Hauptanwendungsfall von mehrseitigen Erbverträgen ist der Erbvertrag von Ehegatten bzw. eingetragenen Lebenspartnern.

> *Beispiel*
>
> Ein italienisches Ehepaar mit gewöhnlichem Aufenthalt in Deutschland möchte vor einem deutschen Notar einen Erbvertrag abschließen und sich wechselseitig bindend zu Erben einsetzen.
>
> Errichtungsstatut ist hier gemäß Art. 25 Abs. 2, 21 EU-ErbVO das deutsche Recht als das Recht des gewöhnlichen Aufenthaltes der Erbvertragsparteien bei Abschluss des Erbvertrages. Nach deutschem Erbrecht ist der Abschluss eines bindenden Erbvertrages zulässig. Der Erbvertrag bleibt nun dauerhaft wirksam, auch wenn die Ehegatten später nach Italien umziehen und dort versterben würden (das italienische Recht verbietet den Abschluss bindender Erbverträge als sog. **Sachverbot**, vgl. Rdn 1906).
>
> Würde in dem Beispielsfall einer der Ehegatten zum Zeitpunkt der Errichtung des Erbvertrages seinen gewöhnlichen Aufenthalt in Italien haben, wäre der Abschluss eines Erbvertrages der Ehegatten nicht ohne weiteres, d.h. nicht ohne Rechtswahl, zulässig, da der Erbvertrag nicht nach dem Errichtungsstatut aller am Erbvertrag beteiligten Personen (kumulative Prüfung) zulässig ist.

1923 Die materielle Wirksamkeit und Bindungswirkung, aber auch die Voraussetzungen für die Auflösung des Erbvertrages unterliegen nach Art. 25 Abs. 2 S. 2 EU-ErbVO demjenigen der für die Erbvertragsparteien ermittelten Errichtungsstatut, zu dem der Erbvertrag die engste Verbindung hat. Durch diese Regelung sollen widersprüchliche Auslegungs- und Bindungsregelungen vermieden werden. Der Begriff der „engsten Verbindung" wird in der EU-ErbVO nicht geregelt. Wie auch im Rahmen von Art. 21 Abs. 2 EU-ErbVO wird man auch hier eine Beurteilung der Gesamtumstände vornehmen müssen (z.B. familiäre und soziale Bindungen sowie Staatsangehörigkeiten der Erbvertragsparteien, Belegenheit der Vermögenswerte, jeweils zum Zeitpunkt des Erbvertragsabschlusses). Für den Notar und seine Mitarbeiter dürfte es in vielen Fällen nicht einfach sein, diese „engste Verbindung" eindeutig festzustellen. Der Erbvertrag sollte aber auf jeden Fall nähere Informationen zu den Gründen machen, aus denen die Erbvertragsparteien selbst die engste Verbindung zu einer bestimmten Rechtsordnung ableiten. In vielen Fällen kann aber auch eine Rechtswahl gemäß Art. 25 Abs. 3 EU-ErbVO Klarheit schaffen.

h) Rechtswahl bei mehrseitigen Erbverträgen (Art. 25 Abs. 3 EU-ErbVO)

1924 Die Risiken für die Errichtung von Erbverträgen, die aus der kumulativen Anknüpfung des Art. 25 Abs. 2 EU-ErbVO für die Zulässigkeit von Erbverträgen resultieren, werden gemindert durch die großzügige Rechtswahlmöglichkeit des Art. 25 Abs. 3 EU-ErbVO. Hiernach können die Erbvertragsparteien für die Zulässigkeit, die materielle Wirksamkeit und die Bindungswirkungen des Erbvertrages, aber auch für die Voraussetzungen für seine Auflösung, das Staatsangehörigkeitsrecht nur eines an dem Erbvertrag beteiligten Erblassers wählen. Gewählt kann allerdings im Hinblick auf den Sinn und Zweck sowie die Systematik des Errichtungsstatuts nur die Staatsangehörigkeit, welche ein am Erbvertrag beteiligter Erblasser bereits bei Abschluss des Erbvertrages besitzt; ein etwaiges zukünftiges Heimatrecht kann somit nicht gewählt werden. Ein späterer Statutenwechsel, etwa durch einen Umzug ins Ausland der Erbvertragsparteien, berührt dann die Zulässigkeit, die materiellen

Wirkungen und die Bindungswirkungen eines Erbvertrages nicht mehr. Ist somit zumindest ein deutscher Erblasser am Erbvertrag beteiligt (z.B. ein deutscher Ehegatte oder ein deutscher eingetragener Lebenspartner), so kann der Erbvertrag durch Rechtswahl nach Art. 25 Abs. 3 EU-ErbVO dauerhaft wirksam und bindend nach den Vorschriften des deutschen Rechts vereinbart werden, und zwar unabhängig davon, wo die Erbvertragsparteien bei Abschluss des Erbvertrages oder zu einem späteren Zeitpunkt ihren gewöhnlichen Aufenthalt haben. Gegenüber Mitgliedstaaten der EU-ErbVO kann somit eine sichere Grundlage für einen deutschen Erbvertrag geschaffen werden.

Beispiel 1925

Ein in Deutschland lebendes deutsch-italienisches Ehepaar errichtet vor einem deutschen Notar einen Erbvertrag. Der deutsche Ehegatte wählt rein vorsorglich nach Art. 22 der Verordnung das deutsche Recht. Beide Ehegatten wählen gemäß Art. 25 Abs. 3 der Verordnung für die Zulässigkeit, die materielle Wirksamkeit und die Bindungswirkungen des Erbvertrages das deutsche Recht. Dann ziehen die Ehegatten nach Italien um, wo der italienische Ehegatte nach dem 1.4.2017 verstirbt.

Hier besteht trotz des im italienischen Recht bestehenden Sachverbots (nicht nur Formverbot) für Erbverträge ein wirksamer Erbvertrag mit Bindungswirkung, obwohl der italienische Erblasser nach Art. 21 der Verordnung nach italienischem Recht beerbt wird.

Sehr wichtig ist es zu beachten, dass trotz einer Rechtswahl gemäß Art. 25 Abs. 3 EU-ErbVO das anwendbare Erbrecht für die Erbvertragsparteien getrennt nach Art. 21, 22 EU-ErbVO zu bestimmen ist. So kann z.B. ein späterer Umzug der Erbvertragsparteien ins Ausland zu einem Statutenwechsel und somit zur Anwendbarkeit des ausländischen Erbrechts führen (wie im vorherigen Beispiel Rdn 1925). Und das anwendbare Erbrecht betrifft – wie bereits gezeigt – die Frage, ob die im Erbvertrag getroffenen Verfügungen inhaltlich wirksam sind und welche Rechtsfolgen von ihnen ausgehen. So kann z.B. ein in einem in Deutschland errichteten Erbvertrag enthaltenes Rechtsinstitut (z.B. die Vor- und Nacherbschaft) nach dem Erbstatut der Erblasser oder zumindest eines Erblassers materiell unwirksam sein. Anhand des anwendbaren Erbrechts wäre dann, wenn eine konkludente Rechtswahl in einem solchen Fall nicht in Betracht kommt,[355] zu prüfen, ob unter Umständen eine Umdeutung der bindenden Verfügungen dem Erblasserwillen entsprechend in Betracht kommt. Der Wille der Erblasser wäre somit nach dem Prinzip des „Handelns unter falschem Recht"[356] nach den Grundsätzen des deutschen Erbrechts zu ermitteln und – soweit wie möglich – mit den Mitteln des anwendbaren Erbrechts umzusetzen. Ist eine derartige Umdeutung nicht möglich, könnte die entsprechende Verfügung unwirksam sein, obwohl der Erbvertrag nach dem Errichtungsstatut zulässig und materiell wirksam ist und Bindungswirkungen entfaltet. 1926

Beispiel 1927

Vgl. vorheriges Beispiel Rdn 1925:

Das deutsch-italienische Ehepaar hat in dem deutschen Erbvertrag eine Vor- und Nacherbschaft zulasten des ersteehelichen Kindes eines der Ehegatten verfügt.

Da das italienische Erbrecht eine Vor- und Nacherbschaft grundsätzlich bis auf sehr enge Ausnahmen für nichtig hält (Art. 692 Abs. 5 ital. CC), ist die Verfügung, sofern und soweit eine Umdeutung nicht in Betracht kommt, unwirksam. Da die Nichtigkeitssanktion des italienischen Rechts nur die Beschränkungen des Vorerben betrifft, bleibt die eigentliche Erbeinsetzung wirksam. Der Vorerbe wird somit zum Vollerben.[357]

Die deutschen Notare bzw. ihre Mitarbeiter sollten somit in den Fällen, in denen ein Ausländer an einer Verfügung von Todes wegen beteiligt ist und ein späterer Aufenthaltswechsel gerade in sein Heimatland nicht ganz unwahrscheinlich ist, inhaltlich möglichst nur einfache Verfügungen empfehlen, die im internationalen Vergleich unproblematisch sind, z.B. einfache Erbeinsetzungen oder einfache Vermächtnisse. 1928

355 Hierzu BGH RNotZ 2021, 361.
356 Vgl. zu dem Begriff *Hausmann/Odersky*, Das Internationale Privatrecht in der notariellen Praxis, 4. Aufl. 2021, § 3 Rn 84 ff.
357 Vgl. Ferid/Firsching/*Dörner/Hausmann/Hausmann, Trabucchi*, Italien, Rn 417.

1929 Ein aufgrund einer Rechtswahl gemäß Art. 25 Abs. 3 EU-ErbVO vom Erbstatut (Art. 21 Abs. 1 EU-ErbVO) abweichendes Errichtungsstatut kann somit einerseits zu Problemen bei der Gestaltung von Erbverträgen bzw. zu einer Einschränkung der rechtlichen Gestaltungsmöglichkeiten führen. Es kann aber andererseits für die erbvertragsgestaltenden deutschen Notare auch zu neuen interessanten Gestaltungsmöglichkeiten führen, wobei gerade die Vorteile von unterschiedlichem Erbstatut und Errichtungsstatut genutzt werden können.

1930 *Beispiel*

Beispiel nach *Süß*:[358] Eine deutsche Ehefrau lebt mit ihrem niederländischen Ehemann in Köln. Die beiden möchten sich gerne gegenseitig bindend zu Erben einsetzen und die Kinder des Ehemannes aus erster Ehe möglichst wenig am Nachlassvermögen des Ehemannes teilhaben lassen.

Das niederländische Recht kennt keinen Erbvertrag, sieht aber vor, dass der überlebende Ehegatte den gesamten Nachlass übernehmen kann und die Kinder des Erblassers erst nach dessen Tod zum Zuge kommen. Das deutsche Recht kennt den Erbvertrag, gewährt den Kindern aber sofort fällige Pflichtteilsansprüche. Keine der beiden Rechtsordnungen gewährt den Eheleuten demnach beide Wünsche. Wählen hier die Eheleute gemäß Art. 25 Abs. 3 EU-ErbVO das deutsche Recht als das Heimatrecht der Ehefrau bei Erbvertragserrichtung (Errichtungsstatut) und der niederländische Ehemann gemäß Art. 22 EU-ErbVO sein niederländisches Heimatrecht (Erbstatut), so kann beiden Wünschen der Ehegatten Rechnung getragen werden, und das zwar auch für den Fall, dass die Ehegatten zu einem späteren Zeitpunkt ihren gewöhnlichen Aufenthalt in die Niederlande verlegen und ein oder beide Ehegatten auch dort versterben sollten.

i) Praktische Fallkonstellationen für Rechtswahlen bei mehrseitigen Erbverträgen

1931 Aus Sicht der deutschen Notare und ihrer Mitarbeiter können sich bei der Vorbereitung und der Beurkundung von Erbverträgen mit Auslandsbezug verschiedene Fallkonstellationen ergeben, die die Gestaltung der Erbverträge maßgeblich beeinflussen. Nachfolgend wird immer davon ausgegangen, dass ein Ehepaar den Notar um die Vorbereitung eines bindenden Erbvertrages bittet und die engste Verbindung der Ehegatten zu ihrem jeweiligen Aufenthaltsstaat besteht (die Ausnahmeanknüpfung gemäß Art. 21 Abs. 2 EU-ErbVO liegt somit nicht vor). Entsprechende Musterformulierungen finden sich nachfolgend unter Rdn 2094 ff.

1932 **1. Fallgruppe:**

Ein deutsch/deutsches Ehepaar mit gewöhnlichem Aufenthalt in Deutschland

Dieser Fall weist zunächst keinerlei Auslandsberührung auf. Beide deutschen Ehegatten würden gemäß Art. 21 Abs. 1 EU-ErbVO nach deutschem Recht beerbt, sofern sie beide auch mit gewöhnlichem Aufenthalt in Deutschland versterben würden. Um für den Fall eines späteren Aufenthalts- und Wohnsitzwechsels ins Ausland das deutsche Recht zu „zementieren", könnten beide Ehegatten gemäß Art. 22 EU-ErbVO ihr deutsches Heimatrecht wählen, und zwar gemäß § 2278 Abs. 2 BGB mit erbvertraglicher Bindung. Ob diese Rechtswahl zu empfehlen ist, hängt auch unter Berücksichtigung der durch eine Rechtswahl ausgelösten zusätzlichen Notargebühren (§ 104 Abs. 2 GNotKG) von den Umständen des Einzelfalls, insbesondere von der Lebensplanung der Ehegatten (z.B. geplanter Wohnsitzwechsel ins Ausland), ab.

1933 Errichtungsstatut ist gemäß Art. 25 Abs. 2 EU-ErbVO einheitlich sowohl für die Zulässigkeit, als auch für die materiellen Wirkungen und die Bindungswirkungen des Erbvertrages sowie für die Voraussetzungen für seine Auflösung, das deutsche Recht als das Aufenthaltsrecht beider Ehegatten zum Zeitpunkt der Errichtung des Erbvertrages. Ein hiernach zulässiger und wirksam errichteter bindender Erbvertrag würde insbesondere durch einen späteren Wechsel des Aufenthaltsortes der Ehegatten (oder zumindest eines der Ehegatten) ins Ausland nicht mehr beeinflusst. Eine vorsorgende Rechtswahl gemäß Art. 25 Abs. 3 EU-ErbVO ist nicht erforderlich.

1934 Der Erbvertrag kann somit entweder für den Fall, dass beide Ehegatten eine Rechtswahl zum deutschen Erbrecht gemäß Art. 22 EU-ErbVO treffen oder ein Aufenthalts- und Wohnsitzwechsel ins Ausland nicht beabsichtigt ist, alle vom deutschen Erbrecht vorgesehenen Rechtsinstitute (z.B. Vor- und Nacherbschaft und

358 Süß/*Süß*, Erbrecht in Europa, 5. Aufl. 2025, Allgemeiner Teil, § 2 Rn 123 ff.

Dauertestamentsvollstreckung) beinhalten, selbst wenn diese im späteren Aufenthaltsstaat des/der Ehegatten unbekannt und/oder unwirksam bzw. nichtig wären.

2. Fallgruppe: 1935

Ein deutsch/ausländisches Ehepaar mit gewöhnlichem Aufenthalt in Deutschland

Sowohl der deutsche als auch der ausländische Ehegatte würde gemäß Art. 21 Abs. 1 EU-ErbVO nach deutschem Recht beerbt, sofern sie beide auch mit gewöhnlichem Aufenthalt in Deutschland versterben würden. Um für den Fall eines späteren Aufenthalts- und Wohnsitzwechsels ins Ausland das deutsche Recht dauerhaft festzulegen, könnte zumindest der deutsche Ehegatte gemäß Art. 22 EU-ErbVO sein deutsches Heimatrecht wählen (zur Zweckmäßigkeit einer solchen Rechtswahl vgl. 1. Fallgruppe Rdn 1932 ff.). Eine Rechtswahl des ausländischen Erblassers zum deutschen Recht scheidet aus, da die EU-ErbVO keine Wahl des Aufenthaltsrechts des Erblassers gestattet.

Errichtungsstatut ist gemäß Art. 25 Abs. 2 EU-ErbVO einheitlich sowohl für die Zulässigkeit, als auch für die 1936 materiellen Wirkungen und die Bindungswirkungen des Erbvertrages sowie für die Voraussetzungen für seine Auflösung, das deutsche Recht als das Aufenthaltsrecht beider Ehegatten zum Zeitpunkt der Errichtung des Erbvertrages. Auch ein späterer Wechsel des Aufenthaltsortes der Ehegatten ins Ausland würde einen nach deutschem Recht zulässigen und wirksam errichteten bindenden Erbvertrag nicht mehr beeinflussen. Eine vorsorgende Rechtswahl gemäß Art. 25 Abs. 3 EU-ErbVO ist nicht erforderlich. Sie könnte aber zweckmäßig sein, um sich im Falle eines späteren Aufenthaltswechsels ins Ausland, z.B. in das Heimatland des ausländischen Ehegatten, die Bestimmung des gewöhnlichen Aufenthaltes der Ehegatten bei Erbvertragserrichtung zu ersparen. Gewählt werden könnte hier gemäß Art. 25 Abs. 3 EU-ErbVO das deutsche Recht als das Heimatrecht des deutschen Ehegatten zum Zeitpunkt der Erbvertragserrichtung. Abzuwägen sind aber auch hier die durch die vorsorgende Rechtswahl entstehenden zusätzlichen Notargebühren (§ 104 Abs. 2 GNotKG).

Da im Falle des Umzuges und Aufenthaltswechsels beider Ehegatten – oder zumindest des ausländischen Ehe- 1937 gatten – ins Ausland für diesen Ehegatten ausländisches Erbrecht zur Anwendung käme, sollte der Erbvertrag – je nach Wahrscheinlichkeit eines späteren Aufenthaltswechsels – nur einfache Verfügungen enthalten (z.B. einfache Erbeinsetzungen oder einfache Vermächtnisse), die auch nach dem Recht des potenziellen zukünftigen Aufenthaltsstaates anerkannt werden bzw. wirksam sind.

3. Fallgruppe: 1938

Ein deutsch/ausländisches Ehepaar mit getrenntem gewöhnlichem Aufenthalt in Deutschland und im Ausland

Unterstellt, dass der deutsche Ehegatte zum Zeitpunkt der Errichtung des Erbvertrages seinen gewöhnlichen Aufenthalt in Deutschland und der ausländische Ehegatte seinen gewöhnlichen Aufenthalt zu diesem Zeitpunkt in seinem Heimatstaat hat, würde der deutsche Ehegatte gemäß Art. 21 Abs. 1 EU-ErbVO nach deutschem Recht beerbt, sofern er auch mit gewöhnlichem Aufenthalt in Deutschland versterben würde. Der ausländische Erblasser würde grundsätzlich nach dem ausländischen Aufenthaltsrecht beerbt, wenn er zum Zeitpunkt seines Todes noch seinen gewöhnlichen Aufenthalt in dem betreffenden Staat haben sollte. Sollte dieser Aufenthaltsstaat ein Drittstaat im Sinne der EU-ErbVO sein, käme allenfalls eine Rückverweisung gemäß Art. 34 Abs. 1 EU-ErbVO auf das deutsche Recht in Betracht. Vgl. hierzu oben Rdn 1871 und unten Rdn 2060 ff. (Englandfall). Um für den Fall eines späteren Aufenthalts- und Wohnsitzwechsels des deutschen Ehegatten ins Ausland für diesen das deutsche Recht dauerhaft festzulegen, könnte dieser gemäß Art. 22 EU-ErbVO sein deutsches Heimatrecht wählen. Eine Rechtswahl des ausländischen Erblassers zum deutschen Recht kommt nicht in Betracht.

Da in dieser Fallkonstellation für jeden der Ehegatten ein anderes Errichtungsstatut einschlägig ist – für den 1939 deutschen Ehegatten in Deutschland das deutsche Recht und für den ausländischen Ehegatten im Ausland das betreffende ausländische Aufenthaltsrecht – wäre ein Erbvertrag gemäß Art. 25 Abs. 2 S. 1 EU-ErbVO nur zulässig, wenn beide einschlägigen Rechtsordnungen das Rechtsinstitut eines bindenden Erbvertrages kennen und gestatten. Wäre der ausländische Ehegatte beispielsweise Österreicher und hätte dieser seinen gewöhnlichen Aufenthalt bei der Erbvertragserrichtung in Österreich, wäre der Abschluss eines Erbvertrages unter Ehegatten grundsätzlich nach beiden Rechtsordnungen zulässig.[359] Wäre der ausländische Ehegatte hingegen Italiener und hätte er seinen gewöhnlichen Aufenthalt bei der Erbvertragserrichtung in Italien, wäre der Abschluss eines Erbvertrages nach italienischem Recht nichtig[360] und somit insgesamt nach Art. 25 Abs. 2 S. 1 EU-ErbVO nicht zulässig. Die materielle Wirksamkeit und die Bindungswirkungen des Erbvertrages beurteilen sich gemäß Art. 25 Abs. 2 S. 2 EU-ErbVO nach demjenigen der beiden Errichtungsstatute, zu dem der Erbvertrag die engste Verbindung aufweist. Hier müsste eine Beurteilung der Gesamtumstände erfolgen und die familiären bzw. sozialen Bindungen beider Ehegatten, die Belegenheit von Vermögenswerten usw., berücksichtigt werden. In den Erbvertrag sollten von daher die Gründe aufgenommen werden, aus denen die Erblasser selbst die engste Verbindung zu einer Rechtsordnung herleiten. Unabhängig davon dürfte jedoch eine eindeutige Bestimmung der engsten Verbindung für den Praktiker in der Regel schwierig sein. Im vorliegenden Fall würde aber eine Rechtswahl gemäß Art. 25 Abs. 3 EU-ErbVO helfen. Die Ehegatten könnten hier aufgrund der Staatsangehörigkeit eines Ehegatten zum Zeitpunkt der Erbvertragserrichtung das deutsche Recht als Errichtungsstatut wählen.

1940 Da im vorliegend Fall auch bei Rechtswahl des deutschen Errichtungsstatuts gemäß Art. 25 Abs. 3 EU-ErbVO mit einer gewissen Wahrscheinlichkeit der ausländische Ehegatte nach ausländischem Erbrecht beerbt werden würde (sofern er nicht noch seinen gewöhnlichen Aufenthalt nach Deutschland verlegt), sollte der Erbvertrag entweder nur einfache Verfügungen enthalten (z.B. einfache Erbeinsetzungen oder einfache Vermächtnisse), die auch nach dem Erbrecht des ausländischen Erblassers anerkannt werden bzw. wirksam sind oder nur Verfügungen treffen, die auf das Erbrecht des ausländischen Erblassers abgestimmt sind, wie z.B. im Falle eines österreichischen Erblassers die Besonderheit, dass nach österreichischem Recht nur über drei Viertel des Nachlassvermögens erbvertraglich verfügt werden kann.[361]

1941 **4. Fallgruppe:**

Rein ausländisches Ehepaar mit gewöhnlichem Aufenthalt in Deutschland

Beide ausländischen Ehegatten würden gemäß Art. 21 Abs. 1 EU-ErbVO nach deutschem Recht beerbt, sofern sie beide auch mit gewöhnlichem Aufenthalt in Deutschland versterben würden. Eine vorsorgende Rechtswahl zum deutschen Recht für den Fall eines späteren Umzuges ins Ausland kommt nicht in Betracht, da keiner der Ehegatten die deutsche Staatsangehörigkeit hat und die EU-ErbVO keine Wahl des Aufenthaltsrechts des Erblassers gestattet.

1942 Errichtungsstatut ist (wie in der 2. Fallgruppe) gemäß Art. 25 Abs. 2 EU-ErbVO einheitlich sowohl für die Zulässigkeit, als auch für die materiellen Wirkungen und die Bindungswirkungen des Erbvertrages sowie für die Voraussetzungen für seine Auflösung, das deutsche Recht als das Aufenthaltsrecht beider Ehegatten zum Zeitpunkt der Errichtung des Erbvertrages. Auch ein späterer Wechsel des Aufenthaltsortes der Ehegatten ins Ausland würde einen nach deutschem Recht zulässigen und wirksam errichteten bindenden Erbvertrag nicht mehr beeinflussen. Eine vorsorgende Rechtswahl gemäß Art. 25 Abs. 3 EU-ErbVO zum deutschen Recht als Errichtungsstatut kommt von vornherein nicht in Betracht, da keiner der Ehegatten die deutsche Staatsangehörigkeit besitzt.

1943 Da im Falle des Umzuges und Aufenthaltswechsels beider Ehegatten – oder zumindest eines der Ehegatten – ins Ausland für den betreffenden Ehegatten ausländisches Erbrecht zur Anwendung käme, sollte der Erbvertrag – je nach Wahrscheinlichkeit eines späteren Aufenthaltswechsels – nur einfache Verfügungen enthalten (z.B. einfache Erbeinsetzungen oder einfache Vermächtnisse), die auch nach dem Recht des potenziellen zukünftigen Aufenthaltsstaates anerkannt werden bzw. wirksam sind. Soweit eine Kollision mit einer Rechtsordnung gegeben ist, wonach Erbverträge nicht zulässig sind, ist in Erwägung zu ziehen, auf Einzeltestamente mit einfachen Verfügungen (z.B. einfache Erbeinsetzungen oder einfache Vermächtnisse) auszuweichen.

359 Vgl. Süß/*Haunschmidt/Haunschmidt*, Erbrecht in Europa, 5. Aufl. 2025: Österreich, Rn 88 ff. auch zu den Besonderheiten, die bei der Errichtung eines Erbvertrages nach österreichischem Recht zu beachten sind.

360 Vgl. Süß/*Wiedemann/Novelli*, Erbrecht in Europa, 5. Aufl. 2025: Italien, Rn 175 ff.

361 Vgl. Süß/*Haunschmidt/Haunschmidt*, Erbrecht in Europa, 5. Aufl. 2025: Österreich, Rn 90.

5. Fallgruppe: 1944

Ein deutsch/deutsches Ehepaar mit gewöhnlichem Aufenthalt im Ausland

Beide deutschen Ehegatten würden gemäß Art. 21 Abs. 1 EU-ErbVO nach dem ausländischen Aufenthaltsrecht beerbt, sofern sie beide auch mit gewöhnlichem Aufenthalt in diesem Staat versterben würden und – im Falle eines Drittstaates als Aufenthaltsstaat – keine Rückverweisung auf das deutsche Recht in Betracht kommt. Beide Ehegatten könnten jedoch gemäß Art. 22 EU-ErbVO ihr deutsches Heimatrecht wählen, und zwar gemäß § 2278 Abs. 2 BGB mit erbvertraglicher Bindung. Zweckmäßig kann die Rechtswahl insbesondere dann sein, wenn sich die hauptsächlichen Vermögenswerte der Ehegatten in Deutschland befinden.

1945 Sollten die beiden Ehegatten jeweils vor und mit der Errichtung des Erbvertrages gemäß Art. 22 EU-ErbVO das deutsche Erbrecht als Erbstatut gewählt haben, so wäre auch das Errichtungsstatut für beide Ehegatten einheitlich nach Art. 25 Abs. 2 EU-ErbVO das deutsche Recht. Mangels einer Rechtswahl gemäß Art. 22 EU-ErbVO wäre das Errichtungsstatut für beide Ehegatten einheitlich das gemeinsame Aufenthaltsrecht. Beide Ehegatten könnten aber auch hier gemäß Art. 25 Abs. 3 EU-ErbVO unabhängig vom anwendbaren Recht das deutsche Recht als das Recht ihrer gemeinsamen Staatsangehörigkeit zum Zeitpunkt der Errichtung des Erbvertrages als Errichtungsstatut wählen und damit die Zulässigkeit, die materiellen Wirkungen und die Bindungswirkungen des Erbvertrags dauerhaft sichern.

1946 Der Erbvertrag kann somit für den Fall, dass beide Ehegatten jeweils beide Rechtswahlen sowohl zum anwendbaren Recht gemäß Art. 22 EU-ErbVO als auch zum Errichtungsstatut gemäß Art. 25 Abs. 3 EU-ErbVO treffen, alle vom deutschen Erbrecht vorgesehenen Rechtsinstitute (z.B. Vor- und Nacherbschaft und Dauertestamentsvollstreckung) nutzen, selbst wenn diese nach dem Recht des Aufenthaltsstaates der Ehegatten unbekannt und/oder unwirksam bzw. nichtig wären. Sollte es sich bei dem Aufenthaltsstaat der Ehegatten aber nicht um einen Mitgliedstaat der EU-ErbVO handeln, sondern um einen Drittstaat (z.B. Großbritannien/England), so kann es hinsichtlich des anwendbaren Rechts und des Errichtungsstatuts zu einem internationalen Entscheidungsdissens kommen,[362] sodass insbesondere für Vermögenswerte, die in einem solchen Drittstaat belegen sind, der deutsche Erbvertrag und die darin enthaltenen Verfügungen unter Umständen nicht anerkannt werden.

6. Fallgruppe: 1947

Ein deutsch/ausländisches Ehepaar mit gewöhnlichem Aufenthalt im Ausland

Beide Ehegatten würden gemäß Art. 21 Abs. 1 EU-ErbVO nach dem ausländischen Aufenthaltsrecht beerbt, sofern sie beide auch mit gewöhnlichem Aufenthalt in diesem Staat versterben würden und – im Falle eines Drittstaates als Aufenthaltsstaat – keine Rückverweisung auf das deutsche Recht oder eine Weiterverweisung auf das Recht eines dritten Staates in Betracht kommt. Nur der deutsche Ehegatte könnte jedoch gemäß Art. 22 EU-ErbVO sein deutsches Heimatrecht als anwendbares Erbrecht wählen. Zweckmäßig kann die Rechtswahl insbesondere dann sein, wenn sich die hauptsächlichen Vermögenswerte dieses Ehegatten in Deutschland befinden.

1948 Sollte der deutsche Ehegatte vor und mit der Errichtung des Erbvertrages gemäß Art. 22 EU-ErbVO das deutsche Erbrecht als Erbstatut gewählt haben, so wäre auch das Errichtungsstatut für den deutschen Ehegatten nach Art. 25 Abs. 2 EU-ErbVO das deutsche Recht. Mangels einer Rechtswahl des deutschen Ehegatten gemäß Art. 22 EU-ErbVO wäre das Errichtungsstatut für beide Ehegatten einheitlich das gemeinsame Aufenthaltsrecht. Beide Ehegatten könnten aber auch hier gemäß Art. 25 Abs. 3 EU-ErbVO unabhängig vom anwendbaren Recht das deutsche Recht als das Recht der Staatsangehörigkeit des deutschen Ehegatten zum Zeitpunkt der Errichtung des Erbvertrages als Errichtungsstatut wählen und damit die Zulässigkeit, die materiellen Wirkungen und die Bindungswirkungen des Erbvertrags dauerhaft sichern.

362 So würde eine in London gelegene Immobilie aus Sicht des englischen internationalen Privatrechts ausschließlich nach englischem Recht vererbt, aus deutscher Sicht aufgrund des gewöhnlichen Aufenthaltes in einem anderen Staat oder aufgrund einer Rechtswahl nach Art. 22 EU-ErbVO zum deutschen Heimatrecht aber im ersteren Fall nach dem betreffenden Aufenthaltsrecht oder im zweiten Fall nach deutschem Recht; und das englische Recht kennt das Rechtsinstitut des Erbvertrages nicht; vgl. hierzu auch Süß/*Odersky*, Erbrecht in Europa, 5. Aufl. 2025: Großbritannien: England und Wales, Rn 13, 101.

1949 Da für den ausländischen Ehegatten keine Rechtswahl zum deutschen Erbrecht möglich ist, sollte der Erbvertrag nur einfache Verfügungen enthalten (z.B. einfache Erbeinsetzungen oder einfache Vermächtnisse), die auch nach dem Recht des Aufenthaltsstaates anerkannt werden bzw. wirksam sind.

1950 **7. Fallgruppe:**

Zwei ausländische Ehegatten mit gewöhnlichem Aufenthalt im Ausland

Praktische Relevanz kann diese Fallgruppe für den deutschen Rechtsgestalter allenfalls haben, wenn die Ehegatten nennenswerte Vermögenswerte, z.B. Immobilien, in Deutschland haben. Beide Ehegatten würden gemäß Art. 21 Abs. 1 EU-ErbVO grundsätzlich nach dem ausländischen Aufenthaltsrecht beerbt, sofern sie beide auch mit gewöhnlichem Aufenthalt in diesem Staat versterben würden. Eine Rechtswahl nach Art. 22 EU-ErbVO zum deutschen Recht kommt für die ausländischen Erblasser nicht in Betracht.

1951 Errichtungsstatut für beide Ehegatten ist hier einheitlich das gemeinsame Aufenthaltsrecht (bei unterschiedlichen Aufenthaltsstaaten wären dann zwei unterschiedliche Errichtungsstatute zu beachten; vgl. hierzu 3. Fallgruppe). Eine Rechtswahl zum deutschen Recht gemäß Art. 25 Abs. 3 EU-ErbVO scheidet aus, da keiner der Ehegatten die deutsche Staatsangehörigkeit besitzt.

1952 Da hier das deutsche Recht weder Erbstatut noch Errichtungsstatut ist, sollte hier, falls die Ehegatten nicht konkret planen, ihren gewöhnlichen Aufenthalt demnächst nach Deutschland zu verlegen, von der Errichtung eines Erbvertrages abgesehen werden und allenfalls zwei Einzeltestamente mit einfachen Verfügungen errichtet werden, die auch nach dem Recht des Aufenthaltsstaates anerkannt werden bzw. wirksam sind.

4. Zuständigkeiten der deutschen Nachlassgerichte für die Erteilung von Europäischen Nachlasszeugnissen (ENZ) und Erbscheinen mit Auslandsberührung

1953 Die erste Frage, die sich im Zusammenhang mit der Vorbereitung eines Antrags auf Erteilung eines ENZ oder eines Erbscheins mit Auslandsberührung stellt, ist die nach der Zuständigkeit – zunächst insbesondere nach der internationalen Zuständigkeit – deutscher Nachlassgerichte für die Erteilung des zu beantragenden ENZ bzw. Erbscheins. Die nachfolgenden Ausführungen zu b) für die Erteilung von deutschen Erbscheinen gelten im Übrigen entsprechend auch für die Vorbereitung und Erteilung von Testamentsvollstreckerzeugnissen.

a) Zuständigkeiten der deutschen Nachlassgerichte für die Erteilung von Europäischen Nachlasszeugnissen

aa) Internationale Zuständigkeit für die Erteilung von ENZ

1954 Die internationale Zuständigkeit für die Erteilung eines ENZ als eines von der EU-ErbVO neu eingeführten mitgliedstaatsweiten einheitlichen Erbnachweises richtet sich ausschließlich nach den Vorschriften der EU-ErbVO. Gemäß Art. 64 Abs. 1 S. 1 EU-ErbVO wird das ENZ in dem Mitgliedstaat ausgestellt, dessen Gerichte nach den Artikeln 4, 7, 10 oder 11 EU-ErbVO zuständig sind. Gerichte in diesem Sinne sind gemäß Art. 3 Abs. 2 EU-ErbVO nicht nur jedes Gericht, sondern auch alle sonstigen Behörden und Angehörigen von Rechtsberufen mit Zuständigkeiten in Erbsachen, die gerichtliche Funktionen ausüben oder in Ausübung einer Befugnisübertragung durch ein Gericht oder unter Aufsicht eines Gerichts handeln. Für Deutschland regelt § 34 des deutschen Internationalen Erbrechtsverfahrensgesetzes (kurz: IntErbRVG),[363] welches der Durchführung der EU-ErbVO in Deutschland dient, dass in Deutschland die in § 34 näher bezeichneten Gerichte für die Erteilung eines ENZ sachlich und örtlich zuständig sind (vgl. dazu Rdn 1969 ff.).

1955 Um das Ziel der EU-ErbVO eines möglichst regelmäßigen Gleichlaufs von anwendbarem Erbrecht und internationaler Zuständigkeit zu erreichen, regelt die Verordnung die internationale Zuständigkeit der Gerichte, die grundsätzlich immer eine ausschließliche Zuständigkeit darstellt, in folgender Reihenfolge:

1956
- Art. 4 EU-ErbVO: Gerichte des Staates des letzten gewöhnlichen Aufenthalts des Erblassers
- Art. 7 in Verbindung mit Art. 6, 5 EU-ErbVO: Gerichte des Heimatstaates des Erblassers bei Rechtswahl zum deutschen Recht gemäß Art. 22 EU-ErbVO unter bestimmten weiteren Voraussetzungen

363 BGBl I 2015, S. 1042; abrufbar unter *http://www.gesetze-im-internet.de/interbrvg/*.

- Art. 10 EU-ErbVO: Hilfsweise Zuständigkeit der Gerichte eines Mitgliedstaates bzw. mehrerer Mitgliedstaaten, in dem bzw. in denen sich Nachlassvermögen befindet, bei letztem gewöhnlichen Aufenthalt des Erblassers in einem Nicht-Mitgliedstaat, und zwar unter bestimmten weiteren Voraussetzungen
- Art. 11 EU-ErbVO: Notzuständigkeit der Gerichte der Mitgliedstaaten, wenn keine Zuständigkeit gemäß Art. 4, 7, 10 EU-ErbVO gegeben ist.

Demgemäß sind deutsche Gerichte für die Erteilung eines ENZ international zuständig, wenn 1957

- der Erblasser seinen letzten gewöhnlichen Aufenthalt in Deutschland hatte (Art. 4 EU-ErbVO)
  oder
- der deutsche Erblasser unabhängig von seinem letzten gewöhnlichen Aufenthalt eine Rechtswahl zum deutschen Recht gemäß Art. 22 EU-ErbVO getroffen hat und die weiteren Voraussetzungen des Art. 7 in Verbindung mit Art. 6, 5 EU-ErbVO vorliegen
  oder
- wenn der Erblasser (gleich ob Deutscher oder Ausländer) seinen letzten gewöhnlichen Aufenthalt nicht in einem Mitgliedstaat hatte, er Nachlassvermögen in Deutschland hinterlassen hat und die weiteren Voraussetzungen des Art. 10 EU-ErbVO vorliegen,
  oder
- wenn die Notzuständigkeit der deutschen Gerichte gemäß Art. 11 EU-ErbVO gegeben ist.

(1) Allgemeine Zuständigkeit gemäß Art. 4 EU-ErbVO

Die internationale Zuständigkeit für den gesamten Nachlass des Erblassers bestimmt sich gemäß Art. 4 EU-ErbVO im Regelfall nach dem letzten gewöhnlichen Aufenthalt des Erblassers, sodass hierdurch grundsätzlich eine Übereinstimmung von zuständigem Gericht und anwendbarem Erbrecht (Art. 21 Abs. 1 EU-ErbVO) entsteht. Damit kommt es im Bereich der Mitgliedstaaten nur noch in Ausnahmefällen (z.B. Zuständigkeit verschiedener Gerichte zur Entgegennahme von Ausschlagungserklärungen gemäß Art. 13 EU-ErbVO) zu Doppelzuständigkeiten. 1958

(2) Zuständigkeit der Heimatgerichte des Erblassers gemäß Art. 7, 6, 5 EU-ErbVO im Falle einer Erblasser-Rechtswahl nach Art. 22 der Verordnung

Sofern der Erblasser gemäß Art. 22 der Verordnung eine Rechtswahl seines Heimatrechts (= Staatsangehörigkeitsrecht) getroffen hat, sind die Gerichte des Heimatstaates des Erblassers international zuständig, wenn 1959

- sich entweder das Nachlassgericht am letzten Erblasserwohnsitz wegen mangelnder Sachnähe für unzuständig erklärt hat (Art. 7 lit. a) i.V.m. Art. 6 lit. a) EU-ErbVO)
  oder
- die Verfahrens- bzw. Nachlassparteien eine Gerichtsstandsvereinbarung zugunsten der Heimatstaatgerichte getroffen haben (Art. 7 lit. b) i.V.m. Art. 5 EU-ErbVO)
  oder
- die Verfahrensparteien die Zuständigkeit eines Heimatstaatsgerichts ausdrücklich anerkannt haben (Art. 7 lit. c) EU-ErbVO)
  oder
- bei rügeloser Einlassung der Verfahrensparteien (Art. 9 EU-ErbVO).

Auch in diesen Fällen wird wieder erreicht, dass das international zuständige Gericht das eigene Erbrecht anwendet. Der praktisch wichtigste Fall ist wohl die Gerichtsstandsvereinbarung seitens der Verfahrensparteien – genauer der „betroffenen Parteien" – gemäß Art. 5 EU-ErbVO. Die Verordnung regelt nicht, wer diese „betroffenen Parteien" sind. Art. 37 IntErbRVG gibt hier eine Orientierung. Da das ENZ mit seiner Gutglaubenswirkung Auswirkungen auf alle in einer Verfügung von Todes wegen bedachten Erben, auf Vermächtnisnehmer mit einer unmittelbaren Berechtigung am Nachlass (sog. Vindikationslegate), auf die potentiellen gesetzlichen Erben sowie auf andere verfügungsbefugte Personen, wie z.B. Testamentsvollstrecker, haben kann, wird man 1960 wohl die Zustimmung all dieser Beteiligten verlangen müssen.[364] Die Gerichtsstandvereinbarung bedarf der Schriftform und ist von den betroffenen Parteien zu unterzeichnen. Elektronische Übermittlungen, die eine dauerhafte Aufzeichnung der Vereinbarung ermöglichen, sind der Schriftform gleichgestellt (Art. 5 Abs. 2 S. 2 EU-ErbVO).

1961 *Beispiel*

Ein deutscher Erblasser, der in seinem Testament eine wirksame Rechtswahl zum deutschen Recht gemäß Art. 22 EU-ErbVO getroffen hat, es sonst aber bei der gesetzlichen Erbfolge belassen hat, verstirbt mit letztem Wohnsitz in Mailand. Er hinterlässt neben mehreren Immobilien und beweglichem Vermögen in Deutschland auch ein Wertpapierdepot in Mailand. Die Erben des Erblassers leben ausschließlich in Deutschland.

Hier ist es für die deutschen Erben praktikabler, ein deutsches Gericht mit der Erteilung eines europäischen Nachlasszeugnisses (oder eines Erbscheins; vgl. dazu unten Rdn 1973 ff.) zu betrauen. Hier bietet sich schon aus Sprach-, Zeitersparnis- und Kostengründen eine schriftliche Gerichtsstandsvereinbarung der gesetzlichen Erben gemäß Art. 5 EU-ErbVO an, um zu erreichen, dass ein deutsches Nachlassgericht unter Anwendung des deutschen Erbrechts ein ENZ für das Wertpapierdepot in Mailand erteilt, welches dann auch für die umfangreichen Vermögenswerte in Deutschland verwendet werden kann. Die internationale Zuständigkeit der deutschen Gerichte folgt hier aus Art. 64 Abs. 1 S. 1, 7 lit. b, 5 EU-ErbVO.

1962 Auch wenn in Art. 6 und Art. 7 EU-ErbVO von einer Rechtswahl („Recht, das der Erblasser nach Art. 22 EU-ErbVO gewählt hat") gesprochen wird, ist vom Anwendungsbereich dieser Normen auch die Rechtswahlfiktion erfasst. Der EuGH hat jüngst klargestellt, dass diese Bestimmungen auch dann anzuwenden sind, wenn sich die Rechtswahl bei einer vor dem 17.8.2015 getroffenen Verfügung aus Art. 83 Abs. 4 EU-ErbVO ergibt.[365]

(3) Hilfsweise Zuständigkeit bei Erblassern ohne letzten gewöhnlichen Aufenthalt in einem Mitgliedstaat

1963 Gemäß Art. 10 der Verordnung sind Fälle der hilfsweisen Zuständigkeit der Nachlassgerichte der Mitgliedstaaten geregelt, falls der Erblasser nicht mit gewöhnlichem Aufenthalt in einem Mitgliedstaat verstorben ist, er aber Nachlassvermögen in einem Mitgliedstaat hinterlassen hat.[366]

1964 So sind gemäß Art. 10 Abs. 1 lit. a) und b) EU-ErbVO Gerichte eines Mitgliedstaates, in dem sich Nachlassvermögen befindet, für den gesamten Nachlass des Erblassers international zuständig, wenn der Erblasser entweder die Staatsangehörigkeit dieses Mitgliedstaates im Todeszeitpunkt hatte oder der Erblasser seinen vorhergehenden gewöhnlichen Aufenthalt in diesem Mitgliedstaat hatte, sofern die Änderung dieses gewöhnlichen Aufenthalts zum Zeitpunkt der Anrufung des Gerichts nicht länger als fünf Jahre zurückliegt.

1965 *Beispiel*

Ein deutscher Erblasser verstirbt mit letztem gewöhnlichen Aufenthalt in Japan und hinterlässt neben Vermögenswerten in Japan auch jeweils eine Eigentumswohnung und ein Wertpapierdepot in Deutschland und Österreich. Eine Rechtswahl gemäß Art. 22 EU-ErbVO hat der Erblasser nicht getroffen.

Hier wäre wegen der deutschen Staatsangehörigkeit des Erblassers eine internationale Zuständigkeit der deutschen Gerichte gemäß Art. 10 Abs. 1 lit. a) EU-ErbVO zur Erteilung eines ENZ für den gesamten Weltnachlass des Erblassers gegeben.

1966 Ist gemäß Art. 10 Abs. 1 EU-ErbVO keine internationale Zuständigkeit gegeben, so sind gemäß Art. 10 Abs. 2 der Verordnung die Gerichte des Mitgliedstaates, in dem sich Nachlassvermögen befindet, nur für dieses Nachlassvermögen zuständig. Da die jeweiligen Mitgliedstaatsgerichte immer nur für das in dem jeweiligen Mitgliedstaat befindliche Nachlassvermögen international zuständig sind, können die jeweiligen Gerichte auch

364 Nicht erforderlich, weil nicht praktikabel, ist wohl darüber hinaus die Zustimmung von Nach- und Ersatzerben oder Vermächtnisnehmern mit rein schuldrechtlichen Ansprüchen gegen die Erben; so auch *Hausmann/Odersky*, Internationales Privatrecht in der Notar- und Gestaltungspraxis, 4. Aufl. 2021, § 15 Rn 371 mit weiteren Nachweisen.

365 EuGH ZEV 2021, 710.

366 Vgl. zu solchen Fällen EuGH ZEV 2022, 536; OLG Karlsruhe ZEV 2024, 534.

ausnahmsweise ein ENZ zur Verwendung nur im eigenen Mitgliedstaat und nicht zur Verwendung in einem anderen Mitgliedstaat (vgl. Art. 62 Abs. 1 EU-ErbVO) ausstellen.[367]

Beispiel 1967

Ein japanischer Erblasser, der früher in Deutschland gelebt hat, nun aber bereits seit zehn Jahren seinen gewöhnlichen Aufenthalt in Japan hat, verstirbt mit letztem Wohnsitz in Japan und hinterlässt neben Vermögenswerten in Japan auch jeweils eine Eigentumswohnung und ein Wertpapierdepot in Deutschland und Österreich.

Eine Zuständigkeit der deutschen Nachlassgerichte für die Erteilung eines ENZ nach Art. 10 Abs. 1 EU-ErbVO ist hier nicht gegeben (Erblasser war kein deutscher Staatsangehöriger; Erblasser hatte die letzten fünf Jahre nicht mehr seinen gewöhnlichen Aufenthalt in Deutschland). Eine internationale Zuständigkeit der deutschen Gerichte für die Erteilung eines ENZ ergibt sich nach der hier vertretenen Auffassung jedoch aus Art. 10 Abs. 2 EU-ErbVO, und zwar nur für das in Deutschland befindliche Nachlassvermögen.

(4) Notzuständigkeit gemäß Art. 11 EU-ErbVO

Schließlich enthält Art. 11 EU-ErbVO eine Notzuständigkeit. Besteht nach den zuvor unter Ziffer (1) bis (3) genannten Vorschriften keine anderweitige Zuständigkeit eines Gerichtes eines Mitgliedstaates, können die Gerichte eines Mitgliedstaates, zu dem die Sache einen ausreichenden Bezug aufweist, gleichwohl entscheiden, wenn die Durchführung eines Verfahrens anderweitig nicht zumutbar oder unmöglich ist (z.B. Kriegssituationen o.Ä. im Aufenthaltsstaat des Erblassers). 1968

bb) Sachliche Zuständigkeit für die Erteilung von ENZ

Die sachliche Zuständigkeit für die Erteilung von ENZ liegt gemäß § 34 Abs. 4 IntErbRVG beim Amtsgericht, das als Nachlassgericht entscheidet. Sind nach landesrechtlichen Vorschriften für die Aufgaben der Nachlassgerichte andere Stellen als Gerichte zuständig, so sind diese Stellen sachlich ausschließlich zuständig. Im Geltungsbereich der Höfeordnung kann etwa das Landwirtschaftsgericht sachlich zuständig sein (§ 18 Abs. 2 HöfeO). 1969

cc) Örtliche Zuständigkeit für die Erteilung von ENZ

Die örtliche Zuständigkeit eines deutschen Amts- bzw. Nachlassgerichts für die Erteilung eines ENZ ergibt sich aus § 34 Abs. 1 bis 3 IntErbRVG. Hat der Erblasser eine wirksame Rechtswahl nach Art. 22 EU-ErbVO und die betroffenen Verfahrensparteien eine wirksame Gerichtsstandsvereinbarung gemäß Art. 5 EU-ErbVO getroffen, dann ist gemäß § 34 Abs. 1 IntErbRVG das in der Gerichtsstandsvereinbarung festgelegte Nachlassgericht (z.B. AG Köln) für die Erteilung des ENZ örtlich zuständig. Zuvor muss sich das an sich zuständige Nachlassgericht (z.B. am letzten gewöhnlichen Aufenthalt des Erblassers gemäß Art. 4 EU-ErbVO) für unzuständig erklären (Art. 6 lit. b) EU-ErbVO). 1970

Im Übrigen ergibt sich die örtliche Zuständigkeit des zuständigen Amts- bzw. Nachlassgerichts aus § 34 Abs. 3 IntErbRVG. Hiernach ergibt sich die örtliche Zuständigkeit deutscher Nachlassgerichte gemäß folgender Prüfungsreihenfolge: 1971

- Primär zuständig ist das Gericht, in dessen Bezirk der Erblasser bei seinem Tode seinen gewöhnlichen Aufenthalt hatte.
- Hatte der Erblasser seinen letzten gewöhnlichen Aufenthalt nicht in Deutschland, ist hilfsweise das Gericht zuständig, in dessen Bezirk der Erblasser seinen letzten gewöhnlichen Aufenthalt in Deutschland hatte.
- Gab es niemals einen gewöhnlichen Aufenthalt in Deutschland, ist wiederum hilfsweise das Amtsgericht Schöneberg in Berlin zuständig, das die Sache aber aus wichtigem Grund an ein anderes Nachlassgericht verweisen kann.

367 Strittig, so wie hier *Müller-Lukoschek*, Die neue EU-Erbrechtsverordnung, 2. Aufl. 2015, § 2 Rn 341; a.A. Süß/*Süß*, Erbrecht in Europa, 5. Aufl. 2025, Allgemeiner Teil, § 6 Rn 30, der in diesem Fall die Erteilung eines ENZ ganz ausschließt und die Erben auf einen nationalen Erbnachweis verweist; nach dieser Ansicht würde aber die Auffangvorschrift des Art. 10 Abs. 2 EU-ErbVO für die Erteilung von ENZ völlig leerlaufen und das kann nicht die Absicht des Verordnungsgebers gewesen sein.

Der Begriff des gewöhnlichen Aufenthalts ist in gleicher Weise wie in Art. 21 Abs. 1 EU-ErbVO zu verstehen (vgl. Rdn 1855 ff.).

dd) Funktionelle Zuständigkeit für die Erteilung von ENZ

1972 Die Grundzuständigkeit für die Erteilung von ENZ liegt gemäß § 3 Nr. 2c) RPflG beim Rechtspfleger. Gemäß § 16 Abs. 2 RPflG bleiben aber in Verfahren im Zusammenhang mit dem ENZ die Ausstellung, Berichtigung, Änderung oder der Widerruf eines ENZ sowie die Aussetzung der Wirkungen eines ENZ (§ 33 IntErbRVG) dem Richter vorbehalten, sofern eine Verfügung von Todes wegen vorliegt oder die Anwendung ausländischen Rechts in Betracht kommt. Letzteres ist z.B. dann der Fall, wenn der Erblasser ein ausländisches Erbrecht gewählt hat oder der Erblasser mit letztem gewöhnlichen Aufenthalt im Ausland verstorben ist. Gemäß § 16 Abs. 3 RPflG kann der Richter dem Rechtspfleger die Ausstellung eines ENZ aber dann übertragen, wenn trotz Vorliegens einer Verfügung von Todes wegen die gesetzliche Erbfolge maßgeblich ist und deutsches Erbrecht zur Anwendung kommt. Gemäß §§ 19 Abs. 1 Nr. 5, 16 Abs. 2 RPflG kann jedoch jedes Bundesland den Richtervorbehalt weiter zugunsten der Rechtspfleger einschränken.

b) Zuständigkeiten der deutschen Nachlassgerichte für die Erteilung von Erbscheinen mit Auslandsberührung

aa) Internationale und örtliche Zuständigkeit für die Erteilung von Erbscheinen

1973 Wie bereits ausführlich erörtert (vgl. Rdn 1841 ff.) beurteilt sich die internationale Zuständigkeit der deutschen Nachlassgerichte für die Erteilung von Erbscheinen mit Auslandsberührung auch nach Anwendbarkeit der EU-ErbVO am 17.8.2015 nach den nationalen Zuständigkeitsvorschriften der §§ 105, 343, 344 FamFG und nicht nach den Zuständigkeitsvorschriften der EU-ErbVO. Diese umstrittene Frage hat der deutsche Gesetzgeber mit dem Gesetz zum Internationalen Erbrecht und zur Änderung von Vorschriften zum Erbschein sowie zur Änderung sonstiger Vorschriften zugunsten der deutschen Zuständigkeitsvorschriften beantwortet. Durch dieses Gesetz wurden die nationalen Zuständigkeitsvorschriften der §§ 105, 343 FamFG für die Erteilung von Erbscheinen mit Auslandsberührung nicht aufhoben oder dem Wortlaut der Art. 4 ff. EU-ErbVO entsprechend angeglichen, sondern nur einzelne Begriffe (insbesondere „gewöhnlicher Aufenthalt“ statt „Wohnsitz“ i.R.d. § 343 FamFG) an die EU-ErbVO angepasst. Auch die Begründung des Gesetzgebers zu § 343 FamFG führt ausdrücklich aus, dass es hinsichtlich der internationalen Zuständigkeit (von Erbscheinen) bei der Anwendung der Vorschriften des FamFG bleibt.

1974 Zu den nationalen Regelungen zur internationalen Zuständigkeit der deutschen Nachlassgerichte für die Erteilung von Erbscheinen mit Auslandsberührung zunächst ein kurzer „historischer“ Rückblick: Durch das am 1.9.2009 in Kraft getretene Gesetz über das Verfahren in Familiensachen und in den Angelegenheiten der freiwilligen Gerichtsbarkeit (kurz: FamFG) wurde die internationale Zuständigkeit deutscher Nachlassgerichte grundlegend neu geregelt. Gemäß §§ 105, 343 FamFG ist seitdem ein deutsches Gericht in Nachlasssachen (also insbesondere im Erbscheinsverfahren) dann international zuständig, wenn es örtlich zuständig ist. Die internationale Zuständigkeit wird somit aus der örtlichen Zuständigkeit abgeleitet (= „Grundsatz der Doppelfunktionalität“). Bis zum Inkrafttreten des FamFG war die Frage der internationalen Zuständigkeit der deutschen Gerichte in Nachlasssachen gesetzlich nicht geregelt. Nach ständiger Rechtsprechung und der herrschenden Meinung in der Literatur war bis dahin die internationale Zuständigkeit der deutschen Nachlassgerichte immer dann gegeben, wenn das Gericht deutsches Erbrecht auf den konkreten Fall anzuwenden hatte (= sog. Gleichlaufgrundsatz). Im Falle eines ausländischen Erblassers, der ganz oder teilweise nach seinem Heimatrecht beerbt wurde, bestand darüber hinaus gemäß § 2369 BGB alter – also bis zum 1.9.2009 gültigen – Fassung eine auf das in Deutschland befindliche Nachlassvermögen beschränkte internationale Zuständigkeit der deutschen Nachlassgerichte. Dem „Gleichlaufgrundsatz“ hat das FamFG mit den neuen Zuständigkeitsregelungen eine Absage erteilt. Die internationale Zuständigkeit der deutschen Nachlassgerichte wird seither unabhängig von dem auf den Erbfall anzuwendenden Recht bestimmt.[368]

1975 Die allgemeine örtliche Zuständigkeit der Nachlassgerichte, aus der deren internationale Zuständigkeit abgeleitet wird, ergibt sich aus § 343 FamFG, einer Vorschrift, die dem bis zum 1.9.2009 geltenden § 73 FGG (= Ge-

368 Vgl. zum alten Recht die Ausführungen Faßbender/*Wittkowski*, Notariatskunde, 16. Aufl., Rn 1327 und *Wittkowski*, RNotZ 2010, 102.

setz über die Angelegenheiten der freiwilligen Gerichtsbarkeit) weitestgehend nachgebildet wurde und die durch das Gesetz zum Internationalen Erbrecht und zur Änderung von Vorschriften zum Erbschein sowie zur Änderung sonstiger Vorschriften[369] mit Wirkung zum 17.8.2015 ab Anwendbarkeit der EU-ErbVO in einigen Punkten an die EU-ErbVO angepasst worden ist.

Bei einem deutschen Erblasser 1976

- bestimmt sich die örtliche Zuständigkeit in erster Linie nach dem inländischen gewöhnlichen Aufenthalt des Erblassers zum Zeitpunkt des Erbfalls,

hilfsweise

- wenn der Erblasser zum Zeitpunkt seines Todes keinen inländischen gewöhnlichen Aufenthalt hatte, nach dem letzten inländischen gewöhnlichen Aufenthalt des Erblassers,

hilfsweise

- wenn der Erblasser niemals einen gewöhnlichen Aufenthalt in Deutschland hatte, ist das Amtsgericht Schöneberg zuständig, das allerdings die Sache aus wichtigen Gründen an ein anderes Gericht abgeben kann.

Bei einem ausländischen Erblasser 1977

- bestimmt sich die örtliche Zuständigkeit ebenfalls in erster Linie nach dem inländischen gewöhnlichen Aufenthalt des Erblassers zum Zeitpunkt des Erbfalls (§ 343 Abs. 1 FamFG),

hilfsweise

- wenn der Erblasser zum Zeitpunkt seines Todes keinen inländischen gewöhnlichen Aufenthalt hatte, ebenfalls nach dem letzten inländischen gewöhnlichen Aufenthalt des Erblassers (§ 343 Abs. 2 FamFG),

hilfsweise

- wenn der Erblasser niemals einen gewöhnlichen Aufenthalt in Deutschland hatte, ist das Amtsgericht Schöneberg zuständig, wenn sich Nachlassgegenstände in Deutschland befinden. Auch hier kann das Amtsgericht Schöneberg allerdings die Sache aus wichtigen Gründen an ein anderes Gericht abgeben kann (§ 343 Abs. 3 FamFG).

Der Begriff des „gewöhnlichen Aufenthalts“ hat in § 343 FamFG die bisherigen Begriffe des „Wohnsitzes“ 1978
(§§ 7, 9 BGB) und des „schlichten Aufenthaltes“ in Anpassung an die Begrifflichkeiten der EU-ErbVO abgelöst. Weder die EU-ErbVO noch das FamFG liefern aber eine Definition dieses Begriffes, vgl. hierzu oben Rdn 1855 f. Die zurzeit herrschende Meinung in der Literatur definiert den Begriff des „gewöhnlichen Aufenthalts“ im Rahmen der Zuständigkeitsvorschrift des § 343 FamFG entsprechend dem Begriff des „gewöhnlichen Aufenthalts“ im Rahmen des Art. 21 Abs. 1 EU-ErbVO zur Ermittlung des anwendbaren Erbrechts, um so möglichst ein Auseinanderfallen von internationaler Zuständigkeit und anwendbarem Recht zu verhindern.[370] Wie bereits ausgeführt, ist unter dem „gewöhnlichen Aufenthalt“ in Anlehnung an die Rechtsprechung des Europäischen Gerichtshofs (EuGH) zu diesem Begriff im Zusammenhang mit anderen Rechtsgebieten der „Daseinsmittelpunkt“ als Schwerpunkt der familiären, sozialen und beruflichen Beziehungen einer Person zu verstehen. Die EU-ErbVO fordert in ihrem Erwägungsgrund 23 eine enge und feste Beziehung zu einer bestimmten Rechtsordnung, die anhand einer Gesamtbeurteilung aller Lebensumstände des Erblassers in den Jahren vor seinem Tode und im Zeitpunkt seines Todes zu ermitteln ist. Hierbei sollen alle relevanten Tatsachen berücksichtigt werden, insbesondere die Dauer und die Regelmäßigkeit des Aufenthalts des Erblassers in dem betreffenden Staat sowie die damit zusammenhängenden Umstände. Ein Großteil der Fälle wird sich anhand dieser Kriterien problemlos lösen lassen. Zu den daneben bestehenden problematischeren Fallkonstellationen (z.B. Berufspendler, Diplomaten und Studenten oder Personen, die sich abwechselnd in mehreren Staaten aufhalten – „Mallorca-Rentner“ –) vgl. Rdn 1856. Für etwaige weitere Zweifelsfälle wird man die Rechtsprechung der in Zukunft mit den Erbangelegenheiten befassten Nachlassgerichte abwarten müssen.

Zusammenfassend ist somit gemäß §§ 105, 343 FamFG im Falle eines deutschen Erblassers die internationale 1979
Zuständigkeit deutscher Nachlassgerichte stets eröffnet, während im Falle eines ausländischen Erblassers dieser entweder seinen letzten gewöhnlichen Aufenthalt oder einen früheren gewöhnlichen Aufenthalt in Deutsch-

369 BGBl 2015 I, S. 1042.
370 Vgl. *Keidel*, FamFG, 19. Aufl. 2017, § 343, Rn 61 ff. mit weiteren Nachweisen.

land gehabt oder zumindest Nachlassvermögen in Deutschland hinterlassen haben muss. Anders ausgedrückt: Die internationale Zuständigkeit deutscher Nachlassgerichte bei Erbfällen mit Auslandsbezug besteht grundsätzlich nur nicht im Falle eines ausländischen Erblassers, der nie seinen gewöhnlichen Aufenthalt in Deutschland hatte und auch keinerlei Nachlassvermögen in Deutschland hinterlassen hat. Das aktuelle Recht führt somit die seit dem 1.9.2009 eingeführte erhebliche Ausweitung der internationalen Zuständigkeit der deutschen Nachlassgerichte für die Erteilung von Erbscheinen mit Auslandsberührung fort, und zwar insbesondere dadurch, dass sich diese Zuständigkeit bei ausländischen Erblassern – aber auch bei deutschen Erblassern – auf das gesamte „Weltvermögen" des Erblassers und nicht mehr nur auf den im Inland befindlichen Nachlass erstreckt, und zwar unabhängig vom anwendbaren Recht. So werden deutsche Nachlassgerichte auch nach Anwendbarkeit der EU-ErbVO mit einer Vielzahl von Verfahren mit Auslandsberührung konfrontiert sein. Ausländisches Recht wird jedoch auf solche Fälle seit der Anwendbarkeit der EU-ErbVO durch die weitgehende Harmonisierung von internationaler Zuständigkeit und anwendbarem Recht erheblich seltener zur Anwendung kommen.

1980 Umstritten ist im Rahmen der Zuständigkeitsregelungen des § 343 FamFG, ob in den Nachlassfällen mit Auslandsberührung, in denen sich die internationale Zuständigkeit z.B. nur aus der Belegenheit der Nachlassgegenstände in Deutschland ergibt, bzw. nach Anwendbarkeit der EU-ErbVO z.B. durch einen früheren, vielleicht nur kurzzeitigen gewöhnlichen Aufenthalt eines ausländischen Erblassers in Deutschland, diese weite internationale Zuständigkeit der deutschen Nachlassgerichte wieder dadurch eingeschränkt werden kann, dass mangels eines hinreichenden Inlandsbezugs ein ausreichendes Rechtsschutzbedürfnis des Antragstellers verneint wird. So könnte z.B. ein deutsches Nachlassgericht mangels ausreichenden Inlandsbezuges im Falle eines ausländischen Erblassers mit letztem gewöhnlichen Aufenthalt im Ausland, der nur ein Girokonto mit einem geringen Geldbetrag bei einem deutschen Kreditinstitut hinterlässt, die Erteilung eines Erbscheins mangels Rechtsschutzbedürfnisses ablehnen.[371] Gegen die Einführung eines derartigen zusätzlichen Zulässigkeitskriteriums im Nachlassverfahren spricht aber, dass sich der Gesetzgeber insbesondere im Erbscheinsverfahren bewusst und gezielt durch die Ableitung der internationalen aus der örtlichen Zuständigkeit für eine deutliche Ausweitung der internationalen Zuständigkeit der deutschen Nachlassgerichte entschieden hat, ohne irgendeinen zusätzlichen Inlandsbezug bzw. ein Rechtsschutzbedürfnis zu fordern. Auch hat der Gesetzgeber im Rahmen der Neufassung des § 343 FamFG im Jahre 2015 trotz der bereits schon vorher vorhandenen Kritik an dem weiten Anwendungsbereich der Zuständigkeitsvorschrift im Kern diesen Anwendungsbereich nicht nennenswert eingeschränkt und auch im Rahmen des im Jahre 2015 neu gefassten § 343 Abs. 3 FamFG nach wie vor keine besonderen Anforderungen an Wert und Umfang der im Inland befindlichen Nachlassgegenstände aufgestellt. So kann und darf dann auch nicht über die „Hintertür" der Verneinung eines Rechtsschutzbedürfnisses oder eines hinreichenden Inlandsbezuges im Einzelfall die durch das FamFG geschaffene erweiterte internationale Zuständigkeit der deutschen Nachlassgerichte wieder quasi „beliebig" eingeengt werden. Dies würde auch zu einer großen Rechtsunsicherheit führen, denn die Grenze für einen ausreichenden Inlandsbezug bzw. für ein ausreichendes Rechtsschutzinteresse wäre kaum sinnvoll zu ziehen.

bb) Sachliche Zuständigkeit für die Erteilung von Erbscheinen

1981 Sachlich zuständig für die Erteilung von Erbscheinen mit Auslandsberührung sind gemäß § 23a Abs. 1 Nr. 2 Abs. 2 Nr. 2 GVG die Amtsgerichte. Im Geltungsbereich der Höfeordnung kann auch das Landwirtschaftsgericht sachlich zuständig sein (§ 18 Abs. 2 HöfeO).

cc) Funktionelle Zuständigkeit für die Erteilung von Erbscheinen

1982 Nach der bis zum 1.9.2009 geltenden Rechtslage bestand gemäß § 16 Abs. 1 Nr. 6 RPflG a.F. ein Richtervorbehalt unter anderem für die Fälle, dass eine Verfügung von Todes wegen vorliegt oder ein gegenständlich beschränkter Erbschein nach § 2369 BGB a.F. beantragt wird. Nach der aktuellen, ab dem 17.8.2015 gültigen Rechtslage sieht auch § 16 Abs. 1 Nr. 6 RPflG einen generellen Richtervorbehalt für alle Fälle vor, in denen entweder eine Verfügung von Todes wegen vorliegt oder die Anwendung ausländischen Rechts in Betracht kommt. Letzteres ist z.B. dann der Fall, wenn der Erblasser ein ausländisches Erbrecht gewählt hat oder der Erblasser mit letztem gewöhnlichen Aufenthalt im Ausland verstorben ist. Gemäß § 16 Abs. 3 RPflG kann

371 Vgl. zu solchen Fällen OLG Köln, ZEV 2019, 352.

der Richter dem Rechtspfleger die Erteilung eines Erbscheins aber dann übertragen, wenn trotz Vorliegens einer Verfügung von Todes wegen die gesetzliche Erbfolge maßgeblich ist und deutsches Erbrecht zur Anwendung kommt. Gemäß §§ 19 Abs. 1 Nr. 5, 16 Abs. 1 Nr. 6 RPflG kann jedoch jedes Bundesland den Richtervorbehalt weiter zugunsten der Rechtspfleger einschränken.

5. Das Europäische Nachlasszeugnis (ENZ)

Als eine der wichtigsten „Errungenschaften" der EU-ErbVO wird die Schaffung eines Europäischen Nachlass- 1983
zeugnisses (kurz: ENZ) angesehen.[372] Ein ENZ kann nur für einen Erbfall beantragt und ausgestellt werden, der ab dem 17.8.2015 eingetreten ist. Für Erbfälle vor diesem Zeitpunkt kommt nur die Erteilung eines nationalen Erbnachweises, z.B. eines deutschen Erbscheins in Betracht.

a) Ziel für die Schaffung eines Europäischen Nachlasszeugnisses

Das ENZ soll die Verwaltung und Abwicklung von über mehrere Mitgliedstaaten verteilten Nachlässen erleich- 1984
tern und beschleunigen. So zielt das ENZ darauf ab, solchen Erben, unmittelbar am Nachlass beteiligten Vermächtnisnehmern und Testamentsvollstreckern den Nachweis zu erleichtern, die ihre Rechtsstellung bzw. Befugnis in einem anderen Mitgliedstaat geltend machen wollen. Dies wird dadurch erreicht, dass das ENZ nach Erteilung durch das Nachlassgericht eines Mitgliedstaates in allen Mitgliedstaaten eine einheitliche Gültigkeit besitzt (Art. 62 Abs. 1 EU-ErbVO). Das ENZ tritt aber nicht an die Stelle der nationalen Erbnachweise, insbesondere des deutschen Erbscheins, und zwar auch nicht bei Erbfällen mit Auslandsberührung bzw. EU-Berührung (Art. 62 Abs. 3 S. 1 EU-ErbVO). Beide Zeugnisse können somit bei der international zuständigen Behörde (Gericht) nebeneinander beantragt und erteilt werden. Wird das ENZ auf der Grundlage der Verordnung erteilt, ist ein nationaler Erbnachweis aber grundsätzlich entbehrlich, denn das ENZ kann nach der Erteilung auch in dem Mitgliedstaat verwendet werden, in dem es ausgestellt worden ist (Art. 62 Abs. 3 S. 3 EU-ErbVO).

b) Inhalt eines Europäischen Nachlasszeugnisses – Sonderprobleme der §§ 1931 Abs. 4, 1371 Abs. 1 BGB und der Aufnahme von Vermächtnissen unterschiedlicher Art

Art. 68 EU-ErbVO enthält eine umfangreiche Aufstellung von Angaben, die ein ENZ enthalten kann. Die 1985
Punkte lit. a) bis g) betreffen zunächst allgemeine Angaben insbesondere zum Erblasser (persönliche Daten, Staatsangehörigkeit, Todesdatum und Todesort, Anschrift zum Zeitpunkt des Todes usw.), zum Antragsteller (persönliche Daten, Staatsangehörigkeit, Verwandtschaftsverhältnis zum Erblasser, usw.) und zur ausstellenden Behörde (Gerichtsbezeichnung, Aktenzeichen, usw.). Die Punkte lit. h) bis k) zählen die rechtlichen Grundlagen für das ausgewiesene Erbrecht auf (auf das Erbrecht anzuwendendes Recht, Verfügungen von Todes wegen und Eheverträge des Erblassers, Annahme- und Ausschlagungserklärungen der Begünstigten usw.). Schließlich umfassen die Punkte lit. l) bis o) das ausgewiesene Erbrecht (Erbquoten, Vermächtnisse, Beschränkungen der Erben und Vermächtnisnehmer z.B. durch Testamentsvollstreckung oder Nachlassverwaltung sowie Befugnisse von Testamentsvollstreckern und Nachlassverwaltern).

Die vorstehenden Angaben sind in dem ENZ nur enthalten, soweit dies für die Zwecke, zu denen es ausgestellt 1986
wird, erforderlich ist (Art. 68 Hs. 1 EU-ErbVO). Die Aufstellung in Art. 68 EU-ErbVO ist auch nicht abschließend. Erst praktische Erfahrungen mit dem ENZ werden zeigen, inwieweit die Angaben noch erweitert oder verändert werden müssen. Schwierigkeiten bereitet in der Praxis derzeit die Frage, ob im ENZ eine Identifizierung bzw. Bezeichnung des im Ausland betroffenen Grundbesitzes zu erfolgen hat. So reichte ein in Deutschland ausgestelltes ENZ (aufgrund der Gesamtrechtsnachfolge ohne Angaben zum Grundbesitz) für eine Grundbucheintragung in Litauen nicht aus, da in diesem die Immobilie nicht identifiziert war. Dies hat der EuGH in der Sache *„Registr centras"* nicht beanstandet.[373] Der EuGH stützte sich in seiner Entscheidung auf die Registerautonomie der Mitgliedstaaten und führte aus, dass es „jedem Mitgliedstaat, in dem eine solche Eintragung dinglicher Rechte an unbeweglichen Vermögensgegenständen vorgesehen ist, freistehe, die Bedingungen und

372 *Süß* spricht von der „Krönung" der EU-ErbVO; vgl. Süß/*Süß*, Erbrecht in Europa, 5. Aufl. 2025, Allgemeiner Teil, § 1 Rn 19.

373 EuGH DNotZ 2023, 943. Anders hat der OGH (ZEV 2019, 353) für österreichische Registerbehörden entschieden, die die Eintragung aufgrund eines in Deutschland ausgestellten ENZ vorzunehmen haben, auch wenn entgegen dem österreichischen Registerrecht keine Nachlassgegenstände in das ENZ aufgenommen wurden.

Modalitäten dieser Eintragung festzulegen, einschließlich der Anforderung, dass alle Angaben zur Identifizierung einer Immobilie, für die ein Antrag auf Eintragung gestellt wird, in diesem Antrag oder in den beigefügten Schriftstücken enthalten sein müssen". Für die Praxis dürfte dies nicht erfreulich sein: Der Antragsteller müsste bei der Beantragung des ENZ die Aufnahme aller für die Registereintragung im jeweiligen Land maßgeblichen Angaben verlangen, was einen weiteren Aufwand nach sich zieht und das ENZ deutlich schwerer handhabbar macht.[374] In der weiteren Konsequenz bedeutet die vorgenannte Entscheidung des EuGH jedoch nicht, dass die Ausstellungsbehörde solche Angaben aufnehmen muss, was inzwischen Gegenstand eines weiteren, vom Bundesgerichtshof initiierten Vorlageverfahrens beim EuGH ist.[375]

Aus Praktikabilitätsgründen wird das ENZ auf einem von einem Spezialgremium der Kommission entworfenen Formblatt, das in Zukunft beliebig verändert und erweitert werden kann, ausgestellt (Art. 67 Abs. 1 S. 2 EU-ErbVO). Nach der jüngsten Entwicklung in der Rechtsprechung ist darüber hinaus die Verwendung des Formblatts nicht zwingend, sondern fakultativ, sodass Notare in der Praxis ihre eigenen Muster verwenden dürfen (dazu unten Rdn 1997).

1987 Fraglich und ungeklärt ist, ob auch ein Teilzeugnis entsprechend z.B. einem deutschen Teilerbschein gemäß § 2353 2. Alt. BGB beantragt und erteilt werden kann, das nur einzelne Rechte am Nachlass ausweist. Ferner ist ungeklärt, ob eine Beschränkung des ENZ auf den in einem Mitgliedstaat befindlichen Nachlass vergleichbar mit § 352c FamFG, wonach der Erbschein bei Vorhandensein von Auslandsvermögen auf inländische Nachlassgegenstände beschränkt werden kann, möglich ist. Diese Fragen werden wohl erst durch die Praxis und dadurch hervorgerufene Gerichtsentscheidungen beantwortet. Dem mit der Abfassung eines Antrages auf Erteilung eines ENZ befassten Notar ist zu empfehlen, diese Fragen nach Möglichkeit vor der Abfassung des Antrags mit dem zuständigen Nachlassgericht abzuklären.[376]

1988 Probleme bereitet die Aufnahme von erbrechtlichen Rechtsinstituten in ein ENZ, die nur in einzelnen Mitgliedstaaten oder nur in einem einzigen Mitgliedstaat existieren oder die in verschiedenen Mitgliedstaaten unterschiedlich behandelt werden und die unter Umständen im Staat des das ENZ ausstellenden Gerichtes unbekannt sind oder dort zumindest anders rechtlich behandelt werden als vom Erblasser gewollt.

1989 Als Paradebeispiel hierfür steht die Behandlung der deutschen Vorschriften, die die Schnittstellen zwischen dem Güterrecht und dem Erbrecht bilden. Zu nennen sind hier § 1931 Abs. 4 BGB einerseits und § 1371 Abs. 1 in Verbindung mit § 1931 Abs. 1 BGB andererseits. Da das Güterrechtsstatut und das Erbstatut aufgrund der unterschiedlichen Anknüpfungspunkte im Einzelfall auseinander fallen können (so wird z.B. der mit einer deutschen Frau verheiratete und aufgrund des ersten gemeinsamen ehelichen Wohnsitzes in Deutschland im deutschen Güterrecht lebende italienische Erblasser, der mit letztem gewöhnlichen Aufenthalt in Italien verstirbt, nach italienischem Recht beerbt), ist fraglich, unter welchen Voraussetzungen diese Vorschriften zur Anwendung gelangen. Setzt die Anwendbarkeit voraus, dass im konkreten Fall deutsches Güterrecht und gleichzeitig deutsches Erbrecht anwendbar sind oder reicht es, wenn entweder nur deutsches Güterrecht oder nur deutsches Erbrecht einschlägig ist? Die Beantwortung der Frage hängt davon ab, wie die Vorschriften der §§ 1371 Abs. 1, 1931 Abs. 4 BGB rechtlich einzuordnen (zu qualifizieren) sind. Die Frage war bzw. ist in beiden Fällen seit langer Zeit umstritten. § 1931 Abs. 4 BGB wird nach der herrschenden Auffassung erbrechtlich qualifiziert, sodass die Vorschrift zwar einerseits die Anwendbarkeit des deutschen Erbrechts voraussetzt, sie andererseits aber grundsätzlich auch bei einer ausländischen Gütertrennung anwendbar ist, sofern diese – wie in den meisten Fällen – der deutschen Gütertrennung entspricht. Im Falle des § 1371 Abs. 1 BGB hat der BGH in seiner Entscheidung vom 13.5.2015 den pauschalen Zugewinnausgleich des § 1371 Abs. 1 BGB rein güterrechtlich qualifiziert, da es der Zweck dieser Vorschrift sei, „den Güterstand als Sonderordnung des Vermögens der Eheleute während und aufgrund ihrer Ehe abzuwickeln, nicht aber den Längstlebenden kraft seiner nahen Verbundenheit mit dem Verstorbenen an dessen Vermögen zu beteiligen".[377] Die pauschale Erhöhung des gesetzlichen Erbteils des überlebenden Ehegatten um das pauschale Viertel findet somit auch statt, wenn der Erblasser nach einem ausländischen Erbrecht beerbt wird. Die hieraus unter Umständen resultierenden Ungerechtigkeiten, die

374 *Strauß*, MittBayNot 2023, 433, 435 f.

375 BGH ZEV 2025, 113: vgl. auch die Anmerkung im DNotI-Report 2023, 158, 159, mit der gegenteiligen Rechtsauffassung.

376 Vgl. zu diesen Fragen Süß/*Süß*, Erbrecht in Europa, 5. Aufl. 2025, Allgemeiner Teil, § 6 Rn 5, 6.

377 BGH DNotZ 2015, 624.

z.B. dadurch entstehen können, dass der überlebende Ehegatte doppelt, d.h. sowohl nach dem ausländischen Erbrecht als auch nach dem deutschen Güterrecht begünstigt wird, sind nach Auffassung des BGH durch eine sog. Anpassung oder Angleichung des gefundenen Ergebnisses auf der sachrechtlichen, nicht aber durch eine anderweitige Qualifikation des § 1371 Abs. 1 BGB auf der kollisionsrechtlichen Ebene, zu lösen. So kann z.B. einem durch die Anwendung von zwei verschiedenen Rechtsordnungen für das Erb- und das Güterrecht begünstigten überlebenden Ehegatten auf der sachrechtlichen Ebene der gesetzliche Erbteil so gekürzt werden, dass der überlebende Ehegatte nicht mehr erhält, als ihm nach jedem der beiden zusammentreffenden Rechte zustünde, wenn diese jeweils insgesamt sowohl auf das Güter- und als auch das Erbrecht angewendet würden.[378]

Der vorstehenden Auffassung hat allerdings der EuGH in seiner Entscheidung in der Sache *„Mahnskopf"* vom 1.3.2018 eine Absage erteilt und festgestellt, dass § 1371 Abs. 1 BGB erbrechtlich zu qualifizieren ist.[379] Dies bedeutet, dass diese Norm allenfalls dann Anwendung findet, wenn nach der EU-ErbVO deutsches Erbrecht gilt. Für alle Erbfälle unter dem Regime der EU-ErbVO ist demnach die erbrechtliche Qualifikation maßgeblich. § 1371 Abs. 1 BGB findet daher jedenfalls dann immer Anwendung, wenn deutsches Erbrecht gilt und die Ehegatten auch im deutschen gesetzlichen Güterstand der Zugewinngemeinschaft gelebt haben. Ob § 1371 Abs. 1 BGB auch Anwendung finden kann, wenn ein ausländisches Güterrecht gilt, ist derzeit noch nicht geklärt. 1990

Von der Frage, ob dem überlebenden Ehegatten das pauschale Viertel gemäß § 1371 Abs. 1 BGB überhaupt nach dem anzuwendenden Erb- und Güterrecht zusteht, ist die Frage zu unterscheiden, ob und wie dieses pauschale Viertel, wenn es dem überlebenden Ehegatten zusteht, im ENZ auszuweisen ist. In Folge der Entscheidung des EuGH in der Sache *„Mahnskopf"* ist die nach § 1371 Abs. 1 BGB erhöhte Erbquote auch immer in das ENZ aufzunehmen. Denn § 1371 Abs. 1 BGB ist nach dem EuGH nunmehr erbrechtlich zu qualifizieren und fällt damit in den Anwendungsbereich der EU-ErbVO.[380] 1991

Problematisch ist auch die Aufnahme von Vermächtnissen in ein ENZ, die rechtlich in den verschiedenen Rechtsordnungen völlig unterschiedlich ausgestaltet sind. Unterschieden wird hier z.B. zwischen Vermächtnissen mit dinglicher Wirkung (sog. Vindikationslegate z.B. im französischen, italienischen und polnischen Recht), bei denen der Vermächtnisnehmer unmittelbar und ohne Mitwirkung der Erben die ihm aufgrund einer Verfügung von Todes wegen zugewendete dingliche Rechtsstellung (z.B. das Eigentum) erwirbt und Vermächtnissen, die – wie im deutschen Recht – nur einen schuldrechtlichen Anspruch auf Einräumung des dinglichen Rechts gegenüber den Erben begründen (sog. Damnationslegate; vgl. z.B. § 2174 BGB für das deutsche Recht).[381] Schon vor Anwendbarkeit der EU-ErbVO war heftig umstritten, ob sich die dinglich verfügende Wirkung von Vindikationslegaten nach dem anwendbaren Erbrecht oder dem Sachenrechtsstatut, das zumeist an die Belegenheit der Sache anknüpft (vgl. z.B. Art. 43 Abs. 1 EGBGB), richtet. Im Hinblick auf Art. 1 Abs. 2 lit. l EU-ErbVO, wonach jede Eintragung von Rechten an beweglichen oder unbeweglichen Vermögensgegenständen in einem Register, einschließlich der gesetzlichen Voraussetzungen für eine solche Eintragung sowie die Wirkung der Eintragungen nicht dem Anwendungsbereich der EU-ErbVO unterfallen, ist davon auszugehen, dass hierin auch ein Vorbehalt für das materielle Sachenrecht enthalten ist, sodass sich z.B. der Erwerb des Eigentums an einem in Deutschland belegenen Grundstück durch einen Vermächtnisnehmer unabhängig von der rechtlichen Einordnung des Vermächtnisses und des anzuwendenden Erbrechts nach dem deutschen Sachenrecht als dem Recht der Belegenheit der Sache richtet (Art. 43 Abs. 1 EGBGB), und somit auch bei einem dem Vermächtnisnehmer im Wege eines dinglichen Vermächtnisses zugewendeten Grundstücks eine Auflassung gemäß §§ 873, 925 BGB und die Eintragung im Grundbuch erforderlich ist.[382] 1992

In der *„Kubicka"*-Entscheidung vom 12.10.2017 hat der EuGH nunmehr entschieden, dass ein ausländisches Vindikationslegat aufgrund der EU-ErbVO auch in Deutschland anzuerkennen ist.[383] In Folge dieser Entschei- 1993

378 Vgl. hierzu ein praktisches Beispiel in *Hausmann/Odersky*, Internationales Privatrecht in der Notar- und Gestaltungspraxis, 4. Aufl. 2021, § 3 Rn 67 ff.

379 EuGH RNotZ 2018, 250.

380 Süß/*Süß*, Erbrecht in Europa, 5. Aufl. 2025, Allgemeiner Teil, § 6 Rn 8.

381 Vgl. zur Unterscheidung Schotten/*Schmellenkamp*, Das Internationale Privatrecht in der notariellen Praxis, 2. Aufl. 2007, Rn 331; vgl. EG 47 zur EU-ErbVO, der die unterschiedlichen Vermächtnistypen ausdrücklich aufführt.

382 Vgl. Süß/*Süß*, Erbrecht in Europa, 5. Aufl. 2025, Allgemeiner Teil, § 6 Rn 17, 18.

383 EuGH DNotZ 2018, 33.

dung müssen deutsche Grundbuchämter Grundbesitz im Wege der Grundbuchberichtigung auch auf einen Vermächtnisnehmer umschreiben, wenn dieser nach ausländischem Erbrecht den Vermächtnisgegenstand unmittelbar dinglich aufgrund eines Vindikationslegats erworben hat.[384] Voraussetzung hierfür ist ein ausreichender Nachweis des dinglich wirkenden Vermächtnisses. Hierfür genügt einerseits eine notarielle Verfügung von Todes wegen nebst Eröffnungsniederschrift, wenn sich aus der Verfügung eindeutig ergibt, dass ein dinglich wirkendes Vermächtnis angeordnet ist. Hierin muss auch der betroffene Grundbesitz hinreichend bestimmt bezeichnet sein. Wenn keine ausreichende Verfügung von Todes wegen vorliegt, muss der Vermächtnisnehmer einen Erbschein oder ein ENZ vorlegen, aus dem sich das dinglich wirkende Vermächtnis ergibt. Der Grundbesitz sollte hierfür möglichst übereinstimmend mit dem Grundbuch oder unter Angabe von Grundbuchbezirk und Grundbuchblattnummer bezeichnet sein (vgl. § 28 S. 1 GBO), damit der Erbschein bzw. das ENZ eine ausreichende Eintragungsgrundlage für das Grundbuchamt darstellen. Die bislang herrschende Meinung im deutschen Recht lehnte es zwar ab, ein Vindikationslegat in einen deutschen Erbschein aufzunehmen. Jedenfalls nach der nun vorliegenden Entscheidung des EuGH ist diese Auffassung jedoch zu revidieren. Ein Vindikationslegat kann daher nun auch in einen Erbschein aufgenommen werden.[385] Zur Grundbuchberichtigung ist außerdem eine grunderwerbsteuerliche Unbedenklichkeitsbescheinigung vorzulegen. Handelt es sich hingegen um eine lediglich schuldrechtliche Teilungsanordnung, vollzieht sich der Übergang des Eigentums – in Anwendung des Art. 43 EGBGB – nach dem Übergang unter Lebenden, sodass eine bloße Grundbuchberichtigung nicht ausreichend ist.[386]

1994 Gemäß Art. 68 lit. m) EU-ErbVO sind in das ENZ auch die Vermögenswerte aufzunehmen, die einem bestimmten Vermächtnisnehmer zustehen. Hierunter sind praktischerweise nicht nur Vermögenswerte zu verstehen, die dem Vermächtnisnehmer aufgrund eines dinglich wirkenden Vermächtnisses zufallen, sondern auch diejenigen, die aufgrund eines nur rein schuldrechtlich wirkenden Vermächtnisses vom Erben an den Vermächtnisnehmer übertragen werden müssen. Denn einerseits wird die das ENZ ausstellende Behörde bzw. das ausstellende Gericht die dinglichen Wirkungen eines Vermächtnisses auf Nachlassgegenstände in einem anderen Mitgliedstaat nicht immer zuverlässig beurteilen können und andererseits soll das ENZ (z.B. von einem deutschen Nachlassgericht ausgestellt) theoretisch in sämtlichen Mitgliedstaaten mit ihren unterschiedlichen Nachlassbeteiligungen seine Wirkungen entfalten können.[387] Wie sich dann im Einzelnen der Eigentumserwerb auf den Vermächtnisnehmer vollzieht, entscheidet nach der hier vertretenen Auffassung dann das Sachenrecht des Belegenheitsstaates (Staat, in dem sich das Grundstück befindet).

1995 Die vorstehenden Ausführungen zu §§ 1931 Abs. 4, 1371 Abs. 1, 1931 Abs. 1 BGB und zu den verschiedenen Vermächtnissen gelten entsprechend auch im Rahmen eines deutschen Erbscheinsverfahrens.

c) Antragserfordernis mit Zweckangabe, Form

1996 Die Erteilung eines ENZ erfolgt nur auf Antrag einer Person, die sich in einem anderen Mitgliedstaat auf ihre Rechte als Erbe oder als unmittelbar am Nachlass beteiligter Vermächtnisnehmer oder auf ihre Befugnisse als Testamentsvollstrecker oder Nachlassverwalter berufen will (Art. 65 Abs. 1 i.V.m. Art. 63 Abs. 1 EU-ErbVO). Der Antrag muss neben zahlreichen Angaben, die in weiten Bereichen den Angaben des ENZ gemäß Art. 68 EU-ErbVO entsprechen (z.B. persönliche Angaben des Erblassers und des Antragstellers, Sachverhalt, der zur Erbfolge führt, vorliegende Verfügungen von Todes wegen und Eheverträge des Erblassers, Angaben über Annahme- und Ausschlagungserklärungen von Berechtigten, Auskunft über einen etwaigen Rechtsstreit, Art. 65 Abs. 3 EU-ErbVO), insbesondere auch Auskunft über den Zweck geben, der mit der Ausstellung des ENZ verfolgt wird. Die zulässigen Zwecke werden in Art. 63 der Verordnung genannt:

- Nachweis der Rechtsstellung und Rechte von Erben und Vermächtnisnehmern;
- Zuweisung von bestimmten Vermögenswerten des Nachlasses an die im ENZ genannten Personen;
- Befugnisse von Testamentsvollstreckern und Nachlassverwaltern.

384 So nunmehr OLG Saarbrücken, ZEV 2019, 640; vgl. dazu auch *Schöner/Stöber*, Grundbuchrecht, 16. Aufl. 2020, Rn 844 ff.
385 Dazu *Weber*, DNotZ 2018, 16, 28 f.
386 OLG München, ZEV 2021, 179.
387 So auch *Dörner*, ZEV 2012, 505/509.

Gemeinsam ist allen Zwecken, dass sie die Verwendung in einem anderen Mitgliedstaat voraussetzen. Für reine Binnensachverhalte darf ein ENZ grundsätzlich nicht erteilt werden.[388] Ist das Zeugnis jedoch einmal ausgestellt, so kann es auch in dem Mitgliedstaat verwendet werden, in dem es ausgestellt wurde (Art. 62 Abs. 3 S. 2 EU-ErbVO). Für den Antrag hat die EU-Kommission in der Durchführungsverordnung vom 9.12.2014 (1329/2014 der Kommission) ein Formblatt festgelegt, das freiwillig vom Antragsteller verwendet werden kann (Art. 65 Abs. 2 der Verordnung).[389] Dessen Länge und Komplexität schrecken so manchen Antragsteller von der Verwendung des Formblattes ab und veranlassen – was Deutschland betrifft – wohl eher zur Beantragung eines deutschen Erbscheins.[390] Vor diesem Hintergrund ist es nicht verwunderlich, dass das OLG Köln dem EuGH die Frage vorgelegt hat, ob für den Antrag auf Erlass eines ENZ zwingend das Formblatt IV zur EU-ErbVO zu verwenden ist.[391] Der EuGH hat diese Frage nunmehr dahingehend entschieden, dass das Formblatt für den Antrag auf Ausstellung des ENZ nur fakultativ ist und der Antragssteller somit auch ein eigenes Muster verwenden kann.[392] Hierbei beruft sich der EuGH auf den Wortlaut des Art. 65 Abs. 2 EU-ErbVO („*kann*"): Der Antragssteller könne das Formblatt verwenden, müsse dies aber nicht. Im Ergebnis bedeutet die Entscheidung des EuGH für die Praxis eine erfreuliche Klarstellung. Notare können ihr eigenes Muster verwenden, wenn sie einen Antrag auf Ausstellung eines ENZ beurkunden.[393] Der Nachweis der Erbfolge gemäß § 35 Abs. 1 GBO ist nach der Rechtsprechung auch dann erbracht, wenn das verwendete Formblatt nicht vollständig ausgefüllt ist, die fehlenden Angaben sich aber aus einer mit dem Formblatt verbundenen Erklärung des ausstellenden Notars ergeben.[394] 1997

Gemäß Art. 66 Abs. 3 EU-ErbVO kann die Ausstellungsbehörde (in Deutschland das Nachlassgericht) – soweit ihr eigenes Recht dies vorsieht und unter den dort festgelegten Bedingungen – verlangen, dass Erklärungen unter Eid oder durch eidesstattliche Versicherung abgegeben werden. Es ist davon auszugehen, dass in Anlehnung an § 352 Abs. 3 S. 3 FamfG (vgl. hierzu Rdn 898) von den deutschen Nachlassgerichten grundsätzlich die Abgabe einer eidesstattlichen Versicherung verlangt werden wird, die dann entweder vor dem Nachlassgericht selbst oder vor einem Notar abgeben werden kann. 1998

d) Ausstellung des Zeugnisses durch die zuständige Behörde – begrenzte Geltungsdauer der beglaubigten Abschriften

Die zuständige Behörde (in Deutschland das zuständige Nachlassgericht) stellt, sobald sie die zu bezeugenden Umstände festgestellt hat und weder Einwände gegen den zu bescheinigenden Inhalt rechtshängig sind noch eine Entscheidung ergangen ist, die mit dem Zeugnis unvereinbar ist, gemäß Art. 67 Abs. 1 S. 2 EU-ErbVO unverzüglich das ENZ aus. Sie hat dafür ein vom Ausschuss der EU-Kommission erstelltes Formblatt zu verwenden (Art. 67 Abs. 1 S. 2 EU-ErbVO).[395] 1999

Im Unterschied zum deutschen Erbscheinsverfahren wird das ENZ im Original nicht dem Antragsteller ausgehändigt, sondern es verbleibt in den Akten der Nachlassbehörde bzw. des Nachlassgerichtes. Der Antragsteller und jede andere Person, die ein berechtigtes Interesse nachweisen, erhalten nur eine beglaubigte Abschrift des ENZ ausgehändigt (Art. 70 Abs. 1 EU-ErbVO). Die Ausstellungsbehörde führt über alle Empfänger einer beglaubigten Abschrift ein Verzeichnis (Art. 70 Abs. 2 EU-ErbVO). Aus Gründen der Verkehrssicherheit sind 2000

388 Vgl. zu einer Ausnahme hiervon in den Fällen der subsidiären internationalen Zuständigkeit der Gerichte und Behörden gemäß Art. 10 Abs. 2 EU-ErbVO, bei denen der Erblasser mit letztem Wohnsitz in einem Drittstaat verstorben ist, und sich die Zuständigkeit des betreffenden Gerichts bzw. der betreffende Behörde nur auf das in dem jeweiligen Staat des Gerichts/der Behörde befindliche Nachlassvermögen bezieht, Rn 1957 f.

389 Die Formblätter sind in allen Sprachen abrufbar unter: *https://e-justice.europa.eu/content_general_information-166-de.do?init=true*.

390 Vgl. zur Kritik an dem Formblatt *Volmer*, notar 2016, 323.

391 OLG Köln ZEV 2018, 340.

392 EuGH DNotZ 2019, 460.

393 In der Praxis kann ein vereinfachtes Muster zugrunde gelegt werden, das sich am Muster für den Erbschein orientiert, vgl. hierzu Formulierungsvorschläge bei Beck'sches Formularbuch/*Eckelskemper/Schmitz,* Erbrecht, 5. Aufl. 2023, J. V. 9.–11; *Schmitz*, RNotZ 2017, 269, 279.

394 Das ENZ war in diesem der Entscheidung des OLG Bremen (NJW-RR 2024, 688) zugrundeliegenden Fall von einem spanischen Notar ausgestellt.

395 Vgl. Text des in der Durchführungsverordnung der EU-Kommission vom 9.12.2014 (1329/2014 der Kommission) festgelegten Formblattes V auf *https://e-justice.europa.eu/content_general_information-166-de.do* als word- und pdf-Datei.

die beglaubigten Abschriften nur für einen begrenzten Zeitraum von sechs Monaten gültig, der in der beglaubigten Abschrift jeweils durch ein Ablaufdatum angeben wird (Art. 70 Abs. 3 EU-ErbVO). Die Verlängerung der Gültigkeitsfrist oder die Erteilung einer neuen beglaubigten Abschrift kann aber beantragt werden.

2001 Für betroffene Erben oder sonstige Berechtigte im Immobilienbereich dürfte diese Befristung zu praktischen Schwierigkeiten führen. Im internationalen Rechtsverkehr wird in der Regel eine vollständige Erbauseinandersetzung nicht innerhalb von sechs Monaten durchführbar sein. Allerdings entfaltet das ENZ seine Wirkungen, wenn dieses bei seiner erstmaligen Vorlage gültig war.[396] Im Bereich von Immobilienkaufverträgen vor einem deutschen Notar dürfte es daher häufiger als bisher zu Grundbuchberichtigungen auf die Erben auch beim sofortigen Verkauf der Immobilie kommen. Denn ohne Grundbuchberichtigung müsste bei der Kaufpreisfälligkeitsstellung durch den Notar im Rahmen eines Kaufvertrages das zur Verfügung stehende Zeitfenster genau abgeschätzt werden, wenn für die spätere Eigentumsumschreibung eine Verlängerung bzw. Neubeantragung des ENZ erforderlich werden sollte. Letztendlich könnten auch diese praktischen Schwierigkeiten die Erben dazu bewegen, statt eines ENZ eher das bekannte und vertraute deutsche Erbscheinsverfahren als Erbnachweis zu wählen.

e) Wirkungen des Europäischen Nachlasszeugnisses und Gutglaubensschutz

2002 Das ENZ entfaltet seine Wirkungen in allen Mitgliedstaaten, ohne dass es eines besonderen Verfahrens bedarf (Art. 69 Abs. 1 EU-ErbVO). Wie bereits ausgeführt, entfaltet das ENZ nach Ausstellung zur Verwendung im Ausland seine Beweis- und sonstigen Wirkungen auch im Staat der ausstellenden Behörde bzw. des ausstellenden Gerichts.

2003 Das ENZ entfaltet folgende **Wirkungen**: Es wird vermutet, dass die im ENZ genannten Sachverhalte zutreffend sind. Weiter wird vermutet, dass die aufgeführten Erben, dinglichen Vermächtnisnehmer, Testamentsvollstrecker oder Nachlassverwalter die im ENZ genannte Rechtsstellung haben, auch wenn diese Personen die Ausstellung des Zeugnisses nicht selbst beantragt haben,[397] und keinen anderen als den im ENZ aufgeführten Beschränkungen unterliegen (Art. 69 Abs. 2 EU-ErbVO). Die Gutglaubenswirkungen des ENZ bleiben aber hinter denen vieler nationaler Rechtsordnungen zurück. So sind diejenigen Personen, die sich auf ein ENZ berufen, bereits dann nicht geschützt, wenn ihnen die Unrichtigkeit des Zeugnisses infolge grober Fahrlässigkeit nicht bekannt war (Art. 69 Abs. 3 EU-ErbVO). Im deutschen Recht z.B. schadet nach § 2366 BGB nur positive Kenntnis von der Unrichtigkeit des Erbscheins. Gemäß Art. 69 Abs. 5 EU-ErbVO stellt das ENZ ein wirksames Schriftstück zur Eintragung in ein Register (z.B. in das deutsche Grundbuch) dar. Aus dem Erwägungsgrund 69 zur EU-ErbVO folgt, dass Personen oder Behörden bzw. Gerichte, denen ein in einem anderen Mitgliedstaat ausgestelltes ENZ vorgelegt wird, die Vorlage weiterer Nachweise nicht verlangen können. Daraus ergibt sich aber im Umkehrschluss, dass allein bei Vorlage eines im Inland (z.B. in Deutschland) ausgestellten ENZ Personen oder Behörden bzw. Gerichte auf die Vorlage eines nationalen Erbnachweises (z.B. eines deutschen Erbscheins) bestehen dürfen.[398]

2004 Die Voraussetzungen für den Gutglaubensschutz im Rahmen eines ENZ einerseits und eines deutschen Erbscheins andererseits sind auch abgesehen von der Frage, ob bereits grobe Fahrlässigkeit oder nur Vorsatz einer sich auf die Gutglaubenswirkungen des betreffenden Erbnachweises berufenden Person schadet, unterschiedlich ausgestaltet. Zum einen gewährt der deutsche Erbschein einen sog. **abstrakten Vertrauensschutz**, während das ENZ nur einen „konkreten" Vertrauensschutz vorsieht. So muss derjenige, der sich auf den Schutz des guten Glaubens bei einem ENZ beruft, gemäß Art. 69 Abs. 3, 4 EU-ErbVO „auf der Grundlage der in dem Zeugnis enthaltenen Angaben" gehandelt haben, ihm muss somit der Inhalt des ENZ, z.B. über eine von der Behörde bzw. dem Gericht ausgestellte Abschrift, bekannt gemacht worden sein. Nach der BGH-Rechtsprechung zum deutschen Erbscheinsverfahren genügt für den Gutglaubensschutz allein, dass der Erbschein erteilt worden ist, selbst wenn der sich auf den Vertrauensschutz Berufende den Erbschein gar nicht kannte.[399] Die Gutglaubenswirkungen des deutschen Erbscheins gehen somit auch diesbezüglich über diejenigen des ENZ hinaus. Zum anderen folgt aus der Tatsache, dass die erteilten beglaubigten Abschriften widerrufener oder geän-

396 EuGH NJW 2021, 2421, 2422 f.

397 EuGH NJW 2021, 2421, 2423.

398 Vgl. Süß/*Süß*, Erbrecht in Europa, 5. Aufl. 2025, Allgemeiner Teil, § 6 Rn 17.

399 BGHZ 33, 314/317; Grüneberg/*Weidlich*, BGB, 85. Aufl. 2025, § 2366, Rn 1.

derter ENZ im Unterschied zum deutschen Erbschein nicht eingezogen werden (vgl. dazu Rdn 2006) und somit unrichtige beglaubigte Abschriften im Rechtsverkehr verbleiben können, dass ein sich auf die Gutglaubenswirkungen eines ENZ Berufender zwar wohl dann grob fahrlässig handelt, wenn er sich in Kenntnis eines Widerrufs oder einer Änderung auf eine ihm vorliegende unrichtige beglaubigte Abschrift eines ENZ beruft, dass er aber in Unkenntnis eines solchen Widerrufs bzw. einer solchen Änderung des ENZ den Vertrauensschutz weiterhin genießt. Im Unterschied dazu verlieren mehrere im Umlauf befindliche, sich inhaltlich widersprechende deutsche Erbscheine nach herrschender Meinung alle ihre Gutglaubenswirkungen, und zwar unabhängig davon, ob dem sich auf die Gutglaubenswirkung des Erbscheins Berufenden das Vorhandensein eines inhaltlich widersprechenden Erbscheins bekannt ist oder nicht.[400] Hier gehen die Gutglaubenswirkungen des ENZ ausnahmsweise über diejenigen des deutschen Erbscheins hinaus.

f) Das Europäische Nachlasszeugnis im deutschen Grundbuchverkehr

Gemäß Art. 69 Abs. 5 EU-ErbVO muss das ENZ als Nachweis einer erbrechtlichen Stellung bei der Eintragung 2005
von Rechten, insbesondere also auch im Grundbuch, akzeptiert werden. Demgemäß ist auch § 35 Abs. 1 GBO dahingehend mit Wirkung zum 17.8.2015 angepasst worden, dass der Nachweis der Erbfolge nicht nur über eine in einer öffentlichen Urkunde enthaltene Verfügung von Todes wegen samt gerichtlicher Niederschrift über die Eröffnung dieser Verfügung oder einen Erbschein, sondern auch durch ein ENZ geführt werden kann. Wie bereits zuvor ausgeführt (vgl. zuvor b), Rdn 1985) regelt die EU-ErbVO weder das Eintragungsverfahren an sich noch die rechtlichen Voraussetzungen für die Eintragung und deren Wirkungen (Art. 1 Abs. 2 lit. l). Das ENZ kann von daher nur als Nachweis einer Rechtsstellung verwendet werden, die in den Anwendungsbereich der Verordnung fällt. Das in den Anwendungsbereich der EU-ErbVO fallende Erbstatut regelt aber nur das Recht der Erben bzw. Vermächtnisnehmer auf einen bestimmten Nachlassgegenstand. Darüber, wie der betreffende Gegenstand (z.B. eine Immobilie) auf die berechtigte Person nach dem Erbfall übergeht, regelt das nicht von der EU-ErbVO umfasste Sachenrechtsstatut. Für in Deutschland befindliche Nachlassgegenstände gilt hierfür gemäß Art. 43 Abs. 1 EGBGB das Recht des Lageortes, also das deutsche Recht. Muss also z.B. im Rahmen einer Vermächtniserfüllung nach deutschem Recht (§ 2174 BGB) Grundbesitz vom Erben auf den Vermächtnisnehmer übertragen werden, ist dem deutschen Grundbuchamt neben dem ENZ auch die Erklärung über die Auflassung in grundbuchtauglicher Form vorzulegen, da die Vermächtniserfüllung durch Übertragung von Grundbesitz keine erbrechtliche Frage, sondern eine Frage des dinglichen Rechtsübergangs ist, die der *lex rei sitae*, dem Recht des Lageortes, zugeordnet wird.[401]

g) Berichtigung, Änderung oder Widerruf von Europäischen Nachlasszeugnissen

Gemäß Art. 71 Abs. 1 EU-ErbVO werden Schreibfehler von der Ausstellungsbehörde bzw. dem Ausstellungs- 2006
gericht von Amts wegen oder auf Antrag eines Betroffenen (Erben, Vermächtnisnehmer mit dinglicher Nachlassberechtigung, Testamentsvollstrecker, Nachlassverwalter), der ein berechtigtes Interesse nachweist, berichtigt. Bei inhaltlichen Fehlern erfolgt eine Änderung oder ein Widerruf ausschließlich auf Antrag einer solchen Person, die ein berechtigtes Interesse nachweist (Art. 71 Abs. 2 EU-ErbVO). Die gemäß Art. 70 EU-ErbVO ausgestellten, zeitlich befristeten beglaubigen Abschriften werden jedoch weder widerrufen noch eingezogen. Es sollen lediglich sämtliche Personen, denen eine Abschrift des Zeugnisses ausgestellt wurde, über die Berichtigung, die Änderung oder der Widerruf benachrichtigt werden (Art. 71 Abs. 3 EU-ErbVO). Diese werden dann durch die Benachrichtigung zwar bösgläubig, aber an einem Missbrauch der Abschrift nicht gehindert. Hierin liegt eine weitere Schwäche des ENZ gegenüber dem deutschen Erbschein, bei dem die vom Nachlassgericht angeordnete Einziehung erst mit Ablieferung der Urschrift des erteilten Erbscheins samt aller erteilten Ausfertigungen durchgeführt ist.[402] Solange die Ausstellungsbehörde bzw. das Ausstellungsgericht einen Antrag auf Änderung oder Widerruf des ENZ prüft, können die Wirkungen des ENZ gemäß Art. 73 EU-ErbVO ausgesetzt werden. Das bedeutet, dass keine weiteren Abschriften von dem betroffenen ENZ ausgestellt werden dürfen. Sollten bereits Abschriften ausgestellt worden sein, so ist lediglich eine Information an die Empfänger vorgesehen, nicht aber die Rückgabe an die Behörde bzw. an das Gericht.

400 Vgl. Grüneberg/*Weidlich*, BGB, 80. Aufl. 2021, § 2366, Rn 3.
401 OLG München, ZEV 2021, 179.
402 Vgl. Grüneberg/*Weidlich*, BGB, 80. Aufl. 2021, § 2361 Rn 10.

h) Kritik und Ausblick

2007 Die Einführung des ENZ soll die Abwicklung grenzüberschreitender Nachlässe beschleunigen. Dennoch wird das ENZ den deutschen Erbschein nicht ersetzen, zumal das ENZ ja ohnehin nicht bei einem deutschen Gericht ausschließlich zur Verwendung vor deutschen Behörden und Registern beantragt werden kann. Außerdem hat das ENZ gegenüber dem deutschen Erbschein die nachfolgend aufgeführten **Nachteile**:

- langes und komplexes, für die Praxis nur schwer handhabbares Formular für die Erteilung eines ENZ (abgemildert durch die Rechtsprechung des EuGH, wonach eigene Formulare des Notars verwendet werden dürfen),
- nur befristete Gültigkeit der beglaubigten Abschriften des ENZ für sechs Monate,
- schwächer ausgestaltete Gutglaubenswirkung des ENZ gegenüber dem deutschen Erbschein (schon grobe Fahrlässigkeit des Dritten schadet und nur konkreter Vertrauensschutz des ENZ),
- keine Einziehung von widerrufenen oder geänderten ENZ und somit Eröffnung von Missbrauchsmöglichkeiten.

Es bleibt abzuwarten, ob, inwiefern und in welchem Zeitraum sich die Verwendung des ENZ speziell im deutschen Rechtsverkehr als ergänzender und im Einzelfall auch den deutschen Erbschein verdrängender Erbnachweis durchsetzen wird.[403]

6. Art und Inhalt von deutschen Erbscheinen mit Auslandsberührung

a) Arten von Erbscheinen mit Auslandsberührung

aa) Eigenrechts- oder Fremdrechtserbschein

2008 Die seit dem 1.9.2009 gültigen Zuständigkeitsregelungen der §§ 105, 343 FamFG, die auch nach Anwendbarkeit der EU-ErbVO über den 17.8.2015 hinaus für die Bestimmung der internationalen Zuständigkeit der deutschen Gerichte für die Erteilung von Erbscheinen mit Auslandsberührung einschlägig sind (vgl. zu dem hierzu bestehenden Meinungsstreit Rdn 1841 ff. und Rdn 1973 ff.), bewirken eine erhebliche Ausweitung der internationalen Zuständigkeit der deutschen Nachlassgerichte auf das gesamte „Weltvermögen" des Erblassers, und zwar unabhängig von dem auf die Rechtsnachfolge von Todes wegen anwendbaren Recht. Dies hat zur Folge, dass das zuständige deutsche Nachlassgericht unabhängig von der Staatsangehörigkeit des Erblassers und unabhängig von dem anwendbaren Erbrecht grundsätzlich einen allgemeinen und unbeschränkten, den gesamten „Weltnachlass" des Erblassers umfassenden Erbschein gemäß § 2353 BGB erteilen wird. Dieser wird im Falle der ausschließlichen Anwendbarkeit deutschen Erbrechts als **„Eigenrechtserbschein"** und im Falle der ausschließlichen Anwendbarkeit eines ausländischen Erbrechts als **„Fremdrechtserbschein"** bezeichnet. Im Falle der ausschließlichen Anwendbarkeit des deutschen Erbrechts (insbesondere in den Fällen, in denen der Erblasser – gleich welcher Staatsangehörigkeit – mit letztem gewöhnlichen Aufenthalt in Deutschland verstorben ist) ist die Angabe des anwendbaren deutschen Rechts nicht erforderlich und allenfalls deklaratorisch möglich. Kommt das deutsche Recht durch eine Rückverweisung einer ausländischen Rechtsordnung zur Anwendung (insbesondere in den Fällen des Art. 34 Abs. 1 EU-ErbVO), ist – wie auch bisher – im Erbschein zweckmäßigerweise anzugeben, dass sich die Erbfolge aufgrund Rückverweisung durch das betreffende ausländische Erbrecht nach deutschem Recht beurteilt. Im Falle eines Fremdrechtserbscheins ist das anwendbare ausländische Recht stets anzugeben. Bezieht sich der jeweilige Erbschein (Eigenrechts- oder Fremdrechtserbschein) nur auf einen Teil des in einem Staat (insbesondere in Deutschland) befindlichen Nachlassvermögens, so ist diese Beschränkung im Erbschein zu vermerken (vgl. hierzu Rdn 2048 ff.).

bb) Fälle der Nachlassspaltung – Eigenrechts- und Fremdrechtserbscheine

2009 Komplexer ist die Situation, wenn auf die Erbfolge nach dem Erblasser aufgrund einer Nachlassspaltung (vgl. die Hauptfälle einer Nachlassspaltung im Rahmen des Art. 34 Abs. 1 EU-ErbVO, Fall 5 Rdn 2048 ff., Fall 6 Rdn 2060 ff. und Fall 7 Rdn 2067 ff.) unterschiedliche Rechtsordnungen anzuwenden sind. Rechtliche Folge der Nachlassspaltung ist, dass der jeweilige Nachlass, der einer eigenen Rechtsordnung unterliegt, als selbst-

403 Vgl. zur Kritik am ENZ auch *Schmitz*, RNotZ 2017, 269 („zweite Wahl" gegenüber dem deutschen Erbschein); *Volmer*, notar 2016, 323 sowie zu den ersten „schleppenden" Erfahrungen deutscher Notare mit deutschen Nachlassgerichten bei der Beantragung eines ENZ *Röhl/Schmitz-Vornmoor*, notar 2017, 37.

ständiger Nachlass angesehen und so behandelt wird, als ob er der gesamte Nachlass wäre. Eine Nachlassspaltung hat u.a. die nachstehenden **Folgen**:

- Das jeweilige anwendbare Recht entscheidet für sich selbst, wer zu gesetzlichen Erben berufen ist, welche Quoten bestehen usw.
- Es kann hinsichtlich eines Teiles des Nachlasses gesetzliche Erbfolge und hinsichtlich eines anderen Teiles des Nachlasses testamentarische Erbfolge gelten.
- Im Rahmen des anwendbaren deutschen Rechts sind Erbverträge und gemeinschaftliche Testamente zulässig, im Rahmen des ausländischen anwendbaren Rechts u.U. nicht.
- Die Erbschaft kann für den einen Nachlass angenommen und für den anderen Nachlass ausgeschlagen werden.
- Pflichtteils- und Noterbrechte sind für jeden Nachlass getrennt zu bestimmen.
- Für jeden Nachlass entstehen gegebenenfalls getrennte Erbengemeinschaften, sodass die jeweiligen Erbschaften auch getrennt veräußert werden können.

Dementsprechend liegen im Falle der Nachlassspaltung auch im Rahmen der Erteilung eines Erbscheins gemäß 2010 § 2353 BGB mehrere Erbschaften vor. Erbschaft im Sinne dieser Vorschrift ist somit jeder selbstständige Nachlass. Folglich ist dann für jeden Nachlass bzw. Nachlassteil ein eigener Erbschein zu erteilen, ein Eigenrechtserbschein für den dem deutschen Recht unterliegenden Nachlass und ein Fremdrechtserbschein oder mehrere Fremdrechtserbscheine für den dem jeweiligen ausländischen Recht unterliegenden Nachlass, und zwar jeweils als allgemeiner Erbschein gemäß § 2353 BGB. Die Erbscheine können – wie auch nach der bis zum 1.9.2009 bzw. bis zum 17.8.2015 geltenden Rechtslage – in einer Urkunde als „**Doppelerbschein**“ oder sogar als „**Mehrfacherbschein**“ zusammengefasst werden.

Zur klaren und eindeutigen Abgrenzung der **zu erteilenden Erbscheine** (Eigenrechts- und Fremdrechtserbschein 2011 bzw. Fremdrechtserbscheine) muss aus der gemeinsamen Urkunde klar und eindeutig hervorgehen, dass es sich um zwei bzw. mehrere Spaltnachlässe handelt, die sich jeweils nach einer anderen Rechtsordnung beurteilen und die sich jeweils auf unterschiedliche Nachlassgegenstände beziehen. Von daher ist zum einen im Rahmen jedes der zu erteilenden Erbscheine anzugeben, nach welchem Recht sich die bezeugte Erbfolge richtet, wobei im Rahmen des Eigenrechtserbscheins die Angabe des deutschen Rechts nur deklaratorische Bedeutung hat.

Zum anderen sollten auch für den Fall, dass alle Erbscheine in einer Urkunde zusammengefasst werden, die 2012 einzelnen Erbscheine – je nach Fallkonstellation – einen Geltungsbeschränkungsvermerk oder einen Geltungsausschlussvermerk enthalten. Die bis zur Anwendbarkeit der EU-ErbVO am 17.8.2015 häufiger zu behandelnden Fälle der durch Art. 3a Abs. 2 EGBGB alter Fassung hervorgerufenen Nachlassspaltung (ein grundsätzlich nach deutschem Recht zu beerbende Erblasser wurde gemäß hinsichtlich einzelner unbeweglicher Nachlassgegenstände in einem Drittstaat, für die das betreffende ausländische Belegenheitsrecht einschlägig war, nach diesem Lageortrecht beerbt) existieren für Erbfälle ab dem 17.8.2015 nicht mehr, da es eine Art. 3a Abs. 2 EGBGB alter Fassung vergleichbare Vorschrift in der EU-ErbVO nicht mehr gibt (vgl. Rdn 1866).

In den auch nach dem 17.8.2015 noch relevanten Fällen (Art. 34 Abs. 1 EU-ErbVO), in denen ein deutscher oder 2013 ausländischer Erblasser grundsätzlich hinsichtlich seines gesamten Nachlassvermögens nach dem letzten Aufenthaltsrecht in einem Drittstaat und aufgrund teilweiser Rückverweisung auf sein Heimatrecht nur hinsichtlich in seinem Heimatstaat (z.B. in Deutschland) befindlicher Vermögenswerte (zumeist nur auf Immobiliarvermögen bezogen) nach deutschem Recht beerbt wird (vgl. unten Fall 5, Rdn 2048 ff.), sollte der auf der Grundlage des ausländischen Rechts zu erteilende Fremdrechtserbschein klarstellend den Geltungsausschluss hinsichtlich des in Deutschland befindlichen (unbeweglichen) Vermögens und der den deutschen Grundbesitz betreffende Eigenrechtserbschein klarstellend eine diesbezügliche Geltungsbeschränkung enthalten. Die vorgenannten Geltungsvermerke gewinnen dann eine besondere Bedeutung, wenn isoliert lediglich ein Eigenrechtserbschein oder ein Fremdrechtserbschein beantragt wird; in diesem Fall wäre ein entsprechender Geltungsvermerk zwingend.

cc) Gegenständlich beschränkter Erbschein gemäß § 352c FamFG (früher § 2369 BGB)

Gemäß der im Zusammenhang mit den aktuellen Regelungen zur internationalen Zuständigkeit der deutschen 2014 Nachlassgerichte mit Wirkung zum 1.9.2009 – geänderten Vorschrift des § 2369 Abs. 1 BGB alter Fassung, die mit Wirkung zum 17.8.2015 wortgleich in die Vorschrift des § 352c Abs. 1 FamFG überführt worden ist, kann der Antrag auf Erteilung eines Erbscheins „aus Praktikabilitätsgründen“ auf die im Inland befindlichen Gegenstände beschränkt werden, wenn zu einer Erbschaft auch Gegenstände gehören, die sich im Ausland befinden. Entgegen dem Wortlaut der Vorschrift reicht auch ein im Ausland befindlicher Gegenstand aus, z.B. die Ferienwohnung in Spanien. Die Beantragung und Erteilung eines gegenständlich beschränkten Erbscheins gemäß § 352c Abs. 1 FamFG ist unabhängig vom anwendbaren Erbrecht möglich, so insbesondere auch in den Fällen der uneingeschränkten Anwendbarkeit des deutschen oder eines ausländischen Rechts. Auch in den Fällen der Nachlassspaltung ist die Erteilung eines gegenständlich beschränkten Erbscheins gemäß § 352c Abs. 1 FamFG möglich, und zwar grundsätzlich getrennt für jeden Spaltnachlass, d.h. sowohl für den dem deutschen Recht als auch für den dem ausländischen Recht unterfallenden Nachlass bzw. für die den verschiedenen ausländischen Rechtsordnungen unterfallenden Nachlassteile. Die gegenständliche Beschränkung im Sinne des § 352c Abs. 1 FamFG ist in jedem Erbschein (Eigenrechts- und/oder Fremdrechtserbschein) zwingend zu vermerken. Eine Einzelbezeichnung der Nachlassgegenstände erfolgt nicht, da die Zugehörigkeit eines einzelnen Gegenstandes zum Nachlass nicht durch den Erbschein bezeugt wird.

2015 Für die **Beantragung** eines gegenständlich **beschränkten Erbscheins** gemäß § 352c Abs. 1 FamFG können im Einzelfall folgende Gründe sprechen:

- Als Hauptargument wird in den meisten Fällen die Kostenersparnis für einen beschränkten Erbscheinsantrag sprechen: Gemäß § 40 Abs. 3 GNotKG bleiben für den Fall, dass sich die Wirkungen eines Erbscheins nur auf einen Teil des Nachlasses erstrecken, diejenigen Gegenstände, die von der Erbscheinswirkung nicht erfasst werden, bei der Berechnung des Werts außer Betracht. In diesem Rahmen ist oft die entscheidende Frage, ob der in Deutschland erteilte – auch das Auslandsvermögen des Erblassers umfassende – allgemeine Erbschein im entsprechenden ausländischen Staat, in dem sich die entsprechenden beweglichen und unbeweglichen Nachlassgegenstände befinden, ohne weitere nachlassverfahrensrechtliche Schritte anerkannt würde. Ist dies nicht der Fall, und dies dürfte in den meisten ausländischen Staaten der Fall sein, spricht das Argument der Kostenersparnis immer für eine gegenständliche Beschränkung. Wird hingegen der deutsche Erbschein im Ausland grundsätzlich anerkannt, müssten die im deutschen Erbscheinsverfahren im Rahmen eines allgemeinen unbeschränkten Erbscheins für die Erfassung auch des ausländischen Grundbesitzes zusätzlich anfallenden Kosten mit den hierdurch ersparten Kosten nach dem ausländischen Nachlassverfahren verglichen und Kostennachteil und Kostenvorteil gegeneinander abgewogen werden.
- Durch die Ausklammerung des im Ausland befindlichen Nachlassvermögens können Zeitverzögerungen vermieden werden, wenn z.B. hinsichtlich des Auslandsvermögens ein Rechtsstreit besteht, dessen Ausgang für die ansonsten einfache und reibungslose Abwicklung des in Deutschland befindlichen Nachlasses nicht abgewartet werden soll.
- In den Fällen, in denen der Erblasser mit letztem gewöhnlichen Aufenthalt in Deutschland verstirbt und Nachlassvermögen nicht nur in Deutschland, sondern auch in einem anderen Mitgliedstaat der EU-ErbVO hinterlässt, in dem der deutsche Erbschein als Erbnachweis nicht akzeptiert wird, müsste für dieses Auslandsvermögen ein ENZ beantragt werden. Ein erteiltes ENZ könnte dann zwar auch in Deutschland verwendet werden, aus Verfahrensbeschleunigungs- und auch Kostenersparnisgründen (§ 40 Abs. 3 GNotKG) könnte aber vorzugsweise nur für das deutsche Nachlassvermögen das bekannte und „eingeübte" Erbscheinsverfahren gewählt werden.
- In den Fällen, in denen ein deutscher Erblasser mit letztem gewöhnlichen Aufenthalt in einem anderen Mitgliedstaat der EU-ErbVO ohne Verfügung einer Rechtswahl gemäß Art. 22 EU-ErbVO verstirbt und sein hauptsächliches Nachlassvermögen (insbesondere Immobilien) in Deutschland hinterlässt, könnte ein ENZ nur von dem zuständigen Gericht bzw. der zuständigen Behörde des betreffenden anderen Mitgliedstaates erteilt werden, und zwar zur Verwendung in Deutschland bezüglich des deutschen Nachlassvermögens. Zur Überwindung der Sprachbarriere vor den ausländischen Gerichten bzw. Behörden, aber auch aus Verfahrensbeschleunigungs- und Kostenersparnisgründen, konnte in der Vergangenheit in diesen Fällen nur für das deutsche Nachlassvermögen das bekannte und geläufigere Erbscheinsverfahren gewählt werden. Nach der Entscheidung des EuGH in der Sache *„Oberle"* sind deutsche Gerichte jedoch nicht mehr zuständig, wenn ein ausländisches Gericht gemäß Art. 4 EU-ErbVO zuständig ist. Dies hat die Bedeutung des gegenständlich beschränkten Erbscheins wesentlich eingeschränkt.[404]

404 Vgl. Bumiller/Harders/Schwamb/*Harders*, FamFG, 12. Aufl. 2019, § 352c Rn 2 f.

dd) Zwei Möglichkeiten, den Erbschein auf einzelne Vermögensgruppen zu beschränken

Zusammenfassend sind dem Antragsteller im Erbscheinsverfahren mit Auslandsbezug grundsätzlich zwei Möglichkeiten eröffnet, einzelne Nachlassgegenstände im In- oder Ausland aus dem Geltungs- bzw. Wirkungsbereich eines Erbscheins auszuschließen: 2016

(1) So können zum einen durch die isolierte Beantragung nur eines von mehreren möglichen Erbscheinen (beantragt wird z.B. nur der Eigenrechtserbschein, nicht aber der mögliche Fremdrechtserbschein oder beantragt wird nur der Fremdrechtserbschein, nicht aber der mögliche Eigenrechtserbschein oder beantragt wird nur einer von mehreren möglichen Fremdrechtserbscheinen) bereits bestimmte – gegebenenfalls auch sämtliche – Vermögenswerte im Ausland, im Einzelfall auch einzelne Vermögenswerte im Inland aus dem deutschen Nachlassverfahren ausgeklammert werden (vgl. unten Fälle 5 bis 7: Rdn 2048 ff., 2060 ff., 2067 ff.).

(2) Zum anderen besteht unabhängig davon die Möglichkeit, über die Beantragung eines gegenständlich beschränkten Eigenrechts- oder Fremdrechtserbscheins gemäß § 352c FamFG sämtliche im Ausland befindliche Nachlassgegenstände aus dem deutschen Nachlassverfahren herauszuhalten (vgl. unten Fall 1: Rdn 2019 ff.). Darüber hinaus können aber auch in Fällen der Nachlassspaltung über die Beantragung eines allgemeinen Eigenrechtserbscheins neben einem gegenständlich beschränkten Fremdrechtserbschein als Doppelerbschein sämtliche im Ausland befindliche Nachlassgegenstände aus dem Nachlassverfahren ausgeklammert und gleichzeitig alle in Deutschland befindlichen Nachlassgegenstände umfasst werden (vgl. unten Fälle 5 bis 7: Rdn 2046 ff., 2060 ff., 2067 ff.).

b) Inhalt der Erbscheine: Probleme bei der Anwendbarkeit ausländischen Rechts (z.B. Noterbrechte oder Vindikationslegate)

Schwierigkeiten kann es bei der Anwendbarkeit eines ausländischen Erbrechts im Rahmen eines Fremdrechtserbscheins hinsichtlich des Inhalts des Erbscheins geben, falls sich das ausländische Erbrecht in wesentlichen Punkten vom deutschen Erbrecht unterscheidet (vgl. hierzu auch Rdn 1992). Umstritten ist, wie in solchen Fällen spezielle Rechtsinstitute des ausländischen Erbrechts in dem Erbschein wiedergegeben werden müssen. Praktische Probleme bereiten z.B. die in vielen ausländischen Rechtsordnungen bekannten Rechtsinstitute des Noterbrechts einerseits (d.h. die begünstigten Personen erhalten nicht lediglich einen schuldrechtlichen Anspruch gegen die Erben wie im deutschen Pflichtteilsrecht, sondern eine gesetzliche automatische Miterbenbeteiligung am Nachlass in Höhe der gesetzlich vorgesehenen Mindestquote; Noterbrechte gibt es z.B. in den Rechtsordnungen Frankreichs, Belgiens, Luxemburgs, Italiens und der Schweiz) und des Vindikationslegates andererseits (das Vindikationslegat fällt dem Berechtigten mit dem Erbfall automatisch kraft Gesetzes mit dinglicher Wirkung zu, während das Vermächtnis im deutschen Recht erst durch einen Vermächtniserfüllungsvertrag im Wege der Einzelrechtsnachfolge auf den Berechtigten übergeht; Vindikationslegate gibt es z.B. im französischen, italienischen oder polnischen Recht). Die allgemeine Praxis der Nachlassgerichte erteilt Fremdrechtserbscheine in solchen Fällen zumeist dahingehend, dass die ausländischen Rechtsinstitute in Begriffen des deutschen Rechts wiedergegeben werden und somit das ausländische Rechtsinstitut dem deutschen Recht angepasst wird.[405] 2017

7. Praktische Anwendungsfälle von Europäischen Nachlasszeugnissen und/oder deutschen Erbscheinen in typischen Fallkonstellationen mit Mustern

Nachfolgend werden die verschiedenen Fälle von Erbfällen mit Auslandsberührung in verschiedene Fallgruppen unterteilt, für jede Fallgruppe ein oder mehrere praxisrelevante Beispiele gegeben und im Rahmen jedes Falles folgende Punkte abgehandelt: 2018

(1) Zunächst wird das anwendbare Erbrecht nach den Bestimmungen der EU-ErbVO ermittelt, sofern nicht vorrangige Regelungen in internationalen Abkommen (Art. 75 EU-ErbVO) existieren (Fallgruppen 1 bis 6), ansonsten nach den Bestimmungen des vorrangigen internationalen Abkommens (vgl. Fallgruppe 7).

405 Vgl. zu den vorgenannten inhaltlichen Problemen eines Erbscheins *Johnen*, MittRhNotK 1986, 57 ff.; *Schotten*, Rpfleger 1991, 181 ff.; zur Aufnahme eines Vindikationslegats in einen Erbschein *Weber*, DNotZ 2018, 16, 28 f.

(2) Anschließend werden dann die Rechtsgrundlagen zum einen für die internationale Zuständigkeit – und bei deutschen Gerichten auch für die sachliche und örtliche Zuständigkeit – der mitgliedstaatlichen Gerichte bzw. Behörden zur Ausstellung eines ENZ ermittelt
(3) und zum anderen die internationale, sachliche und örtliche Zuständigkeit der deutschen Nachlassgerichte zur Erteilung eines deutschen Erbscheins festgestellt.
(4) Es folgt eine kurze Darstellung von Art und Inhalt des vom zuständigen deutschen Nachlassgericht zu erteilenden deutschen Erbscheins bzw. der zu erteilenden Erbscheine, wobei auch eine mögliche gegenständliche Beschränkung des jeweils zu beantragenden Erbscheins gemäß § 352c FamFG (früher § 2369 Abs. 1 BGB) erörtert wird.
(5) Schließlich wird ein kurzer Formulierungsvorschlag für mindestens eine praxisrelevante Erbscheinskonstellation unterbreitet.

a) Fallgruppe 1: Deutscher Erblasser verstirbt mit letztem gewöhnlichen Aufenthalt in Deutschland

2019 *Fall 1*

Der seit seiner Geburt in Deutschland lebende deutsche Erblasser E verstirbt am 5.1.2017 in Köln, seinem letzten gewöhnlichen Aufenthaltsort und hinterlässt ein Mehrfamilienhaus sowie ein Wertpapierdepot in Deutschland sowie jeweils eine Ferienwohnung in Italien (Rom) und in England (London). Die in Deutschland lebenden Erben benötigen Erbnachweise für die verschiedenen Nachlasswerte, wobei insbesondere ein zeitnaher Verkauf des Mehrfamilienhauses in Deutschland angestrebt wird.

aa) Anwendbares Erbrecht

2020 Ein vorrangiges internationales Abkommen, insbesondere im Verhältnis zwischen Deutschland und Italien einerseits und Deutschland und Großbritannien andererseits, existiert im vorliegenden Fall nicht. Es gelten somit die Vorschriften der EU-ErbVO, und zwar unabhängig davon, dass Großbritannien in Bezug auf die Verordnung bis vor kurzem als „Drittstaat" angesehen wurde (vgl. EG 82 zur EU-ErbVO) und nunmehr aus der EU ausgetreten ist. Anhaltspunkte für ein Eingreifen der Ausnahmevorschrift des Art. 21 Abs. 2 EU-ErbVO gibt es im vorliegenden Fall nicht. Der Erblasser wird somit aufgrund seines letzten gewöhnlichen Aufenthaltes in Deutschland gemäß Art. 21 Abs. 1 EU-ErbVO nach deutschem Erbrecht beerbt, und zwar nach dem Grundsatz der Nachlasseinheit hinsichtlich seines gesamten Nachlassvermögens, somit auch hinsichtlich der Ferienwohnungen in Rom und London. Eine dem bisherigen Art. 3a Abs. 2 EGBGB entsprechende Norm („Einzelstatut bricht Gesamtstatut") gibt es im Rahmen der EU-ErbVO nicht mehr. Die Ausnahmenorm des Art. 30 EU-ErbVO greift hier nicht. Auch aus der Sicht Italiens als Mitgliedstaat der EU-ErbVO gilt für das gesamte Nachlassvermögen deutsches Recht. England als Gebietseinheit des Mehrrechtsstaates Großbritannien wendet aber für die Immobilie in England nach dem Grundsatz der *lex rei sitae* (= Belegenheit der Sache) das englische Erbrecht an. Diesbezüglich besteht folglich ein im Rahmen des IPR hinzunehmender internationaler Entscheidungsdissens.[406]

bb) Internationale, sachliche und örtliche Zuständigkeit zur Erteilung eines ENZ

2021 Die internationale Zuständigkeit der deutschen Nachlassgerichte für die Erteilung eines ENZ ergibt sich aus Art. 64 in Verbindung mit Art. 4 EU-ErbVO, da der Erblasser seinen letzten gewöhnlichen Aufenthalt in Deutschland hatte. Das ENZ kann zwar nicht zur ausschließlichen Verwendung in Deutschland ausgestellt werden, im vorliegenden Fall aber zur Verwendung in einem anderen Mitgliedstaat, nämlich Italien (Art. 63 Abs. 1 EU-ErbVO). Nach der Ausstellung kann das ENZ dann auch in Deutschland verwendet werden (Art. 62 Abs. 3 S. 2 EU-ErbVO). Die sachliche und örtliche Zuständigkeit des Amtsgerichts Köln ergibt sich hier aus § 34 Abs. 3, 4 IntErbRVG (= Amtsgericht, in dessen Bezirk der Erblasser im Zeitpunkt seines Todes seinen gewöhnlichen Aufenthalt hatte). Für die Ferienwohnung in Italien könnte somit vor dem Amtsgericht Köln ein ENZ beantragt werden, welches nach Ausstellung auch für den Nachlass in Deutschland, insbesondere gegenüber dem Grundbuchamt für das Mehrfamilienhaus (§ 69 Abs. 5 EU-ErbVO; vgl. auch § 35 GBO neuer Fassung), verwendet werden könnte. Im Nichtmitgliedstaat Großbritannien wird das ENZ wohl keine Anerkennung fin-

406 Vgl. Süß/*Odersky*, Erbrecht in Europa, 5. Aufl. 2025: Großbritannien: England und Wales, Rn 13.

den, sodass für die Ferienwohnung in London das in England vorgesehene Nachlassverfahren (insbesondere unter Einschaltung eines „*executors*") durchlaufen werden muss.

cc) Internationale, sachliche und örtliche Zuständigkeit zur Erteilung eines deutschen Erbscheins

Die internationale Zuständigkeit der deutschen Gerichte für die Erteilung eines Erbscheins bestimmte sich auch **2022**
nach Anwendbarkeit der EU-ErbVO bis vor kurzem nach den nationalen Vorschriften der §§ 105, 343 FamFG, wonach die internationale Zuständigkeit der örtlichen Zuständigkeit folgte. Die deutschen Nachlassgerichte waren danach gemäß §§ 105, 343 Abs. 1 FamFG aufgrund des letzten gewöhnlichen Aufenthalts des Erblassers in Deutschland für die Erteilung eines Erbscheins international zuständig. Nunmehr folgt die internationale Zuständigkeit aus Art. 4 EU-ErbVO. Die Zuständigkeit umfasst das gesamte „Weltvermögen" des Erblassers, somit auch die Ferienwohnungen in Rom und London. Die sachliche Zuständigkeit des Amtsgerichts Köln folgt aus § 23a Abs. 1 Nr. 2, Abs. 2 Nr. 2 GVG, die örtliche Zuständigkeit aus § 343 Abs. 1 FamFG (Gericht, in dessen Bezirk der Erblasser zum Zeitpunkt seines Todes seinen gewöhnlichen Aufenthalt hatte).

dd) Art und Inhalt des Erbscheins – gegenständliche Beschränkung gemäß § 352c FamFG

Das Amtsgericht Köln könnte hier einen allgemeinen und unbeschränkten, das gesamte im Inland und Ausland **2023**
befindliche Nachlassvermögen umfassenden Eigenrechtserbschein nach § 2353 BGB erteilen. Gemäß § 352c FamFG (früher § 2369 BGB) kann der Antrag auf Erteilung eines Erbscheins hier, da zur Erbschaft auch Gegenstände (ein Gegenstand, z.B. eine Immobilie würde auch ausreichen) im Ausland gehören, auf die in Deutschland befindlichen Gegenstände beschränkt werden. § 352c FamFG gilt unabhängig vom anwendbaren Recht, also sowohl bei ausschließlicher Anwendbarkeit deutschen oder ausländischen Rechts als auch in den Fällen einer Nachlassspaltung, wenn also auf die Erbfolge zum Teil deutsches und zum Teil ausländisches Recht zur Anwendung kommt. Die Beantragung eines gegenständlichen beschränkten Erbscheins ist auch zweckmäßig. Die Erben brauchen zügig einen Erbnachweis, um das Mehrfamilienhaus in Deutschland zu veräußern. Der Erbschein dürfte hier – zumindest zum heutigen Zeitpunkt – gegenüber dem ENZ noch die geläufigere und somit für die deutschen Nachlassgerichte schneller zu handhabenden Nachweismöglichkeit darstellen. Und da der deutsche Erbschein weder in England anerkannt würde – hier kann selbst bei Anwendbarkeit eines ausländischen Rechts der inländische Nachlass nur durch einen „*personal representative*" (*executor*) nach englischem Recht abgewickelt werden und außerdem gehen die englischen Behörden im vorliegenden Fall abweichend von den deutschen Gerichten von der Anwendbarkeit des englischen Rechts aus – noch der Erbschein in Italien eine dem § 2366 BGB vergleichbare Gutglaubenswirkung und auch keine Feststellungs- bzw. Gestaltungswirkung entfaltet, bietet sich auch aus Kostengründen (die im Ausland befindlichen Nachlasswerte bleiben bei der Wertberechnung außer Betracht, § 40 Abs. 3 GNotKG) die Beantragung nur eines auf das deutsche Nachlassvermögen beschränkten Eigenrechtserbscheins gemäß § 2353 BGB, § 352c FamFG an.

ee) Muster für einen nur das deutsche Nachlassvermögen umfassenden Eigenrechtserbschein

▼ **2024**

Muster 4.290: Nur das deutsche Nachlassvermögen umfassender Eigenrechtserbschein – Deutscher Erblasser mit letztem gewöhnlichen Aufenthalt in Deutschland **4.290**

Der mit letztem gewöhnlichen Aufenthalt in ______ verstorbene deutsche Erblasser ______ ist (nach deutschem Recht) hinsichtlich seines im Inland befindlichen Nachlasses gesetzlich (oder aufgrund einer Verfügung von Todes wegen) beerbt worden von ______.

Es wird die Erteilung eines gegenständlich auf den im Inland befindlichen Nachlass beschränkten Eigenrechtserbscheins gemäß § 2353 BGB, § 352c FamFG mit dem vorgenannten Inhalt beantragt.

▲

b) Fallgruppe 2: Ausländischer Erblasser verstirbt mit letztem gewöhnlichen Aufenthalt in Deutschland

Fall 2a) **2025**

Wie Fall 1 (Rdn 2019), nur der Erblasser war italienischer Staatsangehöriger. Eine Rechtswahl zum italienischen Heimatrecht gemäß Art. 22 EU-ErbVO hat der Erblasser nicht getroffen.

2026 Da sowohl Art. 21 Abs. 1 EU-ErbVO als auch die Zuständigkeitsvorschriften des Art. 4 EU-ErbVO und des § 343 FamFG an den gewöhnlichen Aufenthalt des Erblassers zum Zeitpunkt seines Todes und nicht an die Staatsangehörigkeit des Erblassers zum Zeitpunkt seines Todes anknüpfen, wird dieser Fall grundsätzlich genauso wie Fall 1 gelöst. Vgl. zu der Fallkonstellation, dass der Erblasser eine Rechtswahl gemäß Art. 22 EU-ErbVO getroffen hat, Fall 3b, Rdn 2037.

2027 *Fall 2b)*

Wie Fall 1 (Rdn 2019), nur der Erblasser war britischer Staatsangehöriger, eine Rechtswahl zum britischen Heimatrecht gemäß Art. 22 EU-ErbVO hat der Erblasser nicht getroffen und der Erblasser hinterlässt neben dem Mehrfamilienhaus und dem Wertpapierdepot in Deutschland nur noch ein Haus in Manchester.

aa) Anwendbares Erbrecht

2028 Ein vorrangiges internationales Abkommen, insbesondere im Verhältnis zwischen Deutschland und Großbritannien, existiert nicht. Es gelten somit die Vorschriften der EU-ErbVO. Der Erblasser wird wie in Fall 1 (Art. 21 Abs. 2 EU-ErbVO greift hier ebenfalls nicht ein) aufgrund seines letzten gewöhnlichen Aufenthaltes in Deutschland gemäß Art. 21 Abs. 1 EU-ErbVO nach deutschem Erbrecht beerbt, und zwar nach dem Grundsatz der Nachlasseinheit hinsichtlich seines gesamten in Deutschland und England befindlichen Nachlassvermögens. Aus englischer Sicht ist jedoch bezüglich des Hauses in Manchester englisches Recht anwendbar (vgl. Fall 1, Rdn 2020).

bb) Internationale Zuständigkeit zur Erteilung eines ENZ

2029 Die internationale Zuständigkeit der deutschen Nachlassgerichte für die Erteilung eines ENZ würde sich in diesem Fall zwar auch aus Art. 64 in Verbindung mit Art. 4 EU-ErbVO ergeben, da der Erblasser seinen letzten gewöhnlichen Aufenthalt in Deutschland hatte. Da das ENZ aber nur zur Verwendung in einem anderen Mitgliedstaat ausgestellt werden kann (Art. 63 Abs. 1 EU-ErbVO), Großbritannien aber kein Mitgliedstaat der EU-ErbVO ist (vgl. Erwägungsgrund 82 zur Verordnung), kommt hier die Ausstellung eines ENZ durch ein deutsches Nachlassgericht nicht in Betracht.

cc) Internationale, sachliche und örtliche Zuständigkeit zur Erteilung eines deutschen Erbscheins

2030 Die internationale Zuständigkeit der deutschen Nachlassgerichte für die Erteilung eines Erbscheins folgt auch in diesem Fall aufgrund des letzten gewöhnlichen Aufenthalts des Erblassers in Deutschland nunmehr aus Art. 4 EU-ErbVO. Zur sachlichen und örtlichen Zuständigkeit des Amtsgerichts Köln vgl. Fall 1, Rdn 2021.

dd) Art und Inhalt des Erbscheins – gegenständliche Beschränkung gemäß § 352c FamFG

2031 Auch hier kann auf die Ausführungen zu Fall 1, Rdn 2023, verwiesen werden. Das Amtsgericht Köln wird somit auch hier einen auf das deutsche Nachlassvermögen beschränkten Eigenrechtserbschein gemäß §§ 2353 BGB, 352c FamFG erteilen.

ee) Muster für einen nur das deutsche Nachlassvermögen umfassenden Eigenrechtserbschein

2032 ▼

4.291 **Muster 4.291: Nur das deutsche Nachlassvermögen umfassender Eigenrechtserbschein – Ausländischer Erblasser mit letztem gewöhnlichen Aufenthalt in Deutschland**

Der mit letztem gewöhnlichen Aufenthalt in Köln verstorbene britische Erblasser ______ ist nach deutschem Recht hinsichtlich seines im Inland befindlichen Nachlasses gesetzlich (oder aufgrund einer Verfügung von Todes wegen) beerbt worden von ______.

Es wird die Erteilung eines gegenständlich auf den im Inland befindlichen Nachlass beschränkten Eigenrechtserbscheins gemäß § 2353 BGB, § 352c FamFG mit dem vorgenannten Inhalt beantragt.

▲

c) Fallgruppe 3: Deutscher Erblasser verstirbt mit letztem Wohnsitz in einem anderen Mitgliedstaat der EU-ErbVO

Fall 3a) 2033

Der deutsche verwitwete Erblasser E, der bis vor zwölf Jahren in Deutschland (Düsseldorf) gelebt und dann nach Gent/Belgien umgezogen ist, verstirbt dort mit letztem gewöhnlichen Aufenthalt am 2.2.2017 ohne Hinterlassung einer Verfügung von Todes wegen. Er hinterlässt zwei erwachsene Töchter. Eine Rechtswahl zum deutschen Heimatrecht gemäß Art. 22 EU-ErbVO hat E nicht getroffen. E hinterlässt ein Wertpapierdepot in Belgien sowie zwei Einfamilienhäuser in Deutschland. Die in Deutschland lebenden Erben möchten die Häuser in Deutschland möglichst zeitnah verkaufen.

aa) Anwendbares Erbrecht

Ein vorrangiges internationales Abkommen, insbesondere im Verhältnis zwischen Deutschland und Belgien, 2034
existiert im vorliegenden Fall nicht. Es gelten somit die Vorschriften der EU-ErbVO. Anhaltspunkte für ein Eingreifen der Ausnahmevorschrift des Art. 21 Abs. 2 EU-ErbVO gibt es im vorliegenden Fall nicht. Der Erblasser wird somit aufgrund seines letzten gewöhnlichen Aufenthaltes in Belgien gemäß Art. 21 Abs. 1 EU-ErbVO nach belgischem Erbrecht beerbt, und zwar nach dem Grundsatz der Nachlasseinheit hinsichtlich seines gesamten Nachlassvermögens, somit auch hinsichtlich der Einfamilienhäuser in Deutschland. Dieser Grundsatz wird auch nicht durch eine Rückverweisung des belgischen Rechts auf das deutsche Recht hinsichtlich der Einfamilienhäuser in Deutschland durchbrochen, denn innerhalb des Anwendungsbereichs der EU-ErbVO enthält die Verordnung im Verhältnis zwischen den Mitgliedstaaten ausschließlich Sachnormverweisungen, sodass Rück- und Weiterverweisungen nicht mehr zu beachten sind. Und die Ausnahmevorschrift des Art. 34 Abs. 1 EU-ErbVO betrifft nur den Fall, dass durch die Vorschriften der EU-ErbVO auf das Recht eines Drittstaates (nicht aber auf das Recht eines Mitgliedstaates, z.B. auf das Recht Belgiens) verwiesen wird.

bb) Internationale Zuständigkeit zur Erteilung eines ENZ

Die internationale Zuständigkeit der belgischen Gerichte bzw. Behörden für die Erteilung eines ENZ ergibt sich 2035
aus Art. 64 in Verbindung mit Art. 4 EU-ErbVO, da der Erblasser seinen letzten gewöhnlichen Aufenthalt in Belgien hatte. Das ENZ kann zwar nicht zur ausschließlichen Verwendung in Belgien ausgestellt werden, im vorliegenden Fall aber zur Verwendung in einem anderen Mitgliedstaat, nämlich Deutschland (Art. 63 Abs. 1 EU-ErbVO). Das ENZ würde auch gemäß Art. 69 Abs. 5 EU-ErbVO gegenüber dem deutschen Grundbuchamt die vollen Legitimationswirkungen entfalten (vgl. auch § 35 GBO neuer Fassung). Nach der Ausstellung kann das ENZ dann auch in Belgien verwendet werden (Art. 62 Abs. 3 S. 2 EU-ErbVO).

cc) Internationale, sachliche und örtliche Zuständigkeit zur Erteilung eines deutschen Erbscheins

Die internationale Zuständigkeit der deutschen Gerichte für die Erteilung eines Erbscheins bestimmte sich nach 2036
der bis vor Kurzem vorherrschenden Auffassung (auch nach Anwendbarkeit der EU-ErbVO) nach den nationalen Vorschriften der §§ 105, 343 FamFG, wonach die internationale Zuständigkeit der örtlichen Zuständigkeit folgt. Die deutschen Nachlassgerichte wären danach gemäß §§ 105, 343 Abs. 2 FamFG für die Erteilung eines Erbscheins international zuständig gewesen, da der Erblasser früher einmal seinen gewöhnlichen Aufenthalt in Deutschland hatte. Die Zuständigkeit hätte das gesamte „Weltvermögen" des Erblassers, somit auch das Nachlassvermögen in Belgien, umfasst. Nach der jüngsten Rechtsprechung des EuGH ist allerdings im vorliegenden Fall eine internationale Zuständigkeit der deutschen Nachlassgerichte ausgeschlossen, da sich auch die internationale Zuständigkeit für die Erteilung eines deutschen Erbscheins nach Art. 4 ff. EU-ErbVO beurteilt und hiernach keine Zuständigkeit der deutschen Nachlassgerichte eröffnet wäre, vgl. zum bisherigen Meinungsstreit sowie zur aktuellen Rechtsprechung Rdn 1841 ff. In dieser Konstellation kann ein deutscher Erbschein – auch nicht in gegenständlich beschränkter Form nach § 352c FamFG – nicht beantragt werden und wird somit nicht erteilt.

Fall 3b) 2037

Wie Fall 3a), Rdn 2033, nur der Erblasser E hat, als er noch in Deutschland lebte, vor einem deutschen Notar rechtswirksam eine Rechtswahl gemäß Art. 22 EU-ErbVO zum deutschen Recht getroffen. Sonst hat er keine Verfügungen von Todes wegen errichtet.

(1) Anwendbares Erbrecht

2038 Im Unterschied zu Fall 3a) hat der Erblasser wirksam, also formwirksam und materiell wirksam, gemäß Art. 22 Abs. 1 EU-ErbVO das deutsche Recht als das Recht seiner Staatsangehörigkeit sowohl zum Zeitpunkt der Rechtswahl als auch zum Zeitpunkt seines Todes gewählt. Die Rechtswahl umfasst das gesamte Nachlassvermögen des Erblassers, hier also auch das Wertpapierdepot in Belgien. Eine gegenständlich beschränkte Rechtswahl – wie früher Art. 25 Abs. 2 EGBGB a.F. – ist seit Anwendbarkeit der EU-ErbVO nicht mehr zulässig. Die Rechtswahl beinhaltet zwingend eine Sachnormverweisung auf das deutsche Erbrecht, sodass Rück- und Weiterverweisungen von vornherein nicht zu beachten sind. E wird somit hinsichtlich seines gesamten Nachlassvermögens nach deutschem Recht beerbt.

(2) Internationale, sachliche und örtliche Zuständigkeit zur Erteilung eines ENZ

2039 Hier würde sich zunächst einmal eine internationale Zuständigkeit der belgischen Gerichte bzw. Behörden für die Erteilung eines ENZ aus Art. 64 in Verbindung mit Art. 4 EU-ErbVO ergeben, da der Erblasser seinen letzten gewöhnlichen Aufenthalt in Belgien hatte. Gemäß Art. 7 EU-ErbVO wären aber die deutschen Nachlassgerichte für die Erteilung eines ENZ international dann zuständig, wenn sich entweder das Nachlassgericht am letzten Erblasserwohnsitz wegen mangelnder Sachnähe für unzuständig erklären würde oder die Verfahrensparteien die Zuständigkeit des Heimatgerichts ausdrücklich anerkennen würden, oder im Falle rügeloser Einlassung der Verfahrensparteien oder – und das ist wohl der praktisch wichtigste Fall – die Verfahrensparteien eine ausschließliche Gerichtsstandsvereinbarung gemäß Art. 7 lit. b) in Verbindung mit Art. 5 EUErbVO treffen. Als Verfahrensparteien würden im vorliegenden Fall wohl nur die beiden Töchter des Erblassers als gesetzliche Erbinnen in Betracht kommen (vgl. hierzu im Einzelnen Rdn 1960). Die Gerichtsstandvereinbarung bedarf grundsätzlich der Schriftform und ist von den betroffenen Parteien zu unterzeichnen. Aufgrund einer derartigen Gerichtsstandsvereinbarung der beiden Töchter wären somit die deutschen Nachlassgerichte international für die Erteilung eines ENZ zuständig. Dies wäre schon aus dem Grunde anzuraten, dass das zuständige deutsche Nachlassgericht dann sein eigenes Recht, das deutsche Recht, anwenden könnte und dies zu einer Verfahrensvereinfachung bzw. Verfahrensbeschleunigung beitragen würde.

2040 Die sachliche Zuständigkeit des Amtsgerichts Düsseldorf ergibt sich hier aus § 34 Abs. 4 IntErbRVG. Die örtliche Zuständigkeit folgt aus § 34 Abs. 1 Nr. 2 IntErbRVG. Hiernach kann das konkrete Nachlassgericht in der Gerichtsstandsvereinbarung von den Verfahrensparteien bezeichnet werden. Das ENZ kann zwar nicht zur ausschließlichen Verwendung in Deutschland ausgestellt werden, im vorliegenden Fall aber zur Verwendung in einem anderen Mitgliedstaat, nämlich Belgien (Art. 63 Abs. 1 EU-ErbVO). Nach der Ausstellung kann das ENZ dann auch in Deutschland verwendet werden (Art. 62 Abs. 3 S. 2 EU-ErbVO). Das ENZ würde auch gemäß Art. 69 Abs. 5 EU-ErbVO gegenüber dem deutschen Grundbuchamt die vollen Legitimationswirkungen entfalten (vgl. auch § 35 GBO neuer Fassung).

(3) Internationale, sachliche und örtliche Zuständigkeit zur Erteilung eines deutschen Erbscheins

2041 Bezüglich der internationalen Zuständigkeit der deutschen Gerichte für die Erteilung eines Erbscheins ergibt sich hier ein Unterschied gegenüber Fall 3a), Rdn 2033. Die internationale Zuständigkeit des Amtsgerichts Düsseldorf für die Erteilung eines Erbscheins ergibt sich nicht mehr aus §§ 105, 343 Abs. 2 FamFG, sondern aus Art. 7 lit. b), 5 EU-ErbVO, was auch für die Ausstellung eines ENZ gilt.

(4) Art und Inhalt des Erbscheins – gegenständliche Beschränkung gemäß § 352c FamFG

2042 Das Amtsgericht Düsseldorf könnte hier einen allgemeinen und unbeschränkten, das gesamte im Inland und Ausland befindliche Nachlassvermögen umfassenden Eigenrechtserbschein nach § 2353 BGB erteilen. Gemäß § 352c FamFG kann auch hier der Antrag auf Erteilung eines Erbscheins auf die in Deutschland befindlichen Gegenstände beschränkt werden. Die Beantragung eines gegenständlich beschränkten Erbscheins ist auch zweckmäßig. Die Erben brauchen kurzfristig einen Erbnachweis, um die Einfamilienhäuser in Deutschland zu veräußern. Und hierfür stellt der deutsche Erbschein einen bekannten etablierten Erbnachweis dar, der auch die Sprachbarriere gegenüber belgischen Gerichten, Behörden und Notaren vermeidet. Und da der deutsche Erbschein für das in Belgien befindliche Nachlassvermögen wohl nicht anerkannt würde (in Belgien erfolgt der Erbnachweis für in Belgien befindliche Vermögenswerte, insbesondere dann, wenn der Erblasser mit letztem gewöhnlichen Aufenthalt in Belgien unter Anwendbarkeit des belgischen Erbrechts verstirbt, durch von belgischen Notaren ausgestellte Erbfolgebescheinigungen[407]), bietet sich aus Kostengründen (die im Ausland befindlichen Nachlasswerte bleiben bei der Wertberechnung außer Betracht, § 40 Abs. 3 GNotKG) die Beantragung nur eines auf das deutsche Nachlassvermögen beschränkten Fremdrechtserbscheins gemäß § 2353 BGB, § 352c FamFG an.

(5) Muster für einen den Gesamtnachlass bzw. alternativ für einen nur das deutsche Nachlassvermögen umfassenden Eigenrechtserbschein

▼ 2043

Muster 4.292: Nur das deutsche Nachlassvermögen umfassender Eigenrechtserbschein – Deutscher Erblasser mit letztem Wohnsitz in anderem Mitgliedstaat der EU-ErbVO 4.292

Der mit letztem gewöhnlichen Aufenthalt in Gent/Belgien verstorbene deutsche Erblasser ist aufgrund Rechtswahl gemäß Art. 22 Abs. 1 EU-ErbVO nach deutschem Recht gesetzlich beerbt worden von seinen beiden Töchtern zu gleichen Teilen (*alternativ*: hinsichtlich seines im Inland befindlichen Nachlasses gesetzlich beerbt worden von seinen beiden Töchtern) .

Es wird die Erteilung eines allgemeinen und unbeschränkten (alternativ: eines gegenständlich auf den im Inland befindlichen Nachlass beschränkten) Eigenrechtserbscheins gemäß § 2353 BGB (alternativ: in Verbindung mit § 352c FamFG) auf der Grundlage des deutschen Rechts mit dem vorgenannten Inhalt beantragt.

▲

d) Fallgruppe 4: Erblasser eines anderen Mitgliedstaates der EU-ErbVO verstirbt mit letztem gewöhnlichen Aufenthalt in diesem Mitgliedstaat und hinterlässt Nachlassvermögen in Deutschland

Fall 4 2044

Die verwitwete italienische Erblasserin E, die immer in Italien (Tirol) gelebt hat, verstirbt mit letztem gewöhnlichen Aufenthalt in Bozen/Italien und hinterlässt neben einem Einfamilienhaus und Bar- und Sparvermögen in Italien auch eine Ferienwohnung in München. Die Erblasserin hat keine Verfügung von Todes wegen errichtet. Sie hinterlässt einen Sohn S (Italiener ebenfalls mit Wohnsitz in Bozen). Dieser möchte die Ferienwohnung in München möglichst zeitnah verkaufen.

aa) Anwendbares Erbrecht

Ein vorrangiges internationales Abkommen, insbesondere im Verhältnis zwischen Deutschland und Italien, 2045
existiert im vorliegenden Fall nicht. Es gelten somit die Vorschriften der EU-ErbVO. Anhaltspunkte für ein Eingreifen der Ausnahmevorschrift des Art. 21 Abs. 2 EU-ErbVO gibt es im vorliegenden Fall nicht. Die Erblasserin wird somit aufgrund ihres letzten gewöhnlichen Aufenthaltes in Italien gemäß Art. 21 Abs. 1 EU-ErbVO nach italienischem Erbrecht beerbt, und zwar nach dem Grundsatz der Nachlasseinheit hinsichtlich ihres gesamten Nachlassvermögens, somit auch hinsichtlich der Ferienwohnung in Deutschland.

bb) Internationale Zuständigkeit zur Erteilung eines ENZ

Die internationale Zuständigkeit der italienischen Gerichte bzw. Behörden für die Erteilung eines ENZ ergibt 2046
sich aus Art. 64 in Verbindung mit Art. 4 EU-ErbVO, da die Erblasserin ihren letzten gewöhnlichen Aufenthalt in Italien hatte. Das ENZ kann zwar nicht zur ausschließlichen Verwendung in Italien ausgestellt werden, im vorliegenden Fall aber zur Verwendung in einem anderen Mitgliedstaat, nämlich Deutschland (Art. 63 Abs. 1 EU-ErbVO). Nach der Ausstellung kann das ENZ dann auch in Italien verwendet werden (Art. 62 Abs. 3 S. 2 EU-ErbVO). Das ENZ würde auch gemäß Art. 69 Abs. 5 EU-ErbVO gegenüber dem deutschen Grundbuchamt die vollen Legitimationswirkungen entfalten (vgl. auch § 35 GBO neuer Fassung).

407 Vgl. Süß/*Schür*, Erbrecht in Europa, 5. Aufl. 2025: Belgien, Rn 111 ff. zu den sog. *„actes d'hérédité"* und *„certificats d'hérédité"*.

cc) Internationale Zuständigkeit zur Erteilung eines deutschen Erbscheins

2047 Da die Erblasserin weder im Zeitpunkt ihres Todes noch früher einmal ihren gewöhnlichen Aufenthalt in Deutschland hatte, sie Nicht-Deutsche war, jedoch Nachlassvermögen in Deutschland hinterlassen hat, wäre in der Vergangenheit das Amtsgericht Schöneberg in Berlin gemäß §§ 105, 343 Abs. 3 FamFG für die Erteilung eines Erbscheins international zuständig gewesen, wobei diese Zuständigkeit das gesamte „Weltvermögen" der Erblasserin, somit auch das Nachlassvermögen in Italien umfasst hätte. Nunmehr ist im vorliegenden Fall eine internationale Zuständigkeit der deutschen Nachlassgerichte von vornherein ausgeschlossen, da sich auch die internationale Zuständigkeit für die Erteilung eines deutschen Erbscheins nach Art. 4 ff. EU-ErbVO beurteilt und hiernach keine Zuständigkeit der deutschen Nachlassgerichte eröffnet ist, vgl. zu dieser Rechtslage Rdn 1841 ff.

e) Fallgruppe 5: Deutscher Erblasser verstirbt mit letztem Wohnsitz in einem Drittstaat und hinterlässt auch Nachlassvermögen in Deutschland – Nachlassspaltung

2048 *Fall 5*

Die deutsche verwitwete Erblasserin E, die bis vor zehn Jahren in Deutschland (Bonn) gelebt und dann nach London/Großbritannien, England umgezogen ist, verstirbt dort mit letztem gewöhnlichen Aufenthalt und Domizil (*domicile*) am 24.3.2017 ohne Hinterlassung einer Verfügung von Todes wegen. E hinterlässt zwei erwachsene Söhne. Eine Rechtswahl zum deutschen Heimatrecht gemäß Art. 22 EU-ErbVO hat sie nicht getroffen. E hinterlässt eine Ferienwohnung und Sparvermögen in London sowie ein Mehrfamilienhaus und ein Wertpapierdepot in Bonn. Die in Deutschland lebenden Erben möchten das Mehrfamilienhaus in Deutschland möglichst zeitnah verkaufen.

aa) Anwendbares Recht

2049 Ein vorrangiges internationales Abkommen, insbesondere im Verhältnis zwischen Deutschland und Großbritannien, existiert im vorliegenden Fall nicht. Es gelten somit die Vorschriften der EU-ErbVO, insbesondere Art. 21 EU-ErbVO. Gemäß Art. 20 EU-ErbVO ist das Recht des letzten gewöhnlichen Aufenthalts auch dann maßgeblich, wenn auf das Recht eines Drittstaates verwiesen wird. Die EU-ErbVO schafft somit universell anwendbares Recht (= loi uniforme). Anhaltspunkte für ein Eingreifen der Ausnahmevorschrift des Art. 21 Abs. 2 EU-ErbVO gibt es in diesem Fall nicht. Aufgrund des letzten gewöhnlichen Aufenthaltes und Domizils (*domicile*)[408] der E in London verweist Art. 21 Abs. 1 EU-ErbVO in Verbindung mit Art. 36 Abs. 2a) EU-ErbVO (= interlokale Unteranknüpfung im Falle eines Mehrrechtsstaates ohne einheitliches interlokales Privatrecht) quasi im Wege der verlängerten Verweisung auf das Recht der Gebietseinheit des letzten gewöhnlichen Aufenthaltes der Erblasserin, somit auf das englische Recht. Zwar enthält die EU-ErbVO grundsätzlich Sachnormverweisungen. Art. 34 Abs. 1 EU-ErbVO macht jedoch hiervon im Falle der Verweisung gemäß Art. 21 Abs. 1 EU-ErbVO auf das Recht eines Drittstaates eine Ausnahme. Hiernach sind Rück- oder Weiterverweisungen dieser Drittstaaten-Rechtsordnung unter anderem dann zu beachten, wenn auf das Recht eines Mitgliedstaates (z.B. das deutsche Recht) rück- oder weiterverwiesen wird. Großbritannien war bis vor kurzem ein Drittstaat und kein Mitgliedstaat der EU-ErbVO (vgl. Erwägungsgrund 82 zur Verordnung) und ist nunmehr kein EU-Mitglied. Das englische IPR folgt dem Prinzip der Nachlassspaltung: Während für die Erbfolge in den unbeweglichen Nachlass das jeweilige Belegenheitsrecht (*lex rei sitae*) Anwendung findet, gilt für die Erbfolge in den beweglichen Nachlass das Recht des letzten Domizils des Erblassers.[409] Das englische Recht nimmt also die Verweisung für das bewegliche Nachlassvermögen – sowohl das in England als auch das in Deutschland befindliche – und für die Ferienwohnung in London der E an, während es hinsichtlich des Mehrfamilienhauses in Bonn auf das deutsche Recht zurückverweist. Diese Rückverweisung wird vom deutschen Recht angenommen, vgl. zu der Frage, ob eine Rückverweisung im Rahmen der EU-ErbVO automatisch angenommen wird oder nicht, Rdn 1870. Erblasserin E wird somit hin-

408 Vgl. zu den unterschiedlichen Begriffen des Domizils (*domicile*) im anglo-amerikanischen Recht und dessen Abgrenzung vom Begriff des gewöhnlichen Aufenthalts, Süß/*Odersky*, Erbrecht in Europa, 5. Aufl. 2025: Großbritannien: England und Wales, Rn 7 ff.

409 Vgl. z.B. Süß/*Odersky*, Erbrecht in Europa, 5. Aufl. 2025: Großbritannien: England und Wales, Rn 3.

sichtlich des Mehrfamilienhauses in Bonn nach deutschem Recht und im Übrigen nach englischem Recht beerbt. Aus Sicht des englischen Rechts käme man hier zum selben Ergebnis.[410]

bb) Internationale Zuständigkeit zur Erteilung eines ENZ

Die internationale Zuständigkeit der deutschen Nachlassgerichte für die Erteilung eines ENZ würde sich zwar 2050
in diesem Fall aus Art. 64 in Verbindung mit Art. 10 Abs. 1 lit. a) EU-ErbVO für das gesamte Nachlassvermögen der Erblasserin ergeben, da diese nicht mit gewöhnlichem Aufenthalt in einem Mitgliedstaat verstorben ist, sie aber zum Todeszeitpunkt deutsche Staatsangehörige war und in ihrem Heimatstaat Nachlassvermögen hinterlassen hat. Da das ENZ aber nur zur Verwendung in einem anderen Mitgliedstaat ausgestellt werden kann (Art. 63 Abs. 1 EU-ErbVO), Großbritannien aber, wie gesehen, kein Mitgliedstaat der EU-ErbVO war und nunmehr kein EU-Mitglied ist, kommt hier die Ausstellung eines ENZ durch ein deutsches Nachlassgericht nicht in Betracht.

cc) Internationale, sachliche und örtliche Zuständigkeit zur Erteilung eines deutschen Erbscheins

Die internationale Zuständigkeit der deutschen Gerichte für die Erteilung eines Erbscheins bestimmte sich frü- 2051
her (auch nach Anwendbarkeit der EU-ErbVO) nach den nationalen Vorschriften der §§ 105, 343 FamFG, wonach die internationale Zuständigkeit der örtlichen Zuständigkeit folgte. Die deutschen Nachlassgerichte waren danach gemäß §§ 105, 343 Abs. 2 FamFG für die Erteilung eines Erbscheins international zuständig, da die Erblasserin früher einmal ihren gewöhnlichen Aufenthalt in Deutschland hatte. Die Zuständigkeit hätte das gesamte „Weltvermögen" der Erblasserin, somit auch das Nachlassvermögen in London, umfasst. Die sachliche Zuständigkeit des Amtsgerichts Bonn folgte aus § 23a Abs. 1 Nr. 2, Abs. 2 Nr. 2 GVG, die örtliche Zuständigkeit aus § 343 Abs. 2 FamFG (Gericht, in dessen Bezirk die Erblasserin ihren letzten gewöhnlichen Aufenthalt im Inland hatte). Nunmehr ist im vorliegenden Fall eine internationale Zuständigkeit der deutschen Nachlassgerichte für die Erteilung eines Erbscheins – parallel zur ENZ-Zuständigkeit – gemäß Art. 10 Abs. 1 lit. a) EU-ErbVO festzustellen, und zwar ebenfalls für den gesamten Nachlass der E.

dd) Art und Inhalt des Erbscheins – gegenständliche Beschränkung gemäß § 352c FamFG

Als Folge der Nachlassspaltung ist der jeweilige Nachlass, der einer eigenen Rechtsordnung unterliegt, als 2052
selbstständiger Nachlass anzusehen und so zu behandeln, als ob er der gesamte Nachlass wäre. Insbesondere ist somit für jeden Nachlass bzw. Nachlassteil ein eigener Erbschein zu erteilen, ein Eigenrechtserbschein für den dem deutschen Recht unterliegenden Nachlass und ein Fremdrechtserbschein für den dem englischen Recht unterliegenden Nachlass, und zwar jeweils als allgemeiner Erbschein gemäß § 2353 BGB. Die beiden Erbscheine können in einer Urkunde als „Doppelerbschein" zusammengefasst werden.

Zur klaren und eindeutigen Abgrenzung der zu erteilenden Erbscheine ist zunächst im Rahmen jedes der zu 2053
erteilenden Erbscheine anzugeben, nach welchem Recht sich die bezeugte Erbfolge richtet, im vorliegenden Fall somit die Erbfolge hinsichtlich des unbeweglichen Vermögens in Deutschland nach deutschem Recht sowie die Erbfolge hinsichtlich des gesamten übrigen Nachlasses, also sowohl hinsichtlich des beweglichen „Weltvermögens" als auch hinsichtlich des unbeweglichen Vermögens in England, nach englischem Recht. Im Rahmen des Eigenrechtserbscheins hat die Angabe des deutschen Rechts nur deklaratorische Bedeutung. Folgt die Anwendbarkeit des deutschen Rechts, wie im vorliegenden Fall nicht unmittelbar aus Art. 21 Abs. 1 EU-ErbVO, sollte klarstellend vermerkt werden, dass das deutsche Recht aufgrund teilweiser Rückverweisung des englischen Rechts zur Anwendung kommt. Weiterhin sollte der auf der Grundlage des deutschen Rechts zu erteilende Eigenrechtserbschein klarstellend eine ausdrückliche Geltungsbeschränkung auf den in Deutschland befindlichen unbeweglichen Nachlass enthalten, während der auf der Grundlage des englischen Rechts zu erteilende Fremdrechtserbschein klarstellend den Geltungsausschluss hinsichtlich des außerhalb Englands befindlichen Grundbesitzes enthalten sollte. Sollte nur isoliert ein Eigenrechtserbschein oder ein Fremdrechtserbschein beantragt werden, wäre ein entsprechender Geltungsvermerk zwingend.

Durch die isolierte Beantragung lediglich eines Eigenrechtserbscheines, der ein allgemeiner Erbschein nach 2054
§ 2353 BGB ist, würde hiermit nur der in Deutschland befindliche unbewegliche Nachlass umfasst und das gesamte übrige Erblasservermögen aus dem deutschen Nachlassverfahren ausgeklammert, insbesondere auch das

410 Vgl. Süß/*Odersky*, Erbrecht in Europa, 5. Aufl. 2025: Großbritannien: England und Wales, Rn 13.

in Deutschland befindliche bewegliche Nachlassvermögen. Diese isolierte Beantragung eines Eigenrechtserbscheins könnte z.B. dann zweckmäßig sein, wenn es den Erben nur um eine zügige Erteilung des Erbscheins geht, um das in Bonn befindliche Mehrfamilienhaus zeitnah zu veräußern. Denn in diesem Fall erspart sich das deutsche Nachlassgericht die unter Umständen zeitaufwendige Ermittlung des auf das übrige Nachlassvermögen anwendbaren ausländischen Erbrechts.

2055 Die Erteilung eines auf das in Deutschland befindliche Nachlassvermögen beschränkten Erbscheins nach § 352c FamFG ist möglich, und zwar grundsätzlich getrennt für jeden Spaltnachlass, d.h. sowohl für den dem deutschen Recht als auch für den dem jeweiligen ausländischen Recht unterfallenden Nachlass. Im vorliegenden Fall, in dem lediglich das Immobiliarvermögen in Deutschland dem deutschen Recht, das gesamte übrige Nachlassvermögen jedoch dem englischen Recht unterliegt, kommt die gegenständliche Beschränkung nur im Rahmen des auf der Grundlage des englischen Rechts zu beantragenden Fremdrechtserbscheins in Betracht. Hierdurch könnte das gesamte in England befindliche bewegliche und unbewegliche Nachlassvermögen aus dem deutschen Erbscheinsverfahren ausgeklammert werden und der Fremdrechtserbschein somit nur auf das in Deutschland befindliche bewegliche Nachlassvermögen beschränkt werden. Die gegenständliche Beschränkung auf das in Deutschland befindliche bewegliche Nachlassvermögen – diese Einschränkung auf das bewegliche Inlandsvermögen ist zwingend wegen der vorliegenden Inlandsnachlassspaltung – müsste auch in diesem Fall zwingend in dem Eigenrechtserbschein vermerkt werden.

2056 Durch eine gegenständliche Beschränkung des Fremdrechtserbscheins gemäß § 352c FamFG wird dem deutschen Nachlassgericht zwar nicht die unter Umständen zeitintensive Ermittlung der Erbfolge nach englischem Recht erspart, da hier das englische Erbrecht auch für den in Deutschland befindlichen beweglichen Nachlass ermittelt und geprüft werden müsste. Für eine gegenständliche Beschränkung spricht aber das Kostenargument des § 40 Abs. 3 GNotKG, wonach die nicht von der Erbscheinswirkung des nach § 352c FamFG erteilten gegenständlich beschränkten Erbscheins umfassten Gegenstände bei der Wertberechnung für das deutsche Erbscheinsverfahren außer Betracht bleiben. Denn ein auch das in England befindliche Nachlassvermögen umfassender deutscher Fremdrechtserbschein würde in England nicht anerkannt. Darüber hinaus könnte der englische Nachlass nur durch einen „*personal representative*“ (*executor*) nach englischem Recht abgewickelt werden.

2057 Zweckmäßig ist im vorliegenden Fall somit die Kombination eines allgemeinen Eigenrechtserbscheins gemäß § 2353 BGB mit einem gegenständlich beschränkten Fremdrechtserbschein gemäß § 352c FamFG. Hierdurch wird lediglich der gesamte deutsche Nachlass umfasst.

ee) Muster für nur das deutsche Nachlassvermögen umfassende Eigenrechts- und Fremdrechtserbscheine – Doppelerbschein – bzw. für einen nur das deutsche Immobiliarvermögen umfassenden Eigenrechtserbschein

2058 ▼

4.293 **Muster 4.293: Allgemeiner Eigenrechtserbschein gemäß § 2353 BGB und gegenständlich beschränkter Fremdrechtserbschein gemäß § 352c FamFG (Doppelerbschein) – Deutscher Erblasser mit letztem Wohnsitz in einem Drittstaat**

Umfasst das gesamte Inlandsvermögen des Erblassers, nicht aber das bewegliche und unbewegliche Vermögen in England.

Die mit letztem gewöhnlichen Aufenthalt in ____ verstorbene deutsche Erblasserin ____ ist

- nach deutschem Recht aufgrund Rückverweisung des englischen Rechts hinsichtlich ihres in Deutschland belegenen unbeweglichen Vermögens (ggfs. konkrete Angabe des Grundbesitzes) gesetzlich beerbt worden von ____,
- nach englischem Recht hinsichtlich ihres im Inland befindlichen beweglichen Vermögens gesetzlich beerbt worden von ____.

Es wird beantragt die Erteilung

- eines allgemeinen Eigenrechtserbscheins gemäß § 2353 BGB – die Anwendbarkeit des deutschen Rechts folgt aus einer teilweisen Rückverweisung durch das englische Recht – mit dem vorgenannten Inhalt, und zwar lediglich hinsichtlich des in Deutschland belegenen unbeweglichen Vermögens (ggfs. konkrete Angabe des Grundbesitzes) der Erblasserin
- und eines gegenständlich auf den im Inland befindlichen beweglichen Nachlass beschränkten Fremdrechtserbscheins gemäß § 352c FamFG auf der Grundlage des englischen Rechts mit dem vorgenannten Inhalt.

▲

▼ 2059

Muster 4.294: Isolierter allgemeiner Eigenrechtserbschein gemäß § 2353 BGB – Deutscher Erblasser mit letztem Wohnsitz in einem Drittstaat 4.294

Umfasst nur das in Deutschland befindliche unbewegliche Nachlassvermögen, nicht jedoch das in Deutschland befindliche bewegliche Nachlassvermögen.

Die mit letztem gewöhnlichen Aufenthalt in verstorbene deutsche Erblasserin ist nach deutschem Recht aufgrund Rückverweisung des englischen Rechts hinsichtlich ihres in Deutschland belegenen unbeweglichen Vermögens (ggfs. konkrete Angabe des Grundbesitzes) gesetzlich beerbt worden von .

Es wird beantragt die Erteilung eines allgemeinen Eigenrechtserbscheins gemäß § 2353 BGB – die Anwendbarkeit des deutschen Rechts folgt aus einer teilweisen Rückverweisung durch das englische Recht – mit dem vorgenannten Inhalt, und zwar lediglich hinsichtlich des in Deutschland belegenen unbeweglichen Vermögens (ggfs. konkrete Angabe des Grundbesitzes) der Erblasserin.

▲

f) Fallgruppe 6: Staatsangehöriger eines Drittstaates verstirbt mit letztem Wohnsitz in diesem Drittstaat und hinterlässt auch Nachlassvermögen in Deutschland – Nachlassspaltung

Fall 6 2060

Die britische verwitwete Erblasserin E, die von Geburt an in London gelebt hat, verstirbt dort mit letztem gewöhnlichen Aufenthalt und Domizil (*domicile*) am 1.4.2017 ohne Hinterlassung einer Verfügung von Todes wegen. E hinterlässt einen erwachsenen Sohn S. Eine Rechtswahl gemäß Art. 22 EU-ErbVO hat E nicht getroffen. E hinterlässt wie in Fall 5 eine Ferienwohnung und Sparvermögen in London sowie ein Mehrfamilienhaus und ein Wertpapierdepot in Bonn, zusätzlich aber auch ein Wertpapierdepot in Luxemburg. Alleinerbe Sohn S möchte das Mehrfamilienhaus in Deutschland möglichst zeitnah verkaufen.

aa) Anwendbares Recht

Hier kann grundsätzlich auf die Ausführungen zu Fall 5 Rdn 2048 ff. und die dort aufgeführten Verweise Bezug genommen werden. Mangels Vorliegens eines internationalen Abkommens und mangels Hinweise für das Vorliegen einer Ausnahme gemäß Art. 21 Abs. 2 EU-ErbVO ist das anzuwendende Erbrecht gemäß Art. 21 Abs. 1 EU-ErbVO zu ermitteln. Aufgrund des letzten gewöhnlichen Aufenthaltes und Domizils (*domicile*) der E in London verweist Art. 21 Abs. 1 EU-ErbVO in Verbindung mit Art. 36 Abs. 2a) EU-ErbVO auf das Recht der Gebietseinheit des letzten gewöhnlichen Aufenthaltes der Erblasserin, somit auf das englische Recht. Gemäß Art. 34 Abs. 1 EU-ErbVO sind aber im Falle der Verweisung durch Art. 21 Abs. 1 EU-ErbVO auf das Recht eines Drittstaates, wozu auch Großbritannien zählt, Rück- oder Weiterverweisungen dieses Drittstaaten-Rechts unter anderem dann zu beachten, wenn auf das Recht eines Mitgliedstaates (z.B. das deutsche Recht) rück- oder weiterverwiesen wird. Das englische IPR folgt dem Prinzip der Nachlassspaltung: Während für die Erbfolge in den unbeweglichen Nachlass das jeweilige Belegenheitsrecht (*lex rei sitae*) Anwendung findet, gilt für die Erbfolge in den beweglichen Nachlass das Recht des letzten Domizils des Erblassers. Das englische Recht nimmt also die Verweisung für das bewegliche Nachlassvermögen – sowohl das in England als auch das 2061 in Deutschland und Luxemburg befindliche – und für die Ferienwohnung in London der E an, während es hinsichtlich des Mehrfamilienhauses in Bonn auf das deutsche Recht zurückverweist. Diese Rückverweisung wird vom deutschen Recht angenommen. Erblasserin E wird somit hinsichtlich des Mehrfamilienhauses in Bonn nach deutschem Recht und im Übrigen nach englischem Recht beerbt. Aus Sicht des englischen Rechts käme man hier zum selben Ergebnis.

bb) Internationale Zuständigkeit zur Erteilung eines ENZ

2062 Die internationale Zuständigkeit der deutschen Nachlassgerichte für die Erteilung eines ENZ ergibt sich in diesem Fall nach der hier vertretenen Auffassung aus Art. 64 in Verbindung mit Art. 10 Abs. 2 EU-ErbVO. Denn E hatte zum Zeitpunkt ihres Todes nicht ihren gewöhnlichen Aufenthalt in einem Mitgliedstaat, sie hatte zum Zeitpunkt ihres Todes keine Staatsangehörigkeit eines Mitgliedstaates und hatte auch keinen früheren gewöhnlichen Aufenthalt in einem Mitgliedstaat, der nicht länger als fünf Jahre zurückliegt. Nach Art. 10 Abs. 2 EU-ErbVO sind aber die jeweiligen Mitgliedstaatsgerichte immer nur für das in dem jeweiligen Mitgliedstaat befindliche Nachlassvermögen international zuständig. Die deutschen Nachlassgerichte wären hier also nur für das in Deutschland befindliche Nachlassvermögen (Mehrfamilienhaus in Bonn) für die Erteilung eines ENZ zuständig. Nach einer anderen Auffassung ist hier von vornherein keine Zuständigkeit für die Erteilung eines ENZ gegeben, da das ENZ nicht zur Verwendung in einem anderen Mitgliedstaat (hier z.B. Luxemburg) beantragt und ausgestellt werden kann (vgl. Rdn 1966). Die Erben hätten nach dieser Auffassung nur die Möglichkeit der Beantragung eines nationalen Erbnachweises (z.B. eines deutschen Erbscheins).

cc) Internationale Zuständigkeit zur Erteilung eines deutschen Erbscheins

2063 Die internationale Zuständigkeit der deutschen Gerichte für die Erteilung eines Erbscheins bestimmte sich (auch nach Anwendbarkeit der EU-ErbVO) nach den nationalen Vorschriften der §§ 105, 343 FamFG, wonach die internationale Zuständigkeit der örtlichen Zuständigkeit folgte. Das Amtsgericht Schöneberg in Berlin war danach gemäß §§ 105, 343 Abs. 3 FamFG für die Erteilung eines Erbscheins international zuständig, da die Erblasserin weder im Zeitpunkt ihres Todes noch früher einmal ihren gewöhnlichen Aufenthalt in Deutschland hatte, sie Nicht-Deutsche war, jedoch Nachlassvermögen in Deutschland hinterlassen hatte. Die Zuständigkeit hätte das gesamte „Weltvermögen" der Erblasserin, somit auch das Nachlassvermögen in England und Luxemburg, umfasst. Nunmehr ist auch im vorliegenden Fall eine internationale Zuständigkeit der deutschen Nachlassgerichte über Art. 10 Abs. 2 EU-ErbVO eröffnet, allerdings nur für das in Deutschland befindliche Nachlassvermögen.

dd) Art und Inhalt des Erbscheins – gegenständliche Beschränkung gemäß § 352c FamFG

2064 Hier kann auf die Ausführungen zu Fall 5 Rdn 2052 ff. verwiesen werden. Zweckmäßig ist also auch hier die Kombination eines allgemeinen Eigenrechtserbscheins gemäß § 2353 BGB für das Mehrfamilienhaus in Bonn mit einem gegenständlich beschränkten Fremdrechtserbschein gemäß § 352c FamFG für das Wertpapierdepot in Bonn. Hierdurch wird der gesamte im Ausland (England und Luxemburg) befindliche Nachlass ausgeklammert. Da es im Rahmen der Vorschrift des § 352c FamFG (früher § 2369 BGB) nicht möglich ist, nur einzelne im Ausland befindliche Nachlassgegenstände, z.B. nur das in England, nicht aber das in Luxemburg befindliche Nachlassvermögen, aus dem Erbscheinsverfahren auszuklammern,[411] kommt es im vorliegenden Fall auch nicht auf die Beantwortung der umstrittenen Frage an, ob ein in Deutschland ausgestellter Erbschein in Luxemburg anerkannt würde.[412]

411 Vgl. hierzu *Wittkowski*, RNotZ 2010, 102/112.

412 Vgl. hierzu Süß/*Frank*, Erbrecht in Europa, 5. Aufl. 2025: Luxemburg, Rn 160.

ee) Muster für nur das deutsche Nachlassvermögen umfassende Eigenrechts- und Fremdrechtserbscheine – Doppelerbschein – bzw. für einen nur das deutsche Immobiliarvermögen umfassenden Eigenrechtserbschein

▼ 2065

Muster 4.295: Allgemeiner Eigenrechtserbschein gemäß § 2353 BGB und gegenständlich beschränkter Fremdrechtserbschein gemäß § 352c FamFG (Doppelerbschein) – Staatsangehöriger eines Drittstaates mit letztem Wohnsitz in Drittstaat und Nachlassvermögen in Deutschland 4.295

Umfasst das gesamte Inlandsvermögen des Erblassers, nicht aber das bewegliche und unbewegliche Vermögen in England und das bewegliche Vermögen in Luxemburg.

Die mit letztem gewöhnlichen Aufenthalt in England verstorbene britische Erblasserin E ist

- nach deutschem Recht aufgrund Rückverweisung des englischen Rechts hinsichtlich ihres in Deutschland belegenen unbeweglichen Vermögens (ggfs. konkrete Angabe des Grundbesitzes) gesetzlich beerbt worden von
- nach englischem Recht hinsichtlich ihres im Inland befindlichen beweglichen Vermögens gesetzlich beerbt worden von .

Es wird beantragt die Erteilung

- eines allgemeinen Eigenrechtserbscheins gemäß § 2353 BGB – die Anwendbarkeit des deutschen Rechts folgt aus einer teilweisen Rückverweisung durch das englische Recht – mit dem vorgenannten Inhalt, und zwar lediglich hinsichtlich des in Deutschland belegenen unbeweglichen Vermögens (ggfs. konkrete Angabe des Grundbesitzes) der Erblasserin
  und
- eines gegenständlich auf den im Inland befindlichen beweglichen Nachlass beschränkten Fremdrechtserbscheins gemäß § 352c FamFG auf der Grundlage des englischen Rechts mit dem vorgenannten Inhalt.

▲

▼ 2066

Muster 4.296: Isolierter allgemeiner Eigenrechtserbschein gemäß § 2353 BGB – Staatsangehöriger eines Drittstaates mit letztem Wohnsitz in Drittstaat und Nachlassvermögen in Deutschland 4.296

Umfasst nur das in Deutschland befindliche unbewegliche Nachlassvermögen, nicht jedoch das in Deutschland befindliche bewegliche Nachlassvermögen.

Die mit letztem gewöhnlichen Aufenthalt in verstorbene britische Erblasserin ist nach deutschem Recht aufgrund Rückverweisung des englischen Rechts hinsichtlich ihres in Deutschland belegenen unbeweglichen Vermögens (ggfs. konkrete Angabe des Grundbesitzes) gesetzlich beerbt worden von .

Es wird beantragt die Erteilung eines allgemeinen Eigenrechtserbscheins gemäß § 2353 BGB – die Anwendbarkeit des deutschen Rechts folgt aus einer teilweisen Rückverweisung durch das englische Recht– mit dem vorgenannten Inhalt, und zwar lediglich hinsichtlich des in Deutschland belegenen unbeweglichen Vermögens (ggfs. konkrete Angabe des Grundbesitzes) der Erblasserin.

▲

g) Fallgruppe 7: Türkischer Staatsangehöriger verstirbt mit letztem gewöhnlichen Aufenthalt in Deutschland und hinterlässt auch Nachlassvermögen in Deutschland – Vorrangiges internationales Übereinkommen – Nachlassspaltung

2067 *Fall 7*

Erblasser E mit ausschließlich türkischer Staatsangehörigkeit verstirbt am 3.4.2017 mit letztem gewöhnlichen Aufenthalt in Kleve. E war im Jahre 2001 aus der Türkei nach Deutschland gezogen. E hat keine Verfügung von Todes wegen errichtet und keine Rechtswahl zum türkischen Heimatrecht getroffen. E hinterlässt ein Einfamilienhaus und Sparvermögen in Deutschland sowie ein Grundstück und Wertpapiere in Istanbul/Türkei. Die in Deutschland lebende Familie benötigt zeitnah einen Erbnachweis für das deutsche Nachlassvermögen, vgl. zum umgekehrten Fall, dass ein deutscher Erblasser mit letztem gewöhnlichen Aufenthalt in der Türkei verstirbt, Rdn 1851.

aa) Anwendbares Recht

2068 Gemäß Art. 75 EU-ErbVO sind vorrangige internationale Übereineinkommen, insbesondere auch bilaterale Abkommen zwischen einem Mitgliedstaat und einen Drittstaat, die die Rechtsbereiche der Verordnung betreffen, zu beachten. Ein solch vorrangiges internationales Übereinkommen ist der **deutsch-türkische Konsularvertrag** vom 28.5.1929.[413] Dieser knüpft hinsichtlich des beweglichen Nachlassvermögens an das Heimatrecht des Erblassers zum Zeitpunkt seines Todes und hinsichtlich des unbeweglichen Nachlassvermögens an den Lageort (**lex rei sitae**) der Vermögenswerte an (Art. 20 § 14 Abs. 1 und 2).[414] Unstreitig fallen Erblasser unter den Anwendungsbereich des Konsularvertrages, die ausschließlich die deutsche oder die türkische Staatsangehörigkeit besitzen, vgl. zum Problem der Erblasser mit doppelter (deutsch-türkischer) Staatsangehörigkeit Rdn 1852. In sachlicher Hinsicht ist das Abkommen nur anwendbar, wenn sich in einem Vertragsstaat Nachlassgegenstände befinden, die zum Nachlass eines Angehörigen des jeweils anderen Vertragsstaates gehören. Sofern und soweit das Abkommen nicht anwendbar ist, wird aus deutscher Sicht nach den Kollisionsvorschriften der EU-ErbVO angeknüpft.

2069 Im vorliegenden Fall wird somit der türkische Erblasser E aufgrund der Kollisionsnormen des vorrangigen deutsch-türkischen Konsularvertrages hinsichtlich seines in Deutschland befindlichen Sparvermögens nach türkischem Recht und hinsichtlich seines in Deutschland befindlichen Einfamilienhauses nach deutschem Recht beerbt. Die Verweisung durch Kollisionsnormen in internationalen Übereinkommen sind grundsätzlich Sachnormverweisungen. Es kommt somit zu einer Nachlassspaltung. Für das Grundstück und die Wertpapiere des türkischen Staatsangehörigen in der Türkei findet der Konsularvertrag keine Anwendung, sodass aus deutscher Sicht diesbezüglich nach Art. 21 Abs. 1 EU-ErbVO mangels einer Rechtswahl gemäß Art. 22 EU-ErbVO deutsches Erbrecht zur Anwendung gelangt. Aus Sicht der Türkei unterliegt aber das gesamte in der Türkei befindliche bewegliche und unbewegliche Vermögen dem türkischen Recht.[415] Diesbezüglich kommt es somit zu einem internationalen Entscheidungsdissens.

bb) Internationale Zuständigkeit zur Erteilung eines ENZ

2070 Die internationale Zuständigkeit der deutschen Nachlassgerichte für die Erteilung eines ENZ würde sich in diesem Fall zwar auch aus Art. 64 in Verbindung mit Art. 4 EU-ErbVO ergeben, da der Erblasser seinen letzten gewöhnlichen Aufenthalt in Deutschland hatte. Da das ENZ aber nur zur Verwendung in einem anderen Mitgliedstaat ausgestellt werden kann (Art. 63 Abs. 1 EU-ErbVO), die Türkei aber kein Mitgliedstaat der EU-ErbVO ist, kommt hier die Ausstellung eines ENZ durch ein deutsches Nachlassgericht nicht in Betracht.

cc) Internationale, sachliche und örtliche Zuständigkeit zur Erteilung eines deutschen Erbscheins

2071 Die internationale Zuständigkeit der deutschen Nachlassgerichte für die Erteilung eines Erbscheins folgt in diesem Fall aufgrund des letzten gewöhnlichen Aufenthalts des Erblassers in Deutschland aus Art. 4 EU-ErbVO (und nicht mehr aus §§ 105, 343 Abs. 1 FamFG). Die Zuständigkeit umfasst das gesamte „Weltvermögen" des Erblassers, somit auch das Grundstück und die Wertpapiere in Istanbul. Die sachliche Zuständigkeit des Amts-

413 RGBl 1930 II, 748.
414 Vgl. OLG Hamm MittBayNot 2019, 504.
415 Vgl. Süß/*Kilic*, Erbrecht in Europa, 5. Aufl. 2025: Türkei, Rn 1.

gerichts Kleve folgt aus § 23a Abs. 1 Nr. 2, Abs. 2 Nr. 2 GVG, die örtliche Zuständigkeit aus § 343 Abs. 1 FamFG (Gericht, in dessen Bezirk der Erblasser zum Zeitpunkt seines Todes seinen gewöhnlichen Aufenthalt hatte).

dd) Art und Inhalt des Erbscheins – gegenständliche Beschränkung gemäß § 352c FamFG

Als Folge der Nachlassspaltung ist der jeweilige Nachlass, der einer eigenen Rechtsordnung unterliegt, als 2072
selbstständiger Nachlass anzusehen und so zu behandeln, als ob er der gesamte Nachlass wäre. Insbesondere ist somit für jeden Nachlass bzw. Nachlassteil ein eigener Erbschein zu erteilen, ein Eigenrechtserbschein für den dem deutschen Recht unterliegenden Nachlass und ein Fremdrechtserbschein für den dem türkischen Recht unterliegenden Nachlass, und zwar jeweils als allgemeiner Erbschein gemäß § 2353 BGB. Die beiden Erbscheine können in einer Urkunde als „Doppelerbschein" zusammengefasst werden. Vgl. zum Inhalt des Doppel-Erbscheins Fall 5, Rdn 2053 ff.

Durch die isolierte Beantragung lediglich eines Eigenrechtserbscheines, der ein allgemeiner Erbschein nach 2073
§ 2353 BGB ist, würde hier nur der in Deutschland befindliche unbewegliche Nachlass sowie der gesamte Nachlass (beweglich und unbeweglich) in der Türkei umfasst und der in Deutschland befindliche bewegliche Nachlass aus dem deutschen Nachlassverfahren ausgeklammert. Diese isolierte Beantragung eines Eigenrechtserbscheins könnte z.B. dann zweckmäßig sein, wenn es den Erben nur um eine zügige Erteilung des Erbscheins geht, um das in Deutschland befindliche Einfamilienhaus zeitnah zu veräußern. Denn in diesem Fall erspart sich das deutsche Nachlassgericht die unter Umständen zeitaufwendige Ermittlung des auf das bewegliche Nachlassvermögen in Deutschland anwendbaren türkischen Erbrechts. Durch die isolierte Beantragung lediglich eines Fremdrechtserbscheins, der ebenfalls ein allgemeiner Erbschein nach § 2353 BGB ist, würde hingegen nur der in Deutschland befindliche bewegliche Nachlass abgedeckt.

Die Erteilung eines auf das in Deutschland befindliche Nachlassvermögen beschränkten Erbscheins nach 2074
§ 352c FamFG ist möglich, und zwar grundsätzlich getrennt für jeden Spaltnachlass, d.h. sowohl für den dem deutschen Recht als auch für den dem jeweiligen ausländischen Recht unterfallenden Nachlass. Im vorliegenden Fall, in dem lediglich das bewegliche Vermögen in Deutschland dem türkischen Recht, das gesamte übrige Nachlassvermögen jedoch dem deutschen Recht unterliegt, kommt die gegenständliche Beschränkung nur im Rahmen des auf der Grundlage des deutschen Rechts zu beantragenden Eigenrechtserbscheins in Betracht. Hierdurch könnte das gesamte in der Türkei befindliche bewegliche und unbewegliche Nachlassvermögen aus dem deutschen Erbscheinsverfahren ausgeklammert werden und der Eigenrechtserbschein somit nur auf das in Deutschland befindliche unbewegliche Nachlassvermögen beschränkt werden.

Für eine gegenständliche Beschränkung spricht in erster Linie das Kostenargument des § 40 Abs. 3 GNotKG, 2075
wonach die nicht von der Erbscheinswirkung des nach § 352c FamFG erteilten gegenständlich beschränkten Erbscheins umfassten Gegenstände bei der Wertberechnung für das deutsche Erbscheinsverfahren außer Betracht bleiben. Denn ein auch das in der Türkei befindliche Nachlassvermögen umfassender deutscher Eigenrechtserbschein würde in der Türkei schon deshalb nicht anerkannt, weil aus türkischer Sicht bezüglich dieser Nachlasswerte türkisches und nicht deutsches Recht zur Anwendung kommt.

Zweckmäßig ist im vorliegenden Fall somit die Kombination eines allgemeinen Fremdrechtserbscheins gemäß 2076
§ 2353 BGB mit einem gegenständlich beschränkten Eigenrechtserbschein gemäß § 352c FamFG, die in einem „Doppelerbschein" zusammengefasst werden können. Hierdurch wird lediglich der gesamte deutsche Nachlass umfasst.

ee) Muster für einen allgemeinen Fremdrechtserbschein gemäß § 2353 BGB und einen gegenständlich beschränkten Eigenrechtserbschein gemäß § 352c FamFG (Doppelerbschein)

▼ 2077

Muster 4.297: Allgemeiner Fremdrechtserbschein gemäß § 2353 BGB und gegenständlich beschränkter Eigenrechtserbschein gemäß § 352c FamFG (Doppelerbschein) – Türkischer Staatsangehöriger mit letztem gewöhnlichen Aufenthalt in Deutschland und Nachlassvermögen in Deutschland 4.297

Umfasst das gesamte Inlandsvermögen des Erblassers, nicht aber das bewegliche und unbewegliche Vermögen in der Türkei.

Der mit letztem gewöhnlichem Aufenthalt in verstorbene türkische Erblasser ist

- nach deutschem Recht aufgrund der Kollisionsnormen des deutsch-türkischen Konsularvertrages hinsichtlich seines in Deutschland belegenen unbeweglichen Vermögens (ggfs. konkrete Angabe des Grundbesitzes) gesetzlich beerbt worden von ,
- nach türkischem Recht aufgrund der Kollisionsnormen des deutsch-türkischen Konsularvertrages hinsichtlich seines in Deutschland befindlichen beweglichen Vermögens gesetzlich beerbt worden von .

Es wird beantragt die Erteilung

- eines gegenständlich auf das in Deutschland befindliche unbewegliche Nachlassvermögen (ggfs. konkrete Angabe des Grundbesitzes) beschränkten Eigenrechtserbscheins gemäß § 352c FamFG – die Anwendbarkeit des deutschen Rechts folgt aus den Kollisionsnormen des deutsch-türkischen Konsularvertrages – mit dem vorgenannten Inhalt, und
- eines allgemeinen Fremdrechtserbscheins gemäß § 2353 BGB – die Anwendbarkeit des türkischen Rechts folgt aus den Kollisionsnormen des deutsch-türkischen Konsularvertrages – auf der Grundlage des türkischen Rechts mit dem vorgenannten Inhalt, und zwar lediglich hinsichtlich des in Deutschland befindlichen beweglichen Nachlassvermögens.

▲

8. Hinweise zur Vorbereitung von Verfügungen von Todes wegen sowie von Pflichtteilsverzichtsverträgen – Muster

2078 Die folgenden Ausführungen gelten auch für den Erbverzicht im Sinne des § 2346 Abs. 1 BGB; praktisch relevanter für die notarielle Praxis ist aber wohl der Pflichtteilsverzicht. Vgl. zu den Begriffen Rdn 1332 ff.

Da die Vorbereitung von Verfügungen von Todes wegen (Erbverträge und Testamente) sowie Pflichtteilsverzichtsverträgen mit Auslandsberührung wohl aufgrund der rechtlichen Komplexität des Erbrechts und des IPR in den meisten Fällen den Notaren und den sehr erfahrenen Notarmitarbeitern vorbehalten sein wird, sollen nachfolgend nur einige praktische Hinweise verbunden mit Formulierungsvorschlägen für diesen Bereich gegeben werden.

a) Neue Beratungssituation durch Wechsel vom Staatsangehörigkeitsprinzip zum Aufenthaltsprinzip im Erbrecht

2079 Die grundsätzliche Anknüpfung der EU-ErbVO an den letzten gewöhnlichen Aufenthalt des Erblassers stellt eine Abkehr von der bisher im deutschen Recht geltenden Anknüpfung an das Heimatrecht (= Staatsangehörigkeitsrecht) des Erblassers (Art. 25 Abs. 1 EGBGB a.F.) dar. Für die Notare, die Verfügungen von Todes wegen bzw. Pflichtteilsverzichtsverträge mit Auslandsbezug beurkunden, ergeben sich hieraus einerseits praktische Vereinfachungen, andererseits aber auch Unsicherheiten, die sich auch auf die Beratungssituation gegenüber den ratsuchenden Erblassern auswirken und eine vorausschauende Beratung erforderlich machen.

2080 So können zum einen bei ausländischen Staatsangehörigen (auch Eheleuten), die zur Zeit und auch perspektivisch bis zum ihrem Tode ihren gewöhnlichen Aufenthalt in Deutschland haben, im Unterschied zur alten Rechtslage auf der Grundlage des deutschen Rechts Verfügungen von Todes wegen bzw. Pflichtteilsverzichtsverträge beurkundet werden, und zwar sowohl im Hinblick auf die Zulässigkeit, materielle Wirksamkeit und etwaige Bindungswirkungen einer Verfügung von Todes wegen bzw. eines Pflichtteilsverzichtsvertrages (Errichtungsstatut) als auch im Hinblick auf die inhaltliches Ausgestaltung unter Anwendung der im deutschen Erbrecht vorhandenen Rechtsinstitute (z.B. Vor- und Nacherbschaft, Testamentsvollstreckung, Erb- und Pflichtteilsverzicht unter Einschluss eines Zuwendungsverzichts usw.).

2081 Zum anderen muss aber bei deutschen Erblassern, bei denen bislang unabhängig von ihrem gewöhnlichen Aufenthalt eine Verfügung von Todes wegen (Testament und Erbvertrag) bzw. ein Pflichtteilsverzichtsvertrag grundsätzlich ohne Probleme nach deutschem Erbrecht gestaltet werden konnte, darauf geachtet werden, dass einerseits ein bereits im Ausland bestehender gewöhnlicher Aufenthalt zur Anwendbarkeit des entsprechenden ausländischen Erbrechts führen kann und somit eine Gestaltung der Verfügung von Todes wegen bzw. eines Pflichtteilsverzichtsvertrages auf der Grundlage des deutschen Rechts unter Umständen ausgeschlossen ist und dass andererseits ein späterer Wechsel des bislang in Deutschland bestehenden gewöhnlichen Aufenthaltes ins Ausland zu einer Unwirksamkeit der bisherigen, auf der Grundlage des deutschen Rechts errichteten Verfügung von Todes wegen bzw. eines auf dieser Grundlage abgeschlossenen Pflichtteilsverzichtsvertrages führen kann. In diesen Fällen müsste je nach Fallkonstellation eine entsprechende vorsorgende Rechtswahl zum deutschen Erbrecht (nach Art. 22, 24 bzw. 25 der Verordnung) in der Urkunde getroffen werden.

In allen Fällen, also sowohl bei in Deutschland lebenden deutschen als auch hier lebenden ausländischen Erblassern, sollte stets eine klare und ausführliche Belehrung in der Urkunde dahingehend enthalten sein, dass ein Wohnsitz- bzw. Aufenthaltswechsel ins Ausland, aber auch der Erwerb von Vermögenswerten im Ausland entscheidende Auswirkungen auf die Wirksamkeit und den Inhalt der betreffenden Verfügung von Todes wegen bzw. des betreffenden Pflichtteilsverzichtsvertrages haben kann. So kennen viele ausländische Rechtsordnungen bestimmte deutsche erbrechtlichen Rechtsinstitute (z.B. Vor- und Nacherbschaft, Testamentsvollstreckung, usw.) nicht oder vielen ausländischen Staaten ist ein Pflichtteilsverzicht unbekannt bzw. sie verbieten einen solchen. So sollte jedem Erblasser empfohlen werden, im Falle eines – zumeist zurzeit nicht geplanten – Umzugs ins Ausland noch einmal notariellen Rat einzuholen. Vgl. zu entsprechenden Belehrungsvorschlägen im Testament, Erbvertrag und Pflichtteilsverzichtsvertrag nachfolgend unter Rdn 2093, 2097, 2101. 2082

b) Wichtige einzuholende Informationen des Erblassers zur Vorbereitung einer Verfügung von Todes wegen bzw. eines Pflichtteilsverzichtsvertrages

Aufgrund der neuen Rechtslage ist es wichtig und empfehlenswert, bereits im Rahmen des ersten Beratungsgesprächs mit dem Erblasser bzw. den Erblassern verschiedene Informationen einzuholen, die für die Vorbereitung der Verfügung von Todes wegen bzw. des Pflichtteilsverzichtsvertrages von großer Bedeutung sind: 2083

Hinweis 2084

- Aktueller gewöhnlicher Aufenthalt (bzw. Wohnsitz) des Erblassers bzw. der Erblasser (zur Bestimmung des Errichtungsstatuts für die Verfügung von Todes wegen bzw. den Pflichtteilsverzichtsvertrag bzw. des voraussichtlichen Erbstatuts),
- konkrete Umzugspläne ins Ausland (dadurch wahrscheinlicher Wechsel des anwendbaren Rechts; zumindest bei deutschen Erblassern empfiehlt sich dann die Vornahme einer Rechtswahl zum deutschen Heimatrecht + Wahl von einfachen Verfügungen, die auch im Ausland akzeptiert werden),
- aktuelle (und eventuell – z.B. bei Flüchtlingen – zukünftige) Staatsangehörigkeit (zur Auslotung einer etwa möglichen Rechtswahl zum Heimatrecht des Erblassers),
- Vermögenswerte im Ausland, insbesondere in Nicht-Mitgliedstaaten der EU-ErbVO (für diese Vermögenswerte gilt aus Sicht des Lageortstaates unter Umständen dessen eigenes Recht, welches dann von den eigenen Behörden und Gerichten dieses Staates bei der rechtlichen Beurteilung, insbesondere bei der Nachlassabwicklung, zugrunde gelegt wird),
- Erben eines in Deutschland lebenden ausländischen Erblassers, die selbst ihren gewöhnlichem Aufenthalt im EU-Ausland (Heimatstaat des Erblassers) haben (dann bietet sich unter Umständen eine Rechtswahl zum Heimatrecht des Erblassers an, damit die Erben dann über eine Gerichtsstandsvereinbarung die internationale Zuständigkeit der Gerichte des Heimatstaates des Erblassers zur Erteilung eines ENZ erreichen können).

c) Dokumentation der relevanten Informationen in der Urkunde (Erbvertrag, Testament, Pflichtteilsverzichtsvertrag)

Die im Rahmen der Vorbereitung der Urkunde erhaltenen Informationen sollten nach Möglichkeit auch in der Urkunde vermerkt werden, quasi als Merkposten nicht nur für den Notar, sondern auch für den/die Erblasser bzw. die Vertragsparteien eines Pflichtteilsverzichtsvertrages. 2085

2086 ▼

Muster 4.298: Dokumentation relevanter Informationen in Urkunde

Die Informationen, die in ein einseitiges Testament, einen Erbvertrag oder einen Pflichtteilsverzichtsvertrag aufgenommen werden können, lauten – je nach Fallkonstellation – wie folgt:

- (*in allen Fällen*): Die/der Erschienene(n) erklärt/erklären, die deutsche/ausländische Staatsangehörigkeit zu besitzen und im Güterstand der des Rechts zu leben/nicht verheiratet bzw. ledig zu sein.
- (*Erblasser mit gewöhnlichem Aufenthalt dauerhaft in Deutschland*): Die/der Erschienene(n) erklärt/erklären weiter, zurzeit ihren/seinen gewöhnlichen Aufenthalt und Wohnsitz in Deutschland zu haben und beides aller Voraussicht nach auch bis zu ihrem/seinem Tode beibehalten zu wollen.
- (*Erblasser mit Wohnsitz dauerhaft im Ausland*): Die/der Erschienene(n) erklärt/erklären weiter, dass sie/er zurzeit ihren/seinen gewöhnlichen Aufenthalt und Wohnsitz in hat/haben und diesen aller Voraussicht nach auch bis zu ihrem/seinem Tode beibehalten wird/werden.
- (*Erblasser mit Wohnsitz zurzeit in Deutschland, aber Umzugsplan ins Ausland*): Die/der Erschienene(n) erklärt/erklären weiter, zurzeit ihren/seinen gewöhnlichen Aufenthalt und Wohnsitz in Deutschland zu haben, sie/er aber beabsichtigt/beabsichtigen, voraussichtlich in Zukunft nach zu ziehen und somit ihren/seinen gewöhnlichen Aufenthalt und Wohnsitz ins Ausland zu verlegen.
- (*in allen Fällen*): Die/der Erschienene(n) erklärt/erklären ferner, zurzeit nur über Vermögenswerte in Deutschland zu verfügen und sie/er auch aller Voraussicht nicht beabsichtigt/beabsichtigen, in Zukunft Vermögenswerte, insbesondere Immobilien, im Ausland zu erwerben.
  (*Oder*): Die/der Erschienene(n) erklärt/erklären ferner, zurzeit außerhalb Deutschlands nur folgende Vermögenswerte in folgendem Staat/in folgenden Staaten zu haben: .

▲

d) Muster zu (möglichen) Rechtswahlen und Belehrungen in einer Verfügung von Todes wegen bzw. in einem Pflichtteilsverzichtsvertrag

2087 Da ein späterer Wechsel des gewöhnlichen Aufenthaltes des Erblassers in das Ausland grundsätzlich zu einem Erbstatutenwechsel, also zur Anwendbarkeit eines anderen Erbrechts führt, hat dies in der Regel weitreichende Folgen für die Wirksamkeit einer Verfügung von Todes wegen bzw. eines Pflichtteilsverzichtsvertrages. Diesen möglichen Unsicherheiten für die Zukunft kann zumindest bei deutschen Erblassern effektiv mit einer Rechtswahl zum deutschen Heimatrecht gemäß Art. 22 EU-ErbVO begegnet werden. Parallel kann auch eine Rechtswahl gemäß Art. 24 Abs. 2 bzw. 25 Abs. 3 EU-ErbVO hinsichtlich der Zulässigkeit und der materiellen Wirksamkeit einer Verfügung von Todes wegen und bei Erbverträgen auch hinsichtlich der Bindungswirkungen getroffen werden (vgl. zu den einzelnen Fallgruppen Rdn 1932 ff.). Bei ausländischen Erblassern kommt allerdings eine Wahl des deutschen Rechts als das Recht des aktuellen oder letzten gewöhnlichen Aufenthaltes des Erblassers nach der EU-ErbVO nicht in Betracht. Auch eine Art. 25 Abs. 2 EGBGB a.F. entsprechende Rechtswahl für in Deutschland belegene Immobilien lässt die EU-ErbVO nicht mehr zu. Im Einzelfall kann für den ausländischen Erblasser aber die Rechtswahl zum eigenen Heimatrecht sinnvoll sein. Anderenfalls ist in der Urkunde zu vermerken, dass eine solche Rechtswahl ausdrücklich nicht gewünscht wird.

2088 Die deutschen Notare bzw. deren Mitarbeiter haben stets zu prüfen, ob eine Rechtswahl für einen deutschen Erblasser bzw. mehrere deutsche Erblasser (z.B. Ehegatten im Rahmen eines Erbvertrages) zweckmäßig ist. Die Entscheidung für die Aufnahme einer Rechtswahl gemäß Art. 22 EU-ErbVO sollte aber – wie bereits ausgeführt – nur im Einzelfall unter Abwägung aller Umstände getroffen werden. (Wahrscheinlichkeit eines späteren Umzugs ins Ausland, Art, Umfang und Lage – im In- oder Ausland – des jetzigen und noch zu erwartenden Vermögens, Kosten der Rechtswahl). Eine standardmäßige Aufnahme einer Rechtswahl eines deutschen Erblassers in seine Verfügung von Todes wegen bzw. in einen Pflichtteilsverzichtsvertrag ist aus Kostengründen nicht zu empfehlen. § 104 Abs. 2 GNotKG setzt für die erbrechtliche Rechtswahl 30 % des nach § 102 GNotKG zu ermittelnden bereinigten Nettovermögens des Erblassers an. Bei Pflichtteilsverzichtsverträgen ist das eigene Interesse des Erblassers besonders hoch, das deutsche Erbrecht zu zementieren. Denn zumeist wird der Pflichtteilsverzichtvertrag auf Wunsch und Initiative des Erblassers abgeschlossen und die im Einzelfall gravierenden Nachteile einer späteren Unwirksamkeit eines solchen Vertrages trägt ausschließlich der Erblasser selbst. In dieser Hinsicht ist daran zu denken, dass (gegenständlich beschränkte) Pflichtteilsverzichte häufig in Übertragungsverträgen zur vorweggenommenen Erbfolge integriert sind. In solchen Verträgen ist in der Urkunde darauf hinzuweisen, dass diese bei Verlegung des gewöhnlichen Aufenthalts des Erblassers ins Ausland möglicherweise unwirksam sein könnten, wenn nicht das das deutsche Erbrecht im Wege einer Verfügung von Todes wegen gewählt wird.

Die in den folgenden Formulierungsvorschlägen enthaltenen Regelungen können zweckmäßig sein, je nach Fallkonstellation zukünftige Rechtsunsicherheiten zu verhindern oder zumindest abzuschwächen und den Erblassern bzw. Vertragsparteien die Augen für die Probleme eines späteren Wechsels des anwendbaren Rechts zu öffnen. 2089

aa) Muster im Rahmen eines einseitigen Testamentes

▼ 2090

Muster 4.299: Deutsche Erblasser mit voraussichtlich dauerhaftem gewöhnlichen Aufenthalt in Deutschland (Testament) 4.299

Im Hinblick darauf, dass die/der Erschienene … bis zu ihrem/seinem Tode aller Voraussicht nach ihren/seinen gewöhnlichen Aufenthalt in Deutschland beibehalten wird, verzichtet die/der Erschienene auf die Vornahme einer Rechtswahl zum deutschen Recht gemäß der seit dem 17.8.2015 geltenden EU-Erbrechtsverordnung Nr. 650/2012 vom 4.7.2012.

Der beurkundende Notar/die beurkundende Notarin … hat die/den Erschienene(n) … darüber belehrt, dass für den Fall, dass sie/er in Zukunft wider Erwarten ihren/seinen gewöhnlichen Aufenthalt in das Ausland verlegen und diesen ausländischen gewöhnlichen Aufenthalt auch noch zum Zeitpunkt ihres/seines Todes haben sollte, sie/er wahrscheinlich nach dem betreffenden ausländischen Aufenthaltsrecht und nicht mehr nach deutschem Heimatrecht beerbt würde. In diesem Fall könnten die in dieser Urkunde getroffenen Verfügungen von Todes wegen gegebenenfalls unwirksam sein.

Die/der Erschienene wünscht dennoch keine vorsorgende Rechtswahl zum deutschen Recht in dieser Urkunde zu treffen.

▲

▼ 2091

Muster 4.300: Ausländische Erblasser mit voraussichtlich dauerhaftem gewöhnlichen Aufenthalt in Deutschland (Testament) 4.300

Der beurkundende Notar/die beurkundende Notarin … hat die/den Erschienene(n) … zunächst darüber belehrt, dass für den Fall, dass sie/er in Zukunft wider Erwarten ihren/seinen gewöhnlichen Aufenthalt in das Ausland verlegen und diesen ausländischen gewöhnlichen Aufenthalt auch noch zum Zeitpunkt ihres/seines Todes haben sollte, sie/er wahrscheinlich nach dem betreffenden ausländischen Aufenthaltsrecht und nicht mehr nach deutschem Recht beerbt würde. In diesem Fall könnten die in dieser Urkunde getroffenen Verfügungen von Todes wegen gegebenenfalls unwirksam sein.

Der Notar/die Notarin hat die/den Erschienene(n) ferner darüber belehrt, dass es nach der seit 17.8.2015 geltenden EU-Erbrechtsverordnung Nr. 650/2012 vom 4.7.2012 nicht möglich ist, das deutsche Recht als das Recht des jetzigen gewöhnlichen Aufenthaltes zu wählen.

Eine mögliche Rechtswahl zum … Recht als dem Recht ihrer/seiner Staatsangehörigkeit wünscht die/der Erschienene in dieser Urkunde ausdrücklich nicht zu treffen.

Der Notar/die Notarin hat die/den Erschienene(n) in dieser Urkunde ferner darüber belehrt, dass er ausländisches Recht und insbesondere das … Recht nicht kennen muss, er/sie über dessen Inhalt nicht belehrt und insoweit auch keine Haftung übernommen hat.

▲

2092 ▼

Muster 4.301: Deutsche(r) Erblasser/Erblasserin mit aktuellem gewöhnlichen Aufenthalt in Deutschland mit Absicht ins Ausland umzuziehen – Vorsorgende Rechtswahlen

Ich, Frau/Herr wähle hiermit rein vorsorglich gemäß Art. 22 Abs. 1 der EU-Verordnung Nr. 650/2012 vom 4.7.2012 für die Rechtsnachfolge von Todes wegen hinsichtlich meines gesamten Nachlasses das deutsche Recht als das Recht meiner Staatsangehörigkeit im Zeitpunkt der Rechtswahl.

Ich, Frau/Herr wähle weiterhin rein vorsorglich gemäß Art. 24 Abs. 2 EU-ErbVO für die Zulässigkeit und die materielle Wirksamkeit des heutigen Testaments das deutsche Recht als das Recht meiner Staatsangehörigkeit im Zeitpunkt der Rechtswahl.

Die vorstehenden vorsorglichen Rechtswahlen treffe ich insbesondere im Hinblick darauf, dass auch für den Fall, dass ich meinen gewöhnlichen Aufenthalt in das Ausland verlege und diesen ausländischen gewöhnlichen Aufenthalt auch noch zum Zeitpunkt meines Todes haben sollte, ich nach wie vor nach deutschem Heimatrecht und nicht nach dem betreffenden ausländischen Recht des gewöhnlichen Aufenthaltes beerbt werde.

Der beurkundende Notar/die beurkundende Notarin hat den/die Erschienene(n) darauf hingewiesen, dass

- es fraglich ist, ob die Rechtswahlen im Ausland außerhalb des örtlichen Anwendungsbereiches der EU-Verordnung Nr. 650/2012 vom 4.7.2012 anerkannt werden und der Notar/die Notarin hierüber nichts aussagen kann,
- der Notar/die Notarin ausländisches Recht und damit auch das durch eine Rechtswahl unter Umständen ausgeschaltete fremde Erbrecht nicht kennen muss, er/sie über dessen Inhalt nicht belehrt hat und insoweit auch keine Beratung oder Betreuung übernommen hat.

▲

2093 ▼

Muster 4.302: Belehrung am Ende des Testamentes

Der beurkundende Notar/die beurkundende Notarin hat mich schließlich darauf hingewiesen, dass es notwendig, zumindest aber zweckmäßig ist, das vorliegende Testament auf seine Wirksamkeit und Anerkennungsfähigkeit hin überprüfen zu lassen und es gegebenenfalls entsprechend zu ändern und/oder zu ergänzen, wenn ich entweder den gewöhnlichen Aufenthalt außerhalb Deutschlands verlegen oder im Ausland Vermögenswerte nennenswerter Art, insbesondere Immobilien, erwerben sollte.

▲

bb) Muster im Rahmen eines Erbvertrages zwischen Ehegatten

2094 ▼

Muster 4.303: Deutsche Erblasser mit voraussichtlich dauerhaftem gewöhnlichen Aufenthalt in Deutschland (Erbvertrag)

Im Hinblick darauf, dass die Erschienenen bis zu ihrem Tode aller Voraussicht nach ihren gewöhnlichen Aufenthalt in Deutschland beibehalten werden, verzichten die Erschienenen einvernehmlich auf die Vornahme einer Rechtswahl zum deutschen Recht gemäß der seit dem 17.8.2015 geltenden EU-Erbrechtsverordnung Nr. 650/2012 vom 4.7.2012.

Der beurkundende Notar/die beurkundende Notarin hat die Erschienenen darüber belehrt, dass für den Fall, dass einer oder beide von ihnen in Zukunft wider Erwarten seinen/ihren gewöhnlichen Aufenthalt in das Ausland verlegen und diesen ausländischen gewöhnlichen Aufenthalt auch noch zum Zeitpunkt seines/ihres Todes haben sollte(n), sie bzw. der betreffende Erblasser von ihnen wahrscheinlich nach dem betreffenden ausländischen Aufenthaltsrecht und nicht mehr nach deutschem Heimatecht beerbt würde(n). In diesem Fall könnten die in dieser Urkunde getroffenen Verfügungen von Todes wegen gegebenenfalls unwirksam sein.

Die Erschienenen wünschen dennoch keine vorsorgende Rechtswahl zum deutschen Recht in dieser Urkunde zu treffen.

▲

Muster 4.304: Ausländische Erblasser mit voraussichtlich dauerhaftem gewöhnlichen Aufenthalt in Deutschland (Erbvertrag) 2095

Der beurkundende Notar/die beurkundende Notarin hat die Erschienenen zunächst darüber belehrt, dass für den Fall, dass einer oder beide von ihnen in Zukunft wider Erwarten seinen/ihren gewöhnlichen Aufenthalt in das Ausland verlegen und diesen ausländischen gewöhnlichen Aufenthalt auch noch zum Zeitpunkt seines/ihres Todes haben sollte(n), sie bzw. der betreffende Erblasser von ihnen wahrscheinlich nach dem betreffenden ausländischen Aufenthaltsrecht und nicht mehr nach deutschem Recht beerbt würde. In diesem Fall könnten die in dieser Urkunde getroffenen Verfügungen von Todes wegen gegebenenfalls unwirksam sein.

Der Notar/die Notarin hat die Erschienenen ferner darüber belehrt, dass es nach der seit 17.8.2015 geltenden EU-Erbrechtsverordnung Nr. 650/2012 vom 4.7.2012 nicht möglich ist, das deutsche Recht als das Recht des jetzigen gewöhnlichen Aufenthaltes zu wählen.

Eine Rechtswahl zum Recht als dem Recht ihrer Staatsangehörigkeit wünschen die Erschienenen in dieser Urkunde ausdrücklich nicht zu treffen.

Der Notar/die Notarin hat die Erschienenen in dieser Urkunde ferner darüber belehrt, dass er/sie ausländisches Recht und insbesondere das Recht nicht kennen muss, er/sie über dessen Inhalt nicht belehrt und insoweit auch keine Haftung übernommen hat.

Muster 4.305: Deutsche Erblasser mit aktuellem gewöhnlichen Aufenthalt in Deutschland mit Absicht ins Ausland umzuziehen – Vorsorgende Rechtswahlen 2096

Ein jeder von uns wählt hiermit rein vorsorglich gemäß Art. 22 Abs. 1 der EU-Verordnung Nr. 650/2012 vom 4.7.2012 für die Rechtsnachfolge von Todes wegen hinsichtlich seines gesamten Nachlasses das deutsche Recht als das Recht seiner Staatsangehörigkeit im Zeitpunkt der Rechtswahl.

Ein jeder von uns wählt weiterhin rein vorsorglich gemäß Art. 25 Abs. 3 der EU-Verordnung Nr. 650/2012 vom 4.7.2012 für die Zulässigkeit, die materielle Wirksamkeit und die Bindungswirkung des heutigen Erbvertrages einschließlich der Voraussetzungen für seine Auflösung das deutsche Recht als das Recht seiner Staatsangehörigkeit im Zeitpunkt der Rechtswahl.

Die vorstehenden vorsorglichen Rechtswahlen treffen wir insbesondere im Hinblick darauf, dass auch für den Fall, dass wir beide oder einer von uns seinen gewöhnlichen Aufenthalt in das Ausland verlegen und diesen ausländischen gewöhnlichen Aufenthalt auch noch zum Zeitpunkt seines Todes haben sollte(n), ein jeder von uns nach wie vor nach deutschem Heimatrecht und nicht nach dem betreffenden ausländischen Recht des gewöhnlichen Aufenthaltes beerbt wird.

Wir, Eheleute , nehmen die vorgenannten vorsorglichen Rechtswahlen des jeweils anderen Ehegatten gegenseitig an und treffen sie mit erbvertraglich bindender Wirkung. Wir sind über die Bindung belehrt worden. Ein jeder von uns behält sich jedoch das Recht vor, einseitig von der jeweiligen mit erbvertraglich bindender Wirkung getroffenen Rechtswahl zurückzutreten, falls er der Überlebende von uns ist oder falls die nachstehend unter Ziffern auf der sachrechtlichen Ebene mit erbvertraglich bindender Wirkung getroffenen Verfügungen von Todes wegen aufgehoben oder unwirksam werden sollten.

Der beurkundende Notar/die beurkundende Notarin hat die Erschienenen darauf hingewiesen, dass

- es fraglich ist, ob die Rechtswahlen im Ausland außerhalb des örtlichen Anwendungsbereiches der EU-Verordnung Nr. 650/2012 vom 4.7.2012 anerkannt werden und der Notar/die Notarin hierüber nichts aussagen kann,

- der Notar/die Notarin ausländisches Recht und damit auch das durch Rechtswahl unter Umständen ausgeschaltete fremde Erbrecht nicht kennen muss, er/sie über dessen Inhalt nicht belehrt hat und insoweit auch keine Beratung oder Betreuung übernommen hat.

▲

2097 ▼

Muster 4.306: Belehrung am Ende des Erbvertrages

Der beurkundende Notar hat uns schließlich darauf hingewiesen, dass es notwendig, zumindest aber zweckmäßig ist, den vorliegenden Erbvertrag auf seine Wirksamkeit und Anerkennungsfähigkeit hin überprüfen zu lassen und ihn gegebenenfalls entsprechend zu ändern und/oder zu ergänzen bzw. den Erbvertrag durch testamentarische, nicht bindende Verfügungen von Todes wegen zu ersetzen, wenn wir – oder zumindest einer von uns – entweder den gewöhnlichen Aufenthalt außerhalb Deutschlands verlegen oder im Ausland Vermögenswerte nennenswerter Art, insbesondere Immobilien, erwerben sollte(n).

▲

cc) Muster im Rahmen eines Pflichtteilsverzichtsvertrages eines Kindes gegenüber seinen beiden Eltern

2098 ▼

Muster 4.307: Deutsche Erblasser mit voraussichtlich dauerhaftem gewöhnlichen Aufenthalt in Deutschland (Pflichtteilsverzichtsvertrag)

Im Hinblick darauf, dass die erschienenen Eheleute bis zu ihrem Tode aller Voraussicht nach ihren gewöhnlichen Aufenthalt in Deutschland beibehalten wollen, verzichten sie einvernehmlich auf die Vornahme einer Rechtswahl zum deutschen Recht gemäß der seit dem 17.8.2015 geltenden EU-Erbrechtsverordnung Nr. 650/2012 vom 4.7.2012.

Der beurkundende Notar/die beurkundende Notarin hat Eheleute darüber belehrt, dass für den Fall, dass einer oder beide von ihnen in Zukunft wider Erwarten seinen/ihren gewöhnlichen Aufenthalt in das Ausland verlegen und diesen ausländischen gewöhnlichen Aufenthalt auch noch zum Zeitpunkt seines/ihres Todes haben sollte(n), sich die Erbfolge nach dem betreffenden Erblasser bzw. der betreffenden Erblasserin wahrscheinlich nach dem betreffenden ausländischen Aufenthaltsrecht und nicht mehr nach deutschem Heimatrecht beurteilen würde. Da das anzuwendende Erbrecht auch die Zulässigkeit und Wirksamkeit eines Pflichtteilsverzichts nach dem betreffenden Erblasser beurteilt, könnten auch die in der Urkunde nachfolgend zu vereinbarenden Pflichtteilsverzichte nach dem betreffenden Erblasser aufgrund des dann unter Umständen anzuwendenden ausländischen Aufenthaltsrechts unwirksam sein.

Die Erschienenen wünschen dennoch keine vorsorgende Rechtswahl zum deutschen Recht in dieser Urkunde zu treffen.

▲

2099 ▼

Muster 4.308: Ausländische Erblasser mit voraussichtlich dauerhaftem gewöhnlichen Aufenthalt in Deutschland (Pflichtteilsverzichtsvertrag)

Der beurkundende Notar/die beurkundende Notarin hat die Erschienenen zunächst darüber belehrt, dass für den Fall, dass einer oder beide von ihnen in Zukunft wider Erwarten seinen/ihren gewöhnlichen Aufenthalt in das Ausland verlegen und diesen ausländischen gewöhnlichen Aufenthalt auch noch zum Zeitpunkt seines/ihres Todes haben sollte(n), sie bzw. der betreffende Erblasser von ihnen wahrscheinlich nach dem betreffenden ausländischen Aufenthaltsrecht und nicht mehr nach deutschem Recht beerbt würde. Da das anzuwendende Erbrecht auch die Zulässigkeit und Wirksamkeit eines Pflichtteilsverzichts nach dem betreffenden Erblasser beurteilt, könnten auch die in der Urkunde zu vereinbarenden Pflichtteilsverzichte nach dem betreffenden Erblasser aufgrund des dann unter Umständen anzuwendenden ausländischen Aufenthaltsrechts unwirksam sein.

Der Notar/die Notarin hat die Erschienenen ferner darüber belehrt, dass es nach der seit 17.8.2015 geltenden EU-Erbrechtsverordnung Nr. 650/2012 vom 4.7.2012 nicht möglich ist, das deutsche Recht als das Recht des jetzigen gewöhnlichen Aufenthaltes zu wählen.

Eine Rechtswahl zum … Recht als dem Recht ihrer Staatsangehörigkeit wünschen die Erschienenen in dieser Urkunde ausdrücklich nicht zu treffen.

Der Notar/die Notarin hat die Erschienenen in dieser Urkunde ferner darüber belehrt, dass er/sie ausländisches Recht und insbesondere das … Recht nicht kennen muss, er/sie über dessen Inhalt nicht belehrt und insoweit auch keine Haftung übernommen hat.

▲

▼ 2100

Muster 4.309: Deutsche Erblasser mit aktuellem gewöhnlichen Aufenthalt in Deutschland mit Absicht ins Ausland umzuziehen – Vorsorgende Rechtswahlen 4.309

Ein jeder von uns wählt hiermit rein vorsorglich gemäß Art. 22 Abs. 1 der EU-Verordnung Nr. 650/2012 vom 4.7.2012 für die Rechtsnachfolge von Todes wegen hinsichtlich seines gesamten Nachlasses das deutsche Recht als das Recht seiner Staatsangehörigkeit im Zeitpunkt der Rechtswahl.

Ein jeder von uns wählt weiterhin rein vorsorglich gemäß Art. 25 Abs. 3 der EU-Verordnung Nr. 650/2012 vom 4.7.2012 für die Zulässigkeit, die materielle Wirksamkeit und die Bindungswirkung des heutigen Pflichtteilsverzichtsvertrages einschließlich der Voraussetzungen für seine Auflösung das deutsche Recht als das Recht seiner Staatsangehörigkeit im Zeitpunkt der Rechtswahl.

Die vorstehenden vorsorglichen Rechtswahlen treffen wir insbesondere im Hinblick darauf, dass auch für den Fall, dass wir beide oder einer von uns seinen gewöhnlichen Aufenthalt in das Ausland verlegen und diesen ausländischen gewöhnlichen Aufenthalt auch noch zum Zeitpunkt unseres/seines Todes haben sollte(n), der in dieser Urkunde jeweils vereinbare Pflichtteilsverzicht nach unserem deutschem Heimatrecht und nicht nach dem betreffenden ausländischen Recht des gewöhnlichen Aufenthaltes beurteilt wird.

Der beurkundende Notar/die beurkundende Notarin hat die Erschienenen darauf hingewiesen, dass

- es fraglich ist, ob die Rechtswahlen im Ausland außerhalb des örtlichen Anwendungsbereiches der EU-Verordnung Nr. 650/2012 vom 4.7.2012 anerkannt werden und der Notar/die Notarin hierüber nichts aussagen kann,
- der Notar/die Notarin ausländisches Recht und damit auch das durch Rechtswahl unter Umständen ausgeschaltete fremde Erbrecht nicht kennen muss, er/sie über dessen Inhalt nicht belehrt hat und insoweit auch keine Beratung oder Betreuung übernommen hat.

▲

▼ 2101

Muster 4.310: Notarhinweis zur Prüfung des Pflichtteilsverzichtsvertrags

Der beurkundende Notar hat uns schließlich darauf hingewiesen, dass es unbedingt erforderlich ist, den vorliegenden Pflichtteilsverzichtsvertrag auf seine Wirksamkeit und Anerkennungsfähigkeit hin überprüfen zu lassen und ihn gegebenenfalls entsprechend zu ändern und/oder zu ergänzen, wenn wir – oder zumindest einer von uns – entweder seinen gewöhnlichen Aufenthalt außerhalb Deutschlands verlegen oder im Ausland Vermögenswerte nennenswerter Art, insbesondere Immobilien, erwerben sollte(n). Denn in diesen Fällen könnte der jeweilige Pflichtteilsverzichtsvertrag in der heutigen Urkunde aufgrund des dann unter Umständen anwendbaren ausländischen Aufenthaltsrechts des betreffenden Erblassers bzw. des dann unter Umständen anwendbaren Lageortrechtes im Hinblick auf die betreffende Immobilie ganz oder teilweise unwirksam sein. 4.310

▲

§ 5 Notarkostenrecht

A. Grundzüge

I. Rechtsquelle – das GNotKG

1. Einführung

Die Notarkosten bestimmen sich nach dem **Gerichts- und Notarkostengesetz (GNotKG)**. Das Gesetz gilt seit dem 1.8.2013 (BGBl I S. 2586). Bei einem Blick auf die Vorgängerbestimmungen zeigt sich, dass maßgebliche Grundstrukturen schon lange Zeit unverändert sind. 1

Die Reichskostenordnung von 1935 hatte eine Vereinheitlichung des bis dahin je nach dem Recht der einzelnen deutschen Länder zersplitterten Kostenrechts der Notare gebracht. In der Bundesrepublik Deutschland galt sie auch nach 1945 fort und wurde als Kostenordnung (KostO) im Jahr 1957 neu gefasst. In der DDR herrschten für das überwiegend staatliche Notariat spätestens seit 1952 eigene Regeln, ab der Wiedervereinigung dann die KostO (zunächst mit verschiedenen Gebührenermäßigungen). 2

Das GNotKG teilt sich in einen **Paragrafenteil** und ein **Kostenverzeichnis**.[1] In den Paragrafen werden außer den Geschäftswerten vor allem auch das Kostenschuldverhältnis und das Verfahren geregelt. Die Nummern des Kostenverzeichnisses („KV-Nummern“) enthalten die eigentliche Gebühr (bei Betragsgebühren) oder den Gebührensatz, außerdem die Auslagen. Eine vergleichbare Systematik gilt zum Beispiel im Rechtsanwaltsvergütungsgesetz und im Gerichtskostengesetz schon seit 2004 (das Jahr der „ersten Kostenrechtsmodernisierung“). Die Freiwillige Gerichtsbarkeit, d.h. die Notare und die Gerichte in Betreuungssachen, Nachlasssachen, Registerangelegenheiten, die Grundbuchämter etc.[2] zogen 2013 mit dem „zweiten Kostenrechtsmodernisierungsgesetz“[3] nach. 3

2. Geltungsbereich

Das GNotKG erfasst bis auf ganz wenige Ausnahmen (z.B. Fälle der Sachenrechtsbereinigung in den neuen Bundesländern) alle Tätigkeiten des Notars abschließend. Was der Notar in Ausübung dieses Amtes erledigt, darf er nur berechnen, wenn das Gesetz dafür eine Vergütung vorsieht. Er muss es aber auch (siehe unten Rdn 54). Andere Regeln, um die es hier nicht weiter gehen wird, gelten für die anwaltliche Tätigkeit eines Anwaltsnotars (zur Abgrenzung siehe § 24 Abs. 2 BNotO)[4] und (zulässige) Nebentätigkeiten des Notars (Übernahme einer Testamentsvollstreckung, einer Schiedsrichtertätigkeit und ähnliches). 4

Wie sein Name schon sagt, regelt das GNotKG die Kosten der Notare und der Gerichte gemeinsam. Es gilt für die **Freiwillige Gerichtsbarkeit** (siehe § 1 Rdn 3). Kosten der anderer Gerichtszweige (Verwaltungsgerichte, Finanzgerichte, Arbeits- und Sozialgerichte) sowie in den streitigen Verfahren der Ordentlichen Gerichtsbarkeit werden zumeist nach dem Gerichtskostengesetz (GKG) abgerechnet. 5

Im Rahmen der Freiwilligen Gerichtsbarkeit gibt es einige speziellere Regelungen, so dass in diesen Bereichen das GNotKG für die Gerichtskosten nicht gilt. Bedeutsam sind z.B. die Familiensachen, geregelt im Gesetz über Gerichtskosten in Familiensachen (**FamGKG**).

In **Handels-, Genossenschafts-, Gesellschafts-, und Partnerschaftsregistersachen richten** sich die **Eintragungsgebühren** (nicht die Notargebühren) nach der auf der Grundlage von § 58 GNotKG erlassenen Handelsregistergebührenverordnung (HRegVO).

Für das nicht bei den Registergerichten, sondern durch das Bundesamt für Justiz als Registerbehörde geführte **Stiftungsregister** (ab 1.1.2026, § 82b BGB i.V.m. dem Stiftungsregistergesetz) gilt voraussichtlich eine Verwaltungsgebührenverordnung des Bundes. Die von den Notaren vorgenommene öffentliche Beglaubigung von Anmeldungen zum Stiftungsregister wird hingegen nach dem GNotKG abgerechnet. Bei dem **Zentralen Vor-**

1 In diesem Abschnitt angegebene Kostenverzeichnisnummern (KV) sind solche des GNotKG.

2 Wichtige Teilbereiche der Freiwilligen Gerichtsbarkeit kannten diese Systematik schon länger, siehe etwa die Handelsregistergebührenverordnung und das Gesetz über die Kosten in Familiensachen (2008).

3 Das GNotKG ist gesetzgebungstechnisch ein Teil des zweiten Kostenrechtsmodernisierungsgesetzes.

4 Ausf. dazu *Meyer/Meyer*, NotBZ 2004, 289 und aus der Rechtsprechung KG v. 26.4.2022 – 9 W 11/20 (juris).

sorgeregister, dem **Zentralen Testamentsregister** und für das **Urkundenverzeichnis** ist die Bundenotarkammer Registerbehörde. Sie setzt auf der Grundlage von § 78b, § 78g bzw. § 78j BNotO selbst Gebühren für damit verbundene Geschäfte fest, die der Notar als Auslage weitergibt (KV Nr. 32015).

3. Aufbau

6 Die gemeinsame Regelung für Notare und Gerichte hat ihren Grund darin, dass für einheitliche Lebensvorgänge möglichst gleiche Kostengrundsätze gelten sollen. Viele Eckpunkte der Kostenberechnung, zum Beispiel die Bestimmung des „Geschäftswerts“ (dazu gleich) gelten für das Gericht ebenso wie für den Notar, es soll in solchen Punkten möglichst keine Abweichungen der beiden Rechnungen geben. Trotzdem gibt es zahlreiche Themen, die sinnvollerweise für Notar und Gericht abweichend bestimmt werden.

7 Der **Aufbau des Gesetzes** wird beiden Überlegungen gerecht:

- Kapitel 1 (§§ 1–54 GNotKG) enthält (hauptsächlich) allgemeine Bestimmungen, die für beide gelten. Das Kapitel ist thematisch in Abschnitte aufgeteilt, in Unterabschnitten wird dann teilweise wieder nach Gericht und Notar aufgegliedert.
- Kapitel 2 behandelt ausschließlich Fragen der Gerichtskosten und kann deshalb nachfolgend ganz ausgespart bleiben.
- Kapitel 3 (§§ 85–131 GNotKG) dagegen ist ganz den Notarkosten gewidmet.
- Kapitel 4 enthält Schlussbestimmungen. Im Kostenverzeichnis befasst sich Teil 1 ganz mit den Gerichtskosten, Teil 2 mit den Notarkosten, Teil 3 enthält die Auslagentatbestände.

Hinweis

Bedingt durch die teilweise gemeinsame Behandlung der Gerichts- und Notargebühren kann sich ergeben, dass anders als aus anderen Gesetzen gewohnt in einem „vor die Klammer gezogenen“ Abschnitt, der „allgemeine“ (nämlich für Notare und Gerichte) geltenden Bestimmungen enthält, speziellere Regelungen zu finden sind als in einem späteren „besonderen“ Abschnitt, der nur für Notare gilt.

Beispiele

- § 42 GNotKG regelt den Geschäftswert einer Begründung von Wohnungseigentum spezieller als § 97 GNotKG und hat daher Vorrang.
- § 51 Abs. 2 GNotKG ist spezieller als § 100 GNotKG.[5]

8 Die fünfstelligen Kostenverzeichnisnummern sind nicht fortlaufend. Es gibt also zwar eine KV Nr. 32015, aber bei weitem keine 32.000 Kostenziffern. In den KV-Nummern spiegelt sich vielmehr der Aufbau wider: Beginnt die Nummer mit der Ziffer 1, gehört sie zum Teil 1 und muss damit eine Gerichtsgebühr sein. Folglich betreffen uns im Folgenden allein die mit der Ziffer 2 beginnenden Nummern. Oder solche, die mit „32“ beginnen, denn dann geht es um Nummern aus dem 3. Teil des Kostenverzeichnisses, genauer aus dessen Hauptabschnitt 2. Alle Nummern dieses Teils befassen sich mit Auslagen, nur die des 2. Hauptabschnitts mit solchen der Notare.

9 Die Systematik der KV-Nummern geht entsprechend weiter.

Beispiel: KV Nr. 21100

2	1	1	0	0
→ Hier geht es um Notargebühren				
	→ und zwar dort um Hauptabschnitt 1 = Beurkundungsverfahren			
		→ dort Abschnitt 1 = einen Vertrag oder Ähnliches		
				→ und dabei um den Grundfall (die letzten beiden Ziffern sind hier fortlaufend und enthalten Abwandlungen zu vorangehenden Nummern oder auch weitere Grundfälle innerhalb des Abschnitts.)
		Andere Abschnitte (siehe z.B. Teil 2 Hauptabschnitt 2 Abschnitt 1) sind auch noch in Unterabschnitte weiter untergliedert.		

5 Leipziger-GNotKG/*Reetz/Riss*, § 100 Rn 74.

Wer sich die fünfstelligen Ziffern schwer merken kann, wird sich beim Nachschlagen im Gesetz wenigstens deutlich leichter tun, wenn er sich als Orientierungshilfe zumindest die relevanten Hauptabschnitte einprägt: 10

2	X	X	X	X
→ Teil 2 des KV = Hier geht es um Notargebühren				
2	1	X	X	X
	→ und zwar dort um Hauptabschnitt 1 = Beurkundungsverfahren			
2	2	X	X	X
	→ und zwar dort um Hauptabschnitt 2 = Vollzug und Betreuung			
2	3	X	X	X
	→ und zwar dort um Hauptabschnitt 3 = Andere Verfahren (also keine Beurkundung). Achtung: die Beglaubigung von Unterschriften oder Abschriften gehört nicht hierher, das GNotKG versteht diese nicht als „Verfahren“!			
2	4	X	X	X
	→ und zwar dort um Hauptabschnitt 4 = Entwurf oder Beratung			
2	5	X	X	X
	→ und zwar dort um Hauptabschnitt 5 = Sonstige Geschäfte (das sind vor allem die Beglaubigungen, ebenso Bescheinigungen)			
2	6	X	X	X
	→ und zwar dort um Hauptabschnitt 6 = Zusatzgebühren			
3	2	X	X	X
→ Teil 3	→ Hauptabschnitt 2 = Auslagen der Notare			

Einzelne Unterabschnitte werden in der Praxis besonders häufig vorkommen: 11

2	1	X	X	X
	→ Notargebühren für Beurkundungsverfahren			
2	1	1	X	X
		→ Verträge (inkl. Antrag/Annahme), Beschlüsse, Testamente		
2	1	2	X	X
		→ Sonstige beurkundete Erklärungen (Widerrufe, Anträge, Anmeldungen etc.)		
2	1	3	X	X
		→ Vorzeitige Beendigung des Beurkundungsverfahrens		

2	2	X	X	X
	→ Notargebühren für Vollzug und Betreuung			
2	2	1	X	X
		→ Vollzug (definiert in Vorbem. 2.2.1.1), inkl. einer besonderen Vollzugsgebühr für die Erstellung von XML-Strukturdateien		
2	2	2	X	X
		→ Betreuung (definiert in KV Nr. 22200) und Treuhandgebühr		

2	4	X	X	X
	→ Notargebühren für Entwurf und Beratung			

2	4	1	X	X
		→ Entwurf (soweit außerhalb des Beurkundungsverfahrens): – insbesondere Entwürfe für unterschriftsbeglaubigte Erklärungen – abzugrenzen von den Fällen Teil 2 Hauptabschnitt 1 Abschnitt 3		
2	4	2	X	X
		→ Beratung (soweit außerhalb des Beurkundungsverfahrens)		

2	5	X	X	X
	→ Notargebühren für „sonstige Geschäfte“			
2	5	1	X	X
		→ Beglaubigungen und sonstige Zeugnisse		
2	5	3	X	X
		→ Verwahrung von Geld, Wertpapieren und Kostbarkeiten (das Notaranderkonto)		

12 Wie für jedes Gesetz gilt die Regel: Wer die auf seinen Fall „passende“ Bestimmung gefunden hat, sollte sicherheitshalber immer noch auf die Normen kurz davor und danach sehen. Als Besonderheit des Kostenverzeichnisses kommt noch hinzu, dass der Gesetzgeber selbst in „Vorbemerkungen“ und „Anmerkungen“ oder „Bemerkungen“ ergänzende Weisungen oder Klarstellungen bzw. Erläuterungen zu den eigentlichen KV-Nummern erteilt. Es handelt sich dabei um gleichwertige Teile des Gesetzesbefehls und nicht nur um unverbindliche Erklärungshilfen, auch wenn sich inhaltlich gelegentlich Wiederholungen ergeben.

13 *Hinweis*

Natürlich ist die Auflassung (also das Verfügungsgeschäft z.B. zum schuldrechtlichen Grundstückskauf, siehe § 4 Rdn 107 ff.) in der Praxis ein beurkundeter Vertrag. Wer dazu KV Nr. 21100 findet, muss aber zwingend auch KV Nr. 21101 und KV Nr. 21102 berücksichtigen. Erst die Zusammenschau der Vorschriften ergibt:

- Die 2,0 Gebühr aus KV Nr. 21100 gilt für die Auflassung (ganz ausnahmsweise) nur dann, wenn die schuldrechtliche Verpflichtung nicht (ausreichend) beurkundet war. Das kann zum Beispiel der Fall sein bei nicht (vollständig) anerkannter Beurkundung im Ausland (streitig) oder wenn eine Verpflichtung aus einem Urteil, einem gerichtlichen Vergleich oder einem seinerseits nicht beurkundeten testamentarischen Vermächtnis erfüllt werden soll.
- Die 1,0 Gebühr aus KV Nr. 21102 gilt dann, wenn das schuldrechtliche Geschäft (also meist der Kaufvertrag) schon beurkundet ist[6] und jetzt ein anderer Notar die Auflassung entgegennimmt. Dazu muss man auch noch die Vorbemerkung 2 (1) beachten: Wenn die Kaufvertragsbeurkundung beim Sozius erfolgte, wäre das im Sinne der KV Nr. 21101 kein anderer Notar. Spätestens nach dieser Klärung wird deutlich, dass auch die 1,0 Gebühr für die Auflassung nicht der Hauptfall ist. Sie gilt allerdings häufig bei Aufspaltung des Vertrags in Angebot und Annahme sowie für die Vermächtniserfüllung bei notariell beurkundeter letztwilliger Verfügung (vgl. die Anmerkung (1) zu KV Nr. 21101).
- Die 0,5 Gebühr aus KV Nr. 21101 Nr. 2 gilt, wenn vorher schon derselbe Notar (oder sein Sozius, Büropartner, Vertreter) das schuldrechtliche Geschäft (d.h. in der Regel den Kaufvertrag, aber auch z.B. ein dingliches Vorkaufsrecht, das nun ausgeübt wird)[7] beurkundet hatte – das wird der häufigste Fall sein.

14 Hinsichtlich der Vorbemerkungen muss man außerdem beachten, dass sie sich teilweise auf den gesamten Notargebührenteil beziehen – so im Beispiel oben die Vorbemerkung 2 (1), oder auf den Hauptabschnitt, Abschnitt bzw. Unterabschnitt – je nach ihrer Stellung im Text. Die Bezeichnung der Vorbemerkungen entspricht der Regelungsebene, für die sie gelten sollen. Auch sie sind also nicht fortlaufend nummeriert.

6 Dabei reicht es, wenn der Kaufvertrag erst durch die zusammen mit der Auflassung beurkundete Vertragsannahme komplett wird, BGH, Beschl. v. 1.10.2020 – V ZB 67/19 = NotBZ 2021, 31 m. Anm. *Otto*.

7 LG Aachen, Beschl. v. 28.3.2019 – 2 OH 4/18 = ZNotP 2020, 268 m. Anm. *Bachmayer*.

Hinweis 15

Die drei Absätze der Vorbemerkung 2.2.1.1 gelten für alle KV-Nummern im 2. Teil, 2. Hauptabschnitt, 1. Abschnitt, 1. Unterabschnitt. Bei Anwendung dieser Nummern (also 22110 bis 22114) sind grundsätzlich außerdem Vorbemerkung 2.2 (gilt nach Stellung und Bezeichnung für den ganzen 2. Teil 2. Hauptabschnitt) und auch die Vorbemerkung 2 zu beachten.

Dabei wird längst nicht jede Vorbemerkung immer relevant. Aber auch die in Vorbemerkung 2.2 (1) enthaltene Aussage, dass die dort getroffene Anordnung für KV Nr. 22114 gerade **nicht** gelten soll, enthält natürlich für den Rechtsanwender eine wichtige Erkenntnis: Zur Erhebung der besonderen Datenerfassungsgebühr (XML) bedarf es gerade keines besonderen Auftrags (Gegenschluss). 16

Insbesondere das Verhältnis von Entwurfsgebühr, der Gebühr bei abgebrochener Verhandlung, wenn schon ein Entwurf gefertigt war, sowie Unterschriftsbeglaubigung nach Entwurf sowie von Vollzug und Entwurfstätigkeit erschließt sich vorrangig über die folgenden Vorbemerkungen, die man mehr als einmal gelesen haben sollte: 2.2 (2); 2.4.1 (1); 2.4.1 (2). 17

II. Grundbegriffe

1. Kosten

Wer von **Notarkosten** spricht, meint **Gebühren** oder **Auslagen** (§ 1 GNotKG). Gebühren verdient der Notar für die Beurkundungsverhandlung oder das Geschäft, das er und seine Mitarbeiter für den **Kostenschuldner** erledigen. Dazu kommen im Teil 3 Hauptabschnitt 2 des Kostenverzeichnisses genau festgelegte Auslagen. Gebühren und Auslagen zusammen sind die Einnahmen des Notars bzw. das Entgelt für seine Tätigkeit, das selbstverständlich nicht mit seinem Gewinn verwechselt werden darf. 18

Die **Auslagen** sind längst nicht, wie der allgemeine Sprachgebrauch vielleicht nahelegen könnte, eine direkte Erstattung der bei dem Notar angefallenen Ausgaben. Welche Auslagen er in welcher Höhe erhält, bestimmt vielmehr ausschließlich das Gesetz. Das kann im Ergebnis der Betrag sein, den der Notar selbst an Dritte zahlen musste (z.B. im Rahmen einer Geschäftsreise an einen Taxifahrer, siehe KV Nr. 32007), sehr viel häufiger setzt das Gesetz aber vereinfachend Pauschalen an (z.B. für die Geschäftsreise im eigenen Pkw, siehe KV Nr. 32006). Ein Beispiel für eine Wahlmöglichkeit des Notars ist hier etwa KV Nr. 32003 (bitte lesen). Nur dann, wenn der Notar eine von einem Dritten auf den Kostenschuldner ausgestellte Rechnung „ausgelegt" hat, erhält er den Betrag direkt erstattet (sog. **durchlaufende Posten**, siehe KV Nr. 32015). 19

2. Wertgebühren

Die Gebühren sind zumeist sog. **Wertgebühren** (§ 3 GNotKG). Zu ihrer Bestimmung ist für das abzurechnende Geschäft bzw. Verfahren zunächst ein **Geschäftswert** zu ermitteln. Auf welche Gegenstände es für die Gebührenermittlung ankommt, bestimmen die **Geschäftswertvorschriften** (den Notar betreffen §§ 40–45 GNotKG und §§ 97–124 GNotKG) unterschiedlich je nach Verfahren und Amtstätigkeit. Die **allgemeinen Wertvorschriften** (§§ 35–39 GNotKG; §§ 95–96 GNotKG) enthalten neben einer allgemeinen Geschäftswertvorschrift (§ 36 GNotKG), die dann zum Tragen kommt, wenn die spezielleren Bestimmungen nicht weiterhelfen, ergänzende generelle Anweisungen. Sie bestimmen z.B. den Berechnungszeitpunkt und den Umgang mit Nebenrechten oder Verbindlichkeiten. **Bewertungsvorschriften** (§§ 46–54 GNotKG) legen fest, wie der Wert bestimmter Sachen und Rechte zu ermitteln ist. Mehrere Gegenstände eines Verfahrens werden meistens zugunsten des Schuldners zusammengerechnet (siehe unten Rdn 248 ff.). Das ist deshalb für den Schuldner vorteilhaft, weil die Gebühr mit steigendem Geschäftswert nicht in demselben Verhältnis ansteigt. Die Gebühr wächst vielmehr auf einer flacheren Kurve, also „degressiv". Manchmal verlangt das Gesetz, dass (zur weiteren Kostenersparnis) mehrere Geschäfte so behandelt werden, als seien sie ein und dasselbe (siehe unten Rdn 254). Das macht sie für den Auftraggeber noch günstiger. 20

Die konkrete **Gebühr** ergibt sich aus Multiplikation des für den jeweiligen **Gebührentatbestand** im Kostenverzeichnis vorgesehenen Gebührensatzes (0,5; 1,0; 1,5 etc.) mit dem in § 34 GNotKG für eine 1,0 Gebühr aus 21 dem jeweiligen Geschäftswert bestimmten **Gebührenbetrag**. Wer noch mit der Kostenordnung gearbeitet hat, spricht bei dem Gebührensatz gelegentlich noch von 5/10, 10/10, 15/10 etc., was mathematisch natürlich nichts anderes ist.

22 Das GNotKG arbeitet mit zwei **Tabellen**: A und B. Welche Tabelle gilt, kann man der betreffenden Überschriftszeile bei den Gebührensätzen im Kostenverzeichnis entnehmen. Für die Geschäfte des Notars gilt praktisch immer Tabelle B. Geschäfte nach Tabelle A (Gerichtsgebühren) weisen deutlich höhere Gebührenbeträge auf.[8] Der Gesetzgeber begründet das damit, dass bei den betreffenden Geschäften regelmäßig der Geschäftswert geringer sei. Die Praxis nutzt anstelle der Berechnungsformel in § 34 GNotKG eine der gängigen **Gebührentabellen**. Besonderheiten gelten für die Auszahlungsgebühren der KV Nr. 25300, 25301 KV bei besonders hohen Auszahlungen (bitte nachlesen). Außerdem enthält § 91 GNotKG eine eigene Ermäßigungstabelle für Geschäftswerte über 25.000 EUR, denn zugunsten öffentlicher Kostenschuldner und gemeinnütziger Einrichtungen sind die Notargebühren ermäßigt.

3. Mindest- und Höchstgebühren

23 Für die Wertgebühren gilt: Nicht das Maß an Arbeit, die auf eine Angelegenheit verwendet wird, sondern die Wichtigkeit der Angelegenheit bestimmt die Höhe der Gebühren. Dies kann bei einem hohen Geschäftswert dazu führen, dass für eine einfache und schnell besorgte Verrichtung überhöht anmutende Gebühren anfallen, aber auch dazu, dass bei einer arbeitsreichen Angelegenheit mit geringem Geschäftswert die Selbstkosten des Notars von den Gebühren nicht gedeckt werden. Das Gesetz reagiert auf beide Situationen:

24 Die **allgemeine Mindestgebühr** beträgt 15 EUR (§ 34 Abs. 5 GNotKG). Sie gilt auch dann, wenn sich bei einem Gebührensatz kleiner als 1,0 nach der Rechenanweisung „eigentlich" ein geringerer Betrag ergeben würde.

25 Für bestimmte Wertgebühren sind abweichend **spezielle Mindestgebühren** festgesetzt. Wichtig für den Notar sind z.B. die allgemeine Beurkundungsgebühr für Verträge mit mindestens 120 EUR (KV Nr. 21100) und für andere Beurkundungen von 30 oder 60 EUR (siehe KV Nr. 21101 bzw. 21102). Spezifische Mindestgebühren erhält der Notar auch bei vorzeitiger Beendigung eines Beurkundungsverfahrens (KV Nr. 21302–21304: je nach Stadium des Verfahrens wenigstens 30, 60 oder 120 EUR; wenn noch nichts veranlasst war fest 20 EUR, KV Nr. 21300) und für seine Entwürfe (siehe dazu: KV Nr. 24100–24102). Bei den Beglaubigungen von Unterschriften und Handzeichen (Nr. 25100) gilt einerseits eine Mindestgebühr von 20 EUR, andererseits eine Höchstgebühr von 70 EUR. Die Mindestgebühr für die einfache Abschriftsbeglaubigung beträgt nur 10 EUR (KV Nr. 25102).

26 Betragsmäßig festgelegte **Mindestgeschäftswerte** in einigen gesellschaftsrechtlichen Angelegenheiten bzw. bei Anmeldungen führen im praktischen Ergebnis genauso zu Mindestergebnissen.

27 **Höchstgebühren** bedeuten gleichfalls eine Abweichung vom Wertgebührenprinzip. Sie greifen z.B. für die Vollzugsgebühren, wenn sich der Notar auf einzelne Standardtätigkeiten beschränken kann (siehe dazu: KV Nr. 22112–22113), für die besondere Vollzugsgebühr für die Erstellung von XML-Strukturdateien (KV Nr. 22114: 125 EUR bzw. Nr. 22125: 250 EUR), ferner für die Beglaubigung von Unterschriften und Handzeichen (KV Nr. 25100: 70 EUR; bitte nicht verwechseln mit der Gebühr für den Entwurf einer Erklärung und die erste anschließende Unterschriftsbeglaubigung). Für Beurkundungen in fremder Sprache bekommt der Notar maximal 5.000 EUR zusätzlich (KV Nr. 26001).

28 Immer gilt ein **allgemeiner Höchstwert** von 60 Millionen EUR (§ 35 Abs. 2 GNotKG). Im praktischen Ergebnis führt er zu einer höchstmöglichen 1,0 Gebühr von 26.585 EUR. Das ist nicht unproblematisch, weil das Haftungsrisiko des Notars bei diesem Betrag nicht endet (zur Versicherung siehe KV Nr. 32012 und 32013). Für bestimmte Gebührenvorfälle gelten außerdem spezielle betragsmäßige **Höchstgeschäftswerte**. So z.B. für nichtvermögensrechtliche Angelegenheiten (1 Million EUR, § 36 Abs. 2 GNotKG), Vollmachten und Zustimmungen (1 Million EUR, § 98 Abs. 4 GNotKG), Gesellschaftsverträge, Satzungen und be-

8 Die Werte der ursprünglichen Tabelle A wurden zum 1.1.2021 um 10 % und zum 1.6.2025 um weitere rund 6 % angehoben. Tabelle B blieb beide Male unverändert (Kostenrechtsänderungsgesetz 2020 v. 21.12.2020, BGBl I 2020, 3229; Kosten- und Betreuervergütungsrechtsänderungsgesetz 2025 v. 7.4.2025 BGB I 2025 Nr. 109). Die Notargebühren wurden seit dem Jahr 2013 nur in Randbereichen (Festgebühren für die Vollstreckbarerklärung von Anwaltsvergleichen) angehoben und teils auch reduziert („XML-Gebühr").

stimmte Unternehmensverträge (10 Millionen EUR, § 107 GNotKG) und Beschlüsse gesellschaftsrechtlicher Organe (5 Millionen EUR, § 108 Abs. 5 GNotKG).

4. Betragsgebühr und Festgebühr

Abweichend vom Prinzip der Wertgebühr sind für einige Verfahren oder Amtstätigkeiten von einem Geschäftswert unabhängige **Betragsgebühren** bestimmt. Mangels Geschäftswerts scheidet für sie bei mehreren Geschäften eine Zusammenrechnung der Werte aus. Zumeist sind diese Gebühren zugleich **Festgebühren**, teilweise sind sie aber auch nach der aufgewandten Zeit oder anderen Kriterien berechnet. 29

Für **vorzeitig beendigte notarielle Beurkundungsverfahren** fallen 20 EUR an (KV Nr. 21301), wenn weder ein Entwurf versandt bzw. ausgehändigt noch auf Grundlage eines Entwurfs verhandelt war. Bei bestimmten **einfachen Vollzugstätigkeiten** und für die „Prüfung auf Eintragungsfähigkeit" (§ 15 Abs. 3 GBO, § 378 Abs. 3 FamFG) in Angelegenheiten, in denen der Notar keine Beurkundungs- oder Entwurfsgebühr vereinnahmt, kann eine Festgebühr von 20 EUR anfallen (KV Nr. 22124). Für einige Standarderklärungen (insbesondere Löschungszustimmung und damit verbundener Antrag des Grundstückseigentümers nach § 27 GBO; Verwalternachweis nach § 26 Abs. 3 WEG) ist die **Beglaubigungsgebühr** auf 20 EUR festgelegt (KV Nr. 25101). Wenn mehrere solche privilegierten Erklärungen in einem Dokument zusammengefasst werden, bleibt es dennoch bei dem Betrag von 20 EUR (ein Vermerk → eine Beglaubigungsgebühr).[9] **Bescheinigungen** aus dem Register (§ 21 Abs. 1 BNotO) werden mit 15 EUR je dazu eingesehenem Registerblatt (also je HR-Nummer – nicht etwa je eingesehener Seite) berechnet (KV Nr. 25200), Bescheinigungen über das Vertretungsrecht gemäß § 21 Abs. 3 BNotO werden mit 15 EUR vergütet (KV Nr. 25214). Allerdings kann eine Bescheinigung mehrere Schritte umfassen; im Grundbuchverfahren (siehe § 34 GBO) muss z.B. immer die ganze „Vollmachtskette" nachgewiesen werden. Der Bundesgerichtshof[10] hat bestätigt, dass die Gebühr dabei für jede Vollmacht einzeln anfällt. Für die isolierte **Registereinsicht** fallen 15 EUR je Registerblatt an (KV Nr. 25209), für die Erteilung eines einfachen Grundbuchabdrucks erhält der Notar jedoch nur 10 EUR (KV Nr. 25210) bzw. 15 EUR, wenn der Ausdruck beglaubigt wird (KV Nr. 25211). 30

Beispiel

C lässt von dem Notar eine Grundbuchbewilligung beglaubigen. Er handelt als Vertreter des eingetragenen Eigentümers A. Dazu legt er eine unterschriftsbeglaubigte Originalvollmacht von B vor, außerdem eine Ausfertigung der notariellen Vollmacht von A an B.

Wenn keine sonstigen Nachweise beigefügt werden, kann eine Bescheinigung des Notars, dass er sich von der Vertretungsmacht des C für A überzeugt habe, dem Grundbuchamt nicht genügen. Der Notar wird vielmehr bescheinigen, dass ihm in Ausfertigung die Vollmacht des A an B vorlag sowie im Original die unterschriftsbeglaubigte Untervollmacht des B an C. Dafür fällt die Gebühr nach KV Nr. 25214 zweimal an.

Beispiel

Wie oben, aber eingetragener Eigentümer des betroffenen Grundstücks ist nicht A, sondern die A-GmbH. A ist deren alleinvertretungsberechtigter Geschäftsführer.

In dieser Abwandlung ist auch noch das Vertretungsrecht des A für die A-GmbH nachzuweisen. Dafür stehen mehrere Wege zur Verfügung. Der Notar kann z.B. die Bescheinigungen über die Vollmachten (§ 21 Abs. 3 BNotO) mit einer weiteren Bescheinigung über seine Registereinsicht (§ 21 Abs. 1 BNotO) in einem einzigen Vermerk kombinieren. Dann fallen an: Zweimal die Gebühr nach KV Nr. 25214 und einmal die Gebühr nach KV Nr. 25200.

9 BGH, Beschl. v. 23.1.2020 – V ZB 70/19 = NotBZ 2020, 218.

10 BGH, Beschl. v. 22.9.2016 – V ZB 177/15 = DNotZ 2017, 303 = WM 2017, 20. Die Entscheidung ist auch für Auszubildende insgesamt lesenswert wegen ihrer ausführlichen Darstellung der anderen Nachweismöglichkeiten für Vertretungsrechte gegenüber dem Grundbuchamt.

31 Nach **Zeit** berechnet wird die Zusatzgebühr bei Auswärtsbeurkundung (50 EUR je angefangener halber Stunde, KV Nr. 26002), es sei denn, dass nur besonders begünstigte Verfahren betroffen sind (siehe dazu KV Nr. 26003).

5. Rahmengebühren, Teil- und Schätzwerte

32 Keinen festen Gebührensatz, sondern eine Gebührenspanne bzw. einen **Gebührensatzrahmen** bestimmt das Kostenverzeichnis z.B. bei vorzeitiger Beendigung einer Vertragsbeurkundung (KV Nr. 21302: 0,5 bis 2,0), ebenso für den Vertragsentwurf ohne Beurkundung (KV Nr. 24100: 0,5 bis 2,0, mindestens 120 EUR), für Erklärungen, die beurkundet die 1,0 Gebühr auslösen würden (KV Nr. 24101: 0,3 bis 1,0, mindestens 60 EUR) oder aber die 0,5 Gebühr (KV Nr. 24102: 0,3 bis 0,5, mindestens 30 EUR). Ein **Rahmen** gilt auch für die isolierte, d.h. außerhalb des Beurkundungsverfahrens erfolgende Beratung (je nach Gegenstand von 0,3 bis 1,0 in den Fällen KV Nr. 24200 bis zu 0,5 bis 2,0 in KV Nr. 24203 KV). Innerhalb dieses Rahmens entscheidet der Notar zwar nach dem Einzelfall, aber niemals willkürlich. Die Festlegung erfolgt vielmehr nach **billigem Ermessen** unter Berücksichtigung des **Umfangs** der erbrachten Leistungen (§ 92 Abs. 1 GNotKG). Wenn ein Entwurf bereits vollständig erstellt ist, fällt immer die höchstmögliche Gebühr an (§ 92 Abs. 2 GNotKG). Soweit danach noch ein Spielraum bleibt, ist der bei dem Notar entstandene **Aufwand** entscheidend.[11] Dabei geht es um Umfang der bereits erledigten Leistungen im Verhältnis zu denen, die bis zur vollständigen Beurkundung noch angefallen wären.[12]

33 Zur Zeit der KostO meinte die Praxis, ohne die Bildung sog. **Teilwerte** nicht auszukommen. Wenn keine unmittelbar geltende Geschäftswertbestimmung aufzufinden war oder die bei vollem Wertansatz entstehenden Gebühren als zu hoch empfunden wurden (so für die Betreuungstätigkeiten, für die 20–50 % des Kaufvertragswerts angesetzt wurden, vgl. dagegen jetzt § 113 GNotKG), wurden Geschäftswertbestimmungen eng ausgelegt oder gegen ihren Wortlaut nur als Bezugspunkt verwendet. Die Idee war, im Wege der Schätzung zu einer als angemessen empfundenen Gebühr zu gelangen. Das führte zu erheblicher Rechtsunsicherheit, vor allem durch die regional unterschiedliche Praxis der Notare und der Rechtsprechung.[13] Das GNotKG reduziert den Anwendungsbereich der Teilwertbildung ganz erheblich (teilweise stattdessen: Rahmengebühr). In einzelnen Bestimmungen ordnet das GNotKG aber auch ausdrücklich an, den maßgeblichen Wert aus einem (nun allerdings festen) Prozentsatz von einem Bezugswert zu bestimmen: § 98 Abs. 1 und Abs. 2, § 100 Abs. 3, § 104 GNotKG. Soweit dem Notar ein Ermessen bei der Geschäftswertbestimmung eingeräumt ist (z.B. §§ 36 Abs. 1, 98 Abs. 3 GNotKG), wird er einen passenden **Bezugswert** ermitteln und darauf einen Abschlag vornehmen. Man kann im Rahmen des § 36 Abs. 1 GNotKG die Teilwerte auch als **Schätzwerte** ansprechen.

34 Kommt es zu einer gerichtlichen Überprüfung des Kostenansatzes, ist das Landgericht (nur) bei Ermessensfehlern befugt, nach eigenem Ermessen zu entscheiden.

6. Verfahrensgebühr, Vollzug und Betreuung sowie Aktgebühr

35 Für jedes Verfahren, auch wenn es einmal vorzeitig abgebrochen wird, fällt genau eine **Verfahrensgebühr** an. Jede notarielle Urkunde begründet grundsätzlich ein eigenes Beurkundungsverfahren. **Vollzugsgebühren** (KV Nr. 22110–22113 bzw. 22120–22124) und **Betreuungsgebühren** (KV Nr. 22200) entstehen in jedem Verfahren des Notars neben der Verfahrensgebühr (oder wenn eine solche fehlt) je höchstens einmal (§ 93 Abs. 1 GNotKG). Der Katalog von Tätigkeiten, die eine Betreuungsgebühr (KV Nr. 22200) auslösen, ist abschließend. Die Vollzugsgebühr kann um eine zusätzliche Komponente erhöht sein, wenn zur Weiterverarbeitung elektronisch **strukturierte Daten** erzeugt werden (KV Nr. 22114, 22125). **Treuhandgebühren** (KV Nr. 22201) beruhen auf einer Betreuungstätigkeit für am Beurkundungsverfahren nicht beteiligte Dritte, die im Rahmen des Vollzugs eigene Treuhandaufträge erteilt haben.

11 RegEntwurf BT-Drucks 17/11471, S. 179.

12 Fackelmann/Heinemann/*Teubel*, § 92 Rn 29/35; Leipziger-GNotKG/*Heinze*, § 92 Rn 8.

13 Dazu ausführlich bis zur 17. Auflage, Rn 1441.

Es genügt zur Bestimmung der Gebühren des Notars die Bestimmung eines **einzigen Verfahrenswertes** (§ 35 Abs. 1 GNotKG). Er ist maßgeblich für die Verfahrensgebühr ebenso wie für die Vollzugs- und Betreuungsgebühr (vgl. §§ 112, 113 GNotKG). Letzteres gilt auch dann, wenn infolge der Vergleichsrechnung nach § 94 GNotKG ein zusammengesetztes Verfahren im Ergebnis nach Einzelwerten abgerechnet wird.[14] 36

Aktgebühren entstehen für sonstige Geschäfte des Notars außerhalb eines Verfahrens im Sinn von § 85 Abs. 1 GNotKG: Unterschriftsbeglaubigungen (Berechnung je Vermerk), Abschriftsbeglaubigungen (je Seite), Verwahrung (je Auszahlung) etc. Zu **Entwurf und Beratung** siehe Rdn 206 ff. 37

7. Zusatzgebühren und Anknüpfungsgebühren

Wenn Tätigkeiten außerhalb bestimmter Geschäftszeiten (alter Begriff: „**Unzeitgebühr**", KV Nr. 26000), in fremder Sprache ohne Dolmetscher (KV Nr. 26001) oder auf Verlangen außerhalb der Geschäftsstelle des Notars (**Auswärtsgebühr**, KV Nr. 26002 und 26003) vorgenommen werden, erhält der Notar ergänzende Zusatzgebühren. Wenn eine Auswärtsgebühr anfällt, kann nicht zugleich Tage- oder Abwesenheitsgeld (KV Nr. 32008) verlangt werden. 38

Namentlich einige Zusatzgebühren (aber auch KV Nr. 25205 – Tätigkeit als zweiter oder hinzugezogener Notar) knüpfen an eine andere Gebühr an. Man kann auch sagen, dass sie als **Annex** aus dieser berechnet sind. So beträgt etwa die Gebühr nach KV Nr. 26000 30 % der konkret einschlägigen Verfahrensgebühr (aber maximal 30 EUR). 39

B. Kostenschuldner und Kostenverfahren

I. Kostenschuldner – Grundsatz

Die Zahlungspflicht des Schuldners richtet sich nach den Vorschriften der §§ 29 ff. GNotKG. Der Notar übt seine Tätigkeit auf Antrag oder nach Auftrag aus, das ist im Ergebnis gleichbedeutend (§ 4 GNotKG). Für die Notarkosten haftet in erster Linie derjenige, dessen Erklärung beurkundet oder dessen Unterschrift beglaubigt worden ist (§ 30 Abs. 1 GNotKG), und wer sonst die Tätigkeit des Notars veranlasst hat (§ 29 Nr. 1 GNotKG). Dabei kommt es auf die Geschäftsfähigkeit **nicht** an.[15] 40

> *Hinweis*
>
> Erkennt der Notar allerdings im Zuge seiner nach § 11 BeurkG vorzunehmenden Prüfung die **Geschäftsunfähigkeit** eines allein ohne einen gesetzlichen Vertreter handelnden Beteiligten, hat er das Verfahren zu beenden und (nur) bis dahin – also nach dem Stand des Verfahrens – abzurechnen (vorzeitige Beendigung).[16] Nur wenn der Notar trotz erkannter Geschäftsunfähigkeit fortsetzt, wären die nachfolgende Verfahrensschritte als unrichtige Sachbehandlung nicht zu bezahlen.[17]

Für die Veranlassung genügt eine Auftragserteilung durch schlüssiges Handeln. Beispielsweise kann Veranlasser sein, wer auf der Grundlage eines vom Notar übersandten Entwurfs Ergänzungs- oder Änderungswünsche vorträgt[18] oder ankündigt, dass er zwar nicht selbst anreisen könne, aber ausreichend belehrt sei und sich vertreten lassen möchte.[19] Nach der Rechtsprechung des BGH ist aber noch nicht Veranlasser eines Verfahrens, wer mitteilt, dass der vom Notar vorgeschlagene Termin nicht passe und er eine Beurkundung an einem be-

14 Siehe Leipziger-GNotKG/*Otto*, § 112 Rn 11.

15 Mit Beschl. v. 26.2.2025 – III ZB 30/24, MDR 2025, 617 hat der BGH jüngst klargestellt, dass die Regeln des Rechtsgeschäfts an dieser Stelle nicht anwendbar sind. Es kommt auch nicht darauf an, ob der Notar zum Tätigwerden verpflichtet war oder ob der Auftrag innerhalb des Urkundsgewährungsanspruchs lag.

16 *Otto* NotBZ 2024, 454 ff.

17 *Heit* NotBZ 2025, 256.

18 OLG Karlsruhe, Beschl. v. 12.2.2024 – 19 W 15/24 = NotBZ 2024, 424; OLG Rostock, Beschl. v. 25.1.2021 – 7 W 34/21 = NotBZ 2021, 233 = RNotZ 2021, 500; OLG Celle, Beschl. v. 23.2.2015 – 2 W 37/15 = NdsRpfl. 2015, 374.

19 OLG Saarbrücken, Beschl. v. 7.4.2022 – 4 W 25/21, NJW-RR 2022, 788.

stimmten anderen Tag wünsche.[20] Wenn den Erklärenden nur einzelne Rechtsverhältnisse betreffen, über die in der Urkunde verhandelt wird, dann haftet er nur für „seinen“ Teil (§ 30 Abs. 2 GNotKG).[21] Im Ergebnis nicht als Veranlasser haftet ein Makler, wenn er, für den Notar erkennbar, ausschließlich für Dritte aber ohne deren Vollmacht handelt (siehe § 179 Abs. 3 und Abs. 2 BGB).[22]

41 Der Notar ist nicht verpflichtet, mit den Beteiligten ungefragt Gebührenfragen zu erörtern. Das gilt auch dann, wenn der Notar im konkreten Fall eine Gestaltung für im Interesse der Beteiligten geboten hält und deshalb allein eine Gestaltung vorschlägt, die teurer als andere ist.[23] Der Notar muss nicht besonders darauf hinweisen, dass die Beglaubigungsgebühr **nicht gekürzt** wird, wenn eine erforderliche Zustimmung eines Dritten nicht erteilt wird.[24] Wenn jemand vom Notar eine bestimmte Tätigkeit verlangt, muss er damit rechnen, dass der Notar Gebühren beanspruchen kann. Er darf sich andererseits darauf verlassen, dass nur die gesetzlich vorgeschriebenen Gebühren erhoben werden. Berechnung und Einzug der Kosten sind Teil der Amtsprüfung. Die vorsätzliche Erhebung zu hoher Gebühren ist strafbar, § 352 StGB. Nur ausnahmsweise kann eine Verpflichtung zur Angabe der Kostenhöhe bestehen, wenn nämlich nach dem erkennbaren Willen der Beteiligten der Abschluss des Geschäfts davon abhängt.

II. Weitere Kostenschuldner – gesamtschuldnerische Haftung

42 Kostenschuldner ist ferner derjenige, der die Kosten in einer vor dem Notar abgegebenen oder dem Notar mitgeteilten Erklärung übernommen hat (§ 29 Nr. 2 GNotKG). Dabei muss nach § 30 Abs. 3 GNotKG bei Beurkundungsverfahren die Kostenübernahme nicht ausdrücklich (als eigene Erklärung) dem Notar gegenüber erfolgen. Es reicht, wenn ein Beteiligter in der Urkunde allgemein gegenüber den anderen Beteiligten sämtliche Kosten des Beurkundungsverfahrens übernimmt. Er haftet schon damit (über seine Beteiligung nach § 30 Abs. 2 GNotKG hinaus) auch dem Notar. Im Zweifel schließt die in einem Vertrag erklärte Übernahme die unmittelbaren Vollzugsgebühren und darauf bezogene Betreuungstätigkeiten und Treuhandgebühren mit ein, wie sie für das betreffende Beurkundungsverfahren im Kostenverzeichnis zum GNotKG bestimmt sind.[25] Die Übernahme nach § 30 Abs. 3 GNotKG erstreckt sich aber nicht auf etwaige im Rahmen des Vertragsvollzugs anfallende weitere Notarkosten („mittelbare Vollzugskosten“ wie z.B. Kosten der Unterschriftsbeglaubigung von Zustimmungen oder Löschungsbewilligungen).[26] Übernahmeerklärungen wirken insoweit nur im Innenverhältnis der Beteiligten, wenn nicht zugleich auch eine ausdrückliche Erklärung gegenüber dem Kostengläubiger nach § 29 Nr. 2 GNotKG erfolgt.

43 Kostenschuldner ist auch, wer nach den Vorschriften des bürgerlichen Rechts für die Kostenschuld eines anderen kraft Gesetzes haftet (§ 29 Nr. 3 GNotKG). Somit haften beispielsweise der Gesellschafter einer offenen Handelsgesellschaft oder der persönlich haftende Gesellschafter einer Kommanditgesellschaft für die Kosten der Gesellschaft, ebenso der Kommanditist bis zur Höhe der Kommanditeinlage (§§ 128, 171 HGB), der Erbe (§ 1967 BGB), oder der Übernehmer eines Handelsgeschäfts (§ 25 HGB).

44 § 32 Abs. 1 GNotKG spricht ausdrücklich aus, dass **mehrere Kostenschuldner als Gesamtschuldner** haften. Der Notar entscheidet also grundsätzlich frei, welchen Kostenschuldner er mit welchem Betrag in Anspruch nimmt. Er ist nicht an eine Reihenfolge zwischen den unterschiedlichen Tatbeständen der §§ 29 ff. GNotKG gebunden. Praktisch wird er sich aber zumeist an das halten, was die Beteiligten untereinander zur Kostenhaftung vereinbart haben.

20 BGH, Beschl. v. 19.1.2017 – V ZB 79/16 = DNotZ 2017, 394 = NotBZ 2017, 270.

21 Aber: Wenn z.B. ein Makler weder Auftraggeber noch selbst als Erklärender an der Urkunde beteiligt ist, haftet er auch nicht anteilig für Kosten einer ihn begünstigenden Klausel (OLG Schleswig, Beschl. v. 11.1.2023 – 9 Wx 15/22, FGPrax 2023, 140). Gegenbeispiel: Der Makler hat erkennbar im Eigeninteresse Änderungsaufträge zum Entwurf erteilt (OLG Düsseldorf, Beschl. v. 25.4.2024 – 10 W 106/23 = RNotZ 2024, 615). Zu einer Konstellation, in welcher der Makler haftet, siehe auch OLG Nürnberg, Beschl. v. 16.11.2020 – 8 W 3216/20 = DNotZ 2021, 518.

22 LG Freiburg, Beschl. v. 15.2.2016 – 3 OH 29/15 = RNotZ 2016, 543.

23 BGH, Beschl. v. 1.10.2020 – V ZB 67/19 = NotBZ 2021, 31 m. Anm. *Otto*.

24 OLG Jena, Beschl. v. 23.2.2021 – 9 W 401/20 = NotBZ 2021, 349.

25 LG Düsseldorf, Beschl. v. 4.2.2016 – 25 T 655/15 = RNotZ 2016, 197.

26 BGH, Beschl. v. 10.9.2020 – V ZB 141/18 = FGPrax 2020, 290 = MDR 2020, 1469.

Beispiel

Gründung einer GmbH durch drei Personen mit Einlagen von je 25.000 EUR = 75.000 EUR. Die Gründungserklärung eines jeden Gesellschafters bezieht sich auf diese Summe; daher ist jeder der Gesellschafter Schuldner der 2,0 Gebühr aus 75.000 EUR und nicht etwa nur der Gebühr aus seiner Einlage von 25.000 EUR. Die Gebühr von 438 EUR kann der Notar von einem jeden der Gesellschafter fordern; er kann den Betrag aber auch verteilen.

Bei der Inanspruchnahme für die Kosten eines **abgebrochenen** Beurkundungsverfahrens kommt es nicht darauf an, welcher der Beteiligten nicht mehr beurkunden will.[27] Wenn durch einen besonderen Antrag eines Beteiligten **Mehrkosten** entstehen, so hat er diese allein zu tragen (§ 32 Abs. 2 GNotKG). Ein Beispiel dafür kann sein, dass nur ein Beteiligter ausdrücklich seine Erklärungen in einer fremden Sprache abgeben will und damit die Zusatzgebühr nach KV Nr. 26001 auslöst (so früher ausdrücklich § 59 Abs. 2 KostO).

Beispiel

A verkauft in einer Urkunde sein Grundstück je zur Hälfte an B und C. Hier haftet (wegen § 30 Abs. 2 GNotKG) jeder nur für die durch seine Beurkundung verursachten Kosten; es haften also B und C nur jeweils für die durch **ihren** Kauf erwachsenen Kosten, während A dem Notar für die gesamten Kosten haftet. Dieses Ergebnis kann sich in der Praxis wiederum ändern, wenn nämlich beide Käufer als Gesamtschuldner in der Urkunde die Kosten übernommen haben.

Der Grundsatz, dass in jedem Beurkundungsverfahren jeweils nur eine Vollzugsgebühr und eine Betreuungsgebühr anfallen können (§ 93 Abs. 1 GNotKG), führt dazu, dass beispielsweise beim Grundstückskaufvertrag früher übliche Vereinbarungen zur Kostentragung („*Kosten trägt der Käufer mit Ausnahme der Kosten der Lastenfreistellung, die der Verkäufer übernimmt*") teilweise nur erschwert umgesetzt werden können. Hier bieten sich Pauschalierungen an (siehe unten Rdn 309). 45

III. Fälligkeit von Gebühren und Auslagen

Die Gebühren außer KV Nr. 25300 und 25301 werden mit der **Beendigung** des gebührenpflichtigen **Verfahrens** oder **Geschäfts** fällig, die Verwahrgebühren (KV Nr. 25300 und 25301) sofort mit der jeweiligen Auszahlung vom Notaranderkonto. **Auslagen** werden fällig mit ihrer Entstehung (§ 10 GNotKG). Die Fälligkeit ist z.B. nach der Verlesung und Unterzeichnung einer Niederschrift durch den Notar (Beurkundungsgebühr), nach der Fertigstellung (nicht erst: Aushändigung) eines Entwurfes (Entwurfsgebühr) oder nach der Beglaubigung einer Unterschrift eingetreten. Es ist gleichgültig, ob noch gebührenfreie Nebengeschäfte zu erledigen sind. Wird ein Beurkundungsverfahren vorzeitig beendet, werden die für diesen Fall bestimmten Gebühren mit der Rücknahme oder Zurückweisung des Auftrags fällig oder mit Feststellung des Notars, dass mit Beurkundung aus Gründen, die nicht in der Person des Notars begründet sind (z.B. Amtsaufgabe), nicht mehr zu rechnen ist (vgl. Vorbem. 2.1.3 (1)). 46

In dem (abschließenden) Katalog der Vollzugstätigkeiten (Vorbemerkung 2.2.1.1) wird die **Vollzugsgebühr** ausdrücklich für die „Anforderung und Prüfung" angeordnet. Sie wird also erst nach Einholen,[28] Eingang und Sichtung der genannten Dokumente durch den Notar fällig. Bei den **Betreuungsgebühren** kommt es auf den Abschluss der in KV Nr. 22200 genannten Tätigkeit an, welche die Gebühr auslöst. Ist eine Vollzugsgebühr oder Betreuungsgebühr durch **mehrere Tätigkeiten** begründet, kommt es auf die letzte an.[29] 47

Durch **Stundung** kann die Fälligkeit einer Gebühr im Sonderfall des sog. **Serienentwurfs** aufgeschoben werden (Vorbemerkung 2.4.1 (7)). Ein Serienentwurf ist nach Vorbemerkung 2.4.1 (5) dazu bestimmt, für mehrere gleichartige Rechtsgeschäfte verwendet zu werden (z.B. Bauträgervertrag). Auf die Entwurfsgebühr werden die Gebühren nachfolgender Einzelbeurkundungen angerechnet, so dass nach Ablauf der Stundungsfrist (längstens zulässig ist ein Jahr) von dem Entwurfsbesteller nur noch der offene „Rest" eingefordert werden muss. 48

27 KV, Beschl. v. 12.1.2021 – 9 W 1068/20 (juris): Auch keine Differenzierung danach, in welchem Stadium welcher Auftraggeber bezüglich des dann abgebrochenen Verfahrens als solcher aufgetreten war.

28 „Anfordern" kann dabei auch die Einsichtnahme in eine Online-Datenbank z.B. über global erklärte Vorkaufsrechtsverzichte sein.

29 Kostenspiegel, Teil 1 Rn 102.

IV. Vorschüsse

49 Der Notar ist grundsätzlich berechtigt, einen zur Deckung der Kosten hinreichenden Vorschuss zu verlangen (§ 15 GNotKG, Ausnahmen in § 16 GNotKG). In der Praxis werden zumeist die Vollzugs-, Betreuungs- und Treuhandgebühren als Vorschuss erhoben, damit sie in einer Rechnung zusammen mit der Gebühr für das Beurkundungsverfahren präsentiert werden können. Dabei muss § 15 GNotKG nicht in der Kostenrechnung genannt werden. Werden allerdings zu einer Gebühr mehrere Rechnungen erstellt, muss der bereits erhaltene Vorschuss in der Folgerechnung offengelegt werden (§ 19 Abs. 2 Nr. 5 GNotKG).

50 *Beispiel*

Zusammen mit der Beurkundungsgebühr wurden als Vollzugsgebühr 50 EUR als Vorschuss angefordert. Später muss eine neue Rechnung über die Vollzugsgebühr erstellt werden, weil sich herausgestellt hat, dass nicht nur eine, sondern zwei öffentlich-rechtliche Erklärungen einzufordern waren. Der Höchstbetrag der Vollzugsgebühr KV Nr. 22110 ist also „gewachsen" (von 50 EUR auf 100 EUR für zwei Tätigkeiten nach KV Nr. 22112, Vorbemerkung 2.2.1.1 (1) S. 2 Nr. 1; es wird hier unterstellt, dass die Höchstgebühr eingreift). In der ersten Rechnung muss der Vorschusscharakter nicht zwingend offengelegt werden, auch wenn sich das aus Gründen der Transparenz empfehlen kann. In der neuen Vollzugsrechnung aber muss ganz deutlich werden, dass ein Teilbetrag von 50 EUR als Vorschuss bereits bezahlt ist. Ein Denkfehler wäre es hier, von einer weiteren Vollzugsgebühr auszugehen, es gibt stets nur eine!

V. Zurückbehaltungsrecht

51 Nach § 11 GNotKG kann der Notar Ausfertigungen, Ablichtungen, Ausdrucke und Kopien sowie gerichtliche Unterlagen nach billigem Ermessen zurückbehalten, bis die in der Angelegenheit erwachsenen Kosten bezahlt sind. Das Zurückbehaltungsrecht gilt demnach sowohl für die vom Notar herzustellenden Urkunden (z.B. Ausfertigung eines Kaufvertrages usw.) als auch für die von den Beteiligten eingereichten Unterlagen (Erbscheine, Hypothekenbriefe, Grundbuchauszüge, Vollmachten). Es muss um die Kosten derselben Angelegenheit gehen, an in einer **anderen** Sache eingereichten Urkunden besteht somit kein Recht auf Zurückbehaltung. „Zurückhalten" heißt außerdem niemals „Zurückfordern" (z.B. vom Gericht, nachdem die Ausfertigung schon dort vorgelegt ist). Der Begriff der Angelegenheit ist weiter zu fassen als der engere Vorgang eines „Verfahrens". Es reicht ein Sachzusammenhang. Z.B. bilden Kaufvertrag, Auflassung und Vollmachten zu diesen Geschäften eine Angelegenheit, auch die Finanzierungsgrundschuld mit dem Kauf.

52 *Hinweis*

Das Zurückbehaltungsrecht des Notars steht im Konflikt mit der in § 53 Beurkundungsgesetz niedergelegten Verpflichtung des Notars, alle seine zum Vollzug eines Registers oder des Grundbuchamts bestimmten Urkunden einzureichen, sobald etwaige zum Vollzug noch erforderlichen Unterlagen vorliegen („Vollzugsreife") – es sei denn, die Beteiligten wünschen es ausdrücklich anders. Das GNotKG bestimmt ausdrücklich einen Vorrang der Vollzugspflicht.[30] Damit ist das Zurückbehaltungsrecht für den Notar heute nahezu kraftlos. Bei Beurkundungsansuchen von Personen, mit denen der Notar insoweit schlechte Erfahrungen gemacht hat oder gegenüber welchen eine zwangsweise Durchsetzung der Kostenforderung besonders schwierig wäre (Sitz bzw. Wohnsitz im Ausland; Gesellschaft in Gründung), wird er auf einem Vorschuss bestehen.

53 Hinweise für die Ermessenausübung geben die früher ausdrücklich im Gesetz enthaltenen Gegengründe. Man sollte sie weiter beachten. Nach § 10 KostO war von der Zurückbehaltung abzusehen, wenn einer dieser Fälle vorlag:

- wenn der Eingang der Kosten mit Sicherheit zu erwarten ist (z.B. wenn der Bund, ein Land, eine Gemeinde, ein Gemeindeverband oder eine sonstige Körperschaft des öffentlichen Rechts Kostenschuldner ist),
- wenn glaubhaft gemacht wird, dass die Verzögerung der Herausgabe einem Beteiligten einen nicht oder nur schwer zu ersetzenden Schaden bringen würde und nicht anzunehmen ist, dass die Kosten entzogen werden sollen,

30 BGH, Beschl. v. 16.10.2014 – V ZB 223/12, MittBayNot 2015, 166.

- wenn ein Schriftstück nicht vom Kostenschuldner, sondern von einem Dritten eingereicht ist, dem gegenüber die Zurückbehaltung eine unbillige Härte wäre, z.B. in Fällen, in denen nach den Gesamtumständen dem Dritten eine Zahlung nicht zuzumuten ist.

VI. Verbot der Gebührenvereinbarung, Kostengläubigerschaft des Notars

54 Der Notar muss die gesetzlichen Gebühren berechnen und darf **weder mehr noch weniger** in Ansatz bringen (§ 17 Abs. 1 BNotO). Dies wiederholt unzweideutig § 125 GNotKG: „*Vereinbarungen über die Höhe der Kosten sind unwirksam, soweit sich aus der folgenden Vorschrift nichts anderes ergibt*" (zur Pflicht, die berechneten Kosten sodann auch einzufordern siehe unten Rdn 87). § 126 GNotKG lässt für einen ganz eng bestimmten Anwendungsbereich die Vereinbarung einer Gegenleistung für die Tätigkeit des Notars durch schriftlichen **öffentlich-rechtlichen Vertrag** zu. Gedacht ist beispielsweise an die Tätigkeiten als **Mediator** und die Verwahrung anderer Sachen als „Wertpapiere und Kostbarkeiten".

55 Weitere Ausnahmen ergeben sich aus § 17 Abs. 1 S. 2–3 und Abs. 2 BNotO: Unter außergewöhnlichen Umständen hat der Notar das Recht, unbillig erscheinende Gebühren nach ihrer Entstehung mit Zustimmung der zuständigen Notarkammer bzw. Notarkasse ganz oder teilweise zu erlassen oder zu ermäßigen. Wenn der Kostenschuldner im Zivilprozess Anspruch auf **Prozesskostenhilfe** hätte, muss der Notar ihm entsprechend entgegenkommen.

56 Die Notarkosten fließen stets dem **Notar selbst** zu. Unwirksam wären Vereinbarungen, nach denen der Notar Dritte anteilig an den Gebühreneinnahmen beteiligt (§ 17 Abs. 1 S. 4 BNotO). Auch die Gebühren aus Tätigkeiten eines **Notarvertreters** im Sinn von § 39 BNotO stehen dem vertretenen Notar zu. Der Notarvertreter erhält seinerseits eine angemessene Vergütung von dem Notar oder als Notarassessor seine laufenden Anwärterbezüge. Ein **Notariatsverwalter** dagegen versieht ein eigenes Amt. Er ist selbst Kostengläubiger für alle Kostenforderungen, die während seiner Amtszeit fällig werden (§ 58 Abs. 2 BNotO). Im Verhältnis zum Kostenschuldner kommt es insoweit nicht darauf an, ob der Notariatsverwalter seine Erträge selbst behält oder ob er sie an eine Notarkammer oder Kasse abführen muss.

VII. Gebührenbefreiung und Gebührenermäßigung

1. Gebührenbefreiung

57 Nach Vorbemerkung 2 (2) gelten bundes- und landesrechtliche Vorschriften, die Gebühren- oder Auslagenbefreiung gewähren, nicht für den Notar. Etwas anderes ist in § 64 Abs. 2 SGB X ausdrücklich bestimmt für Beurkundungen und Beglaubigungen aus Anlass einer staatlichen Sozialleistung (nicht für die Träger der Sozialhilfe untereinander). Die Vorschrift lautet:

> (2) [1]Geschäfte und Verhandlungen, die aus Anlass der Beantragung, Erbringung oder der Erstattung einer Sozialleistung nötig werden, sind kostenfrei. [2]Dies gilt auch für die im Gerichts- und Notarkostengesetz bestimmten Gerichtskosten. [3]Von Beurkundungs- und Beglaubigungskosten sind befreit Urkunden, die
>
> 1. in der Sozialversicherung bei den Versicherungsträgern und Versicherungsbehörden erforderlich werden, um die Rechtsverhältnisse zwischen den Versicherungsträgern einerseits und den Arbeitgebern, Versicherten oder ihren Hinterbliebenen andererseits abzuwickeln,
> 2. im Sozialhilferecht, im Recht der Grundsicherung für Arbeitsuchende sowie im Kinder- und Jugendhilferecht aus Anlass der Beantragung, Erbringung oder Erstattung einer nach dem Zwölften Buch, dem Zweiten oder dem Achten Buch vorgesehenen Leistung benötigt werden,
> 3. im Schwerbehindertenrecht von der zuständigen Stelle im Zusammenhang mit der Verwendung der Ausgleichsabgabe für erforderlich gehalten werden,
> 4. im Recht der Sozialen Entschädigung für erforderlich gehalten werden,
> 5. im Kindergeldrecht für erforderlich gehalten werden.

Der häufigste Anwendungsfall sind Grundpfandrechtsbestellungen zur Absicherung von Leistungen der Grundsicherung (§ 64 Abs. 2 S. 3 Nr. 2 SGB X).

58 Beurkundungen nach § 67 Abs. 1 BeurkG (**Vaterschaftsanerkennungen** und die dazu erforderlichen Zustimmungen sowie **Unterhaltsverpflichtungen**) sowie bestimmte Unterhaltstitel zur Vollstreckung im Ausland sind nach Vorbemerkung 2 (3) gebührenfrei.

2. Gebührenermäßigung

59 *Hinweis*

Nach § 91 Abs. 1 S. 1 GNotKG ist den folgenden Kostenschuldnern eine Ermäßigung auf die Beurkundungsgebühren (Teil 2 Hauptabschnitt 1), Entwurfs- und Beratungsgebühren (Teil 1 Hauptabschnitt 4) und die für Erteilung einer vollstreckbaren Ausfertigung (KV Nr. 23803) und Erteilung eines Teilhypotheken-, Rentenschuld- oder Grundschuldbriefs (KV Nr. 25202) zu gewähren:

1. dem Bund, einem Land sowie einer nach dem Haushaltsplan des Bundes oder eines Landes für Rechnung des Bundes oder eines Landes verwalteten öffentlichen Körperschaft oder Anstalt,
2. einer Gemeinde, einem Gemeindeverband, einer sonstigen Gebietskörperschaft oder einem Zusammenschluss von Gebietskörperschaften, einem Regionalverband, einem Zweckverband,
3. einer Kirche, sonstigen Religions- oder Weltanschauungsgemeinschaft, jeweils soweit sie die Rechtsstellung einer juristischen Person des öffentlichen Rechts hat,

wenn die Angelegenheit **nicht deren wirtschaftliche Unternehmen** betrifft. Der Begriff des „nicht wirtschaftlichen Unternehmens" ist im GNotKG nicht definiert, seine Auslegung ist immer wieder streitig. Der BGH orientiert sich an dem herkömmlichen kommunalrechtlichen Verständnis als einem wesentlichen Anhaltspunkt.[31]

Keine Ermäßigung erhalten insbesondere:

- die Deutsche Bahn AG und die Deutsche Post AG,
- Versorgungsbetriebe (Gas- und Wasserwerke),
- Verkehrsbetriebe.

Nicht als wirtschaftlich anzusehen sind z.B.:

- Kindergärten und Kindertageseinrichtungen, die von Gemeinden oder Kirchen betrieben werden.[32]

60 Nur wenn und soweit der begünstigte Kostenschuldner nach materiellen gesetzlichen Regelungen die Kostenlast zu tragen hat, wirkt sich dies auf alle Gesamtschuldner aus. Eine Kostenübernahmeerklärung des Begünstigten oder vertragliche Regelungen zur Kostenlast führen nicht zur Begünstigung (§ 91 Abs. 3 GNotKG). Als anzuerkennende gesetzliche Regelungen kommen insbesondere in Betracht: §§ 369 Abs. 1 und 2, 403, 426 Abs. 1, 448 Abs. 2, 452, 453, 480, 670, 683, 897 BGB, wobei bei § 426 Abs. 1 BGB zu beachten ist, dass dieser nur einen teilweisen Kostenerstattungsanspruch begründen kann; ferner § 3 Abs. 1 FStrG, § 12 VerkFlBerG.[33] § 91 Abs. 4 GNotKG stellt klar, dass ein an sich begünstigter Kostenschuldner sich dann nicht auf die Gebührenermäßigung berufen kann, wenn er für die fremde Kostenschuld eines nicht Begünstigten aufgrund gesetzlicher Vorschrift des bürgerlichen Rechts haftet (Fälle des § 29 Nr. 3 GNotKG).

61 Hängt die Tätigkeit des Notars mit dem Erwerb eines Grundstücks oder grundstücksgleichen Rechtes zusammen, so ermäßigen sich die Gebühren nur dann, wenn dargelegt wird, dass keine (auch keine teilweise) Weiterveräußerung an einen nicht begünstigten Dritten beabsichtigt ist. Wenn diese Absicht innerhalb von drei Jahren nach der Beurkundung der Auflassung geändert wird, entfällt eine bereits gewährte Ermäßigung. Der Begünstigte ist verpflichtet, den Notar zu unterrichten.

Nicht begünstigt wäre z.B. der Erwerb eines Grundstücks durch eine Gemeinde, wenn der Ankauf zum Zwecke der Weiterveräußerung als Bau- oder Industrieland erfolgt.

31 *Lappe*, NotBZ 2002, 177; BGH, Beschl. v. 1.6.2017 – V ZB 23/16 = MittBayNot 2017, 633 = NotBZ 2017, 426 = RNotZ 2017, 618.
32 BGH, Beschl. v. 1.6.2017 – V ZB 23/16 = MittBayNot 2017, 633 = NotBZ 2017, 426 = RNotZ 2017, 618 (noch zu § 144 KostO – aber übertragbar).
33 Aufzählung nach Leipziger-GNotKG/*Heinze*, § 91 Rn 55.

Zweckmäßigerweise wird in **Grundstücks-Erwerbsverträgen**, bei denen eine Gebührenermäßigung zu gewähren ist (also der Geschäftswert – Kaufpreis oder Verkehrswert – mehr als 25.000 EUR beträgt), folgende – oder eine ähnliche – Bestimmung aufgenommen: Der Erwerber versichert, dass eine auch nur teilweise Weiterveräußerung an einen nicht gebührenbegünstigten Dritten nicht beabsichtigt ist. Ihm ist bekannt, dass

- die bereits gewährte Gebührenermäßigung entfällt, wenn er seine Absicht innerhalb von drei Jahren seit Beurkundung der Auflassung ändert,
- er nach den gesetzlichen Bestimmungen verpflichtet ist, den Notar von der Änderung seiner Absicht zu unterrichten.

Die gemeinnützigen Wohnungsunternehmen sowie die Organe der staatlichen Wohnungspolitik gehören nicht zu dem begünstigten Personenkreis.

Hinweis 62

§ 91 Abs. 2 GNotKG begünstigt ferner eine Körperschaft, Vereinigung oder Stiftung, die ausschließlich **und** unmittelbar mildtätige oder kirchliche Zwecke im Sinne der Abgabenordnung verfolgt, wenn diese Voraussetzung durch einen Freistellungs- oder Körperschaftssteuerbescheid oder durch einen Feststellungsbescheid oder vorläufige Bescheinigung des Finanzamts nachgewiesen und dargelegt wird, dass die Angelegenheit nicht einen steuerpflichtigen wirtschaftlichen Geschäftsbetrieb betrifft.

Gebührenstaffelung: Die Ermäßigung setzt erst bei Geschäftswerten über 25.000 EUR ein. 63

Die Gebühren sind zu ermäßigen bei Geschäftswerten von

über	25.000 EUR	bis	110.000 EUR	um 30 %
über	110.000 EUR	bis	260.000 EUR	um 40 %,
über	260.000 EUR	bis	1.000.000 EUR	um 50 %,
über	1.000.000 EUR			um 60 %.

(Siehe hierzu die Tabelle für die ermäßigten Gebühren im Anhang).

§ 91 Abs. 1 S. 2 GNotKG bestimmt ausdrücklich, dass eine ermäßigte Gebühr die bei einem niedrigeren Geschäftswert nach S. 1 zu erhebende Gebühr nicht **unterschreiten** darf.

Beispiel 64

Eine 1,0 Gebühr bei einem Geschäftswert von 25.000 EUR beträgt 115 EUR. Wäre der Geschäftswert 30.000 EUR, so betrüge – ohne Ermäßigung – die Gebühr 125 EUR. Nach § 91 Abs. 1 S. 1 GNotKG müsste sie um 30 % auf 87,50 EUR ermäßigt werden. Die ermäßigte Gebühr darf jedoch die bei einem niedrigeren Geschäftswert zu erhebende Gebühr nicht unterschreiten. Untere Grenze ist in unserem Fall die Gebühr von 115 EUR aus einem Geschäftswert von 25.000 EUR.

Die allgemeine Mindestgebühr von 15 EUR und die geschäftsspezifischen Mindestgebühren (siehe oben Rdn 25) dürfen nicht unterschritten werden. Soweit bei mehreren Verfahrensgegenständen eine Vergleichsrechnung nach § 94 GNotKG zu erfolgen hat, erfolgt die Ermäßigung als Rechenschritt nach der Vergleichsbetrachtung. Auf das Ergebnis (also auf jede gesonderte Gebühr zum jeweiligen Wert oder auf die höchste Gebühr zum zusammengerechneten Wert) sind dann die Abschläge vorzunehmen.[34] 65

Von der Ermäßigung der Notargebühren werden **nicht betroffen**: 66

- sämtliche Auslagen,
- Vollzugs- und Betreuungsgebühren,
- Beglaubigungsgebühren,
- Verlosungen, Eide, Wechsel- und Scheckprotest,
- Vermögensverzeichnisse,
- Siegelungen,

34 Fackelmann/Heinemann/*Macht*, § 91 Rn 28.

- Auszahlungen vom Notaranderkonto,
- die Gebühr für die Erteilung einer Vertretungsbescheinigung oder sonstiger Bescheinigungen nach § 21 BNotO.

Die Zusatzgebühr bei Beurkundung in fremder Sprache (KV Nr. 26001) reduziert sich mittelbar, da sie aus der Beurkundungsgebühr abgeleitet wird.

67 *Beispiele zur Gebührenermäßigung*

(1) Eine Privatperson verkauft ein Grundstück an die Gemeinde; sie hat keine Weiterveräußerungsabsicht. Die von der Gemeinde erhobene Beurkundungsgebühr (KV Nr. 21200) ist begünstigt nach § 91 Abs. 1 S. 1 Nr. 2 GNotKG, § 448 Abs. 2 BGB. Sollte die Privatperson vom Notar in Anspruch genommen werden, gilt die Ermäßigung auch für die Privatperson, § 91 Abs. 3 GNotKG i.V.m. § 448 Abs. 2 BGB.

(2) Eine Gemeinde verkauft ein Grundstück an privat: Die von der Privatperson erhobene Beurkundungsgebühr (KV Nr. 21200) ist nicht begünstigt nach § 91 Abs. 1 S. 1 Nr. 2 GNotKG, auch nicht nach § 91 Abs. 3 GNotKG, weil nach § 448 Abs. 2 BGB den Privaten die Kostenlast trifft. Erhebt der Notar die Beurkundungsgebühr aber von der Gemeinde (etwa weil die Privatperson zahlungsunfähig ist), hat er die Ermäßigung zu berücksichtigen, weil alle Tatbestandsvoraussetzungen des § 91 Abs. 1 S. 1 Nr. 2 GNotKG erfüllt sind; der Rechtsgedanke aus § 91 Abs. 3 GNotKG ist aber nicht gegen den begünstigen Kostenschuldner umkehrbar.[35]

VIII. Nichterhebung von Kosten wegen unrichtiger Sachbehandlung

68 Bei **unrichtiger Sachbehandlung** hat der Notar vom Ansatz von Kosten abzusehen (§ 21 Abs. 1 GNotKG). Der Notar muss gegen eine klare Vorschrift so verstoßen haben, dass die unrichtige Sachbehandlung durch seine irrige Entscheidung ganz einwandfrei zutage liegt. Der Schuldner muss dem Notar Gelegenheit zu **kostenfreier Nachbesserung** geben.[36] Sofern durch die unrichtige Tätigkeit eine vollständig neue Beurkundung erforderlich wird, entsteht nur hierfür eine Gebühr, während die Gebühr für die unrichtige Tätigkeit nicht in Ansatz gebracht werden darf. Kosten, die auch bei richtiger Handhabung angefallen wären, sind zu bezahlen.

Ebenfalls werden Auslagen, die durch eine vom Notar veranlasste Verlegung eines Termins oder die Vertagung einer Verhandlung entstanden sind, nicht erhoben.

Es ist keine unrichtige Sachbehandlung, wenn der Notar nach Abwägung der Interessen der Beteiligten eine Gestaltung wählt, die vielleicht teurer als andere Lösungen, aber nach seiner pflichtgemäßen Einschätzung zweckmäßiger ist.[37]

IX. Verjährung

69 Für die Verjährung der dem Notar zufließenden Kosten gilt § 6 Abs. 1 S. 3 GNotKG. Danach verjähren diese Kosten in **vier** Jahren. Die Verjährung beginnt mit dem Ablauf des Kalenderjahres, in dem die Kosten fällig (§ 10) geworden sind. Die Verjährungsfrist endet also mit dem vierten ganzen Kalenderjahr, das auf den Zeitpunkt des Anfalls der Gebühr folgt.

Beispiel

Die Gebühren fielen am 15.6.2023 an. Die vierjährige Verjährungsfrist begann demnach am 1.1.2024.

Die Gebührenforderung ist mit Ablauf des 31.12.2027 verjährt.

70 Die Verjährung beginnt neu mit Aufforderung zur Zahlung, das ist in der Regel die Übersendung der Kostenberechnung. Eine zweite oder weitere Aufforderung, auch die Zusendung einer vollstreckbaren Ausfer-

35 Beispiele entnommen aus Leipziger-GNotKG/*Heinze*, § 91 Rn 59. Siehe dort auch die komplexeren Lösungen zum Tausch und Tausch mit Wertausgleich.

36 OLG Düsseldorf, Beschl. v. 11.8.2016 – 10 W 115/16 = NotBZ 2016, 469.

37 BGH, Beschl. v. 1.10.2020 – V ZB 67/19 = NotBZ 2021, 31 m. Anm. *Otto*.

tigung, bewirken aber keinen erneuten Neubeginn. Dieser erfolgt jedoch durch Mitteilung einer Stundung (§ 205 BGB gilt also insoweit nicht) und durch jede Zwangsvollstreckungsmaßnahme oder ein Anerkenntnis des Schuldners (§§ 6 Abs. 3, 212 BGB). Eine Zustellung per Post an die letzte bekannte Anschrift genügt bei unbekanntem Aufenthalt. Ansonsten ist in kritischen Fällen die förmliche Zustellung der Kostenberechnung wegen des Nachweises ihres Zugangs zu empfehlen. Gehemmt (§ 203 BGB) wird die Verjährung durch eine Verhandlung über den Kostenanspruch, ebenso wenn Kostenschuldner oder Notar (auf Weisung der Dienstaufsicht) einen Antrag auf Kostenprüfung (§ 127 GNotKG) bei Gericht stellen. Bei Beträgen unter 25 EUR beginnt die Verjährungsfrist nicht neu und wird auch nicht gehemmt.

X. Kostenberechnung

Nach § 19 Abs. 1 GNotKG darf die Einziehung der dem Notar selbst zufließenden Kosten nur aufgrund einer dem Zahlungspflichtigen von dem Notar oder auf Veranlassung des Notars mitgeteilten Berechnung erfolgen. 71

Seit dem 1.6.2025 genügt in kostenrechtlicher Hinsicht die **Textform**.[38] Dafür muss gemäß § 126b BGB *„eine lesbare Erklärung, in der die Person des Erklärenden genannt ist, auf einem dauerhaften Datenträger abgegeben werden. Ein dauerhafter Datenträger ist jedes Medium, das erstens es dem Empfänger ermöglicht, eine auf dem Datenträger befindliche, an ihn persönlich gerichtete Erklärung so aufzubewahren oder zu speichern, dass sie ihm während eines für ihren Zweck angemessenen Zeitraums zugänglich ist, und zweitens geeignet ist, die Erklärung unverändert wiederzugeben.“*

Auf die notarielle Kostenberechnung übertragen ist dies so zu verstehen, dass der jeweilige Kostengläubiger **erkennbar** sein muss (in Vertretungsfällen also zumindest **auch** der vertretene Notar).

Die Kostenberechnungen können **Notariatsmitarbeiter** erstellen, sie dürfen aber nur mit Wissen und Anweisung („*Veranlassung*“) des Notars oder seines amtlichen Vertreters abgeschickt werden. Die **Kriterien** der dauerhaften Zugänglichkeit auf einem Datenträger oder der Unveränderlichkeit erfüllen nicht zuletzt Rechnungen in PDF-Form, die über E-Mail übermittelt oder im Einverständnis mit dem Kostenschuldner über eine Abrufplattform zur Verfügung gestellt werden. Zur Sicherstellung des Zugangs beim Rechnungsempfänger sollten dabei nur E-Mail-Adressen verwendet werden, die der Schuldner vorher zu diesem Zweck bekanntgegeben hat.[39]

Die neue Regelung ist jedenfalls zum Zeitpunkt des Redaktionsschlusses dieses Buchs mit dem künftigen Steuerrecht nicht befriedigend abgestimmt. Denn **umsatzsteuerrechtlich** muss ab dem 1.1.2027, spätestens ab dem 1.1.2028,[40] für Rechnungen, die der Notar einem Unternehmer oder einer juristischen Person stellt, eine sog. **E-Rechnung** nach Maßgabe des § 14 UStG[41] generiert werden.

Die E-Rechnung muss in einem speziell strukturierten elektronischen Format ausgestellt und übermittelt werden und eine elektronische Verarbeitung ermöglichen. Eine „einfache“ pdf genügt dafür (anders als für § 19 GNotKG) nicht. Im Gegensatz zur Textform verlangt die elektronische Form des Steuerrechts gerade nicht „*Lesbarkeit für den Menschen*“ sondern allein „Maschinenlesbarkeit“ (so genannte hybride Formen vereinigen dann beides). Bis zum 31.12.2026 bzw. 31.12.2027 genügen noch die Papierform oder ein alternatives elektronisches Format, mit dem der Empfänger (konkludent reicht) einverstanden ist (§ 27 Abs. 38 UStG).

> *Hinweis*
>
> Für die in Textform erstellte Kostenberechnung gelten zusammenfassend die folgenden **Mindestanforderungen**:
>
> - Mitteilung an den **Zahlungspflichtigen**. Das setzt außer der Bekanntgabe der Rechnung eine klare Angabe im Rechnungstext voraus, wer in Anspruch genommen wird.
> - Die Rechnung muss **lesbar** sein. Dies verlangt, dass sie bestimmungsgemäß visuell in Symbolen einer Sprache mit Buchstaben, Ziffern oder ähnlichen graphischen Zeichen dargestellt werden kann. Die

38 § 19 GNotKG i.d.F. des KostBRÄG v. 7.4.2025, BGBl I Nr. 109. Bis dahin galt die Schriftform, es war also eine Unterschrift (ersatzweise qualifizierte elektronische Signatur) des Notars oder seines Vertreters erforderlich.

39 Ausführlich dazu *Wudy* NotBZ 2025, 217, 218 f.

40 Für alle Notare mit Jahresumsatz über 800.000 EUR gilt dies bereits ab 1.1.2027.

41 Fassung des Wachstumschancengesetzes v. 27.3.2024 (BGBl 2024 I Nr. 108).

Erklärung muss entweder unmittelbar, z.B. auf dem dauerhaften Datenträger Papier oder mittelbar lesbar sein, z.B. indem ein elektronisches Dokument mit Hilfe von Anzeigeprogrammen lesbar gemacht werden kann.

- Es muss der richtige **Kostengläubiger** genannt werden. Es muss für den Empfänger zweifelsfrei erkennbar sein, wem die Erklärung zugerechnet werden soll. Wenn keine Verwechslung möglich ist, ist die Nennung z.B. im Kopf einer E-Mail oder eines Briefes ausreichend. Unzureichend wäre z.B. die Nennung (nur) der Sozietät oder des anderen Sozius als Kostengläubiger. Dabei ist unschädlich, wenn ein Notar als bloßen Zahlungsweg ein Konto der Sozietät und dabei auch die Sozietät als Kontoinhaber angibt.
- Zumindest intern sollte dokumentiert sein, wer die Erklärung **veranlasst** hat und damit für ihre inhaltliche Richtigkeit verantwortlich ist. Das kann nur der Notar selbst, sein amtlicher Vertreter oder ein Aktenverwahrer sein.[42] Das Gesetz verlangt keine Bekanntgabe gegenüber dem Rechnungsempfänger, wer den Rechnungsversand verantwortlich ausgelöst hat.[43] Es ist aber unschädlich, wie bisher (eine Unterschrift kann bei Abwesenheit des Kostengläubigers ja nur der Vertreter leisten), den Veranlasser auch nach außen erkennbar zu machen.
- Die dauerhafte **Reproduzierbarkeit** muss möglich sein, z.B. durch Abgabe der Erklärung in Papierform oder Möglichkeit des Ausdrucks.

72 Die Kostenberechnung **muss** außerdem enthalten (§ 19 Abs. 2 GNotKG):

1. eine Bezeichnung des Verfahrens oder Geschäfts,
2. die angewandten Nummern des Kostenverzeichnisses,
3. den Geschäftswert bei Gebühren, die nach dem Geschäftswert berechnet sind,
4. die Beträge der einzelnen Gebühren und Auslagen, wobei bei Entgelten für Post- und Telekommunikationsdienstleistungen (Nummer 32004) die Angabe des Gesamtbetrags genügt, und
5. die gezahlten Vorschüsse.

73 Die Kostenberechnung **soll** enthalten (§ 19 Abs. 3 GNotKG):

1. eine kurze Bezeichnung des jeweiligen Gebührentatbestands und der Auslagen,
2. die angewandten Wertvorschriften dieses Gesetzes (also des GNotKG) und
3. die Werte der einzelnen Gegenstände, wenn sich der Geschäftswert aus der Summe der Werte mehrerer Verfahrensgegenstände ergibt (§ 35 Abs. 1 GNotKG).

74 Gemäß § 19 Abs. 4 GNotKG ist eine Kostenberechnung (nur) dann unwirksam, wenn eine der Grundvoraussetzungen des Abs. 1 oder eine der Vorgaben in Abs. 2 nicht beachtet ist. Auf eine unwirksame Rechnung hin muss der Kostenschuldner nicht zahlen. Auf der Basis einer solchen Rechnung vorgenommene weitere Handlungen (Stundung, Vollstreckungsmaßnahme etc.) führen nicht zum Neubeginn der Verjährung. In einem Kostenprüfungsverfahren ist die unwirksame Rechnung ohne weiteres aufzuheben – allerdings hat der Notar stets die Möglichkeit, unverjährte Kostenforderungen im laufenden Verfahren noch richtig einzufordern.

75 Ein Verstoß gegen die Sollvorschriften des Abs. 3 macht die Rechnung im Rahmen einer vom Schuldner angestrengten gerichtlichen Überprüfung aufhebbar (auch hier hat der Notar aber die Nachbesserungsmöglichkeit). Obwohl also sowohl die Verstöße gegen Abs. 2 wie Abs. 3 zur Aufhebung führen können, ist der wichtige Unterschied, dass es bei Verletzung (nur) des Abs. 3 bei einem vorher eingetretenen Neubeginn der Verjährung bleibt (Abs. 5). Es bleibt bei den Folgen bereits vor Aufhebung eingeleiteter Vollstreckungsmaßnahmen.

76 Dienstrechtlich ist der Notar zur Einhaltung von Abs. 3 ebenso wie von Abs. 1 und 2 verpflichtet. Er hat (auch zu Prüfungszwecken) eine Ablichtung oder einen Ausdruck der Berechnung zu seinen Akten zu nehmen oder die Berechnung elektronisch aufzubewahren. Im Tätigkeitsbereich der Kassen (Notarkasse und Ländernotarkasse) sind alle Kostenberechnungen fortlaufend und zeitnah in einem **Kostenregister** zu erfassen, das grundsätzlich auch elektronisch[44] geführt werden kann (nähere Regelungen in den Abgabensatzungen der Kassen).

42 Zu einem Sonderfall lies § 64 Abs. 4 mit § 113 Abs. 3 Nr. 7 BNotO.

43 *Wudy* NotBZ 2025, 217, 219.

44 Es gilt aber § 35 Abs. 4 BNotO: Elektronische Führung nur innerhalb der Geschäftsstelle oder im elektronischen Notariatsaktenspeicher (§ 78k BNotO).

Die in § 19 Abs. 2 und Abs. 3 GNotKG enthaltenen sog. Zitiergebote dienen der Transparenz: Der Kostenschuldner soll wenigstens durch Nachlesen der genannten Bestimmungen im Wesentlichen nachvollziehen können, welche Beträge ihm wofür in Rechnung gestellt werden. Es werden insoweit verlangt von: 77

- Abs. 2 Nr. 1: eine **schlagwortartige Bezeichnung** des Gegenstands der Urkunde oder des Geschäfts („Kaufvertrag"; „Testament" etc.). Wenn, was als zulässig angesehen wird, für mehrere Urkunden nur ein Rechnungsdokument erstellt wird, müssen alle bezeichnet werden („Beschluss und Entwurf Handelsregisteranmeldung"). Sinnvoll, aber nicht zwingend, sind Angabe von Datum und soweit vorhanden Urkundenrollennummer des Geschäfts.
- Abs. 2 Nr. 2: die Angabe der **KV-Nummer**. Vorbemerkungen und Anmerkungen müssen nicht erwähnt werden. Der Gebührensatz muss nicht zwingend aufgenommen werden. Er (oder zumindest ein Rahmen) ergibt sich aus der KV-Nummer. Die einzelnen Ziffern oder Absätze bzw. Tatbestände einer KV-Nummer werden nicht zitiert. Das kann allerdings dazu führen, dass zum Beispiel bei Eingreifen der Höchstgebühr nach KV-Nr. 22112 bei alleiniger Nennung dieser Nummer nicht klar wird, ob hier die (0,5) Gebühr nach KV Nr. 22110 oder die (0,3) Gebühr nach Nr. 22111 gemeint ist. In solchen Fällen, wenn sich also die einschlägige KV-Nummer auf unterschiedliche andere Normen beziehen kann, ist die konkrete Ausgangsnorm mit zu zitieren.[45] Ansonsten muss die Ausgangsnorm nicht mit angeführt werden, auch wenn die herangezogene KV-Nummer sich technisch als deren Modifikation darstellt (vgl. etwa KV Nr. 21101 und 21102, die beide als Abwandlungen der Grundnorm KV Nr. 21100 formuliert sind). Ist eine Höchstgebühr in einer eigenen KV-Nummer bestimmt, muss sie dann zitiert werden, wenn sie sich im Ergebnis auswirkt (die speziellen Mindestgebühren sind dagegen stets bei den Gebührensätzen vermerkt, es gibt dafür keine eigenen KV-Nummern).
- Abs. 2 Nr. 3: bei den **Wertgebühren** die Angabe des **Geschäftswerts**. Im Fall einer Wertzusammenrechnung ist an dieser Stelle (nur) die Summe gemeint (vgl. aber Abs. 3 Nr. 2). Betragsgebühren haben keinen Geschäftswert, es braucht also z.B. bei einer nach Seitenzahlen berechneten Auslage, einer nach Zeit berechneten oder aus einer anderen Gebühr abgeleiteten Gebühr nicht die Seitenzahl, die Zeitdauer oder der Wert der anderen Gebühr angegeben werden.[46]

Die weiteren Mussinhalte des Abs. 2 verlangen kein Gesetzeszitat, sondern konkrete Betragsangaben:

- Abs. 2 Nr. 4: Bezifferung der im Einzelnen eingeforderten Gebühren und nach Auslagentatbeständen zusammengefasste Angabe der Auslagen.
- Abs. 2 Nr. 5: Mitteilung bereits entgegengenommener Vorschüsse – nur in Zusammenschau von Nr. 4 und Nr. 5 erkennt der Adressat, was er letztlich noch zahlen soll.

Die **Zitiergebote** setzen sich fort mit: 78

- Abs. 3 Nr. 1: Kurzbezeichnung des Gebühren- bzw. Auslagentatbestandes. Hier kann der Text des Kostenverzeichnisses übernommen werden (die mittlere Spalte zu der jeweiligen KV-Nummer bzw. zum dort einschlägigen Tatbestand, ohne Anmerkungen). Es darf aber auch schlagwortartig abgekürzt werden.
- Abs. 3 Nr. 2: Nur die hier ausdrücklich genannten Paragrafen müssen zitiert werden, wenn sie für die konkrete Rechnung einschlägig sind (auch die Höchstgeschäftswerte in §§ 98, 106, 107 GNotKG nur dann, wenn sie eingreifen). Es genügt (wie auch hinsichtlich der KV-Nummern), wenn die Information, dass es sich um „Paragrafen gemäß GNotKG" handelt, einmal im Text der Kostenberechnung deutlich wird. Absätze, Sätze, Buchstaben oder Ziffern/Nummern der Paragrafen sind nicht verlangt. Schon um Nachfragen zu vermeiden, kann sich deren Aufnahme aber empfehlen.[47] Praktisch wird man versuchen, die jeweilige Bestimmung dem Wertansatz (Abs. 1 Nr. 3 oder aufgegliedert nach Abs. 2 Nr. 3) zuzuordnen, zwingend ist das aber nicht.[48]
- Abs. 3 Nr. 3: Ergibt sich der Geschäftswert aus der Zusammenrechnung der Werte mehrerer Beurkundungsgegenstände, sind die Einzelwerte darzustellen (dazu § 35 Abs. 1 und § 86 Abs. 2 GNotKG bzw.

45 Es kann aber auch reichen, wenn die gemeinte Ausgangsnorm aus dem sonstigen Rechnungstext, insbesondere aus der Bezeichnung des Geschäfts klar wird, siehe dazu Fackelmann/Heinemann/*Macht*, § 19 Rn 20.

46 *Diehn/Sikora/Tiedtke*, Rn 974 m.w.N.

47 Vgl. auch das – insoweit aber ausdrücklich nicht zwingende – Muster einer Kostenberechnung in dem Regierungsentwurf zum GNotKG, BT-Drucks 17/11471, S. 159.

48 Die Kostenberechnung ist „gegenstandsblind", so *Diehn/Sikora/Tiedtke*, Rn 1011.

siehe auch Rdn 248). Wird bei demselben Beurkundungsgegenstand allein nach dem Wert des Hauptgeschäfts bewertet (siehe Rdn 269), müssen die anderen Geschäfte nicht angegeben werden. Wenn die Wertermittlungsvorschriften bestimmte Zurechnungen innerhalb der Wertbestimmung vorsehen (z.B. § 47 S. 2 GNotKG „gegenstandsinterne Addition“[49]) oder umgekehrt eine Berücksichtigung bei der Wertermittlung verbieten (z.B. § 52 Abs. 7 GNotKG), handelt es sich dabei doch stets um die Bestimmung des Einzelwerts, nicht um einen zusammengesetzten Wert im Sinne des § 35 GNotKG.

79 Über die Pflichtangaben hinaus sollte die Herleitung des Geschäftswerts immer erläutert werden, sobald er nicht unmittelbar aus einem für den Mandanten unschwer erkennbaren Betrag besteht (wie etwa dem Kaufpreis). Das dient der vom Kostenschuldner erwarteten Transparenz und ist weniger eine Rechts- als eine Stilfrage.

80 Neben den Angaben nach § 19 GNotKG muss die Kostenberechnung aufgrund zwingender Vorgaben des **Umsatzsteuergesetzes** (dort § 14 UStG) enthalten:

- Angabe von Namen und Anschrift des Notars sowie der dem Notar erteilten Steuer-Nr. **oder** der ihm vom Bundesamt für Finanzen erteilten Umsatzsteuer-Identifikations-Nr. (USt-IdNr.),
- Angabe der fortlaufenden Rechnungsnummer. Dies kann die Urkundenverzeichnisnummer sein, das muss dann klargestellt werden. Rechnungen, die keiner Urkunde direkt zuzuordnen sind, erhalten sog. Bruchnummern („123a“ oder „123/1“). Im Bereich der Notarkassen kann die dort zwingend erforderliche Kostenregisternummer verwendet werden,
- Datum der Rechnung und Zeitpunkt der Leistung,
- Angabe des Umsatzsteuersatzes und des daraus resultierenden Betrags der Steuer.

Fehlt eine dieser Angaben, hat der Kostenschuldner nicht die Möglichkeit, die Umsatzsteuer als Vorsteuer von seiner Umsatzsteuer abzusetzen. In bestimmten Fällen ist der Notar außerdem verpflichtet, auf die Pflicht zur Aufbewahrung der Kostenberechnung hinzuweisen (§ 14b Abs. 1 S. 5 UStG). Allein aufgrund Verletzung der Steuerbestimmungen kann die Rechnung nicht vom Gericht aufgehoben werden.

81 *Beispiel: Einfache Kostenberechnung*

Absender: Notar Hubert Höflich, Hausgasse 2 in Dorf
Herrn
Benno Beispiel
Hofstraße 1
38017 Dorf

Beurkundung eines Gesellschaftsvertrags samt Beschluss zur Geschäftsführerbestellung
Meine UVZ-Nr. 444/2025 vom 1.4.2025

Sehr geehrter Herr Beispiel,
für meine o.g. Amtstätigkeit bitte ich um Ausgleich der folgenden Kosten. Bei den genannten Bestimmungen handelt es sich um §§ des Gerichts- und Notarkostengesetzes (GNotKG) und bei den genannten KV-Nummern (KV Nr.) um solche der Anlage 1 = Kostenverzeichnis zum GNotKG.

Beurkundungsverfahren, KV Nr. 21100 Geschäftswert: 60.000 EUR (30.000 EUR + 30.000 EUR gemäß §§ 97, 107 sowie §§ 105, 108 GNotKG)	
Gebühr	384 EUR
Tätigkeit auf Ihr Ansuchen am Werktag nach 18 Uhr, KV Nr. 26000	30 EUR
Vertretungsbescheinigung, KV Nr. 25200	15 EUR
Dokumentenpauschale, KV Nr. 32001	2,40 EUR
Post- und Telekommunikationsdienstleistungen, KV Nr. 32005	20 EUR

49 *Diehn/Sikora/Tiedtke*, Rn 1008.

Zwischensumme	451,40 EUR
19 % Umsatzsteuer, KV Nr. 32014	85,76 EUR
USt-IdNr. 987/654/321. Die UVZ-Nr. ist Rechnungsnummer.	
Bitte zahlen Sie auf Kto. IBAN DE09 7405 0000 0230 7604 30, Inhaber Notar Höflich.[50]	537,16 EUR
Dorf, den 2.4.2025	
(*Unterschrift*),[51] Notar	

Schließlich ist jede Kostenberechnung um eine **Rechtsbehelfsbelehrung** zu ergänzen (§ 7a GNotKG). Ein Verstoß führt nicht zur Unwirksamkeit oder auch nur Anfechtbarkeit der Rechnung, kann aber in einem Kostenprüfungsverfahren für den Notar im Einzelfall zu Nachteilen führen.[52] Stets wird die Dienstaufsicht auf Einhaltung des § 7a GNotKG achten. 82

▼

Muster 5.1: Kostenberechnung – Rechtsbehelfsbelehrung

Gegen diese Kostenberechnung kann die gerichtliche Entscheidung durch das Landgericht (*Bezeichnung und Anschrift des für den Amtssitz des Notars zuständigen LG*) beantragt werden. Der Antrag kann schriftlich, zur Niederschrift in der Geschäftsstelle des Gerichts, oder schriftlich über mich zur Weiterleitung an das Gericht gestellt werden.

(*Fakultativ bzw. zwingend nur bei Zustellung der vollstreckbaren Ausfertigung*): Eine bestimmte Frist gilt nur dann, wenn Ihnen eine vollstreckbare Ausfertigung dieser Kostenberechnung bereits zugestellt wurde oder noch zugestellt wird. In diesem Fall muss der Antrag bis zum Ablauf des Kalenderjahres nach dem Jahr der Zustellung bei dem Gericht eingehen.

(*Fakultativ bietet sich schließlich noch eine weitere Ergänzung ungefähr in diesem Sinne an*): Manche Unklarheit oder Beanstandung lässt sich gut auf dem direkten Weg ohne Inanspruchnahme des Gerichts klären. Ich bitte Sie daher, sich bei Einwänden gegen die Kostenberechnung zunächst an mich zu wenden.

▲

XI. Beitreibung der Kosten und Verzinsung

1. Vollstreckungsklausel

§ 89 GNotKG bestimmt, dass die Notarkosten und die auf sie entfallenden Zinsen aufgrund einer dem Zahlungspflichtigen mitgeteilten, vom Notar unterschriebenen und mit der Vollstreckungsklausel des Notars versehenen Ausfertigung der Kostenberechnung nach den Vorschriften der Zivilprozessordnung beigetrieben werden. Diese Bestimmung wurde im Zuge der Neufassung des § 19 Abs. 1[53] nicht geändert. Die zur Vollstreckung zu benutzende „**Ausfertigung**" der Kostenberechnung braucht keine solche im strengen Sinne zu sein; sie kann es meistens auch gar nicht sein, weil die Urschrift dem Kostenschuldner übersandt worden ist und der Notar nur eine Abschrift davon zurückbehalten hat. Der Notar fertigt sich eine Abschrift der bei seinen Akten verbliebenen Kostenberechnung, unterschreibt sie und versieht sie mit der Vollstreckungsklausel. Diese Klausel kann folgendermaßen lauten: 83

▼

Muster 5.2: Kostenberechnung – Vollstreckungsklausel

Vorstehende Ausfertigung meiner Kostenberechnung erteile ich mir zum Zwecke der Zwangsvollstreckung gegen .

▲

50 An dieser Stelle – nicht als Angabe des Kostengläubigers – könnte auch ein Sozietätskonto stehen.

51 Seit dem 1.6.2025 genügt bloße (eindeutige) Namensangabe, dafür kommt die fortlaufende Maschinenschrift ebenso in Betracht wie einkopierte Ablichtungen der Unterschrift, Faksimilestempel oder ähnliches. In Vertretungsfällen ist entscheidend der Name des Kostengläubigers, nicht des Veranlassers (amtl. Vertreters).

52 Siehe dazu Kostenspiegel Teil 1 Rn 92.

53 Wegfall des Schriftformerfordernisses seit 1.6.2025 durch das KostRBG v. 7.4.2025, BGBl I Nr. 109.

Die Klausel ihrerseits muss vom Notar unterschrieben und mit dem Prägesiegel oder Farbdrucksiegel versehen werden. Der Wortlaut der Vollstreckungsklausel ist nicht wesentlich; der in § 725 ZPO vorgeschriebene Wortlaut ist nicht zwingend. Die vollstreckbare Ausfertigung wird alsdann dem Kostenschuldner nach den Vorschriften der Zivilprozessordnung, also über den Gerichtsvollzieher, zugestellt. Mit der Zwangsvollstreckung darf erst **zwei** Wochen nach erfolgter Zustellung begonnen werden (§ 89 i.V.m. § 798 ZPO).

2. Verzinsung

84 Die **Kostenforderungen** des Notars sind nur dann vom Zahlungspflichtigen zu verzinsen, wenn der Notar § 88 GNotKG beachtet. Dazu muss dem Schuldner eine vollstreckbare Ausfertigung der Kostenberechnung zugestellt werden, die Angaben über die Höhe der zu verzinsenden Forderung, den Verzinsungsbeginn und den Zinssatz enthält. Die Verzinsung beginnt dann einen Monat nach der Zustellung der vollstreckbaren Ausfertigung. Der Zinssatz beträgt für das Jahr fünf Prozentpunkte über dem Basiszinssatz nach § 247 BGB. Der Basiszinssatz wird jeweils halbjährlich zum 1. Januar und 1. Juli von der Deutschen Bundesbank im Bundesanzeiger veröffentlicht; er ist im Internet unter *https://www.bundesbank.de/de/bundesbank/organisation/agb-und-regelungen/basiszinssatz-607820* abrufbar. In der Zeit vom 1.1.2025 bis 30.6.2025 betrug der Basiszins 2,27 %. In dieser Zeit war eine Notarkostenforderung also mit 7,27 % auf das Jahr zu verzinsen. Dabei muss in der ergänzten Rechnung gemäß § 88 GNotKG der konkrete Zinssatz nicht genannt werden, es genügt die Formulierung des Gesetzes.

85 Der Verzinsung unterliegt die gesamte vom Notar ordnungsgemäß eingeforderte Rechnungssumme. Das gilt auch für den **Vorschuss** (mit Anforderung wird dieser fällig),[54] **durchlaufende Posten** im Sinn der KV Nr. 32015[55] und die **Umsatzsteuer**.[56] Die Zinsen ihrerseits unterliegen nicht der Umsatzsteuer.[57]

86 Es steht dem Notar frei, die Hinweise nach § 88 GNotKG sofort mit der ersten Rechnung zu geben[58] oder sie erst in die vollstreckbare Ausfertigung aufzunehmen. Im Regelfall kann immerhin vorausgesetzt werden, dass der Kostenschuldner pünktlich zahlt. Es kann sich deshalb anbieten, die Rechnung zunächst nicht zu überfrachten. Wenn der Schuldner jedoch nicht zahlt, gebieten die Regelungszwecke der § 17 Abs. 1 BNotO und § 125 GNotKG, dass der Notar letztlich auch die Voraussetzungen zur Verzinsung schafft. Er hat dabei aber ein weites Ermessen.[59]

> *Beispiel*
>
> (Ergänzung der Kostenberechnung um den Zinsanspruch und die erforderlichen Angaben erst im Rahmen der mit der Vollstreckungsklausel zu versehenden Ausfertigung):
>
> Auf die Kostenforderung von 537,16 EUR werden Verzugszinsen in Höhe von fünf Prozentpunkten über dem Basiszinssatz des § 247 BGB jährlich geschuldet. (zweckmäßigerweise zur Erhöhung der Transparenz für den Schuldner und als Erleichterung für die Ausrechnung durch den Gerichtsvollzieher und die Überprüfung durch den Notar kann hinzugefügt werden: Der Basiszinssatz nach § 247 BGB beträgt derzeit (...) %, somit betragen die anfallenden Zinsen derzeit (...) % jährlich, das entspricht einem Tageszins von derzeit (...) EUR). Die Verzinsung beginnt einen Monat nach der Zustellung der vollstreckbaren Ausfertigung der vorstehenden Kostenberechnung. Die Verzinsungspflicht ergibt sich aus § 88 GNotKG.
>
> Die vorstehende Ausfertigung erteile ich mir wegen der geschuldeten Kostenforderung und der genannten Zinsen zum Zwecke der Zwangsvollstreckung gegen (...)
>
> (...), den (...)
>
> (Prägesiegel oder Farbdrucksiegel) Notar

54 Fackelmann/Heinemann/*Krause*, § 88 Rn 11; Leipziger-GNotKG/*Klingsch*, § 88 Rn 6 f., dort auch zur teilweise vertretenen Gegenmeinung.

55 Unter Geltung der Kostenordnung war dies anders zu sehen, vgl. Leipziger-GNotKG/*Klingsch*, § 88 Rn 9 m.w.N.

56 Leipziger-GNotKG/*Klingsch*, § 88 Rn 8.

57 Fackelmann/Heinemann/*Krause*, § 88 Rn 13; Leipziger-GNotKG/*Klingsch*, § 88 Rn 8.

58 Beispiel etwa Kostenspiegel, Teil 1 Rn 93.

59 Ausführlich hierzu Leipziger-GNotKG/*Klingsch*, § 88 Rn 1; Leipziger-GNotKG/*Renner*, § 125 Rn 52.

3. Beitreibung der Kosten

Der vom Notar selbst titulierte Anspruch kann wie jeder andere Vollstreckungstitel nach der ZPO durchgesetzt werden. Zusätzliche Mahnspesen kann der Notar nicht einfordern, ebenso nicht die Gebühr nach KV Nr. 23803. Notwendige Kosten der Zwangsvollstreckung (§ 788 ZPO) trägt der Vollstreckungsschuldner, sie kann aber der Notar nicht in seine Rechnung nach § 19 GNotKG aufnehmen und folglich nicht selbst titulieren. 87

Wegen § 17 Abs. 1 BNotO und § 125 GNotKG, also in Konsequenz seiner Pflicht, die Kosten gleichmäßig nach dem Gesetz zu berechnen, ist der Notar zu einem Einzug der Kosten in angemessener Zeit verpflichtet (vgl. auch Ziffer VI.3.1. der Empfehlung der BNotK für die Berufsausübungsrichtlinien der Notarkammer). Der Einzug wird durch die Dienstaufsicht geprüft (§§ 93 Abs. 3 S. 2, 113 Abs. 17 Nr. 9 BNotO). Ausnahmen sind vor allem dann zu machen, wenn (weitere) Vollstreckungsmaßnahmen objektiv aussichtslos wären.[60]

XII. Einwendungen gegen die Kostenberechnung

Wenn der Kostenschuldner mit der ihm vom Notar übersandten Kostenberechnung nicht einverstanden ist, kann er dagegen Einwendungen geltend machen (§ 127 GNotKG). Ihm stehen dabei grundsätzlich zwei Wege zur Verfügung: 88

- der schriftliche, jedenfalls vor Zustellung einer vollstreckbaren Ausfertigung der Kostenberechnung an keine Frist gebundene Antrag auf **Entscheidung des Landgerichts** oder
- die **formlose Beanstandung** gegenüber dem Notar.

Im ersteren Falle entscheidet das Landgericht über den gestellten Antrag. Es fallen keine Gerichtsgebühren an. Wenn der Kostenschuldner dem Notar gegenüber die Kostenberechnung beanstandet hat, stehen dem Notar drei Möglichkeiten offen:

- Entweder er ändert die Kostenberechnung ab oder
- er ändert sie nicht ab und beantragt die Entscheidung des Landgerichts (§ 127 Abs. 1 S. 2 GNotKG) oder
- er verweist den Kostenschuldner auf die Möglichkeit des Antrages auf landgerichtliche Entscheidung.

Gegen die Entscheidung des Landgerichts ist die wert- und zulassungsunabhängige **Beschwerde zum OLG** zulässig (§ 129 Abs. 1 GNotKG). Sie ist binnen einer Frist von einem Monat ab der schriftlichen Bekanntgabe des landgerichtlichen Beschlusses schriftlich beim Landgericht oder zu Protokoll der Geschäftsstelle des Landgerichts einzulegen (§ 130 Abs. 3 i.V.m. §§ 63 Abs. 1 und 3, 64 Abs. 1 und 2 FamFG). 89

Gegen die Entscheidung des OLG findet die **Rechtsbeschwerde zum BGH** statt (§ 129 Abs. 2 GNotKG), vorausgesetzt, sie ist vom OLG zugelassen worden (§ 130 Abs. 3 GNotKG i.V.m. § 70 Abs. 1 und 2 FamFG). Sie ist an eine Frist von einem Monat gebunden, beginnend mit schriftlicher Bekanntgabe des Beschlusses des OLG (§ 71 Abs. 1 S. 1 FamFG). Vor dem BGH herrscht für den Kostenschuldner (nicht für den Notar als Gebührengläubiger) Anwaltszwang. Für den Antrag nach § 127 GNotKG und die Einlegung einer Beschwerde vor dem OLG bedarf es dagegen keines Anwalts.

Die Rechtsbehelfe haben grundsätzlich keine aufschiebende Wirkung, dies kann aber im Verfahren angeordnet werden. In den Verfahren werden die Dienstaufsicht und in deren Tätigkeitsbereich auch die Notarkassen angehört. In den Fällen der § 92 und § 126 GNotKG, wenn also der Notar innerhalb des gesetzlichen Rahmens (siehe Rdn 32) einen Gebührensatz festzulegen hatte oder eine Gebühr ausnahmsweise vereinbart werden durfte (siehe Rdn 54), holt das Gericht vor seiner Entscheidung insbesondere zur Billigkeit der Ermessensausübung bzw. Angemessenheit der Gebühr ein Gutachten der Notarkammer bzw. Notarkasse ein. Es kann bei Verletzung des § 92 GNotKG sein Ermessen an die Stelle der Ermessensausübung des Notars setzen bzw. bei Verstoß gegen § 126 Abs. 1 S. 3 GNotKG selbst eine angemessene Vergütung bestimmen. Im Kostenprüfungsverfahren wird geprüft, ob der Notar nach § 21 GNotKG zur Niederschlagung der Kosten verpflichtet ist (siehe Rdn 68). Die Aufrechnung mit einem behaupteten Schadensersatzanspruch aus einer schuldhaften Amtspflichtverletzung (§ 19 BNotO) ist hingegen nicht möglich, sofern dieser nicht unstreitig oder rechtskräftig festgestellt ist.[61] 90

60 Ausführlich dazu Leipziger-GNotKG/*Renner*, § 125 Rn 64 ff.

61 BGH, Beschl. v. 23.5.2022 – V ZB 9/21, BGHZ 233, 325. Dazu *Otto*, NotBZ 2022, 351; *Bärnreuther*, ERbR 2022, 919.

91 Der Notar kann unabhängig von Anträgen des Kostenschuldners auch durch die ihm vorgesetzte Dienstbehörde **angewiesen** werden, einen Antrag auf gerichtliche Entscheidung zu stellen oder Rechtsmittel gegen eine solche Entscheidung einzulegen. In diesem Fall kann das Gericht auch eine Erhöhung der ursprünglichen Rechnung aussprechen.

C. Geschäftswert

I. Grundsätze

1. Wertgebühr

92 Für die Wertgebühr (zunächst siehe oben Rdn 20) sprechen hauptsächlich zwei Gründe:

(1) **die Praktikabilität:**
Es ist einfacher, die Gebühren nach dem Wert des Geschäfts als nach dem Arbeitsaufwand zu ermitteln. Bei einer Zeitgebühr wäre im Übrigen der schneller Arbeitende gegenüber dem Langsameren benachteiligt;

(2) **ihre Zumutbarkeit:**
Wer Geschäfte mit einem hohen Wert zu besorgen hat, kann dafür in der Regel unschwer auch höhere Gebühren bezahlen. Gebühren nach Zeitaufwand wären bei komplizierten Angelegenheiten von geringer Bedeutung für den Betreffenden zumeist unzumutbar, weil sie den Wert aufwögen oder gar überstiegen. Die Wertgebühr trägt dem sozialen Prinzip der Belastung nach der Leistungsfähigkeit Rechnung, das etwa auch das Steuerrecht beherrscht.

Mit Rücksicht darauf, dass bei sehr geringen Geschäftswerten zahlreiche Geschäfte vom Notar bei Weitem nicht wenigstens kostendeckend ausgeführt werden können, sieht das GNotKG einige spezifische Mindestgebühren für bestimmte Geschäfte vor (siehe oben Rdn 25).[62] Mindestgebühren und Mindestgeschäftswerte bedeuten genauso wie Höchstgebühren und Höchstgeschäftswerte (siehe oben Rdn 27 f.) eine Abweichung vom Prinzip der Wertgebühr.

2. Ermittlung des Geschäftswerts

93 Es ist Aufgabe des Notars, den Geschäftswert zu ermitteln. Bei bezifferten Geschäftswerten macht dies keine Schwierigkeiten. Bei Testamenten und Erbverträgen wird der Notar in der Regel die **Wertangaben der Beteiligten** zugrunde legen, sofern sie stimmen können. Ansonsten muss sich der Notar tatsächliche Anhaltspunkte geben lassen, aus denen er den Wert ermitteln kann. Er gelangt so zu einem bestimmten Wert, wenigstens über die Auffangnorm § 36 GNotKG. Mit bloßen Wertangaben der Beteiligten „im Kosteninteresse" darf sich der Notar nicht zufriedengeben. Auch darf er über den Geschäftswert nicht mit sich „handeln" lassen (§ 125 GNotKG). Die Beteiligten sind verpflichtet, **geeignete Angaben** zur Ermittlung des Wertes zu machen, wenngleich sie nicht dazu gezwungen werden können. Weigern sie sich oder machen sie erkennbar unzureichende oder falsche Angaben, so soll der Notar einen von ihm nach billigem Ermessen geschätzten Wert zugrunde legen und seine Forderungen beitreiben (§ 95 GNotKG).[63] Die Beteiligten müssen gegen den angesetzten Wert vorgehen, wenn er ihrer Meinung nach zu hoch sein sollte (§§ 127 ff. GNotKG). In dem sich anschließenden Verfahren (vgl. Rdn 88 ff.) müssen sie dem Gericht Ermessensfehler des Notars überzeugend darlegen. An einer einmal gemachten eigenen Wertangabe müssen sich die Beteiligten in der Regel festhalten lassen.[64] Wenn der Notar zur Schätzung berechtigt war, wird in einem späteren Gerichtsverfahren nur noch geprüft, ob er dabei die Grenzen der Ermessensausübung gewahrt hat. Er darf also nicht willkürlich schätzen und muss alle ihm bekannten Anhaltspunkte der Wertfindung berücksichtigen. Stellt sich nach der zum Zeitpunkt der Rechnungslegung ermessensfehlerfreien Wertfestsetzung des Notars erst nachträglich heraus, dass den von dem Notar im

62 Nach über zehn Jahren ohne Anpassung an die allgemeine Preisentwicklung ist der vom Gesetzgeber ursprünglich gewollte Kostendeckungsanteil der Mindestgebühren allerdings in bedenklichem Maß zurückgegangen.

63 Eine bestimmte Frist besteht dabei nicht. Es kommt vielmehr auf die Art des Geschäftes an, in welcher Zeitspanne von den Beteiligten abgefragte Angaben abzuwarten sind. Vgl. Leipziger-GNotKG/*Genske*, § 95 Rn 12.

64 OLG Celle, Beschl. v. 9.3.2015 – 2 W 17/15, JurBüro 2015, 320.

Rahmen seiner Ermessensausübung angenommene Wert zu hoch war, kommt eine Korrektur grundsätzlich nicht mehr in Betracht, auch wenn die Beteiligten nun neue Aspekte vorbringen.[65]

Es besteht eine wechselseitige **Auskunftspflicht** zwischen **Notar und Gericht**, um sicherzustellen, dass möglichst übereinstimmende Werte eingesetzt werden (§ 39 GNotKG). Da der Notar in der Regel im unmittelbaren Kontakt zu den Beteiligten auf einfache Weise Anhaltspunkte für den „richtigen", d.h. dem Verkehrswert möglichst angenäherten Wertansatz, gewinnen kann – zumal über die Angaben der Beteiligten (§ 19 GNotKG) – erscheint es sachgerecht, ihm die Wertermittlung in erster Linie zu überantworten. Über die Mitteilungspflicht werden seine Erkenntnisse für die Wertansätze des Gerichts nutzbar gemacht. Der Notar teilt praktisch bei allen Vorgängen ohne bezifferten Geschäftswert seine Wertansätze dem Gericht im Antragsschreiben mit, sofern sie sich nicht aus der Urkunde ergeben. Das Gericht teilt ihm mit, wenn es zu anderen Ansätzen gelangt. Dann kann der Notar nach eigener Überprüfung seinen Wertansatz ändern. Wenn das Gericht Zweifel an den Wertansätzen des Notars hat, hat es den Wert selbst zu ermitteln. Es kann den Notar weder zu weiteren Ermittlungen noch zu einer Korrektur anhalten. Das Gesetz nimmt es hin, wenn von Gericht und Notar unterschiedliche Werte angesetzt werden. 94

Entscheidend ist nach § 96 GNotKG der Wert zu dem Zeitpunkt, zu dem die jeweilige Gebühr fällig (siehe oben Rdn 46 ff.) wird. Spätere Wertveränderungen (extrem: das verkaufte Haus versinkt nach Fälligkeit der Gebühr unversichert im Hochwasser) bleiben unberücksichtigt. Sie können ausnahmsweise aber zu einer Nachbewertung führen, wenn schon bei Fälligkeit Anhaltspunkte für die Wertänderung bestanden, die nur dem Notar nicht bekannt waren. § 96 GNotKG bestimmt insoweit also den Bewertungsstichtag, nicht den „Erkenntnisstichtag".[66] 95

Beispiel

Das unter Wertansatz von 500.000 EUR zwischen Konzerngesellschaften übertragene Grundstück wird eine Woche später zu 800.000 EUR verkauft. Es wird jetzt bekannt, dass das Angebot dafür bereits länger vorlag, aus Steuergründen sollte aber zunächst die Übertragung erfolgen.

3. Maßgeblichkeit des Hauptgegenstandes

Für den Geschäftswert ist nur der Wert des Hauptgegenstandes des Geschäfts (Grundstück, Forderung, Anteil einer Gesellschaft, Erbteil usw.) maßgebend. Früchte (z.B. aufstehende Saat), Nutzungen (etwa bis zum Besitzübergang oder Gewinnanteile bei einer Gesellschaftsbeteiligung), Zinsen, Vertragsstrafen und Kosten werden daher nur zusätzlich veranschlagt, wenn sie Gegenstand eines besonderen Geschäfts sind (§ 37 Abs. 2 GNotKG), also etwa in folgenden Fällen: 96

- Kaufvertrag über ein Grundstück. In derselben Urkunde vermietet der Käufer das Grundstück an den Verkäufer.
- Übergabevertrag unter Nießbrauchsvorbehalt. Der Übergeber (= Nießbraucher) verpachtet den Betrieb an den Übernehmer.
- Darlehensvertrag: In einer späteren Beurkundung wird der Zinssatz geändert.

Wenn Früchte, Nutzungen, Zinsen, Kosten und andere Nebengegenstände ausnahmsweise einmal bewertet werden, ist ihr Wert gemäß § 37 Abs. 2 und 3 GNotKG nur soweit maßgeblich, als er niedriger ist als der Wert des Hauptgegenstands.

4. Schuldenabzugsverbot

Verbindlichkeiten, die auf dem Gegenstand lasten, werden bei der Ermittlung des Geschäftswerts grundsätzlich nicht abgezogen (§ 38 GNotKG). Aktivposten und Passivposten werden wegen dieses „Bruttoprinzips" also nicht saldiert, auch wenn den Beteiligten oft aufgrund wirtschaftlicher Betrachtungsweise nur der Saldo als Gegenstand des Geschäfts erscheint. 97

65 OLG Düsseldorf, Beschl. v. 14.6.2018 – 10 W 29/18, NotBZ 2019, 219 m. Anm. *Otto*.

66 *Stephan*, ZNotP 2024, 277; OLG Düsseldorf, Beschl. v. 16.8.2023 – 10 W 54/23 (juris); OLG Brandenburg, Beschl. v. 7.10.2021 – 7 W 20/21, NotBZ 2022, 41.

Beispiele

- Schenkung eines Grundstücks (Wert: 100.000 EUR) unter Nießbrauchsvorbehalt (nach § 52 GNotKG bestimmter Wert: 30.000 EUR). Geschäftswert des Schenkungsvertrags ist hier 100.000 EUR. Für die Bewertung des Verfahrens insgesamt ist jedoch auch § 110 Nr. 2b GNotKG zu beachten, da typischerweise die Bewilligung und Antrag auf Eintragung des Nießbrauchs in der Urkunde enthalten sind. Da verschiedene Gebührensätze gelten, kommt es zur Vergleichsrechnung nach § 94 Abs. 1 GNotKG. Geschäftswert für Vollzug (§ 112 GNotKG) und Betreuung (§ 113 GNotKG) ist aber in jedem Fall der zusammengerechnete Wert von 130.000 EUR.[67]
- Schenkung eines Grundstücks (Wert: 200.000 EUR) unter Übernahme der darauf ruhenden dinglich gesicherten Verbindlichkeiten von 180.000 EUR. Der Geschäftswert ist hier 200.000 EUR.
- Vermächtniserfüllung (Wert des Gegenstandes: 10.000 EUR) unter Übernahme einer dinglich gesicherten Verbindlichkeit (Wert: 8.000 EUR). Hier ist der Geschäftswert 10.000 EUR.
- Uneingeschränkte, d.h. zur sofortigen Verwendung bestimmte Generalvollmacht. Geschäftswert ist nach der wohl h.M. das hälftige Aktivvermögen, auch wenn fast ebenso hohe Schulden vorhanden sind (aber siehe auch Rdn 137, Rdn 377).
- Aufnahme eines Gesellschafters mit einer Einlage von 50.000 EUR in das Geschäft eines Einzelkaufmanns, für das in den Aktiven 100.000 EUR, in den Passiven 30.000 EUR ausgewiesen sind. Der Geschäftswert ist 50.000 EUR.
- Aufnahme eines Nachlassverzeichnisses. Der Geschäftswert (§ 115 GNotKG) bestimmt sich allein nach den Aktiva.

98 Nur wenn spezielle Bestimmungen es anordnen, werden die Passiva (teilweise) von den Aktiva **abgezogen**:

- bei Testamenten und Erbverträgen: Berücksichtigung der Verbindlichkeiten jedes Erblassers einzeln bis zur Grenze von 50 % des Aktivvermögens (§ 102 Abs. 1 S. 2, Abs. 2 S. 2, Abs. 3 GNotKG),
- bei Eheverträgen und Lebenspartnerschaftsverträgen: Berücksichtigung der Verbindlichkeiten jedes Ehegatten bzw. Lebenspartners bei seinem Vermögen bis zur Grenze von 50 % seines Aktivvermögens (§ 100 Abs. 1 S. 3, Abs. 4 GNotKG),
- beim Erbscheinantrag (mit eidesstattlicher Versicherung, § 40 GNotKG) werden die Erblasserschulden (§ 1967 Abs. 1 Hs. 1 BGB) berücksichtigt. Eine Erblasserschuld ist z.B. auch eine zu Lebzeiten begründete, mit dem Versterben wirksam werdende Verpflichtung zur Rückübertragung eines Grundstücks,[68] nicht aber eine erst nach dem Erbfall entstehende Verbindlichkeit wie z.B. die Bestattungskosten. Bei anderen Anträgen an das Nachlassgericht (§ 103 GNotKG), z.B. bei der Erbausschlagung kommen die zum Zeitpunkt der Erklärung vorhandenen Verbindlichkeiten zum Abzug (z.B. noch unbezahlte Begräbniskosten).

Es reicht in diesen Fällen nicht, wenn die Betroffenen das Bestehen von Verbindlichkeiten behaupten. Zwar gilt eine Ermittlungspflicht des Notars oder Gerichts, aber lücken- und mangelhafte Darlegungen des Kostenschuldners gehen zu dessen Lasten.[69]

99 Eine andere Berechnungsweise gilt wiederum für die Bestimmung des Werts bestimmter Gesellschaftsanteile. Für den Anteil an einer Kapitalgesellschaft oder einen Kommanditanteil (**nicht**: Anteile an der offenen Handelsgesellschaft, Anteil des Komplementärs, Mitgliedschaft in einer Genossenschaft oder in einem Verein) gilt nach § 54 GNotKG[70] folgender **Rechenweg**:

1. Zuerst wird das Eigenkapital der Gesellschaft bestimmt (in der Regel unter Heranziehung der Aktivseite der Bilanz).[71]

67 Leipziger-GNotKG/*Klingsch*, § 112 Rn 26.

68 OLG Düsseldorf, Beschl. v. 20.4.2016 – 3 Wx 62/16 = ZEV 2016, 382.

69 OLG Düsseldorf, Beschl. v. 16.1.2017 – I-25 Wx 78/16, juris.

70 Die Bestimmung gilt ohne Abschläge auch für als gemeinnützig anerkannte Gesellschaften, BGH, Beschl. v. 6.2.2024 – II ZB 19/22 – FGPrax 2024, 132 m.Anm. *H. Schmidt*.

71 Soweit bilanzrechtlich zutreffend auf der Aktivseite der Bilanz ein nicht durch Eigenkapital gedeckter Fehlbetrag ausgewiesen ist, muss dieser nach dem Sinn der Regelung jedoch abgezogen werden, siehe dazu Leipziger-GNotKG/*Heinze*, § 54 Rn 26.

2. Der Buchwert enthaltener Grundstücke, grundstücksgleiche Rechte,[72] Schiffe und Schiffsbauwerke wird davon abgezogen.
3. Der nach den Wertermittlungsvorschriften des GNotKG bestimmte Wert dieser Gegenstände wird dazu addiert.
4. Das Ergebnis ist dann auf die Beteiligungsquote des in Rede stehenden Anteils umzurechnen.
5. Bestehen Anhaltspunkte dafür, dass der Wert höher ist als gemäß 1–4 berechnet, dann ist der höhere Wert maßgeblich (z.B. Kaufpreis des Anteils bei kurz vorher erfolgter Veräußerung; auch Ermittlung aus den in einem Beteiligungsvertrag bereits ausgehandelten Finanzierungsbeiträgen[73]), sonst das Ergebnis gemäß Schritt 4.

Ausnahme

Diese Berechnung gilt nicht, wenn die Gesellschaft überwiegend **vermögensverwaltend** tätig ist (§ 54 S. 3 GNotKG). Es soll für die Bewertung keinen Unterschied machen, ob Vermögensgegenstände im Eigenvermögen oder im Rahmen einer Gesellschaftskonstruktion gehalten werden, wenn diese Gesellschaft praktisch keine operative Tätigkeit ausübt. Die Bilanz ist auch hier heranzuziehen, weil sie Auskunft über die überhaupt vorhandenen Vermögenswerte gibt. In diesem Fall wird der Wert eines Gesellschaftsanteils aber nicht aus der Bilanz abgeleitet, sondern (wie beim Einzelkaufmann und für voll haftende Gesellschafter der oHG oder KG und die Gesellschafter einer GbR) einzeln aus den nach den Bewertungsvorschriften des GNotKG ermittelten Werten der Vermögensgegenstände der Gesellschaft aufsummiert. Dabei gilt das Schuldenabzugsverbot.

II. Bewertungsvorschriften

1. Abgrenzung zu den Geschäftswertvorschriften

§§ 46–54 GNotKG regeln, wie der Wert einzelner Gegenstände (Sachen, Rechte) bestimmt werden soll. Diese **Bewertungsvorschriften** sagen aber nichts darüber aus, auf welche Gegenstände es für das einzelne Verfahren oder sonstige Geschäft des Notars zur Bestimmung des Geschäftswerts ankommt und wie sich mehrere Verfahrensgegenstände zueinander verhalten. Dazu sind §§ 35–45 GNotKG und die in den §§ 95–124 GNotKG enthaltenen **Geschäftswertvorschriften** heranzuziehen. 100

Beispiel: Geschäftswert eines Kaufvertrags 101

- Einschlägige Wertvorschrift für den Grundstückskaufvertrag ist § 97 GNotKG. Es handelt sich um einen Austauschvertrag, also ist zu bestimmen, welchen Wert die beiden Leistungsversprechen (Veräußerungspflicht/Zahlungspflicht) haben – entscheidend ist der höhere der beiden (§ 97 Abs. 3 GNotKG).
- Die Bewertungsvorschrift § 47 S. 1 GNotKG sagt dazu grundsätzlich, dass im Zusammenhang mit einem Kauf der Wert der Verkäuferleistung (also die verkaufte Sache, das Grundstück) mit dem Kaufpreis gleichgesetzt werden kann.
- Das gilt aber nur dann, wenn kein höherer Verkehrswert festzustellen ist (§ 47 S. 3 GNotKG). Die Bewertungsvorschrift § 46 GNotKG enthält Anordnungen, was unter dem Begriff „Verkehrswert" zu verstehen ist und wie er ermittelt wird.
- Außerdem verlangt § 47 S. 2 GNotKG, dass der Kaufpreis zur Wertermittlung um den Wert solcher Nutzungen erhöht wird, die sich der Verkäufer vorbehalten hat. Die Bewertungsvorschrift § 45 GNotKG enthält Anordnungen, wie zum Beispiel der Wert eines Wegerechts zu bestimmen ist, dass sich der Verkäufer am Vertragsgegenstand zurückbehält.
- Letztlich sind nach § 97 Abs. 3 GNotKG also zu vergleichen: Der Verkehrswert einerseits, der Kaufpreis zuzüglich Zurechnungen andererseits. Es gilt der höhere Wert.

72 Als Beispiel für bilanzwirksame Gebäude und Anlagen auf fremden Grundstücken siehe Kostenspiegel, Teil 21 Rn 115.
73 OLG Düsseldorf, Beschl. v. 18.8.2023 – 10 W 54/23, juris.

102 *Beispiel: Geschäftswerte einer Erbbaurechtsbestellung und einer Erbbaurechtsveräußerung*

- Einschlägige Wertvorschriften für die **Bestellung eines Erbbaurechts** sind §§ 97 Abs. 1, 43 GNotKG. Gemäß § 43 GNotKG ist dabei der Wert eines bei Bestellung vereinbarten Erbbauzinses mit demjenigen Wert zu vergleichen, der sich als Wert des Erbbaurechts ergibt. Das bestimmt sich nach den Bewertungsvorschriften § 52 GNotKG (in einer Summe kapitalisierter Wert des Erbbauzinses) bzw. § 49 Abs. 2 GNotKG (Wert des Erbbaurechts, dabei auch Rückgriff auf § 46 GNotKG zur Ermittlung des Grundstückswerts).
- Wird hingegen das **Erbbaurecht veräußert**, gilt § 97 Abs. 3 GNotKG. Daneben gibt es keine speziellere Wertvorschrift. Gegenüberzustellen sind der Kaufpreis und der nach der Bewertungsvorschrift § 49 GNotKG bestimmte Wert des Kaufgegenstands.

2. Sachen und grundstückgleiche Rechte

103 Der Wert von Sachen richtet sich allgemein nach ihrem **Verkehrswert**. Das ist gemäß § 46 Abs. 1 GNotKG der Preis, den die Sache nach ihrer Beschaffenheit und unter Berücksichtigung aller den Preis beeinflussender Umstände im gewöhnlichen Geschäftsverkehr erzielen würde. Bei Wertpapieren ist dies der Kurswert, bei Münzen und ausländischen Zahlungsmitteln der Verkaufswert, bei marktgängigen Waren (z.B. Weizen) der an der Warenbörse notierte Preis. Diese Werte lassen sich zumeist aus dem Wirtschaftsteil überregionaler Tageszeitungen entnehmen.

Schwierigkeiten ergeben sich oft bei Sachgesamtheiten (Unternehmen, Nachlässen, Sammlungen) und bei Grundstücken, wenn sie nicht Gegenstand eines Kaufvertrages sind. Dann fehlt der Kaufpreis als Anknüpfungspunkt für den Geschäftswert. Hauptfälle: Schenkungen, Tauschverträge, Verfügungen von Todes wegen, Erbscheinsanträge.

104 Steht der Verkehrswert **nicht fest**, ist er gemäß § 46 Abs. 2 GNotKG zu bestimmen:

1. nach dem Inhalt des Geschäfts,
2. nach den Angaben der Beteiligten,
3. anhand von sonstigen amtlich bekannten Tatsachen oder Vergleichswerten aufgrund einer amtlichen Auskunft oder
4. anhand offenkundiger Tatsachen.

Bei der Bestimmung des Verkehrswerts eines Grundstücks können auch **herangezogen** werden (§ 46 Abs. 3 GNotKG):

1. im Grundbuch eingetragene Belastungen,
2. aus den Grundakten ersichtliche Tatsachen oder Vergleichswerte oder
3. für Zwecke der Steuererhebung festgesetzte Werte (das Steuergeheimnis greift hier nicht).

105 Für gewöhnlich wird ein Grundstück z.B. nicht höher als mit etwa 60–80 % seines Wertes beliehen. Wenn auf einem Haus also z.B. 160.000 EUR Grundpfandrechte lasten, so dürfte es in der Regel mindestens 250.000 EUR wert sein. In Zeiten starker Preisrückgänge ergeben die auf dem früheren Preisniveau basierenden Ermittlungen indes überhöhte Geschäftswerte.

Die in der Praxis häufig verwandten Gebäudeversicherungswerte sind im Gesetz nicht genannt, jedoch als Angabe der Beteiligten oder sonstige amtliche bekannte Tatsache weiter verwendbar. Eine Beweisaufnahme zur Feststellung des Verkehrswerts findet nicht statt. Die Angaben der Beteiligten können sich unmittelbar auf den Verkehrswert beziehen (Vorlage eines Verkehrswertgutachtens), häufiger werden es aber Umstände sein, die zur Wertermittlung dienen können.

Solche **wesentlichen Umstände der Wertermittlung** sind vor allem:[74]

- Lagemerkmale,
- Grundstücksgröße und Zuschnitt,

74 Leipziger-GNotKG/*Heinze*, § 46 Rn 22 mit Hinweis auf die ImmobilienWertermittlungs-VO. Ausführliche Praxishinweise und Berechnungsbeispiele auch im Kostenspiegel, Teil 3 Rn 12–25.

- bei Mietshäusern und gewerblichen Objekten die Jahreserträge (als Ertragswert gilt die etwa 12- bis 15-fache Jahresmiete, je nach der jeweiligen Höhe des Kapitalmarktzinses),
- der Entwicklungszustand (Erschließung im weitesten Sinn),
- Art und Maß der baulichen und sonstigen Nutzung,
- Rechte und Belastungen, die den Preis beeinflussen,
- Gebäudeart, Bauweise, Gestaltung, Baujahr,
- Gebäudequalität und energetische Eigenschaften, erwartete Restnutzungsdauer.

Mit derartigen Angaben kann unter Heranziehung des Baukostenindexes des statistischen Bundesamtes[75] und des Bodenrichtwerts grundsätzlich ein Verkehrswert ermittelt werden.

Der Notar ist berechtigt, gegebenenfalls zur Vermeidung einer unerlaubten Gebührenermäßigung sogar verpflichtet, seine weitere Amtstätigkeit zu verweigern, wenn ihm die Beteiligten nur den Einheitswert anzugeben bereit sind, um die Gebühren zu drücken. Kommen die Beteiligten ihrer Mitwirkungspflicht bei der Wertermittlung nicht nach, wird geschätzt (§ 95 GNotKG). Ein pauschales Mehrfaches des Einheitswerts darf der Notar aber nicht ohne weiteres als Geschäftswert ansetzen. Die Schätzung hat sich ausschließlich an objektiven Gesichtspunkten zu orientieren, also nicht etwa an der Leistungsfähigkeit des Kostenschuldners oder der mit dem Amtsgeschäft verbundenen Arbeit. Zumeist wird ein Prozentsatz des Werts des betroffenen Wirtschaftsguts genommen. Nur wenn auch dafür alle Anhaltspunkte fehlen, ist der Wert mit 5.000 EUR zu veranschlagen (§ 36 Abs. 3 GNotKG). 106

Ist die Sache **Gegenstand eines Kaufs**, kommt es gemäß § 47 GNotKG zum Vergleich zwischen Kaufpreis und Verkehrswert (siehe Rdn 7). Zur Übernahme zusätzlicher Verpflichtungen im Kaufvertrag siehe §§ 50–52 GNotKG (siehe auch Rdn 111 ff.). 107

Land- und forstwirtschaftliche Betriebe sowie Höfe im Sinne der **Höfeordnung** sind unter den Voraussetzungen des § 48 GNotKG privilegiert, wenn sie Gegenstand einer Schenkung oder Hofübergabe sind (Rdn 332 ff.). 108

Grundstücksgleiche Rechte sind grundsätzlich wie Grundstücke zu bewerten (§ 49 Abs. 1 GNotKG). 109

Eine besondere Bewertung erfahren allerdings **Erbbaurechte** (§ 49 Abs. 2 GNotKG, siehe unten Rdn 335 f.). Die Werte des Grundstücks und der vom Erbbaurecht erfassten Gebäude sind zu addieren (sie werden zunächst getrennt gesehen; d.h. die Belastung mit einem Erbbaurecht ist ein im Rahmen der Verkehrswertbestimmung des Grundstücks nach § 46 Abs. 1 GNotKG zu berücksichtigender preismindernder Umstand bzw. die Gebäude sind beim Erbbaurecht gerade nicht Bestandteil des Grundstücks). Von diesem Wert werden sodann 80 % angesetzt. Wer die Gebäude errichtet (oder bezahlt) hat, ist unerheblich. Es muss sich aber um bestehende Gebäude handeln.[76] Umfasst das Erbbaurecht nicht das gesamte Grundstück, wird anteilig nach dem Verhältnis von Ausübungsbereich[77] zu Gesamtfläche geteilt. Gebäude außerhalb des Ausübungsbereichs sollten allerdings von vornherein nicht in die Rechnung einbezogen werden, auch wenn sich der Wortlaut des § 49 Abs. 2 GNotKG dazu nicht verhält. 110

3. Bestimmte schuldrechtliche Verpflichtungen, Erwerbs- und Veräußerungsrechte sowie Verfügungsbeschränkungen

Die Bewertungsvorschriften in § 50 GNotKG behandeln Gegenstände, die zumeist als zusätzliche Verpflichtungen einer Vertragsseite im Rahmen eines Austauschvertrags begegnen. Durch § 50 GNotKG ist klargestellt, dass es sich jedenfalls bei den dort aufgezählten Gegenständen nicht um unbewertete Nebengegenstände im Sinne des § 37 GNotKG handelt. Für die Bewertung eines Kaufgegenstands ist die Hinzurechnung derartiger weiterer Verpflichtungen in § 47 GNotKG ausdrücklich angeordnet, dabei ist der Katalog des § 50 GNotKG insofern längst nicht abschließend.[78] 111

75 Siehe *www.destatis.de* (dort Fachserie 17, Reihe 4).

76 OLG München, Beschl. 31.10.2018 – 34 Wx 448/17 = ZfIR 2019, 92 m.abl.Anm. *Wilsch*; Kostenspiegel, Teil 5 Rn 23. Anders wohl *Fackelmann*, Einführung Rn 588.

77 Der Ausübungsbereich (ausf. Hügel/*Otto*, GBO 4. Aufl. Sonderteil Erbbaurecht Rn 56 ff.) ist dabei nicht zu verwechseln mit der Standfläche der Gebäude, Leipziger-GNotKG/*Deecke*, § 49 Rn 11.

78 Zu den einschlägigen Bewertungsvorschriften bei Hinzurechnung Leipziger-GNotKG/*Heinze*, § 47 Rn 71.

Die Bewertungen erfolgen notgedrungen sehr pauschal, nämlich durch **Festlegung von Teilwerten**:

1. Verfügungsverbot oder Verfügungsbeschränkung: 10 % des Verkehrswerts der Sache oder des Rechts.
2. Nutzungseinschränkung hinsichtlich einer Sache: 20 % des Verkehrswerts der Sache.
3. Bauverpflichtung: 20 % des Verkehrswerts des unbebauten Grundstücks bei Wohngebäuden, 20 % der voraussichtlichen Herstellungskosten bei gewerblich genutzten Bauwerken.
4. Sonstige Investitionsverpflichtungen: 20 % der Investitionssumme.

Eine zusätzliche Bewertung etwaiger Sicherungsgeschäfte, Vertragstrafen etc., um die Einhaltung derartiger Vereinbarungen zu gewährleisten, die alle nur schuldrechtlich erfolgen, erfolgt nicht.

112 § 51 Abs. 1 S. 1 GNotKG regelt den Wert von Erwerbs- und Veräußerungsrechten einschließlich von Vorkaufsrechten. **Ankaufsrechte** und sonstige Erwerbs- oder Veräußerungsrechte werden ebenso bewertet wie der Gegenstand (Sache oder Recht), auf den sie sich beziehen.

113 **Vorkaufsrechte** werden ebenso wie Wiederkaufsrechte nach § 51 Abs. 1 S. 2 GNotKG mit der Hälfte des Bezugswerts angesetzt. Keiner eigenen Bewertung unterliegt jedoch das Vorkaufsrecht des Erbbauberechtigten am Grundstück (siehe unten Rdn 336).

114 **Verfügungsbeschränkungen** (hier sind anders als nach § 50 Nr. 1 GNotKG solche mit unmittelbarer Wirkung gemeint) sind mit einem Teilwert von 30 % des Verkehrswerts des betroffenen Gegenstands zu bewerten (§ 51 Abs. 2 GNotKG). Beispiele sind außer § 1365 BGB etwa die Miteigentümervereinbarung nach § 1010 BGB oder die Anordnung von Nacherbschaft oder Testamentsvollstreckung[79] – die beiden letzteren allerdings nur, wenn sie nicht in einer nach § 102 GNotKG bewerteten Verfügung aufgehen. Die vereinbarte Veräußerungsbeschränkung nach § 12 WEG oder § 5 ErbbauRG ist Inhalt des Sondereigentums bzw. Erbbaurechts und unterliegt bei Bestellung somit keiner gesonderten Bewertung. Es kann hier aber auf § 51 Abs. 2 GNotKG zurückgegriffen werden, wenn allein die Aufhebung oder Änderung einer bestehenden Beschränkung zu bewerten ist.

115 Der Notar kann aus Billigkeitsgründen im Einzelfall von den pauschalierten Werten abweichen (Abs. 3).

4. Dienstbarkeiten, sonstige Nutzungs- und Leistungsrechte

116 § 52 GNotKG enthält Bewertungsvorschriften für Dienstbarkeiten, Reallasten (einschließlich der Erbbauzinsreallast)[80] und sonstige Rechte auf wiederkehrende oder dauernde Nutzungen und Leistungen. Es ist dabei zu unterscheiden zwischen Rechten, die auf eine bestimmte Zeit beschränkt sind, und solchen, die auf unbestimmte Zeit oder auf gänzlich unbeschränkte Dauer bestellt werden. Besondere Regelungen gelten außerdem für Rechte, die auf Lebzeit des Berechtigten bestellt werden. Hierher gehören alle zugunsten einer natürlichen Person bestellten Rechte, die – entweder kraft Gesetzes oder aufgrund vertraglicher Vereinbarung – mit dem Tode einer (nicht notwendigerweise der berechtigten) Person enden, so namentlich Nießbrauchsrechte, beschränkte persönliche Dienstbarkeiten und Altenteile.

117 Ausgangspunkt der Bewertung ist der **Jahreswert** des Rechts zu Beginn. Bei Reallasten etc. ist das die Jahresleistung. Nur wenn keine Möglichkeit der direkten Wertermittlung besteht, sind 5 % des Verkehrswerts des betroffenen Gegenstands anzunehmen. Teilweise abweichend von früheren Regelungen wird allein abgestellt auf den **Wert**, den das Recht **für den Berechtigten** bzw. **für das herrschende Grundstück** hat (§ 52 Abs. 1 GNotKG). Erstreckt sich der Ausübungsbereich nur auf Teilflächen, wird entsprechend reduziert.

118 *Beispiele zur Ermittlung des Jahreswerts*

Bei einer beschränkten persönlichen Dienstbarkeit, die das Verlegen und Halten einer elektrischen **Hochspannungsleitung** über ein Grundstück beinhaltet, ist der Wert des Rechtes für den Berechtigten, nicht etwa die durch die Dienstbarkeit herbeigeführte Wertminderung des belasteten Grundstücks, maßgebend. Da dieser Wert nur schwer feststellbar ist, muss regelmäßig eine Schätzung nach § 36 Abs. 1 GNotKG vorgenommen werden.

79 Leipziger-GNotKG/*Zapf*, § 51 Rn 18 f.; Kostenspiegel, Teil 19 Rn 80. Anders für die isolierte Anordnung einer Testamentsvollstreckung Leipziger-GNotKG/*Hüttinger*, § 36 Rn 25; Fackelmann/Heinemann/*Krause*, § 102 Rn 56: Anwendung des § 36 Abs. 2 GNotKG.

80 Zu der daraus abgeleiteten Bewertung des Erbbaurechts siehe § 43 und § 49 Abs. 2 GNotKG.

Als jährlicher Bezugswert bei der Begründung einer **Tankstellendienstbarkeit** kommt der Wert in Betracht, den die Dienstbarkeit für den Berechtigten (Mineralölgesellschaft) hat. Der Jahreswert kann auf verschiedene Weise festgestellt werden: 119

(1) entweder durch das Jahresentgelt, das an den Grundstückseigentümer gezahlt wird, oder
(2) der Jahreswert ist – ggf. unter Berücksichtigung des der Dienstbarkeit zugrunde liegenden Mietverhältnisses oder nach dem Jahresumsatz – gemäß § 36 Abs. 1 GNotKG nach freiem Ermessen zu schätzen,
(3) unter Umständen ist der Jahreswert der Dienstbarkeit gleich dem Unterschied zwischen der Jahresvergütung eines Tankstellenwartes, der die Dienstbarkeit auf seinem Grundstück gewährt, und der Jahresvergütung eines Tankstellenwartes, der nur die Arbeit leistet, oder
(4) der Jahresnutzungswert ist nach § 52 Abs. 5 GNotKG mit fünf vom Hundert des Verkehrswertes des Grundstücks anzunehmen, vorausgesetzt, dass die Dienstbarkeit **sämtliche** Nutzungen des Grundstücks erfasst.

Für die Bewertung im Rahmen **späterer Änderungen** (z.B. Löschung, Übertragung oder Rangänderung) ist der Änderungszeitpunkt maßgeblich. Ist jedoch das Recht bei der Änderung (z.B. Beurkundung des Löschungsantrages) bereits erloschen (so etwa das Nießbrauchsrecht durch den Tod des Berechtigten), so gilt mit dem Wert Null die niedrigste Wertstufe, d.h. die Mindestgebühr von 15 EUR (§ 52 Abs. 6 S. 4 GNotKG). 120

Bei Rechten, die auf die Lebensdauer einer Person beschränkt sind, wird der Jahreswert 121

- multipliziert mit 20, wenn die Person bei Beginn höchstens das 30. Lebensjahr vollendet hat;
- multipliziert mit 15, wenn die Person bei Beginn darüber höchstens das 50. Lebensjahr vollendet hat;
- multipliziert mit 10, wenn die Person bei Beginn darüber höchstens das 70. Lebensjahr vollendet hat;
- multipliziert mit 5, wenn die Person bei Beginn mehr als 70 Lebensjahre vollendet hat.

Diese Staffelung gilt als Obergrenze auch dann, wenn das Recht außer an die Lebenszeit an weitere Befristungen geknüpft wird.

Der Jahreswert wird in den sonstigen Fällen

- multipliziert mit der vorgesehenen Dauer bei einem befristeten Recht. Höchstgrenze ist aber der Faktor 20;
- multipliziert mit dem Faktor 20 bei ewigen Rechten. Hierher gehören z.B. unbefristete Grunddienstbarkeiten oder beschränkte persönliche Dienstbarkeit zugunsten einer unsterblichen Person (einer Gemeinde), auch die Reallast (z.B. Überbaurente) zugunsten des jeweiligen Eigentümers eines anderen Grundstücks;
- multipliziert mit dem Faktor 10 bei Rechten, deren Dauer unbestimmt ist (weil z.B. gekündigt werden kann[81]). Hier ist ihr Wegfall gewiss, nur der **Zeitpunkt** des Wegfalls ist noch ungewiss. Es gehören hierzu z.B. Nießbrauchsrechte oder beschränkte persönliche Dienstbarkeiten für eine OHG oder KG, wenn die Gesellschaft durch den Tod eines persönlich haftenden Gesellschafters aufgelöst wird.

Die obige Aufstellung setzt gleichbleibende Jahreswerte voraus. Eine Anpassung an die allgemeine Preissteigerung erfolgt regelmäßig nicht. Das gilt auch dann, wenn dies ausdrücklich in einer Wertsicherungsklausel (Preisklausel) so vorgesehen ist. Wenn allerdings ausnahmsweise für einzelne Jahre ausdrücklich unterschiedliche Leistungen vereinbart sind, ist nach dem insoweit genaueren Wortlaut des Gesetzes nicht zu multiplizieren, sondern es sind die „ersten" zehn bzw. 20 Jahre maßgeblich etc. 122

Beispiele: Anwendung der § 52 Abs. 2–4 GNotKG

(1) Dauer des Nießbrauchsrechts zugunsten einer GmbH 30 Jahre: Es kann höchstens das 20-fache der einjährigen Nutzungen als Geschäftswert angenommen werden.
(2) Beträgt die Dauer des Nießbrauchsrechts der GmbH nur neun Jahre, so beträgt der Wert das neunfache der einjährigen Nutzungen.
(3) Dauer des Nießbrauchsrechts 15 Jahre. Der Berechtigte ist 64 Jahre alt:[82] Es ist nur das zehnfache der einjährigen Nutzungen als Geschäftswert anzunehmen (§ 52 Abs. 2 S. 3 GNotKG).
(4) Lebenslängliche Rente von 150 EUR monatlich an einen Berechtigten im Alter von 56 Jahren. Es ist der zehnfache Jahresbetrag maßgebend. Der Geschäftswert beträgt daher $150 \times 12 \times 10 = 18.000$ EUR.

81 Leipziger-GNotKG/*Zapf*, § 52 Rn 60 mit weiteren Beispielen.
82 Der Nießbrauch erlischt stets mit dem Tod des Nießbrauchers, wenn dieser eine natürliche Person ist, § 1061 BGB. Es gilt hier also § 52 Abs. 2 S. 3 GNotKG, ohne dass die Beschränkung auf die Lebensdauer ausdrücklich bei Bestellung geregelt wird.

(5) Bei einer im Grundbuch eingetragenen, jederzeit vollstreckbaren und mit vierteljährlicher Frist kündbaren Grundschuld von 100.000 EUR werden die bisherigen Zinsen von 10 % auf 14 % jährlich erhöht.

Geschäftswert: Jahreszinsdifferenz zwischen 10 % und 14 % = 4 %; 4 % von 100.000 EUR = 4.000 EUR;
Ergebnis: 4.000 EUR × 10 = 40.000 EUR.

123 Ist die Dauer eines Rechts an die **Lebzeit mehrerer Personen** geknüpft, dann gilt:

- das Alter der jüngsten Person, wenn das Recht erst mit dem Tod des zuletzt Versterbenden enden soll
- das Alter der ältesten Person, wenn das Recht schon mit dem Tod des zuerst Versterbenden enden soll.

Das gilt aber nur, wenn und soweit es sich um ein einheitliches Recht handelt.

124 *Beispiel*

Lebenslängliche Rente in Höhe von 200 EUR für Eheleute im Alter von 66 und 72 Jahren.

Erlischt das Recht

beim Tode des Erstversterbenden:	Wert: 5 × 2.400 = 12.000 EUR,
beim Tode des Längstlebenden:	Wert: 10 × 2.400 = 24.000 EUR

125 Sollen aber in unserem Beispiel die Eheleute bis zum Tode des Erstversterbenden monatlich 200 EUR und soll der Überlebende nur noch 100 EUR erhalten, so ist der Geschäftswert folgendermaßen zu ermitteln:

Es gelten der Wert der vollen Leistungen für beide Berechtigten nach dem Alter des Ältesten und der Wert der geringeren Leistung für den Überlebenden.

Beispiel

Die vollen Leistungen (2.400 × 5 =)	12.000 EUR
Hinzuzurechnen ist der Wert des Rechtes des Überlebenden. Da dieses schon in den „vollen Leistungen" miterfasst ist, und zwar für fünf Jahre, kann es nur noch für 10 – 5 = 5 weitere Jahre mit dem ermäßigten Betrag berücksichtigt werden = 1.200 × 5 =	3.600 EUR
Der Geschäftswert beläuft sich demnach auf	15.600 EUR

126 Handelt es sich um **mehrere selbstständige Rechte**, ist der Wert für jedes Recht zu ermitteln. Ist an **jeden** der vorgenannten Eheleute eine Rente von monatlich 100 EUR zu zahlen, dann ist der Geschäftswert:

1.200 × 5 =	6.000 EUR
+ 1.200 × 10 =	12.000 EUR
	18.000 EUR.

5. Grundpfandrechte und sonstige Sicherheiten

127 Bei Grundpfandrechten ergibt sich der Geschäftswert aus dem Nennbetrag der Schuld (§ 53 Abs. 1 GNotKG).

128 Wert einer Bürgschaft oder Garantie ist der Betrag, für den sich verbürgt wird. Bei anderen Sicherungsgeschäften ist ein Vergleich vorzunehmen zwischen dem Wert der gesicherten Forderung und dem Wert des Gegenstands, der zur Sicherung übereignet oder verpfändet ist (§ 53 Abs. 2 GNotKG).

Hinweis

Werden Verpflichtung und Sicherungsgeschäft zugleich beurkundet, bleibt die Sicherheit im Ergebnis zumeist unbewertet (Durchführungsgeschäft nach § 109 Abs. 1 S. 2 GNotKG).

6. Bestimmte Gesellschaftsanteile

Zu § 54 GNotKG siehe oben Rdn 99. 129

III. Besondere Geschäftswertvorschriften

Besondere Geschäftswertvorschriften finden sich unter den §§ 40–45 GNotKG und §§ 97–124 GNotKG. Sie werden hier nur kurz vorgestellt, einige Beispiele finden sich dann unten bei den einzelnen Geschäftsvorfällen (siehe Rdn 303 ff.). 130

1. Gemeinsame Bestimmungen für Gericht und Notar

Gemeinsam für Gericht und Notar gelten die Geschäftswertvorschriften für das Verfahren zur Erlangung eines **Erbscheins** oder **Testamentsvollstreckerzeugnisses** (§ 40 GNotKG) und ein Auseinandersetzungszeugnis (§ 41 GNotKG). Auch der Geschäftswert bei Begründung von **Wohnungseigentum** oder Aufhebung/Erlöschen von Sondereigentum ist mit § 42 GNotKG für Notar und Gericht einheitlich. Ein **Erbbaurecht** wird bei der Bestellung (und Eintragung im Grundbuch) nach § 43 GNotKG bewertet, wenn ein Erbbauzins geschuldet ist (sonst: § 36 Abs. 1 GNotKG). Wird eine Belastung zur **Mithaft** auf ein weiteres Grundstück erstreckt oder umgekehrt ein Grundstück pfandentlassen, gilt § 44 GNotKG. Bei **Rangveränderungen** (entsprechend für die Vormerkung) gilt § 45 GNotKG. 131

2. Beurkundung von Verträgen und Erklärungen

a) Allgemeine Bestimmung

Für die Beurkundung von **Verträgen und Erklärungen** gilt allgemein § 97 GNotKG. Geschäftswert ist hier der Wert des Rechtsverhältnisses, das Beurkundungsgegenstand ist (§ 97 Abs. 1 GNotKG). Damit ist zugleich der Begriff des „**Gegenstands**" im kostenrechtlichen Sinn definiert. Er ist wichtig, wenn es um die Bewertung mehrerer Gegenstände in einer Urkunde geht (siehe unten Rdn 248 ff.). 132

b) Beurkundung von Vertragsänderungen

Handelt es sich um eine Veränderung eines Rechtsverhältnisses, zumeist durch **Änderungsvertrag**, gilt zunächst § 36 Abs. 1 GNotKG (siehe unten Rdn 145 f.). Speziell ist aber § 97 Abs. 2 GNotKG: Auch **mehrere Änderungen** in einem Vertrag dürfen nicht dazu führen, dass der Wert des (ursprünglichen) Vertrags insgesamt überschritten wird. Dasselbe gilt, wenn ein (isoliert gesehen höherwertiger) Teil der ursprünglichen Urkunde geändert wird, der bei der ersten Urkunde nur deshalb unbewertet geblieben ist, weil ein anderer Gegenstand mit geringerem Wert die Hauptsache war.[83] 133

c) Austauschvertrag

Gegenseitige Verträge sind zumeist Austauschverträge. Die Leistung (auch Verpflichtung) der einen Vertragsseite erfolgt in Hinblick darauf, dass die andere leistet bzw. sich entsprechend verpflichtet. Leistung und Gegenleistung stehen sich gegenüber, denkbar sind aber auch Leistungen zugunsten Dritter (z.B. Überlassungsvertrag mit Abfindungszahlung des Übernehmers an weichende Geschwister). Die Bewertung erfolgt nach einem Wertvergleich der (zusammengefassten) Leistungen je Seite, maßgeblich ist der höhere Wert. 134

Abzugrenzen ist der Austauschvertrag insbesondere von **Auseinandersetzungsverträgen**: Wird z.B. ein Gesamthandsvermögen unter den Gesellschaftern verteilt, ist Geschäftswert das auseinandergesetzte Vermögen im Ganzen. Die Auseinandersetzung eines Nachlasses unter den Erben wird demgemäß nach dem Wert des Nachlasses bewertet, der Erbteilskauf ist hingegen Austauschvertrag. Auch wenn in Vorbereitung einer Ehescheidung häufig von „Auseinandersetzung" gesprochen wird, handelt es sich zumeist um einen Austausch – auseinanderzusetzendes Gesamtgut gibt es nur bei der Gütergemeinschaft. 135

83 Zu einem Beispiel siehe Ländernotarkasse, NotBZ 2016, 456: Änderung der (bezifferten) Käufervollmacht (zunächst im Kaufvertrag enthalten) um einen Betrag, der höher ist als der Kaufpreis.

d) Vollmachten und Zustimmungen

136 Keine Vollmacht oder Zustimmung ist mit mehr als 1.000.000 EUR zu bewerten (§ 98 Abs. 4 GNotKG). Ansonsten ist bei **Vollmachten** zu unterscheiden, ob sie sich auf ein bestimmtes Geschäft beziehen oder allgemein erteilt sind. **Spezialvollmachten** werden ebenso wie **Zustimmungserklärungen** mit der **Hälfte** des Geschäftswerts angesetzt, der für das Geschäft gilt, zu dessen Abschluss bevollmächtigt bzw. dem zugestimmt wird (§ 98 Abs. 1 GNotKG). Ist der Erklärende nur anteilig beteiligt, kürzt sich der Wert entsprechend (§ 98 Abs. 2 GNotKG).

Beispiel

A hat seinen Lebenspartner B beim Kauf einer Eigentumswohnung zum Preis von 180.000 EUR mit privatschriftlicher Vollmacht vertreten. A und B erwerben je zu ½ Bruchteil.

Wert der wegen § 29 GBO erforderlichen notariellen Vollmacht bzw. Vollmachtsbestätigung durch B: ½ (§ 98 Abs. 2 GNotKG) von ½ (§ 98 Abs. 1 GNotKG) von 180.000 EUR (§ 47) = 45.000 EUR (bei Beurkundung – selten – daraus 1,0 Gebühr nach KV Nr. 21200).

Wenn die Vollmacht bzw. Bestätigung nicht beurkundet, sondern entworfen und dann unterschriftsbeglaubigt wird, gilt für den Wert nichts anderes: § 119 Abs. 1 GNotKG verweist für den Geschäftswert auf die für die Beurkundung geltenden Vorschriften, hier also § 98 GNotKG (1,0 Gebühr gemäß KV Nr. 24101, KV 21200, § 92 Abs. 2 GNotKG).

Wenn B vor dem Notar seine Unterschrift unter der selbst entworfenen Vollmacht anerkennt und der Notar dies beglaubigt, gilt wegen § 121 GNotKG auch für die Unterschriftbeglaubigung ohne Entwurf der Wert bei Beurkundung (0,2 Gebühr gemäß KV Nr. 25100, mindestens 20 EUR, höchstens 70 EUR).

137 Mehr Spielraum besteht bei der **allgemeinen Vollmacht**. Ihr Geschäftswert ist nach billigem Ermessen zu bestimmen. Ermessensleitende Gesichtspunkte sind vor allem der Umfang der erteilten Vollmacht und das Vermögen des Vollmachtgebers. Höchstens kann ½ des Vermögens des Vollmachtgebers angesetzt werden. Maßgeblich ist das Aktivvermögen, d.h. es erfolgt kein Schuldenabzug (siehe oben Rdn 97). Der Umfang der Vollmacht kann in vielerlei Hinsicht beschränkt sein, was dann für die Wertbestimmung beachtlich ist: Die allgemeine Vollmacht kann sich als sog. **Art- oder Gattungsvollmacht** auf eine bestimmte Gruppe von Geschäften (z.B. nur Vermietung – nicht Verkauf oder Ankauf; nur vermögensrechtliche Angelegenheiten – nicht Einsicht in die Patientenakte) oder einzelne Vermögensgegenstände (alle Verwaltungsangelegenheiten des Mietshauses – nicht des vom Vollmachtgeber selbst bewohnten Eigenheims; Vertretung nur in der Firma und für die Geschäftskonten – keine Kontovollmacht für das Privatkonto) beschränken. Aber auch die grundsätzlich unbeschränkte **Generalvollmacht** (häufig im Gewand der **Vorsorgevollmacht**) kann zumindest im sog. Innenverhältnis in ihrem Umfang beschränkt sein: Wenn nämlich z.B. der Vorsorgebevollmächtigte dem Vollmachtgeber in oder außerhalb der Vollmachtsurkunde verspricht, nur bei dessen Geschäftsunfähigkeit von der Vollmacht Gebrauch zu machen (siehe Rdn 377). Hat der Notar **keinerlei Anhaltspunkte** für die Wertbestimmung, ist von 5.000 EUR auszugehen (§ 98 Abs. 3 GNotKG).

e) Miet-, Pacht- und Dienstverträge

138 Im Vergleich zu § 97 GNotKG spezieller und daher vorrangig ist für Miet-, Pacht- und Dienstverträge § 99 GNotKG. Die jährlichen Leistungen oder Bezüge werden kapitalisiert; dabei wird unterschieden, ob solche Verträge auf unbestimmte oder bestimmte Zeit geschlossen sind.

f) Eheverträge, Adoption, Erbrecht

139 Für Eheverträge, genauer: güterrechtliche Verträge gemäß § 1408 BGB, ist § 100 GNotKG speziell (siehe unten Rdn 368); für die Adoptionserklärung (Minderjährige) § 101 GNotKG. Für Erbvertrag und Testament gilt § 102 GNotKG (siehe Rdn 380 ff.), für Erklärungen an das Nachlassgericht (z.B. Erbausschlagung) § 103 GNotKG. Der Erbscheinsantrag fällt grundsätzlich ebenfalls unter § 103 GNotKG; da er in der Regel aber zugleich mit eidesstattlicher Versicherung beurkundet wird, gilt § 40 Abs. 1 Nr. 1 GNotKG. Für das Europäische Nachlasszeugnis gilt dasselbe.

g) Rechtswahl

Der Geschäftswert für eine Rechtswahl (siehe § 4 Teil H: Internationales Privatrecht) beträgt 30 % des Werts des Verfahrens, zu dem sie erklärt wird (genauer: § 104 Abs. 1–3 GNotKG). Die Rechtswahl ist immer gegenstandsverschieden zu anderen von der Urkunde betroffenen Gegenständen (§ 111 Nr. 4 GNotKG). 140

3. Anmeldungen, Gesellschaftsrechtliche Verträge und Beschlüsse

Der Wert von Handelsregisteranmeldungen und Anmeldungen zum Partnerschafts-, Gesellschafts- oder Genossenschaftsregister ist in § 105 GNotKG geregelt (siehe hierzu Rdn 415). Es gilt ein Höchstwert von 1 Million EUR, und zwar auch bei Zusammenfassung mehrerer Anmeldungen in einer Urkunde (§ 106 GNotKG). Für Gesellschaftsverträge greifen ein Mindestwert von 30.000 EUR (Ausnahme: UG, § 2 Abs. 1a GmbHG, § 107 Abs. 1 Satz 2 GNotKG) und ein Höchstwert von 10 Millionen EUR (§ 107 GNotKG). Beschlüsse (und Wahlen) von Organen sind in § 108 GNotKG geregelt. 141

4. Vollzug, Betreuung und Treuhand

Für Vollzug und Betreuung bzw. Treuhand gelten § 112 bzw. § 113 GNotKG (siehe unten Rdn 178 ff.). 142

5. Sonstige Geschäfte

Eigene Geschäftswertvorschriften bestehen für die Rückgabe eines Erbvertrags aus der notariellen Verwahrung (§ 114 GNotKG, zur Gebühr siehe Rdn 219), Vermögensverzeichnis und Siegelung (§ 115 GNotKG, zur Gebühr siehe Rdn 223), Versteigerungen (§§ 116 bzw. 117 GNotKG, Gebühr siehe Rdn 224) und vorbereitende Geschäfte im Rahmen der Zwangsvollstreckung (Gebühr siehe Rdn 225). Zum **Entwurf**, § 119 GNotKG (siehe Rdn 210), zur **Beglaubigung**, § 121 GNotKG (siehe Rdn 228 ff.). Rangbescheinigungen werden mit dem Wert des beantragten Rechts angesetzt (§ 122 GNotKG). Für die Gründungsprüfung (siehe Rdn 240) gilt § 123 GNotKG. Zur **Verwahrung**, Wert nach § 124 GNotKG (siehe Rdn 244 ff.). 143

IV. Allgemeiner Geschäftswert, § 36 GNotKG

1. Einordnung

Eine Sonderstellung nimmt § 36 GNotKG ein. Die Bestimmung greift als allgemeine Geschäftswertvorschrift dann, wenn die §§ 37–45 und §§ 95–124 GNotKG keine besondere Regelung enthalten. Zugleich werden die Kriterien des § 36 GNotKG herangezogen, wenn sich für Einzelgegenstände in den §§ 46–54 GNotKG keine Bewertungsvorschrift findet.[84] Innerhalb des § 36 GNotKG befasst sich Abs. 1 mit vermögensrechtlichen Angelegenheiten. Vermögensrechtlichen Charakter besitzen alle Angelegenheiten, die – zumindest auch – unmittelbar materielle Auswirkungen haben, also insbesondere auf Geld oder Geldeswert zielen.[85] Anwendungsbereich des Abs. 2 sind die nichtvermögensrechtlichen Angelegenheiten, das sind überwiegend die Geschäfte des Personen- und Familienrechts. 144

2. Vermögensrechtliche Angelegenheiten

Zuerst sind die Spezialbestimmungen zu prüfen. Nur wenn davon keine eingreift und es in einer vermögensrechtlichen Angelegenheit daher auf Abs. 1 ankommt, bestimmt der Notar den Wert nach „billigem Ermessen“. Mit der Formulierung des Gesetzes ist gesagt, dass der Notar in der Bestimmung durchaus nicht frei ist. Er hat aber einen von den Gerichten nur beschränkt überprüfbaren Beurteilungs- und Ermessensspielraum. 145

84 *Fackelmann*, Einführung, Rn 117.
85 BGH, Beschl. v. 11.1.2017 – XII ZB 373/16, FamRZ 2017, 647.

Kriterien, die der Notar berücksichtigen kann und auch muss, sind etwa:

- der konkrete Aufwand des Geschäfts für den Notar,
- das Haftungsrisiko des Notars,
- die Bedeutung der Sache für die Beteiligten, wenn sie sich objektiv feststellen lässt;[86]
- letztere wird dabei insbesondere festgemacht an den wirtschaftlichen Interessen.

146 Grundsätzlich kann in diesem Bereich mit Erfahrungswerten und Vergleichswerten gearbeitet werden.[87] Schon weil es den „gerechten Preis" nicht gibt, sind Pauschalierungen zulässig.[88] Begriffsnotwendig hat die vermögensrechtliche Angelegenheit stets einen Bezugspunkt, der sich mindestens in Geld umrechnen lässt. Soweit dieser **Bezugswert** nicht unmittelbar angemessen erscheint, werden nach den genannten Kriterien abgestufte Prozentsätze davon angesetzt. Ergebnis ist ein sog. **Teilwert** (siehe oben Rdn 33).

Beispiel

Das GNotKG enthält keine spezielle Bestimmung für den Wert der Änderung eines Kaufvertrags. Folglich ist § 36 Abs. 1 GNotKG anwendbar. Dafür ist nach Art der Änderung zu differenzieren:

1. Wird z.B. der Kaufpreis geändert, bleibt kaum Spielraum zur Ermessenausübung: Die Differenz zum ursprünglich beurkundeten Preis bestimmt den Wert der Änderung.
2. Wird der Vertragsgegenstand geändert, kann sich der Wert der Änderung entweder direkt ausmachen (z.B. Anpassung an ein Messungsergebnis bei vorher vereinbartem Quadratmeterpreis) oder anteilig aus dem bisherigen Vertragsgegenstand ableiten lassen (z.B. als Ergebnis einer Nachverhandlung erhält der Käufer eine weitere Garage als Sondernutzungsrecht).
3. Werden andere Vertragsbestimmungen geändert, z.B. die Fälligkeit des Kaufpreises oder sonstige Modalitäten, ist unter Berücksichtigung des Umfangs der Änderungen ein Teilwert zu bilden, eine übliche Spanne sind 10–50 % des Wertes des geänderten Kaufvertrags.

Die Beispiele 1 und 2 stehen für Änderungen „*mit bestimmtem Geldwert*", Beispiel 3 für eine Änderung „*ohne bestimmten Geldwert*". Das GNotKG führt diese früher in § 30 KostO ausdrücklich enthaltene Differenzierung nicht fort, eine inhaltliche Änderung sollte damit aber nicht verbunden sein. Der konkretere Anhaltspunkt („bestimmter Geldwert") ist der allgemeineren Teilwertbildung im Rahmen der Ermessensausübung stets vorzuziehen.

3. Nichtvermögensrechtliche Angelegenheiten

147 Hierbei handelt es sich in der Hauptsache um Amtsgeschäfte im Bereich des Familienrechts (z.B. Volljährigenadoption, Namenserteilung) bzw. des Personenrechts (z.B. Namensänderung, Lebensbescheinigung, Identitätsbescheinigung, Todeserklärung, Kirchenaustritt). Auch hier gilt der Vorrang der spezielleren Geschäftswertbestimmungen. Eine speziellere Bestimmung enthält z.B. § 101 GNotKG: In Angelegenheiten, die die Adoption eines Minderjährigen betreffen, beträgt der Wert **stets** 5.000 EUR (§ 101 GNotKG). In den nichtvermögensrechtlichen Angelegenheiten entscheidet der Notar gemäß § 36 Abs. 2 GNotKG wie im Fall des Abs. 1 gleichfalls nach billigem Ermessen. Die Gesichtspunkte, die er dabei besonders zu beachten hat, sind hier aber besonders aufgeführt.

Hinweis

In **nichtvermögensrechtlichen Angelegenheiten** sind vor allem folgende Aspekte zu beachten („*ermessensleitend*"):

1. Der Umfang der Sache (hier ist der Aufwand für den Notar gemeint).
2. Die Bedeutung der Sache (für die Beteiligten).
3. Die Einkommens- und Vermögensverhältnisse der Beteiligten.

Außerdem sind in jedem Fall auch die weiteren Umstände des Einzelfalls zu berücksichtigen.

In den nichtvermögensrechtlichen Angelegenheiten gilt eine Geschäftswertobergrenze von 1 Million EUR.

86 Dazu und zum Ganzen Leipziger-GNotKG/*Hüttinger*, § 36 Rn 23 ff.
87 Fackelmann/Heinemann/*Heinemann*, § 36 Rn 26.
88 Vgl. Leipziger-GNotKG/*Hüttinger*, § 36 Rn 10 m.N.

4. Hilfswert

§ 36 Abs. 3 GNotKG enthält einen Hilfswert[89] für den Ausnahmefall, dass es für die Ermittlung nach Abs. 1 oder Abs. 2 einmal keinerlei Anhaltspunkte gibt. Teilweise wird der in Abs. 3 genannte Wert von 5.000 EUR darüber hinaus auch als Ausgangswert verstanden, der bei Anwendung der ermessensleitenden Kriterien des Abs. 2, also bei Vorfällen ohne eigentlichen Vermögenswert, auch dann zum Tragen kommen soll, wenn z.B. die Vermögens- oder Einkommensverhältnisse eigentlich durchaus ermittelbar sind.[90] Die in Abs. 2 genannten Kriterien können in diesem Verständnis zu einem Abschlag, aber auch zu einer Vervielfältigung des Ausgangswerts von 5.000 EUR führen.[91] 148

Im Rahmen der Ermessensausübung nach Abs. 1 und Abs. 2 soll nach anderer Ansicht statt einer Orientierung am Wert nach Abs. 3 die Mindestgebühr herangezogen werden, die der Gesetzgeber für einzelnen Geschäfte neu eingeführt hat. Für die Beurkundung einer (isolierten) Patientenverfügung (siehe unten Rdn 377) fallen z.B. mindestens 60 EUR an (KV 21200). Das entspräche einem Wertansatz von grob 8.000 EUR. Der Gesetzgeber hält die Mindestgebühr auch bei einfachen Vermögens- oder Einkommensverhältnissen für angemessen. Der Wertansatz von 8.000 EUR kann nach dieser Meinung also der Ausgangswert sein, von dem aus die Patientenverfügung einzelfallbezogen nach den Kriterien des Abs. 2 bewertet wird.[92] Die Rechtsprechung hat diese Auffassung bislang nicht aufgegriffen und akzeptiert bei nichtvermögensrechtlichen Angelegenheiten den Betrag des Abs. 3 (zumindest) als Ausgangsgröße. 149

D. Gebührensätze nach Verfahren und sonstigen Geschäften

I. Beurkundungsverfahren (Teil 2 Hauptabschnitt 1)

1. Verfahrensgebühr, Begriff „derselbe Notar"

Verfahren des Notars im kostenrechtlichen Sinn sind die im Teil 2 Hauptabschnitt 1 und die im Teil 2 Hauptabschnitt 3 des Kostenverzeichnisses genannten Geschäfte. Beurkundungsverfahren sind alle Tätigkeiten des Notars, die auf die Errichtung einer Niederschriftsurkunde abzielen (§§ 8, 36 BeurkG mit § 85 Abs. 2 GNotKG). Nicht darunter fallen also vor allem Vermerkurkunden wie z.B. die Beglaubigungen. Das Verfahren beginnt mit dem Antrag eines Beteiligten. Ab diesem Moment entsteht auch bereits eine Beurkundungsgebühr. Grundsätzlich ändert sich daran nichts, wenn die Beurkundung später nicht zustande kommt. Die Gebühr kann dann aber ermäßigt sein. 150

Mit der Verfahrensgebühr ist auch die Informationsbeschaffung im Vorfeld abgegolten, insbesondere die Einsicht in öffentliche Register, die der Notar zur Vorbereitung der Urkunde unternimmt. Dasselbe gilt für die Erstellung eines Entwurfs und die Übersendung des Entwurfs und von Kopien oder Ausfertigungen der Niederschrift an die Beteiligten. Nicht besonders berechnet wird ferner die Übermittlung von Anträgen und Erklärungen an ein Gericht oder eine Behörde und die Stellung von solchen Anträgen im Namen der Beteiligten durch den Notar (Vorbem. 2.1). Gemeint sind damit aber allein die Anträge und Erklärungen, die unmittelbar Urkundsinhalt sind. Werden im Rahmen des Vollzugs Genehmigungen und Erklärungen erforderlich, kann für deren Beantragung durchaus eine Vollzugsgebühr anfallen, wenn die Tätigkeit im 2. Hauptabschnitt bei den Vollzugsgebühren berücksichtigt ist. 151

> *Hinweis* 152
>
> An verschiedenen Stellen des Gesetzes (Anrechnung schon bezahlter Verfahrensgebühren auf neue Gebühren; Gebührenbegünstigung nach KV Nr. 21101) bestehen besondere Regelungen für den Fall, dass derselbe Notar bereits tätig war.

89 Leipziger-GNotKG/*Hüttinger*, § 36 Rn 14.

90 *Fackelmann*, Einführung, Rn 118. Anders Leipziger-GNotKG/*Hüttinger*, § 36 Rn 32 mit Hinweis auf den an dieser Stelle eindeutigen Wortlaut der Regierungsbegründung. Skeptisch zur Verwendung der 5.000 EUR als Ausgangswert, wenn andere Kriterien bekannt sind, auch Fackelmann/Heinemann/*Heinemann*, § 36 Rn 40.

91 Vgl. auch *Diehn*, Rn 1316: Ansatz von 5.000 EUR im Rahmen des § 36 Abs. 2 GNotKG, wenn „*keine Anhaltspunkte für einen vom Durchschnitt abweichenden Fall*" vorliegen.

92 Leipziger-GNotKG/*Hüttinger*, § 36 Rn 87.

Beachte hierzu stets die Vorbem. 2 (1): „*In den Fällen, in denen es für die Gebührenberechnung maßgeblich ist, dass ein bestimmter Notar eine Tätigkeit vorgenommen hat, steht diesem Notar der Aktenverwahrer gemäß § 51 BNotO, der Notariatsverwalter gemäß § 56 BNotO oder ein anderer Notar, mit dem der Notar am Ort seines Amtssitzes zur gemeinsamen Berufsausübung verbunden ist oder mit dem er dort gemeinsame Geschäftsräume unterhält, gleich.*“

2. Verträge, bestimmte Erklärungen und Beschlüsse (Abschnitt 1)

a) Anwendungsbereich

153 Aus der Überschrift des Abschnitts 1 ergibt sich sein Anwendungsbereich. Das sind vor allem die **Verträge**, also Rechtsgeschäfte, bei deren Zustandekommen die Willenserklärungen mehrerer Personen zusammentreffen, die sich auf mehreren Seiten des Rechtsverhältnisses gegenüberstehen. Hierunter fallen alle **Austauschverträge**, also Vereinbarungen, die den Austausch von Leistung und Gegenleistung zum Inhalt haben, demnach Kauf, Tausch, Miete, Pacht, Dienstleistungs- und Werkverträge, sowie **Auseinandersetzungsverträge** zwischen Ehegatten, Gesellschaftern, einer Erbengemeinschaft oder einer Gütergemeinschaft. Hierher gehören auch Verträge über die Vereinigung von Leistungen, insbesondere **Gesellschaftsverträge**, Wohnungseigentumsverträge, Verträge über die Aufnahme von Gesellschaftern, Satzungen für Vereine, Statuten der Genossenschaften und Verschmelzungsverträge. Im Bereich des Familienrechts gibt es z.B. **Eheverträge** und Unterhaltsverträge, im Bereich des Erbrechts vor allem **Erbverträge** sowie Pflichtteilsverzichtsverträge. Gemäß Vorbem. 2.1.1 (2) wird das **gemeinschaftliche Testament** kostenrechtlich behandelt wie ein Erbvertrag.

154 Der Abschnitt gilt gemäß Vorbem. 2.1.1 (1) auch dann für den **Antrag** auf Abschluss eines Vertrags (§ 145 BGB) und dessen **Annahme**, wenn diese beiden Erklärungen getrennt beurkundet werden.

155 Die Gebühren des 1. Abschnitts gelten ferner für **Beschlüsse** von Organen einer Vereinigung oder Stiftung. Beurkundet wird hier das **Ergebnis der Willensbildung** in einer Mitgliederversammlung (Gesellschafterversammlung, Hauptversammlung, Vorstandssitzung etc.). Dabei kann die Versammlung auch aus einem einzigen Abstimmenden bestehen. Bei dem Protokoll einer Gesellschafterversammlung o.Ä. sind Beschlussinhalte und rechtsgeschäftliche Erklärungen immer getrennt zu betrachten (Gegenstandsverschiedenheit gemäß § 110 Nr. 1 GNotKG).

b) Gebührensatz

156 Für die Beurkundung schreibt KV Nr. 21100 im Ausgangspunkt eine 2,0 Gebühr vor. Bei geringen Geschäftswerten fallen mindestens 120 EUR an. In bestimmten Fällen ist die Gebühr bei Verträgen (einschließlich Antrag/Annahme) reduziert. Dazu bietet sich folgendes Prüfschema an:

Ermittlung der einschlägigen Gebühr nach KV Nr. 21100–21102

Ausgangspunkt: Verfahrensgegenstand ist die Beurkundung eines Vertrags (auch: Angebot/Annahme).

1. Es handelt sich um die **Aufhebung** eines Vertrags → 1,0 (mindestens 60 EUR).
   Fall der KV Nr. 21102 Nr. 2.
2. Es handelt sich um die **Annahme** eines Vertragsangebots → 0,5 (mindestens 30 EUR)
   Fall der KV Nr. 21101 Nr. 1.
3. Es handelt sich um ein **Verfügungsgeschäft** und
   a) derselbe Notar hat für die zugrundeliegende Verpflichtung bereits eine Vertragsgebühr (KV Nr. 21100) oder Zuschlagsgebühr (KV Nr. 23600) erhalten, wobei es sich dabei nicht um eine letztwillige Verfügung handelte → 0,5 (mindestens 30 EUR); Fall der KV Nr. 21101 Nr. 2,
   b) die zugrunde liegende Verpflichtung ist bereits beurkundet, aber durch einen anderen Notar (beachte dazu Vorbem. 2 (1)) oder als letztwillige Verfügung (Anmerkung (1) zu KV Nr. 21101); Fall der KV Nr. 21102 Nr. 1 → 1,0 (mindestens 60 EUR),
   c) die Verpflichtung war nicht beurkundet (streitig bei Auslandsbeurkundung), z.B. ausschließlich in einer privatschriftlichen Verfügung von Todes wegen enthalten (insbesondere: Vermächtniserfüllungsvertrag); Fall der KV Nr. 21100 → 2,0 (mindestens 120 EUR).
4. Alle anderen Fälle → KV Nr. 21100 → 2,0 (mindestens 120 EUR).

c) Verfügungsgeschäfte

Wichtigster Anwendungsfall für die KV Nr. 21101 und 21102 ist die **Auflassung**. Die vom schuldrechtlichen Vertrag abgetrennte, besonders beurkundete Einigung über den Eigentumsübergang am Grundstück ist nach dem System des BGB ein Vertrag. Dasselbe gilt für die **Einigung** über die Einräumung oder Aufhebung von Sondereigentum (Wohnungseigentum), für die Einigung über die Bestellung oder Übertragung eines Erbbaurechts sowie die **Abtretung eines GmbH-Anteils**. Bei diesen Rechtsgeschäften kann die Verpflichtung bereits anderweitig beurkundet sein, so dass für das Verfügungsgeschäft die oben gezeigte reduzierte Gebühr anfällt. 157

Die Abtrennung der Auflassung vom Veräußerungsvertrag kommt unter anderem vor, wenn nur ein Teilstück veräußert wird, das noch nicht vermessen ist. Hier kann im Zeitpunkt der Beurkundung des Grundgeschäfts das zu übertragende Grundstück in der Regel noch nicht mit der für die Vollziehung beim Grundbuchamt erforderlichen Genauigkeit angegeben werden, weil die neue Flurstücks-Nr. und die genaue Größe des Grundstücks noch unbekannt sind (Beispiel siehe unten Rdn 322 ff.). Bei der Veräußerung von Grundstücken mit hohem Wert trennt man gelegentlich auch die Auflassung vom Grundgeschäft ab, um den Gefahren vorzubeugen, die bei einer gemeinsamen Beurkundung von Grundgeschäft und dinglicher Einigung drohen. 158

d) Aufhebung und Änderung

Die **Aufhebung** eines Vertrages ist ihrerseits ein Vertrag (sog. actus contrarius). Sie ist gemäß KV Nr. 21102 Nr. 2 begünstigt. Die dort vorgesehene Gebühr von 1,0 (mindestens 60 EUR) gilt aber nicht (d.h. es bleibt bei KV Nr. 21100 → 2,0): 159

- für die Aufhebung eines Beschlusses (die einmal erfolgte Willensbildung kann nicht aufgehoben, sondern nur ein entgegengesetzter neuer Beschluss gefasst werden);
- für die Aufhebung eines Ehevertrags (mit Aufhebung der güterrechtlichen Regelungen werden sie notwendig neu geregelt);[93]
- wenn ein bereits vollzogener Vertrag vollständig rückabgewickelt werden soll.[94]

Die **teilweise Aufhebung** eines Vertrags ist nichts anderes als seine Änderung. Für die Vertragsänderung bleibt es aber bei KV Nr. 21100. Generell entsteht für die **Vertragsänderung** dieselbe Gebühr wie für die entsprechende Vertragsbeurkundung selbst. Eine Begünstigung gibt es nicht (zum Wert der Änderung siehe Rdn 133). Die Grenze zwischen bloßen Ergänzungen oder Änderungen und der Beurkundung eines neuen Geschäfts ist nicht immer leicht zu ziehen. Wird ein Vertragspartner oder der Vertragsgegenstand ausgewechselt oder werden die vereinbarten Leistungen „**wesentlich**“ geändert, so liegt ein neues Rechtsgeschäft vor. 160

3. Sonstige Erklärungen, Tatsachen und Vorgänge (Abschnitt 2)

a) Anwendungsbereich

Die Gebühren KV Nr. 21200 und 21201 gelten vor allem für einseitige Erklärungen (ohne Antrag und Annahme, dazu bereits oben). Es kommt auf die Richtung der Erklärung, nicht auf die Anzahl der Personen an, die sie abgeben. Hierunter fallen alle einseitigen Rechtsgeschäfte. Dies sind solche, für deren Zustandekommen die Willenserklärung nur einer Seite genügt. Der Abschnitt gilt aber auch für geschäftsähnliche und andere Erklärungen einschließlich Tatsachenerklärungen. 161

Beispiele

- Schuldanerkenntnis,
- Unterwerfung unter die sofortige Zwangsvollstreckung,
- Abtretung einer Forderung (oder z.B. einer Grundschuld),
- Quittung (auch sog. löschungsfähige Quittung),
- Rücktritt von einem Vertrag,
- Widerruf einer Schenkung,

93 Leipziger-GNotKG/*Deecke*, Nr. 21102 Rn 7.
94 Streifzug, Rn 95a.

- Ausübung eines Vorkaufs-, Ankaufs- oder Wiederkaufsrechts,
- Teilungserklärung bei Wohnungseigentum nach § 8 WEG,
- Verzicht auf ein Grundpfandrecht,
- einseitige Zustimmungserklärungen aller Art und Bürgschaft,
- Erklärungen zur Gründung einer GmbH oder Aktiengesellschaft durch den Alleingesellschafter,
- Einzeltestament.

b) Gebührensatz

162 Es fällt grundsätzlich eine Gebühr zum Satz 1,0 bzw. mindestens eine Gebühr von 60 EUR an (KV Nr. 21200). Günstiger sind die folgenden, in KV Nr. 21201 genannten Geschäfte. Für diese sind eine 0,5 Gebühr bzw. mindestens 30 EUR anzusetzen:

1. der Widerruf einer letztwilligen Verfügung,
2. der Rücktritt von einem Erbvertrag (§ 2296 Abs. 2 BGB),
3. die Anfechtung einer Verfügung von Todes wegen (§ 2282 Abs. 3 BGB),
4. ein Antrag oder eine Bewilligung nach der Grundbuchordnung, der Schiffsregisterordnung oder dem Gesetz über Rechte an Luftfahrzeugen oder die Zustimmung des Eigentümers zur Löschung eines Grundpfandrechts oder eines vergleichbaren Pfandrechts,
   Wichtige Anwendungsfälle für Grundbucherklärungen gemäß KV Nr. 21201 Nr. 4 sind:[95]
   - reine Anträge zur Eintragung von Pfandrechten (Grundschuld, Hypothek),
   - reine Nachverpfändungen,
   - Abtretungen von Buchgrundschulden, soweit keine Ansprüche aus dem persönlichen Schuldverhältnis mit abgetreten werden,
   - Anträge zur Eintragung von Grunddienstbarkeiten oder beschränkten persönlichen Dienstbarkeiten,
   - Anträge des Eigentümers zur Vorrangeinräumung,
   - Löschungsbewilligungen von Gläubigern bzw. Berechtigten,
   - Pfandhaftentlassungen von Gläubigern oder Freigabeerklärungen von Berechtigten,
   - erforderliche Zustimmungen des Eigentümers oder dessen Antrag zur Löschung eines Rechts,
   - Bewilligungen von Gläubigern bzw. Berechtigten zur Einräumung eines Vorrangs,
   - Anträge auf Grundbuchberichtigung, auch wenn diese trotz materieller Formfreiheit notariell beurkundet oder beglaubigt werden,
   - Anträge auf Grundstücksvereinigungen und/oder -zuschreibungen,
   - die Rücknahme eines Antrags, selbst in den Fällen, in denen die Rücknahme zwar formfrei möglich ist, doch notariell beurkundet oder beglaubigt wird,
   - die formell-rechtliche Zustimmung des Eigentümers zur Löschung eines Grundpfandrechts (§ 27 Abs. 1 GBO). Die Bestimmung ist auch anwendbar, falls der Eigentümer einer teilweisen Entlassung aus der Pfandhaft (z.B. einer Teilfläche oder eines Grundstücks aus der Gesamthaft) zustimmt.
5. eine Anmeldung zum Handelsregister oder zu einem ähnlichen Register,
6. ein Antrag an das Nachlassgericht,
7. eine Erklärung, die gegenüber dem Nachlassgericht abzugeben ist (vor allem die Erbausschlagung, § 1945 GNotKG),
8. die Zustimmung zur Annahme als Kind.

c) Eintragung einer Grundschuld

163 Eintragungs- und Löschungsanträge sowie Eintragungs- und Löschungsbewilligungen für das Grundbuch etc. lösen nur dann die halbe Gebühr nach KV Nr. 21201 Nr. 4 aus, wenn es sich um „reine" Eintragungs- oder Löschungserklärungen handelt. Grundschuld-Bestellungsurkunden enthalten zumeist neben dem Eintragungsantrag auch eine Abtretung von Rückgewährsansprüchen oder das Schuldanerkenntnis und/oder die Unterwerfung unter die sofortige Zwangsvollstreckung. In diesen Fällen handelt es sich um einseitige Erklärungen nach KV Nr. 21200, für die eine volle Gebühr zu erheben ist.

95 Aufstellung nach Leipziger-GNotKG/*Deecke*, Nr. 21201 Rn 13.

KV Nr. 21201 betrifft die als Niederschrift verlesene beurkundete Grundschuld. Für den Antrag auf Eintragung eines Grundpfandrechts reicht aber auch die Unterschriftsbeglaubigung, wenn in der Urkunde keine Unterwerfung unter die sofortige Zwangsvollstreckung erklärt ist (dies ist beurkundungspflichtig, § 794 ZPO). Beglaubigt der Notar nur die Unterschrift des Beteiligten unter einem Antrag auf Eintragung eines Grundpfandrechts, wird ihm also der Entwurf dazu von dem Beteiligten oder dem Gläubiger bereits fertig geliefert, kann der Entwurf ohne Ergänzung verwendet werden und muss der Entwurf bis auf eine kursorische Durchsicht (§ 15 Abs. 3 GBO n.F.) vom Notar nicht weiter geprüft werden, erhält er lediglich eine Beglaubigungsgebühr nach KV Nr. 25100 (0,2 bzw. mindestens 20 EUR, höchstens 70 EUR). Zumeist hat der Notar bei Beglaubigung der Grundschuld jedoch den mitgebrachten Entwurf zu ergänzen oder einen eigenen Entwurf zu fertigen. Dann entspricht die Entwurfsgebühr der Gebühr für die Beurkundung (KV Nr. 24102), die nachfolgende erste Unterschriftsbeglaubigung wird nicht gesondert abgerechnet (Vorbem. 2.4.1 (2)). 164

Nur in seltenen Ausnahmen wird die materiell zur Begründung des Grundpfandrechts erforderliche Einigung (§ 873 BGB) mitbeurkundet. Für sie würde eine Gebühr nach dem ersten Abschnitt (KV Nr. 21100–21102) anfallen. Sehr viel häufiger enthalten die Bestellungsurkunden materiellrechtliche Erklärungen, die wie ein Angebot des Bestellers an den Sicherungsnehmer anmuten. Hier geht die Praxis regelmäßig davon aus, dass dies keine Angebote im Sinn der KV Nr. 21100 sind.[96] 165

Grundpfandrechtsbestellungen können demnach fünf verschiedene Gebühren auslösen: 166

- bei der bloßen Unterschriftsbeglaubigung eine 0,2 Gebühr nach KV Nr. 25100 (Beglaubigungsgebühr),
- bei der Unterschriftsbeglaubigung nach Entwurfsfertigung eine 0,5 Gebühr nach KV Nr. 24102 (einschlägig bei Beurkundung wäre KV Nr. 21201). Wenn die Abtretung der Rückgewährsansprüche oder ein Schuldanerkenntnis (aber ohne Zwangsvollstreckungsunterwerfung, kommt praktisch nicht vor) erklärt wird, kann auch eine 1,0 Gebühr entstehen (KV Nr. 24101). Zum Wert siehe § 119 GNotKG. Ebenso ist diese Gebühr und nicht lediglich eine Beglaubigungsgebühr zu erheben, falls der Notar den vorgelegten Entwurf so wesentlich vervollständigen muss, dass dadurch erst eine für den Vollzug geeignete Urkunde, also ein eigener Entwurf des Notars, entsteht,
- bei der Beurkundung des Eintragungsantrages eine 0,5 Gebühr nach KV Nr. 21201, sofern die Urkunde weder eine Abtretungserklärung (Rückgewährsansprüche), noch ein Schuldanerkenntnis oder die Unterwerfung unter die sofortige Zwangsvollstreckung enthält,
- eine volle Gebühr nach KV Nr. 21200, wenn die Urkunde entweder die Abtretung von Rückgewährsansprüchen oder ein Schuldanerkenntnis oder die Unterwerfung unter die sofortige Zwangsvollstreckung enthält.
- Unter Privaten kann ausnahmsweise auch einmal in Vertragsform zu beurkunden sein (KV Nr. 21100 → 2,0).

Dazu können in allen Fällen noch eine Vollzugsgebühr und eine Betreuungsgebühr kommen. Vollzugstätigkeiten (siehe Vorbemerkung 2.2.1.1 Abs. 1 KV) sind etwa das Einholen von Löschungs- und Rangrücktrittserklärungen zu vorrangig eingetragenen Rechten (dann je nach Bestimmung des Dritten u.U. auch noch Treuhandgebühr) oder das Anfordern von Genehmigungen (z.B. im Sanierungsgebiet). Typische Betreuungstätigkeiten (KV Nr. 22200) sind die Anzeige der Verpfändung oder einer eingeschränkten Zweckerklärung (Sicherungsabrede) oder die Entgegennahme einer Grundschuldausfertigung für den Gläubiger (§ 873 Abs. 2 BGB).[97]

d) Anträge an das Nachlassgericht, Erbscheinsantrag

Unter KV Nr. 21201 Nr. 6 fallen z.B. Anträge auf Erteilung eines Testamentsvollstreckerzeugnisses (§ 2386 BGB), Anordnung der Nachlasspflegschaft (§§ 1961, 1975, 1981 BGB), Anordnung der Nachlassverwaltung (§ 1981 BGB). An und für sich würde auch der Erbscheinsantrag hierhergehören. Er ist jedoch fast ausnahmslos mit einer eidesstattlichen Versicherung des Antragstellers verbunden, in der er die Richtigkeit seiner Angaben beteuert (§ 2365 Abs. 2 BGB). Für eidesstattliche Versicherungen schreibt KV Nr. 23300 jedoch die Erhebung der vollen Gebühr vor. Der Antrag wird daneben nicht gesondert bewertet (Vorbem. 2.3.3 (2)). Dies ist der Grund, warum Erbscheinsanträge in aller Regel mit einer 1,0 Gebühr abzurechnen sind (zum Wert Rdn 139). 167

96 Vgl. Kostenspiegel Teil 6 Rn 6–10.
97 Der Auftrag dazu muss nicht ausdrücklich erteilt sein, OLG Düsseldorf, Beschl. v. 11.11.2014 – I-10 W 159/14, juris.

168 *Hinweise*

Anders als bei der Gebühr nach KV Nr. 21201 (0,5, mindestens 30 EUR) gilt für KV Nr. 23300 (1,0) keine Mindestgebühr. Für geringe Nachlasswerte (bis zur Wertstufe 2.000 EUR) kann der Erbscheinsantrag mit eidesstattlicher Versicherung somit günstiger ausfallen als ein isolierter Antrag an das Nachlassgericht. Eine Vergleichsrechnung ist durch Vorbem. 2.3.3 (2) aber eindeutig ausgeschlossen.

Die Gebühr nach KV Nr. 23300 deckt nur den Erbscheinsantrag mit ab. Werden in derselben Urkunde noch andere Anträge gestellt (z.B. Grundbuchberichtigung nach der Erbfolge), ist das zusätzlich zu bewerten (Bemerkung zu KV Nr. 21201).

4. Vorzeitige Beendigung des Verfahrens (Abschnitt 3)

a) Anwendungsbereich

169 Eröffnet wird das Beurkundungsverfahren durch einen Antrag, der formlos erteilt und auch aus den Umständen geschlossen werden kann. Es ist vorzeitig beendet, wenn es ohne Beurkundung einer notariellen Niederschrift (§§ 8, 36 BeurkG) endet. Dafür kann es vielfältige Gründe geben: Die Beteiligten haben es sich anders überlegt, können sich nicht einigen oder bestehen auch nach Besprechung auf einen Urkundsinhalt, den der Notar als rechtlich unzulässig zurückweisen muss. Der Auftraggeber kann den Beurkundungsauftrag jederzeit durch formlose Erklärung gegenüber dem Notar zurücknehmen, mit Zugang bei dem Notar ist das Verfahren beendet. Häufig ist aber nicht so klar, ob die Beteiligten nur überlegen (bzw. verhandeln) oder ihr Vorhaben aufgegeben haben. Dann entscheidet der Notar, ob nach seiner Überzeugung mit der Beurkundung noch zu rechnen ist. In der Regel ist das nach Vorbem. 2.1.3 (1) dann der Fall, wenn das Verfahren länger als sechs Monate von den Beteiligten nicht betrieben wurde. Die Frist kann nach Lage des Einzelfalls aber auch kürzer (z.B. bei einfacheren Erklärungen) oder länger (z.B. bei komplexen Geschäften mit viel externem Beratungsbedarf) angenommen werden. Die Frist verlängert sich, wenn der Notar selbst die Verzögerung zu vertreten hat. Stellt der Notar fest, dass das Verfahren beendet ist, werden die im Hauptabschnitt 1 Abschnitt 3 für die vorzeitige Beendigung vorgesehenen Gebühren fällig. Sie werden auf die spätere erneute Beurkundungsgebühr angerechnet, wenn „demnächst" doch noch auf der Grundlage des Entwurfs (d.h. ohne Austausch des Vertragsinhalts) beurkundet wird (Vorbem. 2.1.3 (2)).

170 *Beispiel*

Der Notar war beauftragt mit Entwurf und anschließender Beurkundung. Nachdem er seit Entwurfsversand drei Wochen nichts von den Beteiligten gehört hat, lässt er nachfragen. Er erfährt, dass der vorgesehene Käufer verstorben sei. Der Verkäufer lässt ausrichten, dass er sich auf die Suche nach einem neuen Käufer macht.

Der Notar wird die Feststellung treffen, dass das Verfahren beendet ist.

Er muss dazu nicht die Sechs-Monatsfrist abwarten.

Wenn sich anschließend ein neuer Käufer anzeigt, können dieser und der Verkäufer ein neues Verfahren einleiten. Der vollständige Käuferwechsel ist eine so weit reichende Änderung, dass keine Anrechnung erfolgt.

171 Die Gebühren entstehen nicht, wenn die vorzeitige Beendigung auf Gründen beruht, die allein der Notar zu vertreten hat. Das gilt insbesondere für Konstellationen, in denen grundsätzlich noch mit einer Beurkundung in angemessener Zeit zu rechnen war, der Notar wegen Amtssitzwechsel oder Beendigung des Amtes aber das Verfahren nicht mehr abschließen kann. Dem Notar zuzurechnen ist es auch, wenn er aus Rechtsgründen **nicht mitwirken** darf (§ 3 oder § 6 BeurkG).

Es entstehen ferner keine Gebühren, wenn der Notar von vornherein das Verfahren nicht aufnimmt und auch sonst keine über die Ablehnung hinausgehende Tätigkeit entfaltet.[98] Auf die Gründe dafür kommt es nicht an, entscheidend ist seine **sofortige Zurückweisung**. Denn obwohl das notarielle Verfahren und insbesondere

98 Aus KV Nr. 21301 lässt sich folgern, dass schon mit der Vorbesprechung durch Notariatsmitarbeiter das Verfahren aufgenommen ist. Ganz unberechnet bleiben damit nur wenige Sonderfälle.

das Kostenschuldverhältnis allein schon durch den Antrag begründet werden,[99] setzen die einschlägigen Gebührentatbestände für den vorzeitigen Abbruch voraus, dass der Notar das Verfahren aufgenommen bzw. eine Tätigkeit entfaltet hat.

Zumeist wird sich allerdings erst im Rahmen einer inhaltlichen Befassung mit dem Ansuchen, dass z.B. etwas rechtlich Unzulässiges verlangt wird (§ 4 BeurkG), oder im Zuge des Gesprächs mit einem Beteiligten (§ 11 BeurkG), dass der Notar ihn als geschäftsunfähig einschätzen muss, herausstellen. Bricht der Notar dann ab, weil sich z.B. die Beteiligten auf rechtmäßige Alternativen nicht einlassen wollen oder ein gesetzlicher Vertreter nicht vorhanden ist oder dieser das Ansuchen des Geschäftsunfähigen sogar ablehnt, dann ist das Verfahren nach dem bis dahin erreichten Stadium abzurechnen.[100]

b) Nach Verfahrensstadium gestaffelte Gebühren

Die Gebühren des Hauptabschnitts 1 Abschnitt 3 sehen für die abgebrochenen Beurkundungsverfahren folgende je nach Fortschritt des Verfahrens gestaffelte Gebühren vor: 172

1. Stadium

Die Beendigung tritt ein,

- bevor ein Entwurf gefertigt wurde oder
- es wurde ein Entwurf gefertigt, aber erst am Tag der Beendigung des Verfahrens zur Post gegeben oder
- es wurde ein Entwurf gefertigt, aber vor der Beendigung des Verfahrens nicht mehr ausgehändigt oder als Telefax oder E-Mail übermittelt
  und
- es wurde auch noch nicht auf der Grundlage eines Entwurfs in einem Beurkundungstermin verhandelt (betrifft i.d.R. einfache Fälle ohne vorherige Entwurfsübersendung).

→ Hatte der Notar in diesem Fall bereits persönlich[101] oder schriftlich beraten, dann ist für das Verfahren gemäß KV Nr. 21301 dieselbe Gebühr anzusetzen, die für eine (bloße) Beratung angefallen wäre (KV Nr. 24200–24203, dazu siehe unten Rdn 216). Die Beteiligten werden also so gestellt, als hätten sie von vornherein (nur) einen Beratungsauftrag erteilt.

→ Ansonsten, insbesondere also, wenn bislang keine oder ausschließlich Vorbesprechungen mit einem Notariatsmitarbeiter erfolgt sind, beträgt die Beurkundungsgebühr unabhängig von der Bedeutung des Geschäfts und dem bisherigen Aufwand gemäß KV Nr. 21300 fest 20 EUR.

2. Stadium

Vorzeitige Beendigung nach einem der zu KV Nr. 21300, 21301 genannten Zeitpunkte, also insbesondere dann:

- wenn eine Verhandlung im Beurkundungstermin scheitert,
- wenn (bei Briefpost am Tag zuvor) ein Entwurf verschickt oder ausgehändigt war,
- wenn der Notar persönlich beraten, also wenigstens ein Vorgespräch geführt hatte.

→ Die 2,0 Gebühren für das Beurkundungsverfahren reduzieren sich auf den Gebührensatz 0,5–2,0, mindestens aber 120 EUR (KV Nr. 21302).

→ Die 1,0 Gebühren für das Beurkundungsverfahren reduzieren sich auf den Gebührensatz 0,3–1,0, mindestens aber 60 EUR (KV Nr. 21303).

→ Die 0,5 Gebühren für das Beurkundungsverfahren reduzieren sich auf den Gebührensatz 0,2–0,5, mindestens aber 30 EUR (KV Nr. 21304).

99 Insoweit deutlich zum Antrag eines unerkannt Geschäftsunfähigen jüngst BGH v. 26.2.2025 – III ZB 30/24, MDR 2025, 617.
100 Ausführlich zur Geschäftsfähigkeitsprüfung *Otto* NotBZ 2024, 454, 459.
101 LG Bonn, Beschl. v. 4.9.2014 – 6 OH 7/14, NotBZ 2015, 113.

173 Bei den KV Nr. 21302–21304 handelt es sich um einen Anwendungsfall der durch das GNotKG neu im Notarkostenrecht eingeführten **Rahmensatzgebühren**. Für sie gilt § 92 GNotKG:

- Der Notar bestimmt den Gebührensatz innerhalb des Rahmens nach billigem Ermessen. Dabei ist praktisch ausschließlich der vor Beendigung entstandene Aufwand zu berücksichtigen[102] und zwar grundsätzlich im Vergleich zu dem Aufwand, der bis zum vollständigen Abschluss noch angefallen wäre.[103] Der Schweregrad der Sache fließt mittelbar dadurch ein, dass eine schwierige Aufgabe in der Vorbereitung natürlich zumeist mehr Zeit in Anspruch nimmt.[104]
- Eine Grenze setzt die Entwurfsfertigung: Wenn bereits ein vollständiger Entwurf angefertigt wurde, ist der höchste Gebührensatz anzusetzen (§ 92 Abs. 2 GNotKG). Die Anordnung des Gesetzes, dass „schon" der vollständige Entwurf somit im Ergebnis zu derselben Gebühr führt wie ein abgeschlossenes Beurkundungsverfahren, führt in der Praxis dazu, dass der Gebührensatz bei KV Nr. 21302–21304 stets im oberen Bereich der Spanne anzusetzen sein wird, sobald ein (auch unvollständiger) Entwurf versandt ist.[105]

174 *Hinweis*

Ein Entwurf gilt als vollständig, wenn der Notar alle ihm übermittelten Informationen bei der Erstellung verarbeitet hat, auch wenn für das Rechtsgeschäft noch (einzelne) wesentliche Informationen fehlen.[106] Der Entwurf kann also auch dann schon vollständig sein, wenn der Notar in einzelnen Punkten Alternativen darstellt. Ebenso, wenn der Auftraggeber Einzelheiten zunächst bewusst offen halten wollte[107] oder wenn er einen zur Klärung offener Fragen angebotenen weiteren Termin nicht wahrnimmt.[108]

175 *Praxistipp*

Die Gebühr für das vorzeitige Beurkundungsverfahren beläuft sich spätestens dann (es gibt also weitere Fälle) auf denselben Betrag wie bei vollständig durchgeführter Beurkundung, wenn entweder:

- Die Beteiligten vor Beendigung einen vollständigen Entwurf in den Händen hatten
  oder wenn
- der Notar vor den Beteiligten im dazu angesetzten Termin mit der Verlesung der Niederschrift begonnen hat.

II. Vollzug und Betreuungstätigkeiten

1. Grundsätze

a) Abgeschlossener Katalog

176 Das GNotKG führt alle Vollzugs- und Betreuungstätigkeiten (einschließlich Treuhandtätigkeiten) einzeln auf, für die der Notar eigene Gebühren enthält. Man spricht von den abgeschlossenen **Katalogen** der Vorbemerkung 2.2.1.1 (1) bzw. KV Nr. 22114, KV Nr. 22200, KV Nr. 22201. Aus Gründen der Rechtsklarheit und Transparenz ist **kein Auffangtatbestand** für nicht ausdrücklich geregelte Tätigkeiten vorgesehen. Die Zuordnung, welches der einzelnen Geschäfte eher Vollzug, welches eher Betreuung darstellt und welche Tätigkeit als Nebengeschäft ganz unbewertet bleibt, war eine wesentliche Streitfrage zur KostO. Sie hat sich mit der eindeutigen und abschließenden (**enumerativen**) Aufzählung erledigt.

b) Einmalanfall

177 Innerhalb eines Beurkundungsverfahren (d.h. **je Urkunde**) oder sonstigen Verfahrens können jeweils nur genau **eine Vollzugsgebühr** (gegebenenfalls aber ergänzt um die Gebühr für die Erfassung strukturierter Daten,

102 Kriterien wie Wert und Bedeutung der Sache, Verhältnisse der Beteiligten und das Haftungsrisiko sollen an dieser Stelle nicht berücksichtigt werden, da sie bereits in den Geschäftswert einfließen, siehe dazu Leipziger-GNotKG/*Heinze*, § 92 Rn 5–16.
103 Fackelmann/Heinemann/*Teubel*, § 92 Rn 29/35; Leipziger-GNotKG/*Heinze*, § 92 Rn 8.
104 *Fackelmann*, Einführung, § 2 Rn 59.
105 Fackelmann/Heinemann/*Drempetic*, KV Nr. 21300–21314, Rn 79; *Fackelmann*, Einführung, Rn 238. Im Ergebnis auch Leipziger-GNotKG/*Genske*, KV Nr. 21302 Rn 1.
106 OLG Naumburg, Beschl. v. 2.2.2016 – 2 W 1/16, NotBZ 2016, 153; *Sikora*, MittBayNot 2013, 349/351.
107 Streifzug, Rn 2563.
108 LG Chemnitz, Beschl. v. 24.3.2016 – 3 OH 14/14, NotBZ 2016, 237.

dazu Rdn 197) und **eine Betreuungsgebühr** anfallen. **Treuhandgebühren** erhält der Notar je Treuhandauftrag. Die Regel bedeutet zugleich, dass z.B. bei Aufspaltung eines Vertrags in Angebot und Annahme insgesamt zwei Vollzugs- oder Betreuungsgebühren anfallen können.

Praxistipp

Obwohl es grundsätzlich ausreicht, wenn (nur) einer der einzelnen Gebührentatbestände der Vorbem. 2.2.1.1 (1) erfüllt ist und obwohl die Gebühr „sowieso" nur einmal anfallen kann, müssen die einzelnen Vollzugstätigkeiten trotzdem einzeln ermittelt werden, denn

- für Tätigkeiten nach 2.2.1.1. (1) Nr. 1–3 ist die Gebühr auf einen Höchstbetrag gedeckelt (KV Nr. 22112–22113), der Höchstbetrag **wächst** mit der Anzahl der Tätigkeiten.
- fällt (wenigstens auch) eine der Tätigkeiten nach 2.2.1.1. (1) Nr. 4–11 an, dann gilt kein Höchstbetrag.
- die Fälligkeit der Gebühr bestimmt sich nach dem Abschluss der letzten Vollzugstätigkeit.

c) Geschäftswert

Erfolgen Vollzug oder Betreuung ergänzend zu einem Beurkundungsverfahren, bestimmt sich der **Geschäftswert** stets aus dem Wert der Beurkundung (§ 112 bzw. § 113 GNotKG). Erklärungen in der Urkunde, die gar keines Vollzugs oder keiner weiteren Betreuung bedürfen, werden also nicht „herausgerechnet". Es gilt der volle Urkundenwert. Gelegentlich kann fraglich sein, „welche Urkunde" vollzogen wird: Dient es primär dem Vollzug des Gesellschaftsvertrags oder der Handelsregisteranmeldung derselben Gesellschaft, wenn der Notar eine Gesellschafterliste erstellt? Der BGH hat entschieden, dass die Listenerstellung materiell dem Vollzug der Gesellschaftsgründung dient. Die Registeranmeldung ist als Verfahrenserklärung hingegen selbst der Gründung untergeordnet. Ihr Zweck als Verfahrenserklärung erschöpft sich darin, dieser zur Wirksamkeit zu verhelfen.[109] 178

Beispiel 179

A verkauft B ein Grundstück (Wert = Preis 20.000 EUR) und vereinbart in derselben Urkunde mit ihm für die Dauer von vier Jahren einen Pachtvertrag zu 1.000 EUR jährlich. Der Notar erhält Vollzugsauftrag (Genehmigung Grundstücksverkehrsgesetz und Negativattest der Gemeinde) und soll die Umschreibung erst nach Bestätigung der Kaufpreiszahlung veranlassen.

Wert des Beurkundungsverfahrens:

Verkauf und Pacht sind gegenstandsverschieden, die Werte sind also zusammenzurechnen.

Kauf: 20.000 EUR (§§ 97 Abs. 3, 47 GNotKG)

Pacht: 4.000 EUR (§ 99 Abs. 1 GNotKG)

Verfahrenswert somit: 24.000 EUR.

Die Vollzugsgebühr gemäß KV Nr. 22111 (0,5) wird aus dem Wert von 24.000 EUR erhoben.

Ergebnis: 57,50 EUR (die Höchstgebühr für zwei Tätigkeiten nach KV Nr. 22112, Vorbem. 2.2.1.1 (1) S. 2 Nr. 1 und 2 wird nicht überschritten).

Dasselbe gilt auch für die Betreuungsgebühr nach KV Nr. 22200 Nr. 3.

Wird der Notar (wie zumeist) auch beauftragt, die Fälligkeit des Kaufpreises erst nach Eintritt bestimmter Voraussetzungen mitzuteilen, ist zugleich der Tatbestand nach KV Nr. 22200 Nr. 2 erfüllt. Das führt aber zu keiner weiteren Gebühr.

d) Auftrag, Entwürfe

Gebühren für den Vollzug eines Geschäfts oder für Betreuungstätigkeit können grundsätzlich nur dann erhoben werden, wenn dem Notar hierzu ein besonderer Auftrag erteilt worden ist. Er bedarf keiner besonderen Form und kann sich auch aus den Umständen ergeben.[110] Er kann, muss aber nicht ausdrücklich in der Urkunde enthalten sein. Nur in den ausdrücklich in Vorbemerkung 2.2 (1) aufgeführten Fällen ist ein Auftrag entbehrlich: 180

109 BGH, Beschl. v. 4.6.2019 – II ZB 16/18, MittBayNot 2019, 613 = NotBZ 2019, 344 = RNotZ 2019, 563.
110 Ausführlich zu Auslegungskriterien Leipziger-GNotKG/*Harder*, Vorbemerkung 2.2. Rn 16 ff.

- Gebührentatbestände KV Nr. 22114 und KV Nr. 22125: Erzeugung strukturierter Daten für eine automatisierte Weiterverarbeitung der Daten, insbesondere durch Gerichte,
- Gebühr nach Gebührenziffer KV Nr. 22200 im Fall der Nummer 6: Erteilung einer Bescheinigung im Zusammenhang mit der Änderung einer Gesellschafterliste nach dem GmbH-Recht.

181 Fertigt der Notar in Ausführung seines Vollzugs- oder Betreuungsauftrags (einschließlich der Treuhandtätigkeit) **Entwürfe**, erhält er nach der Vorbemerkung 2.2 (2) hierfür keine zusätzlichen Gebühren. In diesem Fall fällt aber eine Gebühr (KV Nr. 25100) für eine etwaige Unterschriftsbeglaubigung unter der entworfenen Erklärung auch dann an, wenn sie durch denselben Notar erfolgt. Die Sperrwirkung der Vorbemerkung 2.4.1 (2) greift hier nicht.[111] War der Notar zunächst nicht mit dem Entwurf einer einzuholenden Erklärung beauftragt, beauftragt dann aber derjenige, der die Erklärung abgeben soll, „zufällig" denselben Notar, erteilt er damit einen neuen Auftrag. Dieser begründet ein eigenes Verfahren, das getrennt abzurechnen ist (str.). Diese Auffassung ist streitig, muss aber jedenfalls dann gelten, wenn der Notar nicht einmal mit der Einholung betraut war. Die Rechtsprechung tendiert hingegen dazu, jeden Entwurfsauftrag „im Vollzugsbereich" kostenrechtlich als einen Vollzugsauftrag zu werten.[112]

2. Vollzugsgebühr

a) Tätigkeiten

182 Die Vollzugsgebühr entsteht gemäß Vorbemerkung 2.2.1.1 (1) S. 2 für

1. Anforderung und Prüfung einer Erklärung oder Bescheinigung nach öffentlich-rechtlichen Vorschriften, mit Ausnahme der Unbedenklichkeitsbescheinigung des Finanzamts,
2. Anforderung und Prüfung einer anderen als der in Nummer 4 genannten gerichtlichen Entscheidung oder Bescheinigung, dies gilt auch für die Ermittlung des Inhalts eines ausländischen Registers,
3. Fertigung, Änderung oder Ergänzung der Liste der Gesellschafter (§ 8 Abs. 1 Nr. 3 GNotKG, § 40 GmbHG) oder der Liste der Personen, welche neue Geschäftsanteile übernommen haben (§ 57 Abs. 3 Nr. 2 GmbHG),
4. Anforderung und Prüfung einer Entscheidung des Familien-, Betreuungs- oder Nachlassgerichts einschließlich aller Tätigkeiten des Notars gemäß den §§ 1828 und 1829 BGB im Namen der Beteiligten sowie die Erteilung einer Bescheinigung über die Wirksamkeit oder Unwirksamkeit des Rechtsgeschäfts,
5. Anforderung und Prüfung einer Vollmachtsbestätigung oder einer privatrechtlichen Zustimmungserklärung,
6. Anforderung und Prüfung einer privatrechtlichen Verzichtserklärung,
7. Anforderung und Prüfung einer Erklärung über die Ausübung oder Nichtausübung eines privatrechtlichen Vorkaufs- oder Wiederkaufsrechts,
8. Anforderung und Prüfung einer Erklärung über die Zustimmung zu einer Schuldübernahme nach § 415 BGB,
9. Anforderung und Prüfung einer Erklärung oder sonstigen Urkunde zur Verfügung über ein Recht an einem Grundstück oder einem grundstücksgleichen Recht sowie zur Löschung oder Inhaltsänderung einer sonstigen Eintragung im Grundbuch oder in einem Register,
10. Anforderung und Prüfung einer Verpflichtungserklärung betreffend eine in Nummer 9 genannte Verfügung oder einer Erklärung über die Nichtausübung eines Rechts und
11. über die in Nummer 1 und 2 hinausgehende Tätigkeit für die Beteiligten gegenüber der Behörde, dem Gericht oder der Körperschaft oder Anstalt des öffentlichen Rechts.

183 Wenn der mit dem Vollzug beauftragte Notar nicht zugleich Beurkundungs- oder Entwurfsgebühren erhält oder wenn ein ausländisches Gericht oder eine ausländische Behörde zu beteiligen sind, kommen weitere in KV Nr. 22122–22124 genannte Tätigkeiten in Betracht (**bloße Übermittlung** von Anträgen, **Prüfen** von Urkunden, Erledigung von **Beanstandungen**), die im anderen Fall unvergütet bleiben. Für die **kursorische Prüfung** von Erklärungen auf Eintragungsfähigkeit im Register bzw. Grundbuch (§ 378 Abs. 3 FamFG bzw. § 15 Abs. 3 GBO)[113]

111 OLG Hamm, Beschl. v. 16.7.2015 – 15 W 152/15, FGPrax 2015, 276; *Sikora*, MittBayNot 2013, 349/355.
112 LG Düsseldorf, Beschl. v. 28.7.2015 – 25 T 74/15, RNotZ 2015, 666.
113 Neufassung durch Gesetz v. 1.6.2017 (BGBl I 2017, 1396). Zu Anwendungsbereich, Dokumentation und verfahrensrechtlicher Bedeutung der Vorprüfung ausf. BeckOK-FamFG/*Otto*, § 378 Rn 21–83 und BeckOK-GBO/*Otto*, § 15 Rn 103a–103f sowie hier in § 3 Rdn 266, § 4 Rdn 22, 1581.

erhält der Notar nur in dem seltenen Fall eine eigene Festgebühr von 20 EUR, wenn weder eine Beglaubigungsgebühr noch eine Übermittlungsgebühr oder andere Vollzugsgebühren entstanden sind (KV Nr. 22124 Nr. 2 mit Anm. 2).[114]

Bei entsprechendem Auftrag können Vollzugstätigkeiten auch schon vor Beurkundung erfolgen. Die Gebühren dafür fallen dann an, auch wenn das Beurkundungsverfahren vorzeitig beendet wird. 184

Beispiele zu den einzelnen Tatbeständen sind unten bei den einzelnen Geschäftsvorfällen dargestellt. Die Tatbestände verlangen häufig ein **„Prüfen und Anfordern"**. Das wird überwiegend kumulativ verstanden: Es reiche nicht, wenn der Notar nur anfordert oder nur prüft. Weil aber die Hauptverantwortung in der richtigen Prüfung liegt, wird man an das Anfordern keine zu hohen Ansprüche stellen. Behördenunterlagen können auch bei einem Beteiligten angefordert werden; in einem Anschreiben können mehrere einzeln zu zählende Erklärungen abgefordert werden; die Recherche in einer Datenbank erfüllt sowohl das Merkmal Anfordern wie auch das Prüfen.[115] Für die Erfüllung einer **Anzeigepflicht**, die den Notar selbst trifft (z.B. steuerliche Anzeigepflichten; Übersendung einer Abschrift an den Gutachterausschuss), erhält der Notar grundsätzlich keine Gebühren, es sei denn eine Gebühr ist hierfür ausnahmsweise gesetzlich vorgesehen. 185

Die bloße Übermittlung von Urkunden an Gerichte und Behörden ist in der Regel ein gebührenfreies Nebengeschäft (KV Vorbem. 2.1. Abs. 1 Nr. 1 und 2). Davon zu trennen ist aber die Gebühr für die **Datenerzeugung** in der „XML-Struktur" oder vergleichbarem Format, die im Zuge der Übermittlung anfallen kann. Siehe dazu Rdn 197 (KV Nr. 22114 bzw. 22125).[116] 186

b) Gebührensatz und Höchstgebühren

Für den Gebührensatz ist danach zu unterscheiden, ob derselbe Notar (oder sein Sozius etc., siehe Vorbemerkung 2 (1) KV) eine Gebühr für das Beurkundungsverfahren oder für die Fertigung eines Entwurfs erhält, die das zugrunde liegende Geschäft betrifft. Wenn das der Fall ist und keine ausländische Behörde oder ein ausländisches Gericht zu beteiligen ist, gelten die KV Nr. 22110–22114. 187

Der Notar, der nicht auch Beurkundungs- oder Entwurfsgebühren erhält, vereinnahmt dagegen Vollzugsgebühren nach den grundsätzlich höheren Sätzen bzw. zusätzlichen Vollzugstatbeständen der KV Nr. 22120–22125. Es handelt sich also um den Vollzug von öffentlichen Urkunden, die ein **anderer Notar beurkundet** hat oder von privaten Urkunden, die jedenfalls der **vollziehende Notar nicht entworfen** hat. Es kommt nicht darauf an, ob er eine Unterschriftsbeglaubigung vorgenommen hat oder ob die Unterschriften auf der zu vollziehenden Urkunde überhaupt beglaubigt werden. Die KV Nr. 22120–22125 gelten außerdem auch dann, wenn der Vollzug unter Beteiligung eines ausländischen Gerichts oder einer ausländischen Behörde erfolgt. Nachfolgend sollen nur die häufigeren Fälle der KV Nr. 22110–22114 näher beleuchtet werden. 188

Auf den ersten Blick kommt es bei den vom Notar beurkundeten oder entworfenen Urkunden nur darauf an, ob für die Beurkundung ein Gebührensatz von 2,0 (dann Gebühr 0,5 nach KV Nr. 22110 – das sind die Fälle der KV Nr. 21100) oder darunter anfallen würde (dann Gebühr 0,3 nach KV Nr. 22111 – so bei KV Nr. 21200 oder 21102–21201). Im praktischen Ergebnis allerdings reduziert sich die Gebühr in zahlreichen Fällen recht deutlich. Wenn nämlich ausschließlich eine oder mehrere der in Vorbemerkung 2.2.1.1 (1) S. 2 Nr. 1 oder 2 genannten Tätigkeiten anfallen, das sind: 189

- nach Nr. 1: Anforderung und Prüfung einer Erklärung oder Bescheinigung nach öffentlich-rechtlichen Vorschriften (mit Ausnahme der Unbedenklichkeitsbescheinigung des Finanzamts),
- nach Nr. 2: z.B. die Erbscheinsausfertigungen und anderen erbrechtlichen Nachweisen sowie von Bescheinigungen eines Registergerichts nach den §§ 32 ff. GBO über die Vertretungsberechtigung von Handelsgesellschaften oder über den Güterstand,

114 Neufassung durch Gesetz v. 1.6.2017 (BGBl I 2017, 1396). Vgl. dazu Ländernotarkasse NotBZ 2017, 302.

115 Rohs/Wedewer/*Wudy*, GNotKG, 139. Lfg 1/2023, Vorbem. 2.2.1.1–22115 Rn 78; *Volpert*, RNotZ 2024, 502, 505 (elektronisches Vorkaufsrechtsverzeichnis). Führt die Datenbankabfrage dazu, dass ein ergänzender Antrag erforderlich ist, sind er und dessen Prüfung mit abgegolten.

116 Nicht, wenn allein eine WEG-Verwalterzustimmung oder Löschungsunterlagen für ein Grundpfandrecht zum Gericht gegeben werden, bei denen nur eine nach KV Nr. 25101 verbilligte Beglaubigung abzurechnen war, Anm. 2 zu KV Nr. 22125 seit 1.1.2021.

dann sind sowohl die 0,3 Gebühr wie auch die 0,5 Gebühr auf 50 EUR je Tätigkeit gedeckelt. Besonders bei Grundstücksgeschäften (Auflistung siehe unten Rdn 305) sind gerade die Tätigkeiten der Nr. 1 die **typischen Vollzugstätigkeiten**.

190 Die Höchstgrenze fällt allerdings weg, sobald der Notar im Rahmen einer (eigentlich) den Standardanschreiben nach Nr. 1 zuzuordnenden Tätigkeit in eine **Verhandlung** mit der Behörde oder dem Gericht eintreten muss. Das kann z.B. der Fall sein, wenn sich bei der nach Nr. 1 vorgenommenen Prüfung einer Vorkaufsrechtsverzichtserklärung herausstellt, dass dort möglicherweise versehentlich eines von mehreren verkauften Flurstücken nicht aufgenommen ist. Dann greift der Vollzugstatbestand der Nr. 11.

191 Wenn nur Tätigkeiten nach Nr. 3 anfallen oder zu Tätigkeiten nach Nr. 1 und 2 noch Tätigkeiten nach Nr. 3 hinzukommen, dann gilt gleichfalls eine Höchstgebühr. Sie wächst mit jeder Tätigkeit nach Nr. 3 um 250 EUR. Das betrifft die in der gesellschaftsrechtlichen Praxis wichtigen und häufigen Fälle der **Gesellschafterlisten**.

192 Wenn nur Tätigkeiten nach Nr. 1–3 angefallen sind, ist also immer eine **Vergleichsrechnung** anzustellen. Die 0,5 bzw. 0,3 Gebühr greift nur, wenn sie geringer ist als die Summe der Anzahlen aller Tätigkeiten nach Nr. 1–2 multipliziert mit 50 EUR zuzüglich der Anzahl von Tätigkeiten nach Nr. 3 multipliziert mit 250 EUR.

193 *Praxistipp*

Wenn ausschließlich Tätigkeiten nach Nr. 1 oder Nr. 2 anfallen, wirken sich die Höchstgebühren wie folgt aus:

Zahl der Tätigkeiten	Höchstgebühr	Gebührensatz 0,5 – Höchstgebühr greift ab einem Wert über	Gebührensatz 0,3 – Höchstgebühr greift ab einem Wert über
1	50 EUR	19.000 EUR	50.000 EUR
2	100 EUR	65.000 EUR	140.000 EUR
3	150 EUR	125.000 EUR	230.000 EUR
4	200 EUR	170.000 EUR	320.000 EUR

194 *Beispiel*

Der Vollzugsauftrag zum Grundstückskaufvertrag umfasst Einholung einer Genehmigung der Kommunalaufsicht sowie von Erklärungen zum Vorkaufsrecht nach Denkmalschutzrecht sowie nach § 28 Abs. 1 Baugesetzbuch. Ab einem Kaufpreis (genauer: Verfahrenswert) von 125.000 EUR und darüber wird der Blick in die Tabelle entbehrlich, es greift immer die Höchstgebühr von 150 EUR.

195 *Beispiel*

Zu einer beurkundeten Grundschuld soll (nur) die sanierungsrechtliche Genehmigung eingeholt werden. Ab einem Grundschuldnennwert (genauer: Verfahrenswert) von 50.000 EUR und darüber fallen stets 50 EUR an. Auf den Gebührensatz von 0,3 gemäß KV Nr. 22111 i.V.m. 21200 kommt es ab da nicht mehr an.

196 Soweit es auf die Anzahl der Vollzugstätigkeiten ankommt, sind die rechtlich erforderlichen einzelnen Genehmigungen oder Erklärungen maßgeblich. Auch dann, wenn z.B. für eine vom Vollzugsauftrag umfasste sanierungsrechtliche Genehmigung und die Vorkaufsrechtsverzichte nach Denkmalschutzgesetzen und BauGB dieselbe Behörde zuständig ist, sind dies drei Vollzugstätigkeiten mit Höchstgebühr 150 EUR. Auf die Zahl der dazu versandten oder erhaltenen Schreiben kommt es nicht an.[117]

Zur Vollzugsgebühr bei mehreren Verfahrensgegenständen siehe Rdn 253.

3. Besondere Gebühr für die Datenerzeugung

197 Die Gebühr für die Erzeugung strukturierter Daten (KV Nr. 22114 oder 22125) ist im Gesetz bei der Vollzugsgebühr eingeordnet, sie hat aber eine Sonderstellung. Die Tätigkeit dient der Beschleunigung der Weiterbear-

117 Leipziger-GNotK/*Harder*, Nr. 22110–22114 Rn 16/17.

beitung bei dem Empfänger der Daten. Der Notar folgt heute zumeist einem verfahrensrechtlichen Gebot (vgl. die Landesverordnungen nach § 378 Abs. 4 FamFG bzw. § 135 Abs. 1 Nr. 4b GBO). Ein besonderer Auftrag ist für das Entstehen der Gebühr entbehrlich (KV Vorbem. 2.2. Abs. 1).[118] Außerdem handelt es sich nicht um einen Teil der Vollzugsgebühr, die gemäß § 93 GNotKG generell nur einmal je Urkunde anfallen dürfte. Die Gebühr fällt neben einer Gebühr nach KV Nr. 22110–22113 oder 22120–22124 an. Sie entsteht aber nicht, wenn strukturierte Daten aus einer bloßen Beglaubigung zu generieren sind, die nach KV Nr. 25101 abgerechnet wird (Anm. 2 zu KV Nr. 22125). Ungeschriebenes Tatbestandsmerkmal ist, dass die Daten nicht nur strukturiert, sondern in dieser Form auch tatsächlich einer dritten Stelle zur Verfügung gestellt werden. Dritter kann grundsätzlich nicht nur ein Gericht, sondern auch eine Behörde oder ein Beteiligter sein. Der elektronische Rechtsverkehr mit dem Gericht oder der Behörde muss grundsätzlich eröffnet sein bzw. der Beteiligte muss zugestimmt haben. Ob der Empfänger die Daten in dieser Form dann auch tatsächlich weiterverarbeitet, ist irrelevant. Nach dem heutigen Stand der Technik wird für die Weiterverarbeitung bei Gerichten die sog. XML-Struktur erwartet (Extensible Markup Language). Deshalb wird regelmäßig auch von der **„XML-Gebühr"** gesprochen. Die Norm ist aber technologieoffen formuliert. Entscheidend ist, dass für den betreffenden Vorgang der elektronische Rechtsverkehr eröffnet ist und die Strukturierung eine Weiterverarbeitung nach aktuellen Standards möglich macht.

Ein Mindestmaß an Strukturdaten muss der Notar auch außerhalb der Registeranmeldungen und Grundbuch- **198**
anträge jeder elektronischen Einreichung bei den Gerichten mitgeben (§ 14b FamFG, § 130a Abs. 2 Satz 2 ZPO mit § 2 Abs. 3 ERVV). Deshalb wird zutreffend ganz überwiegend angenommen, dass die Gebühr auch in diesen Fällen entsteht.[119] Die Übermittlung einer Gesellschafterliste fällt darunter.[120] Die Gegenauffassung meint, dass mangels juristischer Leistung keine Gebühr verdient sei, wenn allein die Daten nach ERVV (Bezeichnung des Gerichts und der Beteiligten, Verfahrensgegenstand und etwa vorhandene Aktenzeichen) automatisiert durch eine Software strukturiert werden.[121] Für die Strukturierung von Erklärungen an das Zentrale Vorsorgeregister und Testamentsregister (beide geführt von der BNotK als Registerbehörde) wird die Gebühr hingegen (aus unterschiedlichen Gründen)[122] überwiegend verneint. Entscheidungen dazu sind nicht bekannt. Gegenüber Behörden (auch gegenüber dem beim Bundesamt der Justiz geführten Stiftungsregister) besteht derzeit (noch) keine Verpflichtung zur Datenstrukturierung.

Wie bei der Vollzugsgebühr im engeren Sinn ist danach zu unterscheiden, ob der Notar Gebühren für die zu- **199**
grundeliegende Urkunde oder den Entwurf erhält. Seit 1.1.2021 wird der Gebührensatz außerdem reduziert, wenn eine andere Vollzugsgebühr (22110 bis 22113) angefallen ist. Geht es um die Daten einer vom Notar beurkundeten oder entworfenen Urkunde und sind weitere Vollzugsgebühren angefallen, dann beträgt der Gebührensatz nur 0,1 (KV Nr. 22115), ohne Vollzug 0,2 (KV Nr. 22114), höchstens in beiden Fällen 125 EUR.[123] Erhält der Notar für dasselbe Verfahren keine Beurkundungs- oder Entwurfsgebühr (also vor allem bei bloßer Unterschriftsbeglaubigung außerhalb der Fälle der Anm. 2 zu KV Nr. 22125), dann gelten der Gebührensatz von 0,5 und eine Höchstgebühr von 250 EUR (KV Nr. 22125). Diese „große" XML-Gebühr fällt auch an, wenn begleitend zum Erbscheinsantrag mit eidesstattlicher Versicherung strukturierte Daten übermittelt werden – denn eine Gebühr für den Erbscheinsantrag hat der Notar in der Regel nicht erhalten (Vorbem. 2.3.2

118 Vorbem 2.2 Abs. 1 ist älter als die Normen, welche die Strukturierung verpflichtend anordnen, und galt jedenfalls zur Zeit der Einführung des GNotKG schon dann, wenn die Strukturierung bloß zweckmäßig war, vgl. Leipziger-GNotKG/*Harder*, KV Vorbem. 2.2 Rn 27.

119 LG Osnabrück, Beschl. v. 19.12.2023 – 9 OH 111/23 (juris). Ausf. zu den wesentlichen Fallgruppen wie Erbscheinsantrag, familien-, betreuungs- oder nachlassgerichtliche Genehmigungsanträge sowie Anzeige bestimmter Geschäfte und Einlegen von Beschwerden *Woinar*, NotBZ 2022, 90–100; *Schmidt*, RNotZ 2023, 154; *Volpert*, RNotZ 2024, 231. Aktuell auch Prüfungsabteilung der Ländernotarkasse, NotBZ 2025, 227 (XML-Gebühr kann in allen Fällen des § 14b FamFG anfallen).

120 *Wobst* notar 2024, 397, 398.

121 Rohs/Wedewer/*Wudy*, GNotKG, 146. Lfg. 2024, Vorbem. 2.2.1.1–22115 Rn 463a. Richtigerweise deckt die Gebühr aber vor allem auch einen besonderen Aufwand ab (was sich schon daran zeigt, dass sie im Jahr 2021 mit zunehmender Verbreitung und vom Gesetzgeber angenommener Rationalisierungseffekte der IT reduziert wurde).

122 Teilweise mangels juristischer Arbeit (wie vorherige Fußnote), teils weil die Strukturierung technisch erst auf Empfängerseite erfolge (BDS/*Diehn*, KV Nr. 22114–22115 Rn 8). Letzteres ist jedenfalls so lange fraglich, wie nicht eine KI auf Empfängerseite die Daten ausliest, sondern der Notar mit seiner Eingabe die Strukturierung vorgibt (vgl. *Wobst* notar 2024, 397, 399).

123 Auch der Höchstbetrag ist seit dem 1.1.2021 reduziert.

Abs. 2 und Anm. zu Nr. 21201 KV GNotKG).[124] Der Regel des § 93 GNotKG wird entnommen, dass für jedes Beurkundungsverfahren bzw. notarielles Geschäft die XML-Gebühr nur einmal entstehen kann.[125] Sind (ausnahmsweise) trotz Vorliegens einer einheitlichen Urkunde zwei Verfahren von der Strukturdatenerstellung betroffen – Beispiel: Erbscheinsantrag mit eidesstattlicher Versicherung und Grundbuchberichtigungsantrag[126] –, kann auch die XML-Gebühr doppelt anfallen.

200 *Praxistipp*

Bei einer Datenerzeugungsgebühr zu dem vom Notar beurkundeten Antrag fällt oberhalb eines Werts von 290.000 EUR stets die Höchstgebühr von 125 EUR an, nur darunter gilt der Tabellenwert mit Satz 0,2. Erhält der Notar auch eine Vollzugsgebühr, fällt die Höchstgebühr von 125 EUR zum Gebührensatz von 0,1 ab einem Wert von mehr als 650.000 EUR an. Bei einer Datenerzeugung zur „Fremdurkunde" gilt der Tabellensatz 0,5 nur bis zum Wert von 230.000 EUR, darüber fallen immer 250 EUR an.

4. Betreuungsgebühr

a) Tätigkeiten

201 Die Betreuungsgebühr entsteht für die:

1. Erteilung einer Bescheinigung über den Eintritt der Wirksamkeit von Verträgen, Erklärungen und Beschlüssen,
2. Prüfung und Mitteilung des Vorliegens von Fälligkeitsvoraussetzungen einer Leistung oder Teilleistung,
3. Beachtung einer Auflage eines an dem Beurkundungsverfahren Beteiligten im Rahmen eines Treuhandauftrags, eine Urkunde oder Auszüge einer Urkunde nur unter bestimmten Bedingungen herauszugeben, wenn die Herausgabe nicht lediglich davon abhängt, dass ein Beteiligter der Herausgabe zustimmt, oder die Erklärung der Bewilligung nach § 19 GBO aufgrund einer Vollmacht, wenn diese nur unter bestimmten Bedingungen abgegeben werden soll,
4. Prüfung und Beachtung der Auszahlungsvoraussetzungen von verwahrtem Geld und der Ablieferungsvoraussetzungen von verwahrten Wertpapieren und Kostbarkeiten,
5. Anzeige oder Anmeldung einer Tatsache, insbesondere einer Abtretung oder Verpfändung, an einen nicht an dem Beurkundungsverfahren Beteiligten zur Erzielung einer Rechtsfolge, wenn sich die Tätigkeit des Notars nicht darauf beschränkt, dem nicht am Beurkundungsverfahren Beteiligten die Urkunde oder eine Kopie oder eine Ausfertigung der Urkunde zu übermitteln,
6. Erteilung einer Bescheinigung über Veränderungen hinsichtlich der Personen der Gesellschafter oder des Umfangs ihrer Beteiligung (§ 40 Abs. 2 GmbHG), wenn Umstände außerhalb der Urkunde zu prüfen sind, und
7. Entgegennahme der für den Gläubiger bestimmten Ausfertigung einer Grundpfandrechtsbestellungsurkunde zur Herbeiführung der Bindungswirkung gemäß § 873 Abs. 2 BGB.

202 Beispiele zu den einzelnen Tatbeständen sind unten bei den einzelnen Geschäftsvorfällen dargestellt.

b) Gebührensatz

203 Der Gebührensatz ist 0,5.

5. Treuhandgebühr

204 Häufig werden dem Notar im Rahmen des Vertragsvollzugs Treuhandauflagen von nicht selbst am Vertrag beteiligten Dritten erteilt. Für deren Beachtung erhält der Notar eine zusätzliche Gebühr von 0,5. Sie wird aus dem Sicherungsinteresse (§ 113 Abs. 2 GNotKG) berechnet.

205 Hauptanwendungsfall ist die Erteilung von **Löschungs- oder Pfandfreigabeunterlagen** für im Grundbuch eingetragene Belastungen unter Auflagen, deren Einhaltung der Notar zu überwachen bzw. für die er selbst Sorge zu tragen hat. Das Sicherungsinteresse entspricht hier dem Ablösebetrag, der vom Gläubiger insgesamt

124 Prüfungsabteilung der Ländernotarkasse, NotBZ 2025, 227.
125 *Volpert* RNotZ 2024, 231, 237 m.w.N.
126 Prüfungsabteilung der Ländernotarkasse, NotBZ 2025, 227.

(d.h. auch inkl. Tageszinsen u.Ä.) für die Verwendung der Erklärung gefordert wird.[127] In diesen Fällen kann die Treuhandgebühr erst abgerechnet werden, wenn der endgültige Ablösebetrag feststeht. Häufig wird der Notar nach den Angaben der Beteiligten (offene Darlehensvaluta etc.) eine vorläufige Berechnung vornehmen und die Gebühr insofern als Vorschuss anfordern.[128] Es ist nicht Sache des Notars zu ermitteln, ob der vom abzulösenden Gläubiger angeforderte Betrag das Sicherungsinteresse richtig wiedergibt.[129]

Treuhandgebühren können neben der Vollzugs- oder Betreuungsgebühr anfallen und bei mehreren Treuhandaufträgen auch mehrfach entstehen. 206

III. Entwurf und Beratung

1. Verhältnis zu anderen Gebührentatbeständen

Entwurfsgebühren nach KV Nr. 24100–24103 entstehen nur dann, wenn der Entwurf nicht im Rahmen eines 207 Beurkundungsverfahrens und auch nicht in Ausführung einer als solche gebührenpflichtigen Vollzugs- oder Betreuungstätigkeit gefertigt wird („isolierter Entwurf"). Es bedarf eines ausdrücklichen Auftrags zur Fertigung eines Entwurfs. Der Notar kann den Entwurf durch einen Mitarbeiter fertigen lassen, muss aber die Verantwortung für dessen Richtigkeit übernehmen.[130] Werden Entwürfe dagegen in einem Beurkundungsverfahren erstellt, das anschließend nicht fortgeführt wird, gelten die speziellen Regelungen der KV Nr. 21300 ff.[131] Wenn eine Entwurfsgebühr anfällt, ist die erste von demselben Notar in nicht zu langem zeitlichen Abstand („*demnächst*") vorgenommene Unterschriftsbeglaubigung gebührenfrei (Vorbemerkung 2.1.4 (2)). Zu Entwürfen im Rahmen des Vollzugs siehe Rdn 181. Eine **Beratungsgebühr** kann neben der Gebühr für eine Unterschriftsbeglaubigung entstehen.[132]

In Vorbemerkung 2.4.1 (4) werden mehrere Tätigkeiten genannt, die sich typischerweise an eine Entwurfsfer- 208 tigung anschließen können und die daneben nicht gesondert abgerechnet werden dürfen:

1. die Übermittlung von Anträgen und Erklärungen an ein Gericht oder eine Behörde,
2. die Stellung von Anträgen im Namen der Beteiligten bei einem Gericht oder einer Behörde und
3. die Erledigung von Beanstandungen einschließlich des Beschwerdeverfahrens.

Die **allgemeine Beratungsgebühr** nach KV Nr. 24200–24202 kommt nur in Betracht, wenn der Gegenstand 209 der Beratung im konkreten Fall nicht Gegenstand eines anderen gebührenpflichtigen Verfahrens oder Geschäfts ist. Dabei kann darauf abgestellt werden, wie weit die Amtspflichten hinsichtlich des anderen Verfahrens oder Geschäfts reichen. Da der Notar nur begrenzt zu steuerlichen Hinweisen verpflichtet ist, wird man eine darüber hinausgehende (qualifizierte) steuerliche Beratung durch den Notar als einen anderen Gegenstand anzusehen haben.[133] Auch neben Unterschriftsbeglaubigungen ohne Entwurf kommen Beratungsgebühren in Frage.[134] Für die **besondere Beratungsgebühr** KV Nr. 24203 – Beratung bei der Vorbereitung oder Durchführung einer Hauptversammlung oder Gesellschafterversammlung – spricht der Gesetzgeber in einer gesetzlichen Anmerkung zum Gebührentatbestand selbst davon, dass es um eine Beratung gehen muss, die über die im Rahmen des Beurkundungsverfahrens (zumeist Protokollierung des Versammlungsverlaufs) bestehenden Amtspflichten hinaus geht.

Entwurfsgebühr und allgemeine Beratungsgebühr werden auf die spätere Gebühr **angerechnet**, wenn sich 210 demnächst zum selben Gegenstand bzw. auf der Grundlage des Entwurfs ein gebührenpflichtiges Verfahren oder Geschäft anschließt.

127 LK-GNotKG/*Harder*, § 114 Rn 15; Korintenberg/*Tiedtke*, § 113 Rn 14.

128 Korintenberg/*Tiedtke*, § 113 Rn 15.

129 Bormann/Diehn/Sommerfeldt/*Bormann*, GNotKG § 113 Rn 9; Korintenberg/*Tiedtke*, § 113 Rn 14; LK-GNotKG/*Harder*, § 114 Rn 15. Anders (wohl Einzelfall) OLG Hamm v. 1.6.2015 – 15 W 237/15, FGPrax 2015, 229.

130 LG Münster, Beschl. v. 22.7.2016 – 5 OH 8/16, ErbR 2017, 181.

131 Ein hilfreicher „Roter Faden" zu den Anforderungen an die Abrechnung eines Entwurfs im Rahmen eines abgebrochenen Beurkundungsverfahrens findet sich bei *Sikora/Strauß*, DNotZ 2020, 593 f.

132 LG Schwerin, Beschl. v. 8.12.2015 – 4 T 1/15, NotBZ 2016, 194.

133 Leipziger-GNotK/*Genske*, KV Nr. 24200 Rn 7.

134 *Sikora*, MittBayNot 2013, 349/356.

2. Entwurf

211 Der **Geschäftswert** für einen einzelnen Entwurf ist wie für ein Beurkundungsverfahren mit demselben Gegenstand zu bestimmen (§ 119 Abs. 1 GNotKG).

212 Die für die Fertigung eines Entwurfs vorgesehenen Gebühren gelten ebenso, wenn der Notar einen **fremden Entwurf** überprüft, abgeändert oder ergänzt hat. Es kommt für diese **Überprüfungsgebühr** nicht darauf an, ob und ggfs. wie umfänglich der Entwurf geändert wurde oder geändert werden musste. Die – nur kursorische – Mindestprüfung von Erklärungen, die zur Eintragung in einem Register oder im Grundbuch bestimmt sind (§ 378 Abs. 3 FamFG bzw. § 15 Abs. 3 GBO) ist hier allerdings nicht gemeint. Sie führt lediglich zu einer Festgebühr gemäß KV Nr. 22124 von 20 EUR und auch dies nur, wenn einmal keine Beglaubigungsgebühr oder eine Vollzugsgebühr angefallen sind (siehe dazu Anm. zu KV Nr. 22124). Wenn allerdings infolge der kursorischen Prüfung Änderungen am Entwurf vorgenommen werden, entsteht eine Entwurfsgebühr.

213 Im Rahmen der Bestimmung des Gebührensatzes ist zu berücksichtigen, welchen Aufwand der Notar hatte und ob dieser einer vollständigen eigenen Entwurfsfertigung entspricht. Denn es handelt sich um einen **Rahmensatz** (siehe oben Rdn 32). Je nachdem, welcher Gebührensatz für das entsprechende Beurkundungsverfahren gelten würde, beträgt der Rahmen 0,5–2,0, mindestens 120 EUR (Beurkundung wäre 2,0); 0,3–1,0, mindestens 60 EUR (Beurkundung wäre 1,0) oder 0,3–0,5, mindestens 60 EUR (Beurkundung wäre 0,5). Bei vollständiger eigener Entwurfsfertigung (Begriff siehe oben Rdn 174) fällt stets die höchste Gebühr an (§ 92 Abs. 2 GNotKG). Die Überprüfung eines fremden Entwurfs erfordert stets größte Sorgfalt. Sie kann daher ebenfalls die höchste Gebühr auslösen.[135]

3. Serienentwurf

214 Serienentwurf ist ein Entwurf, der zur Verwendung für mehrere gleichartige Rechtsgeschäfte oder Erklärungen beabsichtigt ist (Vorbemerkung 2.4.1 (5)). Der Geschäftswert für den Serienentwurf beträgt die Hälfte des Wertes der zum Zeitpunkt der Entwurfsfertigung beabsichtigten Rechtsgeschäfte (§ 119 Abs. 2 GNotKG), Gebührensatz ist derjenige sonstiger Entwürfe.

215 Die Gebühr für einen solchen Serienentwurf darf bis auf ein Jahr nach Fälligkeit gestundet werden. Jede Beurkundung, die auf der Grundlage des Serienentwurfs erfolgt, führt zur Reduzierung der Entwurfsgebühr für den Serienentwurf um die konkret entstandene Beurkundungsgebühr.

216 *Beispiel*

Der Bauträger plant den Bau eines Mehrfamilienhauses und Verkauf der 10 noch zu errichtenden Eigentumswohnungen. Er wünscht sich im Wesentlichen identische Vertragsbedingungen. Die Käufer sind zum Zeitpunkt seines Entwurfsauftrags noch unbekannt, mit Sonderwünschen einzelner Käufer ist zu rechnen. Der Fertigstellungszeitraum, einzelne Inhalte der Baubeschreibung und die Einzelkaufpreise sind gleichfalls noch offen. Es steht aber fest, dass ein Gesamtverkaufspreis von 2 Millionen EUR herauskommen soll.

Bewertung des vollständigen (nämlich alle Informationen und Vorgaben des Auftraggebers berücksichtigenden, wenn auch naturgemäß lückenhaften) Entwurfs:

Wert: 1.000.000 EUR (§§ 119 Abs. 2, 97, 47 GNotKG).

Gebührensatz: 2,0 (§ 92 Abs. 2 GNotKG) → 3.470 EUR

Der Notar stundet die Gebühr zunächst.

Spätestens[136] nach einem Jahr bzw. mit Ende einer von ihm früher angesetzten Stundungsfrist (nur eine längere Frist ist nicht möglich) rechnet der Notar ab:

Es sind mittlerweile erfolgt:

1) Verkauf einer Eigentumswohnung zu 230.000 EUR
   Gebühr: 970 EUR

135 LG Bonn, Beschl. v. 1.9.2015 – 6 OH 5/15; RNotZ 2016, 132.

136 Soweit der Notar zur Führung eines Kostenregisters verpflichtet ist, wird allerdings wenigstens ein unverzüglicher Vermerk bei Folgegeschäften verlangt, so jedenfalls § 19 Abs. 5 der Abgabensatzung der Ländernotarkasse.

2) Verkauf einer Eigentumswohnung zu 200.000 EUR
Gebühr: 870 EUR
3) Verkauf einer Eigentumswohnung zu 230.000 EUR
Gebühr: 970 EUR
4) Verkauf einer Eigentumswohnung zu 180.000 EUR
Gebühr: 816 EUR

Anrechnung: 3.470 EUR ./. 3.626 EUR < 0.

Die bislang gestundete Gebühr ist auf Null reduziert.

Sollten sich später ein anderer Gesamtkaufpreis herausstellen oder gar einzelne Einheiten längere Zeit unverkäuflich bleiben, kommt es darauf nicht an, wenn die Preiserwartung bei Entwurfserstellung nicht völlig unrealistisch war.

4. Beratung

Für die allgemeine Beratung ist kein spezieller **Geschäftswert** bestimmt. Es gilt § 36 GNotKG. Bei Themen, die auch Gegenstand einer Beurkundung sein könnten (also für die KV Nr. 24201 und 24201), wird man sich nach § 36 Abs. 1 GNotKG an deren Wert halten. Für KV Nr. 24203 ist mit § 120 GNotKG eine eigene Wertvorschrift vorgesehen: Es gilt die Summe der Werte der in der Versammlung zu fassenden Beschlüsse, maximal 5 Millionen EUR. 217

Es gelten für die allgemeine Beratungsgebühr ein **Gebührensatz** von 0,3, wenn der Gegenstand der Beratung auch Gegenstand einer Beurkundungsgebühr sein könnte und die Beurkundungsgebühr weniger als 1,0 betrüge (KV Nr. 24202) sowie ein Rahmen (dazu siehe Rdn 32) von 0,3–0,5, wenn der Gegenstand der Beratung auch Gegenstand einer Beurkundungsgebühr sein könnte und die Beurkundungsgebühr 1,0 betrüge (KV Nr. 24201) und ein Rahmen von 0,3–1,0 in den übrigen Fällen (KV Nr. 24200). Die besondere Beratungsgebühr (KV Nr. 24203) ist aus dem Rahmen von 0,5–2,0 festzulegen. 218

IV. Sonstige Verfahren

1. Unterscheidung nach Verfahren und Geschäft

Im Kostenverzeichnis wird auch für Tätigkeiten, die nicht Beurkundung sind, nach Verfahren und Geschäften unterschieden. Praktisch wirkt sich das in zweifacher Hinsicht aus: 219

- Eine Verfahrensgebühr wird grundsätzlich durch den vom Notar übernommenen Auftrag ausgelöst. Wird das Verfahren später aus irgendeinem Grund **nicht zu Ende geführt**, ändert das an der Gebühr nur dann etwas, wenn spezielle Ermäßigungsvorschriften das vorsehen (z.B. KV Nr. 23701). Bei Geschäften gilt im Gegensatz dazu meist der abgeschlossene Vorgang (z.B. KV Nr. 25200: Die Bescheinigung muss erteilt sein).
- Für Verfahren gilt generell der Grundsatz der **Zusammenrechnung** (§ 35 GNotKG), wenn mehrere Gegenstände zugleich betroffen sind. Besonderheiten greifen dabei für Beurkundungsverfahren (§ 86 Abs. 2, §§ 109–111 GNotKG). Geschäfte, die nicht Verfahren sind, werden grundsätzlich getrennt für sich abgerechnet. Es sei denn, zu der konkreten Gebühr ist jeweils angeordnet, wie mit der Betroffenheit mehrerer Gegenstände umzugehen ist. Wichtig ist etwa § 121 GNotKG: Obwohl es sich bei der **Unterschriftsbeglaubigung** um ein sonstiges Geschäft handelt, gelten die Regeln der Geschäftswertermittlung wie bei einer Beurkundung.

2. Rückgabe eines Erbvertrags

Nach § 2300 Abs. 2 BGB darf ein Erbvertrag, der **nur Verfügungen von Todes wegen** enthält, aus der besonderen amtlichen Verwahrung des Amtsgerichts oder der notariellen Verwahrung zurückgenommen werden (vgl. hierzu auch § 4 Rdn 1005 ff.). Der Gebührensatz dafür beträgt 0,3 (KV Nr. 23100). Geschäftswert: §§ 114, 102 Abs. 1–3 GNotKG. Sehr häufig wird nicht nur der Erbvertrag aufgehoben (das ist die Wirkung 220 der Rückgabe), sondern eine neue Verfügung getroffen. Wenn das in ausreichendem zeitlichem Zusammenhang zur Rückgabe erfolgt, wird die Rückgabegebühr auf die Beurkundungsgebühr angerechnet.

3. Verlosung, Auslosung

221 Für das Verfahren der Protokollierung einer Verlosung oder Auslosung wird eine 2,0 Gebühr erhoben (KV Nr. 23200). Bei vorzeitiger Beendigung reduziert sie sich auf 0,5 (KV Nr. 23201). Der Geschäftswert ist nach § 36 GNotKG zu bestimmen. Bezugspunkt ist der Geldwert dessen, was ausgelost wird (§ 36 Abs. 1 GNotKG). Nur wenn bei immateriellen Gütern keine Anhaltspunkte für einen höheren oder niedrigeren Wert bestehen, können notfalls 5.000 EUR angesetzt werden (§ 36 Abs. 3 GNotKG).[137]

4. Eide, eidesstattliche Versicherungen etc.

222 Die eidesstattliche Versicherung begegnet in der Praxis vorwiegend im Rahmen eines Erbscheinsantrags oder Antrags auf Erteilung eines Europäischen Nachlasszeugnisses (siehe oben Rdn 139). Die Gebühr beträgt 1,0 (KV Nr. 23300), bei vorzeitiger Beendigung wird ermäßigt (KV Nr. 23301). Wert: § 40 GNotKG bzw. je nach Adressaten und Inhalt der Erklärung. Der Antrag als solcher bleibt daneben unbewertet (Vorbem. 2.3.2 Abs. 2 und Anm. zu Nr. 21201 KV GNotKG). Die Vernehmung von Zeugen und Sachverständigen (KV Nr. 23302) kommt nur zur Verwendung im Ausland ausnahmsweise einmal in Betracht (vgl. § 22 Abs. 1 BNotO).

5. Wechsel- und Scheckprotest

223 Das Verfahren zur Aufnahme eines **Wechsel- oder Scheckprotestes** führt zu einer Gebühr von 0,5 (KV Nr. 23400) bzw. 0,3, wenn es um die verweigerte Ehrenannahme oder Nichtzahlung des Notadressaten (§ 55 Wechselgesetz) geht (KV Nr. 23401). Geschäftswert ist die Wechsel- bzw. Schecksumme (§ 36 Abs. 1 GNotKG). Richtet sich der Protest gegen mehrere Schuldner, so ist die Gebühr pro Schuldner zu erheben. Soweit der Notar Geld in Empfang nimmt, fällt für die Auskehrung keine zusätzliche Gebühr nach KV Nr. 25300 an. Da der Protest regelmäßig außerhalb der eigenen Geschäftsstelle zu erklären ist, ist auch Nichtanfall der Zusatzgebühr 26002 angeordnet (zu beiden Vorbemerkung 2.3.4). Andere Zusatzgebühren und Auslagen können anfallen. Die Ausgestaltung als Verfahrensgebühr führt dazu, dass auch ein zurückgenommener Auftrag an der Berechnung nichts ändert.[138] Für den Fall, dass vor Aufnahme des Protests an den Notar gezahlt wird, ist das ausdrücklich auch im Gesetz vermerkt (Anm. zu KV Nr. 23400) – damit ist auch dann die Verwahrgebühr gesperrt.

6. Vermögensverzeichnis und Siegelung

224 Zu Anwendungsfällen für die Aufnahme eines Vermögensverzeichnisses siehe §§ 1035, 1377 Abs. 2, 1379 Abs. 1, 1640 Abs. 3, 1667 Abs. 1, 1802 Abs. 3, 2003 Abs. 1, 2121 Abs. 3, 2215 Abs. 4, 2314 Abs. 1 BGB.[139] Die Gebühren hierfür regeln KV Nr. 23500 ff.

7. Freiwillige Versteigerung

225 Für eine freiwillige **Versteigerung** von **Grundstücken**[140] erhält der Notar eine 0,5 Gebühr (KV Nr. 23600) sowie für jeden abgehaltenen Versteigerungstermin eine Gebühr von 1,0 (KV Nr. 23602). Für die Versteigerung von **beweglichen Gegenständen** beträgt der Gebührensatz 3,0 (KV Nr. 23700, Ermäßigung auf 0,5 bei Beendigung vor erster Gebotsabgabe). Der Wert bestimmt sich nach § 116 bzw. § 117 GNotKG. Voraussetzung ist jeweils, dass der Notar selbst als Auktionator tätig wird und der Zuschlag die Bindung auslöst (§ 156

137 Mehrere Beispiele z.B. in Kostenspiegel, Teil 16.
138 Leipziger-GNotKG/*Klingsch*, KV 2340–23401 Rn 3.
139 Für Fallbeispiele siehe Kostenspiegel, Teil 15.
140 Ausführliche Darstellung anhand von Beispielen siehe Kostenspiegel, Teil 25.

BGB).[141] Wird dagegen durch den Zuschlag nur der Käufer für eine nachfolgende Beurkundung ausgewählt, gelten für diese die normalen Beurkundungsgebühren. Je nach Gestaltung des Versteigerungsverfahrens kann noch eine Beurkundung des Zuschlags außerhalb des Versteigerungsprotokolls erforderlich werden. Sie wird dann zusätzlich mit einer 1,0 Gebühr berechnet (aber weitere Ausnahmen in Anm. zu KV Nr. 23603). Schuldner in diesem Fall: siehe § 31 Abs. 1 GNotKG.

8. Vorbereitung der Zwangsvollstreckung

Diese Verfahren sind geregelt in KV Nr. 23800–23808. Der **Geschäftswert** richtet sich nach den Ansprüchen, 226
die Gegenstand der Vollstreckbarerklärung sein sollen (§ 118 GNotKG). Nach §§ 796a–796c ZPO kann ein von den Rechtsanwälten der Parteien unterschriebener Vergleich, in dem der Schuldner sich der sofortigen Zwangsvollstreckung unterworfen hat (sog. **vollstreckbarer Anwaltsvergleich**), mit Zustimmung der Parteien von einem Notar für vollstreckbar erklärt werden (vgl. § 3 Rdn 246 ff.). Für das Verfahren über den Antrag auf Vollstreckbarerklärung eines Anwaltsvergleichs erhält der Notar eine Festgebühr von 66 EUR (KV Nr. 23800). Eine 2,0 Gebühr fällt dagegen für das Verfahren an, in dem der Notar einen Schiedsspruch des Schiedsgerichts mit vereinbartem Wortlaut gemäß § 1053 Abs. 4 ZPO für vollstreckbar erklären soll (siehe § 3 Rdn 251) – Ermäßigung bei vorzeitiger Beendigung. Für die Erteilung einer vollstreckbaren Ausfertigung fällt eine 0,5 Gebühr an, wenn der Eintritt einer Tatsache oder einer Rechtsnachfolge zu prüfen ist (KV Nr. 23803). Für die Erteilung einer weiteren vollstreckbaren Ausfertigung der bei ihm verwahrten Urkunden gemäß § 797 Abs. 3 ZPO (siehe § 3 Rdn 243 f.) gilt ein eigener Gebührentatbestand (KV Nr. 23804).

Für weitere Bescheinigungsverfahren, u.a. zur Verwendung der vollstreckbaren Urkunde im Ausland, sind je- 227
weils Festgebühren bestimmt.[142]

9. Teilungssachen

Seit dem 1.9.2013 sind die Notare in allen Bundesländern anstelle der Gerichte für die Durchführung spezieller 228
Verfahren zur Auseinandersetzung von Nachlässen und des Gesamtguts von Gütergemeinschaften zuständig. Das Verfahren (§§ 363 ff. FamFG)[143] gilt als besonders aufwändig, sodass hierfür die ganz ungewöhnliche 6,0 Gebühr (KV Nr. 23900) eingeführt wurde. Ermäßigungen gelten bei vorzeitiger Beendigung (KV Nr. 23901–23903). Der Wert ist nach § 118a GNotKG der Wert des Gegenstands der Auseinandersetzung.[144]

V. Sonstige Geschäfte

1. Unterschriftsbeglaubigung

Für die Beglaubigung von **Unterschriften** und Handzeichen wird grundsätzlich eine 0,2 Gebühr, mindestens 229
20 EUR, höchstens 70 EUR, erhoben (KV Nr. 25100). Der Geschäftswert bestimmt sich ebenso, wie wenn die Erklärung beurkundet worden wäre (§ 121 GNotKG). Dieselben Bestimmungen gelten für die **elektronische Errichtung** des Beglaubigungsvermerks gemäß § 39a BeurkG unter Verwendung der elektronischen Signatur des Notars nach § 33 BNotO. Sie kommt zwingend zum Einsatz, wenn eine qualifizierte elektronische Signatur eines Beteiligten zu beglaubigen ist, so regelmäßig bei einer Beglaubigung im Online-Verfahren nach § 16b BeurkG (zum Verfahren § 40a BeurkG). Wohl nicht möglich (vgl. § 127 BGB) ist die ausschließlich elektronische Beglaubigung einer auf Papier abgegebenen Unterschrift.[145] Ist für den elektronischen Rechtsverkehr die Transformation der papiergebundenen, zunächst in Papierform unterschriftsbeglaubigten Urkunde in

141 Leipziger-GNotKG/*Klingsch*, Vorbem. 2.3.6 Rn 1.
142 Gesamtübersicht zu diesem Abschnitt des KV Kostenspiegel, Teil 24.
143 Ausführlich zur Vermittlung der Erbauseinandersetzung durch den Notar: *Zimmermann*, NotBZ 2013, 335.
144 Fallbeispiele siehe Kostenspiegel Teil 19 Rn 94–97.
145 „Hybridbeglaubigung", BeckOK BeurkG/*Frohn*, 10. Ed. 1.3.2023, BeurkG § 39a Rn 15 m.w.N. Eigenurkunden (einfache elektronische Zeugnisse) kann der Notar hingegen unmittelbar elektronisch errichten (OLG Stuttgart, Beschl. v. 21.3.2018 – 8 W 437/16, MDR 2018, 733).

eine elektronische Urkunde erforderlich, so kann dies durch eine Abschriftsbeglaubigung in elektronischer Form gemäß §§ 39a, 42 BeurkG erfolgen.[146] Dadurch wird die inhaltliche Übereinstimmung der elektronischen Datei mit dem Papierdokument bestätigt. Die elektronische Abschriftsbeglaubigung kann dabei in einer Datei mehrere Papierdokumente umfassen.[147] Für diese Abschriftsbeglaubigung fällt eine zusätzliche Gebühr nach Nr. 25102 KV (Rdn 232) an.

Hinweis

Mit verfahrensrechtlichen Änderungen durch das bei Redaktionsschluss erst im Entwurfsstadium vorliegende Gesetz zur Einführung einer elektronischen Präsenzbeurkundung[148] ist zu rechnen. Die kostenrechtlichen Vorgaben ändern sich insoweit voraussichtlich nicht.

230 Bestimmte Erklärungen sind begünstigt. Betrifft die **Unterschriftsbeglaubigung** ausschließlich

1. eine Erklärung, für die nach den Staatsschuldbuchgesetzen eine öffentliche Beglaubigung vorgeschrieben ist,
2. eine Zustimmung gemäß § 27 GNotKG der Grundbuchordnung sowie einen damit verbundenen Löschungsantrag gemäß § 13 der Grundbuchordnung,
3. den Nachweis der Verwaltereigenschaft gemäß § 26 Abs. 3 WEG,

dann werden unabhängig vom Wert fest 20 EUR erhoben (KV Nr. 25101). Außerdem entsteht keine XML-Gebühr (Anm. 2 zu KV Nr. 22125). Wenn mehrere solcher Erklärungen in einem Dokument zusammengefasst werden, bleibt es bei dem einmaligen Betrag von 20 EUR (ein Vermerk → eine Beglaubigungsgebühr).[149]

231 Die Gebühr kommt nur dann zur Anwendung, wenn der Notar lediglich die Unterschrift oder das Handzeichen in einem Vermerk beglaubigt. Werden die Unterschriften oder Handzeichen mehrerer Personen mit einem Vermerk beglaubigt, so wird die Gebühr nur **einmal vom Gesamtwert** erhoben, den die Erklärung hat. Es wird also nicht jede einzelne Unterschrift gesondert abgerechnet. Etwas anderes gilt, wenn zu den unter einem einheitlichen Schriftstück und zu unterschiedlichen Zeiten abgegebenen Unterschriften mehrerer Personen jeweils einzelne Beglaubigungsvermerke vorgenommen werden. Mehrere Vermerke sind je getrennt zu berechnen, auch wenn sie sämtlich zu derselben Privaturkunde gehören.

Beispiel

Die Unterschriften der drei gemeinschaftlich vertretenden Geschäftsführer einer GmbH unter einer Grundschuldbestellung (Fremdentwurf, Nennwert 300.000 EUR) sollen beglaubigt werden. Sie schaffen es terminlich nicht, zugleich im Notariat zu erscheinen. Der Notar kann die drei getrennt empfangen, jeweils die Unterschriftsleistung überwachen und seine diesbezüglichen Feststellungen (§ 40 BeurkG) am Ende in einem einzigen Vermerk zusammenfassen. Denn er kann den Beglaubigungsvermerk errichten, solange er sich an den Vorgang erinnern kann.[150] Gebühr: 0,2 aus 300.000 EUR Wert bzw. Höchstgebühr: 70 EUR.

Wenn die Geschäftsführer allerdings nicht in kurzem Abstand erscheinen (z.B. am selben Tag), wird der Notar (z.B. bei Büroschluss) zunächst die Unterschrift des oder der bis dahin Erschienenen beglaubigen. Es entsteht die Gebühr: 0,2 aus 300.000 EUR Wert bzw. Höchstgebühr: 70 EUR. Wegen der nachfolgenden weiteren Unterschrift(en) ist dann beurkundungsrechtlich zwingend ein weiterer Vermerk (und gegebenenfalls ein dritter) auf das Grundschuldformular zu setzen bzw. anzuheften. Dafür fällt dieselbe Gebühr je Vermerk erneut an. Diese Vorgehensweise, auch sofortige Beglaubigung jeder Unterschrift, wäre nicht zu beanstanden, da der vorsichtige Notar im Interesse der Antragsteller immer damit rechnen muss, kurzfristig/vorübergehend das Amt nicht ausüben zu können. Ein Vertreter könnte zu der fremden Wahrnehmung aber nichts beglaubigen – die terminnotgeplagten Geschäftsführer müssten im Vertretungsfall erneut erscheinen.

146 Zu diesem Verfahrensweg OLG Frankfurt, Beschl. v. 29.6.2023 – 20 W 130/23, Rpfleger 2024, 380.
147 OLG Frankfurt, Beschl. v. 6.5.2024 – 20 W 184/23, Rpfleger 2024, 671.
148 Referentenentwurf vom 13.6.2025. Zugang über www.bmjv.de.
149 BGH, Beschl. v. 23.1.2020 – V ZB 70/19, NotBZ 2020, 218 = RNotZ 2020, 348.
150 Armbrüster/Preuß/*Preuß*, § 40 Rn 25.

Die Gebühr für die Beglaubigung kommt nicht in Frage, wenn es sich um die erstmalige Unterzeichnung handelt und der Notar (beachte auch Vorbemerkung 2 (1) KV) die Erklärung, unter der sich die Unterschriften befinden, entworfen hat. Dann ist ausschließlich die Gebühr für den Entwurf dieser Erklärung zu erheben, die sich nach der Beurkundungsgebühr richtet (siehe oben Rdn 212). 232

2. Abschriftsbeglaubigung

Für die Beglaubigung von Dokumenten wird pro angefangene Seite eine Gebühr von 1 EUR, mindestens eine Gebühr von 10 EUR, erhoben (KV Nr. 25102). Die Gebühr gilt auch für die Erzeugung (etwaiges Einscannen ist mit abgegolten) elektronisch beglaubigter Abschriften von Papierdokumenten oder elektronischen Dokumenten (§§ 39a, 42 Abs. 4 BeurkG). Eine Dokumentenpauschale erhält der Notar daneben nicht. Die Gebühr fällt nicht an für die Beglaubigung von Kopien oder Ausdrucken von Urkunden, die der Notar selbst aufgenommen oder in Urschrift in seiner dauernden Verwahrung hat (dann aber u.U. Dokumentenpauschale). § 12 BeurkG verpflichtet den Notar zur Beglaubigung bestimmter Vertretungsnachweise, die er der Urschrift beizufügen hat. Dies bleibt unberechnet (Anm. zu KV Nr. 25102). 233

Beispiele

(1) Dem Notar wird neben dem Original eines eine Seite umfassenden Abschlusszeugnisses noch eine Fotokopie davon zur Beglaubigung vorgelegt.

Kosten: Beglaubigungsgebühr (KV Nr. 25102) 10 EUR.

(2) Ein Klient legt die Ausfertigung einer 20 Seiten langen Urkunde eines anderen Notars vor und bittet, davon eine beglaubigte Abschrift herzustellen.

Kosten:	Dokumentenpauschale (in Betracht käme KV Nr. 32000, es gilt aber KV Nr. 25102 (1)).	0 EUR
	Beglaubigungsgebühr (KV KV Nr. 25102)	20 EUR
	(je angefangene Seite 1 EUR, mindestens 10 EUR).	

3. Sonstige Zeugnisse, Bescheinigungen und andere Geschäfte

In Form des sonstigen Zeugnisses bzw. **einfachen Vermerks** (§ 39 BeurkG) kann der Notar außer der Beglaubigung der Echtheit einer Unterschrift bzw. der Übereinstimmung der Kopie mit der Urschrift noch weitere Feststellungen treffen.[151] Gebührentatbestände dafür enthalten KV Nr. 25103 und 25104. 234

Gebühren für **Bescheinigungen** nach **§ 21 BNotO** (KV Nr. 25000 und 25214) sind gesondert auch neben der Gebühr für Tätigkeiten zu erheben, die selbst Beurkundungs- oder Beglaubigungsgebühren auslösen. Bescheinigungen nach § 21 Abs. 1 BNotO nimmt der Notar vor, wenn er sich aus dem **Register** über die **Vertretungsverhältnisse** informiert und daraus die bescheinigten rechtlichen Schlussfolgerungen gezogen hat. Mit der Bescheinigung nach § 21 Abs. 3 GNotKG bestätigt der Notar das Vorliegen von **Vollmachten** und seine daraus gezogene Überzeugung zur Vertretungsmacht. Gebührenrechtlich ist ohne Belang, auf welche Weise die Bescheinigung erteilt wird. Sie kann sowohl in gesonderter Vermerkform gemäß §§ 39 ff. BeurkG erfolgen als auch in die Niederschrift bzw. den Beglaubigungsvermerk mit aufgenommen werden. 235

Jede gesondert erteilte Bescheinigung löst die Gebührenfolge gesondert aus. Um nur eine Bescheinigung handelt es sich aber, wenn eine Vertretungsbescheinigung für mehrere gemeinsam vertretungsberechtigte Personen in einem Vermerk erfolgt.

Mehrere Bescheinigungen nach § 21 Abs. 1 und Abs. 3 BNotO können in einem Vermerk zusammengefasst werden. Bei gestaffelten Vertretungsverhältnissen bzw. den sog. **Vollmachtketten** sind die Bescheinigungen für jeden Rechtsträger bzw. jede Vollmacht gesondert zu berechnen, auch wenn sie textlich zusammengefasst werden.[152]

151 Zu Anwendungsfällen siehe Leipziger-GNotKG/*Arnold*, KV Nr. 25104 Rn 10 ff. sowie Kostenspiegel, Teil 13.
152 BGH, Beschl. v. 22.9.2016 – V ZB 177/15, NotBZ 2017, 100 m. Anm. *Otto*; Leipziger-GNotKG/*Arnold*, KV Nr. 25200 Rn 14.

236 Abzugrenzen ist die Bescheinigungsgebühr von der bloßen Registereinsicht (KV Nr. 25209). Neben KV Nr. 25200 werden für die zugrunde liegenden Einsichten keine weiteren Gebühren erhoben. Auslagen oder Zusatzgebühren sind hingegen gesondert zu berechnen. Dies betrifft v.a. Gerichtskosten für Handelsregisterauszüge sowie die Abrufgebühren bei elektronischer Registereinsicht.

237 Die Gebühr nach KV Nr. 25200 richtet sich nach der Anzahl der Registerstellen, die einzusehen sind. Es fallen 15 EUR je Registerblatt an. Die Gebühr nach KV Nr. 25214 (Bescheinigung nach § 21 Abs. 3 GNotKG) beträgt fest 15 EUR, bei Vollmachtketten (Untervollmachten) wird man auch sie mehrfach ansetzen.[153]

238 Die Gebühr für eine **Rangbescheinigung** ist in KV Nr. 25201 bestimmt. Die Wertbestimmung ergibt sich aus § 122 GNotKG.

239 Eine **Eigenurkunde** (siehe oben § 3 Rdn 179 ff.) erhält der Notar gemäß KV Nr. 25204 vergütet, aber nur dann, wenn für diese Tätigkeit nicht bereits eine Vollzugs- oder Betreuungsgebühr anfällt.

240 Der hinzugezogene **zweite Notar** wird nach KV Nr. 25205 vergütet.

241 Wird der Notar als **Gründungsprüfer** tätig (§ 33 Abs. 3 AktG), erhält er eine 1,0 Gebühr (Wert: § 123 GNotKG), mindestens aber 1.000 EUR.

242 Für Tätigkeiten im Zusammenhang der Einholung einer **Apostille** bzw. **Legalisation** gelten die KV Nr. 25207–25208. Die Vollzugsgebühr nach KV Nr. 22124 kann daneben anfallen.[154]

243 Für die **Grundbucheinsicht** oder die Einsicht in andere öffentliche Register und Akten erhält der Notar eine Festgebühr von 15 EUR (KV Nr. 25209), das gilt allerdings nur, wenn die Tätigkeit nicht mit anderen gebührenpflichtigen Verfahren oder Geschäften in Zusammenhang steht. Eine Mitteilung des Inhalts des Registers bzw. der Akte ist mit abgegolten (insbesondere wegen § 12 GBO kann sich im Einzelfall erst nach Einsicht ergeben, dass der Inhalt **nicht** mitgeteilt wird – dadurch ändert sich die Gebühr nicht). Die Gebühr steht in einem **derzeit nicht geklärten Spannungsfeld** zu KV Nr. 25210–25213. Nach diesen Tatbeständen erhält der Notar (teilweise unter 15 EUR liegende) Gebühren, wenn er außerhalb eines sonstigen Verfahrens oder Geschäfts den Beteiligten auf Antrag selbst „isolierte" Register- oder Grundbuchabdrucke erteilt bzw. elektronisch übermittelt. Jedenfalls dann, wenn die Weitergabe des Ausdrucks aus Rechtsgründen scheitert, sollte die „Sperre" der Bemerkung zu KV Nr. 25209 wieder aufgehoben sein.

244 *Beispiel*

- Der Notar wird durch den angeblich Berechtigten einer Dienstbarkeit am Grundstück beauftragt, ihm einen einfachen Grundbuchausdruck zu fertigen. Nach Grundbucheinsicht stellt er fest, dass nicht der Antragsteller, sondern dessen Eltern berechtigt sind, von denen keine Vollmacht vorliegt.
- Der Notar weist den Antrag zurück, weil das berechtigte Interesse fehlt (§§ 133a, 12 GBO).
- Die Grundbucheinsicht rechnet er nach KV Nr. 25209 mit 15 EUR ab (kein Verfahren, sondern sonstiges Geschäft). Dass er nur eingesehen (und nicht auch mitgeteilt) hat, ist nach dem Gebührentatbestand unerheblich. Hinzukommen als Auslage die Abrufgebühren (KV Nr. 32011).

Hinweis:

Im Beispiel ist die Gebühr höher als wenn der Ausdruck erfolgt wäre.[155] Denn dafür fiele an: KV Nr. 25210 – 10 EUR. Daneben erhält der Notar auch die Abrufgebühr als Auslage ersetzt (KV Nr. 32011).

4. Verwahrgeschäfte

245 Für **jede einzelne Auszahlung** oder Rückzahlung des von ihm **verwahrten Geldes** erhält der Notar eine 1,0 Gebühr aus dem Wert des jeweils ausgezahlten Betrags (§ 124 GNotKG). Bei geringen Auszahlungsbeträgen kann die (Mindest-)gebühr (§ 34 Abs. 5 GNotKG) auch einmal höher sein als der Auszah-

153 BGH, Beschl. v. 22.9.2016 – V ZB 177/15, NotBZ 2017, 100 m. Anm. *Otto*; Leipziger-GNotKG/*Otto*, KV Nr. 25214 Rn 4.

154 LG Düsseldorf, Beschl. v. 1.12.2015 – 19 T 59/15 = ZNotP 2016, 79, m. ablehnender Anm. v. *Fackelmann*.

155 Das kann ein Versehen des Gesetzgebers sein, es wird aber letztlich dem in der Praxis erhöhten Aufwand des Notars Rechnung getragen, der dem Antragsteller gegenüber die Verweigerung begründen muss, Leipziger-GNotKG/*Otto*, KV Nr. 25213 Rn 8. Weitergehend mag man auch vertreten, dass die erst später in das Gesetz eingefügten KV Nr. 25210–25213 von der Anmerkung zu KV Nr. 25209 ohnehin nicht gemeint sind.

lungsbetrag. Umgekehrt ist es bei der Annahme von **Wertpapieren und Kostbarkeiten** zur Verwahrung: Hier fällt die Gebühr bereits bei deren Entgegennahme an, sie hat dieselbe Höhe (KV Nr. 25300 bzw. 25301).

Für besonders hohe Geschäftswerte gilt eine von der allgemeinen Gebührentabelle abweichende Rechenformel: Werden mehr als 13 Millionen EUR ausbezahlt (bei Geld) bzw. als entsprechender Wert entgegengenommen (andere), dann beträgt die Gebühr für den überschießenden Teil (und nur für diesen) 0,1 % des Auszahlungsbetrags (bei Geld) bzw. entgegengenommenen Werts (andere). 246

Beispiel 247

Zur Auszahlung gelangen:

1)	100.000 EUR	Die Gebühr beträgt 1,0 aus dem Wert 100.000	→ Tabelle	→ 273 EUR.
2)	14.000.000 EUR	Die Gebühr setzt sich wie folgt zusammen:		
		1,0 Gebühr aus 13.000.000	→ Tabelle	→ 13.185 EUR
		0,1 % aus 1.000.000 EUR =		1.000 EUR
				14.185 EUR

Der Tabellenwert für 14.000.000 EUR würde nur 13.785 EUR betragen. Mit der besonderen Berechnungsweise sollen wegen der besonderen Haftungsrisiken des Notars die Nachteile der besonders bei den sehr hohen Geschäftswerten nur noch schwach ansteigenden Wertgebühr nach Tabelle abgemildert werden.

3) 14 EUR Die 1,0 Gebühr aus 14 EUR beträgt 15 EUR.

Die **Verwahrungsgebühr** fällt nach ausdrücklicher Bestimmung im Gesetz auch neben etwaigen **Betreuungsgebühren** (siehe oben Rdn 200) aus dem zugrundeliegenden Amtsgeschäft an (Vorbemerkung 2.5.3 (1)). Zu den Betreuungsgebühren zählen hier auch die Treuhandgebühren. 248

Beispiel

Ein von demselben Notar beurkundeter Grundstückskaufvertrag (Preis = Wert 200.000 EUR) soll über ein Notaranderkonto abgewickelt werden. Der Kaufpreis ist einzuzahlen nach Mitteilung des Notars über die Eintragung einer Eigentumsvormerkung – dann geht der Besitz über. Nach Einzahlung – Vorliegen der erforderlichen Genehmigungen und Behördenerklärungen vorausgesetzt – soll der Notar die Eigentumsumschreibung veranlassen. Der Käufer bestellt aufgrund Finanzierungsvollmacht eine Grundschuld über 180.000 EUR. Seine Bank überweist den Kaufpreis auf das Anderkonto und macht dem Notar dabei zur Auflage, die Auszahlung erst vorzunehmen, wenn die Eintragung der Grundschuld sichergestellt ist. Außerdem muss eine noch eingetragene Grundschuld über nominal 80.000 EUR gelöscht werden, sie soll aus dem Kaufpreis abgelöst werden. Der Notar holt die Löschungsunterlagen ein. Bei Auszahlungsreife überweist er der Gläubigerbank 42.000 EUR und befolgt damit eine von dieser erteilten Auflage. Der Verkäufer erhält 158.000 EUR überwiesen. Bankgebühren, Zinsen etc. bleiben hier unbeachtet.[156]

Bewertung:

Kaufvertrag: 2,0 Gebühr (KV Nr. 21100) aus 200.000 EUR (§ 47 GNotKG) → 870 EUR.

Vollzug (…) (hier nicht weiter berücksichtigt)

Betreuung: 0,5 Gebühr (KV Nr. 22000) aus 200.000 EUR (§ 113 Abs. 1 GNotKG) → 217,50 EUR.

Erfüllt sind die Tatbestände KV Nr. 22000 Nr. 2, Nr. 3 und Nr. 4 – Die Gebühr fällt aber stets nur einmal an (siehe oben Rdn 177).

Treuhandgebühr: 0,5 Gebühr (KV Nr. 22201) aus 42.000 EUR (§ 113 Abs. 2 GNotKG) → 77,50 EUR.

Eine Gebühr für die Beachtung der Treuhandauflage der einzahlenden Bank ist nach dem insoweit eindeutigen Wortlaut der KV Nr. 22201 nicht vorgesehen. Ihre Beachtung bleibt unbewertet.

Verwahrungsgebühren: 1,0 Gebühr (KV Nr. 25300) aus 42.000 EUR (§ 124 GNotKG) → 155 EUR,
1,0 Gebühr (KV Nr. 25300) aus 158.000 EUR (§ 124 GNotKG) → 381 EUR.

156 Verkürzt nach: Leipziger-GNotKG/*Renner*, Vorbem. 2.5.3 Rn 7 f.

Zu der Frage, ob und gegebenenfalls welche Kosten der Notar vor Auskehr des Rests unmittelbar aus dem Notaranderkonto für sich entnehmen könnte, siehe § 54b Abs. 3 S. 8 BeurkG und die Kommentarliteratur dazu.[157]

Seit Einführung des elektronischen Urkundenverzeichnisses führt der Notar auch das elektronische Verwahrungsverzeichnis. Das bisherige Verwahrungs- und Massenbuch samt Namensliste und eine Anderkontenliste in Papierform existieren nur noch für bis zum 31.12.2021 angelegte Massen. Der Notar entrichtet für die Nutzung des Verwahrungsverzeichnisses Gebühren an die Bundesnotarkammer als Urkundenarchivbehörde. Die dazu erlassene Gebührensatzung ist hier im Anhang abgedruckt. Gebührenschuldner ist anders als hinsichtlich der Gebühr für die Aufnahme von Urkunden in das Urkundenarchiv ausnahmslos der Notar selbst (§ 78j Abs. 2 Nr. 2 BNotO). Eine Weiterberechnung an die Beteiligten ist hier nicht vorgesehen. Insbesondere erfasst KV Nr. 32015 nur die „verauslagten" und nicht eigene Kosten des Notars.

E. Mehrere Erklärungen in einer Urkunde

I. Ausgangspunkt

1. Verfahrensgebühr

249 Häufig betrifft eine notarielle Urkunde mehrere Gegenstände. Darunter wird nicht etwa der **Vermögensgegenstand**, also die Sache = das Wirtschaftsgut, das von dem Rechtsgeschäft betroffen wird, verstanden, sondern das **Rechtsverhältnis** (das Recht), auf dessen Begründung, Übertragung, Änderung oder Aufhebung die Erklärungen gerichtet sind. Im GNotKG findet sich diese seit Jahren herkömmliche Definition sogar ausdrücklich niedergelegt: Geschäftswert bei der Beurkundung von Verträgen und Erklärungen ist der Wert des „Rechtsverhältnisses, das Beurkundungsgegenstand ist" (§ 97 Abs. 1 GNotKG).

§ 35 Abs. 1 GNotKG enthält insoweit für die Verfahrensgebühren der Gerichte und Notare übereinstimmend den Grundsatz der **Wertzusammenrechnung** oder **Summierung**. Darauf aufbauend regeln die §§ 86, 93, 94, 109–111 GNotKG die Handhabung, wenn die notarielle Tätigkeit mehrere Rechtsverhältnisse der Beteiligten betreffen kann. Es gilt der Grundsatz, dass jedes Beurkundungsverfahren sich auf genau eine notarielle Niederschrift bezieht (§ 85 Abs. 2 GNotKG). Die Werte von Gegenständen getrennter Urkunden sind für die Kostenberechnung also niemals zusammenzuzählen.

250 Aufgrund des **degressiven**, d.h. nach oben hin deutlich flacheren Anstiegs der Gebühren, führt die Wertsummierung bei gleichem Gebührensatz zu einer Begünstigung des Gebührenschuldners. Sind auf mehrere Beurkundungsgegenstände unterschiedliche Gebührensätze anzuwenden, kann allerdings auch die getrennte Berechnung für den Schuldner die günstigere sein. Es bleibt bei der getrennten Berechnung, wenn nicht die Gebührenerhebung aus dem zusammengerechneten Wert bei Annahme des höchsten in Frage kommenden Gebührensatzes günstiger wäre (**Vergleichsrechnung**, § 94 Abs. 1 GNotKG).

251 Wenn mehrere Beurkundungsgegenstände (§ 86 Abs. 1 GNotKG) **ohne sachlichen Grund** in einer Urkunde **zusammengefasst** sind, dann ist eine Privilegierung des Kostenschuldners nicht gerechtfertigt. In diesem Fall werden je besondere Verfahren angenommen, sodass die Summierung entfällt (§ 93 Abs. 2 GNotKG). Ein sachlicher Grund ist nach § 93 Abs. 2 S. 2 GNotKG mindestens dann anzunehmen, wenn hinsichtlich jedes Beurkundungsgegenstands die gleichen Personen beteiligt sind („Personenidentität") oder wenn die Regelungen nur gemeinsam gelten sollen (Verknüpfungswille, in der Regel durch entsprechende Bedingungen in der Urkunde). Der BGH zeigte sich in einer ersten Entscheidung streng und lässt z.B. eine teilweise Personenidentität nicht ohne Weiteres genügen.[158] Der Anwendern der KostO noch geläufige Grundsatz, dass Erklärungen und Beschlüsse nie zusammengerechnet werden dürfen, gilt im GNotKG nicht.

157 Siehe auch Leipziger-GNotKG/*Renner*, KV Nr. 25300 Rn 16 f.

158 BGH, Beschl. v. 26.9.2017 – II ZB 27/16, FGPrax 2018, 43, MDR 2018, 493; *Fackelmann*, ZNotP 2018, 39; *Otto*, NotBZ 2018, 99, 100; *Sikora/Tiedtke*, DNotZ 2018, 589 (590); kritisch Beck'sches Notar-HB/*Waldner*, § 30 Rn 19a.

2. Aktgebühren

Bei den z.B. für Bescheinigungen typischen **Festgebühren** (anders: Höchst- oder Mindestgebühren) existiert allerdings kein Geschäftswert. Schon deshalb erfolgt hier eine getrennte Bewertung, wenn mehrere Geschäfte zusammenfallen. Grundsätzlich keine Zusammenrechnung gibt es auch bei den Geschäften, die nicht Verfahren sind (siehe oben Rdn 218). 252

3. Vollzug und Betreuung

Die Gebühren für das **Verfahren** des Notars und die daran anschließende **Vollzugs-** oder **Betreuungstätigkeit** sowie Zusatzgebühren entstehen je gesondert. Dabei gilt der zusammengerechnete Wert (Verfahrenswert) für Vollzug und Betreuung auch dann, wenn die Verfahrensgegenstände selbst aufgrund der Vergleichsrechnung letztlich getrennt abgerechnet werden. 253

Der Umstand, dass ein einheitlich zu betrachtendes Verfahren vollzogen wird, kann auch Auswirkung auf die **Gebührenhöhe** haben. Denn nur, wenn für das zugrundeliegende Beurkundungsverfahren eine 2,0 Gebühr angefallen ist, beträgt die Vollzugsgebühr 0,5 (KV Nr. 22110). Ansonsten gilt eine 0,3 Gebühr (Nr. 22111). Betrifft nun eine Tätigkeit des Notars mehrere Beurkundungsgegenstände, die ein einheitliches Verfahren bilden und wird er nur für den Vollzug eines dieser Gegenstände tätig, kommt es dennoch nicht auf die isoliert für dieses anfallende Beurkundungsgebühr, sondern auf die höchste im Beurkundungsverfahren relevante Gebühr an.[159] § 94 GNotKG ist auf Vollzugsgebühren nicht anwendbar. Die Vollzugsgebühr entsteht urkundenbezogen. 254

II. Einheitlicher Beurkundungsgegenstand

1. Ein betroffenes Rechtsverhältnis

Bei einheitlichem oder vom Gesetz als einheitlich definiertem Beurkundungsgegenstand unterbleibt die Wertzusammenrechnung. Ein **einheitlicher Beurkundungsgegenstand** liegt vor, wenn sich die Beurkundung allein auf ein einheitliches Rechtsverhältnis (bei Tatsachenbeurkundungen auf einen Vorgang oder eine Tatsache) bezieht. Bestimmte **Nebengegenstände** bleiben stets unberücksichtigt, wenn über sie nicht ausnahmsweise isoliert beurkundet wird (§ 37 Abs. 1 GNotKG). Es handelt sich um ein Rechtsverhältnis, wenn in einem Vertrag mehrere Grundstücke zusammen verkauft werden. Man spricht auch von einer „Gesamterklärung".[160] Erklärungen, von denen die eine notwendig nicht ohne die andere denkbar ist, haben schon einem natürlichen Verständnis folgend denselben Gegenstand.[161] Dasselbe gilt für solche Registeranmeldungen, die stets mit einer anderen, für den Gesamtvorgang „wesentlichen" Anmeldung verbunden sein müssen, wenn dazu keine eigene Willensbildung mehr erfolgt (Beispiel siehe Rdn 274). 255

2. Behandlung mehrerer Rechtsverhältnisse als einheitlich aufgrund gesetzlicher Anordnung

Daneben legt § 109 GNotKG abschließend weitere Fälle fest, bei denen von demselben Beurkundungsgegenstand auszugehen ist (siehe hierzu Rdn 262 ff.). 256

159 LG Düsseldorf, Beschl. v. 2.3.2015 – 19 T 227/14, NotBZ 2015, 358. Weiterführend und mit Beispielen *Harder*, NotBZ 2015, 321; LK-GNotKG/*Harder*, Nr. 22110–22114 KV Rn 3.

160 *Filzek*, § 44 KostO Rn 4.

161 *Diehn/Sikora/Tiedtke*, Rn 451 verwenden den ebenso treffenden Begriff „Erklärungseinheit". Ebenso jetzt BGH, Beschl. v. 18.10.2016 – II ZB 18/15 = WM 2016, 2355: „Erklärungseinheit" der Registeranmeldungen von Auflösung einer GmbH, Erlöschen der Vertretungsbefugnis der bisherigen Geschäftsführer und Anmeldung der Liquidatoren.

III. Verschiedener Beurkundungsgegenstand

1. Regelfall

257 Beziehen sich mehrere selbstständige Willenserklärungen oder Beschlüsse auf mehrere Rechtsverhältnisse, Tatsachen oder Vorgänge – handelt es sich also nicht um einen Gegenstand im Sinn von oben (siehe Rdn 254) –, so sind dies nach der Anordnung des § 86 Abs. 2 GNotKG verschiedene Beurkundungsgegenstände.

2. Ausnahme und Gegenausnahmen

258 Ausnahmen von dieser Regel sind **ausschließlich** in § 109 GNotKG vorgesehen. Zu § 109 wiederum sind in § 110 und § 111 GNotKG Klarstellungen bzw. Gegenausnahmen formuliert. Greifen § 110 oder § 111 GNotKG, bleibt es im Ergebnis wieder bei § 86 Abs. 2 GNotKG. Die Unterscheidung in § 110 GNotKG einerseits (**„verschiedene Beurkundungsgegenstände"**), § 111 GNotKG andererseits (**„besondere Beurkundungsgegenstände"**) beschränkt sich darauf, dass § 110 GNotKG nur für das Verhältnis einzelner dort genannter Gegenstände zueinander gilt, § 111 GNotKG dagegen für die dort genannten Gegenstände im Verhältnis zu allen denkbaren anderen Gegenständen.

3. Bewertung und Vergleichsrechnung

259 Bei verschiedenen Beurkundungsgegenständen wird die Gebühr aus deren zusammengerechnetem Wert bestimmt, wenn die aus dem Kostenverzeichnis bestimmte Gebühr dieselbe ist (§ 35 Abs. 1 GNotKG). Soweit unterschiedliche Gebührensätze gelten, wird jeweils einzeln berechnet; die Summe ist jedoch auf den Gebührenbetrag beschränkt, der bei Anwendung der höchsten in Frage kommenden Gebühr auf die Summe anfallen würde (§ 94 Abs. 1 GNotKG).

260 *Beispiel: Vergleichsrechnung bei verschiedenem Gegenstand*

Gemäß § 110 Nr. 2 GNotKG haben Veräußerungsverträge und Erklärungen zur Finanzierung gegenüber Dritten verschiedene Beurkundungsgegenstände.[162] A vereinbart im Grundstückskaufvertrag (Preis 100.000 EUR) mit B die Übernahme von Verbindlichkeiten (40.000 EUR) und unterwirft sich deshalb der Bank C nach § 794 ZPO. Es gelten unterschiedliche Gebührensätze (KV Nr. 21100 bzw. KV Nr. 21200). Berechnung somit nach § 94 Abs. 1 GNotKG:

1. Schritt: Getrennter Gebührenansatz

Kaufvertrag: 2,0 aus 100.000 EUR → 546 EUR

Unterwerfungserklärung: 1,0 aus 40.000 EUR → 145 EUR

Summe → 691 EUR

2. Schritt: Vergleichsberechnung: Höchste Gebühr nach Zusammenrechnung

2,0 aus 140.000 EUR → 654 EUR.

Die Gebühr beträgt 654 EUR (Beispiel mit anderen Zahlenwerten und dadurch umgekehrtem Ergebnis siehe unten Rdn 269).

261 Wenn für **einzelne Beurkundungsgegenstände** derselbe Gebührensatz gilt, für andere ein anderer, dann werden im Rahmen der gesonderten Berechnung zunächst alle Geschäftswerte addiert, die dem gleichen Gebührensatz unterliegen. Eine gesonderte Gebührenberechnung erfolgt dann aus den einzelnen Summen (Beispiel dazu siehe unten Rdn 269).

262 Die allgemeine Mindestgebühr von 15 EUR ist sowohl bei den Einzelgebühren wie auch in der Gesamtrechnung in eine Vergleichsrechnung nach § 94 Abs. 2 GNotKG einzustellen. Soweit das Gesetz eine spezielle Mindestgebühr vorsieht (insbesondere in KV 21100 bis KV 21201), gilt diese sowohl auf der Ebene des einzelnen Geschäfts wie auch bei Bewertung nach der Summe.[163]

162 Leipziger-GNotKG/*Otto*, § 94 Rn 4.
163 Z.B. Leipziger-GNotKG/*Otto*, § 94 Rn 8.

IV. Einzelheiten und Prüfungsfolge zu § 109 GNotKG

1. Vorab: Prüfungsfolge zur Anwendbarkeit

Der **Anwendungsbereich** des § 109 GNotKG lässt sich wie folgt eingrenzen: 263

§ 109 GNotKG

1. Zur Bewertung steht ein **Beurkundungsverfahren** an.

Ansonsten: Getrennte Bewertung.

Dabei gilt:

a) Aktgebühren entstehen gesondert. Auch Vollzugs-, Betreuungs- und Treuhandgebühren werden nicht mit der Verfahrensgebühr zusammengerechnet;
b) Mehrere Verfahren werden stets getrennt berechnet. Für das Beurkundungsverfahren gilt immer: ein Verfahren = eine Urkunde sowie fast immer: eine Urkunde = ein Verfahren;
c) Auf andere notarielle Verfahren als Beurkundungsverfahren kann § 109 GNotKG anwendbar sein, wenn die einschlägige Wertbestimmung wie z.B. § 119 Abs. 1 GNotKG (Wert des Entwurfs) auf das Beurkundungsverfahren verweist.

2. Es sind – § 109 GNotKG „weggedacht" – **mehrere Rechtsverhältnisse** betroffen.

Ansonsten: Gegenstandidentität bereits in einem „natürlichen" Verständnis (siehe oben Rdn 254).

3. Weder **§ 110 noch § 111** GNotKG ordnen **speziell** an, dass von verschiedenen Gegenständen auszugehen ist.

Ansonsten: Es gelten § 110 bzw. § 111 GNotKG vorrangig.

Hier ist allerdings auch die **weitere Rückausnahme** in § 111 Nr. 1 GNotKG zu beachten: Obwohl § 111 für Verfügungen von Todes wegen verlangt, dass diese stets einen verschiedenen Gegenstand haben, ist dort noch spezieller wiederum ein Vorrang des § 109 Abs. 2 Nr. 2 GNotKG angeordnet: Die neue Verfügung von Todes wegen hat denselben Gegenstand mit einem in derselben Urkunde angeordneten Widerruf früherer Testamente etc.

§ 109 GNotKG kann zur Feststellung desselben Gegenstands führen.

Ist das nicht der Fall, bleibt es bei Verschiedenheit der Gegenstände bzw. Zusammenrechnung der Werte.

2. Fallgruppen des Absatzes 2

In Abs. 2 wird für bestimmte ganz konkrete Konstellationen die Annahme von **Gegenstandsgleichheit** angeordnet. Deshalb empfiehlt es sich, innerhalb von § 109 GNotKG hier die Prüfung zu beginnen. 264

§ 109 Abs. 2 GNotKG

Derselbe Beurkundungsgegenstand ist nach § 109 Abs. 2 GNotKG stets:

1. der Vorschlag, eine bestimmte Person zum Betreuer zu bestellen, und eine Patientenverfügung;
2. der Widerruf einer Verfügung von Todes wegen, die Aufhebung oder Anfechtung eines Erbvertrags oder der Rücktritt von einem Erbvertrag jeweils mit der Errichtung einer neuen Verfügung von Todes wegen;
3. die zur Bestellung eines Grundpfandrechts erforderlichen Erklärungen und die Schulderklärung bis zur Höhe des Nennbetrags des Grundpfandrechts;
4. bei Beschlüssen von Organen einer Vereinigung oder Stiftung:
   a) jeder Beschluss und eine damit im Zusammenhang stehende Änderung des Gesellschaftsvertrags oder der Satzung,
   b) der Beschluss über eine Kapitalerhöhung oder -herabsetzung und die weiteren damit im Zusammenhang stehenden Beschlüsse,
   c) mehrere Änderungen des Gesellschaftsvertrags oder der Satzung, deren Gegenstand keinen bestimmten Geldwert hat,
   d) mehrere Wahlen, sofern nicht Einzelwahlen stattfinden,

e) mehrere Beschlüsse über die Entlastung von Verwaltungsträgern, sofern nicht Einzelbeschlüsse gefasst werden,
f) Wahlen und Beschlüsse über die Entlastung der Verwaltungsträger, sofern nicht einzeln abgestimmt wird,
g) Beschlüsse von Organen verschiedener Vereinigungen bei Umwandlungsvorgängen, sofern die Beschlüsse denselben Beschlussgegenstand haben.

In diesen Fällen bestimmt sich der Geschäftswert nach dem höchsten in Betracht kommenden Wert. Der Katalog des Abs. 2 ist abschließend.

3. Regelbeispiele in Abs. 1 S. 4

265 Derselbe Beurkundungsgegenstand liegt nach Abs. 1 S. 1 dann vor, wenn die Rechtsverhältnisse zueinander in einem Abhängigkeitsverhältnis stehen und das eine Rechtsverhältnis unmittelbar dem Zweck des anderen Rechtsverhältnisses dient. Abs. 1 S. 4 gibt ergänzend Regelbeispiele, in denen das Abhängigkeitsverhältnis als gegeben anzusehen[164] ist. Daher ist hier der nächste Prüfungsschritt. Ein Abhängigkeitsverhältnis liegt nach gesetzlicher Anordnung stets vor zwischen

1. dem Kaufvertrag und
   a) der Übernahme einer durch ein Grundpfandrecht am Kaufgrundstück gesicherten Darlehensschuld,
   b) der zur Löschung von Grundpfandrechten am Kaufgegenstand erforderlichen Erklärungen sowie
   c) jeder zur Belastung des Kaufgegenstands dem Käufer erteilten Vollmacht; die Beurkundung des Zuschlags in der freiwilligen Versteigerung steht dem Kaufvertrag gleich;
2. dem Gesellschaftsvertrag und der Auflassung bezüglich eines einzubringenden Grundstücks;
3. der Bestellung eines dinglichen Rechts und der zur Verschaffung des beabsichtigten Rangs erforderlichen Rangänderungserklärungen (zur Behandlung der Vormerkung siehe § 45 Abs. 2 GNotKG);
4. der Begründung eines Anspruchs und den Erklärungen zur Schaffung eines Titels gemäß § 794 Abs. 1 Nummer 5 der Zivilprozessordnung.
   Erklärungen Dritter und zugunsten Dritter genügen (§ 109 Abs. 1 S. 3 GNotKG).

266 Zu Anwendungsbeispielen und ergänzenden Hinweisen siehe unten bei den einzelnen Geschäftsvorfällen. In den Fällen des § 109 Abs. 1 GNotKG bestimmt sich der Geschäftswert nach dem Wert des Rechtsverhältnisses, zu dessen Erfüllung, Sicherung oder sonstiger Durchführung die anderen Rechtsverhältnisse dienen. Das ist bei den Regelbespielen das zuerst genannte, also Kaufvertrag, Gesellschaftsvertrag, Bestellung des Rechts bzw. die Begründung des Anspruchs.

4. Allgemeine Formel

267 Auf die abstrakte Formulierung von Abs. 1 S. 1–3 kommt es jedenfalls an, wenn weder Abs. 2 noch eines der Regelbeispiele gegeben sind.

Derselbe Beurkundungsgegenstand liegt vor, wenn Rechtsverhältnisse zueinander in einem Abhängigkeitsverhältnis stehen und das eine Rechtsverhältnis unmittelbar dem Zweck des anderen Rechtsverhältnisses dient. Ein solches Abhängigkeitsverhältnis liegt nur vor, wenn das andere Rechtsverhältnis der Erfüllung, Sicherung oder sonstigen Durchführung des einen Rechtsverhältnisses dient. Dies gilt auch bei der Beurkundung von Erklärungen Dritter und von Erklärungen der Beteiligten zugunsten Dritter.

268 Es sind also nach S. 1 zwei Voraussetzungen zu erfüllen:[165]

- mehrere Rechtsgeschäfte müssen zueinander in einem Abhängigkeitsverhältnis stehen und
- das eine Rechtsverhältnis muss unmittelbar dem Zweck des anderen dienen.

164 Ob das Kriterium der unmittelbaren Zweckrichtung (Satz 1) für die Regelbeispiele noch zusätzliche Bedeutung hat, wird unterschiedlich eingeschätzt. Vgl. *Fackelmann*, Einführung Rn 211 einerseits und Leipziger-GNotKG/*Otto*, § 109 Rn 11 f. andererseits. Praktische Unterschiede ergeben sich m.E. an dieser Stelle (nur) für die Erklärungen Dritter und zugunsten Dritter.

165 Fackelmann/Heinemann/*Macht*, § 109 Rn 11.

S. 2 bestimmt, wann (ausschließlich) von einem Abhängigkeitsverhältnis gesprochen werden darf, nämlich wenn sich das eine Geschäft als Erfüllung-, Sicherung- oder sonstiges Durchführungsgeschäft zu dem anderen Geschäft darstellt. Das andere Geschäft ist als sog. Hauptgeschäft bestimmend für den Geschäftswert (Abs. 1 S. 5). Das Hauptgeschäft, auf das sich andere Geschäfte desselben Gegenstands beziehen, muss unmittelbar selbst Gegenstand des Beurkundungsverfahrens sein.

S. 2 zeigt, dass allein der Umstand, dass ein Vertragsinhalt nicht ohne den anderen vereinbart worden wäre, 269
es längst nicht rechtfertigt, die beiden Rechtsverhältnisse kostenrechtlich als eine Einheit zu behandeln. Die Kriterien des Satzes 2 sind für die Auslegung der allgemeinen Formel nach Satz 1 zentral, nach einem Teil der Literatur sogar allein maßgeblich.[166] Die Gegenauffassung verlangt auch dann, wenn ein Erfüllungs-, Sicherungs- und Durchführungsgeschäft festgestellt ist, noch die unmittelbare Zweckdienlichkeit der Vornahme dieses Geschäfts zum Hauptgeschäft.[167] Praktische Bedeutung hat das bei Beteiligung Dritter. Sie werden durch ihre Mitwirkung am Vertrag längst nicht immer allein die Durchführung des für sie fremden Geschäfts sichern wollen. Grundsätzlicher Konsens besteht wohl insoweit, dass Erfüllungs-, Sicherungs- und Durchführungsgeschäft überhaupt nur solche Geschäfte sein können, die vollständig das Hauptgeschäft betreffen und nicht darüber hinausgehen.[168]

5. Bewertung und Vergleichsrechnung

Die Wertberechnung erfolgt aus dem nach den Kriterien des § 109 Abs. 1 GNotKG ermittelten „Haupt- 270
geschäft“ bzw. in den Fällen des § 109 Abs. 2 aus dem höchsten in Betracht kommenden Einzelwert (§ 109 Abs. 1 S. 5 bzw. Abs. 2 S. 2 GNotKG). Es wird der höchste in Betracht kommende Gebührensatz zugrunde gelegt. Die Gebühr ist allerdings begrenzt auf die Summe der Gebühren, die bei getrennter Beurkundung aller als einheitlicher Gegenstand behandelter Inhalte entstanden wären (§ 94 Abs. 2 GNotKG). Damit ist sichergestellt, dass die Annahme eines einheitlichen Geschäftsgegenstands für den Kostenschuldner niemals ungünstiger sein kann als die Wertzusammenrechnung bei verschiedenem Gegenstand.

Beispiel

Gemäß § 109 Abs. 2 Nr. 2 GNotKG haben der Widerruf einer Verfügung von Todes wegen und die Errichtung einer neuen Verfügung von Todes wegen denselben Gegenstand. A widerruft sein früheres Testament.[169] Sein nach § 102 Abs. 5, Abs. 1 GNotKG maßgebliches Vermögen beträgt 40.000 EUR. In derselben Urkunde macht er zusammen mit Ehefrau B ein neues Testament. Ihr nach § 102 Abs. 1 GNotKG bestimmtes Vermögen beträgt 100.000 EUR. Es gelten unterschiedliche Gebührensätze (KV 21201 bzw. 21100). Berechnung somit nach Abs. 2:

1. Schritt: Höchster Gebührensatz

Maßgeblich ist der Geschäftswert der Testamentsbeurkundung (§ 109 Abs. 2 S. 2 GNotKG): 140.000 EUR. Daraus 2,0 → 654 EUR

2. Schritt: Vergleichsberechnung: Summe bei getrennter Beurkundung

2,0 aus 140.000 EUR → 654 EUR.

0,5 aus 40.000 EUR → 72,50 EUR.

Die Summe ist höher, es bleibt bei der Berechnung nach Schritt 1. Die Gebühr beträgt 654 EUR.

Abwandlung:

In seinem früheren Einzeltestament hatte A noch ausdrücklich ein Vermächtnis hinsichtlich des Mietshauses ausgesetzt, das von der Tante zu erben er demnächst erwartete (dessen Wert gemäß § 102 Abs. 2 GNotKG: 300.000 EUR). In dem neuen Testament werden zu dieser noch immer nicht realisierten Erbschaft keine besonderen Regelungen mehr getroffen.

166 Fackelmann/Heinemann/*Fackelmann*, Einführung Rn 211.
167 Leipziger-GNotKG/*Otto*, § 109 Rn 11 f.
168 *Diehn/Sikora/Tiedtke*, Rn 101; konsequent fortgeführt wird diese Überlegung bei *Diehn*, Berechnungen, Rn 285.
169 Leipziger-GNotKG/*Otto*, § 94 Rn 7.

1. Schritt: Höchster Gebührensatz

Maßgeblich ist der Geschäftswert des Widerrufs (§ 109 Abs. 2 S. 2 GNotKG): 340.000. Daraus 2,0 → 1.370 EUR

2. Schritt: Vergleichsberechnung: Summe bei getrennter Beurkundung

2,0 aus 140.000 EUR → 654 EUR.

0,5 aus 340.000 EUR → 342,50 EUR.

Die Summe ist mit 996,50 EUR geringer, sie bildet das Rechnungsergebnis.

V. Einzelheiten zu § 110 und § 111 GNotKG

1. Besondere Beurkundungsgegenstände (§ 111 GNotKG)

a) Bedeutung

271 § 111 GNotKG bestimmt für einzelne Gegenstände, dass sie immer als verschieden anzusehen sind. Abgesehen von der Rückausnahme in § 111 Nr. 1 GNotKG ist eine Prüfung von § 109 GNotKG im Verhältnis der anderen Gegenstände zu dem in § 111 GNotKG genannten also stets entbehrlich.

Hinweis

Für die in der Vorschrift genannten Gegenstände muss (und darf) keine Prüfung von § 109 GNotKG erfolgen. Dennoch schließt das Auftreten von Gegenständen nach § 111 GNotKG in einer Urkunde nicht aus, dass innerhalb der Urkunde (teilweise) derselbe Gegenstand vorliegt:

(1) § 109 GNotKG bleibt zu prüfen für das Verhältnis aller sonstigen von der Urkunde betroffenen Gegenstände zueinander.

(2) § 111 GNotKG setzt voraus, dass es sich überhaupt um mehrere Gegenstände handelt (siehe oben Rdn 254). Das ist z.B. nicht der Fall für mehrere Anordnungen in einem Testament oder mehrere Anmeldegegenstände zu einem Register, die regelmäßig und notwendig miteinander in einer Erklärung angemeldet werden[170] (Einzelheiten str.).[171]

b) Verfügungen von Todes wegen

272 Werden in einer Urkunde frühere Verfügungen von Todes wegen aufgehoben, ein Erbvertrag angefochten oder aufgehoben oder der Rücktritt vom Erbvertrag erklärt und zugleich eine neue Verfügung von Todes wegen beurkundet, so hat dies mit der Errichtung der neuen Verfügung denselben Gegenstand (§ 109 Abs. 2 Nr. 2 GNotKG). Bei Zusammentreffen mit **jeglichen anderen Erklärungen** hat eine Verfügung von Todes wegen immer einen anderen Gegenstand. Mehrere Anordnungen **innerhalb einer letztwilligen Verfügung** haben allerdings von vornherein denselben Gegenstand.

c) Ehevertrag

273 Werden in einer Urkunde außer den Erklärungen zum Güterstand weitere Vereinbarungen getroffen, sind sie nach Anordnung des Gesetzes gegenstandsverschieden. Die gemeinsame Beurkundung von Ehe- und Erbvertrag ist über den Tabelleneffekt hinaus nicht begünstigt.

d) Registeranmeldung

274 Anmeldungen werden mit den Werten anderer Inhalte derselben Urkunde zusammengerechnet, was die Gebühren gegenüber der früher üblichen Einzelberechnung reduziert. Trotzdem kann es gute rechtliche und praktische Gründe geben, z.B. Beschlüsse der Gesellschafterversammlung und deren Anmeldung gesondert aufzunehmen.

170 BGH, Beschl. v. 18.10.2016 – II ZB 18/15, WM 2016, 2355 = NotBZ 2017, 148; BGH, Beschl. v. 20.12.2016 – II ZB 13/16, NotBZ 2017, 148 m.Anm. *Heinze*.

171 Vgl. die in der BGH-Entscheidung genannte Literatur, ferner: Leipziger-GNotKG/*Heinze*, § 105 Rn 16 und die Zusammenstellung bei *Diehn/Sikora/Tiedtke*, Rn 451.

Notwendig zusammengehörige Gegenstände werden in einer einheitlichen Erklärung angemeldet (siehe schon Rdn 254)[172] Die Auflösung einer GmbH kann nicht angemeldet werden ohne gleichzeitige Anmeldung, dass das Vertretungsrecht der bisherigen Geschäftsführer damit endet und dieselben Personen jetzt als („geborene“) Liquidatoren einzutragen sind.[173] Dafür genügt es aber noch nicht, dass die eine Anmeldung von der anderen abhängt: Beispielsweise kann der Prokurist einer neu gegründeten GmbH selbstverständlich nicht im Handelsregister eingetragen werden, bevor die Anmeldung der GmbH (notwendig damit verbunden) und von deren Geschäftsführern vorgenommen wurde. Trotzdem handelt es sich um verschiedene Gegenstände, weil die Ersteintragung der GmbH auch ohne die der Prokura möglich ist.[174] Die zu einer Anmelde- oder Erklärungseinheit verbundenen Registeranmeldungen vervollständigen ohne eigenständige Bedeutung einen die Gesamterklärung wesensprägenden Anmeldetatbestand.[175] Man wird annehmen können, dass die weiteren Anmeldetatbestände jedenfalls dann eine „eigenständige Bedeutung“ haben und daher zu gegenstandsverschiedenen Anmeldungen führen, wenn sie auf separaten Beschlüssen oder Willenserklärungen gründen, die nicht notwendig zusammen mit dem wesensprägenden Tatbestand anfallen. 275

Beispiele

- Wenn die Gründung einer GmbH beschlossen wird, muss notwendig immer auch über die Person des oder der Geschäftsführer beschlossen werden. Firma, Sitz, Unternehmensgegenstand, Geschäftsführer und deren Vertretungsmacht werden zusammen angemeldet. „Wesensprägend“ ist allein die Erstanmeldung der Gesellschaft an sich.
- Die erste Anmeldung eines Idealvereins ist wesensprägend für die zugleich erfolgende Anmeldung des ersten Vorstands.
- Die Anmeldung der Auflösung einer Gesellschaft ist wesensprägend für die Anmeldung der Beendigung der Geschäftsführerämter und die Anmeldung der Geschäftsführer als Liquidatoren (Letzteres tritt ohne weiteres ein, wenn die Versammlung nichts anders beschließt).
- Wird eine Kapitalerhöhung der GmbH angemeldet, ist dies notwendig immer auch mit der Anmeldung einer korrespondierenden Satzungsänderung verbunden.[176]

Gegenbeispiele

- Bestellung eines Prokuristen (auch wenn dies unmittelbar bei Gesellschaftsgründung erfolgt).
- Bestellung besonderer Vertreter (§ 30 BGB) eines neu einzutragenden Vereins.
- Anmeldung eines in der Auflösungsversammlung gewählten Liquidators der GmbH (streitig).[177] Mit der Wahl einer bestimmten Person treffen die Gesellschafter eine eigenständige Entscheidung. Sie ist nicht zwingend mit jedem Auflösungsbeschluss verbunden. Die Gesellschafter hätten auch die gesetzliche Folge (§ 66 Abs. 1 GmbHG) eintreten lassen können.

e) Rechtswahl

Eine Rechtswahl nach dem Internationalen Privatrecht ist immer gegenstandsverschieden, auch wenn sie der Durchführung eines anderen Geschäfts dienen soll. 276

172 BGH, Beschl. v. 18.10.2016 – II ZB 18/15, WM 2016, 2355 = NotBZ 2017, 148.

173 BGH, Beschl. v. 18.10.2016 – II ZB 18/15, WM 2016, 2355 = NotBZ 2017, 148. Differenziert für den Fall der „gekorenen“, d.h. mit den früheren Geschäftsführern personenverschiedenen Liquidatoren Ländernotarkasse NotBZ 2015, 220 und ähnlich seit 11. Aufl. *Streifzug* Rn 996 (BGH lässt dies offen).

174 Leipziger-GNotKG/*Heinze*, § 105 Rn 16.

175 BGH, Beschl. v. 18.10.2016 – II ZB 18/15 = WM 2016, 2355 = NotBZ 2017, 148.

176 Leipziger-GNotKG/*Heinze*, § 105 Rn 74 kommt wie viele andere Autoren durch Annahme von Gegenstandsgleichheit in diesem und anderen Fällen praktisch zu demselben Ergebnis. Diese vor der genannten BGH-Entscheidung ganz überwiegende Meinung der Literatur kann aber nicht recht erklären, weshalb § 111 GNotKG nicht greift.

177 Der BGH lässt diese Konstellation offen. Im Ergebnis ähnlich wie hier OLG München, Beschl. v. 17.11.2015 – 32 Wx 313/15 Kost, JurBüro 2016, 537. Siehe auch *H. Schmidt* JurBüro 2016, 539.

2. Gegenstandsverschiedenheit nach § 110 GNotKG

a) Bedeutung

277 Bei § 110 GNotKG kann man von einer relativen Gegenstandsverschiedenheit sprechen.[178] Die genannten **Paare von Beurkundungsgegenständen** sind **zueinander** immer gegenstandsverschieden. Mehrere Gegenstände desselben Typs und auf einer Seite des Begriffspaars können gemäß § 109 GNotKG untereinander denselben Gegenstand haben, dasselbe gilt bei Zusammentreffen mit anderen Geschäften außerhalb des Begriffspaars.

b) Beschlüsse und Erklärungen

278 Beschlüsse (gemeint sind hier auch Wahlen) der Mitglieder- bzw. Gesellschafterversammlungen von Gesellschaften und von deren Organen haben immer verschiedenen Gegenstand zu rechtsgeschäftlichen Erklärungen in derselben Urkunde. Auf ein im Einzelfall denkbares Abhängigkeitsverhältnis nach § 109 Abs. 1 GNotKG kommt es nicht an. Mehrere Beschlüsse untereinander können aber denselben Gegenstand haben. Für wichtige Fälle ordnet § 109 Abs. 2 Nr. 4 GNotKG (siehe oben Rdn 263) das sogar direkt an. Registeranmeldungen bilden nach § 111 Nr. 3 GNotKG stets einen eigenen Beurkundungsgegenstand.

c) Veräußerungsvertrag und bestimmte Erklärungen

279 Wenn in einem Grundstückskaufvertrag Erklärungen **gegenüber Dritten** zur **Finanzierung** abgeben werden, sind sie gegenstandsverschieden **zu dem Kauf**.

280 *Beispiel: Vergleichsrechnung nach § 94 GNotKG*

Auf dem für 200.000 EUR verkauften Grundstück ist eine nicht mehr werthaltige (valutierende) Grundschuld der B-Bank mit 150.000 EUR Nennbetrag eingetragen. Der Käufer K will selbst über die B-Bank finanzieren und übernimmt die Grundschuld daher, um sich die Neubestellung einer Grundschuld zu ersparen. Die Bank ist mit dieser Sicherungsvariante nur einverstanden, wenn K in der Kaufurkunde persönlich anerkennt, der B-Bank 150.000 EUR zu schulden und sich ihr gegenüber wegen dieser Schuld der sofortigen Zwangsvollstreckung unterwirft. So wird beurkundet.

Gegenstände der Beurkundung sind:

(a) Kauf:	Wert 200.000 EUR
(b) Abstraktes Schuldanerkenntnis:	Wert 150.000 EUR
(c) Zwangsvollstreckungsunterwerfung:	Wert 150.000 EUR.

Anwendung § 110 Abs. 1 Nr. 2a GNotKG ergibt: (a) und (b) sind gegenstandsverschieden; (a) und (c) sind gegenstandsverschieden.

Anwendung § 109 Abs. 1 S. 4 Nr. 4 GNotKG ergibt: (b) und (c) haben denselben Gegenstand.

Es sind somit zusammenzurechnen: 200.000 EUR + 150.000 EUR.

Das ergibt den Verfahrenswert: 350.000 EUR.

Gebührensätze:

(a) 2,0

(b) 1,0

(c) 1,0

Anwendung des § 94 Abs. 1 GNotKG

Gesonderte Berechnung:

a)	2,0 Gebühr aus 200.000 EUR → 870 EUR.
b) + c)	1,0 Gebühr aus 150.000 EUR → 354 EUR (maßgeblich ist wegen § 109 Abs. 1 S. 5 GNotKG der Gebührensatz zu b), nicht etwa c), auch wenn diese im Beispiel identisch sind).

178 Begriff von Nomos-PK-BGB/*Tiedtke*, 3. Aufl., Anhang zu Band 3, Notarkosten Rn 44 (nicht mehr in Folgeauflagen). § 111 bestimmt dann in Abgrenzung dazu die „absolute" Gegenstandsverschiedenheit.

Vergleichsrechnung:

2,0 Gebühr aus 350.000 EUR → 1.370 EUR.

Die Gebühr bei Einzelberechnung ist günstiger. Beurkundungsgebühr daher: 1.224 EUR.

Hinweis: Vollzugs- und Betreuungsgebühren (siehe Rdn 176 ff.) würden sich im Beispiel aus dem Verfahrenswert (350.000 EUR) bestimmen!

Wenn sich der Verkäufer im Veräußerungsvertrag dingliche Rechte vorbehält oder sich solche vom Käufer einräumen lässt, soll die dazugehörige Erklärung immer gegenstandsverschieden sein. In Betracht kommen die **Grunddienstbarkeit** (§ 1018 BGB) sowie **dem jeweiligen Eigentümer** eines anderen Grundstücks zustehende **Vorkaufsrechte** (§ 1094 Abs. 2 BGB), unter dieser Voraussetzung auch **Reallasten** (§ 1105 Abs. 2 BGB). Bestellungserklärungen sind **Antrag und Bewilligung**, nicht die dingliche Einigung über die Bestellung dieser Rechte (siehe § 4 Rdn 311 ff.).[179] Die beschränkte persönliche Dienstbarkeit (§ 1090 BGB), subjektiv-persönliche Reallast (§ 1108 Abs. 1 BGB) und Vorkaufsrecht (§ 1090 Abs. 1 BGB) sind von § 110 GNotKG nicht erfasst. Bei ihnen kommt derselbe Gegenstand nach § 109 GNotKG in Betracht, ist aber nicht zwingend (d.h. insoweit kann es nach der Grundnorm § 86 Abs. 2 GNotKG auch bei verschiedenen Gegenständen bleiben, wenn die Voraussetzungen des § 109 GNotKG nicht erfüllt sind). 281

Es kommt vor, dass ein Grundstücksverkäufer zur Bewahrung anderer steuerlicher Vorteile ausdrücklich auf die grundsätzlich vorgesehene Steuerfreiheit von Grundstücksgeschäften nach dem Umsatzsteuergesetz verzichtet. Diese einseitige Erklärung ist zwingend im notariellen Kaufvertrag zu beurkunden (§ 9 Abs. 3 S. 2 UStG). Sie hat immer einen anderen Gegenstand als die Veräußerung. 282

Beispiel

Ein Betriebsgrundstück wird zum Preis (Anhaltspunkte für einen höheren Verkehrswert sind nicht ersichtlich) von 400.000 EUR von einem umsatzsteuerpflichtigen Unternehmer an einen anderen verkauft. Der Verkäufer verzichtet auf die Befreiung von der Umsatzsteuer für dieses Geschäft („er optiert für die Steuer“).

Gegenstände der Beurkundung sind:

(a) Kauf:	Wert	400.000 EUR
(b) Option	Wert	76.000 EUR

(Wirtschaftlich wird hier über den Umsatzsteuerbetrag disponiert, z.B. am 1.4.2020 19 % aus dem Kaufpreis. Dieser Betrag wird nach § 36 Abs. 1 GNotKG als Wert der Erklärung angenommen.[180])

Anwendung § 110 Abs. 1 Nr. 2c GNotKG ergibt: (a) und (b) sind gegenstandsverschieden.

Es sind somit zusammenzurechnen: 400.000 EUR + 76.000 EUR.

Das ergibt den Verfahrenswert: 476.000 EUR.

Gebührensätze:

(a) 2,0

(b) 1,0

Anwendung des § 94 Abs. 1 GNotKG

Gesonderte Berechnung:

a) 2,0 Gebühr aus 400.000 EUR → 1.570 EUR.

b) 1,0 Gebühr aus 76.000 EUR → 219 EUR.

Vergleichsrechnung:

2,0 Gebühr aus 476.000 EUR → 1.870 EUR.

Die Gebühr bei Einzelberechnung ist günstiger. Beurkundungsgebühr daher: 1.798 EUR.

179 Zu deren Bewertung Leipziger-GNotKG/*Otto*, § 110 Rn 7.
180 Vgl. Regierungsentwurf, BT-Drucks 17/11471, zu § 110 (S. 189).

Hinweis: Vollzugs- und Betreuungsgebühren würden sich im Beispiel aus dem Verfahrenswert (476.000 EUR) bestimmen!

283 § 110 Nr. 2 GNotKG spricht nicht nur vom „Kauf-", sondern vom „Veräußerungsvertrag". Somit gilt die Bestimmung auch bei **Tausch** und **kaufähnlichen** Geschäften, wohl auch bei **gemischten Schenkungsverträgen** (Überlassungsverträge mit Gegenleistung).

d) Betreuungsverfügungen und Patientenverfügungen im Verhältnis zu Vollmachten

284 Betreuungsverfügung (§ 1897 Abs. 4 BGB – siehe § 4 Rdn 675) und Patientenverfügung (§ 1901a Abs. 1 BGB – siehe § 4 Rdn 676 ff.) haben nach § 109 Abs. 2 Nr. 1 GNotKG denselben Gegenstand. Im Verhältnis dieser Erklärungen zu einer Vorsorgevollmacht (siehe § 4 Rdn 676) besteht hingegen nach § 110 Nr. 3 GNotKG immer Gegenstandsverschiedenheit.

F. Zusatzgebühren

I. Auswärtsgebühr

285 Sobald der Notar auf Verlangen eines Beteiligten eine Beurkundung oder ein sonstiges Verfahren oder Geschäft außerhalb seiner Geschäftsräume vornimmt, erhält er dafür die sog. **Auswärtsgebühr** (KV Nr. 26002). Sie kann grundsätzlich für alle Tätigkeiten anfallen, außer bei Scheck- und Wechselprotest sowie Siegelung (Vorbemerkungen 2.3.4 und 2.3.5). Bestimmte Geschäfte sind privilegiert, für sie gilt KV Nr. 26003 statt KV Nr. 26002:

Hinweis

Betrifft die Auswärtstätigkeit ausschließlich

1. die Errichtung, Aufhebung oder Änderung einer Verfügung von Todes wegen,
2. die Errichtung, den Widerruf oder die Änderung einer Vollmacht, die zur Registrierung im Zentralen Vorsorgeregister geeignet ist („Vorsorgevollmacht", siehe oben § 4 Rdn 676 ff.),
3. die Abgabe einer Erklärung gemäß § 1897 Abs. 4 BGB („Betreuungsverfügung", siehe oben § 4 Rdn 675) oder
4. eine Willensäußerung eines Beteiligten hinsichtlich seiner medizinischen Behandlung oder deren Abbruch („Patientenverfügung, siehe oben § 4 Rdn 676 ff.):

dann beträgt die Gebühr nach KV Nr. 26003 fest 50 EUR je Auftraggeber.

286 Ansonsten berechnet sich die Auswärtsgebühr nach Zeit: Der Notar erhält 50 EUR für jede angefangene Stunde, die er zur Wahrnehmung der Tätigkeit von seiner Geschäftsstelle abwesend ist. Auch für mehrere gebührenpflichtige Tätigkeiten während einer Abwesenheitszeit entsteht insgesamt nur eine Gebühr, sie ist auf die unterschiedlichen Geschäfte unter Berücksichtigung der jeweils aufgewandten Zeit angemessen zu verteilen.

Beispiel

Der Notar fährt am Ort seines Amtssitzes um 14:00 Uhr von seiner Geschäftsstelle in die örtliche Seniorenresidenz, trifft dort um 14:25 Uhr ein und nimmt die folgenden Geschäfte vor:

a) Unterschriftsbeglaubigung unter der von der Bank vorformulierten Eigentümerzustimmung zur Löschung eines Grundpfandrechts durch Frau A (ca. 5 Minuten).

b) Unterschriftsbeglaubigung unter der vom Notar entworfenen Genehmigung einer vollmachtlosen Vertretung von Herrn B durch dessen Sohn bei einer Grundstücksveräußerung. B hat viele Nachfragen, es dauert ca. 35 Minuten. Am Ende ist B nicht zur Unterschrift bereit.

Knapp 5 Minuten war der Notar innerhalb des Hauses unterwegs, nach ca. 25 Minuten Fahrt ist er um 15:35 Uhr wieder in der Geschäftsstelle. Aufträge von A und B lagen vor.

Es entsteht aufgrund der Abwesenheit von 1 Stunde 35 Minuten eine Zusatzgebühr in Höhe von 4 × 50 EUR = 200 EUR.

Verteilung: Der Zeitaufwand verteilt sich 5:35 bzw. 1:7.

8 Zeitanteile (Gesamtaufwand) → 200 EUR.

1 Zeitanteil macht somit aus → 25 EUR.

Angemessen ist also ein Gebührenanteil für A von 25 EUR und von 175 EUR für B. Bei der Verteilung muss die jeweilige Zeit nur berücksichtigt werden (Bem. 1 zu KV Nr. 26002), d.h. mathematisch exakte Berechnung ist ebenso wenig gefordert wie eine Beurkundung „mit der Stoppuhr". Dass eine Unterschriftsbeglaubigung für B nicht erfolgt, ist unerheblich (Bem. 2 zu KV Nr. 26002).

Beispiel (Abwandlung) 287

Zunächst wie oben. Es werden aber noch weitere Tätigkeiten vorgenommen:

c) Beurkundung einer Vorsorgevollmacht von Frau C (ca. 40 Minuten) und Vorbesprechung mit Frau C, die ein Grundstück auf ihre Tochter übertragen will (ca. 20 Minuten).

d) Beurkundung des Testaments von Herrn D (ca. 50 Minuten).

Ca. 5 Minuten war der Notar innerhalb des Hauses unterwegs, nach ca. 30 Minuten Fahrt ist er um 17:30 Uhr wieder in der Geschäftsstelle. Aufträge von C und D lagen vor.

Vorrang haben Gebühren nach KV Nr. 26003:

- Für C bleibt es bei KV Nr. 26002, da mit ihr nicht **ausschließlich** die Vorsorgevollmacht (KV Nr. 26003 Nr. 2), sondern auch ein nicht in KV Nr. 26003 genanntes Geschäft vorgenommen wurde. Dass es sich „nur" um die (als solche unberechnete) Vorbesprechung zu einer Beurkundung handelt, ist im Übrigen unerheblich. Eine Zusatzgebühr wird nochmals anfallen, wenn auch die spätere Niederschrift außerhalb der Amtsstelle erfolgt.
- Von D ist eine Festgebühr von 50 EUR nach KV Nr. 26003 Nr. 1 zu fordern. Da es um eine – pauschalierte – Begünstigung desjenigen geht, der nur in KV Nr. 26003 genannte Tätigkeiten auslöst, sollte das Ausschließlichkeitserfordernis nicht so weit ausgedehnt werden, dass auch die Tätigkeiten für Dritte die Anwendung von KV Nr. 26003 sperren.

Berechnung der Gebühr nach KV Nr. 26002:

- Der Notar ist 3 Stunden 30 Minuten (= 210 Minuten) abwesend. Allerdings wird die Tätigkeit für D fest mit 50 EUR berechnet (KV Nr. 26003 Nr. 1). In entsprechender Anwendung von KV Nr. 26002 Bem. 1 wird man die Gesamtzeit kürzen: Die Beurkundung mit D macht von 150 Minuten reiner Amtstätigkeit $\frac{1}{3}$ aus. Entsprechend wird die Gesamtabwesenheit um $\frac{1}{3}$, d.h. 70 Minuten gekürzt. Es entsteht aufgrund der maßgeblichen Abwesenheit von 140 Minuten eine Zusatzgebühr in Höhe von 5 × 50 EUR = 250 EUR.

Verteilung der Gebühr nach KV Nr. 26002:

Der Zeitaufwand verteilt sich zwischen a, b und c wie 5:35:60 bzw. 1:7:12.

20 Zeitanteile (Gesamtaufwand) → 250 EUR

1 Zeitanteil macht somit aus → 12,50 EUR.

Angemessen ist also ein Gebührenanteil für A von 12,50 EUR; B 87,50 EUR und C 150 EUR.

Hinweis:

Zwingend ist nur die „angemessene" Verteilung der Gebühr. Sie kann beispielsweise auch gegeben sein, wenn der Notar seine Fahrtzeit zu gleichen Teilen auf alle Auftraggeber verteilt. Das wäre nicht mehr oder weniger „gerecht" als die im Beispiel gewählte Rechenweise, denn auch zu dem Geschäft von fünf Minuten hätte er die volle Anreisezeit gebraucht. Daran zeigt sich, dass jedes Rechenschema an seine Grenzen stößt. Generell sollte hier gelten: Eine rechnerisch exakte Verteilung ist im Schulfall möglich, in der Praxis aber nicht erforderlich.

Neben der Auswärtsgebühr wird kein Tage- oder Abwesenheitsgeld (KV Nr. 32008) gezahlt. 288

II. Unzeitgebühr

289 Wird eine Amtshandlung der vorgenannten Art auf Verlangen der Beteiligten außerhalb der vom Gesetz als normal unterstellten Dienstzeit vorgenommen, so fällt die plakativ oft sog. **Unzeitgebühr** an (KV Nr. 26000). Sie beträgt 30 % der Gebühr, die für das konkret in dieser Zeit vorgenommene Verfahren oder Geschäft angefallen ist, höchstens aber 30 EUR. Als Zeit außerhalb der normalen Dienstzeit gelten

die Sonntage,

die allgemeinen Feiertage,

an Werktagen die Zeit nach 18.00 und vor 8.00 Uhr,

an Samstagen die Zeit nach 13.00 und vor 8:00 Uhr.

Die Unzeitgebühr wird nur einmal erhoben, auch wenn mehrere der vorgenannten Voraussetzungen erfüllt sind (Beispiel: Beurkundung an einem Sonntag nach 18.00 Uhr). Es reicht, dass die Tätigkeit teilweise in die genannten Zeiten fällt. Wer einen Beurkundungstermin z.B. für 17:45 Uhr verlangt, der weiß, dass er damit einen Termin über 18:00 Uhr hinaus auslöst.[181]

290 *Beispiel*

Der Notar wird an einem Sonntag zur Beurkundung eines Testaments ins Krankenhaus gerufen.

Es entstehen an Zusatzgebühren:

a) Zusatzgebühr nach KV Nr. 26003 (Beurkundung außerhalb der Amtsräume des Notars): fest 50 EUR und
b) Zusatzgebühr nach KV Nr. 26000 (Beurkundung an einem Sonntag): 30 % der Gebühr für die Testamentsbeurkundung, höchstens 30 EUR.

III. Fremde Sprache

291 Beurkundet der Notar ohne Hinzuziehung eines Dolmetschers Erklärungen, die in einer **fremden Sprache** abgegeben werden, oder erteilt er Bescheinigungen in fremder Sprache, so erhält er eine Zusatzgebühr nach KV Nr. 26001. Sie macht 30 % der für das Beurkundungsverfahren, Beglaubigung oder Bescheinigung zu erhebenden Gebühr aus. Erst 2015 eingeführt wurde als Höchstgebühr der Betrag von 5.000 EUR. Die Gebühr gibt es auch für eine Übersetzung durch den Notar; das kann auch eine Übersetzung in das Deutsche sein, wenn fremdsprachig beurkundet wird (im letztgenannten Fall fällt dann die Zusatzgebühr doppelt an).

G. Auslagen

292 Die vom Notar zu erhebenden Auslagen sind im 2. Hauptabschnitt des 3. Teils des Kostenverzeichnisses abschließend geregelt. Wie die Gebühren können die Auslagen, insbesondere auch die „durchlaufenden Posten" als Vorschuss erhoben werden (§ 15 GNotKG), bevor sie bei dem Notar selbst angefallen sind.

I. Urkundensammlung

293 Auf der Grundlage von § 78j Abs. 1 S. 2, Abs. 4 S. 1 BNotO erhebt die Bundesnotarkammer Gebühren für die Aufnahme von elektronischen Dokumenten in die elektronische Urkundensammlung. Die maßgebliche Gebührensatzung ist in der Anlage abgedruckt. Zur Zahlung der Gebühren von 4,50 EUR je Amtsgeschäft (bzw. 2,50 EUR bei Beglaubigungen ohne Entwurf) ist im Regelfall derjenige verpflichtet, der auch zur Zahlung der Kosten für die jeweilige notarielle Amtshandlung verpflichtet ist. Verauslagt der Notar die Gebühr, fordert er sie gemäß KV Nr. 32015 in der gezahlten Höhe vom Kostenschuldner an. Es handelt sich um einen „durchlaufenden Posten" – der Notar erhebt auf diese Auslage keine Umsatzsteuer.

181 LG Mühlhausen, Beschl. v. 10.11.2014 – 1 OH 1/14, NotBZ 2015, 78.

II. Dokumentenpauschale

Mit der **Dokumentenpauschale** werden der personelle Büroaufwand und sämtliche Sachkosten pauschal abgegolten, die für Fertigung einer Kopie oder den Ausdruck eines Dokuments anfallen. Außerdem gibt es eine Dokumentenpauschale für die Überlassung oder Übertragung von Dateien in elektronischer Form. Dokumentenpauschalen fallen nicht an, wenn der Notar für eine Abschriftsbeglaubigung (Rdn 232) Gebühren erhält. 294

Den Standardfall der Praxis regelt KV Nr. 32001. Die Bestimmung gilt für Kopien und Ausdrucke, die 295

1. ohne besonderen Antrag von eigenen Niederschriften, eigenen Entwürfen und von Urkunden, auf denen der Notar eine Unterschrift beglaubigt hat, angefertigt oder per Telefax übermittelt worden sind; dies gilt nur, wenn die Dokumente nicht beim Notar verbleiben,
2. in einem Beurkundungsverfahren auf besonderen Antrag angefertigt oder per Telefax übermittelt worden sind; dies gilt nur, wenn der Antrag spätestens bei der Aufnahme der Niederschrift gestellt wird,
3. bei einem Auftrag zur Erstellung eines Entwurfs auf besonderen Antrag angefertigt oder per Telefax übermittelt worden sind; dies gilt nur, wenn der Antrag spätestens am Tag vor der Versendung des Entwurfs gestellt wird.

Die Pauschale beträgt dann 0,15 EUR je Seite in schwarz-weiß, 0,30 EUR je Seite Farbausdruck.

Höhere Pauschalen von 0,50 EUR für die ersten 50 Seiten in schwarz-weiß bzw. 1 EUR je Farbseite (weitere Seiten dann 0,15 EUR bzw. 0,30 EUR) gemäß KV Nr. 32000 gelten in den sonstigen Fällen. Die ersten 50 Seiten werden für Schwarzweiß- und Farbdruck getrennt gezählt.[182] Es bedarf stets eines besonderen Auftrags der Beteiligten. Praktisch kommt die höhere Pauschale z.B. in Betracht, wenn die Beteiligten für sich eine zusätzliche Kopie von Dokumenten wünschen, zu denen der Notar ohne Entwurfsfertigung eine Unterschriftsbeglaubigung vorgenommen hat oder wenn eine Abschrift der in der Urkundensammlung befindlichen Urkunde angefordert wird.[183] 296

Die KV Nr. 32000 bzw. 32001 gelten für Kopien und Ausdrucke bis zum Format DIN A3. Größerformatige Kopien und Ausdrucke können mit pauschal 3 EUR (bzw. 6 EUR bei Farbe) oder nach den tatsächlich angefallenen Kosten erhoben werden (KV Nr. 32003). 297

> *Hinweis*
>
> Anschreiben und Anzeigen, die der Notar aufgrund gesetzlicher Bestimmung vornimmt, lösen keine Dokumentenpauschale aus. Anders als nach der Kostenordnung gilt das z.B. auch für die Veräußerungsanzeige an die Grunderwerbsteuerstelle:
>
> - KV Nr. 32001 Nr. 1 greift nicht, da es sich nicht um die Kopie oder den Ausdruck einer **eigenen** Urkunde oder eines **eigenen** Entwurfs oder eines **vom Notar** unterschriftsbeglaubigten Dokuments handelt;
> - KV Nr. 32000 scheidet aus, weil kein besonderer Auftrag vorliegt (und wenn er erteilt würde, wäre das gänzlich überflüssig, § 21 GNotKG).

Für die **Überlassung von Dateien** erhält der Notar je Datei 1,50 EUR. Werden mehrere Dateien zusammen übertragen, beträgt die Auslage maximal 5 EUR je Arbeitsgang (KV Nr. 32002). Wird das zur elektronischen Übertragung vorgesehene Dokument zunächst aus der Papierform in eine Datei überführt, fällt aber mindestens die Dokumentenpauschale in der Höhe nach KV Nr. 32000 an („**Einscannen**"), es gilt dann auch der Höchstbetrag nicht. 298

III. Post- und Telekommunikationsdienstleistungen

Der Notar erhält seine Ausgaben für Post- und Telekommunikationsdienstleistungen in voller Höhe ersetzt (KV Nr. 32004). Er muss dazu die für das jeweilige Verfahren oder Geschäft konkret angefallenen Auslagen nachweisen. Eine Ausnahme gilt für Zustellungen mit Zustellungsurkunde bzw. Einschreiben gegen Rückschein. 299

182 Siehe Kostenspiegel, Teil 27 Rn 5. Ebenso zu § 7 JVEG OLG Hamburg v. 7.6.2016 – 8 W 85/15.
183 *Sikora*, MittBayNot 2013, 349/357.

Dafür fallen (nur) je 3,50 EUR an (KV 32004 Anm. 2, KV Nr. 31002). Wahlweise kann sich der Notar dafür entscheiden, gemäß KV Nr. 32005 eine **Pauschale** zu erheben. Sie beträgt 20 % der Gebühren, maximal aber 20 EUR je Geschäft. Anders als sonst gelten die Beurkundung und anschließende Vollzugs- und Betreuungstätigkeiten hinsichtlich der Berechnung der Pauschale und für den Höchstbetrag als ein Geschäft. Eine neuerliche Pauschale ist aber bei Verwahrgeschäften möglich.[184] Die Pauschale ersetzt Einzelberechnung und Nachweise nach KV Nr. 32004, setzt aber doch voraus, dass wenigstens eine Porto- oder Telekommunikationsausgabe angefallen ist.

IV. Videokommunikationssystem

300 Seit 1.8.2022 kennt das notarielle Verfahrensrecht Onlinebeurkundungen und Onlinebeglaubigungen (§§ 16a bis 16e, 40a Abs. 1 S. 2 BeurkG). Das Verfahren muss im materiellen Recht für den jeweiligen Gegenstand der Urkunde ausdrücklich eröffnet sein – so derzeit für die GmbH-Gründung und andere die GmbH betreffende Geschäfte sowie die Unterschriftsbeglaubigungen für Anmeldungen zum Handels-, Gesellschafts-, Genossenschafts-, Partnerschafts- sowie Vereinsregister. Es darf ausschließlich das von der Bundesnotarkammer bereitgestellte Videokommunikationssystem genutzt werden (§ 16 Abs. 1 BeurkG mit § 78p BNotO). Die dazu erlassene Gebührensatzung der BNotK[185] sieht eine nutzungsunabhängige monatliche Grundgebühr (derzeit 38 EUR für Anwaltsnotare, 118 EUR für hauptberufliche Notare) sowie fallbezogene Gebühren (Beurkundung 25 EUR, Beglaubigung 8 EUR) vor. Gebührenschuldner ist in beiden Fällen der Notar. Die fallbezogenen Gebühren erhält er allerdings als Auslage gemäß KV Nr. 32016 (nur) im wirtschaftlichen Ergebnis von seinem Kostenschuldner ersetzt. Es handelt sich hier um keinen „durchlaufenden Posten", sodass die Umsatzsteuer anfällt.

V. Reisekosten

301 Vorbemerkung 3.2 (2) definiert die Geschäftsreise im Sinn der KV Nr. 32006–32009. Einen besonderen Auslagenersatz erhält der Notar danach nur, wenn das Reiseziel außerhalb der politischen Gemeinde liegt, in der sich der Amtssitz (auch eine weitere Geschäftsstelle) oder die Wohnung des Notars befinden. Für die Benutzung eines eigenen Kraftfahrzeugs werden für jeden angefangenen Kilometer des Hin- und Rückweges 0,42 EUR ersetzt (KV Nr. 32006), damit sind sämtliche Kosten für Vorhaltung und Betrieb des Pkw abgegolten. Bei Benutzung **anderer Verkehrsmittel** werden die tatsächlichen Aufwendungen erstattet, soweit sie angemessen sind (KV Nr. 32007). Im Rahmen der Angemessenheit werden auch weitere Auslagen aus Anlass der Geschäftsreise ersetzt, z.B. Parkgebühren oder Hotelkosten (KV Nr. 32009).

302 Als Tage- und Abwesenheitsgeld (KV Nr. 32008) erhält der Notar bei einer Geschäftsreise:

- von nicht mehr als 4 Stunden 30 EUR,
- von mehr als 4 bis 8 Stunden 50 EUR,
- von mehr als 8 Stunden 80 EUR.

Tage- und Abwesenheitsgeld entfallen, wenn der Notar eine Auswärtsgebühr erhebt (siehe oben Rdn 287).

VI. Sonstige Auslagen

303 Wenn der Notar die Vergütungen für **Dolmetscher, Übersetzer oder Zeugen** bzw. einen zugezogenen zweiten Notar übernommen hat, wird das als Auslage nach KV Nr. 32010 weiterberechnet. Die für **Grundbuchabrufe** nach JVKostG gezahlten Beträge werden umgelegt (KV Nr. 32011). Ebenso die gezahlte Prämie für eine für den Einzelfall abgeschlossene **Haftpflichtversicherung** gegen Vermögensschäden, soweit die Prämie auf Haftungsbeträge von mehr als 60 Millionen EUR entfällt (zur Aufteilung einer Gesamtprämie siehe die Bem. zu KV Nr. 32013) bzw. bei besonderem schriftlichen Verlangen eines Beteiligten, dass eine Versicherung für den Einzelfall abgeschlossen werden soll (KV Nr. 32012).

184 Kostenspiegel, Teil 27 Rn 17.
185 Vom 8.4.2022, DNotZ 2022, 403. Rechtsgrundlage: § 78q BNotO.

Die Notare haben die **Umsatzsteuer** von derzeit 19 %,) bei den Kostenschuldnern zu erheben (KV Nr. 32014). Berechnet wird sie aus sämtlichen Gebühren und Auslagen mit Ausnahme der in KV Nr. 32015 erfassten sog. durchlaufenden Posten. 304

Bei den „durchlaufenden Posten" handelt es sich um Rechnungen Dritter, für die von vornherein der Kostenschuldner nach dem Gesetz bzw. der einschlägigen Gebührenordnung alleiniger Schuldner ist und die der Notar im Rahmen seiner amtlichen Tätigkeit auf ausdrücklichen Auftrag und auf Rechnung der Beteiligten verauslagt. 305

Erstattungsfähige Aufwendungen können insbesondere sein:[186]

- Gebühren des elektronischen Urkundenarchivs,
- Registrierungskosten beim Zentralen Vorsorgeregister,
- Registrierungskosten und Kosten der Auskunftserteilung beim Zentralen Testamentsregister,
- Kosten für die Erteilung einer Apostille,
- Gebühren der Verwaltung für die Erteilung von Genehmigungen (bspw. BauGB, GVO),
- Gebühren des Standesamtes für die Anforderung einer Personenstandsurkunde oder einer beglaubigten Abschrift des Geburtseintrages zum Zwecke der Ermittlung der Geburtsregisternummer für die Registrierung letztwilliger Verfügungen beim Zentralen Testamentsregister,
- Gerichtskosten (bspw. für Eintragungen in das Grundbuch, ins Schiffsregister, in das Handelsregister, für die Erteilung von papierenen Grundbuchausdrucken oder beglaubigten Grundbuch- oder Handelsregisterauszügen, für die Erteilung von Erbscheinen),
- Kosten für die Einholung eines Auszuges aus dem Liegenschaftskataster,
- Fahrtkosten, die keine Reisekosten (Rdn 298) sind, z.B. Taxi oder ÖPNV, wenn der Notar auf Antrag der Beteiligten innerhalb seines Amtssitzes unterwegs ist,
- Kosten für Kurierdienste.

H. Einzelne typische Geschäftsvorfälle

I. Grundstückskaufvertrag

1. Beurkundungsverfahren

Wert: Hier ist der bezifferte Betrag der Leistungen einer Seite (§ 97 Abs. 3 GNotKG) maßgebend, in einem Kaufvertrag der Kaufpreis (zuzüglich vorbehaltener Nutzungen und zusätzlich übernommener Leistungen, § 47 GNotKG). Ist jedoch der Kaufpreis niedriger als der Verkehrswert der Sache (§ 46 GNotKG), so ist der letztere zu veranschlagen. 306

> *Beispiel*
>
> V kauft ein Haus für 200.000 EUR. Er verkauft es ohne sehr großen zeitlichen Abstand an seinen Sohn S für 150.000 EUR weiter. Der Geschäftswert ist beide Male 200.000 EUR.

Gebühr: Für die Beurkundung eines Kaufvertrages wird eine 2,0 Gebühr erhoben (KV Nr. 21100). Enthält der Kaufvertrag zugleich die Auflassung, so fällt dafür im Ergebnis keine zusätzliche Gebühr an. Kaufvertrag und Auflassung gelten nämlich als derselbe Gegenstand im Sinne des § 109 Abs. 1 GNotKG. 307

Mit der Beurkundungsgebühr sind alle vorbereitenden Arbeiten (Grundbucheinsicht, Entwurf des Vertrages, sofern er nicht besonders angefordert worden ist) und alle gewöhnlichen Arbeiten zum Vollzug des Vertrages (Anzeige an Behörden, insbesondere Finanzamt und Gutachterausschuss), die Einreichung des Vertrages beim Grundbuchamt und die Kontrolle der richtigen Eintragung mit abgegolten.

Der Notar erhält also für die vor der Beurkundung – z.B. eines Kaufvertrages – vorgenommene Einsicht in das Grundbuch keine besondere Gebühr, weil er die Gebühr für das Hauptgeschäft bekommt (Vorbemerkung 2.1 (2) KV).

186 Nach: Leipziger-GNotKG/*Caroli*, KV Nr. 32015 Rn 5.

Dasselbe gilt auch dann, wenn eine **elektronische** Grundbucheinsicht erfolgt. In diesem Fall kann der Notar jedoch die ihm vom Gericht in Rechnung gestellte **Grundbuchabrufgebühr** als verauslagte Gerichtskosten an den Kostenschuldner weitergeben (KV Nr. 32011). Die Auslagen betragen 8 EUR für jeden Abruf von Grundbuchdaten und 1,50 EUR für den Abruf von Dokumenten, die elektronisch zu den Grundakten genommen wurden (Gebührenverzeichnis Nr. 1151 und Nr. 1152 zum Justizverwaltungskostengesetz); die Gebühr fällt für jeden Folgeabrufe erneut an.

Gegenüber der Justizverwaltung schuldet diese Gebühren zuerst der Notar, daher fällt bei Weiterberechnung auf den Beteiligten Umsatzsteuer an.

2. Vollzugsgebühr

308 Wert: § 112 GNotKG.

Gebühr: KV Nr. 22110–22113 (dazu zunächst siehe Rdn 176 ff.).

Gegenstand der besonders häufigen „Standardvollzugstätigkeiten“ (KV Nr. 22112, Vorbemerkung 2.2.1.1 Abs. 1 Nr. 1) sind im Grundstückgeschäft:[187]

- die Genehmigung nach dem Grundstücksverkehrsgesetz bei landwirtschaftlichen Grundstücken;
- die Genehmigung nach der Grundstücksverkehrsordnung (die nur im Gebiet der ehemaligen DDR in einzelnen Fällen noch erforderlich sein kann);
- eine Genehmigung nach § 144 Baugesetzbuch in einem Sanierungsgebiet;
- eine Genehmigung nach § 163 Baugesetzbuch in einem städtebaulichen Entwicklungsgebiet;
- eine Genehmigung eines Umlegungsausschusses;
- eine Genehmigung nach dem Kommunalverfassungsrecht bei Rechtsgeschäften von Kommunen, soweit das einschlägige Kommunalrecht eine solche Genehmigungspflicht vorsieht, bzw. Bescheinigungen, die die kommunalaufsichtsrechtlichen Genehmigungen ersetzen;
- eine Genehmigung kirchenaufsichtsrechtlicher Behörden, soweit erforderlich;
- eine Erklärung zum Vorkaufsrecht nach § 28 Abs. 1 Baugesetzbuch;
- Erklärungen zu anderweitigen gesetzlichen Vorkaufsrechten.

309 Verlangt wird jeweils ein „**Anfordern und Prüfen**“ der Dokumente. Hierzu und zur Datenbankeinsicht oben Rdn 185. Ist ein Erbnachweis oder Registerauszug einzuholen, fällt das unter Vorbemerkung 2.2.1.1 Abs. 1 Nr. 2).

310 In aller Regel sind die Beteiligten nicht imstande oder nicht gewillt, diese Dinge selbst zu besorgen. Dann wird der Notar mit diesen Aufgaben betraut. Sie lösen die Vollzugsgebühr aus. Auch wenn der Notar in mehreren Vollzugsangelegenheiten tätig wird, fällt zwar nur eine Gebühr an. Wenn nur Tätigkeiten nach Vorbemerkung 2.2.1.1 Abs. 1 Nr. 1 oder Nr. 2 anfallen, gilt aber eine Höchstgebühr von zunächst 50 EUR. Sie erhöht sich um 50 EUR je Einzeltätigkeit (siehe oben Rdn 193).

311 Wenn auch wenigstens eine Tätigkeit nach Vorbemerkung 2.2.1.1 Abs. 1 Nr. 4–11 anfällt, gilt die 0,5 Gebühr ohne Höchstgebühr. Solche Tätigkeiten können sein:

Nr. 4: Anfordern und Prüfen einer Entscheidung des Familien-, Betreuungs- oder Nachlassgerichts

Hierunter fällt insbesondere die Einholung einer familiengerichtlichen Genehmigung. Mit abgegolten sind alle Tätigkeiten, die der Notar im Namen der Beteiligten ausführt, um die Wirksamkeit der erteilten gerichtlichen Genehmigung herbeizuführen („Doppelvollmacht“).

Nr. 5: Anfordern und Prüfen einer Vollmachtsbestätigung oder Zustimmung

Das sind vor allem:

- die Einholung von Genehmigungserklärungen vollmachtlos vertretener Beteiligter,
- die Einholung von Vollmachtbestätigungen, wenn ein Vertreter keine formgerechte Vollmachtsurkunde vorgelegt hatte,
- die Einholung von Zustimmungserklärungen, die für die Wirksamkeit des Rechtsgeschäfts erforderlich sind, also z.B. die Genehmigung eines Ehegatten nach § 1365 BGB oder die Genehmigung eines Grund-

187 Für weitere siehe z.B. Leipziger-GNotKG/*Harder*, Vorbemerkung 2.2.1.1. Rn 22.

stückseigentümers zur Veräußerung oder Belastung eines Erbbaurechts. Fertigt der Notar auftragsgemäß einen Entwurf der Zustimmungserklärung oder der Vollmachtbestätigung, erhält er gemäß Vorbemerkung 2.2 Abs. 2 hierfür keine zusätzliche Gebühr.

Nr. 7: Anfordern und Prüfen einer Erklärung Privater über die Ausübung oder Nichtausübung eines Vorkaufs- und Wiederkaufsrechts, z.B.:

- Mietervorkaufsrecht (§ 577 BGB);
- Vorkaufsrecht von Miterben beim Erbteilskauf (§§ 2034 ff. BGB).

Nr. 8: Anfordern und Prüfen von Erklärungen über Schuldübernahmen oder Haftentlassungen

Zu den erforderlichen Erklärungen siehe Rdn 65 ff.

Nr. 9: Anfordern und Prüfen einer Erklärung über Grundstücksrechte

Hierunter fällt unter anderem die Einholung von Unterlagen zur Lastenfreistellung hinsichtlich eingetragener Rechte, die der Käufer nicht übernehmen will. Unerheblich ist, ob es sich um Rechte handelt, die in Abteilung II des Grundbuchs eingetragen sind, oder um Grundpfandrechte der Abteilung III des Grundbuchs. Es kann sich auch um Vermerke handeln (z.B. Testamentsvollstreckung), zu deren Löschung Erklärungen oder Nachweise eingeholt werden müssen. Eine Entwurfsfertigung durch den Notar ist mit abgegolten, Vorbemerkung 2.2 (2) (siehe auch Rdn 181). Sehr häufig werden solche Unterlagen dem Notar nicht auflagenfrei zugesandt. Für die Beachtung von Treuhandauflagen fällt dann zusätzlich die Treuhandgebühr nach KV Nr. 22201 KV an.

Nr. 11: Über die Standardanschreiben hinausgehende Tätigkeit in Angelegenheiten der Nr. 1 oder Nr. 2.

Siehe Rdn 190. Die Vollzugsgebühr fällt nur einmal an. Das kann zu einem Verteilungsproblem zwischen Käufer und Verkäufer führen, wenn (wie üblich) der Käufer grundsätzlich alle durch den Vertrag ausgelösten Kosten übernimmt, jedoch mit Ausnahme der Kosten der Lastenfreistellung, die typischerweise Sache des Verkäufers sind. Würde der Notar **nur** Löschungsunterlagen zu beschaffen haben (Vorbemerkung 2.2.1.1 Abs. 1 Nr. 4), ohne dass er eine weitere Vollzugstätigkeit ausüben müsste, würde die Vollzugsgebühr – ohne eine anderweitige Regelung im Kaufvertrag – als Löschungskosten **allein** vom Verkäufer zu tragen sein.[188] Weil aber zumeist auch mindestens eine Tätigkeit nach Nr. 1 anfällt (Vorkaufsrechtsverzichtserklärung § 28 BauGB), stellt sich die Frage nach der Aufteilung, zumal die Tätigkeit nach Nr. 1 allein auf 50 EUR gedeckelt wäre. Um in einem solchen Fall eine Auslegung[189] der Vertragsbestimmung über die Kostentragungspflicht und ein mögliches Rechtsmittelverfahren zu vermeiden, sollte im Kaufvertrag eine klare Regelung getroffen werden. Um spitzfindiges Hin- und Her rechnen zu vermeiden, empfiehlt sich eine pauschale, aber klare Regelung (z.B.: Vollzugsgebühren tragen der Verkäufer zu $3/4$ und der Käufer zu $1/4$, letzterer aber maximal 50 EUR).[190] 312

Die zusätzliche Vollzugsgebühr für die Erfassung von Daten in strukturierter Form zum Zweck der Weiterverarbeitung (Wert: § 112 GNotKG, Gebühr KV Nr. 22114) hat mit Einführung des elektronischen Datenaustauschs mit dem Grundbuchamt zunehmende Bedeutung. Zu dieser „XML-Gebühr" siehe Rdn 197. Sie fällt auch im elektronischen Rechtsverkehr mit Finanzämtern (Veräußerungsanzeige, Anforderung Unbedenklichkeitsbescheinigung), Gemeinden (Erklärungen zum Vorkaufsrecht) oder den Gutachterausschüssen (§ 195 BauGB) an, soweit er für den jeweiligen Adressaten grundsätzlich eröffnet und – was derzeit (noch) nicht der Fall ist – eine Datenstrukturierung vorgeschrieben ist (auf eine tatsächlich automatisierte Weiterverarbeitung der strukturierten Daten kommt es nicht an). 313

3. Betreuungsgebühr

Wert: § 113 Abs. 1 GNotKG. 314

Gebühr: 0,5 Gebühr nach KV Nr. 22200.

Häufig ist die Fälligkeit des Kaufpreises davon abhängig, dass der Notar den Beteiligten das Vorliegen der Fälligkeitsvoraussetzungen (Vorlage der behördlichen Genehmigungen und Verzichtserklärungen bezüglich

188 OLG Düsseldorf, Beschl. v. 22.3.2007 – I-10 W 132/06 = JurBüro 2007, 373.

189 Übernimmt eine Partei bestimmte Mehrkosten, sind damit im Zweifel Gerichts- und Notarkosten gemeint, LG Düsseldorf, Beschl. v. 4.2.2016 – 25 T 655/15 = RNotZ 2016, 197.

190 Ausführlicher: *Otto*, NotBZ 2008, 76/77.

gesetzlicher Vorkaufsrechte, Sicherstellung der ranggerechten Eintragung einer Auflassungsvormerkung für den Käufer) bestätigt. Vielfach wünschen die Beteiligten eines Kaufvertrages, insbesondere der Verkäufer, dass der Notar zusätzlich die Aufgabe übernimmt, die Zahlung des Kaufpreises zu kontrollieren, d.h., die Umschreibung des Eigentums erst zu beantragen, wenn ihm die Zahlung des Kaufpreises vom Verkäufer bestätigt oder vom Käufer nachgewiesen worden ist. Für diese zusätzlichen, teils mit erheblicher Arbeit und Risiko verbundenen Aufgaben entsteht die Betreuungsgebühr. Zu den einzelnen Tatbeständen – für das Entstehen der Gebühr genügt, wenn einer davon erfüllt ist, mehrere führen nicht zur Erhöhung (bereits oben siehe Rdn 200).

315 Die Betreuungsgebühr kann auch bei Abwicklung über das Notaranderkonto anfallen (siehe Rdn 247). Bei der Betreuungsgebühr kann sich grundsätzlich dasselbe Verteilungsproblem zwischen Käufer und Verkäufer stellen wie beim Vollzug (Fälligkeitsüberwachung im Käuferinteresse/Umschreibungsüberwachung im Verkäuferinteresse). Herkömmlich übernimmt der Käufer insoweit die gesamte Gebühr, auch dies kann aber individuell anders vereinbart werden. An der gesamtschuldnerischen Haftung dem Notar gegenüber ändern solche Vereinbarungen nichts (siehe oben Rdn 44).

4. Treuhandgebühr

316 Wert: § 113 Abs. 2 GNotKG

Gebühr: KV Nr. 22201 (insgesamt siehe oben Rdn 203).

Zu unterscheiden sind Treuhandauflagen von Urkundsbeteiligten (für sie gilt KV Nr. 22200 Nr. 3 – Betreuungsgebühr) und solcher Dritter. Nur für letztere gilt KV Nr. 22201.

5. Belastungsvollmacht

317 Eine Belastungsvollmacht (siehe oben § 4 Rdn 71, 127 ff.) im Grundstückskaufvertrag hat denselben Gegenstand wie dieser (§ 109 Abs. 1 S. 4 Nr. 1c GNotKG). Da der Kaufvertrag immer Hauptgeschäft ist, kommt es auf die Höhe (Wert) der möglichen Belastung für die Bewertung nicht an. Um den Käufer daran zu hindern, diese Vollmacht zu missbrauchen, wird in der Regel festgelegt, dass er sie nur für Urkunden verwenden darf, die er bei dem Notar vollzieht, der die Vollmacht beurkundet hat, und nur mit der Maßgabe, dass er die Ansprüche auf Auszahlung der Darlehensbeträge an den Notar treuhänderisch für den Verkäufer (oder unmittelbar an diesen) abtritt. Die Übernahme dieser Kontrollaufgaben löst keine eigene Gebühr aus.

6. Übernahme einer Bauverpflichtung

318 Gelegentlich legt der Veräußerer eines Grundstücks Wert darauf, dass der Erwerber es bebaut. Dies gilt etwa für die Fälle, in denen eine Gemeinde Bauland, sei es zum Wohnungsbau, sei es für gewerbliche Zwecke, unter dem normalen Preis verkauft, um zusätzliche Einwohner bei sich sesshaft zu machen oder Industriebetriebe anzusiedeln (bessere Ausnutzung der gemeindlichen Einrichtungen, Erhöhung des Steueraufkommens). Hier will die Gemeinde erreichen,

- dass gebaut wird,
- dass dies innerhalb einer bestimmten Frist geschieht, und
- dass der Käufer selbst baut, also nicht mit dem ihm billig überlassenen Grundstück bei einer Weiterveräußerung einen spekulativen Gewinn macht.

In diesen Fällen ist die Bauverpflichtung regelmäßig als echte Verpflichtung Gegenstand des Geschäfts und eine neben dem Kaufpreis übernommene Gegenleistung des Erwerbers.

Zum Wert dieser Leistung (§ 50 GNotKG) siehe oben Rdn 111.

7. Vom Käufer errichtete Gebäude

319 Nach der Kostenordnung wurde es für den Geschäftswert berücksichtigt, wenn der Käufer (z.B. als Pächter oder unter Verwandten in Erwartung einer künftigen Übertragung) vorab bereits auf eigene Rechnung Bauwerke auf

dem Grundstück errichtet hatte. Diese Sonderregelung ist im GNotKG vom Gesetzgeber bewusst nicht übernommen worden,[191] so dass diesbezügliche Aussagen im Vertrag keine Auswirkung auf die Bewertung mehr haben.

8. Vertretung und Genehmigung

Geschäftswert einer Vollmacht oder Zustimmung ist die Hälfte des Geschäftswerts der Beurkundung, auf die sich die Erklärung bezieht (§ 98 Abs. 1 GNotKG). Bei der zustimmenden Erklärung eines einzelnen Mitberechtigten reduziert sich der Geschäftswert anteilig nach dessen Anteil am Geschäftsgegenstand (§ 98 Abs. 2 GNotKG). Bei **Gesamthandsverhältnissen** wird auf die interne Berechtigung abgestellt (§ 97 Abs. 2 S. 3 GNotKG). 320

Beispiele

(1) A und B sind zu je ½ Anteil Eigentümer eines Hauses. Sie **verkaufen** es für 100.000 EUR. A wird dabei vollmachtlos vertreten. Geschäftswert seiner Genehmigung: 25.000 EUR.

(2) A und B **kaufen** das Haus für 100.000 EUR. Sie haften für den Kaufpreis als Gesamtschuldner (also haftet auch A letztlich für volle 100.000 EUR). Auch hier ist der Geschäftswert der Genehmigung des A aber 25.000 EUR.

(3) A und B, Miteigentümer zu je ½, nehmen auf das Haus eine Grundschuld von 80.000 EUR unter Übernahme der persönlichen Haftung mit Zwangsvollstreckungsunterwerfung auf. Geschäftswert für die Genehmigung des A ist 40.000 EUR, weil nur eine Mit**verpflichtung** vorliegt, aber keine **Mitberechtigung**.

Der Unterschied zwischen den Fällen (2) und (3) liegt darin, dass im Fall (2) auch eine Mitverpflichtung (Kaufpreiszahlung) vorliegt, in Fall (3) ist ausschließlich sie Gegenstand der Erklärungen.[192]

Dieselben Normen gelten, wenn A – statt nachträglich zu genehmigen – vorher eine Vollmacht erteilt.

9. Mehrere Gegenstände einer Urkunde

a) Anordnung von Gegenstandsidentität: Gesetzliche Regelbeispiele

Zunächst siehe Rdn 262 ff. Kraft gesetzlicher Anordnung (§ 109 Abs. 1 S. 4 Nr. 1 GNotKG) besteht ein Abhängigkeitsverhältnis im Sinn des § 109 Abs. 1 S. 1 GNotKG stets in folgenden Konstellationen, in denen stets der **Kaufvertrag** das **Hauptgeschäft** bildet: 321

(1) Übernahme einer durch ein Grundpfandrecht am Kaufgrundstück gesicherten Darlehensschuld.

Gemeint sind u.a. befreiende Schuldübernahme, kumulative Schuldübernahme und Freistellungsversprechen gegenüber dem Verkäufer und die nur dingliche Übernahme einer Grundschuld. Schuldübernahme oder Freistellungsversprechen selbst können ihrerseits wiederum Hauptgeschäft im Verhältnis zu einer Zwangsvollstreckungsunterwerfungserklärung gegenüber dem Verkäufer i.S.d. § 794 Abs. 1 ZPO sein (§ 109 Abs. 1 S 4 Nr. 4 GNotKG). Nr. 1a). Nicht eingeschlossen sind aber die im Rahmen einer solchen Schuldübernahme oder eines Schuldbeitritts abgegebenen Erklärungen gegenüber dem Gläubiger, insbesondere die von Banken in derartigen Konstellationen regelmäßig erwartete neue Zwangsvollstreckungsunterwerfungserklärung.

(2) Zur Löschung von Grundpfandrechten am Kaufgegenstand erforderliche Erklärungen.

Hauptanwendungsfall: Der Verkäufer stimmt unmittelbar im Grundstückskaufvertrag der Löschung vom Käufer nicht übernommener Belastungen zu (§ 27 GBO) und beantragt deren Löschung.

(3) Jede zur Belastung des Kaufgegenstands dem Käufer erteilte Vollmacht.

Die Erteilung der Belastungsvollmacht wird als ein Zugeständnis des Verkäufers verstanden, das mit dem Kaufpreis abgegolten ist. Es kommt nicht darauf an, ob der Käufer den Kaufgegenstand (nur) bis zur Höhe des Kaufpreises belasten darf.

191 Fackelmann/Heinemann/*Fackelmann*, § 47 Rn 7.
192 Leipziger-GNotKG/*Arnold*, § 98 Rn 37.

b) Gegenstandsidentität: Weitere Fälle

322 In weiteren Konstellationen führt die abstrakte Regel der § 109 Abs. 1 S. 1 und S. 2 GNotKG (zu ihr siehe oben Rdn 266) zur gesetzlichen Anordnung, dass es sich um denselben Gegenstand handelt. Beispiele (zugleich Beispiele zur Abgrenzung) sind:

- Die Bewilligung einer Eigentumsvormerkung für den Käufer sichert die Durchführung des Grundstückskaufvertrags.
- Die Auflassung dient unmittelbar der Erfüllung des Kaufs, ebenso zu ihrem Grundbuchvollzug erforderliche weitere Erklärungen und Anträge. Das schließt auch Grundstücksvereinigungs- oder Zuschreibungsanträge und Berichtigungsanträge ein (z.B. nach einem Erbfall).
- Wird mit der Auflassung zugleich die Löschung der Vormerkung bewilligt, dient das unmittelbar der Durchführung des Erwerbs, wie er vertraglich gewollt ist.
- Antrag und Bewilligung dinglicher Rechte, die sich der Verkäufer für sich oder Dritte vorbehält oder die der Käufer zusätzlich zum Grundstück erwirbt, dienen allesamt der Erfüllung des Kaufvertrags. Allerdings enthält § 110 Nr. 2b GNotKG insoweit eine spezielle Regelung für die Bestellung subjektiv-dinglicher Rechte (siehe oben Rdn 280).
- Eine Auflassungsvollmacht an eine Vertragspartei, auch an Dritte, dient bei Beurkundung im Kaufvertrag ebenso wie eine Geldempfangsvollmacht hinsichtlich des Kaufpreises unmittelbar dessen Erfüllung.
- Eine Regelung (nur) zur Verteilung des Kaufpreises unter mehreren Verkäufern kann man als Nebenabrede zum Kaufvertrag ansehen, so dass von vornherein nur ein Gegenstand vorliegt. Anders ist es, wenn eine darüber hinausgehende Auseinandersetzung stattfindet, die dann einen anderen Gegenstand hat.
- Die Vereinbarung der Rückübertragung bereits im Kaufvertrag für den Fall des Eintritts bestimmter Bedingungen ist Nebengegenstand zum Kaufvertrag, die Erteilung einer Rückauflassungsvollmacht und die Bewilligung einer Rückauflassungsvormerkung für den Verkäufer dienen unmittelbar zu dessen Sicherung.
- Eine schuldrechtliche Verfügungsbeschränkung des Käufers ist weitere Leistung zum Kaufpreis (zum Geschäftswert s. § 50 Nr. 1 GNotKG).
- Kaufvertrag und Abtretung einer für den Verkäufer eingetragenen Eigentümergrundschuld an den Käufer haben einen identischen Gegenstand.
- Die Abtretung der Kaufpreisforderung durch den Verkäufer an seinen Grundpfandrechtsgläubiger dient der Erfüllung des Kaufvertrags, wenn dadurch unmittelbar der lastenfreie Eigentumserwerb durch den Käufer ermöglicht werden soll. Ebenso die Abtretung eines Darlehensauszahlungsanspruchs des Käufers an den Verkäufer.
- Die Bewilligung einer Eigentumsvormerkung zugleich mit dem Grundstücksverkaufsangebot sichert unmittelbar die mit dem Angebot eröffnete Rechtsbeziehung zwischen Anbieter und Angebotsempfänger.

c) Beteiligung Dritter

323 Wenn die genannten Voraussetzungen erfüllt sind, müssen die Beteiligten oder Begünstigten des Erfüllungs-, Sicherungs- oder sonstigen Durchführungsgeschäfts nicht mit denjenigen des Hauptgeschäfts identisch sein (§ 109 Abs. 1 S. 3 GNotKG). Desselben Gegenstands mit einem Grundstückskaufvertrag sind insbesondere die Ehegattenzustimmung (§ 1365 BGB) und die Zustimmung des Erbbaurechtsausgebers (§ 5 ErbbauRG) sowie des WEG-Verwalters (§ 12 WEG).

d) Verschiedene Gegenstände

324 Zur ausdrücklichen Anordnung von Gegenstandsverschiedenheit bestimmter weiterer Geschäfte im Grundstückskaufvertrag siehe oben (Rdn 278 ff.). Ergibt sich weder aus § 109 GNotKG einerseits, noch § 110 oder § 111 GNotKG andererseits etwas Spezielleres, haben mehrere Gegenstände in der Kaufvertragsurkunde zueinander verschiedenen Gegenstand (zur Bewertung siehe oben Rdn 258).

II. Besonderheiten beim Teilflächenverkauf

1. Bewertungsbeispiele

325 Beim Teilflächenkauf sind häufig Verpflichtungsgeschäft und Auflassung getrennt. Hintergrund ist, dass erst nach Vermessung der Kaufgegenstand für Grundbuchzwecke ausreichend bestimmt (identifiziert)

werden kann. Das erfolgt zumeist in einer sog. Messungsanerkennung. In Hinblick auf die Behandlung mehrerer Gegenstände in einer Urkunde sind dabei die unterschiedlichen Gestaltungen klar auseinander zu halten. Einzelheiten, auch zur Lösung der nachfolgenden Beispiele, bedürfen noch näherer Klärung in Rechtsprechung und Literatur. Die folgenden Beispiele enthalten daher Bewertungsvorschläge.[193]

Beispiel 326

Es ist bei demselben Notar bereits ein Kaufvertrag über ein Grundstück in Größe von etwa 900 qm zu einem vorläufigen Kaufpreis von 90.000 EUR beurkundet. Flächendifferenzen nach Vermessung sollen mit 100 EUR je qm ausgeglichen werden. Nach erfolgter Vermessung ist das Grundstück 960 qm groß. Es werden jetzt die Anerkennung des Messungsergebnisses, die geänderte Kaufpreisberechnung und eine Zwangsvollstreckungsunterwerfung wegen des Differenzbetrages von 6.000 EUR sowie die Auflassung beurkundet.

Geschäftsvorfälle

a) Messungsanerkennung: Dient hier allein der verfahrensrechtlichen Bezeichnung des Gegenstands des Kaufs im Rahmen des Änderungsvertrags.[194]
b) Änderung Kaufvertrag (Neubestimmung bzw. Präzisierung Kaufgegenstand, Änderung Kaufpreis) → Wert der Änderung (§ 97 Abs. 2, § 36 Abs. 1 GNotKG) → 6.000 EUR.
c) Zwangsvollstreckungsunterwerfung (§ 97 Abs. 1, § 36 Abs. 1 GNotKG) → 6.000 EUR.
d) Auflassung (§ 97 Abs. 1, § 47 GNotKG (Zusammenhang mit Kauf reicht)) → 96.000 EUR.

Gebührensätze

a) 0,5 Gebühr nach KV Nr. 21201 Nr. 4.
b) 2,0 Gebühr nach KV Nr. 21100.
c) 1,0 Gebühr nach KV Nr. 21200.
d) 0,5 Gebühr nach KV Nr. 21101 Nr. 2 (zu anderen Fällen siehe oben Rdn 13).

Einheit und Mehrheiten von Gegenständen

a) Messungsanerkennung → Geht hier als Bestimmung des Vertragsgegenstands auf in der Änderung des Kaufvertrags, also in b) (s.o.).

c) Zwangsvollstreckungsunterwerfung → dient unmittelbar der Sicherung der Kaufpreiszahlung in der geänderten Höhe → derselbe Gegenstand mit dem Änderungsvertrag, also mit b).

b) und d) haben verschiedene Gegenstände (§ 86 Abs. 2 GNotKG). Denn: Die Auflassung erfüllt den (geänderten) Kaufvertrag im Ganzen, nicht (nur) den Änderungsvertrag (siehe oben Rdn 268). Man kann hier auch nicht umgekehrt annehmen, dass die Änderung der Erfüllung, Sicherung oder sonstigen Durchführung (§ 109 Abs. 1 S. 2 GNotKG) der Auflassung dienen würde.

Einzelbewertung (§ 94 Abs. 1 GNotKG):

a) – c) 2,0 Gebühr aus 6.000 EUR (Maßgeblich sind der Wert des Hauptgeschäfts (b), § 109 Abs. 1 S. 5 GNotKG, und der höchste Gebührensatz, § 94 Abs. 2 S. 1 GNotKG). Einzelberechnung (§ 94 Abs. 2 S. 2 GNotKG): 2,0 Gebühr aus 9.600 EUR und 2,0 Gebühr aus 6.000 EUR wäre nicht günstiger → 102 EUR.
d) 0,5 Gebühr aus 96.000 EUR → 136,50 EUR.

Berechnung aus dem Verfahrenswert von 102.000 EUR:

2.0 Gebühr → 546 EUR.

Der *Vergleich* nach § 94 Abs. 1 GNotKG führt zur getrennten Bewertung. Beurkundungsgebühr somit 102 EUR + 136,50 EUR = 238,50 EUR.

193 Zu weiteren Fallbeispielen und Lösungsansätzen siehe z.B. Kostenspiegel, Teil 2 Rn 764 ff.; *Diehn*, Kostenberechnungen Rn 276 ff.; *Streifzug*, Rn 2031–2044.
194 BGH, Beschl. v. 1.10.2015 – V ZB 181/14, MDR 2015, 1413 = NotBZ 2016, 106 m. Anm. *Szalai*.

327 *Beispiel*

Wie vor, das Grundstück ist aber 60 qm kleiner und der Kaufpreis reduziert sich entsprechend.

Die Lösung entspricht derjenigen in Beispiel 1, für den Wert der Vertragsänderung ist es unerheblich, ob sich der Preis erhöht oder verringert.

328 *Beispiel*

Es ist bei demselben Notar bereits ein Kaufvertrag über ein Grundstück in Größe von etwa 900 qm zum Festpreis von 90.000 EUR beurkundet und auch die Auflassung erklärt. Die verkaufte Fläche ist der Lage nach genau bezeichnet, im Zweifel hat der Verkäufer ein Bestimmungsrecht. Das Grundstück ist zwischenzeitlich vermessen, katasteramtlich bezeichnet und hat eine Flächengröße von 900 qm. Die Beteiligten identifizieren in einer Folgeurkunde das Messungsergebnis als vertragsgemäß.

Die Identitätserklärung dient allein der Bezeichnung des Grundstücks für Grundbuchzwecke (§§ 28, 102 GBO).

a) Der **Wert** bestimmt sich nach §§ 36 Abs. 1, 47 GNotKG: Hier nach billigem Ermessen 10 % des Grundstückswerts	9.000 EUR
b) Gebühr von 0,5 gemäß KV Nr. 21201 Nr. 4 (bzw. auch KV Nr. 24102 mit § 92 Abs. 2 GNotKG bei Entwurf mit Unterschriftsbeglaubigung)	34,50 EUR.[195]

2. Vollzug und Betreuung

329 Vollzugs- und Betreuungsgebühren beziehen sich auf das Beurkundungsverfahren, können also für die Nachtragsurkunde neu anfallen. Entscheidend ist der Verfahrenswert (siehe Rdn 252), also der zusammengerechnete Wert (bei verschiedenem Gegenstand) bzw. der des Hauptgegenstands (bei Gegenstandsidentität).

330 Ergänzend zu den oben genannten Vollzugstätigkeiten (siehe Rdn 305) ist typisch beim Teilflächenverkauf:

Vorbemerkung 2.2.1.1 Abs. 1 Nr. 10: Einholung von Verpflichtungserklärungen zu Erklärungen über die Löschung oder Inhaltsänderung von Rechten.

Von den dinglich Berechtigten kann bei Verkauf unvermessener Teilflächen zunächst nur eine Freigabeverpflichtungserklärungen anstelle von grundbuchlich vollziehbaren formgerechten Freigabeerklärungen eingeholt werden, wenn das Recht auf der nicht verkauften Fläche bestehen bleiben soll.

III. Schenkungs- und Übergabevertrag, Tauschvertrag

1. Wertermittlung

331 Beim Schenkungsvertrag fehlt jede, beim Übergabevertrag und beim Tauschvertrag eine bezifferte Gegenleistung. Der Geschäftswert ist gleich dem Wert des Grundstücks, wenn Gegenleistungen fehlen oder wenn sie geringer sind als der Grundstückswert. Sind sie (ausnahmsweise) höher, so ergeben sie den Geschäftswert (§ 97 Abs. 3 GNotKG).

Beispiel

Der Vater schenkt seiner Tochter ein Haus. Er hatte es kurz zuvor für 150.000 EUR gekauft. Der Geschäftswert des Schenkungsvertrages ist 150.000 EUR.

Erhält die Tochter vom Vater ein Haus, das nur einen Wert von etwa 60.000 EUR hat, und übernimmt sie dem Vater gegenüber alte Schulden und Versorgungsleistungen (Pflege, Beköstigung, Licht, Brand und Wasser etc.), die insgesamt 80.000 EUR ergeben, so ist der Geschäftswert des Übergabevertrages 80.000 EUR.

195 Weiteres Beispiel in Kostenspiegel, Teil 2 Rn 1281 (Eigenurkunde des Notars).

Bei Verträgen dieser Art ist es zweckmäßig, in der Urkunde stets auch den Geschäftswert festzustellen.

Ergeben sich bei einem Tauschvertrag zwei verschiedene Werte (was vorkommen kann, wenn objektiv unterschiedliche Leistungen ausgetauscht werden oder etwa von dem einen Grundstück der Verkehrswert festgestellt werden kann, von dem anderen nur sein Ertragswert), so ist der höhere der beiden Werte – also nie die Summe der ausgetauschten Werte – der Geschäftswert (§ 97 Abs. 3 GNotKG). 332

Beispiel

A überträgt dem B tauschweise eine Ackerparzelle im Wert von 30.000 EUR. B überträgt gegentauschweise dem A dafür einen Bauplatz im Wert von ebenfalls 30.000 EUR. Geschäftswert: 30.000 EUR.

Überträgt der Vater seiner Tochter tauschweise den Bauplatz im Wert von 30.000 EUR und erhält er dafür von der Tochter eine Ackerparzelle, die objektiv nur 20.000 EUR wert ist, so ist der Geschäftswert wiederum 30.000 EUR.

2. Vereinbarung von Altenteilsleistungen

Bei einem Vertrag zum Zweck der Vorwegnahme der Erbfolge (sog. Übergabevertrag, vgl. § 4 Rdn 135 ff.) werden in der Regel Rechte und dauernde Nutzungen (z.B. lebenslanger Nießbrauch, Wohnungsrecht) vorbehalten oder wiederkehrende Leistungen (z.B. Pflege, Beköstigung) vereinbart. Sie gelten kostenrechtlich als „Gegenleistungen“. Es wird aber nicht – wie bei wirtschaftlicher Betrachtungsweise geboten – der Wert der vorbehaltenen Rechte vom Wert des übertragenen Grundstücks abgezogen, also nicht saldiert. Nach der KostO waren verschiedene typische Gegenleistungen unter Angehörigen privilegiert (siehe Rdn 116). Fast stets ergab sich deshalb auf den ersten Blick, dass die Summe der vorbehaltenen Rechte und der vereinbarten Leistungen geringer war als der Wert des übertragenen Grundstücks. Dann kam es für die Kostenberechnung des Notars auf den Wert der Gegenleistungen nicht an: Der Geschäftswert ist gleich dem Grundstückswert. Seit Geltung des GNotKG ist der Wert der Versorgungsleistungen u.Ä. sorgfältiger zu prüfen, nicht selten werden die Gegenleistungen die Versorgungsleistungen an den Übergeber den Wert des übertragenen Grundstücks übersteigen. Dann ergibt sich der Geschäftswert aus der Summe der Werte der vorbehaltenen Rechte und vereinbarten Leistungen. Sie werden ihrerseits nach den Regeln der §§ 50–52 GNotKG ermittelt (dazu siehe oben Rdn 116 ff.). 333

3. Besonderheiten bei der Übergabe eines landwirtschaftlichen Betriebes

Unter den in § 48 GNotKG genannten Voraussetzungen[196] wird ein land- und forstwirtschaftlicher Betrieb nicht mit seinem Verkehrswert, sondern niedriger bewertet.[197] Dieses **Kostenprivileg für die Landwirtschaft** ist eng auszulegen.[198] Es greift nur bei der Übereignung eines land- oder forstwirtschaftlichen Betriebes mit Hofstelle zum Zweck der Vorwegnahme der Erbfolge (sog. Übergabevertrag) oder bei einer Verfügung von Todes wegen zu diesem Zweck (dazu Rdn 388). Zwingende Voraussetzung ist, dass die Fortführung des Betriebes in der Familie durch den Erwerber als dessen wirtschaftliche Existenzgrundlage beabsichtigt ist. Es muss eine unmittelbare **Fortführung** des Betriebes durch den oder die Erwerber (Übernehmer) erfolgen. Diese Voraussetzung ist z.B. nicht erfüllt, wenn 334

- der oder die Erwerber keine natürlichen Personen sind,
- eine **Veräußerungsauflage** gemacht wird,
- der Erwerber den Betrieb nicht fortführen kann oder will,
- der übernommene Betrieb langfristig an einen Familienfremden verpachtet ist,[199]

196 Die Änderung des § 48 zum 11.4.2025 (BGBl. I Nr. 109) betrifft ausschließlich die Art der Wertberechnung, wenn die – unveränderten – Voraussetzungen festgestellt sind. Ältere Literatur und Rechtsprechung bleiben insofern anwendbar.

197 Ausführlich zu dieser Sonderregelung *Schmidt*, RNotZ 2016, 658.

198 OLG Hamm, Beschl. v. 11.8.2016 – 10 W 14/16, RNotZ 2016, 696.

199 OLG Hamm, Beschl. v. 11.8.2016 – 10 W 14/16, RNotZ 2016, 696. Anders, wenn ein enger Familienangehöriger der Pächter ist und den Betrieb gemeinsam mit dem Übernehmer bewirtschaftet: BGH, Beschl. v. 22.2.2024 – V ZB 65/22, NotBZ 2024, 305 mit abl. Anm. *Heinze*.

- von dem Betrieb so viel **Land** abgetrennt oder **Inventar** anderweitig zugewendet wird, dass er seine Identität verliert,
- der Betriebserbe übermäßig **belastet** wird oder bei letztwilliger Zuwendung die Fortführung des Betriebes durch den Erben infolge eines **Nießbrauchsvermächtnisses** zugunsten eines Dritten nicht möglich ist.

Die Voraussetzungen nach § 48 Abs. 1 Nr. 1 und 2 GNotKG sind ebenfalls nicht erfüllt, wenn

- der Betrieb eindeutig größer als ein „bäuerlicher Familienbetrieb" ist,
- es sich um **Hobby-Landwirtschaft** handelt,
- der Betrieb überwiegend **gewerblichen Charakter** hat,
- auf Dauer keine geeignete **Hofstelle** mehr vorhanden ist,
- der Betrieb förmlich oder tatsächlich auf Dauer im Sinne des Einkommensteuerrechts **aufgegeben** wurde oder
- die land- bzw. forstwirtschaftliche Nutzung nur **Nebenbetrieb** eines gewerblichen Hauptbetriebes ist.

335 Der Wert des übergebenen Betriebs wird zunächst nach den allgemeinen Regeln bestimmt (Verkehrswert gem. § 46 Abs. 2 GNotKG). Durch das Privileg ist er jedoch **gedeckelt**: Es werden höchstens 50 % des zur Zeit der Fälligkeit der Gebühr bereits festgesetzten Grundsteuerwerts der Land- oder Forstwirtschaft angesetzt (praktisch die Regel). Der Grundsteuerwert von land- und forstwirtschaftlichem Vermögen (§ 232 des Bewertungsgesetzes) lässt mehrere **wertbestimmende Faktoren** wie Wohnräume oder den Tierbestand, aber auch auf dem Betrieb lastende Verbindlichkeiten **unberücksichtigt**. Trotzdem ist er nach der klaren Anordnung des § 48 Abs. 1 GNotKG für die kostenrechtliche Bewertung des Betriebs im Ganzen maßgeblich, es erfolgen insofern weder eine Hinzurechnung noch ein Abzug.[200] Lediglich hinsichtlich der zu Wohnzwecken genutzten Gebäude oder Gebäudeteile stellt Abs. 1 klar, dass nur solche Wohnräume ohne zusätzliche Bewertung bleiben, die dem Betriebsinhaber selbst oder seiner Kernfamilie oder Alternteilern zu Wohnzwecken dienen. Der Wert anderweitig genutzten Wohnraums bleibt also gegebenenfalls bei Übergabe dem Wert des Hofs hinzuzurechnen.

336 Der Grundsteuerwert wird durch Grundlagenbescheid nach §§ 179 Abs. 1, 180 Abs. 1 Nr. 1 AO festgesetzt, sodass für die Festlegung des Geschäftswerts ein eindeutiger Bezug vorhanden ist. Weicht allerdings der Gegenstand des gebührenpflichtigen Geschäfts vom Gegenstand der Grundsteuerbewertung wesentlich ab, so ist der nach den Grundsätzen der Grundsteuerbewertung **geschätzte** Wert maßgebend (§ 48 Abs. 3 GNotKG). Solche Abweichungen können einerseits darin bestehen, dass untergeordnete Betriebsgrundstücke nicht mit übergeben werden, andererseits kann sich der Betriebsbestand seit dem letzten Feststellungsstichtag verändert haben. In diesem Fall sind Abveräußerungen abzuziehen, Zuerwerbe ebenso wie nicht privilegierte Wohnräume hinzuzurechnen. Nach den Regeln des Bewertungsgesetzes neu zu schätzen ist der Wert auch, wenn er sich infolge bestimmter Umstände, die nach dem Feststellungszeitpunkt des Grundsteuerwerts eingetreten sind, wesentlich verändert hat. Aus dem Kontext der Regelung ergibt sich, dass hier nicht die allgemeine Preisentwicklung gemeint sein kann, sondern nur konkrete betriebsbezogene Umstände wie Gebäudeabbruch, An- oder Umbauten etc.[201]

Die hier skizzierten Regeln gelten seit dem 11.4.2025.[202] Soweit der dabei in Bezug genommene Grundsteuerwert noch nicht festgestellt ist, bleibt es wie bisher beim vierfachen Einheitswert (alte Bundesländer) oder dem sog. **Ersatzwirtschaftswert** (neue Bundesländer), die für die Bestimmung dieser Werte maßgeblichen Normen des Bewertungsgesetzes werden insoweit als weiter geltend fingiert, auch wenn sie im Übrigen außer Kraft getreten sind (§ 48 Abs. 2 GNotKG, § 266 Abs. 4 des Bewertungsgesetzes).

337 Sofern der Übernehmer Gegenleistungen erbringt, handelt es sich bei dem Übergabevertrag um einen Austauschvertrag (§ 97 Abs. 3 GNotKG). Daher sind dann die beiderseitigen Leistungen miteinander zu **vergleichen**. Ist – wie regelmäßig – der Wert der Leistungen verschieden, wird der Geschäftswert von den höheren Leistungen bestimmt. Dem Gegenstandswert des Betriebes sind die Leistungen des Übernehmers gegenüberzustellen. Sie setzen sich in der Regel zusammen aus:

a) einer **Rente** (sog. Baraltenteil). Sie ist mit ihrem Kapitalwert gemäß § 50 GNotKG zu veranschlagen. Für eine Anpassungsklausel zur Sicherung der Kaufkraft der Rente ist kein Zuschlag vorgesehen;

200 Ausführlich *Wudy* NotBZ 2025, 217, 224.
201 *Wudy* NotBZ 2025, 217, 224.
202 Gesetz vom 7.4.2025 (BGBl. I Nr. 109).

b) einem sog. **Gutsabstandgeld** für den Übergeber und dessen Ehegatten, das nur auf besondere Anforderung zu zahlen ist und mit dem nicht abgerufenen Teil mit dem Tode des Überlebenden der Berechtigten erlassen wird. Wegen der Ungewissheit seiner Geltendmachung ist davon ein Abschlag in Höhe von 20–50 % zu machen;
c) einem **Wohnungsrecht**. Auch dies ist nach § 50 GNotKG zu kapitalisieren (zum Wert siehe Rdn 121);
d) der **Beköstigung** des Übergebers und seines Ehegatten;
e) der **Hege und Pflege**;
f) den **Krankheitskosten**, die nicht von der Versicherung gedeckt sind. Sie können – da bedingt – nur geschätzt werden. Ein Anschlag von 5.000 EUR dafür erscheint gerechtfertigt;
g) den **Begräbnis- und Grabpflegekosten**. Auch sie können nur geschätzt werden und sind mit etwa 5.000–10.000 EUR in Ansatz zu bringen;
h) der **Abfindung** weichender Erben. Soweit sich die Pflicht dazu aus § 12 HöfeO (bzw. einer entsprechenden Bestimmung in einem anderen Anerbengesetz) ergibt, werden diese Forderungen nicht rechtsgeschäftlich begründet. Insoweit handelt es sich daher nicht um Gegenleistungen des Übernehmers. Nur wenn die Abfindungen im Übergabevertrag höher als nach dem Gesetz vereinbart werden, stellen sie hinsichtlich des Mehrbetrages eine Gegenleistung des Übernehmers dar;
i) **Abfindungsergänzungspflichten**. Nur soweit sie über § 13 HöfeO (bzw. einer entsprechenden Bestimmung in einem anderen Anerbengesetz) hinausgehend rechtsgeschäftlich begründet werden, sind sie Gegenleistungen des Übernehmers. Sie sind mit 20–50 % der möglichen Zusatzzahlungen zu veranschlagen;
j) einem **Verfügungsverbot**, wonach der Übernehmer bis zum Tode der Übergeber nicht ohne deren Zustimmung über Hofgrundstücke verfügen darf, und einer **Sippebindung**, wonach der Hof beim kinderlosen Versterben des Übernehmers an die Familie der Übergeber zurückzuübertragen ist. Die Bewertung erfolgt nach § 51 GNotKG (siehe oben Rdn 112);
k) einer **Anrechnungspflicht**. Sie ist indes keine Gegenleistung des Übernehmers;
l) einem **aufzurechnenden Betrag** aus unbezahlter Arbeit und Investitionsleistungen (§ 50 GNotKG) des Übernehmers auf den Hof vor seiner Übergabe;
m) einem **Pflichtteilsverzicht** des Übernehmers. Er errechnet sich aus der Pflichtteilsquote des Übernehmers am „erbrechtlichen“ Wert des Gesamtnachlasses der Übergeber minus den Verkehrswert des Betriebes, auch wenn es sich dabei um einen Hof i.S.d. HöfeO handelt (entgegen dem Wortlaut des § 16 Abs. 2 HöfeO);
n) einer bedingten **Rückübertragungsverpflichtung** bei Vertragsverletzungen durch den Übernehmer oder beim Eintritt einer sonstigen Bedingung (Bewertung erfolgt grundsätzlich nach § 51 GNotKG). Sie ist indes zumeist als Sicherungsgeschäft anzusehen und daher gemäß § 109 Abs. 1 GNotKG im Ergebnis nicht zusätzlich zu veranschlagen.

IV. Erbbaurecht

1. Bestellung

Zunächst siehe Rdn 110. Für die Bestellung eines Erbbaurechts unter Vereinbarung eines Erbbauzinses gilt die Geschäftswertvorschrift § 43 GNotKG. Zu vergleichen ist der nach § 49 Abs. 2 GNotKG bestimmte Wert des Erbbaurechts (siehe oben Rdn 110) mit dem nach § 52 GNotKG kapitalisierten Erbbauzins (siehe oben Rdn 102). 338

Vereinbarungen, die nach §§ 2 und 5 der ErbbauVO zum Inhalt des Erbbaurechts gemacht werden können, oder inhaltliche Ausgestaltung des Erbbaurechtes werden bei der Bemessung des Entgeltes nicht zusätzlich berücksichtigt. So werden z.B. **nicht** besonders bewertet Vereinbarungen über:

1. Bauverpflichtung,
2. Gebäudeverwendung,
3. Gebäudeversicherung,
4. Gebäudeinstandhaltung,
5. Wiederaufbau nach Zerstörung,
6. Tragung öffentlicher und privater Lasten,

7. Heimfallanspruch,
8. Entschädigungsleistung nach Zeitablauf,
9. Vorbehalt der Zustimmung des Eigentümers zur Belastung des Erbbaurechts und Vereinbarungen über den Inhalt der Belastungen.

339 Sehr häufig werden im Erbbaurechtsvertrag **wechselseitige Vorkaufsrechte** bestellt. Das Vorkaufsrecht des Erbbaurechtsberechtigten am Grundstück kann Inhalt des Erbbaurechts sein und führt somit zu keiner eigenen Bewertung. Ein Vorkaufsrecht am Erbbaurecht hat dagegen stets einen verschiedenen Gegenstand zur Erbbaurechtsbestellung.

Beispiel

A bestellt dem B an einem Grundstück in einer Größe von 250 qm auf die Dauer von 99 Jahren ein Erbbaurecht. Der jährliche Erbbauzins beträgt 9 EUR/qm. Es ist eine „echte" Wertsicherungsklausel bezüglich des Erbbauzinses vereinbart worden. Voraussichtliche Baukosten: 400.000 EUR.

A räumt B ein Vorkaufsrecht am Grundstück ein, während B dem A ein Vorkaufsrecht am Erbbaurecht einräumt. Die Veräußerung des Erbbaurechts bedarf der Zustimmung des Grundstückseigentümers. Der Verkehrswert des mit dem Erbbaurecht zu belastenden Grundstücks beträgt 50.000 EUR.

a) Erbbaurechtsbestellung
   Wertvergleich nach § 43 GNotKG
   Wert des Erbbaurechts gemäß § 49 Abs. 2 GNotKG: 80 % von 50.000 EUR → 40.000 EUR.
   ← Der Gebäudewert findet nur bei bestehenden Gebäuden Berücksichtigung (denn die Bebauung finanziert der Erbbauberechtigte).
   Wert des Erbbauzinses gemäß § 52 GNotKG: 20 Jahre × (250 qm × 9 EUR/qm) = 45.000 EUR.
   ← Die Erbbauzinsanpassung bleibt unbewertet (§ 52 Abs. 7 GNotKG)
   Geschäftswert der Erbbaurechtsbestellung hier somit: 45.000 EUR.
   2,0 **Gebühr** gemäß KV Nr. 21100.
b) Vorkaufsrecht des Grundstückseigentümers
   Geschäftswert gemäß § 51 Abs. 1 GNotKG → halber Wert des nach § 49 Abs. 2 GNotKG bewerteten Erbbaurechts. Nach h.M. ist, anders als für die Bewertung der Bestellung, auch das noch nicht errichtete Gebäude zu berücksichtigen (denn das Vorkaufsrecht wird sich auch darauf erstrecken):[203] 50 % von 80 % von (50.000 EUR + 400.000 EUR) = 180.000 EUR.
   2,0 **Gebühr** gemäß KV Nr. 21100.

Für beide Beurkundungsgegenstände gilt derselbe Gebührensatz, eine Vergleichsrechnung nach § 94 Abs. 1 GNotKG ist daher nicht erforderlich. Die 2,0 Gebühr errechnet sich aus der Summe der Werte (= 225.000).

340 Wenn der Notar auf Verlangen der Beteiligten zum Vollzug des Geschäfts (z.B. Beschaffung der Genehmigung des Familiengerichts, Vorbemerkung 2.2.1.1 (1) S. 2 Nr. 4) tätig wird, erhält er neben der Beurkundungsgebühr noch eine 0,5-Gebühr als Vollzugsgebühr (KV Nr. 22110). Geschäftswert ist nach der ausdrücklichen Anordnung des § 112 GNotKG der gesamte Verfahrenswert, also hier 130.000 EUR, obwohl die Vorkaufsrechtsvereinbarung an sich keinen Vollzug auslöst. Zu den nach wie vor zulässigen Preis-(Wertsicherungs-)klauseln in Erbbaurechtsverträgen und Erbbauzinsreallasten mit einer Laufzeit von mindestens 30 Jahren (§ 4 PreisklauselG) ist keine Genehmigung mehr erforderlich (sonst: Vollzugstätigkeit nach Vorbemerkung 2.2.1.1 (1) S. 2 Nr. 1).

2. Verkauf

341 Bei dem **Verkauf** eines bereits eingetragenen oder bestellten Erbbaurechts ist als Geschäftswert der Kaufpreis anzunehmen (§ 97 Abs. 3 GNotKG), es sei denn, der nach § 49 Abs. 2 GNotKG bestimmte Wert des Erbbaurechts ist höher, dann ist dieser maßgebend.[204]

203 Kostenspiegel, Teil 5 Rn 43 m.N. entsprechender Rechtsprechung mehrerer Landgerichte; *Strauß*, MittBayNot 2019, 396, Streifzug, Rn 808a; *Wilsch*, ZfIR 2019, 96; LG Leipzig, Beschl. v. 15.6.2020 – 2 OH 14/19 (juris), anders OLG Hamm, Beschl. v. 24.9.2021 – 15 W 306/20 (juris); OLG München, Beschl. v. 2.12.2020 – 34 Wx 447/20, MDR 2021, 228.

204 OLG Celle v. 27.1.2015 – 2 W 20/15, NotBZ 2015, 150.

3. Inhaltsänderung des Erbbaurechts oder des Erbbauzinses

Der Wert eines Vertrags, mit dem der **Inhalt des Erbbaurechts** geändert wird, ist nach billigem Ermessen nach dem Umfang der Änderung festzulegen, Höchstgrenze ist der nach § 49 Abs. 2 GNotKG bestimmte Wert des Erbbaurechts (§ 97 GNotKG). Man wird je nach Ausmaß der Änderung einen Prozentsatz (Teilwert) vom Wert des Erbbaurechts annehmen (§ 36 Abs. 1 GNotKG). Wird allein der Erbbauzins geändert, ist Ausgangspunkt der Wertbestimmung nach § 36 Abs. 1 GNotKG dessen gemäß § 52 GNotKG kapitalisierter Wert. 342

Der Gebührensatz ist 2,0 (KV Nr. 21100) – das GNotKG kennt keinen reduzierten Gebührensatz für Vertragsänderungen.

4. Aufhebung oder Löschung

§ 43 GNotKG gilt nur für die Bestellung des Rechts. Soll es aufgehoben oder (z.B. nach Zeitablauf) gelöscht werden, gelten hingegen für das Erbbaurecht § 49 Abs. 2 GNotKG und für die Erbbauzinsreallast § 52 GNotKG (beachte dabei § 52 Abs. 6 GNotKG: der Wert des bereits erloschenen Rechts ist Null). 343

V. Wohnungseigentum

1. Begründung oder Aufhebung

Bei der Begründung von Wohnungs- oder Teileigentum sowie bei der Aufhebung oder beim Erlöschen von Sondereigentum ist nach § 42 Abs. 1 GNotKG als Geschäftswert der Wert des bebauten Grundstücks (§ 46 GNotKG) anzunehmen. Ist das Grundstück noch nicht bebaut, ist der Wert der Bebauung hinzuzurechnen, die im maßgeblichen Zeitpunkt (§ 96 GNotKG) vorgesehen ist. Ist dieser Wert noch nicht bekannt, ist er gemäß § 36 Abs. 1 i.V.m. § 46 GNotKG nach den voraussichtlichen Baukosten (ohne Baunebenkosten) zu schätzen. 344

Beispiel

A und B sind je zur Hälfte Eigentümer eines Grundstücks im Wert von 20.000 EUR. Sie begründen nach §§ 3, 4 WEG Wohnungseigentum unter Mitbeurkundung der erforderlichen Grundbucherklärungen. Voraussichtliche Baukosten: 250.000 EUR.

Geschäftswert:	20.000 EUR
	+ 250.000 EUR
§ 42 Abs. 1 GNotKG	270.000 EUR

2,0 Gebühr nach KV Nr. 21100 → 1.170 EUR.
Wenn sich in dem Vertrag die Wohnungseigentums-Berechtigten noch wechselseitig Vorkaufsrechte eingeräumt hätten, müssten diese besonders bewertet werden.

Bestellung der Vorkaufsrechte
Hälfte (§ 51 Abs. 1 S. 2 GNotKG) des Wertes *eines* Wohnungseigentumsrechtes, weil Austauschvertrag – § 97 Abs. 3 GNotKG 67.500 EUR.

Teilung nach WEG und Vorkaufsrechtsvereinbarung haben verschiedenen Gegenstand (§ 86 Abs. 2 GNotKG).
2,0 Gebühr nach KV Nr. 21100 aus dem zusammengerechneten Wert (§ 35 Abs. 2 GNotKG) von 337.500 EUR → 1.370 EUR.

Wird die Begründung von Wohnungseigentum aus Alleineigentum nach § 8 WEG beurkundet oder wird vom Notar der Entwurf gefertigt und die Unterschrift darunter beglaubigt, so gilt hinsichtlich des Geschäftswertes dasselbe wie bei der Begründung nach §§ 3, 4 WEG. Als Gebührensatz kommt jedoch je nach Gestaltung der Urkunde eine 1,0 Gebühr gemäß KV Nr. 21200 (einseitige Erklärung mit Bewilligung), eine 0,5 Gebühr gemäß KV Nr. 21201 (bloße Eintragungsbewilligung) oder eine 0,2 Gebühr (min. 20 EUR, max. 70 EUR) gemäß KV Nr. 25100 (bloße Beglaubigung der Unterschrift unter einem vorgelegten Entwurf) in Frage. 345

346 Soll ein Gebäude auf mehreren Grundbuchgrundstücken (§ 3 GBO) errichtet und nach WEG geteilt werden, dann müssen die Grundstücke zunächst vereinigt oder das eine dem anderen zugeschrieben werden. Der Antrag hierauf (§ 890 BGB) dient unmittelbar und ausschließlich der Durchführung der WEG-Teilung, er hat also denselben Gegenstand (§ 109 Abs. 1 GNotKG).

2. Veräußerung

347 Beim Verkauf von Wohnungseigentum sind der Kaufpreis und der nach § 42 Abs. 1 GNotKG bestimmte Wert miteinander zu vergleichen (§§ 97 Abs. 3, 47, 46 GNotKG).

VI. Begründung und Veränderung dinglicher Rechte

1. Hypotheken und Grundschulden

348 Bei einer Hypothek oder Grundschuld bildet den Geschäftswert ihr Nennbetrag (§ 53 Abs. 1 GNotKG) – also ohne Zinsen und Nebenleistungen.

Für die Eintragungsbewilligung zu einer Grundschuld genügt an sich die Beglaubigungsform (§ 29 GBO). Das gilt jedoch dann nicht, wenn die Unterwerfung des Schuldners und/oder jeweiligen Eigentümers unter die sofortige Zwangsvollstreckung beurkundet werden soll. Dann muss der Notar eine Niederschrift aufnehmen.

Hat der Notar lediglich den Entwurf einer Eintragungsbewilligung gefertigt oder hat er in diesem Entwurf den Schuldbetrag nur erläuternd (historisch) erwähnt, dann darf er nur eine 0,5 Gebühr nach KV Nr. 24102 (abgeleitet aus KV Nr. 21201 Nr. 4, § 92 Abs. 2 GNotKG) erheben.

349 *Beispiel*

Ich bewillige die Eintragung einer mit einer Frist von sechs Monaten kündbaren und vom Tage der Eintragung an mit 12 vom Hundert jährlich verzinslichen brieflosen Grundschuld von 50.000 EUR für (...) auf dem im Grundbuch von (...) Blatt (...) eingetragenen Grundbesitz.

350 Sind dagegen in der Urkunde über die Bewilligung hinausgehende materiellrechtliche Erklärungen (wie z.B. Übernahme der persönlichen Haftung, Zwangsvollstreckungsunterwerfung, Abtretung der Rückgewähransprüche) enthalten, entsteht eine 1,0 Gebühr nach KV Nr. 21200; bei Entwurf gilt KV Nr. 24101 und wegen § 92 Abs. 2 GNotKG dasselbe Ergebnis.

Beispiel

X bestellt eine Grundschuld zugunsten der Kreissparkasse Y über 30.000 EUR mit Zwangsvollstreckungsunterwerfung.

Grundschuld und Zwangsvollstreckungsunterwerfung haben denselben Gegenstand (§ 109 Abs. 1 S. 1–4 GNotKG).

Die Gebühr beträgt 1,0 aus dem Nennbetrag der Grundschuld (Hauptgeschäft) → 125 EUR.

Dasselbe Beispiel,

jedoch beantragt der Eigentümer zusätzlich noch die Löschung einer zugunsten eines Dritten eingetragenen Vorbelastung (Hypothek von 70.000 EUR).

Wert des Löschungsantrags: § 53 Abs. 1 GNotKG → 70.000 EUR

0,5 Gebühr gemäß KV Nr. 2101 Nr. 4 GNotKG → 109,50 EUR.

Grundschuldbestellung und Löschungsantrag haben einen verschiedenen Gegenstand. Die getrennte Bewertung ist günstiger als die 1,0 Gebühr aus dem zusammengerechneten Wert von 100.000 EUR (nämlich 273 EUR), daher bleibt es dabei (§ 94 Abs. 1 GNotKG).

Wird der Notar beauftragt, die Löschungsunterlagen bei der Hypothekengläubigerin einzuholen, entsteht eine 0,3 **Vollzugsgebühr** (Vorbemerkung 2.2.1.1 (9), KV Nr. 22111) aus dem (zusammengerechneten) Verfahrenswert (§ 112 GNotKG), also aus 100.000 EUR → 81,90 EUR. Für die auftragsgemäße Entgegennahme einer Ausfertigung der Grundpfandrechtsbestellungsurkunde durch den Notar zum Zwecke der Herbeiführung der Bindungswirkung (§ 873 Abs. 2 BGB) entsteht eine **Betreuungsgebühr** von 0,5 (KV Nr. 22000 Nr. 7) aus dem Verfahrenswert (§ 113 GNotKG).

Werden dem Notar fertig ausgefüllte Grundschuld- oder Hypothekenbestellungsurkunden, ohne dass er diese überprüft oder ergänzt, vorgelegt, unter denen er lediglich die Unterschrift des Eigentümers beglaubigt, so löst dies eine 0,2 Gebühr (min. 20 EUR, max. 70 EUR) gemäß KV Nr. 25100 aus. Eine Vollzugsgebühr kann zusätzlich anfallen, wenn der Notar Tätigkeiten gemäß Vorbemerkung 2.2.1.1 übernimmt (z.B. Einholung von erforderlichen öffentlich-rechtlichen Genehmigungen). Übermittelt er in diesem Fall ausschließlich den Antrag an das Grundbuchamt, entsteht eine Festgebühr von 20 EUR nach KV Nr. 22124. 351

Überprüft der Notar auf Erfordern einen ihm vorgelegten Entwurf einer Grundpfandrechts-Bestellungsurkunde oder einen Teil des Entwurfs oder ergänzt er den Entwurf (insbesondere zur Anpassung an die Bedingungen einer Finanzierungsvollmacht), so entsteht eine Entwurfsgebühr innerhalb der Gebührensatzspanne von 0,3–0,5 (KV Nr. 24101 i.V.m. mit Vorbem. 2.4.1 (3)), je nach Umfang seiner Tätigkeit (siehe oben Rdn 212). Ergänzt der Notar das Grundschuldbestellungsformular beispielsweise (nur) bezüglich der **Grundbuchbezeichnung**, obwohl die genaue **Grundstücksbezeichnung** angegeben war, wird der Gebührensatz eher am unteren Rand anzusetzen sein (0,3). Ist aber die Ergänzung des vorgelegten Entwurfs so wesentlich, dass dadurch erst eine für den grundbuchlichen Vollzug geeignete Urkunde, also ein eigener Entwurf des Notars, entstanden ist (z.B. durch Einfügung der Grundbuchstelle und/oder der Flurstücksnummer, die im Entwurf **nicht** enthalten waren), dann ist ein Gebührensatz bis zu 0,5 anzunehmen. 352

Beglaubigt der Notar demnächst unter der von ihm überprüften und ergänzten Urkunde Unterschriften oder Handzeichen, so wird für die erste Beglaubigung **keine** Gebühr erhoben (Vorbemerkung 2.4.1 (2)), für weitere gesonderte Beglaubigungen werden die Gebühren gesondert erhoben. 353

2. Schuldanerkenntnis und Grundpfandrecht

Das typischerweise in den Grundschuldbestellungsurkunden mit Zwangsvollstreckungsunterwerfung enthaltene Schuldanerkenntnis bis zur Höhe des Nominalbetrags des Grundpfandrechts (samt persönlicher Zwangsvollstreckungsunterwerfung) hat nach ausdrücklicher Anordnung in § 109 Abs. 2 Nr. 3 GNotKG denselben Wert wie das Grundpfandrecht. Maßgeblich ist der höhere der beiden Werte (§ 109 Abs. 2 S. 2 GNotKG). 354

3. Vorkaufs-, Ankaufs- und Wiederkaufsrecht

Der Vertrag über die Einräumung eines Vorkaufs- oder Wiederkaufsrechts an einem Grundstück bedarf der notariellen Beurkundung (§ 311b BGB), weil darin bereits die bedingte Veräußerung des Grundstücks liegt. Auch zur Begründung eines Ankaufsrechts ist ein Vertrag, der der Form des § 311b BGB entspricht, notwendig. Daher entsteht in den Fällen der Bestellung dieser Rechte eine 2,0 Gebühr nach KV Nr. 21100. 355

Beispiele

a) A räumt B ein Vorkaufsrecht (Wiederkaufsrecht) an dem – näher bezeichneten – Grundstück (Wert 100.000) ein.
Geschäftswert: halber Verkehrswert des Grundstücks (§ 51 Abs. 1 S. 2, 46 GNotKG) = 50.000 EUR.
Gebühr: 2,0 nach KV Nr. 21100.

b) A räumt B das Recht ein, das Grundstück zum Preis von 100.000 EUR jederzeit zu kaufen.
Geschäftswert: 100.000 EUR (§ 51 Abs. 1 S. 1 GNotKG).
Gebühr: 2,0 nach KV Nr. 21100.

c) A verpflichtet sich, im Falle der Veräußerung des Grundstücks dieses zunächst dem B zu dem dann geltenden Verkehrswert anzubieten.
Geschäftswert: 100.000 EUR (§ 51 Abs. 1 S. 1 GNotKG) – § 51 Abs. 1 S. 2 GNotKG beschreibt eine Ausnahme, die hier nicht gegeben ist.
Gebühr: 2,0 nach KV Nr. 21100.

Nach wohl allgemeiner Ansicht werden die vorgenannten Rechte, wenn sie im Kaufvertrag zugunsten des Verkäufers bestellt werden, regelmäßig als unselbstständige Kaufbedingungen angesehen, die kostenrechtlich unbeachtlich sind.

4. Rangänderungen – Freigaben – Nachverpfändungen

356 Der Geschäftswert bei der nachträglichen **Einräumung des Vorranges** oder des **Gleichranges** ist der Wert des vortretenden Rechts, höchstens jedoch der des zurücktretenden Rechts (§ 45 Abs. 1 GNotKG). Es gilt also stets der geringere Wert.

Beispiel

10.000 EUR räumen 7.000 EUR den Vorrang ein.

Wert: 7.000 EUR.

5.000 EUR räumen 3.000 EUR den Vorrang ein.

Wert: 3.000 EUR.

357 Wird gleichzeitig **mehreren** Rechten der Vorrang eingeräumt oder treten gleichzeitig mehrere Rechte zurück, so ist die Gesamtsumme der vortretenden Rechte mit dem Gesamtwert der zurücktretenden Rechte zu vergleichen; der geringere Wert ist als Geschäftswert anzusetzen.[205]

Beispiel

Die Rechte von 20.000 EUR, 13.000 EUR und 7.000 EUR = zusammen 40.000 EUR treten vor; zurück treten Rechte von 9.000 EUR, 15.000 EUR und 8.500 EUR = zusammen 32.500 EUR.

Geschäftswert: 32.500 EUR.

358 *Weiteres Beispiel:*

Es sind in dieser Reihenfolge nacheinander eingetragen: 25.000 EUR, 10.000 EUR, 2.000 EUR und 5.000 EUR. Es ist in einer Urkunde bewilligt worden, den genannten Rechten den **gleichen** Rang einzuräumen.

Die Rechte von 10.000 EUR, 2.000 EUR und 5.000 EUR = zusammen 17.000 EUR treten vor. Die Rechte von 25.000 EUR, 10.000 EUR und 2.000 EUR = zusammen 37.000 EUR treten zurück.

Geschäftswert: 17.000 EUR.

359 Das vorstehend Ausgeführte gilt auch für die Löschungsvormerkung gemäß § 1179 BGB (§ 45 Abs. 2 GNotKG). Der Ausschluss des Löschungsanspruchs nach § 1179a Abs. 5 BGB ist wie ein Rangrücktritt des Rechts zu behandeln, als dessen Inhalt der Ausschluss vereinbart wird. Für die Beurkundung (auch Herstellung des Entwurfes mit Unterschriftsbeglaubigung) einer Vorrangseinräumungserklärung entsteht eine 0,5 Gebühr nach KV Nr. 21201 (bzw. bei Entwurf: KV Nr. 24102, § 92 Abs. 2 GNotKG), da eine formelle Eintragungsbewilligung ausreicht.

360 Treffen Rangänderungs- oder Löschungsvormerkungs-Erklärungen oder Erklärungen über den Ausschluss des Löschungsanspruchs nach § 1179a Abs. 5 BGB mit anderen Erklärungen in einer Urkunde zusammen, besteht ein Abhängigkeitsverhältnis (§ 109 Abs. 1 S. 4 Nr. 3 GNotKG), das zur Feststellung desselben Gegenstands führt. Nicht darunter fallen aber Erklärungen, die nur mittelbar der Herstellung des gewünschten Rangs dienen, wie z.B. Löschungserklärungen zu einem vorrangigen Grundpfandrecht.

361 Wird bei der Beurkundung eines Rechts gleichzeitig ein Rangvorbehalt mit zur Eintragung bewilligt, so ist dieser Inhalt des Rechts und darf daher nicht besonders bewertet werden. Anders ist es aber, wenn ein Rangvorbehalt nachträglich eingetragen oder gelöscht werden soll; sein Wert ist dann nach § 36 Abs. 1 GNotKG zu bestimmen, dazu wird man sich am Wert nach § 45 GNotKG orientieren.

205 Kostenspiegel, Teil 6 Rn 164.

Beispiel

Bei einer Grundschuld von 50.000 EUR ist ein Rangvorbehalt für ein Grundpfandrecht von 90.000 EUR eingetragen. Der Eigentümer hat die Eintragung eines Grundpfandrechts von 40.000 EUR (ohne Zwangsvollstreckungsunterwerfung) unter teilweiser Ausnutzung des Rangvorbehalts und gleichzeitiger Löschung des restlichen Rangvorbehalts beantragt.

Geschäftswert:

a)	für Grundpfandrechtsbestellung: (die Bewilligung für die Ausnutzung des Rangvorbehalts wird nicht besonders bewertet),	40.000 EUR
b)	für die Löschung des restlichen Rangvorbehalts:	50.000 EUR
		90.000 EUR

0,5 Gebühr gemäß KV Nr. 21201 → 123 EUR.

Bei der **Freigabe** (Entlassung aus der Mithaft, Pfandentlassung) und bei der **Nachverpfändung** (Einbeziehung in die Mithaft, Pfandunterstellung) richtet sich der Wert nach § 44 GNotKG. Danach ist entweder der Nennbetrag der Hypothek bzw. der Grundschuld (§ 53 Abs. 1 GNotKG) oder der Verkehrswert des Grundstücks (§ 46 GNotKG) maßgebend, je nachdem, welcher Wert geringer ist. Werden mehrere Grundstücke wegen eines Grundpfandrechts freigegeben oder nachverpfändet, so werden die Grundstückswerte addiert und der Gesamt-Grundstückswert mit dem Nennbetrag der Hypothek oder Grundschuld verglichen. Der geringere Wert ist maßgebend. Sollen dagegen ein oder mehrere Grundstücke wegen mehrerer Grundpfandrechte freigegeben oder für mehrere Grundpfandrechte nachverpfändet werden, so ist jeweils der Wert des Grundstücks (oder der Gesamtwert aller Grundstücke) mit dem Nennbetrag **jedes** Grundpfandrechts zu vergleichen. 362

Beispiele 363

Ein Grundstück (Verkehrswert: 20.000 EUR) wird aus der Mithaft entlassen für eine Grundschuld von 25.000 EUR. Wert: 20.000 EUR.

Würde ein Grundstück (Verkehrswert: 30.000 EUR) aus der Mithaft für Hypotheken von 40.000 EUR und 50.000 EUR entlassen werden, wäre ein Betrag von 60.000 EUR (2 × 30.000 EUR) als Geschäftswert anzunehmen.

Es werden drei Grundstücke (Verkehrswerte: 10.000 EUR, 20.000 EUR und 25.000 EUR) aus der Mithaft entlassen für eine Grundschuld von 100.000 EUR. Geschäftswert: 55.000 EUR.

Würde der Nennbetrag der Grundschuld nur 30.000 EUR betragen, so wäre der Geschäftswert auch nur 30.000 EUR.

Ein Grundstück im Wert von 10.000 EUR wird freigegeben aus einem Altenteil im kapitalisierten Wert von 15.000 EUR und aus einer Darlehenshypothek von 8.000 EUR. Wert: 10.000 EUR (Wert des Grundstücks, da dieser geringer ist als der Wert des Altenteils) und 8.000 EUR (Nennbetrag der Hypothek, da dieser geringer ist als der Grundstückswert) = 18.000 EUR.

Nachverpfändet wird ein Grundstück (Verkehrswert: 100.000 EUR) für Grundpfandrechte von 50.000 EUR und 35.000 EUR. Wert: 85.000 EUR.

Werden Grundstücke mit Verkehrswerten von 10.000 EUR, 20.000 EUR und 25.000 EUR nachverpfändet für Grundpfandrechte von 100.000 EUR und 80.000 EUR, so beträgt der Geschäftswert 2 × 55.000 EUR (= addierte Werte aller Grundstücke, da diese geringer sind als jedes einzelne Grundpfandrecht) = 110.000 EUR.

Für die Freigabe- und Nachverpfändungserklärung ist regelmäßig die Eintragungsbewilligung ausreichend. Daher ist hierfür eine 0,5 Gebühr nach KV Nr. 21201 Nr. 4 anzusetzen.

Ist aber bei der Nachverpfändung die Unterwerfung unter die sofortige Zwangsvollstreckung mitbeurkundet worden, dann entsteht eine 1,0 Gebühr nach KV Nr. 21200.

5. Abtretung von Grundpfandrechten

364 Bei der Abtretung einer Hypothek oder Grundschuld ist der Nennbetrag des Grundpfandrechts der Geschäftswert (§ 53 Abs. 1 GNotKG).

Die Beurkundung (im Ergebnis über § 92 Abs. 2 GNotKG auch die Herstellung des Entwurfes) einer Abtretungserklärung löst eine 1,0 Gebühr aus (KV Nr. 21200 bzw. Entwurf KV Nr. 24101). Das gilt grundsätzlich nur bei Briefrechten, weil ein **Briefrecht** außerhalb des Grundbuches durch Abtretungserklärung und Übergabe des Briefes abgetreten wird (§ 1154 Abs. 1 BGB). Dasselbe gilt gebührenmäßig bei einer brieflosen **Hypothek**, da nach § 1153 BGB diese nicht ohne die Forderung übertragen werden kann.

Bei einer **brieflosen** Grundschuld erfolgt die Abtretung durch Einigung und Eintragung in das Grundbuch (§ 1154 Abs. 3 BGB); die Abtretung muss also zu ihrer Wirksamkeit in das Grundbuch eingetragen werden. Dafür ist eine Eintragungsbewilligung notwendig und ausreichend (§ 19 GBO), die nur eine 0,5 Gebühr (KV Nr. 21201 oder KV Nr. 24102) auslöst.

365 Werden in einer Urkunde die Abtretung eines Grundpfandrechtes von A an B erklärt und die Änderung der Zins- und/oder Zahlungsbedingungen durch Vertrag zwischen A oder B und dem Eigentümer vereinbart, so liegen zwei verschiedene Gegenstände vor, die zusammenzurechnen sind.

Beispiel

Eine mit 10 % jährlich verzinsliche, mit ¼-jährlicher Frist kündbare Grundschuld von 30.000 EUR wird von A an B abgetreten. In derselben Urkunde wird zwischen B und dem Grundstückseigentümer vereinbart, dass die Zinsen zukünftig 14 % jährlich betragen sollen.

Es sind zu bewerten:

a)	Abtretung	30.000 EUR
b)	Änderung des Zinssatzes (Jahresunterschied 4 % = 1.200 EUR; vervielfältigt mit 10, § 52 Abs. 3 GNotKG)	12.000 EUR
	Gesamtgeschäftswert:	42.000 EUR

Einzelgebühr zu a) 1,0 Gebühr aus 30.000 EUR → 125 EUR;

Einzelgebühr zu b) 2,0 Gebühr aus 12.000 EUR → 166 EUR

Die 2,0 Gebühr (KV Nr. 21100) aus dem Gesamtwert → 310 EUR wäre teurer, es bleibt bei der Einzelberechnung (§ 94 Abs. 1 GNotKG).

6. Vollstreckbare Ausfertigungen

366 Die Erteilung der vollstreckbaren Ausfertigung einer notariellen Urkunde ist grundsätzlich gebührenfrei, da sie als Nebengeschäft durch die Gebühr für das Hauptgeschäft abgegolten ist. Es entsteht jedoch dann eine 0,5 Gebühr nach KV Nr. 23803, wenn der Eintritt einer Tatsache oder einer Rechtsnachfolge zu prüfen ist.

Als Geschäftswert ist der Wert der Ansprüche anzusetzen, die Gegenstand der Vollstreckbarerklärung sind (§ 117 GNotKG).

Das Verfahren auf Erteilung jeder weiteren vollstreckbaren Ausfertigung (§§ 797 Abs. 3, 733 ZPO) löst jeweils eine Festgebühr von 22 EUR aus (KV Nr. 23804). Als Verfahrensgebühr entsteht die Gebühr auch dann, wenn der Notar nach Prüfung feststellt, dass keine weitere vollstreckbare Ausfertigung erteilt werden kann.

7. Löschungsbewilligungen und Löschungsanträge

367 Bei **Löschungen von Grundpfandrechten** (Bewilligung und Antrag) gilt als Wert der Nennbetrag des Grundpfandrechts (§ 53 Abs. 1 GNotKG), für **andere dingliche Rechte** gelten die für diese maßgebenden Wertvorschriften. Grundsätzlich hat die Löschung eines Rechts den Wert, den es haben würde, wenn im Zeitpunkt der Unterzeichnung der Löschungsurkunde die Eintragung des Rechts vorgenommen werden würde (zu Nutzungs- und Leistungsrechten siehe § 52 Abs. 6 GNotKG).

Beispiele

1. Eine Hypothek von 10.000 EUR wird nach Befriedigung des Gläubigers von diesem zur Löschung bewilligt.
   Geschäftswert: 10.000 EUR (§ 53 Abs. 1 GNotKG).
2. A bewilligt die Löschung des zu seinen Gunsten eingetragenen Vorkaufsrechts (Verkehrswert des belasteten Grundstücks: 50.000 EUR).
   Geschäftswert: 25.000 EUR (§ 51 Abs. 1 S. 2 GNotKG).
3. Im Grundbuch ist eine Vormerkung zur Sicherung des Anspruchs auf Auflassung aus einem Kaufvertrag für X eingetragen, die jetzt zur Löschung bewilligt wird (Kaufpreis: 100.000 EUR).
   Geschäftswert: 100.000 EUR (§ 51 Abs. 1 S. 1 GNotKG; nicht etwa – wie beim Vorkaufsrecht – nur 50.000 EUR), auch wenn der Auflassungsvormerkung keine wirtschaftliche Bedeutung mehr zukommt. Auch § 52 Abs. 6 S. 3 GNotKG (Wert Null) gilt nur für Nutzungs- und Leistungsrechte i.S.d. § 52 Abs. 1 GNotKG.

Bei einem Recht auf wiederkehrende Nutzungen (vgl. Rdn 116 ff.) ist, sofern es auf eine bestimmte Zeit oder auf die Lebenszeit eines Berechtigten beschränkt ist, – ausnahmsweise – der Wert des Rechts zzt. der Löschung maßgebend (§ 52 Abs. 6 GNotKG). 368

Beispiel

A, jetzt 50 Jahre alt, bewilligt die Löschung des zu seinen Gunsten eingetragenen Wohnungsrechts (Jahreswert: 2.400 EUR).

Geschäftswert: 2.400 EUR × 15 (vgl. § 52 Abs. 4 GNotKG) → 36.000 EUR.

Ist aber das Recht, z.B. durch den Tod des Berechtigten, erloschen, dann ist für das Recht auf wiederkehrende Leistung der Wert Null anzusetzen (§ 52 Abs. 6 S. 3 GNotKG). 369

Beispiel

Für den zwischenzeitlich verstorbenen A ist ein Wohnungsrecht im Grundbuch eingetragen. Der Eigentümer unterzeichnet einen vom Notar entworfenen Löschungsantrag.

Geschäftswert: 0 EUR (Mindeststufe).

Die Gebühren für Löschungsbewilligungen und -anträge belaufen sich gemäß KV Nr. 21201 Nr. 4 auf 0,5. Für diese KV-Nr. gilt eine (auch für den Wert Null relevante) spezielle Mindestgebühr von 30 EUR. 370

Sofern eine löschungsfähige Quittung aufgenommen worden ist, entsteht eine 1,0 Gebühr nach KV Nr. 21200 (spezielle Mindestgebühr 60 EUR).

Die Zustimmung des Eigentümers zur Löschung eines Grundpfandrechts nach § 27 GBO fällt unter KV Nr. 21201. Wird allerdings ohne Entwurf beglaubigt, ist diese Erklärung besonders begünstigt: Gemäß KV Nr. 25101 Nr. 2 beträgt die Gebühr dann stets fest 20 EUR (Rdn 229).

Die Zurücknahme eines vom Notar selbst gestellten Antrages gemäß § 24 Abs. 3 BNotO ist grundsätzlich gebührenfrei.

VII. Ehe- und Lebenspartnerschaftsvertrag

1. Abgrenzung

Der in § 100 GNotKG kostenrechtlich geregelte Ehevertrag (bzw. Vertrag der eingetragenen Lebensgemeinschaft, § 7 LPartG[206]) ist auf **güterrechtliche Angelegenheiten** (§ 1408 BGB) begrenzt. Typischerweise in Ehe- und Lebenspartnerschaftsverträgen weiter enthaltene Vereinbarungen zum **Unterhalt, Versorgungsausgleich** oder eine Grundstücksübertragung o.Ä. bilden stets davon verschiedene Beurkundungsgegenstände 371

206 Seit 30.9.2017 können keine Lebenspartnerschaften mehr begründet werden. § 7 LPartG gilt aber für die bereits bestehenden Lebenspartnerschaften weiter, wenn sie nicht von der Möglichkeit der Umwandlung in eine Ehe Gebrauch gemacht haben.

(§ 111 Nr. 2 GNotKG). Anträge auf Eintragung der Änderung des Güterstandes in das Güterrechtsregister und auf Berichtigung des Grundbuchs bei der Vereinbarung von Gütergemeinschaft sind wegen der ausdrücklichen Anordnung des Ehevertrags als besonderem Beurkundungsgegenstand ebenfalls gegenstandsverschieden. Es kommt wegen § 111 Nr. 2 GNotKG nicht darauf an, dass sie unmittelbar und ausschließlich der Durchführung der güterrechtlichen Erklärungen dienen mögen (§ 109 Abs. 1 S. 1–4 GNotKG). Unmittelbar Gegenstand des güterrechtlichen Vertrags und daher nicht gesondert bewertet ist aber eine Aufzählung der vom Ehevertrag betroffenen (oder nicht betroffenen) einzelnen Gegenstände, die Bezifferung des Ausgleichsanspruchs und eine Fälligkeitsregelung und ähnliche Vereinbarungen über den Zugewinnausgleich etwa beim Übergang zur Gütertrennung (nicht aber Geschäfte, die der Erfüllung solcher Vereinbarungen dienen). „**Scheidungsfolgevereinbarungen**“ sind nichts anderes als Eheverträge, nämlich solche, die in Hinblick auf eine (zumeist demnächst erwartete) Scheidung geschlossen werden. Eheverträge und Scheidungsvereinbarungen enthalten oft **erbrechtliche Vereinbarungen** (Erbverträge oder Erb- und Pflichtteilsverzichte). Diese bilden gegenüber dem Ehevertrag stets einen eigenen Gegenstand (§ 111 Nr. 1 und Nr. 2 GNotKG).

372 Die **modifizierte Zugewinngemeinschaft** – z.B. Ausschluss des Zugewinnausgleichs für den Fall, dass die Ehe anders als durch den Tod endet – ist ein Ehevertrag i.S.d. § 1408 GNotKG und wird aus dem vollen, nach § 100 GNotKG bestimmten Wert berechnet.[207]

Ausnahmen gelten, wenn durch die Modifikation nicht in die Struktur des Güterstands eingegriffen wird. Das ist beispielsweise der Fall:[208]

- Wenn die Modifikation nur einzelne bestimmte Vermögensgegenstände betreffen soll (§ 100 Abs. 2, Abs. 3 GNotKG).
- Wenn allein Regelungen zu den Verfügungsbeschränkungen nach §§ 1365, 1369 BGB getroffen werden (dann soll § 51 Abs. 2 GNotKG speziell sein).

Die Ausnahmeregelungen werden eng ausgelegt. Waren früher schon einmal einzelne Gegenstände (Betriebsvermögen) aus dem Zugewinnausgleich herausgenommen worden und wird dann durch weiteren Ehevertrag der Güterstand strukturell geändert, bleibt es dennoch für diesen zweiten Vertrag bei der Berechnung aus dem ungekürzten Gesamtvermögen.[209]

373 Beispiele für Beurkundungsgegenstände, die typischerweise in Getrenntleben- oder Scheidungsvereinbarungen mit erscheinen, aber zu dem güterrechtlichen Teil gegenstandsverschieden (§ 111 Nr. 2 GNotKG) sind:[210]

- Regelungen zum Versorgungsausgleich (vgl. 6–8 VersAusglG) – zu bewerten nach §§ 97 Abs. 1 und 3, 36 Abs. 1 und 3 GNotKG.
- Erfüllungs- oder Durchführungsvereinbarungen zum Zugewinnausgleich (z.B. Grundstücksübertragung) – §§ 97 Abs. 1 und 3, 46 GNotKG.
- Unterhaltsvereinbarungen, sei es zum Trennungsunterhalt, zum nachehelichen Unterhalt und/oder zum Kindesunterhalt – abhängig vom Inhalt der jeweiligen Vereinbarung zu bewerten nach § 97 GNotKG (Zahlung von Abfindungsbeträgen) oder § 52 GNotKG (monatliche bzw. regelmäßige Zahlungen).
- Regelungen zur elterlichen Sorge und/oder zum Umgangsrecht – § 36 Abs. 2 GNotKG.
- Vereinbarungen zur Auseinandersetzung über Vermögensgegenstände aller Art (gemeinsamer Hausrat, Immobilien, Verbindlichkeiten, Bank- und Sparguthaben) – §§ 46, 36 Abs. 1 GNotKG.[211] Geht es (nur) um die beweissichere Feststellung, wem welche Vermögensgegenstände gehören, Schätzung am untersten Rand (§ 36 Abs. 1 GNotKG).
- Erb- und Pflichtteilsverzichte – § 102 Abs. 4 GNotKG.
- Regelungen zu steuerlichen Angelegenheiten, zur Tragung der Scheidungskosten o.Ä. – §§ 97 Abs. 1, 36 Abs. 1 GNotKG.
- Regelungen zum Namensrecht (§ 36 Abs. 2 GNotKG) oder zur Ehewohnung (zumeist § 36 Abs. 1 GNotKG).

207 Leipziger-GNotKG/*Reetz/Riss*, § 100 GNotKG Rn 28.
208 Leipziger-GNotKG/*Reetz/Riss*, § 100 GNotKG Rn 28; Kostenspiegel, Teil 20 Rn 29; Streifzug, Rn 432.
209 BGH, Beschl. v. 19.4.2023 – XII ZB 234/22 – NotBZ 2023, 311.
210 Nach: Leipziger-GNotKG/*Reetz/Riss*, § 100 GNotKG Rn 68 ff.
211 OLG Düsseldorf, Beschl. v. 11.9.2023 – 10 W 70/23 – NotBZ 2024, 394.

2. Geschäftswert

Der Geschäftswert für den Ehevertrag nach § 100 Abs. 1 GNotKG bestimmt sich aus dem Vermögen der Eheleute bzw. Lebenspartner. Schulden finden Berücksichtigung, dabei sind aber zwei Vorgaben zu beachten: 374

1) Die Vermögen werden für jeden Partner getrennt berechnet und erst zuletzt zusammengezählt, Schulden des einen also nie beim anderen abgezogen.
2) Mindestwert des Vermögens ist die Hälfte des Aktivvermögens. Die Schulden werden nicht vollständig abgezogen, wenn dadurch dieser Mindestwert unterschritten wäre.

Beispiel 375

M hat Sparvermögen (§ 36 Abs. 1 GNotKG, Ansatz zu 100 %), Hausrat (§ 46 GNotKG) und einen Pkw (§ 46 GNotKG) im Wert von zusammen 50.000 EUR. Für das Auto sind noch 5.000 EUR Kredit offen. F hält eine Unternehmensbeteiligung (Wert nach § 54 GNotKG: 150.000 EUR), Sparvermögen und Depots (§ 36 Abs. 1 GNotKG, 100 %), ein Hausgrundstück (Wert nach § 46 GNotKG: 600.000 EUR) Hausrat und ebenfalls einen Pkw (zusammen 50.000), Gesamtwert also 800.000 EUR. Die – ausschließlich zur Finanzierung des Hausgrundstücks aufgenommenen – Verbindlichkeiten betragen 500.000 EUR.

Vermögen M → 50.000 EUR – 5.000 EUR = 45.000 EUR.

Vermögen F → 800.000 EUR – 500.000 EUR = 300.000 EUR, aber Mindestwert ½ von 800.000 EUR → 400.000 EUR.

Der Geschäftswert nach § 100 Abs. 1 GNotKG ist 445.000 EUR.

Sind in dem Ehevertrag ausschließlich Bestimmungen über einzelne Vermögenswerte getroffen, beschränkt sich der Wert auf deren nach §§ 35 ff. GNotKG – also ohne Schuldenabzug – bestimmten Wert, höchstens auf den Wert nach § 100 Abs. 1 GNotKG. 376

Beispiel

Wie oben. Einzelner Regelungsinhalt des Ehevertrags ist es, dass im Scheidungsfall die Gesellschaftsbeteiligung vom Zugewinnausgleich ausgeschlossen bleibt.

Wert → 150.000 EUR.

Abwandlung:

Wie oben. Einzelner Regelungsinhalt des Ehevertrags ist es, dass im Scheidungsfall das Hausgrundstück vom Zugewinnausgleich ausgeschlossen bleibt.

Wert → 600.000 EUR, aber Obergrenze (Wert nach Abs. 1) → 400.000 EUR.

Es ist hier nur Vermögen der F betroffen (also nicht 445.000 EUR).

Es kommt vor, dass im Ehevertrag Regelungen zu Gegenständen getroffen werden, die zum Zeitpunkt der Beurkundung des Ehevertrags (noch) gar nicht im Vermögen eines der Partner sind. Solche Gegenstände finden mit 30 % ihres Werts Berücksichtigung. Das setzt aber voraus, dass sie in dem Vertrag ausdrücklich angesprochen werden. 377

Beispiel

Vermögensverhältnisse wie Grundfall. Die Gesellschaftsbeteiligung halten aber die Eltern von F, die sie ihrem einzigen Kind erbvertraglich zugesprochen haben. Einzelner Regelungsinhalt des Ehevertrags ist es, dass im Scheidungsfall die Gesellschaftsbeteiligung vom Zugewinnausgleich ausgeschlossen bleibt.

Wert → 45.000 EUR.

3. Änderung, Aufhebung

Wird das zwischen den Eheleuten oder Lebenspartnern bestehende Güterrecht geändert, handelt es sich um einen nach § 100 GNotKG zu bewertenden Vertrag. Das gilt auch dann, wenn es zuvor schon vertraglich geregelt war. Jeder Änderungsvertrag oder eine Aufhebung ist also als ein neuer Vertrag nach § 100 GNotKG zu bewerten. 378

VIII. Vorsorgeverfügungen

379 Sehr häufig werden Vorsorgevollmacht, Betreuungsverfügung (§ 1897 Abs. 4 BGB) und Patientenverfügung (§ 1901a Abs. 1 BGB) in einer Urkunde niedergelegt (Gebühr bei Beurkundung: KV Nr. 21200). Dabei ordnet das GNotKG in § 109 Abs. 2 Nr. 1 an, dass Betreuungsverfügung und Patientenverfügung stets denselben Gegenstand haben. Die Vorsorgevollmacht jedoch hat jedoch dazu immer einen verschiedenen Gegenstand (§ 110 Nr. 3 GNotKG). Für die Bewertung sind also der höhere Wert von Patientenverfügung und Betreuungsverfügung (§ 109 Abs. 2 S. 2 GNotKG) und der Wert der Vollmacht zusammenzurechnen.

380 Der Wert der Vorsorgevollmacht (siehe auch oben Rdn 137) wird unter Berücksichtigung etwaiger Einschränkungen und des Vermögens des Vollmachtgebers nach billigem Ermessen bestimmt. Obergrenze ist ½ des Vermögens (ohne Schuldenabzug), § 98 Abs. 3 GNotKG bzw. 1 Million EUR (§ 98 Abs. 4 GNotKG). Fehlt einmal (ausnahmsweise) jeglicher Anhaltspunkt, ist der Wert mit 5.000 EUR anzusetzen (§ 98 Abs. 3 GNotKG). Betreuungsverfügung und Patientenverfügung werden jeweils nach § 36 Abs. 2 GNotKG bewertet (siehe oben Rdn 147–149).

381 Bei **wechselseitiger** Bevollmächtigung, z.B. von Eheleuten in einer Urkunde, liegen zwei Vollmachten und damit zwei verschiedene Beurkundungsgegenstände vor. Dasselbe gilt für die Betreuungs- und Patientenverfügungen.

IX. Erbrechtliche Geschäfte

1. Testament und Erbvertrag, Verzichtsverträge

382 Die Beurkundung eines Einzeltestaments löst eine 1,0 Gebühr aus (KV Nr. 21200), für das gemeinschaftliche Testament oder den Erbvertrag gilt die 2,0 Gebühr (KV Nr. 21100, siehe auch Vorbemerkung 2.1.1 (2)). Die Vertragsgebühr greift auch für den Erb- oder Pflichtteilsverzicht. Eine 0,5 Gebühr (KV Nr. 21201) gilt für:

(1) den Widerruf einer letztwilligen Verfügung,
(2) die Aufhebung oder Anfechtung eines Erbvertrages,
(3) den Rücktritt von einem Erbvertrag.

383 Den **Geschäftswert** der Verfügungen von Todes wegen regelt § 102 Abs. 1–3 GNotKG. Für die Verzichtsverträge gilt nach § 102 Abs. 4 GNotKG dieselbe Berechnung, anteilig bezogen auf den Bruchteil der Berechtigung, auf die verzichtet wird. § 102 Abs. 5 GNotKG regelt gleichfalls ausgehend von § 102 Abs. 1–3 GNotKG den Wert für Anfechtung, Widerruf und Rücktritt.

384 Betrifft die Verfügung den **gesamten Nachlass** (also insbesondere immer bei Einsetzung von Erben mit einer Quote von zusammen 100 %), bestimmt sich der Wert nach dem Vermögen des Erblassers. Schulden finden grundsätzlich Berücksichtigung, es greift aber ein Mindestwert in Höhe von ½ des Aktivvermögens. Treffen im Erbvertrag oder gemeinschaftlichen Testament beide Seiten Verfügungen über den Gesamtnachlass, sind die Vermögen zusammenzuzählen (§ 97 Abs. 3 GNotKG gilt nicht), nachdem Verbindlichkeiten in den Einzelvermögen berücksichtigt wurden.[212]

> *Beispiel*
>
> A hat ein Vermögen (Berechnung der Einzelgegenstände nach §§ 36 ff. GNotKG) von 100.000 EUR und Verbindlichkeiten in Höhe von 60.000 EUR. Das Vermögen von B beträgt 40.000 EUR, Schulden sind nicht vorhanden:
>
> Wert des gemeinschaftlichen Testaments mit gegenseitiger Erbeinsetzung:
>
> 50.000 EUR (A) + 40.000 EUR (B) → 90.000 EUR.
>
> Wenn das Testament außer der Einsetzung nach dem ersten Sterbefall weitere Bestimmungen enthält (Schlusserbenbestimmung, Vermächtnisse, Vor- und Nacherbfolge, Auflagen und diverse Anordnungen wie z.B. Testamentsvollstreckung) führt das zu keiner gesonderten Bewertung.

212 Korintenberg/*Tiedtke*, § 102 Rn 54; Leipziger-GNotKG/*Otto*, § 102 Rn 17.

Wird nur über einen Bruchteil des Nachlasses verfügt, ist dieser entscheidend. 385

Beispiel

C (Vermögen 200.000 EUR, Verbindlichkeiten 110.000 EUR) setzt seine Freundin D zu ¼ als Erbin ein. Im Übrigen soll es bei der gesetzlichen Erbfolge bleiben.

Vermögen nach Schuldenabzug unter Berücksichtigung des Mindestwerts: 100.000 EUR.

Wert der Verfügung: 25.000 EUR.[213]

Wenn das Testament außer der Erbeinsetzung weitere Bestimmungen enthält (Ersatzerbfolge, Vermächtnisse, 386
Auflagen und diverse Anordnungen wie z.B. Testamentsvollstreckung) führt das im Beispiel nur insoweit zu keiner gesonderten Bewertung, als es um den Erbteil für D geht. Ansonsten ist der Wert des Vermächtnisses etc. hinzuzurechnen.

Beispiel (Abwandlung)

Außer der Erbeinsetzung von D verfügt C ein Barvermächtnis von 10.000 EUR zugunsten des E-Vereins. Beschwert werden mit diesem Vermächtnis:

a) nur die gesetzlichen Erben → Wert 35.000 EUR (25.000 EUR + 10.000 EUR)

b) alle Erben → Wert 32.500 EUR (25.000 EUR + 7.500 EUR) – die auf C entfallende Vermächtnislast ist bereits mit dem Wert ihrer Erbeinsetzung abgegolten.

Bei der ausschließlichen **Verfügung über Einzelgegenstände** zählt deren Wert. Auch hier gibt es einen Schul- 387
denabzug, maximal soweit, dass es bei ½ des Werts des Gegenstands bleibt (§ 102 Abs. 3, Abs. 2 S. 2 GNotKG). Ist Gegenstand der letztwilligen Verfügung ein land- oder forstwirtschaftlicher Betrieb mit Hofstelle, der vom Erben oder Vermächtnisnehmer fortgeführt werden soll, gilt für die Bewertung dieses Betriebs die in § 48 GNotKG vorgesehene Vergünstigung. Siehe dazu Rdn 331–334.

Gelegentlich wird über Gegenstände verfügt, die sich bei Beurkundung noch gar nicht im Erblasservermögen 388
befinden. Sie werden zusätzlich zu dem nach § 102 Abs. 1 GNotKG errechneten Wert mit ihrem nach §§ 36 ff. GNotKG bestimmten Wert berücksichtigt. Muss gemäß der Verfügung der mit diesen Gegenständen Bedachte auch Verbindlichkeiten übernehmen, reduzieren sie den Wert bis auf maximal die Hälfte des Werts dieser Gegenstände.

Beispiel

Der verwitwete F hat seinen einzigen Sohn und die von ihm gegründete F-Stiftung zu je ½ als Erben seines schuldenfreien Vermögens von 2 Millionen EUR eingesetzt. Er erwartet aufgrund eines Erbvertrags nach dem Tod des G als dessen Vermächtnis 300.000 Stück Aktien der G-AG zu erhalten. Aktueller Kurswert ist 5 EUR/Aktie. Er vermacht diese ausdrücklich in vollem Umfang[214] als Vorausvermächtnis der F-Stiftung.

Bewertung des Testaments: 3.500.000 EUR.

Fortführung des Beispiels/Pflichtteilsverzicht 389

Die einzige Tochter des F verzichtet diesem gegenüber auf den Pflichtteil gegen eine sofort zahlbare Barabfindung von 300.000 EUR.

Wert nach §§ 97 Abs. 3, 100 Abs. 4, Abs. 1 GNotKG:

Wert des Verzichts → 500.000 EUR (§ 102 Abs. 2 GNotKG gilt nicht)

Wert der Gegenleistung → 300.000 EUR.

Es gilt der höhere Wert.

213 Nur ein anderer Rechenweg ist es, wenn im ersten Schritt die Bruchteilsbildung getrennt für Aktivvermögen und Schulden vorgenommen wird (so Kostenspiegel, Teil 19 Rn 44). Es muss dann aber auch der Mindestwert (2. Schritt) nach dem auf den Bruchteil reduzierten Aktivvermögen bestimmt werden.

214 Eine grundsätzlich denkbare Reduzierung des Werts der vermachten Aktienanteile aufgrund der beim Erwerb der Anteile durch F anfallenden Kosten und Steuern kann daher unberücksichtigt bleiben.

390 Eine verbreitete Gestaltung ist der Verzicht eines Kindes auf den Pflichtteil nach dem „erstversterbenden" Elternteil. Es handelt sich um zwei voneinander gegenstandsverschiedene Verzichte, zur Bewertung sind die Vermögen beider Eltern zusammenzuzählen.[215]

391 Eine sehr praxisrelevante Konstellation ist es auch, dass Grundbesitz an die nächste Generation verschenkt und noch vor dinglichem Vollzug letztwillige Verfügungen beurkundet werden. Nach stark verbreiteter Auffassung soll der Grundbesitz in solchen Fällen nicht mehr zur Bestimmung des Nachlasswerts herangezogen werden.[216] Nicht vererbliche Gegenleistungen des Übernehmers, wie z.B. Einräumung von Nießbrauch für den Übergeber, bleiben nach jeder Ansicht unberücksichtigt.

392 Bei der **Änderung** eines Testaments oder Erbvertrags kommt es auf den Umfang der Änderungen an. Wird die vorherige Verfügung ganz oder teilweise widerrufen bzw. aufgehoben, ist der Geschäftswert auch dafür nach § 102 GNotKG zu bestimmen, maßgeblich sind die Werte zur Zeit des Widerrufs bzw. der Aufhebung. Die neue Verfügung hat denselben Gegenstand (§ 109 Abs. 2 Nr. 2 GNotKG).

Beispiele

(1) Widerruf des Einzeltestaments und neues Testament über den ganzen Nachlass. Hier wird im Ergebnis so getan, als würde nur ein neues Testament beurkundet. Der Widerruf wird nicht gesondert berechnet.

(2) Widerruf des Einzeltestaments. Geschäftswert: 100.000 EUR. Es wird nur neu ein Vermächtnis über 10.000 EUR ausgeworfen.
Die Bewertung erfolgt nach dem höheren Wert (§ 109 Abs. 2 S. 2 GNotKG) zum höchsten betroffenen Gebührensatz (§ 94 Abs. 2 S. 1 GNotKG), hier 1,0 aus 100.000 EUR → 273 EUR.
Vergleichsrechnung (§ 94 Abs. 2 S. 2 GNotKG):
Widerruf einzeln: 0,5 Gebühr (KV Nr. 21201) aus 100.000 EUR → 136,50 EUR.
Neues T. einzeln: 1,0 Gebühr (KV Nr. 21200) aus 10.000 EUR → 75 EUR.
Die Summe (211,50 EUR) ist geringer, sie gilt.

Ein weiteres Beispiel befindet sich oben (siehe Rdn 269).

2. Erbteilsverkauf und Erbteilsübertragung

393 Geschäftswert ist hier der Kaufpreis oder der Verkehrswert des Anteils ohne Schuldenabzug. Decken sich beide nicht, so ist der höhere der beiden Werte maßgebend (§ 97 Abs. 3 GNotKG). Sofern der Nachlass nur noch aus dem zu übertragenden Gegenstand besteht, ist die Erbteilsübertragung kostengünstiger als die Erbauseinandersetzung (siehe Rdn 393).

Scheidet ein Erbe aus, ohne seinen Anteil zu übertragen, dann wächst sein Anteil nach Ansicht der Rechtsprechung den anderen Erben an. Für die Bewertung gilt dasselbe wie bei Übertragung: Geschäftswert ist der Herauszahlungsbetrag bzw. – sofern er höher ist – der Verkehrswert des abwachsenden Anteils ohne Schuldenabzug.

394 Die dingliche Übertragung ist Erfüllung des schuldrechtlichen Erbteilskaufs (oder einer Schenkung bzw. anderen Rechtsgrunds). Erfolgt sie in derselben Urkunde, hat sie denselben Gegenstand (§ 109 Abs. 1 S. 1–3 GNotKG) und bleibt als Durchführungsgeschäft im Ergebnis unbewertet. Eine isolierte Übertragung des Anteils (dingliche Einigung) löst dagegen eine eigene Gebühr aus. Der Gebührensatz ist 0,5, 1,0 oder 2,0 (KV Nr. 21100–21102) – teilweise je nachdem, wer das Verpflichtungsgeschäft beurkundet hat (siehe oben Rdn 13).

395 *Beispiel*

A hat in einem privatschriftlichen Testament seinem Bruder B den Erbteil nach der vorverstorbenen Schwester S vermacht. Die Erben des A übertragen den Anteil nun in einer Urkunde des Notars N an B.
→ 2,0 Gebühr nach KV Nr. 21100 (aus dem Wert des Erbteils), mindestens 120 EUR.

215 BGH, Beschl. v. 11.10.2023 – IV ZB 26/22, NotBZ 2024, 21 m. Anm. *Otto* = ZEV 2023, 828 m. abl. Anm. *Waldner*.

216 OLG Brandenburg, Beschl. v. 24.3.2023 – 7 W 80/22, NotBZ 2023, 268; *Sikora/Strauß*, DNotZ 2024, 581, 601; Kostenspiegel Rn 19.14a. Anders Leipziger-GNotKG/*Otto*, § 102 Rn 13: Bewertung des Grundbesitzes nach der sachenrechtlichen Rechtslage, das beurkundete Versprechen führt im Gegenzug zu einer hälftig zu berücksichtigen Verbindlichkeit.

Abwandlung:

Das Vermächtnis ist in einem notariellen Testament enthalten.

→ 1,0 Gebühr nach KV Nr. 21102, mindestens 60 EUR. Die KV Nr. 21101 kommt gemäß Anm. (2) zu KV Nr. 21101 nicht zur Anwendung, sodass es nicht darauf ankommt, ob N oder ein anderer Notar das Testament beurkundet hatten.[217] Bei einer Anteilsübertragung aufgrund früheren Kaufs, einer Schenkung oder eines Tauschvertrags wäre dies anders.

3. Erbauseinandersetzung

Der Erbauseinandersetzungsvertrag hat die Übertragung einzelner Nachlassgegenstände auf die Miterben zum Gegenstand. Es fällt eine 2,0 Gebühr nach KV Nr. 21100 an. Geschäftswert ist der Verkehrswert der übertragenen Gegenstände (also das auseinandergesetzte Vermögen)[218] ohne Schuldenabzug. Der erwerbende Miterbe erhält nicht nur Anteile der anderen Erben übertragen. Daher ist die „eigene" Quote des Erwerbers nicht etwa abzuziehen.[219] 396

Beispiel

Wert des Hauses: 100.000 EUR.

A und B sind Erben zu je ½.

A erhält das Alleineigentum an dem Haus und zahlt an B 50.000 EUR. Geschäftswert: 100.000 EUR, nicht etwa 50.000 EUR.

Die vereinbarten Herauszahlungen oder sonstigen Gegenleistungen des Erwerbers sind unselbstständige Teile des Vertrages, also nicht zusätzlich zu veranschlagen, es sei denn, dass ihr Wert höher wäre als der Wert des übertragenen Gegenstandes.[220] Dann ergeben sie, aber auch nur sie, den Geschäftswert. In diesem Fall wird also der Grundstückswert nicht zusätzlich veranschlagt (§ 97 Abs. 3 GNotKG). Ein **Auseinandersetzungsvertrag** hat mit der aufgrund der Auseinandersetzung folgenden **Übertragung von Erbanteilen**, Bestellung von Hypotheken, Wohnrechten und Altenteilen denselben Gegenstand.[221] 397

Zu den Teilungssachen – förmliche **Vermittlung der Erbauseinandersetzung** durch den Notar (siehe oben Rdn 227). 398

4. Beispielhafte weitere Geschäfte im Zusammenhang mit dem Erbrecht

Zum **Erbscheinsantrag** siehe zunächst Rdn 167. Reicht der Notar eine Verfügung von Todes wegen mit einem von ihm beurkundeten Erbscheinsantrag dem Nachlassgericht ein, handelt es sich dabei um eine gebührenfreie Nebentätigkeit. Für die bei elektronischer Einreichung des Antrags erforderliche Datenstrukturierung fällt aber nach überwiegender Auffassung die „XML-Gebühr" (Rdn 197 ff.) an. Auch die bloße Einreichung des vom Notar beurkundeten Erbvertrages ist gebührenfreies Nebengeschäft. Gleiches gilt für die Hinterlegung von Testamenten, die er beurkundet hat. Der **isolierte Antrag auf Eröffnung einer Verfügung von Todes wegen** wird dagegen mit einer Festgebühr von 20 EUR vergütet (KV Nr. 22124). Zur Rückgabe eines Erbvertrags aus der Verwahrung des Notars siehe oben Rdn 219. 399

Der Entwurf für einen Grundbuchberichtigungsantrag infolge des Erbfalls löst eine halbe Gebühr nach KV Nr. 24102, § 92 Abs. 2 GNotKG (abgeleitet aus KV Nr. 21201 Nr. 4) aus. Geschäftswert ist der Verkehrswert des Grundbesitzes ohne Schuldenabzug. 400

Geschäftswert für **Annahme und Ausschlagung der Erbschaft** ist der Wert des auf den Erben entfallenden Anteils des Nachlasses, berechnet nach Verkehrswerten und unter Abzug der Nachlassverbindlichkeiten (§ 103 401

217 Leipziger-GNotKG/*Deecke*, KV Nr. 21101 Rn 10.
218 OLG Hamm, Beschl. v. 10.8.2016 – 15 W 62/16, FamRZ 2017, 471.
219 § 70 Abs. 2 S. 2 GNotKG gilt gerade nicht für die Gebühren des Notars.
220 OLG Hamm, Beschl. v. 10.8.2016 – 15 W 62/16, FamRZ 2017, 471.
221 *Kniebes*, MittRhNotK 1975, 193.

GNotKG). Der Notar erhält eine 0,5 Gebühr (KV Nr. 21201 Nr. 7 bzw. 24102 mit § 92 Abs. 2 GNotKG). Bei Überschuldung ist die spezielle Mindestgebühr von 30 EUR zu erheben.

Der Antrag auf Erteilung eines **Testamentsvollstreckerzeugnisses** ist regelmäßig mit einer eidesstattlichen Versicherung verbunden und löst dann eine 1,0 Gebühr (KV Nr. 23300) aus. Der Geschäftswert beläuft sich auf 20 % des Nachlasswertes ohne Schuldenabzug (§ 40 Abs. 5 GNotKG). Für die Annahmeerklärung, für den Antrag auf Erteilung einer Bescheinigung darüber, für die Benennung eines Ersatztestamentsvollstreckers oder Nachfolgers und für die Amtsniederlegung wird jeweils eine 0,5 Gebühr (KV Nr. 21201 Nr. 6/7) erhoben.

402 Der Geschäftswert bei Aufnahme eines Nachlassverzeichnisses bestimmt sich aus dem Aktivvermögen (§ 115 GNotKG). Verbindlichkeiten werden weder abgezogen noch dürfen sie – trotz des Mehraufwands – hinzugerechnet werden. Hinzugerechnet werden aber sog. „fiktive" Nachlassgegenstände, die vom Erblasser verschenkt wurden und nach Maßgabe des materiellen Rechts mit aufzunehmen sind.[222] Die Gebühr bestimmt sich nach KV Nr. 23500 mit 2,0. Sie gilt zugleich die Aufnahme (Ermittlung) wie auch Fertigung einer Niederschrift über das Ergebnis ab (KV Vorbem. 2.3 Abs. 1).

403 Für die Registrierung von Testamenten und Erbverträgen beim **Zentralen Testamentsregister** erhebt die zuständige Bundesnotarkammer als Registerbehörde Gebühren nach einer eigenen Satzung (§ 78e BNotO). Kostenschuldner ist der Erblasser selbst. Der Notar übernimmt hier in der Regel (nur) die Vermittlung der Zahlung, er zieht den verauslagten Gebührenbetrag als durchlaufenden Posten ein (KV Nr. 32015). Eine eigene Gebühr erhält der Notar für die Meldung nicht. Es können aber Auslagen anfallen (vor allem Datenübermittlung, KV Nr. 32002).

X. Geschäfte aus dem Handels- und Vereinsrecht, Stiftungen

1. Gesellschaftsverträge

404 Gesellschaftsverträge lösen eine doppelte (= 2,0) Gebühr nach KV Nr. 21100 (mindestens 120 EUR) aus. Insoweit unterscheiden sie sich nicht von anderen Verträgen (für die „Einmann-Gründung" gilt jedoch KV Nr. 21200).

Gesellschaftsverträge sind auf die Vereinigung der Leistungen aller Gesellschafter ausgerichtet. Geschäftswert ist daher der zusammengerechnete Wert aller Leistungen (Einlagen), ohne Rücksicht darauf, ob sie schon erbracht worden sind oder noch erbracht werden sollen. Schulden werden nicht abgezogen (§ 38 GNotKG). Der Wert ist **mindestens 30.000 EUR**, höchstens 10 Millionen. Der Mindestwert gilt nicht bei Gründung einer Unternehmergesellschaft (haftungsbeschränkt) bzw. einer GmbH ausschließlich mit Musterprotokoll gemäß § 2 Abs. 1a mit Anlage 1 GmbHG (§ 107 Abs. 1 GNotKG). Für die Gründung im Online-Verfahren mittels Videokommunikation (§§ 16a bis 16e BeurkG) können weitere gesetzliche Musterprotokolle verwendet werden (§ 2 Abs. 3 mit Anlage 2 GmbHG). Anders als bei Verwendung der Muster zu § 2 Abs. 1a GmbHG gilt hier aber der Mindestgeschäftswert. Die Beurkundung kann auch in Präsenz eines Teils der Beteiligten bei dem Notar und mit den anderen mittels Videokommunikation durchgeführt werden. Es sind dann inhaltsgleich eine elektronische und eine klassische Papierniederschrift zu erstellen (§ 16e BeurkG). Auch kostenrechtlich handelt es sich dabei um ein Verfahren, es fallen keine zusätzlichen Gebühren an.[223]

405 *Beispiele*

1. GmbH

a) Zwei Personen gründen eine GmbH. Jeder der Gesellschafter übernimmt einen Geschäftsanteil von 12.500 EUR. In der mitbeurkundeten Gesellschafterversammlung wird X zum Geschäftsführer bestellt. Er wird von den Beschränkungen des § 181 BGB befreit.

Geschäftswert Gesellschaftsvertrag

(Stammkapital = 25.000 EUR, aber Mindestwert 30.000)

222 OLG Hamm, Beschl. v. 1.8.2023 – 15 W 310/20, NotBZ 2024, 111.
223 Ausf. Bewertungsbeispiel Ländernotarkasse, NotBZ 2022, 378.

Geschäftswert Bestellungsbeschluss

1 % des Stammkapitals (§§ 108 Abs, 1, 105 Abs. 4 Nr. 1 GNotKG), mindestens jedoch 30.000 EUR

Zusammenrechnung, § 35 Abs. 1 GNotKG

Verfahrenswert 60.000 EUR

2,0 Gebühr (KV Nr. 21100) = **384 EUR**

Die Erklärungen und Beschlüsse haben stets einen verschiedenen Gegenstand (§ 110 Nr. 1 GNotKG). Der Gebührensatz ist identisch (vgl. Überschrift zu Teil 2 Hauptabschnitt 1 Abschnitt 1), sodass keine Vergleichsrechnung nach § 94 GNotKG erforderlich wird.
Wäre die Geschäftsführerbestellung nicht durch Beschluss erfolgt, sondern direkt in der Satzung niedergelegt (so vor allem bei Verwendung der Musterprotokolle), bliebe sie unbewertet.

b) A + B gründen zu notarieller Niederschrift eine **Unternehmergesellschaft** – UG – (haftungsbeschränkt) mittels des unveränderten Musterprotokolls (Anlage zu § 2 Abs. 1a GmbHG) mit einem Stammkapital von 200 EUR. Die von A + B übernommenen Geschäftsanteile betragen jeweils 100 EUR. Im Musterprotokoll ist C zum Geschäftsführer mit der Befreiung von den Beschränkungen des § 181 BGB bestellt.

Aufgrund der vom beurkundenden Notar entworfenen Urkunde werden die UG und als Geschäftsführer C zur Eintragung in das Handelsregister angemeldet.

Hierfür entstehen folgende Gebühren (ohne Auslagen und Mehrwertsteuer):

Gründungsvertrag

Geschäftswert: 200 EUR (§§ 97 Abs. 1, 107 Abs. 1 GNotKG)

2,0 Gebühr (KV Nr. 21100), mindestens 120 EUR = **120 EUR**

Die Bestellung des C zum Geschäftsführer einschließlich der Befreiung von den Beschränkungen des § 181 BGB ist Inhalt des Musterprotokolls und dabei Bestandteil eines einheitlichen Gründungsvorgangs. Sie wird nicht besonders berechnet. Wegen §§ 108 Abs. 1, 105 Abs. 6 gilt der Mindestwert von 30.000 EUR hier nicht.

Handelsregisteranmeldung

Geschäftswert: 200 EUR (§§ 119 Abs. 1, 105 Abs. 1 Nr. 1, Abs. 6 S. 1 Nr. 1 GNotKG)

0,5 Gebühr (KV Nr. 24102, § 92 Abs. 2 GNotKG, abgeleitet aus KV Nr. 21201), mindestens 30 EUR = **30 EUR**

Für die ersten, am selben Tag vorgenommenen Unterschriftsbeglaubigungen auf dem Entwurf fällt keine Gebühr an (Vorbemerkung 2.4.1 (2)).

2. OHG

A und B errichten eine OHG, wobei A 20.000 EUR und B 25.000 EUR einbringen.

Geschäftswert:

Zusammengerechneter Wert der beiderseits erbrachten

Leistungen: 45.000 EUR

2,0 Gebühr = **310 EUR**

3. KG

A und B errichten eine KG. Der persönlich haftende Gesellschafter A bringt 100.000 EUR ein; B als Kommanditeinlage 50.000 EUR.

Geschäftswert:

Zusammengerechneter Wert aller Einlagen: 150.000 EUR

2,0 Gebühr = **708 EUR**

Hierbei kommt es auf den Wert der tatsächlichen Einlagen an, nicht auf Gewinnanteile.

406 Erbringt ein Gesellschafter seine Einlage durch Einbringung eines Grundstücks, so ist zweierlei zu beachten:

1) Das Grundstück ist mit seinem Wert nach § 46 GNotKG und gemäß § 38 GNotKG ohne Schuldenabzug anzusetzen, auch wenn die Einlage in der Bilanz der Gesellschaft anders verbucht wird.
2) Eine bereits im Gründungsvertrag erklärte Auflassung hat denselben Gegenstand (§ 109 Abs. 1 S. 4 Nr. 2 GNotKG). Wird allerdings eine Personengesellschaft gegründet und werden einzelnen Gesellschaftern die erforderlichen Einlagen durch Schenkung Dritter zur Verfügung gestellt, dann sind Schenkung und Gesellschaftsvertrag gegenstandsverschieden.

407 **Vollzugstätigkeiten** (siehe oben Rdn 182 ff.) können u.a. sein: Fertigen einer Gesellschafterliste nach § 8 Abs. 1 Nr. 3 GmbHG (nicht bei Verwendung des Musterprotokolls: § 2 Abs. 1a S. 4 GmbHG) gemäß Vorbemerkung 2.2.1.1 (1) S. 2 Nr. 3, KV Nr. 22110, aber Höchstgebühr von 250 EUR, wenn nur diese Tätigkeit anfällt, KV Nr. 22113; Einholung einer IHK-Stellungnahme zu Unternehmensgegenstand oder Firma (Vorbemerkung 2.2.1.1 (1) S. 2 Nr. 1, KV Nr. 22110, aber Höchstgebühr 50 EUR, wenn nur diese Tätigkeit anfällt). Wert: § 112 GNotKG, Wert der Gründungsurkunde.[224]

2. Gesellschafterbeschlüsse

408 Für die Beurkundung von Beschlüssen der Organe einer Gesellschaft (z.B. Aktiengesellschaft = Aufsichtsrat, Vorstand, Hauptversammlung; Gesellschaft mit beschränkter Haftung = Gesellschafterversammlung), anderen Vereinigungen (z.B. Genossenschaft = Vorstand, Aufsichtsrat, Generalversammlung) und Stiftungen sowie Vereine gilt derselbe Gebührensatz wie für Verträge (vgl. Überschrift zu Teil 2 Hauptabschnitt 1 Abschnitt 1), also die 2,0 Gebühr (KV Nr. 21100).

Werden Organbeschlüsse zusammen mit rechtsgeschäftlichen Erklärungen (Gesellschaftsgründung, Zustimmungserklärungen oder Registeranmeldungen) beurkundet, kommt es zur Wertzusammenrechnung (§ 110 Nr. 1 GNotKG).

409 Bei der Ermittlung des Geschäftswerts ist zu unterscheiden zwischen Beschlüssen mit einem bestimmten Geldwert und solchen ohne bestimmten Geldwert (§ 108 Abs. 1 GNotKG).

Wenn ein Beschluss einen bestimmten Geldwert hat (z.B. bei Beschlüssen über Gewinnverwendungen, Kapitalerhöhungen oder -herabsetzungen, Vergütung des Aufsichtsrates), gilt dieser. Der Geldwert einer Kapitalerhöhung kann dabei (auch deutlich) über dem Nominalbetrag der ausgegebenen Anteile liegen, wenn für die Ausgabe der neuen Anteile ein Aufschlag vereinbart ist.[225] Der Wert ist aber immer wenigstens 30.000 EUR und höchstens 5 Mio. EUR (§§ 108 Abs. 1 S. 2, 105 Abs. 1 GNotKG).

410 Für Beschlüsse ohne bestimmten Geldwert gelten gemäß § 108 Abs. 1 die § 105 Abs. 4 und Abs. 6 GNotKG entsprechend. Hierzu gehören z.B.: Entlastung von Vorstand und Aufsichtsrat, Wahl oder Abberufung von Aufsichtsrats- oder Vorstandsmitgliedern, Bestellung von Geschäftsführer oder Prokurist, Satzungsänderung, Wahl des Abschlussprüfers, Feststellung des Jahresabschlusses, Zusammenlegung mehrerer Geschäftsanteile einer GmbH zu einem Geschäftsanteil.

411 Auch für mehrere Beschlüsse desselben Organs gilt der Grundsatz des § 86 Abs. 2 GNotKG. Es sind verschiedene Gegenstände, ihre Werte sind zu addieren (§ 35 Abs. 1 GNotKG). Dazu ordnet § 109 Abs. 2 Nr. 4 in lit. a bis g GNotKG Ausnahmen an. Werden in einer Verhandlung mehrere Beschlüsse beurkundet, haben sie daher nur in den in § 109 Abs. 2 Nr. 4 GNotKG genannten Fällen – und zwar jeweils innerhalb der dortigen Fallgruppen (Buchstaben) – zueinander denselben Gegenstand. Bei demselben Gegenstand wird dann nach dem höchsten Einzelwert bewertet.

224 BGH, Beschl. v. 4.6.2019 – II ZB 16/18, MittBayNot 2019, 613 = NotBZ 2019, 344 = RNotZ 2019, 563.

225 Dafür genügt eine schuldrechtliche Vereinbarung außerhalb des Erhöhungsbeschlusses, BGH, Beschl. v. 12.9.2023 – II ZB 6/23, GmbHR 2024, 187. Auch der Verkehrswert einer Sacheinlage in die Kapitalrücklage ist zu berücksichtigen, BGH, Beschl. v. 23.7.2024 – II ZB 3/24 – GmbHR 2024, 1191.

Beispiel 412

Die Hauptversammlung einer AG mit einem Grundkapital von 1,5 Mio. EUR hat Folgendes beschlossen:

1. Feststellung des Jahresabschlusses,
2. Verwendung des Reingewinns von 80.910 EUR,
3. Entlastung von Vorstand und Aufsichtsrat,
4. Wahlen zum Aufsichtsrat,
5. Wahl des Abschlussprüfers.

Der Notar hat in den Räumen der Gesellschaft hierüber eine Niederschrift aufgenommen. Er war dazu von 10:00 bis 16:00 Uhr außer Haus.

Bei den Beschlüssen zu 1., 3., 4. und 5. handelt es sich um solche mit unbestimmtem Geldwert, während der Beschluss zu 2. einen bestimmten Geldwert hat.

Bewertung:

1.	Reingewinn (Beschluss zu 2.)		80.910 EUR
2.	Grundkapital: 1,5 Mio. EUR.		
	1 % hiervon = 15.000 EUR. Mindestwert nach §§ 108 Abs. 1, 105 Abs. 4 GNotKG jedoch 30.000 EUR.		
	Das ergibt für den Beschluss zu 1. demnach	30.000 EUR	
3.–5.	Der Geschäftswert für die Beschlüsse zu 3., 4. und 5. beträgt nach denselben Bestimmungen ebenfalls je	30.000 EUR	120.000 EUR
Der Geschäftswert beträgt demnach			200.910 EUR

Die Entlastungsbeschlüsse (TOP 3) wurden in einer Abstimmung gefasst und haben daher denselben Gegenstand (§ 109 Abs. 2 Nr. 4e GNotKG), die weiteren Wahlen (TOP 4 und 5) dagegen erfolgten je einzeln. Sie sowie die Beschlüsse über die Verwendung des Reingewinns (TOP 2) und über die Feststellung des Jahresabschlusses (TOP 1) haben einen verschiedenen Gegenstand. Alle Erklärungen unterliegen demselben Gebührensatz (2,0), daher müssen die fünf Werte addiert (§ 35 Abs. 1 GNotKG) und von diesem Wert die Gebühr errechnet werden. 413

Die Gebühr beträgt im Beispiel	970 EUR.
Hinzu kommt noch die **Zusatzgebühr** gemäß KV Nr. 26002 (Beurkundung außerhalb der Geschäftsstelle) mit 12 × 50 EUR	600 EUR
Die Gesamtgebühr beträgt demnach	**1.570 EUR.**

3. Veräußerung von Geschäftsanteilen

Zur Abtretung von Geschäftsanteilen einer GmbH bedarf es eines notariell beurkundeten **Vertrages** (§ 15 GmbHG). Es wird daher für diese Beurkundung eine 2,0 Gebühr nach KV Nr. 21100 erhoben. Wenn der Vertrag durch getrennte Beurkundung von Angebot und Annahme vor demselben Notar zustande kommt, gelten KV Nr. 21100 einerseits, KV Nr. 21101 andererseits, die Gebühr beträgt zusammen also 2,5. Sie erhöht sich weiter (KV Nr. 21102), wenn ein anderer Notar die Annahme aufnimmt. 414

Beim Verkauf eines Geschäftsanteils liegt ein Austauschvertrag gemäß § 97 Abs. 3 GNotKG vor. Den Gegenleistungen des Erwerbers ist der nach § 54 GNotKG bestimmte Wert des Geschäftsanteils (siehe oben Rdn 99) gegenüberzustellen, der höhere Wert ist der Kostenberechnung zugrunde zu legen. Der Nominalwert des Geschäftsanteils hat nur bei einer neu gegründeten GmbH eine Aussagekraft für die Wertbestimmung. 415

Wenn Kaufvertrag und Abtretung in derselben Urkunde enthalten sind, hat die Anteilsabtretung denselben Gegenstand mit dem Kaufvertrag (letzterer ist Hauptgeschäft i.S.d. § 109 Abs. 1 S. 5 GNotKG). Wird nur die Abtretung beurkundet, kommt es darauf an, ob der Kaufvertrag bzw. das sonstige Verpflichtungsgeschäft beurkundet war (KV Nr. 21100, 21101 oder 21102). 416

4. Aufnahme und Ausscheiden eines Gesellschafters

417 Tritt jemand als Gesellschafter ein:

a) in das Geschäft eines **Einzelkaufmanns**, so handelt es sich um eine Gesellschaftsgründung; Geschäftswert ist dann das gesamte Gesellschaftsvermögen (ohne Schuldenabzug), nicht nur der Anteil des Eintretenden;
b) in eine **offene Handelsgesellschaft** oder **Kommanditgesellschaft**, so handelt es sich um einen Austauschvertrag; Geschäftswert ist bei einem vollhaftenden Gesellschafter der dem Eintretenden anwachsende Anteil am Aktivvermögen der Gesellschaft ohne Schuldenabzug oder – sofern höher – der Wert seiner Einlage. Beim Kommanditisten ist der Wert der Einlage mit dem erworbenen Anteil am Eigenkapital zu vergleichen (§ 54 GNotKG). Handelt es sich um eine **vermögensverwaltende Kommanditgesellschaft**, gilt allerdings auch für den Kommanditisten das Schuldenabzugsverbot, dann ist also das anteilige Aktivvermögen entscheidend (zum Hintergrund siehe Rdn 99).

Beispiele

a) In das Geschäft eines Einzelkaufmanns tritt ein Kommanditist mit einer Einlage von 100.000 EUR ein. Der Wert des **schuldenfreien** Geschäfts beträgt 150.000 EUR.
Geschäftswert: 100.000 EUR + 150.000 EUR = 250.000 EUR.
b) In eine bestehende OHG mit einem Aktivvermögen von 750.000 EUR tritt ein weiterer Gesellschafter mit einer Einlage von 50.000 EUR ein. Am Gewinn und Verlust ist er mit 20 % beteiligt; das entspricht einem anwachsenden Anteil am Aktivvermögen der Gesellschaft von 150.000 EUR.
Der Anteil am Gesellschaftsvermögen ist höher als die Einlage und bildet daher den Geschäftswert = 150.000 EUR.

Beim Ausscheiden eines Gesellschafters aus einer Gesellschaft gilt nichts anderes: Geschäftswert ist daher entweder die an den Ausscheidenden zu zahlende Abfindung oder der Anteil des Ausscheidenden am Gesellschaftsvermögen (ohne Schuldenabzug), je nachdem, was höher ist.

5. Anmeldungen zum Handelsregister

418 Bei der Bewertung von Handelsregisteranmeldungen wird unterschieden zwischen:

- Anmeldungen **mit bestimmtem** Geldbetrag (§ 105 Abs. 1 GNotKG),
- Anmeldungen **ohne bestimmten** Geldbetrag. Hierbei wird nochmals unterschieden zwischen
- ersten (§ 105 Abs. 3 GNotKG) und
- späteren Anmeldungen (§ 105 Abs. 4 GNotKG), ferner
- Anmeldungen **ohne wirtschaftliche Bedeutung**, wie z.B. die bloße Änderung der Geschäftsadresse (§ 105 Abs. 5 GNotKG).

Abgesehen von § 105 Abs. 5 GNotKG gilt für die Anmeldungen zum **Handelsregister** grundsätzlich ein **Mindestwert von 30.000 EUR**. Bei mehreren Anmeldungen in einer Urkunde gilt der Mindestwert jeweils einzeln. So z.B. auch bei Anmeldung mehrerer neuer Gesellschafter, die zusammen nach Teilung die Einlage eines Kommanditisten übernommen haben, der sie verkauft hat (oder verstorben ist).[226] Der Mindestwert greift aber nicht für Anmeldungen unter Verwendung des Musterprotokolls (§ 2 Abs. 1a GmbHG), § 105 Abs. 6 GNotKG.

419 § 105 Abs. 3 bis 5 GNotKG gelten auch für Anmeldungen zum **Gesellschafts-, Partnerschafts- oder Genossenschaftsregister (§ 105 Abs. 2 GNotKG)**. Für Anmeldungen zum **Vereinsregister** gilt dagegen nur § 36 GNotKG. Für **Entwürfe** (mit anschließender Unterschriftsbeglaubigung) gilt § 105 wegen § 119 Abs. 1 GNotKG.

226 Streifzug, Rn 933.

a) Anmeldungen mit bestimmtem Geldwert – also mit einem in das Handelsregister einzutragenden Geldbetrag – (§ 105 Abs. 1 GNotKG)

(1) Die **erste** Anmeldung einer **Kapitalgesellschaft** richtet sich immer nach dem einzutragenden Stamm- oder Grundkapital mit der Besonderheit, dass ein in der Satzung einer GmbH, Aktiengesellschaft oder Kommanditgesellschaft auf Aktien bestimmtes genehmigtes Kapital dem Grundkapital hinzuzurechnen ist. 420

Beispiele

Eine neu gegründete AG mit einem Grundkapital von 200.000 EUR ist zur Eintragung in das Handelsregister angemeldet worden. Der Vorstand ist nach der Satzung ermächtigt, das Grundkapital um 100.000 EUR zu erhöhen.

Geschäftswert für die Anmeldung:

Grundkapital	200.000 EUR
+ genehmigtes Kapital von	100.000 EUR = 300.000 EUR.

Es wird die erste Anmeldung einer **Gesellschaft mit beschränkter Haftung** (GmbH) beurkundet oder vom Notar entworfen. Stammkapital: 50.000 EUR.

Geschäftswert, §§ 119, 105 Abs. 1 Nr. 1 GNotKG	50.000 EUR.

Bei der **Erhöhung oder Herabsetzung des Stammkapitals einer GmbH** liegt eine Anmeldung mit bestimmtem Geldbetrag vor (§ 105 Abs. 1 Nr. 3 GNotKG).

Ein bestimmter Geldbetrag ist nach § 105 Abs. 1 Nr. 4 GNotKG auch maßgebend bei der Anmeldung eines Beschlusses der Hauptversammlung einer AG oder KGaA über

(aa) Maßnahmen der Kapitalbeschaffung (§§ 182 bis 221 AktG),

(bb) Maßnahmen der Kapitalherabsetzung (§§ 222 bis 240 AktG).

Die **Löschung einer Kapitalgesellschaft** ist in § 105 Abs. 1 GNotKG **nicht** genannt; sie ist demzufolge nach § 105 Abs. 4 GNotKG zu bewerten.

(2) Bei der **Erstanmeldung** einer **Kommanditgesellschaft** (KG) ist die Summe der Kommanditeinlagen maßgebend; hinzuzurechnen sind 30.000 EUR für den ersten und 15.000 EUR für jeden weiteren persönlich haftenden Gesellschafter (§ 105 Abs. 1 Nr. 5 GNotKG).

Beispiel

Angemeldet wird eine neu errichtete KG. Persönlich haftende Gesellschafter sind A und B. Kommanditisten sind C und D mit Kommanditeinlagen von je 20.000 EUR.

Geschäftswert:

–	Kommanditeinlagen von C und D je 20.000 EUR =	40.000 EUR
–	Persönlich haftende Gesellschafter	
	A (**erster** persönlich haftender Gesellschafter)	30.000 EUR
	B (**weiterer** persönlich haftender Gesellschafter)	15.000 EUR
	Gesamtgeschäftswert:	**85.000 EUR**

Beim **Eintritt** eines Kommanditisten **oder** beim **Ausscheiden** eines Kommanditisten richtet sich der Geschäftswert nach der Kommanditeinlage. Beim **Kommanditistenwechsel im Wege der Gesamt- oder Sonderrechtsnachfolge** ist für die Anmeldung als Geschäftswert die einfache Kommanditeinlage anzunehmen. Das Gleiche gilt, wenn ein bisher **persönlich haftender Gesellschafter als Kommanditist** oder ein **Kommanditist als persönlich haftender Gesellschafter** einzutragen ist (§ 105 Abs. 1 Nr. 6 GNotKG).

Bei der Anmeldung der **Erhöhung oder Herabsetzung einer Kommanditeinlage** handelt es sich um eine solche mit bestimmtem Geldbetrag. Geschäftswert ist der Nennbetrag der Erhöhung oder Ermäßigung (§ 105 Abs. 1 Nr. 7 GNotKG).

b) Anmeldungen ohne bestimmten Geldwert – also ohne einen in das Handelsregister einzutragenden Geldbetrag – (§ 105 Abs. 2 bis 5 GNotKG)

421 (1) Der Geschäftswert beträgt bei der **ersten** Anmeldung

– eines **Einzelkaufmanns** (unabhängig von der Größe des einzutragenden Betriebes)	30.000 EUR
– einer **offenen Handelsgesellschaft** (OHG) mit zwei Gesellschaftern	45.000 EUR
hat die Gesellschaft mehr als zwei Gesellschafter, erhöht sich der Wert für den dritten und jeden weiteren Gesellschafter um jeweils	15.000 EUR

(2) Bei einer **späteren** Anmeldung beträgt der Geschäftswert, wenn die Anmeldung

– eine **Kapitalgesellschaft** betrifft, 1 % des eingetragenen Grund- oder Stammkapitals, mindestens	30.000 EUR
– eine **Personenhandelsgesellschaft** betrifft:	30.000 EUR
beim Eintritt oder Ausscheiden von **mehr** als zwei persönlich haftenden Gesellschaftern ist als Wert 15.000 EUR für jeden eintretenden oder ausscheidenden Gesellschafter anzusetzen.	
– einen **Einzelkaufmann** oder eine juristische Person (§ 33 HGB) betrifft:	30.000 EUR

Beispiele

Bei einer im Handelsregister eingetragenen GmbH (Stammkapital: 50.000 EUR) wird angemeldet:
– Geschäftsführer A + B sind abberufen,
– C ist zum Geschäftsführer bestellt worden.

Geschäftswert:

Abberufung von A	30.000 EUR
(= 1 % von 50.000 EUR = 500 EUR, mindestens jedoch 30.000 EUR.)	
Abberufung von B	30.000 EUR
Neubestellung von C	30.000 EUR
Gesamtgeschäftswert:	**90.000 EUR**
Wäre in diesem Falle auch die Änderung des Gesellschaftsvertrages (nur in einem Punkt oder auch in mehreren Punkten = *eine* Anmeldung wie die völlige Neufassung) anzumelden, so wäre dem vorgenannten Geschäftswert	
ein Betrag von 1 % des Stammkapitals, mindestens aber hinzuzuzählen:	**30.000 EUR**
Gesamtgeschäftswert daher:	**120.000 EUR**

(3) **Prokurenanmeldung**
Nach § 105 Abs. 4 GNotKG („spätere Anmeldung“) sind auch die Anmeldung von Prokuren bei Kapitalgesellschaften, Personenhandelsgesellschaften und/oder bei Einzelkaufleuten zu bewerten.

Beispiele

(1) Bei einer AG mit einem Grundkapital von 10.000.000 EUR wird angemeldet, dass dem X Prokura erteilt ist.

Geschäftswert: 1 % von 10.000.000 EUR = 100.000 EUR. Der Mindestwert von 30.000 EUR ist übertroffen.

(2) Bei einer KG wird zur Eintragung in das Handelsregister angemeldet:
A ist als persönlich haftender Gesellschafter ausgeschieden.
B + C wurde je Prokura erteilt.
Geschäftswert:

Ausscheiden des A	30.000 EUR
Erteilung der Prokura an B	30.000 EUR
Erteilung der Prokura an C	30.000 EUR
Gesamtgeschäftswert:	**90.000 EUR**

(3) Anmeldungen bei einer Einzelfirma:
Prokura des A ist erloschen.
B wurde Prokura erteilt.
Geschäftswert:

Erlöschen der Prokura des A	30.000 EUR
Erteilung der Prokura an B	30.000 EUR
Gesamtgeschäftswert:	**60.000 EUR**

(4) **Zweigniederlassungen**
Für Anmeldungen, die allein Zweigniederlassungen betreffen, gelten keine Vergünstigungen.

Beispiele

(1) Eine GmbH mit einem Stammkapital von 300.000 EUR errichtet eine (erste oder auch weitere) Zweigniederlassung. Der Geschäftswert beträgt nach § 105 Abs. 1 Nr. 1 GNotKG – es handelt sich im Register der Zweigniederlassung um die erste Anmeldung! – 300.000 EUR.

(2) Nachdem die genannte Zweigniederlassung im Handelsregister eingetragen ist, wird zur Eintragung in das Handelsregister angemeldet, dass dem Y Prokura, beschränkt auf die Zweigniederlassung, erteilt ist. Geschäftswert: 1 % des Stammkapitals von 300.000 EUR = 3.000 EUR, mindestens aber 30.000 EUR (§ 105 Abs. 4 Nr. 1 GNotKG). Die Beschränkung auf die Zweigniederlassung wirkt sich nicht aus.

(3) Wenn Neueintragung der Zweigniederlassung und Prokurabestellung in einer Anmeldung enthalten sind, liegen zwei Anmeldungen mit verschiedenem Gegenstand vor (§ 111 Nr. 3 GNotKG). Die Werte müssen dann zusammengerechnet werden (§ 35 Abs. 1 GNotKG).

(5) **Anmeldungen ohne wirtschaftliche Bedeutung**
Ist eine Anmeldung z.B. nur deshalb erforderlich, weil sich:
- die Anschrift des betroffenen Rechtsträgers geändert hat (ohne dass damit eine Sitzverlegung vorgenommen wurde),
- der eingetragene Wohnort von Geschäftsführern oder Gesellschaftern geändert hat,
- der Name des Unternehmensinhabers oder Geschäftsführers oder eines Gesellschafters (z.B. wegen Verheiratung) geändert hat,
- die Firma geändert hat aufgrund der Änderung des Ortsnamens (z.B. durch eine kommunale Neugliederung),
- eine Satzungsänderung technischer oder redaktioneller Art, aber ohne wirtschaftlichen Wert, ergeben hat,
- eine isolierte Anmeldung der abstrakten Vertretungsbefugnis vorgenommen wird,

so beträgt der Geschäftswert 5.000 EUR (§ 105 Abs. 5 GNotKG).

c) Gebührensatz

Für die Beurkundung der Anmeldung zum Handelsregister entsteht eine 0,5 Gebühr nach KV Nr. 21201, mindestens 30 EUR. Für den Entwurf mit anschließender Beglaubigung gilt im Ergebnis nichts anderes (KV Nr. 24102, § 92 Abs. 2 GNotKG). 422

d) Vollzug und Betreuung

423 Zum Katalog der Vollzugs- und Betreuungstätigkeiten siehe oben (Rdn 182 ff.).

Regelmäßig und ohne besonderen Auftrag fällt bei Registeranmeldungen im elektronischen Rechtsverkehr die Gebühr für die Erfassung strukturierter Daten (XML) an, KV Nr. 22114 bzw. 22125 (siehe oben Rdn 197). Sie bestimmt sich aus dem Wert der Anmeldeurkunde und beträgt höchstens 125/250 EUR.

424 Teilweise wird der Notar beauftragt, Anmeldeerklärungen erst dann zum Register einzureichen, wenn die darin von den Geschäftsführern aus Gründen der Terminersparnis vorab erklärten Voraussetzungen (z.B. Kapitaleinzahlungen zur freien Verfügung) tatsächlich vorliegen. Dafür fällt eine Gebühr nach KV Nr. 22200 Nr. 3 an (Wert ist der gesamte Wert der Anmeldung, § 113 GNotKG).

6. Anmeldungen zum Vereinsregister

425 Bei Anmeldungen zum Vereinsregister richtet sich der Geschäftswert nach § 36 GNotKG. Bei der Bemessung des Wertes ist auf die Bedeutung des Vereins, die Vermögenslage, den Zweck, die Mitgliedsbeiträge sowie auf die Bedeutung der Anmeldung abzustellen. Nur wenn Anhaltspunkte fehlen, ist auf den Hilfswert von 5.000 EUR zurückzugreifen (§ 36 Abs. 3 GNotKG).

Anmeldungen dieser Art lösen eine 0,5 Gebühr nach KV Nr. 21201 Nr. 5 aus, wenn der Notar den Entwurf fertigt (KV Nr. 24102). Beglaubigung ohne Entwurf: siehe oben Rdn 228–231.

> *Beispiele*
>
> Entwürfe mit anschließender Unterschriftbeglaubigung:
>
> (1) Ein Stadtteil-Turnverein wird zur Eintragung in das Vereinsregister angemeldet.
>
> Geschäftswert: 5.000 EUR (§ 36 Abs. 3 GNotKG).
>
> 0,5 Gebühr nach KV Nr. 24102, § 92 Abs. 2 GNotKG (abgeleitet aus KV Nr. 21201 Nr. 5) → 30 EUR (spezielle Mindestgebühr). Die Anmeldung des Gründungsvorstands wird nicht gesondert berechnet (siehe oben Rdn 274).
>
> (2) Angemeldet werden zu einem schon eingetragenen Verein ein neues Vorstandsmitglied und die Änderung der Vereinssatzung. Zwei verschiedene Gegenstände; daher sind die Werte zu addieren.
>
> Geschäftswert: 2 × 5.000 EUR = 10.000 EUR.
>
> 0,5 Gebühr nach KV Nr. 24102, § 92 Abs. 2 GNotKG (abgeleitet aus KV Nr. 21201 Nr. 5) → 37,50 EUR.
>
> Wenn die Beteiligten die Anmeldung nicht selbst an das Gericht geben, sondern den Notar mit der Übermittlung beauftragen, dann muss er dies nach § 14b FamFG zwingend auf elektronischem Weg erledigen.[227] Daher fällt dann zusätzlich nach hier vertretener Auffassung noch die XML-Gebühr (Rdn 197) an. Zu deren Höhe siehe Rdn 198.

426 Das OLG Hamm[228] hatte über die in einer Urkunde enthaltene Anmeldung

- einer Satzungsänderung,
- des Neueintritts von drei Vorstandsmitgliedern,
- des Ausscheidens von fünf Vorstandsmitgliedern.

zu entscheiden. Es ist für § 44 KostO – zu Recht – zu dem Ergebnis gekommen, es handele sich um **neun** verschiedene Gegenstände. Dies gilt auch unter Geltung des GNotKG. Der Geschäftswert beträgt daher 9 × 5.000 EUR = 45.000 EUR.

7. Stiftungen

427 Unter Lebenden wird eine Stiftung durch einseitige, nicht empfangsbedürftige Willenserklärung errichtet. Die Satzung der Stiftung ist ein notwendiger Teil dieser Erklärung und wird daher nicht gesondert bewertet.

227 Ausf. dazu jurisPK-BGB/*Otto*, § 77 Rn 6; anders Gutachten, DNotI-Report 2022, 25, 29.
228 OLG Hamm, Beschl. v. 19.5.2009 – I-15 Wx 46/09 = RNotZ 2009, 554.

Die Gebühr für das Stiftungsgeschäft beträgt demnach regelmäßig auch bei mehreren Stiftern 1,0 gemäß KV Nr. 21200.[229] Der Wert bestimmt sich nach dem der Stiftung zugewandten Vermögen (§ 97 Abs. 1 GNotKG). Besteht dieses (auch) aus Sachwerten, gelten die jeweiligen Bewertungsvorschriften (Rdn 110 ff.). § 107 GNotKG gilt als anwendbar,[230] der Wert ist also mindestens 30.000 EUR und höchstens 10.000.000 EUR. Das Stiftungsgeschäft bedarf nach dem ausdrücklichen Willen des Gesetzgebers nicht der notariellen Beurkundung. Die Stiftung entsteht erst mit ihrer Anerkennung durch die zuständige Behörde. Nach §§ 398, 413 BGB übertragbare Rechte, die der Stiftung im Stiftungsgeschäft zugewandt wurden, gehen in der Regel mit der Anerkennung auf sie über (§ 82a Satz 2 BGB).[231] Eigener Erfüllungsakte bedarf es demnach nur für die Übertragung des Eigentums und dinglicher Rechte im Anwendungsbereich des § 873 BGB. Für die Auflassung von Grundstücken gilt daher, dass sie nach erfolgter Anerkennung[232] vor einem Notar erklärt werden muss (§ 925 BGB). Für die Gebühr dafür gilt KV Nr. 21100 (2,0), wenn das Stiftungsgeschäft nicht beurkundet war,[233] sonst KV Nr. 21102 (1,0).[234]

Bei der Stiftung von Todes wegen kann der Stiftungsakt in jeder Form des (auch gemeinschaftlichen) Testaments oder auch im Rahmen eines Erbvertrags erklärt werden. Vermögensrechtlich kann die Stiftung sowohl unmittelbar Erbenstellung (auch Schluss-, Ersatz- oder Nacherbschaft) erlangen oder auch vermächtnisweise bedacht werden. Für den Geschäftswert gelten die allgemeinen Regeln (Rdn 381–383). Es kommt also darauf an, ob über den Gesamtnachlass oder nur einen Vermögensteil disponiert wird. Auch für die spätere Erfüllung eines Grundstücksvermächtnisses gelten gegenüber anderen Destinatären keine Besonderheiten. **428**

Wenn der Notar mit der Einholung der stiftungsaufsichtlichen Genehmigung beauftragt wird und in diesem Zusammenhang auch Besprechungen mit der Aufsicht durchführt oder Erläuterungen abfasst, fällt zum beurkundeten Stiftungsgeschäft die 0,3 Vollzugsgebühr nach KV Vorbem. 2.2.1.1. Nr. 11, Nr. 22111 ohne Deckelung auf 50 EUR an. Für beurkundete Erfüllungsgeschäfte gelten hinsichtlich deren Vollzugs keine Besonderheiten. **429**

Ab dem 1.1.2026 sind Stiftungen nach Anerkennung in das bei dem Bundesamt für Justiz geführte Stiftungsregister einzutragen. Einzelheiten regelt das Stiftungsregistergesetz (StiftRG). Die von § 82b BGB geforderte Anmeldung ist öffentlich zu beglaubigen (§ 3 Abs. 2 Satz 1 StiftRG). Die ab 1.1.2026 geltende Fassung von § 106 GNotKG (Höchstwert 1 Mio. EUR) berücksichtigt auch die Anmeldungen zum Stiftungsregister. § 105 GNotKG wurde hingegen nicht geändert. Der Wert bestimmt sich also nach §§ 97 Abs. 1, 36 Abs. 1 GNotKG. Abzustellen ist für die Erstanmeldung auf das der Stiftung dotierte Vermögen. Für die späteren Anmeldungen ist auf deren wirtschaftliche Bedeutung, nur mangels anderer Erkenntnisse auf den Auffangwert 5.000 EUR abzustellen (§ 36 Abs. 3 GNotKG). Die Gebühr bestimmt sich bei Entwurfsfertigung durch den Notar nach KV Nr. 21201 Nr. 5, Nr. 24102: 0,5. Beglaubigung ohne Entwurf: siehe oben Rdn 228–231. Solange eine § 2 Abs. 3 ERVV entsprechende Verpflichtung zur Beifügung von XML-Daten für die nach § 3a VwVfG nur fakultative elektronische Übermittlung der Anmeldung nicht besteht, kommt eine XML-Gebühr nicht in Betracht. **430**

229 Ausnahme: Das Stiftungsgeschäft ist – zur Herstellung wechselseitiger Bindung – in einen Vertrag eingebunden (dazu *Burgard*, Stiftungsrecht, S. 85; jurisPK-BGB/*Otto*, § 81 Rn 39).

230 Die Vorschrift wird nach wohl allgemeiner Auffassung auf alle Gründungsgeschäfte angewandt, auch wenn die Satzung nur einen Bestandteil davon bildet (Leipziger-GNotKG/*V. Heinze*, § 107 Rn 2). Sie gilt aber nicht für die nach Gründung erfolgenden Vermögensübertragungen (*Heinze*, NotBZ 2023, 162, 164).

231 Gilt auch, wenn der Stifter zwischenzeitlich verstorben ist, § 80 Abs. 2 Satz 2 BGB.

232 Dazu *Heinze*, NotBZ 2023, 162 ff.

233 In diesen Fällen können die Beteiligten also wirtschaftlich die Vorteile einer Beurkundung „verschenken", ohne einen echten Kostenvorteil zu haben (*Krauß* in Kersten/Bühling, § 116 Rn 87).

234 KV Nr. 21101 scheidet aus den bei Rdn 392 genannten Gründen aus (anders nur im Sonderfall, dass für das Stiftungsgeschäft eine 2,0 Gebühr erhoben wurde).

I. Anlage: Normtexte

I. Gesetz über Kosten der freiwilligen Gerichtsbarkeit für Gerichte und Notare (Gerichts- und Notarkostengesetz – GNotKG)

– Auszug –

431 Das Gesetz wurde als Art. 1 des G v. 23.7.2013 BGBl S. 2586 (Zweites Gesetz zur Modernisierung des Kostenrechts – 2. Kostenrechtsmodernisierungsgesetz – 2. KostRMoG) vom Bundestag mit Zustimmung des Bundesrates beschlossen. Es trat gemäß Art. 50 dieses G am 1.8.2013 in Kraft.

Zuletzt geändert durch:

- das Kosten- und Betreuervergütungsrechtsänderungsgesetz 2025 (KostBRÄG 2025) v. 7.4.2025 (BGBl. I Nr. 109).

Vorher:

- geändert durch das Gesetz zur Förderung des Einsatzes von Videokonferenztechnik in der Zivilgerichtsbarkeit und den Fachgerichtsbarkeiten (VideokonfFöG) v. 15.7.2024 (BGBl 2024 I Nr. 237).
- geändert durch das Postrechtsmodernisierungsgesetz (PostModG) v. 15.7.2024 (BGBl I Nr. 236),
- geändert durch das Gesetz über die Selbstbestimmung in Bezug auf den Geschlechtseintrag und zur Änderung weiterer Vorschriften (SBGG/uaÄndG) v. 19.6.2024 (BGBl I Nr. 206),
- geändert durch das Gesetz zur Regelung einer Inflationsausgleichs-Sonderzahlung für berufliche Betreuer, Betreuungsvereine und ehrenamtliche Betreuer und zur Änderung weiterer Gesetze (BetrInASGuaÄndG) v. 20.12.2023 (BGBl I Nr. 391),
- geändert durch das Gesetz zur Abschaffung des Güterrechtsregisters und zur Änderung des COVID-19-Insolvenzaussetzungsgesetzes (GüRRegAbsch/COVInsAGÄndG) v. 31.10.2022 (BGBl I S. 1966),
- geändert durch das Personengesellschaftsrechtsmodernisierungsgesetz (MoPeG) v. 10.8.2021 (BGBl I S. 3436),
- geändert durch das Gesetz zur Vereinheitlichung des Stiftungsrechts und zur Änderung des Infektionsschutzgesetzes (StiftRVereinh/IfSGÄndG) v. 16.7.2021 (BGBl I S. 2947),
- geändert durch das Gesetz zur Umsetzung der Digitalisierungsrichtlinie (DiRUG) v. 5.7.2021 (BGBl I 2021, 3338),
- geändert durch das Gesetz zur Modernisierung des notariellen Berufsrechts und zur Änderung weiterer Vorschriften (NotModuaÄndG) v. 25.6.2021 (BGBl I 2021, 2154),
- geändert durch das Gesetz zur Reform des Vormundschafts- und Betreuungsrechts (BtRRefG) v. 4.5.2021 (BGBl I 2021, S. 882,
- geändert durch das Kostenrechtsänderungsgesetz 2020 v. 21.12.2020 (BGBl I 2020, S. 3229),
- geändert durch das Gesetz zur Neuordnung der Aufbewahrung von Notariatsunterlagen und zur Einrichtung des Elektronischen Urkundenarchivs bei der Bundesnotarkammer sowie zur Änderung weiterer Gesetze (EUrkArchNotUNOGuaÄndG) vom 1.6.2017 (BGBl I 2017, S. 1396) – betrifft KV Nr. 32015,
- geändert durch das Gesetz zur Aktualisierung der Strukturreform des Gebührenrechts des Bundes (BGebRStrRefAktG) vom 18.7.2016 (BGBl I 2016, S. 1666) – betrifft KV Nr. 31012,
- geändert durch das Wohnungseigentumsmodernisierungsgesetz v. 16.10.2020 (BGBl I 2020, S. 2187).
- geändert durch das Gesetz zum Internationalen Güterrecht und zur Änderung von Vorschriften des Internationalen Privatrechts (IntGüRG/IntPRÄndG) vom 17.12.2018 (BGBl I 2018, S. 2573),
- geändert durch das Gesetz zur Einführung der elektronischen Akte in der Justiz und zur weiteren Förderung des elektronischen Rechtsverkehrs (EAJEGuERVFöG) vom 5.7.2017(BGBl I 2017, S. 2208),
- geändert durch das Gesetz zur Neuordnung der Aufbewahrung von Notariatsunterlagen und zur Einrichtung des Elektronischen Urkundenarchivs bei der Bundesnotarkammer sowie zur Änderung weiterer Gesetze (EUrkArchNotUNOGuaÄndG) vom 1.6.2017 (BGBl I 2017, S. 1396),
- geändert durch das Gesetz zur Durchführung der EU-Verordnung Nr. 655/2014 etc. vom 21.11.2016 (BGBl I. 2016, S. 2591),
- geändert durch das Gesetz zur Aktualisierung der Strukturreform des Gebührenrechts des Bundes vom 18.7.2016 (BGBl I 2016, S. 1666),

- geändert durch das Zweite Gesetz über die weitere Bereinigung von Bundesrecht vom 8.7.2016 (BGBl I 2016, S. 1594),
- geändert durch das Gesetz zur Abwicklung der staatlichen Notariate in Baden-Württemberg vom 23.11.2015 (BGBl I 2015, S. 2090),
- geändert durch die Zehnte Zuständigkeitsanpassungsverordnung vom 31.8.2015 (BGBl I 2015, S. 1474),
- geändert durch das Gesetz zum Internationalen Erbrecht und zur Änderung von Vorschriften zum Erbschein etc. vom 29.6.2015 (BGBl I 2015, S. 1042),
- geändert durch das Gesetz zur Durchführung des Haager Übereinkommens (…) vom 10.12.2014 (BGBl I 2014, S. 2822; 2015, S. 1034),
- geändert durch das Gesetz zur Durchführung der Verordnung EU Nr. 1215/2012 etc. vom 8.7.2014 (BGBl I 2014, S. 890),
- geändert durch das Gesetz zur Förderung des elektronischen Rechtsverkehrs mit den Gerichten vom 10.10.2013 (BGBl I 2013, S. 3786),
- geändert durch das Gesetz zur Änderung des Handelsgesetzbuchs vom 4.10.2013 (BGBl I 2013, S. 3746),
- geändert durch das Gesetz zur Übertragung von Aufgaben im Bereich der freiwilligen Gerichtsbarkeit auf Notare vom 26.6.2013 (BGBl I 2013, S. 1800),
- geändert durch das Gesetz zur Intensivierung des Einsatzes von Videokonferenztechnik in gerichtlichen und staatsanwaltschaftlichen Verfahren vom 25.4.2013 (BGBl I 2013, S. 935),
- geändert durch das Gesetz zur Einführung einer Rechtsbehelfsbelehrung im Zivilprozess und zur Änderung anderer Vorschriften vom 5.12.2012 (BGBl I 2012, S. 2418).

Kapitel 1 Vorschriften für Gerichte und Notare

Abschnitt 1 Allgemeine Vorschriften

§ 1 Geltungsbereich

(1) Soweit bundesrechtlich nichts anderes bestimmt ist, werden Kosten (Gebühren und Auslagen) durch die Gerichte in den Angelegenheiten der freiwilligen Gerichtsbarkeit und durch die Notare für ihre Amtstätigkeit nur nach diesem Gesetz erhoben.

(2) Angelegenheiten im Sinne des Absatzes 1 sind auch

1. Verfahren nach den §§ 98, 99, 132, 142, 145, 258, 260, 293c und 315 des Aktiengesetzes,
2. Verfahren nach § 51b des Gesetzes betreffend die Gesellschaften mit beschränkter Haftung,
3. Verfahren nach § 26 des SE-Ausführungsgesetzes,
4. Verfahren nach § 10 des Umwandlungsgesetzes,
5. Verfahren nach dem Spruchverfahrensgesetz,
6. Verfahren nach den §§ 39a und 39b des Wertpapiererwerbs- und Übernahmegesetzes über den Ausschluss von Aktionären,
7. Verfahren nach § 8 Absatz 3 Satz 4 des Gesetzes über die Mitbestimmung der Arbeitnehmer in den Aufsichtsräten und Vorständen der Unternehmen des Bergbaus und der Eisen und Stahl erzeugenden Industrie,
8. Angelegenheiten des Registers für Pfandrechte an Luftfahrzeugen,
9. Verfahren nach der Verfahrensordnung für Höfesachen,
10. Pachtkreditsachen nach dem Pachtkreditgesetz,
11. Verfahren nach dem Verschollenheitsgesetz,
12. *(weggefallen)*
13. Verfahren nach § 84 Absatz 2 und § 189 des Versicherungsvertragsgesetzes,
14. Verfahren nach dem Personenstandsgesetz,
15. Verfahren nach § 7 Absatz 3 des Erbbaurechtsgesetzes,
16. Verteilungsverfahren, soweit sich die Kosten nicht nach dem Gerichtskostengesetz bestimmen,
17. Verfahren über die Bewilligung der öffentlichen Zustellung einer Willenserklärung und die Bewilligung der Kraftloserklärung von Vollmachten (§ 132 Absatz 2 und § 176 Absatz 2 des Bürgerlichen Gesetzbuchs),

18. Verfahren über Anordnungen über die Zulässigkeit der Verwendung von Verkehrsdaten,
19. Verfahren nach den §§ 23 bis 29 des Einführungsgesetzes zum Gerichtsverfassungsgesetz,
20. Verfahren nach § 138 Absatz 2 des Urheberrechtsgesetzes und
21. gerichtliche Verfahren nach § 335a des Handelsgesetzbuchs.

(3) Dieses Gesetz gilt nicht in Verfahren, in denen Kosten nach dem Gesetz über Gerichtskosten in Familiensachen zu erheben sind. In Verfahren nach der Verordnung (EU) Nr. 655/2014 des Europäischen Parlaments und des Rates vom 15.5.2014 zur Einführung eines Verfahrens für einen Europäischen Beschluss zur vorläufigen Kontenpfändung im Hinblick auf die Erleichterung der grenzüberschreitenden Eintreibung von Forderungen in Zivil- und Handelssachen werden Kosten nach dem Gerichtskostengesetz erhoben.

(4) Kosten nach diesem Gesetz werden auch erhoben für Verfahren über eine Beschwerde, die mit einem der in den Absätzen 1 und 2 genannten Verfahren im Zusammenhang steht.

(5) Soweit nichts anderes bestimmt ist, bleiben die landesrechtlichen Kostenvorschriften unberührt für

1. in Landesgesetzen geregelte Verfahren und Geschäfte der freiwilligen Gerichtsbarkeit sowie
2. solche Geschäfte der freiwilligen Gerichtsbarkeit, in denen nach Landesgesetz andere als gerichtliche Behörden oder Notare zuständig sind.

(6) Die Vorschriften dieses Gesetzes über die Erinnerung und die Beschwerde gehen den Regelungen der für das zugrunde liegende Verfahren geltenden Verfahrensvorschriften vor.

§ 3 Höhe der Kosten

(1) Die Gebühren richten sich nach dem Wert, den der Gegenstand des Verfahrens oder des Geschäfts hat (Geschäftswert), soweit nichts anderes bestimmt ist.

(2) Kosten werden nach dem Kostenverzeichnis der Anlage 1 zu diesem Gesetz erhoben.

§ 4 Auftrag an einen Notar

Die Erteilung eines Auftrags an einen Notar steht der Stellung eines Antrags im Sinne dieses Kapitels gleich.

§ 5 Verweisung, Abgabe

(3) Verweist der Notar ein Teilungsverfahren an einen anderen Notar, entstehen die Gebühren für jeden Notar gesondert.

§ 6 Verjährung, Verzinsung

(1) Ansprüche auf Zahlung von Gerichtskosten verjähren in vier Jahren nach Ablauf des Kalenderjahres, in dem das Verfahren durch rechtskräftige Entscheidung über die Kosten, durch Vergleich oder in sonstiger Weise beendet ist. Bei Dauerbetreuungen, Dauerpflegschaften, Nachlasspflegschaften, Nachlass- oder Gesamtgutsverwaltungen beginnt die Verjährung hinsichtlich der Jahresgebühren am Tag vor deren Fälligkeit, hinsichtlich der Auslagen mit deren Fälligkeit. Ansprüche auf Zahlung von Notarkosten verjähren in vier Jahren nach Ablauf des Kalenderjahres, in dem die Kosten fällig geworden sind.

(2) Ansprüche auf Rückzahlung von Kosten verjähren in vier Jahren nach Ablauf des Kalenderjahres, in dem die Zahlung erfolgt ist. Die Verjährung beginnt jedoch nicht vor dem jeweiligen in Absatz 1 bezeichneten Zeitpunkt. Durch die Einlegung eines Rechtsbehelfs mit dem Ziel der Rückzahlung wird die Verjährung wie durch Klageerhebung gehemmt.

(3) Auf die Verjährung sind die Vorschriften des Bürgerlichen Gesetzbuchs anzuwenden; die Verjährung wird nicht von Amts wegen berücksichtigt. Die Verjährung der Ansprüche auf Zahlung von Kosten beginnt auch durch die Aufforderung zur Zahlung oder durch eine dem Schuldner mitgeteilte Stundung erneut; ist der Aufenthalt des Kostenschuldners unbekannt, so genügt die Zustellung durch Aufgabe zur Post unter seiner letzten bekannten Anschrift. Bei Kostenbeträgen unter 25 EUR beginnt die Verjährung weder erneut noch wird sie oder ihr Ablauf gehemmt.

(4) Ansprüche auf Zahlung und Rückzahlung von Gerichtskosten werden nicht verzinst.

§ 7 Elektronische Akte, elektronisches Dokument

In Verfahren nach diesem Gesetz sind die verfahrensrechtlichen Vorschriften über die elektronische Akte und über das elektronische Dokument anzuwenden, die für das dem kostenrechtlichen Verfahren zugrunde liegende Verfahren gelten.

§ 7a Rechtsbehelfsbelehrung

Jede Kostenrechnung, jede anfechtbare Entscheidung und jede Kostenberechnung eines Notars hat eine Belehrung über den statthaften Rechtsbehelf sowie über die Stelle, bei der dieser Rechtsbehelf einzulegen ist, über deren Sitz und über die einzuhaltende Form und Frist zu enthalten.

Abschnitt 2 Fälligkeit

§ 10 Fälligkeit der Notarkosten

Notargebühren werden mit der Beendigung des Verfahrens oder des Geschäfts, Auslagen des Notars und die Gebühren 25300 und 25301 sofort nach ihrer Entstehung fällig.

Abschnitt 3 Sicherstellung der Kosten

§ 11 Zurückbehaltungsrecht

Urkunden, Ausfertigungen, Ausdrucke und Kopien sowie gerichtliche Unterlagen können nach billigem Ermessen zurückbehalten werden, bis die in der Angelegenheit entstandenen Kosten bezahlt sind. Dies gilt nicht, soweit § 53 des Beurkundungsgesetzes der Zurückbehaltung entgegensteht.

§ 15 Abhängigmachung bei Notarkosten

Die Tätigkeit des Notars kann von der Zahlung eines zur Deckung der Kosten ausreichenden Vorschusses abhängig gemacht werden.

§ 16 Ausnahmen von der Abhängigmachung

Die beantragte Handlung darf nicht von der Sicherstellung oder Zahlung der Kosten abhängig gemacht werden,

1. soweit dem Antragsteller Verfahrenskostenhilfe bewilligt ist oder im Fall des § 17 Absatz 2 der Bundesnotarordnung der Notar die Urkundstätigkeit vorläufig gebührenfrei oder gegen Zahlung der Gebühren in Monatsraten zu gewähren hat,
2. wenn dem Antragsteller Gebührenfreiheit zusteht,
3. wenn ein Notar erklärt hat, dass er für die Kostenschuld des Antragstellers die persönliche Haftung übernimmt,
4. wenn die Tätigkeit weder aussichtslos noch ihre Inanspruchnahme mutwillig erscheint und wenn glaubhaft gemacht wird, dass a) dem Antragsteller die alsbaldige Zahlung der Kosten mit Rücksicht auf seine Vermögenslage oder aus sonstigen Gründen Schwierigkeiten bereiten würde oder b) eine Verzögerung dem Antragsteller einen nicht oder nur schwer zu ersetzenden Schaden bringen würde; zur Glaubhaftmachung genügt in diesem Fall die Erklärung des zum Bevollmächtigten bestellten Rechtsanwalts,
5. wenn aus einem anderen Grund das Verlangen nach vorheriger Zahlung oder Sicherstellung der Kosten nicht angebracht erscheint, insbesondere wenn die Berichtigung des Grundbuchs oder die Eintragung eines Widerspruchs beantragt wird oder die Rechte anderer Beteiligter beeinträchtigt werden.

Abschnitt 4 Kostenerhebung

§ 19 Einforderung der Notarkosten

(1) Der Notar kann seine Kosten nur aufgrund einer von ihm oder auf seine Veranlassung dem Kostenschuldner mitgeteilten Berechnung fordern; die Berechnung bedarf der Textform. Der Lauf der Verjährungsfrist ist nicht von der Mitteilung der Berechnung abhängig.

(2) Die Berechnung muss enthalten

1. eine Bezeichnung des Verfahrens oder Geschäfts,
2. die angewandten Nummern des Kostenverzeichnisses,
3. den Geschäftswert bei Gebühren, die nach dem Geschäftswert berechnet sind,
4. die Beträge der einzelnen Gebühren und Auslagen, wobei bei den jeweiligen Dokumentenpauschalen (Nummern 32000 bis 32003) und bei den Entgelten für Post- und Telekommunikationsdienstleistungen (Nummer 32004) die Angabe des Gesamtbetrags genügt, und
5. die gezahlten Vorschüsse.

(3) Die Berechnung soll enthalten

1. eine kurze Bezeichnung des jeweiligen Gebührentatbestands und der Auslagen,
2. die Wertvorschriften der §§ 36, 40 bis 54, 97 bis 108, 112 bis 124, aus denen sich der Geschäftswert für die jeweilige Gebühr ergibt, und
3. die Werte der einzelnen Gegenstände, wenn sich der Geschäftswert aus der Summe der Werte mehrerer Verfahrensgegenstände ergibt (§ 35 Absatz 1).

(4) Eine Berechnung ist nur unwirksam, wenn sie nicht den Vorschriften der Absätze 1 und 2 entspricht.

(5) Wird eine Berechnung durch gerichtliche Entscheidung aufgehoben, weil sie nicht den Vorschriften des Absatzes 3 entspricht, bleibt ein bereits eingetretener Neubeginn der Verjährung unberührt.

(6) Der Notar hat eine Kopie oder einen Ausdruck der Berechnung zu seinen Akten zu nehmen oder die Berechnung elektronisch aufzubewahren.

§ 21 Nichterhebung von Kosten

(1) Kosten, die bei richtiger Behandlung der Sache nicht entstanden wären, werden nicht erhoben. Das Gleiche gilt für Auslagen, die durch eine von Amts wegen veranlasste Verlegung eines Termins oder Vertagung einer Verhandlung entstanden sind. Für abweisende Entscheidungen sowie bei Zurücknahme eines Antrags kann von der Erhebung von Kosten abgesehen werden, wenn der Antrag auf unverschuldeter Unkenntnis der tatsächlichen oder rechtlichen Verhältnisse beruht.

(2) Werden die Kosten von einem Gericht erhoben, trifft dieses die Entscheidung. Solange das Gericht nicht entschieden hat, können Anordnungen nach Absatz 1 im Verwaltungsweg erlassen werden. Eine im Verwaltungsweg getroffene Anordnung kann nur im Verwaltungsweg geändert werden.

Abschnitt 5 Kostenhaftung

Unterabschnitt 2 Notarkosten

§ 29 Kostenschuldner im Allgemeinen

Die Notarkosten schuldet, wer

1. den Auftrag erteilt oder den Antrag gestellt hat,
2. die Kostenschuld gegenüber dem Notar übernommen hat oder
3. für die Kostenschuld eines anderen kraft Gesetzes haftet.

§ 30 Haftung der Urkundsbeteiligten

(1) Die Kosten des Beurkundungsverfahrens und die im Zusammenhang mit dem Beurkundungsverfahren anfallenden Kosten des Vollzugs und der Betreuungstätigkeiten schuldet ferner jeder, dessen Erklärung beurkundet worden ist.

(2) Werden im Beurkundungsverfahren die Erklärungen mehrerer Beteiligter beurkundet und betreffen die Erklärungen verschiedene Rechtsverhältnisse, beschränkt sich die Haftung des Einzelnen auf die Kosten, die entstanden wären, wenn die übrigen Erklärungen nicht beurkundet worden wären.

(3) Derjenige, der in einer notariellen Urkunde die Kosten dieses Beurkundungsverfahrens, die im Zusammenhang mit dem Beurkundungsverfahren anfallenden Kosten des Vollzugs und der Betreuungstätigkeiten oder sämtliche genannten Kosten übernommen hat, haftet insoweit auch gegenüber dem Notar.

§ 31 Besonderer Kostenschuldner

(1) Schuldner der Kosten, die für die Beurkundung des Zuschlags bei der freiwilligen Versteigerung eines Grundstücks oder grundstücksgleichen Rechts anfallen, ist vorbehaltlich des § 29 Nummer 3 nur der Ersteher.

(2) Für die Kosten, die durch die Errichtung eines Nachlassinventars und durch Tätigkeiten zur Nachlasssicherung entstehen, haften nur die Erben, und zwar nach den Vorschriften des Bürgerlichen Gesetzbuchs über Nachlassverbindlichkeiten.

(3) Schuldner der Kosten der Auseinandersetzung eines Nachlasses oder des Gesamtguts nach Beendigung der ehelichen, lebenspartnerschaftlichen oder fortgesetzten Gütergemeinschaft sind die Anteilsberechtigten; dies gilt nicht, soweit der Antrag zurückgenommen oder zurückgewiesen wurde. Ferner sind die für das Amtsgericht geltenden Vorschriften über die Kostenhaftung entsprechend anzuwenden."

Unterabschnitt 3 Mehrere Kostenschuldner

§ 32 Mehrere Kostenschuldner

(1) Mehrere Kostenschuldner haften als Gesamtschuldner.

(2) Sind durch besondere Anträge eines Beteiligten Mehrkosten entstanden, so fallen diese ihm allein zur Last.

Abschnitt 6 Gebührenvorschriften

§ 34 Wertgebühren

(1) Wenn sich die Gebühren nach dem Geschäftswert richten, bestimmt sich die Höhe der Gebühr nach Tabelle A oder Tabelle B.

(2) Die Gebühr beträgt bei einem Geschäftswert bis 500 EUR nach Tabelle A 40 EUR, nach Tabelle B 15 EUR. Die Gebühr erhöht sich bei einem

Geschäftswert bis ... Euro	für jeden angefangenen Betrag von weiteren ... Euro	in Tabelle A um ... Euro	in Tabelle B um ... Euro
2.000	500	21	4
10.000	1.000	22,50	6
25.000	3.000	30,50	8
50.000	5.000	40,50	10
200.000	15.000	140,00	27
500.000	30.000	210,00	50
Über 500.000	50.000	210,00	
5.000.000	50.000		80
10.000.000	200.000		130
20.000.000	250.000		150
30.000.000	500.000		280
Über 30.000.000	1.000.000		120

(3) Gebührentabellen für Geschäftswerte bis 3 Millionen EUR sind diesem Gesetz als Anlage 2 beigefügt.

(4) Gebühren werden auf den nächstliegenden Cent auf- oder abgerundet; 0,5 Cent werden aufgerundet.

(5) Der Mindestbetrag einer Gebühr ist 15 EUR.

Abschnitt 7 Wertvorschriften

Unterabschnitt 1 Allgemeine Wertvorschriften

§ 35 Grundsatz

(1) In demselben Verfahren und in demselben Rechtszug werden die Werte mehrerer Verfahrensgegenstände zusammengerechnet, soweit nichts anderes bestimmt ist.

(2) Der Geschäftswert beträgt, wenn die Tabelle A anzuwenden ist, höchstens 30 Millionen EUR, wenn die Tabelle B anzuwenden ist, höchstens 60 Millionen EUR, wenn kein niedrigerer Höchstwert bestimmt ist.

§ 36 Allgemeiner Geschäftswert

(1) Soweit sich in einer vermögensrechtlichen Angelegenheit der Geschäftswert aus den Vorschriften dieses Gesetzes nicht ergibt und er auch sonst nicht feststeht, ist er nach billigem Ermessen zu bestimmen.

(2) Soweit sich in einer nichtvermögensrechtlichen Angelegenheit der Geschäftswert aus den Vorschriften dieses Gesetzes nicht ergibt, ist er unter Berücksichtigung aller Umstände des Einzelfalls, insbesondere des Umfangs und der Bedeutung der Sache und der Vermögens- und Einkommensverhältnisse der Beteiligten, nach billigem Ermessen zu bestimmen, jedoch nicht über 1 Million EUR.

(3) Bestehen in den Fällen der Absätze 1 und 2 keine genügenden Anhaltspunkte für eine Bestimmung des Werts, ist von einem Geschäftswert von 5.000 EUR auszugehen.

(4) Wenn sich die Gerichtsgebühren nach den für Notare geltenden Vorschriften bestimmen, sind die für Notare geltenden Wertvorschriften entsprechend anzuwenden. Wenn sich die Notargebühren nach den für Gerichte geltenden Vorschriften bestimmen, sind die für Gerichte geltenden Wertvorschriften entsprechend anzuwenden.

§ 37 Früchte, Nutzungen, Zinsen, Vertragsstrafen, sonstige Nebengegenstände und Kosten

(1) Sind außer dem Hauptgegenstand des Verfahrens auch Früchte, Nutzungen, Zinsen, Vertragsstrafen, sonstige Nebengegenstände oder Kosten betroffen, wird deren Wert nicht berücksichtigt.

(2) Soweit Früchte, Nutzungen, Zinsen, Vertragsstrafen, sonstige Nebengegenstände oder Kosten ohne den Hauptgegenstand betroffen sind, ist deren Wert maßgebend, soweit er den Wert des Hauptgegenstands nicht übersteigt.

(3) Sind die Kosten des Verfahrens ohne den Hauptgegenstand betroffen, ist der Betrag der Kosten maßgebend, soweit er den Wert des Hauptgegenstands nicht übersteigt.

§ 38 Belastung mit Verbindlichkeiten

Verbindlichkeiten, die auf einer Sache oder auf einem Recht lasten, werden bei Ermittlung des Geschäftswerts nicht abgezogen, sofern nichts anderes bestimmt ist. Dies gilt auch für Verbindlichkeiten eines Nachlasses, einer sonstigen Vermögensmasse und im Fall einer Beteiligung an einer Personengesellschaft auch für deren Verbindlichkeiten.

§ 39 Auskunftspflichten

(1) Ein Notar, der einen Antrag bei Gericht einreicht, hat dem Gericht den von ihm zugrunde gelegten Geschäftswert hinsichtlich eines jeden Gegenstands mitzuteilen, soweit dieser für die vom Gericht zu erhebenden Gebühren von Bedeutung ist. Auf Ersuchen des Gerichts hat der Notar, der Erklärungen beurkundet hat, die bei Gericht eingereicht worden sind, oder Unterschriften oder Handzeichen unter solchen Erklärungen beglaubigt hat, in entsprechendem Umfang Auskunft zu erteilen.

(2) Legt das Gericht seinem Kostenansatz einen von Absatz 1 abweichenden Geschäftswert zugrunde, so ist dieser dem Notar mitzuteilen. Auf Ersuchen des Notars, der Erklärungen beurkundet oder beglaubigt hat, die bei Gericht eingereicht werden, hat das Gericht über die für die Geschäftswertbestimmung maßgeblichen Umstände Auskunft zu erteilen.

Unterabschnitt 2 Besondere Geschäftswertvorschriften

§ 40 Erbschein, Europäisches Nachlasszeugnis, Zeugnis über die Fortsetzung der Gütergemeinschaft und Testamentsvollstreckerzeugnis

(1) Der Geschäftswert für das Verfahren zur

1. Abnahme der eidesstattlichen Versicherung zur Erlangung eines Erbscheins oder eines Europäischen Nachlasszeugnisses,
2. Erteilung eines Erbscheins oder Ausstellung eines Europäischen Nachlasszeugnisses, soweit dieses die Rechtsstellung und die Rechte der Erben oder Vermächtnisnehmer mit unmittelbarer Berechtigung am Nachlass betrifft,
3. Einziehung oder Kraftloserklärung eines Erbscheins
4. Änderung oder zum Widerruf eines Europäischen Nachlasszeugnisses, soweit die Rechtsstellung und Rechte der Erben oder Vermächtnisnehmer mit unmittelbarer Berechtigung am Nachlass betroffen sind,

ist der Wert des Nachlasses im Zeitpunkt des Erbfalls. Vom Erblasser herrührende Verbindlichkeiten werden abgezogen. Ist in dem Erbschein lediglich die Hoferbfolge zu bescheinigen, ist Geschäftswert der Wert des Hofs. Abweichend von Satz 2 werden nur die auf dem Hof lastenden Verbindlichkeiten mit Ausnahme der Hypotheken, Grund- und Rentenschulden (§ 15 Absatz 2 der Höfeordnung) abgezogen.

(2) Beziehen sich die in Absatz 1 genannten Verfahren nur auf das Erbrecht eines Miterben, bestimmt sich der Geschäftswert nach dem Anteil dieses Miterben. Entsprechendes gilt, wenn ein weiterer Miterbe einer bereits beurkundeten eidesstattlichen Versicherung beitritt.

(3) Erstrecken sich die Wirkungen eines Erbscheins nur auf einen Teil des Nachlasses, bleiben diejenigen Gegenstände, die von der Erbscheinswirkung nicht erfasst werden, bei der Berechnung des Geschäftswerts

außer Betracht; Nachlassverbindlichkeiten werden nicht abgezogen. Macht der Kostenschuldner glaubhaft, dass der Geschäftswert nach Absatz 1 niedriger ist, so ist dieser maßgebend. Die Sätze 1 und 2 finden auf die Ausstellung, die Änderung und den Widerruf eines Europäischen Nachlasszeugnisses entsprechende Anwendung.

(4) Auf ein Verfahren, das ein Zeugnis über die Fortsetzung der Gütergemeinschaft betrifft, sind die Absätze 1 bis 3 entsprechend anzuwenden; an die Stelle des Nachlasses tritt der halbe Wert des Gesamtguts der fortgesetzten Gütergemeinschaft.

(5) In einem Verfahren, das ein Zeugnis über die Ernennung eines Testamentsvollstreckers betrifft, beträgt der Geschäftswert 20 Prozent des Nachlasswerts im Zeitpunkt des Erbfalls, wobei Nachlassverbindlichkeiten nicht abgezogen werden; die Absätze 2 und 3 sind entsprechend anzuwenden. Dies gilt entsprechend, soweit die Angabe der Befugnisse des Testamentsvollstreckers Gegenstand eines Verfahrens wegen eines Europäischen Nachlasszeugnisses ist.

(6) Bei der Ermittlung des Werts und der Zusammensetzung des Nachlasses steht § 30 der Abgabenordnung einer Auskunft des Finanzamts nicht entgegen.

§ 41 Zeugnisse zum Nachweis der Auseinandersetzung eines Nachlasses oder Gesamtguts

In einem Verfahren, das ein Zeugnis nach den §§ 36 und 37 der Grundbuchordnung oder nach § 42 der Schiffsregisterordnung, auch in Verbindung mit § 74 der Schiffsregisterordnung oder § 86 des Gesetzes über Rechte an Luftfahrzeugen, betrifft, ist Geschäftswert der Wert der Gegenstände, auf die sich der Nachweis der Rechtsnachfolge erstreckt.

§ 42 Wohnungs- und Teileigentum

(1) Bei der Begründung von Wohnungs- oder Teileigentum und bei Geschäften, die die Aufhebung oder das Erlöschen von Sondereigentum betreffen, ist Geschäftswert der Wert des bebauten Grundstücks. Ist das Grundstück noch nicht bebaut, ist dem Grundstückswert der Wert des zu errichtenden Bauwerks hinzuzurechnen.

(2) Bei Wohnungs- und Teilerbbaurechten gilt Absatz 1 entsprechend, wobei an die Stelle des Grundstückswerts der Wert des Erbbaurechts tritt.

§ 43 Erbbaurechtsbestellung

Wird bei der Bestellung eines Erbbaurechts als Entgelt ein Erbbauzins vereinbart, ist Geschäftswert der nach § 52 errechnete Wert des Erbbauzinses. Ist der nach § 49 Absatz 2 errechnete Wert des Erbbaurechts höher, so ist dieser maßgebend.

§ 44 Mithaft

(1) Bei der Einbeziehung eines Grundstücks in die Mithaft wegen eines Grundpfandrechts und bei der Entlassung aus der Mithaft bestimmt sich der Geschäftswert nach dem Wert des einbezogenen oder entlassenen Grundstücks, wenn dieser geringer als der Wert nach § 53 Absatz 1 ist. Die Löschung eines Grundpfandrechts, bei dem bereits zumindest ein Grundstück aus der Mithaft entlassen worden ist, steht hinsichtlich der Geschäftswertbestimmung der Entlassung aus der Mithaft gleich.

(2) Absatz 1 gilt entsprechend für grundstücksgleiche Rechte.

(3) Absatz 1 gilt ferner entsprechend

1. für Schiffshypotheken mit der Maßgabe, dass an die Stelle des Grundstücks das Schiff oder das Schiffsbauwerk tritt, und
2. für Registerpfandrechte an einem Luftfahrzeug mit der Maßgabe, dass an die Stelle des Grundstücks das Luftfahrzeug tritt.

§ 45 Rangverhältnisse und Vormerkungen

(1) Bei Einräumung des Vorrangs oder des gleichen Rangs ist Geschäftswert der Wert des vortretenden Rechts, höchstens jedoch der Wert des zurücktretenden Rechts.

(2) Die Vormerkung gemäß § 1179 des Bürgerlichen Gesetzbuchs zugunsten eines nach- oder gleichstehenden Berechtigten steht der Vorrangseinräumung gleich. Dasselbe gilt für den Fall, dass ein nachrangiges Recht gegenüber einer vorrangigen Vormerkung wirksam sein soll. Der Ausschluss des Löschungs-

anspruchs nach § 1179a Absatz 5 des Bürgerlichen Gesetzbuchs, auch in Verbindung mit § 1179b Absatz 2 des Bürgerlichen Gesetzbuchs, ist wie ein Rangrücktritt des Rechts zu behandeln, als dessen Inhalt der Ausschluss vereinbart wird.

(3) Geschäftswert einer sonstigen Vormerkung ist der Wert des vorgemerkten Rechts; § 51 Absatz 1 Satz 2 ist entsprechend anzuwenden.

Unterabschnitt 3 Bewertungsvorschriften

§ 46 Sache

(1) Der Wert einer Sache wird durch den Preis bestimmt, der im gewöhnlichen Geschäftsverkehr nach der Beschaffenheit der Sache unter Berücksichtigung aller den Preis beeinflussenden Umstände bei einer Veräußerung zu erzielen wäre (Verkehrswert).

(2) Steht der Verkehrswert nicht fest, ist er zu bestimmen

1. nach dem Inhalt des Geschäfts,
2. nach den Angaben der Beteiligten,
3. anhand von sonstigen amtlich bekannten Tatsachen oder Vergleichswerten aufgrund einer amtlichen Auskunft oder
4. anhand offenkundiger Tatsachen.

(3) Bei der Bestimmung des Verkehrswerts eines Grundstücks können auch herangezogen werden

1. im Grundbuch eingetragene Belastungen,
2. aus den Grundakten ersichtliche Tatsachen oder Vergleichswerte oder
3. für Zwecke der Steuererhebung festgesetzte Werte. Im Fall der Nummer 3 steht § 30 der Abgabenordnung einer Auskunft des Finanzamts nicht entgegen.

(4) Eine Beweisaufnahme zur Feststellung des Verkehrswerts findet nicht statt.

§ 47 Sache bei Kauf

Im Zusammenhang mit dem Kauf wird der Wert der Sache durch den Kaufpreis bestimmt. Der Wert der vorbehaltenen Nutzungen und der vom Käufer übernommenen oder ihm sonst infolge der Veräußerung obliegenden Leistungen wird hinzugerechnet. Ist der nach den Sätzen 1 und 2 ermittelte Wert niedriger als der Verkehrswert, ist der Verkehrswert maßgebend.

§ 48 Land- und forstwirtschaftliches Vermögen

(1) Im Zusammenhang mit der Übergabe oder Zuwendung eines land- oder forstwirtschaftlichen Betriebs mit Hofstelle und dazugehörigem Wohnteil an eine oder mehrere natürliche Personen einschließlich der Abfindung weichender Erben beträgt der Wert des land- und forstwirtschaftlichen Vermögens im Sinne des Bewertungsgesetzes, einschließlich des Grund und Bodens sowie der Gebäude und Gebäudeteile, soweit sie dem Inhaber des Betriebs, den zu seinem Haushalt gehörenden Familienangehörigen oder den Altenteilern zu Wohnzwecken dienen, höchstens 50 Prozent des Grundsteuerwerts des Betriebs der Land- und Forstwirtschaft, der zur Zeit der Fälligkeit der Gebühr bereits festgestellt ist, wenn

1. die unmittelbare Fortführung des Betriebs durch den Erwerber selbst beabsichtigt ist und
2. der Betrieb unmittelbar nach Vollzug der Übergabe oder Zuwendung einen nicht nur unwesentlichen Teil der Existenzgrundlage des zukünftigen Inhabers bildet.

§ 46 Absatz 3 Satz 2 gilt entsprechend.

(2) Ist der Grundsteuerwert noch nicht festgestellt, so beträgt der Wert nach Absatz 1 Satz 1 höchstens das Vierfache des zuletzt festgestellten Einheitswerts; § 266 Absatz 4 Satz 1 und 2 des Bewertungsgesetzes gilt insoweit nicht. Die Bewertung nach dem Einheitswert ist nach der ersten Feststellung des Grundsteuerwerts zu berichtigen. Die Frist des § 20 Absatz 1 beginnt erst mit der Feststellung des Grundsteuerwerts.

(3) Weicht der Gegenstand des gebührenpflichtigen Geschäfts vom Gegenstand der Grundsteuerbewertung wesentlich ab oder hat sich der Wert infolge bestimmter Umstände, die nach dem Feststellungszeitpunkt des Grundsteuerwerts eingetreten sind, wesentlich verändert, so ist der nach den Grundsätzen der Grundsteuerbewertung geschätzte Wert maßgebend.

(4) Die Absätze 1 bis 3 sind entsprechend anzuwenden für die Bewertung
1. eines Hofs im Sinne der Höfeordnung und
2. eines landwirtschaftlichen Betriebs in einem Verfahren aufgrund der Vorschriften über die gerichtliche Zuweisung eines Betriebs (§ 1 Nummer 2 des Gesetzes über das gerichtliche Verfahren in Landwirtschaftssachen), sofern das Verfahren mit der Zuweisung endet.

§ 49 Grundstücksgleiche Rechte

(1) Die für die Bewertung von Grundstücken geltenden Vorschriften sind auf Rechte entsprechend anzuwenden, die den für Grundstücke geltenden Vorschriften unterliegen, soweit sich aus Absatz 2 nichts anderes ergibt.

(2) Der Wert eines Erbbaurechts beträgt 80 Prozent der Summe aus den Werten des belasteten Grundstücks und darauf errichteter Bauwerke; sofern die Ausübung des Rechts auf eine Teilfläche beschränkt ist, sind 80 Prozent vom Wert dieser Teilfläche zugrunde zu legen.

§ 50 Bestimmte schuldrechtliche Verpflichtungen

Der Wert beträgt bei einer schuldrechtlichen Verpflichtung
1. über eine Sache oder ein Recht nicht oder nur eingeschränkt zu verfügen, 10 Prozent des Verkehrswerts der Sache oder des Werts des Rechts;
2. zur eingeschränkten Nutzung einer Sache 20 Prozent des Verkehrswerts der Sache;
3. zur Errichtung eines Bauwerks, wenn es sich um a) ein Wohngebäude handelt, 20 Prozent des Verkehrswerts des unbebauten Grundstücks, b) ein gewerblich genutztes Bauwerk handelt, 20 Prozent der voraussichtlichen Herstellungskosten;
4. zu Investitionen 20 Prozent der Investitionssumme.

§ 51 Erwerbs- und Veräußerungsrechte, Verfügungsbeschränkungen

(1) Der Wert eines Ankaufsrechts oder eines sonstigen Erwerbs- oder Veräußerungsrechts ist der Wert des Gegenstands, auf den sich das Recht bezieht. Der Wert eines Vorkaufs- oder Wiederkaufsrechts ist die Hälfte des Werts nach Satz 1.

(2) Der Wert einer Verfügungsbeschränkung, insbesondere nach den §§ 1365 und 1369 des Bürgerlichen Gesetzbuchs sowie einer Belastung gemäß § 1010 des Bürgerlichen Gesetzbuchs, beträgt 30 Prozent des von der Beschränkung betroffenen Gegenstands.

(3) Ist der nach den Absätzen 1 und 2 bestimmte Wert nach den besonderen Umständen des Einzelfalls unbillig, kann ein höherer oder ein niedrigerer Wert angenommen werden.

§ 52 Nutzungs- und Leistungsrechte

(1) Der Wert einer Dienstbarkeit, einer Reallast oder eines sonstigen Rechts oder Anspruchs auf wiederkehrende oder dauernde Nutzungen oder Leistungen einschließlich des Unterlassens oder Duldens bestimmt sich nach dem Wert, den das Recht für den Berechtigten oder für das herrschende Grundstück hat.

(2) Ist das Recht auf eine bestimmte Zeit beschränkt, ist der auf die Dauer des Rechts entfallende Wert maßgebend. Der Wert ist jedoch durch den auf die ersten 20 Jahre entfallenden Wert des Rechts beschränkt. Ist die Dauer des Rechts außerdem auf die Lebensdauer einer Person beschränkt, darf der nach Absatz 4 bemessene Wert nicht überschritten werden.

(3) Der Wert eines Rechts von unbeschränkter Dauer ist der auf die ersten 20 Jahre entfallende Wert. Der Wert eines Rechts von unbestimmter Dauer ist der auf die ersten zehn Jahre entfallende Wert, soweit sich aus Absatz 4 nichts anderes ergibt.

(4) Ist das Recht auf die Lebensdauer einer Person beschränkt, ist sein Wert

bei einem Lebensalter von …	Der auf die ersten … Jahre
bis zu 30 Jahren	20
über 30 Jahren bis zu 50 Jahren	15
über 50 Jahren bis zu 70 Jahren	10
über 70 Jahren	5

bei einem Lebensalter von … der auf die ersten … Jahre bis zu 30 Jahren 20 über 30 Jahren bis zu 50 Jahren 15 über 50 Jahren bis zu 70 Jahren 10 über 70 Jahren 5 entfallende Wert. Hängt die Dauer des Rechts von der Lebensdauer mehrerer Personen ab, ist maßgebend,

1. wenn das Recht mit dem Tod des zuletzt Sterbenden erlischt, das Lebensalter der jüngsten Person,
2. wenn das Recht mit dem Tod des zuerst Sterbenden erlischt, das Lebensalter der ältesten Person.

(5) Der Jahreswert wird mit 5 Prozent des Werts des betroffenen Gegenstands oder Teils des betroffenen Gegenstands angenommen, sofern nicht ein anderer Wert festgestellt werden kann.

(6) Für die Berechnung des Werts ist der Beginn des Rechts maßgebend. Bildet das Recht später den Gegenstand eines gebührenpflichtigen Geschäfts, so ist der spätere Zeitpunkt maßgebend. Ist der nach den vorstehenden Absätzen bestimmte Wert nach den besonderen Umständen des Einzelfalls unbillig, weil im Zeitpunkt des Geschäfts der Beginn des Rechts noch nicht feststeht oder das Recht in anderer Weise bedingt ist, ist ein niedrigerer Wert anzunehmen. Der Wert eines durch Zeitablauf oder durch den Tod des Berechtigten erloschenen Rechts beträgt 0 EUR.

(7) Preisklauseln werden nicht berücksichtigt.

§ 53 Grundpfandrechte und sonstige Sicherheiten

(1) Der Wert einer Hypothek, Schiffshypothek, eines Registerpfandrechts an einem Luftfahrzeug oder einer Grundschuld ist der Nennbetrag der Schuld. Der Wert einer Rentenschuld ist der Nennbetrag der Ablösungssumme.

(2) Der Wert eines sonstigen Pfandrechts oder der sonstigen Sicherstellung einer Forderung durch Bürgschaft, Sicherungsübereignung oder dergleichen bestimmt sich nach dem Betrag der Forderung und, wenn der als Pfand oder zur Sicherung dienende Gegenstand einen geringeren Wert hat, nach diesem.

§ 54 Bestimmte Gesellschaftsanteile

Wenn keine genügenden Anhaltspunkte für einen höheren Wert von Anteilen an Kapitalgesellschaften und von Kommanditbeteiligungen bestehen, bestimmt sich der Wert nach dem Eigenkapital im Sinne von § 266 Absatz 3 des Handelsgesetzbuchs, das auf den jeweiligen Anteil oder die Beteiligung entfällt. Grundstücke, Gebäude, grundstücksgleiche Rechte, Schiffe oder Schiffsbauwerke sind dabei nach den Bewertungsvorschriften dieses Unterabschnitts zu berücksichtigen. Sofern die betreffenden Gesellschaften überwiegend vermögensverwaltend tätig sind, insbesondere als Immobilienverwaltungs-, Objekt-, Holding-, Besitz- oder sonstige Beteiligungsgesellschaft, ist der auf den jeweiligen Anteil oder die Beteiligung entfallende Wert des Vermögens der Gesellschaft maßgeblich; die Sätze 1 und 2 sind nicht anzuwenden.

Kapitel 3 Notarkosten

Abschnitt 1 Allgemeine Vorschriften

§ 85 Notarielle Verfahren

(1) Notarielle Verfahren im Sinne dieses Gesetzes sind das Beurkundungsverfahren (Teil 2 Hauptabschnitt 1 des Kostenverzeichnisses) und die sonstigen notariellen Verfahren (Teil 2 Hauptabschnitt 3 des Kostenverzeichnisses).

(2) Das Beurkundungsverfahren im Sinne dieses Gesetzes ist auf die Errichtung einer Niederschrift (§§ 8 und 36 des Beurkundungsgesetzes) gerichtet.

§ 86 Beurkundungsgegenstand

(1) Beurkundungsgegenstand ist das Rechtsverhältnis, auf das sich die Erklärungen beziehen, bei Tatsachenbeurkundungen die beurkundete Tatsache oder der beurkundete Vorgang.

(2) Mehrere Rechtsverhältnisse, Tatsachen oder Vorgänge sind verschiedene Beurkundungsgegenstände, soweit in § 109 nichts anderes bestimmt ist.

§ 87 Sprechtage außerhalb der Geschäftsstelle

Hält ein Notar außerhalb seiner Geschäftsstelle regelmäßige Sprechtage ab, so gilt dieser Ort als Amtssitz im Sinne dieses Gesetzes.

Abschnitt 2 Kostenerhebung

§ 88 Verzinsung des Kostenanspruchs

Der Kostenschuldner hat die Kostenforderung zu verzinsen, wenn ihm eine vollstreckbare Ausfertigung der Kostenberechnung (§ 19) zugestellt wird, die Angaben über die Höhe der zu verzinsenden Forderung, den Verzinsungsbeginn und den Zinssatz enthält. Die Verzinsung beginnt einen Monat nach der Zustellung. Der jährliche Zinssatz beträgt fünf Prozentpunkte über dem Basiszinssatz nach § 247 des Bürgerlichen Gesetzbuchs.

§ 89 Beitreibung der Kosten und Zinsen

Die Kosten und die auf diese entfallenden Zinsen werden aufgrund einer mit der Vollstreckungsklausel des Notars versehenen Ausfertigung der Kostenberechnung (§ 19) nach den Vorschriften der Zivilprozessordnung beigetrieben; § 798 der Zivilprozessordnung gilt entsprechend. In der Vollstreckungsklausel, die zum Zweck der Zwangsvollstreckung gegen einen zur Duldung der Zwangsvollstreckung Verpflichteten erteilt wird, ist die Duldungspflicht auszusprechen.

§ 90 Zurückzahlung, Schadensersatz

(1) Wird die Kostenberechnung abgeändert oder ist der endgültige Kostenbetrag geringer als der erhobene Vorschuss, so hat der Notar die zu viel empfangenen Beträge zu erstatten. Hatte der Kostenschuldner einen Antrag auf Entscheidung des Landgerichts nach § 127 Absatz 1 innerhalb eines Monats nach der Zustellung der vollstreckbaren Ausfertigung gestellt, so hat der Notar darüber hinaus den Schaden zu ersetzen, der dem Kostenschuldner durch die Vollstreckung oder durch eine zur Abwendung der Vollstreckung erbrachte Leistung entstanden ist. Im Fall des Satzes 2 hat der Notar den zu viel empfangenen Betrag vom Tag des Antragseingangs bei dem Landgericht an mit jährlich fünf Prozentpunkten über dem Basiszinssatz nach § 247 des Bürgerlichen Gesetzbuchs zu verzinsen; die Geltendmachung eines weitergehenden Schadens ist nicht ausgeschlossen. Im Übrigen kann der Kostenschuldner eine Verzinsung des zu viel gezahlten Betrags nicht fordern.

(2) Über die Verpflichtungen gemäß Absatz 1 wird auf Antrag des Kostenschuldners in dem Verfahren nach § 127 entschieden. Die Entscheidung ist nach den Vorschriften der Zivilprozessordnung vollstreckbar.

Abschnitt 3 Gebührenvorschriften

§ 91 Gebührenermäßigung

(1) Erhebt ein Notar die in Teil 2 Hauptabschnitt 1 oder 4 oder in den Nummern 23803 und 25202 des Kostenverzeichnisses bestimmten Gebühren von

1. dem Bund, einem Land sowie einer nach dem Haushaltsplan des Bundes oder eines Landes für Rechnung des Bundes oder eines Landes verwalteten öffentlichen Körperschaft oder Anstalt,
2. einer Gemeinde, einem Gemeindeverband, einer sonstigen Gebietskörperschaft oder einem Zusammenschluss von Gebietskörperschaften, einem Regionalverband, einem Zweckverband,
3. einer Kirche oder einer sonstigen Religions- oder Weltanschauungsgemeinschaft, jeweils soweit sie die Rechtsstellung einer juristischen Person des öffentlichen Rechts hat, und betrifft die Angelegenheit nicht deren wirtschaftliche Unternehmen, so ermäßigen sich die Gebühren bei einem Geschäftswert von mehr als 25.000 EUR bis zu einem

Geschäftswert von .... Euro	um ...Prozent
110.000	30
260.000	40
1.000.000	50
Über 1.000.000	60

Eine ermäßigte Gebühr darf jedoch die Gebühr nicht unterschreiten, die bei einem niedrigeren Geschäftswert nach Satz 1 zu erheben ist. Wenn das Geschäft mit dem Erwerb eines Grundstücks oder grundstücksgleichen Rechts zusammenhängt, ermäßigen sich die Gebühren nur, wenn dargelegt wird, dass eine auch nur teilweise Weiterveräußerung an einen nichtbegünstigten Dritten nicht beabsichtigt ist. Ändert sich diese

Absicht innerhalb von drei Jahren nach Beurkundung der Auflassung, entfällt eine bereits gewährte Ermäßigung. Der Begünstigte ist verpflichtet, den Notar zu unterrichten.

(2) Die Gebührenermäßigung ist auch einer Körperschaft, Vereinigung oder Stiftung zu gewähren, wenn

1. diese ausschließlich und unmittelbar mildtätige oder kirchliche Zwecke im Sinne der Abgabenordnung verfolgt,
2. die Voraussetzung nach Nummer 1 durch einen Freistellungs- oder Körperschaftsteuerbescheid oder durch eine vorläufige Bescheinigung des Finanzamts nachgewiesen wird und
3. dargelegt wird, dass die Angelegenheit nicht einen steuerpflichtigen wirtschaftlichen Geschäftsbetrieb betrifft.

(3) Die Ermäßigung erstreckt sich auf andere Beteiligte, die mit dem Begünstigten als Gesamtschuldner haften, nur insoweit, als sie von dem Begünstigten aufgrund gesetzlicher Vorschrift Erstattung verlangen können.

(4) Soweit die Haftung auf der Vorschrift des § 29 Nummer 3 (Haftung nach bürgerlichem Recht) beruht, kann sich der Begünstigte gegenüber dem Notar nicht auf die Gebührenermäßigung berufen.

§ 92 Rahmengebühren

(1) Bei Rahmengebühren bestimmt der Notar die Gebühr im Einzelfall unter Berücksichtigung des Umfangs der erbrachten Leistung nach billigem Ermessen.

(2) Bei den Gebühren für das Beurkundungsverfahren im Fall der vorzeitigen Beendigung und bei den Gebühren für die Fertigung eines Entwurfs ist für die vollständige Erstellung des Entwurfs die Höchstgebühr zu erheben.

(3) Ist eine Gebühr für eine vorausgegangene Tätigkeit auf eine Rahmengebühr anzurechnen, so ist bei der Bemessung der Gebühr auch die vorausgegangene Tätigkeit zu berücksichtigen.

§ 93 Einmalige Erhebung der Gebühren

(1) Die Gebühr für ein Verfahren sowie die Vollzugs- und die Betreuungsgebühr werden in demselben notariellen Verfahren jeweils nur einmal erhoben. Die Vollzugs- und die Betreuungsgebühr werden bei der Fertigung eines Entwurfs jeweils nur einmal erhoben.

(2) Werden in einem Beurkundungsverfahren ohne sachlichen Grund mehrere Beurkundungsgegenstände zusammengefasst, gilt das Beurkundungsverfahren hinsichtlich jedes dieser Beurkundungsgegenstände als besonderes Verfahren. Ein sachlicher Grund ist insbesondere anzunehmen, wenn hinsichtlich jedes Beurkundungsgegenstands die gleichen Personen an dem Verfahren beteiligt sind oder der rechtliche Verknüpfungswille in der Urkunde zum Ausdruck kommt.

§ 94 Verschiedene Gebührensätze

(1) Sind für die einzelnen Beurkundungsgegenstände oder für Teile davon verschiedene Gebührensätze anzuwenden, entstehen insoweit gesondert berechnete Gebühren, jedoch nicht mehr als die nach dem höchsten Gebührensatz berechnete Gebühr aus dem Gesamtbetrag der Werte.

(2) Soweit mehrere Beurkundungsgegenstände als ein Gegenstand zu behandeln sind (§ 109), wird die Gebühr nach dem höchsten in Betracht kommenden Gebührensatz berechnet. Sie beträgt jedoch nicht mehr als die Summe der Gebühren, die bei getrennter Beurkundung entstanden wären.

Abschnitt 4 Wertvorschriften

Unterabschnitt 1 Allgemeine Wertvorschriften

§ 95 Mitwirkung der Beteiligten

Die Beteiligten sind verpflichtet, bei der Wertermittlung mitzuwirken. Sie haben ihre Erklärungen über tatsächliche Umstände vollständig und wahrheitsgemäß abzugeben. Kommen die Beteiligten ihrer Mitwirkungspflicht nicht nach, ist der Wert nach billigem Ermessen zu bestimmen.

§ 96 Zeitpunkt der Wertberechnung

Für die Wertberechnung ist der Zeitpunkt der Fälligkeit der Gebühr maßgebend.

Unterabschnitt 2 Beurkundung

§ 97 Verträge und Erklärungen

(1) Der Geschäftswert bei der Beurkundung von Verträgen und Erklärungen bestimmt sich nach dem Wert des Rechtsverhältnisses, das Beurkundungsgegenstand ist.

(2) Handelt es sich um Veränderungen eines Rechtsverhältnisses, so darf der Wert des von der Veränderung betroffenen Rechtsverhältnisses nicht überschritten werden, und zwar auch dann nicht, wenn es sich um mehrere Veränderungen desselben Rechtsverhältnisses handelt.

(3) Bei Verträgen, die den Austausch von Leistungen zum Gegenstand haben, ist nur der Wert der Leistungen des einen Teils maßgebend; wenn der Wert der Leistungen verschieden ist, ist der höhere maßgebend.

§ 98 Vollmachten und Zustimmungen

(1) Bei der Beurkundung einer Vollmacht zum Abschluss eines bestimmten Rechtsgeschäfts oder bei der Beurkundung einer Zustimmungserklärung ist Geschäftswert die Hälfte des Geschäftswerts für die Beurkundung des Geschäfts, auf das sich die Vollmacht oder die Zustimmungserklärung bezieht.

(2) Bei Vollmachten und Zustimmungserklärungen aufgrund einer gegenwärtigen oder künftigen Mitberechtigung ermäßigt sich der nach Absatz 1 bestimmte Geschäftswert auf den Bruchteil, der dem Anteil der Mitberechtigung entspricht. Entsprechendes gilt für Zustimmungserklärungen nach dem Umwandlungsgesetz durch die in § 2 des Umwandlungsgesetzes bezeichneten Anteilsinhaber. Bei Gesamthandsverhältnissen ist der Anteil entsprechend der Beteiligung an dem Gesamthandsvermögen zu bemessen.

(3) Der Geschäftswert bei der Beurkundung einer allgemeinen Vollmacht ist nach billigem Ermessen zu bestimmen; dabei sind der Umfang der erteilten Vollmacht und das Vermögen des Vollmachtgebers angemessen zu berücksichtigen. Der zu bestimmende Geschäftswert darf die Hälfte des Vermögens des Auftraggebers nicht übersteigen. Bestehen keine genügenden Anhaltspunkte für eine Bestimmung des Werts, ist von einem Geschäftswert von 5.000 EUR auszugehen.

(4) In allen Fällen beträgt der anzunehmende Geschäftswert höchstens 1 Million EUR.

(5) Für den Widerruf einer Vollmacht gelten die vorstehenden Vorschriften entsprechend.

§ 99 Miet-, Pacht- und Dienstverträge

(1) Der Geschäftswert bei der Beurkundung eines Miet- oder Pachtvertrags ist der Wert aller Leistungen des Mieters oder Pächters während der gesamten Vertragszeit. Bei Miet- oder Pachtverträgen von unbestimmter Vertragsdauer ist der auf die ersten fünf Jahre entfallende Wert der Leistungen maßgebend; ist jedoch die Auflösung des Vertrags erst zu einem späteren Zeitpunkt zulässig, ist dieser maßgebend. In keinem Fall darf der Geschäftswert den auf die ersten 20 Jahre entfallenden Wert übersteigen.

(2) Der Geschäftswert bei der Beurkundung eines Dienstvertrags, eines Geschäftsbesorgungsvertrags oder eines ähnlichen Vertrags ist der Wert aller Bezüge des zur Dienstleistung oder Geschäftsbesorgung Verpflichteten während der gesamten Vertragszeit, höchstens jedoch der Wert der auf die ersten fünf Jahre entfallenden Bezüge.

§ 100 Güterrechtliche Angelegenheiten

(1) Der Geschäftswert

1. bei der Beurkundung von Eheverträgen im Sinne des § 1408 des Bürgerlichen Gesetzbuchs, die sich nicht auf Vereinbarungen über den Versorgungsausgleich beschränken, und
2. bei der Beurkundung von Anmeldungen aufgrund solcher Verträge ist die Summe der Werte der gegenwärtigen Vermögen beider Ehegatten. Betrifft der Ehevertrag nur das Vermögen eines Ehegatten, ist nur dessen Vermögen maßgebend. Bei Ermittlung des Vermögens werden Verbindlichkeiten bis zur Hälfte des nach Satz 1 oder 2 maßgeblichen Werts abgezogen. Verbindlichkeiten eines Ehegatten werden nur von seinem Vermögen abgezogen.

(2) Betrifft der Ehevertrag nur bestimmte Vermögenswerte, auch wenn sie dem Anfangsvermögen hinzuzurechnen wären, oder bestimmte güterrechtliche Ansprüche, so ist deren Wert, höchstens jedoch der Wert nach Absatz 1 maßgebend.

(3) Betrifft der Ehevertrag Vermögenswerte, die noch nicht zum Vermögen des Ehegatten gehören, werden sie mit 30 Prozent ihres Werts berücksichtigt, wenn sie im Ehevertrag konkret bezeichnet sind.

(4) Die Absätze 1 bis 3 gelten entsprechend bei Lebenspartnerschaftsverträgen.

§ 101 Annahme als Kind

In Angelegenheiten, die die Annahme eines Minderjährigen betreffen, beträgt der Geschäftswert 5.000 EUR.

§ 102 Erbrechtliche Angelegenheiten

(1) Geschäftswert bei der Beurkundung einer Verfügung von Todes wegen ist, wenn über den ganzen Nachlass oder einen Bruchteil verfügt wird, der Wert des Vermögens oder der Wert des entsprechenden Bruchteils des Vermögens. Verbindlichkeiten des Erblassers werden abgezogen, jedoch nur bis zur Hälfte des Werts des Vermögens. Vermächtnisse und Auflagen werden nur bei Verfügung über einen Bruchteil und nur mit dem Anteil ihres Werts hinzugerechnet, der dem Bruchteil entspricht, über den nicht verfügt wird.

(2) Verfügt der Erblasser außer über die Gesamtrechtsnachfolge daneben über Vermögenswerte, die noch nicht zu seinem Vermögen gehören, jedoch in der Verfügung von Todes wegen konkret bezeichnet sind, wird deren Wert hinzugerechnet. Von dem Begünstigten zu übernehmende Verbindlichkeiten werden abgezogen, jedoch nur bis zur Hälfte des Vermögenswerts. Die Sätze 1 und 2 gelten bei gemeinschaftlichen Testamenten und gegenseitigen Erbverträgen nicht für Vermögenswerte, die bereits nach Absatz 1 berücksichtigt sind.

(3) Betrifft die Verfügung von Todes wegen nur bestimmte Vermögenswerte, ist deren Wert maßgebend; Absatz 2 Satz 2 gilt entsprechend.

(4) Bei der Beurkundung eines Erbverzichts-, Zuwendungsverzichts- oder Pflichtteilsverzichtsvertrags gilt Absatz 1 Satz 1 und 2 entsprechend; soweit der Zuwendungsverzicht ein Vermächtnis betrifft, gilt Absatz 3 entsprechend. Das Pflichtteilsrecht ist wie ein entsprechender Bruchteil des Nachlasses zu behandeln.

(5) Die Absätze 1 bis 3 gelten entsprechend für die Beurkundung der Anfechtung oder des Widerrufs einer Verfügung von Todes wegen sowie für den Rücktritt von einem Erbvertrag. Hat eine Erklärung des einen Teils nach Satz 1 im Fall eines gemeinschaftlichen Testaments oder eines Erbvertrags die Unwirksamkeit von Verfügungen des anderen Teils zur Folge, ist der Wert der Verfügungen des anderen Teils dem Wert nach Satz 1 hinzuzurechnen.

§ 103 Erklärungen gegenüber dem Nachlassgericht, Anträge an das Nachlassgericht

(1) Werden in einer vermögensrechtlichen Angelegenheit Erklärungen, die gegenüber dem Nachlassgericht abzugeben sind, oder Anträge an das Nachlassgericht beurkundet, ist Geschäftswert der Wert des betroffenen Vermögens oder des betroffenen Bruchteils nach Abzug der Verbindlichkeiten zum Zeitpunkt der Beurkundung.

(2) Bei der Beurkundung von Erklärungen über die Ausschlagung des Anfalls eines Hofes (§ 11 der Höfeordnung) gilt Absatz 1 entsprechend.

§ 104 Rechtswahl

(1) Bei der Beurkundung einer Rechtswahl, die die allgemeinen oder güterrechtlichen Wirkungen der Ehe betrifft, beträgt der Geschäftswert 30 Prozent des Werts, der sich in entsprechender Anwendung des § 100 ergibt.

(2) Bei der Beurkundung einer Rechtswahl, die eine Rechtsnachfolge von Todes wegen betrifft, beträgt der Geschäftswert 30 Prozent des Werts, der sich in entsprechender Anwendung des § 102 ergibt.

(3) Bei der Beurkundung einer Rechtswahl in sonstigen Fällen beträgt der Geschäftswert 30 Prozent des Geschäftswerts für die Beurkundung des Rechtsgeschäfts, für das die Rechtswahl bestimmt ist.

§ 105 Anmeldung zu bestimmten Registern

(1) Bei den folgenden Anmeldungen zum Handelsregister ist Geschäftswert der in das Handelsregister einzutragende Geldbetrag, bei Änderung bereits eingetragener Geldbeträge der Unterschiedsbetrag:

1. erste Anmeldung einer Kapitalgesellschaft; ein in der Satzung bestimmtes genehmigtes Kapital ist dem Grund- oder Stammkapital hinzuzurechnen;
2. erste Anmeldung eines Versicherungsvereins auf Gegenseitigkeit;
3. Erhöhung oder Herabsetzung des Stammkapitals einer Gesellschaft mit beschränkter Haftung;
4. Beschluss der Hauptversammlung einer Aktiengesellschaft oder einer Kommanditgesellschaft auf Aktien über a) Maßnahmen der Kapitalbeschaffung (§§ 182 bis 221 des Aktiengesetzes); dem Beschluss

über die genehmigte Kapitalerhöhung steht der Beschluss über die Verlängerung der Frist gleich, innerhalb derer der Vorstand das Kapital erhöhen kann; b) Maßnahmen der Kapitalherabsetzung (§§ 222 bis 240 des Aktiengesetzes);
5. erste Anmeldung einer Kommanditgesellschaft; maßgebend ist die Summe der Kommanditeinlagen; hinzuzurechnen sind 30.000 EUR für den ersten und 15.000 EUR für jeden weiteren persönlich haftenden Gesellschafter;
6. Eintritt eines Kommanditisten in eine bestehende Personenhandelsgesellschaft oder Ausscheiden eines Kommanditisten; ist ein Kommanditist als Nachfolger eines anderen Kommanditisten oder ein bisher persönlich haftender Gesellschafter als Kommanditist oder ein bisheriger Kommanditist als persönlich haftender Gesellschafter einzutragen, ist die einfache Kommanditeinlage maßgebend;
7. Erhöhung oder Herabsetzung einer Kommanditeinlage. Der Geschäftswert beträgt mindestens 30.000 EUR.

(2) Bei sonstigen Anmeldungen zum Handelsregister sowie bei Anmeldungen zum Gesellschafts-, Genossenschafts- und Partnerschaftsregister bestimmt sich der Geschäftswert nach den Absätzen 3 bis 5.

(3) Der Geschäftswert beträgt bei der ersten Anmeldung
1. eines Einzelkaufmanns 30.000 EUR;
2. einer Gesellschaft bürgerlichen Rechts, einer offenen Handelsgesellschaft oder einer Partnerschaftsgesellschaft mit zwei Gesellschaftern 45.000 EUR; hat die Gesellschaft mehr als zwei Gesellschafter, erhöht sich der Wert für den dritten und jeden weiteren Gesellschafter um jeweils 15.000 EUR;
3. einer Genossenschaft oder einer juristischen Person (§ 33 des Handelsgesetzbuchs) 60.000 EUR.

(4) Bei einer späteren Anmeldung beträgt der Geschäftswert, wenn diese
1. eine Kapitalgesellschaft betrifft, 1 Prozent des eingetragenen Grund- oder Stammkapitals, mindestens 30.000 EUR;
2. einen Versicherungsverein auf Gegenseitigkeit betrifft, 60.000 EUR;
3. eine rechtsfähige Personengesellschaft betrifft, 30.000 EUR; bei Eintritt oder Ausscheiden von mehr als zwei persönlich haftenden Gesellschaftern oder Partnern sind als Geschäftswert 15.000 EUR für jeden eintretenden oder ausscheidenden Gesellschafter oder Partner anzunehmen;
4. einen Einzelkaufmann, eine Genossenschaft oder eine juristische Person (§ 33 des Handelsgesetzbuchs) betrifft, 30.000 EUR.

(5) Ist eine Anmeldung nur deshalb erforderlich, weil sich eine Anschrift geändert hat, oder handelt es sich um eine ähnliche Anmeldung, die für das Unternehmen keine wirtschaftliche Bedeutung hat, so beträgt der Geschäftswert 5.000 EUR.

(6) Der in Absatz 1 Satz 2 und in Absatz 4 Nummer 1 bestimmte Mindestwert gilt nicht
1. für die Gründung einer Gesellschaft gemäß § 2 Absatz 1a des Gesetzes betreffend die Gesellschaften mit beschränkter Haftung und
2. für Änderungen des Gesellschaftsvertrags einer gemäß § 2 Absatz 1a des Gesetzes betreffend die Gesellschaften mit beschränkter Haftung gegründeten Gesellschaft, wenn die Gesellschaft auch mit dem geänderten Gesellschaftsvertrag hätte gemäß § 2 Absatz 1a des Gesetzes betreffend die Gesellschaften mit beschränkter Haftung gegründet werden können. Reine sprachliche Abweichungen vom Musterprotokoll oder die spätere Streichung der auf die Gründung verweisenden Formulierungen stehen der Anwendung des Satzes 1 nicht entgegen.

§ 106 Höchstwert für Anmeldungen zu bestimmten Registern

Bei der Beurkundung von Anmeldungen zu einem in § 105 genannten Register, zum Vereinsregister und zum Stiftungsregister[235] beträgt der Geschäftswert höchstens 1 Million EUR. Dies gilt auch dann, wenn mehrere Anmeldungen in einem Beurkundungsverfahren zusammengefasst werden.

§ 107 Gesellschaftsrechtliche Verträge, Satzungen und Pläne

(1) Bei der Beurkundung von Gesellschaftsverträgen und Satzungen sowie von Plänen und Verträgen nach dem Umwandlungsgesetz beträgt der Geschäftswert mindestens 30.000 EUR und höchstens 10 Millionen EUR.

235 Fassung ab dem 1.1.2026.

Der in Satz 1 bestimmte Mindestwert gilt nicht bei der Beurkundung von Gesellschaftsverträgen und Satzungen in den Fällen des § 105 Absatz 6.

(2) Bei der Beurkundung von Verträgen zwischen verbundenen Unternehmen (§ 15 des Aktiengesetzes) über die Veräußerung oder über die Verpflichtung zur Veräußerung von Gesellschaftsanteilen und -beteiligungen beträgt der Geschäftswert höchstens 10 Millionen EUR. Satz 1 gilt nicht, sofern die betroffene Gesellschaft überwiegend vermögensverwaltend tätig ist, insbesondere als Immobilienverwaltungs-, Objekt-, Holding-, Besitz- oder sonstige Beteiligungsgesellschaft.

§ 108 Beschlüsse von Organen

(1) Für den Geschäftswert bei der Beurkundung von Beschlüssen von Organen von Kapitalgesellschaften und rechtsfähigen Personengesellschaften sowie von Versicherungsvereinen auf Gegenseitigkeit, juristischen Personen (§ 33 des Handelsgesetzbuchs) oder Genossenschaften, deren Gegenstand keinen bestimmten Geldwert hat, gilt § 105 Absatz 4 und 6 entsprechend. Bei Beschlüssen, deren Gegenstand einen bestimmten Geldwert hat, beträgt der Wert nicht weniger als der sich nach § 105 Absatz 1 ergebende Wert.

(2) Bei der Beurkundung von Beschlüssen im Sinne des Absatzes 1, welche die Zustimmung zu einem bestimmten Rechtsgeschäft enthalten, ist der Geschäftswert wie bei der Beurkundung des Geschäfts zu bestimmen, auf das sich der Zustimmungsbeschluss bezieht.

(3) Der Geschäftswert bei der Beurkundung von Beschlüssen nach dem Umwandlungsgesetz ist der Wert des Vermögens des übertragenden oder formwechselnden Rechtsträgers. Bei Abspaltungen oder Ausgliederungen ist der Wert des übergehenden Vermögens maßgebend.

(4) Der Geschäftswert von Beschlüssen von Gesellschafts-, Stiftungs- und Vereinsorganen sowie von ähnlichen Organen beträgt höchstens 5 Millionen EUR, auch wenn mehrere Beschlüsse mit verschiedenem Gegenstand in einem Beurkundungsverfahren zusammengefasst werden.

§ 109 Derselbe Beurkundungsgegenstand

(1) Derselbe Beurkundungsgegenstand liegt vor, wenn Rechtsverhältnisse zueinander in einem Abhängigkeitsverhältnis stehen und das eine Rechtsverhältnis unmittelbar dem Zweck des anderen Rechtsverhältnisses dient. Ein solches Abhängigkeitsverhältnis liegt nur vor, wenn das andere Rechtsverhältnis der Erfüllung, Sicherung oder sonstigen Durchführung des einen Rechtsverhältnisses dient. Dies gilt auch bei der Beurkundung von Erklärungen Dritter und von Erklärungen der Beteiligten zugunsten Dritter. Ein Abhängigkeitsverhältnis liegt insbesondere vor zwischen

1. dem Kaufvertrag und a) der Übernahme einer durch ein Grundpfandrecht am Kaufgrundstück gesicherten Darlehensschuld, b) der zur Löschung von Grundpfandrechten am Kaufgegenstand erforderlichen Erklärungen sowie c) jeder zur Belastung des Kaufgegenstands dem Käufer erteilten Vollmacht; die Beurkundung des Zuschlags in der freiwilligen Versteigerung steht dem Kaufvertrag gleich;
2. dem Gesellschaftsvertrag und der Auflassung bezüglich eines einzubringenden Grundstücks;
3. der Bestellung eines dinglichen Rechts und der zur Verschaffung des beabsichtigten Rangs erforderlichen Rangänderungserklärungen; § 45 Absatz 2 gilt entsprechend;
4. der Begründung eines Anspruchs und den Erklärungen zur Schaffung eines Titels gemäß § 794 Absatz 1 Nummer 5 der Zivilprozessordnung. In diesen Fällen bestimmt sich der Geschäftswert nur nach dem Wert des Rechtsverhältnisses, zu dessen Erfüllung, Sicherung oder sonstiger Durchführung die anderen Rechtsverhältnisse dienen.

(2) Derselbe Beurkundungsgegenstand sind auch

1. der Vorschlag zur Person eines möglichen Betreuers und eine Patientenverfügung;
2. der Widerruf einer Verfügung von Todes wegen, die Aufhebung oder Anfechtung eines Erbvertrags oder der Rücktritt von einem Erbvertrag jeweils mit der Errichtung einer neuen Verfügung von Todes wegen;
3. die zur Bestellung eines Grundpfandrechts erforderlichen Erklärungen und die Schulderklärung bis zur Höhe des Nennbetrags des Grundpfandrechts;
4. bei Beschlüssen von Organen einer Vereinigung oder Stiftung a) jeder Beschluss und eine damit im Zusammenhang stehende Änderung des Gesellschaftsvertrags oder der Satzung, b) der Beschluss über eine Kapitalerhöhung oder -herabsetzung und die weiteren damit im Zusammenhang stehenden Beschlüsse, c) mehrere Änderungen des Gesellschaftsvertrags oder der Satzung, deren Gegenstand keinen bestimm-

ten Geldwert hat, d) mehrere Wahlen, sofern nicht Einzelwahlen stattfinden, e) mehrere Beschlüsse über die Entlastung von Verwaltungsträgern, sofern nicht Einzelbeschlüsse gefasst werden, f) Wahlen und Beschlüsse über die Entlastung der Verwaltungsträger, sofern nicht einzeln abgestimmt wird, g) Beschlüsse von Organen verschiedener Vereinigungen bei Umwandlungsvorgängen, sofern die Beschlüsse denselben Beschlussgegenstand haben. In diesen Fällen bestimmt sich der Geschäftswert nach dem höchsten in Betracht kommenden Wert.

§ 110 Verschiedene Beurkundungsgegenstände

Abweichend von § 109 Absatz 1 sind verschiedene Beurkundungsgegenstände

1. Beschlüsse von Organen einer Vereinigung oder Stiftung und Erklärungen,
2. ein Veräußerungsvertrag und
   a) Erklärungen zur Finanzierung der Gegenleistung gegenüber Dritten,
   b) Erklärungen zur Bestellung von subjektiv-dinglichen Rechten sowie
   c) ein Verzicht auf Steuerbefreiungen gemäß § 9 Absatz 1 des Umsatzsteuergesetzes sowie
3. Erklärungen gemäß § 109 Absatz 2 Satz 1 Nummer 1 und Vollmachten.

§ 111 Besondere Beurkundungsgegenstände

Als besonderer Beurkundungsgegenstand gelten stets

1. vorbehaltlich der Regelung in § 109 Absatz 2 Nummer 2 eine Verfügung von Todes wegen,
2. ein Ehevertrag im Sinne von § 1408 Absatz 1 des Bürgerlichen Gesetzbuchs,
3. eine Anmeldung zu einem Register und
4. eine Rechtswahl nach dem internationalen Privatrecht.

Unterabschnitt 3 Vollzugs – und Betreuungstätigkeiten

§ 112 Vollzug des Geschäfts

Der Geschäftswert für den Vollzug ist der Geschäftswert des zugrunde liegenden Beurkundungsverfahrens. Liegt der zu vollziehenden Urkunde kein Beurkundungsverfahren zugrunde, ist der Geschäftswert derjenige Wert, der maßgeblich wäre, wenn diese Urkunde Gegenstand eines Beurkundungsverfahrens wäre.

§ 113 Betreuungstätigkeiten

(1) Der Geschäftswert für die Betreuungsgebühr ist wie bei der Beurkundung zu bestimmen.

(2) Der Geschäftswert für die Treuhandgebühr ist der Wert des Sicherungsinteresses.

Unterabschnitt 4 Sonstige notarielle Geschäfte

§ 114 Rückgabe eines Erbvertrags aus der notariellen Verwahrung

Der Geschäftswert für die Rückgabe eines Erbvertrags aus der notariellen Verwahrung bestimmt sich nach § 102 Absatz 1 bis 3.

§ 115 Vermögensverzeichnis, Siegelung

Der Geschäftswert für die Aufnahme von Vermögensverzeichnissen sowie für Siegelungen und Entsiegelungen ist der Wert der verzeichneten oder versiegelten Gegenstände. Dies gilt auch für die Mitwirkung als Urkundsperson bei der Aufnahme von Vermögensverzeichnissen.

§ 116 Freiwillige Versteigerung von Grundstücken

(1) Bei der freiwilligen Versteigerung von Grundstücken oder grundstücksgleichen Rechten ist der Geschäftswert nach dem Wert der zu versteigernden Grundstücke oder grundstücksgleichen Rechte zu bemessen für

1. die Verfahrensgebühr,
2. die Gebühr für die Aufnahme einer Schätzung und
3. die Gebühr für die Abhaltung eines Versteigerungstermins.

(2) Bei der Versteigerung mehrerer Grundstücke wird die Gebühr für die Beurkundung des Zuschlags für jeden Ersteher nach der Summe seiner Gebote erhoben; ist der zusammengerechnete Wert der ihm zugeschlagenen Grundstücke oder grundstücksgleichen Rechte höher, so ist dieser maßgebend.

§ 117 Versteigerung von beweglichen Sachen und von Rechten

Bei der Versteigerung von beweglichen Sachen und von Rechten bemisst sich der Geschäftswert nach der Summe der Werte der betroffenen Sachen und Rechte.

§ 118 Vorbereitung der Zwangsvollstreckung

Im Verfahren über die Vollstreckbarerklärung eines Schiedsspruchs mit vereinbartem Wortlaut oder über die Erteilung einer vollstreckbaren Ausfertigung bemisst sich der Geschäftswert nach den Ansprüchen, die Gegenstand der Vollstreckbarerklärung oder der vollstreckbaren Ausfertigung sein sollen.

§ 118aTeilungssachen

Geschäftswert in Teilungssachen nach § 342 Absatz 2 Nummer 1 des Gesetzes über das Verfahren in Familiensachen und in den Angelegenheiten der freiwilligen Gerichtsbarkeit ist der Wert des den Gegenstand der Auseinandersetzung bildenden Nachlasses oder Gesamtguts oder des von der Auseinandersetzung betroffenen Teils davon. Die Werte mehrerer selbstständiger Vermögensmassen, die in demselben Verfahren auseinandergesetzt werden, werden zusammengerechnet. Trifft die Auseinandersetzung des Gesamtguts einer Gütergemeinschaft mit der Auseinandersetzung des Nachlasses eines Ehegatten oder Lebenspartners zusammen, wird der Wert des Gesamtguts und des übrigen Nachlasses zusammengerechnet.

§ 119 Entwurf

(1) Bei der Fertigung eines Entwurfs bestimmt sich der Geschäftswert nach den für die Beurkundung geltenden Vorschriften.

(2) Der Geschäftswert für die Fertigung eines Serienentwurfs ist die Hälfte des Werts aller zum Zeitpunkt der Entwurfsfertigung beabsichtigten Einzelgeschäfte.

§ 120 Beratung bei einer Haupt- oder Gesellschafterversammlung

Der Geschäftswert für die Beratung bei der Vorbereitung oder Durchführung einer Hauptversammlung oder einer Gesellschafterversammlung bemisst sich nach der Summe der Geschäftswerte für die Beurkundung der in der Versammlung zu fassenden Beschlüsse. Der Geschäftswert beträgt höchstens 5 Millionen EUR.

§ 121 Beglaubigung von Unterschriften oder Handzeichen

Der Geschäftswert für die Beglaubigung von Unterschriften oder Handzeichen bestimmt sich nach den für die Beurkundung der Erklärung geltenden Vorschriften.

§ 122 Rangbescheinigung

Geschäftswert einer Mitteilung über die dem Grundbuchamt bei Einreichung eines Antrags vorliegenden weiteren Anträge einschließlich des sich daraus ergebenden Rangs für das beantragte Recht (Rangbescheinigung) ist der Wert des beantragten Rechts.

§ 123 Gründungsprüfung

Geschäftswert einer Gründungsprüfung gemäß § 33 Absatz 3 des Aktiengesetzes ist die Summe aller Einlagen. Der Geschäftswert beträgt höchstens 10 Millionen EUR.

§ 124 Verwahrung

Der Geschäftswert bei der Verwahrung von Geldbeträgen bestimmt sich nach der Höhe des jeweils ausgezahlten Betrags. Bei der Entgegennahme von Wertpapieren und Kostbarkeiten zur Verwahrung ist Geschäftswert der Wert der Wertpapiere oder Kostbarkeiten.

Abschnitt 5 Gebührenvereinbarung

§ 125 Verbot der Gebührenvereinbarung

Vereinbarungen über die Höhe der Kosten sind unwirksam, soweit sich aus der folgenden Vorschrift nichts anderes ergibt.

§ 126 Öffentlich-rechtlicher Vertrag

(1) Für die Tätigkeit des Notars als Mediator oder Schlichter ist durch öffentlich-rechtlichen Vertrag eine Gegenleistung in Geld zu vereinbaren. Dasselbe gilt für notarielle Amtstätigkeiten, für die in diesem Gesetz keine Gebühr bestimmt ist und die nicht mit anderen gebührenpflichtigen Tätigkeiten zusammenhängen. Die Gegen-

leistung muss unter Berücksichtigung aller Umstände des Geschäfts, insbesondere des Umfangs und der Schwierigkeit, angemessen sein. Sofern nichts anderes vereinbart ist, werden die Auslagen nach den gesetzlichen Bestimmungen erhoben.

(2) Der Vertrag bedarf der Schriftform.

(3) Die §§ 19, 88 bis 90 gelten entsprechend. Der vollstreckbaren Ausfertigung der Kostenberechnung ist eine beglaubigte Kopie oder ein beglaubigter Ausdruck des öffentlich-rechtlichen Vertrags beizufügen.

Abschnitt 6 Gerichtliches Verfahren in Notarkostensachen

§ 127 Antrag auf gerichtliche Entscheidung

(1) Gegen die Kostenberechnung (§ 19), einschließlich der Verzinsungspflicht (§ 88), gegen die Zahlungspflicht, die Ausübung des Zurückbehaltungsrechts (§ 11) und die Erteilung der Vollstreckungsklausel kann die Entscheidung des Landgerichts, in dessen Bezirk der Notar den Amtssitz hat, beantragt werden. Antragsberechtigt ist der Kostenschuldner und, wenn der Kostenschuldner dem Notar gegenüber die Kostenberechnung beanstandet, auch der Notar.

(2) Nach Ablauf des Kalenderjahres, das auf das Jahr folgt, in dem die vollstreckbare Ausfertigung der Kostenberechnung zugestellt ist, können neue Anträge nach Absatz 1 nicht mehr gestellt werden. Soweit die Einwendungen gegen den Kostenanspruch auf Gründen beruhen, die nach der Zustellung der vollstreckbaren Ausfertigung entstanden sind, können sie auch nach Ablauf dieser Frist geltend gemacht werden.

§ 128 Verfahren

(1) Das Gericht soll vor der Entscheidung die Beteiligten, die vorgesetzte Dienstbehörde des Notars und, wenn eine Kasse gemäß § 113 der Bundesnotarordnung errichtet ist, auch diese hören. Betrifft der Antrag die Bestimmung der Gebühr durch den Notar nach § 92 Absatz 1 oder die Kostenberechnung aufgrund eines öffentlich-rechtlichen Vertrags, soll das Gericht ein Gutachten des Vorstands der Notarkammer einholen. Ist eine Kasse nach § 113 der Bundesnotarordnung errichtet, tritt diese an die Stelle der Notarkammer. Das Gutachten ist kostenlos zu erstatten.

(2) Entspricht bei einer Rahmengebühr die vom Notar bestimmte Gebühr nicht der Vorschrift des § 92 Absatz 1, setzt das Gericht die Gebühr fest. Liegt ein zulässiger öffentlich-rechtlicher Vertrag vor und entspricht die vereinbarte Gegenleistung nicht der Vorschrift des § 126 Absatz 1 Satz 3, setzt das Gericht die angemessene Gegenleistung fest.

(3) Das Gericht kann die Entscheidung über den Antrag durch Beschluss einem seiner Mitglieder zur Entscheidung als Einzelrichter übertragen, wenn die Sache keine besonderen Schwierigkeiten tatsächlicher oder rechtlicher Art aufweist und keine grundsätzliche Bedeutung hat.

§ 129 Beschwerde und Rechtsbeschwerde

(1) Gegen die Entscheidung des Landgerichts findet ohne Rücksicht auf den Wert des Beschwerdegegenstands die Beschwerde statt.

(2) Gegen die Entscheidung des Oberlandesgerichts findet die Rechtsbeschwerde statt.

§ 130 Gemeinsame Vorschriften

(1) Der Antrag auf Entscheidung des Landgerichts, die Beschwerde und die Rechtsbeschwerde haben keine aufschiebende Wirkung. Das Gericht oder das Beschwerdegericht kann auf Antrag oder von Amts wegen die aufschiebende Wirkung ganz oder teilweise anordnen; ist nicht der Einzelrichter zur Entscheidung berufen, entscheidet der Vorsitzende des Gerichts.

(2) Die dem Notar vorgesetzte Dienstbehörde kann diesen in jedem Fall anweisen, die Entscheidung des Landgerichts herbeizuführen, Beschwerde oder Rechtsbeschwerde zu erheben. Die hierauf ergehenden gerichtlichen Entscheidungen können auch auf eine Erhöhung der Kostenberechnung lauten. Gerichtskosten hat der Notar in diesen Verfahren nicht zu tragen. Außergerichtliche Kosten anderer Beteiligter, die der Notar in diesen Verfahren zu tragen hätte, sind der Landeskasse aufzuerlegen.

(3) Auf die Verfahren sind im Übrigen die Vorschriften des Gesetzes über das Verfahren in Familiensachen und in den Angelegenheiten der freiwilligen Gerichtsbarkeit anzuwenden. § 10 Absatz 4 des Gesetzes über das Verfahren in Familiensachen und in den Angelegenheiten der freiwilligen Gerichtsbarkeit ist auf den Notar nicht anzuwenden.

§ 131 Abhilfe bei Verletzung des Anspruchs auf rechtliches Gehör

Die Vorschriften des Gesetzes über das Verfahren in Familiensachen und in den Angelegenheiten der freiwilligen Gerichtsbarkeit über die Abhilfe bei Verletzung des Anspruchs auf rechtliches Gehör sind anzuwenden. § 10 Absatz 4 des Gesetzes über das Verfahren in Familiensachen und in den Angelegenheiten der freiwilligen Gerichtsbarkeit ist auf den Notar nicht anzuwenden.

Kapitel 4 Schluss- und Übergangsvorschriften

§ 134 Übergangsvorschrift

(1) In gerichtlichen Verfahren, die vor dem Inkrafttreten einer Gesetzesänderung anhängig geworden oder eingeleitet worden sind, werden die Kosten nach bisherigem Recht erhoben. Dies gilt nicht im Verfahren über ein Rechtsmittel, das nach dem Inkrafttreten einer Gesetzesänderung eingelegt worden ist. Die Sätze 1 und 2 gelten auch, wenn Vorschriften geändert werden, auf die dieses Gesetz verweist. In Verfahren, in denen Jahresgebühren erhoben werden, und in Fällen, in denen die Sätze 1 und 2 keine Anwendung finden, gilt für Kosten, die vor dem Inkrafttreten einer Gesetzesänderung fällig geworden sind, das bisherige Recht.

(2) Für notarielle Verfahren oder Geschäfte, für die ein Auftrag vor dem Inkrafttreten einer Gesetzesänderung erteilt worden ist, werden die Kosten nach bisherigem Recht erhoben.

II. Kostenverzeichnis (Anlage zu § 3 Abs. 2 GNotKG)

– Auszug –

432 **Teil 2 Notargebühren**

Nr.	Gebührentatbestand	Gebühr oder Satz der Gebühr nach § 34 GNotKG **– Tabelle B**

Vorbemerkung 2:

(1) In den Fällen, in denen es für die Gebührenberechnung maßgeblich ist, dass ein bestimmter Notar eine Tätigkeit vorgenommen hat, steht diesem Notar der Aktenverwahrer gemäß § 51 BNotO, der Notariatsverwalter gemäß § 56 BNotO oder ein anderer Notar, mit dem der Notar am Ort seines Amtssitzes zur gemeinsamen Berufsausübung verbunden ist oder mit dem er dort gemeinsame Geschäftsräume unterhält, gleich.

(2) Bundes- oder landesrechtliche Vorschriften, die Gebühren- oder Auslagenbefreiung gewähren, sind nicht auf den Notar anzuwenden. Außer in den Fällen der Kostenerstattung zwischen den Trägern der Sozialhilfe gilt die in § 64 Abs. 2 Satz 3 Nr. 2 SGB X bestimmte Gebührenfreiheit auch für den Notar.

(3) Beurkundungen nach § 67 Abs. 1 des Beurkundungsgesetzes und die Bezifferung dynamisierter Unterhaltstitel zur Zwangsvollstreckung im Ausland sind gebührenfrei.

Hauptabschnitt 1
Beurkundungsverfahren

Vorbemerkung 2.1:

(1) Die Gebühr für das Beurkundungsverfahren entsteht für die Vorbereitung und Durchführung der Beurkundung in Form einer Niederschrift (§§ 8, 16b und 36 des Beurkundungsgesetzes) einschließlich der Beschaffung der Information.

(2) Durch die Gebühren dieses Hauptabschnitts werden auch abgegolten

1. die Übermittlung von Anträgen und Erklärungen an ein Gericht oder eine Behörde,
2. die Stellung von Anträgen im Namen der Beteiligten bei einem Gericht oder einer Behörde,
3. die Erledigung von Beanstandungen einschließlich des Beschwerdeverfahrens und
4. bei Änderung eines Gesellschaftsvertrags oder einer Satzung die Erteilung einer für die Anmeldung zum Handelsregister erforderlichen Bescheinigung des neuen vollständigen Wortlauts des Gesellschaftsvertrags oder der Satzung.

Nr.	Gebührentatbestand	Gebühr oder Satz der Gebühr nach § 34 GNotKG – **Tabelle B**
	Abschnitt 1 **Verträge, bestimmte Erklärungen sowie Beschlüsse von Organen einer Vereinigung oder Stiftung**	
	Vorbemerkung 2.1.1: Dieser Abschnitt ist auch anzuwenden im Verfahren zur Beurkundung der folgenden Erklärungen: 1. Antrag auf Abschluss eines Vertrags oder Annahme eines solchen Antrags oder 2. gemeinschaftliches Testament.	
21100	Beurkundungsverfahren	2,0 – mindestens 120 EUR
21101	Gegenstand des Beurkundungsverfahrens ist 1. die Annahme eines Antrags auf Abschluss eines Vertrags oder 2. ein Verfügungsgeschäft und derselbe Notar hat für eine Beurkundung, die das zugrunde liegende Rechtsgeschäft betrifft, die Gebühr 21100 oder 23603 erhoben: Die Gebühr 21100 beträgt	0,5 – mindestens 30 EUR
	(1) Als zugrunde liegendes Rechtsgeschäft gilt nicht eine Verfügung von Todes wegen. (2) Die Gebühr für die Beurkundung des Zuschlags in einer freiwilligen Versteigerung von Grundstücken oder grundstücksgleichen Rechten bestimmt sich nach Nummer 23603.	
21102	Gegenstand des Beurkundungsverfahrens ist 1. ein Verfügungsgeschäft und das zugrunde liegende Rechtsgeschäft ist bereits beurkundet und Nummer 21101 nicht anzuwenden oder 2. die Aufhebung eines Vertrags: Die Gebühr 21100 beträgt	1,0 – mindestens 60 EUR
	Abschnitt 2 **Sonstige Erklärungen, Tatsachen und Vorgänge**	
	Vorbemerkung 2.1.2: (1) Die Gebühr für die Beurkundung eines Antrags zum Abschluss eines Vertrages und für die Beurkundung der Annahme eines solchen Antrags sowie für die Beurkundung eines gemeinschaftlichen Testaments bestimmt sich nach Abschnitt 1, die Gebühr für die Beurkundung des Zuschlags bei der freiwilligen Versteigerung von Grundstücken oder grundstücksgleichen Rechten bestimmt sich nach Nummer 23603. (2) Die Beurkundung der in der Anmerkung zu Nummer 23603 genannten Erklärungen wird durch die Gebühr 23603 mit abgegolten, wenn die Beurkundung in der Niederschrift über die Versteigerung erfolgt	
21200	Beurkundungsverfahren Unerheblich ist, ob eine Erklärung von einer oder von mehreren Personen abgegeben wird.	1,0 – mindestens 60 EUR
21201	Beurkundungsgegenstand ist 1. der Widerruf einer letztwilligen Verfügung, 2. der Rücktritt von einem Erbvertrag, 3. die Anfechtung einer Verfügung von Todes wegen, 4. ein Antrag oder eine Bewilligung nach der Grundbuchordnung, der Schiffsregisterordnung oder dem Gesetz über Rechte an Luftfahrzeugen oder die Zustimmung des Eigentümers zur Löschung eines Grundpfandrechts oder eines vergleichbaren Pfandrechts,	

Nr.	Gebührentatbestand	Gebühr oder Satz der Gebühr nach § 34 GNotKG **– Tabelle B**
	5. eine Anmeldung zum Handelsregister oder zu einem ähnlichen Register, 6. ein Antrag an das Nachlassgericht, 7. eine Erklärung, die gegenüber dem Nachlassgericht abzugeben ist, oder 8. die Zustimmung zur Annahme als Kind: Die Gebühr 21200 beträgt In dem in Vorbemerkung 2.3.3 Abs. 2 genannten Fall ist das Beurkundungsverfahren für den Antrag an das Nachlassgericht durch die Gebühr 23300 für die Abnahme der eidesstattlichen Versicherung mit abgegolten; im Übrigen bleiben die Vorschriften in Hauptabschnitt 1 unberührt	0,5 – mindestens 30 EUR

Abschnitt 3
Vorzeitige Beendigung des Beurkundungsverfahrens

Vorbemerkung 2.1.3:

(1) Ein Beurkundungsverfahren ist vorzeitig beendet, wenn vor Unterzeichnung der Niederschrift durch den Notar oder bevor der Notar die elektronische Niederschrift mit seiner qualifizierten elektronischen Signatur versehen hat der Beurkundungsauftrag zurückgenommen oder zurückgewiesen wird oder der Notar feststellt, dass nach seiner Überzeugung mit der beauftragten Beurkundung aus Gründen, die nicht in seiner Person liegen, nicht mehr zu rechnen ist. Wird das Verfahren länger als 6 Monate nicht mehr betrieben, ist in der Regel nicht mehr mit der Beurkundung zu rechnen.

(2) Führt der Notar nach der vorzeitigen Beendigung des Beurkundungsverfahrens demnächst auf der Grundlage der bereits erbrachten notariellen Tätigkeit ein erneutes Beurkundungsverfahren durch, wird die nach diesem Abschnitt zu erhebende Gebühr auf die Gebühr für das erneute Beurkundungsverfahren angerechnet.

(3) Der Fertigung eines Entwurfs im Sinne der nachfolgenden Vorschriften steht die Überprüfung, Änderung oder Ergänzung eines dem Notar vorgelegten Entwurf gleich.

21300	Vorzeitige Beendigung des Beurkundungsverfahrens 1. vor Ablauf des Tages, an dem ein vom Notar gefertigter Entwurf an einen Beteiligten durch Aufgabe zur Post versandt worden ist, 2. vor der Übermittlung eines vom Notar gefertigten Entwurfs per Telefax, vor der elektronischen Übermittlung als Datei oder vor Aushändigung oder 3. bevor der Notar mit allen Beteiligten in einem zum Zweck der Beurkundung vereinbarten Termin auf der Grundlage eines von ihm gefertigten Entwurfs verhandelt hat: Die jeweilige Gebühr für das Beurkundungsverfahren ermäßigt sich auf	20 EUR
21301	In den Fällen der Nummer 21300 hat der Notar persönlich oder schriftlich beraten: Die jeweilige Gebühr für das Beurkundungsverfahren ermäßigt sich auf eine Gebühr	in Höhe der jeweiligen Beratungsgebühr
21302	Vorzeitige Beendigung des Verfahrens nach einem der in Nummer 21300 genannten Zeitpunkte in den Fällen der Nummer 21100: Die Gebühr 21100 ermäßigt sich	0,5 bis 2,0 – mindestens 120 EUR

Nr.	Gebührentatbestand	Gebühr oder Satz der Gebühr nach § 34 GNotKG **– Tabelle B**
21303	Vorzeitige Beendigung des Verfahrens nach einem der in Nummer 21300 genannten Zeitpunkte in den Fällen der Nummern 21102 und 21200: Die Gebühren 21102 und 21200 ermäßigen sich auf	0,3 bis 1,0 – mindestens 60 EUR
21304	Vorzeitige Beendigung des Verfahrens nach einem der in Nummer 21300 genannten Zeitpunkte in den Fällen der Nummern 21101 und 21201: Die Gebühren 21101 und 21201 ermäßigen sich auf	0,3 bis 0,5 – mindestens 30 EUR

Hauptabschnitt 2
Vollzug eines Geschäfts und Betreuungstätigkeiten

Vorbemerkung 2.2:

(1) Gebühren nach diesem Hauptabschnitt entstehen nur, wenn dem Notar für seine Tätigkeit ein besonderer Auftrag erteilt worden ist; dies gilt nicht für die Gebühren 22114, 22125 und die Gebühr 22200 im Fall der Nummer 6 der Anmerkung.

(2) Entsteht für eine Tätigkeit eine Gebühr nach diesem Hauptabschnitt, fällt bei demselben Notar insoweit keine Gebühr für die Fertigung eines Entwurfs und keine Gebühr nach Nummer 25204 an.

Abschnitt 1
Vollzug

Unterabschnitt 1
Vollzug eines Geschäfts

Vorbemerkung 2.2.1.1:

(1) Die Vorschriften dieses Unterabschnitts sind anzuwenden, wenn der Notar eine Gebühr für das Beurkundungsverfahren oder für die Fertigung eines Entwurfs erhält, die das zugrunde liegende Geschäft betrifft. Die Vollzugsgebühr entsteht für die

1. Anforderung und Prüfung einer Erklärung oder Bescheinigung nach öffentlich-rechtlichen Vorschriften mit Ausnahme der Unbedenklichkeitsbescheinigung des Finanzamts,

2. Anforderung und Prüfung einer anderen als der in Nummer 4 genannten gerichtlichen Entscheidung oder Bescheinigung, dies gilt auch für die Ermittlung des Inhalts eines ausländischen Registers,

3. Fertigung, Änderung oder Ergänzung der Liste der Gesellschafter (§ 8 Abs. 1 Nr. 3, § 40 GmbHG) oder der Liste der Personen, welche neue Geschäftsanteile übernommen haben (§ 57 Abs. 3 Nr. 2 GmbHG),

4. Anforderung und Prüfung einer Entscheidung des Familien-, Betreuungs- oder Nachlassgerichts einschließlich aller Tätigkeiten des Notars gemäß den §§ 1855 und 1856 BGB im Namen der Beteiligten sowie die Erteilung einer Bescheinigung über die Wirksamkeit oder Unwirksamkeit des Rechtsgeschäfts,

5. Anforderung und Prüfung einer Vollmachtsbestätigung oder einer privatrechtlichen Zustimmungserklärung,

6. Anforderung und Prüfung einer privatrechtlichen Verzichtserklärung,

7. Anforderung und Prüfung einer Erklärung über die Ausübung oder Nichtausübung eines privatrechtlichen Vorkaufs- oder Wiederkaufsrechts,

8. Anforderung und Prüfung einer Erklärung über die Zustimmung zu einer Schuldübernahme oder einer Entlassung aus der Haftung,

9. Anforderung und Prüfung einer Erklärung oder sonstigen Urkunde zur Verfügung über ein Recht an einem Grundstück oder einem grundstücksgleichen Recht sowie zur Löschung oder Inhaltsänderung einer sonstigen Eintragung im Grundbuch oder in einem Register oder Anforderung und Prüfung einer Erklärung, inwieweit ein Grundpfandrecht eine Verbindlichkeit sichert,

10. Anforderung und Prüfung einer Verpflichtungserklärung betreffend eine in Nummer 9 genannte Verfügung oder einer Erklärung über die Nichtausübung eines Rechts und

11. über die in den Nummern 1 und 2 genannten Tätigkeiten hinausgehende Tätigkeit für die Beteiligten gegenüber der Behörde, dem Gericht oder der Körperschaft oder Anstalt des öffentlichen Rechts.

Die Vollzugsgebühr entsteht auch, wenn die Tätigkeit vor der Beurkundung vorgenommen wird.

Nr.	Gebührentatbestand	Gebühr oder Satz der Gebühr nach § 34 GNotKG **– Tabelle B**
	(2) Zustimmungsbeschlüsse stehen Zustimmungserklärungen gleich.	
	(3) Wird eine Vollzugstätigkeit unter Beteiligung eines ausländischen Gerichts oder einer ausländischen Behörde vorgenommen, bestimmt sich die Vollzugsgebühr nach Unterabschnitt 2.	
22110	Vollzugsgebühr	0,5
22111	Vollzugsgebühr, wenn die Gebühr für das zugrunde liegende Beurkundungsverfahren weniger als 2,0 beträgt:	
	Die Gebühr 22110 beträgt	0,3
	Vollzugsgegenstand sind lediglich die in der Vorbemerkung 2.2.1.1 Abs. 1 Satz 2 Nr. 1 bis 3 genannten Tätigkeiten:	
	Die Gebühren 22110 und 22111 betragen	
22112	– für jede Tätigkeit nach Vorbemerkung 2.2.1.1 Abs. 1 Satz 2 Nr. 1 und 2	höchstens 50 EUR
22113	– für jede Tätigkeit nach Vorbemerkung 2.2.1.1 Abs. 1 Satz 2 Nr. 3	höchstens 250 EUR
22114	Erzeugung von strukturierten Daten in Form der Extensible Markup Language (XML) oder in einem nach dem Stand der Technik vergleichbaren Format für eine automatisierte Weiterbearbeitung	0,2 – höchstens 125 EUR
22115	Neben der Gebühr 22114 entstehen andere Gebühren dieses Unterabschnitts:	
	Die Gebühr 22114 beträgt	0,1 – höchstens 125 EUR
	Unterabschnitt 2 *Vollzug in besonderen Fällen*	
	Vorbemerkung 2.2.1.2:	
	Die Gebühren dieses Unterabschnitts entstehen, wenn der Notar	
	1. keine Gebühr für ein Beurkundungsverfahren oder für die Fertigung eines Entwurfs erhalten hat, die das zu vollziehende Geschäft betrifft, oder	
	2. eine Vollzugstätigkeit unter Beteiligung eines ausländischen Gerichts oder einer ausländischen Behörde vornimmt	
22120	Vollzugsgebühr für die in Vorbemerkung 2.2.1.1 Abs. 1 Satz 2 genannten Tätigkeiten, wenn die Gebühr für ein die Urkunde betreffendes Beurkundungsverfahren 2,0 betragen würde	1,0
22121	Vollzugsgebühr für die in Vorbemerkung 2.2.1.1 Abs. 1 Satz 2 genannten Tätigkeiten, wenn die Gebühr für ein die Urkunde betreffendes Beurkundungsverfahren weniger als 2,0 betragen würde	0,5
22122	Überprüfung, ob die Urkunde bei Gericht eingereicht werden kann (1) Die Gebühr entsteht nicht neben einer der Gebühren 22120 und 22121. (2) Die Gebühr entsteht nicht für die Prüfung der Eintragungsfähigkeit in den Fällen des § 378 Abs. 3 FamFG und des § 15 Abs. 3 der Grundbuchordnung.	0,5
22123	Erledigung von Beanstandungen einschließlich des Beschwerdeverfahrens Die Gebühr entsteht nicht neben einer der Gebühren 22120 bis 22122.	0,5
22124	Die Tätigkeit beschränkt sich auf 1. die Übermittlung von Anträgen, Erklärungen oder Unterlagen an ein Gericht, eine Behörde oder einen Dritten oder die Stellung von Anträgen im Namen der Beteiligten,	20 EUR

Nr.	Gebührentatbestand	Gebühr oder Satz der Gebühr nach § 34 GNotKG **– Tabelle B**
	2.die Prüfung der Eintragungsfähigkeit in den Fällen des § 378 Abs. 3 FamFG und des § 15 Abs. 3 der Grundbuchordnung (1) Die Gebühr entsteht nur, wenn nicht eine Gebühr nach den Nummern 22120 bis 22123 anfällt. (2) Die Gebühr nach Nummer 2 entsteht nicht neben der Gebühr 25100 oder 25101. (3) Die Gebühr entsteht auch, wenn Tätigkeiten nach Nummer 1 und nach Nummer 2 ausgeübt werden. In diesem Fall wird die Gebühr nur einmal erhoben.	
22125	Erzeugung von strukturierten Daten in Form der Extensible Markup Language (XML) oder einem nach dem Stand der Technik vergleichbaren Format für eine automatisierte Weiterbearbeitung (1) Die Gebühr entsteht neben anderen Gebühren dieses Unterabschnitts gesondert. (2) Die Gebühr entsteht nicht neben der Gebühr 25101.	0,5 – höchstens 250 EUR
	Abschnitt 2 **Betreuungstätigkeiten**	
22200	Betreuungsgebühr Die Betreuungsgebühr entsteht für die 1. Erteilung einer Bescheinigung über den Eintritt der Wirksamkeit von Verträgen, Erklärungen und Beschlüssen, 2. Prüfung und Mitteilung des Vorliegens von Fälligkeitsvoraussetzungen einer Leistung oder Teilleistung, 3. Beachtung einer Auflage eines an dem Beurkundungsverfahren Beteiligten im Rahmen eines Treuhandauftrags, eine Urkunde oder Auszüge einer Urkunde nur unter bestimmten Bedingungen herauszugeben, wenn die Herausgabe nicht lediglich davon abhängt, dass ein Beteiligter der Herausgabe zustimmt, oder die Erklärung der Bewilligung nach § 19 der Grundbuchordnung aufgrund einer Vollmacht, wenn diese nur unter bestimmten Bedingungen abgegeben werden soll, 4. Prüfung und Beachtung der Auszahlungsvoraussetzungen von verwahrtem Geld und der Ablieferungsvoraussetzungen von verwahrten Wertpapieren und Kostbarkeiten, 5. Anzeige oder Anmeldung einer Tatsache, insbesondere einer Abtretung oder Verpfändung, an einen nicht an dem Beurkundungsverfahren Beteiligten zur Erzielung einer Rechtsfolge, wenn sich die Tätigkeit des Notars nicht darauf beschränkt, dem nicht am Beurkundungsverfahren Beteiligten die Urkunde oder eine Kopie oder eine Ausfertigung der Urkunde zu übermitteln, 6. Erteilung einer Bescheinigung über Veränderungen hinsichtlich der Personen der Gesellschafter oder des Umfangs ihrer Beteiligung (§ 40 Abs. 2 GmbHG), wenn Umstände außerhalb der Urkunde zu prüfen sind, und 7. Entgegennahme der für den Gläubiger bestimmten Ausfertigung einer Grundpfandrechtsbestellungsurkunde zur Herbeiführung der Bindungswirkung gemäß § 873 Abs. 2 BGB.	0,5
22201	Treuhandgebühr Die Treuhandgebühr entsteht für die Beachtung von Auflagen durch einen nicht unmittelbar an dem Beurkundungsverfahren Beteiligten, eine Urkunde oder Auszüge einer Urkunde nur unter bestimmten Bedingungen herauszugeben. Die Gebühr entsteht für jeden Treuhandauftrag gesondert	0,5

Nr.	Gebührentatbestand	Gebühr oder Satz der Gebühr nach § 34 GNotKG – **Tabelle B**
	Hauptabschnitt 3 **Sonstige notarielle Verfahren**	
	Vorbemerkung 2.3: Mit den Gebühren dieses Hauptabschnitts wird auch die Fertigung einer Niederschrift abgegolten. Nummer 23603 bleibt unberührt.	
	Abschnitt 1 **Rückgabe eines Erbvertrags aus der notariellen Verwahrung**	
23100	Verfahrensgebühr Wenn derselbe Notar demnächst nach der Rückgabe eines Erbvertrags eine erneute Verfügung von Todes wegen desselben Erblassers beurkundet, wird die Gebühr auf die Gebühr für das Beurkundungsverfahren angerechnet. Bei einer Mehrheit von Erblassern erfolgt die Anrechnung nach Kopfteilen	0,3
	Abschnitt 2 **Verlosung, Auslosung**	
23200	Verfahrensgebühr Die Gebühr entsteht auch, wenn der Notar Prüfungstätigkeiten übernimmt	2,0
23201	Vorzeitige Beendigung des Verfahrens: Die Gebühr 23200 ermäßigt sich auf	0,5
	Abschnitt 3 **Eid, eidesstattliche Versicherung, Vernehmung von Zeugen und Sachverständigen**	
	Vorbemerkung 2.3.3: (1) Die Gebühren entstehen nur, wenn das in diesem Abschnitt genannte Verfahren oder Geschäft nicht Teil eines anderen Verfahrens oder Geschäfts ist. (2) Wird mit der Niederschrift über die Abnahme der eidesstattlichen Versicherung zugleich ein Antrag an das Nachlassgericht beurkundet, wird mit der Gebühr 23300 insoweit auch das Beurkundungsverfahren abgegolten.	
23300	Verfahren zur Abnahme von Eiden und eidesstattlichen Versicherungen	1,0
23301	Vorzeitige Beendigung des Verfahrens: Die Gebühr 23300 beträgt	0,3
23302	Vernehmung von Zeugen und Sachverständigen	1,0
	Abschnitt 4 **Wechsel- und Scheckprotest**	
	Vorbemerkung 2.3.4: Neben den Gebühren dieses Abschnitts werden die Gebühren 25300 und 26002 nicht erhoben.	
23400	Verfahren über die Aufnahme eines Wechsel- und Scheckprotests Die Gebühr fällt auch dann an, wenn ohne Aufnahme des Protestes an den Notar gezahlt oder ihm die Zahlung nachgewiesen wird.	0,5
23401	Verfahren über die Aufnahme eines jeden Protests wegen Verweigerung der Ehrenannahme oder wegen unterbliebener Ehrenzahlung, wenn der Wechsel Notadressen enthält	0,3

Nr.	Gebührentatbestand	Gebühr oder Satz der Gebühr nach § 34 GNotKG **– Tabelle B**
	Abschnitt 5 **Vermögensverzeichnis und Siegelung**	
	Vorbemerkung 2.3.5: Neben den Gebühren dieses Abschnitts wird die Gebühr 26002 nicht erhoben.	
23500	Verfahren über die Aufnahme eines Vermögensverzeichnisses einschließlich der Siegelung Die Gebühr entsteht nicht, wenn die Aufnahme des Vermögensverzeichnisses Teil eines beurkundeten des Vertrages ist.	2,0
23501	Vorzeitige Beendigung des Verfahrens: Die Gebühr 23500 ermäßigt sich auf	0,5
23502	Mitwirkung als Urkundsperson bei der Aufnahme eines Vermögensverzeichnisses einschließlich der Siegelung	1,0
23503	Siegelung, die nicht mit den Gebühren 23500 oder 23502 abgegolten ist, und Entsiegelung	0,5
	Abschnitt 6 **Freiwillige Versteigerung von Grundstücken**	
	Vorbemerkung 2.3.6: Die Vorschriften dieses Abschnitts sind auf die freiwillige Versteigerung von Grundstücken und grundstücksgleichen Rechten durch den Notar zum Zwecke der Veräußerung oder Verpachtung anzuwenden.	
23600	Verfahrensgebühr	0,5
23601	Aufnahme einer Schätzung	0,5
23602	Abhaltung eines Versteigerungstermins: für jeden Termin Der Versteigerungstermin gilt als abgehalten, wenn zur Abgabe von Geboten aufgefordert ist	1,0
23603	Beurkundung des Zuschlags Die Beurkundung bleibt gebührenfrei, wenn sie in der Niederschrift über die Versteigerung erfolgt und wenn 1. der Meistbietende die Rechte aus dem Meistgebot oder der Veräußerer den Anspruch gegen den Ersteher abtritt oder 2. der Meistbietende erklärt, für einen Dritten geboten zu haben, oder 3. ein Dritter den Erklärungen nach Nummer 2 beitritt. Das Gleiche gilt, wenn nach Maßgabe der Versteigerungsbedingungen für den Anspruch gegen den Ersteher die Bürgschaft übernommen oder eine sonstige Sicherheit bestellt und dies in dem Protokoll über die Versteigerung beurkundet wird	1,0
	Abschnitt 7 **Versteigerung von beweglichen Sachen und von Rechten**	
23700	Verfahrensgebühr (1) Die Gebühr entsteht für die Versteigerung von beweglichen Sachen, von Früchten auf dem Halm oder von Holz auf dem Stamm sowie von Forderungen oder sonstigen Rechten. (2) Ein Betrag in Höhe der Kosten kann aus dem Erlös vorweg entnommen werden	3,0
23701	Beendigung des Verfahrens vor Aufforderung zur Abgabe von Geboten: Die Gebühr 23700 ermäßigt sich auf	0,5

Nr.	Gebührentatbestand	Gebühr oder Satz der Gebühr nach § 34 GNotKG **– Tabelle B**
	Abschnitt 8 **Vorbereitung der Zwangsvollstreckung**	
23800	Verfahren über die Vollstreckbarerklärung eines Anwaltsvergleichs nach § 796a ZPO	72 EUR
23801	Verfahren über die Vollstreckbarerklärung eines Schiedsspruchs mit vereinbartem Wortlaut (§ 1053 ZPO)	2,0
23802	Beendigung des gesamten Verfahrens durch Zurücknahme des Antrags: Die Gebühr 23801 ermäßigt sich auf	1,0
23803	Verfahren über die Erteilung einer vollstreckbaren Ausfertigung, wenn der Eintritt einer Tatsache oder einer Rechtsnachfolge zu prüfen ist (§§ 726 Abs. 1, 727 auch i.V.m. den §§ 728, 729, 738, 742, 744, 744a, 745 Abs. 2 oder § 749 ZPO)	0,5
23804	Verfahren über den Antrag auf Erteilung einer weiteren vollstreckbaren Ausfertigung (§ 797 Abs. 2, § 733 ZPO). Die Gebühr wird für jede weitere vollstreckbare Ausfertigung gesondert erhoben.	24 EUR
23805	Verfahren über die Ausstellung einer Bestätigung nach § 1079 ZPO oder über die Ausstellung einer Bescheinigung nach § 1110 ZPO	24 EUR
23806	Verfahren über einen Antrag auf Vollstreckbarerklärung einer notariellen Urkunde nach § 55 Abs. 3 AVAG, nach § 35 Abs. 3 AUG, nach § 3 Abs. 4 IntErbRVG oder nach § 4 Abs. 4 IntGüRVG	288 EUR
23807	Beendigung des gesamten Verfahrens durch Zurücknahme des Antrags: Die Gebühr 23806 ermäßigt sich auf	108 EUR
23808	Verfahren über die Ausstellung einer Bescheinigung nach § 57 AVAG, § 27 IntErbRVG oder § 27 IntGüRVG oder für die Ausstellung des Formblatts oder der Bescheinigung nach § 71 Abs. 1 AUG	19 EUR
	Abschnitt 9 **Teilungssachen**	
	Vorbemerkung 2.3.9: (1) Dieser Abschnitt gilt für Teilungssachen zur Vermittlung der Auseinandersetzung des Nachlasses und des Gesamtguts einer Gütergemeinschaft nach Beendigung der ehelichen, lebenspartnerschaftlichen oder fortgesetzten Gütergemeinschaft (§ 342 Abs. 2 Nr. 1 FamFG). (2) Neben den Gebühren dieses Abschnitts werden gesonderte Gebühren erhoben für 1. die Aufnahme von Vermögensverzeichnissen und Schätzungen, 2. Versteigerungen und 3. das Beurkundungsverfahren, jedoch nur, wenn Gegenstand ein Vertrag ist, der mit einem Dritten zum Zweck der Auseinandersetzung geschlossen wird.	
23900	Verfahrensgebühr	6,0
23901	Soweit das Verfahren vor Eintritt in die Verhandlung durch Zurücknahme oder auf andere Weise endet, ermäßigt sich die Gebühr 23900 auf	1,5

Nr.	Gebührentatbestand	Gebühr oder Satz der Gebühr nach § 34 GNotKG **– Tabelle B**
23902	Soweit der Notar das Verfahren vor Eintritt in die Verhandlung wegen Unzuständigkeit an einen anderen Notar verweist, ermäßigt sich die Gebühr 23900 auf	1,5 – höchstens 100 EUR
23903	Das Verfahren wird nach Eintritt in die Verhandlung 1. ohne Bestätigung der Auseinandersetzung abgeschlossen oder 2. wegen einer Vereinbarung der Beteiligten über die Zuständigkeit an einen anderen Notar verwiesen: Die Gebühr 23900 ermäßigt sich auf	3,0

Hauptabschnitt 4
Entwurf und Beratung

Abschnitt 1
Entwurf

Vorbemerkung 2.4.1:

(1) Gebühren nach diesem Abschnitt entstehen, wenn außerhalb eines Beurkundungsverfahrens ein Entwurf für ein bestimmtes Rechtsgeschäft oder eine bestimmte Erklärung im Auftrag eines Beteiligten gefertigt worden ist. Sie entstehen jedoch nicht in den Fällen der Vorbemerkung 2.2 Abs. 2.

(2) Beglaubigt der Notar, der den Entwurf gefertigt hat, demnächst unter dem Entwurf eine oder mehrere Unterschriften, Handzeichen oder qualifizierte elektronische Signaturen, entstehen für die erstmaligen Beglaubigungen, die an ein und demselben Tag erfolgen, keine Gebühren.

(3) Gebühren nach diesem Abschnitt entstehen auch, wenn der Notar keinen Entwurf gefertigt, aber einen ihm vorgelegten Entwurf überprüft, geändert oder ergänzt hat. Dies gilt nicht für die Prüfung der Eintragungsfähigkeit in den Fällen des § 378 Abs. 3 FamFG und des § 15 Abs. 3 der Grundbuchordnung.

(4) Durch die Gebühren dieses Abschnitts werden auch abgegolten

1. die Übermittlung von Anträgen und Erklärungen an ein Gericht oder eine Behörde,
2. die Stellung von Anträgen im Namen der Beteiligten bei einem Gericht oder einer Behörde und
3. die Erledigung von Beanstandungen einschließlich des Beschwerdeverfahrens.

(5) Gebühren nach diesem Abschnitt entstehen auch für die Fertigung eines Entwurfs zur beabsichtigten Verwendung für mehrere gleichartige Rechtsgeschäfte oder Erklärungen (Serienentwurf). Absatz 3 gilt entsprechend.

(6) Wenn der Notar demnächst nach Fertigung eines Entwurfs auf der Grundlage dieses Entwurfs ein Beurkundungsverfahren durchführt, wird eine Gebühr nach diesem Abschnitt auf die Gebühr für das Beurkundungsverfahren angerechnet.

(7) Der Notar ist berechtigt, dem Auftraggeber die Gebühren für die Fertigung eines Serienentwurfs bis zu einem Jahr nach Fälligkeit zu stunden.

24100	Fertigung eines Entwurfs, wenn die Gebühr für das Beurkundungsverfahren 2,0 betragen würde	0,5 bis 2,0 – mindestens 120 EUR
24101	Fertigung eines Entwurfs, wenn die Gebühr für das Beurkundungsverfahren 1,0 betragen würde	0,3 bis 1,0 – mindestens 60 EUR
24102	Fertigung eines Entwurfs, wenn die Gebühr für das Beurkundungsverfahren 0,5 betragen würde	0,3 bis 0,5 – mindestens 30 EUR
24103	Auf der Grundlage eines von demselben Notar gefertigten Serienentwurfs finden Beurkundungsverfahren statt: Die Gebühren dieses Abschnitts ermäßigen sich jeweils um	die Gebühr für das Beurkundungsverfahren

Abschnitt 2 Beratung

24200	Beratungsgebühr (1) Die Gebühr entsteht für eine Beratung, soweit der Beratungsgegenstand nicht Gegenstand eines anderen gebührenpflichtigen Verfahrens oder Geschäfts ist.	0,3 bis 1,0

Nr.	Gebührentatbestand	Gebühr oder Satz der Gebühr nach § 34 GNotKG – **Tabelle B**
	(2) Soweit derselbe Gegenstand demnächst Gegenstand eines anderen gebührenpflichtigen Verfahrens oder Geschäfts ist, ist die Beratungsgebühr auf die Gebühr für das andere Verfahren oder Geschäft anzurechnen	
24201	Der Beratungsgegenstand könnte auch Beurkundungsgegenstand sein und die Beurkundungsgebühr würde 1,0 betragen: Die Gebühr 24200 beträgt	0,3 bis 0,5
24202	Der Beratungsgegenstand könnte auch Beurkundungsgegenstand sein und die Beurkundungsgebühr würde weniger als 1,0 betragen: Die Gebühr 24200 beträgt	0,3
24203	Beratung bei der Vorbereitung oder Durchführung einer Hauptversammlung oder Gesellschafterversammlung	0,5 bis 2,0

Hauptabschnitt 5
Sonstige Geschäfte

Abschnitt 1
Beglaubigungen und sonstige Zeugnisse (§§ 39, 39a BeurkG)

Nr.	Gebührentatbestand	Gebühr oder Satz der Gebühr nach § 34 GNotKG – **Tabelle B**
25100	Beglaubigung einer Unterschrift oder eines Handzeichens (1) Die Gebühr entsteht nicht in den in Vorbemerkung 2.4.1 Abs. 2 genannten Fällen. (2) Mit der Gebühr ist die Beglaubigung mehrerer Handzeichen oder qualifizierter elektronischer Signaturen abgegolten, wenn diese in einem einzigen Vermerk erfolgt.	0,2 – mindestens 20 EUR, höchstens 70 EUR
25101	Die Beglaubigung erfolgt für 1. eine Erklärung, für die nach den Staatsschuldbuchgesetzen eine öffentliche Beglaubigung vorgeschrieben ist, 2. eine Zustimmung gemäß § 27 der Grundbuchordnung sowie einen damit verbundenen Löschungsantrag gemäß § 13 der Grundbuchordnung, 3. den Nachweis der Verwaltereigenschaft gemäß § 26 Abs. 4 WEG: Die Gebühr 25100 beträgt	20 EUR
25102	Beglaubigung von Dokumenten (1) Neben der Gebühr wird keine Dokumentenpauschale erhoben. (2) Die Gebühr wird nicht erhoben für die Erteilung 1. beglaubigter Kopien oder Ausdrucke der vom Notar aufgenommenen oder entworfenen oder in Urschrift in seiner dauernden Verwahrung befindlichen Urkunden und 2. beglaubigter Kopien vorgelegter Vollmachten und Ausweise über die Berechtigung eines gesetzlichen Vertreters, die der vom Notar gefertigten Niederschrift beizulegen sind (§ 12 BeurkG). (3) Einer Kopie im Sinne des Absatzes 2 steht ein in ein elektronisches Dokument übertragenes Schriftstück gleich, insbesondere wenn dieses einer vom Notar gefertigten elektronischen Niederschrift beigefügt ist (§ 16d BeurkG).	1 EUR für jede angefangene Seite – mindestens 10 EUR
25103	Sicherstellung der Zeit, zu der eine Privaturkunde ausgestellt ist, einschließlich der über die Vorlegung ausgestellten Bescheinigung	20 EUR

Nr.	Gebührentatbestand	Gebühr oder Satz der Gebühr nach § 34 GNotKG **– Tabelle B**
25104	Erteilung von Bescheinigungen über Tatsachen oder Verhältnisse, die urkundlich nachgewiesen oder offenkundig sind, einschließlich der Identitätsfeststellung, wenn sie über die §§ 10 und 40 Abs. 4 BeurkG hinaus selbstständige Bedeutung hat Die Gebühr entsteht nicht, wenn die Erteilung der Bescheinigung eine Betreuungstätigkeit nach Nummer 22200 darstellt	1,0
	Abschnitt 2 Andere Bescheinigungen und sonstige Geschäfte	
25200	Erteilung einer Bescheinigung nach § 21 Abs. 1 BNotO	15 EUR für jedes Registerblatt, dessen Einsicht zur Erteilung erforderlich ist
25201	Rangbescheinigung (§ 122 GNotKG)	0,3
25202	Herstellung eines Teilhypotheken-, -grundschuld- oder -rentenschuldbriefs	0,3
25203	Erteilung einer Bescheinigung über das im Inland oder im Ausland geltende Recht einschließlich von Tatsachen	0,3 bis 1,0
25204	Abgabe einer Erklärung aufgrund einer Vollmacht anstelle einer in öffentlich beglaubigter Form durch die Beteiligten abzugebenden Erklärung Die Gebühr entsteht nicht, wenn für die Tätigkeit eine Betreuungsgebühr anfällt	in Höhe der für die Fertigung des Entwurfs der Erklärung zu erhebenden Gebühr
25205	Tätigkeit als zu einer Beurkundung zugezogener zweiter Notar (1) Daneben wird die Gebühr 26002 oder 26003 nicht erhoben. (2) Der zuziehende Notar teilt dem zugezogenen Notar die Höhe der von ihm zu erhebenden Gebühr für das Beurkundungsverfahren mit	in Höhe von 50 % der dem beurkundenden Notar zustehenden Gebühr für das Beurkundungsverfahren
25206	Gründungsprüfung gemäß § 33 Abs. 3 des Aktiengesetzes	mindestens 1.000 EUR
25207	Erwirkung der Apostille oder der Legalisation einschließlich der Beglaubigung durch den Präsidenten des Landgerichts	25 EUR
25208	Erwirkung der Legalisation, wenn weitere Beglaubigungen notwendig sind: Die Gebühr 25207 beträgt	50 EUR
25209	Einsicht in das Grundbuch, in öffentliche Register und Akten einschließlich der Mitteilung des Inhalts an den Beteiligten Die Gebühr entsteht nur, wenn die Tätigkeit nicht mit einem gebührenpflichtigen Verfahren oder Geschäft zusammenhängt	15 EUR
	Erteilung von Abdrucken aus einem Register oder aus dem Grundbuch auf Antrag oder deren beantragte Ergänzung oder Bestätigung:	
25210	– Abdruck	10 EUR
25211	– beglaubigter Abdruck Neben den Gebühren 25210 und 25211 wird keine Dokumentenpauschale erhoben.	15 EUR

Nr.	Gebührentatbestand	Gebühr oder Satz der Gebühr nach § 34 GNotKG – **Tabelle B**
	Anstelle eines Abdrucks wird in den Fällen der Nummern 25210 und 25211 die elektronische Übermittlung einer Datei beantragt:	
25212	– unbeglaubigte Datei	5 EUR
25213	– beglaubigte Datei Werden zwei elektronische Dateien gleichen Inhalts in unterschiedlichen Dateiformaten gleichzeitig übermittelt, wird die Gebühr 25212 oder 25213 nur einmal erhoben. Sind beide Gebührentatbestände erfüllt, wird die höhere Gebühr erhoben.	10 EUR
25214	Erteilung einer Bescheinigung nach § 21 Abs. 3 BNotO	15 EUR
	Abschnitt 3 **Verwahrung von Geld, Wertpapieren und Kostbarkeiten**	
	Vorbemerkung 2.5.3: (1) Die Gebühren dieses Abschnitts entstehen neben Gebühren für Betreuungstätigkeiten gesondert. (2) § 35 Abs. 2 GNotKG und Nummer 32013 sind nicht anzuwenden.	
25300	Verwahrung von Geldbeträgen: je Auszahlung Der Notar kann die Gebühr bei der Ablieferung an den Auftraggeber entnehmen	1,0 – soweit der Betrag 13 Mio. EUR übersteigt: 0,1 % des Auszahlungsbetrags
25301	Entgegennahme von Wertpapieren und Kostbarkeiten zur Verwahrung Durch die Gebühr wird die Verwahrung mit abgegolten	1,0 – soweit der Wert 13 Mio. EUR übersteigt: 0,1 % des Werts
	Hauptabschnitt 6 **Zusatzgebühren**	
26000	Tätigkeiten, die auf Verlangen der Beteiligten an Sonntagen und allgemeinen Feiertagen, an Sonnabenden vor 8 und nach 13 Uhr sowie an den übrigen Werktagen außerhalb der Zeit von 8 bis 18 Uhr vorgenommen werden (1) Treffen mehrere der genannten Voraussetzungen zu, so wird die Gebühr nur einmal erhoben. (2) Die Gebühr fällt nur an, wenn bei den einzelnen Geschäften nichts anderes bestimmt ist	in Höhe von 30 % der für das Verfahren oder das Geschäft zu erhebenden Gebühr – höchstens 30 EUR
26001	Abgabe der zu beurkundenden Erklärung eines Beteiligten in einer fremden Sprache ohne Hinzuziehung eines Dolmetschers sowie Beurkundung, Beglaubigung oder Bescheinigung in einer fremden Sprache oder Übersetzung einer Erklärung in eine andere Sprache Mit der Gebühr ist auch die Erteilung einer Bescheinigung gemäß § 50 BeurkG abgegolten.	in Höhe von 30 % der für das Beurkundungsverfahren, für eine Beglaubigung oder Bescheinigung zu erhebenden Gebühr – höchstens 5.000 EUR
26002	Die Tätigkeit wird auf Verlangen eines Beteiligten außerhalb der Geschäftsstelle des Notars vorgenommen: Zusatzgebühr für jede angefangene halbe Stunde der Abwesenheit, wenn nicht die Gebühr 26003 entsteht (1) Nimmt der Notar mehrere Geschäfte vor, so entsteht die Gebühr nur einmal. Sie ist auf die einzelnen Geschäfte unter Berücksichtigung der für jedes Geschäft aufgewandten Zeit angemessen zu verteilen.	50 EUR

Nr.	Gebührentatbestand	Gebühr oder Satz der Gebühr nach § 34 GNotKG – **Tabelle B**
	(2) Die Zusatzgebühr wird auch dann erhoben, wenn ein Geschäft aus einem in der Person eines Beteiligten liegenden Grund nicht vorgenommen wird. (3) Neben dieser Gebühr wird kein Tages- und Abwesenheitsgeld (Nummer 32008) erhoben.	
26003	Die Tätigkeit wird auf Verlangen eines Beteiligten außerhalb der Geschäftsstelle des Notars vorgenommen und betrifft ausschließlich 1. die Errichtung, Aufhebung oder Änderung einer Verfügung von Todes wegen, 2. die Errichtung, den Widerruf oder die Änderung einer Vollmacht, die zur Registrierung im Zentralen Vorsorgeregister geeignet ist, 3. die Abgabe einer Erklärung gemäß § 1816 Abs. 2 BGB betreffend die Person eines Betreuers oder 4. eine Willensäußerung eines Beteiligten hinsichtlich seiner medizinischen Behandlung oder deren Abbruch: Zusatzgebühr Die Gebühr entsteht für jeden Auftraggeber nur einmal. Im Übrigen gelten die Absätze 2 und 3 der Anmerkung zu Nummer 26002 entsprechend.	50 EUR

Teil 3 Auslagen

Nr.	Auslagentatbestand	Höhe
Vorbemerkung 3: Sind Auslagen durch verschiedene Rechtssachen veranlasst, werden sie auf die Rechtssachen angemessen verteilt. Dies gilt auch, wenn die Auslagen durch Notar- und Rechtsanwaltsgeschäfte veranlasst sind.		
Hauptabschnitt 2 **Auslagen der Notare**		
Vorbemerkung 3.2: (1) Mit den Gebühren werden auch die allgemeinen Geschäftskosten entgolten. (2) Eine Geschäftsreise liegt vor, wenn das Reiseziel außerhalb der Gemeinde liegt, in der sich der Amtssitz oder die Wohnung des Notars befindet.		
32000	Pauschale für die Herstellung und Überlassung von Ausfertigungen, Kopien und Ausdrucken (Dokumentenpauschale) bis zur Größe von DIN A3, die auf besonderen Antrag angefertigt oder per Telefax übermittelt worden sind:	
	für die ersten 50 Seiten je Seite	0,50 EUR
	für jede weitere Seite	0,15 EUR
	für die ersten 50 Seiten in Farbe je Seite	1 EUR
	für jede weitere Seite in Farbe	0,30 EUR
	Dieser Auslagentatbestand gilt nicht für die Fälle der Nummer 32001 Nr. 2 und 3.	

Nr.	Auslagentatbestand	Höhe
32001	Dokumentenpauschale für Ausfertigungen, Kopien und Ausdrucke bis zur Größe von DIN A3, die	
	1. ohne besonderen Antrag von eigenen Niederschriften, eigenen Entwürfen und von Urkunden, auf denen der Notar eine Unterschrift beglaubigt hat, angefertigt oder per Telefax übermittelt worden sind; dies gilt nur, wenn die Dokumente nicht beim Notar verbleiben;	
	2. in einem Beurkundungsverfahren auf besonderen Antrag angefertigt oder per Telefax übermittelt worden sind; dies gilt nur, wenn der Antrag spätestens bei der Aufnahme der Niederschrift gestellt wird;	
	3. bei einem Auftrag zur Erstellung eines Entwurfs auf besonderen Antrag angefertigt oder per Telefax übermittelt worden sind; dies gilt nur, wenn der Antrag spätestens am Tag vor der Versendung des Entwurfs gestellt wird:	
	je Seite	0,15 EUR
	je Seite in Farbe	0,30 EUR
32002	Dokumentenpauschale für die Überlassung von elektronisch gespeicherten Dateien oder deren Bereitstellung zum Abruf anstelle der in den Nummern 32000 und 32001 genannten Dokumente ohne Rücksicht auf die Größe der Vorlage:	
	je Datei	1,50 EUR
	für die in einem Arbeitsgang überlassenen, bereitgestellten oder in einem Arbeitsgang auf denselben Datenträger übertragenen Dokumente insgesamt höchstens	5 EUR
	Werden zum Zweck der Überlassung von elektronisch gespeicherten Dateien Dokumente zuvor auf Antrag von der Papierform in die elektronische Form übertragen, beträgt die Dokumentenpauschale nicht weniger, als die Dokumentenpauschale im Fall der Nummer 32000 für eine Schwarz-Weiß-Kopie betragen würde.	
32003	Entgelte für die Herstellung von Kopien oder Ausdrucken der in den Nummern 32000 und 32001 genannten Art in einer Größe von mehr als DIN A3	in voller Höhe
	oder pauschal je Seite	3 EUR
	oder pauschal je Seite in Farbe	6 EUR
32004	Entgelte für Post- und Telekommunikationsdienstleistungen	in voller Höhe
	(1) Für die durch die Geltendmachung der Kosten entstehenden Entgelte kann kein Ersatz verlangt werden.	
	(2) Für Zustellungen mit Zustellungsurkunde und für Einschreiben gegen Rückschein ist der in Nummer 31002 bestimmte Betrag anzusetzen	
32005	Pauschale für Entgelte für Post- und Telekommunikationsdienstleistungen	20 % der Gebühren – höchstens 20 EUR
	Die Pauschale kann in jedem notariellen Verfahren und bei sonstigen notariellen Geschäften anstelle der tatsächlichen Auslagen nach Nummer 32004 gefordert werden. Ein notarielles Geschäft und der sich hieran anschließende Vollzug sowie sich hieran anschließende Betreuungstätigkeiten gelten insoweit zusammen als ein Geschäft.	
32006	Fahrtkosten für eine Geschäftsreise bei Benutzung eines eigenen Kraftfahrzeugs für jeden gefahrenen Kilometer	0,30 EUR
	Mit den Fahrtkosten sind die Anschaffungs-, Unterhaltungs- und Betriebskosten sowie die Abnutzung.	
32007	Fahrtkosten für eine Geschäftsreise bei Benutzung eines anderen Verkehrsmittels, soweit sie angemessen sind	in voller Höhe

Nr.	Auslagentatbestand	Höhe
32008	Tage- und Abwesenheitsgeld bei einer Geschäftsreise	
	1. von nicht mehr als 4 Stunden	20 EUR
	2. von mehr als 4 bis 8 Stunden	35 EUR
	3. von mehr als 8 Stunden	60 EUR
	Das Tage- und Abwesenheitsgeld wird nicht neben der Gebühr 26002 oder 26003 erhoben.	
32009	Sonstige Auslagen anlässlich einer Geschäftsreise, soweit sie angemessen sind	in voller Höhe
32010	An Dolmetscher, Übersetzer und Urkundszeugen zu zahlende Vergütungen sowie Kosten eines zugezogenen zweiten Notars	in voller Höhe
32011	Nach dem JVKostG für den Abruf von Daten im automatisierten Abrufverfahren zu zahlende Beträge	in voller Höhe
32012	Im Einzelfall gezahlte Prämie für eine Haftpflichtversicherung für Vermögensschäden, wenn die Versicherung auf schriftliches Verlangen eines Beteiligten abgeschlossen wird	in voller Höhe
32013	Im Einzelfall gezahlte Prämie für eine Haftpflichtversicherung für Vermögensschäden, soweit die Prämie auf Haftungsbeträge von mehr als 60 Mio. EUR entfällt und wenn nicht 32012 erfüllt ist	in voller Höhe
	Soweit sich aus der Rechnung des Versicherers nichts anderes ergibt, ist von der Gesamtprämie der Betrag zu erstatten, der sich aus dem Verhältnis der 60 Mio. EUR übersteigenden Versicherungssumme zu der Gesamtversicherungssumme ergibt.	
32014	Umsatzsteuer auf die Kosten	in voller Höhe
	Dies gilt nicht, wenn die Umsatzsteuer nach § 19 Abs. 1 UStG unerhoben bleibt.	
32015	Sonstige Aufwendungen	in voller Höhe
	Sonstige Aufwendungen sind solche, die der Notar aufgrund eines ausdrücklichen Auftrags und für Rechnung eines Beteiligten erbringt. Solche Aufwendungen sind insbesondere verauslagte Gerichtskosten und Gebühren in Angelegenheiten des Zentralen Vorsorge- oder Testamentsregisters sowie des Elektronischen Urkundenarchivs.	
32016	Pauschale für die Inanspruchnahme des Videokommunikationssystems der Bundesnotarkammer (§ 78p BNotO):	
	1. für die Beglaubigung einer qualifizierten elektronischen Signatur	8 EUR
	2. für das Beurkundungsverfahren	25 EUR
	Erfolgt die Beglaubigung mehrerer qualifizierter elektronischer Signaturen in einem einzigen Vermerk, entsteht die Pauschale nur einmal.	

III. Gebühren der Bundesnotarkammer – Auszüge –

1. Gebührensatzung der Urkundenarchivbehörde

433 **§ 1 Gebührentatbestand**

(1) Die Bundesnotarkammer als Urkundenarchivbehörde erhebt Gebühren für die Aufnahme von elektronischen Dokumenten in die elektronische Urkundensammlung.

(2) Die Bundesnotarkammer erhebt Gebühren für die Führung des Verwahrungsverzeichnisses.

§ 2 Gebührenhöhe

(1) Für die Aufnahme eines elektronischen Dokuments in die elektronische Urkundensammlung wird eine Gebühr von 4,50 EUR erhoben. Werden zu einem Amtsgeschäft weitere Dokumente in die elektronische Urkundensammlung eingestellt, entsteht die Gebühr nur einmal.

(2) Bei Beglaubigungen von Unterschriften, die nicht mit der Fertigung eines Entwurfs in Zusammenhang stehen, beträgt die Gebühr 2,50 EUR. Bei Beglaubigungen von Unterschriften unter Entwürfen, für die nach Vorbemerkung 2.2 Absatz 2 des Kostenverzeichnisses zum Gerichts- und Notarkostengesetz keine Gebühr für die Fertigung eines Entwurfs anfällt, beträgt die Gebühr 4,50 EUR.

(3) Für die Führung des Verwahrungsverzeichnisses wird eine Gebühr von 32 EUR pro eingetragener Verwahrungsmasse erhoben.

§ 3 Gebührenschuldner

Wer die Gebühren schuldet, richtet sich nach § 78j Absatz 2 BNotO.

§ 4 Fälligkeit

(1) Die Gebühr nach § 1 Absatz 1 wird fällig, wenn zu einem Amtsgeschäft ein Dokument in die elektronische Urkundensammlung eingestellt ist.

(2) Die Gebühr nach § 1 Absatz 2 wird mit der ersten Eintragung einer Verwahrungsmasse fällig.

§ 5 Art der Gebührenerhebung

(1) Ist Gebührenschuldner, wer zur Zahlung der Kosten für die jeweilige notarielle Amtshandlung verpflichtet ist, nimmt der Notar die Gebühren, die für die Aufnahme eines elektronischen Dokuments im Elektronischen Urkundenarchiv entstehen, für die Urkundenarchivbehörde vom Gebührenschuldner entgegen. Die Urkundenarchivbehörde zieht die nach Satz 1 entgegenzunehmenden Gebühren auf der Grundlage einer Sammelrechnung von dem Notar ein. Der Notar erteilt der Urkundenarchivbehörde ein Lastschriftmandat für ein inländisches Bankkonto.

(2) Kann der Notar eine von der Urkundenarchivbehörde abgerechnete und eingezogene Gebühr nicht erlangen, obwohl die Zahlung vom Gebührenschuldner verlangt und mindestens einmal angemahnt wurde, wird diese auf Antrag zurückerstattet. Die Gebühr wird in diesem Fall unmittelbar durch die Urkundenarchivbehörde vom Gebührenschuldner erhoben. Dazu teilt der Notar der Urkundenarchivbehörde den Vor- und Nachnamen sowie die Anschrift des Gebührenschuldners mit.

(3) Im Fall des Absatz 2 erhöht sich die Gebühr um den Betrag von 3 EUR für jeden Gebührenschuldner, gegenüber dem die Urkundenarchivbehörde die Gebühr geltend macht. Die Urkundenarchivbehörde soll gleichzeitig nur einen Gebührenschuldner in Anspruch nehmen. Zahlt der Gebührenschuldner die Gebühr im Fall des Absatz 2 nicht innerhalb von zwei Monaten nach Fälligkeit, erhöht sich die Gebühr um 5 EUR, wenn sie trotz Androhung der Erhöhung nicht innerhalb von zehn Tagen vollständig bezahlt wird.

§ 6 Art der Gebührenerhebung bei Notaren, Staatskasse und Notarkammern

(1) Ist der Notar selbst Gebührenschuldner, erhebt die Urkundenarchivbehörde die Gebühren bei ihm. Der Notar erteilt der Urkundenarchivbehörde ein Lastschriftmandat für ein inländisches Bankkonto.

(2) Ist die Staatskasse oder die Notarkammer Gebührenschuldner, erhebt die Urkundenarchivbehörde die Gebühren bei diesen. Die Einzelheiten können durch Verwaltungsvereinbarungen geregelt werden.

§ 7 Absehen von der Gebührenerhebung

Die Urkundenarchivbehörde kann von der Erhebung von Gebühren absehen, wenn dies durch besondere Umstände des Einzelfalls geboten erscheint, insbesondere wenn und soweit die Gebührenerhebung eine unzumutbare Härte für den Gebührenschuldner darstellen würde oder wenn der mit der Erhebung der Gebühr verbundene Verwaltungsaufwand außer Verhältnis zur Höhe der zu erhebenden Gebühr stünde.

2. Testamentsregister-Gebührensatzung

§ 1 Gebühren 434

(1) Die Bundesnotarkammer erhebt als Registerbehörde Gebühren für die Aufnahme von Verwahrangaben in das Zentrale Testamentsregister nach § 34a Absatz 1 Satz 1 und Satz 2 BeurkG, § 347 Absatz 1 Satz 1 FamFG und § 78d Absatz 4 Satz 1 BNotO.

(2) Je Registrierung (§ 3 Absatz 1 Satz 3 ZTRV) beträgt die Gebühr 12,50 EUR. Wird die Gebühr unmittelbar durch die Registerbehörde vom Kostenschuldner erhoben, beträgt sie 15,50 EUR je Registrierung. Keine Gebühr wird erhoben, wenn ein Verwahrdatensatz innerhalb von sieben Tagen nach der Registrierung gemäß § 5 Satz 1 Nr. 1 ZTRV gelöscht wird.

(3) Zahlt der Kostenschuldner die Gebühr nach Absatz 2 Satz 2 nicht innerhalb von zwei Monaten nach der Registrierung, erhöht die Registerbehörde die Gebühr um 5 EUR, wenn sie trotz Androhung der Erhöhung nicht innerhalb von zehn Tagen vollständig bezahlt wird.

§ 2 Kostenschuldner, Fälligkeit und Vorschuss

(1) Kostenschuldner ist der jeweilige Erblasser (§ 78g Absatz 2 Satz 1 Nr. 1 BNotO). Der Melder übermittelt mit jeder Registrierung eine ladungsfähige Anschrift des Kostenschuldners an die Registerbehörde, soweit diese nicht darauf verzichtet.

(2) Die Gebühr ist mit der Registrierung der Verwahrangaben für den jeweiligen Erblasser nach § 3 Absatz 1 Satz 3 ZTRV sofort fällig.

(3) Wird die Gebühr durch den Melder entgegengenommen (§ 78g Absatz 2 Satz 3 BNotO), kann er vom Kostenschuldner die Zahlung eines die Eintragungsgebühr deckenden Vorschusses verlangen.

§ 3 Art der Gebührenerhebung durch Notare

(1) Gebühren für die Registrierung von Verwahrangaben, die durch notarielle Melder übermittelt werden, nimmt der jeweilige Notar für die Registerbehörde entgegen (§ 78g Absatz 2 Satz 3 BNotO). Die Registerbehörde zieht die nach Satz 1 entgegenzunehmenden Gebühren vom notariellen Melder auf der Grundlage einer Sammelabrechnung frühestens am zehnten Tag des Folgemonats ein. Der Notar erteilt der Registerbehörde eine entsprechende Einzugsermächtigung für ein inländisches Bankkonto. Die Registerbehörde kann einen Melder von dem Entgegennahme- und Abrechnungsverfahren nach diesem Absatz ganz oder teilweise freistellen und die Gebühren unmittelbar vom Kostenschuldner erheben.

(2) Kann der Notar eine von der Registerbehörde abgerechnete und eingezogene Gebühr nicht erlangen, obwohl er deren Zahlung vom Kostenschuldner verlangt und mindestens einmal angemahnt hat, wird ihm diese auf Antrag zurückerstattet. Die Gebühr wird sodann nach § 1 Absatz 2 Satz 2 neu festgesetzt und unmittelbar durch die Registerbehörde vom Kostenschuldner erhoben.

§ 4 Art der Gebührenerhebung bei Gerichten und Konsulaten

(…)

§ 5 Unrichtige Sachbehandlung, Ermäßigung und Absehen von der Gebührenerhebung

(1) Eine Gebühr, die bei richtiger Behandlung der Sache nicht entstanden wäre, wird nicht erhoben.

(2) Die Registerbehörde kann Gebühren ermäßigen oder von der Erhebung von Gebühren absehen, wenn ihr dies durch besondere Umstände des Einzelfalls geboten erscheint, insbesondere wenn und soweit die Gebührenerhebung eine unzumutbare Härte für den Kostenschuldner darstellen würde oder wenn der mit der Erhebung der Gebühr verbundene Verwaltungsaufwand außer Verhältnis zur Höhe der zu erhebenden Gebühr stünde.

3. Vorsorgeregister-Gebührensatzung

435 **§ 1 Gebührenverzeichnis**

Die Bundesnotarkammer erhebt als Registerbehörde Gebühren für die Aufnahme von Erklärungen in das Zentrale Vorsorgeregister nach dem Gebührenverzeichnis der Anlage zu dieser Satzung. Auslagen werden daneben nicht erhoben.

§ 2 Gebührenschuldner

(1) Zur Zahlung der Gebühren ist verpflichtet:

1. der Antragsteller;
2. derjenige, der für die Gebührenschuld eines anderen kraft Gesetzes haftet.

(2) Mehrere Gebührenschuldner haften als Gesamtschuldner.

§ 3 Fälligkeit

Die Gebühren werden mit der Beendigung der beantragten Amtshandlung fällig.

§ 4 Institutionelle Nutzer

(1) Wird der Antrag auf Aufnahme einer Erklärung in das Zentrale Vorsorgeregister von einem Notar oder einer bei der Registerbehörde registrierten Person oder Einrichtung (institutioneller Nutzer) für den Vollmachtgeber übermittelt oder in dessen Namen gestellt, werden nach Maßgabe des Gebührenverzeichnisses (Anlage zu § 1 Satz 1) ermäßigte Gebühren erhoben.

(2) (…)

§ 5 Unrichtige Sachbehandlung

Gebühren, die bei richtiger Behandlung nicht entstanden wären, werden nicht erhoben.

§ 6 Ermäßigung, Absehen von Gebührenerhebung

Die Registerbehörde kann Gebühren ermäßigen oder von der Erhebung von Gebühren absehen, wenn dies durch die besonderen Umstände des Einzelfalls geboten erscheint, insbesondere wenn die volle Gebührenerhebung für den Gebührenschuldner eine unzumutbare Härte darstellen würde oder wenn der mit der Erhebung der Gebühr verbundene Verwaltungsaufwand außer Verhältnis zu der Höhe der zu erhebenden Gebühr stünde.

§ 7 Betreuungsverfügungen, Patientenverfügungen, Widersprüche gegen eine Vertretung durch den Ehegatten nach § 1358 des Bürgerlichen Gesetzbuchs

Die Vorschriften dieser Satzung gelten für Betreuungsverfügungen, Patientenverfügungen sowie Widersprüche gegen eine Vertretung durch den Ehegatten nach § 1358 des Bürgerlichen Gesetzbuchs entsprechend.

Gebührenverzeichnis

Vorbemerkungen

(1) Die Erhöhungs- und Ermäßigungstatbestände sind nebeneinander anwendbar, soweit nicht ein anderes bestimmt ist.

(2) Beantragt ein Bevollmächtigter oder ein vorgeschlagener Betreuer (Vertrauensperson) die Änderung oder Löschung des ihn betreffenden Eintrags, so werden für die Änderung oder Löschung des Eintrags von der Vertrauensperson keine Gebühren erhoben.

(3) Für die Berichtigung personenbezogener Daten werden keine Gebühren erhoben.

1. Übermittlung des Antrags durch den Vollmachtgeber

Nr. 10 Eintragung einer Vorsorgevollmacht in das Zentrale Vorsorgeregister oder Änderung eines Eintrags aufgrund Übermittlung durch den Vollmachtgeber: 26 EUR

Nr. 11 Der Antrag wird elektronisch über eine der hierfür vorgehaltenen technischen

Schnittstellen automatisiert übertragen: Die Gebühr 10 ermäßigt sich um 3 EUR.

2. Übermittlung oder Stellung des Antrags durch einen institutionellen Nutzer (§ 4)

Nr. 20 Eintragung einer Vorsorgevollmacht in das Zentrale Vorsorgeregister oder Änderung eines Eintrags aufgrund Übermittlung oder Antragstellung durch einen institutionellen Nutzer: 23,50 EUR.

Erklärt der institutionelle Nutzer, der den Antrag auf Eintragung oder Änderung übermittelt oder stellt, dass die Gebühren unmittelbar bei dem Vollmachtgeber erhoben werden sollen, so fällt an Stelle der Gebühr 20 die Gebühr 10 an; der Gebührentatbestand der Nummer 21 einschließlich der Anmerkung zu Nummer 21 finden entsprechende Anwendung.

Nr. 21 Der Antrag wird elektronisch über eine der hierfür vorgehaltenen technischen Schnittstellen automatisiert übertragen: Die Gebühr 20 ermäßigt sich um 5 EUR.

Die Gebühr 20 entfällt, wenn der Antrag elektronisch über eine der hierfür vorgehaltenen technischen Schnittstellen automatisiert übertragen wird und nur die Änderung eines bestehenden Eintrags einer Vorsorgevollmacht betrifft.

3. Gemeinsame Erhöhungs- und Ermäßigungstatbestände

Die Eintragung oder Änderung betrifft mehr als eine Vertrauensperson oder die Ergänzung einer Vertrauensperson:

Nr. 31 Die Gebühr 10 und die Gebühr 20 erhöhen sich für jede Vertrauensperson um 4 EUR.

Nr. 32 Wird der Antrag elektronisch über eine der hierfür vorgehaltenen technischen Schnittstellen automatisiert übertragen, erhöhen sich die Gebühr 10 und die Gebühr 20 in Abweichung von Gebühr 31 für jede Vertrauensperson um 3,50 EUR.

Nr. 33 Die Eintragung umfasst keine Vertrauensperson: Die Gebühr 10 und die Gebühr 20 ermäßigen sich um 3,50 EUR.

Nr. 35 Die Gebühr wird durch Lastschrifteinzug gezahlt: Die Gebühr 10 und die Gebühr 20 ermäßigen sich um 2,50 EUR.

J. Anlage: Gebührentabellen

I. Gebühren nach Tabelle B (§ 34 GNotKG)

Hinweise: 436

1. Der Mindestbetrag einer Gebühr ist 15 EUR (§ 34 Abs. 5 GNotKG).

2. Der Höchstgeschäftswert beträgt, wenn die Tabelle B anzuwenden ist, höchstens 60 Millionen EUR, wenn kein niedrigerer Höchstwert bestimmt ist (§ 35 Abs. 2 GNotKG).

3. Die Gebührentabelle B gilt auch für die Verwahrungsgebühren Nr. 25300 und Nr. 25301 KV GNotKG, jedoch nur bis zu einem Wert von 13 Millionen EUR. Bei Werten von mehr als 13 Millionen EUR betragen die Verwahrungsgebühren 0,1 % des Werts. Der Höchstgeschäftswert von 60 Millionen EUR gilt nicht für die Verwahrungsgebühren (Vorbemerkung 2.5.3 Abs. 2 GNotKG).[236]

Geschäftswert bis … EUR	0,1	0,2	0,3	0,4	0,5	0,6	1,0	2,0
500	15,00	15,00	15,00	15,00	15,00	15,00	15,00	30,00
1.000	15,00	15,00	15,00	15,00	15,00	15,00	19,00	38,00
1.500	15,00	15,00	15,00	15,00	15,00	15,00	23,00	46,00
2.000	15,00	15,00	15,00	15,00	15,00	16,20	27,00	54,00
3.000	15,00	15,00	15,00	15,00	16,50	19,80	33,00	66,00
4.000	15,00	15,00	15,00	15,60	19,50	23,40	39,00	78,00
5.000	15,00	15,00	15,00	18,00	22,50	27,00	45,00	90,00
6.000	15,00	15,00	15,30	20,40	25,50	30,60	51,00	102,00
7.000	15,00	15,00	17,10	22,80	28,50	34,20	57,00	114,00
8.000	15,00	15,00	18,90	25,20	31,50	37,80	63,00	126,00

236 Hinweise siehe *Wudy/Waldner*, Gebührentabelle für Notare, 12. Aufl. S. 7.

Geschäftswert bis ... EUR	0,1	0,2	0,3	0,4	0,5	0,6	1,0	2,0
9.000	15,00	15,00	20,70	27,60	34,50	41,40	69,00	138,00
10.000	15,00	15,00	22,50	30,00	37,50	45,00	75,00	150,00
13.000	15,00	16,60	24,90	33,20	41,50	49,80	83,00	166,00
16.000	15,00	18,20	27,30	36,40	45,50	54,60	91,00	182,00
19.000	15,00	19,80	29,70	39,60	49,50	59,40	99,00	198,00
22.000	15,00	21,40	32,10	42,80	53,50	64,20	107,00	214,00
25.000	15,00	23,00	34,50	46,00	57,50	69,00	115,00	230,00
30.000	15,00	25,00	37,50	50,00	62,50	75,00	125,00	250,00
35.000	15,00	27,00	40,50	54,00	67,50	81,00	135,00	270,00
40.000	15,00	29,00	43,50	58,00	72,50	87,00	145,00	290,00
45.000	15,50	31,00	46,50	62,00	77,50	93,00	155,00	310,00
50.000	16,50	33,00	49,50	66,00	82,50	99,00	165,00	330,00
65.000	19,20	38,40	57,60	76,80	96,00	115,20	192,00	384,00
80.000	21,90	43,80	65,70	87,60	109,50	131,40	219,00	438,00
95.000	24,60	49,20	73,80	98,40	123,00	147,60	246,00	492,00
110.000	27,30	54,60	81,90	109,20	136,50	163,80	273,00	546,00
125.000	30,00	60,00	90,00	120,00	150,00	180,00	300,00	600,00
140.000	32,70	65,40	98,10	130,80	163,50	196,20	327,00	654,00
155.000	35,40	70,80	106,20	141,60	177,00	212,40	354,00	708,00
170.000	38,10	76,20	114,30	152,40	190,50	228,60	381,00	762,00
185.000	40,80	81,60	122,40	163,20	204,00	244,80	408,00	816,00
200.000	43,50	87,00	130,50	174,00	217,50	261,00	435,00	870,00
230.000	48,50	97,00	145,50	194,00	242,50	291,00	485,00	970,00
260.000	53,50	107,00	160,50	214,00	267,50	321,00	535,00	1.070,00
290.000	58,50	117,00	175,50	234,00	292,50	351,00	585,00	1.170,00
320.000	63,50	127,00	190,50	254,00	317,50	381,00	635,00	1.270,00
350.000	68,50	137,00	205,50	274,00	342,50	411,00	685,00	1.370,00
380.000	73,50	147,00	220,50	294,00	367,50	441,00	735,00	1.470,00
410.000	78,50	157,00	235,50	314,00	392,50	471,00	785,00	1.570,00
440.000	83,50	167,00	250,50	334,00	417,50	501,00	835,00	1.670,00
470.000	88,50	177,00	265,50	354,00	442,50	531,00	885,00	1.770,00
500.000	93,50	187,00	280,50	374,00	467,50	561,00	935,00	1.870,00
550.000	101,50	203,00	304,50	406,00	507,50	609,00	1.015,00	2.030,00
600.000	109,50	219,00	328,50	438,00	547,50	657,00	1.095,00	2.190,00
650.000	117,50	235,00	352,50	470,00	587,50	705,00	1.175,00	2.350,00
700.000	125,50	251,00	376,50	502,00	627,50	753,00	1.255,00	2.510,00
750.000	133,50	267,00	400,50	534,00	667,50	801,00	1.335,00	2.670,00
800.000	141,50	283,00	424,50	566,00	707,50	849,00	1.415,00	2.830,00
850.000	149,50	299,00	448,50	598,00	747,50	897,00	1.495,00	2.990,00
900.000	157,50	315,00	472,50	630,00	787,50	945,00	1.575,00	3.150,00
950.000	165,50	331,00	496,50	662,00	827,50	993,00	1.655,00	3.310,00

Geschäftswert bis … EUR	0,1	0,2	0,3	0,4	0,5	0,6	1,0	2,0
1.000.000	173,50	347,00	520,50	694,00	867,50	1.041,00	1.735,00	3.470,00
1.050.000	181,50	363,00	544,50	726,00	907,50	1.089,00	1.815,00	3.630,00
1.100.000	189,50	379,00	568,50	758,00	947,50	1.137,00	1.895,00	3.790,00
1.150.000	197,50	395,00	592,50	790,00	987,50	1.185,00	1.975,00	3.950,00
1.200.000	205,50	411,00	616,50	822,00	1.027,50	1.233,00	2.055,00	4.110,00
1.250.000	213,50	427,00	640,50	854,00	1.067,50	1.281,00	2.135,00	4.270,00
1.300.000	221,50	443,00	664,50	886,00	1.107,50	1.329,00	2.215,00	4.430,00
1.350.000	229,50	459,00	688,50	918,00	1.147,50	1.377,00	2.295,00	4.590,00
1.400.000	237,50	475,00	712,50	950,00	1.187,50	1.425,00	2.375,00	4.750,00
1.450.000	245,50	491,00	736,50	982,00	1.227,50	1.473,00	2.455,00	4.910,00
1.500.000	253,50	507,00	760,50	1.014,00	1.267,50	1.521,00	2.535,00	5.070,00
1.550.000	261,50	523,00	784,50	1.046,00	1.307,50	1.569,00	2.615,00	5.230,00
1.600.000	269,50	539,00	808,50	1.078,00	1.347,50	1.617,00	2.695,00	5.390,00
1.650.000	277,50	555,00	832,50	1.110,00	1.387,50	1.665,00	2.775,00	5.550,00
1.700.000	285,50	571,00	856,50	1.142,00	1.427,50	1.713,00	2.855,00	5.710,00
1.750.000	293,50	587,00	880,50	1.174,00	1.467,50	1.761,00	2.935,00	5.870,00
1.800.000	301,50	603,00	904,50	1.206,00	1.507,50	1.809,00	3.015,00	6.030,00
1.850.000	309,50	619,00	928,50	1.238,00	1.547,50	1.857,00	3.095,00	6.190,00
1.900.000	317,50	635,00	952,50	1.270,00	1.587,50	1.905,00	3.175,00	6.350,00
1.950.000	325,50	651,00	976,50	1.302,00	1.627,50	1.953,00	3.255,00	6.510,00
2.000.000	333,50	667,00	1.000,50	1.334,00	1.667,50	2.001,00	3.335,00	6.670,00
2.050.000	341,50	683,00	1.024,50	1.366,00	1.707,50	2.049,00	3.415,00	6.830,00
2.100.000	349,50	699,00	1.048,50	1.398,00	1.747,50	2.097,00	3.495,00	6.990,00
2.150.000	357,50	715,00	1.072,50	1.430,00	1.787,50	2.145,00	3.575,00	7.150,00
2.200.000	365,50	731,00	1.096,50	1.462,00	1.827,50	2.193,00	3.655,00	7.310,00
2.250.000	373,50	747,00	1.120,50	1.494,00	1.867,50	2.241,00	3.735,00	7.470,00
2.300.000	381,50	763,00	1.144,50	1.526,00	1.907,50	2.289,00	3.815,00	7.630,00
2.350.000	389,50	779,00	1.168,50	1.558,00	1.947,50	2.337,00	3.895,00	7.790,00
2.400.000	397,50	795,00	1.192,50	1.590,00	1.987,50	2.385,00	3.975,00	7.950,00
2.450.000	405,50	811,00	1.216,50	1.622,00	2.027,50	2.433,00	4.055,00	8.110,00
2.500.000	413,50	827,00	1.240,50	1.654,00	2.067,50	2.481,00	4.135,00	8.270,00
2.550.000	421,50	843,00	1.264,50	1.686,00	2.107,50	2.529,00	4.215,00	8.430,00
2.600.000	429,50	859,00	1.288,50	1.718,00	2.147,50	2.577,00	4.295,00	8.590,00
2.650.000	437,50	875,00	1.312,50	1.750,00	2.187,50	2.625,00	4.375,00	8.750,00
2.700.000	445,50	891,00	1.336,50	1.782,00	2.227,50	2.673,00	4.455,00	8.910,00
2.750.000	453,50	907,00	1.360,50	1.814,00	2.267,50	2.721,00	4.535,00	9.070,00
2.800.000	461,50	923,00	1.384,50	1.846,00	2.307,50	2.769,00	4.615,00	9.230,00
2.850.000	469,50	939,00	1.408,50	1.878,00	2.347,50	2.817,00	4.695,00	9.390,00
2.900.000	477,50	955,00	1.432,50	1.910,00	2.387,50	2.865,00	4.775,00	9.550,00
2.950.000	485,50	971,00	1.456,50	1.942,00	2.427,50	2.913,00	4.855,00	9.710,00
3.000.000	493,50	987,00	1.480,50	1.974,00	2.467,50	2.961,00	4.935,00	9.870,00

Geschäftswert bis … EUR	0,1	0,2	0,3	0,4	0,5	0,6	1,0	2,0
3.050.000	501,50	1.003,00	1.504,50	2.006,00	2.507,50	3.009,00	5.015,00	10.030,00
3.100.000	509,50	1.019,00	1.528,50	2.038,00	2.547,50	3.057,00	5.095,00	10.190,00
3.150.000	517,50	1.035,00	1.552,50	2.070,00	2.587,50	3.105,00	5.175,00	10.350,00
3.200.000	525,50	1.051,00	1.576,50	2.102,00	2.627,50	3.153,00	5.255,00	10.510,00
3.250.000	533,50	1.067,00	1.600,50	2.134,00	2.667,50	3.201,00	5.335,00	10.670,00
3.300.000	541,50	1.083,00	1.624,50	2.166,00	2.707,50	3.249,00	5.415,00	10.830,00
3.350.000	549,50	1.099,00	1.648,50	2.198,00	2.747,50	3.297,00	5.495,00	10.990,00
3.400.000	557,50	1.115,00	1.672,50	2.230,00	2.787,50	3.345,00	5.575,00	11.150,00
3.450.000	565,50	1.131,00	1.696,50	2.262,00	2.827,50	3.393,00	5.655,00	11.310,00
3.500.000	573,50	1.147,00	1.720,50	2.294,00	2.867,50	3.441,00	5.735,00	11.470,00
3.550.000	581,50	1.163,00	1.744,50	2.326,00	2.907,50	3.489,00	5.815,00	11.630,00
3.600.000	589,50	1.179,00	1.768,50	2.358,00	2.947,50	3.537,00	5.895,00	11.790,00
3.650.000	597,50	1.195,00	1.792,50	2.390,00	2.987,50	3.585,00	5.975,00	11.950,00
3.700.000	605,50	1.211,00	1.816,50	2.422,00	3.027,50	3.633,00	6.055,00	12.110,00
3.750.000	613,50	1.227,00	1.840,50	2.454,00	3.067,50	3.681,00	6.135,00	12.270,00
3.800.000	621,50	1.243,00	1.864,50	2.486,00	3.107,50	3.729,00	6.215,00	12.430,00
3.850.000	629,50	1.259,00	1.888,50	2.518,00	3.147,50	3.777,00	6.295,00	12.590,00
3.900.000	637,50	1.275,00	1.912,50	2.550,00	3.187,50	3.825,00	6.375,00	12.750,00
3.950.000	645,50	1.291,00	1.936,50	2.582,00	3.227,50	3.873,00	6.455,00	12.910,00
4.000.000	653,50	1.307,00	1.960,50	2.614,00	3.267,50	3.921,00	6.535,00	13.070,00
4.050.000	661,50	1.323,00	1.984,50	2.646,00	3.307,50	3.969,00	6.615,00	13.230,00
4.100.000	669,50	1.339,00	2.008,50	2.678,00	3.347,50	4.017,00	6.695,00	13.390,00
4.150.000	677,50	1.355,00	2.032,50	2.710,00	3.387,50	4.065,00	6.775,00	13.550,00
4.200.000	685,50	1.371,00	2.056,50	2.742,00	3.427,50	4.113,00	6.855,00	13.710,00
4.250.000	693,50	1.387,00	2.080,50	2.774,00	3.467,50	4.161,00	6.935,00	13.870,00
4.300.000	701,50	1.403,00	2.104,50	2.806,00	3.507,50	4.209,00	7.015,00	14.030,00
4.350.000	709,50	1.419,00	2.128,50	2.838,00	3.547,50	4.257,00	7.095,00	14.190,00
4.400.000	717,50	1.435,00	2.152,50	2.870,00	3.587,50	4.305,00	7.175,00	14.350,00
4.450.000	725,50	1.451,00	2.176,50	2.902,00	3.627,50	4.353,00	7.255,00	14.510,00
4.500.000	733,50	1.467,00	2.200,50	2.934,00	3.667,50	4.401,00	7.335,00	14.670,00
4.550.000	741,50	1.483,00	2.224,50	2.966,00	3.707,50	4.449,00	7.415,00	14.830,00
4.600.000	749,50	1.499,00	2.248,50	2.998,00	3.747,50	4.497,00	7.495,00	14.990,00
4.650.000	757,50	1.515,00	2.272,50	3.030,00	3.787,50	4.545,00	7.575,00	15.150,00
4.700.000	765,50	1.531,00	2.296,50	3.062,00	3.827,50	4.593,00	7.655,00	15.310,00
4.750.000	773,50	1.547,00	2.320,50	3.094,00	3.867,50	4.641,00	7.735,00	15.470,00
4.800.000	781,50	1.563,00	2.344,50	3.126,00	3.907,50	4.689,00	7.815,00	15.630,00
4.850.000	789,50	1.579,00	2.368,50	3.158,00	3.947,50	4.737,00	7.895,00	15.790,00
4.900.000	797,50	1.595,00	2.392,50	3.190,00	3.987,50	4.785,00	7.975,00	15.950,00
4.950.000	805,50	1.611,00	2.416,50	3.222,00	4.027,50	4.833,00	8.055,00	16.110,00
5.000.000	813,50	1.627,00	2.440,50	3.254,00	4.067,50	4.881,00	8.135,00	16.270,00
5.200.000	826,50	1.653,00	2.479,50	3.306,00	4.132,50	4.959,00	8.265,00	16.530,00

Geschäftswert bis … EUR	0,1	0,2	0,3	0,4	0,5	0,6	1,0	2,0
5.400.000	839,50	1.679,00	2.518,50	3.358,00	4.197,50	5.037,00	8.395,00	16.790,00
5.600.000	852,50	1.705,00	2.557,50	3.410,00	4.262,50	5.115,00	8.525,00	17.050,00
5.800.000	865,50	1.731,00	2.596,50	3.462,00	4.327,50	5.193,00	8.655,00	17.310,00
6.000.000	878,50	1.757,00	2.635,50	3.514,00	4.392,50	5.271,00	8.785,00	17.570,00
6.200.000	891,50	1.783,00	2.674,50	3.566,00	4.457,50	5.349,00	8.915,00	17.830,00
6.400.000	904,50	1.809,00	2.713,50	3.618,00	4.522,50	5.427,00	9.045,00	18.090,00
6.600.000	917,50	1.835,00	2.752,50	3.670,00	4.587,50	5.505,00	9.175,00	18.350,00
6.800.000	930,50	1.861,00	2.791,50	3.722,00	4.652,50	5.583,00	9.305,00	18.610,00
7.000.000	943,50	1.887,00	2.830,50	3.774,00	4.717,50	5.661,00	9.435,00	18.870,00
7.200.000	956,50	1.913,00	2.869,50	3.826,00	4.782,50	5.739,00	9.565,00	19.130,00
7.400.000	969,50	1.939,00	2.908,50	3.878,00	4.847,50	5.817,00	9.695,00	19.390,00
7.600.000	982,50	1.965,00	2.947,50	3.930,00	4.912,50	5.895,00	9.825,00	19.650,00
7.800.000	995,50	1.991,00	2.986,50	3.982,00	4.977,50	5.973,00	9.955,00	19.910,00
8.000.000	1008,50	2.017,00	3.025,50	4.034,00	5.042,50	6.051,00	10.085,00	20.170,00
8.200.000	1021,50	2.043,00	3.064,50	4.086,00	5.107,50	6.129,00	10.215,00	20.430,00
8.400.000	1034,50	2.069,00	3.103,50	4.138,00	5.172,50	6.207,00	10.345,00	20.690,00
8.600.000	1047,50	2.095,00	3.142,50	4.190,00	5.237,50	6.285,00	10.475,00	20.950,00
8.800.000	1060,50	2.121,00	3.181,50	4.242,00	5.302,50	6.363,00	10.605,00	21.210,00
9.000.000	1073,50	2.147,00	3.220,50	4.294,00	5.367,50	6.441,00	10.735,00	21.470,00
9.200.000	1086,50	2.173,00	3.259,50	4.346,00	5.432,50	6.519,00	10.865,00	21.730,00
9.400.000	1099,50	2.199,00	3.298,50	4.398,00	5.497,50	6.597,00	10.995,00	21.990,00
9.600.000	1112,50	2.225,00	3.337,50	4.450,00	5.562,50	6.675,00	11.125,00	22.250,00
9.800.000	1125,50	2.251,00	3.376,50	4.502,00	5.627,50	6.753,00	11.255,00	22.510,00
10.000.000	1138,50	2.277,00	3.415,50	4.554,00	5.692,50	6.831,00	11.385,00	22.770,00
10.250.000	1153,50	2.307,00	3.460,50	4.614,00	5.767,50	6.921,00	11.535,00	23.070,00
10.500.000	1168,50	2.337,00	3.505,50	4.674,00	5.842,50	7.011,00	11.685,00	23.370,00
10.750.000	1183,50	2.367,00	3.550,50	4.734,00	5.917,50	7.101,00	11.835,00	23.670,00
11.000.000	1198,50	2.397,00	3.595,50	4.794,00	5.992,50	7.191,00	11.985,00	23.970,00
11.250.000	1213,50	2.427,00	3.640,50	4.854,00	6.067,50	7.281,00	12.135,00	24.270,00
11.500.000	1228,50	2.457,00	3.685,50	4.914,00	6.142,50	7.371,00	12.285,00	24.570,00
11.750.000	1243,50	2.487,00	3.730,50	4.974,00	6.217,50	7.461,00	12.435,00	24.870,00
12.000.000	1258,50	2.517,00	3.775,50	5.034,00	6.292,50	7.551,00	12.585,00	25.170,00
12.250.000	1273,50	2.547,00	3.820,50	5.094,00	6.367,50	7.641,00	12.735,00	25.470,00
12.500.000	1288,50	2.577,00	3.865,50	5.154,00	6.442,50	7.731,00	12.885,00	25.770,00
12.750.000	1303,50	2.607,00	3.910,50	5.214,00	6.517,50	7.821,00	13.035,00	26.070,00
13.000.000	1318,50	2.637,00	3.955,50	5.274,00	6.592,50	7.911,00	13.185,00	26.370,00
13.250.000	1333,50	2.667,00	4.000,50	5.334,00	6.667,50	8.001,00	13.335,00	26.670,00
13.500.000	1348,50	2.697,00	4.045,50	5.394,00	6.742,50	8.091,00	13.485,00	26.970,00
13.750.000	1363,50	2.727,00	4.090,50	5.454,00	6.817,50	8.181,00	13.635,00	27.270,00
14.000.000	1378,50	2.757,00	4.135,50	5.514,00	6.892,50	8.271,00	13.785,00	27.570,00
14.250.000	1393,50	2.787,00	4.180,50	5.574,00	6.967,50	8.361,00	13.935,00	27.870,00

Geschäftswert bis … EUR	0,1	0,2	0,3	0,4	0,5	0,6	1,0	2,0
14.500.000	1408,50	2.817,00	4.225,50	5.634,00	7.042,50	8.451,00	14.085,00	28.170,00
14.750.000	1423,50	2.847,00	4.270,50	5.694,00	7.117,50	8.541,00	14.235,00	28.470,00
15.000.000	1438,50	2.877,00	4.315,50	5.754,00	7.192,50	8.631,00	14.385,00	28.770,00
15.250.000	1453,50	2.907,00	4.360,50	5.814,00	7.267,50	8.721,00	14.535,00	29.070,00
15.500.000	1468,50	2.937,00	4.405,50	5.874,00	7.342,50	8.811,00	14.685,00	29.370,00
15.750.000	1483,50	2.967,00	4.450,50	5.934,00	7.417,50	8.901,00	14.835,00	29.670,00
16.000.000	1498,50	2.997,00	4.495,50	5.994,00	7.492,50	8.991,00	14.985,00	29.970,00
16.250.000	1513,50	3.027,00	4.540,50	6.054,00	7.567,50	9.081,00	15.135,00	30.270,00
16.500.000	1528,50	3.057,00	4.585,50	6.114,00	7.642,50	9.171,00	15.285,00	30.570,00
16.750.000	1543,50	3.087,00	4.630,50	6.174,00	7.717,50	9.261,00	15.435,00	30.870,00
17.000.000	1558,50	3.117,00	4.675,50	6.234,00	7.792,50	9.351,00	15.585,00	31.170,00
17.250.000	1573,50	3.147,00	4.720,50	6.294,00	7.867,50	9.441,00	15.735,00	31.470,00
17.500.000	1588,50	3.177,00	4.765,50	6.354,00	7.942,50	9.531,00	15.885,00	31.770,00
17.750.000	1603,50	3.207,00	4.810,50	6.414,00	8.017,50	9.621,00	16.035,00	32.070,00
18.000.000	1618,50	3.237,00	4.855,50	6.474,00	8.092,50	9.711,00	16.185,00	32.370,00
18.250.000	1633,50	3.267,00	4.900,50	6.534,00	8.167,50	9.801,00	16.335,00	32.670,00
18.500.000	1648,50	3.297,00	4.945,50	6.594,00	8.242,50	9.891,00	16.485,00	32.970,00
18.750.000	1663,50	3.327,00	4.990,50	6.654,00	8.317,50	9.981,00	16.635,00	33.270,00
19.000.000	1678,50	3.357,00	5.035,50	6.714,00	8.392,50	10.071,00	16.785,00	33.570,00
19.250.000	1693,50	3.387,00	5.080,50	6.774,00	8.467,50	10.161,00	16.935,00	33.870,00
19.500.000	1708,50	3.417,00	5.125,50	6.834,00	8.542,50	10.251,00	17.085,00	34.170,00
19.750.000	1723,50	3.447,00	5.170,50	6.894,00	8.617,50	10.341,00	17.235,00	34.470,00
20.000.000	1738,50	3.477,00	5.215,50	6.954,00	8.692,50	10.431,00	17.385,00	34.770,00
20.500.000	1766,50	3.533,00	5.299,50	7.066,00	8.832,50	10.599,00	17.665,00	35.330,00
21.000.000	1794,50	3.589,00	5.383,50	7.178,00	8.972,50	10.767,00	17.945,00	35.890,00
21.500.000	1822,50	3.645,00	5.467,50	7.290,00	9.112,50	10.935,00	18.225,00	36.450,00
22.000.000	1850,50	3.701,00	5.551,50	7.402,00	9.252,50	11.103,00	18.505,00	37.010,00
22.500.000	1878,50	3.757,00	5.635,50	7.514,00	9.392,50	11.271,00	18.785,00	37.570,00
23.000.000	1906,50	3.813,00	5.719,50	7.626,00	9.532,50	11.439,00	19.065,00	38.130,00
23.500.000	1934,50	3.869,00	5.803,50	7.738,00	9.672,50	11.607,00	19.345,00	38.690,00
24.000.000	1962,50	3.925,00	5.887,50	7.850,00	9.812,50	11.775,00	19.625,00	39.250,00
24.500.000	1990,50	3.981,00	5.971,50	7.962,00	9.952,50	11.943,00	19.905,00	39.810,00
25.000.000	2018,50	4.037,00	6.055,50	8.074,00	10.092,50	12.111,00	20.185,00	40.370,00
25.500.000	2046,50	4.093,00	6.139,50	8.186,00	10.232,50	12.279,00	20.465,00	40.930,00
26.000.000	2074,50	4.149,00	6.223,50	8.298,00	10.372,50	12.447,00	20.745,00	41.490,00
26.500.000	2102,50	4.205,00	6.307,50	8.410,00	10.512,50	12.615,00	21.025,00	42.050,00
27.000.000	2130,50	4.261,00	6.391,50	8.522,00	10.652,50	12.783,00	21.305,00	42.610,00
27.500.000	2158,50	4.317,00	6.475,50	8.634,00	10.792,50	12.951,00	21.585,00	43.170,00
28.000.000	2186,50	4.373,00	6.559,50	8.746,00	10.932,50	13.119,00	21.865,00	43.730,00
28.500.000	2214,50	4.429,00	6.643,50	8.858,00	11.072,50	13.287,00	22.145,00	44.290,00
29.000.000	2242,50	4.485,00	6.727,50	8.970,00	11.212,50	13.455,00	22.425,00	44.850,00

Geschäftswert bis … EUR	0,1	0,2	0,3	0,4	0,5	0,6	1,0	2,0
29.500.000	2270,50	4.541,00	6.811,50	9.082,00	11.352,50	13.623,00	22.705,00	45.410,00
30.000.000	2298,50	4.597,00	6.895,50	9.194,00	11.492,50	13.791,00	22.985,00	45.970,00
31.000.000	2310,50	4.621,00	6.931,50	9.242,00	11.552,50	13.863,00	23.105,00	46.210,00
32.000.000	2322,50	4.645,00	6.967,50	9.290,00	11.612,50	13.935,00	23.225,00	46.450,00
33.000.000	2334,50	4.669,00	7.003,50	9.338,00	11.672,50	14.007,00	23.345,00	46.690,00
34.000.000	2346,50	4.693,00	7.039,50	9.386,00	11.732,50	14.079,00	23.465,00	46.930,00
35.000.000	2358,50	4.717,00	7.075,50	9.434,00	11.792,50	14.151,00	23.585,00	47.170,00
36.000.000	2370,50	4.741,00	7.111,50	9.482,00	11.852,50	14.223,00	23.705,00	47.410,00
37.000.000	2382,50	4.765,00	7.147,50	9.530,00	11.912,50	14.295,00	23.825,00	47.650,00
38.000.000	2394,50	4.789,00	7.183,50	9.578,00	11.972,50	14.367,00	23.945,00	47.890,00
39.000.000	2406,50	4.813,00	7.219,50	9.626,00	12.032,50	14.439,00	24.065,00	48.130,00
40.000.000	2418,50	4.837,00	7.255,50	9.674,00	12.092,50	14.511,00	24.185,00	48.370,00
41.000.000	2430,50	4.861,00	7.291,50	9.722,00	12.152,50	14.583,00	24.305,00	48.610,00
42.000.000	2442,50	4.885,00	7.327,50	9.770,00	12.212,50	14.655,00	24.425,00	48.850,00
43.000.000	2454,50	4.909,00	7.363,50	9.818,00	12.272,50	14.727,00	24.545,00	49.090,00
44.000.000	2466,50	4.933,00	7.399,50	9.866,00	12.332,50	14.799,00	24.665,00	49.330,00
45.000.000	2478,50	4.957,00	7.435,50	9.914,00	12.392,50	14.871,00	24.785,00	49.570,00
46.000.000	2490,50	4.981,00	7.471,50	9.962,00	12.452,50	14.943,00	24.905,00	49.810,00
47.000.000	2502,50	5.005,00	7.507,50	10.010,00	12.512,50	15.015,00	25.025,00	50.050,00
48.000.000	2514,50	5.029,00	7.543,50	10.058,00	12.572,50	15.087,00	25.145,00	50.290,00
49.000.000	2526,50	5.053,00	7.579,50	10.106,00	12.632,50	15.159,00	25.265,00	50.530,00
50.000.000	2538,50	5.077,00	7.615,50	10.154,00	12.692,50	15.231,00	25.385,00	50.770,00
51.000.000	2550,50	5.101,00	7.651,50	10.202,00	12.752,50	15.303,00	25.505,00	51.010,00
52.000.000	2562,50	5.125,00	7.687,50	10.250,00	12.812,50	15.375,00	25.625,00	51.250,00
53.000.000	2574,50	5.149,00	7.723,50	10.298,00	12.872,50	15.447,00	25.745,00	51.490,00
54.000.000	2586,50	5.173,00	7.759,50	10.346,00	12.932,50	15.519,00	25.865,00	51.730,00
55.000.000	2598,50	5.197,00	7.795,50	10.394,00	12.992,50	15.591,00	25.985,00	51.970,00
56.000.000	2610,50	5.221,00	7.831,50	10.442,00	13.052,50	15.663,00	26.105,00	52.210,00
57.000.000	2622,50	5.245,00	7.867,50	10.490,00	13.112,50	15.735,00	26.225,00	52.450,00
58.000.000	2634,50	5.269,00	7.903,50	10.538,00	13.172,50	15.807,00	26.345,00	52.690,00
59.000.000	2646,50	5.293,00	7.939,50	10.586,00	13.232,50	15.879,00	26.465,00	52.930,00
60.000.000	2658,50	5.317,00	7.975,50	10.634,00	13.292,50	15.951,00	26.585,00	53.170,00

II. Ermäßigung der Gebühren nach § 91 GNotKG

437 **Hinweise:**

1. Der Ermäßigung unterliegen gemäß § 91 Abs. 1 Satz 1 GNotKG nur die in Teil 2 Hauptabschnitt 1 oder 4 oder die in den Nummern 23803 und 25202 des Kostenverzeichnisses bestimmten Gebühren.

2. Für Geschäftswerte bis einschließlich 25.000 EUR findet keine Ermäßigung statt (§ 91 Abs. 1 Satz 1 GNotKG).[237]

Geschäftswert bis … EUR	0,1	0,2	0,3	0,4	0,5	0,6	1,0	2,0
500,00	15,00	15,00	15,00	15,00	15,00	15,00	15,00	30,00
1.000,00	15,00	15,00	15,00	15,00	15,00	15,00	19,00	38,00
1.500,00	15,00	15,00	15,00	15,00	15,00	15,00	23,00	46,00
2.000,00	15,00	15,00	15,00	15,00	15,00	16,20	27,00	54,00
3.000,00	15,00	15,00	15,00	15,00	16,50	19,80	33,00	66,00
4.000,00	15,00	15,00	15,00	15,60	19,50	23,40	39,00	78,00
5.000,00	15,00	15,00	15,00	18,00	22,50	27,00	45,00	90,00
6.000,00	15,00	15,00	15,30	20,40	25,50	30,60	51,00	102,00
7.000,00	15,00	15,00	17,10	22,80	28,50	34,20	57,00	114,00
8.000,00	15,00	15,00	18,90	25,20	31,50	37,80	63,00	126,00
9.000,00	15,00	15,00	20,70	27,60	34,50	41,40	69,00	138,00
10.000,00	15,00	15,00	22,50	30,00	37,50	45,00	75,00	150,00
13.000,00	15,00	16,60	24,90	33,20	41,50	49,80	83,00	166,00
16.000,00	15,00	18,20	27,30	36,40	45,50	54,60	91,00	182,00
19.000,00	15,00	19,80	29,70	39,60	49,50	59,40	99,00	198,00
22.000,00	15,00	21,40	32,10	42,80	53,50	64,20	107,00	214,00
25.000,00	15,00	23,00	34,50	46,00	57,50	69,00	115,00	230,00
30.000,00	15,00	23,00	34,50	46,00	57,50	69,00	115,00	230,00
35.000,00	15,00	23,00	34,50	46,00	57,50	69,00	115,00	230,00
40.000,00	15,00	23,00	34,50	46,00	57,50	69,00	115,00	230,00
45.000,00	15,00	23,00	34,50	46,00	57,50	69,00	115,00	230,00
50.000,00	15,00	23,10	34,65	46,20	57,75	69,30	115,50	231,00
65.000,00	15,00	26,88	40,32	53,76	67,20	80,64	134,40	268,80
80.000,00	15,33	30,66	45,99	61,32	76,65	91,98	153,30	306,60
95.000,00	17,22	34,44	51,66	68,88	86,10	103,32	172,20	344,40
110.000,00	19,11	38,22	57,33	76,44	95,55	114,66	191,10	382,20
125.000,00	19,11	38,22	57,33	76,44	95,55	114,66	191,10	382,20
140.000,00	19,62	39,24	58,86	78,48	98,10	117,72	196,20	392,40
155.000,00	21,24	42,48	63,72	84,96	106,20	127,44	212,40	424,80
170.000,00	22,86	45,72	68,58	91,44	114,30	137,16	228,60	457,20
185.000,00	24,48	48,96	73,44	97,92	122,40	146,88	244,80	489,60
200.000,00	26,10	52,20	78,30	104,40	130,50	156,60	261,00	522,00
230.000,00	29,10	58,20	87,30	116,40	145,50	174,60	291,00	582,00
260.000,00	32,10	64,20	96,30	128,40	160,50	192,60	321,00	642,00

237 Hinweise siehe *Wudy/Drummen*, Gebührentabelle für Notare, 11. Aufl., S. 19.

Geschäftswert bis … EUR	0,1	0,2	0,3	0,4	0,5	0,6	1,0	2,0
290.000,00	32,10	64,20	96,30	128,40	160,50	192,60	321,00	642,00
320.000,00	32,10	64,20	96,30	128,40	160,50	192,60	321,00	642,00
350.000,00	34,25	68,50	102,75	137,00	171,25	205,50	342,50	685,00
380.000,00	36,75	73,50	110,25	147,00	183,75	220,50	367,50	735,00
410.000,00	39,25	78,50	117,75	157,00	196,25	235,50	392,50	785,00
440.000,00	41,75	83,50	125,25	167,00	208,75	250,50	417,50	835,00
470.000,00	44,25	88,50	132,75	177,00	221,25	265,50	442,50	885,00
500.000,00	46,75	93,50	140,25	187,00	233,75	280,50	467,50	935,00
550.000,00	50,75	101,50	152,25	203,00	253,75	304,50	507,50	1.015,00
600.000,00	54,75	109,50	164,25	219,00	273,75	328,50	547,50	1.095,00
650.000,00	58,75	117,50	176,25	235,00	293,75	352,50	587,50	1.175,00
700.000,00	62,75	125,50	188,25	251,00	313,75	376,50	627,50	1.255,00
750.000,00	66,75	133,50	200,25	267,00	333,75	400,50	667,50	1.335,00
800.000,00	70,75	141,50	212,25	283,00	353,75	424,50	707,50	1.415,00
850.000,00	74,75	149,50	224,25	299,00	373,75	448,50	747,50	1.495,00
900.000,00	78,75	157,50	236,25	315,00	393,75	472,50	787,50	1.575,00
950.000,00	82,75	165,50	248,25	331,00	413,75	496,50	827,50	1.655,00
1.000.000,00	86,75	173,50	260,25	347,00	433,75	520,50	867,50	1.735,00
1.050.000,00	86,75	173,50	260,25	347,00	433,75	520,50	867,50	1.735,00
1.100.000,00	86,75	173,50	260,25	347,00	433,75	520,50	867,50	1.735,00
1.150.000,00	86,75	173,50	260,25	347,00	433,75	520,50	867,50	1.735,00
1.200.000,00	86,75	173,50	260,25	347,00	433,75	520,50	867,50	1.735,00
1.250.000,00	86,75	173,50	260,25	347,00	433,75	520,50	867,50	1.735,00
1.300.000,00	88,60	177,20	265,80	354,40	443,00	531,60	886,00	1.772,00
1.350.000,00	91,80	183,60	275,40	367,20	459,00	550,80	918,00	1.836,00
1.400.000,00	95,00	190,00	285,00	380,00	475,00	570,00	950,00	1.900,00
1.450.000,00	98,20	196,40	294,60	392,80	491,00	589,20	982,00	1.964,00
1.500.000,00	101,40	202,80	304,20	405,60	507,00	608,40	1.014,00	2.028,00
1.550.000,00	104,60	209,20	313,80	418,40	523,00	627,60	1.046,00	2.092,00
1.600.000,00	107,80	215,60	323,40	431,20	539,00	646,80	1.078,00	2.156,00
1.650.000,00	111,00	222,00	333,00	444,00	555,00	666,00	1.110,00	2.220,00
1.700.000,00	114,20	228,40	342,60	456,80	571,00	685,20	1.142,00	2.284,00
1.750.000,00	117,40	234,80	352,20	469,60	587,00	704,40	1.174,00	2.348,00
1.800.000,00	120,60	241,20	361,80	482,40	603,00	723,60	1.206,00	2.412,00
1.850.000,00	123,80	247,60	371,40	495,20	619,00	742,80	1.238,00	2.476,00
1.900.000,00	127,00	254,00	381,00	508,00	635,00	762,00	1.270,00	2.540,00
1.950.000,00	130,20	260,40	390,60	520,80	651,00	781,20	1.302,00	2.604,00
2.000.000,00	133,40	266,80	400,20	533,60	667,00	800,40	1.334,00	2.668,00
2.050.000,00	136,60	273,20	409,80	546,40	683,00	819,60	1.366,00	2.732,00
2.100.000,00	139,80	279,60	419,40	559,20	699,00	838,80	1.398,00	2.796,00
2.150.000,00	143,00	286,00	429,00	572,00	715,00	858,00	1.430,00	2.860,00

Geschäftswert bis … EUR	0,1	0,2	0,3	0,4	0,5	0,6	1,0	2,0
2.200.000,00	146,20	292,40	438,60	584,80	731,00	877,20	1.462,00	2.924,00
2.250.000,00	149,40	298,80	448,20	597,60	747,00	896,40	1.494,00	2.988,00
2.300.000,00	152,60	305,20	457,80	610,40	763,00	915,60	1.526,00	3.052,00
2.350.000,00	155,80	311,60	467,40	623,20	779,00	934,80	1.558,00	3.116,00
2.400.000,00	159,00	318,00	477,00	636,00	795,00	954,00	1.590,00	3.180,00
2.450.000,00	162,20	324,40	486,60	648,80	811,00	973,20	1.622,00	3.244,00
2.500.000,00	165,40	330,80	496,20	661,60	827,00	992,40	1.654,00	3.308,00
2.550.000,00	168,60	337,20	505,80	674,40	843,00	1.011,60	1.686,00	3.372,00
2.600.000,00	171,80	343,60	515,40	687,20	859,00	1.030,80	1.718,00	3.436,00
2.650.000,00	175,00	350,00	525,00	700,00	875,00	1.050,00	1.750,00	3.500,00
2.700.000,00	178,20	356,40	534,60	712,80	891,00	1.069,20	1.782,00	3.564,00
2.750.000,00	181,40	362,80	544,20	725,60	907,00	1.088,40	1.814,00	3.628,00
2.800.000,00	184,60	369,20	553,80	738,40	923,00	1.107,60	1.846,00	3.692,00
2.850.000,00	187,80	375,60	563,40	751,20	939,00	1.126,80	1.878,00	3.756,00
2.900.000,00	191,00	382,00	573,00	764,00	955,00	1.146,00	1.910,00	3.820,00
2.950.000,00	194,20	388,40	582,60	776,80	971,00	1.165,20	1.942,00	3.884,00
3.000.000,00	197,40	394,80	592,20	789,60	987,00	1.184,40	1.974,00	3.948,00
3.050.000,00	200,60	401,20	601,80	802,40	1.003,00	1.203,60	2.006,00	4.012,00
3.100.000,00	203,80	407,60	611,40	815,20	1.019,00	1.222,80	2.038,00	4.076,00
3.150.000,00	207,00	414,00	621,00	828,00	1.035,00	1.242,00	2.070,00	4.140,00
3.200.000,00	210,20	420,40	630,60	840,80	1.051,00	1.261,20	2.102,00	4.204,00
3.250.000,00	213,40	426,80	640,20	853,60	1.067,00	1.280,40	2.134,00	4.268,00
3.300.000,00	216,60	433,20	649,80	866,40	1.083,00	1.299,60	2.166,00	4.332,00
3.350.000,00	219,80	439,60	659,40	879,20	1.099,00	1.318,80	2.198,00	4.396,00
3.400.000,00	223,00	446,00	669,00	892,00	1.115,00	1.338,00	2.230,00	4.460,00
3.450.000,00	226,20	452,40	678,60	904,80	1.131,00	1.357,20	2.262,00	4.524,00
3.500.000,00	229,40	458,80	688,20	917,60	1.147,00	1.376,40	2.294,00	4.588,00
3.550.000,00	232,60	465,20	697,80	930,40	1.163,00	1.395,60	2.326,00	4.652,00
3.600.000,00	235,80	471,60	707,40	943,20	1.179,00	1.414,80	2.358,00	4.716,00
3.650.000,00	239,00	478,00	717,00	956,00	1.195,00	1.434,00	2.390,00	4.780,00
3.700.000,00	242,20	484,40	726,60	968,80	1.211,00	1.453,20	2.422,00	4.844,00
3.750.000,00	245,40	490,80	736,20	981,60	1.227,00	1.472,40	2.454,00	4.908,00
3.800.000,00	248,60	497,20	745,80	994,40	1.243,00	1.491,60	2.486,00	4.972,00
3.850.000,00	251,80	503,60	755,40	1.007,20	1.259,00	1.510,80	2.518,00	5.036,00
3.900.000,00	255,00	510,00	765,00	1.020,00	1.275,00	1.530,00	2.550,00	5.100,00
3.950.000,00	258,20	516,40	774,60	1.032,80	1.291,00	1.549,20	2.582,00	5.164,00
4.000.000,00	261,40	522,80	784,20	1.045,60	1.307,00	1.568,40	2.614,00	5.228,00
4.050.000,00	264,60	529,20	793,80	1.058,40	1.323,00	1.587,60	2.646,00	5.292,00
4.100.000,00	267,80	535,60	803,40	1.071,20	1.339,00	1.606,80	2.678,00	5.356,00
4.150.000,00	271,00	542,00	813,00	1.084,00	1.355,00	1.626,00	2.710,00	5.420,00
4.200.000,00	274,20	548,40	822,60	1.096,80	1.371,00	1.645,20	2.742,00	5.484,00

Geschäftswert bis ... EUR	0,1	0,2	0,3	0,4	0,5	0,6	1,0	2,0
4.250.000,00	277,40	554,80	832,20	1.109,60	1.387,00	1.664,40	2.774,00	5.548,00
4.300.000,00	280,60	561,20	841,80	1.122,40	1.403,00	1.683,60	2.806,00	5.612,00
4.350.000,00	283,80	567,60	851,40	1.135,20	1.419,00	1.702,80	2.838,00	5.676,00
4.400.000,00	287,00	574,00	861,00	1.148,00	1.435,00	1.722,00	2.870,00	5.740,00
4.450.000,00	290,20	580,40	870,60	1.160,80	1.451,00	1.741,20	2.902,00	5.804,00
4.500.000,00	293,40	586,80	880,20	1.173,60	1.467,00	1.760,40	2.934,00	5.868,00
4.550.000,00	296,60	593,20	889,80	1.186,40	1.483,00	1.779,60	2.966,00	5.932,00
4.600.000,00	299,80	599,60	899,40	1.199,20	1.499,00	1.798,80	2.998,00	5.996,00
4.650.000,00	303,00	606,00	909,00	1.212,00	1.515,00	1.818,00	3.030,00	6.060,00
4.700.000,00	306,20	612,40	918,60	1.224,80	1.531,00	1.837,20	3.062,00	6.124,00
4.750.000,00	309,40	618,80	928,20	1.237,60	1.547,00	1.856,40	3.094,00	6.188,00
4.800.000,00	312,60	625,20	937,80	1.250,40	1.563,00	1.875,60	3.126,00	6.252,00
4.850.000,00	315,80	631,60	947,40	1.263,20	1.579,00	1.894,80	3.158,00	6.316,00
4.900.000,00	319,00	638,00	957,00	1.276,00	1.595,00	1.914,00	3.190,00	6.380,00
4.950.000,00	322,20	644,40	966,60	1.288,80	1.611,00	1.933,20	3.222,00	6.444,00
5.000.000,00	325,40	650,80	976,20	1.301,60	1.627,00	1.952,40	3.254,00	6.508,00
5.200.000,00	330,60	661,20	991,80	1.322,40	1.653,00	1.983,60	3.306,00	6.612,00
5.400.000,00	335,80	671,60	1.007,40	1.343,20	1.679,00	2.014,80	3.358,00	6.716,00
5.600.000,00	341,00	682,00	1.023,00	1.364,00	1.705,00	2.046,00	3.410,00	6.820,00
5.800.000,00	346,20	692,40	1.038,60	1.384,80	1.731,00	2.077,20	3.462,00	6.924,00
6.000.000,00	351,40	702,80	1.054,20	1.405,60	1.757,00	2.108,40	3.514,00	7.028,00
6.200.000,00	356,60	713,20	1.069,80	1.426,40	1.783,00	2.139,60	3.566,00	7.132,00
6.400.000,00	361,80	723,60	1.085,40	1.447,20	1.809,00	2.170,80	3.618,00	7.236,00
6.600.000,00	367,00	734,00	1.101,00	1.468,00	1.835,00	2.202,00	3.670,00	7.340,00
6.800.000,00	372,20	744,40	1.116,60	1.488,80	1.861,00	2.233,20	3.722,00	7.444,00
7.000.000,00	377,40	754,80	1.132,20	1.509,60	1.887,00	2.264,40	3.774,00	7.548,00
7.200.000,00	382,60	765,20	1.147,80	1.530,40	1.913,00	2.295,60	3.826,00	7.652,00
7.400.000,00	387,80	775,60	1.163,40	1.551,20	1.939,00	2.326,80	3.878,00	7.756,00
7.600.000,00	393,00	786,00	1.179,00	1.572,00	1.965,00	2.358,00	3.930,00	7.860,00
7.800.000,00	398,20	796,40	1.194,60	1.592,80	1.991,00	2.389,20	3.982,00	7.964,00
8.000.000,00	403,40	806,80	1.210,20	1.613,60	2.017,00	2.420,40	4.034,00	8.068,00
8.200.000,00	408,60	817,20	1.225,80	1.634,40	2.043,00	2.451,60	4.086,00	8.172,00
8.400.000,00	413,80	827,60	1.241,40	1.655,20	2.069,00	2.482,80	4.138,00	8.276,00
8.600.000,00	419,00	838,00	1.257,00	1.676,00	2.095,00	2.514,00	4.190,00	8.380,00
8.800.000,00	424,20	848,40	1.272,60	1.696,80	2.121,00	2.545,20	4.242,00	8.484,00
9.000.000,00	429,40	858,80	1.288,20	1.717,60	2.147,00	2.576,40	4.294,00	8.588,00
9.200.000,00	434,60	869,20	1.303,80	1.738,40	2.173,00	2.607,60	4.346,00	8.692,00
9.400.000,00	439,80	879,60	1.319,40	1.759,20	2.199,00	2.638,80	4.398,00	8.796,00
9.600.000,00	445,00	890,00	1.335,00	1.780,00	2.225,00	2.670,00	4.450,00	8.900,00
9.800.000,00	450,20	900,40	1.350,60	1.800,80	2.251,00	2.701,20	4.502,00	9.004,00
10.000.000,00	455,40	910,80	1.366,20	1.821,60	2.277,00	2.732,40	4.554,00	9.108,00

Geschäftswert bis … EUR	0,1	0,2	0,3	0,4	0,5	0,6	1,0	2,0
10.250.000,00	461,40	922,80	1.384,20	1.845,60	2.307,00	2.768,40	4.614,00	9.228,00
10.500.000,00	467,40	934,80	1.402,20	1.869,60	2.337,00	2.804,40	4.674,00	9.348,00
10.750.000,00	473,40	946,80	1.420,20	1.893,60	2.367,00	2.840,40	4.734,00	9.468,00
11.000.000,00	479,40	958,80	1.438,20	1.917,60	2.397,00	2.876,40	4.794,00	9.588,00
11.250.000,00	485,40	970,80	1.456,20	1.941,60	2.427,00	2.912,40	4.854,00	9.708,00
11.500.000,00	491,40	982,80	1.474,20	1.965,60	2.457,00	2.948,40	4.914,00	9.828,00
11.750.000,00	497,40	994,80	1.492,20	1.989,60	2.487,00	2.984,40	4.974,00	9.948,00
12.000.000,00	503,40	1.006,80	1.510,20	2.013,60	2.517,00	3.020,40	5.034,00	10.068,00
12.250.000,00	509,40	1.018,80	1.528,20	2.037,60	2.547,00	3.056,40	5.094,00	10.188,00
12.500.000,00	515,40	1.030,80	1.546,20	2.061,60	2.577,00	3.092,40	5.154,00	10.308,00
12.750.000,00	521,40	1.042,80	1.564,20	2.085,60	2.607,00	3.128,40	5.214,00	10.428,00
13.000.000,00	527,40	1.054,80	1.582,20	2.109,60	2.637,00	3.164,40	5.274,00	10.548,00
13.250.000,00	533,40	1.066,80	1.600,20	2.133,60	2.667,00	3.200,40	5.334,00	10.668,00
13.500.000,00	539,40	1.078,80	1.618,20	2.157,60	2.697,00	3.236,40	5.394,00	10.788,00
13.750.000,00	545,40	1.090,80	1.636,20	2.181,60	2.727,00	3.272,40	5.454,00	10.908,00
14.000.000,00	551,40	1.102,80	1.654,20	2.205,60	2.757,00	3.308,40	5.514,00	11.028,00
14.250.000,00	557,40	1.114,80	1.672,20	2.229,60	2.787,00	3.344,40	5.574,00	11.148,00
14.500.000,00	563,40	1.126,80	1.690,20	2.253,60	2.817,00	3.380,40	5.634,00	11.268,00
14.750.000,00	569,40	1.138,80	1.708,20	2.277,60	2.847,00	3.416,40	5.694,00	11.388,00
15.000.000,00	575,40	1.150,80	1.726,20	2.301,60	2.877,00	3.452,40	5.754,00	11.508,00
15.250.000,00	581,40	1.162,80	1.744,20	2.325,60	2.907,00	3.488,40	5.814,00	11.628,00
15.500.000,00	587,40	1.174,80	1.762,20	2.349,60	2.937,00	3.524,40	5.874,00	11.748,00
15.750.000,00	593,40	1.186,80	1.780,20	2.373,60	2.967,00	3.560,40	5.934,00	11.868,00
16.000.000,00	599,40	1.198,80	1.798,20	2.397,60	2.997,00	3.596,40	5.994,00	11.988,00
16.250.000,00	605,40	1.210,80	1.816,20	2.421,60	3.027,00	3.632,40	6.054,00	12.108,00
16.500.000,00	611,40	1.222,80	1.834,20	2.445,60	3.057,00	3.668,40	6.114,00	12.228,00
16.750.000,00	617,40	1.234,80	1.852,20	2.469,60	3.087,00	3.704,40	6.174,00	12.348,00
17.000.000,00	623,40	1.246,80	1.870,20	2.493,60	3.117,00	3.740,40	6.234,00	12.468,00
17.250.000,00	629,40	1.258,80	1.888,20	2.517,60	3.147,00	3.776,40	6.294,00	12.588,00
17.500.000,00	635,40	1.270,80	1.906,20	2.541,60	3.177,00	3.812,40	6.354,00	12.708,00
17.750.000,00	641,40	1.282,80	1.924,20	2.565,60	3.207,00	3.848,40	6.414,00	12.828,00
18.000.000,00	647,40	1.294,80	1.942,20	2.589,60	3.237,00	3.884,40	6.474,00	12.948,00
18.250.000,00	653,40	1.306,80	1.960,20	2.613,60	3.267,00	3.920,40	6.534,00	13.068,00
18.500.000,00	659,40	1.318,80	1.978,20	2.637,60	3.297,00	3.956,40	6.594,00	13.188,00
18.750.000,00	665,40	1.330,80	1.996,20	2.661,60	3.327,00	3.992,40	6.654,00	13.308,00
19.000.000,00	671,40	1.342,80	2.014,20	2.685,60	3.357,00	4.028,40	6.714,00	13.428,00
19.250.000,00	677,40	1.354,80	2.032,20	2.709,60	3.387,00	4.064,40	6.774,00	13.548,00
19.500.000,00	683,40	1.366,80	2.050,20	2.733,60	3.417,00	4.100,40	6.834,00	13.668,00
19.750.000,00	689,40	1.378,80	2.068,20	2.757,60	3.447,00	4.136,40	6.894,00	13.788,00
20.000.000,00	695,40	1.390,80	2.086,20	2.781,60	3.477,00	4.172,40	6.954,00	13.908,00
20.500.000,00	706,60	1.413,20	2.119,80	2.826,40	3.533,00	4.239,60	7.066,00	14.132,00

Geschäftswert bis … EUR	0,1	0,2	0,3	0,4	0,5	0,6	1,0	2,0
21.000.000,00	717,80	1.435,60	2.153,40	2.871,20	3.589,00	4.306,80	7.178,00	14.356,00
21.500.000,00	729,00	1.458,00	2.187,00	2.916,00	3.645,00	4.374,00	7.290,00	14.580,00
22.000.000,00	740,20	1.480,40	2.220,60	2.960,80	3.701,00	4.441,20	7.402,00	14.804,00
22.500.000,00	751,40	1.502,80	2.254,20	3.005,60	3.757,00	4.508,40	7.514,00	15.028,00
23.000.000,00	762,60	1.525,20	2.287,80	3.050,40	3.813,00	4.575,60	7.626,00	15.252,00
23.500.000,00	773,80	1.547,60	2.321,40	3.095,20	3.869,00	4.642,80	7.738,00	15.476,00
24.000.000,00	785,00	1.570,00	2.355,00	3.140,00	3.925,00	4.710,00	7.850,00	15.700,00
24.500.000,00	796,20	1.592,40	2.388,60	3.184,80	3.981,00	4.777,20	7.962,00	15.924,00
25.000.000,00	807,40	1.614,80	2.422,20	3.229,60	4.037,00	4.844,40	8.074,00	16.148,00
25.500.000,00	818,60	1.637,20	2.455,80	3.274,40	4.093,00	4.911,60	8.186,00	16.372,00
26.000.000,00	829,80	1.659,60	2.489,40	3.319,20	4.149,00	4.978,80	8.298,00	16.596,00
26.500.000,00	841,00	1.682,00	2.523,00	3.364,00	4.205,00	5.046,00	8.410,00	16.820,00
27.000.000,00	852,20	1.704,40	2.556,60	3.408,80	4.261,00	5.113,20	8.522,00	17.044,00
27.500.000,00	863,40	1.726,80	2.590,20	3.453,60	4.317,00	5.180,40	8.634,00	17.268,00
28.000.000,00	874,60	1.749,20	2.623,80	3.498,40	4.373,00	5.247,60	8.746,00	17.492,00
28.500.000,00	885,80	1.771,60	2.657,40	3.543,20	4.429,00	5.314,80	8.858,00	17.716,00
29.000.000,00	897,00	1.794,00	2.691,00	3.588,00	4.485,00	5.382,00	8.970,00	17.940,00
29.500.000,00	908,20	1.816,40	2.724,60	3.632,80	4.541,00	5.449,20	9.082,00	18.164,00
30.000.000,00	919,40	1.838,80	2.758,20	3.677,60	4.597,00	5.516,40	9.194,00	18.388,00
31.000.000,00	924,20	1.848,40	2.772,60	3.696,80	4.621,00	5.545,20	9.242,00	18.484,00
32.000.000,00	929,00	1.858,00	2.787,00	3.716,00	4.645,00	5.574,00	9.290,00	18.580,00
33.000.000,00	933,80	1.867,60	2.801,40	3.735,20	4.669,00	5.602,80	9.338,00	18.676,00
34.000.000,00	938,60	1.877,20	2.815,80	3.754,40	4.693,00	5.631,60	9.386,00	18.772,00
35.000.000,00	943,40	1.886,80	2.830,20	3.773,60	4.717,00	5.660,40	9.434,00	18.868,00
36.000.000,00	948,20	1.896,40	2.844,60	3.792,80	4.741,00	5.689,20	9.482,00	18.964,00
37.000.000,00	953,00	1.906,00	2.859,00	3.812,00	4.765,00	5.718,00	9.530,00	19.060,00
38.000.000,00	957,80	1.915,60	2.873,40	3.831,20	4.789,00	5.746,80	9.578,00	19.156,00
39.000.000,00	962,60	1.925,20	2.887,80	3.850,40	4.813,00	5.775,60	9.626,00	19.252,00
40.000.000,00	967,40	1.934,80	2.902,20	3.869,60	4.837,00	5.804,40	9.674,00	19.348,00
41.000.000,00	972,20	1.944,40	2.916,60	3.888,80	4.861,00	5.833,20	9.722,00	19.444,00
42.000.000,00	977,00	1.954,00	2.931,00	3.908,00	4.885,00	5.862,00	9.770,00	19.540,00
43.000.000,00	981,80	1.963,60	2.945,40	3.927,20	4.909,00	5.890,80	9.818,00	19.636,00
44.000.000,00	986,60	1.973,20	2.959,80	3.946,40	4.933,00	5.919,60	9.866,00	19.732,00
45.000.000,00	991,40	1.982,80	2.974,20	3.965,60	4.957,00	5.948,40	9.914,00	19.828,00
46.000.000,00	996,20	1.992,40	2.988,60	3.984,80	4.981,00	5.977,20	9.962,00	19.924,00
47.000.000,00	1001,00	2.002,00	3.003,00	4.004,00	5.005,00	6.006,00	10.010,00	20.020,00
48.000.000,00	1005,80	2.011,60	3.017,40	4.023,20	5.029,00	6.034,80	10.058,00	20.116,00
49.000.000,00	1010,60	2.021,20	3.031,80	4.042,40	5.053,00	6.063,60	10.106,00	20.212,00
50.000.000,00	1015,40	2.030,80	3.046,20	4.061,60	5.077,00	6.092,40	10.154,00	20.308,00
51.000.000,00	1020,20	2.040,40	3.060,60	4.080,80	5.101,00	6.121,20	10.202,00	20.404,00
52.000.000,00	1025,00	2.050,00	3.075,00	4.100,00	5.125,00	6.150,00	10.250,00	20.500,00

Geschäftswert bis … EUR	0,1	0,2	0,3	0,4	0,5	0,6	1,0	2,0
53.000.000,00	1029,80	2.059,60	3.089,40	4.119,20	5.149,00	6.178,80	10.298,00	20.596,00
54.000.000,00	1034,60	2.069,20	3.103,80	4.138,40	5.173,00	6.207,60	10.346,00	20.692,00
55.000.000,00	1039,40	2.078,80	3.118,20	4.157,60	5.197,00	6.236,40	10.394,00	20.788,00
56.000.000,00	1044,20	2.088,40	3.132,60	4.176,80	5.221,00	6.265,20	10.442,00	20.884,00
57.000.000,00	1049,00	2.098,00	3.147,00	4.196,00	5.245,00	6.294,00	10.490,00	20.980,00
58.000.000,00	1053,80	2.107,60	3.161,40	4.215,20	5.269,00	6.322,80	10.538,00	21.076,00
59.000.000,00	1058,60	2.117,20	3.175,80	4.234,40	5.293,00	6.351,60	10.586,00	21.172,00
60.000.000,00	1063,40	2.126,80	3.190,20	4.253,60	5.317,00	6.380,40	10.634,00	21.268,00

Stichwortverzeichnis

fette Zahlen = Paragrafen, magere Zahlen = Randnummern

Benutzerhinweise für den Download

Zur Nutzung des PDF-Musterverzeichnisses benötigen Sie einen **lokal installierten PDF-Reader**, da die Funktionalität über das reine Anzeigen einer PDF-Seite hinausgeht.

Den Download-Link (URL) finden Sie auf der Seite 4 des Werks (Impressum). Über diesen Link stellen wir Ihnen sämtliche im Werk enthaltenen Muster und Formulierungsbeispiele zur Verfügung. Zur Nutzung der Muster/Formulierungsbeispiele gehen Sie auf den Download-Link und laden die dort abgelegte zip-Datei auf Ihr Laufwerk herunter. Um den Ordner zu entpacken, klicken Sie mit der rechten Maustaste auf die Datei, wählen „**Alle extrahieren**" und folgen dann den Anweisungen. Die Nutzung der Muster ist unabhängig vom Betriebssystem Ihres Rechners.

Durch das Extrahieren werden ein **PDF-Musterverzeichnis** sowie die **Worddateien** der jeweiligen Muster auf dem von Ihnen gewählten Laufwerk Ihres Rechners abgelegt.

Zur Nutzung des PDF-Musterverzeichnisses benötigen Sie einen kostenlosen PDF-Reader. Das Musterverzeichnis gibt Ihnen einen Überblick über die enthaltenen Muster und erleichtert Ihnen den Zugang zu den Mustertexten. Beim Anklicken des gewünschten Musters in dem PDF-Musterverzeichnis öffnet sich der Text direkt in Microsoft Word oder in dem bei Ihnen eingesetzten Textverarbeitungsprogramm. Dann können Sie die Word-Datei direkt bearbeiten und unter einem neuen Dateinamen abspeichern. Bei Nutzern von Microsoft Word können Sicherheitshinweise auf dem Bildschirm erscheinen. Dort müssten Sie die Nutzung ggf. zulassen. Dies wird in den verschiedenen Wordversionen und Textverarbeitungsprogrammen unterschiedlich gehandhabt. In den einzelnen Word-Dateien sind keine Makros o.ä. eingebunden. Damit die Navigation über das PDF-Musterverzeichnis funktioniert dürfen der Ordner „Muster-Doks" und die ursprünglich gelieferten Dateien nicht umbenannt werden. Speichern Sie die bearbeiteten Worddateien daher stets unter einem neuen Dateinamen ab.

Die in einigen Word-Mustertexten vorhandenen **Formularfelder** können Sie markieren und überschreiben. Sie können sich die Bearbeitung erleichtern, indem Sie diese Formularfelder mit dem Default-Tastaturkürzel Ihres Textbearbeitungsprogrammes ansteuern. Für Microsoft Word ist dies i.d.R. das Tastaturkürzel F11, um zum nächsten Feld zu springen und „UMSCHALT+F11", um zum vorherigen zu springen. Diese Tastaturkürzel werden von der Arbeitsumgebung Ihres Textverarbeitungsprogramms und nicht durch die bereitgestellten Word-Muster-Dateien definiert. Daher können die Tastaturkürzel in alternativen Betriebssystemen und/oder Textbearbeitungsprogrammen (z.B. LibreOffice Writer) abweichen.

Bearbeiten der Muster/Formulierungsbeispiele mit einer anderen Textverarbeitung und/oder einem anderen Betriebssystem

Wenn Sie kein Microsoft Word, sondern ein anderes Textverarbeitungsprogramm auf Ihrem Rechner installiert haben, können Sie die Dateien trotzdem aufrufen und bearbeiten. Gehen Sie dazu direkt auf das gewünschte Muster in dem abgelegten Ordner „Muster-Doks". Über diesen Weg können Sie auch auf die Word-Dateien zugreifen, wenn Sie nicht über das mitgelieferte PDF-Musterverzeichnis navigieren möchten. Jedem Mustertext ist eine Nummer zugewiesen, die in dem Download-Symbol neben dem jeweiligen Formular/Mustertext im Buch abgedruckt ist. Über den Dateinamen (p = Paragraf und m = Muster) lässt sich die gewünschte Mustertext-Datei auffinden.